Beilsteins Handbuch der Organischen Chemie

Beilsteins Handbuch der Organischen Chemie

Vierte Auflage

Drittes und Viertes Ergänzungswerk

Die Literatur von 1930 bis 1959 umfassend

Herausgegeben vom
Beilstein-Institut für Literatur der Organischen Chemie
Frankfurt am Main

Bearbeitet von

Reiner Luckenbach

Unter Mitwirkung von

Oskar Weissbach

Erich Bayer · Reinhard Ecker · Adolf Fahrmeir · Friedo Giese
Volker Guth · Irmgard Hagel · Franz-Josef Heinen · Günter Imsieke
Ursula Jacobshagen · Rotraud Kayser · Klaus Koulen · Bruno Langhammer
Lothar Mähler · Annerose Naumann · Wilma Nickel · Burkhard Polenski
Peter Raig · Helmut Rockelmann · Thilo Schmitt · Jürgen Schunck
Eberhard Schwarz · Josef Sunkel · Achim Trede · Paul Vincke

Sechsundzwanzigster Band

Erster Teil

Springer-Verlag Berlin Heidelberg New York 1982

ISBN 3-540-11341-X Springer-Verlag Berlin Heidelberg New York
ISBN 0-387-11341-X Springer-Verlag New York Heidelberg Berlin

© by Springer-Verlag Berlin Heidelberg 1982
Library of Congress Catalog Card Number: 22 – 79
Printed in Germany

Satz, Druck und Bindearbeiten: Universitätsdruckerei H. Stürtz AG, 8700 Würzburg
2151/3120-543210

Mitarbeiter der Redaktion

Hinweis für Benutzer

Falls Sie Probleme beim Arbeiten mit dem Beilstein-Handbuch haben, ziehen Sie bitte den vom Beilstein-Institut entwickelten „Leitfaden" zu Rate. Er steht Ihnen — ebenso wie weiteres Informationsmaterial über das Beilstein-Handbuch — auf Anforderung kostenlos zur Verfügung.

<table>
<tr><td>Beilstein-Institut
für Literatur der Organischen Chemie
Varrentrappstrasse 40 – 42
D-6000 Frankfurt/M. 90</td><td>Springer-Verlag KG
Abt. 4005
Heidelberger Platz 3
D-1000 Berlin 33</td></tr>
</table>

Note for Users

Should you encounter difficulties in using the Beilstein Handbook please refer to the guideline „How to Use Beilstein", developed for users by the Beilstein Institute. This guideline (also available in Japanese), together with other informational material on the Beilstein Handbook, can be obtained free of charge by writing to

<table>
<tr><td>Beilstein-Institut
für Literatur der Organischen Chemie
Varrentrappstrasse 40 – 42
D-6000 Frankfurt/M. 90</td><td>Springer-Verlag KG
Abt. 4005
Heidelberger Platz 3
D-1000 Berlin 33</td></tr>
</table>

For those users of the Beilstein Handbook who are unfamiliar with the German language, a pocket-format "Beilstein Dictionary" (German/English) has been compiled by the Beilstein editorial staff and is also available free of charge. The contents of this dictionary are also to be found in volume 22/7 on pages XXIX to LV.

Inhalt – Contents

Abkürzungen und Symbole – Abbreviations and Symbols IX
Stereochemische Bezeichnungsweisen XI
Stereochemical Conventions XX
Transliteration von russischen Autorennamen – Key to the Russian
    Alphabet for Authors' Names XXVIII
Verzeichnis der Literatur-Quellen und ihrer Kürzungen – Index of
    the Abbreviations for the Source Literature XXIX

Dritte Abteilung

Heterocyclische Verbindungen

17. Verbindungen mit drei cyclisch gebundenen Stickstoff-Atomen

I. Stammverbindungen

Stammverbindungen $C_nH_{2n+3}N_3$ (z. B. Aldehydammoniak) 3
Stammverbindungen $C_nH_{2n+1}N_3$ 26
Stammverbindungen $C_nH_{2n-1}N_3$ 29
Stammverbindungen $C_nH_{2n-3}N_3$ (z. B. [1,3,5]Triazin, α-Tripiperidein) 63
Stammverbindungen $C_nH_{2n-5}N_3$ 86
Stammverbindungen $C_nH_{2n-7}N_3$ (z. B. (−)-Panamin) 93
Stammverbindungen $C_nH_{2n-9}N_3$ (z. B. 4-Phenyl-1H-[1,2,3]triazol) 166
Stammverbindungen $C_nH_{2n-11}N_3$ (z. B. Phenyl-[1,3,5]triazin) 191
Stammverbindungen $C_nH_{2n-13}N_3$ (z. B. 1H-Naphtho[2,3-d][1,2,3]triazol) 199
Stammverbindungen $C_nH_{2n-15}N_3$ (z. B. Naphtho[2,1-e][1,2,4]triazin) 227
Stammverbindungen $C_nH_{2n-17}N_3$ und $C_nH_{2n-19}N_3$ 240
Stammverbindungen $C_nH_{2n-21}N_3$ und $C_nH_{2n-23}N_3$ 269
Stammverbindungen $C_nH_{2n-25}N_3$, $C_nH_{2n-27}N_3$ usw. 283

II. Hydroxy-Verbindungen

A. Monohydroxy-Verbindungen   321
B. Dihydroxy-Verbindungen   373

C. Trihydroxy-Verbindungen   391
D. Tetrahydroxy-Verbindungen   406
E. Pentahydroxy-Verbindungen   415
F. Hexahydroxy-Verbindungen   417

III. Oxo-Verbindungen

A. Monooxo-Verbindungen   418
B. Dioxo-Verbindungen   538
C. Trioxo-Verbindungen (z. B. Cyanursäure)   632
D. Tetraoxo-Verbindungen   673
E. Hydroxy-oxo-Verbindungen   674

Sachregister   723
Formelregister   819

Abkürzungen und Symbole[1]

A.	Äthanol	ethanol
Acn.	Aceton	acetone
Ae.	Diäthyläther	diethyl ether
äthanol.	äthanolisch	solution in ethanol
alkal.	alkalisch	alkaline
Anm.	Anmerkung	footnote
at	technische Atmosphäre ($98\,066,5\ \mathrm{N \cdot m^{-2}}$ $=0{,}980665\ \mathrm{bar}=735{,}559\ \mathrm{Torr}$)	technical atmosphere
atm	physikalische Atmosphäre	physical (standard) atmosphere
Aufl.	Auflage	edition
B.	Bildungsweise(n), Bildung	formation
Bd.	Band	volume
Bzl.	Benzol	benzene
bzw.	beziehungsweise	or, respectively
c	Konzentration einer optisch aktiven Verbindung in g/100 ml Lösung	concentration of an optically active compound in g/100 ml solution
D	1) Debye (Dimension des Dipol-moments)	1) Debye (dimension of dipole moment)
	2) Dichte (z.B. D_4^{20}: Dichte bei 20° bezogen auf Wasser von 4°)	2) density (e.g. D_4^{20}: density at 20° related to water at 4°)
d	Tag	day
$D(R-X)$	Dissoziationsenergie der Verbindung RX in die freien Radikale $R^{\bullet}$ und $X^{\bullet}$	dissociation energy of the compound RX to form the free radicals $R^{\bullet}$ and $X^{\bullet}$
Diss.	Dissertation	dissertation, thesis
DMF	Dimethylformamid	dimethylformamide
DMSO	Dimethylsulfoxid	dimethylsulfoxide
E	1) Erstarrungspunkt	1) freezing (solidification) point
	2) Ergänzungswerk des Beilstein-Handbuchs	2) Beilstein supplementary series
E.	Äthylacetat	ethyl acetate
Eg.	Essigsäure (Eisessig)	acetic acid
engl. Ausg.	englische Ausgabe	english edition
EPR	Elektronen-paramagnetische Resonanz (=ESR)	electron paramagnetic resonance (=ESR)
F	Schmelzpunkt (-bereich)	melting point (range)
Gew.-%	Gewichtsprozent	percent by weight
grad	Grad	degree
H	Hauptwerk des Beilstein-Handbuchs	Beilstein basic series
h	Stunde	hour
Hz	Hertz ($=\mathrm{s}^{-1}$)	cycles per second ($=\mathrm{s}^{-1}$)
K	Grad Kelvin	degree Kelvin
konz.	konzentriert	concentrated
korr.	korrigiert	corrected

Abbreviations and Symbols[2]

---

[1] Bezüglich weiterer, hier nicht aufgeführter Symbole und Abkürzungen für physikalisch-chemische Grössen und Einheiten siehe

[2] For other symbols and abbreviations for physicochemical quantities and units not listed here see

International Union of Pure and Applied Chemistry Manual of Symbols and Terminology for Physicochemical Quantities and Units (1969) [London 1970].

Kp	Siedepunkt (-bereich)	boiling point (range)
l	1) Liter	1) litre
	2) Rohrlänge in dm	2) length of cell in dm
$[M]_\lambda^t$	molares optisches Drehungsver-mögen für Licht der Wellenlänge λ bei der Temperatur t	molecular rotation for the wavelength λ and the temperature t
m	1) Meter	1) metre
	2) Molarität einer Lösung	2) molarity of solution
Me.	Methanol	methanol
n	1) Normalität einer Lösung	1) normality of solution
	2) nano ($=10^{-9}$)	2) nano ($=10^{-9}$)
	3) Brechungsindex (z.B. $n_{656,1}^{15}$: Brechungsindex für Licht der Wellenlänge 656,1 nm bei 15°)	3) refractive index (e.g. $n_{656,1}^{15}$: refractive index for the wavelength 656.1 nm and 15°)
opt.-inakt.	optisch inaktiv	optically inactive
p	Konzentration einer optisch aktiven Verbindung in g/100 g Lösung	concentration of an optically active compound in g/100 g solution
PAe.	Petroläther, Benzin, Ligroin	petroleum ether, ligroin
Py.	Pyridin	pyridine
S.	Seite	page
s	Sekunde	second
s.	siehe	see
s. a.	siehe auch	see also
s. o.	siehe oben	see above
sog.	sogenannt	so called
Spl.	Supplement	supplement
... stdg.	... stündig (z.B. 3-stündig)	for ... hours (e.g. for 3 hours)
s. u.	siehe unten	see below
Syst.-Nr.	System-Nummer	system number
THF	Tetrahydrofuran	tetrahydrofuran
Tl.	Teil	part
Torr	Torr ($=$mm Quecksilber)	torr ($=$millimetre of mercury)
unkorr.	unkorrigiert	uncorrected
unverd.	unverdünnt	undiluted
verd.	verdünnt	diluted
vgl.	vergleiche	compare (cf.)
wss.	wässrig	aqueous
z. B.	zum Beispiel	for example (e.g.)
Zers.	Zersetzung	decomposition
zit. bei	zitiert bei	cited in
α_λ^t	optisches Drehungsvermögen (Erläuterung s. bei $[M]_\lambda^t$)	angle of rotation (for explanation see $[M]_\lambda^t$)
$[\alpha]_\lambda^t$	spezifisches optisches Drehungs-vermögen (Erläuterung s. bei $[M]_\lambda^t$)	specific rotation (for explanation see $[M]_\lambda^t$)
ε	1) Dielektrizitätskonstante	1) dielectric constant, relative permittivity
	2) Molarer dekadischer Extinktions-koeffizient	2) molar extinction coefficient
$\lambda_{(max)}$	Wellenlänge (eines Absorptions-maximums)	wavelength (of an absorption maximum)
μ	Mikron ($=10^{-6}$ m)	micron ($=10^{-6}$ m)
°	Grad Celsius oder Grad (Drehungswinkel)	degree Celsius or degree (angle of rotation)

Stereochemische Bezeichnungsweisen

Übersicht

Präfix	Definition in §	Symbol	Definition in §
allo	5c, 6c	c	4a−e
altro	5c, 6c	c_F	7a
anti	3a, 9	D	6a, b, c
arabino	5c	D_g	6b
cat_F	7a	D_r	7b
cis	2	D_s	6b
endo	8	(e)	3b
ent	10e	(E)	3a
erythro	5a	L	6a, b, c
exo	8	L_g	6b
galacto	5c, 6c	L_r	7b
gluco	5c, 6c	L_s	6b
glycero	6c	r	4c, d, e
gulo	5c, 6c	r_F	7a
ido	5c, 6c	(r)	1a
lyxo	5c	(R)	1a
manno	5c, 6c	(R_a)	1b
meso	5b	(R_p)	1b
rac	10e	$(\overline{RS})$	1a
racem.	5b	(s)	1a
rel	1c	(S)	1a
ribo	5c	(S_a)	1b
s-cis	3b	(S_p)	1b
seqcis	3a	t	4a−e
seqtrans	3a	t_F	7a
s-trans	3b	(z)	3b
syn	3a, 9	(Z)	3a
talo	5c, 6c	α	10a, c, d
threo	5a	α_F	10b, c
trans	2	β	10a, c, d
xylo	5c	β_F	10b, c
		ξ	11a
		(ξ)	11c
		$\varXi$	11b
		$(\varXi)$	11b
		$(\varXi_a)$	11c
		$(\varXi)_p)$	11c
		*	12

§ 1.   a) Die Symbole (**R**) und (**S**) bzw. (**r**) und (**s**) kennzeichnen die absolute Konfigu‚
           ration an Chiralitätszentren (Asymmetriezentren) bzw. „Pseudoasymmetrie‚
           zentren" gemäss der „Sequenzregel" und ihren Anwendungsvorschriften
           (*Cahn, Ingold, Prelog,* Experientia **12** [1956] 81; Ang. Ch. **78** [1966] 413,
           419; Ang. Ch. int. Ed. **5** [1966] 385, 390, 511; *Cahn, Ingold,* Soc. **1951**
           612; s. a. *Cahn,* J. chem. Educ. **41** [1964] 116, 508).
           Zur Kennzeichnung der Konfiguration von Racematen aus Verbindungen
           mit mehreren Chiralitätszentren dienen die Buchstabenpaare (**RS**) und (**SR**),
           wobei z. B. durch das Symbol (1*R*,2*SR*) das aus dem (1*R*,2*S*)-Enantiomeren
           und dem (1*S*,2*R*)-Enantiomeren bestehende Racemat spezifiziert wird (vgl.
           Cahn, Ingold, Prelog, Ang. Ch. **78** 435; Ang. Ch. int. Ed. **5** 404).
           Das Symbol ($\overline{RS}$) kennzeichnet ein Gemisch von annähernd gleichen Teilen
           des (**R**)-Enantiomeren und des (**S**)-Enantiomeren.

           Beispiele:
             (*R*)-Propan-1,2-diol [E IV **1** 2468]
             (1*R*,3*S*,4*S*)-3-Chlor-*p*-menthan [E IV **5** 152]
             (3a*R*:4*S*:8*R*:8a*S*:9*s*)-9-Hydroxy-2.2.4.8-tetramethyl-decahydro-4.8-methano-
                  azulen [E III **6** 425]
             (1*RS*,2*SR*)-2-Amino-1-benzo[1,3]dioxol-5-yl-propan-1-ol [E III/IV **19** 4221]
             (2$\overline{RS}$,4′*R*,8′*R*)-β-Tocopherol [E III/IV **17** 1427]

       b) Die Symbole (**R_a**) und (**S_a**) bzw. (**R_p**) und (**S_p**) werden in Anlehnung an
          den Vorschlag von *Cahn, Ingold* und *Prelog* (Ang. Ch. **78** 437; Ang. Ch.
          int. Ed. **5** 406) zur Kennzeichnung der Konfiguration von Elementen der
          axialen bzw. planaren Chiralität verwendet.

          Beispiele:
            (R_a)-1,11-Dimethyl-5,7-dihydro-dibenz[*c,e*]oxepin [E III/IV **17** 642]
            (S_p)-*trans*-Cycloocten [E IV **5** 263]
            (R_p)-Cyclohexanhexol-(1*r*.2*c*.3*t*.4*c*.5*t*.6*t*) [E III **6** 6925]

       c) Das Symbol *rel* in einem mindestens zwei Chiralitätssymbole [(**R**) bzw. (**S**);
          s. o.] enthaltenden Namen einer optisch-aktiven Verbindung deutet an, dass
          die Chiralitätssymbole keine absolute, sondern nur eine relative Konfigura‚
          tion spezifizieren.

          Beispiel:
            (+)(*rel*-1*R*:1′*S*)-(1*rH*.1′*r*′*H*)-Bicyclohexyl-dicarbonsäure-(2*c*.2′*t*′) [E III **9** 4021]

§ 2.   Die Präfixe *cis* bzw. *trans* geben an, dass sich die beiden Bezugsliganden
         auf der gleichen Seite (*cis*) bzw. auf den entgegengesetzten Seiten (*trans*)
         der Bezugsfläche befinden. Bei Olefinen verläuft die „Bezugsfläche" durch
         die beiden doppelt gebundenen Atome und steht senkrecht zu der Ebene,
         in der die doppelt gebundenen und die vier hiermit einfach verbundenen
         Atome liegen; bei cyclischen Verbindungen wird die Bezugsfläche durch die
         Ringatome fixiert, wobei bei höhergliedrigen Ringen die Projektion als regel‚
         mässiges Vieleck zugrunde gelegt wird (vgl. das letzte Beispiel in § 4d).

         Beispiele:
           β-Brom-*cis*-zimtsäure [E III **9** 2732]
           2-[4-Nitro-*trans*-styryl]-pyridin [E III/IV **20** 3879]
           5-*cis*-Propenyl-benzo[1,3]dioxol [E III/IV **19** 273]
           3-[*trans*-2-Nitro-vinyl]-pyridin [E III/IV **20** 2887]

trans-2-Methyl-cyclohexanol [E IV **6** 100]

4a,8a-Dibrom-*trans*-decahydro-naphthalin [E IV **5** 314]

§ 3. a) Die — bei Bedarf mit einer Stellungsbezeichnung versehenen — Symbole
(*E*) bzw. (*Z*) am Anfang eines Namens oder Namensteils kennzeichnen die
Konfiguration an vorhandenen Doppelbindungen. Sie zeigen an, dass sich
die — jeweils mit Hilfe der Sequenzregel (s. § 1 a) ausgewählten — Bezugsli=
ganden an den jeweiligen doppelt gebundenen Atomen auf den entgegenge=
setzten Seiten (*E*) bzw. auf der gleichen Seite (*Z*) der Bezugsfläche (vgl.
§ 2) befinden.

Beispiele:

(*E*)-1,2,3-Trichlor-propen [E IV **1** 748]

(*Z*)-1,3-Dichlor-but-2-en [E IV **1** 786]

3*endo*-[(*Z*)-2-Cyclohexyl-2-phenyl-vinyl]-tropan [E III/IV **20** 3711]

Piperonal-(*E*)-oxim [E III/IV **19** 1667]

Anstelle von (*E*) bzw. (*Z*) waren früher die Bezeichnungen **seqtrans** bzw. **seqcis** sowie
zur Kennzeichnung von stickstoffhaltigen funktionellen Derivaten der Aldehyde auch
die Bezeichnungen **syn** bzw. **anti** in Gebrauch.

Beispiele:

(3*S*)-9.10-Seco-cholestadien-(5(10).7*seqtrans*)-ol-(3) [E III **6** 2602]

1.1.3-Trimethyl-cyclohexen-(3)-on-(5)-*seqcis*-oxim [E III **7** 285]

Perillaaldehyd-*anti*-oxim [E III **7** 567]

b) Die — bei Bedarf mit einer Stellungsbezeichnung versehenen — Symbole
(*e*) bzw. (*z*) am Anfang eines Namens oder Namensteils kennzeichnen die
Konfiguration (Konformation) an den vorhandenen nicht frei drehbaren Ein=
fachbindungen zwischen zwei dreibindigen Atomen. Sie zeigen an, dass sich
die — jeweils mit Hilfe der Sequenzregel (s. § 1 a) ausgewählten — Bezugsli=
ganden an den beiden einfach gebundenen Atomen auf den entgegengesetzten
Seiten (*e*) bzw. auf der gleichen Seite (*z*) der durch die einfach gebundenen
Atome verlaufenden Bezugsgeraden befinden.

Beispiele:

(*e*)-*N*-Methyl-thioformamid [E IV **4** 171]

(2*z*)-1*t*-Methylamino-pent-1-en-3-on [E IV **4** 1967]

Mit gleicher Bedeutung werden in der Literatur auch die Bezeichnungen **s-trans**
(=*single-trans*) bzw. **s-cis** (=*single-cis*) verwendet.

§ 4. a) Die Symbole **c** bzw. **t** hinter der Stellungsziffer einer C,C-Doppelbindung
geben an, dass die jeweiligen Bezugsliganden an den beiden doppelt-gebunde=
nen Kohlenstoff-Atomen cis-ständig (*c*) bzw. trans-ständig (*t*) sind (vgl. § 2).
Als „Bezugsligand" gilt an jedem der beiden doppelt-gebundenen Atome
derjenige äussere — d. h. nicht der Bezugsfläche angehörende — Ligand,
der der gleichen Bezifferungseinheit angehört wie das mit ihm verknüpfte
doppelt-gebundene Atom. Gehören beide äusseren Liganden eines der dop=
pelt-gebundenen Atome der gleichen Bezifferungseinheit an, so gilt der niedri=
gerbezifferte als Bezugsligand.

Beispiele:

2-Methyl-oct-3*t*-en-2-ol [E IV **1** 2177]

Cycloocta-1*c*,3*t*-dien [E IV **5** 402]

9,11α-Epoxy-5α-ergosta-7,22*t*-dien-3β-ol [E III/IV **17** 1574]

3β-Acetoxy-16α-hydroxy-23,24-dinor-5α-chol-17(20)*t*-en-21-säure-lacton
[E III/IV **18** 470]
(3*S*)-9.10-Seco-ergostatrien-(5*t*.7*c*.10(19))-ol-(3) [E III **6** 2832]

b) Die Symbole *c* bzw. *t* hinter der Stellungsziffer eines Substituenten an einem doppelt-gebundenen endständigen Kohlenstoff-Atom oder vor der eine ,,of⸗ fene" Valenz an einem solchen Atom anzeigenden Endung -yl geben an, dass dieser Substituent bzw. der mit der ,,offenen" Valenz verknüpfte Rest cis-ständig (*c*) bzw. trans-ständig (*t*) (vgl. § 2) zum Bezugsliganden (vgl. § 4a) ist.

Beispiele:
1*t*,2-Dibrom-propen [E IV **1** 760]
1*c*,2-Dibrom-3-methyl-buta-1,3-dien [E IV **1** 1005]
1-But-1-en-*t*-yl-cyclohexen [E IV **5** 431]

c) Die Symbole *c* bzw. *t* hinter der Stellungsziffer 2 eines Substituenten am Äthylen-System geben die cis-Stellung (*c*) bzw. die trans-Stellung (*t*) (vgl. § 2) dieses Substituenten zu dem durch das Symbol *r* gekennzeichneten Be⸗ zugsliganden an dem mit 1 bezifferten Kohlenstoff-Atom an.

Beispiel:
1.2*t*-Diphenyl-1*r*-[4-chlor-phenyl]-äthylen [E III **5** 2399]

d) Die mit der Stellungsziffer eines Substituenten (oder den Stellungsziffern einer im Namen durch ein Präfix bezeichneten Brücke eines Ringsystems) kombinierten Symbole *c* bzw. *t* geben an, dass sich der Substituent (oder die mit dem Stamm-Ringsystem verknüpften Brückenatome) auf der gleichen Seite (*c*) bzw. der entgegengesetzten Seite (*t*) der Bezugsfläche befinden wie der Bezugsligand. Dieser Bezugsligand ist durch Hinzufügen des Symbols *r* zu seiner Stellungsziffer kenntlich gemacht.
Bei einer aus mehreren isolierten Ringen oder Ringsystemen bestehenden Verbindung kann jeder Ring bzw. jedes Ringsystem als gesonderte Bezugsflä⸗ che für Konfigurationskennzeichen fungieren; die zusammengehörigen Sätze von Konfigurationssymbolen *r, c* und *t* sind dann im Namen der Verbindung durch Klammerung voneinander getrennt oder durch Strichelung unterschie⸗ den (s. Beispiele 1 und 2 unter Abschnitt e).

Beispiele:
1*r*,2*t*,3*c*,4*t*-Tetrabrom-cyclohexan [E IV **5** 76]
[1,2*c*-Dibrom-cyclohex-*r*-yl]-methanol [E IV **6** 109]
2*c*-Chlor-(4a*r*,8a*t*)-decahydro-naphthalin [E IV **5** 313]
5*c*-Brom-(3a*t*,7a*t*)-octahydro-4*r*,7-methano-inden [E IV **5** 467]
(3*R*)-14*t*-Äthyl-4*t*,6*t*,7*c*,10*c*,12*t*-pentahydroxy-3*r*,5*c*,7*t*,9*t*,11*c*,13*t*-hexamethyl-oxacyclotetradecan-2-on [E III/IV **18** 3400]

e) Die mit einem (gegebenenfalls mit hochgestellter Stellungsziffer ausgestatte⸗ ten) Atomsymbol kombinierten Symbole *r, c* oder *t* beziehen sich auf die räumliche Orientierung des indizierten Atoms relativ zur Bezugsfläche.
Beispiele:
1-[(4a*R*)-6*t*-Hydroxy-2*c*.5.5.8a*t*-tetramethyl-(4a*rH*)-decahydro-naphthyl-(1*t*)]-2-[(4a*R*)-6*t*-hydroxy-2*t*.5.5.8a*t*-tetramethyl-(4a*rH*)-decahydro-naphthyl-(1*t*)]-äthan [E III **6** 4829]
2-[(5*S*)-6,10*c*'-Dimethyl-(5*rC*[6],5*r'C*[1])-spiro[4.5]dec-6-en-2*t*-yl]-propan-2-ol [E IV **6** 419]

$(6R)$-2ξ-Isopropyl-6c,10ξ-dimethyl-$(5rC^1)$-spiro[4.5]decan [E IV **5** 352]
$(1rC^8,2tH,4tH)$-Tricyclo[3.2.2.0^{2,4}]nonan-6c,7c-dicarbonsäure-anhydrid
     [E III/IV **17** 6079]

§ 5.   a) Die Präfixe ***erythro*** und ***threo*** zeigen an, dass sich die Bezugsliganden (das sind zwei gleiche oder jeweils die von Wasserstoff verschiedenen Liganden) an zwei einer Kette angehörenden Chiralitätszentren auf der gleichen Seite (*erythro*) bzw. auf den entgegengesetzten Seiten (*threo*) der Fischer-Projektion dieser Kette befinden.

     Beispiele:
       threo-Pentan-2,3-diol [E IV **1** 2543]
       erythro-7-Acetoxy-3,5,7-trimethyl-octansäure-methylester [E IV **3** 915]
       erythro-α′-[4-Methyl-piperidino]-bibenzyl-α-ol [E III/IV **20** 1516]

   b) Das Präfix ***meso*** gibt an, dass ein mit einer geraden Anzahl von Chiralitäts= zentren ausgestattetes Molekül eine Symmetrieebene oder ein Symmetrie= zentrum aufweist. Das Präfix ***racem.*** kennzeichnet ein Gemisch gleicher Men= gen von Enantiomeren, die zwei identische Chiralitätszentren oder zwei iden= tische Sätze von Chiralitätszentren enthalten.

     Beispiele:
       meso-Pentan-2,4-diol [E IV **1** 2543]
       meso-1,4-Dipiperidino-butan-2,3-diol [E III/IV **20** 1235]
       racem.-3,5-Dichlor-2,6-cyclo-norbornan [E IV **5** 400]
       racem.-$(1rH.1′r′H)$-Bicyclohexyl-dicarbonsäure-$(2c.2′c′)$ [E III **9** 4020]

   c) Die „Kohlenhydrat-Präfixe" ***ribo, arabino, xylo*** und ***lyxo*** bzw. ***allo, altro, gluco, manno, gulo, ido, galacto*** und ***talo*** kennzeichnen die relative Konfigura= tion von Molekülen mit drei Chiralitätszentren (deren mittleres ein „Pseudo= asymmetriezentrum" sein kann) bzw. vier Chiralitätszentren, die sich jeweils in einer unverzweigten Kette befinden. In den nachstehend abgebildeten „Lei= ter-Mustern" geben die horizontalen Striche die Orientierung der Bezugsli= ganden an der jeweils als Fischer-Projektion wiedergegebenen Kohlenstoff= kette an[1].

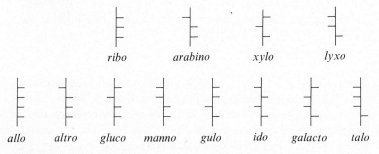

      ribo   *arabino*   *xylo*   *lyxo*

  allo   *altro*   *gluco*   *manno*   *gulo*   *ido*   *galacto*   *talo*

     Beispiele:
       ribo-2,3,4-Trimethoxy-pentan-1,5-diol [E IV **1** 2834]
       galacto-Hexan-1,2,3,4,5,6-hexaol [E IV **1** 2844]

§ 6.   a) Die „Fischer-Symbole" D bzw. L im Namen einer Verbindung mit einem Chiralitätszentrum geben an, dass sich der Bezugsligand (das ist der von

---

[1] Das niedrigstbezifferte Atom befindet sich hierbei am oberen Ende der vertikal dargestellten Kette der Bezifferungseinheit.

Wasserstoff verschiedene, nicht der durch den Namensstamm gekennzeichne=
ten Kette angehörende Ligand) am Chiralitätszentrum in der Fischer-Projek=
tion[1] auf der rechten Seite (D) bzw. auf der linken Seite (L) der Kette befindet.

Beispiele:
  D-Tetradecan-1,2-diol [E IV 1 2631]
  L-4-Methoxy-valeriansäure [E IV 3 812]

b) In Kombination mit dem Präfix *erythro* geben die Symbole D und L an,
dass sich die beiden Bezugsliganden auf der rechten Seite (D) bzw. auf der
linken Seite (L) der Fischer-Projektion[1] befinden. Die mit dem Präfix *threo*
kombinierten Symbole D_g und D_s geben an, dass sich der höherbezifferte
(D_g) bzw. der niedrigerbezifferte (D_s) Bezugsligand auf der rechten Seite der
Fischer-Projektion[1] befindet; linksseitige Position des jeweiligen Bezugsligan=
den wird entsprechend durch die Symbole L_g bzw. L_s angezeigt.
In Kombination mit den in § 5c aufgeführten konfigurationsbestimmenden
Präfixen werden die Symbole D und L ohne Index verwendet; sie beziehen
sich dabei jeweils auf die Orientierung des höchstbezifferten (d. h. des in
der Abbildung am weitesten unten erscheinenden) Bezugsliganden (die in
§ 5c abgebildeten „Leiter-Muster" repräsentieren jeweils das D-Enantiomere).

Beispiele:
  D-*erythro*-Nonan-1,2,3-triol [E IV 1 2792]
  D_s-*threo*-1,4-Dibrom-2,3-dimethyl-butan [E IV 1 375]
  L_g-*threo*-Hexadecan-7,10-diol [E IV 1 2636]
  D-*ribo*-9,10,12-Trihydroxy-octadecansäure [E IV 3 1118]
  6-Allyloxy-D-*manno*-hexan-1,2,3,4,5-pentaol [E IV 1 2846]

c) Kombination der Präfixe D-*glycero* oder L-*glycero* mit einem der in § 5c
in der zweiten Formelzeile aufgeführten, jeweils mit einem Fischer-Symbol
versehenen Kohlenhydrat-Präfixe dienen zur Kennzeichnung der Konfigura=
tion von Molekülen mit fünf in einer Kette angeordneten Chiralitätszentren
(deren mittleres auch „Pseudoasymmetriezentrum" sein kann). Dabei bezieht
sich das Kohlenhydrat-Präfix auf die vier niedrigstbezifferten Chiralitätszen=
tren, das Präfix D-*glycero* oder L-*glycero* auf das höchstbezifferte (d. h. in
der Abbildung am weitesten unten erscheinende) Chiralitätszentrum.

Beispiel:
  D-*glycero*-L-*gulo*-Heptit [E IV 1 2854]

§ 7. a) Die Symbole c_F bzw. t_F hinter der Stellungsziffer eines Substituenten an
einer mehrere Chiralitätszentren aufweisenden Kette geben an, dass sich dieser
Substituent und der Bezugssubstituent, der seinerseits durch das Symbol r_F
gekennzeichnet wird, auf der gleichen Seite (c_F) bzw. auf den entgegengesetz=
ten Seiten (t_F) der Fischer-Projektion befinden. Ist eines der endständigen
Atome der Kette Chiralitätszentrum, so wird der Stellungsziffer des „catenoi=
den" Substituenten (d. h. des Substituenten, der in der Fischer-Projektion
als Verlängerung an der Kette erscheint) das Symbol cat_F beigefügt.

b) Die Symbole D_r bzw. L_r am Anfang eines mit dem Kennzeichen r_F ausgestatte=
ten Namens geben an, dass sich der Bezugssubstituent auf der rechten Seite
(D_r) bzw. auf der linken Seite (L_r) der in Fischer-Projektion[1] wiedergegebenen
Kette der Bezifferungseinheit befindet.

Beispiele:

Heptan-1,2r_F,3c_F,4t_F,5c_F,6c_F,7-heptaol [E IV 1 2854]

L$_r$-1c_F,2t_F,3t_F,4c_F,5r_F-Pentahydroxy-hexan-1cat_F-sulfonsäure [E IV 1 4275]

§ 8. Die Symbole **endo** bzw. **exo** hinter der Stellungsziffer eines Substituenten eines Bicycloalkans geben an, dass der Substituent der niedriger bezifferten Nachbarbrücke zugewandt (*endo*) bzw. abgewandt (*exo*) ist.

Beispiele:

5*endo*-Brom-norborn-2-en [E IV 5 398]

2*endo*,3*exo*-Dimethyl-norbornan [E IV 5 294]

4*endo*,7,7-Trimethyl-6-oxa-bicyclo[3.2.1]octan-3*exo*,4*exo*-diol [E III/IV 17 2044]

§ 9. Die Symbole **syn** bzw. **anti** hinter der Stellungsziffer eines Substituenten an einem Atom der höchstbezifferten Brücke eines Bicycloalkan-Systems oder einer Brücke über ein ortho- oder ortho/perianelliertes Ringsystem geben an, dass der Substituent der Nachbarbrücke zugewandt (*syn*) bzw. abgewandt (*anti*) ist, die das niedrigstbezifferte Ringatom aufweist.

Beispiele:

(3a*R*)-9*syn*-Chlor-1,5,5,8a-tetramethyl-(3a*t*,8a*t*)-decahydro-1*r*,4*c*-methano-azulen
  [E IV 5 498]

5*exo*,7*anti*-Dibrom-norborn-2-en [E IV 5 399]

3*endo*,8*syn*-Dimethyl-7-oxo-6-oxa-bicyclo[3.2.1]octan-2*endo*-carbonsäure
  [E III/IV 18 5363]

§ 10. a) Die Symbole **α** bzw. **β** hinter der Stellungsziffer eines ringständigen Substi≠ tuenten im halbrationalen Namen einer Verbindung mit einer dem Cholestan [E III 5 1132] entsprechenden Bezifferung und Projektionsanlage geben an, dass sich der Substituent auf der dem Betrachter abgewandten (α) bzw. zuge≠ wandten (β) Seite der Fläche des Ringgerüstes befindet.

Beispiele:

3β-Piperidino-cholest-5-en [E III/IV 20 361]

21-Äthyl-4-methyl-16-methylen-7,20-cyclo-veatchan-1α,15β-diol [E III/IV 21 2308]

3β,21β-Dihydroxy-lupan-29-säure-21-lacton [E III/IV 18 485]

Onocerandiol-(3β.21α) [E III 6 4829]

b) Die Symbole **α$_F$** bzw. **β$_F$** hinter der Stellungsziffer eines an der Seitenkette befindlichen Substituenten im halbrationalen Namen einer Verbindung der unter a) erläuterten Art geben an, dass sich der Substituent auf der rechten (α$_F$) bzw. linken (β$_F$) Seite der in Fischer-Projektion dargestellten Seitenkette befindet, wobei sich hier das niedrigstbezifferte Atom am unteren Ende der Kette befindet.

Beispiele:

16α,17-Epoxy-pregn-5-en-3β,20β$_F$-diol [E III/IV 17 2137]

22α$_F$,23α$_F$-Dibrom-9,11α-epoxy-5α-ergost-7-en-3β-ol [E III/IV 17 1519]

c) Die Symbole **α** und **β**, die zusammen mit der Stellungsziffer eines angularen oder eines tertiären peripheren Kohlenstoff-Atoms (im zuletzt genannten Fall ist hinter α bzw. β das Symbol *H* eingefügt) unmittelbar vor dem Stamm eines Halbrationalnamens erscheinen, kennzeichnen im Sinne von § 10a die räumliche Orientierung der betreffenden angularen Bindung bzw. (im Falle von α*H* und β*H*) des betreffenden (evtl. substituierten) Wasserstoff-Atoms, die entweder durch die Definition des Namensstamms nicht festgelegt ist oder von der Definition abweicht [Epimerie].

In gleicher Weise kennzeichnen die Symbole $\alpha_F H$ und $\beta_F H$ im Sinne von § 10b die von der Definition des Namensstamms abweichende Orientierung des (gegebenenfalls substituierten) Wasserstoff-Atoms an einem Chiralitäts=zentrum in der Seitenkette von Verbindungen mit einem Halbrationalnamen.

Beispiele:
5,6β-Epoxy-5β,9β,10α-ergosta-7,22*t*-dien-3β-ol [E III/IV **17** 1573]
(25*R*)-5α,20α*H*,22α*H*-Furostan-3β,6α,26-triol [E III/IV **17** 2348]
4β*H*,5α-Eremophilan [E IV **5** 356]
(11*S*)-4-Chlor-8β-hydroxy-4β*H*-eudesman-12-säure-lacton [E III/IV **17** 4674]
5α.20β_F*H*.24β_F*H*-Ergostanol-(3β) [E III **6** 2161]

d) Die Symbole **α** bzw. **β** vor dem halbrationalen Namen eines Kohlenhydrats, eines Glykosids oder eines Glykosyl-Radikals geben an, dass sich der Bezugs=ligand (d. h. die am höchstbezifferten chiralen Atom der Kohlenstoff-Kette befindliche Hydroxy-Gruppe) und die mit dem Glykosyl-Rest verbundene Gruppe (bei Pyranosen und Furanosen die Hemiacetal-OH-Gruppe) auf der gleichen (α) bzw. der entgegengesetzten (β) Seite der Bezugsgeraden befinden. Die Bezugsgerade besteht dabei aus derjenigen Kette, die die cyclischen Bin=dungen am acetalischen Kohlenstoff-Atom sowie alle weiteren C,C-Bindun=gen in der entsprechend § 5c definierten Orientierung der Fischer-Projektion enthält.

Beispiele:
O^2-Methyl-β-D-glucopyranose [E IV **1** 4347]
Methyl-α-D-glucopyranosid [E III/IV **17** 2909]
Tetra-*O*-acetyl-α-D-fructofuranosylchlorid [E III/IV **17** 2651]

e) Das Präfix ***ent*** vor dem halbrationalen Namen einer Verbindung mit mehreren Chiralitätszentren, deren Konfiguration mit dem Namen festgelegt ist, dient zur Kennzeichnung des Enantiomeren der betreffenden Verbindung. Das Präfix ***rac*** wird zur Kennzeichnung des einer solchen Verbindung entspre=chenden Racemats verwendet.

Beispiele:
ent-(13*S*)-3β,8-Dihydroxy-labdan-15-säure-8-lacton [E III/IV **18** 138]
rac-4,10 Dichlor-4β*H*,10β*H*-cadinan [E IV **5** 354]

§ 11. a) Das Symbol ξ tritt an die Stelle von *cis, trans,* c, *t,* c_F, t_F, cat_F, *endo, exo, syn, anti,* α, β, α_F oder β_F, wenn die Konfiguration an der betreffenden Doppelbindung bzw. an dem betreffenden Chiralitätszentrum (oder die konfi=gurative Einheitlichkeit eines Präparats hinsichtlich des betreffenden Struk=turelements) ungewiss ist.

Beispiele:
1-Nitro-ξ-cycloocten [E IV **5** 264]
1*t*,2-Dibrom-3-methyl-penta-1,3ξ-dien [E IV **1** 1022]
(4a*S*)-2ξ,5ξ-Dichlor-2ξ,5ξ,9,9-tetramethyl-(4a*r*,9a*t*)-decahydro-benzocyclohepten
       [E IV **5** 353]
D_r-1ξ-Phenyl-1ξ-*p*-tolyl-hexanpentol-(2*r*_F.3*t*_F.4*c*_F.5*c*_F.6) [E III **6** 6904]
6ξ-Methyl-bicyclo[3.2.1]octan [E IV **5** 293]
4,10-Dichlor-1β,4ξ*H*,10ξ*H*-cadinan [E IV **5** 354]

(11S)-6ξ,12-Epoxy-4ξH,5ξ-eudesman [E III/IV **17** 350]

3β,5-Diacetoxy-9,11α;22ξ,23ξ-diepoxy-5α-ergost-7-en [E III/IV **19** 1091]

b) Das Symbol Ξ tritt an die Stelle von D oder L, das Symbol (Ξ) an die Stelle von (R) oder (S) bzw. von (E) oder (Z), wenn die Konfiguration an dem betreffenden Chiralitätszentrum bzw. an der betreffenden Doppelbindung (oder die konfigurative Einheitlichkeit eines Präparats hinsichtlich des betreffenden Strukturelements) ungewiss ist.

Beispiele:

N-{N-[N-(Toluol-sulfonyl-(4))-glycyl]-Ξ-seryl}-L-glutaminsäure [E III **11** 280]

(3Ξ,6R)-1,3,6-Trimethyl-cyclohexen [E IV **5** 288]

(1Z,3Ξ)-1,2-Dibrom-3-methyl-penta-1,3-dien [E IV **1** 1022]

c) Die Symbole (Ξ_a) und (Ξ_p) zeigen unbekannte Konfiguration von Strukturelementen mit axialer bzw. planarer Chiralität (oder ungewisse Einheitlichkeit eines Präparats hinsichtlich dieser Elemente) an; das Symbol (ξ) kennzeichnet unbekannte Konfiguration eines Pseudoasymmetriezentrums.

Beispiele:

[Ξ_a,6Ξ]-6-[(1S,2R)-2-Hydroxy-1-methyl-2-phenyl-äthyl]-6-methyl-5,6,7,8-tetrahydro-dibenz[c,e]azocinium-jodid [E III/IV **20** 3932]

(3ξ)-5-Methyl-spiro[2.5]octan-dicarbonsäure-(1r.2c) [E III **9** 4002]

§ 12. Das Symbol * am Anfang eines Artikels bedeutet, dass über die Konfiguration oder die konfigurative Einheitlichkeit des beschriebenen Präparats keine Angaben oder hinreichend zuverlässige Indizien vorliegen. Wenn mehrere Präparate in einem solchen Artikel beschrieben sind, ist deren Identität nicht gewährleistet.

Stereochemical Conventions

Contents

Prefix	Definition in §	Symbol	Definition in §
allo	5c, 6c	c	4a−e
altro	5c, 6c	c_F	7a
anti	3a, 9	D	6a, b, c
arabino	5c	D_g	6b
cat$_F$	7a	D_r	7b
cis	2	D_s	6b
endo	8	(e)	3b
ent	10e	(E)	3a
erythro	5a	L	6a, b, c
exo	8	L_g	6b
galacto	5c, 6c	L_r	7b
gluco	5c, 6c	L_s	6b
glycero	6c	r	4c, d, e
gulo	5c, 6c	r_F	7a, b
ido	5c, 6c	(r)	1a
lyxo	5c	(R)	1a
manno	5c, 6c	(R_a)	1b
meso	5b	(R_p)	1b
rac	10e	$(\overline{RS})$	1a
racem.	5b	(s)	1a
rel	1c	(S)	1a
ribo	5c	(S_a)	1b
s-cis	3b	(S_p)	1b
seqcis	3a	t	4a−e
seqtrans	3a	t_F	7a
s-trans	3b	(z)	3b
syn	3a, 9	(Z)	3a
talo	5c, 6c	α	10a, c, d
threo	5a	α_F	10b, c
trans	2	β	10a, c, d
xylo	5c	β_F	10b, c
		ξ	11a
		(ξ)	11c
		Ξ	11b
		(Ξ)	11b
		(Ξ_a)	11c
		(Ξ_p)	11c
		$*$	12

§ 1. a) The symbols (**R**) and (**S**) or (**r**) and (**s**) describe the absolute configuration of a chiral centre (centre of asymmetry) or pseudo-asymmetrical centre, following the Sequence-Rule and its applications (*Cahn, Ingold, Prelog,* Experientia **12** [1956] 81; Ang. Ch. **78** [1966] 413, 419; Ang. Ch. int. Ed. **5** [1966] 385, 390, 511; *Cahn, Ingold,* Soc. **1951** 612; see also *Cahn,* J. chem. Educ. **41** [1964] 116, 508). To define the configuration of racemates of compounds with several chiral centres, the letter-pairs (**RS**) and (**SR**) are used; thus (1*RS*,2*SR*) specifies a racemate composed of the (1*R*,2*S*)-enantiomer and the (1*S*,2*R*)-enantiomer (cf. *Cahn, Ingold, Prelog,* Ang. Ch. **78** 435; Ang. Ch. int. Ed. **5** 404). The symbol ($\overline{RS}$) represents a mixture of approximately equal parts of the (*R*)- and (*S*)-enantiomers.

Examples:
  (*R*)-Propan-1,2-diol [E IV **1** 2468]
  (1*R*,3*S*,4*S*)-3-Chlor-*p*-menthan [E IV **5** 152]
  (3a*R*:4*S*:8*R*:8a*S*:9*s*)-9-Hydroxy-2.2.4.8-tetramethyl-decahydro-4.8-methano-azulen [E III **6** 425]
  (1$\overline{RS}$,2*SR*)-2-Amino-1-benzo[1,3]dioxol-5-yl-propan-1-ol [E III/IV **19** 4221]
  (2$\overline{RS}$,4′*R*,8′*R*)-β-Tocopherol [E III/IV **17** 1427]

b) The symbols (**R_a**) and (**S_a**) or (**R_p**) and (**S_p**) are used (following the suggestion of *Cahn, Ingold* and *Prelog,* Ang. Ch. **78** 437; Ang. Ch. int. Ed. **5** 406) to define the configuration of elements of axial or planar chirality.

Examples:
  (R_a)-1,11-Dimethyl-5,7-dihydro-dibenz[*c*,*e*]oxepin [E III/IV **17** 642]
  (S_p)-*trans*-Cycloocten [E IV **5** 263]
  (R_p)-Cyclohexanhexol-(1*r*.2*c*.3*t*.4*c*.5*t*.6*t*) [E III **6** 6925]

c) The symbol *rel* in an optically active compound containing at least two chirality centres designated (*R*) or (*S*) (see above) indicates that the configurational symbols specify a relative rather than an absolute configuration.

Example:
  (+)(*rel*-1*R*:1′*S*)-(1*r*H.1′*r*′H)-Bicyclohexyl-dicarbonsäure-(2*c*.2′*t*′) [E III **9** 4021]

§ 2. The prefices **cis** or **trans** indicate that the given ligands are to be found on the same side (*cis*) or the opposite side (*trans*) of the reference plane. In olefins, this plane contains the two carbon nuclei of the double bond, and lies perpendicular to the nodal plane of the p_z orbitals of the pi bond. In cyclic compounds, the ring atoms are used to define the reference plane (see example 5 under section § 4. d).

Examples:
  β-Brom-*cis*-zimtsäure [E III **9** 2732]
  2-[4-Nitro-*trans*-styryl]-pyridin [E III/IV **20** 3879]
  5-*cis*-Propenyl-benzo[1,3]dioxol [E III/IV **19** 273]
  3-[*trans*-2-Nitro-vinyl]-pyridin [E III/IV **20** 2887]
  trans-2-Methyl-cyclohexanol [E IV **6** 100]
  4a,8a-Dibrom-*trans*-decahydro-naphthalin [E IV **5** 314]

§ 3. a) The symbols (**E**) and (**Z**) (modified where necessary by a locant) at the start of a name or part of a name define the configuration at the given double bond. They indicate that the reference ligands (see Sequence-Rule, § 1. a) at the doubly-bound atoms in question are to be found on the opposite (*E*) or same (*Z*) side of the reference plane, as defined in § 2.

Examples:
(*E*)-1,2,3-Trichlor-propen [E IV **1** 748]
(*Z*)-1,3-Dichlor-but-2-en [E IV **1** 786]
3*endo*-[(*Z*)-2-Cyclohexyl-2-phenyl-vinyl]-tropan [E III/IV **20** 3711]
Piperonal-(*E*)-oxim [E III/IV **19** 1667]

The designations (*E*) and (*Z*) have superseded the older nomenclature *seqtrans* and *seqcis*, as well as *anti* and *syn* in nitrogen-containing functional derivates of aldehydes.

Examples:
(3*S*)-9.10-Seco-cholestadien-(5(10).7*seqtrans*)-ol-(3) [E III **6** 2602]
1.1.3-Trimethyl-cyclohexen-(3)-on-(5)-*seqcis*-oxim [E III **7** 285]
Perillaaldehyd-*anti*-oxim [E III **7** 567]

b) The symbols (*e*) and (*z*) (modified where necessary by a locant) at the start of a name or part of a name define the configuration at a single bond between two trigonally disposed atoms which does not show free rota⸗ tion. They indicate that the reference ligands (see Sequence-Rule, § 1. a) attached to the terminal atoms of the single bond in question are to be found on the opposite (*e*) or same (*z*) side of the reference line drawn between the two atoms.

Examples:
(*e*)-*N*-Methyl-thioformamid [E IV **4** 171]
(2*z*)-1*t*-Methylamino-pent-1-en-3-on [E IV **4** 1967]

The equivalent usage *s-trans* (=*single-trans*) and *s-cis* (=*single-cis*) is sometimes found in the literature.

§ 4.   a) The symbols *c* or *t* following the locant of a double bond indicate that the reference ligands at the carbon termini of the double bond are cis (*c*) or trans (*t*) to one another (cf. § 2). The reference ligands in this case are defined at each of the Carbon atoms as those lateral (i. e. not in the reference plane) groups which belong to the same skeletal unit as the doubly-bound Carbon atom to which they are attached. Should both lateral groups at the carbon of a double bond belong to the same unit, then the group with the lowest-numbered atom as its point of attachment to the doubly-bound Carbon atom is defined as the reference ligand.

Examples:
2-Methyl-oct-3*t*-en-2-ol [E IV **1** 2177]
Cycloocta-1*c*,3*t*-dien [E IV **5** 402]
9,11α-Epoxy-5α-ergosta-7,22*t*-dien-3β-ol [E III/IV **17** 1574]
3β-Acetoxy-16α-hydroxy-23,24-dinor-5α-chol-17(20)*t*-en-21-säure-lacton
  [E III/IV **18** 470]
(3*S*)-9.10-Seco-ergostatrien-(5*t*.7*c*.10(19))-ol-(3) [E III **6** 2832]

b) The symbols *c* or *t* following the locant assigned to a substituent at a doubly-bound terminal Carbon atom indicate that the substituent is cis (*c*) or trans (*t*) (see § 2) to the reference ligand (see § 4. a). The same symbols placed before the ending -yl (showing a 'free' valence) have the corresponding meaning for the substituent attached *via* this valence.

Examples:
1*t*,2-Dibrom-propen [E IV **1** 760]
1*c*,2-Dibrom-3-methyl-buta-1,3-dien [E IV **1** 1005]
1-But-1-en-*t*-yl-cyclohexen [E IV **5** 431]

c) The symbols *c* or *t* following the locant 2 assigned to a substituent attached
to the ethene group indicate respectively the cis and trans configuration
(see § 2) for the substituent in question with respect to the reference ligand,
labelled *r*, at the 1-position of the double bond.

Example:
   1.2*t*-Diphenyl-1*r*-[4-chlor-phenyl]-äthylen [E III **5** 2399]

d) The symbols *c* or *t* following the locant assigned to a substituent (or a
bridge in a ring-system) indicate that the substituent (or the points of attach=
ment of the bridge) is/are to be found on the same (*c*) side or the opposite
(*t*) side of the reference plane as the reference ligand. The reference ligand
is indicated by the symbol *r* placed after its locant. A compound containing
several isolated rings or ring-systems may have for each ring or ring-system
a specifically defined reference plane for the purpose of definition of configur=
ation. The sets of symbols *r*, *c* and *t* are then separated in the compound
name by brackets or dashes. (see examples 1 and 2 under section § 4. e).

Examples:
   1*r*,2*t*,3*c*,4*t*-Tetrabrom-cyclohexan [E IV **5** 76]
   [1,2*c*-Dibrom-cyclohex-*r*-yl]-methanol [E IV **6** 109]
   2*c*-Chlor-(4a*r*,8a*t*)-decahydro-naphthalin [E IV **5** 313]
   5*c*-Brom-(3a*t*,7a*t*)-octahydro-4*r*,7-methano-inden [E IV **5** 467]
   (3*R*)-14*t*-Äthyl-4*t*,6*t*,7*c*,10*c*,12*t*-pentahydroxy-3*r*,5*c*,7*t*,9*t*,11*c*,13*t*-hexamethyl-
      oxacyclotetradecan [E III/IV **18** 3400]

e) The symbols *r*, *c* and *t*, when combined with an atomic symbol (modified
when necessary by a locant used as superscript), refer to the steric arrangement
of the atom indicated relative to the reference plane (see § 2).

Examples:
   1-[(4a*R*)-6*t*-Hydroxy-2*c*.5.5.8a*t*-tetramethyl-(4a*rH*)-decahydro-naphthyl-(1*t*)]-2-
      [(4a*R*)-6*t*-hydroxy-2*t*.5.5.8a*t*-tetramethyl-(4a*rH*)-decahydro-naphthyl-(1*t*)]-
      äthan [E III **6** 4829]
   2-[(5*S*)-6,10*c'*-Dimethyl-(5*rC*^{6},5*r'C*^{1})-spiro[4.5]dec-6-en-2*t*-yl]-propan-2-ol
      [E IV **6** 419]
   (6*R*)-2ξ-Isopropyl-6*c*,10ξ-dimethyl-(5*rC*^{1})-spiro[4.5]decan [E IV **5** 352]
   (1*rC*^{8},2*tH*,4*tH*)-Tricyclo[3.2.2.0^{2,4}]nonan-6*c*,7*c*-dicarbonsäure-anhydrid
      [E III/IV **17** 6079]

§ 5. a) The prefices **erythro** and **threo** indicate that the reference ligands (either
two identical ligands or two non-identical ligands other than hydrogen) at
each of two chiral centres in a chain are located on the same side (*erythro*)
or on the opposite side (*threo*) of the Fischer-Projection of the chain.

Examples:
   threo-Pentan-2,3-diol [E IV **1** 2543]
   erythro-7-Acetoxy-3,5,7-trimethyl-octansäure-methylester [E IV **3** 915]
   erythro-α'-[4-Methyl-piperidino]-bibenzyl-α-ol [E III/IV **20** 1516]

b) The prefix **meso** indicates that a molecule with an even number of chiral
centres possesses a symmetry plane or a symmetry centre. The prefix **racem.**
indicates a mixture of equal molar quantities of enantiomers which each
possess two identical centres (or two sets of identical centres) of chirality.

Examples:
  meso-Pentan-2,4-diol [E IV **1** 2543]
  meso-1,4-Dipiperidino-butan-2,3-diol [E III/IV **20** 1235]
  racem.-3,5-Dichlor-2,6-cyclo-norbornan [E IV **5** 400]
  racem.-(1*rH*.1′*r′H*)-Bicyclohexyl-dicarbonsäure-(2*c*.2′*c*′) [E III **9** 4020]

c) The carbohydrate prefices (***ribo***, ***arabino***, ***xylo*** and ***lyxo***) and (***allo***, ***altro***,
   gluco, ***manno***, ***gulo***, ***ido***, ***galacto*** and ***talo***) indicate the relative configuration
   of molecules with three or four centres of chirality, respectively, in an un=
   branched chain. In the case of three chiral centres, the middle one may
   be 'pseudo-asymmetric'. The horizontal lines in the following scheme indicate
   the reference ligands in the Fischer-Projection formulae of the carbon chain.

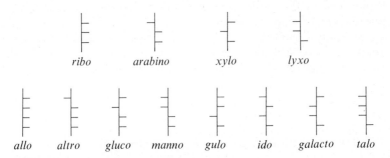

Examples:
  ribo-2,3,4-Trimethoxy-pentan-1,5-diol [E IV **1** 2834]
  galacto-Hexan-1,2,3,4,5,6-hexaol [E IV **1** 2844]

§ 6. a) The Fischer-Symbols D and L incorporated in the name of a compound
      with one chiral centre indicate that the reference ligand (which may not
      be Hydrogen, nor the next member of the chain) lies on the right-hand
      (D) or left-hand (L) side of the asymmetric centre seen in Fischer-Projection[1].

      Examples:
        D-Tetradecan-1,2-diol [E IV **1** 2631]
        L-4-Methoxy-valeriansäure [E IV **3** 812]

    b) The symbols D and L, when used in conjunction with the prefix *erythro*,
      indicate that both the reference ligands are to be found on the right-hand
      side (D) or left-hand side (L) of the Fischer-Projection[1]. Symbols D_g and
      D_s used in conjunction with the prefix *threo* indicate that the higher-numbered
      (D_g) or lower-numbered (D_s) reference ligand stands on the right-hand side
      of the Fischer-Projection[1]. The corresponding symbols L_g and L_s are used
      for the left-hand side, in the same sense.
      The symbols D and L are used without suffix when the prefices of § 5.c
      are applied; in these cases reference is always made to the highest-numbered
      (i. e. for the scheme of § 5.c, the most 'southerly') reference ligand. The
      examples of the scheme of § 5.c are therefore in every case the D-enantiomer.

      Examples:
        D-*erythro*-Nonan-1,2,3-triol [E IV **1** 2792]
        D_s-*threo*-1,4-Dibrom-2,3-dimethyl-butan [E IV **1** 375]

_____
[1] The lowest-numbered atom being placed at the 'North' of the projection.

L$_g$-*threo*-Hexadecan-7,10-diol [E IV **1** 2636]
D-*ribo*-9,10,12-Trihydroxy-octadecansäure [E IV **3** 1118]
6-Allyloxy-D-*manno*-hexan-1,2,3,4,5-pentaol [E IV **1** 2846]

c) The combination of the prefices **D-*glycero*** or **L-*glycero*** with any of the carbohydrate prefices of the second row in the scheme of § 5.c designates the configuration for molecules which contain a chain of five consecutive asymmetric centres, of which the middle one may be pseudo-asymmetric. The carbohydrate prefix always refers to the four lowest-numbered chiral centres, while the prefices D-*glycero* or L-*glycero* refer to the configuration at the highest-numbered (i. e. most 'southerly') chiral centre.

Example:
    D-*glycero*-L-*gulo*-Heptit [E IV **1** 2854]

§ 7. a) The symbols c_F or t_F following the locant of a substituent attached to a chain containing several chiral centres indicate that the substituent in question is situated on the same side (c_F) or the opposite side (t_F) of the backbone of the Fischer-Projection as does the reference ligand, which is denoted in turn by the symbol r_F. When a terminal atom in the chain is also a chiral centre, the locant of the 'catenoid substituent' (i. e. the group which is placed in the Fischer-Projection as if it were the continuing chain) is modified by the symbol **cat_F**.

b) The symbols **D$_r$** or **L$_r$** at the beginning of a name containing the symbol r_F indicate that the reference ligand is to be placed on the right-hand side (D$_r$) or left-hand side (L$_r$) of the Fischer-Projection[1].

Examples:
    Heptan-1,2r_F,3c_F,4t_F,5c_F,6c_F,7-heptaol [E IV **1** 2854]
    L$_r$-1c_F,2t_F,3t_F,4c_F,5r_F-Pentahydroxy-hexan-1cat_F-sulfonsäure [E IV **1** 4275]

§ 8. The symbols ***endo*** or ***exo*** following the locant of a substituent attached to a bicycloalkane indicate that the substituent in question is orientated towards (*endo*) or away from (*exo*) the lower-numbered neighbouring bridge.

Examples:
    5*endo*-Brom-norborn-2-en [E IV **5** 398]
    2*endo*,3*exo*-Dimethyl-norbornan [E IV **5** 294]
    4*endo*,7,7-Trimethyl-6-oxa-bicyclo[3.2.1]octan-3*exo*,4*exo*-diol [E III/IV **17** 2044]

§ 9. The symbols ***syn*** and ***anti*** following the locant of a substituent at an atom of the highest-numbered bridge of a bicycloalkane or the bridge spanning an ortho or ortho/peri fused ring system indicate that the substituent in question is directed towards (*syn*) or away from (*anti*) the neighbouring bridge which contains the lower-numbered atoms.

Examples:
    (3aR)-9*syn*-Chlor-1,5,5,8a-tetramethyl-(3at,8at)-decahydro-1r,4c-methano-azulen
        [E IV **5** 498]
    5*exo*,7*anti*-Dibrom-norborn-2-en [E IV **5** 399]
    3*endo*,8*syn*-Dimethyl-7-oxo-6-oxa-bicyclo[3.2.1]octan-2*endo*-carbonsäure
        [E III/IV **18** 5363]

§ 10. a) The symbols **α** and **β** following the locant assigned to a substituent attached to the skeleton of a molecule in the steroid series (numbering and form, see cholestane, [E III **5** 1132]) indicate that the substituent in question is attached to the surface of the molecule which is turned away from (α) or towards (β) the observer.

Examples:
3β-Piperidino-cholest-5-en [E III/IV **20** 361]
21-Äthyl-4-methyl-16-methylen-7,20-cyclo-veatchan-1α,15β-diol [E III/IV **21** 2308]
3β,21β-Dihydroxy-lupan-29-säure-21-lacton [E III/IV **18** 485]
Onocerandiol-(3β.21α) [E III **6** 4829]

b) The symbols α_F and β_F following the locant assigned to a substituent in the side chain of a compound of the type dealt with in § 10.a indicate that the substituent in question is to be positioned on the right-hand side (α_F) or the left-hand side (β_F) of the side-chain shown in Fischer-Projection, whereby the lowest-numbered atom is placed at the 'South' of the chain.

Examples:
16α-17-Epoxy-pregn-5-en-3β,20β_F-diol [E III/IV **17** 2137]
22α_F,23α_F-Dibrom-9,11α-epoxy-5α-ergost-7-en-3β-ol [E III/IV **17** 1519]

c) The symbols α and β, when used in conjunction with the locant of an angular Carbon atom immediately preceding the Parent-Stem in the semisystematic name of a compound, e. g., in the steroid series, indicate, (in the sense of § 10. a) the steric arrangement of the angular bond in question, which is either not defined in the Parent-Stem or which deviates from the configura⁼ tion laid down in the Parent-Stem. (Epimerism). The symbols αH and βH are used completely analogously with the locant of a peripheral tertiary Carbon atom to indicate the orientation of the single Hydrogen atom (or corresponding substituent). The symbols $\alpha_F H$ and $\beta_F H$ indicate (in the sense of § 10. b) the deviation (from the stereochemistry laid down in the Parent-Stem) of a Hydrogen atom (or corresponding substituent) at a chiral centre in the side-chain of a steroid with a semi-systematic name.

Examples:
5,6β-Epoxy-5β,9β,10α-ergosta-7,22t-dien-3β-ol [E III/IV **17** 1573]
(25R)-5α,20αH,22αH-Furostan-3β,6α,26-triol [E III/IV **17** 2348]
4βH,5α-Eremophilan [E IV **5** 356]
(11S)-4-Chlor-8β-hydroxy-4βH-eudesman-12-säure-lacton [E III/IV **17** 4674]
5α.20$\beta_F H$.24$\beta_F H$-Ergostanol-(3β) [E III **6** 2161]

d) The symbols α and β preceding the semi-systematic name of a carbohydrate, glycoside, or glycosyl fragment indicate that the reference ligand (i. e. the hydroxy group at the highest-numbered chiral atom of the carbon chain) and the group attached to the glycosyl unit (which in pyranose and furanose sugars is the hydroxyl group of the hemi-acetal function) are situated on the same (α) or opposite (β) sides of the reference axis. The reference axis is defined as the chain which contains the ring-bond at the acetal Carbon atom and all further C-C bonds of the backbone in the Fischer-Projection, as shown in the scheme of § 5.c.

Examples:
O^2-Methyl-β-D-glucopyranose [E IV **1** 4347]
Methyl-α-D-glucopyranosid [E III/IV **17** 2909]
Tetra-O-acetyl-α-D-fructofuranosylchlorid [E III/IV **17** 2651]

e) The prefix **ent** preceding the semi-systematic name of a compound which contains several chiral centres, whose configuration is defined in the name, indicates an enantiomer of the compound in question. The prefix **rac** indicates the corresponding racemate.

Examples:
  ent-(13*S*)-3β,8-Dihydroxy-labdan-15-säure-8-lacton [E III/IV **18** 138]
  rac-4,10-Dichlor-4βH,10βH-cadinan [E IV **5** 354]

§ 11. a) The symbol ξ occurs in place of the symbols *cis*, *trans*, *c*, *t*, c_F, t_F, cat_F, *endo*, *exo*, *syn*, *anti*, α, β, α_F or β_F when configuration at the double bond or chiral centre in question is uncertain or when the configurative purity of the compound at the designated centre is likewise uncertain.

Examples:
  1-Nitro-ξ-cycloocten [E IV **5** 264]
  1*t*,2-Dibrom-3-methyl-penta-1,3ξ-dien [E IV **1** 1022]
  (4a*S*)-2ξ,5ξ-Dichlor-2ξ,5ξ,9,9-tetramethyl-(4a*r*,9a*t*)-decahydro-benzocyclohepten
    [E IV **5** 353]
  $_D$,-1ξ-Phenyl-1ξ-*p*-tolyl-hexanpentol-(2*r*$_F$.3*t*$_F$.4*c*$_F$.5*c*$_F$.6) [E III **6** 6904]
  6ξ-Methyl-bicyclo[3.2.1]octan [E IV **5** 293]
  4,10-Dichlor-1β-4ξH,10ξH-cadinan [E IV **5** 354]
  (11*S*)-6ξ-12-Epoxy-4ξH,5ξ-eudesman [E III/IV **17** 350]
  3β,5-Diacetoxy-9,11α;22ξ,23ξ-diepoxy-5α-ergost-7-en [E III/IV **19** 1091]

b) The symbol Ξ occurs in place of D or L when the configuration at the chiral centre in question is uncertain or when the configurative purity of the compound at the designated centre is likewise uncertain. Similarly (Ξ) is used instead of (*R*), (*S*), (*E*) and (*Z*), the latter pair referring to uncertain configuration at a double bond.

Examples:
  N-{*N*-[*N*-(Toluol-sulfonyl-(4))-glycyl]-Ξ-seryl}-L-glutaminsäure [E III **11** 280]
  (3Ξ,6*R*)-1,3,6-Trimethyl-cyclohexen [E IV **5** 288]
  (1*Z*,3Ξ)-1,2-Dibrom-3-methyl-penta-1,3-dien [E IV **1** 1022]

c) The symbols (Ξ_a) and (Ξ_p) indicate the unknown configuration of structural elements with axial and planar chirality respectively, or uncertainty in the optical purity with respect to these elements. The symbol (ξ) indicates the unknown configuration at a pseudo-asymmetric centre:

Examples:
  (Ξ_a,6Ξ)-6-[(1*S*,2*R*)-2-Hydroxy-1-methyl-2-phenyl-äthyl]-6-methyl-5,6,7,8-tetra⁼
    hydro-dibenz[*c*,*e*]azocinium-jodid [E III/IV **20** 3932]
  (3ξ)-5-Methyl-spiro[2.5]octan-dicarbonsäure-(1*r*.2*c*) [E III **9** 4002]

§ 12.   The symbol * at the beginning of an article indicates that the configuration of the compound described therein is not defined. If several preparations are described in such an article, the identity of the compounds is not guaran⁼ teed.

Transliteration von russischen Autorennamen
Key to the Russian Alphabet for Authors' Names

Russisches Schrift-zeichen		Deutsches Äquivalent (BEILSTEIN)	Englisches Äquivalent (Chemical Abstracts)	Russisches Schrift-zeichen		Deutsches Äquivalent (BEILSTEIN)	Englisches Äquivalent (Chemical Abstracts)
А	а	a	a	Р	р	r	r
Б	б	b	b	С	с	s̄	s
В	в	w	v	Т	т	t	t
Г	г	g	g	У	у	u	u
Д	д	d	d	Ф	ф	f	f
Е	е	e	e	Х	х	ch	kh
Ж	ж	sh	zh	Ц	ц	z	ts
З	з	s	z	Ч	ч	tsch	ch
И	и	i	i	Ш	ш	sch	sh
Й	й	ĭ	ĭ	Щ	щ	schtsch	shch
К	к	k	k	Ы	ы	y	y
Л	л	l	l		ь	'	'
М	м	m	m	Э	э	ė	e
Н	н	n	n	Ю	ю	ju	yu
О	о	o	o	Я	я	ja	ya
П	п	p	p				

Verzeichnis der Literatur-Quellen und ihrer Kürzungen

Index of the Abbreviations for the Source Literature

Kürzung	Titel
A.	Liebigs Annalen der Chemie
Abh. Braunschweig. wiss. Ges.	Abhandlungen der Braunschweigischen Wissenschaftlichen Gesellschaft
Abh. Gesamtgebiete Hyg.	Abhandlungen aus dem Gesamtgebiete der Hygiene. Leipzig
Abh. Kenntnis Kohle	Gesammelte Abhandlungen zur Kenntis der Kohle
Abh. Preuss. Akad.	Abhandlungen der Preussischen Akademie der Wissenschaften. Mathematisch-naturwissenschaftliche Klasse
Acad. Cluj Stud. Cerc. Chim.	Academia Republicii Populare Romîne, Filiala Cluj, Studii şi Cercetări de Chimie
Acad. Iaşi Stud. Cerc. ştiinţ.	Academia Republicii Populare Romîne, Filiala Iaşi, Studii şi Cercetări Ştiinţifice
Acad. romîne Bulet. ştiinţ.	Academia Republicii Populare Romîne, Buletin ştiinţific
Acad. romîne Stud. Cerc. Biochim.	Academia Republicii Populare Romîne, Studii şi Cercetări de Biochimie
Acad. romîne Stud. Cerc. Chim.	Academia Republicii Populare Romîne, Studii şi Cercetări de Chimie
Acad. sinica Mem. Res. Inst. Chem.	Academia Sinica, Memoirs of the National Research Institute of Chemistry
Acad. Timişoara Stud. Cerc. chim.	Academia Republicii Populare Romîne, Baza de Cercetări Ştiinţifice Timişoara, Studii i Cercetări Chimice
Acc. chem. Res.	Accounts of Chemical Research. Washington, D. C.
Acetylen	Acetylen in Wissenschaft und Industrie
A. ch.	Annales de Chimie
Acta Acad. Åbo	Acta Academiae Aboensis. Ser. B. Mathematica et Physica
Acta biol. med. german.	Acta Biologica et Medica Germanica
Acta bot. fenn.	Acta Botanica Fennica
Acta brevia neerl. Physiol.	Acta Brevia Neerlandica de Physiologia, Pharmacologia, Microbiologia E. A.
Acta chem. scand.	Acta Chemica Scandinavica
Acta chim. hung.	Acta Chimica Academiae Scientiarum Hungaricae
Acta chim. sinica	Acta Chimica Sinica [Hua Hsueh Hsueh Pao]
Acta chirurg. scand.	Acta Chirurgica Scandinavica
Acta chirurg. scand. Spl.	Acta Chirurgica Scandinavica Supplementum
Acta cient. Venezolana	Acta Cientifica Venezolana
Acta Comment. Univ. Tartu	Acta et Commentationes Universitatis Tartuensis (Dorpatensis)
Acta cryst.	Acta Crystallographica. London (ab Bd. 5 Kopenhagen)
Acta endocrin.	Acta Endocrinologica. Kopenhagen
Acta Fac. pharm. Brun. Bratisl.	Acta Facultatis Pharmaceuticae Brunensis et Bratislavensis
Acta Fac. pharm. Univ. Comen.	Acta Facultatis Pharmaceuticae Universitatis Comenianae
Acta focalia sinica	Acta Focalia Sinica [Jan Liao Hsueh Pao]

Kürzung	Titel
Acta forest. fenn.	Acta Forestalia Fennica
Acta latviens. Chem.	Acta Universitatis Latviensis, Chemicorum Ordinis Series [Latviæ jas Universitates Raksti, Kimijas Fakultates Serija]. Riga
Acta med. Japan	Acta medica [Igaku Kenkyu]
Acta med. Nagasaki	Acta Medica Nagasakiensia
Acta med. scand.	Acta Medica Scandinavica
Acta med. scand. Spl.	Acta Medica Scandinavica Supplementum
Acta microbiol. Acad. hung.	Acta Microbiologica Academiae Scientiarum Hungaricae
Acta path. microbiol. scand. Spl.	Acta Pathologica et Microbiologica Scandinavica, Supplementum
Acta pharmacol. toxicol.	Acta Pharmacologica et Toxicologica. Kopenhagen
Acta pharm. int.	Acta Pharmaceutica Internationalia. Kopenhagen
Acta pharm. jugosl.	Acta Pharmaceutica Jugoslavica
Acta pharm. sinica	Acta Pharmaceutica Sinica [Yao Hsueh Pao]
Acta pharm. suecica	Acta Pharmaceutica Suecica. Stockholm
Acta phys. austriaca	Acta Physica Austriaca
Acta physicoch. U.R.S.S.	Acta Physicochimica U.R.S.S.
Acta physiol. Acad. hung.	Acta Physiologica Academiae Scientiarum Hungaricae
Acta physiol. scand.	Acta Physiologica Scandinavica
Acta physiol. scand. Spl.	Acta Physiologica Scandinavica Supplementum
Acta phys. polon.	Acta Physica Polonica
Acta phytoch. Tokyo	Acta Phytochimica. Tokyo
Acta Polon. pharm.	Acta Poloniae Pharmaceutica
Acta polytech. scand.	Acta Polytechnica Scandinavica
Acta salmantic.	Acta Salmanticensia Serie de Ciencias
Acta Sch. med. Univ. Kioto	Acta Scholae Medicinalis Universitatis Imperialis in Kioto
Acta Soc. Bot. Pol.	Acta Societatis Botanicorum Poloniae. Warschau
Acta Soc. Med. fenn. Duodecim	Acta Societatis Medicorum Fennicae „Duodecim"
Acta Soc. Med. upsal.	Acta Societatis Medicorum Upsaliensis
Acta Univ. Asiae mediae	s. Trudy sredneaziatskogo gosudarstvennogo Universiteta. Taschæ kent
Acta Univ. Lund	Acta Universitatis Lundensis
Acta Univ. Palacki. Olomuc.	Acta Universitatis Palackianae Olomucensis
Acta Univ. Szeged	Acta Universitatis Szegediensis. Sectio Scientiarum Naturalium (1928 – 1939 Acta Chemica, Mineralogica et Physica; 1942 – 1950 Acta Chemica et Physica; ab 1955 Acta Physica et Chemica)
Acta vitaminol.	Acta Vitaminologica (ab **21** [1967]) et Enzymologica. Mailand
Actes Congr. Froid	Actes du Congrès International du Froid (Proceedings of the Inæ ternational Congress of Refrigeration)
Adhes. Resins	Adherives and Resins. London
Adv. Cancer Res.	Advances in Cancer Research. New York
Adv. Carbohydrate Chem.	Advances in Carbohydrate Chemistry. New York
Adv. Catalysis	Advances in Catalysis and Related Subjects. New York
Adv. Chemistry Ser.	Advances in Chemistry Series. Washington, D. C.
Adv. clin. Chem.	Advances in Clinical Chemistry. New York
Adv. Colloid Sci.	Advances in Colloid Science. New York
Adv. Enzymol.	Advances in Enzymology and Related Subjects of Biochemistry. New York
Adv. Food Res.	Advances in Food Research. New York
Adv. heterocycl. Chem.	Advances in Heterocyclic Chemistry. New York

Kürzung	Titel
Adv. inorg. Chem. Radiochem.	Advances in Inorganic Chemistry and Radiochemistry. New York
Adv. Lipid Res.	Advances in Lipid Research. New York
Adv. Mass Spectr.	Advances in Mass Spectrometry. Oxford
Adv. org. Chem.	Advances in Organic Chemistry: Methods and Results. New York
Adv. Petr. Chem.	Advances in Petroleum Chemistry and Refining. New York
Adv. Protein Chem.	Advances in Protein Chemistry. New York
Aero Digest	Aero Digest. New York
Afinidad	Afinidad. Barcelona
Agra Univ. J. Res.	Agra University Journal of Research. Teil 1: Science
Agric. biol. Chem. Japan	Agricultural and Biological Chemistry. Tokyo
Agric. Chemicals	Agricultural Chemicals. Baltimore, Md.
Agricultura Louvain	Agricultura. Louvain
Aichi Gakugei Univ. Res. Rep.	Aichi Gakugei University Research Reports [Aichi Gakugei Daigaku Kenkyu Hokoku]
Akust. Z.	Akustische Zeitschrift. Leipzig
Alabama polytech. Inst. Eng. Bl.	Alabama Polytechnic Institute, Engeneering Bulletin
Allg. Öl Fett Ztg.	Allgemeine Öl- und Fett-Zeitung
Aluminium	Aluminium. Berlin
Am.	American Chemical Journal
Am. Doc. Inst.	American Documentation (Institute). Washington, D. C.
Am. Dyest. Rep.	American Dyestuff Reporter
Am. Fertilizer	American Fertilizer (ab **113** Nr. 6 [1950]) & Allied Chemicals
Am. Fruit Grower	American Fruit Grower
Am. Gas Assoc. Monthly	American Gas Association Monthly
Am. Gas Assoc. Pr.	American Gas Association, Proceedings of the Annual Convention
Am. Gas J.	American Gas Journal
Am. Heart J.	American Heart Journal
Am. Inst. min. met. Eng. tech. Publ.	American Institute of Mining and Metallurgical Engineers, Technical Publications
Am. J. Bot.	American Journal of Botany
Am. J. Cancer	American Journal of Cancer
Am. J. clin. Path.	American Journal of Clinical Pathology
Am. J. Hyg.	American Journal of Hygiene
Am. J. med. Sci.	American Journal of the Medical Sciences
Am. J. Obstet. Gynecol.	American Journal of Obstetrics and Gynecology
Am. J. Ophthalmol.	American Journal of Ophthalmology
Am. J. Path.	American Journal of Pathology
Am. J. Pharm.	American Journal of Pharmacy (ab **109** [1937]) and the Sciences Supporting Public Health
Am. J. Physiol.	American Journal of Physiology
Am. J. publ. Health	American Journal of Public Health (ab 1928) and the Nation's Health
Am. J. Roentgenol. Radium Therapy	American Journal of Roentgenology and Radium Therapy
Am. J. Sci.	American Journal of Science
Am. J. Syphilis	American Journal of Syphilis (ab **18** [1934]) and Neurology bzw. (ab **20** [1936]) Gonorrhoea and Venereal Diseases
Am. Mineralogist	American Mineralogist
Am. Paint J.	American Paint Journal
Am. Perfumer	American Perfumer and Essential Oil Review
Am. Petr. Inst.	s. A.P.I.

Kürzung	Titel
Am. Rev. Tuberculosis	American Review of Tuberculosis
Am. Soc.	Journal of the American Chemical Society
An. Acad. Farm.	Anales de la Real Academia de Farmacia. Madrid
Anais Acad. brasil. Cienc.	Anais da Academia Brasileira de Ciencias
Anais Assoc. quim. Brasil	Anais da Associação Química do Brasil
Anais Azevedos	Anais Azevedos. Lissabon
Anais Fac. Farm. Odont. Univ. São Paulo	Anais da Faculdade de Farmácia e Odontologia da Universidade de São Paulo
Anais Fac. Farm. Porto	Anais da Faculdade de Farmácia do Porto
Anais Fac. Farm. Univ. Recife	Anais de Faculdade de Farmácia da Universidade do Recife
Anais Farm. Quim. São Paulo	Anais de Farmacia e Quimica de São Paulo
Anal. Acad. române	Analele Academiei Republicii Populare Române
Anal. Acad. România	Analele Academiei Republicii Socialiste România
Anal. Biochem.	Analytical Biochemistry. Baltimore, Md.
Anal. Chem.	Analytical Chemistry. Washington, D.C.
Anal. chim. Acta	Analytica Chimica Acta. Amsterdam
Anal. Min. România	Analele Minelor din România (Annales des Mines de Roumanie)
Anal. ştiinţ. Univ. Iaşi	Analele Ştiinţifice de Universitatii „A.I. Cuza" din Iaşi
Anal. Univ. Bukarest	Analele Universitaţii („C.I. Parhon") Bucuresti
Analyst	Analyst. London
An. Asoc. quim. arg.	Anales de la Asociación Química Argentina
An. Asoc. Quim. Farm. Uruguay	Anales de la Asociación de Química y Famacia del Uruguay
An. Bromatol.	Anales de Bromatologia. Madrid
An. Dir. nacion. Quim. Buenos Aires	Anales de la Dirección Nacional de Química. Buenos Aires
An. Edafol. Fisiol. vegetal	Anales de Edafologia y Fisiologia Vegetal. Madrid
An. Esc. nacion. Cienc. biol.	Anales de la Escuela Nacional de Ciencias Biologicas. Mexico City
An. Esc. super. Quim. Univ. Recife	Anais da Escola Superior de Química, Universidade de Recife
Anesthesiol.	Anesthesiology. Philadelphia, Pa.
An. Fac. Farm. Bioquím. Univ. San Marcos	Anales de la Facultad de Farmácia y Bioquímica, Universidad Nacional Mayor de San Marcos
An. Fac. Quim. Farm. Univ. Chile	Anales de la Facultad de Química y Farmácia, Universidad de Chile
An. Farm. Bioquim. Buenos Aires	Anales de Farmacia y Bioquímica. Buenos Aires
Ang. Ch.	Angewandte Chemie (Forts. von Z. ang. Ch. bzw. Chemie)
Ang. Ch. Monogr.	Angewandte Chemie, Monographien
Angew. makromol. Ch.	Angewandte Makromolekulare Chemie
Anilinokr. Promyšl.	Anilinokrasočnaja Promyšlennost
An. Inst. Farmacol. españ.	Anales del Instituto de Farmacologia Española
An. Inst. Invest. cient. Univ. Nuevo León	Anales del Instituto de Investigaciones Cientificas, Universidad de Nuevo León. Monterrey, Mexico
An. Inst. Invest. Univ. Santa Fé	Anales del Instituto de Investigaciones Científicas y Tecnológicas. Universidad Nacional del Litoral, Santa Fé, Argentinien
Ann. Acad. Sci. fenn.	Annales Academiae Scientiarum Fennicae
Ann. Acad. Sci. tech. Varsovie	Annales de l'Académie des Sciences Techniques à Varsovie

Kürzung	Titel
Ann. ACFAS	Annales de l'Association Canadienne-française pour l'Avancement des Sciences. Montreal
Ann. agron.	Annales Agronomiques; ab 1950 Annales de l'Institut National de la Recherche Agronomique Ser. A
Ann. appl. Biol.	Annals of Applied Biology. London
Ann. Biochem. exp. Med. India	Annals of Biochemistry and Experimental Medicine. India
Ann. Biol. clin.	Annales de Biologie clinique
Ann. Bot.	Annals of Botany. London
Ann. Chim. anal.	Annales de Chimie Analytique (ab **24** [1942]) Fortsetzung von:
Ann. Chim. anal. appl.	Annales de Chimie Analytique et de Chimie Appliquée
Ann. Chimica	Annali di Chimica (ab **40** [1950]) Fortsetzung von:
Ann. Chimica applic.	Annali di Chimica applicata
Ann. Chimica farm.	Annali di Chimica farmaceutica (1938 − 1940 Beilage zu Farmaci= sta Italiano)
Ann. Endocrin.	Annales d'Endocrinologie
Ann. entomol. Soc. Am.	Annals of the Entomological Society of America
Ann. Fac. Sci. Marseille	Annales de la Faculté des Sciences de Marseille
Ann. Fac. Sci. Univ. Toulouse	Annales de la Faculté des Sciences de l'Université de Toulouse pour les Sciences Mathématiques et les Sciences Physiques
Ann. Falsificat.	Annales des Falsifications et des Fraudes
Ann. Fermentat.	Annales des Fermentations
Ann. Hyg. publ.	Annales d'Hygiène Publique, Industrielle et Sociale
Ann. Inst. exp. Tabac Bergerac	Annales de l'Institut Experimental de Tabac de Bergerac
Ann. Inst. Pasteur	Annales de l'Institut Pasteur
Ann. Ist. super. agrar. Portici	Annali del regio Istituto superiore agrario di Portici
Ann. Méd.	Annales de Médecine
Ann. Mines	Annales des Mines (von Bd. **132 − 135** [1943 − 1946]) et des Carbu= rants
Ann. Mines Belg.	Annales des Mines de Belgique
Ann. N.Y. Acad. Sci.	Annals of the New York Academy of Sciences
Ann. Off. Combust. liq.	Annales de l'Office National des Combustibles Liquides
Ann. paediatrici	Annales paediatrici (Jahrbuch für Kinderheilkunde). Basel
Ann. paediatr. japon.	Annales Paediatrici Japonici [Shonika Kiyo]
Ann. pharm. franç.	Annales Pharmaceutiques Françaises
Ann. Physik	Annalen der Physik
Ann. Physiol. Physicoch. biol.	Annales de Physiologie et de Physicochimie Biologique
Ann. Physique	Annales de Physique
Ann. Priestley Lect.	Annual Priestley Lectures
Ann. Pr. Gifu Coll. Pharm.	Annual Proceedings of Gifu College of Pharmacy [Gifu Yakka Daigaku Kiyo]
Ann. Rep. Fac. Pharm. Kanazawa Univ.	Annual Report of the Faculty of Pharmacy, Kanazawa University [Kanazawa Daigaku Yakugakubu Kenkyu Nempo]
Ann. Rep. Fac. Pharm. Tokushima Univ.	Annual Report of the Faculty of Pharmacy Tokushima University [Tokushima Daigaku Yakugakubu Kenkyu Nempo]
Ann. Rep. Hoshi Coll. Pharm.	Annual Report of the Hoshi College of Pharmacy [Hoshi Yakka Daigaku Kiyo]
Ann. Rep. ITSUU Labor.	Annual Report of ITSUU Laboratory. Tokyo [ITSUU Ken= kyusho Nempo]

Kürzung	Titel
Ann. Rep. Japan. Assoc. Tuberc.	Annual Report of the Japanese Association for Tuberculosis
Ann. Rep. Kyoritsu Coll. Pharm.	Annual Report of the Kyoritsu College of Pharmacy [Kyoritsu Yakka Daigaku Kenkyu Nempo]
Ann. Rep. Low Temp. Res. Labor. Capetown	Union of South Africa, Department of Agriculture and Forestry, Annual Report of the Low Temperature Research Laboratory, Capetown
Ann. Rep. med. Resources Res. Inst.	Annual Report Medical Resources Research Institute [Iyaku Shigen Kenkyusho Nempo]
Ann. Rep. Progr. Chem.	Annual Reports on the Progress of Chemistry. London
Ann. Rep. Res. Inst. Tuberc. Kanazawa Univ.	Annual Report of the Research Institute of Tuberculosis, Kanazawa University [Kanazawa Daigaku Kekkaku Kenkyusho Nempo]
Ann. Rep. scient. Works Fac. Sci. Osaka Univ.	Annual Report of Scientific Works, Faculty of Science, Osaka University
Ann. Rep. Shionogi Res. Labor.	Annual Report of Shionogi Research Laboratory [Shionogi Kenkyusho Nempo]
Ann. Rep. Takamine Labor.	Annual Report of Takamine Laboratory [Takamine Kenkyusho Nempo]
Ann. Rep. Takeda Res. Labor.	Annual Report of the Takeda Research Laboratories [Takeda Kenkyusho Nempo]
Ann. Rep. Tanabe pharm. Res.	Annual Report of Tanabe Pharmaceutical Research [Tanabe Seiyaku Kenkyu Nempo]
Ann. Rep. Tohoku Coll. Pharm.	Annual Report of Tohoku College of Pharmacy
Ann. Rep. Tokyo Coll. Pharm.	Annual Report of the Tokyo College of Pharmacy [Tokyo Yakku Daigaku Kenkyu Nempo]
Ann. Rep. Tokyo-to Labor. med. Sci.	Annual Report of Tokyo-to Laboratories for Medical Science [Tokyo-toritsu Eisu Kenkyushu Kenkyu Nempo]
Ann. Rev. Biochem.	Annual Review of Biochemistry. Stanford, Calif.
Ann. Rev. Microbiol.	Annual Review of Microbiology. Stanford, Calif.
Ann. Rev. phys. Chem.	Annual Review of Physical Chemistry. Palo Alto, Calif.
Ann. Rev. Plant Physiol.	Annual Review of Plant Physiology. Palo Alto, Calif.
Ann. Sci.	Annals of Science. London
Ann. scient. Univ. Besançon	Annales Scientifiques de l'Université de Besançon
Ann. scient. Univ. Jassy	Annales scientifiques de l'Université de Jassy. Sect. I. Mathématiques, Physique, Chimie. Rumänien
Ann. Soc. scient. Bruxelles	Annales de la Société Scientifique de Bruxelles
Ann. Sperim. agrar.	Annali della Sperimentazione agraria
Ann. Staz. chim. agrar. Torino	Annuario della regia Stazione chimica agraria in Torino
Ann. trop. Med. Parasitol.	Annals of Tropical Medicine and Parasitology. Liverpool
Ann. Univ. Åbo	Annales Universitatis (Fennicae) Aboensis. Ser. A. Physico-mathematica, Biologica
Ann. Univ. Ferrara	Annali dell'Università di Ferrara
Ann. Univ. Lublin	Annales Universitatis Mariae Curie-Sklodowska, Lublin [Roczniki Uniwersytetu Marii Curie-Skłodowskiej w Lublinie. Sectio AA. Fizyka i Chemia]
Ann. Univ. Pisa Fac. agrar.	Annali dell' Università di Pisa, Facoltà agraria
Ann. Zymol.	Annales de Zymologie. Gent

Kürzung	Titel
An. Química	Annales de Química
An. Soc. Biol. Bogotá	Anales de la Sociedad de Biologia de Bogotá
An. Soc. cient. arg.	Anales de la Sociedad Cientifica Argentina
An. Soc. españ.	Anales de la Real Sociedad Española de Física y Química; 1940 – 1947 Anales de Física y Química
Antibiotics Annual	Antibiotics Annual
Antibiotics Chemotherapy Washington	Antibiotics and Chemotherapy. Washington, D.C.
Antibiotiki	Antibiotiki. Moskau
Antigaz	Antigaz. Bukarest
An. Univ. catol. Valparaiso	Anales de la Universidad Católica do Valparaiso
Anz. Akad. Wien	Anzeiger der Akademie der Wissenschaften in Wien. Mathematisch-naturwissenschaftliche Klasse
A.P.	s. U.S.P.
Aparato respir. Tuberc.	Aparato Respiratorio y Tuberculosis
A.P.I. Res. Project	A.P.I. (American Petroleum Institute) Research Project
A.P.I. Toxicol. Rev.	A.P.I. (American Petroleum Institute) Toxicological Review
Apoth.-Ztg.	Apotheker-Zeitung
Appl. Microbiol.	Applied Microbiology. Baltimore, Md.
Appl. scient. Res.	Applied Scientific Research. den Haag
Appl. Spectr.	Applied Spectroscopy. New York
Apteč. Delo	Aptečnoe Delo (Pharmazie)
Ar.	Archiv der Pharmazie [und Berichte der Deutschen Pharmazeutischen Gesellschaft]
Arb. 3. Abt. anatom. Inst. Univ. Kyoto	Arbeiten aus der 3. Abteilung des Anatomischen Instituts der Kaiserlichen Universität Kyoto
Arb. Archangelsk. Forsch. Inst. Algen	Arbeiten des Archangelsker wissenschaftlichen Forschungsinstituts für Algen
Arbeitsphysiol.	Arbeitsphysiologie
Arbeitsschutz	Arbeitsschutz
Arb. Inst. exp. Therap. Frankfurt/M.	Arbeiten aus dem Staatlichen Institut für Experimentelle Therapie und dem Forschungsinstitut für Chemotherapie zu Frankfurt/Main
Arb. med. Fak. Okayama	Arbeiten aus der medizinischen Fakultät Okayama
Arb. pharm. Inst. Univ. Berlin	Arbeiten aus dem pharmazeutischen Institut der Universität Berlin
Arb. physiol. angew. Entomol.	Arbeiten über physiologische und angewandte Entomologie aus Berlin-Dahlem
Arch. Biochem.	Archives of Biochemistry (ab 31 [1951]) and Biophysics. New York
Arch. biol. hung.	Archiva Biologica Hungarica
Arch. biol. Nauk	Archiv Biologičeskich Nauk
Arch. Dermatol. Syphilis	Archiv für Dermatologie und Syphilis
Arch. Elektrotech.	Archiv für Elektrotechnik
Arch. exp. Zellf.	Archiv für experimentelle Zellforschung, besonders Gewebezüchtung
Arch. Farmacol. sperim.	Archivio di Farmacologia sperimentale e Scienze affini
Arch. Farm. Bioquim. Tucumán	Archivos de Farmacia y Bioquímica del Tucumán
Arch. Gewerbepath.	Archiv für Gewerbepathologie und Gewerbehygiene
Arch. Gynäkol.	Archiv für Gynäkologie

Kürzung	Titel
Arch. Hyg. Bakt.	Archiv für Hygiene und Bakteriologie
Arch. Immunol. Terap. dośw.	Archiwum Immunologii i Terapii Doświadczalnej
Arch. ind. Health	Archives of Industrial Health. Chicago, Ill.
Arch. ind. Hyg.	Archives of Industrial Hygiene and Occupational Medicine. Chicago, Ill.
Arch. Inst. Farmacol. exp.	Archivos del Instituto de Farmacologia Experimental. Madrid
Arch. internal Med.	Archives of Internal Medicine. Chicago, Ill.
Arch. int. Pharmacod.	Archives internationales de Pharmacodynamie et de Thérapie
Arch. int. Physiol.	Archives internationales de Physiologie
Arch. Ist. biochim. ital.	Archivio dell' Istituto Biochimico Italiano
Arch. ital. Biol.	Archives Italiennes de Biologie
Archiwum Chem. Farm.	Archiwum Chemji i Farmacji. Warschau
Archiwum mineral.	Archiwum Mineralogiczne. Warschau
Arch. klin. exp. Dermatol.	Archiv für Klinische und Experimentelle Dermatologie
Arch. Maladies profess.	Archives des Maladies professionnelles, de Médecine du Travail et de Sécurité sociale
Arch. Math. Naturvid.	Archiv for Mathematik og Naturvidenskab. Oslo
Arch. Mikrobiol.	Archiv für Mikrobiologie
Arch. Muséum Histoire natur.	Archives du Muséum national d'Histoire naturelle
Arch. néerl. Physiol.	Archives Néerlandaises de Physiologie de l'Homme et des Animaux
Arch. néerl. Sci. exactes nat.	Archives Néerlandaises des Sciences Exactes et Naturelles
Arch. Neurol. Psychiatry	Archives of Neurology and Psychiatry. Chicago, Ill.
Arch. Ophthalmol. Chicago	Archives of Ophthalmology. Chicago, Ill.
Arch. Path.	Archives of Pathology. Chicago, Ill.
Arch. Pflanzenbau	Archiv für Pflanzenbau (= Wissenschaftliches Archiv für Landwirtschaft, Abt. A)
Arch. Pharm. Chemi	Archiv for Pharmaci og Chemi. Kopenhagen
Arch. Phys. biol.	Archives de Physique biologique (ab **8** [1930]) et de Chimie-physique des Corps organisés
Arch. Sci.	Archives des Sciences. Genf
Arch. Sci. biol.	Archivio di Scienze biologiche
Arch. Sci. med.	Archivio per le Science mediche
Arch. Sci. physiol.	Archives des Sciences physiologiques
Arch. Sci. phys. nat.	Archives des Sciences physiques et naturelles. Genf
Arch. Soc. Biol. Montevideo	Archivos de la Sociedad de Biologia de Montevideo
Arch. Suikerind. Nederld. Nederl.-Indië	Archief voor de Suikerindustrie in Nederlanden en Nederlandsch-Indië
Arch. Wärmewirtsch.	Archiv für Wärmewirtschaft und Dampfkesselwesen
Arh. Hem. Farm.	Arhiv za Hemiju i Farmaciju. Zagreb; ab **12** [1938]:
Arh. Hem. Tehn.	Arhiv za Hemiju i Tehnologiju. Zagreb; ab **13** Nr. 3/6 [1939]:
Arh. Kemiju	Arhiv za Kemiju. Zagreb; ab **28** [1956] Croatica chemica Acta
Ark. Fysik	Arkiv för Fysik. Stockholm
Ark. Kemi	Arkiv för Kemi, Mineralogi och Geologi; ab 1949 Arkiv för Kemi
Ark. Mat. Astron. Fysik	Arkiv för Matematik, Astronomi och Fysik. Stockholm
Army Ordonance	Army Ordonance. Washington, D.C.
Ar. Pth.	Naunyn-Schmiedeberg's Archiv für experimentelle Pathologie und Pharmakologie

Kürzung	Titel
Arquivos Biol. São Paulo	Arquivos de Biologia. São Paulo
Arquivos Inst. biol. São Paulo	Arquivos do Instituto biologico. São Paulo
Arzneimittel-Forsch.	Arzneimittel-Forschung
ASTM Bl.	ASTM (American Society for Testing and Materials) Bulletin
ASTM Proc.	American Society for Testing and Materials. Proceedings
Astrophys. J.	Astrophysical Journal. Chicago, Ill.
Ateneo parmense	Ateneo parmense. Parma
Atti Accad. Ferrara	Atti della Accademia delle Scienze di Ferrara
Atti Accad. Fisiocrit. Siena	Atti della Regia Accademia dei Fisiocritici (Sezione Medico-Fisica). Siena
Atti Accad. Gioenia Catania	Atti dell' Accademia Gioenia di Scienze Naturali in Catania
Atti Accad. Palermo	Atti della Accademia di Scienze, Lettere e Arti di Palermo, Parte 1
Atti Accad. peloritana	Atti della Reale Accademia Peloritana
Atti Accad. pugliese	Atti e Relazioni dell' Accademia Pugliese delle Scienze. Bari
Atti Accad. Torino	Atti della Reale Accademia delle Scienze di Torino. I: Classe di Scienze Fisiche, Matematiche e Naturali
Atti X. Congr. int. Chim. Rom 1938	Atti del X. Congresso Internationale di Chimica. Rom 1938
Atti Congr. naz. Chim. ind.	Atti del Congresso Nazionale di Chimica Industriale
Atti Congr. naz. Chim. pura appl.	Atti del Congresso Nazionale di Chimica Pura ed Applicata
Atti Ist. veneto	Atti del Reale Istituto Veneto di Scienze, Lettere ed Arti. II: Classe di Scienze Matematiche e Naturali
Atti Mem. Accad. Padova	Atti e Memorie della Reale Accademia di Scienze, Lettere ed Arti in Padova. Memorie della Classe di Scienze Fisico-matematiche
Atti Soc. ital. Progr. Sci.	Atti della Società Italiana per il Progresso delle Scienze
Atti Soc. ital. Sci. nat.	Atti della Società Italiana di Scienze Naturali
Atti Soc. Nat. Mat. Modena	Atti della Società dei Naturalisti e Matematici di Modena
Atti Soc. peloritana	Atti della Società Peloritana di Scienze Fisiche, Matematiche e Naturali
Atti Soc. toscana Sci. nat.	Atti della Società Toscana di Scienze Naturali
Australas. J. Pharm.	Australasian Journal of Pharmacy
Austral. chem. Inst. J. Pr.	Australian Chemical Institute Journal and Proceedings
Austral. J. appl. Sci.	Australian Journal of Applied Science
Austral. J. biol. Sci.	Australian Journal of Biological Science (Forts. von Austral. J. scient. Res.)
Austral. J. Chem.	Australian Journal of Chemistry
Austral. J. exp. Biol. med. Sci.	Australian Journal of Experimental Biology and Medical Science
Austral. J. Sci.	Australian Journal of Science
Austral. J. scient. Res.	Australian Journal of Scientific Research
Austral. P.	Australisches Patent
Austral. veterin. J.	Australian Veterinary Journal
Autog. Metallbearb.	Autogene Metallbearbeitung
Avtog. Delo	Avtogennoe Delo (Autogene Industrie; Acetylene Welding)
Azerbajdžansk. chim. Ž.	Azerbajdžanskij Chimičeskij Žurnal
Azerbajdžansk. neft. Chozjajstvo	Azerbajdžanskoe Neftjanoe Chozjajstvo (Petroleum-Wirtschaft von Aserbaidshan)

Kürzung	Titel
B.	Berichte der Deutschen Chemischen Gesellschaft; ab **80** [1947] Chemische Berichte
Bacteriol. Rev.	Bacteriological Reviews. USA
Beitr. Biol. Pflanzen	Beiträge zur Biologie der Pflanzen
Beitr. Klin. Tuberkulose	Beiträge zur Klinik der Tuberkulose und spezifischen Tuberkulose-Forschung
Beitr. Physiol.	Beiträge zur Physiologie
Belg. P.	Belgisches Patent
Bell Labor. Rec.	Bell Laboratories Record. New York
Ber. Bunsenges.	Berichte der Bunsengesellschaft für Physikalische Chemie
Ber. Dtsch. Bot. Ges.	Berichte der Deutschen Botanischen Gesellschaft
Ber. Dtsch. pharm. Ges.	Berichte der Deutschen Pharmazeutischen Gesellschaft
Bergens Mus. Årbok naturvit. Rekke	Bergens Museums Årbok Naturvitenskapelig Rekke
Ber. Ges. Kohlentech.	Berichte der Gesellschaft für Kohlentechnik
Ber. ges. Physiol.	Berichte über die gesamte Physiologie (ab. Bd. 3) und experimentelle Pharmakologie
Ber. Ohara-Inst.	Berichte des Ohara-Instituts für landwirtschaftliche Forschungen in Kurashiki, Provinz Okayama, Japan
Ber. Sächs. Akad.	Berichte über die Verhandlungen der Sächsischen Akademie der Wissenschaften zu Leipzig, Mathematisch-physische Klasse
Ber. Sächs. Ges. Wiss.	Berichte über die Verhandlungen der Sächsischen Gesellschaft der Wissenschaften zu Leipzig
Ber. Schimmel	Bericht der Schimmel & Co. A.G., Miltitz b. Leipzig, über Ätherische Öle, Riechstoffe usw.
Ber. Schweiz. bot. Ges.	Berichte der Schweizerischen Botanischen Gesellschaft (Bulletin de la Société botanique suisse)
Biochem. biophys. Res. Commun.	Biochemical and Biophysical Research Communications. New York
Biochemistry	Biochemistry. Washington, D.C.
Biochem. J.	Biochemical Journal. London
Biochem. Pharmacol.	Biochemical Pharmacology. Oxford
Biochem. Prepar.	Biochemical Preparations. New York
Biochim. applic.	Biochimica Applicata
Biochim. biophys. Acta	Biochimica et Biophysica Acta. Amsterdam
Biochimija	Biochimija; englische Ausgabe: Biochemistry U.S.S.R.
Biochim. Terap. sperim.	Biochimica e Terapia sperimentale
Biodynamica	Biodynamica. St. Louis, Mo.
Biofiz.	Biofizika. Moskau; englische Ausgabe: Biophysics of the U.S.S.R.
Biol. aktiv. Soedin.	Biologičeski Aktivnye Soedinenya
Biol. Bl.	Biological Bulletin. Lancaster, Pa.
Biol. Nauki (NDVŠ)	Biologičeskie Nauki. Naučnye Doklady Vysšei Školy (NDVŠ) (Wissenschaftliche Hochschulberichte). Moskau
Biol. Rev. Cambridge	Biological Reviews (bis **9** [1934]: and Biological Proceedings) of the Cambridge Philosophical Society
Biol. Symp.	Biological Symposia. Lancaster, Pa.
Biol. Zbl.	Biologisches Zentralblatt
BIOS Final Rep.	British Intelligence Objectives Subcommittee. Final Report
Bio. Z.	Biochemische Zeitschrift
Biul. wojsk. Akad. tech.	Biuletyn Wojskowej Akademii Technicznej im. Jaroslawa Dabrowskiego
Bjull. chim. farm. Inst.	Bjulleten Naučno-issledovatelskogo Chimiko-farmacevtičeskogo Instituta

Kürzung	Titel
Bjull. chim. Obšč. Mendeleev	Bjulleten Vsesojuznogo Chimičeskogo Obščestva im. Mendeleeva
Bjull. eksp. Biol. Med.	Bjulleten Eksperimentalnoj Biologii i Mediciny
Bl.	Bulletin de la Société Chimique de France
Bl. Acad. Belgique	Bulletin de la Classe des Sciences, Académie Royale de Belgique
Bl. Acad. Méd.	Bulletin de l'Académie de Médecine. Paris
Bl. Acad. Méd. Belgique	Bulletin de l'Académie royale de Médecine de Belgique
Bl. Acad. Méd. Roum.	Bulletin de l'Académie de Médecine de Roumanie
Bl. Acad. polon.	Bulletin International de l'Académie Polonaise des Sciences et des Lettres
Bl. Acad. Sci. Agra Oudh	Bulletin of the Academy of Sciences of the United Provinces of Agra and Oudh. Allahabad, Indien
Bl. Acad. Sci. U.S.S.R. Chem. Div.	Bulletin of the Academy of Sciences of the U.S.S.R., Division of Chemical Science. Englische Übersetzung von Izvestija Akademii Nauk S.S.S.R., Otdelenie Chimičeskich Nauk
Bl. agric. chem. Soc. Japan	Bulletin of the Agricultural Chemical Society of Japan
Bl. Am. Assoc. Petr. Geol.	Bulletin of the American Association of Petroleum Geologists
Bl. Am. phys. Soc.	Bulletin of the American Physical Society
Bl. Assoc. Chimistes	Bulletin de l'Association des Chimistes
Bl. Assoc. Chimistes Sucr. Dist.	Bulletin de l'Association des Chimistes de Sucrerie et de Distillerie de France et des Colonies
Blast Furnace Steel Plant	Blast Furnace and Steel Plant. Pittsburgh, Pa.
Bl. Bur. Mines	s. Bur. Mines Bl.
Bl. Calcutta School trop. Med.	Bulletin of the Calcutta School of Tropical Medicine
Bl. central Leather Res. Inst. Madras	Bulletin of the Central Leather Research Institute. Madras
Bl. central Res. Inst. Univ. Travancore	Bulletin of the Central Research Institute University of Travancore
Bl. chem. Res. Inst. non-aqueous Solutions Tohoku Univ.	Bulletin of the Chemical Research Institute of Non-Aqueous Solutions, Tohoku University [Tohoku Daigaku Hisuiyoeki Kagaku Kenkyusho Hokoku]
Bl. chem. Soc. Japan	Bulletin of the Chemical Society of Japan
Bl. Coll. Sci. Univ. Baghdad	Bulletin of the College of Science, University of Baghdad
Bl. Coun. scient. ind. Res. Australia	Commonwealth of Australia. Council for Scientific and Industrial Research. Bulletin
Bl. entomol. Res.	Bulletin of Entomological Research. London
Bl. Fac. Agric. Kagoshima Univ.	Bulletin of the Faculty of Agriculture, Kagoshima University
Bl. Fac. Eng. Hiroshima Univ.	Bulletin of the Faculty of Engineering, Hiroshima University [Hiroshima Daigaku Kogakubu Kenkyu Hokoku]
Bl. Fac. lib. Arts Sci. Shinshu Univ.	Bulletin Faculty Liberal Arts and Science Shinshu University [Shinshu Daigaku Bunrigakubu Kiyo]
Bl. Fac. Pharm. Cairo Univ.	Bulletin of the Faculty of Pharmacy, Cairo University
Bl. Forestry exp. Sta. Tokyo	Bulletin of the Imperial Forestry Experimental Station. Tokyo
Bl. imp. Inst.	Bulletin of the Imperial Institute. London
Bl. Inst. agron. Gembloux	Bulletin de l'Institut Agronomique et des Stations de Recherches de Gembloux
Bl. Inst. chem. Res. Kyoto	Bulletin of the Institute for Chemical Research, Kyoto University

Kürzung	Titel
Bl. Inst. Insect Control Kyoto	Scientific Pest Control [Bochu Kagaku]=Bulletin of the Institute of Insect Control. Kyoto University
Bl. Inst. marine Med. Gdansk	Bulletin of the Institute of Marine Medicine. Gdansk
Bl. Inst. nuclear Sci. B. Kidrich	Bulletin of the Institute of Nuclear Science „Boris Kidrich". Belgrad
Bl. Inst. phys. chem. Res. Abstr. Tokyo	Bulletin of the Institute of Physical and Chemical Research, Abstracts. Tokyo
Bl. Inst. phys. chem. Res. Tokyo	Bulletin of the Institute of Physical and Chemical Research. Tokyo [Rikagaku Kenkyusho Iho]
Bl. Inst. Pin	Bulletin de l'Institut de Pin
Bl. int. Acad. yougosl.	Bulletin International de l'Académie Yougoslave des Sciences et des Beaux Arts [Jugoslavenska Akademija Znanosti i Umjetnosti], Classe des Sciences mathématiques et naturelles
Bl. int. Inst. Refrig.	Bulletin of the International Institute of Refrigeration (Bulletin de l'Institut International du Froid). Paris
Bl. Japan. Soc. scient. Fish.	Bulletin of the Japanese Society of Scientific Fisheries [Nippon Suisan Gakkaishi]
Bl. Jardin bot. Buitenzorg	Bulletin du Jardin Botanique de Buitenzorg
Bl. Johns Hopkins Hosp.	Bulletin of the Johns Hopkins Hospital. Baltimore, Md.
Bl. Kobayashi Inst. phys. Res.	Bulletin of the Kobayashi Institute of Physical Research [Kobayashi Rigaku Kenkyusho Hokoku]
Bl. Kyoto Coll. Pharm.	Bulletin of the Kyoto College of Pharmacy [Kyoto Yakka Daigaku Gakuho]
Bl. Mat. grasses Marseille	Bulletin des Matières grasses de l'Institut colonial de Marseille
Bl. mens. Soc. linne. Lyon	Bulletin mensuel de la Société Linnéenne de Lyon
Bl. Nagoya City Univ. pharm. School	Bulletin of the Nagoya City University Pharmaceutical School [Nagoya Shiritsu Daigaku Yakugakubu Kiyo]
Bl. Naniwa Univ.	Bulletin of the Naniwa University. Japan
Bl. Narcotics	Bulletin on Narcotics. New York
Bl. nation. Formul. Comm.	Bulletin of the National Formulary Committee. Washington, D.C.
Bl. nation. hyg. Labor. Tokyo	Bulletin of the National Hygienic Laboratory, Tokyo [Eisei Shikensho Hokoku]
Bl. nation. Inst. Sci. India	Bulletin of the National Institute of Sciences of India
Bl. Orto bot. Univ. Napoli	Bulletino dell'Orto botanico della Reale Università di Napoli
Bl. Patna Sci. Coll. phil. Soc.	Bulletin of the Patna Science College Philosophical Society. Indien
Bl. Res. Coun. Israel	Bulletin of the Research Council of Israel
Bl. Res. Inst. synth. Fibers	Bulletin of the Research Institute for Synthetic Fibers [Kyoto Daigaku Nippon Kagakuseni Kenkyusho Koenshu]
Bl. Res. Inst. Univ. Kerala	Bulletin of the Research Institute University of Kerala. Trivandrum
Bl. scient. Univ. Kiev	Bulletin Scientifique de l'Université d'État de Kiev, Série Chimique
Bl. Sci. pharmacol.	Bulletin des Sciences pharmacologiques
Bl. Sect. scient. Acad. roum.	Bulletin de la Section Scientifique de l'Académie Roumaine
Bl. Soc. bot. France	Bulletin de la Société Botanique de France
Bl. Soc. chim. Belg.	Bulletin de la Société Chimique de Belgique; ab 1945 Bulletin des Sociétés Chimiques Belges
Bl. Soc. Chim. biol.	Bulletin de la Société de Chimie Biologique

Kürzung	Titel
Bl. Soc. Encour. Ind. nation.	Bulletin de la Société d'Encouragement pour l'Industrie Nationale
Bl. Soc. franç. Min.	Bulletin de la Société française de Minéralogie (ab **72** [1949]: et de Cristallographie)
Bl. Soc. franç. Phot.	Bulletin de la Société française de Photographie (ab **16** [1929]: et de Cinématographie)
Bl. Soc. fribourg. Sci. nat.	Bulletin de la Société Fribourgeoise de Sciences Naturelles
Bl. Soc. ind. Mulh.	Bulletin de la Société Industrielle de Mulhouse
Bl. Soc. neuchatel. Sci. nat.	Bulletin de la Société Neuchateloise des Sciences naturelles
Bl. Soc. Path. exot.	Bulletin de la Société de Pathologie exotique
Bl. Soc. Pharm. Bordeaux	Bulletin de la Société de Pharmacie de Bordeaux (ab **89** [1951] Fortsetzung von Bulletin des Travaux de la Société de Pharmacie de Bordeaux)
Bl. Soc. Pharm. Lille	Bulletin de la Société de Pharmacie de Lille
Bl. Soc. Pharm. Nancy	Bulletin de la Société de Pharmacie de Nancy
Bl. Soc. roum. Phys.	Bulletin de la Société Roumaine de Physique
Bl. Soc. scient. Bretagne	Bulletin de la Société Scientifique de Bretagne. Sciences Mathématiques, Physiques et Naturelles
Bl. Soc. scient. Phot. Japan	Bulletin of the Society of Scientific Photography of Japan
Bl. Soc. Sci. Liège	Bulletin de la Société Royale des Sciences de Liège
Bl. Soc. Sci. Nancy	Bulletin de la Société des Sciences de Nancy
Bl. Soc. vaud. Sci. nat.	Bulletin de la Société Vaudoise des Sciences naturelles
Bl. Textile Res. Inst. Yokohama	Bulletin of the Textile Research Institute. Yokohama [Sen'i Kogyo Shikensho Kenkyu Hokoku]
Bl. Tokyo Inst. Technol.	Bulletin of the Tokyo Institute of Technology [Tokyo Kogyo Daigaku Gakuho]
Bl. Tokyo Univ. Eng.	Bulletin of the Tokyo University of Engineering [Tokyo Kogyo Daigaku Gakuho]
Bl. Trav. Soc. Pharm. Bordeaux	Bulletin des Travaux de la Société de Pharmacie de Bordeaux
Bl. Univ. Asie centrale	Bulletin de l'Université d'Etat de l'Asie centrale. Taschkent [Bjulleten Sredneaziatskogo Gosudarstvennogo Universiteta]
Bl. Univ. Osaka Prefect.	Bulletin of the University of Osaka Prefecture
Bl. Wagner Free Inst.	**Bulletin of the Wagner Free Institute of Science, Philadelphia, Pa.**
Bl. Yamagata Univ.	Bulletin of the Yamagata University, Engineering bzw. Natural Science [Yamagata Daigaku Kiyo, Nogaku bzw. Shizen Kagaku]
Blyttia	Blyttia. Oslo
Bodenk. Pflanzenernähr.	Bodenkunde und Pflanzenernährung
Bol. Acad. Cienc. exact. fis. nat. Madrid	Boletin de la Academia de Ciencias Exactas, Fisicas y Naturales Madrid
Bol. Acad. Córdoba Arg.	Boletin de la Academia Nacional de Ciencias Córdoba. Argentinien
Bol. Col. Quim. Puerto Rico	Boletin de Colegio de Químicos de Puerto Rico
Bol. Inform. petr.	Boletín de Informaciones petroleras. Buenos Aires
Bol. Inst. Med. exp. Cáncer	Boletin del Instituto de Medicina experimental para el Estudio y Tratamiento del Cáncer. Buenos Aires
Bol. Inst. Quim. Univ. Mexico	Boletin del Instituto de Química de la Universidad Nacional Autónoma de México

Kürzung	Titel
Boll. Accad. Gioenia Catania	Bollettino delle Sedute dell'Accademia Gioenia di Scienze Naturali in Catania
Boll. chim. farm.	Bollettino chimico farmaceutico
Boll. Ist. sieroterap. milanese	Bollettino dell'Istituto Sieroterapico Milanese
Boll. scient. Fac. Chim. ind. Univ. Bologna	Bollettino Scientifico della Facoltà di Chimica Industriale dell'Università di Bologna
Boll. Sez. ital. Soc. ind. Microbiol.	Bollettino della Sezione Italiana della Società Internazionale di Microbiologia
Boll. Soc. adriat. Sci. Trieste	Bollettino della Società Adriatica di Scienze Naturali in Trieste
Boll. Soc. eustach. Camerino	Bollettino della Società Eustachiana degli Istituti Scientifici dell'Università di Camerino
Boll. Soc. ital. Biol.	Bollettino della Società Italiana di Biologia sperimentale
Boll. Soc. Nat. Napoli	Bollettino della Società dei Naturalisti in Napoli
Boll. Zool. agrar. Bachicoltura	Bollettino di Zoologia agraria e Bachicoltura, Università degli Studi di Milano
Bol. Minist. Agric. Brazil	Boletim do Ministério da Agricultura, Brazil
Bol. Minist. Sanidad Asist. soc.	Boletin del Ministerio de Sanidad y Asistencia Social Venezuela
Bol. ofic. Asoc. Quim. Puerto Rico	Boletin oficial de la Asociación de Químicos de Puerto Rico
Bol. Soc. Biol. Santiago Chile	Boletin de la Sociedad de Biologia de Santiago de Chile
Bol. Soc. chilena Quim.	Boletin de la Sociedad Chilena de Química
Bol. Soc. quim. Peru	Boletin de la Sociedad química del Peru
Bot. Arch.	Botanisches Archiv
Bot. Gaz.	Botanical Gazette. Chicago, Ill.
Bot. Mag. Japan	Botanical Magazine. Tokyo [Shokubutsugaku Zasshi]
Bot. Rev.	Botanical Review. Lancester, Pa.
Bot. Tidsskr.	Botanisk Tidsskrift
Bot. Ž.	Botaničeskij Žurnal. Leningrad
Bräuer-D'Ans	Fortschritte in der Anorganisch-chemischen Industrie. Herausg. von *A. Bräuer* u. *J. D'Ans*
Bratislavské Lekarské Listy	Bratislavské Lekarské Listy
Braunkohlenarch.	Braunkohlenarchiv. Halle/Saale
Brennerei-Ztg.	Brennerei-Zeitung
Brennstoffch.	Brennstoff-Chemie
Brit. Abstr.	British Abstracts
Brit. ind. Finish.	British Industrial Finishing
Brit. J. Cancer	British Journal of Cancer. London
Brit. J. exp. Path.	British Journal of Experimental Pathology
Brit. J. ind. Med.	British Journal of Industrial Medicine
Brit. J. Nutrit.	British Journal of Nutrition
Brit. J. Pharmacol. Chemotherapy	British Journal of Pharmacology and Chemotherapy
Brit. J. Phot.	British Journal of Photography
Brit. med. Bl.	British Medical Bulletin
Brit. med. J.	British Medical Journal
Brit. P.	Britisches Patent
Brit. Plastics	British Plastics

Kürzung	Titel
Brown Boveri Rev.	Brown Boveri Review. Bern
Buchners Repert. Pharm.	Buchners Repertoire der Pharmazie
Bulet.	Buletinul de Chimie Pură si Aplicată al Societății Române de Chimie
Bulet. Cernăuți	Buletinul Facultății de Ştiințe din Cernăuți
Bulet. Cluj	Buletinul Societății de Ştiințe din Cluj
Bulet. Inst. Cerc. tehnol.	Buletinul Institutului Național de Cercetări Tehnologice
Bulet. Inst. politehn. Iaşi	Buletinul Institutului Politehnic din Iaşi
Bulet. Soc. Chim. România	Buletinul Societății de Chimie din România. A. Memoires
Bulet. Soc. Şti. farm. România	Buletinul Societății de Ştiințe farmaceutice din România
Bulet. ştiinţ. tehn. Inst. politehn. Timişoara	Buletinul Ştiinţific şi Tehnic al Institutului Politehnic Timişoara
Bulet. Univ. Babeş-Bolyai	Buletinul Universitatilor „V. Babeş" şi „Bolyai", Cluj. Serie Ştiinţele Naturii
Bur. Mines Bl.	U.S. Bureau of Mines. Bulletin. Washington, D.C.
Bur. Mines Inform. Circ.	U.S. Bureau of Mines. Information Circular
Bur. Mines Rep. Invest.	U.S. Bureau of Mines. Report of Investigations
Bur. Mines tech. Pap.	U.S. Bureau of Mines, Technical Papers
Bur. Stand. Circ.	U.S. National Bureau of Standards Circular. Washington, D.C.
C.	Chemisches Zentralblatt
C. A.	Chemical Abstracts
Cahiers Phys.	Cahiers de Physique
Calif. agric. Exp. Sta. Bl.	California Agricultural Experiment Station Bulletin
Calif. Citrograph	The California Citrograph
Calif. Inst. Technol. tech. Rep.	California Institute of Technology, Technical Report
Calif. Oil Wd.	California Oil World
Canad. Chem. Met.	Canadian Chemistry and Metallurgy (ab **22** [1938]):
Canad. Chem. Process Ind.	Canadian Chemistry and Process Industries
Canad. J. Biochem. Physiol.	Canadian Journal of Biochemistry and Physiology
Canad. J. Bot.	Canadian Journal of Botany
Canad. J. Chem.	Canadian Journal of Chemistry
Canad. J. med. Technol.	Canadian Journal of Medical Technology
Canad. J. Microbiol.	Canadian Journal of Microbiology
Canad. J. pharm. Sci.	Canadian Journal of Pharmaceutical Sciences
Canad. J. Physics	Canadian Journal of Physics
Canad. J. publ. Health	Canadian Journal of Public Health
Canad. J. Res.	Canadian Journal of Research
Canad. J. Technol.	Canadian Journal of Technology
Canad. med. Assoc. J.	Canadian Medical Association Journal
Canad. P.	Canadisches Patent
Canad. pharm. J.	Canadian Pharmaceutical Journal
Canad. Textile J.	Canadian Textile Journal
Cancer	Cancer. Philadelphia, Pa.
Cancer Res.	Cancer Research. Chicago, Ill.
Caoutch. Guttap.	Caoutchouc et la Gutta-Percha
Carbohydrate Res.	Carbohydrate Research. Amsterdam

Kürzung	Titel
Caryologia	Caryologia. Giornale di Citologia, Citosistematica e Citogenetica. Florenz
Č. čsl. Lékárn.	Časopis Československého (ab XIX [1939] Českého) Lékárnictva (Zeitschrift des tschechoslowakischen Apothekenwesens)
Cellulosech.	Cellulosechemie
Cellulose Ind. Tokyo	Cellulose Industry. Tokyo [Sen-i-so Kogyo]
Cereal Chem.	Cereal Chemistry. St. Paul, Minn.
Chaleur Ind.	Chaleur et Industrie
Chalmers Handl.	Chalmers Tekniska Högskolas Handlingar. Göteborg
Ch. Apparatur	Chemische Apparatur
Chem. Age India	Chemical Age of India
Chem. Age London	Chemical Age. London
Chem. Anal. Japan	Chemical Analysis and Reagent [Bunseki To Shiyaku]
Chem. and Ind.	Chemistry and Industry. London
Chem. Canada	Chemistry in Canada
Chem. Commun.	Chemical Communications. London
Chem. Courant	Chemische Courant voor Nederland en Kolonien. Doesberg
Chem. Eng.	Chemical Engineering. New York
Chem. Eng. Japan	Chemical Engineering Tokyo [Kagaku Kogaku]
Chem. eng. mining Rev.	Chemical Engineering and Mining Review. Melbourne
Chem. eng. News	Chemical and Engineering News. Washington, D.C.
Chem. eng. Progr.	Chemical Engineering Progress. New York
Chem. eng. Progr. Symp. Ser.	Chemical Engineering Progress Symposium Series
Chem. eng. Sci.	Chemical Engineering Science. Oxford
Chem. heterocycl. Compounds	*A. Weissberger, E.C. Taylor*, The Chemistry of Heterocyclic Compounds; a Series of Monographs. New York
Chem. High Polymers Japan	Chemistry of High Polymers. Tokyo [Kobunshi Kagaku]
Chemia	Chemia. Revista de Centro Estudiantes universitarios de Química Buenos Aires
Chemia anal.	Chemia Analityczna. Warschau
Chemie	Chemie
Chemie Prag	Chemie. Prag
Chem. Industries	Chemical Industries. New York
Chemist-Analyst	Chemist-Analyst. Phillipsburg, N.J.
Chemist Druggist	Chemist and Druggist. London
Chemistry Kyoto	Chemistry. Kyoto [Kagaku Kyoto]
Chemistry Taipei	Chemistry. Taipei [Hua Hsueh]
Chem. Letters	Chemistry Letters. Tokyo
Chem. Listy	Chemické Listy pro Vĕdu a Průmysl (Chemische Blätter für Wissenschaft und Industrie). Prag
Chem. met. Eng.	Chemical and Metallurgical Engineering. New York
Chem. News	Chemical News and Journal of Industrial Science. London
Chem. Obzor	Chemický Obzor (Chemische Rundschau). Prag
Chemotherapy Tokyo	Chemotherapy Tokyo [Nippon Kagaku Ryohogakukai Zasshi]
Chem. Penicillin 1949	The Chemistry of Penicillin. Herausg. von *H.T. Clarke, J.R. Johnson, R. Robinson*. Princeton, N.J. 1949
Chem. pharm. Bl.	Chemical and Pharmaceutical Bulletin. Tokyo
Chem. Physics Lipids	Chemistry and Physics of Lipids. Amsterdam
Chem. Products	Chemical Products and the Chemical News. London
Chem. Průmysl	Chemicky Průmysl (Chemische Industrie). Prag
Chem. Reviews	Chemical Reviews. Washington, D.C.

Kürzung	Titel
Chem. Scripta	Chemica Scripta. Stockholm
Chem. Soc. spec. Publ.	Chemical Society, Special Publication
Chem. Soc. Symp. Bristol 1958	Chemical Society Symposia Bristol 1958
Chem. stosow.	Chemia Stosowana (Angewandte Chemie). Breslau
Chem. Tech.	Chemische Technik. Leipzig
Chem. tech. Rdsch.	Chemisch-Technische Rundschau. Berlin
Chem. Trade J.	Chemical Trade Journal and Chemical Engineer. London
Chem. Wd. Shanghai	Chemical World. Shanghai [Hua Hsueh Shih chieh]
Chem. Weekb.	Chemisch Weekblad
Chem. Zvesti	Chemické Zvesti (Chemische Nachrichten). Pressburg
Ch. Fab.	Chemische Fabrik
Chim. anal.	Chimie analytique. Paris
Chim. et Ind.	Chimie et Industrie
Chim. farm. Promyšl.	Chimiko-farmacevtičeskaja Promyšlennost
Chim. farm. Ž.	Chimico-farmacevtičeskij Žurnal. Moskau; englische Ausgabe: Pharmaceutical Chemistry Journal
Chimia	Chimia. Zürich
Chimica	Chimica. Mailand
Chimica e Ind.	Chimica e l'Industria. Mailand
Chimica Ind. Agric. Biol.	Chimica nell'Industria, nell'Agricoltura, nella Biologia e nelle Realizzazioni Corporative
Chimica therap.	Chimica therapeutica. Paris
Chimija chim. Technol.	Izvestija vysšich učebnych Zavedenij (IVUZ) (Nachrichten von Hochschulen und Lehranstalten); Chimija i chimičeskaja Technologija
Chimija geterocikl. Soedin.	Chimija Geterocikličeskich Soedinenij; englische Ausgabe: Chemistry of Heterocyclic Compounds U.S.S.R.
Chimija Med.	Chimija i Medicina
Chimija prirodn. Soedin.	Chimija Prirodnych Soedinenij; englische Ausgabe: Chemistry of Natural Compounds
Chimija Technol. Topl. Masel	Chimija i Technologija Topliva i Masel
Chimija tverd. Topl.	Chimija Tverdogo Topliva (Chemie der festen Brennstoffe)
Chimika Chronika	Chimika bzw. Chemika Chronika. Athen
Chimis. socialist. Seml.	Chimisacija Socialističeskogo Semledelija (Chemisation of Socialistic Agriculture)
Chim. Mašinostr.	Chimičeskoe Mašinostroenie
Chim. moderne	Chimie Moderne. Lyon
Chim. Nauka Promyšl.	Chimičeskaja Nauka i Promyšlennost
Chim. Promisl. Kiev	Chimična Promislovist'. Kiev
Chim. Promyšl.	Chimičeskaja Promyšlennost (Chemische Industrie)
Chimstroi	Chimstroi (Journal for Projecting and Construction of the Chemical Industry in U.S.S.R.)
Ch. Ing. Tech.	Chemie-Ingenieur-Technik
Chin. J. Physics	Chinese Journal of Physics
Chin. J. Physiol.	Chinese Journal of Physiology [Chung Kuo Sheng Li Hsueh Tsa Chih]
Chromatogr. Rev.	Chromatographic Reviews
Ch. Tech.	Chemische Technik (Fortsetzung von Chemische Fabrik)
Ch. Umschau Fette	Chemische Umschau auf dem Gebiet der Fette, Öle, Wachse und Harze

Kürzung	Titel
Chungshan Univ. J.	Chung-Shan University Journal [Chung-Shan Ta Hsueh Hsueh Pao]
Ch. Z.	Chemiker-Zeitung
Ciencia	Ciencia. Mexico City
Ciencia e Invest.	Ciencia e Investigación. Buenos Aires
CIOS Rep.	Combined Intelligence Objectives Subcommittee Report
Citrus Leaves	Citrus Leaves. Los Angeles, Calif.
Č. Lékářu českých	Časopis Lékářu Českých (Zeitschrift der tschechischen Ärzte)
Clin. Chem.	Clinical Chemistry. Winston-Salem, N.C.
Clin. chim. Acta	Clinica Chimica Acta. Amsterdam
Clin. Med.	Clinical Medicine (von **34** [1927] bis **47** Nr. 8 [1940]) and Surgery. Wilmette, Ill.
Clin. pediatrica	Clinica Pediatrica. Bologna
Clin. veterin.	Clinica Veterinaria e Rassegna di Polizia Sanitaria i Igiene
Coal Tar Tokyo	Coal Tar Tokyo [Koru Taru]
Coke and Gas	Coke and Gas. London
Cold Spring Harbor Symp. quant. Biol.	Cold Spring Harbor Symposia on Quantitative Biology
Collect.	Collection des Travaux Chimiques de Tchécoslovaquie; ab **16/17** [1951/52]: Collection of Czechoslovak Chemical Communications
Collegium	Collegium (Zeitschrift des Internationalen Vereins der Leder-Industrie-Chemiker). Darmstadt
Colliery Guardian	Colliery Guardian. London
Coll. int. Centre nation. Rech. scient.	Colloques Internationaux du Centre National de la Recherche Scientifique
Colloid Symp. Monogr.	Colloid Symposium Monograph
Colon. Plant Animal Prod.	Colonial Plant and Animal Products. London
Combustibles	Combustibles. Saragossa
Comment. biol. Helsingfors	Societas Scientiarum Fennica. Commentationes Biologicae. Helsingfors
Comment. phys. math. Helsingfors	Societas Scientiarum Fennica. Commentationes Physico-mathematicae. Helsingfors
Commun. Fac. Sci. Univ. Ankara	Communications de la Faculté des Sciences de l'Université d'Ankara
Commun. Kamerlingh-Onnes Lab. Leiden	Communications from the Kamerlingh-Onnes Laboratory of the University of Leiden
Comun. Acad. romîne	Comunicarile Academiei Republicii Populare Romîne
Contrib. biol. Labor. Sci. Soc. China Zool. Ser.	Contributions from the Biological Laboratories of the Science Society of China. Zoological Series
Contrib. Boyce Thompson Inst.	Contributions from Boyce Thompson Institute. Yonkers, N.Y.
Contrib. Inst. Chem. Acad. Peiping	Contributions from the Institute of Chemistry, National Academy of Peiping
Corrosion Anticorrosion	Corrosion et Anticorrosion
C. r.	Comptes Rendus Hebdomadaires des Séances de l'Académie des Sciences
C. r. Acad. Agric. France	Comptes Rendus Hebdomadaires des Séances de l'Académie d'Agriculture de France
C. r. Acad. Roum.	Comptes rendus des Séances de l'Académie des Sciences de Roumanie
C. r. 66. Congr. Ind. Gaz Lyon 1949	Compte Rendu du 66me Congrès de l'Industrie du Gaz, Lyon 1949

Kürzung	Titel
C. r. V. Congr. int. Ind. agric. Scheveningen 1937	Comptes Rendus du V. Congrès international des Industries agri= coles, Scheveningen 1937
C. r. Doklady	Comptes Rendus (Doklady) de l'Académie des Sciences de l'U.R.S.S.
Crisol	Crisol. Puerto Rico
Croat. chem. Acta	Croatica Chemica Acta
C. r. Soc. Biol.	Comptes Rendus des Séances de la Société de Biologie et de ses Filiales
C. r. Soc. Phys. Genève	Compte Rendu des Séances de la Société de Physique et d'Histoire naturelle de Genève
C. r. Trav. Carlsberg	Comptes Rendus des Travaux du Laboratoire Carlsberg, Kopen= hagen
C. r. Trav. Fac. Sci. Marseille	Comptes Rendus des Travaux de la Faculté des Sciences de Mar= seille
Cryst. Struct. Commun.	Crystal Structure Communications. Parma
Čsl. Dermatol.	Československa Dermatologie. Prag
Čsl. Farm.	Československa Farmacie
Čsl. Fysiol.	Československa Fysiologie
Čsl. Mikrobiol.	Československa Mikrobiologie
Cuir tech.	Cuir Technique
Curierul farm.	Curierul Farmaceutic. Bukarest
Curr. Res. Anesth. Analg.	Current Researches in Anesthesia and Analgesia. Cleveland, Ohio
Curr. Sci.	Current Science, Bangalore
Cvetnye Metally	Cvetnye Metally (Nichteisenmetalle)
Dän. P.	Dänisches Patent
Danske Vid. Selsk. Biol. Skr.	Kongelige Danske Videnskabernes Selskab. Biologiske Skrifter
Danske Vid. Selsk. Mat. fys. Medd.	Kongelige Danske Videnskabernes Selskab. Matematisk-Fysiske Meddelelser
Danske Vid. Selsk. Mat. fys. Skr.	Kongelige Danske Videnskabernes Selskab. Matematisk-fysiske Skrifter
Danske Vid. Selsk. Skr.	Kongelige Danske Videnskabernes Selskabs Skrifter, Naturviden= skabelig og Mathematisk Afdeling
Dansk Tidsskr. Farm.	Dansk Tidsskrift for Farmaci
D. A. S.	Deutsche Auslegeschrift
D. B. P.	Deutsches Bundespatent
Dental Cosmos	Dental Cosmos. Chicago, Ill.
Destrukt. Gidr. Topl.	Destruktivnaja Gidrogenizacija Topliv
Discuss. Faraday Soc.	Discussions of the Faraday Society
Diss. Abstr.	Dissertation Abstracts (Microfilm Abstracts). Ann Arbor, Mich.
Diss. pharm.	Dissertationes Pharmaceuticae. Warschau
Diss. pharm. pharmacol.	Dissertationes Pharmaceuticae et Pharmacologicae. Warschau
Doklady Akad. Armjansk. S.S.R.	Doklady Akademii Nauk Armjanskoj S.S.R.
Doklady Akad. Azerbajd- žansk. S.S.R.	Doklady Akademii Nauk Azerbajdžanskoj S.S.R.
Doklady Akad. Belorussk. S.S.R.	Doklady Akademii Nauk Belorusskoj S.S.R.
Doklady Akad. S.S.S.R.	Doklady Akademii Nauk S.S.S.R. (Comptes Rendus de l'Acadé= mie des Sciences de l'Union des Républiques Soviétiques Socia= listes)

Kürzung	Titel
Doklady Akad. Tadžiksk. S.S.R.	Doklady Akademii Nauk Tadžikskoj S.S.R.
Doklady Akad. Uzbeksk. S.S.R.	Doklady Akademii Nauk Uzbekskoj S.S.R.
Doklady Bolgarsk. Akad.	Doklady Bolgarskoj Akademii Nauk (Comptes Rendus de l'Aca≠démie bulgare des Sciences)
Doklady Chem. N.Y.	Doklady Chemistry. New York ab **148** [1963]. Englische Ausgabe von Doklady Akademii Nauk S.S.S.R.
Dopovidi Akad. Ukr. R.S.R.	Dopovidi Akademii Nauk Ukrainskoj R.S.R.
D.O.S.	Deutsche Offenlegungsschrift
Dragoco Ber.	Dragoco Berichte; ab **9** [1962]:
Dragoco Rep.	Dragoco Report. Holzminden
D.R.B.P. Org. Chem.	Deutsche Reichs- und Bundespatente aus dem Gebiet der Orga≠nischen Chemie 1950—1951
D.R.P.	Deutsches Reichspatent
D.R.P. Org. Chem.	Deutsche Reichspatente aus dem Gebiete der Organischen Chemie 1939—1945
Drug cosmet. Ind.	Drug and Cosmetic Industry. New York
Drugs Oils Paints	Drugs, Oils & Paints. Philadelphia, Pa.
Drug Stand.	Drug Standards. Washington, D.C.
Dtsch. Apoth.-Ztg.	Deutsche Apotheker-Zeitung
Dtsch. Arch. klin. Med.	Deutsches Archiv für klinische Medizin
Dtsch. Ch. Ztschr.	Deutsche Chemiker-Zeitschrift
Dtsch. Essigind.	Deutsche Essigindustrie
Dtsch. Färber-Ztg.	Deutsche Färber-Zeitung
Dtsch. Lebensm.-Rdsch.	Deutsche Lebensmittel-Rundschau
Dtsch. med. Wschr.	Deutsche medizinische Wochenschrift
Dtsch. Molkerei-Ztg.	Deutsche Molkerei-Zeitung
Dtsch. Parf.-Ztg.	Deutsche Parfümerie-Zeitung
Dtsch. Z. ges. ger. Med.	Deutsche Zeitschrift für die gesamte gerichtliche Medizin
Dyer Calico Printer	Dyer and Calico Printer, Bleacher, Finisher and Textile Review; ab **71** Nr. 8 [1934]:
Dyer Textile Printer	Dyer, Textile Printer, Bleacher and Finisher. London
East Malling Res. Station ann. Rep.	East Malling Research Station, Annual Report. Kent
Econ. Bot.	Economic Botany. New York
Edinburgh med. J.	Edinburgh Medical Journal
Egypt. J. Chem.	Egyptian Journal of Chemistry
Egypt. pharm. Bl.	Egyptian Pharmaceutical Bulletin
Egypt. pharm. Rep.	Egyptian Pharmaceutical Reports
Electroch. Acta	Electrochimica Acta. Oxford
Electrotech. J. Tokyo	Elektrotechnical Journal. Tokyo
Electrotechnics	Electrotechnics. Bangalore
Elektr. Nachr.-Tech.	Elektrische Nachrichten-Technik
Elelm. Ipar	Élelmezési Ipar (Nahrungsmittelindustrie). Budapest
Empire J. exp. Agric.	Empire Journal of Experimental Agriculture. London
Endeavour	Endeavour. London
Endocrinology	Endocrinology. Boston bzw. Springfield, Ill.
Energia term.	Energia Termica. Mailand
Énergie	Énergie. Paris
Eng.	Engineering. London

Kürzung	Titel
Engenharia Quim.	Engenharia e Química. Rio de Janeiro
Eng. Mining J.	Engineering and Mining Journal. New York
Enzymol.	Enzymologia. Holland
E. P.	s. Brit. P.
Erdöl Kohle	Erdöl und Kohle
Erdöl Teer	Erdöl und Teer
Ergebn. Biol.	Ergebnisse der Biologie
Ergebn. Enzymf.	Ergebnisse der Enzymforschung
Ergebn. exakt. Naturwiss.	Ergebnisse der Exakten Naturwissenschaften
Ergebn. Physiol.	Ergebnisse der Physiologie
Ernährung	Ernährung. Leipzig
Ernährungsf.	Ernährungsforschung. Berlin
Essenze Deriv. agrum.	Essenze e Derivati Agrumari
Europ. J. med. Chem. Chim. ther.	European Journal of Medicinal Chemistry — Chimica Therapeutica. Paris
Experientia	Experientia. Basel
Explosivst.	Explosivstoffe
Exp. Med. Surgery	Experimental Medicine and Surgery. New York
Exposés ann. Biochim. méd.	Exposés annuels de Biochimie médicale
Fachl. Mitt. Öst. Tabakregie	Fachliche Mitteilungen der Österreichischen Tabakregie
Farbe Lack	Farbe und Lack
Farben Lacke Anstrichst.	Farben, Lacke, Anstrichstoffe
Farben-Ztg.	Farben-Zeitung
Farmacia Bukarest	Farmacia. Bukarest
Farmacia chilena	Farmacia Chilena
Farmacia nueva	Farmacia nueva. Madrid
Farmacija Farmakol.	Farmacija i Farmakologija
Farmacija Moskau	Farmacija. Moskau
Farmacija Sofia	Farmacija. Sofia
Farmacja Polska	Farmacja. Polska
Farmaco	Il Farmaco. Pavia; ab **8** [1953] geteilt in:
Ed. prat.	Edizione Pratica
Ed. scient.	Edizione Scientifica
Farmacognosia	Farmacognosia. Madrid
Farmacoterap. actual	Farmacoterapia actual. Madrid
Farmakol. Toksikol.	Farmakologija i Toksikologija; englische Ausgabe: Russian Pharmacology and Toxicology
Farm. Glasnik	Farmaceutski Glasnik. Zagreb
Farm. ital.	Farmacista italiano
Farm. Notisblad	Farmaceutiskt Notisblad. Helsingfors
Farm. Revy	Farmacevtisk Revy. Stockholm
Farm. Tidende	Farmaceutisk Tidende. Kopenhagen
Farm. Ž.	Farmacevtičnij Žurnal
Faserforsch. Textiltech.	Faserforschung und Textiltechnik. Berlin
FEBS Letters	Federation of European Biochemical Societies Letters. Amsterdam
Federal Register	Federal Register. Washington, D.C.
Federation Proc.	Federation Proceedings. Washington, D.C.
Fermentf.	Fermentforschung
Fettch. Umschau	Fettchemische Umschau (ab **43** [1936]):
Fette Seifen	Fette und Seifen (ab **55** [1953]: Fette, Seifen, Anstrichmittel)

Kürzung	Titel
Feuerungstech.	Feuerungstechnik
FIAT Final Rep.	Field Information Agency, Technical, United States Group Control Council for Germany, Final Report
Finnish Paper Timber J.	Finnish Paper and Timber Journal
Finska Kemistsamf. Medd.	Finska Kemistsamfundets Meddelanden [Suomen Kemistiseuran Tiedonantoja]
Fischwirtsch.	Fischwirtschaft
Fish. Res. Board Canada Progr. Rep. Pacific Sta.	Fisheries Research Board of Canada, Progress Reports of the Pacific Coast Stations
Fisiol. Med.	Fisiologia e Medicina. Rom
Fiziol. Rast.	Fiziologija Rastenij; englische Ausgabe: Soviet Plant Physiology
Fiziol. Ž.	Fiziologičeskij Žurnal S.S.S.R.
Fiz. Sbornik Lvovsk. Univ.	Fizičeskij Sbornik, Lvovskij Gosudarstvennyj Universitet imeni I. Franko
Flora	Flora oder Allgemeine Botanische Zeitung
Folia biol. Krakau	Folia Biologica. Krakau
Folia pharmacol. japon.	Folia pharmacologica japonica
Food	Food. London
Food Manuf.	Food Manufacture. London
Food Res.	Food Research. Champaign, Ill.
Food Technol.	Food Technology. Champaign, Ill.
Foreign Petr. Technol.	Foreign Petroleum Technology
Forest Res. Inst. Dehra-Dun Bl.	Forest Research Institute Dehra-Dun Indian Forest Bulletin
Forest Sci.	Forest Science. Washington, D.C.
Formosan Sci.	Formosan Science [Tai-Wan Ko Hsueh]
Forschg. Fortschr.	Forschungen und Fortschritte
Forschg. Ingenieurw.	Forschung auf dem Gebiete des Ingenieurwesens
Forschungsber. Nordrhein-Westfalen	Forschungsberichte des Landes Nordrhein-Westfalen
Forschungsd.	Forschungsdienst, Zentralorgan der Landwirtschaftswissenschaft
Fortschr. Arzneimittelf.	Fortschritte der Arzneimittelforschung. Basel
Fortschr. chem. Forsch.	Fortschritte der Chemischen Forschung
Fortschr. Ch. org. Naturst.	Fortschritte der Chemie Organischer Naturstoffe
Fortschr. Hochpolymeren-Forsch.	Fortschritte der Hochpolymeren-Forschung. Berlin
Fortschr. Mineral.	Fortschritte der Mineralogie. Stuttgart
Fortschr. Röntgenstr.	Fortschritte auf dem Gebiete der Röntgenstrahlen
Fortschr. Therap.	Fortschritte der Therapie
F.P.	Französisches Patent
Fr.	s. Z. anal. Chem.
France Parf.	La France et ses Parfums
Frdl.	Fortschritte der Teerfarbenfabrikation und verwandter Industriezweige. Begonnen von *P. Friedländer*, fortgeführt von *H.E. Fierz-David*
Frontier	Frontier. Chicago
Fruit Prod. J.	Fruit Products Journal and American Vinegar Industry (ab **23** [1943]) and American Food Manufacturer
Fruits	Fruits. Paris
Fuel	Fuel in Science and Practice. London
Fuel Economist	Fuel Economist. London
Fukuoka Acta med.	Fukuoka Acta Medica [Fukuoka Igaku Zasshi]
Furman Stud. Bl.	Furman Studies, Bulletin of Furman University

Kürzung	Titel
Fysiograf. Sällsk. Lund Förh.	Kungliga Fysiografiska Sällskapets i Lund Förhandlingar
Fysiograf. Sällsk. Lund Handl.	Kungliga Fysiografiska Sällskapets i Lund Handlingar
G.	Gazzetta Chimica Italiana
Galen. Acta	Galenica Acta. Madrid
Garcia de Orta	Garcia de Orta. Review of the Overseas Research Council. Lissa⸗ bon
Gas Age Rec.	Gas Age Record (ab **80** [1937]: Gas Age). New York
Gas J.	Gas Journal. London
Gas Los Angeles	Gas. Los Angeles, Calif.
Gasschutz Luftschutz	Gasschutz und Luftschutz
Gas-Wasserfach	Gas- und Wasserfach
Gas Wd.	Gas World. London
Gen. Electric Rev.	General Electric Review. Schenectady, N. Y.
Gidroliz. lesochim. Promyšl.	Gidroliznaja i Lesochimičeskaja Promyšlennost (Hydrolyse- und Holzchemische Industrie)
Gigiena Sanit.	Gigiena i Sanitarija
Giorn. Batteriol. Immunol.	Giornale di Batteriologia e Immunologia
Giorn. Biochim.	Giornale di Biochimica. Rom
Giorn. Biol. ind.	Giornale di Biologia industriale, agraria ed alimentare
Giorn. Chimici	Giornale dei Chimici
Giorn. Chim. ind. appl.	Giornale di Chimica industriale ed applicata
Giorn. Farm. Chim.	Giornale di Farmacia, di Chimica e di Scienze affini
Giorn. Med. militare	Giornale di Medicina Militare
Giorn. Microbiol.	Giornale de Microbiologia. Mailand
Glasnik chem. Društva Beograd	Glasnik Chemiskog Društva Beograd; mit Bd. **11** [1940/46] Fort⸗ setzung von
Glasnik chem. Društva Jugosl.	Glasnik Chemiskog Društva Kral'evine Jugoslavije (Bulletin de la Société Chimique du Royaume de Yougoslavie)
Glasnik Društva Hem. Tehnol. Bosne Hercegovine	Glasnik Društva Hemicara i Tehnologa Bosne i Hercegovine
Glasnik šumarskog Fak. Univ. Beograd	Glasnik Šumarskog Fakulteta, Univerzitet u Beogradu
Glückauf	Glückauf
Glutathione Symp.	Glutathione Symposium Ridgefield 1953; London 1958
Gmelin	Gmelins Handbuch der Anorganischen Chemie. 8. Aufl. Herausg. vom Gmelin-Institut
Godišnik chim. technol. Inst. Sofia	Godišnik na Chimiko-technologičeskija Institut. Sofia
Godišnik Univ. Sofia	Godišnik na Sofijskija Universitet. II. Fiziko-matematičeski Fa⸗ kultet (Annuaire de l'Université de Sofia. II. Faculté Physico-mathématique)
Gornyj Ž.	Gornyj Žurnal (Mining Journal). Moskau
Group. franç. Rech. aéronaut.	Groupement Français pour le Développement des Recherches Aéronautiques
Gummi Ztg.	Gummi-Zeitung
Gynaecologia	Gynaecologia. Basel
H.	s. Z. physiol. Chem.

Kürzung	Titel
Helv.	Helvetica Chimica Acta
Helv. med. Acta	Helvetica Medica Acta
Helv. phys. Acta	Helvetica Physica Acta
Helv. physiol. Acta	Helvetica Physiologica et Pharmacologica Acta
Heterocycles	Heterocycles. Japan
Het Gas	Het Gas. den Haag
Hilgardia	Hilgardia. A Journal of Agricultural Science. Berkeley, Calif.
Hochfrequenztech. Elektroakustik	Hochfrequenztechnik und Elektroakustik
Holzforschung	Holzforschung. Berlin
Holz Roh- u. Werkst.	Holz als Roh- und Werkstoff. Berlin
Houben-Weyl	*Houben-Weyl*, Methoden der Organischen Chemie. 3. Aufl. bzw. 4. Aufl. Herausg. von *E. Müller*
Hung. Acta chim.	Hungarica Acta Chimica
Ind. agric. aliment. bzw. Ind. aliment. agric.	Industries agricoles et alimentaires
Ind. Chemist	Industrial Chemist and Chemical Manufacturer. London
Ind. chim. belge	Industrie Chimique Belge
Ind. chimica	L'Industria Chimica. Il Notiziario Chimico-industriale
Ind. chimique	Industrie Chimique
Ind. Conserve	Industria Conserve. Parma
Ind. Corps gras	Industries des Corps gras
Ind. eng. Chem.	Industrial and Engineering Chemistry. Industrial Edition. Washington, D.C.
Ind. eng. Chem. Anal.	Industrial and Engineering Chemistry. Analytical Edition
Ind. eng. Chem. News	Industrial and Engineering Chemistry. News Edition
Ind. eng. Chem. Process Design Devel.	Industrial and Engineering Chemistry, Process Design and Development
Indian Forest Rec.	Indian Forest Records
Indian J. agric. Sci.	Indian Journal of Agricultural Science
Indian J. appl. Chem.	Indian Journal of Applied Chemistry
Indian J. Biochem. Biophys.	Indian Journal of Biochemistry and Biophysics
Indian J. Chem.	Indian Journal of Chemistry
Indian J. Malariol.	Indian Journal of Malariology
Indian J. med. Res.	Indian Journal of Medical Research
Indian J. Pharm.	Indian Journal of Pharmacy
Indian J. Physics	Indian Journal of Physics and Proceedings of the Indian Association for the Cultivation of Science
Indian J. Physiol.	Indian Journal of Physiology and Allied Sciences
Indian J. veterin. Sci.	Indian Journal of Veterinary Science and Animal Husbandry
Indian Lac Res. Inst. Bl.	Indian Lac Research Institute, Bulletin
Indian med. Gaz.	Indian Medical Gazette
Indian Pharmacist	Indian Pharmacist
Indian Soap J.	Indian Soap Journal
Indian Sugar	Indian Sugar
India Rubber J.	India Rubber Journal. London
India Rubber Wd.	India Rubber World. New York
Indisches P.	Indisches Patent
Ind. Med.	Industrial Medicine. Chicago, Ill.
Indones. J. nat. Sci.	Indonesian Journal for Natural Science
Ind. Parfum.	Industrie de la Parfumerie

Kürzung	Titel
Ind. Plastiques	Industries des Plastiques
Ind. Química	Industria y Química. Buenos Aires
Ind. saccar. ital.	Industria saccarifera Italiana
Ind. textile	Industrie textile. Paris
Informe Estación exp. Puerto Rico	Informe de la Estación experimental de Puerto Rico
Inform. Quim. anal.	Información de Química analitica. Madrid
Ing. Chimiste Brüssel	Ingénieur Chimiste. Brüssel
Ing. Nederl.-Indië	De Ingenieur in Nederlandsch-Indië
Ing. Vet. Akad. Handl.	Ingeniörsvetenskapsakademiens Handlingar. Stockholm
Inorg. Chem.	Inorganic Chemistry. Washington, D.C.
Inorg. chim. Acta	Inorganica Chimica Acta. Padua
Inorg. nuclear Chem. Letters	Inorganic and Nuclear Chemistry Letters. New York
Inorg. Synth.	Inorganic Syntheses. New York
Inst. cubano Invest. tecnol.	Instituto Cubano de Investigaciones Tecnológicas, Serie de Estudios sobre Trabajos de Investigación
Inst. Gas Technol. Res. Bl.	Institute of Gas Technology, Research Bulletin. Chicago, Ill.
Inst. nacion. Pesquisas Amazônia	Instituto Nacional de Pesquisas da Amazônia
Inst. nacion. Tec. aeronat. Madrid Comun.	I.N.T.A.=Instituto Nacional de Técnica Aeronáutica. Madrid. Comunicadó
2. Int. Conf. Biochem. Probl. Lipids Gent 1955	Biochemical Problems of Lipids, Proceedings of the 2. Internatio= nal Conference Gent 1955
Int. Congr. Microbiol. .... Abstr.	International Congress for Microbiology (III. New York 1939 IV. Kopenhagen 1947), Abstracts bzw. Report of Proceedings)
Int. J. Air Pollution	International Journal of Air Pollution
Int. J. Pept. Protein Res.	International Journal of Peptide and Protein Research. Kopenha= gen
Int. J. Protein Res.	International Journal of Protein Research. Kopenhagen
Int. J. Sulfur Chem.	International Journal of Sulfur Chemistry. Santa Monica, Calif.
XIV. Int. Kongr. Chemie Zürich 1955	XIV. Internationaler Kongress für Chemie, Zürich 1955
Int. landwirtsch. Rdsch.	Internationale landwirtschaftliche Rundschau
Int. Rev. Connect. Tissue Res.	International Review of Connective Tissue Research. New York
Int. Sugar J.	International Sugar Journal. London
Int. Z. Vitaminf.	Internationale Zeitschrift für Vitaminforschung. Bern
Ion	Ion. Madrid
Iowa Coll. agric. Exp. St. Res. Bl.	Iowa State College of Agriculture and Mechanic Arts, Agricultural Experiment Station, Research Bulletin
Iowa Coll. J.	Iowa State College Journal of Science
Israel J. Chem.	Israel Journal of Chemistry
Issled. Zaporožsk. farm. Inst.	Issledovanija v Oblasti Farmacij, Zaporožskij Gosudarstvennyj Farmacevtičeskij Institut
Ital. P.	Italienisches Patent
I.V.A.	Ingeniörsvetenskapsakademien. Tidskrift för teknisk-vetenskaplig Forskning. Stockholm
Izv. Akad. Kazachsk. S.S.R.	Izvestija Akademii Nauk Kazachskoj S.S.R.
Izv. Akad. Kirgizsk. S.S.R. Ser. estestv. tech.	Izvestija Akademii Nauk Kirgizskoj S.S.R. Serija Estestvennych i Techničeskich Nauk

Kürzung	Titel
Izv. Akad. S.S.R.	Izvestija Akademii Nauk S.S.R.; englische Ausgabe: Bulletin of the Academy of Science of the U.S.S.R.
Izv. Akad. Tadžiksk. S.S.R. Otd. estestv.	Izvestija Otdelenija Estestvennych Nauk Akademija Nauk Tadžikskoj S.S.R.
Izv. Akad. Uzbeksk. S.S.R.	Izvestija Akademii Nauk Uzbekskoj S.S.R.
Izv. Armjansk. Akad.	Izvestija Armjanskogo Filiala Akademii Nauk S.S.R.; ab 1944 Izvestija Akademii Nauk Armjanskoj S.S.R.
Izv. biol. Inst. Permsk. Univ.	Izvestija Biologičeskogo Naučno-issledovatelskogo Instituta pri Permskom Gosudarstvennom Universitete (Bulletin de l'Institut des Recherches Biologiques de Perm)
Izv. chim. Inst. Bulgarska Akad.	Izvestija na Chimičeskija Institut, Bulgarska Akademija na Naukite
Izv. Inst. fiz. chim. Anal.	Izvestija Instituta Fiziko-chimičeskogo Analiza
Izv. Inst. koll. Chim.	Izvestija Gosudarstvennogo Naučno-issledovatelskogo Instituta Kolloidnoj Chimii (Bulletin de l'Institut des Recherches scientifiques de Chimie colloidale à Voronège)
Izv. Inst. Platiny	Izvestija Instituta po Izučeniju Platiny (Annales de l'Institut du Platine)
Izv. Ivanovo-Vosnessensk. politech. Inst.	Izvestija Ivanovo-Vosnessenskogo Politechničeskogo Instituta
Izv. Karelsk. Kolsk. Akad.	Izvestija Karelskogo i Kolskogo Filialov Akademii Nauk S.S.R.
Izv. Kazansk. Akad.	Izvestija Kazanskogo Filiala Akademii Nauk S.S.R.
Izv. Krymsk. pedagog. Inst.	Izvestija Krymskogo Pedagogičeskogo Instituta
Izv. Otd. chim. Bulgarska Akad.	Izvestija na Otdelenieto za Chimičeski Nauki, Bulgarska Akademija na Naukite
Izv. Sektora fiz. chim. Anal.	Akademija Nauk S.S.R., Institut Obščej i Neorganičeskoj Chimii: Izvestija Sektora Fiziko-chimičeskogo Analiza (Institut de Chimie Générale: Annales du Secteur d'Analyse Physico-chimique)
Izv. Sektora Platiny	Izvestija Sektora Platiny i Drugich Blagorodnych Metallov, Institut Obščej i Neorganičeskoj Chimii
Izv. Sibirsk. Otd. Akad. S.S.R.	Izvestija Sibirskogo Otdelenija Akademii Nauk S.S.R.
Izv. Tomsk. ind. Inst.	Izvestija Tomskogo industrialnogo Instituta
Izv. Tomsk. politech. Inst.	Izvestija Tomskogo Politechničeskogo Instituta
Izv. Univ. Armenii	Izvestija Gosudarstvennogo Universiteta S.S.R. Armenii
Izv. Uralsk. politech. Inst.	Izvestija Uralskogo Politechničeskogo Instituta
J.	Liebig-Kopps Jahresbericht über die Fortschritte der Chemie
J. acoust. Soc. Am.	Journal of the Acoustical Society of America
Jad. Energ.	Jaderná Energie. Prag
J. agric. chem. Soc. Japan	Journal of the Agricultural Chemical Society of Japan
J. agric. Food Chem.	Journal of Agricultural and Food Chemistry. Washington, D.C.
J. Agric. prat.	Journal d'Agriculture pratique et Journal d'Agriculture
J. agric. Res.	Journal of Agricultural Research. Washington, D.C.
J. agric. Sci.	Journal of Agricultural Science. London
J. Alabama Acad.	Journal of the Alabama Academy of Science
J. Am. Leather Chemists Assoc.	Journal of the American Leather Chemists' Association
J. Am. med. Assoc.	Journal of the American Medical Association
J. Am. Oil Chemists Soc.	Journal of the American Oil Chemists' Society

Kürzung	Titel
J. Am. pharm. Assoc.	Journal of the American Pharmaceutical Association. Scientific Edition
J. Am. Soc. Agron.	Journal of the American Society of Agronomy
J. Am. Water Works Assoc.	Journal of the American Water Works Association
J. Annamalai Univ.	Journal of the Annamalai University. Indien
J. Antibiotics Japan	Journal of Antibiotics. Tokyo
Japan Analyst	Japan Analyst [Bunseki Kagaku]
Japan. J. Antibiotics	Japanese Journal of Antibiotics
Japan. J. Bot.	Japanese Journal of Botany
Japan. J. exp. Med.	Japanese Journal of Experimental Medicine
Japan. J. med. Sci.	Japanese Journal of Medical Sciences
Japan. J. med. Sci. Biol.	Japanese Journal of Medical Science and Biology
Japan. J. Obstet. Gynecol.	Japanese Journal of Obstetrics and Gynecology
Japan. J. Pharmacognosy	Japanese Journal of Pharmacognosy [Shoyakugaku Zasshi]
Japan. J. Pharm. Chem.	Japanese Journal of Pharmacy and Chemistry [Yakugaku Kenkyu]
Japan. J. Physics	Japanese Journal of Physics
Japan. J. Tuberc.	Japanese Journal of Tuberculosis
Japan. med. J.	Japanese Medical Journal
Japan. P.	Japanisches Patent
J. appl. Chem.	Journal of Applied Chemistry. London
J. appl. Chem. U.S.S.R.	Journal of Applied Chemistry of the U.S.S.R. Englische Übersetzung von Žurnal Prikladnoj Chimii
J. appl. Mechanics	Journal of Applied Mechanics. Easton, Pa.
J. appl. Physics	Journal of Applied Physics. New York
J. appl. Physics Japan	Journal of Applied Physics. Tokyo [Oyo Butsuri]
J. appl. Polymer Sci.	Journal of Applied Polymer Science. New York
J. Assoc. agric. Chemists	Journal of the Association of Official Agricultural Chemists. Washington, D. C.
J. Assoc. Eng. Architects Palestine	Journal of the Association of Engineers and Architects in Palestine
J. Austral. Inst. agric. Sci.	Journal of the Australian Institute of Agricultural Science
J. Bacteriol.	Journal of Bacteriology. Baltimore, Md.
Jb. brennkrafttech. Ges.	Jahrbuch der Brennkrafttechnischen Gesellschaft
Jber. chem.-tech. Reichsanst.	Jahresbericht der Chemisch-technischen Reichsanstalt
Jber. Pharm.	Jahresbericht der Pharmazie
J. Biochem. Tokyo	Journal of Biochemistry. Tokyo [Seikagaku]
J. biol. Chem.	Journal of Biological Chemistry. Baltimore, Md.
J. Biophysics Tokyo	Journal of Biophysics. Tokyo
Jb. phil. Fak. II Univ. Bern	Jahrbuch der philosophischen Fakultät II der Universität Bern
Jb. Radioakt. Elektronik	Jahrbuch der Radioaktivität und Elektronik
Jb. wiss. Bot.	Jahrbücher für wissenschaftliche Botanik
J. cellular compar. Physiol.	Journal of Cellular and comparative Physiology
J. chem. Educ.	Journal of Chemical Education. Washington, D. C.
J. chem. Eng. China	Journal of Chemical Engineering. China
J. chem. eng. Data	Journal of the Chemical and Engineering Data Series; ab 4 [1959] Journal of Chemical and Engineering Data
J. chem. met. min. Soc. S. Africa	Journal of the Chemical, Metallurgical and Mining Society of South Africa
J. Chemotherapy	Journal of Chemotherapy and Advanced Therapeutics
J. chem. Physics	Journal of Chemical Physics. New York

Kürzung	Titel
J. chem. Soc. Japan Ind. Chem. Sect. Pure Chem. Sect.	Journal of the Chemical Society of Japan; 1948–1971: Industrial Chemistry Section [Kogyo Kagaku Zasshi] und Pure Chemistry Section [Nippon Kagaku Zasshi]
J. Chem. U.A.R.	Journal of Chemistry of the United Arab Republic
J. Chim. phys.	Journal de Chimie Physique
J. Chin. agric. chem. Soc.	Journal of the Chinese Agricultural Chemical Society
J. Chin. chem. Soc.	Journal of the Chinese Chemical Society. Peking; Serie II Taiwan
J. Chromatography	Journal of Chromatography. Amsterdam
J. clin. Endocrin.	Journal of Clinical Endocrinology (ab 12 [1952]) and Metabolism. Springfield, Ill.
J. clin. Invest.	Journal of Clinical Investigation. Cincinnati, Ohio
J. Colloid Sci.	Journal of Colloid Science. New York
J. Coord. Chem.	Journal of Coordination Chemistry. New York
J. Coun. scient. ind. Res. Australia	Commonwealth of Australia. Council for Scientific and Industrial Research. Journal
J. Cryst. mol. Struct.	Journal of Crystal and Molecular Structure. London
J.C.S. Chem. Commun. J.C.S. Dalton J.C.S. Faraday J.C.S. Perkin	Aufteilung ab 1972 des Journal of the Chemical Society. London
J. Dairy Res.	Journal of Dairy Research. London
J. Dairy Sci.	Journal of Dairy Science. Columbus, Ohio
J. dental. Res.	Journal of Dental Research. Columbus, Ohio
J. Dep. Agric. Kyushu Univ.	Journal of the Department of Agriculture, Kyushu Imperial University
J. Dep. Agric. S. Australia	Journal of the Department of Agriculture of South Australia
J. econ. Entomol.	Journal of Economic Entomology. Baltimore, Md.
J. electroch. Assoc. Japan	Journal of the Electrochemical Association of Japan
J. electroch. Soc.	Journal of the Electrochemical Society. New York
J. electroch. Soc. Japan	Journal of the Electrochemical Society of Japan
J.E. Mitchell scient. Soc.	Journal of the Elisha Mitchell Scientific Society. Chapel Hill, N.C.
J. Endocrin.	Journal of Endocrinology. London
Jernkontor. Ann.	Jernkontorets Annaler
J. europ. Stéroides	Journal Européen des Stéroides
J. exp. Biol.	Journal of Experimental Biology. London
J. exp. Med.	Journal of Experimental Medicine. Baltimore, Md.
J. Fabr. Sucre	Journal des Fabricants de Sucre
J. Fac. Agric. Hokkaido Univ.	Journal of the Faculty of Agriculture, Hokkaido University
J. Fac. Agric. Kyushu Univ.	Journal of the Faculty of Agriculture, Kyushu University
J. Fac. lib. Arts Sci. Shinshu Univ.	Journal of the Faculty of Liberal Arts and Science, Shinshu University
J. Fac. Sci. Hokkaido Univ.	Journal of the Faculty of Science, Hokkaido University
J. Fac. Sci. Univ. Tokyo	Journal of the Faculty of Science, Imperial University of Tokyo
J. Ferment. Technol. Japan	Journal of Fermentation Technology. Japan [Hakko Kogaku Zasshi]
J. Fish. Res. Board Canada	Journal of the Fisheries Research Board of Canada
J. Food Sci.	Journal of Food Science. Chikago, Ill.
J. Four électr.	Journal du Four électrique et des Industries électrochimiques
J. Franklin Inst.	Journal of the Franklin Institute. Philadelphia, Pa.

Kürzung	Titel
J. Fuel Soc. Japan	Journal of the Fuel Society of Japan [Nenryo Kyokaishi]
J. gen. appl. Microbiol. Tokyo	Journal of General and Applied Microbiology. Tokyo
J. gen. Chem. U.S.S.R.	Journal of General Chemistry of the U.S.S.R. Englische Übersetzung von Žurnal Obščej Chimii
J. gen. Microbiol.	Journal of General Microbiology. London
J. gen. Physiol.	Journal of General Physiology. Baltimore, Md.
J. heterocycl. Chem.	Journal of heterocyclic Chemistry. Albuquerque, N. Mex.
J. Histochem. Cytochem.	Journal of Histochemistry and Cytochemistry. Baltimore, Md.
J. Hyg.	Journal of Hygiene. Cambridge
J. Immunol.	Journal of Immunology. Baltimore, Md.
J. ind. Hyg.	Journal of Industrial Hygiene and Toxicology. Baltimore, Md.
J. Indian chem. Soc.	Journal of the Indian Chemical Society
J. Indian chem. Soc. News	Journal of the Indian Chemical Society; Industrial and News Edition
J. Indian Inst. Sci.	Journal of the Indian Institute of Science
J. inorg. Chem. U.S.S.R.	Journal of Inorganic Chemistry of the U.S.S.R. Englische Übersetzung von Žurnal Neorganičeskoj Chimii 1–3
J. inorg. nuclear Chem.	Journal of Inorganic and Nuclear Chemistry. London
J. Inst. Brewing	Journal of the Institute of Brewing. London
J. Inst. electr. Eng. Japan	Journal of the Institute of the Electrical Engineers. Japan
J. Inst. Fuel	Journal of the Institute of Fuel. London
J. Inst. Petr.	Journal of the Institute of Petroleum. London (ab **25** [1939]) Fortsetzung von:
J. Inst. Petr. Technol.	Journal of the Institution of Petroleum Technologists. London
J. Inst. Polytech. Osaka City Univ.	Journal of the Institute of Polytechnics, Osaka City University
J. int. Soc. Leather Trades Chemists	Journal of the International Society of Leather Trades' Chemists
J. Iowa State med. Soc.	Journal of the Iowa State Medical Society
J. Japan. biochem. Soc.	Journal of Japanese Biochemical Society [Nippon Seikagaku Kaishi]
J. Japan. Bot.	Journal of Japanese Botany [Shokubutsu Kenkyu Zasshi]
J. Japan. Chem.	Journal of Japanese Chemistry [Kagaku No Ryoiki]
J. Japan. Forest. Soc.	Journal of the Japanese Forestry Society [Nippon Rin Gakkai-Shi]
J. Japan Soc. Colour Mat.	Journal of the Japan Society of Colour Material
J. Japan. Soc. Food Nutrit.	Journal of the Japanese Society of Food and Nutrition [Eiyo to Shokuryo]
J. Japan Wood Res. Soc.	Journal of the Japan Wood Research Society [Nippon Mokuzai Gakkaishi]
J. Karnatak Univ.	Journal of the Karnatak University
J. Korean chem. Soc.	Journal of the Korean Chemical Society
J. Kumamoto Women's Univ.	Journal of Kumamoto Women's University [Kumamoto Joshi Daigaku Gakujitsu Kiyo]
J. Labor. clin. Med.	Journal of Laboratory and Clinical Medicine. St. Louis, Mo.
J. Lipid Res.	Journal of Lipid Research. New York
J. Madras Univ.	Journal of the Madras University
J. magnet. Resonance	Journal of Magnetic Resonance. London
J. Maharaja Sayajirao Univ. Baroda	Journal of the Maharaja Sayajirao University of Baroda
J. makromol. Ch.	Journal für Makromolekulare Chemie
J. Marine Res.	Journal of Marine Research. New Haven, Conn.

Kürzung	Titel
J. med. Chem.	Journal of Medicinal Chemistry. Washington, D.C. Fortsetzung von:
J. med. pharm. Chem.	Journal of Medicinal and Pharmaceutical Chemistry. New York
J. Missouri State med. Assoc.	Journal of the Missouri State Medical Association
J. mol. Biol.	Journal of Molecular Biology. London
J. mol. Spectr.	Journal of Molecular Spectroscopy. New York
J. mol. Structure	Journal of Molecular Structure. Amsterdam
J. Mysore Univ.	Journal of the Mysore University; ab 1940 unterteilt in A. Arts und B. Science incl. Medicine and Engineering
J. nation. Cancer Inst.	Journal of the National Cancer Institute. Washington, D.C.
J. nerv. mental Disease	Journal of Nervous and Mental Disease. New York
J. New Zealand Inst. Chem.	Journal of the New Zealand Institute of Chemistry
J. Nutrit.	Journal of Nutrition. Philadelphia, Pa.
J. Oil Chemists Soc. Japan	Journal of the Oil Chemists' Society. Japan [Yushi Kagaku Kyo= kaishi; ab 5 [1956] Yukagaku]
J. Oil Colour Chemists Assoc.	Journal of the Oil & Colour Chemists' Association. London
J. Okayama med. Soc.	Journal of the Okayama Medical Society [Okayama-Igakkai-Zasshi]
J. opt. Soc. Am.	Journal of the Optical Society of America
J. organomet. Chem.	Journal of Organometallic Chemistry. Amsterdam
J. org. Chem.	Journal of Organic Chemistry. Baltimore, Md.
J. org. Chem. U.S.S.R.	Journal of Organic Chemistry of the U.S.S.R. Englische Überset= zung von Žurnal organičeskoj Chimii
J. oriental. Med.	Journal of Oriental Medicine. Manchu
Jornal Farm.	Jornal dos Farmacéuticos
J. Osaka City med. Center	Journal of the Osaka City Medical Center [Osaka-shiritsu Daigaku Igaku Zasshi]
J. Osmania Univ.	Journal of the Osmania University. Haiderabad
Journée Vinicole-Export	Journée Vinicole-Export
J. Path. Bact.	Journal of Pathology and Bacteriology. Edinburgh
J. Penicillin Tokyo	Journal of Penicillin. Tokyo
J. Petr. Technol.	Journal of Petroleum Technology. New York
J. Pharmacol. exp. Therap.	Journal of Pharmacology and Experimental Therapeutics. Balti= more, Md.
J. pharm. Assoc. Siam	Journal of the Pharmaceutical Association of Siam
J. Pharm. Belg.	Journal de Pharmacie de Belgique
J. Pharm. Chim.	Journal de Pharmacie et de Chimie
J. Pharm. Elsass-Lothringen	Journal der Pharmacie von Elsass-Lothringen
J. Pharm. Pharmacol.	Journal of Pharmacy and Pharmacology. London
J. pharm. Sci.	Journal of Pharmaceutical Sciences. Washington, D.C.
J. pharm. Soc. Japan	Journal of the Pharmaceutical Society of Japan [Yakugaku Zasshi]
J. phys. Chem.	Journal of Physical (1947 – 51 & Colloid) Chemistry. Washington, D.C.
J. Physics U.S.S.R.	Journal of Physics. Academy of Sciences of the U.S.S.R.
J. Physiol. London	Journal of Physiology. London
J. physiol. Soc. Japan	Journal of the Physiological Society of Japan [Nippon Seirigaku Zasshi]
J. Phys. Rad.	Journal de Physique et le Radium
J. phys. Soc. Japan	Journal of the Physical Society of Japan

Kürzung	Titel
J. Polymer Sci.	Journal of Polymer Science. New York
J. pr.	Journal für Praktische Chemie
J. Pr. Inst. Chemists India	Journal and Proceedings of the Institution of Chemists, India
J. Pr. Soc. N.S. Wales	Journal and Proceedings of the Royal Society of New South Wales
J. Recherches Centre nation.	Journal des Recherches du Centre National de la Recherche Scientifique, Laboratoires de Bellevue
J. Res. Bur. Stand.	Bureau of Standards Journal of Research; ab 13 [1934] Journal of Research of the National Bureau of Standards. Washington, D.C.
J. Res. Inst. Catalysis Hokkaido Univ.	Journal of the Research Institute for Catalysis, Hokkaido University
J. Rheol.	Journal of Rheology. Easton, Pa.
J. roy. horticult. Soc.	Journal of the Royal Horticultural Society
J. roy. tech. Coll.	Journal of the Royal Technical College. Glasgow
J. Rubber Res.	Journal of Rubber Research. Croydon, Surrey
J. S. African chem. Inst.	Journal of the South African Chemical Institute
J. S. African veterin. med. Assoc.	Journal of the South African Veterinary Medical Association
J. scient. ind. Res. India	Journal of Scientific and Industrial Research, India
J. scient. Instruments	Journal of Scientific Instruments. London
J. scient. Labor. Denison Univ.	Journal of the Scientific Laboratories, Denison University. Granville, Ohio
J. scient. Res. Inst. Tokyo	Journal of the Scientific Research Institute. Tokyo
J. Sci. Food Agric.	Journal of the Science of Food and Agriculture. London
J. Sci. Hiroshima Univ.	Journal of Science of the Hiroshima University
J. Sci. Soil Manure Japan	Journal of the Science of Soil and Manure, Japan [Nippon Dojo Hiryogaku Zasshi]
J. Sci. Technol. India	Journal of Science and Technology, India
J. Shanghai Sci. Inst.	Journal of the Shanghai Science Institute
J. Shinshu Univ.	Journal of the Shinshu University [Shinshu Daigaku Kiyo]
J. Soc. chem. Ind.	Journal of the Society of Chemical Industry. London
J. Soc. chem. Ind. Japan	Journal of the Society of Chemical Industry, Japan [Kogyo Kagaku Zasshi]
J. Soc. chem. Ind. Japan Spl.	Journal of the Society of Chemical Industry, Japan. Supplemental Binding
J. Soc. cosmet. Chemists	Journal of the Society of Cosmetic Chemists. Oxford
J. Soc. Dyers Col.	Journal of the Society of Dyers and Colourists. Bradford, Yorkshire
J. Soc. Leather Trades Chemists	Journal of the (von 9 Nr. 10 [1925] — 31 [1947] International) Society of Leather Trades' Chemists
J. Soc. org. synth. Chem. Japan	Journal of the Society of Organic Synthetic Chemistry, Japan [Yuki Gosei Kagaku Kyokaishi]
J. Soc. Phot. Sci. Technol. Japan	Journal of the Society of Photographic Science and Technology of Japan [Nippon Shashin Gakkaishi]
J. Soc. Rubber Ind. Japan	Journal of the Society of Rubber Industry of Japan [Nippon Gomu Kyokaishi]
J. Soc. trop. Agric. Taihoku Univ.	Journal of the Society of Tropical Agriculture Taihoku University [Nettai Nogaku Kaishi]
J. Soc. west. Australia	Journal of the Royal Society of Western Australia
J. State Med.	Journal of State Medicine. London
J. Stefan Inst. Rep.	Jozef Stefan Institute, Reports. Ljubljana
J. Taiwan pharm. Assoc.	Journal of the Taiwan Pharmaceutical Association [T'a-i Wan Yao Hsueh Tsa Chih]

Kürzung	Titel
J. Tennessee Acad.	Journal of the Tennessee Academy of Science
J. Textile Inst.	Journal of the Textile Institute, Manchester
J. Tohoku Coll. Pharm.	Journal of the Tohoku College of Pharmacy [Tohoku Yakka Daigaku Kiyo]
J. Tokyo chem. Soc.	Journal of the Tokyo Chemical Society [Tokyo Kagakukai Shi]
J. trop. Med. Hyg.	Journal of Tropical Medicine and Hygiene. London
Jugosl. P.	Jugoslawisches Patent
J. Univ. Bombay	Journal of the University of Bombay
J. Univ. Poona	Journal of the University of Poona, Indien
J. Urol.	Journal of Urology. Baltimore, Md.
J. Usines Gaz	Journal des Usines à Gaz
J. Vitaminol. Japan	Journal of Vitaminology. Osaka bzw. Kyoto
J. Washington Acad.	Journal of the Washington Academy of Sciences
Kali	Kali, verwandte Salze und Erdöl
Kaučuk Rez.	Kaučuk i Rezina (Kautschuk und Gummi)
Kauno med. Inst. Darbai	Kauno Valstybinio Medicinos Instituto Darbai
Kauno politech. Inst. Darbai	Kauno Politechnikos Instituto Darbai
Kautschuk	Kautschuk. Berlin
Kautschuk Gummi	Kautschuk und Gummi
Keemia Teated	Keemia Teated (Chemie-Nachrichten). Tartu
Kem. Maanedsb.	Kemisk Maanedsblad og Nordisk Handelsblad for Kemisk Industri. Kopenhagen
Kimya Ann.	Kimya Annali. Istanbul
Kirk-Othmer	Encyclopedia of Chemical Technology. 1. Aufl. herausg. von *R.E. Kirk* u. *D.F. Othmer;* 2. Aufl. von *A. Standen, H.F. Mark, J.M. McKetta, D.F. Othmer*
Klepzigs Textil-Z.	Klepzigs Textil-Zeitschrift
Klin. Med. S.S.S.R.	Kliničeskaja Medicina S.S.S.R.
Klin. Wschr.	Klinische Wochenschrift
Koks Chimija	Koks i Chimija
Koll. Beih.	Kolloidchemische Beihefte; ab **33** [1931] Kolloid-Beihefte
Koll. Z.	Kolloid-Zeitschrift
Koll. Žurnal	Kolloidnyj Žurnal; englische Ausgabe: Colloid Journal of the U.S.S.R.
Konserv. plod. Promyšl.	Konservnaja i Plodoovoščnaja Promyšlennost (Konserven-, Obst- und Gemüse-Industrie)
Korros. Metallschutz	Korrosion und Metallschutz
Kraftst.	Kraftstoff
Kristallografija	Kristallografija. Moskau; englische Ausgabe: Soviet Physics Crystallography
Kulturpflanze	Die Kulturpflanze. Berlin
Kumamoto med. J.	Kumamoto Medical Journal
Kumamoto pharm. Bl.	Kumamoto Pharmaceutical Bulletin
Kunstsd.	Kunstseide
Kunstsd. Zellw.	Kunstseide und Zellwolle
Kunstst.	Kunststoffe
Kunstst. Plastics	Kunststoffe-Plastics. Solothurn
Kunstst.-Tech.	Kunststoff-Technik und Kunststoff-Anwendung
Labor. Praktika	Laboratornaja Praktika (La Pratique du Laboratoire)
Lait	Lait. Paris

Kürzung	Titel
Lancet	Lancet. London
Landolt-Börnstein	*Landolt-Börnstein*. 5. Aufl.: Physikalisch-chemische Tabellen. Herausg. von *W.A. Roth* und *K. Scheel*. – 6. Aufl.: Zahlenwerte und Funktionen aus Physik, Chemie, Astronomie, Geophysik und Technik. Herausg. von *A. Eucken*
Landw. Jb.	Landwirtschaftliche Jahrbücher
Landw. Jb. Schweiz	Landwirtschaftliches Jahrbuch der Schweiz
Landw. Versuchsstat.	Die landwirtschaftlichen Versuchs-Stationen
Lantbruks Högskol. Ann.	Kungliga Lantbruks-Högskolans Annaler
Latvijas Akad. mežsaimn. Probl. Inst. Raksti	Latvijas P.S.R. Zinătņu Akademija, Mežsaimniecibas Problemu Instituta Raksti
Latvijas Akad. Věstis	Latvijas P.S.R. Zinătņu Akademijas Věstis
Latvijas Univ. Raksti	Latvijas Universitates Raksti
Leder	Das Leder
Lesochim. Promyšl.	Lesochimičeskaja Promyšlennost (Holzchemische Industrie)
Lietuvos Akad. Darbai	Lietuvos TSR Mokslξų Akademijos Darbai
Lietuvos aukšt. Mokyklų Darbai	Lietuvos TSR Aukštųjų Mokyklų Mokslo Darbai
Lipids	Lipids. Champaign, Ill.
Listy cukrovar.	Listy Cukrovarnické (Blätter für die Zuckerindustrie). Prag
Lloydia	Lloydia. Cincinnati, Ohio
Lucrările Inst. Petr. Gaze	Lucrările Institutului de Petrol si Gaze din Bucuresti
M.	Monatshefte für Chemie. Wien
Machinery New York	Machinery. New York
Macromolecules	Macromolecules. Murray Hill, N.J.
Magyar biol. Kutatóintézet Munkái	Magyar Biologiai Kutatóintézet Munkái (Arbeiten des ungarischen biologischen Forschungs-Instituts in Tihany)
Magyar fiz. Folyóirat	Magyar Fizikai Folyóirat (Ungarische Physikalische Zeitschrift)
Magyar gyógysz. Társ. Ért.	Magyar Gyógyszerésztudományi Társaság Értesitöje (Berichte der Ungarischen Pharmazeutischen Gesellschaft)
Magyar kém. Folyóirat	Magyar Kémiai Folyóirat (Ungarische Zeitschrift für Chemie)
Magyar kém. Lapja	Magyar Kémikusok Lapja (Blatt der Ungarischen Chemiker)
Magyar orvosi Arch.	Magyar Orvosi Archivum (Ungarisches Archiv für Ärzte)
Makromol. Ch.	Makromolekulare Chemie
Manuf. Chemist	Manufacturing Chemist and Pharmaceutical and Fine Chemical Trade Journal. London
Margarine-Ind.	Margarine-Industrie
Maslob. žir. Delo	Maslobojno-žirovoe Delo (Öl- und Fett-Industrie)
Materials chem. Ind. Tokyo	Materials for Chemical Industry. Tokyo [Kagaku Kogyo Shiryo]
Mat. grasses	Les Matières Grasses. – Le Pétrole et ses Dérivés
Math. nat. Ber. Ungarn	Mathematische und naturwissenschaftliche Berichte aus Ungarn
Mat. Obmenu pered. Opytom naučn. Dostiž. chim. farm. Promyšl.	Materialy po Obmenu Peredovym Opytom i naučnynii Dostiženijami v Chimiko-farmacevtičeskoj Promyšlennosti
Mat. természettud. Értesitö	Matematikai és Természettudományi Értesitö. A Magyar Tudományos Akadémia III. Osztályának Folyóirata (Mathematischer und naturwissenschaftlicher Anzeiger der Ungarischen Akademie der Wissenschaften)
Mech. Eng.	Mechanical Engineering. Easton, Pa.
Med. Biol. Japan	Medicine and Biology. Tokyo [Igaku To Seibutsugaku]

Kürzung	Titel
Med. Ch. I.G.	Medizin und Chemie. Abhandlungen aus den Medizinisch-chemischen Forschungsstätten der I.G. Farbenindustrie AG.
Medd. norsk farm. Selsk.	Meddelelser fra Norsk Farmaceutisk Selskap
Meded. vlaam. Acad.	Mededelingen van de Koninklijke Vlaamsche Academie voor Wetenschappen, Letteren en Schoone Kunsten van Belgie, Klasse der Wetenschappen
Meded. vlaam. chem. Verenig.	Mededelingen van de Vlaamse chemische Vereniging
Medicina Buenos Aires	Medicina. Buenos Aires
Med. J. Australia	Medical Journal of Australia
Med. J. Osaka Univ.	Medical Journal of Osaka University [Osaka Daigaku Igaku Zasshi]
Med. Klin.	Medizinische Klinik
Med. Promyšl.	Medicinskaja Promyšlennost S.S.S.R.
Med. sperim. Arch. ital.	Medicina sperimentale Archivio italiano
Med. Welt	Medizinische Welt
Melliand Textilber.	Melliand Textilberichte
Mem. Acad. Barcelona	Memorias de la real Academia de Ciencias y Artes de Barcelona
Mém. Acad. Belg. 8°	Académie Royale de Belgique, Classe des Sciences: Mémoires. Collection in 8°
Mem. Accad. Bologna	Memorie della Reale Accademia delle Scienze dell'Istituto di Bologna. Classe di Scienze Fisiche
Mem. Accad. Italia	Memorie della Reale Accademia d'Italia. Classe di Scienze Fisiche, Matematiche e Naturali
Mem. Accad. Lincei	Memorie della Reale Accademia Nazionale dei Lincei. Classe di Scienze Fisiche, Matematiche e Naturali. Sezione II: Fisica, Chimica, Geologia, Palaeontologia, Mineralogia
Mém. Artillerie franç.	Mémorial de l'Artillerie française. Sciences et Techniques de l'Armement
Mem. Asoc. Tecn. azucar. Cuba	Memoria de la Asociación de Técnicos Azucareros de Cuba
Mem. Coll. Agric. Kyoto Univ.	Memoirs of the College of Agriculture, Kyoto Imperial University
Mem. Coll. Eng. Kyushu Univ.	Memoirs of the College of Engineering, Kyushu Imperial University
Mem. Coll. Sci. Kyoto Univ.	Memoirs of the College of Science, Kyoto Imperial University
Mem. Fac. Agric. Kagoshima Univ.	Memoirs of the Faculty of Agriculture, Kagoshima University
Mem. Fac. Eng. Kyoto Univ.	Memoirs of the Faculty of Engineering Kyoto University
Mem. Fac. Eng. Kyushu Univ.	Memoirs of the Faculty of Engineering, Kyushu University
Mem. Fac. ind. Arts Kyoto tech. Univ. Sci. Technol.	Memoirs of the Faculty of Industrial Arts, Kyoto Technical University, Science and Technology
Mem. Fac. liberal Arts Educ. Akita Univ.	Memoirs of the Faculty of Liberal Arts and Education, Akita University [Akita Daigaku Gakugei Gakubu Kenkyu Kiyo]
Mem. Fac. Sci. Eng. Waseda Univ.	Memoirs of the Faculty of Science and Engineering. Waseda University, Tokyo
Mem. Fac. Sci. Kyushu Univ.	Memoirs of the Faculty of Science, Kyushu University
Mem. Inst. Butantan	Memórias do Instituto Butantan. São Paulo

Kürzung	Titel
Mém. Inst. colon. belge 8°	Institut Royal Colonial Belge, Section des Sciences naturelles et médicales, Mémoires, Collection in 8°
Mem. Inst. O. Cruz	Memórias do Instituto Oswaldo Cruz. Rio de Janeiro
Mem. Inst. scient. ind. Res. Osaka Univ.	Memoirs of the Institute of Scientific and Industrial Research, Osaka University
Mem. Muroran Univ. Eng.	Memoirs of the Muroran University of Engineering [Muroran Kogyo Daigaku Kenkyu Hokoku]
Mem. N. Y. State agric. Exp. Sta.	Memoirs of the N. Y. State Agricultural Experiment Station
Mém. Poudres	Mémorial des Poudres
Mem. Res. Inst. Food Sci. Kyoto Univ.	Memoirs of the Research Institute for Food Science, Kyoto University
Mem. Ryojun Coll. Eng.	Memoirs of the Ryojun College of Engineering. Mandschurei
Mem. School Eng. Okayama Univ.	Memoirs of the School of Engineering, Okayama University
Mém Services chim.	Mémorial des Services Chimiques de l'État
Mem. Soc. entomol. ital.	Memorie della Società Entomologica Italiana
Mém. Soc. Sci. Liège	Mémoires de la Société royale des Sciences de Liège
Mercks. Jber.	E. Mercks Jahresbericht über Neuerungen auf den Gebieten der Pharmakotherapie und Pharmazie
Metal Ind. London	Metal Industry. London
Metal Ind. New York	Metal Industry. New York
Metall Erz	Metall und Erz
Metallurg	Metallurg
Metallurgia ital.	Metallurgia italiana
Metals Alloys	Metals and Alloys. New York
Metody Polučen. chim. Reakt. Prepar.	Metody Polučenija Chimičeskich Reaktivov i Preparatov
Mezögazd. Kutat.	Mezögazdasági Kutatások (Landwirtschaftliche Forschung)
Mich. Coll. Agric. eng. Exp. Sta. Bl.	Michigan State College of Agriculture and Applied Science, Engineering Experiment Station, Bulletin
Microchem. J.	Microchemical Journal. New York
Mikrobiologija	Mikrobiologija; englische Ausgabe: Microbiology U.S.S.R.
Mikroch.	Mikrochemie. Wien (ab **25** [1938]):
Mikroch. Acta	Mikrochimica Acta. Wien
Milchwirtsch. Forsch.	Milchwirtschaftliche Forschungen
Mineração	Mineração e Metalurgia. Rio de Janeiro
Mineral. Syrje	Mineral'noe Syrje (Mineralische Rohstoffe)
Minicam Phot.	Minicam Photography. New York
Mining Met.	Mining and Metallurgy. New York
Misc. Rep. Res. Inst. nat. Resources Tokyo	Miscellaneous Reports of the Research Institute for Natural Resources. Tokyo [Shigen Kagaku Kenkyusho Iho]
Mitt. chem. Forschungsinst. Ind. Öst.	Mitteilungen des Chemischen Forschungsinstitutes der Industrie bzw. der Wirtschaft Österreichs
Mitt. Forschungslabor. AGFA	Mitteilungen aus den Forschungslaboratorien der AGFA
Mitt. Kältetechn. Inst.	Mitteilungen des Kältetechnischen Instituts und der Reichsforschungs-Anstalt für Lebensmittelfrischhaltung an der Technischen Hochschule Karlsruhe
Mitt. Kohlenforschungsinst. Prag	Mitteilungen des Kohlenforschungsinstituts in Prag
Mitt. Lebensmittelunters. Hyg.	Mitteilungen aus dem Gebiete der Lebensmitteluntersuchung und Hygiene. Bern

Kürzung	Titel
Mitt. med. Akad. Kioto	Mitteilungen aus der Medizinischen Akademie zu Kioto
Mitt. Physiol.-chem. Inst. Berlin	Mitteilungen des Physiologisch-chemischen Instituts der Universität Berlin
Mod. Plastics	Modern Plastics. New York
Mol. Crystals	Molecular Crystals. London; ab 5 [1968] Nr. 4; and Liquid Crystals. London
Mol. Photochem.	Molecular Photochemistry. New York
Mol. Physics	Molecular Physics. New York
Monatsber. Dtsch. Akad. Berlin	Monatsberichte der Deutschen Akademie der Wissenschaften zu Berlin
Monats-Bl. Schweiz. Ver. Gas-Wasserf.	Monats-Bulletin des Schweizerischen Vereins von Gas- und Wasserfachmännern
Monatsschr. Psychiatrie	Monatsschrift für Psychiatrie und Neurologie
Monatsschr. Textilind.	Monatsschrift für Textil-Industrie
Monit. Farm.	Monitor de la Farmacia y de la Terapéutica. Madrid
Monit. Prod. chim.	Moniteur des Produits chimiques
Monogr. biol.	Monographiae Biologicae. Den Haag
Monthly Bl. agric. Sci. Pract.	Monthly Bulletin of Agricultural Science and Practice. Rom
Müegyet. Közlem.	Müegyetemi Közlemények, Budapest (Landwirtschaftliche Untersuchungen)
Mühlenlab.	Mühlenlaboratorium
Münch. med. Wschr.	Münchener Medizinische Wochenschrift
Nachr. Akad. Göttingen	Nachrichten von der Akademie der Wissenschaften zu Göttingen. Mathematisch-physikalische Klasse
Nachr. Ges. Wiss. Göttingen	Nachrichten von der Gesellschaft der Wissenschaften zu Göttingen. Mathematisch-physikalische Klasse
Nagasaki med. J.	Nagasaki Medical Journal [Nagasaki Igakkai Zasshi]
Nahrung	Nahrung. Berlin
Nation. Advis. Comm. Aeronautics	National Advisory Committee for Aeronautics. Washington, D.C.
Nation. Centr. Univ. Sci. Rep. Nanking	National Central University Science Reports. Nanking
Nation. Inst. Health Bl.	National Institutes of Health Bulletin. Washington, D.C.
Nation. Nuclear Energy Ser.	National Nuclear Energy Series
Nation. Petr. News	National Petroleum News. Cleveland, Ohio
Nation. Res. Coun. Conf. electric Insulation	National Research Council, Conference on Electric Insulation
Nation. Stand. Labor. Australia tech. Pap.	Commonwealth Scientific and Industrial Research Organisation, Australia. National Standards Laboratory Technical Paper
Nat. Sci. Rep. Ochanomizu Univ.	Natural Science Report of the Ochanomizu University
Nature	Nature. London
Naturf. Med. Dtschld. 1939–1946	Naturforschung und Medizin in Deutschland 1939–1946
Naturwiss.	Naturwissenschaften
Naturwiss. Rdsch.	Naturwissenschaftliche Rundschau. Stuttgart
Natuurw. Tijdschr.	Natuurwetenschappelijk Tijdschrift
Naučn. Bjull. Leningradsk. Univ.	Naučnyj Bjulleten Leningradskogo Gosudarstvennogo Ordena Lenina Universiteta
Naučn. Ežegodnik Černovick. Univ.	Naučnyj Ežegodnik Černovickogo Universiteta

Kürzung	Titel
Naučn. Ežegodnik Saratovsk. Univ.	Naučnyj Ežegodnik za God Saratovskogo Universiteta
Naučni Trudove visšija med. Inst. Sofia	Naučni Trudove na Visšija Medicinski Institut Sofija
Naučni Trudove visš veterinarnomed. Inst.	Naučni Trudove-Visš Veterinarnomedicinski Institut. Sofia
Naučno-issledov. Trudy Moskovsk. tekstil. Inst.	Naučno-issledovatelskie Trudy, Moskovskij Tekstilnyj Institut
Naučn. Trudy Erevansk. Univ.	Naučnye Trudy, Erevanskij Gosudarstvennyj Universitet
Naučn. Zap. Dnepropetrovsk. Univ.	Naučnye Zapiski, Dnepropetrovskij Gosudarstvennyj Universitet
Naučn. Zap. Odessk. pedagog. Inst.	Naučnye Zapiski Odesskij Gosudarstvennyj Pedagogičeskij Institut
Naučn. Zap. Užgorodsk. Univ.	Naučnye Zapiski Užgorodskogo Gosudarstvennogo Universiteta
Nauk. Zap. Černiveck. Univ.	Naukovi Zapiski, Černiveckii Deržavenij Universitet. Lvov
Nauk. Zap. Kiivsk. Univ.	Naukovi Zapiski, Kiivskij Deržavnij Universitet
Nauk. Zap. Krivorizk. pedagog. Inst.	Naukovi Zapiski Krivorizkogo Deržavnogo Pedagogičnogo Instituta
Naval Res. Labor. Rep.	Naval Research Laboratories. Reports
Nederl. Tijdschr. Geneesk.	Nederlandsch Tijdschrift voor Geneeskunde
Nederl. Tijdschr. Pharm. Chem. Toxicol.	Nederlandsch Tijdschrift voor Pharmacie, Chemie en Toxicologie
Neft. Chozjajstvo	Neftjanoe Chozjajstvo (Petroleum-Wirtschaft); **21** [1940] − **22** [1941] Neftjanaja Promyšlennost
Neftechimija	Neftechimija
Netherlands Milk Dairy J.	Netherlands Milk and Dairy Journal
New Drugs Clinic	New Drugs and Clinic [Shinyaku To Rinsho]
New England J. Med.	New England Journal of Medicine. Boston, Mass.
New Phytologist	New Phytologist. Cambridge
New Zealand J. Agric.	New Zealand Journal of Agriculture
New Zealand J. Sci. Technol.	New Zealand Journal of Science and Technology
Niederl. P.	Niederländisches Patent
Nitrocell.	Nitrocellulose
Nippon Univ. med. J.	Nippon University Medical Journal [Nichidai Igaku Zasshi]
N. Jb. Min. Geol.	Neues Jahrbuch für Mineralogie, Geologie und Paläontologie
N. Jb. Pharm.	Neues Jahrbuch Pharmazie
Nordisk Med.	Nordisk Medicin. Stockholm
Norges Apotekerforen. Tidsskr.	Norges Apotekerforenings Tidsskrift
Norges tekn. Vit. Akad.	Norges Tekniske Vitenskapsakademi
Norske Vid. Akad. Avh.	Norske Videnskaps-Akademi i Oslo. Avhandlinger. I. Matematisk-naturvidenskapelig Klasse
Norske Vid. Selsk. Forh.	Kongelige Norske Videnskabers Selskab. Forhandlinger
Norske Vid. Selsk. Skr.	Kongelige Norske Videnskabers Selskab. Skrifter
Norsk Veterin.-Tidsskr.	Norsk Veterinär-Tidsskrift
North Carolina med. J.	North Carolina Medical Journal
Noticias farm.	Noticias Farmaceuticas. Portugal
Nova Acta Leopoldina	Nova Acta Leopoldina. Halle/Saale
Nova Acta Soc. Sci. upsal.	Nova Acta Regiae Societatis Scientiarum Upsaliensis

Kürzung	Titel
Novosti tech.	Novosti Techniki (Neuheiten der Technik)
Nucleonics	Nucleonics. New York
Nucleus	Nucleus. Cambridge, Mass.
Nuovo Cimento	Nuovo Cimento
N. Y. State agric. Exp. Sta.	New York State Agricultural Experiment Station. Technical Bulletin
N. Y. State Dep. Labor monthly Rev.	New York State Department of Labor; Monthly Review. Division of Industrial Hygiene
Obščestv. Pitanie	Obščestvennoe Pitanie (Gemeinschaftsverpflegung)
Obstet. Ginecol.	Obstetricia y Ginecología latino-americanas
Occupat. Med.	Occupational Medicine. Chicago, Ill.
Öf. Fi.	Öfversigt af Finska Vetenskapssocietetens Förhandlingar, A. Matematik och Naturvetenskaper
Öle Fette Wachse	Öle, Fette, Wachse (ab 1936 Nr. 7), Seife, Kosmetik
Öl Kohle	Öl und Kohle
Öst. bot. Z.	Österreichische botanische Zeitschrift
Öst. Chemiker-Ztg.	Österreichische Chemiker-Zeitung; Bd. **45** Nr. 18/20 [1942] — Bd. **47** [1946] Wiener Chemiker-Zeitung
Öst. P.	Österreichisches Patent
Offic. Digest Federation Paint Varnish Prod. Clubs	Official Digest of the Federation of Paint & Varnish Production Clubs. Philadelphia, Pa.
Ogawa Perfume Times	Ogawa Perfume Times [Ogawa Koryo Jiho]
Ohio J. Sci.	Ohio Journal of Science
Oil Colour Trades J.	Oil and Colour Trades Journal. London
Oil Fat. Ind.	Oil and Fat Industries
Oil Gas J.	Oil and Gas Journal. Tulsa, Okla.
Oil Soap	Oil and Soap. Chicago, Ill.
Oil Weekly	Oil Weekly. Houston, Texas
Oléagineux	Oléagineux
Onderstepoort J. veterin. Res.	Onderstepoort Journal of Veterinary Research
Onderstepoort J. veterin. Sci.	Onderstepoort Journal of Veterinary Science and Animal Industry
Optics Spectr.	Optics and Spectroscopy. Englische Übersetzung von Optika i Spektroskopija
Optika Spektr.	Optika i Spektroskopija; englische Ausgabe: Optics and Spectroscopy
Org. magnet. Resonance	Organic Magnetic Resonance. London
Org. Mass Spectrom.	Organic Mass Spectrometry. London
Org. Prepar. Proced. int.	Organic Preparations and Procedures International. Newton Highlands, Mass.
Org. Reactions	Organic Reactions. New York
Org. Synth.	Organic Syntheses. New York
Org. Synth. Isotopes	Organic Syntheses with Isotopes. New York
Paint Manuf.	Paint Incorporating Paint Manufacture. London
Paint Oil chem. Rev.	Paint, Oil and Chemical Review. Chicago, Ill.
Paint Technol.	Paint Technology. Pinner, Middlesex, England
Pakistan J. scient. ind. Res.	Pakistan Journal of Scientific and Industrial Research
Pakistan J. scient. Res.	Pakistan Journal of Scientific Research
Paliva	Paliva a Voda (Brennstoffe und Wasser). Prag

Kürzung	Titel
Paperi ja Puu	Paperi ja Puu. Helsinki
Paper Ind.	Paper Industry. Chicago, Ill.
Paper Trade J.	Paper Trade Journal. New York
Papeterie	Papeterie. Paris
Papier	Papier. Darmstadt
Papierf.	Papierfabrikant. Technischer Teil
Parf. Cosmét. Savons	Parfumerie, Cosmétique, Savons
Parf. France	Parfums de France
Parf. Kosmet.	Parfümerie und Kosmetik
Parf. moderne	Parfumerie moderne
Parfumerie	Parfumerie. Paris
Peintures	Peintures, Pigments, Vernis
Perfum. essent. Oil Rec.	Perfumery and Essential Oil Record. London
Period. Min.	Periodico di Mineralogia. Rom
Period. polytech.	Periodica Polytechnica. Budapest
Petr. Berlin	Petroleum. Berlin
Petr. Eng.	Petroleum Engineer. Dallas, Texas
Petr. London	Petroleum. London
Petr. Processing	Petroleum Processing. Cleveland, Ohio
Petr. Refiner	Petroleum Refiner. Houston, Texas
Petr. Technol.	Petroleum Technology. New York
Petr. Times	Petroleum Times. London
Pflanzenschutz Ber.	Pflanzenschutz Berichte. Wien
Pflügers Arch. Physiol.	Pflügers Archiv für die gesamte Physiologie der Menschen und Tiere
Pharmacia	Pharmacia. Tallinn (Reval), Estland
Pharmacology Japan	Pharmacology. Tokyo [Yakuzaigaku]
Pharmacol. Rev.	Pharmacological Reviews. Baltimore, Md.
Pharm. Acta Helv.	Pharmaceutica Acta Helvetiae
Pharm. Arch.	Pharmaceutical Archives. Madison, Wisc.
Pharmazie	Pharmazie
Pharm. Bl.	Pharmaceutical Bulletin. Tokyo
Pharm. Bl. Nihon Univ.	Pharmaceutical Bulletin of the Nihon University [Nippon Daigaku Yakugaku Kenkyu Hokoku]
Pharm. Ind.	Pharmazeutische Industrie
Pharm. J.	Pharmaceutical Journal. London
Pharm. Monatsh.	Pharmazeutische Monatshefte. Wien
Pharm. Presse	Pharmazeutische Presse
Pharm. Tijdschr. Nederl.-Indië	Pharmaceutisch Tijdschrift voor Nederlandsch-Indië
Pharm. Weekb.	Pharmaceutisch Weekblad
Pharm. Zentralhalle	Pharmazeutische Zentralhalle für Deutschland
Pharm. Ztg.	Pharmazeutische Zeitung
Ph. Ch.	s. Z. physik. Chem.
Philippine Agriculturist	Philippine Agriculturist
Philippine J. Agric.	Philippine Journal of Agriculture
Philippine J. Sci.	Philippine Journal of Science
Phil. Mag.	Philosophical Magazine. London
Phil. Trans.	Philosophical Transactions of the Royal Society of London
Phot. Eng.	Photographic Engineering. Washington, D. C.
Phot. Ind.	Photographische Industrie
Phot. J.	Photographic Journal. London
Phot. Korresp.	Photographische Korrespondenz

Kürzung	Titel
Photochem. Photobiol.	Photochemistry and Photobiology. London
Phot. Sci. Eng.	Photographic Science and Engineering. Washington, D.C.
Phys. Ber.	Physikalische Berichte
Physica	Physica. Nederlandsch Tijdschrift voor Natuurkunde; ab 1934 Archives Néerlandaises des Sciences Exactes et Naturelles Ser. IV A
Physics	Physics. New York
Physiol. Plantarum	Physiologia Plantarum. Kopenhagen
Physiol. Rev.	Physiological Reviews. Washington, D.C.
Phys. Rev.	Physical Review. New York
Phys. Z.	Physikalische Zeitschrift. Leipzig
Phys. Z. Sowjet.	Physikalische Zeitschrift der Sowjetunion
Phytochemistry	Phytochemistry. London
Phyton Horn	Phyton Horn, Österreich
Phytopathology	Phytopathology. St. Paul, Minn.
Phytopathol. Z.	Phytopathologische Zeitschrift. Berlin
Pitture Vernici	Pitture e Vernici
Planta	Planta. Archiv für wissenschaftliche Botanik (=Zeitschrift für wissenschaftliche Biologie, Abt. E)
Planta med.	Planta Medica
Plant Disease Rep. Spl.	The Plant Disease Reporter, Supplement (United States Department of Agriculture)
Plant Physiol.	Plant Physiology. Lancaster, Pa.
Plant Soil	Plant and Soil. den Haag
Plaste Kautschuk	Plaste und Kautschuk
Plastic Prod.	Plastic Products. New York
Plast. Massy	Plastičeskie Massy
Polish J. Chem.	Polish Journal of Chemistry; Fortsetzung von Roczniki Chem.
Polska Akad. Umiej. Rozpr. Wyd. lekarsk.	Polska Akademia Umiejętności Rozprawy Wydziału Lekarskiego. Krakau
Polymer	Polymer. London
Polymer Bl.	Polymer Bulletin
Polymer Sci. U.S.S.R.	Polymer Science U.S.S.R. Englische Übersetzung von Vysokomolekuljarnje Soedinenija
Polythem. collect. Rep. med. Fac. Univ. Olomouc	Polythematical Collected Reports of the Medical Faculty of the Palacký University Olomouc (Olmütz)
Portugaliae Physica	Portugaliae Physica
Power	Power. New York
Pr. Acad. Sci. Agra Oudh	Proceedings of the Academy of Sciences of the United Provinces of Agra Oudh. Allahabad, India
Pr. Acad. Sci. U.S.S.R.	Proceedings of the Academy of Sciences of the U.S.S.R. Englische Ausgabe von Doklady Akademii Nauk S.S.S.R.
Pr. Acad. Tokyo	Proceedings of the Imperial Academy of Japan; ab **21** [1945] Proceedings of the Japan Academy
Prace Komisji mat.-przyrod. Poznansk. Towarz. Przyj. Nauk	Prace Komisji Matematyczno-Przyrodniczej, Poznanskie Towarzystwo Przyjaciol Nauk
Prace Minist. Przem. chem.	Prace Placowek Nauk-Badawczych Ministerstwa Przemyslu Chemicznego
Pr. Akad. Amsterdam	Koninklijke Nederlandse Akademie van Wetenschappen, Proceedings. Amsterdam
Prakt. Desinf.	Der Praktische Desinfektor

Kürzung	Titel
Praktika Akad. Athen.	Praktika tes Akademias Athenon
Pr. Am. Acad. Arts Sci.	Proceedings of the American Academy of Arts and Sciences
Pr. Am. Petr. Inst.	Proceedings of the Annual Meeting, American Petroleum Institute. New York
Pr. Am. Soc. hort. Sci.	Proceedings of the American Society for Horticultural Science
Pr. ann. Conv. Sugar Technol. Assoc. India	Proceedings of the Annual Convention of the Sugar Technologists' Association. India
Pr. Cambridge phil. Soc.	Proceedings of the Cambridge Philosophical Society
Pr. chem. Soc.	Proceedings of the Chemical Society. London
Presse méd.	Presse médicale
Pr. Fac. Eng. Keiogijuku Univ.	Proceedings of the Faculty of Engineering Keiogijuku University
Pr. Florida Acad.	Proceedings of the Florida Academy of Sciences
Pr. Fujihara Mem. Fac. Eng. Keio Univ.	Proceedings of Fujihara Memorial Faculty of Engineering, Keio University. Tokyo
Pribory Tech. Eksp.	Pribory i Technika Eksperimenta. Moskau
Prim. Ultraakust. Issled. Veščestva	Primenenie Ultraakustiki k Issledovaniju Veščestva
Pr. Indiana Acad.	Proceedings of the Indiana Academy of Science
Pr. Indian Acad.	Proceedings of the Indian Academy of Sciences
Pr. Inst. Food Technol.	Proceedings of Institute of Food Technologists
Pr. Inst. Radio Eng.	Proc. I.R.E. = Proceedings of the Institute of Radio Engineers and Waves and Electrons. Menasha, Wisc.
Pr. int. Conf. bitum. Coal	Proceedings of the International Conference on Bituminous Coal. Pittsburgh, Pa.
Pr. IV. int. Congr. Biochem. Wien 1958	Proceedings of the IV. International Congress of Biochemistry. Wien 1958
Pr. XI. int. Congr. pure appl. Chem. London 1947	Proceedings of the XI. International Congress of Pure and Applied Chemistry. London 1947
Pr. Iowa Acad.	Proceedings of the Iowa Academy of Science
Pr. Iraqi scient. Soc.	Proceedings of the Iraqi Scientific Societies
Pr. Irish Acad.	Proceedings of the Royal Irish Academy
Priroda	Priroda (Natur). Leningrad
Pr. Japan Acad.	Proceedings of the Japan Academy
Pr. Leeds phil. lit. Soc.	Proceedings of the Leeds Philosophical and Literary Society, Scientific Section
Pr. Louisiana Acad.	Proceedings of the Louisiana Academy of Sciences
Pr. Mayo Clinic	Proceedings of the Staff Meetings of the Mayo Clinic. Rochester, Minn.
Pr. Minnesota Acad.	Proceedings of the Minnesota Academy of Science
Pr. Montana Acad.	Proceedings of the Montana Academy of Sciences
Pr. nation. Acad. India	Proceedings of the National Academy of Sciences, India
Pr. nation. Acad. U.S.A.	Proceedings of the National Academy of Sciences of the United States of America
Pr. nation. Inst. Sci. India	Proceedings of the National Institute of Sciences of India
Pr. N. Dakota Acad.	Proceedings of the North Dakota Academy of Science
Pr. Nova Scotian Inst. Sci.	Proceedings of the Nova Scotian Institute of Science
Procès-Verbaux Soc. Sci. phys. nat. Bordeaux	Procès-Verbaux des Séances de la Société des Sciences Physiques et Naturelles de Bordeaux
Prod. Finish.	Products Finishing. Cincinnati, Ohio
Prod. pharm.	Produits Pharmaceutiques. Paris

Kürzung	Titel
Progr. Chem. Fats Lipids	Progress in the Chemistry of Fats and other Lipids. Herausg. von *R.T. Holman, W.O. Lundberg* und *T. Malkin*
Progr. med. Chem.	Progress in Medicinal Chemistry. London
Progr. org. Chem.	Progress in Organic Chemistry. London
Pr. Oklahoma Acad.	Proceedings of the Oklahoma Academy of Science
Promyšl. chim. Reakt. osobo čist. Veščestv	Promyšlennost Chimičeskich Reaktivov i Osobo čistych Veščestv (Industrie chemischer Reagentien und besonders reiner Substanzen)
Promyšl. org. Chim.	Promyšlennost Organičeskoj Chimii (Industrie der organischen Chemie)
Protar	Protar. Schweizerische Zeitschrift für Zivilschutz
Protoplasma	Protoplasma. Wien
Pr. Pennsylvania Acad.	Proceedings of the Pennsylvania Academy of Science
Pr. pharm. Soc. Egypt	Proceedings of the Pharmaceutical Society of Egypt
Pr. phys. math. Soc. Japan	Proceedings of the Physico-Mathematical Society of Japan [Nippon Suugaku-Buturigakkwai Kizi]
Pr. phys. Soc. London	Proceedings of the Physical Society. London
Pr. roy. Soc.	Proceedings of the Royal Society of London
Pr. roy. Soc. Edinburgh	Proceedings of the Royal Society of Edinburgh
Pr. roy. Soc. Queensland	Proceedings of the Royal Society of Queensland
Pr. Rubber Technol. Conf.	Proceedings of the Rubber Technology Conference. London 1948
Pr. scient. Sect. Toilet Goods Assoc.	Proceedings of the Scientific Section of the Toilet Goods Association. Washington, D.C.
Pr. S. Dakota Acad.	Proceedings of the South Dakota Academy of Science
Pr. Soc. chem. Ind. Chem. eng. Group	Society of Chemical Industry, London, Chemical Engineering Group, Proceedings
Pr. Soc. exp. Biol. Med.	Proceedings of the Society for Experimental Biology and Medicine. New York
Pr. Trans. Nova Scotian Inst. Sci.	Proceedings and Transactions of the Nova Scotian Institute of Science
Pr. Univ. Durham phil. Soc.	Proceedings of the University of Durham Philosophical Society. Newcastle upon Tyne
Pr. Utah Acad.	Proceedings of the Utah Academy of Sciences, Arts and Letters
Pr. Virginia Acad.	Proceedings of the Virginia Academy of Science
Pr. W. Virginia Acad.	Proceedings of the West Virginia Academy of Science
Przeg. chem.	Przeglad Chemiczny (Chemische Rundschau). Lwów
Przem. chem.	Przemysł Chemiczny (Chemische Industrie). Warschau
Pubbl. Fac. Sci. Ing. Univ. Trieste	Pubblicazioni della Facoltà di Scienze e d'Ingegneria dell'Università di Trieste
Pubbl. Ist. Chim. ind. Univ. Bologna	Pubblicazioni dell' Istituto di Chimica Industriale dell' Università di Bologna
Publ. Am. Assoc. Adv. Sci.	Publication of the American Association for the Advancement of Science. Washington, D.C.
Publ. Centro Invest. tisiol.	Publicaciones del Centro de Investigaciones tisiológicas. Buenos Aires
Publ. Dep. Crist. Mineral.	Publicaciones del Departamento de Cristalografia y Mineralogia. Madrid
Public Health Bl.	Public Health Bulletin
Public Health Rep.	U.S. Public Health Service: Public Health Reports
Public Health Rep. Spl.	Public Health Reports. Supplement
Public Health Service	U.S. Public Health Service
Publ. Inst. Quim. Alonso Barba	Publicaciones del Instituto de Química „Alonso Barba". Madrid

Kürzung	Titel
Publ. scient. tech. Minist. Air	Publications Scientifiques et Techniques du Ministère de l'Air
Publ. tech. Univ. Tallinn	Publications from the Technical University of Estonia at Tallinn [Tallinna Tehnikaülikooli Toimetused]
Publ. Wagner Free Inst.	Publications from the Wagner Free Institute of Science. Philadel= phia, Pa.
Pure appl. Chem.	Pure and Applied Chemistry. London
Pyrethrum Post	Pyrethrum Post. Nakuru, Kenia
Quaderni Nutriz.	Quaderni della Nutrizione
Quart. J. exp. Physiol.	Quarterly Journal of Experimental Physiology. London
Quart. J. Indian Inst. Sci.	Quarterly Journal of the Indian Institute of Science
Quart. J. Med.	Quarterly Journal of Medicine. Oxford
Quart. J. Pharm. Pharmacol.	Quarterly Journal of Pharmacy and Pharmacology. London
Quart. J. Studies Alcohol	Quarterly Journal of Studies on Alcohol. New Haven, Conn.
Quart. Rev.	Quarterly Reviews. London
Queensland agric. J.	Queensland Agricultural Journal
Quim. e Ind. Bilbao	Quimica e Industria. Bilbao bzw. Madrid
Química Mexico	Química. Mexico
R.	Recueil des Travaux Chimiques des Pays-Bas
Radiat. Res.	Radiation Research. New York
Radiochimija	Radiochimija; englische Ausgabe: Radiochemistry U.S.S.R., ab 4 [1962] Soviet Radiochemistry
Radiologica	Radiologica. Berlin
Radiology	Radiology. Syracuse, N.Y.
Rad. Hrvat. Akad.	Radovi Hrvatske Akademije Znanosti i Umjetnosti
Rad. Jugosl. Akad.	Radovi Jugoslavenske Akademije Znanosti i Umjetnosti. Razreda Matematicko-Priritoslovnoga (Mitteilungen der Jugoslawischen Akademie der Wissenschaften und Künste. Mathematisch-na= turwissenschaftliche Reihe)
R. A. L.	Atti della Reale Accademia Nazionale dei Lincei, Classe di Scienze Fisiche, Matematiche e Naturali: Rendiconti
Rasayanam	Rasayanam (Journal for the Progress of Chemical Science). Indien
Rass. clin. Terap.	Rassegna di clinica Terapia e Scienze affini
Rass. Med. ind.	Rassegna di Medicina Industriale
Reakc. Sposobn. org. Soedin.	Reakcionnaja Sposobnost Organičeskich Soedinenij. Tartu
Rec. chem. Progr.	Record of Chemical Progress. Kresge-Hooker Scientific Library. Detroit, Mich.
Recent Devel. Chem. nat. Carbon Compounds	Recent Developments in the Chemistry of Natural Carbon Com= pounds. Budapest
Recent Progr. Hormone Res.	Recent Progress in Hormone Research
Recherches	Recherches. Herausg. von Soc. Anon. Roure-Bertrand Fils & Ju= stin Dupont
Refiner	Refiner and Natural Gasoline Manufacturer. Houston, Texas
Refrig. Eng.	Refrigerating Engineering. New York
Reichsamt Wirtschafts- ausbau Chem. Ber.	Reichsamt für Wirtschaftsausbau. Chemische Berichte
Reichsber. Physik	Reichsberichte für Physik (Beihefte zur Physikalischen Zeitschrift)
Rend. Accad. Bologna	Rendiconti dell'Accademia delle Scienze dell' Istituto di Bologna

Kürzung	Titel
Rend. Accad. Sci. fis. mat. Napoli	Rendiconto dell'Accademia delle Scienze Fisiche e Matematiche. Napoli
Rend. Fac. Sci. Cagliari	Rendiconti del Seminario della Facoltà di Scienze della Università di Cagliari
Rend. Ist. lomb.	Rendiconti dell'Istituto Lombardo di Science e Lettere. Ser. A. Scienze Matematiche, Fisiche, Chimiche e Geologiche
Rend. Ist. super. Sanità	Rendiconti Istituto superiore di Sanità
Rend. Soc. chim. ital.	Rendiconti della Società Chimica Italiana
Rensselaer polytech. Inst. Bl.	Rensselaer Polytechnic Institute Bulletin. Troy, N.Y.
Rep. Connecticut agric. Exp. Sta.	Report of the Connecticut Agricultural Experiment Station
Rep. Food Res. Inst. Tokyo	Report of the Food Research Institute. Tokyo [Shokuryo Ken⸗ kyusho Kenkyu Hokoku]
Rep. Gov. chem. ind. Res. Inst. Tokyo	Reports of the Government Chemical Industrial Research Insti⸗ tute. Tokyo [Tokyo Kogyo Shikensho Hokoku]
Rep. Gov. ind. Res. Inst. Nagoya	Reports of the Government Industrial Research Institute, Nagoya [Nagoya Kogyo Gijutsu Shikensho Hokoku]
Rep. Himeji Inst. Technol.	Reports of the Himeji Institute of Technology [Himeji Kogyo Daigaku Kenkyu Hokoku]
Rep. Inst. chem. Res. Kyoto Univ.	Reports of the Institute for Chemical Research, Kyoto University
Rep. Inst. phys. chem. Res. Tokyo	Reports of the Institute of Physical and Chemical Research [Rika⸗ gaku Kenkyusho Hokoku]
Rep. Inst. Sci. Technol. Tokyo	Reports of the Institute of Science and Technology of the Univer⸗ sity of Tokyo [Tokyo Daigaku Rikogaku Kenkyusho Hokoku]
Rep. Japan. Assoc. Adv. Sci.	Report of the Japanese Association of Advancement of Science
Rep. Osaka ind. Res. Inst.	Reports of the Osaka Industrial Research Institute [Osaka Kogyo Gijutsu Shikenjo Hokoku]
Rep. Osaka munic. Inst. domestic Sci.	Report of the Osaka Municipal Institute for Domestic Science [Osaka Shiritsu Seikatsu Kagaku Kenkyusho Kenkyu Hokoku]
Rep. Radiat. Chem. Res. Inst. Tokyo Univ.	Reports of the Radiation Chemistry Research Institute, Tokyo University
Rep. Res. Dep. Chem. Kyushu Univ.	Reports of Research of the Division of Science, Department of Chemistry, Kyushu University [Kyushu Daigaku Rigakubu Kenkyu Hokoku]
Rep. scient. Res. Inst. Tokyo	Reports of the Scientific Research Institute Tokyo [Kagaku Ken⸗ kyusho Hokoku]
Rep. statist. Appl. Res. Tokyo	Report of Statistical Application Research, Union of Japanese Scientists and Engineers. Tokyo
Rep. Tokyo ind. Testing Labor.	Reports of the Tokyo Industrial Testing Laboratory
Res. Bl. East Panjab Univ.	Research Bulletin of the East Panjab University
Res. Bl. Gifu Coll. Agric.	Research Bulletin of the Gifu Imperial College of Agriculture [Gifu Koto Norin Gakko Kagami Kenkyu Hokoku]
Res. chem. Physics Japan	Researches on Chemical Physics, Japan [Busseiron Kenkyu]
Research	Research. London
Res. electrotech. Labor. Tokyo	Researches of the Electrotechnical Laboratory Tokyo [Denki Shi⸗ kensho Kenkyu Hokoku]
Res. J. Hindi Sci. Acad.	Research Journal of the Hindi Science Academy [Vijnana Parishad Anusandhan Patrika]

Kürzung	Titel
Res. Rep. Fac. Eng. Chiba Univ.	Research Reports of the Faculty of Engineering, Chiba University [Chiba Daigaku Kogakubu Kenkyu Hokoku]
Res. Rep. Fac. Eng. Gifu Univ.	Research Reports of Faculty of Engineering, Gifu University [Gifu Daigaku Kogakubu Kenkyu Hokoku]
Res. Rep. Kogakuin Univ.	Research Reports of the Kogakuin University [Kogakuin Daigaku Kenkyu Hokoku]
Res. Rep. Nagoya ind. Sci. Res. Inst.	Research Reports of the Nagoya Industrial Science Research Institute [Nagoya Sangyo Kagaku Kenkyusho Kenkyu Hokoku]
Rev. Acad. Cienc. exact. fis. nat. Madrid	Revista de la Academia de Ciencias Exactas, Físicas y Naturales de Madrid
Rev. alimentar	Revista alimentar. Rio de Janeiro
Rev. Acad. Cienc. exact. fis. quim. nat. Zaragoza	Revista de la Académia de Ciencias Exactas, Físico-Químicas y Naturales de Zaragoza
Rev. appl. Entomol.	Review of Applied Entomology. London
Rev. Asoc. bioquim. arg.	Revista de la Asociación Bioquímica Argentina
Rev. Asoc. Ing. agron.	Revista de la Asociación de Ingenieros agronómicos. Montevideo
Rev. Assoc. brasil. Farm.	Revista da Associação Brasileira de Farmacéuticos
Rev. belge Sci. méd.	Revue Belge des Sciences médicales
Rev. brasil. Biol.	Revista Brasileira de Biologia
Rev. brasil. Farm.	Revista Brasileira de Farmácia
Rev. brasil. Malariol. Doenças trop.	Revista Brasileira de Malariologia e Doenças Tropicais
Rev. brasil. Quim.	Revista Brasileira de Química
Rev. canad. Biol.	Revue Canadienne de Biologie
Rev. Centro Estud. Farm. Bioquim.	Revista del Centro Estudiantes de Farmacia y Bioquímica. Buenos Aires
Rev. Chim. Acad. roum.	Revue de Chimie, Academie de la Republique Populaire Roumaine
Rev. Chim. Bukarest	Revista de Chimie. Bukarest
Rev. Chimica ind.	Revista de Chimica industrial. Rio de Janeiro
Rev. Chim. ind.	Revue de Chimie industrielle. Paris
Rev. Chim. min.	Revue de Chimie Minerale. Paris
Rev. Ciencias	Revista de Ciencias. Lima
Rev. Colegio Farm. nacion.	Revista del Colegio de Farmaceuticos nacionales. Rosario, Argentinien
Rev. Fac. Cienc. quim. Univ. La Plata	Revista de la Facultad de Ciencias Químicas, Universidad Nacional de La Plata
Rev. Fac. Cienc. Univ. Coimbra	Revista da Faculdade de Ciencias, Universidade de Coimbra
Rev. Fac. Cienc. Univ. Lissabon	Revista da Faculdade de Ciencias, Universidade de Lisboa
Rev. Fac. Farm. Bioquim. Univ. San Marcos	Revista de la Facultad de Farmacia y Bioquímica, Universidad Nacional Mayor de San Marcos de Lima, Peru
Rev. Fac. Human. Cienc. Montevideo	Revista de la Facultad de Humanidades y Ciencias. Montevideo
Rev. Fac. Ing. quim. Santa Fé	Revista de la Facultad de Ingenieria Química, Universidad Nacional del Litoral. Santa Fé, Argentinien
Rev. Fac. Med. veterin. Univ. São Paulo	Revista da Faculdade de Medicina Veterinaria, Universidade de São Paulo
Rev. Fac. Quim. Santa Fé	Revista de la Facultad de Química Industrial y Agricola. Santa Fé, Argentinien
Rev. Fac. Sci. Istanbul	Revue de la Faculté des Sciences de l'Université d'Istanbul

Kürzung	Titel
Rev. farm. Buenos Aires	Revista Farmaceutica. Buenos Aires
Rev. franç. Phot.	Revue française de Photographie et de Cinématographie
Rev. Gastroenterol.	Review of Gastroenterology. New York
Rev. gén. Bot.	Revue générale de Botanique
Rev. gén. Caoutchouc	Revue générale du Caoutchouc
Rev. gén. Colloides	Revue générale des Colloides
Rev. gén. Froid	Revue générale du Froid
Rev. gén Mat. col.	Revue générale des Matières colorantes, de la Teinture, de l'Impression, du Blanchiment et des Apprêts
Rev. gén. Mat. plast.	Revue générale des Matières plastiques
Rev. gén. Sci.	Revue générale des Sciences pures et appliquées (ab 1948) et Bulletin de la Société Philomatique
Rev. gén. Teinture	Revue générale de Teinture, Impression. Blanchiment, Apprêt (Tiba)
Rev. Immunol.	Revue d'Immunologie (ab Bd. **10** [1946]) et de Thérapie antimicrobienne
Rev. Inst. A. Lutz	Revista do Instituto Adolfo Lutz. São Paulo
Rev. Inst. Bacteriol. Malbrán	Revista del Instituto Bacteriológico del Departamento Nacional de Higiene. Buenos Aires
Rev. Inst. franç. Pétr.	Revue de l'Institut Français du Pétrole et Annales des Combustibles liquides
Rev. Inst. Salubridad	Revista del Instituto de Salubridad y Enfermedades tropicales. Mexico
Rev. Marques Parf. France	Revue des Marques − Parfums de France
Rev. Marques Parf. Savonn.	Revue des Marques de la Parfumerie et de la Savonnerie
Rev. mod. Physics	Reviews of Modern Physics. New York
Rev. Nickel	Revue du Nickel. Paris
Rev. Opt.	Revue d'Optique Théorique et Instrumentale
Rev. Palud. Med. trop.	Revue du Paludisme et de Medicine Tropicale
Rev. Parf.	Revue de la Parfumerie et des Industries s'y Rattachant
Rev. petrolif.	Revue pétrolifère
Rev. phys. Chem. Japan	Review of Physical Chemistry of Japan
Rev. Polarogr.	Review of Polarography. Kyoto
Rev. portug. Farm.	Revista Portuguesa de Farmácia
Rev. portug. Quim.	Revista Portuguesa de Química
Rev. Prod. chim.	Revue des Produits Chimiques
Rev. pure appl. Chem.	Reviews of Pure and Applied Chemistry. Melbourne, Australien
Rev. Quim. Farm.	Revista de Química e Farmácia. Rio de Janeiro
Rev. quim. farm. Chile	Revista químico farmacéutica. Santiago, Chile
Rev. Quim. ind.	Revista de Química industrial. Rio de Janeiro
Rev. roum. Chim.	Revue Roumaine de Chimie
Rev. scient.	Revue scientifique. Paris
Rev. scient. Instruments	Review of Scientific Instruments. New York
Rev. Soc. arg. Biol.	Revista de la Sociedad Argentina de Biologia
Rev. Soc. brasil. Quim.	Revista da Sociedade Brasileira de Química
Rev. ştiinţ. Adamachi	Revista Ştiinţifică ,,V. Adamachi"
Rev. sud-am. Endocrin.	Revista sud-americana de Endocrinologia, Immunologia, Quimioterapia
Rev. textile-Tiba	Revue Textile-Tiba
Rev. Univ. Bukarest	Revista Universitatii ,,C.I. Parhon" şi a Politehnicii Bukarestii
Rev. univ. Mines	Revue universelle des Mines

Kürzung	Titel
Rev. Viticult.	Revue de Viticulture
Reyon Zellw.	Reyon, Synthetica, Zellwolle. München
Rhodora	Rhodora (Journal of the New England Botanical Club). Lancaster, Pa.
Ric. scient.	Ricerca Scientifica ed il Progresso Tecnico nell'Economia Nazionale; ab 1945 Ricerca Scientifica e Ricostruzione; ab 1948 Ricerca Scientifica
Riechst. Aromen	Riechstoffe, Aromen, Körperpflegemittel
Riechstoffind.	Riechstoffindustrie und Kosmetik
Riforma med.	Riforma medica
Riv. Combust.	Rivista dei Combustibili
Riv. ital. Essenze Prof.	Rivista Italiana Essenze, Profumi, Pianti Offizinali, Olii Vegetali, Saponi
Riv. ital. Petr.	Rivista Italiana del Petrolio
Riv. Med. aeronaut.	Rivista di Medicina aeronautica
Riv. Patol. sperim.	Rivista di Patologia sperimentale
Riv. Viticolt.	Rivista di Viticoltura e di Enologia
Rocky Mountain med. J.	Rocky Mountain Medical Journal. Denver, Colorado
Roczniki Chem.	Roczniki Chemji (Annales Societatis Chimicae Polonorum)
Roczniki Farm.	Roczniki Farmacji. Warschau
Roczniki Nauk. roln.	Roczniki Nauk Rolniczych
Roczniki Technol. Chem. Zywn.	Roczniki Technologii i Chemii Zywnosci
Rossini, Selected Values 1953	Selected Values of Physical and Thermodynamic Properties of Hydrocarbons and Related Compounds. Herausg. von *F.D. Rossini, K.S. Pitzer, R.L. Arnett, R.M. Braun, G.C. Pimentel*. Pittsburgh 1953. Comprising the Tables of the A.P.I. Res. Project 44
Roy. Inst. Chem.	Royal Institute of Chemistry, London, Lectures, Monographs, and Reports
Rozhledy Tuberkulose	Rozhledy v Tuberkulose. Prag
Rubber Age N.Y.	Rubber Age. New York
Rubber Chem. Technol.	Rubber Chemistry and Technology. Washington, D.C.
Russ. chem. Rev.	Russian Chemical Reviews. Englische Übersetzung von Uspechi Chimii
Russ. P.	Russisches Patent
Safety in Mines Res. Board	Safety in Mines Research Board. London
S. African ind. Chemist	South African Industrial Chemist
S. African J. med. Sci.	South African Journal of Medical Sciences
S. African J. Sci.	South African Journal of Science
Sammlg. Vergiftungsf.	Fühner-Wielands Sammlung von Vergiftungsfällen
Sber. Akad. Wien	Sitzungsberichte der Akademie der Wissenschaften Wien. Mathematisch-naturwissenschaftliche Klasse
Sber. Bayer. Akad.	Sitzungsberichte der Bayerischen Akademie der Wissenschaften, Mathematisch-naturwissenschaftliche Klasse
Sber. finn. Akad.	Sitzungsberichte der Finnischen Akademie der Wissenschaften
Sber. Ges. Naturwiss. Marburg	Sitzungsberichte der Gesellschaft zur Beförderung der gesamten Naturwissenschaften zu Marburg
Sber. Heidelb. Akad.	Sitzungsberichte der Heidelberger Akademie der Wissenschaften. Mathematisch-naturwissenschaftliche Klasse
Sber. naturf. Ges. Rostock	Sitzungsberichte der Naturforschenden Gesellschaft zu Rostock

Kürzung	Titel
Sber. Naturf. Ges. Tartu	Sitzungsberichte der Naturforscher-Gesellschaft bei der Universität Tartu
Sber. phys. med. Soz. Erlangen	Sitzungsberichte der physikalisch-medizinischen Sozietät zu Erlangen
Sber. Preuss. Akad.	Sitzungsberichte der Preussischen Akademie der Wissenschaften, Physikalisch-mathematische Klasse
Sborník čsl. Akad. zeměd.	Sborník Československé Akademie Zemědělské (Annalen der Tschechoslowakischen Akademie der Landwirtschaft)
Sbornik Rabot Inst. Chim. Akad. Belorussk. S.S.R.	Sbornik Naučnych Rabot Instituta Chimii Akademii Nauk Belorusskoj S.S.R.
Sbornik Rabot Inst. Metallofiz. Akad. Ukr. S.S.R.	Sbornik Naučnych Rabot Instituta Metallofiziki Akademija Nauk Ukrainskoj S.S.R.
Sbornik Rabot Moskovsk. farm. Inst.	Sbornik Naučnych Rabot Moskovskogo Farmacevtičeskogo Instituta
Sbornik Rabot Rižsk. med. Inst.	Sbornik Naučnych Rabot, Rižskij Medicinskij Institut
Sbornik Statei obšč. Chim.	Sbornik Statei po Obščej Chimii, Akademija Nauk S.S.S.R.
Sbornik Statei org. Poluprod. Krasit.	Sbornik Statei, Naučno-issledovatelskij Institut Organičeskich Poluproduktov i Krasiteli
Sbornik stud. Rabot Moskovsk. selskochoz. Akad.	Sbornik Studenčeskich Naučno-issledovatelskich Rabot, Moskovskaja Selskochozjaistvennaja Akademija im. Timirjazewa
Sbornik Trudov Armjansk. Akad.	Sbornik Trudov Armjanskogo Filial. Akademija Nauk
Sbornik Trudov Kuibyševsk. ind. Inst.	Sbornik Naučnych Trudov, Kuibyševskij Industrialnyj Institut
Sbornik Trudov opytnogo Zavoda Lebedeva	Sbornik Trudov opytnogo Zavoda imeni *S.V. Lebedeva* (Gesammelte Arbeiten aus dem Versuchsbetrieb *S.V. Lebedew*)
Sbornik Trudov Penzensk. selskochoz. Inst.	Sbornik Trudov Penzenskogo Selskochozjaistvennogo Instituta
Sbornik Trudov Voronežsk. Otd. chim. Obšč.	Sbornik Trudov Voronežskogo Otdelenija Vsesojuznogo Chimičeskogo Obščestva
Sbornik Vys. Školy chem. technol. Praha	Sbornik Vysoké Školy Chemicko-technologické v Praze
Schmerz	Schmerz, Narkose Anaesthesie
Schwed. P.	Schwedisches Patent
Schweiz. Apoth. Ztg.	Schweizerische Apotheker-Zeitung
Schweiz. Arch. angew. Wiss. Tech.	Schweizer Archiv für Angewandte Wissenschaft und Technik
Schweiz. med. Wschr.	Schweizerische medizinische Wochenschrift
Schweiz. mineral. petrogr. Mitt.	Schweizerische Mineralogische und Petrographische Mitteilungen
Schweiz. P.	Schweizer Patent
Schweiz. Wschr. Chem. Pharm.	Schweizerische Wochenschrift für Chemie und Pharmacie
Schweiz. Z. allg. Path.	Schweizerische Zeitschrift für allgemeine Pathologie und Bakteriologie
Sci.	Science. New York/Washington, D.C.

Kürzung	Titel
Sci. Bl. Fac. Agric. Kyushu Univ.	La Bulteno Scienca de la Facultato Tercultura, Kjusu Imperia Universitato; Fukuoka, Japanujo; nach **11** Nr. 2/3 [1945]: Science Bulletin of the Faculty of Agriculture, Kyushu University
Sci. Crime Detect.	Science and Crime Detection. Japan [Kagaku To Sosa]
Sci. Culture	Science and Culture. Calcutta
Scientia Peking	Scientia. Peking [K'o Hsueh T'ung Pao]
Scientia pharm.	Scientia Pharmaceutica. Wien
Scientia sinica	Scientia Sinica. Peking
Scientia Valparaiso	Scientia Valparaiso. Chile
Scient. J. roy. Coll. Sci.	Scientific Journal of the Royal College of Science
Scient. Pap. central Res. Inst. Japan Monopoly Corp.	Scientific Papers of Central Research Institute, Japan Monopoly Corporation [Nippon Sembai Kosha Chuo Kenkyusho Kenkyu Hokoku]
Scient. Pap. Inst. phys. chem. Res.	Scientific Papers of the Institute of Physical and Chemical Research. Tokyo
Scient. Pap. Osaka Univ.	Scientific Papers from the Osaka University
Scient. Pr. roy. Dublin Soc.	Scientific Proceedings of the Royal Dublin Society
Scient. Rep. Matsuyama agric. Coll.	Scientific Reports of the Matsuyama Agricultural College
Scient. Rep. Toho Rayon Co.	Scientific Reports of the Toho Rayon Co., Ltd. [Toho Reiyon Kenkyu Hokoku]
Sci. Ind. Osaka	Science & Industry. Osaka [Kagaku to Kogyo]
Sci. Ind. phot.	Science et Industries photographiques
Sci. Progr.	Science Progress. London
Sci. Quart. Univ. Peking	Science Quarterly of the National University of Peking
Sci. Rec. China	Science Record, China; engl. Übersetzung von K'o Hsueh Chi Lu. Peking
Sci. Rep. Hirosaki Univ.	Science Reports of the Faculty of Literature and Science, Hirosaki University
Sci. Rep. Hyogo Univ. Agric.	Science Reports of the Hyogo University of Agriculture [Hyogo Noka Daigaku Kenkyu Hokoku]
Sci. Rep. Kanazawa Univ.	Science Reports of the Kanazawa University
Sci. Rep. Osaka Univ.	Science Reports, Osaka University
Sci. Rep. Res. Inst. Tohoku Univ.	Science Reports of the Research Institutes, Tohoku University
Sci. Rep. Saitama Univ.	Science Reports of the Saitama University
Sci. Rep. Tohoku Univ.	Science Reports of the Tohoku Imperial University
Sci. Rep. Tokyo Bunrika Daigaku	Science Reports of the Tokyo Bunrika Daigaku (Tokyo University of Literature and Science)
Sci. Rep. Tsing Hua Univ.	Science Reports of the National Tsing Hua University
Sci. Rep. Univ. Peking	Science Reports of the National University of Peking
Sci. Studies St. Bonaventure Coll.	Science Studies, St. Bonaventure College. New York
Sci. Technol. China	Science and Technology. Sian, China [K'o Hsueh Yu Chi Shu]
Sci. Tokyo	Science. Tokyo [Kagaku Tokyo]
Securitas	Securitas. Mailand
Seifens.-Ztg.	Seifensieder-Zeitung
Sei-i-kai-med. J.	Sei-i-kai Medical Journal. Tokyo [Sei-i-kai Zasshi]
Selecta chim.	Selecta Chimica. São Paulo
Semana med.	Semana médica. Buenos Aires
Seoul Univ. J.	Seoul University Journal [Soul Taehakkyo Nonmunjip]

Kürzung	Titel
Sint. Kaučuk	Sintetičeskij Kaučuk
Sint. org. Soedin.	Sintezy Organičeskich Soedinenij; deutsche Ausgabe: Synthesen Organischer Verbindungen
Skand. Arch. Physiol.	Skandinavisches Archiv für Physiologie
Skand. Arch. Physiol. Spl.	Skandinavisches Archiv für Physiologie. Supplementum
Soap	Soap. New York
Soap Perfum. Cosmet.	Soap, Perfumery and Cosmetics. London
Soap sanit. Chemicals	Soap and Sanitary Chemicals. New York
Soc.	Journal of the Chemical Society. London
Soc. arg. Farm. Bioquim. ind.	Sociedad Argentina de Farmacia y Bioquímica Industrial
Soc. Sci. Lodz. Acta chim.	Societatis Scientiarum Lodziensis Acta Chimica
Soil Sci.	Soil Science. Baltimore, Md.
Soobšč. Akad. Gruzinsk. S.S.R.	Soobščenija Akademii Nauk Gruzinskoj S.S.R. (Mitteilungen der Akademie der Wissenschaften der Georgischen Republik)
Soobšč. chim. Obšč.	Soobščenija o Naučnych Rabotach Členov Vsesojuznogo Chimičeskogo Obščestva
Soobšč. Rabot Kievsk. ind. Inst.	Soobščenija naučn-issledovatelskij Rabot Kievskogo Industrialnogo Instituta
Sovešč. sint. Prod. Kanifoli Skipidara Gorki 1963	Soveščanija sintetičeskich Produktov i Kanifoli i Skipidara Gorki 1963
Sovešč. Stroenie židkom Sost. Kiew 1953	Stroenie i Fizičeskie Svoistva Veščestva v Židkom Sostojanie (Struktur und physikalische Eigenschaften der Materie im flüssigen Zustand; Konferenz Kiew 1953)
Sovet. Farm.	Sovetskaja Farmacija
Sovet. Sachar	Sovetskaja Sachar
Soviet Physics Doklady	Soviet Physics Doklady; englische Ausgabe von Doklady Akademii Nauk S.S.S.R.
Soviet Physics JETP	Soviet Physics JETP; englische Ausgabe von Žurnal Eksperimentalnoj i Teoretičeskoj Fiziki
Span. P.	Spanisches Patent
Spectrochim. Acta	Spectrochimica Acta. Berlin; Bd. 3 Città del Vaticano; ab **4** London
Sperimentale Sez. Chim. biol.	Sperimentale, Sezione di Chimica Biologica
Spisy přírodov. Mas. Univ.	Spisy Vydávané Přírodovědeckou Fakultou Masarykovy University
Spisy přírodov. Univ. Brne	Spisy Přírodovědeké Fakulty. J.E. Purkyne University v Brne
Sprawozd. Tow. fiz.	Sprawozdania i Prace Polskiego Towarzystwa Fizycznego (Comptes Rendus des Séances de la Société Polonaise de Physique)
Sprawozd. Tow. nauk. Warszawsk.	Sprawozdania z Posiedzeń Towarzystwa Naukowego Warszawskiego
Stärke	Stärke. Stuttgart
Stain Technol.	Stain Technology. Baltimore, Md.
Steroids	Steroids. San Francisco, Calif.
Strahlentherapie	Strahlentherapie
Structure Reports	Structure Reports. Herausg. von *A.J.C. Wilson*. Utrecht
Studia Univ. Babeş-Bolyai	Studia Universitatis Victor Babeş-Bolyai. Cluj
Stud. Inst. med. Chem. Univ. Szeged	Studies from the Institute of Medical Chemistry, University of Szeged
Südd. Apoth.-Ztg.	Süddeutsche Apotheker-Zeitung
Sugar	Sugar. New York

Kürzung	Titel
Sugar J.	Sugar Journal. New Orleans, La.
Suomen Kem.	Suomen Kemistilehti (Acta Chemica Fennica)
Suomen Paperi ja Puu.	Suomen Paperi- ja Puutavaralehti
Superphosphate	Superphosphate. Hamburg
Svenska Mejeritidn.	Svenska Mejeritidningen
Svensk farm. Tidskr.	Svensk Farmaceutisk Tidskrift
Svensk kem. Tidskr.	Svensk Kemisk Tidskrift
Svensk Papperstidn.	Svensk Papperstidning
Symp. Soc. exp. Biol.	Symposia of the Society for Experimental Biology. New York
Synth. appl. Finishes	Synthetic and Applied Finishes. London
Synth. Commun.	Synthetic Communications. New York
Synthesis	Synthesis. New York
Synth. org. Verb.	Synthesen Organischer Verbindungen. Deutsche Übersetzung von Sintezy Organičeskich Soedinenij
Tagungsber. Dtsch. Akad. Landwirtschaftswiss.	Tagungsbericht, Deutsche Akademie der Landwirtschaftswissenschaften zu Berlin
Talanta	Talanta. An International Journal of Analytical Chemistry. London
Tappi	Tappi (Technical Association of the Pulp and Paper Industry). New York
Tech. Ind. Schweiz. Chemiker Ztg.	Technik-Industrie und Schweizer Chemiker-Zeitung
Tech. Mitt. Krupp	Technische Mitteilungen Krupp
Techn. Bl. Kagawa agric. Coll.	Technical Bulletin of Kagawa Agricultural College [Kagawa Kenritsu Noka Daigaku Gakujutsu Hokoku]
Technika Budapest	Technika. Budapest
Technol. Chem. Papier-Zellstoff-Fabr.	Technologie und Chemie der Papier- und Zellstoff-Fabrikation
Technol. Museum Sydney Bl.	Technological Museum Sydney. Bulletin
Technol. Rep. Osaka Univ.	Technology Reports of the Osaka University
Technol. Rep. Tohoku Univ.	Technology Reports of the Tohoku Imperial University
Tech. Physics U.S.S.R.	Technical Physics of the U.S.S.R. (Forts. J. Physics U.S.S.R.)
Tecnica ital.	Tecnica Italiana
Teer Bitumen	Teer und Bitumen
Teintex	Teintex. Paris
Tekn. Tidskr.	Teknisk Tidskrift. Stockholm
Tekn. Ukeblad	Teknisk Ukeblad. Oslo
Tekst. Promyšl.	Tekstilnaja Promyšlennost. Moskau
Teoret. eksp. Chim.	Teoretičeskaja i Eksperimentalnaja Chimija; englische Ausgabe: Theoretical and Experimental Chemistry U.S.S.R.
Tetrahedron	Tetrahedron. London
Tetrahedron Letters	Tetrahedron Letters
Tetrahedron Spl.	Tetrahedron, Supplement. Oxford
Texas J. Sci.	Texas Journal of Science
Textile Colorist	Textile Colorist. New York
Textile Res. J.	Textile Research Journal. New York
Textile Wd.	Textile World. New York
Textil-Praxis	Textil-Praxis
Teysmannia	Teysmannia. Batavia

Kürzung	Titel
Theoret. chim. Acta	Theoretica chimica Acta. Berlin
Therap. Gegenw.	Therapie der Gegenwart
Thérapie	Thérapie. Paris
Tidsskr. Hermetikind.	Tidsskrift for Hermetikindustri. Stavanger
Tidsskr. Kjemi Bergv.	Tidsskrift for Kjemi og Bergvesen. Oslo
Tidsskr. Kjemi Bergv. Met.	Tidsskrift for Kjemi, Bergvesen og Metallurgi. Oslo
Tijdschr. Artsenijk.	Tijdschrift voor Artsenijkunde
Tijdschr. Plantenz.	Tijdschrift over Plantenziekten
Tohoku J. agric. Res.	Tohoku Journal of Agricultural Research
Tohoku J. exp. Med.	Tohoku Journal of Experimental Medicine
Top. Stereochem.	Topics in Stereochemistry. New York
Toxicon	Toxicon. Oxford
Trab. Inst. Cienc. med.	Trabajos del Instituto Nacional de Ciencias Médicas. Madrid
Trab. Labor. Bioquim. Quim. apl.	Trabajos del Laboratorio de Bioquímica y Química aplicada, Instituto „Alonso Barba", Universidad de Zaragoza
Trans. Am. electroch. Soc.	Transactions of the American Electrochemical Society
Trans. Am. Inst. chem. Eng.	Transactions of the American Institute of Chemical Engineers
Trans. Am. Inst. min. met. Eng.	Transactions of the American Institute of Mining and Metallurgical Engineers
Trans. Am. Soc. mech. Eng.	Transactions of the American Society of Mechanical Engineers
Trans. Bose Res. Inst. Calcutta	Transactions of the Bose Research Institute. Calcutta
Trans. Brit. ceram. Soc.	Transactions of the British Ceramic Society
Trans. Brit. mycol. Soc.	Transactions of the British Mycological Society
Trans. … Conf. biol. Antioxidants New York …	Transactions of the … Conference on Biological Antioxidants, New York (1. 1946, 2. 1947, 3. 1948)
Trans. electroch. Soc.	Transactions of the Electrochemical Society. New York
Trans. Faraday Soc.	Transactions of the Faraday Society. Aberdeen, Schottland
Trans. Illinois Acad.	Transactions of the Illinois State Academy of Science
Trans. Indian Inst. chem. Eng.	Transactions, Indian Institute of Chemical Engineers
Trans. Inst. chem. Eng.	Transactions of the Institution of Chemical Engineers. London
Trans. Inst. min. Eng.	Transactions of the Institution of Mining Engineers. London
Trans. Inst. Rubber Ind.	Transactions of the Institution of the Rubber Industry (=I.R.I.-Transactions). London
Trans. Kansas Acad.	Transactions of the Kansas Academy of Science
Trans. Kentucky Acad.	Transactions of the Kentucky Academy of Science
Trans. nation. Inst. Sci. India	Transactions of the National Institute of Science of India
Trans. N. Y. Acad. Sci.	Transactions of the New York Academy of Sciences
Trans. Pr. roy. Soc. New Zealand	Transactions and Proceedings of the Royal Society of New Zealand
Trans. Pr. roy. Soc. S. Australia	Transactions and Proceedings of the Royal Society of South Australia
Trans. roy. Soc. Canada	Transactions of the Royal Society of Canada
Trans. roy. Soc. S. Africa	Transactions of the Royal Society of South Africa
Trans. roy. Soc. trop. Med. Hyg.	Transactions of the Royal Society of Tropical Medicine and Hygiene. London

Kürzung	Titel
Trans. third Comm. int. Soc. Soil Sci.	Transactions of the Third Commission of the International Society of Soil Science
Trav. Labor. Chim. gén. Univ. Louvain	Travaux du Laboratoire de Chimie Générale, Université Louvain
Trav. Soc. Chim. biol.	Travaux des Membres de la Société de Chimie Biologique
Trav. Soc. Pharm. Montpellier	Travaux de la Société de Pharmacie de Montpellier
Trudy Akad. Belorussk. S.S.R.	Trudy Akademii Nauk Belorusskoj S.S.R.
Trudy Astrachansk. tech. Inst. rybn. Promyšl.	Trudy Astrachanskogo Techničeskogo Instituta Rybnoj Promyš= lennosti i Chozjaistva
Trudy Azerbajdžansk. Univ.	Trudy Azerbajdžanskogo Gosudarstvennogo Universiteta
Trudy bot. Inst. Akad. S.S.S.R.	Trudy Botaničeskogo Instituta, Akademija Nauk S.S.S.R.
Trudy central. biochim. Inst.	Trudy centralnogo naučno-issledovatelskogo biochimičeskogo In= stituta Piščevoj i Vkusovoj Promyšlennosti (Schriften des zen= tralen biochemischen Forschungsinstituts der Nahrungs- und Genußmittelindustrie)
Trudy central. dezinfekcion. Inst.	Trudy Centralnogo Naučno-issledovatelskogo Dezinfekcionnogo Instituta. Moskau
Trudy Charkovsk. chim. technol. Inst.	Trudy Charkovskogo Chimiko-technologičeskogo Instituta
Trudy Charkovsk. farm. Inst.	Trudy Charkovskogo Gosudarstvennogo Farmacevtičeskogo In= stituta
Trudy Charkovsk. politech. Inst.	Trudy Charkovskogo Politechničeskogo Instituta
Trudy Chim. chim. Technol.	Trudy po Chimii i Chimičeskoj Technologii. Gorki
Trudy chim. Fak. Charkovsk. Univ.	Trudy Chimičeskogo Fakulteta i Naučno-issledovatelskogo Insti= tuta Chimii Charkovskogo Universiteta
Trudy chim. farm. Inst.	Trudy Naučnogo Chimico-farmacevtičeskogo Instituta
Trudy Chim. prirodn. Soedin. Kišinevsk. Univ.	Trudy po Chimii Prirodnych Soedinenij, Kišinevskij Gosudarst= vennyj Universitet
Trudy Dnepropetrovsk. chim.-technol. Inst.	Trudy Dnepropetrovskogo Chimiko-technologičeskogo Instituta
Trudy fiz. Inst. Akad. S.S.S.R.	Trudy Fizičeskogo Instituta, Akademija Nauk S.S.S.R.
Trudy Gorkovsk. pedagog. Inst.	Trudy Gorkovskogo Gosudarstvennogo Pedagogičeskogo Insti= tuta
Trudy Inst. Chim. Akad. Kazachsk. S.S.R.	Trudy Instituta Chimičeskich Nauk, Akademija Nauk Kazachskoj S.S.R.
Trudy Inst. Chim. Akad. Kirgizsk. S.S.R.	Trudy Instituta Chimii, Akademija Nauk Kirgizskoj S.S.R.
Trudy Inst. Chim. Akad. Uralsk. S.S.R.	Trudy Instituta Chimii i Metallurgii, Akademija Nauk S.S.S.R., Uralskij Filial
Trudy Inst. Chim. Charkovsk. Univ.	Trudy Institutu Chimii Charkovskogo Gosudarstvennogo Univer= siteta
Trudy Inst. čist. chim. Reakt.	Trudy Instituta Čistych Chimičeskich Reaktivov (Arbeiten des Instituts für reine chemische Reagentien)
Trudy Inst. efirno-maslič. Promyšl.	Trudy Vsesojuznogo Instituta efirno-masličnoj Promyšlennosti

Kürzung	Titel
Trudy Inst. Fiz. Mat. Akad. Azerbajdžansk. S.S.R.	Trudy Instituta Fiziki i Matematiki, Akademija Nauk Azerbajd= žanskoj S.S.R. Serija Fizičeskaja
Trudy Inst. Fiz. Mat. Akad. Belorussk. S.S.R.	Trudy Instituta Fiziki i Matematiki, Akademija Nauk Belorusskij S.S.R.
Trudy Inst. iskusstv. Volokna	Naučno-issledovatelskie Trudy, Vsesojuznyj Naučno-issledovatel= skij Institut Iskusstvennogo Volokna
Trudy Inst. klin. eksp. Chirurgii Akad. Kazachsk. S.S.R.	Trudy Instituta Kliničeskoj i Eksperimentalnoj Chirurgii, Akade= mija Nauk Kazachskoj S.S.R.
Trudy Inst. Krist. Akad. S.S.S.R.	Trudy Instituta Kristallografii, Akademija Nauk S.S.S.R.
Trudy Inst. lekarstv. aromat. Rast.	Trudy Vsesojuznogo Naučno-issledovatelskogo Instituta lekarst= vennych i aromatičeskich Rastenij
Trudy Inst. Nefti Akad. Azerbajdžansk. S.S.R.	Trudy Instituta Nefti, Akademija Nauk S.S.S.R.
Trudy Inst. prikl. Chim.	Trudy Gosudarstvenyj Institut Prikladnoj Chimii. Leningrad
Trudy Inst. sint. nat. dušist. Veščestv	Trudy Vsesojuznogo Naučno-issledovatelskogo Instituta Sinteti= českich i Naturalnych Dušistych Veščestv
Trudy Inst. Udobr. Insektofungic.	Trudy Naučno-issledovatelskij Institut po Udobrenijam i Insekto= fungicidam. Moskau
Trudy Ivanovsk. chim. technol. Inst.	Trudy Ivanovskogo Chimiko-technologičeskogo Instituta
Trudy Kazansk. chim. technol. Inst.	Trudy Kazanskogo Chimiko-technologičeskogo Instituta
Trudy Kievsk. technol. Inst. piščevoj Promyšl.	Trudy Kievskogo Technologičeskogo Instituta Piščevoj Promyš= lennosti
Trudy Kinofotoinst.	Trudy Vsesojuznogo Naučno-issledovatelskogo Kinofotoinstituta
Trudy Komiss. anal. Chim.	Trudy Komissii po Analitičeskoj Chimii, Akademija Nauk S.S.S.R.
Trudy Krasnojarsk. med. Inst.	Trudy Krasnojarskogo Gosudarstvennogo Medicinskogo Instituta
Trudy Kubansk. selsko- choz. Inst.	Trudy Kubanskogo Selskochozjajstvennogo Instituta
Trudy Leningradsk. chim. farm. Inst.	Trudy Leningradskogo Chimico-Farmacevtičeskogo Instituta
Trudy Leningradsk. ind. Inst.	Trudy Leningradskogo Industrialnogo Instituta
Trudy Leningradsk. technol. Inst. Lensoveta	Trudy Leningradskogo Technologičeskogo Instituta imeni Lenso= veta
Trudy Lvovsk. med. Inst.	Trudy Lvovskogo Medicinskogo Instituta
Trudy Mendeleevsk. S.	Trudy (VI.) Vsesojuznogo Mendeleevskogo Sezda po teoretičeskoj i prikladnoj Chimii (Charkow 1932)
Trudy Molotovsk. med. Inst.	Trudy Molotovskogo Medicinskogo Instituta
Trudy Moskovsk. chim. technol. Inst.	Trudy Moskovskogo Chimiko-technologičeskogo Instituta imeni Mendeleeva
Trudy Moskovsk. technol. Inst. piščevoj Promyšl.	Trudy Moskovskij Technologičeskij Institut Piščevoj Promyšlen= nosti
Trudy Moskovsk. zootech. Inst. Konevod.	Trudy Moskovskogo Zootechničeskogo Instituta Konevodstva
Trudy Odessk. technol. Inst. piščevoj cholodil. Promyšl.	Trudy Odesskogo Technologičeskogo Instituta Piščevoj i Cholo= dilnoj Promyšlennosti

Kürzung	Titel
Trudy opytno-issledovatelsk. Zavoda Chimgaz	Trudy Opytno-issledovatelskogo Zavoda Chimgaz
Trudy radiev. Inst.	Trudy Gosudarstvennogo Radievogo Instituta
Trudy Sessii Akad. Nauk org. Chim.	Trudy Sessii Akademii Nauk po Organičeskoj Chimii
Trudy Sovešč. Termodin. Stroenie Rastvorov Moskau	Trudy Soveščanija Termodinamika i Stroenie Rastvorov Moskau
Trudy Sovešč. Terpenov Terpenoidov Wilna 1959	Trudy Vsesojuznogo Soveščanija po Voprosam Chimii Terpenov i Terpenoidov Akademija Nauk Litovskoj S.S.R. Wilna 1959
Trudy Sovešč. Vopr. Ispolz. Pentozan. Syrja Riga 1955	Trudy Vsesojuznogo Soveščanija Voprosy Ispolzovanija Pento⸗ zansoderžaščego Syrja Riga 1955
Trudy sredneaziatsk. Univ.	Trudy Sredneaziatskogo Gosudarstvennogo Universiteta. Ta⸗ schkent [Acta Universitatis Asiae Mediae]
Trudy Tadžiksk. selskochoz. Inst.	Trudy Tadžikskogo Selskochozjajstvennogo Instituta
Trudy Tbilissk. Univ.	Trudy Tbilisskogo Gosudarstvennogo Universiteta
Trudy Tomsk. Univ.	Trudy Tomskogo Gosudarstvennogo Universiteta
Trudy Uralsk. chim. Inst.	Trudy Uralskogo Naučno-issledovatelskogo Chimičeskogo Insti⸗ tuta
Trudy Uralsk. politech. Inst.	Trudy Uralskogo Politechničeskogo Instituta
Trudy Uzbeksk. Univ. Sbornik Rabot Chim.	Trudy Uzbekskogo Gosudarstvennogo Universiteta. Sbornik Ra⸗ bot Chimii (Sammlung chemischer Arbeiten)
Trudy vitamin. Inst.	Trudy Vsesojuznogo Naučno-issledovatelskogo Vitaminnogo In⸗ stituta
Trudy Voronežsk. Univ.	Trudy Voronežskogo Gosudarstvennogo Universiteta; Chimičes⸗ kij Otdelenie (Acta Universitatis Voronegiensis; Sectio chemica)
Trudy Vorošilovsk. pedagog. Inst.	Trudy Vorošilovskogo Gosudarstvennogo Pedagogičeskogo Insti⸗ tuta
Tuberculosis Tokyo	Tuberculosis. Tokyo [Kekkaku]
Tydskr. Wet. Kuns	Tydskrif vir Wetenskap en Kuns
Uč. Zap. Azerbajdžansk. Univ.	Učenye Zapiski Azerbajdžanskogo Gosudarstvennogo Universi⸗ teta
Uč. Zap. Černovick. Univ.	Učenye Zapiski Černovickij Gosudarstvennyi Universitet
Uč. Zap. Gorkovsk. Univ.	Učenye Zapiski Gorkovskogo Gosudarstvennogo Universiteta
Uč. Zap. Jaroslavsk. technol. Inst.	Učenye Zapiski Jaroslavskogo Technologičeskogo Instituta
Uč. Zap. Kazachsk. Univ.	Učenye Zapiski Kazachskij Gosudarstvennyj Universitet
Uč. Zap. Kazansk. Univ.	Učenye Zapiski, Kazanskij Gosudarstvennyj Universitet
Uč. Zap. Kišinevsk. Univ.	Učenye Zapiski, Kišinevskij Gosudarstvennyj Universitet
Uč. Zap. Leningradsk. Univ.	Učenye Zapiski Leningradskogo Gosudarstvennogo Universiteta
Uč. Zap. Minsk. pedagog. Inst.	Učenye Zapiski, Minskij Gosudarstvennyj Pedagogičeskij Institut
Uč. Zap. Molotovsk. Univ.	Učenye Zapiski Molotovskij Gosudarstvennyj Universitet
Uč. Zap. Moskovsk. Univ.	Učenye Zapiski Moskovskogo Gosudarstvennogo Universiteta; Chimija

Kürzung	Titel
Uč. Zap. Permsk. Univ.	Učenye Zapiski, Permskij Gosudarstvennyj Universitet
Uč. Zap. Pjatigorsk. farm. Inst.	Učenye Zapiski, Pjatigorskij Gosudarstvennyj Farmacevtičeskij Institut
Uč. Zap. Rostovsk. Univ.	Učenye Zapiski Rostovskogo na Donu Gosudarstvennogo Universiteta
Uč. Zap. Saratovsk. Univ.	Učenye Zapiski Saratovskogo Gosudarstvennogo Universiteta
Uč. Zap. Tomsk. Univ.	Učenye Zapiski Tomskogo Gosudarstvennogo Universiteta
Udobr.	Udobrenie i Urožaj (Düngung und Ernte)
Ugol	Ugol (Kohle)
Ukr. biochim. Ž.	Ukrainskij Biochimičnij Žurnal
Ukr. chim. Ž.	Ukrainskij Chimičnij Žurnal; englische Ausgabe: Soviet Progress in Chemistry
Ukr. fiz. Ž.	Ukrainskij Fizičnij Žurnal
Ukr. Inst. eksp. Farm. Konsult. Mat.	Ukrainskij Gosudarstvennyj Institut Eksperimentalnoj Farmazii, Konsultacionnye Materialy
Ullmann	Ullmanns Encyklopädie der Technischen Chemie, 3. bzw. 4. Aufl. Herausg. von W. Foerst
Underwriter's Labor. Bl.	Underwriter's Laboratories, Inc., Bulletin of Research. Chicago, Ill.
Ung. P.	Ungarisches Patent
Union Burma J. Sci. Technol.	Union of Burma Journal of Science and Technology
Union pharm.	Union pharmaceutique
Union S. Africa Dep. Agric. Sci. Bl.	Union South Africa Department of Agriculture, Science Bulletin
Univ. Allahabad Studies	University of Allahabad Studies
Univ. Bergen Årbok	Universitetet i Bergen Årbok
Univ. California Publ. Pharmacol.	University of California Publications. Pharmacology
Univ. California Publ. Physiol.	University of California Publications. Physiology
Univ. Colorado Studies	University of Colorado Studies
Univ. Illinois eng. Exp. Sta. Bl.	University of Illinois Bulletin. Engineering Experiment Station. Bulletin Series
Univ. Kansas Sci. Bl.	University of Kansas Science Bulletin
Univ. Philippines Sci. Bl.	University of the Philippines Natural and Applied Science Bulletin
Univ. Queensland Pap. Dep. Chem.	University of Queensland Papers, Department of Chemistry
Univ. São Paulo Fac. Fil.	Universidade de São Paulo, Faculdade de Filosofia, Ciencias e Letras
Univ. Texas Publ.	University of Texas Publication
Univ. Trieste Ist. Chim.	Università degli Studi di Trieste, Facoltà di Scienze, Istituto di Chimica
Univ. Trieste Ist. Mineral.	Università degli Studi di Trieste, Facoltà die Scienze, Istituto di Mineralogia
Univ. Wyoming Publ.	University of Wyoming Publications
Upsala Läkaref. Förhandl.	Upsala Läkareförenings Förhandlingar
U.S. Atomic Energy Comm.	U.S. Atomic Energy Commission
U.S. Dep. Agric. Bur. Chem. Circ.	U.S. Department of Agriculture. Bureau of Chemistry Circular

Kürzung	Titel
U.S. Dep. Agric. Bur. Entomol.	U.S. Department of Agriculture. Bureau of Entomology and Plant Quarantine, Entomological Technic
U.S. Dep. Agric. misc. Publ.	U.S. Department of Agriculture. Miscellaneous Publications
U.S. Dep. Agric. tech. Bl.	U.S. Department of Agriculture. Technical Bulletin
U.S. Dep. Comm. Off. tech. Serv. Rep.	U.S. Department of Commerce, Office of Technical Services, Publication Board Report
U.S. Naval med. Bl.	United States Naval Medical Bulletin
U.S.P.	Patent der Vereinigten Staaten von Amerika
Uspechi Chim.	Uspechi Chimii (Fortschritte der Chemie); englische Ausgabe: Russian Chemical Reviews
Uspechi fiz. Nauk	Uspechi fizičeskich Nauk
Uzbeksk. chim. Ž.	Uzbekskij Chimičeskij Žurnal
V.D.I.-Forschungsh.	V.D.I.-Forschungsheft. Supplement zu Forschung auf dem Gebiete des Ingenieurwesens
Verh. naturf. Ges. Basel	Verhandlungen der Naturforschenden Gesellschaft in Basel
Verh. Schweiz. Ver. Physiol. Pharmakol.	Verhandlungen des Schweizerischen Vereins der Physiologen und Pharmakologen
Verh. Vlaam. Acad. Belg.	Verhandelingen van de Koninklijke Vlaamsche Academie voor Wetenschappen, Letteren en Schone Kunsten van België. Klasse der Wetenschappen
Vernici	Vernici
Veröff. K.W.I. Silikatf.	Veröffentlichungen aus dem K.W.I. für Silikatforschung
Verre Silicates ind.	Verre et Silicates Industriels, Céramique, Émail, Ciment
Versl. Akad. Amsterdam	Verslag van de Gewone Vergadering der Afdeeling Natuurkunde, Nederlandsche Akademie van Wetenschappen
Vestnik Akad. Kazachsk. S.S.R.	Vestnik Akademii Nauk Kazachskoj S.S.R.
Vestnik Čkalovsk. Otd. chim. Obšč.	Vestnik Čkalovskogo Otdelenie Vsesojuznogo Chimičeskogo Obščestva im. Mendeleewa
Vestnik kožev. Promyšl.	Vestnik koževennoj Promyšlennosti i Torgovli (Nachrichten aus Lederindustrie und -handel)
Vestnik Leningradsk. Univ.	Vestnik Leningradskogo Universiteta
Vestnik Moskovsk. Univ.	Vestnik Moskovskogo Universiteta
Vestnik Oftalmol.	Vestnik Oftalmologii. Moskau
Vestnik Slovensk. kem. Društva	Vestnik Slovenskega Kemijskega Društva. Ljubljana
Vestsi Akad. Belarusk. S.S.R.	Vestsi Akademij Navuk Belaruskaj S.S.R.
Veterin. J.	Veterinary Journal. London
Virch. Arch. path. Anat.	Virchows Archiv für pathologische Anatomie und Physiologie und für klinische Medizin
Virginia Fruit	Virginia Fruit
Virginia J. Sci.	Virginia Journal of Science
Virology	Virology. New York
Visti Inst. fiz. Chim. Ukr.	Visti Institutu Fizičnoj Chimij Akademija Nauk Ukr. R.S.R.
Vitamine Hormone	Vitamine und Hormone. Leipzig
Vitamin Res. News U.S.S.R.	Vitamin Resurcy News U.S.S.R.
Vitamins Hormones	Vitamins and Hormones. New York

Kürzung	Titel
Vitamins Japan	Vitamins, Kyoto
Vjschr. naturf. Ges. Zürich	Vierteljahresschrift der Naturforschenden Gesellschaft in Zürich
Voeding	Voeding (Ernährung). Den Haag
Voenn. Chimija	Voennaja Chimija
Vopr. Pitanija	Voprosy Pitanija (Ernährungsfragen)
Vorratspflege Lebensmittelf.	Vorratspflege und Lebensmittelforschung
Vysokomol. Soedin.	Vysokomolekuljarnye Soedinenija; englische Ausgabe: Polymer Science U.S.S.R.
W. African J. biol. Chem.	West African Journal of Biological Chemistry
Waseda appl. chem. Soc. Bl.	Waseda Applied Chemical Society Bulletin. Tokyo [Waseda Oyo Kagaku Kaiho]
Wasmann Collector	Wasmann Collector. San Francisco, Calif.
Wd. Health Organ.	World Health Organization. New York
Wd. Petr. Congr. London 1933	World Petroleum Congress. London 1933. Proceedings
Wd. Rev. Pest Control	World Review of Pest Control
Weeds	Weeds. Gainesville, Fla.
Wiadom. farm.	Wiadomości Farmaceutyczne. Warschau
Wien. klin. Wschr.	Wiener Klinische Wochenschrift
Wien. med. Wschr.	Wiener medizinische Wochenschrift
Wis-en natuurk. Tijdschr.	Wis-en Natuurkundig Tijdschrift. Gent
Wiss. Ind.	Wissenschaft und Industrie
Wiss. Mitt. Öst. Heilmittelst.	Wissenschaftliche Mitteilungen der Österreichischen Heilmittel= stelle
Wiss. Veröff. Dtsch. Ges. Ernähr.	Wissenschaftliche Veröffentlichungen der Deutschen Gesellschaft für Ernährung
Wiss. Veröff. Siemens	Wissenschaftliche Veröffentlichungen aus dem Siemens-Konzern bzw. (ab 1935) den Siemens-Werken
Wiss. Z. T. H. Leuna-Merseburg	Wissenschaftliche Zeitschrift der Technischen Hochschule für Chemie „Carl Schorlemmer" Leuna-Merseburg
Wiss. Z. Univ. Halle-Wittenberg	Wissenschaftliche Zeitschrift der Martin-Luther-Universität Halle-Wittenberg. Mathematisch-naturwissenschaftliche Reihe
Wochenbl. Papierf.	Wochenblatt für Papierfabrikation
Wood Res. Kyoto	Wood Research [Mokuzai Kenkyu]. Kyoto
Wool Rec. Textile Wd.	Wool Record and Textile World. Bradford
Wschr. Brauerei	Wochenschrift für Brauerei
Wuhan Univ. J. nat. Sci.	Wuhan University Journal, Natural Science [Wu Han Ta Hsueh, Tzu Jan K'o Hsueh Hsueh Pao]
Xenobiotica	Xenobiotica. London
X-Sen	X-Sen (Röntgen-Strahlen). Japan
Yale J. Biol. Med.	Yale Journal of Biology and Medicine
Yokohama med. Bl.	Yokohama Medical Bulletin
Yonago Acta med.	Yonago Acta Medica. Japan
Z. anal. Chem.	Zeitschrift für Analytische Chemie
Ž. anal. Chim.	Žurnal Analitičeskoj Chimii; englische Ausgabe: Journal of Analytical Chemistry of the U.S.S.R.
Z. ang. Ch.	Zeitschrift für angewandte Chemie

Kürzung	Titel
Z. angew. Entomol.	Zeitschrift für angewandte Entomologie
Z. angew. Math. Phys.	Zeitschrift für angewandte Mathematik und Physik
Z. angew. Phot.	Zeitschrift für angewandte Photographie in Wissenschaft und Technik
Z. ang. Phys.	Zeitschrift für angewandte Physik
Z. anorg. Ch.	Zeitschrift für Anorganische und Allgemeine Chemie
Zap. Inst. Chim. Ukr. Akad.	Ukrainska Akademija Nauk. Zapiski Institutu Chemji bzw. Zapiski Institutu Chimji Akademija Nauk Ukr.R.S.R.
Zavod. Labor.	Zavodskaja Laboratorija (Betriebslaboratorium)
Z. Berg-, Hütten- Salinenw.	Zeitschrift für das Berg-, Hütten- und Salinenwesen im Deutschen Reich
Z. Biol.	Zeitschrift für Biologie
Zbl. Bakt. Parasitenk.	Zentralblatt für Bakteriologie, Parasitenkunde, Infektionskrankheiten und Hygiene [I] Orig. bzw. [II]
Zbl. Gewerbehyg.	Zentralblatt für Gewerbehygiene und Unfallverhütung
Zbl. inn. Med.	Zentralblatt für Innere Medizin
Zbl. Min.	Zentralblatt für Mineralogie
Zbl. Zuckerind.	Zentralblatt für die Zuckerindustrie
Z. Bot.	Zeitschrift für Botanik
Z. Chem.	Zeitschrift für Chemie. Leipzig
Z. Chem. klin. Biochem.	Zeitschrift für Klinische Chemie und Klinische Biochemie. Berlin
Ž. chim. Promyšl.	Žurnal Chimičeskoj Promyšlennosti (Journal der Chemischen Industrie)
Z. Desinf.	Zeitschrift für Desinfektions- und Gesundheitswesen
Ž. eksp. Biol. Med.	Žurnal Eksperimentalnoj Biologii i Mediciny
Ž. eksp. teor. Fiz.	Žurnal Eksperimentalnoj i Teoretičeskoj Fiziki; englische Ausgabe: Soviet Physics JETP
Z. El. Ch.	Zeitschrift für Elektrochemie und Angewandte Physikalische Chemie
Zellst. Papier	Zellstoff und Papier
Zesz. Politech. Śląsk.	Zeszyty Naukowe Politechniki Śląskiej. Chemia
Zesz. Politech. Wroclawsk.	Zeszyty Naukowe Politechniki. Breslau
Zesz. Probl. Nauki Polsk.	Zeszyty Problemowe Nauki Polskiej
Zesz. Uniw. Krakow	Zeszyty Naukowe Uniwersytetu. Jagiellońskiego. Krakow
Zesz. Uniw. Łodzk.	Zeszyty Naukowe Uniwersytetu. Łódżkiego. II Nauki Matematyczno-przyrodnicze
Z. Farben Textil Ind.	Zeitschrift für Farben- und Textil-Industrie
Ž. fiz. Chim.	Žurnal Fizičeskoj Chimii; englische Ausgabe: Russian Journal of Physical Chemistry
Z. ges. Brauw.	Zeitschrift für das gesamte Brauwesen
Z. ges. exp. Med.	Zeitschrift für die gesamte experimentelle Medizin
Z. ges. Getreidew.	Zeitschrift für das gesamte Getreidewesen
Z. ges. innere Med.	Zeitschrift für die gesamte Innere Medizin
Z. ges. Kälteind.	Zeitschrift für die gesamte Kälteindustrie
Z. ges. Naturwiss.	Zeitschrift für die gesamte Naturwissenschaft
Z. ges. Schiess- Sprengstoffw.	Zeitschrift für das gesamte Schiess- und Sprengstoffwesen
Z. Hyg. Inf.-Kr.	Zeitschrift für Hygiene und Infektionskrankheiten
Z. hyg. Zool.	Zeitschrift für hygienische Zoologie und Schädlingsbekämpfung
Židkofaz. Okisl. nepredeln. org. Soedin.	Židkofaznoe Okislenie Nepredelnych Organičeskich Soedinenij

Kürzung	Titel
Z. Immunitätsf.	Zeitschrift für Immunitätsforschung und experimentelle Therapie
Zinatn. Raksti Latvijas Univ.	Zinatniskie Raksti, Latvijas Valsts Universitates. Kimijas Fakul= tate
Zinatn. Raksti Rigas politehn. Inst.	Zinatniskie Raksti, Rigas Politehniskais Instituts, Kimijas Fakul= tate (Wissenschaftliche Berichte des Politechnischen Instituts Riga)
Z. Kinderheilk.	Zeitschrift für Kinderheilkunde
Z. klin. Med.	Zeitschrift für klinische Medizin
Z. kompr. flüss. Gase	Zeitschrift für komprimierte und flüssige Gase
Z. Kr.	Zeitschrift für Kristallographie, Kristallgeometrie, Kristallphysik, Kristallchemie
Z. Krebsf.	Zeitschrift für Krebsforschung
Z. Lebensm. Unters.	Zeitschrift für Lebensmittel-Untersuchung und -Forschung
Ž. Mikrobiol.	Žurnal Mikrobiologii, Epidemiologii i Immunobiologii
Z. Naturf.	Zeitschrift für Naturforschung
Ž. naučn. prikl. Fot. Kinematogr.	Žurnal Naučnoj Prikladnoj Fotografii I Kinematografii
Ž. neorg. Chim.	Žurnal Neorganičeskoj Chimii; englische Ausgabe 1 – 3: Journal of Inorganic Chemistry of the U.S.S.R.; ab 4: Russian Journal of Inorganic Chemistry
Ž. obšč. Chim.	Žurnal Obščej Chimii; englische Ausgabe: Journal of General Chemistry of the U.S.S.R. (ab 1949)
Ž. org. Chim.	Žurnal Organičeskoj Chimii; englische Ausgabe: Journal of Orga= nic Chemistry of the U.S.S.R.
Z. Pflanzenernähr.	Zeitschrift für Pflanzenernährung, Düngung und Bodenkunde
Z. Phys.	Zeitschrift für Physik
Z. phys. chem. Unterr.	Zeitschrift für den physikalischen und chemischen Unterricht
Z. physik. Chem.	Zeitschrift für Physikalische Chemie. Leipzig
Z. physiol. Chem.	Hoppe-Seylers Zeitschrift für Physiologische Chemie
Ž. prikl. Chim.	Žurnal Prikladnoj Chimii (Journal für Angewandte Chemie); englische Ausgabe: Journal of Applied Chemistry of the U.S.S.R.
Z. psych. Hyg.	Zeitschrift für psychische Hygiene
Ž. rezin. Promyšl.	Žurnal Rezinovoj Promyšlennosti (Journal of the Rubber Indu= stry)
Ž. russ. fiz.-chim. Obšč.	Žurnal Russkogo Fiziko-chimičeskogo Obščestva. Čast Chimičes= kaja (=Chem. Teil)
Z. Spiritusind.	Zeitschrift für Spiritusindustrie
Ž. struktur. Chim.	Žurnal Strukturnoj Chimii; englische Ausgabe: Journal of Struc= tural Chemistry U.S.S.R.
Ž. tech. Fiz.	Žurnal Techničeskoj Fiziki
Z. tech. Phys.	Zeitschrift für Technische Physik
Z. Tierernähr.	Zeitschrift füt Tierernährung und Futtermittelkunde
Z. Tuberkulose	Zeitschrift für Tuberkulose
Zucker	Zucker. Hannover
Zucker-Beih.	Zucker-Beihefte
Z. Unters. Lebensm.	Zeitschrift für Untersuchung der Lebensmittel
Z. Unters. Nahrungs- u. Genussm.	Zeitschrift für Untersuchung der Nahrungs- und Genussmittel so= wie der Gebrauchsgegenstände. Berlin
Z.V.D.I.	Zeitschrift des Vereins Deutscher Ingenieure
Z.V.D.I. Beih. Verfahrenstech.	Zeitschrift des Vereins Deutscher Ingenieure. Beiheft Verfahrens= technik

Kürzung	Titel
Z. Verein dtsch. Zuckerind.	Zeitschrift des Vereins der Deutschen Zuckerindustrie
Z. Vitaminf.	Zeitschrift für Vitaminforschung. Bern
Z. Vitamin-Hormon-Fermentf.	Zeitschrift für Vitamin-, Hormon- und Fermentforschung. Wien
Ž. vsesojuz. chim. Obšč.	Žurnal Vsesojuznogo Chimičeskogo Obščestva; englische Ausgabe: Mendeleev Chemistry Journal
Z. Wirtschaftsgr. Zuckerind.	Zeitschrift der Wirtschaftsgruppe Zuckerindustrie
Z. wiss. Phot.	Zeitschrift für wissenschaftliche Photographie, Photophysik und Photochemie
Z. Zuckerind.	Zeitschrift für Zuckerindustrie
Z. Zuckerind. Čsl.	Zeitschrift für die Zuckerindustrie der Čechoslovakischen Republik
Zymol. Chim. Colloidi	Zymologica e Chimica dei Colloidi
Ж.	s. Ž. russ. fiz.-chim. Obšč.

Dritte Abteilung

Heterocyclische Verbindungen

(Fortsetzung)

17. Verbindungen
mit drei cyclisch gebundenen
Stickstoff-Atomen

I. Stammverbindungen

Stammverbindungen $C_nH_{2n+3}N_3$

Stammverbindungen $C_2H_7N_3$

4-Chlormethyl-triazetidin-1,3-dicarbonsäure-diäthylester $C_8H_{14}ClN_3O_4$, Formel I.

Die früher (E II **3** 21; E II **26** 3) mit Vorbehalt unter dieser Konstitution beschriebene Verbin= dung (,,4-Chlormethyl-1.2.3-triaza-cyclobutan-dicarbonsäure-(1.3)-diäthylester‘‘) ist als N,N'- [2-Chlor-äthyliden]-bis-carbamidsäure-diäthylester $C_8H_{15}ClN_2O_4$ (H **3** 24; E I **3** 12; E II **3** 22) zu formulieren (*Kerber, Porter*, J. org. Chem. **33** [1968] 3663).

$$CO-O-C_2H_5$$

I

II

III

Stammverbindungen $C_3H_9N_3$

1,3,5-Trimethyl-hexahydro-[1,3,5]triazin $C_6H_{15}N_3$, Formel II (H 1; E II 3; dort auch als ,,trimeres Methylenmethylamin‘‘ bezeichnet).

B. Beim Behandeln von Methylamin mit wss. Formaldehyd und anschliessend mit NaOH (*Rohm & Haas Co.*, U.S.P. 2765315 [1954]) oder KOH (*Graymore*, Soc. **1931** 1490, 1492). Aus Methylamin-hydrochlorid und Paraformaldehyd in Methanol unter Zusatz von KOH (*Walter*, D.R.P. 519322 [1926]; Frdl. **17** 217).

Kp: 162 – 163,5° (*Attwood et al.*, J. Soc. chem. Ind. **69** [1950] 181, 182); Kp_{35}: 65 – 75° (*Rohm & Haas*); Kp_{11}: 50° (*Kahovec*, Z. physik. Chem. [B] **43** [1939] 364, 368). D^{18}: 0,9218 (*Dickinson, Graymore*, Soc. **1937** 1368); D_4^{20}: 0,9193 (*At. et al.*). Oberflächenspannung bei 18°: 30,17 $g \cdot s^{-2}$ (*Di., Gr.*). n_D^{17}: 1,4625 (*Ka.*). IR-Banden (7 – 12 µ): *Fox*, J. org. Chem. **23** [1958] 468, 472. Raman-Banden (3000 – 150 cm^{-1}): *Ka.*, l. c. S. 369, 373.

Geschwindigkeitskonstante der Zersetzung in wss. HCl bei 0 – 10°: *Tada*, J. chem. Soc. Japan Ind. chem. Sect. **56** [1953] 88; C. A. **1954** 8583. Beim Behandeln mit Chlor in $CHCl_3$ ist eine Verbindung $C_6H_{15}Cl_2N_3$ [F: 128 – 130° (Zers.)] (*Graymore*, Soc. **1941** 39), beim Behandeln mit Jod in $CHCl_3$ ist eine Verbindung $C_6H_{15}I_2N_3$ [F: 162°] (*Blundell, Graymore*, Soc. **1939** 1787) erhalten worden. Bei der Hydrierung von flüssigem 1,3,5-Trimethyl-hexahydro- [1,3,5]triazin an Raney-Nickel bei 80 – 90° sind Methylamin, Dimethylamin und Trimethylamin, bei der Hydrierung des kurze Zeit mit Wasserstoff auf ca. 260° erhitzten Dampfes an einem Nickel/Bimsstein-Katalysator bei 195 – 200° ist überwiegend Dimethylamin erhalten worden (*Southern Prod. Co.*, U.S.P. 2657237 [1948]). Überführung in Dimethylamin und wenig Methyl= amin beim Erhitzen mit Zink-Pulver und wss. HCl: *Graymore*, Soc. **1931** 1490, 1493. Beim

Erhitzen mit Schwefel sind N,N'-Dimethyl-thioharnstoff und CS_2 erhalten worden (*Mansfield*, J. org. Chem. **24** [1959] 1375). Beim Behandeln in Äther mit H_2S unter Ausschluss von Feuchtig= keit bei 0° ist das Hydrogensulfid (s. u.), beim Behandeln in H_2O mit H_2S bei 0° sind Methylamin und 3,7-Dimethyl-tetrahydro-[1,5,3,7]dithiadiazocin (über die Konstitution s. *Leonard et al.*, J. org. Chem. **27** [1962] 2019) erhalten worden (*Graymore*, Soc. **1935** 865). Überführung in Bis- äthoxymethyl-methylamin beim Erwärmen mit Äthanol und Paraformaldehyd in Isohexan: *Rohm & Haas Co.*, U.S.P. 2297531 [1940]. Geschwindigkeitskonstante der Reaktion mit Jod= essigsäure und mit Jodessigsäure-amid in wss. Lösung vom pH 6,9 bei 30°: *Schubert*, J. biol. Chem. **116** [1936] 437, 439. Beim Behandeln mit Benzolsulfonylchlorid in Äther sind Bis- [(benzolsulfonyl-methyl-amino)-methyl]-methyl-amin und eine als N,N'-Dimethyl-N,N'- dimethylen-N,N'-[2,4-dimethyl-2,4-diaza-pentandiyl]-di-ammonium-dichlorid $[C_9H_{22}N_4]Cl_2$ angesehene Verbindung (Kristalle mit 4 Mol Formaldehyd; F: 118−120°) erhal= ten worden (*Graymore*, Soc. **1942** 29). Reaktivität gegenüber Bis-[2-chlor-äthyl]-methyl-amin, Äthyl-bis-[2-chlor-äthyl]-amin und Tris-[2-chlor-äthyl]-amin in wss. $NaHCO_3$ bei pH 7,5−8: *Gurin et al.*, J. org. Chem. **12** [1947] 612, 613, 615.

Verbindung mit Natriumjodid $C_6H_{15}N_3 \cdot NaI$. Kristalle (*Blundell, Graymore*, Soc. **1939** 1787).

Hydrogensulfid $C_6H_{15}N_3 \cdot H_2S$. Kristalle (*Graymore*, Soc. **1935** 865). − Beim Behandeln mit H_2O oder wss. NaOH sind Methylamin und 5-Methyl-dihydro-[1,3,5]dithiazin erhalten worden (*Gr.*).

Tricarbonyl-[1,3,5-trimethyl-hexahydro-[1,3,5]triazin]-chrom $[Cr(CO)_3(C_6H_{15}N_3)]$. Gelbe, nicht luftbeständige Kristalle; Zers. >150° (*Lüttringhaus, Kullick*, Tetrahedron Letters **1959** Nr. 10, S. 13).

Tricarbonyl-[1,3,5-trimethyl-hexahydro-[1,3,5]triazin]-molybdän $[Mo(CO)_3(C_6H_{15}N_3)]$. *B.* Aus 1,3,5-Trimethyl-hexahydro-[1,3,5]triazin und $Mo(CO)_6$ oder Tri= carbonyl-tripyridin-molybdän (*Lü., Ku.*). − Gelbe, nicht luftbeständige Kristalle; Zers. >150° (*Lü., Ku.*). − Beim Behandeln in Petroläther oder Äther mit CO ist Pentacarbonyl-[1,3,5- trimethyl-hexahydro-[1,3,5]triazin]-molybdän $[Mo(CO)_5(C_6H_{15}N_3)]$ erhalten worden (*Lü., Ku.*).

1,3,5-Triäthyl-hexahydro-[1,3,5]triazin $C_9H_{21}N_3$, Formel III (H 2; E II 3; dort auch als „trimeres Methylenäthylamin" bezeichnet).

B. Beim Behandeln von Äthylamin mit wss. Formaldehyd und anschliessend mit KOH (*Graymore*, Soc. **1931** 1490, 1493).

Kp_{10}: 81,7−83,4° (*Kahovec*, Z. physik. Chem. [B] **43** [1939] 364, 368). D^{18}: 0,8958 (*Dickinson, Graymore*, Soc. **1937** 1368). Oberflächenspannung bei 18°: 29,00 g·s^{-2} (*Di., Gr.*). n_D^{18}: 1,4602 (*Ka.*). Raman-Banden (3000−350 cm^{-1}): *Ka.*, l. c. S. 369, 373.

Reaktivität gegenüber Bis-[2-chlor-äthyl]-methyl-amin in wss. $NaHCO_3$ bei pH 7,5−8: *Gurin et al.*, J. org. Chem. **12** [1947] 612, 613.

Tricarbonyl-[1,3,5-triäthyl-hexahydro-[1,3,5]triazin]-chrom $[Cr(CO)_3(C_9H_{21}N_3)]$. Orangefarbene, nicht luftbeständige Kristalle; Zers. >150° (*Lüttringhaus, Kullick*, Tetrahedron Letters **1959** Nr. 10, S. 13).

Tricarbonyl-[1,3,5-triäthyl-hexahydro-[1,3,5]triazin]-molybdän $[Mo(CO)_3(C_9H_{21}N_3)]$. Gelbe, nicht luftbeständige Kristalle; Zers. >150° (*Lü., Ku.*). − Beim Behandeln in Petroläther oder in Äther mit CO ist $Mo(CO)_6$ erhalten worden (*Lü., Ku.*).

1-Äthyl-1,3,5-trimethyl-hexahydro-[1,3,5]triazinium $[C_8H_{20}N_3]^+$, Formel IV.

Jodid $[C_8H_{20}N_3]I$. *B.* Beim Behandeln von 1,3,5-Trimethyl-hexahydro-[1,3,5]triazin mit Äthyljodid (*Blundell, Graymore*, Soc. **1939** 1787). − Kristalle; F: 72° [Zers.]. − Beim Erhitzen mit wss. HCl sind Formaldehyd, Methylamin und Äthyl-methyl-amin erhalten worden.

IV   V   VI

1,3,5-Triäthyl-1-methyl-hexahydro-[1,3,5]triazinium $[C_{10}H_{24}N_3]^+$, Formel V (R = CH_3).
Jodid $[C_{10}H_{24}N_3]I$ (H 3). F: 98−100° (*Graymore*, Soc. **1938** 1311). − Beim aufeinanderfol=
genden Behandeln mit H_2O und mit KOH sind Äthyl-methyl-amin, *N,N'*-Diäthyl-*N,N'*-dime=
thyl-methandiyldiamin und 1,3,5-Triäthyl-hexahydro-[1,3,5]triazin erhalten worden.

1,1,3,5-Tetraäthyl-hexahydro-[1,3,5]triazinium $[C_{11}H_{26}N_3]^+$, Formel V (R = C_2H_5).
Bromid $[C_{11}H_{26}N_3]Br$. *B.* Aus 1,3,5-Triäthyl-hexahydro-[1,3,5]triazin und Äthylbromid
(*Graymore*, Soc. **1941** 39). − Kristalle; F: 112−114° [Zers.] (*Gr.*, Soc. **1941** 39). − Beim
Erhitzen mit wss. HCl sind Äthylamin und Diäthylamin erhalten worden (*Gr.*, Soc. **1941**
39).
Jodid $[C_{11}H_{26}N_3]I$. *B.* Analog dem Bromid (*Graymore*, Soc. **1938** 1311). − Kristalle; F:
95−100° [Zers.] (*Gr.*, Soc. **1938** 1311). − Beim Behandeln mit H_2O unter Zutritt von Luft
sind Formaldehyd und 1,3,5-Triäthyl-hexahydro-[1,3,5]triazin-hydrojodid, beim Erwärmen mit
wss. HCl sind Formaldehyd, Äthylamin und Diäthylamin erhalten worden (*Gr.*, Soc. **1938**
1311).

1,3,5-Tripropyl-hexahydro-[1,3,5]triazin $C_{12}H_{27}N_3$, Formel VI (H 3; dort auch als „trimeres
Methylenpropylamin" bezeichnet).
B. Aus Propylamin und wss. Formaldehyd (*Graymore*, Soc. **1931** 1490, 1493).
Kp_{752}: 170° (*Crum, Robinson*, Soc. **1943** 561, 564); Kp_{12}: 122−123° (*Kahovec*, Z. physik.
Chem. [B] **43** [1939] 364, 368). D^{18}: 0,8799 (*Dickinson, Graymore*, Soc. **1937** 1368). Oberflächen=
spannung bei 18°: 28,71 g·s^{-2} (*Di., Gr.*). n_D^{23}: 1,4586 (*Ka.*). Raman-Banden (3000−250 cm^{-1}):
Ka., l. c. S. 369, 373.
Beim Behandeln mit Jod in $CHCl_3$ ist eine Verbindung $C_{12}H_{27}I_2N_3$ (Kristalle; F: 85°)
erhalten worden (*Gr.*). Bei der Reduktion mit Zink-Pulver und wss. HCl sind Methyl-propyl-
amin (Hauptprodukt) und Propylamin erhalten worden (*Crum, Ro.*; s. a. *Gr.*, l. c. S. 1494).

1,3,5-Trimethyl-1-propyl-hexahydro-[1,3,5]triazinium $[C_9H_{22}N_3]^+$, Formel VII (n = 2).
Jodid $[C_9H_{22}N_3]I$. *B.* Aus 1,3,5-Trimethyl-hexahydro-[1,3,5]triazin und Propyljodid (*Blundell,
Graymore*, Soc. **1939** 1787). − Kristalle; F: 105° [Zers.; nach Sintern bei 100°].

1,3,5-Triisopropyl-hexahydro-[1,3,5]triazin $C_{12}H_{27}N_3$, Formel VIII.
B. Beim Behandeln von Isopropylamin mit wss. Formaldehyd und Alkali (*Dickinson, Gray=
more*, Soc. **1937** 1368; s. a. *Kahovec*, Z. physik. Chem. [B] **43** [1939] 364, 367, 368).
Kp: 220° (*Di., Gr.*); Kp_{11}: 102−104° (*Ka.*). D^{18}: 0,8961 (*Di., Gr.*). Oberflächenspannung
bei 18°: 29,11 g·s^{-2} (*Di., Gr.*). n_D^{18}: 1,4636 (*Ka.*). Raman-Banden (3000−150 cm^{-1}): *Ka.*, l. c.
S. 369, 374.
Reaktivität gegenüber Bis-[2-chlor-äthyl]-methyl-amin in wss. $NaHCO_3$ bei pH 7,5−8: *Gurin
et al.*, J. org. Chem. **12** [1947] 612, 613.

1,3,5-Tributyl-hexahydro-[1,3,5]triazin $C_{15}H_{33}N_3$, Formel IX (n = 3) (H 3; dort auch als
„trimeres Methylenbutylamin" bezeichnet).
B. Aus Butylamin und Formaldehyd in H_2O (*Graymore*, Soc. **1932** 1353, 1355) oder in
wss. Methanol (*Hoerr et al.*, Am. Soc. **78** [1956] 4667, 4668).
$Kp_{0,8}$: 110−115° (*Ho. et al.*). D^{18}: 0,8723 (*Dickinson, Graymore*, Soc. **1937** 1368). Oberflä=
chenspannung bei 18°: 29,29 g·s^{-2} (*Di., Gr.*). n_D^{18}: 1,4607 (*Kahovec*, Z. physik. Chem. [B]
43 [1939] 364, 368). Raman-Banden (3000−250 cm^{-1}): *Ka.*, l. c. S. 369, 374.
Picrat $C_{15}H_{33}N_3 \cdot C_6H_3N_3O_7$. Kristalle (aus wss. A.); F: 75−76° (*Gr.*).

VII   VIII   IX

1-Butyl-1,3,5-trimethyl-hexahydro-[1,3,5]triazinium $[C_{10}H_{24}N_3]^+$, Formel VII (n = 3).
Jodid $[C_{10}H_{24}N_3]I$. *B.* Aus 1,3,5-Trimethyl-hexahydro-[1,3,5]triazin und Butyljodid (*Blundell, Graymore,* Soc. **1939** 1787). — Kristalle; F: 123–125° [Zers.] [nicht rein erhalten].

1,3,5-Triisobutyl-hexahydro-[1,3,5]triazin $C_{15}H_{33}N_3$, Formel X (n = 1).
B. Aus Isobutylamin und wss. Formaldehyd (*Graymore,* Soc. **1932** 1353, 1354).
Kp: 255° (*Gr.*); Kp_{12}: 128,7–130,6° (*Kahovec,* Z. physik. Chem. [B] **43** [1939] 364, 368). D^{18}: 0,8578 (*Dickinson, Graymore,* Soc. **1937** 1368), 0,8220 (*Gr.*). Oberflächenspannung bei 18°: 26,23 g·s^{-2} (*Di., Gr.*). n_D^{25}: 1,4482 (*Ka.*). Raman-Banden (3000–250 cm^{-1}): *Ka.,* l. c. S. 369, 374.
Picrat $C_{15}H_{33}N_3 \cdot C_6H_3N_3O_7$. Kristalle (aus A.); F: 107° (*Gr.*).
Oxalat $C_{15}H_{33}N_3 \cdot C_2H_2O_4$. Kristalle (aus A.); F: 165° (*Gr.*).

1,3,5-Triisopentyl-hexahydro-[1,3,5]triazin $C_{18}H_{39}N_3$, Formel X (n = 2).
B. Analog der vorangehenden Verbindung (*Graymore,* Soc. **1932** 1353, 1355).
Kp: 299–300° (*Gr.*); Kp_{10}: 151–154° (*Kahovec,* Z. physik. Chem. [B] **43** [1939] 364, 368). D^{18}: 0,8250 (*Gr.*). n_D^{18}: 1,4583 (*Ka.*). Raman-Banden (3000–250 cm^{-1}): *Ka.,* l. c. S. 369, 374.
Picrat $C_{18}H_{39}N_3 \cdot C_6H_3N_3O_7$. Kristalle (aus Acn.); F: ca. 75° (*Gr.,* l. c. S. 1356).
Oxalat $C_{18}H_{39}N_3 \cdot C_2H_2O_4$. Kristalle (aus wss. A.); F: 115° (*Gr.,* l. c. S. 1355).

1,3,5-Trihexyl-hexahydro-[1,3,5]triazin $C_{21}H_{45}N_3$, Formel IX (n = 5).
B. Aus Hexylamin und wss. Formaldehyd (*Krässig, Ringsdorf,* Makromol. Ch. **22** [1957] 163, 179).
Kp_2: 189–193°. Unter Normaldruck nicht unzersetzt destillierbar.

1,3,5-Trioctyl-hexahydro-[1,3,5]triazin $C_{27}H_{57}N_3$, Formel IX (n = 7).
B. Aus Octylamin und wss. Formaldehyd in Methanol (*Hoerr et al.,* Am. Soc. **78** [1956] 4667, 4668).
$Kp_{0,5}$: 185–190°.

1,3,5-Tridodecyl-hexahydro-[1,3,5]triazin $C_{39}H_{81}N_3$, Formel IX (n = 11).
B. Analog der vorangehenden Verbindung (*Hoerr et al.,* Am. Soc. **78** [1956] 4667).
Polymorph; Kristalle; E: 25,10° und E: 16,45° und E: 8,80°. IR-Spektrum (CHCl$_3$; 2–16 µ): *Ho. et al.* Löslichkeit der drei Modifikationen in CHCl$_3$, Hexan, Benzol, Äthanol, Aceton und Äthylacetat: *Ho. et al.*
Oxalat $C_{39}H_{81}N_3 \cdot C_2H_2O_4$. Kristalle (aus wss. A.); F: 190–193° [nach Sintern bei 171°].

1,3,5-Trioctadecyl-hexahydro-[1,3,5]triazin $C_{57}H_{117}N_3$, Formel IX (n = 17).
B. Analog den vorangehenden Verbindungen (*Hoerr et al.,* Am. Soc. **78** [1956] 4667).
Polymorph; Kristalle; E: 57,61° und E: 52,5° [extrapoliert] und E: ca. 46,5° [extrapoliert]. Löslichkeit der drei Modifikationen in CHCl$_3$, Hexan, Benzol und Äthylacetat: *Ho. et al.*
Oxalat $C_{57}H_{117}N_3 \cdot C_2H_2O_4$. Kristalle (aus wss. A.); F: 195–198° [nach Sintern bei 185°].

1,3,5-Triallyl-hexahydro-[1,3,5]triazin $C_{12}H_{21}N_3$, Formel XI.
B. Aus Allylamin und wss. Formaldehyd in Äther (*Dominikiewicz,* Archiwum Chem. Farm. **2** [1935] 160, 162, 163; C. A. **1936** 1030).
Kp: 138–141°.
Picrat $C_{12}H_{21}N_3 \cdot C_6H_3N_3O_7$. Gelbe Kristalle; F: 139°.

1,3,5-Tricyclohexyl-hexahydro-[1,3,5]triazin $C_{21}H_{39}N_3$, Formel XII.

Diese Konstitution kommt der früher (E III **12** 31) als Cyclohexyl-methylen-amin beschriebe≠nen Verbindung zu (*Zinner, Kliegel*, Ar. **299** [1966] 746, 748 Anm.**).

B. Aus Cyclohexylamin und wss. Formaldehyd (*Zi., Kl.*, l. c. S. 754) oder Paraformaldehyd (*Dornow, Ische*, B. **89** [1956] 870, 874, 875).

Kristalle; F: 73° [aus Acn.] (*Do., Ische; Zi., Kl.*), 72,2—72,8° (*Smolin, Rapoport*, Chem. heterocycl. Compounds **13** [1959] 489). Kp_{40}: ca. 110° (*Sch.*); Kp_6: 97° (*Do., Ische*).

Hydrochlorid. F: 152—153° (*Sch.*).

Tricarbonyl-[1,3,5-tricyclohexyl-hexahydro-[1,3,5]triazin]-chrom $[Cr(CO)_3(C_{21}H_{39}N_3)]$. Gelbe, nicht luftbeständige Kristalle; Zers. >150° (*Lüttringhaus, Kullick*, Tetrahedron Letters **1959** Nr. 10, S. 13).

Tricarbonyl-[1,3,5-tricyclohexyl-hexahydro-[1,3,5]triazin]-molybdän $[Mo(CO)_3(C_{21}H_{39}N_3)]$. Gelbe, nicht luftbeständige Kristalle; Zers. >150° (*Lü., Ku.*).

1,3,5-Triphenyl-hexahydro-[1,3,5]triazin $C_{21}H_{21}N_3$, Formel XIII (X = X′ = X″ = H).

Über das Vorliegen von Stereoisomeren s. *Krässig, Ringsdorf*, Makromol. Ch. **22** [1957] 163.

a) Stereoisomeres vom F: 253°.

B. Aus dem unter b) beschriebenen Stereoisomeren beim Erhitzen auf 145—155°/0,1 Torr (*Krässig, Ringsdorf*, Makromol. Ch. **22** [1957] 163, 181).

Kristalle (aus DMF); F: 252—253° (*Kr., Ri.*, l. c. S. 176). IR-Spektrum (KBr; 1—15 μ); *Kr., Ri.*, l. c. S. 172.

Überführung in das unter b) beschriebene Isomere beim Erwärmen in Benzol: *Kr., Ri.*, l. c. S. 182.

b) Stereoisomeres vom F: 145° (H 3; E II 3; dort auch als „trimeres Methylenanilin" bezeichnet).

B. Aus Anilin und wss. Formaldehyd (*Miller, Wagner*, Am. Soc. **54** [1932] 3698, 3702; *Kawaoka*, J. chem. Soc. Japan Spl. **43** [1940] 53 B; *Carpignano*, Ann. Chimica **48** [1958] 255, 260).

Dipolmoment bei 30°: 1,18 D [ε; Bzl.], 1,17 D [ε; CCl₄], 1,16 D [ε; PAe.] (*Florentine, Miller*, Am. Soc. **81** [1959] 5103, 5104).

Kristalle; F: 144—145° [aus PAe.] (*Krässig, Ringsdorf*, Makromol. Ch. **22** [1957] 163, 176), 141° [korr.; aus A.] (*Fl., Mi.*). Kp_{29}: 60—64° (*Mi., Wa.*). IR-Spektrum (KBr; 1—15 μ): *Kr., Ri.*, l. c. S. 172. UV-Spektrum (Cyclohexan sowie A.; 210—310 nm): *Ca.*, l. c. S. 258.

Überführung in das unter a) beschriebene Stereoisomere beim Erhitzen auf 145—155°/ 0,1 Torr: *Kr., Ri.*, l. c. S. 181. Reaktion beim Erhitzen mit 1—3 Grammatom Schwefel unter Normaldruck (Bildung von wechselnden Mengen CS₂, Anilin und N,N′-Diphenyl-formamidin) sowie beim Erhitzen mit 2—3 Grammatom Schwefel unter Druck (Bildung von 3H-Benzothia≠zol-2-thion): *Kawaoka*, J. chem. Soc. Japan Spl. **43** [1940] 53 B—57 B, 151 B. Beim Behandeln mit Zink-Pulver und konz. wss. HCl bei 5—10° sind Anilin, N-Methyl-anilin und N,N-Dimethyl-anilin erhalten worden (*Mi., Wa.*, l. c. S. 3703—3705).

1,3,5-Tris-[2-chlor-phenyl]-hexahydro-[1,3,5]triazin $C_{21}H_{18}Cl_3N_3$, Formel XIII (X = Cl, X′ = X″ = H).

B. Aus 2-Chlor-anilin und wss. Formaldehyd (*Carpignano et al.*, Ann. Chimica **49** [1959] 1593, 1596, 1597).

Kristalle (aus Bzl.); F: 210°. UV-Spektrum (DMF; 270—310 nm): *Ca. et al.*, l. c. S. 1594.

1,3,5-Tris-[3-chlor-phenyl]-hexahydro-[1,3,5]triazin $C_{21}H_{18}Cl_3N_3$, Formel XIII (X = X″ = H, X′ = Cl).

B. Analog der vorangehenden Verbindung (*Carpignano et al.*, Ann. Chimica **49** [1959] 1593, 1597).

Kristalle (aus Dioxan); F: 212—213°. UV-Spektrum (DMF; 270—320 nm): *Ca. et al.*, l. c. S. 1594.

1,3,5-Tris-[4-chlor-phenyl]-hexahydro-[1,3,5]triazin $C_{21}H_{18}Cl_3N_3$, Formel XIII (X = X′ = H, X″ = Cl).

a) Stereoisomeres vom F: 246°.

B. Neben dem unter b) beschriebenen Stereoisomeren beim Erhitzen von 4-Chlor-anilin mit Paraformaldehyd auf 150° (*Krässig, Ringsdorf*, Makromol. Ch. **22** [1957] 163, 177). Beim Erhitzen des unter b) beschriebenen Stereoisomeren auf 145−155°/0,1 Torr (*Kr., Ri.,* l. c. S. 181).

Kristalle (aus DMF); F: 245−246° (*Kr., Ri.,* l. c. S. 177). IR-Spektrum (KBr; 1−15 μ): *Kr., Ri.,* l. c. S. 173.

Überführung in das unter b) beschriebene Stereoisomere beim Erwärmen in Benzol: *Kr., Ri.,* l. c. S. 182.

b) Stereoisomeres vom F: 152° (H 4; E II 4).

B. Neben einer Verbindung $C_{28}H_{24}Cl_4N_4$ (s. E III **12** 1327 [Zeile 26 v. o.]) aus 4-Chlor-anilin und wss. Formaldehyd in Äthanol (*Carpignano et al.,* Ann. Chimica **49** [1959] 1593, 1597, 1599).

Kristalle; F: 152° [aus Bzl.] (*Ca. et al.*), 149° [aus PAe.] (*Krässig, Ringsdorf*, Makromol. Ch. **22** [1957] 163, 177). UV-Spektrum (DMF; 270−330 nm): *Ca. et al.,* l. c. S. 1594.

Überführung in das unter a) beschriebene Stereoisomere beim Erhitzen auf 145−155°/0,1 Torr: *Kr., Ri.,* l. c. S. 181. Überführung in *N*-[2-Amino-5-chlor-benzyl]-4-chlor-anilin beim Erwärmen mit 4-Chlor-anilin und 4-Chlor-anilin-hydrochlorid: *Wagner, Eisner,* Am. Soc. **59** [1937] 879, 881; *Miller, Wagner,* Am. Soc. **60** [1938] 1738, 1740.

XII   XIII   XIV

1,3,5-Tris-[2,4-dichlor-phenyl]-hexahydro-[1,3,5]triazin $C_{21}H_{15}Cl_6N_3$, Formel XIII (X = X″ = Cl, X′ = H).

B. Aus *N,N′*-Bis-[2,4-dichlor-phenyl]-methandiyldiamin und 2,4-Dichlor-anilin in äthanol. HCl (*Marxer*, Helv. **37** [1954] 166, 176).

Kristalle (aus A.); F: 206−209°.

1,3,5-Tris-[4-brom-phenyl]-hexahydro-[1,3,5]triazin $C_{21}H_{18}Br_3N_3$, Formel XIII (X = X′ = H, X″ = Br).

a) Stereoisomeres vom F: 210°.

B. Neben dem unter b) beschriebenen Stereoisomeren beim Erhitzen von 4-Brom-anilin mit Paraformaldehyd (*Krässig, Ringsdorf*, Makromol. Ch. **22** [1957] 163, 178).

F: 207−210° [Rohprodukt].

b) Stereoisomeres vom F: 169° (E II 4).

B. Aus *N,N′*-Bis-[4-brom-phenyl]-methandiyldiamin und Formaldehyd in wss. Äthanol (*Wag= ner*, J. org. Chem. **2** [1937] 157, 163).

Kristalle (aus PAe.); F: 167−169° (*Krässig, Ringsdorf*, Makromol. Ch. **22** [1957] 163, 178), 166° (*Wa.*).

1,3,5-Tri-*o*-tolyl-hexahydro-[1,3,5]triazin $C_{24}H_{27}N_3$, Formel XIII (X = CH$_3$, X' = X'' = H) (H 4; dort auch als „trimeres Methylen-*o*-toluidin" bezeichnet).

B. Aus *o*-Toluidin und Formaldehyd in wss. KOH (*Carpignano*, Ann. Chimica **48** [1958] 255, 261).

Kristalle (aus Ae.); F: 110−111°. UV-Spektrum (Cyclohexan sowie A.; 220−310 nm): *Ca.*, l. c. S. 258.

1,3,5-Tri-*p*-tolyl-hexahydro-[1,3,5]triazin $C_{24}H_{27}N_3$, Formel XIII (X = X' = H, X'' = CH$_3$) (H 4; E II 4; dort auch als „trimeres Methylen-*p*-toluidin" bezeichnet).

Dipolmoment bei 30°: 0,896 D [ε; Bzl.], 0,893 D [ε; CCl$_4$], 0,873 D [ε; PAe.] (*Florentine, Miller*, Am. Soc. **81** [1959] 5103, 5104).

Kristalle (aus PAe.); F: 128,1° [korr.] (*Fl., Mi.*). UV-Spektrum (Cyclohexan sowie A.; 210−340 nm): *Carpignano*, Ann. Chimica **48** [1958] 255, 258.

Reaktion mit *p*-Toluidin und *p*-Toluidin-hydrochlorid unter verschiedenen Reaktionsbedin=gungen (Bildung von *N*-[2-Amino-5-methyl-benzyl]-*p*-toluidin): *Miller, Wagner*, Am. Soc. **60** [1938] 1738, 1740.

1,3,5-Tribenzyl-hexahydro-[1,3,5]triazin $C_{24}H_{27}N_3$, Formel XIV (X = X' = H) (H 5; E II 4; dort auch als „trimeres Methylenbenzylamin" bezeichnet).

Diese Konstitution kommt der früher (H **12** 1040; E II **12** 556) als Benzylamino-methanol beschriebenen Verbindung und der früher (H **12** 1040) als *N,N'*-Dibenzyl-methandiyldiamin beschriebenen Base sowie der früher (E II **12** 556 Anm. 1) als Benzyl-methylen-amin bezeichne=ten Verbindung zu (*Eckstein et al.*, Bl. Acad. polon. Ser. chim. **10** [1962] 487, 488; s. a. *Hunt, Wagner*, J. org. Chem. **16** [1961] 1792, 1793 Anm. 7).

B. Beim Behandeln von Benzylamin mit wss. Formaldehyd und NaOH (*Angyal et al.*, Soc. **1953** 1742, 1746). Aus Benzylamino-methansulfonsäure (E III **12** 2240) mit Hilfe von wss. NaOH (*Reichert, Dornis*, Ar. **282** [1944] 109, 110). Beim Erhitzen von *N*-Benzyl-hexamethylentetrami=nium-chlorid in wss. NH$_3$ (*Graymore*, Soc. **1947** 1116).

Kristalle; F: 50° [aus PAe.] (*Re., Do.*), 50° [aus wss. A.] (*Haworth et al.*, Soc. **1952** 2972, 2978; *An. et al.*). Kp$_{0,005}$: 100° (*Ha. et al.*).

H y d r o c h l o r i d e. a) $C_{24}H_{27}N_3 \cdot$ HCl. Kristalle; F: 125° (*An. et al.*), 122,4−123° [korr.] (*Reed*, Am. Soc. **80** [1958] 439, 443). − b) $C_{24}H_{27}N_3 \cdot$ 3 HCl. F: > 250° (*Reed*).

P i c r a t $C_{24}H_{27}N_3 \cdot C_6H_3N_3O_7$. Kristalle; F: 110° (*An. et al.*).

O x a l a t $C_{24}H_{27}N_3 \cdot C_2H_2O_4$. Kristalle (aus wss. A.); F: 135° [Zers.] (*Graymore*, Soc. **1932** 1353, 1356).

M e t h o j o d i d [$C_{25}H_{30}N_3$]I; 1,3,5-T r i b e n z y l - 1 - m e t h y l - h e x a h y d r o - [1,3,5]t r i a z i n = i u m - j o d i d. Kristalle (aus A.); F: 160−161° (*Gr.*, Soc. **1947** 1116).

1,3,5-Tris-[2-nitro-benzyl]-hexahydro-[1,3,5]triazin $C_{24}H_{24}N_6O_6$, Formel XIV (X = NO$_2$, X' = H) (E I 3).

B. Aus [2-Nitro-benzylamino]-methansulfonsäure (E III **12** 2358) mit Hilfe von wss. NaOH (*Reichert, Dornis*, Ar. **282** [1944] 109, 111).

Hellgelbe Kristalle (aus Me.); F: 113°.

1,3,5-Tris-[4-nitro-benzyl]-hexahydro-[1,3,5]triazin $C_{24}H_{24}N_6O_6$, Formel XIV (X = H, X' = NO$_2$) (E I 3).

B. Aus 4-Nitro-benzylamin-hydrochlorid, Hexamethylentetramin und Formaldehyd in wss. Äthanol (*Angyal et al.*, Soc. **1953** 1742, 1746). Aus [4-Nitro-benzylamino]-methansulfonsäure (E III **12** 2369) mit Hilfe von wss. NaOH (*Reichert, Dornis*, Ar. **282** [1944] 109, 111, 112).

Kristalle; F: 161,5° [korr.; aus E.] (*An. et al.*), 157° [aus Dioxan oder Acn.] (*Re., Do.*).

1,3,5-Triphenäthyl-hexahydro-[1,3,5]triazin $C_{27}H_{33}N_3$, Formel XV.

B. Beim Behandeln von Phenäthylamin-hydrochlorid mit wss. Formaldehyd und NaOH (*Graymore*, Soc. **1935** 865).

Hellgelbes Öl; Kp: 255°.

XV   XVI

1,3,5-Tris-[2,4,6-trimethyl-benzyl]-hexahydro-[1,3,5]triazin $C_{33}H_{45}N_3$, Formel XVI.

Diese Konstitution kommt der von *Braithwaite, Graymore* (Soc. **1953** 143) als Methylen-[2,4,6-trimethyl-benzyl]-amin bezeichneten Verbindung sowie der von *Fuson, Denton* (Am. Soc. **63** [1941] 654) als *N,N'*-Bis-[2,4,6-trimethyl-benzyl]-methandiyldiamin („*N,N'*-Di-α^2-isodurylme= thandiamin") formulierten Verbindung zu (*Angyal et al.*, Soc. **1953** 1742, 1743).

B. Aus 2,4,6-Trimethyl-benzylamin und wss. Formaldehyd (*Fu., De.*). Aus 2,4,6-Trimethyl-benzylamin-hydrochlorid und Hexamethylentetramin (*Fu., De.*). Aus N-[2,4,6-Trimethyl-ben= zyl]-hexamethylentetraminium-chlorid beim Erhitzen in H_2O (*Fu., De.*).

Kristalle; F: 154° (*Angyal et al.*, Soc. **1949** 2704), 151,5−152° [aus A.] (*Fu., De.*), 150° (*An. et al.*, Soc. **1953** 1746).

Beim Behandeln mit Formaldehyd in wss. Äthanol sind je nach den Reaktionsbedingungen eine wahrscheinlich als 3,7-Bis-[2,4,6-trimethyl-benzyl]-tetrahydro-[1,5,3,7]dithiadiazocin (be= züglich der Konstitution s. *Leonard et al.*, J. org. Chem. **27** [1962] 2019) zu formulierende Verbindung sowie 5-[2,4,6-Trimethyl-benzyl]-dihydro-[1,3,5]dithiazin und 3,5-Bis-[2,4,6-trime= thyl-benzyl]-tetrahydro-[1,3,5]thiadiazin erhalten worden (*Br., Gr.*).

1,3,5-Tris-[2-hydroxy-äthyl]-hexahydro-[1,3,5]triazin $C_9H_{21}N_3O_3$, Formel I.

Diese Verbindung hat wahrscheinlich auch in dem von *Petrow et al.* (Ž. obšč. Chim. **23** [1953] 1771, 1773; engl. Ausg. S. 1869, 1871) als 1,3-Bis-[2-hydroxy-äthyl]-[1,3]diazetidin angese= henen Präparat vorgelegen (*Laurent*, Bl. **1967** 571, 572; s. a. *Paquin*, B. **82** [1949] 316, 320).

B. Aus 2-Amino-äthanol und wss. Formaldehyd (*I.G. Farbenind.*, D.R.P. 761 644 [1941]; *Pa.*, l. c. S. 326; *Pe. et al.*).

D_{20}^{20}: 1,1787; n_D^{20}: 1,5192 (*Pe. et al.*). D^{20}: 1,160; n_D^{20}: 1,516 (*Riehl, Laurent*, Bl. **1969** 1223, 1226).

Bei der Destillation unter vermindertem Druck wird Oxazolidin erhalten, das beim Aufbewah= ren unter Selbsterwärmung wieder 1,3,5-Tris-[2-hydroxy-äthyl]-hexahydro-[1,3,5]triazin regene= riert (*Pa.; Pe. et al.;* s. a. *La.*, l. c. S. 574; *Ri., La.*).

1,3,5-Tris-[4-methoxy-phenyl]-hexahydro-[1,3,5]triazin $C_{24}H_{27}N_3O_3$, Formel II (R = CH_3) (H 5; dort auch als „trimeres Methylen-*p*-anisidin" bezeichnet).

Beim Erwärmen mit *p*-Anisidin und *p*-Anisidin-hydrochlorid und anschliessend mit wss. Formaldehyd und Ameisensäure ist 6-Methoxy-3-[4-methoxy-phenyl]-3,4-dihydro-chinazolin er= halten worden (*Wagner*, J. org. Chem. **2** [1937] 157, 164). Überführung in 2,8-Dimethoxy-6H,12H-5,11-methano-dibenzo[b,f][1,5]diazocin beim Behandeln mit wss. Formaldehyd und wss.-äthanol. HCl: *Miller, Wagner*, Am. Soc. **63** [1941] 832, 834.

1,3,5-Tris-[4-äthoxy-phenyl]-hexahydro-[1,3,5]triazin $C_{27}H_{33}N_3O_3$, Formel II (R = C_2H_5) (E II 5; dort auch als „trimeres Methylen-*p*-phenetidin" bezeichnet).

Kristalle (aus PAe.); F: 90° (*Wagner*, J. org. Chem. **2** [1937] 157, 163).

1,3,5-Triacetyl-hexahydro-[1,3,5]triazin $C_9H_{15}N_3O_3$, Formel III.

B. Aus Acetonitril und Paraformaldehyd mit Hilfe von Acetanhydrid und konz. H_2SO_4 (*Farbenfabr. Bayer*, D.B.P. 859170 [1942]; s. a. *Wegler, Ballauf*, B. **81** [1948] 527, 531). Aus Acetonitril und [1,3,5]Trioxan mit Hilfe von konz. H_2SO_4 (*Sun Chem. Corp.*, U.S.P. 2559835

[1948]; s. a. *Gradsten, Pollock,* Am. Soc. **70** [1948] 3079). Neben 3,7-Diacetyl-1,3,5,7-tetraaza-bicyclo[3.3.1]nonan aus Hexamethylentetramin und Acetanhydrid in Äther (*Dominikiewicz,* Ar= chiwum Chem. Farm. **2** [1934] 78, 107; C. **1935** II 1886).

Kristalle (nach Trocknen im Vakuum bei 100° oder aus wasserfreiem A.); F: 96−98° (*Sun Chem. Corp.;* s. a. *Gr., Po.*). Wasserhaltige Kristalle (aus H₂O); F: 88−90° (*Farbenfabr. Bayer; We., Ba.*), 71,5−73,5° (*Gr., Po.*), 71−73° (*Sun Chem. Corp.*). IR-Spektrum (Nujol; 3500−600 cm⁻¹): *Gr., Po.*

1,3,5-Tripropionyl-hexahydro-[1,3,5]triazin $C_{12}H_{21}N_3O_3$, Formel IV (X = H).

B. Aus Propionitril und Paraformaldehyd mit Hilfe von Acetanhydrid und konz. H_2SO_4 (*Wegler, Ballauf,* B. **81** [1948] 527, 531). Aus Propionitril und [1,3,5]Trioxan mit Hilfe von konz. H_2SO_4 (*Gradsten, Pollock,* Am. Soc. **70** [1948] 3079; *Teeters, Gradsten,* Org. Synth. Coll. Vol. IV [1963] 518; *Emmons et al.,* Am. Soc. **74** [1952] 5524). Bei der Hydrierung von 1,3,5-Triacryloyl-hexahydro-[1,3,5]triazin an Raney-Kobalt in Methanol bei 80−90°/150 at (*We., Ba.*) oder an Platin in Äthanol (*Gresham, Steadman,* Am. Soc. **71** [1949] 1872).

Kristalle; F: 173,2−174,1° [korr.; aus A.] (*Te., Gr.*), 170−173° [unkorr.; aus E.] (*Em. et al.*), 169° [aus A. oder Acn.] (*We., Ba.*). Kristalle (aus A.); F: 149−150° [korr.; geschlossene Kapillare] und (nach Wiedererstarren) F: 170−171° [korr.; geschlossene Kapillare] (*Gr., St.*). IR-Spektrum (Nujol; 3500−600 cm⁻¹): *Gr., Po.*

1,3,5-Tris-[3-chlor-propionyl]-hexahydro-[1,3,5]triazin $C_{12}H_{18}Cl_3N_3O_3$, Formel IV (X = Cl).

B. Aus 3-Chlor-propionitril und Paraformaldehyd mit Hilfe von Acetanhydrid und konz. H_2SO_4 (*Wegler, Ballauf,* B. **81** [1948] 527, 531). Aus 3-Chlor-propionitril und [1,3,5]Trioxan mit Hilfe von konz. H_2SO_4 (*Sun Chem. Corp.,* U.S.P. 2559835 [1948]; s. a. *Gradsten, Pollock,* Am. Soc. **70** [1948] 3079).

Kristalle; F: 170−171° [unkorr.; aus A.] (*Gr., Po.*), 164° [aus A.] (*We., Ba.*).

1,3,5-Triisobutyryl-hexahydro-[1,3,5]triazin $C_{15}H_{27}N_3O_3$, Formel V.

B. Bei der Hydrierung von 1,3,5-Trimethacryloyl-hexahydro-[1,3,5]triazin an Platin in Äthanol (*Gresham, Steadman,* Am. Soc. **71** [1949] 1872).

F: 149−150° [korr.].

1,3,5-Tris-decanoyl-hexahydro-[1,3,5]triazin $C_{33}H_{63}N_3O_3$, Formel VI.

B. Beim Erhitzen von Decannitril mit Paraformaldehyd und konz. H_2SO_4 (*Oda, Tanimoto,* J. chem. Soc. Japan Ind. Chem. Sect. **55** [1952] 595; C. A. **1955** 2426).

Kristalle (aus A.); F: 149°.

$$H_3C-[CH_2]_8-CO-N\big\langle\text{Ring}\big\rangle\begin{matrix}CO-[CH_2]_8-CH_3\\[4pt]CO-[CH_2]_8-CH_3\end{matrix}$$

VI

$$H_2C=CH-CO-N\big\langle\text{Ring}\big\rangle\begin{matrix}CO-CH=CH_2\\[4pt]CO-CH=CH_2\end{matrix}$$

VII

1,3,5-Triacryloyl-hexahydro-[1,3,5]triazin $C_{12}H_{15}N_3O_3$, Formel VII.

B. Aus Acrylonitril und Paraformaldehyd mit Hilfe von konz. H_2SO_4 (*Gresham, Steadman,* Am. Soc. **71** [1949] 1872) oder mit Hilfe von Acetanhydrid und konz. H_2SO_4 (*Wegler, Ballauf,* B. **81** [1948] 527, 530). Aus Acrylonitril und [1,3,5]Trioxan mit Hilfe von konz. H_2SO_4 ohne Lösungsmittel (*Goodrich Co.,* U.S.P. 2568620 [1948]) sowie in CCl_4, in 1,1,2,2-Tetrachlor-äthan (*Emmons et al.,* Am. Soc. **74** [1952] 5524) oder in Benzol (*Gradsten, Pollock,* Am. Soc. **70** [1948] 3079).

Kristalle (aus H_2O); Zers. >100° (*We., Ba.*). Kristalle (aus A.); beim Erhitzen erfolgt Polymerisation (*Gr., Po.; Gr., St.*). IR-Spektrum (Nujol; $3500-600\ \mathrm{cm}^{-1}$): *Gr., Po.*

Beim Erhitzen auf $160-170°$ tritt explosionsartige Zersetzung ein (*Thinius et al.,* Plaste Kautschuk **6** [1959] 322). Überführung in 1,3,5-Tripropionyl-hexahydro-[1,3,5]triazin: *We., Ba.,* l. c. S. 531; *Gr., St.* Copolymerisation mit Styrol: *Th. et al.*

1,3,5-Tri-but-3-enoyl-hexahydro-[1,3,5]triazin $C_{15}H_{21}N_3O_3$, Formel VIII.

B. Aus But-3-ennitril und Paraformaldehyd mit Hilfe von konz. H_2SO_4 (*Price, Krishnamurti,* Am. Soc. **72** [1950] 5334).

Kristalle (aus H_2O); F: $191-192°$.

$$H_2C=CH-CH_2-CO-N\big\langle\text{Ring}\big\rangle\begin{matrix}CO-CH_2-CH=CH_2\\[4pt]CO-CH_2-CH=CH_2\end{matrix}$$

VIII

$$\begin{matrix}H_3C\\H_2C\end{matrix}C-CO-N\big\langle\text{Ring}\big\rangle\begin{matrix}CO-C\big\langle\begin{matrix}CH_2\\CH_3\end{matrix}\\[6pt]CO-C\big\langle\begin{matrix}CH_3\\CH_2\end{matrix}\end{matrix}$$

IX

1,3,5-Trimethacryloyl-hexahydro-[1,3,5]triazin $C_{15}H_{21}N_3O_3$, Formel IX.

B. Aus Methacrylonitril und [1,3,5]Trioxan mit Hilfe von konz. H_2SO_4 (*Gradsten, Pollock,* Am. Soc. **70** [1948] 3079; *Gresham, Steadman,* Am. Soc. **71** [1949] 1872).

Kristalle; F: $150-151°$ [aus $CHCl_3$] (*Goodrich Co.,* U.S.P. 2568620 [1948]), $149,5-151°$ [korr.; aus A.] (*Gr., St.*), $149-151°$ [unkorr.; aus A.] (*Gr., Po.*).

$$X\text{—}C_6H_4\text{—}CO-N\big\langle\text{Ring}\big\rangle\begin{matrix}CO\text{—}C_6H_4\text{—}X\\[4pt]CO\text{—}C_6H_4\text{—}X\end{matrix}$$

X

$$Cl\text{—}C_6H_4\text{—}CH_2\text{—}CO-N\big\langle\text{Ring}\big\rangle\begin{matrix}CO\text{—}CH_2\text{—}C_6H_4\text{—}Cl\\[4pt]CO\text{—}CH_2\text{—}C_6H_4\text{—}Cl\end{matrix}$$

XI

1,3,5-Tribenzoyl-hexahydro-[1,3,5]triazin $C_{24}H_{21}N_3O_3$, Formel X (X = H) (H 5; E II 5; dort auch als „trimeres Methylen-benzamid" bezeichnet).

B. Aus Benzoylchlorid, Formaldehyd und wss. NH_3 (*Richmond et al.,* Am. Soc. **70** [1948] 3659, 3663). Aus Benzamid oder Benzonitril und Paraformaldehyd mit Hilfe von Acetanhydrid und konz. H_2SO_4 (*Wegler, Ballauf,* B. **81** [1948] 527, 531). Aus Benzonitril und [1,3,5]Trioxan mit Hilfe von konz. H_2SO_4 (*Gradsten, Pollock,* Am. Soc. **70** [1948] 3079; *Emmons et al.,* Am. Soc. **74** [1952] 5524). Neben N,N-Bis-[benzoylamino-methyl]-benzamid aus Hexamethylen=

tetramin und Benzoylchlorid in wss. NaOH (*Dominikiewicz*, Archiwum Chem. Farm. **2** [1934] 78, 110; C. **1935** II 1886).

Kristalle; F: 220−222° [unkorr.; aus $CHCl_3$ + Ae.] (*Gr., Po.*), 219−220° [aus wss. A.] (*We., Ba.*).

1,3,5-Tris-[4-chlor-benzoyl]-hexahydro-[1,3,5]triazin $C_{24}H_{18}Cl_3N_3O_3$, Formel X (X = Cl).

B. Aus 4-Chlor-benzonitril und [1,3,5]Trioxan in CCl_4 mit Hilfe von konz. H_2SO_4 (*Emmons et al.*, Am. Soc. **74** [1952] 5524).

Kristalle (aus CCl_4 + Ae.); F: 216−217° [unkorr.].

1,3,5-Tris-[(4-chlor-phenyl)-acetyl]-hexahydro-[1,3,5]triazin $C_{27}H_{24}Cl_3N_3O_3$, Formel XI.

B. Aus [4-Chlor-phenyl]-acetonitril und Paraformaldehyd mit Hilfe von Acetanhydrid und konz. H_2SO_4 (*Wegler, Ballauf*, B. **81** [1948] 527, 531).

F: 157°.

[1,3,5]Triazin-1,3,5-tricarbonsäure-triäthylester $C_{12}H_{21}N_3O_6$, Formel XII (E II 5; dort als Hexahydro-1.3.5-triazin-tricarbonsäure-(1.3.5)-triäthylester, in der Literatur auch als Trimethylentriurethan bezeichnet).

B. Aus Carbamidsäure-äthylester und Formaldehyd (*Marvel et al.*, Am. Soc. **68** [1946] 1681, 1685; *Giua, Racciu*, Atti Accad. Torino **64** [1928/29] 300, 302, 303).

Reaktion mit 2,4-Dimethyl-phenol in Ameisensäure unter verschiedenen Bedingungen: *Zigeuner, Berger*, M. **83** [1952] 1326, 1331, 1332.

1,3,5-Tris-carbamoylmethyl-hexahydro-[1,3,5]triazin, [1,3,5]Triazin-1,3,5-triyl-tri-essigsäure-triamid $C_9H_{18}N_6O_3$, Formel XIII (R = H).

B. Aus Glycin-amid und Formaldehyd in Methanol mit Hilfe von wenig Natriummäthylat (*Davis, Levy*, Soc. **1951** 3479, 3489).

Kristalle (aus Me.); F: 162°.

XII   XIII   XIV

1,3,5-Tris-[methylcarbamoyl-methyl]-hexahydro-[1,3,5]triazin, [1,3,5]Triazin-1,3,5-triyl-tri-essigsäure-tris-methylamid $C_{12}H_{24}N_6O_3$, Formel XIII (R = CH_3).

B. Aus Glycin-methylamid und wss. Formaldehyd (*Marvel et al.*, Am. Soc. **68** [1946] 1681, 1685).

Kristalle (aus Bzl. + *tert.*-Butylalkohol + PAe.); F: 167,5−169°.

1,3,5-Tris-cyanmethyl-hexahydro-[1,3,5]triazin, [1,3,5]Triazin-1,3,5-triyl-tri-acetonitril $C_9H_{12}N_6$, Formel XIV (in der Literatur auch als *N*-Methylen-glycinonitril bezeichnet).

Diese Konstitution kommt der früher (H **2** 89; E I **2** 37) als „dimolekulares Methylenamino=acetonitril" beschriebenen Verbindung $C_6H_8N_4$ sowie der früher (E II **2** 88; E III **2** 124) als „trimolekulares Methylenaminoacetonitril" beschriebenen Verbindung $C_9H_{12}N_6$ zu (*Denkstein, Kadeřábek*, Collect. **31** [1966] 2928; *Stefaniak et al.*, Roczniki Chem. **43** [1969] 1687, 1688).

B. Aus NaCN, wss. Formaldehyd und NH_4Cl (*Amundsen, Velitzkin*, Am. Soc. **61** [1939] 212; *Dow Chem. Co.*, U.S.P. 2823222 [1956]).

Reaktion mit Phenolen und mit Aldehyden: *Mahajani, Ray*, J. Indian chem. Soc. **33** [1956] 455; *Guha, Ray*, J. Indian chem. Soc. **35** [1958] 695. Beim Erhitzen mit Acetanhydrid ist *N*-Acetoxymethyl-*N*-acetyl-glycin-nitril (*Granados, Garcia Santos*, An. Soc. españ. [B] **47** [1951] 227), beim Erhitzen mit Phthalsäure-anhydrid ist *N,N*-Phthaloyl-glycin-nitril (*Stephen*, Soc.

1931 871, 872) erhalten worden.

1,3,5-Tris-[4-methoxy-benzoyl]-hexahydro-[1,3,5]triazin $C_{27}H_{27}N_3O_6$, Formel X
(X = O-CH_3).
   B. Aus 4-Methoxy-benzonitril und [1,3,5]Trioxan in CCl_4 mit Hilfe von konz. H_2SO_4 (*Em-mons et al.*, Am. Soc. **74** [1952] 5524).
   Kristalle (aus E.); F: 216−217° [unkorr.].

1,3,5-Tris-[6-amino-hexyl]-hexahydro-[1,3,5]triazin $C_{21}H_{48}N_6$, Formel XV (R = R′ = H,
n = 6).
   B. Aus Hexamethylendiamin-hydrochlorid und wss. Formaldehyd (*Krässig, Ringsdorf,* Ma-kromol. Ch. **17** [1955/56] 77, 107).
   Hellgelbes Öl; Zers. bei der Destillation.

XV   XVI

1,3-Diacryloyl-5-[3-diäthylamino-propionyl]-hexahydro-[1,3,5]triazin $C_{16}H_{26}N_4O_3$,
Formel XVI.
   B. Aus 1,3,5-Triacryloyl-hexahydro-[1,3,5]triazin und Diäthylamin in CHCl_3 (*Sun Chem. Corp.,* U.S.P. 2651631 [1951]).
   Kristalle (aus Toluol); F: 149° [nach Sintern bei 146°].

1,3,5-Tris-[2-(methyl-nitro-amino)-äthyl]-hexahydro-[1,3,5]triazin $C_{12}H_{27}N_9O_6$, Formel XV
(R = NO_2, R′ = CH_3, n = 2).
   B. Beim Behandeln von *N*-Methyl-*N*-nitro-äthylendiamin-hydrochlorid mit wss. Formaldehyd
und Natriumacetat (*Frankel, Klager,* Am. Soc. **78** [1956] 5428).
   Kristalle (aus E.); F: 97−97,5°.

*Opt.-inakt. 1,3,5-Tris-[3-mercurio(1+)-2-methoxy-propyl]-hexahydro-[1,3,5]triazin
$[C_{15}H_{30}Hg_3N_3O_3]^{3+}$, Formel I.
   Trihydroxid $[C_{15}H_{30}Hg_3N_3O_3](OH)_3$; 1,3,5-Tris-[3-hydroxomercurio-2-methoxy-propyl]-hexahydro-[1,3,5]triazin $C_{15}H_{33}Hg_3N_3O_6$. *B.* Aus 1,3,5-Triallyl-hexahydro-[1,3,5]triazin bei der Umsetzung mit Quecksilber(II)-acetat und Methanol und anschliessenden Hydrolyse mit wss. NaOH (*Dominikiewicz,* Archiwum Chem. Farm. **2** [1935] 160, 163;
C. **1935** II 3388). − Gelbliches Pulver.

1,3,5-Trifurfuryl-hexahydro-[1,3,5]triazin $C_{18}H_{21}N_3O_3$, Formel II (R = R′ = H, X = O).
   B. Aus Furfurylamin und wss. Formaldehyd (*Tsuboyama, Yanagita,* Scient. Pap. Inst. phys. chem. Res. **53** [1959] 318, 321).
   Gelbliches Öl.

I   II

1,3,5-Tris-[2]thienylmethyl-hexahydro-[1,3,5]triazin $C_{18}H_{21}N_3S_3$, Formel II (R = R′ = H, X = S).

Diese Verbindung hat wahrscheinlich in den von *Hartough et al.* (Am. Soc. **70** [1948] 4013, 4015, 4016, **72** [1950] 1572, 1576) als 1,3-Bis-[2]thienylmethyl-[1,3]diazetidin angesehenen Präparaten vorgelegen (*Angyal et al.*, Soc. **1953** 1742, 1744).

B. Aus Thiophen, wss. Formaldehyd und NH_4Cl sowie aus *C*-[2]Thienyl-methylamin-hydrochlorid und wss. Formaldehyd (*Ha. et al.*, Am. Soc. **70** 4015, 4016, **72** 1576).

Kristalle (aus A.); F: 55,5−56° (*Ha. et al.*, Am. Soc. **70** 4015), 55° (*An. et al.*, l. c. S. 1746).

Beim Erhitzen mit wss. HCl sind Thiophen-2-carbaldehyd und Methyl-[2]thienylmethyl-amin erhalten worden (*Hartough, Dickert*, Am. Soc. **71** [1949] 3922, 3924). Zeitlicher Verlauf der Hydrolyse in wss.-äthanol. HCl: *An. et al.*, l. c. S. 1745, 1747.

Hydrochlorid $C_{18}H_{21}N_3S_3 \cdot HCl$. Kristalle; F: 118°; an trockner Luft beständig (*An. et al.*, l. c. S. 1747).

Picrat $C_{18}H_{21}N_3S_3 \cdot C_6H_3N_3O_7$. Kristalle (aus A.); F: 133° (*An. et al.*).

1,3,5-Tris-[5-methyl-[2]thienylmethyl]-hexahydro-[1,3,5]triazin $C_{21}H_{27}N_3S_3$, Formel II (R = H, R′ = CH_3, X = S).

Konstitution: *Hartough et al.*, Am. Soc. **72** [1950] 1572, 1576.

B. Aus 2-Methyl-thiophen, NH_4Cl und Formaldehyd in H_2O (*Hartough et al.*, Am. Soc. **70** [1948] 4013, 4015).

Kristalle (aus A.); F: 87−88° (*Ha. et al.*, Am. Soc. **70** 4016).

1,3,5-Tris-[5(oder 4)-*tert*-butyl-[2]thienylmethyl]-hexahydro-[1,3,5]triazin $C_{30}H_{45}N_3S_3$, Formel II (R = $C(CH_3)_3$, R′ = H, X = S oder R = H, R′ = $C(CH_3)_3$, X = S).

B. Beim Behandeln von 2(oder 3)-*tert*-Butyl-thiophen (s. E III/IV **17** 307, 308) mit wss. Formaldehyd, NH_4Cl und SO_2 und Behandeln des Reaktionsprodukts mit wss. NaOH (*Hartough et al.*, Am. Soc. **72** [1950] 1572, 1576).

Kristalle (aus A.); F: 106−106,5° [korr.].

1,3,5-Tris-[4-dimethylaminomethyl-2,5-dimethyl-[3]thienylmethyl]-hexahydro-[1,3,5]triazin(?) $C_{33}H_{54}N_6S_3$, vermutlich Formel III.

B. Aus 4-Formyl-2,2,6,8-tetramethyl-2,3,4,5-tetrahydro-1*H*-thieno[3,4-*e*][1,3]diazepinium-jodid mit Hilfe von wss. NaOH (*Kondakowa, Gol'dfarb*, Izv. Akad. S.S.S.R. Otd. chim. **1958** 590, 597; engl. Ausg. S. 570, 576).

Kristalle (aus A.); F: 123−124°.

III   IV   V

1,3,5-Tri-[2]pyridyl-hexahydro-[1,3,5]triazin $C_{18}H_{18}N_6$, Formel IV.

B. Aus [2]Pyridylamin und wss. Formaldehyd (*Kahn, Petrow*, Soc. **1945** 858, 860).

Kristalle (aus PAe.); F: 96°.

1,3,5-Tris-[6-methoxy-[8]chinolyl]-hexahydro-[1,3,5]triazin $C_{33}H_{30}N_6O_3$, Formel V.

B. In geringer Menge aus 6-Methoxy-[8]chinolylamin und wss. Formaldehyd (*Bachman et al.*, J. org. Chem. **15** [1950] 1278, 1282).

Gelbe Kristalle (aus Py.); F: 203−205° [korr.].

1,3,5-Tris-[1H-benzimidazol-2-ylmethyl]-hexahydro-[1,3,5]triazin(?) $C_{27}H_{27}N_9$, vermutlich Formel VI.

B. Aus 2-Chlormethyl-1H-benzimidazol oder C-[1H-Benzimidazol-2-yl]-methylamin-dihy⸗ drochlorid beim Erwärmen mit Hexamethylentetramin in Aceton bzw. H_2O (*Lane,* Soc. **1957** 3313).

Kristalle (aus Äthylenglykol); F: 277° [Zers.].

VI   VII

1,3,5-Tris-[1,5-dimethyl-3-oxo-2-phenyl-2,3-dihydro-1H-pyrazol-4-yl]-hexahydro-[1,3,5]triazin(?),
1,5,1′,5′,1″,5″-Hexamethyl-2,2′,2″-triphenyl-1,2,1′,2′,1″,2″-hexahydro-4,4′,4″-[1,3,5]triazin-
1,3,5-triyl-tris-pyrazol-3on(?) $C_{36}H_{39}N_9O_3$, vermutlich Formel VII.

B. Aus 4-Amino-1,5-dimethyl-2-phenyl-1,2-dihydro-pyrazol-3-on und wss. Formaldehyd in Benzol (*Soc. Usines Chim. Rhône-Poulenc,* U.S.P. 2499265 [1946]; D.B.P. 834851 [1950]; D.R.B.P. Org. Chem. 1950−1951 **3** 72).

F: 169−172°.   [*G. Grimm*]

1,3,5-Trihydroxy-hexahydro-[1,3,5]triazin, [1,3,5]Triazin-1,3,5-triol $C_3H_9N_3O_3$, Formel VIII.

In der H **1** 591; E I **1** 318; E II **1** 649; E III **1** 2597 als „trimeres Formaldehyd-oxim" (Tri⸗ formoxim) beschriebenen, von *Krässig, Ringsdorf* (Makromol. Ch. **22** [1957] 163, 180) als [1,3,5]Triazin-1,3,5-triol formulierten Verbindung haben polymere Formaldehyd-oxim-Präpa⸗ rate vorgelegen, während es sich bei den H **1** 591 beschriebenen Salzen des Formaldehyd-oxims um Salze des [1,3,5]Triazin-1,3,5-triols handelt (*Jensen, Holm,* Danske Vid. Selsk. Mat. fys. Medd. **40** Nr. 1 [1978] 1, 3, 8).

B. Aus dem Hydrochlorid [s. u.] (*Je., Holm*).

Kristalle (aus E.); F: 114−115° [ab 50° Sublimation unter Bildung von Formaldehyd-oxim] (*Je., Holm*).

Hydrochlorid $C_3H_9N_3O_3 \cdot HCl$ (H **1** 591). *B.* Aus wss. Formaldehyd und Hydroxylamin-hydrochlorid (*Sacco, Freni,* G. **86** [1956] 199; *Je., Holm*). − Kristalle; F: 136° [aus A.] (*Sa., Fr.*), 132−133° [Zers.; geschlossene Kapillare] (*Je., Holm*).

Nickel(IV)-Komplex $Na_2[Ni(C_3H_6N_3O_3)_2]$ (E I **1** 318). Blau; Zers. bei 230° (*Sa., Fr.*). Magnetische Susceptibilität bei 20°: $-101{,}5 \cdot 10^{-6}$ $cm^3 \cdot mol^{-1}$ (*Sa., Fr.*).

Triacetyl-Derivat $C_9H_{15}N_3O_6$; 1,3,5-Triacetoxy-hexahydro-[1,3,5]triazin (H **1** 591; dort als „trimeres Acetylformaldoxim" bezeichnet). Zur Konstitution s. *Je., Holm.* − F: 132−133° (*Je., Holm*), 132° (*Kr., Ri.*).

Tribenzoyl-Derivat $C_{24}H_{21}N_3O_6$; 1,3,5-Tris-benzoyloxy-hexahydro-[1,3,5]tri⸗ azin (H **1** 591; dort als „trimolekulares Benzoylformaldoxim" bezeichnet). Zur Konstitution s. *Je., Holm.* − Kristalle; F: 176−177° (*Je., Holm*), 169° (*Kr., Ri.*).

1,3,5-Tris-benzolsulfonyl-hexahydro-[1,3,5]triazin $C_{21}H_{21}N_3O_6S_3$, Formel IX (R = C_6H_5) (H 6).

B. Aus Hexamethylentetramin und Benzolsulfonylchlorid in wss. NaOH (*Hug,* Bl. [5] **1** [1934] 1004).

Kristalle (aus $CHCl_3$); F: 228°.

1,3,5-Tris-[toluol-2-sulfonyl]-hexahydro-[1,3,5]triazin $C_{24}H_{27}N_3O_6S_3$, Formel IX
(R = C_6H_4-CH_3).

Konstitution: *Gilbert*, Int. J. Sulfur Chem. **8** [1973] 43; *Orazi, Corral*, J.C.S. Perkin I **1975** 772.

B. Aus Toluol-2-sulfonamid und Formaldehyd in wss. HCl (*Hug*, Bl. [5] **1** [1934] 990, 1002). Aus Toluol-2-sulfonamid und [1,3,5]Trioxan in wss. H_2SO_4 (*Gi.*), in Essigsäure und konz. H_2SO_4 (*McMaster*, Am. Soc. **56** [1934] 204) oder in Essigsäure und Methansulfonsäure (*Or., Co.*).

Kristalle; F: 254−257° (*Gi.*), 250−251° [Zers.; aus DMF] (*Or., Co.*), 245,5−246,5° [korr.; Zers.; aus Xylol] (*McM.*), 222° [aus Eg.] (*Hug*).

VIII   IX   X

1,3,5-Tris-[toluol-4-sulfonyl]-hexahydro-[1,3,5]triazin $C_{24}H_{27}N_3O_6S_3$, Formel IX
(R = C_6H_4-CH_3).

Diese Konstitution kommt der von *Hug* (Bl. [5] **1** [1934] 990, 999) als 1,3-Bis-[toluol-4-sulfonyl]-[1,3]diazetidin beschriebenen Verbindung zu (*Egginton, Lambie*, Soc. [C] **1969** 1623; *Gilbert*, Int. J. Sulfur Chem. **8** [1973] 43; *Orazi, Corral*, J.C.S. Perkin I **1975** 772). Die von *Hug* (Bl. [5] **1** [1934] 1004) unter dieser Konstitution beschriebene Verbindung ist als 3,7-Bis-[toluol-4-sulfonyl]-1,3,5,7-tetraaza-bicyclo[3.3.1]nonan ($C_{19}H_{24}N_4O_4S_2$) zu formulieren (*Eg., La.*).

B. Aus Toluol-4-sulfonamid beim Erhitzen mit Paraformaldehyd (*Scheele, Steinke*, Koll. Z. **100** [1942] 361, 364), beim Erhitzen mit wss. Formaldehyd unter Zusatz von wenig HCl (*McMaster*, Am. Soc. **56** [1934] 204; *Hug*, Bl. [5] **1** [1934] 990, 999), beim Behandeln mit wss. Formaldehyd und konz. H_2SO_4 und Essigsäure (*Hug*) oder beim Erwärmen mit [1,3,5]Trioxan in Essigsäure und konz. H_2SO_4 (*McM.*). Beim Erwärmen von *N*-Hydroxymethyl-toluol-4-sulfonamid mit konz. H_2SO_4 in Äthanol (*Hug*, l. c. S. 1000).

Kristalle; F: 169,8−170,5° [korr.; aus Toluol oder Acn.] (*McM.*), 168−169° [aus A.] (*Sch., St.*). Orthorhombisch; Kristallmorphologie: *Flint*, Trudy Inst. Krist. Akad. S.S.S.R. Nr. **3** [1947] 17; C. A. **1950** 7614.

[1,3,5]Triazin-1,3,5-trisulfonsäure $C_3H_9N_3O_9S_3$, Formel IX (R = OH).

Diese Verbindung hat vermutlich auch in der früher (H **1** 583; E III **1** 2596) beschriebenen Methylensulfamidsäure CH_3NO_3S vorgelegen.

Trikalium-Salz $K_3C_3H_6N_3O_9S_3$. *B.* Beim Behandeln des Kalium-Salzes der Amidoschwefelsäure mit wss. Formaldehyd und anschliessend mit wss. KOH (*Binnie et al.*, Am. Soc. **72** [1950] 4457). − Kristalle (aus H_2O + A.). Monoklin; Dimensionen der Elementarzelle (Röntgen-Diagramm): *Bi. et al.* Dichte der Kristalle bei 25°: 2,127. Kristalloptik: *Bi. et al.*

1,3,5-Tripiperidino-hexahydro-[1,3,5]triazin $C_{18}H_{36}N_6$, Formel X.

Diese Konstitution kommt wahrscheinlich der früher (E I **20** 25) als 1-Methylenamino-piperidin beschriebenen Verbindung zu (*Zinner et al.*, Ar. **299** [1966] 245, 248 Anm. 8; *Zinner, Kliegel*, Ar. **299** [1966] 746, 748 Anm. **).

1,3,5-Tris-benzoylamino-hexahydro-[1,3,5]triazin(?), *N,N',N''*-[1,3,5]Triazin-1,3,5-triyl-tris-benzamid(?) $C_{24}H_{24}N_6O_3$, vermutlich Formel XI.

B. Aus wss. Formaldehyd und Benzoesäure-hydrazid (*Fox*, J. org. Chem. **23** [1958] 468, 472).

Kristalle mit 1 Mol H_2O; F: 160−163° [korr.; Zers.; nach Erweichen].

XI

XII

1,3,5-Tris-isonicotinoylamino-hexahydro-[1,3,5]triazin, *N,N',N''*-[1,3,5]Triazin-1,3,5-triyl-tris-isonicotinamid $C_{21}H_{21}N_9O_3$, Formel XII.

B. Analog der vorangehenden Verbindung (*Logemann et al.*, Farmaco Ed. scient. **9** [1954] 521, 524; *Fox*, J. org. Chem. **23** [1958] 468, 472).

Kristalle mit 1 Mol H_2O (*Fox*); Zers. bei 175−176° (*Lo. et al.*); F: 171,5−173,5° [korr.] (*Fox*).

1,3,5-Trinitroso-hexahydro-[1,3,5]triazin $C_3H_6N_6O_3$, Formel XIII (H 6; E I 3).

B. Beim Behandeln von wss. Formaldehyd mit NH_3 und anschliessend mit wss. HCl und $NaNO_2$ (*Richmond et al.*, Am. Soc. **70** [1948] 3659, 3663).

Molpolarisation (Dioxan): *George, Wright*, Am. Soc. **80** [1958] 1200.

Dimorph; Kristalle (aus Benzylalkohol); F: 107−107,5° (*Hinch*, Anal. Chem. **27** [1955] 569). Umwandlungspunkt der beiden Modifikationen: 97° (*Hi.*). Monoklin; Dimensionen der Elementarzelle (Röntgen-Diagramm): *Hi.* Dichte der Kristalle: 1,585 (*Hi.*). Verbrennungs=wärme: *Delépine, Badoche*, C. r. **214** [1942] 777, 778; *Stehle, Hunt*, zit. bei *Young et al.*, Ind. eng. Chem. **48** [1956] 1375, 1377. Kristalloptik: *Hi.* IR-Banden (Nujol; 3050−700 cm^{-1}): *Fow=ler, Tobin*, J. phys. Chem. **58** [1954] 382. Absorptionsspektrum (A.; 220−440 nm): *Jones, Thorn*, Canad. J. Res. [B] **27** [1949] 828, 851. Schmelzdiagramm des Systems mit 3,7-Dinitroso-1,3,5,7-tetraaza-bicyclo[3.3.1]nonan: *Bourjol*, Mém. Poudres **34** [1952] 7, 10.

Geschwindigkeitskonstante der thermischen Zersetzung bei 114−136°: *Fo., To.*; der Zerset=zung mit wss. HCl in Methanol bei 30−45°: *Tada*, J. chem. Soc. Japan Ind. Chem. Sect. **57** [1954] 279; C. A. **1955** 13259; mit wss. HCl in Methanol unter Zusatz von Alkali- und Erdalkali-halogeniden bei 15−40°: *Tada*, J. chem. Soc. Japan Pure Chem. Sect. **77** [1956] 434; C. A. **1957** 438; s. a. *Tada*, J. chem. Soc. Japan Ind. Chem. Sect. **57** 279; mit wss. HCl in Methanol, Äthanol, Propan-1-ol, *tert*-Butylalkohol und Dioxan bei 10−45°: *Tada*, J. chem. Soc. Japan Pure Chem. Sect. **77** 438; mit HCl in wasserfreiem Methanol bei 45°: *Tada*, J. chem. Soc. Japan Ind. Chem. Sect. **57** 279.

1,3-Dicyclohexyl-5-nitro-hexahydro-[1,3,5]triazin $C_{15}H_{28}N_4O_2$, Formel XIV (R = C_6H_{11}).

B. Aus Cyclohexylamin, wss. Formaldehyd und Nitroamin (*Chute et al.*, Canad. J. Res. [B] **27** [1949] 218, 233). Aus Cyclohexylamin, Bis-nitroamino-methan und Formaldehyd (*Chap=man et al.*, Soc. **1949** 1638, 1640).

Kristalle; F: 101−102° [Zers.; aus Ae.+PAe.] (*Cha. et al.*), 99° [Zers.; aus Acn.] (*Chute et al.*).

1,3-Dibenzyl-5-nitro-hexahydro-[1,3,5]triazin $C_{17}H_{20}N_4O_2$, Formel XIV (R = CH_2-C_6H_5).

B. Neben 1,5-Dibenzyl-3,7-dinitro-octahydro-[1,3,5,7]tetrazocin aus wss. Formaldehyd, Ni=troamin und Benzylamin (*Chute et al.*, Canad. J. Res. [B] **27** [1949] 218, 234). Aus Bis-nitro=amino-methan, Formaldehyd und Benzylamin (*Chapman et al.*, Soc. **1949** 1638, 1640). Aus 1-Acetoxy-2,4,6-trinitro-7-trifluoracetoxy-2,4,6-triaza-heptan und Benzylamin (*Reed*, Am. Soc. **80** [1958] 439, 443).

Kristalle; F: 108−110° [Zers.; aus Acn.] (*Cha. et al.*), 108,5−109,4° [korr.; aus Hexan+Ae.] (*Reed*), 109° [korr.; aus Acn.+H_2O] (*Chute et al.*).

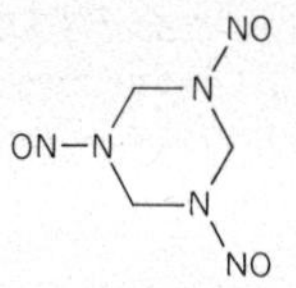

XIII 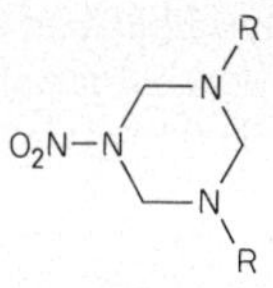   XIV 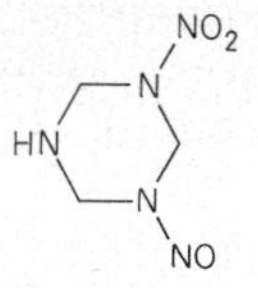   XV 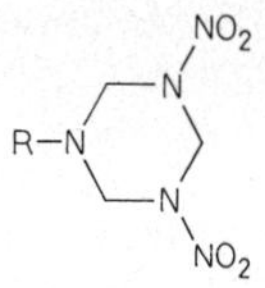   XVI

1-Nitro-3-nitroso-hexahydro-[1,3,5]triazin $C_3H_7N_5O_3$, Formel XV.

Nitrat $C_3H_7N_5O_3 \cdot HNO_3$. λ_{max}: 374 nm [A.] bzw. 385 nm [Bzl.] (*Jones, Thorn,* Canad. J. Res. [B] **27** [1949] 828, 851).

1,3-Dinitro-hexahydro-[1,3,5]triazin $C_3H_7N_5O_4$, Formel XVI (R = H).

Nitrat $C_3H_7N_5O_4 \cdot HNO_3$. *B.* Aus Hexamethylentetramin beim Behandeln mit wss. HNO_3, anfangs bei $-40°$ (*Vroom, Winkler,* Canad. J. Res. [B] **28** [1950] 701, 705; *Hirst et al.,* zit. bei *Holstead et al.,* Soc. **1953** 3341, 3344; s. a. *Berman et al.,* Canad. J. Chem. **29** [1951] 767, 773). – Kristalle; F: 99° [Zers.] (*Hi. et al.*), 98–99° [Zers.; aus wss. HNO_3] (*Vr., Wi.*). λ_{max} (Dioxan): 235 nm (*Jones, Thorn,* Canad. J. Res. [B] **27** [1949] 828, 834).

1-Methyl-3,5-dinitro-hexahydro-[1,3,5]triazin $C_4H_9N_5O_4$, Formel XVI (R = CH_3).

B. Aus Bis-nitroamino-methan, wss. Formaldehyd und Methylamin (*Chapman et al.,* Soc. **1949** 1638, 1640; *Reed,* Am. Soc. **80** [1958] 439, 443).

Kristalle; F: 104–105° [korr.; Zers.] (*Reed*), 100–104° [Zers.] (*Ch. et al.*).

Die folgenden Verbindungen sind in analoger Weise hergestellt worden:

1-Äthyl-3,5-dinitro-hexahydro-[1,3,5]triazin $C_5H_{11}N_5O_4$, Formel XVI (R = C_2H_5). Kristalle; F: 96–97° [Zers.] (*Reed*), 88–89° [Zers.] (*Ch. et al.*). – Beim Erwärmen mit H_2O erfolgt Zersetzung (*Ch. et al.*).

1,3-Dinitro-5-propyl-hexahydro-[1,3,5]triazin $C_6H_{13}N_5O_4$, Formel XVI (R = CH_2-C_2H_5). F: 84–85° [Zers.] (*Reed*).

1,3-Dinitro-5-octyl-hexahydro-[1,3,5]triazin $C_{11}H_{23}N_5O_4$, Formel XVI (R = [CH_2]$_7$-CH_3). Kristalle (aus Hexan); F: 80,5–81,5° [Zers.] (*Reed*). IR-Banden (6,4–13 μ): *Reed*.

1-Benzyl-3,5-dinitro-hexahydro-[1,3,5]triazin $C_{10}H_{13}N_5O_4$, Formel XVI (R = CH_2-C_6H_5). Kristalle (aus Acn.); F: 130–131° [Zers.] (*Ch. et al.*).

[3,5-Dinitro-tetrahydro-[1,3,5]triazin-1-yl]-methanol $C_4H_9N_5O_5$, Formel I (R = H).

B. Beim Erwärmen von Trifluoressigsäure-[3,5-dinitro-tetrahydro-[1,3,5]triazin-1-ylmethyl= ester] in Methanol und Aceton (*Reed,* J. org. Chem. **23** [1958] 775, 777).

Kristalle (aus CH_2Cl_2), die sich beim Aufbewahren in wenigen Stunden zersetzen; F: 136–137° [korr.; Zers.].

1-Methoxymethyl-3,5-dinitro-hexahydro-[1,3,5]triazin $C_5H_{11}N_5O_5$, Formel I (R = CH_3).

B. Aus 1,3-Dinitro-hexahydro-[1,3,5]triazin-nitrat, Methanol und wss. Formaldehyd (*Dunning, Dunning,* Soc. **1950** 2920, 2923). Beim Behandeln von Hexamethylentetramin-dinitrat mit wss. HNO_3 bei $-50°$ und anschliessend mit Methanol bei $-40°$ (*Du., Du.,* l. c. S. 2922). Beim Behandeln von Hexamethylentetramin-dinitrat in flüssigem SO_2 mit Trifluoressigsäure-anhydrid und dann mit Methanol (*Reed,* J. org. Chem. **23** [1958] 775, 776).

Kristalle; F: 137,5–138° [korr.; aus Ae.] (*Reed*), 134° [aus Acn. oder Acn.+$CHCl_3$] (*Du., Du.,* l. c. S. 2922, 2923).

Beim Erwärmen mit Methanol ist 3,7-Dinitro-1,3,5,7-tetraaza-bicyclo[3.3.1]nonan erhalten worden (*Reed*). Beim Behandeln mit Acetanhydrid ist 1-Acetyl-3,5-dinitro-hexahydro-[1,3,5]tri= azin, mit Acetylchlorid ist 1-Chlormethyl-3,5-dinitro-hexahydro-[1,3,5]triazin erhalten worden (*Dunning, Dunning,* Soc. **1950** 2925, 2926).

1-Äthoxymethyl-3,5-dinitro-hexahydro-[1,3,5]triazin $C_6H_{13}N_5O_5$, Formel I (R = C_2H_5).

B. Aus Hexamethylentetramin-dinitrat beim Behandeln mit wss. HNO_3 unterhalb $-50°$ (*Dunning, Dunning,* Soc. **1950** 2920, 2922) oder mit Trifluoressigsäure-anhydrid in flüssigem

SO_2 (*Reed*, J. org. Chem. **23** [1958] 775, 777) und anschliessend mit Äthanol. Aus 1,3-Dinitro-hexahydro-[1,3,5]triazin-nitrat, wss. Formaldehyd und Äthanol (*Du., Du.*). Beim Erwärmen von Essigsäure-[3,5-dinitro-tetrahydro-[1,3,5]triazin-1-ylmethylester] mit Äthanol (*Chute et al.,* Canad. J. Res. [B] **27** [1949] 503, 518).

Kristalle; F: 118−119° [aus Acn.+$CHCl_3$] (*Du., Du.*), 117−118° [korr.; aus Ae.] (*Reed*), 114−117° [korr.; aus Ae.] (*Ch. et al.*). Netzebenenabstände: *Berman et al.,* Canad. J. Chem. **29** [1951] 767, 775.

Bis-[3,5-dinitro-tetrahydro-[1,3,5]triazin-1-ylmethyl]-äther, 3,5,3′,5′-Tetranitro-dodecahydro-1,1′-[2-oxa-propandiyl]-bis-[1,3,5]triazin $C_8H_{16}N_{10}O_9$, Formel II.

B. Aus 1-Chlormethyl-3,5-dinitro-hexahydro-[1,3,5]triazin oder aus 1-Methoxymethyl-3,5-dinitro-hexahydro-[1,3,5]triazin und HNO_3 bei −40° (*Dunning, Dunning,* Soc. **1950** 2928, 2930).

Kristalle (aus Acn.+$CHCl_3$); Zers. bei 150°. Monoklin; Dimensionen der Elementarzelle (Röntgen-Diagramm): *Du., Du.* Dichte der Kristalle: 1,65.

I

II

III

1-Acetoxymethyl-3,5-dinitro-hexahydro-[1,3,5]triazin, Essigsäure-[3,5-dinitro-tetrahydro-[1,3,5]triazin-1-ylmethylester] $C_6H_{11}N_5O_6$, Formel I (R = $CO-CH_3$).

B. Aus Bis-[3,5-dinitro-tetrahydro-[1,3,5]triazin-1-yl]-methan, Acetanhydrid und Essigsäure (*Chute et al.,* Canad. J. Res. [B] **27** [1949] 503, 517). Aus 1,3-Dinitro-5-nitryloxymethyl-hexahydro-[1,3,5]triazin und Natriumacetat in Essigsäure (*Reed,* J. org. Chem. **23** [1958] 775, 777).

Kristalle; F: 151−152° [korr.; Zers.; aus CH_2Cl_2] (*Reed*), 143,7−144,7° [korr.; aus Acn.+ PAe.] (*Ch. et al.*). Netzebenenabstände: *Ch. et al.* IR-Banden (5,7−13,2 μ): *Reed.*

Beim Erwärmen mit [NH_4]NO_3, HNO_3 [99%ig], Acetanhydrid und Essigsäure ist Cyclonit (S. 22), beim Behandeln mit HNO_3 [99%ig] und Acetanhydrid ist 1,7-Diacetoxy-2,4,6-trinitro-2,4,6-triaza-heptan erhalten worden (*Ch. et al.,* l. c. S. 512, 518).

Trifluoressigsäure-[3,5-dinitro-tetrahydro-[1,3,5]triazin-1-ylmethylester] $C_6H_8F_3N_5O_6$, Formel I (R = $CO-CF_3$).

B. Aus 1-Methoxymethyl-3,5-dinitro-hexahydro-[1,3,5]triazin, Trifluoressigsäure-anhydrid, Trifluoressigsäure und HNO_3 (*Reed,* J. org. Chem. **23** [1958] 775). Beim Behandeln von Hexamethylentetramin-dinitrat und Trifluoressigsäure-anhydrid in flüssigem SO_2 mit HNO_3 bei −60° (*Reed*).

Kristalle (aus 1,2-Dichlor-äthan+wenig Trifluoressigsäure); F: 153−154° [korr.; Zers.].

1,3-Dinitro-5-nitryloxymethyl-hexahydro-[1,3,5]triazin, Salpetersäure-[3,5-dinitro-tetrahydro-[1,3,5]triazin-1-ylmethylester] $C_4H_8N_6O_7$, Formel I (R = NO_2).

B. Aus der vorangehenden Verbindung und HNO_3 bei −10° (*Reed,* J. org. Chem. **23** [1958] 775, 777).

Kristalle (aus CH_2Cl_2); F: 150−151° [korr.; heftige Zers.].

Die Verbindung ist stark explosiv.

Nitrat $C_4H_8N_6O_7 \cdot HNO_3$. F: 145−147° [korr.; Zers.].

1-Chlormethyl-3,5-dinitro-hexahydro-[1,3,5]triazin $C_4H_8ClN_5O_4$, Formel III (X = Cl).

B. Aus 1-Methoxymethyl-3,5-dinitro-hexahydro-[1,3,5]triazin und Acetylchlorid (*Dunning, Dunning,* Soc. **1950** 2925, 2926).

Kristalle; F: 147°.

1-Brommethyl-3,5-dinitro-hexahydro-[1,3,5]triazin $C_4H_8BrN_5O_4$, Formel III (X = Br).

B. Analog der vorangehenden Verbindung (*Dunning, Dunning,* Soc. **1950** 2925, 2926).

Kristalle; F: 127° [Zers.].

Bis-[3,5-dinitro-tetrahydro-[1,3,5]triazin-1-yl]-methan, 3,5,3',5'-Tetranitro-dodecahydro-1,1'-methandiyl-bis-[1,3,5]triazin $C_7H_{14}N_{10}O_8$, Formel IV (n = 1).

B. Beim Behandeln von 1,3-Dinitro-hexahydro-[1,3,5]triazin-nitrat mit wss. NaOH in Aceton (*Chute et al.*, Canad. J. Res. [B] **27** [1949] 503, 516). Aus 1-Chlormethyl-3,5-dinitro-hexahydro-[1,3,5]triazin beim Behandeln mit wss. Natriumacetat (*Dunning, Dunning*, Soc. **1950** 2925, 2927). Beim Behandeln von Hexamethylentetramin-dinitrat mit HNO_3 bei $-50°$ und dann mit H_2O (*Dunning, Dunning*, Soc. **1950** 2920, 2923).

Kristalle; F: 136° [aus Acn. + Ae. + PAe. bzw. Acn. + PAe.] (*Du., Du.*, l. c. S. 2923, 2927), 132,6–132,8° [korr.; aus Nitromethan + Ae. oder Acn. + PAe.] (*Ch. et al.*). Monoklin; Dimen‒ sionen der Elementarzelle (Röntgen-Diagramm): *Du., Du.*, l. c. S. 2923. Dichte der Kristalle: 1,68 (*Du., Du.*, l. c. S. 2923).

1-Acetyl-3,5-dinitro-hexahydro-[1,3,5]triazin $C_5H_9N_5O_5$, Formel V (X = H).

B. Beim Behandeln von Bis-nitroamino-methan mit Formaldehyd in Äthylacetat und mit NH_3 in Äther und anschliessenden Erwärmen mit Acetylchlorid (*Chapman et al.*, Soc. **1949** 1638, 1640). Beim Behandeln von 1,3-Dinitro-hexahydro-[1,3,5]triazin-nitrat mit Acetanhydrid und Natriumacetat in Essigsäure (*Aristoff et al.*, Canad. J. Res. [B] **27** [1949] 520, 535). Aus 1-Methoxymethyl-3,5-dinitro-hexahydro-[1,3,5]triazin oder aus 1-Äthoxymethyl-3,5-dinitro-hexahydro-[1,3,5]triazin und Acetanhydrid (*Dunning, Dunning*, Soc. **1950** 2925, 2926). Aus Bis-[3,5-dinitro-tetrahydro-[1,3,5]triazin-1-yl]-methan und Acetanhydrid (*Chute et al.*, Canad. J. Res. [B] **27** [1949] 503, 517; *Dunning, Dunning*, Soc. **1950** 2920, 2923).

Kristalle; F: 158° [korr.; aus A. + Acn.] (*Ar. et al.*), 156–157° [korr.; aus A. oder H_2O] (*Chute et al.*), 156° [Zers.; aus Me.] (*Cha. et al.*), 156° [aus Acn. + PAe. bzw. E.] (*Du., Du.*, l. c. S. 2923, 2927). UV-Spektrum (A. sowie wss. NaOH [0,2 n]; 220–320 nm): *Jones, Thorn*, Canad. J. Res. [B] **27** [1949] 828, 843. λ_{max} (A. sowie Dioxan): 224 nm (*Jo., Th.*, l. c. S. 834).

1,3-Dinitro-5-trifluoracetyl-hexahydro-[1,3,5]triazin $C_5H_6F_3N_5O_5$, Formel V (X = F).

B. Beim Erhitzen von 1,3-Dinitro-hexahydro-[1,3,5]triazin-nitrat mit Trifluoressigsäure-anhy‒ drid und $CaCO_3$ (*Reed*, J. org. Chem. **23** [1958] 775). Aus Hexamethylentetramin beim Behan‒ deln mit Trifluoressigsäure-anhydrid und HNO_3 in flüssigem SO_2 bei $-50°$ (*Reed*).

Kristalle (aus HNO_3 [99%ig] + H_2O); F: 131–132° [korr.].

Verbindung mit Benzylamin $C_5H_6F_3N_5 \cdot C_7H_9N$. Kristalle; F: 115° [korr.; Zers.].

IV   V   VI   VII

1,4-Bis-[3,5-dinitro-tetrahydro-[1,3,5]triazin-1-yl]-butan, 3,5,3',5'-Tetranitro-dodecahydro-1,1'-butandiyl-bis-[1,3,5]triazin $C_{10}H_{20}N_{10}O_8$, Formel IV (n = 4).

B. Aus Bis-nitroamino-methan, wss. Formaldehyd und Butan-1,4-diyldiamin-dihydrochlorid unter Zusatz von K_2CO_3 (*Reed*, J. org. Chem. **23** [1958] 496).

Kristalle (aus Acn.); F: 128° [korr.; Zers.].

1,5-Bis-[3,5-dinitro-tetrahydro-[1,3,5]triazin-1-yl]-pentan, 3,5,3',5'-Tetranitro-dodecahydro-1,1'-pentandiyl-bis-[1,3,5]triazin $C_{11}H_{22}N_{10}O_8$, Formel IV (n = 5).

B. Analog der vorangehenden Verbindung (*Reed*, J. org. Chem. **23** [1958] 496).

F: 125° [korr.; Zers.].

1,3-Dinitro-5-nitroso-hexahydro-[1,3,5]triazin $C_3H_6N_6O_5$, Formel VI.

B. Beim Behandeln von 1,3,5-Trinitroso-hexahydro-[1,3,5]triazin mit HNO_3 und wss. H_2O_2

bei $-40°$ (*Brockman et al.*, Canad. J. Res. [B] **27** [1949] 469, 473) oder mit $[NH_4]NO_3$ und wss. H_2SO_4 bei $-25°$ (*Šimeček*, Collect. **24** [1959] 312). Aus 1,3-Dinitro-hexahydro-[1,3,5]tri≈ azin-nitrat und HNO_2 in H_2O (*Šimeček*, Chem. Listy **51** [1957] 1699, 1701; C. A. **1958** 4665).
Kristalle; F: 176,6° [korr.; Zers.; aus Nitromethan + Ae.] (*Br. et al.*), 176° [unkorr.; Zers.; aus Nitromethan] (*Ši.*). UV-Spektrum (A.; 220 – 400 nm): *Jones, Thorn*, Canad. J. Res. [B] **27** [1949] 828, 851.

1,3,5-Trinitro-hexahydro-[1,3,5]triazin, Cyclonit, Hexogen, T_4, RDX $C_3H_6N_6O_6$, Formel VII (E II 5).

Zusammenfassende Darstellung: *T. Urbański*, Chemistry and Technology of Explosives, Bd. 3 [Oxford 1976] S. 77; Encyclopedia of Explosives and related Items, Bd. 3 [Dover 1966] S. C 611.

B. Beim Erwärmen von Paraformaldehyd mit $[NH_4]NO_3$ und Acetanhydrid (*Schiessler, Ross*, U.S.P. 2434230 [1942]) oder mit $[NH_4]NO_3$ und Bis-nitroamino-methan in Essigsäure und Acetanhydrid (*Aristoff et al.*, Canad. J. Res. [B] **27** [1949] 520, 532). Beim Behandeln von Aminomethyl-nitro-[nitroamino-methyl]-amin-nitrat mit Formaldehyd und Acetanhydrid (*Dun≈ ning, Dunning*, Soc. **1950** 2920, 2924). Beim Behandeln des Trikalium-Salzes der [1,3,5]Triazin-1,3,5-trisulfonsäure mit HNO_3 und P_2O_5 oder mit HNO_3 in flüssigem SO_3 (*Binnie et al.*, Am. Soc. **72** [1950] 4457). Beim Behandeln von 1,3,5-Trinitroso-hexahydro-[1,3,5]triazin mit HNO_3 und wss. H_2O_2 bei $-40°$ (*Brockman et al.*, Canad. J. Res. [B] **27** [1949] 469, 474). Beim Behandeln von 1,3-Dinitro-5-nitroso-hexahydro-[1,3,5]triazin mit HNO_3 und wss. H_2O_2 bei $-40°$ (*Br. et al.*) oder mit konz. H_2SO_4 und konz. HNO_3 (*Šimeček*, Chem. Listy **51** [1957] 1699; C. A. **1958** 4665). Aus Hexamethylentetramin beim Behandeln mit N_2O_5 in $CHCl_3$ (*Stein, Hall & Co.*, U.S.P. 2398080 [1944]), mit HNO_3 und P_2O_5 (*Trojan Powder Co.*, U.S.P. 2355770 [1943]) oder mit $[NH_4]NO_3$ und HNO_3 (*Trojan Powder Co.*, U.S.P. 2395773 [1942]). Beim Erwärmen von Hexamethylentetramin-dinitrat mit $[NH_4]NO_3$ und wss. HNO_3 in Acetanhydrid (*Bachmann et al.*, Am. Soc. **73** [1951] 2769, 2771). Aus 2-Thia-1,3,5,7-tetraaza-adamantan-2,2-dioxid und HNO_3 (*Paquin*, Ang. Ch. **60** [1948] 316, 319).

Dipolmoment (ε; Dioxan) bei 20°: 5,79 D (*George, Wright*, Am. Soc. **80** [1958] 1200, 1202).
Kristalle ; F: 206 – 207° [aus Acn.] (*Urbański, Kwiatkowski*, Roczniki Chem. **13** [1933] 585; C. **1934** I 3047), 205° [korr.] (*Brockman et al.*, Canad. J. Res. [B] **27** [1949] 469, 474), 205° [Zers.] (*McCrone*, Anal. Chem. **22** [1950] 954), 204,5 – 204,8° [korr.] (*Binnie et al.*, Am. Soc. **72** [1950] 4457). Orthorhombisch; Dimensionen der Elementarzelle (Röntgen-Diagramm): *McC*. Netzebenenabstände: *Soldate, Noyes*, Anal. Chem. **19** [1947] 442. Dampfdruck bei 110,6° $(3,6 \cdot 10^{-5}$ Torr) bis 138,5° $(4,0 \cdot 10^{-4}$ Torr): *Edwards*, Trans. Faraday Soc. **49** [1953] 152. Dichte der Kristalle bei 22°: 1,761 (*Campbell, Kushnarov*, Canad. J. Res. [B] **25** [1947] 216, 224); bei Raumtemperatur: 1,82 (*McC.*). Sublimationsenthalpie: 26,8 kcal·mol^{-1} (*Ed.; s. a. Beljaew*, Ž. fiz. Chim. **22** [1948] 91, 99; C. A. **1948** 5227). Verbrennungswärme: *Delépine, Badoche*, C. r. **214** [1942] 777, 778; *Keith, Hunt*, zit. bei *Young et al.*, Ind. eng. Chem. **48** [1956] 1375, 1376; *Schmidt*, Z. ges. Schiess-Sprengstoffw. **29** [1934] 259, 262; s. a. *Tonegutti*, Atti V. Congr. naz. Chim. pura appl. Sardinien 1935 S. 887, 892. Kristalloptik: *McC*. IR-Banden (KBr; 4000 – 650 cm^{-1}) bei 25°, 120°, 200° und 230°: *Werbin*, U.S. Atomic Energy Comm. UCRL-5078 [1957] 3, 6. UV-Spektrum in Methanol und H_2O (220 – 280 nm): *Jones, Thorn*, Canad. J. Res. [B] **27** [1949] 828, 840; in Äthanol (210 – 300 nm): *Schroeder et al.*, Anal. Chem. **23** [1951] 1740, 1742, 1746. Polarographisches Halbstufenpotential in Methanol vom pH 7,4: *Jones*, Am. Soc. **76** [1954] 829, 834; in wss. Aceton: *Lewis*, Analyst **79** [1954] 644, 647.

Löslichkeit in CCl_4, Benzol, Toluol, Methanol, Äthanol, Äther, Isoamylalkohol und Aceton bei 0 – 131,6°: *Urbański, Kwiatkowski*, Roczniki Chem. **13** [1933] 585; C. **1934** I 3047. Löslichkeit [g/100 g] bei 90° und 100° in O,O'-Dinitro-diäthylenglykol: 4,5 und 11; in Tetra-O-acetyl-penta≈ erythrit: 3 und 10; in 2,4,6-Trinitro-toluol: 3,7 und 7,3 (*Avogadro di Cerrione*, Ann. Chimica **43** [1953] 525, 531). Löslichkeit in Aceton-Petroläther-Gemischen bei 25°: *Malmberg et al.*, Anal. Chem. **25** [1953] 901, 904. Löslichkeit in Formamid bei 20° (1,2%) bis 141° (75,0%): *v. Herz*, D.R.P. 670921 [1937]; Frdl. **25** 81. Phasendiagramm (fest/flüssig) der Systeme mit Nitroglycerin: *Hackel*, Roczniki Chem. **16** [1936] 323, 329, 330; C. **1937** I 2347; mit 1,3-Dinitro-benzol: *Kofler*, M. **80** [1949] 441, 445; mit 2,4,6-Trinitro-toluol: *Campbell, Kushnarov*, Canad. J. Res. [B] **25** [1947] 216, 219; mit 1,3,5,7-Tetranitro-octahydro-[1,3,5,7]tetrazocin: *Brockman et al.*, Canad. J. Res. [B] **27** [1949] 469, 470.

Erhöhung der Empfindlichkeit gegen Schlag und Reibung durch Zusatz hochschmelzender Substanzen: *Bowden, Gurton,* Pr. roy. Soc. [A] **198** [1949] 337, 341. Zeitdauer zwischen Stoss und Explosion: *Rideal, Robertson,* Pr. roy. Soc. [A] **195** [1948] 135, 138; *Bowden, Gurton,* Pr. roy. Soc. [A] **198** [1949] 350, 358. Induktionszeit der Explosion bei $257-326°$: *Jones, Jackson,* Explosivst. **7** [1959] 177. Detonationsgeschwindigkeit: *Evans,* Pr. roy. Soc. [A] **204** [1950] 12, 14; in Abhängigkeit vom Packungsdurchmesser: *Cook et al.,* Am. Soc. **79** [1957] 32, 33, 35; in Abhängigkeit von der Packungsdichte: *Tonegutti,* Atti V. Congr. naz. Chim. pura appl. Sardinien 1935 S. 887, 896. Geschwindigkeit der Detonation und der Stosswelle: *Laffitte, Parisot,* C. r. **204** [1937] 179. Detonationsgeschwindigkeit in dünnen Filmen: *Bo., Gu.,* l. c. S. 368; in Gemischen mit 2,4,6-Trinitro-toluol und Aluminium: *Cook et al.,* J. phys. Chem. **61** [1957] 189, 190; in Gemischen mit nicht-explosiven Flüssigkeiten: *Urbański, Galas,* C. r. **209** [1939] 558. Detonationstemperatur bei verschiedener Packungsdichte: *Cook,* J. chem. Physics **15** [1947] 518, 523; *Gibson et al.,* J. appl. Physics **29** [1958] 628, 630. Explosionswärme bei verschiedener Packungsdichte: *Apin, Lebedew,* Doklady Akad. S.S.S.R. **114** [1957] 819; Pr. Acad. Sci. U.S.S.R. phys. Chem. Sect. **112–117** [1957] 355. Geschwindigkeitskonstante der thermischen Zersetzung bei $210-315°$ sowie in Lösungen in 2,4,6-Trinitro-toluol bei $190-280°$ und in Phthalsäure-dicyclohexylester bei $205-300°$: *Robertson,* Trans. Faraday Soc. **45** [1949] 85.

Die Verbindung brennt bei Berührung mit einem rotglühenden Draht an der Luft ohne Detonation (*Muraour,* Trans. Faraday Soc. **34** [1938] 989, 992). Verbrennungsgeschwindigkeit in Abhängigkeit von der Packungsdichte: *Andreew,* C. r. Doklady **53** [1946] 233, 234; bei vermindertem Druck: *Andreew,* Ž. fiz. Chim. **20** [1946] 467, 474; C. A. **1947** 283. Minimale Zündungsenergie: *Bryan, Noonan,* Pr. roy. Soc. [A] **246** [1958] 167, 174.

Geschwindigkeit der Zersetzung in wss. H_2SO_4 [91,4–99,7%ig] bei 25°: *Holstead et al.,* Soc. **1953** 3341, 3347; in konz. H_2SO_4 bei 20°, 30° und 40°: *Šimeček,* Chem. Listy **51** [1957] 1699, 1700; C. A. **1958** 4665. Geschwindigkeitskonstante der Hydrolyse mit NaOH in wss. Aceton bei $0-15,5°$: *Epstein, Winkler,* Canad. J. Chem. **29** [1951] 731; der Zersetzung in methanol. Natriummethylat bei $19-45°$ und in methanol. KOH bei 30°: *Jones,* Am. Soc. **76** [1954] 829.

2,4,6-Trichlor-hexahydro-[1,3,5]triazin $C_3H_6Cl_3N_3$, Formel VIII.

Sesquihydrochlorid $2C_3H_6Cl_3N_3 \cdot 3HCl$. Das von *Grundmann, Kreutzberger* (s. E III **2** 125) unter dieser Konstitution beschriebene Blausäure-sesquihydrochlorid ist als *N*-Dichlormethyl-formamidin-hydrochlorid (E IV **2** 83) zu formulieren (*Allenstein et al.,* B. **99** [1966] 431).

Stammverbindungen $C_4H_{11}N_3$

3-Methyl-1,5-dinitro-hexahydro-[1,3,5]triazepin $C_5H_{11}N_5O_4$, Formel IX (R = CH_3).

B. Beim Erwärmen von *N,N'*-Dinitro-äthylendiamin mit wss. Formaldehyd und anschliessen= den Behandeln mit wss. Methylamin (*Myers, Wright,* Canad. J. Res. [B] **27** [1949] 489, 496). Kristalle (aus E.); F: 159° [korr.; Zers.] (*My., Wr.*). λ_{max} (A.): 233 nm (*Jones, Thorn,* Canad. J. Res. [B] **27** [1949] 828, 835).

Hydrochlorid $C_5H_{11}N_5O_4 \cdot HCl$. F: $138-140°$ [korr.; Zers.] (*My., Wr.*).

Die folgenden Verbindungen sind in analoger Weise hergestellt worden:

3-Äthyl-1,5-dinitro-hexahydro-[1,3,5]triazepin $\quad C_6H_{13}N_5O_4$, $\quad$ Formel IX (R = C_2H_5). Kristalle (aus E.); F: $140-142°$ (*Chapman et al.,* Soc. **1949** 1638, 1641).

3-Isopropyl-1,5-dinitro-hexahydro-[1,3,5]triazepin $\quad C_7H_{15}N_5O_4$, $\quad$ Formel IX (R = $CH(CH_3)_2$). Kristalle (aus A. oder E.); F: $107-108°$ (*Ch. et al.*).

3-Butyl-1,5-dinitro-hexahydro-[1,3,5]triazepin $\quad C_8H_{17}N_5O_4$, $\quad$ Formel IX (R = $[CH_2]_3-CH_3$). Kristalle (aus $CCl_4 + Acn.$); F: $106-107°$ (*Ch. et al.*).

3-Cyclohexyl-1,5-dinitro-hexahydro-[1,3,5]triazepin $\quad C_{10}H_{19}N_5O_4$, $\quad$ Formel IX (R = C_6H_{11}). Kristalle (aus E.); F: 127° (*Ch. et al.*).

3-Äthoxymethyl-1,5-dinitro-hexahydro-[1,3,5]triazepin $C_7H_{15}N_5O_5$, Formel IX
(R = CH_2-O-C_2H_5).

B. Beim Erwärmen von 3-Acetoxymethyl-1,5-dinitro-hexahydro-[1,3,5]triazepin mit Äthanol
in Essigsäure (*Myers, Wright,* Canad. J. Res. [B] **27** [1949] 489, 500).

Kristalle (aus A.); F: 166,2 – 166,4° [korr.].

1,5-Dinitro-3-propoxymethyl-hexahydro-[1,3,5]triazepin $C_8H_{17}N_5O_5$, Formel IX
(R = CH_2-O-CH_2-C_2H_5).

B. Analog der vorangehenden Verbindung (*Myers, Wright,* Canad. J. Res. [B] **27** [1949]
489, 500).

Kristalle (aus Propan-1-ol); F: 136,8 – 138,2° [korr.].

3-Isopropoxymethyl-1,5-dinitro-hexahydro-[1,3,5]triazepin $C_8H_{17}N_5O_5$, Formel IX
(R = CH_2-O-$CH(CH_3)_2$).

B. Analog den vorangehenden Verbindungen (*Myers, Wright,* Canad. J. Res. [B] **27** [1949]
489, 500).

Kristalle (aus Isopropylalkohol); F: 182,2 – 184,6° [korr.].

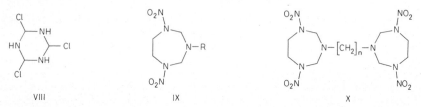

VIII   IX   X

**3-Acetoxymethyl-1,5-dinitro-hexahydro-[1,3,5]triazepin, Essigsäure-[1,5-dinitro-hexahydro-
[1,3,5]triazepin-3-ylmethylester]** $C_7H_{13}N_5O_6$, Formel IX (R = CH_2-O-CO-CH_3).

B. Als Hauptprodukt neben 3-Acetyl-1,5-dinitro-hexahydro-[1,3,5]triazepin beim Erhitzen
von Bis-[1,5-dinitro-hexahydro-[1,3,5]triazepin-3-yl]-methan mit Acetanhydrid und Essigsäure
(*Myers, Wright,* Canad. J. Res. [B] **27** [1949] 489, 499).

Kristalle (aus Eg.); F: 182,7 – 183,7° [korr.].

**Bis-[1,5-dinitro-hexahydro-[1,3,5]triazepin-3-yl]-methan, 1,5,1',5'-Tetranitro-dodecahydro-
3,3'-methandiyl-bis-[1,3,5]triazepin** $C_9H_{18}N_{10}O_8$, Formel X (n = 1).

B. Beim Erwärmen von *N,N'*-Dinitro-äthylendiamin mit wss. Formaldehyd und anschliessen≈
den Behandeln mit wss. NH_3 (*Myers, Wright,* Canad. J. Res. [B] **27** [1949] 489, 497).

Kristalle (aus Acn.+PAe.); F: 205° [korr.; Zers.] (*My., Wr.*). λ_{max} (A.): 234 nm (*Jones,
Thorn,* Canad. J. Res. [B] **27** [1949] 828, 835).

3-Acetyl-1,5-dinitro-hexahydro-[1,3,5]triazepin $C_6H_{11}N_5O_5$, Formel IX (R = CO-CH_3).

B. s. o. im Artikel Essigsäure-[1,5-dinitro-hexahydro-[1,3,5]triazepin-3-ylmethylester].

Kristalle (aus Nitromethan); F: 153,8 – 154,2° [korr.] (*Myers, Wright,* Canad. J. Res. [B]
27 [1949] 489, 499).

**1,2-Bis-[1,5-dinitro-hexahydro-[1,3,5]triazepin-3-yl]-äthan, 1,5,1',5'-Tetranitro-dodecahydro-
3,3'-äthandiyl-bis-[1,3,5]triazepin** $C_{10}H_{20}N_{10}O_8$, Formel X (n = 2).

B. Beim Erwärmen von *N,N'*-Dinitro-äthylendiamin mit wss. Formaldehyd und anschliessen≈
den Behandeln mit Äthylendiamin-hydrat (*Chapman et al.,* Soc. **1949** 1638, 1641).

Kristalle; F: 205 – 207° [Zers.].

1,3,5-Trinitro-hexahydro-[1,3,5]triazepin $C_4H_8N_6O_6$, Formel IX (R = NO_2).

B. Aus Bis-[1,5-dinitro-hexahydro-[1,3,5]triazepin-3-yl]-methan und HNO_3 (*Myers, Wright,*
Canad. J. Res. [B] **27** [1949] 489, 497). Als Hauptprodukt neben 1,8-Diacetoxy-2,4,7-trinitro-
2,4,7-triaza-octan beim Behandeln von 3-Acetoxymethyl-1,5-dinitro-hexahydro-[1,3,5]triazepin
oder von Bis-[1,5-dinitro-hexahydro-[1,3,5]triazepin-3-yl]-methan mit HNO_3, Acetanhydrid und
$[NH_4]NO_3$ (*My., Wr.,* l. c. S. 498, 501).

Kristalle (aus Acn. + PAe.); F: 165 – 165,5° [korr.; Zers.] (*My., Wr.*, l. c. S. 498). λ_{max} (A.): 233 nm (*Jones, Thorn*, Canad. J. Res. [B] **27** [1949] 828, 835).

Stammverbindungen $C_5H_{13}N_3$

3-Methyl-1,5-dinitro-octahydro-[1,3,5]triazocin $C_6H_{13}N_5O_4$, Formel XI (R = CH_3).

B. Aus *N,N'*-Dinitro-propan-1,3-diyldiamin, Methylamin und Formaldehyd (*Chapman et al.*, Soc. **1949** 1638, 1640).

F: 141 – 143°.

3-Cyclohexyl-1,5-dinitro-octahydro-[1,3,5]triazocin $C_{11}H_{21}N_5O_4$, Formel XI (R = C_6H_{11}).

B. Analog der vorangehenden Verbindung (*Chapman et al.*, Soc. **1949** 1638, 1640).

Kristalle (aus Me.); F: 144 – 145° [Zers.].

1,3,5-Trinitro-octahydro-[1,3,5]triazocin $C_5H_{10}N_6O_6$, Formel XI (R = NO_2).

B. Beim Erwärmen von *N,N'*-Bis-morpholinomethyl-*N,N'*-dinitro-propandiyldiamin mit wss. HNO_3, Acetanhydrid und Essigsäure (*Chapman*, Soc. **1949** 1631).

F: 164 – 166°.

Stammverbindungen $C_6H_{15}N_3$

1,4-Bis-[toluol-4-sulfonyl]-octahydro-[1,4,7]triazonin $C_{20}H_{27}N_3O_4S_2$, Formel XII.

B. Neben 4,7-Bis-[toluol-4-sulfonyl]-triäthylentetramin beim Erhitzen von *N,N'*-Bis-[2-chlor-äthyl]-*N,N'*-bis-[toluol-4-sulfonyl]-äthylendiamin mit äthanol. NH_3 auf 120° (*Peacock, Gwan*, Soc. **1937** 1468, 1471).

Kristalle (aus A.); F: 218°.

Hydrochlorid $C_{20}H_{27}N_3O_4S_2 \cdot HCl$. Kristalle (aus H_2O); F: 289°.

XI   XII   XIII   XIV

2r,4c,6c-Trimethyl-hexahydro-[1,3,5]triazin $C_6H_{15}N_3$, Formel XIII (R = CH_3) (H 6; E I 3; E II 5; dort auch als Triäthylidentriamin bezeichnet).

Konstitution und Konfiguration: *Nielsen et al.*, J. org. Chem. **38** [1973] 3288, 3291.

Über die Dehydratisierung des Trihydrats (s. u.) mit Hilfe von $Ca(NH_2)_2$ in flüssigem NH_3 s. *Strain*, Am. Soc. **54** [1932] 1221, 1225.

Kristalle; F: 94 – 96° [nach Trocknen des Trihydrats (s. u.) im Vakuum über $CaCl_2$] (*Ni. et al.*), 85° [aus Ae.] (*Lewis*, Soc. **1939** 968). Kubisch; a = 14,56 Å (*Lund*, Acta chem. scand. **5** [1951] 678). Dichte der Kristalle: 1,093 (*Lund*, Acta chem. scand. **5** 678).

Trihydrat $C_6H_{15}N_3 \cdot 3H_2O$; Acetaldehydammoniak; Aldehydammoniak (H 7; E I 4; E II 5). Konstitution: *Ni. et al.* – Atomabstände und Bindungswinkel (Röntgen-Dia= gramm): *Lund*, Acta chem. scand. **12** [1958] 1768, 1775. – Kristalle; F: 97° [aus Ae. + A.] (*Schurz et al.*, Z. physik. Chem. [N.F.] **21** [1959] 185, 191), 95° (*Le.*), 94 – 95° (*Ni. et al.*). Trigonal; Kristallstruktur-Analyse (Röntgen-Diagramm): *Lund*, Acta chem. scand. **12** 1768; s. a. *Lund*, Acta chem. scand. **5** 678. Dichte der Kristalle: 1,06 (*Moerman*, Z. Kr. **98** [1938] 447, 449). ^1H-NMR-Absorption und ^1H-^1H-Spin-Spin-Kopplungskonstanten (Pyridin-d_5): *Ni. et al.*, l. c. S. 3291. UV-Spektrum (A.; 220 – 310 nm): *Sch. et al.*, l. c. S. 189. – Geschwindig= keitskonstante der Zersetzung in wss. HCl bei 0,9° und 17,8°: *Le.*, l. c. S. 970. Beim Erwärmen mit Harnstoff in H_2O ist 4,6-Dimethyl-tetrahydro-[1,3,5]triazin-2-on erhalten worden (*Paquin*,

Ang. Ch. **60** [1949] 267, 269; J. org. Chem. **14** [1949] 189, 192). — Die E I 4 beschriebene „Verbindung $C_5H_8N_2O_2S$" ist als 1,1-Bis-[N'-methoxycarbonyl-thioureido]-äthan (E IV **3** 356) und die E I 4 beschriebene „Verbindung $C_6H_{10}N_2O_2S$" ist als 1,1-Bis-[N'-äthoxycarbonyl-thioureido]-äthan (E IV **3** 356) zu formulieren (*Elmore, Ogle*, Soc. **1960** 1961, 1963).

Stammverbindungen $C_9H_{21}N_3$

2r,4c,6c-Triäthyl-hexahydro-[1,3,5]triazin $C_9H_{21}N_3$, Formel XIII (R = C_2H_5).
Diese Konstitution und Konfiguration kommt vermutlich dem früher (H **1** 630; E I **1** 334) mit Vorbehalt als 1-Amino-propan-1-ol beschriebenen Propionaldehydammoniak C_3H_9NO zu (vgl. *Nielsen et al.*, J. org. Chem. **38** [1973] 3288, 3290).

Stammverbindungen $C_{12}H_{27}N_3$

2r,4c,6c-Tripropyl-hexahydro-[1,3,5]triazin $C_{12}H_{27}N_3$, Formel XIII (R = CH_2-C_2H_5) (E II 6).
Diese Konstitution und Konfiguration kommt dem früher (H **1** 663; E III **1** 2766) als 1-Amino-butan-1-ol beschriebenen Butyraldehydammoniak $C_4H_{11}NO$ zu (*Nielsen et al.*, J. org. Chem. **38** [1973] 3288, 3290).

2r,4c,6c-Triisopropyl-hexahydro-[1,3,5]triazin $C_{12}H_{27}N_3$, Formel XIII (R = $CH(CH_3)_2$).
Diese Konstitution und Konfiguration kommt der früher (H **1** 674) beschriebenen vermeint⸗ lichen Verbindung $C_{28}H_{62}N_6O$ vom F: 31° („Oxyheptaisobutylidenamin") zu (*Nielsen et al.*, J. org. Chem. **38** [1973] 3288, 3290).

Stammverbindungen $C_{15}H_{33}N_3$

2r,4c,6c-Triisobutyl-hexahydro-[1,3,5]triazin $C_{15}H_{33}N_3$, Formel XIII (R = CH_2-$CH(CH_3)_2$).
Diese Konstitution und Konfiguration kommt dem früher (H **1** 686; E I **1** 354) als 1-Amino-3-methyl-butan-1-ol beschriebenen Isovaleraldehydammoniak $C_5H_{13}NO$ zu (*Nielsen et al.*, J. org. Chem. **38** [1973] 3288, 3290).

Stammverbindungen $C_{18}H_{39}N_3$

1,8,15-Triaza-cycloheneicosan $C_{18}H_{39}N_3$, Formel XIV (R = H).
B. Neben anderen Verbindungen bei der Reduktion von Polycaprolactam mit $LiAlH_4$ in THF (*Zahn, Spoor*, B. **92** [1959] 1375, 1379).
Kristalle (aus mit H_2O gesättigtem Ae.) mit 1 Mol H_2O; F: 42°. Netzebenenabstände: *Zahn, Sp.*
Tripicrat $C_{18}H_{39}N_3 \cdot 3C_6H_3N_3O_7$. Gelbe Kristalle; F: 165°.

1,8,15-Tris-[2,4-dinitro-phenyl]-1,8,15-triaza-cycloheneicosan $C_{36}H_{45}N_9O_{12}$, Formel XIV (R = $C_6H_3(NO_2)_2$).
F: 61° (*Zahn, Spoor*, Ang. Ch. **68** [1956] 616). λ_{max}: 386 nm.   [*Weissmann*]

Stammverbindungen $C_nH_{2n+1}N_3$

Stammverbindungen $C_2H_5N_3$

1-Phenyl-4,5-dihydro-1H-[1,2,3]triazol $C_8H_9N_3$, Formel I.
Hydrobromid $C_8H_9N_3 \cdot HBr$. *B.* In kleiner Menge beim Behandeln von 1-Phenyl-4,5-dihydro-1H-[1,2,3]triazol-4-sulfonsäure-diäthylamid mit Brom in $CHCl_3$ (*Rondestvedt, Chang*, Am. Soc. **77** [1955] 6532, 6535, 6539). — Kristalle (aus Me.+E.); F: 278° [unkorr.; Zers.].

1-[2-Chlor-äthyl]-3-phenyl-4,5-dihydro-[1,2,3]triazolium $[C_{10}H_{13}ClN_3]^+$, Formel II
(X = X′ = H).
Chlorid $[C_{10}H_{13}ClN_3]Cl$. *B.* Aus diazotiertem Anilin und Bis-[2-chlor-äthyl]-amin-hydro‍chlorid in wss. Na_2CO_3 (*Kornew, Chomenkowa*, Ukr. chim. Ž. **25** [1959] 484; C. A. **1960** 9900). – Kristalle (aus A.); F: 98°.
Picrat $[C_{10}H_{13}ClN_3]C_6H_2N_3O_7$. Orangefarbene Kristalle (aus A.); F: 123°.

Die folgenden Verbindungen sind in analoger Weise hergestellt worden:
1-[2-Chlor-äthyl]-3-[2-chlor-phenyl]-4,5-dihydro-[1,2,3]triazolium
$[C_{10}H_{12}Cl_2N_3]^+$, Formel II (X = Cl, X′ = H). Chlorid $[C_{10}H_{12}Cl_2N_3]Cl$. Kristalle (aus A.);
F: 50°. – Picrat $[C_{10}H_{12}Cl_2N_3]C_6H_2N_3O_7$. Kristalle (aus A.); F: 104°.
1-[2-Chlor-äthyl]-3-[4-chlor-phenyl]-4,5-dihydro-[1,2,3]triazolium
$[C_{10}H_{12}Cl_2N_3]^+$, Formel II (X = H, X′ = Cl). Chlorid $[C_{10}H_{12}Cl_2N_3]Cl$. Kristalle (aus A.);
F: 157 – 159° [Zers.]. – Picrat $[C_{10}H_{12}Cl_2N_3]C_6H_2N_3O_7$. Kristalle (aus A.); F: 139°.
1-[2-Chlor-äthyl]-3-[2-nitro-phenyl]-4,5-dihydro-[1,2,3]triazolium
$[C_{10}H_{12}ClN_4O_2]^+$, Formel II (X = NO_2, X′ = H). Chlorid $[C_{10}H_{12}ClN_4O_2]Cl$. Kristalle
(aus A.); F: 68°. – Picrat $[C_{10}H_{12}ClN_4O_2]C_6H_2N_3O_7$. Kristalle (aus A.); F: 144°.
1-[2-Chlor-äthyl]-3-[4-nitro-phenyl]-4,5-dihydro-[1,2,3]triazolium
$[C_{10}H_{12}ClN_4O_2]^+$, Formel II (X = H, X′ = NO_2). Chlorid $[C_{10}H_{12}ClN_4O_2]Cl$. Kristalle
(aus A.); F: 79°. – Picrat $[C_{10}H_{12}ClN_4O_2]C_6H_2N_3O_7$. Kristalle (aus A.); F: 121°.
1-[2-Chlor-äthyl]-3-*o*-tolyl-4,5-dihydro-[1,2,3]triazolium $[C_{11}H_{15}ClN_3]^+$, Formel
II (X = CH_3, X′ = H). Chlorid $[C_{11}H_{15}ClN_3]Cl$. Kristalle (aus A.); F: 70°. – Picrat
$[C_{11}H_{15}ClN_3]C_6H_2N_3O_7$. Kristalle (aus A.); F: 95°.
1-[2-Chlor-äthyl]-3-*p*-tolyl-4,5-dihydro-[1,2,3]triazolium $[C_{11}H_{15}ClN_3]^+$, Formel
II (X = H, X′ = CH_3). Chlorid $[C_{11}H_{15}ClN_3]Cl$. Kristalle (aus A.); F: 159,5° [Zers.]. –
Picrat $[C_{11}H_{15}ClN_3]C_6H_2N_3O_7$. Kristalle (aus A.); F: 88°.

Stammverbindungen $C_3H_7N_3$

1,2,5,6-Tetrahydro-[1,2,4]triazin $C_3H_7N_3$, Formel III und Taut.
B. Aus [1,3,5]Triazin beim Behandeln mit 2-Hydrazino-äthylamin-dihydrochlorid und Na‍triummethylat oder neben 1(oder 2)-Formyl-1,2,5,6-tetrahydro-[1,2,4]triazin $C_4H_7N_3O$
(Kristalle [aus PAe.], F: 96°; Picrat $C_4H_7N_3O \cdot C_6H_3N_3O_7$: gelbe Kristalle [aus H_2O], F:
155 – 156°) beim Behandeln mit 2-Hydrazino-äthylamin-sesquihydrat (*Grundmann, Rätz*, B. **91**
[1958] 1766, 1768).
Kp_{15}: 146 – 147°.
Beim Behandeln mit CH_3I ist eine als 1,1(oder 2,2)-Dimethyl-1,2,5,6-tetrahydro-
[1,2,4]triazinium-jodid $[C_5H_{12}N_3]I$ formulierte Verbindung (Kristalle [aus A.]; F:
207 – 208°) erhalten worden.
Monopicrat $C_3H_7N_3 \cdot C_6H_3N_3O_7$. Orangegelbe Kristalle (aus H_2O); F: 132 – 133°.
Dipicrat $C_3H_7N_3 \cdot 2 C_6H_3N_3O_7$. Gelbe Kristalle (aus H_2O); F: 217°.

**4-Anilino-2-phenyl-2,3,4,5-tetrahydro-[1,2,4]triazin, Phenyl-[2-phenyl-2,5-dihydro-3*H*-
[1,2,4]triazin-4-yl]-amin** $C_{15}H_{16}N_4$, Formel IV.
Diese Konstitution kommt der früher (H **15** 126) als Bis-[methylen-phenyl-hydrazino]-methan
oder als Bis-[2-phenyl-diaziridin-1-yl]-methan (niedrigerschmelzende Form) beschriebenen Ver‍bindung zu (*Schmitz, Ohme*, A. **635** [1960] 82, 83, 87, 90).

Stammverbindungen $C_5H_{11}N_3$

3-Nitro-1,3,5-triaza-bicyclo[3.2.1]octan $C_5H_{10}N_4O_2$, Formel V.
Diese Konstitution wird von *Reed* (J. org. Chem. **23** [1958] 496) der nachfolgend beschriebenen

Verbindung zugeordnet.

B. Aus Bis-nitroamino-methan, Äthylendiamin und wss. Formaldehyd (*Reed*).

Kristalle (aus Acn.); F: 160–165° [korr.; Zers.; abhängig von der Geschwindigkeit des Erhitzens].

Stammverbindungen $C_6H_{13}N_3$

3-Nitro-1,3,5-triaza-bicyclo[3.3.1]nonan $C_6H_{12}N_4O_2$, Formel VI (R = H).

B. Aus Bis-nitroamino-methan, Propandiyldiamin und wss. Formaldehyd (*Reed*, J. org. Chem. **23** [1958] 496).

Kristalle; F: 135° [korr.; Zers.].

_____

2,6-Diisopropyl-7a-methyl-hexahydro-imidazo[1,5-c]imidazol $C_{12}H_{25}N_3$, Formel VII (R = CH(CH$_3$)$_2$).

B. Beim Erwärmen von N^1,N^3-Diisopropyl-2-methyl-propan-1,2,3-triyltriamin mit wss. Formaldehyd in Benzol (*Comm. Solv. Corp.*, U.S.P. 2393826 [1944]).

Kp$_3$: 86,0–86,5°. D_{20}^{20}: 0,9111. n_D^{20}: 1,4662.

7a-Methyl-2,6-diphenyl-hexahydro-imidazo[1,5-c]imidazol $C_{18}H_{21}N_3$, Formel VII (R = C$_6$H$_5$).

B. Beim Erwärmen von 2-Methyl-N^1,N^3-diphenyl-propan-1,2,3-triyltriamin mit wss. Formaldehyd in Benzol (*Comm. Solv. Corp.*, U.S.P. 2293826 [1944]).

Kristalle (aus Cyclohexan); F: 122,1°.

V	VI	VII	VIII

Stammverbindungen $C_7H_{15}N_3$

(±)-6-Methyl-3-nitro-1,3,5-triaza-bicyclo[3.3.1]nonan $C_7H_{14}N_4O_2$, Formel VI (R = CH$_3$).

B. Aus Bis-nitroamino-methan, (±)-1-Methyl-propandiyldiamin und wss. Formaldehyd (*Reed*, J. org. Chem. **23** [1958] 496).

Kristalle; F: 125° [korr.; Zers.].

Stammverbindungen $C_8H_{17}N_3$

3,9-Di-[2]naphthyl-3,9-diaza-6-azonia-spiro[5.5]undecan $[C_{28}H_{30}N_3]^+$, Formel VIII (R = C$_{10}$H$_7$).

Chlorid $[C_{28}H_{30}N_3]$Cl. *B.* Beim Erwärmen von Bis-[2-chlor-äthyl]-[2]naphthyl-amin mit wss. NH$_3$ in wss. Aceton (*Davis, Ross*, Soc. **1948** 2831, 2834). – Kristalle (aus A.); F: 305° [Zers.].

3,9-Bis-[4-methoxy-phenyl]-3,9-diaza-6-azonia-spiro[5.5]undecan $[C_{22}H_{30}N_3O_2]^+$, Formel VIII (R = C$_6$H$_4$-O-CH$_3$).

Chlorid $[C_{22}H_{30}N_3O_2]$Cl. *B.* Beim Erwärmen von *N,N*-Bis-[2-chlor-äthyl]-*p*-anisidin mit wss. NH$_3$ in wss. Aceton (*Davis, Ross*, Soc. **1949** 2831, 2832). – Kristalle (aus A.); F: 280–285° [Zers.].

Stammverbindungen $C_9H_{19}N_3$

10-Nitro-1,8,10-triaza-bicyclo[6.3.1]dodecan $C_9H_{18}N_4O_2$, Formel IX (n = 6).

B. Aus Bis-nitroamino-methan, Hexandiyldiamin und wss. Formaldehyd (*Reed*, J. org. Chem. **23** [1958] 496).

Kristalle; F: 170° [korr.; Zers.].

Stammverbindungen $C_{10}H_{21}N_3$

11-Nitro-1,9,11-triaza-bicyclo[7.3.1]tridecan $C_{10}H_{20}N_4O_2$, Formel IX (n = 7).
B. Aus Bis-nitroamino-methan, Heptandiyldiamin und wss. Formaldehyd (*Reed,* J. org. Chem.
23 [1958] 496).
Kristalle; F: 78−80°.

IX   X

Stammverbindungen $C_{11}H_{23}N_3$

12-Nitro-1,10,12-triaza-bicyclo[8.3.1]tetradecan $C_{11}H_{22}N_4O_2$, Formel IX (n = 8).
B. Aus Bis-nitroamino-methan, Octandiyldiamin und wss. Formaldehyd (*Reed,* J. org. Chem.
23 [1958] 496).
Kristalle; F: 94−95°.

Stammverbindungen $C_{20}H_{41}N_3$

*Opt.-inakt. 3,5-Bis-[1-äthyl-pentyl]-2,6-diisopropyl-7a-methyl-hexahydro-imidazo[1,5-c]imid‌azol $C_{26}H_{53}N_3$, Formel X.
B. Beim Erwärmen von N^1,N^3-Diisopropyl-2-methyl-propan-1,2,3-triyltriamin mit (±)-2-
Äthyl-hexanal (*Comm. Solv. Corp.,* U.S.P. 2393826 [1944]).
$Kp_{0,9}$: 173°. D_{20}^{20}: 0,8903. n_D^{20}: 1,4726.

Stammverbindungen $C_nH_{2n-1}N_3$

Stammverbindungen $C_2H_3N_3$

1*H*-[1,2,3]Triazol $C_2H_3N_3$, Formel XI (R = H) und Taut. (H 11; E I 5).
Bezüglich der Tautomerie s. *Elguero et al.,* Adv. heterocycl. Chem. Spl. 1 [1976] 281, 296.
B. Aus 1-Benzyl-1*H*-[1,2,3]triazol beim Behandeln mit Natrium in flüssigem NH_3 oder beim
Hydrieren an Palladium/Kohle bei 175° (*Wiley et al.,* J. org. Chem. **21** [1956] 190).
Dipolmoment (ε; Bzl.) bei 25°: 1,77 D (*Jensen, Friediger,* Danske Vid. Selsk. Mat. fys.
Medd. **20** Nr. 20 [1943] 7, 45).
F: 23,5°; Kp_{752}: 203°; D_4^{23}: 1,1925; n_D^{23}: 1,4937 (*Hartzel, Benson,* Am. Soc. **76** [1954]
667, 668). IR-Spektrum (2−15 μ): *Ha., Be.* UV-Spektrum in Äthanol (205−225 nm): *Ha.,*
Be.; in Äthanol und in wss. HCl (200−230 nm): *Dal Monte et al.,* G. **88** [1958] 977, 979,
980. λ_{max} (Dioxan): 213 nm (*Hüttel, Kratzer,* B. **92** [1959] 2014, 2020).
Hydrochlorid $C_2H_3N_3 \cdot HCl$ (H 11). F: ca. 142° (*Hüttel, Welzel,* A. **593** [1955] 207, 214).
Picrat. F: 147° (*Hü., We.*).

1-Methyl-1*H*-[1,2,3]triazol $C_3H_5N_3$, Formel XI (R = CH_3) (E I 5).
B. Beim Erhitzen von 1-Methyl-1*H*-[1,2,3]triazol-4-carbonsäure auf 250−270° (*Hüttel, Welzel,*
A. **593** [1955] 207, 213). Neben 2-Methyl-2*H*-[1,2,3]triazol beim Behandeln von 1*H*-[1,2,3]Triazol
mit Dimethylsulfat in wss. NaOH (*Hü., We.*) oder mit Diazomethan in Äther (*Pedersen,* Acta
chem. scand. **13** [1959] 888, 890).
Kp_{760}: 223−225° (*Pe.*); Kp_{13}: 96−97° (*Hü., We.*). UV-Spektrum (A.; 200−240 nm): *Dal*

Monte et al., G. **88** [1958] 977, 979, 980.
Picrat. F: 158° (*Hü., We.*).

2-Methyl-2*H*-[1,2,3]triazol $C_3H_5N_3$, Formel XII (R = CH_3).
B. Neben 1-Methyl-1*H*-[1,2,3]triazol beim Behandeln von 1*H*-[1,2,3]Triazol mit Dimethylsul=
fat in wss. NaOH (*Hüttel, Welzel,* A. **593** [1955] 207, 213) oder mit Diazomethan in Äther
(*Pedersen,* Acta chem. scand. **13** [1959] 888, 890).
Kristalle; F: $21,5-22°$ (*Hü., We.*). Kp_{760}: $102-103°$ (*Pe.*); Kp_{714}: $89-90°$; Kp_{165}:
$50,5-51°$ (*Hü., We.*).

1-[α-Nitro-isopropyl]-1*H*-[1,2,3]triazol $C_5H_8N_4O_2$, Formel XI (R = $C(CH_3)_2$-NO_2).
B. Beim Erwärmen [135 h] von 2-Azido-2-nitro-propan mit Acetylen in Aceton auf 70°
(*Maffei, Bettinetti,* Ann. Chimica **47** [1957] 1286, 1287, 1291).
Kristalle (aus Ae.); F: 45°.

| XI | XII | XIII | XIV |

1-Phenyl-1*H*-[1,2,3]triazol $C_8H_7N_3$, Formel XIII (X = X' = X'' = H) (H 11; E I 5; E II 6).
Dipolmoment (ε; Bzl.) bei 25°: 4,08 D (*Jensen, Friediger,* Danske Vid. Selsk. Mat. fys.
Medd. **20** Nr. 20 [1943] 11, 46).
F: 56° (*Dal Monte et al.*, G. **88** [1958] 977, 980). UV-Spektrum in Hexan ($260-290$ nm),
in Äthanol ($210-290$ nm) und in wss. HCl ($210-300$ nm): *Dal Mo. et al.*, l. c. S. 980, 985;
in Äthanol ($220-280$ nm): *Ramart-Lucas, Hoch,* Bl. **1949** 447, 450.
Hydrobromid. Kristalle (aus Me. + E.); F: $76-77°$; λ_{max} (A.): 285 nm (*Rondestvedt, Chang,*
Am. Soc. **77** [1955] 6532, 6540).

1-[2,4-Dichlor-phenyl]-1*H*-[1,2,3]triazol $C_8H_5Cl_2N_3$, Formel XIII (X = X' = Cl, X'' = H)
(E II 6).
λ_{max} (A.): 227 nm und 280 nm (*Dal Monte et al.*, G. **88** [1958] 977, 980).

1-[2,5-Dichlor-phenyl]-1*H*-[1,2,3]triazol $C_8H_5Cl_2N_3$, Formel XIII (X = X'' = Cl, X' = H)
(E II 6).
UV-Spektrum (A. sowie wss. HCl; $210-300$ nm): *Dal Monte et al.*, G. **88** [1958] 977, 980,
985.

2-Phenyl-2*H*-[1,2,3]triazol $C_8H_7N_3$, Formel XIV (X = X' = H) (H 11).
B. Beim Erwärmen von Glyoxal-bis-phenylhydrazon mit wss. $CuSO_4$ (*Riebsomer,* J. org.
Chem. **13** [1948] 815, 817; *El Khadem, El-Shafei,* Soc. **1958** 3117).
Dipolmoment (ε; Bzl.) bei 25°: 0,97 D (*Jensen, Friediger,* Danske Vid. Selsk. Mat. fys.
Medd. **20** Nr. 20 [1943] 11, 46).
Kp_{22}: $115-118°$ (*Ri.*); Kp_{12}: 80° (*El Kh., El-Sh.*). UV-Spektrum (A.; $210-300$ nm): *Dal
Monte et al.*, G. **88** [1958] 977, 980, 988. λ_{max}: 262 nm [A.] (*El Kh., El-Sh.; Dal Mo. et al.*)
bzw. 258 nm [wss. HCl (3 n)] (*Dal Mo. et al.*).

2-[2-Nitro-phenyl]-2*H*-[1,2,3]triazol $C_8H_6N_4O_2$, Formel XIV (X = NO_2, X' = H).
B. In geringer Menge neben 2-[4-Nitro-phenyl]-2*H*-[1,2,3]triazol beim Behandeln von
2-Phenyl-2*H*-[1,2,3]triazol mit konz. H_2SO_4 und konz. HNO_3 (*Riebsomer,* J. org. Chem. **13**
[1948] 815, 817).
Kristalle; F: $126-127°$.

2-[4-Nitro-phenyl]-2H-[1,2,3]triazol $C_8H_6N_4O_2$, Formel XIV (X = H, X' = NO$_2$) (H 11).
Konstitution: *Riebsomer*, J. org. Chem. **13** [1948] 815, 816.
B. Als Hauptprodukt neben 2-[2-Nitro-phenyl]-2H-[1,2,3]triazol beim Behandeln von 2-Phe=
nyl-2H-[1,2,3]triazol mit konz. H$_2$SO$_4$ und konz. HNO$_3$ (*Ri.*). Aus dem Silber-Salz der 2-[4-Ni=
tro-phenyl]-2H-[1,2,3]triazol-4-carbonsäure beim Erhitzen auf 250° (*Bishop*, Sci. **117** [1953] 715).
Kristalle; F: 183—184° (*Bi.*), 182—184° [aus A.] (*Ri.*).

1-Methyl-3-phenyl-[1,2,3]triazolium $[C_9H_{10}N_3]^+$, Formel I (R = CH$_3$, R' = C$_6$H$_5$).
Jodid $[C_9H_{10}N_3]$I. *B.* Aus 1-Phenyl-1H-[1,2,3]triazol und CH$_3$I in Aceton und Äther (*Ron=
destvedt, Chang*, Am. Soc. **77** [1955] 6532, 6540). — Kristalle (aus Acn.+E.); F: 134,5—135,5°
[unkorr.]. λ_{max} (A.): 251,6 nm.
Methansulfonat $[C_9H_{10}N_3]$CH$_3$O$_3$S. *B.* Aus dem Jodid und Silber-methansulfonat in H$_2$O
(*Ro., Ch.*). — Kristalle (aus Me.+E.); F: 148—149,5° [unkorr.].

1-Benzyl-1H-[1,2,3]triazol $C_9H_9N_3$, Formel II.
B. Beim Erhitzen von Benzylazid mit Acetylen in Aceton auf 100° (*Curtius, Raschig*, J.
pr. [2] **125** [1930] 466, 495). Beim Erhitzen von 1-Benzyl-1H-[1,2,3]triazol-4,5-dicarbonsäure
(*Cu., Ra.; Wiley et al.*, J. org. Chem. **21** [1956] 190).
Kristalle (aus PAe. bzw. aus Ae.); F: 61° (*Cu., Ra.; Wi. et al.*).

1-Benzyl-3-methyl-[1,2,3]triazolium $[C_{10}H_{12}N_3]^+$, Formel I (R = CH$_2$-C$_6$H$_5$, R' = CH$_3$).
Jodid $[C_{10}H_{12}N_3]$I. *B.* Aus 1-Methyl-1H-[1,2,3]triazol und Benzyljodid oder aus 1-Benzyl-1H-
[1,2,3]triazol und CH$_3$I, jeweils in Aceton und Äther (*Wiley, Moffat*, Am. Soc. **77** [1955]
1703). — Kristalle (aus Acn.+Ae.); F: 135—136°.

I   II   III   IV

4-[[1,2,3]Triazol-1-ylmethyl-amino]-benzoesäure $C_{10}H_{10}N_4O_2$, Formel III.
B. Aus 1H-[1,2,3]Triazol, wss. Formaldehyd und 4-Amino-benzoesäure (*Licari et al.*, Am.
Soc. **77** [1955] 5386).
F: 181,5° [korr.].

(±)-4-Phenyl-4-[1,2,3]triazol-1-yl-butan-2-on $C_{12}H_{13}N_3O$, Formel IV (R = CH$_3$).
B. Beim Erwärmen von 1H-[1,2,3]Triazol mit 4t-Phenyl-but-3-en-2-on und Benzyl-trimethyl-
ammonium-hydroxid (*Wiley et al.*, Am. Soc. **76** [1954] 4933).
Kristalle (aus CCl$_4$); F: 106—107° [korr.]. λ_{max} (Me.): 254 nm, 258 nm und 264 nm.

(±)-1,3-Diphenyl-3-[1,2,3]triazol-1-yl-propan-1-on $C_{17}H_{15}N_3O$, Formel IV (R = C$_6$H$_5$).
B. Beim Erwärmen von 1H-[1,2,3]Triazol mit *trans*-Chalkon und Benzyl-trimethyl-ammo=
nium-hydroxid (*Wiley et al.*, Am. Soc. **76** [1954] 4933).
Kristalle (aus A.); F: 146—146,5°. λ_{max} (Me.): 245 nm und 282 nm.

1-Acetyl-1H-[1,2,3]triazol $C_4H_5N_3O$, Formel V (R = CH$_3$).
Konstitution: *Birkofer, Wegner*, B. **99** [1966] 2512, **100** [1967] 3485, 3491.
B. Beim Behandeln von 1H-[1,2,3]Triazol mit Acetylchlorid in Benzol (*Hüttel, Kratzer*, B.
92 [1959] 2014, 2019).
Kristalle; F: 62°; λ_{max} (Dioxan): 240 nm (*Hü., Kr.*, l. c. S. 2020).
Geschwindigkeitskonstante der Hydrolyse in H$_2$O bei 25° und 40°: *Hü., Kr.*, l. c. S. 2016,
2021; der Aminolyse mit Diäthylamin in Dioxan bei 25°: *Hü., Kr.*, l. c. S. 2019.

1-Benzoyl-1H-[1,2,3]triazol $C_9H_7N_3O$, Formel V (R = C_6H_5) (H 11).
Kristalle (aus Ae.); F: 110−111° (*Ghigi, Pozzo-Balbi*, G. **71** [1941] 228, 234), 110° (*Yamada et al.*, J. pharm. Soc. Japan **77** [1957] 452, 455; C. A. **1957** 14697).

[1,2,3]Triazol-1-yl-essigsäure $C_4H_5N_3O_2$, Formel VI (n = 1).
B. Beim Erhitzen von 1-Carboxymethyl-1H-[1,2,3]triazol-4,5-dicarbonsäure (*Curtius, Klavehn*, J. pr. [2] **125** [1930] 498, 512).
Braune Kristalle; F: 209° [Zers.].

3-[1,2,3]Triazol-1-yl-propionsäure $C_5H_7N_3O_2$, Formel VI (n = 2).
B. Beim Erwärmen von 1H-[1,2,3]Triazol mit Acrylsäure und Pyridin (*Wiley et al.*, Am. Soc. **76** [1954] 4933). Über die Bildung aus 1-[2-Carboxy-äthyl]-1H-[1,2,3]triazol-4,5-dicarbon≈ säure beim Erhitzen s. *Curtius, Klavehn*, J. pr. [2] **125** [1930] 498, 517.
Kristalle (aus E.); F: 126−131° [korr.] (*Wi. et al.*).

1-Phenyl-3-[2-sulfo-äthyl]-[1,2,3]triazolium-betain, 2-[3-Phenyl-[1,2,3]triazolium-1-yl]-äthansulfonat $C_{10}H_{11}N_3O_3S$, Formel I (R = CH_2-CH_2-SO_2-O]$^-$, R′ = C_6H_5).
B. Beim Eindampfen einer wss. Lösung von 1-[2-Chlorsulfonyl-äthyl]-3-phenyl-[1,2,3]triazo≈ lium-chlorid zur Trockne (*Rondestvedt, Chang*, Am. Soc. **77** [1955] 6532, 6540). Beim Erwärmen von 1-Phenyl-1H-[1,2,3]triazol mit Äthensulfonylchlorid in Benzol (*Ro., Ch.*).
Kristalle (aus Me.+E.); F: 215−216° [unkorr.].

1-[2-Chlorsulfonyl-äthyl]-3-phenyl-[1,2,3]triazolium $[C_{10}H_{11}ClN_3O_2S]^+$, Formel I
(R = CH_2-CH_2-SO_2-Cl, R′ = C_6H_5).
Chlorid $[C_{10}H_{11}ClN_3O_2S]Cl$. *B.* Beim Behandeln von Phenylazid mit Äthensulfonylchlorid (*Rondestvedt, Chang*, Am. Soc. **77** [1955] 6532, 6539). − Kristalle (aus Me.+E.); F: 129−130° [unkorr.].

4-[1,2,3]Triazol-2-yl-benzolsulfonylchlorid $C_8H_6ClN_3O_2S$, Formel VII (X = Cl).
B. Beim Behandeln von 2-Phenyl-2H-[1,2,3]triazol mit $ClSO_3H$ (*Riebsomer*, J. org. Chem. **13** [1948] 815, 819).
F: 152−153°.

4-[1,2,3]Triazol-2-yl-benzolsulfonsäure-amid $C_8H_8N_4O_2S$, Formel VII (X = NH_2).
B. Aus der vorangehenden Verbindung und wss. NH_3 (*Riebsomer*, J. org. Chem. **13** [1948] 815, 819).
Kristalle (aus A.); F: 245−247°.

4-[1,2,3]Triazol-2-yl-benzolsulfonsäure-anilid $C_{14}H_{12}N_4O_2S$, Formel VII (X = NH-C_6H_5).
B. Beim Erwärmen von 4-[1,2,3]Triazol-2-yl-benzolsulfonylchlorid mit Anilin in H_2O und Pyridin (*Riebsomer*, J. org. Chem. **13** [1948] 815, 819).
Kristalle (aus A.); F: 163°.

2-[4-Amino-phenyl]-2H-[1,2,3]triazol, 4-[1,2,3]Triazol-2-yl-anilin $C_8H_8N_4$, Formel VIII.
B. Beim Erwärmen von 2-[4-Nitro-phenyl]-2H-[1,2,3]triazol mit Zinn und konz. wss. HCl (*Riebsomer*, J. org. Chem. **13** [1948] 815, 818).
Kp$_2$: 165°.
Hydrochlorid $C_8H_8N_4$·HCl. Kristalle (aus A.); F: ca. 199°.
Acetyl-Derivat $C_{10}H_{10}N_4O$; Essigsäure-[4-[1,2,3]triazol-2-yl-anilid]. Kristalle (aus A.); F: 189−190.
Benzoyl-Derivat $C_{15}H_{12}N_4O$; Benzoesäure-[4-[1,2,3]triazol-2-yl-anilid]. Kristalle

(aus A.); F: 193 — 194°.

Sulfanilyl-Derivat $C_{14}H_{13}N_5O_2S$; Sulfanilsäure-[4-[1,2,3]triazol-2-yl-anilid]. *B.* Aus dem [*N*-Acetyl-sulfanilyl]-Derivat [s. u.] beim Erwärmen mit wss. HCl (*Ri.*). — Kristalle (aus A.); F: 212 — 214°.

[*N*-Acetyl-sulfanilyl]-Derivat $C_{16}H_{15}N_5O_3S$; *N*-Acetyl-sulfanilsäure-[4-[1,2,3]triazol-2-yl-anilid]. *B.* Beim Erwärmen von 4-[1,2,3]Triazol-2-yl-anilin mit *N*-Acetyl-sulfanilylchlorid in H_2O und Pyridin (*Ri.*). — Kristalle (aus A.); F: 209 — 210°.

1-[4-[1,2,3]Triazol-2-yl-phenylazo]-[2]naphthol $C_{18}H_{13}N_5O$, Formel IX und Taut.
B. Aus diazotiertem 4-[1,2,3]Triazol-2-yl-anilin und [2]Naphthol (*Riebsomer,* J. org. Chem. **13** [1948] 815, 819).
Roter Feststoff.

*Opt.-inakt. 1,5-Diphenyl-1,5-di-[1,2,3]triazol-1-yl-pentan-3-on $C_{21}H_{20}N_6O$, Formel X.
B. Beim Erwärmen von 1*H*-[1,2,3]Triazol mit 1*t*,5*t*-Diphenyl-penta-1,4-dien-3-on und Benzyl-trimethyl-ammonium-hydroxid (*Wiley et al.,* Am. Soc. **76** [1954] 4933).
Kristalle (aus A.); F: 160 — 165° [korr.]. λ_{max} (Me.): 252 nm, 258 nm und 264 nm.

IX   X   XI

[4-[1,2,3]Triazol-2-yl-phenyl]-arsonsäure $C_8H_8AsN_3O_3$, Formel XI.
B. Aus diazotiertem 4-[1,2,3]Triazol-2-yl-anilin beim Behandeln mit As_2O_3 und $CuSO_4$ in wss. NaOH (*Riebsomer,* J. org. Chem. **13** [1948] 815, 818).
Kristalle (aus wss. Eg.); unterhalb 285° nicht schmelzend.

1-Jod-1*H*-[1,2,3]triazol $C_2H_2IN_3$, Formel XII.
Konstitution: *Miethchen et al.,* Z. Chem. **10** [1970] 220.
B. Aus 1*H*-[1,2,3]Triazol beim Behandeln mit Jod in wss. Na_2CO_3 und wss. NaOH oder neben geringen Mengen 4-Jod-1*H*-[1,2,3]triazol beim Erwärmen mit Jod in CCl_4 (*Hüttel, Welzel,* A. **593** [1955] 207, 208, 214, 217).
F: 140 — 141° [Zers.] (*Hü., We.*), 140° [Zers.] (*Mi. et al.*).

4-Chlor-1-methyl-1*H*-[1,2,3]triazol $C_3H_4ClN_3$, Formel XIII (R = CH_3, X = Cl, X' = H).
B. Aus 1-Methyl-1*H*-[1,2,3]triazol beim Behandeln mit Chlor in H_2O oder mit NaClO und wss. Essigsäure (*Hüttel, Welzel,* A. **593** [1955] 207, 209, 215, 217).
Kristalle; F: 69,5 — 70° [nach Sublimation im Vakuum].

5-Chlor-1-phenyl-1*H*-[1,2,3]triazol $C_8H_6ClN_3$, Formel XIII (R = C_6H_5, X = H, X' = Cl) (H 12).
IR-Banden (Nujol oder KBr; 1290 — 950 cm^{-1}): *Lieber et al.,* Canad. J. Chem. **36** [1958] 1441. λ_{max} (A.): 228 nm.

4-Brom-1-methyl-1*H*-[1,2,3]triazol $C_3H_4BrN_3$, Formel XIII (R = CH_3, X = Br, X' = H).
B. Neben 4-Brom-2-methyl-2*H*-[1,2,3]triazol und 5-Brom-1-methyl-1*H*-[1,2,3]triazol beim Behandeln von Bromcyan mit Diazomethan in Äther (*Pedersen,* Acta chem. scand. **13** [1959] 888, 890). Aus 1-Methyl-1*H*-[1,2,3]triazol beim Behandeln mit Brom in CCl_4 oder mit NaBrO und wss. Essigsäure (*Hüttel, Welzel,* A. **593** [1955] 207, 209, 215, 217). Beim Behandeln von diazotiertem 1-Methyl-1*H*-[1,2,3]triazol-4-ylamin mit Kupfer-Pulver in wss. HBr (*Pe.*).
Kristalle; F: 98,5 — 99° [nach Sublimation im Vakuum] (*Hü., We.*), 98 — 99° [aus Bzl. + PAe.] (*Pe.*).

4-Brom-2-methyl-2H-[1,2,3]triazol $C_3H_4BrN_3$, Formel XIV (R = CH_3, X = Br, X' = H) (H 12).
B. s. im vorangehenden Artikel.
F: 22°; Kp_{760}: 161−162° (*Pedersen*, Acta chem. scand. **13** [1959] 888, 890).

5-Brom-1-methyl-1H-[1,2,3]triazol $C_3H_4BrN_3$, Formel XIII (R = CH_3, X = H, X' = Br).
B. s. o. im Artikel 4-Brom-1-methyl-1H-[1,2,3]triazol.
Kristalle (aus Ae.+PAe.); F: 41−42° (*Pedersen*, Acta chem. scand. **13** [1959] 888, 890).

4-Brom-1-phenyl-1H-[1,2,3]triazol $C_8H_6BrN_3$, Formel XIII (R = C_6H_5, X = Br, X' = H).
B. Beim Behandeln von Phenylazid in $CHCl_3$ mit 1-Brom-äthensulfonylchlorid (*Rondestvedt, Chang*, Am. Soc. **77** [1955] 6532, 6540).
Kristalle (aus wss. Me.); F: 121,5−122,5° [unkorr.]. λ_{max} (A.): 253 nm.

4,5-Dibrom-1H-[1,2,3]triazol $C_2HBr_2N_3$, Formel XIII (R = H, X = X' = Br) und Taut.
B. Beim Behandeln von 1H-[1,2,3]Triazol in H_2O mit Brom (*Hüttel, Gebhardt*, A. **558** [1947] 34, 36, 43). Neben 1,4,5-Tribrom-1H-[1,2,3]triazol beim Behandeln von 1H-[1,2,3]Triazol mit NaBrO und wss. Essigsäure (*Hüttel, Welzel*, A. **593** [1955] 207, 209, 217).
Kristalle (aus wss. A.); F: 194° [Zers.] (*Hü., Ge.*). λ_{max} (Dioxan): 231 nm (*Hüttel, Kratzer*, B. **92** [1959] 2014, 2020).

4,5-Dibrom-2-methyl-2H-[1,2,3]triazol $C_3H_3Br_2N_3$, Formel XIV (R = CH_3, X = X' = Br).
B. Beim Erwärmen von 2-Methyl-2H-[1,2,3]triazol mit Brom und Eisen in CCl_4 (*Hüttel, Welzel*, A. **593** [1955] 207, 210, 215).
Kristalle (nach Sublimation im Vakuum bei 80−100°); F: 66,5−67,5°.

2(?)-Acetyl-4,5-dibrom-2(?)H-[1,2,3]triazol $C_4H_3Br_2N_3O$, vermutlich Formel XIV (R = CO-CH_3, X = X' = Br).
Die Position der Acetyl-Gruppe ist nicht bewiesen; vgl. hierzu *Birkofer, Wegner*, B. **100** [1967] 3485, 3490.
B. Beim Behandeln von 4,5-Dibrom-1H-[1,2,3]triazol mit Acetanhydrid in Benzol (*Hüttel, Kratzer*, B. **92** [1959] 2014, 2019, 2020).
F: 122°; λ_{max} (Dioxan): 265 nm (*Hü., Kr.*).
Geschwindigkeitskonstante der Hydrolyse in H_2O bei 25° und 35°: *Hü., Kr.*, l. c. S. 2016, 2021.

1,4,5-Tribrom-1H-[1,2,3]triazol $C_2Br_3N_3$, Formel XIII (R = X = X' = Br).
B. Neben 4,5-Dibrom-1H-[1,2,3]triazol beim Behandeln von 1H-[1,2,3]Triazol mit NaBrO in wss. Essigsäure (*Hüttel, Welzel*, A. **593** [1955] 207, 209, 217).
Zers. bei 106−107°.

4-Jod-1H-[1,2,3]triazol $C_2H_2IN_3$, Formel XIII (R = X' = H, X = I) und Taut.
B. In geringer Menge neben 1-Jod-1H-[1,2,3]triazol beim Erwärmen von 1H-[1,2,3]Triazol mit Jod in CCl_4 (*Hüttel, Welzel*, A. **593** [1955] 207, 208, 215).
F: 110−111° [Zers.; nach Sublimation im Hochvakuum].

4-Jod-1-methyl-1H-[1,2,3]triazol $C_3H_4IN_3$, Formel XIII (R = CH_3, X = I, X' = H).
B. Beim Erwärmen von 1-Methyl-1H-[1,2,3]triazol mit Jod und wss. HNO_3 (*Hüttel, Welzel*, A. **593** [1955] 207, 209, 215).
F: 123° [nach Sublimation im Vakuum].

4,5-Dijod-2-methyl-2H-[1,2,3]triazol $C_3H_3I_2N_3$, Formel XIV (R = CH_3, X = X' = I).
B. Beim Erhitzen von 2-Methyl-2H-[1,2,3]triazol mit Jod und wss. HNO_3 (*Hüttel, Welzel*, A. **593** [1955] 207, 210, 215).
Kristalle (aus Acn.+H_2O); F: 127−128°; im Vakuum bei 100° sublimierbar.

1H-[1,2,4]Triazol $C_2H_3N_3$, Formel XV (R = H) und Taut. (H 13; E II 6).

Bezüglich der Tautomerie s. *Elguero et al.*, Adv. heterocycl. Chem. Spl. 1 [1976] 284, 296.

B. Beim Erhitzen von Formamid mit $N_2H_4 \cdot H_2SO_4$ auf 140−150° (*Sekiya, Ishikawa,* J. pharm. Soc. Japan **78** [1958] 549; C. A. **1958** 17244). Beim Erhitzen von *N,N'*-Diformyl-hydrazin mit flüssigem NH_3 auf 200° (*Ainsworth, Jones,* Am. Soc. **77** [1955] 621, 622). Beim Erwärmen von [1,3,5]Triazin mit $N_2H_4 \cdot HCl$ in Äthanol (*Grundmann, Rätz,* J. org. Chem. **21** [1956] 1037). Beim Erwärmen von 2,4-Dihydro-[1,2,4]triazol-3-thion mit $NaNO_2$ und wss. HNO_3 (*Ainsworth,* Coll. Vol. V [1973] 1070, 1071). Beim Diazotieren von 1H-[1,2,4]Triazol-3-ylamin in Gegenwart von H_3PO_2 (*Henry, Finnegan,* Am. Soc. **76** [1954] 290).

Dipolmoment (ε; Dioxan) bei 25°: 3,24 D (*Hückel, Jahnentz,* B. **74** [1941] 652, 654), 3,17 D (*Jensen, Friediger,* Danske Vid. Selsk. Mat. fys. Medd. **20** Nr. 20 [1943] 7, 46). Über die Temperaturabhängigkeit des Dipolmoments s. *Hückel et al.,* Z. physik. Chem. [A] **186** [1940] 129, 166.

Kristalle; F: 120,5−121° [aus E.] (*He., Fi.*), 120−121° [aus A.+Bzl.] (*Ai.*). Assoziation in Dioxan bei 12° und 100°: *Wolff,* Ang. Ch. **67** [1955] 89, 99. $D_4^{153,0}$: 1,132; $D_4^{205,0}$: 1,089 (*Hü. et al.,* l. c. S. 162). Oberflächenspannung [g·s^{-2}] bei 149°: 42,12; bei 204°: 38,64 (*Hü. et al.*). IR-Spektrum (KBr; 2−15 μ): *Otting,* B. **89** [1956] 2887, 2895. UV-Spektrum (THF; 205−240 nm): *Staab,* B. **89** [1956] 1927, 1930.

Die Bildung von *N,N'*-Dibenzoyl-hydrazin beim Erhitzen mit Benzoylchlorid (s. H 13) ist nicht bestätigt worden (*Atkinson, Polya,* Chem. and Ind. **1954** 462).

Hydrochlorid $C_2H_3N_3 \cdot HCl$ (H 13). F: 170° (*At., Po.,* Chem. and Ind. **1954** 462).

Kalium-Salz. Kristalle (*Kuhn, Westphal,* B. **73** [1940] 1109, 1111).

Kupfer(II)-Salz $Cu(C_2H_2N_3)_2$. Blauviolette Kristalle (*de Paolini, Goria,* G. **62** [1932] 1048, 1052).

Verbindungen mit Kupfer(II)-Salzen. a) $C_2H_3N_3 \cdot CuCl_2$. Atomabstände und Bin= dungswinkel (Röntgen-Diagramm): *Jarvis,* Acta cryst. **15** [1962] 964. Grüne Kristalle [aus wss. HCl] (*de Pa., Go.*). Monoklin; Kristallstruktur-Analyse (Röntgen-Diagramm): *Ja.* Dichte der Kristalle: 2,454 (*Ja.*). − b) $[Cu(C_2H_2N_3)(H_2O)_2Cl]$. Blaue Kristalle (*de Pa., Go.*). − c) $[Cu(C_2H_3N_3)_2(H_2O)_2]SO_4$. Blaue Kristalle (*de Paolini, Baj,* G. **61** [1931] 557, 560). Elektrische Leitfähigkeit in H_2O bei 18°: *de Pa., Go.*

Picrat $C_2H_3N_3 \cdot C_6H_3N_3O_7$. Kristalle (aus $CHCl_3$ bzw. aus H_2O); F: 168° [korr.] (*Atkinson, Polya,* Soc. **1954** 141, 142; *Ainsworth, Jones,* Am. Soc. **77** [1955] 621, 622).

Verbindung mit Bis-[4-chlor-benzolsulfonyl]-amin. Kristalle (aus H_2O); F: 163−164° [unkorr.] (*Runge et al.,* B. **88** [1955] 533, 539). In 100 g H_2O lösen sich bei 21° 1,612 g (*Ru. et al.*).

XII   XIII   XIV   XV   XVI   XVII

1-Methyl-1H-[1,2,4]triazol $C_3H_5N_3$, Formel XV (R = CH_3) (H 13).

B. Beim Erwärmen von [1,3,5]Triazin mit Methylhydrazin-hydrochlorid in Äthanol (*Grund= mann, Rätz,* J. org. Chem. **21** [1956] 1037).

F: 20° (*Gr., Rätz*). Kp$_{755}$: 177°; D_{20}^{20}: 1,105; n_D^{20}: 1,4650 (*Atkinson, Polya,* Soc. **1954** 141, 142).

Picrat $C_3H_5N_3 \cdot C_6H_3N_3O_7$. Kristalle (aus A.); F: 137° [korr.] (*At., Po.*).

1-Dodecyl-1H-[1,2,4]triazol $C_{14}H_{27}N_3$, Formel XV (R = $[CH_2]_{11}$-CH_3).

B. Aus dem Kalium-Salz des 1H-[1,2,4]Triazols und Dodecylchlorid beim Erhitzen in Äthanol auf 110° (*Kuhn, Westphal,* B. **73** [1940] 1109, 1111).

Kristalle (aus PAe.); F: 39°.

4-Äthyl-1-dodecyl-[1,2,4]triazolium $[C_{16}H_{32}N_3]^+$, Formel XVI.

Bromid $[C_{16}H_{32}N_3]Br$. *B.* Beim Erhitzen von 1-Dodecyl-1*H*-[1,2,4]triazol mit Äthylbromid in Äthanol auf 100° (*Kuhn, Westphal*, B. **73** [1940] 1109, 1112). − Kristalle (aus E.+A.); F: 150−152°.

1-Phenyl-1*H*-[1,2,4]triazol $C_8H_7N_3$, Formel XV (R = C_6H_5) (H 14; E I 5).

B. Beim Erhitzen von Formamid mit Phenylhydrazin auf 160−170° (*Sekiya, Ishikawa*, J. pharm. Soc. Japan **78** [1958] 549; C. A. **1958** 17244). Beim Erwärmen von [1,3,5]Triazin mit Phenylhydrazin-hydrochlorid in Äthanol (*Grundmann, Rätz*, J. org. Chem. **21** [1956] 1037).

Dipolmoment (ε; Bzl.) bei 25°: 2,88 D (*Jensen, Friediger*, Danske Vid. Selsk. Mat. fys. Medd. **20** Nr. 20 [1943] 11, 46).

F: 47°; Kp: 268−270° (*Gr., Rätz*). UV-Spektrum (A.; 210−280 nm): *Atkinson et al.*, Soc. **1954** 4256, 4259. λ_{max}: 239 nm [A.], 239,5 nm [H_2O] bzw. 241,5 nm [äthanol. HCl] (*At. et al.*, l. c. S. 4257).

Kupfer(II)-Komplexsalze. a) $[Cu(C_8H_7N_3)_2(H_2O)_2]Cl_2$. Grünblaue Kristalle (*de Paolini, Goria*, G. **62** [1932] 1048, 1051). − b) $[Cu(C_8H_7N_3)_2(H_2O)_2]SO_4$. Blaugrüne Kristalle [aus H_2O] (*de Paolini, Baj*, G. **61** [1931] 557, 559).

Nickel(II)-Komplexsalz $[Ni(C_8H_7N_3)_2(H_2O)_2]SO_4$. Grünblaue Kristalle [aus H_2O] (*de Pa., Baj*).

Kobalt(II)-Komplexsalz $[Co(C_8H_7N_3)_2(H_2O)_2]SO_4 \cdot H_2O$. Rosafarbene Kristalle [aus H_2O] (*de Pa., Baj*).

4-Phenyl-4*H*-[1,2,4]triazol $C_8H_7N_3$, Formel XVII (X = H) (H 15; E II 6).

B. Beim Erhitzen von Ameisensäure-hydrazid mit *N,N'*-Diphenyl-formamidin auf 150° (*Papini et al.*, G. **84** [1954] 769, 776). Beim Behandeln von 4-Phenyl-2,4-dihydro-[1,2,4]triazol-3-thion mit H_2O_2 in Essigsäure (*Pesson et al.*, C. r. **248** [1959] 1677, 1678).

Dipolmoment (ε; Bzl.) bei 25°: 5,63 D (*Jensen, Friediger*, Danske Vid. Selsk. Mat. fys. Medd. **20** Nr. 20 [1943] 11, 46).

UV-Spektrum (A.; 210−280 nm): *Atkinson et al.*, Soc. **1954** 4256, 4259.

1-*p*-Tolyl-1*H*-[1,2,4]triazol $C_9H_9N_3$, Formel XV (R = C_6H_4-CH_3) (H 15).

Kupfer(II)-Komplexsalz $[Cu(C_9H_9N_3)_2(H_2O)_2]SO_4$. Grüne Kristalle [aus H_2O] (*de Paolini, Baj*, G. **61** [1931] 557, 559).

1-Benzyl-1*H*-[1,2,4]triazol $C_9H_9N_3$, Formel XV (R = CH_2-C_6H_5).

B. Beim Erwärmen von 1*H*-[1,2,4]Triazol mit Benzylchlorid und äthanol. Natriumäthylat (*Jones, Ainsworth*, Am. Soc. **77** [1955] 1538).

F: 54−55°. Kp$_1$: 115−120°.

Hydrochlorid $C_9H_9N_3 \cdot HCl$. Kristalle (aus Me.+Ae.); F: 166−167°.

2-[1,2,4]Triazol-1-yl-äthanol $C_4H_7N_3O$, Formel XV (R = CH_2-CH_2-OH).

B. Beim Erwärmen von [1,2,4]Triazol-1-yl-essigsäure-äthylester mit $LiAlH_4$ in Äther (*Ainsworth, Jones*, Am. Soc. **77** [1955] 621, 622).

Hydrochlorid $C_4H_7N_3O \cdot HCl$. Kristalle (aus Me.+Ae.); F: 125−127°.

4-[4-Äthoxy-phenyl]-4*H*-[1,2,4]triazol $C_{10}H_{11}N_3O$, Formel XVII (X = O-C_2H_5).

B. Beim Erhitzen von Ameisensäure-hydrazid mit *N,N'*-Bis-[4-äthoxy-phenyl]-formamidin auf 170° (*Papini et al.*, G. **84** [1954] 769, 777).

F: 122−125°.

***N*-[1,2,4]Triazol-1-ylmethyl-phthalimid** $C_{11}H_8N_4O_2$, Formel I.

B. Beim Erwärmen von 1*H*-[1,2,4]Triazol mit *N*-Brommethyl-phthalimid in äthanol. Natriumäthylat (*Ainsworth, Jones*, Am. Soc. **77** [1955] 621, 623).

Kristalle (aus A.); F: 179−180°.

(±)-1,3-Diphenyl-3-[1,2,4]triazol-1-yl-propan-1-on $C_{17}H_{15}N_3O$, Formel II.

    B. Aus 1*H*-[1,2,4]Triazol und *trans*-Chalkon (*Wiley et al.*, Am. Soc. **77** [1955] 2572).

    Kristalle (aus CS_2); F: 83−85°.

1-Acetyl-1*H*-[1,2,4]triazol $C_4H_5N_3O$, Formel III (R = CH_3).

    Konstitution: *Staab*, Ang. Ch. **74** [1962] 407, 411; *Potts, Crawford*, J. org. Chem. **27** [1962] 2631.

    B. Beim Erhitzen von 1*H*-[1,2,4]Triazol mit Acetanhydrid (*Atkinson, Polya*, Soc. **1954** 141, 142). Aus 1*H*-[1,2,4]Triazol (*Staab*, B. **89** [1956] 1927, 1940) oder aus dem Natrium-Salz des 1*H*-[1,2,4]Triazols (*At., Po.*) beim Behandeln mit Acetylchlorid in Benzol.

    Kristalle (aus Bzl.+PAe.); F: 40−42° (*St.*, B. **89** 1940), 38−39° (*At., Po.*). Bei 40°/2 Torr sublimierbar (*At., Po.*). Kp_{760}: 179−180° (*At., Po.*). IR-Spektrum (KBr; 2−15 μ): *Otting*, B. **89** [1956] 1940, 1942. UV-Spektrum des Dampfes und einer Lösung in THF (200−250 nm): *St.*, B. **89** 1929, 1930.

    Geschwindigkeitskonstante der Hydrolyse in H_2O, in wss. H_2SO_4, in wss. THF und in mit NH_3 gesättigtem THF bei 25°: *St.*, B. **89** 1931, 1939.

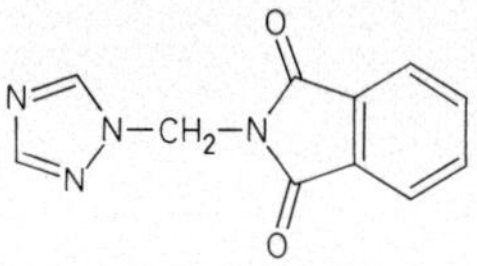

    I 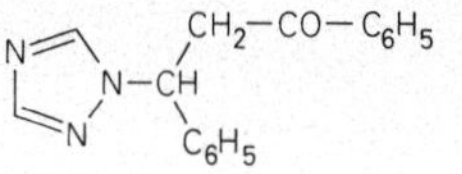   II 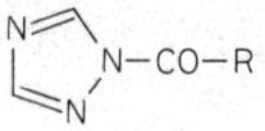   III 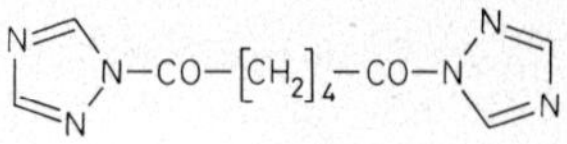   IV

1-Propionyl-1*H*-[1,2,4]triazol $C_5H_7N_3O$, Formel III (R = C_2H_5).

    Konstitution: *Staab*, Ang. Ch. **74** [1962] 407, 411.

    B. Aus 1*H*-[1,2,4]Triazol und Propionylchlorid in Benzol (*Staab*, B. **89** [1956] 2088, 2093).

    Kp_{18}: 40−50°; n_D^{19}: 1,4735 (*St.*, B. **89** 2093).

    Die folgenden Verbindungen sind in analoger Weise hergestellt worden:

    1-Isobutyryl-1*H*-[1,2,4]triazol $C_6H_9N_3O$, Formel III (R = $CH(CH_3)_2$). Kp_{18}: 74−75° (*St.*, B. **89** 2093).

    1-Pivaloyl-1*H*-[1,2,4]triazol $C_7H_{11}N_3O$, Formel III (R = $C(CH_3)_3$). Kp_{18}: 50°; n_D^{19}: 1,4611 (*St.*, B. **89** 2093).

    1-Benzoyl-1*H*-[1,2,4]triazol $C_9H_7N_3O$, Formel III (R = C_6H_5). Kristalle; F: 76−76,5° (*Staab et al.*, B. **95** [1962] 1275, 1281, 1282). − Geschwindigkeitskonstante der Hydrolyse in wss. THF bei 21°: *Staab et al.*, Z. El. Ch. **61** [1957] 1000, 1003.

    1-[4-Nitro-benzoyl]-1*H*-[1,2,4]triazol $C_9H_6N_4O_3$, Formel III (R = C_6H_4-NO_2). Kristalle; F: 125−125,5° (*St. et al.*, B. **95** 1282). − Geschwindigkeitskonstante der Hydrolyse in wss. THF bei 21°: *St. et al.*, Z. El. Ch. **61** 1003.

    1-*p*-Toluoyl-1*H*-[1,2,4]triazol $C_{10}H_9N_3O$, Formel III (R = C_6H_4-CH_3). Kristalle; F: 101° (*St. et al.*, B. **95** 1282). − Geschwindigkeitskonstante der Hydrolyse in wss. THF bei 21°: *St. et al.*, Z. El. Ch. **61** 1003.

1,6-Di-[1,2,4]triazol-1-yl-hexan-1,6-dion, 1*H*,1′*H*-1,1′-Adipoyl-bis-[1,2,4]triazol $C_{10}H_{12}N_6O_2$, Formel IV.

    Zur Konstitution s. *Staab*, Ang. Ch. **74** [1962] 407, 411.

    B. Aus 1*H*-[1,2,4]Triazol und Adipoylchlorid in THF (*Staab*, B. **90** [1957] 1326, 1329).

    Kristalle (aus THF); F: 169−170° (*St.*, B. **90** 1329).

1,4-Di-[1,2,4]triazol-1-yl-but-2*t*-en-1,4-dion, 1*H*,1′*H*-1,1′-Fumaroyl-bis-[1,2,4]triazol $C_8H_6N_6O_2$, Formel V.

    Zur Konstitution s. *Staab*, Ang. Ch. **74** [1962] 407, 411.

    B. Aus 1*H*-[1,2,4]Triazol und Fumaroylchlorid in THF (*Staab*, B. **90** [1957] 1326, 1330).

    Kristalle (aus THF); F: 115−118° (*St.*, B. **90** 1330).

1,4-Bis-[[1,2,4]triazol-1-carbonyl]-benzol, 1H,1'H-1,1-Terephthaloyl-bis-[1,2,4]triazol
$C_{12}H_8N_6O_2$, Formel VI.
Zur Konstitution s. *Staab*, Ang. Ch. **74** [1962] 407, 411.
B. Aus 1H-[1,2,4]Triazol und Terephthaloylchlorid in THF (*Staab*, B. **90** [1957] 1326, 1328).
Kristalle (aus THF); F: 232° (*St.*, B. **90** 1328).

V   VI   VII   VIII

[1,2,4]Triazol-1-carbonsäure-äthylester $C_5H_7N_3O_2$, Formel VII (X = O-C_2H_5).
Zur Konstitution s. *Staab*, Ang. Ch. **74** [1962] 407, 411; *Potts, Crawford*, J. org. Chem.
27 [1962] 2631.
B. Aus 1H-[1,2,4]Triazol und Chlorokohlensäure-äthylester in THF (*Staab*, A. **609** [1957]
83, 87).
Kp_{12}: 120−121° (*St.*, A. **609** 87).

[1,2,4]Triazol-1-carbonsäure-anilid $C_9H_8N_4O$, Formel VII (X = NH-C_6H_5).
Zur Konstitution s. *Staab*, Ang. Ch. **74** [1962] 407, 411; *Potts, Crawford*, J. org. Chem.
27 [1962] 2631.
B. Beim Erwärmen von 1H-[1,2,4]Triazol mit Phenylisocyanat ohne Lösungsmittel (*Henry,
Dehn*, Am. Soc. **71** [1949] 2297, 2299) oder in THF (*Staab*, A. **609** [1957] 83, 87).
Kristalle; F: 122−123° [aus THF] (*St.*, A. **609** 87), 112−112,5° [korr.; aus Bzl. oder Toluol]
(*He., Dehn*). IR-Spektrum (KBr; 2,5−15 μ): *Otting, Staab*, A. **622** [1959] 23, 25.

1H,1'H-1,1'-Carbonyl-bis-[1,2,4]triazol $C_5H_4N_6O$, Formel VIII.
Konstitution: *Potts, Crawford*, J. org. Chem. **27** [1962] 2631.
B. Aus 1H-[1,2,4]Triazol und $COCl_2$ in THF (*Staab*, A. **609** [1957] 75, 81).
F: 134−136° (*St.*).

[1,2,4]Triazol-1-yl-essigsäure $C_4H_5N_3O_2$, Formel IX (X = OH, n = 1).
B. Beim Erhitzen des Äthylesters [s. u.] mit wss. HCl (*Ainsworth, Jones*, Am. Soc. **77** [1955]
621, 622).
F: 203−204°.
Hydrochlorid $C_4H_5N_3O_2 \cdot HCl$. Kristalle (aus Me. + Ae.); F: 165−167°.

[1,2,4]Triazol-1-yl-essigsäure-äthylester $C_6H_9N_3O_2$, Formel IX (X = O-C_2H_5, n = 1).
B. Beim Behandeln von 1H-[1,2,4]Triazol mit Bromessigsäure-äthylester und äthanol. Na=
triumäthylat (*Ainsworth, Jones*, Am. Soc. **77** [1955] 621, 622).
$Kp_{0,5}$: 110°. n_D^{25}: 1,470.

[1,2,4]Triazol-1-yl-essigsäure-amid $C_4H_6N_4O$, Formel IX (X = NH_2, n = 1).
B. Aus dem Äthylester und methanol. NH_3 (*Ainsworth, Jones*, Am. Soc. **77** [1955] 621,
622).
Kristalle (aus Me.); F: 185−186°.

3-[1,2,4]Triazol-1-yl-propionsäure $C_5H_7N_3O_2$, Formel IX (X = OH, n = 2).
B. Aus 1H-[1,2,4]Triazol und Acrylsäure (*Wiley et al.*, Am. Soc. **77** [1955] 2572).
Kristalle (aus H_2O); F: 175−178° [korr.].

IX   X   XI

1-[4-Methoxy-benzoyl]-1H-[1,2,4]triazol $C_{10}H_9N_3O_2$, Formel X.

Konstitution: *Staab*, Ang. Ch. **74** [1962] 407, 411.

B. Aus 1H-[1,2,4]Triazol und 4-Methoxy-benzoylchlorid in THF (*Staab et al.*, B. **95** [1962] 1275, 1281).

Kristalle; F: 93 — 94° (*St. et al.*, B. **95** 1282).

Geschwindigkeitskonstante der Hydrolyse in wss. THF bei 21°: *Staab et al.*, Z. El. Ch. **61** [1957] 1000, 1003.

2-[1,2,4]Triazol-1-yl-äthylamin $C_4H_8N_4$, Formel XI (n = 2).

B. Beim Erwärmen von *N*-[2-[1,2,4]Triazol-1-yl-äthyl]-phthalimid mit wss. HCl (*Ainsworth, Jones*, Am. Soc. **77** [1955] 621, 623).

Dihydrochlorid $C_4H_8N_4 \cdot 2HCl$. Kristalle (aus Me.+Ae.); F: 182 — 183°.

N-[2-[1,2,4]Triazol-1-yl-äthyl]-phthalimid $C_{12}H_{10}N_4O_2$, Formel XII (n = 2).

B. Beim Erwärmen von 1H-[1,2,4]Triazol mit *N*-[2-Brom-äthyl]-phthalimid und äthanol. Na= triumäthylat (*Ainsworth, Jones*, Am. Soc. **77** [1955] 621, 623).

Kristalle (aus A.); F: 169 — 170°.

3-[1,2,4]Triazol-1-yl-propylamin $C_5H_{10}N_4$, Formel XI (n = 3).

B. Beim Erwärmen von *N*-[3-[1,2,4]Triazol-1-yl-propyl]-phthalimid mit wss. HCl (*Ainsworth, Jones*, Am. Soc. **77** [1955] 621, 623).

Dihydrochlorid $C_5H_{10}N_4 \cdot 2HCl$. Kristalle (aus Me.+Ae.); F: 218 — 220°.

N-[3-[1,2,4]Triazol-1-yl-propyl]-phthalimid $C_{13}H_{12}N_4O_2$, Formel XII (n = 3).

B. Beim Erwärmen von 1H-[1,2,4]Triazol mit *N*-[3-Brom-propyl]-phthalimid und äthanol. Natriumäthylat (*Ainsworth, Jones*, Am. Soc. **77** [1955] 621, 623).

Kristalle (aus H_2O); F: 115 — 116°.

2-[1,2,4]Triazol-4-yl-pyridin $C_7H_6N_4$, Formel XIII.

B. Beim Erhitzen von *N,N'*-Diformyl-hydrazin mit [2]Pyridylamin auf 165 — 170° (*Wiley, Hart*, J. org. Chem. **18** [1953] 1368, 1369).

Kristalle (aus Toluol); F: 169°.

XII   XIII   XIV   XV

3-[1,2,4]Triazol-4-yl-pyridin $C_7H_6N_4$, Formel XIV.

B. Analog der vorangehenden Verbindung (*Wiley, Hart*, J. org. Chem. **18** [1953] 1368, 1369).

Kristalle (aus Toluol); F: 162°.

3-[1,2,4]Triazol-4-yl-chinolin $C_{11}H_8N_4$, Formel XV.

B. Analog den vorangehenden Verbindungen (*Wiley, Hart*, J. org. Chem. **18** [1953] 1368, 1369).

Kristalle (aus A.+Ae.); F: 202 — 203°.

6-[1,2,4]Triazol-4-yl-[2]pyridylamin $C_7H_7N_5$, Formel I.

B. Beim Erhitzen von Pyridin-2,6-diyldiamin mit *N,N'*-Diformyl-hydrazin auf 160 — 170° (*Wiley, Hart*, J. org. Chem. **18** [1953] 1368, 1370).

Kristalle (aus A.); F: 195 — 196°.

2,6-Di-[1,2,4]triazol-4-yl-pyridin $C_9H_7N_7$, Formel II.

B. Beim Erhitzen von Pyridin-2,6-diyldiamin mit *N,N'*-Diformyl-hydrazin [2 Mol] auf

160−170° (*Wiley, Hart*, J. org. Chem. **18** [1953] 1368, 1370).

Kristalle (aus A.); F: 325−327° [auf 320° vorgeheizter App.].

| I | II | III | IV |

4-[5-Methyl-2-phenyl-2*H*-pyrazol-3-yl]-4*H*-[1,2,4]triazol $C_{12}H_{11}N_5$, Formel III.

B. Beim Erhitzen von 5-Methyl-2-phenyl-2*H*-pyrazol-3-ylamin mit *N,N'*-Diformyl-hydrazin auf 200° (*Checchi, Ridi*, G. **87** [1957] 597, 609).

Kristalle (aus H_2O); F: 173−175°.

4-[5-Phenyl-1(2)*H*-pyrazol-3-yl]-4*H*-[1,2,4]triazol $C_{11}H_9N_5$, Formel IV und Taut.

B. Beim Erhitzen von 5-Phenyl-1(2)*H*-pyrazol-3-ylamin mit *N,N'*-Diformyl-hydrazin auf 200° (*Checchi, Ridi*, G. **87** [1957] 597, 608).

Kristalle (aus E.); F: 192°.

4-Amino-4*H*-[1,2,4]triazol, [1,2,4]Triazol-4-ylamin $C_2H_4N_4$, Formel V (R = R' = H) (H 16; E II 7).

B. Beim langsamen Erhitzen von Ameisensäure mit $N_2H_4 \cdot H_2O$ auf 200° (*Herbst, Garrison*, J. org. Chem. **18** [1953] 872, 874; *Košt, Genz*, Ž. obšč. Chim. **28** [1958] 2773, 2775; engl. Ausg. S. 2796, 2798). Beim Behandeln von Formimidsäure-äthylester-hydrochlorid in Äther mit N_2H_4 (*Oberhummer*, M. **57** [1931] 106, 109). Aus $N_2H_4 \cdot H_2O$ (*Buckley, Ray*, Soc. **1949** 1156) oder aus 4-Amino-2,4-dihydro-[1,2,4]triazol-3-on (*Bu., Ray; ICI*, D.B.P. 814147 [1949]; D.R.B.P. Org. Chem. 1950−1951 **6** 124) und CO bei 150°/3000 at.

Kristalle (aus A. + Ae.); F: 80−82° (*Bu., Ray*).

Beim Erwärmen mit 4,4-Dimethoxy-butan-2-on in Xylol ist 6-Methyl-[1,2,4]triazolo[4,3-*b*]pyridazin erhalten worden (*Allen et al.*, J. org. Chem. **24** [1959] 796, 800). Zur Reaktion mit Acetessigsäure-äthylester (H 17) s. a. *Libermann, Jacquier*, Bl. **1962** 355, 356; *Linholter, Rosenørn*, Acta chem. scand. **16** [1962] 2389, 2391.

Hydrochlorid $C_2H_4N_4 \cdot HCl$ (H 17). Kristalle (aus Me.); F: 150° (*Bu., Ray*).

4-Diacetylamino-4*H*-[1,2,4]triazol, *N*-[1,2,4]Triazol-4-yl-diacetamid $C_6H_8N_4O_2$, Formel V (R = R' = CO-CH₃).

B. Aus [1,2,4]Triazol-4-ylamin und Acetanhydrid (*Grundmann, Kreutzberger*, Am. Soc. **79** [1957] 2839, 2842).

Kristalle (aus Acn.); F: 129−131° [korr.].

| V | VI | VII |

N,N'-Di-[1,2,4]triazol-4-yl-oxalamid $C_6H_6N_8O_2$, Formel VI.

B. Beim Erhitzen von Oxalsäure-diäthylester mit [1,2,4]Triazol-4-ylamin auf 150−170° (*Košt, Genz*, Ž. obšč. Chim. **28** [1958] 2773, 2778; engl. Ausg. S. 2796, 2800).

Unterhalb 360° nicht schmelzend.

N,N'-Di-[1,2,4]triazol-4-yl-malonamid $C_7H_8N_8O_2$, Formel VII (R = H).

B. Beim Erhitzen von [1,2,4]Triazol-4-ylamin mit Malonsäure-diäthyl(?)ester auf 170−180°

(*Košt, Genz*, Ž. obšč. Chim. **28** [1958] 2773, 2778; engl. Ausg. S. 2796, 2800).
Kristalle (aus H_2O); F: 265–270° [Zers.].

Äthylmalonsäure-bis-[1,2,4]triazol-4-ylamid $C_9H_{12}N_8O_2$, Formel VII (R = C_2H_5).
B. Beim Erhitzen von [1,2,4]Triazol-4-ylamin mit Äthylmalonsäure-diäthyl(?)ester auf
190–200° (*Košt, Genz*, Ž. obšč. Chim. **28** [1958] 2773, 2778; engl. Ausg. S. 2796, 2800).
Kristalle (aus wss. A.); F: 247–248° [Zers.].

[1,2,4]Triazol-4-yl-carbamidsäure-äthylester $C_5H_8N_4O_2$, Formel V (R = CO-O-C_2H_5,
R′ = H).
B. Beim Behandeln von [1,2,4]Triazol-4-ylamin mit Chlorokohlensäure-äthylester (*Curry,
Mason*, Am. Soc. **73** [1951] 5043, 5044, 5045).
Kristalle; F: 184–186° [Zers.].

4-[Bis-(2-cyan-äthyl)-amino]-4H-[1,2,4]triazol, 3,3′-[1,2,4]Triazol-4-ylimino-di-propionitril
$C_8H_{10}N_6$, Formel V (R = R′ = CH_2-CH_2-CN).
B. Beim Erwärmen von [1,2,4]Triazol-4-ylamin mit Acrylonitril in Gegenwart von NaOH
in *tert*-Butylalkohol (*Košt, Genz*, Ž. obšč. Chim. **28** [1958] 2773, 2778; engl. Ausg. S. 2796,
2800).
Kristalle (aus A. + Ae.); F: 168–169°.

*[5-Nitro-furfuryliden]-[1,2,4]triazol-4-yl-amin, 5-Nitro-furfural-[1,2,4]triazol-4-ylimin
$C_7H_5N_5O_3$, Formel VIII.
B. Beim Behandeln von [1,2,4]Triazol-4-ylamin mit 5-Nitro-furfural in Äthanol (*Sasaki*,
Pharm. Bl. **2** [1954] 123, 127).
Gelbbraune Kristalle (aus A.); F: 213°.

VIII   IX   X

***[3t(?)-(5-Nitro-[2]furyl)-allyliden]-[1,2,4]triazol-4-yl-amin, 3t(?)-[5-Nitro-[2]furyl]-acrylaldehyd-
[1,2,4]triazol-4-ylimin** $C_9H_7N_5O_3$, vermutlich Formel IX.
B. Beim Behandeln von [1,2,4]Triazol-4-ylamin mit 3t(?)-[5-Nitro-[2]furyl]-acrylaldehyd
(E III/IV **17** 4700) in Äthanol (*Sasaki*, Pharm. Bl. **2** [1954] 123, 127).
Braune Kristalle (aus A.); Zers. bei 240°.

[4,5,6,7-Tetrahydro-3H-azepin-2-yl]-[1,2,4]triazol-4-yl-amin $C_8H_{13}N_5$, Formel X und Taut.
B. Beim Erhitzen von 7-Methoxy-3,4,5,6-tetrahydro-2H-azepin mit [1,2,4]Triazol-4-ylamin
in Äthanol auf 140° (*Petersen, Tietze*, B. **90** [1957] 909, 918).
Kristalle (aus A.); F: 242°.

XI   XII

4-Hydroxy-benzolsulfonsäure-[1,2,4]triazol-4-ylamid $C_8H_8N_4O_3S$, Formel XI.
B. Beim Erwärmen von [1,2,4]Triazol-4-ylamin mit Benzoesäure-[4-chlorsulfonyl-phenylester]
und Pyridin und Erwärmen des Reaktionsprodukts mit wss. NaOH (*Hultquist et al.*, Am.
Soc. **73** [1951] 2558, 2560).
Kristalle (aus H_2O); F: 283–284°.

4-Sulfanilylamino-4H-[1,2,4]triazol, Sulfanilsäure-[1,2,4]triazol-4-ylamid $C_8H_9N_5O_2S$, Formel XII (R = H).

B. Aus der folgenden Verbindung beim Erwärmen mit wss.-äthanol. HCl (*Am. Cyanamid Co.*, U.S.P. 2367037 [1942]; s. a. *Anderson et al.*, Am. Soc. **64** [1942] 2902) oder mit wss. HCl (*Dewar, King*, Soc. **1945** 114).

Kristalle; F: 237° [korr.; Zers.] (*An. et al.*), 225° [Zers.; aus H_2O] (*De., King*). Scheinbare Dissoziationskonstante K'_a (H_2O [umgerechnet aus wss. A.]; potentiometrisch ermittelt): $2{,}2\cdot10^{-5}$; scheinbare Dissoziationskonstante K'_b (H_2O [umgerechnet aus Eg.]; potentiometrisch ermittelt): $7\cdot10^{-13}$ (*Bell, Roblin*, Am. Soc. **64** [1942] 2905, 2906). In 100 ml H_2O lösen sich bei 37° 216 mg (*An. et al.*).

N-Acetyl-sulfanilsäure-[1,2,4]triazol-4-ylamid, Essigsäure-[4-[1,2,4]triazol-4-ylsulfamoyl-anilid] $C_{10}H_{11}N_5O_3S$, Formel XII (R = CO-CH$_3$).

B. Beim Behandeln von [1,2,4]Triazol-4-ylamin mit N-Acetyl-sulfanilylchlorid in Pyridin (*Am. Cyanamid Co.*, U.S.P. 2367037 [1942]; s. a. *Anderson et al.*, Am. Soc. **64** [1942] 2902) oder in Dioxan und Pyridin (*Dewar, King*, Soc. **1945** 114).

Kristalle (aus H_2O); F: 205° (*De., King*). Scheinbare Dissoziationskonstante K'_b (H_2O [umgerechnet aus Eg.]; potentiometrisch ermittelt): $3{,}2\cdot10^{-13}$ (*Bell, Roblin*, Am. Soc. **64** [1942] 2905, 2916).

4-Phthalimido-benzolsulfonsäure-[1,2,4]triazol-4-ylamid, N,N-Phthaloyl-sulfanilsäure-[1,2,4]triazol-4-ylamid $C_{16}H_{11}N_5O_4S$, Formel XIII.

B. Beim Erhitzen von N,N-Phthaloyl-sulfanilylchlorid mit [1,2,4]Triazol-4-ylamin in Dioxan und Pyridin auf 100° (*Dewar, King*, Soc. **1945** 114).

XIII   XIV

3,5-Dichlor-1H-[1,2,4]triazol $C_2HCl_2N_3$, Formel XIV (X = X' = H) und Taut.

B. Neben 5-Chlor-1H-[1,2,4]triazol-3-ylamin-hydrochlorid(?) beim Behandeln von 1H-[1,2,4]Triazol-3,5-diyldiamin mit NaNO$_2$ und wss. HCl und Erhitzen der Reaktionslösung (*Stollé, Dietrich*, J. pr. [2] **139** [1934] 193, 195, 203).

Kristalle (aus H_2O); F: 148°.

3-Brom-1H-[1,2,4]triazol $C_2H_2BrN_3$, Formel XIV (X = Br, X' = H) und Taut. (H 21).

Beim Erwärmen mit Acetoacetamid in Äthanol ist 7-Methyl-8H-[1,2,4]triazolo[4,3-a]pyrimidin-5-on erhalten worden (*Birr, Walther*, B. **86** [1953] 1401).   [*Blazek*]

Stammverbindungen $C_3H_5N_3$

4-Methyl-1H-[1,2,3]triazol $C_3H_5N_3$, Formel I (R = H) und Taut.

B. Aus Propin und HN$_3$ (*Hartzel, Benson*, Am. Soc. **76** [1954] 667, 668). Aus 5-Methyl-1H-[1,2,3]triazol-4-carbonsäure durch Erhitzen auf $230-240°/10-20$ Torr (*Hüttel, Welzel*, A. **593** [1955] 207, 214).

Kristalle; F: $36-36{,}5°$ (*Hü., We.*), $35-36°$ (*Ha., Be.*). Kp$_{25}$: $108-109°$ (*Ha., Be.*); Kp$_{15}$: $105-105{,}5°$ (*Hü., We.*). λ_{max} (Dioxan): 216 nm (*Hüttel, Kratzer*, B. **92** [1959] 2014, 2020).

Hydrochlorid. F: $140-141°$ (*Hü., We.*).

4-Methyl-2-phenyl-2H-[1,2,3]triazol $C_9H_9N_3$, Formel II (X = H) (H 22).

B. Aus Pyruvaldehyd-bis-phenylhydrazon und CuSO$_4$ in H_2O (*Riebsomer, Stauffer*, J. org. Chem. **16** [1951] 1643, 1646).

Kp$_{760}$: $149-150°$ (*Dal Monte et al.*, G. **88** [1958] 977, 980); Kp$_{37}$: $122-125°$ (*Ri., St.*). UV-Spektrum (CHCl$_3$ sowie A.; $220-310$ nm): *Dal Monte et al.*, G. **88** [1958] 1035, 1055, 1060. λ_{max}: 268 nm [wss. A.] (*Dal Mo. et al.*, l. c. S. 1055) bzw. 265 nm [wss. HCl] (*Dal Mo.*

et al., l. c. S. 980, 1055).

5-Methyl-1-phenyl-1*H*-[1,2,3]triazol $C_9H_9N_3$, Formel III (X = X′ = X″ = H) (H 23).
Kristalle (aus PAe.); F: 65° (*Ramart-Lucas, Hoch,* Bl. **1949** 447, 453). $Kp_{0,4}$: 165° (*Ford, Mackay,* Soc. **1958** 1290, 1292). UV-Spektrum (A.; 210−290 nm): *Dal Monte et al.,* G. **88** [1958] 977, 980, 985; *Ra.-Lu., Hoch,* l. c. S. 450, 452.

1-[2-Chlor-phenyl]-5-methyl-1*H*-[1,2,3]triazol $C_9H_8ClN_3$, Formel III (X = Cl, X′ = X″ = H).
B. Beim Erhitzen von 1-[2-Chlor-phenyl]-5-methyl-1*H*-[1,2,3]triazol-4-carbonsäure auf 170−180° (*Dal Monte, Veggetti,* Boll. scient. Fac. Chim. ind. Univ. Bologna **16** [1958] 1).
Kristalle (aus PAe.); F: 57° (*Dal Mo., Ve.*). UV-Spektrum (A. sowie wss. HCl; 220−290 nm): *Dal Monte et al.,* G. **88** [1958] 977, 980, 988.

I   II   III   IV

1-[2,4-Dichlor-phenyl]-5-methyl-1*H*-[1,2,3]triazol $C_9H_7Cl_2N_3$, Formel III (X = X′ = Cl, X″ = H) (E II 8).
λ_{max} (A.): 219 nm, 273 nm und 277−280 nm (*Dal Monte et al.,* G. **88** [1958] 977, 980).

1-[2,5-Dichlor-phenyl]-5-methyl-1*H*-[1,2,3]triazol $C_9H_7Cl_2N_3$, Formel III (X = X″ = Cl, X′ = H) (E II 8).
UV-Spektrum (A.; 210−290 nm): *Dal Monte et al.,* G. **88** [1958] 977, 980, 985.

4-Methyl-1-oxy-2-phenyl-2*H*-[1,2,3]triazol, 4-Methyl-2-phenyl-2*H*-[1,2,3]triazol-1-oxid
$C_9H_9N_3O$, Formel IV (H 23).
UV-Spektrum (CHCl₃, Hexan, A. sowie wss. A.; 210−320 nm): *Dal Monte et al.,* G. **88** [1958] 1035, 1055, 1060, 1061. λ_{max} (wss. HCl): 247 nm (*Dal Mo. et al.,* l. c. S. 1055).

5-Methyl-1-*o*-tolyl-1*H*-[1,2,3]triazol $C_{10}H_{11}N_3$, Formel III (X = CH₃, X′ = X″ = H).
B. Beim Erhitzen von 5-Methyl-1-*o*-tolyl-1*H*-[1,2,3]triazol-4-carbonsäure (*Dal Monte, Veg≠getti,* Boll. scient. Fac. Chim. ind. Univ. Bologna **16** [1958] 1).
Kp_4: 134° (*Dal Mo., Ve.*). UV-Spektrum (A. sowie wss. HCl; 210−280 nm): *Dal Monte et al.,* G. **88** [1958] 977, 980, 985.

1-Acetyl-4-methyl-1*H*-[1,2,3]triazol $C_5H_7N_3O$, Formel I (R = CO-CH₃).
B. Aus 4-Methyl-2-trichlorsilyl-2*H*-[1,2,3]triazol und Acetylchlorid (*Birkofer, Wegner,* B. **100** [1967] 3485, 3493).
Kristalle (aus PAe.+CCl₄); F: 67−69° (*Bi., We.*). ¹H-NMR-Absorption und ¹H-¹H-Spin-Spin-Kopplungskonstante (CCl₄): *Bi., We.,* l. c. S. 3489.

Das von *Hüttel, Kratzer* (B. **92** [1959] 2014, 2020) beschriebene *N*-Acetyl-4-methyl-[1,2,3]tri≠azol (Kp_{12}: 91−93°; n_D^{25}: 1,4837) ist ein Gemisch von 2-Acetyl-4-methyl-2*H*-[1,2,3]triazol und geringen Mengen 1-Acetyl-4-methyl-1*H*-[1,2,3]triazol gewesen (*Bi., We.,* l. c. S. 3488, 3494).

(±)-4-Methyl-1-phenyl-3-[2-sulfo-propyl]-[1,2,3]triazolium-betain, (±)-1-[5-Methyl-3-phenyl-[1,2,3]triazolium-1-yl]-propan-2-sulfonat $C_{12}H_{15}N_3O_3S$, Formel V.
B. Aus Propen-2-sulfonylchlorid und Azidobenzol (*Rondestvedt, Chang,* Am. Soc. **77** [1955] 6532, 6535, 6540).
Kristalle (aus A.); F: 268° [unkorr.; Zers.].

4-[4-Methyl-[1,2,3]triazol-2-yl]-anilin $C_9H_{10}N_4$, Formel II (X = NH₂) (H 23).
B. Bei der Hydrierung von 4-Methyl-2-[4-nitro-phenyl]-2*H*-[1,2,3]triazol an Platin in Äthanol

(*Riebsomer, Stauffer*, J. org. Chem. **16** [1951] 1643, 1646).

F: $61-62°$. Kp_3: 170°.

Hydrochlorid $C_9H_{10}N_4 \cdot HCl$. Kristalle; F: $200-201°$ [Sublimation unterhalb des Schmelzpunkts].

Acetyl-Derivat $C_{11}H_{12}N_4O$; Essigsäure-[4-(4-methyl-[1,2,3]triazol-2-yl)-anilid]. Kristalle (aus wss. A.); F: $156-157°$.

Benzoyl-Derivat $C_{16}H_{14}N_4O$; Benzoesäure-[4-(4-methyl-[1,2,3]triazol-2-yl)-anilid]. Kristalle (aus A.); F: $174-175°$.

*Benzoesäure-[N-(5-methyl-[1,2,3]triazol-1-yl)-benzimidsäure]-anhydrid, Benzoyl-[N-(5-methyl-[1,2,3]triazol-1-yl)-benzimidoyl]-oxid $C_{17}H_{14}N_4O_2$, Formel VI.

Diese Konstitution kommt der früher (E II **26** 199) als 2,3-Dibenzoyl-5-methyl-2,3-dihydro-[1,2,3,4]tetrazin beschriebenen Verbindung zu (*Curtin, Alexandrou*, Tetrahedron **19** [1963] 1697, 1699, 1702).

F: $123-124°$ [korr.]. ^1H-NMR-Absorption ($CDCl_3$): *Cu., Al.* λ_{max} (A.): 240 nm und 279 nm.

Beim Erhitzen auf 140° ist N-[5-Methyl-[1,2,3]triazol-1-yl]-dibenzamid erhalten worden (*Cu., Al.*, l. c. S. 1703; s. dagegen E II **26** 199).

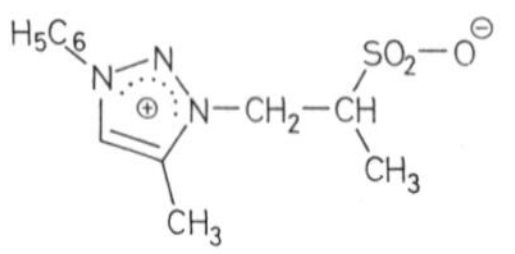

V 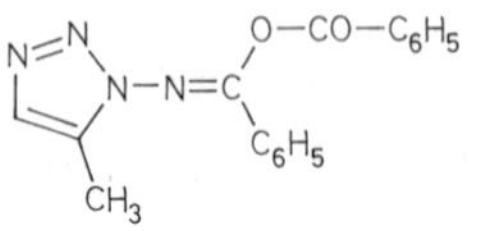   VI 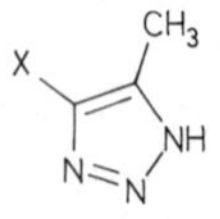   VII

4-Chlor-5-methyl-1H-[1,2,3]triazol $C_3H_4ClN_3$, Formel VII (X = Cl) und Taut. (H 24).

B. Aus 4-Methyl-1H-[1,2,3]triazol beim Behandeln mit Chlor in $CHCl_3$ oder mit NaClO in wss. Essigsäure (*Hüttel, Welzel*, A. **593** [1955] 207, 216, 217).

Kristalle (aus Bzl.); F: $77-78°$.

Hydrochlorid. F: $149-150°$ [Zers.].

1,5-Dichlor-4-methyl-1H-[1,2,3]triazol $C_3H_3Cl_2N_3$, Formel VIII (X = Cl) oder **2,4-Dichlor-5-methyl-2H-[1,2,3]triazol** $C_3H_3Cl_2N_3$, Formel IX (X = Cl).

B. Aus 4-Methyl-1H-[1,2,3]triazol und NaClO in Essigsäure (*Hüttel, Welzel*, A. **593** [1955] 207, 217).

Zers. bei $43-44°$.

4-Brom-5-methyl-1H-[1,2,3]triazol $C_3H_4BrN_3$, Formel VII (X = Br) und Taut.

B. Aus 4-Methyl-1H-[1,2,3]triazol und Brom in $CHCl_3$ (*Hüttel, Welzel*, A. **593** [1955] 207, 216).

Kristalle (aus wss. HCl, $CHCl_3$ oder Bzl.); F: $128-129°$.

Natrium-Salz $NaC_3H_3BrN_3$.

1,5-Dibrom-4-methyl-1H-[1,2,3]triazol $C_3H_3Br_2N_3$, Formel VIII (X = Br) oder **2,4-Dibrom-5-methyl-2H-[1,2,3]triazol** $C_3H_3Br_2N_3$, Formel IX (X = Br).

B. Aus 4-Methyl-1H-[1,2,3]triazol und NaBrO in wss. Essigsäure (*Hüttel, Welzel*, A. **593** [1955] 207, 218).

Gallertartig; Zers. bei $89-91°$.

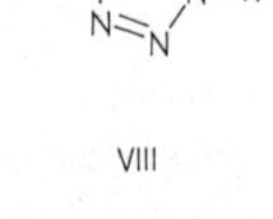

VIII 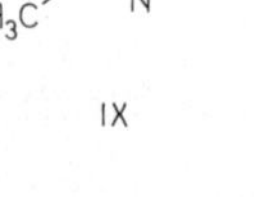   IX 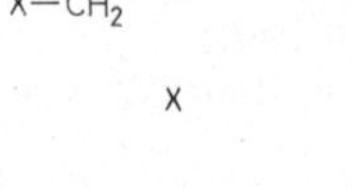   X 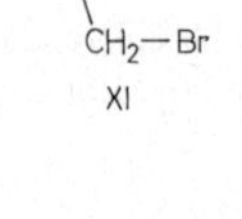   XI

4-Brommethyl-2-phenyl-2H-[1,2,3]triazol $C_9H_8BrN_3$, Formel X (X = Br).
B. Aus [2-Phenyl-2H-[1,2,3]triazol-4-yl]-methanol und NaBr in wss. H_2SO_4 (*Riebsomer, Stauffer,* J. org. Chem. **16** [1951] 1643, 1644).
Hellgelbe Kristalle (aus wss. A.); F: 37 – 38°.

5-Brommethyl-1-phenyl-1H-[1,2,3]triazol $C_9H_8BrN_3$, Formel XI.
B. Aus 5-Methyl-1-phenyl-1H-[1,2,3]triazol und N-Brom-succinimid in CCl_4 in Gegenwart von Dibenzoylperoxid (*Ford, Mackay,* Soc. **1958** 1290, 1294).
Kristalle (aus PAe.); F: 66°. Tränenreizend.

4-Jod-5-methyl-1H-[1,2,3]triazol $C_3H_4IN_3$, Formel VII (X = I) und Taut.
B. Aus 4-Methyl-1H-[1,2,3]triazol beim Behandeln mit Jod in $CHCl_3$ oder mit NaIO in wss. Essigsäure (*Hüttel, Welzel,* A. **593** [1955] 207, 216, 218).
Kristalle (aus $CHCl_3$); F: 152,5° [Zers.].

1,5-Dijod-4-methyl-1H-[1,2,3]triazol $C_3H_3I_2N_3$, Formel VIII (X = I) oder **2,4-Dijod-5-methyl-2H-[1,2,3]triazol** $C_3H_3I_2N_3$, Formel IX (X = I).
B. Aus 4-Methyl-1H-[1,2,3]triazol und NaIO in wss. Essigsäure (*Hüttel, Welzel,* A. **593** [1955] 207, 218).
Zers. bei 163 – 164°.

Ein Präparat ($C_3H_3I_2N_3$, F: 135° [Zers.]), dem ebenfalls eine dieser Konstitutionen zuge= schrieben wird, ist beim Behandeln von 4-Methyl-1H-[1,2,3]triazol mit Jod in $CHCl_3$ erhalten worden (*Hü., We.,* l. c. S. 216).

4-Jodmethyl-2-phenyl-2H-[1,2,3]triazol $C_9H_8IN_3$, Formel X (X = I).
B. Aus [2-Phenyl-2H-[1,2,3]triazol-4-yl]-methanol und wss. HI (*Daub, Castle,* J. org. Chem. **19** [1954] 1571, 1573).
Kristalle (aus A.); F: 72 – 74°.

3-Methyl-1H-[1,2,4]triazol $C_3H_5N_3$, Formel XII (R = X = H) und Taut. (H 24; E I 6).
B. Aus 5-Methyl-[1,2,4]triazol-3,4-diyldiamin, $NaNO_2$ und wss. H_3PO_2 (*Lieber et al.,* J. org. Chem. **18** [1953] 218, 226). Aus 5-Methyl-1,2-dihydro-[1,2,4]triazol-3-thion, $NaNO_2$ und wss. HNO_3 (*Jones, Ainsworth,* Am. Soc. **77** [1955] 1538).
Kristalle (aus Bzl.); F: 94 – 95° (*Li. et al.*). Kp_8: 138° (*Jo., Ai.*).

4-Cyclohexyl-3-methyl-4H-[1,2,4]triazol $C_9H_{15}N_3$, Formel XIII (R = H).
B. Beim Behandeln von N-Cyclohexyl-acetamid mit Benzolsulfonylchlorid und anschliessend mit Ameisensäure-hydrazid (*C. H. Boehringer Sohn,* D.R.P. 544892 [1930]; Frdl. **18** 3059).
F: 102°. Kp_1: 200°.

(±)-3-Methyl-4-[3-methyl-cyclohexyl]-4H-[1,2,4]triazol $C_{10}H_{17}N_3$, Formel XIII (R = CH_3).
B. Analog der vorangehenden Verbindung (*C.H. Boehringer Sohn,* D.R.P. 544892 [1930]; Frdl. **18** 3059).
Kp_1: 212°.

3-Methyl-1-phenyl-1H-[1,2,4]triazol $C_9H_9N_3$, Formel XII (R = C_6H_5, X = H) (H 24; E I 6).
F: 89,5° (*Atkinson et al.,* Soc. **1954** 4256, 4257). UV-Spektrum (A.; 210 – 310 nm): *At. et al.*
M e t h o j o d i d [$C_{10}H_{12}N_3$]I; 3,4-D i m e t h y l - 1 - p h e n y l - [1,2,4]t r i a z o l i u m - j o d i d.
Kristalle (aus Acn.); F: 183 – 185° (*Duffin et al.,* Soc. **1959** 3799, 3804).

5-Methyl-1-phenyl-1H-[1,2,4]triazol $C_9H_9N_3$, Formel XIV (H 24; E I 6).

Kp_{752}: 264° (*Atkinson et al.*, Soc. **1954** 4256, 4257). UV-Spektrum (A.; 210 – 250 nm): *At. et al.*

3-Methyl-4-phenyl-4H-[1,2,4]triazol $C_9H_9N_3$, Formel XV (E I 6).

B. Beim Behandeln von Formanilid mit Benzolsulfonylchlorid und anschliessend mit Essig‑ säure-hydrazid (*C. H. Boehringer Sohn*, U.S.P. 1 796 403 [1928]).

F: 67° (*Atkinson et al.*, Soc. **1954** 4256, 4257). Kp_5: 187° (*C. H. Boehringer Sohn*). UV-Spektrum (A.; 210 – 310 nm): *At. et al.*

3-Chlormethyl-1H-[1,2,4]triazol $C_3H_4ClN_3$, Formel XII (R = H, X = Cl) und Taut.

Hydrochlorid $C_3H_4ClN_3 \cdot HCl$. *B.* Aus [1H-[1,2,4]Triazol-3-yl]-methanol und $SOCl_2$ (*Jo‑ nes, Ainsworth*, Am. Soc. **77** [1955] 1538). — Kristalle (aus A. + Ae.); F: 115 – 116°.

Stammverbindungen $C_4H_7N_3$

4-Äthyl-1H-[1,2,3]triazol $C_4H_7N_3$, Formel I und Taut.

B. Aus But-1-in und HN_3 [95 – 100°] (*Hartzel, Benson*, Am. Soc. **76** [1954] 667, 668).

Kp_{14}: 114°. D_4^{22}: 1,0600. n_D^{22}: 1,4826.

———

4,5-Dimethyl-1H-[1,2,3]triazol $C_4H_7N_3$, Formel II und Taut. (H 25).

B. Aus Methyllithium und Diazoäthan (*Müller, Rundel*, B. **89** [1956] 1065, 1068). Beim Erhitzen von Butandion-dihydrazon auf 170° (*Boyer, Morgan*, Am. Soc. **80** [1958] 3012, 3015).

Kristalle mit 3 Mol H_2O, F: 97,5 – 98° [aus A.] (*Bo., Mo.*), 92 – 94° [aus H_2O] (*Mü., Ru.*); die sehr hygroskopische wasserfreie Verbindung schmilzt bei 72 – 73° [nach Sublimation bei ca. 60°] (*Mü., Ru.*). IR-Spektrum (KBr; 2 – 15 μ): *Mü., Ru.* λ_{max} (Dioxan): 221 nm (*Hüttel, Kratzer*, B. **92** [1959] 2014, 2020).

Hydrochlorid. F: 222 – 223° (*Hüttel, Welzel*, A. **593** [1955] 207, 216).

Hydrobromid. F: 225° (*Hü., We.*, l. c. S. 217).

Picrat. Gelbe Kristalle (aus wss. A.); F: 177 – 178° (*Mü., Ru.*).

4,5-Dimethyl-2-phenyl-2H-[1,2,3]triazol $C_{10}H_{11}N_3$, Formel III (X = X' = H) (H 25).

B. Beim Erhitzen von Butandion-bis-phenylhydrazon auf 300° (*Boyer, Morgan*, Am. Soc. **80** [1958] 3012, 3015). Beim Behandeln von Butandion-monooxim mit *N*-Äthyl-*N*-phenyl-hydr‑ azin in H_2O und Erhitzen des Reaktionsprodukts mit Acetanhydrid (*Coles, Hamilton*, Am. Soc. **68** [1946] 1799).

F: 34 – 35° (*Co., Ha.; Bo., Mo.*). Kp: 253 – 255° (*Co., Ha.*). UV-Spektrum (210 – 320 nm) in $CHCl_3$ und in wss. Äthanol: *Dal Monte et al.*, G. **88** [1958] 1035, 1055, 1060; in Äthanol: *Barry et al.*, Soc. **1955** 222. λ_{max}: 275 nm [A.] bzw. 274 nm [wss. HCl] (*Dal Mo. et al.*, l. c. S. 1055).

4,5-Dimethyl-2-[2-nitro-phenyl]-2H-[1,2,3]triazol $C_{10}H_{10}N_4O_2$, Formel III (X = NO_2, X' = H) (vgl. E II 10).

B. In geringer Menge neben 4,5-Dimethyl-2-[4-nitro-phenyl]-2H-[1,2,3]triazol beim Behandeln von 4,5-Dimethyl-2-phenyl-2H-[1,2,3]triazol mit wss. HNO_3 (*Coles, Hamilton*, Am. Soc. **68** [1946] 1799).

Kristalle (aus wss. A. oder PAe.); F: 75,3 – 76,1°.

4,5-Dimethyl-2-[4-nitro-phenyl]-2H-[1,2,3]triazol $C_{10}H_{10}N_4O_2$, Formel III (X = H, X' = NO_2) (H 26).

B. s. im vorangehenden Artikel.

F: 233 – 234° [korr.] (*Coles, Hamilton*, Am. Soc. **68** [1946] 1799). UV-Spektrum (A.; 210 – 380 nm): *Dal Monte et al.*, G. **88** [1958] 977, 980, 988.

4,5-Dimethyl-1-oxy-2-phenyl-2H-[1,2,3]triazol, 4,5-Dimethyl-2-phenyl-2H-[1,2,3]triazol-1-oxid $C_{10}H_{11}N_3O$, Formel IV (H 27).

UV-Spektrum ($CHCl_3$, Hexan, A. sowie wss. A.; 210 – 320 nm): *Dal Monte et al.*, G. **88**

[1958] 1035, 1055, 1060, 1061. λ_{max} (wss. HCl): 253 nm (*Dal Mo. et al.*, l. c. S. 1055).

2-Acetyl-4,5-dimethyl-2H-[1,2,3]triazol $C_6H_9N_3O$, Formel V (R = CO-CH$_3$).
    Konstitution: *Birkofer, Wegner*, B. **100** [1967] 3485, 3490, 3494.
    B. Aus 4,5-Dimethyl-1H-[1,2,3]triazol und Acetanhydrid (*Hüttel, Kratzer*, B. **92** [1959] 2014, 2020; *Bi., We.*).
    Kristalle; F: 39° (*Bi., We.*), 36° (*Hü., Kr.*). Kp$_{13}$: 110−111° (*Bi., We.*). ^{1}H-NMR-Absorption (CCl$_4$): *Bi., We.*, l. c. S. 3489. λ_{max} (Dioxan): 253 nm (*Hü., Kr.*).
    Geschwindigkeitskonstante der Hydrolyse in H$_2$O bei 25°, 40° und 50°: *Hü., Kr.*, l. c. S. 2016, 2021; der Aminolyse mit Diäthylamin in Dioxan bei 25°: *Hü., Kr.*, l. c. S. 2019.

I   II   III   IV   V

2-[4,5-Dimethyl-[1,2,3]triazol-2-yl]-anilin $C_{10}H_{12}N_4$, Formel III (X = NH$_2$, X′ = H).
    B. Bei der Hydrierung von 4,5-Dimethyl-2-[2-nitro-phenyl]-2H-[1,2,3]triazol an Raney-Nickel in Äthanol (*Coles, Hamilton*, Am. Soc. **68** [1946] 1799).
    Kristalle (aus wss. A.+PAe.); F: 66,3−67,5°.

4-[4,5-Dimethyl-[1,2,3]triazol-2-yl]-anilin $C_{10}H_{12}N_4$, Formel III (X = H, X′ = NH$_2$) (H 28).
    B. Analog der vorangehenden Verbindung (*Coles, Hamilton*, Am. Soc. **68** [1946] 1799).
    Kristalle (aus wss. A. oder PAe.); F: 132−133° [korr.] (*Co., Ha.*). UV-Spektrum (A.; 210−350 nm): *Dal Monte et al.*, G. **88** [1958] 977, 980, 988. λ_{max} (wss. HCl): 275 nm (*Dal Mo. et al.*, l. c. S. 980).

*N-Benzo[f]chinolin-1-ylmethylen-4-[4,5-dimethyl-[1,2,3]triazol-2-yl]-anilin, Benzo[f]chinolin-1-carbaldehyd-[4-(4,5-dimethyl-[1,2,3]triazol-2-yl)-phenylimin] $C_{24}H_{19}N_5$, Formel VI.
    B. Aus der vorangehenden Verbindung und Benzo[f]chinolin-1-carbaldehyd (*Benson, Hamilton*, Am. Soc. **68** [1946] 2644).
    Gelbe Kristalle (aus wss. A.); F: 181−182°.

5-Arsenoso-2-[4,5-dimethyl-[1,2,3]triazol-2-yl]-anilin $C_{10}H_{11}AsN_4O$, Formel III (X = NH$_2$, X′ = AsO).
    B. Aus [3-Amino-4-(4,5-dimethyl-[1,2,3]triazol-2-yl)-phenyl]-arsonsäure und SO$_2$ in Gegenwart von KI in wss. H$_2$SO$_4$ (*Coles, Hamilton*, Am. Soc. **68** [1946] 1799).
    Kristalle (aus Eg.); F: >250° [korr.].

[2-(4,5-Dimethyl-[1,2,3]triazol-2-yl)-phenyl]-arsonsäure $C_{10}H_{12}AsN_3O_3$, Formel III (X = AsO(OH)$_2$, X′ = H).
    B. Analog der folgenden Verbindung (*Coles, Hamilton*, Am. Soc. **68** [1946] 1799).
    Kristalle (aus wss. A.+Eg.); F: 265−266° [korr.].

[4-(4,5-Dimethyl-[1,2,3]triazol-2-yl)-phenyl]-arsonsäure $C_{10}H_{12}AsN_3O_3$, Formel III (X = H, X′ = AsO(OH)$_2$).
    B. Aus diazotiertem 4-[4,5-Dimethyl-[1,2,3]triazol-2-yl]-anilin, As$_2$O$_3$ und CuSO$_4$ in wss. NaOH (*Coles, Hamilton*, Am. Soc. **68** [1946] 1799).
    Kristalle (aus wss. Eg.); F: >250° [korr.].

[4-(4,5-Dimethyl-[1,2,3]triazol-2-yl)-3-nitro-phenyl]-arsonsäure $C_{10}H_{11}AsN_4O_5$, Formel III (X = NO$_2$, X′ = AsO(OH)$_2$).
    B. Beim Behandeln der vorangehenden Verbindung mit rauchender HNO$_3$ und konz. H$_2$SO$_4$

(*Coles, Hamilton*, Am. Soc. **68** [1946] 1799).
Kristalle (aus H_2O); F: 187,5−188,5° [korr.].

[3-Amino-4-(4,5-dimethyl-[1,2,3]triazol-2-yl)-phenyl]-arsonsäure $C_{10}H_{13}AsN_4O_3$, Formel III
$(X = NH_2, X' = AsO(OH)_2)$.
B. Bei der Hydrierung der vorangehenden Verbindung an Raney-Nickel in wss. NaOH
(*Coles, Hamilton*, Am. Soc. **68** [1946] 1799).
Kristalle (aus wss. Eg.); F: >250° [korr.].

VI   VII   VIII

1(oder 2)-Chlor-4,5-dimethyl-1(oder 2)H-[1,2,3]triazol $C_4H_6ClN_3$, Formel VII (R = Cl) oder V
(R = Cl).
B. Aus 4,5-Dimethyl-1H-[1,2,3]triazol und NaClO in wss. Essigsäure (*Hüttel, Welzel*, A.
593 [1955] 207, 218).
Zers. bei 39−40°.

1(oder 2)-Brom-4,5-dimethyl-1(oder 2)H-[1,2,3]triazol $C_4H_6BrN_3$, Formel VII (R = Br) oder
V (R = Br).
B. Analog der vorangehenden Verbindung (*Hüttel, Welzel*, A. **593** [1955] 207, 218).
Zers. bei 75°.

1(oder 2)-Jod-4,5-dimethyl-1(oder 2)H-[1,2,3]triazol $C_4H_6IN_3$, Formel VII (R = I) oder V
(R = I).
B. Aus 4,5-Dimethyl-1H-[1,2,3]triazol beim Behandeln mit Jod in $CHCl_3$ oder mit NaIO
in wss. Essigsäure (*Hüttel, Welzel*, A. **593** [1955] 207, 217, 218).
Hellbraun; F: 199,5−200° [Zers.].

***Benzoesäure-[N-(4,5-dimethyl-[1,2,3]triazol-1-yl)-benzimidsäure]-anhydrid, Benzoyl-[N-(4,5-di≠
methyl-[1,2,3]triazol-1-yl)-benzimidoyl]-oxid** $C_{18}H_{16}N_4O_2$, Formel VIII.
Diese Konstitution kommt der früher (H **26** 352) als 2,3-Dibenzoyl-5,6-dimethyl-2,3-dihydro-
[1,2,3,4]tetrazin beschriebenen Verbindung zu (*Curtin, Alexandrou*, Tetrahedron **19** [1963] 1697,
1698; *Alexandrou*, Tetrahedron **22** [1966] 1309; *Alexandrou, Micromastoras*, Tetrahedron Letters
1968 231, 233).
B. Aus Butandion-bis-benzoylhydrazon beim Behandeln mit HgO, MgO und Jod in Äther
(*Cu., Al.*, l. c. S. 1702) oder mit $K_3[Fe(CN)_6]$ (*Ishikawa et al.*, J. pharm. Soc. Japan **74** [1954]
138, 141; C. A. **1955** 1707).
Kristalle; F: 140° (*Ish. et al.*), 139−140° [korr.; aus A.] (*Cu., Al.*). ^{1}H-NMR-Spektrum
($CDCl_3$): *Cu., Al.* UV-Spektrum (A.; 220−300 nm): *Cu., Al.*, l. c. S. 1700.
Massenspektrum: *Al., Mi.*

N-[4,5-Dimethyl-[1,2,3]triazol-1-yl]-toluol-4-sulfonamid $C_{11}H_{14}N_4O_2S$, Formel VII
(R = NH-SO$_2$-C$_6$H$_4$-CH$_3$).
B. Aus Butandion-bis-[toluol-4-sulfonylhydrazon] (F: 204°) beim Erhitzen mit KOH in Äth≠
ylenglykol (*Bamford, Stevens*, Soc. **1952** 4735, 4739).
Kristalle (aus H_2O); F: 139°.

3-Äthyl-1H-[1,2,4]triazol $C_4H_7N_3$, Formel IX (X = X' = H) und Taut.
B. Beim Behandeln von diazotiertem 5-Äthyl-1H-[1,2,4]triazol-3-ylamin mit wss. H_3PO_2
(*Bachman, Heisey*, Am. Soc. **71** [1949] 1985, 1987).
Hygroskopisch; F: 61−62°.

3-Äthyl-4-cyclohexyl-4H-[1,2,4]triazol $C_{10}H_{17}N_3$, Formel X.

B. Beim Behandeln von *N*-Cyclohexyl-propionamid mit Benzolsulfonylchlorid und anschlies=
send mit Ameisensäure-hydrazid (*C. H. Boehringer Sohn*, D.R.P. 544892 [1930]; Frdl. **18** 3059).
Kristalle (aus Ae. oder Bzl.); F: 89°. Kp_{11}: 227°.

Picrat. F: 159°.

3-Äthyl-5-chlor-1H-[1,2,4]triazol $C_4H_6ClN_3$, Formel IX (X = Cl, X′ = H) und Taut.

B. Aus 5-Äthyl-1*H*-[1,2,4]triazin-3-ylamin beim Diazotieren in wss. HCl und anschliessenden
Erhitzen mit wss. Alkali (*Bachman, Heisey*, Am. Soc. **68** [1946] 2496, 2498 Anm. 13, **71** [1949]
1985, 1987).

F: 101 – 102° (*Ba., He.*, Am. Soc. **68** 2498 Anm. 13).

3-[2-Chlor-äthyl]-1H-[1,2,4]triazol $C_4H_6ClN_3$, Formel IX (X = H, X′ = Cl) und Taut.

Hydrochlorid $C_4H_6ClN_3 \cdot HCl$. *B.* Beim Erhitzen von 3-[2-Äthoxy-äthyl]-1*H*-[1,2,4]triazol
mit wss. HBr und anschliessend mit $SOCl_2$ (*Ainsworth, Jones*, Am. Soc. **76** [1954] 5651, 5654).
Kristalle (aus A. + Ae.); F: 120°.

IX   X   XI   XII

3,5-Dimethyl-1H-[1,2,4]triazol $C_4H_7N_3$, Formel XI (R = H) und Taut. (H 29; E I 6; E II 10).

B. Beim Erhitzen von *N*-Acetyl-*N*′-[1-amino-äthyliden]-hydrazin (*Poštowskiǐ, Wereschtscha=
gina*, Ž. obšč. Chim. **29** [1959] 2139, 2141; engl. Ausg. S. 2105, 2107).

Kristalle (aus Bzl.); F: 139 – 140° (*Po., We.*).

Picrat $C_4H_7N_3 \cdot C_6H_3N_3O_7$. Kristalle (aus Bzl. + Me.); F: 170° [korr.] (*Atkinson, Polya*,
Soc. **1954** 141, 142).

1,3,5-Trimethyl-1H-[1,2,4]triazol $C_5H_9N_3$, Formel XI (R = CH_3).

B. Beim Erhitzen von Diacetamid mit Methylhydrazin-sulfat auf 145° (*Atkinson, Polya*,
Soc. **1954** 141, 143). Aus 3,5-Dimethyl-1*H*-[1,2,4]triazol beim Behandeln mit CH_3I in methanol.
Natriummethylat oder mit Diazomethan (*At., Po.*).

Kp_{760}: 193 – 195°; Kp_{755}: 193°; Kp_{11}: 72 – 74°. D_{20}^{20}: 1,037. n_D^{20}: 1,4652.

Picrat $C_5H_9N_3 \cdot C_6H_3N_3O_7$. Kristalle (aus A.); F: 134,5° [korr.].

3,4,5-Trimethyl-4H-[1,2,4]triazol $C_5H_9N_3$, Formel XII (R = CH_3).

B. Aus 2,5-Dimethyl-[1,3,4]oxadiazol und äthanol. Methylamin [110°] (*Schering-Kahlbaum
A.G.*, D.R.P. 574944 [1932]; Frdl. **19** 1436; *Duffin et al.*, Soc. **1959** 3799, 3804).

Kristalle (aus Bzl.); F: 178° (*Du. et al.*). Kristalle mit 3 Mol H_2O (*Du. et al.*); F: 94,5°
[aus H_2O] (*Schering-Kahlbaum A.G.*), 94° (*Du. et al.*).

1,3,4,5-Tetramethyl-[1,2,4]triazolium $[C_6H_{12}N_3]^+$, Formel XIII (R = CH_3).

Jodid $[C_6H_{12}N_3]I$. *B.* Aus 1,3,5-Trimethyl-1*H*-[1,2,4]triazol (*Atkinson, Polya*, Soc. **1954** 141,
143) oder aus 3,4,5-Trimethyl-4*H*-[1,2,4]triazol (*Duffin et al.*, Soc. **1959** 3799, 3804) und CH_3I.
– Kristalle (aus Me. + Ae.); F: 141° (*Du. et al.*), 138° [korr.] (*At., Po.*). Hygroskopisch (*At.,
Po.*).

1-Äthyl-3,5-dimethyl-1H-[1,2,4]triazol $C_6H_{11}N_3$, Formel XI (R = C_2H_5).

B. Neben 4-Äthyl-3,5-dimethyl-4*H*-[1,2,4]triazol beim Behandeln von 3,5-Dimethyl-1*H*-
[1,2,4]triazol mit Äthyljodid und äthanol. Natriumäthylat (*Atkinson, Polya*, Soc. **1954** 141,
144). Aus 3,5-Dimethyl-1*H*-[1,2,4]triazol und Diazoäthan (*At., Po.*).

Kp_{755}: 196°; Kp_{12}: 80,5−81,5°. D_{20}^{20}: 0,990. n_D^{20}: 1,4690.

Picrat $C_6H_{11}N_3 \cdot C_6H_3N_3O_7$. Kristalle (aus A.); F: 126° [korr.].

4-Äthyl-3,5-dimethyl-4H-[1,2,4]triazol $C_6H_{11}N_3$, Formel XII (R = C_2H_5).

B. Aus *N*-Äthyl-acetamid, $POCl_3$ und Essigsäure-hydrazid (*Atkinson, Polya,* Soc. **1954** 141, 144).

Hygroskopische Kristalle; F: 115−116° [korr.].

Picrat $C_6H_{11}N_3 \cdot C_6H_3N_3O_7$. Kristalle (aus A.); F: 147° [korr.].

4-Cyclohexyl-3,5-dimethyl-4H-[1,2,4]triazol $C_{10}H_{17}N_3$, Formel XII (R = C_6H_{11}).

B. Beim Behandeln von *N*-Cyclohexyl-acetamid mit PCl_5 und anschliessend mit Essigsäure-hydrazid (*C. H. Boehringer Sohn,* D.R.P. 544892 [1930]; Frdl. **18** 3059).

Kristalle (aus PAe. + Ae.); F: 132°.

3,5-Dimethyl-1-phenyl-1H-[1,2,4]triazol $C_{10}H_{11}N_3$, Formel XIV (X = X' = X'' = H) (E I 6; E II 10).

B. Aus Diacetamid und Phenylhydrazin (*Komzak, Polya,* J. appl. Chem. **2** [1952] 666). Neben anderen Verbindungen aus Benzoesäure-[*N'*-phenyl-hydrazid] und Acetamid bei 260−280° (*Atkinson, Polya,* Soc. **1952** 3418, 3422).

Dimorphe Kristalle, F: 46° [stabile Modifikation] und Kristalle (aus der Schmelze bei 10−15°), F: 37,5° (*Brandstätter, Grimm,* Mikroch. Acta **1956** 1175, 1176). Kristalle; F: 48° [nach Sublimation bei 40°/2 Torr] (*Ko., Po.*). Kp_{25}: 163−165° (*Ko., Po.*); Kp_3: 134−138°; Kp_2: 118−124° (*At., Po.*). λ_{max} (A.): 230 nm (*Atkinson et al.,* Soc. **1954** 4256, 4257).

3,5-Dimethyl-1-[2-nitro-phenyl]-1H-[1,2,4]triazol $C_{10}H_{10}N_4O_2$, Formel XIV (X = NO_2, X' = X'' = H).

B. In geringer Menge beim Erhitzen von [2-Nitro-phenyl]-hydrazin-hydrochlorid mit Diacet= amid auf 185−187° (*Hernler,* M. **55** [1930] 3, 5).

F: 186−189° (nicht rein erhalten).

Hexachloroplatinat(IV) $C_{10}H_{10}N_4O_2 \cdot H_2PtCl_6$. Gelbe Kristalle; unterhalb 360° nicht schmelzend [Dunkelfärbung ab 270°].

3,5-Dimethyl-1-[3-nitro-phenyl]-1H-[1,2,4]triazol $C_{10}H_{10}N_4O_2$, Formel XIV (X = X'' = H, X' = NO_2) (E II 10).

B. Analog der vorangehenden Verbindung (*Hernler,* M. **55** [1930] 3, 7).

Kristalle (aus H_2O oder nach Sublimation bei 130°/11 Torr); F: 136−137°.

Hydrochlorid $C_{10}H_{10}N_4O_2 \cdot HCl$. Kristalle; F: 129−129,5°.

Hexachloroplatinat(IV) $2C_{10}H_{10}N_4O_2 \cdot H_2PtCl_6$. Wasserhaltige gelbe Kristalle; F: 287° [Zers.].

Picrat $C_{10}H_{10}N_4O_2 \cdot C_6H_3N_3O_7$. Gelbe Kristalle (aus A. + PAe.); F: 184−186° [nach Sin= tern und Dunkelfärbung].

XIII   XIV   XV   XVI

3,5-Dimethyl-1-[4-nitro-phenyl]-1H-[1,2,4]triazol $C_{10}H_{10}N_4O_2$, Formel XIV (X = X' = H, X'' = NO_2) (E II 10).

B. Analog den vorangehenden Verbindungen (*Hernler,* M. **55** [1930] 3, 10).

Gelbe Kristalle (aus H_2O oder nach Sublimation bei 145−150° [Badtemperatur]/11 Torr); F: 154,5−155°.

Hydrochlorid $C_{10}H_{10}N_4O_2 \cdot HCl$. Kristalle; F: 177,5°.

Hexachloroplatinat(IV) $2C_{10}H_{10}N_4O_2 \cdot H_2PtCl_6$ (E II 10). Orangerote Kristalle mit 2 Mol H_2O; F: 267° [Zers.].

3,5-Dimethyl-4-phenyl-4H-[1,2,4]triazol $C_{10}H_{11}N_3$, Formel XV (X = H) (H 29; E II 11).
B. Aus 2,5-Dimethyl-[1,3,4]oxadiazol und Anilin [140°] (*Schering-Kahlbaum A.G.*, D.R.P. 574944 [1932]; Frdl. **19** 1436).
Kristalle; F: 236° [korr.] (*Atkinson et al.*, Soc. **1954** 4256, 4257), 235° [aus E. + Me.] (*Schering-Kahlbaum A.G.*). λ_{max} (A.): 259 nm (*At. et al.*).

4-[4-Chlor-phenyl]-3,5-dimethyl-4H-[1,2,4]triazol $C_{10}H_{10}ClN_3$, Formel XV (X = Cl).
B. Aus 2,5-Dimethyl-[1,3,4]oxadiazol und 4-Chlor-anilin (*Duffin et al.*, Soc. **1959** 3799, 3804).
Kristalle (aus E.); F: 236°.

3,4,5-Trimethyl-1-phenyl-[1,2,4]triazolium $[C_{11}H_{14}N_3]^+$, Formel XIII (R = C_6H_5).
Jodid $[C_{11}H_{14}N_3]I$. B. Aus 3,5-Dimethyl-1-phenyl-1H-[1,2,4]triazol und CH_3I (*Duffin et al.*, Soc. **1959** 3799, 3804). — Kristalle (aus Acn.); F: 167—168°.

1,3,5-Trimethyl-4-phenyl-[1,2,4]triazolium $[C_{11}H_{14}N_3]^+$, Formel XVI (X = H).
Jodid $[C_{11}H_{14}N_3]I$. B. Aus 3,5-Dimethyl-4-phenyl-4H-[1,2,4]triazol und CH_3I (*Duffin et al.*, Soc. **1959** 3799, 3804). — Kristalle (aus Acn. + Ae.); F: 99—101°.

4-[4-Chlor-phenyl]-1,3,5-trimethyl-[1,2,4]triazolium $[C_{11}H_{13}ClN_3]^+$, Formel XVI (X = Cl).
Jodid $[C_{11}H_{13}ClN_3]I$. B. Aus 4-[4-Chlor-phenyl]-3,5-dimethyl-4H-[1,2,4]triazol und CH_3I (*Duffin et al.*, Soc. **1959** 3799, 3804). — Kristalle (aus Acn. + Ae.); F: 206°.

4-[4-Methoxy-phenyl]-3,5-dimethyl-4H-[1,2,4]triazol $C_{11}H_{13}N_3O$, Formel XV (X = O-CH$_3$).
B. Aus 2,5-Dimethyl-[1,3,4]oxadiazol und p-Anisidin (*Duffin et al.*, Soc. **1959** 3799, 3804).
Kristalle (aus Bzl. + PAe.); F: 180°.

4-[4-Äthoxy-phenyl]-3,5-dimethyl-4H-[1,2,4]triazol $C_{12}H_{15}N_3O$, Formel XV (X = O-C$_2$H$_5$).
B. Aus 2,5-Dimethyl-[1,3,4]oxadiazol und p-Phenetidin [140°] (*Schering-Kahlbaum A.G.*, D.R.P. 574944 [1932]; Frdl. **19** 1436).
Kristalle (aus E.); F: 161,5°.

4-[4-Methoxy-phenyl]-1,3,5-trimethyl-[1,2,4]triazolium $[C_{12}H_{16}N_3O]^+$, Formel XVI (X = O-CH$_3$).
Jodid $[C_{12}H_{16}N_3O]I$. B. Aus 4-[4-Methoxy-phenyl]-3,5-dimethyl-4H-[1,2,4]triazol und CH_3I (*Duffin et al.*, Soc. **1959** 3799, 3804). — Kristalle (aus Acn. + Ae.); F: 174—176°.

1-Acetyl-3,5-dimethyl-1H-[1,2,4]triazol $C_6H_9N_3O$, Formel XI (R = CO-CH$_3$).
Zur Konstitution vgl. *Potts, Crawford*, J. org. Chem. **27** [1962] 2631.
B. Aus 3,5-Dimethyl-1H-[1,2,4]triazol und Acetanhydrid (*Atkinson, Polya*, Soc. **1954** 141, 143).
Kristalle; F: 90—91° [nach Sublimation bei 70°/2 Torr]; Kp$_{760}$: 199° (*At., Po.*). λ_{max} (A.): 222 nm (*Atkinson et al.*, Soc. **1954** 4256, 4257).
Picrat $C_6H_9N_3O \cdot C_6H_3N_3O_7$. Kristalle (aus Bzl. + CCl$_4$); F: 120° [korr.] (*At., Po.*).

2-[3,5-Dimethyl-[1,2,4]triazol-1-yl]-anilin $C_{10}H_{12}N_4$, Formel XIV (X = NH$_2$, X' = X'' = H).
B. Aus 3,5-Dimethyl-1-[2-nitro-phenyl]-1H-[1,2,4]triazol mit Hilfe von Zinn und wss. HCl (*Hernler, M.* **55** [1930] 3, 6).
Braune Kristalle (nicht rein erhalten).
Picrat $C_{10}H_{12}N_4 \cdot C_6H_3N_3O_7$. Grünlichgelbe Kristalle (aus A. + PAe.); F: 170° [nach Sintern].

3-[3,5-Dimethyl-[1,2,4]triazol-1-yl]-anilin $C_{10}H_{12}N_4$, Formel XIV (X = X'' = H, X' = NH$_2$).
B. Analog der vorangehenden Verbindung (*Hernler, M.* **55** [1930] 3, 9).

Kristalle (aus PAe.); F: 47−48°.

Hydrochlorid $C_{10}H_{12}N_4 \cdot HCl$. Kristalle (nach Sublimation bei 160−170°/12 Torr); F: 202−204° [abhängig von der Geschwindigkeit des Erhitzens].

Hexachloroplatinat(IV) $C_{10}H_{12}N_4 \cdot H_2PtCl_6$. Gelbe Kristalle; unterhalb 360° nicht schmelzend [Graufärbung ab 270°].

Picrat $C_{10}H_{12}N_4 \cdot C_6H_3N_3O_7$. Gelb; F: 180−182° [Zers.].

4-[3,5-Dimethyl-[1,2,4]triazol-1-yl]-anilin $C_{10}H_{12}N_4$, Formel XIV (X = X′ = H, X″ = NH₂) (E II 13).

Kristalle; F: 186−186,5° (*Hernler, M.* **55** [1930] 3, 11).

Hydrochlorid $C_{10}H_{12}N_4 \cdot HCl$. Kristalle; F: 242−245°.

Hexachloroplatinat(IV) $C_{10}H_{12}N_4 \cdot H_2PtCl_6$. Orangerote Kristalle mit 2 Mol H_2O; unterhalb 360° nicht schmelzend [Graufärbung ab 260°].

Dipicrat $C_{10}H_{12}N_4 \cdot 2C_6H_3N_3O_7$. F: 162−164°.

4-[2-Butoxy-[4]pyridyl]-3,5-dimethyl-4*H*-[1,2,4]triazol $C_{13}H_{18}N_4O$, Formel I.

B. Aus 2,5-Dimethyl-[1,3,4]oxadiazol und 2-Butoxy-[4]pyridylamin [150°] (*Schering-Kahlbaum A.G.*, D.R.P. 574944 [1932]; Frdl. **19** 1436).

F: 154,5°.

3,5-Dimethyl-[1,2,4]triazol-4-ol $C_4H_7N_3O$, Formel II (X = OH) und Taut.

Diese Konstitution kommt dem früher (H **27** 773) als 3,6-Dimethyl-4*H*-[1,2,4,5]oxatriazin formulierten Leukazon zu (*Bassinet et al.*, C. r. [C] **274** [1972] 189).

¹H-NMR-Absorption (CDCl₃ sowie DMSO-d_6): *Ba. et al.* Scheinbarer Dissoziationsexponent pK'_a (H₂O) bei 25°: 6,5.

Massenspektrum: *Ba. et al.*

3,5-Dimethyl-[1,2,4]triazol-4-ylamin $C_4H_8N_4$, Formel II (X = NH₂) (H 29; E I 7).

B. Aus Essigsäure und $N_2H_4 \cdot H_2O$ [220−230°] (*Herbst, Garrison,* J. org. Chem. **18** [1953] 872, 875). Aus Äthylacetat und $N_2H_4 \cdot H_2O$ [130°] (*Aspelund, Augustson,* Acta Acad. Åbo 7 Nr. 10 [1953] 1, 5). Neben *N,N′*-Bis-[1-äthoxy-äthyliden]-hydrazin beim Behandeln von Acet≠imidsäure-äthylester-hydrochlorid mit N_2H_4 (*Oberhummer,* M. **63** [1933] 285, 297). Beim Erhit≠zen von Acethydrazidin-hydrochlorid auf 150° (*Ob.*).

Kristalle; F: 198−199° [aus A. oder A.+Bzl.] (*Ob.*), 196,5−197,5° [korr.; aus Isopropylalko≠hol] (*He., Ga.*).

N-[3,5-Dimethyl-[1,2,4]triazol-4-yl]-phthalamidsäure $C_{12}H_{12}N_4O_3$, Formel II (X = NH-CO-C₆H₄-CO-OH).

B. Aus 3,5-Dimethyl-[1,2,4]triazol-4-ylamin und Phthalsäure-anhydrid (*Monsanto Chem. Co.,* U.S.P. 2762816 [1955]).

Kristalle (aus DMF+Acetonitril+Diisopropyläther); F: 197° [nach Sintern ab 193°].

I   II   III   IV

Stammverbindungen $C_5H_9N_3$

5,6-Dimethyl-1,2(?)-dihydro-[1,2,4]triazin $C_5H_9N_3$, vermutlich Formel III.

B. In geringer Menge bei der Hydrierung von 5,6-Dimethyl-[1,2,4]triazin an Raney-Nickel in Methanol (*Metze, Scherowsky,* B. **92** [1959] 2481, 2484).

Hellgelbes Öl; Kp₁₄: 120−121°.

4-Propyl-1H-[1,2,3]triazol $C_5H_9N_3$, Formel IV (R = R'' = H, R' = C_2H_5) und Taut.

B. Aus Pent-1-in und HN_3 [95 – 100°] (*Hartzel, Benson,* Am. Soc. **76** [1954] 667, 668).

Kp_{13}: 122 – 124°. D_4^{22}: 1,0270. n_D^{22}: 1,4760.

4-Isopropyl-1-phenyl-1H-[1,2,3]triazol $C_{11}H_{13}N_3$, Formel IV (R = C_6H_5, R' = R'' = CH_3) (E II 14).

B. Aus 2-[1-Phenyl-1H-[1,2,3]triazol-4-yl]-propan-2-ol, wss. HI und HI·PI_3 (*Moulin,* Helv. **35** [1952] 167, 179).

F: 31°.

1-Benzyl-4-isopropyl-1H-[1,2,3]triazol $C_{12}H_{15}N_3$, Formel IV (R = CH_2-C_6H_5, R' = R'' = CH_3).

B. Aus 2-[1-Benzyl-1H-[1,2,3]triazol-4-yl]-propan-2-ol, wss. HI und HI·PI_3 (*Moulin,* Helv. **35** [1952] 167, 179).

F: 69 – 70°.

(±)-4(oder 5)-Isopropenyl-1-phenyl-4,5-dihydro-1H-[1,2,3]triazol $C_{11}H_{13}N_3$, Formel V oder VI.

B. Aus Isopren und Azidobenzol (*Alder, Stein,* A. **501** [1933] 1, 25).

Kristalle (aus PAe.); F: 72°.

(±)-3-Äthyl-5-methyl-4-[2-methyl-cyclohexyl]-4H-[1,2,4]triazol $C_{12}H_{21}N_3$, Formel VII (R = CH_3, R' = H).

B. Beim Behandeln von (±)-N-[2-Methyl-cyclohexyl]-acetamid mit Benzolsulfonylchlorid und anschliessend mit Propionsäure-hydrazid (*C. H. Boehringer Sohn,* D.R.P. 544892 [1930]; Frdl. **18** 3059).

$Kp_{0,9}$: 185°.

Picrat. F: 145°.

V   VI   VII   VIII

(±)-3-Äthyl-5-methyl-4-[4-methyl-cyclohexyl]-4H-[1,2,4]triazol $C_{12}H_{21}N_3$, Formel VII (R = H, R' = CH_3).

B. Analog der vorangehenden Verbindung (*C. H. Boehringer Sohn,* D.R.P. 544892 [1930]; Frdl. **18** 3059).

F: 75°. Feststoff mit 1 Mol H_2O; F: 46°. Kp_{16}: 232°.

5-Äthyl-3-methyl-1-phenyl-1H-[1,2,4]triazol $C_{11}H_{13}N_3$, Formel VIII (E II 15).

B. Aus Acetyl-propionyl-amin und Phenylhydrazin (*Atkinson, Polya,* Soc. **1952** 3418, 3420).

Kp_{760}: 281 – 282°; Kp_2: 122 – 122,5°; D_{20}^{20}: 1,075; n_D^{20}: 1,5450 (*At., Po.*). λ_{max} (A.): 230 nm (*Atkinson et al.,* Soc. **1954** 4256, 4257).

Verbindung mit Quecksilber(II)-chlorid $C_{11}H_{13}N_3$·$HgCl_2$. Kristalle (aus A.+Ae.); F: 156° (*At., Po.*).

Picrat (E II 15). Gelbe Kristalle; F: 139 – 140,5° (*At., Po.*).

3-Äthyl-5-methyl-1-phenyl-1H-[1,2,4]triazol $C_{11}H_{13}N_3$, Formel IX.

B. Aus Acetamid und Propionsäure-[N'-phenyl-hydrazid] [210°] (*Atkinson, Polya,* Soc. **1952** 3418, 3421).

Kp_{755}: 278°; D_{20}^{20}: 1,058; n_D^{20}: 1,5505 (*At., Po.*). λ_{max} (A.): 230 nm (*Atkinson et al.,* Soc. **1954** 4256, 4257).

Hydrochlorid. F: 208 – 210° [korr.; Zers. bei 220°] (*At., Po.*).

Verbindung mit Quecksilber(II)-chlorid $C_{11}H_{13}N_3 \cdot HgCl_2$. Kristalle (aus wss. A.); F: 138−140° [korr.] (*At., Po.*).

Picrat. Gelbe Kristalle (aus $CHCl_3$ + A.); F: 141−142° [korr.] (*At., Po.*).

3-Äthyl-5-methyl-4-phenyl-4H-[1,2,4]triazol $C_{11}H_{13}N_3$, Formel X.

B. Beim Behandeln von Acetophenon-oxim mit Benzolsulfonylchlorid und anschliessend mit Propionsäure-hydrazid (*C.H. Boehringer Sohn*, D.R.P. 541700 [1928]; Frdl. **18** 3055; U.S.P. 1796403 [1928]).

Kristalle (aus Bzl. + PAe.); F: 152°. Kp_{13}: 213−214°.

(±)-1-Phenyl-(3ar,6ac)-1,3a,4,5,6,6a-hexahydro-cyclopentatriazol $C_{11}H_{13}N_3$, Formel XI (X = H) + Spiegelbild.

B. Aus Cyclopenten und Azidobenzol (*Alder, Stein*, A. **501** [1933] 1, 15, 38).

Kristalle (aus PAe.); F: 53°.

Beim Erhitzen auf 150° ist Cyclopentanon-phenylimin erhalten worden.

(±)-1-[4-Brom-phenyl]-(3ar,6ac)-1,3a,4,5,6,6a-hexahydro-cyclopentatriazol $C_{11}H_{12}BrN_3$, Formel XI (X = Br) + Spiegelbild.

B. Analog der vorangehenden Verbindung (*Alder, Stein*, A. **501** [1933] 1, 40).

Kristalle (aus Me.); F: 222° [Zers.].

2,3,5,6-Tetrahydro-1H-imidazo[1,2-a]imidazol $C_5H_9N_3$, Formel XII (R = H) (E I 7).

B. Aus [2-Chlor-äthyl]-[4,5-dihydro-1H-imidazol-2-yl]-amin-hydrochlorid und äthanol. KOH (*McKay et al.*, Am. Soc. **78** [1956] 6144, 6146). Aus 1-[2-Amino-äthyl]-imidazolidin-2-thion mit Hilfe von Chloressigsäure (*McKay et al.*, Canad. J. Chem. **35** [1957] 843, 847).

Kristalle (aus Acn.); F: 158,5−159,5° [unkorr.] (*McKay et al.*, Am. Soc. **78** 6146), 158−159° [unkorr.] (*McKay et al.*, Canad. J. Chem. **35** 847).

Hydrochlorid. Kristalle (aus Me.); F: 156,5−157,5° [unkorr.] (*McKay et al.*, Canad. J. Chem. **35** 848).

Picrat $C_5H_9N_3 \cdot C_6H_3N_3O_7$. Kristalle; F: 219−221° [unkorr.; aus A.] (*McKay et al.*, Canad. J. Chem. **35** 846, 847), 219,5−220° [unkorr.] (*McKay et al.*, Am. Soc. **78** 6146).

1-[2-Chlor-äthyl]-2,3,5,6-tetrahydro-1H-imidazo[1,2-a]imidazol $C_7H_{12}ClN_3$, Formel XII (R = CH_2-CH_2-Cl).

B. Beim Behandeln von 2-[2,3,5,6-Tetrahydro-imidazo[1,2-a]imidazol-1-yl]-äthanol mit methanol. HCl und Erhitzen des Reaktionsprodukts mit $SOCl_2$ in $CHCl_3$ (*McKay et al.*, Canad. J. Chem. **35** [1957] 843, 848).

Picrat $C_7H_{12}ClN_3 \cdot C_6H_3N_3O_7$. Kristalle (aus H_2O); F: 120−121° [unkorr.].

IX   X   XI   XII

1-Propyl-2,3,5,6-tetrahydro-1H-imidazo[1,2-a]imidazol $C_8H_{15}N_3$, Formel XII (R = CH_2-C_2H_5).

B. Beim Erwärmen von 2-[2-Propylamino-4,5-dihydro-imidazol-1-yl]-äthanol-hydrochlorid mit $SOCl_2$ in $CHCl_3$ und anschliessend mit äthanol. KOH (*Monsanto Canada Ltd.*, U.S.P. 2782205 [1956]).

$Kp_{0,15}$: 86−88°.

Picrat $C_8H_{15}N_3 \cdot C_6H_3N_3O_7$. F: 85−86°.

Die folgenden Verbindungen sind in analoger Weise hergestellt worden:

1-Octyl-2,3,5,6-tetrahydro-1*H*-imidazo[1,2-*a*]imidazol $C_{13}H_{25}N_3$,   Formel XII (R = $[CH_2]_7$-CH$_3$). Kp$_{0,05}$: 115−117° (*Monsanto Canada Ltd.; McKay, Garmaise*, Canad. J. Chem. **35** [1957] 8, 10−12). D_4^{22}: 0,959; n_D^{25}: 1,4857 (*McKay, Ga.*). − Picrat $C_{13}H_{25}N_3 \cdot C_6H_3N_3O_7$. F: 75−76° (*Monsanto Canada Ltd.; McKay, Ga.*).

1-Dodecyl-2,3,5,6-tetrahydro-1*H*-imidazo[1,2-*a*]imidazol $C_{17}H_{33}N_3$,   Formel XII (R = $[CH_2]_{11}$-CH$_3$). Kp$_{0,08}$: 143−145° (*Monsanto Canada Ltd.; McKay, Ga.*). D_4^{22}: 0,945; n_D^{25}: 1,4842 (*McKay, Ga.*). − Picrat $C_{17}H_{33}N_3 \cdot C_6H_3N_3O_7$. F: 65−66° (*Monsanto Canada Ltd.; McKay, Ga.*).

1-Tetradecyl-2,3,5,6-tetrahydro-1*H*-imidazo[1,2-*a*]imidazol $C_{19}H_{37}N_3$,   Formel XII (R = $[CH_2]_{13}$-CH$_3$). Kp$_{0,08}$: 172−173° (*Monsanto Canada Ltd.; McKay, Ga.*, l. c. S. 10, 13). D_4^{22}: 0,937; n_D^{25}: 1,4832 (*McKay, Ga.*). − Picrat $C_{19}H_{37}N_3 \cdot C_6H_3N_3O_7$. Kristalle (aus Ae.); F: 75−76° (*McKay, Ga.;* s. a. *Monsanto Canada Ltd.*).

1-Hexadecyl-2,3,5,6-tetrahydro-1*H*-imidazo[1,2-*a*]imidazol $C_{21}H_{41}N_3$,   Formel XII (R = $[CH_2]_{15}$-CH$_3$). F: 33−34°; Kp$_{0,07}$: 188−190° (*Monsanto Canada Ltd.; McKay, Ga.*). − Picrat $C_{21}H_{41}N_3 \cdot C_6H_3N_3O_7$. F: 78−79° (*Monsanto Canada Ltd.; McKay, Ga.*).

1-Octadecyl-2,3,5,6-tetrahydro-1*H*-imidazo[1,2-*a*]imidazol $C_{23}H_{45}N_3$, Formel XII (R = $[CH_2]_{17}$-CH$_3$). F: 36−37°; Kp$_{0,2}$: 227−228° (*Monsanto Canada Ltd.; McKay, Ga.*). − Picrat $C_{23}H_{45}N_3 \cdot C_6H_3N_3O_7$. F: 86−87° (*Monsanto Canada Ltd.; McKay, Ga.*).

1-Phenäthyl-2,3,5,6-tetrahydro-1*H*-imidazo[1,2-*a*]imidazol $C_{13}H_{17}N_3$, Formel XII (R = CH_2-CH_2-C_6H_5). Kp$_{0,05}$: 122−124° (*Monsanto Canada Ltd.; McKay, Ga.*). D_4^{22}: 1,101; n_D^{25}: 1,5609 (*McKay, Ga.*). − Picrat $C_{13}H_{17}N_3 \cdot C_6H_3N_3O_7$. F: 145−146° [unkorr.] (*Monsanto Canada Ltd.; McKay, Ga.*).

1-Vinyl-2,3,5,6-tetrahydro-1*H*-imidazo[1,2-*a*]imidazol $C_7H_{11}N_3$, Formel XII (R = CH=CH$_2$).
B. Aus 1-[2-Chlor-äthyl]-2,3,5,6-tetrahydro-1*H*-imidazo[1,2-*a*]imidazol und methanol. KOH (*McKay et al.*, Canad. J. Chem. **35** [1957] 843, 849).
Kp$_{0,3}$: 85,5−86°.
Picrat $C_7H_{11}N_3 \cdot C_6H_3N_3O_7$. Kristalle (aus E.); F: 171,5−172,5° [unkorr.].

1-Benzyl-2,3,5,6-tetrahydro-1*H*-imidazo[1,2-*a*]imidazol $C_{12}H_{15}N_3$, Formel XII (R = CH_2-C_6H_5).
B. Beim Erhitzen von [1-(2-Chlor-äthyl)-4,5-dihydro-1*H*-imidazol-2-yl]-nitro-amin mit Benzylamin (*McKay, Gilpin*, Am. Soc. **78** [1956] 486). Aus Benzyl-[1-(2-chlor-äthyl)-4,5-dihydro-1*H*-imidazol-2-yl]-amin-hydrochlorid und methanol. KOH (*McKay, Garmaise*, Canad. J. Chem. **35** [1957] 8, 10, 11, 13).
Kristalle; F: 40,5° (*McKay, Ga.*), 39−40,5° [geschlossene Kapillare] (*McKay, Gi.*). Kp$_{0,11}$: 128−131°; n_D^{26}: 1,56963 [flüssiges Präparat] (*McKay, Gi.*). Kp$_{0,1}$: 124−126°; D_4^{22}: 1,109; n_D^{25}: 1,5705 [flüssiges Präparat] (*McKay, Ga.*).
Picrat $C_{12}H_{15}N_3 \cdot C_6H_3N_3O_7$. Dimorphe Kristalle; F: 123−124° [unkorr.] und F: 109−109,5° [unkorr.] (*McKay, Ga.;* s. a. *McKay, Gi.*).

2-[2,3,5,6-Tetrahydro-imidazo[1,2-*a*]imidazol-1-yl]-äthanol $C_7H_{13}N_3O$, Formel XII (R = CH_2-CH_2-OH).
B. Aus 2,3,5,6-Tetrahydro-1*H*-imidazo[1,2-*a*]imidazol und Äthylenoxid (*McKay et al.*, Canad. J. Chem. **35** [1957] 843, 848).
Kristalle (aus E.); F: 68,5−69,5°.
Picrat $C_7H_{13}N_3O \cdot C_6H_3N_3O_7$. Kristalle (aus E.); F: 110,5−111,5° [unkorr.].

(±)-1-[2(oder 4)-Chlor-phenoxy]-3-[2,3,5,6-tetrahydro-imidazo[1,2-*a*]imidazol-1-yl]-propan-2-ol $C_{14}H_{18}ClN_3O_2$, Formel XIII (R = X′ = H, X = Cl oder R = X = H, X′ = Cl).
B. Neben geringen Mengen 1,1-Bis-[3-(2(oder 4)-chlor-phenoxy)-2-hydroxy-propyl]-2,3,5,6-tetrahydro-1*H*-imidazo[1,2-*a*]imidazolium-chlorid (s. u.) aus 2,3,5,6-Tetrahydro-1*H*-imidazo[1,2-*a*]imidazol und (±)-1-[2(oder 4)-Chlor-phenoxy]-2,3-epoxy-propan in Methanol (*Kreling, McKay*, Canad. J. Chem. **36** [1958] 775, 778).
Kristalle (aus Acn.); F: 153,5−154° [unkorr.].

Picrat $C_{14}H_{18}ClN_3O_2 \cdot C_6H_3N_3O_7$. Kristalle (aus Me. + Ae.); F: 129 – 130° [unkorr.].

(±)-1-[2,4-Dichlor-phenoxy]-3-[2,3,5,6-tetrahydro-imidazo[1,2-a]imidazol-1-yl]-propan-2-ol
$C_{14}H_{17}Cl_2N_3O_2$, Formel XIII (R = H, X = X' = Cl).

B. Aus 2,3,5,6-Tetrahydro-1*H*-imidazo[1,2-a]imidazol und (±)-1-[2,4-Dichlor-phenoxy]-2,3-epoxy-propan (*Kreling, McKay,* Canad. J. Chem. **36** [1958] 775, 778).

Kristalle (aus wss. A.); F: 155 – 156,5° [unkorr.].

Picrat $C_{14}H_{17}Cl_2N_3O_2 \cdot C_6H_3N_3O_7$. Kristalle (aus Me. + Ae.); F: 146 – 147° [unkorr.].

(±)-1-[2,3,5,6-Tetrahydro-imidazo[1,2-a]imidazol-1-yl]-3-*m*-tolyloxy-propan-2-ol $C_{15}H_{21}N_3O_2$,
Formel XIII (R = CH_3, X = X' = H).

B. Analog der vorangehenden Verbindung (*Kreling, McKay,* Canad. J. Chem. **36** [1958] 775, 777).

Kristalle (aus Acn. + Hexan); F: 102,5 – 104° [unkorr.].

Picrat $C_{15}H_{21}N_3O_2 \cdot C_6H_3N_3O_7$. Kristalle (aus A.); F: 143,5 – 144° [unkorr.].

***Opt.-inakt. 1,1-Bis-[3-(2(oder 4)-chlor-phenoxy)-2-hydroxy-propyl]-2,3,5,6-tetrahydro-1*H*-**
imidazo[1,2-a]imidazolium $[C_{23}H_{28}Cl_2N_3O_4]^+$, Formel XIV (X = Cl, X' = H oder X = H,
X' = Cl).

Chlorid $[C_{23}H_{28}Cl_2N_3O_4]Cl$. *B.* s. o. bei (±)-1-[2(oder 4)-Chlor-phenoxy]-3-[2,3,5,6-tetra-
hydro-imidazo[1,2-a]imidazol-1-yl]-propan-2-ol. – Kristalle (aus Me. + E.); F: 190 – 191° [un-
korr.] (*Kreling, McKay,* Canad. J. Chem. **36** [1958] 775, 778).

Picrat $[C_{23}H_{28}Cl_2N_3O_4]C_6H_2N_3O_7$. Kristalle (aus H_2O); F: 162,5 – 164° [unkorr.].

1-[2-Dimethylamino-äthyl]-2,3,5,6-tetrahydro-1*H*-imidazo[1,2-a]imidazol, Dimethyl-[2-(2,3,5,6-
tetrahydro-imidazo[1,2-a]imidazol-1-yl)-äthyl]-amin $C_9H_{18}N_4$, Formel I (R = CH_3, n = 2).

B. Beim Erwärmen von 2-[2-(2-Dimethylamino-äthylamino)-4,5-dihydro-imidazol-1-yl]-äth-
anol-hydrochlorid mit $SOCl_2$ und anschliessend mit äthanol. KOH (*Monsanto Canada Ltd.,*
U.S.P. 2782205 [1956]; *McKay, Garmaise,* Canad. J. Chem. **35** [1957] 8, 10, 12).

$Kp_{0,05}$: 91 – 92° (*Monsanto Canada Ltd.*). D_4^{22}: 1,018; n_D^{25}: 1,5008 (*McKay, Ga.*).

Dipicrat $C_9H_{18}N_4 \cdot 2C_6H_3N_3O_7$. F: 172 – 173° [unkorr.] (*Monsanto Canada Ltd.; McKay,*
Ga.).

Bis-methojodid $[C_{11}H_{24}N_4]I_2$. Kristalle; F: 234 – 236° [unkorr.] (*McKay, Ga.,* l. c. S. 14).

Bis-methopicrat $[C_{11}H_{24}N_4](C_6H_2N_3O_7)_2$. F: 205 – 206° (*McKay, Ga.*).

1-[2-Diäthylamino-äthyl]-2,3,5,6-tetrahydro-1*H*-imidazo[1,2-a]imidazol, Diäthyl-[2-(2,3,5,6-
tetrahydro-imidazo[1,2-a]imidazol-1-yl)-äthyl]-amin $C_{11}H_{22}N_4$, Formel I (R = C_2H_5, n = 2).

B. Analog der vorangehenden Verbindung (*Monsanto Canada Ltd.,* U.S.P. 2782205 [1956];
McKay, Garmaise, Canad. J. Chem. **35** [1957] 8, 10, 12).

$Kp_{0,05}$: 100 – 102° (*Monsanto Canada Ltd.; McKay, Ga.*). D_4^{22}: 1,002; n_D^{25}: 1,4984 (*McKay,*
Ga.).

Dipicrat $C_{11}H_{22}N_4 \cdot 2C_6H_3N_3O_7$. F: 172 – 173° (*Monsanto Canada Ltd.; McKay, Ga.*).

Bis-methojodid $[C_{13}H_{28}N_4]I_2$. Kristalle (aus Me. + E.); F: 228 – 230° [unkorr.] (*McKay,*
Ga., l. c. S. 14).

Bis-methopicrat $[C_{13}H_{28}N_4](C_6H_2N_3O_7)_2$. Kristalle (aus A.); F: 190 – 191° [unkorr.]
(*McKay, Ga.*).

1-[2-Dipropylamino-äthyl]-2,3,5,6-tetrahydro-1*H*-imidazo[1,2-a]imidazol, Dipropyl-[2-(2,3,5,6-
tetrahydro-imidazo[1,2-a]imidazol-1-yl)-äthyl]-amin $C_{13}H_{26}N_4$, Formel I (R = $CH_2-C_2H_5$,
n = 2).

B. Analog den vorangehenden Verbindungen (*McKay, Garmaise,* Canad. J. Chem. **35** [1957]

8, 10, 13).

$Kp_{0,05}$: 106−108°. D_4^{22}: 0,986. n_D^{25}: 1,4938.

Dipicrat $C_{13}H_{26}N_4 \cdot 2C_6H_3N_3O_7$. Kristalle (aus A.); F: 169−170° [unkorr.].

1-[2-Diisopropylamino-äthyl]-2,3,5,6-tetrahydro-1H-imidazo[1,2-a]imidazol, Diisopropyl-[2-(2,3,5,6-tetrahydro-imidazo[1,2-a]imidazol-1-yl)-äthyl]-amin $C_{13}H_{26}N_4$, Formel I (R = $CH(CH_3)_2$, n = 2).

B. Beim Erhitzen von [1-(2-Chlor-äthyl)-4,5-dihydro-1H-imidazol-2-yl]-nitro-amin mit N,N-Diisopropyl-äthylendiamin (*McKay, Gilpin*, Am. Soc. **78** [1956] 486).

Hellgelbes Öl; $Kp_{0,5}$: 119°. $n_D^{24,6}$: 1,4968.

Dipicrat $C_{13}H_{26}N_4 \cdot 2C_6H_3N_3O_7$. Kristalle (aus wss. A.); F: 185,5−187° [Zers.].

1-[3-Dimethylamino-propyl]-2,3,5,6-tetrahydro-1H-imidazo[1,2-a]imidazol, Dimethyl-[3-(2,3,5,6-tetrahydro-imidazo[1,2-a]imidazol-1-yl)-propyl]-amin $C_{10}H_{20}N_4$, Formel I (R = CH_3, n = 3).

B. Beim Erwärmen von 2-[2-(3-Dimethylamino-propylamino)-4,5-dihydro-imidazol-1-yl]-äth^{2}anol-hydrochlorid mit $SOCl_2$ und anschliessend mit methanol. KOH (*Monsanto Canada Ltd.*, U.S.P. 2782205 [1956]; *McKay, Garmaise*, Canad. J. Chem. **35** [1957] 8, 10, 12).

$Kp_{0,25}$: 119−121°; D_4^{22}: 1,013; n_D^{25}: 1,5033 (*McKay, Ga.*). $Kp_{0,025}$: 117−119° (*Monsanto Canada Ltd.*).

Dipicrat $C_{10}H_{20}N_4 \cdot 2C_6H_3N_3O_7$. F: 157−158° [unkorr.] (*Monsanto Canada Ltd.; McKay, Ga.*).

1-[3-Diäthylamino-propyl]-2,3,5,6-tetrahydro-1H-imidazo[1,2-a]imidazol, Diäthyl-[3-(2,3,5,6-tetrahydro-imidazo[1,2-a]imidazol-1-yl)-propyl]-amin $C_{12}H_{24}N_4$, Formel I (R = C_2H_5, n = 3).

B. Analog der vorangehenden Verbindung (*Monsanto Canada Ltd.*, U.S.P. 2782205 [1956]; *McKay, Garmaise*, Canad. J. Chem. **35** [1957] 8, 10, 12).

$Kp_{0,2}$: 121−123° (*Monsanto Canada Ltd.; McKay, Ga.*). D_4^{22}: 0,980; n_D^{25}: 1,4942 (*McKay, Ga.*).

Dipicrat $C_{12}H_{24}N_4 \cdot 2C_6H_3N_3O_7$. F: 139−140° [unkorr.] (*Monsanto Canada Ltd.; McKay, Ga.*).

1-[4-Nitro-benzolsulfonyl]-2,3,5,6-tetrahydro-1H-imidazo[1,2-a]imidazol $C_{11}H_{12}N_4O_4S$, Formel II (X = NO_2).

B. Aus 2,3,5,6-Tetrahydro-1H-imidazo[1,2-a]imidazol und 4-Nitro-benzolsulfonylchlorid in wss. NaOH (*Kreling, McKay*, Canad. J. Chem. **36** [1958] 775, 776).

Kristalle (aus E.); F: 179−180° [unkorr.].

Picrat $C_{11}H_{12}N_4O_4S \cdot C_6H_3N_3O_7$. F: 231−233° [unkorr.; Zers.].

1-[Toluol-4-sulfonyl]-2,3,5,6-tetrahydro-1H-imidazo[1,2-a]imidazol $C_{12}H_{15}N_3O_2S$, Formel II (X = CH_3).

B. Analog der vorangehenden Verbindung (*Kreling, McKay*, Canad. J. Chem. **36** [1958] 775, 776).

Kristalle (aus E.); F: 182−184° [unkorr.].

1-Sulfanilyl-2,3,5,6-tetrahydro-1H-imidazo[1,2-a]imidazol $C_{11}H_{14}N_4O_2S$, Formel II (X = NH_2).

B. Aus der folgenden Verbindung (*Kreling, McKay*, Canad. J. Chem. **36** [1958] 775, 777).

Kristalle (aus Acn. + Hexan); F: 185−186° [unkorr.].

**1-[N-Acetyl-sulfanilyl]-2,3,5,6-tetrahydro-1H-imidazo[1,2-a]imidazol, Essigsäure-
[4-(2,3,5,6-tetrahydro-imidazo[1,2-a]imidazol-1-sulfonyl)-anilid]** $C_{13}H_{16}N_4O_3S$, Formel II
(X = NH-CO-CH$_3$).

B. Aus 2,3,5,6-Tetrahydro-1H-imidazo[1,2-a]imidazol und N-Acetyl-sulfanilylchlorid in wss.
NaOH (*Kreling, McKay,* Canad. J. Chem. **36** [1958] 775, 776).

Kristalle (aus E.); F: 270−271,5° [unkorr.].

1-Nitro-2,3,5,6-tetrahydro-1H-imidazo[1,2-a]imidazol $C_5H_8N_4O_2$, Formel III.

B. Aus 2,3,5,6-Tetrahydro-1H-imidazo[1,2-a]imidazol und HNO$_3$ in Acetanhydrid (*McKay
et al.,* Am. Soc. **78** [1956] 6144, 6146). Neben [1-(2-Chlor-äthyl)-4,5-dihydro-1H-imidazol-2-yl]-
nitro-amin beim Erwärmen von 2-[2-Nitroamino-4,5-dihydro-imidazol-1-yl]-äthanol mit SOCl$_2$
in Benzol (*McKay, Kreling,* Canad. J. Chem. **37** [1959] 427, 434).

Bildung von 1-[2-Amino-äthyl]-3-nitro-imidazolidin-2-on-nitrat beim Erhitzen des Nitrats mit
HCl in Benzol: *McKay, Kr.,* l. c. S. 433; oder beim Erwärmen mit H$_2$O: *McKay et al.,* Am.
Soc. **78** 6147. Bildung von 1-[2-Nitroamino-äthyl]-imidazolidin-2-on beim Erhitzen des Nitrats
mit wss. NaOH: *McKay et al.,* Am. Soc. **78** 6147; oder mit Äthanol: *McKay et al.,* Canad.
J. Chem. **35** [1957] 843, 847. Bildung von [1-(2-Nitroamino-äthyl)-4,5-dihydro-1H-imidazol-2-yl]-
phenyl-amin beim Erhitzen des Nitrats mit Anilin: *McKay, Kr.*

Hydrochlorid. *B.* Beim Erwärmen des Nitrats mit SOCl$_2$ in Benzol (*McKay, Kr.*). −
Kristalle (aus A.+Ae.); F: 137−139° [unkorr.; Zers.] (*McKay, Kr.*).

Nitrat $C_5H_8N_4O_2\cdot HNO_3$. Kristalle (aus A.); F: 148,5−150° [unkorr.] (*McKay et al.,*
Am. Soc. **78** 6146).

Picrat $C_5H_8N_4O_2\cdot C_6H_3N_3O_7$. Kristalle; F: 150−151° [unkorr.] (*McKay, Kr.,* l. c. S. 434),
146,5−147,5° [unkorr.; aus H$_2$O] (*McKay et al.,* Canad. J. Chem. **35** 847).

Stammverbindungen $C_6H_{11}N_3$

3,5,6-Trimethyl-1,2(?)-dihydro-[1,2,4]triazin $C_6H_{11}N_3$, vermutlich Formel IV.

B. In geringer Menge bei der Hydrierung von 3,5,6-Trimethyl-[1,2,4]triazin an Raney-Nickel
in Methanol (*Metze, Scherowsky,* B. **92** [1959] 2481, 2484).

Kristalle; F: 108°.

3,5,6-Trimethyl-4,5-dihydro-[1,2,4]triazin $C_6H_{11}N_3$, Formel V und Taut.

B. Aus 3-Acetylamino-butan-2-on und N$_2$H$_4$ [130−150°] (*Metze,* B. **91** [1958] 1863, 1866).

Kristalle (aus PAe.); F: 115°. Kp$_{15}$: 110°.

IV   V   VI   VII

4-Butyl-1H-[1,2,3]triazol $C_6H_{11}N_3$, Formel VI und Taut.

B. Aus Hex-1-in und HN$_3$ [132−135°] (*Hartzel, Benson,* Am. Soc. **76** [1954] 667, 668).

Kp$_1$: 83−85°. D$_{21}^{21}$: 1,0046. n$_D^{23}$: 1,4805.

3-Isopropyl-5-methyl-1H-[1,2,4]triazol $C_6H_{11}N_3$, Formel VII und Taut.

B. Beim Erhitzen von Essigsäure-hydrazid mit Isobutyronitril auf 200° (*BASF,*
D.B.P. 1076136 [1958]).

Kp$_1$: 190−220°.

Verbindung mit Quecksilber(II)-chlorid $C_6H_{11}N_3\cdot 2HgCl_2$. F: 202−204°.

4-[2,4-Dimethyl-phenyl]-3-isopropyl-5-methyl-4H-[1,2,4]triazol $C_{14}H_{19}N_3$, Formel VIII.

B. Beim Behandeln von Essigsäure-[2,4-dimethyl-anilid] mit Benzolsulfonylchlorid und an⸗

schliessend mit Isobuttersäure-hydrazid (*C. H. Boehringer Sohn*, U.S.P. 1796403 [1928]).
F: 80°.

3,5-Diäthyl-[1,2,4]triazol-4-ylamin $C_6H_{12}N_4$, Formel IX (H 33; E II 15).
B. Beim Erhitzen von Propionsäure oder von N,N'-Dipropionyl-hydrazin mit $N_2H_4 \cdot H_2O$
(*Herbst, Garrison*, J. org. Chem. **18** [1953] 872, 875, 876).
Kristalle (aus E.); F: 165,5−166,5° [korr.].

1,2,3,5,6,7-Hexahydro-imidazo[1,2-*a*]pyrimidin $C_6H_{11}N_3$, Formel X (X = H) und Taut.
B. Aus [3-Chlor-propyl]-[4,5-dihydro-1*H*-imidazol-2-yl]-amin und methanol. KOH (*McKay,
Kreling*, Canad. J. Chem. **35** [1957] 1438, 1441). Aus [2-Chlor-äthyl]-[1,4,5,6-tetrahydro-pyrimi≠
din-2-yl]-amin und methanol. KOH (*McKay, Kr.*).
Hygroskopische Kristalle (aus Acn.), F: 64−65°, die leicht CO_2 aus der Luft aufnehmen.
Picrat $C_6H_{11}N_3 \cdot C_6H_3N_3O_7$. Kristalle (aus H_2O); F: 230° [unkorr.].

1-[Toluol-4-sulfonyl]-1,2,3,5,6,7-hexahydro-imidazo[1,2-*a*]pyrimidin $C_{13}H_{17}N_3O_2S$, Formel X
(X = SO_2-C_6H_4-CH_3).
B. Aus 1,2,3,5,6,7-Hexahydro-imidazo[1,2-*a*]pyrimidin und Toluol-4-sulfonylchlorid in wss.
NaOH (*Kreling, McKay*, Canad. J. Chem. **36** [1958] 775, 777).
Kristalle (aus E.); F: 174−177° [unkorr.].

VIII IX X XI

**1-[*N*-Acetyl-sulfanilyl]-1,2,3,5,6,7-hexahydro-imidazo[1,2-*a*]pyrimidin, Essigsäure-[4-(2,3,6,7-
tetrahydro-5*H*-imidazo[1,2-*a*]pyrimidin-1-sulfonyl)-anilid]** $C_{14}H_{18}N_4O_3S$, Formel X
(X = SO_2-C_6H_4-NH-CO-CH_3).
B. Analog der vorangehenden Verbindung (*Kreling, McKay*, Canad. J. Chem. **36** [1958]
775, 777).
Kristalle (aus E.); F: 267−269° [unkorr.].

1-Nitro-1,2,3,5,6,7-hexahydro-imidazo[1,2-*a*]pyrimidin $C_6H_{10}N_4O_2$, Formel X (X = NO_2).
Nitrat $C_6H_{10}N_4O_2 \cdot HNO_3$. *B.* Aus 1,2,3,5,6,7-Hexahydro-imidazo[1,2-*a*]pyrimidin und
HNO_3 in Acetanhydrid (*McKay, Kreling*, Canad. J. Chem. **35** [1957] 1438, 1445). − Kristalle
(aus A.); F: 145,5−146° [unkorr.].

Stammverbindungen $C_7H_{13}N_3$

4-Pentyl-1*H*-[1,2,3]triazol $C_7H_{13}N_3$, Formel XI (R = C_2H_5, R' = H) und Taut.
B. Aus Hept-1-in und HN_3 [95−100°] (*Hartzel, Benson*, Am. Soc. **76** [1954] 667, 668).
Kp_1: 103−105°. D_4^{23}: 0,9784. n_D^{23}: 1,4763.

4-Isopentyl-1*H*-[1,2,3]triazol $C_7H_{13}N_3$, Formel XI (R = R' = CH_3) und Taut.
B. Aus 5-Methyl-hex-1-in und HN_3 [100−120°] (*Hartzel, Benson*, Am. Soc. **76** [1954] 667,
668).
$Kp_{0,8}$: 102−103°. D_4^{23}: 0,9752. n_D^{23}: 1,4735.

4-Cyclohexyl-3-isobutyl-5-methyl-4*H*-[1,2,4]triazol $C_{13}H_{23}N_3$, Formel XII.
B. Beim Erhitzen von N''-Cyclohexyl-N-isovaleryl-acetamidrazon (*C. H. Boehringer Sohn*,
U.S.P. 1796403 [1928]).
Kristalle (aus Ae.); F: 67°.

(±)-1-Phenyl-(3a*r*,8a*c*)-1,3a,4,5,6,7,8,8a-octahydro-cycloheptatriazol $C_{13}H_{17}N_3$, Formel XIII
+ Spiegelbild.
B. Aus Cyclohepten und Azidobenzol (*Alder, Stein,* A. **501** [1933] 1, 40).
Kristalle (aus E. + PAe.); F: 76 – 77°.

2,3,5,6,7,8-Hexahydro-1*H*-imidazo[1,2-*a*][1,3]diazepin $C_7H_{13}N_3$, Formel XIV (X = H) und
Taut.
B. Aus [2-Chlor-äthyl]-[4,5,6,7-tetrahydro-1*H*-[1,3]diazepin-2-yl]-amin-hydrochlorid und äth=
anol. KOH (*McKay, Kreling,* Canad. J. Chem. **35** [1957] 1438, 1444).
Kristalle (aus Acn.); F: 109 – 111° [unkorr.].
Picrat $C_7H_{13}N_3 \cdot C_6H_3N_3O_7$. Kristalle (aus Me.); F: 216 – 218° [unkorr.].

1-[Toluol-4-sulfonyl]-2,3,5,6,7,8-hexahydro-1*H*-imidazo[1,2-*a*][1,3]diazepin $C_{14}H_{19}N_3O_2S$,
Formel XIV (X = SO_2-C_6H_4-CH_3).
B. Aus der vorangehenden Verbindung und Toluol-4-sulfonylchlorid in wss. NaOH (*Kreling,*
McKay, Canad. J. Chem. **36** [1958] 775, 776).
Kristalle (aus E.); F: 110,5 – 111,5° [unkorr.].

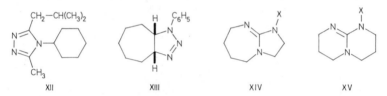

XII   XIII   XIV   XV

1-Sulfanilyl-2,3,5,6,7,8-hexahydro-1*H*-imidazo[1,2-*a*][1,3]diazepin $C_{13}H_{18}N_4O_2S$, Formel XIV
(X = SO_2-C_6H_4-NH_2).
B. Aus der folgenden Verbindung (*Kreling, McKay,* Canad. J. Chem. **36** [1958] 775, 777).
Kristalle (aus Acn. + Hexan); F: 207 – 208,5° [unkorr.].

1-[*N*-Acetyl-sulfanilyl]-2,3,5,6,7,8-hexahydro-1*H*-imidazo[1,2-*a*][1,3]diazepin, Essigsäure-
[4-(2,3,5,6,7,8-hexahydro-imidazo[1,2-*a*][1,3]diazepin-1-sulfonyl)-anilid] $C_{15}H_{20}N_4O_3S$,
Formel XIV (X = SO_2-C_6H_4-NH-CO-CH_3).
B. Aus 2,3,5,6,7,8-Hexahydro-1*H*-imidazo[1,2-*a*][1,3]diazepin und *N*-Acetyl-sulfanilylchlorid
in wss. NaOH (*Kreling, McKay,* Canad. J. Chem. **36** [1958] 775, 776).
Kristalle (aus E.); F: 236 – 238° [unkorr.].

1-Nitro-2,3,5,6,7,8-hexahydro-1*H*-imidazo[1,2-*a*][1,3]diazepin $C_7H_{12}N_4O_2$, Formel XIV
(X = NO_2).
Nitrat $C_7H_{12}N_4O_2 \cdot HNO_3$. *B.* Aus 2,3,5,6,7,8-Hexahydro-1*H*-imidazo[1,2-*a*][1,3]diazepin
und HNO_3 in Acetanhydrid (*McKay, Kreling,* Canad. J. Chem. **35** [1957] 1438, 1445). –
Kristalle (aus A. + Ae.); F: 166,5 – 167,5° [unkorr.].

1,3,4,6,7,8-Hexahydro-2*H*-pyrimido[1,2-*a*]pyrimidin $C_7H_{13}N_3$, Formel XV (X = H).
B. Aus [3-Chlor-propyl]-[1,4,5,6-tetrahydro-pyrimidin-2-yl]-amin-hydrochlorid und methanol.
KOH (*McKay, Kreling,* Canad. J. Chem. **35** [1957] 1438, 1443).
Picrat $C_7H_{13}N_3 \cdot C_6H_3N_3O_7$. Kristalle (aus A.); F: 220,5 – 222° [unkorr.].

1-Nitro-1,3,4,6,7,8-hexahydro-2*H*-pyrimido[1,2-*a*]pyrimidin $C_7H_{12}N_4O_2$, Formel XV
(X = NO_2).
B. Aus der vorangehenden Verbindung und HNO_3 in Acetanhydrid (*McKay, Kreling,* Canad.
J. Chem. **35** [1957] 1438, 1444).
Nitrat $C_7H_{12}N_4O_2 \cdot HNO_3$. Kristalle (aus A. + Ae.); F: 100 – 101° [unkorr.].
Picrat $C_7H_{12}N_4O_2 \cdot C_6H_3N_3O_7$. Kristalle (aus H_2O); F: 144 – 144,5° [unkorr.].

1,3,5-Triaza-adamantan $C_7H_{13}N_3$, Formel I (R = H).

B. Beim Erwärmen von 2-Aminomethyl-propandiyldiamin mit Paraformaldehyd (*Lukeš, Syhora*, Chem. Listy **46** [1952] 731, 733, 734; Collect. **18** [1953] 654, 659 – 661; C. A. **1953** 12393).

Kristalle (aus Toluol); F: 260° [Zers.; Sublimation ab 185°; geschlossene Kapillare]. Kubisch; Dimensionen der Elementarzelle (Röntgen-Diagramm): *Lu., Sy.*

I   II   III

Stammverbindungen $C_8H_{15}N_3$

4-Hexyl-1*H*-[1,2,3]triazol $C_8H_{15}N_3$, Formel II und Taut.

B. Aus Oct-1-in und HN_3 [100°] (*Hartzel, Benson*, Am. Soc. **76** [1954] 667, 668).

F: 27 – 27,2°. Kp_2: 120 – 122°.

***N*-[4,5-Dipropyl-[1,2,3]triazol-1-yl]-toluol-4-sulfonamid** $C_{15}H_{22}N_4O_2S$, Formel III.

B. Beim Erhitzen von Octan-4,5-dion-bis-[toluol-4-sulfonylhydrazon] (F: 187°) mit KOH in Äthylenglykol (*Bamford, Stevens*, Soc. **1952** 4735, 4739).

Kristalle (aus wss. A.); F: 122 – 123°.

3,5-Dipropyl-[1,2,4]triazol-4-ylamin $C_8H_{16}N_4$, Formel IV (R = C_2H_5, R′ = H) (H 34).

B. Beim Erhitzen von Buttersäure oder von *N,N′*-Dibutyryl-hydrazin mit $N_2H_4 \cdot H_2O$ (*Herbst, Garrison*, J. org. Chem. **18** [1953] 872, 875, 876).

Kristalle (aus E.); F: 182 – 183° [korr.].

3,5-Diisopropyl-[1,2,4]triazol-4-ylamin $C_8H_{16}N_4$, Formel IV (R = R′ = CH_3) (H 34).

B. Beim Erhitzen von *N,N′*-Diisobutyryl-hydrazin mit $N_2H_4 \cdot H_2O$ (*Herbst, Garrison*, J. org. Chem. **18** [1953] 872, 876).

Kristalle (aus Isopropylalkohol); F: 228,5 – 230° [korr.].

1-Phenyl-3a,4,5,6,7,8,9,9a-octahydro-1*H*-cyclooctatriazol $C_{14}H_{19}N_3$.

a) **(±)-1-Phenyl-(3a*r*,9a*c*)-3a,4,5,6,7,8,9,9a-octahydro-1*H*-cyclooctatriazol**, Formel V + Spiegelbild.

B. Aus *cis*-Cycloocten und Azidobenzol (*Alder, Stein*, A. **501** [1933] 1, 41; s. a. *Ziegler, Wilms*, A. **567** [1950] 1, 37).

Kristalle (aus E.+PAe.); F: 87° (*Al., St.*; s. a. *Zi., Wi.*).

b) **(±)-1-Phenyl-(3a*r*,9a*t*)-3a,4,5,6,7,8,9,9a-octahydro-1*H*-cyclooctatriazol**, Formel VI + Spiegelbild.

B. Aus (±)-*trans*-Cycloocten und Azidobenzol (*Ziegler, Wilms*, A. **567** [1950] 1, 39).

Kristalle (aus PAe.); F: 110 – 111°.

IV   V   VI   VII

7-Methyl-1,3,5-triaza-adamantan $C_8H_{15}N_3$, Formel I (R = CH_3).

B. Beim Erwärmen von 2-Aminomethyl-2-methyl-propandiyldiamin mit Paraformaldehyd

(*Stetter, Böckmann*, B. **84** [1951] 834, 838).
  Kristalle (aus PAe.); F: 175° [Sublimation ab 100°].
  Monohydrochlorid $C_8H_{15}N_3 \cdot HCl$. Hygroskopisch.
  Dihydrochlorid $C_8H_{15}N_3 \cdot 2HCl$. Hygroskopisch; F: 195° [Zers.].

Stammverbindungen $C_9H_{17}N_3$

4-Heptyl-1*H*-[1,2,3]triazol $C_9H_{17}N_3$, Formel VII (n = 6) und Taut.
  B. Aus Non-1-in und HN_3 [120°] (*Hartzel, Benson*, Am. Soc. **76** [1954] 667, 668).
  F: 10,7−11,1°. $Kp_{1,5}$: 126−128°. D_4^{29}: 0,9532. n_D^{29}: 1,4727. IR-Spektrum (2−16 µ) und UV-Spektrum (A.; 210−230 nm): *Ha., Be.*

3-Isobutyl-5-isopropyl-1*H*-[1,2,4]triazol $C_9H_{17}N_3$, Formel VIII und Taut.
  B. Beim Erhitzen von Isovaleriansäure-hydrazid und Isobutyronitril auf 200° (*BASF*, D.B.P. 1076136 [1958]).
  Hygroskopisches Öl; $Kp_{1,5}$: 181−183°.

(±)-1-Phenyl-(3a*r*,10a*t*)-1,3a,4,5,6,7,8,9,10,10a-decahydro-cyclononatriazol $C_{15}H_{21}N_3$, Formel IX (n = 7)+Spiegelbild.
  B. Aus (±)-*trans*-Cyclononen und Azidobenzol (*Ziegler et al.*, A. **589** [1954] 122, 156; s. a. *Blomquist et al.*, Am. Soc. **74** [1952] 3643, 3646).
  Kristalle; F: 100° (*Zi. et al.*), 97,8−98,2° [aus PAe.] (*Bl. et al.*).

Stammverbindungen $C_{10}H_{19}N_3$

4-Octyl-1*H*-[1,2,3]triazol $C_{10}H_{19}N_3$, Formel VII (n = 7) und Taut.
  B. Aus Dec-1-in und HN_3 [95−100°] (*Hartzel, Benson*, Am. Soc. **76** [1954] 667, 668).
  F: 49,0°. $Kp_{0,6}$: 126−127°. IR-Spektrum (2−16 µ) und UV-Spektrum (A.; 210−230 nm): *Ha., Be.*

3,5-Diisobutyl-[1,2,4]triazol-4-ylamin $C_{10}H_{20}N_4$, Formel X (R = CH_3, n = 1) (H 34).
  B. Aus dem Kalium-Salz der 2-Isopropyl-malonamidsäure und N_2H_4 [150°] (*Curtius, Benckiser*, J. pr. [2] **125** [1930] 211, 236, 245).
  Kristalle (aus wss. A.); F: 202°.
  Hydrochlorid. Kristalle.

(±)-1-Phenyl-(3a*r*,11a*t*)-3a,4,5,6,7,8,9,10,11,11a-decahydro-1*H*-cyclodecatriazol $C_{16}H_{23}N_3$, Formel IX (n = 8)+Spiegelbild.
  B. Aus (±)-*trans*-Cyclodecen und Azidobenzol (*Ziegler et al.*, A. **589** [1954] 122, 156).
  Kristalle (aus PAe.); F: 73°.

Stammverbindungen $C_{11}H_{21}N_3$

4-Nonyl-1*H*-[1,2,3]triazol $C_{11}H_{21}N_3$, Formel VII (n = 8) und Taut.
  B. Aus Undec-1-in und HN_3 [120°] (*Hartzel, Benson*, Am. Soc. **76** [1954] 667, 668).
  F: 47,0°. $Kp_{0,8}$: 139−140°.

(±)-1-Phenyl-(3a*r*,12a*t*)-1,3a,4,5,6,7,8,9,10,11,12,12a-dodecahydro-cycloundecatriazol $C_{17}H_{25}N_3$, Formel IX (n = 9)+Spiegelbild.
  B. Aus *trans*-Cycloundecen und Azidobenzol (*Ziegler et al.*, A. **589** [1954] 122, 156).
  Kristalle (aus PAe.); F: 67−68°.

Stammverbindungen $C_{12}H_{23}N_3$

4-Decyl-1*H*-[1,2,3]triazol $C_{12}H_{23}N_3$, Formel VII (n = 9) und Taut.
  B. Aus Dodec-1-in und HN_3 [107−115°] (*Hartzel, Benson*, Am. Soc. **76** [1954] 667, 668).

F: 58,5 – 59,0°. $Kp_{0,6}$: 148 – 149°.

VIII   IX   X

3,5-Diisopentyl-[1,2,4]triazol-4-ylamin $C_{12}H_{24}N_4$, Formel X (R = CH_3, n = 2).
B. Aus dem Kalium-Salz der 2-Isobutyl-malonamidsäure und N_2H_4 [140°] (*Curtius, Benckiser,*
J. pr. [2] **125** [1930] 211, 236, 241).
Kristalle (aus wss. A.); F: 178°.
Hydrochlorid. Kristalle.

Stammverbindungen $C_{14}H_{27}N_3$

3,5-Diisohexyl-[1,2,4]triazol-4-ylamin $C_{14}H_{28}N_4$, Formel X (R = CH_3, n = 3).
B. Aus dem Kalium-Salz der 2-Isopentyl-malonamidsäure und N_2H_4 [140°] (*Curtius, Wirbatz,*
J. pr. [2] **125** [1930] 211, 267, 270).
Kristalle (aus wss. A.); F: 135°.

Stammverbindungen $C_{20}H_{39}N_3$

3,5-Dinonyl-[1,2,4]triazol-4-ylamin $C_{20}H_{40}N_4$, Formel X (R = H, n = 8).
B. Aus Decannitril und $N_2H_4 \cdot H_2O$ [200 – 210°] (*Oda, Tanimoto,* J. chem. Soc. Japan Ind.
Chem. Sect. **55** [1952] 595; C. A. **1955** 2426).
Hellbraune Kristalle (aus Toluol); F: 80,5 – 81°.

Stammverbindungen $C_{36}H_{71}N_3$

3,5-Diheptadecyl-[1,2,4]triazol-4-ylamin $C_{36}H_{72}N_4$, Formel X (R = H, n = 16).
B. Aus Stearinsäure und $N_2H_4 \cdot H_2O$ (*Vořišek,* Collect. **6** [1934] 69, 74).
Kristalle (aus A.); F: 135,5 – 136°.
Hydrochlorid $C_{36}H_{72}N_4 \cdot HCl$. Kristalle.
Acetyl-Derivat $C_{38}H_{74}N_4O$; *N*-[3,5-Diheptadecyl-[1,2,4]triazol-4-yl]-acetamid.
Kristalle (aus PAe.); F: 87 – 88°.   [*Lange*]

Stammverbindungen $C_nH_{2n-3}N_3$

Stammverbindungen $C_3H_3N_3$

3,5-Dichlor-[1,2,4]triazin $C_3HCl_2N_3$, Formel I auf S. 66.
B. Aus 2*H*-[1,2,4]Triazin-3,5-dion oder dessen Dinatrium-Salz und $POCl_3$ (*Grundmann et al.,*
J. org. Chem. **23** [1958] 1522).
Kristalle (aus PAe.); F: 55° (*Gr. et al.*).
Nach einigen Tagen tritt Zersetzung ein (*Gr. et al.*). Beim Behandeln mit äthanol. NH_3
ist 3-Chlor-[1,2,4]triazin-5-ylamin (über die Konstitution dieser Verbindung s. *Piskala et al.,*
Collect. **40** [1975] 2680, 2683), beim Erhitzen mit äthanol. NH_3 [130°] ist eine **Verbindung**
$C_4H_{15}Cl_3N_8$ (F: 290°) erhalten worden (*Gr. et al.*).

[1,3,5]Triazin, *s*-Triazin $C_3H_3N_3$, Formel II auf S. 66 (in der Literatur auch als trimeres
Hydrogencyanid bezeichnet).
Diese Konstitution kommt der früher (H **2** 28) als „dimolekulare Blausäure" beschriebenen,

von *Hinkel, Dunn* (Soc. **1930** 1834, 1838) und von *Hinkel et al.* (Soc. **1935** 674; s. a. H 2 90) als Formimidoylisocyanid („Iminoformylcarbylamin") formulierten Verbindung zu (*Grund=mann, Kreutzberger*, Am. Soc. **76** [1954] 5646; *Goubeau et al.*, J. phys. Chem. **58** [1954] 1078).

Zusammenfassende Darstellung: *Smolin, Rapoport*, Chem. heterocycl. Compounds **13** [1959] 6 − 16; *Grundmann*, Ang. Ch. **75** [1963] 393 − 407; *Kreutzberger*, Fortschr. chem. Forsch. **4** [1963] 273 − 300.

B. Aus Cyanwasserstoff und HCl in THF (*Du Pont de Nemours & Co.*, U.S.P. 2878249 [1956]). Aus Formamidin-hydrochlorid beim Erwärmen in Äther unter Zusatz von Natrium-diformamid oder von Natrium-diacetamid (*Grundmann et al.*, B. **87** [1954] 1865, 1867). Aus Formamidin-hydrochlorid durch Erhitzen (*Schaefer et al.*, Am. Soc. **81** [1959] 1466, 1468). Aus Tris-formylamino-methan beim Erhitzen in Gegenwart von Formamid auf 160° (*Bredereck et al.*, Ang. Ch. **71** [1959] 753, 769, 774). Beim Erhitzen von Formimidsäure-benzylester-hy=drochlorid mit *N,N*-Diäthyl-anilin unter 12 Torr (*Cramer et al.*, Ang. Ch. **68** [1956] 649). Aus *N*-Dichlormethyl-formamidin-hydrochlorid (E IV **2** 83) beim Erhitzen mit Chinolin (*Hinkel, Dunn*, Soc. **1930** 1834, 1838; *Hinkel et al.*, Soc. **1935** 674, 676; s. a. *Grundmann, Kreutzberger*, Am. Soc. **76** [1954] 5646, 5650). Aus Chlormethylen-formamidin beim Erhitzen mit Chinolin (*Hi., Dunn*, l. c. S. 1839) oder mit dem Natrium-Salz der *trans*-Zimtsäure (*Hi. et al.*).

Atomabstände und Bindungswinkel der Kristalle (Röntgen-Diagramm): C-H: 1,00 Å; C-N: 1,319 Å; N-C-N: 126,8°; C-N-C: 113,2° (*Wheatley*, Acta cryst. **8** [1955] 224). Grundschwin=gungsfrequenzen des Moleküls: *Lancaster, Colthup*, J. chem. Physics **22** [1954] 1149. Ionisie=rungspotential (Elektronenstoss): 10,07 eV (*Omura et al.*, Bl. chem. Soc. Japan **30** [1957] 633, 635).

Kristalle; F: 86° [aus der Dampfphase] (*Grundmann, Kreutzberger*, Am. Soc. **76** [1954] 5646, 5647), 85° [aus der Dampfphase] (*Hinkel, Dunn*, Soc. **1930** 1834, 1839; *Hinkel et al.*, Soc. **1935** 674, 676), 85° [nach Sublimation] (*Grundmann et al.*, B. **87** [1954] 1865, 1867), 81,5 − 82° [nach Sublimation] (*Schaefer et al.*, Am. Soc. **81** [1959] 1466, 1468 Anm. 18), 81 − 82° [nach Sublimation] (*Omura et al.*, Bl. chem. Soc. Japan **30** [1957] 633, 634). [1,3,5]Triazin sublimiert weit unterhalb des Schmelzpunktes (*Gr., Kr.*). Trigonal; Kristallstruktur-Analyse (Röntgen-Diagramm): *Wheatley*, Acta cryst. **8** [1955] 224; s. a. *Siegel, Williams*, J. chem. Physics **22** [1954] 1147. Kp_{760}: 112 − 115° (*Bredereck et al.*, Ang. Ch. **71** [1959] 769, 774), 114° (*Gr., Kr.*). Dichte der Kristalle: 1,367 (*Wh.*). Schmelzenthalpie: 14583,5 J·mol^{-1} [= 3,481 kcal· mol^{-1}] (*Briels, van Miltenburg*, J. chem. Physics **70** [1979] 1064; s. a. *Am. Cyanamid Co.*, in *Smolin, Rapoport*, Chem. heterocycl. Compounds **13** [1959] 7). Verdampfungsenthalpie: 12,15 kcal·mol^{-1} (*Am. Cyanamid Co.*). IR-Spektrum (3200 − 600 cm^{-1}) von [1,3,5]Triazin-Dampf bei 25°: *Sm., Ra.*, l. c. S. 8. IR-Spektrum (CCl$_4$ sowie CS$_2$; 5000 − 660 cm^{-1}): *Gr., Kr.*, l. c. S. 5648; *Goubeau et al.*, J. phys. Chem. **58** [1954] 1078. Raman-Banden (3100 − 300 cm^{-1}) von geschmolzenem [1,3,5]Triazin: *Stamm, Lancaster*, J. chem. Physics **22** [1954] 1280; von in CCl$_4$ oder Benzol gelöstem [1,3,5]Triazin: *Go. et al.* UV-Spektrum von [1,3,5]Triazin-Dampf (50000 − 30000 cm^{-1}): *Hirt et al.*, J. chem. Physics **22** [1954] 1148. λ_{max} (Dampf): 37000 cm^{-1} (*Mason*, Soc. **1959** 1240, 1241). UV-Spektrum in Isooctan (45455 − 31250 cm^{-1}): *Gr., Kr.*, l. c. S. 5647; in Cyclohexan, Acetonitril, Methanol und H$_2$O (50000 − 27000 cm^{-1}): *Hirt et al.* λ_{max} in Cyclohexan: 36750 cm^{-1}; in H$_2$O: 38450 cm^{-1} (*Ma.*). Oszillatorstärke des λ_{max} bei 36750 cm^{-1} (Cyclohexan): *Ma.*

Massenspektrum: *Judson et al.*, J. chem. Physics **22** [1954] 1258. Beim Erwärmen mit AlCl$_3$ ist die Verbindung von HCN mit AlCl$_3$ (E III **2** 80) erhalten worden (*Hinkel et al.*, Soc. **1935** 674, 677). Beim Erhitzen mit Chlor in CCl$_4$ [200°] sind Trichlor-[1,3,5]triazin und geringe Mengen Dichlor-[1,3,5]triazin erhalten worden (*Grundmann, Kreutzberger*, Am. Soc. **77** [1955] 44, 46). Beim Sättigen einer Lösung in Äther mit HCl (s. *Hinkel, Dunn*, Soc. **1930** 1834, 1839) ist ein Gemisch aus [1,3,5]Triazin-monohydrochlorid [s. u.] und *N*-Dichlormethyl-*N'*-formimidoyl-formamidin-hydrochlorid [?] (*Allenstein et al.*, Z. anorg. Ch. **381** [1971] 40, 43 − 45, 52 − 53), beim Behandeln einer Lösung in wasserfreiem Äthanol mit HCl sind Formamidin-hydrochlorid und Orthoameisensäure-triäthylester (*Hi. et al.*, l. c. S. 679) erhalten worden. Beim Behandeln mit Brom in CCl$_4$ [0°] ist von *Grundmann, Kreutzberger* (Am. Soc. **77** 47) eine Verbindung $2C_3H_3N_3·3Br_2$ (?) (orangefarbene Kristalle; F: 70° [Zers.; nach Sublimation bei 40°]), von *Allenstein et al.* (l. c. S. 55) eine Verbindung $C_3H_3N_3·Br_2$ (orangefarbene Kristalle; IR-Banden [Hostaflon sowie Nujol; 4000 − 650 cm^{-1}]) erhalten worden. Überführung in Dibrom-[1,3,5]triazin-hydrobromid (S. 69) beim Erhitzen mit Brom auf 125°: *Gr., Kr.,* Am. Soc. **77** 47. Überführung in *N*-Dijodmethyl-*N′*-formimidoyl-formamidin-hydrojodid beim Behandeln mit HI in Methylenchlorid bei −50°: *Al. et al.,* l. c. S. 44, 45, 53. [1,3,5]Triazin lässt sich an Edelmetall-Katalysatoren wegen starker Katalysator-Giftwirkung nicht hydrieren (*Gr., Kr.,* Am. Soc. **77** 48). Reaktion mit H_2O bei Raumtemperatur (Bildung von Ammonium≠ formiat): *Hi. et al.,* l. c. S. 676. Beim Erwärmen mit NH_4Cl in wasserfreiem Äthanol ist Form≠ amidin-hydrochlorid erhalten worden (*Grundmann, Rätz,* J. org. Chem. **21** [1956] 1037). Über≠ führung in *N,N′*-Bis-formohydrazonoyl-hydrazin (E IV **2** 86) beim Behandeln mit N_2H_4 in Äther unter Ausschluss von Licht: *Grundmann, Kreutzberger,* Am. Soc. **79** [1957] 2839, 2841. Beim Erwärmen mit $N_2H_4 \cdot HCl$ in wasserfreiem Äthanol ist [1,2,4]Triazol erhalten worden (*Gr., Rätz*).

Beim Behandeln mit Resorcin und HCl in Äther ist eine als *N*-[2,4-Dihydroxy-benzyl≠ iden]-formamidin-hydrochlorid formulierte Verbindung ($C_8H_8N_2O_2 \cdot HCl$; gelb; F: 135° [Zers.]) erhalten worden (*Hinkel et al.,* Soc. **1936** 184). Überführung in Methyl-[1,3,5]triazin bzw. in Dimethyl-[1,3,5]triazin beim Behandeln mit Acetamidin in Methanol unter verschiedenen Reaktionsbedingungen: *Schaefer, Peters,* Am. Soc. **81** [1959] 1470, 1473. Beim Erhitzen mit Semicarbazid ist 2,4-Dihydro-[1,2,4]triazol-3-on erhalten worden (*Grundmann, Kreutzberger,* Am. Soc. **79** [1957] 2839, 2843). Reaktion beim Erwärmen mit Butylamin (Bildung von *N,N′*-Dibutyl-formamidin): *Grundmann, Kreutzberger,* Am. Soc. **77** [1955] 6559, 6560, 6562. Beim Erwärmen mit Äthylendiamin ist 4,5-Dihydro-1*H*-imidazol, beim Erwärmen mit Pyrimidin-4,5-diyldiamin ist 7(9)*H*-Purin, beim Erwärmen mit 2-Amino-phenol ist Benzoxazol erhalten worden (*Gr., Kr.,* Am. Soc. **77** 6561, 6562). Beim Behandeln mit *N,N*-Dimethyl-hydrazin ist *N′,N′,N‴,N‴*-Tetramethyl-formohydrazidin, beim Behandeln mit Phenylhydrazin ohne Lö≠ sungsmittel oder in Äthanol und Behandeln des Reaktionsprodukts mit Luftsauerstoff ist 1,5-Di≠ phenyl-formazan, beim Behandeln mit *N*-Methyl-*N*-phenyl-hydrazin ist *N*-Methyl-*N*-phenyl-formamidrazon erhalten worden (*Gr., Kr.,* Am. Soc. **79** 2842). Beim Erwärmen mit 2-Hydrazino-äthylamin in wasserfreiem Methanol ist 1,2,5,6-Tetrahydro-[1,2,4]triazin erhalten worden (*Grundmann, Rätz,* B. **91** [1958] 1766, 1768).

Hydrochloride. a) $C_3H_3N_3 \cdot HCl$. *B.* Beim Erhitzen von *N*-Dichlormethyl-formamidin im Vakuum auf 160° (*Allenstein et al.,* Z. anorg. Ch. **381** [1971] 40, 42, 51, 52). − Kristalle [nach Sublimation im Vakuum bei 100−120°] (*Al. et al.*). IR-Spektrum (Hostaflon sowie Nujol; 4000−200 cm^{-1}): *Al. et al.,* l. c. S. 47. − b) $2 C_3H_3N_3 \cdot 3 HCl$. Das von *Grundmann, Kreutzber≠ ger* (Am. Soc. **77** [1955] 44, 46) als *s*-Triazin-sesquihydrochlorid bezeichnete Hydrochlorid ist vermutlich ein Gemisch aus dem unter a) aufgeführten Hydrochlorid und Produkten mit höherem HCl-Gehalt (vermutlich *N*-Dichlormethyl-*N′*-formimidoyl-formamidin-hydrochlorid); s. diesbezüglich *Al. et al.,* l. c. S. 43, 45.

Verbindung mit Brom $2 C_3H_3N_3 \cdot 3 Br_2$(?). *B.* Aus [1,3,5]Triazin und Brom in CCl_4 (*Olin Mathieson Chem. Corp.,* U.S.P. 2777847 [1954]). − Kristalle (nach Sublimation bei 40−50°); F: 70°.

Verbindungen mit Silber(I)-Salzen. a) $C_3H_3N_3 \cdot AgNO_3$. Gelbliche Kristalle (*Grund≠ mann, Kreutzberger,* Am. Soc. **76** [1954] 5646, 5650). − b) $2 C_3H_3N_3 \cdot AgNO_3$. F: 203° [Zers.] (*Gr., Kr.*). − Über in Methanol oder Äthanol hergestellte AgNO₃ enthaltende Additionsverbin≠ dungen mit wechselnden Zusammensetzungen s. *Hinkel et al.,* Soc. **1935** 674, 676; *Gr., Kr.*

Verbindung mit Quecksilber(II)-chlorid $C_3H_3N_3 \cdot HgCl_2$. Herstellung: *Hinkel et al.,* Soc. **1935** 674, 677. − Kristalle.

Verbindungen mit Aluminiumchlorid. a) $2 C_3H_3N_3 \cdot AlCl_3$. Herstellung: *Allenstein et al.,* Z. anorg. Ch. **381** [1971] 40, 54. IR-Banden (Hostaflon sowie Nujol; 3150−350 cm^{-1}): *Al. et al.,* l. c. S. 50. − b) $C_3H_3N_3 \cdot AlCl_3$. Herstellung: *Al. et al.;* s. a. *Hinkel et al.,* Soc. **1935** 674, 677; *Hinkel, Watkins,* Soc. **1940** 407. IR-Banden (Hostaflon sowie Nujol; 3100−350 cm^{-1}): *Al. et al.*

Trifluor-[1,3,5]triazin, Cyanurfluorid $C_3F_3N_3$, Formel III (X = F).

Die Identität der von *Hückel* (Nachr. Akad. Göttingen **1946** 36) unter dieser Konstitution beschriebenen Verbindung ist ungewiss (*Farbenfabr. Bayer,* D.B.P. 1044091 [1957]; *Maxwell et al.,* Am. Soc. **80** [1958] 548; *Kober, Grundmann,* Am. Soc. **81** [1959] 3769; *Seel, Ballreich,* B. **92** [1959] 344).

B. Aus Trichlor-[1,3,5]triazin und HF (*Kwasnik*, zit. bei *Rüdorff* in *W. Klemm*, Anorg. Chemie Tl. I (= Naturf. Med. Dtschld. 1939−46, Bd. 23) [Wiesbaden 1949] S. 243). Beim Erhitzen von Trichlor-[1,3,5]triazin mit KF und Sb_2O_3 auf 320° (*Farbenfabr. Bayer*). Aus Trichlor-[1,3,5]triazin beim Erhitzen mit $SbCl_2F_3$ (*Ma. et al.*), mit $SbCl_3$, SbF_3 und Chlor (*Ko., Gr.*) oder mit KSO_2F und 1,3-Dichlor-benzol (*Seel, Ba.; s. a. Grisley et al.*, J. org. Chem. **23** [1958] 1802).

F: −52°(?); Kp: 72,5° (*Kw.*). F: −38°; Kp_{755}: 72,4° (*Seel, Ba.*). F: −32,5°; Kp_{760}: 72,5°; D_4^{20}: 1,5858 (*Farbenfabr. Bayer*). E: −38°; Kp: 74° (*Ma. et al.*). Kp: 70−71° (*Ko., Gr.*); Kp: 69,5−70,8° (*Gr. et al.*). Dampfdruck bei 4,6° (30,1 Torr) bis 70,4° (698,0 Torr): *Seel, Ba.* Verdampfungsenthalpie: 8,85 kcal·mol^{-1} (*Seel, Ba.*). IR-Spektrum (Flüssigkeit; 5000−650 cm^{-1}): *Gr. et al.* IR-Banden des Dampfes (1650−1050 cm^{-1}): *Seel, Ba.* λ_{max} (CCl_4): 289 nm (*Seel, Ba.*).

Beim Behandeln mit H_2O ist Cyanursäure erhalten worden (*Gr. et al.; Ko., Gr.; s. a. Seel, Ba.*). Überführung in 6-Fluor-[1,3,5]triazin-2,4-diyldiamin beim Behandeln mit NH_3 in Äther: *Gr. et al.* Reaktion mit Methanol unter Zusatz von K_2CO_3 in THF (Bildung von Trimethoxy-[1,3,5]triazin): *Gr. et al.; s. a. Kw.* Beim Behandeln mit Diäthylamin in THF ist N^2,N^2,N^4,N^4-Tetraäthyl-6-fluor-[1,3,5]triazin-2,4-diyldiamin, beim Behandeln mit Anilin in THF ist N^2,N^4,N^6-Triphenyl-[1,3,5]triazin-2,4,6-triyltriamin erhalten worden (*Gr. et al.*).

Trifluor-[1,3,5]triazin-Dampf wirkt toxisch (*Ko., Gr.; s. a. Seel, Ba.*).

I   II   III   IV

Chlor-difluor-[1,3,5]triazin $C_3ClF_2N_3$, Formel III (X = Cl).

B. Neben Trifluor-[1,3,5]triazin aus Trichlor-[1,3,5]triazin, SbF_3 und $SbCl_5$ (*Maxwell et al.*, Am. Soc. **80** [1958] 548). Neben anderen Verbindungen aus Trichlor-[1,3,5]triazin beim Erhitzen mit KF und KF·HF auf 320° (*Farbenfabr. Bayer*, D.B.P. 1044091 [1957]) oder beim Erhitzen mit KSO_2F (*Grisley et al.*, J. org. Chem. **23** [1958] 1802).

F: 23,5°; Kp_{760}: 113°; D_4^{20}: 1,6316 (*Farbenfabr. Bayer*). E: 22−23°; Kp: 113−114° (*Ma. et al.*). Kp: 107,8−109,5° [unkorr.] (*Gr. et al.*). IR-Spektrum (Flüssigkeit; 2−15 μ): *Gr. et al.*

Dichlor-[1,3,5]triazin $C_3HCl_2N_3$, Formel IV (X = H).

B. Neben Trichlor-[1,3,5]triazin aus Chlorcyan und HCN mit Hilfe von HCl (*Hechenbleikner*, Am. Soc. **76** [1954] 3032). In kleiner Menge beim Behandeln von Trichlor-[1,3,5]triazin mit $LiAlH_4$ in Äther bei −10° (*Grundmann, Beyer*, Am. Soc. **76** [1954] 1948).

Kristalle; F: 52−54° [nach Destillation bei 100−102°/75 Torr] (*Am. Cyanamid Co.*, U.S.P. 2762797 [1955]), 50−52° [nach Sublimation bei 80°/10 Torr] (*Gr., Be.*).

Dichlor-fluor-[1,3,5]triazin $C_3Cl_2FN_3$, Formel IV (X = F).

B. Neben anderen Verbindungen beim Erhitzen von Trichlor-[1,3,5]triazin mit KF und KF·HF auf 320° (*Farbenfabr. Bayer*, D.B.P. 1044091 [1957]). Aus Trichlor-[1,3,5]triazin, SbF_3 und $SbCl_3$ (*Maxwell et al.*, Am. Soc. **80** [1958] 548). In geringer Menge neben anderen Verbindungen aus Trichlor-[1,3,5]triazin und KSO_2F (*Grisley et al.*, J. org. Chem. **23** [1958] 1802).

F: 7,5°; Kp_{760}: 153°; D_4^{20}: 1,6569 (*Farbenfabr. Bayer*). E: 2°; Kp: 155° (*Ma. et al.*). Kp_{20}: 59−60° (*Gr. et al.*). IR-Spektrum (Flüssigkeit; 2−15 μ): *Gr. et al.*

Trichlor-[1,3,5]triazin, Cyanurchlorid $C_3Cl_3N_3$, Formel IV (X = Cl) (H 35; E I 7; E II 16).

Zusammenfassende Darstellung: *Smolin, Rapoport*, Chem. heterocycl. Compounds **13** [1959] 48−62; *Süddeutsche Kalkstickstoff-Werke A.G.*, Produktstudie Cyanurchlorid, 1. Aufl. [Trostberg 1976].

B. Beim Leiten von HCN und Chlor über Aktivkohle [430°] (*Monsanto Chem. Co.*, U.S.P. 2762798 [1954]). Beim Behandeln von HCN in H_2O mit Chlor und Leiten des gasförmi≠

gen Reaktionsprodukts (Chlorcyan) über Aktivkohle [380—500°] (*DEGUSSA*, D.B.P. 842067 [1950]; D.R.B.P. Org. Chem. 1950—1951 **6** 2455; U.S.P. 2753346 [1951]; s. dazu auch *Am. Cyanamid Co.*, D.B.P. 1017173 [1955]). Durch Trimerisierung von flüssigem Chlorcyan in zuvor bereitetem flüssigen Trichlor-[1,3,5]triazin bei 280—300° (*Farbenfabr. Bayer*, U.S.P. 2872445 [1955]) oder bei 160—180°/40—67 at (*Farbenfabr. Bayer*, U.S.P. 2872446 [1956]). Aus Chlorcyan mit Hilfe von HCl in CCl$_4$ unter Zusatz von AlCl$_3$ und Kieselgur (*Gen. Aniline & Film Corp.*, U.S.P. 2692880 [1951]), mit Hilfe von HCl-Dimethyläther-Azeotrop (*Lonza A.G.*, D.B.P. 1019312 [1956]; U.S.P. 2838512 [1956]), mit Hilfe von HCl in Dioxan und CHCl$_3$ bei 0—10° (*Am. Cyanamid Co.*, U.S.P. 2417659 [1944]; D.B.P. 819687 [1950]) sowie unter weiterem Zusatz von BF$_3$ oder von BF$_3$ in aliphatischen Äthern oder chlorierten Kohlenwasser= stoffen bei 20—40° (*Am. Cyanamid Co.*, U.S.P. 2416656 [1944]; D.B.P. 819851 [1950]). Aus gasförmigem Chlorcyan mit Hilfe von geschmolzenem AlCl$_3$ [165—170°] (*ICI*, U.S.P. 2414655 [1944]). Durch Trimerisierung von gasförmigem Chlorcyan an Tierkohle oder an mit HCl oder Erdalkalichloriden imprägnierter Tierkohle [200—500°] (*Am. Cyanamid Co.*, U.S.P. 2491459 [1945]; D.B.P. 805513 [1950]). Beim Erhitzen von Cyanursäure (Syst.-Nr. 3889) mit PCl$_5$ in POCl$_3$ (*Yoshida, Oda*, J. chem. Soc. Japan Ind. Chem. Sect. **56** [1953] 92; C. A. **1955** 4679).

Atomabstände von kristallinem Trichlor-[1,3,5]triazin (Röntgen-Diagramm): C—N: 1,35 Å; C—Cl: 1,68 Å (*Hoppe et al.*, Z. Kr. **108** [1957] 321, 324). Atomabstände und Bindungswinkel von dampfförmigem Trichlor-[1,3,5]triazin (Elektronenbeugung): C—N: 1,33 Å; C—Cl: 1,68 Å; N—C—N: 125° (*Akimoto*, Bl. chem. Soc. Japan **28** [1955] 1). ^{35}Cl-NQR-Kopplungskonstante: *Morino et al.*, J. phys. Soc. Japan **13** [1958] 869, 876.

Kristalle; F: 145° [aus Trichloräthen bzw. aus CHCl$_3$] (*Am. Cyanamid Co.*, U.S.P. 2417659 [1944]; D.B.P. 819687 [1950]; *Yoshida, Oda*, J. chem. Soc. Japan Ind. Chem. Sect. **56** [1953] 92; C. A. **1955** 4679). E: 145,75° [extrapoliert] (*Witschonke*, Anal. Chem. **26** [1954] 562). Mono= klin; Kristallstruktur-Analyse (Röntgen-Diagramm): *Hoppe et al.*, Z. Kr. **108** [1957] 321. Kp$_{760}$: 194° (*Am. Cyanamid Co.*, U.S.P. 2417659; D.B.P. 819687). Dichte der Kristalle: 1,92 (*Ho. et al.*, l. c. S. 322). Schmelzenthalpie: 5,4 kcal·mol^{-1} (*Am. Cyanamid Co.*, in *Smolin, Rapoport*, Chem. heterocycl. Compounds **13** [1959] 49). Kryoskopische Konstante: *Wi.* Verdampfungsen= thalpie: 11,2 kcal·mol^{-1}; Sublimationsenthalpie: 17,3 kcal·mol^{-1} (*Am. Cyanamid Co.*, in *Sm., Ra.*). Bildungsenthalpie von festem Trichlor-[1,3,5]triazin bei 80°: *Humphries, Nicholson*, Soc. **1957** 2429.

^{35}Cl-NQR-Absorption bei 77 K, 197 K und 294 K: *Morino et al.*, J. phys. Soc. Japan **13** [1958] 869, 871; bei 77 K: *Bray et al.*, J. chem. Physics **28** [1958] 99, 100; bei 86 K, 195 K, 276 K und Raumtemperatur: *Dewar, Lucken*, Soc. **1958** 2653, 2655; bei 195 K und 285 K: *Negita et al.*, Bl. chem. Soc. Japan **30** [1957] 721; bei 285 K: *Negita et al.*, J. chem. Physics **27** [1957] 602; bei 297 K: *Adrian*, J. chem. Physics **29** [1958] 1381, 1383. Zeeman-Aufspaltung der ^{35}Cl-NQR-Absorption: *Mo. et al.; Ad.* ^{37}Cl-NQR-Absorption bei 294 K: *Mo. et al.* IR-Spektrum in KBr (2—16 μ): *Padgett, Hammer*, Am. Soc. **80** [1958] 803, 807; in CCl$_4$ bzw. CS$_2$ (2—13 μ bzw. 3—14 μ): *Goubeau et al.*, J. phys. Chem. **58** [1954] 1078; in CCl$_4$ bzw. CS$_2$ (2—9,5 μ bzw. 9—15 μ): *Roosens*, Bl. Soc. chim. Belg. **59** [1950] 377, 380. UV-Spektrum in Cyclohexan (210—400 nm): *Costa et al.*, J. chem. Physics **18** [1950] 434, 436; in Methanol (220—260 nm): *Klotz, Askounis*, Am. Soc. **69** [1947] 801. λ_{max} (A.): 241 nm (*Foye, Chafetz*, J. Am. pharm. Assoc. **46** [1957] 366, 369).

Magnetische Susceptibilität: $-81,1\cdot10^{-6}$ cm^3·mol^{-1} (*Farquharson*, Trans. Faraday Soc. **32** [1936] 219—223), $-80,2\cdot10^{-6}$ cm^3·mol^{-1} (*Matsunaga, Morita*, Bl. chem. Soc. Japan **31** [1958] 644). Anisotropie der magnetischen Susceptibilität: *Lonsdale*, Z. Kr. **95** [1936] 471. Löslichkeit in CHCl$_3$, CCl$_4$, Benzol, Nitrobenzol, [1,4]Dioxan, Aceton und Acrylonitril bei 25°: *Am. Cyanamid Co.*, in *Smolin, Rapoport*, Chem. heterocycl. Compounds **13** [1959] 49.

Beim Erhitzen mit konz. H$_2$SO$_4$ [150°] oder mit wss. KOH [24 h] sind HCl (bzw. KCl), NH$_3$ und CO$_2$ erhalten worden (*Fierz-David, Matter*, J. Soc. Dyers Col. **53** [1937] 424, 425). Reaktion mit wss. HBr (Bildung von Brom-dichlor-[1,3,5]triazin): *Kailasam*, Pr. Indian Acad. [A] **14** [1941] 165, 168. Überführung in wechselnde Mengen von Chlor-difluor-[1,3,5]triazin, Dichlor-fluor-[1,3,5]triazin und Trifluor-[1,3,5]triazin durch Reaktion mit HF, KF, KF·HF oder KSO$_2$F unter verschiedenen Reaktionsbedingungen, auch unter Zusatz von Sb$_2$O$_3$ oder SbCl$_5$: *Farbenfabr. Bayer*, D.B.P. 1044091 [1957]; *Grisley et al.*, J. org. Chem. **23** [1958] 1802.

Beim Erhitzen mit $SbCl_2F_3$ (*Maxwell et al.*, Am. Soc. **80** [1958] 548) oder mit SbF_3, $SbCl_3$ und Chlor (*Kober, Grundmann*, Am. Soc. **81** [1959] 3769) ist Trifluor-[1,3,5]triazin erhalten worden. Reaktion mit $AgNO_2$ in Acetonitril (Bildung von Stickstoff, NO, CO, CO_2 und AgCl): *Grundmann, Schröder*, B. **87** [1954] 747, 752. Beim Behandeln mit $LiAlH_4$ [1 Mol] in Äther bei $-10°$ sind [Dichlor-[1,3,5]triazin-2-yl]-dimethyl-amin und geringe Mengen Dichlor-[1,3,5]triazin (*Grundmann, Beyer*, Am. Soc. **76** [1954] 1948; s. a. *Burger, Hornbaker*, Am. Soc. **75** [1953] 4579), beim Behandeln mit $LiAlH_4$ [Überschuss] in Äther bei Raumtemperatur sind LiCl, $AlCl_3$ und Lithium-tetracyanoalanat (*Gr., Be.*) erhalten worden. Zeitlicher Verlauf der Hydrolyse in H_2O (Bildung von Cyanursäure und von HCl) bei 10°, 21° und 36°: *Fi.-Da., Ma.* Überführung in 4,6-Dichlor-[1,3,5]triazin-2-ylamin beim Behandeln mit NH_3 in Aceton [$-40°$ bis 0°] bzw. in Dioxan und 1,2-Diäthoxy-äthan [$+5°$ bis $+8°$]: *Pearlman, Banks*, Am. Soc. **70** [1948] 3726; *Thurston et al.*, Am. Soc. **73** [1951] 2981; in 6-Chlor-[1,3,5]triazin-2,4-diyldiamin beim Behandeln mit NH_3 in wss. Aceton: *Banks et al.*, Am. Soc. **66** [1944] 1771, 1773; *Th. et al.*

Bei aufeinanderfolgender Behandlung mit Aziridin [1 Mol] und K_2CO_3 in wss. Aceton und Dioxan [$-10°$] und mit Dimethylamin [$< +10°$] ist 6-Aziridin-1-yl-N^2,N^2,N^4,N^4-tetramethyl-[1,3,5]triazin-2,4-diyldiamin, bei der Behandlung mit Aziridin [2 Mol] und K_2CO_3 in H_2O und Dioxan [0° bis $+2°$] ist Bis-aziridin-1-yl-chlor-[1,3,5]triazin erhalten worden (*Schaefer et al.*, Am. Soc. **77** [1955] 5918, 5921). Überführung in Tris-aziridin-1-yl-[1,3,5]triazin beim Behandeln mit Aziridin [3 Mol] und Triäthylamin in Benzol bei 0°: *Bestian et al.*, A. **566** [1950] 210, 231; beim Behandeln mit Aziridin [3 Mol] und wss. K_2CO_3 in Dioxan bei $0-5°$: *Wystrach et al.*, Am. Soc. **77** [1955] 5915, 5917. Beim Behandeln mit wss. Pyridin ist 1-[4,6-Dioxo-1,4,5,6-tetrahydro-[1,3,5]triazin-2-yl]-pyridinium-betain, beim Erwärmen mit H_2O und anschliessend mit Pyridin ist 4,6-Dipyridinio-1H-[1,3,5]triazin-2-on-betain-chlorid erhalten worden (*Tsujikawa*, J. pharm. Soc. Japan **85** [1965] 846, 848, 849; C. A. **64** [1966] 735; vgl. *Saure*, B. **83** [1950] 335, 339, 340). Reaktionen mit am Stickstoff-Atom 4 substituierten Piperazin-Derivaten unter verschiedenen Reaktionsbedingungen: *Foye, Chafetz*, J. Am. pharm. Assoc. **46** [1957] 366 − 370. Beim Behandeln mit wss. Methanol und $NaHCO_3$ [2 Mol] ist Chlor-dimethoxy-[1,3,5]triazin, beim Behandeln mit Methanol und NaOH [3 Mol] ist Trimethoxy-[1,3,5]triazin erhalten worden (*Dudley et al.*, Am. Soc. **73** [1951] 2986, 2989; s. a. *Grisley et al.*, J. org. Chem. **23** [1958] 1802). Reaktionen mit dem Natrium- bzw. Dimethylamin-Salz der Dimethyl-dithiocarbamid⸗ säure, mit dem Kalium- bzw. Diäthylamin-Salz der Diäthyl-dithiocarbamidsäure sowie mit dem Kalium- bzw. Diisopropylamin-Salz der Diisopropyl-dithiocarbamidsäure: *D'Amico, Har⸗ man*, Am. Soc. **78** [1956] 5345, 5346, 5348. Reaktionen mit Diäthylamin in THF (Bildung von N^2,N^2,N^4,N^4-Tetraäthyl-6-chlor-[1,3,5]triazin-2,4-diyldiamin): *Gr. et al.* Reaktion mit N,N-Diäthyl-äthylendiamin in Aceton bei $0-5°$, bei $40-45°$ sowie bei $100-125°$ (Bildung von N,N-Diäthyl-N'-[dichlor-[1,3,5]triazin-2-yl]-äthylendiamin-hydrochlorid bzw. von 6-Chlor-N^2,N^4-bis-[2-diäthylamino-äthyl]-[1,3,5]triazin-2,4-diyldiamin-dihydrochlorid bzw. von N^2,N^4,N^6-Tris-[2-diäthylamino-äthyl]-[1,3,5]triazin-2,4,6-triyltriamin-trihydrochlorid): *Foye, Buckpitt*, J. Am. pharm. Assoc. **41** [1952] 385. Reaktion mit N-substituierten Äthylendiaminen unter verschiedenen Reaktionsbedingungen: *Foye, Ch.* Beim Behandeln mit Glycin-nitril [1 Mol] und wss. $NaHCO_3$ in Aceton ist N-[Dichlor-[1,3,5]triazin-2-yl]-glycin-nitril (*Am. Cyanamid Co.*, U.S.P. 2476546 [1945]), beim Behandeln mit Glycin-nitril [2 Mol] und $NaHCO_3$ in Aceton ist Chlor-bis-cyanmethylamino-[1,3,5]triazin (*Am. Cyanamid Co.*, U.S.P. 2476547 [1945]) erhal⸗ ten worden. Überführung in 4-[4,6-Dichlor-[1,3,5]triazin-2-ylamino]-5-hydroxy-naphthalin-2,7-disulfonsäure, in 5,5'-Dihydroxy-4,4'-[6-chlor-[1,3,5]triazin-2,4-diyldiamino]-bis-naphthalin-2,7-disulfonsäure und in 5,5',5''-Trihydroxy-4,4',4''-[[1,3,5]triazin-2,4,6-triyltriamino]-tris-naphth⸗ alin-2,7-disulfonsäure: *Fierz-David, Matter*, J. Soc. Dyers Col. **53** [1937] 424, 428, 429. Überfüh⸗ rung in Farbstoffe durch Umsetzung mit Aminoanthrachinonen: *I.G. Farbenind.*, Brit. P. 375056 [1931]; *Gen. Aniline Works*, U.S.P. 1994602 [1931]; mit isocyclischen Amino-azo-carbonsäuren sowie isocyclischen Amino-azo-sulfo-carbonsäuren: *Gen. Aniline Works*, U.S.P. 1808849 [1928]; *CIBA*, Schweiz. P. 217241, 220645 − 220653 [1940], 237397 [1945]; U.S.P. 2396659 [1941].

Brom-difluor-[1,3,5]triazin $C_3BrF_2N_3$, Formel V (X = F).

B. Neben anderen Verbindungen aus Tribrom-[1,3,5]triazin und KF mit Hilfe von Sb_2O_3 [280°] (*Farbenfabr. Bayer*, D.B.P. 1044091 [1957]).

F: 56°. Kp$_{760}$: 134°.

Brom-dichlor-[1,3,5]triazin C$_3$BrCl$_2$N$_3$, Formel V (X = Cl).
B. Aus Trichlor-[1,3,5]triazin und wss. HBr (*Kailasam*, Pr. Indian Acad. [A] **14** [1941] 165, 168).
Kristalle (nach Sublimation oder aus CHCl$_3$); F: 210° [Sublimation ab 150°].

Dibrom-[1,3,5]triazin C$_3$HBr$_2$N$_3$, Formel VI (X = H).
Über diese Verbindung (F: 144°) s. *Allenstein et al.*, Spectrochim. Acta **34** A [1978] 423.
Hydrobromid C$_3$HBr$_2$N$_3$·HBr. *B.* Aus [1,3,5]Triazin und Brom [125°] (*Grundmann, Kreutzberger*, Am. Soc. **77** [1955] 44, 45, 47). – Gelb; Zers. bei 290–300° (*Gr., Kr.*).

Dibrom-fluor-[1,3,5]triazin C$_3$Br$_2$FN$_3$, Formel VI (X = F).
B. Neben anderen Verbindungen beim Erhitzen [jeweils 280°] von Tribrom-[1,3,5]triazin mit ZnF$_2$ oder mit KF und Sb$_2$O$_3$ (*Farbenfabr. Bayer*, D.B.P. 1044091 [1957]).
F: 74°. Kp$_{760}$: 197°.

V   VI   VII

Tribrom-[1,3,5]triazin, Cyanurbromid C$_3$Br$_3$N$_3$, Formel VI (X = Br) (H 36; E II 16).
B. Aus Bromcyan mit Hilfe von Brom in Äther (*Perret, Perrot*, Bl. [5] **7** [1940] 743, 745, 746).
F: 264,5° [korr.; nach Sublimation].

Triazido-[1,3,5]triazin, Cyanurtriazid C$_3$N$_{12}$, Formel VII (E II 16).
B. Aus Trichlor-[1,3,5]triazin und NaN$_3$ in wss. Aceton (*Moulin*, Helv. **35** [1952] 167, 175).
Atomabstände und Bindungswinkel von kristallinem Triazido-[1,3,5]triazin (Röntgen-Dia∗ gramm): *Knaggs*, Pr. roy. Soc. [A] **150** [1935] 576, 601; s. a. *Knaggs*, J. chem. Physics **3** [1935] 241; *Hughes*, J. chem. Physics **3** [1935] 1, 4, 650.
Kristalle (aus Acn.); F: 94,5° (*Evans, Yoffe*, Pr. roy. Soc. [A] **238** [1957] 325, 328), 93,5° (*Hu.*, l. c. S. 1). Hexagonal; Kristallstruktur-Analyse (Röntgen-Diagramm): *Kn.*, Pr. roy. Soc. [A] **150** 578; s. a. *Hu.*, l. c. S. 1; *Sutton*, Phil. Mag. [7] **15** [1933] 1001, 1007. Dichte der Kristalle: 1,71 (*Su.*, l. c. S. 1006, 1007). Bildungsenthalpie: *Muraour*, Bl. [4] **51** [1943] 1152, 1156; *Schmidt*, Z. ges. Schiess-Sprengstoffw. **29** [1934] 259, 263; s. a. *Martin, Yallop*, Trans. Faraday Soc. **54** [1958] 264, 265. Kristalloptik: *Su.*, l. c. S. 1004. Anisotropie der magnetischen Susceptibilität: *Lonsdale*, zit. bei *Kn.*, Pr. roy. Soc. [A] **150** 583.
Bei 197–206° erfolgt Zersetzung (*Mu.*). Zeitlicher Verlauf der Zersetzung in Argon bei 198°/235 Torr und 580 Torr: *Yoffe*, Pr. roy. Soc. [A] **208** [1951] 188, 194. Empfindlichkeit von festem Triazido-[1,3,5]triazin gegen Schlag bei Zusatz von hochschmelzenden Substanzen sowie Empfindlichkeit von geschmolzenen Triazido-[1,3,5]triazin gegen Schlag: *Bowden, Wil∗ liams*, Pr. roy. Soc. [A] **208** [1951] 176, 179. „Brenngeschwindigkeit" eines Kristalls: *Ev., Yo.* Geschwindigkeit der Detonation: *Mu.;* s. a. *Ma., Ya.*

Stammverbindungen C$_4$H$_5$N$_3$

Methyl-[1,3,5]triazin C$_4$H$_5$N$_3$, Formel VIII (X = H).
B. Neben anderen Verbindungen aus Formamidin-hydrochlorid und Acetamidin-hydrochlorid bei 250°/50–100 Torr (*Am. Cyanamid Co.*, U.S.P. 2849451 [1957]). Aus [1,3,5]Triazin und Acetamidin oder Acetamidin-hydrochlorid (*Schaefer, Peters*, Am. Soc. **81** [1959] 1470, 1473).

Beim Erhitzen von Methyl-bis-methylmercapto-[1,3,5]triazin mit Raney-Nickel (*Grundmann, Kober,* J. org. Chem. **21** [1956] 641).
Kristalle (aus PAe. bei −25°); F: 50−50,5° (*Gr., Ko.*).

Difluor-trifluormethyl-[1,3,5]triazin $C_4F_5N_3$, Formel VIII (X = F).
B. Beim Erhitzen von Dichlor-trichlormethyl-[1,3,5]triazin mit SbF$_3$, SbCl$_3$ und Chlor (*Olin Mathieson Chem. Corp.,* U.S.P. 2845421 [1956]; s. a. *Kober, Grundmann,* Am. Soc. **81** [1959] 3769).
Kp: 76−78° (*Olin Mathieson; Ko., Gr.*).
Die Dämpfe sind giftig (*Ko., Gr.*).

Dichlor-methyl-[1,3,5]triazin $C_4H_3Cl_2N_3$, Formel IX (X = H).
B. Aus Trichlor-[1,3,5]triazin und Methylmagnesiumbromid in Äther und Benzol (*Gen. Aniline Works,* U.S.P. 1911689 [1928]; *Hirt et al.,* Helv. **33** [1950] 1365, 1368).
Kristalle (nach Sublimation im Vakuum); F: 98° (*Overberger et al.,* Am. Soc. **79** [1957] 941, 943; *Hirt et al.*), 97−98° (*Gen. Aniline*). Kp$_{12}$: 80−82° (*Hirt et al.*).

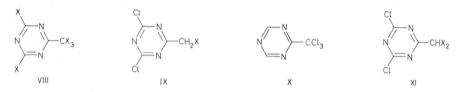

Dichlor-chlormethyl-[1,3,5]triazin $C_4H_2Cl_3N_3$, Formel IX (X = Cl).
B. Aus Dichlor-diazomethyl-[1,3,5]triazin und HCl in Äther (*Olin Mathieson Chem. Corp.,* U.S.P. 2867621 [1956]; s. a. *Grundmann, Kober,* Am. Soc. **79** [1957] 944, 946, 948).
Dimorphe Kristalle; F: 36−37° (*Gr., Ko.*), 36° (*Olin Mathieson*) und F: 20,5° (*Olin Mathieson; Gr., Ko.*). Kp$_{0,05}$: 70−71°; $n_D^{38,5}$: 1,5461 (*Gr., Ko.*).

Trichlormethyl-[1,3,5]triazin $C_4H_2Cl_3N_3$, Formel X.
B. Aus [1,3,5]Triazin und 2,2,2-Trichlor-acetamidin-hydrochlorid (*Schaefer, Peters,* Am. Soc. **81** [1959] 1470, 1473).
Kp$_{19}$: 109°. n_D^{25}: 1,5392.

Dichlor-dichlormethyl-[1,3,5]triazin $C_4HCl_4N_3$, Formel XI (X = Cl).
B. Aus Dichlor-diazomethyl-[1,3,5]triazin und Chlor in CCl$_4$ (*Grundmann, Kober,* Am. Soc. **79** [1957] 944, 946, 948).
Kp$_{0,05}$: 78−82°. n_D^{25}: 1,5550.

Dichlor-trichlormethyl-[1,3,5]triazin $C_4Cl_5N_3$, Formel VIII (X = Cl).
B. Aus der vorangehenden Verbindung und Chlor im UV-Licht bei 170−190° (*Kober, Grund= mann,* Am. Soc. **81** [1959] 3769).
Kristalle (nach Sublimation bei 110°/1 Torr); F: 119−121°.

Dichlor-dijodmethyl-[1,3,5]triazin $C_4HCl_2I_2N_3$, Formel XI (X = I).
B. Aus Dichlor-diazomethyl-[1,3,5]triazin und Jod in CCl$_4$ (*Grundmann, Kober,* Am. Soc. **79** [1957] 944, 946, 948).
Kristalle (aus PAe.); F: 89−91°.
Bei Raumtemperatur tritt allmählich Zersetzung unter Bildung von Jod ein.

---

*4-[2-Nitro-vinyl]-1-phenyl-1*H*-[1,2,3]triazol $C_{10}H_8N_4O_2$, Formel XII.
B. Aus 1-Phenyl-1*H*-[1,2,3]triazol-4-carbaldehyd und Nitromethan mit Hilfe von Piperidin und Essigsäure (*Hüttel et al.,* A. **585** [1954] 115, 120).
Hellgelbe Kristalle (aus Acn.); F: 198−199°.
Bei der Hydrierung an Palladium/Kohle in Pyridin [50−70°] ist [1-Phenyl-1*H*-[1,2,3]triazol-4-

yl]-acetaldehyd-oxim (F: 143°) erhalten worden.

XII   XIII

4-Methyl-2-phenyl-2,3,6-triaza-bicyclo[3.1.0]hexa-3,6-dien, 4-Methyl-2-phenyl-2,4a-dihydro-azirino[2,3-c]pyrazol $C_{10}H_9N_3$, Formel XIII (R = R′ = X = H).

Für die früher (E I **26** 7) unter dieser Konstitution beschriebene Verbindung („1-Phenyl-3-methyl-4,5-azi-Δ^2-pyrazolin") ist die Formulierung als 3-[Phenyl-*cis*-azo]-*cis*-crotononitril in Betracht zu ziehen (s. dazu *Smith et al.*, J. org. Chem. **35** [1970] 2215, 2218; vgl. auch *Searles, Hine*, Am. Soc. **79** [1957] 3175, 3176, 3179).

Die Identität der früher (E I **26** 7, 8, 9) als 5-Chlor-4-methyl-2-phenyl-2,3,6-triaza-bicyclo[3.1.0]hexa-3,6-dien $C_{10}H_8ClN_3$ (Formel XIII [R = R′ = H, X = Cl]), als 5-Chlor-4-methyl-2-*o*-tolyl-2,3,6-triaza-bicyclo[3.1.0]hexa-3,6-dien $C_{11}H_{10}ClN_3$ (Formel XIII [R = CH_3, R′ = H, X = Cl]), als 5-Brom-4-methyl-2-phenyl-2,3,6-triaza-bicyclo[3.1.0]hexa-3,6-dien $C_{10}H_8BrN_3$ (Formel XIII [R = R′ = H, X = Br]), als 5-Brom-4-methyl-2-*o*-tolyl-2,3,6-triaza-bicyclo[3.1.0]hexa-3,6-dien $C_{11}H_{10}BrN_3$ (Formel XIII [R = CH_3, R′ = H, X = Br]), als 5-Brom-4-methyl-2-*p*-tolyl-2,3,6-triaza-bicyclo[3.1.0]hexa-3,6-dien $C_{11}H_{10}BrN_3$ (Formel XIII [R = H, R′ = CH_3, X = Br]), als 5-Jod-4-methyl-2-phenyl-2,3,6-triaza-bicyclo[3.1.0]hexa-3,6-dien $C_{10}H_8IN_3$ (Formel XIII [R = R′ = H, X = I]), als 5-Jod-4-methyl-2-*o*-tolyl-2,3,6-triaza-bicyclo[3.1.0]hexa-3,6-dien $C_{11}H_{10}IN_3$ (Formel XIII [R = CH_3, R′ = H, X = I]) sowie als 4,5-Dimethyl-2-phenyl-2,3,6-triaza-bicyclo[3.1.0]hexa-3,6-dien $C_{11}H_{11}N_3$ (Formel XIII [R = R′ = H, X = CH_3]) formulierten Verbindungen ist ungewiss.

Stammverbindungen $C_5H_7N_3$

5,6-Dimethyl-[1,2,4]triazin $C_5H_7N_3$, Formel I.

B. Aus Ameisensäure-[1-methyl-2-oxo-propylidenhydrazid] und NH_3 in Äthanol [150°] (*Metze*, B. **88** [1955] 772, 778).

F: 5−6°; Kp_{14}: 87−88° (*Me.*).

Hydrierung an Raney-Nickel in Methanol: *Metze, Scherowsky*, B. **92** [1959] 2481, 2484.

Äthyl-dichlor-[1,3,5]triazin $C_5H_5Cl_2N_3$, Formel II.

B. Aus Trichlor-[1,3,5]triazin und Äthylmagnesiumbromid in Äther und Benzol (*Hirt et al.*, Helv. **33** [1950] 1365, 1368).

F: 35°. Kp_{13}: 92°.

Dimethyl-[1,3,5]triazin $C_5H_7N_3$, Formel III (X = H).

B. Neben anderen Verbindungen aus Acetamidin-hydrochlorid und Formamidin-hydrochlorid [250°/50−100 Torr] (*Am. Cyanamid Co.*, U.S.P. 2849451 [1957]; s. a. *Schaefer et al.*, Am. Soc. **81** [1959] 1466, 1469). Aus [1,3,5]Triazin und Acetamidin in Methanol (*Schaefer, Peters*, Am. Soc. **81** [1959] 1470, 1473). Bei der Hydrierung von Chlor-dimethyl-[1,3,5]triazin an Palladium/Kohle in Triäthylamin enthaltendem Äther (*Schroeder, Grundmann*, Am. Soc. **78** [1956] 2447, 2451).

Kristalle; F: 48−50° (*Am. Cyanamid Co.*), 46° (*Sch., Gr.*).

Dihydrochlorid $C_5H_7N_3 \cdot 2HCl$. Kristalle mit 1 Mol H_2O; F: 148−150° [unkorr.] (*Sch., Gr.*).

Fluor-bis-trifluormethyl-[1,3,5]triazin $C_5F_7N_3$, Formel III (X = F).

B. Beim Erhitzen von Chlor-bis-trichlormethyl-[1,3,5]triazin mit SbF_3, $SbCl_3$ und Chlor (*Olin Mathieson Chem. Corp.*, U.S.P. 2845421 [1956]; s. a. *Kober, Grundmann*, Am. Soc. **81** [1959] 3769).

Kp: 82−83° (*Olin Mathieson; Ko., Gr.*).

Beim Behandeln mit H_2O ist Trifluoracetyl-harnstoff erhalten worden (*Ko., Gr.*).

Fluor-bis-trifluormethyl-[1,3,5]triazin-Dampf ist toxisch (*Ko., Gr.*).

I   II   III   IV

Chlor-dimethyl-[1,3,5]triazin $C_5H_6ClN_3$, Formel IV (X = X' = H).

B. Aus dem Acetamidin-Salz des 4,6-Dimethyl-1*H*-[1,3,5]triazin-2-ons und $POCl_3$ mit Hilfe von Triäthylamin [125°] (*Schroeder, Grundmann*, Am. Soc. **78** [1956] 2447, 2449, 2450).

Kristalle (aus PAe.); F: 64°.

Tränenreizende Wirkung: *Sch., Gr.*

Chlor-bis-chlormethyl-[1,3,5]triazin $C_5H_4Cl_3N_3$, Formel IV (X = Cl, X' = H).

B. Aus dem 2-Chlor-acetamidin-Salz des 4,6-Bis-chlormethyl-1*H*-[1,3,5]triazin-2-ons und $POCl_3$ [125°] (*Schroeder, Grundmann*, Am. Soc. **78** [1956] 2447, 2449, 2450).

Kristalle; F: 33,5° [nach Destillation bei 120°/0,1 Torr].

Chlor-bis-dichlormethyl-[1,3,5]triazin $C_5H_2Cl_5N_3$, Formel IV (X = X' = Cl).

B. Analog der vorangehenden Verbindung (*Schroeder, Grundmann*, Am. Soc. **78** [1956] 2447, 2449, 2450).

Kristalle; F: 114° [unkorr.].

Chlor-bis-trichlormethyl-[1,3,5]triazin $C_5Cl_7N_3$, Formel III (X = Cl).

B. Analog den vorangehenden Verbindungen (*Schroeder, Grundmann*, Am. Soc. **78** [1956] 2447, 2449, 2450),

Kristalle; F: 56° (*Sch., Gr.*).

Reaktivität gegenüber nucleophilen Reagentien: *Schroeder*, Am. Soc. **81** [1959] 5658.

4-Isopropenyl-1-phenyl-1*H*-[1,2,3]triazol $C_{11}H_{11}N_3$, Formel V (R = C_6H_5).

B. Aus 2-[1-Phenyl-1*H*-[1,2,3]triazol-4-yl]-propan-2-ol mit Hilfe von konz. H_2SO_4 oder PCl_3 (*Moulin*, Helv. **35** [1952] 167, 173 Anm. 1, 178).

Kristalle (aus wss. Me.); F: 63−64°.

1-Benzyl-4-isopropenyl-1*H*-[1,2,3]triazol $C_{12}H_{13}N_3$, Formel V (R = $CH_2\text{-}C_6H_5$).

B. Aus Essigsäure-[1,1-dimethyl-prop-2-inylester] und Benzylazid oder aus 2-[1-Benzyl-1*H*-[1,2,3]triazol-4-yl]-propan-2-ol mit Hilfe von PCl_3 (*Moulin*, Helv. **35** [1952] 167, 176, 178).

Kristalle (aus PAe.+Acn.); F: 91−91,5°.

V   VI   VII

6,7-Dihydro-5H-pyrrolo[2,1-c][1,2,4]triazol $C_5H_7N_3$, Formel VI.

B. Beim Erwärmen von 5-Methoxy-3,4-dihydro-2H-pyrrol mit Ameisensäure-hydrazid in Methanol (*Petersen, Tietze*, B. **90** [1957] 909, 915).

Hydrochlorid $C_5H_7N_3 \cdot HCl$. Kristalle (aus H_2O); F: 196°.

Stammverbindungen $C_6H_9N_3$

5-Äthyl-6-methyl-[1,2,4]triazin $C_6H_9N_3$, Formel VII.

B. Aus Ameisensäure-[1-methyl-2-oxo-butylidenhydrazid] und NH_3 in Äthanol [160°] (*Metze*, B. **88** [1955] 772, 773, 777).

Kp_{14}: 96°.

Trimethyl-[1,2,4]triazin $C_6H_9N_3$, Formel VIII.

B. Aus Essigsäure-[1-methyl-2-oxo-propylidenhydrazid] und NH_3 in Äthanol [140°] (*Metze*, B. **88** [1955] 772, 773, 777).

Kristalle (aus PAe.); F: 49−51°; Kp_{14}: 96° (Me.). λ_{max}: 264 nm und 384 nm [Cyclohexan], 263 nm und 350 nm [wss. Lösung vom pH 7], 245 nm [wss. Lösung vom pH 0] (*Mason*, Soc. **1959** 1247, 1251). Oszillatorstärke des λ_{max} bei 384 nm (Cyclohexan): *Mason*, Soc. **1959** 1240, 1241. Scheinbarer Dissoziationsexponent pK_a' (H_2O; potentiometrisch ermittelt): 2,85 (*Ma.*, l. c. S. 1241, 1251).

Dichlor-propyl-[1,3,5]triazin $C_6H_7Cl_2N_3$, Formel IX (R = CH_2-C_2H_5).

B. Aus Trichlor-[1,3,5]triazin und Propylmagnesiumbromid in Äther und Benzol (*Hirt et al.*, Helv. **33** [1950] 1365, 1368).

Kp_{15}: 98°.

Dichlor-isopropyl-[1,3,5]triazin $C_6H_7Cl_2N_3$, Formel IX (R = $CH(CH_3)_2$).

B. Analog der vorangehenden Verbindung (*Hirt et al.*, Helv. **33** [1950] 1365, 1368).

Kp_{14}: 92° (*Bras, Ž. obšč. Chim.* **25** [1955] 1413, 1417; engl. Ausg. S. 1359, 1362); Kp_{12}: 101−104° (*Hirt et al.*).

VIII   IX   X

Trimethyl-[1,3,5]triazin $C_6H_9N_3$, Formel X (X = X' = H).

B. Beim Erhitzen von Acetonitril in Methanol auf 100°/7500−8500 at (*Cairns et al.*, Am. Soc. **74** [1952] 5633, 5634, 5635; s. a. *Du Pont de Nemours & Co.*, U.S.P. 2503999 [1948]). Beim Erwärmen von Methyl-bis-trichlormethyl-[1,3,5]triazin mit Zink-Pulver und wenig Kupfer(II)-acetat in Methanol und Formamid (*Grundmann, Weisse*, B. **84** [1951] 684, 687). Beim Erwärmen von Tris-dichlormethyl-[1,3,5]triazin mit Zink-Pulver und wenig Kupfer(II)-acetat in Methanol (*Grundmann et al.*, A. **577** [1952] 77, 88).

Kristalle; F: 59−60° [aus Hexan] (*Ca. et al.*), 56° [nach Destillation] (*Gr. et al.*), 55−56° [nach Destillation] (*Gr., We.*). Kp_{750}: 154−156° (*Gr., We.*). IR-Spektrum (CCl_4 sowie CS_2; 2−15 μ): *Goubeau et al.*, J. phys. Chem. **58** [1954] 1078. UV-Spektrum (Hexan sowie H_2O; 46000−32000 cm^{-1}): *Paoloni*, G. **84** [1954] 742, 744. λ_{max} (Me.): 44000 cm^{-1} und 39000 cm^{-1} (*McKusick*, zit. bei *Hirt et al.*, J. chem. Physics **22** [1954] 1148; s. a. *Ca. et al.*).

Umlagerung in 2,6-Dimethyl-pyrimidin-4-ylamin beim Erhitzen in Methanol auf 150°/8500 at: *Ca. et al.*

Picrat $C_6H_9N_3 \cdot C_6H_3N_3O_7$. Gelbe Kristalle (aus A.); F: 154° (*Gr., We.*, l. c. S. 688).

Verbindung mit Brom $C_6H_9N_3 \cdot Br_2$. Gelbe Kristalle; Zers. $> 30°$ (*Grundmann, Kreutz≠ berger*, Am. Soc. **77** [1955] 44, 47).

Tris-difluormethyl-[1,3,5]triazin $C_6H_3F_6N_3$, Formel XI (X = F).
B. Aus Tetrafluoräthen und NH_3 mit Hilfe von Kupfer(II)-acetat (*Coffman et al.*, J. org. Chem. **14** [1949] 747, 751; *Henne, Pelley*, Am. Soc. **74** [1952] 1426).
Kristalle; F: 24,5° [nach Destillation bei 73°/9 Torr]; D_4^{25}: 1,5973; n_D^{25}: 1,3999 (*Co. et al.*).
Überführung in Difluoressigsäure beim Erwärmen mit wss. NaOH: *Co. et al.; He., Pe.*

Tris-trifluormethyl-[1,3,5]triazin $C_6F_9N_3$, Formel X (X = X' = F).
B. Aus Trifluoracetonitril mit Hilfe von HCl unter Druck [10° bis 100°] (*Bissell, Spenger*, J. org. Chem. **24** [1959] 1147), weniger gut beim Erhitzen ohne Katalysator auf 300°/42 − 70 at (*Reilly, Brown*, J. org. Chem. **22** [1957] 698). Aus Tris-trichlormethyl-[1,3,5]triazin beim Erhitzen mit SbF_3, $SbCl_3$ und Chlor (*Norton*, Am. Soc. **72** [1950] 3527; vgl. auch *McBee et al.*, Ind. eng. Chem. **39** [1947] 391).
F: −24,8°; Kp_{748}: 98,3 − 98,5°; D_4^{26}: 1,5857; n_D^{20}: 1,3231 (*McBee et al.*). Kp: 95,0 − 96,0° (*Re., Br.*). n_D^{25}: 1,32208 (*Bi., Sp.*).
Überführung in Trifluoressigsäure-äthylester beim Erwärmen mit wss.-äthanol. HCl: *No.*
Tris-trifluormethyl-[1,3,5]triazin greift die Atmungsorgane an (*Re., Br.*).

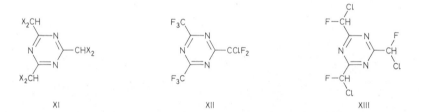

XI   XII   XIII

[Chlor-difluor-methyl]-bis-trifluormethyl-[1,3,5]triazin $C_6ClF_8N_3$, Formel XII.
B. Neben anderen Verbindungen beim Erhitzen von Tris-trichlormethyl-[1,3,5]triazin mit HF und $SbCl_5$ auf 240°/245 at (*McBee et al.*, Ind. eng. Chem. **39** [1947] 391).
F: −51,6°. Kp_{748}: 119,0 − 119,2°. D_4^{26}: 1,6090. n_D^{20}: 1,3540.

*Opt.-inakt. Tris-[chlor-fluor-methyl]-[1,3,5]triazin $C_6H_3Cl_3F_3N_3$, Formel XIII.
B. Aus Chlor-trifluor-äthen und NH_3 mit Hilfe von Kupfer(II)-acetat (*Du Pont de Nemours & Co.*, U.S.P. 2484528 [1945]).
Kp_3: 95 − 96°.

Methyl-bis-trichlormethyl-[1,3,5]triazin $C_6H_3Cl_6N_3$, Formel X (X = Cl, X' = H).
B. Aus Acetonitril und Chlor unter Belichtung (*I.G. Farbenind.*, D.R.P. 682391 [1937]; D.R.P. Org. Chem. **6** 2619). Beim Behandeln von Trichloracetonitril mit Acetonitril und HCl (*I.G. Farbenind.; Grundmann et al.*, A. **577** [1952] 77, 91; *Olin Mathieson Chem. Corp.*, U.S.P. 2858310 [1956]).
Kristalle (aus A.); F: 97° (*I.G. Farbenind.; Olin Mathieson*), 96° (*Gr. et al.*).
Beim Behandeln mit wss. NH_3 bei Raumtemperatur ist 4-Methyl-6-trichlormethyl-[1,3,5]tri≠ azin-2-ylamin, beim Erhitzen mit wss. NH_3 ist 4-Amino-6-methyl-1*H*-[1,3,5]triazin-2-on, beim Erhitzen mit NH_3 in DMF [165°] ist 6-Methyl-[1,3,5]triazin-2,4-diylamin, beim Behandeln mit Äthylendiamin in $CHCl_3$ ist *N,N'*-Bis-[methyl-trichlormethyl-[1,3,5]triazin-2-yl]-äthylendiamin, beim Erhitzen mit Äthylendiamin in DMF [170 − 180°] ist eine Verbindung $C_{132}H_{192}Cl_6N_{108}$ (gelblich; F: ca. 250° [korr.]), beim Erhitzen mit Äthylendiamin in *m*-Kresol [205 − 210°] ist eine Verbindung $C_{228}H_{336}Cl_6N_{188}$ (hellgelb; F: ca. 370° [korr.]) erhalten worden (*Kreutzber≠ ger*, Am. Soc. **79** [1957] 2629, 2631, 2632).

Tris-dichlormethyl-[1,3,5]triazin $C_6H_3Cl_6N_3$, Formel XI (X = Cl).
Diese Konstitution kommt der früher (H 2 206) als „dimolekulares Dichloracetonitril"

bezeichneten Verbindung $C_4H_2Cl_4N_2$ zu (*Grundmann et al.*, A. **577** [1952] 77, 79).

B. Beim Behandeln von Dichloracetonitril mit HCl unter Zusatz von $AlCl_3$ (*Gr. et al.*, l. c. S. 88).

Kristalle (aus $CHCl_3$); F: 65°.

Tris-trichlormethyl-[1,3,5]triazin $C_6Cl_9N_3$, Formel X (X = X′ = Cl) (H 37).

B. Aus Trichloracetonitril beim Behandeln mit HCl ohne Lösungsmittel oder in Äther (*I.G. Farbenind.*, D.R.P. 699493 [1937]; D.R.P. Org. Chem. **6** 2621), beim Behandeln mit HCl unter 5,6 at (*McBee et al.*, Ind. eng. Chem. **39** [1947] 391) oder beim Behandeln mit HCl unter Zusatz von $AlBr_3$ unter Normaldruck bei 25° sowie unter Zusatz von $AlCl_3$ unter Druck (*Norton*, Am. Soc. **72** [1950] 3527; s. a. *Dow Chem. Co.*, U.S.P. 2525714 [1948]).

Kristalle (aus A.); F: 96—97° (*I.G. Farbenind.*).

Beim Erhitzen mit SbF_3, $SbCl_3$ und Chlor ist 2,4,6-Tris-trifluormethyl-[1,3,5]triazin erhalten worden (*No.*; vgl. auch *McBee et al.*). Beim Erwärmen mit Zink-Pulver und Formamid in Methanol unter Zusatz von Kupfer(II)-acetat ist 4,6-Dimethyl-[1,3,5]triazin-2-ylamin, beim Er≠ wärmen mit Zink-Pulver und Formamid in Äthanol sind Trimethyl-[1,3,5]triazin und 4,6-Di≠ methyl-[1,3,5]triazin-2-ylamin erhalten worden (*Grundmann, Weisse*, B. **84** [1951] 684, 686, 687). Beim Erhitzen mit NH_3 in DMF [165°] ist [1,3,5]Triazin-2,4,6-triyltriamin erhalten worden (*Kreutzberger*, Am. Soc. **79** [1957] 2629, 2632).

Tris-dibrommethyl-[1,3,5]triazin $C_6H_3Br_6N_3$, Formel XI (X = Br).

Diese Konstitution kommt wahrscheinlich auch der früher (H **26** 37) als Tris-tribrom≠ methyl-[1,3,5]triazin $C_6Br_9N_3$ beschriebenen Verbindung zu (*Schaefer, Ross*, J. org. Chem. **29** [1964] 1527, 1528, 1530 Anm. 20).

B. Aus Acetonitril und Brom mit Hilfe von rotem Phosphor und $CaCO_3$ (*Ghigi*, G. **71** [1941] 641, 643, 644). Aus Trimethyl-[1,3,5]triazin und Brom in Essigsäure (*Sch., Ross*, l. c. S. 1534).

Kristalle; F: 129—131° [unkorr.; aus Acetonitril] (*Sch., Ross*), 127—129° [aus A.] (*Gh.*).

1-Phenyl-4,5,6,7-tetrahydro-1*H*-benzotriazol $C_{12}H_{13}N_3$, Formel XIV.

B. Aus opt.-inakt. Phenyl-[3-phenyl-3,4,5,6,7,7a-hexahydro-benzotriazol-3a-yl]-amin (F: 187°; über die Konstitution s. *Fusco et al.*, G. **91** [1961] 849, 852) mit Hilfe von Oxalsäure in Äthylace≠ tat (*Alder, Stein*, A. **501** [1933] 1, 44).

Kristalle (aus PAe.); F: 117—118° (*Al., St.*).

2-Phenyl-4,5,6,7-tetrahydro-2*H*-benzotriazol $C_{12}H_{13}N_3$, Formel XV (R = C_6H_5).

B. Bei der Hydrierung von 2-Phenyl-2*H*-benzotriazol an Palladium/$BaSO_4$ in Essigsäure (*Fries et al.*, A. **511** [1934] 241, 248, 249).

Kristalle (aus PAe.); F: 95°.

2-Hydroxy-4,5,6,7-tetrahydro-2*H*-benzotriazol, 4,5,6,7-Tetrahydro-benzotriazol-2-ol $C_6H_9N_3O$, Formel XV (R = OH).

Die von *Banks, Pflasterer* (J. org. Chem. **18** [1953] 267, 271) mit Vorbehalt unter dieser Konstitution als Hemihydrat beschriebene Verbindung ist als 6,7-Dihydro-5*H*-benzofurazan-4-on-oxim zu formulieren (*Lewis*, J. heterocycl. Chem. **12** [1975] 601).

XIV   XV   XVI   XVII

3-Methyl-6,7-dihydro-5*H*-pyrrolo[2,1-*c*][1,2,4]triazol $C_6H_9N_3$, Formel XVI.

B. Beim Erhitzen von Essigsäure-pyrrolidin-2-ylidenhydrazid in Essigsäure (*Petersen, Tietze*,

B. **90** [1957] 909, 914, 915).
Hydrochlorid $C_6H_9N_3 \cdot HCl$. Kristalle (aus H_2O); F: 200°.

4,5,6,7-Tetrahydro-1(3)H-imidazo[4,5-c]pyridin $C_6H_9N_3$, Formel XVII und Taut. (E I 9; E II 16; dort als 1'.2'.5'.6'-Tetrahydro-[pyridino-3'.4': 4.5-imidazol] bezeichnet).
Das früher (s. E II **26** 17) beschriebene Dibenzoyl-Derivat $C_{20}H_{17}N_3O_2$ ist als 1-Benz= oyl-4,5-bis-benzoylamino-1,2,3,6-tetrahydro-pyridin $C_{26}H_{23}N_3O_3$ zu formulieren (*Neuberger*, Biochem. J. **38** [1944] 309, 314).
B. Beim Erhitzen von (S)-4,5,6,7-Tetrahydro-1(3)H-imidazo[4,5-c]pyridin-6-carbonsäure in Fluoren [265−270°] (*Ne.*).
Dihydrochlorid $C_6H_9N_3 \cdot 2HCl$ (E I 9; E II 17). Kristalle (aus A.); F: 276−277° [un= korr.].
Dipicrat. F: 212−214° [unkorr.].   [*Grimm*]

Stammverbindungen $C_7H_{11}N_3$

5,6-Diäthyl-[1,2,4]triazin $C_7H_{11}N_3$, Formel I.
B. Beim Erhitzen von Ameisensäure-[1-äthyl-2-oxo-butylidenhydrazid] mit äthanol. NH_3 auf 145−150° (*Metze*, B. **88** [1955] 772, 774, 777).
Kp_{14}: 105°.

5-Äthyl-3,6-dimethyl-[1,2,4]triazin $C_7H_{11}N_3$, Formel II (R = CH_3, R' = C_2H_5).
B. Beim Erhitzen von Essigsäure-[1-methyl-2-oxo-butylidenhydrazid] mit äthanol. NH_3 auf 145−150° (*Metze*, B. **88** [1955] 772, 773, 777).
Kristalle (aus PAe.); F: 46−47°. Kp_{14}: 102°.

3-Äthyl-5,6-dimethyl-[1,2,4]triazin $C_7H_{11}N_3$, Formel II (R = C_2H_5, R' = CH_3).
B. Beim Erhitzen von Propionsäure-[1-methyl-2-oxo-propylidenhydrazid] mit äthanol. NH_3 auf 145−150° (*Metze*, B. **88** [1955] 772, 773, 777).
Kp_{14}: 102°.

I   II   III   IV

Diäthyl-[1,3,5]triazin $C_7H_{11}N_3$, Formel III (X = H).
B. Neben Äthyl-[1,3,5]triazin und Triäthyl-[1,3,5]triazin beim Erhitzen von Formamidin-hydrochlorid mit Propionamidin-hydrochlorid auf 185−245°/20−40 Torr (*Schaefer et al.*, Am. Soc. **81** [1959] 1466, 1469). Beim Erhitzen von Propionamidin mit Äthylformiat (*Bredereck et al.*, B. **96** [1963] 3265, 3268).
Kp_{733}: 172°; n_D^{20}: 1,4710 (*Br. et al.*).

Chlor-bis-pentafluoräthyl-[1,3,5]triazin $C_7ClF_{10}N_3$, Formel IV.
B. Beim Erhitzen des 2,2,3,3,3-Pentafluor-propionamidin-Salzes des 4,6-Bis-pentafluoräthyl-1H-[1,3,5]triazin-2-ons mit $POCl_3$ (*Schroeder*, Am. Soc. **81** [1959] 5658, 5663).
Kp_{760}: 125°; Kp_{150}: 84°. n_D^{25}: 1,3538.

Chlor-bis-[1,1-dichlor-äthyl]-[1,3,5]triazin $C_7H_6Cl_5N_3$, Formel III (X = Cl).
B. Beim Erhitzen des 2,2-Dichlor-propionamidin-Salzes des 4,6-Bis-[1,1-dichlor-äthyl]-1H-[1,3,5]triazin-2-ons mit $POCl_3$ (*Schroeder, Grundmann*, Am. Soc. **78** [1956] 2447, 2449, 2450).
Kristalle (aus PAe.); F: 104−105° [unkorr.].

1-Phenyl-1,4,5,6,7,8-hexahydro-cycloheptatriazol $C_{13}H_{15}N_3$, Formel V.

B. Beim Erwärmen von Cycloheptyliden-anilin mit Azidobenzol auf 100° (*Alder, Stein*, A. **501** [1933] 1, 47).

Kristalle (aus PAe.); F: 118°.

6,7,8,9-Tetrahydro-5*H*-[1,2,4]triazolo[4,3-*a*]azepin $C_7H_{11}N_3$, Formel VI.

B. Beim Behandeln von 7-Methoxy-3,4,5,6-tetrahydro-2*H*-azepin mit Ameisensäure-hydrazid in Methanol (*Petersen, Tietze*, B. **90** [1957] 909, 915, 918).

Hygroskopische Kristalle; F: ca. 65°. $Kp_{0,2}$: 181°.

Hydrochlorid $C_7H_{11}N_3 \cdot HCl$. Kristalle (aus H_2O); F: 228−230°.

3-Methyl-5,6,7,8-tetrahydro-[1,2,4]triazolo[4,3-*a*]pyridin $C_7H_{11}N_3$, Formel VII.

B. Beim Behandeln von 6-Methoxy-2,3,4,5-tetrahydro-pyridin mit Essigsäure-hydrazid in Methanol (*Petersen, Tietze*, B. **90** [1957] 909, 915, 918).

F: 86°. Kp_{14}: 224°.

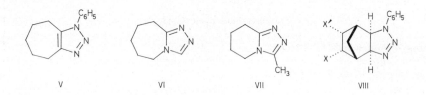

V   VI   VII   VIII

(±)-1-Phenyl-(3a*t*,7a*t*)-3a,4,5,6,7,7a-hexahydro-1*H*-4*r*,7*c*-methano-benzotriazol $C_{13}H_{15}N_3$, Formel VIII (X = X′ = H)+Spiegelbild.

Konfiguration: *Huisgen et al.*, B. **98** [1965] 3992, 3993.

B. Aus Norborn-2-en und Azidobenzol (*Komppa, Beckmann*, A. **512** [1934] 172, 185; *Hu. et al.*, l. c. S. 4005).

Kristalle; F: 101−102° [aus Me.] (*Ko., Be.*), 100−101° [aus PAe.] (*Hu. et al.*). ^{1}H-NMR-Spektrum (CDCl$_3$): *Hu. et al.*

(±)-5*t*(oder 6*t*)-Chlor-1-phenyl-(3a*t*,7a*t*)-3a,4,5,6,7,7a-hexahydro-1*H*-4*r*,7*c*-methano-benzotriazol [1]) $C_{13}H_{14}ClN_3$, Formel VIII (X = Cl, X′ = H oder X = H, X′ = Cl)+Spiegelbild.

B. Aus (±)-5*endo*-Chlor-norborn-2-en und Azidobenzol (*Alder, Rickert*, A. **543** [1940] 1, 24; *I.G. Farbenind.*, D.R.P. 709129 [1937]; D.R.P. Org. Chem. 1, Tl. 2, S. 25).

Kristalle [aus E.] (*Al., Ri.*); F: 115−116° (*I.G. Farbenind.*), 113−116° (*Al., Ri.*).

5,6-Dichlor-1-phenyl-3a,4,5,6,7,7a-hexahydro-1*H*-4,7-methano-benzotriazol $C_{13}H_{13}Cl_2N_3$.

Konfiguration der nachstehend beschriebenen Stereoisomeren: *Ang, Halton*, Austral. J. Chem. **30** [1977] 411, 412.

   a) **(±)-5*c*,6*t*-Dichlor-1-phenyl-(3a*t*,7a*t*)-3a,4,5,6,7,7a-hexahydro-1*H*-4*r*,7*c*-methano-benzotriazol**, Formel IX+Spiegelbild.

B. s. unter b).

Kristalle (aus A.); F: 109−110° [unkorr.] (*Ang, Halton*, Austral. J. Chem. **30** [1977] 411, 415). ^{1}H-NMR-Absorption (CDCl$_3$) und ^{1}H-^{1}H-Spin-Spin-Kopplungskonstanten: *Ang, Ha.*, l. c. S. 413. IR-Banden (Nujol; 1600−750 cm^{-1}): *Ang, Ha.*

   b) **(±)-5*t*,6*c*-Dichlor-1-phenyl-(3a*t*,7a*t*)-3a,4,5,6,7,7a-hexahydro-1*H*-4*r*,7*c*-methano-benzotriazol**, Formel X+Spiegelbild.

B. Neben dem unter a) beschriebenen Stereoisomeren aus (±)-5*endo*,6*exo*-Dichlor-norborn-2-en und Azidobenzol in Pentan (*Ang, Halton*, Austral. J. Chem. **30** [1977] 411, 414, 415; vgl. *Alder, Rickert*, A. **543** [1940] 1, 27; *I.G. Farbenind.*, D.R.P. 709129 [1937]; D.R.P. Org. Chem. 1, Tl. 2, S. 25).

---

[1]) Bezüglich der Konfiguration s. *Huisgen et al.*, B. **98** [1965] 3992.

Kristalle (aus A.); F: 141° [unkorr.] (*Ang, Ha.*). ^{1}H-NMR-Absorption (CDCl$_3$) und ^{1}H-^{1}H-Spin-Spin-Kopplungskonstanten: *Ang, Ha.*, l. c. S. 413.

c) (±)-5*t*,6*t*-Dichlor-1-phenyl-(3a*t*,7a*t*)-3a,4,5,6,7,7a-hexahydro-1*H*-4*r*,7*c*-methano-benzo=triazol, Formel VIII (X = X' = Cl)+Spiegelbild.

B. Aus 5*endo*,6*endo*-Dichlor-norborn-2-en und Azidobenzol in Pentan (*Ang, Halton*, Austral. J. Chem. **30** [1977] 411, 415).

Kristalle (aus Bzl.+PAe.); F: 136−138° [unkorr.]. ^{1}H-NMR-Absorption (CDCl$_3$) und ^{1}H-^{1}H-Spin-Spin-Kopplungskonstante: *Ang, Ha.*, l. c. S. 413.

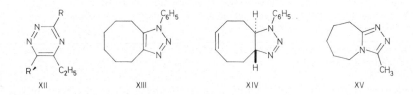

IX   X   XI

Stammverbindungen $C_8H_{13}N_3$

3-Isopropyl-5,6-dimethyl-[1,2,4]triazin $C_8H_{13}N_3$, Formel XI.

B. Beim Erhitzen von Isobuttersäure-[1-methyl-2-oxo-propylidenhydrazid] mit äthanol. NH$_3$ auf 160° (*Metze, Rolle*, B. **91** [1958] 422, 425).

Kp$_{10}$: 102°.

5,6-Diäthyl-3-methyl-[1,2,4]triazin $C_8H_{13}N_3$, Formel XII (R = CH$_3$, R' = C$_2$H$_5$).

B. Beim Erhitzen von Essigsäure-[1-äthyl-2-oxo-butylidenhydrazid] mit äthanol. NH$_3$ auf 130° (*Metze*, B. **88** [1955] 772, 774, 777).

F: 19°. Kp$_{14}$: 109°.

3,5-Diäthyl-6-methyl-[1,2,4]triazin $C_8H_{13}N_3$, Formel XII (R = C$_2$H$_5$, R' = CH$_3$).

B. Beim Erhitzen von Propionsäure-[1-methyl-2-oxo-butylidenhydrazid] mit äthanol. NH$_3$ auf 160° (*Metze*, B. **88** [1955] 772, 774, 777).

F: 11−12°. Kp$_{14}$: 110°.

1-Phenyl-4,5,6,7,8,9-hexahydro-1*H*-cyclooctatriazol $C_{14}H_{17}N_3$, Formel XIII.

B. Beim Erwärmen von Cyclooctyliden-anilin mit Azidobenzol auf 100° (*Alder, Stein*, A. **501** [1933] 1, 48).

Kristalle (aus PAe.); F: 83°. Kp$_{20}$: 240°.

XII   XIII   XIV   XV

(±)-1-Phenyl-(3a*r*,9a*t*)-3a,4,5,8,9,9a-hexahydro-1*H*-cyclooctatriazol $C_{14}H_{17}N_3$, Formel XIV +Spiegelbild.

Bezüglich der Konfiguration s. *Aratani et al.*, Tetrahedron **26** [1970] 4339, 4343.

B. Beim Behandeln von (±)-Cycloocta-1*c*,5*t*-dien mit Azidobenzol in Äther (*Ziegler, Wilms*, A. **567** [1950] 1, 33).

Kristalle (aus PAe.); F: 102−103° [korr.]; nicht beständig (*Zi., Wi.*).

3-Methyl-6,7,8,9-tetrahydro-5*H*-[1,2,4]triazolo[4,3-*a*]azepin $C_8H_{13}N_3$, Formel XV.

B. Beim Erwärmen von Cyclohexanon-[*O*-(toluol-4-sulfonyl)-oxim] mit Essigsäure-hydrazid

in CHCl$_3$ (*C. H. Boehringer Sohn*, U.S.P. 1796403 [1929]; D.R.P. 541700 [1928]; Frdl. **18** 3055).
Beim Behandeln von 7-Methoxy-3,4,5,6-tetrahydro-2*H*-azepin mit Essigsäure-hydrazid in
Methanol (*Petersen, Tietze*, B. **90** [1957] 909, 915, 918). Beim Erwärmen von Essigsäure-hexa=
hydroazepin-2-ylidenhydrazid (E III/IV **21** 3204) in Methanol (*Pe., Ti.*).
Kristalle (aus H$_2$O) mit 1(?) Mol H$_2$O, F: 62° (*C. H. Boehringer Sohn*); die wasserfreie
Verbindung schmilzt bei 111−112° (*C. H. Boehringer Sohn*), bei 108° (*Pe., Ti.*). Kp$_{15}$: 236°
(*Pe., Ti.*). Kp$_{10}$: 210° (*C. H. Boehringer Sohn*).
Hydrochlorid C$_8$H$_{13}$N$_3$·HCl. Kristalle (aus H$_2$O); F: 213−215° (*Pe., Ti.*).

(±)-3-[1(3)*H*-Imidazol-4-yl]-piperidin C$_8$H$_{13}$N$_3$, Formel I und Taut.
B. Bei der Hydrierung von 3-[1(3)*H*-Imidazol-4-yl]-pyridin an Platin in H$_2$O (*Ochiai, Ikuma,*
J. pharm. Soc. Japan **56** [1936] 525, 528; B. **69** [1936] 1147, 1150).
Dihydrochlorid C$_8$H$_{13}$N$_3$·2HCl. Kristalle (aus Me.+Ae.); F: 212−214° [unkorr.]
(*Schunack*, Ar. **306** [1973] 934, 936, 940; vgl. *Och., Ik.*, J. pharm. Soc. Japan **56** 528).
Hexachloroplatinat(IV) C$_8$H$_{13}$N$_3$·H$_2$PtCl$_6$. Kristalle; Zers. >340° bzw. >330° (*Och.,*
Ik., J. pharm. Soc. Japan **56** 531; B. **69** 1151).
Benzoyl-Derivat C$_{15}$H$_{17}$N$_3$O. Kristalle (aus A.+Acn.); F: 192° (*Och., Ik.*).

---

*Opt.-inakt. 5-Acetyl-1-[2,4-dinitro-phenyl]-4,7-dimethyl-4,5,6,7-tetrahydro-1*H*-pyrazolo[4,3-c]=
pyridin C$_{16}$H$_{17}$N$_5$O$_5$, Formel II.
B. Aus opt.-inakt. 1-Acetyl-2,5-dimethyl-4-oxo-piperidin-3-carbaldehyd (F: 123−124°) und
[2,4-Dinitro-phenyl]-hydrazin in Äthanol unter Zusatz von wss. HCl (*Nasarow et al.*, Izv. Akad.
S.S.S.R. Otd. chim. **1954** 95, 107; engl. Ausg. S. 77, 86).
F: 201−202°.

(±)-3a(oder 7a)-Methyl-1-phenyl-(3a*t*,7a*t*)-3a,4,5,6,7,7a-hexahydro-1*H*-4*r*,7*c*-methano-benzo=
triazol [1]) C$_{14}$H$_{17}$N$_3$, Formel III (R = CH$_3$, R′ = H oder R = H, R′ = CH$_3$)+Spiegelbild.
B. Aus (±)-2-Methyl-norborn-2-en ((±)-Aposanten) und Azidobenzol (*Beckmann, Schaber,*
A. **585** [1954] 154, 160; *Alder et al.*, A. **613** [1958] 6, 26).
Kristalle (aus PAe.); F: 99° (*Be., Sch.*), 98° (*Al. et al.*).

(±)-5*t*(oder 6*t*)-Chlormethyl-1-phenyl-(3a*t*,7a*t*)-3a,4,5,6,7,7a-hexahydro-1*H*-4*r*,7*c*-methano-
benzotriazol [1]) C$_{14}$H$_{16}$ClN$_3$, Formel IV (R = CH$_2$Cl, R′ = H oder R = H,
R′ = CH$_2$Cl)+Spiegelbild.
B. Aus (±)-5*endo*-Chlormethyl-norborn-2-en und Azidobenzol (*Alder, Windemuth*, B. **71** [1938]
1939, 1944, 1951; *I.G. Farbenind.*, D.R.P. 725082 [1938]; D.R.P. Org. Chem. 1, Tl. 2, S. 20).
Kristalle; F: 133−134° [aus E.] (*Al., Wi.*), 133−134° (*I.G. Farbenind.*).

Stammverbindungen C$_9$H$_{15}$N$_3$

Triäthyl-[1,2,4]triazin C$_9$H$_{15}$N$_3$, Formel V.
B. Beim Erhitzen von Propionsäure-[1-äthyl-2-oxo-butylidenhydrazid] mit äthanol. NH$_3$ auf
150° (*Metze*, B. **88** [1955] 772, 774, 777).

---

[1]) Siehe S. 77 Anm.

Kp_{14}: 118°.

Chlor-bis-heptafluorpropyl-[1,3,5]triazin $C_9ClF_{14}N_3$, Formel VI.

B. Beim Erhitzen des 2,2,3,3,4,4,4-Heptafluor-butyramidin-Salzes des 4,6-Bis-heptafluor‡
propyl-1*H*-[1,3,5]triazin-2-ons mit $POCl_3$ (*Schroeder*, Am. Soc. **81** [1959] 5658, 5662).

Kp_{760}: 153°. n_D^{25}: 1,3420.

Triäthyl-[1,3,5]triazin $C_9H_{15}N_3$, Formel VII (X = H) (H 37; E I 9).

B. Beim Erwärmen von Tris-[1,1-dichlor-äthyl]-[1,3,5]triazin mit Zink-Pulver in Äthanol
(*Cairns et al.*, Am. Soc. **74** [1952] 5633, 5635). Beim Erwärmen [65 h] von Propionitril in
Methanol auf 70°/7500 at (*Ca. et al.*).

F: 24 − 25°; Kp_{760}: 199°; Kp_{10}: 75 − 80°; D_4^{25}: 0,947; n_D^{25}: 1,4672 (*Ca. et al.*). IR-Spektrum
(2 − 14 μ) in CS_2: *Ca. et al.*; *Goubeau et al.*, J. phys. Chem. **58** [1954] 1078; in CCl_4: *Go.
et al.* λ_{max} (A.): 259 nm (*Ca. et al.*).

Beim Erhitzen mit NH_3 in Methanol auf 150°/8500 at ist 2,6-Diäthyl-5-methyl-pyrimidin-4-
ylamin erhalten worden (*Ca. et al.*).

V   VI   VII   VIII

Tris-[1,1,2,2-tetrafluor-äthyl]-[1,3,5]triazin $C_9H_3F_{12}N_3$, Formel VIII (X = H).

B. In kleiner Menge beim Behandeln von Tetrafluoräthen mit NaCN und $Na_2HPO_4 \cdot 7H_2O$
in DMF (*England et al.*, Am. Soc. **80** [1958] 6442, 6444).

Kristalle (aus CCl_4); F: 91 − 92°.

Tris-pentafluoräthyl-[1,3,5]triazin $C_9F_{15}N_3$, Formel VIII (X = F).

B. Beim Erhitzen von 2,2,3,3,3-Pentafluor-propionamidin auf 125° (*Reilly, Brown*, J. org.
Chem. **22** [1957] 698). Beim Erhitzen [120 h] von Pentafluorpropionitril unter Druck auf 300°
(*Re., Br.*).

Kp: 122°. D^{25}: 1,6504. n_D^{25}: 1,3135.

Tris-[1,1-dichlor-äthyl]-[1,3,5]triazin $C_9H_9Cl_6N_3$, Formel VII (X = Cl) (H 38).

B. Beim Erhitzen [18 h] von 2,2-Dichlor-propionitril in Methanol auf 100°/7500 at (*Cairns
et al.*, Am. Soc. **74** [1952] 5633, 5635).

Kristalle (aus A.); F: 72 − 74°. Bei 110 − 130° [Badtemperatur]/0,5 Torr sublimierbar.

6,7,8,9,10,11-Hexahydro-5*H*-[1,2,4]triazolo[4,3-*a*]azonin $C_9H_{15}N_3$, Formel IX (R = H).

B. Beim Behandeln von 9-Methoxy-3,4,5,6,7,8-hexahydro-2*H*-azonin mit Ameisensäure-hydr‡
azid in Methanol (*Petersen, Tietze*, B. **90** [1957] 909, 917).

$Kp_{0,1}$: 167°.

3-Äthyl-6,7,8,9-tetrahydro-5*H*-[1,2,4]triazolo[4,3-*a*]azepin $C_9H_{15}N_3$, Formel X.

B. Beim Behandeln von 7-Methoxy-3,4,5,6-tetrahydro-2*H*-azepin mit Propionsäure-hydrazid
in Methanol (*Petersen, Tietze*, B. **90** [1957] 909, 916).

F: 41°. $Kp_{0,05}$: 164°.

IX   X   XI   XII

(±)-3a,7a-Dimethyl-1-phenyl-(3at,7at)-3a,4,5,6,7,7a-hexahydro-1H-4r,7c-methano-benzotriazol [1])
$C_{15}H_{19}N_3$, Formel III (R = R′ = CH$_3$) auf S. 79 + Spiegelbild.

B. Aus 2,3-Dimethyl-norborn-2-en (Santen) und Azidobenzol (*Alder, Stein*, A. **485** [1931] 211, 219; *I.G. Farbenind.*, D.R.P. 557338 [1931]; Frdl. **19** 1404; *Alder, Grell*, B. **89** [1956] 2198, 2206).

Kristalle (aus Me.); F: 86° (*Al., St.*, A. **485** 220; *Al., Gr.*).

Beim Behandeln mit wss. H$_2$SO$_4$ ist 3exo-Anilino-2exo,3$endo$-dimethyl-norbornan-2$endo$-ol (?; E III **13** 745), beim Behandeln mit Picrinsäure in Benzol ist N-[3$endo$-Picryloxy-2$endo$,3exo-dimethyl-[2exo]norbornyl]-anilin erhalten worden (*Alder, Stein*, A. **501** [1933] 1, 14, 34, 35).

(±)-5,5(oder 6,6)-Dimethyl-1-phenyl-(3at,7at)-3a,4,5,6,7,7a-hexahydro-1H-4r,7c-methano-benzotriazol [1]) $C_{15}H_{19}N_3$, Formel XI (R = R′ = H) + Spiegelbild oder Formel XII (R = R′ = H) + Spiegelbild.

B. Aus (±)-5,5-Dimethyl-norborn-2-en ((±)-Apoisofenchen) und Azidobenzol (*Beckmann, Bamberger*, A. **580** [1953] 198, 202).

Kristalle (aus Me.); F: 131–132°.

5,6-Dimethyl-1-phenyl-3a,4,5,6,7,7a-hexahydro-1H-4,7-methano-benzotriazol $C_{15}H_{19}N_3$.

a)   **(±)-5c,6c-Dimethyl-1-phenyl-(3at,7at)-3a,4,5,6,7,7a-hexahydro-1H-4r,7c-methano-benzo⸗triazol** [1]),   Formel XIII + Spiegelbild.

B. Aus 5exo,6exo-Dimethyl-norborn-2-en und Azidobenzol (*Alder, Roth*, B. **88** [1955] 407, 416).

Kristalle (aus PAe.); F: 114°.

b) **(±)-5c,6t(oder 5t,6c)-Dimethyl-1-phenyl-(3at,7at)-3a,4,5,6,7,7a-hexahydro-1H-4r,7c-methano-benzotriazol** [1]),   Formel XIV + Spiegelbild oder Formel XV + Spiegelbild.

B. Aus (±)-5$endo$,6exo-Dimethyl-norborn-2-en und Azidobenzol (*Beckmann, Bamberger*, A. **574** [1951] 76, 79; *Alder, Roth*, B. **88** [1955] 407, 416).

Kristalle (aus Me.); F: 142,5–143,5° (*Be., Ba.*), 143° (*Al., Roth*).

c)   **(±)-5t,6t-Dimethyl-1-phenyl-(3at,7at)-3a,4,5,6,7,7a-hexahydro-1H-4r,7c-methano-benzo⸗triazol** [1]),   Formel IV (R = R′ = CH$_3$) auf S. 79 + Spiegelbild.

B. Aus 5$endo$,6$endo$-Dimethyl-norborn-2-en und Azidobenzol (*Alder, Roth*, B. **88** [1955] 407, 415).

Kristalle (aus Me.); F: 117°.

XIII   XIV   XV

Stammverbindungen $C_{10}H_{17}N_3$

3-Methyl-6,7,8,9,10,11-hexahydro-5H-[1,2,4]triazolo[4,3-a]azonin $C_{10}H_{17}N_3$, Formel IX (R = CH$_3$).

B. Beim Behandeln von 9-Methoxy-3,4,5,6,7,8-hexahydro-2H-azonin mit Essigsäure-hydrazid in Methanol (*Petersen, Tietze*, B. **90** [1957] 909, 917).

F: 40°. Kp$_{0,6}$: 172°.

Hydrochlorid. F: 168°.

---

[1]) Siehe S. 77 Anm.

(4S)-3a,5,5-Trimethyl-1(oder 3)-phenyl-(3at,7at)-3a,4,5,6,7,7a-hexahydro-1(oder 3)H-4r,6c-methano-benzotriazol [1]) $C_{16}H_{21}N_3$, Formel I oder II.

B. Aus (1R)-Pin-2-en (E IV **5** 542) und Azidobenzol beim Erwärmen auf 70° (*Alder, Stein,* A. **515** [1935] 165, 175).

Kristalle (aus Me.); F: 77°.

I   II   III   IV

(±)-3a,4,7a(oder 3a,7,7a)-Trimethyl-1-phenyl-(3at,7at)-3a,4,5,6,7,7a-hexahydro-1H-4r,7c-methano-benzotriazol [1]) $C_{16}H_{21}N_3$, Formel III (R = CH_3, R′ = H oder R = H, R′ = CH_3)+Spiegelbild.

B. Aus (±)-1,2,3-Trimethyl-norborn-2-en ((±)-ε-Fenchen) und Azidobenzol (*Alder, Muders,* B. **91** [1958] 1083, 1091).

Kristalle (aus E.); F: 91−92°.

5,5,7a(oder 3a,6,6)-Trimethyl-1-phenyl-3a,4,5,6,7,7a-hexahydro-1H-4,7-methano-benzotriazol $C_{16}H_{21}N_3$.

a) **(4S)-5,5,7a-Trimethyl-1-phenyl-(3at,7at)-3a,4,5,6,7,7a-hexahydro-1H-4r,7c-methano-benzotriazol** [1]), Formel XI (R = H, R′ = CH_3) auf S. 80 oder **(4R)-3a,6,6-Trimethyl-1-phenyl-(3at,7at)-3a,4,5,6,7,7a-hexahydro-1H-4r,7c-methano-benzotriazol** [1]), Formel XII (R = CH_3, R′ = H) auf S. 80.

B. Aus (1R)-2,5,5-Trimethyl-norborn-2-en ((+)-γ-Fenchen) und Azidobenzol (*Alder, Stein,* A. **501** [1933] 1, 6, 28, **515** [1935] 165, 178; *Swann,* Ind. Chemist **24** [1948] 141, 144).

Kristalle (aus Me.); F: 177° (*Al., St.; Sw.*).

b) **(±)-5,5,7a(oder 3a,6,6)-Trimethyl-1-phenyl-(3at,7at)-3a,4,5,6,7,7a-hexahydro-1H-4r,7c-methano-benzotriazol** [1]), Formel XI (R = H, R′ = CH_3)+Spiegelbild oder Formel XII (R = CH_3, R′ = H)+Spiegelbild.

B. Aus (±)-2,2,5-Trimethyl-norborn-2-en ((±)-γ-Fenchen) und Azidobenzol (*Alder, Stein,* A. **515** [1935] 165, 178; *Komppa, Nyman,* A. **535** [1938] 252, 260, **543** [1940] 111, 116).

Kristalle (aus Me.); F: 148−149° (*Al., St.*).

5,5,7(oder 4,6,6)-Trimethyl-1-phenyl-3a,4,5,6,7,7a-hexahydro-1H-4,7-methano-benzotriazol $C_{16}H_{21}N_3$.

a) **(4R)-5,5,7-Trimethyl-1-phenyl-(3at,7at)-3a,4,5,6,7,7a-hexahydro-1H-4r,7c-methano-benzotriazol** [1]), Formel IV oder **(4S)-4,6,6-Trimethyl-1-phenyl-(3at,7at)-3a,4,5,6,7,7a-hexahydro-1H-4r,7c-methano-benzotriazol** [1]), Formel V.

B. Aus (1S)-1,5,5-Trimethyl-norborn-2-en ((−)-δ-Fenchen) und Azidobenzol (*Swann,* Ind. Chemist **24** [1948] 141, 144).

Kristalle (aus Me.); F: 127−128°.

b) **(±)-5,5,7(oder 4,6,6)-Trimethyl-1-phenyl-(3at,7at)-3a,4,5,6,7,7a-hexahydro-1H-4r,7c-methano-benzotriazol** [1]), Formel IV+Spiegelbild oder Formel V+Spiegelbild.

1) Verbindung vom F: 129°. B. Neben der unter 2) beschriebenen Verbindung aus (±)-1,5,5-Trimethyl-norborn-2-en ((±)-δ-Fenchen) und Azidobenzol (*Alder, Stein,* A. **515** [1935] 165, 178, 180). − Kristalle (aus Me.); F: 128−129°.

---

[1]) Siehe S. 77 Anm.

2) Verbindung vom F: 122°. *B.* s. unter 1). − Kristalle (aus Me.); F: 122°.

Stammverbindungen $C_{11}H_{19}N_3$

3-Isobutyl-6,7,8,9-tetrahydro-5H-[1,2,4]triazolo[4,3-a]azepin $C_{11}H_{19}N_3$, Formel VI.

B. Beim Behandeln von Hexahydro-azepin-2-on mit Benzolsulfonylchlorid in Pyridin und CHCl$_3$ und Behandeln der Reaktionslösung mit Isovaleriansäure-hydrazid in CHCl$_3$ (*C. H. Boehringer Sohn*, U.S.P. 1796403 [1929]; D.R.P. 541700 [1928]; Frdl. **18** 3055). Beim Erhitzen von Isovaleriansäure-hexahydroazepin-2-ylidenhydrazid [E III/IV **21** 3204] (*C. H. Boehringer Sohn*, D.R.P. 543026 [1928]; Frdl. **18** 3057).

F: 50°. Kp$_{0,4}$: 183°. Sehr hygroskopisch.

V   VI   VII   VIII

Stammverbindungen $C_{12}H_{21}N_3$

Tris-heptafluorpropyl-[1,3,5]triazin $C_{12}F_{21}N_3$, Formel VII.

B. Beim Erhitzen von 2,2,3,3,4,4,4-Heptafluor-butyramidin auf 150° (*Reilly, Brown*, J. org. Chem. **22** [1957] 698). Beim Erhitzen von Heptafluorbutyronitril auf $350-400°/120-140$ at (*Re., Br.*).

Kp: $164,5-165°$. D^{25}: 1,716. n$_D^{25}$: 1,3095.

---

*Opt.-inakt. 1,1′,1″-Trimethyl-2,3,4,5,2′,3′,4′,5′,4″,5″-decahydro-1H,1′H,1″H-[2,3′;2′,3″]terpyrrol(?) $C_{15}H_{27}N_3$, vermutlich Formel VIII.

B. Neben 1,1′-Dimethyl-2,3,4,5,4′,5′-hexahydro-1H,1′H-[2,3′]bipyrrolyl beim Erwärmen von 1-Methyl-pyrrolidin mit Quecksilber(II)-acetat und wss. Essigsäure (*Leonard, Cook*, Am. Soc. **81** [1959] 5627, 5628, 5630).

Kp$_{21}$: 173°. n$_D^{25}$: 1,5072.

---

*Opt.-inakt. Dodecahydro-tripyrrolo[1,2-a;1′,2′-c;1″,2″-e][1,3,5]triazin $C_{12}H_{21}N_3$, Formel IX.

Diese Konstitution kommt dem als Tripyrrolin bezeichneten Trimeren des 3,4-Dihydro-2H-pyrrols zu (*Nomura et al.*, Chem. Letters **1977** 693; *Poisel*, M. **109** [1978] 925; s. a. E III/IV **20** 1905 im Artikel 3,4-Dihydro-2H-pyrrol).

Stammverbindungen $C_{15}H_{27}N_3$

Tributyl-[1,3,5]triazin $C_{15}H_{27}N_3$, Formel X.

B. Beim Erhitzen von Valeronitril in Methanol auf 150°/7500 at (*Cairns et al.*, Am. Soc. **74** [1952] 5633, 5635).

Kp$_{760}$: $284-287°$; Kp$_{0,5}$: $85-91°$. n$_D^{25}$: 1,4660. λ_{max} (A.): 259 nm.

---

*Opt.-inakt. 1,1′,1″-Trimethyl-1,2,3,4,5,6,1′,2′,3′,4′,5′,6′,1″,4″,5″,6″-hexadecahydro-[2,3′;2′,3″]terpyridin $C_{18}H_{33}N_3$, Formel XI.

B. Beim Behandeln von (±)-1,1′-Dimethyl-1,2,3,4,5,6,1′,4′,5′,6′-decahydro-[2,3′]bipyridyl mit wss. HCl bei pH 7 und Behandeln der Reaktionslösung mit wss. NaOH (*Schöpf et al.*, A. **616** [1958] 151, 179).

$Kp_{0,008}$: 151 – 157°. UV-Spektrum (Ae. sowie Eg.; 220 – 300 nm): *Sch. et al.*, l. c. S. 165.

IX   X   XI   XII

Dodecahydro-tripyrido[1,2-*a*;1′,2′-*c*;1″,2″-*e*][1,3,5]triazin $C_{15}H_{27}N_3$.
Konstitution der nachstehend beschriebenen Stereoisomeren: *Schöpf et al.*, A. **559** [1948]
1, 10, 11. Konfiguration: *Kessler et al.*, J. org. Chem. **42** [1977] 66.

a) (±)-(4a*r*,9a*c*,14a*c*)-Dodecahydro-tripyrido[1,2-*a*;1′,2′-*c*;1″,2″-*e*][1,3,5]triazin,
α-Tripiperidein, Formel XII + Spiegelbild (E II 17).
B. Aus 1-Chlor-piperidin beim Erwärmen mit äthanol. KOH (*Schöpf et al.*, A. **559** [1948]
1, 22, 23; B. **84** [1951] 690, 698). In kleiner Menge beim Erhitzen von 1-Phenylazo-piperidin
mit Kupfer-Pulver (*Sch. et al.*, A. **559** 40).
Konformation: *Kessler et al.*, J. org. Chem. **42** [1977] 66 – 70.
Kristalle; F: 61 – 62° [aus Acn. oder Ae.] (*Sch. et al.*, A. **559** 23), 61 – 62° [nach Destillation]
(*Sch. et al.*, B. **84** 698). Kp_{12}: 184 – 186°; $Kp_{0,1}$: 128 – 130° (*Sch. et al.*, B. **84** 698). ^{13}C-NMR-
Spektrum (CDCl$_3$) bei Raumtemperatur sowie ^{13}C-NMR-Spektrum (CD$_2$Cl$_2$) bei – 20,6°,
– 49° und – 67,5°: *Ke. et al.*, l. c. S. 67 – 69.
Beim Behandeln mit wss. HCl bildet sich 2,3,4,5-Tetrahydro-pyridin (*Schöpf et al.*, B. **86**
[1953] 918, 924; s. a. *Schöpf et al.*, B. **93** [1960] 2457, 2463). Bildung von β-Tripiperidein
(s. u.) beim Erhitzen mit KHSO$_4$: *Sch. et al.*, B. **84** 699; von Isotripiperidein (s. u.) beim
Behandeln mit wss. Phosphatpuffer-Lösung vom pH 9: *Schöpf et al.*, B. **85** [1952] 937, 946;
Schöpf, Otte, B. **89** [1956] 335, 339. Bildung von (±)-Anabasin (E III/IV **23** 1027) beim Erwärmen
mit Silberacetat in wss. Essigsäure: *Hasse, Berg*, Bio. Z. **331** [1959] 349, 354. Beim Behandeln
mit Indol und Essigsäure (*Thesing et al.*, B. **88** [1955] 1295, 1304) oder mit Indol und wss.
HCl bei pH 4,6 (*van Tamelen, Knapp*, Am. Soc. **77** [1955] 1860, 1861) ist 3-[2]Piperidyl-indol
erhalten worden. Beim Behandeln mit wss. HCl und mit 2-Amino-benzaldehyd in wss. Lösung
bei pH 4,6 und anschliessend mit Picrinsäure ist 5,5a,6,7,8,9-Hexahydro-pyrido[2,1-*b*]chinazo‌
linylium-picrat, beim Erwärmen mit 2-Amino-benzaldehyd in wss. Lösung vom pH 4,6 auf
100° ist 3-[3]Chinolyl-propylamin erhalten worden (*Sch. et al.*, A. **559** 25, 27). Überführung
in Piperidin-2-carbonitril durch Behandlung mit HCl in Äther und Behandlung des Reaktions‌
produkts mit HCN: *Böhme et al.*, B. **92** [1959] 1608, 1612. Beim Erhitzen mit Acetanhydrid
ist 1-Acetyl-1,2,3,4-tetrahydro-pyridin erhalten worden (*Sch. et al.*, A. **559** 29). Bildung von
[2]Piperidylaceton (E III/IV **21** 3264) beim Behandeln mit Acetessigsäure (Überschuss) in wss.
NaOH bei pH 11,5: *Schöpf et al.*, A. **626** [1959] 123, 131. Beim Behandeln mit Phenylisothio‌
cyanat in Äthanol ist 5-Phenyl-(4a*r*,11a*c*)-decahydro-dipyrido[1,2-*a*;1′,2′-*c*][1,3,5]triazin-6-thion
(S. 440), beim Erwärmen mit Phenylisothiocyanat in Äthanol ist daneben eine Verbindung
$C_{24}H_{28}N_4S_2$ (Kristalle [aus A.]; F: 198 – 200° [Zers.]; möglicherweise 5-Phenyl-6-thioxo-
decahydro-dipyrido[1,2-*c*;3′,2′-*e*]pyrimidin-4-thiocarbonsäure-anilid)   erhalten
worden (*Sch. et al.*, A. **559** 8, 17, 28, 29). Bildung von 5,6-Dihydro-4*H*-pyridin-3-on-phenyl‌
hydrazon (E III/IV **21** 3289) bei der Umsetzung mit Benzoldiazoniumchlorid: *Sch. et al.*, A.
559 30.
Reineckat. Kristalle (aus Acn. + Ae. oder wss. Acn.); F: 211 – 213° [Zers.] (*Sch. et al.*,
A. **559** 24).

b) (±)-(4a*r*,9a*c*,14a*t*)-Dodecahydro-tripyrido[1,2-*a*;1′,2′-*c*;1″,2″-*e*][1,3,5]triazin,
β-Tripiperidein, Formel XIII + Spiegelbild.
B. Beim Erwärmen von 1-Chlor-piperidin mit äthanol. KOH (*Schöpf et al.*, A. **559** [1948]
1, 31). Beim Erhitzen von α-Tripiperidein (s. o.) mit KHSO$_4$ (*Schöpf et al.*, B. **84** [1951]

690, 699).

Konformation: *Kessler et al.*, J. org. Chem. **42** [1977] 66, 70.

Kristalle (aus Acn.); F: $72-74°$ [geringes Sintern ab 70°] (*Sch. et al.*, A. **559** 31). ^{13}C-NMR-Spektrum (CDCl$_3$) bei Raumtemperatur: *Ke. et al.*, l. c. S. 67, 68.

Beim Erwärmen in Aceton bildet sich α-Tripiperidein (*Sch. et al.*, A. **559** 31).

XIII   XIV   XV

(±)-(4ar,4bt,9at,14at)-Tetradecahydro-tripyrido[1,2-a;1′,2′-c;3″,2″-e]pyrimidin, Isotripiperidein $C_{15}H_{27}N_3$, Formel XIV (R = H)+Spiegelbild (E II 17).

Konstitution: *Schöpf et al.*, A. **559** [1948] 1, 12, 13, 14. Konfiguration: *Kessler et al.*, J. org. Chem. **42** [1977] 66.

B. Aus Cyclopentanol beim Behandeln mit HN$_3$ in CHCl$_3$ und konz. H$_2$SO$_4$ (*Boyer, Canter*, Am. Soc. **77** [1955] 3287, 3289). Beim Leiten von Piperidin über einen ZnO-Al$_2$O$_3$-Katalysator bei 530° (*BASF*, D.B.P. 911263 [1952]). Beim Erwärmen von 1-Chlor-piperidin mit äthanol. KOH (*Sch. et al.*, A. **559** 33). Neben α-Tripiperidein (s. o.) beim Erhitzen von 1-Phenylazo-piperidin mit Kupfer-Pulver oder K$_2$CO$_3$ (*Sch. et al.*, A. **559** 40). Aus α-Tripiperidein beim Behandeln mit gepufferter wss. Lösung bei pH 9–10 (*Schöpf et al.*, B. **85** [1952] 937, 944, 945, 946; s. a. *Schöpf, Otte*, B. **89** [1956] 335) oder beim Erwärmen in Aceton unter Zusatz von Piperidin-hydrochlorid (*Sch. et al.*, A. **559** 32). Beim Erwärmen von (±)-N-[1-Acetyl-[2]piperidyl]-acetamid mit wss. NaOH (*Sch. et al.*, A. **559** 12, 39, 40; *Ivastchenko, Kirsanov*, Bl. [5] **3** [1936] 2289, 2293; Ž. obšč. Chim. **7** [1937] 311, 314). Aus Cadaverin (Pentandiyldiamin) in Gegenwart eines Amin-oxidase-Enzyms aus Erbsen-Keimlingen und Katalase (*Mann, Smithies*, Biochem. J. **61** [1955] 89, 96).

Konformation: *Ke. et al.*, l. c. S. 70, 71.

Kristalle (aus Acn.); F: $97-98°$ (*Sch. et al.*, A. **559** 32; s. a. *Schöpf et al.*, B. **84** [1951] 690, 698), $96,2-97°$ (*Bo., Ca.*). Kp$_{12}$: $186-190°$; Kp$_{0,1}$: $130-134°$ (*Sch. et al.*, B. **84** 698). ^{13}C-NMR-Spektrum (CDCl$_3$) bei Raumtemperatur: *Ke. et al.*, l. c. S. 67, 68.

Beim Erhitzen mit KHSO$_4$ auf 240° sind 2,3,4,5-Tetrahydro-pyridin, 3′,4′,5′,6′-Tetrahydro-anabasin (E III/IV **23** 659) und Aldotripiperidein (s. u.) erhalten worden (*Sch. et al.*, B. **84** 699). Beim Erwärmen mit wss. HCl sind 3′,4′,5′,6′-Tetrahydro-anabasin und 2,3,4,5-Tetrahydro-pyridin erhalten worden (*Sch. et al.*, A. **559** 14; *Luces et al.*, An. soc españ. [B] **54** [1958] 215, 219; *Schöpf et al.*, A. **658** [1962] 156, 167). Überführung in (±)-Anabasin (E III/IV **23** 1027) mit Hilfe von Silberacetat: *Schöpf*, Ang. Ch. **59** [1947] 29; *Schöpf*, in *K. Ziegler*, Präparative Organische Chemie, Tl. II (= Naturf. Med. Dtschld. 1939–1946, Bd. 37) [Weinheim 1953] S. 117, 121. Bei der Hydrierung an Platin in wss. HCl sind (2RS,3′RS)-Dodecahydro-[2,3′]bi≠pyridyl, (2RS,3′SR)-Dodecahydro-[2,3′]bipyridyl und Piperidin erhalten worden (*Sch. et al.*, A. **559** 33, 34). Bildung von (±)-Ammodendrin (E III/IV **23** 661) beim Behandeln mit Keten und Behandeln des Reaktionsprodukts mit wss. HI: *Schöpf, Braun*, Naturwiss. **36** [1949] 377.

Beim Behandeln [3 d] mit wss. HCl und mit 2-Amino-benzaldehyd in wss. Lösung bei pH 4,6 und anschliessend mit Picrinsäure sind 5,5a,6,7,8,9-Hexahydro-pyrido[2,1-b]chinazolinylium-picrat und 6-[2]Piperidyl-5,5a,6,7,8,9-hexahydro-pyrido[2,1-b]chinazolinylium-dipicrat (S. 199) erhalten worden (*Sch. et al.*, A. **559** 36). Beim Behandeln mit Phenylisothiocyanat in Äthanol ist eine Verbindung $C_{24}H_{28}N_4S_2$ (identisch mit der aus α-Tripiperidein [S. 84] und Phenyliso≠thiocyanat erhaltenen Verbindung) erhalten worden (*Sch. et al.*, A. **559** 17, 38; vgl. *Iv., Ki.*, Bl. [5] **3** 2294; Ž. obšč. Chim. **7** 315).

(±)-1-*trans*-Cinnamoyl-(4a*r*,4b*t*,9a*t*,14a*t*)-tetradecahydro-tripyrido[1,2-*a*;1′,2′-*c*;3″,2″-*e*]⁼ pyrimidin, *N-trans*-Cinnamoyl-isotripiperidein $C_{24}H_{33}N_3O$, Formel XIV (R = CO-CH≜CH-C_6H_5)+Spiegelbild.

B. Aus Isotripiperidein (s. o.) beim Behandeln mit *trans*-Cinnamoylchlorid und Pyridin in Äther (*Schöpf, Kreibich*, Naturwiss. **41** [1954] 335).

Kristalle (aus A.) mit 4 Mol H_2O, die beim Trocknen bei 80° im Hochvakuum 2 Mol H_2O abgeben; F: 156−157°.

Überführung in (±)-Orensin (E III/IV **23** 663) durch Behandlung mit wss. HI: *Sch., Kr.*

*Opt.-inakt. 1*r*,3*t*-Bis-[(4a*r*,4b*t*,9a*t*,14a*t*)-dodecahydro-tripyrido[1,2-*a*;1′,2′-*c*;3″,2″-*e*]pyrimidin-1-carbonyl]-2*c*,4*t*-diphenyl-cyclobutan, (4a*r*,4b*t*,9a*t*,14a*t*,4′a*r*,4′b*t*,9′a*t*,14′a*t*)-Octacosahydro-1,1′-[2*c*,4*t*-diphenyl-cyclobutan-1*r*,3*t*-dicarbonyl]-bis-tripyrido[1,2-*a*;1′,2′-*c*;3″,2″-*e*]pyrimidin $C_{48}H_{66}N_6O_2$, Formel XV+Spiegelbild.

Über die konfigurative Einheitlichkeit vgl. *Ribas, Ribas*, An. Soc. españ. [B] **62** [1966] 845, 848.

B. Aus Isotripiperidein (S. 85) beim Behandeln mit α-Truxillsäure-dichlorid (2*c*,4*t*-Diphenyl-cyclobutan-1*r*,3*t*-dicarbonylchlorid) und Pyridin in Äther (*Domínguez et al.*, An. Soc. españ. [B] **52** [1956] 133, 136).

Kristalle (aus A.); F: 257−258° [Zers.] (*Do. et al.*).

Dihydrochlorid $C_{48}H_{66}N_6O_2 \cdot 2HCl$. Kristalle (aus $CHCl_3$ + A.) mit 1 Mol $CHCl_3$; F: 267−268° [Zers.] (*Do. et al.*).

---

*Opt.-inakt. Hexadecahydro-dipyrido[2,1-*f*;2′,3′-*h*][1,6]naphthyridin, Aldotripiperidein $C_{15}H_{27}N_3$, Formel I.

B. Aus α-Tripiperidein (S. 84) oder aus Isotripiperidein (S. 85) beim Erwärmen [1 h] in wss. Lösung vom pH 9,2 auf 100° oder beim Erhitzen [15 min] mit NH_4Cl auf 220° (*Schöpf et al.*, Naturwiss. **38** [1951] 186). Neben 2,3,4,5-Tetrahydro-pyridin und 3′,4′,5′,6′-Tetrahydro-anabasin (E III/IV **23** 659) beim Erhitzen von Isotripiperidein auf 240° (*Schöpf et al.*, B. **84** [1951] 690, 699).

Kristalle (aus Acn.); F: 120−121° (*Sch. et al.*, B. **84** 699).

Bei der Hydrierung an Palladium in wss. HCl ist 3-Dodecahydro-pyrido[2,1-*f*][1,6]naphthyri⁼ din-5-yl-propylamin (E III/IV **25** 2067) erhalten worden (*Sch. et al.*, Naturwiss. **38** 186). Beim Erhitzen mit H_2O und Raney-Nickel in Wasserstoff-Atmosphäre ist (±)-Allomatridin (E III/IV **23** 965), in Stickstoff-Atmosphäre ist dagegen (±)-Neomatridin (E III/IV **23** 966) erhalten wor⁼ den (*Schöpf, Schweter*, Naturwiss. **40** [1953] 165).

I   II   III

Stammverbindungen $C_nH_{2n-5}N_3$

Stammverbindungen $C_5H_5N_3$

2-Phenyl-2,4-dihydro-cyclopentatriazol $C_{11}H_9N_3$, Formel II.

B. Beim Erhitzen von 2-Phenyl-2,4-dihydro-cyclopentatriazol-4-carbonsäure in DMF auf 130° (*Süs*, A. **579** [1953] 133, 148).

Kristalle (aus Me.); F: 71°.

Stammverbindungen $C_6H_7N_3$

5,7-Dinitro-1,2-bis-[3-nitro-phenyl]-2,3-dihydro-1*H*-benzotriazol $C_{18}H_{11}N_7O_8$, Formel III.

Konstitution: *Secareanu, Lupaş,* J. pr. [2] **140** [1934] 233, 235.

B. Aus 3-Nitro-*N*-[2,4,6-trinitro-benzyliden]-anilin und 3-Nitro-anilin beim Erhitzen mit Es= sigsäure (*Secareanu, Lupaş,* J. pr. [2] **140** [1934] 90, 95).

Gelbliche Kristalle (aus A. oder Eg.); F: 263° (*Se., Lu.,* l. c. S. 95).

2,3-Bis-[4-brom-phenyl]-4,6-dinitro-2,3-dihydro-benzotriazol-1-ol $C_{18}H_{11}Br_2N_5O_5$, Formel IV (X = H, X′ = Br).

Konstitution: *Secareanu, Lupaş,* J. pr. [2] **140** [1934] 233, 235.

B. Aus 4-Brom-*N*-[2,4,6-trinitro-benzyliden]-anilin und 4-Brom-anilin beim Erhitzen mit Es= sigsäure (*Secareanu,* Bl. [4] **53** [1933] 1024, 1030).

Gelbliche Kristalle (aus Acn.); F: 281° (*Se.,* l. c. S. 1030, 1031).

Die folgenden Verbindungen sind in analoger Weise hergestellt worden:

4,6-Dinitro-2,3-di-*p*-tolyl-2,3-dihydro-benzotriazol-1-ol $C_{20}H_{17}N_5O_5$, Formel IV (X = H, X′ = CH₃). Gelber Feststoff (aus Eg.); F: 272° (*Secareanu,* Bl. [4] **53** [1933] 1016, 1024).

2,3-Bis-[2-brom-4-methyl-phenyl]-4,6-dinitro-2,3-dihydro-benzotriazol-1-ol $C_{20}H_{15}Br_2N_5O_5$, Formel IV (X = Br, X′ = CH₃). Orangefarbene Kristalle (aus Eg.); F: 298° (*Se.,* l. c. S. 1030).

2,3-Dibenzyl-4,6-dinitro-2,3-dihydro-benzotriazol-1-ol $C_{20}H_{17}N_5O_5$, Formel V (X = X′ = H). Gelbe Kristalle (aus A.); F: 224° (*Secareanu, Lupaş,* J. pr. [2] **140** [1934] 90, 96).

2,3-Di-[2]naphthyl-4,6-dinitro-2,3-dihydro-benzotriazol-1-ol $C_{26}H_{17}N_5O_5$, For= mel VI (X = X′ = H). Gelbe Kristalle (aus Py.); F: 262° (*Se.,* l. c. S. 1023).

2,3-Bis-[4-äthoxy-phenyl]-4,6-dinitro-2,3-dihydro-benzotriazol-1-ol $C_{22}H_{21}N_5O_7$, Formel IV (X = H, X′ = O-C₂H₅). Gelber Feststoff (aus A.); F: 197° (*Se., Lu.,* l. c. S. 96).

2,3-Bis-[2-carboxy-phenyl]-4,6-dinitro-2,3-dihydro-benzotriazol-1-ol, 2,2′-[3-Hydroxy-5,7-dinitro-3*H*-benzotriazol-1,2-diyl]-di-benzoesäure $C_{20}H_{13}N_5O_9$, Formel IV (X = CO-OH, X′ = H). Gelbe Kristalle; F: >280° (*Se., Lu.,* l. c. S. 95).

2,3-Bis-[4-carboxy-phenyl]-4,6-dinitro-2,3-dihydro-benzotriazol-1-ol, 4,4′-[3-Hydroxy-5,7-dinitro-3*H*-benzotriazol-1,2-diyl]-di-benzoesäure $C_{20}H_{13}N_5O_9$, Formel IV (X = H, X′ = CO-OH). Roter Feststoff (aus A.); F: >340° (*Se., Lu.,* l. c. S. 95).

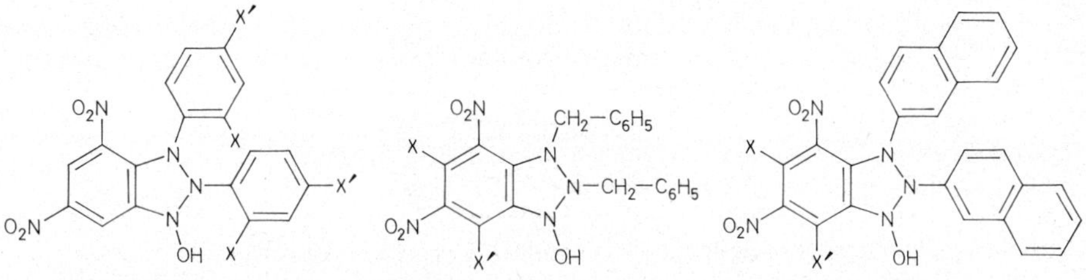

IV   V   VI

5(oder 7)-Brom-4,6-dinitro-2,3-diphenyl-2,3-dihydro-benzotriazol-1-ol $C_{18}H_{12}BrN_5O_5$, Formel VII (R = X′ = H, X = Br oder R = X = H, X′ = Br).

B. Aus 4,6-Dinitro-2,3-diphenyl-2,3-dihydro-benzotriazol-1-ol beim Erhitzen mit Brom in Essigsäure (*Secareanu, Lupaş,* J. pr. [2] **140** [1934] 233, 238).

Gelbe Kristalle (aus A.); F: 260–261°.

Die folgenden Verbindungen sind in analoger Weise hergestellt worden:

5(oder7)-Brom-4,6-dinitro-2,3-di-*p*-tolyl-2,3-dihydro-benzotriazol-1-ol

$C_{20}H_{16}BrN_5O_5$, Formel VII (R = CH_3, X = Br, X′ = H oder R = CH_3, X = H, X′ = Br). Kristalle (aus A.); F: > 280°.

2,3-Dibenzyl-5(oder 7)-brom-4,6-dinitro-2,3-dihydro-benzotriazol-1-ol $C_{20}H_{16}BrN_5O_5$, Formel V (X = Br, X′ = H oder X = H, X′ = Br). Gelbe Kristalle (aus Bzl.); F: 224 − 225°.

5(oder 7)-Brom-2,3-di-[2]naphthyl-4,6-dinitro-2,3-dihydro-benzotriazol-1-ol $C_{26}H_{16}BrN_5O_5$, Formel VI (X = Br, X′ = H oder X = H, X′ = Br). Gelbe Kristalle (aus A.); F: > 340°.

6,7-Dihydro-5*H*-cyclopenta[*e*][1,2,4]triazin $C_6H_7N_3$, Formel VIII (R = H).

B. Beim Erhitzen von Cyclopentan-1,2-dion-bis-formylhydrazon mit äthanol. NH_3 auf 180° (*Metze, Schreiber*, B. **89** [1956] 2466, 2469).

Kp_{12}: 109 − 111°. An der Luft nicht beständig.

VII   VIII   IX

Stammverbindungen $C_7H_9N_3$

5,6,7,8-Tetrahydro-benzo[*e*][1,2,4]triazin $C_7H_9N_3$, Formel IX (R = H).

B. Beim Erhitzen von Cyclohexan-1,2-dion-bis-formylhydrazon mit äthanol. NH_3 auf 135° (*Metze, Schreiber*, B. **89** [1956] 2466, 2468).

F: 14°. Kp_{14}: 125°.

Hydrochlorid $C_7H_9N_3 \cdot HCl$. Hellgelbe Kristalle (aus A. + Ae.); F: 207° [Zers.].

3-Methyl-6,7-dihydro-5*H*-cyclopenta[*e*][1,2,4]triazin $C_7H_9N_3$, Formel VIII (R = CH_3).

B. Beim Erhitzen von Cyclopentan-1,2-dion-bis-acetylhydrazon mit äthanol. NH_3 auf 180° (*Metze, Schreiber*, B. **89** [1956] 2466, 2469).

Kristalle (aus PAe.); F: 46 − 47°. Kp_{12}: 118 − 120°.

2,5-Dimethyl-1(7)*H*-imidazo[1,2-*a*]imidazol $C_7H_9N_3$, Formel X und Taut.

B. Beim Behandeln von Alanin-äthylester-hydrochlorid mit Natrium-Amalgam in wss. Lösung vom pH 2 − 4,5 und Erwärmen der Reaktionslösung mit Cyanamid und wss. Essigsäure bei pH 4 − 5 (*Lawson*, Soc. **1956** 307, 309).

Kristalle (aus A.); F: 125°.

Hydrochlorid $C_7H_9N_3 \cdot HCl$. Kristalle (aus A.); F: 272° [Zers.].

Picrat $C_7H_9N_3 \cdot C_6H_3N_3O_7$. Kristalle (aus A.); F: 226°.

2,4-Dichlor-5,6,7,8-tetrahydro-pyrido[2,3-*d*]pyrimidin $C_7H_7Cl_2N_3$, Formel XI.

B. Bei der Hydrierung von 2,4-Dichlor-pyrido[2,3-*d*]pyrimidin an Platin in Äthanol (*Oakes et al.*, Soc. **1956** 1045, 1053).

F: 165° [nach Sublimation bei 130°/0,003 Torr].

Stammverbindungen $C_8H_{11}N_3$

3-Methyl-5,6,7,8-tetrahydro-benzo[*e*][1,2,4]triazin $C_8H_{11}N_3$, Formel IX (R = CH_3).

B. Beim Erhitzen von Cyclohexan-1,2-dion-bis-acetylhydrazon mit äthanol. NH_3 auf 160° (*Metze, Schreiber*, B. **89** [1956] 2466, 2468).

Gelbe Kristalle (aus PAe.); F: 77°.

Hydrochlorid $C_8H_{11}N_3 \cdot HCl$. Gelbliche Kristalle; F: 202° [Zers.].

(±)-2-[1-Methyl-imidazolidin-2-yl]-pyridin $C_9H_{13}N_3$, Formel XII (R = CH_3, R' = H).
B. Beim Erwärmen von Pyridin-2-carbaldehyd mit *N*-Methyl-äthylendiamin in Benzol (*Castle,* J. org. Chem. **23** [1958] 69).
$Kp_{0,1}$: 97°. n_D^{26}: 1,5410.

2-[1,3-Diphenyl-imidazolidin-2-yl]-pyridin $C_{20}H_{19}N_3$, Formel XII (R = R' = C_6H_5).
B. Beim Erwärmen von Pyridin-2-carbaldehyd mit *N,N'*-Diphenyl-äthylendiamin in Methanol unter Zusatz von wenig wss. Essigsäure (*Mathes, Sauermilch,* B. **88** [1955] 1276, 1280, 1281; *Veibel, Krogh Andersen,* Anal. chim. Acta **15** [1956] 15, 16, 19).
Kristalle; F: 176° (*Ma., Sa.*), 173,5–174,5° (*Ve., Kr. An.*).

(±)-3-[1-Methyl-imidazolidin-2-yl]-pyridin $C_9H_{13}N_3$, Formel XIII (R = CH_3, R' = H).
B. Beim Erwärmen von Pyridin-3-carbaldehyd mit *N*-Methyl-äthylendiamin in Benzol (*Castle,* J. org. Chem. **23** [1958] 69).
$Kp_{0,1}$: 97°. n_D^{25}: 1,5450.

3-[1,3-Diphenyl-imidazolidin-2-yl]-pyridin $C_{20}H_{19}N_3$, Formel XIII (R = R' = C_6H_5).
B. Beim Erwärmen von Pyridin-3-carbaldehyd mit *N,N'*-Diphenyl-äthylendiamin in Methanol unter Zusatz von wenig wss. Essigsäure (*Mathes, Sauermilch,* B. **88** [1955] 1276, 1280, 1281; *Veibel, Krogh Andersen,* Anal. chim. Acta **15** [1956] 15, 16, 19).
Kristalle; F: 147° (*Ma., Sa.*), 145–146° (*Ve., Kr. An.*).

3-[1,3-Bis-(4-methoxy-benzyl)-imidazolidin-2-yl]-pyridin $C_{24}H_{27}N_3O_2$, Formel XIII (R = R' = CH_2-C_6H_4-O-CH_3).
B. Analog der vorangehenden Verbindung (*Veibel, Krogh Andersen,* Anal. chim. Acta **15** [1956] 15, 16, 19).
Kristalle; F: 121°.

(±)-4-[1-Methyl-imidazolidin-2-yl]-pyridin $C_9H_{13}N_3$, Formel XIV (R = CH_3, R' = H).
B. Beim Erwärmen von Pyridin-4-carbaldehyd mit *N*-Methyl-äthylendiamin in Benzol (*Castle,* J. org. Chem. **23** [1958] 69).
$Kp_{0,05}$: 100°. $n_D^{25,5}$: 1,5440.

4-[1,3-Diphenyl-imidazolidin-2-yl]-pyridin $C_{20}H_{19}N_3$, Formel XIV (R = R' = C_6H_5).
B. Beim Erwärmen von Pyridin-4-carbaldehyd mit *N,N'*-Diphenyl-äthylendiamin und wss. Essigsäure in Methanol (*Mathes, Sauermilch,* B. **88** [1955] 1276, 1280, 1281; *Veibel, Krogh Andersen,* Anal. chim. Acta **15** [1956] 15, 16, 19).
Kristalle; F: 152° (*Ma., Sa.*), 149,5–150,5° (*Ve., Kr. An.*).

4-[1,3-Bis-(4-methoxy-benzyl)-imidazolidin-2-yl]-pyridin $C_{24}H_{27}N_3O_2$, Formel XIV (R = R' = CH_2-C_6H_4-O-CH_3).
B. Analog der vorangehenden Verbindung (*Veibel, Krogh Andersen,* Anal. chim. Acta **15** [1956] 15, 16, 19).
Kristalle; F: 113,5°.

(±)-5(oder 6)-Methylen-1-phenyl-(3a*t*,7a*t*)-3a,4,5,6,7,7a-hexahydro-1*H*-4*r*,7*c*-methano-benzotriazol [1]) $C_{14}H_{15}N_3$, Formel I + Spiegelbild oder Formel II + Spiegelbild.

B. Aus (±)-5-Methylen-norborn-2-en und Azidobenzol (*Alder et al.*, B. **90** [1957] 1, 7; *McDaniel, Oehlschlager,* Canad. J. Chem. **48** [1970] 345, 350).

Kristalle (aus Me.); F: 95° (*Al. et al.*).

Stammverbindungen $C_9H_{13}N_3$

2-[1,3-Diphenyl-imidazolidin-2-yl]-4-methyl-pyridin $C_{21}H_{21}N_3$, Formel III (R = H, R' = CH$_3$).

B. Beim Erwärmen von 4-Methyl-pyridin-2-carbaldehyd mit *N,N'*-Diphenyl-äthylendiamin und wss. Essigsäure in Methanol (*Mathes, Sauermilch,* B. **88** [1955] 1276, 1282).

Kristalle; F: 120,5 – 121°.

I   II   III   IV

(±)-2-Methyl-6-[1-methyl-imidazolidin-2-yl]-pyridin $C_{10}H_{15}N_3$, Formel IV (R = CH$_3$, R' = H).

B. Beim Erwärmen von 6-Methyl-pyridin-2-carbaldehyd mit *N*-Methyl-äthylendiamin in Ben= zol (*Castle,* J. org. Chem. **23** [1958] 69).

Kp$_{0,05}$: 94°. n$_D^{23}$: 1,5390.

2-[1,3-Diphenyl-imidazolidin-2-yl]-6-methyl-pyridin $C_{21}H_{21}N_3$, Formel IV (R = R' = C$_6$H$_5$).

B. Beim Erwärmen von 6-Methyl-pyridin-2-carbaldehyd mit *N,N'*-Diphenyl-äthylendiamin und wss. Essigsäure in Methanol (*Mathes, Sauermilch,* B. **88** [1955] 1276, 1280, 1281).

Kristalle; F: 114°.

Stammverbindungen $C_{10}H_{15}N_3$

5-Äthyl-2-[1,3-diphenyl-imidazolidin-2-yl]-pyridin $C_{22}H_{23}N_3$, Formel V.

B. Beim Erwärmen von 5-Äthyl-pyridin-2-carbaldehyd mit *N,N'*-Diphenyl-äthylendiamin und wss. Essigsäure in Methanol (*Mathes, Sauermilch,* B. **88** [1955] 1276, 1280, 1281).

Kristalle; F: 143°.

2-[1,3-Diphenyl-imidazolidin-2-yl]-4,6-dimethyl-pyridin $C_{22}H_{23}N_3$, Formel III (R = R' = CH$_3$).

B. Analog der vorangehenden Verbindung (*Mathes, Sauermilch,* B. **88** [1955] 1276, 1280, 1281).

Kristalle; F: 119°.

(±)-2-[1-Isopropyl-4,4-dimethyl-imidazolidin-2-yl]-pyridin $C_{13}H_{21}N_3$, Formel VI (R = H).

B. Beim Erwärmen von Pyridin-2-carbaldehyd mit N^2-Isopropyl-1,1-dimethyl-äthandiyldi= amin in Benzol (*Castle,* J. org. Chem. **23** [1958] 69).

Kp$_{0,08}$: 101°. n$_D^{20}$: 1,5121. λ_{max} (A.): 236 nm und 260 nm.

(±)-3-[1-Isopropyl-4,4-dimethyl-imidazolidin-2-yl]-pyridin $C_{13}H_{21}N_3$, Formel VII.

B. Analog der vorangehenden Verbindung (*Castle,* J. org. Chem. **23** [1958] 69).

---

[1]) Siehe S. 77 Anm.

$Kp_{0,07}$: 106°. n_D^{20}: 1,5180. λ_{max} (A.): 235 nm und 260 nm.

V   VI   VII   VIII

(±)-4-[1-Isopropyl-4,4-dimethyl-imidazolidin-2-yl]-pyridin $C_{13}H_{21}N_3$, Formel VIII.
B. Analog den vorangehenden Verbindungen (*Castle*, J. org. Chem. **23** [1958] 69).
$Kp_{0,1}$: 105,5°. n_D^{20}: 1,5131. λ_{max} (A.): 258 nm.

1-Phenyl-1,3a,4,4a,5,6,7,7a,8,8a-decahydro-4,8-methano-indeno[5,6-d][1,2,3]triazol $C_{16}H_{19}N_3$.

a) **(±)-1-Phenyl-(3a*t*,4a*c*,7a*c*,8a*t*)-1,3a,4,4a,5,6,7,7a,8,8a-decahydro-4*r*,8*c*-methano-indeno[5,6-d][1,2,3]triazol** [1]), Formel IX + Spiegelbild.
B. Aus (±)-1-Phenyl-(3a*t*,4a*c*,7a*c*,8a*t*)-1,3a,4,4a,5(oder 7),7a,8,8a-octahydro-4*r*,8*c*-methano-indeno[5,6-d][1,2,3]triazol (S. 162) bei der Hydrierung an Palladium in Äthanol (*Alder, Stein*, A. **501** [1933] 1, 29). Aus (3a*c*,7a*c*)-2,3,3a,4,7,7a-Hexahydro-1*H*-4*r*,7*c*-methano-inden und Azidobenzol (*Wilder et al.*, Am. Soc. **81** [1959] 655, 657).
Kristalle; F: 129 – 130° [aus A.] (*Al., St.*), 128 – 129° [unkorr.] (*Wi. et al.*).
Bildung von 1-Phenyl-(1a*t*,2a*c*,5a*c*,6a*t*)-decahydro-2*r*,6*c*-methano-indeno[5,6-b]azirin beim Erhitzen auf 130°: *Al., St.*, l. c. S. 31. Beim Behandeln mit wss. HCl ist 6*c*(?)-Anilino-(3a*c*,7a*c*)-octahydro-4*r*,7*c*-methano-inden-5*t*(?)-ol (E III **13** 751) erhalten worden (*Al., St.*, l. c. S. 30).

b) **(±)-1-Phenyl-(3a*t*,4a*t*,7a*t*,8a*t*)-1,3a,4,4a,5,6,7,7a,8,8a-decahydro-4*r*,8*c*-methano-indeno[5,6-d][1,2,3]triazol** [1]), Formel X + Spiegelbild.
B. Aus (±)-1-Phenyl-(3a*t*,4a*t*,7a*t*,8a*t*)-1,3a,4,4a,5(oder 7),7a,8,8a-octahydro-4*r*,8*c*-methano-indeno[5,6-d][1,2,3]triazol (S. 162) bei der Hydrierung an Platin in Äthanol (*Alder, Stein*, A. **504** [1933] 216, 240).
Kristalle (aus Me.); F: 142°.
Bildung von 1-Phenyl-(1a*t*,2a*t*,5a*t*,6a*t*)-decahydro-2*r*,6*c*-methano-indeno[5,6-b]azirin beim Erhitzen auf 180°: *Al., St.* Beim Behandeln mit wss. H_2SO_4 ist 6*c*(?)-Anilino-(3a*t*,7a*t*)-octahydro-4*r*,7*c*-methano-inden-5*t*(?)-ol (E III **13** 752) erhalten worden.

IX   X   XI

Stammverbindungen $C_{11}H_{17}N_3$

(±)-2-[1-Isopropyl-4,4-dimethyl-imidazolidin-2-yl]-6-methyl-pyridin $C_{14}H_{23}N_3$, Formel VI
(R = CH₃).
B. Beim Erwärmen von 6-Methyl-pyridin-2-carbaldehyd mit N^2-Isopropyl-1,1-dimethyl-äthandiyldiamin in Benzol (*Castle*, J. org. Chem. **23** [1958] 69).
$Kp_{0,1}$: 114°. n_D^{20}: 1,5104. λ_{max} (A.): 235 nm und 265 nm.

(±)-1-Phenyl-4,5,6,7-tetrahydro-1*H*-3a*r*,7a*c*-butano-4*t*,7*t*-methano-benzotriazol [1]) $C_{17}H_{21}N_3$,
Formel XI + Spiegelbild.
B. Aus 1,2,3,4,5,6,7,8-Octahydro-1,4-methano-naphthalin und Azidobenzol (*Alder et al.*, A. **627** [1959] 47, 57).
Kristalle (aus PAe.); F: 74°.

---

[1]) Siehe S. 77 Anm.

Stammverbindungen $C_{13}H_{21}N_3$

2,5-Dibutyl-1(7)H-imidazo[1,2-a]imidazol $C_{13}H_{21}N_3$, Formel XII (R = [CH$_2$]$_3$-CH$_3$) und Taut.

B. Beim Erwärmen von 1-[2-Amino-5-butyl-imidazol-1-yl]-hexan-2-on-hydrochlorid mit konz. wss. HCl (*Lawson*, Soc. **1956** 307, 310).

Hydrochlorid $C_{13}H_{21}N_3 \cdot$ HCl. Hygroskopische Kristalle (aus E. + A.); F: 111°.
Picrat $C_{13}H_{21}N_3 \cdot C_6H_3N_3O_7$. Kristalle (aus A.); F: 131°.

2,5-Diisobutyl-1(7)H-imidazo[1,2-a]imidazol $C_{13}H_{21}N_3$, Formel XII (R = CH$_2$-CH(CH$_3$)$_2$) und Taut.

B. Analog der vorangehenden Verbindung (*Lawson*, Soc. **1956** 307, 309).

Hydrochlorid $C_{13}H_{21}N_3 \cdot$ HCl. Kristalle (aus E. + A.); F: 113°.
Picrat $C_{13}H_{21}N_3 \cdot C_6H_3N_3O_7$. Kristalle (aus A.); F: 128°.

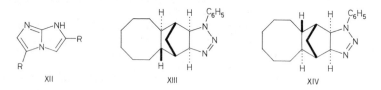

XII   XIII   XIV

(±)-1-Phenyl-(3a*t*,4a*c*,10a*t*,11a*t* oder 3a*t*,4a*t*,10a*c*,11a*t*)-3a,4,4a,5,6,7,8,9,10,10a,11,11a-dodecahydro-1*H*-4*r*,11*c*-methano-cyclooocta[5,6]benzo[1,2-*d*][1,2,3]triazol [1]) $C_{19}H_{25}N_3$, Formel XIII + Spiegelbild oder Formel XIV + Spiegelbild.

B. Beim Erwärmen von (±)-(4a*c*,10a*t*)-1,4,4a,5,6,7,8,9,10,10a-Decahydro-1*r*,4*c*-methano-benzocyclooocten mit Azidobenzol (*Ziegler et al.*, A. **589** [1954] 122, 156).

Kristalle; F: 163 – 164°.

Stammverbindungen $C_{14}H_{23}N_3$

(±)-3,8-Diisopropyl-5-methyl-6,7-dihydro-5*H*-[1,2,4]triazolo[4,3-a]azepin $C_{14}H_{23}N_3$, Formel XV.

B. Aus (±)-Carvenon (E III **7** 332) über Isobuttersäure-[4-isopropyl-7-methyl-1,5,6,7-tetrahydro-azepin-2-ylidenhydrazid] $C_{14}H_{25}N_3O$ [Kristalle (aus A.); F: 165°] (*C.H. Boehringer Sohn*, D.R.P. 541700 [1928]; Frdl. **18** 3055).

Kristalle (aus Ae.); F: 102°. Kp$_{14}$: 230°.

XV   XVI   XVII

Stammverbindungen $C_{20}H_{35}N_3$

13-[2]Piperidyl-tetradecahydro-6,13-methano-dipyrido[1,2-*a*;3',2'-*e*]azocin $C_{20}H_{35}N_3$.

a) **(6*R*)-13-[(*S*)-[2]Piperidyl]-(4a*t*,6a*c*,13a*c*)-tetradecahydro-6*r*,13*c*-methano-dipyrido[1,2-*a*;3',2'-*e*]azocin, (−)-Piptanthin,** Formel XVI.

Konstitution: *Eisner, Šorm*, Collect. **24** [1959] 2348. Konfiguration: *Deslongchamps et al.*,

---

[1]) Siehe S. 77 Anm.

Tetrahedron Letters **1964** 3893; *Cannon et al.,* Tetrahedron Letters **1974** 1683.

Isolierung aus den oberirdischen Teilen von Piptanthus nanus: *Konowalowa et al., Ž. obšč.* Chim. **21** [1951] 773, 777; engl. Ausg. S. 853, 857.

Kristalle; F: 143,5 – 144,5° [aus Acn.] (*Ko. et al.*), 142 – 143° [nach Sublimation bei 130°/0,1 Torr] (*Ei., Šorm*). [α]$_D$: – 24,3° [A.; c = 2] (*Ko. et al.*).

Hydrochlorid. Wasserhaltige Kristalle (aus A.); F: ca. 256° [Zers.]; [α]$_D$: – 1,21° [H$_2$O; c = 5] (*Ko. et al.*).

Hydrobromid. Kristalle (aus A.); F: 286° [Zers.]; [α]$_D$: – 1,72° [H$_2$O; c = 4,5] (*Ko. et al.*).

Nitrat. Wasserhaltige Kristalle (aus wss. A.); F: 205 – 206°; [α]$_D$: – 3,3° [H$_2$O; c = 1,8] (*Ko. et al.*).

Methyl-Derivat C$_{21}$H$_{37}$N$_3$. Kristalle (aus Acn.); F: 114 – 115° (*Ei., Šorm*), 111 – 112° (*Ko. et al.*). [α]$_D$: – 7,42° [A.; c = 2] (*Ko. et al.*). – Hydrojodid. Kristalle (aus H$_2$O); F: 238 – 239° (*Ko. et al.*). – Nitrat. Kristalle (aus A.); F: 157 – 158° (*Ko. et al.*).

[2,4-Dinitro-phenyl]-Derivat C$_{26}$H$_{37}$N$_5$O$_4$. Orangefarbene Kristalle (aus A.); F: 161° (*Ei., Šorm*).

Diacetyl-Derivat C$_{24}$H$_{39}$N$_3$O$_2$; (6*R*)-1-Acetyl-13-[(*S*)-1-acetyl-[2]piperidyl]-(4a*t*,6a*c*,13a*c*)-tetradecahydro-6*r*,13*c*-methano-dipyrido[1,2-*a*;3′,2′-*e*]azocin. Kristalle; F: 218 – 221° [nach Sublimation bei 155°/0,25 Torr] (*Ei., Šorm*), 213 – 215° [aus Acn.] (*Ko. et al.*).

Phenylthiocarbamoyl-Derivat C$_{27}$H$_{40}$N$_4$S. Kristalle (aus Bzl.+PAe.); F: 154 – 156° (*Ei., Šorm*).

Dinitroso-Derivat C$_{20}$H$_{33}$N$_5$O$_2$; (6*R*)-1-Nitroso-13-[(*S*)-1-nitroso-[2]piperidyl]-(4a*t*,6a*c*,13a*c*)-tetradecahydro-6*r*,13*c*-methano-dipyrido[1,2-*a*;3′,2′-*e*]azocin. Kristalle (aus wss. A.); F: 195 – 196° (*Ei., Šorm*).

N-Methyl-*N*′-nitroso-Derivat C$_{21}$H$_{36}$N$_4$O. Kristalle (aus wss. Me.); F: 108° (*Ei., Šorm*).

b) **(6*RS*)-13-[(*SR*)-[2]Piperidyl]-(4a*t*,6a*t*,13a*c*)-tetradecahydro-6*r*,13*c*-methano-dipyrido[1,2-*a*;3′,2′-*e*]azocin, (±)-Ormosanin,** Formel XVII + Spiegelbild.

Identität von Ormosanin mit Piptamin: *Wilson,* Tetrahedron **21** [1965] 2561; mit Alkaloid-A aus Ormosia jamaicensis: *Naegeli et al.,* Tetrahedron Letters **1963** 2069; s. a. *Hassall, Wilson,* Chem. and Ind. **1961** 1358; Soc. **1964** 2657, 2658.

Konstitution: *Valenta et al.,* Tetrahedron Letters **1963** 1559, 1565; *Na. et al.* Konfiguration: *Cannon et al.,* Tetrahedron Letters **1974** 1683, 1685; *Misra et al.,* J.C.S. Chem. Commun. **1980** 659; *McLean et al.,* Canad. J. Chem. **59** [1981] 34.

Isolierung aus den Samen von Ormosia jamaicensis: *Ha., Wi.,* Chem. and Ind. **1961** 1358; Soc. **1964** 2659; von Ormosia panamensis: *Lloyd, Horning,* Am. Soc. **80** [1958] 1506, 1509; aus den oberirdischen Teilen von Piptanthus nanus: *Konowalowa et al., Ž. obšč.* Chim. **21** [1951] 773, 778; engl. Ausg. S. 853, 858.

Kristalle; F: 179 – 180° [unkorr.; aus Bzl.+Ae.] (*Liu et al.,* Canad. J. Chem. **54** [1976] 97, 108), 178° [aus E.] (*Ha., Wi.,* Soc. **1964** 2660), 173 – 174° [aus Acn.] (*Ko. et al.*), 167 – 168° [aus E.] (*Ll., Ho.*). λ$_{max}$ (A.): 211 nm (*Ha., Wi.,* Soc. **1964** 2660).

Hydrochlorid. Kristalle (aus Acn.+A.); F: ca. 335° [Zers.] (*Ko. et al.,* l. c. S. 779).

Hydrobromid. Kristalle (aus A.); F: ca. 294° [Zers.] (*Ko. et al.*).

Dihydrojodid C$_{20}$H$_{35}$N$_3$·2HI. Kristalle (aus H$_2$O); F: 249° [Zers.] (*Ll., Ho.*).

Trihydrojodid. F: 268° (*Ha., Wi.,* Soc. **1964** 2658).

Methyl-Derivat C$_{21}$H$_{37}$N$_3$. Kristalle; F: 106,5 – 107° (*Ha., Wi.,* Chem. and Ind. **1961** 1358), 96,5 – 97,5° [aus Acn.] (*Ko. et al.*).

Acetyl-Derivat. Kristalle (aus Acn.); F: 92 – 96° [Zers.] (*Ko. et al.*). [*Wente*]

Stammverbindungen C$_n$H$_{2n-7}$N$_3$

Stammverbindungen C$_6$H$_5$N$_3$

1*H*-Benzotriazol C$_6$H$_5$N$_3$, Formel I (R = H) auf S. 95 und Taut. (H 38; E II 17).
Bezüglich der Tautomerie s. *Elguero et al.,* Adv. heterocycl. Chem. Spl. **1** [1976] 295.

Atomabstände und Bindungswinkel (Röntgen-Diagramm): *Escande et al.*, Acta cryst. [B] **30** [1974] 1490. Dipolmoment (ε.; Dioxan) bei 25°: 4,07 D (*Jensen, Friediger*, Danske Vid. Selsk. Mat. fys. Medd. **20** Nr. 20 [1942–1943] 17, 48).

Kristalle; F: 100–100,5° [nach Sublimation im Hochvakuum] (*Kohlrausch, Seka*, B. **71** [1938] 1563, 1570), 100° [aus $CHCl_3$] (*Wilson, Wilson*, Am. Soc. **77** [1955] 6204), 98–99° [aus Bzl.; nach Trocknen im Vakuum bei 77°] (*Fagel, Ewing*, Am. Soc. **73** [1951] 4360), 98,5° [aus Toluol] (*Schwarzenbach, Lutz*, Helv. **23** [1940] 1162, 1188). Monoklin; Kristallstruktur-Analyse (Röntgen-Diagramm): *Escande et al.*, Acta cryst. [B] **30** [1974] 1490. Assoziation in Benzol: *White, Kilpatrick*, J. phys. Chem. **59** [1955] 1044, 1045, 1049; in Naphthalin: *Heafield, Hunter*, Soc. **1942** 420. Dichte der Kristalle: 1,31 (*Es. et al.*, l. c. S. 1491). Standard-Bildungsenthalpie: +59,66 kcal·mol^{-1}; Verbrennungsenthalpie ($C_6H_5N_{3fest} \rightarrow CO_{2gasförmig} + H_2O_{flüssig} + N_{2gasförmig}$) bei 25°: −794,76 kcal·mol^{-1} (*Fagley et al.*, Am. Soc. **75** [1953] 3104).

Raman-Banden (Kristalle; 3100–500 cm^{-1}): *Kohlrausch, Seka*, B. **71** [1938] 1563, 1564, 1570. UV-Spektrum in Isooctan (220–290 nm): *Fagel, Ewing*, Am. Soc. **73** [1951] 4360; in Cyclohexan (210–310 nm): *Dal Monte et al.*, G. **88** [1958] 977, 990, 991; in Methanol (200–310 nm): *Galimberti et al.*, Farmaco Ed. scient. **14** [1959] 584, 590; *Ley, Specker*, B. **72** [1939] 192, 195; in Äthanol (220–310 nm): *Fo., Ew.*; *Krollpfeiffer et al.*, B. **71** [1938] 596, 598; *Ramart-Lucas, Hoch*, Bl. **1949** 447, 449; in wss. HCl [0,1–12 n], wss. Lösungen vom pH 2–10 sowie wss. NaOH [6 n] (220–290 nm): *Fa., Ew.*; in wss. HCl [1 n] und wss. NaOH [1 n] (210–230 nm): *Dal Mo. et al*; in wss.-methanol. HCl (200–310 nm): *Specker, Gawrosch*, B. **75** [1942] 1338, 1341; in methanol. HCl und methanol. NaOH (210–300 nm): *Ga. et al.*; in äthanol. HCl und äthanol. NaOH (220–310 nm): *Ra.-Lu., Hoch*; in methanol. Natriummethylat (200–300 nm); *Ley, Sp.* λ_{max} (A.): 250 nm, 255 nm und 270 nm (*Ashton, Suschitzky*, Soc. **1957** 4559, 4560).

Wahrer Dissoziationsexponent pK_{a2} (H_2O; potentiometrisch ermittelt) bei 25°: 8,441 (*Schwarzenbach, Lutz*, Helv. **23** [1940] 1162, 1188). Scheinbare Dissoziationsexponenten pK'_{a1} und pK'_{a2} (H_2O; potentiometrisch ermittelt) bei 20°: 1,6 bzw. 8,57 (*Albert et al.*, Soc. **1948** 2240, 2248). Scheinbarer Dissoziationsexponent pK'_{a2} (H_2O; spektrophotometrisch ermittelt): 8,2 (*Fagel, Ewing*, Am. Soc. **73** [1951] 4360). Phasendiagramm (fest/flüssig) des Systems mit 1*H*-Benzimidazol: *Erlenmeyer, v. Meyenburg*, Helv. **21** [1938] 108, 109.

Explodiert bei 160°/2 Torr (Chem. eng. News **34** [1956] 2450). Bildung von Anilin beim Erhitzen auf 400°: *Ashton, Suschitzky*, Soc. **1957** 4559, 4562. Beim Erwärmen mit Aceton und $CHCl_3$ in wss. NaOH sind α-Benzotriazol-1-yl-isobuttersäure, α-Benzotriazol-2-yl-isobuttersäure und 1,3-Bis-[1-carboxy-1-methyl-äthyl]-benzotriazolium-betain erhalten worden (*Sparatore, Pagani*, Farmaco Ed. scient. **19** [1964] 55, 66; s. a. *Galimberti, Defranceschi*, G. **77** [1947] 431, 438). Beim Erhitzen mit 6-Chlor-11-hydroxy-naphthacen-5,12-dion, Kaliumacetat und Kupfer(II)-acetat in Nitrobenzol auf 220–230° ist 8-Hydroxy-15*H*-benzo[*mn*]naphth[2,3-*c*]acridin-9,14-dion erhalten worden (*Waldmann, Hindenburg*, J. pr. [2] **156** [1940] 157, 163).

Über Metall-Komplexsalze s. Gmelins Handbuch der Anorganischen Chemie.

K u p f e r (II) - S a l z $Cu(C_6H_4N_3)_2$. Blaugrüner Feststoff (*Curtis*, Ind. eng. Chem. Anal. **13** [1941] 349).

K o b a l t (II) - S a l z $Co(C_6H_4N_3)_2 \cdot H_2O$. Paramagnetisch; magnetische Susceptibilität bei 18°: *Cambi*, R.A.L. [8] **18** [1955] 581.

R h o d i u m (III) - S a l z $Rh(C_6H_4N_3)_3$. Rosafarbener Feststoff mit 3 Mol H_2O (*Wilson, Womack*, Am. Soc. **80** [1958] 2065). Bei 120–175° wird 1 Mol H_2O, bei 175–220° ein weiteres Mol H_2O abgegeben (*Wi., Wo.*).

V e r b i n d u n g e n m i t P a l l a d i u m (II) - c h l o r i d. a) $2C_6H_5N_3 \cdot PdCl_2$. Kristalle (aus wss. HCl), die sich unterhalb 300° nicht zersetzen (*Lomakina, Taraśewitsch*, Vestnik Moskovsk. Univ. **12** [1957] Nr. 3, S. 217, 218; C. A. **1958** 4405; s. a. *Wilson, Wilson*, Am. Soc. **77** [1955] 6204; Anal. Chem. **28** [1956] 93). – b) $C_6H_5N_3 \cdot PdCl_2$. Rotbraun (*Wi., Wi.*).

V e r b i n d u n g m i t P a l l a d i u m (II) - b r o m i d $2C_6H_5N_3 \cdot PdBr_2$. Gelblicher Feststoff (*Wilson, Baye*, Texas J. Sci. **10** [1958] 280).

V e r b i n d u n g m i t P a l l a d i u m (II) - j o d i d $2C_6H_5N_3 \cdot PdI_2$. Dunkelgelber Feststoff (*Wi., Baye*).

V e r b i n d u n g m i t P a l l a d i u m (II) - h e x a c y a n o f e r r a t (III) $6C_6H_5N_3 \cdot Pd_3[Fe(CN)_6]_2$. Grünblaue Kristalle (*Wi., Baye*).

Picrat $C_6H_5N_3 \cdot C_6H_3N_3O_7$. F: 173−174° (*Gaylord*, Am. Soc. **76** [1954] 285).

2-Äthoxy-äthylquecksilber(1+)-Salz $[C_4H_9HgO]C_6H_4N_3 = C_{10}H_{13}HgN_3O$. *B*. Aus 1*H*-Benzotriazol und 2-Äthoxy-äthylquecksilber-hydroxid (*Winthrop Chem. Co.*, U.S.P. 2119706 [1936]). − Kristalle (aus wss. A.); F: 117,5° (*Winthrop Chem. Co.*).

Verbindung mit 2-Nitro-indan-1,3-dion $C_6H_5N_3 \cdot C_9H_5NO_4$. Kristalle; F: 178° (*Wanag, Dombrowski*, B. **75** [1942] 82, 86).

Verbindung mit Maleinsäure $C_6H_5N_3 \cdot C_4H_4O_4$. Kristalle (aus H_2O); F: 195−196° (*Ghigi, Rocchi*, G. **85** [1955] 183, 185).

Verbindung mit Bis-[4-chlor-benzolsulfonyl]-amin. Rosafarbene Kristalle (aus Acn.); F: 145−146° [unkorr.] (*Runge et al.*, B. **88** [1955] 533, 539). Löslichkeit in 100 g H_2O bei 21°: 0,739 g (*Ru. et al.*).

3-Oxy-1*H*-benzotriazol, 3*H*-Benzotriazol-1-oxid $C_6H_5N_3O$, Formel II (R = H), und **Benzotriazol-1-ol** $C_6H_5N_3O$, Formel I (R = OH) (H 41; E II 24).

Bezüglich der Tautomerie s. *Elguero et al.*, Adv. heterocycl. Chem. Spl. **1** [1976] 489.

B. Beim Erwärmen von 2-[2-Nitro-phenoxy]-benzoesäure-methylester, von [3-Chlor-phenyl]-[2-nitro-phenyl]-äther bzw. von 2-[2-Nitro-phenoxy]-anilin mit $N_2H_4 \cdot H_2O$ in Äthanol (*Tomita, Ikawa*, J. pharm. Soc. Japan **75** [1955] 449, 451; C. A. **1956** 2478, 2479; *Ikawa*, J. pharm. Soc. Japan **79** [1959] 269, 272, 769, 771; C. A. **1959** 16042, 21762). Beim Erwärmen von 1-[2-Nitro-phenyl]-semicarbazid mit wss. KOH (*Ghosh*, J. Indian chem. Soc. **22** [1945] 27).

Kristalle (aus H_2O); F: 160° (*To., Ik.; Ik.*), 159−160° (*Gh.*). UV-Spektrum (A. sowie H_2O; 210−350 nm): *Macbeth, Price*, Soc. **1936** 111, 113.

Bildung wechselnder Mengen 1-Methoxy-1*H*-benzotriazol und 3-Methyl-3*H*-benzotriazol-1-oxid beim Behandeln mit Dimethylsulfat in Abhängigkeit vom Alkali-Kation: *Brady, Jakobovits*, Soc. **1950** 767, 772, 774.

Verbindung mit [2-Nitro-phenyl]-hydrazin $C_6H_5N_3O \cdot C_6H_7N_3O_2$. Gelbliche Kristalle (aus wss. A.); F: 100−101° (*Rydon, Siddappa*, Soc. **1951** 2462, 2465).

I   II   III   IV   V

1-Methyl-1*H*-benzotriazol $C_7H_7N_3$, Formel I (R = CH_3) (E I 9; E II 18).

B. Aus 1-Chlormethyl-1*H*-benzotriazol mit Hilfe von $LiAlH_4$ (*Burckhalter et al.*, Am. Soc. **74** [1952] 3868; *Gaylord*, Am. Soc. **76** [1954] 285). Neben 2-Methyl-2*H*-benzotriazol beim Erhitzen von Benzotriazol-1-carbonsäure-methylester auf 160° (*Krollpfeiffer et al.*, B. **71** [1938] 596, 603).

Dipolmoment (ε.; Bzl.) bei 25°: 4,16 D (*Le Fèvre, Liddicoet*, Soc. **1951** 2743, 2748).

Kristalle; F: 95−96° [aus PAe.] (*Miller, Wagner*, Am. Soc. **76** [1954] 1847, 1851), 64−65,5° [aus Bzl.+PAe.] (*Bu. et al.*). IR-Spektrum (Nujol; 6−16,6 μ): *Le Fèvre et al.*, Austral. J. Chem. **6** [1953] 341, 347, 351. Raman-Banden der Kristalle und der Schmelze (3100−150 cm^{-1}): *Kohlrausch, Seka*, B. **73** [1940] 162, 163, 165. UV-Spektrum in $CHCl_3$ (240−310 nm): *Dal Monte et al.*, G. **88** [1958] 1035, 1053, 1056; in Hexan (200−350 nm): *Kr. et al.*, l. c. S. 598; in Methanol (200−320 nm): *Specker, Gawrosch*, B. **75** [1942] 1338, 1340; in Äthanol (200−350 nm): *Macbeth, Price*, Soc. **1936** 111, 113; *Ramart-Lucas, Hoch*, Bl. **1949** 447, 449; *Dal Monte et al.*, G. **88** [1958] 977, 990, 991; *Kr. et al.*; in H_2O (220−310 nm): *Ma., Pr.*; in wss. HCl (210−320 nm): *Dal Mo. et al.*, l. c. S. 990, 991; in methanol. HCl (210−320 nm): *Sp., Ga.*, l. c. S. 1341. λ_{max} (Cyclohexan): 253−254 nm und 284−285 nm (*Dal Mo. et al.*, l. c. S. 990).

Beim Behandeln mit Natrium und NH_4Br in flüssigem NH_3 ist *N*-Methyl-*o*-phenylendiamin erhalten worden (*Cappel, Fernelius*, J. org. Chem. **5** [1940] 40, 43).

Picrat (E I 10). F: 150−152° (*Ga.*), 148,5−150° (*Bu. et al.*).

2-Methyl-2H-benzotriazol $C_7H_7N_3$, Formel III (E I 10).

B. Neben 1-Methyl-1H-benzotriazol beim Behandeln von 1H-Benzotriazol mit Diazomethan in Äthanol (*Cappel, Fernelius*, J. org. Chem. **5** [1940] 40, 41). Neben 1-Methyl-1H-benzotriazol beim Erhitzen von Benzotriazol-1-carbonsäure-methylester auf 160° (*Krollpfeiffer et al.*, B. **71** [1938] 596, 603).

Kp_{14}: 101 – 102° (*Kohlrausch, Seka*, B. **73** [1940] 162, 165). D_4^{18}: 1,1377; $n_{656,3}^{18}$: 1,57289; $n_{587,6}^{18}$: 1,58010; $n_{486,1}^{18}$: 1,59868; $n_{434,0}^{18}$: 1,61631 (*v. Auwers*, B. **71** [1938] 604, 608); n_D^{23}: 1,5786 (*Ko., Seka*). Raman-Banden (Flüssigkeit; 3000 – 250 cm^{-1}): *Ko., Seka*, l. c. S. 163, 165. UV-Spektrum in Hexan (210 – 310 nm): *Kr. et al.*, l. c. S. 598; in Methanol und methanol. HCl (210 – 310 nm): *Specker, Gawrosch*, B. **75** [1942] 1338, 1340, 1341; in Äthanol (220 – 310 nm): *Ramart-Lucas, Hoch*, Bl. **1949** 447, 449; *Dal Monte et al.*, G. **88** [1958] 977, 990, 991.

Beim Behandeln mit Natrium und NH_4Br in flüssigem NH_3 ist o-Phenylendiamin erhalten worden (*Ca., Fe.*).

1-Methyl-3-oxy-1H-benzotriazol, 3-Methyl-3H-benzotriazol-1-oxid $C_7H_7N_3O$, Formel II (R = CH_3) (E II 18).

B. Neben geringen Mengen 1-Methoxy-1H-benzotriazol (S. 117) beim Behandeln von Benzotriazol-1-ol (S. 95) mit Dimethylsulfat in wss. Alkali (*Brady, Jakobovits*, Soc. **1950** 767, 774).

UV-Spektrum in $CHCl_3$, Äthanol, wss. Äthanol und wss. HCl (200 – 370 nm): *Dal Monte et al.*, G. **88** [1958] 1035, 1053, 1056; in Äthanol und H_2O (210 – 380 nm): *Macbeth, Price*, Soc. **1936** 111, 114, 117.

1,2-Dimethyl-benzotriazolium $[C_8H_{10}N_3]^+$, Formel IV (R = CH_3).

Jodid $[C_8H_{10}N_3]I$. Kristalle (aus Me.); F: 160° [Zers.] (*Krollpfeiffer et al.*, A. **515** [1935] 113, 125, 128). UV-Spektrum (A. sowie wss. HCl; 210 – 350 nm): *Dal Monte et al.*, G. **88** [1958] 977, 990, 998. — Beim Erwärmen mit CH_3I sind 1,3-Dimethyl-benzotriazolium-jodid und 2-Methyl-2H-benzotriazol erhalten worden (*Kr. et al.*, l. c. S. 120).

Methylsulfat $[C_8H_{10}N_3]CH_3O_4S$. *B.* Aus 2-Methyl-2H-benzotriazol und Dimethylsulfat [100°] (*Kr. et al.*, l. c. S. 128, 130). — Kristalle (aus Me.); F: 156 – 157° (*Kr. et al.*). — Bildung von N-Methyl-2-methylazo-anilin beim Erhitzen mit $Na_2S_2O_4$ in wss. NaOH: *Kr. et al.*

Picrat. Gelbe Kristalle (aus Me.); F: 121 – 122° (*Kr. et al.*, l. c. S. 128).

1,3-Dimethyl-benzotriazolium $[C_8H_{10}N_3]^+$, Formel V.

Chlorid. λ_{max} (wss. HCl): 212 nm und 276 – 281 nm (*Dal Monte et al.*, G. **88** [1958] 977, 990).

Jodid $[C_8H_{10}N_3]I$. *B.* Aus 1-Methyl-1H-benzotriazol oder aus 2-Methyl-2H-benzotriazol und CH_3I [100°] (*Krollpfeiffer et al.*, A. **515** [1935] 113, 119, 128). — Grünstichige Kristalle (aus Me.); Zers. bei 185° (*Kr. et al.*, A. **515** 128). UV-Spektrum (A.; 210 – 330 nm): *Dal Mo. et al.*, l. c. S. 990, 991.

Methylsulfat $[C_8H_{10}N_3]CH_3O_4S$. *B.* Aus 1-Methyl-1H-benzotriazol und Dimethylsulfat (*Krollpfeiffer et al.*, A. **542** [1939] 1, 10). — Hygroskopische Kristalle (aus Me.+Ae.); F: 97 – 98° (*Kr. et al.*, A. **542** 11). UV-Spektrum (A.; 200 – 330 nm): *Dal Mo. et al.*, l. c. S. 991. — Beim Behandeln mit Zink und wss. HCl ist N,N'-Dimethyl-o-phenylendiamin erhalten worden (*Kr. et al.*, A. **542** 11). Bildung von N-Methyl-2-[N-methyl-hydrazino]-anilin beim Erhitzen mit $Na_2S_2O_4$ in wss. NaOH: *Kr. et al.*, A. **542** 4, 11.

Picrat. Gelbe Kristalle (aus A.); F: 167 – 168° (*Kr. et al.*, A. **515** 128).

1-Äthyl-1H-benzotriazol $C_8H_9N_3$, Formel VI (X = H) (H 38).

B. Neben 2-Äthyl-2H-benzotriazol beim Erhitzen von 1H-Benzotriazol mit Äthylbromid und Natriumäthylat (*Krollpfeiffer et al.*, A. **515** [1935] 113, 124). Neben 2-Äthyl-2H-benzotriazol beim Erhitzen von Benzotriazol-1-carbonsäure-äthylester auf 160° (*Krollpfeiffer et al.*, B. **71** [1938] 596, 603).

Kp_{12}: 149,5° (*Kr. et al.*, A. **515** 124). $D_4^{19,6}$: 1,1189; $n_{656,3}^{19,6}$: 1,56234; $n_{587,6}^{19,6}$: 1,56850; $n_{486,1}^{19,6}$: 1,58412; $n_{434,0}^{19,6}$: 1,59883 (*v. Auwers*, B. **71** [1938] 604, 608).

1-[2-Chlor-äthyl]-1H-benzotriazol $C_8H_8ClN_3$, Formel VI (X = Cl).
B. Aus 2-Benzotriazol-1-yl-äthanol und $SOCl_2$ (*Hirschberg et al.*, Cancer Res. **17** [1957] 904).
Kristalle (aus Bzl.); F: 108—109°.

1-[2-Brom-äthyl]-1H-benzotriazol $C_8H_8BrN_3$, Formel VI (X = Br).
B. Beim Erhitzen von 2-Benzotriazol-1-yl-äthanol mit wss. HBr (*Krollpfeiffer et al.*, B. **71** [1938] 596, 601).
Kristalle (aus Me. oder PAe.); F: 119—120°.

2-Äthyl-2H-benzotriazol $C_8H_9N_3$, Formel VII (X = H).
B. Neben 1-Äthyl-1H-benzotriazol beim Erhitzen von 1H-Benzotriazol mit Äthylbromid und Natriumäthylat (*Krollpfeiffer et al.*, A. **515** [1935] 113, 124). Neben 1-Äthyl-1H-benzotriazol beim Erhitzen von Benzotriazol-1-carbonsäure-äthylester auf 160° (*Krollpfeiffer et al.*, B. **71** [1938] 596, 603).
Kp_{14}: 108,5° (*Kr. et al.*, A. **515** 124). $D_4^{19,7}$: 1,0942; $n_{656,3}^{19,7}$: 1,55981; $n_{587,6}^{19,7}$: 1,56665; $n_{486,1}^{19,7}$: 1,58369 (*v. Auwers*, B. **71** [1938] 604, 608). Zum UV-Spektrum s. *Specker, Gawrosch*, B. **75** [1942] 1338, 1340.

2-[2-Brom-äthyl]-2H-benzotriazol $C_8H_8BrN_3$, Formel VII (X = Br).
B. Beim Erhitzen von 2-Benzotriazol-2-yl-äthanol mit wss. HBr (*Krollpfeiffer et al.*, B. **71** [1938] 596, 601).
Kristalle (aus PAe.); F: 59—60°.

VI   VII   VIII   IX

1-Äthyl-2-methyl-benzotriazolium $[C_9H_{12}N_3]^+$, Formel VIII.
Picrat $[C_9H_{12}N_3]C_6H_2N_3O_7$. *B.* Beim Erhitzen von 2-Methyl-2H-benzotriazol mit Diäthyl=sulfat und anschliessenden Behandeln mit Picrinsäure (*Krollpfeiffer et al.*, A. **515** [1935] 113, 129). — Gelbe Kristalle (aus Me.); F: 124—125°.

2-Äthyl-1-methyl-benzotriazolium $[C_9H_{12}N_3]^+$, Formel IV (R = C_2H_5).
Picrat $[C_9H_{12}N_3]C_6H_2N_3O_7$. *B.* Beim Erhitzen von 2-Äthyl-2H-benzotriazol mit Dimethyl=sulfat und anschliessenden Behandeln mit Picrinsäure (*Krollpfeiffer et al.*, A. **515** [1935] 113, 128). — Gelbe Kristalle (aus Me.); F: 116—117°.

1-Propyl-1H-benzotriazol $C_9H_{11}N_3$, Formel IX (n = 2).
B. Neben 2-Propyl-2H-benzotriazol beim Erwärmen von 1H-Benzotriazol mit Propylhaloge=nid (*Krollpfeiffer et al.*, B. **71** [1938] 596, 600).
Kristalle (aus PAe.); F: 32—33°.

2-Propyl-2H-benzotriazol $C_9H_{11}N_3$, Formel X (n = 2).
B. s. im vorangehenden Artikel.
Kp_{16}: 124—126° (*Krollpfeiffer et al.*, B. **71** [1938] 596, 600). D_4^{22}: 1,0635; $n_{656,3}^{22}$: 1,54874; $n_{587,6}^{22}$: 1,55419; $n_{486,1}^{22}$: 1,57114; $n_{434,0}^{22}$: 1,58662 (*v. Auwers*, B. **71** [1938] 604, 608).

1-Butyl-1H-benzotriazol $C_{10}H_{13}N_3$, Formel IX (n = 3).
B. Neben 2-Butyl-2H-benzotriazol beim Erwärmen von 1H-Benzotriazol mit Butylhalogenid (*Krollpfeiffer et al.*, B. **71** [1938] 596, 600). Aus N-Butyl-o-phenylendiamin und $NaNO_2$ in wss.-äthanol. HCl (*Ashton, Suschitzky*, Soc. **1957** 4559, 4562).

Kp_{18}: 176° (*As., Su.*); Kp_{17}: 170 − 172° (*Kr. et al.*). $D_4^{20,2}$: 1,0623; $D_4^{20,7}$: 1,0614; $n_{656,3}^{20,2}$: 1,54410; $n_{656,3}^{20,7}$: 1,54398; $n_{587,6}^{20,2}$: 1,54955; $n_{587,6}^{20,7}$: 1,54934; $n_{486,1}^{20,2}$: 1,56340; $n_{486,1}^{20,7}$: 1,56328; $n_{434,0}^{20,2}$: 1,57628; $n_{434,0}^{20,0}$: 1,57613 (*v. Auwers*, B. **71** [1938] 604, 608).

2-Butyl-2*H*-benzotriazol $C_{10}H_{13}N_3$, Formel X (n = 3).

B. Neben 1-Butyl-1*H*-benzotriazol beim Erwärmen von 1*H*-Benzotriazol mit Butylhalogenid (*Krollpfeiffer et al.*, B. **71** [1938] 596, 600).

Kp_{16}: 137 − 139° (*Kr. et al.*). $D_4^{22,5}$: 1,0411; $n_{656,3}^{22,5}$: 1,54058; $n_{587,6}^{22,5}$: 1,54647; $n_{486,1}^{22,5}$: 1,56157; $n_{434,0}^{22,5}$: 1,57586 (*v. Auwers*, B. **71** [1938] 604, 608).

1,3-Dioctyl-benzotriazolium $[C_{22}H_{38}N_3]^+$, Formel XI (n = 7).

Bromid $[C_{22}H_{38}N_3]Br$. *B.* Aus Benzotriazolylkalium und Octylbromid [100 − 110°] (*Kuhn, Westphal*, B. **73** [1940] 1109, 1113). − Kristalle (aus E.); F: 147 − 148°.

1(?)-Dodecyl-1(?)*H*-benzotriazol $C_{18}H_{29}N_3$, vermutlich Formel IX (n = 11).

B. Aus Benzotriazolylkalium und Dodecylchlorid [100°] (*Kuhn, Westphal*, B. **73** [1940] 1109, 1112).

Kristalle (aus PAe.); F: 44 − 46°.

1(?)-Dodecyl-3(?)-methyl-benzotriazolium $[C_{19}H_{32}N_3]^+$, vermutlich Formel XII (R = CH_3, n = 11).

Methosulfat $[C_{19}H_{32}N_3]CH_3O_4S$. *B.* Aus 1(?)-Dodecyl-1(?)*H*-benzotriazol (s. o.) und Di= methylsulfat [110°] (*Kuhn, Westphal*, B. **73** [1940] 1109, 1112). − Kristalle (aus Ae. + PAe. + wenig E.); F: ca. 25°.

X   XI   XII

1(?)-Äthyl-3(?)-dodecyl-benzotriazolium $[C_{20}H_{34}N_3]^+$, vermutlich Formel XII (R = C_2H_5, n = 11).

Bromid $[C_{20}H_{34}N_3]Br$. *B.* Aus 1(?)-Dodecyl-1(?)*H*-benzotriazol (s. o.) und Äthylbromid [110°] (*Kuhn, Westphal*, B. **73** [1940] 1109, 1112). − Kristalle; F: 27°.

1(?)-Butyl-3(?)-dodecyl-benzotriazolium $[C_{22}H_{38}N_3]^+$, vermutlich Formel XII (R = $[CH_2]_3$-CH_3, n = 11).

Bromid $[C_{22}H_{38}N_3]Br$. *B.* Analog der vorangehenden Verbindung (*Kuhn, Westphal*, B. **73** [1940] 1109, 1112). − Kristalle (aus E. + PAe.); F: 33°.

1,3-Didodecyl-benzotriazolium $[C_{30}H_{54}N_3]^+$, Formel XI (n = 11).

Chlorid $[C_{30}H_{54}N_3]Cl$. *B.* Aus Benzotriazolylkalium und Dodecylchlorid in wss. Methanol [100°] (*Kuhn, Westphal*, B. **73** [1940] 1109 Anm. 3). − F: 118 − 119°.

Bromid $[C_{30}H_{54}N_3]Br$. *B.* Aus Benzotriazolylkalium und Dodecylbromid in Äthanol [110°] (*Ku., We.*). − Kristalle (aus E.); F: 141 − 143°.

1(?)-Hexadecyl-1(?)*H*-benzotriazol $C_{22}H_{37}N_3$, vermutlich Formel IX (n = 15).

B. Aus Benzotriazolylkalium und Hexadecylchlorid [110°] (*Kuhn, Westphal*, B. **73** [1940] 1109, 1112).

Kristalle (aus A.); F: 62°.

1(?)-Hexadecyl-3(?)-methyl-benzotriazolium $[C_{23}H_{40}N_3]^+$, Formel XII (R = CH_3, n = 15).

Methosulfat $[C_{23}H_{40}N_3]CH_3O_4S$. *B.* Aus 1(?)-Hexadecyl-1(?)*H*-benzotriazol (s. o.) und Di=

methylsulfat [110°] (*Kuhn, Westphal*, B. **73** [1940] 1109, 1113). — Kristalle (aus E.); F: 76 — 77°.

1(?)-Äthyl-3(?)-hexadecyl-benzotriazolium $[C_{24}H_{42}N_3]^+$, vermutlich Formel XII (R = C_2H_5, n = 15).

   Bromid $[C_{24}H_{42}N_3]$Br. *B.* Aus 1(?)-Hexadecyl-1(?)*H*-benzotriazol (s. o.) und Äthylbromid [110°] (*Kuhn, Westphal*, B. **73** [1940] 1109, 1113). — Kristalle (aus E.); F: 96 — 97°.

1-Vinyl-1*H*-benzotriazol $C_8H_7N_3$, Formel XIII.

   B. Beim Erwärmen von 1-[2-Brom-äthyl]-1*H*-benzotriazol mit wss. NaOH (*Krollpfeiffer et al.*, B. **71** [1938] 596, 601).

   Kristalle (aus PAe.); F: 29 — 30°. Kp$_3$: 117 — 118°.

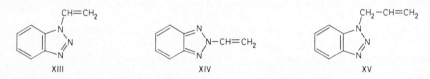

XIII   XIV   XV

2-Vinyl-2*H*-benzotriazol $C_8H_7N_3$, Formel XIV.

   B. Beim Erhitzen von 2-[2-Brom-äthyl]-2*H*-benzotriazol mit wss. NaOH (*Krollpfeiffer et al.*, B. **71** [1938] 596, 601).

   Kp$_3$: 84 — 84,5°.

1-Allyl-1*H*-benzotriazol $C_9H_9N_3$, Formel XV.

   B. Neben 2-Allyl-2*H*-benzotriazol beim Behandeln von 1*H*-Benzotriazol mit Allylbromid (*Krollpfeiffer et al.*, B. **71** [1938] 596, 600). Aus *N*-Allyl-*o*-phenylendiamin und NaNO$_2$ in wss.-äthanol. HCl (*Ashton, Suschitzky*, Soc. **1957** 4559, 4562).

   Kp$_{16}$: 160° (*As., Su.*); Kp$_{15}$: 161 — 162° (*Kr. et al.*).

2-Allyl-2*H*-benzotriazol $C_9H_9N_3$, Formel I.

   B. s. im vorangehenden Artikel.

   Kp$_{15}$: 127 — 128° (*Krollpfeiffer et al.*, B. **71** [1938] 596, 600).

1-Cyclohexyl-1*H*-benzotriazol $C_{12}H_{15}N_3$, Formel II.

   B. Aus *N*-Cyclohexyl-*o*-phenylendiamin und NaNO$_2$ in wss.-äthanol. HCl (*Ashton, Suₑschitzky*, Soc. **1957** 4559, 4562).

   Kristalle (aus wss. A.); F: 104°. λ_{max} (A.): 254 nm, 259 nm und 275 nm.

   Beim Erhitzen auf 400° sind Carbazol und Diphenylamin erhalten worden.

1-Phenyl-1*H*-benzotriazol $C_{12}H_9N_3$, Formel III (X = X′ = X″ = H) (H 39).

   UV-Spektrum in Hexan und Äthanol (200 — 340 nm): *Krollpfeiffer et al.*, B. **71** [1938] 596, 598; in Äthanol (240 — 350 nm): *Ramart-Lucas, Martynoff*, Bl. **1947** 986, 995; in Äthanol und wss. HCl (210 — 340 nm): *Dal Monte et al.*, G. **88** [1958] 977, 1010, 1012. Elektrische Leitfähigkeit in Äthanol bei 22,5°: *Ramart-Lucas, Hoch*, Bl. **1949** 447, 451.

1-[2-Chlor-phenyl]-1*H*-benzotriazol $C_{12}H_8ClN_3$, Formel III (X = Cl, X′ = X″ = H).

   B. Aus *N*-[2-Chlor-phenyl]-*o*-phenylendiamin und NaNO$_2$ in wss.-äthanol. HCl (*Dal Monte, Vegetti*, Boll. scient. Fac. Chim. ind. Univ. Bologna **16** [1958] 1, 2).

   Kristalle (aus PAe.); F: 93 — 94° (*Dal Mo., Ve.*). UV-Spektrum (A.; 210 — 320 nm): *Dal Monte et al.*, G. **88** [1958] 977, 1012, 1015.

1-[3-Chlor-phenyl]-1*H*-benzotriazol $C_{12}H_8ClN_3$, Formel III (X = X″ = H, X′ = Cl).

   B. Aus *N*-[3-Chlor-phenyl]-*o*-phenylendiamin und NaNO$_2$ in wss. Essigsäure und wss. HCl (*Dal Monte, Vegetti*, Boll. scient. Fac. Chim. ind. Univ. Bologna **16** [1958] 1, 2).

   Kristalle (aus A.); F: 112° (*Dal Mo., Ve.*). λ_{max} (A.): 241 nm, 260 nm und 295 nm (*Dal Monte et al.*, G. **88** [1958] 977, 1012).

1-[4-Chlor-phenyl]-1H-benzotriazol $C_{12}H_8ClN_3$, Formel III (X = X' = H, X'' = Cl).

B. Analog der vorangehenden Verbindung (*Dal Monte, Vegetti,* Boll. scient. Fac. Chim. ind. Univ. Bologna **16** [1958] 1, 2).

Kristalle (aus PAe.); F: 158° (*Dal Mo., Ve.*). UV-Spektrum (A. sowie wss. HCl; 210 – 350 nm): *Dal Monte et al.,* G. **88** [1958] 977, 1010, 1012.

1-[2-Nitro-phenyl]-1H-benzotriazol $C_{12}H_8N_4O_2$, Formel III (X = NO_2, X' = X'' = H).

B. Aus 1H-Benzotriazol und 1-Chlor-2-nitro-benzol [200°] (*Stárková et al.,* Chem. Listy **51** [1957] 536, 538; Collect. **22** [1957] 1019, 1021; C. A. **1957** 10541). Aus N-[2-Nitro-phenyl]-o-phenylendiamin und $NaNO_2$ in wss. Essigsäure und wss. HCl (*Dal Monte, Vegetti,* Boll. scient. Fac. Chim. ind. Univ. Bologna **16** [1958] 1, 2).

Kristalle; F: 117 – 118° [aus PAe.] (*Dal Mo., Ve.*), 115° [aus A.] (*St. et al.*). UV-Spektrum (A.; 210 – 360 nm): *Dal Monte et al.,* G. **88** [1958] 977, 1012, 1019.

Beim Erhitzen in 1,3-Dinitro-benzol auf 300° ist 1-Nitro-carbazol erhalten worden (*St. et al.*).

1-[4-Nitro-phenyl]-1H-benzotriazol $C_{12}H_8N_4O_2$, Formel III (X = X' = H, X'' = NO_2) (H 39).

UV-Spektrum (A.; 210 – 370 nm): *Dal Monte et al.,* G. **88** [1958] 977, 1012, 1019.

2-Phenyl-2H-benzotriazol $C_{12}H_9N_3$, Formel IV (X = X' = X'' = H) (H 39; E II 18).

UV-Spektrum in Hexan und Äthanol (220 – 350 nm): *Krollpfeiffer et al.,* B. **71** [1938] 596, 598; in Cyclohexan und Äthanol (220 – 340 nm): *Dal Monte et al.,* G. **88** [1958] 977, 1019, 1022, 1035, 1054, 1057; in wss. HCl (220 – 340 nm): *Dal Mo. et al.,* l. c. S. 1019, 1022.

2-[2-Chlor-phenyl]-2H-benzotriazol $C_{12}H_8ClN_3$, Formel IV (X = Cl, X' = X'' = H).

B. Aus 2-[2-Chlor-phenyl]-2H-benzotriazol-1-oxid mit Hilfe von $SnCl_2$ und wss. HCl (*Dal Monte, Vegetti,* Boll. scient. Fac. Chim. ind. Univ. Bologna **16** [1958] 1).

Kristalle (aus PAe.); F: 51 – 52° (*Dal Monte et al.,* G. **88** [1958] 977, 1022, 1025). UV-Spektrum (Cyclohexan, A. sowie wss. HCl; 210 – 340 nm): *Dal Mo. et al.*

2-[3-Chlor-phenyl]-2H-benzotriazol $C_{12}H_8ClN_3$, Formel IV (X = X'' = H, X' = Cl).

B. Analog der vorangehenden Verbindung (*Dal Monte, Vegetti,* Boll. scient. Fac. Chim. ind. Univ. Bologna **16** [1958] 1, 8).

Kristalle (aus PAe.); F: 147° (*Dal Mo., Ve.*). UV-Spektrum (A.; 220 – 340 nm): *Dal Monte et al.,* G. **88** [1958] 1035, 1054, 1058.

2-[4-Chlor-phenyl]-2H-benzotriazol $C_{12}H_8ClN_3$, Formel IV (X = X' = H, X'' = Cl) (H 39).

B. Beim Erwärmen von diazotiertem 2-[4-Chlor-phenyl]-2H-benzotriazol-5-ylamin mit Kup⸗fer-Pulver in Äthanol (*Arient, Dvořák,* Chem. Listy **50** [1956] 1856; Collect. **22** [1957] 632; C. A. **1957** 4362).

Kristalle; F: 170° (*Dal Monte et al.,* G. **88** [1958] 977, 1022), 168 – 169° [aus A.] (*Ar., Dv.*). λ_{max} (A.): 311 nm (*Dal Mo. et al.*).

2-[4-Brom-phenyl]-2H-benzotriazol $C_{12}H_8BrN_3$, Formel IV (X = X' = H, X'' = Br) (H 39).

λ_{max} (A.): 312 nm (*Dal Monte et al.,* G. **88** [1958] 1035, 1055).

2-[4-Nitro-phenyl]-2*H*-benzotriazol $C_{12}H_8N_4O_2$, Formel IV (X = X' = H, X'' = NO₂) (H 39).

B. Aus 2-Phenyl-2*H*-benzotriazol, KNO₃ und konz. H₂SO₄ (*Fries et al.*, A. **511** [1934] 241, 247).

Gelbliche Kristalle (aus Bzl. oder Eg.); F: 282° (*Fr. et al.*). UV-Spektrum (A.; 210—390 nm): *Dal Monte et al.*, G. **88** [1958] 977, 1022, 1026.

1-Oxy-2-phenyl-2*H*-benzotriazol, 2-Phenyl-2*H*-benzotriazol-1-oxid $C_{12}H_9N_3O$, Formel V (X = X' = X'' = H) (H 39; E II 18).

UV-Spektrum (Cyclohexan sowie A.; 220—390 nm): *Dal Monte et al.*, G. **88** [1958] 1035, 1054, 1057.

2-[2-Chlor-phenyl]-2*H*-benzotriazol-1-oxid $C_{12}H_8ClN_3O$, Formel V (X = Cl, X' = X'' = H).

B. Aus 2-Chlor-2'-nitro-azobenzol mit Hilfe von Na₂S in wss. Äthanol (*Dal Monte, Vegetti,* Boll. scient. Fac. Chim. ind. Univ. Bologna **16** [1958] 1, 4, 7).

Kristalle (aus PAe.); F: 92° (*Dal Mo., Ve.*). UV-Spektrum (Cyclohexan sowie A.; 220—390 nm): *Dal Monte et al.*, G. **88** [1958] 1035, 1054, 1058.

2-[3-Chlor-phenyl]-2*H*-benzotriazol-1-oxid $C_{12}H_8ClN_3O$, Formel V (X = X'' = H, X' = Cl).

B. Beim Behandeln von 3-Chlor-2'-nitro-azobenzol mit wss.-äthanol. [NH₄]₂S (*Dal Monte, Vegetti,* Boll. scient. Fac. Chim. ind. Univ. Bologna **16** [1958] 1, 6).

Kristalle (aus PAe.); F: 112° (*Dal Mo., Ve.*). UV-Spektrum (A.; 220—400 nm): *Dal Monte et al.*, G. **88** [1958] 1035, 1055, 1058.

2-[4-Chlor-phenyl]-2*H*-benzotriazol-1-oxid $C_{12}H_8ClN_3O$, Formel V (X = X' = H, X'' = Cl) (H 39).

F: 167,5—168,5° (*Dal Monte et al.*, G. **88** [1958] 1035, 1054, 1055). λ_{max} (A.): 314 nm und 340 nm.

2-[4-Brom-phenyl]-2*H*-benzotriazol-1-oxid $C_{12}H_8BrN_3O$, Formel V (X = X' = H, X'' = Br) (H 40).

λ_{max} (A.): 314 nm und 341 nm (*Dal Monte et al.*, G. **88** [1958] 1035, 1055).

2-[3-Nitro-phenyl]-2*H*-benzotriazol-1-oxid $C_{12}H_8N_4O_3$, Formel V (X = X'' = H, X' = NO₂).

B. Neben anderen Verbindungen beim Behandeln von 2,3'-Dinitro-azobenzol mit wss.-äthanol. NaHS (*Amorosa, Cesaroni*, G. **83** [1953] 853, 855, 859).

Gelbliche Kristalle (aus Bzl.); F: 242—243°.

1-*o*-Tolyl-1*H*-benzotriazol $C_{13}H_{11}N_3$, Formel III (X = CH₃, X' = X'' = H).

B. Aus *N-o*-Tolyl-*o*-phenylendiamin und NaNO₂ in wss. HCl (*Dal Monte, Vegetti*, Boll. scient. Fac. Chim. ind. Univ. Bologna **16** [1958] 1, 2).

Kristalle (aus PAe.); F: 78—79° (*Dal Mo., Ve.*). UV-Spektrum (A.; 210—320 nm): *Dal Monte et al.*, G. **88** [1958] 977, 1012, 1015.

2-*o*-Tolyl-2*H*-benzotriazol $C_{13}H_{11}N_3$, Formel IV (X = CH₃, X' = X'' = H).

B. Aus dem folgenden Oxid mit Hilfe von SnCl₂ und wss. HCl (*Dal Monte, Vegetti*, Boll. scient. Fac. Chim. ind. Univ. Bologna **16** [1958] 1, 8).

Kristalle (aus wss. A.); F: 52° (*Dal Mo., Ve.*). λ_{max} in Äthanol: 290 nm (*Dal Monte et al.*, G. **88** [1958] 977, 1022); in Cyclohexan: 296 nm (*Dal Monte et al.*, G. **88** [1958] 1035, 1054).

1-Oxy-2-*o*-tolyl-2*H*-benzotriazol, 2-*o*-Tolyl-2*H*-benzotriazol-1-oxid $C_{13}H_{11}N_3O$, Formel V (X = CH₃, X' = X'' = H).

B. Beim Behandeln von 2-Methyl-2'-nitro-azobenzol mit wss.-äthanol. Na₂S (*Dal Monte, Vegetti*, Boll. scient. Fac. Chim. ind. Univ. Bologna **16** [1958] 1, 4).

Kristalle (aus PAe.); F: 94° (*Dal Mo., Ve.*). λ_{max} (Cyclohexan): 293—305 nm (*Dal Monte et al.*, G. **88** [1958] 1035, 1054).

2-*m*-Tolyl-2*H*-benzotriazol $C_{13}H_{11}N_3$, Formel IV (X = X'' = H, X' = CH$_3$).
    B. Aus *o*-Phenylendiamin und 3-Nitro-toluol (*Crippa*, G. **60** [1930] 644, 646).
Kristalle (aus PAe.); F: 99°.

1-*p*-Tolyl-1*H*-benzotriazol $C_{13}H_{11}N_3$, Formel III (X = X' = H, X'' = CH$_3$) (H 40).
    F: 95° (*Dal Monte et al.*, G. **88** [1958] 977, 1012). λ_{max} (A.): 237 nm, 262 nm, 266 nm und 294 nm.

       V   VI   VII

2-*p*-Tolyl-2*H*-benzotriazol $C_{13}H_{11}N_3$, Formel IV (X = X' = H, X'' = CH$_3$) (H 40).
    F: 119° (*Dal Monte et al.*, G. **88** [1958] 977, 1022). UV-Spektrum (A. sowie wss. HCl; 220 – 350 nm): *Dal Mo. et al.*, l. c. S. 1019, 1022. λ_{max} (Cyclohexan): 304 nm, 311 nm, 319 nm, 327 nm und 335 nm (*Dal Monte et al.*, G. **88** [1958] 1035, 1054).

1-Oxy-2-*p*-tolyl-2*H*-benzotriazol, 2-*p*-Tolyl-2*H*-benzotriazol-1-oxid $C_{13}H_{11}N_3O$, Formel V (X = X' = H, X'' = CH$_3$).
    B. Beim Behandeln von 4-Methyl-2'-nitro-azobenzol mit wss.-äthanol. Na$_2$S (*Dal Monte, Vegetti*, Boll. scient. Fac. Chim. ind. Univ. Bologna **16** [1958] 1, 4).
    Kristalle (aus A.); F: 121° (*Dal Mo., Ve.*). λ_{max} (Cyclohexan): 318 nm, 364 nm und 376 nm (*Dal Monte et al.*, G. **88** [1958] 1035, 1054).

1-Benzyl-1*H*-benzotriazol $C_{13}H_{11}N_3$, Formel VI (R = R' = H, n = 1).
    B. Beim Erwärmen von 1*H*-Benzotriazol mit Benzylchlorid und äthanol. Natriumäthylat (*Gibson*, Soc. **1956** 1076; s. a. *Krollpfeiffer et al.*, B. **71** [1938] 596, 600). Aus *N*-Benzyl-*o*-phenylendiamin und NaNO$_2$ in wss.-äthanol. HCl (*Gi.; Ashton, Suschitzky*, Soc. **1957** 4559, 4562).
    Kristalle; F: 115 – 116° [aus Me.] (*Gi.; Kr. et al.*), 115° [aus A.] (*As., Su.*). λ_{max} (A.): 253 nm, 259 nm und 275 nm (*As., Su.*).
    Beim Erhitzen auf 400°, auch in Gegenwart von Kupfer-Pulver ist Phenanthridin erhalten worden (*As., Su.; Gi.*).

2-Benzyl-2*H*-benzotriazol $C_{13}H_{11}N_3$, Formel VII.
    B. Neben 1-Benzyl-1*H*-benzotriazol beim Erwärmen von 1*H*-Benzotriazol mit Benzylchlorid in Methanol (*Krollpfeiffer et al.*, B. **71** [1938] 596, 600).
    Kristalle (aus PAe.); F: 36,5 – 37,5°.
    Methomethylsulfat [$C_{14}H_{14}N_3$]CH$_3$O$_4$S; 2-Benzyl-1-methyl-benzotriazolium-methylsulfat. Kristalle (aus Me. + Ae.); F: 143 – 144° (*Kr. et al.*, l. c. S. 603).

1,3-Dibenzyl-benzotriazolium [$C_{20}H_{18}N_3$]$^+$, Formel VIII.
    Chlorid [$C_{20}H_{18}N_3$]Cl. *B.* Aus Benzotriazolylkalium und Benzylchlorid [100°] (*Kuhn, Westphal*, B. **73** [1940] 1109, 1113). – Kristalle (aus A. + E.); F: 207 – 209°.

1-Phenäthyl-1*H*-benzotriazol $C_{14}H_{13}N_3$, Formel VI (R = R' = H, n = 2).
    B. Aus *N*-Phenäthyl-*o*-phenylendiamin und NaNO$_2$ in wss.-äthanol. HCl (*Ashton, Suschitzky*, Soc. **1957** 4559, 4562).
    Kristalle (aus A.); F: 37°. λ_{max} (A.): 254 nm, 259 nm und 277 nm.

1-[2-Methyl-benzyl]-1*H*-benzotriazol $C_{14}H_{13}N_3$, Formel VI (R = CH$_3$, R' = H, n = 1).
    B. Beim Erwärmen von 1*H*-Benzotriazol mit 2-Methyl-benzylchlorid in äthanol. Natriumäthylat (*Gibson*, Soc. **1956** 1076).

Kristalle (aus Me.); F: 84 − 85°.

1-[4-Methyl-benzyl]-1H-benzotriazol $C_{14}H_{13}N_3$, Formel VI (R = H, R′ = CH$_3$, n = 1).
B. Analog der vorangehenden Verbindung (*Gibson*, Soc. **1956** 1076).
Kristalle (aus Me.); F: 106 − 107°.

VIII   IX   X   XI

1-[1]Naphthyl-1H-benzotriazol $C_{16}H_{11}N_3$, Formel IX.
B. Aus N-[1]Naphthyl-o-phenylendiamin und NaNO$_2$ in wss. Essigsäure und konz. H$_2$SO$_4$
(*Waldmann, Back*, A. **545** [1940] 52, 55).
Kristalle (aus wss. Eg.); F: 114°.

1-[2]Naphthyl-1H-benzotriazol $C_{16}H_{11}N_3$, Formel X.
B. Aus 1-[2]Naphthyl-1H-benzotriazol-7-carbonsäure mit Hilfe von Kupfer-Pulver [240°]
(*Huisgen, Sorge*, A. **566** [1950] 162, 182). Aus N-[2]Naphthyl-o-phenylendiamin und NaNO$_2$
in wss. Essigsäure (*Hu., So.*).
Kristalle (aus Bzl. oder Me.); F: 107°. Kp$_{11}$: 220°.

2-Benzotriazol-1-yl-äthanol $C_8H_9N_3O$, Formel XI.
B. Neben 2-Benzotriazol-2-yl-äthanol beim Erwärmen von 1H-Benzotriazol mit 2-Chlor-
äthanol in wss. NaOH (*Krollpfeiffer et al.*, B. **71** [1938] 596, 600).
Kristalle (aus Bzl.); F: 90 − 91°.
Benzoyl-Derivat $C_{15}H_{13}N_3O_2$;   1-Benzotriazol-1-yl-2-benzoyloxy-äthan,
Benzoesäure-[2-benzotriazol-1-yl-äthylester]. Kristalle (aus Me.); F: 104 − 105°.

2-Benzotriazol-2-yl-äthanol $C_8H_9N_3O$, Formel XII.
B. s. bei der vorangehenden Verbindung.
Kristalle (aus Bzl.); F: 70 − 71° (*Krollpfeiffer et al.*, B. **71** [1938] 596, 600).
Benzoyl-Derivat $C_{15}H_{13}N_3O_2$;   1-Benzotriazol-2-yl-2-benzoyloxy-äthan,
Benzoesäure-[2-benzotriazol-2-yl-äthylester]. Kristalle (aus Me.); F: 74 − 75° [nach
Sintern].

1-[2-Methoxy-phenyl]-1H-benzotriazol $C_{13}H_{11}N_3O$, Formel XIII (X = O-CH$_3$, X′ = H).
B. Aus N-[2-Methoxy-phenyl]-o-phenylendiamin und NaNO$_2$ in Essigsäure und wss. H$_2$SO$_4$
(*Stárková et al.*, Chem. Listy **51** [1957] 536, 538; Collect. **22** [1957] 1019, 1021; C. A. **1957**
10541).
Kristalle (aus Ae.); F: 75,5°.

1-[4-Methoxy-phenyl]-1H-benzotriazol $C_{13}H_{11}N_3O$, Formel XIII (X = H, X′ = O-CH$_3$).
B. Analog der vorangehenden Verbindung (*Stárková et al.*, Chem. Listy **51** [1957] 536, 538;
Collect. **22** [1957] 1019, 1021; C. A. **1957** 10541).
Kristalle (aus A.); F: 96,5°.

XII   XIII   XIV

2-[4-Methoxy-phenyl]-2H-benzotriazol $C_{13}H_{11}N_3O$, Formel XIV (R = CH_3, X = H) (E II 18).

F: 112° (*Dal Monte et al.*, G. **88** [1958] 977, 1022). UV-Spektrum (A. sowie wss. HCl; 210−360 nm): *Dal Mo. et al.*, l. c. S. 1022, 1025.

2-[4-Methoxy-phenyl]-1-oxy-2H-benzotriazol, 2-[4-Methoxy-phenyl]-2H-benzotriazol-1-oxid $C_{13}H_{11}N_3O_2$, Formel XV.

B. Beim Behandeln von 4-Methoxy-2'-nitro-azobenzol mit wss.-äthanol. Na_2S (*Dal Monte, Vegetti*, Boll. scient. Fac. Chim. ind. Univ. Bologna **16** [1958] 1, 4).

Kristalle (aus PAe.); F: 145° (*Dal Mo., Ve.*). λ_{max}: 214 nm und 315 nm [Cyclohexan] bzw. 223 nm und 321 nm [A.] (*Dal Monte, Mangini*, Ric. scient. **27** [1957] 123, 124).

1-[1-Oxy-benzotriazol-2-yl]-[2]naphthol $C_{16}H_{11}N_3O_2$, Formel XVI.

B. Neben geringen Mengen 1-[2-Amino-phenylazo]-[2]naphthol beim Erwärmen von 1-[2-Nitro-phenylazo]-[2]naphthol mit wss. Na_2S (*Rowe, Jowett*, J. Soc. Dyers Col. **47** [1931] 163, 166).

Bräunliche Kristalle (aus A.); F: 213°.

4-Benzotriazol-2-yl-resorcin $C_{12}H_9N_3O_2$, Formel XIV (R = H, X = OH) (E II 19).

Kristalle (aus Bzl.); F: 200° (*Fries et al.*, A. **511** [1934] 241, 267).

Diacetyl-Derivat $C_{16}H_{13}N_3O_4$; 2,4-Diacetoxy-1-benzotriazol-2-yl-benzol, 2-[2,4-Diacetoxy-phenyl]-2H-benzotriazol. Kristalle (aus PAe.); F: 112°.

XV   XVI   XVII

Benzotriazol-1-yl-methanol $C_7H_7N_3O$, Formel XVII (R = H).

B. Aus 1H-Benzotriazol und wss. Formaldehyd (*Burckhalter et al.*, Am. Soc. **74** [1952] 3868; *Fries et al.*, A. **511** [1934] 213, 235). In geringer Menge beim Erhitzen von 1-Benzoyloxymethyl-1H-benzotriazol mit $LiAlH_4$ in THF (*Gaylord, Kay*, J. org. Chem. **23** [1958] 1574).

Kristalle; F: 148−151° [aus H_2O oder E.] (*Bu. et al.*), 149° [aus H_2O] (*Ga., Kay*), 148° [aus H_2O] (*Fr. et al.*).

Beim Erwärmen mit Benzoylchlorid in wss. NaOH oder beim Erhitzen mit Benzoesäureanhydrid auf 160° ist 1-Benzoyloxymethyl-1H-benzotriazol erhalten worden (*Gaylord, Naughton*, J. org. Chem. **22** [1957] 1022). Bildung von 1-Benzoyl-1H-benzotriazol beim Erwärmen mit Benzoylchlorid in Pyridin und Dioxan: *Gaylord*, Am. Soc. **76** [1954] 285; beim Behandeln mit Benzoylchlorid in Dioxan und wss. HCl: *Ga., Na.*

1-Acetoxymethyl-1H-benzotriazol(?), Essigsäure-benzotriazol-1-ylmethylester(?) $C_9H_9N_3O_2$, vermutlich Formel XVII (R = CO-CH_3).

B. Neben 1-Acetyl-1H-benzotriazol beim Erwärmen von Benzotriazol-1-yl-methanol mit Acetylchlorid in Pyridin und Dioxan (*Gaylord, Naughton*, J. org. Chem. **22** [1957] 1022).

$Kp_{0,3}$: 112−120°.

1-Benzoyloxymethyl-1H-benzotriazol, Benzoesäure-benzotriazol-1-ylmethylester $C_{14}H_{11}N_3O_2$, Formel XVII (R = CO-C_6H_5).

B. Aus Benzotriazol-1-yl-methanol und Benzoylchlorid in wss. NaOH (*Gaylord, Naughton*, J. org. Chem. **22** [1957] 1022).

Kristalle (aus E. oder Hexan): F: 93−94° (*Ga., Na.*).

Bildung von 1H-Benzotriazol beim Erwärmen mit $NaBH_4$ in Äthanol: *Gaylord, Kay*, J. org. Chem. **23** [1958] 1574. Beim Erwärmen mit $LiAlH_4$ in THF und Äther sind 1H-Benzotriazol,

Benzotriazol-1-yl-methanol und Benzylalkohol erhalten worden (*Ga., Kay*).

[2-Benzotriazol-1-ylmethoxy-äthyl]-dimethyl-amin $C_{11}H_{16}N_4O$, Formel XVII
(R = CH_2-CH_2-N(CH_3)$_2$).

B. Beim Erwärmen von Benzotriazol-1-yl-methanol mit Natriumamid und [2-Chlor-äthyl]-dimethyl-amin (*Burckhalter et al.*, Am. Soc. **74** [1952] 3868).

Hydrochlorid $C_{11}H_{16}N_4O \cdot HCl$. Kristalle (aus A.+Bzl.); F: 176−178°.

1-Chlormethyl-1H-benzotriazol $C_7H_6ClN_3$, Formel I.

B. Aus Benzotriazol-1-yl-methanol und $SOCl_2$ (*Burckhalter et al.*, Am. Soc. **74** [1952] 3868).
Kristalle (aus Bzl. oder Me.); F: 136−138°.

1-Dimethylaminomethyl-1H-benzotriazol, Benzotriazol-1-ylmethyl-dimethyl-amin $C_9H_{12}N_4$,
Formel II (R = R' = CH_3).

B. Aus 1H-Benzotriazol, Dimethylamin und wss. Formaldehyd in Methanol (*Burckhalter et al.*, Am. Soc. **74** [1952] 3868).
Kristalle (aus PAe.); F: 99−100,5°.

1-Anilinomethyl-1H-benzotriazol, N-Benzotriazol-1-ylmethyl-anilin $C_{13}H_{12}N_4$, Formel II
(R = C_6H_5, R' = H).

B. Aus 1H-Benzotriazol, Anilin und wss. Formaldehyd in Methanol (*Licari et al.*, Am.
Soc. **77** [1955] 5386).
F: 138−139° [unkorr.].

N-Benzotriazol-1-ylmethyl-4-nitro-anilin $C_{13}H_{11}N_5O_2$, Formel II (R = C_6H_4-NO_2, R' = H).

B. Analog der vorangehenden Verbindung (*Licari et al.*, Am. Soc. **77** [1955] 5386).
F: 208−209° [unkorr.].

1-Piperidinomethyl-1H-benzotriazol $C_{12}H_{16}N_4$, Formel III (R = H).

B. Aus 1H-Benzotriazol, wss. Formaldehyd und Piperidin in Methanol (*Bachmann, Heisey*,
Am. Soc. **68** [1946] 2496, 2498).
Kristalle (aus Hexan); F: 92,5−93,5°.
Hydrochlorid. F: 167−169°.

    I   II   III   IV

(±)-1-[2-Methyl-piperidinomethyl]-1H-benzotriazol $C_{13}H_{18}N_4$, Formel III (R = CH_3).

B. Aus 1H-Benzotriazol, wss. Formaldehyd und (±)-2-Methyl-piperidin in Methanol (*Bachmann, Heisey*, Am. Soc. **68** [1946] 2496, 2498).
Kristalle (aus Hexan); F: 65−65,5°.

4-[Benzotriazol-1-ylmethyl-amino]-benzoesäure $C_{14}H_{12}N_4O_2$, Formel II (R = C_6H_4-CO-OH,
R' = H).

B. Aus 1H-Benzotriazol, 4-Amino-benzoesäure und wss. Formaldehyd in Methanol (*Licari et al.*, Am. Soc. **77** [1955] 5386).
F: 204−205° [unkorr.].

N-Benzotriazol-1-ylmethyl-sulfanilsäure-amid $C_{13}H_{13}N_5O_2S$, Formel II (R = C_6H_4-SO_2-NH_2,
R' = H).

B. Analog der vorangehenden Verbindung (*Licari et al.*, Am. Soc. **77** [1955] 5386).
F: 182−183° [unkorr.].

Bis-benzotriazol-1-yl-methan, 1H,1'H-1,1'-Methandiyl-bis-benzotriazol $C_{13}H_{10}N_6$, Formel IV.

B. Neben geringen Mengen 1H,2'H-1,2'-Methandiyl-bis-benzotriazol beim Erwärmen von 1H-Benzotriazol mit $NaNH_2$ und 1-Chlormethyl-1H-benzotriazol in Toluol (*Burckhalter et al.*, Am. Soc. **74** [1952] 3868). Beim Erhitzen von 1-Hydroxymethyl-1H-benzotriazol mit Benzoyl≠ chlorid [160°] (*Gaylord, Naughton*, J. org. Chem. **22** [1957] 1022).

Kristalle (aus wss. A.); F: 192−193° (*Bu. et al.*), 191−193° (*Ga., Na.*).

Benzotriazol-1-yl-benzotriazol-2-yl-methan, 1H,2'H-1,2'-Methandiyl-bis-benzotriazol $C_{13}H_{10}N_6$, Formel V.

B. s. im vorangehenden Artikel.

Kristalle (aus PAe.); F: 142−146,5° (*Burckhalter et al.*, Am. Soc. **74** [1952] 3868).

(±)-α-Benzotriazol-1-yl-3-nitro-benzylalkohol $C_{13}H_{10}N_4O_3$, Formel VI (X = NO_2, X' = H).

B. Aus 1H-Benzotriazol und 3-Nitro-benzaldehyd in Gegenwart von Benzyl-trimethyl-ammo≠ nium-hydroxid (*Wiley et al.*, Am. Soc. **77** [1955] 2572).

Kristalle (aus CCl_4); F: 89−90°.

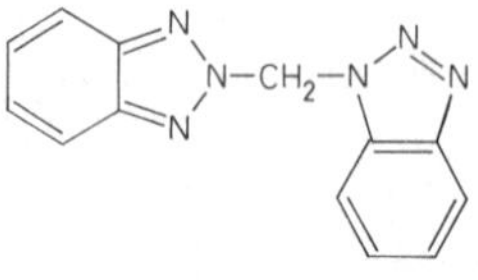

V 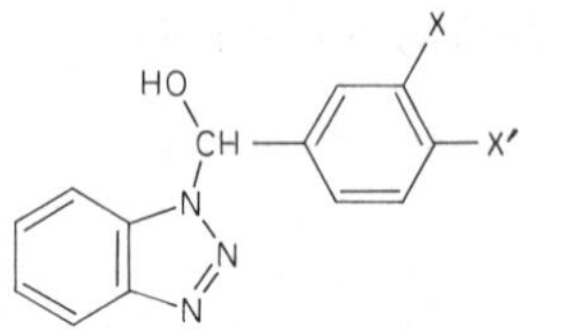   VI 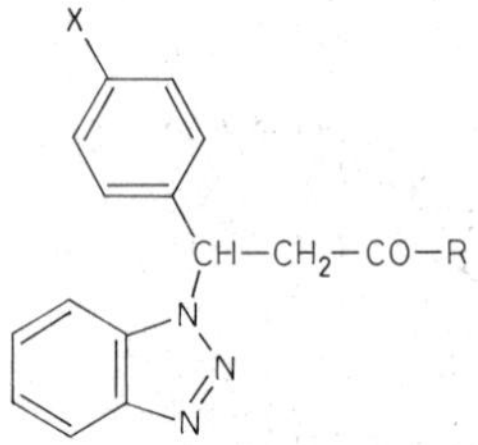   VII

(±)-α-Benzotriazol-1-yl-4-nitro-benzylalkohol $C_{13}H_{10}N_4O_3$, Formel VI (X = H, X' = NO_2).

B. Analog der vorangehenden Verbindung (*Wiley et al.*, Am. Soc. **77** [1955] 2572).

Kristalle (aus CCl_4); F: 101−102° [korr.].

(±)-3-Benzotriazol-1-yl-1,3-diphenyl-propan-1-on $C_{21}H_{17}N_3O$, Formel VII (R = C_6H_5, X = H).

Beim Erwärmen von 1H-Benzotriazol mit Chalkon in Gegenwart von Benzyl-trimethyl-am≠ monium-hydroxid (*Wiley et al.*, Am. Soc. **76** [1954] 4933).

Kristalle (aus A.); F: 106−107° [korr.]. λ_{max} (Me.): 244 nm und 280 nm.

3-Benzotriazol-1-yl-benz[*de*]anthracen-7-on $C_{23}H_{13}N_3O$, Formel VIII.

B. Aus 3-[2-Amino-anilino]-benz[*de*]anthracen-7-on und $NaNO_2$ in wss. Essigsäure (*Wald≠ mann, Hindenburg*, J. pr. [2] **156** [1940] 157, 167).

Bräunliche Kristalle (aus Xylol); F: 306,5°.

(±)-4-Benzotriazol-1-yl-4-[4-methoxy-phenyl]-butan-2-on $C_{17}H_{17}N_3O_2$, Formel VII (R = CH_3, X = O-CH_3).

B. Beim Erwärmen von 1H-Benzotriazol mit 4-[4-Methoxy-phenyl]-but-3-en-2-on in Gegen≠ wart von Benzyl-trimethyl-ammonium-hydroxid (*Wiley et al.*, Am. Soc. **76** [1954] 4933).

Kristalle (aus A.); F: 93−94°.

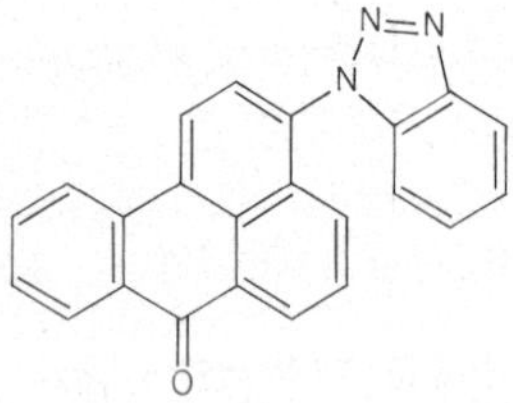

VIII 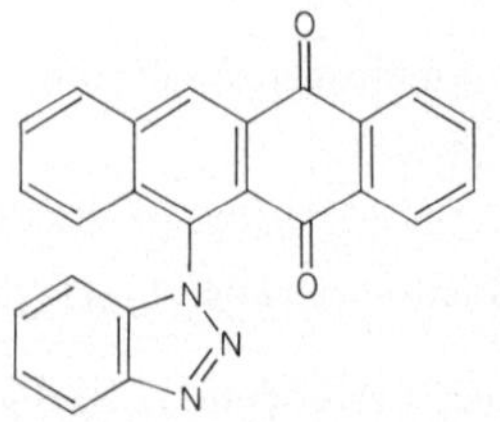   IX 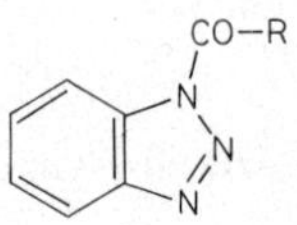   X

6-Benzotriazol-1-yl-naphthacen-5,12-dion $C_{24}H_{13}N_3O_2$, Formel IX.

B. Aus 6-[2-Amino-anilino]-naphthacen-5,12-dion und $NaNO_2$ in wss. Essigsäure (*Waldmann, Hindenburg,* J. pr. [2] **156** [1940] 157, 162). Beim Erwärmen von 6-Chlor-naphthacen-5,12-dion mit 1*H*-Benzotriazol, Kaliumacetat und Kupferacetat in Nitrobenzol (*Wa., Hi.*).

Hellgelbe Kristalle (aus Xylol); F: 288°.

1-Acetyl-1*H*-benzotriazol $C_8H_7N_3O$, Formel X (R = CH_3) (E II 20).

B. Beim Behandeln von 1*H*-Benzotriazol mit Acetylchlorid in Benzol (*Staab,* B. **90** [1957] 1320, 1324). Neben geringen Mengen 1-Acetoxymethyl-1*H*-benzotriazol beim Erwärmen von Benzotriazol-1-yl-methanol mit Acetylchlorid in Dioxan (*Gaylord, Naughton,* J. org. Chem. **22** [1957] 1022).

Kristalle; F: 51° [aus Bzl.+PAe.] (*St.*), 50—51° (*Ga., Na.*). UV-Spektrum in H_2O (220—350 nm): *St.,* l. c. S. 1323; in Äthanol (230—330 nm): *Ramart-Lucas, Hoch,* Bl. **1949** 447, 449.

Geschwindigkeitskonstante der Hydrolyse mit H_2O bei 22°: *St.,* l. c. S. 1325.

1-Benzoyl-1*H*-benzotriazol $C_{13}H_9N_3O$, Formel X (R = C_6H_5) (E II 20).

B. Beim Erwärmen von Benzotriazol-1-yl-methanol mit Benzoylchlorid und Pyridin in Dioxan (*Gaylord,* Am. Soc. **76** [1954] 285; *Gaylord, Naughton,* J. org. Chem. **22** [1957] 1022, 1023).

Kristalle (aus E.); F: 110—113° (*Ga.*).

Picrat $C_{13}H_9N_3O \cdot C_6H_3N_3O_7$. F: 171—173° (*Ga.*).

2,2'-Bis-[benzotriazol-1-carbonyl]-biphenyl, 1*H*,1'*H*-1,1'-Diphenoyl-bis-benzotriazol $C_{26}H_{16}N_6O_2$, Formel XI.

B. Aus Diphensäure-bis-[2-amino-anilid] und $NaNO_2$ in wss. HCl (*Krašowizkiĭ, Kotschergina,* Doklady Akad. S.S.S.R. **86** [1952] 1121, 1124; C. A. **1953** 12319).

F: 178—180°.

Benzotriazol-1-carbonsäure-methylester $C_8H_7N_3O_2$, Formel XII (X = O-CH_3).

B. Aus 1*H*-Benzotriazol und Chlorokohlensäure-methylester (*Krollpfeiffer et al.,* B. **71** [1938] 596, 603).

Gelbliche Kristalle (aus Bzl.+PAe.); F: 80—81°.

Beim Erhitzen auf 160° sind 1-Methyl-1*H*-benzotriazol und 2-Methyl-2*H*-benzotriazol erhalten worden.

Benzotriazol-1-carbonsäure-äthylester $C_9H_9N_3O_2$, Formel XII (X = O-C_2H_5) (H 40).

B. Analog der vorangehenden Verbindung (*Krollpfeiffer et al.,* B. **71** [1938] 596, 602).

Kristalle (aus PAe.); F: 71—72°.

XI   XII   XIII

Benzotriazol-1-carbonsäure-anilid $C_{13}H_{10}N_4O$, Formel XII (X = NH-C_6H_5).

B. Aus 1*H*-Benzotriazol und Phenylisocyanat (*Henry, Dehn,* Am. Soc. **71** [1949] 2297, 2299).

Kristalle; F: 140—141° [korr.].

Benzotriazol-1-carbonsäure-[1]naphthylamid $C_{17}H_{12}N_4O$, Formel XII (X = NH-$C_{10}H_7$).

B. Aus 1*H*-Benzotriazol und [1]Naphthylisocyanat (*Henry, Dehn,* Am. Soc. **71** [1949] 2297,

2299).
    Kristalle; F: 148−149° [korr.].

1H,1′H-1,1′-Carbonyl-bis-benzotriazol $C_{13}H_8N_6O$, Formel XIII.
    B. Aus 1*H*-Benzotriazol und $COCl_2$ in THF (*Staab, Seel*, A. **612** [1950] 187, 192).
    Kristalle (aus Bzl.); F: 183−185° [Zers.].

Benzotriazol-1-thiocarbonsäure-anilid $C_{13}H_{10}N_4S$, Formel XIV (R = R′ = H).
    B. Aus N-[2-Amino-phenyl]-N′-phenyl-thioharnstoff und $NaNO_2$ in wss. Essigsäure (*Ghosh*, J. Indian chem. Soc. **8** [1931] 71, 75).
    Kristalle (aus Ae.); F: 87−88°.

Benzotriazol-1-thiocarbonsäure-m-toluidid $C_{14}H_{12}N_4S$, Formel XIV (R = CH_3, R′ = H).
    B. Analog der vorangehenden Verbindung (*Ghosh*, J. Indian chem. Soc. **8** [1931] 71, 75).
    Gelbliche Kristalle (aus Ae.); F: 94°.

Benzotriazol-1-thiocarbonsäure-p-toluidid $C_{14}H_{12}N_4S$, Formel XIV (R = H, R′ = CH_3).
    B. Analog den vorangehenden Verbindungen (*Ghosh*, J. Indian chem. Soc. **8** [1931] 71, 75).
    Gelbliche Kristalle (aus Ae.); F: 115°.

Benzotriazol-1-yl-essigsäure-äthylester $C_{10}H_{11}N_3O_2$, Formel XV (X = O-C_2H_5, n = 1).
    F: 81,5° (*Krollpfeiffer et al.*, A. **515** [1935] 113, 125).

3-Benzotriazol-1-yl-propionsäure $C_9H_9N_3O_2$, Formel XV (X = OH, n = 2).
    B. Beim Erwärmen von 1*H*-Benzotriazol mit Acrylsäure in Gegenwart von Pyridin (*Wiley et al.*, Am. Soc. **76** [1954] 4933).
    Kristalle (aus H_2O); F: 120−121° [korr.]. λ_{max} (Me.): 257 nm und 280 nm.

3-Benzotriazol-1-yl-propionsäure-amid $C_9H_{10}N_4O$, Formel XV (X = NH_2, n = 2).
    B. Beim Erwärmen von 1*H*-Benzotriazol mit Acrylamid in Gegenwart von Benzyl-trimethyl-ammonium-hydroxid (*Wiley et al.*, Am. Soc. **76** [1954] 4933).
    Kristalle (aus Dioxan); F: 140−142° [korr.]. λ_{max} (Me.): 259 nm und 279 nm.

3-Benzotriazol-1-yl-propionitril $C_9H_8N_4$, Formel XVI.
    B. Analog der vorangehenden Verbindung (*Wiley et al.*, Am. Soc. **76** [1954] 4933).
    Kristalle (aus CCl_4); F: 79−80°. λ_{max} (Me.): 256 nm und 281 nm.

(±)-3-Benzotriazol-1-yl-buttersäure $C_{10}H_{11}N_3O_2$, Formel I (X = OH).
    B. Beim Erwärmen von 1*H*-Benzotriazol mit Crotonsäure in Gegenwart von Pyridin (*Wiley et al.*, Am. Soc. **76** [1954] 4933).
    Kristalle (aus H_2O); F: 150−152° [korr.]. λ_{max} (Me.): 255 nm und 278 nm.

(±)-3-Benzotriazol-1-yl-buttersäure-amid $C_{10}H_{12}N_4O$, Formel I (X = NH_2).
    B. Bei aufeinanderfolgendem Behandeln der vorangehenden Verbindung mit $SOCl_2$ und mit konz. wss. NH_3 (*Wiley, Hussung*, Am. Soc. **79** [1957] 4395, 4400).
    Kristalle (aus H_2O); F: 104−105° [unkorr.]. λ_{max} (Me.): 256 nm, 262 nm und 280 nm.

α-Benzotriazol-1-yl-isobuttersäure $C_{10}H_{11}N_3O_2$, Formel II.

B. Neben α-Benzotriazol-2-yl-isobuttersäure beim Erwärmen von 1*H*-Benzotriazol mit α-Brom-isobuttersäure und wss. NaOH (*Sparatore, Pagani*, Farmaco Ed. scient. **19** [1964] 55, 63). Neben anderen Verbindungen beim Erwärmen von 1*H*-Benzotriazol mit Aceton und CHCl₃ in wss. NaOH (*Sp., Pa.,* l. c. S. 66; s. a. *Galimberti, Defranceschi*, G. **77** [1937] 431, 438).

Kristalle; F: 187—189° (*Sp., Pa.*). UV-Spektrum (A. sowie wss. HCl; 210—320 nm): *Sp., Pa.,* l. c. S. 67.

α-Benzotriazol-2-yl-isobuttersäure $C_{10}H_{11}N_3O_2$, Formel III.

B. Neben anderen Verbindungen beim Erwärmen von 1*H*-Benzotriazol mit Aceton und CHCl₃ in wss. NaOH (*Sparatore, Pagani*, Farmaco Ed. scient **19** [1964] 55, 66; s. a. *Galimberti, Defranceschi*, G. **77** [1937] 431, 438). Eine weitere Bildung s. im vorangehenden Artikel.

Kristalle; F: 154—156° (*Sp., Pa.*). UV-Spektrum (A. sowie wss. HCl; 210—320 nm): *Sp., Pa.,* l. c. S. 68.

4-Benzotriazol-2-yl-benzolsulfonsäure $C_{12}H_9N_3O_3S$, Formel IV.

Natrium-Salz $NaC_{12}H_8N_3O_3S$. *B*. Beim Erwärmen von Essigsäure-[2-nitroso-anilid] mit Sulfanilsäure in Äthanol, Pyridin und Essigsäure, anschliessend mit wss. NaOH und Erwärmen des Reaktionsprodukts mit wss. NaClO (*Dobáš et al.*, Chem. Listy **51** [1957] 1113, 1121; Collect. **23** [1958] 915, 923; C. A. **1957** 15503). — Kristalle (aus H₂O). UV-Spektrum (H₂O; 200—320 nm): *Do. et al.*

1-[2-Dimethylamino-äthyl]-1*H*-benzotriazol, [2-Benzotriazol-1-yl-äthyl]-dimethyl-amin $C_{10}H_{14}N_4$, Formel V.

B. Aus *N*-[2-Dimethylamino-äthyl]-*o*-phenylendiamin und NaNO₂ in wss. HCl (*Wright*, Am. Soc. **71** [1949] 2035).

Orangegelbes Öl; Kp₀,₃: 115—117°.

Hydrochlorid $C_{10}H_{14}N_4 \cdot HCl$. Kristalle (aus A.); F: 170,5—171,5° [korr.].

3-Benzotriazol-2-yl-anilin $C_{12}H_{10}N_4$, Formel VI.

B. Beim Erwärmen des folgenden Oxids oder von 2-[3-Nitro-phenyl]-2*H*-benzotriazol-1-oxid mit SnCl₂ in konz. wss. HCl (*Amorosa, Cesaroni*, G. **83** [1953] 853, 860).

Gelbliche Kristalle (aus H₂O); F: 185—186°.

2-[3-Amino-phenyl]-2*H*-benzotriazol-1-oxid, 3-[1-Oxy-benzotriazol-2-yl]-anilin $C_{12}H_{10}N_4O$, Formel VII.

B. Neben anderen Verbindungen beim Behandeln von 2,3′-Dinitro-azobenzol mit wss.-äthanol. NaHS (*Amorosa, Cesaroni*, G. **83** [1953] 853, 855, 859).

Gelbe Kristalle (aus H₂O); F: 152—154°.

4-Benzotriazol-1-yl-anilin $C_{12}H_{10}N_4$, Formel VIII (R = H) (H 41).

UV-Spektrum (A. sowie wss. HCl; 210—370 nm): *Dal Monte et al.*, G. **88** [1958] 977, 1012,

1017.

Benzyliden-Derivat $C_{19}H_{14}N_4$; 4-Benzotriazol-1-yl-N-benzyliden-anilin, Benzaldehyd-[4-benzotriazol-1-yl-phenyl-imin]. Hellbraune Kristalle (aus A.); F: 143−145° (*Katritzky, Plant,* Soc. **1953** 412, 416).

[4-Benzotriazol-1-yl-phenyl]-[2,4-dinitro-phenyl]-amin $C_{18}H_{12}N_6O_4$, Formel IX (R = NO₂).
Die früher (E II 20) unter dieser Konstitution beschriebene Verbindung („1-[4-(2.4-Dinitro-anilino)-phenyl]-benztriazol") ist als [2,4-Dinitro-phenyl]-[1-phenyl-1H-benzotriazol-5-yl]-amin zu formulieren (*Katritzky, Plant,* Soc. **1953** 412, 414). Entsprechend ist die bei der Reduktion erhaltene Verbindung $C_{18}H_{16}N_6$ (E II 20) nicht als N^1-[4-Benzotriazol-1-yl-phenyl]-benzen-1,2,4-triyltriamin („1-[4-(2.4-Diamino-anilino)-phenyl]-benztriazol"), sondern als N^1-[1-Phenyl-1H-benzotriazol-5-yl]-benzen-1,2,4-triyltriamin zu formulieren.
B. Beim Erwärmen von 4-Benzotriazol-1-yl-anilin mit 1-Chlor-2,4-dinitro-benzol und Natriumacetat (*Ka., Pl.*).
Orangefarbene Kristalle (aus Eg.); F: 248°.

4-Benzotriazol-1-yl-N-benzyl-anilin $C_{19}H_{16}N_4$, Formel VIII (R = CH₂-C₆H₅).
B. Bei der Hydrierung von 4-Benzotriazol-1-yl-N-benzyliden-anilin an Palladium/SrCO₃ in Dioxan (*Katritzky, Plant,* Soc. **1953** 412, 416).
Hydrochlorid $C_{19}H_{16}N_4 \cdot$ HCl. Kristalle (aus wss.-äthanol. HCl); F: 223°.

VIII   IX   X

1-Benzotriazol-1-yl-4-carbazol-9-yl-benzol, 9-[4-Benzotriazol-1-yl-phenyl]-carbazol $C_{24}H_{16}N_4$, Formel X.
B. Aus N-[4-Carbazol-9-yl-phenyl]-o-phenylendiamin und NaNO₂ in wss. HCl (*Nelmes, Tucker,* Soc. **1933** 1523).
Rote Kristalle (aus Acetanhydrid); F: 163° [korr.].

1-[4-(4-Benzotriazol-1-yl-anilino)-3-nitro-phenyl]-äthanon $C_{20}H_{15}N_5O_3$, Formel IX
(R = CO-CH₃).
B. Beim Erhitzen von 4-Benzotriazol-1-yl-anilin mit 1-[4-Brom-3-nitro-phenyl]-äthanon und Kupfer-Pulver auf 180° (*Katritzky, Plant,* Soc. **1953** 412, 415).
Gelbe Kristalle (aus A.); F: 225−227°.

3-[4-Benzotriazol-1-yl-anilino]-crotonsäure-äthylester $C_{18}H_{18}N_4O_2$, Formel VIII
(R = C(CH₃)=CH-CO-O-C₂H₅) und Taut.
B. Aus 4-Benzotriazol-1-yl-anilin und Acetessigsäure-äthylester in Gegenwart von konz. wss. HCl (*Carter et al.,* Soc. **1955** 337, 340).
Kristalle (aus A.); F: 130°.

1-[4-Benzotriazol-1-yl-anilino]-cyclopentancarbonsäure $C_{18}H_{18}N_4O_2$, Formel XI
(R = CO-OH).
B. Beim Erwärmen des Amids (s. u.) mit konz. wss. HCl (*Katritzky, Plant,* Soc. **1953** 412, 415).
Kristalle (aus wss. A.); F: 232−233° [Zers.].
Amid $C_{18}H_{19}N_5O$. *B.* Aus der folgenden Verbindung mit Hilfe von konz. H₂SO₄ (*Ka., Pl.*). − Kristalle (aus wss. A.); F: 204°.

1-[4-Benzotriazol-1-yl-anilino]-cyclopentancarbonitril $C_{18}H_{17}N_5$, Formel XI (R = CN).

B. Beim Erwärmen von 4-Benzotriazol-1-yl-anilin mit Cyclopentanon und KCN in wss. Essigsäure (*Katritzky, Plant,* Soc. **1953** 412, 415).

Hellbraune Kristalle (aus A.); F: 165°.

4-[4-Benzotriazol-1-yl-anilino]-3-nitro-benzonitril $C_{19}H_{12}N_6O_2$, Formel IX (R = CN).

B. Beim Erwärmen von 4-Benzotriazol-1-yl-anilin mit 4-Chlor-3-nitro-benzonitril, K_2CO_3 und Kupfer-Pulver (*Katritzky, Plant,* Soc. **1953** 412, 415).

Orangefarbene Kristalle (aus Eg.); F: 246°.

4-Benzotriazol-2-yl-anilin $C_{12}H_{10}N_4$, Formel XII (R = H) (E II 20).

F: 168° (*Dal Monte et al.,* G. **88** [1958] 977, 1022). UV-Spektrum (A. sowie wss. HCl; 210−380 nm): *Dal Mo. et al.,* l. c. S. 1022, 1026.

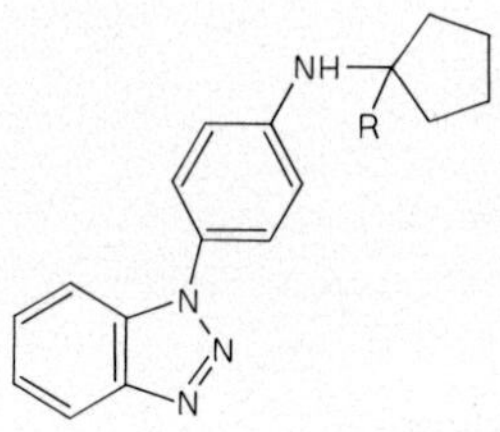

XI 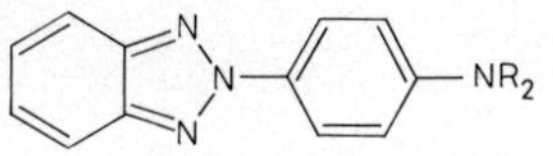   XII 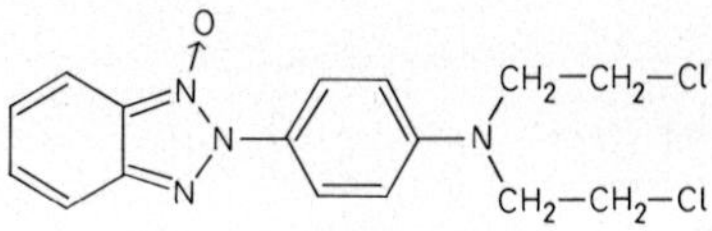   XIII

4-Benzotriazol-2-yl-*N,N*-dimethyl-anilin $C_{14}H_{14}N_4$, Formel XII (R = CH_3) (E II 21).

B. Aus *N,N*-Dimethyl-4-[1-oxy-benzotriazol-2-yl]-anilin mit Hilfe von $SnCl_2$ in äthanol. HCl (*Ross, Warwick,* Soc. **1956** 1724, 1731).

Absorptionsspektrum (A.; 220−410 nm): *Ross, Wa.*

4-Benzotriazol-2-yl-*N,N*-bis-[2-chlor-äthyl]-anilin $C_{16}H_{16}Cl_2N_4$, Formel XII (R = CH_2-CH_2Cl).

B. Aus der folgenden Verbindung mit Hilfe von $SnCl_2$ in wss.-äthanol. HCl (*Ross, Warwick,* Soc. **1956** 1724, 1731).

Gelbliche Kristalle (aus PAe.); F: 137−138°.

***N,N*-Bis-[2-chlor-äthyl]-4-[1-oxy-benzotriazol-2-yl]-anilin** $C_{16}H_{16}Cl_2N_4O$, Formel XIII.

B. Beim Behandeln von *N,N*-Bis-[2-chlor-äthyl]-4-[2-nitro-phenylazo]-anilin mit H_2S und wss.-äthanol. NH_3 (*Ross, Warwick,* Soc. **1956** 1724, 1731).

Gelbe Kristalle (aus A.) mit 1 Mol H_2O; F: 133−134°.

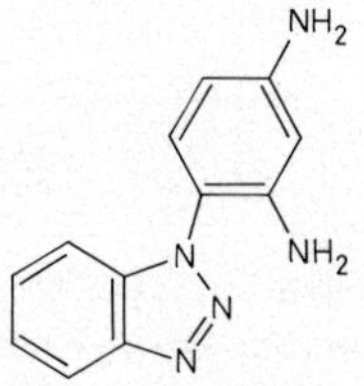

XIV 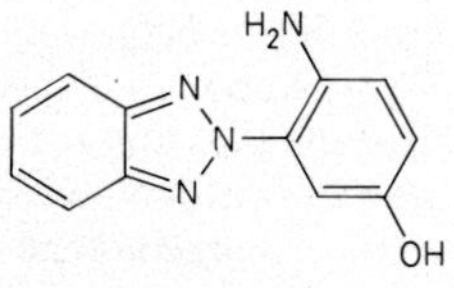   XV 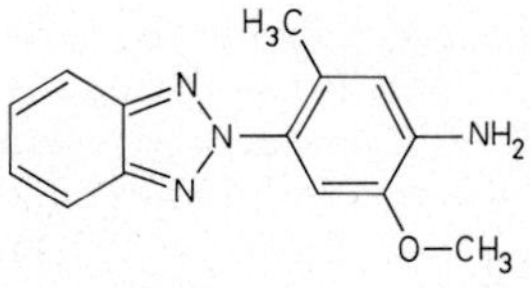   XVI

4-Benzotriazol-1-yl-*m*-phenylendiamin $C_{12}H_{11}N_5$, Formel XIV.

B. Bei der Hydrierung von 1-[2,4-Dinitro-phenyl]-1*H*-benzotriazol an Platin in Essigsäure (*Stárková et al.,* Chem. Listy **51** [1957] 536; Collect. **22** [1957] 1019, 1021; C. A. **1957** 10541).

Kristalle (aus H_2O); F: 175−176°.

Diacetyl-Derivat $C_{16}H_{15}N_5O_2$; 1-[2,4-Bis-acetylamino-phenyl]-1*H*-benzotri≈ azol, *N,N'*-[4-Benzotriazol-1-yl-*m*-phenylen]-bis-acetamid. Kristalle; F: 298°.

4-Amino-3-benzotriazol-2-yl-phenol $C_{12}H_{10}N_4O$, Formel XV.

Diese Konstitution kommt wahrscheinlich der früher (E II **26** 22) als 4-Amino-2-benzo=triazol-2-yl-phenol („2-[5-Amino-2-oxy-phenyl]-benztriazol") beschriebenen Verbindung zu (*Běluša et al.*, Chem. Zvesti **28** [1974] 673, 675 Anm.).

4-Benzotriazol-2-yl-2-methoxy-5-methyl-anilin $C_{14}H_{14}N_4O$, Formel XVI.

B. Beim Erwärmen von 2-Methoxy-5-methyl-4-[2-nitro-phenylazo]-anilin mit Zink-Pulver in wss. Äthanol (*Am. Cyanamid Co.*, U.S.P. 2501188 [1947]).

F: 131—132°.

1-Benzotriazol-1-yl-4-benzoylamino-anthrachinon, *N*-[4-Benzotriazol-1-yl-9,10-dioxo-9,10-di=hydro-[1]anthryl]-benzamid $C_{27}H_{16}N_4O_3$, Formel I.

B. Aus *N*-[4-(2-Nitro-anilino)-[1]anthryl]-benzamid über mehrere Stufen (*CIBA*, D.R.P. 670767 [1934]; Frdl. **23** 1023; U.S.P. 2027908 [1954]).

Gelbe Kristalle (aus Py.); F: 260—261°.

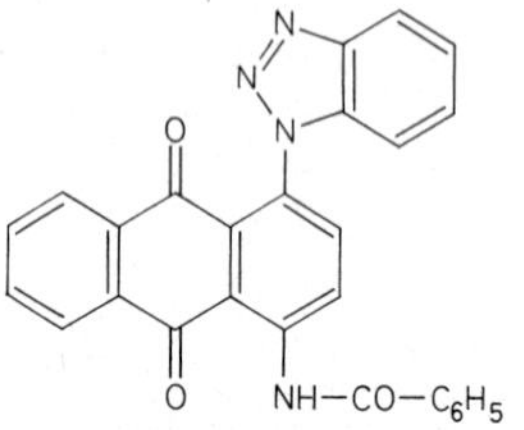

I

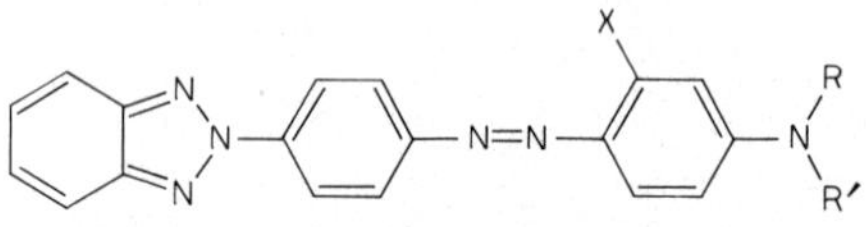

II

***4-[4-Benzotriazol-2-yl-phenylazo]-*N*,*N*-dimethyl-anilin** $C_{20}H_{18}N_6$, Formel II (R = R′ = CH_3, X = H).

B. Aus diazotiertem 4-Benzotriazol-2-yl-anilin und *N*,*N*-Dimethyl-anilin (*Cordella*, Ric. scient. **27** [1957] 2708).

Orangefarbene Kristalle (aus Bzl.); F: 258°.

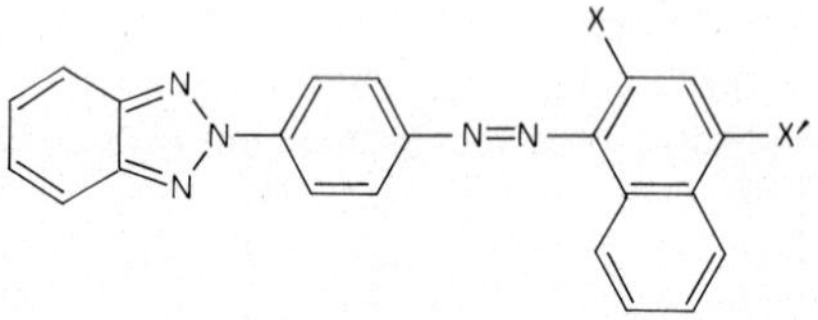

III

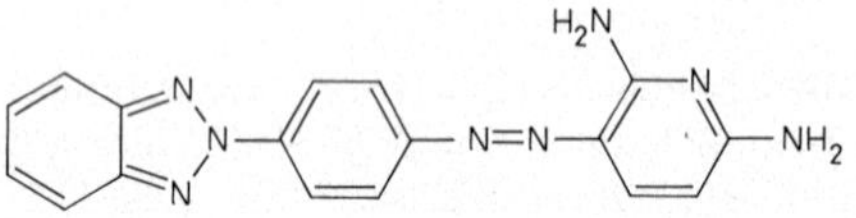

IV

Die folgenden Verbindungen sind in analoger Weise hergestellt worden:

***N*,*N*-Diäthyl-4-[4-benzotriazol-2-yl-phenylazo]-anilin** $C_{22}H_{22}N_6$, Formel II (R = R′ = C_2H_5, X = H). Orangerote Kristalle (aus Bzl.); F: 183—184°.

***N*-Äthyl-4-[4-benzotriazol-2-yl-phenylazo]-*N*-benzyl-anilin** $C_{27}H_{24}N_6$, Formel II (R = C_2H_5, R′ = CH_2-C_6H_5, X = H). Orangefarbene Kristalle (aus Bzl.); F: 175°.

***4-[4-Benzotriazol-2-yl-phenylazo]-*m*-phenylendiamin** $C_{18}H_{15}N_7$, Formel II (R = R′ = H, X = NH_2). Rotbraune Kristalle (aus Chlorbenzol); F: 243°.

***1-[4-Benzotriazol-2-yl-phenylazo]-[2]naphthylamin** $C_{22}H_{16}N_6$, Formel III (X = NH_2, X′ = H). Dunkelrote Kristalle (aus Chlorbenzol); F: 274°.

***4-[4-Benzotriazol-2-yl-phenylazo]-[1]naphthylamin** $C_{22}H_{16}N_6$, Formel III (X = H, X′ = NH_2). Rote Kristalle (aus Chlorbenzol); F: 247°.

***3-[4-Benzotriazol-2-ylphenylazo]-pyridin-2,6-diyldiamin** $C_{17}H_{14}N_8$, Formel IV. Gelborange Kristalle (aus Chlorbenzol); F: 270—271°.

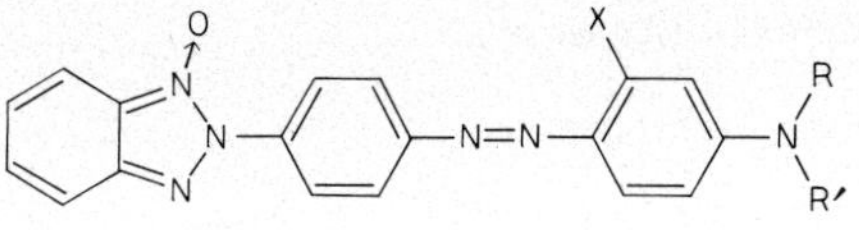

V 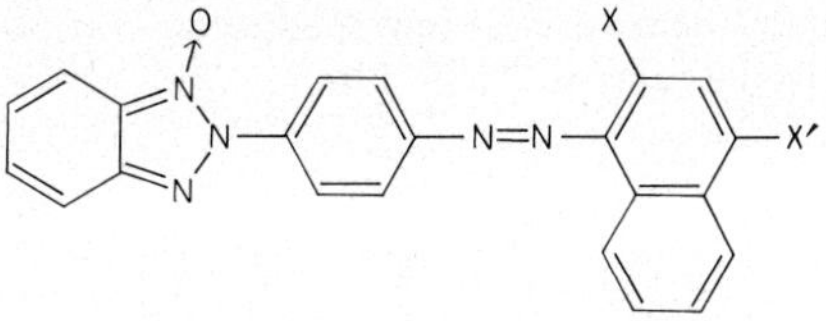   VI

***N,N*-Dimethyl-4-[4-(1-oxy-benzotriazol-2-yl)-phenylazo]-anilin** $C_{20}H_{18}N_6O$, Formel V
(R = R' = CH$_3$, X = H).

B. Aus diazotiertem 4-[1-Oxy-benzotriazol-2-yl]-anilin und *N,N*-Dimethyl-anilin (*Cordella,*
Ric. scient. **27** [1957] 2708).

Rote Kristalle (aus Chlorbenzol); F: 233°.

Die folgenden Verbindungen sind in analoger Weise hergestellt worden:

**N,N*-Diäthyl-4-[4-(1-oxy-benzotriazol-2-yl)-phenylazo]-anilin $C_{22}H_{22}N_6O$,
Formel V (R = R' = C$_2$H$_5$, X = H). Rote Kristalle (aus Chlorbenzol); F: 155−156°.

*N-Äthyl-*N*-benzyl-4-[4-(1-oxy-benzotriazol-2-yl)-phenylazo]-anilin
$C_{27}H_{24}N_6O$, Formel V (R = C$_2$H$_5$, R' = CH$_2$-C$_6$H$_5$, X = H). Rote Kristalle (aus Bzl.); F:
175°.

*4-[4-(1-Oxy-benzotriazol-2-yl)-phenylazo]-*m*-phenylendiamin $C_{18}H_{15}N_7O$,
Formel V (R = R' = H, X = NH$_2$). Rote Kristalle (aus Chlorbenzol); F: 229−230°.

*1-[4-(1-Oxy-benzotriazol-2-yl)-phenylazo]-[2]naphthylamin $C_{22}H_{16}N_6O$, For-
mel VI (X = NH$_2$, X' = H). Dunkelrote Kristalle (aus Chlorbenzol); F: 256°.

*4-[4-(1-Oxy-benzotriazol-2-yl)-phenylazo]-[1]naphthylamin $C_{22}H_{16}N_6O$, For-
mel VI (X = H, X' = NH$_2$). Rotviolette Kristalle (aus Chlorbenzol); F: 246−247°.

*3-[4-(1-Oxy-benzotriazol-2-yl)-phenylazo]-pyridin-2,6-diyldiamin
$C_{17}H_{14}N_8O$, Formel VII. Rotbraune Kristalle (aus Chlorbenzol); F: 248−249°.

4-Benzotriazol-1-yl-*N*-benzyl-*N*-nitroso-anilin $C_{19}H_{15}N_5O$, Formel VIII (R = CH$_2$-C$_6$H$_5$).

B. Aus 1-[4-Benzylamino-phenyl]-1*H*-benzotriazol und NaNO$_2$ in wss. Essigsäure (*Katritzky,
Plant,* Soc. **1953** 412, 416).

Hellgelbe Kristalle (aus A.); F: 155°.

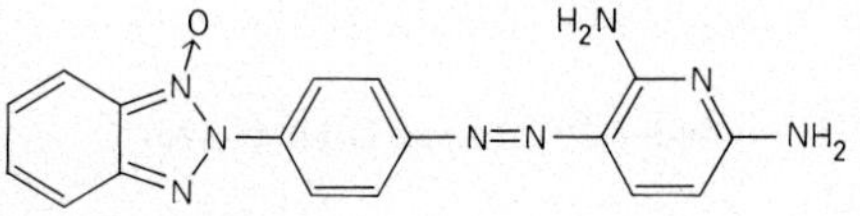

VII 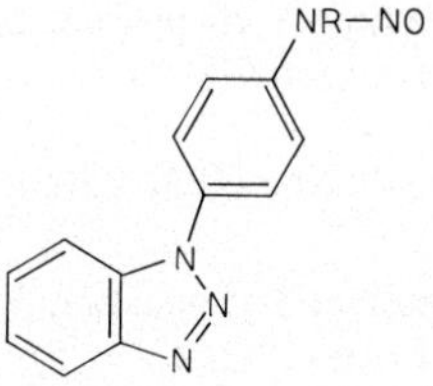   VIII 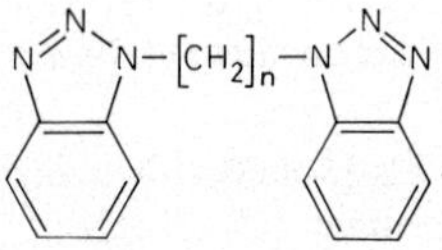   IX

1,2-Bis-benzotriazol-1-yl-äthan, 1*H*,1'*H*-1,1'-Äthandiyl-bis-benzotriazol $C_{14}H_{12}N_6$, Formel IX
(n = 2).

B. Neben 1*H*,2'*H*-1,2'-Äthandiyl-bis-benzotriazol beim Erwärmen von 1*H*-Benzotriazol mit
1-[2-Brom-äthyl]-1*H*-benzotriazol und methanol. Natriummethylat (*Krollpfeiffer et al.,* B. **71**
[1938] 596, 602). Neben 1*H*,2'*H*-1,2'-Äthandiyl-bis-benzotriazol und 2*H*,2'*H*-2,2'-Äthandiyl-bis-
benzotriazol beim Behandeln von Benzotriazolylnatrium mit 1,2-Dibrom-äthan (*Kr. et al.*).

Kristalle (aus Bzl. oder Me.); F: 161−162°.

1-Benzotriazol-1-yl-2-benzotriazol-2-yl-äthan, 1*H*,2'*H*-1,2'-Äthandiyl-bis-benzotriazol
$C_{14}H_{12}N_6$, Formel X.

B. Aus Benzotriazolylnatrium und 1,2-Dibrom-äthan [s. im vorangehenden Artikel] (*Krollpfeiffer et al.,* B. **71** [1938] 596, 602). In geringer Menge neben 2-Vinyl-2*H*-benzotriazol und
2*H*,2'*H*-2,2'-Äthandiyl-bis-benzotriazol beim Erwärmen von 1*H*-Benzotriazol mit 2-[2-Brom-

äthyl]-2*H*-benzotriazol und methanol. Natriummethylat (*Kr. et al.*).
Kristalle (aus Me.); F: 136−137°.

X   XI

1,2-Bis-benzotriazol-2-yl-äthan, 2*H*,2'*H*-2,2'-Äthandiyl-bis-benzotriazol $C_{14}H_{12}N_6$, Formel XI.
B. Aus 1*H*-Benzotriazol und 2-[2-Brom-äthyl]-2*H*-benzotriazol [s. im vorangehenden Artikel] (*Krollpfeiffer et al.*, B. **71** [1938] 596, 602). Aus Benzotriazolylnatrium und 1,2-Dibrom-äthan [s. in den vorangehenden Artikeln] (*Kr. et al.*).
Gelbliche Kristalle (aus A. oder PAe.); F: 152−153°.

1,3-Bis-benzotriazol-1-yl-propan, 1*H*,1'*H*-1,1'-Propandiyl-bis-benzotriazol $C_{15}H_{14}N_6$, Formel IX (n = 3).
B. Beim Erhitzen von 1*H*-Benzotriazol mit 1,3-Dibrom-propan und Natriumbutylat (*Stetter*, B. **86** [1953] 69, 73).
Kristalle (aus Butan-1-ol); F: 138° [korr.].

1,3-Bis-[3-methyl-benzotriazolium-1-yl]-propan, 3,3'-Dimethyl-1,1'-propandiyl-bis-benzo⁼ triazolium $[C_{17}H_{20}N_6]^{2+}$, Formel XII (n = 3).
Dibromid $[C_{17}H_{20}N_6]Br_2$. *B*. Aus 1-Methyl-1*H*-benzotriazol und 1,3-Dibrom-propan (*Lib⁼ man et al.*, Soc. **1952** 2305). − Kristalle (aus A.); F: 194−195°.

1,4-Bis-[3-methyl-benzotriazolium-1-yl]-butan, 3,3'-Dimethyl-1,1'-butandiyl-bis-benzotriazolium $[C_{18}H_{22}N_6]^{2+}$, Formel XII (n = 4).
Dibromid $[C_{18}H_{22}N_6]Br_2$. *B*. Analog der vorangehenden Verbindung (*Libman et al.*, Soc. **1952** 2305). − Kristalle (aus A.); F: 231° [Zers.].

1,5-Bis-[2-methyl-benzotriazolium-1-yl]-pentan, 2,2'-Dimethyl-1,1'-pentandiyl-bis-benzo⁼ triazolium $[C_{19}H_{24}N_6]^{2+}$, Formel XIII.
Dipicrat $[C_{19}H_{24}N_6](C_6H_2N_3O_7)_2$. *B*. Aus 2-Methyl-2*H*-benzotriazol, 1,5-Dibrom-pentan und Picrinsäure (*Libman et al.*, Soc. **1952** 2305). − Kristalle (aus A.); F: 154°.

1,5-Bis-[3-methyl-benzotriazolium-1-yl]-pentan, 3,3'-Dimethyl-1,1'-pentandiyl-bis-benzo⁼ triazolium $[C_{19}H_{24}N_6]^{2+}$, Formel XII (n = 5).
Dibromid $[C_{19}H_{24}N_6]Br_2$. *B*. Analog der vorangehenden Verbindung (*Libman et al.*, Soc. **1952** 2305). − Kristalle (aus A.); F: 213° [Zers.].

1,6-Bis-benzotriazol-1-yl-hexan, 1*H*,1'*H*-1,1'-Hexandiyl-bis-benzotriazol $C_{18}H_{20}N_6$, Formel IX (n = 6).
B. Aus 1,6-Bis-[2-amino-anilino]-hexan und $NaNO_2$ in wss. HCl (*Ashton, Suschitzky*, Soc. **1957** 4559, 4562).
Kristalle (aus wss. A.); F: 107°.

XII   XIII   XIV

1,6-Bis-[3-methyl-benzotriazolium-1-yl]-hexan, 3,3′-Dimethyl-1,1′-hexandiyl-bis-benzotriazolium $[C_{20}H_{26}N_6]^{2+}$, Formel XII (n = 6).

Dibromid $[C_{20}H_{26}N_6]Br_2$. *B*. Aus 1-Methyl-1*H*-benzotriazol und 1,6-Dibrom-hexan (*Libman et al.*, Soc. **1952** 2305). − Kristalle (aus A.); F: 228° [Zers.].

1,10-Bis-[3-methyl-benzotriazolium-1-yl]-decan, 3,3′-Dimethyl-1,1′-decandiyl-bis-benzotriazolium $[C_{24}H_{34}N_6]^{2+}$, Formel XII (n = 10).

Dijodid $[C_{24}H_{34}N_6]I_2$. *B*. Analog der vorangehenden Verbindung (*Libman et al.*, Soc. **1952** 2305). − Kristalle (aus A.); F: 170° [Zers.].

1*H*,1′*H*-Biphenyl-2,2′-diyl-bis-benzotriazol, 2,2′-Bis-benzotriazol-1-yl-biphenyl $C_{24}H_{16}N_6$, Formel XIV.

B. Aus 2,2′-Bis-[2-amino-anilino]-biphenyl und wss. $NaNO_2$ in Essigsäure (*Macrae, Tucker*, Soc. **1933** 1520, 1522).

Kristalle (aus Bzl.) mit 1 Mol Benzol, F: 195° [korr.; nach Erweichen bei 184°]; die lösungs‌mittelfreie Verbindung schmilzt bei 194−196° [korr.]. Lösungsmittelhaltige Kristalle (aus A., Me. oder Eg.); F: 178−186° [korr.].

*Opt.-inakt. 1,3-Bis-benzotriazol-1-yl-3-phenyl-propan-1-ol $C_{21}H_{18}N_6O$, Formel I.

B. Beim Erwärmen von 1*H*-Benzotriazol mit Zimtaldehyd in Gegenwart von Benzyl-trimethyl-ammonium-hydroxid (*Wiley et al.*, Am. Soc. **76** [1954] 4933).

Kristalle (aus Bzl.+CCl_4); F: 127° [korr.]. λ_{max} (Me.): 258 nm und 276 nm.

6,11-Bis-benzotriazol-1-yl-naphthacen-5,12-dion $C_{30}H_{16}N_6O_2$, Formel II.

B. Beim Erhitzen von 6,11-Dichlor-naphthacen-5,12-dion mit 1*H*-Benzotriazol, Kaliumacetat und Kupferacetat in Nitrobenzol (*Waldmann, Hindenburg*, J. pr. [2] **156** [1940] 157, 162). Aus diazotiertem 6,11-Bis-[2-amino-anilino]-naphthacen-5,12-dion (*Wa., Hi.*).

Gelbe Kristalle (aus Xylol); Zers. bei 291°.

1-[3]Pyridyl-1*H*-benzotriazol $C_{11}H_8N_4$, Formel III.

B. Aus *N*-[3]Pyridyl-*o*-phenylendiamin, $NaNO_2$ und wss. HCl (*Späth, Eiter*, B. **73** [1940] 719, 721).

Kristalle; F: 136,5−137° [nach Sublimation bei 135°/0,01 Torr].

1-[6-Methyl-[2]pyridyl]-1*H*-benzotriazol $C_{12}H_{10}N_4$, Formel IV (R = H, R′ = CH_3).

B. Beim Erhitzen von *o*-Phenylendiamin mit 2-Brom-6-methyl-pyridin und Kupfer-Pulver auf 155°/40 Torr und Behandeln des Reaktionsprodukts mit $NaNO_2$ und wss. HCl (*Searle & Co.*, U.S.P. 2690441 [1953], 2688022 [1953]).

Kristalle; F: 84−85°.

1-[4-Methyl-[2]pyridyl]-1*H*-benzotriazol $C_{12}H_{10}N_4$, Formel IV (R = CH_3, R′ = H).

B. Analog der vorangehenden Verbindung (*Searle & Co.*, U.S.P. 2690441 [1953], 2688022 [1953]).

Kristalle (aus Me.); F: ca. 118°.

2-Benzotriazol-1-yl-chinolin $C_{15}H_{10}N_4$, Formel V (R = X = H) (E II 24).

B. Beim Erhitzen von 2-Chlor-chinolin mit *o*-Phenylendiamin, Kupfer-Pulver und wenig konz. wss. HCl auf 155°/30 Torr und Behandeln des Reaktionsprodukts mit NaNO₂ und äthanol. HCl (*Holt, Petrow*, Soc. **1948** 922).

Kristalle (aus A.); F: 145−146° [korr.].

4-Benzotriazol-1-yl-chinolin $C_{15}H_{10}N_4$, Formel VI (R = X = H).

B. Aus *N*-[4]Chinolyl-*o*-phenylendiamin, NaNO₂ und wss. HCl (*Kermack, Storey*, Soc. **1950** 607, 609).

Kristalle (aus A.); F: 132−133°.

IV   V   VI

4-Benzotriazol-1-yl-6-chlor-chinolin $C_{15}H_9ClN_4$, Formel VI (R = H, X = Cl).

B. Analog der vorangehenden Verbindung (*Kermack, Storey*, Soc. **1950** 607, 611).

Kristalle (aus A.); F: 185−186°.

4-Benzotriazol-1-yl-2-methyl-chinolin $C_{16}H_{12}N_4$, Formel VI (R = CH₃, X = H).

B. Analog den vorangehenden Verbindungen (*Kermack, Smith*, Soc. **1930** 1999, 2003).

Kristalle (aus wss. A.); F: 149°.

H y d r o c h l o r i d $C_{16}H_{12}N_4 \cdot HCl$. Kristalle (aus H₂O) mit 2 Mol H₂O; F: 210°.

2-Benzotriazol-1-yl-4-methyl-chinolin $C_{16}H_{12}N_4$, Formel V (R = CH₃, X = H).

B. Beim Erhitzen von 2-Chlor-4-methyl-chinolin mit *o*-Phenylendiamin, Kupfer-Pulver und wenig konz. wss. HCl und Behandeln des Reaktionsprodukts mit NaNO₂ und äthanol. HCl (*Holt, Petrow*, Soc. **1948** 922).

Kristalle (aus A.); F: 164−165° [korr.].

4-Benzotriazol-1-yl-2-phenyl-chinolin $C_{21}H_{14}N_4$, Formel VI (R = C₆H₅, X = H).

B. Aus *N*-[2-Phenyl-[4]chinolyl]-*o*-phenylendiamin, NaNO₂ und wss.-äthanol. HCl (*Kiang et al.*, Soc. **1956** 1319, 1326).

Kristalle (aus Me.); F: 152−153°.

H y d r o c h l o r i d $C_{21}H_{14}N_4 \cdot HCl$. Kristalle (aus wss. HCl); F: 185−186°.

4-Benzotriazol-1-yl-6-methoxy-chinolin $C_{16}H_{12}N_4O$, Formel VI (R = H, X = O-CH₃).

B. Aus *N*-[6-Methoxy-[4]chinolyl]-*o*-phenylendiamin, NaNO₂ und wss. HCl (*Kermack, Storey*, Soc. **1950** 607, 610).

Kristalle (aus PAe.); F: 129−130°.

4-Benzotriazol-1-yl-6-methoxy-2-methyl-chinolin $C_{17}H_{14}N_4O$, Formel VII (R = H).

B. Aus *N*-[6-Methoxy-2-methyl-[4]chinolyl]-*o*-phenylendiamin, NaNO₂ und wss. HCl (*Kermack, Smith*, Soc. **1930** 1999, 2004).

Rosafarbene Kristalle (aus wss. A.); F: 144°.

H y d r o c h l o r i d $C_{17}H_{14}N_4O \cdot HCl$. Kristalle (aus H₂O) mit 2 Mol H₂O; F: 221°.

2-Benzotriazol-1-yl-6-methoxy-4-methyl-chinolin $C_{17}H_{14}N_4O$, Formel V (R = CH₃, X = O-CH₃).

B. Beim Erhitzen von 2-Chlor-6-methoxy-4-methyl-chinolin mit *o*-Phenylendiamin, Kupfer-

Pulver und wenig konz. wss. HCl und Behandeln des Reaktionsprodukts mit NaNO$_2$ und äthanol. HCl (*Holt, Petrow*, Soc. **1948** 922).

Hellgelbe Kristalle (aus Eg.); F: 162−163° [korr.].

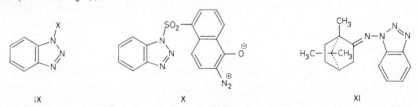

VII   VIII

4-Benzotriazol-1-yl-6-methoxy-2,3-dimethyl-chinolin C$_{18}$H$_{16}$N$_4$O, Formel VII (R = CH$_3$).

B. Aus *N*-[6-Methoxy-2,3-dimethyl-[4]chinolyl]-*o*-phenylendiamin, NaNO$_2$ und wss. HCl (*Kermack, Smith*, Soc. **1930** 1999, 2006).

Kristalle (aus A.); F: 201°.

6-Benzotriazol-1-yl-2-methyl-1H-chinolin-4-on C$_{16}$H$_{12}$N$_4$O, Formel VIII und Taut.

B. Beim Erhitzen von 3-[4-Benzotriazol-1-yl-anilino]-crotonsäure-äthylester auf ca. 265° (*Car= ter et al.*, Soc. **1955** 337, 340).

Bräunliche Kristalle (aus Nitrobenzol); F: 320−340°.

1-Methoxy-1H-benzotriazol C$_7$H$_7$N$_3$O, Formel IX (X = O-CH$_3$) (E II 24).

UV-Spektrum in Hexan und in Äthanol (210−320 nm): *Dal Monte et al.*, G. **88** [1958] 1035, 1053, 1056; in Äthanol und in wss. Methanol (210−330 nm): *Macbeth, Price*, Soc. **1936** 111, 114. λ_{max}: 257 nm und 285−289 nm [CHCl$_3$] bzw. 257 nm, 266 nm und 278 nm [wss. HCl] (*Dal Mo. et al.*, l. c. S. 1053).

1-[Toluol-4-sulfonyl]-1H-benzotriazol C$_{13}$H$_{11}$N$_3$O$_2$S, Formel IX (X = SO$_2$-C$_6$H$_4$-CH$_3$).

B. Aus diazotiertem Toluol-4-sulfonsäure-[2-amino-anilid] (*Riesz et al.*, M. **58** [1931] 147, 168).

Pulver (aus A.+H$_2$O); F: 133°.

IX   X   XI

1-[N-Acetyl-sulfanilyl]-1H-benzotriazol, Essigsäure-[4-(benzotriazol-1-sulfonyl)-anilid] C$_{14}$H$_{12}$N$_4$O$_3$S, Formel IX (X = SO$_2$-C$_6$H$_4$-NH-CO-CH$_3$).

B. Aus *N*-Acetyl-sulfanilsäure-[2-amino-anilid], NaNO$_2$ und wss. H$_2$SO$_4$ (*Webster, Powers*, Am. Soc. **60** [1938] 1553).

Kristalle (aus wss. A.); F: 138−140° [Zers.].

5-[Benzotriazol-1-sulfonyl]-1-hydroxy-naphthalin-2-diazonium-betain C$_{16}$H$_9$N$_5$O$_3$S, Formel X und Mesomeres.

B. Aus 5-Chlorsulfonyl-1-hydroxy-naphthalin-2-diazonium-betain und 1H-Benzotriazol (*Kalle & Co.*, D.B.P. 933012 [1952]).

Kristalle (aus A.); F: 172° [Zers.].

***Benzotriazol-1-yl-[(1R)-bornan-2-yliden]-amin, (1R)-Bornan-2-on-benzotriazol-1-ylimin**, (1R)-Campher-benzotriazol-1-ylimin C$_{16}$H$_{20}$N$_4$, Formel XI.

B. Aus (1R)-Bornan-2-on-[2-amino-phenylhydrazon] und NaNO$_2$ in wss. HCl (*Sparatore*,

G. **85** [1955] 1098, 1107).
Kristalle (aus wss. A.); F: 89–91°.   [*Lange*]

6-Fluor-1-phenyl-1H-benzotriazol $C_{12}H_8FN_3$, Formel I (R = C_6H_5, X = F).
B. Aus 4-Fluor-N^2-phenyl-*o*-phenylendiamin beim Behandeln mit NaNO$_2$ und wss. H$_2$SO$_4$ (*Allen, Suschitzky*, Soc. **1953** 3845, 3848).
Kristalle; F: 113–115° [nach Sublimation].

4-Chlor-1H-benzotriazol $C_6H_4ClN_3$, Formel II (X = Cl, X' = H) und Taut.
B. Aus 3-Chlor-*o*-phenylendiamin beim Behandeln mit NaNO$_2$ und wss. HCl (*Dal Monte, Veggetti*, Boll. scient. Fac. Chim. ind. Univ. Bologna **16** [1958] 1, 2).
Kristalle (aus Xylol); F: 170° (*Dal Mo., Ve.*). UV-Spektrum (A.; 210–310 nm): *Dal Monte et al.*, G. **88** [1958] 977, 998, 1002. λ_{max}: 267 nm [wss. HCl] bzw. 278–279 nm [wss. NaOH] (*Dal Mo. et al.*).

5-Chlor-1H-benzotriazol $C_6H_4ClN_3$, Formel II (X = H, X' = Cl) und Taut. (H 41).
Kristalle (aus H$_2$O); F: 160° (*Mangini, Deliddo*, G. **63** [1933] 612, 620). Assoziation in Naphthalin: *Heafield, Hunter*, Soc. **1942** 420. UV-Spektrum in Äthanol (210–310 nm): *Dal Monte et al.*, G. **88** [1958] 977, 998, 1002; in wss. HCl [1–12 n], in wss. Lösungen vom pH 1,2–11,6 und in wss. NaOH [6 n] (220–290 nm): *Fagel, Ewing*, Am. Soc. **73** [1951] 4360. λ_{max} (wss. HCl sowie wss. NaOH): 282 nm (*Dal Mo. et al.*). Scheinbarer Dissoziationsexponent pK$_a'$ (H$_2$O; spektrophotometrisch ermittelt): 7,7 (*Fa., Ew.*).
Silber-Salz AgC$_6$H$_3$ClN$_3$ (*Ma., De.*).

5-Chlor-3H-benzotriazol-1-oxid $C_6H_4ClN_3O$, Formel III (X = Cl, X' = H) und Taut. (5-Chlor-benzotriazol-1-ol) (E II 24).
B. Aus [5-Chlor-2-nitro-phenyl]-hydrazin beim Erwärmen mit äthanol. KOH (*Mangini, Deliddo*, G. **63** [1933] 612, 628).

I   II   III   IV

6-Chlor-3H-benzotriazol-1-oxid $C_6H_4ClN_3O$, Formel III (X = H, X' = Cl) und Taut. (6-Chlor-benzotriazol-1-ol) (E II 25).
Kristalle (aus H$_2$O); F: 198° (*Joshi, Deorha*, J. Indian chem. Soc. **29** [1952] 545, 548).

6-Chlor-1-methyl-1H-benzotriazol $C_7H_6ClN_3$, Formel I (R = CH$_3$, X = Cl).
B. Aus 5-Chlor-*N*-methyl-2-nitro-anilin beim Behandeln mit SnCl$_2$ und konz. wss. HCl und anschliessend mit NaNO$_2$ und wss. HCl (*Wiley, Hussung*, Am. Soc. **79** [1957] 4395, 4399).
Kristalle (aus CCl$_4$); F: 121–123° [unkorr.]. λ_{max} (Me.): 270 nm und 282 nm.

5-Chlor-1-phenyl-1H-benzotriazol $C_{12}H_8ClN_3$, Formel IV (X = X' = H) (H 41).
UV-Spektrum (A. sowie wss. HCl; 340 nm): *Dal Monte et al.*, G. **88** [1958] 977, 1012, 1015.

5-Chlor-1-[4-chlor-phenyl]-1*H*-benzotriazol $C_{12}H_7Cl_2N_3$, Formel IV (X = H, X' = Cl).

B. Aus 4-Chlor-N^1-[4-chlor-phenyl]-*o*-phenylendiamin beim Behandeln mit $NaNO_2$ und Essigsäure (*Plant, Powell,* Soc. **1947** 937).

Braune Kristalle; F: 180° (*Dal Monte et al.,* G. **88** [1958] 977, 1012), 175° [aus A.] (*Pl., Po.*). UV-Spektrum (A.; 210−340 nm): *Dal Mo. et al.,* l. c. S. 1012, 1015.

Beim Erhitzen auf 360° ist 3,6-Dichlor-carbazol erhalten worden (*Pl., Po.*).

5-Chlor-1-[2,4-dichlor-phenyl]-1*H*-benzotriazol $C_{12}H_6Cl_3N_3$, Formel IV (X = X' = Cl).

B. Aus 4-Chlor-N^1-[2,4-dichlor-phenyl]-*o*-phenylendiamin beim Behandeln mit $NaNO_2$ und H_2SO_4 (*Barry, Belton,* Pr. Irish Acad. **57** B [1955] 141, 146).

Kristalle (aus A.); F: 150°.

5-Chlor-2-phenyl-2*H*-benzotriazol $C_{12}H_8ClN_3$, Formel V (X = X' = X'' = H).

B. Aus diazotiertem 2-Phenyl-2*H*-benzotriazol-5-ylamin beim Erwärmen mit CuCl und wss. HCl (*Arient, Dvořák,* Collect. **22** [1957] 632). Aus 5-Chlor-2-phenyl-2*H*-benzotriazol-1-oxid mit Hilfe von $SnCl_2$ und wss. HCl (*Dal Monte, Veggetti,* Boll. scient. Fac. Chim. ind. Univ. Bologna **16** [1958] 1, 8, 9).

Kristalle (aus A.); F: 117° (*Dal Mo., Ve.*), 116−117° (*Ar., Dv.*). UV-Spektrum (A.; 210−350 nm): *Dal Monte et al.,* G. **88** [1958] 977, 1023, 1025.

5-Chlor-2-[2-chlor-phenyl]-2*H*-benzotriazol $C_{12}H_7Cl_2N_3$, Formel V (X = Cl, X' = X'' = H).

B. Aus 5-Chlor-2-[2-chlor-phenyl]-2*H*-benzotriazol-1-oxid mit Hilfe von $SnCl_2$ und wss. HCl (*Dal Monte, Veggetti,* Boll. scient. Fac. Chim. ind. Univ. Bologna **16** [1958] 1, 8, 9).

Kristalle (aus PAe.); F: 127−128° (*Dal Mo., Ve.*). UV-Spektrum (A.; 220−340 nm): *Dal Monte et al.,* G. **88** [1958] 1035, 1054, 1059.

5-Chlor-2-[3-chlor-phenyl]-2*H*-benzotriazol $C_{12}H_7Cl_2N_3$, Formel V (X = X'' = H, X' = Cl).

B. Analog der vorangehenden Verbindung (*Dal Monte, Veggetti,* Boll. scient. Fac. Chim. ind. Univ. Bologna **16** [1958] 1, 8, 9).

Kristalle (aus Bzl.); F: 168° (*Dal Mo., Ve.*). UV-Spektrum (A.; 220−350 nm): *Dal Monte et al.,* G. **88** [1958] 1035, 1054, 1059.

5-Chlor-2-[4-chlor-phenyl]-2*H*-benzotriazol $C_{12}H_7Cl_2N_3$, Formel V (X = X' = H, X'' = Cl).

B. Aus diazotiertem 2-[4-Chlor-phenyl]-2*H*-benzotriazol-5-ylamin beim Erwärmen mit CuCl und wss. HCl (*Arient, Dvořák,* Collect. **22** [1957] 632).

Kristalle (aus Bzl.); F: 187−188°.

6-Chlor-1-phenyl-1*H*-benzotriazol $C_{12}H_8ClN_3$, Formel VI (X = X' = X'' = H) (H 41).

UV-Spektrum (A. sowie wss. HCl; 210−330 nm): *Dal Monte et al.,* G. **88** [1958] 977, 1012, 1015.

6-Chlor-1-[2-chlor-phenyl]-1*H*-benzotriazol $C_{12}H_7Cl_2N_3$, Formel VI (X = Cl, X' = X'' = H).

B. Aus 4-Chlor-N^2-[2-chlor-phenyl]-*o*-phenylendiamin beim Behandeln mit $NaNO_2$ und wss. HCl (*Dal Monte, Veggetti,* Boll. scient. Fac. Chim. ind. Univ. Bologna **16** [1958] 1, 4, 5).

Kristalle (aus PAe.); F: 120° (*Dal Mo., Ve.*). λ_{max}: 269 nm [A.] bzw. 274 nm [wss. HCl] (*Dal Monte et al.,* G. **88** [1958] 977, 1012).

6-Chlor-1-[3-chlor-phenyl]-1*H*-benzotriazol $C_{12}H_7Cl_2N_3$, Formel VI (X = X'' = H, X' = Cl).

B. Analog der vorangehenden Verbindung (*Dal Monte, Veggetti,* Boll. scient. Fac. Chim. ind. Univ. Bologna **16** [1958] 1, 4, 5).

Kristalle (aus Toluol); F: 165° (*Dal Mo., Ve.*). UV-Spektrum (A.; 210−340 nm): *Dal Monte et al.,* G. **88** [1958] 977, 1012, 1015.

6-Chlor-1-[4-chlor-phenyl]-1*H*-benzotriazol $C_{12}H_7Cl_2N_3$, Formel VI (X = X' = H, X'' = Cl).

B. Analog den vorangehenden Verbindungen (*Dal Monte et al.,* G. **88** [1958] 977, 1012).

F: 204°. UV-Spektrum (A.; 210−340 nm): *Dal Mo.,* l. c. S. 1012, 1015.

V   VI   VII

1-[4-Brom-phenyl]-6-chlor-1*H***-benzotriazol** $C_{12}H_7BrClN_3$, Formel VI (X = X′ = H,
X″ = Br).

B. Aus [4-Brom-phenyl]-[5-chlor-2-nitro-phenyl]-amin beim Behandeln mit Zinn und wss.
HCl und anschliessend mit $NaNO_2$ (*Mangini*, G. **65** [1935] 1191, 1197).

Kristalle (aus PAe. + Bzl.); F: 209 − 210°.

5-Chlor-2-phenyl-2*H***-benzotriazol-1-oxid** $C_{12}H_8ClN_3O$, Formel VII (X = X′ = X″ = H)
(H 41).

B. Aus *N*-[5-Chlor-2-nitro-phenyl]-*N*′-phenyl-hydrazin mit Hilfe von Acetanhydrid (*Mangini,
Deliddo,* G. **65** [1935] 214, 221).

λ_{max} (A.): 320 nm (*Dal Monte et al.*, G. **88** [1958] 1035, 1055).

5-Chlor-2-[2-chlor-phenyl]-2*H***-benzotriazol-1-oxid** $C_{12}H_7Cl_2N_3O$, Formel VII (X = Cl,
X′ = X″ = H).

B. Aus *N*-[5-Chlor-2-nitro-phenyl]-*N*′-[2-chlor-phenyl]-hydrazin mit Hilfe von Acetanhydrid
(*Dal Monte, Veggetti,* Boll. scient. Fac. Chim. ind. Univ. Bologna **16** [1958] 1, 6, 7).

Kristalle (aus Bzl.); F: 174 − 175° (*Dal Mo., Ve.*). UV-Spektrum (A.; 220 − 380 nm): *Dal
Monte et al.*, G. **88** [1958] 1035, 1055, 1059.

5-Chlor-2-[3-chlor-phenyl]-2*H***-benzotriazol-1-oxid** $C_{12}H_7Cl_2N_3O$, Formel VII (X = X″ = H,
X′ = Cl).

B. Aus *N*-[5-Chlor-2-nitro-phenyl]-*N*′-[3-chlor-phenyl]-hydrazin mit Hilfe von Acetanhydrid
oder aus 3,5′-Dichlor-2-nitro-azobenzol und äthanol. $[NH_4]_2S$ (*Dal Monte, Veggetti,* Boll. scient.
Fac. Chim. ind. Univ. Bologna **16** [1958] 1, 6, 7).

Kristalle (aus Bzl.); F: 186° (*Dal Mo., Ve.*). UV-Spektrum (A.; 220 − 400 nm): *Dal Monte
et al.*, G. **88** [1958] 1035, 1055, 1059.

5-Chlor-2-[4-nitro-phenyl]-2*H***-benzotriazol-1-oxid** $C_{12}H_7ClN_4O_3$, Formel VII (X = X′ = H,
X″ = NO₂).

B. Aus *N*-[5-Chlor-2-nitro-phenyl]-*N*′-[4-nitro-phenyl]-hydrazin mit Hilfe von Acetanhydrid
(*Mangini*, G. **65** [1935] 1191, 1196).

Gelbe Kristalle (aus A.); F: 143 − 144°.

6-Chlor-1-*o***-tolyl-1***H***-benzotriazol** $C_{13}H_{10}ClN_3$, Formel VI (X = CH_3, X′ = X″ = H).

B. Aus 4-Chlor-N^2-*o*-tolyl-*o*-phenylendiamin beim Behandeln mit $NaNO_2$ und wss. HCl
(*Dal Monte, Veggetti,* Boll. scient. Fac. Chim. ind. Univ. Bologna **16** [1958] 1, 4, 5).

Kristalle (aus PAe.); F: 83 − 84° (*Dal Mo., Ve.*). UV-Spektrum (A. sowie wss. HCl;
220 − 370 nm): *Dal Monte et al.*, G. **88** [1958] 977, 1012, 1017.

6-Chlor-1-*m***-tolyl-1***H***-benzotriazol** $C_{13}H_{10}ClN_3$, Formel VI (X = X″ = H, X′ = CH_3).

B. Analog der vorangehenden Verbindung (*Dal Monte, Veggetti,* Boll. scient. Fac. Chim.
ind. Univ. Bologna **16** [1958] 1, 4, 5).

Kristalle (aus A.); F: 88° (*Dal Mo., Ve.*). UV-Spektrum (A. sowie wss. HCl; 220 − 330 nm):
Dal Monte et al., G. **88** [1958] 977, 1012, 1017.

6-Chlor-1-p-tolyl-1H-benzotriazol $C_{13}H_{10}ClN_3$, Formel VI (X = X′ = H, X″ = CH_3).

B. Analog den vorangehenden Verbindungen (*Mangini*, G. **65** [1935] 1191, 1200).

Kristalle (aus A.+PAe.); F: 239—241° (*Ma.*). λ_{max} (A.): 240 nm und 279 nm (*Dal Monte et al.*, G. **88** [1958] 977, 1012).

1-Biphenyl-4-yl-6-chlor-1H-benzotriazol $C_{18}H_{12}ClN_3$, Formel VI (X = X′ = H, X″ = C_6H_5).

B. Aus Biphenyl-4-yl-[5-chlor-2-nitro-phenyl]-amin beim Behandeln mit Zinn und wss. HCl und anschliessend mit $NaNO_2$ (*Mangini*, G. **65** [1935] 1191, 1198).

Kristalle (aus PAe.+Bzl.); F: 175—176°.

6-Chlor-1-[2-methoxy-phenyl]-1H-benzotriazol $C_{13}H_{10}ClN_3O$, Formel VI (X = O-CH_3, X′ = X″ = H).

B. Aus 4-Chlor-N^2-[2-methoxy-phenyl]-o-phenylendiamin beim Behandeln mit $NaNO_2$ und wss. HCl (*Dal Monte, Veggetti*, Boll. scient. Fac. Chim. ind. Univ. Bologna **16** [1958] 1, 4, 5).

Kristalle (aus PAe.); F: 135° (*Dal Mo., Ve.*). λ_{max} (A. sowie wss. HCl): 280 nm (*Dal Monte et al.*, G. **88** [1958] 977, 1012).

5-Chlor-1-chlormethyl-1H-benzotriazol $C_7H_5Cl_2N_3$, Formel VIII (R = CH_2Cl, X = Cl, X′ = H).

F: 95° (*Farbenfabr. Bayer*, D.B.P. 933627 [1953]).

6-Chlor-1-chlormethyl-1H-benzotriazol $C_7H_5Cl_2N_3$, Formel VIII (R = CH_2Cl, X = H, X′ = Cl).

F: 106° (*Farbenfabr. Bayer*, D.B.P. 933627 [1953]).

1-Acetyl-5(oder 6)-chlor-1H-benzotriazol $C_8H_6ClN_3O$, Formel VIII (R = CO-CH_3, X = Cl, X′ = H oder R = CO-CH_3, X = H, X′ = Cl).

B. Aus 5-Chlor-1H-benzotriazol und Acetanhydrid (*Mangini, Deliddo*, G. **63** [1933] 612, 621). Aus Essigsäure-[2-amino-4-chlor-anilid] (*Whetsel et al.*, Am. Soc. **78** [1956] 3360, 3363).

Kristalle (aus A.); F: 90° (*Ma., De.*).

VIII   IX   X

(±)-5-Chlor-1-[4-diäthylamino-1-methyl-butyl]-1H-benzotriazol, (±)-Diäthyl-[4-(5-chlor-benzotriazol-1-yl)-pentyl]-amin $C_{15}H_{23}ClN_4$, Formel IX.

B. Aus (±)-4-Chlor-N^1-[4-diäthylamino-1-methyl-butyl]-o-phenylendiamin beim Behandeln mit $NaNO_2$ und wss. HCl (*McKee et al.*, Am. Soc. **68** [1946] 1904).

Kp_3: 177—178°.

1,4-Bis-[5-chlor-benzotriazol-1-yl]-benzol, 5,5′-Dichlor-1H,1′H-1,1′-p-phenylen-bis-benzotriazol $C_{18}H_{10}Cl_2N_6$, Formel X.

B. Aus N,N′-Bis-[2-amino-4-chlor-phenyl]-p-phenylendiamin beim Behandeln mit $NaNO_2$ und wss. HCl in Essigsäure (*Clifton, Plant*, Soc. **1951** 461, 463).

Kristalle (aus Nitrobenzol); F: 325° [Zers.].

5-Chlor-1-[2]pyridyl-1H-benzotriazol $C_{11}H_7ClN_4$, Formel XI.

B. Aus [4-Chlor-2-nitro-phenyl]-[2]pyridyl-amin beim Behandeln mit $Na_2S_2O_4$ und wss. KOH und anschliessend mit $NaNO_2$ und wss. HCl (*Ashton, Suschitzky*, Soc. **1957** 4559, 4562).

Kristalle (aus H_2O, wss. A. oder Acn.); F: 152°.

Beim Erhitzen mit H_3PO_4 auf 200° ist 6-Chlor-9H-pyrido[2,3-b]indol erhalten worden.

XI   XII   XIII

1-Acetoxy-6-chlor-1H-benzotriazol $C_8H_6ClN_3O_2$, Formel XII.

B. Aus 6-Chlor-3H-benzotriazol-1-oxid und Acetanhydrid (*Joshi, Deorha,* J. Indian chem. Soc. **29** [1952] 545, 548).

Kristalle (aus H_2O); F: 137°.

5(oder 6)-Chlor-1-trichlormethansulfenyl-1H-benzotriazol $C_7H_3Cl_4N_3S$, Formel XIII (X = Cl, X' = H oder X = H, X' = Cl).

B. Aus 5-Chlor-1H-benzotriazol und Trichlormethansulfenylchlorid (*Geigy A.G.,* U.S.P. 2806035 [1956]).

Kristalle (aus PAe.); F: 80 − 81°.

4,6-Dichlor-3H-benzotriazol-1-oxid $C_6H_3Cl_2N_3O$, Formel XIV (R = H) und Taut. (4,6-Di‑ chlor-benzotriazol-1-ol).

B. Aus 3,5-Dichlor-1,2-dinitro-benzol beim Erwärmen mit $N_2H_4 \cdot H_2O$ in Äthanol (*Vis,* R. **58** [1939] 847, 848).

F: 193°. Explosiv.

Hydrazin-Salz $C_6H_3Cl_2N_3O \cdot N_2H_4$. Kristalle (aus wss. A.); F: 186 − 193° [Zers.]. Ex‑ plosiv.

4,6-Dichlor-3-methyl-3H-benzotriazol-1-oxid $C_7H_5Cl_2N_3O$, Formel XIV (R = CH_3).

B. Aus 3,5-Dichlor-1,2-dinitro-benzol beim Erwärmen mit Methylhydrazin in Äthanol (*Vis,* R. **58** [1939] 847, 851).

Kristalle (aus A.); F: 141°.

4,6-Dichlor-1-methoxy-1H-benzotriazol $C_7H_5Cl_2N_3O$, Formel XV.

B. Aus dem Silber-Salz des 4,6-Dichlor-3H-benzotriazol-1-oxids und CH_3I (*Vis,* R. **58** [1939] 847, 852).

F: 110 − 140°.

XIV   XV   I

4,7-Dichlor-1H-benzotriazol $C_6H_3Cl_2N_3$, Formel I (R = H) und Taut.

B. Aus 3,6-Dichlor-*o*-phenylendiamin beim Behandeln mit $NaNO_2$ und Essigsäure (*Wiley, Hussung,* Am. Soc. **79** [1957] 4395, 4397).

Kristalle (aus Nitromethan); F: 275 − 277° [unkorr.]. λ_{max} (Me.): 264 nm, 270 nm und 285 nm.

4,7-Dichlor-3H-benzotriazol-1-oxid $C_6H_3Cl_2N_3O$, Formel II und Taut. (4,7-Dichlor- benzotriazol-1-ol).

B. Aus 1,4-Dichlor-2,3-dinitro-benzol und $N_2H_4 \cdot H_2O$ (*Qvist,* Acta Acad. Åbo **19** Nr. 4 [1953] 3, 7).

Kristalle (aus A.); F: 198 − 199° [Zers.].

4,7-Dichlor-1-methyl-1H-benzotriazol $C_7H_5Cl_2N_3$, Formel I (R = CH_3).

B. Neben 4,7-Dichlor-2-methyl-2H-benzotriazol beim Erwärmen von 4,7-Dichlor-1H-benzo⁼triazol mit Dimethylsulfat und wss. NaOH (*Wiley, Hussung,* Am. Soc. **79** [1957] 4395, 4397).

Kristalle (aus CCl_4); F: 150−152° [unkorr.]. UV-Spektrum (Me.; 250−310 nm): *Wi., Hu.*

4,7-Dichlor-2-methyl-2H-benzotriazol $C_7H_5Cl_2N_3$, Formel III (R = CH_3).

B. s. bei der vorangehenden Verbindung.

Kristalle (aus Me.); F: 174−176° [unkorr.] (*Wiley, Hussung,* Am. Soc. **79** [1957] 4395, 4397). UV-Spektrum (Me.; 260−310 nm): *Wi., Hu.*

(±)-3-[4,7-Dichlor-benzotriazol-2-yl]-1,3-diphenyl-propan-1-on $C_{21}H_{15}Cl_2N_3O$, Formel III (R = $CH(C_6H_5)$-CH_2-CO-C_6H_5).

B. Aus 4,7-Dichlor-1H-benzotriazol und *trans*-Chalkon (*Wiley, Hussung,* Am. Soc. **79** [1957] 4395, 4397).

Kristalle (aus A.); F: 150−151° [unkorr.]. λ_{max} (Me.): 286 nm.

(±)-3-[4,7-Dichlor-benzotriazol-2-yl]-buttersäure $C_{10}H_9Cl_2N_3O_2$, Formel III (R = $CH(CH_3)$-CH_2-CO-OH).

B. Aus 4,7-Dichlor-1H-benzotriazol und *trans*-Crotonsäure (*Wiley, Hussung,* Am. Soc. **79** [1957] 4395, 4398).

Kristalle (aus wss. Eg.); F: 158−160° [unkorr.]. UV-Spektrum (Me.; 260−310 nm): *Wi., Hu.*

II   III   IV   V

5,6-Dichlor-1H-benzotriazol $C_6H_3Cl_2N_3$, Formel IV (R = X = H) und Taut.

B. Aus 1,2-Dichlor-4,5-dinitro-benzol beim Behandeln mit $SnCl_2$ und wss. HCl und anschlies⁼send mit $NaNO_2$ in H_2O (*Wiley, Hussung,* Am. Soc. **79** [1957] 4395, 4397).

Kristalle (aus E.); F: 264−266° [unkorr.]. λ_{max} (Me.): 270 nm und 292 nm.

5,6-Dichlor-3H-benzotriazol-1-oxid $C_6H_3Cl_2N_3O$, Formel V und Taut. (5,6-Dichlor-benzotriazol-1-ol) (E II 25).

B. Aus 1,2-Dichlor-4,5-dinitro-benzol und $N_2H_4 \cdot H_2O$ (*Qvist,* Acta Acad. Åbo **19** Nr. 5 [1953] 3, 8).

Kristalle; F: 215° [aus A.] (*Singh, Kapil,* J. org. Chem. **25** [1960] 657), 196,5° [aus wss. A.] (*Qv.*).

5,6-Dichlor-1-methyl-1H-benzotriazol $C_7H_5Cl_2N_3$, Formel IV (R = CH_3, X = H).

B. Neben 5,6-Dichlor-2-methyl-2H-benzotriazol aus 5,6-Dichlor-1H-benzotriazol beim Er⁼wärmen mit Dimethylsulfat und wss. NaOH (*Wiley, Hussung,* Am. Soc. **79** [1957] 4395, 4397).

Kristalle (aus Nitromethan); F: 210−212° [unkorr.]. UV-Spektrum (Me.; 250−310 nm): *Wi., Hu.*

5,6-Dichlor-2-methyl-2H-benzotriazol $C_7H_5Cl_2N_3$, Formel VI.

B. s. bei der vorangehenden Verbindung.

Kristalle (aus Me.); F: 186−188° [unkorr.] (*Wiley, Hussung,* Am. Soc. **79** [1957] 4395, 4397). UV-Spektrum (Me.; 260−310 nm): *Wi., Hu.*

(±)-3-[5,6-Dichlor-benzotriazol-1-yl]-buttersäure $C_{10}H_9Cl_2N_3O_2$, Formel IV (R = $CH(CH_3)$-CH_2-CO-OH, X = H).

B. Aus 5,6-Dichlor-1H-benzotriazol und *trans*-Crotonsäure (*Wiley, Hussung,* Am. Soc. **79**

[1957] 4395, 4397).

Kristalle (aus wss. Eg.); F: 174—175° [unkorr.]. UV-Spektrum (Me.; 260—305 nm): *Wi., Hu.*

4(?),5(?),6(?)-Trichlor-1-methyl-1*H*-benzotriazol $C_7H_4Cl_3N_3$, vermutlich Formel IV (R = CH₃, X = Cl).

B. Aus 1-Methyl-1*H*-benzotriazol beim Erhitzen mit wss. HCl und HNO₃ (*Wiley et al.*, Am. Soc. **77** [1955] 5105, 5108).

Kristalle (aus Me.); F: 165—168°. λ_{max}: 267 nm, 275 nm und 302 nm.

4,5,6,7-Tetrachlor-1*H*-benzotriazol $C_6HCl_4N_3$, Formel VII (R = H) und Taut.

B. Aus 1*H*-Benzotriazol, 5-Chlor-1*H*-benzotriazol (*Wiley et al.*, Am. Soc. **77** [1955] 5105, 5107) oder 4-Nitro-1*H*-benzotriazol (*Wiley, Hussung*, Am. Soc. **79** [1957] 4395, 4399) beim Erhitzen mit wss. HCl und HNO₃.

Kristalle (aus Nitromethan); F: 256—260° [unkorr.] (*Wi. et al.; Wi., Hu.*). λ_{max}: 223 nm, 280 nm und 297 nm (*Wi. et al.*). Scheinbare Dissoziationskonstante K'_a (H₂O?): $3 \cdot 10^{-5}$ (*Wi. et al.*, l. c. S. 5106).

Benzyl-trimethyl-ammonium-Salze $[C_{10}H_{16}N]C_6Cl_4N_3 \cdot C_6HCl_4N_3$. Kristalle (aus E.); F: 197—199° (*Wi. et al.*). λ_{max}: ca. 290 nm und 298 nm (*Wi. et al.*). — $[C_{10}H_{16}N]C_6Cl_4N_3 \cdot 2 C_6HCl_4N_3$. Kristalle (aus Nitromethan); F: 184—186° (*Wi. et al.*). λ_{max}: 220 nm, 282 nm und 298 nm (*Wi. et al.*).

4,5,6,7-Tetrachlor-1-methyl-1*H*-benzotriazol $C_7H_3Cl_4N_3$, Formel VII (R = CH₃).

B. Aus 1-Methyl-1*H*-benzotriazol beim Erhitzen mit wss. HCl und HNO₃ (*Wiley, Hussung*, Am. Soc. **79** [1957] 4395, 4399). Neben 4,5,6,7-Tetrachlor-2-methyl-2*H*-benzotriazol aus 4,5,6,7-Tetrachlor-1*H*-benzotriazol und Dimethylsulfat in wss. NaOH (*Wiley et al.*, Am. Soc. **77** [1955] 5105, 5107).

Kristalle (aus CCl₄); F: 193,5—196,5° (*Wi. et al.*). UV-Spektrum (240—320 nm): *Wi. et al.*

4,5,6,7-Tetrachlor-2-methyl-2*H*-benzotriazol $C_7H_3Cl_4N_3$, Formel VIII (R = CH₃).

B. Aus 2-Methyl-2*H*-benzotriazol (*Wiley et al.*, Am. Soc. **77** [1955] 5105, 5107), 2-Methyl-4-nitro-2*H*-benzotriazol oder 2,5-Dimethyl-2*H*-benzotriazol (*Wiley, Hussung*, Am. Soc. **79** [1957] 4395, 4399, 4400) beim Erhitzen mit wss. HCl und HNO₃. Eine weitere Bildung s. im vorangehenden Artikel.

Kristalle (aus Me.); F: 182—184° [unkorr.] (*Wi., Hu.*). UV-Spektrum (240—320 nm): *Wi. et al.*

1-Äthyl-4,5,6,7-tetrachlor-1*H*-benzotriazol $C_8H_5Cl_4N_3$, Formel VII (R = C₂H₅).

B. Aus 1-Äthyl-1*H*-benzotriazol beim Erhitzen mit wss. HCl und HNO₃ (*Wiley, Hussung*, Am. Soc. **79** [1957] 4395, 4399).

Kristalle (aus Me.); F: 114—117° [unkorr.]. λ_{max} (Me.): 283 nm und 304 nm.

2-Äthyl-4,5,6,7-tetrachlor-2*H*-benzotriazol $C_8H_5Cl_4N_3$, Formel VIII (R = C₂H₅).

B. Analog der vorangehenden Verbindung (*Wiley, Hussung*, Am. Soc. **79** [1957] 4395, 4399).

Kristalle (aus Me.); F: 160—163° [unkorr.]. λ_{max} (Me.): 294 nm und 300 nm.

(±)-1,3-Diphenyl-3-[tetrachlor-benzotriazol-2-yl]-propan-1-on $C_{21}H_{13}Cl_4N_3O$, Formel VIII (R = CH(C₆H₅)-CH₂-CO-C₆H₅).

B. Aus 4,5,6,7-Tetrachlor-1*H*-benzotriazol und *trans*-Chalkon (*Wiley et al.*, Am. Soc. **77** [1955] 5105, 5108).

Kristalle (aus Nitromethan); F: 160—162°. λ_{max}: 220 nm und 296 nm.

3-[Tetrachlor-benzotriazol-2-yl]-propionsäure $C_9H_5Cl_4N_3O_2$, Formel VIII (R = CH₂-CH₂-CO-OH).

B. Aus 4,5,6,7-Tetrachlor-1*H*-benzotriazol und Acrylsäure (*Wiley et al.*, Am. Soc. **77** [1955]

5105, 5108).
Kristalle (aus wss. Eg.); F: 188–192°. λ_{max}: 294 nm und 302 nm.

VI   VII   VIII   IX

3-[Tetrachlor-benzotriazol-2-yl]-propionsäure-amid $C_9H_6Cl_4N_4O$, Formel VIII
($R = CH_2$-CH_2-CO-NH_2).
B. Aus 4,5,6,7-Tetrachlor-1*H*-benzotriazol und Acrylamid (*Wiley et al.*, Am. Soc. **77** [1955]
5105, 5108).
Kristalle (aus E.); F: 250–253°. λ_{max}: 293 nm und 302 nm.

3-[Tetrachlor-benzotriazol-2-yl]-propionitril $C_9H_4Cl_4N_4$, Formel VIII ($R = CH_2$-CH_2-CN).
B. Aus 4,5,6,7-Tetrachlor-1*H*-benzotriazol und Acrylonitril (*Wiley et al.*, Am. Soc. **77** [1955]
5105, 5108).
Kristalle (aus Me.); F: 195–198°. λ_{max}: 294 nm und 302 nm.

(±)-3-[Tetrachlor-benzotriazol-2-yl]-buttersäure $C_{10}H_7Cl_4N_3O_2$, Formel VIII
($R = CH(CH_3)$-CH_2-CO-OH).
B. Aus 4,5,6,7-Tetrachlor-1*H*-benzotriazol und *trans*-Crotonsäure (*Wiley et al.*, Am. Soc.
77 [1955] 5105, 5108).
Kristalle (aus wss. Eg.); F: 201–203°. λ_{max}: 302 nm.

(±)-3-[Tetrachlor-benzotriazol-2-yl]-buttersäure-amid $C_{10}H_8Cl_4N_4O$, Formel VIII
($R = CH(CH_3)$-CH_2-CO-NH_2).
B. Aus (±)-3-[Tetrachlor-benzotriazol-2-yl]-buttersäure beim Behandeln mit SOCl$_2$ und an≠
schliessend mit wss. NH$_3$ (*Wiley, Hussung*, Am. Soc. **79** [1957] 4395, 4399).
Kristalle (aus Nitromethan); F: 228–229° [unkorr.]. λ_{max} (Me.): 294 nm und 302 nm.

**4,5,6,7-Tetrachlor-1-[2-dimethylamino-äthyl]-1*H*-benzotriazol, Dimethyl-[2-(tetrachlor-
benzotriazol-1-yl)-äthyl]-amin** $C_{10}H_{10}Cl_4N_4$, Formel VII ($R = CH_2$-CH_2-N(CH_3)$_2$).
B. In geringer Menge aus 4,5,6,7-Tetrachlor-1*H*-benzotriazol und [2-Chlor-äthyl]-dimethyl-
amin (*Wiley, Hussung*, Am. Soc. **79** [1957] 4395, 4399).
Kristalle (aus A.); F: 93–95°. λ_{max} (Me.): 276 nm, 283 nm und 305 nm.

**4,5,6,7-Tetrachlor-2-[2-dimethylamino-äthyl]-2*H*-benzotriazol, Dimethyl-[2-(tetrachlor-
benzotriazol-2-yl)-äthyl]-amin** $C_{10}H_{10}Cl_4N_4$, Formel VIII ($R = CH_2$-CH_2-N(CH_3)$_2$).
B. Aus 4,5,6,7-Tetrachlor-1*H*-benzotriazol und [2-Chlor-äthyl]-dimethyl-amin (*Wiley et al.*,
Am. Soc. **77** [1955] 5105, 5108).
Kristalle (aus A.); F: 145°; λ_{max}: 296 nm und 301 nm (*Wi. et al.*).
Mono-methojodid [$C_{11}H_{13}Cl_4N_4$]I; Trimethyl-[2-(tetrachlor-benzotriazol-
2-yl)-äthyl]-ammonium-jodid. Kristalle (aus A.); F: 249–250° [unkorr.; Zers.]; λ_{max}
(Me.): 294 nm und 304 nm (*Wiley, Hussung*, Am. Soc. **79** [1957] 4395, 4399).
Bis-methochlorid [$C_{12}H_{16}Cl_4N_4$]Cl$_2$. Kristalle (aus Nitromethan); F: 236–237° [un≠
korr.]; λ_{max} (Me.): 294 nm, 300 nm und 306 nm (*Wi., Hu.*).

5-Brom-1*H*-benzotriazol $C_6H_4BrN_3$, Formel IX ($R = H$) und Taut. (H 42).
B. Aus 4-Brom-*o*-phenylendiamin und HNO$_2$ (*Phillips*, Soc. **1931** 1143, 1149). Aus 1-Acetyl-5-
brom-1*H*-benzotriazol beim Behandeln mit wss. Alkali (*Ph.*).

Kristalle (aus wss. A.); F: 150° (*Ph.*).

Silber-Salz $AgC_6H_3BrN_3$ (H 42). Kristalle (*Tarašewitsch*, Vestnik Moskovsk. Univ. **3** [1948] Nr. 10, S. 161, 163; C. A. **1950** 5759).

Kobalt-Salze $Co(C_6H_3BrN_3)_2$. Herstellung: *Cambi, Paglia*, R.A.L. [8] **20** [1956] 735. Dunkelbraun. Paramagnetisch; magnetisches Moment: *Ca.*, *Pa.* – $[Co(C_6H_3BrN_3)(NH_3)_4(NO_2)]Cl$. Herstellung: *Ca., Pa.* Gelbe Kristalle. Diamagnetisch. – $(Co^{II}[Co^{III}(C_6H_3BrN_3)_4]_2$. Herstellung: *Ca., Pa.* Orangegelb. Paramagnetisch; magnetisches Moment: *Ca., Pa.*

Verbindung mit Palladium(II)-chlorid $2C_6H_3BrN_3 \cdot PdCl_2$. Hellgelb (*Lomakina, Tarašewitsch*, Vestnik Moskovsk. Univ. **12** [1957] Nr. 3, S. 217; C. A. **1958** 4405).

5-Brom-3*H*-benzotriazol-1-oxid $C_6H_4BrN_3O$, Formel X (X = Br, X' = H) und Taut. (5-Brom-benzotriazol-1-ol).

B. Aus [5-Brom-2-nitro-phenyl]-hydrazin beim Erwärmen mit äthanol. KOH (*Mangini*, G. **66** [1936] 675, 682).

Kristalle (aus A.); F: 201,5 – 202,5° [Explosion].

6-Brom-3*H*-benzotriazol-1-oxid $C_6H_4BrN_3O$, Formel X (X = H, X' = Br) und Taut. (6-Brom-benzotriazol-1-ol) (E II 26).

B. Aus 4-Brom-1-chlor-2-nitro-benzol (*Joshi, Deorha*, J. Indian chem. Soc. **29** [1952] 545, 546, 548) oder 1,4-Dibrom-2-nitro-benzol (*Mangini*, G. **66** [1936] 675, 683) beim Erhitzen mit $N_2H_4 \cdot H_2O$ in Äthanol.

Kristalle; F: 196° [aus Bzl.] (*Jo., De.*), 188 – 190° [Zers.; aus A.] (*Ma.*).

O-Acetyl-Derivat $C_8H_6BrN_3O_2$; 1-Acetoxy-6-brom-1*H*-benzotriazol. Kristalle (aus Bzl.); F: 134° (*Jo., De.*).

1-Acetyl-5-brom-1*H*-benzotriazol $C_8H_6BrN_3O$, Formel IX (R = $CO\text{-}CH_3$) (H 43).

B. Aus Essigsäure-[2-amino-4-brom-anilid]-hydrochlorid und $NaNO_2$ (*Phillips*, Soc. **1931** 1143, 1149).

Kristalle (aus wss. A.); F: 112°.

4,6-Dibrom-1*H*-benzotriazol $C_6H_3Br_2N_3$, Formel XI (R = H) und Taut.

B. Neben 1-[*N*-Acetyl-sulfanilyl]-4,6-dibrom-1*H*-benzotriazol aus *N*-Acetyl-sulfanilsäure-[2-amino-3,5-dibrom-anilid] beim Erwärmen mit $NaNO_2$ und wss. H_2SO_4 (*Itai, Miyake*, J. pharm. Soc. Japan **62** [1942] 377; C. A. **1951** 4215).

Kristalle (aus A.); F: 273 – 274°.

4,6-Dibrom-3*H*-benzotriazol-1-oxid $C_6H_3Br_2N_3O$, Formel XII (R = H) und Taut. (4,6-Dibrom-benzotriazol-1-ol).

Hydrazin-Salz $C_6H_3Br_2N_3O \cdot N_2H_4$. *B.* Aus 3,5-Dibrom-1,2-dinitro-benzol und $N_2H_4 \cdot H_2O$ (*Vis*, R. **58** [1939] 847, 850). – F: ca. 222° [nach N_2H_4-Abgabe]. Explosiv.

X   XI   XII   XIII

4,6-Dibrom-3-methyl-3*H*-benzotriazol-1-oxid $C_7H_5Br_2N_3O$, Formel XII (R = CH_3).

B. Aus 3,5-Dibrom-1,2-dinitro-benzol und Methylhydrazin (*Vis*, R. **58** [1939] 847, 852).

Kristalle (aus A.); F: 189°.

4,6-Dibrom-1-methoxy-1*H*-benzotriazol $C_7H_5Br_2N_3O$, Formel XI (R = $O\text{-}CH_3$).

B. Aus dem Silber-Salz des 4,6-Dibrom-3*H*-benzotriazol-1-oxids und CH_3I (*Vis*, R. **58** [1939]

847, 853).
  Gelb; F: 120°.

1-[N-Acetyl-sulfanilyl]-4,6-dibrom-1H-benzotriazol, Essigsäure-[4-(4,6-dibrom-benzotriazol-1-ylsulfonyl)-anilid] $C_{14}H_{10}Br_2N_4O_3S$, Formel XI (R = SO_2-C_6H_4-NH-CO-CH$_3$).
  B. s. o. im Artikel 4,6-Dibrom-1H-benzotriazol.
  Kristalle (aus A.); F: 208° [Zers.; nach partiellem Schmelzen bei 163–173°] (*Itai, Miyake,* J. pharm. Soc. Japan **62** [1942] 377; C. A. **1951** 4215).

4,5,7-Tribrom-6-chlor-1H-benzotriazol $C_6HBr_3ClN_3$, Formel XIII (R = H) und Taut.
  B. Aus 5-Chlor-1H-benzotriazol und Brom in konz. HNO$_3$ (*Wiley, Hussung,* Am. Soc. **79** [1957] 4395, 4398).
  Kristalle (aus Me.); F: 249–251° [unkorr.]. λ_{max} (Me.): 285 nm und 302 nm.

4,5,7-Tribrom-6-chlor-1-methyl-1H-benzotriazol $C_7H_3Br_3ClN_3$, Formel XIII (R = CH$_3$).
  B. Aus 6-Chlor-1-methyl-1H-benzotriazol und Brom in wss. HNO$_3$ (*Wiley, Hussung,* Am. Soc. **79** [1957] 4395, 4398).
  Kristalle (aus Nitromethan); F: 213–214,5° [unkorr.]. λ_{max} (Me.): 277 nm, 287 nm und 307 nm.

4,5,6,7-Tetrabrom-1H-benzotriazol $C_6HBr_4N_3$, Formel I (R = H) und Taut.
  B. Aus 1H-Benzotriazol und Brom in wss. HNO$_3$ (*Wiley, Hussung,* Am. Soc. **79** [1957] 4395, 4398).
  Kristalle (aus Eg.); F: 262–266° [unkorr.]. λ_{max} (Me.): 278 nm, 285 nm und 300 nm.

4,5,6,7-Tetrabrom-1-methyl-1H-benzotriazol $C_7H_3Br_4N_3$, Formel I (R = CH$_3$).
  B. Aus 1-Methyl-1H-benzotriazol und Brom in wss. HNO$_3$ (*Wiley, Hussung,* Am. Soc. **79** [1957] 4395, 4398).
  Kristalle (aus Nitromethan); F: 225–226° [unkorr.]. λ_{max} (Me.): 278 nm, 289 nm und 308 nm.

4,5,6,7-Tetrabrom-2-methyl-2H-benzotriazol $C_7H_3Br_4N_3$, Formel II (R = CH$_3$).
  B. Aus 2-Methyl-2H-benzotriazol und Brom in wss. HNO$_3$ (*Wiley, Hussung,* Am. Soc. **79** [1957] 4395, 4398).
  Kristalle (aus Nitromethan); F: 250–253° [unkorr.]. λ_{max} (Me.): 294 nm, 299 nm und 306 nm.

1-Äthyl-4,5,6,7-tetrabrom-1H-benzotriazol $C_8H_5Br_4N_3$, Formel I (R = C_2H_5).
  B. Aus 1-Äthyl-1H-benzotriazol und Brom in wss. HNO$_3$ (*Wiley, Hussung,* Am. Soc. **79** [1957] 4395, 4398).
  Kristalle (aus E.); F: 150–152° [unkorr.]. UV-Spektrum (Me.; 260–320 nm): *Wi., Hu.*

2-Äthyl-4,5,6,7-tetrabrom-2H-benzotriazol $C_8H_5Br_4N_3$, Formel II (R = C_2H_5).
  B. Aus 2-Äthyl-2H-benzotriazol und Brom in konz. HNO$_3$ (*Wiley, Hussung,* Am. Soc. **79** [1957] 4395, 4398).
  Kristalle (aus E.); F: 167–170° [unkorr.]. UV-Spektrum (Me.; 270–320 nm): *Wi., Hu.*

(±)-1,3-Diphenyl-3-[tetrabrom-benzotriazol-2-yl]-propan-1-on $C_{21}H_{13}Br_4N_3O$, Formel II (R = CH(C_6H_5)-CH$_2$-CO-C_6H_5).
  B. Aus 4,5,6,7-Tetrabrom-1H-benzotriazol und *trans*-Chalkon (*Wiley, Hussung,* Am. Soc. **79** [1957] 4395, 4398).
  Kristalle (aus Nitromethan); F: 195–198° [unkorr.]. UV-Spektrum (Me.; 260–330 nm): *Wi., Hu.*

4-Jod-1H-benzotriazol $C_6H_4IN_3$, Formel III und Taut.
  B. Aus 4-Nitro-1H-benzotriazol beim aufeinanderfolgenden Behandeln mit SnCl$_2$ und wss. HCl, mit NaNO$_2$ in wss. H$_2$SO$_4$ und mit KI (*Wiley, Hussung,* Am. Soc. **79** [1957] 4395, 4399).

Kristalle (aus H_2O); F: 216–218° [unkorr.]. λ_{max} (Me.): 264 nm, 272 nm, 286 nm und 290 nm.

| I | II | III | IV | V |

4-Nitro-1H-benzotriazol $C_6H_4N_4O_2$, Formel IV (R = H) und Taut. (E I 10).

B. Aus 1H-Benzotriazol beim Behandeln mit wss. HNO_3 und H_2SO_4 (*Fries et al.*, A. **511** [1934] 213, 229).

Gelbe Kristalle (aus A.); F: 236–237,3° [korr.] (*Miller, Wagner*, Am. Soc. **76** [1954] 1847, 1851), 229° (*Fr. et al.*). Bei 120°/12 Torr sublimierbar (*Mi., Wa.*). Assoziation in Phenanthren: *Mi., Wa.*, l. c. S. 1850, 1852. UV-Spektrum in Äthanol, wss. HCl und wss. NaOH (200–400 nm): *Dal Monte et al.*, G. **88** [1958] 977, 1006, 1008; in äthanol. HCl und äthanol. Natriumäthylat (220–400 nm): *Mi., Wa.*, l. c. S. 1850. Elektrolytische Dissoziation in H_2O: *Mi., Wa.*, l. c. S. 1849, 1850, 1852. Polarographisches Halbstufenpotential (wss. Lösungen vom pH 5,2–8,1): *Mi., Wa.*, l. c. S. 1848. Mit Wasserdampf flüchtig (*Mi., Wa.*, l. c. S. 1851). Geschwindigkeit der Hydrierung an Palladium/Kohle in Äthanol bei 25–50°: *Mi., Wa.*, l. c. S. 1849.

1-Methyl-4-nitro-1H-benzotriazol $C_7H_6N_4O_2$, Formel IV (R = CH_3).

Diese Konstitution kommt der von *Fries et al.* (A. **511** [1934] 213, 232) als 1-Methyl-7-nitro-1H-benzotriazol beschriebenen Verbindung zu (*Kamel et al.*, Tetrahedron **22** [1966] 3351), während in den von *Fieser, Martin* (Am. Soc. **57** [1935] 1835, 1839) und von *Fries et al.* unter dieser Konstitution beschriebenen Präparaten ein Gemisch von 2-Methyl-4-nitro-2H-benzotriazol und 1-Methyl-4-nitro-1H-benzotriazol vorgelegen hat (*Kamel et al.*, Tetrahedron **20** [1964] 211).

B. Aus 1-Methyl-1H-benzotriazol beim Erhitzen mit wss. HNO_3 und H_2SO_4 (*Fr. et al.*).

Kristalle (aus A.); F: 203° (*Fr. et al.*), 202–203° [korr.] (*Miller, Wagner*, Am. Soc. **76** [1954] 1847, 1851). UV-Spektrum (A.; 200–370 nm): *Dal Monte et al.*, G. **88** [1958] 977, 1008, 1010. λ_{max}: 215 nm und 304 nm [A.] (*Ka. et al.*, Tetrahedron **20** 212) bzw. 309 nm [wss. HCl] (*Dal Mo. et al.*).

Geschwindigkeit der Hydrierung an Palladium/Kohle in Äthanol bei 25–50°: *Mi., Wa.*, l. c. S. 1849.

2-Methyl-4-nitro-2H-benzotriazol $C_7H_6N_4O_2$, Formel V (R = CH_3).

Diese Verbindung hat in den von *Fries et al.* (A. **511** [1934] 213, 232) und *Fieser, Martin* (Am. Soc. **57** [1935] 1835, 1839) als 1-Methyl-4-nitro-1H-benzotriazol beschriebenen Präparaten vorgelegen (*Kamel et al.*, Tetrahedron **20** [1964] 211).

B. Aus 4-Nitro-1H-benzotriazol beim Behandeln mit Dimethylsulfat und wss. NaOH (*Fr. et al.*; *Fi., Ma.*; *Ka. et al.*) oder mit Diazomethan in Äther (*Wiley, Hussung*, Am. Soc. **79** [1957] 4395, 4399).

Hellgelbe Kristalle; F: 184° [aus $CHCl_3$] (*Ka. et al.*), 183–184° [unkorr.; aus E.] (*Wi., Hu.*), 181–182° [aus wss. Eg.] (*Fi., Ma.*). λ_{max} (A.): 308 nm (*Ka. et al.*).

4-Nitro-2-[4-nitro-phenyl]-2H-benzotriazol $C_{12}H_7N_5O_4$, Formel V (R = C_6H_4-NO_2).

B. Aus 2-Chlor-1,3-dinitro-benzol und [4-Nitro-phenyl]-hydrazin (*Fries et al.*, A. **511** [1934] 241, 248). Aus 2-[4-Nitro-phenyl]-2H-benzotriazol oder 4-Nitro-2-phenyl-2H-benzotriazol beim Erwärmen mit KNO_3 und konz. H_2SO_4 (*Fr. et al.*).

Gelbe Kristalle (aus Bzl. oder Eg.); F: 240°.

4-Nitro-2-p-tolyl-2H-benzotriazol $C_{13}H_{10}N_4O_2$, Formel V (R = C_6H_4-CH_3).

B. Aus 2-Chlor-1,3-dinitro-benzol und p-Tolylhydrazin in Äthanol (*Joshi, Gupta*, J. Indian chem. Soc. **35** [1958] 681, 682).

Braune Kristalle (aus Toluol); F: 152°.

4-Nitro-2-*p*-tolyl-2*H*-benzotriazol-1-oxid $C_{13}H_{10}N_4O_3$, Formel VI.

B. Aus 2-Chlor-1,3-dinitro-benzol und *p*-Tolylhydrazin in Essigsäure (*Joshi, Gupta*, J. Indian chem. Soc. **35** [1958] 681, 683).

Gelbe Kristalle (aus Toluol); F: 155°.

1-Brommethyl-4-nitro-1*H*-benzotriazol $C_7H_5BrN_4O_2$, Formel IV (R = CH_2Br).

F: 130° (*Farbenfabr. Bayer*, D.B.P. 933 627 [1953]).

Thiophosphorsäure-*O,O'*-diäthylester-*S*-[4-nitro-benzotriazol-1-ylmethylester] $C_{11}H_{15}N_4O_5PS$, Formel IV (R = CH_2-S-PO(O-C_2H_5)$_2$).

B. Aus 1-Brommethyl-4-nitro-1*H*-benzotriazol und Kalium-[*O,O'*-diäthyl-thiophosphat] (*Far≠ benfabr. Bayer*, D.B.P. 933 627 [1953]).

Kristalle (aus Bzl.); F: 103 – 104°.

Dithiophosphorsäure-*O,O'*-diäthylester-*S*-[4-nitro-benzotriazol-1-ylmethylester]
$C_{11}H_{15}N_4O_4PS_2$, Formel IV (R = CH_2-S-PS(O-C_2H_5)$_2$).

B. Analog der vorangehenden Verbindung (*Farbenfabr. Bayer*, D.B.P. 933 627 [1953]).

F: 69°.

4(?)-Nitro-1-trichlormethansulfenyl-1*H*-benzotriazol $C_7H_3Cl_3N_4O_2S$, vermutlich Formel IV
(R = S-CCl_3).

B. Aus 4-Nitro-1*H*-benzotriazol und Trichlormethansulfenylchlorid (*Geigy A.G.*, U.S.P. 2 806 035 [1956]).

Kristalle (aus $CHCl_3$); F: 139 – 140°.

5-Nitro-1*H*-benzotriazol $C_6H_4N_4O_2$, Formel VII (R = H) und Taut. (H 43).

B. Aus *o*-Phenylendiamin und wss. HNO_3 (*Macciotta*, Rend. Fac. Sci. Cagliari **1** [1931] 84, 86). Aus 4-Nitro-*o*-phenylendiamin beim Behandeln mit $NaNO_2$ und wss. Essigsäure (*Miller, Schlaudecker*, U.S.P. 2 861 078 [1956]).

Kristalle; F: 215 – 216° [korr.; aus A.] (*Miller, Wagner*, Am. Soc. **76** [1954] 1847, 1851), 215° [aus H_2O] (*Mi., Sch.*). Bei 120°/12 Torr sublimierbar (*Mi., Wa.*). Assoziation in Phen≠ anthren: *Mi., Wa.*, l. c. S. 1850, 1852. UV-Spektrum in Äthanol, wss. HCl und wss. NaOH (220 – 400 nm): *Dal Monte et al.*, G. **88** [1958] 977, 1006, 1008; in Äthanol und wss. Äthanol (240 – 360 nm): *Macbeth, Price*, Soc. **1936** 111, 114; in äthanol. HCl und äthanol. Natrium≠ äthylat (220 – 400 nm): *Mi., Wa.*, l. c. S. 1850. Elektrolytische Dissoziation in H_2O: *Mi., Wa.*, l. c. S. 1849, 1850, 1852. Polarographisches Halbstufenpotential (wss. Lösungen vom pH 5,2 – 8,1): *Mi., Wa.*, l. c. S. 1848.

Geschwindigkeit der Hydrierung an Palladium/Kohle in Äthanol bei 25 – 50°: *Mi., Wa.*, l. c. S. 1849.

VI   VII   VIII   IX

6-Nitro-3*H*-benzotriazol-1-oxid $C_6H_4N_4O_3$, Formel VIII (R = H) und Taut. (6-Nitro-benzotriazol-1-ol) (H 48; E II 26).

B. Aus [2,4-Dinitro-phenyl]-phenyl-äther und $N_2H_4 \cdot H_2O$ (*Ikawa*, J. pharm. Soc. Japan **75** [1955] 457, 459; C. A. **1956** 2480). Neben anderen Verbindungen aus [2,4-Dinitro-phenyl]-

hydrazin und wss. NH_3, wss. NaOH oder wss. $Ba(OH)_2$ (*Macbeth, Price*, Soc. **1934** 1637, **1937** 982).

F: 208 – 209° [Zers.] (*Ik.*). Absorptionsspektrum (A. sowie H_2O; 230 – 470 nm): *Macbeth, Price*, Soc. **1936** 111, 115.

1-Methyl-5-nitro-1*H*-benzotriazol $C_7H_6N_4O_2$, Formel VII (R = CH_3) (H 44).

B. Neben der folgenden Verbindung aus 5-Nitro-1*H*-benzotriazol und Dimethylsulfat in wss. NaOH (*Brady Reynolds*, Soc. **1930** 2667, 2672).

UV-Spektrum in Äthanol (210 – 360 nm): *Dal Monte et al.*, G. **88** [1958] 977, 1008, 1010; in Äthanol sowie wss. Methanol (220 – 360 nm): *Macbeth, Price*, Soc. **1936** 111, 114.

2-Methyl-5-nitro-2*H*-benzotriazol $C_7H_6N_4O_2$, Formel IX.

Diese Konstitution kommt der von *Brady, Reynolds* (Soc. **1930** 2667) als 1-Methyl-6-nitro-1*H*-benzotriazol beschriebenen Verbindung zu (*Kamel et al.*, Tetrahedron **20** [1964] 211). In dem von *Wiley, Hussung* (Am. Soc. **79** [1957] 4395, 4399) als 2-Methyl-5-nitro-2*H*-benzotri= azol beschriebenen Präparat hat ein Gemisch mit 2-Methyl-4-nitro-2*H*-benzotriazol vorgelegen (*Ka. et al.*, l. c. S. 212).

B. Neben 1-Methyl-5-nitro-1*H*-benzotriazol aus 5-Nitro-1*H*-benzotriazol und Dimethylsulfat in wss. NaOH (*Br., Re.*, l. c. S. 2672). Beim Erhitzen von 2-Methyl-2*H*-benzotriazol mit wss. HNO_3 (*Ka. et al.*; s. a. *Wi., Hu.*).

Kristalle; F: 188° (*Macbeth, Price*, Soc. **1936** 111, 118), 187° [aus A.] (*Br., Re.; Ka. et al.*), 185 – 186° [korr.; aus A.] (*Miller, Wagner*, Am. Soc. **76** [1954] 1847, 1851). UV-Spektrum in Äthanol (210 – 370 nm): *Dal Monte et al.*, G. **88** [1958] 977, 1008, 1010; in Äthanol sowie in wss. Methanol (230 – 375 nm): *Ma., Pr.*, l. c. S. 114. λ_{max}: 248 nm und 289 nm [A.] (*Ka. et al.*) bzw. 250 – 251 nm und 293 nm [wss. HCl] (*Dal Mo. et al.*).

Geschwindigkeit der Hydrierung an Palladium/Kohle in Äthanol bei 25 – 50°: *Mi., Wa.*, l. c. S. 1849.

3-Methyl-6-nitro-3*H*-benzotriazol-1-oxid $C_7H_6N_4O_3$, Formel VIII (R = CH_3).

B. Neben anderen Verbindungen aus 6-Nitro-3*H*-benzotriazol-1-oxid und Dimethylsulfat (*Brady, Reynolds*, Soc. **1931** 1273, 1278).

Kristalle (aus Bzl. oder A.); F: 196° [Zers.] (*Br., Re.*). Absorptionsspektrum (A. sowie H_2O; 225 – 425 nm): *Macbeth, Price*, Soc. **1936** 111, 115.

1,3-Dimethyl-5-nitro-benzotriazolium $[C_8H_9N_4O_2]^+$, Formel X.

Chlorid $[C_8H_9N_4O_2]Cl$. F: 136° [Zers.] (*Brady, Reynolds*, Soc. **1930** 2667, 2672).

Methylsulfat $[C_8H_9N_4O_2]CH_3O_4S$. *B.* Aus 1-Methyl-5-nitro-1*H*-benzotriazol und Dimethyl= sulfat (*Br., Re.*, l. c. S. 2671). – Kristalle (aus A. + Ae.); F: 110° [Zers.].

5-Nitro-1-phenyl-1*H*-benzotriazol $C_{12}H_8N_4O_2$, Formel XI (X = X′ = X″ = H) (H 44; E I 11).

UV-Spektrum (A.; 210 – 350 nm): *Dal Monte et al.*, G. **88** [1958] 977, 1013, 1019.

1-[2-Chlor-phenyl]-5-nitro-1*H*-benzotriazol $C_{12}H_7ClN_4O_2$, Formel XI (X = Cl, X′ = X″ = H).

B. Aus N^1-[2-Chlor-phenyl]-4-nitro-*o*-phenylendiamin beim Behandeln mit $NaNO_2$, Essig= säure und wss. HCl (*Coker et al.*, Soc. **1951** 110, 114).

Kristalle (aus A.); F: 130° (*Co. et al.*). λ_{max} (A.): 249 nm und 293 nm (*Dal Monte et al.*, G. **88** [1958] 977, 1012).

1-[3-Chlor-phenyl]-5-nitro-1*H*-benzotriazol $C_{12}H_7ClN_4O_2$, Formel XI (X = X″ = H, X′ = Cl).

B. Analog der vorangehenden Verbindung (*Dal Monte, Veggetti*, Boll. scient. Fac. Chim. ind. Univ. Bologna **16** [1958] 1, 5).

Kristalle (aus Toluol); F: 188° (*Dal Mo., Ve.*). λ_{max} (A.): 221 nm, 259 nm und 290 – 295 nm (*Dal Monte et al.*, G. **88** [1958] 977, 1012).

1-[4-Chlor-phenyl]-5-nitro-1H-benzotriazol $C_{12}H_7ClN_4O_2$, Formel XI (X = X′ = H, X″ = Cl) (E II 26).

λ_{max} (A.): 228—234 nm, 261 nm und 293 nm (*Dal Monte et al.*, G. **88** [1958] 977, 1012).

1-[4-Brom-phenyl]-5-nitro-1H-benzotriazol $C_{12}H_7BrN_4O_2$, Formel XI (X = X′ = H, X″ = Br).

B. Aus N^1-[4-Brom-phenyl]-4-nitro-o-phenylendiamin beim Behandeln mit NaNO$_2$ und äth‒ anol. HCl (*Bremer*, A. **514** [1934] 279, 283).

Kristalle (aus Toluol oder Eg.); F: 222°.

5-Nitro-1-[4-nitro-phenyl]-1H-benzotriazol $C_{12}H_7N_5O_4$, Formel XI (X = X′ = H, X″ = NO$_2$) (H 44).

UV-Spektrum (A.; 210—370 nm): *Dal Monte et al.*, G. **88** [1958] 977, 1012, 1019.

1-[2-Chlor-4-nitro-phenyl]-5-nitro-1H-benzotriazol $C_{12}H_6ClN_5O_4$, Formel XI (X = Cl, X′ = H, X″ = NO$_2$).

B. Aus N^1-[2-Chlor-4-nitro-phenyl]-4-nitro-o-phenylendiamin beim Behandeln mit NaNO$_2$, Essigsäure und wss. HCl (*Coker et al.*, Soc. **1951** 110, 114).

Kristalle (aus A.); F: 149°.

5-Nitro-2-phenyl-2H-benzotriazol $C_{12}H_8N_4O_2$, Formel XII (R = X = H) (H 44; E II 26).

UV-Spektrum (A.; 230—390 nm): *Dal Monte et al.*, G. **88** [1958] 977, 1023, 1026.

5-Nitro-2-[4-nitro-phenyl]-2H-benzotriazol $C_{12}H_7N_5O_4$, Formel XII (R = H, X = NO$_2$).

B. Aus 5-Nitro-2-phenyl-2H-benzotriazol beim Erwärmen mit KNO$_3$ und konz. H$_2$SO$_4$ (*Fries et al.*, A. **511** [1934] 241, 248).

Kristalle (aus Bzl., A. oder Eg.); F: 208° (*Fr. et al.*). UV-Spektrum (A.; 220—380 nm): *Dal Monte et al.*, G. **88** [1958] 977, 1023, 1026.

X   XI   XII

5-Nitro-1-o-tolyl-1H-benzotriazol $C_{13}H_{10}N_4O_2$, Formel XI (X = CH$_3$, X′ = X″ = H) (H 46).

F: 121° (*Dal Monte et al.*, G. **88** [1958] 977, 1013). UV-Spektrum (A.; 210—350 nm): *Dal Mo. et al.*, l. c. S. 1012, 1019.

1-[2-Methyl-4-nitro-phenyl]-5-nitro-1H-benzotriazol $C_{13}H_9N_5O_4$, Formel XI (X = CH$_3$, X′ = H, X″ = NO$_2$) (vgl. H 46).

B. Aus N^1-[2-Methyl-4-nitro-phenyl]-4-nitro-o-phenylendiamin beim Behandeln mit NaNO$_2$, Essigsäure und wss. HCl (*Coker et al.*, Soc. **1951** 110, 112).

Gelbe Kristalle (aus A.); F: 185°.

5-Nitro-2-o-tolyl-2H-benzotriazol $C_{13}H_{10}N_4O_2$, Formel XII (R = CH$_3$, X = H).

B. Aus 1-Chlor-2,4-dinitro-benzol und o-Tolylhydrazin in Äthanol (*Dal Monte, Veggetti*, Boll. scient. Fac. Chim. ind. Univ. Bologna **16** [1958] 1, 8).

Kristalle (aus PAe.); F: 114° (*Dal Mo., Ve.*). UV-Spektrum (A.; 220—380 nm): *Dal Monte et al.*, G. **88** [1958] 977, 1023, 1026.

5-Nitro-1-*m*-tolyl-1*H*-benzotriazol $C_{13}H_{10}N_4O_2$, Formel XI (X = X'' = H, X' = CH_3).
B. Aus 4-Nitro-N^1-*m*-tolyl-*o*-phenylendiamin beim Behandeln mit $NaNO_2$, Essigsäure und wss. HCl (*Coker et al.,* Soc. **1951** 110, 112).
Kristalle (aus A.); F: 151° (*Co. et al.*). λ_{max} (A.): 228 nm, 261 nm und 292 nm (*Dal Monte et al.,* G. **88** [1958] 997, 1012).

5-Nitro-1-*p*-tolyl-1*H*-benzotriazol $C_{13}H_{10}N_4O_2$, Formel XI (X = X' = H, X'' = CH_3).
B. Analog der vorangehenden Verbindung (*Bremer,* A. **514** [1934] 279, 284).
Kristalle (aus A.); F: 171° (*Br.*). λ_{max} (A.): 229 nm, 263 nm und 292 nm (*Dal Monte et al.,* G. **88** [1958] 977, 1012).

5-Nitro-2-*p*-tolyl-2*H*-benzotriazol $C_{13}H_{10}N_4O_2$, Formel XII (R = H, X = CH_3) (H 46).
Gelbe Kristalle (aus Toluol); F: 167° (*Joshi, Gupta,* J. Indian chem. Soc. **35** [1958] 681, 682, 685). λ_{max} (A.): 333 nm (*Dal Monte et al.,* G. **88** [1958] 977, 1023).

6-Nitro-2-*p*-tolyl-2*H*-benzotriazol-1-oxid $C_{13}H_{10}N_4O_3$, Formel XIII.
B. Aus 1-Chlor-2,4-dinitro-benzol und *p*-Tolylhydrazin in Essigsäure (*Joshi, Gupta,* J. Indian chem. Soc. **35** [1958] 681, 683).
Gelbe Kristalle (aus Toluol); F: 170°.

1-[2-Methoxy-phenyl]-5-nitro-1*H*-benzotriazol $C_{13}H_{10}N_4O_3$, Formel XI (X = O-CH_3, X' = X'' = H).
B. Aus N^1-[2-Methoxy-phenyl]-4-nitro-*o*-phenylendiamin beim Behandeln mit $NaNO_2$ und äthanol. HCl (*Carter et al.,* Soc. **1955** 337, 339; *Dal Monte, Veggetti,* Boll. scient. Fac. Chim. ind. Univ. Bologna **16** [1958] 1, 5).
Kristalle; F: 160° [aus Toluol] (*Dal Mo., Ve.*), 152–153° [aus A.] (*Ca. et al.*). λ_{max} (A.): 225 nm, 237 nm, 249 nm und 284 nm (*Dal Monte et al.,* G. **88** [1958] 977, 1012).

XIII   XIV   XV

1-[3-Methoxy-phenyl]-5-nitro-1*H*-benzotriazol $C_{13}H_{10}N_4O_3$, Formel XI (X = X'' = H, X' = O-CH_3).
B. Analog der vorangehenden Verbindung (*Carter et al.,* Soc. **1955** 337, 339; *Dal Monte, Veggetti,* Boll. scient. Fac. Chim. ind. Univ. Bologna **16** [1958] 1).
Kristalle; F: 203° [aus Bzl.] (*Dal Mo., Ve.*), 201° [aus A.] (*Ca. et al.*).

1-[4-Methoxy-phenyl]-5-nitro-1*H*-benzotriazol $C_{13}H_{10}N_4O_3$, Formel XI (X = X' = H, X'' = O-CH_3).
B. Analog den vorangehenden Verbindungen (*Bremer,* A. **514** [1934] 279, 284).
Kristalle (aus Toluol oder Eg.); F: 244–245°.

[5-Nitro-benzotriazol-1-yl]-methanol $C_7H_6N_4O_3$, Formel XIV (X = OH).
B. Aus 5-Nitro-1*H*-benzotriazol und Formaldehyd in wss.-äthanol. Natriumacetat (*Fries et al.,* A. **511** [1934] 213, 235).
Kristalle; F: 133–136° [Zers.].

1-Brommethyl-5-nitro-1*H*-benzotriazol $C_7H_5BrN_4O_2$, Formel XIV (X = Br).
F: 77° (*Farbenfabr. Bayer,* D.B.P. 933627 [1953]).

4-[5-Nitro-3-oxy-benzotriazol-1-yl]-butan-2-on $C_{10}H_{10}N_4O_4$, Formel XV, oder **4-[6-Nitro-1-oxy-benzotriazol-2-yl]-butan-2-on** $C_{10}H_{10}N_4O_4$, Formel XVI.
Eine dieser Konstitutionen kommt wahrscheinlich der von *Mazojan, Wartanjan* (Izv. Arm⸗

jansk. Akad. **8** [1955] Nr. 2, S. 31, 35; C. A. **1956** 4917) als 1-[2,4-Dinitro-phenyl]-3-methyl-4,5-dihydro-1H-pyrazol beschriebenen Verbindung zu (*Shine et al.*, J. org. Chem. **28** [1963] 2326, 2327, 2329).

B. Beim Erhitzen von [2,4-Dinitro-phenyl]-hydrazin mit 4-Hydroxy-butan-2-on (*Sh. et al.*) oder mit 4-Butoxy-butan-2-on und 4-Cyclohexyloxy-butan-2-on (*Sh. et al.; s. a. Ma., Wa.*) in wss.-äthanol. HCl.

Gelbe Kristalle; F: 182 – 182,5° [im vorgeheizten Bad; aus H$_2$O] (*Sh. et al.*), 160 – 161° [aus A.] (*Ma., Wa.*).

XVI   XVII

(±)-3-Methyl-4-[5-nitro-3-oxy-benzotriazol-1-yl]-butan-2-on C$_{11}$H$_{12}$N$_4$O$_4$, Formel XVII.

Diese Konstitution kommt wahrscheinlich der von *Koeda* (J. chem. Soc. Japan Pure Chem. Sect. **72** [1951] 1022, 1024; C. A. **1953** 3239) als (±)-1-[2,4-Dinitro-phenyl]-3,4-dimethyl-4,5-dihydro-1H-pyrazol beschriebenen Verbindung zu (*Shine, Tsai*, J. org. Chem. **29** [1964] 443).

B. Aus 6-Nitro-3H-benzotriazol-1-oxid und 3-Methyl-but-3-en-2-on (*Sh., Tsai*). Aus [2,4-Dinitro-phenyl]-hydrazin und (±)-4-Hydroxy-3-methyl-butan-2-on (*Ko.*).

Gelbe Kristalle; F: 181,3 – 181,8° [aus A. + Acn.] (*Sh., Tsai*), 180,5 – 181,5° [nach Chromatographieren mit Bzl.] (*Ko.*). λ_{max} (A.): 263 nm und 349 nm (*Sh., Tsai*).

N,N-Dimethyl-4-[5-nitro-benzotriazol-1-yl]-anilin C$_{14}$H$_{13}$N$_5$O$_2$, Formel I.

B. Aus N^1-[4-Dimethylamino-phenyl]-4-nitro-*o*-phenylendiamin beim Behandeln mit NaNO$_2$, Essigsäure und wss. HCl (*Clifton, Plant*, Soc. **1951** 461, 465).

Gelbe Kristalle (aus A.); F: 231 – 232°.

I   II   III

2,2′-Bis-[5-nitro-benzotriazol-1-yl]-biphenyl, 5,5′-Dinitro-1H,1′H-biphenyl-2,2′-diyl-bis-benzotriazol C$_{24}$H$_{14}$N$_8$O$_4$, Formel II.

B. Aus N,N'-Bis-[2-amino-4-nitro-phenyl]-biphenyl-2,2′-diyldiamin beim Behandeln mit NaNO$_2$ und Essigsäure (*Dunlop et al.*, Soc. **1934** 1672, 1675).

Gelb; F: ca. 140°. Explodiert beim Erhitzen auf einem Spatel.

1-Methoxy-6-nitro-1H-benzotriazol C$_7$H$_6$N$_4$O$_3$, Formel III (H 49; E II 27).

UV-Spektrum (A. sowie wss. Me.; 230 – 375 nm): *Macbeth, Price*, Soc. **1936** 111, 115, 116.

5(?)-Chlor-4(?)-nitro-1-trichlormethansulfenyl-1H-benzotriazol C$_7$H$_2$Cl$_4$N$_4$O$_2$S, vermutlich Formel IV.

B. Aus 5-Chlor-4-nitro-1H-benzotriazol und Trichlormethansulfenylchlorid (*Geigy A.G.*, U.S.P. 2806035 [1956]).

Kristalle (aus $CHCl_3$); F: $130-131°$.

IV   V   VI

6-Chlor-4-nitro-3H-benzotriazol-1-oxid $C_6H_3ClN_4O_3$, Formel V und Taut. (6-Chlor-4-nitro-benzotriazol-1-ol).

B. Aus [4-Chlor-2,6-dinitro-phenyl]-hydrazin mit Hilfe von äthanol. NaOH oder aus 2,5-Dichlor-1,3-dinitro-benzol und $N_2H_4 \cdot H_2O$ (*Joshi, Deorha,* J. Indian chem. Soc. **29** [1952] 545, 548).

Orangefarbene Kristalle (aus H_2O); F: $206°$ (*Jo., De.*).

Verbindung mit Hydrazin $C_6H_3ClN_4O_3 \cdot N_2H_4$. Orangegelb; F: $190°$ [N_2H_4-Abspaltung] (*Vis,* R. **58** [1939] 847, 853). Explosiv (*Vis*).

O-Acetyl-Derivat $C_8H_5ClN_4O_4$; 1-Acetoxy-6-chlor-4-nitro-1H-benzotriazol. Kristalle (aus Bzl.); F: $180°$ (*Jo., De.*).

6-Chlor-4-nitro-2-p-tolyl-2H-benzotriazol $C_{13}H_9ClN_4O_2$, Formel VI.

B. Aus 2,5-Dichlor-1,3-dinitro-benzol und p-Tolylhydrazin in Äthanol (*Joshi, Gupta,* J. Indian chem. Soc. **35** [1958] 681, 682).

Hellbraune Kristalle (aus Toluol); F: $207°$.

6-Chlor-4-nitro-2-p-tolyl-2H-benzotriazol-1-oxid $C_{13}H_9ClN_4O_3$, Formel VII.

B. Aus 2,5-Dichlor-1,3-dinitro-benzol und p-Tolylhydrazin in Essigsäure (*Joshi, Gupta,* J. Indian chem. Soc. **35** [1958] 681, 683).

Dunkelbraune Kristalle (aus Toluol); F: $211°$.

5-Chlor-6-nitro-3H-benzotriazol-1-oxid $C_6H_3ClN_4O_3$, Formel VIII und Taut. (5-Chlor-6-nitro-benzotriazol-1-ol).

B. Aus [5-Chlor-2,4-dinitro-phenyl]-hydrazin mit Hilfe von äthanol. Natriumäthylat (*Robert,* R. **56** [1937] 909, 910).

Kristalle (aus H_2O); Zers. bei $158°$ [unter Explosion].

Natrium-Salz. F: $323°$.

VII   VIII   IX

5-Chlor-6-nitro-2-phenyl-2H-benzotriazol-1-oxid $C_{12}H_7ClN_4O_3$, Formel IX (R = H) (E II 27).

B. Aus 1,5-Dichlor-2,4-dinitro-benzol und Phenylhydrazin in Essigsäure (*Kapil, Joshi,* J. Indian chem. Soc. **36** [1959] 417, 419).

Kristalle (aus Toluol); F: $195°$ [unkorr.].

5-Chlor-6-nitro-2-o-tolyl-2H-benzotriazol $C_{13}H_9ClN_4O_2$, Formel X (R = CH_3, R' = H).

B. Aus 1,5-Dichlor-2,4-dinitro-benzol und o-Tolylhydrazin in Äthanol (*Kapil, Joshi,* J. Indian chem. Soc. **36** [1959] 417, 419).

Gelbe Kristalle (aus A.); F: $140°$ [unkorr.].

5-Chlor-6-nitro-2-*p*-tolyl-2*H*-benzotriazol $C_{13}H_9ClN_4O_2$, Formel X (R = H, R' = CH$_3$).
B. Analog der vorangehenden Verbindung (*Joshi, Gupta,* J. Indian chem. Soc. **35** [1958] 681, 682).
Gelbe Kristalle (aus Toluol); F: 199—201°.

5-Chlor-6-nitro-2-*p*-tolyl-2*H*-benzotriazol-1-oxid $C_{13}H_9ClN_4O_3$, Formel IX (R = CH$_3$).
B. Aus 1,5-Dichlor-2,4-dinitro-benzol und *p*-Tolylhydrazin in Essigsäure (*Joshi, Gupta,* J. Indian chem. Soc. **35** [1958] 681, 683).
Gelbe Kristalle (aus Toluol); F: 196°.

X   XI   XII

4-Chlor-6-nitro-3*H*-benzotriazol-1-oxid $C_6H_3ClN_4O_3$, Formel XI und Taut. (4-Chlor-6-nitro-benzotriazol-1-ol).
B. Aus [2-Chlor-4,6-dinitro-phenyl]-hydrazin beim Erwärmen mit äthanol. NaOH (*Joshi, Deorha,* J. Indian chem. Soc. **29** [1952] 545, 548).
Braune Kristalle (aus H$_2$O); F: 176°.
O-Acetyl-Derivat $C_8H_5ClN_4O_4$; 1-Acetoxy-4-chlor-6-nitro-1*H*-benzotriazol. Kristalle (aus Bzl.); F: 125°.

7-Chlor-5-nitro-1-phenyl-1*H*-benzotriazol $C_{12}H_7ClN_4O_2$, Formel XII.
B. Aus 3-Chlor-5-nitro-N^2-phenyl-*o*-phenylendiamin beim Behandeln mit NaNO$_2$, Essigsäure und wss. HCl (*Coker et al.,* Soc. **1951** 110, 114).
Hellbraune Kristalle (aus A.); F: 209°.

4-Chlor-6-nitro-2-*p*-tolyl-2*H*-benzotriazol $C_{13}H_9ClN_4O_2$, Formel XIII (R = X = H, R' = CH$_3$).
B. Aus 1,2-Dichlor-3,5-dinitro-benzol und *p*-Tolylhydrazin in Äthanol (*Joshi, Gupta,* J. Indian chem. Soc. **35** [1958] 681, 682).
Gelbe Kristalle (aus Toluol); F: 160°.

4-Chlor-6-nitro-2-*p*-tolyl-2*H*-benzotriazol-1-oxid $C_{13}H_9ClN_4O_3$, Formel XIV (R = CH$_3$, X = X' = H).
B. Aus 1,2-Dichlor-3,5-dinitro-benzol und *p*-Tolylhydrazin in Essigsäure (*Joshi, Gupta,* J. Indian chem. Soc. **35** [1958] 681, 683).
Kristalle (aus Toluol); F: 192°.

4,7-Dichlor-5-nitro-2-*p*-tolyl-2*H*-benzotriazol $C_{13}H_8Cl_2N_4O_2$, Formel XV.
B. Aus 1,2,4-Trichlor-3,5-dinitro-benzol oder 2-Brom-1,4-dichlor-3,5-dinitro-benzol und *p*-Tolylhydrazin in Äthanol (*Joshi, Gupta,* J. Indian chem. Soc. **35** [1958] 681, 682).
Braune Kristalle (aus Toluol); F: 165°.

4,7-Dichlor-6-nitro-2-*p*-tolyl-2*H*-benzotriazol-1-oxid $C_{13}H_8Cl_2N_4O_3$, Formel XIV (R = CH$_3$, X = H, X' = Cl).
B. Aus 1,2,4-Trichlor-3,5-dinitro-benzol oder 2-Brom-1,4-dichlor-3,5-dinitro-benzol und *p*-Tolylhydrazin in Essigsäure (*Joshi, Gupta,* J. Indian chem. Soc. **35** [1958] 681, 683).
Dunkelbraune Kristalle (aus Toluol); F: 245°.

XIII   XIV   XV

4,5-Dichlor-6-nitro-2-phenyl-2*H*-benzotriazol $C_{12}H_6Cl_2N_4O_2$, Formel XIII (R = R' = H, X = Cl).

B. Aus 2,3,4-Trichlor-1,5-dinitro-benzol und Phenylhydrazin in Äthanol (*Kapil, Joshi,* J. Indian chem. Soc. **36** [1959] 417, 419).

Kristalle (aus A.); F: 197° [unkorr.].

4,5-Dichlor-6-nitro-2-phenyl-2*H*-benzotriazol-1-oxid $C_{12}H_6Cl_2N_4O_3$, Formel XIV (R = X' = H, X = Cl).

B. Aus 2,3,4-Trichlor-1,5-dinitro-benzol und Phenylhydrazin in Essigsäure (*Kapil, Joshi,* J. Indian chem. Soc. **36** [1959] 417, 419).

Kristalle (aus Toluol); F: 193° [unkorr.].

4,5-Dichlor-6-nitro-2-*o*-tolyl-2*H*-benzotriazol $C_{13}H_8Cl_2N_4O_2$, Formel XIII (R = CH_3, R' = H, X = Cl).

B. Aus 2,3,4-Trichlor-1,5-dinitro-benzol und *o*-Tolylhydrazin in Äthanol (*Kapil, Joshi,* J. Indian chem. Soc. **36** [1959] 417, 419).

Kristalle (aus A.); F: 159° [unkorr.].

4,5-Dichlor-6-nitro-2-*p*-tolyl-2*H*-benzotriazol $C_{13}H_8Cl_2N_4O_2$, Formel XIII (R = H, R' = CH_3, X = Cl).

B. Analog der vorangehenden Verbindung (*Joshi, Gupta,* J. Indian chem. Soc. **35** [1958] 681, 682).

Hellgelbe Kristalle (aus A.); F: 192°.

4,5-Dichlor-6-nitro-2-*p*-tolyl-2*H*-benzotriazol-1-oxid $C_{13}H_8Cl_2N_4O_3$, Formel XIV (R = CH_3, X = Cl, X' = H).

B. Aus 2,3,4-Trichlor-1,5-dinitro-benzol und *p*-Tolylhydrazin in Essigsäure (*Joshi, Gupta,* J. Indian chem. Soc. **35** [1958] 681, 683).

Hellgelbe Kristalle (aus Toluol); F: 190°.

6-Brom-4-nitro-3*H*-benzotriazol-1-oxid $C_6H_3BrN_4O_3$, Formel I und Taut. (6-Brom-4-nitro-benzotriazol-1-ol).

B. Aus [4-Brom-2,6-dinitro-phenyl]-hydrazin mit Hilfe von äthanol. NaOH oder aus 5-Brom-2-chlor-1,3-dinitro-benzol und $N_2H_4 \cdot H_2O$ (*Joshi, Deorha,* J. Indian chem. Soc. **29** [1952] 545, 548).

Gelbe Kristalle (aus H_2O); F: 208°.

O-Acetyl-Derivat $C_8H_5BrN_4O_4$; 1-Acetoxy-6-brom-4-nitro-1*H*-benzotriazol. Kristalle (aus Bzl.); F: 194°.

6-Brom-4-nitro-2-phenyl-2*H*-benzotriazol $C_{12}H_7BrN_4O_2$, Formel II (H 49).

B. Aus 5-Brom-2-chlor-1,3-dinitro-benzol und Phenylhydrazin in Äthanol (*Joshi, Sane,* J. Indian chem. Soc. **10** [1933] 459, 461).

Gelbe Kristalle (aus Toluol); F: 199°.

4-Brom-6-nitro-3*H*-benzotriazol-1-oxid $C_6H_3BrN_4O_3$, Formel III und Taut. (4-Brom-6-nitro-benzotriazol-1-ol).

B. Aus [2-Brom-4,6-dinitro-phenyl]-hydrazin beim Erwärmen mit äthanol. NaOH (*Joshi, Deorha,* J. Indian chem. Soc. **29** [1952] 545, 548).

Orangebraune Kristalle (aus H_2O); F: 205°.

I   II   III   IV

4-Brom-6-nitro-2-phenyl-2H-benzotriazol $C_{12}H_7BrN_4O_2$, Formel IV (R = X = H).
B. Aus 1-Brom-2-chlor-3,5-dinitro-benzol und Phenylhydrazin in Äthanol (*Joshi, Sane*, J. Indian chem. Soc. **10** [1933] 459, 462).
Kristalle (aus A.); F: 174°.

5-Brom-4-chlor-6-nitro-2-phenyl-2H-benzotriazol $C_{12}H_6BrClN_4O_2$, Formel V (R = H).
B. Aus 2,4-Dibrom-3-chlor-1,5-dinitro-benzol und Phenylhydrazin in Äthanol (*Kapil, Joshi*, J. Indian chem. Soc. **36** [1959] 417, 419).
Kristalle (aus A.); F: 212° [unkorr.].

5-Brom-4-chlor-6-nitro-2-phenyl-2H-benzotriazol-1-oxid $C_{12}H_6BrClN_4O_3$, Formel VI (R = H, X = Cl).
B. Aus 2,4-Dibrom-3-chlor-1,5-dinitro-benzol und Phenylhydrazin in Essigsäure (*Kapil, Joshi*, J. Indian chem. Soc. **36** [1959] 417, 419).
Gelbe Kristalle (aus Toluol); F: 181° [unkorr.].

5-Brom-4-chlor-6-nitro-2-o-tolyl-2H-benzotriazol $C_{13}H_8BrClN_4O_2$, Formel V (R = CH$_3$).
B. Aus 2,4-Dibrom-3-chlor-1,5-dinitro-benzol und o-Tolylhydrazin in Äthanol (*Kapil, Joshi*, J. Indian chem. Soc. **36** [1959] 417, 419).
Hellbraune Kristalle (aus A.); F: 176° [unkorr.].

V   VI   VII

4-Brom-5-chlor-6-nitro-2-p-tolyl-2H-benzotriazol $C_{13}H_8BrClN_4O_2$, Formel IV (R = CH$_3$, X = Cl).
B. Aus 3-Brom-2,4-dichlor-1,5-dinitro-benzol und p-Tolylhydrazin in Äthanol (*Joshi, Gupta*, J. Indian chem. Soc. **35** [1958] 681, 682).
Dunkelbraune Kristalle (aus Toluol); F: 179°.

4,7-Dibrom-5-nitro-2-p-tolyl-2H-benzotriazol $C_{13}H_8Br_2N_4O_2$, Formel VII.
B. Aus 1,4-Dibrom-2-chlor-3,5-dinitro-benzol oder 1,2,4-Tribrom-3,5-dinitro-benzol und p-Tolylhydrazin in Äthanol (*Joshi, Gupta*, J. Indian chem. Soc. **35** [1958] 681, 682).
Kristalle (aus Toluol); F: 222°.

4,5-Dibrom-6-nitro-2-p-tolyl-2H-benzotriazol $C_{13}H_8Br_2N_4O_2$, Formel IV (R = CH$_3$, X = Br).
B. Aus 2,3,4-Tribrom-1,5-dinitro-benzol und p-Tolylhydrazin in Äthanol (*Joshi, Gupta*, J. Indian chem. Soc. **35** [1958] 681, 682).
Hellbraune Kristalle (aus Toluol); F: 300° [Zers.].

4,5-Dibrom-6-nitro-2-p-tolyl-2H-benzotriazol-1-oxid $C_{13}H_8Br_2N_4O_3$, Formel VI (R = CH$_3$, X = Br).
B. Aus 2,3,4-Tribrom-1,5-dinitro-benzol und p-Tolylhydrazin in Essigsäure (*Joshi, Gupta*,

J. Indian chem. Soc. **35** [1958] 681, 683).
Braune Kristalle (aus Toluol); F: 270°.

6-Jod-4-nitro-2-phenyl-2H-benzotriazol $C_{12}H_7IN_4O_2$, Formel VIII.
B. Aus 2-Chlor-5-jod-1,3-dinitro-benzol und Phenylhydrazin in Äthanol (*Joshi, Sane*, J. Indian chem. Soc. **10** [1933] 459, 462).
Gelbe Kristalle (aus Toluol); F: 209°.

4-Jod-6-nitro-2-phenyl-2H-benzotriazol $C_{12}H_7IN_4O_2$, Formel IX (R = H, X = I).
B. Aus 2-Chlor-1-jod-3,5-dinitro-benzol und Phenylhydrazin in Äthanol (*Joshi, Sane*, J. Indian chem. Soc. **10** [1933] 459, 463).
Kristalle (aus Toluol); F: 192°.

4,6-Dinitro-2-p-tolyl-2H-benzotriazol $C_{13}H_9N_5O_4$, Formel IX (R = CH_3, X = NO_2) (H 52).
B. Aus 2-Chlor-1,3,5-trinitro-benzol und *p*-Tolylhydrazin in Äthanol (*Joshi, Gupta*, J. Indian chem. Soc. **35** [1958] 681, 682).
Dunkelbraune Kristalle (aus Toluol); F: 182°.

VIII   IX   X   XI

[1,2,4]Triazolo[4,3-a]pyridin $C_6H_5N_3$, Formel X (E I 11; E II 27; dort als Pyridino[2.1-c]⍨ 1.2.4-triazol bezeichnet).
Kristalle (aus wss. Bzl.) mit 1 Mol H_2O; F: 36° (*Bower*, Soc. **1957** 4510, 4513). UV-Spektrum (Cyclohexan; 210—340 nm): *Bo.*, l. c. S. 4511, 4512.

[1,2,3]Triazolo[1,5-a]pyridin $C_6H_5N_3$, Formel XI.
B. Aus Pyridin-2-carbaldehyd-hydrazon mit Hilfe von Ag_2O (*Boyer et al.*, Am. Soc. **79** [1957] 678) oder von $K_3[Fe(CN)_6]$ (*Bower, Ramage*, Soc. **1957** 4506, 4508).
Kristalle; F: 39—40° (*Bo., Ra.*), 34—35° (*Bo. et al.*). UV-Spektrum (Cyclohexan; 210—340 nm): *Bower*, Soc. **1957** 4510, 4512. λ_{max}: 280 nm [H_2O], 267 nm [wss. HCl (0,6—6 n)], 269 nm und 280 nm [wss. HCl (0,1 n)] bzw. 279 nm [wss. NaOH (1 n)] (*Boyer, Wolford*, Am. Soc. **80** [1958] 2741).
Beim Erwärmen mit Propionsäure in Toluol ist Propionsäure-[2]pyridylmethylester erhalten worden (*Bo., Wo.*).
Verbindung mit Silbernitrat $C_6H_5N_3 \cdot AgNO_3$. Kristalle (aus wss. HNO_3); F: 136° [Zers.] (*Bo., Ra.*).
Methojodid [$C_7H_8N_3$]I. Kristalle (aus Propan-1-ol); F: 176° (*Bo., Ra.*).

1-Phenyl-[1,2,3]triazolo[1,5-a]pyridinium [$C_{12}H_{10}N_3$]⁺, Formel XII (R = X = H).
Bromid [$C_{12}H_{10}N_3$]Br. *B.* Aus Pyridin-2-carbaldehyd-(*E*)-phenylhydrazon mit Hilfe von *N*-Brom-phthalimid oder *N*-Brom-acetamid (*Kuhn, Münzing*, B. **86** [1953] 858, 859, 861; *Schulte-Frohlinde*, A. **622** [1959] 43, 44). — Kristalle (aus A. + Ae.); Zers. bei 163—164° (*Kuhn, Mü.*).

1-p-Tolyl-[1,2,3]triazolo[1,5-a]pyridinium [$C_{13}H_{12}N_3$]⁺, Formel XII (R = CH_3, X = H).
Bromid [$C_{13}H_{12}N_3$]Br. *B.* Aus Pyridin-2-carbaldehyd-*p*-tolylhydrazon mit Hilfe von *N*-Brom-succinimid (*Kuhn, Münzing*, B. **86** [1953] 858, 860). — Kristalle; Zers. bei 158—159°.

1-[4-Methoxy-phenyl]-[1,2,3]triazolo[1,5-a]pyridinium [$C_{13}H_{12}N_3O$]⁺, Formel XII (R = $O-CH_3$, X = H).
Bromid [$C_{13}H_{12}N_3O$]Br. *B.* Analog der vorangehenden Verbindung (*Kuhn, Münzing*, B.

86 [1953] 858, 860). – Kristalle; Zers. bei 146 – 147°.

3-Brom-1-[4-chlor-phenyl]-[1,2,3]triazolo[1,5-a]pyridinium $[C_{12}H_8BrClN_3]^+$, Formel XII
(R = Cl, X = Br).
    Bromid $[C_{12}H_8BrClN_3]Br$. *B*. Aus Pyridin-2-carbaldehyd-[4-chlor-phenylhydrazon] mit Hilfe
von *N*-Brom-succinimid (*Kuhn, Münzing,* B. **86** [1953] 858, 860). – Kristalle; Zers. bei 183°.

1-Phenyl-1H-pyrazolo[4,3-b]pyridin $C_{12}H_9N_3$, Formel XIII.
    B. Aus 1-Phenyl-1*H*-pyrazol-4-ylamin beim Erhitzen mit Glycerin, konz. H_2SO_4, Nitrobenzol
und $FeSO_4$ (*Finar, Hurlock,* Soc. **1958** 3259, 3261).
    Kristalle (aus PAe.); F: 72 – 73°. λ_{max} (A.): 250 nm.

1(3)H-Imidazo[4,5-b]pyridin $C_6H_5N_3$, Formel XIV (X = X′ = X″ = H) und Taut.
    B. Aus Pyridin-2,3-diyldiamin bei der Umsetzung mit Ameisensäure und Destillation des
Reaktionsprodukts über Magnesium-Pulver (*Korte,* B. **85** [1952] 1012, 1020; s. a. *Petrow, Saper,*
Soc. **1948** 1389, 1392). Beim Erhitzen von *N*-[3-Amino-[2]pyridyl]-thioformamid (?; E III/IV
22 5383) in Pyridin (*Kögl et al.,* R. **67** [1948] 29, 43). Aus 2-Chlor-1(3)*H*-imidazo[4,5-b]pyridin
beim Erwärmen mit konz. HI und Phosphoniumjodid (*Dornow, Hahmann,* Ar. **290** [1957]
20, 31). Aus 6-Chlor-1(3)*H*-imidazo[4,5-b]pyridin bei der Hydrierung an Palladium in H_2O
(*Vaughan et al.,* Am. Soc. **71** [1949] 1885, 1887).
    Kristalle; F: 153 – 154° [korr.; aus A. + PAe.] (*Pe., Sa.*), 144 – 145° [korr.; nach Sublimation]
(*Va. et al.*), 126 – 128° [nach Sublimation] (*Do., Ha.*), 126 – 128° (*Ko.*). UV-Spektrum in Cyclo≠
hexan (210 – 305 nm): *Mason,* Soc. **1954** 2071, 2075, 2076; in wss. NaOH (220 – 360 nm):
Ko., l. c. S. 1014. λ_{max} (wss. Lösung): 231 nm und 282 nm [pH 1], 244 nm und 282 nm [pH 7]
bzw. 218 nm und 289 nm [pH 13] (*Ma.*). Scheinbare Dissoziationsexponenten pK'_{a1} und pK'_{a2}
(H_2O; potentiometrisch ermittelt): 3,95 bzw. 11,08 (*Ma.*).
    Hydrochlorid $C_6H_5N_3 \cdot HCl$. Kristalle; F: 214 – 215° [korr.] (*Va. et al.*).
    Picrat $C_6H_5N_3 \cdot C_6H_3N_3O_7$. Gelbe Kristalle; F: 185 – 186,5° [unkorr.; aus H_2O] (*Kögl
et al.,* R. **67** [1948] 29, 43), 186° (*Do., Ha.*), 185 – 186° (*Ko.*).

XII   XIII   XIV   XV

1(3)H-Imidazo[4,5-b]pyridin-4(?)-oxid $C_6H_5N_3O$, vermutlich Formel XV (X = H) und Taut.
    Hydrochlorid $C_6H_5N_3O \cdot HCl$. *B*. Aus 1(3)*H*-Imidazo[4,5-b]pyridin und Monoperoxy≠
phthalsäure (*Vaughan et al.,* Am. Soc. **71** [1949] 1885, 1887). – Kristalle (aus A. + Acn.);
F: 235 – 237° [korr.; Zers.].

2-Chlor-1(3)H-imidazo[4,5-b]pyridin $C_6H_4ClN_3$, Formel XIV (X = Cl, X′ = X″ = H) und
Taut.
    B. Aus 1,3-Dihydro-imidazo[4,5-b]pyridin-2-on und $PCl_5/POCl_3$ (*Dornow, Hahmann,* Ar.
290 [1957] 20, 31).
    Kristalle (aus Bzl.); F: 232° [Zers.]. Bei 160°/1 Torr sublimierbar.

5-Chlor-1(3)H-imidazo[4,5-b]pyridin $C_6H_4ClN_3$, Formel XIV (X = X″ = H, X′ = Cl) und
Taut.
    B. Aus 6-Chlor-pyridin-2,3-diyldiamin bei der Umsetzung mit Ameisensäure und Destillation
des Reaktionsprodukts über Magnesium-Pulver (*Korte,* B. **85** [1952] 1012, 1020; s. a. *Salemink,
van der Want,* R. **68** [1949] 1013, 1029).

Kristalle (aus H_2O); F: 223° (*Ko.*). UV-Spektrum (wss. NaOH; 220 – 360 nm): *Ko.*, l. c. S. 1014.

Hydrochlorid $C_6H_4ClN_3 \cdot HCl$. Kristalle; F: 270° [unkorr.] (*Sa., v. d. Want*).

Picrate $C_6H_4ClN_3 \cdot C_6H_3N_3O_7$. Hellgelbe Kristalle (aus H_2O); F: 196 – 197° [unkorr.] (*Sa., v. d. Want*). – $2 C_6H_4ClN_3 \cdot C_6H_3N_3O_7$. Dunkelgelbe Kristalle (aus H_2O) mit 1 Mol H_2O; F: 177 – 178° [unkorr.] (*Sa., v. d. Want*).

Formiat $C_6H_4ClN_3 \cdot CH_2O_2$. Kristalle (aus Ameisensäure); F: 110 – 115° [unkorr.] und (nach Wiedererstarren) F: 224 – 226° [unkorr.] (*Sa., v. d. Want*).

6-Chlor-1(3)H-imidazo[4,5-b]pyridin $C_6H_4ClN_3$, Formel XIV (X = X' = H, X'' = Cl) und Taut.

B. Aus 5-Chlor-pyridin-2,3-diyldiamin und Ameisensäure (*Vaughan et al.*, Am. Soc. **71** [1949] 1885, 1887).

Kristalle (aus H_2O); F: 237 – 238° [korr.].

6-Chlor-1(3)H-imidazo[4,5-b]pyridin-4-oxid $C_6H_4ClN_3O$, Formel XV (X = Cl) und Taut.

B. Aus 6-Chlor-1(3)H-imidazo[4,5-b]pyridin und Peroxyessigsäure (*Israel, Day*, J. org. Chem. **24** [1959] 1455, 1460).

F: > 300°.

6-Chlor-3-methyl-3H-imidazo[4,5-b]pyridin $C_7H_6ClN_3$, Formel I (R = CH_3).

B. Aus 5-Chlor-N^2-methyl-pyridin-2,3-diyldiamin und Ameisensäure (*Takahashi et al.*, Chem. pharm. Bl. **7** [1959] 602).

Picrat $C_7H_6ClN_3 \cdot C_6H_3N_3O_7$. Gelbe Kristalle (aus A.); F: 207° [unkorr.].

Die folgenden Verbindungen sind in analoger Weise hergestellt worden:

3-Äthyl-6-chlor-3H-imidazo[4,5-b]pyridin $C_8H_8ClN_3$, Formel I (R = C_2H_5). Picrat $C_8H_8ClN_3 \cdot C_6H_3N_3O_7$. Gelbe Kristalle (aus Acn.); F: 183 – 184° [unkorr.].

3-Benzyl-6-chlor-3H-imidazo[4,5-b]pyridin $C_{13}H_{10}ClN_3$, Formel I (R = CH_2-C_6H_5). Kristalle (aus PAe. + Bzl.); F: 111° [unkorr.].

6-Chlor-3-[2-dimethylamino-äthyl]-3H-imidazo[4,5-b]pyridin, [2-(6-Chlor-imi‌dazo[4,5-b]pyridin-3-yl)-äthyl]-dimethyl-amin $C_{10}H_{13}ClN_4$, Formel I (R = CH_2-CH_2-$N(CH_3)_2$). Dihydrochlorid $C_{10}H_{13}ClN_4 \cdot 2 HCl$. Kristalle (aus Ae. + PAe.) mit 1 Mol H_2O; F: 205° [unkorr.]. – Picrat $C_{10}H_{13}ClN_4 \cdot C_6H_3N_3O_7$. Gelbe Kristalle (aus Acn.); F: 213 – 214° [unkorr.].

7-Chlor-1(3)H-imidazo[4,5-b]pyridin $C_6H_4ClN_3$, Formel II und Taut.

Hydrochlorid. *B.* Aus diazotiertem 1(3)H-Imidazo[4,5-b]pyridin-7-ylamin beim Erwärmen in wss. HCl (*Kögl et al.*, R. **67** [1948] 29, 41). – Kristalle (aus A.); F: 210 – 211°.

Picrat $C_6H_4ClN_3 \cdot C_6H_3N_3O_7$. Hellgelbe Kristalle (aus H_2O) mit 1 Mol H_2O; F: 175 – 177° [unkorr.].

6-Brom-1(3)H-imidazo[4,5-b]pyridin $C_6H_4BrN_3$, Formel III und Taut.

B. Aus 5-Brom-pyridin-2,3-diyldiamin und Ameisensäure (*Graboyes, Day*, Am. Soc. **79** [1957] 6421, 6423).

Kristalle (aus H_2O); F: 227 – 228° [unkorr.].

6-Brom-1(3)H-imidazo[4,5-b]pyridin-4-oxid $C_6H_4BrN_3O$, Formel IV und Taut.

B. Aus 6-Brom-1(3)H-imidazo[4,5-b]pyridin und Peroxyessigsäure (*Israel, Day*, J. org. Chem. **24** [1959] 1455, 1460).

Kristalle (aus Eg.); F: 254° [Zers.].

1(3)H-Imidazo[4,5-c]pyridin $C_6H_5N_3$, Formel V (X = X' = H) und Taut.

B. Aus Pyridin-3,4-diyldiamin beim Erhitzen mit Formaldehyd und Kupfer(II)-acetat in H_2O (*Weidenhagen, Weeden*, B. **71** [1938] 2347, 2358) oder mit Ameisensäure (*Albert, Pedersen*,

Soc. **1956** 4683). Aus 4-Chlor-1(3)H-imidazo[4,5-c]pyridin bei der Hydrierung an Palladium in Äthanol (*Salemink, van der Want*, R. **68** [1949] 1013, 1022).

Kristalle (aus E.) mit 0,5 Mol H_2O (*We., We.*); F: 170 – 171° (*We., We.*), 168 – 169° (*Al., Pe.*). λ_{max} (A.): 264 nm und 296 nm (*Mason*, Chem. Soc. spec. Publ. Nr. 3 [1955] 139, 141). Scheinbare Dissoziationsexponenten pK'_{a1} und pK'_{a2} (H_2O; potentiometrisch ermittelt): 6,10 bzw. 10,88 (*Al., Pe.*).

Hydrochlorid. F: 221° [Zers.] (*We., We.*).

Picrat $C_6H_5N_3 \cdot C_6H_3N_3O_7$. Gelbe Kristalle; F: 231 – 232° [unkorr.] (*Kögl et al.*, R. **67** [1948] 29, 43), 228 – 230° [unkorr.] (*Sa., v. d. Want*).

I   II   III   IV   V

4-Chlor-1(3)H-imidazo[4,5-c]pyridin $C_6H_4ClN_3$, Formel V (X = Cl, X' = H) und Taut.

B. Neben 3,4-Diamino-pyridin-2-ol aus 1,5-Dihydro-imidazo[4,5-c]pyridin-4-on und $POCl_3$ (*Salemink, van der Want*, R. **68** [1949] 1013, 1021).

Hydrochlorid $C_6H_4ClN_3 \cdot HCl$. Kristalle (aus Acn. + A. + HCl); F: > 300° [Zers.].

Picrat $C_6H_4ClN_3 \cdot C_6H_3N_3O_7$. Hellgelbe Kristalle (aus H_2O); F: 179 – 181° [unkorr.].

7-Nitro-1(3)H-imidazo[4,5-c]pyridin $C_6H_4N_4O_2$, Formel V (X = H, X' = NO_2) und Taut.

B. Aus 5-Nitro-pyridin-3,4-diyldiamin und Ameisensäure (*Graboyes, Day*, Am. Soc. **79** [1957] 6421, 6423).

Kristalle (aus Nitrobenzol); F: 275 – 276° [unkorr.].   [*U. Müller*]

Stammverbindungen $C_7H_7N_3$

3-Phenyl-3,4-dihydro-benzo[d][1,2,3]triazin $C_{13}H_{11}N_3$, Formel VI (H 56).

Absorptionsspektrum (A.; 250 – 430 nm): *Ramart-Lucas, Martynoff*, Bl. **1947** 986, 995; *Ramart-Lucas, Hoch*, Bl. **1949** 447, 450. Elektrische Leitfähigkeit in Äthanol bei 22,5°: *Ra.-Lu., Hoch*.

4-Methyl-1H-benzotriazol $C_7H_7N_3$, Formel VII und Taut.

B. Beim Behandeln von 3-Methyl-o-phenylendiamin mit $NaNO_2$ in wss. HCl (*Dal Monte, Veggetti*, Boll. scient. Fac. Chim. ind. Univ. Bologna **16** [1958] 1, 2).

Kristalle (aus Bzl.); F: 150° (*Dal Mo., Ve.*). λ_{max}: 263 nm und 277 – 280 nm [A.], 272 – 273 nm und 277 – 278 nm [wss. HCl (1 n)] bzw. 274,5 nm [wss. NaOH (1 n)] (*Dal Monte et al.*, Boll. scient. Fac. Chim. ind. Univ. Bologna **12** [1954] 168).

4-Methyl-2-o-tolyl-2H-benzotriazol $C_{14}H_{13}N_3$, Formel VIII (R = CH_3, R' = R'' = H).

B. Beim Erwärmen von 4-Methyl-2-o-tolyl-2H-benzotriazol-1-oxid mit $SnCl_2$ und wss. HCl (*Dal Monte, Veggetti*, Boll. scient. Fac. Chim. ind. Univ. Bologna **16** [1958] 1, 8, 9).

Kristalle (aus PAe.); F: 50° (*Dal Mo., Ve.*). UV-Spektrum (A.; 220 – 350 nm): *Dal Monte et al.*, G. **88** [1958] 1035, 1054, 1058.

4-Methyl-2-o-tolyl-2H-benzotriazol-1-oxid $C_{14}H_{13}N_3O$, Formel IX (R = CH_3, R' = R'' = H).

B. Beim Behandeln von 2,2'-Dimethyl-6-nitro-azobenzol mit wss.-äthanol. $[NH_4]_2S$ (*Dal Monte, Veggetti*, Boll. scient. Fac. Chim. ind. Univ. Bologna **16** [1958] 1, 6, 7).

Kristalle (aus PAe.); F: 118° (*Dal Mo., Ve.*). UV-Spektrum (A.; 230 – 380 nm): *Dal Monte et al.*, G. **88** [1958] 1035, 1054, 1058.

VI   VII   VIII   IX

4-Methyl-2-*m*-tolyl-2*H*-benzotriazol $C_{14}H_{13}N_3$, Formel VIII (R = R'' = H, R' = CH$_3$).

B. Beim Behandeln des folgenden Oxids mit SnCl$_2$ und wss. HCl (*Dal Monte, Veggetti*, Boll. scient. Fac. Chim. ind. Univ. Bologna **16** [1958] 1, 8, 9).

Kristalle (aus PAe.); F: 84–85° (*Dal Mo., Ve.*). λ_{max} (A.): 319 nm (*Dal Monte et al.*, G. **88** [1958] 1035, 1054).

4-Methyl-2-*m*-tolyl-2*H*-benzotriazol-1-oxid $C_{14}H_{13}N_3O$, Formel IX (R = R'' = H, R' = CH$_3$).

B. Beim Behandeln von 2,3'-Dimethyl-6-nitro-azobenzol mit wss.-äthanol. [NH$_4$]$_2$S (*Dal Monte, Veggetti*, Boll. scient. Fac. Chim. ind. Univ. Bologna **16** [1958] 1, 6, 7).

Kristalle (aus PAe.); F: 64–65° (*Dal Mo., Ve.*). λ_{max} (A.): 312 nm (*Dal Monte et al.*, G. **88** [1958] 1035, 1054).

4-Methyl-2-*p*-tolyl-2*H*-benzotriazol $C_{14}H_{13}N_3$, Formel VIII (R = R' = H, R'' = CH$_3$).

B. Beim Behandeln des folgenden Oxids mit SnCl$_2$ und wss. HCl (*Dal Monte, Veggetti*, Boll. scient. Fac. Chim. ind. Univ. Bologna **16** [1958] 1, 8, 9).

Kristalle (aus PAe.); F: 105° (*Dal Mo., Ve.*). UV-Spektrum (A.; 220–350 nm): *Dal Monte et al.*, G. **88** [1958] 977, 1022, 1025.

4-Methyl-2-*p*-tolyl-2*H*-benzotriazol-1-oxid $C_{14}H_{13}N_3O$, Formel IX (R = R' = H, R'' = CH$_3$).

B. Beim Behandeln von 2,4'-Dimethyl-6-nitro-azobenzol mit wss.-äthanol. [NH$_4$]$_2$S (*Dal Monte, Veggetti*, Boll. scient. Fac. Chim. ind. Univ. Bologna **16** [1958] 1, 6, 7).

Kristalle (aus PAe.); F: 92° (*Dal Mo., Ve.*). λ_{max} (A.): 313–314 nm (*Dal Monte et al.*, G. **88** [1958] 1035, 1054).

4-Methyl-1-[3]pyridyl-1*H*-benzotriazol $C_{12}H_{10}N_4$, Formel X.

B. Beim Behandeln von 3-Methyl-N^1-[3]pyridyl-*o*-phenylendiamin mit NaNO$_2$ in wss. HCl (*Eiter, Nezval*, M. **81** [1950] 404, 411).

Kristalle (aus Ae.+PAe.); F: 98–99°.

Beim Erhitzen mit ZnCl$_2$ auf 320° sind [3]Pyridyl-*m*-tolyl-amin, 5-Methyl-9*H*-β-carbolin (?; E III/IV **23** 1602) und 9-Methyl-5*H*-pyrido[3,2-*b*]indol (?; E III/IV **23** 1596) erhalten worden.

7-Methyl-1-[3]pyridyl-1*H*-benzotriazol $C_{12}H_{10}N_4$, Formel XI.

B. Beim Behandeln von 3-Methyl-N^2-[3]pyridyl-*o*-phenylendiamin mit NaNO$_2$ in wss. HCl (*Eiter, Nezval*, M. **81** [1950] 404, 411).

Kristalle (aus Ae.+PAe.); F: 66°.

Beim Erhitzen mit ZnCl$_2$ auf 320° sind [3]Pyridyl-*o*-tolyl-amin und 8-Methyl-9*H*-β-carbolin erhalten worden.

X   XI   XII   XIII

1-Acetyl-4-trifluormethyl-1*H*-benzotriazol $C_9H_6F_3N_3O$, Formel XII.

B. Beim Behandeln von Essigsäure-[2-amino-3-trifluormethyl-anilid] mit $NaNO_2$ in wss. HCl (*Belcher et al.*, Soc. **1954** 4159).

Kristalle (aus A.); F: 100°.

5,7-Dichlor-4-methyl-2-*p*-tolyl-2*H*-benzotriazol $C_{14}H_{11}Cl_2N_3$, Formel XIII.

B. Aus diazotiertem 6-Chlor-7-methyl-2-*p*-tolyl-2*H*-benzotriazol-4-ylamin oder aus diazotier‹ tem 7-Chlor-4-methyl-2-*p*-tolyl-2*H*-benzotriazol-5-ylamin beim Erwärmen mit Kupfer-Pulver in wss. HCl (*Joshi, Gupta*, J. Indian chem. Soc. **35** [1958] 681, 686).

Kristalle (aus Bzl.); F: 167°.

4-Brom-7-methyl-3*H*-benzotriazol-1-oxid $C_7H_6BrN_3O$, Formel I und Taut. (4-Brom-7-methyl-benzotriazol-1-ol).

B. Aus 4-Brom-2,3-dinitro-toluol und äthanol. $N_2H_4 \cdot H_2O$ bei 130–140° (*Qvist*, Acta Acad. Åbo **19** Nr. 1 [1953] 1, 5, 8).

Kristalle (aus wss. A.); Zers. bei 212–213°.

7-Methyl-5-nitro-1-phenyl-1*H*-benzotriazol $C_{13}H_{10}N_4O_2$, Formel II.

B. Beim Behandeln von [2-Methyl-4,6-dinitro-phenyl]-phenyl-amin mit wss.-äthanol. Na_2S und Behandeln des Reaktionsprodukts mit $NaNO_2$ in Essigsäure und wss. HCl (*Cooker et al.*, Soc. **1951** 110, 112).

Gelbe Kristalle (aus A.); F: 198°.

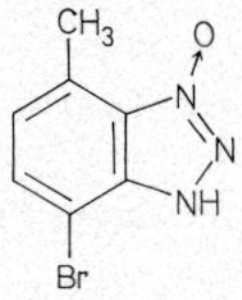

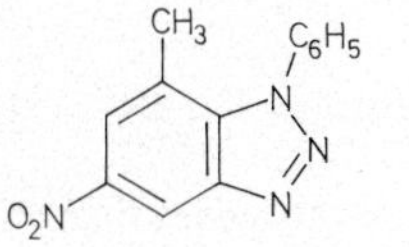

7-Chlor-4-methyl-5-nitro-2-*p*-tolyl-2*H*-benzotriazol $C_{14}H_{11}ClN_4O_2$, Formel III (X = H, X′ = Cl).

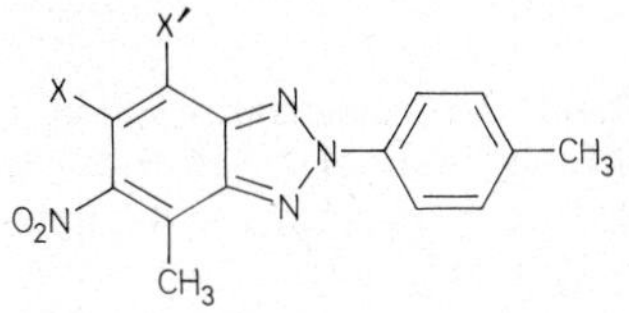

B. Aus 3,4-Dichlor-2,6-dinitro-toluol oder aus 3-Brom-4-chlor-2,6-dinitro-toluol beim Erwär‹ men mit *p*-Tolylhydrazin-hydrochlorid und Natriumacetat in Äthanol (*Joshi, Gupta*, J. Indian chem. Soc. **35** [1958] 681, 682).

Hellbraune Kristalle (aus Toluol); F: 230°.

Die folgenden Verbindungen sind in analoger Weise hergestellt worden:

5-Chlor-4-methyl-7-nitro-2-*p*-tolyl-2*H*-benzotriazol $C_{14}H_{11}ClN_4O_2$, Formel IV (X = Cl). Braune Kristalle (aus Toluol); F: 210°.

6-Brom-4-methyl-5-nitro-2-*p*-tolyl-2*H*-benzotriazol $C_{14}H_{11}BrN_4O_2$, Formel III (X = Br, X′ = H). Dunkelbraune Kristalle (aus Toluol); F: >330°.

7-Brom-4-methyl-5-nitro-2-*p*-tolyl-2*H*-benzotriazol $C_{14}H_{11}BrN_4O_2$, Formel III (X = H, X′ = Br). Braune Kristalle (aus Toluol); F: 225°.

5-Brom-4-methyl-7-nitro-2-*p*-tolyl-2*H*-benzotriazol $C_{14}H_{11}BrN_4O_2$, Formel IV (X = Br). Gelbe Kristalle (aus Toluol); F: 182°.

4-Methyl-5,7-dinitro-2-*p*-tolyl-2*H*-benzotriazol $C_{14}H_{11}N_5O_4$, Formel IV (X = NO_2). Hellbraune Kristalle (aus Toluol); F: 167°.

5-Brom-7-methyl-4,6-dinitro-2-*p*-tolyl-2*H*-benzotriazol $C_{14}H_{10}BrN_5O_4$, Formel III (X = Br, X′ = NO_2). Braune Kristalle (aus Toluol); F: 295° [Zers.].

7-Methyl-4,6-dinitro-2-*p*-tolyl-2*H*-benzotriazol-1-oxid $C_{14}H_{11}N_5O_5$, Formel V.

B. Beim Erwärmen von 3-Chlor-2,4,6-trinitro-toluol mit *p*-Tolylhydrazin in Essigsäure (*Joshi, Gupta*, J. Indian chem. Soc. **35** [1958] 681, 683).

Dunkelbraune Kristalle (aus Toluol); F: 205°.

IV   V   VI

5-Methyl-1H-benzotriazol $C_7H_7N_3$, Formel VI (R = H) und Taut. (H 58; E I 12; E II 28).
  Assoziation in Naphthalin: *Heafield, Hunter,* Soc. **1942** 420. UV-Spektrum (A., wss. HCl [1 n] sowie wss. NaOH [1 n]; 220−330 nm): *Dal Monte et al.,* G. **88** [1958] 977, 998, 1002. Scheinbarer Dissoziationsexponent pK'_a (H_2O; potentiometrisch ermittelt): 8,9 (*Hirata et al.,* Res. Rep. Nagoya ind. Sci. Res. Inst. Nr. 9 [1956] 80; C. A. **1957** 8516).

5-Methyl-3H-benzotriazol-1-oxid $C_7H_7N_3O$, Formel VII (R = CH_3, R′ = H) und Taut. (5-Methyl-benzotriazol-1-ol).
  B. Neben [5-Methyl-2-nitro-phenyl]-hydrazin beim Erwärmen von 3,4-Dinitro-toluol mit $N_2H_4 \cdot H_2O$ in Äthanol (*Mangini, Colonna,* G. **68** [1938] 708, 710, 714). Beim Behandeln von [5-Methyl-2-nitro-phenyl]-hydrazin mit äthanol. KOH (*Ma., Co.*).
  Kristalle (aus wss. A.); F: 184° [Zers.].
  O-Acetyl-Derivat $C_9H_9N_3O_2$; 1-Acetoxy-5-methyl-1H-benzotriazol. Kristalle (aus Bzl.); F: 145,5−146,5°.
  O-Benzoyl-Derivat $C_{14}H_{11}N_3O_2$; 1-Benzoyloxy-5-methyl-1H-benzotriazol. Kristalle (aus PAe.); F: 129−130°.

6-Methyl-3H-benzotriazol-1-oxid $C_7H_7N_3O$, Formel VII (R = H, R′ = CH_3) und Taut. (6-Methyl-benzotriazol-1-ol) (H 61; E II 29).
  B. Beim Erwärmen von 4-Chlor-3-nitro-toluol mit wss.-äthanol. $N_2H_4 \cdot H_2O$ (*Macbeth, Price,* Soc. **1936** 111, 118).
  Kristalle (aus wss. A.); F: 178−179°. UV-Spektrum (A. sowie H_2O; 230−360 nm): *Ma., Pr.,* l. c. S. 113, 114.

1,5-Dimethyl-1H-benzotriazol $C_8H_9N_3$, Formel VI (R = CH_3) (E II 28).
  F: 49° (*Macbeth, Price,* Soc. **1936** 111, 118). UV-Spektrum (A. sowie H_2O; 230−320 nm): *Ma., Pr.,* l. c. S. 112, 113. λ_{max}: 256 nm, 260 nm und 289 nm [A.] bzw. 210 nm und 280 nm [wss. HCl (1 n)] (*Dal Monte et al.,* G. **88** [1958] 977, 1002).

VII   VIII   IX   X

2,5-Dimethyl-2H-benzotriazol $C_8H_9N_3$, Formel VIII.
  B. Beim Erwärmen von 5-Methyl-1H-benzotriazol mit Diazomethan in Äther (*Wiley, Hussung,* Am. Soc. **79** [1957] 4395, 4400).
  Kp_{12}: 117°. λ_{max} (Me.): 276 nm, 284 nm und 288 nm.
  Beim Erwärmen mit konz. HCl und konz. HNO_3 ist 4,5,6,7-Tetrachlor-2-methyl-2H-benzotriazol erhalten worden.

1,6-Dimethyl-1H-benzotriazol $C_8H_9N_3$, Formel IX (E II 29).
  B. Aus 1,6-Dimethyl-1H-benzotriazol-4-ylamin (*Brady, Reynolds,* Soc. **1930** 2667, 2671, 2673) oder aus 1,6-Dimethyl-3-oxy-1H-benzotriazol-5-ylamin über mehrere Stufen (*Brady, Reynolds,*

Soc. **1931** 1273, 1277, 1281).

Kristalle; F: 82° (*Dal Monte et al.*, G. **88** [1958] 977, 1002), 75° [aus PAe.] (*Br., Re.*, Soc. **1931** 1281). UV-Spektrum (A. sowie wss. HCl [1 n]; 200 – 330 nm): *Dal Mo. et al.*, l. c. S. 998, 1002.

3,6-Dimethyl-3*H*-benzotriazol-1-oxid $C_8H_9N_3O$, Formel X (E II 29).

UV-Spektrum (CHCl$_3$, A. sowie wss. HCl [1 n]; 220 – 390 nm): *Dal Monte et al.*, G. **88** [1958] 1035, 1053, 1056.

5-Methyl-2-phenyl-2*H*-benzotriazol $C_{13}H_{11}N_3$, Formel XI (X = X' = X'' = H) (H 59).

UV-Spektrum (A. sowie Cyclohexan; 210 – 350 nm): *Dal Monte et al.*, G. **88** [1958] 1035, 1054, 1058.

2-[2-Chlor-phenyl]-5-methyl-2*H*-benzotriazol $C_{13}H_{10}ClN_3$, Formel XI (X = Cl, X' = X'' = H).

B. Beim Erwärmen von 2-[2-Chlor-phenyl]-6-methyl-2*H*-benzotriazol-1-oxid mit SnCl$_2$ und wss. HCl (*Dal Monte, Veggetti*, Boll. scient. Fac. Chim. ind. Univ. Bologna **16** [1958] 1, 8, 9).

Kristalle (aus PAe.); F: 95° (*Dal Mo., Ve.*). UV-Spektrum (A.; 220 – 350 nm): *Dal Monte et al.*, G. **88** [1958] 977, 1023, 1025.

2-[3-Chlor-phenyl]-5-methyl-2*H*-benzotriazol $C_{13}H_{10}ClN_3$, Formel XI (X = X'' = H, X' = Cl).

B. Analog der vorangehenden Verbindung (*Dal Monte, Veggetti*, Boll. scient. Fac. Chim. ind. Univ. Bologna **16** [1958] 1, 8, 9).

Kristalle (aus A.); F: 125 – 126° (*Dal Mo., Ve.*). λ_{max} (A.): 316 nm (*Dal Monte et al.*, G. **88** [1958] 1035, 1054).

2-[4-Chlor-phenyl]-5-methyl-2*H*-benzotriazol $C_{13}H_{10}ClN_3$, Formel XI (X = X' = H, X'' = Cl).

B. Analog den vorangehenden Verbindungen (*Dal Monte, Veggetti*, Boll. scient. Fac. Chim. ind. Univ. Bologna **16** [1958] 1, 8, 9).

Kristalle (aus PAe.); F: 156° (*Dal Mo., Ve.*). λ_{max} (A.): 314 – 319 nm (*Dal Monte et al.*, G. **88** [1958] 977, 1023, 1035, 1054).

6-Methyl-2-phenyl-2*H*-benzotriazol-1-oxid $C_{13}H_{11}N_3O$, Formel XII (X = X' = X'' = H) (H 59).

UV-Spektrum (Cyclohexan, A. sowie wss. HCl [1 n]; 220 – 390 nm): *Dal Monte et al.*, G. **88** [1958] 1035, 1054, 1058.

2-[2-Chlor-phenyl]-6-methyl-2*H*-benzotriazol-1-oxid $C_{13}H_{10}ClN_3O$, Formel XII (X = Cl, X' = X'' = H).

B. Beim Behandeln von 2'-Chlor-4-methyl-2-nitro-azobenzol mit wss.-äthanol. Na$_2$S (*Dal Monte, Veggetti*, Boll. scient. Fac. Chim. ind. Univ. Bologna **16** [1958] 1, 4, 7).

Kristalle (aus PAe.); F: 133° (*Dal Mo., Ve.*). λ_{max} (A.): 300 nm (*Dal Monte et al.*, G. **88** [1958] 1035, 1054).

2-[3-Chlor-phenyl]-6-methyl-2*H*-benzotriazol-1-oxid $C_{13}H_{10}ClN_3O$, Formel XII (X = X'' = H, X' = Cl).

B. Analog der vorangehenden Verbindung (*Dal Monte, Veggetti*, Boll. scient. Fac. Chim. ind. Univ. Bologna **16** [1958] 1, 4, 7).

Kristalle (aus PAe.); F: 143° (*Dal Mo., Ve.*). λ_{max} (A.): 315 nm (*Dal Monte et al.*, G. **88** [1958] 1035, 1054).

2-[4-Chlor-phenyl]-6-methyl-2*H*-benzotriazol-1-oxid $C_{13}H_{10}ClN_3O$, Formel XII (X = X' = H, X'' = Cl).

B. Analog den vorangehenden Verbindungen (*Dal Monte, Veggetti*, Boll. scient. Fac. Chim.

ind. Univ. Bologna **16** [1958] 1, 4, 7).

Kristalle (aus PAe.); F: 178° (*Dal Mo., Ve.*). λ_{max} (A.): 317 nm (*Dal Monte et al.*, G. **88** [1958] 1035, 1054).

XI   XII   XIII

5-Methyl-2-o-tolyl-2H-benzotriazol $C_{14}H_{13}N_3$, Formel XI (X = CH_3, X' = X'' = H).

B. Beim Erwärmen von 6-Methyl-2-o-tolyl-2H-benzotriazol-1-oxid mit $SnCl_2$ und wss. HCl (*Dal Monte, Veggetti*, Boll. scient. Fac. Chim. ind. Univ. Bologna **16** [1958] 1, 8, 9).

Kristalle (aus PAe.); F: 76° (*Dal Mo., Ve.*). UV-Spektrum (A.; 220−350 nm): *Dal Monte et al.*, G. **88** [1958] 977, 1025, 1035, 1059.

6-Methyl-2-o-tolyl-2H-benzotriazol-1-oxid $C_{14}H_{13}N_3O$, Formel XII (X = CH_3, X' = X'' = H).

B. Beim Behandeln von 4,2'-Dimethyl-2-nitro-azobenzol mit wss.-äthanol. $[NH_4]_2S$ (*Dal Monte, Veggetti*, Boll. scient. Fac. Chim. ind. Univ. Bologna **16** [1958] 1, 4, 7).

Kristalle (aus PAe.); F: 108° (*Dal Mo., Ve.*). UV-Spektrum (A.; 220−380 nm): *Dal Monte et al.*, G. **88** [1958] 1035, 1054, 1059.

5-Methyl-2-m-tolyl-2H-benzotriazol $C_{14}H_{13}N_3$, Formel XI (X = X'' = H, X' = CH_3).

B. Beim Erwärmen von 6-Methyl-2-m-tolyl-2H-benzotriazol-1-oxid mit $SnCl_2$ und wss. HCl (*Dal Monte, Veggetti*, Boll. scient. Fac. Chim. ind. Univ. Bologna **16** [1958] 1, 8, 9).

Kristalle (aus PAe.); F: 77−78° (*Dal Mo., Ve.*). λ_{max} (A.): 313 nm (*Dal Monte et al.*, G. **88** [1958] 1035, 1054).

6-Methyl-2-m-tolyl-2H-benzotriazol-1-oxid $C_{14}H_{13}N_3O$, Formel XII (X = X'' = H, X' = CH_3).

B. Beim Behandeln von 4,3'-Dimethyl-2-nitro-azobenzol mit wss.-äthanol. $[NH_4]_2S$ (*Dal Monte, Veggetti*, Boll. scient. Fac. Chim. ind. Univ. Bologna **16** [1958] 1, 4, 7).

Kristalle (aus PAe.); F: 88° (*Dal Mo., Ve.*). λ_{max} (A.): 314 nm (*Dal Monte et al.*, G. **88** [1958] 1035, 1054).

5-Methyl-1-p-tolyl-1H-benzotriazol $C_{14}H_{13}N_3$, Formel VI (R = C_6H_4-CH_3).

B. Beim Behandeln von 4-Methyl-N^1-p-tolyl-o-phenylendiamin mit $NaNO_2$ in Essigsäure (*Vaniček, Allan*, Chem. Listy **48** [1954] 1705; Collect. **20** [1955] 996; C. A. **1955** 14733).

Hellviolette Kristalle (aus A.); F: 101−102° [korr.].

Beim Erhitzen auf 400° ist 3,6-Dimethyl-carbazol erhalten worden.

5-Methyl-2-p-tolyl-2H-benzotriazol $C_{14}H_{13}N_3$, Formel XI (X = X' = H, X'' = CH_3) (H 59; E I 12; E II 29).

Assoziation in Naphthalin: *Heafield, Hunter*, Soc. **1942** 420. UV-Spektrum (A.; 220−360 nm): *Dal Monte et al.*, G. **88** [1958] 1035, 1054, 1059.

6-Methyl-2-p-tolyl-2H-benzotriazol-1-oxid $C_{14}H_{13}N_3O$, Formel XII (X = X' = H, X'' = CH_3) (E II 29).

F: 139° (*Dal Monte et al.*, G. **88** [1958] 1035, 1055). UV-Spektrum (A.; 220−390 nm): *Dal Mo. et al.*, l. c. S. 1055, 1059.

5-Methyl-2-phenyl-1-*p*-tolyl-benzotriazolium $[C_{20}H_{18}N_3]^+$, Formel XIII.
  Chlorid. Kristalle (aus Me. + Ae.); F: 196 – 197° [Zers.; nach Sintern] (*Krollpfeiffer et al.*, B. **67** [1934] 908, 915).
  Picrat $[C_{20}H_{18}N_3]C_6H_2N_3O_7$. *B.* Beim Erwärmen von [4-Methyl-2-phenylazo-phenyl]-*p*-tolyl-amin (erhalten aus Di-*p*-tolylamin) mit Amylnitrit und Essigsäure und folgenden Behandeln mit Pikrinsäure (*Kr. et al.*). – Gelbe Kristalle (aus A.); F: 156,5 – 157,5°.

4-[5-Methyl-benzotriazol-2-yl]-phenol $C_{13}H_{11}N_3O$, Formel XI (X = X′ = H, X″ = OH) (H 60).
  B. Aus 4-[5-Methyl-1-oxy-benzotriazol-2-yl]-phenol oder aus 4-[6-Methyl-1-oxy-benzotriazol-2-yl]-phenol beim Erwärmen mit $SnCl_2$ in wss.-äthanol. HCl (*Lauer et al.*, Am. Soc. **59** [1937] 2584).
  Kristalle (aus A.); F: 217 – 218°.

4-[5-Methyl-1-oxy-benzotriazol-2-yl]-phenol $C_{13}H_{11}N_3O_2$, Formel XIV.
  B. Beim Behandeln von 4-[5-Methyl-2-nitro-phenylazo]-phenol mit $Na_2S_2O_4$ in wss. Äthanol (*Lauer et al.*, Am. Soc. **59** [1937] 2584).
  Kristalle (aus wss. A.); F: 265 – 266° [Zers.].

4-[6-Methyl-1-oxy-benzotriazol-2-yl]-phenol $C_{13}H_{11}N_3O_2$, Formel XII (X = X′ = H, X″ = OH) (H 60).
  B. Analog der vorangehenden Verbindung (*Lauer et al.*, Am. Soc. **59** [1937] 2584).
  Kristalle (aus wss. A.); F: 242 – 243°.

1-Acetyl-5-methyl-1*H*-benzotriazol $C_9H_9N_3O$, Formel XV (R = CH$_3$) (H 60; E I 12).
  Assoziation in Naphthalin: *Heafield, Hunter*, Soc. **1942** 420.

XIV   XV   XVI

5(?)-Methyl-benzotriazol-1-carbonsäure-anilid $C_{14}H_{12}N_4O$, vermutlich Formel XV (R = NH-C$_6$H$_5$) (H 61).
  B. Aus 5-Methyl-1*H*-benzotriazol und Phenylisocyanat (*Henry, Dehn*, Am. Soc. **71** [1949] 2297, 2299).
  Kristalle; F: 159 – 160°.

3-Hydroxy-4-[6-methyl-1-oxy-benzotriazol-2-yl]-[2]naphthoesäure $C_{18}H_{13}N_3O_4$, Formel XVI (X = OH).
  B. Aus 3-Hydroxy-4-[4-methyl-2-nitro-phenylazo]-[2]naphthoesäure mit Hilfe von NaHS (*Rowe, Giles*, J. Soc. Dyers Col. **51** [1935] 278, 280).
  Braune Kristalle (aus Eg.); F: 259 – 261° [Zers.].

3-Hydroxy-4-[6-methyl-1-oxy-benzotriazol-2-yl]-[2]naphthoesäure-anilid $C_{24}H_{18}N_4O_3$, Formel XVI (X = NH-C$_6$H$_5$).
  B. Als Hauptprodukt neben 4-[2-Amino-4-methyl-phenylazo]-3-hydroxy-[2]naphthoesäure-anilid aus 3-Hydroxy-4-[4-methyl-2-nitro-phenylazo]-[2]naphthoesäure-anilid mit Hilfe von NaHS (*Rowe, Giles*, J. Soc. Dyers Col. **51** [1935] 278, 280).
  Hellgelbe Kristalle (aus Eg.); F: 281° [Zers.; nach Dunkelfärbung bei 255°].

4-[5-Methyl-benzotriazol-2-yl]-anilin $C_{13}H_{12}N_4$, Formel XI (X = X′ = H, X″ = NH$_2$).
  B. Beim Behandeln von diazotiertem 4-Methyl-2-nitro-anilin mit Natrium-anilinomethan=

sulfonat, anschliessenden Erwärmen mit Na_2CO_3 und NaCl in H_2O und Reduzieren des Reak=
tionsprodukts mit Zink-Pulver in wss.-äthanol. NH_3 (*Poskočil, Allan*, Collect. **22** [1957] 548,
554).
Hellgelbe Kristalle (aus A.); F: $163-164°$.

5-Methyl-1-[2]pyridyl-1H-benzotriazol $C_{12}H_{10}N_4$, Formel XVII.
B. Beim Erwärmen von [4-Methyl-2-nitro-phenyl]-[2]pyridyl-amin mit $Na_2S_2O_4$ in wss.-äthan=
ol. KOH und Behandeln des Reaktionsprodukts mit $NaNO_2$ in wss. HCl (*Ashton, Suschitzky*,
Soc. **1957** 4559, 4562).
Kristalle (aus H_2O, wss. A. oder Acn.); F: $109°$.
Beim Erhitzen mit H_3PO_4 auf $200°$ ist 6-Methyl-9H-pyrido[2,3-b]indol erhalten worden.

XVII   I   II

1-Methoxy-6-methyl-1H-benzotriazol $C_8H_9N_3O$, Formel I (E II 29).
UV-Spektrum ($CHCl_3$; $230-330$ nm): *Dal Monte et al.*, G. **88** [1958] 1035, 1053, 1056. λ_{max}:
259 nm, $267-269$ nm und $280-281$ nm [Cyclohexan] bzw. 275 nm [wss. HCl (1 n)] (*Dal Mo.
et al.*, l. c. S. 1053).

6-Methyl-1-p-toluidino-1H-benzotriazol, [6-Methyl-benzotriazol-1-yl]-p-tolyl-amin $C_{14}H_{14}N_4$,
Formel II.
Diese Konstitution kommt der früher (H **26** 359) als 7-Methyl-2-p-tolyl-2,3-dihydro-benzo=
tetrazin beschriebenen Verbindung zu (*Bauer, Katritzky*, Soc. **1964** 4394). Entsprechend ist
das früher (H **26** 359) als 2-Acetyl-6-methyl-3-p-tolyl-2,3-dihydro-benzotetrazin beschriebene
Acetyl-Derivat $C_{16}H_{16}N_4O$ als N-[6-Methyl-benzotriazol-1-yl]-N-p-tolyl-acetamid
(F: $152°$) zu formulieren (*Ba., Ka.*).

(±)-[2-(5-Methyl-benzotriazol-1-yl)-3-oxo-isoindolin-1-yl]-essigsäure $C_{17}H_{14}N_4O_3$, Formel III.
B. Aus (±)-[2-(2-Amino-4-methyl-anilino)-3-oxo-isoindolin-1-yl]-essigsäure mit Hilfe von
$NaNO_2$ in wss. H_2SO_4 (*Rowe et al.*, Soc. **1936** 1098, 1106).
Kristalle (aus wss. A.); F: $253°$.
A m i d $C_{17}H_{15}N_5O_2$. Kristalle (aus wss. A.); F: $214°$.
A n i l i d $C_{23}H_{19}N_5O_2$. Kristalle (aus wss. A.); F: $221°$.

III   IV

5-Methyl-1-nitro-1H-benzotriazol(?) $C_7H_6N_4O_2$, vermutlich Formel IV.
B. Beim Behandeln von 4-Methyl-2,N-dinitro-anilin mit Na_2S in wss. NaOH und Diazotieren
des Reaktionsprodukts (*CIBA*, D.R.P. 630328 [1934]; Frdl. **23** 881; U.S.P. 2036530 [1935]).
Gelbe Kristalle (aus Me. bzw. aus A.); F: $91-92°$ (*CIBA*, D.R.P. 630328; U.S.P. 2036530).

(±)-1,3-Diphenyl-3-[4,5,7-trichlor-6-methyl-benzotriazol-2-yl]-propan-1-on $C_{22}H_{16}Cl_3N_3O$,
Formel V (R = $CH(C_6H_5)$-CH_2-CO-C_6H_5).
B. Beim Erwärmen von 4,5,7-Trichlor-6-methyl-1H-benzotriazol und *trans*-Chalkon in Ge=

genwart von Benzyl-trimethyl-ammonium-hydroxid (*Wiley, Hussung,* Am. Soc. **79** [1957] 4395, 4398).

Kristalle (aus Nitromethan); F: 173 – 175° [unkorr.]. λ_{max} (Me.): 285 nm, 290 nm, 294 nm und 298 nm.

3-[4,5,7-Trichlor-6-methyl-benzotriazol-2-yl]-propionsäure-amid $C_{10}H_9Cl_3N_4O$, Formel V (R = CH_2-CH_2-CO-NH_2).

B. Beim Erwärmen von 4,5,7-Trichlor-6-methyl-1*H*-benzotriazol und Acrylamid in Gegenwart von Benzyl-trimethyl-ammonium-hydroxid (*Wiley, Hussung,* Am. Soc. **79** [1957] 4395, 4398).

Kristalle (aus E.); F: 259 – 260° [unkorr.]. λ_{max} (Me.): 280 nm, 290 nm, 294 nm und 298 nm.

3-[4,5,7-Trichlor-6-methyl-benzotriazol-2-yl]-propionitril $C_{10}H_7Cl_3N_4$, Formel V (R = CH_2-CH_2-CN).

B. Analog der vorangehenden Verbindung (*Wiley, Hussung,* Am. Soc. **79** [1957] 4395, 4398).

Kristalle (aus Me.); F: 189 – 190° [unkorr.]. λ_{max} (Me.): 280 nm, 290 nm, 294 nm und 298 nm.

V   VI   VII

5-Methyl-6-nitro-3*H*-benzotriazol-1-oxid $C_7H_6N_4O_3$, Formel VI (R = H) und Taut. (5-Methyl-6-nitro-benzotriazol-1-ol) (E II 31).

B. Aus [5-Methyl-2,4-dinitro-phenyl]-hydrazin beim Erwärmen mit äthanol. NH_3 (*Macbeth, Price,* Soc. **1936** 111, 118) oder mit äthanol. NaOH (*Joshi, Deorha,* J. Indian chem. Soc. **29** [1952] 545, 548).

Kristalle; F: 197° [aus H_2O oder wss. A.] (*Jo., De.*), 196 – 197° [aus wss. A.] (*Ma., Pr.*). Absorptionsspektrum in Äthanol (240 – 430 nm) und in H_2O (230 – 470 nm): *Ma., Pr.,* l. c. S. 115, 116.

3,5-Dimethyl-6-nitro-3*H*-benzotriazol-1-oxid $C_8H_8N_4O_3$, Formel VI (R = CH_3) (E II 30).

B. Neben 1,6-Dimethyl-5-nitro-1*H*-benzotriazol beim Erhitzen von 5-Methyl-6-nitro-3*H*-benzotriazol-1-oxid mit Dimethylsulfat (*Brady, Reynolds,* Soc. **1931** 1273, 1277, 1280; vgl. E II 30).

Kristalle (aus Bzl.); F: 268 – 269° (*Macbeth, Price,* Soc. **1936** 111, 118). Absorptionsspektrum (A. sowie H_2O; 240 – 430 nm): *Ma., Pr.,* l. c. S. 115, 117.

5-Methyl-6-nitro-2-*p*-tolyl-2*H*-benzotriazol $C_{14}H_{12}N_4O_2$, Formel VII (X = H, X' = NO_2).

B. Beim Erwärmen von 5-Chlor-2,4-dinitro-toluol mit *p*-Tolylhydrazin-hydrochlorid und Natriumacetat in Äthanol (*Joshi, Gupta,* J. Indian chem. Soc. **35** [1958] 681, 682, 685).

Hellgelbe Kristalle (aus Toluol); F: 172°.

5-Methyl-6-nitro-2-*p*-tolyl-2*H*-benzotriazol-1-oxid $C_{14}H_{12}N_4O_3$, Formel VIII (E II 31).

B. Beim Erwärmen von 5-Chlor-2,4-dinitro-toluol mit *p*-Tolylhydrazin in Essigsäure (*Joshi, Gupta,* J. Indian chem. Soc. **35** [1958] 681, 683, 685).

Hellgelbe Kristalle (aus Toluol); F: 194°.

1-Methoxy-5-methyl-6-nitro-1*H*-benzotriazol $C_8H_8N_4O_3$, Formel IX (E II 31).

UV-Spektrum (A. sowie wss. A. [10%ig]; 230 – 380 nm): *Macbeth, Price,* Soc. **1936** 111, 115, 116.

VIII   IX   X   XI

6-Methyl-4-nitro-1H-benzotriazol $C_7H_6N_4O_2$, Formel X (R = H) und Taut. (E II 31).
Beim Behandeln mit Dimethylsulfat in wss. NaOH sind 1,6-Dimethyl-4-nitro-1H-benzotriazol (Hauptprodukt) und 1,5-Dimethyl-7-nitro-1H-benzotriazol erhalten worden (*Brady, Reynolds,* Soc. **1930** 2667, 2669, 2673).

1,5-Dimethyl-7-nitro-1H-benzotriazol $C_8H_8N_4O_2$, Formel XI (H 62).
B. In geringerer Menge neben 1,6-Dimethyl-4-nitro-1H-benzotriazol beim Behandeln von 6-Methyl-4-nitro-1H-benzotriazol mit Dimethylsulfat in wss. NaOH (*Brady, Reynolds,* Soc. **1930** 2667, 2669, 2673).

1,6-Dimethyl-4-nitro-1H-benzotriazol $C_8H_8N_4O_2$, Formel X (R = CH$_3$).
B. Als Hauptprodukt neben 1,5-Dimethyl-7-nitro-1H-benzotriazol beim Behandeln von 6-Methyl-4-nitro-1H-benzotriazol mit Dimethylsulfat in wss. NaOH (*Brady, Reynolds,* Soc. **1930** 2667, 2669, 2673).
Braune Kristalle; F: 196°.

6-Methyl-4-nitro-2-p-tolyl-2H-benzotriazol $C_{14}H_{12}N_4O_2$, Formel VII (X = NO$_2$, X' = H).
B. Beim Erwärmen von 4-Chlor-3,5-dinitro-toluol mit p-Tolylhydrazin-hydrochlorid und Na= triumacetat in Äthanol (*Joshi, Gupta,* J. Indian chem. Soc. **35** [1958] 681, 682, 685).
Hellbraune Kristalle (aus Toluol); F: 235°.

6-Methyl-4-nitro-2-p-tolyl-2H-benzotriazol-1-oxid $C_{14}H_{12}N_4O_3$, Formel XII.
B. Beim Erwärmen von 4-Chlor-3,5-dinitro-toluol mit p-Tolylhydrazin in Essigsäure (*Joshi, Gupta,* J. Indian chem. Soc. **35** [1958] 681, 683, 685).
Braune Kristalle (aus Toluol); F: 232°.

5(oder 7)-Methyl-4,6-dinitro-3H-benzotriazol-1-oxid $C_7H_5N_5O_5$, Formel XIII (R = CH$_3$, R' = H oder R = H, R' = CH$_3$) und Taut. (5(oder7)-Methyl-4,6-dinitro-benzo= triazol-1-ol).
B. Beim Erwärmen von 3-Chlor-2,4,6-trinitro-toluol mit $N_2H_4 \cdot H_2O$ in Äthanol und Behan= deln des Reaktionsprodukts mit äthanol. NaOH (*Joshi, Deorha,* J. Indian chem. Soc. **29** [1952] 545, 548).
Orangegelbe Kristalle; F: 191°.
O-Acetyl-Derivat $C_9H_7N_5O_6$; 1-Acetoxy-5(oder7)-methyl-4,6-dinitro-1H-benzotriazol. Hellgelbe Kristalle (aus Bzl.); F: 175°.

XII   XIII   XIV   XV

3-Methyl-[1,2,4]triazolo[4,3-a]pyridin $C_7H_7N_3$, Formel XIV.
B. Beim Erhitzen von [2]Pyridylhydrazin mit Acetanhydrid (*Bower,* Soc. **1957** 4510, 4513; s. a. *Kauffmann et al.,* Z. Naturf. **14b** [1959] 601).

Kristalle; F: 134° [aus Bzl.] (*Bo.*), 133° (*Ka. et al.*). Kristalle (aus H_2O oder wss. E.) mit 3 Mol H_2O; F: 56° (*Bo.*). UV-Spektrum (A.; 220–330 nm): *Sirakawa*, J. pharm. Soc. Japan **79** [1959] 903, 905; C. A. **1960** 556.

Picrat $C_7H_7N_3 \cdot C_6H_3N_3O_7$. Kristalle (aus Acn.); F: 239–241° (*Bo.*).

Methojodid $[C_8H_{10}N_3]I$; 2,3-Dimethyl-[1,2,4]triazolo[4,3-*a*]pyridinium-jodid. Kristalle (aus Acn.); F: 243–244° (*Bo.*).

3-Methyl-[1,2,3]triazolo[1,5-*a*]pyridin $C_7H_7N_3$, Formel XV.

B. Als Hauptprodukt neben Bis-[1-[2]pyridyl-äthyliden]-hydrazin beim Erwärmen von 1-[2]Pyridyl-äthanon-hydrazon mit $K_3[Fe(CN)_6]$ und $NaHCO_3$ in H_2O (*Bower, Ramage*, Soc. **1957** 4506, 4508).

Kristalle; F: 84–85°.

Verbindung mit Silbernitrat $C_7H_7N_3 \cdot AgNO_3$. Kristalle (aus H_2O); F: 195° [Zers.].

3-Methyl-1-phenyl-[1,2,3]triazolo[1,5-*a*]pyridinium $[C_{13}H_{12}N_3]^+$, Formel I.

Chlorid $[C_{13}H_{12}N_3]Cl$. *B.* Beim Erwärmen von 1-[2]Pyridyl-äthanon-phenylhydrazon mit Blei(IV)-acetat in Essigsäure und Behandeln der Reaktionslösung mit HCl (*Kuhn, Münzing*, B. **85** [1952] 29, 35). – Kristalle (aus A.+E.); Zers. bei 183–184°. UV-Spektrum (A. sowie wss. HCl [0,1 n]; 230–370 nm): *Kuhn, Mü.*, l. c. S. 33, 34.

2-Methyl-[1,2,4]triazolo[1,5-*a*]pyridin $C_7H_7N_3$, Formel II.

B. Beim Erwärmen von *N*-[2]Pyridyl-acetamidin mit Blei(IV)-acetat in Benzol (*Bower, Ra=mage*, Soc. **1957** 4506, 4509).

Kristalle; F: 49–50° (*Bo., Ra.*). UV-Spektrum (Cyclohexan; 210–300 nm): *Bower*, Soc. **1957** 4510, 4511, 4512.

Picrat $C_7H_7N_3 \cdot C_6H_3N_3O_7$. Kristalle (aus Me.); F: 177–178° (*Bo., Ra.*).

2-Methyl-imidazo[1,2-*a*]pyrimidin $C_7H_7N_3$, Formel III.

B. Beim Erwärmen von Pyrimidin-2-ylamin mit Chloraceton in Äthanol (*Buu-Hoi et al.*, C. r. **248** [1959] 1832).

Kristalle; F: 74–76° [aus Bzl.+PAe.] (*Pentimalli, Passalacqua*, G. **100** [1970] 110, 115), 72° [aus Cyclohexan bzw. nach Sublimation] (*Buu-Hoi et al.; Guerret et al.*, Bl. **1972** 3503, 3509).

I   II   III   IV   V

3-Methyl-1-phenyl-1*H*-pyrazolo[4,3-*b*]pyridin $C_{13}H_{11}N_3$, Formel IV.

B. Beim Erhitzen von 3-Methyl-1-phenyl-1*H*-pyrazol-4-ylamin mit Glycerin, wss. H_2SO_4, Nitrobenzol und $FeSO_4$ auf 180–185° (*Finar, Hurlock*, Soc. **1958** 3259, 3262).

Kristalle (aus PAe.); F: 71,5–72,5°. λ_{max} (A.): 271 nm (*Fi., Hu.*, l. c. S. 3260).

5-Methyl-3*H*-pyrazolo[3,4-*c*]pyridin $C_7H_7N_3$, Formel V (R = CH_3, R' = H).

B. Neben 4,6-Dimethyl-pyridin-3-ol beim Diazotieren von 4,6-Dimethyl-[3]pyridylamin in wss. H_2SO_4 und anschliessenden Erwärmen (*Furukawa*, J. pharm. Soc. Japan **76** [1956] 900; C. A. **1957** 2770).

Kristalle (aus Bzl.); F: 167–169°. UV-Spektrum (220–350 nm): *Fu.*

7-Methyl-3*H*-pyrazolo[3,4-*c*]pyridin $C_7H_7N_3$, Formel V (R = H, R' = CH_3).

B. Neben 2,4-Dimethyl-pyridin-3-ol beim Diazotieren von 2,4-Dimethyl-[3]pyridylamin in wss. H_2SO_4 und anschliessenden Erwärmen (*Furukawa*, J. pharm. Soc. Japan **76** [1956] 900; C. A. **1957** 2770).

Kristalle (aus Bzl.); F: 182−184°.

2-Methyl-1(3)*H*-imidazo[4,5-*b*]pyridin $C_7H_7N_3$, Formel VI (R = X = H) und Taut. (E II 33).

B. Beim Erhitzen von Pyridin-2,3-diyldiamin mit Acetanhydrid (*Takahashi et al.*, J. pharm. Soc. Japan **66** [1946] Ausg. B, S. 3; C. A. **1951** 8531).

Kristalle; F: 133−135° [nach Sublimation].

Hexachloroplatinat(IV) $2C_7H_7N_3 \cdot H_2PtCl_6$. Gelbbraune Kristalle; F: >265°.

1(oder 3)-Äthyl-2-methyl-1(oder 3)*H*-imidazo[4,5-*b*]pyridin $C_9H_{11}N_3$, Formel VI (R = C_2H_5, X = H) oder Formel VII (R = C_2H_5, X = H).

B. Aus der vorangehenden Verbindung und Äthyljodid in Äthanol (*Takahashi, Yajima*, J. pharm. Soc. Japan **66** [1946] Ausg. B, S. 72; C. A. **1951** 8533).

Hydrojodid $C_9H_{11}N_3 \cdot HI$. Hellgelbe Kristalle (aus A.); Zers. bei 211−214°.

6-Chlor-2,3-dimethyl-3*H*-imidazo[4,5-*b*]pyridin $C_8H_8ClN_3$, Formel VII (R = CH_3, X = Cl).

B. Beim Erhitzen von 5-Chlor-N^2-methyl-pyridin-2,3-diyldiamin mit Acetanhydrid (*Takahashi et al.*, Chem. pharm. Bl. **7** [1959] 602).

Picrat $C_8H_8ClN_3 \cdot C_6H_3N_3O_7$. Gelbe Kristalle (aus Acn.); F: 224° [unkorr.; Zers.].

3-Äthyl-6-chlor-2-methyl-3*H*-imidazo[4,5-*b*]pyridin $C_9H_{10}ClN_3$, Formel VII (R = C_2H_5, X = Cl).

B. Analog der vorangehenden Verbindung (*Takahashi et al.*, Chem. pharm. Bl. **7** [1959] 602).

Picrat $C_9H_{10}ClN_3 \cdot C_6H_3N_3O_7$. Gelbe Kristalle (aus Acn.); F: 212−213° [unkorr.].

6-Brom-2-methyl-1(3)*H*-imidazo[4,5-*b*]pyridin $C_7H_6BrN_3$, Formel VI (R = H, X = Br) und Taut.

B. Beim Erhitzen [2 min] von 2,3-Bis-acetylamino-5-brom-pyridin auf 315° (*Petrow, Saper*, Soc. **1948** 1389, 1392).

Kristalle (aus A.); F: 299° [korr.].

VI   VII   VIII   IX

5-Methyl-1(3)*H*-imidazo[4,5-*b*]pyridin $C_7H_7N_3$, Formel VIII (X = X' = X'' = H) und Taut.

B. Beim Hydrieren von 7-Chlor-5-methyl-1(3)*H*-imidazo[4,5-*b*]pyridin-hydrochlorid in Gegenwart von PdCl₂ und Natriumacetat in Methanol (*Salemink, van der Want*, R. **68** [1949] 1013, 1017, 1025). Beim Hydrieren von 6-Brom-5-methyl-1(3)*H*-imidazo[4,5-*b*]pyridin an Palladium/Kohle und Platin in wss. NaOH (*Graboyes, Day*, Am. Soc. **79** [1957] 6421, 6423, 6424). Beim Behandeln von 6-Methyl-pyridin-2,3-diyldiamin mit Formaldehyd in Gegenwart von Kupfer(II)-acetat (*Sa., v.d. Want*).

Kristalle (aus Toluol); F: 218−219° (*Gr., Day*).

Picrat $C_7H_7N_3 \cdot C_6H_3N_3O_7$. Kristalle (aus H_2O); F: 240° [unkorr.] (*Sa., v.d. Want*).

2-Chlor-5-methyl-1(3)*H*-imidazo[4,5-*b*]pyridin $C_7H_6ClN_3$, Formel VIII (X = Cl, X' = X'' = H) und Taut.

B. Beim Erhitzen von 5-Methyl-1,3-dihydro-imidazo[4,5-*b*]pyridin-2-on mit PCl₅ und POCl₃ auf 120° (*Dornow, Hahmann*, Ar. **290** [1957] 20, 31).

Kristalle (aus Bzl.); F: 208 – 210° [Zers.].

7-Chlor-5-methyl-1(3)H-imidazo[4,5-b]pyridin $C_7H_6ClN_3$, Formel VIII (X = X′ = H, X″ = Cl) und Taut.

    B. Beim Behandeln von 5-Methyl-1(3)H-imidazo[4,5-b]pyridin-7-ylamin-dihydrochlorid mit $NaNO_2$ und wss. HCl (*Salemink, van der Want*, R. **68** [1949] 1013, 1025).

    Hydrochlorid $C_7H_6ClN_3 \cdot HCl$. Kristalle (aus Acn. + wss. HCl), die ab 240° sublimieren.
    Picrat $C_7H_6ClN_3 \cdot C_6H_3N_3O_7$. Hellgelbe Kristalle (aus H_2O); F: 192 – 194° [unkorr.].

6-Brom-5-methyl-1(3)H-imidazo[4,5-b]pyridin $C_7H_6BrN_3$, Formel VIII (X = X″ = H, X′ = Br) und Taut.

    B. Beim Erwärmen von 5-Brom-6-methyl-pyridin-2,3-diyldiamin mit Ameisensäure (*Graboyes, Day*, Am. Soc. **79** [1957] 6421, 6423).

    Kristalle (aus H_2O); F: 204 – 205°.

6-Brom-5-methyl-1(3)H-imidazo[4,5-b]pyridin-4-oxid $C_7H_6BrN_3O$, Formel IX (R = CH_3^*, R′ = H) und Taut.

    B. Aus der vorangehenden Verbindung beim Erwärmen mit Peroxyessigsäure (*Israel, Day*, J. org. Chem. **24** [1959] 1455, 1458, 1460).

    F: 263° [Zers.; aus Eg. + Ae.].

7-Methyl-1(3)H-imidazo[4,5-b]pyridin $C_7H_7N_3$, Formel X (X = X′ = H) und Taut.

    B. Beim Hydrieren von 6-Brom-7-methyl-1(3)H-imidazo[4,5-b]pyridin an Palladium/Kohle und Platin in wss. NaOH (*Graboyes, Day*, Am. Soc. **79** [1957] 6421, 6423, 6424).

    Kristalle (aus Toluol); F: 146 – 147°.

2,5,6-Trichlor-7-methyl-1(3)H-imidazo[4,5-b]pyridin $C_7H_4Cl_3N_3$, Formel X (X = X′ = Cl) und Taut.

    B. Beim Erhitzen von 6-Chlor-7-methyl-1,4-dihydro-3H-imidazo[4,5-b]pyridin-2,5-dion mit $POCl_3$ und PCl_5 auf 120° (*Dornow, Hahmann*, Ar. **290** [1957] 20, 31).

    Kristalle; F: 192° und (nach Wiedererstarren bei 198°) F: 228° [Zers.].

6-Brom-7-methyl-1(3)H-imidazo[4,5-b]pyridin $C_7H_6BrN_3$, Formel X (X = H, X′ = Br) und Taut.

    B. Beim Erwärmen von 5-Brom-4-methyl-pyridin-2,3-diyldiamin mit Ameisensäure (*Graboyes, Day*, Am. Soc. **79** [1957] 6421, 6423).

    Kristalle (aus Xylol); F: 262 – 263°.

6-Brom-7-methyl-1(3)H-imidazo[4,5-b]pyridin-4-oxid $C_7H_6BrN_3O$, Formel IX (R = H, R′ = CH_3) und Taut.

    B. Aus der vorangehenden Verbindung beim Erwärmen mit Peroxyessigsäure (*Israel, Day*, J. org. Chem. **24** [1959] 1455, 1458, 1460).

    F: 263 – 264° [Zers.].

X   XI   XII   XIII

2-Methyl-1(3)H-imidazo[4,5-c]pyridin $C_7H_7N_3$, Formel XI (R = H) und Taut.

    B. Beim Erhitzen von Pyridin-3,4-diyldiamin mit Acetaldehyd und Kupfer(II)-acetat in wss. Äthanol auf 150° (*Weidenhagen, Weeden*, B. **71** [1938] 2347, 2359).

Wasserhaltige Kristalle (aus H_2O oder $CHCl_3$); F: 171°.
Hydrochlorid. Kristalle (aus A.+Ae.); F: 271−273°.

1,2-Dimethyl-1H-imidazo[4,5-c]pyridin $C_8H_9N_3$, Formel XI (R = CH_3).
B. Beim Erhitzen von N^4-Methyl-pyridin-3,4-diyldiamin mit Acetaldehyd und Kupfer(II)-acetat in wss. Äthanol auf 150° (*Weidenhagen, Train*, B. **75** [1942] 1936, 1945).
Kristalle (aus Ae.+PAe.); F: 174°.
Picrat. Kristalle (aus H_2O); F: 204−205°.

1-Äthyl-2-methyl-1H-imidazo[4,5-c]pyridin $C_9H_{11}N_3$, Formel XI (R = C_2H_5).
B. Analog der vorangehenden Verbindung (*Weidenhagen, Train*, B. **75** [1942] 1936, 1946).
Kristalle (aus E.+PAe.) mit 1 Mol H_2O, F: 40°; die wasserfreie Verbindung schmilzt bei 84°.
Picrat. Kristalle (aus H_2O); F: 191°.

2-Methyl-1-propyl-1H-imidazo[4,5-c]pyridin $C_{10}H_{13}N_3$, Formel XI (R = CH_2-C_2H_5).
B. Analog den vorangehenden Verbindungen (*Weidenhagen, Train*, B. **75** [1942] 1936, 1947).
Picrat $C_{10}H_{13}N_3 \cdot C_6H_3N_3O_7$. Gelbe Kristalle; F: 156,5−157,5°.

1-Butyl-2-methyl-1H-imidazo[4,5-c]pyridin $C_{11}H_{15}N_3$, Formel XI (R = $[CH_2]_3$-CH_3).
B. Analog den vorangehenden Verbindungen (*Weidenhagen, Train*, B. **75** [1942] 1936, 1948).
Kristalle (aus PAe.) mit 2 Mol H_2O; F: 47°.

4-Chlor-6-methyl-1(3)H-imidazo[4,5-c]pyridin $C_7H_6ClN_3$, Formel XII und Taut.
B. Beim Erwärmen von 6-Methyl-1,5-dihydro-imidazo[4,5-c]pyridin-4-on-hydrochlorid mit $POCl_3$ (*Salemink, van der Want*, R. **68** [1949] 1013, 1028).
Picrat $C_7H_6ClN_3 \cdot C_6H_3N_3O_7$. Gelbe Kristalle (aus H_2O); F: 169° [unkorr.].

4,6-Dichlor-2-methyl-7H-pyrrolo[2,3-d]pyrimidin $C_7H_5Cl_2N_3$, Formel XIII und Taut.
B. Aus 2-Methyl-5,7-dihydro-3H-pyrrolo[2,3-d]pyrimidin-4,6-dion oder aus [4-Amino-2-methyl-6-oxo-1,6-dihydro-pyrimidin-5-yl]-essigsäure beim Erhitzen mit $POCl_3$ (*Földi et al.*, B. **75** [1942] 755, 761, 762).
Kristalle (aus wss. Acn.); F: 247−247,5°.

Stammverbindungen $C_8H_9N_3$

(±)-1,5-Diphenyl-4,5-dihydro-1H-[1,2,3]triazol $C_{14}H_{13}N_3$, Formel I (R = C_6H_5, X = X′ = H) (E I 13).
B. Beim Behandeln von Benzylidenanilin mit Diazomethan in Äther und Methanol (*Buckley*, Soc. **1954** 1850).
Kristalle (aus Me.); F: 128° [korr.; Zers.].

(±)-5-[4-Chlor-phenyl]-1-phenyl-4,5-dihydro-1H-[1,2,3]triazol $C_{14}H_{12}ClN_3$, Formel I (R = C_6H_5, X = H, X′ = Cl).
B. Beim Behandeln von [4-Chlor-benzyliden]-anilin mit Diazomethan in Äther und Methanol (*Buckley*, Soc. **1954** 1850).
Kristalle (aus Me.); F: 128° [korr.; Zers. bei ca. 145°].

(±)-5-[3-Nitro-phenyl]-1-[4-nitro-phenyl]-4,5-dihydro-1H-[1,2,3]triazol [1]) $C_{14}H_{11}N_5O_4$, Formel I (R = C_6H_4-NO_2, X = NO_2, X′ = H).
B. Beim Behandeln von 4-Nitro-N-[3-nitro-benzyliden]-anilin mit Diazomethan in Äther (*Mustafa*, Soc. **1949** 234).
Gelbe Kristalle (aus Bzl.+PAe.); F: 170° [Zers.].

---

[1]) Bezüglich der Konstitution vgl. die Angaben im Artikel (±)-1,5-Bis-[4-nitro-phenyl]-4,5-dihydro-1H-[1,2,3]triazol (S. 155).

(±)-1-[4-Brom-phenyl]-5-[4-nitro-phenyl]-4,5-dihydro-1H-[1,2,3]triazol [1]) $C_{14}H_{11}BrN_4O_2$,
Formel I (R = C_6H_4-Br, X = H, X' = NO_2).

B. Beim Behandeln von 4-Brom-N-[4-nitro-benzyliden]-anilin mit Diazomethan in Äther (*Mustafa*, Soc. **1949** 234).

Gelbe Kristalle; F: 164–165° (*Kadaba*, Tetrahedron **22** [1966] 2453, 2457), 161° [Zers.; aus A.] (*Mu.*).

(±)-1-[3-Nitro-phenyl]-5-[4-nitro-phenyl]-4,5-dihydro-1H-[1,2,3]triazol [1]) $C_{14}H_{11}N_5O_4$,
Formel I (R = C_6H_4-NO_2, X = H, X' = NO_2).

B. Beim Behandeln von 3-Nitro-N-[4-nitro-benzyliden]-anilin mit Diazomethan in Äther (*Mustafa*, Soc. **1949** 234).

Kristalle; F: 143–144° [aus Acn.+PAe.] (*Kadaba*, Tetrahedron **22** [1966] 2453, 2456), 128–129° [Zers.; aus Bzl.+PAe.] (*Mu.*).

(±)-1,5-Bis-[4-nitro-phenyl]-4,5-dihydro-1H-[1,2,3]triazol $C_{14}H_{11}N_5O_4$, Formel I
(R = C_6H_4-NO_2, X = H, X' = NO_2).

Diese Konstitution kommt der von *Mustafa* (Soc. **1949** 234) als 4,5-Bis-[4-nitro-phenyl]-4,5-dihydro-1H-[1,2,4]triazol formulierten Verbindung zu (*Buckley*, Soc. **1954** 1850).

B. Beim Behandeln von 4-Nitro-N-[4-nitro-benzyliden]-anilin mit Diazomethan in Äther (*Mu.*; *Bu.*). Beim Erwärmen von 1-Azido-4-nitro-benzol mit 4-Nitro-styrol in Äthylacetat (*Bu.*).

Gelbe Kristalle; F: 180–181° [Zers.; aus Bzl.] (*Mu.*), 178° [korr.; Zers.; aus E.] (*Bu.*), 172,5–173,5° [aus E. oder Acn.] (*Kadaba*, Tetrahedron **22** [1966] 2453, 2456).

I   II   III   IV

4,6-Dimethyl-1H-benzotriazol $C_8H_9N_3$, Formel II (X = H) und Taut.

B. Beim Behandeln von 3,5-Dimethyl-o-phenylendiamin mit $NaNO_2$ in wss. H_2SO_4 (*Heafield, Hunter*, Soc. **1942** 420).

Kristalle (aus Xylol) mit 1 Mol H_2O, F: 183°; die wasserfreie Verbindung schmilzt bei 190°. Assoziation in Naphthalin: *He., Hu.*

[4,6-Dimethyl-benzotriazol-1-yl]-[2,4-dimethyl-phenyl]-amin $C_{16}H_{18}N_4$, Formel II
(X = NH-C_6H_3(CH_3)$_2$).

Diese Konstitution kommt vermutlich der früher (H **26** 359) als 2-[2,4-Dimethyl-phenyl]-5,7-dimethyl-2,3-dihydro-benzotetrazin beschriebenen Verbindung zu (vgl. hierzu *Bauer, Katritzky*, Soc. **1964** 4394).

5,6-Dimethyl-1H-benzotriazol $C_8H_9N_3$, Formel III (R = H) und Taut.

B. Beim Behandeln von 4,5-Dimethyl-o-phenylendiamin mit $NaNO_2$ in wss. Essigsäure (*Benson et al.*, Am. Soc. **74** [1952] 4917, 4919; *Plaut*, Am. Soc. **76** [1954] 5801).

Kristalle (aus Bzl.); F: 157,5° [korr.] (*Be. et al.*), 156–157° (*Pl.*). UV-Spektrum (CHCl$_3$, A. sowie wss. A.; 220–310 nm): *Be. et al.* Löslichkeit [%] bei Raumtemperatur in Äther: ca. 0,5; in Glycerin: ca. 1,8; in Dioxan: ca. 4; in Äthylacetat: ca. 7; in Aceton: ca. 8; in Isopropylalkohol: ca. 13; in Methanol: ca. 14 (*Be. et al.*).

1,5,6-Trimethyl-1H-benzotriazol $C_9H_{11}N_3$, Formel III (R = CH_3).

B. Beim Behandeln von 4,5,N-Trimethyl-o-phenylendiamin-hydrochlorid mit $NaNO_2$ und

---

[1]) Siehe S. 154 Anm.

NaHSO$_3$ in wss. Essigsäure (*Plaut*, Am. Soc. **76** [1954] 5801). Neben 2,5,6-Trimethyl-2*H*-benzotriazol(?) beim Erwärmen von 5,6-Dimethyl-1*H*-benzotriazol mit Dimethylsulfat in wss. NaOH (*Pl.*).

Kristalle (aus H$_2$O); F: 136−137°.

2,5,6-Trimethyl-2*H*-benzotriazol(?) C$_9$H$_{11}$N$_3$, vermutlich Formel IV.

B. Neben 1,5,6-Trimethyl-1*H*-benzotriazol beim Erwärmen von 5,6-Dimethyl-1*H*-benzotriazol mit Dimethylsulfat in wss. NaOH (*Plaut*, Am. Soc. **76** [1954] 5801).

Kristalle; F: 130−131°.

1-Anilinomethyl-5,6-dimethyl-1*H*-benzotriazol, *N*-[5,6-Dimethyl-benzotriazol-1-ylmethyl]-anilin C$_{15}$H$_{16}$N$_4$, Formel V (R = C$_6$H$_5$).

B. Aus 5,6-Dimethyl-1*H*-benzotriazol, Formaldehyd und Anilin (*Licari et al.*, Am. Soc. **77** [1955] 5386).

F: 175,5° [korr.].

Die folgenden Verbindungen sind in analoger Weise hergestellt worden:

N-[5,6-Dimethyl-benzotriazol-1-ylmethyl]-4-nitro-anilin C$_{15}$H$_{15}$N$_5$O$_2$, Formel V (R = C$_6$H$_4$-NO$_2$). F: 222° [korr.].

[5,6-Dimethyl-benzotriazol-1-ylmethyl]-[1]naphthyl-amin C$_{19}$H$_{18}$N$_4$, Formel V (R = C$_{10}$H$_7$). F: 161,9° [korr.].

[5,6-Dimethyl-benzotriazol-1-ylmethyl]-[2]naphthyl-amin C$_{19}$H$_{18}$N$_4$, Formel V (R = C$_{10}$H$_7$). F: 201° [korr.].

1-*p*-Anisidinomethyl-5,6-dimethyl-1*H*-benzotriazol, *N*-[5,6-Dimethyl-benzotriazol-1-ylmethyl]-*p*-anisidin C$_{16}$H$_{18}$N$_4$O, Formel V (R = C$_6$H$_4$-O-CH$_3$). F: 133° [korr.].

4-[(5,6-Dimethyl-benzotriazol-1-ylmethyl)-amino]-benzoesäure C$_{16}$H$_{16}$N$_4$O$_2$, Formel V (R = C$_6$H$_4$-CO-OH). F: 248−250° [korr.].

4-[(5,6-Dimethyl-benzotriazol-1-ylmethyl)-amino]-benzoesäure-äthylester C$_{18}$H$_{20}$N$_4$O$_2$, Formel V (R = C$_6$H$_4$-CO-O-C$_2$H$_5$). F: 174° [korr.].

N'-[5,6-Dimethyl-benzotriazol-1-ylmethyl]-*N*,*N*-dimethyl-*p*-phenylendiamin C$_{17}$H$_{21}$N$_5$, Formel V (R = C$_6$H$_4$-N(CH$_3$)$_2$). F: 176−178° [korr.].

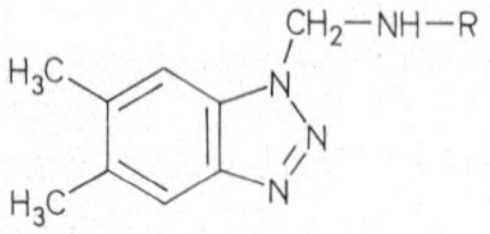

V 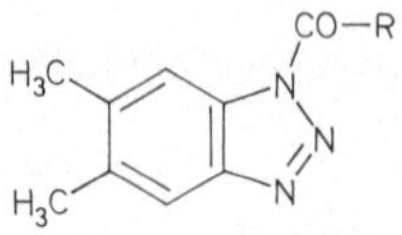   VI 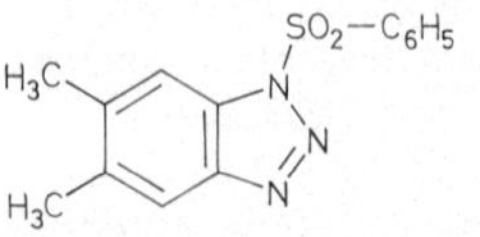   VII

1-Acetyl-5,6-dimethyl-1*H*-benzotriazol C$_{10}$H$_{11}$N$_3$O, Formel VI (R = CH$_3$).

B. Beim Behandeln von Essigsäure-[2-amino-4,5-dimethyl-anilid] in wss. Essigsäure mit NaNO$_2$ (*Benson et al.*, Am. Soc. **74** [1952] 4917, 4919). Beim Erhitzen von 5,6-Dimethyl-1*H*-benzotriazol mit Acetanhydrid (*Be. et al.*).

Kristalle (aus wss. A.); F: 99,9°. UV-Spektrum (CHCl$_3$; 240−320 nm): *Be. et al.*

Geschwindigkeit der Hydrolyse in Äthanol und in wss. Äthanol: *Be. et al.*

1-Benzoyl-5,6-dimethyl-1*H*-benzotriazol C$_{15}$H$_{13}$N$_3$O, Formel VI (R = C$_6$H$_5$).

B. Aus 5,6-Dimethyl-1*H*-benzotriazol und Benzoylchlorid in wss. NaOH (*Benson et al.*, Am. Soc. **74** [1952] 4917, 4919).

Kristalle (aus A.); F: 148,5° [korr.].

Die folgenden Verbindungen sind in analoger Weise hergestellt worden:

5,6-Dimethyl-1-[4-nitro-benzoyl]-1*H*-benzotriazol C$_{15}$H$_{12}$N$_4$O$_3$, Formel VI (R = C$_6$H$_4$-NO$_2$). F: 232° [korr.].

5,6-Dimethyl-benzotriazol-1-carbonsäure-äthylester C$_{11}$H$_{13}$N$_3$O$_2$, Formel VI (R = O-C$_2$H$_5$). F: 70,5°.

1-Benzolsulfonyl-5,6-dimethyl-1*H*-benzotriazol C$_{14}$H$_{13}$N$_3$O$_2$S, Formel VII.

Kristalle (aus A.); F: 136,9° [korr.].

2,7-Dimethyl-imidazo[1,2-*a*]pyrimidin $C_8H_9N_3$, Formel VIII.

B. Beim Erwärmen von 4-Methyl-pyrimidin-2-ylamin mit Chloraceton in Äthanol (*Buu-Hoi et al.*, C. r. **248** [1959] 1832).
Kristalle (aus Cyclohexan); F: 128°.

4-[5,5-Dichlor-2,5-dihydro-1*H*-pyrazol-3-yl]-pyridin $C_8H_7Cl_2N_3$, Formel IX.

B. Beim Erhitzen von 5-[4]Pyridyl-1,2-dihydro-pyrazol-3-on mit PCl_5 auf 140° (*Magidšon*, Ž. obšč. Chim. **26** [1956] 1137, 1140; engl. Ausg. S. 1291, 1293).
Gelbe Kristalle; F: 222−224°.

VIII   IX   X   XI

2-[4,5-Dihydro-1*H*-imidazol-2-yl]-pyridin $C_8H_9N_3$, Formel X.

B. Beim Erhitzen von Pyridin-2-carbonsäure mit Äthylendiamin auf 150−160° (*Walter, Freiser*, Anal. Chem. **26** [1954] 217, 218). Beim Erhitzen von Pyridin-2-carbonitril mit Äthylendiamin-mono-[toluol-4-sulfonat] auf 200° (*Oxley, Short*, Soc. **1947** 497, 500). Beim Erhitzen von Pyridin-2-thiocarbonsäure-anilid mit Äthylendiamin (*Lions, Martin*, Am. Soc. **80** [1958] 1591).
Kristalle; F: 100−101° [aus Bzl.+PAe.] (*Li., Ma.*), 98,5−99° (*Ox., Sh.*). Scheinbarer Dissoziationsexponent pK_a' (H_2O bzw. wss. Dioxan [50%ig]; potentiometrisch ermittelt) bei 0,8°: 9,55 bzw. 9,16; bei 25°: 8,98 bzw. 8,54; bei 40°: 8,65 bzw. 8,15 (*Harkins, Freiser*, Am. Soc. **77** [1955] 1374, 1376).
Stabilitätskonstanten der Komplexe mit Kupfer(2+), mit Zink(2+), mit Mangan(2+), mit Kobalt(2+) und mit Nickel(2+) in wss. Dioxan: *Harkins, Freiser*, Am. Soc. **78** [1956] 1143. Absorptionsspektrum des Komplexes mit Eisen(2+) in wss. Lösungen vom pH 5,4−11 (350−650 nm): *Wa., Fr.*
Picrat $C_8H_9N_3 \cdot C_6H_3N_3O_7$. Kristalle; F: 235° (*Ox., Sh.*), 228° [unkorr.; aus wss. A.] (*Li., Ma.*).
Toluol-4-sulfonat $C_8H_9N_3 \cdot C_7H_8O_3S$. F: 145−146° (*Ox., Sh.*).

3-[4,5-Dihydro-1*H*-imidazol-2-yl]-pyridin $C_8H_9N_3$, Formel XI.

B. Beim Erhitzen von Nicotinsäure und Äthylendiamin mit wss. HCl (*CIBA*, D.R.P. 687196 [1938]; D.R.P. Org. Chem. **6** 2442). Beim Erhitzen von Nicotinimidsäure-äthylester mit Äthylendiamin in Äthanol auf 100° (*CIBA*, Schweiz. P. 204732 [1935]). Beim Erwärmen von Nicotinonitril mit Äthylendiamin in Gegenwart von H_2S (*CIBA*, U.S.P. 2505247 [1946]; D.B.P. 842063 [1948]; D.R.B.P. Org. Chem. 1950−1951 **3** 145−147). Beim Erhitzen von Nicotinonitril mit Äthylendiamin-mono-[toluol-4-sulfonat] auf 200° (*Oxley, Short*, Soc. **1947** 497, 500).
Kristalle; F: 111−111,5° (*Ox., Sh.*), 104−105° [aus Toluol] (*CIBA*, Schweiz. P. 204732). Kp_6: 172−173° (*CIBA*, Schweiz. P. 204732).
Hydrochlorid. Kristalle; F: 249−251° (*Fromherz, Spiegelberg*, Helv. physiol. Acta **6** [1948] 42, 51).
Dipicrat $C_8H_9N_3 \cdot 2C_6H_3N_3O_7$. F: 146,5° (*Ox., Sh.*).
Toluol-4-sulfonat $C_8H_9N_3 \cdot C_7H_8O_3S$. F: 172° (*Ox., Sh.*).

3-Methyl-5-pyrrol-2-yl-1(2)*H*-pyrazol $C_8H_9N_3$, Formel XII (R = H) und Taut.

B. Beim Behandeln von 1-Pyrrol-2-yl-butan-1,3-dion mit $N_2H_4 \cdot H_2O$ in Methanol (*Treibs, Michl*, A. **577** [1952] 129, 137).
Kristalle; F: 133°.

3-Methyl-1-phenyl-5-pyrrol-2-yl-1H-pyrazol $C_{14}H_{13}N_3$, Formel XII (R = C_6H_5).

B. Aus 1-Pyrrol-2-yl-butan-1,3-dion und Phenylhydrazin (*Treibs, Michl,* A. **577** [1952] 129, 138).

Kristalle (aus Me.); F: 138°.

3,4-Dimethyl-1-phenyl-1H-pyrazolo[3,4-b]pyridin $C_{14}H_{13}N_3$, Formel XIII.

B. Beim Erhitzen von 3,4-Dimethyl-1-phenyl-1H-pyrazolo[3,4-b]pyridin-6-carbonsäure (*Checchi et al.,* G. **86** [1956] 631, 641).

Kristalle (aus A.); F: 65−66°.

XII   XIII   XIV   XV   XVI

5,6-Dimethyl-1(3)H-imidazo[4,5-b]pyridin $C_8H_9N_3$, Formel XIV (X = H) und Taut.

B. Beim Erwärmen von 2-Chlor-5,6-dimethyl-1(3)H-imidazo[4,5-b]pyridin mit PH_4I und HI (*Dornow et al.,* Ar. **291** [1958] 368, 371).

Kristalle (nach Sublimation bei 180°/12 Torr); F: 220−222° [Zers.].

2-Chlor-5,6-dimethyl-1(3)H-imidazo[4,5-b]pyridin $C_8H_8ClN_3$, Formel XIV (X = Cl) und Taut.

B. Beim Erhitzen von 5,6-Dimethyl-1,3-dihydro-imidazo[4,5-b]pyridin-2-on mit PCl_5 und $POCl_3$ auf 120° (*Dornow et al.,* Ar. **291** [1958] 368, 371).

Kristalle (nach Sublimation bei 160°/1 Torr); F: 231° [Wiedererstarren bei weiterem Erhitzen und Verkohlung bei ca. 400°].

5,7-Dimethyl-1(3)H-imidazo[4,5-b]pyridin $C_8H_9N_3$, Formel XV (X = H) und Taut.

B. Beim Hydrieren von 6-Brom-5,7-dimethyl-1(3)H-imidazo[4,5-b]pyridin an Palladium/ Kohle und Platin in wss. NaOH (*Graboyes, Day,* Am. Soc. **79** [1957] 6421, 6423).

F: 217−218°.

6-Brom-5,7-dimethyl-1(3)H-imidazo[4,5-b]pyridin $C_8H_8BrN_3$, Formel XV (X = Br) und Taut.

B. Beim Erwärmen von 5-Brom-4,6-dimethyl-pyridin-2,3-diyldiamin mit Ameisensäure (*Graboyes, Day,* Am. Soc. **79** [1957] 6421, 6423).

Kristalle (aus Nitrobenzol); F: 279−280° [Zers.].

Hydrochlorid $C_8H_8BrN_3 \cdot HCl$. F: 308−309° [Zers.].

6-Brom-5,7-dimethyl-1(3)H-imidazo[4,5-b]pyridin-4-oxid $C_8H_8BrN_3O$, Formel XVI.

B. Aus der vorangehenden Verbindung beim Erwärmen mit Peroxyessigsäure (*Israel, Day,* J. org. Chem. **24** [1959] 1455, 1458, 1460).

F: 264° [Zers.; aus Eg.+Ae.].

2-Äthyl-1(3)H-imidazo[4,5-c]pyridin $C_8H_9N_3$, Formel I (R = H) und Taut.

B. Beim Erhitzen von Pyridin-3,4-diyldiamin mit Propionaldehyd und Kupfer(II)-acetat in wss. Äthanol auf 150° (*Weidenhagen, Weeden,* B. **71** [1938] 2347, 2359).

Kristalle (aus E.); F: 191−192°.

Hydrochlorid. Kristalle (aus A.); F: 202° [Zers.].

2-Äthyl-1-methyl-1H-imidazo[4,5-c]pyridin $C_9H_{11}N_3$, Formel I (R = CH_3).

B. Beim Erhitzen von N^4-Methyl-pyridin-3,4-diyldiamin mit Propionaldehyd und Kupfer(II)-acetat in wss. Äthanol auf 150° (*Weidenhagen, Train,* B. **75** [1942] 1936, 1945).

Kristalle (aus E.+PAe.) mit 1,5 Mol H_2O; F: 76°.

1,2-Diäthyl-1H-imidazo[4,5-c]pyridin $C_{10}H_{13}N_3$, Formel I (R = C_2H_5).
   B. Analog der vorangehenden Verbindung (*Weidenhagen, Train*, B. **75** [1942] 1936, 1946).
   Kristalle (aus Ae. + PAe.) mit 2 Mol H_2O; F: 52°.

5,7-Dimethyl-6-phenyl-6H-pyrrolo[3,4-d]pyridazin $C_{14}H_{13}N_3$, Formel II.
   B. Beim Erwärmen von 2,5-Dimethyl-1-phenyl-pyrrol-3,4-dicarbaldehyd mit $N_2H_4 \cdot H_2O$ in Äthanol (*Rips, Buu-Hoï*, J. org. Chem. **24** [1959] 372).
   Kristalle (aus wss. Me.); F: 288°.

I   II   III   IV

Stammverbindungen $C_9H_{11}N_3$

2,6-Diphenyl-2,3,4,5-tetrahydro-[1,2,4]triazin $C_{15}H_{15}N_3$, Formel III (X = H).
   B. Bei der Reduktion von 2,6-Diphenyl-2,3-dihydro-[1,2,4]triazin-hydrochlorid oder von 4-Nitroso-2,6-diphenyl-2,3,4,5-tetrahydro-[1,2,4]triazin mit Zink-Pulver in Essigsäure (*Busch, Küspert*, J. pr. [2] **144** [1936] 273, 287, 288).
   Kristalle (aus A.); F: 160°.
   Hydrochlorid. F: 190°.

2,6-Diphenyl-2,5-dihydro-3H-[1,2,4]triazin-4-ylamin $C_{15}H_{16}N_4$, Formel III (X = NH_2).
   B. Beim Erhitzen der folgenden Verbindung mit Phenylhydrazin in Essigsäure enthaltendem Äthanol (*Busch, Küspert*, J. pr. [2] **144** [1936] 273, 286).
   Kristalle (aus Bzl.); F: 130°.
   Beim Behandeln mit wss. HCl in Äthanol ist 2,6-Diphenyl-2,3-dihydro-[1,2,4]triazin-hydro⹀chlorid erhalten worden.

*Benzyliden-[2,6-diphenyl-2,5-dihydro-3H-[1,2,4]triazin-4-yl]-amin, Benzaldehyd-[2,6-diphenyl-2,5-dihydro-3H-[1,2,4]triazin-4-ylimin] $C_{22}H_{20}N_4$, Formel III (X = N=CH-C_6H_5).
   B. Aus 2-Benzylidenhydrazino-1-phenyl-äthanon-phenylhydrazon und wss. Formaldehyd (*Busch, Küspert*, J. pr. [2] **144** [1936] 273, 285).
   Kristalle (aus $CHCl_3$ + A.); F: 159 – 160°.

4-Nitroso-2,6-diphenyl-2,3,4,5-tetrahydro-[1,2,4]triazin $C_{15}H_{14}N_4O$, Formel III (X = NO).
   B. Beim Behandeln von 2,6-Diphenyl-2,5-dihydro-3H-[1,2,4]triazin-4-ylamin mit Nitrit in wss. Essigsäure (*Busch, Küspert*, J. pr. [2] **144** [1936] 273, 286).
   Gelbe Kristalle (aus Bzl. + PAe.); F: 109 – 110° [Zers.].

4-Äthyl-7-methyl-6-nitro-3H-benzotriazol-1-oxid $C_9H_{10}N_4O_3$, Formel IV und Taut.
(4-Äthyl-7-methyl-6-nitro-benzotriazol-1-ol).
   B. Beim Erwärmen von 1-Äthyl-4-methyl-2,3,5-trinitro-benzol mit $N_2H_4 \cdot H_2O$ in Äthanol (*Brady, Day*, Soc. **1934** 114, 119).
   Kristalle (aus wss.-äthanol. HCl); F: 224° [Zers.].

[4,6,7-Trimethyl-benzotriazol-1-yl]-[2,4,5-trimethyl-phenyl]-amin $C_{18}H_{22}N_4$, Formel V.
   Diese Konstitution kommt vermutlich der früher (H **26** 361) als 5,7,8-Trimethyl-2-[2,4,5-trimethyl-phenyl]-2,3-dihydro-benzotetrazin beschriebenen Verbindung zu (vgl. hierzu *Bauer, Katritzky*, Soc. **1964** 4394).

V   VI   VII

2,4,8-Trimethyl-imidazo[1,5-*a*]pyrimidin $C_9H_{11}N_3$, Formel VI.

B. Bei der Hydrierung von 4-Methyl-5-nitro-1(3)*H*-imidazol und Pentan-2,4-dion an Palla≈
dium/Kohle in wss. Essigsäure (*Ochiai, Sibata,* J. pharm. Soc. Japan **59** [1939] 185, 195;
dtsch. Ref. S. 256, 260; C. A. **1939** 4988).

Gelbe Kristalle (aus Ae.+PAe.); F: 80,5−82°.

Picrat $C_9H_{11}N_3 \cdot C_6H_3N_3O_7$. Kristalle (aus Acn.+E.); Zers. bei 201°.

2-[2]Pyridyl-1,4,5,6-tetrahydro-pyrimidin $C_9H_{11}N_3$, Formel VII.

B. Beim Erhitzen von Pyridin-2-carbonitril mit Propandiyldiamin auf 200° (*Oxley, Short,*
Soc. **1947** 497, 500, 502).

F: ca. 15°.

Picrat $C_9H_{11}N_3 \cdot C_6H_3N_3O_7$. F: 186,5°.

Bis-[toluol-4-sulfonat] $C_9H_{11}N_3 \cdot 2C_7H_8O_3S$. F: 65°.

3-[4,5-Dihydro-1*H*-imidazol-2-ylmethyl]-pyridin $C_9H_{11}N_3$, Formel VIII.

B. Beim Erhitzen von [3]Pyridylacetonitril und Äthylendiamin-mono-[toluol-4-sulfonat] auf
210° (*Protiva et al.,* Chem. Listy **46** [1952] 640, 642; C. A. **1953** 8069).

Kristalle; F: 68−70°.

Dihydrochlorid $C_9H_{11}N_3 \cdot 2HCl$. F: 234° [korr.; aus A.].

Dipicrat $C_9H_{11}N_3 \cdot 2C_6H_3N_3O_7$. F: 196° [korr.; aus Acetophenon+A.].

5,7-Dimethyl-3,4-dihydro-pyrido[2,3-*d*]pyrimidin $C_9H_{11}N_3$, Formel IX.

B. Beim Erhitzen von 3-Aminomethyl-4,6-dimethyl-[2]pyridylamin-formiat in Xylol (*Vander≈
horst, Hamilton,* Am. Soc. **75** [1953] 656).

Kristalle (aus $CHCl_3$); F: 203° [unkorr.; Zers.].

VIII   IX   X

1-Methyl-2-propyl-1*H*-imidazo[4,5-*c*]pyridin $C_{10}H_{13}N_3$, Formel X (R = CH_3).

B. Beim Erhitzen von N^4-Methyl-pyridin-3,4-diyldiamin mit Butyraldehyd und Kupfer(II)-
acetat in wss. Äthanol auf 150° (*Weidenhagen, Train,* B. **75** [1942] 1936, 1945).

Kristalle (aus Ae.) mit 1,5 Mol H_2O; F: 64°.

1-Äthyl-2-propyl-1*H*-imidazo[4,5-*c*]pyridin $C_{11}H_{15}N_3$, Formel X (R = C_2H_5).

B. Analog der vorangehenden Verbindung (*Weidenhagen, Train,* B. **75** [1942] 1936, 1947).

Kristalle (aus Ae.+PAe.) mit 2 Mol H_2O; F: 68°.

(±)-5,6-Dimethylen-1-phenyl-(3a*t*,7a*t*)-3a,4,5,6,7,7a-hexahydro-1*H*-4*r*,7*c*-methano-benzotriazol
$C_{15}H_{15}N_3$, Formel XI+Spiegelbild.

Bezüglich der Konfiguration s. *Huisgen et al.,* B. **98** [1965] 3992.

B. Beim Behandeln von 5,6-Dimethylen-norborn-2-en mit Azidobenzol (*Alder et al.,* B. **90** [1957] 1, 3, 5).

F: 114° [aus Me.] (*Al. et al.*).

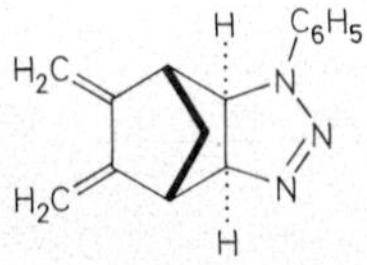

XI 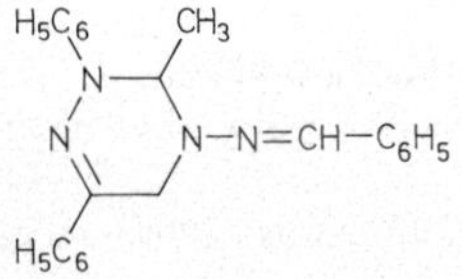   XII 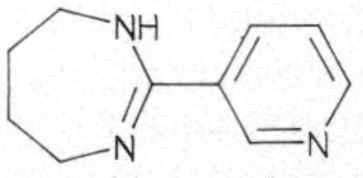   XIII

Stammverbindungen $C_{10}H_{13}N_3$

*(±)-Benzyliden-[3-methyl-2,6-diphenyl-2,5-dihydro-3H-[1,2,4]triazin-4-yl]-amin, (±)-Benz‑ aldehyd-[3-methyl-2,6-diphenyl-2,5-dihydro-3H-[1,2,4]triazin-4-ylimin] $C_{23}H_{22}N_4$, Formel XII.

B. Aus 2-Benzylidenhydrazino-1-phenyl-äthanon-phenylhydrazon und Acetaldehyd in äthan‑ ol. HCl (*Busch, Küspert,* J. pr. [2] **144** [1936] 273, 289).

Kristalle (aus PAe.); F: 126°.

2-[3]Pyridyl-4,5,6,7-tetrahydro-1H-[1,3]diazepin $C_{10}H_{13}N_3$, Formel XIII.

B. Beim Erhitzen von Butandiyldiamin mit Nicotinimidsäure-anilid und Ammonium-benzol‑ sulfonat auf 100° (*Oxley, Short,* Soc. **1950** 859, 862, 863).

F: 102° [nach Sublimation].

Dipicrat $C_{10}H_{13}N_3 \cdot 2C_6H_3N_3O_7$. Kristalle (aus Me.); F: 177°.

3-[3,5-Dimethyl-pyrrol-2-yl]-5-methyl-1(2)H-pyrazol $C_{10}H_{13}N_3$, Formel XIV (R = H) und Taut.

B. Beim Behandeln von 1-[3,5-Dimethyl-pyrrol-2-yl]-butan-1,3-dion mit $N_2H_4 \cdot H_2O$ in Me‑ thanol (*Treibs, Michl,* A. **577** [1952] 129, 138).

F: 162°.

5-[3,5-Dimethyl-pyrrol-2-yl]-3-methyl-1-phenyl-1H-pyrazol $C_{16}H_{17}N_3$, Formel XIV (R = C_6H_5).

B. Beim Behandeln von 1-[3,5-Dimethyl-pyrrol-2-yl]-butan-1,3-dion mit Phenylhydrazin in Äthanol (*Treibs, Michl,* A. **577** [1952] 129, 138).

Kristalle (nach Sublimation); F: 120°.

2,5,7-Trimethyl-3,4-dihydro-pyrido[2,3-d]pyrimidin $C_{10}H_{13}N_3$, Formel XV.

B. Beim Behandeln von N-[2-Amino-4,6-dimethyl-[3]pyridylmethyl]-acetamid mit $POCl_3$ (*Vanderhorst, Hamilton,* Am. Soc. **75** [1953] 656).

Kristalle (aus Bzl.); F: 203° [Zers.].

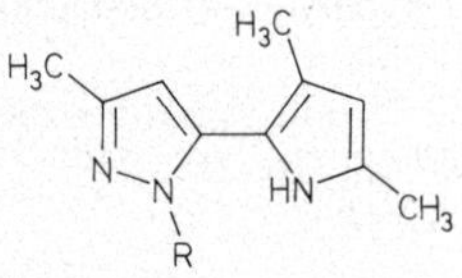

XIV 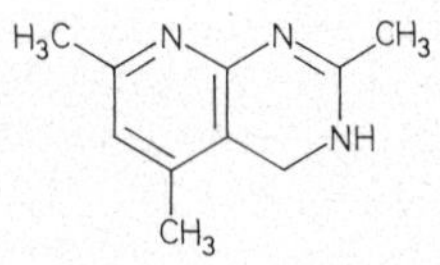   XV 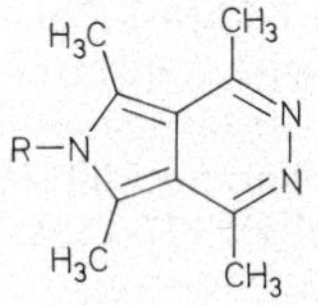   XVI

1,4,5,7-Tetramethyl-6H-pyrrolo[3,4-d]pyridazin $C_{10}H_{13}N_3$, Formel XVI (R = H).

B. Beim Behandeln von 1,4,5,7-Tetramethyl-pyrrolo[3,4-d]pyridazin-6-ylamin mit $NaNO_2$ in Essigsäure (*Mosby,* Soc. **1957** 3997, 4002).

Kristalle (aus Me.); Zers. > 300°. UV-Spektrum (Me.; 200 – 400 nm): *Mo.,* l. c. S. 3999.

1,4,5,7-Tetramethyl-6-phenyl-6H-pyrrolo[3,4-d]pyridazin $C_{16}H_{17}N_3$, Formel XVI (R = C_6H_5).
B. Beim Behandeln von 3,4-Diacetyl-2,5-dimethyl-1-phenyl-pyrrol mit $N_2H_4 \cdot H_2O$ in Äthanol (*Rips, Buu-Hoi*, J. org. Chem. **24** [1959] 551, 553).
Kristalle (aus Me.); F: 318°.

1,4,5,7-Tetramethyl-pyrrolo[3,4-d]pyridazin-6-ylamin $C_{10}H_{14}N_4$, Formel XVI (R = NH_2).
B. Beim Erwärmen von 3,4-Diacetyl-2,5-dimethyl-furan mit $N_2H_4 \cdot H_2O$ in DMF (*Mosby*, Soc. **1957** 3997, 4002).
Kristalle (aus H_2O); F: 294−295° [aus 290° vorgeheizter App.]. UV-Spektrum (A.; 200−400 nm): *Mo.*, l. c. S. 3999.
Picrat $C_{10}H_{14}N_4 \cdot C_6H_3N_3O_7$. Kristalle (aus Me.); F: 189,5−191,0°.

6-Benzoylamino-1,4,5,7-tetramethyl-6H-pyrrolo[3,4-d]pyridazin, N-[1,4,5,7-Tetramethyl-pyrrolo[3,4-d]pyridazin-6-yl]-benzamid $C_{17}H_{18}N_4O$, Formel XVI (R = NH-CO-C_6H_5).
B. Beim Erwärmen von N-[3,4-Diacetyl-2,5-dimethyl-pyrrol-1-yl]-benzamid mit $N_2H_4 \cdot H_2O$ in Äthanol (*Mosby*, Soc. **1957** 3997, 4003).
Kristalle (aus Me.); F: 303,5−305°. UV-Spektrum (Me.; 200−400 nm): *Mo.*, l. c. S. 3999.

(±)-1-Cyclohexylmethyl-(3at,4ac,7ac,8at)-1,3a,4,4a,5(oder 7),7a,8,8a-octahydro-4r,8c-methano-indeno[5,6-d][1,2,3]triazol [1]) $C_{17}H_{25}N_3$, Formel I (R = CH_2-C_6H_{11}) oder Formel II (R = CH_2-C_6H_{11}) + Spiegelbild.
B. Beim Behandeln von (±)-*endo*-Dicyclopentadien (E IV **5** 1399) mit Azido-cyclohexyl-methan (*Smith et al.*, J. org. Chem. **23** [1958] 1595, 1597).
F: 108−114°.

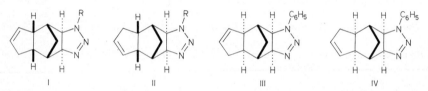

I   II   III   IV

1-Phenyl-1,3a,4,4a,5(oder 7),7a,8,8a-octahydro-4,8-methano-indeno[5,6-d][1,2,3]triazol $C_{16}H_{17}N_3$.
Bezüglich der Lage der Doppelbindungen der beiden folgenden Stereoisomeren s. *McDaniel, Oehlschlager*, Canad. J. Chem. **48** [1970] 345, 348; *Jurgec et al.*, J. heterocycl. Chem. **12** [1975] 253, 254, 256. Konfiguration der folgenden Stereoisomeren: *Huisgen*, Ang. Ch. **75** [1963] 604, 617; s. a. *Alder, Stein*, A. **515** [1935] 185; *McD., Oe.*

a) **(±)-1-Phenyl-(3at,4ac,7ac,8at)-1,3a,4,4a,5(oder 7),7a,8,8a-octahydro-4r,8c-methano-indeno[5,6-d][1,2,3]triazol**, Formel I (R = C_6H_5) oder Formel II (R = C_6H_5) + Spiegelbild.
B. Beim Behandeln von (±)-*endo*-Dicyclopentadien (E IV **5** 1399) mit Azidobenzol (*Alder, Stein*, A. **485** [1931] 223, 225, 241; *Bartlett, Goldstein*, Am. Soc. **69** [1947] 2553).
Kristalle (aus A.); F: 130−131° (*Al., St.*), 128−129° (*Ba., Go.*).

b) **(±)-1-Phenyl-(3at,4at,7at,8at)-1,3a,4,4a,5(oder 7),7a,8,8a-octahydro-4r,8c-methano-indeno[5,6-d][1,2,3]triazol**, Formel III oder Formel IV + Spiegelbild.
B. Beim Behandeln von (±)-*exo*-Dicyclopentadien (E III **5** 1235) mit Azidobenzol (*Bartlett, Goldstein*, Am. Soc. **69** [1947] 2553; s. a. *Alder, Stein*, A. **504** [1933] 216, 219, 239).
Kristalle; F: 127−128° [aus Me.] (*Al., St.*), 123−124° [aus A.] (*Ba., Go.*).

Stammverbindungen $C_{11}H_{15}N_3$

*Benzyliden-[3,3-dimethyl-2,6-diphenyl-2,5-dihydro-3H-[1,2,4]triazin-4-yl]-amin, Benzaldehyd-[3,3-dimethyl-2,6-diphenyl-2,5-dihydro-3H-[1,2,4]triazin-4-ylimin]** $C_{24}H_{24}N_4$, Formel V.
B. Beim Erwärmen von 2-Benzylidenhydrazino-1-phenyl-äthanon-phenylhydrazon mit Aceton

---

[1]) Bezüglich der Konfiguration s. *Huisgen et al.*, B. **98** [1965] 3992.

in wss. HCl (*Busch, Küspert*, J. pr. [2] **144** [1936] 273, 289).
Kristalle (aus A. + Py.); F: 176°.

(±)-1-Phenyl-(3a*t*,4a*t*,8a*t*,9a*t*)-3a,4,4a,5,8,8a,9,9a-octahydro-1*H*-4*r*,9*c*-methano-naphtho[2,3-*d*]⸗
[1,2,3]triazol $C_{17}H_{19}N_3$, Formel VI + Spiegelbild.

B. Beim Behandeln von (4a*t*,8a*t*)-1,4,4a,5,8,8a-Hexahydro-1*r*,4*c*-methano-naphthalin
(E IV **5** 1417) mit Azidobenzol (*Alder et al.*, A. **627** [1959] 47, 58).
Kristalle (aus E.); F: 165°.

V   VI   VII

Stammverbindungen $C_{12}H_{17}N_3$

2-Hexyl-1-methyl-1*H*-imidazo[4,5-*c*]pyridin $C_{13}H_{19}N_3$, Formel VII.

B. Beim Erhitzen von N^4-Methyl-pyridin-3,4-diyldiamin mit Heptanal und Kupfer(II)-acetat
in wss. Äthanol auf 150° (*Weidenhagen, Train*, B. **75** [1942] 1936, 1946).
Oxalat $C_{13}H_{19}N_3 \cdot 2C_2H_2O_4$. Kristalle; F: 140°.

1,4-Diäthyl-5,7-dimethyl-6-phenyl-6*H*-pyrrolo[3,4-*d*]pyridazin $C_{18}H_{21}N_3$, Formel VIII.

B. Beim Behandeln von 2,5-Dimethyl-1-phenyl-3,4-dipropionyl-pyrrol mit $N_2H_4 \cdot H_2O$ in
Äthanol (*Rips, Buu-Hoï*, J. org. Chem. **24** [1959] 551, 553).
Kristalle (aus wss. Me.); F: 190°.

VIII   IX   X

*Opt.-inakt. 1-Phenyl-3a,4,4a,5,6,8a,9,9a(oder 3a,4,4a,7,8,8a,9,9a)-octahydro-1*H*-4,9-äthano-
naphtho[2,3-*d*][1,2,3]triazol $C_{18}H_{21}N_3$, Formel IX oder Formel X.

B. Bei mehrmonatigem Behandeln von opt.-inakt. Dicyclohexadien (E III **5** 1267) mit Azido⸗
benzol (*Alder, Stein*, A. **501** [1933] 1, 6, 28).
Kristalle (aus Me.); F: 154 – 155°.

(±)-1-Phenyl-(3a*t*,4a*c*,8a*c*,9a*t*)-3a,4,4a,5,6,7,8,8a,9,9a-decahydro-1*H*-4*r*,9*c*;5*t*,8*t*-dimethano-
naphtho[2,3-*d*][1,2,3]triazol [1]) $C_{18}H_{21}N_3$, Formel XI (X = X′ = X″ = H) + Spiegelbild.

B. Beim Behandeln von (4a*t*,8a*t*)-1,2,3,4,4a,5,8,8a-octahydro-1*r*,4*c*;5*t*,8*t*-dimethano-naphtha⸗
lin (E IV **5** 1435) mit Azidobenzol (*Soloway*, Am. Soc. **74** [1952] 1027, 1029).
Kristalle (aus Bzl. + Hexan); F: 148,4 – 149,2°.

(±)-6*c*(oder 7*c*)-Chlor-1-phenyl-(3a*t*,4a*c*,8a*c*,9a*t*)-3a,4,4a,5,6,7,8,8a,9,9a-decahydro-1*H*-
4*r*,9*c*;5*t*,8*t*-dimethano-naphtho[2,3-*d*][1,2,3]triazol [1]) $C_{18}H_{20}ClN_3$, Formel XII (X = Cl,
X′ = H oder X = H, X′ = Cl) + Spiegelbild.

B. Aus (±)-2*t*-Chlor-(4a*t*,8a*t*)-1,2,3,4,4a,5,8,8a-octahydro-1*r*,4*c*;5*t*,8*t*-dimethano-naphthalin
(E III **5** 1268) und Azidobenzol (*Alder, Rickert*, A. **543** [1940] 1, 26).

---

[1]) Siehe S. 162 Anm.

Kristalle (aus E.); F: 195°.

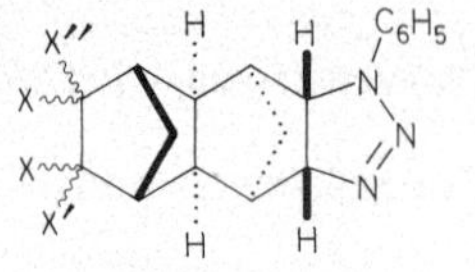

(±)-6ξ,7ξ-Dichlor-1-phenyl-(3at,4ac,8ac,9at)-3a,4,4a,5,6,7,8,8a,9,9a-decahydro-1H-4r,9c;5t,8t-dimethano-naphtho[2,3-d][1,2,3]triazol [1]) $C_{18}H_{19}Cl_2N_3$, Formel XI (X = H, X' = X'' = Cl)+Spiegelbild.

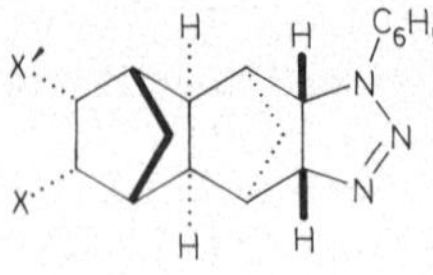

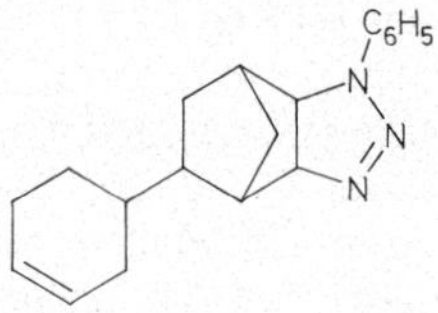

B. Aus 2ξ,3ξ-Dichlor-(4at,8at)-1,2,3,4,4a,5,8,8a-octahydro-1r,4c;5t,8t-dimethano-naphthalin (E III **5** 1268) und Azidobenzol (*Alder, Rickert,* A. **543** [1940] 1, 27).

Kristalle (aus E.); F: 210° [Zers.].

(±)-6,6,7ξ(oder 6ξ,7,7)-Trichlor-1-phenyl-(3at,4ac,8ac,9at)-3a,4,4a,5,6,7,8,8a,9,9a-decahydro-1H-4r,9c;5t,8t-dimethano-naphtho[2,3-d][1,2,3]triazol [1]) $C_{18}H_{18}Cl_3N_3$, Formel XI (X = X' = Cl, X'' = H oder X = X'' = Cl, X' = H)+Spiegelbild.

B. Aus (±)-2,2,3ξ-Trichlor-(4at,8at)-1,2,3,4,4a,5,8,8a-octahydro-1r,4c;5t,8t-dimethano-naphthalin (E III **5** 1268) und Azidobenzol (*Alder, Rickert,* A. **543** [1940] 1, 27).

F: 225−226°.

Stammverbindungen $C_{13}H_{19}N_3$

*Opt.-inakt. 5(oder 6)-Cyclohex-3-enyl-1-phenyl-3a,4,5,6,7,7a-hexahydro-1H-4,7-methano-benzotriazol $C_{19}H_{23}N_3$, Formel XIII oder Formel XIV.

B. Beim Behandeln von opt.-inakt. 5-Cyclohex-3-enyl-norborn-2-en (E III **5** 1282) mit Azido-benzol (*Alder, Rickert,* B. **71** [1938] 373, 376, 378).

Kristalle (aus E.); F: 155°.

---

*Opt.-inakt. 1-Phenyl-3a,4,4a,5,6,9,10,10a,11,11a-decahydro-1H-4,11-methano-cycloocta[4,5]-benzo[1,2-d][1,2,3]triazol $C_{19}H_{23}N_3$, Formel XV.

B. Aus opt.-inakt. 1,4,4a,5,6,9,10,10a-Octahydro-1,4-methano-benzocycloocten (E IV **5** 1449) und Azidobenzol (*Ziegler et al.,* A. **589** [1954] 122, 123, 145).

Kristalle; F: 118°.

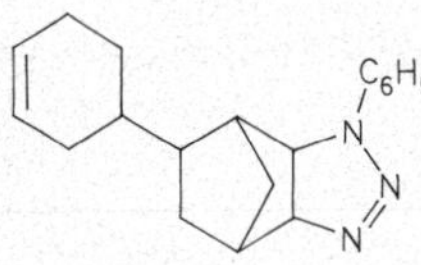

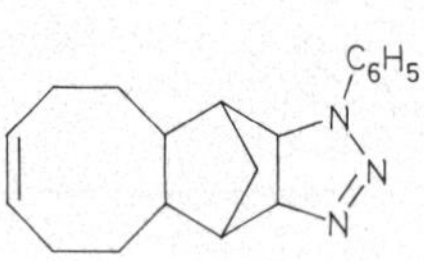

Stammverbindungen $C_{15}H_{23}N_3$

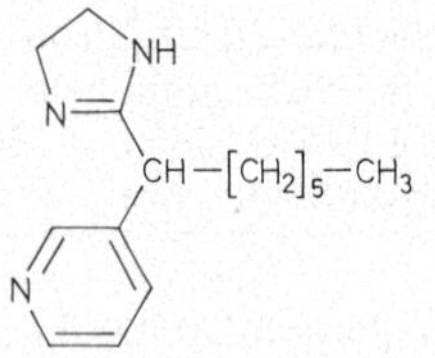

(±)-1-[4,5-Dihydro-1H-imidazol-2-yl]-1-[3]pyridyl-heptan, (±)-3-[1-(4,5-Dihydro-1H-imidazol-2-yl)-heptyl]-pyridin $C_{15}H_{23}N_3$, Formel XVI.

B. Beim Erhitzen von (±)-2-[3]Pyridyl-octannitril und Äthylendiamin-mono-[toluol-4-sulfonat] auf 210° (*Protiva et al.,* Chem. Listy **46** [1952] 640, 643; C. A. **1953** 8069).

Kristalle (aus Bzl.+PAe.); F: 82−84°.

Dihydrochlorid $C_{15}H_{23}N_3 \cdot 2HCl$. F: 146° [korr.; aus A.+Acn.].

---

[1]) Siehe S. 162 Anm.

Stammverbindungen $C_{20}H_{33}N_3$

(1R,15aR)-(8ac,10ac,15bt)-Tetradecahydro-5a,14a-diaza-1r,5c-epimino-10t,15a-methano-dibenz[b,fg]octalen, (−)-Panamin [1]) $C_{20}H_{33}N_3$, Formel XVII (R = H).

Konstitution und Konfiguration: *Wilson*, Tetrahedron **21** [1965] 2561, 2564; *Deslongchamps et al.*, Canad. J. Chem. **44** [1966] 2539, 2546; *Karle, Karle*, Acta cryst. **21** [1966] 860; absolute Konfiguration: *Cannon et al.*, Tetrahedron Letters **1974** 1683, 1685.

Isolierung aus den Samen von Ormosia panamensis [2]): *Lloyd, Horning*, Am. Soc. **80** [1958] 1506, 1509.

Wasserhaltige Kristalle (aus wss. A.); F: 38−40°; $[\alpha]_{589}^{25}$: −11,0°; $[\alpha]_{436}^{25}$: −21,3° [jeweils in A.; c = 0,9] (*Ll., Ho.*).

Wird an der Luft oxidiert (*Ll., Ho.*).

Diperchlorat $C_{20}H_{33}N_3 \cdot 2\,HClO_4$. Atomabstände und Bindungswinkel (Röntgen-Diagramm): *Ka., Ka.* − Kristalle (aus Me.+Ae.); F: 283−285° (*Ll., Ho.*). Monoklin; Kristallstruktur-Analyse (Röntgen-Diagramm): *Ka., Ka.* Dichte der Kristalle: 1,447 (*Ka., Ka.*).

Dipicrat $C_{20}H_{33}N_3 \cdot 2\,C_6H_3N_3O_7$. Gelbe Kristalle (aus Acn.+A.); F: 237° [Zers.] (*Ll., Ho.*).

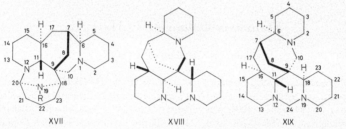

XVII   XVIII   XIX

(+)-19-Methyl-panamin $C_{21}H_{35}N_3$, Formel XVII (R = CH$_3$).

B. Beim Hydrieren von (−)-Panamin (s. o.) und wss. Formaldehyd in Essigsäure an Palladium/Kohle (*Lloyd, Horning*, Am. Soc. **80** [1958] 1506, 1510).

Kristalle; F: 103° (*Naegeli et al.*, Tetrahedron Letters **1963** 2069, 2070), 101−102° [nach Sublimation] (*Ll., Ho.*). $[\alpha]_{589}^{25}$: +5,3°; $[\alpha]_{436}^{25}$: +19,1° [jeweils in A.; c = 0,7] (*Ll., Ho.; s. a. Na. et al.*).

Diperchlorat $C_{21}H_{35}N_3 \cdot 2\,HClO_4$. Kristalle (aus Me.); F: 178−179° (*Ll., Ho.*).

Dipicrat $C_{21}H_{35}N_3 \cdot 2\,C_6H_3N_3O_7$. Kristalle (aus E.); F: 130−134° [Zers.] (*Ll., Ho.*).

Methojodid $[C_{22}H_{38}N_3]I$. Kristalle (aus Me.+Acn.) mit 1 Mol Methanol; F: 201−202° (*Ll., Ho.; s. a. Na. et al.*). − Hydrojodid $[C_{22}H_{38}N_3]I \cdot HI$. Kristalle (aus A.); F: 206−208° (*Ll., Ho.*).

Stammverbindungen $C_{21}H_{35}N_3$

Tetradecahydro-4a,5a,14a-triaza-10,15a-methano-benzo[5,6]cyclooct[1,2,3-de]anthracen $C_{21}H_{35}N_3$.

a) **(10R,15aS)-(5aa$c$,8at,10ac,15bt)-Tetradecahydro-4a,5a,14a-triaza-10r,15a-methano-benzo[5,6]cyclooct[1,2,3-de]anthracen, ent-6β-Homoormosanin** [3]), **(−)-Homopiptanthin,** Formel XVIII.

B. Beim Behandeln von (−)-Piptanthin (S. 92) mit Formaldehyd in wss. Ameisensäure

---

[1]) Bei von **Panamin** ((−)-Panamin) abgeleiteten Namen wird die in Formel XVII angegebene Stellungsbezeichnung verwendet.

[2]) Das von *Hess, Merck* (B. **52** [1919] 1976, 1979) aus dieser Pflanze isolierte Ormosin $C_{20}H_{33}N_3$ ist nicht wieder erhalten worden (*Lloyd, Horning*, Am. Soc. **80** [1958] 1506, 1507). Bei dem von *Hess, Merck* (l. c. S. 1982) sowie von *Lloyd, Horning* ebenfalls aus Ormosia panamensis isolierten (+)-Ormosinin (F: 203−205° bzw. F: 219−220°; $[\alpha]_D^{25}$: +8,9° [CHCl$_3$; c = 1,3]) handelt es sich vermutlich um ein dimeres (−)-Panamin (*Deslongchamps et al.*, Canad. J. Chem. **44** [1966] 2539, 2546).

[3]) Siehe S. 166 Anm.

oder in wss. Essigsäure (*Konowalowa et al.*, Doklady Akad. S.S.S.R. **78** [1951] 705; C. A. **1953** 3860; *Eisner, Šorm*, Collect. **24** [1959] 2348, 2354). Beim Behandeln von sog. Homooxypip⹀ tanthin (*ent*-6β-Homoormosanin-24-on [S. 482]) mit LiAlH$_4$ in Dioxan (*Ei., Šorm*).

Kristalle; F: 189° [aus Acn.] (*Ei., Šorm*), 185−186° (*Ko. et al.*). [α]$_D$: −43,2° (*Ko. et al.*). IR-Spektrum (CCl$_4$ [2−10,5 µ] sowie CS$_2$ [10,3−14 µ]): *Ko. et al.*

Methojodid [C$_{22}$H$_{38}$N$_3$]I. F: 250°; Kristalle (aus Me.+Ae.) mit 1 Mol Methanol; F: 196° (*Ei., Šorm*).

b) (±)-(5aa*c*,8a*t*,10a*t*,15b*t*)-Tetradecahydro-4a,5a,14a-triaza-10*r*,15a-methano-benzo[5,6]⹀ cyclooct[1,2,3-*de*]anthracen, *rac*-Homoormosanin [1]), (±)-Homopiptamin, (±)-Jamin, Formel XIX+Spiegelbild.

Konstitution und Konfiguration: *Naegeli et al.*, Tetrahedron Letters **1963** 2069; *Karle, Karle*, Acta cryst. **17** [1964] 1356; *Frank et al.*, Acta cryst. [B] **34** [1978] 2316.

B. Beim Behandeln von (±)-Ormosanin (S. 93) mit Formaldehyd in wss. Ameisensäure (*Dis⹀ kina, Konowalowa*, Doklady Akad. S.S.S.R. **81** [1951] 1069, 1071; C. A. **1953** 4889).

Kristalle; F: 153−154° (*Na. et al.*), 147−148° (*Di., Ko.*).   [*Blazek*]

Stammverbindungen C$_n$H$_{2n-9}$N$_3$

Stammverbindungen C$_7$H$_5$N$_3$

Benzo[*e*][1,2,4]triazin C$_7$H$_5$N$_3$, Formel I (X = X' = X'' = H) (H 67).

B. Beim Erwärmen von Ameisensäure-[*N'*-(2-nitro-phenyl)-hydrazid] mit Na$_2$S in wss. Lösung (*Fusco, Rossi*, G. **86** [1956] 484, 490). Aus Ameisensäure-[*N'*-(2-amino-phenyl)-hydrazid] (*Abra⹀ movitch, Schofield*, Soc. **1955** 2326, 2331, 2332). Beim Erwärmen von 1,5-Diphenyl-formazan mit konz. H$_2$SO$_4$ in Essigsäure (*Ab., Sch.*, l. c. S. 2334). Aus Benzo[*e*][1,2,4]triazin-3-carbonsäure beim Erhitzen mit Kupfer-Pulver unter vermindertem Druck (*Fu., Ro.*, l. c. S. 495).

Gelbe Kristalle; F: 76−77° [aus PAe.] (*Ab., Sch.*, l. c. S. 2331), 74° [aus Bzl.] (*Fu., Ro.*). Bei 80°/1 Torr sublimierbar (*Ab., Sch.*). Absorptionsspektrum in Cyclohexan und in Methanol (220−550 nm): *Simonetta et al.*, Nuovo Cimento [10] **4** [1956] 1364, 1365; in H$_2$O und in wss. H$_2$SO$_4$ [10%ig und 50%ig] (220−470 nm): *Favini, Simonetta*, R.A.L. [8] **23** [1957] 434, 440; in H$_2$O (200−360 nm): *Ab., Sch.*, l. c. S. 2330, 2332.

Picrat. Braune Kristalle (aus A.); F: 98−99° [Sintern bei 87°] (*Ab., Sch.*).

1-Oxy-benzo[*e*][1,2,4]triazin, Benzo[*e*][1,2,4]triazin-1-oxid C$_7$H$_5$N$_3$O, Formel II (X = X' = H).

B. Aus Benzo[*e*][1,2,4]triazin bei mehrtägigem Behandeln mit wss. H$_2$O$_2$ in Essigsäure oder aus [1-Oxy-benzo[*e*][1,2,4]-triazin-3-yl]-hydrazin beim Erwärmen mit CuSO$_4$ in H$_2$O (*Robbins, Schofield*, Soc. **1957** 3186, 3192).

Hellgelbe Kristalle (aus Me.); F: 138−140°. λ$_{max}$ (A.): 275 nm und 346 nm.

3-Chlor-benzo[*e*][1,2,4]triazin C$_7$H$_4$ClN$_3$, Formel I (X = Cl, X' = X'' = H) (E I 15).

B. Aus 3-Chlor-benzo[*e*][1,2,4]triazin-1-oxid beim Behandeln mit Zink-Pulver in wss. NH$_4$Cl (*Jiu, Mueller*, J. org. Chem. **24** [1959] 813, 818).

Kristalle (aus Pentan); F: 96−98°.

3-Chlor-benzo[*e*][1,2,4]triazin-1-oxid C$_7$H$_4$ClN$_3$O, Formel II (X = Cl, X' = H).

B. Aus 4*H*-Benzo[*e*][1,2,4]triazin-3-on-1-oxid beim Erhitzen mit POCl$_3$ (*Jiu, Mueller*, J. org. Chem. **24** [1959] 813, 817) oder beim Erwärmen mit POCl$_3$ und *N,N*-Dimethyl-anilin (*Robbins*,

---

[1]) Für die Verbindung (10*S*,15a*R*)-(5aa*c*,8a*t*,10a*t*,15b*t*)-Tetradecahydro-4a,5a,14a-triaza-10*r*,15a-methano-benzo[5,6]cyclooct[1,2,3-*de*]anthracen (Formel XIX) wird die Bezeichnung **Homoormosanin** verwendet. Bei von Homoormosanin abgeleiteten Namen gilt die in Formel XIX angegebene Stellungsbezeichnung.

Schofield, Soc. **1957** 3186, 3190). Neben 4*H*-Benzo[*e*][1,2,4]triazin-3-on-1-oxid beim Behandeln von 1-Oxy-benzo[*e*][1,2,4]triazin-3-ylamin mit $NaNO_2$ in $K_3[Fe(CN)_6]$ und $K_4[Fe(CN)_6]$ enthaltender wss. HCl (*Jiu, Mu.*).

Kristalle; F: 117 – 119° [unkorr.; aus wss. Me.] (*Jiu, Mu.*), 117 – 118° [aus Me.] (*Ro., Sch.*).

I   II   III   IV

6-Chlor-benzo[*e*][1,2,4]triazin $C_7H_4ClN_3$, Formel I (X = X″ = H, X′ = Cl).

B. Aus 6-Chlor-benzo[*e*][1,2,4]triazin-3-carbonsäure beim Erhitzen mit Kupfer-Pulver unter vermindertem Druck auf 120 – 130° (*Fusco, Rossi*, G. **86** [1956] 484, 496).

Gelbe Kristalle (aus H_2O oder nach Sublimation im Vakuum); F: 104° (*Fu., Ro.*). Absorptionsspektrum in Cyclohexan und in Methanol (220 – 550 nm): *Simonetta et al.*, Nuovo Cimento [10] **4** [1956] 1364, 1366; in H_2O und in wss. H_2SO_4 [10%ig und 50%ig] (220 – 470 nm): *Favini, Simonetta*, R.A.L. [8] **23** [1957] 434, 435, 440.

3,7-Dichlor-benzo[*e*][1,2,4]triazin $C_7H_3Cl_2N_3$, Formel I (X = X″ = Cl, X′ = H).

B. Beim Erhitzen von 7-Chlor-4*H*-benzo[*e*][1,2,4]triazin-3-on mit $POCl_3$ und *N,N*-Dimethyl-anilin oder von 7-Chlor-4*H*-benzo[*e*][1,2,4]triazin-3-on-1-oxid mit $POCl_3$ und PCl_5 auf 150 – 160° (*Merck & Co. Inc.*, U.S.P. 2489358 [1947]).

F: 140°.

3,7-Dichlor-benzo[*e*][1,2,4]triazin-1-oxid $C_7H_3Cl_2N_3O$, Formel II (X = X′ = Cl).

B. Beim Erhitzen von 7-Chlor-4*H*-benzo[*e*][1,2,4]triazin-3-on-1-oxid mit $POCl_3$ in *N,N*-Dimethyl-anilin (*Wolf et al.*, Am. Soc. **76** [1954] 4611, 4613; *Jiu, Mueller*, J. org. Chem. **24** [1959] 813, 815, 816).

Kristalle; F: 157 – 158,5° (*Jiu, Mu.*), 153 – 154° [aus A.] (*Wolf et al.*).

3-Brom-benzo[*e*][1,2,4]triazin-1-oxid $C_7H_4BrN_3O$, Formel II (X = Br, X′ = H).

B. Beim Erhitzen von 4*H*-Benzo[*e*][1,2,4]triazin-3-on-1-oxid mit $POBr_3$ (*Jiu, Mueller*, J. org. Chem. **24** [1959] 813, 817).

Kristalle (aus Me.); F: 154 – 156° [unkorr.].

Pyrido[3,2-*d*]pyrimidin $C_7H_5N_3$, Formel III (X = H).

B. Bei der Hydrierung von 2,4-Dichlor-pyrido[3,2-*d*]pyrimidin an Platin in Äthanol sowie bei der Hydrierung von 1*H*-Pyrido[3,2-*d*]pyrimidin-2,4-dithion oder 2,4-Bis-äthylmercapto-pyrido[3,2-*d*]pyrimidin an Raney-Nickel in wss. Äthanol (*Oakes et al.*, Soc. **1956** 1045, 1051).

Wachsartiger, teilweise kristalliner Feststoff (aus Bzl.+PAe.).

Picrat $C_7H_5N_3 \cdot C_6H_3N_3O_7$. Kristalle (aus H_2O) mit 3 Mol H_2O; F: 191°.

2,4-Dichlor-pyrido[3,2-*d*]pyrimidin $C_7H_3Cl_2N_3$, Formel III (X = Cl).

B. Beim Erhitzen von 1*H*-Pyrido[3,2-*d*]pyrimidin-2,4-dion mit $POCl_3$ und PCl_5 (*Robins, Hitchings*, Am. Soc. **78** [1956] 973, 975) oder mit $POCl_3$ und Triäthylamin (*Oakes et al.*, Soc. **1956** 1045, 1051).

Kristalle (aus PAe.); F: 177° (*Ro., Hi.*), 173° (*Oa. et al.*). Bei 140°/0,1 Torr sublimierbar (*Oa. et al.*).

4-Chlor-pyrido[2,3-*d*]pyrimidin $C_7H_4ClN_3$, Formel IV (X = H).

B. Beim Erhitzen von 3*H*-Pyrido[2,3-*d*]pyrimidin-4-on mit $POCl_3$ (*Robins, Hitchings*, Am. Soc. **77** [1955] 2256, 2259).

Kristalle (aus Heptan); F: 137° [unkorr.; Zers.].

2,4-Dichlor-pyrido[2,3-d]pyrimidin $C_7H_3Cl_2N_3$, Formel IV (X = Cl).

B. Aus 1*H*-Pyrido[2,3-*d*]pyrimidin-2,4-dion beim Erhitzen mit $POCl_3$ (*McLean, Spring*, Soc. **1949** 2582, 2584; s. a. *Robins, Hitchings*, Am. Soc. **77** [1955] 2256, 2258; *Oakes et al.*, Soc. **1956** 1045, 1053).

Kristalle; F: 160° [nach Sublimation bei 150°/0,001 Torr] (*Oa. et al.*), 158−158,5° [unkorr.; aus Heptan] (*Ro., Hi.*), 156−157° [aus PAe.] (*McL., Sp.*).

Pyrido[2,3-b]pyrazin $C_7H_5N_3$, Formel V (X = X' = H).

B. Beim Erwärmen von Pyridin-2,3-diyldiamin mit Dinatrium-[1,2-dihydroxy-äthan-1,2-di‌sulfonat] in wss. Äthanol (*Petrow, Saper*, Soc. **1948** 1389, 1391; *Leese, Rydon*, Soc. **1955** 303, 305). Aus 7-Brom-pyrido[2,3-*b*]pyrazin bei der Hydrierung an Palladium/$SrCO_3$ in wss. NaOH (*Le., Ry.*).

Kristalle (aus PAe.); F: 147−148° [korr.] (*Pe., Sa.*), 146° (*Le., Ry.*). UV-Spektrum (A.; 220−380 nm): *Le., Ry.* λ_{max} (Cyclohexan): 310 nm und 358 nm (*Mason*, Chem. Soc. spec. Publ. Nr. 3 [1955] 139, 141).

7-Chlor-pyrido[2,3-b]pyrazin $C_7H_4ClN_3$, Formel V (X = H, X' = Cl).

B. Beim Erwärmen von 5-Chlor-pyridin-2,3-diyldiamin mit Glyoxal bzw. Dinatrium-[1,2-dihydroxy-äthan-1,2-disulfonat] in wss. Äthanol (*Israel, Day*, J. org. Chem. **24** [1959] 1455, 1456; *Leese, Rydon*, Soc. **1955** 303, 306).

Kristalle (aus PAe.); F: 161° (*Le., Ry.*), 159−160,5° (*Is., Day*). λ_{max} (A.): 258 nm, 265 nm, 310 nm, 316 nm und 324 nm (*Le., Ry.*).

6,7-Dichlor-pyrido[2,3-b]pyrazin $C_7H_3Cl_2N_3$, Formel V (X = X' = Cl).

B. Analog der vorangehenden Verbindung (*Israel, Day*, J. org. Chem. **24** [1959] 1455, 1456, 1457).

Kristalle (aus wss. A.); F: 162−164° [Zers.].

7-Brom-pyrido[2,3-b]pyrazin $C_7H_4BrN_3$, Formel V (X = H, X' = Br).

B. Analog den vorangehenden Verbindungen (*Petrow, Saper*, Soc. **1948** 1389, 1391).

Kristalle (aus PAe.); F: 167° [korr.].

Beim Erwärmen mit H_2O_2 in Essigsäure ist ein Monooxid $C_7H_4BrN_3O$ (F: 286° [korr.; Zers.; aus A.]) erhalten worden (*Pe., Sa.*, l. c. S. 1392).

Pyrido[3,4-b]pyrazin $C_7H_5N_3$, Formel VI (X = H).

Die Identität der früher (E II **26** 34) unter dieser Konstitution beschriebenen Verbindung („Pyridino-3'.4':2.3-pyrazin") ist ungewiss (*Koenigs et al.*, B. **69** [1936] 2690, 2691).

B. Beim Erwärmen von Pyridin-3,4-diyldiamin mit Glyoxal in Äthanol (*Albert, Pedersen*, Soc. **1956** 4683) oder mit Dinatrium-[1,2-dihydroxy-äthan-1,2-disulfonat] in wss. Essigsäure und Erhitzen des Reaktionsprodukts auf 240°/15 Torr (*Ko. et al.*, l. c. S. 2693).

Kristalle (aus PAe.); F: 100−101° (*Ko. et al.*), 97° (*Al., Pe.*). Bei 65°/0,01 Torr sublimierbar (*Al., Pe.*). λ_{max} (Cyclohexan): 308 nm und 350 nm (*Mason*, Chem. Soc. spec. Publ. Nr. 3 [1955] 139, 141). Scheinbarer Dissoziationsexponent pK_a' (H_2O; potentiometrisch ermittelt): ca. 2,5 (*Al., Pe.*).

Hydrolytische Spaltung durch Säure: *Al., Pe.*

Picrat. Gelbe Kristalle; Zers. bei 185° [nach Schwärzung >130°] (*Ko. et al.*).

5-Chlor-pyrido[3,4-b]pyrazin $C_7H_4ClN_3$, Formel VI (X = Cl).

Diese Konstitution ist einer von *Koenigs et al.* (B. **69** [1936] 2690, 2694) als 7-Chlor-pyrido[3,4-*b*]pyrazin beschriebenen Verbindung zuzuordnen (*Clark-Lewis, Singh*, Soc. **1962** 3162, 3164; *Talik, Płażek*, Roczniki Chem. **30** [1956] 1139, 1143; C. A. **1957** 12089).

B. Beim Erhitzen von 2-Chlor-pyridin-3,4-diyldiamin (E III/IV **22** 5406) mit Dinatrium-[1,2-dihydroxy-äthan-1,2-disulfonat] in Essigsäure (*Ko. et al.*).

Kristalle (aus PAe.); F: 139−140° (*Cl.-Le., Si.*), 138−139° (*Ko. et al.*).

V   VI   VII   VIII   IX

Stammverbindungen C₈H₇N₃

4-Phenyl-1H-[1,2,3]triazol $C_8H_7N_3$, Formel VII (R = H) und Taut. (E I 15).

B. Beim Behandeln von Phenyllithium mit Acetonitril in Äther und anschliessenden Einleiten von N_2O in das Reaktionsgemisch (*Meier*, B. **86** [1953] 1483, 1490). Beim Erhitzen [40 h] von Äthinylbenzol mit HN_3 in Benzol auf 110 – 115° (*Hartzel, Benson*, Am. Soc. **76** [1954] 667, 670). Beim Behandeln von diazotiertem 5-Phenyl-1H-[1,2,3]triazol-4-ylamin mit wss. H_3PO_2 (*Ruccia, Spinelli*, G. **89** [1959] 1654, 1662).

Kristalle; F: 148,4° [korr.; aus Bzl.] (*Ha., Be.*), 147° [aus Bzl.] (*Ru., Sp.*), 145 – 146° [aus A.] (*Me.*). IR-Spektrum (2 – 16 μ): *Ha., Be.*, l. c. S. 669. UV-Spektrum (A.; 210 – 270 nm): *Ha., Be.*, l. c. S. 668.

1-Äthyl-4-phenyl-1H-[1,2,3]triazol $C_{10}H_{11}N_3$, Formel VII (R = C_2H_5).

B. Beim Erhitzen von Äthinylbenzol mit Äthylazid unter Druck auf 130° (*Gompper*, B. **90** [1957] 382, 385).

Kristalle (aus Ae.); F: 63°. λ_{max} (Me.): 245 nm (*Go.*, l. c. S. 384).

1,3-Diäthyl-4-phenyl-[1,2,3]triazolium $[C_{12}H_{16}N_3]^+$, Formel VIII (R = R′ = C_2H_5).

Jodid $[C_{12}H_{16}N_3]I$. B. Beim Erwärmen von 1-Äthyl-4-phenyl-1H-[1,2,3]triazol oder 1-Benzyl-5-phenyl-1H-[1,2,3]triazol mit Äthyljodid in Nitrobenzol (*Gompper*, B. **90** [1957] 382, 385, 386). – Kristalle (aus Butylacetat); F: 134°. λ_{max} (Me.): 220 nm (*Go.*, l. c. S. 384).

5-Phenyl-1-vinyl-1H-[1,2,3]triazol $C_{10}H_9N_3$, Formel IX (R = CH=CH₂).

Diese Konstitution ist der von *Fridman, Lišowś'ka* (Zap. Inst. Chim. Ukr. Akad. **6** Nr. 3/4 [1940] 353, 357, 358; C. A. **1941** 2470) als 4-Phenyl-5-vinyl-1H-[1,2,3]triazol beschriebenen Ver≠ bindung zuzuordnen (*Boyer et al.*, J. org. Chem. **23** [1958] 1051 Anm. 4).

B. Beim Erwärmen von Natrium-phenylacetylenid mit 1-Azido-2-chlor-äthan in Äther (*Fr., Li.*).

Zers. bei 137°/10 Torr (*Fr., Li.*).

1,4-Diphenyl-1H-[1,2,3]triazol $C_{14}H_{11}N_3$, Formel VII (R = C_6H_5).

B. Neben 1,5-Diphenyl-1H-[1,2,3]triazol beim Erhitzen von Azidobenzol mit Phenylacetylen bzw. mit Phenylpropiolsäure in Toluol (*Kirmse, Horner*, A. **614** [1958] 1, 3; *Moulin*, Helv. **35** [1952] 167, 177). Aus 3,5-Diphenyl-3H-[1,2,3]triazol-4-carbonsäure beim Erhitzen auf 190° (*Sheehan, Robinson*, Am. Soc. **73** [1951] 1207, 1209).

Kristalle; F: 185 – 185,5° [korr.; aus Bzl.] (*Sh., Ro.*), 184 – 185° [aus Toluol] (*Ki., Ho.*), 182 – 183° [korr.; aus Toluol] (*Mo.*).

2,4-Diphenyl-2H-[1,2,3]triazol $C_{14}H_{11}N_3$, Formel X (E II 34).

Beim Erwärmen mit HNO_3 (D: 1,52) ist eine Tetranitro-Verbindung $C_{14}H_7N_7O_8$ (F: 178 – 179°, wahrscheinlich 2,4-Bis-[2,4-dinitro-phenyl]-2H-[1,2,3]triazol) und eine Tri≠ nitro-Verbindung $C_{14}H_8N_6O_6$ (Kristalle [aus Eg.]; F: 238 – 239°) erhalten worden (*Ghigi, Pozzo-Balbi*, G. **71** [1941] 228, 230, 232).

1,5-Diphenyl-1H-[1,2,3]triazol $C_{14}H_{11}N_3$, Formel IX (R = C_6H_5) (H 68).

B. s. o. bei 1,4-Diphenyl-1H-[1,2,3]triazol.

Kristalle (aus PAe.); F: 115° (*Ramart-Lucas, Hoch*, Bl. **1949** 447, 454), 112 – 112,5° [korr.] (*Moulin*, Helv. **35** [1952] 167, 177), 112° (*Kirmse, Horner*, A. **614** [1958] 1, 3). UV-Spektrum (A.; 260 – 300 nm): *Ra.-Lu., Hoch*, l. c. S. 450.

1-Benzyl-4-phenyl-1H-[1,2,3]triazol $C_{15}H_{13}N_3$, Formel VII (R = CH$_2$-C$_6$H$_5$).
B. Beim Erhitzen von Benzylazid mit Äthinylbenzol (*Gompper*, B. **90** [1957] 382, 385). Neben einer grösseren Menge 1-Benzyl-5-phenyl-1H-[1,2,3]triazol beim Erhitzen von Benzylazid mit Äthinylbenzol bzw. Phenylpropiolsäure in Toluol (*Kirmse, Horner*, A. **614** [1958] 1, 3; *Moulin*, Helv. **35** [1952] 167, 177).
Kristalle; F: 128 – 128,5° [korr.] (*Mo.*), 128 – 128,5° (*Ki., Ho.*), 126 – 127° [aus Ae.] (*Go.*). λ_{max} (Me.): 245 nm (*Go.*, l. c. S. 384).

1-Benzyl-5-phenyl-1H-[1,2,3]triazol $C_{15}H_{13}N_3$, Formel IX (R = CH$_2$-C$_6$H$_5$).
B. Aus 1-Benzyl-5-phenyl-1H-[1,2,3]triazol-4-carbonsäure beim Erhitzen auf 190 – 200° (*Gompper*, B. **90** [1957] 382, 385; *Moulin*, Helv. **35** [1952] 167, 177). Eine weitere Bildungsweise s. im vorangehenden Artikel.
Kristalle; F: 74° [aus A.] (*Go.*), 69 – 70° [aus PAe.] (*Mo.; Kirmse, Horner*, A. **614** [1958] 1, 3). λ_{max} (Me.): 240 nm (*Go.*, l. c. S. 384).

3-Äthyl-1-benzyl-4-phenyl-[1,2,3]triazolium $[C_{17}H_{18}N_3]^+$, Formel VIII (R = CH$_2$-C$_6$H$_5$, R' = C$_2$H$_5$).
Jodid $[C_{17}H_{18}N_3]$I. *B*. Beim Erwärmen von 1-Benzyl-4-phenyl-1H-[1,2,3]triazol mit Äthyl≠ jodid in Nitrobenzol (*Gompper*, B. **90** [1957] 382, 385). – Kristalle (aus Acn.); F: 128°. λ_{max} (Me.): 218 nm (*Go.*, l. c. S. 384).

1-Äthyl-3-benzyl-4-phenyl-[1,2,3]triazolium $[C_{17}H_{18}N_3]^+$, Formel VIII (R = C$_2$H$_5$, R' = CH$_2$-C$_6$H$_5$).
Jodid $[C_{17}H_{18}N_3]$I. *B*. Beim Erwärmen von 1-Äthyl-4-phenyl-1H-[1,2,3]triazol mit Benzyl≠ jodid in Nitrobenzol oder von 1-Benzyl-5-phenyl-1H-[1,2,3]triazol mit Äthyljodid in Aceton (*Gompper*, B. **90** [1957] 382, 385). – Kristalle (aus Butylacetat); F: 122°. λ_{max} (Me.): 218 nm (*Go.*, l. c. S. 384).

1-Äthoxymethyl-4(oder 5)-phenyl-1H-[1,2,3]triazol $C_{11}H_{13}N_3O$, Formel VII (R = CH$_2$-O-C$_2$H$_5$) oder Formel IX (R = CH$_2$-O-C$_2$H$_5$).
B. Beim Erhitzen von Äthinylbenzol mit Äthyl-azidomethyl-äther (*Böhme, Morf*, B. **90** [1957] 446, 450).
Kp$_{0,2}$: 138 – 140°.

Die folgenden Verbindungen sind in analoger Weise hergestellt worden:
4(oder 5)-Phenyl-1-piperidinomethyl-1H-[1,2,3]triazol $C_{14}H_{18}N_4$, Formel XI oder Formel XII. Kristalle (aus PAe.); F: 94 – 95° (*Böhme, Morf*, B. **91** [1958] 660).
1-[Äthylmercapto-methyl]-4(oder 5)-phenyl-1H-[1,2,3]triazol $C_{11}H_{13}N_3S$, For≠ mel VII (R = CH$_2$-S-C$_2$H$_5$) oder Formel IX (R = CH$_2$-S-C$_2$H$_5$). Kristalle (aus PAe.); F: 72 – 73° (*Bö., Morf*, B. **90** 450).
4(oder 5)-Phenyl-1-[phenylmercapto-methyl]-1H-[1,2,3]triazol $C_{15}H_{13}N_3S$, For≠ mel VII (R = CH$_2$-S-C$_6$H$_5$) oder Formel IX (R = CH$_2$-S-C$_6$H$_5$). Kristalle (aus PAe.); F: 95 – 96° (*Bö., Morf*, B. **90** 450).

1-Benzolsulfonylmethyl-4(oder 5)-phenyl-1H-[1,2,3]triazol $C_{15}H_{13}N_3O_2S$, Formel VII (R = CH$_2$-SO$_2$-C$_6$H$_5$) oder Formel IX (R = CH$_2$-SO$_2$-C$_6$H$_5$).

a) Isomeres vom F: 176°.
B. Neben einer grösseren Menge des unter b) beschriebenen Isomeren beim Erwärmen von

Äthinylbenzol mit Azidomethyl-phenyl-sulfon (*Böhme, Morf,* B. **90** [1957] 446, 450).
Kristalle (aus Me.); F: 175–176°.

b) Isomeres vom F: 97°.
B. s. unter a).
Kristalle (aus Me.); F: 96–97°.

4(oder 5)-Phenyl-1-[phenylmethansulfonyl-methyl]-1H-[1,2,3]triazol $C_{16}H_{15}N_3O_2S$, Formel VII
($R = CH_2$-SO_2-CH_2-C_6H_5) oder Formel IX ($R = CH_2$-SO_2-CH_2-C_6H_5).

a) Isomeres vom F: 178°.
B. Neben einer geringen Menge des unter b) beschriebenen Isomeren beim Erwärmen von
Äthinylbenzol mit Azidomethyl-benzyl-sulfon (*Böhme, Morf,* B. **90** [1957] 446, 450).
Kristalle (aus Me.); F: 177–178°.

b) Isomeres vom F: 136°.
B. s. unter a).
Kristalle (aus Me.); F: 135–136°.

2-Hydroxymethyl-6-[4-phenyl-[1,2,3]triazol-1-yl]-tetrahydro-pyran-3,4,5-triol $C_{14}H_{17}N_3O_5$.

a) **(1R)-1-[4-Phenyl-[1,2,3]triazol-1-yl]-1,5-anhydro-D-glucit, 1-β-D-Glucopyranosyl-4-phenyl-1H-[1,2,3]triazol,** Formel XIII ($R = H$).
B. Aus dem entsprechenden Tetra-O-acetyl-Derivat (s. u.) mit Hilfe von methanol. Natrium=
methylat (*Micheel, Baum,* B. **90** [1957] 1595).
Kristalle (aus H_2O); F: 234°. $[\alpha]_D^{20}$: $\pm0°$ [H_2O; c = 1].

b) **(1R)-1-[4-Phenyl-[1,2,3]triazol-1-yl]-D-1,5-anhydro-galactit, 1-β-D-Galactopyranosyl-4-phenyl-1H-[1,2,3]triazol,** Formel XIV ($R = H$).
B. Analog der vorangehenden Verbindung (*Micheel, Baum,* B. **90** [1957] 1595).
Kristalle (aus H_2O); F: 218°. $[\alpha]_D^{20}$: $+25°$ [H_2O; c = 0,9].

XIII   XIV   XV

3,4,5-Triacetoxy-2-acetoxymethyl-6-[4-phenyl-[1,2,3]triazol-1-yl]-tetrahydro-pyran
$C_{22}H_{25}N_3O_9$.

a) **(1R)-Tetra-O-acetyl-1-[4-phenyl-[1,2,3]triazol-1-yl]-1,5-anhydro-D-glucit,** Formel XIII
($R = CO$-CH_3).
B. Aus Tetra-O-acetyl-β-D-glucopyranosylazid (E III/IV **17** 2614) und Äthinylbenzol (*Micheel,
Baum,* B. **90** [1957] 1595).
Kristalle (aus A.); F: 218°. $[\alpha]_D^{20}$: $-65,3°$ [$CHCl_3$; c = 0,9].

b) **(1R)-Tetra-O-acetyl-1-[4-phenyl-[1,2,3]triazol-1-yl]-D-1,5-anhydro-galactit,** Formel XIV
($R = CO$-CH_3).
B. Analog der vorangehenden Verbindung (*Micheel, Baum,* B. **90** [1957] 1595).
Kristalle; F: 203°. $[\alpha]_D^{20}$: $-41,2°$ [$CHCl_3$; c = 1].

5-Phenyl-1-[toluol-4-sulfonyl]-1H-[1,2,3]triazol $C_{15}H_{13}N_3O_2S$, Formel XV (X = H).
B. Beim Behandeln von Toluol-4-sulfonylazid mit Natrium-phenylacetylenid in Äther und
anschliessenden Einleiten von HCl (*Boyer et al.,* J. org. Chem. **23** [1958] 1051).
Kristalle (aus A.) mit 1 Mol H_2O; F: 171° [Zers.].

4-Azido-5-phenyl-1-[toluol-4-sulfonyl]-1H-[1,2,3]triazol $C_{15}H_{12}N_6O_2S$, Formel XV (X = N_3).

B. Beim Behandeln von Toluol-4-sulfonylazid mit Natrium-phenylacetylenid in Äther und Erwärmen des Reaktionsprodukts mit Essigsäure (*Boyer et al.*, J. org. Chem. **23** [1958] 1051).

Kristalle (aus Eg.); F: 170–171° [Zers.]. IR-Banden (KBr; 3500–670 cm^{-1}): *Bo. et al.* λ_{max}: 296 nm.

3-Phenyl-1H-[1,2,4]triazol $C_8H_7N_3$, Formel I (R = H) und Taut. (H 68; E I 16; E II 34).

Die Identität des E II 34 von *De, Roy-Choudhury* unter dieser Konstitution beschriebenen Präparats ist ungewiss (*Hoggarth*, Soc. **1949** 1160, **1951** 2202).

B. Aus Benzonitril und Diazomethyllithium in Äther (*Müller, Ludsteck*, B. **88** [1955] 921, 933). Beim Erwärmen von Benzimidsäure-äthylester mit Ameisensäure-hydrazid in Äthanol (*Poštowskiĭ, Wereschtschagina*, Ž. obšč. Chim. **29** [1959] 2139, 2141; engl. Ausg. S. 2105, 2106, 2107). Neben Hydrazin-N,N'-dicarbonsäure-diamid beim Erhitzen von Benzoyl-formyl-amin mit Semicarbazid-hydrochlorid auf 160° (*Atkinson, Polya*, Soc. **1954** 3319, 3323). Aus 5-Phenyl-1,2-dihydro-[1,2,4]triazol-3-thion beim Erwärmen mit Raney-Nickel in Äthanol oder beim Erhit= zen mit H_2O_2 in wss. Essigsäure (*Ho.*, Soc. **1949** 1162). Beim Behandeln von 3-Phenyl-[1,2,4]tri= azol-4-ylamin mit NaNO$_2$ und wss. HCl (*Hoggarth*, Soc. **1952** 4811, 4815).

Kristalle; F: 120° [aus PAe.] (*Ho.*, Soc. **1952** 4815), 119–120° [unkorr.; aus PAe.] (*Mü., Lu.*), 118° [nach Sublimation bei 140°/1 Torr] (*At., Po.*), 117–118° [aus Toluol] (*Po., We.*). UV-Spektrum (A.; 210–280 nm): *Atkinson et al.*, Soc. **1954** 4256, 4257, 4260.

Picrat. Gelbe Kristalle; F: 168–169° (*Po., We.*).

1-Methyl-3-phenyl-1H-[1,2,4]triazol $C_9H_9N_3$, Formel I (R = CH$_3$).

B. Beim Erhitzen von N-Methyl-benzamidrazon mit Ameisensäure (*Atkinson, Polya*, Soc. **1954** 3319, 3322). Neben 1-Methyl-5-phenyl-1H-[1,2,4]triazol aus 3-Phenyl-1H-[1,2,4]triazol beim Behandeln mit Diazomethan in Methanol und Äther oder beim Erhitzen mit CH$_3$I in methanol. Natriummethylat unter Druck (*At., Po.*, l. c. S. 3322, 3323).

Kristalle; F: 23° (*At., Po.*). UV-Spektrum (A.; 210–300 nm): *Atkinson et al.*, Soc. **1954** 4256, 4257, 4260.

Picrat $C_9H_9N_3 \cdot C_6H_3N_3O_7$. Gelbe Kristalle (aus A.); F: 183° [korr.] (*At., Po.*).

1-Methyl-5-phenyl-1H-[1,2,4]triazol $C_9H_9N_3$, Formel II (R = CH$_3$).

B. Beim Erhitzen von Benzoyl-formyl-amin mit Methylhydrazin-sulfat auf 120° (*Atkinson, Polya*, Soc. **1954** 3319, 3322). Eine weitere Bildung s. im vorangehenden Artikel.

Kristalle (aus Bzl.+PAe.); F: 59° [nach Sublimation bei 60°/2 Torr] (*At., Po.*). UV-Spektrum (A.; 210–270 nm): *Atkinson et al.*, Soc. **1954** 4256, 4257, 4260.

Picrat $C_9H_9N_3 \cdot C_6H_3N_3O_7$. Gelbe Kristalle (aus A.); F: 178° [korr.] (*At., Po.*).

4-Methyl-3-phenyl-4H-[1,2,4]triazol $C_9H_9N_3$, Formel III (R = CH$_3$) (H 68).

B. Aus 4-Methyl-5-phenyl-2,4-dihydro-[1,2,4]triazol-3-thion beim Erhitzen mit H_2O_2 in wss. Essigsäure (*Hoggarth*, Soc. **1949** 1163, 1167; vgl. H 68).

Kristalle; F: 117° [korr.] (*Atkinson et al.*, Soc. **1954** 4256, 4257), 116° [aus Bzl.] (*Ho.*). UV-Spektrum (A.; 210–280 nm): *At. et al.*, l. c. S. 4257, 4260.

1,3-Diphenyl-1H-[1,2,4]triazol $C_{14}H_{11}N_3$, Formel I (R = C_6H_5).

Die H **26** 68 unter dieser Konstitution beschriebene Verbindung ist als 1,5-Diphenyl-1H-[1,2,4]triazol zu formulieren (*Thompson*, Am. Soc. **73** [1951] 5914; *Atkinson, Polya*, Am. Soc. **75** [1953] 1471).

B. Beim Erwärmen von N-Phenyl-benzamidrazon mit Ameisensäure (*At., Po.*).

Kristalle (aus PAe.); F: 82,5–83° (*At., Po.*). UV-Spektrum (A.; 210–300 nm): *Atkinson et al.*, Soc. **1954** 4256, 4257, 4259.

Hydrochlorid $C_{14}H_{11}N_3 \cdot$ HCl. Kristalle; F: 192–194° (*At., Po.*).

Picrat $C_{14}H_{11}N_3 \cdot C_6H_3N_3O_7$. Gelbe Kristalle (aus A.); F: 161–161,5° (*At., Po.*).

1,5-Diphenyl-1H-[1,2,4]triazol $C_{14}H_{11}N_3$, Formel II (R = C_6H_5) (H 68).

Diese Konstitution ist auch der früher (H **26** 68) als 1,3-Diphenyl-1H-[1,2,4]triazol beschriebe=

nen Verbindung zuzuordnen (*Thompson*, Am. Soc. **73** [1951] 5914; *Atkinson, Polya*, Am. Soc. **75** [1953] 1471).

B. Beim Erhitzen von Benzoyl-formyl-amin mit Phenylhydrazin in wss. Essigsäure (*Th.*) oder mit Phenylhydrazin-hydrochlorid in Pyridin (*Atkinson, Polya*, Soc. **1952** 3418, 3421). Aus 1,5-Diphenyl-1*H*-[1,2,4]triazol-3-carbonsäure beim Erhitzen auf 185° (*Sawdey*, Am. Soc. **79** [1957] 1955; vgl. H 68).

Kristalle; F: 90,5 – 91° [aus H_2O, wss. A. oder PAe.] (*Th.*), 90 – 91° [aus H_2O] (*Sa.*), 90 – 90,5° [aus PAe.] (*At., Po.*, Soc. **1952** 3421). UV-Spektrum (A.; 210 – 290 nm): *Atkinson et al.*, Soc. **1954** 4256, 4257, 4259.

Verbindung mit Quecksilber(II)-chlorid. Kristalle (aus wss. A.); F: 126 – 128° [korr.] (*At., Po.*, Soc. **1952** 3421).

Picrat $C_{14}H_{11}N_3 \cdot C_6H_3N_3O_7$ (H 69). Kristalle; F: 142 – 143° [korr.] (*At., Po.*, Soc. **1952** 3421), 140 – 141° [aus wss. A.] (*Th.*), 139 – 140° (*Sa.*).

3,4-Diphenyl-4*H*-[1,2,4]triazol $C_{14}H_{11}N_3$, Formel III (R = C_6H_5) (H 69).
B. Aus 4,5-Diphenyl-2,4-dihydro-[1,2,4]triazol-3-thion beim Erwärmen mit H_2O_2 in wss. Essigsäure (*Hoggarth*, Soc. **1949** 1163, 1166). Beim Erhitzen von Benzoesäure-[anilinomethylen-hydrazid] auf 250° (*Checchi, Ridi*, G. **87** [1957] 597, 611).
Kristalle; F: 142,5° [korr.] (*Atkinson et al.*, Soc. **1954** 4256, 4257), 136° [aus PAe.] (*Ho.*), 125 – 127° [aus H_2O] (*Ch., Ridi*). UV-Spektrum (A.; 210 – 310 nm): *At. et al.*, l. c. S. 4257, 4259.

3-Phenyl-[1,2,4]triazol-4-ylamin $C_8H_8N_4$, Formel III (R = NH_2).
B. Beim Erwärmen von 4-Amino-5-phenyl-2,4-dihydro-[1,2,4]triazol-3-thion mit Raney-Nickel in Äthanol (*Hoggarth*, Soc. **1952** 4811, 4815).
Kristalle (aus Bzl.); F: 89 – 90°.

[4-Dimethylamino-benzyliden]-[3-phenyl-[1,2,4]triazol-4-yl]-amin, 4-Dimethylamino-benzaldehyd-[3-phenyl-[1,2,4]triazol-4-ylimin] $C_{17}H_{17}N_5$, Formel III (R = N=CH-C_6H_4-N(CH$_3$)$_2$).
B. Beim Erwärmen der vorangehenden Verbindung mit 4-Dimethylamino-benzaldehyd und KOH in Äthanol (*Hoggarth*, Soc. **1952** 4811, 4815).
Gelblichgrüne Kristalle (aus wss. A.) mit 0,5 Mol H_2O; F: 154 – 155° [bei langsamem Erhit= zen] bzw. F: 135° [im vorgeheizten Bad].

3-[4-Chlor-phenyl]-1*H*-[1,2,4]triazol $C_8H_6ClN_3$, Formel IV und Taut.
B. Aus 5-[4-Chlor-phenyl]-1,2-dihydro-[1,2,4]triazol-3-thion beim Erwärmen mit Raney-Nickel in Äthanol (*Hoggarth*, Soc. **1949** 1160, 1162).
Kristalle (aus Xylol); F: 182°.

3-Methyl-benzo[*e*][1,2,4]triazin $C_8H_7N_3$, Formel V (X = H) (H 69).
B. Aus Essigsäure-[*N'*-(2-amino-phenyl)-hydrazid] beim Erhitzen mit Nitrobenzol und HCl in Toluol oder beim Erwärmen mit wss. HCl und anschliessenden Behandeln mit $K_3[Fe(CN)_6]$ in wss. KOH (*Abramovitch, Schofield*, Soc. **1955** 2326, 2332, 2333). Beim Erwärmen von 3-Methyl-1,5-diphenyl-formazan mit konz. H_2SO_4 in Essigsäure (*Ab., Sch.*, l. c. S. 2334). Aus [1-Nitro-äthyl]-[2-nitro-phenyl]-diazen bei der Hydrierung an Palladium/Kohle in Methanol und Essigsäure oder bei der Reduktion mit Eisen-Pulver in Essigsäure (*Fusco, Bianchetti*, Rend. Ist. lomb. **91** [1957] 936, 942).
Hellgelbe Kristalle; F: 97 – 98° [aus PAe.] (*Ab., Sch.*), 90° [nach Sublimation bei 15 Torr]

(*Fu., Bi.*). UV-Spektrum (H_2O; 200–360 nm): *Ab., Sch.*, l. c. S. 2330, 2333.

6-Chlor-3-methyl-benzo[*e*][1,2,4]triazin $C_8H_6ClN_3$, Formel V (X = Cl).
B. Analog der vorangehenden Verbindung (*Fusco, Bianchetti*, Rend. Ist. lomb. **91** [1957] 936, 944).
Gelbe Kristalle (aus PAe.); F: 86°.

_____

6-Methyl-benzo[*e*][1,2,4]triazin $C_8H_7N_3$, Formel VI.
B. Aus 6-Methyl-benzo[*e*][1,2,4]triazin-3-carbonsäure beim Erhitzen mit Kupfer-Pulver (*Fusco, Rossi*, G. **86** [1956] 484, 496, 498).
Gelbgrüne, an der Luft wenig beständige Kristalle (nach Sublimation); F: 68° (*Fu., Ro.*). Absorptionsspektrum in Cyclohexan und in Methanol (220–530 nm): *Simonetta et al.*, Nuovo Cimento [10] **4** [1956] 1364, 1366; in H_2O und in wss. H_2SO_4 [10%ig und 50%ig] (220–470 nm): *Favini, Simonetta*, R.A.L. [8] **23** [1957] 434, 436, 440.

_____

3-[1(2)*H*-Pyrazol-3-yl]-pyridin, 3-[3]Pyridyl-1(2)*H*-pyrazol $C_8H_7N_3$, Formel VII (X = X′ = H) und Taut.
B. Beim Erwärmen einer aus 5-[3]Pyridyl-1(2)*H*-pyrazol-3-ylamin (zur Konstitution vgl. *Lund*, Soc. **1933** 686), Isoamylnitrit und wss. HCl bereiteten Diazoniumsalz-Lösung mit Äthanol (*Gough, King*, Soc. **1933** 350). Aus 5-[3]Pyridyl-1(2)*H*-pyrazol-3-carbonsäure beim Erhitzen auf 310° (*Go., King*).
Unter vermindertem Druck destillierbare Flüssigkeit (*Go., King*).
Hydrochlorid. Kristalle (*Go., King*).
Picrat $C_8H_7N_3 \cdot C_6H_3N_3O_7$. Kristalle (aus H_2O) mit 1 Mol H_2O; F: 194–195° (*Go., King*).
Flavianat (8-Hydroxy-5,7-dinitro-naphthalin-2-sulfonat) $C_8H_7N_3 \cdot C_{10}H_6N_2O_8S$. Orange≠ farbene Kristalle (aus H_2O) mit 2 Mol H_2O; F: 229° [Zers.] (*Go., King*).
Methojodid [$C_9H_{10}N_3$]I; 1-Methyl-3-[1(2)*H*-pyrazol-3-yl]-pyridinium-jodid(?). Kristalle (aus Me.); F: 217,5° (*Go., King*).
Methopicrat [$C_9H_{10}N_3$]$C_6H_2N_3O_7$. Kristalle (aus H_2O); F: 184–186° (*Go., King*).

_____

3-[5-Chlor-1(2)*H*-pyrazol-3-yl]-pyridin $C_8H_6ClN_3$, Formel VII (X = H, X′ = Cl) und Taut.
B. Aus 5-[3]Pyridyl-1,2-dihydro-pyrazol-3-on beim Erhitzen mit $POCl_3$ unter Druck auf 180° (*Clemo, Holmes*, Soc. **1934** 1739).
Kristalle (aus wss. A.); F: 190°.

_____

3-[5-Jod-1(2)*H*-pyrazol-3-yl]-pyridin $C_8H_6IN_3$, Formel VII (X = H, X′ = I) und Taut.
B. Beim Erwärmen von diazotiertem 5-[3]Pyridyl-1(2)*H*-pyrazol-3-ylamin in wss. H_2SO_4 mit KI (*Lund*, Soc. **1933** 686).
Kristalle (aus H_2O); F: 180°.

_____

3-[4-Nitro-1(2)*H*-pyrazol-3-yl]-pyridin $C_8H_6N_4O_2$, Formel VII (X = NO_2, X′ = H) und Taut.
Eine von *Gough, King* (Soc. **1931** 2968, **1933** 350) und *King* (Soc. **1932** 2768) unter dieser Konstitution beschriebene Verbindung ist als 3-[5-Nitro-1(2)*H*-pyrazol-3-yl]-pyridin (s. u.) er≠ kannt worden (*Lund*, Soc. **1933** 686; *Clemo, Holmes*, Soc. **1934** 1739).
B. Aus 3-[1(2)*H*-Pyrazol-3-yl]-pyridin-nitrat beim Erwärmen mit konz. H_2SO_4 (*Lund*, Soc. **1933** 687). Beim Erwärmen von diazotiertem 4-Nitro-5-[3]pyridyl-1(2)*H*-pyrazol-3-ylamin in Äthanol (*Lund*, Soc. **1935** 418).
Kristalle (aus H_2O); F: 220° (*Lund*).

V   VI   VII   VIII

3-[5-Nitro-1(2)*H*-pyrazol-3-yl]-pyridin $C_8H_6N_4O_2$, Formel VII (X = H, X' = NO_2) und Taut.
Zur Konstitution vgl. die Angaben im vorangehenden Artikel.
B. In geringer Menge neben Nicotinsäure beim Erwärmen von Nicotin mit konz. HNO_3 (*Gough, King,* Soc. **1931** 2968, 2970; vgl. *Lund,* Soc. **1933** 686; *Leete, Siegfried,* Am. Soc. **79** [1957] 4529).
Kristalle (aus Eg.); F: 277−278° [korr.] (*Le., Si.*), 272−274° (*Go., King*).
Beim Behandeln des Silber-Salzes (s. u.) mit CH_3I in Methanol sind zwei isomere Methojo=dide [$C_{10}H_{11}N_4O_2$]I (Kristalle [aus H_2O]; F: 271−272° [Hauptprodukt] und F: 224−225°, vermutlich 1-Methyl-3-[1-methyl-5-nitro-1*H*-pyrazol-3-yl]-pyridinium-jodid und 1-Methyl-3-[2-methyl-5-nitro-2*H*-pyrazol-3-yl]-pyridinium-jodid) erhalten worden (*King,* Soc. **1932** 2768).
Hydrochlorid $C_8H_6N_4O_2 \cdot HCl$. Gelbe Kristalle; F: 300° (*Go., King*).
Natrium-Salz. Gelbe Kristalle (*Go., King*).
Silber-Salz $AgC_8H_5N_4O_2$. Kristalle (*King*). Gelbes Pulver, das sich beim Erhitzen explo=sionsartig zersetzt (*Go., King*).

1-Methyl-3-[5-nitro-1(2)*H*-pyrazol-3-yl]-pyridinium $[C_9H_9N_4O_2]^+$, Formel VIII und Taut.
Betain $C_9H_8N_4O_2$. *B.* Aus dem Jodid (s. u.) mit NaOH (*King,* Soc. **1932** 2768). − Kristalle (aus H_2O) mit 1,5 Mol H_2O; F: 287° [Zers.].
Chlorid [$C_9H_9N_4O_2$]Cl. Kristalle (aus wss. HCl); F: 290° [Zers.].
Jodid [$C_9H_9N_4O_2$]I. *B.* Aus 3-[5-Nitro-1(2)*H*-pyrazol-3-yl]-pyridin (s. o.) und CH_3I in Methanol (*King*). − Kristalle (aus H_2O); F: 257° [Zers.].
Picrat [$C_9H_9N_4O_2$]$C_6H_2N_3O_7$. Kristalle; F: 212° [Zers.].

1-Benzoyl-3-nitro-5-[3]pyridyl-1*H*-pyrazol $C_{15}H_{10}N_4O_3$, Formel IX.
B. Aus 3-[5-Nitro-1(2)*H*-pyrazol-3-yl]-pyridin (*Lund,* Soc. **1933** 686).
F: 169°.

3-[5-Chlor-4-nitro-1(2)*H*-pyrazol-3-yl]-pyridin $C_8H_5ClN_4O_2$, Formel VII (X = NO_2, X' = Cl) und Taut.
B. Aus 3-[5-Chlor-1(2)*H*-pyrazol-3-yl]-pyridin beim Erwärmen mit HNO_3 (*Clemo, Holmes,* Soc. **1934** 1739).
Kristalle (aus wss. A.); F: 220,5°.

3-[4-Brom-5-nitro-1(2)*H*-pyrazol-3-yl]-pyridin $C_8H_5BrN_4O_2$, Formel VII (X = Br, X' = NO_2) und Taut.
B. Aus 3-[5-Nitro-1(2)*H*-pyrazol-3-yl]-pyridin und Brom in Natriumacetat enthaltender Essig=säure (*Lund,* Soc. **1933** 686).
Kristalle (aus Eg. oder A.); F: 240−242°.

3-[4-Nitro-5-nitroso-1(2)*H*-pyrazol-3-yl]-pyridin $C_8H_5N_5O_3$, Formel VII (X = NO_2, X' = NO) und Taut.
B. Aus *N*-[4-Nitro-5-[3]pyridyl-1(2)*H*-pyrazol-3-yl]-hydroxylamin beim Behandeln mit $KBrO_3$ in wss. HCl (*Lund,* Soc. **1935** 418).
Perchlorat $C_8H_5N_5O_3 \cdot HClO_4$. Kristalle, die beim Erhitzen explodieren.

3-[4,5-Dinitro-1(2)*H*-pyrazol-3-yl]-pyridin $C_8H_5N_5O_4$, Formel VII (X = X' = NO_2) und Taut.
B. Beim Erwärmen von 3-[5-Nitro-1(2)*H*-pyrazol-3-yl]-pyridin mit HNO_3 in konz. H_2SO_4 (*Lund,* Soc. **1935** 418).
Gelb; Zers. bei 230°.

4-[1(2)*H*-Pyrazol-3-yl]-pyridin, 3-[4]Pyridyl-1(2)*H*-pyrazol $C_8H_7N_3$, Formel X und Taut.
B. Aus der Natrium-Verbindung des 3-Oxo-3-[4]pyridyl-propionaldehyds und $N_2H_4 \cdot H_2O$ in H_2O (*Fabbrini et al.,* Farmaco Ed. scient. **9** [1954] 603, 609). Aus 5-[4]Pyridyl-1(2)*H*-pyrazol-3-carbonsäure beim Erhitzen auf 300°/20 Torr (*Fa.,* l. c. S. 608).

Kristalle (aus H_2O); F: 151 — 153°.
Picrat $C_8H_7N_3 \cdot C_6H_3N_3O_7$. Kristalle (aus H_2O); F: ca. 220°.

IX   X   XI   XII

3-[1H-Imidazol-2-yl]-pyridin, 2-[3]Pyridyl-1H-imidazol $C_8H_7N_3$, Formel XI.

B. Beim Erhitzen von Nicotinsäure mit Äthylendiamin in Gegenwart von Platin/Al_2O_3 unter Zusatz von Wasserstoff (*Houdry Process. Corp.*, U.S.P. 2847417 [1956]).

F: 196 — 198° (*Fromherz, Spiegelberg,* Helv. physiol. Acta **6** [1948] 42, 51).

2-[1(3)H-Imidazol-4-yl]-pyridin, 4-[2]Pyridyl-1(3)H-imidazol $C_8H_7N_3$, Formel XII und Taut.

B. Aus 4-[2]Pyridyl-1,3-dihydro-imidazol-2-thion beim Erwärmen mit wss. HNO_3 (*Clemo et al.,* Soc. **1938** 753).

Kristalle (aus Ae.+PAe.); F: 112°.
Dipicrat $C_8H_7N_3 \cdot 2C_6H_3N_3O_7$. Kristalle (aus Acn.); F: 207 — 208°.

3-[1(3)H-Imidazol-4-yl]-pyridin, 4-[3]Pyridyl-1(3)H-imidazol $C_8H_7N_3$, Formel XIII und Taut.

B. Analog der vorangehenden Verbindung (*Clemo et al.,* Soc. **1938** 753). Beim Erhitzen von 5-[3]Pyridyl-1(3)H-imidazol-4-carbonsäure unter Stickstoff auf 260° (*Ochiai, Ikuma,* B. **69** [1936] 1147, 1150).

Kristalle; F: 118° (*Schunack,* Ar. **306** [1973] 934, 936, 940), 117 — 118° [aus PAe.] (*Cl. et al.*), 40 — 41° (?) (*Och., Ik.*).

Dihydrobromid $C_8H_7N_3 \cdot 2HBr$. Zers. > 320° (*Och., Ik.*).
Dinitrat $C_8H_7N_3 \cdot 2HNO_3$. Kristalle (aus A.); F: 200° [Zers.] (*Cl. et al.*).
Picrat $C_8H_7N_3 \cdot C_6H_3N_3O_7$. Kristalle (aus Eg.); F: 285° [Zers.] (*Cl. et al.*).

2,4-Dichlor-6-methyl-pyrido[3,2-d]pyrimidin $C_8H_5Cl_2N_3$, Formel XIV.

B. Beim Erhitzen von 6-Methyl-1H-pyrido[3,2-d]pyrimidin-2,4-dion mit $POCl_3$ und Triäthyl= amin (*Oakes, Rydon,* Soc. **1956** 4433, 4437).

Kristalle (aus PAe.); F: 138°. Bei 140° [Badtemperatur]/0,1 Torr sublimierbar.

XIII   XIV   XV   XVI

2,4-Dichlor-6-methyl-pyrido[2,3-d]pyrimidin $C_8H_5Cl_2N_3$, Formel XV (R = CH_3, R' = H).

B. Beim Erhitzen von 6-Methyl-1H-pyrido[2,3-d]pyrimidin-2,4-dion mit $POCl_3$ (*Oakes, Ry= don,* Soc. **1956** 4433, 4438).

F: 141° [nach Sublimation bei 160° (Badtemperatur)/0,1 Torr].

Bei der Hydrierung an Platin in Äthanol ist eine Dihydro-Verbindung $C_8H_7Cl_2N_3$ (Kristalle [aus Me.]; F: 234°) erhalten worden.

2,4-Dichlor-7-methyl-pyrido[2,3-d]pyrimidin $C_8H_5Cl_2N_3$, Formel XV (R = H, R' = CH_3).

B. Analog der vorangehenden Verbindung (*Robins, Hitchins,* Am. Soc. **80** [1958] 3449, 3456).

Orangefarbene Kristalle (aus Heptan); F: 165 – 169° [unkorr.].

7-Brom-6-methyl-pyrido[2,3-*b*]pyrazin $C_8H_6BrN_3$, Formel XVI (R = CH_3, R' = H).
B. Beim Erwärmen von 5-Brom-6-methyl-pyridin-2,3-diyldiamin mit Glyoxal in wss. Äthanol (*Israel, Day,* J. org. Chem. **24** [1959] 1455, 1457, 1459).
F: 165 – 166° [Zers.].

7-Brom-8-methyl-pyrido[2,3-*b*]pyrazin $C_8H_6BrN_3$, Formel XVI (R = H, R' = CH_3).
B. Analog der vorangehenden Verbindung (*Israel, Day,* J. org. Chem. **24** [1959] 1455, 1457, 1459).
Kristalle (aus wss. A.); F: 204 – 206°.

Stammverbindungen $C_9H_9N_3$

6-Phenyl-1,4-dihydro-[1,2,4]triazin $C_9H_9N_3$, Formel I.
Eine von *Biquard* (Bl. [5] **3** [1936] 656) unter dieser Konstitution beschriebene Verbindung ist als 5-Phenyl-1(2)*H*-pyrazol-3-ylamin (E III/IV **25** 2617) erkannt worden (*Searles, Kash,* J. org. Chem. **19** [1954] 928).

6-Phenyl-4,5-dihydro-[1,2,4]triazin $C_9H_9N_3$, Formel II und Taut.
B. Aus *N*-Phenacyl-thioformamid und $N_2H_4 \cdot H_2O$ in Essigsäure (*Rossi,* Rend. Ist. lomb. **88** [1955] 185, 192, 193).
Kristalle (aus H_2O oder Xylol); F: 134°.

I   II   III   IV

2,6-Diphenyl-2,3-dihydro-[1,2,4]triazin $C_{15}H_{13}N_3$, Formel III und Taut.
B. Aus 2,6-Diphenyl-3,5-dihydro-2*H*-[1,2,4]triazin-4-ylamin oder Benzyliden-[2,6-diphenyl-3,5-dihydro-2*H*-[1,2,4]triazin-4-yl]-amin beim Erwärmen mit wss.-äthanol. HCl (*Busch, Küspert,* J. pr. [2] **144** [1936] 273, 287, 288).
Gelbe Kristalle; F: 94°.
Hydrochlorid $C_{15}H_{13}N_3 \cdot HCl$. Rote Kristalle (aus A. + Ae. oder wss. HCl); F: 152°.

5-Benzyl-1-phenyl-1*H*-[1,2,3]triazol $C_{15}H_{13}N_3$, Formel IV.
B. Aus 5-Benzyl-1-phenyl-1*H*-[1,2,3]triazol-4-carbonsäure beim Erhitzen auf 155° (*Borsche, Hahn,* A. **537** [1939] 219, 244).
Kristalle (aus PAe.); F: 70 – 71°.

4-Methyl-5-phenyl-1*H*-[1,2,3]triazol $C_9H_9N_3$, Formel V (X = H) und Taut.
B. Beim Behandeln von Phenyllithium mit Propionitril in Äther und Einleiten von N_2O in das Reaktionsgemisch (*Meier,* B. **86** [1953] 1483, 1491).
Kristalle (aus wss. A.); F: 162°.

V   VI   VII

4(oder 5)-Methyl-5(oder 4)-phenyl-1-[toluol-4-sulfonylamino]-1*H*-[1,2,3]triazol, *N*-[4(oder 5)-Methyl-5(oder 4)-phenyl-[1,2,3]triazol-1-yl]-toluol-4-sulfonamid $C_{16}H_{16}N_4O_2S$, Formel V (X = NH-SO_2-C_6H_4-CH_3) oder Formel VI.
B. Beim Erhitzen von 1-Phenyl-propan-1,2-dion-bis-[toluol-4-sulfonylhydrazon] mit KOH

in Äthylenglykol (*Bamford, Stevens*, Soc. **1952** 4735, 4739).
Kristalle (aus A.); F: 179−181°.

3-Benzyl-1H-[1,2,4]triazol $C_9H_9N_3$, Formel VII und Taut.
B. Beim Erwärmen von 2-Phenyl-acetimidsäure-äthylester mit Ameisensäure-hydrazid in Äth≈
anol (*Poštowškiǐ, Wereschtschagina*, Ž. obšč. Chim. **29** [1959] 2139, 2141; engl. Ausg. S. 2105,
2106, 2107).
Kristalle (aus Toluol); F: 95−96°.

3-Chlor-4-phenyl-5-p-tolyl-4H-[1,2,4]triazol $C_{15}H_{12}ClN_3$, Formel VIII.
B. Beim Erhitzen von 4-Phenyl-5-p-tolyl-2,4-dihydro-[1,2,4]triazol-3-on mit PCl_5 und $POCl_3$
(*Dymek*, Ann. Univ. Lublin [AA] **9** [1954] 61, 67; C. A. **1957** 5095).
Kristalle (aus Bzl.); F: 223−225°.

3-Methyl-5-phenyl-1H-[1,2,4]triazol $C_9H_9N_3$, Formel IX (R = H) und Taut. (E II 35).
B. Beim Erhitzen von Benzonitril mit Essigsäure-hydrazid unter Druck auf 230° (*BASF*,
D.B.P. 1076136 [1958]). Neben *N,N'*-Dicarbamoyl-hydrazin beim Erhitzen von Acetyl-benzoyl-
amin mit Semicarbazid-hydrochlorid auf 160° (*Atkinson, Polya*, Soc. **1954** 3319, 3323). Neben
3,5-Diphenyl-1H-[1,2,4]triazol beim Erhitzen von Benzamid mit Essigsäure-hydrazid auf 260°
(*At., Po.*). Aus Benzoesäure-[1-amino-äthylidenhydrazid] (F: 168−169°) oder Essigsäure-
[α-amino-benzylidenhydrazid] (F: 172−173°) beim Erhitzen oberhalb der Schmelztemperatur
(*Poštowškiǐ, Wereschtschagina*, Ž. obšč. Chim. **29** [1959] 2139, 2141, 2142; engl. Ausg. S. 2105,
2107, 2108).
Kristalle; F: 166° [korr.; nach Sublimation bei 140°/1 Torr] (*At., Po.*), 163−164° [aus Toluol]
(*Po., We.*), 159−161° (*BASF*). λ_{max}: 244 nm [A.] bzw. 261 nm [äthanol. KOH] (*Atkinson et al.*,
Soc. **1954** 4256, 4257).
Picrat. Gelbe Kristalle; F: 157−159° (*Po., We.*), 158° [korr.; aus Me.] (*At., Po.*).

1,3-Dimethyl-5-phenyl-1H-[1,2,4]triazol $C_{10}H_{11}N_3$, Formel IX (R = CH_3).
B. Beim Erhitzen von Acetyl-benzoyl-amin mit Methylhydrazin-sulfat auf 160° (*Atkinson,
Polya*, Soc. **1954** 3319, 3322). Beim Behandeln von 3-Methyl-5-phenyl-1H-[1,2,4]triazol mit
Diazomethan in Methanol und Äther (*At., Po.*, l. c. S. 3323).
Kristalle (aus Bzl.+PAe.); F: 72° [nach Sublimation bei 60°/2 Torr] (*At., Po.*). λ_{max} (A.):
239 nm (*Atkinson et al.*, Soc. **1954** 4256, 4257).
Picrat $C_{10}H_{11}N_3 \cdot C_6H_3N_3O_7$. Gelbe Kristalle (aus Me.); F: 172° [korr.] (*At., Po.*, l. c.
S. 3323).

VIII   IX   X

1,5-Dimethyl-3-phenyl-1H-[1,2,4]triazol $C_{10}H_{11}N_3$, Formel X (R = CH_3).
B. Beim Erwärmen von *N*-Methyl-benzamidrazon mit Acetanhydrid (*Atkinson, Polya*, Soc.
1954 3319, 3322). Aus 3-Methyl-5-phenyl-1H-[1,2,4]triazol beim Erhitzen mit CH_3I in methanol.
Natriummethylat unter Druck (*At., Po.*).
Kristalle (aus Bzl.+PAe.); F: 117° [korr.; nach Sublimation bei 120°/2 Torr] (*At., Po.*).
λ_{max} (A.): 245 nm (*Atkinson et al.*, Soc. **1954** 4256, 4257).
Picrat $C_{10}H_{11}N_3 \cdot C_6H_3N_3O_7$. Gelbe Kristalle (aus A.); F: 166° [korr.] (*At., Po.*).

3,4-Dimethyl-5-phenyl-4H-[1,2,4]triazol $C_{10}H_{11}N_3$, Formel XI (R = CH_3).
B. Bei aufeinanderfolgendem Behandeln von *N*-Methyl-acetamid in einem Pyridin-$CHCl_3$-
Gemisch mit $POCl_3$ und mit Benzoesäure-hydrazid (*C. H. Boehringer Sohn*, U.S.P. 1796403

[1928]; D.R.P. 541700 [1928]; Frdl. **18** 3055). Beim Erhitzen von 2-Methyl-5-phenyl-[1,3,4]oxa⸗ diazol mit Methylamin in Äthanol auf 160 – 170° (*Schering-Kahlbaum A.G.*, D.R.P. 574944 [1932]; Frdl. **19** 1436).

Kristalle (aus Bzl. + PAe. bzw. aus Eg.); F: 137° (*C. H. Boehringer Sohn; Schering-Kahlbaum A.G.*). Kp_{14}: 251° (*C.H. Boehringer Sohn*). λ_{max} (A.): 235,5 nm (*Atkinson et al.*, Soc. **1954** 4256, 4257).

3-Methyl-1,5-diphenyl-1H-[1,2,4]triazol $C_{15}H_{13}N_3$, Formel IX (R = C_6H_5).

B. Beim Erhitzen von Acetyl-benzoyl-amin mit Phenylhydrazin-hydrochlorid und Natrium⸗ acetat in Essigsäure oder neben 3,5-Dimethyl-1-phenyl-1H-[1,2,4]triazol bei allmählichem Erhit⸗ zen von Essigsäure-[N'-phenyl-hydrazid] mit Benzamid auf 245° (*Atkinson, Polya*, Soc. **1952** 3418, 3421, 3422).

Kristalle (aus PAe.); F: 80 – 81° (*At., Po.*). λ_{max} (A.): 252 nm (*Atkinson et al.*, Soc. **1954** 4256, 4257).

Hydrochlorid. F: 221 – 223° (*At., Po.*, l. c. S. 3421).

Verbindung mit Quecksilber(II)-chlorid. Kristalle (aus wss. A.); F: 121 – 124° (*At., Po.*).

Picrat. Gelbe Kristalle (aus A.); F: 152 – 154° (*At., Po.*).

5-Methyl-1,3-diphenyl-1H-[1,2,4]triazol $C_{15}H_{13}N_3$, Formel X (R = C_6H_5).

B. Beim Erhitzen von N-Phenyl-benzamidrazon mit Acetanhydrid oder mit Acetylchlorid (*Jerchel, Kuhn*, A. **568** [1950] 185, 190). Beim Erhitzen von Benzoesäure-[N'-phenyl-hydrazid] mit Acetamid auf 250° (*Atkinson, Polya*, Soc. **1952** 3418, 3422).

Kristalle; F: 93° (*Atkinson et al.*, Soc. **1954** 4256, 4257), 92° [aus A. + Ae.] (*Je., Kuhn*). λ_{max} (A.): 253 nm (*At. et al.*).

Hydrochlorid $C_{15}H_{13}N_3 \cdot HCl$. Kristalle; F: 199 – 201° [aus A.] (*Je., Kuhn*), 200° [korr.; aus A. + Ae.] (*Ried, Müller*, B. **85** [1952] 470, 474).

Picrat $C_{15}H_{13}N_3 \cdot C_6H_3N_3O_7$. Kristalle (aus A.); F: 184 – 186° [korr.] (*At., Po.*).

3-Methyl-4,5-diphenyl-4H-[1,2,4]triazol $C_{15}H_{13}N_3$, Formel XI (R = C_6H_5) (E II 35).

B. Beim Erhitzen von N-Phenyl-benzimidsäure-äthylester mit Essigsäure-hydrazid auf 150° (*C.H. Boehringer Sohn*, U.S.P. 1796403 [1928]; D.R.P. 541700 [1928]; Frdl. **18** 3055). Beim Erhitzen von 2-Methyl-5-phenyl-[1,3,4]oxadiazol mit Anilin auf 140° (*Schering-Kahlbaum A.G.*, D.R.P. 574944 [1932]; Frdl. **19** 1436).

Kristalle; F: 163° [aus Bzl. + PAe.] (*C.H. Boehringer Sohn*), 161° [aus wss. Me.] (*Schering-Kahlbaum A.G.*). UV-Spektrum (A.; 210 – 270 nm): *Atkinson et al.*, Soc. **1954** 4256, 4257, 4259.

XI   XII   XIII   XIV

3,6-Dimethyl-benzo[e][1,2,4]triazin $C_9H_9N_3$, Formel XII.

B. Aus [4-Methyl-2-nitro-phenyl]-[1-nitro-äthyl]-diazen bei der Hydrierung an Palladium/ Kohle in Essigsäure und Methanol (*Fusco, Bianchetti*, Rend. Ist. lomb. **91** [1957] 936, 943).

Kristalle (aus PAe.); F: 58 – 59°.

2-[5-Methyl-2-phenyl-2H-pyrazol-3-yl]-pyridin $C_{15}H_{13}N_3$, Formel XIII (X = X' = H) (H 70; dort als 2-[5-Methyl-1(oder 2)-phenyl-1(oder 2)H-pyrazol-3-yl]-pyridin formuliert).

B. Beim Erwärmen von 1-[2]Pyridyl-butan-1,3-dion mit Phenylhydrazin in Äthanol (*Wright et al.,* Am. Soc. **81** [1959] 5637, 5639, 5640; vgl. H 70).

$Kp_{0,2}$: 136−140°.

H y d r o c h l o r i d $C_{15}H_{13}N_3 \cdot HCl$. Kristalle (aus A.); F: 169−171°. λ_{max} (wss.-methanol. HCl): 299 nm.

2-[2-(3-Chlor-phenyl)-5-methyl-2H-pyrazol-3-yl]-pyridin $C_{15}H_{12}ClN_3$, Formel XIII (X = Cl, X′ = H).

B. Analog der vorangehenden Verbindung (*Wright et al.,* Am. Soc. **81** [1959] 5637, 5639, 5640).

$Kp_{0,2}$: 156−162°.

H y d r o c h l o r i d $C_{15}H_{12}ClN_3 \cdot HCl$. Kristalle (aus A. + Ae.); F: 154−156°. λ_{max} (wss.-meth‑ anol. HCl): 297 nm.

2-[2-(4-Chlor-phenyl)-5-methyl-2H-pyrazol-3-yl]-pyridin $C_{15}H_{12}ClN_3$, Formel XIII (X = H, X′ = Cl).

B. Analog den vorangehenden Verbindungen (*Wright et al.,* Am. Soc. **81** [1959] 5637, 5639, 5640).

Kristalle (aus A.); F: 94−96°.

H y d r o c h l o r i d $C_{15}H_{12}ClN_3 \cdot HCl$. Kristalle (aus A. + Ae.); F: 187−189°. λ_{max} (wss.-meth‑ anol. HCl): 298 nm.

3-[5-Methyl-1(2)H-pyrazol-3-yl]-pyridin $C_9H_9N_3$, Formel XIV und Taut.

B. Beim Erwärmen von 1-[3]Pyridyl-butan-1,3-dion mit $N_2H_4 \cdot H_2SO_4$ in wss. Natriumacetat (*Gough, King,* Soc. **1933** 350).

Kristalle (aus H_2O) mit 1,5 Mol H_2O; F: 81−83° [unter H_2O-Abgabe] und (nach Wiederer‑ starren) F: 137−138°.

H y d r o c h l o r i d $C_9H_9N_3 \cdot HCl$. Kristalle (aus wss. Acn.); F: 214−216°.

P i c r a t $C_9H_9N_3 \cdot C_6H_3N_3O_7$. Kristalle (aus H_2O); F: 202−203°.

3-[5-Methyl-2-phenyl-2H-pyrazol-3-yl]-pyridin $C_{15}H_{13}N_3$, Formel I (X = X′ = H).

B. Beim Erwärmen von 1-[3]Pyridyl-butan-1,3-dion mit Phenylhydrazin in Äthanol (*Wright et al.,* Am. Soc. **81** [1959] 5637, 5639, 5640).

Kp_2: 160−170°.

N i t r a t $C_{15}H_{13}N_3 \cdot HNO_3$. Kristalle (aus A.); F: 153−155°. λ_{max} (wss.-methanol. HCl): 259 nm.

3-[2-(3-Chlor-phenyl)-5-methyl-2H-pyrazol-3-yl]-pyridin $C_{15}H_{12}ClN_3$, Formel I (X = Cl, X′ = H).

B. Analog der vorangehenden Verbindung (*Wright et al.,* Am. Soc. **81** [1959] 5637, 5639, 5640; *Am. Cyanamid Co.,* U.S.P. 2833779 [1956]).

$Kp_{0,2}$: 156−162° (*Wr. et al.; Am. Cyanamid Co.*). λ_{max} (wss.-methanol. HCl): 258 nm (*Wr. et al.*).

H y d r o c h l o r i d. F: 170−172° (*Am. Cyanamid Co.*).

N i t r a t $C_{15}H_{12}ClN_3 \cdot HNO_3$. Kristalle (aus A. + Ae.); F: 144−145° (*Wr. et al.*).

3-[2-(4-Chlor-phenyl)-5-methyl-2H-pyrazol-3-yl]-pyridin $C_{15}H_{12}ClN_3$, Formel I (X = H, X′ = Cl) oder **3-[1-(4-Chlor-phenyl)-5-methyl-1H-pyrazol-3-yl]-pyridin** $C_{15}H_{12}ClN_3$, Formel II.

B. Beim Erwärmen von 1-[3]Pyridyl-butan-1,3-dion mit [4-Chlor-phenyl]-hydrazin in HCl enthaltendem Äthanol (*Am. Cyanamid Co.,* U.S.P. 2833779 [1956]).

H y d r o c h l o r i d. Kristalle (aus A.); F: 220−223°.

3-[3-Methyl-5-[3]pyridyl-pyrazol-1-yl]-phenol $C_{15}H_{13}N_3O$, Formel I (X = OH, X′ = H).

B. Beim Erhitzen [24 h] der folgenden Verbindung mit wss. HBr (*Wright et al.,* Am. Soc.

81 [1959] 5637, 5639, 5640).

Kristalle (aus A.); F: 130 – 132°. λ_{max} (wss.-methanol. HCl): 258 nm.

Nitrat $C_{15}H_{13}N_3O \cdot HNO_3$. Kristalle (aus A.+Ae.); F: 126° [Zers.].

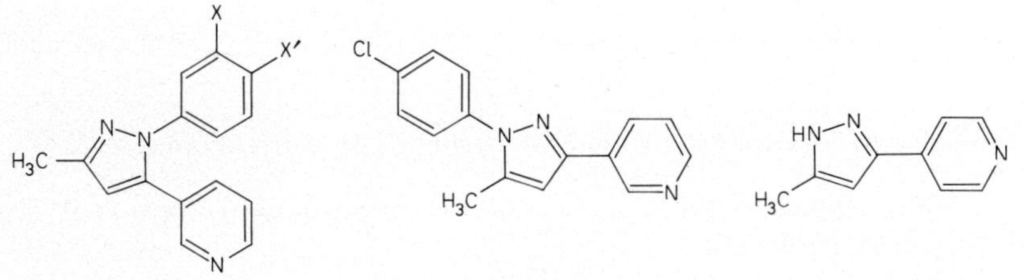

I   II   III

3-[2-(3-Methoxy-phenyl)-5-methyl-2H-pyrazol-3-yl]-pyridin $C_{16}H_{15}N_3O$, Formel I
(X = O-CH₃, X′ = H).

B. Beim Erwärmen von 1-[3]Pyridyl-butan-1,3-dion mit [3-Methoxy-phenyl]-hydrazin in Äthanol (*Wright et al.,* Am. Soc. **81** [1959] 5637, 5639, 5640).

Kp$_{0,5}$: 165 – 170°.

Hydrochlorid $C_{16}H_{15}N_3O \cdot HCl$. Kristalle (aus A.+Ae.); F: 168 – 170°. λ_{max} (wss.-methanol. HCl): 258 nm.

4-[5-Methyl-1(2)H-pyrazol-3-yl]-pyridin $C_9H_9N_3$, Formel III und Taut.

B. Aus der Natrium-Verbindung des 1-[4]Pyridyl-butan-1,3-dions und N_2H_4 in H_2O (*Fabbrini,* Farmaco Ed. scient. **9** [1954] 603, 607, 608).

Kristalle (aus Bzl.); F: 177 – 178°.

Dipicrat $C_9H_9N_3 \cdot 2C_6H_3N_3O_7$. Kristalle (aus H_2O); F: 207 – 210°.

Äthojodid [$C_{11}H_{14}N_3$]I; 1-Äthyl-4-[5-methyl-1(2)H-pyrazol-3-yl]-pyridinium-jodid(?). Kristalle; F: 159 – 163°.

4-[1-(3-Chlor-phenyl)-5-methyl-1H-pyrazol-3-yl]-pyridin $C_{15}H_{12}ClN_3$, Formel IV
(X = X″ = H, X′ = Cl).

B. Neben 4-[2-(3-Chlor-phenyl)-5-methyl-2H-pyrazol-3-yl]-pyridin beim Erwärmen von 1-[4]Pyridyl-butan-1,3-dion mit [3-Chlor-phenyl]-hydrazin in äthanol. HCl (*Wright et al.,* Am. Soc. **81** [1959] 5637, 5638, 5640).

Kristalle (aus Hexan); F: 75 – 76°.

Hydrochlorid. Kristalle (aus A.); F: 208 – 210°. UV-Spektrum (wss.-methanol. HCl; 200 – 370 nm): *Wr. et al.,* l. c. S. 5639.

4-[1-(4-Chlor-phenyl)-5-methyl-1H-pyrazol-3-yl]-pyridin $C_{15}H_{12}ClN_3$, Formel IV
(X = X′ = H, X″ = Cl).

B. Neben 4-[2-(4-Chlor-phenyl)-5-methyl-2H-pyrazol-3-yl]-pyridin analog der vorangehenden Verbindung (*Wright et al.,* Am. Soc. **81** [1959] 5637, 5638, 5640).

Kristalle (aus Hexan); F: 90 – 92°.

Hydrochlorid. Kristalle (aus A. oder A.+Ae.); F: 260 – 263°. λ_{max} (wss.-methanol. HCl): 306 nm.

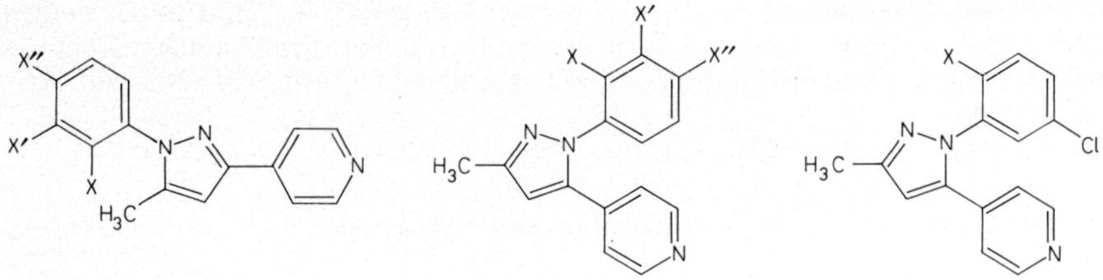

IV   V   VI

4-[1-(2,4-Dichlor-phenyl)-5-methyl-1H-pyrazol-3-yl]-pyridin $C_{15}H_{11}Cl_2N_3$, Formel IV
(X = X″ = Cl, X′ = H).

B. Neben einer grösseren Menge 4-[2-(2,4-Dichlor-phenyl)-5-methyl-2H-pyrazol-3-yl]-pyridin
analog den vorangehenden Verbindungen (*Wright et al.,* Am. Soc. **81** [1959] 5637, 5638, 5640).
Kristalle (aus A. oder A.+Ae.); F: 133−134°.

Hydrochlorid. Kristalle (aus A. oder A.+Ae.); F: 244−249°. λ_{max} (wss.-methanol. HCl):
294 nm.

4-[2-(2-Chlor-phenyl)-5-methyl-2H-pyrazol-3-yl]-pyridin $C_{15}H_{12}ClN_3$, Formel V (X = Cl,
X′ = X″ = H).

B. Aus 1-[4]Pyridyl-butan-1,3-dion und [2-Chlor-phenyl]-hydrazin (*Wright et al.,* Am. Soc.
81 [1959] 5637, 5638, 5640).
Kristalle (aus A. oder A.+Ae.); F: 113−114°.

Hydrochlorid. Kristalle (aus A. oder A.+Ae.); F: 227−229°. λ_{max} (wss.-methanol. HCl):
295 nm.

Die folgenden Verbindungen sind in analoger Weise hergestellt worden:

4-[2-(3-Chlor-phenyl)-5-methyl-2H-pyrazol-3-yl]-pyridin $C_{15}H_{12}ClN_3$, Formel V
(X = X″ = H, X′ = Cl). Kristalle (aus A.); F: 75−76°. − Hydrochlorid. Kristalle (aus
A.); F: 241−244°. UV-Spektrum (wss.-methanol. HCl; 200−370 nm): *Wr. et al.,* l. c. S. 5639.

4-[2-(4-Chlor-phenyl)-5-methyl-2H-pyrazol-3-yl]-pyridin $C_{15}H_{12}ClN_3$, Formel V
(X = X′ = H, X″ = Cl). Kristalle (aus A. oder Hexan); F: 117−118°. − Hydrochlorid.
Kristalle (aus A. oder A.+Ae.); F: 254−257°. λ_{max} (wss.-methanol. HCl): 294 nm.

4-[2-(2,4-Dichlor-phenyl)-5-methyl-2H-pyrazol-3-yl]-pyridin $C_{15}H_{11}Cl_2N_3$, For=
mel V (X = X″ = Cl, X′ = H). Kristalle (aus A. oder A.+Ae.); F: 135−136°. λ_{max} (wss.-
methanol. HCl): 293 nm.

4-[2-(2,5-Dichlor-phenyl)-5-methyl-2H-pyrazol-3-yl]-pyridin $C_{15}H_{11}Cl_2N_3$, For=
mel VI (X = Cl). Kristalle (aus A. oder A.+Ae.); F: 132−134°. − Hydrochlorid. Kristalle
(aus A. oder A.+Ae.); F: 246−249°. λ_{max} (wss.-methanol. HCl): 295 nm.

4-[2-(4-Brom-phenyl)-5-methyl-2H-pyrazol-3-yl]-pyridin $C_{15}H_{12}BrN_3$, Formel V
(X = X′ = H, X″ = Br). Kristalle (aus A. oder A.+Ae.); F: 124−126°. − Hydrochlorid.
Kristalle (aus A. oder A.+Ae.); F: 249−253°. λ_{max} (wss.-methanol. HCl): 295 nm.

4-[1-(3-Chlor-2-methyl-phenyl)-5-methyl-1H-pyrazol-3-yl]-pyridin $C_{16}H_{14}ClN_3$, Formel IV
(X = CH_3, X′ = Cl, X″ = H).

B. Neben dem folgenden Isomeren beim Erwärmen von 1-[4]Pyridyl-butan-1,3-dion mit
[3-Chlor-2-methyl-phenyl]-hydrazin in äthanol. HCl (*Wright et al.,* Am. Soc. **81** [1959] 5637,
5638, 5640).

Hydrochlorid $C_{16}H_{14}ClN_3 \cdot$HCl. Kristalle (aus A. oder A.+Ae.); F: 284−290°. λ_{max}
(wss.-methanol. HCl): 296 nm.

4-[2-(3-Chlor-2-methyl-phenyl)-5-methyl-2H-pyrazol-3-yl]-pyridin $C_{16}H_{14}ClN_3$, Formel V
(X = CH_3, X′ = Cl, X″ = H).

B. s. im vorangehenden Artikel.

Hydrochlorid $C_{16}H_{14}ClN_3 \cdot$HCl. Kristalle (aus A. oder A.+Ae.); F: 213−215°; λ_{max}
(wss.-methanol. HCl): 296 nm (*Wright et al.,* Am. Soc. **81** [1959] 5637, 5638).

4-[1-(5-Chlor-2-methoxy-phenyl)-5-methyl-1H-pyrazol-3-yl]-pyridin $C_{16}H_{14}ClN_3O$, Formel VII.

B. Neben dem folgenden Isomeren beim Erwärmen von 1-[4]Pyridyl-butan-1,3-dion mit [5-
Chlor-2-methoxy-phenyl]-hydrazin-hydrochlorid in Äthanol (*Wright et al.,* Am. Soc. **81** [1959]
5637, 5638, 5640).

Kristalle (aus A.); F: 140−141°. λ_{max} (wss.-methanol. HCl): 297 nm.

4-[2-(5-Chlor-2-methoxy-phenyl)-5-methyl-2H-pyrazol-3-yl]-pyridin $C_{16}H_{14}ClN_3O$, Formel VI
(X = O-CH_3).

B. s. im vorangehenden Artikel.

Kristalle (aus A.); F: 158−159°; λ_{max} (wss.-methanol. HCl): 293 nm (*Wright et al.*, Am. Soc. **81** [1959] 5637, 5638).

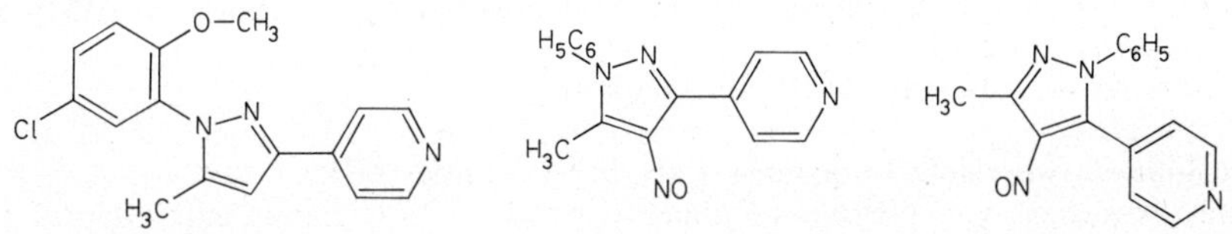

VII   VIII   IX

3-[3-Methyl-5-[4]pyridyl-pyrazol-1-yl]-phenol $C_{15}H_{13}N_3O$, Formel V (X = X″ = H, X′ = OH).

Hydrobromid $C_{15}H_{13}N_3O\cdot HBr$. *B.* Beim Erhitzen [24 h] der folgenden Verbindung mit wss. HBr (*Wright et al.*, Am. Soc. **81** [1959] 5637, 5638, 5640). − Kristalle (aus A.); F: 251−253°. λ_{max} (wss.-methanol. HCl): 293 nm.

4-[2-(3-Methoxy-phenyl)-5-methyl-2*H*-pyrazol-3-yl]-pyridin $C_{16}H_{15}N_3O$, Formel V (X = X″ = H, X′ = OCH_3).

B. Beim Erwärmen von 1-[4]Pyridyl-butan-1,3-dion mit [3-Methoxy-phenyl]-hydrazin in Äth≠ anol (*Wright et al.*, Am. Soc. **81** [1959] 5637, 5638, 5640).

$Kp_{0,1}$: 170−180°. λ_{max} (wss.-methanol. HCl): 294 nm.

Nitrat $C_{16}H_{15}N_3O\cdot HNO_3$. F: 136−139°.

4-[5-Methyl-4-nitroso-1(oder 2)-phenyl-1(oder 2)*H*-pyrazol-3-yl]-pyridin $C_{15}H_{12}N_4O$, Formel VIII oder Formel IX.

B. Beim Erhitzen von 1-[4]Pyridyl-butan-1,2,3-trion-2-oxim-1(oder 3)-phenylhydrazon vom F: 134−135° (E III/IV **21** 5731) in Chlorbenzol (*May & Baker Ltd.*, U.S.P. 2831866 [1956]).

Kristalle (aus PAe.); F: 153−154°.

2,4-Dichlor-5,7-dimethyl-pyrido[2,3-*d*]pyrimidin $C_9H_7Cl_2N_3$, Formel X.

B. Beim Erhitzen von 5,7-Dimethyl-1*H*-pyrido[2,3-*d*]pyrimidin-2,4-dion mit $POCl_3$ (*Robins, Hitchings*, Am. Soc. **80** [1958] 3449, 3456).

Rosafarbene Kristalle (aus Heptan); F: 154−155° [unkorr.].

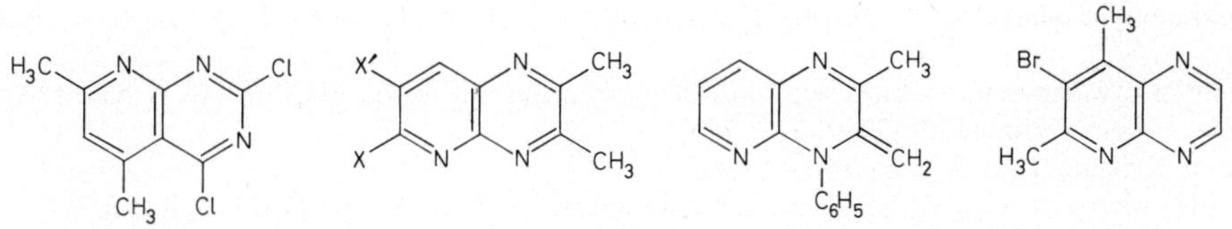

X   XI   XII   XIII

2,3-Dimethyl-pyrido[2,3-*b*]pyrazin $C_9H_9N_3$, Formel XI (X = X′ = H).

B. Aus Pyridin-2,3-diyldiamin und Butandion (*Petrow, Saper*, Soc. **1948** 1389, 1391).

Hellgelbe Kristalle (aus Bzl.); F: 148−149° [korr.].

Die folgenden Verbindungen sind in analoger Weise hergestellt worden:

7-Chlor-2,3-dimethyl-pyrido[2,3-*b*]pyrazin $C_9H_8ClN_3$, Formel XI (X = H, X′ = Cl). Kristalle; F: 155−156° [aus PAe.] (*Leese, Rydon*, Soc. **1955** 303, 306), 152° [aus wss. A.] (*Israel, Day*, J. org. Chem. **24** [1959] 1455, 1456, 1457). λ_{max} (A.): 255 nm, 265 nm, 319 nm und 329 nm (*Le., Ry.*).

6,7-Dichlor-2,3-dimethyl-pyrido[2,3-*b*]pyrazin $C_9H_7Cl_2N_3$, Formel XI (X = X′ = Cl). Kristalle (aus wss. A.); F: 197−199° [Zers.] (*Is., Day*).

7-Brom-2,3-dimethyl-pyrido[2,3-*b*]pyrazin $C_9H_8BrN_3$, Formel XI (X = H,

X' = Br). Hellgraue Kristalle (aus PAe.); F: 150° [korr.; Zers.] (*Pe., Sa.*).

2-Methyl-3-methylen-4-phenyl-3,4-dihydro-pyrido[2,3-*b*]pyrazin $C_{15}H_{13}N_3$, Formel XII.

B. Beim Erwärmen von N^2-Phenyl-pyridin-2,3-diyldiamin mit Butandion in Äthanol (*Ried, Grabosch*, B. **89** [1956] 2684, 2686).

Dunkelrote Kristalle (aus PAe.); F: 152° [unkorr.].

7-Brom-6,8-dimethyl-pyrido[2,3-*b*]pyrazin $C_9H_8BrN_3$, Formel XIII.

B. Beim Erwärmen von 5-Brom-4,6-dimethyl-pyridin-2,3-diyldiamin mit Glyoxal in H_2O (*Israel, Day*, J. org. Chem. **24** [1959] 1455, 1457, 1459).

Kristalle (aus PAe.); F: 174–174,5° [Zers.].

2,3-Dimethyl-8-nitro-pyrido[3,4-*b*]pyrazin $C_9H_8N_4O_2$, Formel XIV.

B. Analog der vorangehenden Verbindung (*Israel, Day*, J. org. Chem. **24** [1959] 1455, 1457, 1459).

Gelbe Kristalle (aus wenig A.); F: 109,5–110°.

XIV   XV   XVI

Stammverbindungen $C_{10}H_{11}N_3$

3-Methyl-6-phenyl-4,5(?)-dihydro-[1,2,4]triazin $C_{10}H_{11}N_3$, vermutlich Formel XV (X = H) und Taut.

Die Verbindung ist von *Sprio, Madonia* (G. **87** [1957] 992, 994) als 3-Methyl-6-phenyl-1,2-dihydro-[1,2,4]triazin formuliert worden.

B. Beim Erwärmen von *N*-Phenacyl-acetamid mit $N_2H_4 \cdot H_2O$ in wenig Essigsäure enthaltendem Äthanol oder mit $N_2H_4 \cdot HCl$ in wss. Äthanol (*Sp., Ma.*).

Kristalle (aus Bzl.); F: 134°.

Hydrochlorid $C_{10}H_{11}N_3 \cdot HCl$. Kristalle (aus A.); F: 250°.

Picrat $C_{10}H_{11}N_3 \cdot C_6H_3N_3O_7$. Gelbe Kristalle (aus A.); F: 170°.

3-Chlormethyl-6-phenyl-4,5(?)-dihydro-[1,2,4]triazin $C_{10}H_{10}ClN_3$, Formel XV (X = Cl) und Taut.

B. Beim Erwärmen von Chloressigsäure-phenacylamid mit $N_2H_4 \cdot HCl$ in wss. Äthanol (*Sprio, Madonia*, Ann. Chimica **49** [1959] 731, 735).

Gelbe Kristalle (aus A.); F: 140–145°.

Hydrochlorid $C_{10}H_{10}ClN_3 \cdot HCl$. Kristalle (aus äthanol. HCl); F: 235° [Zers.].

4-Äthyl-5-phenyl-1*H*-[1,2,3]triazol $C_{10}H_{11}N_3$, Formel XVI und Taut.

B. In geringer Menge beim Behandeln von Phenyllithium mit Butyronitril in Äther und anschliessenden Einleiten von N_2O (*Meier*, B. **86** [1953] 1483, 1491).

Kristalle (aus wss. A.); F: 155°.

3-Benzyl-5-methyl-1*H*-[1,2,4]triazol $C_{10}H_{11}N_3$, Formel I und Taut.

B. Aus Phenylessigsäure-[1-amino-äthylidenhydrazid] (F: 166–167°) oder Essigsäure-[α-amino-phenäthylidenhydrazid] (F: 181–182°) beim Erhitzen oberhalb der Schmelztemperatur (*Poštowskiǐ, Wereschtschagina*, Ž. obšč. Chim. **29** [1959] 2139, 2141, 2142; engl. Ausg. S. 2105, 2107, 2108).

Kristalle (aus wss. A.); F: 137–138°.

Picrat. Gelbe Kristalle; F: 148–150°.

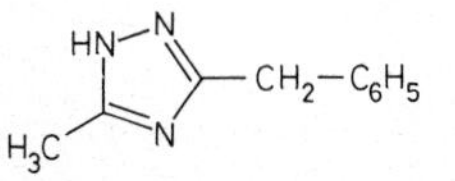

I 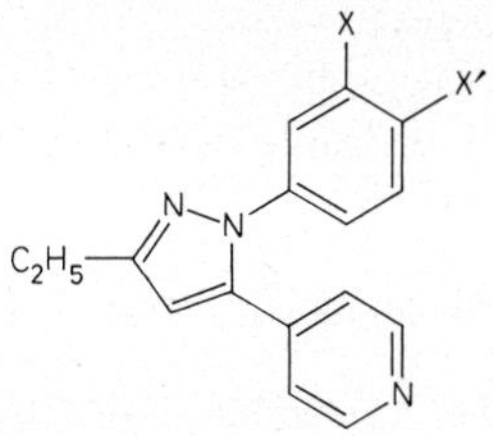   II 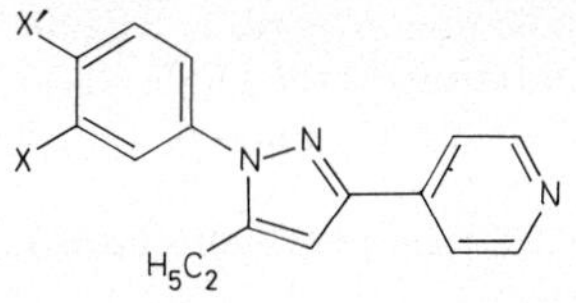   III

4-[5-Äthyl-2-(3-chlor-phenyl)-2H-pyrazol-3-yl]-pyridin $C_{16}H_{14}ClN_3$, Formel II (X = Cl, X′ = H) oder **4-[5-Äthyl-1-(3-chlor-phenyl)-1H-pyrazol-3-yl]-pyridin** $C_{16}H_{14}ClN_3$, Formel III (X = Cl, X′ = H).

B. Beim Erwärmen von 1-[4]Pyridyl-pentan-1,3-dion mit [3-Chlor-phenyl]-hydrazin in Äthanol (*Am. Cyanamid Co.,* U.S.P. 2833779 [1956]).

Kp$_{0,3}$: 166−170°.

Hydrochlorid. F: 207−209°.

4-[5-Äthyl-2-(4-chlor-phenyl)-2H-pyrazol-3-yl]-pyridin $C_{16}H_{14}ClN_3$, Formel II (X = H, X′ = Cl) oder **4-[5-Äthyl-1-(4-chlor-phenyl)-1H-pyrazol-3-yl]-pyridin** $C_{16}H_{14}ClN_3$, Formel III (X = H, X′ = Cl).

B. Analog der vorangehenden Verbindung (*Am. Cyanamid Co.,* U.S.P. 2833779 [1956]).

Kp$_{0,8}$: 182−186°.

Hydrochlorid. F: 229−232°.

7-Brom-2,3,6-trimethyl-pyrido[2,3-b]pyrazin $C_{10}H_{10}BrN_3$, Formel IV (R = CH$_3$, R′ = H).

B. Beim Erwärmen von 5-Brom-6-methyl-pyridin-2,3-diyldiamin mit Butandion in wss. Äth= anol (*Israel, Day,* J. org. Chem. **24** [1959] 1455, 1457, 1459).

F: 161−162°.

7-Brom-2,3,8-trimethyl-pyrido[2,3-b]pyrazin $C_{10}H_{10}BrN_3$, Formel IV (R = H, R′ = CH$_3$).

B. Analog der vorangehenden Verbindung (*Israel, Day,* J. org. Chem. **24** [1959] 1455, 1457, 1459).

Kristalle (aus wss. A.); F: 141,5−143°.

5,6,7,8-Tetrahydro-1H-naphtho[2,3-d][1,2,3]triazol $C_{10}H_{11}N_3$, Formel V (R = H) und Taut.

B. Aus 1H-Naphtho[2,3-d][1,2,3]triazol bei der Hydrierung an Platin in Essigsäure (*Fries et al.,* A. **516** [1935] 248, 265).

Kristalle (aus PAe.); F: 162°.

1-Methyl-5,6,7,8-tetrahydro-1H-naphtho[2,3-d][1,2,3]triazol $C_{11}H_{13}N_3$, Formel V (R = CH$_3$).

B. Aus der vorangehenden Verbindung und Dimethylsulfat (*Fries et al.,* A. **516** [1935] 248, 266).

Kristalle (aus PAe.); F: 99°.

1-Acetyl-5,6,7,8-tetrahydro-1H-naphtho[2,3-d][1,2,3]triazol $C_{12}H_{13}N_3O$, Formel V (R = CO-CH$_3$).

B. Aus 5,6,7,8-Tetrahydro-1H-naphtho[2,3-d][1,2,3]triazol und Acetanhydrid (*Fries et al.,* A. **516** [1935] 248, 266).

Kristalle (aus PAe.); F: 114°.

1,2,3,4-Tetrahydro-benz[4,5]imidazo[1,2-a]pyrazin, 1,2,3,4-Tetrahydro-pyrazino[1,2-a]= benzimidazol $C_{10}H_{11}N_3$, Formel VI (R = X = H).

B. Aus 2-Acetyl-1,2,3,4-tetrahydro-benz[4,5]imidazo[1,2-a]pyrazin beim Erhitzen in wss. HCl

(*Schmutz, Künzle,* Helv. **39** [1956] 1144, 1154).

Kristalle (aus A. + Ae.); F: 130 − 131° [korr.].

Dihydrochlorid $C_{10}H_{11}N_3 \cdot 2\,HCl$. Kristalle (aus Me.); F: 237 − 242° [korr.; Zers.; erst bei 298° ist die Verbindung ganz geschmolzen].

2-Methyl-1,2,3,4-tetrahydro-benz[4,5]imidazo[1,2-*a*]pyrazin $C_{11}H_{13}N_3$, Formel VI (R = CH_3, X = H).

B. Beim Erwärmen der vorangehenden Verbindung mit CH_3I in Aceton (*Schmutz, Künzle,* Helv. **39** [1956] 1144, 1155). Aus 2-Benzyl-2-methyl-1,2,3,4-tetrahydro-benz[4,5]imidazo[1,2-*a*]⸗ pyrazinium-bromid (oder -chlorid) bei der Hydrierung an Palladium/Kohle in Methanol (*Sch., Kü.,* l. c. S. 1153).

Kristalle (aus Acn. + Ae.); F: 146 − 147° [korr.] (*Sch., Kü.*). UV-Spektrum (A.; 200 − 320 nm): *Sch., Kü.,* l. c. S. 1146, 1147. Scheinbare Dissoziationsexponenten pK'_{a1} und pK'_{a2} (H_2O) bei 20°: 2,55 bzw. 5,39 (*Willi,* zit. bei *Sch., Kü.,* l. c. S. 1146).

Dihydrobromid $C_{11}H_{13}N_3 \cdot 2\,HBr$. Kristalle (aus Me. + Ae.); F: 243 − 255° [korr.; Zers.] (*Sch., Kü.*).

IV   V   VI   VII

2,2-Dimethyl-1,2,3,4-tetrahydro-benz[4,5]imidazo[1,2-*a*]pyrazinium $[C_{12}H_{16}N_3]^+$, Formel VII (R = CH_3).

Chlorid $[C_{12}H_{16}N_3]Cl$. *B.* Beim Erwärmen von 1-[2-Chlor-äthyl]-2-chlormethyl-1*H*-benz⸗ imidazol mit Dimethylamin in Aceton und anschliessend in Isopropylalkohol (*Schmutz, Künzle,* Helv. **39** [1956] 1144, 1152). − Hygroskopische Kristalle (aus Isopropylalkohol + Ae.); F: 233 − 235° [korr.; Zers.].

Jodid $[C_{12}H_{16}N_3]I$. *B.* Aus 2-Methyl-1,2,3,4-tetrahydro-benz[4,5]imidazo[1,2-*a*]pyrazin und CH_3I (*Sch., Kü.,* l. c. S. 1153). − F: 212 − 215° [korr.; Zers.].

(±)-2-Benzyl-2-methyl-1,2,3,4-tetrahydro-benz[4,5]imidazo[1,2-*a*]pyrazinium $[C_{18}H_{20}N_3]^+$, Formel VII (R = CH_2-C_6H_5).

Chlorid $[C_{18}H_{20}N_3]Cl$. *B.* Beim Erwärmen von 1-[2-Chlor-äthyl]-2-chlormethyl-1*H*-benz⸗ imidazol mit Benzyl-methyl-amin in Aceton und anschliessend in Isopropylalkohol sowie beim Behandeln von 2-{2-[(Benzyl-methyl-amino)-methyl]-benzimidazol-1-yl}-äthanol mit $SOCl_2$ und anschliessenden Erwärmen in Isopropylalkohol (*Schmutz, Künzle,* Helv. **39** [1956] 1144, 1152). − Kristalle (aus A. + Ae.); F: 193 − 194° [korr.; Zers.].

Bromid $[C_{18}H_{20}N_3]Br$. *B.* Beim Erwärmen von 2-{2-[(Benzyl-methyl-amino)-methyl]-benz⸗ imidazol-1-yl}-äthanol mit PBr_3 in $CHCl_3$ und anschliessend in Isopropylalkohol (*Sch., Kü.*). − Kristalle (aus A. + Ae.); F: 187 − 189° [korr.; Zers.]. λ_{max} (A.): 205 nm, 249 nm, 275 nm und 282 nm (*Sch., Kü.,* l. c. S. 1146).

2-Acetyl-1,2,3,4-tetrahydro-benz[4,5]imidazo[1,2-*a*]pyrazin $C_{12}H_{13}N_3O$, Formel VI (R = CO-CH_3, X = H).

B. Neben *N*-[2-Benzimidazol-1-yl-äthyl]-acetamid (E III/IV **23** 1083) beim Behandeln einer aus 1-Acetyl-4-[2-amino-phenyl]-piperazin, $NaNO_2$ und wss. HCl hergestellten Diazoniumsalz-Lösung mit NaN_3 und Natriumacetat und anschliessenden Erhitzen in Nitrobenzol auf 180° (*Schmutz, Künzle,* Helv. **39** [1956] 1144, 1154, 1155).

Kristalle (aus Acn. + Ae.); F: 140 − 140,5° [korr.].

3,4-Dihydro-1*H*-benz[4,5]imidazo[1,2-*a*]pyrazin-2-carbonsäure-äthylester $C_{13}H_{15}N_3O_2$, Formel VI (R = CO-O-C_2H_5, X = H).

B. Beim Behandeln einer aus 4-[2-Amino-phenyl]-piperazin-1-carbonsäure-äthylester, $NaNO_2$

und wss. HCl bereiteten Diazoniumsalz-Lösung mit NaN_3 und Natriumacetat und Erhitzen des Reaktionsprodukts in Nitrobenzol auf $170-180°$ (*Saunders*, Soc. **1955** 3275, 3286).
Kristalle (aus E.); F: $126-127°$.
Picrat. Kristalle; F: $216-218°$ [Zers.].

3,4-Dihydro-1H-benz[4,5]imidazo[1,2-a]pyrazin-2-carbonsäure-amid $C_{11}H_{12}N_4O$, Formel VI $(R = CO-NH_2, X = H)$.
B. Aus 1,2,3,4-Tetrahydro-benz[4,5]imidazo[1,2-a]pyrazin und Kaliumcyanat in wss. Lösung (*Schmutz, Künzle*, Helv. **39** [1956] 1144, 1155).
Kristalle (aus H_2O); F: $263-266°$ [korr.; Zers.].

8-Chlor-3,4-dihydro-1H-benz[4,5]imidazo[1,2-a]pyrazin-2-carbonsäure-äthylester
$C_{13}H_{14}ClN_3O_2$, Formel VI $(R = CO-O-C_2H_5, X = Cl)$.
B. Beim Behandeln einer aus 4-[2-Amino-4-chlor-phenyl]-piperazin-1-carbonsäure-äthylester, $NaNO_2$ und wss. HCl bereiteten Diazoniumsalz-Lösung mit NaN_3 in wss. Natriumacetat und Erhitzen des Reaktionsprodukts in Nitrobenzol auf $170-180°$ (*Saunders*, Soc. **1955** 3275, 3286).
Kristalle (aus E.); F: $129-131°$.

(±)-1-Phenyl-(3at,8at)-1,3a,4,6,8,8a-hexahydro-4r,8c-methano-indeno[5,6-d][1,2,3]triazol
$C_{16}H_{15}N_3$, Formel VIII + Spiegelbild.
Bezüglich der Konfiguration s. *Huisgen et al.*, B. **98** [1965] 3992.
B. Aus 4,7-Dihydro-2H-4,7-methano-inden (E IV **5** 1545) und Azidobenzol in Benzol (*Alder et al.*, B. **89** [1956] 2689, 2696).
Kristalle (aus E.); F: $143°$ (*Al. et al.*).

Stammverbindungen $C_{11}H_{13}N_3$

3,5-Dimethyl-6-phenyl-4,5(?)-dihydro-[1,2,4]triazin $C_{11}H_{13}N_3$, vermutlich Formel IX und Taut.
B. Beim Erhitzen von (±)-N-[1-Benzoyl-äthyl]-acetamid mit N_2H_4 in Äthanol auf $140-150°$ (*Metze*, B. **91** [1958] 1863, 1865).
Kristalle (aus PAe.); F: $124°$.

VIII	IX	X	XI

3,6-Dimethyl-5-phenyl-1,2(?)-dihydro-[1,2,4]triazin $C_{11}H_{13}N_3$, vermutlich Formel X und Taut.
B. Neben 2,4-Dimethyl-5-phenyl-1(3)H-imidazol (E III/IV **23** 1288) beim Erwärmen von 3,6-Dimethyl-5-phenyl-[1,2,4]triazin mit Zink in Äthanol und Essigsäure (*Metze, Scherowsky*, B. **92** [1959] 2481, 2485).
Kristalle (aus Bzl.); F: $123-125°$.

5,6-Dimethyl-3-phenyl-1,2(?)-dihydro-[1,2,4]triazin $C_{11}H_{13}N_3$, vermutlich Formel XI und Taut.
B. Neben 4,5-Dimethyl-2-phenyl-1H-imidazol (E III/IV **23** 1288) beim Erwärmen von 5,6-Diمethyl-3-phenyl-[1,2,4]triazin mit Zink und Essigsäure in Äthanol (*Metze, Scherowsky*, B. **92** [1959] 2481, 2485).
Kristalle (aus H_2O); F: $106°$.

7-Brom-2,3,6,8-tetramethyl-pyrido[2,3-b]pyrazin $C_{11}H_{12}BrN_3$, Formel XII.
B. Beim Erwärmen von 5-Brom-4,6-dimethyl-pyridin-2,3-diyldiamin mit Butandion in wss. Äthanol (*Israel, Day*, J. org. Chem. **24** [1959] 1455, 1457, 1459).

Kristalle (aus PAe.); F: 166−167°.

(±)-6-[1-Methyl-pyrrolidin-2-yl]-imidazo[1,2-a]pyridin $C_{12}H_{15}N_3$, Formel XIII.

B. Beim Erwärmen von (±)-6-[1-Methyl-pyrrolidin-2-yl]-imidazo[1,2-a]pyridin-2(oder 3)-car⁼
bonsäure-äthylester mit wss. HCl und Erhitzen des Reaktionsprodukts (*Gol'dfarb, Kondakowa,*
Ž. obšč. Chim. **10** [1940] 1055, 1063; C. A. **1941** 4020).

Kp$_4$: 160°.

Hexachloroplatinat(IV) $C_{12}H_{15}N_3 \cdot H_2PtCl_6$. Bräunliche Kristalle (aus wss. HCl).

Dipicrat $C_{12}H_{15}N_3 \cdot 2C_6H_3N_3O_7$. Kristalle (aus A.+Acn.); F: 204−205°.

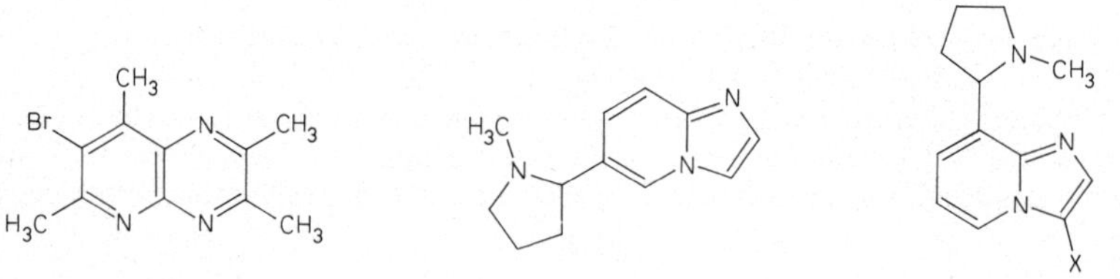

XII   XIII   XIV

(±)-8-[1-Methyl-pyrrolidin-2-yl]-imidazo[1,2-a]pyridin $C_{12}H_{15}N_3$, Formel XIV (X = H).

B. Aus (±)-8-[1-Methyl-pyrrolidin-2-yl]-imidazo[1,2-a]pyridin-2(oder 3)-carbonsäure beim Er⁼
hitzen auf 225−235° (*Gol'dfarb, Kondakowa,* Ž. obšč. Chim. **10** [1940] 1055, 1060, 1061; C. A.
1941 4020).

Hygroskopische Kristalle; F: 44−47° [geschlossene Kapillare]. Kp$_5$: 159°.

Dihydrochlorid $C_{12}H_{15}N_3 \cdot 2HCl$. Kristalle (aus A.); F: 254° [Zers.; evakuierte Kapil⁼
lare].

Hexachloroplatinat(IV) $C_{12}H_{15}N_3 \cdot H_2PtCl_6$. Orangefarbene Kristalle (aus wss. A.).

Dipicrat $C_{12}H_{15}N_3 \cdot 2C_6H_3N_3O_7$. Kristalle (aus H_2O); F: 240°.

(±)-8-[1-Methyl-pyrrolidin-2-yl]-3-nitro-imidazo[1,2-a]pyridin $C_{12}H_{14}N_4O_2$, Formel XIV
(X = NO_2).

B. Aus der vorangehenden Verbindung beim Erwärmen mit wss. HNO_3 in konz. H_2SO_4
(*Gol'dfarb, Kondakowa,* Ž. obšč. Chim. **10** [1940] 1055, 1061; C. A. **1941** 4020).

Kristalle (aus wss. Acn.); F: 96−97°.

3-Methyl-1-phenyl-1,3a,4,9a-tetrahydro-pyrazolo[3,4-b]chinolin-9-ol $C_{17}H_{17}N_3O$, Formel I.

Die unter dieser Konstitution von *Narang et al.* (J. Indian chem. Soc. **11** [1934] 427, 429)
und *Coutts, Edwards* (Canad. J. Chem. **44** [1966] 2009) beschriebene Verbindung ist als 4-[2-
Amino-benzyl]-5-methyl-2-phenyl-1,2-dihydro-pyrazol-3-on (E III/IV **25** 3799) zu formulieren
(*Coutts, El-Hawari,* Canad. J. Chem. **53** [1975] 3637).

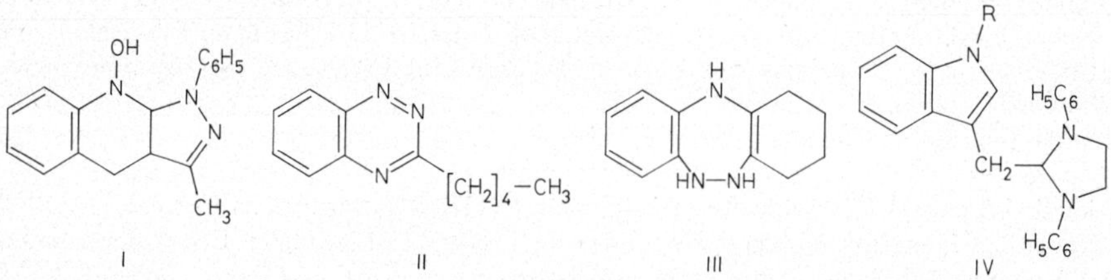

I   II   III   IV

Stammverbindungen $C_{12}H_{15}N_3$

3-Pentyl-benzo[e][1,2,4]triazin $C_{12}H_{15}N_3$, Formel II.

B. Beim Behandeln von diazotiertem 2-Nitro-anilin mit der Natrium-Verbindung von 1-Nitro-
hexan in wss. NaOH bei 0−5° und Erhitzen des Reaktionsprodukts mit Eisen-Pulver und

Essigsäure (*Fusco, Bianchetti*, Rend. Ist. lomb. **91** [1957] 936, 942).
Kp$_{0,8}$: 131−135°.

2,3,4,5,6,11-Hexahydro-1H-dibenzo[c,f][1,2,5]triazepin C$_{12}$H$_{15}$N$_3$, Formel III.
Die früher (E II **26** 36) mit Vorbehalt unter dieser Konstitution beschriebene Verbindung ist als 2-Cyclohex-1-enylazo-anilin (Syst.-Nr. 2172) zu formulieren (*Sparatore*, G. **85** [1955] 1098, 1109).

3-[1,3-Diphenyl-imidazolidin-2-ylmethyl]-indol C$_{24}$H$_{23}$N$_3$, Formel IV (R = H).
B. Bei der Hydrierung von Indol-3-yl-acetonitril und N,N'-Diphenyl-äthylendiamin an Raney-Nickel in Methanol und Essigsäure bei 40°/110 at (*Plieninger, Werst*, B. **88** [1955] 1956, 1960).
Kristalle (aus A.); F: 190°.

1-Acetyl-3-[1,3-diphenyl-imidazolidin-2-ylmethyl]-indol C$_{26}$H$_{25}$N$_3$O, Formel IV
(R = CO-CH$_3$).
B. Analog der vorangehenden Verbindung (*Plieninger, Werst*, B. **89** [1956] 2783, 2788).
Kristalle (aus Me.); F: 143−144°.

(±)-2-Methyl-6-[1-methyl-pyrrolidin-2-yl]-imidazo[1,2-a]pyridin C$_{13}$H$_{17}$N$_3$, Formel V.
B. Beim Erwärmen von (±)-5-[1-Methyl-pyrrolidin-2-yl]-[2]pyridylamin mit Chloraceton in Äthanol (*Gol'dfarb, Katrenko*, C. r. Doklady **27** [1940] 673, 675, 676; s. a. *Gol'dfarb, Kondakowa*, C. r. Doklady **48** [1945] 484).
Kristalle; F: 70−71° (*Go., Ka.*).
Hexachloroplatinat(IV) C$_{13}$H$_{17}$N$_3$·H$_2$PtCl$_6$. Orangefarbene Kristalle (aus wss. HCl); unterhalb 300° nicht schmelzend (*Go., Ka.*).
Dipicrat C$_{13}$H$_{17}$N$_3$·2C$_6$H$_3$N$_3$O$_7$. Kristalle (aus wss. A.); F: 211° [Zers.] (*Go., Ka.*).

V   VI   VII

(±)-2-Methyl-8-[1-methyl-pyrrolidin-2-yl]-imidazo[1,2-a]pyridin C$_{13}$H$_{17}$N$_3$, Formel VI
(X = H).
B. Analog der vorangehenden Verbindung (*Gol'dfarb, Katrenko*, C. r. Doklady **27** [1940] 673, 674). Aus (±)-2-Methyl-8-[1-methyl-pyrrolidin-2-yl]-imidazo[1,2-a]pyridin-3-carbonsäure-äthylester beim Erhitzen mit wss. HCl auf 135−145° (*Kondakowa, Gol'dfarb*, Izv. Akad. S.S.S.R. **1946** 523, 526; C. A. **1948** 6364).
Kristalle; F: 86−87° [aus PAe.] (*Ko., Go.*), 85−86° [aus Heptan] (*Go., Ka.*). Kp$_{12}$: 178−181° (*Go., Ka.*); Kp$_7$: 162−163° (*Ko., Go.*).
Hexachloroplatinat(IV) C$_{13}$H$_{17}$N$_3$·H$_2$PtCl$_6$. Orangefarbene Kristalle (aus H$_2$O); unterhalb 300° nicht schmelzend (*Go., Ka.*, l. c. S. 675).
Dipicrat C$_{13}$H$_{17}$N$_3$·2C$_6$H$_3$N$_3$O$_7$. Kristalle; F: 219−220° [aus wss. Acn.] (*Ko., Go.*), 217−219° [Zers.; aus A. oder wss. Acn.] (*Go., Ka.*).

(±)-2-Methyl-8-[1-methyl-pyrrolidin-2-yl]-3-nitro-imidazo[1,2-a]pyridin C$_{13}$H$_{16}$N$_4$O$_2$,
Formel VI (X = NO$_2$).
B. Beim Erwärmen der vorangehenden Verbindung mit HNO$_3$ und konz. H$_2$SO$_4$ (*Kondakowa, Gol'dfarb*, Izv. Akad. S.S.S.R. **1946** 523, 527; C. A. **1948** 6364).
Gelbe Kristalle (aus Hexan); F: 121°.

3,4(?)-Dimethyl-6,7,8,9-tetrahydro-benz[4,5]imidazo[1,2-*a*]pyrimidin $C_{12}H_{15}N_3$, vermutlich Formel VII.

B. Beim Erwärmen von 4,5-Dimethyl-pyrimidin-2-ylamin mit 2-Chlor-cyclohexanon in Äth≠anol (*Winthrop Chem. Co.*, U.S.P. 2057978 [1931]; *I.G. Farbenind.*, D.R.P. 547985 [1930]; Frdl. **18** 2782, 2787).

Kristalle (aus Acn.); F: 186°.

***Opt.-inakt. 2′,3′,4′,5′-Tetrahydro-1*H*,1′*H*,1″*H*-[2,2′;5′,2″]terpyrrol**, 2,5-Di-pyrrol-2-yl-pyrrolidin, Tripyrrol $C_{12}H_{15}N_3$, Formel VIII (s. H **20** 163; E I **20** 38; s. a. E II **20** 82 jeweils in Artikel Pyrrol).

Konstitution: *Potts, Smith*, Soc. **1957** 4018.

Zur Bildung aus Pyrrol beim Behandeln mit wss. HCl vgl. *Po., Sm.*, l. c. S. 4021.

Kristalle (aus Ae.); F: 99−100°.

1′-Acetyl-Derivat $C_{14}H_{17}N_3O$; 1′-Acetyl-2′,3′,4′,5′-tetrahydro-1*H*,1′*H*,1″*H*-[2,2′;5′,2″]terpyrrol. Kristalle (aus A.); F: 174−193°(?) [korr.]. λ_{max}: 217 nm (*Po., Sm.*, l. c. S. 4019).

***Opt.-inakt. 1′,1′-Dimethyl-2′,3′,4′,5′-tetrahydro-1*H*,1′*H*,1″*H*-[2,2′;5′,2″]terpyrrolium**, 1,1-Dimethyl-2,5-di-pyrrol-2-yl-pyrrolidinium $[C_{14}H_{20}N_3]^+$, Formel IX.

Jodid $[C_{14}H_{20}N_3]I$. *B*. Aus Tripyrrol (s. o.) und CH_3I in wss. $KHCO_3$ (*Potts, Smith*, Soc. **1957** 4018, 4021). − Kristalle (aus A.); F: 165−170° [korr.; Zers.]. λ_{max}: 230 nm (*Po., Sm.*, l. c. S. 4019).

VIII   IX   X

Stammverbindungen $C_{14}H_{19}N_3$

3-Heptyl-benzo[*e*][1,2,4]triazin $C_{14}H_{19}N_3$, Formel X.

B. Aus [1-Nitro-octyl]-[2-nitro-phenyl]-diazen bei der Hydrierung an Palladium/Kohle in Essigsäure enthaltendem Methanol (*Fusco, Bianchetti*, Rend. Ist. lomb. **91** [1957] 936, 943).

$Kp_{0,8}$: 160° [Badtemperatur].

4-[4,5-Dihydro-1*H*-imidazol-2-yl]-1-methyl-4-phenyl-piperidin $C_{15}H_{21}N_3$, Formel XI (R = CH_3).

B. Beim Erhitzen von 1-Methyl-4-phenyl-piperidin-4-carbonitril-benzolsulfonat (E III/IV **22** 1007) mit Äthylendiamin-mono-[toluol-4-sulfonat] auf 200° (*Wilson*, Soc. **1950** 2173, 2176).

F: 112−114°.

Dihydrochlorid $C_{15}H_{21}N_3 \cdot 2HCl$. Kristalle (aus A.+Ae.); F: 336−337°.

1-Benzyl-4-[4,5-dihydro-1*H*-imidazol-2-yl]-4-phenyl-piperidin $C_{21}H_{25}N_3$, Formel XI (R = CH_2-C_6H_5).

B. Analog der vorangehenden Verbindung (*Wilson*, Soc. **1950** 2173, 2176).

Kristalle (aus wss. A.); F: 155−156°.

Dihydrochlorid $C_{21}H_{25}N_3 \cdot 2HCl$. Kristalle (aus Me.+Ae.); F: 215−218°.

XI   XII

Stammverbindungen $C_{29}H_{49}N_3$

5,7-Diisopentyl-3-[(2S)-cis-5-methyl-piperazin-2-ylmethyl]-2-tert-pentyl-indol, Desoxyhydro=
echinulin $C_{29}H_{49}N_3$, Formel XII.

B. Aus Desoxyechinulin (2-[1,1-Dimethyl-allyl]-5,7-bis-[3-methyl-but-2-enyl]-3-[(2S)-cis-5-
methyl-piperazin-2-ylmethyl]-indol [S. 240]) bei der Hydrierung an Platin in Essigsäure (Quilico
et al., G. **88** [1958] 125, 144; R.A.L. [8] **22** [1957] 411, 414). Aus Hydroechinulin (S. 605)
beim Erwärmen mit LiAlH₄ in Äther (Qu. et al., G. **88** 140; R.A.L. [8] **22** 414).

Kp$_{0,05}$: 210° (Qu. et al., G. **88** 144). $[\alpha]_D^{20}$: −1,5° [Lösungsmittel nicht angegeben] (Qu.
et al., G. **88** 141). IR-Spektrum (Nujol; 2−15 μ): Qu. et al., G. **88** 130. UV-Spektrum (Cyclo=
hexan; 220−300 nm): Qu. et al., G. **88** 132.

Beim Behandeln mit NaNO₂ in Essigsäure ist ein Mononitro-dinitroso-Derivat
$C_{29}H_{46}N_6O_4$ (gelbe Kristalle [aus wss. A.]; F: 205°; IR-Spektrum [Nujol; 2−15 μ]) erhalten
worden (Qu. et al., G. **88** 134, 142).   [Fiedler]

Stammverbindungen $C_nH_{2n-11}N_3$

Stammverbindungen $C_9H_7N_3$

5-Phenyl-[1,2,4]triazin $C_9H_7N_3$, Formel I.

B. Beim Erhitzen von Benzolsulfonsäure-[N′-(5-phenyl-[1,2,4]triazin-3-yl)-hydrazid] mit wss.
NaOH (Rossi, Rend. Ist. lomb. **88** [1955] 185, 191). Beim Erwärmen von 3-Hydrazino-5-phenyl-
[1,2,4]triazin mit HgO in Äthanol (Ro.).

Kristalle (aus H₂O); F: 99°.

Phenyl-[1,3,5]triazin $C_9H_7N_3$, Formel II (X = X′ = X″ = H).

B. Neben Diphenyl-[1,3,5]triazin beim Erhitzen von Formamidin-hydrochlorid mit Benzami=
din-hydrochlorid auf 250°/10−20 Torr (Schaefer et al., Am. Soc. **81** [1959] 1466, 1470). Beim
Behandeln von [1,3,5]Triazin mit Benzamidin-hydrochlorid in Methanol (Schaefer, Peters, Am.
Soc. **81** [1959] 1470, 1473). Beim Erwärmen von Bis-methylmercapto-phenyl-[1,3,5]triazin mit
Raney-Nickel in Dioxan (Grundmann et al., B. **86** [1953] 181, 184).

Kristalle; F: 65−66° (Gr. et al.), 64−65° (Sch., Pe.), 63,5° [aus wss. A.] (Gr. et al.).

Verbindung mit Silbernitrat $2C_9H_7N_3 \cdot AgNO_3$. Kristalle (Gr. et al.).

Difluor-phenyl-[1,3,5]triazin $C_9H_5F_2N_3$, Formel II (X = F, X′ = X″ = H).

B. Aus Dichlor-phenyl-[1,3,5]triazin beim Erhitzen mit SbF₃, SbCl₃ und Chlor auf 160−180°
(Kober, Grundmann, Am. Soc. **81** [1959] 3769).

Kristalle (aus PAe.); F: 98,5−99,5°.

Dichlor-phenyl-[1,3,5]triazin $C_9H_5Cl_2N_3$, Formel II (X = Cl, X′ = X″ = H) (E II 16).

B. Neben Chlor-diphenyl-[1,3,5]triazin beim Behandeln von Trichlor-[1,3,5]triazin mit Phenyl=
magnesiumbromid in Äther (Hirt et al., Helv. **33** [1950] 1365, 1368; Grundmann et al., B.
86 [1953] 181, 183). Aus 6-Phenyl-1H-[1,3,5]triazin-2,4-dion beim Erhitzen mit POCl₃ (Fairfull,
Peak, Soc. **1955** 803, 807; Schaefer et al., Am. Soc. **77** [1955] 5918, 5921 Anm. 16), mit PCl₅
in Nitrobenzol (BASF, U.S.P. 2832779 [1956]) oder mit Chlor und PCl₃ in Chlorbenzol (Mur,
Ž. obšč. Chim. **29** [1959] 2267, 2269; engl. Ausg. S. 2232).

Kristalle; F: 121−123° [korr.; aus Bzl.] (Sch. et al.), 119−120° [aus A.] (Fa., Peak), 118−119°
[aus PAe.] (Mur). Kp₁: 136° (Hirt et al.).

I   II   III   IV

Dichlor-[2-chlor-phenyl]-[1,3,5]triazin $C_9H_4Cl_3N_3$, Formel II (X = X' = Cl, X'' = H).

B. Beim aufeinanderfolgenden Erhitzen von 2-Chlor-benzonitril mit Cyanguanidin und KOH in 2-Methoxy-äthanol und mit PCl_5 und $POCl_3$ (*BASF,* U.S.P. 2832779 [1956]).

Kristalle (aus Trichloräthen); F: 152 – 154°.

[3-Nitro-phenyl]-[1,3,5]triazin $C_9H_6N_4O_2$, Formel II (X = X' = Cl, X'' = NO_2).

B. Aus 3-Nitro-benzamidin-hydrochlorid und [1,3,5]Triazin in Methanol (*Schaefer, Peters,* Am. Soc. **81** [1959] 1470, 1473).

Kristalle (aus wss. Me.); F: 120 – 122° [unkorr.].

5-Nitro-2-[3]pyridyl-pyrimidin $C_9H_6N_4O_2$, Formel III.

B. Beim Erwärmen von Nicotinamidin-hydrochlorid mit der Natrium-Verbindung des Nitro= malonaldehyds und Benzyl-trimethyl-ammonium-hydroxid in H_2O (*Fanta, Hedman,* Am. Soc. **78** [1956] 1434, 1435).

Kristalle; F: 202 – 203° [korr.].

4-[3]Pyridyl-pyrimidin $C_9H_7N_3$, Formel IV.

B. Beim Behandeln von [3]Pyridyllithium mit Pyrimidin in Äther bei −70° und Behandeln des Reaktionsprodukts mit $KMnO_4$ in Aceton (*Bredereck et al.,* B. **91** [1958] 2832, 2847).

Kristalle (aus PAe.); F: 89°.

Picrat $C_9H_7N_3 \cdot C_6H_3N_3O_7$. Kristalle (aus A.); F: 167 – 168° [unkorr.].

Verbindung mit Bis-[4-chlor-benzolsulfonyl]-amin $C_9H_7N_3 \cdot C_{12}H_9Cl_2NO_4S_2$. Kristalle (aus A.); F: 202 – 203° [unkorr.].

Stammverbindungen $C_{10}H_9N_3$

3-Methyl-6-phenyl-[1,2,4]triazin $C_{10}H_9N_3$, Formel V.

B. Beim Erwärmen von 3-Methyl-6-phenyl-4,5-dihydro(?)-[1,2,4]triazin (S. 184) mit $K_2Cr_2O_7$ in wss. Essigsäure (*Sprio, Madonia,* G. **87** [1957] 992, 995).

Hellgelbe Kristalle (aus wss. A.); F: 106 – 108°.

6-Methyl-5-phenyl-[1,2,4]triazin $C_{10}H_9N_3$, Formel VI.

B. Aus Ameisensäure-[1-methyl-2-oxo-2-phenyl-äthylidenhydrazid] beim Erhitzen mit äth= anol. NH_3 auf 140 – 145° (*Metze,* B. **88** [1955] 772, 774, 777, 778).

Kristalle (aus wss. A.); F: 96°.

V   VI   VII   VIII   IX

Benzyl-[1,3,5]triazin $C_{10}H_9N_3$, Formel VII.

Die von *Novelli* (An. Asoc. quim. arg. **31** [1943] 23, 28) mit Vorbehalt unter dieser Konstitution beschriebene Verbindung ist als 5-Phenyl-pyrimidin-4-ylamin zu formulieren (*Davies, Piggott,* Soc. **1945** 347 Anm.).

B. Neben Dibenzyl-[1,3,5]triazin beim Erhitzen von [1,3,5]Triazin mit 2-Phenyl-acetamidin-hydrochlorid in Acetonitril (*Schaefer, Peters,* Am. Soc. **81** [1959] 1470, 1473).

Kp_2: 100 – 105°.

Dichlor-o-tolyl-[1,3,5]triazin $C_{10}H_7Cl_2N_3$, Formel VIII.

B. Beim Erhitzen von 6-o-Tolyl-1H-[1,3,5]triazin-2,4-dion mit $SOCl_2$ und PCl_5 in 1,2-Dichlor-

benzol (*Am. Cyanamid Co.*, U.S.P. 2691018 [1951]).
Kristalle (aus PAe.).

4-Phenyl-5-vinyl-1*H*-[1,2,3]triazol $C_{10}H_9N_3$, Formel IX und Taut.
Die von *Fridman, Lišowš'ka* (Zap. Inst. Chim. Ukr. Akad. **6** [1940] Nr. 3/4, S. 350, 362;
C. A. **1941** 2470) unter dieser Konstitution beschriebene Verbindung ist als 5-Phenyl-1-vinyl-1*H*-
[1,2,3]triazol zu formulieren (*Boyer et al.*, J. org. Chem. **23** [1958] 1051 Anm. 4).

4-[6-Methyl-[3]pyridyl]-pyrimidin $C_{10}H_9N_3$, Formel X.
B. Beim Erhitzen von 1-[6-Methyl-[3]pyridyl]-äthanon mit Tris-formylamino-methan und
Formamid auf 150° unter Zusatz von Toluol-4-sulfonsäure (*Bredereck et al.*, B. **93** [1960] 1402,
1404; s. a. *Bredereck et al.*, Ang. Ch. **71** [1959] 753, 770).
Kristalle (aus PAe.); F: 99°; Kp_{14}: 168° (*Br. et al.*, B. **93** 1405).

X   XI   XII

4,9-Dihydro-1*H*-naphtho[2,3-*d*][1,2,3]triazol $C_{10}H_9N_3$, Formel XI und Taut.
B. Beim Erwärmen von 1*H*-Naphtho[2,3-*d*][1,2,3]triazol mit Natrium-Amalgam und Äthanol
(*Fries et al.*, A. **516** [1935] 248, 264).
Kristalle (aus H_2O); F: 157°.
Methyl-Derivat $C_{11}H_{11}N_3$; 1(?)-Methyl-4,9-dihydro-1(?)*H*-naphtho[2,3-*d*]-
[1,2,3]triazol. Kristalle (aus PAe.); F: 147°.
Acetyl-Derivat $C_{12}H_{11}N_3O$; 1(?)-Acetyl-4,9-dihydro-1(?)*H*-naphtho[2,3-*d*]-
[1,2,3]triazol. Kristalle (aus PAe.); F: 173°.

**1-[2-Chlor-anilino]-2,3-dihydro-1*H*-naphtho[1,2-*d*][1,2,3]triazol(?), [2-Chlor-phenyl]-[2,3-dihydro-
naphtho[1,2-*d*][1,2,3]triazol-1-yl]-amin(?)** $C_{16}H_{13}ClN_4$, vermutlich Formel XII.
B. Beim Behandeln von 1-[2-Chlor-phenylazo]-[2]naphthylamin mit $NaNO_2$ und wss. H_2SO_4
und Behandeln des Reaktionsprodukts mit $SnCl_2$ und konz. wss. HCl (*Hodgson, Foster*, Soc.
1942 435, 437).
Kristalle (aus Toluol); F: 196° [Zers.].

1-Äthyl-9-chlor-2,3-dihydro-1*H*-imidazo[1,2-*c*]chinazolinium $[C_{12}H_{13}ClN_3]^+$, Formel XIII.
Chlorid $[C_{12}H_{13}ClN_3]Cl$. B. Beim Erwärmen von 4,6-Dichlor-chinazolin mit Äthyl-[2-chlor-
äthyl]-amin in Benzol (*Sherrill et al.*, J. org. Chem. **19** [1954] 699, 706). — Kristalle (aus
$CHCl_3$ + Acn.); F: 281—282° [korr.]. UV-Spektrum (A.; 240—370 nm): *Sh. et al.*, l. c. S. 704.
Jodid $[C_{12}H_{13}ClN_3]I$. Grüngelbe Kristalle (aus A.); F: 261,6—262,2° [korr.].
Picrat $[C_{12}H_{13}ClN_3]C_6H_2N_3O_7$. Gelbe Kristalle (aus A.); F: 154,2—154,7° [korr.].

XIII   XIV   XV

2-Propyl-2,3-dihydro-1*H*-pyrrolo[3,4-*b*]chinoxalin $C_{13}H_{15}N_3$, Formel XIV (R = CH_2-C_2H_5).
B. In kleiner Menge beim Behandeln von 2,3-Bis-brommethyl-chinoxalin mit Propylamin

in Benzol (*Ried, Grabosch*, B. **91** [1958] 2485, 2492).
Hellbraune Kristalle (aus A.); F: 160−161°.

Die folgenden Verbindungen sind in analoger Weise hergestellt worden:
2-Butyl-2,3-dihydro-1 *H*-pyrrolo[3,4-*b*]chinoxalin $C_{14}H_{17}N_3$,   Formel XIV
(R = [CH₂]₃-CH₃). Gelbliche Kristalle (aus A.); F: 118−119°.
2-Allyl-2,3-dihydro-1 *H*-pyrrolo[3,4-*b*]chinoxalin $C_{13}H_{13}N_3$,   Formel XIV
(R = CH₂-CH=CH₂). Hygroskopische Kristalle (aus A.); F: 172°. − Picrat. Kristalle (aus
Dioxan); F: 177°.
2-Cyclohexyl-2,3-dihydro-1 *H*-pyrrolo[3,4-*b*]chinoxalin $C_{16}H_{19}N_3$,   Formel XIV
(R = C₆H₁₁). Hygroskopische Kristalle (aus A.); F: 233−235°.
2-Benzyl-2,3-dihydro-1 *H*-pyrrolo[3,4-*b*]chinoxalin $C_{17}H_{15}N_3$,   Formel XIV
(R = CH₂-C₆H₅). Kristalle (aus Butan-1-ol); F: 212,5−214,5°.

2,2-Dibutyl-2,3-dihydro-1 *H*-pyrrolo[3,4-*b*]chinoxalinium $[C_{18}H_{26}N_3]^+$, Formel XV.
Bromid [$C_{18}H_{26}N_3$]Br. *B.* Beim Behandeln [2−3 d] von 2,3-Bis-brommethyl-chinoxalin mit
Dibutylamin in CHCl₃ (*Ried, Grabosch*, B. **91** [1958] 2485, 2494). − Kristalle (aus A.) mit
0,5 Mol H₂O; F: 205−206° [Zers.].

Stammverbindungen $C_{11}H_{11}N_3$

3,5-Dimethyl-6-phenyl-[1,2,4]triazin $C_{11}H_{11}N_3$, Formel I.
B. Beim Erhitzen von 3,5-Dimethyl-6-phenyl-4,5-dihydro-[1,2,4]triazin mit Schwefel (*Metze*,
B. **91** [1958] 1863, 1866).
Gelbliche Kristalle (aus A.); F: 63°.

3,6-Dimethyl-5-phenyl-[1,2,4]triazin $C_{11}H_{11}N_3$, Formel II.
B. Beim Erhitzen von Essigsäure-[1-methyl-2-oxo-2-phenyl-äthylidenhydrazid] mit äthanol.
NH₃ auf 145−150° (*Metze*, B. **88** [1955] 772, 774, 777).
Gelbgrüne Kristalle (aus wss. A.); F: 102° (*Me.*).
Beim Erwärmen mit Zink und Essigsäure in Äthanol sind 3,6-Dimethyl-5-phenyl-1,2(?)-di=
hydro-[1,2,4]triazin (S. 187) und 2,4-Dimethyl-5-phenyl-1(3)*H*-imidazol (E III/IV **23** 1288) er=
halten worden (*Metze, Scherowsky*, B. **92** [1959] 2481, 2485).

I   II   III   IV

5,6-Dimethyl-3-phenyl-[1,2,4]triazin $C_{11}H_{11}N_3$, Formel III.
B. Beim Erhitzen von Benzoesäure-[1-methyl-2-oxo-propylidenhydrazid] mit äthanol. NH₃
auf 130−135° (*Metze*, B. **88** [1955] 772, 773, 778).
Kristalle (aus wss. A.); F: 82° (*Me.*).
Beim Erwärmen mit Zink und Essigsäure in Äthanol sind 5,6-Dimethyl-3-phenyl-1,2(?)-di=
hydro-[1,2,4]triazin (S. 187) und 4,5-Dimethyl-2-phenyl-1*H*-imidazol (E III/IV **23** 1288) erhalten
worden (*Metze, Scherowsky*, B. **92** [1959] 2481, 2485).

Dimethyl-phenyl-[1,3,5]triazin $C_{11}H_{11}N_3$, Formel IV (X = H).
B. Beim Erwärmen der folgenden Verbindung mit Zink und Kupfer(II)-acetat in Methanol
(*Grundmann et al.*, B. **86** [1953] 181, 185).
F: 36−37°; Kp₇₆₀: ca. 270° [geringe Zers.]; Kp₁₂: 137−138° (*Gr. et al.*).
Beim Behandeln mit Brom in CCl₄ ist eine Verbindung $C_{11}H_{11}Br_2N_3$ (orangefarbene
Kristalle; F: 138−139° [korr.; Zers.]) erhalten worden (*Grundmann, Kreutzberger*, Am. Soc.

77 [1955] 44, 47).
Verbindung mit Silbernitrat $2C_{11}H_{11}N_3 \cdot AgNO_3$. Kristalle (*Gr. et al.*).
Picrat $C_{11}H_{11}N_3 \cdot C_6H_3N_3O_7$. Gelbe Kristalle (aus A.); F: 152 – 153° [korr.] (*Gr. et al.*).

Phenyl-bis-trichlormethyl-[1,3,5]triazin $C_{11}H_5Cl_6N_3$, Formel IV (X = Cl).
B. Beim Behandeln von Benzonitril mit überschüssigem Trichloracetonitril und HCl (*I.G. Farbenind.*, D.R.P. 682391 [1937]; D.R.P. Org. Chem. **6** 2619; *Grundmann et al.*, A. **577** [1952] 77, 91). Beim Erhitzen von Bis-[2,2,2-trichlor-acetimidoyl]-amin mit Benzamidin-hydrochlorid (*Schaefer et al.*, Am. Soc. **81** [1959] 1466, 1470).
Kristalle; F: 97 – 98° [aus A.] (*I.G. Farbenind.*), 96 – 98° [aus A.] (*Gr. et al.*; s. a. *Sch. et al.*), 76 – 79° [aus wss. A. oder wss. Acn.] (*Sch. et al.*).

3-Methyl-1-phenyl-5-*trans*-styryl-1*H*-[1,2,4]triazol $C_{17}H_{15}N_3$, Formel V.
B. Beim Erhitzen von Acetyl-*trans*-cinnamoyl-amin mit Phenylhydrazin-hydrochlorid auf 140 – 150° (*Atkinson et al.*, Soc. **1954** 4256, 4262).
Kristalle; F: 74° [nach Sublimation bei 145°/0,1 Torr]. λ_{max} (A.): 300 nm.
Picrat $C_{17}H_{15}N_3 \cdot C_6H_3N_3O_7$. Dimorph; monokline Kristalle (aus wss. A.), F: 172° [korr.] und Kristalle, F: 154° [korr.] (instabile Modifikation).

(±)-1-Phenyl-(3a*t*,9a*t*)-3a,4,9,9a-tetrahydro-1*H*-4*r*,9*c*-methano-naphtho[2,3-*d*][1,2,3]triazol
$C_{17}H_{15}N_3$, Formel VI + Spiegelbild.
B. Aus 1,4-Dihydro-1,4-methano-naphthalin und Azidobenzol (*Wittig, Knauss*, B. **91** [1958] 895, 904).
Kristalle (aus A.); F: 164 – 164,5° [Zers.].

V   VI   VII

Stammverbindungen $C_{12}H_{13}N_3$

5,6-Dimethyl-3-[4-nitro-benzyl]-[1,2,4]triazin $C_{12}H_{12}N_4O_2$, Formel VII.
B. Beim Erhitzen von [4-Nitro-phenyl]-essigsäure-[1-methyl-2-oxo-propylidenhydrazid] mit äthanol. NH_3 (*Metze*, B. **89** [1956] 2056, 2057, 2059).
Kristalle (aus A.); F: 91°.

3-Äthyl-6-methyl-5-phenyl-[1,2,4]triazin $C_{12}H_{13}N_3$, Formel VIII.
B. Beim Erhitzen von Propionsäure-[1-methyl-2-oxo-2-phenyl-äthylidenhydrazid] mit äthanol. NH_3 auf 140 – 145° (*Metze*, B. **88** [1955] 772, 774, 777).
Gelbe Kristalle (aus PAe.); F: 64°.

5-Äthyl-6-methyl-3-phenyl-[1,2,4]triazin $C_{12}H_{13}N_3$, Formel IX.
B. Beim Erhitzen von Benzoesäure-[1-methyl-2-oxo-butylidenhydrazid] mit äthanol. NH_3 auf 140 – 145° (*Metze*, B. **88** [1955] 772, 774, 777).
Hellgelbe Kristalle (aus A.); F: 122°.

VIII   IX   X   XI

2-[1,3-Diphenyl-imidazolidin-2-yl]-chinolin $C_{24}H_{21}N_3$, Formel X.
B. Beim Erwärmen von Chinolin-2-carbaldehyd mit N,N'-Diphenyl-äthylendiamin und wss.
Essigsäure in Methanol (*Mathes, Sauermilch*, B. **88** [1955] 1276, 1280, 1281).
Kristalle; F: 160,5°.

4-[1,3-Diphenyl-imidazolidin-2-yl]-chinolin $C_{24}H_{21}N_3$, Formel XI.
B. Analog der vorangehenden Verbindung (*Mathes, Sauermilch*, B. **88** [1955] 1276, 1280,
1281).
Kristalle; F: 192,5°.

3-[4,5-Dihydro-1*H*-imidazol-2-ylmethyl]-indol $C_{12}H_{13}N_3$, Formel XII.
B. Aus Indol-3-yl-acetonitril und Äthylendiamin beim Erwärmen mit H_2S in Äthanol (*CIBA*,
U.S.P. 2505247 [1946]).
F: 131−132°.

3-Phenyl-2,3,4,5-tetrahydro-1*H*-azepino[4,5-*b*]chinoxalin $C_{18}H_{17}N_3$, Formel XIII.
B. Beim Erwärmen von 5-Hydroxy-1-phenyl-hexahydro-azepin-4-on mit Kupfer(II)-acetat-
monohydrat in Methanol und Erwärmen des Reaktionsprodukts (orangefarbene Kristalle; F:
80−84°) mit *o*-Phenylendiamin in Äthanol (*Leonard et al.*, Am. Soc. **76** [1954] 5708, 5713).
Kristalle (aus wss. A.); F: 130−131° [korr.].

XII   XIII   XIV   XV

Stammverbindungen $C_{13}H_{15}N_3$

5,6-Diäthyl-3-phenyl-[1,2,4]triazin $C_{13}H_{15}N_3$, Formel XIV.
B. Beim Erhitzen von Benzoesäure-[1-äthyl-2-oxo-butylidenhydrazid] mit äthanol. NH_3 auf
125−130° (*Metze*, B. **88** [1955] 752, 774, 777).
Kristalle (aus wss. A.); F: 56°.

3-Phenyl-6,7,8,9-tetrahydro-5*H*-[1,2,4]triazolo[4,3-*a*]azepin $C_{13}H_{15}N_3$, Formel XV
(X = X' = H).
B. Beim Behandeln von 7-Methoxy-3,4,5,6-tetrahydro-2*H*-azepin mit Benzoesäure-hydrazid
in Methanol und anschliessenden Erwärmen (*Petersen, Tietze*, B. **90** [1957] 909, 916).
Kristalle (aus E.); F: 133°.

3-[4-Chlor-phenyl]-6,7,8,9-tetrahydro-5*H*-[1,2,4]triazolo[4,3-*a*]azepin $C_{13}H_{14}ClN_3$, Formel XV
(X = H, X' = Cl).
B. Analog der vorangehenden Verbindung (*Petersen, Tietze*, B. **90** [1957] 909, 916).
Kristalle (aus Essigsäure-[2-methoxy-äthylester]); F: 171°.

3-[2,4-Dichlor-phenyl]-6,7,8,9-tetrahydro-5*H*-[1,2,4]triazolo[4,3-*a*]azepin $C_{13}H_{13}Cl_2N_3$,
Formel XV (X = X' = Cl).
B. Analog den vorangehenden Verbindungen (*Petersen, Tietze*, B. **90** [1957] 909, 916).
Kristalle (aus E.); F: 131°.

3-[4-Nitro-phenyl]-6,7,8,9-tetrahydro-5*H*-[1,2,4]triazolo[4,3-*a*]azepin $C_{13}H_{14}N_4O_2$, Formel XV
(X = H, X' = NO_2).
B. Beim Erhitzen von 4-Nitro-benzoesäure-hexahydroazepin-2-ylidenhydrazid (E III/IV

21 3204) in Essigsäure (*Petersen, Tietze,* B. **90** [1957] 909, 919).

Kristalle (aus Essigsäure-[2-methoxy-äthylester]); F: 184°.

(±)-1,5*t*(oder 6*t*)-Diphenyl-(3a*t*,7a*t*)-3a,4,5,6,7,7a-hexahydro-1*H*-4*r*,7*c*-methano-benzotriazol $C_{19}H_{19}N_3$, Formel I oder Formel II + Spiegelbild.

B. Aus (±)-5*endo*-Phenyl-norborn-2-en und Azidobenzol (*Alder, Rickert,* B. **71** [1938] 379, 385).

Kristalle (aus E.); F: 134—135°.

Stammverbindungen $C_{14}H_{17}N_3$

3-Cyclohexyl-5-phenyl-1*H*-[1,2,4]triazol $C_{14}H_{17}N_3$, Formel III und Taut.

B. Beim Erhitzen von Cyclohexancarbonsäure-hydrazid mit Benzonitril auf 230° (*BASF,* D.B.P. 1076136 [1958]).

Kristalle; F: 122—124°.

I   II   III   IV   V

4,5,6,7,8,9-Hexahydro-3*H*-1,10-epaminylyliden-benzo[*c*][1,6]diazacyclododecin, 1,3-Diaza-2-(1,3)isoindola-cyclonon-1-en [1]) $C_{14}H_{17}N_3$, Formel IV.

B. Beim Erwärmen von Phthalonitril mit Hexandiyldiamin und methanol. Natriummethylat (*Farbenfabr. Bayer,* U.S.P. 2739151 [1952], 2752346 [1952]).

Kristalle (aus Me.) mit 2 Mol Methanol; F: 210—218°.

Acetyl-Derivat $C_{16}H_{19}N_3O$; 2-Acetyl-4,5,6,7,8,9-hexahydro-3*H*-1,10-epamin≠ ylyliden-benzo[*c*][1,6]diazacyclododecin, 3-Acetyl-1,3-diaza-2-(1,3)isoindola-cyclonon-1-en. Kristalle (aus Me.); F: 154°.

(±)-5,7-Dimethyl-3-*p*-tolyl-4,5,6,7-tetrahydro-1(2)*H*-pyrazolo[4,3-*c*]pyridin $C_{15}H_{19}N_3$, Formel V und Taut.

B. Beim Erwärmen von (±)-1,3-Dimethyl-5-*p*-toluoyl-piperidin-4-on mit N_2H_4 in Äthanol (*van Heyningen,* Am. Soc. **80** [1958] 156).

Kristalle (aus wss. A.); F: 117° [unkorr.; nach Erweichen bei 108°].

1,1,3,3-Tetramethyl-2,3-dihydro-1*H*-pyrrolo[3,4-*b*]chinoxalin $C_{14}H_{17}N_3$, Formel VI (R = H).

B. Beim Erwärmen von 2,2,5,5-Tetramethyl-pyrrolidin-3,4-dion mit *o*-Phenylendiamin in Äth≠ anol (*Sandris, Ourisson,* Bl. **1958** 345, 348).

Kristalle; F: 118—120° [nach Sublimation]. λ_{max} (A.): 239 nm und 322 nm.

2-Acetyl-1,1,3,3-tetramethyl-2,3-dihydro-1*H*-pyrrolo[3,4-*b*]chinoxalin $C_{16}H_{19}N_3O$, Formel VI (R = CO-CH₃).

B. Beim Erwärmen von 1-Acetyl-2,2,5,5-tetramethyl-pyrrolidin-3,4-dion mit *o*-Phenylendi≠ amin in Äthanol (*Sandris, Ourisson,* Bl. **1958** 345, 349).

Kristalle; F: 212—214° [nach Sublimation]. λ_{max} (A.): 238 nm und 323 nm.

---

[1]) Über diese Bezeichnungsweise s. *Kauffmann,* Tetrahedron **28** [1972] 5183.

VI   VII   VIII

(±)-1,3,4,6,7,13b-Hexahydro-2H-benz[4,5]imidazo[1,2-a]pyrido[2,1-c]pyrazin,
(±)-1,3,4,6,7,13b-Hexahydro-2H-pyrido[2',1':3,4]pyrazino[1,2-a]benzimidazol
$C_{14}H_{17}N_3$, Formel VII.

B. Bei der Hydrierung von 6,7-Dihydro-benz[4,5]imidazo[1,2-a]pyrido[2,1-c]pyrazinylium-
bromid an Platin in H_2O (*McManus, Herbst,* J. org. Chem. **24** [1959] 1042).
Kristalle; F: 158,5−160° [unkorr.]. λ_{max} (A.): 254 nm, 275 nm und 282 nm.

Stammverbindungen $C_{15}H_{19}N_3$

3-Phenyl-6,7,8,9,10,11-hexahydro-5H-[1,2,4]triazolo[4,3-a]azonin $C_{15}H_{19}N_3$, Formel VIII.
·*B.* Beim Behandeln von 9-Methoxy-3,4,5,6,7,8-hexahydro-2H-azonin mit Benzoesäure-hydr‑
azid in Methanol und anschliessenden Erwärmen (*Petersen, Tietze,* B. **90** [1957] 909, 917).
Kristalle (aus Essigsäure-[2-methoxy-äthylester]); F: 113°.

**6,7,8-Triaza-tricyclo[12.2.2.0^{5,9}]octadeca-5(9),7,14,16,17-pentaen, [5]1H-1-(1,4)Phena-
5-(4,5)[1,2,3]triazola-cyclononan** [1]) $C_{15}H_{19}N_3$, Formel IX und Taut.
B. Beim Erwärmen von [9]Paracyclophan-4,5-dion mit N_2H_4 in Äthanol (*Cram, Antar,* Am.
Soc. **80** [1958] 3109, 3114).
Orangegelbe Kristalle (aus A.); F: 215−218°.

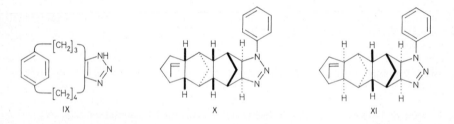

IX   X   XI

3-Phenyl-$\Delta^{1,6}$(oder $\Delta^{1,7}$)-dodecahydro-4,10;5,9-dimethano-cyclopenta[6,7]naphtho[2,3-d]triazol
$C_{21}H_{23}N_3$.

a) **(±)-3-Phenyl-(3at,4ac,5ac,8ac,9ac,10at)-$\Delta^{1,6}$(oder $\Delta^{1,7}$)-dodecahydro-4r,10c;5t,9t-di‑
methano-cyclopenta[6,7]naphtho[2,3-d]triazol,** Formel X + Spiegelbild.
B. Beim Behandeln von (±)-(3at,4at,8at,9at)-3a,4,4a,5,8,8a,9,9a-Octahydro-1H-4r,9c;5t,8t-di‑
methano-cyclopenta[b]naphthalin (,,(±)-β-Tricyclopentadien'' [E III **5** 1686]) mit Azidobenzol
(*Alder, Stein,* A. **496** [1932] 204, 244).
Kristalle (aus E.); F: 196°.

b) **(±)-3-Phenyl-(3at,4ac,5at,8at,9ac,10at)-$\Delta^{1,6}$(oder $\Delta^{1,7}$)-dodecahydro-4r,10c;5t,9t-di‑
methano-cyclopenta[6,7]naphtho[2,3-d]triazol,** Formel XI + Spiegelbild.
B. Beim Erwärmen von (±)-(3ac,4at,8at,9ac)-3a,4,4a,5,8,8a,9,9a-Octahydro-1H-4r,9c;5t,8t-di‑
methano-cyclopenta[b]naphthalin (,,(±)-α-Tricyclopentadien'' [E III **5** 1686]) mit Azidobenzol
(*Alder, Stein,* A. **485** [1931] 223, 246).
Kristalle (aus E.); F: 199−200° [Zers.].

---

[1]) Siehe S. 197 Anm.

Stammverbindungen $C_{17}H_{23}N_3$

*Opt.-inakt. 6-[2]Piperidyl-5,5a,6,7,8,9-hexahydro-pyrido[2,1-b]chinazolinylium $[C_{17}H_{24}N_3]^+$, Formel XII.

Dipicrat $[C_{17}H_{24}N_3]C_6H_2N_3O_7 \cdot C_6H_3N_3O_7$. *B*. Neben 5,5a,6,7,8,9-Hexahydro-pyrido[2,1-b]$\rightleftarrows$ chinazolinylium-picrat beim Behandeln [3 d] von Isotripiperidein (S. 85) mit wss. HCl und mit 2-Amino-benzaldehyd in wss. Lösung vom pH 4,6 und Behandeln der Reaktionslösung mit Picrinsäure (*Schöpf et al.*, A. **559** [1948] 1, 36, 37). — Orangefarbene Kristalle; F: 186 — 188° [nach Sintern ab 185°] (*Schöpf et al.*, B. **85** [1952] 937, 945), 175 — 178° [aus Eg.] (*Sch. et al.*, A. **559** 37).

Stammverbindungen $C_nH_{2n-13}N_3$

Stammverbindungen $C_{10}H_7N_3$

[1,2,3]Triazolo[1,5-a]chinolin $C_{10}H_7N_3$, Formel XIII.
B. Beim Erwärmen [18 h] von Chinolin-2-carbaldehyd-hydrazon mit Ag_2O in Äther (*Boyer et al.*, Am. Soc. **79** [1957] 678).
Kristalle (aus Hexan); F: 81°.

3-Brom-1-phenyl-1H-[1,2,3]triazolo[1,5-a]chinolinium $[C_{16}H_{11}BrN_3]^+$, Formel XIV (R = H) und Mesomere.
Bromid $[C_{16}H_{11}BrN_3]Br$. *B*. Beim Behandeln von Chinolin-2-carbaldehyd-phenylhydrazon mit *N*-Brom-succinimid in Äthylacetat (*Kuhn, Münzing*, B. **86** [1953] 858, 860). — Kristalle (aus A. + E.); Zers. bei 154 — 155°.

3-Brom-1-p-tolyl-1H-[1,2,3]triazolo[1,5-a]chinolinium $[C_{17}H_{13}BrN_3]^+$, Formel XIV (R = CH_3) und Mesomere.
Bromid $[C_{17}H_{13}BrN_3]Br$. *B*. Analog dem vorangehenden Bromid (*Kuhn, Münzing*, B. **86** [1953] 858, 860, 862). — Kristalle (aus A. + E. + Ae.); Zers. bei 149°.

[1,2,4]Triazolo[4,3-a]chinolin $C_{10}H_7N_3$, Formel XV (H 76; dort als 2.3-Diaza-6.7-benzo-indolizin bezeichnet).
B. Aus 2-Hydrazino-chinolin beim Erhitzen mit Orthoameisensäure-triäthylester (*Eastman Kodak Co.*, U.S.P. 2865749 [1956]) oder beim Erhitzen mit Ameisensäure und Erhitzen des Reaktionsprodukts mit Phenol (*Reynolds, VanAllan*, J. org. Chem. **24** [1959] 1478, 1484).
Hellgelbe Kristalle (aus Isobutylalkohol); F: 175° (*Re., Va.*). UV-Spektrum (Me.; 230 — 330 nm): *Re., Va.*, l. c. S. 1482, 1483.

XII   XIII   XIV   XV   XVI

1H-Naphtho[2,3-d][1,2,3]triazol $C_{10}H_7N_3$, Formel XVI (R = X = X' = H) und Taut. (H 72).
Verbrennungswärme: *Fries et al.*, A. **516** [1935] 248, 272.
Bei der Hydrierung an Platin in Essigsäure ist 5,6,7,8-Tetrahydro-1H-naphtho[2,3-d]$\rightleftarrows$

[1,2,3]triazol, beim Erwärmen mit Natrium-Amalgam und Äthanol ist dagegen 4,9-Dihydro-1*H*-naphtho[2,3-*d*][1,2,3]triazol erhalten worden (*Fr. et al.,* l. c. S. 264, 265). Überführung in 1*H*-Naphtho[2,3-*d*][1,2,3]triazol-4,9-dion durch Erhitzen mit $Na_2Cr_2O_7$ und wss. H_2SO_4: *Fr. et al.,* l. c. S. 266; in 16*H*-Dibenzo[*b,kl*]naphth[2,3-*h*]acridin-10,15-dion durch Erhitzen mit 6-Chlor-naphthacen-5,12-dion in Nitrobenzol unter Zusatz von Kaliumacetat und Kupfer(II)-acetat: *Waldmann, Hindenburg,* J. pr. [2] **156** [1940] 157, 165.

1-Methyl-1*H*-naphtho[2,3-*d*][1,2,3]triazol $C_{11}H_9N_3$, Formel XVI (R = CH_3, X = X' = H).
B. Aus 1*H*-Naphtho[2,3-*d*][1,2,3]triazol und Dimethylsulfat (*Fries et al.,* A. **516** [1935] 248, 264).
Kristalle (aus PAe.); F: 175°.

Naphtho[2,3-*d*][1,2,3]triazol-1-yl-methanol $C_{11}H_9N_3O$, Formel XVI (R = CH_2-OH, X = X' = H).
B. Aus 1*H*-Naphtho[2,3-*d*][1,2,3]triazol beim Behandeln mit wss. Formaldehyd in Äthanol (*Fries et al.,* A. **516** [1935] 248, 269).
Kristalle; F: 227° (*Farbenfabr. Bayer,* D.B.P. 933627 [1953]); Zers. bei 191° [aus Eg.] (*Fr. et al.*).

1-Brommethyl-1*H*-naphtho[2,3-*d*][1,2,3]triazol $C_{11}H_8BrN_3$, Formel XVI (R = CH_2-Br, X = X' = H).
B. Beim Behandeln von Naphtho[2,3-*d*][1,2,3]triazol-1-yl-methanol mit PBr_3 in Acetonitril (*Farbenfabr. Bayer,* D.B.P. 933627 [1953]).
F: 164°.

1-Acetyl-1*H*-naphtho[2,3-*d*][1,2,3]triazol $C_{12}H_9N_3O$, Formel XVI (R = CO-CH_3, X = X' = H).
B. Aus 1*H*-Naphtho[2,3-*d*][1,2,3]triazol und Acetanhydrid (*Fries et al.,* A. **516** [1935] 248, 264).
Kristalle (aus A.); F: 149°.

1-Chloracetyl-1*H*-naphtho[2,3-*d*][1,2,3]triazol $C_{12}H_8ClN_3O$, Formel XVI (R = CO-CH_2Cl, X = X' = H).
B. Beim Erwärmen von 1*H*-Naphtho[2,3-*d*][1,2,3]triazol mit Chloracetylchlorid in Benzol (*Fries et al.,* A. **516** [1935] 248, 270).
Grüngelbe Kristalle (aus PAe.); F: 179°.
Bildung von 4*H*-Naphtho[2,3-*b*][1,4]oxazin-3-on beim Behandeln mit $AlCl_3$ in Nitrobenzol: *Fr. et al.*

Naphtho[2,3-*d*][1,2,3]triazol-1-yl-essigsäure $C_{12}H_9N_3O_2$, Formel XVI (R = CH_2-CO-OH, X = X' = H).
B. Aus 1*H*-Naphtho[2,3-*d*][1,2,3]triazol und Chloressigsäure (*Fries et al.,* A. **516** [1935] 268, 270).
Gelbliche Kristalle (aus H_2O); F: 229°.

4,9-Dichlor-1*H*-naphtho[2,3-*d*][1,2,3]triazol $C_{10}H_5Cl_2N_3$, Formel XVI (R = H, X = X' = Cl) und Taut.
B. Beim Erwärmen von 1*H*-Naphtho[2,3-*d*][1,2,3]triazol mit Chlor in Essigsäure (*Fries et al.,* A. **516** [1935] 248, 268).
Gelbe Kristalle (aus Eg.); F: 291° [Zers.].

4-Brom-1*H*-naphtho[2,3-*d*][1,2,3]triazol $C_{10}H_6BrN_3$, Formel XVI (R = X' = H, X = Br) und Taut.
B. Beim Behandeln von 1*H*-Naphtho[2,3-*d*][1,2,3]triazol mit Brom in Essigsäure (*Fries et al.,* A. **516** [1935] 248, 268).
Rötlichbraune Kristalle (aus H_2O); F: 244° [Zers.].

4,9-Dibrom-1*H*-naphtho[2,3-*d*][1,2,3]triazol $C_{10}H_5Br_2N_3$, Formel XVI (R = H,
X = X' = Br) und Taut.
 B. Beim Behandeln von 1*H*-Naphtho[2,3-*d*][1,2,3]triazol mit Brom in Essigsäure (*Fries et al.*,
A. **516** [1935] 248, 269).
 Braungelbe Kristalle (aus Bzl. oder Eg.); F: 278° [Zers.].

1*H*-Naphtho[1,2-*d*][1,2,3]triazol $C_{10}H_7N_3$, Formel I (R = H) und Taut. (E I 17; E II 38).
 B. Beim Behandeln von *N*-[1-Amino-[2]naphthyl]-acetamid mit $NaNO_2$ und wss. HCl (*Leo=
nard, Hyson*, Am. Soc. **71** [1949] 1961, 1962).
 Kristalle; F: 188,5—189,5° [korr.] (*Le., Hy.*), 185—186° [aus $CHCl_3$] (*Anderson, Roedel*,
Am. Soc. **67** [1945] 955, 958). Verbrennungswärme: *Fries et al.*, A. **516** [1935] 248, 272. Absorp=
tionsspektrum in Äthanol (230—330 nm): *Baltazzi*, C. r. **231** [1950] 156; in Äther
(230—410 nm): *An., Ro.*

1-Methyl-1*H*-naphtho[1,2-*d*][1,2,3]triazol $C_{11}H_9N_3$, Formel I (R = CH_3).
 B. Neben 2-Methyl-2*H*-naphtho[1,2-*d*][1,2,3]triazol und 3-Methyl-3*H*-naphtho[1,2-*d*]=
[1,2,3]triazol beim Behandeln von 1*H*-Naphtho[1,2-*d*][1,2,3]triazol mit Dimethylsulfat und wss.
NaOH (*Krollpfeiffer et al.*, A. **515** [1935] 113, 122, 123).
 Kristalle (aus Ae. oder Bzl.+PAe.); F: 86—87° (*Kr. et al.*). UV-Spektrum (A.; 250—330 nm):
Baltazzi, C. r. **231** [1950] 156.
 Picrat $C_{11}H_9N_3 \cdot C_6H_3N_3O_7$. Gelbe Kristalle (aus A.); F: 163—164° (*Kr. et al.*).

2-Methyl-2*H*-naphtho[1,2-*d*][1,2,3]triazol $C_{11}H_9N_3$, Formel II.
 B. s. im vorangehenden Artikel.
 Kristalle (aus Me.); F: 74,5° (*Krollpfeiffer et al.*, A. **515** [1935] 113, 122). UV-Spektrum
(A.; 230—340 nm): *Baltazzi*, C. r. **231** [1950] 156.
 Picrat. Gelbgrüne Kristalle; F: 131—132° (*Kr. et al.*).

3-Methyl-3*H*-naphtho[1,2-*d*][1,2,3]triazol $C_{11}H_9N_3$, Formel III (R = CH_3) (E II 38).
 B. s. o. im Artikel 1-Methyl-1*H*-naphtho[1,2-*d*][1,2,3]triazol.
 Kristalle (aus Ae.); F: 109—110° (*Krollpfeiffer et al.*, A. **515** [1935] 113, 122, 123). UV-
Spektrum (A.; 250—330 nm): *Baltazzi et al.*, C. r. **231** [1950] 156.

1,3-Dimethyl-naphtho[1,2-*d*][1,2,3]triazolium $[C_{12}H_{12}N_3]^+$, Formel IV (R = R' = CH_3).
 Jodid $[C_{12}H_{12}N_3]I$. *B.* Aus 3-Methyl-3*H*-naphtho[1,2-*d*][1,2,3]triazol beim Erhitzen mit CH_3I
(*Krollpfeiffer et al.*, A. **515** [1935] 113, 126). — Kristalle (aus Me.); Zers. bei 208—209°.
 Picrat $[C_{12}H_{12}N_3]C_6H_2N_3O_7$. Gelbe Kristalle (aus A.); F: 185—186°.

2,3-Dimethyl-naphtho[1,2-*d*][1,2,3]triazolium $[C_{12}H_{12}N_3]^+$, Formel V (R = R' = CH_3).
 Jodid $[C_{12}H_{12}N_3]I$. *B.* Aus 2-Methyl-2*H*-naphtho[1,2-*d*][1,2,3]triazol beim längeren Behan=
deln mit CH_3I (*Krollpfeiffer et al.*, A. **515** [1935] 113, 126, 127). — Kristalle (aus Me.); Zers.
bei 168°.
 Methylsulfat $[C_{12}H_{12}N_3]CH_3O_4S$. *B.* Aus 2-Methyl-2*H*-naphtho[1,2-*d*][1,2,3]triazol beim Er=
hitzen mit Dimethylsulfat (*Kr. et al.*). — Kristalle (aus Me.); Zers. bei 198—199°.
 Picrat $[C_{12}H_{12}N_3]C_6H_2N_3O_7$. Gelbe Kristalle (aus A.); Zers. bei 229—230°.

3-Äthyl-3*H*-naphtho[1,2-*d*][1,2,3]triazol $C_{12}H_{11}N_3$, Formel III (R = C_2H_5).
 B. Aus *N*-Äthyl-*N*-[1-amino-[2]naphthyl]-toluol-4-sulfonamid beim Behandeln mit $NaNO_2$,

wss. HCl und Essigsäure und Erhitzen des Reaktionsprodukts mit H_2O (*Krollpfeiffer et al.,* A. **515** [1935] 113, 123).

Kristalle (aus Bzl. + PAe.); F: 74 − 75°.

1-Äthyl-3-methyl-naphtho[1,2-*d*][1,2,3]triazolium $[C_{13}H_{14}N_3]^+$, Formel IV (R = C_2H_5, R′ = CH_3).

Jodid $[C_{13}H_{14}N_3]I$. *B.* Aus 3-Methyl-3*H*-naphtho[1,2-*d*][1,2,3]triazol beim Erwärmen mit Äthyljodid (*Krollpfeiffer et al.,* A. **515** [1935] 113, 126). − Kristalle (aus Me.); Zers. bei 205°. − Perjodid. Dunkelbraune Kristalle (aus A.); F: 130 − 131°.

Picrat $[C_{13}H_{14}N_3]C_6H_2N_3O_7$. Gelbe Kristalle (aus A.); F: 185 − 186°.

3-Äthyl-1-methyl-naphtho[1,2-*d*][1,2,3]triazolium $[C_{13}H_{14}N_3]^+$, Formel IV (R = CH_3, R′ = C_2H_5).

Jodid $[C_{13}H_{14}N_3]I$. *B.* Beim Erwärmen von 3-Äthyl-3*H*-naphtho[1,2-*d*][1,2,3]triazol mit CH_3I oder beim Erwärmen von 1-Methyl-1*H*-naphtho[1,2-*d*][1,2,3]triazol mit Äthyljodid (*Krollpfeiffer et al.,* A. **515** [1935] 126, 133). − Grüngelbe Kristalle (aus Me.); Zers. bei 197 − 198°. − Perjodid. Braune Kristalle (aus A.); F: 125 − 126°.

Picrat $[C_{13}H_{14}N_3]C_6H_2N_3O_7$. Kristalle (aus A.); F: 125 − 126°.

2-Phenyl-2*H*-naphtho[1,2-*d*][1,2,3]triazol $C_{16}H_{11}N_3$, Formel VI (X = X′ = X″ = H) (H 72; E I 17; E II 38).

Kristalle (aus Ae.); F: 109° (*Pozzo-Balbi,* Ann. Chimica **43** [1953] 222, 223). UV-Spektrum (A.; 210 − 340 nm): *Baltazzi,* C. r. **231** [1950] 156.

Schmelzpunkte von Gemischen mit 1,3,5-Trinitro-benzol, mit Picrinsäure und mit Styphnin⸗säure: *Po.-Ba.*

Verbindung mit 1,3,5-Trinitro-benzol $C_{16}H_{11}N_3 \cdot C_6H_3N_3O_6$. Gelbe Kristalle (aus A.); F: 105° (*Po.-Ba.*).

Picrat $C_{16}H_{11}N_3 \cdot C_6H_3N_3O_7$. Gelbe Kristalle (aus Ae.); F: 104 − 105° (*Po.-Ba.*).

2-[2-Fluor-phenyl]-2*H*-naphtho[1,2-*d*][1,2,3]triazol $C_{16}H_{10}FN_3$, Formel VI (X = F, X′ = X″ = H).

B. Beim Behandeln von diazotiertem 2-Fluor-anilin mit [2]Naphthylamin in wss. HCl und anschliessenden Erwärmen mit $CuSO_4$ in wss. Pyridin (*Chmátal et al.,* Collect. **24** [1959] 494, 496).

Kristalle (aus PAe.); F: 106 − 107° [korr.] (*Ch. et al.,* Collect. **24** 497). UV-Spektrum (Cyclo⸗hexan; 220 − 360 nm): *Ch. et al.,* Collect. **24** 499.

Die folgenden Verbindungen sind in analoger Weise hergestellt worden:

2-[4-Fluor-phenyl]-2*H*-naphtho[1,2-*d*][1,2,3]triazol $C_{16}H_{10}FN_3$,   Formel VI (X = X′ = H, X″ = F). Kristalle (aus A. + Bzl.); F: 148 − 149° [korr.] (*Ch. et al.,* Collect. **24** 497). UV-Spektrum (Cyclohexan; 220 − 360 nm): *Ch. et al.,* Collect. **24** 499.

2-[2-Chlor-phenyl]-2*H*-naphtho[1,2-*d*][1,2,3]triazol $C_{16}H_{10}ClN_3$,   Formel VI (X = Cl, X′ = X″ = H). Kristalle; F: 137 − 138° [korr.; aus A. + Bzl.] (*Ch. et al.,* Collect. **24** 497), 128 − 128,5° (*Mur,* Ž. obšč. Chim. **25** [1955] 374, 379; engl. Ausg. S. 355, 358). UV-Spektrum (Cyclohexan; 220 − 360 nm): *Ch. et al.,* Collect. **24** 499.

2-[3-Chlor-phenyl]-2*H*-naphtho[1,2-*d*][1,2,3]triazol $C_{16}H_{10}ClN_3$,   Formel VI (X = X″ = H, X′ = Cl). Kristalle (aus A. + Bzl.); F: 159° [korr.] (*Ch. et al.,* Collect. **24** 497). UV-Spektrum (Cyclohexan; 220 − 360 nm): *Ch. et al.,* Collect. **24** 499.

2-[4-Chlor-phenyl]-2*H*-naphtho[1,2-*d*][1,2,3]triazol $C_{16}H_{10}ClN_3$,   Formel VI (X = X′ = H, X″ = Cl) (E II 38). Kristalle (aus A. + Bzl.); F: 187 − 188° [korr.] (*Ch. et al.,* Collect. **24** 497). UV-Spektrum (Cyclohexan; 220 − 360 nm): *Ch. et al.,* Collect. **24** 499.

2-[2-Brom-phenyl]-2*H*-naphtho[1,2-*d*][1,2,3]triazol $C_{16}H_{10}BrN_3$,   Formel VI (X = Br, X′ = X″ = H). Kristalle (aus wss. Eg.); F: 148 − 149° [korr.] (*Ch. et al.,* Collect. **24** 497). UV-Spektrum (Cyclohexan; 230 − 370 nm): *Ch. et al.,* Collect. **24** 499.

2-[2-Jod-phenyl]-2*H*-naphtho[1,2-*d*][1,2,3]triazol $C_{16}H_{10}IN_3$,   Formel VI (X = I,

$X' = X'' = H$). Kristalle (aus Bzl.); F: 123–124° [korr.] (*Ch. et al.*, Collect. **24** 497). UV-Spektrum (Cyclohexan; 230–375 nm): *Ch. et al.*, Collect. **24** 499.

2-[4-Jod-phenyl]-2*H*-naphtho[1,2-*d*][1,2,3]triazol $C_{16}H_{10}IN_3$,   Formel VI ($X = X' = H$, $X'' = I$) (E II 38). Kristalle (aus wss. Eg.); F: 223° [korr.] (*Ch. et al.*, Collect. **24** 497). UV-Spektrum (Cyclohexan; 220–370 nm): *Ch. et al.*, Collect. **24** 499.

2-[2-Nitro-phenyl]-2*H*-naphtho[1,2-*d*][1,2,3]triazol $C_{16}H_{10}N_4O_2$,   Formel VI ($X = NO_2$, $X' = X'' = H$) (E II 38). Rosafarbene Kristalle; F: 124,3–125° (*Mur*).

2-[4-Nitro-phenyl]-2*H*-naphtho[1,2-*d*][1,2,3]triazol $C_{16}H_{10}N_4O_2$,   Formel VI ($X = X' = H$, $X'' = NO_2$) (H 72; E II 39). Gelbliche Kristalle (aus Eg.); F: 249,5° [korr.] (*Chmátal et al.*, Collect. **26** [1961] 67, 69). UV-Spektrum (Cyclohexan; 220–380 nm): *Ch. et al.*, Collect. **26** 71.

3-Phenyl-3*H*-naphtho[1,2-*d*][1,2,3]triazol $C_{16}H_{11}N_3$, Formel III ($R = C_6H_5$) (H 72; E I 17).
B. Aus N^2-Phenyl-naphthalin-1,2-diyldiamin beim Behandeln mit $NaNO_2$ und wss. Essigsäure (*Ghigi, G.* **70** [1940] 202, 206).
Kristalle (aus A.); F: 149–150° (*Gh.*). UV-Spektrum (A.; 230–320 nm): *Baltazzi, C. r.* **231** [1950] 156.

3-Methyl-2-phenyl-naphtho[1,2-*d*][1,2,3]triazolium $[C_{17}H_{14}N_3]^+$, Formel VII ($R = CH_3$, $X = H$).
Methylsulfat $[C_{17}H_{14}N_3]CH_3O_4S$. B. Aus 2-Phenyl-2*H*-naphtho[1,2-*d*][1,2,3]triazol beim Erwärmen mit Dimethylsulfat (*Krollpfeiffer et al.*, A. **515** [1935] 113, 127). — Bräunliche Kristalle (aus Me.); F: 206–207°.
Picrat $[C_{17}H_{14}N_3]C_6H_2N_3O_7$. B. Aus 2-Phenyl-2*H*-naphtho[1,2-*d*][1,2,3]triazol beim Erhitzen [8 h] mit Toluol-4-sulfonsäure-methylester und Behandeln des Reaktionsgemisches mit Picrinsäure in H_2O (*Kr. et al.*). — Hellgelbe Kristalle (aus A.); F: 185–186°.

VI   VII   VIII   IX

3-Äthyl-2-phenyl-naphtho[1,2-*d*][1,2,3]triazolium $[C_{18}H_{16}N_3]^+$, Formel VII ($R = C_2H_5$, $X = H$).
Chlorid $[C_{18}H_{16}N_3]Cl$. Bräunliche Kristalle (aus Me. + Ae.); Zers. bei 100° (*Krollpfeiffer et al.*, A. **515** [1935] 113, 128).
Picrat $[C_{18}H_{16}N_3]C_6H_2N_3O_7$. B. Aus Äthyl-[1-phenylazo-[2]naphthyl]-amin beim Erwärmen mit Amylnitrit in Essigsäure und Behandeln der Reaktionslösung mit Picrinsäure in H_2O (*Kr. et al.*). Aus 2-Phenyl-2*H*-naphtho[1,2-*d*][1,2,3]triazol beim Erwärmen [8 h] mit Diäthylsulfat und anschliessenden Behandeln mit Picrinsäure in H_2O (*Kr. et al.*). — Gelbe Kristalle (aus Me.); F: 181–182°.

2,3-Diphenyl-naphtho[1,2-*d*][1,2,3]triazolium $[C_{22}H_{16}N_3]^+$, Formel VII ($R = C_6H_5$, $X = H$) (H 73).
Chlorid $[C_{22}H_{16}N_3]Cl$ (H 73). B. Aus Phenyl-[1-phenylazo-[2]naphthyl]-amin beim Erhitzen mit $K_2Cr_2O_7$ in Essigsäure und Erwärmen des erhaltenen Dichromats mit wss.-äthanol. HCl (*Kuhn, Ludolphy*, A. **564** [1949] 35, 40). — Kristalle (aus Me. + Ae. oder H_2O); F: 306° (*Kuhn, Lu.*). UV-Spektrum (A.; 220–400 nm): *Kuhn, Lu.* Fluorescenzspektrum (400–600 nm) der festen Verbindung und der wss. Lösung: *Hinrichs, Z. physik. Chem.* [N.F.] **2** [1954] 40, 45. Fluorescenzmaximum: 510–515 nm [CH_2Cl_2] bzw. 495–500 nm [A., Acn., E., wss. HCl sowie

wss. NH$_3$] (*Hi.*).

Nitrat [C$_{22}$H$_{16}$N$_3$]NO$_3$ (H 73). Kristalle (aus H$_2$O); Zers. bei 305° (*Krollpfeiffer et al.*, A. **508** [1934] 39, 48).

Picrat [C$_{22}$H$_{16}$N$_3$]C$_6$H$_2$N$_3$O$_7$ (H 73). *B.* Aus Phenyl-[1-phenylazo-[2]naphthyl]-amin beim Erhitzen mit H$_2$O$_2$ oder mit NaNO$_2$ in Essigsäure und Behandeln des Reaktionsgemisches mit Picrinsäure in H$_2$O (*Kr. et al.*, A. **508** 48). – Kristalle (aus Me.); F: 244–245° (*Kr. et al.*, A. **508** 48; s. a. *Krollpfeiffer et al.*, B. **67** [1934] 908, 909, 911).

Toluol-4-sulfonat [C$_{22}$H$_{16}$N$_3$]C$_7$H$_7$O$_3$S. *B.* Aus Phenyl-[1-phenylazo-[2]naphthyl]-amin beim Erhitzen mit Toluol-4-sulfonylchlorid in Xylol (*Kr. et al.*, B. **67** 913). – Kristalle (aus A. + Ae. oder H$_2$O); F: 225–226° (*Kr. et al.*, B. **67** 913).

2-[4-Chlor-phenyl]-3-phenyl-naphtho[1,2-*d*][1,2,3]triazolium [C$_{22}$H$_{15}$ClN$_3$]$^+$, Formel VII (R = C$_6$H$_5$, X = Cl).

Nitrat [C$_{22}$H$_{15}$ClN$_3$]NO$_3$. *B.* Aus [1-(4-Chlor-phenylazo)-[2]naphthyl]-phenyl-amin beim Erhitzen mit Amylnitrit in Essigsäure und anschliessenden Behandeln mit wss. HNO$_3$ (*Krollpfeiffer et al.*, A. **508** [1934] 39, 48). – Bräunliche Kristalle; Zers. bei 278–279°.

3-[4-Chlor-phenyl]-2-phenyl-naphtho[1,2-*d*][1,2,3]triazolium [C$_{22}$H$_{15}$ClN$_3$]$^+$, Formel VII (R = C$_6$H$_4$-Cl, X = H).

Nitrat [C$_{22}$H$_{15}$ClN$_3$]NO$_3$. *B.* Aus [4-Chlor-phenyl]-[1-phenylazo-[2]naphthyl]-amin beim Erhitzen mit Amylnitrit in Essigsäure und anschliessenden Behandeln mit wss. HNO$_3$ (*Krollpfeiffer et al.*, A. **508** [1934] 39, 49). – Bräunliche Kristalle (aus H$_2$O); Zers. bei 237–238°.

2-[4-Jod-phenyl]-3-phenyl-naphtho[1,2-*d*][1,2,3]triazolium [C$_{22}$H$_{15}$IN$_3$]$^+$, Formel VII (R = C$_6$H$_5$, X = I).

Chlorid [C$_{22}$H$_{15}$IN$_3$]Cl. *B.* Aus [1-(4-Jod-phenylazo)-[2]naphthyl]-phenyl-amin beim Behandeln mit Isopentylnitrit und HCl in CHCl$_3$ (*Kuhn, Ludolphy*, A. **564** [1949] 35, 41). – Kristalle (aus Me. + Ae.); F: 298°.

2-[4-Nitro-phenyl]-3-phenyl-naphtho[1,2-*d*][1,2,3]triazolium [C$_{22}$H$_{15}$N$_4$O$_2$]$^+$, Formel VII (R = C$_6$H$_5$, X = NO$_2$).

Nitrat [C$_{22}$H$_{15}$N$_4$O$_2$]NO$_3$. *B.* Aus [1-(4-Nitro-phenylazo)-[2]naphthyl]-phenyl-amin beim Erhitzen mit Amylnitrit in Essigsäure und Behandeln der Reaktionslösung mit wss. HNO$_3$ (*Krollpfeiffer et al.*, A. **508** [1934] 39, 48). – Gelbliche Kristalle; F: 215° [Zers.].

2-*o*-Tolyl-2*H*-naphtho[1,2-*d*][1,2,3]triazol C$_{17}$H$_{13}$N$_3$, Formel VIII (R = CH$_3$, R' = R'' = H) (E II 39).

B. Beim Behandeln von diazotiertem *o*-Toluidin mit [2]Naphthylamin in wss. HCl und anschliessenden Erwärmen mit CuSO$_4$ in wss. Pyridin (*Chmátal et al.*, Collect. **24** [1959] 494, 496, 497; vgl. *Brunold, Siegrist*, Helv. **55** [1972] 818, 849).

Kristalle (aus A.); F: 96° (*Ch. et al.*). UV-Spektrum (Cyclohexan; 220–360 nm): *Ch. et al.*, l. c. S. 499.

2-*p*-Tolyl-2*H*-naphtho[1,2-*d*][1,2,3]triazol C$_{17}$H$_{13}$N$_3$, Formel VIII (R = R'' = H, R' = CH$_3$) (E I 17; E II 40).

B. Aus 1-*p*-Tolylazo-[2]naphthylamin beim Erwärmen mit CuSO$_4$ in wss. Pyridin (*Chmátal et al.*, Collect. **24** [1959] 494, 496, 497; vgl. *Brunold, Siegrist*, Helv. **55** [1972] 818, 849).

Kristalle (aus A.); F: 148° [korr.] (*Ch. et al.*). UV-Spektrum (Cyclohexan; 230–360 nm): *Ch. et al.*, l. c. S. 499.

2-Phenyl-3-*p*-tolyl-naphtho[1,2-*d*][1,2,3]triazolium [C$_{23}$H$_{18}$N$_3$]$^+$, Formel IX (R = CH$_3$, X = H) (H 73).

Nitrat [C$_{23}$H$_{18}$N$_3$]NO$_3$ (H 73). *B.* Aus [1-Phenylazo-[2]naphthyl]-*p*-tolyl-amin beim Erhitzen mit Amylnitrit in Essigsäure und anschliessenden Behandeln mit wss. HNO$_3$ (*Krollpfeiffer et al.*, A. **508** [1934] 39, 49). – Kristalle (aus H$_2$O); Zers. bei 270°.

2-[2,4,5-Trimethyl-phenyl]-2H-naphtho[1,2-d][1,2,3]triazol $C_{19}H_{17}N_3$, Formel VIII
(R = R' = R'' = CH$_3$) (E II 40).

B. Beim Behandeln von diazotiertem 2,4,5-Trimethyl-anilin mit [2]Naphthylamin in wss.
Methanol bei pH 4 – 5 und anschliessenden Erhitzen mit Kupfer(II)-acetat und Pyridin (*Brunold,
Siegrist,* Helv. **55** [1972] 818, 849, 850).
Kristalle (aus A.); F: 79,5 – 80°.

2-Biphenyl-2-yl-2H-naphtho[1,2-d][1,2,3]triazol $C_{22}H_{15}N_3$, Formel VIII (R = C$_6$H$_5$,
R' = R'' = H).

B. Beim Behandeln von diazotiertem Biphenyl-2-ylamin mit [2]Naphthylamin in wss. HCl
und anschliessenden Erwärmen mit CuSO$_4$ in wss. Pyridin (*Chmátal et al.,* Collect. **24** [1959]
494, 496, 497).
Kristalle (aus PAe.); F: 104° [korr.]. UV-Spektrum (Cyclohexan; 220 – 360 nm): *Ch. et al.,*
l. c. S. 499.

2-Biphenyl-4-yl-2H-naphtho[1,2-d][1,2,3]triazol $C_{22}H_{15}N_3$, Formel VIII (R = R'' = H,
R' = C$_6$H$_5$).

B. Analog der vorangehenden Verbindung (*Chmátal et al.,* Collect. **24** [1959] 494, 496, 497).
Kristalle (aus PAe.); F: 151° [korr.]. UV-Spektrum (Cyclohexan; 220 – 370 nm): *Ch. et al.,*
l. c. S. 499.

3-Biphenyl-4-yl-2-phenyl-naphtho[1,2-d][1,2,3]triazolium $[C_{28}H_{20}N_3]^+$, Formel IX (R = C$_6$H$_5$,
X = H).

Chlorid $[C_{28}H_{20}N_3]$Cl. *B.* Aus Biphenyl-4-yl-[1-phenylazo-[2]naphthyl]-amin beim Behandeln
mit Isopentylnitrit und HCl in CHCl$_3$ (*Kuhn, Ludolphy,* A. **564** [1949] 35, 41). – Kristalle
(aus Nitrobenzol + Ae.) mit 1 Mol Nitrobenzol; F: 305° [Zers.; aus Me. + Ae.].

2-[2-Methoxy-phenyl]-2H-naphtho[1,2-d][1,2,3]triazol $C_{17}H_{13}N_3O$, Formel VIII (R = O-CH$_3$,
R' = R'' = H) (E I 18).

B. Aus 1-[2-Methoxy-phenylazo]-[2]naphthylamin beim Erwärmen mit CuSO$_4$ in wss. Pyridin
(*Chmátal et al.,* Collect. **24** [1959] 494, 496, 497).
Kristalle (aus A. + Bzl.); F: 112 – 113° [korr.]. UV-Spektrum (Cyclohexan; 220 – 360 nm):
Ch. et al., l. c. S. 499.

2-[2-Methylmercapto-phenyl]-2H-naphtho[1,2-d][1,2,3]triazol $C_{17}H_{13}N_3S$, Formel VIII
(R = S-CH$_3$, R' = R'' = H).

B. Aus dem Kupfer(II)-Komplex des 1-[2-Methylmercapto-phenylazo]-[2]naphthylamins beim
Erwärmen mit Pyridin oder mit wss. NH$_3$ (*Mur, Ž. obšč.* Chim. **26** [1956] 3208, 3211; engl.
Ausg. S. 3577, 3579).
Kristalle (aus A.); F: 210 – 211,5°.

2-[2-Hydroxy-phenyl]-3-phenyl-naphtho[1,2-d][1,2,3]triazolium $[C_{22}H_{16}N_3O]^+$, Formel IX
(R = H, X = OH).

Chlorid $[C_{22}H_{16}N_3O]$Cl. *B.* Aus 2-[2-Methoxy-phenyl]-3-phenyl-naphtho[1,2-d][1,2,3]triazol⸗
ium-chlorid beim Erhitzen mit konz. wss. HCl auf 160° (*Kuhn, Ludolphy,* A. **564** [1949] 35,
42). – Kristalle (aus Bzl. + CHCl$_3$); F: 294°.

2-[2-Methoxy-phenyl]-3-phenyl-naphtho[1,2-d][1,2,3]triazolium $[C_{23}H_{18}N_3O]^+$, Formel IX
(R = H, X = O-CH$_3$).

Chlorid $[C_{23}H_{18}N_3O]$Cl. *B.* Aus [1-(2-Methoxy-phenylazo)-[2]naphthyl]-phenyl-amin beim
Behandeln mit Isoamylnitrit und HCl in CHCl$_3$ (*Kuhn, Ludolphy,* A. **564** [1949] 35, 41). –
Kristalle (aus Bzl. + CHCl$_3$); F: 241°.

2-[4-Methoxy-phenyl]-2H-naphtho[1,2-d][1,2,3]triazol $C_{17}H_{13}N_3O$, Formel VIII
(R = R'' = H, R' = O-CH$_3$) (E I 18).

B. Aus 1-[4-Methoxy-phenylazo]-[2]naphthylamin beim Erwärmen mit CuSO$_4$ in wss. Pyridin

(*Chmátal et al.*, Collect. **24** [1959] 494, 496, 497).

Kristalle (aus A.+Bzl.); F: 125° [korr.]. UV-Spektrum (Cyclohexan; 220−370 nm): *Ch. et al.*, l. c. S. 499.

2-[2-Methansulfonyl-*trans*(?)-stilben-4-yl]-2*H*-naphtho[1,2-*d*][1,2,3]triazol $C_{25}H_{19}N_3O_2S$, vermutlich Formel X (X = SO_2-CH_3, X′ = X″ = H).

B. Aus 4-Naphtho[1,2-*d*][1,2,3]triazol-2-yl-*trans*(?)-stilben-2-sulfonylchlorid (F: 198−200°) beim Erhitzen mit Zink-Pulver in Äthanol und 2-Methoxy-äthanol und Erwärmen der Reak≠ tionslösung mit Dimethylsulfat und wss. NaOH (*Geigy A.G.*, U.S.P. 2784184 [1954]).

Gelblich; F: 141−143°.

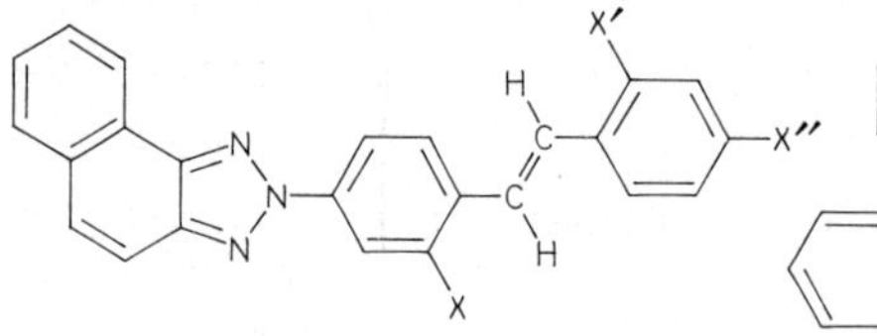

X 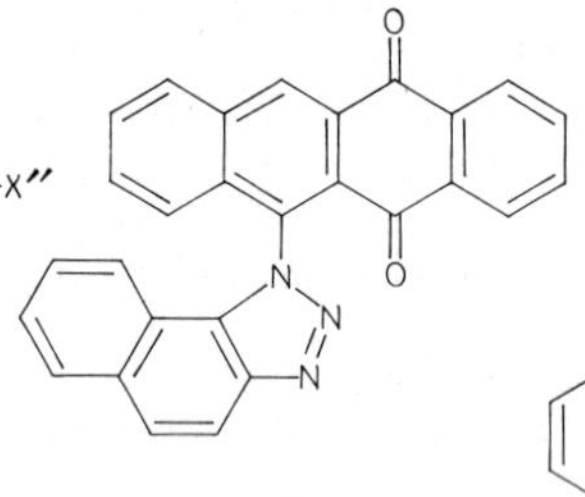   XI 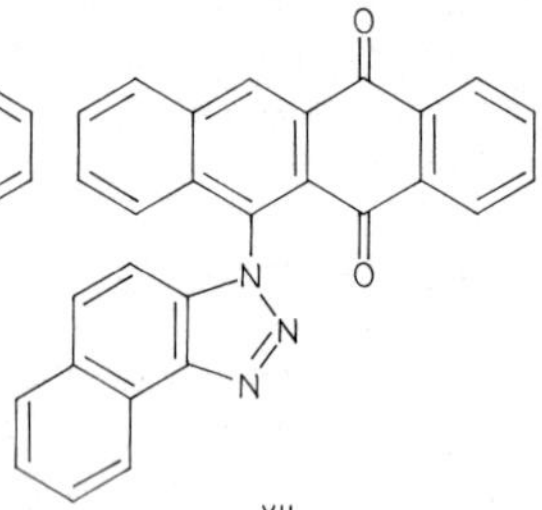   XII

2-[2-(2,4-Dimethyl-benzolsulfonyl)-*trans*(?)-stilben-4-yl]-2*H*-naphtho[1,2-*d*][1,2,3]triazol $C_{32}H_{25}N_3O_2S$, vermutlich Formel X (X = SO_2-$C_6H_3(CH_3)_2$, X′ = X″ = H).

B. Beim Behandeln von diazotiertem 2-[2,4-Dimethyl-benzolsulfonyl]-*trans*(?)-stilben-4-yl≠ amin mit [2]Naphthylamin in wss. HCl und anschliessenden Erwärmen mit $CuSO_4$ in wss. NH_3 (*Geigy A.G.*, U.S.P. 2784184 [1954]).

Hellgelb; F: 215−217°.

Die folgenden Verbindungen sind in analoger Weise hergestellt worden:

2-[2′-Methansulfonyl-*trans*(?)-stilben-4-yl]-2*H*-naphtho[1,2-*d*][1,2,3]triazol $C_{25}H_{19}N_3O_2S$, vermutlich Formel X (X = X″ = H, X′ = SO_2-CH_3). Gelb; F: >300°.

2-[4′-Methansulfonyl-*trans*(?)-stilben-4-yl]-2*H*-naphtho[1,2-*d*][1,2,3]triazol $C_{25}H_{19}N_3O_2S$, vermutlich Formel X (X = X′ = H, X″ = SO_2-CH_3). Gelb; F: 228−230°.

6-Naphtho[1,2-*d*][1,2,3]triazol-1(oder 3)-yl-naphthacen-5,12-dion $C_{28}H_{15}N_3O_2$, Formel XI oder Formel XII.

B. Beim Erwärmen von 1*H*-Naphtho[1,2-*d*][1,2,3]triazol mit 6-Chlor-naphthacen-5,12-dion, Kaliumacetat und Kupfer(II)-acetat in Nitrobenzol (*Waldmann, Hindenburg*, J. pr. [2] **156** [1940] 157, 164).

Hellgelbe Kristalle (aus Xylol); F: 319° [Zers.].

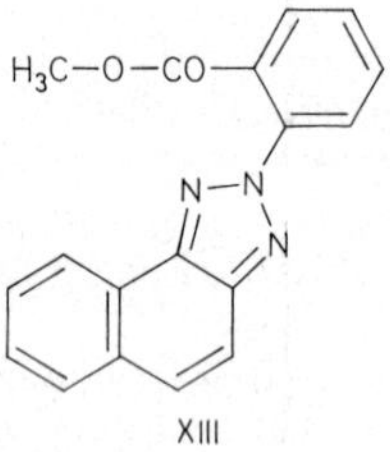

XIII 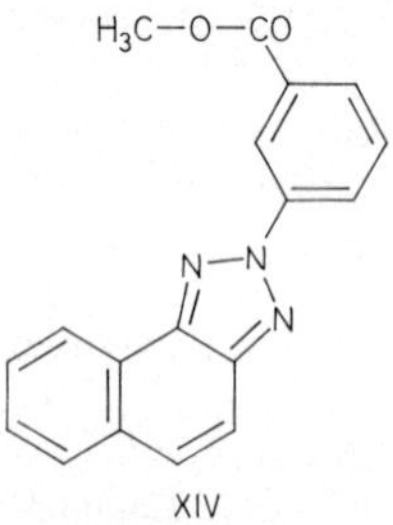   XIV 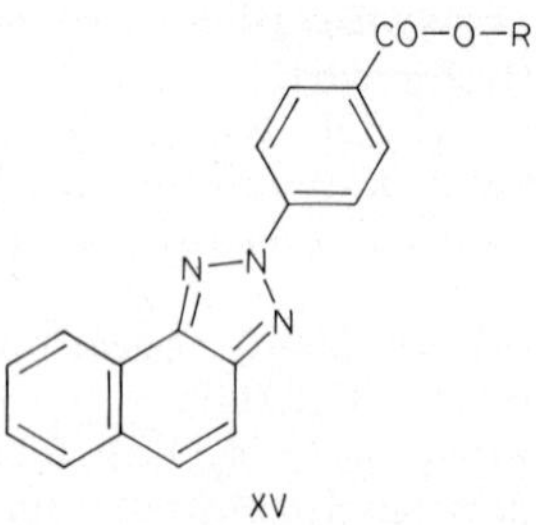   XV

2-Naphtho[1,2-*d*][1,2,3]triazol-2-yl-benzoesäure-methylester $C_{18}H_{13}N_3O_2$, Formel XIII.

B. Beim Erhitzen des Kupfer(II)-Komplexes des 2-[2-Amino-[1]naphthylazo]-benzoesäure-methylesters (*Mur*, Ž. obšč. Chim. **25** [1955] 374, 379; engl. Ausg. S. 355, 358).

Kristalle; F: 217,5−218,5° (*Mur*).

Die folgenden Verbindungen sind in analoger Weise hergestellt worden:
3-Naphtho[1,2-*d*][1,2,3]triazol-2-yl-benzoesäure-methylester $C_{18}H_{13}N_3O_2$, For‹
mel XIV. Kristalle; F: 150—150,7° (*Mur*).

4-Naphtho[1,2-*d*][1,2,3]triazol-2-yl-benzoesäure-methylester $C_{18}H_{13}N_3O_2$, For‹
mel XV (R = CH₃). Kristalle; F: 181,5—182,5° (*Mur*).

4-Naphtho[1,2-*d*][1,2,3]triazol-2-yl-benzoesäure-[2-diäthylamino-äthylester]
$C_{23}H_{24}N_4O_2$, Formel XV (R = CH₂-CH₂-N(C₂H₅)₂). Kristalle (aus A.); F: 162° (*Neri*, G.
61 [1931] 610, 612).

2-[2-Carboxy-phenyl]-3-phenyl-naphtho[1,2-*d*][1,2,3]triazolium $[C_{23}H_{16}N_3O_2]^+$, Formel I
(H 74).

Chlorid $[C_{23}H_{16}N_3O_2]$Cl (H 75). *B.* Aus 2-[2-Anilino-[1]naphthylazo]-benzoesäure beim Be‹
handeln mit Amylnitrit und HCl in Benzol (*Kuhn, Ludolphy*, A. **564** [1949] 35, 40). — Kristalle
(aus A.+Ae.); F: 290°.

2-[4-Carboxy-phenyl]-3-phenyl-naphtho[1,2-*d*][1,2,3]triazolium $[C_{23}H_{16}N_3O_2]^+$, Formel II
(H 75).

Chlorid $[C_{23}H_{16}N_3O_2]$Cl (H 75). *B.* Analog der vorangehenden Verbindung (*Kuhn, Ludolphy*,
A. **564** [1949] 35, 40). — Gelbliche Kristalle (aus A.+Ae.); F: 324°.

2-Naphtho[1,2-*d*][1,2,3]triazin-2-yl-benzolsulfonsäure $C_{16}H_{11}N_3O_3S$, Formel III (X = SO₃H, X′ = H).

B. Beim Erwärmen von 2-[2-Amino-[1]naphthylazo]-benzolsulfonsäure mit CuSO₄ in wss.
NH₃ und wss. NaOH (*Chmátal et al.*, Collect. **24** [1959] 494, 496).
Kristalle (aus H₂O); F: 118—119° [korr.; Zers.; bei schnellem Erhitzen]. λ_{max} (H₂O): 235 nm,
279 nm und 334 nm.

I II III IV

4-Naphtho[1,2-*d*][1,2,3]triazin-2-yl-benzolsulfonsäure $C_{16}H_{11}N_3O_3S$, Formel III (X = H, X′ = SO₃H) (H 75; E II 42).

B. Beim Erwärmen von 4-[2-Amino-[1]naphthylazo]-benzolsulfonsäure mit CuSO₄ in wss.
NH₃ und wss. NaOH (*Chmátal et al.*, Collect. **24** [1959] 494, 498; s. a. *Pfeiffer et al.*, J. pr.
[2] **149** [1937] 217, 295) oder mit NaClO in H₂O (*Dobáš et al.*, Collect. **23** [1958] 1346, 1354).
λ_{max} (H₂O): 222 nm, 281 nm und 348 nm (*Ch. et al.*).
Natrium-Salz NaC₁₆H₁₀N₃O₃S (E II 42). UV-Spektrum (wss. Lösung vom pH 9,4;
220—370 nm): *Do. et al.*, l. c. S. 1349, 1350.
Kupfer(II)-Komplex [Cu(C₁₆H₁₀N₃O₃S)₂(NH₃)₃]. Diese Konstitution kommt der früher
(s. E II **16** 199) als Salz der 4-[2-Amino-[1]naphthylazo]-benzolsulfonsäure beschriebenen Ver‹
bindung der vermeintlichen Zusammensetzung K₂[Cu(C₁₆H₁₂N₃O₃S)₂(NH₃)₄] zu (*Pf. et al.*,
l. c. S. 296). — Hellblaue Kristalle [aus wss. NH₃] (*Pf. et al.*). — Beim Erhitzen auf 150°
wird 1 Mol NH₃ abgegeben (*Pf. et al.*).

4-Naphtho[1,2-*d*][1,2,3]triazin-2-yl-benzolsulfonsäure-[2]pyridylamid $C_{21}H_{15}N_5O_2S$, Formel IV.

B. Beim Erwärmen von 4-[2-Amino-[1]naphthylazo]-benzolsulfonsäure-[2]pyridylamid mit
CuSO₄ in wss.-äthanol. NH₃ (*Amorosa*, Ann. Chimica farm. **1940** (Mai) 54, 61).
Kristalle (aus Xylol); F: 265—266°.

3-Phenyl-2-[4-sulfo-phenyl]-naphtho[1,2-*d*][1,2,3]triazolium-betain $C_{22}H_{15}N_3O_3S$, Formel V.

B. Aus 4-[2-Anilino-[1]naphthylazo]-benzolsulfonsäure beim Erwärmen mit H_2O_2 in H_2O oder mit $NaNO_2$ bzw. $K_2Cr_2O_7$ in wss. Essigsäure (*Krollpfeiffer et al.*, A. **508** [1934] 39, 48, 49).

Gelbliche Kristalle (aus H_2O); F: ca. 360° [Zers.].

4-Naphtho[1,2-*d*][1,2,3]triazol-2-yl-*trans*(?)-stilben-2-sulfonsäure $C_{24}H_{17}N_3O_3S$, vermutlich Formel VI (X = OH).

Natrium-Salz $NaC_{24}H_{16}N_3O_3S$. *B.* Bei aufeinanderfolgender Umsetzung von diazotierter 4-Amino-*trans*(?)-stilben-2-sulfonsäure mit 2-Amino-naphthalin-1-sulfonsäure oder [2]Naph≈ thylsulfamidsäure und mit NaClO (*Geigy A.G.*, D.B.P. 952443 [1956]). — Hellgelbe Kristalle.

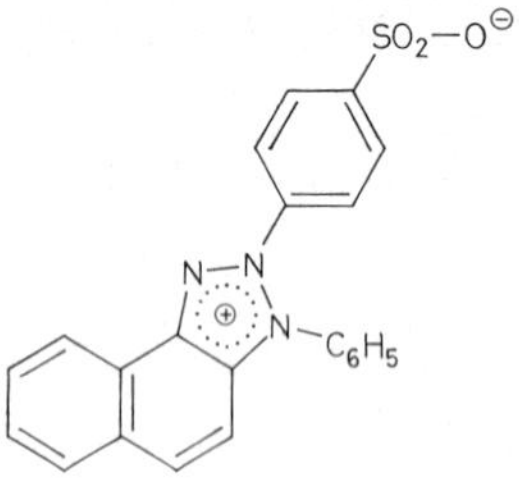

V

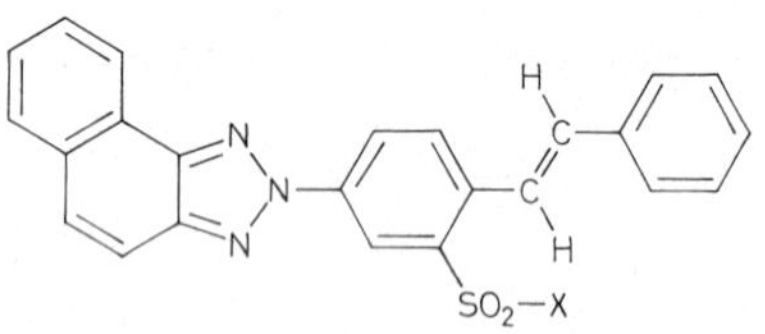

VI

4-Naphtho[1,2-*d*][1,2,3]triazol-2-yl-*trans*(?)-stilben-2-sulfonsäure-phenylester $C_{30}H_{21}N_3O_3S$, vermutlich Formel VI (X = O-C_6H_5).

B. Aus 4-Naphtho[1,2-*d*][1,2,3]triazol-2-yl-*trans*(?)-stilben-2-yl-sulfonylchlorid beim Erwär≈ men mit Phenol und wss. NaOH in Nitrobenzol (*Geigy A.G.*, U.S.P. 2784184 [1954]).

Gelblich; F: 161—163° [aus E.].

Die folgenden Verbindungen sind in analoger Weise hergestellt worden:

4-Naphtho[1,2-*d*][1,2,3]triazol-2-yl-*trans*(?)-stilben-2-sulfonsäure-[4-*tert*-pent≈ yl-phenylester] $C_{35}H_{31}N_3O_3S$, vermutlich Formel VI (X = O-C_6H_4-C(CH_3)_2-C_2H_5$). Braungelb; F: 177—179°.

4-Naphtho[1,2-*d*][1,2,3]triazol-2-yl-*trans*(?)-stilben-2-sulfonsäure-[4-octyl-phenylester] $C_{38}H_{37}N_3O_3S$, vermutlich Formel VI (X = O-C_6H_4-[CH_2]_7-CH_3$). Gelb; F: 94—96°.

4-Naphtho[1,2-*d*][1,2,3]triazol-2-yl-*trans*(?)-stilben-2-sulfonsäure-[1]naphthyl≈ ester $C_{34}H_{23}N_3O_3S$, vermutlich Formel VI (X = O-$C_{10}H_7$). Gelbgrau; F: 211—213°.

4-Naphtho[1,2-*d*][1,2,3]triazol-2-yl-*trans*(?)-stilben-2-sulfonsäure-[2]naphthyl≈ ester $C_{34}H_{23}N_3O_3S$, vermutlich Formel VI (X = O-$C_{10}H_7$). Hellgelb; F: >300°.

4-Naphtho[1,2-*d*][1,2,3]triazol-2-yl-*trans*(?)-stilben-2-sulfonylchlorid $C_{24}H_{16}ClN_3O_2S$, vermutlich Formel VI (X = Cl).

B. Beim Erhitzen des Natrium-Salzes der 4-Naphtho[1,2-*d*][1,2,3]triazol-2-yl-*trans*(?)-stilben-2-sulfonsäure (s. o.) mit PCl_5 und $POCl_3$ (*Geigy A.G.*, U.S.P. 2784184 [1954]).

Gelb; F: 198—200°.

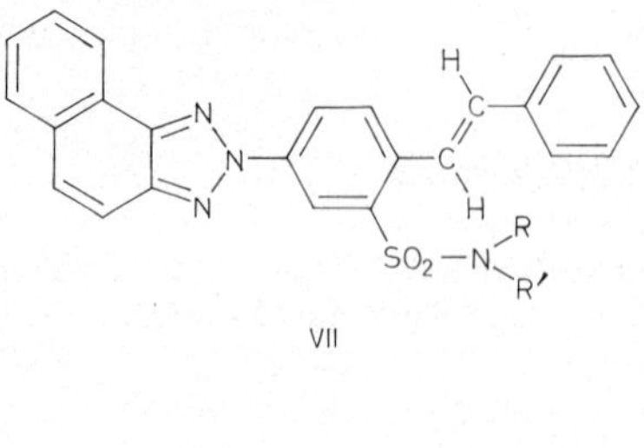

VII

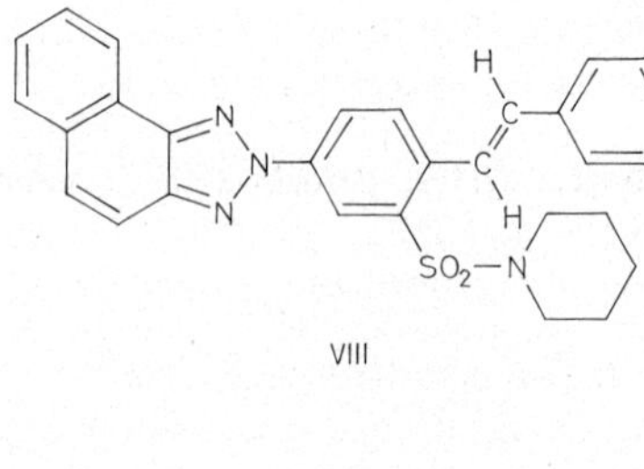

VIII

4-Naphtho[1,2-*d*][1,2,3]triazol-2-yl-*trans*(?)-stilben-2-sulfonsäure-amid $C_{24}H_{18}N_4O_2S$, vermutlich Formel VII (R = R' = H).

B. Beim Behandeln von 4-Naphtho[1,2-*d*][1,2,3]triazol-2-yl-*trans*(?)-stilben-2-sulfonylchlorid mit wss. NH_3 *(Geigy A.G., U.S.P. 2784184 [1954]).*
Hellgelb; F: 163–165°.

Die folgenden Verbindungen sind in analoger Weise hergestellt worden:

4-Naphtho[1,2-*d*][1,2,3]triazol-2-yl-*trans*(?)-stilben-2-sulfonsäure-dimethyl≠amid $C_{26}H_{22}N_4O_2S$, vermutlich Formel VII (R = R' = CH_3). Hellgelb; F: 180–182° [aus 2-Methoxy-äthanol].

4-Naphtho[1,2-*d*][1,2,3]triazol-2-yl-*trans*(?)-stilben-2-sulfonsäure-äthylamid $C_{26}H_{22}N_4O_2S$, vermutlich Formel VII (R = C_2H_5, R' = H). Hellgelb; F: 192–194°.

4-Naphtho[1,2-*d*][1,2,3]triazol-2-yl-*trans*(?)-stilben-2-sulfonsäure-dibutylamid $C_{32}H_{34}N_4O_2S$, vermutlich Formel VII (R = R' = $[CH_2]_3$-CH_3). Braungelb; F: 130–132° [aus wss. 2-Methoxy-äthanol].

4-Naphtho[1,2-*d*][1,2,3]triazol-2-yl-*trans*(?)-stilben-2-sulfonsäure-octylamid $C_{32}H_{34}N_4O_2S$, vermutlich Formel VII (R = $[CH_2]_7$-CH_3, R' = H). Gelb; F: 195–197°.

4-Naphtho[1,2-*d*][1,2,3]triazol-2-yl-*trans*(?)-stilben-2-sulfonsäure-decylamid $C_{34}H_{38}N_4O_2S$, vermutlich Formel VII (R = $[CH_2]_9$-CH_3, R' = H). Gelb; F: 210–212°.

4-Naphtho[1,2-*d*][1,2,3]triazol-2-yl-*trans*(?)-stilben-2-sulfonsäure-dodecyl≠amid $C_{36}H_{42}N_4O_2S$, vermutlich Formel VII (R = $[CH_2]_{11}$-CH_3, R' = H). Hellolivgelb; F: 158–160°.

4-Naphtho[1,2-*d*][1,2,3]triazol-2-yl-*trans*(?)-stilben-2-sulfonsäure-hexadecyl≠amid $C_{40}H_{50}N_4O_2S$, vermutlich Formel VII (R = $[CH_2]_{15}$-CH_3, R' = H). Hellgelb; F: 170–172°.

4-Naphtho[1,2-*d*][1,2,3]triazol-2-yl-*trans*(?)-stilben-2-sulfonsäure-octadecyl≠amid $C_{42}H_{54}N_4O_2S$, vermutlich Formel VII (R = $[CH_2]_{17}$-CH_3, R' = H). Hellgelb; F: 185–187°.

4-Naphtho[1,2-*d*][1,2,3]triazol-2-yl-*trans*(?)-stilben-2-sulfonsäure-cyclohexyl≠amid $C_{30}H_{28}N_4O_2S$, vermutlich Formel VII (R = C_6H_{11}, R' = H). Hellgelb; F: 182–184°.

4-Naphtho[1,2-*d*][1,2,3]triazol-2-yl-*trans*(?)-stilben-2-sulfonsäure-dicyclohex≠ylamid $C_{36}H_{38}N_4O_2S$, vermutlich Formel VII (R = R' = C_6H_{11}). Hellgelb; F: 257–260°.

4-Naphtho[1,2-*d*][1,2,3]triazol-2-yl-*trans*(?)-stilben-2-sulfonsäure-anilid $C_{30}H_{22}N_4O_2S$, vermutlich Formel VII (R = C_6H_5, R' = H). Hellgelb; F: 107–109°.

4-Naphtho[1,2-*d*][1,2,3]triazol-2-yl-*trans*(?)-stilben-2-sulfonsäure-benzylamid $C_{31}H_{24}N_4O_2S$, vermutlich Formel VII (R = CH_2-C_6H_5, R' = H). Braungelb; F: 185–187°.

4-Naphtho[1,2-*d*][1,2,3]triazol-2-yl-*trans*(?)-stilben-2-sulfonsäure-[1]naphthyl≠amid $C_{34}H_{24}N_4O_2S$, vermutlich Formel VII (R = $C_{10}H_7$, R' = H). Grüngelb; F: 204–205°.

4-Naphtho[1,2-*d*][1,2,3]triazol-2-yl-*trans*(?)-stilben-2-sulfonsäure-[äthyl-[1]naphthyl-amid] $C_{36}H_{28}N_4O_2S$, vermutlich Formel VII (R = $C_{10}H_7$, R' = C_2H_5). Grau≠grün; F: 110–112°.

4-Naphtho[1,2-*d*][1,2,3]triazol-2-yl-*trans*(?)-stilben-2-sulfonsäure-[bis-(2-hydr≠oxy-äthyl)-amid] $C_{28}H_{26}N_4O_4S$, vermutlich Formel VII (R = R' = $N(CH_2$-CH_2-OH)$_2$). Hellgelb; F: 167–169°.

1-[4-Naphtho[1,2-*d*][1,2,3]triazol-2-yl-*trans*(?)-stilben-2-sulfonyl]-piperidin, 4-Naphtho[1,2-*d*][1,2,3]triazol-2-yl-*trans*(?)-stilben-2-sulfonsäure-piperidid $C_{29}H_{26}N_4O_2S$, vermutlich Formel VIII. Hellgelb; F: 176–178°.

4-Naphtho[1,2-*d*][1,2,3]triazol-2-yl-*trans*(?)-stilben-2-sulfonsäure-[2-(4-pentyl-phenoxy)-anilid] $C_{41}H_{36}N_4O_3S$, vermutlich Formel IX (X = O-C_6H_4-$[CH_2]_4$-CH_3, X' = X'' = H). Gelb; F: 172–174°.

[4-(4-Naphtho[1,2-*d*][1,2,3]triazol-2-yl-*trans*(?)-stilben-2-sulfonylamino)-phenoxy]-essigsäure $C_{32}H_{24}N_4O_5S$, vermutlich Formel IX (X = X' = H, X'' = O-CH_2-CO-OH). Hellgrau; F: >300°.

N-[4-Naphtho[1,2-*d*][1,2,3]triazol-2-yl-*trans*(?)-stilben-2-sulfonyl]-anthranil≠säure $C_{31}H_{22}N_4O_4S$, vermutlich Formel IX (X = CO-OH, X' = X'' = H). Hellgelb; Zers. >300°.

3-[4-Naphtho[1,2-*d*][1,2,3]triazol-2-yl-*trans*(?)-stilben-2-sulfonylamino]-benzoesäure $C_{31}H_{22}N_4O_4S$, vermutlich Formel IX (X = X'' = H, X' = CO-OH). Hellgelb; Zers. >300°.

4-[4-Naphtho[1,2-*d*][1,2,3]triazol-2-yl-*trans*(?)-stilben-2-sulfonylamino]-benzoesäure $C_{31}H_{22}N_4O_4S$, vermutlich Formel IX (X = X' = H, X'' = CO-OH). Hellgelb; Zers. >300°.

3-[4-Naphtho[1,2-*d*][1,2,3]triazol-2-yl-*trans*(?)-stilben-2-sulfonylamino]-*trans*-zimtsäure $C_{33}H_{24}N_4O_4S$, vermutlich Formel X. Hellgelb; F: 228–230°.

2-Hydroxy-5-[4-naphtho[1,2-*d*][1,2,3]triazol-2-yl-*trans*(?)-stilben-2-sulfonyl≈amino]-benzoesäure $C_{31}H_{22}N_4O_5S$, vermutlich Formel IX (X = H, X' = CO-OH, X'' = OH). Braungelb; Zers. >300°.

4-Naphtho[1,2-*d*][1,2,3]triazol-2-yl-*trans*(?)-stilben-2-sulfonsäure-[3-sulfamoyl-anilid] $C_{30}H_{23}N_5O_4S_2$, vermutlich Formel IX (X = X'' = H, X' = SO$_2$-NH$_2$). Hellgelb; F: 249–251°.

4-Naphtho[1,2-*d*][1,2,3]triazol-2-yl-*trans*(?)-stilben-2-sulfonsäure-[4-sulfamoyl-anilid], N-[4-Naphtho[1,2-*d*][1,2,3]triazol-2-yl-*trans*(?)-stilben-2-sulfonyl]-sulf≈anilsäure-amid $C_{30}H_{23}N_5O_4S_2$, vermutlich Formel IX (X = X' = H, X'' = SO$_2$-NH$_2$). Hellgelb; F: 260–262°.

4-Naphtho[1,2-*d*][1,2,3]triazol-2-yl-*trans*(?)-stilben-2-sulfonsäure-[2-amino-äthylamid] $C_{26}H_{23}N_5O_2S$, vermutlich Formel VII (R = CH$_2$-CH$_2$-NH$_2$, R' = H). Hellgelb; F: 174–176°.

4-Naphtho[1,2-*d*][1,2,3]triazol-2-yl-*trans*(?)-stilben-2-sulfonsäure-[2-diäthyl≈amino-äthylamid] $C_{30}H_{31}N_5O_2S$, vermutlich Formel VII (R = CH$_2$-CH$_2$-N(C$_2$H$_5$)$_2$, R' = H). Hellgelb; F: 173–174°.

4-Naphtho[1,2-*d*][1,2,3]triazol-2-yl-*trans*(?)-stilben-2-sulfonsäure-[2]pyridyl≈amid $C_{29}H_{21}N_5O_2S$, vermutlich Formel XI. Hellgelb; F: >300°.

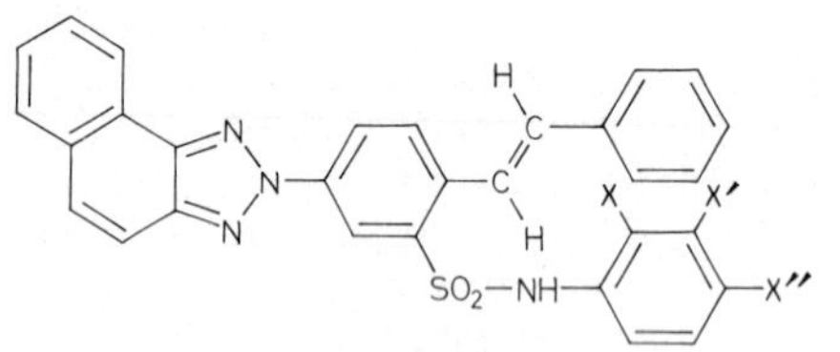

IX

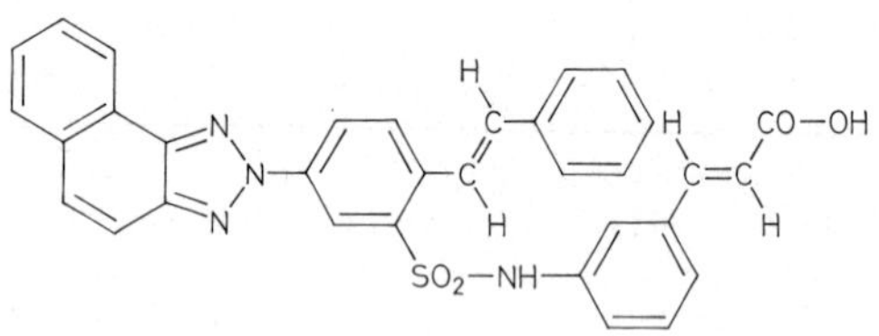

X

4'-Naphtho[1,2-*d*][1,2,3]triazol-2-yl-*trans*(?)-stilben-2-sulfonsäure-phenylester $C_{30}H_{21}N_3O_3S$, vermutlich Formel XII (X = O-C$_6$H$_5$).

B. Beim Behandeln von diazotiertem 4'-Amino-*trans*(?)-stilben-2-sulfonsäure-phenylester mit [2]Naphthylamin in wss. HCl unter Zusatz von Natriumacetat und anschliessenden Erwärmen mit CuSO$_4$ in Pyridin und wss. NH$_3$ (*Geigy A.G.,* U.S.P. 2784184 [1954]).

Gelb; F: 157–159°.

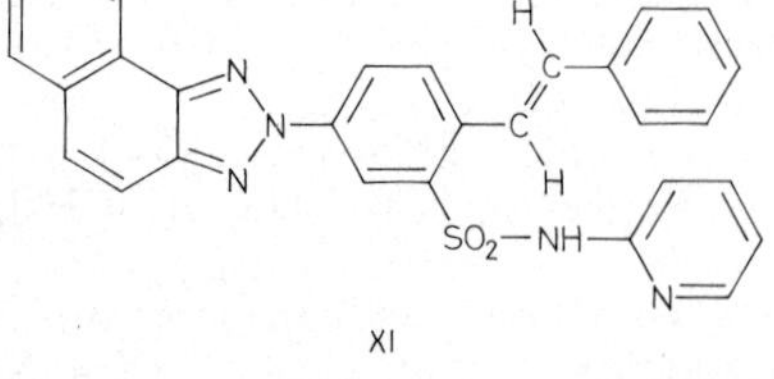

XI

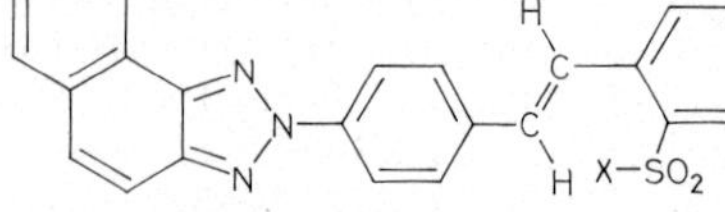

XII

Die folgenden Verbindungen sind in analoger Weise hergestellt worden:

4'-Naphtho[1,2-*d*][1,2,3]triazol-2-yl-*trans*(?)-stilben-2-sulfonsäure-*p*-tolylester $C_{31}H_{23}N_3O_3S$, vermutlich Formel XII (X = O-C$_6$H$_4$-CH$_3$). Gelbes Pulver.

4'-Naphtho[1,2-*d*][1,2,3]triazol-2-yl-*trans*(?)-stilben-2-sulfonsäure-dimethyl‍amid $C_{26}H_{22}N_4O_2S$, vermutlich Formel XII (X = N(CH$_3$)$_2$). Braungelb; F: 136–138°.

4'-Naphtho[1,2-*d*][1,2,3]triazol-2-yl-*trans*(?)-stilben-2-sulfonsäure-dibutyl‍amid $C_{32}H_{34}N_4O_2S$, vermutlich Formel XII (X = N([CH$_2$]$_3$-CH$_3$)$_2$). Braungelbes Pulver.

4'-Naphtho[1,2-*d*][1,2,3]triazol-2-yl-*trans*(?)-stilben-2-sulfonsäure-cyclohexyl‍amid $C_{30}H_{28}N_4O_2S$, vermutlich Formel XII (X = NH-C$_6$H$_{11}$). Braungelb; F: 168–170°.

4'-Naphtho[1,2-*d*][1,2,3]triazol-2-yl-*trans*(?)-stilben-4-sulfonsäure-phenylester $C_{30}H_{21}N_3O_3S$, vermutlich Formel XIII (X = O-C$_6$H$_5$).

B. Beim Erwärmen von 4'-Naphtho[1,2-*d*][1,2,3]triazol-2-yl-*trans*(?)-stilben-4-sulfonylchlorid (s. u.) mit Phenol und wss. NaOH (*Geigy A.G.*, U.S.P. 2784184 [1954]).

Gelbes Pulver (aus Chlorbenzol).

4'-Naphtho[1,2-*d*][1,2,3]triazol-2-yl-*trans*(?)-stilben-4-sulfonsäure-*p*-tolylester $C_{31}H_{23}N_3O_3S$, vermutlich Formel XIII (X = O-C$_6$H$_4$-CH$_3$).

B. Analog der vorangehenden Verbindung (*Geigy A.G.*, U.S.P. 2784184 [1954]).

Gelbes Pulver.

XIII   XIV

4'-Naphtho[1,2-*d*][1,2,3]triazol-2-yl-*trans*(?)-stilben-4-sulfonsäure-[4-*tert*-butyl-phenylester] $C_{34}H_{29}N_3O_3S$, vermutlich Formel XIII (X = O-C$_6$H$_4$-C(CH$_3$)$_3$).

B. Analog den vorangehenden Verbindungen (*Geigy A.G.*, U.S.P. 2784184 [1954]).

Gelbes Pulver.

4'-Naphtho[1,2-*d*][1,2,3]triazol-2-yl-*trans*(?)-stilben-4-sulfonylchlorid $C_{24}H_{16}ClN_3O_2S$, vermutlich Formel XIII (X = Cl).

B. Beim Behandeln von diazotierter 4'-Amino-*trans*(?)-stilben-4-sulfonsäure mit [2]Naphthyl‍amin in wss. HCl, Erwärmen des Reaktionsprodukts mit CuSO$_4$ in Pyridin und wss. NH$_3$ und Erhitzen des Natrium-Salzes der erhaltenen Sulfonsäure mit PCl$_5$ und POCl$_3$ (*Geigy A.G.*, U.S.P. 2784184 [1954]).

Gelbes Pulver.

4'-Naphtho[1,2-*d*][1,2,3]triazol-2-yl-*trans*(?)-stilben-4-sulfonsäure-dimethylamid $C_{26}H_{22}N_4O_2S$, vermutlich Formel XIII (X = N(CH$_3$)$_2$).

B. Beim Behandeln der vorangehenden Verbindung mit Dimethylamin in H$_2$O (*Geigy A.G.*, U.S.P. 2784184 [1954]).

Gelbes Pulver.

4'-Naphtho[1,2-*d*][1,2,3]triazol-2-yl-*trans*(?)-stilben-4-sulfonsäure-cyclohexylamid $C_{30}H_{28}N_4O_2S$, vermutlich Formel XIII (X = NH-C$_6$H$_{11}$).

B. Analog der vorangehenden Verbindung (*Geigy A.G.*, U.S.P. 2784184 [1954]).

Gelbes Pulver.

4-Hydroxy-5-naphtho[1,2-*d*][1,2,3]triazol-2-yl-naphthalin-2,7-disulfonsäure $C_{20}H_{13}N_3O_7S_2$, Formel XIV.

B. Beim Erwärmen von diazotierter 4-Amino-5-hydroxy-naphthalin-2,7-disulfonsäure mit

[2]Naphthylamin in wss. HCl und anschliessenden Erwärmen mit CuSO$_4$ in wss. NH$_3$ und Na$_2$CO$_3$ (*I.G. Farbenind.*, Schweiz. P. 188 503 [1934]).
Dinatrium-Salz Na$_2$C$_{20}$H$_{11}$N$_3$O$_7$S$_2$. Braunes Pulver.

I   II

2'-Methoxy-4-naphtho[1,2-d][1,2,3]triazol-2-yl-*trans*(?)-stilben-2-sulfonsäure-dibutylamid
C$_{33}$H$_{36}$N$_4$O$_3$S, vermutlich Formel I (X = N([CH$_2$]$_3$-CH$_3$)$_2$, X' = H).
B. Beim Erhitzen des Natrium-Salzes der 2'-Methoxy-4-naphtho[1,2-d][1,2,3]triazol-2-yl-*trans*(?)-stilben-2-sulfonsäure mit PCl$_5$ und POCl$_3$ und Erwärmen des Reaktionsprodukts mit Dibutylamin in Nitrobenzol (*Geigy A.G.*, U.S.P. 2 784 184 [1954]).
Braungelb; F: 138−140°.

Die folgenden Verbindungen sind in analoger Weise hergestellt worden:
2'-Methoxy-4-naphtho[1,2-d][1,2,3]triazol-2-yl-*trans*(?)-stilben-2-sulfonsäure-cyclohexylamid C$_{31}$H$_{30}$N$_4$O$_3$S, vermutlich Formel I (X = NH-C$_6$H$_{11}$, X' = H). Braun≠gelb; F: 84−86°.
2'-Methoxy-4-naphtho[1,2-d][1,2,3]triazol-2-yl-*trans*(?)-stilben-2-sulfonsäure-dicyclohexylamid C$_{37}$H$_{40}$N$_4$O$_3$S, vermutlich Formel I (X = N(C$_6$H$_{11}$)$_2$, X' = H). Gelb; F: 146−148°.
3'-Methoxy-4-naphtho[1,2-d][1,2,3]triazol-2-yl-*trans*(?)-stilben-2-sulfonsäure-dibutylamid C$_{33}$H$_{36}$N$_4$O$_3$S, vermutlich Formel II (R = R' = [CH$_2$]$_3$-CH$_3$, X = H). Gelb; F: 102−104°.
3'-Methoxy-4-naphtho[1,2-d][1,2,3]triazol-2-yl-*trans*(?)-stilben-2-sulfonsäure-cyclohexylamid C$_{31}$H$_{30}$N$_4$O$_3$S, vermutlich Formel II (R = C$_6$H$_{11}$, R' = X = H). Hell≠gelb; F: 162−164°.
4-Naphtho[1,2-d][1,2,3]triazol-2-yl-4'-phenoxy-*trans*(?)-stilben-2-sulfonsäure-dibutylamid C$_{38}$H$_{38}$N$_4$O$_3$S, vermutlich Formel III (R = R' = [CH$_2$]$_3$-CH$_3$). Gelb; F: 102−104°.
4-Naphtho[1,2-d][1,2,3]triazol-2-yl-4'-phenoxy-*trans*(?)-stilben-2-sulfonsäure-cyclohexylamid C$_{36}$H$_{32}$N$_4$O$_3$S, vermutlich Formel III (R = C$_6$H$_{11}$, R' = H). Gelb; F: 153−155°.
2',3'-Dimethoxy-4-naphtho[1,2-d][1,2,3]triazol-2-yl-*trans*(?)-stilben-2-sulfon≠säure-phenylester C$_{32}$H$_{25}$N$_3$O$_5$S, vermutlich Formel I (X = O-C$_6$H$_5$, X' = O-CH$_3$). Gel≠bes Pulver.
3',4'-Dimethoxy-4-naphtho[1,2-d][1,2,3]triazol-2-yl-*trans*(?)-stilben-2-sulfon≠säure-dibutylamid C$_{34}$H$_{38}$N$_4$O$_4$S, vermutlich Formel II (R = R' = [CH$_2$]$_3$-CH$_3$, X = O-CH$_3$). Gelb; F: 170−172° [aus wss. DMF].
3',4'-Dimethoxy-4-naphtho[1,2-d][1,2,3]triazol-2-yl-*trans*(?)-stilben-2-sulfon≠säure-cyclohexylamid C$_{32}$H$_{32}$N$_4$O$_4$S, vermutlich Formel II (R = C$_6$H$_{11}$, R' = H, X = O-CH$_3$). Gelb; F: 176−178°.

III   IV

4-Naphtho[1,2-*d*][1,2,3]triazol-2-yl-anilin $C_{16}H_{12}N_4$, Formel IV (X = X′ = H).

B. Beim Behandeln von diazotiertem 4-Nitro-anilin mit [2]Naphthylamin in wss. HCl, Erwär≠ men des Reaktionsprodukts mit $CuSO_4$ in Pyridin und wss. NH_3 und Hydrieren des Reaktions≠ produkts an Raney-Nickel in Methanol (*Gen. Aniline & Film Corp.*, U.S.P. 2842501 [1955]).

Bis-[4-dimethylamino-phenyl]-[4-naphtho[1,2-*d*][1,2,3]triazol-2-yl-phenyl]-methan, Tetra-*N*-methyl-4,4′-[4-naphtho[1,2-*d*][1,2,3]triazol-2-yl-benzyliden]-di-anilin $C_{33}H_{31}N_5$, Formel V (X = H).

B. Beim Erhitzen von [4-(2-Amino-[1]naphthylazo)-phenyl]-bis-[4-dimethylamino-phenyl]-methan mit Kupfer(II)-acetat in Pyridin (*Arient, Dvořák*, Collect. **23** [1958] 2025, 2028).

Gelbe Kristalle (aus Bzl.); F: 212,5 − 215° [unkorr.]. λ_{max} (H_2O): 210 nm, 268 nm und 341 nm.

Bis-[4-dimethylamino-phenyl]-[4-naphtho[1,2-*d*][1,2,3]triazol-2-yl-phenyl]-methanol $C_{33}H_{31}N_5O$, Formel V (X = OH).

B. Beim Erhitzen von [4-(2-Amino-[1]naphthylazo)-phenyl]-bis-[4-dimethylamino-phenyl]-methanol mit Kupfer(II)-acetat in Pyridin (*Arient, Dvořák*, Collect. **23** [1958] 2025, 2029). Beim Behandeln von Bis-[4-dimethylamino-phenyl]-[4-naphtho[1,2-*d*][1,2,3]triazol-2-yl-phenyl]-methan (s. o.) mit PbO_2 und wss. HCl (*Ar., Dv.*).

F: 179 − 179,5° [unkorr.; aus Bzl. + PAe.]. λ_{max} (H_2O): 210 nm, 267 nm und 341 nm (*Ar., Dv.*, l. c. S. 2028).

V   VI

5-Amino-2-naphtho[1,2-*d*][1,2,3]triazol-2-yl-benzolsulfonsäure $C_{16}H_{12}N_4O_3S$, Formel IV (X = SO_2-OH, X′ = H).

B. Beim Behandeln von diazotierter 2-Amino-5-nitro-benzolsulfonsäure mit [2]Naphthylamin in wss. Pyridin, Erwärmen des Reaktionsprodukts mit $CuSO_4$ in wss. NH_3 und anschliessenden Behandeln mit Eisen und wss. HCl (*Dobáš et al.*, Collect. **23** [1958] 1346, 1355).

Natrium-Salz $NaC_{16}H_{11}N_4O_3S \cdot H_2O$. UV-Spektrum (wss. Lösung vom pH 9,4; 210 − 345 nm): *Do. et al.*, l. c. S. 1349, 1350.

2-Amino-5-naphtho[1,2-*d*][1,2,3]triazol-2-yl-benzolsulfonsäure $C_{16}H_{12}N_4O_3S$, Formel IV (X = H, X′ = SO_2-OH).

Natrium-Salz $NaC_{16}H_{11}N_4O_3S$. *B.* Beim Behandeln von diazotierter [4-Amino-2-sulfo-phenyl]-oxalamidsäure mit [2]Naphthylamin in wss. Pyridin und Erwärmen des Reaktionspro≠ dukts mit $CuSO_4$ in wss. NH_3 und anschliessend mit wss. NaOH (*Dobáš et al.*, Collect. **23** [1958] 1346, 1355). − Kristalle (aus wss. Py.) mit 1 Mol H_2O.

*1-[4-Naphtho[1,2-*d*][1,2,3]triazol-2-yl-phenylazo]-[2]naphthylamin $C_{26}H_{18}N_6$, Formel VI (E II 43).

Kupfer(II)-Komplex $Cu(C_{26}H_{17}N_6)_2$. Braune Kristalle [aus Xylol] (*Crippa, Long*, G. **61** [1931] 99, 106).

Kobalt(II)-Komplex $Co(C_{26}H_{17}N_6)_2$. Braune Kristalle (*Cr., Long*, l. c. S. 105).

Nickel(II)-Komplex $Ni(C_{26}H_{17}N_6)_2$. Grüne Kristalle (aus Anilin + Xylol).

4,4′-Bis-[3-phenyl-naphtho[1,2-d][1,2,3]triazolium-2-yl]-biphenyl, 3,3′-Diphenyl-2,2′-biphenyl-4,4′-diyl-bis-naphtho[1,2-d][1,2,3]triazolium $[C_{44}H_{30}N_6]^{2+}$, Formel VII (X = H).

Dichlorid $[C_{44}H_{30}N_6]Cl_2$. *B.* Beim Behandeln von 4,4′-Bis-[2-anilino-[1]naphthylazo]-biphenyl mit Isopentylnitrit und HCl in CHCl$_3$ oder Benzol (*Kuhn, Ludolphy*, A. **564** [1949] 35, 42). − Gelbe Kristalle (aus A.+Ae.) mit 2(?) Mol H$_2$O; Dunkelfärbung ab ca. 290° (*Kuhn, Lu.*).

Dinitrat $[C_{44}H_{30}N_6](NO_3)_2$. *B.* Beim Erwärmen von 4,4′-Bis-[2-anilino-[1]naphthylazo]-biphenyl mit Isopentylnitrit in Essigsäure (*Krollpfeiffer et al.*, A. **508** [1934] 39, 49). − Braungelbe Kristalle (aus Eg.); Zers. bei ca. 245° (*Kr. et al.*).

Dipicrat $[C_{44}H_{30}N_6](C_6H_2N_3O_7)_2$. Gelbe Kristalle (aus Nitrobenzol); F: 320−321° [Zers.] (*Kr. et al.*).

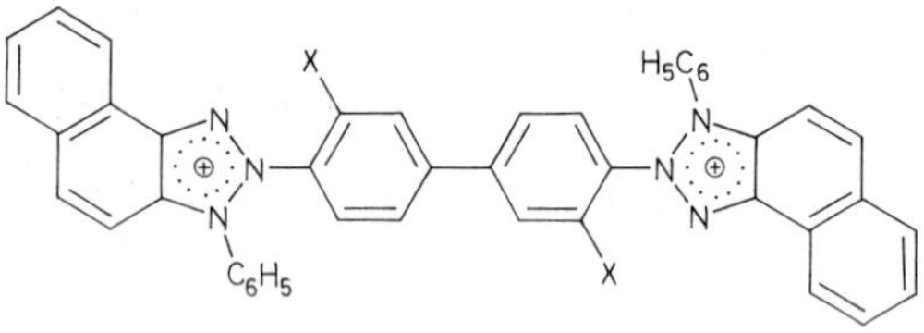

VII

3,3′-Dichlor-4,4′-bis-[3-phenyl-naphtho[1,2-d][1,2,3]triazolium-2-yl]-biphenyl, 3,3′-Diphenyl-2,2′-[3,3′-dichlor-biphenyl-4,4′-diyl]-bis-naphtho[1,2-d][1,2,3]triazolium $[C_{44}H_{28}Cl_2N_6]^{2+}$, Formel VII (X = Cl).

Dinitrat $[C_{44}H_{28}Cl_2N_6](NO_3)_2$. *B.* Beim Erwärmen von 4,4′-Bis-[2-anilino-[1]naphthylazo]-3,3′-dichlor-biphenyl mit Isopentylnitrit in Essigsäure (*Krollpfeiffer et al.*, A. **508** [1934] 39, 49). − Hellbraune Kristalle; Zers. bei 250−260°.

Dipicrat $[C_{44}H_{28}Cl_2N_6](C_6H_2N_3O_7)_2$. Kristalle (aus Nitrobenzol); F: 305−306°.

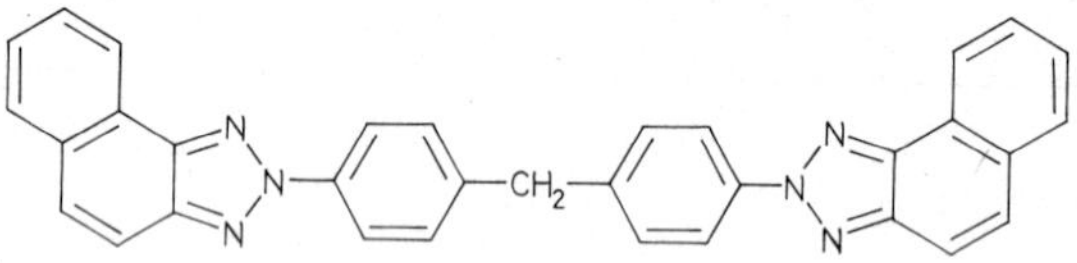

VIII

Bis-[4-naphtho[1,2-d][1,2,3]triazol-2-yl-phenyl]-methan $C_{33}H_{22}N_6$, Formel VIII.

B. Beim Erhitzen von Bis-[4-(2-amino-[1]naphthylazo)-phenyl]-methan mit Kupfer(II)-acetat in Pyridin (*Arient, Dvořák*, Collect. **23** [1958] 2025, 2031).

Kristalle (aus 1,2-Dichlor-benzol); F: 314−316° [unkorr.].

Die folgenden Verbindungen sind in analoger Weise hergestellt worden:

Bis-[4-naphtho[1,2-d][1,2,3]triazol-2-yl-phenyl]-phenyl-methan $C_{39}H_{26}N_6$, Formel IX (X = H). F: 149−151° [unkorr.]. λ_{max} (H$_2$O): 227 nm, 282 nm und 340 nm (*Ar., Dv.*, l. c. S. 2028).

Tris-[4-naphtho[1,2-d][1,2,3]triazol-2-yl-phenyl]-methan $C_{49}H_{31}N_9$, Formel X (X = H). Feststoff (aus Bzl.+PAe.) mit 1 Mol Benzol; die lösungsmittelfreie Verbindung schmilzt bei 206−208° [unkorr.]. λ_{max} (H$_2$O): 226 nm, 284 nm und 340 nm (*Ar., Dv.*, l. c. S. 2028).

Bis-[4-naphtho[1,2-d][1,2,3]triazol-2-yl-phenyl]-phenyl-methanol $C_{39}H_{26}NO$, Formel IX (X = OH). F: 182−185° [unkorr.]. λ_{max} (H$_2$O): 226,5 nm, 282 nm und 340 nm (*Ar., Dv.*, l. c. S. 2028).

Tris-[4-naphtho[1,2-d][1,2,3]triazol-2-yl-phenyl]-methanol $C_{49}H_{31}N_9O$, Formel X (X = OH). Braunroter Feststoff. λ_{max} (H$_2$O): 229 nm, 283 nm und 340 nm (*Ar., Dv.*, l. c. S. 2028).

4,4′-Bis-naphtho[1,2-d][1,2,3]triazol-2-yl-benzophenon $C_{33}H_{20}N_6O$, Formel XI. Kristalle (aus 1,2-Dichlor-benzol); F: 318−319° [unkorr.]. λ_{max} (H$_2$O): 226 nm, 340 nm und 383 nm (*Ar., Dv.*, l. c. S. 2028).

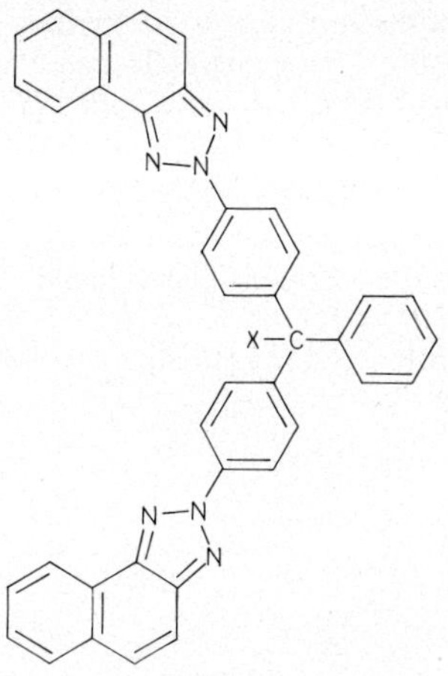

IX

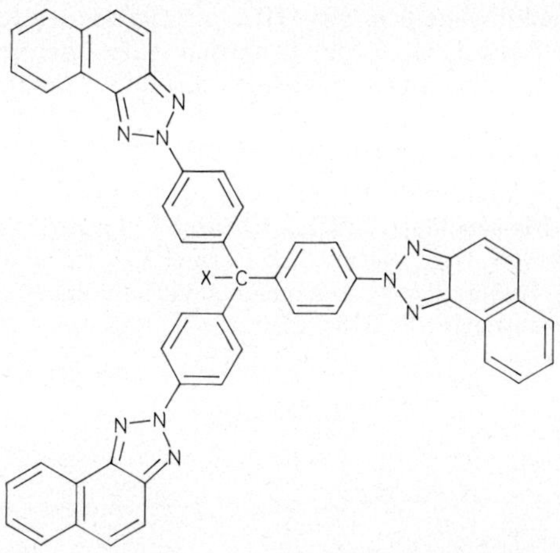

X

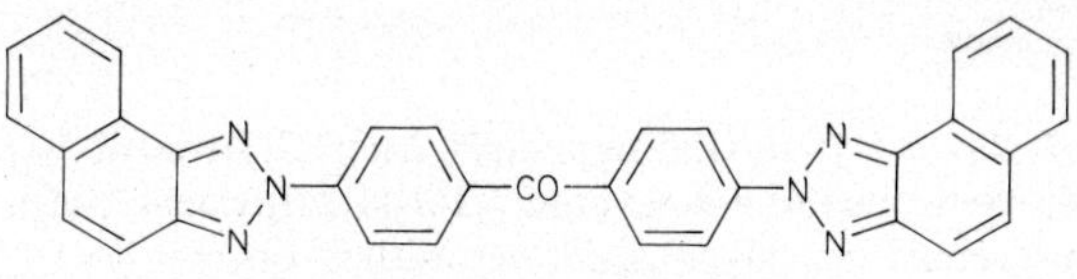

XI

6,11-Bis-naphtho[1,2-*d*][1,2,3]triazol-1(oder 3)-yl-naphthacen-5,12-dion $C_{38}H_{20}N_6O_2$,
Formel XII oder Formel XIII.

B. Beim Erhitzen von 1*H*-Naphtho[1,2-*d*][1,2,3]triazol mit 6,11-Dichlor-naphthacen-5,12-
dion, Kaliumacetat und Kupfer(II)-acetat in Nitrobenzol (*Waldmann, Hindenburg*, J. pr. [2]
156 [1940] 157, 164).

Gelbe Kristalle (aus Nitrobenzol); F: >340°.

Beim Erhitzen in Anthracen ist eine Verbindung $C_{38}H_{20}N_2O_2$ (dunkelviolette Kristalle
[aus Nitrobenzol oder 1-Chlor-naphthalin]; F: >400°; vermutlich 15,22-Dihydro-anthra≠
[1,2,3,4-*lmn*]dinaphtho[1,2-*c*;2′,1′-*i*][2,9]phenanthrolin-16,21-dion oder 13,20-Di≠
hydro-anthra[1,2,3,4-*lmn*]dinaphtho[2,1-*c*;1′,2′-*i*][2,9]phenanthrolin-14,19-dion) er≠
halten worden.

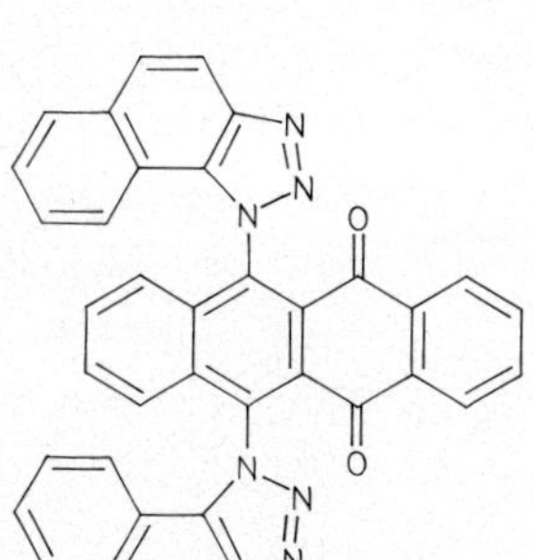

XII

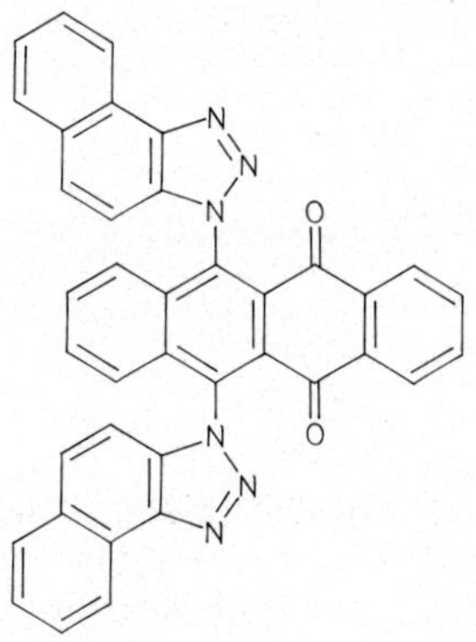

XIII

4,4′-Bis-naphtho[1,2-*d*][1,2,3]triazol-2-yl-*trans*(?)-stilben-2,2′-disulfonsäure-bis-dibutylamid
$C_{50}H_{56}N_8O_4S_2$, vermutlich Formel XIV (R = R′ = [CH$_2$]$_3$-CH$_3$).

B. Beim Behandeln von diazotierter 4,4′-Diamino-*trans*(?)-stilben-2,2′-disulfonsäure mit

[2]Naphthylamin in wss. HCl, Erwärmen des Reaktionsprodukts mit $CuSO_4$ in Pyridin und wss. NH_3, Erhitzen des Dinatrium-Salzes der erhaltenen Disulfonsäure mit PCl_5 und $POCl_3$ und anschliessenden Erwärmen mit Dibutylamin in Nitrobenzol (*Geigy A.G.*, U.S.P. 2784184 [1954]).

Gelb; F: 292 – 294°.

4,4'-Bis-naphtho[1,2-*d*][1,2,3]triazol-2-yl-*trans*(?)-stilben-2,2'-disulfonsäure-bis-dodecylamid $C_{58}H_{72}N_8O_4S_2$, vermutlich Formel XIV (R = $[CH_2]_{11}$-CH_3, R' = H).

B. Analog der vorangehenden Verbindung (*Geigy A.G.*, U.S.P. 2784184 [1954]).

Orangegelb; F: 248 – 250°.

XIV   XV

2-[*trans*(?)-2-Benzo[1,3]dioxol-5-yl-vinyl]-5-naphtho[1,2-*d*][1,2,3]triazol-2-yl-benzolsulfonsäure-dicyclohexylamid, 3',4'-Methylendioxy-4-naphtho[1,2-*d*][1,2,3]triazol-2-yl-*trans*(?)-stilben-2-sulfonsäure-dicyclohexylamid $C_{37}H_{38}N_4O_4S$, vermutlich Formel XV.

B. Aus 3',4'-Methylendioxy-4-naphtho[1,2-*d*][1,2,3]triazol-2-yl-*trans*(?)-stilben-2-sulfonyl≈chlorid und Dicyclohexylamin (*Geigy A.G.*, U.S.P. 2784184 [1954]).

Gelb; F: 195 – 197°.

3-[2]Pyridyl-3*H*-naphtho[1,2-*d*][1,2,3]triazol $C_{15}H_{10}N_4$, Formel I.

B. Beim Erhitzen von Naphthalin-1,2-diyldiamin mit 2-Chlor-pyridin auf 140 – 150°/100 Torr und Behandeln des Reaktionsprodukts mit $NaNO_2$ und wss. HCl in Äthanol (*Freak, Robinson,* Soc. **1938** 2013).

Kristalle (aus A.); F: 159°.

Überführung in 7*H*-Benzo[*e*]pyrido[2,3-*b*]indol durch Erhitzen mit H_3PO_4 auf 170°/12 Torr: *Fr., Ro.*

I   II   III

2-[6]Chinolyl-2*H*-naphtho[1,2-*d*][1,2,3]triazol $C_{19}H_{12}N_4$, Formel II.

B. Beim Erwärmen von 1-[6]Chinolylazo-[2]naphthylamin mit CrO_3 in wss. Essigsäure (*I.G. Farbenind.*, D.R.P. 626733 [1934]; Frdl. **22** 493).

F: 186°.

1-Methyl-6-naphtho[1,2-*d*][1,2,3]triazol-2-yl-chinolinium $[C_{20}H_{15}N_4]^+$, Formel III.

Chlorid $[C_{20}H_{15}N_4]Cl$. *B.* Beim Erwärmen von 6-[2-Amino-[1]naphthylazo]-1-methyl-chino≈linium-methylsulfat mit CrO_3 in wss. Essigsäure und Behandeln des Reaktionsgemisches mit wss. NaCl (*I.G. Farbenind.*, D.R.P. 626733 [1934]; Frdl. **22** 493). — Kristalle; F: 244°.

Methylsulfat [$C_{20}H_{15}N_4$]CH_3O_4S. *B.* Aus 2-[6]Chinolyl-2*H*-naphtho[1,2-*d*][1,2,3]triazol und Dimethylsulfat (*I.G. Farbenind.*). — F: 234°.

3-[4-Naphtho[1,2-*d*][1,2,3]triazol-2-yl-phenyl]-benzo[*f*]chinoxalin $C_{28}H_{17}N_5$, Formel IV.

B. Beim Erhitzen von 1-[4-Benzo[*f*]chinoxalin-3-yl-phenylazo]-[2]naphthylamin mit Kupfer-Pulver in Vaselinöl (*Crippa, G.* **60** [1930] 301, 307). Beim Erhitzen von 1-[4-Naphtho[1,2-*d*]⸗[1,2,3]triazol-2-yl-phenyl]-äthanon mit 1-Phenylazo-[2]naphthylamin und wenig konz. wss. HCl auf 150 — 160° (*Cr. et al.*).

Kristalle (aus Xylol); F: 299°.

IV   V   VI

1-Anilino-1*H*-naphtho[1,2-*d*][1,2,3]triazol, Naphtho[1,2-*d*][1,2,3]triazol-1-yl-phenyl-amin $C_{16}H_{12}N_4$, Formel V.

Diese Konstitution kommt vermutlich der früher (H **26** 369) als 2-Phenyl-2,3-dihydro-naph⸗tho[1,2-*e*][1,2,3,4]tetrazin („3-Phenyl-2.3-dihydro-[naphtho-1′.2′:5.6-tetrazin]") beschriebenen Verbindung zu (*Bauer, Katritzky,* Soc. **1964** 4394). Entsprechend sind die früher (H **26** 369) als 2-[2]Naphthyl-2,3-dihydro-naphtho[1,2-*e*][1,2,3,4]tetrazin und als 3-Acetyl-2-phenyl-2,3-di⸗hydro-naphtho[1,2-*e*][1,2,3,4]tetrazin beschriebenen Verbindungen als Naphtho[1,2-*d*]⸗[1,2,3]triazol-1-yl]-[2]naphthyl-amin $C_{20}H_{14}N_4$ bzw. als *N*-Naphtho[1,2-*d*][1,2,3]tri⸗azol-1-yl-*N*-phenyl-acetamid $C_{18}H_{14}N_4O$ zu formulieren.

4-Nitro-2-[4-nitro-phenyl]-2*H*-naphtho[1,2-*d*][1,2,3]triazol $C_{16}H_9N_5O_4$, Formel VI.

B. Beim Erwärmen von 3-Nitro-1-[4-nitro-phenylazo]-[2]naphthylamin mit CrO_3 in wss. Es⸗sigsäure (*Ward et al.*, Soc. **1957** 4816, 4820).

Kristalle (aus Eg.); F: 244 — 246°.

5-Nitro-1*H*-naphtho[1,2-*d*][1,2,3]triazol-3-oxid $C_{10}H_6N_4O_3$, Formel VII und Taut. (z.B. 5-Nitro-naphtho[1,2-*d*][1,2,3]triazol-3-ol) (E II 45; dort als 1-Oxy-4′-nitro-[naphtho-1′.2′:4.5-triazol] bezeichnet).

B. Beim Erwärmen von 1-Chlor-2,4-dinitro-naphthalin mit wss. $N_2H_4 \cdot H_2O$ in Äthanol (*Mac⸗beth, Price,* Soc. **1936** 111, 118; s. a. *Mangini,* R.A.L. [6] **25** [1937] 326, 329, 330; *Macbeth, Price,* Soc. **1937** 982).

Kristalle (aus A.); Verpuffung bei 236° (*Ma., Pr.,* Soc. **1936** 118). Absorptionsspektrum (A. sowie H_2O; 225 — 450 nm): *Ma., Pr.,* Soc. **1936** 117.

5-Nitro-2-phenyl-2*H*-naphtho[1,2-*d*][1,2,3]triazol-3-oxid $C_{16}H_{10}N_4O_3$, Formel VIII (X = H).

B. Beim kurzen Erwärmen von 1-Chlor-2,4-dinitro-naphthalin mit Phenylhydrazin in Äthanol (*Mangini,* R.A.L. [6] **25** [1937] 326, 331).

Hellgelbe Kristalle (aus Bzl.); F: 182,5 — 183,5°.

5-Nitro-2-[4-nitro-phenyl]-2*H*-naphtho[1,2-*d*][1,2,3]triazol-3-oxid $C_{16}H_9N_5O_5$, Formel VIII (X = NO_2).

B. Beim Erwärmen von 1-Chlor-2,4-dinitro-naphthalin mit [4-Nitro-phenyl]-hydrazin in Äth⸗anol und Erhitzen des Reaktionsprodukts mit Essigsäure (*Mangini,* R.A.L. [6] **25** [1937] 326, 332).

Gelbe Kristalle (aus Py. + A.); F: 288 – 289° [Zers.].

VII   VIII   IX

6-Nitro-2-[4-nitro-phenyl]-2H-naphtho[1,2-d][1,2,3]triazol $C_{16}H_9N_5O_4$, Formel IX (X = NO_2, X′ = X″ = H) (E II 45).

B. Beim Erwärmen von 5-Nitro-2-[4-nitro-phenylazo]-[1]naphthylamin mit CrO_3 in wss. Essigsäure (*Ward et al.*, J. Soc. Dyers Col. **75** [1959] 484).

F: 244° [Zers.].

7-Nitro-2-[4-nitro-phenyl]-2H-naphtho[1,2-d][1,2,3]triazol $C_{16}H_9N_5O_4$, Formel IX (X = X″ = H, X′ = NO_2).

B. Beim Erwärmen von 6-Nitro-1-[4-nitro-phenylazo]-[2]naphthylamin mit CrO_3 in wss. Essigsäure (*Hodgson, Ward*, Soc. **1947** 1060).

Rötliche Kristalle (aus Nitrobenzol); F: 288°.

8-Nitro-2-[4-nitro-phenyl]-2H-naphtho[1,2-d][1,2,3]triazol $C_{16}H_9N_5O_4$, Formel IX (X = X′ = H, X″ = NO_2).

B. Analog der vorangehenden Verbindung (*Hodgson, Ward*, Soc. **1947** 1060).

Rötliche Kristalle (aus Nitrobenzol); F: 311 – 312° [nach Sintern ab 300°].

1H-Naphtho[1,8-de][1,2,3]triazin $C_{10}H_7N_3$, Formel X (R = X = H) (H 75; E I 19; dort als 1.8-Azimino-naphthalin und als 1.2.3-Triaza-perinaphthinden bezeichnet).

B. Aus Naphthalin-1,8-diyldiamin beim Behandeln mit $NaNO_2$ und wss. Essigsäure (*Waldmann, Back*, A. **545** [1940] 52, 56).

Rote Kristalle (aus Nitrobenzol); Zers. bei 236 – 237° [bei raschem Erhitzen].

1-Phenyl-1H-naphtho[1,8-de][1,2,3]triazin $C_{16}H_{11}N_3$, Formel X (R = C_6H_5, X = H).

B. Aus *N*-Phenyl-naphthalin-1,8-diyldiamin beim Behandeln mit $NaNO_2$ und wss. Essigsäure (*Waldmann, Back*, A. **545** [1940] 52, 57).

Bräunliche Kristalle (aus wss. Acn.); F: 134°.

Überführung in 7H-Benz[kl]acridin beim Erhitzen mit Naphthalin: *Wa., Back*.

1-[2,4-Dinitro-phenyl]-1H-naphtho[1,8-de][1,2,3]triazin $C_{16}H_9N_5O_4$, Formel X (R = $C_6H_3(NO_2)_2$, X = H).

B. Aus *N*-[2,4-Dinitro-phenyl]-naphthalin-1,8-diyldiamin beim Behandeln mit $NaNO_2$ und wss. H_2SO_4 (*Waldmann, Back*, A. **545** [1940] 52, 57, 58).

Braunrote Kristalle (aus wss. Acn.); F: 163° [Zers.].

Überführung in 8,10-Dinitro-7H-benz[kl]acridin durch Erhitzen in Nitrobenzol: *Wa., Back*.

X   XI   XII

4,6,9-Tribrom-1*H*-naphtho[1,8-*de*][1,2,3]triazin $C_{10}H_4Br_3N_3$, Formel X (R = H, X = Br) und Taut.

B. Beim Behandeln von 2,4,7-Tribrom-naphthalin-1,8-diyldiamin mit $NaNO_2$ und Essigsäure in H_2SO_4 (*Whitehurst*, Soc. **1951** 226, 230).

Kristalle (aus A.); F: 216—218° [unkorr.; Zers.].

Pyrazolo[1,5-*a*]chinazolin $C_{10}H_7N_3$, Formel XI.

B. Beim Erhitzen von Pyrazolo[1,5-*a*]chinazolin-2,3-dicarbonsäure mit CuCl in Chinolin (*Ev= dokimoff*, G. **87** [1957] 1191, 1196; Rend. Ist. super. Sanità **22** [1959] 407, 413).

Kristalle (aus PAe.); F: 124—126°.

7,9-Dinitro-benz[4,5]imidazo[1,2-*a*]pyrimidin $C_{10}H_5N_5O_4$, Formel XII.

B. Beim Erwärmen von Pyrimidin-2-ylamin mit Picrylchlorid in Benzol (*Ochiai, Yanai*, J. pharm. Soc. Japan **60** [1940] 493, 498; dtsch. Ref. S. 192, 197; C. A. **1941** 743).

Schwarzrote Kristalle (aus Me.); Zers. bei 196°.

4-Nitro-imidazo[1,2-*a*;5,4-*c'*]dipyridin $C_{10}H_6N_4O_2$, Formel XIII.

B. Beim Erhitzen von 3',5'-Dinitro-2,4'-imino-di-pyridin mit Chinolin (*Petrow, Saper*, Soc. **1946** 588, 590).

Hellgelbe Kristalle (aus Nitrobenzol); F: 319° [korr.].

6-Methyl-6*H*-pyrrolo[2,3-*g*]chinoxalin $C_{11}H_9N_3$, Formel XIV.

B. Beim Erhitzen von (*R*)-6-Methyl-7,8-dihydro-6*H*-pyrrolo[2,3-*g*]chinoxalin-8-ol mit wss. HCl (*Harley-Mason, Laird*, Tetrahedron **7** [1959] 70, 75).

Gelbe Kristalle; F: 141—142° [unkorr.; nach Sublimation bei 90°/0,0004 Torr]. λ_{max} (A.): 226 nm, 266 nm, 352 nm und 410 nm.

XIII   XIV   XV

1(2)*H*-Pyrazolo[3,4-*f*]chinolin $C_{10}H_7N_3$, Formel XV und Taut. (E II 45; dort als [Chinolino-5'.6':3.4-pyrazol] und als [Pyridino-2'.3':6.7-indazol] bezeichnet).

B. Aus 1(2)*H*-Indazol-6-ylamin beim Erhitzen mit Glycerin, As_2O_3 und H_2SO_4 auf 140° (*Primc et al.*, J. heterocycl. Chem. **13** [1976] 899).

Kristalle (aus A.); F: 233—235°. ¹H-NMR-Absorption (DMSO-d_6) und ¹H-¹H-Spin-Spin-Kopplungskonstanten: *Pr. et al.*

1(3)*H*-Imidazo[4,5-*f*]chinolin $C_{10}H_7N_3$, Formel I und Taut.

B. Aus Chinolin-5,6-diyldiamin beim Erhitzen mit Ameisensäure oder beim Erwärmen mit wss. Formaldehyd und Kupfer(II)-acetat in wss. Äthanol (*Weidenhagen, Weeden*, B. **71** [1938] 2347, 2354). Beim Erhitzen von 6-Nitro-[5]chinolylamin mit Ameisensäure und $SnCl_2$ in wss. HCl (*Huisgen*, A. **559** [1948] 101, 143). Beim Erhitzen von 1(3)*H*-Benzimidazol-5-ylamin-hy= drochlorid mit Glycerin und H_2SO_4 auf 150—155° (*Lebenstedt, Schunack*, Ar. **307** [1974] 894).

Kristalle (aus Bzl.); F: 214° (*Hu.; Le., Sch.*). Kristalle (aus H_2O) mit 3 Mol H_2O; F: 216—217° (*We., We.*). Wasserhaltige Kristalle; F: 78° [aus H_2O] (*Le., Sch.*), 78° (*Hu.*).

Dihydrochlorid $C_{10}H_7N_3 \cdot 2HCl$. Kristalle; F: 284—286° [Zers.; aus A.+Ae.] (*Le., Sch.*), 282—284° [Zers.] (*We., We.*).

Benzoyl-Derivat $C_{17}H_{11}N_3O$. Kristalle (aus wss. A.); F: 166° (*We., We.*).

3(2)*H*-Pyrazolo[3,4-*c*]chinolin $C_{10}H_7N_3$, Formel II (X = H) und Taut.

Diese Konstitution kommt dem von *Schofield, Theobald* (Soc. **1951** 2992, 2994; s. E III/IV 23 1820) als 4-Methyl-3-[2]pyridyl-chinolin oder 4-Methyl-3-[4]pyridyl-chinolin ($C_{15}H_{12}N_2$) formulierten Präparat zu, dessen Picrat bei 268° schmilzt (*Eiter, Svierak*, M. **85** [1954] 283).

B. Neben wenig [1,2,3]Triazino[4,5-*c*]chinolin-2-oxid beim Behandeln von 4-Methyl-[3]chin≠ olylamin mit $NaNO_2$ und wss. H_2SO_4 (*Ockenden, Schofield*, Soc. **1953** 1915, 1918; *Eiter, Nagy*, M. **80** [1949] 607, 618; *Ei., Sv.*).

Kristalle; F: 223,5° [korr.; nach Sublimation bei 160°/0,4 Torr] (*Ei., Nagy*), 223° [korr.; nach Sublimation im Hochvakuum] (*Ei., Sv.*), 219–220° [aus Bzl.+Py.] (*Ock., Sch.*). UV-Spektrum (A.; 215–370 nm): *Ock., Sch.*

Picrat $C_{10}H_7N_3 \cdot C_6H_3N_3O_7$. Kristalle; F: 276–278° [korr.; Zers.; aus Me.] (*Ei., Sv.*), 267–268° [unkorr.; aus Acn.] (*Sch., Th.*).

Acetyl-Derivat $C_{12}H_9N_3O$. Kristalle; F: 167–168° [nach Sublimation bei 120°/0,4 Torr] (*Ei., Nagy*).

8-Chlor-3(2)*H*-pyrazolo[3,4-*c*]chinolin $C_{10}H_6ClN_3$, Formel II (X = Cl) und Taut.

B. Beim Behandeln von 6-Chlor-4-methyl-[3]chinolylamin mit $NaNO_2$ und wss. HCl (*Ocken≠ den, Schofield*, Soc. **1953** 1915, 1919).

Gelbe Kristalle (aus Bzl.+Py.); F: 283–285°. UV-Spektrum (A.; 210–370 nm): *Ock., Sch.*

5*H*-Pyrrolo[3,2-*c*;4,5-*c'*]dipyridin, 5*H*-Dipyrido[4,3-*b*;3',4'-*d*]pyrrol $C_{10}H_7N_3$, Formel III.

B. Beim Erhitzen von 1-[4]Pyridyl-1*H*-[1,2,3]triazolo[4,5-*c*]pyridin in Polyphosphorsäure oder in Paraffinöl auf 300° (*Koenigs, Nantka*, B. **74** [1941] 215).

Kristalle (aus H_2O); F: 328°.

Dinitrat $C_{10}H_7N_3 \cdot 2HNO_3$. Kristalle; F: 275–276°.

Picrat. Gelbe Kristalle; F: 310°.

Methochlorid $[C_{11}H_{10}N_3]Cl$; 2-Methyl-5*H*-pyrrolo[3,2-*c*;4,5-*c'*]dipyridinium-chlorid. Kristalle (aus A.+Ae.); F: 259–260°.

Stammverbindungen $C_{11}H_9N_3$

3-Methyl-1-phenyl-1*H*-[1,2,3]triazolo[1,5-*a*]chinolinium $[C_{17}H_{14}N_3]^+$, Formel IV.

Chlorid $[C_{17}H_{14}N_3]Cl$. *B*. Beim Erwärmen von 1-[2]Chinolyl-äthanon-phenylhydrazon mit Blei(IV)-acetat in Essigsäure und $CHCl_3$ und Behandeln des Reaktionsgemisches mit HCl (*Kuhn, Münzing*, B. **85** [1952] 29, 37). – Kristalle (aus A.+E.); F: 178–179°.

1-Methyl-[1,2,4]triazolo[4,3-*a*]chinolin $C_{11}H_9N_3$, Formel V (R = CH_3, R' = H).

B. Aus 2-Hydrazino-chinolin beim Erhitzen mit Acetanhydrid in Essigsäure (*Eastman Kodak Co.*, U.S.P. 2786054 [1954], 2865749 [1956]) oder beim Erhitzen mit Orthoessigsäure-triäthyl≠ ester in Xylol (*Reynolds, VanAllan*, J. org. Chem. **24** [1959] 1478, 1483, 1484).

Kristalle (aus Isobutylalkohol); F: 176° (*Re., Va.*). λ_{max} (Me.; 240–320 nm): *Re., Va.*

2-Äthyl-1-methyl-[1,2,4]triazolo[4,3-*a*]chinolinium $[C_{13}H_{14}N_3]^+$, Formel VI und Mesomere.

Jodid $[C_{13}H_{14}N_3]I$. *B*. Aus der vorangehenden Verbindung beim Erwärmen mit Äthyljodid (*Eastman Kodak Co.*, U.S.P. 2786054 [1954], 2852384 [1956], 2870014 [1957]). – Gelbbraune Kristalle; F: 192–194° [Zers.] (*Eastman Kodak Co.*, U.S.P. 2786054, 2852384, 2870014). – Beim Erhitzen mit 2-[2-(*N*-Acetyl-anilino)-vinyl]-3-äthyl-benzoxazolium-jodid in Pyridin unter

Zusatz von Triäthylamin bildet sich 1-[3-Äthyl-benzoxazol-2-yl]-3-[2-äthyl-[1,2,4]triazolo[4,3-*a*]≠ chinolin-1-yl]-trimethinium-jodid (*Eastman Kodak Co.*, U.S.P. 2786054, 2870014).

IV　　　　　　　　　V　　　　　　　　　VI　　　　　　　　　VII

5-Methyl-[1,2,4]triazolo[4,3-*a*]chinolin $C_{11}H_9N_3$, Formel V (R = H, R' = CH$_3$).

B. Aus 2-Hydrazino-4-methyl-chinolin beim Erhitzen mit Ameisensäure (*Eastman Kodak Co.*, U.S.P. 2743274 [1954]) oder mit Orthoameisensäure-triäthylester in Xylol (*Reynolds, Van Allan*, J. org. Chem. **24** [1959] 1478, 1483, 1484).

Kristalle; F: 228—230° [Zers.; aus Bzl.] (*Eastman Kodak Co.*), 222—223° (*Re., Va.*). λ_{max} (Me.; 220—320 nm): *Re., Va.*

3-Acetyl-3,4-dihydro-naphtho[1,2-*d*][1,2,3]triazin $C_{13}H_{11}N_3O$, Formel VII.

B. Beim Behandeln von *N*-[1-Amino-[2]naphthylmethyl]-acetamid mit NaNO$_2$ und wss. HCl (*Baltazzi*, Bl. **1952** 792, 796).

Kristalle (aus A.); F: 198° [Zers.].

4-[3*H*-Naphtho[2,1-*e*][1,2,4]triazin-2-yl]-benzolsulfonsäure $C_{17}H_{13}N_3O_3S$, Formel VIII.

Die von *Neri* (G. **67** [1937] 289, 292) unter dieser Konstitution beschriebene Verbindung ist als *N*-Naphth[1,2-*d*]imidazol-1-yl-sulfanilsäure zu formulieren (s. diesbezüglich H **26** 95; *Neunhoeffer*, Chem. heterocycl. Compounds **33** [1978] 733).

2-Methyl-pyrazolo[1,5-*c*]chinazolin $C_{11}H_9N_3$, Formel IX.

Diese Konstitution kommt wahrscheinlich der von *Backeberg, Friedmann* (Soc. **1938** 972, 975) als 4-Methyl-3*H*-imidazo[4,5-*c*]chinolin ($C_{11}H_9N_3$) formulierten Verbindung zu (*deStevens, Blatter*, Ang. Ch. **74** [1962] 249; *deStevens et al.*, J. org. Chem. **28** [1963] 1336).

B. Beim Erhitzen von 2-[5-Methyl-1(2)*H*-pyrazol-3-yl]-anilin (E III/IV **25** 2638) mit Ameisen≠ säure (*Ba., Fr.; deS. et al.*).

Kristalle; F: 97° [aus A.] (*Ba., Fr.*), 93—94° [aus wss. A.] (*deS. et al.; s. a. deS., Bl.*). λ_{max}: 255 nm und 317 nm (*deS., Bl.*).

Picrat $C_{11}H_9N_3 \cdot C_6H_3N_3O_7$. Gelbe Kristalle; F: 210° (*Ba., Fr.*).

VIII　　　　　　　　　IX　　　　　　　　　X　　　　　　　　　XI

2-Methyl-benz[4,5]imidazo[1,2-*a*]pyrimidin $C_{11}H_9N_3$, Formel X (R = CH$_3$, R' = X = H).

B. Aus 1*H*-Benzimidazol-2-ylamin beim Erhitzen mit 4,4-Dimethoxy-butan-2-on in Xylol (*Eastman Kodak Co.*, U.S.P. 2837521 [1956]; *Allen*, J. org. Chem. **24** [1959] 796, 800; *Ried, Müller*, J. pr. [4] **8** [1959] 132, 146, 148) oder beim Erwärmen mit der Natrium-Verbindung

des Acetoacetaldehyds in Äthanol (*I.G. Farbenind.*, D.R.P. 641598 [1935]; Frdl. **23** 270).
　Gelbe Kristalle; F: 233,5−234° [korr.; aus A.] (*Al.*), 231−233° [Zers.; aus wss. DMF oder wss. Py.] (*Ried, Mü.*), 229° [aus A.] (*I.G. Farbenind.*).

4-Methyl-7,9-dinitro-benz[4,5]imidazo[1,2-*a*]pyrimidin $C_{11}H_7N_5O_4$, Formel X (R = H, R′ = CH_3, X = NO_2).

　B. Aus [4-Methyl-pyrimidin-2-yl]-picryl-amin beim Erhitzen mit Phenol in Nitrobenzol (*Ochiai, Yanai*, J. pharm. Soc. Japan **60** [1940] 493, 496; dtsch. Ref. S. 192, 196; C. A. **1941** 743).
　Gelbe Kristalle; F: >300°.

3,4-Dihydro-pyrimido[4,5-*b*]chinolin $C_{11}H_9N_3$, Formel XI und Taut.

　B. Beim Erhitzen von 3-Aminomethyl-[2]chinolylamin mit Ameisensäure in Xylol (*Taylor, Kalenda*, Am. Soc. **78** [1956] 5108, 5114).
　Gelb; F: 204−207° [korr.; nach Sublimation im Vakuum].

5,10-Dihydro-pyrido[3,4-*b*]chinoxalin $C_{11}H_9N_3$, Formel XII (R = X = H).

　Hydrochlorid $C_{11}H_9N_3 \cdot HCl$. *B.* Beim Erhitzen von N^4-[2-Amino-phenyl]-pyridin-3,4-diyldiamin-dihydrochlorid auf 285° (*Petrow et al.*, Soc. **1949** 2540). − Rote Kristalle (aus A.) mit 1 Mol H_2O; F: 290° [korr.].

4-Nitro-10-phenyl-5,10-dihydro-pyrido[3,4-*b*]chinoxalin $C_{17}H_{12}N_4O_2$, Formel XII (R = C_6H_5, X = NO_2).

　B. Aus N-[3,5-Dinitro-[4]pyridyl]-N'-phenyl-*o*-phenylendiamin beim Erwärmen mit äthanol. KOH oder beim Erhitzen mit Chinolin (*Petrow, Saper*, Soc. **1946** 588, 590).
　Dunkelviolette Kristalle (aus Bzl.); F: 247−247,5° [korr.].

1-[6-Methoxy-[8]chinolyl]-2-methyl-1*H*-imidazo[4,5-*c*]chinolin $C_{21}H_{16}N_4O$, Formel XIII.

　B. Bei der Hydrierung eines Gemisches von [6-Methoxy-[8]chinolyl]-[3-nitro-[4]chinolyl]-amin und Acetanhydrid an Platin in Essigsäure (*Bachmann et al.*, J. org. Chem. **15** [1950] 1278, 1281).
　Kristalle (aus A.); F: 253−254° [korr.].

XII　　　　XIII　　　　XIV　　　　XV　　　　XVI

2-Methyl-1(3)*H*-imidazo[4,5-*f*]chinolin $C_{11}H_9N_3$, Formel XIV und Taut.

　B. Aus Chinolin-5,6-diyldiamin beim Erhitzen mit Essigsäure (*Weidenhagen, Weeden*, B. **71** [1938] 2347, 2354, 2355) oder beim Erwärmen mit Acetaldehyd und Kupfer(II)-acetat in wss. Äthanol (*I.G. Farbenind.*, D.R.P. 676196 [1936]; D.R.P. Org. Chem. 6 2433, 2436; *We., We.*). Beim Erhitzen von 6-Nitro-[5]chinolylamin mit Essigsäure und $SnCl_2$ in wss. HCl (*Huisgen*, A. **559** [1948] 101, 143). Beim Erhitzen von 5,6-Bis-acetylamino-chinolin auf 260° (*Hu.*).
　Kristalle; F: 200° [aus Acn.] (*Hu.*), 102° [aus $CHCl_3$] (*I.G. Farbenind.*; s. a. *We., We.*). Kristalle (aus wss. Acetonitril) mit 1,5 Mol H_2O (*We., We.*). Wasserhaltige Kristalle (aus H_2O); F: 70° (*Hu.*).
　Hydrochlorid. Kristalle (aus wss. Acn.); F: 313° (*We., We.*; s. a. *I.G. Farbenind.*).
　Picrat $C_{11}H_9N_3 \cdot C_6H_3N_3O_7$. Kristalle (aus H_2O); F: 269° (*We., We.; I.G. Farbenind.*).

Stammverbindungen $C_{12}H_{11}N_3$

3-Phenyl-6,7-dihydro-5H-cyclopenta[e][1,2,4]triazin $C_{12}H_{11}N_3$, Formel XV.

B. Beim Erhitzen von Cyclopentan-1,2-dion-bis-benzoylhydrazon mit äthanol. NH_3 auf 160°
(*Metze, Schreiber*, B. **89** [1956] 2466, 2469).

Hellgelbe Kristalle (aus PAe.); F: 100°.

11-Methyl-6,11-dihydro-5H-dibenzo[c,f][1,2,5]triazepin $C_{13}H_{13}N_3$, Formel XVI.

B. Beim Erwärmen von 11-Methyl-11H-dibenzo[c,f][1,2,5]triazepin mit Raney-Nickel und
$N_2H_4 \cdot H_2O$ in Äthanol (*Allinger, Youngdale*, Tetrahedron Letters 1959 Nr. 9, S. 10).

Kristalle; F: 93,5—95°.

1-Äthyl-[1,2,4]triazolo[4,3-a]chinolin $C_{12}H_{11}N_3$, Formel I (R = H).

B. Aus 2-Hydrazino-chinolin beim Erhitzen mit Orthopropionsäure-triäthylester in Toluol
(*Eastman Kodak Co.*, U.S.P. 2865749 [1956]) oder in Xylol (*Reynolds, VanAllan*, J. org. Chem.
24 [1959] 1478, 1484).

Kristalle (aus Toluol); F: 123° (*Re., Va.*). UV-Spektrum (Me.; 210—330 nm): *Re., Va.*,
l. c. S. 1482, 1483.

2,5-Dimethyl-pyrazolo[1,5-c]chinazolin $C_{12}H_{11}N_3$, Formel II.

Diese Konstitution kommt wahrscheinlich der von *Backeberg, Friedmann* (Soc. **1938** 972,
975) als 2,4-Dimethyl-3H-imidazo[4,5-c]chinolin ($C_{12}H_{11}N_3$, Formel III [R = H]) for=
mulierten Verbindung zu (vgl. *deStevens, Blatter*, Ang. Ch. **74** [1962] 249; *deStevens et al.*,
J. org. Chem. **28** [1963] 1336).

B. Beim Erhitzen von 2-[5-Methyl-1(2)H-pyrazol-3-yl]-anilin (E III/IV **25** 2638) mit Essigsäure
(*Ba., Fr.*). Beim Erwärmen von 1-Acetyl-3(oder 5)-[2-acetylamino-phenyl]-5(oder 3)-methyl-1H-
pyrazol (E III/IV **25** 2638) mit äthanol. HCl (*Ba., Fr.*).

Kristalle (aus H_2O); F: 100° (*Ba., Fr.*).

Hexachloroplatinat(IV) $2C_{12}H_{11}N_3 \cdot H_2PtCl_6$. Orangefarbene Kristalle (aus äthanol.
HCl); Zers. >300° (*Ba., Fr.*).

Picrat $2C_{12}H_{11}N_3 \cdot C_6H_3N_3O_7$. Gelbe Kristalle; F: 200° (*Ba., Fr.*).

I   II   III   IV

2,4-Dimethyl-benz[4,5]imidazo[1,2-a]pyrimidin $C_{12}H_{11}N_3$, Formel IV (X = X' = H).

B. Aus 1H-Benzimidazol-2-ylamin und Pentan-2,4-dion (*I.G. Farbenind.*, D.R.P. 641598
[1935]; Frdl. **23** 270; *Ridi et al.*, Ann. Chimica **44** [1954] 769, 774).

Kristalle; F: 231—232° [aus A.] (*I.G. Farbenind.*), 230—231° [aus H_2O] (*Ridi et al.*).

Verbindung mit 2 Mol 1H-Benzimidazol-2-ylamin. F: 242—243° (*I.G. Farbenind.*).

2,4-Dimethyl-7(oder 8)-nitro-benz[4,5]imidazo[1,2-a]pyrimidin $C_{12}H_{10}N_4O_2$, Formel IV
(X = NO_2, X' = H oder X = H, X' = NO_2).

B. Aus 5-Nitro-1(3)H-benzimidazol-2-ylamin beim Erhitzen mit Pentan-2,4-dion (*I.G. Farben=
ind.*, D.R.P. 641598 [1935]; Frdl. **23** 270).

Hellgelbe Kristalle; Zers. >260° [Dunkelfärbung].

2-Methyl-3,4-dihydro-pyrimido[4,5-b]chinolin $C_{12}H_{11}N_3$, Formel V und Taut.

B. Beim Erhitzen von N-[2-Amino-[3]chinolylmethyl]-acetamid in Diphenyläther (*Taylor, Ka=*

lenda, Am. Soc. **78** [1956] 5108, 5114).

Gelb; F: 199,5 − 201° [korr.; nach Sublimation bei 150°/0,5 Torr].

2,4-Dimethyl-3-phenyl-3*H*-imidazo[4,5-*c*]chinolin $C_{18}H_{15}N_3$, Formel III (R = C_6H_5).

Die Identität einer von *Backeberg* (Soc. **1938** 1083, 1086) unter dieser Konstitution beschriebe=
nen, aus vermeintlichem 2-Methyl-N^3-phenyl-chinolin-3,4-diyldiamin (s. E III/IV **22** 5445) her=
gestellten Verbindung (Kristalle [aus A.]; F: 124°) ist ungewiss.

2-Äthyl-1(3)*H*-imidazo[4,5-*f*]chinolin $C_{12}H_{11}N_3$, Formel VI (R = H) und Taut.

B. Aus Chinolin-5,6-diyldiamin beim Erwärmen mit Propionaldehyd und Kupfer(II)-acetat
in Äthanol (*Weidenhagen, Weeden,* B. **71** [1938] 2347, 2355).

Kristalle (aus H_2O) mit 2 Mol H_2O; F: 184°.

Dihydrochlorid. Kristalle (aus wss. Acn. oder Me.); F: 284°.

V   VI   VII   VIII

Stammverbindungen $C_{13}H_{13}N_3$

3-Phenyl-5,6,7,8-tetrahydro-benzo[*e*][1,2,4]triazin $C_{13}H_{13}N_3$, Formel VII.

B. Beim Erhitzen von Cyclohexan-1,2-dion-bis-benzoylhydrazon mit äthanol. NH_3 auf 150°
(*Metze, Schreiber,* B. **89** [1956] 2466, 2468).

Gelbe Kristalle (aus PAe.); F: 93°.

Hydrochlorid $C_{13}H_{13}N_3 \cdot HCl$. Gelbe Kristalle; F: 213° [Zers.].

1-Isopropyl-[1,2,4]triazolo[4,3-*a*]chinolin $C_{13}H_{13}N_3$, Formel I (R = CH_3).

B. Aus 2-Hydrazino-chinolin beim aufeinanderfolgenden Erhitzen mit Isobuttersäure und
mit Phenol (*Eastman Kodak Co.,* U.S.P. 2865749 [1956]; *Reynolds, VanAllan,* J. org. Chem.
24 [1959] 1478, 1484, 1486).

Kristalle (aus PAe.); F: 83 − 84° (*Eastman Kodak Co.; Re., Va.*). UV-Spektrum (Me.;
220 − 330 nm): *Re., Va.,* l. c. S. 1482, 1483.

2,4,8-Trimethyl-imidazo[1,2-*a*][1,8]naphthyridin $C_{13}H_{13}N_3$, Formel VIII.

B. Beim Erwärmen von 5,7-Dimethyl-[1,8]naphthyridin-2-ylamin mit Bromaceton in Äthanol
(*Schmid, Gründig,* M. **84** [1953] 491, 495).

Kristalle; F: 142 − 144° [evakuierte Kapillare]. $Kp_{0,05}$: 155 − 160°.

8-[4,5-Dihydro-1*H*-imidazol-2-ylmethyl]-chinolin $C_{13}H_{13}N_3$, Formel IX.

B. Aus [8]Chinolyl-acetonitril bei der Umsetzung mit H_2S und Äthylendiamin (*CIBA,*
U.S.P. 2505247 [1946]; D.R.P. 842063 [1951]; D.R.B.P. Org. Chem. 1950 − 1951 **3** 145). Beim
Erwärmen von 2-[8]Chinolyl-acetimidsäure-äthylester-dihydrochlorid mit Äthylendiamin in
Äthanol (*CIBA,* Schweiz. P. 204740 [1935]; U.S.P. 2161938 [1938]).

Kristalle; F: 93 − 95° (*CIBA,* U.S.P. 2505247, 2161938; D.R.P. 842063; Schweiz. P. 204740).
$Kp_{0,05}$: 190 − 192° (*CIBA,* U.S.P. 2505247; D.R.P. 842063; Schweiz. P. 204740).

Dihydrochlorid. Kristalle; Zers. bei 260 − 261° (*CIBA,* Schweiz. P. 204740).

2-Isopropyl-1(3)*H*-imidazo[4,5-*f*]chinolin $C_{13}H_{13}N_3$, Formel VI (R = CH_3) und Taut.

B. Beim Erwärmen von Chinolin-5,6-diyldiamin mit Isobutyraldehyd und Kupfer(II)-acetat
in wss. Äthanol (*I.G. Farbenind.,* D.R.P. 676196 [1936]; D.R.P. Org. Chem. **6** 2433, 2436;
Weidenhagen, Weeden, B. **71** [1938] 2347, 2356).

Kristalle (aus wasserhaltigem Acetonitril bzw. aus wasserhaltigem E.) mit 1 Mol H_2O (*We., We.; I.G. Farbenind.*); F: 100° (*I.G. Farbenind.; s. a. We., We.*). $Kp_{0,4}$: $200-208°$ (*I.G. Farben= ind.*).

Dihydrochlorid. Kristalle; F: 316° [unkorr.] (*We., We.; I.G. Farbenind.*).

IX   X   XI

(±)-1-Phenyl-(3at,4ac,8bc,9at)-3a,4,4a,8b,9,9a-hexahydro-1H-4r,9c-methano-biphenyleno[2,3-d]= [1,2,3]triazol $C_{19}H_{17}N_3$, Formel X + Spiegelbild.

Konfiguration: *Simmons*, Am. Soc. **83** [1961] 1657, 1658, 1663.

B. Aus (4ac,8bc)-1,4,4a,8b-Tetrahydro-1r,4c-methano-biphenylen beim Behandeln mit Azido= benzol in Petroläther (*Cava, Mitchell*, Am. Soc. **81** [1959] 5409, 5411; s. a. *Nenitzescu et al.*, B. **90** [1957] 2541, 2543).

Kristalle; F: $132-133°$ [unkorr.; aus Bzl.+PAe.] (*Cava, Mi.*), 132° [aus A.] (*Ne. et al.*).

Stammverbindungen $C_{14}H_{15}N_3$

1-Äthyl-2-[3-(1-äthyl-pyrrolidin-2-yliden)-propenyl]-3-phenyl-benzimidazolium $[C_{24}H_{28}N_3]^+$ und Mesomere; **1-[1-Äthyl-3-phenyl-1(3)H-benzimidazol-2-yl]-3-[1-äthyl-4,5-dihydro-3H-pyrrol-2-yl]-trimethinium** [1]), Formel XI.

Perchlorat $[C_{24}H_{28}N_3]ClO_4$. B. Beim Behandeln von (±)-[1-Äthyl-pyrrolidin-2-yliden]-acet= aldehyd mit 1-Äthyl-2-methyl-3-phenyl-benzimidazolium-jodid und Acetanhydrid in Pyridin und Behandeln des Reaktionsgemisches mit $KClO_4$ in H_2O (*Farbw. Hoechst*, D.B.P. 883025 [1940]). — Rotorangefarbene Kristalle (aus Me.); F: 223° [Zers.]. λ_{max}: 451 nm.

***Opt.-inakt. 1-Phenyl-1,3a,4,4a,9,9a,10,10a-octahydro-4,10-methano-fluoreno[2,3-d][1,2,3]triazol** $C_{20}H_{19}N_3$, Formel XII.

Für die nachstehend beschriebene Verbindung kommt auch die Formulierung als 3-Phenyl-3,3a,4,4a,9,9a,10,10a-octahydro-4,10-methano-fluoreno[2,3-d][1,2,3]triazol in Be= tracht.

B. Aus 1,4,4a,9a-Tetrahydro-1,4-methano-fluoren (Kp_{11}: $135-136°$) und Azidobenzol (*Alder, Rickert*, B. **71** [1938] 379, 386).

Kristalle (aus E.); F: 189°.

XII   XIII   XIV

Stammverbindungen $C_{15}H_{17}N_3$

***Opt.-inakt. 1,3,5-Trimethyl-2,4-diphenyl-hexahydro-[1,3,5]triazin** $C_{18}H_{23}N_3$, Formel XIII.

B. Beim Erwärmen von 1,3,5,7-Tetraaza-adamantan mit Benzylchlorid in $CHCl_3$ und Erhitzen des Reaktionsprodukts bei 30 Torr (*Graymore, Davies*, Soc. **1945** 293, 294).

---

[1]) Über diese Bezeichnungsweise s. *Reichardt, Mormann*, B. **105** [1972] 1815, 1832.

Kp$_{30}$: 70 − 72°.

(±)-1-[3-Acetoxy-propyl]-5-chlor-2-[3-(1,3-dimethyl-pyrrolidin-2-yliden)-propenyl]-3-methyl-benzimidazolium [C$_{22}$H$_{29}$ClN$_3$O$_2$]$^+$ und Mesomere; **(±)-1-[1-(3-Acetoxy-propyl)-5-chlor-3-methyl-1(3)H-benzimidazol-2-yl]-3-[1,3-dimethyl-4,5-dihydro-3H-pyrrol-2-yl]-trimethinium** [1]), Formel XIV.
Perchlorat [C$_{22}$H$_{29}$ClN$_3$O$_2$]ClO$_4$. *B*. Beim Behandeln von (±)-[1,3-Dimethyl-pyrrolidin-2-yliden]-acetaldehyd-phenylimin mit 1-[3-Acetoxy-propyl]-5-chlor-2,3-dimethyl-benzimidazolium-[toluol-4-sulfonat] und Acetanhydrid und Behandeln des Reaktionsgemisches mit KClO$_4$ in H$_2$O (*Farbw. Hoechst*, D.B.P. 902291 [1943]). − Kristalle (aus Me.); F: 206°.

(±)-1-Äthyl-5,6-dichlor-2-[3-(1,4-dimethyl-pyrrolidin-2-yliden)-propenyl]-3-methyl-benzimidazolium [C$_{19}$H$_{24}$Cl$_2$N$_3$]$^+$, und Mesomere; **(±)-1-[1-Äthyl-5,6-dichlor-3-methyl-1(3)H-benzimidazol-2-yl]-3-[1,4-dimethyl-4,5-dihydro-3H-pyrrol-2-yl]-trimethinium** [1]), Formel XV.
Perchlorat [C$_{19}$H$_{24}$Cl$_2$N$_3$]ClO$_4$. *B*. Beim Behandeln von (±)-[1,4-Dimethyl-pyrrolidin-2-yliden]-acetaldehyd-phenylimin mit 1-Äthyl-5,6-dichlor-2,3-dimethyl-benzimidazolium-[toluol-4-sulfonat] und Acetanhydrid in Pyridin und Behandeln des Reaktionsgemisches mit KClO$_4$ in H$_2$O (*Farbw. Hoechst*, D.B.P. 902290 [1942]). − Orangefarbene Kristalle (aus Me.); F: 247° [Zers.].

XV

XVI

1′,3′-Dihydro-spiro[piperidin-1,2′-pyrrolo[3,4-b]chinoxalinium] [C$_{15}$H$_{18}$N$_3$]$^+$, Formel XVI.
Bromid [C$_{15}$H$_{18}$N$_3$]Br. *B*. Aus 2,3-Bis-brommethyl-chinoxalin beim Behandeln mit Piperidin in Äthanol oder in CHCl$_3$ (*Landquist, Silk*, Soc. **1956** 2052, 2057; *Ried, Grabosch*, B. **91** [1958] 2485, 2494). − Kristalle (aus A.); F: 266 − 268° [Zers.] (*Ried, Gr.*), 265 − 266° [Zers.] (*La., Silk*).
Picrat [C$_{15}$H$_{18}$N$_3$]C$_6$H$_2$N$_3$O$_7$. Kristalle (aus A.); F: 189 − 190° (*Ried, Gr.*).

Stammverbindungen C$_{16}$H$_{19}$N$_3$

(±)-1-[3]Piperidyl-4,9-dihydro-3H-β-carbolin C$_{16}$H$_{19}$N$_3$, Formel XVII (R = H).
B. Beim Erhitzen der folgenden Verbindung mit wss. HCl (*Marion et al.*, Canad. J. Res. [B] **24** [1946] 224, 228).
Kristalle (aus Me.); F: 195 − 196° [korr.; nach Trocknen bei 144°/1 Torr].

(±)-3-[4,9-Dihydro-3H-β-carbolin-1-yl]-1-[toluol-4-sulfonyl]-piperidin C$_{23}$H$_{25}$N$_3$O$_2$S, Formel XVII (R = SO$_2$-C$_6$H$_4$-CH$_3$).
B. Beim Erwärmen von (±)-1-[Toluol-4-sulfonyl]-piperidin-3-carbonsäure-[2-indol-3-yl-äthylamid] mit POCl$_3$ in CHCl$_3$ (*Marion et al.*, Canad. J. Res. [B] **24** [1946] 224, 228).
Kristalle (aus Bzl. + PAe.); F: 236,5 − 237,5° [korr.].

XVII

XVIII

---

[1]) Siehe S. 225 Anm.

Stammverbindungen C₁₉H₂₅N₃

Tris-[5-äthyl-pyrrol-2-yl]-methan, 5,5′,5″-Triäthyl-2,2′,2″-methantriyl-tri-pyrrol $C_{19}H_{25}N_3$,
Formel XVIII (R = H, R′ = C₂H₅).
B. Beim Erwärmen von 2-Äthyl-pyrrol mit Äthylmagnesiumbromid in Äther und anschlies=
send mit Äthylformiat (*Fischer et al.*, A. **486** [1931] 55, 68).
Kristalle (aus Me.); F: 162° [korr.].

Tris-[3,5-dimethyl-pyrrol-2-yl]-methan, 3,5,3′,5′,3″,5″-Hexamethyl-2,2′,2″-methantriyl-tri-pyrrol
$C_{19}H_{25}N_3$, Formel XVIII (R = R′ = CH₃).
B. Beim Erwärmen von Bis-[3,5-dimethyl-pyrrol-2-yl]-methinium-bromid mit 2,4-Dimethyl-
pyrrol und Natriumacetat in Äthanol (*Treibs et al.*, A. **602** [1957] 153, 180).
Kristalle; F: 156°.   [*Wente*]

Stammverbindungen $C_nH_{2n-15}N_3$

Stammverbindungen C₁₁H₇N₃

Naphtho[2,1-e][1,2,4]triazin $C_{11}H_7N_3$, Formel I .
B. Beim Erhitzen von Naphtho[2,1-e][1,2,4]triazin-3-carbonsäure mit Kupfer-Pulver (*Fusco,
Bianchetti*, G. **87** [1957] 438, 443).
Gelbe Kristalle (aus wss. A. oder nach Sublimation im Vakuum bei 140−150°); F: 124−125°
(*Fu., Bi.*). Absorptionsspektrum (Cyclohexan sowie Me.; 200−580 nm): *Simonetta et al.*, Nuovo
Cimento [10] **5** [1957] 1814.

Naphtho[1,2-e][1,2,4]triazin $C_{11}H_7N_3$, Formel II (X = H).
B. Beim Erhitzen von Naphtho[1,2-e][1,2,4]triazin-2-carbonsäure mit Kupfer-Pulver auf 200°
(*Fusco, Bianchetti*, G. **87** [1957] 438, 445). Beim Erwärmen von 2-Hydrazino-naphtho[1,2-e]=
[1,2,4]triazin mit HgO in Äthanol (*Fusco, Bianchetti*, G. **87** [1957] 446, 452).
Gelbe Kristalle (aus A. oder nach Sublimation); F: 140−141° (*Fu., Bi.*). Absorptionsspektrum
(Cyclohexan sowie Me.; 200−480 nm): *Simonetta et al.*, Nuovo Cimento [10] **5** [1957] 1814.

I   II   III   IV

2-Chlor-naphtho[1,2-e][1,2,4]triazin $C_{11}H_6ClN_3$, Formel II (X = Cl).
B. Beim Behandeln von Naphtho[1,2-e][1,2,4]triazin-2-ylamin mit NaNO₂ in wss. HCl und
anschliessenden Erwärmen mit POCl₃ (*Fusco, Bianchetti*, G. **87** [1957] 446, 451).
Gelbe Kristalle (aus Bzl.+PAe.); F: 170−171°.

2,4-Dichlor-pyrimido[4,5-b]chinolin $C_{11}H_5Cl_2N_3$, Formel III.
B. Beim Erhitzen von 1H-Pyrimido[4,5-b]chinolin-2,4-dion mit PCl₅ und POCl₃ (*Taylor,
Kalenda*, Am. Soc. **78** [1956] 5108, 5115).
Gelb; F: 226,5−228,5° [korr.; nach Sublimation im Vakuum].

Pyrido[3,4-b]chinoxalin $C_{11}H_7N_3$, Formel IV.
B. Beim Erwärmen von 5,10-Dihydro-pyrido[3,4-b]chinoxalin-hydrochlorid mit wss. NH₃,
dann mit H₂O₂ in Äthanol (*Petrow et al.*, Soc. **1949** 2540).
Gelbe Kristalle (aus PAe.); F: 181−182° [korr.].

Pyrido[3,2-h]cinnolin $C_{11}H_7N_3$, Formel V.

B. Beim Erhitzen von Pyrido[3,2-h]cinnolin-4-carbonsäure mit Benzophenon (*Case, Brennan,* Am. Soc. **81** [1959] 6297, 6299).

Kristalle (aus Heptan); F: 170,5—171,5°. Bei 145°/1—2 Torr sublimierbar.

V   VI   VII   VIII   IX

Pyrido[3,2-h]chinazolin $C_{11}H_7N_3$, Formel VI.

B. Neben 7,8,9,10-Tetrahydro-pyrido[3,2-h]chinazolin-7-ol (?; S. 353) beim Erhitzen von Chinazolin-8-ylamin mit Acrylaldehyd in H_3PO_4 und H_3AsO_4 (*Case, Brennan,* Am. Soc. **81** [1959] 6297, 6299).

Kristalle (aus Heptan); F: 171,5—172,5°. Bei 150°/1—2 Torr sublimierbar.

Pyrido[3,2-f]chinoxalin $C_{11}H_7N_3$, Formel VII.

B. Aus Chinolin-5,6-diyldiamin-dihydrochlorid und Dinatrium-[1,2-dihydroxy-äthan-1,2-di= sulfonat] (*Linsker, Evans,* Am. Soc. **68** [1946] 874).

Kristalle; F: 135°.

Picrat $C_{11}H_3N_3 \cdot C_6H_3N_3O_7$. Gelbe Kristalle (aus H_2O); F: 165—166° [nach Sintern bei 132°].

Pyrido[3,2-f]chinoxalin-1,4,7-trioxid $C_{11}H_7N_3O_3$, Formel VIII.

B. Beim Erhitzen von Pyrido[3,2-f]chinoxalin mit H_2O_2 in Essigsäure (*Linsker, Evans,* Am. Soc. **68** [1946] 874).

Hellbraune Kristalle (aus wss. Eg.); F: >400°.

Pyrido[2,3-f]chinoxalin $C_{11}H_7N_3$, Formel IX.

B. Beim Erhitzen von N-Chinoxalin-5-yl-acetamid mit Acrylaldehyd in H_3PO_4 und H_3AsO_4 (*Case, Brennan,* Am. Soc. **81** [1959] 6297, 6300).

Kristalle (aus Bzl.+PAe.); F: 146,5—147,5°. Bei 125°/1—2 Torr sublimierbar.

Pyrido[3,2-c]cinnolin $C_{11}H_7N_3$, Formel X.

Konstitution: *Barton, Walker,* Tetrahedron Letters **1975** 569.

B. Aus 2-Phenyl-pyrido[3,2-c]tetrazolo[2,3-a]cinnolinium-nitrat beim Behandeln mit $Na_2S_2O_4$ in H_2O, beim Hydrieren an Raney-Nickel in Äthanol oder bei der Destillation mit Zink-Pulver (*Jerchel, Fischer,* B. **89** [1956] 563, 568).

Kristalle [aus A.+H_2O] (*Je., Fi.*); F: 161—163° (*Ba., Wa.*), 158° [nach Sublimation im Vakuum] (*Je., Fi.*).

Pyrido[4,3-c]cinnolin $C_{11}H_7N_3$, Formel XI (X = H).

B. Beim Hydrieren von 2-Phenyl-pyrido[4,3-c]tetrazolo[2,3-a]cinnolinium-nitrat an Raney-Nickel in Äthanol (*Jerchel, Fischer,* B. **89** [1956] 563, 568).

Gelbe Kristalle (aus A.); F: 166°.

X   XI   XII

x-Brom-pyrido[4,3-c]cinnolin $C_{11}H_6BrN_3$, Formel XI (X = Br).
B. Beim Hydrieren von x-Brom-2-phenyl-pyrido[4,3-c]tetrazolo[2,3-a]cinnolinium-nitrat an Raney-Nickel in Methanol (*Jerchel, Fischer*, B. **89** [1956] 563, 569).
Gelbe Kristalle (aus A.); F: 249°.

Pyrido[3,2-c][1,5]naphthyridin $C_{11}H_7N_3$, Formel XII (X = H).
B. Beim Hydrieren der folgenden Verbindung an Palladium/Kohle in wss.-äthanol. KOH (*Case, Brennan*, Am. Soc. **81** [1959] 6297, 6300).
F: 152–153°.

7-Chlor-pyrido[3,2-c][1,5]naphthyridin $C_{11}H_6ClN_3$, Formel XII (X = Cl).
B. Aus 10H-Pyrido[3,2-c][1,5]naphthyridin-7-on und $POCl_3$ (*Case, Brennan*, Am. Soc. **81** [1959] 6297, 6300).
Kristalle (aus Bzl.); F: 211–212°.

Stammverbindungen $C_{12}H_9N_3$

3-Phenyl-[1,2,4]triazolo[4,3-a]pyridin $C_{12}H_9N_3$, Formel XIII (X = H).
B. Beim Behandeln von Benzaldehyd-[2]pyridylhydrazon mit Blei(IV)-acetat in Benzol (*Bower, Doyle*, Soc. **1957** 727, 731). Beim Erhitzen von Benzoesäure-[N'-[2]pyridyl-hydrazid] in Phenol (*Reynolds, VanAllan*, J. org. Chem. **24** [1959] 1478, 1485) oder mit $POCl_3$ (*Bo., Do.*).
Kristalle; F: 176° [korr.; aus Bzl.] (*Bo., Do.*), 175° [aus Butan-1-ol] (*Re., Va.*). UV-Spektrum (Cyclohexan; 210–350 nm): *Bower*, Soc. **1957** 4510, 4511, 4513. λ_{max} (Me.): 240 nm und 281 nm (*Re., Va.*).
Picrat $C_{12}H_9N_3 \cdot C_6H_3N_3O_7$. Gelbe Kristalle (aus Me.); F: 234° [korr.] (*Bo., Do.*).

6-Nitro-3-phenyl-[1,2,4]triazolo[4,3-a]pyridin $C_{12}H_8N_4O_2$, Formel XIII (X = NO_2).
B. Beim Behandeln von Benzaldehyd-[5-nitro-[2]pyridylhydrazon] mit Blei(IV)-acetat in Essig≠säure (*Bower, Doyle*, Soc. **1957** 727).
Gelbe Kristalle (aus E.); F: 207° [korr.].

XIII   XIV   XV

3-Phenyl-[1,2,3]triazolo[1,5-a]pyridin $C_{12}H_9N_3$, Formel XIV.
B. Aus Phenyl-[2]pyridyl-keton-hydrazon mit Hilfe von Ag_2O (*Boyer et al.*, Am. Soc. **79** [1957] 678, 680).
Kristalle (aus Hexan); F: 113–115° [korr.] (*Bo. et al.*). λ_{max} (A.): 262 nm, 282 nm und 298 nm (*Boyer, Wolford*, Am. Soc. **80** [1958] 2741).

1,3-Diphenyl-[1,2,3]triazolo[1,5-a]pyridinium $[C_{18}H_{14}N_3]^+$, Formel XV.
Chlorid $[C_{18}H_{14}N_3]Cl$. *B.* Beim Behandeln von Phenyl-[2]pyridyl-keton-(Z)-phenylhydrazon mit Blei(IV)-acetat in Essigsäure und anschliessend mit HCl in Äthanol (*Kuhn, Münzing*, B. **85** [1952] 29, 37). – Hygroskopische Kristalle (aus A. + E.); F: 201,5° [Zers.].

2-Phenyl-[1,2,4]triazolo[1,5-a]pyridin $C_{12}H_9N_3$, Formel I.
B. Beim Erhitzen von N-[2]Pyridyl-benzamidin mit Blei(IV)-acetat in Essigsäure (*Bower, Ramage*, Soc. **1957** 4506, 4509).

Kristalle; F: 141° (*Bo., Ra.*). UV-Spektrum (Cyclohexan; 240 – 310 nm): *Bower*, Soc. **1957** 4510, 4511, 4513.

Picrat $C_{12}H_9N_3 \cdot C_6H_3N_3O_7$. Gelbe Kristalle (aus A.) mit 1 Mol Äthanol; F: 168° (*Bo., Ra.*).

11-Methyl-11*H*-dibenzo[*c,f*][1,2,5]triazepin $C_{13}H_{11}N_3$, Formel II.

B. Beim Behandeln von Methyl-bis-[2-nitro-phenyl]-amin mit LiAlH$_4$ in THF (*Allinger, Youngdale*, Tetrahedron Letters **1959** Nr. 9, S. 9, 12).

Rote Kristalle.

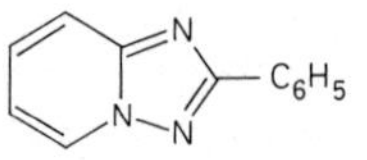

I 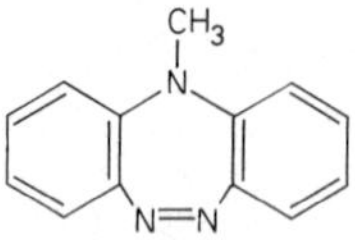   II 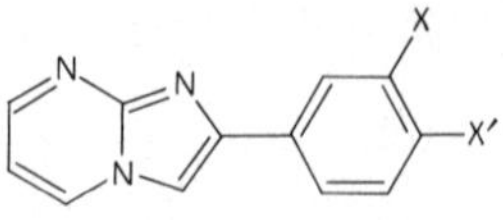   III 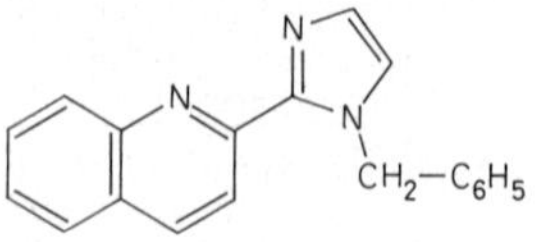   IV

2-Phenyl-imidazo[1,2-*a*]pyrimidin $C_{12}H_9N_3$, Formel III (X = X' = H).

B. Beim Erwärmen von Pyrimidin-2-ylamin mit Phenacylbromid in Äthanol (*Buu-Hoi, Xuong*, C. r. **243** [1956] 2090).

Kristalle (aus A.); F: 202°.

Die folgenden Verbindungen sind in analoger Weise hergestellt worden:

2-[4-Fluor-phenyl]-imidazo[1,2-*a*]pyrimidin $C_{12}H_8FN_3$,   Formel III   (X = H, X' = F). Kristalle (aus A.); F: 238° (*Buu-Hoi, Xu.*).

2-[4-Chlor-phenyl]-imidazo[1,2-*a*]pyrimidin $C_{12}H_8ClN_3$,   Formel III   (X = H, X' = Cl). Gelbliche Kristalle (aus A. + Bzl.); F: 274° (*Buu-Hoi, Xu.*).

2-[3,4-Dichlor-phenyl]-imidazo[1,2-*a*]pyrimidin $C_{12}H_7Cl_2N_3$,   Formel III (X = X' = Cl). Gelbliche Kristalle (aus Bzl.); F: 286° (*Buu-Hoi, Xu.*).

2-[4-Brom-phenyl]-imidazo[1,2-*a*]pyrimidin $C_{12}H_8BrN_3$,   Formel III   (X = H, X' = Br). Gelbliche Kristalle (aus A. + Bzl.); F: 279° (*Buu-Hoi, Xu.*).

2-[4-Nitro-phenyl]-imidazo[1,2-*a*]pyrimidin $C_{12}H_8N_4O_2$,   Formel III   (X = H, X' = NO$_2$). Gelbe Kristalle (*Matsukawa, Ban*, J. pharm. Soc. Japan **71** [1951] 760; C. A. **1952** 8094).

2-[1-Benzyl-1*H*-imidazol-2-yl]-chinolin $C_{19}H_{15}N_3$, Formel IV.

B. Beim Behandeln von 1-Benzyl-1*H*-imidazol mit Butyllithium in Äther, anfangs bei −60°, und anschliessenden Erwärmen mit Chinolin in Äther und mit Nitrobenzol (*Shirley, Alley*, Am. Soc. **79** [1957] 4922, 4926).

Kristalle (aus wss. A.); F: 114,5 – 115,5° [unkorr.].

Picrat $C_{19}H_{15}N_3 \cdot C_6H_3N_3O_7$. F: 200 – 201° [unkorr.].

2-[2]Pyridyl-1*H*-benzimidazol $C_{12}H_9N_3$, Formel V (R = H).

B. Beim Erhitzen von 2-Methyl-pyridin und *o*-Phenylendiamin mit Schwefel (*Farbenfabr. Bayer*, D.B.P. 949059 [1953]). Aus Pyridin-2-carbaldehyd und *o*-Phenylendiamin beim Erhitzen in Nitrobenzol (*Jerchel et al.*, A. **575** [1952] 162, 167), beim Erwärmen mit Kupfer(II)-acetat in Methanol (*Je. et al.*, A. **575** 169) oder beim Leiten von Luft in eine siedende Lösung in Benzol in Gegenwart von Palladium/Kieselgel (*Jerchel et al.*, A. **590** [1954] 232, 238; *C. H. Boehringer Sohn*, D.B.P. 955861 [1956]). Aus Pyridin-2-carbonsäure und *o*-Phenylendiamin bei 220° (*Leko, Iwkowitscha*, Glasnik chem. Društva Jugosl. **1** [1930] 3, 8; C. A. **1931** 4269) oder bei 310° (*Walter, Freiser*, Anal. Chem. **26** [1954] 217).

Kristalle; F: 226° [aus A.] (*Farbenfabr. Bayer*), 220 – 221° [aus A. + H$_2$O] (*C. H. Boehringer Sohn*), 219° [aus A. + H$_2$O] (*Je. et al.*, A. **575** 167). λ_{max} (A.): 240 nm und 310 nm (*McManus, Herbst*, J. org. Chem. **24** [1959] 1042). Scheinbarer Dissoziationsexponent pK'_a (wss. Dioxan [50%ig]; potentiometrisch ermittelt) bei 0,8°: 3,73; bei 25°: 3,44; bei 40°: 3,34 (*Harkins, Freiser*,

Am. Soc. **77** [1955] 1374).

NH-Valenzschwingungsbande (KBr) von Metallkomplexen: *Harkins et al.*, Am. Soc. **78** [1956] 260, 262. Absorptionsspektrum (wss. Lösungen vom pH 5,3 und pH 11,5; 380—620 nm) des Komplexes mit Eisen(2+): *Wa., Fr.*, l. c. S. 218. Stabilitätskonstante von Komplexen mit Kupfer(2+), Zink(2+), Mangan(2+), Kobalt(2+) und Nickel(2+) in wss. Dioxan: *Harkins, Freiser*, Am. Soc. **78** [1956] 1143, 1145.

Hydrochlorid $C_{12}H_9N_3 \cdot HCl$. F: 237° (*Je. et al.*, A. **575** 167), 236° (*C.H. Boehringer Sohn*).

Verbindung mit Kupfer(II)-chlorid $C_{12}H_9N_3 \cdot CuCl_2$. Kristalle (*Leko, Wlajinaz*, Glas-nik chem. Društva Jugosl. **3** [1932] 85, 87; C. **1933** I 1622).

2-[2-[2]Pyridyl-benzimidazol-1-yl]-äthanol $C_{14}H_{13}N_3O$, Formel V (R = CH_2-CH_2-OH).

B. Beim Erhitzen von 2-[2-Amino-anilino]-äthanol mit Pyridin-2-carbaldehyd in Nitrobenzol (*McManus, Herbst*, J. org. Chem. **24** [1959] 1042).
Kristalle (aus Toluol); F: 129—129,8°.

V   VI   VII

[2-[2]Pyridyl-benzimidazol-1-yl]-essigsäure $C_{14}H_{11}N_3O_2$, Formel V (R = CH_2-CO-OH).

B. Beim Erwärmen des folgenden Methylesters mit wss. Ba(OH)₂ (*Irving, Weber*, Soc. **1959** 2296, 2298).
Kristalle (aus wss. A.); F: 240°.

[2-[2]Pyridyl-benzimidazol-1-yl]-essigsäure-methylester $C_{15}H_{13}N_3O_2$, Formel V (R = CH_2-CO-O-CH_3).

B. Beim Erhitzen von 2-[2]Pyridyl-1*H*-benzimidazol mit Bromessigsäure-methylester und K_2CO_3 (*Irving, Weber*, Soc. **1959** 2296).
Gelbes Öl; Kp₁: 80—100°.

1,2-Bis-[2-[2]pyridyl-benzimidazol-1-yl]-äthan, 2,2'-Di-[2]pyridyl-1*H*,1'*H*-1,1'-äthandiyl-bis-benzimidazol $C_{26}H_{20}N_6$, Formel VI.

B. Beim Erwärmen von Pyridin-2-carbaldehyd mit *N,N'*-Bis-[2-amino-phenyl]-äthylendiamin in Äthanol, Behandeln mit FeSO₄ und dann mit KI in H_2O und anschliessenden Erwärmen mit H_2O (*Lions, Martin*, Am. Soc. **80** [1958] 3858, 3863).
Kristalle (aus Bzl.); F: 236°.

2-[3]Pyridyl-1*H*-benzimidazol $C_{12}H_9N_3$, Formel VII.

B. Aus *o*-Phenylendiamin und Pyridin-3-carbaldehyd beim Erhitzen in Nitrobenzol oder beim Leiten von Luft in eine siedende Lösung in Benzol in Gegenwart von Palladium/Kieselgel (*Jerchel et al.*, A. **590** [1954] 232, 237, 239). Aus Nicotinsäure und *o*-Phenylendiamin beim Erhitzen auf 230—240° (*Leko, Iwkowitscha*, Glasnik chem. Društva Jugosl. **1** [1930] 3, 9; C. A. **1931** 4269), beim Erhitzen mit wss. HCl (*Poraĭ-Koschiz, Charcharowa*, Ž. obšč. Chim. **25** [1955] 2138, 2140; engl. Ausg. S. 2097, 2099; *Poraĭ-Koschiz et al.*, Ž. obšč. Chim. **17** [1947] 1768, 1771; C. A. **1948** 5903) oder beim Erhitzen in Polyphosphorsäure (*Hein et al.*, Am. Soc. **79** [1957] 427, 429).
Kristalle; F: 253,6—254° [korr.] (*Hein et al.*), 246—247° [aus H_2O] (*Po.-Ko. et al.*), 245° [aus Me.+H_2O bzw. aus A.+H_2O] (*Leko, Iw.; Je. et al.*). λ_{max} (A.): 307 nm (*Hein et al.*). Elektrolytische Dissoziation in wss. Äthanol: *Efroš, Poraĭ-Koschiz*, Ž. obšč. Chim. **23** [1953] 697, 699; engl. Ausg. S. 725, 727.

Hydrochlorid $C_{12}H_9N_3\cdot HCl$. Kristalle (aus A.+Ae.); F: 247° (*Je. et al.*).
Verbindung mit Kupfer(II)-chlorid $2C_{12}H_9N_3\cdot CuCl_2$. Blaue Kristalle mit 2 Mol H_2O (*Leko, Wlajinaz,* Glasnik chem. Društva Jugosl. **3** [1932] 85, 87; C. **1933** I 1622).

2-[4]Pyridyl-1*H*-benzimidazol $C_{12}H_9N_3$, Formel VIII.
B. Beim Erhitzen von 2-Nitro-anilin oder von *o*-Phenylendiamin mit 4-Methyl-pyridin und Schwefel auf 170° (*Farbenfabr. Bayer,* D.B.P. 949059 [1953]). Aus *o*-Phenylendiamin und Pyri≈ din-4-carbaldehyd beim Erhitzen in Nitrobenzol oder beim Leiten von Luft in eine siedende Lösung in Benzol in Gegenwart von Palladium/Kieselgel (*Jerchel et al.,* A. **590** [1954] 232, 237, 239). Beim Erhitzen von Isonicotinsäure und *o*-Phenylendiamin auf 250° (*Bastić,* Glasnik chem. Društva Beograd **16** [1951] 141, 142; C. A. **1954** 5860) oder in wss. HCl auf 150° (*Novelli,* Bol. Soc. quim. Peru **19** [1953] 77, 82; C. A. **1955** 1021). Beim Erhitzen von 4-[1*H*-Benzimidazol-2-yl]-nicotinsäure (*Leko, Bastić,* Glasnik chem. Društva Beograd **16** [1951] 175, 177; C. A. **1954** 9366).
Kristalle; F: 219−220° [unkorr.; aus A.] (*No.*), 218° [aus Me.+H_2O] (*Farbenfabr. Bayer*), 217−218° [aus A.+H_2O] (*Je. et al.*).

2-Phenyl-1(3)*H*-imidazo[4,5-*b*]pyridin $C_{12}H_9N_3$, Formel IX und Taut.
In einem von *Takahashi, Yajima* (J. pharm. Soc. Japan **66** [1946] Ausg. B, S. 72; C. A. **1951** 8533) unter dieser Konstitution beschriebenen Präparat (F: 235−238°) hat vermutlich 2,3-Bis-benzoylamino-pyridin vorgelegen (*Garmaise, Komlossy,* J. org. Chem. **29** [1964] 3403).
B. Beim Erhitzen von Pyridin-2,3-diyldiamin mit Benzoesäure in Polyphosphorsäure (*Ga., Ko.*).
Kristalle (aus Me.); F: 291−293° [korr.]; λ_{max} (Me.): 234 nm, 307 nm und 319 nm (*Ga., Ko.*).

VIII   IX   X   XI

2-Phenyl-1(3)*H*-imidazo[4,5-*c*]pyridin $C_{12}H_9N_3$, Formel X (R = H) und Taut.
B. Beim Erhitzen von Pyridin-3,4-diyldiamin mit Benzaldehyd und Kupfer(II)-acetat in wss. Äthanol auf 150° (*Weidenhagen, Weeden,* B. **71** [1938] 2347, 2359).
Kristalle (aus wss. A.); F: 224−225°.
Hydrochlorid. Kristalle; F: 260°.

1-Methyl-2-phenyl-1*H*-imidazo[4,5-*c*]pyridin $C_{13}H_{11}N_3$, Formel X (R = CH_3).
B. Analog der vorangehenden Verbindung (*Weidenhagen, Train,* B. **75** [1942] 1936, 1946).
Wasserhaltige Kristalle (aus Ae.+PAe. oder aus H_2O), F: 79−80°; die wasserfreie Verbin≈ dung schmilzt bei 149°.

8-Methyl-pyrido[3,4-*b*]chinoxalin $C_{12}H_9N_3$, Formel XI.
B. Beim Erhitzen von N^4-[2-Amino-4-methyl-phenyl]-pyridin-3,4-diyldiamin und anschlies≈ senden Behandeln mit wss. NH_3 und dann mit H_2O_2 in wss. Äthanol (*Petrow et al.,* Soc. **1949** 2540).
Gelbe Kristalle (aus wss. A.); F: 148° [korr.].

4-Methyl-pyrido[3,2-*h*]cinnolin $C_{12}H_9N_3$, Formel XII.
B. Aus 4-Methyl-cinnolin-8-ylamin und Acrylaldehyd in H_3PO_4 und H_3AsO_4 bei 100° (*Case, Brennan,* Am. Soc. **81** [1959] 6297, 6298).
Kristalle (aus Bzl.+PAe.); F: 189−190°. Bei 170°/1−2 Torr sublimierbar.

4-Methyl-pyrido[4,3-c]cinnolin $C_{12}H_9N_3$, Formel XIII (R = CH_3, R' = H).

Die von *Schofield, Simpson* (Soc. **1946** 472, 475, 479) unter dieser Konstitution beschriebene Verbindung ist vermutlich als 2-[2]Pyridyl-2H-indazol (E III/IV **23** 1058) zu formulieren (*Mor=ley*, Soc. **1959** 2280, 2283).

XII   XIII   XIV

9-Methyl-pyrido[4,3-c]cinnolin $C_{12}H_9N_3$, Formel XIII (R = H, R' = CH_3).

B. Bei der Destillation von 10-Methyl-2-phenyl-pyrido[4,3-c]tetrazolo[2,3-a]cinnolinium-nitrat mit Zink-Pulver (*Jerchel, Fischer*, B. **89** [1956] 563, 570).

F: 169—171°.

5,9-Dihydro-4H-acenaphtho[4,5-d][1,2,3]triazol $C_{12}H_9N_3$, Formel XIV (R = H) und Taut.

B. Aus 4-Nitro-acenaphthen-5-ylamin beim Hydrieren an Platin in Äthanol und anschliessen= den Erwärmen mit $NaNO_2$ in Essigsäure oder aus N-[4-Amino-acenaphthen-5-yl]-benzolsulfon= amid und $NaNO_2$ in wss. HCl (*Richter, Weberg*, Am. Soc. **80** [1958] 6446, 6449).

Hellbraune Kristalle (aus Eg.); F: 285—287° [unter Sublimation].

9-Benzoyl-5,9-dihydro-4H-acenaphtho[4,5-d][1,2,3]triazol $C_{19}H_{13}N_3O$, Formel XIV (R = $CO-C_6H_5$).

B. Aus N-[4-Amino-acenaphthen-5-yl]-benzamid und $NaNO_2$ in wss. HCl (*Richter, Weberg*, Am. Soc. **80** [1958] 6446, 6450).

Kristalle (aus A.); F: 159,5—160,5°.

Stammverbindungen $C_{13}H_{11}N_3$

(±)-3-[2-Nitro-phenyl]-3,4-dihydro-benzo[e][1,2,4]triazin $C_{13}H_{10}N_4O_2$, Formel I.

B. Beim Erwärmen von 2-Cyclohex-1-enylazo-anilin mit 2-Nitro-benzaldehyd in Methanol (*Sparatore*, G. **85** [1955] 1098, 1109).

Rote Kristalle (aus A.); F: 155—157°.

I   II   III

2-p-Tolyl-[1,2,4]triazolo[1,5-a]pyridin $C_{13}H_{11}N_3$, Formel II.

B. Beim Erhitzen von N-[2]Pyridyl-p-toluamidin mit Blei(IV)-acetat in Essigsäure (*Bower, Ramage*, Soc. **1957** 4506, 4509).

Kristalle (aus wss. A.); F: 173°.

5,12-Dihydro-dibenzo[c,f][1,2,5]triazocin $C_{13}H_{11}N_3$, Formel III.

Die früher (E II **26** 48) unter dieser Konstitution beschriebene, aus 2-Chlor-benzaldehyd-[2-nitro-phenylhydrazon] hergestellte Verbindung (F: 217—218°) ist als 2-[2-Chlor-phenyl]-1H-benzimidazol (E III/IV **23** 1691), die aus 2-Nitro-benzaldehyd-[2-nitro-phenylhydrazon] herge= stellte Verbindung (F: 210°) ist hingegen als 2-[1H-Benzimidazol-2-yl]-anilin (E III/IV **25** 2700) zu formulieren (*Sparatore, Pagani*, G. **91** [1961] 1294, 1297).

7-Methyl-2-phenyl-imidazo[1,2-c]pyrimidin $C_{13}H_{11}N_3$, Formel IV.

Die von *Ochiai, Yanai* (J. pharm. Soc. Japan **59** [1939] 18, 28; dtsch. Ref. S. 97, 104) unter dieser Konstitution beschriebene Verbindung ist als 6-Phenyl-pyrrolo[1,2-c]pyrimidin-3-ylamin (E III/IV **25** 2704) zu formulieren (*Doughty et al.*, J.C.S. Perkin I **1976** 1991).

7-Methyl-2-phenyl-imidazo[1,2-a]pyrimidin $C_{13}H_{11}N_3$, Formel V (X = H).

Diese Konstitution kommt der von *Ochiai, Yanai* (J. pharm. Soc. Japan **59** [1939] 18, 27; dtsch. Ref. S. 97, 104) als 5-Methyl-2-phenyl-imidazo[1,2-a]pyrimidin formulierten Ver≈ bindung zu (*Pyl et al.*, A. **663** [1963] 108; *Paudler, Kuder*, J. org. Chem. **31** [1966] 809).

B. Beim Erhitzen von 4-Methyl-pyrimidin-2-ylamin mit Phenacylbromid in Äthanol auf 100° (*Och., Ya.*). Beim Erhitzen von 5-Chlor-7-methyl-2-phenyl-imidazo[1,2-a]pyrimidin mit Zink-Pulver in H_2O (*Pyl et al.*).

Kristalle; F: 224–224,5° [korr.] (*Pa., Ku.*), 223–224° [aus $CHCl_3$ + Ae.] (*Och., Ya.*), 223° [aus Me.] (*Pyl et al.*). ^1H-NMR-Absorption sowie ^1H-^1H-Spin-Spin-Kopplungskonstante ($CDCl_3$) bei 60°: *Pa., Ku.*

Hydrochlorid. Kristalle [aus Acn.] (*Och., Ya.*); F: 242–244° [korr.; Zers.] (*Pa., Ku.*); Zers. bei 240–243° (*Och., Ya.*).

Hydrobromid. Orangegelbe Kristalle (aus A.); Zers. bei 260–261° (*Och., Ya.*).

Verbindung mit Quecksilber(II)-chlorid. Kristalle (aus A.); Zers. bei 259–260° (*Och., Ya.*).

Picrat $C_{13}H_{11}N_3 \cdot C_6H_3N_3O_7$. Kristalle (aus A.); Zers. bei 239–240,5° (*Och., Ya.*).

      IV   V   VI

7-Methyl-2-[4-nitro-phenyl]-imidazo[1,2-a]pyrimidin $C_{13}H_{10}N_4O_2$, Formel V (X = NO_2).

Bezüglich der Konstitution vgl. die Angaben bei der vorangehenden Verbindung.

B. Beim Erwärmen von 4-Methyl-pyrimidin-2-ylamin mit 2-Brom-1-[4-nitro-phenyl]-äthanon in Äthanol (*Matsukawa, Ban*, J. pharm. Soc. Japan **71** [1951] 760, 762; C. A. **1952** 8094).

Orangegelbe Kristalle (aus Eg.); F: 317° [Zers.].

7-Methyl-2-phenyl-pyrazolo[1,5-a]pyrimidin $C_{13}H_{11}N_3$, Formel VI.

B. Beim Erhitzen von 7-Methyl-2-phenyl-pyrazolo[1,5-a]pyrimidin-5-carbonsäure auf ca. 250° (*Checchi et al.*, G. **86** [1956] 631, 641).

Kristalle (aus A.); F: 95–96°.

2-[1-Äthyl-1H-[2]pyridylidenmethyl]-1,3-dimethyl-benzimidazolium $[C_{17}H_{20}N_3]^+$ und Meso≈ meres; [1-Äthyl-[2]pyridyl]-[1,3-dimethyl-1(3)H-benzimidazol-2-yl]-methinium [1]), Formel VII.

Jodid $[C_{17}H_{20}N_3]I$. *B.* Beim Erwärmen von 1,2,3-Trimethyl-benzimidazolium-jodid mit 1-Äthyl-2-jod-pyridinium-jodid und Triäthylamin in Äthanol (*Das, Rout*, J. Indian chem. Soc. **36** [1959] 640). – Orangegelbe Kristalle (aus A.); F: 239° [Zers.]. λ_{max} (Me.): 460 nm.

      VII   VIII   IX

---

[1]) Über diese Bezeichnungsweise s. *Reichardt, Mormann*, B. **105** [1972] 1815, 1832.

2-Benzyl-6-chlor-1(3)H-imidazo[4,5-b]pyridin $C_{13}H_{10}ClN_3$, Formel VIII (X = H) und Taut.
  B. Aus 5-Chlor-pyridin-2,3-diyldiamin und Phenylessigsäure bei 180° (*Takahashi et al.*, Chem. pharm. Bl. **6** [1958] 443).
  Kristalle (aus Me.); F: 215° [unkorr.].

6-Chlor-2-[4-chlor-benzyl]-1(3)H-imidazo[4,5-b]pyridin $C_{13}H_9Cl_2N_3$, Formel VIII (X = Cl) und Taut.
  B. Analog der vorangehenden Verbindung (*Takahashi et al.*, Chem. pharm. Bl. **6** [1958] 443).
  Kristalle (aus Me. + Bzl.); F: 228° [unkorr.].

6-Chlor-2-[4-nitro-benzyl]-1(3)H-imidazo[4,5-b]pyridin $C_{13}H_9ClN_4O_2$, Formel VIII (X = NO_2) und Taut.
  B. Analog den vorangehenden Verbindungen (*Takahashi et al.*, Chem. pharm. Bl. **6** [1958] 443).
  Hellgelbe Kristalle (aus Me. + Bzl.); F: 302° [unkorr.].

2,3-Dimethyl-pyrido[3,2-f]chinoxalin $C_{13}H_{11}N_3$, Formel IX.
  B. Beim Erwärmen von Chinolin-5,6-diyldiamin-dihydrochlorid mit Butandion in wss. H_2SO_4 (*Linsker, Evans*, Am. Soc. **68** [1946] 874).
  Kristalle (aus H_2O); F: 142 − 144°.
  Beim Erhitzen mit H_2O_2 in Essigsäure ist ein **Dioxid** $C_{13}H_{11}N_3O_2$ (hellbraune Kristalle [aus A.]; F: 255 − 257°) erhalten worden.

Stammverbindungen $C_{14}H_{13}N_3$

5,7-Dimethyl-2-phenyl-imidazo[1,2-c]pyrimidin $C_{14}H_{13}N_3$, Formel X.
  Die von *Buu-Hoi et al.* (C. r. **248** [1959] 1832) unter dieser Konstitution beschriebene Verbin‍dung ist als 4-Methyl-7-phenyl-pyrrolo[1,2-a]pyrimidin-2-ylamin (E III/IV **25** 2708) zu formulie‍ren (*Doughty et al.*, J.C.S. Perkin I **1976** 1991).

2-[3,4-Dimethyl-phenyl]-imidazo[1,2-a]pyrimidin $C_{14}H_{13}N_3$, Formel XI.
  B. Beim Erwärmen von Pyrimidin-2-ylamin mit 2-Brom-1-[3,4-dimethyl-phenyl]-äthanon in Äthanol (*Buu-Hoi, Xuong*, C. r. **243** [1956] 2090).
  Kristalle (aus A.); F: 181°.

X   XI   XII

5,7-Dimethyl-2-phenyl-pyrazolo[1,5-a]pyrimidin $C_{14}H_{13}N_3$, Formel XII (X = H).
  B. Aus 5-Phenyl-1(2)H-pyrazol-3-ylamin und Pentan-2,4-dion (*Checchi et al.*, G. **85** [1955] 1558, 1564).
  Kristalle (aus A.); F: 170 − 172°.

5,7-Dimethyl-3-nitroso-2-phenyl-pyrazolo[1,5-a]pyrimidin $C_{14}H_{12}N_4O$, Formel XII (X = NO).
  B. Beim Behandeln der vorangehenden Verbindung in Essigsäure mit KNO_2 und wss. HCl (*Checchi et al.*, G. **85** [1955] 1558, 1564).
  Grüne Kristalle (aus A.); Zers. bei 230°.

(±)-1,5-Diphenyl-3-[3]pyridyl-4,5-dihydro-1H-pyrazol $C_{20}H_{17}N_3$, Formel XIII.
  B. Aus 3t-Phenyl-1-[3]pyridyl-propenon und Phenylhydrazin beim Behandeln mit wss.-äthan‍

ol. Benzyl-trimethyl-ammonium-hydroxid oder beim Erhitzen in Essigsäure (*Kloetzel, Chubb,* Am. Soc. **79** [1957] 4226, 4227).

Grüngelbe Kristalle (aus A.); F: 126–128° [unkorr.].

Hydrochlorid. Gelbe Kristalle (aus wss. A.); F: 224–240° [Zers.].

Picrat $C_{20}H_{17}N_3 \cdot C_6H_3N_3O_7$. Orangerote Kristalle (aus A.); F: 195–196° [unkorr.].

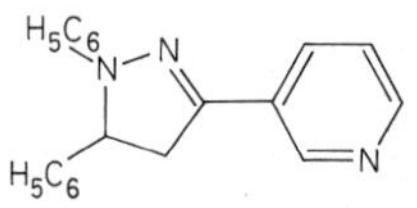

XIII 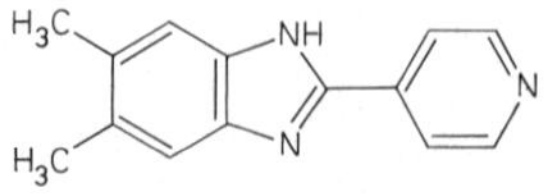 · XIV 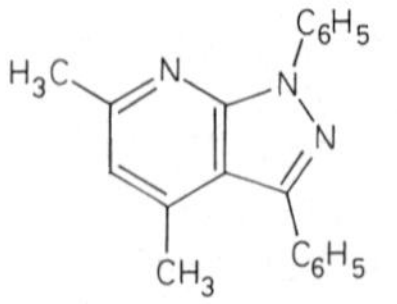 · XV

5,6-Dimethyl-2-[4]pyridyl-1*H*-benzimidazol $C_{14}H_{13}N_3$, Formel XIV.

B. Aus 4,5-Dimethyl-*o*-phenylendiamin und Isonicotinsäure in wss. HCl [ca. 170°] (*Novelli,* Bol. Soc. quim. Peru **19** [1953] 77, 82).

Hellgelbe Kristalle; F: 239–240°.

4,6-Dimethyl-1,3-diphenyl-1*H*-pyrazolo[3,4-*b*]pyridin $C_{20}H_{17}N_3$, Formel XV.

B. Beim Erhitzen von 2,5-Diphenyl-2*H*-pyrazol-3-ylamin mit Pentan-2,4-dion auf 140° (*Checchi et al.,* G. **85** [1955] 1558, 1567).

Kristalle (aus A.); F: 112–115°.

1,2,3,4-Tetrahydro-benz[4,5]imidazo[2,1-*b*]chinazolin $C_{14}H_{13}N_3$, Formel I.

B. Beim Erwärmen von 1*H*-Benzimidazol-2-ylamin mit 2-Oxo-cyclohexancarbaldehyd in THF (*Ried, Müller,* J. pr. [4] **8** [1959] 138, 146).

Gelbe Kristalle; F: 218–220°.

6-Phenyl-7,8,9,10-tetrahydro-6*H*-indolo[2,3-*b*]chinoxalin $C_{20}H_{17}N_3$, Formel II.

B. Beim Erwärmen von 1-Phenyl-4,5,6,7-tetrahydro-indol-2,3-dion mit *o*-Phenylendiamin in wss. Essigsäure (*Horwitz,* Am. Soc. **75** [1953] 4060, 4063).

Gelbe Kristalle (aus Me.); F: 159–160° [unkorr.].

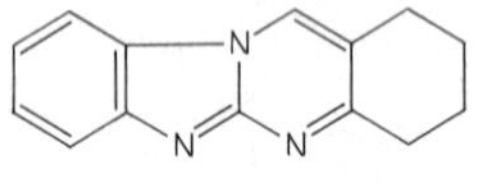

I 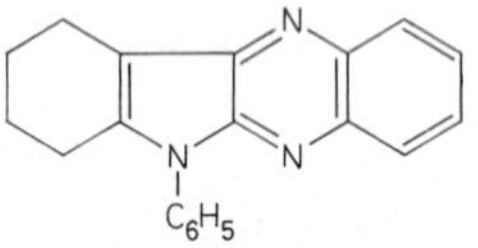 · II 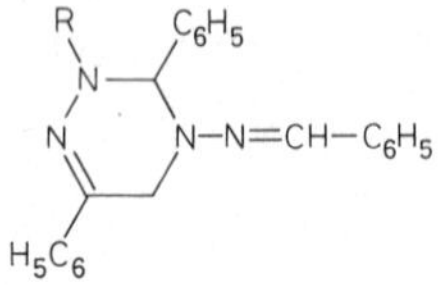 · III

Stammverbindungen $C_{15}H_{15}N_3$

*(±)-4-Benzylidenamino-2,3,6-triphenyl-2,3,4,5-tetrahydro-[1,2,4]triazin, (±)-Benzyliden-[2,3,6-triphenyl-2,5-dihydro-3*H*-[1,2,4]triazin-4-yl]-amin** $C_{28}H_{24}N_4$, Formel III (R = C_6H_5).

B. Beim Behandeln von 2-Benzylidenhydrazino-1-phenyl-äthanon-phenylhydrazon (E III **15** 827) mit Benzaldehyd in $CHCl_3$ unter Zusatz von äthanol. HCl (*Busch, Küspert,* J. pr. [2] **144** [1936] 273, 284).

Kristalle (aus PAe. oder $CHCl_3$ + A.); F: 159°.

*(±)-4-Benzylidenamino-3,6-diphenyl-4,5-dihydro-3*H*-[1,2,4]triazin-2-carbonsäure-amid** $C_{23}H_{21}N_5O$, Formel III (R = CO-NH$_2$).

B. Beim Erwärmen von 2-Hydrazino-1-phenyl-äthanon-semicarbazon-hydrochlorid (E III **15** 826) mit Benzaldehyd in wss. Äthanol (*Busch, Küspert,* J. pr. [2] **144** [1936] 273, 284).

Kristalle (aus Py. + A.); F: 205–206°.

3,5,7-Trimethyl-2-phenyl-pyrazolo[1,5-*a*]pyrimidin $C_{15}H_{15}N_3$, Formel IV.

B. Beim Erhitzen von 4-Methyl-5-phenyl-1(2)*H*-pyrazol-3-ylamin mit Pentan-2,4-dion (*Checchi et al.*, G. **85** [1955] 1558, 1567).

Kristalle (aus A.); F: 129−132°.

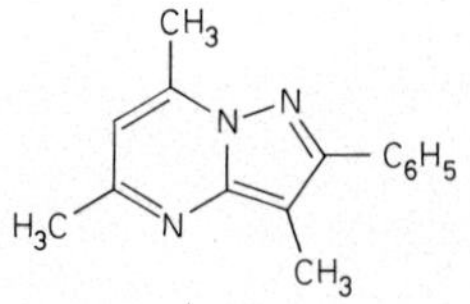

IV 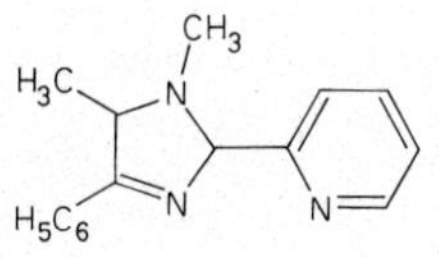　　　　　　　　　　V 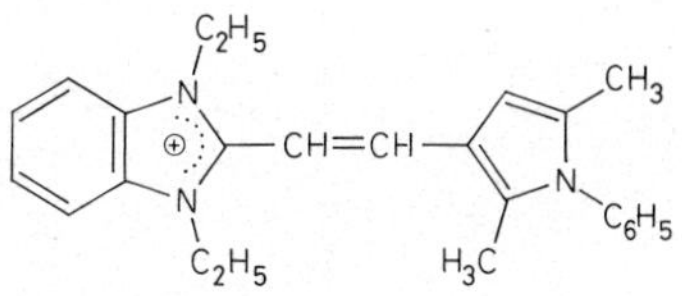　　　　　　　　　　VI

*Opt.-inakt. 2-[1,5-Dimethyl-4-phenyl-2,5-dihydro-1*H*-imidazol-2-yl]-pyridin $C_{16}H_{17}N_3$, Formel V.

B. Aus (±)-2-Methylamino-1-phenyl-propan-1-on-hydrochlorid, Pyridin-2-carbaldehyd und konz. NH_3 (*Kirchner*, A. **625** [1959] 98, 100).

$Kp_{0,8}$: 172° [unkorr.].

*1,3-Diäthyl-2-[2-(2,5-dimethyl-1-phenyl-pyrrol-3-yl)-vinyl]-benzimidazolium $[C_{25}H_{28}N_3]^+$, Formel VI und Mesomere.

Jodid $[C_{25}H_{28}N_3]I$. *B.* Beim Erhitzen von 2,5-Dimethyl-1-phenyl-pyrrol-3-carbaldehyd mit 1,3-Diäthyl-2-methyl-benzimidazolium-jodid in Gegenwart von Piperidin in Pyridin (*Brooker et al.*, Am. Soc. **67** [1945] 1875, 1887). − Hellgelbe Kristalle (aus Acn.); F: 236−238° [Zers.]. λ_{max} (Me.): 380 nm (*Br. et al.*, l. c. S. 1876).

5,7-Dimethyl-2-phenyl-3,4-dihydro-pyrido[2,3-*d*]pyrimidin $C_{15}H_{15}N_3$, Formel VII.

B. Beim Erwärmen von *N*-[2-Amino-4,6-dimethyl-[3]pyridylmethyl]-benzamid mit PCl_5 und $POCl_3$ (*Vanderhorst, Hamilton*, Am. Soc. **75** [1953] 656).

Hellgelbe Kristalle (aus A.); F: 190−193° [unkorr.; Zers.].

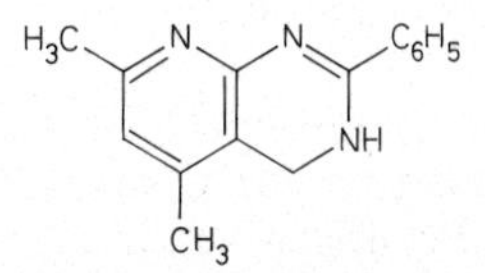

VII 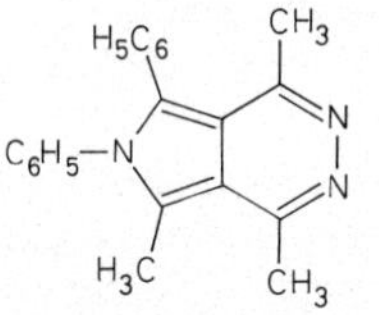　　　　　　　　　　VIII 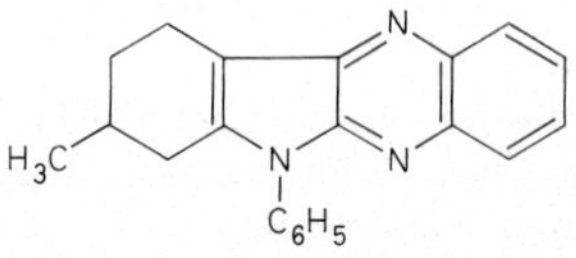　　　　　　　　　　IX

1,4,5-Trimethyl-6,7-diphenyl-6*H*-pyrrolo[3,4-*d*]pyridazin $C_{21}H_{19}N_3$, Formel VIII.

B. Aus 3,4-Diacetyl-2-methyl-1,5-diphenyl-pyrrol und $N_2H_4 \cdot H_2O$ (*Rips, Buu-Hoi*, J. org. Chem. **24** [1959] 551, 553).

Kristalle (aus wss. A.); F: 239°.

(±)-8-Methyl-6-phenyl-7,8,9,10-tetrahydro-6*H*-indolo[2,3-*b*]chinoxalin $C_{21}H_{19}N_3$, Formel IX.

B. Beim Erwärmen von (±)-6-Methyl-1-phenyl-4,5,6,7-tetrahydro-indol-2,3-dion mit *o*-Phen= ylendiamin in wss. Essigsäure (*Horwitz*, Am. Soc. **75** [1953] 4060, 4063).

Gelbe Kristalle (aus Me.); F: 199−200° [unkorr.].

Stammverbindungen $C_{16}H_{17}N_3$

*(±)-4-Benzylidenamino-3-methyl-2,3,6-triphenyl-2,3,4,5-tetrahydro-[1,2,4]triazin, (±)-Benz= yliden-[3-methyl-2,3,6-triphenyl-2,5-dihydro-3*H*-[1,2,4]triazin-4-yl]-amin $C_{29}H_{26}N_4$, Formel X.

B. Beim Erwärmen von 2-Benzylidenhydrazino-1-phenyl-äthanon-phenylhydrazon

(E III **15** 827) mit Benzophenon in Gegenwart von HCl in Äthanol (*Busch, Küspert,* J. pr. [2] **144** [1936] 273, 289).

Kristalle (aus Bzl.+PAe.); F: 153—154°.

X   XI   XII

(±)-2-[4,5-Dihydro-1*H*-imidazol-2-yl]-1-phenyl-1-[2]pyridyl-äthan, (±)-2-[2-(4,5-Dihydro-1*H*-imidazol-2-yl)-1-phenyl-äthyl]-pyridin $C_{16}H_{17}N_3$, Formel XI (X = H).

B. Beim Behandeln von 2-Benzyl-pyridin und 2-Chlormethyl-4,5-dihydro-1*H*-imidazol mit KNH$_2$ in flüssigem NH$_3$ oder mit Butyllithium in Äther (*Schering Corp.,* U.S.P. 2604473 [1950]). Beim Erhitzen von (±)-3-Phenyl-3-[2]pyridyl-propionsäure-äthylester mit Äthylendiamin und anschliessend mit Magnesium (*Sperber, Fricano,* Am. Soc. **75** [1953] 2986).

Kristalle (aus Bzl.+PAe.); F: 122—123° [korr.]; Kp$_1$: 194—197° (*Sp., Fr.*).

(±)-1-[4-Chlor-phenyl]-2-[4,5-dihydro-1*H*-imidazol-2-yl]-1-[2]pyridyl-äthan, (±)-2-[1-(4-Chlor-phenyl)-2-(4,5-dihydro-1*H*-imidazol-2-yl)-äthyl]-pyridin $C_{16}H_{16}ClN_3$, Formel XI (X = Cl).

B. Analog der vorangehenden Verbindung (*Sperber, Fricano,* Am. Soc. **75** [1953] 2986).

Kp$_{2,5}$: 215—218°.

(±)-1-[4,5-Dihydro-1*H*-imidazol-2-yl]-2-phenyl-1-[3]pyridyl-äthan, (±)-3-[1-(4,5-Dihydro-1*H*-imidazol-2-yl)-2-phenyl-äthyl]-pyridin $C_{16}H_{17}N_3$, Formel XII.

B. Beim Erhitzen von (±)-3-Phenyl-2-[3]pyridyl-propionitril mit Äthylendiamin-mono-[toluol-4-sulfonat] auf 200—210° (*Protiva et al.,* Chem. Listy **46** [1952] 640, 643; C. A. **1953** 8069).

Kristalle (aus Ae.); F: 93—94°. Kp$_{0,4}$: 190—200°.

Dihydrochlorid $C_{16}H_{17}N_3 \cdot 2HCl$. Kristalle (aus A.); F: 245—247° [korr.].

1-Methyl-4-[(*S*)-1-methyl-pyrrolidin-2-yl]-9*H*-β-carbolin $C_{17}H_{19}N_3$, Formel XIII (R = H).

Diese Konstitution kommt dem von *Terent'ewa, Lasur'ewškiǐ* (Ž. obšč. Chim. **27** [1957] 3170; engl. Ausg. S. 3207) aus Carex brevicollis isolierten **(−)-Brevicollin** zu (*Wember et al.,* Chimija prirodn. Soedin. **3** [1967] 249; engl. Ausg. S. 208; Chimija prirodn. Soedin. **4** [1968] 98; engl. Ausg. S. 83). Absolute Konfiguration: *Bláha et al.,* Collect. **36** [1971] 3448.

Kristalle; F: 224—226° (*Bl. et al.*), 223—224° [aus Me.] (*Te., La.*). [α]$_D^{20}$: −145,8° [A.; c = 1,8] (*Te., La.*). ^{1}H-NMR-Spektrum (CDCl$_3$): *We. et al.,* Chimija prirodn. Soedin. **3** 251. IR-Spektrum (2,5—14,5 μ): *Te., La.* UV-Spektrum (A.; 220—370 nm): *Te., La.*

Massenspektrum: *We. et al.,* Chimija prirodn. Soedin. **3** 251.

Dihydrochlorid $C_{17}H_{19}N_3 \cdot 2HCl$. Wasserhaltige Kristalle (aus Me.); F: 273° (*Te., La.*). UV-Spektrum (A.; 220—400 nm): *Te., La.*

Dihydrojodid $C_{17}H_{19}N_3 \cdot 2HI$. Kristalle (aus Me.); F: 252—253° (*Te., La.*).

1,2-Dimethyl-4-[(*S*)-1-methyl-pyrrolidin-2-yl]-9*H*-β-carbolinium $[C_{18}H_{22}N_3]^+$, Formel XIV.

Jodid $[C_{18}H_{22}N_3]I$; Brevicollin-mono-methojodid. *B.* Aus (−)-Brevicollin (s. o.) und CH$_3$I in Aceton (*Terent'ewa, Lasur'ewškiǐ,* Ž. obšč. Chim. **27** [1957] 3170; engl. Ausg. S. 3207; *Bláha et al.,* Collect. **36** [1971] 3448, 3452). — Kristalle; F: 274—276° [Zers.], die sich beim Umkristallisieren aus Methanol oder Äthanol zersetzen (*Bl. et al.*). ^{1}H-NMR-Absorption (Trifluoressigsäure): *Bl. et al.,* l. c. S. 3449. IR-Banden (Nujol; 3460—740 cm^{-1}): *Bl. et al.,* l. c. S. 3450. λ_{max} (Me.): 253 nm, 305 nm, 336 nm und 374 nm (*Bl. et al.,* l. c. S. 3451).

XIII   XIV   XV

1,9-Dimethyl-4-[(S)-1-methyl-pyrrolidin-2-yl]-9H-β-carbolin, N-Methyl-brevicollin
$C_{18}H_{21}N_3$, Formel XIII (R = CH_3).

B. Beim Behandeln des vorangehenden Methojodids mit wss. NaOH (*Terent'ewa, Lasur'ewŝkiĭ*, Ž. obŝč. Chim. **27** [1957] 3170; engl. Ausg. S. 3207).

Gelbgrüne Kristalle (aus wss. Me.); F: 189—191°.

Beim Behandeln mit CH_3I in Aceton ist ein Methojodid [$C_{19}H_{24}N_3$]I vom F: 247—248° (Kristalle [aus H_2O]) erhalten worden.

4-[(S)-1,1-Dimethyl-pyrrolidinium-2-yl]-1,2-dimethyl-9H-β-carbolinium [$C_{19}H_{25}N_3$]$^{2+}$, Formel XV.

Dijodid [$C_{19}H_{25}N_3$]I_2; Brevicollin-bis-methojodid. B. Aus (−)-Brevicollin (s. o.) und CH_3I bei 120° (*Terent'ewa, Lasur'ewŝkiĭ*, Ž. obŝč. Chim. **27** [1957] 3170; engl. Ausg. S. 3207). — Kristalle (aus wss. A.); F: 263—264°.

Stammverbindungen $C_{17}H_{19}N_3$

**(±)-1-[4,5-Dihydro-1H-imidazol-2-yl]-3-phenyl-2-[2]pyridyl-propan, (±)-2-[1-Benzyl-2-(4,5-di=
hydro-1H-imidazol-2-yl)-äthyl]-pyridin** $C_{17}H_{19}N_3$, Formel I.

B. Beim Behandeln von 2-Phenäthyl-pyridin und 2-Chlormethyl-4,5-dihydro-1H-imidazol mit KNH_2 in flüssigem NH_3 oder mit Butyllithium in Äther (*Schering Corp.*, U.S.P. 2604473 [1950], 2656358 [1950], 2676964 [1950]).

Kp_1: 143—146°.

I   II   III

2-[*trans*-2-(2,5-Dimethyl-1-phenyl-pyrrol-3-yl)-vinyl]-1,3,3-trimethyl-3H-pyrrolo[2,3-b]pyridinium
[$C_{24}H_{26}N_3$]$^+$, Formel II und Mesomere.

Perchlorat [$C_{24}H_{26}N_3$]ClO_4. B. Beim Erwärmen von 1,2,3,3-Tetramethyl-3H-pyrrolo[2,3-b]=
pyridinium-jodid mit 2,5-Dimethyl-1-phenyl-pyrrol-3-carbaldehyd in Äthanol in Gegenwart von Piperidin und anschliessenden Behandeln mit wss. $NaClO_4$ (*Ficken, Kendall*, Soc. **1959** 3202, 3211). — Orangefarbene Kristalle (aus Me.): F: 282° [Zers.]. λ_{max} (A.): 484,5 nm.

2-[*trans*-2-(2,5-Dimethyl-1-phenyl-pyrrol-3-yl)-vinyl]-3,3,7-trimethyl-3H-pyrrolo[2,3-b]pyridinium
[$C_{24}H_{26}N_3$]$^+$, Formel III und Mesomere.

Perchlorat [$C_{24}H_{26}N_3$]ClO_4. B. Analog der vorangehenden Verbindung (*Ficken, Kendall*, Soc. **1959** 3202, 3211). — Rote Kristalle (aus A.); F: 259—260° [Zers.]. λ_{max} (A.): 476 nm.

Stammverbindungen $C_{18}H_{21}N_3$

*Opt.-inakt. 2,6-Diisopropyl-7a-methyl-3,5-diphenyl-hexahydro-imidazo[1,5-c]imidazol
$C_{24}H_{33}N_3$, Formel IV.

B. Beim Erhitzen von N^1,N^3-Diisopropyl-2-methyl-propan-1,2,3-triyltriamin mit Benzaldehyd

und Toluol (*Comm. Solv. Corp.*, U.S.P. 2393826 [1944]).
Kristalle (aus Bzl.); F: 65°.

IV   V   VI

*Opt.-inakt. 1,6(oder 1,7)-Diphenyl-3a,4,4a,5,6,7,8,8a,9,9a-decahydro-1*H*-4,9;5,8-dimethano-naphtho[2,3-*d*][1,2,3]triazol** $C_{24}H_{25}N_3$, Formel V (R = C_6H_5, R' = H oder R = H, R' = C_6H_5).

B. Aus opt.-inakt. 2-Phenyl-1,2,3,4,4a,5,8,8a-octahydro-1,4;5,8-dimethano-naphthalin (E III **5** 2044) und Azidobenzol (*Alder, Rickert*, B. **71** [1938] 379, 385).
Kristalle (aus E.); F: 217—218°.

Stammverbindungen $C_{20}H_{25}N_3$

(±)-3-Phenyl-(3a*t*,4a*c*,5a*t*,6a*c*,9a*c*,10a*t*,11a*c*,12a*t*)-$\Delta^{1,7}$(oder $\Delta^{1,8}$)-hexadecahydro-4*r*,12*c*;5*t*,11*t*;6*c*,10*c*-trimethano-cyclopent[6,7]anthra[2,3-*d*][1,2,3]triazol(?) $C_{26}H_{29}N_3$, vermutlich Formel VI + Spiegelbild.

Bezüglich der Konfigurationszuordnung s. *Alder, Stein*, A. **515** [1935] 185; *Huisgen et al.*, B. **98** [1965] 3992.

B. Aus opt.-inakt. Tetracyclopentadien (E III **5** 2053) und Azidobenzol (*Alder, Stein*, A. **496** [1932] 204, 251).
Kristalle (aus E.); F: 222° (*Al., St.*, A. **496** 251).

Stammverbindungen $C_{29}H_{43}N_3$

2-[1,1-Dimethyl-allyl]-5,7-bis-[3-methyl-but-2-enyl]-3-[(2*S***)-***cis***-5-methyl-piperazin-2-ylmethyl]-indol, Desoxyechinulin** $C_{29}H_{43}N_3$, Formel VII.

B. Beim Behandeln von Echinulin (S. 620) mit LiAlH$_4$ in Äther (*Quilico et al.*, G. **88** [1958] 125, 144).

Rötlichgelbes Öl; Kp$_{0,1}$: 214—216°. IR-Spektrum (Nujol; 2—15,5 µ): *Qu. et al.*, l. c. S. 130. UV-Spektrum (Cyclohexan; 220—300 nm): *Qu. et al.*, l. c. S. 132.

VII   VIII

Stammverbindungen $C_nH_{2n-17}N_3$

Stammverbindungen $C_{12}H_7N_3$

4-[3-Diäthylamino-propyl]-4*H***-pyrrolo[2,3,4,5-***lmn***][4,7]phenanthrolin(?), Diäthyl-[3-pyrrolo-[2,3,4,5-***lmn***][4,7]phenanthrolin-4-yl-propyl]-amin(?)** $C_{19}H_{22}N_4$, vermutlich Formel VIII.

B. Beim Erhitzen von 1,10-Dichlor-[4,7]phenanthrolin mit *N,N*-Diäthyl-propandiyldiamin (*Douglas, Kermack*, Soc. **1949** 1017, 1022).

Bis-[3,5-dinitro-benzoat] $C_{19}H_{22}N_4 \cdot 2 C_7H_4N_2O_6$. Gelbliche Kristalle (aus Me.); F: 194—195°.

Stammverbindungen $C_{13}H_9N_3$

3-Phenyl-benzo[e][1,2,4]triazin $C_{13}H_9N_3$, Formel IX (X = X' = H).

B. Beim Erhitzen von Benzoesäure-[N'-(2-amino-phenyl)-hydrazid] mit Nitrobenzol und HCl in Toluol oder mit wss. HCl und anschliessenden Behandeln mit wss. KOH und $K_3[Fe(CN)_6]$ (*Abramovitch, Schofield*, Soc. **1955** 2326, 2333). Beim Hydrieren von [α-Nitro-benzyl]-[2-nitro-phenyl]-diazen an Palladium in Methanol und wenig Essigsäure (*Fusco, Bianchetti*, Rend. Ist. lomb. **91** [1957] 936, 945). Beim Erwärmen von 1*t*,3,5-Triphenyl-*cis*-formazan (E III **16** 13) mit Essigsäure und konz. H_2SO_4 (*Ab., Sch.; Jerchel, Woticky*, A. **605** [1957] 191, 196). Aus 3-Phenyl-benzo[e][1,2,4]triazin-1-oxid beim Hydrieren an Palladium/Kohle in Methanol oder beim Erhitzen mit Eisen-Pulver in Essigsäure (*Fusco, Bianchetti*, Rend. Ist. lomb. **91** [1957] 963, 969).

Gelbe Kristalle (aus Bzl. + PAe.); F: 126 – 127° (*Ab., Sch.*). λ_{max} (A.): 258 nm und 354 nm (*Robbins, Schofield*, Soc. **1957** 3186, 3193).

Beim Erwärmen mit $AlCl_3$ in Benzol ist ein 3,x-Diphenyl-benzo[e][1,2,4]triazin $C_{19}H_{13}N_3$ vom F: 133° (gelbe Kristalle [aus A.]) erhalten worden (*Ro., Sch.*). Beim Hydrieren an Palladium/Kohle in Dioxan und anschliessenden Behandeln mit Benzoylchlorid und Pyridin ist ein kristallines x-Benzoyl-3-phenyl-x-dihydro-benzo[e][1,2,4]triazin $C_{20}H_{15}N_3O$ vom F: 190,5 – 191° erhalten worden (*Fu., Bi., l. c. S. 977*).

3-Phenyl-benzo[e][1,2,4]triazin-1-oxid $C_{13}H_9N_3O$, Formel X (X = X' = X'' = H).

B. Aus *N*-[2-Nitro-phenyl]-benzamidin beim Erwärmen mit Natriummethylat in Methanol (*Fusco, Bianchetti*, Rend. Ist. lomb. **91** [1957] 963, 969) oder mit wss. NaOH (*Robbins, Schofield*, Soc. **1957** 3186, 3193). Beim Erwärmen von 3-Phenyl-benzo[e][1,2,4]triazin mit wss. H_2O_2 in Essigsäure (*Ro., Sch.*).

Orangefarbene Kristalle; F: 132 – 133° [aus Me. oder A.] (*Ro., Sch.*), 132° [aus Bzl. + PAe.] (*Fu., Bi.*). λ_{max} (A.): 278 nm und 370 nm (*Ro., Sch.*).

3-Phenyl-benzo[e][1,2,4]triazin-2(?)-oxid $C_{13}H_9N_3O$, vermutlich Formel XI.

B. Beim Behandeln von 3-Phenyl-benzo[e][1,2,4]triazin mit wss. H_2O_2 in Essigsäure (*Robbins, Schofield*, Soc. **1957** 3186, 3192).

Gelbe Kristalle (aus Me.); F: 105 – 107°. λ_{max} (A.): 260 nm, 276 nm und 360 nm.

Beim Erwärmen mit wss. H_2O_2 in Essigsäure ist 3-Phenyl-benzo[e][1,2,4]triazin-1-oxid erhalten worden.

IX   X   XI

6-Chlor-3-phenyl-benzo[e][1,2,4]triazin $C_{13}H_8ClN_3$, Formel IX (X = Cl, X' = H).

B. Beim Hydrieren von [4-Chlor-2-nitro-phenyl]-[α-nitro-benzyl]-diazen in Methanol an Raney-Nickel bei 95°/35 at (*Fusco, Bianchetti*, Rend. Ist. lomb. **91** [1957] 936, 945). In geringer Menge neben 3-Phenyl-benzo[e][1,2,4]triazin beim Erwärmen von *N*-[4-Chlor-phenyl]-3,*N'''*-diphenyl-formazan mit konz. H_2SO_4 in Essigsäure (*Jerchel, Woticky*, A. **605** [1957] 191, 197). Beim Behandeln von 1,5-Bis-[4-chlor-phenyl]-3-phenyl-formazan mit konz. H_2SO_4 in Essigsäure (*Robbins, Schofield*, Soc. **1957** 3186, 3191).

Gelbe Kristalle; F: 135 – 136° [aus Me.] (*Je., Wo.*), 134 – 135° [aus A.] (*Ro., Sch.*), 134,5° [aus Eg.] (*Fu., Bi.*).

6-Chlor-3-phenyl-benzo[e][1,2,4]triazin-1-oxid $C_{13}H_8ClN_3O$, Formel X (X = Cl, X' = X'' = H).

B. Aus 6-Chlor-3-phenyl-benzo[e][1,2,4]triazin und H_2O_2 in Essigsäure (*Robbins, Schofield*,

Soc. **1957** 3186, 3191).

Gelbe Kristalle (aus A.); F: 148 – 150°.

7-Chlor-3-phenyl-benzo[*e*][1,2,4]triazin $C_{13}H_8ClN_3$, Formel IX (X = H, X′ = Cl).

B. Beim Hydrieren von [5-Chlor-2-nitro-phenyl]-[α-nitro-benzyl]-diazen in Methanol an Raɛ ney-Nickel bei 35 at (*Fusco, Bianchetti*, Rend. Ist. lomb. **91** [1957] 936, 946) oder von 7-Chlor-3-phenyl-benzo[*e*][1,2,4]triazin-1-oxid in Methanol an Platin (*Fusco, Bianchetti*, Rend. Ist. lomb. **91** [1957] 963, 972).

Gelbe Kristalle (aus Me.); F: 164 – 165° (*Fu., Bi.*, l. c. S. 946).

7-Chlor-3-phenyl-benzo[*e*][1,2,4]triazin-1-oxid $C_{13}H_8ClN_3O$, Formel X (X = X″ = H, X′ = Cl).

B. Aus *N*-[4-Chlor-2-nitro-phenyl]-benzamidin und Natriummethylat in Methanol (*Fusco, Bianchetti*, Rend. Ist. lomb. **91** [1957] 963, 972).

Kristalle (aus Bzl.); F: 201 – 202°.

3-[4-Chlor-phenyl]-benzo[*e*][1,2,4]triazin $C_{13}H_8ClN_3$, Formel XII (X = H, X′ = Cl).

B. Beim Behandeln von 3-[4-Chlor-phenyl]-1,5-diphenyl-formazan mit konz. H_2SO_4 in Essigɛ säure (*Robbins, Schofield*, Soc. **1957** 3186, 3191).

Orangefarbene Kristalle (aus Me.); F: 151 – 152°.

3-[4-Chlor-phenyl]-benzo[*e*][1,2,4]triazin-1-oxid $C_{13}H_8ClN_3O$, Formel X (X = X′ = H, X″ = Cl).

B. Aus 4-Chlor-*N*-[2-nitro-phenyl]-benzamidin und Natriummethylat in Methanol (*Fusco, Bianchetti*, Rend. Ist. lomb. **91** [1957] 963, 975). Aus 3-[4-Chlor-phenyl]-benzo[*e*][1,2,4]triazin und H_2O_2 in Essigsäure (*Robbins, Schofield*, Soc. **1957** 3186, 3191).

Gelbe Kristalle; F: 215 – 216° [aus A.] (*Ro., Sch.*), 211 – 214° [aus Eg.] (*Fu., Bi.*).

6-Nitro-3-phenyl-benzo[*e*][1,2,4]triazin $C_{13}H_8N_4O_2$, Formel IX (X = NO_2, X′ = H).

B. Beim Erwärmen von 1,5-Bis-[4-nitro-phenyl]-3-phenyl-formazan mit konz. H_2SO_4 und Essigsäure (*Jerchel, Woticky*, A. **605** [1957] 191, 196; *Robbins, Schofield*, Soc. **1957** 3186, 3191).

Orangefarbene Kristalle; F: 189 – 190° [aus THF + Me.] (*Je., Wo.*), 187 – 189° [aus A.] (*Ro., Sch.*).

8-Nitro-3-phenyl-benzo[*e*][1,2,4]triazin $C_{13}H_8N_4O_2$, Formel XII (X = NO_2, X′ = H).

B. Neben überwiegenden Mengen 3-Phenyl-benzo[*e*][1,2,4]triazin beim Erwärmen von *N*-[2-Nitro-phenyl]-3,*N‴*-diphenyl-formazan mit konz. H_2SO_4 und Essigsäure (*Jerchel, Woticky*, A. **605** [1957] 191, 198).

Braunrote Kristalle (aus THF + Me.); F: 204 – 205°.

3-[4-Nitro-phenyl]-benzo[*e*][1,2,4]triazin $C_{13}H_8N_4O_2$, Formel XII (X = H, X′ = NO_2).

B. Beim Erwärmen von 3-[4-Nitro-phenyl]-1,5-diphenyl-formazan mit konz. H_2SO_4 und Esɛ sigsäure (*Robbins, Schofield*, Soc. **1957** 3186, 3191).

Gelbe Kristalle (aus Bzl.); F: 241 – 243°.

3-[4-Nitro-phenyl]-benzo[*e*][1,2,4]triazin-1-oxid $C_{13}H_8N_4O_3$, Formel X (X = X′ = H, X″ = NO_2).

B. Aus 4-Nitro-*N*-[2-nitro-phenyl]-benzamidin und Natriummethylat in Methanol (*Fusco, Bianchetti*, Rend. Ist. lomb. **91** [1957] 963, 974). Beim Erwärmen von 3-[4-Nitro-phenyl]-benzoɛ [*e*][1,2,4]triazin mit H_2O_2 und Essigsäure (*Robbins, Schofield*, Soc. **1957** 3186, 3191).

Gelbe Kristalle; F: 247 – 248° [aus $CHCl_3$] (*Ro., Sch.*), 232° [aus Dichloräthan] (*Fu., Bi.*).

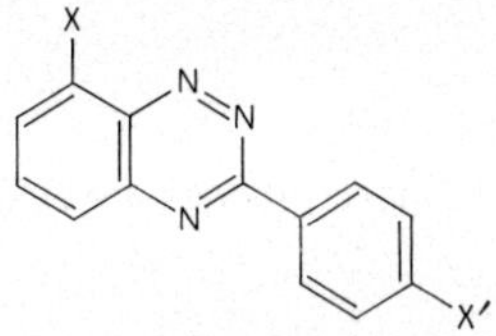

XII 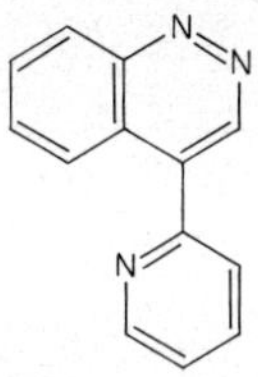 XIII 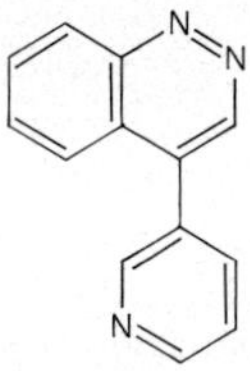 XIV 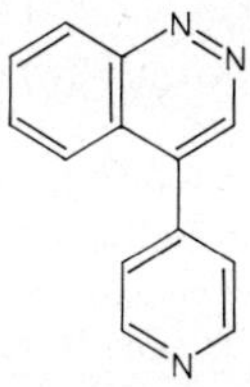 XV

4-[2]Pyridyl-cinnolin $C_{13}H_9N_3$, Formel XIII.
Die von *Schofield, Simpson* (Soc. **1946** 472, 478) unter dieser Konstitution beschriebene Verbindung ist wahrscheinlich als 4-Hydroxy-2-[2]pyridyl-cinnolinium-betain (E III/IV **24** 341) zu formulieren (*Morley,* Soc. **1959** 2280).
B. Aus diazotiertem 2-[1-[2]Pyridyl-vinyl]-anilin (*Schofield,* Soc. **1949** 2408, 2412; *Nunn, Schofield,* Soc. **1953** 3700, 3703).
Wasserhaltige Kristalle (aus PAe. + E.); F: 128 – 129° [unkorr.] (*Sch.*). F: 125 – 126° (*Nunn, Sch.*).
Picrat $C_{13}H_9N_3 \cdot C_6H_3N_3O_7$. Gelbe Kristalle (aus Me.); F: 201 – 203° [unkorr.] (*Sch.*).

4-[3]Pyridyl-cinnolin $C_{13}H_9N_3$, Formel XIV.
B. Analog der vorangehenden Verbindung (*Nunn, Schofield,* Soc. **1953** 3700, 3703).
Gelbe Kristalle (aus Bzl. + PAe.); F: 141 – 142°.

4-[4]Pyridyl-cinnolin $C_{13}H_9N_3$, Formel XV.
B. Analog den vorangehenden Verbindungen (*Nunn, Schofield,* Soc. **1953** 3700, 3703).
Picrat $C_{13}H_9N_3 \cdot C_6H_3N_3O_7$. Gelbe Kristalle (aus Me.); F: 276 – 278°.

4-[2]Pyridyl-chinazolin $C_{13}H_9N_3$, Formel I (X = H).
B. Beim Hydrieren von 2-Chlor-4-[2]pyridyl-chinazolin an Palladium/Kohle in Methanol (*Schofield,* Soc. **1954** 4034).
Hellgelbe Kristalle (aus PAe.); F: 89 – 90°.

2-Chlor-4-[2]pyridyl-chinazolin $C_{13}H_8ClN_3$, Formel I (X = Cl).
B. Beim Erhitzen von 4-[2]Pyridyl-1H-chinazolin-2-on mit $POCl_3$ (*Schofield,* Soc. **1954** 4034).
Kristalle (aus Me.); F: 171 – 172°.

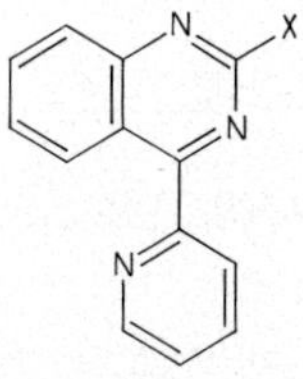

I 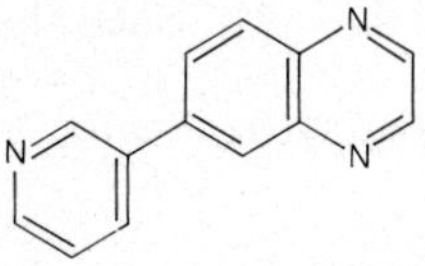 II 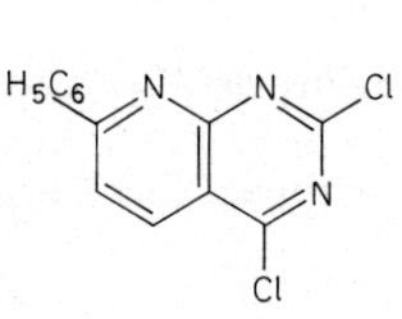 III 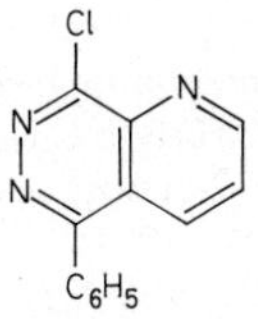 IV

6-[3]Pyridyl-chinoxalin $C_{13}H_9N_3$, Formel II.
B. Beim Erwärmen von Dinatrium-[1,2-dihydroxy-äthan-1,2-disulfonat] mit 4-[3]Pyridyl-o-phenylendiamin in wss. Essigsäure (*Coates et al.,* Soc. **1943** 406, 413).
Hellgelbe Kristalle (aus Bzl. + PAe.); F: 144 – 145°.

2,4-Dichlor-7-phenyl-pyrido[2,3-d]pyrimidin $C_{13}H_7Cl_2N_3$, Formel III.
B. Beim Erhitzen von 7-Phenyl-1H-pyrido[2,3-d]pyrimidin-2,4-dion mit $POCl_3$ (*Robins, Hitchings,* Am. Soc. **80** [1958] 3449, 3456).
Kristalle (aus PAe.); F: 204 – 206° [unkorr.].

8-Chlor-5-phenyl-pyrido[2,3-d]pyridazin $C_{13}H_8ClN_3$, Formel IV.
B. Aus 5-Phenyl-7H-pyrido[2,3-d]pyridazin-8-on und $POCl_3$ (*Druey, Ringier,* Helv. **34** [1951]

195, 206).

Kristalle (aus Toluol); F: ca. 200°.

1-Acetyl-1,9-dihydro-fluoreno[2,3-*d*][1,2,3]triazol $C_{15}H_{11}N_3O$, Formel V.

B. Beim Behandeln von *N*-[3-Amino-fluoren-2-yl]-acetamid mit $NaNO_2$ in wss. H_2SO_4 (*Gut=man, Fenton*, Am. Soc. **77** [1955] 4422).

Kristalle (aus Benzylalkohol oder Eg.); F: 219 – 220° [unkorr.].

Stammverbindungen $C_{14}H_{11}N_3$

4,5-Diphenyl-1*H*-[1,2,3]triazol $C_{14}H_{11}N_3$, Formel VI (R = H) und Taut. (H 79).

B. Beim Behandeln der Dinatrium-Verbindung des 4-Phenyl-benzophenons mit Diazo-phenyl-methan in Äther und anschliessend mit Äthanol (*Müller, Disselhoff*, A. **512** [1934] 250, 261, 262). Zur Bildung aus 4,5-Diphenyl-[1,2,3]triazol-1-ylamin nach *Stollé* (H 79) s. *Mü., Di.*, l. c. S. 262.

Kristalle (aus PAe.); F: 138 – 139°.

1,4,5-Triphenyl-1*H*-[1,2,3]triazol $C_{20}H_{15}N_3$, Formel VI (R = C_6H_5).

B. Beim Erhitzen von Diphenylacetylen mit Azidobenzol in Toluol (*Moulin*, Helv. **35** [1952] 167, 177).

Kristalle (aus Toluol); F: 230,5 – 231° [korr.].

2,4,5-Triphenyl-2*H*-[1,2,3]triazol $C_{20}H_{15}N_3$, Formel VII (H 79).

B. Aus Benzil-(*Z,Z*)-bis-phenylhydrazon mit Hilfe von Palladium/Kohle in Essigsäure (*Spa=sow, Robew*, Izv. chim. Inst. Bulgarska Akad. **2** [1953] 23, 31; C. A. **1955** 5372). Aus 2,3,5,6-Te=traphenyl-2,3-dihydro-[1,2,3,4]tetrazin mit Hilfe von wss.-äthanol. HCl (*Spasow et al.*, Izv. chim. Inst. Bulgarska Akad. **1** [1951] 229, 241; C. A. **1953** 2153) sowie bei der Hydrierung an Palladium oder Raney-Nickel (*Spasow, Robew*, Izv. chim. Inst. Bulgarska Akad. **2** [1953] 3, 17; C. A. **1955** 5372).

Kristalle (aus A.), F: 120 – 122°.

1-Benzyl-4,5-diphenyl-1*H*-[1,2,3]triazol $C_{21}H_{17}N_3$, Formel VI (R = CH_2-C_6H_5).

B. Aus Diphenylacetylen und Benzylazid beim Erhitzen auf 140 – 160° (*Curtius, Raschig*, J. pr. [2] **125** [1930] 466, 496) oder beim Erhitzen in Toluol (*Moulin*, Helv. **35** [1952] 167, 177).

Kristalle; F: 111° [aus Ae.+PAe.] (*Cu., Ra.*), 109,5 – 110,5° [korr.; aus PAe.] (*Mo.*).

1-[α-Nitro-isopropyl]-4,5-diphenyl-1*H*-[1,2,3]triazol $C_{17}H_{16}N_4O_2$, Formel VI (R = $C(CH_3)_2$-NO_2).

B. Aus 2-Azido-2-nitro-propan und Diphenylacetylen (*Maffei, Bettinetti*, Ann. Chimica **47** [1957] 1286, 1291).

Kristalle (aus A.); F: 134°.

Benzoyl-[*N*-(4,5-diphenyl-[1,2,3]triazol-1-yl)-benzimidoyl]-oxid, Benzoesäure-[*N*-(4,5-diphenyl-[1,2,3]triazol-1-yl)-benzimidsäure]-anhydrid $C_{28}H_{20}N_4O_2$, Formel VI (R = $N=C(C_6H_5)$-O-CO-C_6H_5).

Diese Konstitution kommt der früher (H **26** 373) als 2,3-Dibenzoyl-5,6-diphenyl-2,3-dihydro-[1,2,3,4]tetrazin beschriebenen Verbindung zu (*Curtin, Alexandrou*, Tetrahedron **19** [1963] 1697, 1700; s. a. *Alexandrou*, Tetrahedron **22** [1966] 1309).

3,5-Diphenyl-1*H*-[1,2,4]triazol $C_{14}H_{11}N_3$, Formel VIII (R = H) und Taut. (H 81; E I 21).

B. Neben 3,5-Diphenyl-[1,2,4]triazol-4-ylamin beim Erhitzen von Äthylbenzoat mit $N_2H_4 \cdot H_2O$ auf 195° (*Herbst, Garrison*, J. org. Chem. **18** [1953] 872, 876). Neben geringen Mengen 3-Methyl-5-phenyl-1*H*-[1,2,4]triazol beim Erhitzen von Benzamid mit Essigsäure-hydr=azid auf 210 – 260° (*Atkinson, Polya*, Soc. **1954** 3319, 3323). Aus Benzoesäure-hydrazid und Benzonitril beim Erhitzen zum Sieden oder unter Druck auf 230° (*BASF*, D.B.P. 1076136

[1958]). Aus Benzonitril und Benzoesäure-hydrazid-benzolsulfonat beim Erhitzen auf 200° (*Potts*, Soc. **1954** 3461, 3463). Beim Erhitzen von *N*-Benzoyl-benzamidrazon (*Poštowškiǐ, Were= schtschagina*, Ž. obšč. Chim. **29** [1959] 2139, 2141; engl. Ausg. S. 2105, 2107; s. a. H 81).

F: 189−191° [korr.] (*At., Po.*, l. c. S. 3323). UV-Spektrum (A.; 210−310 nm): *Atkinson et al.*, Soc. **1954** 4256, 4259; *Grammaticakis*, C. r. **241** [1955] 1049.

Picrat $C_{14}H_{11}N_3 \cdot C_6H_3N_3O_7$. Kristalle (aus Bzl.+CHCl$_3$); F: 171° [korr.] (*Atkinson, Polya*, Soc. **1954** 141, 142). Unbeständige Kristalle mit CHCl$_3$; F: 150° [Zers.] (*At., Po.*, l. c. S. 142). Gelbe Kristalle (aus Bzl.) mit 1 Mol Benzol; F: 166°; Zers. bei 100°/0,5 Torr (*Po.*).

1-Methyl-3,5-diphenyl-1*H***-[1,2,4]triazol** $C_{15}H_{13}N_3$, Formel VIII (R = CH$_3$).

B. Beim Erhitzen von Dibenzamid mit Methylhydrazin-sulfat auf 160° (*Atkinson, Polya*, Soc. **1954** 141, 144). Beim Erhitzen von *N*-Methyl-benzamidrazon mit Benzoylchlorid (*Atkinson, Polya*, Soc. **1954** 3319, 3322). Beim Erhitzen von 3,5-Diphenyl-1*H*-[1,2,4]triazol mit CH$_3$I und Natriummethylat in Methanol auf 120° (*At., Po.*, l. c. S. 144).

Kristalle (aus Bzl.+PAe.); F: 85° (*At., Po.*, l. c. S. 142), 84° (*At., Po.*, l. c. S. 3322). UV-Spektrum (A.; 210−310 nm): *Atkinson et al.*, Soc. **1954** 4256, 4259.

Picrat $C_{15}H_{13}N_3 \cdot C_6H_3N_3O_7$. Kristalle (aus wss. A.); F: 135° [korr.] (*At., Po.*, l. c. S. 142).

4-Methyl-3,5-diphenyl-4*H***-[1,2,4]triazol** $C_{15}H_{13}N_3$, Formel IX (R = CH$_3$).

B. Beim Erhitzen von Benzoesäure-[α-methylamino-benzylidenhydrazid] [E III **9** 1323] (*C.H. Boehringer Sohn*, D.R.P. 543026 [1928]; Frdl. **18** 3057).

Kristalle; F: 243° (*C.H. Boehringer Sohn*), 242° [korr.] (*Atkinson, Polya*, Soc. **1954** 141, 144). UV-Spektrum (A.; 210−300 nm): *Atkinson et al.*, Soc. **1954** 4256, 4259.

Picrat $C_{15}H_{13}N_3 \cdot C_6H_3N_3O_7$. Kristalle (aus A.); F: 155° [korr.] (*At., Po.*).

1,3,5-Triphenyl-1*H***-[1,2,4]triazol** $C_{20}H_{15}N_3$, Formel VIII (R = C$_6$H$_5$) (H 81; E I 21).

B. Aus Benzamidin und *N'*-Phenyl-benzohydrazonoylchlorid (*Fusco, Musante*, G. **68** [1938] 147, 153).

F: 120° [korr.] (*Atkinson et al.*, Soc. **1954** 4256, 4257). UV-Spektrum (A.; 220−300 nm): *At. et al.*, l. c. S. 4259.

Hydrochlorid $C_{20}H_{15}N_3 \cdot HCl$ (H 81; E I 21). F: 154−156° (*Jerchel, Kuhn*, A. **568** [1950] 185, 191).

V   VI   VII   VIII   IX

1-[2,4-Dibrom-phenyl]-3,5-diphenyl-1*H***-[1,2,4]triazol** $C_{20}H_{13}Br_2N_3$, Formel VIII (R = C$_6$H$_3$Br$_2$).

B. Analog der vorangehenden Verbindung (*Fusco, Musante*, G. **68** [1938] 147, 153).

Kristalle; F: 147°.

3,4,5-Triphenyl-4*H***-[1,2,4]triazol** $C_{20}H_{15}N_3$, Formel X (R = R' = R'' = H) (H 81; E I 21).

B. Beim Erhitzen von *N,N'*-Dibenzoyl-hydrazin und Anilin mit ZnCl$_2$ auf 240° (*Bhagat, Ray*, Soc. **1930** 2357). Beim Erwärmen von Anilin mit PCl$_3$ in 1,2-Dichlor-benzol und anschlies= senden Erhitzen mit *N,N'*-Dibenzoyl-hydrazin (*Klingsberg*, J. org. Chem. **23** [1958] 1086). Beim Erhitzen von 2-[3,5-Diphenyl-[1,2,4]triazol-4-yl]-benzoesäure (E II **26** 49) auf 350° (*Heller*, J. pr. [2] **131** [1931] 82, 86).

F: 299−300° (*Kl.*), 298−300° [korr.] (*Atkinson et al.*, Soc. **1954** 4256, 4257). UV-Spektrum (A.; 220−310 nm): *At. et al.*, l. c. S. 4259.

4-[4-Chlor-phenyl]-3,5-diphenyl-4*H***-[1,2,4]triazol** $C_{20}H_{14}ClN_3$, Formel X (R = R' = H, R'' = Cl).

B. Beim Erwärmen von 4-Chlor-anilin mit PCl$_3$ in 1,2-Dichlor-benzol und anschliessenden

Erhitzen mit *N,N'*-Dibenzoyl-hydrazin (*Klingsberg*, J. org. Chem. **23** [1958] 1086).
Kristalle (aus wss. Eg.); F: 261,5−262°.

3,5-Diphenyl-4-*o*-tolyl-4*H*-[1,2,4]triazol $C_{21}H_{17}N_3$, Formel X (R = CH_3, R' = R'' = H)
(H 82).
B. Analog der vorangehenden Verbindung (*Klingsberg*, J. org. Chem. **23** [1958] 1086).
Kristalle (aus Methylcyclohexan); F: 191−192°.

3,5-Diphenyl-4-*m*-tolyl-4*H*-[1,2,4]triazol $C_{21}H_{17}N_3$, Formel X (R = R'' = H, R' = CH_3).
B. Beim Erhitzen von *N,N'*-Dibenzoyl-hydrazin und *m*-Toluidin mit $ZnCl_2$ auf 240° (*Bhagat*,
Ray, Soc. **1930** 2357) oder mit PCl_3 in 1,2-Dichlor-benzol (*Klingsberg*, J. org. Chem. **23** [1958]
1086).
Kristalle (aus wss. Eg.); F: 256−257° (*Kl.*). F: 250° (*Bh.*, *Ray*).

3,5-Diphenyl-4-*p*-tolyl-4*H*-[1,2,4]triazol $C_{21}H_{17}N_3$, Formel X (R = R' = H, R'' = CH_3).
B. Analog der vorangehenden Verbindung (*Bhagat*, *Ray*, Soc. **1930** 2357; *Klingsberg*, J.
org. Chem. **23** [1958] 1086).
Kristalle (aus wss. Eg.); F: 301−302° (*Kl.*). F: 296−297° (*Bh.*, *Ray*).

4-Benzyl-3,5-diphenyl-4*H*-[1,2,4]triazol $C_{21}H_{17}N_3$, Formel IX (R = CH_2-C_6H_5).
Die von *Curtius*, *Ehrhart* (E II **26** 49) und von *Curtius*, *Raschig* (J. pr. [2] **125** [1930] 466,
478) unter dieser Konstitution beschriebene Verbindung ist als Triphenyl-[1,3,5]triazin (S. 292)
zu formulieren (*Coffin*, *Robbins*, Soc. **1964** 5901; s. a. *Kreher*, *Kühling*, Ang. Ch. **76** [1964]
272 Anm. 4).

4-[2]Naphthyl-3,5-diphenyl-4*H*-[1,2,4]triazol $C_{24}H_{17}N_3$, Formel IX (R = $C_{10}H_7$).
B. Beim Erwärmen von [2]Naphthylamin mit PCl_3 in 1,2-Dichlor-benzol und anschliessenden
Erhitzen mit *N,N'*-Dibenzoyl-hydrazin (*Klingsberg*, J. org. Chem. **23** [1958] 1086).
Kristalle (aus Xylol); F: 275,5−276,5°.

4-[4-Methoxy-phenyl]-3,5-diphenyl-4*H*-[1,2,4]triazol $C_{21}H_{17}N_3O$, Formel X (R = R' = H,
R'' = O-CH_3).
B. Beim Erhitzen von *N,N'*-Dibenzoyl-hydrazin und *p*-Anisidin mit $ZnCl_2$ auf 240° (*Bhagat*,
Ray, Soc. **1930** 2357).
F: 246−247°.

4-[4-Äthoxy-phenyl]-3,5-diphenyl-4*H*-[1,2,4]triazol $C_{22}H_{19}N_3O$, Formel X (R = R' = H,
R'' = O-C_2H_5).
B. Analog der vorangehenden Verbindung (*Bhagat*, *Ray*, Soc. **1930** 2357).
F: 215°.

1(?)-Acetyl-3,5-diphenyl-1*H*-[1,2,4]triazol $C_{16}H_{13}N_3O$, vermutlich Formel VIII
(R = CO-CH_3) (H 82; E I 22).
B. Beim Erhitzen von 3,5-Diphenyl-1*H*-[1,2,4]triazol mit Acetanhydrid (*Atkinson*, *Polya*, Soc.
1954 141, 144).
Kristalle (aus Ae. + PAe.); F: 107−108° [korr.].

3,5-Diphenyl-[1,2,4]triazol-4-ylamin $C_{14}H_{12}N_4$, Formel IX (R = NH$_2$) (H 83; E I 22).

B. Neben überwiegenden Mengen *N,N'*-Dibenzoyl-hydrazin aus Benzoesäure und $N_2H_4 \cdot H_2O$ beim Erhitzen auf 270° (*Herbst, Garrison,* J. org. Chem. **18** [1953] 872, 875). Neben 3,5-Diphenyl-1*H*-[1,2,4]triazol beim Erhitzen von Äthylbenzoat mit $N_2H_4 \cdot H_2O$ auf 195° (*He., Ga.*). Aus *N,N'*-Dibenzoyl-hydrazin beim Erhitzen mit $N_2H_4 \cdot H_2O$ auf 180° (*He., Ga.*).

Kristalle (aus A.); F: 259 – 260° [korr.] (*He., Ga.*). UV-Spektrum (A.; 210 – 310 nm): *Gram$^=$maticakis,* C. r. **241** [1955] 1049.

*4-Benzylidenamino-3,5-diphenyl-4*H*-[1,2,4]triazol, Benzyliden-[3,5-diphenyl-[1,2,4]triazol-4-yl]-amin $C_{21}H_{16}N_4$, Formel IX (R = N=CH-C$_6$H$_5$) (H 83; E I 22).

B. Aus Dibenzyliden-hydrazin (E III **7** 844) und HNO$_3$ in Acetanhydrid und Essigsäure (*Miyatake,* J. pharm. Soc. Japan **72** [1952] 1486; C. A. **1953** 8035).

Kristalle (aus A.); F: 205,5 – 206,5°.

Picrat. Kristalle; F: 169 – 170°.

4-Acetylamino-3,5-diphenyl-4*H*-[1,2,4]triazol, *N*-[3,5-Diphenyl-[1,2,4]triazol-4-yl]-acetamid $C_{16}H_{14}N_4O$, Formel IX (R = NH-CO-CH$_3$) (H 83).

UV-Spektrum (A.; 210 – 310 nm): *Grammaticakis,* C. r. **241** [1955] 1049.

4-Diacetylamino-3,5-diphenyl-4*H*-[1,2,4]triazol, *N*-[3,5-Diphenyl-[1,2,4]triazol-4-yl]-diacetamid $C_{18}H_{16}N_4O_2$, Formel IX (R = N(CO-CH$_3$)$_2$) (H 83).

UV-Spektrum (A.; 210 – 310 nm): *Grammaticakis,* C. r. **241** [1955] 1049.

3-[4-Chlor-phenyl]-1,5-diphenyl-1*H*-[1,2,4]triazol $C_{20}H_{14}ClN_3$, Formel XI (R = C$_6$H$_5$, X = Cl, X' = H).

B. Aus 4-Chlor-*N*-phenyl-benzamidrazon-hydrochlorid und Benzoylchlorid (*Jerchel, Fischer,* A. **574** [1951] 85, 96).

F: 96 – 98°.

2-[3-(4-Chlor-phenyl)-5-phenyl-[1,2,4]triazol-4-yl]-benzoesäure $C_{21}H_{14}ClN_3O_2$, Formel XII (E II 49).

B. Beim Erhitzen von 4-Chlor-benzoesäure-[4-oxo-2-phenyl-4*H*-chinazolin-3-ylamid] oder von *N*-[2-(4-Chlor-phenyl)-4-oxo-4*H*-chinazolin-3-yl]-benzamid mit wss. NaOH (*Heller,* J. pr. [2] **126** [1930] 76, 79).

Kristalle (aus wss. Eg.); F: 205°.

3-[4-Nitro-phenyl]-5-phenyl-1*H*-[1,2,4]triazol $C_{14}H_{10}N_4O_2$, Formel XI (R = X' = H, X = NO$_2$) und Taut.

B. Beim Erhitzen von 4-Nitro-benzonitril mit Benzoesäure-hydrazid-benzolsulfonat oder von Benzonitril mit 4-Nitro-benzoesäure-hydrazid-benzolsulfonat auf 200° (*Potts,* Soc. **1954** 3461, 3462, 3463). Beim Erhitzen von 4-Nitro-benzoesäure-hydrazid mit Benzonitril unter Druck auf 230° (*BASF,* D.B.P. 1076136 [1958]).

Kristalle (aus PAe.); F: 240° (*Po.*).

3,5-Bis-[4-nitro-phenyl]-1*H*-[1,2,4]triazol $C_{14}H_9N_5O_4$, Formel XI (R = H, X = X' = NO$_2$) und Taut.

B. Analog der vorangehenden Verbindung (*Potts,* Soc. **1954** 3461, 3462).

Braune Kristalle (aus wss. A.); F: 250 – 251°.

6-Methyl-3-phenyl-benzo[*e*][1,2,4]triazin $C_{14}H_{11}N_3$, Formel XIII (R = CH$_3$, R' = H).

B. Beim Behandeln von 3,*N*-Diphenyl-*N'''*-*p*-tolyl-formazan mit konz. H_2SO_4 in Essigsäure (*Jerchel, Woticky,* A. **605** [1957] 191, 198).

Kristalle (aus PAe.); F: 95 – 96°.

7-Methyl-3-phenyl-benzo[e][1,2,4]triazin $C_{14}H_{11}N_3$, Formel XIII (R = H, R' = CH$_3$).

B. Beim Hydrieren der folgenden Verbindung an Palladium/Kohle in Methanol (*Fusco, Bianchetti,* Rend. Ist. lomb. **91** [1957] 963, 971).

Gelbe Kristalle (aus wss. A.); F: 122–123°.

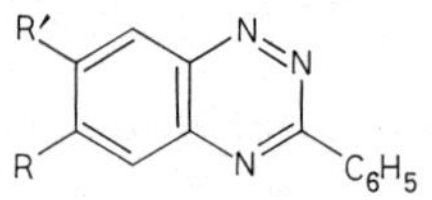

XIII 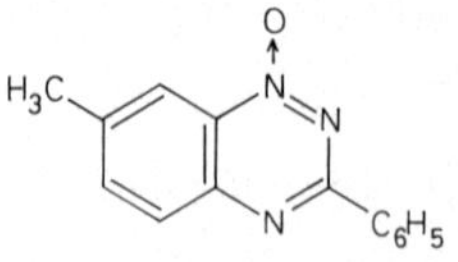   XIV 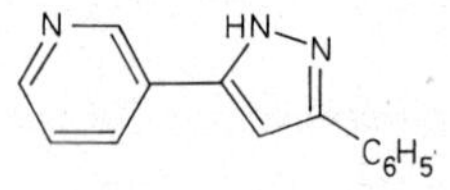   XV

7-Methyl-3-phenyl-benzo[e][1,2,4]triazin-1-oxid $C_{14}H_{11}N_3O$, Formel XIV.

B. Aus *N*-[4-Methyl-2-nitro-phenyl]-benzamidin und Natriummethylat in Methanol (*Fusco, Bianchetti,* Rend. Ist. lomb. **91** [1957] 963, 971).

Kristalle (aus E.+Bzl.); F: 172°.

3-[5-Phenyl-1(2)*H*-pyrazol-3-yl]-pyridin $C_{14}H_{11}N_3$, Formel XV und Taut.

B. Beim Erwärmen von 1-Phenyl-3-[3]pyridyl-propan-1,3-dion mit N_2H_4 in wss. Äthanol (*Musante, Berretti,* G. **79** [1949] 683, 687).

Kristalle (aus wss. A.); F: 187–188°.

Picrat $C_{14}H_{11}N_3 \cdot C_6H_3N_3O_7$. Gelbe Kristalle (aus A.); F: 232–234°.

3-Methyl-4-[2]pyridyl-cinnolin $C_{14}H_{11}N_3$, Formel I.

B. Aus 2-[1-[2]Pyridyl-propenyl]-anilin beim Diazotieren in wss. H_2SO_4 (*Nunn, Schofield,* Soc. **1953** 3700, 3703).

Hellgelbe Kristalle (aus Bzl.+PAe.); F: 155–156°.

3-Methyl-4-[3]pyridyl-cinnolin $C_{14}H_{11}N_3$, Formel II.

B. Analog der vorangehenden Verbindung (*Nunn, Schofield,* Soc. **1953** 3700, 3703).

Gelbe Kristalle (aus A.); F: 192–193°.

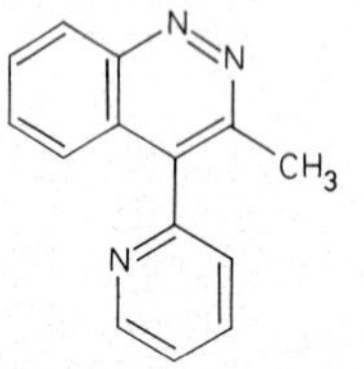

I 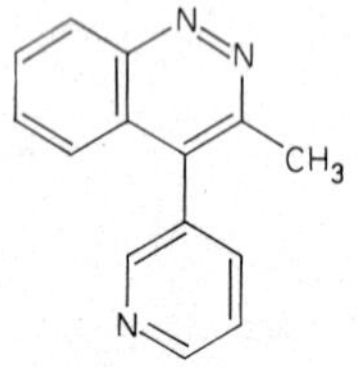   II 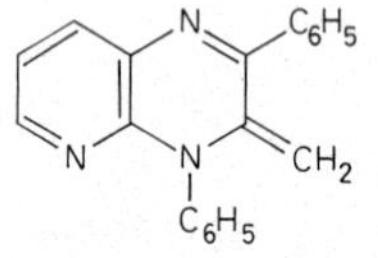   III 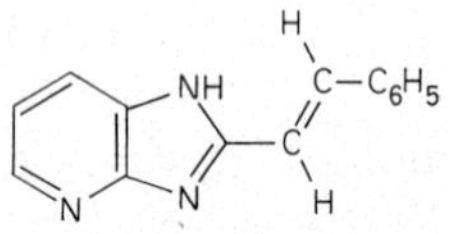   IV

3-Methylen-2,4-diphenyl-3,4-dihydro-pyrido[2,3-b]pyrazin $C_{20}H_{15}N_3$, Formel III.

B. In geringer Menge beim Erwärmen von N^2-Phenyl-pyridin-2,3-diyldiamin mit 1-Phenyl-propan-1,2-dion in Äthanol (*Ried, Grabosch,* B. **89** [1956] 2684, 2686).

Rote Kristalle (aus PAe.); F: 325–327° [unkorr.].

2-*trans*-Styryl-1(3)*H*-imidazo[4,5-b]pyridin $C_{14}H_{11}N_3$, Formel IV und Taut.

B. Beim Erhitzen von Pyridin-2,3-diyldiamin mit *trans*-Zimtsäure-anhydrid (*Takahashi, Yazima,* J. pharm. Soc. Japan **66** [1946] Ausg. B, S. 72; C. A. **1951** 8533). Beim Erhitzen von 2,3-Bis-acetylamino-pyridin mit Benzaldehyd (*Garmaise, Komlossy,* J. org. Chem. **29** [1964] 3403).

Kristalle; F: 205–207° [korr.; aus A.] (*Ga., Ko.*), 197–198° [aus Bzl.] (*Ta., Ya.*). λ_{max} (Me.): 265 nm und 335 nm (*Ga., Ko.*).

2,5-Di-[2]pyridyl-pyrrol, 2,2′-Pyrrol-2,5-diyl-di-pyridin $C_{14}H_{11}N_3$, Formel V.

B. Beim Erhitzen von 2,5-Di-[2]pyridyl-pyrrol-3,4-dicarbonsäure mit $Ba(OH)_2$ (*Hein, Melichav,* Pharmazie **9** [1954] 455, 460) oder in 2-Amino-äthanol (*Hein, Beierlein,* Pharm. Zentralhalle **96** [1957] 401, 413).

Kristalle; F: 97,5° [aus wss. A.] (*Hein, Me.*), 96° [aus Acn.+H_2O oder Me.+H_2O] (*Hein, Be.*).

Dihydrochlorid $C_{14}H_{11}N_3 \cdot 2\,HCl$. Gelbe Kristalle; Zers. bei 208−212° [Sublimation ab 165°] (*Hein, Be.,* l. c. S. 414).

Dinitrat. Gelbe Kristalle (aus wss. HNO_3); F: 175° [Zers.] (*Hein, Be.*).

Kupfer(II)-Komplex $Cu(C_{14}H_{10}N_3)_2 \cdot C_{14}H_{11}N_3$. Braune, doppelbrechende Kristalle; F: 155−156° (*Hein, Be.,* l. c. S. 418).

Silber(I)-Komplex $AgC_{14}H_{10}N_3$. Hellgelbe Kristalle; F: 214° (*Hein, Be.,* l. c. S. 418, 419).

Zink-Komplex $Zn(C_{14}H_{10}N_3)_2$. Gelbe Kristalle (*Hein, Be.,* l. c. S. 417, 418).

Eisen(II)-Komplexe. a) $Fe(C_{14}H_{10}N_3)_2$. Hellrote Kristalle; F: 168°; im Vakuum subli≠mierbar (*Hein, Be.,* l. c. S. 417). Magnetische Susceptibilität: $+16,0 \cdot 10^{-6}$ $cm^3 \cdot g^{-1}$ (*Hein, Be.,* l. c. S. 420). − b) $Fe(C_{14}H_{10}N_3)Cl$. Blauschwarze Kristalle; Zers. bei 265° (*Hein, Be.,* l. c. S. 419).

Kobalt(II)-Komplex $Co(C_{14}H_{10}N_3)_2$. Rote Kristalle; F: 273−274°; im Vakuum subli≠mierbar (*Hein, Be.,* l. c. S. 415, 416). Magnetische Susceptibilität: $+18,5 \cdot 10^{-6}$ $cm^3 \cdot g^{-1}$ (*Hein, Be.*).

Nickel(II)-Komplex $Ni(C_{14}H_{10}N_3)_2$. Dunkelgelbe Kristalle (aus Bzl.+PAe.); F: 318°; im Vakuum sublimierbar (*Hein, Be.,* l. c. S. 416). Magnetische Susceptibilität: $+8,2 \cdot 10^{-6}$ $cm^3 \cdot g^{-1}$ (*Hein, Be.*).

Picrat. Gelbe Kristalle; F: 279° [Zers. ab 260°] (*Hein, Me.*).

V   VI   VII

6,7-Dihydro-benz[4,5]imidazo[1,2-a]pyrido[2,1-c]pyrazinylium $[C_{14}H_{12}N_3]^+$, Formel VI.

Bromid $[C_{14}H_{12}N_3]Br$. *B.* Beim Erhitzen von 2-[2-[2]Pyridyl-benzimidazol-1-yl]-äthanol mit HBr (*McManus, Herbst,* J. org. Chem. **24** [1959] 1042). − Gelbe Kristalle (aus wss. A.); F: 341° [unkorr.; Zers.]. λ_{max} (H_2O): 245 nm.

Stammverbindungen $C_{15}H_{13}N_3$

3,6-Diphenyl-4,5(?)-dihydro-[1,2,4]triazin $C_{15}H_{13}N_3$, vermutlich Formel VII und Taut.

Nach Ausweis der IR- und UV-Absorption (in $CHCl_3$ bzw. Me.) liegt anstelle der von *Sprio, Madonia* (G. **87** [1957] 992, 996) als 3,6-Diphenyl-1,2-dihydro-[1,2,4]triazin formu≠lierten Verbindung 3,6-Diphenyl-4,5(oder 2,5)-dihydro-[1,2,4]triazin vor (*Atkinson, Cossey,* Soc. **1962** 1805, 1807, 1811).

B. Beim Erwärmen von 2-Benzoylamino-1-phenyl-äthanon mit wss.-äthanol. $N_2H_4 \cdot 2\,HCl$ oder von 2-Benzoylamino-1-phenyl-äthanon-hydrazon mit wss. H_2SO_4 und Äthanol (*Sp., Ma.*). Kristalle (aus Bzl. oder A.); F: 196° (*Sp., Ma.*). IR-Banden ($CHCl_3$): *At., Co.,* l. c. S. 1811. λ_{max} (Me.): 233−235 nm, 240−242 nm und 308−309 nm (*At., Co.,* l. c. S. 1811).

Hydrochlorid $C_{15}H_{13}N_3 \cdot HCl$. Gelbe Kristalle (aus A.); F: 236−240° (*Sp., Ma.*).

Picrat $C_{15}H_{13}N_3 \cdot C_6H_3N_3O_7$. Gelbe Kristalle (aus A.); F: 200° (*Sp., Ma.*).

2,3,6-Triphenyl-2,5(?)-dihydro-[1,2,4]triazin $C_{21}H_{17}N_3$, vermutlich Formel VIII.

Die Verbindung ist von *Busch, Küspert* (J. pr. [2] **144** [1936] 273, 285) als 2,3,6-Triphenyl-

2,3-dihydro-[1,2,4]triazin formuliert worden.

B. Beim Behandeln von 4-Benzylidenamino-2,3,6-triphenyl-2,3,4,5-tetrahydro-[1,2,4]triazin mit äthanol. HCl (*Bu., Kü.*).

Gelbe Kristalle (aus A. oder Bzl.+PAe.); F: 164°.

Hydrochlorid. Rote Kristalle [aus wss. A.+wenig wss. HCl].

5,6-Diphenyl-4,5(?)-dihydro-[1,2,4]triazin $C_{15}H_{13}N_3$, vermutlich Formel IX und Taut.

B. Beim Erwärmen von (±)-α-Thioformylamino-desoxybenzoin in Essigsäure mit $N_2H_4 \cdot H_2O$ (*Rossi*, Rend. Ist. lomb. **88** [1955] 185, 193).

Kristalle (aus A.); F: 179°.

3-Benzyl-5-phenyl-1*H*-[1,2,4]triazol $C_{15}H_{13}N_3$, Formel X (X = H) und Taut.

B. Beim Erhitzen von *N*-Phenylacetyl-benzamidrazon oder von *N*-Benzoyl-2-phenyl-acet=amidrazon (*Poštowškiǐ, Wereschtschagina*, Ž. obšč. Chim. **29** [1959] 2139, 2141; engl. Ausg. S. 2105, 2107).

Kristalle (aus Bzl.+PAe.); F: 113-114°.

Picrat $C_{15}H_{13}N_3 \cdot C_6H_3N_3O_7$. Gelbe Kristalle; F: 196-198°.

N-Acetyl-Derivat $C_{17}H_{15}N_3O$. Kristalle; F: 100-101°.

VIII   IX   X   XI

3-Benzyl-4,5-diphenyl-4*H*-[1,2,4]triazol $C_{21}H_{17}N_3$, Formel XI (R = X = H).

B. Beim Erhitzen von *N*-Benzoyl-*N'*-phenylacetyl-hydrazin mit Anilin und $ZnCl_2$ (*Bhagat, Ray*, Soc. **1930** 2357).

Kristalle (aus A.); F: 200°.

3-Benzyl-5-phenyl-4-*m*-tolyl-4*H*-[1,2,4]triazol $C_{22}H_{19}N_3$, Formel XI (R = CH_3, X = H).

B. Analog der vorangehenden Verbindung (*Bhagat, Ray*, Soc. **1930** 2357).

F: 240°.

3-Benzyl-4-[4-methoxy-phenyl]-5-phenyl-4*H*-[1,2,4]triazol $C_{22}H_{19}N_3O$, Formel XI (R = H, X = O-CH_3).

B. Analog den vorangehenden Verbindungen (*Bhagat, Ray*, Soc. **1930** 2357).

F: 225°.

3-Benzyl-5-[4-nitro-phenyl]-1*H*-[1,2,4]triazol $C_{15}H_{12}N_4O_2$, Formel X (X = NO_2) und Taut.

B. Aus Phenylacetonitril und 4-Nitro-benzoesäure-hydrazid-benzolsulfonat beim Erhitzen auf 200° (*Potts*, Soc. **1954** 3461, 3462).

Kristalle (aus PAe.); F: 212°.

3-Phenyl-5-*o*-tolyl-1*H*-[1,2,4]triazol $C_{15}H_{13}N_3$, Formel XII (R = CH_3, R' = H) und Taut.

B. Analog der vorangehenden Verbindung (*Potts*, Soc. **1954** 3461, 3462).

Picrat $C_{15}H_{13}N_3 \cdot C_6H_3N_3O_7$. Wasserhaltige gelbe Kristalle (aus wss. A.); F: 176°.

3-Phenyl-5-*m*-tolyl-1*H*-[1,2,4]triazol $C_{15}H_{13}N_3$, Formel XII (R = H, R' = CH_3) und Taut.

B. Beim Erhitzen von Benzoesäure-hydrazid mit *m*-Tolunitril auf 230° (*BASF*, D.B.P. 1076136 [1958]).

Kristalle; F: 160-163°.

XII   XIII   XIV

3-Phenyl-5-p-tolyl-1H-[1,2,4]triazol $C_{15}H_{13}N_3$, Formel XIII (X = H) und Taut.

B. Beim Erhitzen von p-Tolunitril mit Benzoesäure-hydrazid-benzolsulfonat (*Potts*, Soc. **1954** 3461, 3462).

Kristalle (aus PAe.); F: 189°.

Picrat $C_{15}H_{13}N_3 \cdot C_6H_3N_3O_7$. Gelbe Kristalle (aus Bzl.); F: 156°.

N-Acetyl-Derivat $C_{17}H_{15}N_3O$. Kristalle (aus PAe.); F: 93°.

3-[4-Nitro-phenyl]-5-p-tolyl-1H-[1,2,4]triazol $C_{15}H_{12}N_4O_2$, Formel XIII (X = NO$_2$) und Taut.

B. Analog der vorangehenden Verbindung (*Potts*, Soc. **1954** 3461, 3462).

Kristalle (aus PAe.); F: 244°.

[2]Naphthyl-bis-trichlormethyl-[1,3,5]triazin $C_{15}H_7Cl_6N_3$, Formel XIV.

B. Beim Behandeln von Trichloracetonitril und [2]Naphthonitril in Äther mit HCl (*I.G. Farbenind.*, D.R.P. 682391 [1937]; D.R.P. Org. Chem. **6** 2619).

Gelbe Kristalle (aus A.); F: 210–212°.

3-Phenäthyl-benzo[e][1,2,4]triazin $C_{15}H_{13}N_3$, Formel XV.

B. Beim Hydrieren von 3-Styryl-benzo[e][1,2,4]triazin-1-oxid an Palladium in Methanol (*Fusco, Bianchetti*, Rend. Ist. lomb. **91** [1957] 963, 975).

Gelbe Kristalle; F: 66°.

XV   XVI

2-[4,5-Dihydro-1H-imidazol-2-yl]-carbazol $C_{15}H_{13}N_3$, Formel XVI.

B. Aus Imidazolidin-2-on und Carbazol-2-carbonsäure bei 280–300° (*I.G. Farbenind.*, D.R.P. 694119 [1937]; D.R.P. Org. Chem. **6** 2439, 2441; U.S.P. 2176843 [1938]).

Kristalle (aus Chlorbenzol); F: 255–256° [Zers.].

Hydrochlorid. Kristalle; Zers. bei 275°.

I   II   III

Stammverbindungen $C_{16}H_{15}N_3$

3-Methyl-5,6-diphenyl-1,2(?)-dihydro-[1,2,4]triazin $C_{16}H_{15}N_3$, vermutlich Formel I und Taut.

B. Neben 2-Methyl-4,5-diphenyl-imidazol beim Erwärmen von 3-Methyl-5,6-diphenyl-[1,2,4]triazin mit Zink-Pulver und Essigsäure in Äthanol (*Metze, Scherowsky*, B. **92** [1959] 2481, 2486).

Kristalle (aus Acn.$+H_2O$); F: 162—163°.
Diacetyl-Derivat $C_{20}H_{19}N_3O_2$. Kristalle (aus A.); F: 215—216°.

5-Methyl-3,6-diphenyl-4,5(?)-dihydro-[1,2,4]triazin $C_{16}H_{15}N_3$, vermutlich Formel II und Taut.
Zur Lage der Doppelbindungen s. *Atkinson, Cossey,* Soc. **1962** 1805, 1807; *Neunhoeffer,* Chem. heterocycl. Compounds **33** [1978] 189, 575.
B. Beim Erhitzen von 2-Benzoylamino-1-phenyl-propan-1-on mit N_2H_4 in Äthanol auf 140—150° (*Metze,* B. **91** [1958] 1863, 1865) oder mit $N_2H_4 \cdot H_2O$ in Äthanol und konz. HCl (*At., Co.*).
Kristalle; F: 197° [aus Bzl. oder wss. A.] (*Me.*), 194—195° [aus wss. Me.] (*At., Co.,* l. c. S. 1810). IR-Banden (CHCl$_3$; 3550—850 cm^{-1}): *At., Co.* λ_{max} (Me.): 234 nm, 241 nm und 312—314 nm (*At., Co.*).

6-Methyl-3,5-diphenyl-1,2(?)-dihydro-[1,2,4]triazin $C_{16}H_{15}N_3$, vermutlich Formel III und Taut.
B. Neben 4-Methyl-2,5-diphenyl-1*H*-imidazol beim Erwärmen von 6-Methyl-3,5-diphenyl-[1,2,4]triazin mit Zink-Pulver und Essigsäure in Äthanol (*Metze, Scherowsky,* B. **92** [1959] 2481, 2485).
Kristalle (aus Ae.); F: 170°.

3-Benzhydryl-5-methyl-1*H*-[1,2,4]triazol $C_{16}H_{15}N_3$, Formel IV und Taut.
B. Aus der folgenden Verbindung und NaNO$_2$ in wss.-äthanol. HCl (*Aspelund,* Acta Acad. Åbo **6** Nr. 4 [1932] 2, 13).
Kristalle (aus Ae.); F: 156—157°.

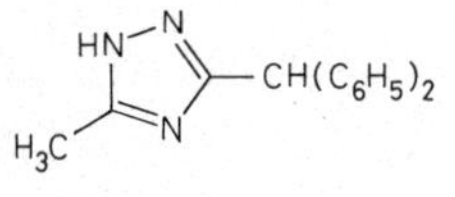

IV 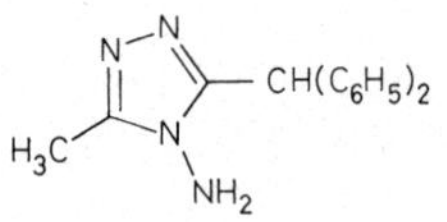   V 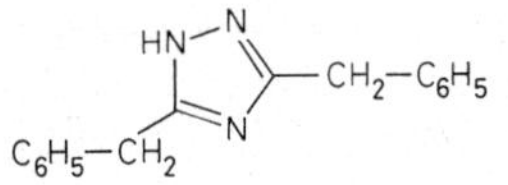   VI

3-Benzhydryl-5-methyl-[1,2,4]triazol-4-ylamin $C_{16}H_{16}N_4$, Formel V.
B. Aus *N*-Acetyl-*N'*-diphenylacetyl-hydrazin und $N_2H_4 \cdot H_2O$ mit Hilfe von PCl$_5$ in CCl$_4$ (*Aspelund,* Acta Acad. Åbo **6** Nr. 4 [1932] 2, 11).
Kristalle (aus A.); F: 237—238°.

3,5-Dibenzyl-1*H*-[1,2,4]triazol $C_{16}H_{15}N_3$, Formel VI und Taut. (H 86).
B. Beim Erhitzen von 2-Phenyl-*N*-phenylacetyl-acetamidrazon (*Poštowškiĭ, Wereschtschagina,* Ž. obšč. Chim. **29** [1959] 2139, 2141; engl. Ausg. S. 2105, 2107).
F: 144—146°.
Picrat. Gelbe Kristalle; F: 134—135°.

3,5-Di-*m*-tolyl-[1,2,4]triazol-4-ylamin $C_{16}H_{16}N_4$, Formel VII (R = CH$_3$, R' = H) (E II 49).
UV-Spektrum (A.; 210—330 nm): *Grammaticakis,* C. r. **241** [1955] 1049.

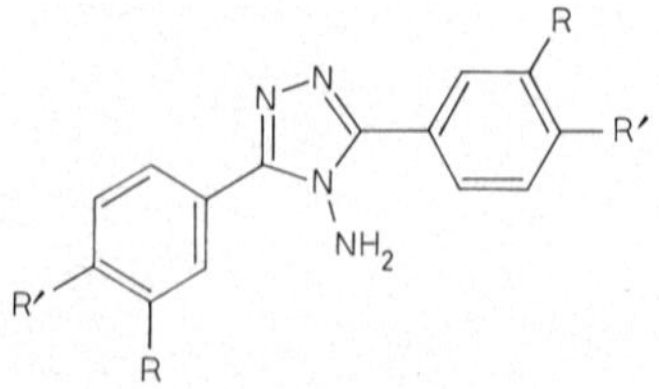

VII 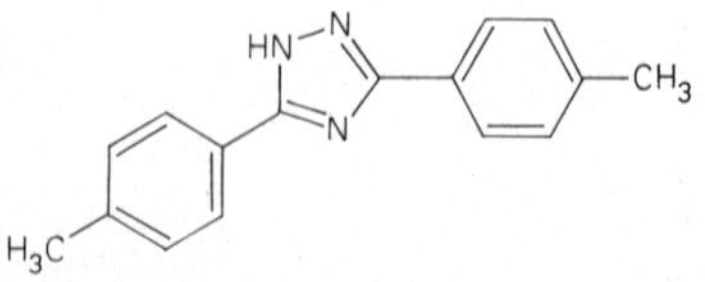   VIII

3,5-Di-*p*-tolyl-1*H*-[1,2,4]triazol $C_{16}H_{15}N_3$, Formel VIII und Taut. (H 86).
B. Beim Erhitzen von *N,N'*-Bis-*p*-toluimidoyl-hydrazin mit Acetanhydrid und Natriumacetat

(*Wuyts, Lacourt*, Bl. Soc. chim. Belg. **45** [1936] 685, 687).
     Kristalle (aus A. + E.); F: 250°.

3,5-Di-*p*-tolyl-[1,2,4]triazol-4-ylamin $C_{16}H_{16}N_4$, Formel VII (R = H, R′ = CH_3) (H 87).
     UV-Spektrum (A.; 210 – 330 nm): *Grammaticakis*, C. r. **241** [1955] 1049.

(±)-2,4-Diphenyl-2,3,4,5-tetrahydro-1*H*-pyridazino[4,5-*b*]indol $C_{22}H_{19}N_3$, Formel IX.
     B. Beim Behandeln von *N*-Indol-3-ylmethyl-*N*-phenyl-hydrazin mit Benzaldehyd in Äthanol
(*Thesing, Willersinn*, B. **89** [1956] 1195, 1201). Beim Behandeln von Indol-3-ylmethyl-trimethyl-
ammonium-methylsulfat und Benzaldehyd-phenylhydrazon mit wss. NaOH in Aceton (*Th.,
Wi.*).
     Kristalle (aus Me.); F: 142 – 143° [unkorr.].

Stammverbindungen $C_{17}H_{17}N_3$

(±)-1-Benzyl-2-methyl-1,2,3,4-tetrahydro-benz[4,5]imidazo[1,2-*a*]pyrazin(?) $C_{18}H_{19}N_3$,
vermutlich Formel X.
     B. Aus (±)-2-Benzyl-2-methyl-1,2,3,4-tetrahydro-benz[4,5]imidazo[1,2-*a*]pyrazinium-chlorid
und Natriummethylat in Methanol (*Schmutz, Künzle*, Helv. **39** [1956] 1144, 1153).
     Kristalle (aus Acn. + Ae.); F: 116 – 117° [korr.]. λ_{max} (A.): 206 nm, 255 nm, 276 nm und
283 nm.

IX   X   XI   XII

(±)-8-[1-Methyl-pyrrolidin-2-yl]-2-phenyl-imidazo[1,2-*a*]pyridin $C_{18}H_{19}N_3$, Formel XI.
     Zur Konstitution s. *Gol'dfarb, Kondakowa*, Ž. prikl. Chim. **15** [1942] 151, 153; C. A. **1943**
2380.
     B. Beim Erwärmen von (±)-3-[1-Methyl-pyrrolidin-2-yl]-[2]pyridylamin mit Phenacylbromid
in Äthanol (*Gol'dfarb, Andrijtschuk*, C. r. Doklady **15** [1937] 473, 475).
     Dihydrobromid $C_{18}H_{19}N_3 \cdot 2\,HBr$. Kristalle (aus A. + wenig HBr); F: 272 – 274° (*Go.,
An.*).
     Hexachloroplatinat(IV) $C_{18}H_{19}N_3 \cdot H_2PtCl_6$. Hellorangefarbene Kristalle (aus wss.
HCl), die bei 250 – 253° dunkel werden (*Go., An.*).
     Dipicrat $C_{18}H_{19}N_3 \cdot 2\,C_6H_3N_3O_7$. Gelbe Kristalle (aus Acn.); F: 209,5 – 211° [Zers.] (*Go.,
An.*).

(±)-8-[1-Methyl-pyrrolidin-2-yl]-3-phenyl-imidazo[1,2-*a*]pyridin $C_{18}H_{19}N_3$, Formel XII.
     B. Beim Erhitzen von (±)-8-[1-Methyl-pyrrolidin-2-yl]-3-phenyl-imidazo[1,2-*a*]pyridin-2-car=
bonsäure auf 230 – 240° (*Gol'dfarb, Kondakowa*, Ž. prikl. Chim. **15** [1942] 151, 160; C. A.
1943 2380).
     Kristalle (aus PAe. oder Bzl.); F: 94 – 95°. Kp_5: 213°.
     Dihydrobromid. Kristalle (aus H_2O); F: 280° [Zers.].
     Hexachloroplatinat(IV) $C_{18}H_{19}N_3 \cdot H_2PtCl_6$. Orangefarbene Kristalle (aus wss. HCl).
     Dipicrat $C_{18}H_{19}N_3 \cdot 2\,C_6H_3N_3O_7$. Kristalle (aus wss. Acn.); F: 240° [Zers.].

Stammverbindungen $C_{19}H_{21}N_3$

1,3,6-Trimethyl-8,8-diphenyl-1,2,3,4,5,6,7,8-octahydro-pyrido[4,3-*d*]pyrimidin $C_{22}H_{27}N_3$,
Formel XIII (X = X′ = H).
     B. Aus 1,1-Diphenyl-aceton, Formaldehyd und Methylamin in wss. Methanol (*Hoffmann-La*

Roche, D.B.P. 957842 [1955]; U.S.P. 2802826 [1955]).

$Kp_{0,5}$: 190—192°. IR-Banden (Mineralöl; 3,6—15 μ): *Hoffmann-La Roche*.

Dihydrochlorid $C_{22}H_{27}N_3 \cdot 2HCl$. Kristalle (aus Isopropylalkohol); F: 186—187° [Zers.].

Dioxalat $C_{22}H_{27}N_3 \cdot 2C_2H_2O_4$. Kristalle (aus A.); F: 171—174° [Zers.].

L_g-Tartrat $C_{22}H_{27}N_3 \cdot C_4H_6O_6$. Kristalle; F: 178—181°.

(±)-8-[4-Fluor-phenyl]-1,3,6-trimethyl-8-phenyl-1,2,3,4,5,6,7,8-octahydro-pyrido[4,3-*d*]pyrimidin
$C_{22}H_{26}FN_3$, Formel XIII (X = F, X′ = H).

B. Analog der vorangehenden Verbindung (*Hoffmann-La Roche*, U.S.P. 2802826 [1955]).
Kristalle (aus Me.); F: 110—112°.

Dioxalat. Kristalle (aus wss. Me.); F: 179—180° [Zers.].

L_g-Tartrat. Kristalle; F: 177—179°.

(±)-8-[4-Chlor-phenyl]-1,3,6-trimethyl-8-phenyl-1,2,3,4,5,6,7,8-octahydro-pyrido[4,3-*d*]pyrimidin
$C_{22}H_{26}ClN_3$, Formel XIII (X = Cl, X′ = H).

B. Analog den vorangehenden Verbindungen (*Hoffmann-La Roche*, D.B.P. 957842 [1955]; U.S.P. 2802826 [1955]).

Dihydrochlorid. Kristalle (aus Ae.+Me.); F: 194—196° [Zers.].

Dioxalat. Kristalle (aus Me.); F: 172—173°.

XIII   XIV   XV

8,8-Bis-[4-chlor-phenyl]-1,3,6-trimethyl-1,2,3,4,5,6,7,8-octahydro-pyrido[4,3-*d*]pyrimidin
$C_{22}H_{25}Cl_2N_3$, Formel XIII (X = X′ = Cl).

B. Analog den vorangehenden Verbindungen (*Hoffmann-La Roche*, D.B.P. 957842 [1955]; U.S.P. 2802826 [1955]).

Kristalle (aus Me.) mit 1 Mol Methanol; F: 70—80° (*Hoffmann-La Roche*, U.S.P. 2802826).

Dioxalat $C_{22}H_{25}Cl_2N_3 \cdot 2C_2H_2O_4$. Kristalle (aus Me.); F: 179—181° (*Hoffmann-La Roche*, U.S.P. 2802826).

---

*Opt.-inakt. 1(oder 3)-Phenyl-1(oder 3),3a,4,4a, 5,5a, 10,10a,11,11a,12,12a-dodecahydro-4,12;5,11-dimethano-indeno[1′,2′:6,7]naphtho[2,3-*d*][1,2,3]triazol $C_{25}H_{25}N_3$, Formel XIV oder Formel XV.

B. Aus opt.-inakt. 5,5a,6,9,9a,10,10a,11-Octahydro-4bH-5,10;6,9-dimethano-benzo[*b*]fluoren (E III 5 2214) und Azidobenzol (*Alder, Rickert*, B. **71** [1938] 379, 385).

Kristalle (aus E.); F: 225°.

Stammverbindungen $C_{21}H_{25}N_3$

1,3,6-Trimethyl-8,8-di-*p*-tolyl-1,2,3,4,5,6,7,8-octahydro-pyrido[4,3-*d*]pyrimidin $C_{24}H_{31}N_3$, Formel XIII (X = X′ = CH_3).

B. Aus 1,1-Di-*p*-tolyl-aceton, Formaldehyd und Methylamin in wss. Methanol (*Hoffmann-La Roche*, D.B.P. 957842 [1955]; U.S.P. 2802826 [1955]).

Dihydrochlorid. Kristalle (aus Me.+Ae.); F: 204—205°.

Dioxalat $C_{24}H_{31}N_3 \cdot 2C_2H_2O_4$. Kristalle (aus Me.) mit 1 Mol H_2O; F: 164—166°.

[*Weissmann*]

Stammverbindungen $C_nH_{2n-19}N_3$

Stammverbindungen $C_{14}H_9N_3$

1*H*-Anthra[1,2-*d*][1,2,3]triazol $C_{14}H_9N_3$, Formel I und Taut.

B. Beim Behandeln von Anthracen-1,2-diyldiamin-dihydrochlorid mit $NaNO_2$ und wss. Essig≠
säure (*Martin, van Hove,* Bl. Soc. chim. Belg. **66** [1957] 438, 450).

Kristalle (aus A.); F: 306−307° [unkorr.; nach Dunkelfärbung].

2-Phenyl-2*H*-anthra[1,2-*d*][1,2,3]triazol $C_{20}H_{13}N_3$, Formel II (R = C_6H_5).

B. Beim Erhitzen von 1-Phenylazo-[2]anthrylamin mit $CuSO_4$ in wss. Pyridin (*Martin, van
Hove,* Bl. Soc. chim. Belg. **66** [1957] 438, 445).

Kristalle (aus Bzl.+A.); F: 193−194°.

2-[4-Nitro-phenyl]-2*H*-anthra[1,2-*d*][1,2,3]triazol $C_{20}H_{12}N_4O_2$, Formel II (R = C_6H_4-NO_2).

B. Aus 1-[4-Nitro-phenylazo]-[2]anthrylamin beim Erhitzen mit Kupfer-Pulver oder mit
NaClO in Nitrobenzol (*I.G. Farbenind.,* D.R.P. 647015 [1935]; Frdl. **24** 888).

Gelb; F: 295−296°.

I   II   III   IV

1*H*-Phenanthro[9,10-*d*][1,2,3]triazol $C_{14}H_9N_3$, Formel III und Taut.

B. In geringer Menge beim Behandeln von Phenanthren-9,10-diyldiamin-dihydrochlorid mit
$NaNO_2$ und Natriumacetat in wss. Äthanol (*Epsztein,* Mém. Services chim. **36** [1951] 353,
373, 374).

Gelbliche Kristalle (aus Eg.); F: 306°. UV-Spektrum (A., äthanol. HCl sowie äthanol. Na≠
triumäthylat; 240−370 nm): *Ep.,* l. c. S. 356, 358.

Methyl-Derivat $C_{15}H_{11}N_3$; vermutlich 1-Methyl-1*H*-phenanthro[9,10-*d*]≠
[1,2,3]triazol. *B.* Aus der vorangehenden Verbindung und Dimethylsulfat (*Ep.,* l. c. S. 374).
− Kristalle (aus A.); F: 160°. UV-Spektrum (A.; 240−330 nm): *Ep.,* l. c. S. 358.

Benz[4,5]imidazo[2,1-*a*]phthalazin $C_{14}H_9N_3$, Formel IV (X = H).

B. Beim Erhitzen von 2-[2-Amino-phenyl]-2*H*-phthalazin-1-on mit wss. HCl auf 180° (*Rowe
et al.,* Soc. **1937** 90, 96).

Kristalle (aus Me.); F: 178°.

9-Chlor-benz[4,5]imidazo[2,1-*a*]phthalazin $C_{14}H_8ClN_3$, Formel IV (X = Cl).

B. Analog der vorangehenden Verbindung (*Rowe et al.,* Soc. **1937** 90, 97).

Kristalle (aus Me.); F: 230°.

6*H*-Indolo[2,3-*b*]chinoxalin, Indophenazin $C_{14}H_9N_3$, Formel V (R = X = X′ = H) und
Taut. (H 88).

Nach Ausweis der UV-Absorption liegt in Lösung in Äthanol überwiegend 6*H*-Indolo[2,3-*b*]≠
chinoxalin vor (*Badger, Nelson,* Soc. **1962** 3926, 3927).

B. Aus 2-Chlor-indol-3-on und *o*-Phenylendiamin in Pyridin oder in Anilin (*I.G. Farbenind.,*
D.R.P. 658203 [1933]; Frdl. **24** 602). Beim Erhitzen von Indolin-2,3-dion-3-oxim mit *o*-Phen≠
ylendiamin auf 170−180° (*Sparatore,* G. **86** [1956] 951, 961).

Gelbe Kristalle; F: 295 – 297° [aus A.] (*Bednarczyk, Marchlewsky*, Bio. Z. **300** [1938/39] 46, 50), 295 – 296° [aus A.] (*Ba., Ne.*) 286° [nach Sublimation] (*Clemo, Felton*, Soc. **1952** 1658, 1667). Absorptionsspektrum in Äthanol (200 – 440 nm): *Be., Ma.; Cl., Fe.; Ba., Ne.;* in wss. H_2SO_4 (200 – 450 nm) und in wss. NaOH (220 – 540 nm): *Ba., Ne.*

3-Indolo[2,3-*b*]chinoxalin-6-yl-propionitril $C_{17}H_{12}N_4$, Formel V (R = CH_2CH_2-CN, X = X′ = H).

B. Aus 3-[2,3-Dioxo-indolin-1-yl]-propionitril und *o*-Phenylendiamin (*DiCarlo, Lindwall*, Am. Soc. **67** [1945] 199).

Hellgelbe Kristalle (aus Me.); F: 208 – 209°.

9-Fluor-6*H*-indolo[2,3-*b*]chinoxalin $C_{14}H_8FN_3$, Formel V (R = X = H, X′ = F) und Taut.

B. Aus 5-Fluor-indolin-2,3-dion und *o*-Phenylendiamin (*Yen et al.*, J. org. Chem. **23** [1958] 1858, 1859).

Gelbe Kristalle (aus Eg.); F: 302°.

Acetyl-Derivat $C_{16}H_{10}FN_3O$. Kristalle (aus Eg.); F: 201°.

8,9-Difluor-6*H*-indolo[2,3-*b*]chinoxalin $C_{14}H_7F_2N_3$, Formel V (R = H, X = X′ = F) und Taut.

B. Analog der vorangehenden Verbindung (*Yen et al.*, J. org. Chem. **23** [1958] 1858, 1860).

Gelbe Kristalle (aus Eg.); F: 337°.

Acetyl-Derivat $C_{16}H_9F_2N_3O$. Gelbliche Kristalle (aus Eg.); F: 239°.

9-Brom-8-fluor-6*H*-indolo[2,3-*b*]chinoxalin $C_{14}H_7BrFN_3$, Formel V (R = H, X = F, X′ = Br) und Taut.

B. Analog den vorangehenden Verbindungen (*Yen et al.*, J. org. Chem. **23** [1958] 1858, 1860).

Gelbe Kristalle (aus Py.); F: 297°.

Acetyl-Derivat $C_{16}H_9BrFN_3O$. Gelbliche Kristalle (aus Eg.); F: 251°.

9-Jod-6*H*-indolo[2,3-*b*]chinoxalin $C_{14}H_8IN_3$, Formel V (R = X = H, X′ = I) und Taut.

B. Analog den vorangehenden Verbindungen (*Buu-Hoï, Jacquignon*, C. r. **244** [1957] 786).

Gelbe Kristalle (aus Propan-1-ol); F: 323 – 324°.

       V   VI   VII

Stammverbindungen $C_{15}H_{11}N_3$

3,6-Diphenyl-[1,2,4]triazin $C_{15}H_{11}N_3$, Formel VI (X = H).

B. Beim Erhitzen von 3,6-Diphenyl-4,5(?)-dihydro-[1,2,4]triazin (S. 249) mit $K_2Cr_2O_7$ in wss. Essigsäure (*Sprio, Madonia*, G. **87** [1957] 992, 997). Beim Erwärmen von 5-Hydrazino-3,6-diphenyl-[1,2,4]triazin mit HgO in Äthanol (*Fusco, Rossi*, Tetrahedron **3** [1958] 209, 219).

Gelbe Kristalle; F: 156 – 157° [unkorr.; nach Sublimation bei 150°/16 Torr] (*Fu., Ro.*), 156° [aus A.] (*Sp., Ma.*).

5-Chlor-3,6-diphenyl-[1,2,4]triazin $C_{15}H_{10}ClN_3$, Formel VI (X = Cl).

Diese Konstitution kommt der von *Metze, Meyer* (B. **90** [1957] 481, 484) als 6-Chlor-3,5-diphenyl-[1,2,4]triazin formulierten Verbindung $C_{15}H_{10}ClN_3$ zu (vgl. *Becker et al.*, J. pr. **312** [1970] 669, 675; *Neunhoeffer*, Chem. heterocycl. Compounds **33** [1978] 191, 259).

B. Aus 3,6-Diphenyl-4*H*-[1,2,4]triazin-5-on (S. 514) beim Erhitzen mit PCl_5 auf 130° (*Me., Me.*) oder beim Erhitzen mit PCl_5 in Toluol (*Fusco, Rossi*, Tetrahedron **3** [1958] 209, 218).

Kristalle (aus Bzl.); F: 132 – 134° [unkorr.] (*Fu., Ro.*), 130° (*Me., Me.*). UV-Spektrum

(230 – 370 nm): *Fu., Ro.*, l. c. S. 212.

5,6-Diphenyl-[1,2,4]triazin $C_{15}H_{11}N_3$, Formel VII (X = H).

B. Beim Erhitzen von Benzil-monohydrazon mit Formamid auf 150° (*Metze,* B. **87** [1954] 1540, 1543). Beim Behandeln von 5,6-Diphenyl-2H-[1,2,4]triazin-3-thion mit wss. H_2O_2 (*Gianturco,* G. **82** [1952] 595, 599). Beim Erhitzen von 5,6-Diphenyl-2H-[1,2,4]triazin-3-on mit P_2S_5 auf 210 – 215° (*Gi.*). Beim Erhitzen von 5,6-Diphenyl-[1,2,4]triazin-3-carbonsäure auf 160° (*Schmidt, Druey,* Helv. **38** [1955] 1560, 1564). Aus 3-Hydrazino-5,6-diphenyl-[1,2,4]triazin beim Behandeln mit $CuSO_4$ und Natriumacetat in wss. Essigsäure (*Laakso et al.,* Tetrahedron **1** [1957] 103, 109) oder beim Erwärmen mit HgO in Äthanol (*Rossi,* Rend. Ist. lomb. **88** [1955] 185, 191). Beim Erwärmen von Benzolsulfonsäure-[N'-(5,6-diphenyl-[1,2,4]triazin-3-yl)-hydrazid] mit wss.-methanol. NaOH (*Ro.*).

Gelbe Kristalle; F: 117° [aus A. bzw. nach Sublimation unter vermindertem Druck] (*Me.; Ro.*), 112 – 115° [aus wss. A.] (*La. et al.*).

Hydrochlorid $C_{15}H_{11}N_3 \cdot HCl$. Kristalle mit 1 Mol H_2O; F: 137° (*Me.*).

3-Chlor-5,6-diphenyl-[1,2,4]triazin $C_{15}H_{10}ClN_3$, Formel VII (X = Cl).

B. Aus 5,6-Diphenyl-2H-[1,2,4]triazin-3-on beim Erhitzen mit $POCl_3$ auf 150° (*Laakso et al.,* Tetrahedron **1** [1957] 103, 108) oder beim Erhitzen mit $POCl_3$ und N,N-Dimethyl-anilin (*Polonovski et al.,* Bl. **1955** 240, 242).

Kristalle; F: 157 – 157,5° [vorgeheizter App.; aus Bzl. + PAe.] (*Po. et al.*), 156 – 157° [aus Bzl.] (*La. et al.*).

Diphenyl-[1,3,5]triazin $C_{15}H_{11}N_3$, Formel VIII (X = X' = H) (H 90).

Diese Konstitution kommt der von *Grundmann et al.* (B. **87** [1954] 19, 23) als N-Formyl-benzamidin formulierten Verbindung zu (*Bredereck et al.,* Ang. Ch. **75** [1963] 825, 828).

B. Beim Erhitzen von Benzamidin mit Äthylformiat (*Gr. et al.,* B. **87** 23). Beim Erhitzen von Formamidin-hydrochlorid mit Benzamidin-hydrochlorid auf 250°/10 – 20 Torr (*Schaefer et al.,* Am. Soc. **81** [1959] 1466, 1470; *Am. Cyanamid Co.,* U.S.P. 2849451 [1957]). Beim Erwärmen von Methylmercapto-diphenyl-[1,3,5]triazin mit Raney-Nickel in Dioxan (*Grundmann et al.,* B. **86** [1953] 181, 185). Neben Phenyl-[1,3,5]triazin beim Erhitzen von [1,3,5]Triazin mit Benzamidin in Acetonitril (*Schaefer, Peters,* Am. Soc. **81** [1959] 1470, 1473).

Kristalle; F: 88,5° [aus wss. A.] (*Gr. et al.,* B. **86** 185), 87 – 88° [aus Me.] (*Sch. et al.; s. a. Sch., Pe.*), 85 – 86° [aus A.] (*Gr. et al.,* B. **87** 23).

Fluor-diphenyl-[1,3,5]triazin $C_{15}H_{10}FN_3$, Formel VIII (X = H, X' = F).

B. Aus Chlor-diphenyl-[1,3,5]triazin beim Erhitzen mit SbF_3 und Chlor auf 160 – 180° (*Kober, Grundmann,* Am. Soc. **81** [1959] 3769).

Kristalle (aus PAe. oder wss. Acn.); F: 108 – 109,5°.

Chlor-diphenyl-[1,3,5]triazin $C_{15}H_{10}ClN_3$, Formel VIII (X = H, X' = Cl) (H 90; E I 23).

B. Beim Behandeln von 4-Nitroso-2,5-diphenyl-1(3)H-imidazol mit PCl_5 in $CHCl_3$ (*Ruccia,* G. **89** [1959] 1670, 1678). Beim Erhitzen von 4,6-Diphenyl-1H-[1,3,5]triazin-2-on mit PCl_5 und $SOCl_2$ in 1,2-Dichlor-benzol auf 140° (*Am. Cyanamid Co.,* U.S.P. 2691018 [1951]).

Kristalle; F: 141 – 142° (*Laakso et al.,* Tetrahedron **1** [1957] 103, 108), 139 – 140° [aus A.] (*Ru.*).

    VIII   IX   X

Chlor-bis-[4-chlor-phenyl]-[1,3,5]triazin $C_{15}H_8Cl_3N_3$, Formel VIII (X = X' = Cl).

B. Beim Erhitzen von 4,6-Bis-[4-chlor-phenyl]-1H-[1,3,5]triazin-2-on mit $POCl_3$ (*Grundmann, Schröder*, B. **87** [1954] 747, 753).

Kristalle (aus PAe.); F: 213° [unkorr.].

Chlor-bis-[4-nitro-phenyl]-[1,3,5]triazin $C_{15}H_8ClN_5O_4$, Formel VIII (X = NO_2, X' = Cl).

B. Analog der vorangehenden Verbindung (*I.G. Farbenind.*, D.R.P. 531084 [1929]; Frdl. **18** 647).

Kristalle (aus Xylol); F: 180°.

3-*trans*(?)-Styryl-benzo[e][1,2,4]triazin-1-oxid $C_{15}H_{11}N_3O$, vermutlich Formel IX.

B. Beim Erwärmen von N-[2-Nitro-phenyl]-*trans*(?)-cinnamidin (F: 124 – 126°) mit methanol. Natriummethylat (*Fusco, Bianchetti*, Rend. Ist. lomb. **91** [1957] 963, 975).

Hellgelbe Kristalle (aus Bzl.); F: 158 – 159°.

---

trans(?)-1-Chinazolin-2-yl-2-[3]pyridyl-äthen, 2-[_trans_(?)-2-[3]Pyridyl-vinyl]-chinazolin $C_{15}H_{11}N_3$, vermutlich Formel X.

B. Beim Erwärmen von 2-Methyl-chinazolin mit Pyridin-3-carbaldehyd und methanol. Kaliummethylat (*Ried, Hinsching*, A. **600** [1956] 47, 56).

Hellgelbe Kristalle (aus wss. A.); F: 129°.

---

trans(?)-1-Chinoxalin-2-yl-2-[3]pyridyl-äthen, 2-[_trans_(?)-2-[3]Pyridyl-vinyl]-chinoxalin $C_{15}H_{11}N_3$, vermutlich Formel XI auf S. 261.

B. Analog der vorangehenden Verbindung (*Ried, Hinsching*, A. **600** [1956] 47, 55).

Kristalle (aus wss. A.); F: 117 – 118°.

[2,2';6',2'']Terpyridin $C_{15}H_{11}N_3$, Formel XII (X = X' = H) auf S. 261.

B. Neben anderen Verbindungen bei der Pyrolyse von Pyridin bei 850 – 870° (*Krumholz*, Selecta chim. Nr. 8 [1949] 3, 9). Beim Erhitzen von Pyridin mit Brom und Eisen unter Zusatz von Bimsstein, Aktivkohle und CuCl auf 200° und Erwärmen des Reaktionsgemisches mit wss. HCl (*Sutton*, Austral. J. scient. Res. [A] **4** [1951] 651). Neben anderen Verbindungen beim Erhitzen [36 h] von Pyridin mit $FeCl_3$ auf 340 – 345°/50 at (*Morgan, Burstall*, Soc. **1932** 20, 28, 29, **1937** 1649, 1652). Neben [2,2']Bipyridyl und [2,2';6',2'';6'',2''']Quaterpyridin in kleiner Menge beim Erhitzen von 2-Brom-pyridin mit 2,6-Dibrom-pyridin und Kupfer-Pulver in Biphenyl (*Burstall*, Soc. **1938** 1662, 1667). In kleiner Menge neben anderen Verbindungen beim Erhitzen von 6-Brom-[2,2']bipyridyl mit 2-Brom-pyridin und Kupfer-Pulver in Biphenyl (*Bu.*, l. c. S. 1669). In sehr kleiner Menge neben [2,2';6',2'';6'',2''']Quaterpyridin beim Erhitzen von [2,2']Bipyridyl mit Pyridin und Jod auf 310° (*Bu.*, l. c. S. 1670).

Kristalle (aus PAe.); F: 88 – 89° (*Mo., Bu.*, Soc. **1932** 28, **1937** 1652; *Bu.*). Kp_{760}: 370° (*Mo., Bu.*, Soc. **1932** 28). UV-Spektrum (wss. Lösungen von pH 1,05, pH 4,30 und pH 11,0; 250 – 350 nm): *Martin, Lissfelt*, Am. Soc. **78** [1956] 938. Scheinbare Dissoziationsexponenten pK'_{a1} und pK'_{a2} (H_2O; spektrophotometrisch ermittelt) bei 13,2°: 3,46 bzw. 4,68; bei 25°: 3,28 bzw. 4,66; scheinbarer Dissoziationsexponent pK'_{a1} (H_2O; spektrophotometrisch ermittelt) bei 36,6°: 3,08 (*Offenhartz et al.*, J. phys. Chem. **67** [1963] 116; s. a. *Ma., Li.*).

Geschwindigkeitskonstante der Komplexbildung mit Eisen(2+) in wss. Lösung bei 22 – 23°: *Ma., Li.*

Trihydrochlorid $C_{15}H_{11}N_3 \cdot 3 HCl$. Kristalle mit 4 Mol H_2O; Zers. bei 280 – 285° (*Morgan, Burstall*, Soc. **1937** 1649, 1652).

Über Metall-Komplexsalze s. a. Gmelins Handbuch der Anorganischen Chemie.

Indium(III)-Komplexsalze. a) [In($C_{15}H_{11}N_3$)$_2$]Cl$_3$. Kristalle (aus Acn., Me., A. oder Dioxan); Zers. bei 320° (*Sutton*, Austral. J. scient. Res. [A] **4** [1951] 651). – b) [In($C_{15}H_{11}N_3$)$_2$]Br$_3$. Kristalle (aus Acn.); Zers. bei 290°. – c) [In($C_{15}H_{11}N_3$)$_2$]I$_3$. Kristalle (aus Acn., A., Me. oder Dioxan); Zers. bei 310°. – d) [In($C_{15}H_{11}N_3$)$_2$](CNS)$_3$. Kristalle (aus Acn., Me., A. oder Dioxan); Zers. bei 150°.

Kupfer(I)-Komplex [Cu($C_{15}H_{11}N_3$)]$^+$. Absorptionsspektrum (wss. A.; 400 – 680 nm): *Pflaum, Brandt*, Am. Soc. **77** [1955] 2019, 2021.

Kupfer(II)-Komplexe. Absorptionsspektrum (wss. Lösung vom pH 4; 430−700 nm): *Pflaum, Brandt*, Am. Soc. **76** [1954] 6215, 6216. − [Cu(C$_{15}$H$_{11}$N$_3$)Cl$_2$]. Herstellung: *Morgan, Burstall*, Soc. **1937** 1649, 1653; *Corbridge, Cox*, Soc. **1956** 594, 602. Grüne Kristalle (*Harris et al.*, Austral. J. Chem. **19** [1966] 1741). Grüne Kristalle mit 2 Mol H$_2$O (*Mo., Bu.; Co., Cox*). Die wasserfreien Kristalle sind monoklin; Dimensionen der Elementarzelle (Röntgen-Diagramm): *Ha. et al*. Das Dihydrat ist monoklin; Dimensionen der Elementarzelle (Röntgen-Diagramm): *Co., Cox*. Dichte der Kristalle des Dihydrats: 1,86 (*Co., Cox*). Das Dihydrat ist paramagnetisch (*Co., Cox*).

Silber(I)-Komplexsalze. Über die Konstitution s. *Harris, Lockyer*, Austral. J. Chem. **23** [1970] 1125, 1129. − a) [Ag(C$_{15}$H$_{11}$N$_3$)]ClO$_4$. Herstellung: *Morgan, Burstall*, Soc. **1937** 1649, 1653; *Ha., Lo.*, l. c. S. 1131. Kristalle [aus H$_2$O bzw. aus A.] (*Mo., Bu.; Ha., Lo.*). Elektrische Leitfähigkeit in Nitromethan und in Nitrobenzol bei 25°: *Ha., Lo.*, l. c. S. 1127. − b) [Ag(C$_{15}$H$_{11}$N$_3$)]NO$_3$. Herstellung: *Mo., Bu.; Ha., Lo*. Kristalle [aus H$_2$O oder wss. A. bzw. aus A.] (*Mo., Bu.; Ha., Lo.*). Elektrische Leitfähigkeit in H$_2$O, in Nitromethan und in Nitrobenzol bei 25°: *Ha., Lo*.

Silber(II)-Komplexsalze. a) [Ag(C$_{15}$H$_{11}$N$_3$)](ClO$_3$)$_2$. Herstellung: *Morgan, Burstall*, Soc. **1937** 1649, 1653. Glänzende, fast schwarze Kristalle [aus H$_2$O+wss. NaClO$_3$] (*Mo., Bu.*). − b) [Ag(C$_{15}$H$_{11}$N$_3$)](ClO$_4$)$_2$. Herstellung: *Mo., Bu*. Rotbraune Kristalle [aus H$_2$O] (*Mo., Bu.*). − c) [Ag(C$_{15}$H$_{11}$N$_3$)]S$_2$O$_6$. Herstellung: *Mo., Bu*. Dunkelbraune Kristalle [aus H$_2$O] (*Mo., Bu.*). − d) [Ag(C$_{15}$H$_{11}$N$_3$)]S$_2$O$_8$. Konstitution: *Murtha, Walton*, Inorg. nuclear Chem. Letters **9** [1973] 819, 820. Herstellung: *Mo., Bu.; Mu., Wa.*, l. c. S. 822. Braune Kristalle mit 1 Mol H$_2$O (*Mu., Wa.*). Magnetisches Moment bei 298 K: *Mu., Wa*. − e) [Ag(C$_{15}$H$_{11}$N$_3$)](NO$_3$)$_2$. Herstellung: *Mo., Bu.; Mu., Wa*. Braunschwarze Kristalle [aus H$_2$O] (*Mo., Bu.*). Kristalle (aus wss. A.) mit 2 Mol H$_2$O (*Mu., Wa.*).

Zink-Komplexsalze. a) [Zn(C$_{15}$H$_{11}$N$_3$)Cl$_2$]. Herstellung: *Morgan, Burstall*, Soc. **1937** 1649, 1654. Atomabstände und Bindungswinkel (Röntgen-Diagramm) der monoklinen Kristalle der Raumgruppe P2$_1$/a: *Corbridge, Cox*, Soc. **1956** 594, 598. Dimorph; monokline Kristalle der Raumgruppe Ia oder I2/a; Dimensionen der Elementarzelle (Röntgen-Diagramm): *Co., Cox.*; monokline Kristalle der Raumgruppe P2$_1$/a; Kristallstruktur-Analyse (Röntgen-Dia≠ gramm): *Co., Cox*. Dichte der Kristalle der Raumgruppe P2$_1$/a: 1,69 (*Co., Cox*). − b) [Zn(C$_{15}$H$_{11}$N$_3$)I$_2$]. Monokline Kristalle; Raumgruppe Ia oder I2/a; Dimensionen der Elemen≠ tarzelle (Röntgen-Diagramm): *Co., Cox*.

Cadmium-Komplexsalze. a) [Cd(C$_{15}$H$_{11}$N$_3$)Cl$_2$]. Herstellung: *Morgan, Burstall*, Soc. **1937** 1649, 1654. Dimorph; monokline Kristalle der Raumgruppe Ia oder I2/a und P2$_1$/a; Dimensionen der Elementarzelle (Röntgen-Diagramm): *Corbridge, Cox*, Soc. **1956** 594. Dichte der Kristalle der Raumgruppe P2$_1$/a: 1,84 (*Co., Cox*). − b) [Cd(C$_{15}$H$_{11}$N$_3$)I$_2$]. Monokline Kristalle; Raumgruppe Ia oder I2/a; Dimensionen der Elementarzelle (Röntgen-Diagramm): *Co., Cox*.

Quecksilber(II)-Komplexsalz [Hg(C$_{15}$H$_{11}$N$_3$)(NO$_3$)$_2$]. Herstellung: *Morgan, Burstall*, Soc. **1937** 1649, 1654. Hellgelbe Kristalle (aus H$_2$O).

Chrom(III)-Komplexsalz [Cr(C$_{15}$H$_{11}$N$_3$)$_2$Cl$_3$]. Herstellung: *Morgan, Burstall*, Soc. **1937** 1649, 1655. Gelbbraune Kristalle (aus wss. Acn.) mit 2 Mol H$_2$O.

Hexachlororhenat(IV) C$_{15}$H$_{11}$N$_3$·H$_2$ReCl$_6$. Herstellung: *Morgan, Davies*, Soc. **1938** 1858, 1860. Hellgrüner Feststoff mit 1 Mol H$_2$O.

Perrhenat C$_{15}$H$_{11}$N$_3$·HReO$_4$. Herstellung: *Morgan, Davies*, Soc. **1938** 1858, 1861. Kristalle (aus H$_2$O).

Eisen(II)-Komplexe. Absorptionsspektrum (H$_2$O; 400−680 nm): *Moss, Mellon*, Ind. eng. Chem. Anal. **14** [1941] 862, 863. λ_{max}: 552 nm [wss. A. bzw. Hexan-1-ol] (*Pflaum, Brandt*, Am. Soc. **77** [1955] 2019, 2021; *Wilkins, Smith*, Anal. chim. Acta **9** [1953] 338, 341) bzw. 552 nm [H$_2$O] (*Martin, Lissfelt*, Am. Soc. **78** [1956] 938). Stabilitätskonstante in wss. H$_2$SO$_4$: *Brandt, Wright*, Am. Soc. **76** [1954] 3082; in wss. Lösung: *Ma., Li*. Redoxpotential (Fe(II)/ Fe(III)) in wss. H$_2$SO$_4$: *Dwyer, Gyarfas*, Am. Soc. **76** [1954] 6320; *Br., Wr*. Geschwindigkeits≠ konstante der Dissoziation in wss. Lösung bei 22−23°: *Ma., Li*. − a) [Fe(C$_{15}$H$_{11}$N$_3$)$_2$Br$_2$]. Herstellung: *Morgan, Burstall*, Soc. **1937** 1649, 1654. Purpurrote Kristalle (aus H$_2$O) mit 4 Mol H$_2$O; beim Trocknen über H$_2$SO$_4$ werden 3 Mol H$_2$O abgegeben (*Mo., Bu.*). − b) [Fe(C$_{15}$H$_{11}$N$_3$)$_2$I$_2$]. Herstellung: *Mo., Bu*. Purpurrote Kristalle mit 1 Mol H$_2$O (*Mo., Bu.*).

Eisen(III)-Komplexsalz [Fe($C_{15}H_{11}N_3$)$_2$](ClO$_4$)$_3$. Herstellung: *Dwyer, Gyarfas*, Am. Soc. **76** [1954] 6320. Grüne Kristalle.

Kobalt(II)-Komplexe. Absorptionsspektrum (Hexan-1-ol; 400–700 nm): *Wilkins, Smith*, Anal. chim. Acta **9** [1953] 338, 341. – a) [Co($C_{15}H_{11}N_3$)$_2$](ClO$_4$)$_2$. Herstellung: *Baker et al.*, J. phys. Chem. **63** [1959] 371. Rote Kristalle mit 1 Mol H_2O (*Ba. et al.*). Geschwindigkeitskon‍stante der Austauschreaktion mit Kobalt(3+) in H_2O bei 0°: *Ba. et al.*, l. c. S. 374. – b) [Co($C_{15}H_{11}N_3$)$_2$Br$_2$]. Herstellung: *Morgan, Burstall*, Soc. **1937** 1649, 1655. Dunkelbraune Kristalle mit 3,5 Mol H_2O; beim Trocknen über H_2SO_4 werden 2,5 Mol H_2O abgegeben (*Mo., Bu.*). Halbwertszeit der Austauschreaktion mit ^{60}Kobalt(2+) in H_2O bei 15°: *West*, Soc. **1954** 578. – c) [Co($C_{15}H_{11}N_3$)$_2$I$_2$]. Herstellung: *Mo., Bu.* Kristalle mit 1 Mol H_2O (*Mo., Bu.*).

Kobalt(III)-Komplexsalze. a) [Co($C_{15}H_{11}N_3$)$_2$Cl$_3$]. Herstellung: *Morgan, Burstall*, Soc. **1937** 1649, 1655. Gelbe Kristalle (aus H_2O) mit 7 Mol H_2O (*Mo., Bu.*). – b) Co($C_{15}H_{11}N_3$)$_2$(ClO$_4$)$_3$. Herstellung: *Baker et al.*, J. phys. Chem. **63** [1959] 371. Gelbe Kristalle mit 1 Mol H_2O (*Ba. et al.*).

Nickel(II)-Komplexsalze. a) [Ni($C_{15}H_{11}N_3$)$_2$Br$_2$]. Herstellung: *Morgan, Burstall*, Soc. **1937** 1649, 1655. Hellbraune Kristalle (aus H_2O) mit 3,5 Mol H_2O, die beim Trocknen über H_2SO_4 2,5 Mol H_2O abgeben. – b) [Ni($C_{15}H_{11}N_3$)$_2$I$_2$]. Herstellung: *Mo., Bu.* Hellbraune Kristalle (aus H_2O) mit 1 Mol H_2O. – c) Bis-terpyridin-nickel(II)-L$_g$-tartrat [Ni($C_{15}H_{11}N_3$)$_2$]$C_4H_4O_6$. Herstellung: *Mo., Bu.* Braune Kristalle (aus H_2O) mit 4 Mol H_2O.

Ruthenium(II)-Komplexsalze. a) [Ru($C_{15}H_{11}N_3$)$_2$Cl$_2$]. Herstellung: *Morgan, Burstall*, Soc. **1937** 1649, 1654. Dunkelrote Kristalle (aus H_2O) mit 4 Mol H_2O (*Mo., Bu.*, Soc. **1937** 1654). – b) [Ru($C_{15}H_{11}N_3$)$_2$](ClO$_4$)$_2$. Redoxpotential (Ru(II)/Ru(III)) in wss. H_2SO_4: *Dwyer, Gyarfas*, Am. Soc. **76** [1954] 6320. – c) [Ru($C_{15}H_{11}N_3$)Cl$_2$(NO)]Cl. Herstellung: *Morgan, Burstall*, Soc. **1938** 1675, 1678. Braune Kristalle (aus H_2O) mit 3,5 Mol H_2O (*Mo., Bu.*, Soc. **1938** 1678). – d) [Ru($C_{15}H_{11}N_3$)Cl$_2$(NO)]$_2$[RuCl$_5$(NO)]. Herstellung: *Mo., Bu.*, Soc. **1938** 1678. Dunkelbraune Kristalle (*Mo., Bu.*, Soc. **1938** 1678). – e) $C_{15}H_{11}N_3 \cdot H_2$RuCl$_5$(NO). Herstellung: *Mo., Bu.*, Soc. **1938** 1678. Rotviolette Kristalle mit 1 Mol H_2O (*Mo., Bu.*, Soc. **1938** 1678).

Palladium(II)-Komplexsalz [Pd($C_{15}H_{11}N_3$)Cl$_2$]. Herstellung: *Morgan, Burstall*, Soc. **1937** 1649, 1654. Rotgelbe Kristalle (aus wss. HCl) mit 3 Mol H_2O.

Osmium(II)-Komplexsalze. a) [Os($C_{15}H_{11}N_3$)$_2$Cl$_2$]. Herstellung: *Morgan, Burstall*, Soc. **1937** 1649, 1654. Grüne Kristalle (aus H_2O) mit 4 Mol H_2O. – b) [Os($C_{15}H_{11}N_3$)$_2$I$_2$]. Herstel‍lung: *Mo., Bu.*, l. c. S. 1655. Schwarze Kristalle mit 1 Mol H_2O.

Osmium(III)-Komplexsalz [Os($C_{15}H_{11}N_3$)$_2$](ClO$_4$)$_3$. Herstellung: *Dwyer, Gyarfas*, Am. Soc. **76** [1954] 6320. – Grüne Kristalle mit 2 Mol H_2O. Redoxpotential (Os(II)/Os(III)) in einem wss. HNO$_3$-wss. H_2SO_4-Gemisch: *Dw., Gy.*

Iridium(III)-Komplexsalz [Ir($C_{15}H_{11}N_3$)Cl$_3$]. Herstellung: *Morgan, Burstall*, Soc. **1937** 1649, 1654. – Orangegelbe Kristalle (aus wss. A.).

Platin(II)-Komplexsalze. a) [Pt($C_{15}H_{11}N_3$)(NH$_3$)]Cl$_2$. Herstellung: *Morgan, Burstall*, Soc. **1934** 1498. Gelbe Kristalle mit 1 Mol H_2O. – b) [Pt($C_{15}H_{11}N_3$)(NH$_3$)][PtCl$_4$]. Herstellung: *Mo., Bu.* Schwarze Kristalle. – c) [Pt($C_{15}H_{11}N_3$)(OH)]OH. Herstellung: *Mo., Bu.* Rotschwarze Kristalle mit 2 Mol H_2O. – d) [Pt($C_{15}H_{11}N_3$)Cl]Cl. Herstellung: *Mo., Bu.* Dimorph; rote Kristalle mit 3 Mol H_2O, die beim Trocknen über H_2SO_4 1 Mol H_2O abgeben und schwarze Kristalle (aus H_2O) mit 3 Mol H_2O (vermutlich dimer). – e) $C_{15}H_{11}N_3 \cdot H_2$PtCl$_4$. Herstellung: *Mo., Bu.* Gelbe Kristalle. – f) [Pt($C_{15}H_{11}N_3$)Cl]$_2$[PtCl$_4$]. Herstellung: *Mo., Bu.* Rote Kristalle (aus wss. HCl). – g) [Pt$_3$($C_{15}H_{11}N_3$)$_2$Cl$_6$]. Herstellung: *Mo., Bu.* Gelber Feststoff. – h) [Pt($C_{15}H_{11}N_3$)Br]Br. Herstellung: *Mo., Bu.* Gelbe Kristalle mit 2 Mol H_2O. – i) [Pt($C_{15}H_{11}N_3$)I]I. Herstellung: *Mo., Bu.* Orangegelbe Kristalle (aus H_2O) mit 2 Mol H_2O.

Platin(IV)-Komplexsalz [Pt($C_{15}H_{11}N_3$)Cl$_3$]Cl. Herstellung: *Morgan, Burstall*, Soc. **1934** 1498. Kristalle mit 2 Mol H_2O, die beim Trocknen über H_2SO_4 1 Mol H_2O abgeben.

Picrat. Gelbe Kristalle (aus A.); F: 210° (*Morgan, Burstall*, Soc. **1932** 20, 29).

6-Brom-[2,2′;6′,2″]terpyridin $C_{15}H_{10}$BrN$_3$, Formel XII (X = Br, X′ = H).

B. Neben der folgenden Verbindung beim Erhitzen von [2,2′;6′,2″]Terpyridin mit Brom auf 500° (*Burstall*, Soc. **1938** 1662, 1670).

Kristalle (aus PAe.); F: 153°.

XI   XII   XIII

6,6″-Dibrom-[2,2′;6′,2″]terpyridin $C_{15}H_9Br_2N_3$, Formel XII (X = X′ = Br).

B. s. bei der vorangehenden Verbindung.

Kristalle (aus Toluol); F: 248° (*Burstall*, Soc. **1938** 1662, 1670). Bei 250°/20 Torr sublimierbar.

[3,2′;4′,3″]Terpyridin, Nicotellin $C_{15}H_{11}N_3$, Formel XIII (X = H).

Konstitution: *Thesing, Müller*, Ang. Ch. **68** [1956] 577; B. **90** [1957] 711, 717; *Kuffner*, Fachl. Mitt. Öst. Tabakregie **1956** 18; *Kuffner, Faderl*, M. **87** [1956] 71.

In der von *Kuffner, Kaiser* (M. **85** [1954] 896, 904) unter dieser Konstitution beschriebenen Verbindung (Kristalle [aus PAe.]; F: 109−111°; Picrat: Kristalle [aus A.]; F: 203−206°) hat ein Isomeren-Gemisch vorgelegen (*Ku., Fa.*, l. c. S. 77, 80).

Isolierung aus Tabak: *Pictet, Rotschy*, B. **34** [1901] 696, 697, 704; *Noga*, Fachl. Mitt. Öst. Tabakregie **1914** 1; C. **1915** I 434.

B. Aus 6′-Chlor-[3,2′;4′,3″]terpyridin beim Hydrieren an Raney-Nickel in Äthanol unter Zusatz von äthanol. Natriumäthylat bei 50°/100 at (*Th., Mü.*, Ang. Ch. **68** 577; B. **90** 722).

Kristalle; F: 147,5−148° [unkorr.; aus H_2O] (*Th., Mü.*, B. **90** 722), 147−148° [aus wss. A., H_2O oder $CHCl_3$+PAe.] (*Pi., Ro.*). IR-Spektrum (Nujol; 5−15 μ): *Th., Mü.*, B. **90** 722.

D i h y d r o b r o m i d $C_{15}H_{11}N_3 \cdot 2\,HBr$. F: 253° (*Ku., Ka.*, l. c. S. 898, 903).

T e t r a c h l o r o a u r a t (I I I) $C_{15}H_{11}N_3 \cdot 2\,HAuCl_4$. Feststoff mit 2 Mol H_2O; F: 203−204° (*Ku., Ka.*).

D i p i c r a t $C_{15}H_{11}N_3 \cdot 2\,C_6H_3N_3O_7$. Hellgelbe Kristalle (aus Me.); F: 219° [Zers.] (*Ku., Ka.*), 216−217° [unkorr.; Zers.] (*Th., Mü.*, B. **90** 723).

6′-Chlor-[3,2′;4′,3″]terpyridin $C_{15}H_{10}ClN_3$, Formel XIII (X = Cl).

B. Beim Erhitzen von 1′H-[3,2′;4′,3″]Terpyridin-6′-on mit $POCl_3$ auf 160° (*Thesing, Müller*, B. **90** [1957] 711, 722).

Kristalle (aus Dioxan); F: 206° [unkorr.].

[3,2′;6′,3″]Terpyridin $C_{15}H_{11}N_3$, Formel XIV.

F: 82−83° (*I. Hagel*, Diss. [Darmstadt 1949], zit. bei *Thesing, Müller*, B. **90** [1957] 711, 717 Anm. 23).

V e r b i n d u n g   m i t   Q u e c k s i l b e r (I I) - c h l o r i d. F: 235−236°.

D i p i c r a t. F: 263−268°.

XIV   XV   XVI

[3,3′;5′,3″]Terpyridin $C_{15}H_{11}N_3$, Formel XV.

B. In kleiner Menge neben [3,3′]Bipyridyl und anderen Verbindungen beim Erhitzen von 3,5-Dibrom-pyridin mit $N_2H_4 \cdot H_2O$ an Palladium/CaCO$_3$ in wss.-methanol. KOH auf 145°

(*Busch, Weber,* J. pr. [2] **146** [1936] 1, 41).

    Kristalle (aus 1,2-Dichlor-benzol); F: 249 – 251°.

[4,2';6',4'']Terpyridin $C_{15}H_{11}N_3$, Formel XVI.

    B. Beim Erhitzen von 1,5-Di-[4]pyridyl-pentan-1,5-dion mit $NH_2OH \cdot HCl$ in wss. Äthanol auf 160 – 165° (*Magidšon,* Ž. obšč. Chim. **29** [1959] 165, 168; engl. Ausg. S. 168, 171).

    Hellgelbe Kristalle (aus E.); F: 144 – 146°. IR-Spektrum (Vaselinöl; 2,5 – 14,5 μ): *Ma.,* l. c. S. 166.

    Hydrochlorid $C_{15}H_{11}N_3 \cdot HCl$. Kristalle (aus H_2O) mit 4 Mol H_2O; F: 280 – 285°.

    Dipicrat $C_{15}H_{11}N_3 \cdot 2C_6H_3N_3O_7$. Feststoff mit 4 Mol H_2O; F: 252 – 254° [Zers.].

2-Methyl-naphth[2',3':4,5]imidazo[1,2-*a*]pyrimidin $C_{15}H_{11}N_3$, Formel I.

    B. Beim Behandeln von 1*H*-Naphth[2,3-*d*]imidazol-2-ylamin mit Acetoacetaldehyd-dimethyl=
acetal in Xylol und anschliessenden Erhitzen auf 140° (*Ried, Müller,* J. pr. [4] **8** [1959] 132, 146, 148).

    Gelbbraune Kristalle (aus wss. DMF oder wss. Py.); F: 315° [Zers.].

5-Methyl-benz[4,5]imidazo[2,1-*a*]phthalazin $C_{15}H_{11}N_3$, Formel II (X = H).

    B. Beim Erhitzen von 2-[2-Amino-phenyl]-4-hydroxy-1-methyl-phthalazinium-betain (E III/IV **24** 472), 2-[2-Amino-phenyl]-4-methyl-2*H*-phthalazin-1-on, 7,13-Dioxo-7,12,13,14-tetrahydro-6*H*-benzo[2,3][1,4]diazepino[7,1-*a*]phthalazinium-betain (S. 624), 2-[2-Amino-anilino]-3-meth=
ylen-isoindolin-1-on oder (neben 2-[1*H*-Benzimidazol-2-yl]-benzoesäure) von [2-(2-Amino-phen=
yl)-4-oxo-1,2,3,4-tetrahydro-phthalazin-1-yl]-essigsäure mit wss. HCl auf 180° (*Rowe et al.,* Soc. **1937** 90, 97, 98, 102, 104, 106).

    Kristalle (aus wss. A.); F: 163°.

       I   II   III

9-Chlor-5-methyl-benz[4,5]imidazo[2,1-*a*]phthalazin $C_{15}H_{10}ClN_3$, Formel II (X = Cl).

    B. Beim Erhitzen von 2-[2-Amino-4-chlor-phenyl]-4-hydroxy-1-methyl-phthalazinium-betain (E III/IV **24** 472), 2-[2-Amino-4-chlor-phenyl]-4-methyl-2*H*-phthalazin-1-on oder von 2-Chlor-7,13-dioxo-7,12,13,14-tetrahydro-6*H*-benzo[2,3][1,4]diazepino[7,1-*a*]phthalazinium-betain (S. 624) in wss. HCl auf 180° (*Rowe et al.,* Soc. **1937** 90, 98, 104).

    Kristalle (aus wss. Eg.); F: 193°.

2-Methyl-3*H*-pyrrolo[3,2-*a*]phenazin $C_{15}H_{11}N_3$, Formel III.

    B. Aus 2-Methyl-3*H*-pyrrolo[3,2-*a*]phenazin-1-carbonsäure-äthylester beim Erwärmen mit wss. NaOH (*Teuber, Thaler,* B. **91** [1958] 2253, 2265).

    Gelborangefarbene Kristalle (aus wss. Me.); F: 243° [unkorr.; Zers.].

1(oder 4)-Methyl-6-phenyl-6*H*-indolo[2,3-*b*]chinoxalin $C_{21}H_{15}N_3$, Formel IV (R = CH_3, R' = H oder R = H, R' = CH_3).

    B. Beim Erhitzen von 1-Phenyl-indolin-2,3-dion mit 3-Methyl-*o*-phenylendiamin-hydrochlorid in Essigsäure (*Stollé,* J. pr. [2] **135** [1932] 345, 357).

    Kristalle (aus Bzl. + A.); F: 204°.

2(oder 3)-Chlor-3(oder 2)-methyl-6*H*-indolo[2,3-*b*]chinoxalin $C_{15}H_{10}ClN_3$, Formel V (R = Cl, R' = CH_3 oder R = CH_3, R' = Cl).

    B. Aus Isatin und 4-Chlor-5-methyl-*o*-phenylendiamin (*Prasad, Dutta,* B. **70** [1937] 2365).

Gelbe Kristalle (aus Py.); F: > 300°.

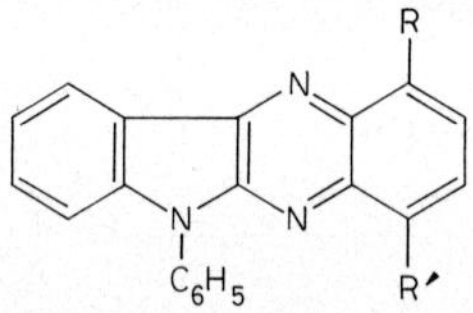

IV 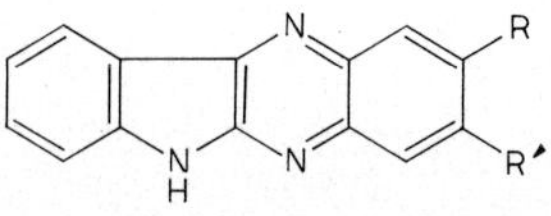   V 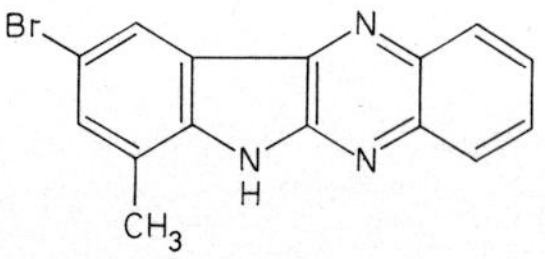   VI

Die folgenden Verbindungen sind in analoger Weise hergestellt worden:

9-Brom-7-methyl-6H-indolo[2,3-b]chinoxalin $C_{15}H_{10}BrN_3$, Formel VI. Gelbe Kristalle (aus Nitrobenzol); F: 312° (*Buu-Hoi, Guettier*, Bl. **1946** 586, 588).

8-Methyl-6H-indolo[2,3-b]chinoxalin $C_{15}H_{11}N_3$, Formel VII   (X = H). Gelbe Kristalle (aus Nitrobenzol); F: 313° [Sublimation ab 260°] (*Buu-Hoi, Gu.*).

9-Brom-8-methyl-6H-indolo[2,3-b]chinoxalin $C_{15}H_{10}BrN_3$, Formel VII (X = Br). Gelbe Kristalle (aus Nitrobenzol); F: 310−315° (*Buu-Hoi, Gu.*).

7-Chlor-9-methyl-6H-indolo[2,3-b]chinoxalin $C_{15}H_{10}ClN_3$, Formel VIII (X = Cl). Gelbe Kristalle (aus Nitrobenzol); F: 285° (*Buu-Hoi, Gu.*).

7-Brom-9-methyl-6H-indolo[2,3-b]chinoxalin $C_{15}H_{10}BrN_3$, Formel VIII (X = Br). Gelbe Kristalle (aus Nitrobenzol); F: 261° (*Buu-Hoi, Gu.*).

9-Methyl-7-nitro-6H-indolo[2,3-b]chinoxalin $C_{15}H_{10}N_4O_2$, Formel VIII (X = NO₂). Gelbe Kristalle (aus Nitrobenzol); F: 319° (*Buu-Hoi, Gu.*).

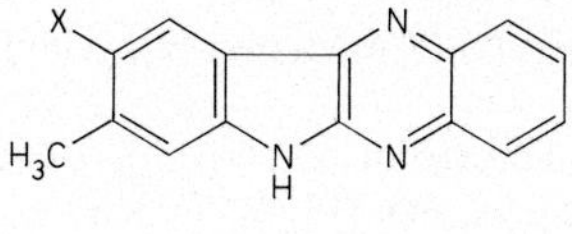

VII 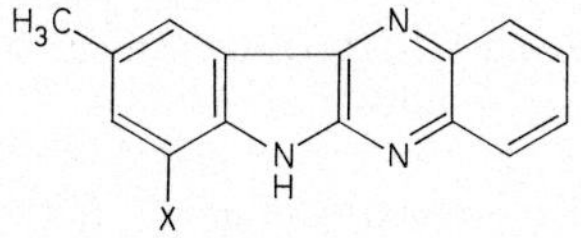   VIII 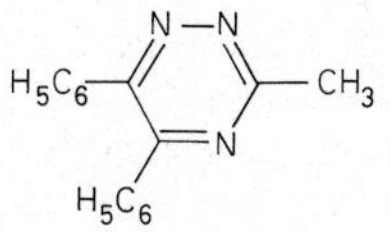   IX

Stammverbindungen $C_{16}H_{13}N_3$

3-Methyl-5,6-diphenyl-[1,2,4]triazin $C_{16}H_{13}N_3$, Formel IX.

B. Beim Erhitzen von Essigsäure-[α′-oxo-bibenzyl-α-ylidenhydrazid] mit äthanol. NH₃ auf 160° (*Metze, Meyer*, B. **90** [1957] 481, 484).

Hellgelbe Kristalle; F: 92° (*Me., Me.*).

Beim Erwärmen mit Zink und Essigsäure in Äthanol (*Metze, Scherowsky*, B. **92** [1959] 2481, 2486) sind 2-Methyl-4,5-diphenyl-1H-imidazol und eine von *Metze, Scherowsky* als 3-Methyl-5,6-diphenyl-1,2(?)-dihydro-[1,2,4]triazin angesehene Verbindung (s. dazu *At., Co.; Neunhoeffer*, Chem. heterocycl. Compounds **33** [1978] 189, 575, 576; *Sasaki et al.*, Heterocycles **10** [1978] 93) erhalten worden.

5-Methyl-3,6-diphenyl-[1,2,4]triazin $C_{16}H_{13}N_3$, Formel X.

B. Neben 6-Methyl-3,5-diphenyl-[1,2,4]triazin beim Erhitzen von 1-Phenyl-propan-1,2-dion-2-benzoylhydrazon mit äthanol. NH₃ auf 120° (*Metze et al.*, B. **92** [1959] 2478, 2481). Aus 5-Methyl-3,6-diphenyl-4,5(?)-dihydro-[1,2,4]triazin (S. 252) beim Erhitzen mit Schwefel (*Metze*, B. **91** [1958] 1863, 1866).

Gelbe Kristalle (aus A.); F: 126° (*Me.*).

6-Methyl-3,5-diphenyl-[1,2,4]triazin $C_{16}H_{13}N_3$, Formel XI.

B. Neben 5-Methyl-3,6-diphenyl-[1,2,4]triazin beim Erhitzen von 1-Phenyl-propan-1,2-dion-2-benzoylhydrazon mit äthanol. NH₃ auf 120° (*Metze*, B. **88** [1955] 772, 777; *Metze et al.*, B. **92** [1959] 2478, 2481).

Gelbe Kristalle (aus PAe.); F: 104−106° (*Me.*).

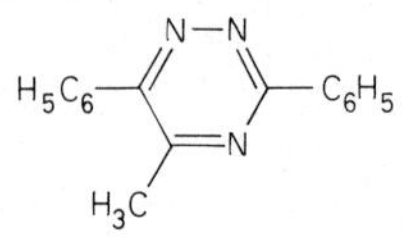

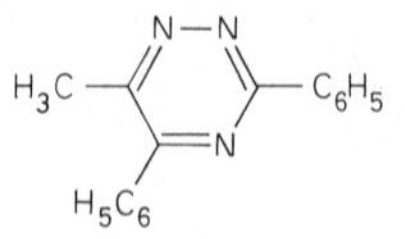

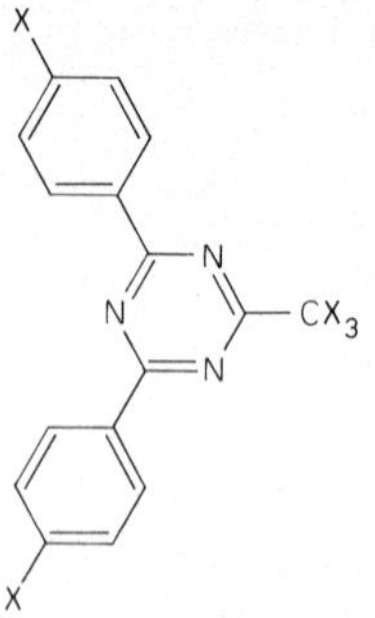

Methyl-diphenyl-[1,3,5]triazin $C_{16}H_{13}N_3$, Formel XII (X = H) (H 91; E II 52).

B. Beim Behandeln von Benzil-(*Z,Z*)-dioxim mit äthanol. NH_3 unter Einwirkung von Son≈ nenlicht (*Capuano, Giammanco*, G. **87** [1957] 845, 849).

Hellgelbe Kristalle (aus A.); F: 110—112° (*Ca., Gi.*). Magnetische Susceptibilität: $-154{,}8 \cdot 10^{-6}$ $cm^3 \cdot mol^{-1}$ (*Pacault*, A. ch. [12] **1** [1946] 527, 559).

Bis-[4-chlor-phenyl]-trichlormethyl-[1,3,5]triazin $C_{16}H_8Cl_5N_3$, Formel XII (X = Cl).

B. Aus 4-Chlor-benzamidin und Trichloressigsäure-anhydrid (*Mathieson Chem. Corp.*, U.S.P. 2671085 [1952]).

Kristalle (aus A.); F: 142°.

***trans* (?)-1-Chinazolin-2-yl-2-[6-methyl-[2]pyridyl]-äthen, 2-[*trans* (?)-2-(6-Methyl-[2]pyridyl)-vinyl]-chinazolin** $C_{16}H_{13}N_3$, vermutlich Formel XIII.

B. In sehr kleiner Menge beim Erwärmen von 2-Methyl-chinazolin mit 6-Methyl-pyridin-2-carbaldehyd und methanol. Kaliummethylat (*Ried, Hinsching*, A. **600** [1956] 47, 56).

Kristalle (aus wss. A.); F: 131°.

***trans* (?)-1-Chinoxalin-2-yl-2-[6-methyl-[2]pyridyl]-äthen, 2-[*trans* (?)-2-(6-Methyl-[2]pyridyl)-vinyl]-chinoxalin** $C_{16}H_{13}N_3$, vermutlich Formel XIV.

B. Analog der vorangehenden Verbindung (*Ried, Hinsching*, A. **600** [1956] 47, 55).

Hellgelbe Kristalle (aus wss. A.); F: 111°.

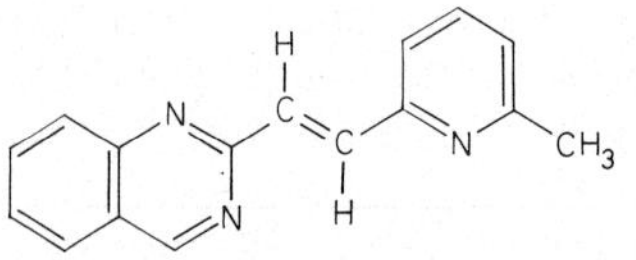

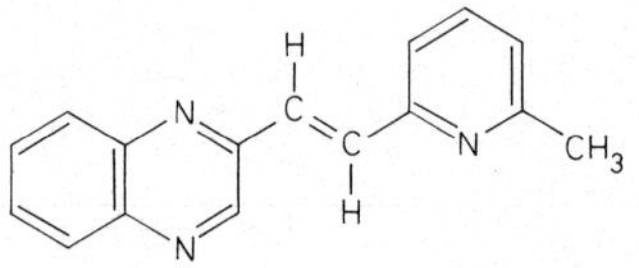

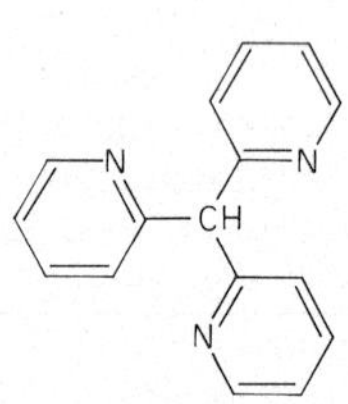

Tri-[2]pyridyl-methan, 2,2′,2″-Methantriyl-tri-pyridin $C_{16}H_{13}N_3$, Formel XV.

B. Neben 2,2′-Methandiyl-di-pyridin beim Behandeln von 2-Methyl-pyridin mit Phenyllithium in Äther und Erwärmen des Reaktionsgemisches mit 2-Brom-pyridin (*Osuch, Levine*, Am. Soc. **78** [1956] 1723).

Kristalle (aus PAe.); F: 100—101°.

Bis-[1-methyl-pyridinium-4-yl]-[1-methyl-1*H*-[4]pyridyliden]-methan, Tris-[1-methyl-[4]pyridyl]-methindiium[1] $[C_{19}H_{21}N_3]^{2+}$, Formel I (R = CH_3).

Perchlorat $[C_{19}H_{21}N_3](ClO_4)_2$. Diese Konstitution kommt der von *Sprague, Brooker* (Am.

---

[1]) Über diese Bezeichnungsweise s. *Reichardt, Mormann*, B. **105** [1972] 1815, 1832.

Soc. **59** [1937] 2697) als Bis-[1-methyl-[4]pyridyl]-methinium-perchlorat beschriebenen Verbin=
dung zu (*Leubner et al.*, Ber. Bunsenges. **71** [1967] 560, 564; *Leubner*, J. org. Chem. **38** [1973]
1098, 1100; Org. magnet. Resonance **6** [1974] 253, 256). – *B.* Aus 1,4-Dimethyl-pyridinium-
[toluol-4-sulfonat] und 4-Chlor-1-methyl-pyridinium-jodid oder 1-Methyl-4-phenylmercapto-py=
ridinium-jodid beim Erwärmen mit Triäthylamin in Propan-1-ol und Behandeln des Reaktions=
produkts mit wss. NaClO₄ (*Sp., Br.*). – Kristalle (aus Me.); F: 263 – 265° (*Sp., Br.*).

Dipicrat [C₁₉H₂₁N₃](C₆H₂N₃O₇)₂. Rötliche Kristalle mit grünlicher Reflexion; F: 231 – 232°
[Zers.] (*Sp., Br.*).

**Bis-[1-äthyl-pyridinium-4-yl]-[1-äthyl-1*H*-[4]pyridyliden]-methan, Tris-[1-äthyl-[4]pyridyl]-
methindiium** [C₂₂H₂₇N₃]²⁺, Formel I (R = C₂H₅).

Perchlorat [C₂₂H₂₇N₃](ClO₄)₂. Diese Konstitution kommt der von *Sprague, Brooker* (Am.
Soc. **59** [1937] 2697) und von *Levinson et al.* (Am. Soc. **79** [1957] 4314) als Bis-[1-äthyl-[4]pyridyl]-
methinium-perchlorat beschriebenen Verbindung zu (*Leubner et al.*, Ber. Bunsenges. **71** [1967]
560, 561; *Leubner*, J. org. Chem. **38** [1973] 1098, 1100; Org. magnet. Resonance **6** [1974]
253, 256). – *B.* Analog der vorangehenden Verbindung (*Sp., Br.*). – Braunorangefarbene
Kristalle (aus wss. A.); F: 196 – 198° [Zers.] (*Sp., Br.*).

6,11-Dimethyl-2-phenyl-2*H*-anthra[1,2-*d*][1,2,3]triazol C₂₂H₁₇N₃, Formel II.
B. Aus 9,10-Dimethyl-1-phenylazo-[2]anthrylamin beim Erwärmen mit CuSO₄ in wss.-äthan=
ol. NH₃ oder in wss. Pyridin (*Martin, van Hove*, Bl. Soc. chim. Belg. **66** [1957] 438, 445).
Kristalle (aus Bzl. + A.); F: 184 – 185°.

2,3-Dimethyl-naphth[2′,3′:4,5]imidazo[1,2-*a*]pyrimidin(?) C₁₆H₁₃N₃, vermutlich Formel III
(R = CH₃, R′ = H).
B. Beim Erhitzen von 1*H*-Naphth[2,3-*d*]imidazol-2-ylamin mit 2-Methyl-acetoacetaldehyd
in Xylol (*Ried, Müller*, J. pr. [4] **8** [1959] 132, 146, 148).
Gelbbraune Kristalle (aus wss. Py.); F: 317 – 320° [Zers.].

2,4-Dimethyl-naphth[2′,3′:4,5]imidazo[1,2-*a*]pyrimidin C₁₆H₁₃N₃, Formel III (R = H,
R′ = CH₃).
B. Beim Erhitzen von 1*H*-Naphth[2,3-*d*]imidazol-2-ylamin mit Pentan-2,4-dion in Xylol (*Ried,
Müller*, J. pr. [4] **8** [1959] 132, 136, 148).
Gelbe Kristalle (aus wss. Py.); F: 283 – 285° [Zers.].

5,10-Dimethyl-benz[4,5]imidazo[2,1-*a*]phthalazin C₁₆H₁₃N₃, Formel IV.
B. Aus 2-[2-Amino-4-methyl-phenyl]-4-methyl-2*H*-phthalazin-1-on beim Erhitzen mit wss.
HCl auf 180° (*Rowe et al.*, Soc. **1937** 90, 98).
Hellgelbe Kristalle (aus wss. A.); F: 186°.

7-Äthyl-6*H*-indolo[2,3-*b*]chinoxalin C₁₆H₁₃N₃, Formel V (R = C₂H₅, R′ = H).
B. Aus 7-Äthyl-indolin-2,3-dion und *o*-Phenylendiamin (*Buu-Hoï, Jacquignon*, Soc. **1959**
3095).

Gelbe Kristalle (aus A.); F: 268°.

IV   V   VI

9-Äthyl-6H-indolo[2,3-b]chinoxalin $C_{16}H_{13}N_3$, Formel V (R = H, R' = C_2H_5).
B. Analog der vorangehenden Verbindung (*Buu-Hoi et al.*, Soc. **1952** 4867).
Gelbe Kristalle (aus A.); F: 227−228°.

1-[2,3-Dimethyl-indolo[2,3-b]chinoxalin-5-yl]-D-1-desoxy-ribit $C_{21}H_{23}N_3O_4$, Formel VI.
B. Aus 1-[2-Amino-4,5-dimethyl-anilino]-D-1-desoxy-ribit (E III **13** 326) und Isatin in Essig=
säure (*Bednarczyk, Marchlewski*, Bio. Z. **300** [1938/39] 46, 54).
Roter Feststoff. Absorptionsspektrum (A.; 230−500 nm): *Be., Ma.*

7,9-Dimethyl-6H-indolo[2,3-b]chinoxalin $C_{16}H_{13}N_3$, Formel VII.
B. Aus 5,7-Dimethyl-indolin-2,3-dion und o-Phenylendiamin in Essigsäure (*Buu-Hoi, Guettier*,
Bl. **1946** 586, 588).
Hellgelbe Kristalle (aus Eg.); F: 315° [Sublimation ab 290°].

Die folgenden Verbindungen sind in analoger Weise hergestellt worden:
7,10-Dimethyl-6H-indolo[2,3-b]chinoxalin $C_{16}H_{13}N_3$, Formel VIII (X = H) und
Taut. Gelbe Kristalle (aus Nitrobenzol); F: 309°.
9-Chlor-7,10-dimethyl-6H-indolo[2,3-b]chinoxalin $C_{16}H_{12}ClN_3$, Formel VIII
(X = Cl) und Taut. Gelbe Kristalle (aus Nitrobenzol); F: 319°.
9-Brom-7,10-dimethyl-6H-indolo[2,3-b]chinoxalin $C_{16}H_{12}BrN_3$, Formel VIII
(X = Br) und Taut. Gelbe Kristalle (aus Nitrobenzol); F: 321°.
7,10-Dimethyl-9-nitro-6H-indolo[2,3-b]chinoxalin $C_{16}H_{12}N_4O_2$, Formel VIII
(X = NO_2) und Taut. Gelbbraune Kristalle (aus Nitrobenzol); F: >340°.

VII   VIII   IX

Stammverbindungen $C_{17}H_{15}N_3$

5,6-Di-p-tolyl-[1,2,4]triazin $C_{17}H_{15}N_3$, Formel IX.
B. Beim Erhitzen von 4,4'-Dimethyl-benzil-monohydrazon mit Formamid auf 160° (*Metze,*
B. **87** [1954] 1540, 1543).
Gelbe Kristalle (aus A.); F: 109°.

Dibenzyl-[1,3,5]triazin $C_{17}H_{15}N_3$, Formel X.

B. Neben Benzyl-[1,3,5]triazin beim Erhitzen von [1,3,5]Triazin mit 2-Phenyl-acetamidin-hydrochlorid in Acetonitril (*Schaefer, Peters*, Am. Soc. **81** [1959] 1470, 1473).

Kristalle (aus Me.); F: 80—82°.

(±)-[1-Chlor-äthyl]-diphenyl-[1,3,5]triazin $C_{17}H_{14}ClN_3$, Formel XI (X = Cl, X' = H).

Konstitution: *Schaefer, Ross*, J. org. Chem. **29** [1964] 1527, 1537.

B. Aus Äthyl-diphenyl-[1,3,5]triazin beim Leiten von Chlor in die Schmelze bei 100—120° (*Reinhardt, Schiefer*, B. **90** [1957] 2643).

Kristalle (aus A.); F: 103—104° (*Re., Sch.*).

[1,1-Dichlor-äthyl]-diphenyl-[1,3,5]triazin $C_{17}H_{13}Cl_2N_3$, Formel XI (X = X' = Cl).

Diese Konstitution kommt der von *Reinhardt, Schiefer* (B. **90** [1957] 2643) als [1,2-Dichlor-äthyl]-diphenyl-[1,3,5]triazin $C_{17}H_{13}Cl_2N_3$ formulierten Verbindung zu (*Schaefer, Ross*, J. org. Chem. **29** [1964] 1527, 1537).

B. Aus Äthyl-diphenyl-[1,3,5]triazin beim Leiten von Chlor in die Schmelze bei 140—150° (*Re., Sch.*).

Kristalle (aus DMF); F: 137—138° (*Re., Sch.*).

X   XI   XII   XIII

(±)-[1-Brom-äthyl]-diphenyl-[1,3,5]triazin $C_{17}H_{14}BrN_3$, Formel XI (X = Br, X' = H).

Konstitution: *Schaefer, Ross*, J. org. Chem. **29** [1964] 1527, 1537.

B. Aus Äthyl-diphenyl-[1,3,5]triazin und Brom bei 110—120° (*Reinhardt, Schiefer*, B. **90** [1957] 2643).

Kristalle (aus A.); F: 109—110° (*Re., Sch.*).

[1,1-Dibrom-äthyl]-diphenyl-[1,3,5]triazin $C_{17}H_{13}Br_2N_3$, Formel XI (X = X' = Br).

Diese Konstitution kommt der von *Reinhardt, Schiefer* (B. **90** [1957] 2643) als [1,2-Dibrom-äthyl]-diphenyl-[1,3,5]triazin $C_{17}H_{13}Br_2N_3$ formulierten Verbindung zu (*Schaefer, Ross*, J. org. Chem. **29** [1964] 1527, 1537).

B. Aus Äthyl-diphenyl-[1,3,5]triazin beim Erwärmen mit Brom in CCl_4 (*Re., Sch.*).

Hellgelbe Kristalle (aus DMF); F: 162—164° (*Re., Sch.*).

10-Äthyl-7-methyl-6H-indolo[2,3-b]chinoxalin $C_{17}H_{15}N_3$, Formel XII.

B. Aus 4-Äthyl-7-methyl-indolin-2,3-dion und *o*-Phenylendiamin (*Buu-Hoï et al.*, C. r. **232** [1951] 1356).

F: 290°.

Stammverbindungen $C_{18}H_{17}N_3$

1,2,3-Tri-[4]pyridyl-propan, 4,4',4''-Propan-1,2,3-triyl-tri-pyridin $C_{18}H_{17}N_3$, Formel XIII.

B. Neben anderen Verbindungen beim Erhitzen von 4-Methyl-pyridin mit Schwefel (*Thayer, Corson*, Am. Soc. **70** [1948] 2330).

Hellgelbe Kristalle (aus E.); F: 110—111° [korr.]; E: 109,3—109,9° [korr.].

Trihydrochlorid $C_{18}H_{17}N_3 \cdot 3\,HCl$. Hygroskopische Kristalle (aus A.); F: 230—232° [korr.; Zers.].

9-tert-Butyl-6H-indolo[2,3-b]chinoxalin $C_{18}H_{17}N_3$, Formel XIV.

B. Beim Behandeln von 4-*tert*-Butyl-anilin mit $NH_2OH \cdot H_2SO_4$ und Chloralhydrat in H_2O,

Erwärmen des Reaktionsprodukts mit H_2SO_4 und Erwärmen des Reaktionsprodukts mit o-Phenylendiamin in wss. Essigsäure (*Buu-Hoi, Guettier*, Bl. **1946** 586, 587).

Gelbe Kristalle (aus A.); F: 230°.

XIV   XV   XVI

3,4-Dihydro-1H-spiro[benz[4,5]imidazo[1,2-a]pyrazin-2,2'-isoindolinium] $[C_{18}H_{18}N_3]^+$, Formel XV.

Chlorid $[C_{18}H_{18}N_3]Cl$. *B.* Aus 1-[2-Chlor-äthyl]-2-chlormethyl-1H-benzimidazol und Isoᵗindolin in Aceton (*Schmutz, Künzle*, Helv. **39** [1956] 1144, 1153). — Kristalle (aus Isopropylalkoᵗhol + Ae.); F: 247 − 250° [korr.; Zers.]. — Beim Behandeln mit methanol. Natriummethylat ist eine als 2-Isoindolin-2-ylmethyl-1-vinyl-1H-benzimidazol oder als 2-[2-Methyl-benzyl]-1,2-dihydro-benz[4,5]imidazo[1,2-a]pyrazin formulierte Verbindung (E III/IV **25** 2557) erhalten worden.

(±)-6,7,14,14a-Tetrahydro-9H-benz[4',5']imidazo[2',1':3,4]pyrazino[1,2-b]isochinolin $C_{18}H_{17}N_3$, Formel XVI.

B. Bei der Hydrierung von 6,7-Dihydro-benz[4',5']imidazo[2',1':3,4]pyrazino[1,2-b]isochinoᵗlinium-bromid an Platin in H_2O (*McManus, Herbst*, J. org. Chem. **24** [1959] 1042, 1044).

Kristalle (aus E.); F: 221 − 223° [unkorr.].

Stammverbindungen $C_{19}H_{19}N_3$

(±)-3-[2-(4,5-Dihydro-1H-imidazol-2-yl)-1-phenyl-äthyl]-indol $C_{19}H_{19}N_3$, Formel XVII (R = X = H).

Hydrochlorid. *B.* Aus (±)-3-Indol-3-yl-3-phenyl-propionitril beim Behandeln mit HCl in Äthanol und Behandeln des Reaktionsprodukts mit Äthylendiamin in Äthanol (*Farbw. Hoechst*, D.B.P. 929065 [1952]; U.S.P. 2752358 [1952]). — Kristalle (aus A.) mit 1 Mol H_2O; F: 112° [Zers.].

Stammverbindungen $C_{20}H_{21}N_3$

(±)-3-[2-(4,5-Dihydro-1H-imidazol-2-yl)-1-phenyl-äthyl]-2-methyl-indol $C_{20}H_{21}N_3$, Formel XVII (R = CH₃, X = H).

Hydrochlorid. *B.* Analog der vorangehenden Verbindung (*Farbw. Hoechst*, D.B.P. 929065 [1952]; U.S.P. 2752358 [1952]). — Kristalle (aus Me.); F: 267°.

XVII   XVIII

(±)-5-Chlor-3-[2-(4,5-dihydro-1H-imidazol-2-yl)-1-phenyl-äthyl]-2-methyl-indol $C_{20}H_{20}ClN_3$,
Formel XVII (R = CH_3, X = Cl).
Hydrochlorid. *B.* Analog den vorangehenden Verbindungen (*Farbw. Hoechst*,
D.B.P. 929065 [1952]; U.S.P. 2752358 [1952]). – Kristalle (aus Me.) mit 1 Mol H_2O; F:
258° [Zers.].

Stammverbindungen $C_{21}H_{23}N_3$

2,6-Bis-[2-(6-methyl-[2]pyridyl)-äthyl]-pyridin $C_{21}H_{23}N_3$, Formel XVIII.
B. Bei der Hydrierung von 2,6-Bis-[2-(6-methyl-[2]pyridyl)-vinyl]-pyridin an Platin in Metha≠
nol (*Baker et al.*, Soc. **1958** 3594, 3602).
Kristalle (aus PAe.); F: 108 – 109°.   [*Wente*]

Stammverbindungen $C_nH_{2n-21}N_3$

Stammverbindungen $C_{15}H_9N_3$

3-Chlor-phenanthro[9,10-e][1,2,4]triazin $C_{15}H_8ClN_3$, Formel I.
B. Aus 2H-Phenanthro[9,10-e][1,2,4]triazin-3-on und $POCl_3$ (*Laakso et al.*, Tetrahedron **1**
[1957] 103, 116).
Gelbbraune Kristalle (aus Dioxan); F: 238 – 240°.

9-Chlor-pyrido[2,3-a]phenazin $C_{15}H_8ClN_3$, Formel II.
B. Aus [8]Chinolyl-[4-chlor-2-nitro-phenyl]-amin beim Erhitzen mit Eisen(II)-oxalat-dihydrat
und Blei (*Vivian et al.*, J. org. Chem. **19** [1954] 1641, 1643).
Kristalle; F: 272 – 273° [korr.; Zers.].

10-Chlor-pyrido[3,2-a]phenazin $C_{15}H_8ClN_3$, Formel III.
B. Analog der vorangehenden Verbindung (*Vivian et al.*, J. org. Chem. **19** [1954] 1641,
1642).
Kristalle (aus Bzl.); F: 248,5 – 249° [korr.].

Pyrido[3,2-f][1,7]phenanthrolin $C_{15}H_9N_3$, Formel IV.
Eisen(II)-Komplex. λ_{max} (wss. Lösung): 518 nm (*Wilkins et al.*, Anal. Chem. **27** [1955]
1574).

Stammverbindungen $C_{16}H_{11}N_3$

1-Phenyl-[1,2,4]triazolo[4,3-a]chinolin $C_{16}H_{11}N_3$, Formel V.
B. Aus Benzoesäure-[N'-[2]chinolyl-hydrazid] beim Erhitzen in Phenol (*Reynolds, VanAllan*,
J. org. Chem. **24** [1959] 1478, 1479, 1484).
Kristalle (aus Bzl. + PAe.); F: 89°. UV-Spektrum (Me.; 230 – 330 nm): *Re., Va.*, l. c. S. 1482,
1483.

2-Phenyl-benz[4,5]imidazo[1,2-a]pyrimidin $C_{16}H_{11}N_3$, Formel VI.
B. Aus 1H-Benzimidazol-2-ylamin und 3-Oxo-3-phenyl-propionaldehyd (*Ried, Müller*, J. pr.

[4] **8** [1959] 132, 142).

Gelbe Kristalle (aus DMF oder Nitrobenzol); F: 287—290°.

V   VI   VII   VIII

2-[4-Fluor-[1]naphthyl]-imidazo[1,2-*a*]pyrimidin $C_{16}H_{10}FN_3$, Formel VII.

B. Aus 1-[4-Fluor-[1]naphthyl]-äthanon und Pyrimidin-2-ylamin (*Buu-Hoi et al.*, J. org. Chem. **23** [1958] 539, 541).

Kristalle (aus A.); F: 158°.

2-[2]Pyridyl-1*H*-naphth[2,3-*d*]imidazol $C_{16}H_{11}N_3$, Formel VIII.

B. Aus Naphthalin-2,3-diyldiamin und Pyridin-2-carbonsäure (*Bastić, Golubović*, Glasnik chem. Društva Beograd **18** [1953] 235, 238; C. A. **1958** 2005). Beim Erhitzen von 2-[1*H*-Naphth[2,3-*d*]imidazol-2-yl]-nicotinsäure (*Ba., Go.*, l. c. S. 239).

Kristalle (aus wss. A.); F: 219—220°.

2-[3]Pyridyl-1*H*-naphth[2,3-*d*]imidazol $C_{16}H_{11}N_3$, Formel IX.

B. Aus Naphthalin-2,3-diyldiamin und Nicotinsäure (*Bastić, Golubović*, Glasnik chem. Društva Beograd **18** [1953] 235, 238; C. A. **1958** 2005).

Kristalle (aus Me.); F: 296—297°.

2,3-Diphenyl-3*H*-imidazo[4,5-*b*]chinolin $C_{22}H_{15}N_3$, Formel X.

B. Aus 5-[(*Z*?)-2-Nitro-benzyliden]-2,3-diphenyl-3,5-dihydro-imidazol-4-on (E III/IV **24** 729) beim Erhitzen mit Zink-Pulver und Essigsäure (*Narang, Ray*, Soc. **1931** 976, 978).

Kristalle (aus wss. A.); F: 239°.

IX   X   XI

2-Phenyl-1(3)*H*-imidazo[4,5-*f*]chinolin $C_{16}H_{11}N_3$, Formel XI (X = H) und Taut. (E II 52).

B. Aus Chinolin-5,6-diyldiamin und Benzaldehyd mit Hilfe von Kupfer(II)-acetat (*Weidenha≠gen, Weeden*, B. **71** [1938] 2347, 2356).

Kristalle (aus wss. A.); F: 270°.

Nitrat. Kristalle (aus wss. HNO_3); Zers. bei 192°.

2-[4-Nitro-phenyl]-1(3)*H*-imidazo[4,5-*f*]chinolin $C_{16}H_{10}N_4O_2$, Formel XI (X = NO_2) und Taut.

B. Aus dem Mono-*N*-[4-nitro-benzyliden]-Derivat des Chinolin-5,6-diyldiamins (E III/IV **22** 5442) beim Erwärmen mit Kupfer(II)-acetat in wss. Äthanol (*Weidenhagen, Weeden*, B. **71** [1938] 2347, 2357).

Gelbbraune Kristalle; F: 356°.
Hydrochlorid. Gelbliche Kristalle (aus wss. HCl); F: 334,5°.

2-[1H-Benzimidazol-2-yl]-chinolin $C_{16}H_{11}N_3$, Formel XII.

B. Aus 2-Methyl-chinolin und o-Phenylendiamin beim Erhitzen mit Schwefel (*Farbenfabr. Bayer*, D.B.P. 949059 [1956]). Aus Chinolin-2-carbaldehyd und o-Phenylendiamin beim Leiten von Luft in eine Lösung in Benzol in Gegenwart von Palladium/Kieselgel (*Jerchel et al.*, A. **590** [1954] 232, 233, 239). Aus Chinaldinsäure und o-Phenylendiamin beim Erhitzen (*Govindan*, Pr. Indian Acad. [A] **44** [1956] 123).

Kristalle; F: 221−222° [aus Acn.] (*Farbenfabr. Bayer*), 220−221° [aus Me.] (*Je. et al.*), 213° [aus A.] (*Go.*).

Dipicrat $C_{16}H_{11}N_3 \cdot 2C_6H_3N_3O_7$. Grüngelbe Kristalle (aus Eg.); F: 276° (*Go.*).

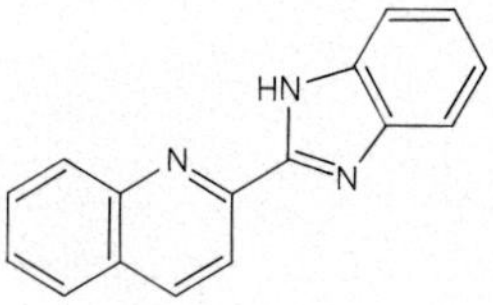

XII 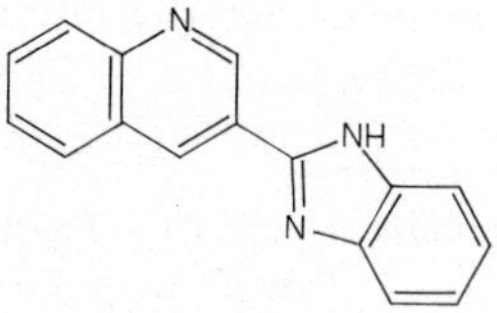   XIII 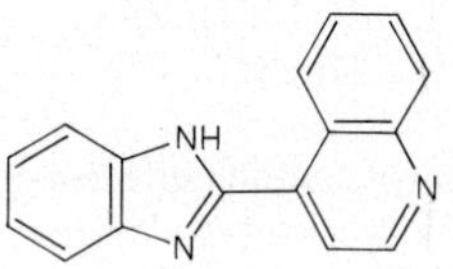   XIV 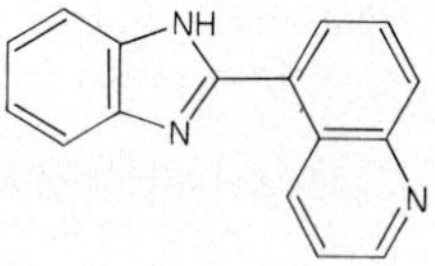   XV

3-[1H-Benzimidazol-2-yl]-chinolin $C_{16}H_{11}N_3$, Formel XIII.

B. Aus Chinolin-3-carbonsäure und o-Phenylendiamin beim Erhitzen (*Govindan*, Pr. Indian Acad. [A] **44** [1956] 123, 124).

Dipicrat $C_{16}H_{11}N_3 \cdot 2C_6H_3N_3O_7$. Grüne Kristalle (aus Eg.); F: 255°.

Die folgenden Verbindungen sind in analoger Weise hergestellt worden:

4-[1H-Benzimidazol-2-yl]-chinolin $C_{16}H_{11}N_3$, Formel XIV. Kristalle (aus wss. Me.); F: 216°. − Dipicrat $C_{16}H_{11}N_3 \cdot 2C_6H_3N_3O_7$. Kristalle (aus Eg.); F: 236°.

5-[1H-Benzimidazol-2-yl]-chinolin $C_{16}H_{11}N_3$, Formel XV (vgl. H 94). Gelbe Kristalle (aus Toluol); F: 255°. − Dipicrat $C_{16}H_{11}N_3 \cdot 2C_6H_3N_3O_7$. Gelbe Kristalle (aus Eg.); F: 228°.

6-[1H-Benzimidazol-2-yl]-chinolin $C_{16}H_{11}N_3$, Formel I (H 94). Gelbe Kristalle (aus Toluol); F: 221°. − Dipicrat $C_{16}H_{11}N_3 \cdot 2C_6H_3N_3O_7$. Gelbe Kristalle (aus Eg.); F: 262°.

7-[1H-Benzimidazol-2-yl]-chinolin $C_{16}H_{11}N_3$, Formel II (vgl. H 94). Violette Kristalle (aus wss. Me.); F: 273°. − Dipicrat $C_{16}H_{11}N_3 \cdot 2C_6H_3N_3O_7$. Gelbe Kristalle (aus Eg.); F: 293°.

8-[1H-Benzimidazol-2-yl]-chinolin $C_{16}H_{11}N_3$, Formel III (H 94). Rotbraune Kristalle (aus wss. Me.); F: 118°. − Dipicrat $C_{16}H_{11}N_3 \cdot 2C_6H_3N_3O_7$. Kristalle (aus Eg.); F: 273°.

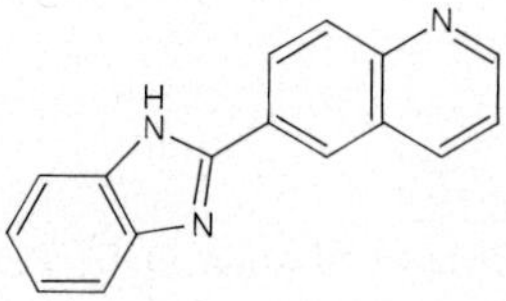

I 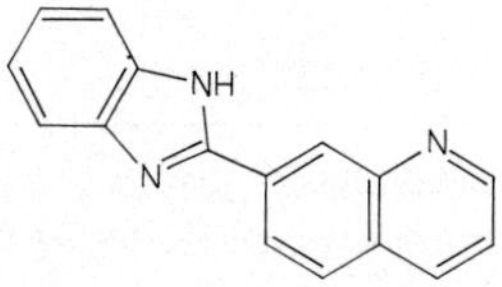   II 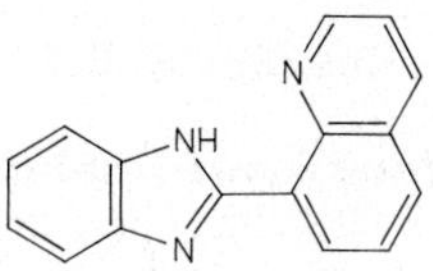   III

3-[1H-Benzimidazol-2-yl]-isochinolin $C_{16}H_{11}N_3$, Formel IV (R = H).

B. Aus Isochinolin-3-carbaldehyd beim Erhitzen mit o-Phenylendiamin und Nitrobenzol (*McManus, Herbst*, J. org. Chem. **24** [1959] 1042).

Kristalle (aus Toluol); F: 193−194° [unkorr.]. λ_{max} (A.): 235 nm, 280 nm, 322 nm und 339 nm.

2-[2-[3]Isochinolyl-benzimidazol-1-yl]-äthanol $C_{18}H_{15}N_3O$, Formel IV (R = CH₂-CH₂-OH).

B. Aus Isochinolin-3-carbaldehyd beim Erhitzen mit 2-[2-Amino-anilino]-äthanol und Nitro⹀

benzol (*McManus, Herbst*, J. org. Chem. **24** [1959] 1042).
Kristalle (aus Toluol); F: 144,5—145,5° [unkorr.].

IV   V   VI

Stammverbindungen $C_{17}H_{13}N_3$

Diphenyl-vinyl-[1,3,5]triazin $C_{17}H_{13}N_3$, Formel V.
B. Aus Äthyl-diphenyl-[1,3,5]triazin beim Leiten über CeO_2/Bimsstein bei 450°/300—400 Torr
(*Reinhardt, Schiefer*, B. **90** [1957] 2643).
Kristalle (aus A.); F: 81—83°.

2-Methyl-4-phenyl-benz[4,5]imidazo[1,2-*a*]pyrimidin $C_{17}H_{13}N_3$, Formel VI.
B. Aus 1*H*-Benzimidazol-2-ylamin und 1-Phenyl-butan-1,3-dion (*I.G. Farbenind.*,
D.R.P. 641598 [1935]; Frdl. **23** 270).
Gelbe Kristalle (aus A.); F: 173°.
Verbindung mit 2 Mol 1*H*-Benzimidazol-2-ylamin. F: 243°.

1-Äthyl-4-[1,3-dimethyl-1,3-dihydro-benzimidazol-2-ylidenmethyl]-chinolinium $[C_{21}H_{22}N_3]^+$ und
Mesomere; **[1-Äthyl-[4]chinolyl]-[1,3-dimethyl-1(3)*H*-benzimidazol-2-yl]-methinium** [1]),
Formel VII.
Jodid $[C_{21}H_{22}N_3]$I. *B.* Aus 1-Äthyl-chinolinium-jodid und 1,2,3-Trimethyl-benzimidazolium-
jodid (*Das, Rout*, J. Indian chem. Soc. **36** [1959] 640). — Gelbrote Kristalle (aus Me.); F:
181—182° [Zers.]. λ_{max} (Me.): 470 nm.

VII   VIII   IX

2-[2-Methyl-indol-3-yl]-chinoxalin $C_{17}H_{13}N_3$, Formel VIII.
B. Aus [2-Methyl-indol-3-yl]-glyoxal und *o*-Phenylendiamin (*Sprio, Madonia*, G. **87** [1957]
454, 461).
Gelbe Kristalle (aus Bzl.+PAe.); F: 145°.

4-[1*H*-Benzimidazol-2-yl]-2-methyl-chinolin $C_{17}H_{13}N_3$, Formel IX.
B. Aus 2-Methyl-chinolin-4-carbonsäure-äthylester und *o*-Phenylendiamin (*I.G. Farbenind.*,
D.R.P. 578488 [1931]; Frdl. **20** 843).
Kristalle (aus A.); F: 230°.
Silber-Salz. Kristalle.

Stammverbindungen $C_{18}H_{15}N_3$

5,6-Diphenyl-2,3-dihydro-imidazo[1,2-*a*]pyrazin $C_{18}H_{15}N_3$, Formel X.
B. Aus 2-[5,6-Diphenyl-pyrazin-2-ylamino]-äthanol beim aufeinanderfolgenden Erhitzen mit

---

[1]) Über diese Bezeichnungsweise s. *Reichardt, Mormann*, B. **105** [1972] 1815, 1832.

SOCl$_2$ und mit Äthanol (*Martin, Tarasiejska*, Bl. Soc. chim. Belg. **66** [1957] 136, 147).

Orangefarbene Kristalle (aus Dioxan+Ae.); F: 183,5 – 184,5° [unkorr.]. λ_{max} (A.): 253 nm, 297 nm und 350 nm.

Picrat C$_{18}$H$_{15}$N$_3$·C$_6$H$_3$N$_3$O$_7$. Gelbe Kristalle (aus A.); F: 187 – 188° [unkorr.; Zers.]. λ_{max} (A.): 273 nm, 310 nm, 337 nm und 360 nm.

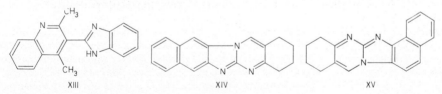

X   XI   XII

2,4-Dimethyl-8-phenyl-imidazo[1,2-*a*][1,8]naphthyridin C$_{18}$H$_{15}$N$_3$, Formel XI.

B. Aus 5,7-Dimethyl-[1,8]naphthyridin-2-ylamin und Phenacylbromid (*Schmid, Gründig*, M. **84** [1953] 491, 495).

Kristalle (aus wss. A.); F: 174° [evakuierte Kapillare].

Hydrochlorid. Kristalle (aus wss. HCl); Zers. bei 200°.

4-[4,5-Dihydro-1*H*-imidazol-2-yl]-2-phenyl-chinolin C$_{18}$H$_{15}$N$_3$, Formel XII.

B. Aus 2-Phenyl-chinolin-4-carbonsäure beim Erhitzen mit Äthylendiamin und wss. HCl (*CIBA*, D.R.P. 687196 [1938]; D.R.P. Org. Chem. **6** 2442).

F: 169 – 170°.

3-[1*H*-Benzimidazol-2-yl]-2,4-dimethyl-chinolin C$_{18}$H$_{15}$N$_3$, Formel XIII.

B. Aus 4-Anilino-3-[1*H*-benzimidazol-2-yl]-pent-3-en-2-on beim Erwärmen mit konz. H$_2$SO$_4$ (*Ghosh*, J. Indian chem. Soc. **15** [1938] 89, 93).

Kristalle (aus A.); F: 328 – 330°.

Hydrochlorid. Kristalle; F: > 300°.

Picrat. Gelbe Kristalle; F: 250° [Zers.].

XIII   XIV   XV

1,2,3,4-Tetrahydro-naphth[2′,3′:4,5]imidazo[2,1-*b*]chinazolin C$_{18}$H$_{15}$N$_3$, Formel XIV.

B. Aus 1*H*-Naphth[2,3-*d*]imidazo-2-ylamin und 2-Oxo-cyclohexancarbaldehyd (*Ried, Müller*, J. pr. [4] **8** [1959] 132, 148).

Braune Kristalle; F: 258 – 260°.

9,10,11,12-Tetrahydro-naphth[1′,2′:4,5]imidazo[2,1-*b*]chinazolin C$_{18}$H$_{15}$N$_3$, Formel XV.

B. Analog der vorangehenden Verbindung (*Ried, Müller*, J. pr. [4] **8** [1959] 132, 146).

Orangegelbe Kristalle; F: 238 – 240°.

(±)-8,13,13b,14-Tetrahydro-7*H*-indolo[2′,3′:3,4]pyrido[2,1-*b*]chinazolinium [C$_{18}$H$_{16}$N$_3$]$^+$, Formel I (R = H).

Perchlorat [C$_{18}$H$_{16}$N$_3$]ClO$_4$. *B.* Beim Behandeln von 4,9-Dihydro-3*H*-β-carbolin-perchlorat mit 2-Amino-benzaldehyd in H$_2$O bei pH 5 (*Schöpf, Steuer*, A. **558** [1947] 124, 133). – Orange≈ gelbe Kristalle (aus H$_2$O); F: 250°. – Überführung in 8,13-Dihydro-7*H*-indolo[2′,3′:3,4]pyri≈ do[2,1-*b*]chinazolin-5-on durch Erwärmen mit CrO$_3$ und Essigsäure in Aceton: *Sch., St.*

Picrat [C$_{18}$H$_{16}$N$_3$]C$_6$H$_2$N$_3$O$_7$. F: 214°. – Beim Erhitzen mit H$_2$O wird das Picrat des

4,9-Dihydro-3H-β-carbolins erhalten.

(±)-14-Methyl-8,13,13b,14-tetrahydro-7H-indolo[2′,3′:3,4]pyrido[2,1-b]chinazolinium $[C_{19}H_{18}N_3]^+$, Formel I (R = CH$_3$).

Perchlorat $[C_{19}H_{18}N_3]ClO_4$. *B.* Beim Erwärmen von 4,9-Dihydro-3H-β-carbolin-perchlorat mit 2-Methylamino-benzaldehyd in Äthanol (*Schöpf, Steuer*, A. **558** [1947] 124, 135). — Gelbe Kristalle (aus A.); F: 205°.

I   II   III

1,4-Dimethyl-1,2,3,8-tetrahydro-pyrrolo[2′,3′:4,5]pyrido[2,3-c]carbazol $C_{19}H_{17}N_3$, Formel II.
   B. Aus 1-Chlor-2-[2-chlor-äthyl]-3-methyl-7H-pyrido[2,3-c]carbazol und Methylamin (*Schen≠ ley Ind.*, U.S.P. 2691024 [1953]).
   Kristalle (aus A.); F: 262°.

1-[2-Diäthylamino-äthyl]-4-methyl-1,2,3,12-tetrahydro-pyrrolo[2′,3′:4,5]pyrido[3,2-a]carbazol, Diäthyl-[2-(4-methyl-3,12-dihydro-2H-pyrrolo[2′,3′:4,5]pyrido[3,2-a]carbazol-1-yl)-äthyl]-amin $C_{24}H_{28}N_4$, Formel III.
   B. Aus 1-Chlor-2-[2-chlor-äthyl]-3-methyl-11H-pyrido[3,2-a]carbazol und *N,N*-Diäthyl-äth≠ ylendiamin (*Schenley Ind.*, U.S.P. 2691024 [1953]).
   Hydrochlorid. F: 280°.

Stammverbindungen $C_{19}H_{17}N_3$

1-[1-Methyl-pyridinium-2-yl]-2-[1-methyl-pyridinium-2-ylmethyl]-3-[1-methyl-1H-[2]pyridyliden]-propen, 2-[1-Methyl-pyridinium-2-ylmethyl]-1,3-bis-[1-methyl-[2]pyridyl]-trimethinium [1]) $[C_{22}H_{25}N_3]^{2+}$, Formel IV.
   Dijodid $[C_{22}H_{25}N_3]I_2$. In einem von *Ogata* (J. chem. Soc. Japan **55** [1934] 394, 401; Pr. Acad. Tokyo **8** [1932] 503, 505) unter dieser Konstitution beschriebenen Präparat (F: 244°) hat   wahrscheinlich   1,3,5-Tris-[1-methyl-[2]pyridyl]-[2.2.0]pentamethindiium-dijodid ($[C_{23}H_{25}N_3]I_2$; S. 280) vorgelegen (vgl. dazu *Hamer et al.*, Soc. **1947** 1434, 1437; *Eastman Kodak Co.*, U.S.P. 2537880 [1949]). Analog ist das von *Ogata* als 1-[1-Äthyl-pyridinium-2-yl]-2-[1-äthyl-pyridinium-2-ylmethyl]-3-[1-äthyl-1H-[2]pyridyliden]-propen-dijodid, 2-[1-Äthyl-pyridinium-2-ylmethyl]-1,3-bis-[1-äthyl-[2]pyridyl]-trimeth≠ inium-dijodid beschriebene Präparat ($[C_{25}H_{31}N_3]I_2$, F: 227°) wahrscheinlich als 1,3,5-Tris-[1-äthyl-[2]pyridyl]-[2.2.0]pentamethindium-dijodid zu formulieren.

IV   V

----

[1]) Siehe S. 272 Anm.

2,5-Dibenzyl-1(7)H-imidazo[1,2-a]imidazol $C_{19}H_{17}N_3$, Formel V und Taut.

B. Aus 1-[2-Amino-5-benzyl-imidazol-1-yl]-3-phenyl-aceton-hydrochlorid beim Behandeln mit wss. Alkali (*Lawson*, Soc. **1956** 307, 310).

Kristalle (aus wss. A.); F: 164°.

Picrat $C_{19}H_{17}N_3 \cdot C_6H_3N_3O_7$. Kristalle (aus A.); F: 182°.

3,3,7-Trimethyl-2-[1-methyl-1H-[2]chinolylidenmethyl]-3H-pyrrolo[2,3-b]pyridinium $[C_{21}H_{22}N_3]^+$ und Mesomere; **[1-Methyl-[2]chinolyl]-[3,3,7-trimethyl-3H-pyrrolo[2,3-b]pyridin-2-yl]-methinium** [1]), Formel VI.

Perchlorat $[C_{21}H_{22}N_3]ClO_4$. *B.* Aus 2,3,3,7-Tetramethyl-3H-pyrrolo[2,3-b]pyridinium-jodid bei aufeinanderfolgender Umsetzung mit 1-Methyl-2-methylmercapto-chinolinium-jodid und $NaClO_4$ (*Ficken, Kendall,* Soc. **1959** 3202, 3209). – Rote Kristalle (aus 2-Äthoxy-äthanol + Me.); F: 250−251°. λ_{max} (A.): 499 nm.

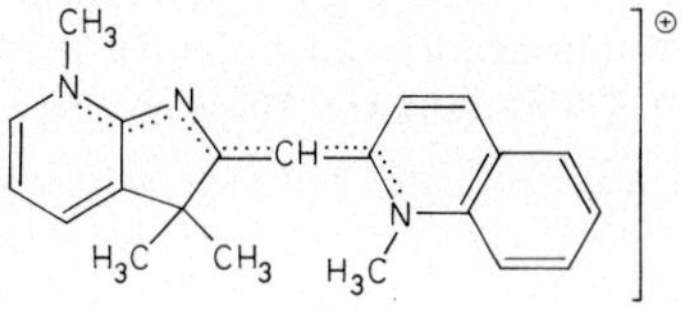

VI 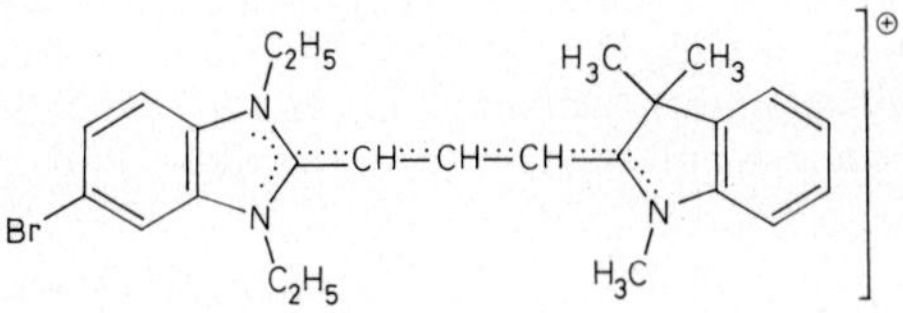   VII

Stammverbindungen $C_{20}H_{19}N_3$

1,3-Diäthyl-5-brom-2-[3-(1,3,3-trimethyl-indolin-2-yliden)-propenyl]-benzimidazolium $[C_{25}H_{29}BrN_3]^+$ und Mesomere; **1-[1,3-Diäthyl-5-brom-1(3)H-benzimidazol-2-yl]-3-[1,3,3-trimethyl-3H-indol-2-yl]-trimethinium** [1]), Formel VII.

Perchlorat $[C_{25}H_{29}BrN_3]ClO_4$. *B.* Aus 1,3-Diäthyl-5-brom-2-methyl-benzimidazolium-jodid und 2-[2-(N-Acetyl-anilino)-vinyl]-1,3,3-trimethyl-3H-indolium-jodid (*Eastman Kodak Co.,* U.S.P. 2778823 [1954]; D.A.S. 1007620 [1955]). – Orangefarbene Kristalle (aus A.); F: 231−233° [Zers.].

Stammverbindungen $C_{21}H_{21}N_3$

*****2,4,6-Triphenyl-hexahydro-[1,3,5]triazin** $C_{21}H_{21}N_3$, Formel VIII.

Diese Konstitution kommt möglicherweise dem von *Strain* (Am. Soc. **49** [1927] 1558, 1561; s. E II **7** 162) beschriebenen Benzaldehyd-imin zu (*Nielsen,* J. org. Chem. **39** [1974] 1349, 1352).

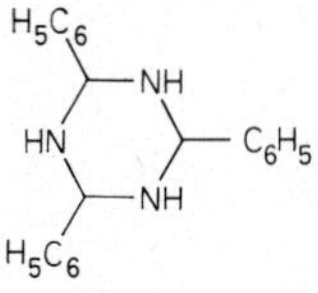

VIII 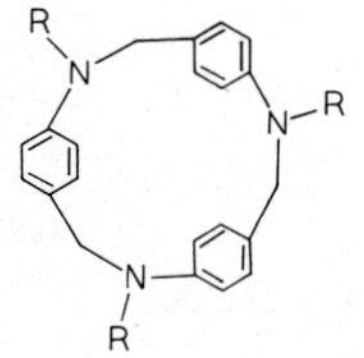   IX 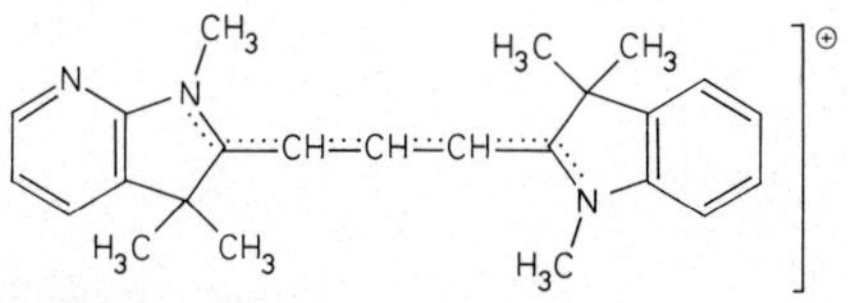   X

1,9,17-Trimethyl-1,9,17-triaza-[2.2.2]paracyclophan(?) $C_{24}H_{27}N_3$, vermutlich Formel IX (R = CH_3).

Diese Konstitution kommt wahrscheinlich auch der H **13** 621 als „dimerer(?) Anhydro-[4-methylamino-benzylalkohol]" $C_{16}H_{18}N_2$(?) beschriebenen Verbindung (F: 205−210°) zu

---

[1]) Siehe S. 272 Anm.

(*Young, Wagner*, Am. Soc. **59** [1937] 854; *Thesing et al.*, B. **88** [1955] 1978, 1983).

B. Aus *N*-Methyl-anilin und Formaldehyd (*Yo., Wa.*).

Kristalle (aus Bzl.); F: 209 − 212° [korr.] (*Yo., Wa.*).

Die folgenden Verbindungen sind in analoger Weise hergestellt worden:

1,9,17-Triäthyl-1,9,17-triaza-[2.2.2]paracyclophan(?) $C_{27}H_{33}N_3$, vermutlich Formel IX (R = C_2H_5). Diese Konstitution kommt wahrscheinlich auch der H **13** 622 als „dimerer(?) Anhydro-[4-äthylamino-benzylalkohol]" $C_{18}H_{22}N_2$(?) beschriebenen Verbindung (F: 79 − 80°) zu (*Yo., Wa.; Th. et al.*). − Kristalle (aus PAe.); F: 84 − 86° (*Yo., Wa.*).

1,9,17-Tripropyl-1,9,17-triaza-[2.2.2]paracyclophan(?) $C_{30}H_{39}N_3$, vermutlich Formel IX (R = CH_2-C_2H_5). Kristalle (aus PAe.); F: 106 − 108° [korr.] (*Yo., Wa.*).

1,9,17-Tributyl-1,9,17-triaza-[2.2.2]paracylophan(?) $C_{33}H_{45}N_3$, vermutlich Formel IX (R = $[CH_2]_3$-CH_3). Kristalle (aus PAe.); F: 52 − 53° (*Yo., Wa.*).

1,9,17-Triisopentyl-1,9,17-triaza-[2.2.2]paracylophan(?) $C_{36}H_{51}N_3$, vermutlich Formel IX (R = CH_2-CH_2-$CH(CH_3)_2$). Kristalle (aus PAe.); F: 46 − 48° (*Yo., Wa.*).

1,9,17-Tribenzyl-1,9,17-triaza-[2.2.2]paracyclophan(?) $C_{42}H_{39}N_3$, vermutlich Formel IX (R = CH_2-C_6H_5). Diese Konstitution kommt wahrscheinlich auch der H **13** 622 als 4-Benzylamino-benzylalkohol $C_{14}H_{15}NO$ beschriebenen Verbindung (F: 161°) zu (*Yo., Wa.*). − Kristalle (aus PAe.); F: 162 − 163° [korr.] (*Yo., Wa.*).

Stammverbindungen $C_{22}H_{23}N_3$

1,3,3-Trimethyl-2-[3-(1,3,3-trimethyl-indolin-2-yliden)-propenyl]-3H-pyrrolo[2,3-b]pyridinium $[C_{24}H_{28}N_3]^+$ und Mesomere; **1-[1,3,3-Trimethyl-3H-indol-2-yl]-3-[1,3,3-trimethyl-3H-pyrrolo[2,3-b]pyridin-2-yl]-trimethinium** [1]), Formel X.

Perchlorat $[C_{24}H_{28}N_3]ClO_4$. *B.* Aus 1,2,3,3-Tetramethyl-3H-pyrrolo[2,3-b]pyridinium-jodid bei der Umsetzung mit 2-[2-Äthylmercapto-vinyl]-1,3,3-trimethyl-3H-indolium-jodid oder 2-[2-(*N*-Acetyl-anilino)-vinyl]-1,3,3-trimethyl-3H-indolium-jodid und anschliessend mit $NaClO_4$ (*Ficken, Kendall*, Soc. **1959** 3202, 3209). − Rote Kristalle (aus A.); F: 241 − 242° [Zers.]. λ_{max} (A.): 540 nm (*Fi., Ke.*, l. c. S. 3207).

3,3,7-Trimethyl-2-[3-(1,3,3-trimethyl-indolin-2-yliden)-propenyl]-3H-pyrrolo[2,3-b]pyridinium $[C_{24}H_{28}N_3]^+$ und Mesomere; **1-[1,3,3-Trimethyl-3H-indol-2-yl]-3-[3,3,7-trimethyl-3H-pyrrolo[2,3-b]pyridin-2-yl]-trimethinium** [1]), Formel XI.

Perchlorat $[C_{24}H_{28}N_3]ClO_4$. *B.* Analog der vorangehenden Verbindung (*Ficken, Kendall*, Soc. **1959** 3202, 3209). − Braune Kristalle (aus Me.); F: 271 − 272° [Zers.].

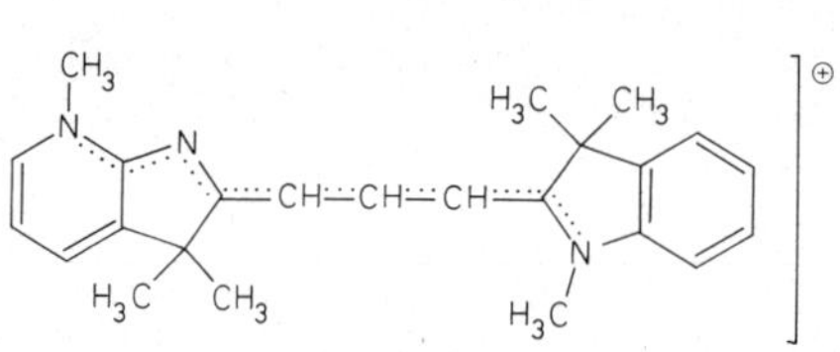

XI

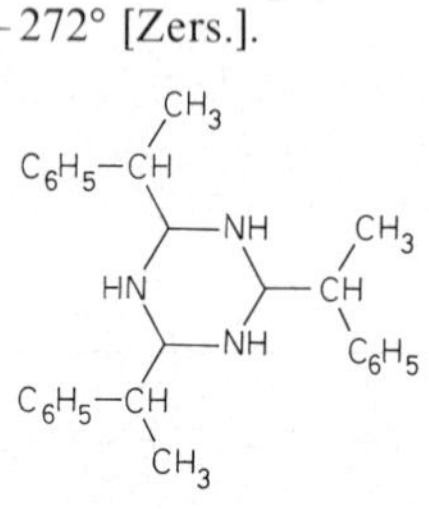

XII

Stammverbindungen $C_{27}H_{33}N_3$

*Opt.-inakt. 2,4,6-Tris-[1-phenyl-äthyl]-hexahydro-[1,3,5]triazin $C_{27}H_{33}N_3$, Formel XII.

Diese Konstitution kommt den früher (s. H **7** 306; E III **7** 1051; *Witkop*, Am. Soc. **78** [1956] 2873, 2880; *Seher*, Ar. **284** [1951] 371, 378) als 2-Phenyl-propionaldehyd-imin bzw. 2-Phenyl-propenylamin sowie den als Verbindung $C_9H_{11}N$ vom F: 147° (E III **7** 1051) beschriebenen Präparaten zu (*Nielsen et al.*, J. org. Chem. **39** [1974] 1349).

Dimorph; Kristalle (aus der niedriger schmelzenden Modifikation durch Erhitzen mit meth=

---

[1]) Siehe S. 272 Anm.

anol. KOH), F: 144 – 150° (*Ni. et al.*, l. c. S. 1350, 1353), 135 – 137° [korr.] (*Wi.*) und Kristalle, F: 114 – 120° [Kapillare] bzw. 111 – 112° [Kofler-App.] (*Ni. et al.*), 100 – 105° [korr.; aus A.] (*Wi.*). ^{1}H-NMR-Absorption sowie ^{1}H-^{1}H-Spin-Spin-Kopplungskonstanten (CDCl$_3$ sowie Bzl.-d_6) und ^{13}C-NMR-Absorption (CDCl$_3$): *Ni. et al.* IR-Banden (CHCl$_3$ sowie CS$_2$; 3 – 7,3 µ): *Wi.*; s. a. *Ni. et al.*

Stammverbindungen C$_{35}$H$_{49}$N$_3$

(3a*S*)-1-[(1*R*)-1,5-Dimethyl-hexyl]-15a,17a-dimethyl-(3a*r*,3b*t*,5a*c*,15a*t*,15b*c*,17a*t*)-2,3,3a,3b,4,5,5a,6,15,15a,15b,16,17,17a-tetradecahydro-1*H*-benz[4,5]imidazo[2,1-*b*]cyclo⁼penta[5,6]naphtho[1,2-*g*]chinazolin, 5α-Benz[4,5]imidazo[1,2-*a*]cholest-2-eno[3,2-*d*]pyrimidin C$_{35}$H$_{49}$N$_3$, Formel XIII.

B. Aus 3-Oxo-5α-cholestan-2-carbaldehyd und 1*H*-Benzimidazol-2-ylamin (*Antaki, Petrow,* Soc. **1951** 901, 904).

Gelbe Kristalle (aus CHCl$_3$ + A.); F: 295° [unkorr.]. $[\alpha]_D^{24}$: +78,1° [CHCl$_3$; c = 0,5].

XIII   XIV   XV

Stammverbindungen C$_n$H$_{2n-23}$N$_3$

Stammverbindungen C$_{17}$H$_{11}$N$_3$

6-Phenyl-pyridazino[4,5-*c*]isochinolin C$_{17}$H$_{11}$N$_3$, Formel XIV (X = X′ = H).

B. Aus *N*-[5-Phenyl-pyridazin-4-yl]-benzamid beim Erhitzen mit P$_2$O$_5$ in Nitrobenzol (*Atkin⁼son, Rodway,* Soc. **1959** 1, 3).

Kristalle (aus Me.); F: 196 – 198°.

Methojodid [C$_{18}$H$_{14}$N$_3$]I. Orangegelbe Kristalle (aus H$_2$O); F: 285 – 287° [Zers.].

6-[3-Nitro-phenyl]-pyridazino[4,5-*c*]isochinolin C$_{17}$H$_{10}$N$_4$O$_2$, Formel XIV (X = NO$_2$, X′ = H).

B. Analog der vorangehenden Verbindung (*Atkinson, Rodway,* Soc. **1959** 1, 4).

Kristalle (aus Acetonitril); F: 255 – 257°.

6-[4-Nitro-phenyl]-pyridazino[4,5-*c*]isochinolin C$_{17}$H$_{10}$N$_4$O$_2$, Formel XIV (X = H, X′ = NO$_2$).

B. Analog den vorangehenden Verbindungen (*Atkinson, Rodway,* Soc. **1959** 1, 4).

Kristalle (aus Nitromethan); F: 300 – 301°.

5-Phenyl-pyrimido[4,5-*c*]chinolin C$_{17}$H$_{11}$N$_3$, Formel XV (X = H).

B. Aus 1-Chlor-5-phenyl-pyrimido[4,5-*c*]chinolin beim Erwärmen mit Toluol-4-sulfonsäure-hydrazid in CHCl$_3$ und Erwärmen des Reaktionsprodukts mit wss. NaOH (*Atkinson, Mattocks,* Soc. **1957** 3718, 3720).

Kristalle (aus PAe.); F: 174 – 175,5°.

Beim Erwärmen mit H$_2$O$_2$ in Essigsäure sind 5-Phenyl-2*H*-pyrimido[4,5-*c*]chinolin-1-on und 5-Phenyl-4*H*-pyrimido[4,5-*c*]chinolin-1,3-dion (?; S. 624) erhalten worden.

Methojodid [C$_{18}$H$_{14}$N$_3$]I. Gelbe Kristalle (aus H$_2$O); F: 209° [Zers.].

1-Chlor-5-phenyl-pyrimido[4,5-c]chinolin $C_{17}H_{10}ClN_3$, Formel XV (X = Cl).

B. Aus 5-Phenyl-2*H*-pyrimido[4,5-c]chinolin-1-on und PCl_5 (*Atkinson, Mattocks*, Soc. **1957** 3718, 3720).

Kristalle (aus E. oder PAe.); F: 167−168°.

1-Chlor-5-phenyl-pyridazino[3,4-c]chinolin $C_{17}H_{10}ClN_3$, Formel I.

B. Aus 5-Phenyl-4*H*-pyridazino[3,4-c]chinolin-1-on beim Erhitzen mit P_2O_5 und $POCl_3$ (*Atkinson, Mattocks*, Soc. **1957** 3722, 3726).

Hellgelbe Kristalle (aus E.); F: 186°.

2-[3]Chinolyl-chinoxalin $C_{17}H_{11}N_3$, Formel II.

B. Beim Erhitzen von 3-Chinoxalin-2-yl-chinolin-2-carbonsäure (*Borsche, Doeller*, A. **537** [1939] 39, 47).

Kristalle (aus Bzl.); F: 214−215°.

Picrat $C_{17}H_{11}N_3 \cdot C_6H_3N_3O_7$. Gelbe Kristalle; F: 238−239°.

Methojodid $[C_{18}H_{14}N_3]I$. Rotbraune Kristalle; Zers. bei 268−269°.

I   II   III

Stammverbindungen $C_{18}H_{13}N_3$

3-[1]Naphthyl-5-phenyl-1*H*-[1,2,4]triazol $C_{18}H_{13}N_3$, Formel III (X = H) und Taut.

B. Aus [1]Naphthonitril und Benzoesäure-hydrazid-benzolsulfonat (*Potts*, Soc. **1954** 3461, 3462).

Kristalle (aus PAe.); F: 118°.

Picrat $C_{18}H_{13}N_3 \cdot C_6H_3N_3O_7$. Gelbe Kristalle (aus Me.); F: 206°.

3-[1]Naphthyl-5-[4-nitro-phenyl]-1*H*-[1,2,4]triazol $C_{18}H_{12}N_4O_2$, Formel III (X = NO_2) und Taut.

B. Analog der vorangehenden Verbindung (*Potts*, Soc. **1954** 3461, 3462).

Hellbraune Kristalle (aus wss. A.); F: 192°.

1-Methyl-5-phenyl-pyrimido[4,5-c]chinolin $C_{18}H_{13}N_3$, Formel IV.

B. Aus 1-[3-Amino-2-phenyl-[4]chinolyl]-äthanon und Formamid (*Atkinson, Mattocks*, Soc. **1957** 3718, 3721).

Hellgelbe Kristalle (aus E. oder PAe.); F: 157°.

2-Methyl-6-phenyl-pyridazino[3,4-c]isochinolin $C_{18}H_{13}N_3$, Formel V (X = H).

B. Aus *N*-[6-Methyl-4-phenyl-pyridazin-3-yl]-benzamid beim Erhitzen mit P_2O_5 in Nitrobenzol oder mit $AlCl_3$ und NaCl (*Atkinson, Rodway*, Soc. **1959** 6, 8).

Hellgelbe Kristalle (aus CH_2Cl_2 oder Me.); F: 254−256°.

Überführung in ein Methojodid $[C_{19}H_{16}N_3]I$ vom F: 243−246° [Zers.] (orangefarbene Kristalle [aus Nitromethan]) und ein Methojodid $[C_{19}H_{16}N_3]I$ vom F: 212−213° [Zers.] (dunkelrote Kristalle [aus A.]) beim Erhitzen mit CH_3I in Nitromethan: *At., Ro.*

2-Methyl-6-[4-nitro-phenyl]-pyridazino[3,4-c]isochinolin $C_{18}H_{12}N_4O_2$, Formel V (X = NO_2).

B. Aus *N*-[6-Methyl-4-(4-nitro-phenyl)-pyridazin-3-yl]-benzamid beim Erhitzen mit P_2O_5 in Nitrobenzol (*Atkinson, Rodway*, Soc. **1959** 6, 8).

Hellgelbe Kristalle (aus Nitromethan); F: 338−339° [Zers.].

Methojodid $[C_{19}H_{15}N_4O_2]I$. Dunkelrote Kristalle (aus Me.); F: 218−220° [Zers.].

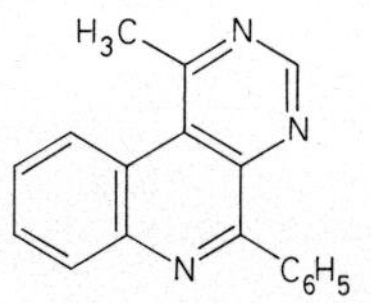

IV 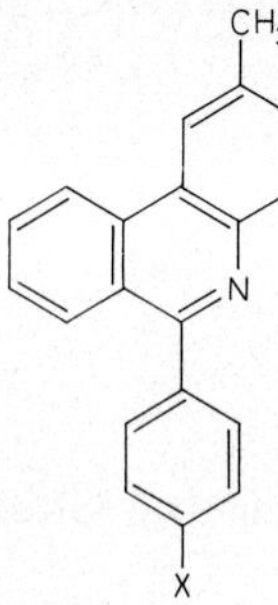   V 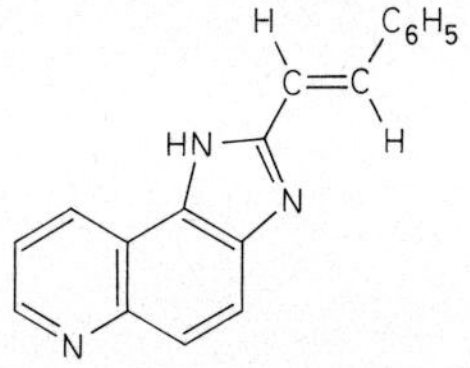   VI

*2-*trans*-Styryl-1(3)*H*-imidazo[4,5-*f*]chinolin $C_{18}H_{13}N_3$, Formel VI und Taut.

B. Aus dem Mono-*N*-*trans*-cinnamyliden-Derivat des Chinolin-5,6-diyldiamins (E III/IV **22** 5442) beim Erhitzen mit Kupfer(II)-acetat (*Weidenhagen, Weeden*, B. **71** [1938] 2347, 2357). Gelbe Kristalle (aus Bzl.); F: 258°.

Hydrochlorid. Kristalle (aus wss. HCl); F: 280° [Zers.].

1-Äthyl-4-[1-äthyl-1*H*-[2]chinolylidenmethyl]-chinazolinium $[C_{22}H_{22}N_3]^+$ und Mesomere; **[1-Äthyl-chinazolin-4-yl]-[1-äthyl-[2]chinolyl]-methinium** [1]), Formel VII.

Zur Konstitution vgl. *Fry et al.*, Soc. **1960** 5062.

Jodid $[C_{22}H_{22}N_3]$I. *B.* Beim Erhitzen von 4-Methylmercapto-chinazolin mit 2-Methyl-chino≠ lin und Toluol-4-sulfonsäure-äthylester und nachfolgenden Behandeln mit wss. KI (*Kendall*, Brit. P. 425609 [1933]). – Rote Kristalle (aus Me.); F: 292° (*Ke.*).

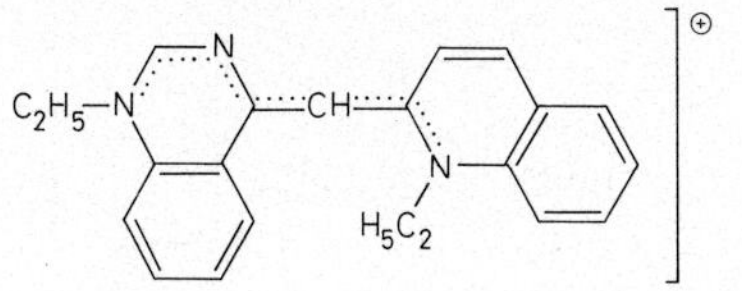

VII 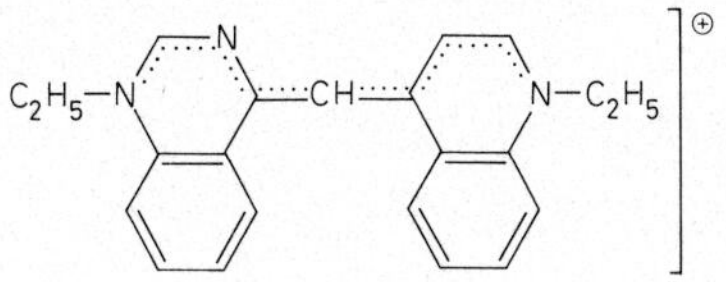   VIII

1-Äthyl-4-[1-äthyl-1*H*-[4]chinolylidenmethyl]-chinazolinium $[C_{22}H_{22}N_3]^+$ und Mesomere; **[1-Äthyl-chinazolin-4-yl]-[1-äthyl-[4]chinolyl]-methinium** [1]), Formel VIII.

Zur Konstitution vgl. *Fry et al.*, Soc. **1960** 5062.

Jodid $[C_{22}H_{22}N_3]$I. *B.* Analog der vorangehenden Verbindung (*Kendall*, Brit. P. 425609 [1933]). – Rote Kristalle (aus Me.); F: 278° [Zers.] (*Ke.*).

2,3-Di-[2]pyridyl-indolizin $C_{18}H_{13}N_3$, Formel IX (X = H).

B. Aus Bis-[2,3-di-[2]pyridyl-indolizin-1-yl]-disulfid beim Erhitzen mit HI und rotem Phosphor (*Emmert, Groll*, B. **86** [1953] 205, 207; vgl. auch *Koppers Co.*, U.S.P. 2496319 [1948]).

Gelbe Kristalle; F: 102,5 – 103° (*Koppers Co.*), 101 – 101,5° [aus wss. A.] (*Em., Gr.*).

Hydrojodid. Kristalle (*Em., Gr.*).

Nitrat. Gelbe Kristalle (*Em., Gr.*).

1-Nitro-2,3-di-[2]pyridyl-indolizin $C_{18}H_{12}N_4O_2$, Formel IX (X = NO₂).

B. Aus Bis-[2,3-di-[2]pyridyl-indolizin-1-yl]-disulfid oder 2,3-Di-[2]pyridyl-indolizin und HNO_3 (*Emmert, Groll*, B. **86** [1953] 205).

Gelbgrüne Kristalle (aus A.); F: 224 – 225°.

Nitrat $C_{18}H_{12}N_4O_2 \cdot HNO_3$. Gelbe Kristalle.

---

[1]) Siehe S. 272 Anm.

IX   X   XI

6,7-Dihydro-benz[4',5']imidazo[2',1':3,4]pyrazino[1,2-*b*]isochinolinylium $[C_{18}H_{14}N_3]^+$, Formel X.

Bromid $[C_{18}H_{14}N_3]$Br. *B.* Beim Erhitzen von 2-[2-[3]Isochinolyl-benzimidazol-1-yl]-äthanol mit wss. HBr (*McManus, Herbst*, J. org. Chem. **24** [1959] 1042, 1044). — Kristalle (aus H_2O); F: 355−356° [Zers.]. λ_{max} (H_2O): 247 nm, 281 nm und 337 nm.

Stammverbindungen $C_{19}H_{15}N_3$

2-[2-Methyl-1,5-diphenyl-pyrrol-3-yl]-chinoxalin $C_{25}H_{19}N_3$, Formel XI.

B. Aus [2-Methyl-1,5-diphenyl-pyrrol-3-yl]-glyoxal und *o*-Phenylendiamin (*Sprio, Madonia*, G. **87** [1957] 171, 178).

Gelbe Kristalle (aus A.); F: 172°.

1,2,3,4-Tetrahydro-chino[2,3-*b*]phenazin $C_{19}H_{15}N_3$, Formel XII.

B. Beim Erhitzen von 5,6,7,8-Tetrahydro-acridin-2,3-diol mit *o*-Phenylendiamin (*Borsche, Barthenheier*, A. **548** [1941] 50, 63).

Kristalle (nach Sublimation im Hochvakuum); F: 350°.

XII   XIII

Stammverbindungen $C_{20}H_{17}N_3$

1,3-Bis-[1-methyl-pyridinium-2-yl]-5-[1-methyl-1*H*-[2]pyridyliden]-penta-1,3-dien $[C_{23}H_{25}N_3]^{2+}$ und Mesomere; **1,3,5-Tris-[1-methyl-[2]pyridyl]-[2.2.0]pentamethindiium** [1]), Formel XIII (R = CH_3).

Dijodid $[C_{23}H_{25}N_3]I_2$. Diese Verbindung hat wahrscheinlich auch in dem von *Ogata* (J. chem. Soc. Japan **55** [1934] 394, 401; Pr. Acad. Tokyo **8** [1932] 503, 505) als 2-[1-Methyl-pyridinium-2-ylmethyl]-1,3-bis-[1-methyl-[2]pyridyl]-trimethinium-dijodid ($[C_{22}H_{25}N_3]I_2$; S. 274) angesehenen, beim Erhitzen von 1,2-Dimethyl-pyridinium-jodid mit Orthoameisensäure-triäthylester (2 Mol) und Oxalsäure erhaltenen Präparat (grüne Kristalle [aus A.]; F: 244°; λ_{max}: 310 nm und 600 nm) vorgelegen (vgl. dazu *Hamer et al.*, Soc. **1947** 1434, 1437; *Eastman Kodak Co.*, U.S.P. 2537880 [1949]). — *B.* Aus 1,2-Dimethyl-pyridinium-jodid und Essigsäure-[orthoameisensäure-diäthylester]-anhydrid (*Eastman Kodak Co.*). — Grüne Kristalle (aus Me.); F: ca. 236°; λ_{max} (Me.): 597 nm (*Eastman Kodak Co.*).

1,3-Bis-[1-äthyl-pyridinium-2-yl]-5-[1-äthyl-1*H*-[2]pyridyliden]-penta-1,3-dien $[C_{26}H_{31}N_3]^{2+}$ und Mesomere; **1,3,5-Tris-[1-äthyl-[2]pyridyl]-[2.2.0]pentamethindiium**, Formel XIII (R = C_2H_5).

Dijodid $[C_{26}H_{31}N_3]I_2$. Über die Konstitution eines Präparates (grüne Kristalle [aus A.]; F: 227°) von *Ogata* (J. chem. Soc. Japan **55** [1934] 394, 401; Pr. Acad. Tokyo **8** [1932] 503, 505) vgl. die Literatur bei der vorangehenden Verbindung. — *B.* Analog der vorangehenden

---

[1]) Siehe S. 272 Anm.

Verbindung (*Eastman Kodak Co.*, U.S.P. 2537880 [1949]). — Kristalle (aus A.); F: ca. 230°; λ_{max} (Me.): 596 nm (*Eastman Kodak Co.*).

1,3-Bis-[1-methyl-pyridinium-4-yl]-5-[1-methyl-1H-[4]pyridyliden]-penta-1,3-dien $[C_{23}H_{25}N_3]^{2+}$ und Mesomere; **1,3,5-Tris-[1-methyl-[4]pyridyl]-[2.2.0]pentamethindiium** [1]), Formel XIV.

Dijodid $[C_{23}H_{25}N_3]I_2$. *B.* Analog den vorangehenden Verbindungen (*Eastman Kodak Co.*, U.S.P. 2537880 [1949]). — Kristalle (aus Me.); F: ca. 267°. λ_{max} (Me.): 645 nm.

XIV   XV

(±)-1,5-Bis-[4-nitro-phenyl]-4,4-diphenyl-4,5-dihydro-1H-[1,2,3]triazol $C_{26}H_{19}N_5O_4$, Formel XV.

Diese Konstitution kommt der von *Mustafa* (Soc. **1949** 234) als (±)-4,5-Bis-[4-nitro-phenyl]-3,3-diphenyl-4,5-dihydro-3H-[1,2,4]triazol beschriebenen Verbindung $C_{26}H_{19}N_5O_4$ zu (*Buckley*, Soc. **1954** 1850; *Kadaba, Edwards*, J. org. Chem. **26** [1961] 2331; *Kadaba*, Tetrahedron **22** [1966] 2453).

B. Aus 4-Nitro-N-[4-nitro-benzyliden]-anilin und Diazo-diphenyl-methan (*Mu.*).

Rotbraune Kristalle (aus A. + Bzl.); F: 230° (*Mu.*).

(±)-2-[*trans*-4,5-Diphenyl-4,5-dihydro-1H-imidazol-2-yl]-pyridin $C_{20}H_{17}N_3$, Formel I + Spiegelbild.

B. Aus *racem.* Bibenzyl-α,α'-diyldiamin (E III **13** 474) und Pyridin-2-carbonsäure-äthylester (*Müller*, B. **84** [1951] 71, 74).

Kristalle (aus A. + H_2O oder Me. + H_2O); F: 152°.

(±)-3-[*trans*-4,5-Diphenyl-4,5-dihydro-1H-imidazol-2-yl]-pyridin $C_{20}H_{17}N_3$, Formel II + Spiegelbild.

B. Analog der vorangehenden Verbindung (*Müller*, B. **84** [1951] 71, 74).

Kristalle (aus Me. + Eg. + NH_3); F: 159°.

Hydrochlorid. F: 239—240° [Zers.].

Silber-Salz. F: 215—216° [Zers.].

I   II   III   IV

4-[2-Methyl-4,5-diphenyl-pyrrol-3-yl]-1(3)H-imidazol $C_{20}H_{17}N_3$, Formel III und Taut.

B. Aus [2-Methyl-4,5-diphenyl-pyrrol-3-yl]-glyoxal, wss. Formaldehyd und konz. wss. NH_3 (*Ajello et al.*, G. **87** [1957] 11, 18).

Gelbe Kristalle (aus A.); F: 282°.

5,7-Dimethyl-1,4,6-triphenyl-6H-pyrrolo[3,4-d]pyridazin $C_{26}H_{21}N_3$, Formel IV.

B. Aus 3,4-Dibenzoyl-2,5-dimethyl-1-phenyl-pyrrol und $N_2H_4 \cdot H_2O$ (*Rips, Buu-Hoi*, J. org.

[1]) Siehe S. 272 Anm.

Chem. **24** [1959] 551, 553).

Hellgelbe Kristalle (aus A.); F: 294°.

Stammverbindungen C$_{21}$H$_{19}$N$_3$

*2,6-Bis-[*trans*(?)-2-(6-methyl-[2]pyridyl)-vinyl]-pyridin C$_{21}$H$_{19}$N$_3$, vermutlich Formel V.

B. Aus Pyridin-2,6-dicarbaldehyd und 2,6-Dimethyl-pyridin (*Baker et al.*, Soc. **1958** 3594, 3602).

Kristalle (aus Bzl.); F: 129—133°. λ_{max} (A.): 266 nm, 303 nm und 337 nm.

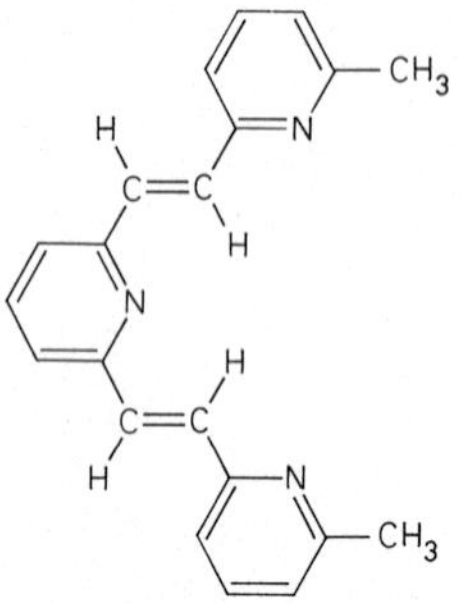

V

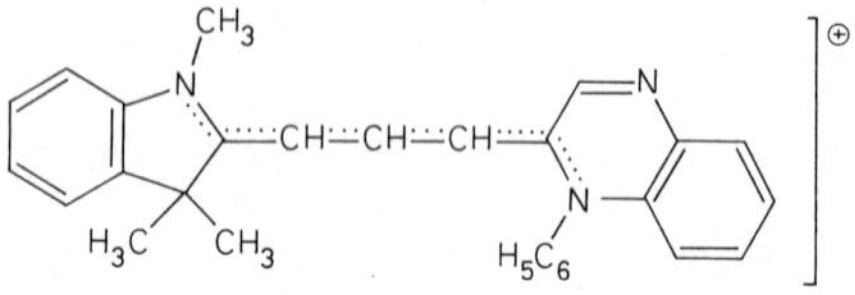

VI

1-Phenyl-2-[3-(1,3,3-trimethyl-indolin-2-yliden)-propenyl]-chinoxalinium [C$_{28}$H$_{26}$N$_3$]$^+$ und Mesomere; **1-[1-Phenyl-chinoxalin-2-yl]-3-[1,3,3-trimethyl-3H-indol-2-yl]-trimethinium** [1]), Formel VI.

Jodid [C$_{28}$H$_{26}$N$_3$]I. *B.* Aus *N*-Phenyl-*o*-phenylendiamin beim aufeinanderfolgenden Umset≈ zen mit Pyruvaldehyd, [1,3,3-Trimethyl-indolin-2-yliden]-acetaldehyd und KI (*Cook et al.*, Soc. **1942** 710, 713). — Blaue Kristalle (aus A.); F: 177° [nach Erweichen bei 150°]. λ_{max} (A.): 560 nm, 595 nm und 635 nm.

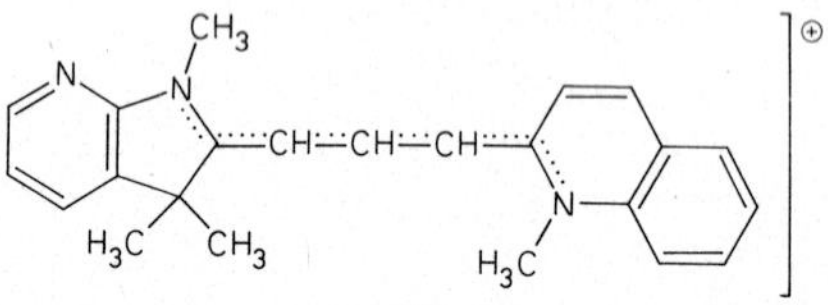

VII

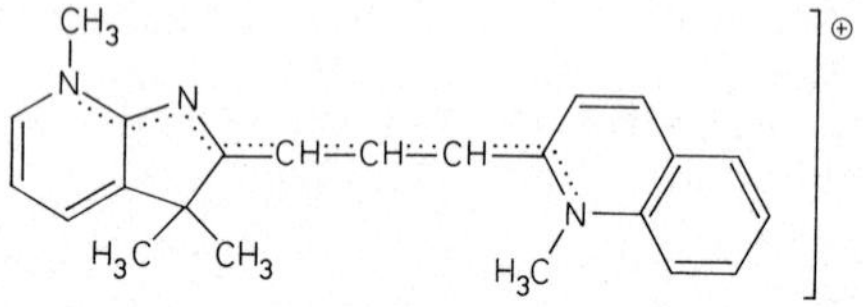

VIII

1,3,3-Trimethyl-2-[3-(1-methyl-1H-[2]chinolyliden)-propenyl]-3H-pyrrolo[2,3-b]pyridinium [C$_{23}$H$_{24}$N$_3$]$^+$ und Mesomere; **1-[1-Methyl-[2]chinolyl]-3-[1,3,3-trimethyl-3H-pyrrolo[2,3-b]-pyridin-2-yl]-trimethinium** [1]), Formel VII.

Jodid [C$_{23}$H$_{24}$N$_3$]I. *B.* Aus 1,2,3,3-Tetramethyl-3H-pyrrolo[2,3-b]pyridinium-jodid und 2-[2-Äthylmercapto-vinyl]-1-methyl-chinolinium-jodid (*Ficken, Kendall*, Soc. **1959** 3202, 3209). — Grüne Kristalle (aus Me.); F: 271—272° [Zers.]. λ_{max} (A.): 540 nm.

Die folgenden Verbindungen sind in analoger Weise hergestellt worden:

3,3,7-Trimethyl-2-[3-(1-methyl-1H-[2]chinolyliden)-propenyl]-3H-pyrrolo≈ [2,3-b]pyridinium [C$_{23}$H$_{24}$N$_3$]$^+$ und Mesomere; 1-[1-Methyl-[2]chinolyl]-3-[3,3,7-tri≈ methyl-3H-pyrrolo[2,3-b]pyridin-2-yl]-trimethinium, Formel VIII. Jodid [C$_{23}$H$_{24}$N$_3$]I. Dunkelgrüne Kristalle (aus A.); F: 250—251° [Zers.]. λ_{max} (A.): 606 nm.

1,3,3-Trimethyl-2-[3-(1-methyl-1H-[4]chinolyliden)-propenyl]-3H-pyrrolo≈

---

[1]) Siehe S. 272 Anm.

[2,3-*b*]pyridinium $[C_{23}H_{24}N_3]^+$ und Mesomere; 1-[1-Methyl-[4]chinolyl]-3-[1,3,3-tri≠
methyl-3*H*-pyrrolo[2,3-*b*]pyridin-2-yl]-trimethinium,   Formel IX.   Jodid
$[C_{23}H_{24}N_3]I$. Dunkelgrüne Kristalle (aus Me.); F: 326° [Zers.]. λ_{max} (A.): 570 nm.

3,3,7-Trimethyl-2-[3-(1-methyl-1*H*-[4]chinolyliden)-propenyl]-3*H*-pyrrolo≠
[2,3-*b*]pyridinium $[C_{23}H_{24}N_3]^+$ und Mesomere; 1-[1-Methyl-[4]chinolyl]-3-[3,3,7-tri≠
methyl-3*H*-pyrrolo[2,3-*b*]pyridin-2-yl]-trimethinium, Formel X. Jodid $[C_{23}H_{24}N_3]I$.
Blaugrüne Kristalle (aus Me.); F: 297,5 – 298,5° [Zers.]. λ_{max} (A.): 651 nm.

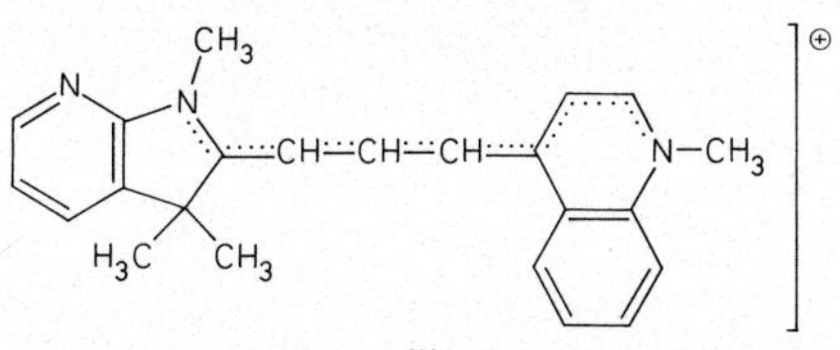

IX 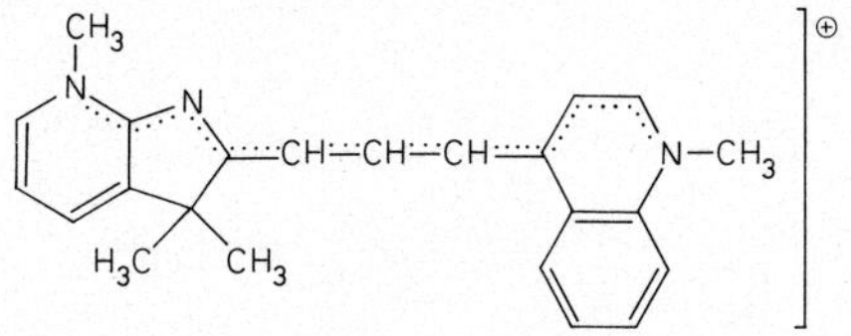   X

***Opt.-inakt. 1,7-Diphenyl-3a,5a,8,8a-tetrahydro-3*H*-imidazo[1,5-*a*]pyrrolo[2,3-*e*]pyridin(?)**
$C_{21}H_{19}N_3$, vermutlich Formel XI.

B. Aus 2,6-Dimethyl-pyridin beim aufeinanderfolgenden Behandeln mit Phenyllithium und
Benzonitril (*De Jong, Wibaut,* R. **70** [1951] 962, 969, 975).

Gelbe Kristalle (aus Bzl.); F: 165°.

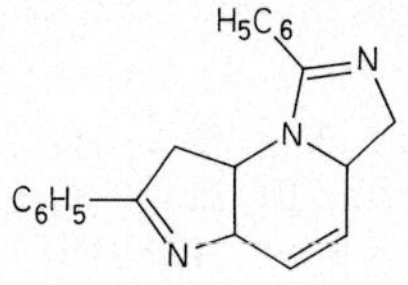

XI 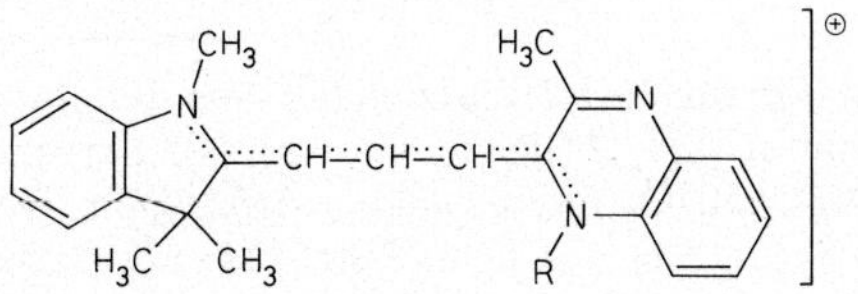   XII

Stammverbindungen $C_{22}H_{21}N_3$

1,3-Dimethyl-2-[3-(1,3,3-trimethyl-indolin-2-yliden)-propenyl]-chinoxalinium $[C_{24}H_{26}N_3]^+$ und
Mesomere; **1-[1,3-Dimethyl-chinoxalin-2-yl]-3-[1,3,3-trimethyl-3*H*-indol-2-yl]-trimethinium** [1]),
Formel XII (R = CH₃).

Jodid $[C_{24}H_{26}N_3]I$. *B.* Aus 1,2,3-Trimethyl-chinoxalinium-jodid und [1,3,3-Trimethyl-ind≠
olin-2-yliden]-acetaldehyd (*Cook et al.,* Soc. **1942** 710, 712). – Blaue Kristalle (aus A.); F:
189 – 190°. λ_{max} (A.): 615 nm.

3-Methyl-1-phenyl-2-[3-(1,3,3-trimethyl-indolin-2-yliden)-propenyl]-chinoxalinium $[C_{29}H_{28}N_3]^+$
und Mesomere; **1-[3-Methyl-1-phenyl-chinoxalin-2-yl]-3-[1,3,3-trimethyl-3*H*-indol-2-yl]-
trimethinium**, Formel XII (R = C₆H₅).

Acetat $[C_{29}H_{28}N_3]C_2H_3O_2$. *B.* Aus *N*-Phenyl-*o*-phenylendiamin beim aufeinanderfolgenden
Behandeln mit Butandion, [1,3,3-Trimethyl-indolin-2-yliden]-acetaldehyd und Acetanhydrid
(*Cook et al.,* Soc. **1942** 710, 713). – Grüne Kristalle (aus H₂O); F: 154°. λ_{max} (A.): 608 nm
und 654 nm.

Stammverbindungen $C_nH_{2n-25}N_3$

Stammverbindungen $C_{18}H_{11}N_3$

5*H*-Benz[*g*]indolo[2,3-*b*]chinoxalin $C_{18}H_{11}N_3$, Formel XIII.

B. Aus Naphthalin-2,3-diyldiamin-hydrochlorid und Isatin (*Henseke, Lemke,* B. **91** [1958]

---

[1]) Siehe S. 272 Anm.

101, 110).

Orangerote Kristalle (aus Anisol); Zers. bei 370° [Sublimation ab 300°].

8H-Indolo[3,2-a]phenazin $C_{18}H_{11}N_3$, Formel XIV.

B. Aus Carbazol-3,4-dion und *o*-Phenylendiamin (*Teuber, Staiger,* B. **87** [1954] 1251, 1254).
Orangefarbene Kristalle (aus Me.); F: 275 − 276°.

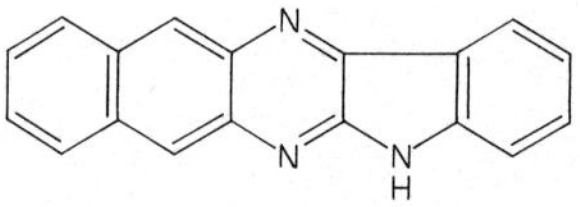

XIII 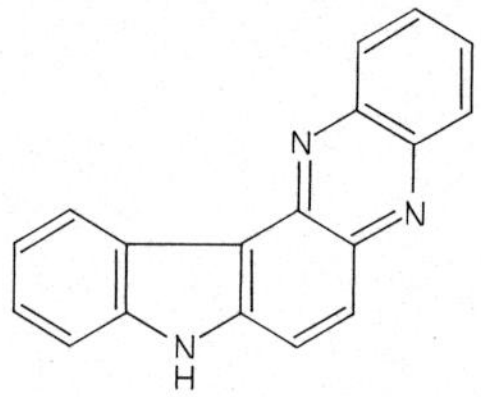   XIV 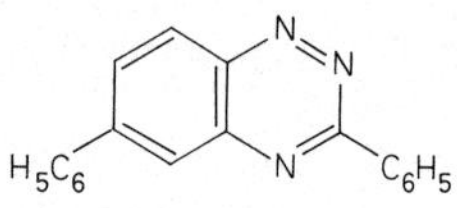   XV

Stammverbindungen $C_{19}H_{13}N_3$

3,6-Diphenyl-benzo[e][1,2,4]triazin $C_{19}H_{13}N_3$, Formel XV.

B. Aus 1,5-Bis-biphenyl-4-yl-3-phenyl-formazan oder *N'''*-Biphenyl-4-yl-3,*N*-diphenyl-form‐
azan beim Erwärmen mit konz. H_2SO_4 in Essigsäure (*Jerchel, Woticky,* A. **605** [1957] 191,
196, 198).

Gelbe Kristalle (aus PAe. oder Me.); F: 135 − 136°.

2,8-Diphenyl-pyrimido[1,2-a]pyrimidinylium $[C_{19}H_{14}N_3]^+$, Formel I (X = X′ = H).

Perchlorat $[C_{19}H_{14}N_3]ClO_4$. *B.* Aus 4-Phenyl-pyrimidin-2-ylamin, 3-Chlor-1-phenyl-prope‐
non und wss. $HClO_4$ (*Nešmejanow, Rybinškaja,* Doklady Akad. S.S.S.R. **125** [1959] 97, 100;
Pr. Acad. Sci. U.S.S.R. Chem. Sect. **124−129** [1959] 184, 186). − Kristalle (aus Me. + wenig
$HClO_4$); Zers. bei 317 − 320°. IR-Spektrum (Vaselinöl; 1800 − 700 cm^{-1}): *Ne., Ry.*

Die folgenden Verbindungen sind in analoger Weise hergestellt worden:

2-[2-Brom-phenyl]-8-phenyl-pyrimido[1,2-a]pyrimidinylium $[C_{19}H_{13}BrN_3]^+$,
Formel I (X = Br, X′ = H). Perchlorat $[C_{19}H_{13}BrN_3]ClO_4$. Kristalle (aus Me. + wenig
$HClO_4$); Zers. bei 246 − 249°. IR-Spektrum (Vaselinöl; 1800 − 700 cm^{-1}): *Ne., Ry.*

2-[4-Brom-phenyl]-8-phenyl-pyrimido[1,2-a]pyrimidinylium $[C_{19}H_{13}BrN_3]^+$,
Formel I (X = H, X′ = Br). Perchlorat $[C_{19}H_{13}BrN_3]ClO_4$. Kristalle (aus Me. + wenig
$HClO_4$); Zers. bei 301 − 303°. IR-Spektrum (Vaselinöl; 1800 − 700 cm^{-1}): *Ne., Ry.*

2-[4-Nitro-phenyl]-8-phenyl-pyrimido[1,2-a]pyrimidinylium $[C_{19}H_{13}N_4O_2]^+$,
Formel I (X = H, X′ = NO$_2$). Perchlorat $[C_{19}H_{13}N_4O_2]ClO_4$. Kristalle (aus Me. + wenig
$HClO_4$); Zers. bei 312 − 314°. IR-Spektrum (Vaselinöl; 1800 − 700 cm^{-1}): *Ne., Ry.*

4-Phenyl-3-[2]pyridyl-cinnolin $C_{19}H_{13}N_3$, Formel II (X = H).

B. Aus 2-[1-Phenyl-2-[2]pyridyl-vinyl]-anilin beim Diazotieren in wss. HCl (*Schofield,* Soc.
1949 2408, 2411; *Nunn, Schofield,* Soc. **1953** 3700, 3701).

Hellgelbe Kristalle; F: 145 − 146° (*Nu., Sch.*).

Picrat $C_{19}H_{13}N_3 \cdot C_6H_3N_3O_7$. Gelbe Kristalle (aus Me.) mit 1 Mol Methanol; F: 194 − 196°
[unkorr.] (*Sch.*).

6-Chlor-4-phenyl-3-[2]pyridyl-cinnolin $C_{19}H_{12}ClN_3$, Formel II (X = Cl).

B. Aus 1-[2-Amino-5-chlor-phenyl]-1-phenyl-2-[2]pyridyl-äthanol beim Erwärmen mit konz.
H_2SO_4 und Diazotieren des Reaktionsprodukts in wss. HCl (*Nunn, Schofield,* Soc. **1953** 3700,
3702).

Gelbe Kristalle (aus wss. A.); F: 143 − 144°.

2-Phenyl-3-[4]pyridyl-chinoxalin $C_{19}H_{13}N_3$, Formel III.

B. Aus Phenyl-[4]pyridyl-äthandion und *o*-Phenylendiamin (*Buehler et al.,* J. org. Chem.

20 [1955] 1350, 1354).
   F: 149° [unkorr.].

I   II   III   IV

2,3-Diphenyl-pyrido[2,3-*b*]pyrazin $C_{19}H_{13}N_3$, Formel IV (X = H) (E II 53).
   F: 146−148° [korr.] (*Petrow, Saper*, Soc. **1948** 1389, 1391).

7-Chlor-2,3-diphenyl-pyrido[2,3-*b*]pyrazin $C_{19}H_{12}ClN_3$, Formel IV (X = Cl).
   B. Aus 5-Chlor-pyridin-2,3-diyldiamin und Benzil (*Israel, Day*, J. org. Chem. **24** [1959] 1454, 1456).
   Hellgelbe Kristalle (aus A.); F: 159−161° [unkorr.].

7-Brom-2,3-diphenyl-pyrido[2,3-*b*]pyrazin $C_{19}H_{12}BrN_3$, Formel IV (X = Br).
   B. Analog der vorangehenden Verbindung (*Petrow, Saper*, Soc. **1948** 1389, 1391).
   Gelbe Kristalle (aus PAe.); F: 156−158° [korr.].
   Tris-methojodid [$C_{22}H_{21}BrN_3$]I_3; 7-Brom-1,4,5-trimethyl-2,3-diphenyl-pyrido= [2,3-*b*]pyrazintriium-trijodid. Rote Kristalle (aus A.); F: 192° [korr.; Zers.].

4-*trans*(?)-Styryl-pyrido[3,2-*h*]cinnolin $C_{19}H_{13}N_3$, vermutlich Formel V.
   B. Aus 4-Methyl-pyrido[3,2-*h*]cinnolin und Benzaldehyd mit Hilfe von $ZnCl_2$ (*Case, Brennan*, Am. Soc. **81** [1959] 6297, 6298).
   Kristalle (aus Bzl.); F: 216−217°. Bei 190°/1−2 Torr sublimierbar.

V   VI   VII

7,14(?)-Dihydro-benz[*f*]isochino[3,4-*b*]chinoxalin $C_{19}H_{13}N_3$, vermutlich Formel VI.
   B. Aus 6H-Benz[*f*]isochino[3,4-*b*]chinoxalin-5-thion beim Erhitzen an Raney-Nickel in Di= oxan (*Osdene, Timmis*, Soc. **1954** 4349, 4351, 4353).
   Orangegelbe Kristalle (aus Butan-1-ol); F: 275°.

7,14(?)-Dihydro-benz[*f*]isochino[4,3-*b*]chinoxalin $C_{19}H_{13}N_3$, vermutlich Formel VII.
   B. Analog der vorangehenden Verbindung (*Osdene, Timmis*, Soc. **1955** 4349, 4353).
   Orangefarbene Kristalle (aus Butan-1-ol); F: 275°.

Stammverbindungen $C_{20}H_{15}N_3$

3-[2]Pyridyl-4-*p*-tolyl-cinnolin $C_{20}H_{15}N_3$, Formel VIII.
   B. Aus 1-[2-Amino-phenyl]-2-[2]-pyridyl-1-*p*-tolyl-äthanol beim Erwärmen mit konz. H_2SO_4 und Diazotieren des Reaktionsprodukts in wss. HCl (*Nunn, Schofield*, Soc. **1953** 3700, 3702).
   Gelbe Kristalle (aus wss. A.); F: 164−165°.

6-Methyl-2,3-diphenyl-pyrido[2,3-*b*]pyrazin $C_{20}H_{15}N_3$, Formel IX (R = CH$_3$, R' = X = H).

B. Aus 6-Methyl-pyridin-2,3-diyldiamin und Benzil (*Lappin, Slezak*, Am. Soc. **72** [1950] 2806).

Kristalle (aus A.); F: 169–170°.

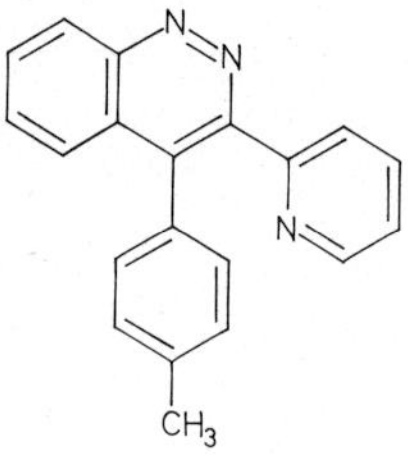

VIII 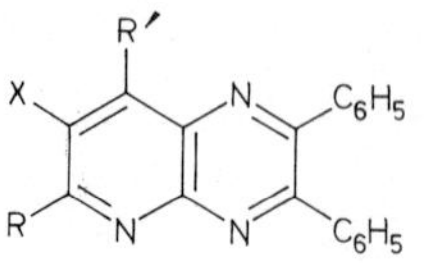   IX 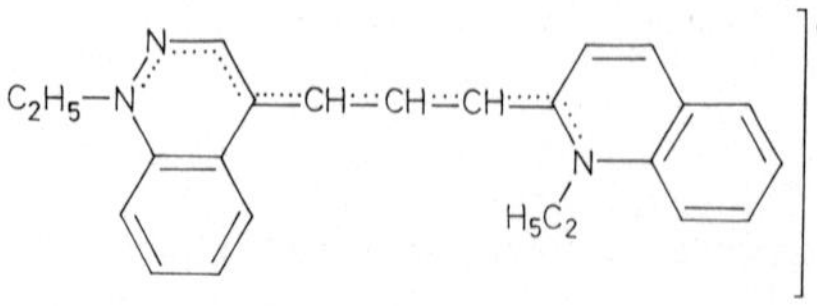   X

Die folgenden Verbindungen sind in analoger Weise hergestellt worden:

7-Brom-6-methyl-2,3-diphenyl-pyrido[2,3-*b*]pyrazin $C_{20}H_{14}BrN_3$,   Formel IX (R = CH$_3$, R' = H, X = Br). Kristalle (aus PAe.); F: 160° [Zers.] (*Israel, Day*, J. org. Chem. **24** [1959] 1455, 1459).

7-Methyl-2,3-diphenyl-pyrido[2,3-*b*]pyrazin $C_{20}H_{15}N_3$, Formel IX (R = R' = H, X = CH$_3$). Kristalle (aus A.); F: 160–161° (*La., Sl.*).

8-Methyl-2,3-diphenyl-pyrido[2,3-*b*]pyrazin $C_{20}H_{15}N_3$, Formel IX (R = X = H, R' = CH$_3$). Kristalle (aus A.); F: 143–144° (*La., Sl.*).

7-Brom-8-methyl-2,3-diphenyl-pyrido[2,3-*b*]pyrazin $C_{20}H_{14}BrN_3$,   Formel IX (R = H, R' = CH$_3$, X = Br). Kristalle (aus A.); F: 199,5–201° (*Is., Day*).

1-Äthyl-4-[3-(1-äthyl-1*H*-[2]chinolyliden)-propenyl]-cinnolinium $[C_{24}H_{24}N_3]^+$ und Mesomere; **1-[1-Äthyl-[2]chinolyl]-3-[1-äthyl-cinnolin-4-yl]-trimethinium**[1]), Formel X.

Jodid $[C_{24}H_{24}N_3]I$. *B*. Aus 1-Äthyl-4-[2-anilino-vinyl]-cinnolinium-jodid und 1-Äthyl-2-methyl-chinolinium-jodid (*Lal*, J. Indian chem. Soc. **36** [1959] 64). – F: 263°.

1-Methyl-4-[3-(1-methyl-1*H*-[4]chinolyliden)-propenyl]-cinnolinium $[C_{22}H_{20}N_3]^+$ und Mesomere; **1-[1-Methyl-[4]chinolyl]-3-[1-methyl-cinnolin-4-yl]-trimethinium**[1]), Formel XI.

Jodid $[C_{22}H_{20}N_3]I$. *B*. Analog der vorangehenden Verbindung (*Lal*, J. Indian chem. Soc. **36** [1959] 64). – F: 250,5°.

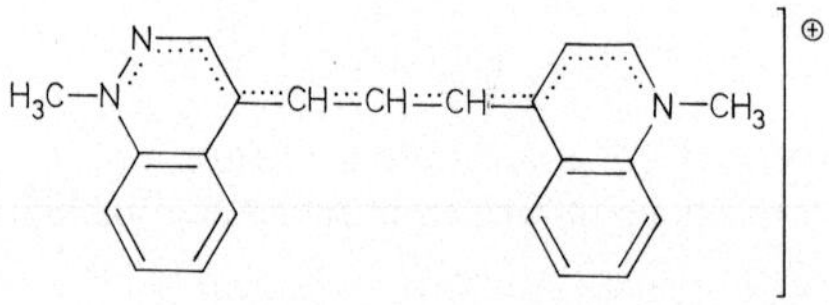

XI 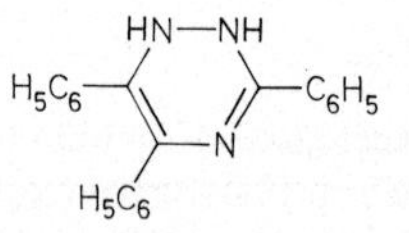   XII 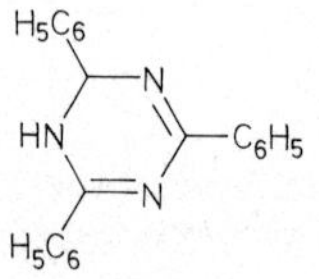   XIII

Stammverbindungen $C_{21}H_{17}N_3$

3,5,6-Triphenyl-1,2(?)-dihydro-[1,2,4]triazin $C_{21}H_{17}N_3$, vermutlich Formel XII und Taut.

B. Neben 2,4,5-Triphenyl-1*H*-imidazol aus 3,5,6-Triphenyl-[1,2,4]triazin beim Erwärmen mit Zink-Pulver in Äthanol und Essigsäure (*Metze, Scherowsky*, B. **92** [1959] 2481, 2486).

Kristalle; F: 239°.

Diacetyl-Derivat $C_{25}H_{21}N_3O_2$. F: 166–167°.

1,2(?)-Dimethyl-3,5,6-triphenyl-1,2(?)-dihydro-[1,2,4]triazin-methojodid

---

[1]) Siehe S. 272 Anm.

$[C_{24}H_{24}N_3]$I. Kristalle (aus Acn.); F: 235—237°.

2,4,6-Triphenyl-1,2-dihydro-[1,3,5]triazin $C_{21}H_{17}N_3$, Formel XIII.

B. Neben Triphenyl-[1,3,5]triazin aus Benzonitril beim Erwärmen mit NaH in Benzol (*Swamer et al.*, J. org. Chem. **16** [1951] 43, 44, 45).

Gelbe Kristalle (aus Toluol); F: 171—172°.

3-Benzhydryl-4,5-diphenyl-4*H*-[1,2,4]triazol $C_{27}H_{21}N_3$, Formel XIV (E II 54).

B. Aus *N*-Benzoyl-*N'*-diphenylacetyl-hydrazin beim aufeinanderfolgenden Behandeln mit PCl_5 und Anilin (*Aspelund*, Acta Acad. Åbo. **6** Nr. 4 [1932] 8).

F: 134°.

Hydrochlorid. F: 234—235°.

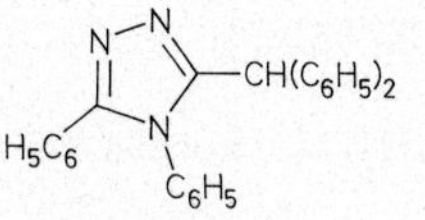

XIV 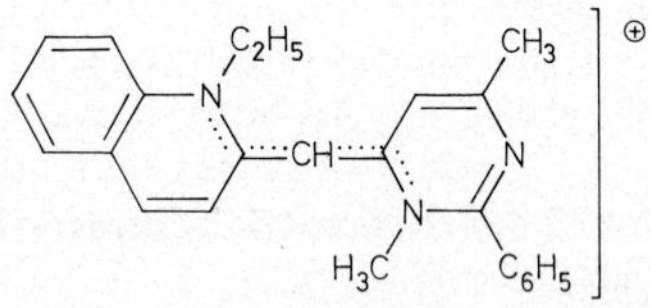   XV

1-Äthyl-2-[3,6-dimethyl-2-phenyl-3*H*-pyrimidin-4-ylidenmethyl]-chinolinium $[C_{24}H_{24}N_3]^+$ und Mesomere; [1-Äthyl-[2]chinolyl]-[3,6-dimethyl-2-phenyl-pyrimidin-4-yl]-methinium [1]), Formel XV.

Chlorid $[C_{24}H_{24}N_3]$Cl. Orangefarbene Kristalle; F: 247—248° (*Eastman Kodak Co.*, U.S.P. 2472565 [1946]).

Jodid $[C_{24}H_{24}N_3]$I. *B.* Aus 1,4,6-Trimethyl-2-phenyl-pyrimidinium-jodid und 1-Äthyl-2-jod-chinolinium-jodid (*Eastman Kodak Co.*). — Rote Kristalle (aus Me.); F: 247—248° [Zers.].

1,3-Dimethyl-2-[3-(1-methyl-1*H*-[2]chinolyliden)-propenyl]-chinoxalinium $[C_{23}H_{22}N_3]^+$ und Mesomere; 1-[1,3-Dimethyl-chinoxalin-2-yl]-3-[1-methyl-[2]chinolyl]-trimethinium [1]), Formel I.

Chlorid $[C_{23}H_{22}N_3]$Cl. *B.* Aus 1,2,3-Trimethyl-chinoxalinium-jodid beim aufeinanderfolgen= den Umsetzen mit 2-[2-Anilino-vinyl]-1-methyl-chinolinium-jodid und NaCl (*Cook et al.*, Soc. **1942** 710, 712). — Dunkelviolette Kristalle (aus wss. A.); F: > 360°. λ_{max} (A.): 555 nm und 599 nm.

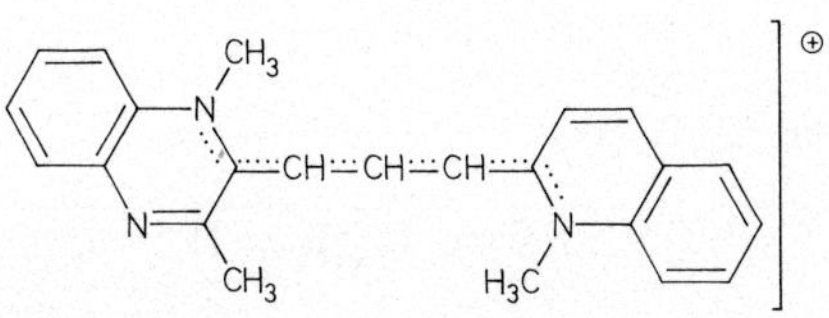

I 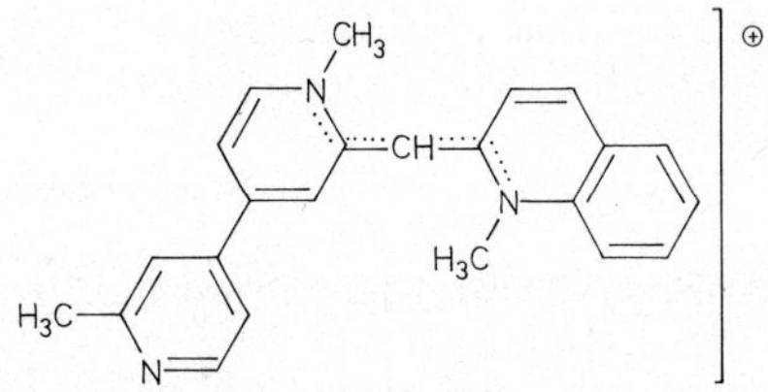   II

1,2'-Dimethyl-2-[1-methyl-1*H*-[2]chinolylidenmethyl]-[4,4']bipyridylium $[C_{23}H_{22}N_3]^+$ und Mesomere; [1,2'-Dimethyl-[4,4']bipyridyl-2-yl]-[1-methyl-[2]chinolyl]-methinium [1]), Formel II.

Jodid $[C_{23}H_{22}N_3]$I. *B.* Aus 2-Jod-1-methyl-chinolinium-jodid und 1,2,2'-Trimethyl-[4,4']bi= pyridylium-jodid (*Lal, Petrow*, Soc. **1949** Spl. 115, 119). — Dunkelrote Kristalle (aus A.); F: 233—234° [unkorr.]. λ_{max} (Me.): 503 nm.

1-[2-Chlor-4-methyl-[3]chinolyl]-4,9-dihydro-3*H*-β-carbolin $C_{21}H_{16}ClN_3$, Formel III.

B. Aus 2-Hydroxy-4-methyl-chinolin-3-carbonsäure-[2-indol-3-yl-äthylamid] beim Erwärmen

---

[1]) Siehe S. 272 Anm.

mit POCl$_3$ (*Marion et al.*, Canad. J. Res. [B] **24** [1946] 224, 230).
Kristalle (aus Bzl. + E.); F: 215 – 216° [korr.].

Stammverbindungen C$_{22}$H$_{19}$N$_3$

2-Methyl-2,4,6-triphenyl-1,2-dihydro-[1,3,5]triazin C$_{22}$H$_{19}$N$_3$, Formel IV (R = H, R′ = CH$_3$).
B. Aus Benzonitril beim Behandeln mit Methyllithium in Äther und anschliessend mit H$_2$O
(*Anker, Cook,* Soc. **1941** 323, 327).
Kristalle (aus A.) mit 1 Mol Äthanol; F: 62° und (nach Wiedererstarren bei 80 – 90°) F:
143°.
Beim Erhitzen auf 300° sind 2,4,6-Triphenyl-pyrimidin und NH$_3$ erhalten worden.
Hydrochlorid C$_{22}$H$_{19}$N$_3$·HCl. Kristalle (aus Eg. + A.); F: 248° [Zers.].
Sulfat C$_{22}$H$_{19}$N$_3$·H$_2$SO$_4$. Kristalle (aus Eg.); F: 264° [bei schnellem Erhitzen] bzw. Zers.
bei 251° [bei langsamem Erhitzen].
Toluol-4-sulfonyl-Derivat C$_{29}$H$_{25}$N$_3$O$_2$S. Kristalle (aus wss. A.); F: 240 – 241°.
Nitroso-Derivat C$_{22}$H$_{18}$N$_4$O. Kristalle (aus A.); F: 205° [Zers.].

(±)-1,2-Dimethyl-2,4,6-triphenyl-1,2-dihydro-[1,3,5]triazin C$_{23}$H$_{21}$N$_3$, Formel IV
(R = R′ = CH$_3$).
B. Aus Benzonitril beim Behandeln mit Methyllithium in Äther und anschliessend mit CH$_3$I
(*Anker, Cook,* Soc. **1941** 323, 328).
Kristalle (aus A.); F: 156°.

III   IV   V

Stammverbindungen C$_{23}$H$_{21}$N$_3$

2-Äthyl-2,4,6-triphenyl-1,2-dihydro-[1,3,5]triazin C$_{23}$H$_{21}$N$_3$, Formel IV (R = H, R′ = C$_2$H$_5$).
B. Aus Benzonitril beim Behandeln mit Äthyllithium in Äther und anschliessend mit H$_2$O
(*Anker, Cook,* Soc. **1941** 323, 328).
Äthanolhaltige Kristalle (aus A.); F: 155°.

Stammverbindungen C$_{24}$H$_{23}$N$_3$

2,4,6-Triphenyl-2-propyl-1,2-dihydro-[1,3,5]triazin C$_{24}$H$_{23}$N$_3$, Formel IV (R = H,
R′ = CH$_2$-C$_2$H$_5$).
B. Analog der vorangehenden Verbindung (*Anker, Cook,* Soc. **1941** 323, 329).
Äthanolhaltige Kristalle (aus A.); F: 50° und (nach Wiedererstarren bei ca. 78°) F: 116°.
Sulfat C$_{24}$H$_{23}$N$_3$·H$_2$SO$_4$. Kristalle (aus A.); F: 222°.

2-Isopropyl-2,4,6-triphenyl-1,2-dihydro-[1,3,5]triazin C$_{24}$H$_{23}$N$_3$, Formel IV (R = H,
R′ = CH(CH$_3$)$_2$).
B. Analog den vorangehenden Verbindungen (*Anker, Cook,* Soc. **1941** 323, 329).
Kristalle (aus A.); F: 184°.

*Opt.-inakt. 2-[4-(1,5-Diphenyl-4,5-dihydro-1*H***-pyrazol-3-yl)-phenyl]-1,2,3,4-tetrahydro-chinolin**
C$_{30}$H$_{27}$N$_3$, Formel V.
B. Aus (±)-4′-[1,2,3,4-Tetrahydro-[2]chinolyl]-*trans*(?)-chalkon und Phenylhydrazin (*Neun*⸗

hoeffer, Ulrich, B. **88** [1955] 1123, 1131).

Kristalle (aus Dioxan + H_2O); F: 205–206°.

Picrat $C_{30}H_{27}N_3 \cdot C_6H_3N_3O_7$. Rote Kristalle; F: 202–204°.

Stammverbindungen $C_{25}H_{25}N_3$

2-Butyl-2,4,6-triphenyl-1,2-dihydro-[1,3,5]triazin $C_{25}H_{25}N_3$, Formel IV (R = H, R′ = $[CH_2]_3$-CH_3).

B. Aus Benzonitril beim Behandeln mit Butyllithium in Äther und anschliessend mit H_2O (*Anker, Cook*, Soc. **1941** 323, 329).

Kristalle (aus A.) mit 1 Mol Äthanol; F: 40–50° und (nach Wiedererstarren bei 60–70°) F: 117° (*An., Cook*).

Beim Erhitzen sind 2,4,6-Triphenyl-5-propyl-pyrimidin und Triphenyl-[1,3,5]triazin erhalten worden (*Cook, Wakefield*, Tetrahedron Letters **1979** 1241; s. dagegen *An., Cook*).

Hydrochlorid $C_{25}H_{25}N_3 \cdot HCl$. Kristalle (aus wss. A.); F: 256° (*An., Cook*).

Sulfat $C_{25}H_{25}N_3 \cdot H_2SO_4$. Kristalle (aus wss. A.); F: 215° (*An., Cook*).

[*U. Müller*]

Stammverbindungen $C_nH_{2n-27}N_3$

Stammverbindungen $C_{19}H_{11}N_3$

Benz[*f*]isochino[3,4-*b*]chinoxalin $C_{19}H_{11}N_3$, Formel VI.

B. Beim Erhitzen von 7,14-Dihydro(?)-benz[*f*]isochino[3,4-*b*]chinoxalin (S. 285) mit Palladium/Kohle (*Osdene, Timmis*, Soc. **1955** 4349, 4353).

Gelbliche Kristalle (aus Butan-1-ol); F: 293°.

Benz[*f*]isochino[4,3-*b*]chinoxalin $C_{19}H_{11}N_3$, Formel VII (X = H).

B. Aus 7,14-Dihydro(?)-benz[*f*]isochino[4,3-*b*]chinoxalin (S. 285) beim Erhitzen mit Palladium/Kohle oder beim Erwärmen mit $NaNO_2$ in wss. Essigsäure (*Osdene, Timmis*, Soc. **1955** 4349, 4353).

Gelbe Kristalle (aus A.); F: 282–283° (*Os., Ti.*). Absorptionsspektrum (Hexan + CCl_4) [250–450 nm] sowie A. [200–450 nm]): *Roe*, Spectrochim. Acta **11** [1957] 515, 525.

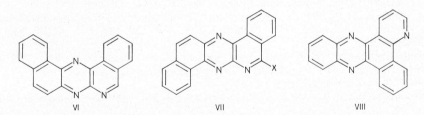

VI   VII   VIII

5-Chlor-benz[*f*]isochino[4,3-*b*]chinoxalin $C_{19}H_{10}ClN_3$, Formel VII (X = Cl).

B. Beim Erhitzen von 6*H*-Benz[*f*]isochino[4,3-*b*]chinoxalin-5-on mit $POCl_3$ und PCl_5 (*Osdene, Timmis*, Soc. **1955** 4349, 4352).

Gelbe Kristalle (aus Bzl.); F: 288°.

Benzo[*a*]pyrido[2,3-*c*]phenazin $C_{19}H_{11}N_3$, Formel VIII.

B. Aus Benzo[*h*]chinolin-5,6-dion und *o*-Phenylendiamin (*Mustafa et al.*, Am. Soc. **81** [1959] 3409, 3413).

Hellgelbe Kristalle (aus Eg.); F: 221°.

12-Brom-dibenzo[*f,h*]pyrido[2,3-*b*]chinoxalin $C_{19}H_{10}BrN_3$, Formel IX (X = H).

B. Aus Phenanthren-9,10-dion und 5-Brom-pyridin-2,3-diyldiamin (*Petrow, Saper*, Soc. **1948**

1389, 1391).
Gelbe Kristalle (aus wss. Eg.); F: 222° [korr.].

12-Brom-11(?)-chlor-dibenzo[f,h]pyrido[2,3-b]chinoxalin $C_{19}H_9BrClN_3$, vermutlich Formel IX (X = Cl).
B. Aus Phenanthren-9,10-dion und 5-Brom-6(?)-chlor-pyridin-2,3-diyldiamin [E III/IV **22** 5384] (*Berrie et al.*, Soc. **1952** 2042, 2045).
Kristalle; F: 270−272°.

Dibenzo[f,h]pyrido[3,4-b]chinoxalin $C_{19}H_{11}N_3$, Formel X (X = X′ = H).
B. Analog der vorangehenden Verbindung (*Koenigs et al.*, B. **69** [1936] 2690, 2694).
Kristalle (aus Eg.); F: 234° [nach Sintern].
Picrat. Zers. bei 262−263° [nach Sintern und Verfärben].

10-Chlor-dibenzo[f,h]pyrido[3,4-b]chinoxalin $C_{19}H_{10}ClN_3$, Formel X (X = Cl, X′ = H).
B. Beim Erwärmen von Phenanthren-9,10-dion mit 2-Chlor-pyridin-3,4-diyldiamin in Äthanol und Essigsäure (*Talik, Plażek*, Roczniki Chem. **30** [1956] 1139, 1146; C.A. **1957** 12089).
Gelbe Kristalle (aus Bzl.); F: 250−252°.

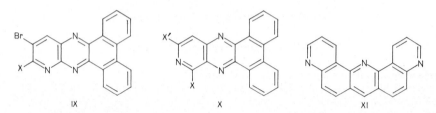

IX   X   XI

12-Chlor-dibenzo[f,h]pyrido[3,4-b]chinoxalin $C_{19}H_{10}ClN_3$, Formel X (X = H, X′ = Cl).
B. Analog der vorangehenden Verbindung (*Talik, Plażek*, Roczniki Chem. **30** [1956] 1139, 1147; C. A. **1957** 12089).
Gelbe Kristalle (aus Bzl.); F: 225−227°.

Chino[5,6-b][1,7]phenanthrolin $C_{19}H_{11}N_3$, Formel XI.
Konstitution: *Dufour et al.*, Soc. [C] **1967** 1415; s. a. *I.G. Farbenind.*, U.S.P. 2001201 [1931].
B. Aus Acridin-3,6-diyldiamin beim Erhitzen mit H_3AsO_4, Glycerin und konz. H_2SO_4 (*Schmid, Friesinger*, M. **77** [1946] 76, 78; *Du. et al.*) oder mit Glycerin, 3-Nitro-benzolsulfonsäure und H_2SO_4 (*I.G. Farbenind.*, D.R.P. 609383 [1930]; Frdl. **20** 509, 513; U.S.P. 2001201; F.P. 727528 [1931]).
Gelbliche Kristalle; F: 296° [unkorr.; nach Sublimation im Vakuum] (*Du. et al.*), 292° [un≠ korr.] (*I.G. Farbenind.*, D.R.P. 609383), 289° [evakuierte Kapillare; aus Py.] (*Sch., Fr.*). Bei 160−240°/0,15 Torr sublimierbar (*Sch., Fr.*).
Mono-methojodid $[C_{20}H_{14}N_3]I$. Gelbe Kristalle; F: 290−297° [Zers.; evakuierte Kapil≠ lare] (*Sch., Fr.*, l. c. S. 79).

Stammverbindungen $C_{20}H_{13}N_3$

2-Phenyl-naphth[2′,3′:4,5]imidazo[1,2-a]pyrimidin(?) $C_{20}H_{13}N_3$, vermutlich Formel XII.
B. Aus 1*H*-Naphth[2,3-d]imidazol-2-ylamin und 3-Oxo-3-phenyl-propionaldehyd oder 2,4-Dioxo-4-phenyl-buttersäure (*Ried, Müller*, J. pr. [4] **8** [1959] 132, 142, 144, 148).
Rote Kristalle; F: 342−347°.

10-Phenyl-naphth[1′,2′:4,5]imidazo[1,2-a]pyrimidin(?) $C_{20}H_{13}N_3$, vermutlich Formel XIII.
B. Aus 1(3)*H*-Naphth[1,2-d]imidazol-2-ylamin und 3-Oxo-3-phenyl-propionaldehyd (*Ried, Müller*, J. pr. [4] **8** [1959] 132, 144, 148).
Gelbbraune Kristalle; F: 263−264°.

XII   XIII   XIV

5,12-Dihydro-4*H*-indeno[7,1-*fg*]indolo[3,2-*b*]chinoxalin(?) $C_{20}H_{13}N_3$, vermutlich Formel XIV
(X = X′ = H) (in der Literatur als Acenaphthenoindazin bezeichnet).
  B. Aus Acenaphthen-4,5-diyldiamin und Isatin (*Guha, Basu-Mallick,* J. Indian chem. Soc.
13 [1936] 571, 572).
  Kristalle (aus A.); F: >310°.

9-Nitro-5,12-dihydro-4*H*-indeno[7,1-*fg*]indolo[3,2-*b*]chinoxalin(?) $C_{20}H_{12}N_4O_2$, vermutlich
Formel XIV (X = NO_2, X′ = H).
  B. Analog der vorangehenden Verbindung (*Guha, Basu-Mallick,* J. Indian chem. Soc. **13**
[1936] 571, 572).
  Kristalle (aus Py.), die oberhalb 310° sublimieren.

9,11-Dinitro-5,12-dihydro-4*H*-indeno[7,1-*fg*]indolo[3,2-*b*]chinoxalin(?) $C_{20}H_{11}N_5O_4$,
vermutlich Formel XIV (X = X′ = NO_2).
  B. Analog den vorangehenden Verbindungen (*Guha, Basu-Mallick,* J. Indian chem. Soc.
13 [1936] 571, 573).
  Braune Kristalle (aus Xylol), die oberhalb 310° sublimieren.

Stammverbindungen $C_{21}H_{15}N_3$

Triphenyl-[1,2,4]triazin $C_{21}H_{15}N_3$, Formel I (X = X′ = H).
  B. Aus Benzil bei aufeinanderfolgender Umsetzung mit Benzoesäure-hydrazid und mit Am=
moniumacetat (*Laakso et al.,* Tetrahedron **1** [1957] 103, 110, 111). Aus Benzil-bis-benzoylhydr=
azon und NH_3 in Äthanol [140—150°] (*Metze,* B. **91** [1958] 1863, 1866).
  Gelbe Kristalle; F: 148° [aus A.] (*Me.*), 145—146° [aus Bzl. + PAe.] (*La. et al.*).
  Beim Erwärmen mit Zink-Pulver und Essigsäure in Äthanol sind 2,4,5-Triphenyl-1*H*-imidazol
und 3,5,6-Triphenyl-1,2(?)-dihydro-[1,2,4]triazin [S. 286] (*Metze, Scherowsky,* B. **92** [1959] 2481,
2486; s. a. *La. et al.*), bei der Hydrierung an Raney-Nickel in Methanol ist überwiegend
2,4,5-Triphenyl-1*H*-imidazol erhalten worden (*Me., Sch.,* l. c. S. 2483).

I   II   III

Triphenyl-[1,2,4]triazin-1-oxid $C_{21}H_{15}N_3O$, Formel II.
  B. Neben Triphenyl-[1,2,4]triazin-2-oxid (s. u.) aus Triphenyl-[1,2,4]triazin und H_2O_2 in wss.
Essigsäure (*Atkinson et al.,* Soc. **1964** 4209, 4211).
  Dipolmoment (ε; Bzl.) bei 25°: 3,68 D (*At. et al.*).
  Hellgelbe Kristalle (aus E.); F: 207—208° (*At. et al.*).

  Diese Verbindung hat vermutlich auch überwiegend in dem von *v. Euler et al.* (B. **92** [1959]
2266, 2269) als Triphenyl-[1,2,4]triazin-*N*-oxid beschriebenen, aus Triphenyl-[1,2,4]triazin und
H_2O_2 in wss. Essigsäure erhaltenen Präparat (Kristalle [aus Eg.]; F: 204°) vorgelegen.

Triphenyl-[1,2,4]triazin-2-oxid $C_{21}H_{15}N_3O$, Formel III.
  B. s. bei der vorangehenden Verbindung.

Dipolmoment (ε; Bzl.) bei 25°: 4,08 D (*Atkinson et al.*, Soc. **1964** 4209, 4211).
Gelbe Kristalle (aus A.); F: 192−194°.

3-[4-Chlor-phenyl]-5,6-diphenyl-[1,2,4]triazin $C_{21}H_{14}ClN_3$, Formel I (X = H, X' = Cl).
B. Aus Benzil, 4-Chlor-benzoesäure-hydrazid und Ammoniumacetat (*Laakso et al.*, Tetrahe=
dron **1** [1957] 103, 111).
Kristalle; F: 152−153° [aus Eg.] (*Atkinson, Cossey*, Soc. **1962** 1805, 1808), 134−135° [aus
A.] (*La. et al.*).

3-[3-Nitro-phenyl]-5,6-diphenyl-[1,2,4]triazin $C_{21}H_{14}N_4O_2$, Formel I (X = NO_2, X' = H).
B. Aus Benzil bei aufeinanderfolgender Umsetzung mit 3-Nitro-benzoesäure-hydrazid und
mit Ammoniumacetat (*Laakso et al.*, Tetrahedron **1** [1957] 103, 111).
Hellgelbe Kristalle (aus Eg. + Me.); F: 197°.

3-[4-Nitro-phenyl]-5,6-diphenyl-[1,2,4]triazin $C_{21}H_{14}N_4O_2$, Formel I (X = H, X' = NO_2).
B. Aus Benzil, 4-Nitro-benzoesäure-hydrazid und Ammoniumacetat (*Laakso et al.*, Tetrahe=
dron **1** [1957] 103, 112).
Gelbe Kristalle (aus Eg.); F: 200−201°.

Triphenyl-[1,3,5]triazin, Kyaphenin $C_{21}H_{15}N_3$, Formel IV (X = X' = H) (H 97; E I 24;
E II 55).
Diese Konstitution kommt auch der früher (E II **26** 49) als 4-Benzyl-3,5-diphenyl-4*H*-
[1,2,4]triazol beschriebenen Verbindung zu (*Coffin, Robbins*, Soc. **1964** 5901).
B. Aus Benzonitril beim Erhitzen in Methanol auf 100°/6800−7500 at (*Du Pont de Nemours
& Co.*, U.S.P. 2503999 [1948]; s. a. *Cairns et al.*, Am. Soc. **74** [1952] 5633, 5634). Aus Benzonitril
mit Hilfe von Chloroschwefelsäure (*I.G. Farbenind.*, D.R.P. 549969 [1929]; Frdl. **19** 708; *Gen.
Aniline Works*, U.S.P. 1989042 [1930]; s. a. *Cook, Jones*, Soc. **1941** 278, 280) sowie mit Hilfe
von HBr in H_2SO_4 [12% SO_3 enthaltend] (*I.G. Farbenind.; Gen. Aniline*). Aus Benzonitril
mit Hilfe von NaH [150−180°] (*Phillips Petr. Co.*, U.S.P. 2598811 [1948]; s. a. *Swamer et al.*,
J. org. Chem. **16** [1951] 43, 44) sowie beim Erhitzen mit $NaNH_2$ und Piperidin (*Brotherton,
Bunnett*, Chem. and Ind. **1957** 80). Aus Trichlor-[1,3,5]triazin und Benzol mit Hilfe von $AlCl_3$
und HCl (*DEGUSSA*, D.B.P. 959096 [1952]; U.S.P. 2769004 [1953]). Aus Chlor-diphenyl-
[1,3,5]triazin und Phenylmagnesiumbromid in Äther und Benzol (*Laakso et al.*, Tetrahedron
1 [1957] 103, 108).
Kristalle; F: 236−237° [aus Bzl.] (*Lora-Tamayo, Madroñero*, An. Soc. españ. [B] **49** [1953]
217, 222), 236° [nach Destillation] (*Oxley et al.*, Soc. **1947** 1110, 1113), 235−236° (*Holmberg*,
Ark. Kemi **20** A Nr. 1 [1945] 1, 4).
Trihydrochlorid $C_{21}H_{15}N_3 \cdot 3HCl$. Gelbliche Kristalle; F: 184° [Zers.] (*Madroñero Pe=
láez*, Rev. Acad. Cienc. exact. fis. nat. Madrid **47** [1953] 107, 149).

Tris-[2-chlor-phenyl]-[1,3,5]triazin $C_{21}H_{12}Cl_3N_3$, Formel IV (X = Cl, X' = H).
B. Neben überwiegenden Mengen Tris-[4-chlor-phenyl]-[1,3,5]triazin (s. u.) aus Trichlor-
[1,3,5]triazin und Chlorbenzol mit Hilfe von $AlCl_3$ und HCl (*DEGUSSA*, D.B.P. 959096 [1952];
U.S.P. 2769004 [1953]).
Kristalle (aus Bzl.); F: 201,5−202°.

Tris-[4-chlor-phenyl]-[1,3,5]triazin $C_{21}H_{12}Cl_3N_3$, Formel IV (X = H, X' = Cl) (H 98).
B. Aus 4-Chlor-benzonitril mit Hilfe von Chloroschwefelsäure (*Cook, Jones*, Soc. **1941** 278,
280). In überwiegender Menge aus Trichlor-[1,3,5]triazin und Chlorbenzol mit Hilfe von $AlCl_3$
und HCl (*DEGUSSA*, D.B.P. 959096 [1952]; U.S.P. 2769004 [1953]).
Kristalle; F: 344° [unkorr.; Zers.] (*Schaefer et al.*, Am. Soc. **81** [1959] 1466, 1469), 335°
[aus Decalin] (*Cook, Jo.*).
Dinitro-Derivat $C_{21}H_{10}Cl_3N_5O_4$. Kristalle (aus Nitrobenzol); F: 348° (*Cook, Jo.*, l. c.
S. 281).

Tris-[4-brom-phenyl]-[1,3,5]triazin $C_{21}H_{12}Br_3N_3$, Formel IV (X = H, X′ = Br).
B. Aus 4-Brom-benzonitril mit Hilfe von Chloroschwefelsäure (*Zappi, Deferrari,* An. Asoc.
quim. arg. **34** [1946] 146, 149).
Kristalle (aus Tetralin oder Py. oder nach Sublimation bei 280 – 290°/1 Torr); F: 362 – 363°.

IV   V   VI

Tris-[4-jod-phenyl]-[1,3,5]triazin $C_{21}H_{12}I_3N_3$, Formel IV (X = H, X′ = I).
B. Analog der vorangehenden Verbindung (*Zappi, Deferrari,* An. Asoc. quim. arg. **34** [1946]
146, 150).
Kristalle (aus Tetralin oder Brombenzol); F: 386 – 387°.

[3-Nitro-phenyl]-diphenyl-[1,3,5]triazin $C_{21}H_{14}N_4O_2$, Formel V (X = NO_2, X′ = H).
B. Beim Erhitzen von Benzonitril mit 3-Nitro-benzoylchlorid, NH_4Cl und $AlCl_3$ (*Cook,
Jones,* Soc. **1941** 278, 280).
Kristalle (aus Eg.); F: 206°.

[4-Nitro-phenyl]-diphenyl-[1,3,5]triazin $C_{21}H_{14}N_4O_2$, Formel V (X = H, X′ = NO_2).
B. Analog der vorangehenden Verbindung (*Cook, Jones,* Soc. **1941** 278, 281).
Hellgelbe Kristalle (aus Eg.); F: 218°.

Bis-[3-nitro-phenyl]-phenyl-[1,3,5]triazin $C_{21}H_{13}N_5O_4$, Formel VI (X = NO_2, X′ = H).
B. Beim Erhitzen von 3-Nitro-benzonitril mit Benzoylchlorid, NH_4Cl und $AlCl_3$ (*Cook,
Jones,* Soc. **1941** 278, 281).
Kristalle (aus Nitrobenzol); F: 253°.

Bis-[4-nitro-phenyl]-phenyl-[1,3,5]triazin $C_{21}H_{13}N_5O_4$, Formel VI (X = H, X′ = NO_2).
B. Analog der vorangehenden Verbindung (*Cook, Jones,* Soc. **1941** 278, 281).
Hellgelbe Kristalle (aus Nitrobenzol); F: 297°. Bei 150°/0,002 Torr sublimierbar.

VII   VIII   IX

4′-Phenyl-[2,2′;6′,2′′]terpyridin, Terosin $C_{21}H_{15}N_3$, Formel VII.
B. In geringen Mengen aus Benzaldehyd, 1-[2]Pyridyl-äthanon, wss. NH_3 und Ammoniumace=
tat [250°] oder aus 3-Phenyl-1,5-di-[2]pyridyl-pentan-1,5-dion und $NH_2OH \cdot HCl$ in Äthanol
[160°] (*Frank, Riener,* Am. Soc. **72** [1950] 4182).

Kristalle (aus Nitromethan); F: 208° (*Fr., Ri.*).
λ_{max} (Hexan-1-ol) des Komplexes mit Eisen(2+): 569 nm (*Wilkins, Smith*, Anal. chim. Acta
9 [1953] 338, 341). Absorptionsspektrum (Hexan-1-ol; 400−700 nm) des Komplexes mit Ko=
balt(2+): *Wi., Sm.*

4′-Phenyl-[3,2′;6′,3″]terpyridin $C_{21}H_{15}N_3$, Formel VIII.
B. In geringer Menge aus Benzaldehyd, 1-[3]Pyridyl-äthanon, wss. NH_3 und Ammoniumacetat
[250°] (*Frank, Riener*, Am. Soc. **72** [1950] 4182).
Kristalle (aus A.); F: 221−222°.

1,3,5-Tri-[3]pyridyl-benzol, 3,3′,3″-Benzen-1,3,5-triyl-tri-pyridin $C_{21}H_{15}N_3$, Formel IX.
B. Beim Erhitzen von 1-[3]Pyridyl-äthanon mit konz. wss. HCl (*Jaroszewicz, Sucharda*, Rocz=
niki Chem. **14** [1934] 1195; C. **1935** I 2177).
Kristalle (aus Bzl.); F: 226°.
Nitrat $C_{21}H_{15}N_3 \cdot 3\,HNO_3$. Kristalle.

2,3-Diphenyl-1H-benz[d]imidazo[1,2-a]imidazol $C_{21}H_{15}N_3$, Formel X und Taut.
B. Aus 2-Chlor-4,5-diphenyl-oxazol und *o*-Phenylendiamin (*Gompper, Effenberger*, B. **92**
[1959] 1928, 1933).
Bräunliche Kristalle (aus E.); F: 297−298°.

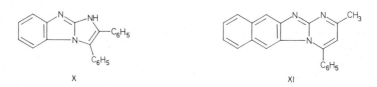

X   XI

2-Methyl-4-phenyl-naphth[2′,3′:4,5]imidazo[1,2-a]pyrimidin $C_{21}H_{15}N_3$, Formel XI.
B. Neben der folgenden Verbindung aus 1H-Naphth[2,3-d]imidazol-2-ylamin und 1-Phenyl-
butan-1,3-dion mit Hilfe von Piperidin (*Ried, Müller*, J. pr. [4] **8** [1959] 132, 136, 137, 148).
Gelbbraune Kristalle; F: 220−222°.

4-Methyl-2-phenyl-naphth[2′,3′:4,5]imidazo[1,2-a]pyrimidin $C_{21}H_{15}N_3$, Formel XII.
B. s. im vorangehenden Artikel.
Rote Kristalle; F: 274−278° (*Ried, Müller*, J. pr. [4] **8** [1959] 132, 136).

1-[4-Methyl-[3]chinolyl]-9H-β-carbolin $C_{21}H_{15}N_3$, Formel XIII.
B. Beim Erhitzen von 1-[2-Chlor-4-methyl-[3]chinolyl]-4,9-dihydro-3H-β-carbolin mit Palla=
dium in Tetralin (*Marion et al.*, Canad. J. Res. [B] **24** [1946] 224, 230, 231).
Kristalle (aus wss. A.); F: 231−232° [korr.; nach Trocknen bei 144°/1 Torr].

XII   XIII   XIV

3,11-Dimethyl-chino[5,6-b][1,7]phenanthrolin $C_{21}H_{15}N_3$, Formel XIV.
Bezüglich der Konstitution vgl. *Utermohlen*, J. org. Chem. **8** [1943] 544.

B. Aus Acridin-3,6-diyldiamin und *trans*-Crotonaldehyd mit Hilfe von 3-Nitro-benzolsulfon=
säure in H_2SO_4 (*I.G. Farbenind.*, D.R.P. 567273 [1931]; Frdl. **19** 817, 819).
Kristalle; F: 264° (*I.G. Farbenind.*).

Stammverbindungen $C_{22}H_{17}N_3$

5,6-Diphenyl-3-*p*-tolyl-[1,2,4]triazin $C_{22}H_{17}N_3$, Formel I.
B. Aus Benzil, *p*-Toluylsäure-hydrazid und Ammoniumacetat (*Laakso et al.*, Tetrahedron
1 [1957] 103, 111).
Gelbe Kristalle (aus wss. Eg.); F: 136—137°.

Diphenyl-*p*-tolyl-[1,3,5]triazin $C_{22}H_{17}N_3$, Formel II.
B. Aus 4,5-Diphenyl-2-*p*-tolyl-1*H*-imidazol und Ammoniumacetat mit Hilfe von UV-Licht
(*Maeda, Hayashi*, Bl. chem. Soc. Japan **44** [1971] 533, 534, 536). Aus Chlor-diphenyl-[1,3,5]tri=
azin und *p*-Tolylmagnesiumbromid in Benzol (*Laakso et al.*, Tetrahedron **1** [1957] 103, 108).
Kristalle; F: 206—208° (*Ma., Ha.*), 199—200° [aus Toluol] (*La. et al.*). λ_{max} (A.): 272 nm
(*Ma., Ha.*).

Die Einheitlichkeit des von *I.G. Farbenind.* (D.R.P. 549969 [1929]; Frdl. **19** 708) und *Gen.
Aniline Works* (U.S.P. 1989042 [1930]) aus *p*-Tolunitril und Benzonitril mit Hilfe von Chloro=
schwefelsäure erhaltenen Präparats [Kristalle (aus Eg.); F: 182—183° (*I.G. Farbenind.*)] ist
zweifelhaft (*La. et al.; Ma., Ha.*).

I   II   III

Di-indol-3-yl-[2]pyridyl-methan, 3,3′-[2]Pyridylmethandiyl-di-indol $C_{22}H_{17}N_3$, Formel III.
Die Identität eines von *Bader, Oroshnik* (Am. Soc. **81** [1959] 163, 164 Anm. 9, 165) unter
dieser Konstitution beschriebenen, aus Indolylmagnesiumbromid und Pyridin-2-carbaldehyd
in CH_2Cl_2 und Äther bei −10° bis 0° erhaltenen Präparats (Kristalle [aus wss. A.]; F: 223—226°)
ist ungewiss.
B. Aus Indol und Pyridin-2-carbaldehyd mit Hilfe von wss.-äthanol. HCl (*Novak et al.*,
J. org. Chem. **41** [1976] 870, 872, 873) oder von Essigsäure (*Gray, Archer*, Am. Soc. **79**
[1957] 3554, 3556, 3557, 3559; s. a. *Gray*, J. org. Chem. **23** [1958] 1453).
Kristalle; F: 212° [korr.; Zers.; aus Me.] (*No. et al.*), 210—212° [korr.; Zers.; aus wss.-äthanol.
NH_3] (*Gray*; s. a. *Gray, Ar.*). λ_{max} (A.): 280 nm (*Gray*).
Hydrochlorid $C_{22}H_{17}N_3 \cdot HCl$. F: 218—220° [korr.; Zers.] (*Gray, Ar.*).

Di-indol-3-yl-[3]pyridyl-methan, 3,3′-[3]Pyridylmethandiyl-di-indol $C_{22}H_{17}N_3$, Formel IV.
B. Aus Indol und Pyridin-3-carbaldehyd mit Hilfe von Essigsäure (*Gray, Archer*, Am. Soc.
79 [1957] 3554, 3557, 3559).
Kristalle; F: 162—163° [korr.; Zers.].
Hydrochlorid $C_{22}H_{17}N_3 \cdot HCl$. F: 214—215° [korr.].

Di-indol-3-yl-[4]pyridyl-methan, 3,3′-[4]Pyridylmethandiyl-di-indol $C_{22}H_{17}N_3$, Formel V
(R = H).
Die Identität eines von *Bader, Oroshnik* (Am. Soc. **81** [1959] 163, 164 Anm. 9, 166) unter
dieser Konstitution beschriebenen, aus Indolylmagnesiumbromid und Pyridin-4-carbaldehyd

in CH_2Cl_2, Äther und Benzol erhaltenen Präparats (orangefarbene Kristalle; F: 114−116° [nach Sintern bei 106°]) ist ungewiss.

B. Aus Indol und Pyridin-4-carbaldehyd mit Hilfe von wss.-äthanol. HCl (*Novak et al.,* J. org. Chem. **41** [1976] 870, 872, 873) oder von Essigsäure (*Gray, Archer,* Am. Soc. **79** [1957] 3554, 3556, 3557, 3559; s. a. *Gray,* J. org. Chem. **23** [1958] 1453).

Orangegelbe Kristalle (*Gray, Ar.*); F: 156−158° [korr.; Zers.; aus Me.] (*No. et al.*), 155−156° [korr.; Zers.; aus wss.-äthanol. NH_3] (*Gray*), 152−155° [korr.; Zers.; aus A.+Bzl.+PAe.] (*Gray, Ar.*). λ_{max} (A.): 280 nm und 450 nm (*Gray*).

Hydrochlorid $C_{22}H_{17}N_3 \cdot HCl$. Kristalle (aus A.+Ae.); F: 204−205° [korr.; Zers.] (*Gray, Ar.*).

Methobromid $[C_{23}H_{20}N_3]Br$; 4-[Di-indol-3-yl-methyl]-1-methyl-pyridinium-bromid. F: 239−240° [korr.; Zers.] (*Gray, Ar.*).

IV   V   VI

Bis-[1-methyl-indol-3-yl]-[4]pyridyl-methan, 1,1′-Dimethyl-3,3′-[4]pyridylmethandiyl-di-indol $C_{24}H_{21}N_3$, Formel V (R = CH_3).

B. Aus 1-Methyl-indol und Pyridin-4-carbaldehyd mit Hilfe von Essigsäure (*Gray, Archer,* Am. Soc. **79** [1957] 3554, 3559).

Kristalle (aus Bzl.+PAe.); F: 186−188° [korr.; Zers.].

Hydrochlorid $C_{24}H_{21}N_3 \cdot HCl$. F: 224−225° [korr.; Zers.].

4-[Di-indol-3-yl-methyl]-1-[3-trimethylammonio-propyl]-pyridinium $[C_{28}H_{32}N_4]^{2+}$, Formel VI.

Dibromid $[C_{28}H_{32}N_4]Br_2$. *B.* Aus Di-indol-3-yl-[4]pyridyl-methan (s. o.) und [3-Brom-pro≠pyl]-trimethyl-ammonium-bromid (*Gray et al.,* Am. Soc. **79** [1957] 3805, 3806). − F: 220°.

Stammverbindungen $C_{23}H_{19}N_3$

4,4″-Dimethyl-4′-phenyl-[2,2′;6′,2″]terpyridin, Terosol $C_{23}H_{19}N_3$, Formel VII.

B. In mässiger Ausbeute aus Benzaldehyd, 1-[4-Methyl-[2]pyridyl]-äthanon, wss. NH_3 und Ammoniumacetat [250°] (*Case, Kasper,* Am. Soc. **78** [1956] 5842).

Kristalle (aus Bzl.); F: 228−229° (*Case, Ka.*). Absorptionsspektrum (Hexan-1-ol; 400−700 nm) der Komplexe mit Eisen(2+) und Kobalt(2+): *Wilkins, Smith,* Anal. chim. Acta **9** [1953] 338, 340, 341.

1,2′-Dimethyl-2-[3-(1-methyl-1H-[2]chinolyliden)-propenyl]-[4,4′]bipyridylium $[C_{25}H_{24}N_3]^+$ und Mesomere; **1-[1,2′-Dimethyl-[4,4′]bipyridyl-2-yl]-3-[1-methyl-[2]chinolyl]-trimethinium** [1]), Formel VIII (R = CH_3, R′ = H).

Jodid $[C_{25}H_{24}N_3]I$. *B.* Aus 2-[2-Anilino-vinyl]-1,2′-dimethyl-[4,4′]bipyridylium-jodid (E III/ IV **24** 603) und 1,2-Dimethyl-chinolinium-jodid mit Hilfe von Kaliumacetat in Acetanhydrid und Pyridin (*Lal, Petrow,* Soc. **1949** Spl. 115, 119). − Dunkelgrüne Kristalle (aus A.); F: 253−254° [unkorr.]. λ_{max} (Me.): 600 nm.

1-Äthyl-2-[3-(1-äthyl-1H-[2]chinolyliden)-propenyl]-2′-methyl-[4,4′]bipyridylium $[C_{27}H_{28}N_3]^+$ und Mesomere; **1-[1-Äthyl-[2]chinolyl]-3-[1-äthyl-2′-methyl-[4,4′]bipyridyl-2-yl]-trimethinium,** Formel VIII (R = C_2H_5, R′ = H).

Jodid $[C_{27}H_{28}N_3]I$. *B.* Analog dem vorangehenden Jodid (*Lal, Petrow,* Soc. **1949** Spl. 115,

---

[1]) Über diese Bezeichnungsweise s. *Reichardt, Mormann,* B. **105** [1972] 1815, 1832.

119). – Kupferfarbene Kristalle (aus A.); F: 252 – 253° [unkorr.]. λ_{max} (Me.): 603 nm.

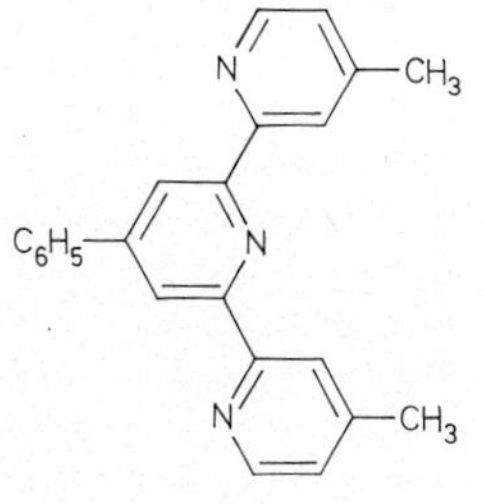

VII 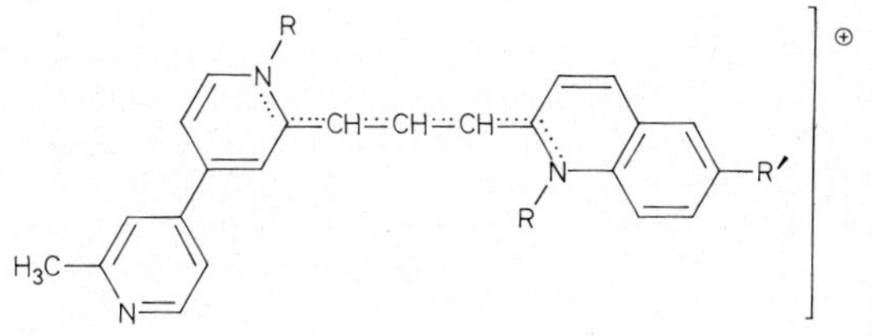   VIII

1,2'-Dimethyl-2-[3-(1-methyl-1H-[4]chinolyliden)-propenyl]-[4,4']bipyridylium $[C_{25}H_{24}N_3]^+$ und
Mesomere; **1-[1,2'-Dimethyl-[4,4']bipyridyl-2-yl]-3-[1-methyl-[4]chinolyl]-trimethinium** [1]),
Formel IX.
   Jodid $[C_{25}H_{24}N_3]$I. *B.* Analog den vorangehenden Jodiden (*Lal, Petrow*, Soc. **1949** Spl.
115, 120). – Dunkelgrüne Kristalle (aus A.); F: 239 – 240° [unkorr.]. λ_{max} (Me.): 701 nm.

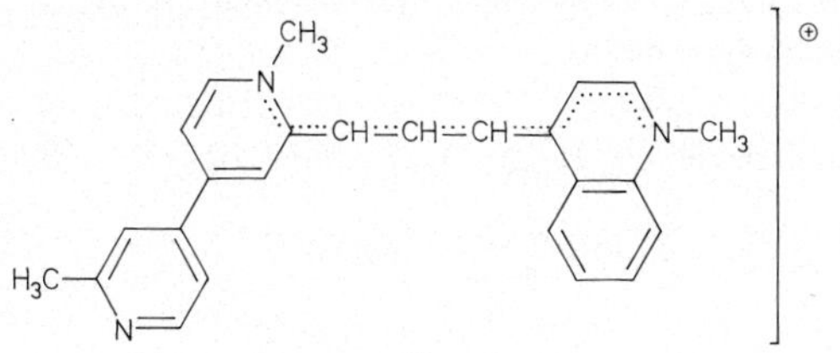

IX 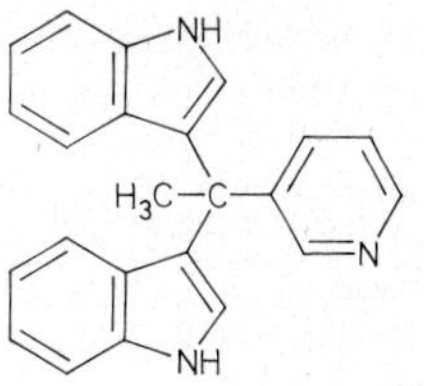   X

1,1-Di-indol-3-yl-1-[3]pyridyl-äthan, 3,3'-[1-[3]Pyridyl-äthyliden]-di-indol $C_{23}H_{19}N_3$, Formel X.
   B. Aus 1-[3]Pyridyl-äthanon und Indol mit Hilfe von $ZnCl_2$ und Essigsäure (*Woodward
et al.*, Am. Soc. **81** [1949] 4434).
   Kristalle; F: 253° [Zers.].

Stammverbindungen $C_{24}H_{21}N_3$

Tribenzyl-[1,3,5]triazin $C_{24}H_{21}N_3$, Formel XI.
   Die Identität der früher (H **26** 98) unter dieser Konstitution beschriebenen Verbindung
ist ungewiss (*Schaefer, Peters*, J. org. Chem. **26** [1961] 2778, 2779 Anm. 10; *Jakubowitsch
et al.*, Ž. obšč. Chim. **32** [1962] 3409, 3415; engl. Ausg. S. 3345, 3351).
   Über authentisches Tribenzyl-[1,3,5]triazin (Kp$_2$: 238 – 239° bzw. F: 41,5 – 42°; Kp$_{0,8}$:
214 – 217°) s. *Sch., Pe.*, l. c. S. 2780; *Ja. et al.*

Tri-o-tolyl-[1,3,5]triazin $C_{24}H_{21}N_3$, Formel XII (R = CH_3, R' = H).
   B. Aus *o*-Tolunitril mit Hilfe von Chloroschwefelsäure (*Cook, Jones*, Soc. **1941** 278, 280).
   Kristalle (aus Eg.); F: 110 – 111° [nach Sublimation bei 160 – 180°/0,5 Torr] (*Bengelsdorf*,
Am. Soc. **80** [1958] 1442), 110° (*Cook, Jo.*). Bei 190°/0,002 Torr sublimierbar (*Cook, Jo.*).

Tri-m-tolyl-[1,3,5]triazin $C_{24}H_{21}N_3$, Formel XII (R = H, R' = CH_3) (E II 55).
   B. Aus *m*-Tolunitril mit Hilfe von Chloroschwefelsäure (*I.G. Farbenind.*, D.R.P. 549969
[1929]; Frdl. **19** 708; *Gen. Aniline Works*, U.S.P. 1989042 [1930]).

---

[1]) Siehe S. 296 Anm.

Kristalle (aus Eg.); F: 152−153° (*I.G. Farbenind.; Gen. Aniline*), 151−152° (*Bengelsdorf, Am. Soc.* **80** [1958] 1442).

XI   XII   XIII

Tri-*p*-tolyl-[1,3,5]triazin $C_{24}H_{21}N_3$, Formel XIII (X = X′ = H) (H 99; E I 24; E II 55).

B. Analog der vorangehenden Verbindung (*I.G. Farbenind.*, D.R.P. 549969 [1929]; Frdl. **19** 708; *Gen. Aniline Works*, U.S.P. 1989042 [1930]). Aus Trichlor-[1,3,5]triazin mit Hilfe von AlCl₃ und HCl (*DEGUSSA*, D.B.P. 959096 [1952], 963331 [1954]).

Kristalle; F: 283−284° [unkorr.; nach Sublimation bei 200°/0,5 Torr] (*Bengelsdorf*, Am. Soc. **80** [1958] 1442), 280−281° [aus Bzl. +CHCl₃] (*Makarowa, Nešmejanow*, Izv. Akad. S.S.S.R. Otd. chim. **1954** 1019, 1021; engl. Ausg. S. 887, 889).

[4-Methyl-3-nitro-phenyl]-di-*p*-tolyl-[1,3,5]triazin $C_{24}H_{20}N_4O_2$, Formel XIII (X = H, X′ = NO₂).

B. Beim Behandeln von Tri-*p*-tolyl-[1,3,5]triazin mit KNO₃ und konz. H₂SO₄ (*Cook, Jones*, Soc. **1941** 278, 281).

Kristalle (aus Decalin); F: 239°.

Tris-[4-methyl-3-nitro-phenyl]-[1,3,5]triazin $C_{24}H_{18}N_6O_6$, Formel XIII (X = X′ = NO₂).

B. Aus 4-Methyl-3-nitro-benzonitril mit Hilfe von Chloroschwefelsäure (*Cook, Jones*, Soc. **1941** 278, 281). Beim Behandeln von Tri-*p*-tolyl-[1,3,5]triazin mit rauchender HNO₃ (*Cook, Jo.*).

F: 305−307° [aus Nitrobenzol].

2-[3-(1,6-Dimethyl-1*H*-[2]chinolyliden)-propenyl]-1,2′-dimethyl-[4,4′]bipyridylium $[C_{26}H_{26}N_3]^+$ und Mesomere; **1-[1,2′-Dimethyl-[4,4′]bipyridyl-2-yl]-3-[1,6-dimethyl-[2]chinolyl]-trimethinium** [1]**)**, Formel VIII (R = R′ = CH₃).

Jodid [C₂₆H₂₆N₃]I. *B.* Aus 2-[2-Anilino-vinyl]-1,2′-dimethyl-[4,4′]bipyridylium-jodid (E III/ IV **24** 603) und 1,2,6-Trimethyl-chinolinium-jodid mit Hilfe von Kaliumacetat in Acetanhydrid und Pyridin (*Lal, Petrow*, Soc. **1949** Spl. 115, 120). − Dunkelblaue Kristalle (aus A.); F: 278−279° [unkorr.; Zers.]. λ_{max} (Me.): 606 nm.

Bis-[2-methyl-indol-3-yl]-[2]pyridyl-methan, 2,2′-Dimethyl-3,3′-[2]pyridylmethandiyl-di-indol $C_{24}H_{21}N_3$, Formel XIV.

B. Aus 2-Methyl-indol und Pyridin-2-carbaldehyd mit Hilfe von wss.-äthanol. HBr (*Strell et al.*, B. **90** [1957] 1798, 1806, 1807).

Kristalle (aus Py.); F: 292° [nach Sintern ab ca. 275° und Dunkelfärbung].

Hydrobromid. Kristalle (aus A.+wss. HBr); F: 227° [Zers.; nach Sintern bei ca. 175° unter Rotfärbung]. − An der Luft tritt allmählich intensive Rotfärbung ein.

---

[1]) Siehe S. 296 Anm.

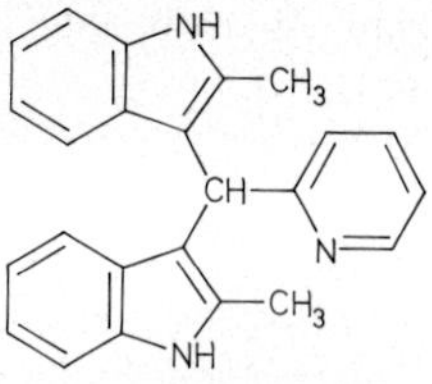

XIV 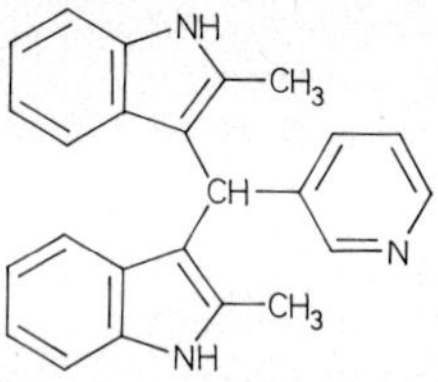   XV 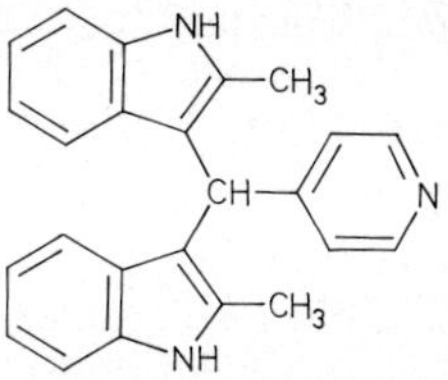   XVI

Bis-[2-methyl-indol-3-yl]-[3]pyridyl-methan, 2,2′-Dimethyl-3,3′-[3]pyridylmethandiyl-di-indol $C_{24}H_{21}N_3$, Formel XV.

B. Analog der vorangehenden Verbindung (*Strell et al.,* B. **90** [1957] 1798, 1807).
Kristalle (aus Me.); F: 261° [Zers.; nach Sintern bei ca. 252°].
Hydrobromid. Kristalle (aus Me.); Zers. bei 190° [nach Sintern ab ca. 165° unter Dunkel⸗
färbung]. – An der Luft tritt Rotfärbung ein.

Bis-[2-methyl-indol-3-yl]-[4]pyridyl-methan, 2,2′-Dimethyl-3,3′-[4]pyridylmethandiyl-di-indol $C_{24}H_{21}N_3$, Formel XVI.

B. Analog den vorangehenden Verbindungen (*Strell et al.,* B. **90** [1957] 1798, 1807).
Kristalle (aus Me.); F: ab 256° [Zers.; nach Dunkelfärbung und Sintern ab ca. 240°].
Hydrobromid. Gelbe Kristalle; F: ab 249° [Zers.; nach Sintern ab 245° unter Dunkelfär⸗
bung]. – An der Luft tritt allmählich Violettfärbung ein.

2,3,2″,3″-Tetrahydro-1H,1′H,1″H-[2,3′;2′,3″]terindol $C_{24}H_{21}N_3$, Formel I (R = H).
Das früher (E II **26** 55) unter dieser Konstitution beschriebene „Triindol" (s. a. E I **20** 123)
sowie *Schmitz-Dumont, Hamann,* B. **66** [1933] 71, 74; J. pr. [2] **139** [1934] 167; *Schmitz-Dumont, ter Horst,* B. **68** [1935] 240) ist als 2-[2,2-Di-indol-3-yl-äthyl]-anilin zu formulieren (*Smith,* Chem. and Ind. **1954** 1451; *Noland, Kuryla,* J. org. Chem. **25** [1960] 486). Entsprechendes gilt für „Acetyl-triindol" und für „Benzoyl-triindol" (E I **20** 123).

Stammverbindungen $C_{25}H_{23}N_3$

4,4″-Diäthyl-4′-phenyl-[2,2′;6′,2″]terpyridin $C_{25}H_{23}N_3$, Formel II.
B. In mässiger Ausbeute aus Benzaldehyd, 1-[4-Äthyl-[2]pyridyl]-äthanon, wss. NH_3 und Ammoniumacetat [250°] (*Case, Kasper,* Am. Soc. **78** [1956] 5842).
Kristalle (aus PAe.); F: 114 – 115°.

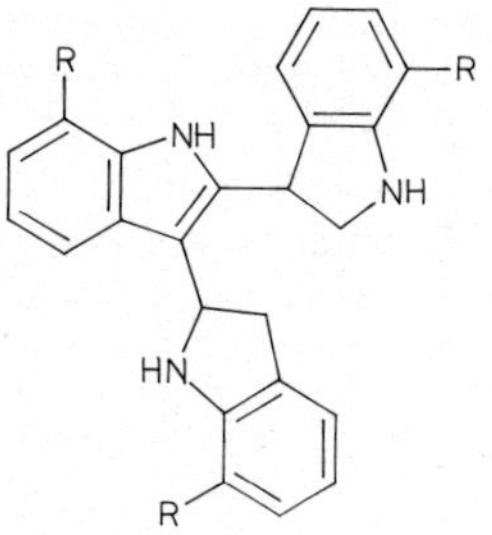

I 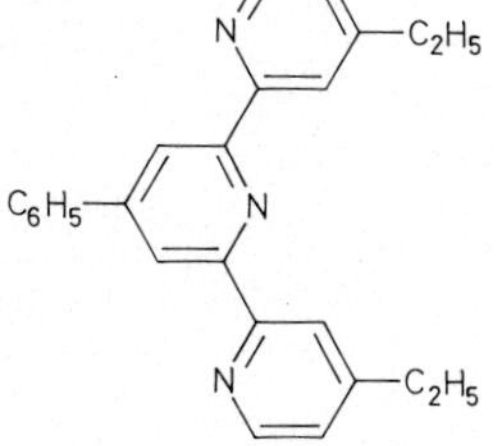   II 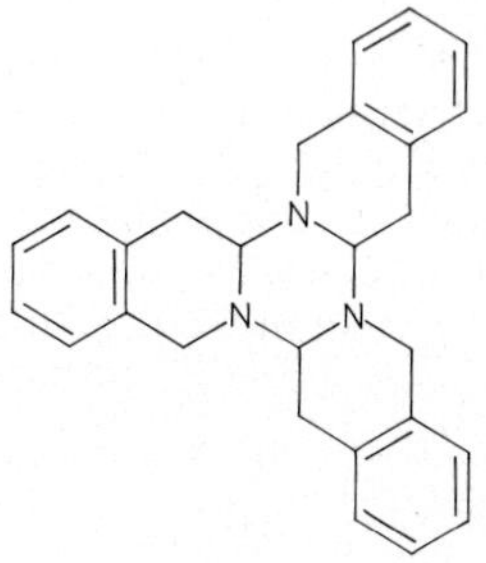   III

Stammverbindungen $C_{27}H_{27}N_3$

7,7′,7″-Trimethyl-2,3,2″,3″-tetrahydro-1H,1′H,1″H-[2,3′;2′,3″]terindol $C_{27}H_{27}N_3$, Formel I (R = CH_3).
Das von *Schmitz-Dumont, Geller* (B. **66** [1933] 766, 772) und von *Schmitz-Dumont, ter Horst* (A. **538** [1939] 261, 280) unter dieser Konstitution beschriebene „Tri-[7-methyl-indol]" ist ver⸗
mutlich als 2-[2,2-Bis-(7-methyl-indol-3-yl)-äthyl]-6-methyl-anilin zu formulieren (s. diesbezüg⸗

lich *Smith*, Chem. and Ind. **1954** 1451; *Noland, Kuryla*, J. org. Chem. **25** [1960] 486).

---

*Opt.-inakt. 5,12,12a,19,19a,21-Hexahydro-5a*H*,7*H*,14*H*-[1,3,5]triazino[1,2-*b*;3,4-*b*′;5,6-*b*″]≠ triisochinolin $C_{27}H_{27}N_3$, Formel III.

a) Stereoisomeres vom F: 187°.

B. Gelegentlich beim Behandeln von Isochinolin mit Natrium in flüssigem NH_3 und Äther bei $-70°$ und Behandeln des Reaktionsprodukts mit Methanol (*Hückel, Graner*, B. **90** [1957] 2017, 2021, 2023). Beim Behandeln von 1,2-Dihydro-isochinolin mit Methanol (*Birch, Nasipuri*, Tetrahedron **6** [1959] 148, 153).

Kristalle; F: 187° (*Hü., Gr.; Bi., Na.*).

Beim Aufbewahren erfolgt allmählich Umwandlung in das folgende Stereoisomere (*Hü., Gr.*).

b) Stereoisomeres vom F: 138°.

Dieses Stereoisomere hat vermutlich auch in dem von *Jackman, Packham* (Chem. and Ind. **1955** 360) als 1,2-Dihydro-isochinolin angesehenen Präparat vorgelegen.

B. Beim Erwärmen von Isochinolin mit $LiAlH_4$ in Äther und Behandeln des Reaktionspro≠ dukts mit Methanol (*Ja., Pa.*). Beim Behandeln von Isochinolin mit Natrium in flüssigem NH_3 und Äther bei $-70°$ und Behandeln des Reaktionsprodukts mit Methanol (*Hückel, Graner*, B. **90** [1957] 2017, 2021, 2023).

Kristalle; F: 138° [aus $CHCl_3$ + PAe.] (*Ja., Pa.*), 137° (*Hü., Gr.*).

Beständig (*Hü., Gr.*). Überführung in 2-Benzoyl-1,2-dihydro-isochinolin(?) $C_{16}H_{13}NO$ (F: $249-250°$) und in 2-Benzolsulfonyl-1,2-dihydro-isochinolin(?) $C_{15}H_{13}NO_2S$ (F: 185°): *Ja., Pa.*

Stammverbindungen $C_{30}H_{33}N_3$

(±)-6,6,12,12,18,18-Hexamethyl-(5a*r*,11a*c*,17a*t*)-5a,6,11a,12,17a,18-hexahydro-[1,3,5]triazino≠ [1,2-*a*;3,4-*a*′;5,6-*a*″]triindol $C_{30}H_{33}N_3$, Formel IV.

Diese Konstitution und Konfiguration kommt der früher (H **20** 321; E II **20** 208) als sog. trimeres 3.3-Dimethyl-indolenin bezeichneten Verbindung zu (*Fritz, Pfaender*, B. **98** [1965] 989).

B. Aus 3-Methyl-indol bei aufeinanderfolgender Umsetzung mit Äthylmagnesiumjodid und mit CH_3I (*Hoshino*, A. **500** [1933] 35, 37; s. a. *Jackson, Smith*, Tetrahedron **21** [1965] 989, 1000). Beim Erhitzen von 3,3-Dimethyl-3*H*-indol-2-carbonsäure (*Robinson, Suginome*, Soc. **1932** 298, 301, 302).

Kristalle; F: 224° (*Grammaticakis*, C. r. **210** [1940] 569), $214-215°$ [aus Bzl. + A.] (*Ro., Su.*), 212° [aus Bzl.] (*Ja., Sm.*). ^{1}H-NMR-Spektrum ($CDCl_3$): *Fr., Pf.*, l. c. S. 990. ^{1}H-NMR-Absorption ($CDCl_3$): *Ja., Sm.*, l. c. S. 994. λ_{max}: 254 nm und 298 nm [Hexan] (*Fr., Pf.*) bzw. 256 nm und 298 nm [A.] (*Ja., Sm.*, l. c. S. 995; s. a. *Gr.*).

Depolymerisation beim Aufbewahren: *Ro., Su.; Ho.*, l. c. S. 38. Gleichgewicht mit 3,3-Di≠ methyl-3*H*-indol in $CDCl_3$ bei $30-120°$: *Fr., Pf.*, l. c. S. 991, 992. Bildung von 3,3-Dimethyl-3*H*-indolinium in saurer Lösung: *Fr., Pf.; Ja., Sm.*

IV   V   VI

Stammverbindungen $C_nH_{2n-29}N_3$

2-Phenyl-pyrido[2,3-b]phenazin $C_{21}H_{13}N_3$, Formel V.

B. Aus 2-Phenyl-chinolin-6,7-diol und o-Phenylendiamin [36 h; 220°] (*Borsche, Barthenheier*, A. **548** [1941] 50, 61).

Bräunliche Kristalle; F: 212 – 213° [nach Sublimation im Vakuum].

6,12-Dihydro-indeno[2′,1′:5,6]indolo[2,3-b]chinoxalin(?) $C_{21}H_{13}N_3$, vermutlich Formel VI.

B. Aus 1,5-Dihydro-indeno[2,1-f]indol-2,3-dion(?) (E III/IV **21** 5632) und o-Phenylendiamin (*Campbell, Stafford*, Soc. **1952** 299, 301).

Gelbe Kristalle (aus Eg.); F: > 350°.

2,4-Diphenyl-benz[4,5]imidazo[1,2-a]pyrimidin $C_{22}H_{15}N_3$, Formel VII.

B. Aus 1H-Benzimidazol-2-ylamin und 1,3-Diphenyl-propan-1,3-dion (*Ried, Müller*, J. pr. [4] **8** [1959] 132, 136, 137).

Gelbe Kristalle; F: 312 – 315°.

2,3-Diphenyl-1H-pyrrolo[3,2-c]cinnolin $C_{22}H_{15}N_3$, Formel VIII (R = H).

Die E III/IV **22** 5177 [Zeile 7 v. o.] angegebene Änderung der Konstitutionszuordnung für das H **22** 479 und E II **22** 391 beschriebene 3-Diazo-2,4,5-triphenyl-3H-pyrrol („4-Diazo-2.3.5-triphenyl-pyrrol", $C_{22}H_{15}N_3$) ist unzutreffend; die Verbindung ist als 3-Diazo-2,4,5-triphenyl-3H-pyrrol zu formulieren (*Tedder, Webster*, Soc. **1960** 3270, 3272; s. a. diesbezüglich *Bartholomew, Tedder*, Soc. [C] **1968** 1601; *Ames et al.*, Soc. [C] **1969** 1795; *Dürr et al.*, Synthesis **1974** 878).

1,2,3-Triphenyl-1H-pyrrolo[3,2-c]cinnolin $C_{28}H_{19}N_3$, Formel VIII (R = C_6H_5).

Diese Konstitution kommt wahrscheinlich der nachstehend beschriebenen Verbindung zu (*Aiello, Giambrone*, Atti Accad. Palermo **13** [1952/53] 17, 23, 30, 31; vgl. dazu *Giambrone, Fabra*, Ann. Chimica **50** [1960] 237, 239).

B. Beim Behandeln von 1,2,4,5-Tetraphenyl-pyrrol-3-diazonium-chlorid mit NH_3 in wss. Aceton und Erwärmen des Reaktionsprodukts (*Ai., Gi.*).

Dunkelrot; F: 147 – 148° [Zers.] (*Ai., Gi.*).

VII   VIII   IX   X

5-Äthyl-1,3-diphenyl-5H-pyrrolo[3,4-c]cinnolin $C_{24}H_{19}N_3$, Formel IX.

Diese Konstitution kommt der früher (H **26** 100) als 2-Äthyl-1,3-diphenyl-2H-pyrrolo[3,4-c]cinnolin („1′-Äthyl-2′.5′-diphenyl-[pyrrolo-3′.4′:3.4-cinnolin]") formulierten Verbindung $C_{24}H_{19}N_3$ zu (*Ames et al.*, Soc. [C] **1969** 1795, 1796).

5-Methyl-1,4-diphenyl-5H-pyridazino[4,5-b]indol $C_{23}H_{17}N_3$, Formel X.

B. Aus dem folgenden Bromid mit Hilfe von $N_2H_4 \cdot H_2O$ (*Staunton, Topham*, Soc. **1953** 1889, 1893). Aus 2-[5-Methyl-4-phenyl-5H-pyridazino[4,5-b]indol-1-yl]-anilin bei der Diazotierung und anschliessenden Umsetzung mit wss. H_3PO_2 (*St., To.*, l. c. S. 1892, 1893).

Kristalle (aus Toluol); F: 229 – 230°.

5-Methyl-1,3,4-triphenyl-5H-pyridazino[4,5-b]indolium $[C_{29}H_{22}N_3]^+$, Formel XI.

Bromid $[C_{29}H_{22}N_3]Br$. B. Aus 5-Methyl-1,3-diphenyl-3,5-dihydro-pyridazino[4,5-b]indol-4-on und Phenylmagnesiumbromid in Benzol und Äther (*Staunton, Topham*, Soc. **1953** 1889,

1893). − Kristalle (aus Py. + Bzl.); F: ca. 310° [infolge der Aufarbeitung 15% Chlorid enthal⹀tend].

2-[2-Phenyl-indol-3-yl]-chinoxalin $C_{22}H_{15}N_3$, Formel XII.

B. Aus [2-Phenyl-indol-3-yl]-glyoxal und *o*-Phenylendiamin (*Sprio, Madonia,* G. **87** [1957] 454, 458).

Kristalle (aus A.); F: 241°.

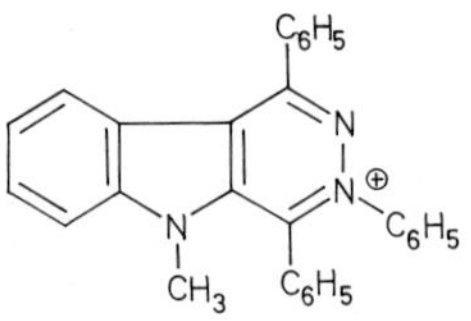

XI 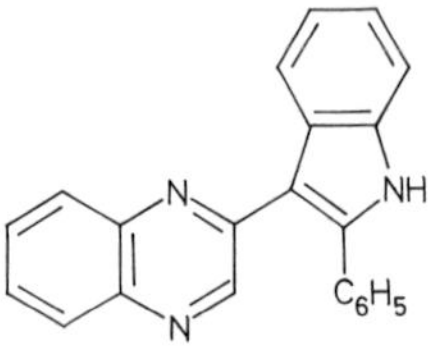   XII 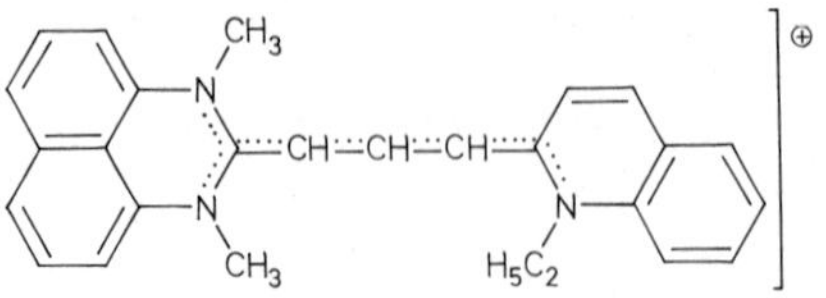   XIII

2-[3-(1-Äthyl-1 *H*-[2]chinolyliden)-propenyl]-1,3-dimethyl-perimidinium $[C_{27}H_{26}N_3]^+$ und Mesomere; **[1-Äthyl-[2]chinolyl]-[1,3-dimethyl-perimidin-2-yl]-trimethinium** [1]), Formel XIII.

Jodid $[C_{27}H_{26}N_3]$I. *B.* Aus 1,2,3-Trimethyl-3 *H*-perimidinium-[toluol-4-sulfonat] und 2-[2-(*N*-Acetyl-anilino)-vinyl]-1-äthyl-chinolinium-jodid mit Hilfe von Triäthylamin in Äthanol (*Jeffreys,* Soc. **1955** 2394, 2395, 2396). − Indigofarbene Kristalle (aus Me.); F: 252°. λ_{max} (Me.): 539 nm.

(±)-2-[4-(1,5-Diphenyl-4,5-dihydro-1 *H*-pyrazol-3-yl)-phenyl]-chinolin $C_{30}H_{23}N_3$, Formel I.

B. Aus 4′-[2]Chinolyl-*trans*(?)-chalkon (E III/IV **21** 4523) und Phenylhydrazin (*Neunhoeffer, Ulrich,* B. **88** [1955] 1123, 1131).

Gelbe Kristalle (aus Dioxan); F: 206 − 208°.

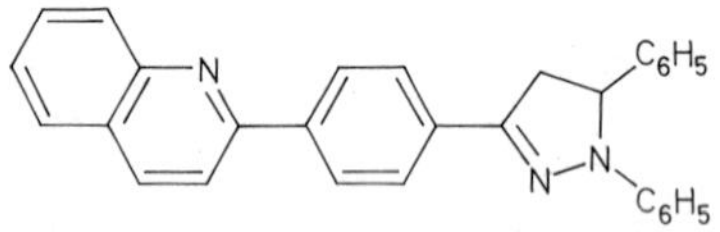

I 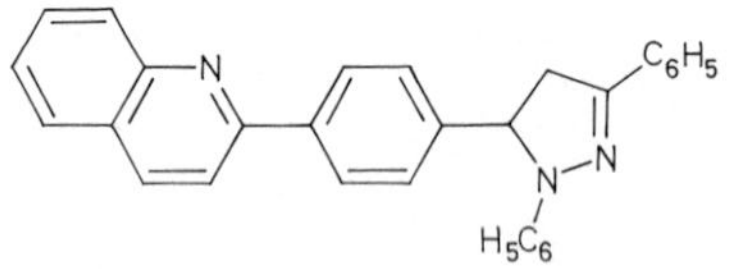   II

(±)-2-[4-(2,5-Diphenyl-3,4-dihydro-2 *H*-pyrazol-3-yl)-phenyl]-chinolin $C_{30}H_{23}N_3$, Formel II.

B. Aus 4-[2]Chinolyl-*trans*(?)-chalkon (E III/IV **21** 4523) und Phenylhydrazin (*Neunhoeffer, Ulrich,* B. **88** [1955] 1123, 1133).

Gelbe Kristalle (aus A. + wenig Dioxan); F: 187 − 188°.

1,2′-Dimethyl-2-[2-(4-methyl-2,4-dihydro-1 *H*-cyclopenta[*b*]chinolin-3-yl)-vinyl]-[4,4′]bipyridylium $[C_{27}H_{26}N_3]^+$, Formel III und Mesomere.

Jodid $[C_{27}H_{26}N_3]$I. *B.* Aus 2-[2-Anilino-vinyl]-1,2′-dimethyl-[4,4′]bipyridylium-jodid (E III/IV **24** 603) und 4-Methyl-2,3-dihydro-1 *H*-cyclopenta[*b*]chinolinium-jodid mit Hilfe von Kalium⹀acetat in Acetanhydrid und Pyridin (*Lal, Petrow,* Soc. **1949** Spl. 115, 117, 120). − Dunkle Kristalle (aus A.); F: 272 − 273° [Zers.].

Stammverbindungen $C_nH_{2n-31}N_3$

8 *H*-Naphth[2′,3′:4,5]indolo[2,3-*b*]chinoxalin $C_{22}H_{13}N_3$, Formel IV.

B. Aus 3 *H*-Naphth[2,3-*e*]indol-1,2-dion und *o*-Phenylendiamin (*Ruggli, Henzi,* Helv. **13** [1930]

---

[1]) Siehe S. 296 Anm.

409, 436; *Buu-Hoi et al.*, Soc. **1958** 4308).
 Orangefarbene Kristalle (aus Nitrobenzol); F: 395 – 400° (*Ru., He.; s. a. Buu-Hoi et al.*).

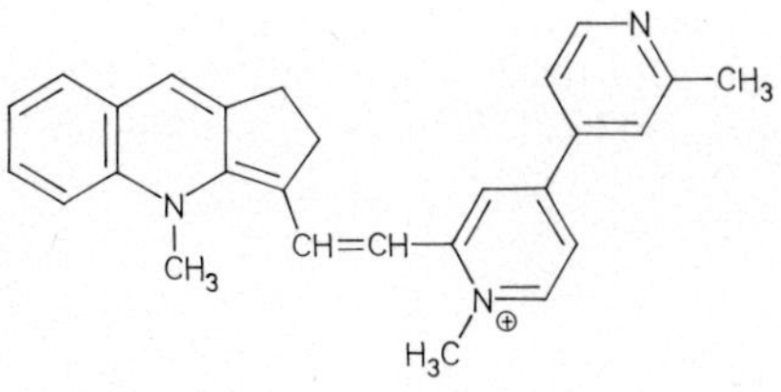

III

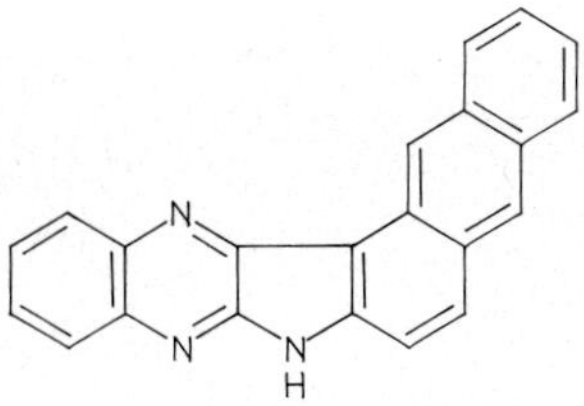

IV

5-Phenyl-5*H***-dibenzo[*b,h*]chino[2,3,4-*de*][1,6]naphthyridin** [1] $C_{28}H_{17}N_3$, Formel V.
 Konstitution: *Moszew, Żankowska-Jasińska*, Bl. Acad. polon. Ser. chim. **12** [1964] 447, 449;
Moszew et al., Bl. Acad. polon. Ser. chim. **13** [1965] 387, 388.
 B. Beim Erwärmen von Phenyl-[6-phenyl-dibenzo[*b,h*][1,6]naphthyridin-7-yl]-amin mit wss.
HNO_3 in Äthanol (*Moszew*, Bl. Acad. polon. [A] **1938** 98, 113).
 Orangegelbe Kristalle (aus Xylol); F: 245° (*Mo.*).
 Nitrat $C_{28}H_{17}N_3 \cdot HNO_3$. Braunrote Kristalle (aus A.) mit 1 Mol Äthanol; F: 152° [Zers.]
(*Mo.*).
 Picrat $C_{28}H_{17}N_3 \cdot C_6H_3N_3O_7$. Gelbe Kristalle; F: 280° [Zers.] (*Mo.*).

2,3-Diphenyl-pyrido[3,2-*f***]chinoxalin** $C_{23}H_{15}N_3$, Formel VI.
 B. Aus Chinolin-5,6-diyldiamin und Benzil (*Hall, Turner*, Soc. **1945** 699, 702; *Huisgen*, A.
559 [1948] 101, 143).
 Gelbliche Kristalle (aus A.); F: 205 – 206° (*Hall, Tu.*). Kristalle (aus Bzl.); F: 205° (*Hu.*).

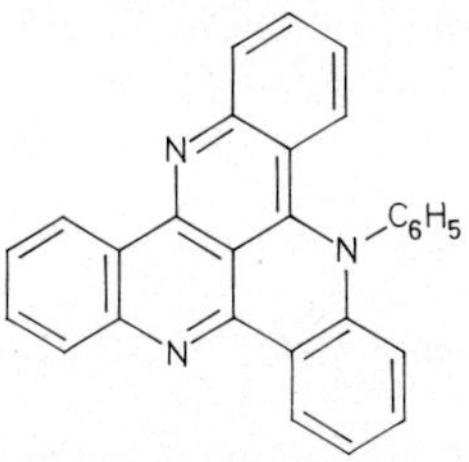

V

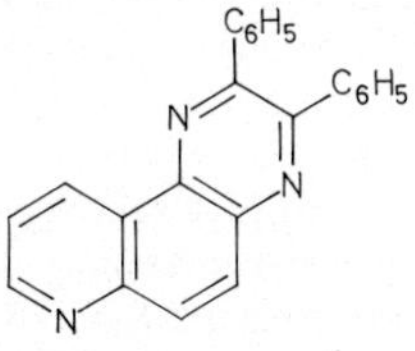

VI

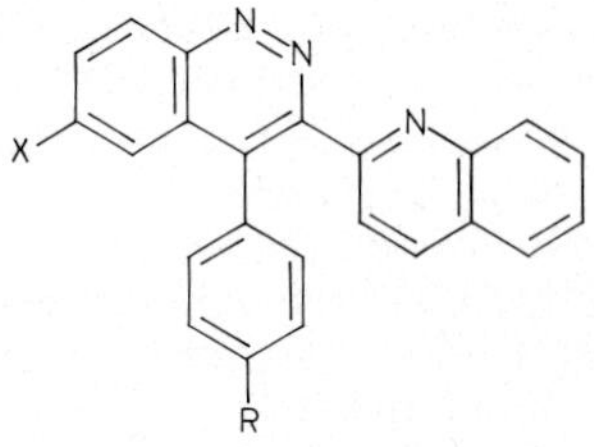

VII

3-[2]Chinolyl-4-phenyl-cinnolin $C_{23}H_{15}N_3$, Formel VII (R = X = H).
 B. Aus 2-[2-[2]Chinolyl-1-phenyl-vinyl]-anilin bei der Diazotierung in wss. HCl [8 n] oder
in wss. H_2SO_4 (*Nunn, Schofield*, Soc. **1953** 3700, 3702, 3705).
 Gelbe Kristalle (aus wss. A.); F: 162 – 163°.
 Picrat $C_{23}H_{15}N_3 \cdot C_6H_3N_3O_7$. Gelbe Kristalle (aus A.); F: 219 – 220°.

3-[2]Chinolyl-6-chlor-4-phenyl-cinnolin $C_{23}H_{14}ClN_3$, Formel VII (R = H, X = Cl).
 B. Beim Diazotieren von 2-[2-[2]Chinolyl-1-phenyl-vinyl]-4-chlor-anilin in wss. H_2SO_4 (*Nunn,
Schofield*, Soc. **1953** 3700, 3702, 3703).
 Gelbe Kristalle (aus A.); F: 205 – 206°.

---

[1] Von *Partridge et al.* (Soc. [C] **1966** 1245, 1248) ist für diese Verbindung F: 317 – 319°;
Picrat; F: 240 – 260° angegeben worden.

3-[2]Chinolyl-4-p-tolyl-cinnolin $C_{24}H_{17}N_3$, Formel VII (R = CH_3, X = H).

B. Beim Diazotieren von 2-[2-[2]Chinolyl-1-p-tolyl-vinyl]-anilin in wss. HCl (*Nunn, Schofield,* Soc. **1953** 3700, 3702).

Gelbe Kristalle (aus Bzl. + PAe.); F: 153 — 154°.

---

*2-[2-Indol-3-yl-vinyl]-1-methyl-4-phenyl-chinazolinium $[C_{25}H_{20}N_3]^+$, Formel VIII.

Jodid $[C_{25}H_{20}N_3]$I. **B.** Aus 1,2-Dimethyl-4-phenyl-chinazolinium-jodid und Indol-3-carb= aldehyd mit Hilfe von Piperidin (*Hamer et al.,* Soc. **1932** 251, 259). — Rötlichbraune Kristalle (aus A.); F: 238° [Zers.].

VIII   IX

1H,1′H,1″H-[3,2′;3′,3″]Terindol $C_{24}H_{17}N_3$, Formel IX.

Diese Konstitution kommt vermutlich dem nachstehend beschriebenen Präparat zu (*Witkop, Patrick,* Am. Soc. **73** [1951] 713, 716).

B. Beim Behandeln von 1H,1′H,1″H-[3,2′;2′,3″]Terindol-3′-on mit LiAlH₄ in Äther (*Wi., Pa.,* l. c. S. 718).

Kristalle (aus Bzl. + PAe.); F: 150 — 155° [korr.; nach Sintern bei 143°]. IR-Spektrum (CHCl₃; 2 — 12 μ): *Wi., Pa.,* l. c. S. 717. Absorptionsspektrum (A.; 200 — 425 nm): *Wi., Pa.*

Hydrochlorid $C_{24}H_{17}N_3 \cdot$HCl; 1H,3′H,1″H-[3,2′;3′,3″]Terindolium-chlorid. Kristalle; F: 245 — 250° [nach partiellem Schmelzen bei 212 — 214°]. IR-Spektrum (Nujol; 2 — 12 μ): *Wi., Pa.* UV-Spektrum (A.; 200 — 400 nm): *Wi., Pa.*

4,9,11,16-Tetrahydro-indolo[3,2-c]indolo[2′,3′:4,5]pyrido[3,2,1-ij]chinolin, 4,9,11,16-Tetra= hydro-benzo[ij]diindolo[2,3-b;3′,2′-g]chinolizin $C_{24}H_{17}N_3$, Formel X (R = H).

B. Aus 2,3,5,6-Tetrahydro-pyrido[3,2,1-ij]chinolin-1,7-dion-bis-phenylhydrazon mit Hilfe von äthanol. HCl (*Braunholtz, Mann,* Soc. **1955** 393, 396, 397).

Gelbe Kristalle (aus Acn. + A.) [nicht frei von Zersetzungsprodukt].

An Licht und Luft tritt fast sofort Farbvertiefung ein.

Hydrochlorid $C_{24}H_{17}N_3 \cdot$HCl. Orangefarbene Kristalle mit 1 Mol H_2O; F: 346° [Zers.; evakuierte Kapillare].

Hydrojodid $C_{24}H_{17}N_3 \cdot$HI. Orangefarbene Kristalle; F: >400° [evakuierte Kapillare].

Picrat $C_{24}H_{17}N_3 \cdot C_6H_3N_3O_7$. Orangefarbene Kristalle; F: 253° [Zers.; evakuierte Kapil= lare].

Thiocyanat $C_{24}H_{17}N_3 \cdot$HCNS. Orangefarbene Kristalle; F: 318° [Zers.; evakuierte Kapil= lare].

4,16-Diphenyl-4,9,11,16-tetrahydro-indolo[3,2-c]indolo[2′,3′:4,5]pyrido[3,2,1-ij]chinolin $C_{36}H_{25}N_3$, Formel X (R = C_6H_5).

B. Analog der vorangehenden Verbindung (*Braunholtz, Mann,* Soc. **1955** 393, 397).

Gelb; F: 170° [Zers.; evakuierte Kapillare].

Hydrochlorid $C_{36}H_{25}N_3 \cdot$HCl. Orangefarbene Kristalle (aus wss. A.); F: 260° [Zers.; evakuierte Kapillare].

Phenyl-di-$trans$-styryl-[1,3,5]triazin $C_{25}H_{19}N_3$, Formel XI.

Konfiguration: *Elias, Greth,* Makromol. Ch. **123** [1969] 203, 215; *Bührer et al.,* Makromol. Ch. **157** [1972] 13, 20.

B. Aus Dimethyl-phenyl-[1,3,5]triazin und Benzaldehyd mit Hilfe von methanol. KOH (*Grundmann et al.*, B. **86** [1953] 181, 185).
Kristalle (aus Me.); F: 167,5 − 168,5° [korr.] (*Gr. et al.*).

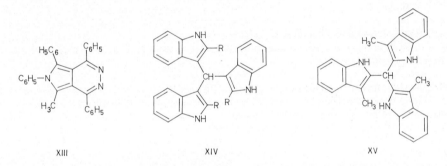

X XI XII

2-[2-Methyl-4,5-diphenyl-pyrrol-3-yl]-chinoxalin $C_{25}H_{19}N_3$, Formel XII.
B. Aus [2-Methyl-4,5-diphenyl-pyrrol-3-yl]-glyoxal und *o*-Phenylendiamin (*Ajello et al.*, G. **87** [1957] 11, 18).
Gelbe Kristalle (aus A.); F: 218°.

5-Methyl-1,4,6,7-tetraphenyl-6*H*-pyrrolo[3,4-*d*]pyridazin $C_{31}H_{23}N_3$, Formel XIII.
B. Aus 3,4-Dibenzoyl-2-methyl-1,5-diphenyl-pyrrol und $N_2H_4 \cdot H_2O$ (*Rips, Buu-Hoi*, J. org. Chem. **24** [1959] 551, 553).
Gelbe Kristalle (aus A.); F: 277°.

XIII XIV XV

Tri-indol-3-yl-methan, 3,3′,3″-Methantriyl-tri-indol $C_{25}H_{19}N_3$, Formel XIV (R = H).
B. Aus Indol und Orthoameisensäure-triäthylester mit Hilfe von äthanol. HCl (*Harley-Mason, Bu'lock*, Biochem. J. **51** [1952] 430).
Kristalle (aus A.); F: 244 − 246°.

Tris-[3-methyl-indol-2-yl]-methan, 3,3′,3″-Trimethyl-2,2′,2″-methantriyl-tri-indol $C_{28}H_{25}N_3$, Formel XV.
B. Aus 3-Methyl-indol und Orthoameisensäure-triäthylester mit Hilfe von wenig konz. H_2SO_4 (*v. Dobeneck, Prietzel*, Z. physiol. Chem. **299** [1955] 214, 224).
Hellgrüne Kristalle (aus Bzl.); F: 320 − 321°.

Tris-[2-methyl-indol-3-yl]-methan, 2,2′,2″-Trimethyl-3,3′,3″-methantriyl-tri-indol $C_{28}H_{25}N_3$, Formel XIV (R = CH_3) (E I 25).
B. Aus 2-Methyl-indol bei aufeinanderfolgender Umsetzung mit Ameisensäure und mit wss. NH_3 (*Passerini*, G. **68** [1938] 480, 483). Beim Behandeln von 2-Methyl-indol mit $Zn(CN)_2$ und HCl in Äther und Erwärmen des Reaktionsprodukts mit H_2O (*Boyd, Robson*, Biochem. J. **29** [1935] 555, 561).
Rosa Kristalle (aus Py.); F: 319° (*Pa.*).

Stammverbindungen $C_nH_{2n-33}N_3$

Dibenzo[f,h]chino[3,4-b]chinoxalin $C_{23}H_{13}N_3$, Formel I.

B. Aus Chinolin-3,4-diyldiamin und Phenanthren-9,10-dion (*Renshaw et al.*, Am. Soc. **61** [1939] 3322, 3326; *Colonna, Montanari*, G. **81** [1951] 744, 753).

Kristalle; F: 280−281° [korr.] (*Re. et al.*). Gelbe Kristalle (aus A.+Dioxan); F: 274° (*Co., Mo.*).

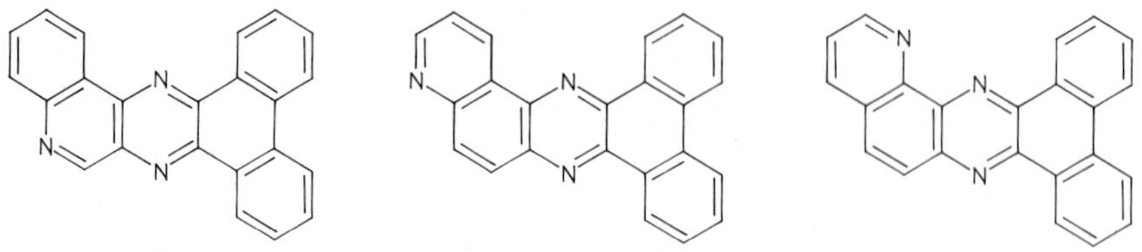

I   II   III

Dibenzo[a,c]pyrido[3,2-h]phenazin $C_{23}H_{13}N_3$, Formel II (E I 25).

B. Aus Chinolin-5,6-diyldiamin und Phenanthren-9,10-dion (*Hall, Turner*, Soc. **1945** 699, 702).

Kristalle; F: 294−295° [korr.] (*Renshaw et al.*, Am. Soc. **61** [1939] 3322, 3325). Hellbraune Kristalle (aus Bzl. oder Eg.); F: 294° (*Hall, Tu.*).

Dibenzo[a,c]pyrido[2,3-h]phenazin $C_{23}H_{13}N_3$, Formel III.

B. Analog der vorangehenden Verbindung (*Renshaw et al.*, Am. Soc. **61** [1939] 3322, 3325). F: 314° [korr.].

2,3-Diphenyl-6-[2]pyridyl-chinoxalin $C_{25}H_{17}N_3$, Formel IV.

B. Aus 4-[2]Pyridyl-*o*-phenylendiamin und Benzil (*Cook et al.*, Soc. **1943** 404). Hellgelbe Kristalle; F: 198−199°.

2,3-Diphenyl-6-[3]pyridyl-chinoxalin $C_{25}H_{17}N_3$, Formel V.

B. Analog der vorangehenden Verbindung (*Coates et al.*, Soc. **1943** 406, 413). Kristalle (aus Bzl.+PAe.); F: 194,5−196,5°.

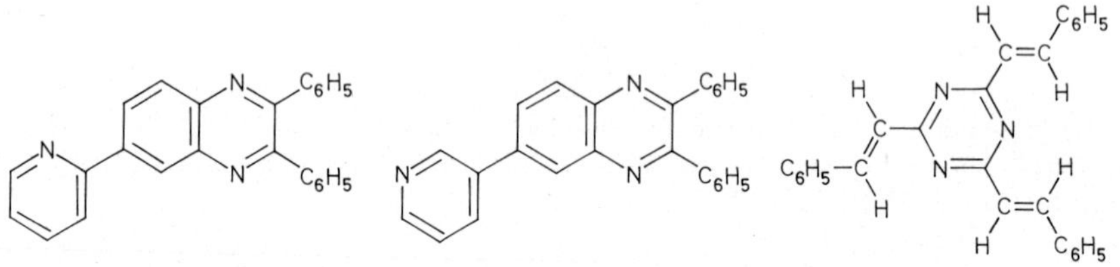

IV   V   VI

Tri-*trans*-styryl-[1,3,5]triazin $C_{27}H_{21}N_3$, Formel VI.

Diese Konfiguration kommt vermutlich dem nachfolgend beschriebenen Präparat zu (s. diesbezüglich *Elias, Greth*, Makromol. Ch. **123** [1969] 203, 212, 213, 217; *Bührer et al.*, Makromol. Ch. **157** [1972] 13, 20).

B. Aus Trimethyl-[1,3,5]triazin und Benzaldehyd mit Hilfe von methanol. KOH (*Grundmann, Weisse*, B. **84** [1951] 684, 688).

Kristalle (aus Eg. oder CHCl₃); F: 224−226° (*Gr., We.*).

2,2,4,6-Tetraphenyl-1,2-dihydro-[1,3,5]triazin $C_{27}H_{21}N_3$, Formel VII (R = H) und Taut. (H 100).

B. Aus Benzonitril beim Erwärmen mit Natrium in Benzol und Behandeln des Reaktionsprodukts mit H_2O (*Ritter, Anderson*, J. org. Chem. **24** [1959] 208). Aus Benzonitril bei der Umset=

zung mit Phenyllithium in Äther und anschliessenden Behandlung mit H_2O sowie beim Erhitzen mit Phenylmagnesiumbromid in Xylol (*Anker, Cook*, Soc. **1941** 323, 330).

Kristalle; F: 192° (*An., Cook*).

1-Methyl-2,2,4,6-tetraphenyl-1,2-dihydro-[1,3,5]triazin $C_{28}H_{23}N_3$, Formel VII (R = CH_3).

B. Neben 1-Methyl-2,4,4,6-tetraphenyl-1,4-dihydro-[1,3,5]triazin (s. u.) aus der vorangehenden Verbindung und CH_3I in Heptan (*Ritter, Anderson*, J. org. Chem. **24** [1959] 208).

F: 191°. UV-Spektrum (220–370 nm): *Ri., An*.

VII   VIII   IX

1-Methyl-2,4,4,6-tetraphenyl-1,4-dihydro-[1,3,5]triazin $C_{28}H_{23}N_3$, Formel VIII.

B. s. im vorangehenden Artikel.

F: 210° (*Ritter, Anderson*, J. org. Chem. **24** [1959] 208). UV-Spektrum (210–330 nm): *Ri., An*.

3-[2-Methyl-4,5-diphenyl-pyrrol-3-yl]-6-phenyl-pyridazin $C_{27}H_{21}N_3$, Formel IX.

B. Aus 1-[2-Methyl-4,5-diphenyl-pyrrol-3-yl]-4-phenyl-but-2*t*(?)-en-1,4-dion (E III/IV **21** 5697) und $N_2H_4 \cdot H_2O$ (*Ajello et al.*, G. **87** [1957] 11, 20, 21).

Kristalle (aus Pentan-1-ol); F: 272°.

1,3,4,6-Tetraphenyl-2,5,7-triaza-norborn-2-en $C_{28}H_{23}N_3$, Formel X (R = R′ = X = H) (vgl. E II 57).

Die von *van Alphen* (R. **52** [1933] 47, 48, **53** [1934] 74) unter dieser Konstitution beschriebene, aus Benzoin und $N_2H_4 \cdot 2HCl$ hergestellte Verbindung ist als 3,4,5-Triphenyl-1*H*-pyrazol [E III/IV **23** 2053] (*Comrie*, Soc. [C] **1968** 446), die von *van Alphen* (R. **52** [1933] 525, 527) als x,x′-Dibrom-1,3,4,6-tetraphenyl-2,5,7-triaza-norborn-2-en ($C_{28}H_{21}Br_2N_3$) beschriebene Verbindung ist vermutlich als 4-[4-Brom-phenyl]-3,5-diphenyl-1*H*-pyrazol (E III/IV **23** 2056) zu formulieren (*Comrie*, Soc. [C] **1971** 2807, 2808). In den früher (H **8** 176 im Artikel Benzoinhydrazon und E I **7** 124 im Artikel Dibenzalhydrazin) als Verbindung $C_{28}H_{23}N_3$ beschriebenen, von *van Alphen* ebenfalls als 1,3,4,6-Tetraphenyl-2,5,7-triaza-norborn-2-en angesehenen Präparaten [F: 261°] hat 2,4,5-Triphenyl-1*H*-imidazol vorgelegen.

5,7-Dimethyl-1,3,4,6-tetraphenyl-2,5,7-triaza-norborn-2-en $C_{30}H_{27}N_3$, Formel X (R = R′ = CH_3, X = H).

Die von *van Alphen* (R. **52** [1933] 478, 479) unter dieser Konstitution beschriebene Verbindung ist als 1-Methyl-3,4,5-triphenyl-1*H*-pyrazol zu formulieren (*Comrie*, Soc. [C] **1971** 2807, 2809). Entsprechendes gilt für die von *van Alphen* als 5,7-Diäthyl-1,3,4,6-tetraphenyl-2,5,7-triaza-norborn-2-en $C_{32}H_{31}N_3$, als 5,7-Diacetyl-1,3,4,6-tetraphenyl-2,5,7-triaza-norborn-2-en $C_{32}H_{27}N_3O_2$ und als 5,7-Dibenzoyl-1,3,4,6-tetraphenyl-2,5,7-triaza-norborn-2-en $C_{42}H_{31}N_3O_2$ angesehenen Verbindungen (*Comrie*, Soc. [C] **1968** 446, **1971** 2807).

5(oder 7)-[2-Brom-äthyl]-1,3,4,6-tetraphenyl-2,5,7-triaza-norborn-2-en $C_{30}H_{26}BrN_3$, Formel X (R = CH_2-CH_2-Br, R′ = X = H oder R = X = H, R′ = CH_2-CH_2-Br).

In dem von *van Alphen* (R. **52** [1933] 478, 480) unter dieser Konstitution beschriebenen Präparat hat vermutlich ein Gemisch aus 1-[2-Brom-äthyl]-3,4,5-triphenyl-1*H*-pyrazol und 1,2-Bis-[3,4,5-triphenyl-pyrazol-1-yl]-äthan vorgelegen (vgl. *Comrie*, Soc. [C] **1971** 2807, 2809).

1,3,4,5,6,7-Hexaphenyl-2,5,7-triaza-norborn-2-en $C_{40}H_{31}N_3$, Formel X (R = R′ = C_6H_5, X = H).

In dem von *van Alphen* (R. **52** [1933] 478, 479) unter dieser Konstitution beschriebenen

Präparat hat vermutlich das Kupfer(I)-Salz des 3,4,5-Triphenyl-1*H*-pyrazols vorgelegen (s. *Com=rie*, Soc. [C] **1971** 2807).

1,3,4,6-Tetrakis-[4-nitro-phenyl]-2,5,7-triaza-norborn-2-en $C_{28}H_{19}N_7O_8$, Formel X
(R = R' = H, X = NO$_2$).

Die von *van Alphen* (R. **52** [1933] 525) unter dieser Konstitution beschriebene Verbindung ist als 3,4,5-Tris-[4-nitro-phenyl]-1*H*-pyrazol (E III/IV **23** 2056) zu formulieren (*Comrie*, Soc. [C] **1971** 2807, 2809).

[4]Chinolyl-bis-[2-methyl-indol-3-yl]-methan, 4-[Bis-(2-methyl-indol-3-yl)-methyl]-chinolin $C_{28}H_{23}N_3$, Formel XI.

Hydrobromid $C_{28}H_{23}N_3 \cdot HBr$. *B.* Aus Chinolin-4-carbaldehyd und 2-Methyl-indol mit Hilfe von wss.-äthanol. HBr (*Strell et al.*, B. **90** [1957] 1798, 1808). — Gelbe Kristalle (aus A.); F: 211° [unscharf; unter Dunkelrotfärbung]. — Die Kristalle bräunen sich allmählich an der Luft.

Bis-[3-methyl-indol-2-yl]-[3-methyl-indol-2-yliden]-methan $C_{28}H_{23}N_3$, Formel XII.

B. Aus Tris-[3-methyl-indol-2-yl]-methan mit Hilfe von FeCl$_3 \cdot 6H_2O$ in Äther (*v. Dobeneck, Prietzel*, Z. physiol. Chem. **299** [1955] 214, 224, 225).

Perchlorat $C_{28}H_{23}N_3 \cdot HClO_4$; Tris-[3-methyl-indol-2-yl]-methinium-per=chlorat. Kristalle (aus Me.), die ab 245° erweichen.

(±)-21-Methyl-(12ac)-12,12a,13,14,15,16-hexahydro-11H-12r,16ac-[1]azapropano-dibenzo=[a,c]naphtho[1,2-i]phenazin $C_{31}H_{29}N_3$, Formel XIII + Spiegelbild, oder **(±)-21-Methyl-(4ac)-2,3,4,4a,5,6-hexahydro-1H-5r,18cc-[1]azapropano-dibenzo[a,c]naphtho[1,2-h]phenazin** $C_{31}H_{29}N_3$, Formel XIV + Spiegelbild.

B. Aus *rac*-17-Methyl-morphinan-2,3(oder 3,4)-diyldiamin (E III/IV **22** 5477) beim Erhitzen mit Phenanthren-9,10-dion (*Hoffmann-La Roche*, D.B.P. 834246 [1949]; D.R.B.P. Org. Chem. 1950−1951 **3** 47, 49; U.S.P. 2524856 [1948]).

F: 258 – 260°.

1,3,4,6-Tetra-*p*-tolyl-2,5,7-triaza-norborn-2-en $C_{32}H_{31}N_3$, Formel X (R = R' = H,
X = CH_3).

Die von *van Alphen* (R. **52** [1933] 525, 529) unter dieser Konstitution beschriebene Verbindung
ist als 3,4,5-Tri-*p*-tolyl-1*H*-pyrazol zu formulieren (vgl. die Angaben im Artikel 1,3,4,6-Tetra-
phenyl-2,5,7-triaza-norborn-2-en [S. 307]).

1,3,4,6-Tetrakis-[4-isopropyl-phenyl]-2,5,7-triaza-norborn-2-en $C_{40}H_{47}N_3$, Formel X
(R = R' = H, X = CH(CH_3)).

Die von *van Alphen* (R. **52** [1933] 525, 530) unter dieser Konstitution beschriebene Verbindung
ist als 3,4,5-Tris-[4-isopropyl-phenyl]-1*H*-pyrazol zu formulieren (vgl. die Angaben im Artikel
1,3,4,6-Tetraphenyl-2,5,7-triaza-norborn-2-en [S. 307]).

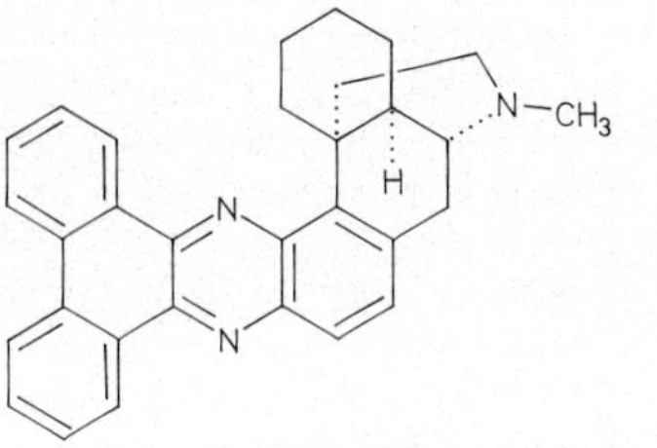

XIV 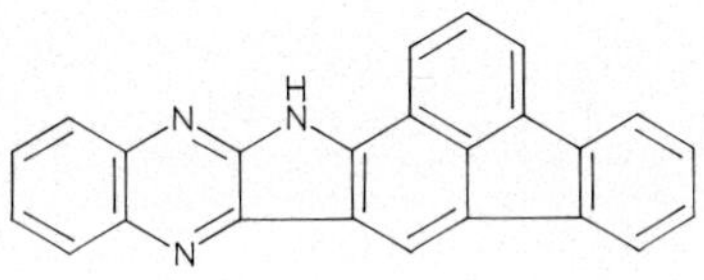   XV

Stammverbindungen $C_nH_{2n-35}N_3$

15*H*-Fluoreno[9',1':5,6,7]indolo[2,3-*b*]chinoxalin $C_{24}H_{13}N_3$, Formel XV.
    B. Aus 4*H*-Fluoreno[9,1-*fg*]indol-5,6-dion und *o*-Phenylendiamin (*Barret, Buu-Hoi,* Soc. **1958**
2946, 2948).
    Gelbe Kristalle (aus Py.); F: >320°.

2,4-Diphenyl-naphth[2',3':4,5]imidazo[1,2-*a*]pyrimidin $C_{26}H_{17}N_3$, Formel I.
    B. Aus 1*H*-Naphth[2,3-*d*]imidazol-2-ylamin und 1,3-Diphenyl-propan-1,3-dion mit Hilfe von
Piperidin (*Ried, Müller,* J. pr. [4] **8** [1959] 132, 136, 148).
    Rote Kristalle; F: 298 – 303°.

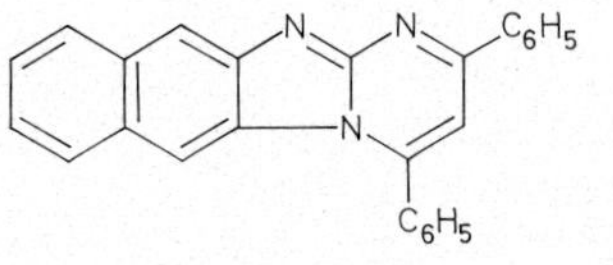

I 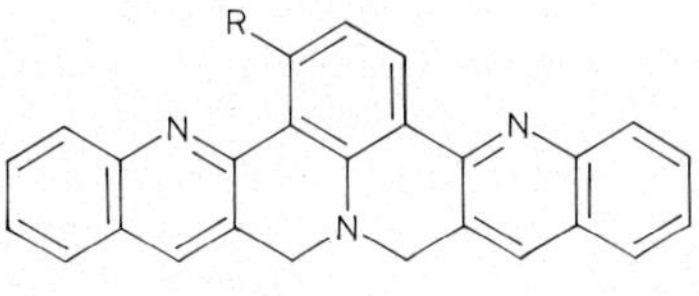   II

10(?)*H*,12(?)*H*-Benzo[*b*]chino[3',2':3,4]chino[1,8-*gh*][1,6]naphthyridin $C_{26}H_{17}N_3$, vermutlich
Formel II (R = H).
    B. Aus 2,3,5,6-Tetrahydro-pyrido[3,2,1-*ij*]chinolin-1,7-dion und 2-Amino-benzaldehyd mit
Hilfe von wss.-äthanol. NaOH (*Braunholtz, Mann,* Soc. **1958** 3368, 3375). Aus 10(?)*H*,12(?)*H*-
Benzo[*b*]chino[3',2':3,4]chino[1,8-*gh*][1,6]naphthyridin-9,13-dicarbonsäure   [350°/0,1 Torr]
(*Braunholtz, Mann,* Soc. **1955** 393, 397).
    Kristalle (aus Py.); F: 327° [auf 320° vorgeheizter App.; evakuierte Kapillare] (*Br., Mann,*
Soc. **1958** 3375). Dunkelorangefarbene Kristalle (aus Py.); F: 319,5° [Zers.; auf 305 – 310°
vorgeheizter App.; evakuierte Kapillare] (*Br., Mann,* Soc. **1955** 397).

9(?)*H*,13(?)*H*-Benzo[*b*]chino[3',2':3,4]chino[1,8-*gh*][1,6]naphthyridin $C_{26}H_{17}N_3$, vermutlich
Formel III.
    B. Beim Erhitzen der vorangehenden Verbindung mit konz. wss. HCl und anschliessenden

Behandeln mit wss. NaOH (*Braunholtz, Mann*, Soc. **1955** 393, 395, 398).

Tiefrote Kristalle (aus Py.); F: 319° [evakuierte Kapillare]. IR-Banden (6 − 14 μ): *Br., Mann.* Absorptionsspektrum (Me. sowie wss.-methanol. HCl; 200 − 500 nm): *Br., Mann.*

Beim Erhitzen auf 280 − 300°/0,1 Torr ist die Ausgangsverbindung (s. o.) regeneriert worden.

1-Methyl-10(?)H,12(?)H-benzo[b]chino[3′,2′:3,4]chino[1,8-gh][1,6]naphthyridin $C_{27}H_{19}N_3$, vermutlich Formel II (R = CH_3).

B. Aus 8-Methyl-2,3,5,6-tetrahydro-pyrido[3,2,1-ij]chinolin-1,7-dion und 2-Amino-benzaldehyd mit Hilfe von wss.-äthanol. NaOH (*Braunholtz, Mann*, Soc. [**1958**] 3368, 3375).

Gelbe Kristalle (aus Py.); F: 275° [auf 265° vorgeheizter App.; evakuierte Kapillare].

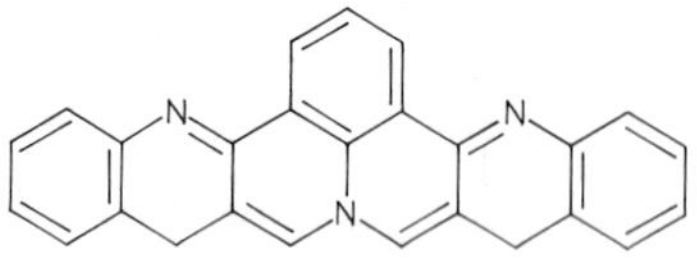

III 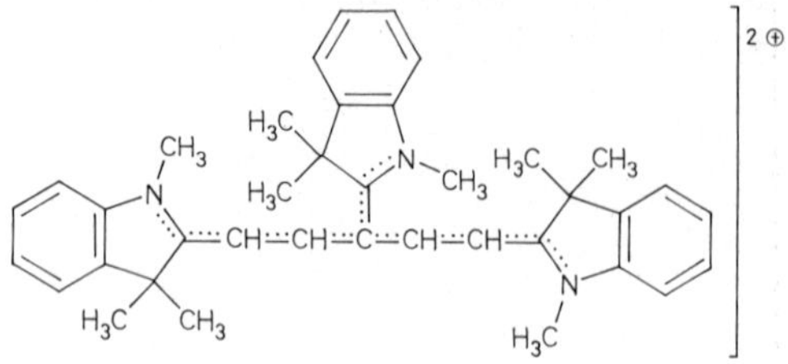   IV

5-[1,3,3-Trimethyl-indolin-2-yliden]-1,3-bis-[1,3,3-trimethyl-3H-indolium-2-yl]-penta-1,3-dien $[C_{38}H_{43}N_3]^{2+}$ und Mesomere; **1,3,5-Tris-[1,3,3-trimethyl-3H-indol-2-yl]-[2.2.0]pentamethindiium** [1]), Formel IV.

Dijodid $[C_{38}H_{43}N_3]I_2$. *B.* Beim Erhitzen von 1,2,3,3-Tetramethyl-3H-indolium-jodid mit Orthoameisensäure-triäthylester und Chlormalonsäure auf 170° (*Hishiki*, Rep. scient. Res. Inst. Tokyo **29** [1953] 526, 528; C. A. **1954** 14213). − Kristalle (aus Me.); F: 236° [Zers.]. Absorptionsspektrum (A.; 570 − 650 nm): *Hi.*

Stammverbindungen $C_nH_{2n-37}N_3$

17-Phenyl-17H-benzo[b]chino[2,3,4-de]naphtho[1,2-h][1,6]naphthyridin $C_{32}H_{19}N_3$, Formel V.

B. Beim Erwärmen von [6-[2]Naphthyl-dibenzo[b,h][1,6]naphthyridin-7-yl]-phenyl-amin mit wss. HNO_3 in Äthanol (*Mysona*, Roczniki Chem. **26** [1952] 44, 49, 50; C. A. **1953** 7502).

Rote Kristalle (aus Xylol); F: 270°.

Nitrat $C_{32}H_{19}N_3 \cdot HNO_3$. Orangefarbene Kristalle; F: 175° [Zers.].

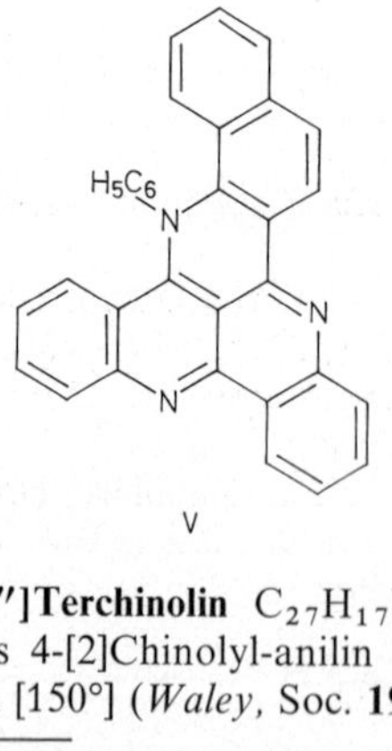

V 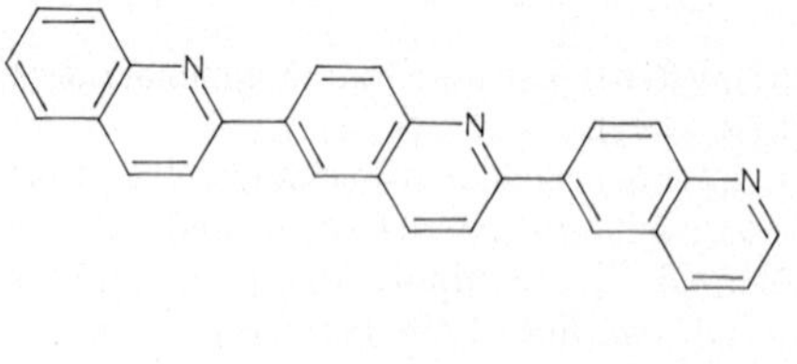   VI

[2,6′;2′,6″]Terchinolin $C_{27}H_{17}N_3$, Formel VI.

B. Aus 4-[2]Chinolyl-anilin und 3t(?)-[6]Chinolyl-acrylaldehyd (E III/IV **21** 4129) in konz. wss. HCl [150°] (*Waley*, Soc. **1948** 2008, 2010).

[1]) Über diese Bezeichnungsweise s. *Reichardt, Mormann*, B. **105** [1972] 1815, 1832.

Kristalle (aus Chinolin); F: 267 – 269°. Im Hochvakuum sublimierbar.

Tri-[2]chinolyl-methan, 2,2′,2″-Methantriyl-tri-chinolin $C_{28}H_{19}N_3$ und **Di-[2]chinolyl-[1H-[2]chinolyliden]-methan** $C_{28}H_{19}N_3$ (E II 57).

Bestätigung der Konstitution der Tautomeren: *Scheibe, Riess,* B. **92** [1959] 2189; *Friedrich, Scheibe,* Z. El. Ch. **65** [1961] 851, 852. Absorptionsspektrum (450 – 550 nm) des Gleichgewichts= gemisches der Tautomeren in Benzol, Pyridin, Chinolin, Methanol, Äthanol, Propan-1-ol, Pen= tan-1-ol und CS_2: *Scheibe, Kilian,* Z. physik. Chem. Bodenstein-Festband [1931] 468, 472.

a) **Tri-[2]chinolyl-methan,** Formel VII (E II 57; dort als „farblose Form" bezeichnet).
Absorptionsspektrum (wss. H_2SO_4; 465 – 550 nm): *Scheibe, Kilian,* Z. physik. Chem. Boden= stein-Festband [1931] 468, 473.
Geschwindigkeitskonstante der Umwandlung in Di-[2]chinolyl-[1H-[2]chinolyliden]-methan in Benzol bei 18° und 40,6°: *Sch., Ki.,* l. c. S. 470 Anm. 1, 471. Gleichgewichtskonstante Tri-[2]chinolyl-methan ⇌ Di-[2]chinolyl-[1H-[2]chinolyliden]-methan in Benzol, Pyridin, Chinolin, Methanol, Äthanol, Propan-1-ol, Pentan-1-ol und CS_2 bei 18 – 40,5°: *Sch., Ki.;* s. a. *Friedrich, Scheibe,* Z. El. Ch. **65** [1961] 851, 854.

b) **Di-[2]chinolyl-[1H-[2]chinolyliden]-methan,** Formel VIII (E II 57; dort als „rote Form" bezeichnet).
Rote Kristalle (*Scheibe, Kilian,* Z. physik. Chem. Bodenstein-Festband [1931] 468, 469). Absorptionsspektrum (250 – 600 nm) in Äthanol bei −180° und in Benzol bei +20° sowie Fluorescenzpolarisationsspektrum (260 – 520 nm) eines mit diesem Tautomeren angereicherten Präparats in Äthanol bei −180°: *Scheibe, Riess,* B. **92** [1959] 2189, 2195.

VII   VIII

1-Äthyl-2-[1,2-bis-(1-äthyl-1H-[2]chinolyliden)-äthyl]-chinolinium, Bis-[1-äthyl-[2]chinolyl]-[1-äthyl-1H-[2]chinolylidenmethyl]-methinium [1]) $[C_{35}H_{34}N_3]^+$, Formel IX.

Jodid $[C_{35}H_{34}N_3]I$. B. Beim Erwärmen von 1-Äthyl-2-methyl-chinolinium-jodid mit Ag_2O oder Silberacetat in Äthanol und Behandeln des Reaktionsprodukts mit KI in wss. Äthanol (*Sugimoto,* Rep. scient. Res. Inst. Tokyo **27** [1951] 262, 264, 265; C. A. **1952** 9456, 9457). — Grüne Kristalle (aus Me.); F: 265° [Zers.]. λ_{max}: 540 nm und 585 nm.
Perchlorat $[C_{35}H_{34}N_3]ClO_4$. Grüne Kristalle (aus A.); F: 254° [Zers.].

1-Methyl-2,4-bis-[1-methyl-1H-[2]chinolylidenmethyl]-chinolinium $[C_{32}H_{28}N_3]^+$, Formel X ($R = R′ = CH_3$) und Mesomere.
Jodid $[C_{32}H_{28}N_3]I$. B. Aus 2,4-Dijod-1-methyl-chinolinium-jodid und 1,2-Dimethyl-chin= olinium-jodid mit Hilfe von Trimethylamin (*Brooker, Smith,* Am. Soc. **59** [1937] 67, 73). — Bräunliche Kristalle (aus Me.); F: >310° [Zers.; nach Sintern bei ca. 300°]. λ_{max} (Me.): 477,5 nm und 605 nm.

2,4-Bis-[1-äthyl-1H-[2]chinolylidenmethyl]-1-methyl-chinolinium $[C_{34}H_{32}N_3]^+$, Formel X ($R = C_2H_5$, $R′ = CH_3$) und Mesomere.
Jodid $[C_{34}H_{32}N_3]I$. B. Aus 1,2,4-Trimethyl-chinolinium-jodid und 1-Äthyl-2-jod-chinolin= ium-jodid mit Hilfe von Triäthylamin in Propan-1-ol (*Brooker, Smith,* Am. Soc. **59** [1937] 67, 73). — Kupferartig glänzende Kristalle (aus Me.); F: 302 – 303° [Zers.].

---

[1]) Siehe S. 310 Anm.

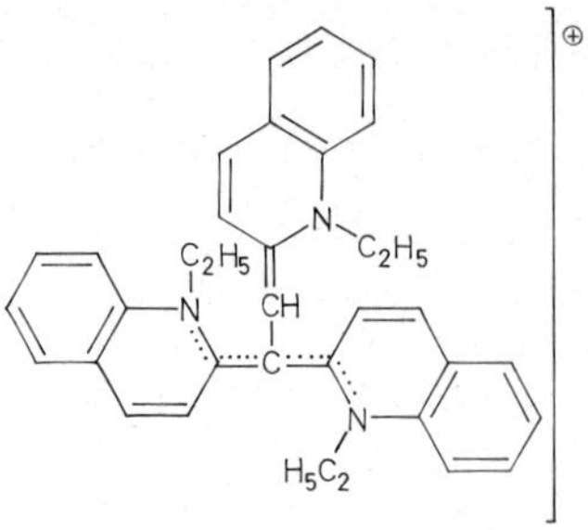

IX

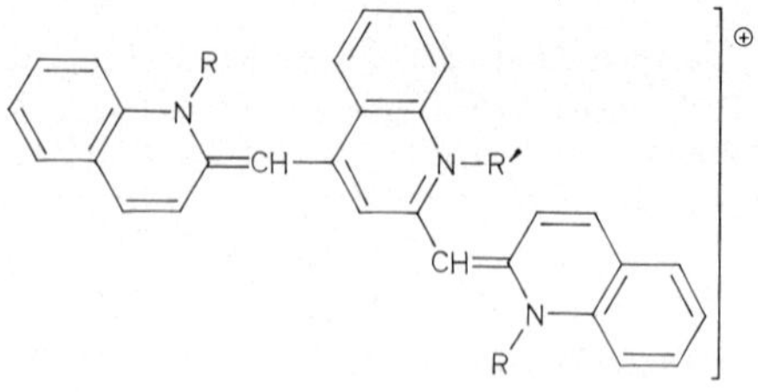

X

1-Äthyl-2,4-bis-[1-äthyl-1H-[2]chinolylidenmethyl]-chinolinium [C$_{35}$H$_{34}$N$_3$]$^+$, Formel X
(R = R' = C$_2$H$_5$) und Mesomere.

Jodid [C$_{35}$H$_{34}$N$_3$]I. *B.* In mässigen Ausbeuten aus 1-Äthyl-2,4-dijod-chinolinium-jodid und 1-Äthyl-2-methyl-chinolinium-jodid oder aus 1-Äthyl-2,4-dimethyl-chinolinium-jodid und 1-Äthyl-2-jod-chinolinium-jodid (*Brooker, Smith*, Am. Soc. **59** [1937] 67, 73). — Bronzefarbene Kristalle (aus Me.); F: 291—292° [Zers.]. Absorptionsspektrum (Me.; 400—700 nm): *Br., Sm.,* l. c. S. 69.

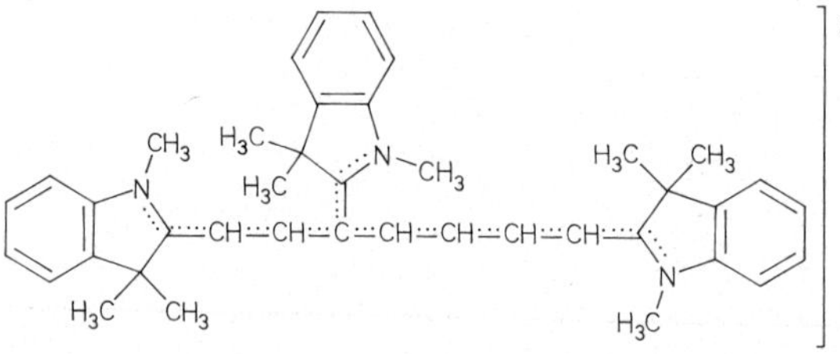

XI

7-[1,3,3-Trimethyl-indolin-2-yliden]-1,3-bis-[1,3,3-trimethyl-3H-indolium-2-yl]-hepta-1,3,5-trien [C$_{40}$H$_{45}$N$_3$]$^{2+}$ und Mesomere; **1,3,7-Tris-[1,3,3-trimethyl-3H-indol-2-yl]-[4.2.0]hepta=
methindiium** [1]), Formel XI.

Dijodid. *B.* Beim Erhitzen von 1-Äthylmercapto-2,6-bis-[1,3,3-trimethyl-3H-indolium-2-yl]-hexa-1,3,5-trien-bis-[toluol-4-sulfonat] (aus 1,5-Bis-[1,3,3-trimethyl-3H-indol-2-yl]-pentamethi=
nium-jodid hergestellt) mit 1,2,3,3-Tetramethyl-3H-indolium-jodid in Acetanhydrid (*Ilford Ltd.*, U.S.P. 2518476 [1948]). — Braune Kristalle mit rotem Reflex (aus Me.); F: 238° [Zers.].

Stammverbindungen C$_n$H$_{2n-39}$N$_3$

2,6-Di-[2]chinolyl-4-phenyl-pyridin, 2,2'-[4-Phenyl-pyridin-2,6-diyl]-di-chinolin C$_{29}$H$_{19}$N$_3$, Formel XII.

B. Aus 1-[2]Chinolyl-äthanon, Benzaldehyd und wss. NH$_3$ mit Hilfe von Ammoniumacetat [250°] (*Case, Kasper*, Am. Soc. **78** [1956] 5842).
Kristalle (aus Bzl.); F: 295—296°.

2-[2,4,5-Triphenyl-pyrrol-3-yl]-chinoxalin C$_{30}$H$_{21}$N$_3$, Formel XIII.

B. Aus [2,4,5-Triphenyl-pyrrol-3-yl]-glyoxal und *o*-Phenylendiamin (*Sprio, Madonia*, G. **87** [1957] 171, 175).
Gelbe Kristalle (aus Me.); F: 211°.

---

[1]) Siehe S. 310 Anm.

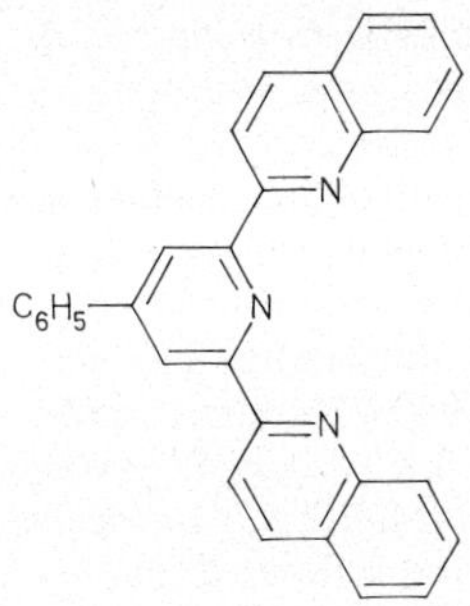

XII

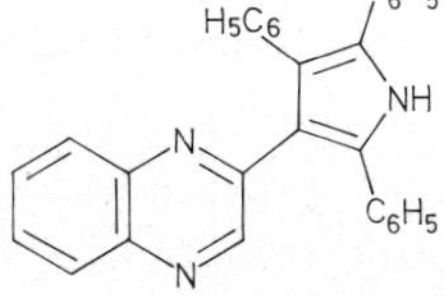

XIII

1,2-Bis-[1-äthyl-chinolinium-2-yl]-3-[1-äthyl-1H-[2]chinolyliden]-propen, 1,2,3-Tris-[1-äthyl-[2]chinolyl]-[1.1.0]trimethindiium [1]) $[C_{36}H_{35}N_3]^{2+}$, Formel I.

Dijodid $[C_{36}H_{35}N_3]I_2$. *B.* Aus 1-Äthyl-2-trichlormethyl-chinolinium-chlorid und 1-Äthyl-2-methyl-chinolinium-jodid mit Hilfe von Kaliumacetat in Acetanhydrid oder von CdCO$_3$ in Xylol (*Tanabe, Yasuda*, J. pharm. Soc. Japan **74** [1954] 814, 817; C. A. **1954** 12411). − Violette Kristalle (aus Acn.); F: 207° oder 217°. λ_{max}: 585 nm. − Hydrojodid(?) $[C_{36}H_{35}N_3]I_2 \cdot HI$. Violette Kristalle (aus A.); F: 154° [Zers.]. λ_{max}: 585 nm.

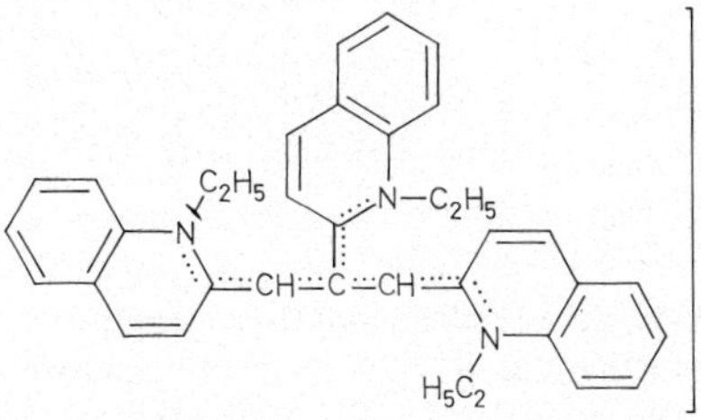

I

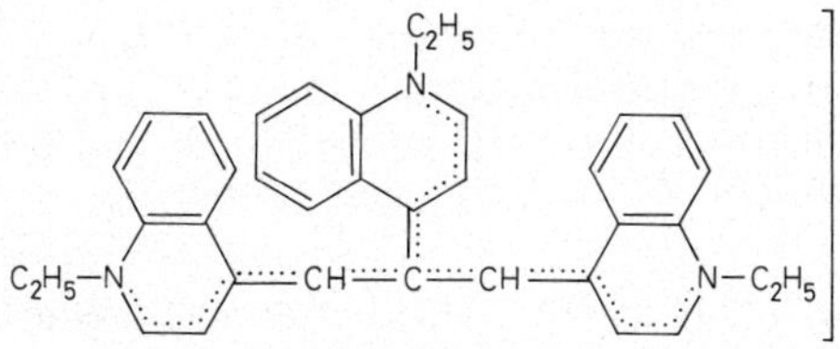

II

1,2-Bis-[1-äthyl-chinolinium-4-yl]-3-[1-äthyl-1H-[4]chinolyliden]-propen, 1,2,3-Tris-[1-äthyl-[4]chinolyl]-[1.1.0]trimethindiium [1]) $[C_{36}H_{35}N_3]^{2+}$, Formel II.

Dijodid $[C_{36}H_{35}N_3]I_2$. *B.* Analog dem vorangehenden Dijodid (*Tanabe, Yasuda*, J. pharm. Soc. Japan **74** [1954] 814, 817; C. A. **1954** 12411). − Blaugrün; F: 205−210° [Zers.; aus A.]. λ_{max}: 595 nm und 670 nm. − Hydrojodid(?) $[C_{36}H_{35}N_3]I_2 \cdot HI$. Violett; F: 184° [Zers.; aus A.]. λ_{max}: 595 nm und 710 nm.

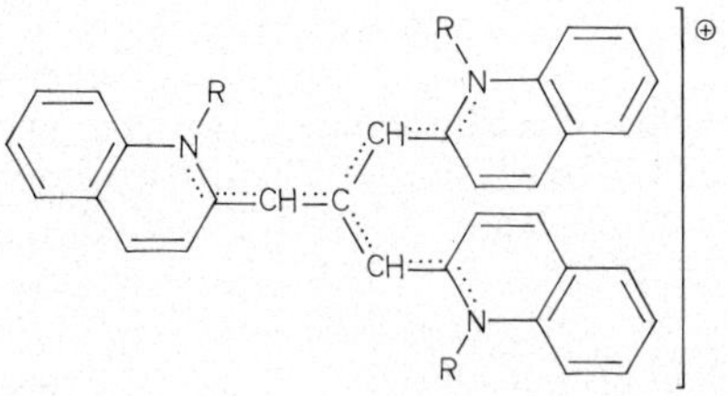

III

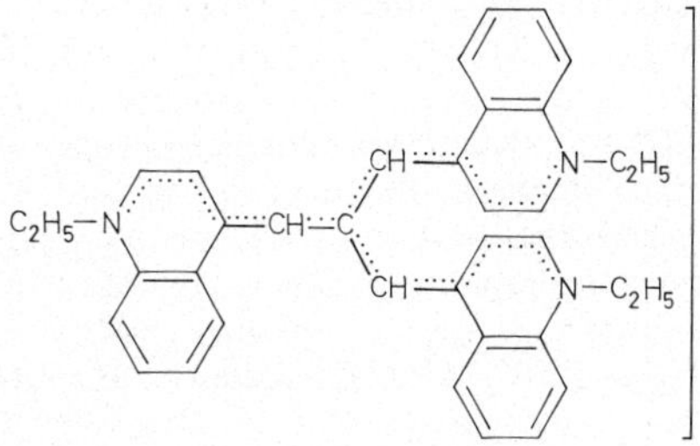

IV

1-Methyl-2-[3-(1-methyl-1H-[2]chinolyliden)-2-(1-methyl-1H-[2]chinolylidenmethyl)-propenyl]-chinolinium, 1,3,4-Tris-[1-methyl-[2]chinolyl]-[1.1.1]tetramethinium [1]) $[C_{34}H_{30}N_3]^+$, Formel III (R = CH$_3$).

Jodid $[C_{34}H_{30}N_3]I$. *B.* Beim Erhitzen von 1,2-Dimethyl-chinolinium-jodid mit Bromcyan

[1]) Siehe S. 310 Anm.

in Pyridin und Piperidin (*Zenno*, J. pharm. Soc. Japan **73** [1953] 298; C. A. **1954** 2044). — Dunkelrote Kristalle (aus A.); F: 212° [Zers.].

1-Äthyl-2-[3-(1-äthyl-1H-[2]chinolyliden)-2-(1-äthyl-1H-[2]chinolylidenmethyl)-propenyl]-chinolinium, 1,3,4-Tris-[1-äthyl-[2]chinolyl]-[1.1.1]tetramethinium [$C_{37}H_{36}N_3$]$^+$, Formel III (R = C_2H_5).

Jodid [$C_{37}H_{36}N_3$]I. *B.* Aus 1-Äthyl-2-methyl-chinolinium-jodid und CCl_4 mit Hilfe von wss. NaOH (*Ogata*, J. chem. Soc. Japan **55** [1934] 394, 404; C. A. **1934** 5816) oder von $CdCO_3$ und Acetanhydrid (*Mizuno, Tanabe*, J. pharm. Soc. Japan **73** [1953] 232, 234; C. A. **1954** 477). Beim Erhitzen von 1-Äthyl-2-methyl-chinolinium-jodid mit Formimidsäure-äthylester oder Phenylisothiocyanat in Pyridin und Piperidin (*Zenno*, J. Soc. Phot. Sci. Technol. Japan **14** [1951/52] 96, 101; C. A. **1953** 3733) oder mit N,N',N''-Triphenyl-guanidin, Kaliumacetat und Acetanhydrid (*Mi., Ta.*). Aus 1-Äthyl-2-methyl-chinolinium-jodid und N,N',N''-Triphenyl-guanidin mit Hilfe von $CaCO_3$ und $CdCO_3$ in Acetanhydrid [140—150°] (*Mi., Ta.*). — Blaugrüne Kristalle (aus A.); F: 187—188° [Zers.] (*Og.*). Rote Kristalle (aus A.); F: 187° [Zers.] (*Mi., Ta.; Ze.*). Braune Kristalle [aus Me.] (*Mi., Ta.*). λ_{max}: 600 nm und 650 nm (*Og.*), 650 nm (*Mi., Ta.*). — **Monohydrojodid** [$C_{37}H_{36}N_3$]I·HI. In einem von *Ogata* (l. c. S. 401) mit dieser Summenformel beschriebenen, als 1,3-Bis-[1-äthyl-chinolinium-2-yl]-2-[1-äthyl-1H-[2]chinolylidenmethyl]-propen-dijodid [$C_{37}H_{37}N_3$]I_2 formulierten Präparat (F: 244,5°) hat vermutlich 1,3,5-Tris-[1-äthyl-[2]chinolyl]-[2.2.0]pentamethindiium-dijodid (S. 316) vorgelegen. — Kristalle [aus Acn.] (*Mi., Ta.*). — **Dihydrojodid** [$C_{37}H_{36}N_3$]I·2HI. Kristalle; F: 167—168° [Zers.] (*Mi., Ta.*). — **Trihydrojodid** [$C_{37}H_{36}N_3$]I·3HI. Dieses Salz ist vermut= lich identisch mit einem von *Mizuno, Tanabe* als 1,3-Bis-[1-äthyl-chinolinium-2-yl]-2-[1-äthyl-chinolinium-2-ylmethyl]-propen-trijodid-hydrojodid [$C_{37}H_{38}N_3$]I_3·HI formulierten Präparat (F: 167—168° [Zers.; aus Me.]). — Blaue Kristalle (aus Me.); λ_{max}: 650 nm (*Mi., Ta.*).

1-Äthyl-4-[3-(1-äthyl-1H-[4]chinolyliden)-2-(1-äthyl-1H-[4]chinolylidenmethyl)-propenyl]-chinolinium, 1,3,4-Tris-[1-äthyl-[4]chinolyl]-[1.1.1]tetramethinium [$C_{37}H_{36}N_3$]$^+$, Formel IV.
B. Beim Erwärmen von 1-Äthyl-4-methyl-chinolinium-jodid mit CCl_4 und äthanol. KOH (*Ogata*, J. chem. Soc. Japan **55** [1934] 394, 404; C. A. **1934** 5816). Beim Erhitzen von 1-Äthyl-4-methyl-chinolinium-jodid mit Acetanhydrid und N,N',N''-Triphenyl-guanidin oder CCl_4 unter Zusatz von $CaCO_3$ und $CdCO_3$ (*Mizuno, Tanabe*, J. pharm. Soc. Japan **73** [1953] 235; C. A. **1954** 477).

Chlorid-dihydrochlorid [$C_{37}H_{36}N_3$]Cl·2HCl. F: 64—67°; λ_{max} (A.): 710 nm (*Mi., Ta.*).

Jodid [$C_{37}H_{36}N_3$]I. Grüne Kristalle; F: 210—211° (*Og.*). — **Hydrojodid** [$C_{37}H_{36}N_3$]I·HI. In einem von *Ogata* (l. c. S. 400) mit dieser Summenformel beschriebenen, als 1,3-Bis-[1-äthyl-chinolinium-4-yl]-2-[1-äthyl-1H-[4]chinolylidenmethyl]-propen-dijodid [$C_{37}H_{37}N_3$]I_2 formulierten Präparat (F: 287°) hat wahrscheinlich Neocyanin (S. 317) vorgelegen. — Kristalle. λ_{max} (A.): 710 nm (*Mi., Ta.*). — **Trihydrojodid** [$C_{37}H_{36}N_3$]I·3HI. Dieses Salz ist von *Mizuno, Tanabe* als 1,3-Bis-[1-äthyl-chinolinium-4-yl]-2-[1-äthyl-1H-[4]chinolylidenmethyl]-propen-dijodid-dihydrojodid formuliert worden und ist vermutlich identisch mit einem von *Mizuno, Tanabe* als 1,3-Bis-[1-äthyl-chinolinium-4-yl]-2-[1-äthyl-chinolinium-4-ylmethyl]-propen-trijodid-hydrojodid [$C_{37}H_{38}N_3$]I_3·HI bezeichneten Präparat (Kristalle [aus Me.]; F: 177—178° [Zers.]). — Blaue Kristalle (aus Me. oder Acn.). λ_{max}: 710 nm (*Mi., Ta.*). — **Hydrochlorid-trihydrojodid** [$C_{37}H_{36}N_3$]I·HCl·3HI. Kristalle; F: 161—162° [Zers.] (*Mi., Ta.*).

7-[1-Äthyl-1H-[2]chinolyliden]-1,5-bis-[1,3,3-trimethyl-3H-indolium-2-yl]-hepta-1,3,5-trien [$C_{40}H_{43}N_3$]$^{2+}$ und Mesomere; **7-[1-Äthyl-[2]chinolyl]-1,5-bis-[1,3,3-trimethyl-3H-indol-2-yl]-[4.2.0]heptamethindiium** [1]), Formel V.
Dijodid. *B.* Beim Erhitzen von 1-Äthylmercapto-2,6-bis-[1,3,3-trimethyl-3H-indolium-2-yl]-hexa-1,3,5-trien-bis-[toluol-4-sulfonat] (aus 1,5-Bis-[1,3,3-trimethyl-3H-indol-2-yl]-pentamethi= nium-jodid hergestellt) mit 1-Äthyl-2-methyl-chinolinium-jodid in Acetanhydrid (*Ilford Ltd.*,

---

[1]) Siehe S. 310 Anm.

U.S.P. 2518476 [1948]). − Dunkelblaue Kristalle (aus Me. + Py.); F: 213° [Zers.].

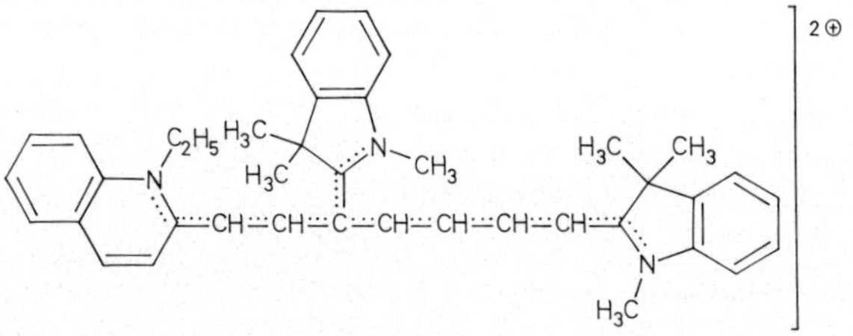

V

4,8,12-[(Z,Z,Z?)-Tribenzyliden]-2,6,10-trimethyl-1,2,3,4,5,6,7,8,9,10,11,12-dodecahydro-pyrido[3,4-ƒ][2,8]phenanthrolin(?) $C_{39}H_{39}N_3$, vermutlich Formel VI.

B. Beim Behandeln von 1-Methyl-piperidin-4-on mit Benzaldehyd in wss.-äthanol. KOH und Erhitzen des Reaktionsprodukts mit Acetanhydrid und Pyridin (*McElvain, Rorig,* Am. Soc. **70** [1948] 1820, 1823, 1824).

Kristalle (aus wss. A.); F: 187−189° [Zers.].

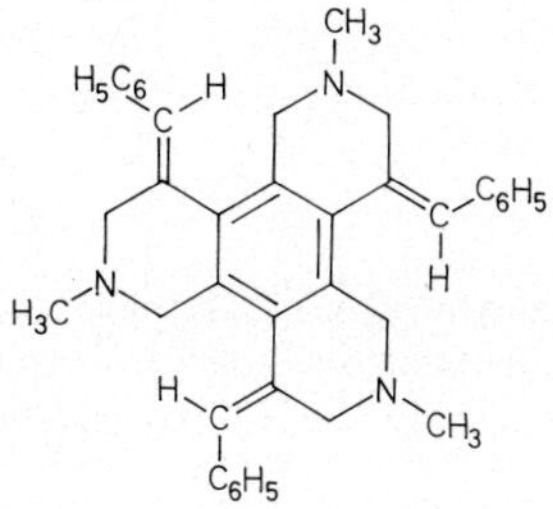

VI

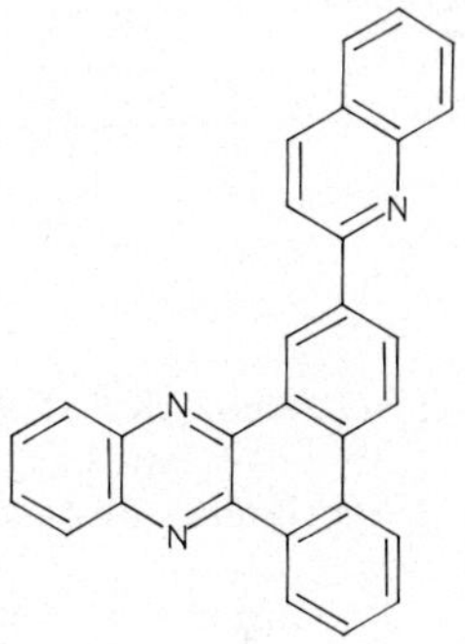

VII

Stammverbindungen $C_nH_{2n-41}N_3$

2-[2]Chinolyl-dibenzo[a,c]phenazin $C_{29}H_{17}N_3$, Formel VII.

B. Aus 2-[2]Chinolyl-phenanthren-9,10-dion und *o*-Phenylendiamin (*Buu-Hoi, Cagniant,* R. **62** [1943] 519, 522).

Gelbe Kristalle (aus Eg.); F: 274°.

3-[2]Chinolyl-dibenzo[a,c]phenazin $C_{29}H_{17}N_3$, Formel VIII.

B. Analog der vorangehenden Verbindung (*Buu-Hoi, Cagniant,* R. **62** [1943] 519, 522).

Gelbliche Kristalle; F: 262°.

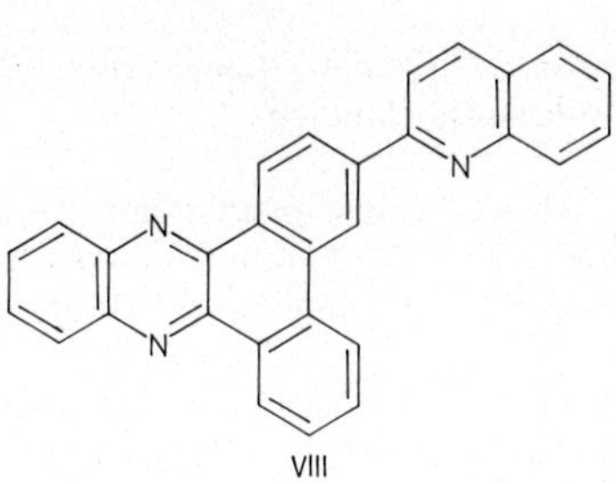

VIII

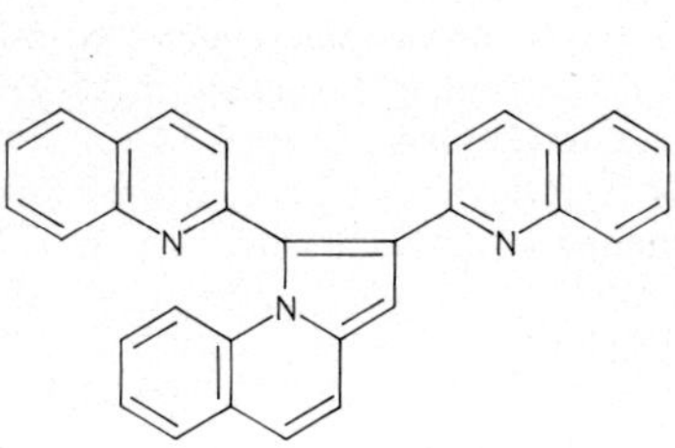

IX

1,2-Di-[2]chinolyl-pyrrolo[1,2-*a*]chinolin $C_{30}H_{19}N_3$, Formel IX.

B. In mässiger Ausbeute neben 1,2-Di-[2]chinolyl-äthan beim Erhitzen von 2-Methyl-chinolin mit konz. H_2SO_4 (*Skidmore, Tidd,* Chem. and Ind. **1954** 1295; Soc. **1961** 1098, 1100).

Gelbe Kristalle; F: 197—198° (*Sk., Tidd,* Chem. and Ind. **1954** 1295), 197° [aus E. + PAe.] (*Sk., Tidd,* Soc. **1961** 1100).

Picrat $C_{30}H_{19}N_3 \cdot C_6H_3N_3O_7$. Kristalle (aus A.); F: 265° (*Sk., Tidd,* Soc. **1961** 1100).

Methojodid $[C_{31}H_{22}N_3]I$. Rote Kristalle; F: 219—220° (*Sk., Tidd,* Chem. and Ind. **1954** 1295), 219° [aus A.] (*Sk., Tidd,* Soc. **1961** 1100).

9-Äthyl-3,6-di-[2]chinolyl-carbazol $C_{32}H_{23}N_3$, Formel X.

B. Beim Erhitzen von 2,2′-[9-Äthyl-carbazol-3,6-diyl]-bis-chinolin-4-carbonsäure im Hochva=kuum (*Buu-Hoi, Royer,* R. **66** [1947] 533, 543).

Gelbliche Kristalle (aus A. + Bzl.); F: 203—204°.

1,3-Bis-[1-äthyl-chinolinium-2-yl]-5-[1-äthyl-1*H*-[2]chinolyliden]-penta-1,3-dien $[C_{38}H_{37}N_3]^{2+}$ und Mesomere; **1,3,5-Tris-[1-äthyl-[2]chinolyl]-[2.2.0]pentamethindiium** [1]), Formel XI (X = H).

Diperchlorat. Dunkelgrüner Feststoff (aus Me.); λ_{max} (Me.): 679,5 nm (*Eastman Kodak Co.,* U.S.P. 2484503 [1947]).

Dijodid. Diese Konstitution kommt vermutlich der von *Ogata* (J. chem. Soc. Japan **55** [1934] 394, 401; C. A. **1934** 5816) als 1,3-Bis-[1-äthyl-chinolinium-2-yl]-2-[1-äthyl-1*H*-[2]chinol=ylidenmethyl]-propen-dijodid beschriebenen Verbindung zu. — *B.* In geringer Menge bei auf=einanderfolgender Umsetzung von 1-Äthyl-2-methyl-chinolinium-[toluol-4-sulfonat] mit Essig=säure-[orthoameisensäure-diäthylester]-anhydrid in Acetanhydrid, mit wss. NH_4Cl und mit äthanol. NaI (*Eastman Kodak Co.,* U.S.P. 2537880 [1949]) oder beim Erhitzen von 1-Äthyl-2-methyl-chinolinium-jodid mit Orthoameisensäure-triäthylester und Bernsteinsäure auf 170° (*Og.*). Aus [1-Äthyl-1*H*-[2]chinolyliden]-malonaldehyd-bis-phenylimin (E III/IV **21** 5540) und 1-Äthyl-2-methyl-chinolinium-jodid (*Eastman Kodak Co.,* U.S.P. 2484503). Aus 2,4-Bis-[1-äthyl-chinolinium-2-yl]-1-äthylmercapto-buta-1,3-dien-bis-[toluol-4-sulfonat] (vgl. E III/IV **23** 2919) und 1-Äthyl-2-methyl-chinolinium-jodid in Pyridin (*Ilford Ltd.,* U.S.P. 2518476 [1948]). — Grüne Kristalle (aus A.); F: 244,5° [Zers.]; λ_{max} (A.): 650 nm (*Og.*). Gelbgrüne Kristalle; F: 238° [Zers.] (*Ilford Ltd.*). Kristalle (aus Me.); F: ca. 205°; λ_{max} (Me.): 656 nm (*Eastman Kodak Co.,* U.S.P. 2537880).

1,3-Bis-[1-äthyl-6-brom-chinolinium-2-yl]-5-[1-äthyl-6-brom-1*H*-[2]chinolyliden]-penta-1,3-dien $[C_{38}H_{34}Br_3N_3]^{2+}$ und Mesomere; **1,3,5-Tris-[1-äthyl-6-brom-[2]chinolyl]-[2.2.0]pentamethindiium,** Formel XI (X = Br).

Dijodid $[C_{38}H_{34}Br_3N_3]I_2$. *B.* Beim Erhitzen von 1-Äthyl-6-brom-2-methyl-chinolinium-jodid mit Orthoameisensäure-triäthylester und Acetanhydrid auf 155° (*Takahashi et al.,* J. pharm. Soc. Japan **72** [1952] 291, 296; C. A. **1953** 6401, 6402). — Grünblaue Kristalle (aus A.); F: 265° [Zers.].

---

[1]) Über diese Bezeichnungsweise s. *Reichardt, Mormann,* B. **105** [1972] 1815, 1832.

1-[1-Äthyl-chinolinium-2-yl]-3-[1-äthyl-chinolinium-4-yl]-5-[1-äthyl-1*H***-[2]chinolyliden]-penta-1,3-dien** [C$_{38}$H$_{37}$N$_3$]$^{2+}$ und Mesomere; **1,5-Bis-[1-äthyl-[2]chinolyl]-3-[1-äthyl-[4]chinolyl]-[2.2.0]pentamethindiium** [1]), Formel I.

Dijodid [C$_{38}$H$_{37}$N$_3$]I$_2$. *B.* Aus [1-Äthyl-1*H*-[4]chinolyliden]-malonaldehyd-bis-phenylimin (E III/IV **21** 5540) und 1-Äthyl-2-methyl-chinolinium-jodid mit Hilfe von Natriumacetat in Acetanhydrid (*Hamer et al.*, Soc. **1948** 1872, 1880). — Grünlichgelbe lösungsmittelhaltige Kristalle (aus Me.); F: 264° [Zers.; nach Abgabe des Lösungsmittels bei ca. 120° und Sintern ab ca. 190°]. λ_{max} (Me.): 672,5 nm (*Ha. et al.*, l. c. S. 1875).

1,3-Bis-[1-methyl-chinolinium-4-yl]-5-[1-methyl-1*H***-[4]chinolyliden]-penta-1,3-dien** [C$_{35}$H$_{31}$N$_3$]$^{2+}$ und Mesomere; **1,3,5-Tris-[1-methyl-[4]chinolyl]-[2.2.0]pentamethindiium** [1]), Formel II (R = CH$_3$) (vgl. E II 59).

Dibromid (E II 59). *B.* Aus 1,4-Dimethyl-chinolinium-[toluol-4-sulfonat] bei aufeinanderfol‚ gender Umsetzung mit Essigsäure-[orthoameisensäure-diäthylester]-anhydrid in Acetanhydrid und mit wss.-methanol. KBr (*Eastman Kodak Co.*, U.S.P. 2537880 [1949]). — Kristalle (aus Me.); F: ca. 296°; λ_{max} (Me.): 772 nm (*Eastman Kodak Co.*).

Dijodid. λ_{max} (H$_2$O): 756 nm (*Shibata*, Bl. chem. Soc. Japan **25** [1952] 378, 379).

I   II

1,3-Bis-[1-äthyl-chinolinium-4-yl]-5-[1-äthyl-1*H***-[4]chinolyliden]-penta-1,3-dien** [C$_{38}$H$_{37}$N$_3$]$^{2+}$ und Mesomere; **1,3,5-Tris-[1-äthyl-[4]chinolyl]-[2.2.0]pentamethindiium**, Formel II (R = C$_2$H$_5$) (E II 59).

Dichlorid [C$_{38}$H$_{37}$N$_3$]Cl$_2$ (in der Literatur als Neocyanin-chlorid bezeichnet). F: 264° [aus wss. Me.] (*Mizuno, Tanabe*, J. pharm. Soc. Japan **73** [1953] 227, 229; C. A. **1954** 475, 477). λ_{max} (H$_2$O): 752 nm (*Shibata*, Bl. chem. Soc. Japan **25** [1952] 378, 379).

Dijodid [C$_{38}$H$_{37}$N$_3$]I$_2$; Neocyanin (E II 59) (in der Literatur auch als Neocyanin-jodid bezeichnet). Identität von Allocyanin mit Neocyanin: *Dieterle*, Phot. Korresp. **66** [1930] 309, 310; *Hamer*, Chem. heterocycl. Compounds **18** [1964] 613. Neocyanin hat wahrscheinlich auch in einem von *Ogata* (J. chem. Soc. Japan **55** [1934] 394, 400; C. A. **1934** 5816) als 1,3-Bis-[1-äthyl-chinolinium-4-yl]-2-[1-äthyl-1*H*-[4]chinolylidenmethyl]-propen-dijodid beschrie‚ benen Präparat vorgelegen. — *B.* Aus 1-Äthyl-4-methyl-chinolinium-jodid und Orthoameisen‚ säure-triäthylester beim Erhitzen in Essigsäure oder Propionsäure (*Ogata*, Pr. Acad. Tokyo **8** [1932] 503, 504; J. chem. Soc. Japan **55** 400) oder in Acetanhydrid (*Og.*, Pr. Acad. Tokyo **8** 504; s. a. *Mi., Ta.*). Optimale Bedingungen für die Bildung aus 1-Äthyl-4-methyl-chinolinium-jodid und Orthoameisensäure-triäthylester in Acetanhydrid: *Mizuno, Nishimura*, J. pharm. Soc. Japan **68** [1948] 54; C. A. **1950** 331. In mässigen Ausbeuten aus [1-Äthyl-1*H*-[4]chinolyliden]-malonaldehyd-bis-phenylimin (E III/IV **21** 5540) und 1-Äthyl-4-methyl-chinolinium-jodid mit Hilfe von Natriumacetat (*Hamer et al.*, Soc. **1947** 1434, 1442) oder aus 1,3-Bis-[1-äthyl-[4]chinol‚ yl]-trimethinium-jodid (E III/IV **23** 2069) und Orthoameisensäure-triäthylester (*Ogata*, Pr. Japan Acad. **25** Nr. 11 [1950] 17). — Kupferfarbene Kristalle (*Og.*, Pr. Acad. Tokyo **8** 503); F: 287° [Zers.; aus A.] (*Og.*, J. chem. Soc. Japan **55** 400), 285° oder 273−275° [abhängig von der Geschwindigkeit des Erhitzens] (*Mi., Ta.*), 281° [Zers.; aus A.] (*Og.*, Pr. Acad. Tokyo **8** 503). Absorptionsspektrum (Eg.; 600−900 nm): *Schiller*, Z. Phys. **105** [1937] 175, 189, 190. λ_{max} in verschiedenen Lösungsmitteln: *Sh.*

---

[1]) Siehe S. 316 Anm.

Das Absorptionsmaximum der folgenden analogen Verbindungen wurde ermittelt:

1,3-Bis-[1-propyl-chinolinium-4-yl]-5-[1-propyl-1H-[4]chinolyliden]-penta-1,3-dien-dijodid,   1,3,5-Tris-[1-propyl-[4]chinolyl]-[2.2.0]pentamethindiium-dijodid [$C_{41}H_{43}N_3$]I_2, Formel II (R = CH_2-C_6H_5). λ_{max} (H_2O): 757 nm (*Shibata,* Bl. chem. Soc. Japan **25** [1952] 378, 379).

1,3-Bis-[1-isopropyl-chinolinium-4-yl]-5-[1-isopropyl-1H-[4]chinolyliden]-penta-1,3-dien-dijodid,   1,3,5-Tris-[1-isopropyl-[4]chinolyl]-[2.2.0]pentamethindiium-dijodid [$C_{41}H_{43}N_3$]I_2, Formel II (R = $CH(CH_3)_2$). λ_{max} (H_2O): 754 nm.

1,3-Bis-[1-butyl-chinolinium-4-yl]-5-[1-butyl-1H-[4]chinolyliden]-penta-1,3-dien-dijodid,   1,3,5-Tris-[1-butyl-[4]chinolyl]-[2.2.0]pentamethindiium-dijodid [$C_{44}H_{49}N_3$]I_2, Formel II (R = [CH_2]$_3$-CH_3). λ_{max} (H_2O): 759 nm.

1,3-Bis-[1-isobutyl-chinolinium-4-yl]-5-[1-isobutyl-1H-[4]chinolyliden]-penta-1,3-dien-dijodid, 1,3,5-Tris-[1-isobutyl-[4]chinolyl]-[2.2.0]pentamethindiium-dijodid [$C_{44}H_{49}N_3$]I_2, Formel II (R = CH_2-$CH(CH_3)_2$). λ_{max} (H_2O): 756 nm.

1,3-Bis-[1-pentyl-chinolinium-4-yl]-5-[1-pentyl-1H-[4]chinolyliden]-penta-1,3-dien-dijodid,   1,3,5-Tris-[1-pentyl-[4]chinolyl]-[2.2.0]pentamethindiium-dijodid [$C_{47}H_{55}N_3$]I_2, Formel II (R = [CH_2]$_4$-CH_3). λ_{max} (H_2O): 759 nm.

1,3-Bis-[1-isopentyl-chinolinium-4-yl]-5-[1-isopentyl-1H-[4]chinolyliden]-penta-1,3-dien-dijodid,   1,3,5-Tris-[1-isopentyl-[4]chinolyl]-[2.2.0]pentamethindiium-dijodid [$C_{47}H_{55}N_3$]I_2, Formel II (R = CH_2-CH_2-$CH(CH_3)_2$). λ_{max} (H_2O): 755 nm.

1,3-Bis-[1-phenäthyl-chinolinium-4-yl]-5-[1-phenäthyl-1H-[4]-chinolyliden]-penta-1,3-dien-dijodid,   1,3,5-Tris-[1-phenäthyl-[4]chinolyl]-[2.2.0]pentamethindiium-dijodid [$C_{56}H_{49}N_3$]I_2, Formel II (R = CH_2-CH_2-C_6H_5). λ_{max} (H_2O): 762 nm.

1,3-Bis-[1-(2-benzyloxy-äthyl)-chinolinium-4-yl]-5-[1-(2-benzyloxy-äthyl)-1H-[4]chinolyliden]-penta-1,3-dien-dijodid, 1,3,5-Tris-[1-(2-benzyloxy-äthyl)-[4]chinolyl]-[2.2.0]pentamethindiium-dijodid [$C_{59}H_{55}N_3O_3$]I_2, Formel II (R = CH_2-CH_2-O-CH_2-C_6H_5). λ_{max} (H_2O): 761 nm.

1,3-Bis-[1-(2-acetoxy-äthyl)-chinolinium-4-yl]-5-[1-(2-acetoxy-äthyl)-1H-[4]chinolyliden]-penta-1,3-dien-dijodid, 1,3,5-Tris-[1-(2-acetoxy-äthyl)-[4]chinolyl]-[2.2.0]pentamethindiium-dijodid [$C_{44}H_{43}N_3O_6$]I_2, Formel II (R = CH_2-CH_2-O-CO-CH_3). λ_{max} (H_2O): 758 nm.

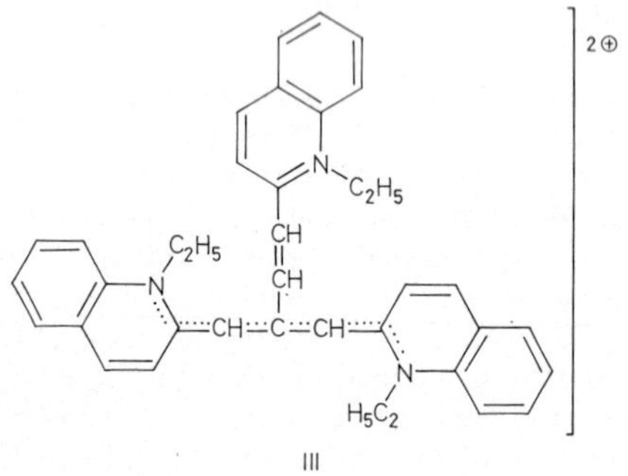

III 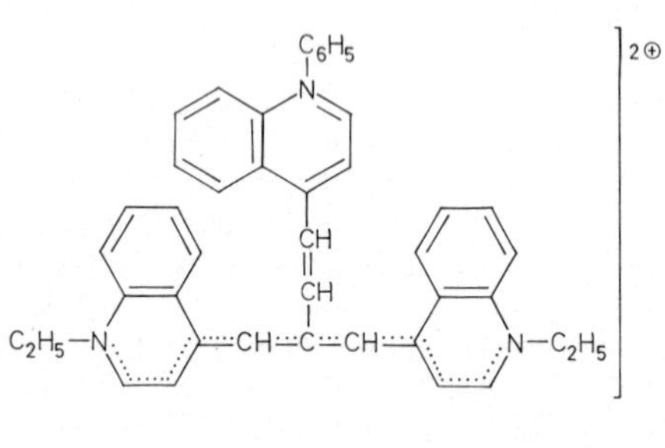   IV

1,4-Bis-[1-äthyl-chinolinium-2-yl]-2-[1-äthyl-1H-[2]chinolylidenmethyl]-buta-1,3-dien, 2-[2-(1-Äthyl-chinolinium-2-yl)-vinyl]-1,3-bis-[1-äthyl-[2]chinolyl]-trimethinium [1]) [$C_{38}H_{37}N_3$]$^{2+}$, Formel III.

Chlorid-jodid-hydrojodid [$C_{38}H_{37}N_3$]Cl·I·HI.

In der von *Tanabe* (J. pharm. Soc. Japan **73** [1953] 855, 859; C. A. **1954** 8093) unter dieser Konstitution beschriebenen Verbindung (F: 283° [Zers.]) hat wahrscheinlich ein Gemisch von 1,3-Bis-[1-äthyl-[2]chinolyl]-trimethinium-Salzen mit einer nicht identifizierten Verbindung vom

---

[1]) Siehe S. 316 Anm.

F: 158−161° (s. E III/IV **23** 2064, 2065) vorgelegen (*Kimura*, Bl. Soc. scient. Phot. Japan Nr. 9 [1959] 29, 32, 38).

1,4-Bis-[1-äthyl-chinolinium-4-yl]-2-[1-äthyl-1*H*-[4]chinolylidenmethyl]-buta-1,3-dien,
2-[2-(1-Äthyl-chinolinium-4-yl)-vinyl]-1,3-bis-[1-äthyl-[2]chinolyl]-trimethinium [1]) $[C_{38}H_{37}N_3]^{2+}$,
Formel IV.

Dijodid $[C_{38}H_{37}N_3]I_2$. In dem von *Tanabe* (J. pharm. Soc. Japan **73** [1953] 855, 859; C. A. **1954** 8093) unter dieser Konstitution beschriebenen Präparat (F: 268−280° [Zers.]) hat vermut≠ lich unreines 1,3-Bis-[1-äthyl-[4]chinolyl]-trimethinium-jodid (E III/IV **23** 2069) vorgelegen (vgl. *Kimura*, Bl. Soc. scient. Phot. Japan Nr. 9 [1959] 29, 34, 35).

Stammverbindungen $C_nH_{2n-43}N_3$

4,4′,4″-Triphenyl-[2,2′;6′,2″]terpyridin, Terosit $C_{33}H_{23}N_3$, **Formel V.**

B. Aus 1-[4-Phenyl-[2]pyridyl]-äthanon, Benzaldehyd und wss. NH_3 mit Hilfe von Ammo≠ niumacetat [250°] (*Case, Kasper*, Am. Soc. **78** [1956] 5842).

Kristalle (aus Nitroäthan); F: 257−258° (*Case, Ka.*).

Absorptionsspektrum (A. + $CHCl_3$; 350−675 nm bzw. 350−650 nm) der Komplexe mit Ei≠ sen(2+) und mit Kobalt(2+): *Schilt, Smith*, Anal. chim. Acta **15** [1956] 567, 569.

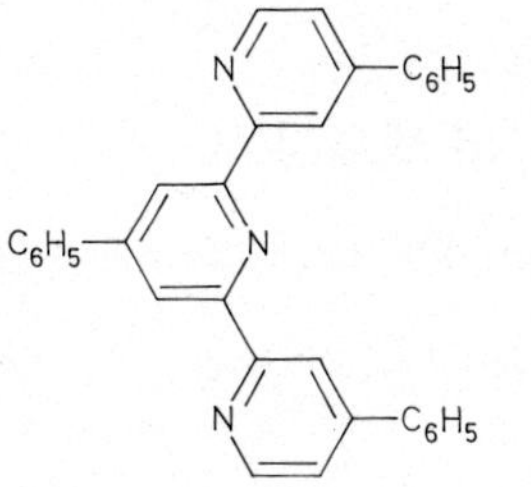

V 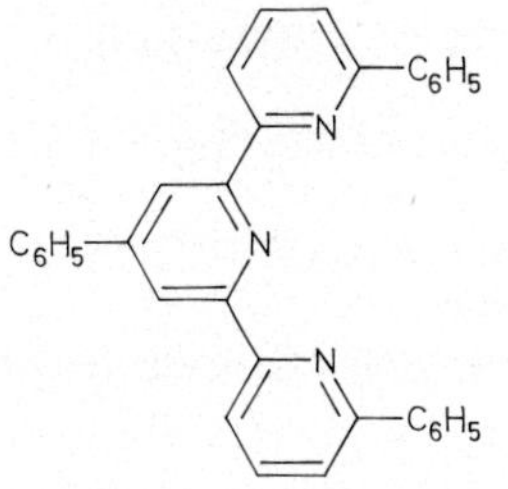   VI 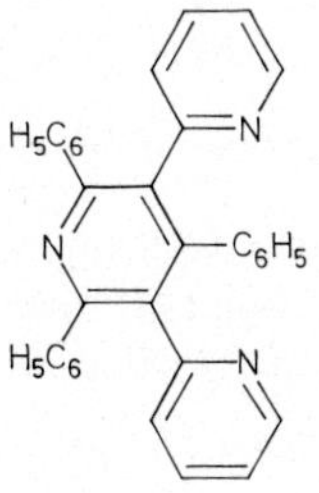   VII

6,4′,6″-Triphenyl-[2,2′;6′,2″]terpyridin $C_{33}H_{23}N_3$, **Formel VI.**

B. Analog der vorangehenden Verbindung (*Case, Kasper*, Am. Soc. **78** [1956] 5842).

Kristalle (aus PAe.); F: 190−191° (*Case, Ka.*).

Absorptionsspektrum (A. + $CHCl_3$; 350−650 nm) des Komplexes mit Kupfer(1+): *Schilt, Smith*, Anal. chim. Acta **15** [1956] 567, 571.

2′,4′,6′-Triphenyl-[2,3′;5′,2″]terpyridin $C_{33}H_{23}N_3$, **Formel VII.**

B. Aus 1-Phenyl-2-[2]pyridyl-äthanon, Benzaldehyd und wss. NH_3 analog den vorangehenden Verbindungen (*Frank, Riener*, Am. Soc. **72** [1950] 4182).

Kristalle (aus E.); F: 280−281°.

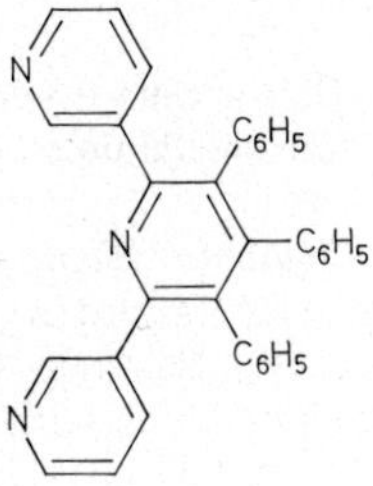

VIII 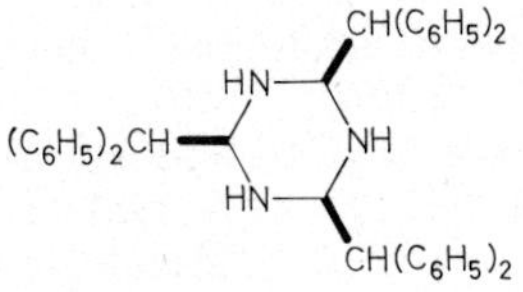   IX

---

[1]) Siehe S. 316 Anm.

3′,4′,5′-Triphenyl-[3,2′;6′,3″]terpyridin $C_{33}H_{23}N_3$, Formel VIII.

  B. Analog den vorangehenden Verbindungen (*Frank, Riener,* Am. Soc. **72** [1950] 4182).

Kristalle (aus E.); F: 278−279°.

Stammverbindungen $C_nH_{2n-45}N_3$

2r,4c,6c-Tribenzhydryl-hexahydro-[1,3,5]triazin $C_{42}H_{39}N_3$, Formel IX.

  Diese Konstitution und Konfiguration kommt der früher (E II **7** 371; E III **7** 2119) als Di‑phenylacetaldehyd-imin beschriebenen Verbindung sowie vermutlich dem von *Krabbe et al.* (B. **74** [1941] 1892, 1902) aus Diphenylacetaldehyd und methanol. NH_3 erhaltenen 2,2-Diphenyl-vinylamin vom F: 110° [Rohprodukt] zu [das von *Kr. et al.* nach dem Umkristallisieren erhaltene, als 2,2-Diphenyl-vinylamin angesehene Präparat vom F: 142° ist als Bis-[2,2-diphenyl-vinyl]-amin zu formulieren] (*Nielsen et al.,* J. org. Chem. **39** [1974] 1349).

  B. Aus Diphenylacetaldehyd und NH_3 in Äther (*Ni. et al.,* l. c. S. 1353).

  Dimorph(?); Kristalle (nach Erhitzen der niedriger schmelzenden Modifikation mit methanol. KOH), F: 105−110° [Zers.] und Kristalle, F: 82−88° [Zers.] (*Ni. et al.*). ^{1}H-NMR- und ^{13}C-NMR-Absorption sowie ^{1}H-^{1}H-Spin-Spin-Kopplungskonstante ($CDCl_3$): *Ni. et al.*

  Instabil; beim längeren Aufbewahren einer Lösung in Methanol sowie beim Erwärmen in Benzol ist Bis-[2,2-diphenyl-vinyl]-amin erhalten worden (*Ni. et al.,* l. c. S. 1351, 1354).

Stammverbindungen $C_nH_{2n-55}N_3$

1,2,3-Tri-phenanthridin-6-yl-propan, 6,6′,6″-Propan-1,2,3-triyl-tri-phenanthridin $C_{42}H_{29}N_3$, Formel X.

  B. Aus Phenanthridin-6-carbaldehyd und 6-Methyl-phenanthridin mit Hilfe von konz. H_2SO_4 (*Caldwell,* Soc. **1952** 2035, 2040).

Kristalle (aus Dioxan); F: 264−266°. Kristalle (aus Py.) mit 1 Mol Pyridin; F: 264−266°.

X   XI

Stammverbindungen $C_nH_{2n-57}N_3$

10-Methyl-9-[3-(10-methyl-10H-acridin-9-yliden)-2-(10-methyl-10H-acridin-9-ylidenmethyl)-propenyl]-acridinium, 1,3,4-Tris-[10-methyl-acridin-9-yl]-[1.1.1]tetramethinium [1]) $[C_{46}H_{36}N_3]^+$, Formel XI.

  Jodid-hydrojodid $[C_{46}H_{36}N_3]I \cdot HI$. Dieses Salz wird von *Sugimoto* (Rep. scient. Res. Inst. Tokyo **25** [1949] 265, 270; C. A. **1951** 7124) als 1,3-Bis-[10-methyl-acridinium-9-yl]-2-[10-methyl-10H-acridin-9-ylidenmethyl]-propen-dijodid $[C_{46}H_{37}N_3]I_2$ formuliert. — *B.* Aus 9,10-Dimethyl-acridinium-jodid und *N,N′*-Diphenyl-formamidin mit Hilfe von Kalium‑acetat in Acetanhydrid [30 min.; 100°] (*Su.*). − Kupferrote, metallisch glänzende Kristalle (aus A.); Zers. bei 217−220°.   [*G. Grimm*]

---

  [1]) Siehe S. 316 Anm.

II. Hydroxy-Verbindungen

A. Monohydroxy-Verbindungen

Monohydroxy-Verbindungen $C_nH_{2n+1}N_3O$

3-[4-Nitro-phenylmercapto]-1,4-diphenyl-4,5-dihydro-1H-[1,2,4]triazol $C_{20}H_{16}N_4O_2S$, Formel I.
  B. Aus *S*-[4-Nitro-phenyl]-1,4-diphenyl-isothiosemicarbazid-hydrochlorid und Formaldehyd in äthanol. HCl (*Busch, Schulz,* J. pr. [2] **150** [1938] 173, 179).
  Kristalle (aus A.); F: 127°.

Monohydroxy-Verbindungen $C_nH_{2n-1}N_3O$

Hydroxy-Verbindungen $C_2H_3N_3O$

5-Methansulfonyl-1-methoxy-1H-[1,2,3]triazol $C_4H_7N_3O_3S$, Formel II.
  B. Beim Behandeln von 5,5-Bis-methansulfonyl-1-methoxy-4,5-dihydro-1H-[1,2,3]triazol mit Piperidin in Dioxan und Äthylacetat (*Backer,* R. **69** [1950] 1223, 1231).
  Kristalle (aus A.); F: 68°.

I   II   III   IV

3-Dimethylcarbamoyloxy-1-phenyl-1H-[1,2,4]triazol, Dimethylcarbamidsäure-[1-phenyl-1H-[1,2,4]triazol-3-ylester] $C_{11}H_{12}N_4O_2$, Formel III.
  B. Aus 1-Phenyl-1,2-dihydro-[1,2,4]triazol-3-on und Dimethylcarbamoylchlorid (*Geigy A.G.,* D.B.P. 844741 [1950]; D.R.B.P. Org. Chem. 1950 – 1951 **5** 74, 77).
  $Kp_{0,2}$: 192 – 193°.

5-Dimethylcarbamoyloxy-1-phenyl-1H-[1,2,4]triazol, Dimethylcarbamidsäure-[2-phenyl-2H-[1,2,4]triazol-3-ylester] $C_{11}H_{12}N_4O_2$, Formel IV.
  B. Analog der vorangehenden Verbindung (*Geigy A.G.,* D.B.P. 844741 [1950]; D.R.B.P. Org. Chem. 1950 – 1951 **5** 74, 77).
  F: 87 – 88°.

3-Methylmercapto-1H-[1,2,4]triazol $C_3H_5N_3S$, Formel V (R = H) und Taut.
  B. Neben Anilin-hydrojodid beim Erwärmen von *N'''*-Phenyl-*N*-thiocarbamoyl-formamid‑razon mit CH_3I in Äthanol (*Raison,* Soc. **1957** 2858, 2861).
  Kristalle (aus Bzl.); F: 98 – 100°.

3-Methylmercapto-1-phenyl-1H-[1,2,4]triazol $C_9H_9N_3S$, Formel V (R = C_6H_5).
  B. Aus 1-Phenyl-1,2-dihydro-[1,2,4]triazol-3-thion und CH_3I (*Baker et al.,* Soc. **1950** 3389,

3393; *Duffin et al.*, Soc. **1959** 3799, 3803).
Kristalle; F: 50° [aus PAe.] (*Ba. et al.*), 43° (*Du. et al.*). Kp_{15}: 194—196° (*Du. et al.*).

3-Methylmercapto-4-phenyl-4H-[1,2,4]triazol $C_9H_9N_3S$, Formel VI (R = CH_3).
B. Aus 4-Phenyl-2,4-dihydro-[1,2,4]triazol-3-thion und Dimethylsulfat (*Pesson et al.*, Bl. **1961**
1581, 1583; C. r. **248** [1959] 1677, 1678).
Kristalle (aus Diisopropyläther); F: 76°.

[4-Phenyl-4H-[1,2,4]triazol-3-ylmercapto]-essigsäure $C_{10}H_9N_3O_2S$, Formel VI
(R = CH_2-CO-OH).
B. Aus 4-Phenyl-2,4-dihydro-[1,2,4]triazol-3-thion und Chloressigsäure (*Pesson et al.*, Bl. **1961**
1581, 1583; C. r. **248** [1959] 1677, 1678).
Kristalle (aus H_2O); F: 208—209°.

V   VI   VII   VIII

4-Methyl-3-methylmercapto-1-phenyl-[1,2,4]triazolium $[C_{10}H_{12}N_3S]^+$, Formel VII (R = CH_3).
Jodid $[C_{10}H_{12}N_3S]I$. *B.* Aus 3-Methylmercapto-1-phenyl-1H-[1,2,4]triazol und CH_3I (*Duffin
et al.*, Soc. **1959** 3799, 3804). Aus 3-Mercapto-4-methyl-1-phenyl-[1,2,4]triazolium-betain (S. 423)
und CH_3I (*Du. et al.*, l. c. S. 3805). — Kristalle (aus A.); F: 186—188°.

3-Methylmercapto-1,4-diphenyl-[1,2,4]triazolium $[C_{15}H_{14}N_3S]^+$, Formel VII (R = C_6H_5).
Jodid $[C_{15}H_{14}N_3S]I$. Diese Konstitution ist der früher (H **27** 772) als 5-Methyl-3,6-diphenyl-
5-thia-2,3,6-triaza-bicyclo[2.1.1]hex-1-enium-jodid („[1.4-Diphenyl-3.5-endothio-1.2.4-triazolin]-
S-jodmethylat") beschriebenen Verbindung zuzuordnen (*Potts et al.*, J. org. Chem. **32** [1967]
2245, 2247; s. a. *Evans, Milligan*, Austral. J. Chem. **20** [1967] 1779; *Grashey, Baumann*, Tetrahe=
dron Letters **1972** 2947, 2948). — *B.* Aus 1,4-Diphenyl-thiosemicarbazid, CH_3I und Ortho=
ameisensäure-triäthylester (*Doleschall*, Tetrahedron Letters **1975** 1889). — Kristalle; F:
244—245° (*Do.*), 236—238° [Zers.; aus Me. oder Me.+Ae.] (*Po. et al.*). λ_{max}: 220 nm und
265 nm (*Po. et al.*).

Hydroxy-Verbindungen $C_3H_5N_3O$

**5-Dimethylcarbamoyloxy-4-methyl-1-phenyl-1H-[1,2,3]triazol, Dimethylcarbamidsäure-[5-methyl-
3-phenyl-3H-[1,2,3]triazol-4-ylester]** $C_{12}H_{14}N_4O_2$, Formel VIII (R = CH_3).
B. Aus 5-Methyl-3-phenyl-2,3-dihydro-[1,2,3]triazol-4-on und Dimethylcarbamoylchlorid
(*Geigy A.G.*, D.B.P. 844741 [1950]; D.R.B.P. Org. Chem. 1950—1951 **5** 74, 77).
F: 111—113°.

**5-Diäthylcarbamoyloxy-4-methyl-1-phenyl-1H-[1,2,3]triazol, Diäthylcarbamidsäure-[5-methyl-
3-phenyl-3H-[1,2,3]triazol-4-ylester]** $C_{14}H_{18}N_4O_2$, Formel VIII (R = C_2H_5).
B. Analog der vorangehenden Verbindung (*Geigy A.G.*, D.B.P. 844741 [1950]; D.R.B.P.
Org. Chem. 1950—1951 **5** 74, 77).
$Kp_{0,3}$: 180—183°.

[1-Phenyl-1H-[1,2,3]triazol-4-yl]-methanol $C_9H_9N_3O$, Formel IX (R = C_6H_5).
B. Neben [3-Phenyl-3H-[1,2,3]triazol-4-yl]-methanol beim Erhitzen von Prop-2-in-1-ol und
Azidobenzol (*Mugnaini, Grünanger*, R.A.L. [8] **14** [1953] 95, 96, 275; *Moulin*, Helv. **35** [1952]
167, 176). Neben 1-Phenyl-1H-[1,2,3]triazol-4-carbonsäure aus 1-Phenyl-1H-[1,2,3]triazol-4-
carbaldehyd beim Behandeln mit wss. NaOH (*Hüttel*, B. **74** [1941] 1680, 1687). Beim Erhitzen
von 5-Hydroxymethyl-3-phenyl-3H-[1,2,3]triazol-4-carbonsäure (*Mu., Gr.*).

Kristalle; F: 113° [aus H$_2$O oder wss. A.] (*Mu., Gr.,* l. c. S. 275), 110–111° [aus H$_2$O] (*Hü.*), 110,5° [korr.; aus Bzl.] (*Mo.*).

Benzoyl-Derivat C$_{16}$H$_{13}$N$_3$O$_2$; 4-Benzoyloxymethyl-1-phenyl-1*H*-[1,2,3]triazol, Benzoesäure-[1-phenyl-1*H*-[1,2,3]triazol-4-ylmethylester]. Kristalle (aus Me.); F: 115–116° (*Mu., Gr.,* l. c. S. 276).

[2-Phenyl-2*H*-[1,2,3]triazol-4-yl]-methanol C$_9$H$_9$N$_3$O, Formel X (R = X = H) (H 105).

B. Neben geringen Mengen 2-Phenyl-2*H*-[1,2,3]triazol-4-carbonsäure beim Behandeln von 2-Phenyl-2*H*-[1,2,3]triazol-4-carbaldehyd mit wss. NaOH in wss. Formaldehyd (*Riebsomer, Sumrell,* J. org. Chem. **13** [1948] 807, 810). Beim Behandeln von 2-Phenyl-2*H*-[1,2,3]triazol-4-carbaldehyd mit LiAlH$_4$ in Äther (*Barry et al.,* Soc. **1955** 222).

Kristalle (aus wss. A.); F: 71–72° (*Castle,* Mikroch. Acta **1953** 196, 197). Orthorhombisch; Kristalloptik: *Ca.* λ_{max} (wss. A.): 266–277 nm (*Ba. et al.*).

[2-(4-Brom-phenyl)-2*H*-[1,2,3]triazol-4-yl]-methanol C$_9$H$_8$BrN$_3$O, Formel X (R = H, X = Br).

B. In geringer Menge beim Erhitzen von 2-[4-Brom-phenylhydrazono]-3-hydroxy-propion≠ aldehyd-[4-brom-phenylhydrazon] mit CuSO$_4$ in wss. H$_2$SO$_4$ und Isopropylalkohol (*Weygand et al.,* B. **88** [1955] 487, 497).

Kristalle (aus H$_2$O); F: 100°.

[3-Phenyl-3*H*-[1,2,3]triazol-4-yl]-methanol C$_9$H$_9$N$_3$O, Formel XI.

B. Neben [1-Phenyl-1*H*-[1,2,3]triazol-4-yl]-methanol beim Erhitzen von Prop-2-in-1-ol und Azidobenzol (*Mugnaini, Grünanger,* R.A.L. [8] **14** [1953] 95, 96, 275, 276).

Kristalle (aus H$_2$O); F: 82°.

IX   X   XI   XII

4-Nitro-benzoesäure-[2-phenyl-2*H*-[1,2,3]triazol-4-ylmethylester] C$_{16}$H$_{12}$N$_4$O$_4$, Formel X (R = CO-C$_6$H$_4$-NO$_2$, X = H).

B. Aus [2-Phenyl-2*H*-[1,2,3]triazol-4-yl]-methanol und 4-Nitro-benzoylchlorid (*Riebsomer, Stauffer,* J. org. Chem. **16** [1951] 1643, 1645).

Kristalle (aus Bzl. + Propan-1-ol); F: 160–161°.

4-Amino-benzoesäure-[2-phenyl-2*H*-[1,2,3]triazol-4-ylmethylester] C$_{16}$H$_{14}$N$_4$O$_2$, Formel X (R = CO-C$_6$H$_4$-NH$_2$, X = H).

B. Durch Hydrierung der vorangehenden Verbindung an Platin in Äthanol (*Riebsomer, Stauffer,* J. org. Chem. **16** [1951] 1643, 1645).

Kristalle; F: 134–135°.

2-Phenyl-4-[toluol-4-sulfonyloxymethyl]-2*H*-[1,2,3]triazol, Toluol-4-sulfonsäure-[2-phenyl-2*H*-[1,2,3]triazol-4-ylmethylester] C$_{16}$H$_{15}$N$_3$O$_3$S, Formel X (R = SO$_2$-C$_6$H$_4$-CH$_3$, X = H).

B. Aus [2-Phenyl-2*H*-[1,2,3]triazol-4-yl]-methanol und Toluol-4-sulfonylchlorid (*Riebsomer, Stauffer,* J. org. Chem. **16** [1951] 1643, 1645).

Kristalle (aus wss. A.); F: 63–64°.

[1-Benzyl-1*H*-[1,2,3]triazol-4-yl]-methanol C$_{10}$H$_{11}$N$_3$O, Formel IX (R = CH$_2$-C$_6$H$_5$).

B. Beim Erhitzen von Benzylazid mit Prop-2-in-1-ol (*Moulin,* Helv. **35** [1952] 167, 176).

Kristalle (aus Bzl.); F: 76–76,5°.

5-Dimethylcarbamoyloxy-3-methyl-1-phenyl-1H-[1,2,4]triazol, Dimethylcarbamidsäure-[5-methyl-2-phenyl-2H-[1,2,4]triazol-3-ylester] $C_{12}H_{14}N_4O_2$, Formel XII (R = CH_3).
B. Aus 5-Methyl-2-phenyl-1,2-dihydro-[1,2,4]triazol-3-on und Dimethylcarbamoylchlorid (*Geigy A.G.*, D.B.P. 844741 [1950]; D.R.B.P. Org. Chem. 1950–1951 **5** 74, 77).
Kristalle (aus Cyclohexan); F: 72–73°. $Kp_{0,12}$: 170–172°.

5-Diäthylcarbamoyloxy-3-methyl-1-phenyl-1H-[1,2,4]triazol, Diäthylcarbamidsäure-[5-methyl-2-phenyl-2H-[1,2,4]triazol-3-ylester] $C_{14}H_{18}N_4O_2$, Formel XII (R = C_2H_5).
B. Analog der vorangehenden Verbindung (*Geigy A.G.*, D.B.P. 844741 [1950]; D.R.B.P. Org. Chem. 1950–1951 **5** 74, 77).
$Kp_{0,1}$: 161–163°.

5-Dibutylcarbamoyloxy-3-methyl-1-phenyl-1H-[1,2,4]triazol, Dibutylcarbamidsäure-[5-methyl-2-phenyl-2H-[1,2,4]triazol-3-ylester] $C_{18}H_{26}N_4O_2$, Formel XII (R = $[CH_2]_3$-CH_3).
B. Analog den vorangehenden Verbindungen (*Geigy A.G.*, D.B.P. 844741 [1950]; D.R.B.P. Org. Chem. 1950–1951 **5** 74, 77).
$Kp_{0,1}$: 173–174°.

5-Äthylmercapto-1,3-dimethyl-1H-[1,2,4]triazol $C_6H_{11}N_3S$, Formel XIII (R = CH_3, R' = C_2H_5).
B. Aus 2,5-Dimethyl-1,2-dihydro-[1,2,4]triazol-3-thion und Äthyljodid (*Losse et al.*, B. **91** [1958] 150, 155).
Gelbes Öl.

[5-Methyl-1H-[1,2,4]triazol-3-ylmercapto]-essigsäure $C_5H_7N_3O_2S$, Formel XIV (R = H, R' = CH_2-CO-OH) und Taut.
B. Aus 5-Methyl-1,2-dihydro-[1,2,4]triazol-3-thion und Chloressigsäure (*Ilford Ltd.*, U.S.P. 2527265 [1948]).
Kristalle (aus H_2O); F: 226°.

3,4-Dimethyl-5-methylmercapto-4H-[1,2,4]triazol $C_5H_9N_3S$, Formel XV (R = R' = CH_3).
B. Aus 4,5-Dimethyl-2,4-dihydro-[1,2,4]triazol-3-thion und CH_3I (*Duffin et al.*, Soc. **1959** 3799, 3804).
Kristalle; F: 55–57°. Kp_{14}: 200°.
Methojodid [$C_6H_{12}N_3S$]I. Kristalle (aus Acn.); F: 164–166°.

3-Äthylmercapto-4,5-dimethyl-4H-[1,2,4]triazol $C_6H_{11}N_3S$, Formel XV (R = CH_3, R' = C_2H_5).
B. Aus 4,5-Dimethyl-2,4-dihydro-[1,2,4]triazol-3-thion und Diäthylsulfat (*Duffin et al.*, Soc. **1959** 3799, 3804).
Kp_{12}: 206°.

4-Äthyl-3-methyl-5-methylmercapto-4H-[1,2,4]triazol $C_6H_{11}N_3S$, Formel XV (R = C_2H_5, R' = CH_3).
B. Aus 4-Äthyl-5-methyl-2,4-dihydro-[1,2,4]triazol-3-thion und CH_3I (*Duffin et al.*, Soc. **1959** 3799, 3804).
Kp_{10}: 186–188°.

XIII   XIV   XV   XVI

3-Methyl-5-methylmercapto-1-phenyl-1H-[1,2,4]triazol $C_{10}H_{11}N_3S$, Formel XIII (R = C_6H_5, R' = CH_3).

B. Aus 5-Methyl-2-phenyl-1,2-dihydro-[1,2,4]triazol-3-thion und CH_3I (*Duffin et al.*, Soc. **1959** 3799, 3803).

Kristalle; F: 34°. $Kp_{0,15}$: 125−127°.

5-Methyl-3-methylmercapto-1-phenyl-1H-[1,2,4]triazol $C_{10}H_{11}N_3S$, Formel XIV (R = C_6H_5, R' = CH_3).

B. Aus 5-Methyl-1-phenyl-1,2-dihydro-[1,2,4]triazol-3-thion und CH_3I (*Duffin et al.*, Soc. **1959** 3799, 3803). Beim Erwärmen von Acetyl-dithiocarbamidsäure-methylester mit Phenylhydr=
azin (*Du. et al.*).

Orangefarbene Flüssigkeit; Kp_2: 149−150°.

3-Methyl-5-methylmercapto-4-phenyl-4H-[1,2,4]triazol $C_{10}H_{11}N_3S$, Formel XV (R = C_6H_5, R' = CH_3).

B. Aus 1-Acetyl-4-phenyl-thiosemicarbazid beim Behandeln mit wss. NaOH und CH_3I (*Herbst, Klingbeil*, J. org. Chem. **23** [1958] 1912, 1916). Beim Behandeln von 5-Methyl-4-phenyl-2,4-dihydro-[1,2,4]triazol-3-thion mit CH_3I (*Duffin et al.*, Soc. **1959** 3799, 3804) oder mit Toluol-4-sulfonsäure-methylester (*Reynolds, VanAllan*, J. org. Chem. **24** [1959] 1478, 1483).

Kristalle; F: 120° [aus Toluol] (*Re., Va.*), 119−120° [unkorr.; aus Isopropylalkohol] (*He., Kl.*), 119° [aus PAe.] (*Du. et al.*). λ_{max} (Me.): 245 nm (*Re., Va.*).

Toluol-4-sulfonat $C_{10}H_{11}N_3S \cdot C_7H_8O_3S$. Kristalle (aus A.); F: 180° (*Re., Va.*).

5-Äthylmercapto-3-methyl-1-phenyl-1H-[1,2,4]triazol $C_{11}H_{13}N_3S$, Formel XIII (R = C_6H_5, R' = C_2H_5).

B. Aus 5-Methyl-2-phenyl-1,2-dihydro-[1,2,4]triazol-3-thion und Äthyljodid (*Losse et al.*, B. **91** [1958] 150, 156).

Braunes Öl.

3-Äthylmercapto-5-methyl-1-phenyl-1H-[1,2,4]triazol $C_{11}H_{13}N_3S$, Formel XIV (R = C_6H_5, R' = C_2H_5).

B. Beim Erwärmen von Acetyl-dithiocarbamidsäure-äthylester mit Phenylhydrazin (*Duffin et al.*, Soc. **1959** 3799, 3803).

Orangefarbene Flüssigkeit; $Kp_{0,1}$: 157−159°.

3-Äthylmercapto-5-methyl-4-phenyl-4H-[1,2,4]triazol $C_{11}H_{13}N_3S$, Formel XV (R = C_6H_5, R' = C_2H_5).

B. Aus 5-Methyl-4-phenyl-2,4-dihydro-[1,2,4]triazol-3-thion und Äthyljodid (*Duffin et al.*, Soc. **1959** 3799, 3804).

Kristalle (aus PAe.); F: 106°.

5-[2,4-Dinitro-phenylmercapto]-3-methyl-1-phenyl-1H-[1,2,4]triazol $C_{15}H_{11}N_5O_4S$, Formel XIII (R = C_6H_5, R' = $C_6H_3(NO_2)_2$).

B. Aus 5-Methyl-2-phenyl-1,2-dihydro-[1,2,4]triazol-3-thion und 1-Chlor-2,4-dinitro-benzol (*Losse et al.*, B. **91** [1958] 150, 156).

F: 174°.

3,4-Dimethyl-5-methylmercapto-1-phenyl-[1,2,4]triazolium $[C_{11}H_{14}N_3S]^+$, Formel XVI.

Jodid $[C_{11}H_{14}N_3S]I$. *B.* Aus 3-Methyl-5-methylmercapto-1-phenyl-1H-[1,2,4]triazol und CH_3I (*Duffin et al.*, Soc. **1959** 3799, 3804). Aus 4,5-Dimethyl-2-phenyl-2,4-dihydro-[1,2,4]triazol-3-thion und CH_3I (*Du. et al.*, l. c. S. 3807). − Kristalle (aus A.); F: 153°.

1,3-Dimethyl-5-methylmercapto-2-phenyl-[1,2,4]triazolium $[C_{11}H_{14}N_3S]^+$, Formel I.

Jodid $[C_{11}H_{14}N_3S]I$. *B.* Beim Erwärmen von 2,5-Dimethyl-1-phenyl-1,2-dihydro-[1,2,4]tri=
azol-3-thion mit CH_3I (*Duffin et al.*, Soc. **1959** 3799, 3805). − Kristalle (aus Acn.); F: 140−142°.

4,5-Dimethyl-3-methylmercapto-1-phenyl-[1,2,4]triazolium $[C_{11}H_{14}N_3S]^+$, Formel II (R = CH_3).

Jodid $[C_{11}H_{14}N_3S]I$. *B.* Aus 5-Methyl-3-methylmercapto-1-phenyl-1H-[1,2,4]triazol und

CH_3I (*Duffin et al.*, Soc. **1959** 3799, 3804). Aus 3-Mercapto-4,5-dimethyl-1-phenyl-[1,2,4]tri≈ azolium-betain (S. 427) und CH_3I (*Du. et al.*, l. c. S. 3805). — Kristalle (aus Acn.); F: 131°.

5-Methyl-3-methylmercapto-1,4-diphenyl-[1,2,4]triazolium $[C_{16}H_{16}N_3S]^+$, Formel II ($R = C_6H_5$).

Jodid. Konstitution: *Grashey, Baumann*, Tetrahedron Letters **1972** 2947, 2948. — *B*. Aus 3-Mercapto-5-methyl-1,4-diphenyl-[1,2,4]triazolium-betain (S. 427) und CH_3I (*Jensen, Friediger*, Danske Vid. Selsk. Math. Fys. Medd. **20** Nr. 20 [1942/43] 37; s. a. *Busch, Schneider*, J. pr. [2] **67** [1903] 201, 255). — Dipolmoment (ε; $CHCl_3$) bei 25°: 11,0 D (*Je., Fr.*, l. c. S. 51). — Kristalle (aus Me. + Ae. bzw. aus A.); F: 250° (*Je., Fr.; Bu., Sch.*). Elektrische Leitfähigkeit in Äthanol: *Je., Fr.*

3-Methyl-5-methylmercapto-[1,2,4]triazol-4-ylamin $C_4H_8N_4S$, Formel III.

B. Aus 4-Amino-5-methyl-2,4-dihydro-[1,2,4]triazol-3-thion und CH_3I (*Hoggarth*, Soc. **1952** 4811, 4815).

Kristalle (aus A. + E.); F: 160°.

$\quad$ I $\qquad\qquad$ II $\qquad\qquad$ III $\qquad\qquad$ IV

[1*H*-[1,2,4]Triazol-3-yl]-methanol $C_3H_5N_3O$, Formel IV ($R = R' = H$) und Taut.

B. Beim Erhitzen von 1*H*-[1,2,4]Triazol mit wss. Formaldehyd auf 130° (*Jones, Ainsworth*, Am. Soc. **77** [1955] 1538). Beim Behandeln von 1*H*-[1,2,4]Triazol-3-carbonsäure-äthylester mit $LiAlH_4$ in THF (*Jo., Ai.*).

Hydrochlorid $C_3H_5N_3O \cdot HCl$. Kristalle (aus A. + Ae.); F: 150−153°.

3-Methoxymethyl-1*H*-[1,2,4]triazol $C_4H_7N_3O$, Formel IV ($R = H$, $R' = CH_3$) und Taut.

B. Aus 5-Methoxymethyl-1,2-dihydro-[1,2,4]triazol-3-thion und HNO_3 (*Jones, Ainsworth*, Am. Soc. **77** [1955] 1538).

Kristalle (aus Ae. + PAe.); F: 65−66°.

3-Äthoxymethyl-1*H*-[1,2,4]triazol $C_5H_9N_3O$, Formel IV ($R = H$, $R' = C_2H_5$) und Taut.

B. Analog der vorangehenden Verbindung (*Jones, Ainsworth*, Am. Soc. **77** [1955] 1538). F: 54°. $Kp_{0,5}$: 118°.

3-Phenoxymethyl-1*H*-[1,2,4]triazol $C_9H_9N_3O$, Formel IV ($R = H$, $R' = C_6H_5$) und Taut.

B. Analog den vorangehenden Verbindungen (*Jones, Ainsworth*, Am. Soc. **77** [1955] 1538). Kristalle (aus Bzl. + PAe.); F: 85°.

Hydrobromid $C_9H_9N_3O \cdot HBr$. Kristalle (aus A. + Ae.); F: 172−175°.

[1(oder 2)-Benzyl-1(oder 2)*H*-[1,2,4]triazol-3-yl]-methanol $C_{10}H_{11}N_3O$, Formel IV ($R = CH_2$-C_6H_5, $R' = H$) oder Formel V.

B. Beim Erhitzen von 1-Benzyl-1*H*-[1,2,4]triazol mit wss. Formaldehyd auf 130−140° (*Jones, Ainsworth*, Am. Soc. **77** [1955] 1538).

Hydrochlorid $C_{10}H_{11}N_3O \cdot HCl$. Kristalle (aus Me. + PAe.); F: 148−149°.

Hydroxy-Verbindungen $C_4H_7N_3O$

(±)-1-[2-Phenyl-2*H*-[1,2,3]triazol-4-yl]-äthanol $C_{10}H_{11}N_3O$, Formel VI.

B. Aus 2-Phenyl-2*H*-[1,2,3]triazol-4-carbaldehyd und Methylmagnesiumjodid (*Riebsomer*,

Sumrell, J. org. Chem. **13** [1948] 807, 812).
Kp_3: 144°.

V   VI   VII

3-Äthyl-5-dimethylcarbamoyloxy-1-phenyl-1H-[1,2,4]triazol, Dimethylcarbamidsäure-[5-äthyl-2-phenyl-2H-[1,2,4]triazol-3-ylester] $C_{13}H_{16}N_4O_2$, Formel VII (R = CH_3).

B. Aus 5-Äthyl-2-phenyl-1,2-dihydro-[1,2,4]triazol-3-on und Dimethylcarbamoylchlorid (*Geigy A.G.,* D.B.P. 844741 [1950]; D.R.B.P. Org. Chem. 1950—1951 **5** 74, 77).
F: 57—58°. $Kp_{0,2}$: 172—174°.

5-Äthyl-3-dimethylcarbamoyloxy-1-phenyl-1H-[1,2,4]triazol, Dimethylcarbamidsäure-[5-äthyl-1-phenyl-1H-[1,2,4]triazol-3-ylester] $C_{13}H_{16}N_4O_2$, Formel VIII.

B. Analog der vorangehenden Verbindung (*Geigy A.G.,* D.B.P. 844741 [1950]; D.R.B.P. Org. Chem. 1950—1951 **5** 74, 77).
$Kp_{0,4}$: 187—189°.

3-Äthyl-5-diäthylcarbamoyloxy-1-phenyl-1H-[1,2,4]triazol, Diäthylcarbamidsäure-[5-äthyl-2-phenyl-2H-[1,2,4]triazol-3-ylester] $C_{15}H_{20}N_4O_2$, Formel VII (R = C_2H_5).

B. Analog den vorangehenden Verbindungen (*Geigy A.G.,* D.B.P. 844741 [1950]; D.R.B.P. Org. Chem. 1950—1951 **5** 74, 77).
$Kp_{0,1}$: 160—161°.

[5-Äthyl-4-phenyl-4H-[1,2,4]triazol-3-ylmercapto]-essigsäure $C_{12}H_{13}N_3O_2S$, Formel IX.

B. Aus 5-Äthyl-4-phenyl-2,4-dihydro-[1,2,4]triazol-3-thion und Chloressigsäure (*Reynolds, VanAllan,* J. org. Chem. **24** [1959] 1478, 1483).
Kristalle (aus A.); F: 189°. λ_{max} (Me.): 245 nm.

VIII   IX   X   XI

3-[2-Äthoxy-äthyl]-1H-[1,2,4]triazol $C_6H_{11}N_3O$, Formel X und Taut.

B. Aus 5-[2-Äthoxy-äthyl]-1,2-dihydro-[1,2,4]triazol-3-thion, HNO_3 und $NaNO_2$ (*Ainsworth, Jones,* Am. Soc. **76** [1954] 5651, 5654).
$Kp_{0,5}$: 130°. n_D^{25}: 1,4785.

Hydroxy-Verbindungen $C_5H_9N_3O$

(±)-1-[2-Phenyl-2H-[1,2,3]triazol-4-yl]-propan-1-ol $C_{11}H_{13}N_3O$, Formel XI.

B. Aus 2-Phenyl-2H-[1,2,3]triazol-4-carbaldehyd und Äthylmagnesiumbromid (*Riebsomer, Sumrell,* J. org. Chem. **13** [1948] 807, 812).
Kp_3: 156°.

2-[1-Phenyl-1H-[1,2,3]triazol-4-yl]-propan-2-ol $C_{11}H_{13}N_3O$, Formel XII (R = C_6H_5).

B. Beim Erhitzen von Azidobenzol mit 2-Methyl-but-3-in-2-ol (*Moulin,* Helv. **35** [1952] 167,

176).

Kristalle (aus Bzl.); F: 96−97°.

Acetyl-Derivat C$_{13}$H$_{15}$N$_3$O$_2$; 2-Acetoxy-2-[1-phenyl-1H-[1,2,3]triazol-4-yl]-propan. Kristalle (aus Bzl.); F: 96−98° (*Mo.*, l. c. S. 178).

Methojodid [C$_{12}$H$_{16}$N$_3$O]I; 4-[α-Hydroxy-isopropyl]-3(?)-methyl-1-phenyl-[1,2,3]triazolium-jodid. Gelbe Kristalle (aus H$_2$O); Zers. bei 171−172° (*Mo.*, l. c. S. 178).

Die folgenden Verbindungen sind in analoger Weise hergestellt worden:

2-[1-(3-Nitro-phenyl)-1H-[1,2,3]triazol-4-yl]-propan-2-ol C$_{11}$H$_{12}$N$_4$O$_3$, Formel XII (R = C$_6$H$_4$-NO$_2$). Kristalle (aus Toluol); F: 102−103° (*Dornow, Rombusch*, B. **91** [1958] 1841, 1851).

2-[1-(4-Nitro-phenyl)-1H-[1,2,3]triazol-4-yl]-propan-2-ol C$_{11}$H$_{12}$N$_4$O$_3$, Formel XII (R = C$_6$H$_4$-NO$_2$). Kristalle (aus Bzl.); F: 123−123,5° [korr.] (*Mo.*).

2-[1-Benzyl-1H-[1,2,3]triazol-4-yl]-propan-2-ol C$_{12}$H$_{15}$N$_3$O, Formel XII (R = CH$_2$-C$_6$H$_5$). Kristalle (aus PAe.+Acn.); F: 81° (*Mo.*). − Hydrochlorid. F: 77−80° (*Mo.*).

2-[1-(4-Methoxy-benzyl)-1H-[1,2,3]triazol-4-yl]-propan-2-ol C$_{13}$H$_{17}$N$_3$O$_2$, Formel XII (R = CH$_2$-C$_6$H$_4$-O-CH$_3$). Kristalle (aus PAe.+Acn.); F: 87,5−88° (*Mo.*).

2-[1-(3-Amino-phenyl)-1H-[1,2,3]triazol-4-yl]-propan-2-ol C$_{11}$H$_{14}$N$_4$O, Formel XII (R = C$_6$H$_4$-NH$_2$).

B. Bei der Hydrierung von 2-[1-(3-Nitro-phenyl)-1H-[1,2,3]triazol-4-yl]-propan-2-ol an Raney-Nickel (*Dornow, Rombusch*, B. **91** [1958] 1841, 1851).

Kristalle (aus Xylol); F: 127−128°.

2-[1-(4-Amino-phenyl)-1H-[1,2,3]triazol-4-yl]-propan-2-ol C$_{11}$H$_{14}$N$_4$O, Formel XII (R = C$_6$H$_4$-NH$_2$).

B. Analog der vorangehenden Verbindung (*Moulin*, Helv. **35** [1952] 167, 179).

Kristalle (aus Me.); F: 174° [korr.].

Dihydrochlorid C$_{11}$H$_{14}$N$_4$O·2HCl. F: 213−216° [korr.; Zers.].

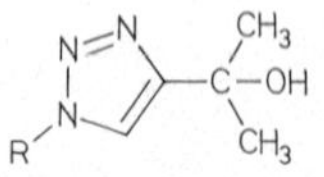

XII 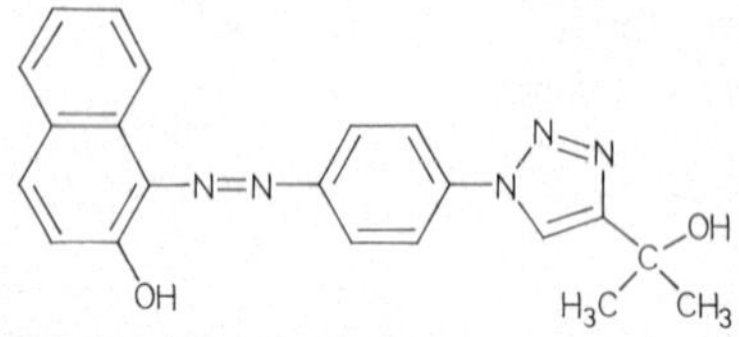   XIII 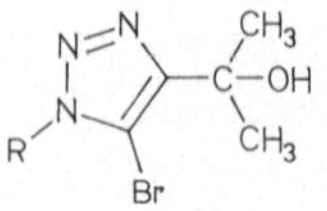   XIV 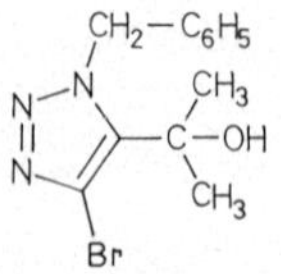   XV

Toluol-4-sulfonsäure-{4-[4-(α-hydroxy-isopropyl)-[1,2,3]triazol-1-yl]-anilid} C$_{18}$H$_{20}$N$_4$O$_3$S, Formel XII (R = C$_6$H$_4$-NH-SO$_2$-C$_6$H$_4$-CH$_3$).

B. Aus der vorangehenden Verbindung und Toluol-4-sulfonylchlorid (*Moulin*, Helv. **35** [1952] 167, 180).

Kristalle (aus A.); F: 186−188° [korr.].

4-[α-Hydroxy-isopropyl]-1-[4-(2-hydroxy-[1]naphthylazo)-phenyl]-1H-[1,2,3]triazol, 2-{1-[4-(2-Hydroxy-[1]naphthylazo)-phenyl]-[1,2,3]triazol-4-yl}-propan-2-ol C$_{21}$H$_{19}$N$_5$O$_2$, Formel XIII und Taut.

B. Aus diazotiertem 2-[1-(4-Amino-phenyl)-1H-[1,2,3]triazol-4-yl]-propan-2-ol und [2]Naphthol (*Moulin*, Helv. **35** [1952] 167, 179).

Orangefarbene Kristalle (aus Toluol); F: 214° [korr.].

2-[5-Brom-1-phenyl-1H-[1,2,3]triazol-4-yl]-propan-2-ol C$_{11}$H$_{12}$BrN$_3$O, Formel XIV (R = C$_6$H$_5$).

B. Beim Erhitzen von Azidobenzol mit 4-Brom-2-methyl-but-3-in-2-ol (*Moulin*, Helv. **35**

[1952] 167, 176).

Kristalle (aus PAe. + Acn.); F: 110 – 111,5° [korr.].

2-[1-Benzyl-5-brom-1*H*-[1,2,3]triazol-4-yl]-propan-2-ol $C_{12}H_{14}BrN_3O$, Formel XIV (R = CH_2-C_6H_5).

B. Neben 2-[3-Benzyl-5-brom-3*H*-[1,2,3]triazol-4-yl]-propan-2-ol beim Erhitzen von Benzyl‍azid mit 4-Brom-2-methyl-but-3-in-2-ol (*Moulin*, Helv. **35** [1952] 167, 176).

Kristalle (aus PAe. + Acn.); F: 77 – 79°.

2-[3-Benzyl-5-brom-3*H*-[1,2,3]triazol-4-yl]-propan-2-ol $C_{12}H_{14}BrN_3O$, Formel XV.

B. s. im vorangehenden Artikel.

Kristalle (aus wss. Me.); F: 142,5 – 143,5° [korr.] (*Moulin*, Helv. **35** [1952] 167, 176).

5-Dimethylcarbamoyloxy-1-phenyl-3-propyl-1*H*-[1,2,4]triazol, Dimethylcarbamidsäure-[2-phenyl-5-propyl-2*H*-[1,2,4]triazol-3-ylester] $C_{14}H_{18}N_4O_2$, Formel I.

B. Aus 2-Phenyl-5-propyl-1,2-dihydro-[1,2,4]triazol-3-on und Dimethylcarbamoylchlorid (*Geigy A.G.*, D.B.P. 844741 [1950]; D.R.B.P. Org. Chem. 1950 – 1951 **5** 74, 77).

$Kp_{0,08}$: 175 – 178°.

3-Dimethylcarbamoyloxy-1-phenyl-5-propyl-1*H*-[1,2,4]triazol, Dimethylcarbamidsäure-[1-phenyl-5-propyl-1*H*-[1,2,4]triazol-3-ylester] $C_{14}H_{18}N_4O_2$, Formel II.

B. Analog der vorangehenden Verbindung (*Geigy A.G.*, D.B.P. 844741 [1950]; D.R.B.P. Org. Chem. 1950 – 1951 **5** 74, 77).

F: 87 – 88°.

Hydroxy-Verbindungen $C_9H_{17}N_3O$

(±)-1-[1-Benzyl-1*H*-[1,2,3]triazol-4-yl]-heptan-1-ol $C_{16}H_{23}N_3O$, Formel III.

B. Beim Erhitzen von Benzylazid mit (±)-Non-1-in-3-ol (*Moulin*, Helv. **35** [1952] 167, 176).

Kristalle (aus Dimethoxymethan); F: 44 – 45°.

Hydroxy-Verbindungen $C_{17}H_{33}N_3O$

(1*S*)-1-[(16a*R*)-(16a*r*)-1,2,3,4,5,6,7,8,9,10,11,13,16,16a-Tetradecahydro-pyrido[2,1-*d*][1,5,9]tri‍azacyclotridecin-13*t*-yl]-propan-1-ol, Desoxypalustrin $C_{17}H_{33}N_3O$, Formel IV.

B. Beim Erwärmen von Palustrin (S. 681) mit LiAlH$_4$ in Äther (*Eugster et al.*, Helv. **36** [1953] 1387, 1396).

Dipicrolonat $C_{17}H_{33}N_3O \cdot 2C_{10}H_8N_4O_5$. Kristalle (aus Me. + wenig Picrolonsäure); F: 182 – 183° [nach Sintern bei 180°] bzw. Zers. > 186° [evakuierte Kapillare].

Monohydroxy-Verbindungen $C_nH_{2n-3}N_3O$

Hydroxy-Verbindungen $C_3H_3N_3O$

3(?)-Chlor-5(?)-methylmercapto-[1,2,4]triazin $C_4H_4ClN_3S$, vermutlich Formel V.

Bezüglich der Konstitution vgl. *Neunhoeffer, Lehmann*, B. **109** [1976] 1113.

B. Aus 3,5-Dichlor-[1,2,4]triazin und Natrium-methanthiolat (*Grundmann et al.*, J. org. Chem. **23** [1958] 1522).

Kristalle (aus PAe.); F: 99° (*Gr. et al.*).

IV   V   VI   VII

Methoxy-[1,3,5]triazin $C_4H_5N_3O$, Formel VI (R = CH_3).
   B. Aus [1,3,5]Triazin und *O*-Methyl-uronium-chlorid (*Schaefer, Peters*, Am. Soc. **81** [1959] 1470, 1474).
   E: 11°. Kp_{21}: 71 − 73°. $n_D^{22,5}$: 1,4936.

Phenoxy-[1,3,5]triazin $C_9H_7N_3O$, Formel VI (R = C_6H_5).
   B. Bei der Hydrierung von Dichlor-phenoxy-[1,3,5]triazin an Palladium/Kohle (*Hirt et al.*, Helv. **33** [1950] 1365, 1367).
   Kristalle; F: 59°. Kp_{15}: 140°.

VIII   IX   X

Dichlor-methoxy-[1,3,5]triazin $C_4H_3Cl_2N_3O$, Formel VII (R = CH_3).
   B. Aus Trichlor-[1,3,5]triazin und Methanol unter Zusatz von 2,4,6-Trimethyl-pyridin (*Koopman et al.*, R. **78** [1959] 967, 979) oder von wss. $NaHCO_3$ (*Dudley et al.*, Am. Soc. **73** [1951] 2986, 2989; *Schuldt, Wolf*, Contrib. Boyce Thompson Inst. **18** [1956] 377, 381, 383).
   Kristalle; F: 89 − 91° [aus Bzl. + Hexan] (*Sch., Wolf*), 88 − 90° [aus Heptan] (*Du. et al.*), 88 − 89° [aus Hexan] (*Ko. et al.*).

Die folgenden Verbindungen sind in analoger Weise hergestellt worden:
   Äthoxy-dichlor-[1,3,5]triazin $C_5H_5Cl_2N_3O$, Formel VII (R = C_2H_5). Kristalle; F: 31,5 − 32,5° [aus Hexan] (*Bras, Ž. obšč. Chim. **25** [1955] 1413, 1415; engl. Ausg. S. 1359, 1361), 29° (*Yoshida, Yasuda*, J. chem. Soc. Japan Ind. Chem. Sect. **56** [1953] 711, 715; C. A. **1955** 7547). Kp_{14}: 113 − 114° [unkorr.] (*Ko. et al.*, l. c. S. 972).
   Dichlor-propoxy-[1,3,5]triazin $C_6H_7Cl_2N_3O$, Formel VII (R = CH_2-C_2H_5). Kp_{12}: 123 − 124° [unkorr.] (*Ko. et al.*).
   Dichlor-[3-chlor-propoxy]-[1,3,5]triazin $C_6H_6Cl_3N_3O$, Formel VII (R = CH_2-CH_2-CH_2Cl). $Kp_{0,07}$: 114 − 116° [unkorr.] (*Ko. et al.*).
   Dichlor-isopropoxy-[1,3,5]triazin $C_6H_7Cl_2N_3O$, Formel VII (R = $CH(CH_3)_2$). Kp_{11}: 116 − 117° [unkorr.] (*Ko. et al.*).
   Butoxy-dichlor-[1,3,5]triazin $C_7H_9Cl_2N_3O$, Formel VII (R = $[CH_2]_3$-CH_3). Kp_{12}: 139 − 140° [unkorr.]; Kp_1: 96 − 98° [unkorr.] (*Ko. et al.*, l. c. S. 979).
   (±)-*sec*-Butoxy-dichlor-[1,3,5]triazin $C_7H_9Cl_2N_3O$, Formel VII (R = $CH(CH_3)$-C_2H_5). Kp_{12}: 127 − 128° [unkorr.] (*Ko. et al.*, l. c. S. 972).
   Dichlor-octyloxy-[1,3,5]triazin $C_{11}H_{17}Cl_2N_3O$, Formel VII (R = $[CH_2]_7$-CH_3). $Kp_{0,02}$: 126 − 130° [unkorr.] (*Ko. et al.*).
   (±)-Dichlor-[1-methyl-heptyloxy]-[1,3,5]triazin $C_{11}H_{17}Cl_2N_3O$, Formel VII (R = $CH(CH_3)$-$[CH_2]_5$-CH_3). $Kp_{0,005}$: 101 − 108° [unkorr.] (*Ko. et al.*).
   Dichlor-dodecyloxy-[1,3,5]triazin $C_{15}H_{25}Cl_2N_3O$, Formel VII (R = $[CH_2]_{11}$-CH_3).

$Kp_{0,01}$: 162—164° [unkorr.] (*Ko. et al.*).

Allyloxy-dichlor-[1,3,5]triazin $C_6H_5Cl_2N_3O$, Formel VII (R = CH_2-CH=CH_2). Kp_{11}: 126—127° [unkorr.] (*Ko. et al.*).

Dichlor-cyclohexyloxy-[1,3,5]triazin $C_9H_{11}Cl_2N_3O$, Formel VII (R = C_6H_{11}). Kp_{12}: 168—169° [unkorr.] (*Ko. et al.*).

Dichlor-prop-2-inyloxy-[1,3,5]triazin $C_6H_3Cl_2N_3O$, Formel VII (R = CH_2-C≡CH). Kp_{11}: 134—135° [unkorr.] (*Ko. et al.*).

Dichlor-phenoxy-[1,3,5]triazin $C_9H_5Cl_2N_3O$, Formel VIII (X = X′ = X″ = H). Kristalle (aus Toluol); F: 113—114°; Kp_{10}: 170° (*Hirt et al.*, Helv. **33** [1950] 1365, 1367).

Dichlor-[2-chlor-phenoxy]-[1,3,5]triazin $C_9H_4Cl_3N_3O$, Formel VIII (X = Cl, X′ = X″ = H). Kristalle (aus Hexan); F: 95—97° (*Sch., Wolf*, l. c. S. 383).

Dichlor-[4-chlor-phenoxy]-[1,3,5]triazin $C_9H_4Cl_3N_3O$, Formel VIII (X = X″ = H, X′ = Cl). Kristalle; F: 111—112° [unkorr.; aus Bzl.] (*Ko. et al.*, l. c. S. 976), 105—110° [aus Hexan] (*Sch., Wolf*, l. c. S. 383).

Dichlor-[2,4-dichlor-phenoxy]-[1,3,5]triazin $C_9H_3Cl_4N_3O$, Formel VIII (X = X′ = Cl, X″ = H). Kristalle (aus Hexan); F: 122—123° (*Ethyl Corp.*, D.B.P. 952478 [1952]; *Sch., Wolf*).

Dichlor-[2,6-dichlor-phenoxy]-[1,3,5]triazin $C_9H_3Cl_4N_3O$, Formel IX (X = X′ = H). Kristalle (aus Bzl.); F: 140—141° [unkorr.] (*Ko. et al.*).

Dichlor-[2,4,5-trichlor-phenoxy]-[1,3,5]triazin $C_9H_2Cl_5N_3O$, Formel VIII (X = X′ = X″ = Cl). Kristalle (aus Bzl.); F: 135—136° [unkorr.] (*Ko. et al.*).

Dichlor-[2,4,6-trichlor-phenoxy]-[1,3,5]triazin $C_9H_2Cl_5N_3O$, Formel IX (X = H, X′ = Cl). Kristalle (aus Bzl.); F: 141—142° [unkorr.] (*Ko. et al.*).

Dichlor-[2,3,4,6-tetrachlor-phenoxy]-[1,3,5]triazin $C_9HCl_6N_3O$, Formel IX (X = X′ = Cl). Kristalle (aus Hexan); F: 168—171° (*Sch., Wolf*).

Dichlor-[2-nitro-phenoxy]-[1,3,5]triazin $C_9H_4Cl_2N_4O_3$, Formel VIII (X = NO_2, X′ = X″ = H). Kristalle (aus Bzl.); F: 139—140° [unkorr.] (*Ko. et al.*, l. c. S. 980).

Dichlor-[4-nitro-phenoxy]-[1,3,5]triazin $C_9H_4Cl_2N_4O_3$, Formel VIII (X = X″ = H, X′ = NO_2). Kristalle (aus Bzl.); F: 201—202° [unkorr.] (*Ko. et al.*, l. c. S. 976).

Dichlor-[2,4-dinitro-phenoxy]-[1,3,5]triazin $C_9H_3Cl_2N_5O_5$, Formel VIII (X = X′ = NO_2, X″ = H). Kristalle (aus Bzl.); F: 155—156° [unkorr.] (*Ko. et al.*).

Dichlor-*p*-tolyloxy-[1,3,5]triazin $C_{10}H_7Cl_2N_3O$, Formel VIII (X = X″ = H, X′ = CH_3). F: 93—94° (*Ko. et al.*).

Benzyloxy-dichlor-[1,3,5]triazin $C_{10}H_7Cl_2N_3O$, Formel X (n = 1). Kristalle (aus Hexan); F: 81—82,5° (*Ko. et al.*).

Dichlor-phenäthyloxy-[1,3,5]triazin $C_{11}H_9Cl_2N_3O$, Formel X (n = 2). Kristalle (aus Hexan); F: 87—88° (*Ko. et al.*).

Dichlor-[3-phenyl-propoxy]-[1,3,5]triazin $C_{12}H_{11}Cl_2N_3O$, Formel X (n = 3). F: 50—52°; $Kp_{0,01}$: 155° [unkorr.] (*Ko. et al.*).

Dichlor-[2]naphthyloxy-[1,3,5]triazin $C_{13}H_7Cl_2N_3O$, Formel XI. Kristalle (aus Tri⸗ chloräthen); F: 145—154° (*Sch., Wolf*).

[2-Äthoxy-äthoxy]-dichlor-[1,3,5]triazin $C_7H_9Cl_2N_3O_2$, Formel XII. $Kp_{0,01}$: 102—103° [unkorr.] (*Ko. et al.*, l. c. S. 972).

Dichlor-[2-(propan-1-sulfonyl)-äthoxy]-[1,3,5]triazin $C_8H_{11}Cl_2N_3O_3S$, Formel XIII. Kristalle (aus Bzl.+PAe.); F: 94—97° (*Ko. et al.*).

Dichlor-[3-propylmercapto-propoxy]-[1,3,5]triazin $C_9H_{13}Cl_2N_3OS$, Formel XIV. $Kp_{0,07}$: 147—155° [unkorr.] (*Ko. et al.*).

(±)-2-[4,6-Dichlor-[1,3,5]triazin-2-yloxy]-propionsäure-methylester $C_7H_7Cl_2N_3O_3$, Formel XV. $Kp_{0,01}$: 104—106° [unkorr.] (*Ko. et al.*).

6-[4,6-Dichlor-[1,3,5]triazin-2-yloxy]-hexansäure-äthylester $C_{11}H_{15}Cl_2N_3O_3$, Formel I. $Kp_{0,07}$: 146—154° [unkorr.] (*Ko. et al.*).

Aceton-[O-(4,6-dichlor-[1,3,5]triazin-2-yl)-oxim] $C_6H_6Cl_2N_4O$, Formel II (R = CH_3). Kristalle (aus PAe.); F: 65,5—67° (*Ko. et al.*).

Cyclohexanon-[O-(4,6-dichlor-[1,3,5]triazin-2-yl)-oxim] $C_9H_{10}Cl_2N_4O$, Formel III. Kristalle (aus PAe.); F: 70—71° (*Ko. et al.*).

*Acetophenon-[O-(4,6-dichlor-[1,3,5]triazin-2-yl)-oxim] $C_{11}H_8Cl_2N_4O$, Formel II

(R = C_6H_5). Kristalle (aus PAe.); F: 129—130° [unkorr.] (*Ko. et al.*, l. c. S. 976).

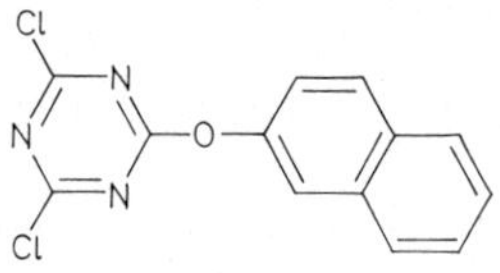

XI 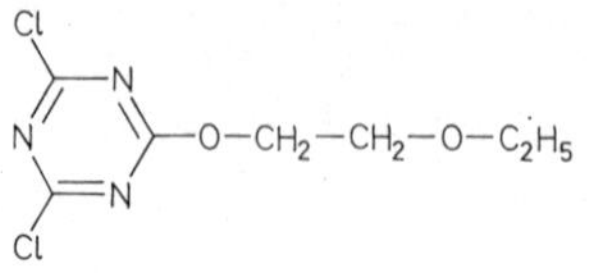   XII 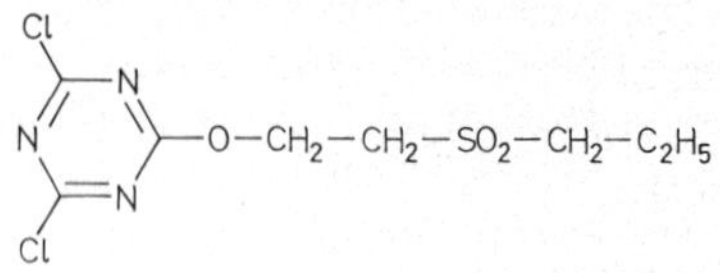   XIII

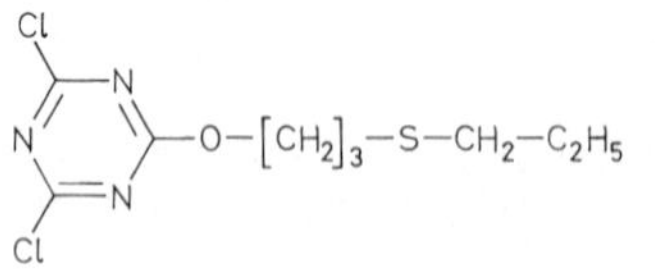

XIV 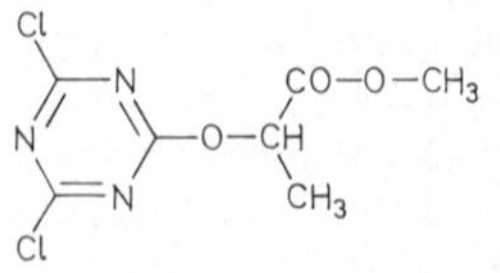   XV

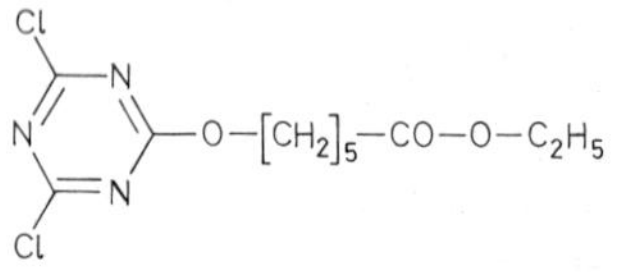

I 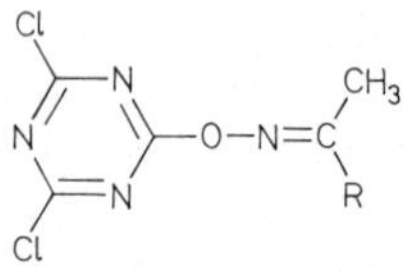   II 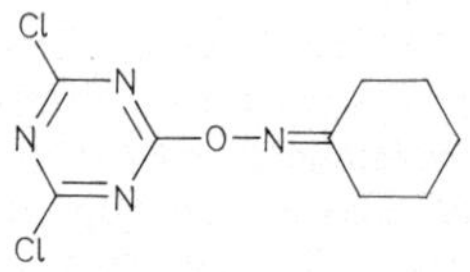   III

Methylmercapto-[1,3,5]triazin $C_4H_5N_3S$, Formel IV.

B. Aus *S*-Methyl-thiouronium-jodid und [1,3,5]Triazin (*Schaefer, Peters*, Am. Soc. **81** [1959] 1470, 1474).

E: 32,5°. Kp_{19}: 91°.

Dichlor-methylmercapto-[1,3,5]triazin $C_4H_3Cl_2N_3S$, Formel V (R = CH_3).

B. Aus Trichlor-[1,3,5]triazin und Methanthiol unter Zusatz von 2,4,6-Trimethyl-pyridin (*Koopman et al.*, R. **78** [1959] 967, 979).

Kristalle (aus PAe.); F: 57—59°.

Die folgenden Verbindungen sind in analoger Weise hergestellt worden:

Äthylmercapto-dichlor-[1,3,5]triazin $C_5H_5Cl_2N_3S$, Formel V (R = C_2H_5). $Kp_{0,07}$: 79—80° (*Ko. et al.*, l. c. S. 980).

Dichlor-propylmercapto-[1,3,5]triazin $C_6H_7Cl_2N_3S$, Formel V (R = CH_2-C_2H_5). $Kp_{0,01}$: 89—91° (*Ko. et al.*, l. c. S. 974).

Dichlor-isopropylmercapto-[1,3,5]triazin $C_6H_7Cl_2N_3S$, Formel V (R = $CH(CH_3)_2$). $Kp_{0,2}$: 81°.

Butylmercapto-dichlor-[1,3,5]triazin $C_7H_9Cl_2N_3S$, Formel V (R = $[CH_2]_3$-CH_3). $Kp_{1,5}$: 116—119° [unkorr.].

(±)-*sec*-Butylmercapto-dichlor-[1,3,5]triazin $C_7H_9Cl_2N_3S$, Formel V (R = $CH(CH_3)$-C_2H_5). $Kp_{0,7}$: 97°.

Dichlor-isobutylmercapto-[1,3,5]triazin $C_7H_9Cl_2N_3S$, Formel V (R = CH_2-$CH(CH_3)_2$). $Kp_{0,7}$: 98°.

tert-Butylmercapto-dichlor-[1,3,5]triazin $C_7H_9Cl_2N_3S$, Formel V (R = $C(CH_3)_3$). $Kp_{0,01}$: 80°.

Dichlor-pentylmercapto-[1,3,5]triazin $C_8H_{11}Cl_2N_3S$, Formel V (R = $[CH_2]_4$-CH_3). $Kp_{1,5}$: 129° [unkorr.].

Dichlor-isopentylmercapto-[1,3,5]triazin $C_8H_{11}Cl_2N_3S$, Formel V (R = CH_2-CH_2-$CH(CH_3)_2$). $Kp_{0,005}$: 92—94°.

Dichlor-octylmercapto-[1,3,5]triazin $C_{11}H_{17}Cl_2N_3S$, Formel V (R = $[CH_2]_7$-CH_3). $Kp_{0,4}$: 146–148° [unkorr.].

Dichlor-dodecylmercapto-[1,3,5]triazin $C_{15}H_{25}Cl_2N_3S$, Formel V (R = $[CH_2]_{11}$-CH_3). F: 23–26°.

Allylmercapto-dichlor-[1,3,5]triazin $C_6H_5Cl_2N_3S$, Formel V (R = CH_2-CH=CH_2). $Kp_{0,25}$: 111° [unkorr.].

Dichlor-methallylmercapto-[1,3,5]triazin $C_7H_7Cl_2N_3S$, Formel V (R = CH_2-C(CH_3)=CH_2). $Kp_{0,01}$: 78°.

Dichlor-[3-methyl-but-2-enylmercapto]-[1,3,5]triazin $C_8H_9Cl_2N_3S$, Formel V (R = CH_2-CH=C(CH_3)$_2$). $Kp_{0,5}$: 120–123° [unkorr.].

Dichlor-cyclohexylmercapto-[1,3,5]triazin $C_9H_{11}Cl_2N_3S$, Formel V (R = C_6H_{11}). F: 58–60°. $Kp_{0,001}$: 112–117° [unkorr.].

Dichlor-phenylmercapto-[1,3,5]triazin $C_9H_5Cl_2N_3S$, Formel VI (X = X' = X'' = H). Kristalle (aus Hexan); F: 72–73° (*Ko. et al.*, l. c. S. 976).

Dichlor-[4-chlor-phenylmercapto]-[1,3,5]triazin $C_9H_4Cl_3N_3S$, Formel VI (X = X'' = H, X' = Cl). Kristalle (aus Bzl.); F: 117–118° [unkorr.].

Dichlor-[2,4,5-trichlor-phenylmercapto]-[1,3,5]triazin $C_9H_2Cl_5N_3S$, Formel VI (X = X' = X'' = Cl). Kristalle (aus Bzl.); F: 127–128° [unkorr.].

Dichlor-[2-nitro-phenylmercapto]-[1,3,5]triazin $C_9H_4Cl_2N_4O_2S$, Formel VI (X = NO_2, X' = X'' = H). Kristalle (aus Bzl.); F: 148–149° [unkorr.].

Dichlor-p-tolylmercapto-[1,3,5]triazin $C_{10}H_7Cl_2N_3S$, Formel VI (X = X'' = H, X' = CH_3). Kristalle (aus Hexan); F: 112–113,5° [unkorr.].

Dichlor-[2,4-dimethyl-phenylmercapto]-[1,3,5]triazin $C_{11}H_9Cl_2N_3S$, Formel VI (X = X' = CH_3, X'' = H). F: 65–66°; $Kp_{0,01}$: 143° (*Ko. et al.*, l. c. S. 980).

[2-Äthoxy-äthylmercapto]-dichlor-[1,3,5]triazin $C_7H_9Cl_2N_3OS$, Formel V (R = CH_2-CH_2-O-C_2H_5). $Kp_{0,07}$: 112–114° (*Ko. et al.*, l. c. S. 974).

Dichlor-[2-propylmercapto-äthylmercapto]-[1,3,5]triazin $C_8H_{11}Cl_2N_3S_2$, Formel V (R = CH_2-CH_2-S-CH_2-C_2H_5). $Kp_{0,9}$: 152° [unkorr.].

[4,6-Dichlor-[1,3,5]triazin-2-ylmercapto]-essigsäure-methylester $C_6H_5Cl_2N_3O_2S$, Formel V (R = CH_2-CO-O-CH_3). F: 52–54°. $Kp_{0,2}$: 119°.

(±)-[4,6-Dichlor-[1,3,5]triazin-2-ylmercapto]-bernsteinsäure-diäthylester $C_{11}H_{13}Cl_2N_3O_4S$, Formel V (R = CH(CO-O-C_2H_5)-CH_2-CO-O-C_2H_5). $Kp_{0,3}$: 195° [unkorr.].

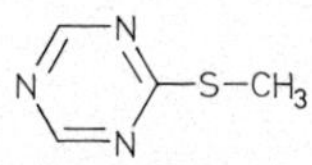

IV 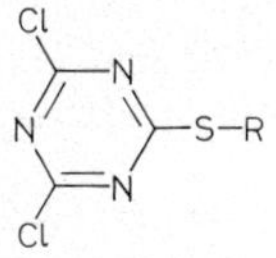 V 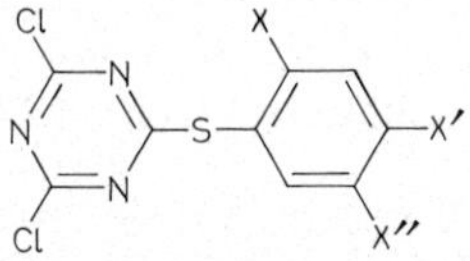 VI 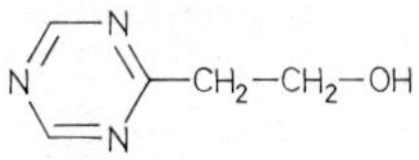 VII 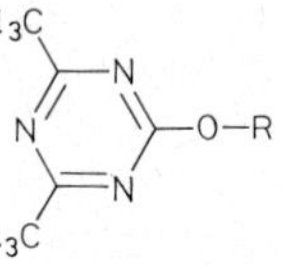 VIII

Hydroxy-Verbindungen $C_5H_7N_3O$

2-[1,3,5]Triazin-2-yl-äthanol $C_5H_7N_3O$, Formel VII.

B. Aus [1,3,5]Triazin und 3-Hydroxy-propionamidin-hydrochlorid (*Am. Cyanamid Co.*, U.S.P. 2845422 [1957]).

Kp_7: 100°.

Methoxy-bis-trichlormethyl-[1,3,5]triazin $C_6H_3Cl_6N_3O$, Formel VIII (R = CH_3).

B. Aus Chlor-bis-trichlormethyl-[1,3,5]triazin und Methanol (*Schroeder*, Am. Soc. **81** [1959] 5658, 5660, 5662).

Kristalle (aus PAe.); F: 46°.

Die folgenden Verbindungen sind in analoger Weise hergestellt worden:

Äthoxy-bis-trichlormethyl-[1,3,5]triazin $C_7H_5Cl_6N_3O$, Formel VIII (R = C_2H_5). $Kp_{0,1}$: 135°. n_D^{30}: 1,5332.

Bis-trichlormethyl-[2,2,2-trifluor-äthoxy]-[1,3,5]triazin $C_7H_2Cl_6F_3N_3O$, Formel VIII (R = CH_2-CF_3). $Kp_{0,65}$: 116°. n_D^{28}: 1,5055.

Isopropoxy-bis-trichlormethyl-[1,3,5]triazin $C_8H_7Cl_6N_3O$, Formel VIII
(R = CH(CH$_3$)$_2$). Kp$_{0,4}$: 157°. n_D^{25}: 1,5321.
Butoxy-bis-trichlormethyl-[1,3,5]triazin $C_9H_9Cl_6N_3O$, Formel VIII
(R = [CH$_2$]$_3$-CH$_3$). Kp$_{0,3}$: 146°. n_D^{27}: 1,5289.
Pentyloxy-bis-trichlormethyl-[1,3,5]triazin $C_{10}H_{11}Cl_6N_3O$, Formel VIII
(R = [CH$_2$]$_4$-CH$_3$). Kp$_{0,25}$: 151°. n_D^{25}: 1,5260.

4,6-Bis-trichlormethyl-[1,3,5]triazin-2-ylthiocyanat $C_6Cl_6N_4S$, Formel IX.
Für die nachfolgend beschriebene Verbindung ist auch die Formulierung als 4,6-Bis-tri=
chlormethyl-[1,3,5]triazin-2-ylisothiocyanat in Betracht zu ziehen.
B. Aus Chlor-bis-trichlormethyl-[1,3,5]triazin und Kalium-thiocyanat in Acetonitril (*Schroe=
der, Am. Soc.* **81** [1959] 5658, 5662).
F: 62°. Kp$_{0,1}$: 130°.

Hydroxy-Verbindungen $C_6H_9N_3O$

[5,6-Dimethyl-[1,2,4]triazin-3-yl]-methanol $C_6H_9N_3O$, Formel X.
B. Beim Erhitzen von Glykolsäure-[1-methyl-2-oxo-propylidenhydrazid] mit NH$_3$ in Äthanol
auf 150° (*Metze, B.* **89** [1956] 2056, 2058).
Kristalle (aus PAe.); F: 98°.

IX   X   XI   XII

Hydroxy-Verbindungen $C_7H_{11}N_3O$

Äthoxy-bis-pentafluoräthyl-[1,3,5]triazin $C_9H_5F_{10}N_3O$, Formel XI.
B. Aus Chlor-bis-pentafluoräthyl-[1,3,5]triazin und Äthanol (*Schroeder, Am. Soc.* **81** [1959]
5658, 5660, 5662).
Kp$_{0,15}$: 122°. n_D^{23}: 1,3588.

1,4,5,6,7,8-Hexahydro-cycloheptatriazol-6-ol $C_7H_{11}N_3O$, Formel XII und Taut.
B. Bei der Hydrierung von 1*H*-Cycloheptatriazol-6-on an Platin in Methanol (*Nozoe et al.,
Pr. Japan Acad.* **30** [1954] 313, 316).
Kristalle (aus H$_2$O); F: 170–171°. UV-Spektrum (Me.; 210–240 nm): *No. et al.*

**(±)-1(oder 3)-Phenyl-(3a*t*,7a*t*)-3a,4,5,6,7,7a-hexahydro-1(oder 3)*H*-4*r*,7*c*-methano-benzotriazol-
5*t*-ol** $C_{13}H_{15}N_3O$, Formel XIII (R = H) oder Formel XIV (R = H)+Spiegelbilder.
Bezüglich der Konfigurationszuordnung s. *Alder, Stein, A.* **515** [1935] 185; *Huisgen et al.,
B.* **98** [1965] 3992.
B. Aus (±)-Norborn-5-en-2*endo*-ol (E IV **6** 342) und Azidobenzol (*Alder, Rickert, A.* **543**
[1940] 1, 18).
Kristalle (aus E.); F: 147–148° (*Al., Ri.*).

**(±)-5*t*(oder 6*t*)-Acetoxy-1-phenyl-(3a*t*,7a*t*)-3a,4,5,6,7,7a-hexahydro-1*H*-4*r*,7*c*-methano-
benzotriazol, (±)-Essigsäure-[1(oder 3)-phenyl-(3a*t*,7a*t*)-3a,4,5,6,7,7a-hexahydro-1(oder 3)*H*-
4*r*,7*c*-methano-benzotriazol-5*t*-ylester]** $C_{15}H_{17}N_3O_2$, Formel XIII (R = CO-CH$_3$) oder
Formel XIV (R = CO-CH$_3$)+Spiegelbilder.
Bezüglich der Konfigurationszuordnung s. die im vorangehenden Artikel angegebene Litera=
tur.
B. Aus (±)-5*endo*-Acetoxy-norborn-2-en und Azidobenzol (*Alder et al., B.* **88** [1955] 144,
155).
Kristalle (aus E.); F: 135–136°.

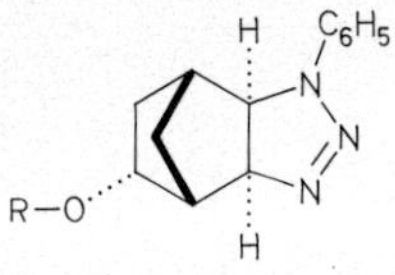

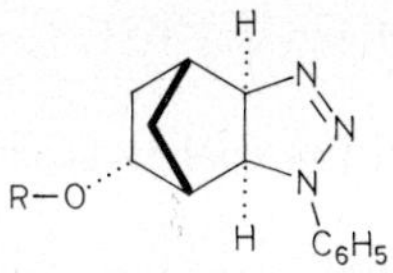

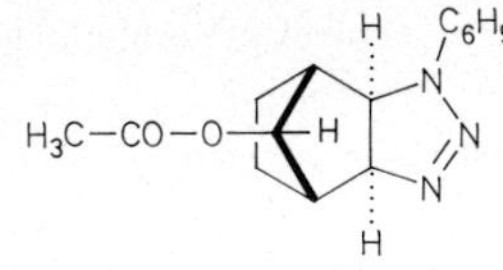

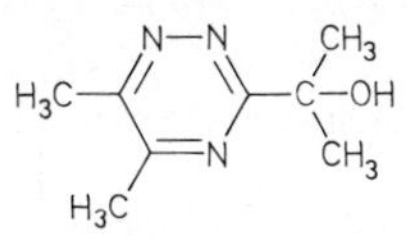

XIII   XIV   XV   XVI

(±)-8anti-Acetoxy-1-phenyl-(3at,7at)-3a,4,5,6,7,7a-hexahydro-1H-4r,7c-methano-benzotriazol,
(±)-Essigsäure-[1-phenyl-(3at,7at)-3a,4,5,6,7,7a-hexahydro-1H-4r,7c-methano-benzotriazol-8anti-
ylester] $C_{15}H_{17}N_3O_2$, Formel XV + Spiegelbild.

Bezüglich der Konfigurationszuordnung s. die in den vorangehenden Artikeln angegebene Literatur.

B. Aus 7ξ-Acetoxy-norborn-2-en (E IV **6** 347) und Azidobenzol (*Alder et al.,* B. **91** [1958] 609, 619).

Kristalle (aus Ae.); F: 120°.

Hydroxy-Verbindungen $C_8H_{13}N_3O$

2-[5,6-Dimethyl-[1,2,4]triazin-3-yl]-propan-2-ol $C_8H_{13}N_3O$, Formel XVI.

B. Beim Erhitzen von α-Hydroxy-isobuttersäure-[1-methyl-2-oxo-propylidenhydrazid] mit NH_3 in Äthanol auf 150° (*Metze, Rolle,* B. **91** [1958] 422, 425).

Gelbe Kristalle; F: 60−61°.

1-[1-Benzyl-1H-[1,2,3]triazol-4-yl]-cyclohexanol $C_{15}H_{19}N_3O$, Formel I.

B. Beim Erhitzen von 1-Äthinyl-cyclohexanol mit Benzylazid (*Moulin,* Helv. **35** [1952] 167, 176).

Kristalle (aus Toluol); F: 125° [korr.].

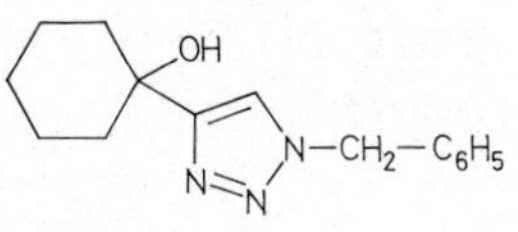

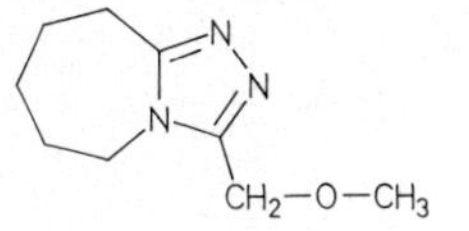

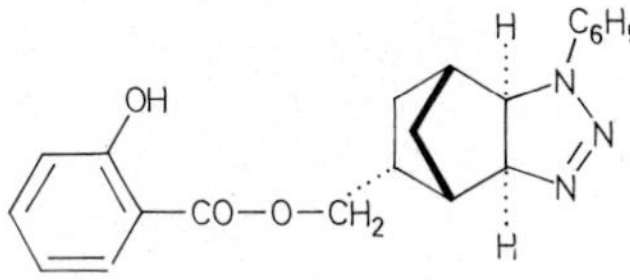

I   II   III

3-Methoxymethyl-6,7,8,9-tetrahydro-5H-[1,2,4]triazolo[4,3-a]azepin $C_9H_{15}N_3O$, Formel II.

B. Aus 7-Methoxy-3,4,5,6-tetrahydro-2H-azepin und Methoxyessigsäure-hydrazid (*Petersen, Tietze,* B. **90** [1957] 909, 916, 919).

Kp_{15}: 226°.

Hydrochlorid $C_9H_{15}N_3O \cdot HCl$. Kristalle (aus A. + Ae.); F: 157°.

(±)-1-Phenyl-5t(oder 6t)-salicyloyloxymethyl-(3at,7at)-3a,4,5,6,7,7a-hexahydro-1H-4r,7c-
methano-benzotriazol, (±)-Salicylsäure-[1(oder 3)-phenyl-(3at,7at)-3a,4,5,6,7,7a-hexahydro-
1(oder 3)H-4r,7c-methano-benzotriazol-5t-ylester] $C_{21}H_{21}N_3O_3$, Formel III oder Formel IV
+Spiegelbilder.

B. Aus (±)-Salicylsäure-norborn-5-en-2endo-ylmethylester (E III **10** 127) und Azidobenzol
(*Alder, Windemuth,* B. **71** [1938] 1939, 1950).

Kristalle (aus E.); F: 154°.

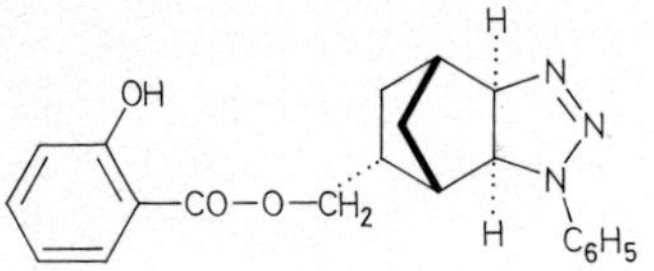

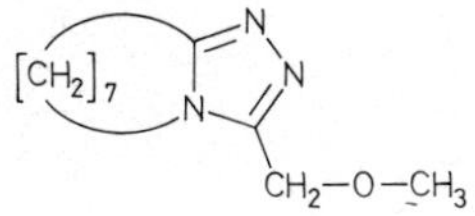

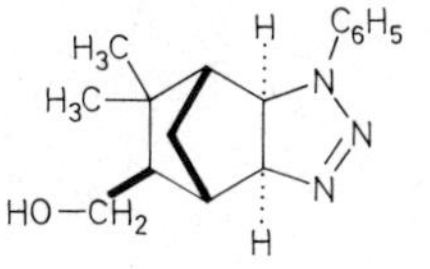

IV   V   VI

Hydroxy-Verbindungen $C_{10}H_{17}N_3O$

3-Methoxymethyl-6,7,8,9,10,11-hexahydro-5H-[1,2,4]triazolo[4,3-a]azonin $C_{11}H_{19}N_3O$, Formel V.

B. Aus 9-Methoxy-3,4,5,6,7,8-hexahydro-2H-azonin (E III/IV **21** 243) und Methoxyessigsäure-hydrazid (*Petersen, Tietze,* B. **90** [1957] 909, 917, 919).

Kp$_{0,2}$: 188°.

[6,6-Dimethyl-1(oder 3)-phenyl-3a,4,5,6,7,7a-hexahydro-1(oder 3)H-4,7-methano-benzotriazol-5-yl]-methanol $C_{16}H_{21}N_3O$.

Bezüglich der Konfigurationszuordnung der folgenden Stereoisomeren s. *Alder, Stein,* A. **515** [1935] 185; *Huisgen et al.,* B. **98** [1965] 3992.

a) **(±)-[6,6-Dimethyl-1(oder 3)-phenyl-(3at,7at)-3a,4,5,6,7,7a-hexahydro-1(oder 3)H-4r,7c-methano-benzotriazol-5c-yl]-methanol,** Formel VI oder Formel VII+Spiegelbilder.

Höherschmelzende Verbindung. *B.* Neben der niedrigerschmelzenden Verbindung beim Behandeln von (±)-[3,3-Dimethyl-norborn-5-en-2exo-yl]-methanol (exo-Dehydroisocamphanol; E IV **6** 387) mit Azidobenzol (*Alder, Roth,* B. **90** [1957] 1830, 1837). – Kristalle (aus E.); F: 199° [Zers.].

Niedrigerschmelzende Verbindung. *B.* s. o. – Kristalle (aus Bzl.+PAe. oder E.); F: 131° [Zers.].

b) **(±)-[6,6-Dimethyl-1(oder 3)-phenyl-(3at,7at)-3a,4,5,6,7,7a-hexahydro-1(oder 3)H-4r,7c-methano-benzotriazol-5t-yl]-methanol,** Formel VIII oder IX+Spiegelbilder.

B. Aus (±)-[3,3-Dimethyl-norborn-5-en-2$endo$-yl]-methanol ($endo$-Dehydroisocamphanol; E IV **6** 387) und Azidobenzol (*Alder, Roth,* B. **90** [1957] 1830, 1835). Kristalle (aus Bzl.+PAe.); F: 92° [Zers.].

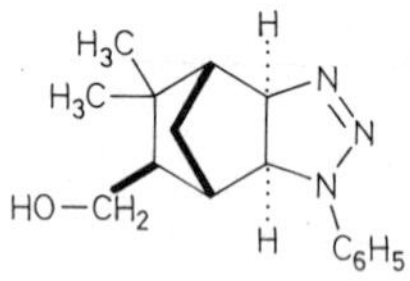

VII 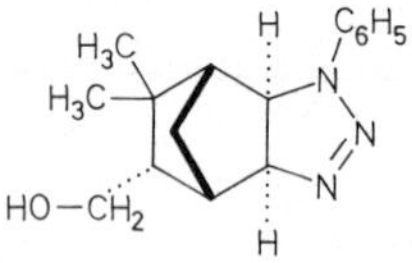   VIII 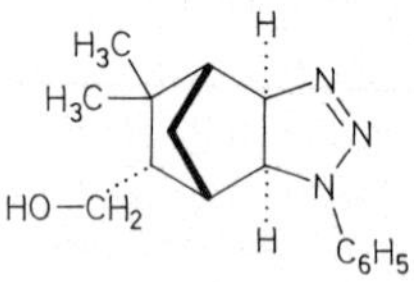   IX

Monohydroxy-Verbindungen $C_nH_{2n-5}N_3O$

[2,3-Dihydro-imidazo[1,2-c]pyrimidin-5-ylmercapto]-essigsäure $C_8H_9N_3O_2S$, Formel X.

B. Beim Erhitzen von 2,3-Dihydro-6H-imidazo[1,2-c]pyrimidin-5-thion mit Chloressigsäure (*Martin, Mathieu,* Tetrahedron **1** [1957] 75, 84).

---

*Opt.-inakt. **5-Phenyl-[1,2,4]triazolidin-3-ol(?)** $C_8H_{11}N_3O$, vermutlich Formel XI.

B. Beim Erhitzen von opt.-inakt. 3,7-Diphenyl-tetrahydro-[1,2,4]triazolo[1,2-a][1,2,4]triazol-1,5-dion (E I **26** 147) mit LiAlH$_4$ in Dioxan (*Häring, Wagner-Jauregg,* Helv. **40** [1957] 852, 870).

Kristalle (aus A.); F: 159,5° [korr.].

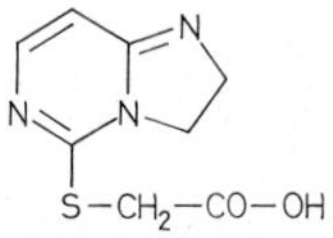

X 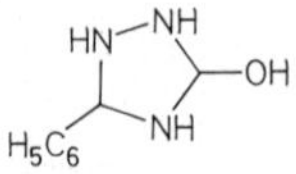   XI 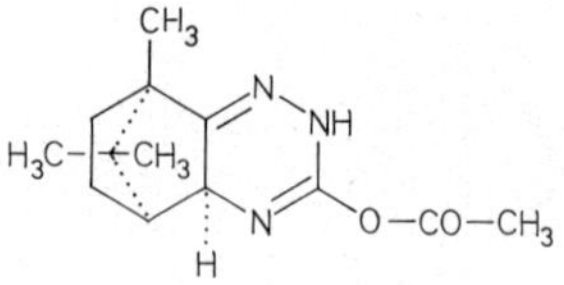   XII 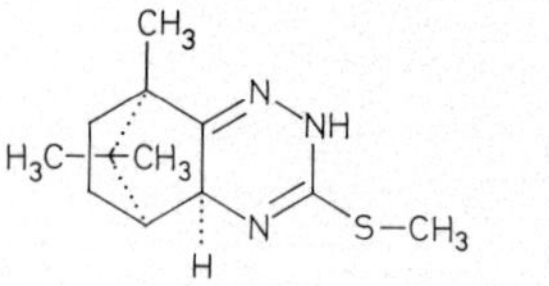   XIII

**(5S)-3-Acetoxy-8,9,9-trimethyl-(4ac)-2,4a,5,6,7,8-hexahydro-5r,8c-methano-benzo[e]=
[1,2,4]triazin, Essigsäure-[(5S)-8,9,9-trimethyl-(4ac)-2,4a,5,6,7,8-hexahydro-5r,8c-methano-
benzo[e][1,2,4]triazin-3-ylester]** $C_{13}H_{19}N_3O_2$, Formel XII und Taut.

B.   Aus   (5S)-8,9,9-Trimethyl-(4ac)-4,4a,5,6,7,8-hexahydro-2H-5r,8c-methano-benzo[e]=
[1,2,4]triazin-3-on und Acetanhydrid (*Rupe, Buxtorf,* Helv. **13** [1930] 444, 448).

Kristalle (aus A.); F: 183°.

**(5S)-8,9,9-Trimethyl-3-methylmercapto-(4ac)-2,4a,5,6,7,8-hexahydro-5r,8c-methano-benzo[e]=
[1,2,4]triazin** $C_{12}H_{19}N_3S$, Formel XIII und Taut.

B. Aus (5S)-8,9,9-Trimethyl-(4ac)-4,4a,5,6,7,8-hexahydro-2H-5r,8c-methano-benzo[e][1,2,4]=
triazin-3-thion beim aufeinanderfolgenden Umsetzen mit $AgNO_3$ und mit CH_3I (*McRae,
Stevens,* Canad. J. Res. [B] **22** [1944] 45, 48).

Kristalle; F: 107° [korr.]. $[\alpha]_D$: −57,4° [$CHCl_3$; c = 0,9].

Monohydroxy-Verbindungen $C_nH_{2n-7}N_3O$

Hydroxy-Verbindungen $C_6H_5N_3O$

1H-Benzotriazol-4-ol $C_6H_5N_3O$, Formel I (R = X = H) und Taut.

B. Aus diazotiertem 1H-Benzotriazol-4-ylamin (*Fries et al.,* A. **511** [1934] 213, 230). Aus
4-Methoxy-1H-benzotriazol und $AlCl_3$ in Benzol (*Lane, Williams,* Soc. **1956** 569, 572).

Kristalle; F: 215,5−217,5° [aus H_2O] (*Lane, Wi.*), 216° [aus Eg.] (*Fr. et al.*).

O-Acetyl-Derivat $C_8H_7N_3O_2$; 4-Acetoxy-1H-benzotriazol, Essigsäure-[1H-
benzotriazol-4-ylester]. F: 170−171° (*Lane, Wi.*).

4-Methoxy-1H-benzotriazol $C_7H_7N_3O$, Formel I (R = CH_3, X = H) und Taut.

B. Aus diazotiertem 3-Methoxy-o-phenylendiamin (*Lane, Williams,* Soc. **1956** 569, 572).

Kristalle; F: 133,5−135° [aus Bzl.] (*Lane, Wi.*), 131° (*Dal Monte et al.,* G. **88** [1958] 977,
1002). $Kp_{0,5}$: 206−208° (*Lane, Wi.*). UV-Spektrum (A., wss. HCl sowie wss. NaOH;
210−350 nm): *Dal Mo. et al.,* l. c. S. 999, 1002.

7-Methoxy-1-methyl-1H-benzotriazol $C_8H_9N_3O$, Formel II (R = CH_3).

F: 122° (*Dal Monte et al.,* G. **88** [1958] 977, 1002). λ_{max}: 262 nm, 269 nm und 287−289 nm
[A.] bzw. 219 nm, 274 nm, 279 nm und 304 nm [wss. HCl].

2-Phenyl-2H-benzotriazol-4-ol $C_{12}H_9N_3O$, Formel III (X = H).

B. Beim Erhitzen von 2-Phenyl-2H-benzotriazol-4-ylamin mit H_3BO_3 und wss. H_2SO_4 auf
200° (*Fries et al.,* A. **511** [1934] 241, 262).

Kristalle (aus H_2O); F: 139°.

Acetyl-Derivat $C_{14}H_{11}N_3O_2$; 4-Acetoxy-2-phenyl-2H-benzotriazol, Essig=
säure-[2-phenyl-2H-benzotriazol-4-ylester]. Kristalle (aus H_2O); F: 70°.

7-Acetoxy-1-acetyl-1H-benzotriazol, Essigsäure-[3-acetyl-3H-benzotriazol-4-ylester]
$C_{10}H_9N_3O_3$, Formel II (R = $CO-CH_3$).

B. Aus diazotiertem 3-Acetoxy-2-acetylamino-anilin (*Sannié, Lapin,* Bl. **1952** 369, 371).

Kristalle; F: 103−104°.

5,7-Dichlor-1-methyl-1H-benzotriazol-4-ol $C_7H_5Cl_2N_3O$, Formel IV (R = CH_3, X = Cl,
X' = H).

Bezüglich der Position der CH_3-Gruppe vgl. die Angaben im Artikel 1-Methyl-4-nitro-1H-
benzotriazol (S. 128).

B. Aus 5,5,6,7,7-Pentachlor-1-methyl-1,5,6,7-tetrahydro-benzotriazol-4-on und $SnCl_2$ in Es=
sigsäure (*Fries et al.,* A. **511** [1934] 213, 234).

Kristalle (aus Eg.); F: 273° [Zers.].

5,6,7-Trichlor-1*H***-benzotriazol-4-ol** $C_6H_2Cl_3N_3O$, Formel IV (R = H, X = X' = Cl) und Taut.

B. Beim Behandeln von 1*H*-Benzotriazol-4-ylamin-hydrochlorid mit Chlor in konz. wss. HCl und Essigsäure und Behandeln des Reaktionsprodukts mit $ZnCl_2$ in Essigsäure (*Fries et al.*, A. **511** [1934] 213, 231).
Kristalle (aus Eg.); Zers. > 280°.

5,7-Dibrom-1*H***-benzotriazol-4-ol** $C_6H_3Br_2N_3O$, Formel IV (R = X' = H, X = Br) und Taut.
B. Aus 1*H*-Benzotriazol-4-ol und Brom in Essigsäure (*Fries et al.*, A. **511** [1934] 213, 231).
Kristalle (aus Acn. oder Me.), die beim Erhitzen verpuffen.

5,7-Dibrom-2-phenyl-2*H***-benzotriazol-4-ol** $C_{12}H_7Br_2N_3O$, Formel III (X = Br).
B. Aus 2-Phenyl-2*H*-benzotriazol-4-ol und Brom in Essigsäure (*Fries et al.*, A. **511** [1934] 241, 262).
Kristalle (aus Eg.); F: 205° [unter Dunkelfärbung].
Acetyl-Derivat $C_{14}H_9Br_2N_3O_2$; 4-Acetoxy-5,7-dibrom-2-phenyl-2*H*-benzotri≠ azol, Essigsäure-[5,7-dibrom-2-phenyl-2*H*-benzotriazol-4-ylester]. Kristalle (aus PAe.); F: 137°.

6-Nitro-1*H***-benzotriazol-4-ol** $C_6H_4N_4O_3$, Formel I (R = H, X = NO_2) und Taut.
B. Beim Erhitzen der folgenden Verbindung mit wss. HBr (*Gillespie et al.*, Am. Soc. **76** [1954] 3531).
Kristalle (aus wss. A.); F: 197–199° [korr.].

4-Methoxy-6-nitro-1*H***-benzotriazol** $C_7H_6N_4O_3$, Formel I (R = CH_3, X = NO_2) und Taut.
B. Aus 3-Methoxy-5-nitro-*o*-phenylendiamin-hydrochlorid, $NaNO_2$ und wss. HCl (*Gillespie et al.*, Am. Soc. **76** [1954] 3531).
Kristalle (aus wss. A.); F: 258–260° [korr.].

1*H***-Benzotriazol-5-ol** $C_6H_5N_3O$, Formel V (R = R' = H) und Taut.
B. Beim Erhitzen von diazotiertem 1*H*-Benzotriazol-5-ylamin (*Fries et al.*, A. **511** [1934] 213, 223). Beim Erhitzen von 5-Methoxy-1*H*-benzotriazol mit $AlCl_3$ in Chlorbenzol (*Scalera, Adams*, Am. Soc. **75** [1953] 715, 716). Beim Erwärmen von 5-Acetoxy-1-acetyl-1*H*-benzotriazol mit wss. HCl (*Fieser, Martin*, Am. Soc. **57** [1935] 1835, 1837).
Gelbe Kristalle (aus H_2O); F: 235,5–236,5° (*Sc., Ad.*), 234–235° [Zers.] (*Fi., Ma.*), 228° [Zers.] (*Fr. et al.*). UV-Spektrum (A., wss. HCl sowie wss. NaOH; 210–360 nm): *Dal Monte et al.*, G. **88** [1958] 977, 999, 1002.
Hydrochlorid $C_6H_5N_3O \cdot HCl$. Kristalle (aus wss. HCl); Zers. bei ca. 225° (*Fi., Ma.*).

5-Methoxy-1*H***-benzotriazol** $C_7H_7N_3O$, Formel V (R = H, R' = CH_3) und Taut.
B. Aus diazotiertem 4-Methoxy-*o*-phenylendiamin (*Scalera, Adams*, Am. Soc. **75** [1953] 715, 716). Beim Erhitzen von 1-Acetyl-5-methoxy-1*H*-benzotriazol mit wss. Essigsäure (*Fel'dman, Ušowskaja*, Ž. obšč. Chim. **18** [1948] 1699, 1701; C. A. **1949** 2618).
Kristalle; F: 126,8–127,2° [aus H_2O] (*Sc., Ad.*), 124–126° [aus Bzl.] (*Fe., Uš.*). UV-Spektrum (A., wss. HCl sowie wss. NaOH; 210–350 nm): *Dal Monte et al.*, G. **88** [1958] 977, 999,

1002.

5-Äthoxy-1H-benzotriazol $C_8H_9N_3O$, Formel V (R = H, R' = C_2H_5) und Taut.

B. Beim Erhitzen von 1-Acetyl-5-äthoxy-1H-benzotriazol mit wss. Essigsäure (*Fel'dman, Uśowśkaja,* Ž. obšč. Chim. **19** [1949] 556, 558; engl. Ausg. S. 505, 507).

Kristalle (aus Bzl.); F: 113 – 115°.

1-Methyl-1H-benzotriazol-5-ol $C_7H_7N_3O$, Formel V (R = CH_3, R' = H).

B. Beim Erhitzen von diazotiertem 1-Methyl-1H-benzotriazol-5-ylamin (*Süs,* A. **579** [1953] 133, 149).

Kristalle (aus H_2O); F: 192 – 193°.

2-Methyl-2H-benzotriazol-5-ol $C_7H_7N_3O$, Formel VI (R = CH_3, R' = H).

Bezüglich der Position der CH_3-Gruppe vgl. die Angaben im Artikel 2-Methyl-5-nitro-2H-benzotriazol (S. 130).

B. Beim Erhitzen von diazotiertem 2-Methyl-2H-benzotriazol-5-ylamin (*Fries et al.,* A. **511** [1934] 213, 227).

Kristalle (aus Bzl.); F: 151°.

5-Methoxy-1-methyl-1H-benzotriazol $C_8H_9N_3O$, Formel V (R = R' = CH_3).

F: 127° (*Dal Monte et al.,* G. **88** [1958] 977, 1002). UV-Spektrum (A. sowie wss. HCl; 210 – 350 nm): *Dal Mo. et al.,* l. c. S. 999, 1002.

2-Phenyl-2H-benzotriazol-5-ol $C_{12}H_9N_3O$, Formel VI (R = C_6H_5, R' = H) (E I 29).

Über die Bildung aus 2-Phenyl-2H-benzotriazol-5-ylamin (vgl. E I 29) s. *Fries et al.,* A. **511** [1934] 241, 249.

Bei der Hydrierung an Palladium/BaSO$_4$ in Essigsäure ist 2-Phenyl-2,4,6,7-tetrahydro-benzo$\rightleftharpoons$ triazol-5-on erhalten worden (*Fr. et al.,* l. c. S. 250). Bildung von 4,4-Dibrom-2-phenyl-2,4-dihydro-benzotriazol-5-on beim Behandeln mit Brom und Natriumacetat in Essigsäure: *Fr. et al.* Bildung von [5-Hydroxymethoxy-2-phenyl-2H-benzotriazol-4-yl]-methanol beim Behan$\rightleftharpoons$ deln mit Formaldehyd in wss. NaOH: *Fr. et al.,* l. c. S. 254.

5-Methoxy-2-phenyl-2H-benzotriazol $C_{13}H_{11}N_3O$, Formel VI (R = C_6H_5, R' = CH_3).

B. Aus 2-Phenyl-2H-benzotriazol-5-ol beim Erhitzen mit Methanol und konz. HCl auf 110 – 120° oder beim Behandeln mit Dimethylsulfat (*Fries et al.,* A. **511** [1934] 241, 250).

Kristalle (aus wss. A.); F: 74°.

5-Äthoxy-2-phenyl-2H-benzotriazol $C_{14}H_{13}N_3O$, Formel VI (R = C_6H_5, R' = C_2H_5).

B. Aus 2-Phenyl-2H-benzotriazol-5-ol beim Erhitzen mit Äthanol und konz. H_2SO_4 auf 140° oder beim Behandeln mit Diäthylsulfat (*Fries et al.,* A. **511** [1934] 241, 250).

Kristalle (aus PAe.); F: 76°.

1-Hydroxymethyl-1H-benzotriazol-5-ol, [5-Hydroxy-benzotriazol-1-yl]-methanol $C_7H_7N_3O_2$, Formel V (R = CH_2-OH, R' = H).

B. Aus 1H-Benzotriazol-5-ol und Formaldehyd in wss.-äthanol. Natriumacetat (*Fries et al.,* A. **511** [1934] 213, 236).

Kristalle (aus H_2O); F: 187° [Zers.].

Bildung von [5-Hydroxy-1H-benzotriazol-4-yl]-methanol beim Behandeln mit wss. NaOH: *Fr. et al.*

1-Acetyl-5-methoxy-1H-benzotriazol $C_9H_9N_3O_2$, Formel V (R = CO-CH_3, R' = CH_3).

B. Aus Essigsäure-[2-amino-4-methoxy-anilid], NaNO$_2$ und wss. HCl (*Fel'dman, Uśowśkaja,* Ž. obšč. Chim. **18** [1948] 1699, 1701; C. A. **1949** 2618; *Tsuda et al.,* J. pharm. Soc. Japan **63** [1943] 448; C. A. **1951** 5156).

Hellrosafarbene Kristalle; F: 149° [aus Me. + Acn.] (*Ts. et al.*), 140 – 142° [unkorr.; aus A.] (*Fe., Uś.*).

2-Acetyl-5-methoxy-2H-benzotriazol $C_9H_9N_3O_2$, Formel VI (R = CO-CH$_3$, R' = CH$_3$).
B. Beim Erhitzen von 5-Methoxy-1*H*-benzotriazol mit Acetanhydrid (*Fel'dman, Ušowskaja,*
Ž. obšč. Chim. **18** [1948] 1699, 1701; C. A. **1949** 2618).
Kristalle (aus A.); F: 94—96°.

VI   VII   VIII

1-Acetyl-6-methoxy-1H-benzotriazol $C_9H_9N_3O_2$, Formel VII (R = CO-CH$_3$).
B. Aus Essigsäure-[2-amino-5-methoxy-anilid], NaNO$_2$ und wss. HCl (*Fel'dman, Ušowskaja,*
Ž. obšč. Chim. **18** [1948] 1699, 1702; C. A. **1949** 2618).
Kristalle (aus A.); F: 107—108°.

1-Acetyl-5-äthoxy-1H-benzotriazol $C_{10}H_{11}N_3O_2$, Formel V (R = CO-CH$_3$, R' = C$_2$H$_5$).
B. Aus Essigsäure-[4-äthoxy-2-amino-anilid], NaNO$_2$ und wss. HCl (*Fel'dman, Ušowskaja,*
Ž. obšč. Chim. **19** [1949] 556, 558; engl. Ausg. S. 505, 507).
Hellrosafarbene Kristalle (aus A.); F: 134—136°.

2-Acetyl-5-äthoxy-2H-benzotriazol $C_{10}H_{11}N_3O_2$, Formel VI (R = CO-CH$_3$, R' = C$_2$H$_5$).
B. Beim Erhitzen von 5-Äthoxy-1*H*-benzotriazol mit Acetanhydrid (*Fel'dman, Ušowskaja,*
Ž. obšč. Chim. **19** [1949] 556, 558; engl. Ausg. S. 505, 507).
Kristalle (aus A.); F: 90—92°.

5-Acetoxy-1-acetyl-1H-benzotriazol, Essigsäure-[1-acetyl-1H-benzotriazol-5-ylester]
$C_{10}H_9N_3O_3$, Formel V (R = R' = CO-CH$_3$).
B. Aus diazotiertem 5-Acetoxy-2-acetylamino-anilin (*Fieser, Martin,* Am. Soc. **57** [1935] 1835,
1837). Aus 1*H*-Benzotriazol-5-ol beim Behandeln mit Acetylchlorid in Pyridin und CHCl$_3$
(*Fries et al.,* A. **511** [1934] 213, 224) oder mit Acetanhydrid und Natriumacetat (*Fi., Ma.*).
Kristalle; F: 127° [nach Sintern ab 115°; aus PAe.] (*Fr. et al.*), 125—126° [aus Bzl.+PAe.
oder wss. Acn.] (*Fi., Ma.*).

1-Benzoyl-5-methoxy-1H-benzotriazol $C_{14}H_{11}N_3O_2$, Formel V (R = CO-C$_6$H$_5$, R' = CH$_3$).
B. Aus Benzoesäure-[2-amino-4-methoxy-anilid], NaNO$_2$ und wss. HCl (*Ismaïl'skiĭ, Šimonow,*
Ž. obšč. Chim. **10** [1940] 1580, 1583; C. **1941** II 36).
Kristalle (aus Bzl.); F: 116°.

1-[2-Diäthylamino-äthyl]-6-methoxy-1H-benzotriazol, Diäthyl-[2-(6-methoxy-benzotriazol-1-yl)-
äthyl]-amin $C_{13}H_{20}N_4O$, Formel VII (R = CH$_2$-CH$_2$-N(C$_2$H$_5$)$_2$).
B. Aus N^2-[2-Diäthylamino-äthyl]-4-methoxy-*o*-phenylendiamin (Kp$_3$: 195°), NaNO$_2$ und
wss. HCl (*Tsuda et al.,* J. pharm. Soc. Japan **63** [1943] 448; C. A. **1951** 5156).
Kp$_{0,01}$: 170—175° [Badtemperatur].
Dipicrat $C_{13}H_{20}N_4O \cdot 2C_6H_3N_3O_7$. Kristalle (aus Me.); F: 209° [Zers.].

(±)-1-[3-Diäthylamino-1-methyl-propyl]-6-methoxy-1H-benzotriazol, (±)-Diäthyl-[3-(6-methoxy-
benzotriazol-1-yl)-butyl]-amin $C_{15}H_{24}N_4O$, Formel VII (R = CH(CH$_3$)-CH$_2$-CH$_2$-N(C$_2$H$_5$)$_2$).
B. Aus (±)-N^2-[3-Diäthylamino-1-methyl-propyl]-4-methoxy-*o*-phenylendiamin-hydrochlorid
(erhalten aus Essigsäure-[2-amino-4-methoxy-anilid] und (±)-Diäthyl-[3-chlor-butyl]-amin-
hydrochlorid), NaNO$_2$ und wss. HCl (*Tsuda et al.,* J. pharm. Soc. Japan **63** [1943] 448; C. A.
1951 5156).
Kp$_2$: 210—220° [Badtemperatur].
Dipicrat $C_{15}H_{24}N_4O \cdot 2C_6H_3N_3O_7$. Kristalle (aus Me.); F: 224° [Zers.].

(±)-1-[4-Diäthylamino-1-methyl-butyl]-6-methoxy-1H-benzotriazol, (±)-Diäthyl-[4-(6-methoxy-benzotriazol-1-yl)-pentyl]-amin $C_{16}H_{26}N_4O$, Formel VII (R = $CH(CH_3)$-$[CH_2]_3$-$N(C_2H_5)_2$).
B. Analog der vorangehenden Verbindung (*Tsuda et al.*, J. pharm. Soc. Japan **63** [1943] 448; C. A. **1951** 5156).
Kp_3: 230 – 235° [Badtemperatur].
Dipicrat $C_{16}H_{26}N_4O \cdot 2C_6H_3N_3O_7$. Kristalle; F: 223° [Zers.].

1,4-Bis-[5-methoxy-benzotriazol-1-yl]-benzol, 5,5'-Dimethoxy-1H,1'H-1,1'-p-phenylen-bis-benzotriazol $C_{20}H_{16}N_6O_2$, Formel VIII.
B. Aus *N,N'*-Bis-[2-amino-4-methoxy-phenyl]-*p*-phenylendiamin, $NaNO_2$ und konz. HCl (*Clifton, Plant*, Soc. **1951** 461, 463).
Kristalle (aus Nitrobenzol) mit 1 Mol Nitrobenzol; F: 321 – 323°.

5-Methoxy-1-[4]pyridyl-1H-benzotriazol $C_{12}H_{10}N_4O$, Formel IX.
B. Beim Behandeln von 4-Methoxy-*N*^{1}-[4]pyridyl-*o*-phenylendiamin mit $NaNO_2$ und wss. HCl und anschliessenden Erwärmen (*Koenigs et al.*, B. **69** [1936] 2690, 2695).
Kristalle (aus H_2O); F: 165°.

4-Chlor-1H-benzotriazol-5-ol $C_6H_4ClN_3O$, Formel X und Taut.
B. Aus 1H-Benzotriazol-5-ol und Chlor in Essigsäure (*Fries et al.*, A. **511** [1934] 213, 225).
Rötliche Kristalle (aus H_2O); F: 246° [Zers.].

IX · X · XI

*4-[5-Chlor-6-methoxy-benzotriazol-2-yl]-stilben-2-sulfonsäure-dibutylamid $C_{29}H_{33}ClN_4O_3S$, Formel XI (R = R' = $[CH_2]_3$-CH_3).
B. Aus 4-Chlor-3-methoxy-anilin, 4-Amino-stilben-2-sulfonsäure und Dibutylamin über mehrere Stufen (*Geigy A.G.*, U.S.P. 2784184 [1954]).
Bräunlichgelb; F: 146 – 148°.

*4-[5-Chlor-6-methoxy-benzotriazol-2-yl]-stilben-2-sulfonsäure-cyclohexylamid $C_{27}H_{27}ClN_4O_3S$, Formel XI (R = C_6H_{11}, R' = H).
B. Analog der vorangehenden Verbindung (*Geigy A.G.*, U.S.P. 2784184 [1954]).
Hellgelb; F: 190 – 192°.

4-Brom-1H-benzotriazol-5-ol $C_6H_4BrN_3O$, Formel XII und Taut.
B. Aus 1H-Benzotriazol-5-ol und Brom in Essigsäure (*Fries et al.*, A. **511** [1934] 213, 224).
Kristalle (aus H_2O); F: 230° [Zers.].

4-Brom-2-methyl-2H-benzotriazol-5-ol $C_7H_6BrN_3O$, Formel XIII (R = CH_3, X = H).
B. Aus 2-Methyl-2H-benzotriazol-5-ol (S. 339) und Brom in Essigsäure (*Fries et al.*, A. **511** [1934] 213, 228).
Kristalle (aus H_2O); F: ca. 159°.

4-Brom-2-phenyl-2H-benzotriazol-5-ol $C_{12}H_8BrN_3O$, Formel XIII (R = C_6H_5, X = H) (E I 29).
B. Aus 4,4-Dibrom-2-phenyl-2,4-dihydro-benzotriazol-5-on mit Hilfe von $SnCl_2$ in Essigsäure (*Fries et al.*, A. **511** [1934] 241, 251).
Dimorph; gelbe Kristalle, F: 128° und farblose Kristalle, F: 132°.

4,6-Dibrom-2-methyl-2H-benzotriazol-5-ol $C_7H_5Br_2N_3O$, Formel XIII (R = CH_3, X = Br).

B. Beim Erwärmen von 4,4-Dibrom-2-methyl-2,4-dihydro-benzotriazol-5-on (S. 445) mit konz. HCl in Essigsäure (*Fries et al.,* A. **511** [1934] 213, 229).

Kristalle (aus Eg.); F: 222° [Zers.].

4,6-Dibrom-2-phenyl-2H-benzotriazol-5-ol $C_{12}H_7Br_2N_3O$, Formel XIII (R = C_6H_5, X = Br).

B. Neben anderen Verbindungen beim Behandeln von 4,4-Dibrom-2-phenyl-2,4-dihydro-ben≠ zotriazol-5-on mit HCl in Essigsäure (*Fries et al.,* A. **511** [1934] 241, 251, 252).

Kristalle (aus Eg.+PAe.); F: 193°.

Acetyl-Derivat $C_{14}H_9Br_2N_3O_2$; 5-Acetoxy-4,6-dibrom-2-phenyl-2H-benzotri≠ azol, Essigsäure-[4,6-dibrom-2-phenyl-2H-benzotriazol-5-ylester]. Kristalle (aus PAe.); F: 192°.

XII   XIII   XIV   XV

4-Nitro-1H-benzotriazol-5-ol $C_6H_4N_4O_3$, Formel XIV (R = H) und Taut.

B. Aus 1H-Benzotriazol-5-ol und HNO_3 in Essigsäure (*Fries et al.,* A. **511** [1934] 213, 224; s. a. *Fieser, Martin,* Am. Soc. **57** [1935] 1835, 1837). Aus 5-Methoxy-4-nitro-1H-benzotriazol und wss. HBr (*Gillespie et al.,* Am. Soc. **79** [1957] 2245, 2247).

Kristalle (aus wss. Eg.); F: 262−263° (*Fi., Ma.*). Gelb; Zers. bei 210° [korr.]; unter verminder≠ tem Druck bei 200° sublimierbar (*Gi. et al.*).

5-Methoxy-4-nitro-1H-benzotriazol $C_7H_6N_4O_3$, Formel XIV (R = CH_3) und Taut.

Konstitution: *Gillespie et al.,* Am. Soc. **78** [1956] 1651.

B. Aus 4-Methoxy-3-nitro-*o*-phenylendiamin-hydrochlorid, $NaNO_2$ und wss. HCl (*Gillespie et al.,* Am. Soc. **79** [1957] 2245, 2247). Aus 1-Acetyl-5-methoxy-1H-benzotriazol, konz. H_2SO_4 und HNO_3 (*Fel'dman, Ušowškaja,* Ž. obšč. Chim. **19** [1949] 556, 559; engl. Ausg. S. 505, 507).

Hellgrüne (*Fe., Uš.*) Kristalle (aus A.); F: 237−238° [korr.] (*Gi. et al.,* Am. Soc. **79** 2247), 233−234° (*Fe., Uš.*).

Acetyl-Derivat $C_9H_8N_4O_4$. Grünliche Kristalle (aus 1,2-Dichlor-äthan+A.); F: 191−193° (*Fe., Uš.*).

5-Äthoxy-4-nitro-1H-benzotriazol $C_8H_8N_4O_3$, Formel XIV (R = C_2H_5) und Taut.

Bezüglich der Konstitution vgl. *Gillespie et al.,* Am. Soc. **78** [1956] 1651.

B. Aus 1-Acetyl-5-äthoxy-1H-benzotriazol, konz. H_2SO_4 und HNO_3 (*Fel'dman, Ušowškaja,* Ž. obšč. Chim. **19** [1949] 556, 559; engl. Ausg. S. 505, 508).

Grünliche Kristalle (aus A.); F: 197−199° (*Fe., Uš.*).

Acetyl-Derivat $C_{10}H_{10}N_4O_4$. Grünliche Kristalle (aus 1,2-Dichlor-äthan+A.); F: 167−169° (*Fe., Uš.*).

5-Äthoxy-6-nitro-3H-benzotriazol-1-oxid $C_8H_8N_4O_4$, Formel XV und Taut. (5-Äthoxy-6-nitro-benzotriazol-1-ol).

B. Beim Erhitzen von [5-Äthoxy-2,4-dinitro-phenyl]-hydrazin mit Hydrazin-acetat in Äthanol (*Robert,* R. **56** [1937] 909, 910).

Kristalle (aus H_2O), die beim Erhitzen auf dem Kupfer-Block bei 196° explodieren.

6-Methoxy-4-nitro-1H-benzotriazol $C_7H_6N_4O_3$, Formel I (R = CH_3) und Taut.

B. Aus 5-Methoxy-3-nitro-*o*-phenylendiamin, $NaNO_2$ und wss. H_2SO_4 (*Gillespie et al.,* Am. Soc. **78** [1956] 1651).

Gelb; F: 295° [korr.; Zers.].

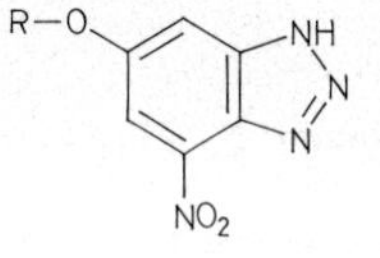

I 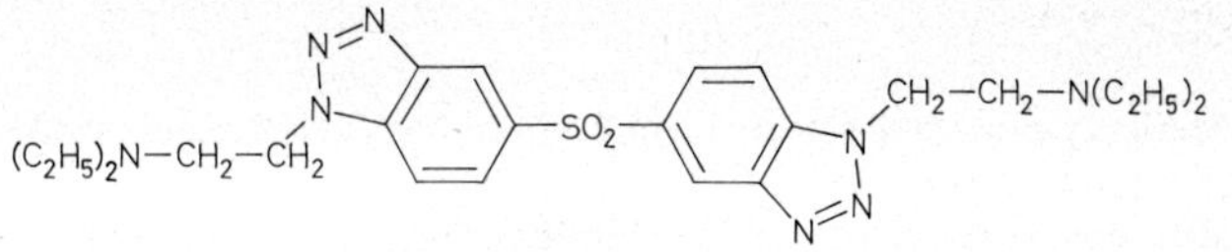   II

6-Äthoxy-4-nitro-1*H*-benzotriazol $C_8H_8N_4O_3$, Formel I (R = C_2H_5) und Taut.

B. Aus 5-Äthoxy-3-nitro-*o*-phenylendiamin, $NaNO_2$ und wss. H_2SO_4 (*Gillespie et al.,* Am. Soc. **79** [1957] 2245, 2247).

Kristalle (aus wss. A.); F: 240–242° [korr.].

Bis-[1-(2-diäthylamino-äthyl)-1*H*-benzotriazol-5-yl]-sulfon $C_{24}H_{34}N_8O_2S$, Formel II.

B. Aus Bis-[3-amino-4-(2-diäthylamino-äthylamino)-phenyl]-sulfon, $NaNO_2$ und wss. HCl (*Heymann, Heidelberger,* Am. Soc. **67** [1945] 1986, 1990).

Kristalle (aus Bzl. + Hexan); F: 152,5–153° [korr.].

Hydroxy-Verbindungen $C_7H_7N_3O$

4-Methyl-2-phenyl-2*H*-benzotriazol-5-ol $C_{13}H_{11}N_3O$, Formel III.

B. Beim Erwärmen von 2,2′-Diphenyl-2*H*,2′*H*-4,4′-methandiyl-bis-benzotriazol-5-ol mit Zink-Pulver in wss. NaOH (*Fries et al.,* A. **511** [1934] 241, 254).

Kristalle (aus wss. A.); F: 168°.

7-Methyl-1*H*-benzotriazol-4-ol $C_7H_7N_3O$, Formel IV (R = R′ = H) und Taut.

H y d r o b r o m i d. *B.* Aus der folgenden Verbindung und wss. HBr (*Kalle & Co.,* D.B.P. 838692 [1952]). — Kristalle (aus H_2O); F: 200–205° [Zers.].

4-Methoxy-7-methyl-1*H*-benzotriazol $C_8H_9N_3O$, Formel IV (R = H, R′ = CH_3) und Taut.

B. Aus 3-Methoxy-6-methyl-*o*-phenylendiamin-dihydrochlorid, $NaNO_2$ und wss. HCl (*Kalle & Co.,* D.B.P. 838692 [1952]).

Kristalle; F: 152–153°.

1,7-Dimethyl-1*H*-benzotriazol-4-ol $C_8H_9N_3O$, Formel IV (R = CH_3, R′ = H).

H y d r o b r o m i d. *B.* Beim Behandeln der vorangehenden Verbindung mit Dimethylsulfat in wss. NaOH und Erhitzen des Reaktionsprodukts mit wss. HBr (*Kalle & Co.,* D.B.P. 838692 [1952]). — Kristalle; F: 220° [Zers.; nach Dunkelfärbung ab 170°].

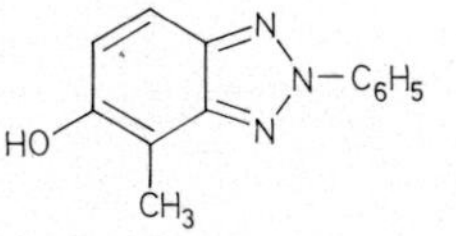

III 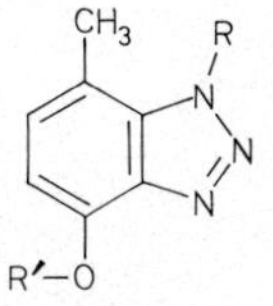   IV 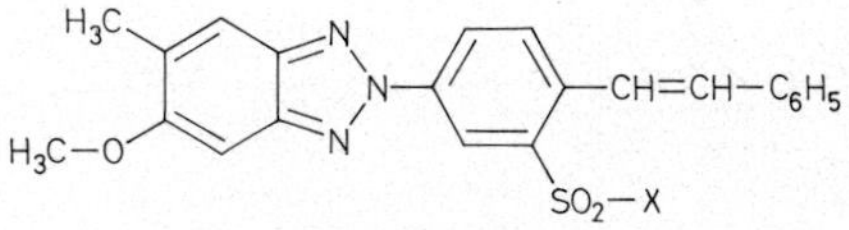   V

*4-[5-Methoxy-6-methyl-benzotriazol-2-yl]-stilben-2-sulfonsäure-phenylester $C_{28}H_{23}N_3O_4S$, Formel V (X = O-C_6H_5).

B. Aus der folgenden Verbindung und Phenol (*Geigy A.G.,* U.S.P. 2784184 [1954]).

Gelblich; F: 184–186°.

*4-[5-Methoxy-6-methyl-benzotriazol-2-yl]-stilben-2-sulfonylchlorid $C_{22}H_{18}ClN_3O_3S$, Formel V (X = Cl).

B. Aus 3-Methoxy-4-methyl-anilin und 4-Amino-stilben-2-sulfonsäure über mehrere Stufen (*Geigy A.G.,* U.S.P. 2784184 [1954]).

F: 191–193°.

*4-[5-Methoxy-6-methyl-benzotriazol-2-yl]-stilben-2-sulfonsäure-dodecylamid $C_{34}H_{44}N_4O_3S$, Formel V (X = NH-$[CH_2]_{11}$-CH_3).
B. Aus der vorangehenden Verbindung und Dodecylamin (*Geigy A.G.*, U.S.P. 2784184 [1954]).
Gelb; F: 102–104°.

*4-[5-Methoxy-6-methyl-benzotriazol-2-yl]-stilben-2-sulfonsäure-cyclohexylamid $C_{28}H_{30}N_4O_3S$, Formel V (X = NH-C_6H_{11}).
B. Analog der vorangehenden Verbindung (*Geigy A.G.*, U.S.P. 2784184 [1954]).
Gelblich; F: 206–208°.

*4-[5-Methoxy-6-methyl-benzotriazol-2-yl]-stilben-2-sulfonsäure-dicyclohexylamid
$C_{34}H_{40}N_4O_3S$, Formel V (X = N(C_6H_{11})$_2$).
B. Analog den vorangehenden Verbindungen (*Geigy A.G.*, U.S.P. 2784184 [1954]).
Blaugelb; F: 304–306°.

Hydroxy-Verbindungen $C_8H_9N_3O$

(±)-3-[4-Nitro-phenylmercapto]-1,4,5-triphenyl-4,5-dihydro-1*H*-[1,2,4]triazol $C_{26}H_{20}N_4O_2S$, Formel VI.
B. Aus *S*-[4-Nitro-phenyl]-1,4-diphenyl-isothiosemicarbazid-hydrochlorid und Benzaldehyd in äthanol. HCl (*Busch, Schulz*, J. pr. [2] **150** [1938] 173, 179).
Bräunlichrosafarbene Kristalle (aus Me.); F: 124° [rote Schmelze].

Hydroxy-Verbindungen $C_9H_{11}N_3O$

2-[2]Pyridyl-1,4,5,6-tetrahydro-pyrimidin-5-ol $C_9H_{11}N_3O$, Formel VII.
B. Beim Erhitzen von Pyridin-2-carbonsäure mit 1,3-Diamino-propan-2-ol (*Searle & Co.*, U.S.P. 2704757 [1954]).
F: ca. 148°.
Hydrochlorid. F: 196–199°.

VI   VII   VIII

Hydroxy-Verbindungen $C_{10}H_{13}N_3O$

*Opt.-inakt. Bis-[1(oder 3)-phenyl-1(oder 3), 3a,4,4a,5,7a,8,8a-octahydro-4,8-methano-indeno[5,6-*d*][1,2,3]triazol-5-yl]-äther, 1,1′(oder 3,3′)-Diphenyl-1(oder 3),3a,4,4a,5,7a,8,8a,1′(oder 3′),3′a,4′,4′a,5′,7′a,8′,8′a-hexadecahydro-5,5′-oxy-bis-[4,8-methano-indeno[5,6-*d*][1,2,3]triazol]
$C_{32}H_{32}N_6O$, Formel VIII oder Formel IX.
B. Aus *meso-* oder *rac*-Bis-[(3*ac*,7*ac*)-3a,4,7,7a-tetrahydro-4*r*,7*c*-methano-inden-1*c*-yl]-äther (E IV **6** 3869) und Azidobenzol (*Alder, Flock,* B. **87** [1954] 1916, 1921).
Kristalle (aus E.); F: 212°.

IX   X   XI

Hydroxy-Verbindungen $C_{12}H_{17}N_3O$

**Opt.-inakt. 1(oder 3)-Phenyl-3a,4,4a,5,6,7,8,8a,9,9a-decahydro-1(oder 3)H-4,9;5,8-dimethano-
naphtho[2,3-d][1,2,3]triazol-6-ol* $C_{18}H_{21}N_3O$, Formel X oder Formel XI.
  B. Aus opt.-inakt. 1,2,3,4,4a,5,8,8a-Octahydro-1,4;5,8-dimethano-naphthalin-2-ol (vgl. E III
6 2522) und Azidobenzol (*I.G. Farbenind.*, D.R.P. 709129 [1937]; D.R.P. Org. Chem. **1**, Tl. 2,
S. 25).
  Kristalle; F: 194−195°.   [*Lange*]

Monohydroxy-Verbindungen $C_nH_{2n-9}N_3O$

Hydroxy-Verbindungen $C_7H_5N_3O$

3-Methoxy-benzo[e][1,2,4]triazin $C_8H_7N_3O$, Formel I.
  B. Neben 4-Methyl-4H-benzo[e][1,2,4]triazin-3-on beim Behandeln von 4H-Benzo[e]=
[1,2,4]triazin-3-on mit Diazomethan in Äther (*Ergener*, Rev. Fac. Sci. Istanbul [A] **15** [1950]
91, 96, 103).
  Hellgelbe Kristalle (aus H_2O); F: 106°.

3-Methoxy-benzo[e][1,2,4]triazin-1-oxid $C_8H_7N_3O_2$, Formel II (R = CH_3, X = H).
  B. Neben 4-Methyl-4H-benzo[e][1,2,4]triazin-3-on-1-oxid beim Behandeln von 4H-Benzo[e]=
[1,2,4]triazin-3-on-1-oxid mit Diazomethan in Äther (*Ergener*, Rev. Fac. Sci. Istanbul [A] **15**
[1950] 91, 96, 101).
  Kristalle (aus Me.); F: 121°.

3-Äthoxy-benzo[e][1,2,4]triazin-1-oxid $C_9H_9N_3O_2$, Formel II (R = C_2H_5, X = H).
  B. Aus 3-Chlor-benzo[e][1,2,4]triazin-1-oxid beim Erwärmen mit Äthanol und NaCN (*Jiu,
Mueller*, J. org. Chem. **24** [1959] 813, 817).
  Kristalle (aus Me.); F: 111−113° [unkorr.].

I   II   III

3-Butoxy-benzo[e][1,2,4]triazin-1-oxid $C_{11}H_{13}N_3O_2$, Formel II (R = $[CH_2]_3$-CH_3, X = H).
  B. Aus 3-Chlor-benzo[e][1,2,4]triazin-1-oxid und Butan-1-ol in Gegenwart von KF oder von
Kalium-glutamat (*Jiu, Mueller*, J. org. Chem. **24** [1959] 813, 817).
  Kristalle (aus wss. Isopropylalkohol); F: 53−54°.

7-Chlor-3-methoxy-benzo[e][1,2,4]triazin-1-oxid $C_8H_6ClN_3O_2$, Formel II (R = CH_3, X = Cl).
  B. Beim Erwärmen von 3,7-Dichlor-benzo[e][1,2,4]triazin-1-oxid mit methanol. Natrium=
methylat (*Wolf et al.*, Am. Soc. **76** [1954] 4611).
  Kristalle (aus Me.); F: 157°.

Bis-[1-oxy-benzo[e][1,2,4]triazin-3-yl]-sulfid, 3,3'-Sulfandiyl-bis-benzo[e][1,2,4]triazin-1-oxid $C_{14}H_8N_6O_2S$, Formel III.

B. Beim Erwärmen von 3-Chlor-benzo[e][1,2,4]triazin-1-oxid und Thioharnstoff in Äthanol (*Jiu, Mueller,* J. org. Chem. **24** [1959] 813, 817).

F: 267−271° [unkorr.].

6-Methoxy-benzo[e][1,2,4]triazin $C_8H_7N_3O$, Formel IV.

B. Beim Erhitzen von 6-Methoxy-benzo[e][1,2,4]triazin-3-carbonsäure in Gegenwart von Kupfer-Pulver auf 150−160° (*Fusco, Rossi,* G. **86** [1956] 484, 496).

Grüngelbe Kristalle (nach Sublimation); F: 154° (*Fu., Ro.*). Absorptionsspektrum (220−480 nm) in Cyclohexan und in Methanol: *Simonetta et al.,* Nuovo Cimento [10] **4** [1956] 1364, 1366, 1367; in H_2O und in wss. H_2SO_4: *Favini, Simonetta,* R.A.L. [8] **23** [1957] 434, 437, 440.

IV   V   VI

3-Chlor-7-methoxy-benzo[e][1,2,4]triazin-1-oxid $C_8H_6ClN_3O_2$, Formel V.

B. Aus 7-Methoxy-4H-benzo[e][1,2,4]triazin-3-on-1-oxid und $POCl_3$ (*Jiu, Mueller,* J. org. Chem. **24** [1959] 813, 815).

F: 188,5−190,5° [unkorr.].

8-Methoxy-benzo[e][1,2,4]triazin $C_8H_7N_3O$, Formel VI.

B. Neben geringen Mengen 1,6-Dimethoxy-phenazin beim Erhitzen von 1,5-Bis-[2-methoxy-phenyl]-formazan in Essigsäure mit konz. H_2SO_4 (*Abramovitch, Schofield,* Soc. **1955** 2326, 2334).

Gelbe Kristalle (aus Bzl.+PAe.); F: 149−150° (*Ab., Sch.*).

Oxidation mit wss. H_2O_2 in Essigsäure: *Robbins, Schofield,* Soc. **1957** 3186, 3187, 3192. Beim Erwärmen mit $AlCl_3$ in Benzol ist eine Verbindung $C_{13}H_9N_3O$ (gelbe Kristalle [aus Acn.]; F: 238−239°; vielleicht x-Phenyl-benzo[e][1,2,4]triazin-8-ol) erhalten worden (*Ab., Sch.,* l. c. S. 2331, 2335; vgl. hierzu *Ro., Sch.,* l. c. S. 3189).

Hydroxy-Verbindungen $C_8H_7N_3O$

5-Methoxy-1,4-diphenyl-1H-[1,2,3]triazol $C_{15}H_{13}N_3O$, Formel VII.

Die früher (H **26** 109) unter dieser Konstitution beschriebene, von *Scarpati et al.* (G. **93** [1963] 90, 95) als 2-Methyl-3,5-diphenyl-2,3-dihydro-[1,2,3]triazol-4-on formulierte Verbindung ist als 4-Hydroxy-1-methyl-3,5-diphenyl-[1,2,3]triazolium-betain (S. 467) zu formulieren (*Begtrup, Pedersen,* Acta chem. scand. **21** [1967] 633, 634).

Authentisches 5-Methoxy-1,4-diphenyl-1H-[1,2,3]triazol schmilzt bei 88−90° (*Sc. et al.*) bzw. 86−87° (*Be., Pe.*).

3-Äthoxy-5-phenyl-1H-[1,2,4]triazol $C_{10}H_{11}N_3O$, Formel VIII (X = H) und Taut.

B. Neben 5-Phenyl-[1,3,4]oxadiazol-2-ylamin beim Erwärmen von 1-Benzoyl-S-methyl-isothiosemicarbazid mit äthanol. Natriumäthylat (*Hoggarth,* Soc. **1949** 1918, 1919, 1922).

Kristalle (aus PAe.); F: 116−117°.

3-Äthoxy-5-[4-chlor-phenyl]-1H-[1,2,4]triazol $C_{10}H_{10}ClN_3O$, Formel VIII (X = Cl) und Taut.

B. Neben 5-[4-Chlor-phenyl]-[1,3,4]oxadiazol-2-ylamin beim Erwärmen von 1-[4-Chlor-benzoyl]-S-methyl-isothiosemicarbazid mit äthanol. Natriumäthylat (*Hoggarth,* Soc. **1949** 1918,

1922).

Kristalle (aus Bzl.); F: 148°.

3-Methylmercapto-5-phenyl-1H-[1,2,4]triazol $C_9H_9N_3S$, Formel IX (R = H, R' = CH$_3$) und Taut.

B. Aus Benzaldehyd-[S-methyl-isothiosemicarbazon] beim Erwärmen mit wss. H_2O_2 in Äthanol (*De, Chakravorty*, J. Indian chem. Soc. **7** [1930] 875, 876) oder beim Erwärmen mit FeCl$_3$ in wss. Essigsäure (*Hoggarth*, Soc. **1949** 1160, 1163). Beim Erwärmen von 4-Benzoyl-1-carbamoyl-thiosemicarbazid mit CH$_3$I in Methanol (*Sugii*, J. pharm. Soc. Japan **79** [1959] 100; C. A. **1959** 10033). Neben 5-Phenyl-[1,3,4]oxadiazol-2-ylamin beim Behandeln von 1-Benzoyl-S-methyl-isothiosemicarbazid mit äthanol. NH$_3$ (*Hoggarth*, Soc. **1950** 612). Beim Erwärmen von 5-Phenyl-1,2-dihydro-[1,2,4]triazol-3-thion mit CH$_3$I in Äthanol (*Ho.*, Soc. **1949** 1163).

Kristalle; F: 164° [aus wss. A.] (*De, Ch.*), 162° [aus wss. A.] (*Ho.*, Soc. **1950** 613), 161° [aus wss. Me.] (*Su.*).

VII   VIII   IX

3-Methansulfonyl-5-phenyl-1H-[1,2,4]triazol $C_9H_9N_3O_2S$, Formel X und Taut.

B. Beim Behandeln von 3-Methylmercapto-5-phenyl-1H-[1,2,4]triazol mit KMnO$_4$ in wss. Essigsäure (*Hoggarth*, Soc. **1949** 1160, 1163).

Kristalle (aus Xylol); F: 160°.

3-Äthylmercapto-5-phenyl-1H-[1,2,4]triazol $C_{10}H_{11}N_3S$, Formel IX (R = H, R' = C$_2$H$_5$) und Taut.

B. Aus Benzaldehyd-[S-äthyl-isothiosemicarbazon] beim Erwärmen in Äthanol mit wss. H_2O_2 (*De, Chakravorty*, J. Indian chem. Soc. **7** [1930] 875, 876).

Kristalle (aus wss. A.); F: 166°.

4-Methyl-3-methylmercapto-5-phenyl-4H-[1,2,4]triazol $C_{10}H_{11}N_3S$, Formel XI (R = R' = CH$_3$).

B. Neben anderen Verbindungen aus 1-Benzoyl-4,S-dimethyl-isothiosemicarbazid beim Behandeln mit sirupöser H_3PO_4 und P_2O_5 (*Hoggarth*, Soc. **1949** 1918, 1921) oder beim Behandeln mit $N_2H_4 \cdot H_2O$ in Äthanol (*Hoggarth*, Soc. **1950** 1579, 1581). Aus 4-Methyl-5-phenyl-2,4-dihydro-[1,2,4]triazol-3-thion und CH$_3$I in Äthanol (*Ho.*, Soc. **1949** 1921).

Kristalle (aus Bzl.+PAe.); F: 138° (*Ho.*, Soc. **1949** 1921), 137° (*Ho.*, Soc. **1950** 1581).

X   XI   XII

5-[2,4-Dinitro-phenylmercapto]-1-methyl-3-phenyl-1H-[1,2,4]triazol $C_{15}H_{11}N_5O_4S$, Formel XII.

B. Aus 2-Methyl-5-phenyl-1,2-dihydro-[1,2,4]triazol-3-thion und 1-Chlor-2,4-dinitro-benzol (*Losse et al.*, B. **91** [1958] 150, 156).

Gelbe Kristalle; F: 172—173°.

3-Methylmercapto-1,5-diphenyl-1H-[1,2,4]triazol $C_{15}H_{13}N_3S$, Formel IX (R = C$_6$H$_5$, R' = CH$_3$) (H 113).

Das von *Busch et al.* (H **26** 113) eingesetzte Edukt ist nicht als 2-Jod-5-methylmercapto-2,3-

diphenyl-2,3-dihydro-[1,3,4]thiadiazol, sondern als 5-Methylmercapto-2,3-diphenyl-[1,3,4]thia≈
diazolium-jodid zu formulieren (*Ohta et al.*, Bl. chem. Soc. Japan **40** [1967] 579, 583).

3-Methylmercapto-4,5-diphenyl-4*H*-[1,2,4]triazol $C_{15}H_{13}N_3S$, Formel XI (R = C_6H_5,
R' = CH_3) (H 113).
   B. Beim Erwärmen von Benzaldehyd-[S-methyl-4-phenyl-isothiosemicarbazon] in Äthanol
mit wss. H_2O_2 (*De, Chakravorty*, J. Indian chem. Soc. **7** [1930] 875, 876).
   Kristalle (aus A.); F: 165−166°.

3-Äthylmercapto-4,5-diphenyl-4*H*-[1,2,4]triazol $C_{16}H_{15}N_3S$, Formel XI (R = C_6H_5,
R' = C_2H_5).
   B. Beim Behandeln von Benzaldehyd-[S-äthyl-4-phenyl-isothiosemicarbazon] in Äthanol mit
wss. H_2O_2 oder mit $FeCl_3$ (*De, Chakravorty*, J. Indian chem. Soc. **7** [1930] 875, 877).
   Kristalle (aus wss. A.); F: 148°.

**Bis-[4,5-diphenyl-4*H*-[1,2,4]triazol-3-yl]-disulfid, 4,5,4′,5′-Tetraphenyl-4*H*,4′*H*-3,3′-disulfandiyl-
bis-[1,2,4]triazol** $C_{28}H_{20}N_6S_2$, Formel I (R = C_6H_5, X = X' = H) (E II 63).
   B. Aus 4,5-Diphenyl-2,4-dihydro-[1,2,4]triazol-3-thion mit Hilfe von Jod in Äthanol (*Silberg,
Cosma*, Acad. Cluj Stud. Cerc. Chim. **10** [1959] 151, 160; C. A. **1960** 8794).
   Kristalle (aus A.); F: 235−236°.

3-Methylmercapto-1,4,5-triphenyl-[1,2,4]triazolium $[C_{21}H_{18}N_3S]^+$, Formel II (R = C_6H_5,
R' = CH_3, R'' = H).
   Jodid $[C_{21}H_{18}N_3S]I$. Diese Konstitution kommt wahrscheinlich der früher (H **27** 775) als
5-Methyl-3,4,6-triphenyl-5-thia-2,3,6-triaza-bicyclo[2.1.1]hex-1-enium-jodid („[1.4.5-Triphenyl-
3.5-endothio-1.2.4-triazolin]-S-jodmethylat") beschriebenen Verbindung zu (vgl. hierzu *Grashey,
Baumann*, Tetrahedron Letters **1972** 2947, 2948; *Potts et al.*, J. org. Chem. **32** [1967] 2245,
2247).
   Entsprechend sind zu formulieren: „[1.4.5-Triphenyl-3.5-endothio-1.2.4-triazolin]-S-jod≈
äthylat" (H **27** 775) als 3-Äthylmercapto-1,4,5-triphenyl-[1,2,4]triazolium-jodid
$[C_{22}H_{20}N_3S]I$, Formel II (R = C_6H_5, R' = C_2H_5, R'' = H), „[4-*o*-Tolyl-1.5-diphenyl-3.5-en≈
dothio-1.2.4-triazolin]-S-jodäthylat" (H **27** 775) als 3-Äthylmercapto-1,5-diphenyl-4-
o-tolyl-[1,2,4]triazolium-jodid $[C_{23}H_{22}N_3S]I$, Formel II (R = C_6H_4-CH_3, R' = C_2H_5,
R'' = H), „[1-*p*-Tolyl-4.5-diphenyl-3.5-endothio-1.2.4-triazolin]-S-jodmethylat" (H **27** 776) als
3-Methylmercapto-4,5-diphenyl-1-*p*-tolyl-[1,2,4]triazolium-jodid $[C_{22}H_{20}N_3S]I$,
Formel II (R = C_6H_5, R' = R'' = CH_3), „[4-*p*-Tolyl-1.5-diphenyl-3.5-endothio-1.2.4-triaz≈
olin]-S-jodäthylat" (H **27** 776) als 3-Äthylmercapto-1,5-diphenyl-4-*p*-tolyl-[1,2,4]tri≈
azolium-jodid $[C_{23}H_{22}N_3S]I$, Formel II (R = C_6H_4-CH_3, R' = C_2H_5, R'' = H), „[4-Benz≈
yl-1.5-diphenyl-3.5-endothio-1.2.4-triazolin]-S-jodmethylat" (H **27** 776) als 4-Benzyl-3-meth≈
ylmercapto-1,5-diphenyl-[1,2,4]triazolium-jodid $[C_{22}H_{20}N_3S]I$,   Formel II
(R = CH_2-C_6H_5, R' = CH_3, R'' = H), „[4-α-Naphthyl-1.5-diphenyl-3.5-endothio-1.2.4-tri≈
azolin]-S-jodäthylat" (H **27** 776) als 3-Äthylmercapto-4-[1]naphthyl-1,5-diphenyl-
[1,2,4]triazolium-jodid $[C_{26}H_{22}N_3S]I$, Formel II (R = $C_{10}H_7$, R' = C_2H_5, R'' = H) sowie
„[4-β-Naphthyl-1.5-diphenyl-3.5-endothio-1.2.4-triazolin]-S-jodäthylat"   (H **27**   777)   als
3-Äthylmercapto-4-[2]naphthyl-1,5-diphenyl-[1,2,4]triazolium-jodid $[C_{26}H_{22}N_3S]I$,
Formel II (R = $C_{10}H_7$, R' = C_2H_5, R'' = H).

I   II

3-Methylmercapto-5-phenyl-4-*o*-tolyl-4*H*-[1,2,4]triazol $C_{16}H_{15}N_3S$, Formel III
(R = R'' = CH_3, R' = H).
   B. Beim Behandeln von Benzaldehyd-[S-methyl-4-*o*-tolyl-isothiosemicarbazon] in Äthanol

mit wss. H_2O_2 oder mit $FeCl_3$ (*De, Chakravorty,* J. Indian chem. Soc. **7** [1930] 875, 877).
Kristalle (aus A.); F: 130°.

Die folgenden Verbindungen sind in analoger Weise hergestellt worden:
   3-Äthylmercapto-5-phenyl-4-*o*-tolyl-4*H*-[1,2,4]triazol $C_{17}H_{17}N_3S$,   Formel III
(R = CH_3, R′ = H, R″ = C_2H_5). Kristalle (aus wss. A.); F: 107°.
   3-Methylmercapto-5-phenyl-4-*p*-tolyl-4*H*-[1,2,4]triazol $C_{16}H_{15}N_3S$,   Formel III
(R = H, R′ = R″ = CH_3). Kristalle (aus wss. A.); F: 176°.
   3-Äthylmercapto-5-phenyl-4-*p*-tolyl-4*H*-[1,2,4]triazol $C_{17}H_{17}N_3S$,   Formel III
(R = H, R′ = CH_3, R″ = C_2H_5). Kristalle (aus A.); F: 148°.

III   IV   V

3-Methylmercapto-5-phenyl-[1,2,4]triazol-4-ylamin $C_9H_{10}N_4S$, Formel IV (R = CH_3,
R′ = H).
   B. Beim Behandeln von 4-Amino-5-phenyl-2,4-dihydro-[1,2,4]triazol-3-thion mit CH_3I in wss.-
äthanol. NaOH (*Hoggarth*, Soc. **1952** 4811, 4814).
   Kristalle (aus wss. A.); F: 154—155°.

3-Methansulfonyl-5-phenyl-[1,2,4]triazol-4-ylamin $C_9H_{10}N_4O_2S$, Formel V.
   B. Aus der vorangehenden Verbindung mit Hilfe von $KMnO_4$ in wss. Essigsäure (*Hoggarth*,
Soc. **1952** 4811, 4814).
   Kristalle (aus wss. A.); F: 198°.

**4-Benzoylamino-3-methylmercapto-5-phenyl-4*H*-[1,2,4]triazol, *N*-[3-Methylmercapto-5-phenyl-
[1,2,4]triazol-4-yl]-benzamid** $C_{16}H_{14}N_4OS$, Formel IV (R = CH_3, R′ = CO-C_6H_5).
   B. Aus 3-Methylmercapto-5-phenyl-[1,2,4]triazol-4-ylamin und Benzoylchlorid in Pyridin
(*Hoggarth*, Soc. **1952** 4811, 4815). Neben anderen Verbindungen beim Behandeln von Benzoe≠
säure-hydrazid mit CS_2 in Pyridin und Behandeln des Reaktionsprodukts mit CH_3I in wss.-
äthanol. NaOH (*Ho.,* l. c. S. 4813).
   Kristalle (aus A.); F: 193°.

***4-[4-Dimethylamino-benzylidenamino]-3-methylmercapto-5-phenyl-4*H*-[1,2,4]triazol,
[4-Dimethylamino-benzyliden]-[3-methylmercapto-5-phenyl-[1,2,4]triazol-4-yl]-amin** $C_{18}H_{19}N_5S$,
Formel VI.
   B. Aus 3-Methylmercapto-5-phenyl-[1,2,4]triazol-4-ylamin und 4-Dimethylamino-benzalde≠
hyd in äthanol. KOH (*Hoggarth*, Soc. **1952** 4811, 4814).
   Gelbe Kristalle (aus Me.); F: 183—184°.

[4-Amino-5-phenyl-4*H*-[1,2,4]triazol-3-ylmercapto]-essigsäure $C_{10}H_{10}N_4O_2S$, Formel IV
(R = CH_2-CO-OH, R′ = H).
   B. Beim Erwärmen von 4-Amino-5-phenyl-2,4-dihydro-[1,2,4]triazol-3-thion mit Natrium-
chloracetat in wss. Na_2CO_3 (*Eastman Kodak Co.,* U.S.P. 2819965 [1956]; s. a. *Hoggarth,* Soc.
1952 4811, 4816). Aus dem Äthylester (s. u.) mit Hilfe von wss. NaOH (*Ho.*).
   Kristalle; F: 184—186° [nach Sintern bei 144°] (*Eastman Kodak Co.*), 183—184° [Zers.;
aus A.] (*Ho.*).

[4-Amino-5-phenyl-4*H*-[1,2,4]triazol-3-ylmercapto]-essigsäure-äthylester $C_{12}H_{14}N_4O_2S$,
Formel IV (R = CH_2-CO-O-C_2H_5, R′ = H).
   B. Beim Erwärmen von 4-Amino-5-phenyl-2,4-dihydro-[1,2,4]triazol-3-thion mit Chloressig≠

säure-äthylester in Äthanol (*Hoggarth*, Soc. **1952** 4811, 4816).
Kristalle (aus A.); F: 172−173°.

Bis-[4-amino-5-phenyl-4*H*-[1,2,4]triazol-3-yl]-disulfid, 5,5′-Diphenyl-3,3′-disulfandiyl-bis-[1,2,4]triazol-4-ylamin $C_{16}H_{14}N_8S_2$, Formel I (R = NH₂, X = X′ = H).
B. Beim Behandeln von 4-Amino-5-phenyl-2,4-dihydro-[1,2,4]triazol-3-thion mit $K_3[Fe(CN)_6]$ in wss. NaOH (*Hoggarth*, Soc. **1952** 4811, 4814).
Kristalle (aus wss. A.); F: 174−176°.

VI   VII

3-[4-Chlor-phenyl]-5-methylmercapto-1*H*-[1,2,4]triazol $C_9H_8ClN_3S$, Formel VII und Taut.
B. Neben 5-[4-Chlor-phenyl]-[1,3,4]oxadiazol-2-ylamin aus 1-[4-Chlor-benzoyl]-*S*-methyl-isothiosemicarbazid mit Hilfe von Triäthylamin in Äthanol (*Hoggarth*, Soc. **1950** 612). Beim Behandeln von 5-[4-Chlor-phenyl]-1,2-dihydro-[1,2,4]triazol-3-thion mit CH_3I in wss.-äthanol. NaOH (*Ho.*).
Kristalle (aus Bzl.); F: 154°.

Bis-[5-(4-chlor-phenyl)-4-phenyl-4*H*-[1,2,4]triazol-3-yl]-disulfid, 5,5′-Bis-[4-chlor-phenyl]-4,4′-diphenyl-4*H*,4′*H*-3,3′-disulfandiyl-bis-[1,2,4]triazol $C_{28}H_{18}Cl_2N_6S_2$, Formel I (R = C_6H_5, X = H, X′ = Cl).
B. Aus 5-[4-Chlor-phenyl]-4-phenyl-2,4-dihydro-[1,2,4]triazol-3-thion mit Hilfe von Jod in Äthanol (*Silberg, Cosma*, Acad. Cluj Stud. Cerc. Chim. **10** [1959] 151, 159; C. A. **1960** 8794).
Kristalle (aus A.); F: 217−218°.

Bis-[5-(4-nitro-phenyl)-4-phenyl-4*H*-[1,2,4]triazol-3-yl]-disulfid, 5,5′-Bis-[4-nitro-phenyl]-4,4′-diphenyl-4*H*,4′*H*-3,3′-disulfandiyl-bis-[1,2,4]triazol $C_{28}H_{18}N_8O_4S_2$, Formel I (R = C_6H_5, X = H, X′ = NO₂).
B. Analog der vorangehenden Verbindung (*Silberg, Cosma*, Acad. Cluj Stud. Cerc. Chim. **10** [1959] 151, 159; C. A. **1960** 8794).
Kristalle (aus A.); F: 218−220°.

Bis-[5-(2-chlor-4-nitro-phenyl)-4-phenyl-4*H*-[1,2,4]triazol-3-yl]-disulfid, 5,5′-Bis-[2-chlor-4-nitro-phenyl]-4,4′-diphenyl-4*H*,4′*H*-3,3′-disulfandiyl-bis-[1,2,4]triazol $C_{28}H_{16}Cl_2N_8O_4S_2$, Formel I (R = C_6H_5, X = Cl, X′ = NO₂).
B. Analog den vorangehenden Verbindungen (*Silberg, Cosma*, Acad. Cluj Stud. Cerc. Chim. **10** [1959] 151, 159; C. A. **1960** 8794).
Kristalle (aus A.); F: 210−212°.

––––––––––

3-[4-Methoxy-phenyl]-1*H*-[1,2,4]triazol $C_9H_9N_3O$, Formel VIII und Taut.
B. Beim Erwärmen von 5-[4-Methoxy-phenyl]-1,2-dihydro-[1,2,4]triazol-3-thion mit Raney-Nickel in Äthanol (*Hoggarth*, Soc. **1949** 1160, 1162).
Kristalle (aus Me.); F: 186°.

––––––––––

VIII   IX   X

6-Methoxy-3-methyl-benzo[e][1,2,4]triazin $C_9H_9N_3O$, Formel IX.

B. Beim Hydrieren von [4-Methoxy-2-nitro-phenyl]-[1-nitro-äthyl]-diazen in Methanol und Essigsäure an Palladium/Kohle (*Fusco, Bianchetti*, Rend. Ist. lomb. **91** [1957] 936, 944).
Gelbe Kristalle (aus PAe.); F: 148 – 149°.

8-Methoxy-3-methyl-benzo[e][1,2,4]triazin $C_9H_9N_3O$, Formel X.

B. Neben geringen Mengen 1,6-Dimethoxy-phenazin beim Behandeln von 1,5-Bis-[2-methoxy-phenyl]-3-methyl-formazan in Essigsäure mit konz. H_2SO_4 (*Abramovitch, Schofield*, Soc. **1955** 2326, 2334).
Hellgelbe Kristalle (aus Bzl.+PAe.), F: 124 – 125°; bei 135 – 145°/1 Torr sublimierbar (*Ab., Sch.*).
Beim Erwärmen mit $AlCl_3$ in Benzol ist eine Verbindung $C_{14}H_{11}N_3O$ (gelbe Kristalle [aus Acn.]; F: 177 – 178°; vielleicht 3-Methyl-x-phenyl-benzo[e][1,2,4]triazin-8-ol) erhalten worden (*Ab., Sch.*, l. c. S. 2331, 2335; vgl. hierzu *Robbins, Schofield*, Soc. **1957** 3186, 3189).

Hydroxy-Verbindungen $C_9H_9N_3O$

(±)-Phenyl-[2-phenyl-2H-[1,2,3]triazol-4-yl]-methanol $C_{15}H_{13}N_3O$, Formel XI.

B. Aus 2-Phenyl-2H-[1,2,3]triazol-4-carbaldehyd und Phenylmagnesiumbromid in Äther (*Riebsomer, Sumrell*, J. org. Chem. **13** [1948] 807, 812).
Kp_3: 214°.

3-Benzyl-5-methylmercapto-1H-[1,2,4]triazol $C_{10}H_{11}N_3S$, Formel XII und Taut.

B. Beim Erwärmen von 1-Carbamoyl-4-phenylacetyl-thiosemicarbazid mit CH_3I in Methanol (*Sugii*, J. pharm. Soc. Japan **79** [1959] 100; C. A. **1959** 10033).
F: 160°.

XI   XII   XIII

Hydroxy-Verbindungen $C_{11}H_{13}N_3O$

[3-Methyl-6-phenyl-4,5(?)-dihydro-[1,2,4]triazin-5-yl]-methanol $C_{11}H_{13}N_3O$, vermutlich Formel XIII (X = H) und Taut.

Die Verbindung ist von *Sprio, Madonia* (G. **87** [1957] 992, 995) als [3-Methyl-6-phenyl-1,2-dihydro-[1,2,4]triazin-5-yl]-methanol formuliert worden.
B. Aus N-[1-Hydroxymethyl-2-oxo-2-phenyl-äthyl]-acetamid und $N_2H_4 \cdot H_2O$ oder $N_2H_4 \cdot HCl$ in Äthanol (*Sp., Ma.*).
Kristalle (aus H_2O); F: 192°.
Beim Behandeln mit $K_2Cr_2O_7$ in Essigsäure ist 3-Methyl-6-phenyl-[1,2,4]triazin erhalten worden.
Hydrochlorid $C_{11}H_{13}N_3O \cdot HCl$. Kristalle (aus HCl+Ae.); F: 222°.
Picrat $C_{11}H_{13}N_3O \cdot C_6H_3N_3O_7$. Gelbe Kristalle (aus A.); F: 92°.

[3-Chlormethyl-6-phenyl-4,5(?)-dihydro-[1,2,4]triazin-5-yl]-methanol $C_{11}H_{12}ClN_3O$, vermutlich Formel XIII (X = Cl) und Taut.

B. Aus 2-Chlor-[1-hydroxymethyl-2-oxo-2-phenyl-äthyl]-acetamid und $N_2H_4 \cdot HCl$ in Äthanol (*Sprio, Madonia*, Ann. Chimica **49** [1959] 731, 737).
Gelbe Kristalle (aus A.); F: 185° [Zers.].

Monohydroxy-Verbindungen $C_nH_{2n-11}N_3O$

4-[1,2,4]Triazin-5-yl-phenol $C_9H_7N_3O$, Formel I.

B. Beim Erhitzen von Benzolsulfonsäure-{N'-[5-(4-hydroxy-phenyl)-[1,2,4]triazin-3-yl]-hydra‡ zid} mit wss. NaOH (*Rossi,* Rend. Ist. lomb. **88** [1955] 185, 190).

Gelbe Kristalle (nach Sublimation); F: 232°.

2-[4,6-Dichlor-[1,3,5]triazin-2-yl]-phenol $C_9H_5Cl_2N_3O$, Formel II (R = X = H).

B. Bei aufeinanderfolgendem Behandeln von Dichlor-[2-methoxy-phenyl]-[1,3,5]triazin in 1,2-Dichlor-benzol mit HBr und mit HCl (*Am. Cyanamid Co.,* U.S.P. 2691019 [1953]; s. a. *Mur,* Ž. obšč. Chim. **29** [1959] 2267, 2269; engl. Ausg. S. 2232, 2234).

Kristalle; F: ca. 155° [aus Methylcyclohexan] (*Am. Cyanamid Co.*), 153−154,5° [aus PAe.+ Chlorbenzol] (*Mur*).

I   II   III

Dichlor-[2-methoxy-phenyl]-[1,3,5]triazin $C_{10}H_7Cl_2N_3O$, Formel II (R = CH_3, X = H).

B. Aus 6-[2-Methoxy-phenyl]-1H-[1,3,5]triazin-2,4-dion beim Behandeln mit $SOCl_2$ und PCl_5 in Dichlorbenzol, mit PCl_5 und $POCl_3$ (*Am. Cyanamid Co.,* U.S.P. 2691018 [1951], 2691019 [1953]) oder mit PCl_3 und Chlor in Chlorbenzol (*Mur,* Ž. obšč. Chim. **29** [1959] 2267, 2269; engl. Ausg. S. 2232, 2234).

Kristalle [aus Methylcyclohexan] (*Am. Cyanamid Co.,* U.S.P. 2691018); F: 139−140° (*Mur*), ca. 136° (*Am. Cyanamid Co.,* U.S.P. 2691019).

Dichlor-[5-chlor-2-methoxy-phenyl]-[1,3,5]triazin $C_{10}H_6Cl_3N_3O$, Formel II (R = CH_3, X = Cl).

B. Beim Erwärmen von 6-[5-Chlor-2-methoxy-phenyl]-1H-[1,3,5]triazin-2,4-dion mit PCl_5 und $POCl_3$ (*Am. Cyanamid Co.,* D.B.P. 926976 [1951]; U.S.P. 2691020 [1953]).

F: ca. 156° [aus Bzl.].

Dichlor-[4-methoxy-phenyl]-[1,3,5]triazin $C_{10}H_7Cl_2N_3O$, Formel III.

B. Aus 4-Methoxy-benzoylchlorid und Cyanguanidin über N-Cyan-N'-[4-methoxy-benzoyl]-guanidin, 1-[4-Methoxy-benzoyl]-biuret und 6-[4-Methoxy-phenyl]-1H-[1,3,5]triazin-2,4-dion (*Mur,* Ž. obšč. Chim. **29** [1959] 2267, 2269; engl. Ausg. S. 2232, 2234).

Kristalle; F: 132−133°.

(±)-4H-[1,2,3]Triazolo[4,5,1-ij]chinolin-4-ol(?) $C_9H_7N_3O$, vermutlich Formel IV (X = X' = H).

B. Beim Behandeln von [8]Chinolylamin in wss. HCl mit $NaNO_2$ (*C.F. Boehringer & Söhne,* D.R.P. 576119 [1932]; Frdl. **20** 716).

Rötliche Kristalle (aus Me.); F: 153° (*C.F. Boehringer & Söhne,* D.R.P. 576119).

Beim Behandeln mit wss. NaOH ist 5,6-Dihydro-[1,2,3]triazolo[4,5,1-ij]chinolin-4-on(?) $C_9H_7N_3O$ (bräunlich; Zers. bei 202°) erhalten worden (*C.F. Boehringer & Söhne,* D.R.P. 613627 [1934]; Frdl. **22** 495).

(±)-7-Chlor-4H-[1,2,3]triazolo[4,5,1-ij]chinolin-4-ol(?) $C_9H_6ClN_3O$, vermutlich Formel IV (X = Cl, X' = H).

B. Beim Behandeln von 5-Chlor-[8]chinolylamin in wss. HCl mit $NaNO_2$ (*C.F. Boehringer & Söhne,* D.R.P. 613627 [1934]; Frdl. **22** 495).

Zers. bei 172°.

Beim Behandeln mit wss. NaOH ist 7-Chlor-5,6-dihydro-[1,2,3]triazolo[4,5,1-*ij*]chino=
lin-4-on(?) $C_9H_6ClN_3O$ (Kristalle [aus E.]; Zers. bei 214°) erhalten worden.

(±)-8-Chlor-4*H*-[1,2,3]triazolo[4,5,1-*ij*]chinolin-4-ol(?) $C_9H_6ClN_3O$, vermutlich Formel IV
(X = H, X′ = Cl).

B. Beim Behandeln von 6-Chlor-[8]chinolylamin in wss. HCl mit $NaNO_2$ (*C.F. Boehringer
& Söhne,* D.R.P. 576119 [1932]; Frdl. **20** 716).

F: 170° [aus A.] (*C.F. Boehringer & Söhne,* D.R.P. 576119).

Beim Behandeln mit wss. NaOH ist 8-Chlor-5,6-dihydro-[1,2,3]triazolo[4,5,1-*ij*]chino=
lin-4-on(?) $C_9H_6ClN_3O$ (bräunlich; Zers. bei 221° [aus A.]; Acetyl-Verbindung, F: 203°)
erhalten worden (*C.F. Boehringer & Söhne,* D.R.P. 613627 [1934]; Frdl. **22** 495).

Acetyl-Verbindung. Zers. bei 190° (*C.F. Boehringer & Söhne,* D.R.P. 613627).

IV   V   VI

Dichlor-[2-methoxy-5-methyl-phenyl]-[1,3,5]triazin $C_{11}H_9Cl_2N_3O$, Formel II (R = X = CH_3).
B. Beim Erhitzen von 6-[2-Methoxy-5-methyl-phenyl]-1*H*-[1,3,5]triazin-2,4-dion mit $POCl_3$
(*Am. Cyanamid Co.,* D.R.P. 926976 [1951]; U.S.P. 2691020 [1953]).
F: ca. 130° [aus Bzl.].

(*R*)-6-Methyl-7,8-dihydro-6*H*-pyrrolo[2,3-*g*]chinoxalin-8-ol $C_{11}H_{11}N_3O$, Formel V.
B. Beim Behandeln von (−)-Adrenalin (E III **13** 2384) mit Ag_2O in Methanol und Behandeln
der Reaktionslösung mit Äthylendiamin (*Harley-Mason, Laird,* Tetrahedron **7** [1959] 70, 75).
In geringer Menge beim Leiten von Luft in eine Lösung von (−)-Adrenalin und Äthylendiamin
in wss. H_2SO_4 (*Ha.-Ma., La.*).
Kristalle (aus E.); F: 171—172° [unkorr.]. $[\alpha]_D^{20}$: −80° [A.; c = 0,7]. Absorptionsspektrum
(A.; 200—500 nm) und Fluorescenzspektrum (A.; 300—650 nm): *Ha.-Ma., La.,* l. c. S. 74.

(±)-1,3-Diacetyl-2-äthoxy-1,2,3,4-tetrahydro-pyrimido[4,5-*b*]chinolin $C_{17}H_{19}N_3O_3$, Formel VI.
B. Beim Erhitzen von 3-Aminomethyl-[2]chinolylamin mit Orthoameisensäure-triäthylester
und Acetanhydrid (*Taylor, Kalenda,* Am. Soc. **78** [1956] 5108, 5115).
Kristalle (nach Sublimation bei 100°/0,05 Torr); F: 139—141° [korr.].

(±)-7,8,9,10-Tetrahydro-pyrido[3,2-*h*]chinazolin-7-ol(?) $C_{11}H_{11}N_3O$, vermutlich Formel VII.
B. Neben Pyrido[3,2-*h*]chinazolin beim Erhitzen von Chinazolin-8-ylamin mit Acrylaldehyd
in H_3PO_4 und H_3AsO_4 (*Case, Brennan,* Am. Soc. **81** [1959] 6297, 6299).
Kristalle (aus H_2O); F: 144—145°. Bei 125°/1—2 Torr sublimierbar.

(±)-4-[4-Methoxy-phenyl]-4,5,6,7-tetrahydro-1*H*-imidazo[4,5-*c*]pyridin $C_{13}H_{15}N_3O$,
Formel VIII und Taut.
Diese Konstitution kommt wahrscheinlich der früher (E II **25** 304) als [2-(1(3)*H*-Imidazol-4-
yl)-äthyl]-[4-methoxy-benzyliden]-amin („N^α-Anisyliden-histamin") beschriebenen Verbindung
zu (*Stocker et al.,* J. org. Chem. **31** [1966] 2380, 2381).

(±)-1-[5,6-Dimethyl-[1,2,4]triazin-3-yl]-1-phenyl-äthanol $C_{13}H_{15}N_3O$, Formel IX.
B. Beim Erhitzen von (±)-2-Hydroxy-2-phenyl-propionsäure-[1-methyl-2-oxo-propylidenhy=
drazid] mit NH_3 in Äthanol auf 160° (*Metze, Rolle,* B. **91** [1958] 422, 426).

Kristalle (aus PAe.); F: 74°.

VII   VIII   IX   X

2-[6,7,8,9-Tetrahydro-5*H*-[1,2,4]triazolo[4,3-*a*]azepin-3-yl]-phenol $C_{13}H_{15}N_3O$, Formel X
(R = H).

B. Beim Erwärmen von 7-Methoxy-3,4,5,6-tetrahydro-2*H*-azepin mit Salicylsäure-hydrazid in Methanol (*Petersen, Tietze*, B. **90** [1957] 909, 916).
Kristalle (aus DMF); F: 260 − 265°.

3-[2-Methoxy-phenyl]-6,7,8,9-tetrahydro-5*H*-[1,2,4]triazolo[4,3-*a*]azepin $C_{14}H_{17}N_3O$,
Formel X (R = CH_3).
B. Analog der vorangehenden Verbindung (*Petersen, Tietze*, B. **90** [1957] 909, 916).
Kristalle (aus Essigsäure-[2-methoxy-äthylester]); F: 161°.

3-[4-Methoxy-phenyl]-6,7,8,9-tetrahydro-5*H*-[1,2,4]triazolo[4,3-*a*]azepin $C_{14}H_{17}N_3O$,
Formel XI.
B. Analog den vorangehenden Verbindungen (*Petersen, Tietze*, B. **90** [1957] 909, 916).
Kristalle (aus A.); F: 158°.

Monohydroxy-Verbindungen $C_nH_{2n-13}N_3O$

1-Phenyl-1*H*-naphtho[2,3-*d*][1,2,3]triazol-4-ol $C_{16}H_{11}N_3O$, Formel XII.
B. Beim Erwärmen von 5-Benzyl-1-phenyl-1*H*-[1,2,3]triazol-4-carbonylchlorid (erhalten aus der Säure und $SOCl_2$) mit $AlCl_3$ in Benzol (*Borsche, Hahn*, A. **537** [1939] 219, 228, 244).
Kristalle (aus Eg.); F: 216° [Zers.] (*Bo., Hahn*).
Beim Erwärmen mit $Na_2Cr_2O_7$ in wss. H_2SO_4 ist 1-Phenyl-1*H*-naphtho[2,3-*d*][1,2,3]triazol-4,9-dion erhalten worden (*Bo., Hahn*). Beim Erhitzen mit Glycerin und wss. H_2SO_4 auf 150° ist 8-Phenyl-8*H*-phenaleno[1,2-*d*][1,2,3]triazol-7-on erhalten worden (*Borsche et al.*, A. **554** [1943] 15, 17, 23).
Acetyl-Derivat $C_{18}H_{13}N_3O_2$; 4-Acetoxy-1-phenyl-1*H*-naphtho[2,3-*d*][1,2,3]tri=
azol. Hellgelbe Kristalle (aus PAe.); F: 126 − 127° (*Bo., Hahn*).

XI   XII   XIII   XIV

2-Phenyl-2*H*-naphtho[1,2-*d*][1,2,3]triazol-4-ol $C_{16}H_{11}N_3O$, Formel XIII.
B. Aus 4-Amino-naphthalin-2-sulfonsäure und diazotiertem Anilin über mehrere Stufen

(*CIBA*, Schweiz. P. 206092 [1937]; U.S.P. 2198300 [1938]).
Kristalle (aus Bzl. bzw. Chlorbenzol); F: 197—198°.

2-[3-Hydroxy-[2]naphthyl]-2*H*-naphtho[1,2-*d*][1,2,3]triazol-4-ol $C_{20}H_{13}N_3O_2$, Formel XIV
(X = X' = H).
B. Aus 3-Methoxy-1-[3-methoxy-[2]naphthylazo]-[2]naphthylamin beim Leiten von Luft durch
eine Lösung in wss. Pyridin in Gegenwart von $CuSO_4$ und Erhitzen des Reaktionsprodukts
mit Essigsäure und wss. HBr oder aus 3-[Toluol-4-sulfonyloxy]-1-[3-(toluol-4-sulfonyloxy)-
[2]naphthylazo]-[2]naphthylamin beim aufeinanderfolgenden Behandeln mit $SOCl_2$ in Xylol
und mit wss.-äthanol. NaOH (*I.G. Farbenind.*, D.R.P. 581436 [1932]; Frdl. **20** 527; *Gen. Aniline
Works*, U.S.P. 1975383 [1933]).
Kristalle (aus Xylol); F: 282—283° [unkorr.].

Die folgenden Verbindungen sind in analoger Weise hergestellt worden:
8-Brom-2-[3-hydroxy-[2]naphthyl]-2*H*-naphtho[1,2-*d*][1,2,3]triazol-4-ol
$C_{20}H_{12}BrN_3O_2$, Formel XIV (X = Br, X' = H). Kristalle (aus Dichlorbenzol); F: 296—297°
[unkorr.].
8-Brom-2-[7-brom-3-hydroxy-[2]naphthyl]-2*H*-naphtho[1,2-*d*][1,2,3]triazol-4-ol
$C_{20}H_{11}Br_2N_3O_2$, Formel XIV (X = X' = Br). Kristalle (aus Eg.); F: >320°.

2-Phenyl-2*H*-naphtho[1,2-*d*][1,2,3]triazol-7-ol $C_{16}H_{11}N_3O$, Formel I (R = C_6H_5,
R' = X = H).
B. Aus 6-Amino-naphthalin-2-sulfonsäure und diazotiertem Anilin oder aus 6-Amino-
[2]naphthol und diazotiertem Anilin über mehrere Stufen (*CIBA*, U.S.P. 2198300 [1938];
D.R.P. 709585 [1938]; D.R.P. Org. Chem. **1** 415).
Kristalle (aus Eg.); F: 223—224°.

Die folgenden Verbindungen sind in analoger Weise hergestellt worden:
2-[4-Chlor-phenyl]-2*H*-naphtho[1,2-*d*][1,2,3]triazol-7-ol $C_{16}H_{10}ClN_3O$, Formel I
(R = C_6H_4-Cl, R' = X = H). Kristalle; F: 210—211° [aus Chlorbenzol] (*CIBA*, Schweiz. P.
206089 [1937]), 210—211° [aus Eg.] (*CIBA*, U.S.P. 2198300; D.R.P. 709585).
2-*p*-Tolyl-2*H*-naphtho[1,2-*d*][1,2,3]triazol-7-ol $C_{17}H_{13}N_3O$, Formel I
(R = C_6H_4-CH$_3$, R' = X = H). F: 195—196° (*CIBA*, U.S.P. 2198300; D.R.P. 709585).
2-[2]Naphthyl-2*H*-naphtho[1,2-*d*][1,2,3]triazol-7-ol $C_{20}H_{13}N_3O$, Formel I
(R = $C_{10}H_7$, R' = X = H). Kristalle (aus Chlorbenzol); F: 216° (*CIBA*, Schweiz. P. 206091
[1937]).
2-[4-Methoxy-phenyl]-2*H*-naphtho[1,2-*d*][1,2,3]triazol-7-ol $C_{17}H_{13}N_3O_2$, Formel I
(R = C_6H_4-O-CH$_3$, R' = X = H). Kristalle (aus Eg.); F: 184—185° (*CIBA*, Schweiz. P.
206090 [1937]).
2-Phenyl-2*H*-naphtho[1,2-*d*][1,2,3]triazol-8-ol $C_{16}H_{11}N_3O$, Formel II (X = H). F:
228—229° (*CIBA*, U.S.P. 2198300; D.R.P. 709585).
2-[4-Chlor-phenyl]-2*H*-naphtho[1,2-*d*][1,2,3]triazol-8-ol $C_{16}H_{10}ClN_3O$, Formel II
(X = Cl). F: 257—258° (*CIBA*, U.S.P. 2198300; D.R.P. 709585).
2-[4-Methoxy-phenyl]-2*H*-naphtho[1,2-*d*][1,2,3]triazol-8-ol $C_{17}H_{13}N_3O_2$, Formel II
(X = O-CH$_3$). F: 214—215° (*CIBA*, U.S.P. 2198300; D.R.P. 709585).

I   II   III

2-[4-Chlor-phenyl]-7-methoxy-2H-naphtho[1,2-d][1,2,3]triazol $C_{17}H_{12}ClN_3O$, Formel I
(R = C_6H_4-Cl, R′ = CH_3, X = H).

B. Aus 2-[4-Chlor-phenyl]-2H-naphtho[1,2-d][1,2,3]triazol-7-ol und Dimethylsulfat in wss. NaOH (*CIBA*, Schweiz. P. 209336 [1938]).

Kristalle (aus Eg.); F: 177°.

2-[4-Chlor-phenyl]-7-methoxy-6-nitro-2H-naphtho[1,2-d][1,2,3]triazol $C_{17}H_{11}ClN_4O_3$, Formel I
(R = C_6H_4-Cl, R′ = CH_3, X = NO_2).

B. Aus der vorangehenden Verbindung und wss. HNO_3 in Chlorbenzol (*CIBA*, Schweiz. P. 209336 [1938]).

Kristalle (aus Chlorbenzol); F: 274−275°.

[5-Methyl-[1,2,4]triazolo[4,3-a]chinolin-1-ylmercapto]-essigsäure $C_{13}H_{11}N_3O_2S$, Formel III.

B. Beim Erwärmen von 5-Methyl-2H-[1,2,4]triazolo[4,3-a]chinolin-1-thion und Natrium-chloracetat in wss. NaOH (*Eastman Kodak Co.*, U.S.P. 2837521 [1956]; *Reynolds, VanAllan*, J. org. Chem. **24** [1959] 1478, 1484).

F: 230° [aus H_2O+DMF] (*Re., Va.*), 229−230° (*Eastman Kodak Co.*).

7(oder 8)-Methoxy-2,4-dimethyl-benz[4,5]imidazo[1,2-a]pyrimidin $C_{13}H_{13}N_3O$, Formel IV
(R = CH_3) oder Formel V (R = CH_3).

B. Beim Erhitzen von 5-Methoxy-1(3)H-benzimidazol-2-ylamin mit Pentan-2,4-dion (*I.G. Farbenind.*, D.R.P. 641598 [1935]; Frdl. **23** 270).

Kristalle (aus Bzl.+A.); F: 197°.

7(oder 8)-Äthoxy-2,4-dimethyl-benz[4,5]imidazo[1,2-a]pyrimidin $C_{14}H_{15}N_3O$, Formel IV
(R = C_2H_5) oder Formel V (R = C_2H_5).

B. Analog der vorangehenden Verbindung (*I.G. Farbenind.*, D.R.P. 641598 [1935]; Frdl. **23** 270).

Grüngelbe Kristalle (aus Bzl.); F: 204°.

IV   V   VI

Monohydroxy-Verbindungen $C_nH_{2n-15}N_3O$

2-[3-Brom-4-methoxy-phenyl]-imidazo[1,2-a]pyrimidin $C_{13}H_{10}BrN_3O$, Formel VI.

B. Beim Erwärmen von Pyrimidin-2-ylamin und 2-Brom-1-[3-brom-4-methoxy-phenyl]-äthan≠on in Äthanol (*Buu-Hoi, Xuong*, C. r. **243** [1956] 2090).

Hellgelbe Kristalle (aus Me.); F: 232°.

2-[4-Methoxy-phenyl]-1(3)H-imidazo[4,5-c]pyridin $C_{13}H_{11}N_3O$, Formel VII (R = H) und Taut.

B. Beim Erhitzen von Pyridin-3,4-diyldiamin mit 4-Methoxy-benzaldehyd und Kupfer(II)-acetat in wss. Äthanol auf 150° (*Weidenhagen, Weeden*, B. **71** [1938] 2347, 2360; *I.G. Farbenind.*, D.R.P. 676196 [1936]; D.R.P. Org. Chem. **6** 2433).

Kristalle (aus E.+PAe.); F: 243° (*We., We.; I.G. Farbenind.*).

Dihydrochlorid. Kristalle [aus A.] (*We., We.*); F: 254−255° (*I.G. Farbenind.; We., We.*).

1-Äthyl-2-[4-methoxy-phenyl]-1H-imidazo[4,5-c]pyridin $C_{15}H_{15}N_3O$, Formel VII (R = C_2H_5).

B. Beim Erhitzen von N^4-Äthyl-pyridin-3,4-diyldiamin mit 4-Methoxy-benzaldehyd und

Kupfer(II)-acetat auf 150° (*Weidenhagen, Train,* B. **75** [1942] 1936, 1947).
Kristalle (aus H$_2$O); F: 142°.

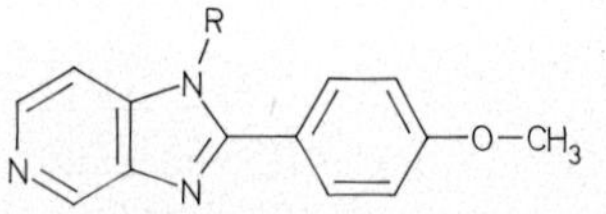

VII 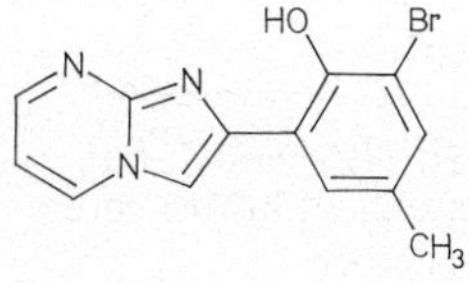   VIII 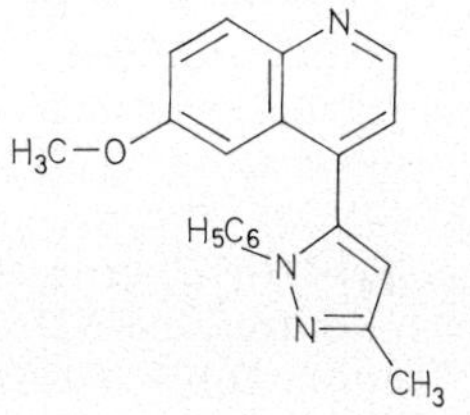   IX

2-Brom-6-imidazo[1,2-*a*]pyrimidin-2-yl-4-methyl-phenol C$_{13}$H$_{10}$BrN$_3$O, Formel VIII.
B. Beim Erwärmen von Pyrimidin-2-ylamin und 2-Brom-1-[3-brom-2-hydroxy-5-methyl-phenyl]-äthanon in Äthanol (*Buu-Hoi, Xuong,* C. r. **243** [1956] 2090).
Hellgelbe Kristalle (aus A. + Bzl.); F: 264°.

6-Methoxy-4-[5-methyl-2-phenyl-2*H*-pyrazol-3-yl]-chinolin C$_{20}$H$_{17}$N$_3$O, Formel IX.
B. Beim Behandeln von 1-[6-Methoxy-[4]chinolyl]-butan-1,3-dion-3-phenylhydrazon mit wss.
HCl (*Linnell, Rigby,* Quart. J. Pharm. Pharmacol. **11** [1938] 722, 725, 728).
Kristalle (aus A.); F: 94°.

1-Acetyl-2-cinnolin-4-yl-1,2-dihydro-pyridin-2-ol C$_{15}$H$_{13}$N$_3$O$_2$, Formel X.
Die von *Schofield, Simpson* (Soc. **1946** 472, 477) unter dieser Konstitution beschriebene
Verbindung ist als 1-Acetyl-2-[2]pyridyl-2,3-dihydro-1*H*-cinnolin-4-on (E III/IV **24** 296) zu for≠
mulieren (*Morley,* Soc. **1959** 2280, 2281).

*Opt.-inakt. 3-Methoxy-5,6-diphenyl-1,4,5,6-tetrahydro-[1,2,4]triazin C$_{16}$H$_{17}$N$_3$O, Formel XI
(R = R′ = H).
B. Aus 3-Methoxy-5,6-diphenyl-[1,2,4]triazin oder aus (±)-3-Methoxy-5,6-diphenyl-4,5-di≠
hydro-[1,2,4]triazin beim Hydrieren an Platin in Essigsäure (*Polonovski et al.,* Bl. **1955** 1171,
1174).
Kristalle (aus E.); F: 181 − 182°.

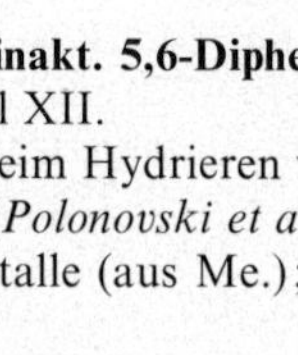

X 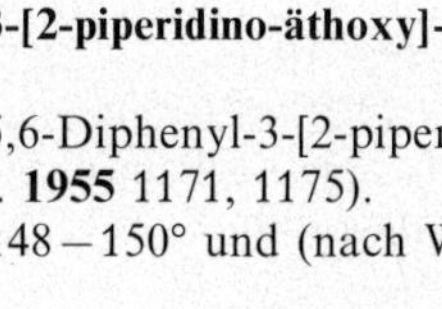   XI 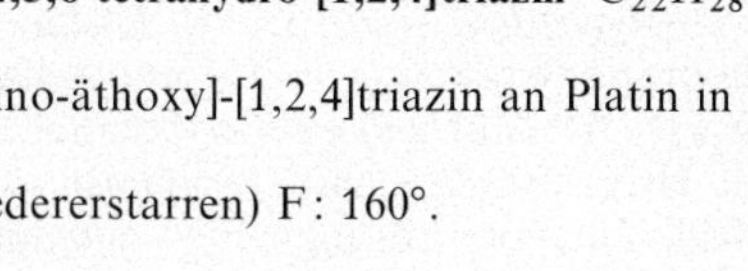   XII

*Opt.-inakt. 5,6-Diphenyl-3-[2-piperidino-äthoxy]-1,4,5,6-tetrahydro-[1,2,4]triazin C$_{22}$H$_{28}$N$_4$O,
Formel XII.
B. Beim Hydrieren von 5,6-Diphenyl-3-[2-piperidino-äthoxy]-[1,2,4]triazin an Platin in Essig≠
säure (*Polonovski et al.,* Bl. **1955** 1171, 1175).
Kristalle (aus Me.); F: 148 − 150° und (nach Wiedererstarren) F: 160°.

*Opt.-inakt. 1-Acetyl-3-methoxy-5,6-diphenyl-1,4,5,6-tetrahydro-[1,2,4]triazin C$_{18}$H$_{19}$N$_3$O$_2$,
Formel XI (R = CO-CH$_3$, R′ = H).
B. Beim Erhitzen von opt.-inakt. 3-Methoxy-5,6-diphenyl-1,4,5,6-tetrahydro-[1,2,4]triazin
(s. o.) mit Acetanhydrid (*Polonovski et al.,* Bl. **1955** 1171, 1174).

Kristalle (aus Bzl.); F: 203°.

*Opt.-inakt. 4-Acetyl-3-methoxy-5,6-diphenyl-1,4,5,6-tetrahydro-[1,2,4]triazin $C_{18}H_{19}N_3O_2$, Formel XI (R = H, R' = CO-CH$_3$).
B. Beim Hydrieren von (±)-4-Acetyl-3-methoxy-5,6-diphenyl-4,5-dihydro-[1,2,4]triazin an Platin in Essigsäure (*Polonovski et al.*, Bl. **1955** 1171, 1174).
Kristalle (aus A.); F: 172−172,5°.

3-[5-Isopropyl-1*H*-[1,2,4]triazol-3-yl]-[2]naphthol $C_{15}H_{15}N_3O$, Formel XIII und Taut.
B. Beim Erhitzen von 3-Hydroxy-[2]naphthoesäure-hydrazid mit Isobutyronitril unter Druck auf 200° (*BASF*, D.B.P. 1076136 [1958]).
Hellgelbe Kristalle (aus Bzl.); F: 203−205°.

XIII

XIV

1,3,3-Trimethyl-2-[3-(2,5,5-trimethyl-6-methylmercapto-4,5-dihydro-2*H*-pyridazin-3-yliden)-propenyl]-3*H*-indolium $[C_{22}H_{30}N_3S]^+$ und Mesomere; **1-[1,3,3-Trimethyl-3*H*-indol-2-yl]-3-[2,5,5-trimethyl-6-methylmercapto-4,5-dihydro-pyridazin-3-yl]-trimethinium**[1]), Formel XIV.
Jodid $[C_{22}H_{30}N_3S]I$. *B.* Beim Erwärmen von 1,4,4,6-Tetramethyl-3-methylmercapto-4,5-dihydro-pyridazinium-jodid und 2-[2-(*N*-Acetyl-anilino)-vinyl]-1,3,3-trimethyl-3*H*-indolium-jodid mit Triäthylamin in Äthanol (*Duffin, Kendall*, Soc. **1959** 3789, 3796, 3798). − Blaue Kristalle (aus A.); F: 254°.

4'-Methoxy-5'-[5-methyl-4-pentyl-pyrrol-2-ylmethylen]-1*H*,5'*H*-[2,2']bipyrrolyl $C_{20}H_{25}N_3O$, Formel I und Taut.
Diese Konstitution kommt dem früher (E II **26** 65) als [4-Methoxy-pyrrol-2-yliden]-[5-methyl-4-pentyl-pyrrol-2-yl]-pyrrol-2-yl-methan formulierten **Prodigiosin** zu (*Rapoport, Holden*, Am. Soc. **84** [1962] 635; *Wasserman et al.*, Tetrahedron Spl. Nr. 8 [1966] 647).
Isolierung aus Blutplasma und Lebergewebe: *Taplin et al.*, J. Am. pharm. Assoc. **41** [1952] 510. Isolierung aus Serratia marcescens (Bacillus prodigiosus; vgl. E II 65) bzw. Biosynthese mit Hilfe von Serratia marcescens: *Hubbard, Rimington*, Biochem. J. **46** [1950] 220; *Comm. Solv. Corp.*, U.S.P. 2658024 [1951]; *Efimenko et al.*, Biochimija **21** [1956] 416; engl. Ausg. S. 419; *Castro et al.*, J. org. Chem. **24** [1959] 455, 457.
B. Aus 4-Methoxy-1*H*,1'*H*-[2,2']bipyrrolyl-5-carbaldehyd und 2-Methyl-3-pentyl-pyrrol (*Ra., Ho.*, l. c. S. 642). Biochemische Bildung aus 4-Methoxy-1*H*,1'*H*-[2,2']bipyrrolyl-5-carbaldehyd mit Hilfe von Serratia marcescens s. *Santer, Vogel*, Biochem. biophys. Acta **19** [1956] 578.
Rote, grün reflektierende Kristalle; F: 152,3−153° [unkorr.; Zers.; nach Chromatographie an Al$_2$O$_3$] (*Ca. et al.*, J. org. Chem. **24** 458), 151−152° [aus PAe.] (*Morgan, Tanner*, Soc. **1955** 3305). Assoziation in Benzol: *Ca. et al.*, J. org. Chem. **24** 456 Anm. 14. IR-Spektrum (KBr; 1−16 μ): *Ca. et al.*, J. org. Chem. **24** 456. IR-Banden (KBr; 3270−720 cm^{-1}): *Mo., Ta.* Absorptionsspektrum in Isopropylalkohol (220−600 nm): *Ca. et al.*, J. org. Chem. **24** 456; in wss. Äthanol und in wss.-äthanol. NH$_3$ (230−650 nm): *Hu., Ri.*, l. c. S. 222; in wss.-äthanol. HCl (250−700 nm): *Ehrismann, Noethling*, Bio. Z. **284** [1936] 376, 380, 381; in saurer und alkal. äthanol. Lösung (400−600 nm): *Hu., Ri.; Ef. et al.*, l. c. S. 417. λ_{max} (wss. A. vom pH 2,9−11; 210−550 nm): *Mo., Ta.*
Zink-Salz Zn(C$_{20}$H$_{24}$N$_3$O)$_2$. Braune, grün glitzernde Kristalle (aus A.); F: 176° [unkorr.; nach Sintern bei 173°] (*Wrede*, Z. physiol. Chem. **210** [1932] 125, 128).

---

[1]) Über diese Bezeichnungsweise s. *Reichardt, Mormann*, B. **105** [1972] 1815, 1832.

Hydrochlorid $C_{20}H_{25}N_3O \cdot HCl$. Rote Kristalle; F: 150 – 150,5° [Zers.; aus Bzl. + Isooctan] (*Ca. et al.,* J. org. Chem. **24** 457), 148,5 – 150° [Zers.; aus Bzl. + PAe.] (*Castro et al.,* J. org. Chem. **23** [1958] 1232), 149° [aus wss. A.] (*Ef. et al.,* l. c. S. 420). Absorptionsspektrum (A.?; 400 – 600 nm): *Ef. et al.* λ_{max} (Isopropylalkohol): 294 nm und 540 nm (*Ca. et al.,* J. org. Chem. **23** 1232).

Perchlorat $C_{20}H_{25}N_3O \cdot HClO_4$ (E II 65). Rote Kristalle (aus A. + wss. $HClO_4$); F: 235 – 236° [Zers.] (*Ca. et al.,* J. org. Chem. **24** 457), 227 – 229° (*Mo., Ta.*). IR-Banden (KBr; 3310 – 720 cm^{-1}): *Mo., Ta.* Absorptionsspektrum in $HClO_4$ enthaltendem Äthanol (250 – 600 nm): *Dietzel,* Z. physiol. Chem. **284** [1949] 262, 265; in $HClO_4$ enthaltendem Isopropylalkohol (220 – 600 nm): *Ca. et al.,* J. org. Chem. **24** 456. λ_{max}: 536 – 538 nm [A. sowie A. + verschiedene Mengen $HClO_4$] bzw. 542 nm [Isopropylalkohol] (*Ca. et al.,* J. org. Chem. **24** 457).

Picrat $C_{20}H_{25}N_3O \cdot C_6H_3N_3O_7$ (E II 65). Kristalle mit grünem Glanz (aus A.); F: 176° [nach Sintern bei 173°] (*Ef. et al.,* l. c. S. 420).

Glutamat. Absorptionsspektrum (A.?; 400 – 600 nm): *Ef. et al.*

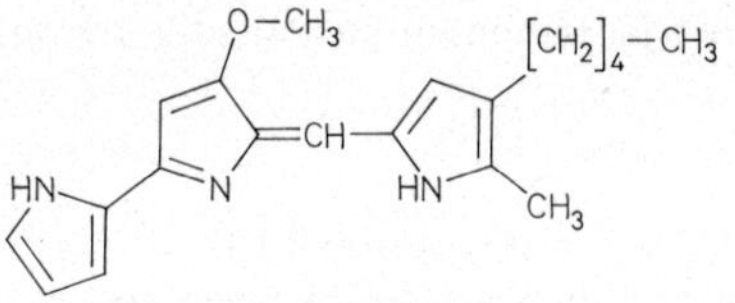

I

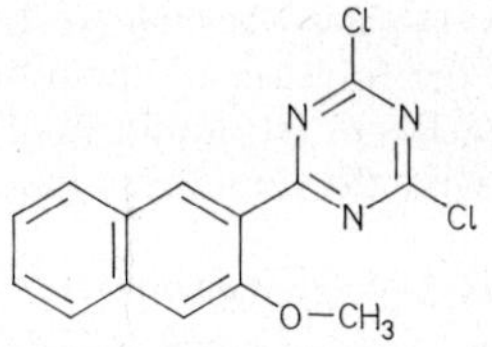

II

Monohydroxy-Verbindungen $C_nH_{2n-17}N_3O$

Hydroxy-Verbindungen $C_{13}H_9N_3O$

Dichlor-[3-methoxy-[2]naphthyl]-[1,3,5]triazin $C_{14}H_9Cl_2N_3O$, Formel II.

B. Aus *N*-Cyan-*N*′-[3-methoxy-[2]naphthoyl]-guanidin über 1-[3-Methoxy-[2]naphthoyl]-biuret und 6-[3-Methoxy-[2]naphthyl]-1*H*-[1,3,5]triazin-2,4-dion (*Am. Cyanamid Co.,* D.B.P. 926976 [1951]; U.S.P. 2691020 [1953]).

F: ca. 197° [Zers.].

4-[4-Methoxy-phenyl]-benzo[*d*][1,2,3]triazin $C_{14}H_{11}N_3O$, Formel III.

B. Beim Behandeln von 2-Amino-4′-methoxy-benzophenon-imin mit $NaNO_2$ in wss. HCl (*Nunn, Schofield,* Soc. **1953** 716).

Gelbe Kristalle (aus Bzl.); F: 138 – 139°.

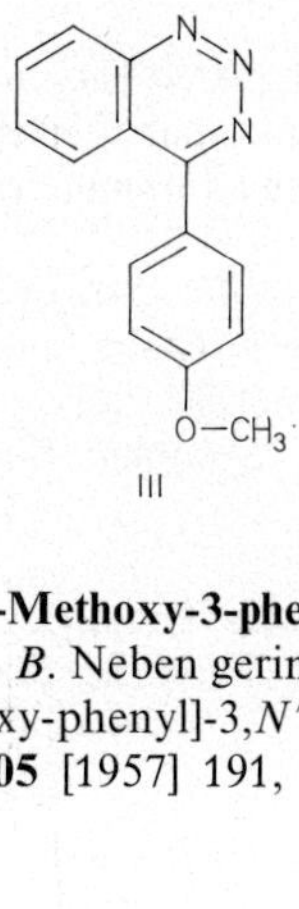

III

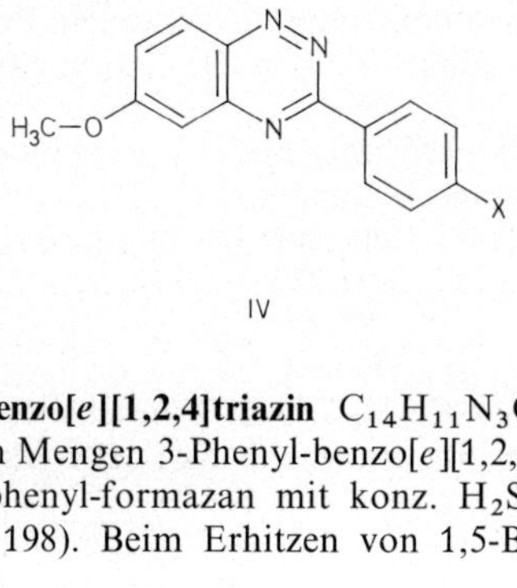

IV

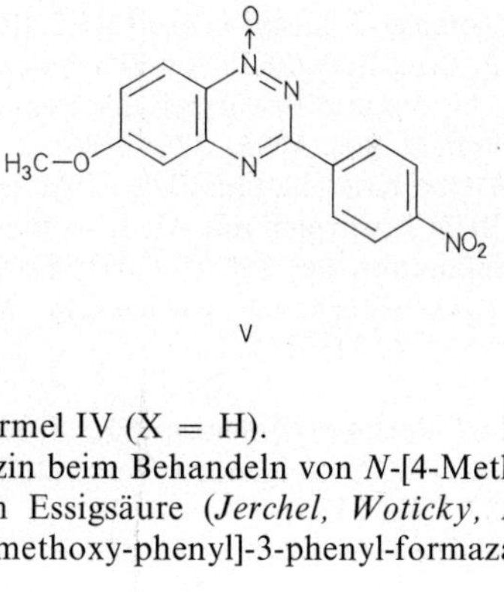

V

6-Methoxy-3-phenyl-benzo[*e*][1,2,4]triazin $C_{14}H_{11}N_3O$, Formel IV (X = H).

B. Neben geringeren Mengen 3-Phenyl-benzo[*e*][1,2,4]triazin beim Behandeln von *N*-[4-Methoxy-phenyl]-3,*N*‴-diphenyl-formazan mit konz. H_2SO_4 in Essigsäure (*Jerchel, Woticky,* A. **605** [1957] 191, 194, 198). Beim Erhitzen von 1,5-Bis-[4-methoxy-phenyl]-3-phenyl-formazan in Essigsäure mit konz. H_2SO_4 (*Abramovitch, Schofield*, Soc. **1955** 2326, 2335). Beim Hydrieren von [4-Methoxy-2-nitro-phenyl]-[α-nitro-benzyl]-diazen in Methanol und Essigsäure an Palladium (*Fusco, Bianchetti*, Rend. Ist. lomb. **91** [1957] 936, 945).

Gelbe Kristalle; F: 197—198° [aus Bzl.] (*Ab., Sch.*), 194—195° [aus Me.] (*Je., Wo.*), 191° [aus A.] (*Fu., Bi.*).

6-Methoxy-3-[4-nitro-phenyl]-benzo[e][1,2,4]triazin $C_{14}H_{10}N_4O_3$, Formel IV (X = NO_2).

B. Beim Behandeln von 1,5-Bis-[4-methoxy-phenyl]-3-[4-nitro-phenyl]-formazan mit konz. H_2SO_4 in Essigsäure (*Robbins, Schofield*, Soc. **1957** 3186, 3191).

Gelbe Kristalle (aus Dioxan); F: 228—229°.

6-Methoxy-3-[4-nitro-phenyl]-benzo[e][1,2,4]triazin-1-oxid $C_{14}H_{10}N_4O_4$, Formel V.

B. Aus der vorangehenden Verbindung und wss. H_2O_2 in Essigsäure (*Robbins, Schofield*, Soc. **1957** 3186, 3191).

Gelbe Kristalle (aus Eg.); F: 199,5—200,5°.

7-Methoxy-3-phenyl-benzo[e][1,2,4]triazin $C_{14}H_{11}N_3O$, Formel VI.

B. Aus der folgenden Verbindung beim Hydrieren in Methanol an Palladium/Kohle (*Fusco, Bianchetti*, Rend. Ist. lomb. **91** [1957] 963, 973).

Gelbe Kristalle (aus Bzl.+PAe.); F: 176—177°.

7-Methoxy-3-phenyl-benzo[e][1,2,4]triazin-1-oxid $C_{14}H_{11}N_3O_2$, Formel VII.

B. Beim Erwärmen von N-[4-Methoxy-2-nitro-phenyl]-benzamidin-hydrochlorid in methanol. Natriummethylat (*Fusco, Bianchetti*, Rend. Ist. lomb. **91** [1957] 963, 973).

Kristalle (aus Bzl.); F: 175,5—176°.

VI   VII   VIII

3-Phenyl-benzo[e][1,2,4]triazin-8-ol $C_{13}H_9N_3O$, Formel VIII (R = X = H).

B. In geringerer Menge neben 3-Phenyl-benzo[e][1,2,4]triazin beim Behandeln von N-[2-Hydroxy-phenyl]-3,N'''-diphenyl-formazan mit konz. H_2SO_4 in Essigsäure (*Jerchel, Woticky*, A. **605** [1957] 191, 194, 198). Aus der folgenden Verbindung beim Erwärmen mit wss. HBr unter Stickstoff (*Robbins, Schofield*, Soc. **1957** 3186, 3193).

Gelbe Kristalle; F: 184—185° [aus Me.] (*Je., Wo.*), 178—179° [aus Bzl.+PAe.] (*Ro., Sch.*).

8-Methoxy-3-phenyl-benzo[e][1,2,4]triazin $C_{14}H_{11}N_3O$, Formel VIII (R = CH_3, X = H).

B. Beim Behandeln von Benzaldehyd-[2-methoxy-phenylhydrazon] in Pyridin mit diazotiertem o-Anisidin und Erwärmen des Reaktionsprodukts mit konz. H_2SO_4 in Essigsäure (*Abramovitch, Schofield*, Soc. **1955** 2326, 2335).

Gelbe Kristalle (aus Bzl.+PAe.), F: 155—156°; bei 140°/1 Torr sublimierbar (*Ab., Sch.*).

Beim Erwärmen mit $AlCl_3$ in Benzol ist eine Verbindung $C_{19}H_{13}N_3O$ (gelbe Kristalle [nach Sublimation bei 180°/1 Torr]; F: 213—214°; vielleicht 3,x-Diphenyl-benzo[e][1,2,4]-triazin-8-ol) erhalten worden (*Ab., Sch.*, l. c. S. 2331, 2335; vgl. hierzu *Robbins, Schofield*, Soc. **1957** 3186, 3189).

3-[4-Chlor-phenyl]-benzo[e][1,2,4]triazin-8-ol $C_{13}H_8ClN_3O$, Formel VIII (R = H, X = Cl).

B. Aus der folgenden Verbindung beim Erwärmen mit wss. HBr (*Robbins, Schofield*, Soc. **1957** 3186, 3193).

Gelbe Kristalle (aus E.); F: 248—249°.

3-[4-Chlor-phenyl]-8-methoxy-benzo[e][1,2,4]triazin $C_{14}H_{10}ClN_3O$, Formel VIII (R = CH$_3$, X = Cl).

B. Beim Behandeln von 3-[4-Chlor-phenyl]-1,5-bis-[2-methoxy-phenyl]-formazan mit konz. H$_2$SO$_4$ in Essigsäure (*Robbins, Schofield,* Soc. **1957** 3186, 3191).

Gelbe Kristalle (aus Dioxan); F: 259−260°.

3-[4-Methoxy-phenyl]-benzo[e][1,2,4]triazin $C_{14}H_{11}N_3O$, Formel IX (X = H).

B. Beim Erwärmen von 3-[4-Methoxy-phenyl]-1,5-diphenyl-formazan mit konz. H$_2$SO$_4$ in Essigsäure (*Robbins, Schofield,* Soc. **1957** 3186, 3191).

Orangefarbene Kristalle (aus A.); F: 139−140°.

3-[4-Methoxy-phenyl]-benzo[e][1,2,4]triazin-1-oxid $C_{14}H_{11}N_3O_2$, Formel X (X = H).

B. Beim Erwärmen von 4-Methoxy-*N*-[2-nitro-phenyl]-benzamidin mit methanol. Natrium-methylat (*Fusco, Bianchetti,* Rend. Ist. lomb. **91** [1957] 963, 976). Aus der vorangehenden Verbindung und wss. H$_2$O$_2$ in Essigsäure (*Robbins, Schofield,* Soc. **1957** 3186, 3191).

Kristalle; F: 172−173° [aus Me.] (*Fu., Bi.*), 139−140° [aus Bzl.] (*Ro., Sch.*).

6-Chlor-3-[4-methoxy-phenyl]-benzo[e][1,2,4]triazin $C_{14}H_{10}ClN_3O$, Formel IX (X = Cl).

B. Beim Behandeln von 1,5-Bis-[4-chlor-phenyl]-3-[4-methoxy-phenyl]-formazan mit konz. H$_2$SO$_4$ in Essigsäure (*Robbins, Schofield,* Soc. **1957** 3186, 3191).

Gelbe Kristalle (aus A.); F: 147−148°.

IX   X   XI

6-Chlor-3-[4-methoxy-phenyl]-benzo[e][1,2,4]triazin-1-oxid $C_{14}H_{10}ClN_3O_2$, Formel X (X = Cl).

B. Aus der vorangehenden Verbindung und wss. H$_2$O$_2$ in Essigsäure (*Robbins, Schofield,* Soc. **1957** 3186, 3191).

Gelbe Kristalle (aus E.); F: 187−188°.

3-[4-Methoxy-phenyl]-6-nitro-benzo[e][1,2,4]triazin $C_{14}H_{10}N_4O_3$, Formel IX (X = NO$_2$).

B. Beim Behandeln von 3-[4-Methoxy-phenyl]-1,5-bis-[4-nitro-phenyl]-formazan mit konz. H$_2$SO$_4$ in Essigsäure (*Robbins, Schofield,* Soc. **1957** 3186, 3191).

Gelbe Kristalle (aus Dioxan); F: 314−315°.

Hydroxy-Verbindungen $C_{14}H_{11}N_3O$

2-[5-Phenyl-1*H*-[1,2,4]triazol-3-yl]-phenol $C_{14}H_{11}N_3O$, Formel XI und Taut.

B. Aus 2-Phenyl-benz[e][1,3]oxazin-4-on oder aus 2-Phenyl-benz[e][1,3]oxazin-4-thion beim Erwärmen mit N$_2$H$_4$·H$_2$O in Äthanol (*Mustafa, Hassan,* Am. Soc. **79** [1957] 3846, 3848).

Kristalle (aus Bzl.); F: 204°.

1-Äthyl-2-[3-äthyl-2-methylmercapto-3*H*-pyrimidin-4-ylidenmethyl]-chinolinium $[C_{19}H_{22}N_3S]^+$ und Mesomere; **[1-Äthyl-[2]chinolyl]-[3-äthyl-2-methylmercapto-pyrimidin-4-yl]-methinium** [1]), Formel XII.

Jodid $[C_{19}H_{22}N_3S]I$. *B.* Beim Erhitzen von Chinaldin und 2,4-Bis-methylmercapto-pyrimidin mit Toluol-4-sulfonsäure-äthylester auf 140−150°, Erwärmen des Reaktionsgemisches mit Na-

[1]) Siehe S. 358 Anm.

triumacetat in Äthanol und anschliessenden Behandeln mit wss. KI (*Kendall*, Brit. P. 425609 [1933]). – Orangerote Kristalle (aus Me.); F: 243° [Zers.].

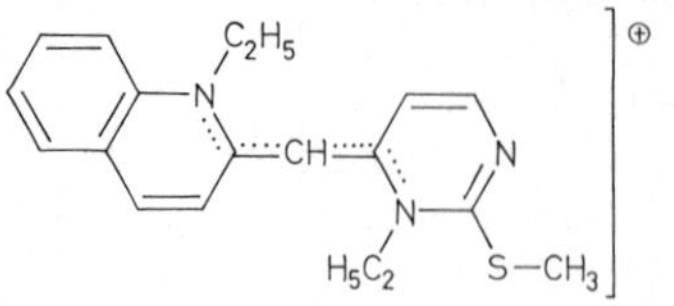

XII

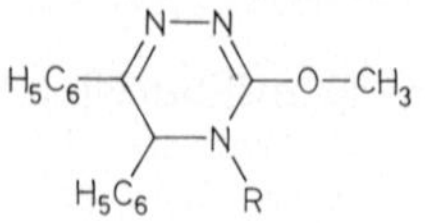

XIII

Hydroxy-Verbindungen $C_{15}H_{13}N_3O$

(±)-3-Methoxy-5,6-diphenyl-4,5-dihydro-[1,2,4]triazin $C_{16}H_{15}N_3O$, Formel XIII (R = H) und Taut.

B. Beim Hydrieren von 3-Methoxy-5,6-diphenyl-[1,2,4]triazin an Platin in Äthanol (*Polonovski et al.*, Bl. **1955** 1171, 1173).

Kristalle (aus A.); F: 160–161°.

Beim kurzen Erwärmen mit Acetanhydrid ist 4-Acetyl-3-methoxy-5,6-diphenyl-4,5-dihydro-[1,2,4]triazin erhalten worden, beim längeren Erhitzen mit Acetanhydrid ist 2,4-Diacetyl-5,6-diphenyl-4,5-dihydro-2H-[1,2,4]triazin-3-on erhalten worden.

(±)-5,6-Diphenyl-3-[2-piperidino-äthoxy]-4,5-dihydro-[1,2,4]triazin $C_{22}H_{26}N_4O$, Formel XIV und Taut.

B. Beim Hydrieren von 5,6-Diphenyl-3-[2-piperidino-äthoxy]-[1,2,4]triazin an Platin in Äthan≠ ol (*Polonovski et al.*, Bl. **1955** 1171, 1175).

Kristalle (aus wss. A.); F: 117–118°.

(±)-4-Acetyl-3-methoxy-5,6-diphenyl-4,5-dihydro-[1,2,4]triazin $C_{18}H_{17}N_3O_2$, Formel XIII (R = CO-CH₃).

B. Beim kurzen Erwärmen von (±)-3-Methoxy-5,6-diphenyl-4,5-dihydro-[1,2,4]triazin mit Acetanhydrid (*Polonovski et al.*, Bl. **1955** 1171, 1173).

Kristalle (aus A.); F: 123–124°.

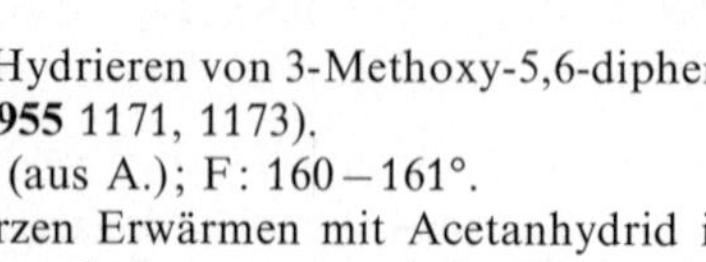

XIV

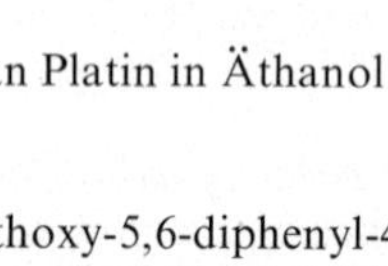

XV

Hydroxy-Verbindungen $C_{16}H_{15}N_3O$

[5-Methyl-4-phenyl-4H-[1,2,4]triazol-3-yl]-diphenyl-methanol $C_{22}H_{19}N_3O$, Formel XV.

B. Beim Erwärmen von 3-Benzhydryl-5-methyl-4-phenyl-4H-[1,2,4]triazol mit $K_2Cr_2O_7$ in Essigsäure (*Aspelund*, Acta Acad. Åbo **6** Nr. 4 [1932] 14).

Kristalle (aus A.); F: 188°.

Hydroxy-Verbindungen $C_{17}H_{17}N_3O$

2-[3-(6-Methoxy-2-methyl-2H-pyridazin-3-yliden)-propenyl]-1,3,3-trimethyl-3H-indolium $[C_{20}H_{24}N_3O]^+$ und Mesomere; **1-[6-Methoxy-2-methyl-pyridazin-3-yl]-3-[1,3,3-trimethyl-3H-indol-2-yl]-trimethinium** [1]), Formel I (X = O).

Jodid $[C_{20}H_{24}N_3O]I$. *B.* Beim Erwärmen von 3-Methoxy-1,6-dimethyl-pyridazinium-jodid und 2-[2-(*N*-Acetyl-anilino)-vinyl]-1,3,3-trimethyl-3H-indolium-jodid mit Triäthylamin in Äth≠

---

[1]) Siehe S. 358 Anm.

anol (*Duffin, Kendall*, Soc. **1959** 3789, 3796). − Rote Kristalle (aus A.); F: 173−174°.

1,3,3-Trimethyl-2-[3-(2-methyl-6-methylmercapto-2H-pyridazin-3-yliden)-propenyl]-3H-indolium
$[C_{20}H_{24}N_3S]^+$ und Mesomere; **1-[2-Methyl-6-methylmercapto-pyridazin-3-yl]-3-[1,3,3-trimethyl-3H-indol-2-yl]-trimethinium,** Formel I (X = S).
    Jodid $[C_{20}H_{24}N_3S]I$. *B.* Analog der vorangehenden Verbindung (*Duffin, Kendall*, Soc. **1959** 3789, 3796). − Grüne Kristalle (aus Me.); F: 191°.

3-[6,7,8,9-Tetrahydro-5H-[1,2,4]triazolo[4,3-a]azepin-3-yl]-[2]naphthol $C_{17}H_{17}N_3O$, Formel II.
    B. Beim Erhitzen von 3-Hydroxy-[2]naphthoesäure-hexahydroazepin-2-ylidenhydrazid [E III/IV **21** 3205] (*Petersen, Tietze*, B. **90** [1957] 909, 916).
    Kristalle (aus DMF); F: 309°.

Hydroxy-Verbindungen $C_{18}H_{19}N_3O$

3-[5-Cyclohexyl-1H-[1,2,4]triazol-3-yl]-[2]naphthol $C_{18}H_{19}N_3O$, Formel III und Taut.
    B. Beim Erhitzen von 3-Hydroxy-[2]naphthoesäure-hydrazid mit Cyclohexancarbonitril unter Druck auf 230° (*BASF*, D.B.P. 1076136 [1958]).
    Gelbe Kristalle; F: 222−224°.

Hydroxy-Verbindungen $C_{19}H_{21}N_3O$

(±)-8-[4-Methoxy-phenyl]-1,3,6-trimethyl-8-phenyl-1,2,3,4,5,6,7,8-octahydro-pyrido[4,3-d]pyrimidin $C_{23}H_{29}N_3O$, Formel IV.
    B. Aus (±)-1-[4-Methoxy-phenyl]-1-phenyl-aceton, wss. Formaldehyd und Methylamin in wss. Methanol (*Hoffmann-La Roche*, U.S.P. 2802826 [1955]; D.B.P. 957842 [1955]).
    Dihydrochlorid $C_{23}H_{29}N_3O \cdot 2HCl$. Kristalle (aus Me.+Ae.) mit 1 Mol H_2O; F: 173−175° [Zers.].
    Dioxalat. Kristalle (aus Me.); F: 158−160° [Zers.].

Hydroxy-Verbindungen $C_{20}H_{23}N_3O$

6-Hydroxy-5-methyl-3-pentyl-2-phenyl-9-trans-propenyl-pyrido[3,4-h]cinnolinium-betain,
5-Methyl-3-pentyl-2-phenyl-9-trans-propenyl-2H-pyrido[3,4-h]cinnolin-6-on $C_{26}H_{27}N_3O$,
Formel V und Mesomere.
    B. Aus Aporubropunctatamin (E III/IV **21** 6197) und Benzoldiazoniumchlorid in wss.-meth≠

anol. NaOH (*Haws et al.,* Soc. **1959** 3598, 3609).

Rote Kristalle (aus A.); F: 233−234°. IR-Banden (Mineralöl; 1650−1530 cm⁻¹): *Haws et al.* λ_{max} (A.): 249 nm, 280 nm, 325 nm, 408 nm und 443 nm.

Monohydroxy-Verbindungen $C_nH_{2n-19}N_3O$

Hydroxy-Verbindungen $C_{14}H_9N_3O$

5-Acetoxy-benz[4,5]imidazo[2,1-*a*]phthalazin, Essigsäure-benz[4,5]imidazo[2,1-*a*]phthalazin-5-ylester $C_{16}H_{11}N_3O_2$, Formel VI (X = H).

B. Aus 6*H*-Benz[4,5]imidazo[2,1-*a*]phthalazin-5-on (*Rowe et al.,* Soc. **1938** 1079, 1082).

Kristalle (aus Acetanhydrid); F: 222−223°.

5-Acetoxy-10-chlor-benz[4,5]imidazo[2,1-*a*]phthalazin, Essigsäure-[10-chlor-benz[4,5]imidazo=[2,1-*a*]phthalazin-5-ylester] $C_{16}H_{10}ClN_3O_2$, Formel VI (X = Cl).

B. Aus 10-Chlor-6*H*-benz[4,5]imidazo[2,1-*a*]phthalazin-5-on (*Rowe et al.,* Soc. **1938** 1079, 1083).

Kristalle (aus Acetanhydrid + Py.); unterhalb 440° nicht schmelzend.

Hydroxy-Verbindungen $C_{15}H_{11}N_3O$

3-Methoxy-5,6-diphenyl-[1,2,4]triazin $C_{16}H_{13}N_3O$, Formel VII (R = CH₃).

B. Aus 3-Chlor-5,6-diphenyl-[1,2,4]triazin beim Behandeln mit Natriummethylat in Methanol (*Polonovski et al.,* Bl. **1955** 240, 242).

Kristalle (aus E. + PAe.); F: 77,5°.

Beim Erhitzen auf 200° ist 2-Methyl-5,6-diphenyl-2*H*-[1,2,4]triazin-3-on erhalten worden.

VI   VII   VIII

3-Dimethylcarbamoyloxy-5,6-diphenyl-[1,2,4]triazin, Dimethylcarbamidsäure-[5,6-diphenyl-[1,2,4]triazin-3-ylester] $C_{18}H_{16}N_4O_2$, Formel VII (R = CO-N(CH₃)₂).

B. Aus 5,6-Diphenyl-2*H*-[1,2,4]triazin-3-on und Dimethylcarbamoylchlorid (*Geigy A.G.,* D.B.P. 844741 [1950]; D.R.B.P. Org. Chem. 1950−1951 **5** 74).

F: 202°.

3-[2-Diäthylamino-äthoxy]-5,6-diphenyl-[1,2,4]triazin, Diäthyl-[2-(5,6-diphenyl-[1,2,4]triazin-3-yloxy)-äthyl]-amin $C_{21}H_{24}N_4O$, Formel VII (R = CH₂-CH₂-N(C₂H₅)₂).

B. Aus der Natrium-Verbindung des 2-Diäthylamino-äthanols und 3-Chlor-5,6-diphenyl-[1,2,4]triazin in Xylol (*Polonovski et al.,* Bl. **1955** 240, 243).

Hydrobromid $C_{21}H_{24}N_4O \cdot HBr$. F: 154−156° [Zers.].

Hydrogenoxalat $C_{21}H_{24}N_4O \cdot C_2H_2O_4$. Kristalle (aus Acn.); F: 172°.

5,6-Diphenyl-3-[2-piperidino-äthoxy]-[1,2,4]triazin $C_{22}H_{24}N_4O$, Formel VIII.

B. Aus der Natrium-Verbindung des 2-Piperidino-äthanols und 3-Chlor-5,6-diphenyl-[1,2,4]triazin in Xylol (*Polonovski et al.,* Bl. **1955** 240, 243).

Hydrobromid $C_{22}H_{24}N_4O \cdot HBr$. Kristalle (aus A. + Me.); F: 210−212° [Zers.].

3-Methylmercapto-5,6-diphenyl-[1,2,4]triazin $C_{16}H_{13}N_3S$, Formel IX.

B. Aus 5,6-Diphenyl-2*H*-[1,2,4]triazin-3-thion und Dimethylsulfat in wss. NaOH (*Gianturco*, G. **82** [1952] 595, 597; s. a. *Polonovski, Pesson*, C. r. **232** [1951] 1260).

Kristalle; F: 119 – 120° (*Po., Pe.*), 119° [aus A.] (*Gi.*).

IX   X   XI

Bis-[5,6-diphenyl-[1,2,4]triazin-3-yl]-disulfid, 5,6,5′,6′-Tetraphenyl-3,3′-disulfandiyl-bis-[1,2,4]triazin $C_{30}H_{20}N_6S_2$, Formel X.

B. Aus 5,6-Diphenyl-2*H*-[1,2,4]triazin-3-thion mit Hilfe von Jod/KI in wss. Na_2CO_3 (*Gianturco*, G. **82** [1952] 595, 598).

Kristalle (aus PAe. + Bzl.); F: 193 – 194°.

Methylmercapto-diphenyl-[1,3,5]triazin $C_{16}H_{13}N_3S$, Formel XI.

B. Beim Behandeln von 4,6-Diphenyl-1*H*-[1,3,5]triazin-2-thion mit CH_3I in äthanol. NaOH (*Grundmann et al.*, B. **86** [1953] 181, 185).

Kristalle; F: 145° [korr.].

Hydroxy-Verbindungen $C_{16}H_{13}N_3O$

1-Methyl-2-[3-(2-methyl-6-methylmercapto-2*H*-pyridazin-3-yliden)-propenyl]-chinolinium $[C_{19}H_{20}N_3S]^+$ und Mesomere; **1-[1-Methyl-[2]chinolyl]-3-[2-methyl-6-methylmercapto-pyridazin-3-yl]-trimethinium** [1]), Formel XII.

Jodid $[C_{19}H_{20}N_3S]I$. *B.* Beim Erwärmen von 1,6-Dimethyl-3-methylmercapto-pyridazinium-jodid und 2-[2-Äthylmercapto-vinyl]-1-methyl-chinolinium-jodid mit Triäthylamin in Äthanol (*Duffin, Kendall*, Soc. **1959** 3789, 3797). – Grüne Kristalle (aus Me.); F: 267°.

XII   XIII

Tri-[2]pyridyl-methanol $C_{16}H_{13}N_3O$, Formel XIII.

B. Aus Di-[2]pyridyl-keton und [2]Pyridyllithium in Äther (*Wibaut et al.*, R. **70** [1951] 1054, 1063). Neben Di-[2]pyridyl-keton und anderen Verbindungen aus Pyridin-2-carbonsäure-äthylester und [2]Pyridylmagnesiumjodid (*de Jong et al.*, R. **70** [1951] 989, 994) oder [2]Pyridyllithium in Äther (*Wi. et al.*).

Kristalle (aus PAe.); F: 127 – 128° (*de Jong et al.; Wi. et al.*). λ_{max} (H_2O): 261,5 nm (*Wibaut, Otto*, R. **77** [1958] 1048, 1050). Scheinbarer Dissoziationsexponent pK_a' (H_2O; aus der Löslichkeit ermittelt) bei 20°: 14,77 (*Wi., Otto*, l. c. S. 1051). Löslichkeit in H_2O und in wss. NaOH [bis 0,4 n] bei 20°: *Wi., Otto*, l. c. S. 1051, 1059.

Di-[2]pyridyl-[4]pyridyl-methanol $C_{16}H_{13}N_3O$, Formel XIV.

B. Aus Di-[2]pyridyl-keton und [4]Pyridyllithium in Äther (*Wibaut, Otto*, R. **77** [1958] 1048,

---

[1]) Siehe S. 358 Anm.

1057).

Kristalle (aus A.); F: 146,3 – 146,7°. λ_{max} (H_2O): 261 nm (*Wi., Otto*, l. c. S. 1050). Scheinbarer Dissoziationsexponent pK_a' (H_2O; aus der Löslichkeit ermittelt) bei 20°: 13,13 (*Wi., Otto*, l. c. S. 1051). Löslichkeit in H_2O und in wss. NaOH [bis 0,15 n] bei 20°: *Wi., Otto*, l. c. S. 1051, 1062.

[2]Pyridyl-di-[4]pyridyl-methanol $C_{16}H_{13}N_3O$, Formel XV.

B. Aus Di-[4]pyridyl-keton und [2]Pyridyllithium in Äther (*Wibaut, Otto*, R. **77** [1958] 1048, 1057).

Kristalle (aus A.); F: 209,3 – 209,7°. λ_{max} (H_2O): 260 nm (*Wi., Otto*, l. c. S. 1050). Scheinbarer Dissoziationsexponent pK_a' (H_2O; aus der Löslichkeit ermittelt) bei 20°: 12,44 (*Wi., Otto*, l. c. S. 1051). Löslichkeit in H_2O und in wss. NaOH [bis 0,15 n] bei 20°: *Wi., Otto*, l. c. S. 1051, 1061.

XIV   XV   XVI   XVII

Tri-[3]pyridyl-methanol $C_{16}H_{13}N_3O$, Formel XVI.

B. Aus Di-[3]pyridyl-keton und [3]Pyridyllithium in Äther (*Wibaut, Otto*, R. **77** [1958] 1048, 1058). Neben Di-[3]pyridyl-keton aus Nicotinsäure-äthylester und [3]Pyridyllithium in Äther (*Wibaut et al.*, R. **70** [1951] 1054, 1057, 1065).

Wasserhaltige Kristalle; F: 90° [aus E. + wss. A.] (*Wi. et al.*), 82 – 85° [aus Bzl.] (*Wi., Otto*). λ_{max} (H_2O): 261,8 nm (*Wi., Otto*, l. c. S. 1050). Scheinbarer Dissoziationsexponent pK_a' (H_2O; aus der Löslichkeit ermittelt) bei 20°: 12,38 (*Wi., Otto*, l. c. S. 1051). Löslichkeit in H_2O und in wss. NaOH [bis 0,15 n] bei 20°: *Wi., Otto*, l. c. S. 1051, 1060.

Tripicrat $C_{16}H_{13}N_3O \cdot 3 C_6H_3N_3O_7$. F: 202 – 203° (*Wi. et al.*, l. c. S. 1065).

Di-[3]pyridyl-[4]pyridyl-methanol $C_{16}H_{13}N_3O$, Formel XVII.

B. Aus Di-[3]pyridyl-keton und [4]Pyridyllithium in Äther (*Wibaut, Otto*, R. **77** [1958] 1048, 1058).

Dipicrat $C_{16}H_{13}N_3O \cdot 2 C_6H_3N_3O_7$. Zers. bei 249 – 250°.

[3]Pyridyl-di-[4]pyridyl-methanol $C_{16}H_{13}N_3O$, Formel I.

B. Aus Di-[4]pyridyl-keton und [3]Pyridyllithium in Äther (*Wibaut, Otto*, R. **77** [1958] 1048, 1058).

Kristalle (aus Bzl. + Dioxan); F: 185,6 – 188,6°. λ_{max} (H_2O): 260,3 nm (*Wi., Otto*, l. c. S. 1050). Scheinbarer Dissoziationsexponent pK_a' (H_2O; aus der Löslichkeit ermittelt) bei 20°: 11,90 (*Wi., Otto*, l. c. S. 1051). Löslichkeit in H_2O und in wss. NaOH [bis 0,13 n] bei 20°: *Wi., Otto*, l. c. S. 1051, 1061.

I   II   III

Tri-[4]pyridyl-methanol $C_{16}H_{13}N_3O$, Formel II.

B. Aus Di-[4]pyridyl-keton und [4]Pyridyllithium in Äther (*Wibaut, Otto*, R. **77** [1958] 1048, 1058).

Kristalle (aus E.); F: 262−263°. λ_{max} (H_2O): 259,3 nm (*Wi., Otto*, l. c. S. 1050). Scheinbarer Dissoziationsexponent pK'_a (H_2O; aus der Löslichkeit ermittelt) bei 20°: 11,80 (*Wi., Otto*, l. c. S. 1051). Löslichkeit in H_2O und in wss. NaOH [bis 0,13 n] bei 20°: *Wi., Otto*, l. c. S. 1051, 1060.

Hydroxy-Verbindungen $C_{18}H_{17}N_3O$

[5,6-Dimethyl-[1,2,4]triazin-3-yl]-diphenyl-methanol $C_{18}H_{17}N_3O$, Formel III.

B. Beim Erhitzen von Benzilsäure-[1-methyl-2-oxo-propylidenhydrazid] mit NH_3 in Äthanol auf 150° (*Metze, Rolle*, B. **91** [1958] 422, 426).

Kristalle (aus wss. A.); F: 127°.

Beim Behandeln in wss. NaOH mit $KMnO_4$ sind 3-[α-Hydroxy-benzhydryl]-5-methyl-1*H*-[1,2,4]triazin-6-on und 3-[α-Hydroxy-benzhydryl]-6-oxo-1,6-dihydro-[1,2,4]triazin-5-carbonsäure erhalten worden.

1,2,3-Tri-[2]pyridyl-propan-2-ol $C_{18}H_{17}N_3O$, Formel IV.

B. Aus Pyridin-2-carbonsäure-äthylester und [2]Pyridyl-methylmagnesium-bromid in Dibutyl≠ äther (*Profft, Schneider*, J. pr. [4] **2** [1955] 316, 322).

Kristalle (aus H_2O); F: 184°.

Picrat. Gelbe Kristalle; F: 235° [Zers.].

Hydroxy-Verbindungen $C_{19}H_{19}N_3O$

(±)-2-[4,5-Dihydro-1*H*-imidazol-2-yl]-1-indol-3-yl-1-[3-methoxy-phenyl]-äthan, (±)-3-[2-(4,5-Dihydro-1*H*-imidazol-2-yl)-1-(3-methoxy-phenyl)-äthyl]-indol $C_{20}H_{21}N_3O$, Formel V (R = X = H).

B. Beim Behandeln von (±)-3-Indol-3-yl-3-[3-methoxy-phenyl]-propionitril mit methanol. HCl und Behandeln des Reaktionsprodukts in Äthanol mit Äthylendiamin (*Farbw. Hoechst*, D.B.P. 929065 [1952]; U.S.P. 2752358 [1952]).

Hydrochlorid. Kristalle (aus A.) mit 1 Mol H_2O; F: 120° [Zers.].

IV   V   VI

*Opt.-inakt. 13b-Methyl-1,2,3,4,5,13b-hexahydro-indolo[2,3-*b*]phenazin-4a-ol $C_{19}H_{19}N_3O$, Formel VI.

B. Aus opt.-inakt. 8a-Hydroxy-4b-methyl-4b,5,6,7,8,8a-hexahydro-carbazol-2,3-dion (E III/IV **21** 6481) und *o*-Phenylendiamin in Methanol (*Teuber, Staiger*, B. **89** [1956] 489, 492, 503).

Gelbe Kristalle; F: 211°.

Hydroxy-Verbindungen $C_{20}H_{21}N_3O$

(±)-2-[4,5-Dihydro-1*H*-imidazol-2-yl]-1-[3-methoxy-phenyl]-1-[2-methyl-indol-3-yl]-äthan, (±)-3-[2-(4,5-Dihydro-1*H*-imidazol-2-yl)-1-(3-methoxy-phenyl)-äthyl]-2-methyl-indol $C_{21}H_{23}N_3O$, Formel V (R = CH_3, X = H).

B. Beim Behandeln von (±)-3-[3-Methoxy-phenyl]-3-[2-methyl-indol-3-yl]-propionitril mit methanol. HCl und Behandeln des Reaktionsprodukts in Methanol mit Äthylendiamin (*Farbw. Hoechst*, D.B.P. 929065 [1952]; U.S.P. 2752358 [1952]).

Hydrochlorid. Kristalle (aus A.); F: 224°.

(±)-1-[5-Chlor-2-methyl-indol-3-yl]-2-[4,5-dihydro-1*H*-imidazol-2-yl]-1-[3-methoxy-phenyl]-äthan,
(±)-5-Chlor-3-[2-(4,5-dihydro-1*H*-imidazol-2-yl)-1-(3-methoxy-phenyl)-äthyl]-2-methyl-indol $C_{21}H_{22}ClN_3O$, Formel V (R = CH_3, X = Cl).

B. Analog der vorangehenden Verbindung (*Farbw. Hoechst*, D.B.P. 929065 [1952]; U.S.P. 2752358 [1952]).

Hydrochlorid. Kristalle (aus Me.); F: 273° [Zers.].

---

*Opt.-inakt. [2]Piperidyl-[2-[3]pyridyl-[4]chinolyl]-methanol $C_{20}H_{21}N_3O$, Formel VII.

B. Aus 2-[3]Pyridyl-chinolin-4-carbonsäure-äthylester (F: 61,5 – 62,5°; E III/IV **25** 1002) und 6-Benzoylamino-hexansäure-äthylester über mehrere Stufen (*Brown et al.*, Am. Soc. **68** [1946] 2705, 2706).

Toluol-4-sulfonat $C_{20}H_{21}N_3O \cdot C_7H_8O_3S$. Kristalle (aus A. + Ae.); F: 210,5 – 211,5° [korr.].

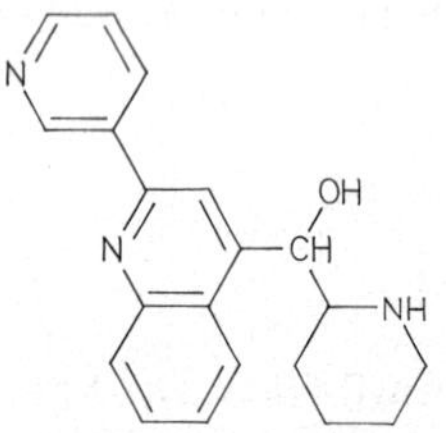

VII 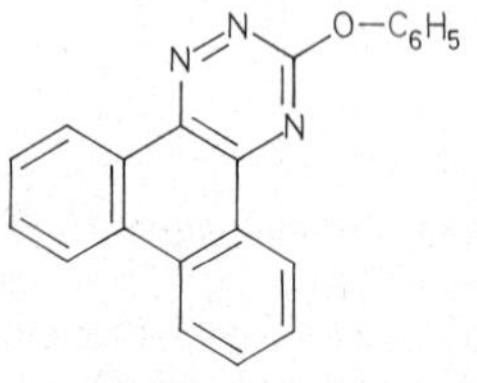   VIII 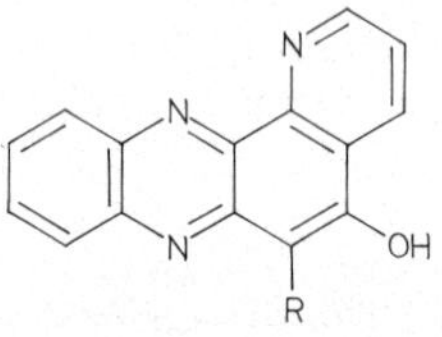   IX

Monohydroxy-Verbindungen $C_nH_{2n-21}N_3O$

3-Phenoxy-phenanthro[9,10-*e*][1,2,4]triazin $C_{21}H_{13}N_3O$, Formel VIII.

B. Aus 3-Chlor-phenanthro[9,10-*e*][1,2,4]triazin und Phenol in Gegenwart von Natriumacetat und $CuCl_2$ bei 100 – 110° (*Laakso et al.*, Tetrahedron **1** [1957] 103, 116).

Hellgelbe Kristalle (aus A.); F: 165 – 167°.

Pyrido[2,3-*a*]phenazin-5-ol $C_{15}H_9N_3O$, Formel IX (R = H).

B. Aus 7-Hydroxy-chinolin-5,8-dion und *o*-Phenylendiamin in Äthanol (*Pratt, Drake*, Am. Soc. **79** [1957] 5024, 5026).

Gelbe Kristalle (aus A.); F: >350°.

Pyrido[3,2-*a*]phenazin-5-ol $C_{15}H_9N_3O$, Formel X (R = H).

B. Aus 6-Hydroxy-chinolin-5,8-dion oder aus 6-Methoxy-chinolin-5,8-dion und *o*-Phenylendiamin (*Pratt, Drake*, Am. Soc. **77** [1955] 37, 39).

Kristalle (aus Bzl.); F: 256 – 256,5° [nach Sintern].

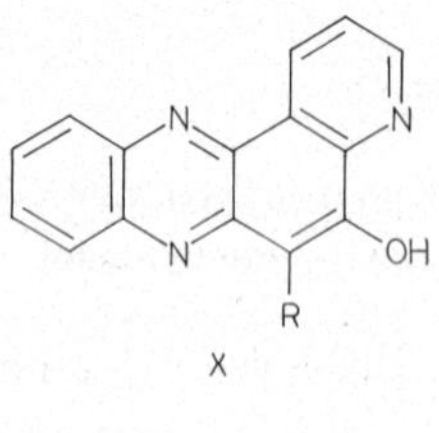

X 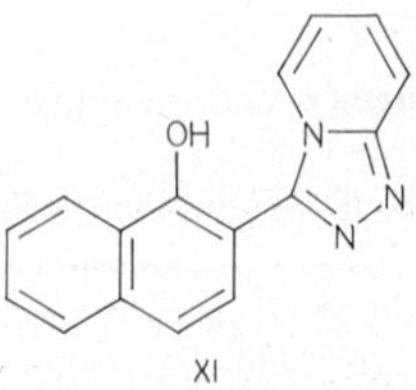   XI 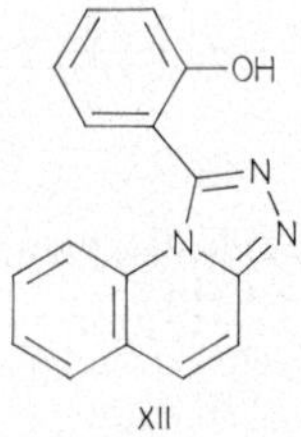   XII

2-[1,2,4]Triazolo[4,3-*a*]pyridin-3-yl-[1]naphthol $C_{16}H_{11}N_3O$, Formel XI.

B. Aus 2-Hydrazino-pyridin und 1-Hydroxy-[2]naphthoesäure-phenylester in 1,2,4-Trichlor-benzol (*Reynolds, VanAllan*, J. org. Chem. **24** [1959] 1478, 1485).
Kristalle (aus Trichlorbenzol); F: 239°.

2-[1,2,4]Triazolo[4,3-*a*]chinolin-1-yl-phenol $C_{16}H_{11}N_3O$, Formel XII.

B. Aus 2-Hydrazino-chinolin und Salicylsäure-phenylester in 1,2,4-Trichlor-benzol (*Reynolds, VanAllan*, J. org. Chem. **24** [1959] 1478, 1479, 1484).
Kristalle (aus DMSO); F: >290°.

6-Propyl-pyrido[2,3-*a*]phenazin-5-ol $C_{18}H_{15}N_3O$, Formel IX (R = CH_2-C_2H_5).

B. Aus 7-Hydroxy-6-propyl-chinolin-5,8-dion und *o*-Phenylendiamin in Äthanol (*Pratt, Drake*, Am. Soc. **77** [1955] 4664, 4666).
Kristalle (aus Bzl.); Zers. bei 240°.

6-Propyl-pyrido[3,2-*a*]phenazin-5-ol $C_{18}H_{15}N_3O$, Formel X (R = CH_2-C_2H_5).

B. Aus 6-Hydroxy-7-propyl-chinolin-5,8-dion und *o*-Phenylendiamin in Äthanol (*Pratt, Drake*, Am. Soc. **77** [1955] 4664, 4665).
Kristalle (aus Bzl.+PAe.); F: 207 – 207,5° [nach Sintern].

4-Methoxy-2-[4-nitro-phenyl]-1-[1,3,3-trimethyl-indolin-2-ylidenmethyl]-phthalazinium
$[C_{27}H_{25}N_4O_3]^+$ und Mesomere; **[4-Methoxy-2-(4-nitro-phenyl)-phthalazin-1-yl]-[1,3,3-trimethyl-3*H*-indol-2-yl]-methinium** [1]), Formel XIII.

Perchlorat $[C_{27}H_{25}N_4O_3]ClO_4$. *B.* Aus 4-Methoxy-1-methylen-2-[4-nitro-phenyl]-1,2-di≠hydro-phthalazin und 2-[Hydroxyimino-methyl]-1,3,3-trimethyl-3*H*-indolium-perchlorat (E III/IV **20** 3255) in Acetanhydrid (*Rowe, Twitchett*, Soc. **1936** 1704, 1710). — Hellrote Kristalle; F: 182°.

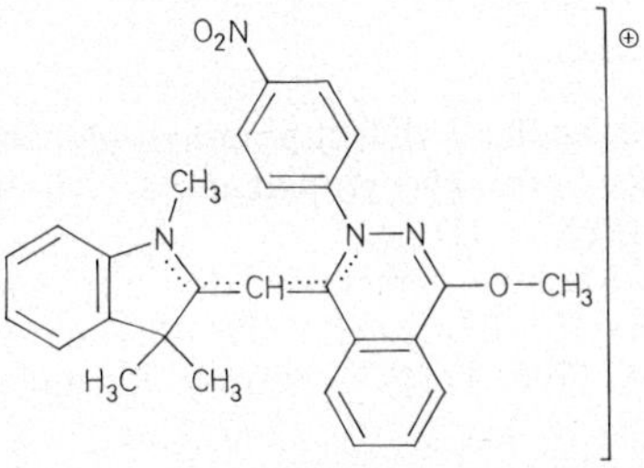

XIII 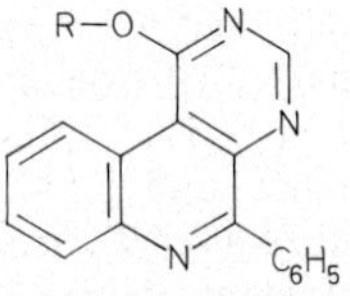   XIV

Monohydroxy-Verbindungen $C_nH_{2n-23}N_3O$

1-Methoxy-5-phenyl-pyrimido[4,5-*c*]chinolin $C_{18}H_{13}N_3O$, Formel XIV (R = CH_3).

B. Beim Erwärmen von 1-Chlor-5-phenyl-pyrimido[4,5-*c*]chinolin mit methanol. Natrium≠methylat (*Atkinson, Mattocks*, Soc. **1957** 3718, 3721).
Kristalle (aus PAe.); F: 163°.

1-Phenoxy-5-phenyl-pyrimido[4,5-*c*]chinolin $C_{23}H_{15}N_3O$, Formel XIV (R = C_6H_5).

B. Beim Erwärmen von 1-Chlor-5-phenyl-pyrimido[4,5-*c*]chinolin mit Phenol und KOH (*Atkinson, Mattocks*, Soc. **1957** 3718, 3720).
Kristalle (aus Bzl.); F: 193 – 194°.

---

[1]) Siehe S. 358 Anm.

1-Methoxy-5-phenyl-pyridazino[3,4-c]chinolin $C_{18}H_{13}N_3O$, Formel I (R = CH_3).

B. Beim Erwärmen von 1-Chlor-5-phenyl-pyridazino[3,4-c]chinolin mit methanol. Natrium≠
methylat (*Atkinson, Mattocks,* Soc. **1957** 3722, 3726).

Kristalle (aus A.); F: 194—198°.

1-Phenoxy-5-phenyl-pyridazino[3,4-c]chinolin $C_{23}H_{15}N_3O$, Formel I (R = C_6H_5).

B. Aus 1-Chlor-5-phenyl-pyridazino[3,4-c]chinolin beim Erhitzen mit NH_3 in Phenol auf
180° oder beim Erwärmen mit KOH in Phenol (*Atkinson, Mattocks,* Soc. **1957** 3722, 3726).

Hellrote Kristalle (aus Methylacetat); F: 221°.

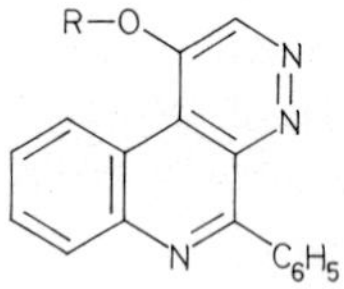

I

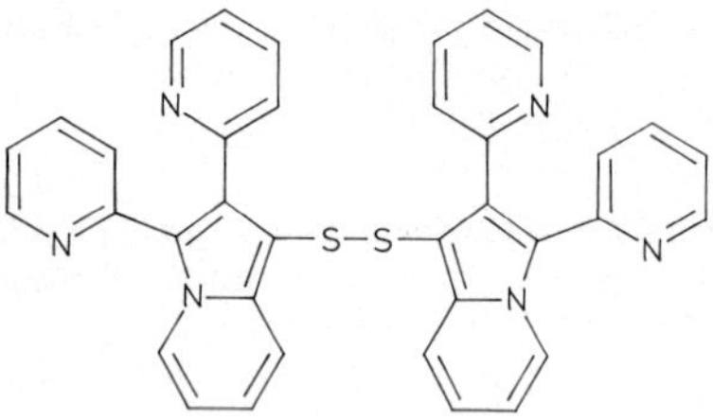

II

**Bis-[2,3-di-[2]pyridyl-indolizin-1-yl]-disulfid, 2,3,2′,3′-Tetra-[2]pyridyl-1,1′-disulfandiyl-di-
indolizin** $C_{36}H_{24}N_6S_2$, Formel II.

B. Beim Erhitzen [80 h] von 2-Methyl-pyridin mit Schwefel (*Emmert, Groll,* B. **86** [1953]
205; s. a. *Koppers Co.,* U.S.P. 2496319 [1948]).

Gelbe Kristalle; F: 200—203,5° [aus Toluol] (*Koppers Co.*), 201—203° [aus Me.] (*Em., Gr.*).

Beim Erhitzen mit HI und rotem Phosphor ist 2,3-Di-[2]pyridyl-indolizin erhalten worden
(*Em., Gr.*).

Nitrat. Gelbe Kristalle (*Em., Gr.*).

4-Methoxy-2-[4-nitro-phenyl]-1-[3-(1,3,3-trimethyl-indolin-2-yliden)-propenyl]-phthalazinium
$[C_{29}H_{27}N_4O_3]^+$ und Mesomere; **1-[4-Methoxy-2-(4-nitro-phenyl)-phthalazin-1-yl]-3-[1,3,3-tri≠
methyl-3H-indol-2-yl]-trimethinium** [1]), Formel III (X = H).

Perchlorat $[C_{29}H_{27}N_4O_3]ClO_4$. *B.* Aus 4-Methoxy-1-methylen-2-[4-nitro-phenyl]-1,2-di≠
hydro-phthalazin und 2-[2-(*N*-Acetyl-anilino)-vinyl]-1,3,3-trimethyl-3*H*-indolium-perchlorat in
Acetanhydrid (*Rowe, Twitchett,* Soc. **1936** 1704, 1706, 1711). — Grüne Kristalle mit gelbem
Glanz (aus Acetanhydrid); F: 265° [Zers.].

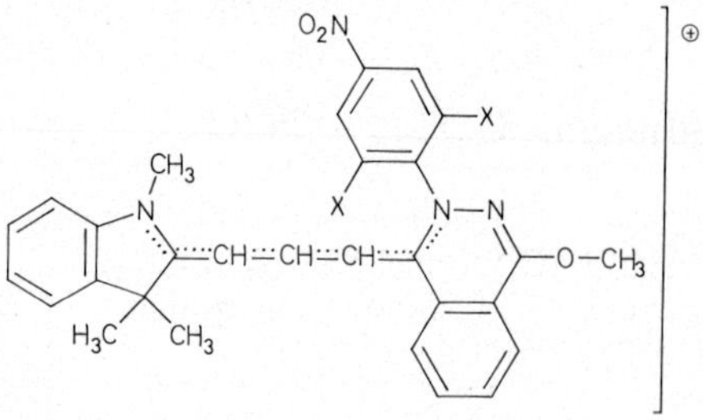

III

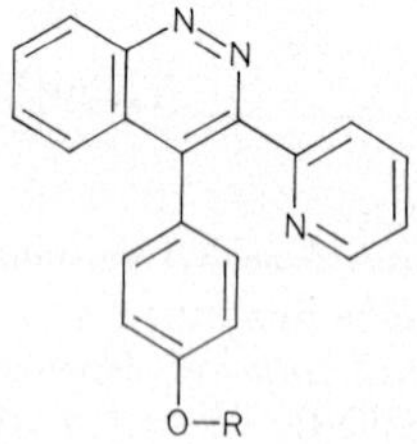

IV

**2-[2,6-Dichlor-4-nitro-phenyl]-4-methoxy-1-[3-(1,3,3-trimethyl-indolin-2-yliden)-propenyl]-
phthalazinium** $[C_{29}H_{25}Cl_2N_4O_3]^+$ und Mesomere; **1-[2-(2,6-Dichlor-4-nitro-phenyl)-4-methoxy-
phthalazin-1-yl]-3-[1,3,3-trimethyl-3H-indol-2-yl]-trimethinium,** Formel III (X = Cl).

Perchlorat $[C_{29}H_{25}Cl_2N_4O_3]ClO_4$. *B.* Analog der vorangehenden Verbindung (*Rowe, Twit≠*

[1]) Siehe S. 358 Anm.

chett, Soc. **1936** 1704, 1711). − Grüne Kristalle mit gelbem Glanz (aus Acetanhydrid); F: 246° [nach Sintern].

Monohydroxy-Verbindungen $C_nH_{2n-25}N_3O$

4-[3-[2]Pyridyl-cinnolin-4-yl]-phenol $C_{19}H_{13}N_3O$, Formel IV (R = H).

B. Beim Erwärmen von 4-[4-Methoxy-phenyl]-3-[2]pyridyl-cinnolin mit wss. HBr (*Nunn, Schofield,* Soc. **1953** 3700, 3703).

Gelbe Kristalle (aus A.); F: 265−266°.

4-[4-Methoxy-phenyl]-3-[2]pyridyl-cinnolin $C_{20}H_{15}N_3O$, Formel IV (R = CH$_3$).

B. Aus diazotiertem 2-[1-(4-Methoxy-phenyl)-2-[2]pyridyl-vinyl]-anilin [E III/IV **22** 6043] (*Schofield,* Soc. **1949** 2408, 2411; *Nunn, Schofield,* Soc. **1953** 3700, 3701).

Gelbe Kristalle (aus wss. Me. bzw. aus Me.); F: 157−158° [unkorr.] (*Sch.; Nunn, Sch.*).

Kupfer(II)-Komplexsalz $C_{20}H_{15}N_3O \cdot CuCl_2$. Grüne Kristalle (aus A.); F: 222−223° (*Nunn, Sch.,* l. c. S. 3703).

4-[4-Methoxy-phenyl]-3-[3]pyridyl-chinolin $C_{20}H_{15}N_3O$, Formel V.

B. Beim Erwärmen von 1-[2-Amino-phenyl]-1-[4-methoxy-phenyl]-2-[3]pyridyl-äthanol mit H$_2$SO$_4$ und Diazotieren des Reaktionsprodukts in wss. HCl (*Nunn, Schofield,* Soc. **1953** 3700, 3703).

Gelbe Kristalle (aus wss. A.); F: 145−146°.

Phenanthro[9,10-*e*]pyrido[2,1-*c*][1,2,4]triazin-15a-ol $C_{19}H_{13}N_3O$, Formel VI.

Für eine von *Kauffmann et al.* (Z. Naturf. **14b** [1959] 601) mit Vorbehalt unter dieser Konstitu≠ tion beschriebene Verbindung (F: 180°; erhalten aus [2]Pyridylhydrazin und Phenanthren-9,10-dion) ist vielleicht auch eine Formulierung als Phenanthren-9,10-dion-mono-[2]pyridyl≠ hydrazon ($C_{19}H_{13}N_3O$) in Betracht zu ziehen (vgl. hierzu *Chiswell et al.,* Inorg. Chem. **3** [1964] 492).

V   VI   VII

*Opt.-inakt. 10,11-Dihydro-5a*H*,17*H*-5,11-cyclo-dibenzo[3,4;7,8][1,5]diazocino[2,1-*b*]chinazolin-17-ol $C_{21}H_{17}N_3O$, Formel VII (R = R′ = H).

Diese Konstitution kommt der H **14** 23; E II **14** 15 als Anhydro-tris-[2-amino-benzaldehyd] bezeichneten Verbindung zu (*McGeachin,* Canad. J. Chem. **44** [1966] 2323; *Albert, Yamamoto,* Soc. [B] **1966** 956, 958). Das E II **14** 16 beschriebene Methyl-Derivat $C_{22}H_{19}N_3O$ ist vermutlich als opt.-inakt. 17-Methoxy-10,11-dihydro-5a*H*,17*H*-5,11-cyclo-dibenzo[3,4;7,8][1,5]di≠ azocino[2,1-*b*]chinazolin [Formel VII(R = H, R′ = CH$_3$)] (vgl. hierzu *McG.*), das E II **14** 16 beschriebene Acetyl-Derivat $C_{23}H_{19}N_3O_2$ als opt.-inakt. 10-Acetyl-10,11-dihydro-5a*H*,17*H*-5,11-cyclo-dibenzo[3,4;7,8][1,5]diazocino[2,1-*b*]chinazolin-17-ol [Formel VII (R = CO-CH$_3$, R′ = H)] zu formulieren (*Al., Ya.*).

B. Beim Behandeln von Indol mit Ozon in Essigsäure (*Witkop,* A. **556** [1944] 103, 109).

Kristalle (aus A.); F: 234° (*Wi.*).

Monohydroxy-Verbindungen $C_nH_{2n-27}N_3O$

5-Methylmercapto-benz[f]isochino[4,3- b]chinoxalin $C_{20}H_{13}N_3S$, Formel VIII.

B. Beim Erwärmen von 6 *H*-Benz[f]isochino[4,3- b]chinoxalin-5-thion mit CH_3I und Natrium-[2-äthoxy-äthylat] in 2-Äthoxy-äthanol (*Osdene, Timmis*, Soc. **1955** 4349, 4352).

Gelbe Kristalle (aus A.); F: 280°.

VIII   IX   X

1-[1,2,4]Triazolo[4,3- a]chinolin-1-yl-[2]naphthol $C_{20}H_{13}N_3O$, Formel IX.

B. Aus 2-Hydrazino-chinolin und 2-Hydroxy-[1]naphthoesäure-phenylester in 1,2,4-Trichlor-benzol (*Reynolds, VanAllan*, J. org. Chem. **24** [1959] 1478, 1484).

Kristalle (aus Trichlorbenzol); F: 289°.

3-[3-Methoxy-phenyl]-5,6-diphenyl-[1,2,4]triazin $C_{22}H_{17}N_3O$, Formel X.

B. Beim Erhitzen von Benzil mit 3-Methoxy-benzoesäure-hydrazid und Ammoniumacetat in Essigsäure (*Laakso et al.*, Tetrahedron **1** [1957] 103, 106, 112).

Gelbe Kristalle (aus A. + PAe.); F: 129 – 130°.

4-[5,6-Diphenyl-[1,2,4]triazin-3-yl]-phenol $C_{21}H_{15}N_3O$, Formel XI.

B. Analog der vorangehenden Verbindung (*Laakso et al.*, Tetrahedron **1** [1957] 103, 106, 111).

Hellgelbe Kristalle (aus E.); F: 254 – 255,5°.

Beim Erwärmen mit Zink-Pulver und Essigsäure ist 4-[4,5-Diphenyl-1 *H*-imidazol-2-yl]-phenol erhalten worden.

O-Acetyl-Derivat $C_{23}H_{17}N_3O_2$; 3-[4-Acetoxy-phenyl]-5,6-diphenyl-[1,2,4]tri\≠azin, 1-Acetoxy-4-[5,6-diphenyl-[1,2,4]triazin-3-yl]-benzol. Gelbe Kristalle (aus Eg.); F: 175 – 176°.

XI   XII

[5-Methyl-6-phenyl-[1,2,4]triazin-3-yl]-diphenyl-methanol $C_{23}H_{19}N_3O$, Formel XII, und
[6-Methyl-5-phenyl-[1,2,4]triazin-3-yl]-diphenyl-methanol $C_{23}H_{19}N_3O$, Formel XIII.

Zur Konstitution s. *Metze et al.*, B. **92** [1959] 2478, 2479.

a) Präparat vom F: 131°.

B. Neben dem unter b) beschriebenen Präparat und 1-Phenyl-propandion-1,2-bis-benziloylhy\≠drazon beim Erhitzen von Benzilsäure-[*N'*-(1-methyl-2-oxo-2-phenyl-äthyliden)-hydrazid] mit NH_3 in Äthanol auf 160° (*Me. et al.*, l. c. S. 2480).

Kristalle (aus A.); F: 131°.

b) Präparat vom F: 126°.

B. s. unter a).

Kristalle (aus A.); F: 126°.

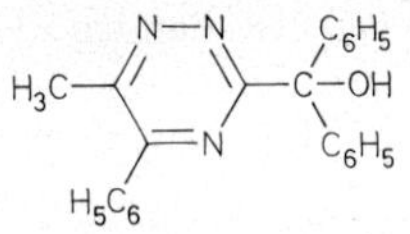

XIII

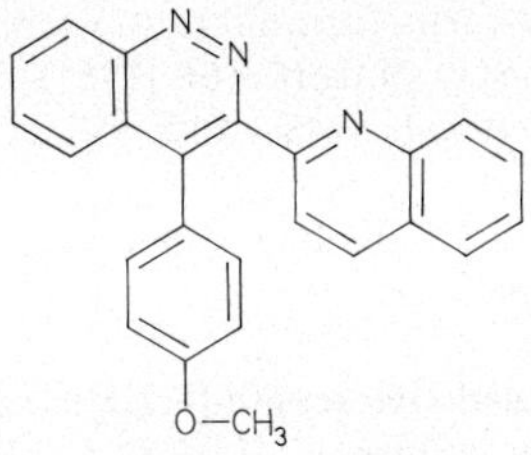

XIV

Monohydroxy-Verbindungen $C_nH_{2n-31}N_3O$

3-[2]Chinolyl-4-[4-methoxy-phenyl]-cinnolin $C_{24}H_{17}N_3O$, Formel XIV.

B. Aus diazotiertem 2-[2-[2]Chinolyl-1-(4-methoxy-phenyl)-vinyl]-anilin [E III/IV **22** 6054] (*Schofield*, Soc. **1949** 2408, 2411; s. a. *Nunn, Schofield*, Soc. **1953** 3700, 3701).

Hellgelbe Kristalle (aus Me.); F: 151–152° (*Sch.*; s. a. *Nunn, Sch.*).   [*Blazek*]

B. Dihydroxy-Verbindungen

Dihydroxy-Verbindungen $C_nH_{2n-1}N_3O_2$

Dihydroxy-Verbindungen $C_2H_3N_3O_2$

3,5-Bis-methylmercapto-1H-[1,2,4]triazol $C_4H_7N_3S_2$, Formel I und Taut. (E II 67).

B. Aus [1,2,4]Triazolidin-3,5-dithion oder 5-Methylmercapto-1,2-dihydro-[1,2,4]triazol-3-thion und Diazomethan (*Loewe, Türgen*, Rev. Fac. Sci. Istanbul [A] **14** [1949] 227, 243).

Kristalle (aus PAe.); F: 93–94°.

3,5-Bis-methylmercapto-4-phenyl-4H-[1,2,4]triazol $C_{10}H_{11}N_3S_2$, Formel II (R = CH_3, R′ = C_6H_5) (E II 68).

B. Aus 4-Phenyl-[1,2,4]triazolidin-3,5-dithion und Diazomethan oder Dimethylsulfat (*Loewe, Türgen*, Rev. Fac. Sci. Istanbul [A] **14** [1949] 227, 244).

3,5-Bis-methylmercapto-4-o-tolyl-4H-[1,2,4]triazol $C_{11}H_{13}N_3S_2$, Formel II (R = CH_3, R′ = C_6H_4-CH_3).

B. Aus 4-o-Tolyl-[1,2,4]triazolidin-3,5-dithion und Dimethylsulfat (*Guha, Mehta*, J. Indian Inst. Sci. [A] **21** [1938] 41, 57).

Kristalle (aus wss. A.); F: 178°.

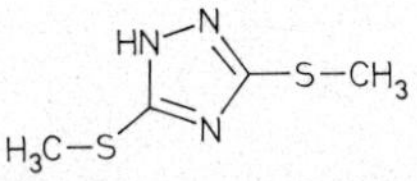

I

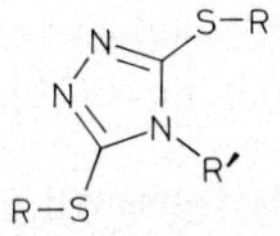

II

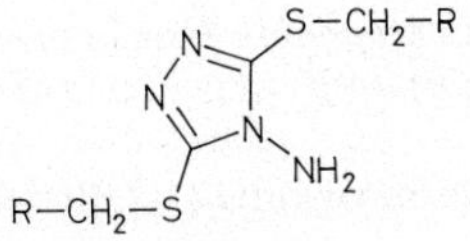

III

3,5-Bis-methylmercapto-4-p-tolyl-4H-[1,2,4]triazol $C_{11}H_{13}N_3S_2$, Formel II (R = CH_3, R′ = C_6H_4-CH_3).

B. Analog der vorangehenden Verbindung (*Guha, Mehta*, J. Indian Inst. Sci. [A] **21** [1938] 41, 57).

Kristalle (aus A.); F: 140°.

3,5-Bis-benzylmercapto-[1,2,4]triazol-4-ylamin $C_{16}H_{16}N_4S_2$, Formel III (R = C_6H_5) (E II 69).

Diese Konstitution kommt auch der früher (E II **26** 241) als 3,6-Bis-benzylmercapto-1,4-di≈

hydro-[1,2,4,5]tetrazin formulierten Verbindung zu (*Sandström*, Acta chem. scand. **15** [1961] 1295, 1296; *Petri*, Z. Naturf. **16b** [1961] 767).

Kristalle (aus A.); F: 148 – 149° (*Sa.*, l. c. S. 1301; s. a. *Pe.*). IR-Banden (3350 – 700 cm^{-1}): *Pe.*

Überführung in 3,5-Bis-benzylmercapto-1*H*-[1,2,4]triazol durch Behandeln mit Essigsäure und wss. NaNO$_2$: *Sa.*

3,5-Bis-carboxymethylmercapto-[1,2,4]triazol-4-ylamin, [4-Amino-4*H*-[1,2,4]triazol-3,5-diyl= dimercapto]-di-essigsäure $C_6H_8N_4O_4S_2$, Formel III (R = CO-OH).

Diese Konstitution kommt wahrscheinlich der von *Wangel* (Kem. Maanedsb. **39** [1958] 73, 74, 76) als 3,6-Bis-carboxymethylmercapto-1,4-dihydro-[1,2,4,5]tetrazin formulierten Verbin= dung zu (*Sandström*, Acta chem. scand. **15** [1961] 1295, 1296).

B. Aus dem Pyridin-Salz des 4-Amino-[1,2,4]triazolidin-3,5-dithions und Chloressigsäure mit Hilfe von wss. NaOH (*Sa.*, l. c. S. 1300; vgl. *Wa.*).

Kristalle; F: 183,5 – 184° (*Wa.*), 180 – 180,6° [Zers.; aus H$_2$O] (*Sa.*).

Dihydroxy-Verbindungen $C_3H_5N_3O_2$

4,6-Bis-benzylmercapto-1-*o*-tolyl-1,2-dihydro-[1,3,5]triazin $C_{24}H_{23}N_3S_2$, Formel IV.

Diese Konstitution kommt wahrscheinlich einer früher (E I **23** 98) als 4-Benzylmercapto-*N*-*o*-tolyl-2*H*-[1,3]diazet-1-thiocarbimidsäure-benzylester (,,Verbindung $C_{24}H_{23}N_3S_2$'') angesehenen Verbindung zu (s. dazu *Fairfull, Peak*, Soc. **1955** 803).

Dihydroxy-Verbindungen $C_4H_7N_3O_2$

4,5-Bis-hydroxymethyl-1-phenyl-1*H*-[1,2,3]triazol $C_{10}H_{11}N_3O_2$, Formel V (R = X = H).

B. Aus Azidobenzol und But-2-in-1,4-diol (*Mugnaini, Grünanger*, R.A.L. [8] **14** [1953] 95, 98, 275, 278; *BASF*, D.B.P. 818048 [1951]; D.R.B.P. Org. Chem. 1950 – 1951 **6** 2362).

Kristalle (aus H$_2$O); F: 161 – 162° (*Mu., Gr.*), 157 – 159° (*BASF*).

IV   V   VI

4,5-Bis-benzoyloxymethyl-1-phenyl-1*H*-[1,2,3]triazol $C_{24}H_{19}N_3O_4$, Formel V (R = CO-C$_6$H$_5$, X = H).

B. Aus 1,4-Bis-benzoyloxy-but-2-in und Azidobenzol (*BASF*, D.B.P. 818048 [1951]; D.R.B.P. Org. Chem. 1950 – 1951 **6** 2362). Aus 4,5-Bis-hydroxymethyl-1-phenyl-1*H*-[1,2,3]triazol und Benzoylchlorid (*Mugnaini, Grünanger*, R.A.L. [8] **14** [1953] 275, 279).

Kristalle; F: 91 – 92° [aus Me.] (*Mu., Gr.*), 86 – 87° [aus A.] (*BASF*).

1-[4-(4,5-Bis-hydroxymethyl-[1,2,3]triazol-1-yl)-phenyl]-pyrrolidin-2-on $C_{14}H_{16}N_4O_3$, Formel VI.

B. Aus 1-[4-Azido-phenyl]-pyrrolidin-2-on und But-2-in-1,4-diol (*BASF*, D.B.P. 818048 [1951]; D.R.B.P. Org. Chem. 1950 – 1951 **6** 2362).

Kristalle; Zers. bei 216 – 218°.

*4,5-Bis-hydroxymethyl-1-[4-phenylazo-phenyl]-1*H*-[1,2,3]triazol $C_{16}H_{15}N_5O_2$, Formel V (R = H, X = N=N-C$_6$H$_5$).

B. Aus 4-Azido-azobenzol und But-2-in-1,4-diol (*BASF*, D.B.P. 818048 [1951]; D.R.B.P. Org. Chem. 1950 – 1951 **6** 2362).

Kristalle; Zers. bei 199 – 200°.

[4-(4,5-Bis-hydroxymethyl-[1,2,3]triazol-1-yl)-phenyl]-arsonsäure $C_{10}H_{12}AsN_3O_5$, Formel V
(X = $AsO(OH)_2$).

B. Aus [4-Azido-phenyl]-arsonsäure und But-2-in-1,4-diol (*BASF*, D.B.P. 818048 [1951];
D.R.B.P. Org. Chem. 1950—1951 **6** 2362).

Hellgelbe Kristalle (aus H_2O); Zers. >180°.

3,5-Bis-hydroxymethyl-[1,2,4]triazol-4-ylamin $C_4H_8N_4O_2$, Formel VII.

Diese Konstitution kommt auch der früher (H **26** 441) als Tetrahydro-[1,2,5,6]tetrazocin-3,7-
dion („Bis-[hydrazinoessigsäure]-dilactam") beschriebenen Verbindung zu (*Adámek*, Collect.
25 [1960] 1694).

B. Beim Erhitzen von Glykolsäure mit $N_2H_4 \cdot H_2O$ auf 168° (*Ad.*, l. c. S. 1695) oder von
Glykolsäure-hydrazid auf 175° (*Ad.*; vgl. H **26** 441).

Kristalle (aus H_2O); F: 207—208°.

Dihydroxy-Verbindungen $C_5H_9N_3O_2$

2,2-Dimethyl-4,6-bis-methylmercapto-1-phenyl-1,2-dihydro-[1,3,5]triazin $C_{13}H_{17}N_3S_2$,
Formel VIII (R = CH_3, R' = H).

Diese Konstitution kommt einer von *Underwood, Dains* (Univ. Kansas Sci. Bl. **24** [1936]
5, 13) als 2,2-Dimethyl-4-methylmercapto-*N*-phenyl-2*H*-[1,3]diazet-1-thiocarbimidsäure-methyl≈
ester beschriebenen Verbindung zu (*Fairfull, Peak*, Soc. **1955** 803, 804).

B. Aus 6,6-Dimethyl-1-phenyl-dihydro-[1,3,5]triazin-2,4-dithion und CH_3I (*Un., Da.*).

Kristalle (aus A.); F: 134° (*Un., Da.*).

Methojodid [$C_{14}H_{20}N_3S_2$]I; 1,2,2-Trimethyl-4,6-bis-methylmercapto-3-phenyl-
2,3-dihydro-[1,3,5]triazinium-jodid. Kristalle (aus Me.+Ae.); F: 184—186° (*Fa., Peak*,
l. c. S. 806).

VII   VIII   IX

4,6-Bis-benzylmercapto-2,2-dimethyl-1-phenyl-1,2-dihydro-[1,3,5]triazin $C_{25}H_{25}N_3S_2$,
Formel VIII (R = CH_2-C_6H_5, R' = H).

Diese Konstitution kommt einer früher (H **23** 350) als 4-Benzylmercapto-2,2-dimethyl-
N-phenyl-2*H*-[1,3]diazet-1-thiocarbimidsäure-benzylester angesehenen „Verbindung
$C_{25}H_{25}N_3S_2$" zu (s. dazu *Fairfull, Peak*, Soc. **1955** 803).

4,6-Bis-benzylmercapto-2,2-dimethyl-1-*o*-tolyl-1,2-dihydro-[1,3,5]triazin $C_{26}H_{27}N_3S_2$,
Formel VIII (R = CH_2-C_6H_5, R' = CH_3).

Diese Konstitution kommt wahrscheinlich einer früher (E I **23** 98) als 4-Benzylmercapto-
2,2-dimethyl-*N*-*o*-tolyl-2*H*-[1,3]diazet-1-thiocarbimidsäure-benzylester angesehenen „Verbin≈
dung $C_{26}H_{27}N_3S_2$" zu (*Fairfull, Peak*, Soc. **1955** 803).

Dihydroxy-Verbindungen $C_8H_{15}N_3O_2$

1-Benzyl-4,5-bis-[α-hydroxy-isopropyl]-1*H*-[1,2,3]triazol $C_{15}H_{21}N_3O_2$, Formel IX.

B. Aus Benzylazid und 2,5-Dimethyl-hex-3-in-2,5-diol (*Moulin*, Helv. **35** [1952] 167, 177;
Wiley et al., Am. Soc. **77** [1955] 3412).

Kristalle; F: 151—153° [aus E.] (*Wi. et al.*), 149—150° [korr.; aus Acn.] (*Mo.*).

Dihydroxy-Verbindungen $C_{36}H_{71}N_3O_2$

*Opt.-inakt. 3,5-Bis-[11-hydroxy-heptadecyl]-[1,2,4]triazol-4-ylamin $C_{36}H_{72}N_4O_2$, Formel X.
    B. Aus 12-Hydroxy-octadecansäure und N_2H_4 (*Vořišek*, Collect. **6** [1934] 69, 71).
    Kristalle (aus wss. A.); F: 139,5 — 140,5°.
    Hydrochlorid $C_{36}H_{72}N_4O_2 \cdot HCl$. Kristalle; F: 105 — 106° [Zers.; bei schnellem Erhitzen].
    Sulfat $2C_{36}H_{72}N_4O_2 \cdot H_2SO_4$. Kristalle; F: 106,5 — 107,5°.

X   XI   XII

Dihydroxy-Verbindungen $C_nH_{2n-3}N_3O_2$

Dihydroxy-Verbindungen $C_3H_3N_3O_2$

3-Äthoxy-5-methylmercapto-[1,2,4]triazin $C_6H_9N_3OS$, Formel XI.
    B. Aus 3,5-Dichlor-[1,2,4]triazin beim Behandeln mit Natriummethanthiolat und Natrium‹
äthylat in Äthanol (*Grundmann et al.*, J. org. Chem. **23** [1958] 1522).
    Kristalle (aus PAe.); F: 41 — 42°.

3,5-Bis-methylmercapto-[1,2,4]triazin $C_5H_7N_3S_2$, Formel XII.
    B. Aus 3,5-Dichlor-[1,2,4]triazin und Natriummethanthiolat in Xylol (*Grundmann et al.*, J.
org. Chem. **23** [1958] 1522).
    Kristalle (aus PAe. bei −15°); F: 57°.

Dimethoxy-[1,3,5]triazin $C_5H_7N_3O_2$, Formel XIII (X = H).
    B. Aus Chlor-dimethoxy-[1,3,5]triazin bei der Hydrierung an Palladium/Kohle in Äther unter
Zusatz von Triäthylamin (*Flament et al.*, Helv. **42** [1959] 485, 489).
    Kristalle (aus PAe.); F: 55,5 — 56°. IR-Spektrum (KBr sowie CS_2; 2 — 15 μ): *Fl. et al.*, l. c.
S. 488. UV-Spektrum (wss. Me. vom pH 11; 215 — 265 nm): *Fl. et al.*, l. c. S. 487.

Chlor-dimethoxy-[1,3,5]triazin $C_5H_6ClN_3O_2$, Formel XIII (X = Cl) (H 123).
    B. Beim Erhitzen von Trichlor-[1,3,5]triazin mit Methanol und $NaHCO_3$ (*Dudley et al.*,
Am. Soc. **73** [1951] 2986, 2988, 2989).
    Kristalle (aus Heptan); F: 75 — 76° (*Du. et al.*). IR-Spektrum (KBr; 2 — 15 μ): *Flament et al.*,
Helv. **42** [1959] 485, 488. λ_{max} (Me.; 215 — 225 nm): *Fl. et al.*, l. c. S. 487.

XIII   XIV   XV

Chlor-diphenoxy-[1,3,5]triazin $C_{15}H_{10}ClN_3O_2$, Formel XIV (X = X′ = X″ = H).
    B. Aus Trichlor-[1,3,5]triazol und Natriumphenolat (*Schaefer et al.*, Am. Soc. **73** [1951] 2990).
    Kristalle (aus Heptan); F: 121 — 123° [unkorr.] (*Sch. et al.*).

Die folgenden Verbindungen sind in analoger Weise hergestellt worden:

Chlor-bis-[4-chlor-phenoxy]-[1,3,5]triazin $C_{15}H_8Cl_3N_3O_2$,   Formel XIV
(X = X' = H, X'' = Cl). Kristalle (aus Hexan); F: 140–146° (*Schuldt, Wolf*, Contrib. Boyce Thompson Inst. **18** [1956] 377, 382, 383).

Chlor-bis-[2,4-dichlor-phenoxy]-[1,3,5]triazin $C_{15}H_6Cl_5N_3O_2$, Formel XIV (X = H, X' = X'' = Cl). Kristalle (aus Bzl. + Hexan); F: 172–173° (*Ethyl Corp.*, D.B.P. 952478 [1952]; *Pittsburgh Coke & Chem. Co.*, U.S.P. 2824823 [1954]; *Sch., Wolf*, l. c. S. 381, 383).

Chlor-bis-pentachlorphenoxy-[1,3,5]triazin $C_{15}Cl_{11}N_3O_2$,   Formel XIV
(X = X' = X'' = Cl). Kristalle (aus Tetrachloräthan); F: ca. 300° (*Sch. et al.*).

Chlor-bis-[4-methoxy-phenoxy]-[1,3,5]triazin $C_{17}H_{14}ClN_3O_4$,   Formel XIV
(X = X' = H, X'' = O-CH₃). Kristalle (aus Bzl.); F: 122,5–124° (*Sch., Wolf*).

Bis-[4-acetyl-2-methoxy-phenoxy]-chlor-[1,3,5]triazin $C_{21}H_{18}ClN_3O_6$, Formel XIV (X = H, X' = O-CH₃, X'' = CO-CH₃). Kristalle (aus Bzl.); F: 196–198° (*Sch., Wolf*).

Chlor-bis-[N,N-dimethyl-thiocarbamoylmercapto]-[1,3,5]triazin $C_9H_{12}ClN_5S_4$, Formel XV. Gelbe Kristalle (aus Acn.); F: 154–155° (*György et al.*, Magyar kém. Folyóirat **65** [1959] 282; C. A. **1960** 3446).

Dihydroxy-Verbindungen $C_4H_5N_3O_2$

Dimethoxy-methyl-[1,3,5]triazin $C_6H_9N_3O_2$, Formel I (R = CH₃, X = H).
B. Aus Dichlor-methyl-[1,3,5]triazin und Natriummethylat in Methanol (*Chromow-Borišow, Kišarewa*, Ž. obšč. Chim. **29** [1959] 3010, 3017; engl. Ausg. S. 2976, 2981).
F: 69–72°.

Chlormethyl-dimethoxy-[1,3,5]triazin $C_6H_8ClN_3O_2$, Formel II (X = Cl, X' = H).
B. Aus Dichlor-chlormethyl-[1,3,5]triazin und Natriummethylat in Methanol (*Grundmann, Kober*, Am. Soc. **79** [1957] 944, 946). Aus Diazomethyl-dimethoxy-[1,3,5]triazin und HCl in Äther (*Gr., Ko.*).
Kristalle (aus PAe.); F: 58–58,5°.

Dichlormethyl-dimethoxy-[1,3,5]triazin $C_6H_7Cl_2N_3O_2$, Formel II (X = X' = Cl).
B. Aus Diazomethyl-dimethoxy-[1,3,5]triazin und Chlor in CCl₄ (*Grundmann, Kober*, Am. Soc. **79** [1957] 944, 946).
Kp$_{0,045}$: 86–88°. n$_D^{23}$: 1,5200.

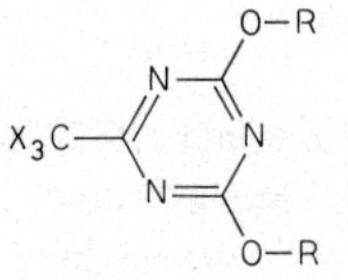

I 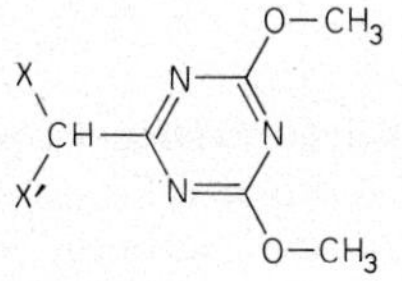   II 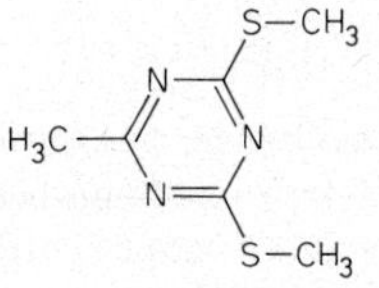   III

Diäthoxy-trichlormethyl-[1,3,5]triazin $C_8H_{10}Cl_3N_3O_2$, Formel I (R = C₂H₅, X = Cl).
B. Aus Chlor-bis-trichlormethyl-[1,3,5]triazin und Natriumäthylat in Äthanol (*Schroeder*, Am. Soc. **81** [1959] 5658, 5662).
F: 21°. Kp$_{0,1}$: 124°. n$_D^{30}$: 1,5112.

Dibrommethyl-dimethoxy-[1,3,5]triazin $C_6H_7Br_2N_3O_2$, Formel II (X = X' = Br).
B. Aus Diazomethyl-dimethoxy-[1,3,5]triazin und Brom in CCl₄ (*Grundmann, Kober*, Am. Soc. **79** [1957] 944, 946).
Kp$_{0,017}$: 112–113°. n$_D^{27}$: 1,5628.

Methyl-bis-methylmercapto-[1,3,5]triazin $C_6H_9N_3S_2$, Formel III.
B. Aus Dichlor-methyl-[1,3,5]triazin und Natriummethanthiolat (*Grundmann, Kober*, J. org. Chem. **21** [1956] 641).

Kristalle (aus A.); F: 72−73°.

Dihydroxy-Verbindungen $C_7H_{11}N_3O_2$

(±)-1(oder 3)-Phenyl-(3at,7at)-3a,4,5,6,7,7a-hexahydro-1(oder 3)H-4r,7c-methano-benzotriazol-5c,8*anti*-diol $C_{13}H_{15}N_3O_2$, Formel IV (R = H) oder Formel V (R = H)+Spiegelbilder.
Konfiguration: *Alder, Stein*, A. **515** [1935] 185; *Huisgen et al.*, B. **89** [1965] 3992.
B. Aus (±)-Norborn-5-en-2*exo*,7*syn*-diol und Azidobenzol (*Alder et al.*, B. **91** [1958] 609, 620).
Kristalle (aus E.); F: 174° (*Al. et al.*).

(±)-5c,8*anti*(oder 6c,8*anti*)-Diacetoxy-1-phenyl-(3at,7at)-3a,4,5,6,7,7a-hexahydro-1H-4r,7c-methano-benzotriazol $C_{17}H_{19}N_3O_4$, Formel IV (R = CO-CH$_3$) oder Formel V (R = CO-CH$_3$)+Spiegelbilder.
B. Aus (±)-5*exo*,7*anti*-Diacetoxy-norborn-2-en und Azidobenzol (*Alder et al.*, B. **91** [1958] 609, 619).
Kristalle (aus E.); F: 173°.

IV   V   VI

Dihydroxy-Verbindungen $C_9H_{15}N_3O_2$

5,6-Bis-hydroxymethyl-1-phenyl-3a,4,5,6,7,7a-hexahydro-1H-4,7-methano-benzotriazol $C_{15}H_{19}N_3O_2$.

a) (±)-5c,6c-Bis-hydroxymethyl-1-phenyl-(3at,7at)-3a,4,5,6,7,7a-hexahydro-1H-4r,7c-methano-benzotriazol, Formel VI+Spiegelbild.
B. Aus 5*exo*,6*exo*-Bis-hydroxymethyl-norborn-2-en und Azidobenzol (*Alder, Roth*, B. **87** [1954] 161, 166).
Kristalle (aus Acn.); F: 184° [Zers.].

b) (±)-5t(oder 5c),6c(oder 6t)-Bis-hydroxymethyl-1-phenyl-(3at,7at)-3a,4,5,6,7,7a-hexahydro-1H-4r,7c-methano-benzotriazol, Formel VII oder Formel VIII+Spiegelbilder.
B. Aus (±)-5*endo*,6*exo*-Bis-hydroxymethyl-norborn-2-en und Azidobenzol (*Alder, Roth*, B. **87** [1954] 161, 167).
Kristalle (aus E.); F: 156° [Zers.].

c) (±)-5t,6t-Bis-hydroxymethyl-1-phenyl-(3at,7at)-3a,4,5,6,7,7a-hexahydro-1H-4r,7c-methano-benzotriazol, Formel IX+Spiegelbild.
B. Aus 5*endo*,6*endo*-Bis-hydroxymethyl-norborn-2-en und Azidobenzol (*Alder, Roth*, B. **87** [1954] 161, 165).
Kristalle (aus E.); F: 168° [Zers.].

VII   VIII   IX

Dihydroxy-Verbindungen $C_nH_{2n-5}N_3O_2$

2,4-Dimethoxy-5,6,7,8-tetrahydro-pyrido[2,3-*d*]pyrimidin $C_9H_{13}N_3O_2$, Formel X.

B. Aus 2,4-Dichlor-5,6,7,8-tetrahydro-pyrido[2,3-*d*]pyrimidin und Natriummethylat in Methanol (*Oakes et al.*, Soc. **1956** 1045, 1053).

Kristalle (aus PAe.); F: 166°.

4-[α-Hydroxy-isopropyl]-5-[3-hydroxy-3-methyl-but-1-inyl]-1-[2-nitro-phenyl]-1*H*-[1,2,3]triazol, 4-[5-(α-Hydroxy-isopropyl)-3-(2-nitro-phenyl)-3*H*-[1,2,3]triazol-4-yl]-2-methyl-but-3-in-2-ol $C_{16}H_{18}N_4O_4$, Formel XI (R = C_6H_4-NO$_2$).

B. Aus 2,7-Dimethyl-octa-3,5-diin-2,7-diol und 2-Nitro-phenylazid (*Dornow, Rombusch*, B. **91** [1958] 1841, 1848).

Kristalle (aus E.); F: 140 – 141°.

Die folgenden Verbindungen sind in analoger Weise hergestellt worden:

4-[α-Hydroxy-isopropyl]-5-[3-hydroxy-3-methyl-but-1-inyl]-1-[3-nitro-phen‌yl]-1*H*-[1,2,3]triazol, 4-[5-(α-Hydroxy-isopropyl)-3-(3-nitro-phenyl)-3*H*-[1,2,3]tri‌azol-4-yl]-2-methyl-but-3-in-2-ol $C_{16}H_{18}N_4O_4$, Formel XI (R = C_6H_4-NO$_2$). Kristalle (aus Toluol); F: 93 – 94° (*Do., Ro.*, l. c. S. 1847).

4-[α-Hydroxy-isopropyl]-5-[3-hydroxy-3-methyl-but-1-inyl]-1-[4-nitro-phen‌yl]-1*H*-[1,2,3]triazol, 4-[5-(α-Hydroxy-isopropyl)-3-(4-nitro-phenyl)-3*H*-[1,2,3]tri‌azol-4-yl]-2-methyl-but-3-in-2-ol $C_{16}H_{18}N_4O_4$, Formel XI (R = C_6H_4-NO$_2$). Kristalle (aus E.); F: 176 – 177° (*Do., Ro.*, l. c. S. 1847).

α-[4-(α-Hydroxy-isopropyl)-5-(3-hydroxy-3-methyl-but-1-inyl)-[1,2,3]triazol-1-yl]-isobuttersäure-amid $C_{14}H_{22}N_4O_3$, Formel XI (R = C(CH$_3$)$_2$-CO-NH$_2$). Kristalle (aus E.); F: 199 – 200° (*Do., Ro.*, l. c. S. 1849).

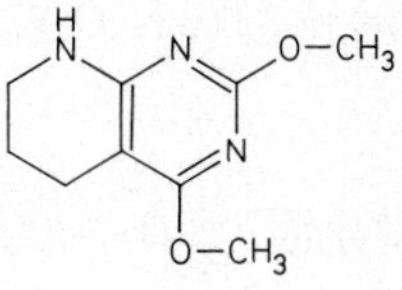

X 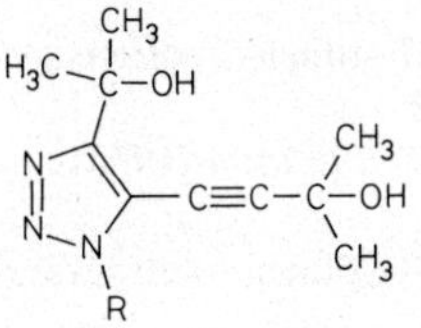   XI 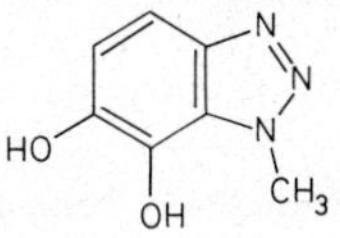   XII

1-[4-Amino-phenyl]-4-[α-hydroxy-isopropyl]-5-[3-hydroxy-3-methyl-but-1-inyl]-1*H*-[1,2,3]triazol, 4-[3-(4-Amino-phenyl)-5-(α-hydroxy-phenyl)-3*H*-[1,2,3]triazol-4-yl]-2-methyl-but-3-in-2-ol $C_{16}H_{20}N_4O_2$, Formel XI (R = C_6H_4-NH$_2$).

B. Bei der Hydrierung von 4-[5-(α-Hydroxy-isopropyl)-3-(4-nitro-phenyl)-3*H*-[1,2,3]triazol-4-yl]-2-methyl-but-3-in-2-ol an Raney-Nickel (*Dornow, Rombusch*, B. **91** [1958] 1841, 1848).

Kristalle (aus E.); F: 191 – 193°.

Dihydroxy-Verbindungen $C_nH_{2n-7}N_3O_2$

3-Methyl-3*H*-benzotriazol-4,5-diol $C_7H_7N_3O_2$, Formel XII.

Hydrobromid $C_7H_7N_3O_2 \cdot$ HBr. *B.* Aus 2-Brom-3,4-dimethoxy-1-nitro-benzol über meh‌rere Stufen (*Süs*, A. **579** [1953] 133, 151). — F: 210°.

1-[4-Nitro-phenyl]-1*H*-benzotriazol-4,7-diol $C_{12}H_8N_4O_4$, Formel XIII.

B. Aus 1-Azido-4-nitro-benzol und [1,4]Benzochinon in Benzol beim mehrtägigen Bestrahlen mit UV-Licht (*Oliveri-Mandalà, Caronna*, Ric. scient. **22** [1952] 1219, 1222).

Gelbe Kristalle (aus Eg.); F: 183° [Zers.] (*Ol.-Ma., Ca.*).

Beim Behandeln mit wss. NaBrO ist 1-[4-Nitro-phenyl]-1*H*-[1,2,3]triazol-4-carbonsäure erhal‌ten worden (*Caronna, Palazzo*, G. **82** [1952] 292, 294).

1H-Benzotriazol-5,6-diol $C_6H_5N_3O_2$, Formel XIV (R = R' = H) und Taut.

B. Aus 5,6-Dimethoxy-1H-benzotriazol mit Hilfe von wss. HBr (*Kalle & Co.*, D.B.P. 838692 [1952]).

F: 128°.

Hydrobromid. Kristalle; F: 218°.

5,6-Dimethoxy-1H-benzotriazol $C_8H_9N_3O_2$, Formel XIV (R = CH$_3$, R' = H) und Taut.

B. Aus Essigsäure-[4,5-dimethoxy-2-nitro-anilid] durch Reduktion, Diazotieren des Reaktionsprodukts und anschliessendes Erhitzen mit wss. HCl (*Kalle & Co.*, D.B.P. 838692 [1952]).

F: 202 – 203°.

XIII   XIV   XV

5,6-Dimethoxy-1-phenyl-1H-benzotriazol $C_{14}H_{13}N_3O_2$, Formel XIV (R = CH$_3$, R' = C$_6$H$_5$).

B. Beim Behandeln von 4,5-Dimethoxy-N-phenyl-o-phenylendiamin mit NaNO$_2$ und wss. HCl (*Hughes et al.*, J. Pr. Soc. N.S. Wales **71** [1938] 428, 433).

Rote Kristalle (aus Bzl. + PAe.); F: 128°.

*4-[5,6-Dimethoxy-benzotriazol-2-yl]-stilben-2-sulfonsäure-dibutylamid $C_{30}H_{36}N_4O_4S$, Formel XV (R = R' = [CH$_2$]$_3$-CH$_3$).

F: 159 – 161° (*Geigy A.G.*, U.S.P. 2784184 [1954]).

*4-[5,6-Dimethoxy-benzotriazol-2-yl]-stilben-2-sulfonsäure-cyclohexylamid $C_{28}H_{30}N_4O_4S$, Formel XV (R = C$_6$H$_{11}$, R' = H).

F: 220 – 222° (*Geigy A.G.*, U.S.P. 2784184 [1954]).

1-[2]Chinolyl-5,6-dimethoxy-1H-benzotriazol $C_{17}H_{14}N_4O_2$, Formel I.

B. Aus 4,5-Dimethoxy-o-phenylendiamin beim Erhitzen mit 2-Chlor-chinolin, Kupfer-Pulver und wenig wss. HCl auf 155°/30 Torr und anschliessenden Behandeln mit wss. NaNO$_2$ (*Holt, Petrow*, Soc. **1948** 922).

Kristalle (aus A.); F: 193 – 194° [korr.].

4-Hydroxymethyl-1H-benzotriazol-5-ol, [5-Hydroxy-1H-benzotriazol-4-yl]-methanol $C_7H_7N_3O_2$, Formel II (R = R' = H) und Taut.

B. Aus 1-Hydroxymethyl-1H-benzotriazol-5-ol beim Behandeln mit wss. NaOH (*Fries et al.*, A. **511** [1934] 213, 236).

Kristalle (aus A. + Bzl.), die beim Erhitzen heftig verpuffen.

I   II   III

[5-Hydroxy-1-phenyl-1*H*-benzotriazol-4-yl]-methanol $C_{13}H_{11}N_3O_2$, Formel II (R = H, R' = C_6H_5).

B. Aus 1-Phenyl-1*H*-benzotriazol-5-ol und Formaldehyd in wss. NaOH (*Fries et al.*, A. **511** [1934] 213, 239).

Kristalle (aus Bzl.); F: 147° und (nach Wiedererstarren) F: 220°.

[5-Hydroxymethoxy-2-phenyl-2*H*-benzotriazol-4-yl]-methanol $C_{14}H_{13}N_3O_3$, Formel III.

B. Aus 2-Phenyl-2*H*-benzotriazol-5-ol und Formaldehyd in wss. NaOH (*Fries et al.*, A. **511** [1934] 241, 254).

Kristalle (aus Ae.+PAe.); F: 95° [Zers.].

1,4-Bis-hydroxymethyl-1*H*-benzotriazol-5-ol $C_8H_9N_3O_3$, Formel II (R = H, R' = CH_2-OH).

B. Aus 1*H*-Benzotriazol-5-ol, Formaldehyd und wss. NaOH (*Fries et al.*, A. **511** [1934] 213, 237).

Kristalle (aus A.+Bzl.), die beim Eintauchen in ein auf 327° erhitztes Bad verpuffen.

5-Acetoxy-4-acetoxymethyl-1-acetyl-1*H*-benzotriazol $C_{13}H_{13}N_3O_5$, Formel II (R = R' = CO-CH_3).

B. Aus der vorangehenden Verbindung beim Behandeln mit Acetanhydrid und wenig konz. H_2SO_4 (*Fries et al.*, A. **511** [1934] 213, 217).

Kristalle (aus PAe.); F: 135°.

(±)-5-[2,4-Dimethoxy-phenyl]-1-[4-nitro-phenyl]-4,5-dihydro-1*H*-[1,2,3]triazol $C_{16}H_{16}N_4O_4$, Formel IV.

Diese Konstitution kommt der von *Mustafa* (Soc. **1949** 234) als 5-[2,4-Dimethoxy-phenyl]-4-[4-nitro-phenyl]-4,5-dihydro-1*H*-[1,2,4]triazol formulierten Verbindung $C_{16}H_{16}N_4O_4$ zu (*Buckley*, Soc. **1954** 1850; *Kadaba, Edwards*, J. org. Chem. **26** [1961] 2331; *Kadaba*, Tetrahedron **22** [1966] 2543).

B. Aus *N*-[2,4-Dimethoxy-benzyliden]-4-nitro-anilin und Diazomethan in Äther (*Mu.*).

Gelbe Kristalle (aus A.); F: 160° [Zers.] (*Mu.*).

IV   V

Dihydroxy-Verbindungen $C_nH_{2n-9}N_3O_2$

Dihydroxy-Verbindungen $C_7H_5N_3O_2$

2,4-Dimethoxy-pyrido[3,2-*d*]pyrimidin $C_9H_9N_3O_2$, Formel V (R = CH_3).

B. Aus 2,4-Dichlor-pyrido[3,2-*d*]pyrimidin und methanol. Natriummethylat (*Oakes et al.*, Soc. **1956** 1045, 1051).

Kristalle (aus PAe.); F: 138°. UV-Spektrum (A.; 220—340 nm): *Oa. et al.*, l. c. S. 1047.

2,4-Diäthoxy-pyrido[3,2-*d*]pyrimidin $C_{11}H_{13}N_3O_2$, Formel V (R = C_2H_5).

B. Analog der vorangehenden Verbindung (*Oakes et al.*, Soc. **1956** 1045, 1051).

Kristalle (aus PAe.); F: 110°.

2,4-Bis-äthylmercapto-pyrido[3,2-*d*]pyrimidin $C_{11}H_{13}N_3S_2$, Formel VI.

B. Analog den vorangehenden Verbindungen (*Oakes et al.*, Soc. **1956** 1045, 1051).

Kristalle (aus PAe.); F: 56°.

VI   VII   VIII

2,4-Dimethoxy-pyrido[2,3-*d*]pyrimidin $C_9H_9N_3O_2$, Formel VII (R = CH_3).

B. Aus 2,4-Dichlor-pyrido[2,3-*d*]pyrimidin und methanol. Natriummethylat (*McLean, Spring,* Soc. **1949** 2582, 2584).

Kristalle (aus H_2O); F: 138−139° (*McL., Sp.*). UV-Spektrum (A.; 220−340 nm): *Oakes et al.*, Soc. **1956** 1045, 1049.

2,4-Diphenoxy-pyrido[2,3-*d*]pyrimidin $C_{19}H_{13}N_3O_2$, Formel VII (R = C_6H_5).

B. Analog der vorangehenden Verbindung (*Robins, Hitchings,* Am. Soc. **77** [1955] 2256, 2260).

Kristalle (aus A.); F: 203−205° [unkorr.].

2,4-Bis-äthylmercapto-pyrido[2,3-*d*]pyrimidin $C_{11}H_{13}N_3S_2$, Formel VIII.

B. Analog den vorangehenden Verbindungen (*Oakes et al.*, Soc. **1956** 1045, 1053).

Kristalle (aus PAe.); F: 76°.

Dihydroxy-Verbindungen $C_8H_7N_3O_2$

Bis-[5-(2-hydroxy-phenyl)-4-phenyl-[1,2,4]triazol-3-yl]-disulfid $C_{28}H_{20}N_6O_2S_2$, Formel IX.

B. Aus 5-[2-Hydroxy-phenyl]-4-phenyl-2,4-dihydro-[1,2,4]triazol-3-thion mit Hilfe von Jod (*Silberg, Cosma,* Acad. Cluj Stud. Cerc. Chim. **10** [1959] 151, 159, 161; C. A. **1960** 8794).

F: 226−227°.

3-Methoxy-5-[4-methoxy-phenyl]-1*H*-[1,2,4]triazol $C_{10}H_{11}N_3O_2$, Formel X (R = CH_3) und Taut.

B. Aus 1-[4-Methoxy-benzoyl]-*S*-methyl-isothiosemicarbazid und methanol. Natriummethylat (*Hoggarth,* Soc. **1949** 1918, 1922).

Kristalle (aus Bzl.); F: 164°.

3-Äthoxy-5-[4-methoxy-phenyl]-1*H*-[1,2,4]triazol $C_{11}H_{13}N_3O_2$, Formel X (R = C_2H_5) und Taut.

B. Neben 2-Amino-5-[4-methoxy-phenyl]-[1,3,4]oxadiazol aus 1-[4-Methoxy-benzoyl]-*S*-methyl-isothiosemicarbazid und äthanol. Natriumäthylat (*Hoggarth,* Soc. **1949** 1918, 1922).

Kristalle (aus Bzl.); F: 146°.

3-[4-Methoxy-phenyl]-5-methylmercapto-1*H*-[1,2,4]triazol $C_{10}H_{11}N_3OS$, Formel XI (R = R′ = CH_3) und Taut.

B. Aus *S*-Methyl-1-[4-methoxy-benzyliden]-isothiosemicarbazid beim Behandeln mit $FeCl_3$ in wss. Essigsäure (*Hoggarth,* Soc. **1949** 1160, 1163). Aus 5-[4-Methoxy-phenyl]-2,4-dihydro-[1,2,4]triazol-3-thion und CH_3I (*Ho.*, Soc. **1949** 1163; *Mndshojan et al.*, Izv. Armjansk. Akad. Ser. chim. **10** [1957] 363, 364; C. A. **1958** 12851). Aus 3-[4-Methoxy-phenyl]-5-methylmercapto-[1,2,4]triazol-4-ylamin beim Behandeln mit $NaNO_2$ in wss. HCl (*Hoggarth,* Soc. **1952** 4811, 4815).

Kristalle; F: 126° [aus Bzl.+PAe.] (*Ho.*, Soc. **1949** 1163), 125−126° [aus Bzl.] (*Ho.*, Soc. **1952** 4815), 124−125° (*Mn.*).

Hydrochlorid $C_{10}H_{11}N_3OS·HCl$. F: 190° (*Mn.*).

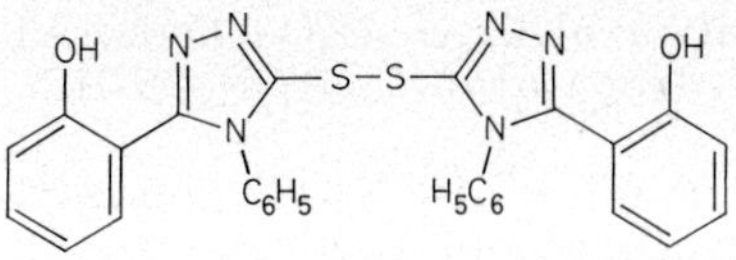

IX 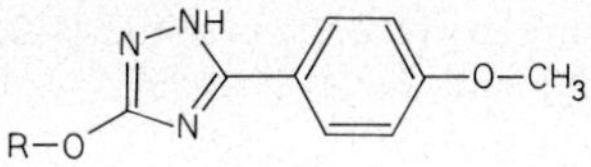   X 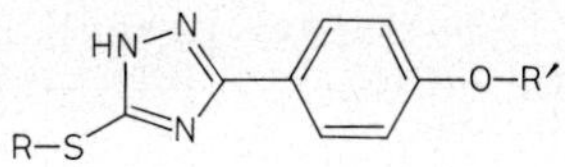   XI

5-Äthylmercapto-3-[4-methoxy-phenyl]-1H-[1,2,4]triazol $C_{11}H_{13}N_3OS$, Formel XI (R = C_2H_5, R' = CH_3) und Taut.

B. Aus 5-[4-Methoxy-phenyl]-2,4-dihydro-[1,2,4]triazol-3-thion und Äthylhalogenid (*Mndsho-jan et al.*, Izv. Armjansk. Akad. Ser. chim. **10** [1957] 363, 364; C. A. **1958** 12851).

F: 128°.

Hydrochlorid $C_{11}H_{13}N_3OS \cdot HCl$. F: 123°.

Die folgenden Verbindungen sind in analoger Weise hergestellt worden:

3-[4-Äthoxy-phenyl]-5-methylmercapto-1H-[1,2,4]triazol $C_{11}H_{13}N_3OS$, Formel XI (R = CH_3, R' = C_2H_5) und Taut. F: 186°. − Hydrochlorid $C_{11}H_{13}N_3OS \cdot HCl$. F: 195°.

3-[4-Äthoxy-phenyl]-5-äthylmercapto-1H-[1,2,4]triazol $C_{12}H_{15}N_3OS$, Formel XI (R = R' = C_2H_5) und Taut. F: 160°. − Hydrochlorid $C_{12}H_{15}N_3OS \cdot HCl$. F: 136°.

3-[4-Methoxy-phenyl]-5-propylmercapto-1H-[1,2,4]triazol $C_{12}H_{15}N_3OS$, Formel XI (R = CH_2-C_2H_5, R' = CH_3) und Taut. F: 147°. − Hydrochlorid $C_{12}H_{15}N_3OS \cdot HCl$. F: 151°.

3-Methylmercapto-5-[4-propoxy-phenyl]-1H-[1,2,4]triazol $C_{12}H_{15}N_3OS$, Formel XI (R = CH_3, R' = CH_2-C_2H_5) und Taut. F: 117°. − Hydrochlorid $C_{12}H_{15}N_3OS \cdot HCl$. F: 185°.

3-[4-Äthoxy-phenyl]-5-propylmercapto-1H-[1,2,4]triazol $C_{13}H_{17}N_3OS$, Formel XI (R = CH_2-C_2H_5, R' = C_2H_5) und Taut. F: 132°. − Hydrochlorid $C_{13}H_{17}N_3OS \cdot HCl$. F: 150°.

3-Äthylmercapto-5-[4-propoxy-phenyl]-1H-[1,2,4]triazol $C_{13}H_{17}N_3OS$, Formel XI (R = C_2H_5, R' = CH_2-C_2H_5) und Taut. F: 143°. − Hydrochlorid $C_{13}H_{17}N_3OS \cdot HCl$. F: 170°.

3-[4-Propoxy-phenyl]-5-propylmercapto-1H-[1,2,4]triazol $C_{14}H_{19}N_3OS$, Formel XI (R = R' = CH_2-C_2H_5) und Taut. F: 90°. − Hydrochlorid $C_{14}H_{19}N_3OS \cdot HCl$. F: 134°.

3-Isopropylmercapto-5-[4-methoxy-phenyl]-1H-[1,2,4]triazol $C_{12}H_{15}N_3OS$, Formel XI (R = $CH(CH_3)_2$, R' = CH_3) und Taut. Hydrochlorid $C_{12}H_{15}N_3OS \cdot HCl$. F: 153°.

3-[4-Isopropoxy-phenyl]-5-methylmercapto-1H-[1,2,4]triazol $C_{12}H_{15}N_3OS$, Formel XI (R = CH_3, R' = $CH(CH_3)_2$) und Taut. F: 157°. − Hydrochlorid $C_{12}H_{15}N_3OS \cdot HCl$. F: 152°.

3-[4-Äthoxy-phenyl]-5-isopropylmercapto-1H-[1,2,4]triazol $C_{13}H_{17}N_3OS$, Formel XI (R = $CH(CH_3)_2$, R' = C_2H_5) und Taut. F: 150°. − Hydrochlorid $C_{13}H_{17}N_3OS \cdot HCl$. F: 147°.

3-Äthylmercapto-5-[4-isopropoxy-phenyl]-1H-[1,2,4]triazol $C_{13}H_{17}N_3OS$, Formel XI (R = C_2H_5, R' = $CH(CH_3)_2$) und Taut. F: 115°. − Hydrochlorid $C_{13}H_{17}N_3OS \cdot HCl$. F: 125°.

3-Isopropylmercapto-5-[4-propoxy-phenyl]-1H-[1,2,4]triazol $C_{14}H_{19}N_3OS$, Formel XI (R = $CH(CH_3)_2$, R' = CH_2-C_2H_5) und Taut. F: 118°. − Hydrochlorid $C_{14}H_{19}N_3OS \cdot HCl$. F: 149°.

3-[4-Isopropoxy-phenyl]-5-propylmercapto-1H-[1,2,4]triazol $C_{14}H_{19}N_3OS$, Formel XI (R = CH_2-C_2H_5, R' = $CH(CH_3)_2$) und Taut. F: 110°. − Hydrochlorid $C_{14}H_{19}N_3OS \cdot HCl$. F: 116°.

3-[4-Isopropoxy-phenyl]-5-isopropylmercapto-1H-[1,2,4]triazol $C_{14}H_{19}N_3OS$, Formel XI (R = R' = $CH(CH_3)_2$) und Taut. F: 105°. − Hydrochlorid $C_{14}H_{19}N_3OS \cdot HCl$. F: 112−113°.

3-Butylmercapto-5-[4-methoxy-phenyl]-1H-[1,2,4]triazol $C_{13}H_{17}N_3OS$, Formel XI (R = $[CH_2]_3$-CH_3, R' = CH_3) und Taut. F: 126°. − Hydrochlorid $C_{13}H_{17}N_3OS \cdot HCl$. F: 90°.

3-[4-Butoxy-phenyl]-5-methylmercapto-1H-[1,2,4]triazol $C_{13}H_{17}N_3OS$, Formel XI (R = CH_3, R' = $[CH_2]_3$-CH_3) und Taut. F: 159°. — Hydrochlorid $C_{13}H_{17}N_3OS \cdot HCl$. F: 154°.

3-[4-Äthoxy-phenyl]-5-butylmercapto-1H-[1,2,4]triazol $C_{14}H_{19}N_3OS$, Formel XI (R = $[CH_2]_3$-CH_3, R' = C_2H_5) und Taut. F: 129°. — Hydrochlorid $C_{14}H_{19}N_3OS \cdot HCl$. F: 145°.

3-Äthylmercapto-5-[4-butoxy-phenyl]-1H-[1,2,4]triazol $C_{14}H_{19}N_3OS$, Formel XI (R = C_2H_5, R' = $[CH_2]_3$-CH_3) und Taut. F: 113°. — Hydrochlorid $C_{14}H_{19}N_3OS \cdot HCl$. F: 127°.

3-Butylmercapto-5-[4-propoxy-phenyl]-1H-[1,2,4]triazol $C_{15}H_{21}N_3OS$, Formel XI (R = $[CH_2]_3$-CH_3, R' = CH_2-C_2H_5) und Taut. F: 134°. — Hydrochlorid $C_{15}H_{21}N_3OS \cdot HCl$. F: 117°.

3-[4-Butoxy-phenyl]-5-propylmercapto-1H-[1,2,4]triazol $C_{15}H_{21}N_3OS$, Formel XI (R = CH_2-C_2H_5, R' = $[CH_2]_3$-CH_3) und Taut. F: 116°. — Hydrochlorid $C_{15}H_{21}N_3OS \cdot HCl$. F: 125°.

3-Butylmercapto-5-[4-isopropoxy-phenyl]-1H-[1,2,4]triazol $C_{15}H_{21}N_3OS$, Formel XI (R = $[CH_2]_3$-CH_3, R' = $CH(CH_3)_2$) und Taut. F: 107°. — Hydrochlorid $C_{15}H_{21}N_3OS \cdot HCl$. F: 138°.

3-[4-Butoxy-phenyl]-5-isopropylmercapto-1H-[1,2,4]triazol $C_{15}H_{21}N_3OS$, Formel XI (R = $CH(CH_3)_2$, R' = $[CH_2]_3$-CH_3) und Taut. F: 118°. — Hydrochlorid $C_{15}H_{21}N_3OS \cdot HCl$. F: 127°.

3-[4-Butoxy-phenyl]-5-butylmercapto-1H-[1,2,4]triazol $C_{16}H_{23}N_3OS$, Formel XI (R = R' = $[CH_2]_3$-CH_3) und Taut. F: 115°. — Hydrochlorid $C_{16}H_{23}N_3OS \cdot HCl$. F: 104°.

3-Isobutylmercapto-5-[4-methoxy-phenyl]-1H-[1,2,4]triazol $C_{13}H_{17}N_3OS$, Formel XI (R = CH_2-$CH(CH_3)_2$, R' = CH_3) und Taut. F: 129°. — Hydrochlorid $C_{13}H_{17}N_3OS \cdot HCl$. F: 117°.

3-[4-Isobutoxy-phenyl]-5-methylmercapto-1H-[1,2,4]triazol $C_{13}H_{17}N_3OS$, Formel XI (R = CH_3, R' = CH_2-$CH(CH_3)_2$) und Taut. F: 175°. — Hydrochlorid $C_{13}H_{17}N_3OS \cdot HCl$. F: 187°.

3-[4-Äthoxy-phenyl]-5-isobutylmercapto-1H-[1,2,4]triazol $C_{14}H_{19}N_3OS$, Formel XI (R = CH_2-$CH(CH_3)_2$, R' = C_2H_5) und Taut. F: 119°. — Hydrochlorid $C_{14}H_{19}N_3OS \cdot HCl$. F: 99 − 100°.

3-Äthylmercapto-5-[4-isobutoxy-phenyl]-1H-[1,2,4]triazol $C_{14}H_{19}N_3OS$, Formel XI (R = C_2H_5, R' = CH_2-$CH(CH_3)_2$) und Taut. F: 119°. — Hydrochlorid $C_{14}H_{19}N_3OS \cdot HCl$. F: 143°.

3-Isobutylmercapto-5-[4-propoxy-phenyl]-1H-[1,2,4]triazol $C_{15}H_{21}N_3OS$, Formel XI (R = CH_2-$CH(CH_3)_2$, R' = CH_2-C_2H_5) und Taut. F: 130°. — Hydrochlorid $C_{15}H_{21}N_3OS \cdot HCl$. F: 121°.

3-[4-Isobutoxy-phenyl]-5-propylmercapto-1H-[1,2,4]triazol $C_{15}H_{21}N_3OS$, Formel XI (R = CH_2-C_2H_5, R' = CH_2-$CH(CH_3)_2$) und Taut. F: 110°. — Hydrochlorid $C_{15}H_{21}N_3OS \cdot HCl$. F: 140°.

3-Isobutylmercapto-5-[4-isopropoxy-phenyl]-1H-[1,2,4]triazol $C_{15}H_{21}N_3OS$, Formel XI (R = CH_2-$CH(CH_3)_2$, R' = $CH(CH_3)_2$) und Taut. F: 93 − 94°. — Hydrochlorid $C_{15}H_{21}N_3OS \cdot HCl$. F: 99°.

3-[4-Isobutoxy-phenyl]-5-isopropylmercapto-1H-[1,2,4]triazol $C_{15}H_{21}N_3OS$, Formel XI (R = $CH(CH_3)_2$, R' = CH_2-$CH(CH_3)_2$) und Taut. F: 95°. — Hydrochlorid $C_{15}H_{21}N_3OS \cdot HCl$. F: 165°.

3-[4-Butoxy-phenyl]-5-isobutylmercapto-1H-[1,2,4]triazol $C_{16}H_{23}N_3OS$, Formel XI (R = CH_2-$CH(CH_3)_2$, R' = $[CH_2]_3$-CH_3) und Taut. F: 117°. — Hydrochlorid $C_{16}H_{23}N_3OS \cdot HCl$. F: 102°.

3-Butylmercapto-5-[4-isobutoxy-phenyl]-1H-[1,2,4]triazol $C_{16}H_{23}N_3OS$, Formel XI (R = $[CH_2]_3$-CH_3, R' = CH_2-$CH(CH_3)_2$) und Taut. F: 115°. — Hydrochlorid $C_{16}H_{23}N_3OS \cdot HCl$. F: 134°.

3-[4-Isobutoxy-phenyl]-5-isobutylmercapto-1H-[1,2,4]triazol $C_{16}H_{23}N_3OS$, Formel XI (R = R' = CH_2-$CH(CH_3)_2$) und Taut. F: 118°. — Hydrochlorid $C_{16}H_{23}N_3OS \cdot HCl$. F: 126°.

3-[4-Methoxy-phenyl]-5-pentylmercapto-1H-[1,2,4]triazol $C_{14}H_{19}N_3OS$, Forᵈ
mel XI $(R = [CH_2]_4\text{-}CH_3,\; R' = CH_3)$ und Taut. F: 90°. — Hydrochlorid
$C_{14}H_{19}N_3OS \cdot HCl$. F: 144°.

3-Methylmercapto-5-[4-pentyloxy-phenyl]-1H-[1,2,4]triazol $C_{14}H_{19}N_3OS$, Forᵈ
mel XI $(R = CH_3,\; R' = [CH_2]_4\text{-}CH_3)$ und Taut. F: 199°. — Hydrochlorid
$C_{14}H_{19}N_3OS \cdot HCl$. F: 182°.

3-[4-Äthoxy-phenyl]-5-pentylmercapto-1H-[1,2,4]triazol $C_{15}H_{21}N_3OS$, Formel XI
$(R = [CH_2]_4\text{-}CH_3,\; R' = C_2H_5)$ und Taut. F: 126—127°. — Hydrochlorid
$C_{15}H_{21}N_3OS \cdot HCl$. F: 140°.

3-Äthylmercapto-5-[4-pentyloxy-phenyl]-1H-[1,2,4]triazol $C_{15}H_{21}N_3OS$, Forᵈ
mel XI $(R = C_2H_5,\; R' = [CH_2]_4\text{-}CH_3)$ und Taut. F: 117°. — Hydrochlorid
$C_{15}H_{21}N_3OS \cdot HCl$. F: 121°.

3-Pentylmercapto-5-[4-propoxy-phenyl]-1H-[1,2,4]triazol $C_{16}H_{23}N_3OS$, Forᵈ
mel XI $(R = [CH_2]_4\text{-}CH_3,\; R' = CH_2\text{-}C_2H_5)$ und Taut. F: 97°. — Hydrochlorid
$C_{16}H_{23}N_3OS \cdot HCl$. F: 145°.

3-[4-Pentyloxy-phenyl]-5-propylmercapto-1H-[1,2,4]triazol $C_{16}H_{23}N_3OS$, Forᵈ
mel XI $(R = CH_2\text{-}C_2H_5,\; R' = [CH_2]_4\text{-}CH_3)$ und Taut. F: 97°. — Hydrochlorid
$C_{16}H_{23}N_3OS \cdot HCl$. F: 125°.

3-[4-Isopropoxy-phenyl]-5-pentylmercapto-1H-[1,2,4]triazol $C_{16}H_{23}N_3OS$, Forᵈ
mel XI $(R = [CH_2]_4\text{-}CH_3,\; R' = CH(CH_3)_2)$ und Taut. F: 110°. — Hydrochlorid
$C_{16}H_{23}N_3OS \cdot HCl$. F: 95°.

3-Isopropylmercapto-5-[4-pentyloxy-phenyl]-1H-[1,2,4]triazol $C_{16}H_{23}N_3OS$,
Formel XI $(R = CH(CH_3)_2,\; R' = [CH_2]_4\text{-}CH_3)$ und Taut. F: 103°. — Hydrochlorid
$C_{16}H_{23}N_3OS \cdot HCl$. F: 123°.

3-[4-Butoxy-phenyl]-5-pentylmercapto-1H-[1,2,4]triazol $C_{17}H_{25}N_3OS$, Formel XI
$(R = [CH_2]_4\text{-}CH_3,\; R' = [CH_2]_3\text{-}CH_3)$ und Taut. F: 110°. — Hydrochlorid
$C_{17}H_{25}N_3OS \cdot HCl$. F: 113°.

3-Butylmercapto-5-[4-pentyloxy-phenyl]-1H-[1,2,4]triazol $C_{17}H_{25}N_3OS$, Forᵈ
mel XI $(R = [CH_2]_3\text{-}CH_3,\; R' = [CH_2]_4\text{-}CH_3)$ und Taut. F: 105°. — Hydrochlorid
$C_{17}H_{25}N_3OS \cdot HCl$. F: 126°.

3-[4-Isobutoxy-phenyl]-5-pentylmercapto-1H-[1,2,4]triazol $C_{17}H_{25}N_3OS$, Forᵈ
mel XI $(R = [CH_2]_4\text{-}CH_3,\; R' = CH_2\text{-}CH(CH_3)_2)$ und Taut. F: 110°. — Hydrochlorid
$C_{17}H_{25}N_3OS \cdot HCl$. F: 120°.

3-Isobutylmercapto-5-[4-pentyloxy-phenyl]-1H-[1,2,4]triazol $C_{17}H_{25}N_3OS$, Forᵈ
mel XI $(R = CH_2\text{-}CH(CH_3)_2,\; R' = [CH_2]_4\text{-}CH_3)$ und Taut. F: 110°. — Hydrochlorid
$C_{17}H_{25}N_3OS \cdot HCl$. F: 101°.

3-Pentylmercapto-5-[4-pentyloxy-phenyl]-1H-[1,2,4]triazol $C_{18}H_{27}N_3OS$, Forᵈ
mel XI $(R = R' = [CH_2]_4\text{-}CH_3)$ und Taut. F: 115°. — Hydrochlorid $C_{18}H_{27}N_3OS \cdot HCl$.
F: 132°.

3-Isopentylmercapto-5-[4-methoxy-phenyl]-1H-[1,2,4]triazol $C_{14}H_{19}N_3OS$, Forᵈ
mel XI $(R = CH_2\text{-}CH_2\text{-}CH(CH_3)_2,\; R' = CH_3)$ und Taut. F: 93°. — Hydrochlorid
$C_{14}H_{19}N_3OS \cdot HCl$. F: 110°.

3-[4-Isopentyloxy-phenyl]-5-methylmercapto-1H-[1,2,4]triazol $C_{14}H_{19}N_3OS$,
Formel XI $(R = CH_3,\; R' = CH_2\text{-}CH_2\text{-}CH(CH_3)_2)$ und Taut. F: 140—141°. — Hydroᵈ
chlorid $C_{14}H_{19}N_3OS \cdot HCl$. F: 176°.

3-[4-Äthoxy-phenyl]-5-isopentylmercapto-1H-[1,2,4]triazol $C_{15}H_{21}N_3OS$, Forᵈ
mel XI $(R = CH_2\text{-}CH_2\text{-}CH(CH_3)_2,\; R' = C_2H_5)$ und Taut. F: 120°. — Hydrochlorid
$C_{15}H_{21}N_3OS \cdot HCl$. F: 146°.

3-Äthylmercapto-5-[4-isopentyloxy-phenyl]-1H-[1,2,4]triazol $C_{15}H_{21}N_3OS$, Forᵈ
mel XI $(R = C_2H_5,\; R' = CH_2\text{-}CH_2\text{-}CH(CH_3)_2)$ und Taut. F: 103—104°. — Hydrochlorid
$C_{15}H_{21}N_3OS \cdot HCl$. F: 134°.

3-Isopentylmercapto-5-[4-propoxy-phenyl]-1H-[1,2,4]triazol $C_{16}H_{23}N_3OS$, Forᵈ
mel XI $(R = CH_2\text{-}CH_2\text{-}CH(CH_3)_2,\; R' = CH_2\text{-}C_2H_5)$ und Taut. F: 103°. — Hydrochlorid
$C_{16}H_{23}N_3OS \cdot HCl$. F: 141°.

3-[4-Isopentyloxy-phenyl]-5-propylmercapto-1H-[1,2,4]triazol $C_{16}H_{23}N_3OS$,
Formel XI $(R = CH_2\text{-}C_2H_5,\; R' = CH_2\text{-}CH_2\text{-}CH(CH_3)_2)$ und Taut. F: 114°. — Hydroᵈ

chlorid $C_{16}H_{23}N_3OS \cdot HCl$. F: 146°.

3-Isopentylmercapto-5-[4-isopropoxy-phenyl]-1H-[1,2,4]triazol $C_{16}H_{23}N_3OS$, Formel XI (R = CH_2-CH_2-$CH(CH_3)_2$, R' = $CH(CH_3)_2$) und Taut. F: 131°. — Hydro= chlorid $C_{16}H_{23}N_3OS \cdot HCl$. F: 119—120°.

3-[4-Isopentyloxy-phenyl]-5-isopropylmercapto-1H-[1,2,4]triazol $C_{16}H_{23}N_3OS$, Formel XI (R = $CH(CH_3)_2$, R' = CH_2-CH_2-$CH(CH_3)_2$) und Taut. F: 104°. — Hydro= chlorid $C_{16}H_{23}N_3OS \cdot HCl$. F: 142°.

3-[4-Butoxy-phenyl]-5-isopentylmercapto-1H-[1,2,4]triazol $C_{17}H_{25}N_3OS$, For= mel XI (R = CH_2-CH_2-$CH(CH_3)_2$, R' = $[CH_2]_3$-CH_3) und Taut. F: 125°. — Hydrochlorid $C_{17}H_{25}N_3OS \cdot HCl$. F: 120°.

3-Butylmercapto-5-[4-isopentyloxy-phenyl]-1H-[1,2,4]triazol $C_{17}H_{25}N_3OS$, For= mel XI (R = $[CH_2]_3$-CH_3, R' = CH_2-CH_2-$CH(CH_3)_2$) und Taut. F: 124°. — Hydrochlorid $C_{17}H_{25}N_3OS \cdot HCl$. F: 139°.

3-[4-Isobutoxy-phenyl]-5-isopentylmercapto-1H-[1,2,4]triazol $C_{17}H_{25}N_3OS$, Formel XI (R = CH_2-CH_2-$CH(CH_3)_2$, R' = CH_2-$CH(CH_3)_2$) und Taut. F: 104°. — Hydro= chlorid $C_{17}H_{25}N_3OS \cdot HCl$. F: 131°.

3-Isobutylmercapto-5-[4-isopentyloxy-phenyl]-1H-[1,2,4]triazol $C_{17}H_{25}N_3OS$, Formel XI (R = CH_2-$CH(CH_3)_2$, R' = CH_2-CH_2-$CH(CH_3)_2$) und Taut. F: 122°. — Hydro= chlorid $C_{17}H_{25}N_3OS \cdot HCl$. F: 115°.

3-Isopentylmercapto-5-[4-pentyloxy-phenyl]-1H-[1,2,4]triazol $C_{18}H_{27}N_3OS$, Formel XI (R = CH_2-CH_2-$CH(CH_3)_2$, R' = $[CH_2]_4$-CH_3) und Taut. F: 106°. — Hydro= chlorid $C_{18}H_{27}N_3OS \cdot HCl$. F: 135°.

3-[4-Isopentyloxy-phenyl]-5-pentylmercapto-1H-[1,2,4]triazol $C_{18}H_{27}N_3OS$, Formel XI (R = $[CH_2]_4$-CH_3, R' = CH_2-CH_2-$CH(CH_3)_2$) und Taut. F: 112°. — Hydro= chlorid $C_{18}H_{27}N_3OS \cdot HCl$. F: 133°.

3-Isopentylmercapto-5-[4-isopentyloxy-phenyl]-1H-[1,2,4]triazol $C_{18}H_{27}N_3OS$, Formel XI (R = R' = CH_2-CH_2-$CH(CH_3)_2$) und Taut. F: 109°. — Hydrochlorid $C_{18}H_{27}N_3OS \cdot HCl$. F: 140°.

Dihydroxy-Verbindungen $C_9H_9N_3O_2$

(±)-4,6-Bis-benzylmercapto-1,2-diphenyl-1,2-dihydro-[1,3,5]triazin $C_{29}H_{25}N_3S_2$, Formel I (R = H).

Diese Konstitution kommt der früher (H **23** 378) als 4-Benzylmercapto-2,N-diphenyl-2H- [1,3]diazet-1-thiocarbimidsäure-benzylester angesehenen „Verbindung $C_{29}H_{25}N_3S_2$" zu (*Fair= full, Peak*, Soc. **1955** 803).

(±)-4,6-Bis-benzylmercapto-2-phenyl-1-o-tolyl-1,2-dihydro-[1,3,5]triazin $C_{30}H_{27}N_3S_2$, Formel I (R = CH_3).

Diese Konstitution kommt wahrscheinlich der früher (E I **23** 109) als 4-Benzylmercapto- 2-phenyl-N-o-tolyl-2H-[1,3]diazet-1-thiocarbimidsäure-benzylester beschriebenen „Verbindung $C_{30}H_{27}N_3S_2$" zu (*Fairfull, Peak*, Soc. **1955** 803).

Dihydroxy-Verbindungen $C_{16}H_{23}N_3O_2$

4-[1-Hydroxy-cyclohexyl]-5-[1-hydroxy-cyclohexyläthinyl]-1-[4-nitro-phenyl]-1H-[1,2,3]triazol $C_{22}H_{26}N_4O_4$, Formel II (R = C_6H_4-NO_2).

B. Aus Bis-[1-hydroxy-cyclohexyl]-butadiin und 1-Azido-4-nitro-benzol (*Dornow, Rombusch*, B. **91** [1958] 1841, 1850).

Kristalle (aus E.); F: 166—167°.

α-[4-(1-Hydroxy-cyclohexyl)-5-(1-hydroxy-cyclohexyläthinyl)-[1,2,3]triazol-1-yl]-isobuttersäure- äthylester $C_{22}H_{33}N_3O_4$, Formel II (R = $C(CH_3)_2$-CO-O-C_2H_5).

B. Aus Bis-[1-hydroxy-cyclohexyl]-butadiin und α-Azido-isobuttersäure-äthylester (*Dornow, Rombusch*, B. **91** [1958] 1841, 1850).

Kristalle (aus PAe.); F: 98—99°.

I   II   III

α-[4-(1-Hydroxy-cyclohexyl)-5-(1-hydroxy-cyclohexyläthinyl)-[1,2,3]triazol-1-yl]-isobuttersäure-
amid $C_{20}H_{30}N_4O_3$, Formel II (R = C(CH$_3$)$_2$-CO-NH$_2$).
B. Analog der vorangehenden Verbindung (*Dornow, Rombusch,* B. **91** [1958] 1841, 1850).
Kristalle (aus E.); F: 212 – 213°.

Dihydroxy-Verbindungen $C_nH_{2n-11}N_3O_2$

Dimethoxy-phenyl-[1,3,5]triazin $C_{11}H_{11}N_3O_2$, Formel III (R = CH$_3$).
B. Aus Dichlor-phenyl-[1,3,5]triazin und methanol. NaOH (*Grundmann et al.,* B. **86** [1953]
181, 184).
Kristalle; F: 69,5°.

Diäthoxy-phenyl-[1,3,5]triazin $C_{13}H_{15}N_3O_2$, Formel III (R = C$_2$H$_5$).
B. Aus Dichlor-phenyl-[1,3,5]triazin und äthanol. NaOH (*Grundmann et al.,* B. **86** [1953]
181, 183).
Kristalle (aus A.); F: 76 – 76,5°.

Bis-methylmercapto-phenyl-[1,3,5]triazin $C_{11}H_{11}N_3S_2$, Formel IV.
B. Aus 6-Phenyl-1*H*-[1,3,5]triazin-2,4-dithion, äthanol. NaOH und CH$_3$I (*Grundmann et al.,*
B. **86** [1953] 181, 184; *Fairfull, Peak,* Soc. **1955** 803, 808).
Kristalle (aus A.); F: 97° (*Gr. et al.*), 94 – 95° (*Fa., Peak*).

IV   V   VI

Dichlor-[2,4-dimethoxy-phenyl]-[1,3,5]triazin $C_{11}H_9Cl_2N_3O_2$, Formel V.
B. Aus 6-[2,4-Dimethoxy-phenyl]-1*H*-[1,3,5]triazin-2,4-dion, PCl$_5$ und POCl$_3$ (*Am. Cyanamid
Co.,* D.B.P. 926976 [1951]).
Kristalle (aus Bzl.); F: ca. 171°.

(±)-8-Methoxy-4*H*-[1,2,3]triazolo[4,5,1-*ij*]chinolin-4-ol(?) $C_{10}H_9N_3O_2$, vermutlich Formel VI.
B. Beim Behandeln von 6-Methoxy-[8]chinolylamin mit NaNO$_2$ und wss. HCl (*C.F. Boehrin=
ger & Söhne,* D.R.P. 576119 [1932]; Frdl **20** 716).
Kristalle (aus A.); F: 201°.

**(±)-1-Phenyl-5*t*(oder 6*t*)-vanillyl-(3a*t*,7a*t*)-3a,4,5,6,7,7a-hexahydro-1*H*-4*r*,7*c*-methano-benzo=
triazol** $C_{21}H_{23}N_3O_2$, Formel VII oder Formel VIII+Spiegelbilder.
B. Aus (±)-2-Methoxy-4-norborn-5-en-2*endo*-ylmethyl-phenol und Azidobenzol (*Alder, Win=
demuth,* B. **71** [1938] 1939, 1957).

Kristalle (aus E.); F: 210 – 211°.

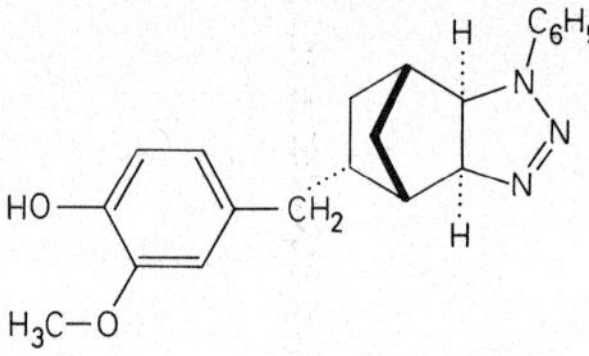

VII 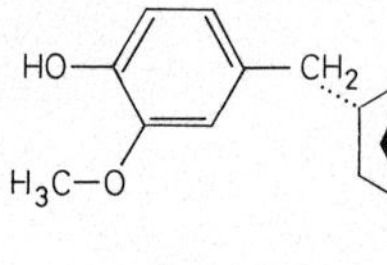   VIII 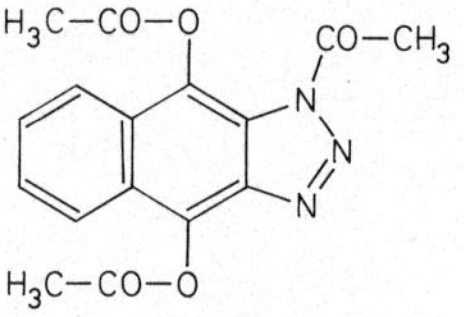   IX

Dihydroxy-Verbindungen $C_nH_{2n-13}N_3O_2$

4,9-Diacetoxy-1-acetyl-1H-naphtho[2,3-d][1,2,3]triazol $C_{16}H_{13}N_3O_5$, Formel IX.
B. Aus 1H-Naphtho[2,3-d][1,2,3]triazol-4,9-dion beim Erhitzen mit Zink-Pulver und Acet=
anhydrid (*Fries et al.*, A. **516** [1935] 248, 267).
Gelbe Kristalle (aus A.); F: 165°.

2-[3-Hydroxy-7-methoxy-[2]naphthyl]-8-methoxy-2H-naphtho[1,2-d][1,2,3]triazol-4-ol
$C_{22}H_{17}N_3O_4$, Formel X.
B. Aus 3,7-Dimethoxy-[2]naphthylamin über mehrere Stufen (*I. G. Farbenind.*, D.R.P. 581436
[1932]; Frdl. **20** 527).
Kristalle (aus Chlorbenzol); F: 265 – 267° [unkorr.].

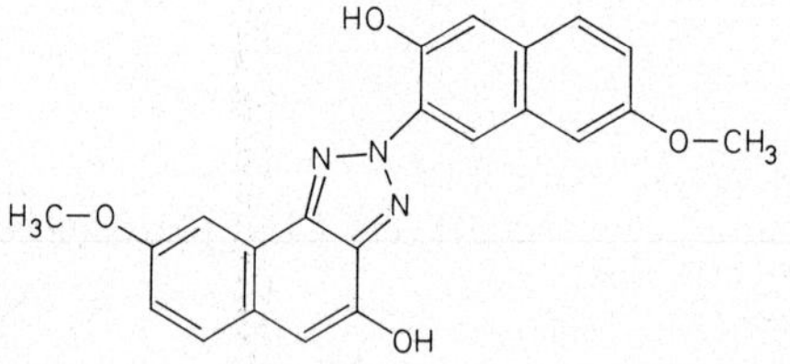

X 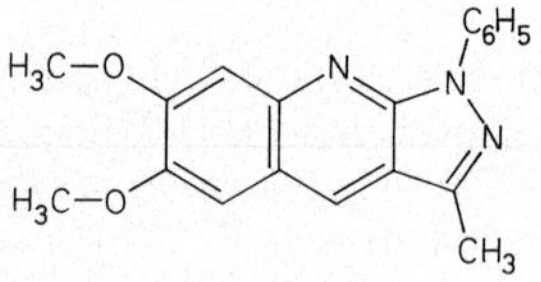   XI

6,7-Dimethoxy-3-methyl-1-phenyl-1H-pyrazolo[3,4-b]chinolin $C_{19}H_{17}N_3O_2$, Formel XI.
B. Aus 4-[2-Amino-4,5-dimethoxy-benzyliden]-5-methyl-2-phenyl-2,4-dihydro-pyrazol-3-on
beim Erhitzen mit Natriumacetat (*Narang et al.*, J. Indian chem. Soc. **11** [1934] 427, 431).
Hellgelbe Kristalle (aus A.); F: 215°. UV-Spektrum (CHCl$_3$; 250 – 325 nm): *Na. et al.*

Dihydroxy-Verbindungen $C_nH_{2n-15}N_3O_2$

2,4-Diphenoxy-pyrimido[4,5-b]chinolin $C_{23}H_{15}N_3O_2$, Formel XII.
B. Aus 2,4-Dichlor-pyrimido[4,5-b]chinolin und Kaliumphenolat (*Taylor, Kalenda*, Am. Soc.
78 [1956] 5108, 5115).
Kristalle (aus wss. DMF oder nach Sublimation unter vermindertem Druck); F: 265,5 – 267°
[korr.].

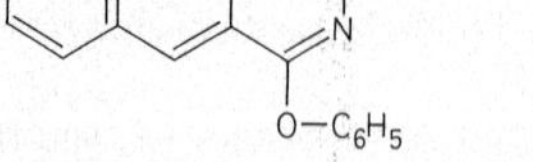

XII 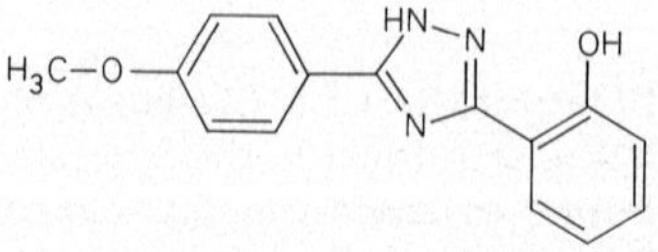   XIII 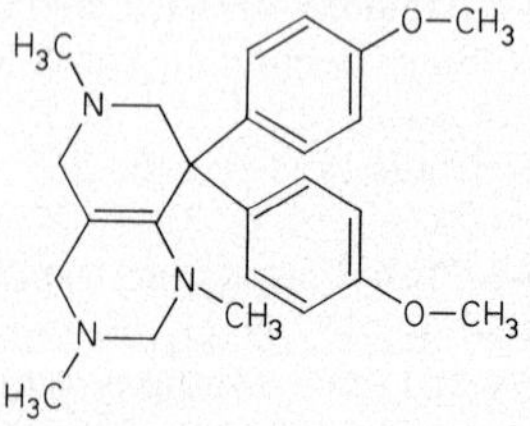   XIV

Dihydroxy-Verbindungen $C_nH_{2n-17}N_3O_2$

3-[2-Hydroxy-phenyl]-5-[4-methoxy-phenyl]-1H-[1,2,4]triazol, 2-[5-(4-Methoxy-phenyl)-1H-[1,2,4]triazol-3-yl]-phenol $C_{15}H_{13}N_3O_2$, Formel XIII und Taut.
  B. Aus 2-[4-Methoxy-phenyl]-benz[e][1,3]oxazin-4-on und N_2H_4 (*Mustafa, Hassan,* Am. Soc. **79** [1957] 3846, 3849).
  Kristalle (aus A.); F: 186°.

8,8-Bis-[4-methoxy-phenyl]-1,3,6-trimethyl-1,2,3,4,5,6,7,8-octahydro-pyrido[4,3-d]pyrimidin $C_{24}H_{31}N_3O_2$, Formel XIV.
  B. Aus 1,1-Bis-[4-methoxy-phenyl]-aceton, Formaldehyd und Methylamin (*Hoffmann-La Roche,* D.B.P. 957842 [1955]; U.S.P. 2802826 [1955]).
  Dihydrochlorid. Kristalle (aus Ae.) mit 1 Mol H_2O; F: 197 – 198° [Zers.].
  Dioxalat. Kristalle (aus wss. Me.); F: 162 – 164° [Zers.].

Dihydroxy-Verbindungen $C_nH_{2n-19}N_3O_2$

5,6-Diacetoxy-naphth[1′,2′:4,5]imidazo[1,2-a]pyrimidin $C_{18}H_{13}N_3O_4$, Formel I.
  B. Aus Naphth[1′,2′:4,5]imidazo[1,2-a]pyrimidin-5,6-dion durch reduktive Acetylierung (*Mosby, Boyle,* J. org. Chem. **24** [1959] 374, 380).
  Gelbe Kristalle (aus Chlorbenzol); F: ca. 270° [Zers.; vorgeheiztes Bad].

5,6-Bis-[4-methoxy-phenyl]-[1,2,4]triazin $C_{17}H_{15}N_3O_2$, Formel II.
  B. Aus 4,4′-Dimethoxy-benzil-monohydrazon und Formamid (*Metze,* B. **87** [1954] 1540, 1543).
  Gelbe Kristalle (aus A.); F: 123°.

8,9-Dimethoxy-3-[2]pyridyl-5,6-dihydro-imidazo[5,1-a]isochinolin $C_{18}H_{17}N_3O_2$, Formel III.
  B. Aus N-[Pyridin-2-carbonyl]-glycin-hydrazid beim Behandeln mit $NaNO_2$ und wss. HCl, Umsetzen des Reaktionsprodukts mit 3,4-Dimethoxy-phenäthylamin und anschliessenden Erhitzen mit $POCl_3$ (*Kametani, Iida,* J. pharm. Soc. Japan **71** [1951] 1000; C. A. **1952** 8119).
  Kristalle (aus wss. A.); F: 171 – 172°.
  Dipicrat $C_{18}H_{17}N_3O_2 \cdot 2C_6H_3N_3O_7$. Gelbe Kristalle (aus A. oder Acn.) mit 2 Mol H_2O; Zers. bei 372°.

8,9-Dimethoxy-3-[3]pyridyl-5,6-dihydro-imidazo[5,1-a]isochinolin $C_{18}H_{17}N_3O_2$, Formel IV.
  B. Aus N-Nicotinoyl-glycin-[3,4-dimethoxy-phenäthylamid] beim Erhitzen mit $POCl_3$ in Toluol (*Kametani, Iida,* J. pharm. Soc. Japan **71** [1951] 995, 996; C. A. **1952** 8119).
  Kristalle (aus A.) mit 2 Mol H_2O; F: 165 – 166°.

8,9-Dimethoxy-3-[4]pyridyl-5,6-dihydro-imidazo[5,1-a]isochinolin $C_{18}H_{17}N_3O_2$, Formel V.
  B. Analog der vorangehenden Verbindung (*Kametani, Iida,* J. pharm. Soc. Japan **71** [1951] 998; C. A. **1952** 8119).

Dipicrat $C_{18}H_{17}N_3O_2 \cdot 2C_6H_3N_3O_7$. Gelbbraune Kristalle (aus A.); F: 114°.

IV   V   VI

Dihydroxy-Verbindungen $C_nH_{2n-21}N_3O_2$

4-[3-(4-Hydroxy-3-methoxy-phenyl)-3H-naphtho[2,1-e][1,2,4]triazin-2-yl]-benzolsulfonsäure $C_{24}H_{19}N_3O_5S$, Formel VI.

Die von *Neri, Grimaldi* (G. **67** [1937] 453, 458) unter dieser Konstitution beschriebene Verbin= dung ist in Analogie zu Phenyl-[2-phenyl-naphth[1,2-d]imidazol-1-yl]-amin (H **23** 283; s. a. H **26** 95) als N-[2-(4-Hydroxy-3-methoxy-phenyl)-naphth[1,2-d]imidazol-1-yl]-sulfanilsäure zu formulieren.

Dihydroxy-Verbindungen $C_nH_{2n-23}N_3O_2$

1,4-Bis-[4-methoxy-phenyl]-5,7-dimethyl-6-phenyl-6H-pyrrolo[3,4-d]pyridazin $C_{28}H_{25}N_3O_2$, Formel VII.

B. Aus 3,4-Bis-[4-methoxy-benzoyl]-2,5-dimethyl-1-phenyl-1H-pyrrol und N_2H_4 (*Rips, Buu-Hoi*, J. org. Chem. **24** [1959] 551, 553).

Gelbe Kristalle (aus A.); F: 295°.

VII   VIII

Dihydroxy-Verbindungen $C_nH_{2n-25}N_3O_2$

3-[4]Chinolyl-8,9-dimethoxy-5,6-dihydro-imidazo[5,1-a]isochinolin $C_{22}H_{19}N_3O_2$, Formel VIII.

B. Aus N-[Chinolin-4-carbonyl]-glycin-[3,4-dimethoxy-phenäthylamid] beim Erhitzen mit $POCl_3$ in Toluol (*Kametani, Iida*, J. pharm. Soc. Japan **71** [1951] 1004; C. A. **1952** 8120).

Orangegelbe Kristalle (aus Bzl. + PAe.) mit 3 Mol H_2O; Zers. bei 85° [nach Erweichen bei 60°].

Hydrochlorid. Hygroskopische gelbbraune Kristalle (aus A. + Ae.); F: 120—129°.

Dipicrat $C_{22}H_{19}N_3O_2 \cdot 2C_6H_3N_3O_7$. Orangegelbe Kristalle (aus A.); Zers. bei 206°.

Dihydroxy-Verbindungen $C_nH_{2n-27}N_3O_2$

4,15-Diacetoxy-5H-benz[6,7]azepino[2,3-b]phenazin $C_{24}H_{17}N_3O_4$, Formel IX.

B. Aus 4-Hydroxy-5,14-dihydro-benz[6,7]azepino[2,3-b]phenazin-15-on und Acetanhydrid oder Keten (*Butenandt et al.,* A. **603** [1957] 200, 213).

Hellgelbe Kristalle (aus E.); F: 271° [unter Dunkelfärbung]. λ_{max} (A.): 223 nm, 246 nm, 316 nm, 330 nm und 395 nm.

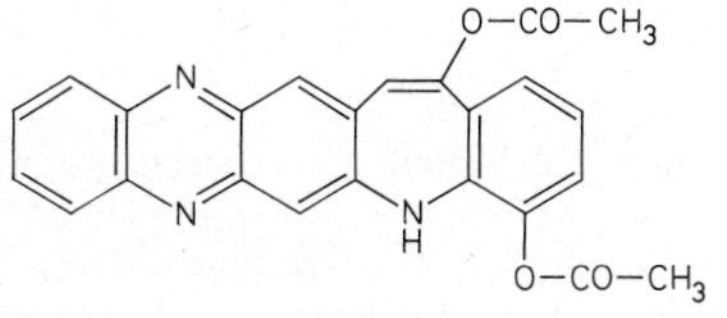

IX

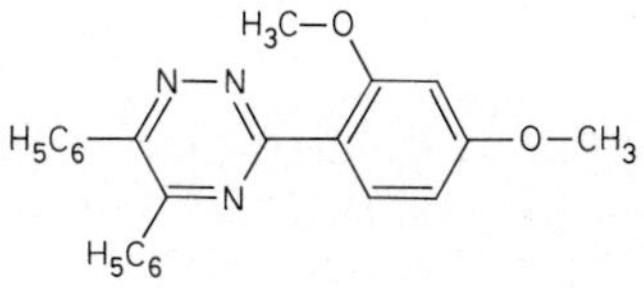

X

3-[2,4-Dimethoxy-phenyl]-5,6-diphenyl-[1,2,4]triazin $C_{23}H_{19}N_3O_2$, Formel X.

B. Aus Benzil, 2,4-Dimethoxy-benzoesäure-hydrazid und Ammoniumacetat (*Laakso et al.,* Tetrahedron **1** [1957] 103, 113).

Gelbe Kristalle (aus Eg.); F: 167−168°.

2-[3,4-Dimethoxy-phenyl]-5,6-diphenyl-[1,2,4]triazin $C_{23}H_{19}N_3O_2$, Formel XI.

B. Analog der vorangehenden Verbindung (*Laakso et al.,* Tetrahedron **1** [1957] 103, 113).

Gelbe Kristalle (aus Eg. + A.); F: 177−178°.

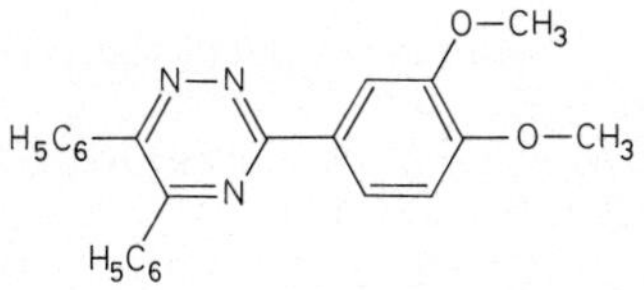

XI

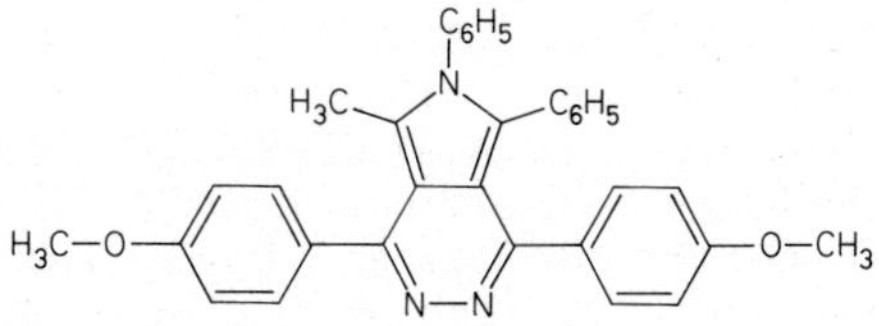

XII

Dihydroxy-Verbindungen $C_nH_{2n-31}N_3O_2$

1,4-Bis-[4-methoxy-phenyl]-5-methyl-6,7-diphenyl-6H-pyrrolo[3,4-d]pyridazin $C_{33}H_{27}N_3O_2$, Formel XII.

B. Aus 3,4-Bis-[4-methoxy-benzoyl]-2-methyl-1,5-diphenyl-pyrrol und N_2H_4 (*Rips, Buu-Hoi,* J. org. Chem. **24** [1959] 551, 554).

Gelbe Kristalle (aus A.); F: 301°.   [*U. Müller*]

C. Trihydroxy-Verbindungen

Trihydroxy-Verbindungen $C_nH_{2n-1}N_3O_3$

Trihydroxy-Verbindungen $C_5H_9N_3O_3$

1-[2-Phenyl-2H-[1,2,3]triazol-4-yl]-propan-1,2,3-triol $C_{11}H_{13}N_3O_3$.

a) **(1S,2R)-1-[2-Phenyl-2H-[1,2,3]triazol-4-yl]-propan-1,2,3-triol,** D - A r a b i n o s e - p h e n y l o s o t r i a z o l, Formel I (X = H).

B. Beim Erhitzen von D-*erythro*-[2]Pentosulose-bis-phenylhydrazon („D-Arabinose-phenylosazon"; H **31** 60) mit $CuSO_4 \cdot 5H_2O$ in H_2O (*Haskins et al.,* Am. Soc. **68** [1946] 1766, 1768).

Dimorph; Kristalle (aus $CHCl_3$ + Hexan); F: 80−81° und F: 69−70°. $[\alpha]_D^{20}$: +23,1° [H_2O;

c = 0,8], +26,0° [Py.; c = 0,8].

Tri-*O*-acetyl-Derivat $C_{17}H_{19}N_3O_6$;   (1*S*,2*R*)-1,2,3-Triacetoxy-1-[2-phenyl-2*H*-[1,2,3]triazol-4-yl]-propan. Kristalle (aus Ae.+Hexan); F: 63−64°. $[\alpha]_D^{20}$: +68,0° [CHCl$_3$; c = 0,8].

Tri-*O*-benzoyl-Derivat $C_{32}H_{25}N_3O_6$;   (1*S*,2*R*)-1,2,3-Tris-benzoyloxy-1-[2-phenyl-2*H*-[1,2,3]triazol-4-yl]-propan. Kristalle (aus A.); F: 114−115°. $[\alpha]_D^{20}$: +6,9° [CHCl$_3$; c = 0,8].

b) (1*R*,2*S*)-1-[2-Phenyl-2*H*-[1,2,3]triazol-4-yl]-propan-1,2,3-triol,   L-Arabinose-phenyl= osotriazol, Formel II.

B. Analog der vorangehenden Verbindung (*Haskins et al., Am. Soc.* **68** [1946] 1766, 1768).

Dimorph; Kristalle (aus CHCl$_3$+Hexan); F: 69−70° und (nach Erhitzen über den Schmelz= punkt) F: 80−81°. $[\alpha]_D^{20}$: −22,8° [H$_2$O; c = 0,9], −25,8° [Py.; c = 0,9].

Tri-*O*-acetyl-Derivat $C_{17}H_{19}N_3O_6$;   (1*R*,2*S*)-1,2,3-Triacetoxy-1-[2-phenyl-2*H*-[1,2,3]triazol-4-yl]-propan. Kristalle (aus Ae.+Hexan); F: 63−64°. $[\alpha]_D^{20}$: −68,0° [CHCl$_3$; c = 0,9].

Tri-*O*-benzoyl-Derivat $C_{32}H_{25}N_3O_6$;   (1*R*,2*S*)-1,2,3-Tris-benzoyloxy-1-[2-phenyl-2*H*-[1,2,3]triazol-4-yl]-propan. Kristalle (aus A.); F: 114−115°. $[\alpha]_D^{20}$: −6,8° [CHCl$_3$; c = 0,8].

c) (1*RS*,2*SR*)-1-[2-Phenyl-2*H*-[1,2,3]triazol-4-yl]-propan-1,2,3-triol,   DL-Arabinose-phenylosotriazol, Formel II+Spiegelbild.

B. Aus den unter a) und b) beschriebenen Enantiomeren in CHCl$_3$ (*Haskins et al., Am. Soc.* **68** [1946] 1766, 1768).

Kristalle (aus CHCl$_3$+Hexan); F: 74−75°.

Tri-*O*-acetyl-Derivat $C_{17}H_{19}N_3O_6$; (1*RS*,2*SR*)-1,2,3-Triacetoxy-1-[2-phenyl-2*H*-[1,2,3]triazol-4-yl]-propan. Kristalle (aus Ae.+Hexan); F: 48−50°.

Tri-*O*-benzoyl-Derivat $C_{32}H_{25}N_3O_6$;   (1*RS*,2*SR*)-1,2,3-Tris-benzoyloxy-1-[2-phenyl-2*H*-[1,2,3]triazol-4-yl]-propan. Kristalle (aus A.); F: 125−126°.

d) (1*R*,2*R*)-1-[2-Phenyl-2*H*-[1,2,3]triazol-4-yl]-propan-1,2,3-triol,   D-Xylose-phenyloso= triazol, Formel III (X = H).

B. Beim Erhitzen von D-*threo*-[2]Pentosulose-bis-phenylhydrazon („D-Xylose-phenylosazon"; H **31** 61) mit CuSO$_4 \cdot$5H$_2$O in H$_2$O (*Haskins et al., Am. Soc.* **67** [1945] 939).

Kristalle (aus Ae.); F: 88−90° (*Ha. et al.*), 87,5−88,5° (*Byrne, Lardy,* Biochim. biophys. Acta **14** [1954] 495, 498). $[\alpha]_D^{20}$: −32,3° [H$_2$O; c = 0,8] (*Ha. et al.*); $[\alpha]_D^{23}$: −30,9° [H$_2$O] (*By., La.*).

Tri-*O*-acetyl-Derivat $C_{17}H_{19}N_3O_6$;   (1*R*,2*R*)-1,2,3-Triacetoxy-1-[2-phenyl-2*H*-[1,2,3]triazol-4-yl]-propan. Kristalle (aus A.); F: 57−58°; $[\alpha]_D^{20}$: −62,4° [CHCl$_3$; c = 0,8] (*Ha. et al.*).

Tri-*O*-benzoyl-Derivat $C_{32}H_{25}N_3O_6$;   (1*R*,2*R*)-1,2,3-Tris-benzoyloxy-1-[2-phenyl-2*H*-[1,2,3]triazol-4-yl]-propan. Kristalle (aus A.); F: 78−79°; $[\alpha]_D^{20}$: −24,3° [CHCl$_3$; c = 0,8] (*Ha. et al.*).

I   II   III   IV

e) **(1S,2S)-1-[2-Phenyl-2H-[1,2,3]triazol-4-yl]-propan-1,2,3-triol,** L-Xylose-phenyloso⸗triazol, Formel IV.

B. Analog der vorangehenden Verbindung aus L-*threo*-[2]Pentosulose-bis-phenylhydrazon [,,L-Xylose-phenylosazon"; H **31** 62] (*Hardegger, El Khadem,* Helv. **30** [1947] 900, 902).

Kristalle (aus Ae.); F: 88°. Bei 130° im Hochvakuum sublimierbar. $[\alpha]_D$: $+32,5°$ [H_2O; c = 0,4].

1-[2-(4-Brom-phenyl)-2H-[1,2,3]triazol-4-yl]-propan-1,2,3-triol $C_{11}H_{12}BrN_3O_3$.

a) **(1S,2R)-1-[2-(4-Brom-phenyl)-2H-[1,2,3]triazol-4-yl]-propan-1,2,3-triol,** Formel I (X = Br).

B. Beim Erhitzen von D-*erythro*-[2]Pentosulose-bis-[4-brom-phenylhydrazon] (H **31** 60) mit $CuSO_4 \cdot 5H_2O$ in wss. Dioxan (*Hardegger et al.,* Helv. **34** [1951] 253, 256).

Kristalle (aus Ae. + PAe.); F: 115°. $[\alpha]_D$: $+32°$ [A.; c = 0,5].

Tri-*O*-acetyl-Derivat $C_{17}H_{18}BrN_3O_6$; (1S,2R)-1,2,3-Triacetoxy-1-[2-(4-brom-phenyl)-2H-[1,2,3]triazol-4-yl]-propan. Kristalle (aus A.); F: 105°. $[\alpha]_D$: $+50°$ [$CHCl_3$; c = 0,8].

Tri-*O*-benzoyl-Derivat $C_{32}H_{24}BrN_3O_6$; (1S,2R)-1,2,3-Tris-benzoyloxy-1-[2-(4-brom-phenyl)-2H-[1,2,3]triazol-4-yl]-propan. Kristalle (aus A.); F: 141°. $[\alpha]_D$: $-4°$ [$CHCl_3$; c = 1,3].

b) **(1R,2R)-1-[2-(4-Brom-phenyl)-2H-[1,2,3]triazol-4-yl]-propan-1,2,3-triol,** Formel III (X = Br).

B. Beim Erwärmen von D-*threo*-[2]Pentosulose-bis-[4-brom-phenylhydrazon] (H **31** 62) mit $CuSO_4$ in H_2SO_4 enthaltendem wss. Isopropylalkohol (*Weygand et al.,* B. **88** [1955] 487, 497).

F: 127−128°.

(2S,3R)-3-α-D-Glucopyranosyloxy-3-[2-phenyl-2H-[1,2,3]triazol-4-yl]-propan-1,2-diol $C_{17}H_{23}N_3O_8$, Formel V.

B. Beim Erwärmen von O^3-α-D-Glucopyranosyl-L-arabinose (E III/IV **17** 3035) mit Phenyl⸗hydrazin-hydrochlorid und Natriumacetat in H_2O und Erhitzen des Reaktionsprodukts mit $CuSO_4 \cdot 5H_2O$ in H_2O (*Hassid et al.,* Am. Soc. **70** [1948] 306, 308).

Kristalle (aus wss. A.); F: 126,5°. $[\alpha]_D$: $+80°$ [H_2O; c = 2].

V   VI   VII

1-[2-p-Tolyl-2H-[1,2,3]triazol-4-yl]-propan-1,2,3-triol $C_{12}H_{15}N_3O_3$.

a) **(1S,2R)-1-[2-p-Tolyl-2H-[1,2,3]triazol-4-yl]-propan-1,2,3-triol,** Formel I (X = CH_3).

B. Beim Behandeln von D-Ribose (E IV **1** 4211) mit *p*-Tolylhydrazin und Erhitzen des Reak⸗tionsprodukts mit $CuSO_4 \cdot 5H_2O$ in H_2O (*Hardegger, El Khadem,* Helv. **30** [1947] 1478, 1480, 1482).

Kristalle (aus Ae.); F: 100° [korr.]. Bei 130° im Hochvakuum sublimierbar. $[\alpha]_D$: $+33°$ [A.; c = 0,6].

Tri-O-acetyl-Derivat $C_{18}H_{21}N_3O_6$;   ($1S,2R$)-1,2,3-Triacetoxy-1-[2-p-tolyl-2H-[1,2,3]triazol-4-yl]-propan. Kristalle (aus A.); F: 104° [korr.]. [α]$_D$: +62° [CHCl$_3$; c = 0,6].

Tri-O-benzoyl-Derivat $C_{33}H_{27}N_3O_6$;   ($1S,2R$)-1,2,3-Tris-benzoyloxy-1-[2-p-tolyl-[1,2,3]-triazol-4-yl]-propan. Kristalle (aus A.); F: 111° [korr.]. [α]$_D$: +8,3° [CHCl$_3$; c = 0,6].

b) (1R,2R)-1-[2-p-Tolyl-2H-[1,2,3]triazol-4-yl]-propan-1,2,3-triol, Formel III (X = CH$_3$).

B. Beim Erhitzen von D-*threo*-[2]Pentosulose-bis-p-tolylhydrazon („D-Xylose-p-tolylosazon") mit CuSO$_4 \cdot 5H_2O$ in H$_2$O (*Hardegger, El Khadem, Helv.* **30** [1947] 1478, 1480, 1482).

Kristalle (aus H$_2$O); F: 103° [korr.]. Bei 130° im Hochvakuum sublimierbar. [α]$_D$: −52° [A.; c = 0,6].

Trihydroxy-Verbindungen $C_6H_{11}N_3O_3$

1-[2-Phenyl-2H-[1,2,3]triazol-4-yl]-butan-1,2,3-triol $C_{12}H_{15}N_3O_3$.

a) D$_r$-1cat_F-[2-Phenyl-2H-[1,2,3]triazol-4-yl]-butan-1t_F,2c_F,3r_F-triol, D-Chinovose-phenylosotriazol, Formel VI (X = H).

B. Beim Erhitzen von D-*arabino*-6-Desoxy-[2]hexosulose-bis-phenylhydrazon („D-Chinovose-phenylosazon"; H **31** 80) mit CuSO$_4 \cdot 5H_2O$ in H$_2$O (*Hardegger, El Khadem, Helv.* **30** [1947] 900, 903).

Kristalle; F: 140° [korr.; aus H$_2$O] (*Ha., El Kh.*), 137−138° (*Anderson, Lardy,* Am. Soc. **70** [1948] 594, 596). Bei 150° im Hochvakuum sublimierbar (*Ha., El Kh.*). [α]$_D$: −67,5° [A.; c = 1] (*Ha., El Kh.*); [α]$_D^{24}$: −99,4° [Py.; c = 0,8] (*An., La.*).

Tri-O-benzoyl-Derivat $C_{33}H_{27}N_3O_6$;   D$_r$-1t_F,2c_F,3r_F-Tris-benzoyloxy-1cat_F-[2-phenyl-2H-[1,2,3]triazol-4-yl]-butan. Kristalle (aus A.); F: 100°; [α]$_D$: −33° [CHCl$_3$; c = 1] (*Ha., El Kh.*).

b) L$_r$-1cat_F-[2-Phenyl-2H-[1,2,3]triazol-4-yl]-butan-1t_F,2c_F,3r_F-triol, L-Rhamnose-phenylosotriazol, Formel VII (R = H).

B. Beim Erhitzen von L-*arabino*-6-Desoxy-[2]hexosulose-bis-phenylhydrazon („L-Rhamnose-phenylosazon"; H **31** 81) mit CuSO$_4 \cdot 5H_2O$ in H$_2$O (*Hardegger, El Khadem, Helv.* **30** [1947] 900, 903; *Haskins et al.,* Am. Soc. **69** [1947] 1461).

Kristalle; F: 140° [korr.; aus H$_2$O] (*Ha., El Kh.*), 136−137° [aus H$_2$O oder CHCl$_3$] (*Ha. et al.*). Bei 130° im Hochvakuum sublimierbar (*Ha., El Kh.*). [α]$_D^{20}$: +49,4° [H$_2$O; c = 0,4], +101,5° [Py.; c = 0,8] (*Ha. et al.*); [α]$_D$: +67,5° [A.; c = 1] (*Ha., El Kh.*).

Tri-O-benzoyl-Derivat $C_{33}H_{27}N_3O_6$;   L$_r$-1t_F,2c_F,3r_F-Tris-benzoyloxy-1cat_F-[2-phenyl-2H-[1,2,3]triazol-4-yl]-butan. Kristalle (aus A.); F: 101−102° (*Ha. et al.*), 100° [korr.] (*Ha., El Kh.*). [α]$_D^{20}$: +35,5° [CHCl$_3$; c = 0,9] (*Ha. et al.*); [α]$_D$: +33° [CHCl$_3$; c = 1] (*Ha., El Kh.*).

c) (±)-1cat_F-[2-Phenyl-2H-[1,2,3]triazol-4-yl]-butan-1t_F,2c_F,3r_F-triol,   Formel VI (X = H) +Spiegelbild.

B. Aus dem unter a) und b) beschriebenen Enantiomeren (*Hardegger, El Khadem, Helv.* **30** [1947] 900, 904).

Kristalle (nach Sublimation bei 150° im Hochvakuum); F: 110° [korr.].

Tri-O-benzoyl-Derivat $C_{33}H_{27}N_3O_6$;   (±)-1t_F,2c_F,3r_F-Tris-benzoyloxy-1cat_F-[2-phenyl-2H-[1,2,3]triazol-4-yl]-butan. *B.* Aus den Tri-O-benzoyl-Derivaten der unter a) und b) beschriebenen Enantiomeren (*Ha., El Kh.*). − Kristalle; F: 106° [korr.].

d) L$_r$-1cat_F-[2-Phenyl-2H-[1,2,3]triazol-4-yl]-butan-1t_F,2t_F,3r_F-triol,   L-Fucose-phenyl=osotriazol, Formel VIII.

B. Beim Erhitzen von L-*lyxo*-6-Desoxy-[2]hexosulose-bis-phenylhydrazon („L-Fucose-phenyl=osazon"; H **31** 82) mit CuSO$_4 \cdot 5H_2O$ in H$_2$O (*Haskins et al.,* Am. Soc. **69** [1947] 1461).

Kristalle (aus H$_2$O); F: 83−84°. [α]$_D^{20}$: +20,0° [H$_2$O; c = 0,9].

Tri-O-acetyl-Derivat $C_{18}H_{21}N_3O_6$;   L$_r$-1t_F,2t_F,3r_F-Triacetoxy-1cat_F-[2-phenyl-2H-[1,2,3]triazol-4-yl]-butan. Kristalle (aus A.); F: 88−89°. [α]$_D^{20}$: +44,1° [CHCl$_3$; c = 0,8].

Tri-*O*-benzoyl-Derivat C$_{33}$H$_{27}$N$_3$O$_6$; L$_r$-1t_F,2t_F,3r_F-Tris-benzoyloxy-1cat_F-[2-phenyl-2*H*-[1,2,3]triazol-4-yl]-butan. Kristalle (aus Me.); F: 97−98°. [α]$_D^{20}$: −12,0° [CHCl$_3$; c = 0,9].

L$_r$-1cat_F-[2-*p*-Tolyl-2*H*-[1,2,3]triazol-4-yl]-butan-1t_F,2c_F,3r_F-triol C$_{13}$H$_{17}$N$_3$O$_3$, Formel VII (R = CH$_3$).

B. Beim Erhitzen von L-*arabino*-6-Desoxy-[2]hexosulose-bis-*p*-tolylhydrazon mit CuSO$_4$ ·5H$_2$O in H$_2$O (*Hardegger, El Khadem,* Helv. **30** [1947] 1478, 1480, 1482).

Kristalle (aus H$_2$O); F: 142° [korr.]. Bei 130° im Hochvakuum sublimierbar. [α]$_D$: +58° [A.; c = 0,6].

D$_r$-4-Jod-1cat_F-[2-phenyl-2*H*-[1,2,3]triazol-4-yl]-butan-1t_F,2c_F,3r_F-triol C$_{12}$H$_{14}$IN$_3$O$_3$, Formel VI (X = I).

B. Beim Erwärmen von D$_r$-1cat_F-[2-Phenyl-2*H*-[1,2,3]triazol-4-yl]-4-[toluol-4-sulfonyloxy]-bu*tan-1t_F,2c_F,3r_F-triol (S. 411) mit NaI in Aceton (*Hardegger, Schreier,* Helv. **35** [1952] 623, 628).

Kristalle (aus A.); F: 168° [korr.; Zers.]. [α]$_D$: −61° [Py.; c = 1].

(1*R*,2*R*)-1-[2-Phenyl-2*H*-[1,2,3]triazol-4-yl]-butan-1,2,4-triol C$_{12}$H$_{15}$N$_3$O$_3$, Formel IX.

B. Beim Erhitzen von D-*threo*-5-Desoxy-[2]hexosulose-bis-phenylhydrazon mit CuSO$_4$·5H$_2$O in H$_2$O (*Regna,* Am. Soc. **69** [1947] 246, 247).

Kristalle (aus H$_2$O); F: 149°. [α]$_D^{23}$: −38,5° [Me.; c = 1].

Tri-*O*-benzoyl-Derivat C$_{33}$H$_{27}$N$_3$O$_6$; (1*R*,2*R*)-1,2,4-Tris-benzoyloxy-1-[2-phenyl-2*H*-[1,2,3]triazol-4-yl]-butan. Kristalle (aus A.); F: 123°. [α]$_D^{23}$: −14,0° [CHCl$_3$; c = 1].

VIII   IX   X

Trihydroxy-Verbindungen C$_n$H$_{2n-3}$N$_3$O$_3$

Trihydroxy-Verbindungen C$_3$H$_3$N$_3$O$_3$

Trimethoxy-[1,3,5]triazin, Cyanursäure-trimethylester C$_6$H$_9$N$_3$O$_3$, Formel X (R = CH$_3$) (H 126; E I 35; E II 72).

B. Aus Trifluor-[1,3,5]triazin oder neben anderen Verbindungen aus Trichlor-[1,3,5]triazin beim Behandeln in THF mit Methanol und K$_2$CO$_3$ (*Grisley et al.,* J. org. Chem. **23** [1958] 1802). Beim Behandeln von Trichlor-[1,3,5]triazin mit Natriummethylat in Benzol (*Spielman et al.,* Am. Soc. **73** [1951] 1775). Beim Behandeln von Trichlor-[1,3,5]triazin mit Methanol und Na$_2$CO$_3$ (*Dudley et al.,* Am. Soc. **73** [1951] 2986, 2987, 2989).

Kristalle (aus H$_2$O); F: 134−136° [unkorr.] (*Du. et al.*), 133−135,5° [unkorr.] (*Gr. et al.*). IR-Spektrum (KBr; 3−14 μ): *Finkel'schteĭn,* Optika Spektr. **5** [1958] 264, 266; C. A. **1959** 10967. UV-Spektrum (wss. Lösung; 200−250 nm): *Agallidis et al.,* B. **71** [1938] 1391, 1397. Magnetische Susceptibilität: −89,9·10^{-6} cm^3·mol^{-1} (*Matsunaga, Morita,* Bl. chem. Soc. Japan **31** [1958] 644, 645).

Triäthoxy-[1,3,5]triazin, Cyanursäure-triäthylester $C_9H_{15}N_3O_3$, Formel X (R = C_2H_5) (H 126; E I 35; E II 72).

B. Beim Aufbewahren [60 d] von Carbimidsäure-diäthylester über $CaCl_2$ unter Luftausschluss (*Houben, Zivadinovitsch*, B. **69** [1936] 2352, 2355). Beim Behandeln von Trichlor-[1,3,5]triazin mit Natriumäthylat in Benzol (*Spielman et al.*, Am. Soc. **73** [1951] 1775).

Kristalle; F: 29° (*Ho., Zi.*). Kp_5: 135° (*Sp. et al.*).

Tris-[2-chlor-äthoxy]-[1,3,5]triazin $C_9H_{12}Cl_3N_3O_3$, Formel X (R = $CH_2\text{-}CH_2Cl$).

B. Beim Behandeln von Trichlor-[1,3,5]triazin mit 2-Chlor-äthanol und NaOH (*Dudley et al.*, Am. Soc. **73** [1951] 2986, 2987, 2989).

Kristalle (aus Dioxan); F: 154° [unkorr.].

Tripropoxy-[1,3,5]triazin, Cyanursäure-tripropylester $C_{12}H_{21}N_3O_3$, Formel X (R = $CH_2\text{-}C_2H_5$).

B. Beim Erhitzen von Carbimidsäure-dipropylester mit $SnCl_2 \cdot 2H_2O$ auf 180° (*Am. Cyanamid Co.*, U.S.P. 2682541 [1951]). Beim Behandeln von Chlorcyan mit Natriumpropylat in Propan-1-ol (*Zappi, Cagnoni*, An. Asoc. quim. arg. **36** [1948] 58, 63). Beim Behandeln von Trichlor-[1,3,5]triazin mit Natriumpropylat in Benzol (*Spielman et al.*, Am. Soc. **73** [1951] 1775).

Kristalle; F: 33−34° (*Sp. et al.*), 27° (*Za., Ca.*). Kp_{1-2}: ca. 135° (*Za., Ca.*); $Kp_{0,6}$: 130−133° (*Sp. et al.*).

Triisopropoxy-[1,3,5]triazin, Cyanursäure-triisopropylester $C_{12}H_{21}N_3O_3$, Formel X (R = $CH(CH_3)_2$).

B. Aus Trichlor-[1,3,5]triazin und Natriumisopropylat in Benzol (*Spielman et al.*, Am. Soc. **73** [1951] 1775).

F: 102−103° [unkorr.] (*Sp. et al.*).

Über ein weiteres unter dieser Konstitution beschriebenes Präparat [Kristalle; F: 23°; Kp_1: 110° (erhalten aus Chlorcyan und Natriumisopropylat)] s. *Zappi, Cagnoni*, An. Asoc. quim. arg. **36** [1948] 58, 63.

Tributoxy-[1,3,5]triazin, Cyanursäure-tributylester $C_{15}H_{27}N_3O_3$, Formel X (R = $[CH_2]_3\text{-}CH_3$).

B. Beim Erhitzen von Carbimidsäure-dibutylester mit $CaCl_2$ oder mit $ZnCl_2$ auf 205−210° oder mit $AlCl_3$ auf 180−195° (*Am. Cyanamid Co.*, U.S.P. 2682541 [1951]). Aus Trichlor-[1,3,5]triazin und Natriumbutylat in Benzol (*Spielman et al.*, Am. Soc. **73** [1951] 1775).

$Kp_{4,5}$: 180−184° (*Am. Cyanamid Co.*). Kp_3: 175° (*Wörle, Spengler*, Erdöl Kohle **25** [1972] 130, 133). $Kp_{0,5}$: 155−156°; n_D^{25}: 1,4733 (*Sp. et al.*).

Über ein weiteres unter dieser Konstitution beschriebenes Präparat [F: 20−21°; Kp_{1-2}: ca. 75° (erhalten aus Chlorcyan und Natriumbutylat)] s. *Zappi, Cagnoni*, An. Asoc. quim. arg. **36** [1948] 58, 64.

Tris-[1H,1H-heptafluor-butoxy]-[1,3,5]triazin $C_{15}H_6F_{21}N_3O_3$, Formel X (R = $CH_2\text{-}CF_2\text{-}CF_2\text{-}CF_3$).

B. Beim Behandeln von Trichlor-[1,3,5]triazin mit Natrium-[1H,1H-heptafluor-butylat] in Äther (*Du Pont de Nemours & Co.*, U.S.P. 2741606 [1951]).

Kristalle (aus CCl_4); F: 103−104°.

*Opt.-inakt. Tri-*sec*-butoxy-[1,3,5]triazin, Cyanursäure-tri-*sec*-butylester $C_{15}H_{27}N_3O_3$, Formel X (R = $CH(CH_3)\text{-}C_2H_5$).

B. Aus Trichlor-[1,3,5]triazin und (±)-Natrium-*sec*-butylat in Benzol (*Spielman et al.*, Am. Soc. **73** [1951] 1775).

F: 38° (*Wörle, Spengler*, Erdöl Kohle **25** [1972] 130, 133). Kp_5: 168°; n_D^{25}: 1,4736 (*Sp. et al.*).

Über ein weiteres unter dieser Konstitution beschriebenes Präparat [Kp_{1-2}: 70° (erhalten aus Chlorcyan und (±)-Natrium-*sec*-butylat)] s. *Zappi, Cagnoni*, An. Asoc. quim. arg. **36** [1948] 58, 64.

Triisobutoxy-[1,3,5]triazin, Cyanursäure-triisobutylester $C_{15}H_{27}N_3O_3$, Formel X (R = CH_2-CH(CH$_3$)$_2$).

B. Aus Trichlor-[1,3,5]triazin beim Behandeln mit Natriumisobutylat in Benzol (*Spielman et al.*, Am. Soc. **73** [1951] 1775) oder beim Behandeln mit Isobutylalkohol und NaOH (*Dudley et al.*, Am. Soc. **73** [1951] 2986, 2987).

F: 44−45° (*Sp. et al.*), 37° (*Du. et al.*).

Tri-*tert*-butoxy-[1,3,5]triazin(?), Cyanursäure-tri-*tert*-butylester(?) $C_{15}H_{27}N_3O_3$, vermutlich Formel X (R = C(CH$_3$)$_3$).

Zur Konstitution s. *Spielman et al.*, Am. Soc. **73** [1951] 1775.

B. Aus Natrium-*tert*-butylat und Chlorcyan (*Zappi, Cagnoni*, An. Asoc. quim. arg. **36** [1948] 58, 64).

Kristalle (nach Sublimation bei 60°/1−2 Torr); F: 90° (*Za., Ca.*).

Tris-pentyloxy-[1,3,5]triazin, Cyanursäure-tripentylester $C_{18}H_{33}N_3O_3$, Formel X (R = [CH$_2$]$_4$-CH$_3$).

B. Aus Trichlor-[1,3,5]triazin und Natriumpentylat in Benzol (*Spielman et al.*, Am. Soc. **73** [1951] 1775).

Kp_5: 210−213°; n_D^{25}: 1,4726 (*Sp. et al.*). Kp_3: 195° (*Wörle, Spengler*, Erdöl Kohle **25** [1972] 130, 133).

Über ein weiteres unter dieser Konstitution beschriebenes Präparat [Kristalle; F: 25°; Kp_{1-2}: ca. 78° (erhalten aus Chlorcyan und Natriumpentylat)] s. *Zappi, Cagnoni*, An. Asoc. quim. arg. **36** [1948] 58, 65.

*Opt.-inakt. Tris-[1-methyl-butoxy]-[1,3,5]triazin $C_{18}H_{33}N_3O_3$, Formel X (R = CH(CH$_3$)-CH$_2$-CH$_2$-CH$_3$).

B. Aus Trichlor-[1,3,5]triazin und (±)-Natrium-[1-methyl-butylat] in Benzol (*Spielman et al.*, Am. Soc. **73** [1951] 1775).

$Kp_{0,9}$: 175−178°. n_D^{25}: 1,4716.

Die folgenden Verbindungen sind in analoger Weise hergestellt worden:

Tris-[1-äthyl-propoxy]-[1,3,5]triazin $C_{18}H_{33}N_3O_3$, Formel X (R = CH(C$_2$H$_5$)-C$_2$H$_5$). $Kp_{0,8}$: 155°. n_D^{25}: 1,4737.

Tris-*tert*-pentyloxy-[1,3,5]triazin, Cyanursäure-tri-*tert*-pentylester $C_{18}H_{33}N_3O_3$, Formel X (R = C(CH$_3$)$_2$-C$_2$H$_5$). Kp_3: 150° [Zers.]. n_D^{25}: 1,4776.

Tris-isopentyloxy-[1,3,5]triazin, Cyanursäure-triisopentylester $C_{18}H_{33}N_3O_3$, Formel X (R = CH$_2$-CH$_2$-CH(CH$_3$)$_2$) (H 127). $Kp_{0,6}$: 165−167°. n_D^{25}: 1,4700.

Tris-hexyloxy-[1,3,5]triazin, Cyanursäure-trihexylester $C_{21}H_{39}N_3O_3$, Formel X (R = [CH$_2$]$_5$-CH$_3$).

B. Aus Trichlor-[1,3,5]triazin beim Behandeln mit Natriumhexylat in Benzol (*Spielman et al.*, Am. Soc. **73** [1951] 1775) oder beim Behandeln mit Hexan-1-ol und NaOH (*Dudley et al.*, Am. Soc. **73** [1951] 2986, 2987, 2989).

$Kp_{1,7}$: 210°; n_D^{25}: 1,4739 (*Sp. et al.*).

*Opt.-inakt. Tris-[1-methyl-pentyloxy]-[1,3,5]triazin(?) $C_{21}H_{39}N_3O_3$, vermutlich Formel X (R = CH(CH$_3$)-[CH$_2$]$_3$-CH$_3$).

B. Aus Trichlor-[1,3,5]triazin und (±)-Natrium-[1-methyl-pentylat] in Benzol (*Spielman et al.*, Am. Soc. **73** [1951] 1775).

$Kp_{2,2}$: 195°. n_D^{25}: 1,4728.

Tris-[1H,1H,7H-dodecafluor-heptyloxy]-[1,3,5]triazin $C_{24}H_9F_{36}N_3O_3$, Formel X
(R = CH_2-[CF_2]$_5$-CHF_2).

B. Aus Trichlor-[1,3,5]triazin und Natrium-[1H,1H,7H-dodecafluor-heptylat] (aus dem Alko=
hol und NaH in Äther hergestellt) in Äther (*Du Pont de Nemours & Co.*, U.S.P. 2741606
[1955]).

Kristalle (aus CCl_4); F: 46−48°.

Tris-allyloxy-[1,3,5]triazin, Cyanursäure-triallylester $C_{12}H_{15}N_3O_3$, Formel X
(R = CH_2-CH=CH_2).

B. Beim Erhitzen von Carbimidsäure-diallylester mit $FeCl_3 \cdot 6 H_2O$ auf 150° (*Am. Cyanamid
Co.*, U.S.P. 2682541 [1951]). Als Hauptprodukt neben 4,6-Bis-allyloxy-1H-[1,3,5]triazin-2-on
beim Behandeln von Trichlor-[1,3,5]triazin mit wss. Allylalkohol und NaOH (*Dudley et al.*,
Am. Soc. 73 [1951] 2986, 2987, 2989). Aus Trichlor-[1,3,5]triazin beim Behandeln mit Natrium=
allylat in Benzol (*Spielman et al.*, Am. Soc. 73 [1951] 1775) oder beim Behandeln mit Allylalkohol
und wss. NaOH in Toluol (*U.S. Rubber Co.*, U.S.P. 2631148 [1951]).

Kristalle (aus wss. Me.); F: 31° (*Du. et al.*). E: 29° (*U.S. Rubber Co.*), 27,55° [extrapoliert]
(*Witschonke*, Anal. Chem. 26 [1954] 562). $Kp_{2,5}$: 161−162° (*Sp. et al.*), 137−140° (*Du. et al.*).
n_D^{25}: 1,5037 (*Sp. et al.*). Kryoskopische Konstante: *Wi.* Verbrennungsenthalpie: *Clampitt et al.*,
J. Polymer Sci. 27 [1958] 515, 521. IR-Spektrum (KBr; 1800−700 cm^{-1}): *Cl. et al.*, l. c. S. 518.

Geschwindigkeitskonstante der durch Dibenzoylperoxid initiierten Polymerisation in Benzol
unter Stickstoff bei 80°, 90° und 99°: *Oiwa, Kawai*, J. chem. Soc. Japan Pure Chem. Sect.
76 [1955] 684, 687, 691; C. A. 1956 9431. Enthalpie und Mechanismus der durch Dibenzoylper=
oxid initiierten Polymerisation: *Cl. et al.*

Bis-allyloxy-pentachlorphenoxy-[1,3,5]triazin $C_{15}H_{10}Cl_5N_3O_3$, Formel XI
(R = CH_2-CH=CH_2, X = X' = Cl).

B. Beim Behandeln von Trichlor-[1,3,5]triazin in wss. Aceton mit Pentachlorphenol in wss.
NaOH und Behandeln des Reaktionsprodukts mit Allylalkohol und NaOH (*Schaefer et al.*,
Am. Soc. 73 [1951] 2990).

Kristalle (aus A.); F: 94−95°.

Triphenoxy-[1,3,5]triazin, Cyanursäure-triphenylester $C_{21}H_{15}N_3O_3$, Formel XII
(R = X = X' = H) (H 127).

B. Aus Trichlor-[1,3,5]triazin beim Erhitzen mit Phenol auf 185−210° (*Schaefer et al.*, Am.
Soc. 73 [1951] 2990; s. a. *Am. Cyanamid Co.*, U.S.P. 2560824 [1948]) oder beim Behandeln
in Aceton mit Phenol und wss. NaOH (*Sch. et al.*).

Kristalle; F: 235−236° [unkorr.; aus Bzl., 2-Methoxy-äthanol oder Dioxan] (*Sch. et al.*).
Magnetische Susceptibilität: −205,9·10^{-6} cm^3·mol^{-1} (*Matsunaga, Morita*, Bl. chem. Soc. Japan
31 [1958] 644, 645).

[2-Chlor-phenoxy]-diphenoxy-[1,3,5]triazin $C_{21}H_{14}ClN_3O_3$, Formel XI (R = C_6H_5,
X = X' = H).

B. Aus Dichlor-[2-chlor-phenoxy]-[1,3,5]triazin und Phenol oder aus Chlor-diphenoxy-
[1,3,5]triazin und 2-Chlor-phenol (*Schuldt, Wolf*, Contrib. Boyce Thompson Inst. 18 [1956]
377, 381, 383).

Kristalle (aus Hexan); F: 163−165°.

[2,4-Dichlor-phenoxy]-diphenoxy-[1,3,5]triazin $C_{21}H_{13}Cl_2N_3O_3$, Formel XI (R = C_6H_5,
X = H, X' = Cl).

B. Analog der vorangehenden Verbindung (*Schuldt, Wolf*, Contrib. Boyce Thompson Inst.
18 [1956] 377, 381, 383).

Kristalle (aus Hexan); F: 153−157°.

Tris-[4-chlor-phenoxy]-[1,3,5]triazin $C_{21}H_{12}Cl_3N_3O_3$, Formel XII (R = X = H, X' = Cl).

B. Aus Trichlor-[1,3,5]triazin und 4-Chlor-phenol (*Am. Cyanamid Co.*, U.S.P. 2560824 [1948];

Schaefer et al., Am. Soc. **73** [1951] 2990).
F: 200−205° [unkorr.] (*Sch. et al.*).

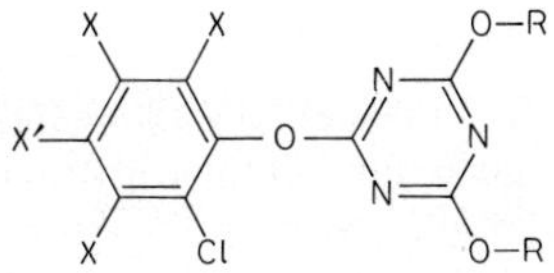

XI 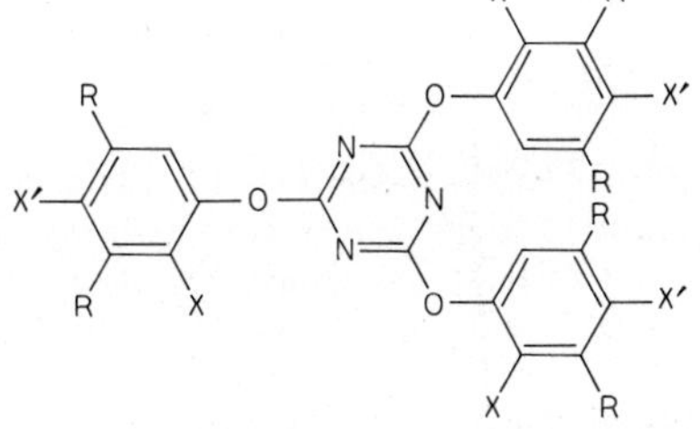   XII

Tris-[2,4-dichlor-phenoxy]-[1,3,5]triazin $C_{21}H_9Cl_6N_3O_3$, Formel XII (R = H, X = X' = Cl).
B. Analog der vorangehenden Verbindung (*Schuldt, Wolf*, Contrib. Boyce Thompson Inst. **18** [1956] 377, 381, 383).
F: 119−121°.

Tris-p-tolyloxy-[1,3,5]triazin, Cyanursäure-tri-*p*-tolylester $C_{24}H_{21}N_3O_3$, Formel XII (R = X = H, X' = CH₃) (H 127).
Kristalle; F: 216° (*Grigat, Pütter*, B. **97** [1964] 3012, 3017).

Tris-benzyloxy-[1,3,5]triazin, Cyanursäure-tribenzylester $C_{24}H_{21}N_3O_3$, Formel XIII (E I 35).
B. Beim Behandeln von Trichlor-[1,3,5]triazin mit Natriumbenzylat in Benzol (*Spielman et al.*, Am. Soc. **73** [1951] 1775). Neben anderen Verbindungen beim Erhitzen von Carbamid= säure-äthylester mit Benzylbromid (*Gompper, Christmann*, B. **92** [1959] 1935, 1942).
Kristalle (aus PAe.); F: 103° [nach Sintern ab 95°] (*Go., Ch.*).

Tris-[3,5-dimethyl-phenoxy]-[1,3,5]triazin $C_{27}H_{27}N_3O_3$, Formel XII (R = CH₃, X = X' = H).
B. Beim Erhitzen von Trichlor-[1,3,5]triazin und 3,5-Dimethyl-phenol (*Am. Cyanamid Co.*, U.S.P. 2560824 [1948]; *Schaefer et al.*, Am. Soc. **73** [1951] 2990).
Kristalle [aus Toluol] (*Am. Cyanamid Co.*); F: 268,5−269,5° [unkorr.] (*Am. Cyanamid Co.; Sch. et al.*).

Tris-[4-(1,1,3,3-tetramethyl-butyl)-phenoxy]-[1,3,5]triazin $C_{45}H_{63}N_3O_3$, Formel XII (R = X = H, X' = C(CH₃)₂-CH₂-C(CH₃)₃).
B. Analog der vorangehenden Verbindung (*Am. Cyanamid Co.*, U.S.P. 2560824 [1948]; *Schae= fer et al.*, Am. Soc. **73** [1951] 2990).
Kristalle [aus Dioxan] (*Am. Cyanamid Co.*); F: 294−295° [unkorr.] (*Am. Cyanamid Co.; Sch. et al.*).

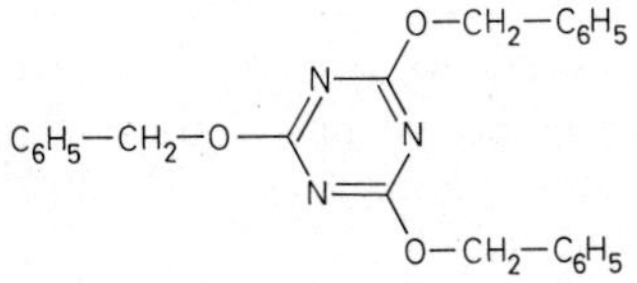

XIII 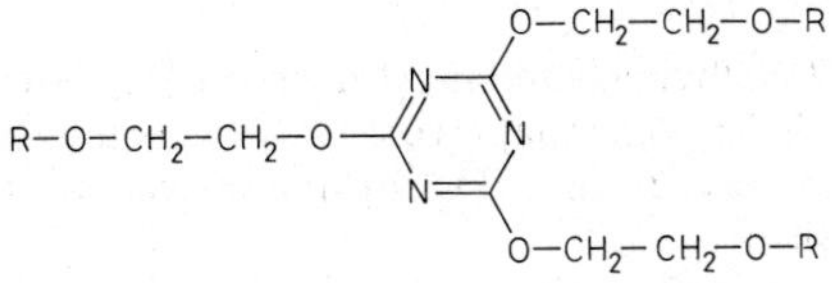   XIV

Tris-[2-hydroxy-äthoxy]-[1,3,5]triazin $C_9H_{15}N_3O_6$, Formel XIV (R = H).
B. Beim Erhitzen von Trimethoxy-[1,3,5]triazin mit Äthylenglykol auf 100−110°/65−85 Torr (*Dudley et al.*, Am. Soc. **73** [1951] 2999, 3003).

Kristalle (aus Dioxan); F: 130–132° [unkorr.].

Tris-[2-methoxy-äthoxy]-[1,3,5]triazin $C_{12}H_{21}N_3O_6$, Formel XIV (R = CH_3).
B. Beim Erhitzen von Carbimidsäure-bis-[2-methoxy-äthylester] mit CuBr auf 150–210° (*Am. Cyanamid Co.*, U.S.P. 2682541 [1951]).
$Kp_{0,45}$: 170°.

Tris-[2-trimethylsilyloxy-äthoxy]-[1,3,5]triazin $C_{18}H_{39}N_3O_6Si_3$, Formel XIV (R = $Si(CH_3)_3$).
B. Beim Behandeln von Tris-[2-hydroxy-äthoxy]-[1,3,5]triazin mit Chlor-trimethyl-silan in Pyridin unter Stickstoff (*Sprung, Nelson*, J. org. Chem. **20** [1955] 1750, 1754, 1755).
$Kp_{0,3}$: 180–181°. D_4^{20}: 1,043. n_D^{20}: 1,4618.

Tris-[2-formyl-phenoxy]-[1,3,5]triazin, 2,2′,2″-[1,3,5]Triazin-2,4,6-triyltrioxy-tri-benzaldehyd
$C_{24}H_{15}N_3O_6$, Formel I (R = CHO, R′ = R″ = H).
B. Beim Behandeln von Trichlor-[1,3,5]triazin in Aceton mit Salicylaldehyd in wss. NaOH (*Allan, Allan*, R. **78** [1959] 375, 379).
Kristalle (aus E.); F: 174–176° [korr.].

Tris-[3-formyl-phenoxy]-[1,3,5]triazin, 3,3′,3″-[1,3,5]Triazin-2,4,6-triyltrioxy-tri-benzaldehyd
$C_{24}H_{15}N_3O_6$, Formel I (R = R″ = H, R′ = CHO).
B. Analog der vorangehenden Verbindung (*Allan, Allan*, R. **78** [1959] 375, 380).
Kristalle (aus E.); F: 246–247° [korr.].

I   II

Tris-[4-formyl-phenoxy]-[1,3,5]triazin, 4,4′,4″-[1,3,5]Triazin-2,4,6-triyltrioxy-tri-benzaldehyd
$C_{24}H_{15}N_3O_6$, Formel I (R = R′ = H, R″ = CHO).
B. Analog den vorangehenden Verbindungen (*Allan, Allan*, R. **78** [1959] 375, 380).
Kristalle (aus E.); F: 174–176° [korr.].

Tris-cyanmethoxy-[1,3,5]triazin, [1,3,5]Triazin-2,4,6-triyltrioxy-tri-acetonitril $C_9H_6N_6O_3$,
Formel II (R = CN).
B. Beim Behandeln von Trichlor-[1,3,5]triazin mit Glykolonitril und Pyridin (*Dudley et al.*, Am. Soc. **73** [1951] 2986, 2989).
Kristalle (aus 2-Methoxy-äthanol); F: 158–159° [unkorr.].

Bis-[2-diäthylamino-äthoxy]-methoxy-[1,3,5]triazin $C_{16}H_{31}N_5O_3$, Formel III.
B. Beim Behandeln von Dichlor-methoxy-[1,3,5]triazin in Benzol mit Natrium-[2-diäthyl-amino-äthylat] in 2-Diäthylamino-äthanol (*Olin Mathieson Chem. Corp.*, U.S.P. 2725379 [1953]).
$Kp_{0,5}$: 157–160°.

Bis-[2-(diäthyl-benzyl-ammonio)-äthoxy]-methoxy-[1,3,5]triazin $[C_{30}H_{45}N_5O_3]^{2+}$, Formel IV.
Dichlorid. *B.* Aus der vorangehenden Verbindung und Benzylchlorid in Aceton (*Olin Mathieson Chem. Corp.*, U.S.P. 2725379 [1953]). – Kristalle (aus $CHCl_3$); F: 143–145° [Zers.; nach Sintern].

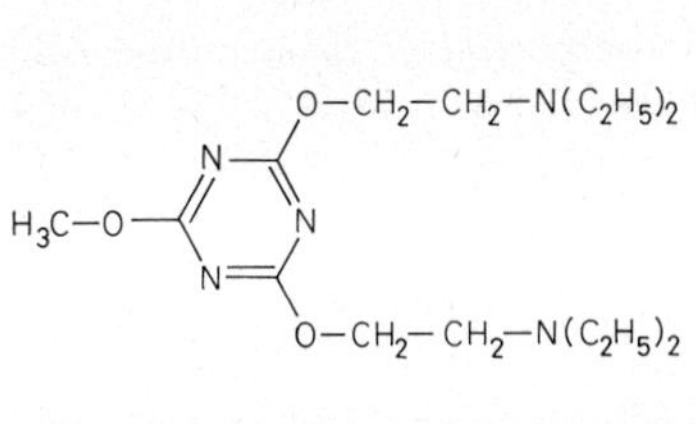

III

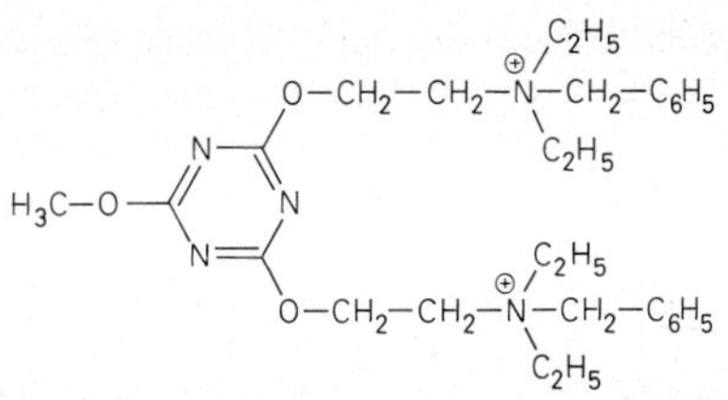

IV

Tris-[2-dimethylamino-äthoxy]-[1,3,5]triazin $C_{15}H_{30}N_6O_3$, Formel V (R = CH_3, n = 2).

B. Aus Trichlor-[1,3,5]triazin und Natrium-[2-dimethylamino-äthylat] in Benzol (*Hohmann, Jones*, J. Am. pharm. Assoc. **43** [1954] 453; *Olin Mathieson Chem. Corp.*, U.S.P. 2725379 [1953]).

Kp_3: 183—185° (*Ho., Jo.*); $Kp_{0,4}$: 158° (*Olin Mathieson*).

Tris-[2-trimethylammonio-äthoxy]-[1,3,5]triazin $[C_{18}H_{39}N_6O_3]^{3+}$, Formel VI (R = R' = CH_3, n = 2).

Trijodid $[C_{18}H_{39}N_6O_3]I_3$. *B*. Aus Tris-[2-dimethylamino-äthoxy]-[1,3,5]triazin und CH_3I in Äthanol (*Hohmann, Jones*, J. Am. pharm. Assoc. **43** [1954] 453, 454; *Horrom*, Am. Soc. **76** [1954] 3032) oder in Benzol und Äthanol (*Olin Mathieson Chem. Corp.*, U.S.P. 2725379 [1953]). — Kristalle; F: 296—298° [Zers.] (*Ho., Jo.*), 283—285° (*Olin Mathieson*), 214—215° [Zers.] (*Ho.*).

Tris-[2-(äthyl-dimethyl-ammonio)-äthoxy]-[1,3,5]triazin $[C_{21}H_{45}N_6O_3]^{3+}$, Formel VI (R = CH_3, R' = C_2H_5, n = 2).

Trijodid $[C_{21}H_{45}N_6O_3]I_3$. *B*. Aus Tris-[2-dimethylamino-äthoxy]-[1,3,5]triazin und Äthyljo＝did bei 100° (*Hohmann, Jones*, J. Am. pharm. Assoc. **43** [1954] 453, 454). — F: 271—273° [Zers.].

Tris-[2-diäthylamino-äthoxy]-[1,3,5]triazin $C_{21}H_{42}N_6O_3$, Formel V (R = C_2H_5, n = 2).

B. Aus Trichlor-[1,3,5]triazin und Natrium-[2-diäthylamino-äthylat] in Benzol (*Hohmann, Jones*, J. Am. pharm. Assoc. **43** [1954] 453; *Olin Mathieson Chem. Corp.*, U.S.P. 2725379 [1953]) oder in Toluol (*Cavallito et al.*, J. org. Chem. **19** [1954] 826, 828).

Kp_3: 195—197° (*Ho., Jo.*); $Kp_{0,2-0,3}$: 178—182° (*Olin Mathieson*).

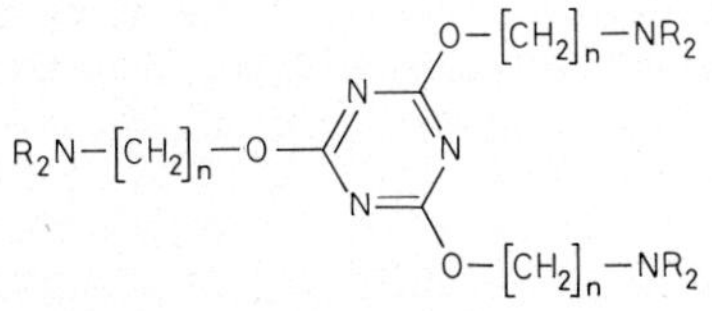

V

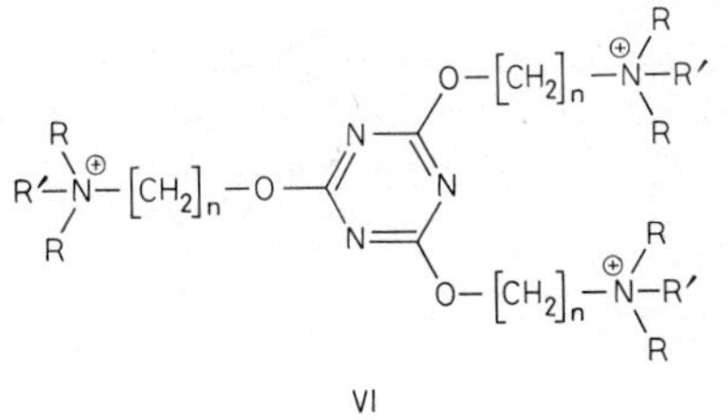

VI

Tris-[2-(diäthyl-methyl-ammonio)-äthoxy]-[1,3,5]triazin $[C_{24}H_{51}N_6O_3]^{3+}$, Formel VI (R = C_2H_5, R' = CH_3, n = 2).

Trijodid $[C_{24}H_{51}N_6O_3]I_3$. *B*. Aus Tris-[2-diäthylamino-äthoxy]-[1,3,5]triazin und CH_3I in Äthanol (*Hohmann, Jones*, J. Am. pharm. Assoc. **43** [1954] 453, 454). — F: 248—250° [Zers.].

Tris-[2-triäthylammonio-äthoxy]-[1,3,5]triazin $[C_{27}H_{57}N_6O_3]^{3+}$, Formel VI (R = R' = C_2H_5, n = 2).

Tribromid. *B*. Aus Tris-[2-diäthylamino-äthoxy]-[1,3,5]triazin und Äthylbromid in Benzyl＝alkohol (*Olin Mathieson Chem. Corp.*, U.S.P. 2725379 [1953]). — Kristalle (aus A. + Hexan) mit 1 Mol H_2O, F: 207—208° [Zers.]; die wasserfreie Verbindung schmilzt bei 266—267°.

Trijodid $[C_{27}H_{57}N_6O_3]I_3$. *B.* Aus Tris-[2-diäthylamino-äthoxy]-[1,3,5]triazin und Äthyljodid beim Erhitzen auf 100° (*Hohmann, Jones,* J. Am. pharm. Assoc. **43** [1954] 453, 454) oder beim Erwärmen in Äthanol (*Cavallito et al.,* J. org. Chem. **19** [1954] 826, 828). — F: 243—244° [Zers.] (*Ho., Jo.*), 175° [nach Sintern] (*Ca. et al.*).

Tris-[2-(diäthyl-benzyl-ammonio)-äthoxy]-[1,3,5]triazin $[C_{42}H_{63}N_6O_3]^{3+}$, Formel VI (R = C_2H_5, R' = CH_2-C_6H_5, n = 2).
Trichlorid $[C_{42}H_{63}N_6O_3]Cl_3$. *B.* Aus Tris-[2-diäthylamino-äthoxy]-[1,3,5]triazin und Ben≠zylchlorid bei 100° (*Hohmann, Jones,* J. Am. pharm. Assoc. **43** [1954] 453, 454). — F: 151—154° [Zers.].

Tris-[3-diäthylamino-propoxy]-[1,3,5]triazin $C_{24}H_{48}N_6O_3$, Formel V (R = C_2H_5, n = 3).
B. Aus Trichlor-[1,3,5]triazin und Natrium-[3-diäthylamino-propylat] in Benzol (*Hohmann, Jones,* J. Am. pharm. Assoc. **43** [1954] 453; *Olin Mathieson Chem. Corp.,* U.S.P. 2725379 [1953]).
Kp_4: 245° (*Ho., Jo.*); $Kp_{0,1}$: 196—200° (*Olin Mathieson*).

Tris-[3-(diäthyl-methyl-ammonio)-propoxy]-[1,3,5]triazin $[C_{27}H_{57}N_6O_3]^{3+}$, Formel VI (R = C_2H_5, R' = CH_3, n = 3).
Trijodid $[C_{27}H_{57}N_6O_3]I_3$. *B.* Aus Tris-[3-diäthylamino-propoxy]-[1,3,5]triazin und CH_3I in Äthanol (*Hohmann, Jones,* J. Am. pharm. Assoc. **43** [1954] 453, 454). — F: 249—250° [Zers.].

Tris-[3-triäthylammonio-propoxy]-[1,3,5]triazin $[C_{30}H_{63}N_6O_3]^{3+}$, Formel VI (R = R' = C_2H_5, n = 3).
Tribromid. *B.* Aus Tris-[3-diäthylamino-propoxy]-[1,3,5]triazin und Äthylbromid in Benzyl≠alkohol (*Olin Mathieson Chem. Corp.,* U.S.P. 2725379 [1953]). — Kristalle (aus A. + Hexan); F: 235—238°.
Trijodid $[C_{30}H_{63}N_6O_3]I_3$. *B.* Aus Tris-[3-diäthylamino-propoxy]-[1,3,5]triazin und Äthyljodid bei 100° (*Hohmann, Jones,* J. Am. pharm. Assoc. **43** [1954] 453, 454). — F: 251—253° [Zers.].

Tris-[3-(diäthyl-benzyl-ammonio)-propoxy]-[1,3,5]triazin $[C_{45}H_{69}N_6O_3]^{3+}$, Formel VI (R = C_2H_5, R' = CH_2-C_6H_5, n = 3).
Trichlorid. *B.* Aus Tris-[3-diäthylamino-propoxy]-[1,3,5]triazin und Benzylchlorid in Benzyl≠alkohol (*Olin Mathieson Chem. Corp.,* U.S.P. 2725379 [1953]). — F: 155—156° [Zers.].

Tris-[3-mercurio(1+)-2-methoxy-propoxy]-[1,3,5]triazin $[C_{15}H_{24}Hg_3N_3O_6]^{3+}$, Formel VII (R = CH_3).
Trihydroxid $[C_{15}H_{24}Hg_3N_3O_6](OH)_3$; Tris-[3-hydroxomercurio-2-methoxy-prop≠oxy]-[1,3,5]triazin $C_{15}H_{27}Hg_3N_3O_9$. *B.* Beim Behandeln von Tris-allyloxy-[1,3,5]triazin mit Quecksilber(II)-acetat in Methanol und anschliessend mit methanol. NaOH (*Shapiro et al.,* J. Am. pharm. Assoc. **46** [1957] 689, 692; *U.S. Vitamin Corp.,* U.S.P. 2792392 [1953]). — F: 225° [Zers.].

VII

VIII

Tris-[2-äthoxy-3-mercurio(1+)-propoxy]-[1,3,5]triazin $[C_{18}H_{30}Hg_3N_3O_6]^{3+}$, Formel VII (R = C_2H_5).
Trihydroxid $[C_{18}H_{30}Hg_3N_3O_6](OH)_3$; Tris-[2-äthoxy-3-hydroxomercurio-prop≠oxy]-[1,3,5]triazin $C_{18}H_{33}Hg_3N_3O_9$. *B.* Beim Behandeln von Tris-allyloxy-[1,3,5]triazin mit

Quecksilber(II)-acetat in Äthanol und anschliessend mit äthanol. NaOH (*Shapiro et al.*, J. Am. pharm. Assoc. **46** [1957] 689, 693; *U.S. Vitamin Corp.*, U.S.P. 2792392 [1953]). − F: 250−280° [Zers.].

Tris-diäthylthiocarbamoylmercapto-[1,3,5]triazin $C_{18}H_{30}N_6S_6$, Formel VIII (R = R' = C_2H_5).
B. Beim Behandeln von Trichlor-[1,3,5]triazin mit dem Kalium-Salz der Diäthyl-dithiocarb≠ amidsäure in Aceton (*D'Amico, Harman*, Am. Soc. **78** [1956] 5345, 5348).
F: 136−137° [unkorr.].

Die folgenden Verbindungen sind in analoger Weise hergestellt worden:
Tris-diisopropylthiocarbamoylmercapto-[1,3,5]triazin $C_{24}H_{42}N_6S_6$, Formel VIII (R = R' = CH(CH$_3$)$_2$). Kristalle (aus Dioxan); F: 119−120° [unkorr.] (*D'Am., Ha.*).
Tris-[äthyl-cyclohexyl-thiocarbamoylmercapto]-[1,3,5]triazin $C_{30}H_{48}N_6S_6$, For≠ mel VIII (R = C_6H_{11}, R' = C_2H_5). Gelbe Kristalle (aus A. + Dioxan); F: 153° (*I.G. Farbenind.*, U.S.P. 2061520 [1932]).
Tris-[methyl-phenyl-thiocarbamoylmercapto]-[1,3,5]triazin $C_{27}H_{24}N_6S_6$, For≠ mel VIII (R = C_6H_5, R' = CH$_3$). Gelbe Kristalle (aus Acn. + Me.); F: 131° (*I.G. Farbenind.*).

Tris-[3-diäthylamino-propylmercapto]-[1,3,5]triazin $C_{24}H_{48}N_6S_3$, Formel IX.
B. Beim Erwärmen von Trichlor-[1,3,5]triazin und 3-Diäthylamino-propan-1-thiol in *tert*-Butylalkohol (*Cavallito et al.*, J. org. Chem. **19** [1954] 826, 828).
Trihydrochlorid. Kristalle (aus *tert*-Butylalkohol); F: 187° [nach Sintern].
Tris-benzylochlorid [$C_{45}H_{69}N_6S_3$]Cl$_3$; Tris-[3-(diäthyl-benzyl-ammonio)-prop≠ ylmercapto]-[1,3,5]triazin-trichlorid. F: 127°.

IX   X

Tris-[1-amino-9,10-dioxo-9,10-dihydro-[2]anthrylmercapto]-[1,3,5]triazin $C_{45}H_{24}N_6O_6S_3$, Formel X.
B. Beim Erwärmen von Trichlor-[1,3,5]triazin und 1-Amino-2-mercapto-anthrachinon in Ni≠ trobenzol (*Ruggli, Heitz*, Helv. **14** [1931] 275, 283).
Rote Kristalle, die bei ca. 210° sintern und sich langsam zersetzen.

Trihydroxy-Verbindungen $C_4H_5N_3O_3$

[4,6-Dimethoxy-[1,3,5]triazin-2-yl]-methanol $C_6H_9N_3O_3$, Formel XI (R = H).
B. Beim Behandeln von Diazomethyl-dimethoxy-[1,3,5]triazin mit wss. H_2SO_4 (*Grundmann, Kober*, Am. Soc. **79** [1957] 944, 946, 948).
Kristalle (aus PAe.); F: 115−116°.

Acetoxymethyl-dimethoxy-[1,3,5]triazin, Essigsäure-[4,6-dimethoxy-[1,3,5]triazin-2-ylmethyl≠ ester] $C_8H_{11}N_3O_4$, Formel XI (R = CO-CH$_3$).
B. Beim Erwärmen von Diazomethyl-dimethoxy-[1,3,5]triazin mit wss. Essigsäure (*Grund≠ mann, Kober*, Am. Soc. **79** [1957] 944, 946, 948).
Kristalle (aus PAe.); F: 44,5−45,5°.

Benzoyloxymethyl-dimethoxy-[1,3,5]triazin, Benzoesäure-[4,6-dimethoxy-[1,3,5]triazin-2-yl≠ methylester] $C_{13}H_{13}N_3O_4$, Formel XI (R = CO-C$_6H_5$).
B. Beim Erwärmen von Diazomethyl-dimethoxy-[1,3,5]triazin mit Benzoesäure in Xylol unter

Zusatz von wenig H_2O (*Grundmann, Kober,* Am. Soc. **79** [1957] 944, 946, 948).
Kristalle (aus PAe.); F: 84−86°.

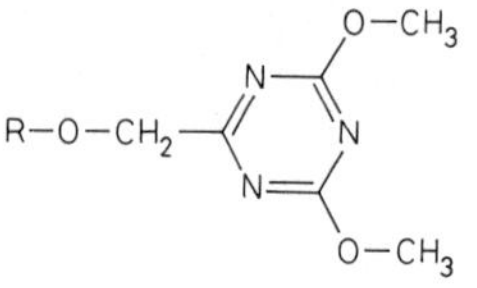

XI 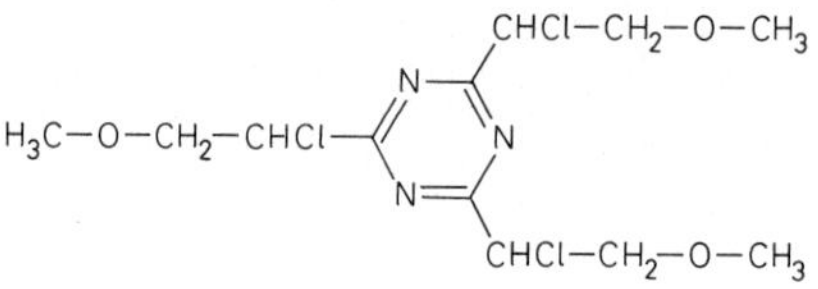   XII 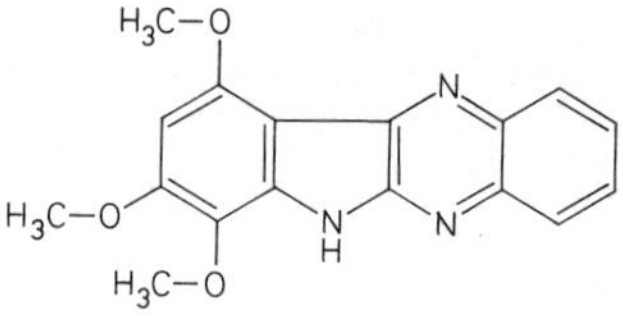   XIII

Trihydroxy-Verbindungen $C_9H_{15}N_3O_3$

*Opt.-inakt. Tris-[1-chlor-2-methoxy-äthyl]-[1,3,5]triazin $C_{12}H_{18}Cl_3N_3O_3$, Formel XII.
B. In geringer Menge neben (±)-2-Chlor-3-methoxy-propionitril beim Behandeln von 2-Chlor-acrylonitril mit Natriummethylat enthaltendem Methanol (*Gundermann, Rose,* B. **92** [1959] 1081, 1085).
Kristalle (aus Me.); F: 59−61°.

Trihydroxy-Verbindungen $C_nH_{2n-19}N_3O_3$

7,8,10-Trimethoxy-6H-indolo[2,3-b]chinoxalin $C_{17}H_{15}N_3O_3$, Formel XIII.
B. Aus 4,6,7-Trimethoxy-indolin-2,3-dion und *o*-Phenylendiamin in Äthanol (*Lahey et al.,* Austral. J. scient. Res. [A] **3** [1950] 155, 164).
Gelbe Kristalle (aus A.); F: 281−282° [unkorr.; Zers.].

Bis-[5,6-bis-(2-methoxy-phenyl)-[1,2,4]triazin-3-yl]-disulfid $C_{34}H_{28}N_6O_4S_2$, Formel XIV
(X = O-CH$_3$, X′ = H).
B. Beim Behandeln von 5,6-Bis-[2-methoxy-phenyl]-2H-[1,2,4]triazin-3-thion in wss. Na_2CO_3 mit wss. Jod-KI-Lösung (*Gianturco,* G. **82** [1952] 595, 599).
Kristalle (aus Bzl. + PAe.); F: 199°.

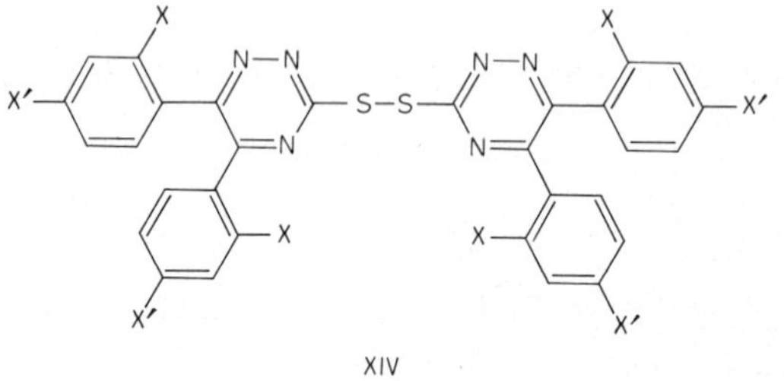

XIV 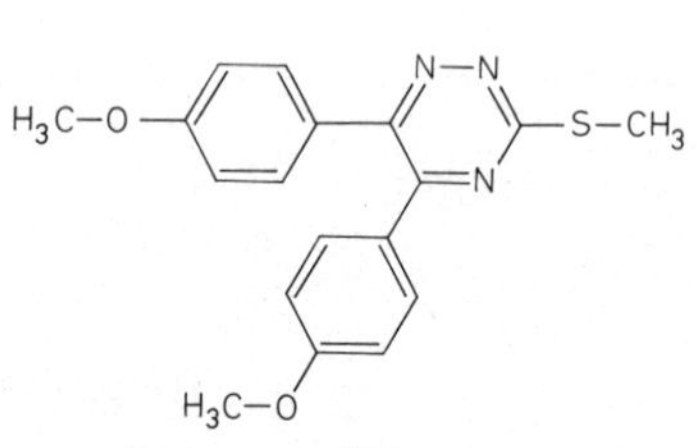   XV

5,6-Bis-[4-methoxy-phenyl]-3-methylmercapto-[1,2,4]triazin $C_{18}H_{17}N_3O_2S$, Formel XV.
B. Beim Behandeln von 5,6-Bis-[4-methoxy-phenyl]-2H-[1,2,4]triazin-3-thion mit Dimethylsul=
fat in wss. NaOH (*Gianturco,* G. **82** [1952] 595, 598; s. a. *Polonovski, Pesson,* C. r. **232** [1951] 1260).
Kristalle; F: 154° (*Po., Pe.*), 152° [aus Acn. + PAe.] (*Gi.*).

Bis-[5,6-bis-(4-methoxy-phenyl)-[1,2,4]triazin-3-yl]-disulfid $C_{34}H_{28}N_6O_4S_2$, Formel XIV
(X = H, X′ = O-CH$_3$).
B. Beim Behandeln von 5,6-Bis-[4-methoxy-phenyl]-2H-[1,2,4]triazin-3-thion in wss. Na_2CO_3 mit wss. Jod-KI-Lösung (*Gianturco,* G. **82** [1952] 595, 599).
Kristalle (aus Bzl. + PAe.); F: 205°.

Trihydroxy-Verbindungen $C_nH_{2n-27}N_3O_3$

5,6-Diphenyl-3-[3,4,5-trimethoxy-phenyl]-[1,2,4]triazin $C_{24}H_{21}N_3O_3$, Formel I.

B. Beim Erhitzen von Benzil mit 3,4,5-Trimethoxy-benzoesäure-hydrazid und Ammoniumace‡ tat in Essigsäure (*Laakso et al.*, Tetrahedron **1** [1957] 103, 113).

Gelbe Kristalle (aus E. + A.); F: 158 – 159°.

I   II   III

Tris-[2-hydroxy-phenyl]-[1,3,5]triazin, 2,2',2''-[1,3,5]Triazin-2,4,6-triyl-tri-phenol $C_{21}H_{15}N_3O_3$, Formel II (H 129; E I 35; E II 72).

B. Beim Erhitzen von Salicylonitril in Xylol auf 260 – 270° (*Tanaka*, J. chem. Soc. Japan Pure Chem. Sect. **78** [1957] 1385, 1386, 1389; C. A. **1960** 2240).

Kristalle (aus Nitrobenzol); F: 304,5 – 305°.

Tris-[4-methansulfonyl-phenyl]-[1,3,5]triazin $C_{24}H_{21}N_3O_6S_3$, Formel III.

B. Neben anderen Verbindungen aus 4-Methansulfonyl-benzimidsäure-äthylester beim Erhit‡ zen mit Diäthylamin-benzolsulfonat auf 140° (*Oxley et al.*, Soc. **1947** 1110, 1113). Aus 4-Methansulfonyl-benzonitril oder aus 4-Methansulfonyl-benzamidin beim Erhitzen mit NH_3 auf 180° (*Oxley et al.*, Soc. **1948** 303, 305).

Kristalle (aus Py.); F: > 360° (*Ox. et al.*, Soc. **1947** 1113).

Trihydroxy-Verbindungen $C_nH_{2n-39}N_3O_3$

1-Äthyl-4-[3-(1-äthyl-6-methoxy-1H-[4]chinolyliden)-2-(1-äthyl-6-methoxy-1H-[4]chinolylidenmethyl)-propenyl]-6-methoxy-chinolinium, 1,3,4-Tris-[1-äthyl-6-methoxy-[4]chinolyl]-[1.1.1]tetramethinium[1]) $[C_{40}H_{42}N_3O_3]^+$, vermutlich Formel IV (R = CH_3).

Jodid-hydrojodid $[C_{40}H_{42}N_3O_3]I \cdot HI$. Dieses Salz wird von *Hishiki, Chifu* (Rep. scient. Res. Inst. Tokyo **25** [1949] 227; C.A. **1951** 2342) als 1,3-Bis-[1-äthyl-6-methoxy-chinolinium-4-yl]-2-[1-äthyl-6-methoxy-1H-[4]chinolylidenmethyl]-propen-dijodid $[C_{40}H_{43}N_3O_3]I_2$ formuliert. — *B*. Aus 1-Äthyl-6-methoxy-4-methyl-chinolinium-jodid und Orthoameisensäure-triäthylester in Acetanhydrid (*Hi., Ch.*). — Gelbe Kristalle (aus A.); F: 263° [Zers.].

6-Äthoxy-1-äthyl-4-[3-(6-äthoxy-1-äthyl-1H-[4]chinolyliden)-2-(6-äthoxy-1-äthyl-1H-[4]chinolylidenmethyl)-propenyl]-chinolinium, 1,3,4-Tris-[6-äthoxy-1-äthyl-[4]chinolyl]-[1.1.1]tetramethinium[1]) $[C_{43}H_{48}N_3O_3]^+$, vermutlich Formel IV (R = C_2H_5).

Jodid-hydrojodid $[C_{43}H_{48}N_3O_3]I \cdot HI$. Dieses Salz wird von *Hishiki, Chifu* (Rep. scient. Res. Inst. Tokyo **25** [1949] 227; C.A. **1951** 2342) als 1,3-Bis-[6-äthoxy-1-äthyl-chinolinium-4-yl]-2-[6-äthoxy-1-äthyl-1H-[4]chinolylidenmethyl]-propen-dijodid $[C_{43}H_{49}N_3O_3]I_2$

---

[1]) Über diese Bezeichnungsweise s. *Reichardt, Mormann*, B. **105** [1972] 1815, 1832.

formuliert. — *B*. Aus 6-Äthoxy-1-äthyl-4-methyl-chinolinium-jodid und Orthoameisensäure-triäthylester in Acetanhydrid (*Hi., Ch.*). — Gelbbraune Kristalle (aus A.); F: 272° [Zers.]. λ_{max} (A.): 780 nm.

IV   V

Trihydroxy-Verbindungen $C_nH_{2n-45}N_3O_3$

*Opt.-inakt. **Tris-[4-oxiranylmethoxy-[1]naphthyl]-[1,3,5]triazin, Tris-[4-(2,3-epoxy-propoxy)-[1]naphthyl]-[1,3,5]triazin** $C_{42}H_{33}N_3O_6$, Formel V.

B. Aus Tris-[4-hydroxy-[1]naphthyl]-[1,3,5]triazin und (±)-Epichlorhydrin in wss. NaOH (*Kuhn*, Kunstst. Plastics **3** [1956] 154).

Hellgelbe Kristalle; F: 201−202°.

D. Tetrahydroxy-Verbindungen

Tetrahydroxy-Verbindungen $C_nH_{2n-1}N_3O_4$

1-[2-Phenyl-2H-[1,2,3]triazol-4-yl]-butan-1,2,3,4-tetraol $C_{12}H_{15}N_3O_4$.

a) D_r-1*cat*$_F$-[2-Phenyl-2H-[1,2,3]triazol-4-yl]-butan-1c_F,2c_F,3r_F,4-tetraol, D-(1*S*)-1-[2-Phenyl-2H-[1,2,3]triazol-4-yl]-erythrit, D-Altrose-phenylosotriazol, Formel VI.

B. Beim Erhitzen von D-*ribo*-[2]Hexosulose-bis-phenylhydrazon („D-Altrose-phenylosazon"; H **31** 349) mit $CuSO_4 \cdot 5 H_2O$ in H_2O (*Haskins et al.*, Am. Soc. **67** [1945] 939).

Kristalle; F: 134−135° [aus H_2O] (*Ha. et al.*), 132−134° (*Wolfrom et al.*, Am. Soc. **67** [1945] 1793, 1796). $[\alpha]_D^{20}$: +28,0° [Py.; c = 0,8] (*Ha. et al.*).

b) D_r-1*cat*$_F$-[2-Phenyl-2H-[1,2,3]triazol-4-yl]-butan-1t_F,2c_F,3r_F,4-tetraol, D-(1*R*)-1-[2-Phenyl-2H-[1,2,3]triazol-4-yl]-erythrit, D-Glucose-phenylosotriazol, Formel VII (X = X' = H).

B. Aus D-*arabino*-[2]Hexosulose-bis-phenylhydrazon („D-Glucose-phenylosazon"; H **31** 350) beim Erhitzen mit $CuSO_4 \cdot 5 H_2O$ in H_2O (*Hann, Hudson*, Am. Soc. **66** [1944] 735; *Binkley, Wolfrom*, Am. Soc. **70** [1948] 3507), beim Behandeln mit $K_2(SO_3)_2(NO)$ in wss. Methanol [pH 7] (*Teuber, Jellinek*, B. **85** [1952] 95, 103) sowie beim Erhitzen in wss. Lösung mit $K_3[Fe(CN)_6]$ oder anderen Eisen(III)-Salzen oder anderen Kupfer(II)-Salzen (*El Khadem, El-Shafei*, Soc. **1958** 3117).

Kristalle (aus H_2O); F: 195−196° (*Hann, Hu.*), 195−195,5° [korr.] (*Bi., Wo.*), 194,5−195,5° (*Te., Je.*). $[\alpha]_D^{20}$: −81,6° [Py.; c = 0,8] (*Hann, Hu.*); $[\alpha]_D^{25}$: −80° [Py.; c = 0,07] (*Bi., Wo.*). λ_{max} (A.): 268 nm (*El Kh., El-Sh.*).

Beim Erwärmen mit wss. H_2SO_4 in Methanol sind (3*R*)-2*t*-[2-Phenyl-2H-[1,2,3]triazol-4-yl]-tetrahydro-furan-3*r*,4*c*-diol („3,6-Anhydro-D-psicose-phenylosotriazol") [Hauptprodukt] und (3*R*)-2*c*-[2-Phenyl-2H-[1,2,3]triazol-4-yl]-tetrahydro-furan-3*r*,4*c*-diol („3,6-Anhydro-D-fructose-phenylosotriazol") erhalten worden (*El Khadem et al.*, Helv. **35** [1952] 993, 995, 998; s. a. *Har=degger, Schreier*, Helv. **35** [1952] 232, 238, 243). Beim Behandeln mit NaIO$_4$ in wss. Lösung (*Hann, Hu.*, l. c. S. 736; *Riebsomer, Sumrell*, J. org. Chem. **13** [1948] 807, 809), mit Blei(IV)-acetat in wss. Essigsäure (*Bi., Wo.*) oder mit Pb$_3$O$_4$ in wss. Essigsäure (*Vargha, Reményi*, Soc. **1951** 1068) ist 2-Phenyl-2*H*-[1,2,3]triazol-4-carbaldehyd erhalten worden. Geschwindigkeit der Reak=tion mit Blei(IV)-acetat in Essigsäure bei 25°: *Bi., Wo.*; s. a. *Abraham*, Am. Soc. **72** [1950] 4050, 4052. Beim Behandeln mit wss. HNO$_3$ (*Ha., Sch.*, l. c. S. 247) oder mit KMnO$_4$ in wss. Lösung (*Ri., Su.*, l. c. S. 810; *El Kh., El-Sh.*) ist 2-Phenyl-2*H*-[1,2,3]triazol-4-carbonsäure erhalten worden. Beim Behandeln mit Brom in H$_2$O ist D$_r$-1*cat*$_F$-[2-(4-Brom-phenyl)-2*H*-[1,2,3]triazol-4-yl]-butan-1*t*$_F$,2*c*$_F$,3*r*$_F$,4-tetraol (S. 408) erhalten worden (*El Kh., El-Sh.*).

Tetra-*O*-acetyl-Derivat C$_{20}$H$_{23}$N$_3$O$_8$; D$_r$-1*t*$_F$,2*c*$_F$,3*r*$_F$,4-Tetraacetoxy-1*cat*$_F$-[2-phenyl-2*H*-[1,2,3]triazol-4-yl]-butan. Kristalle (aus Me.); F: 81−82° (*Hann, Hu.*, l. c. S. 736), 80,5−82° (*Te., Je.*). [α]$_D^{20}$: −25,6° [CHCl$_3$; c = 0,9] (*Hann, Hu.*).

Tetra-*O*-benzoyl-Derivat C$_{40}$H$_{31}$N$_3$O$_8$; D$_r$-1*t*$_F$,2*c*$_F$,3*r*$_F$,4-Tetrakis-benzoyloxy-1*cat*$_F$-[2-phenyl-2*H*-[1,2,3]triazol-4-yl]-butan. Kristalle (aus A.); F: 112−113°. [α]$_D^{20}$: +3° [CHCl$_3$; c = 0,9] (*Hann, Hu.*).

c) L$_r$-1*cat*$_F$-[2-Phenyl-2*H*-[1,2,3]triazol-4-yl]-butan-1*t*$_F$,2*c*$_F$,3*r*$_F$,4-tetraol, L-(1*S*)-1-[2-Phenyl-2*H*-[1,2,3]triazol-4-yl]-erythrit, L-Glucose-phenylosotriazol, Formel VIII.

B. Beim Erhitzen von L-*arabino*-[2]Hexosulose-bis-phenylhydrazon ("L-Glucose-phenylosa=zon"; H **31** 354) mit CuSO$_4$·5H$_2$O in H$_2$O (*Wolfrom, Thompson*, Am. Soc. **68** [1946] 791; s. a. *Kuehl et al.*, Am. Soc. **69** [1947] 3032, 3034).
Kristalle; F: 196−197° [aus wss. Me.] (*Ku. et al.*), 194−195° [aus H$_2$O] (*Wo., Th.*). [α]$_D^{25}$: +82° [Py.; c = 0,8] (*Ku. et al.*); [α]$_D^{26}$: +81,3° [Py.; c = 1] (*Wo., Th.*).

d) (±)-1*cat*$_F$-[2-Phenyl-2*H*-[1,2,3]triazol-4-yl]-butan-1*t*$_F$,2*c*$_F$,3*r*$_F$,4-tetraol, DL-(1*RS*)-1-[2-Phenyl-2*H*-[1,2,3]triazol-4-yl]-erythrit, DL-Glucose-phenylosotriazol, Formel VIII +Spiegelbild.

B. Aus den unter b) und c) beschriebenen Enantiomeren (*Wolfrom, Thompson*, Am. Soc. **68** [1946] 791).
Kristalle (aus H$_2$O); F: 185−187°.

e) D$_r$-1*cat*$_F$-[2-Phenyl-2*H*-[1,2,3]triazol-4-yl]-butan-1*c*$_F$,2*t*$_F$,3*r*$_F$,4-tetraol, (1*S*)-1-[2-Phenyl-2*H*-[1,2,3]triazol-4-yl]-D-threit, D-Sorbose-phenylosotriazol, Formel IX.

B. Aus D-*xylo*-[2]Hexosulose-bis-phenylhydrazon ["D-Sorbose-phenylosazon"; H **31** 355] (*Blair, Sowden*, Am. Soc. **77** [1955] 3323).
Kristalle (aus H$_2$O); F: 158,5−159°. [α]$_D^{25}$: +47° [Py.].

f) L$_r$-1*cat*$_F$-[2-Phenyl-2*H*-[1,2,3]triazol-4-yl]-butan-1*c*$_F$,2*t*$_F$,3*r*$_F$,4-tetraol, (1*R*)-1-[2-Phenyl-2*H*-[1,2,3]triazol-4-yl]-L-threit, L-Sorbose-phenylosotriazol, Formel X.

B. Beim Erhitzen von L-*xylo*-[2]Hexosulose-bis-phenylhydrazon ("L-Sorbose-phenylosazon"; H **31** 355) mit CuSO$_4$·5H$_2$O in H$_2$O (*Haskins et al.*, Am. Soc. **67** [1945] 939; s. a. *Blair, Sowden*, Am. Soc. **77** [1955] 3323).
Kristalle (aus H$_2$O); F: 158−159°; [α]$_D^{20}$: −46,7° [Py.; c = 0,8] (*Ha. et al.*).
Beim Erwärmen mit wss.-methanol. H$_2$SO$_4$ ist (3*R*)-2*t*-[2-Phenyl-2*H*-[1,2,3]triazol-4-yl]-tetra=hydro-furan-3*r*,4*t*-diol ("3,6-Anhydro-L-tagatose-phenylosotriazol") erhalten worden (*Schreier et al.*, Helv. **37** [1954] 35, 39).

Tetra-*O*-acetyl-Derivat C$_{20}$H$_{23}$N$_3$O$_8$; L$_r$-1*c*$_F$,2*t*$_F$,3*r*$_F$,4-Tetraacetoxy-1*cat*$_F$-[2-phenyl-2*H*-[1,2,3]triazol-4-yl]-butan. Kristalle (aus wss. A.); F: 95−96°; [α]$_D^{20}$: −104,6° [CHCl$_3$; c = 0,8] (*Ha. et al.*).

Tetra-*O*-benzoyl-Derivat C$_{40}$H$_{31}$N$_3$O$_8$; L$_r$-1*c*$_F$,2*t*$_F$,3*r*$_F$,4-Tetrakis-benzoyloxy-1*cat*$_F$-[2-phenyl-2*H*-[1,2,3]triazol-4-yl]-butan. Kristalle (aus A.); F: 124−125°; [α]$_D^{20}$: −47,8° [CHCl$_3$; c = 0,9] (*Ha. et al.*).

g) (±)-1*cat*$_F$-[2-Phenyl-2*H*-[1,2,3]triazol-4-yl]-butan-1*c*$_F$,2*t*$_F$,3*r*$_F$,4-tetraol, (1*SR*)-1-[2-Phen=yl-2*H*-[1,2,3]triazol-4-yl]-DL-threit, DL-Sorbose-phenylosotriazol, Formel IX +Spiegelbild.

B. Aus den unter e) und f) beschriebenen Enantiomeren (*Blair, Sowden*, Am. Soc. **77** [1955]

3323).

Kristalle (aus H$_2$O); F: 140,5 − 141°.

h) D$_r$-1*cat*$_F$-[2-Phenyl-2*H*-[1,2,3]triazol-4-yl]-butan-1t_F,2t_F,3r_F,4-tetraol, (1*R*)-1-[2-Phenyl-2*H*-[1,2,3]triazol-4-yl]-D-threit, D - Galactose-phenylosotriazol, Formel XI (X = H).

B. Beim Erhitzen von D-*lyxo*-[2]Hexosulose-bis-phenylhydrazon („D-Galactose-phenylosa⁼ zon"; H **31** 356) mit CuSO$_4$·5H$_2$O in H$_2$O (*Haskins et al.*, Am. Soc. **67** [1945] 939).

Kristalle; F: 110 − 111° [aus H$_2$O] (*Ha. et al.*), 110° [aus Me.+Bzl.] (*Henseke, Bautze*, B. **88** [1955] 62, 68). [α]$_D^{20}$: −30,6° [Py.; c = 0,3], −13,3° [CHCl$_3$; c = 0,2] (*Ha. et al.*).

Tetra-*O*-acetyl-Derivat C$_{20}$H$_{23}$N$_3$O$_8$; D$_r$-1t_F,2t_F,3r_F,4-Tetraacetoxy-1*cat*$_F$-[2-phenyl-2*H*-[1,2,3]triazol-4-yl]-butan. Kristalle; F: 105 − 106°; [α]$_D^{20}$: −28,3° [CHCl$_3$; c = 0,8] (*Ha. et al.*).

Tetra-*O*-benzoyl-Derivat C$_{40}$H$_{31}$N$_3$O$_8$; D$_r$-1t_F,2t_F,3r_F,4-Tetrakis-benzoyloxy-1*cat*$_F$-[2-phenyl-2*H*-[1,2,3]triazol-4-yl]-butan. Kristalle (aus A.); F: 93 − 94°; [α]$_D^{20}$: +6,5° [CHCl$_3$; c = 0,9] (*Ha. et al.*).

VI   VII   VIII   IX

D$_r$-1*cat*$_F$-[2-(3-Brom-phenyl)-2*H*-[1,2,3]triazol-4-yl]-butan-1t_F,2c_F,3r_F,4-tetraol, D-(1*R*)-1-[2-(3-Brom-phenyl)-2*H*-[1,2,3]triazol-4-yl]-erythrit C$_{12}$H$_{14}$BrN$_3$O$_4$, Formel VII (X = Br, X′ = H).

B. Beim Erwärmen von D-*arabino*-[2]Hexosulose-bis-[3-brom-phenylhydrazon] mit CuSO$_4$ in wss. Dioxan (*El Khadem, El-Shafei*, Soc. **1959** 1655, 1656).

Kristalle (aus A.); F: 209 − 210°. λ$_{max}$ (A.): 270 nm.

D$_r$-1*cat*$_F$-[2-(4-Brom-phenyl)-2*H*-[1,2,3]triazol-4-yl]-butan-1t_F,2c_F,3r_F,4-tetraol, D-(1*R*)-1-[2-(4-Brom-phenyl)-2*H*-[1,2,3]triazol-4-yl]-erythrit C$_{12}$H$_{14}$BrN$_3$O$_4$, Formel VII (X = H, X′ = Br).

B. Aus D-*arabino*-[2]Hexosulose-bis-[4-brom-phenylhydrazon] [H **31** 352] (*Hardegger et al.*, Helv. **34** [1951] 253, 256) oder aus D-*arabino*-[2]Hexosulose-bis-[2,4-dibrom-phenylhydrazon] (*El Khadem, El-Shafei*, Soc. **1959** 1655, 1657) beim Erwärmen mit CuSO$_4$·5H$_2$O in wss. Dioxan. Aus D-*arabino*-[2]Hexosulose-bis-phenylhydrazon, aus D-*arabino*-[2]Hexosulose-bis-[4-brom-phenylhydrazon] oder aus D$_r$-1*cat*$_F$-[2-Phenyl-2*H*-[1,2,3]triazol-4-yl]-butan-1t_F,2c_F,3r_F,4-tetraol beim Behandeln mit Brom in H$_2$O (*El Khadem, El-Shafei*, Soc. **1958** 3117).

Kristalle; F: 228° [aus A.] (*El Kh., El-Sh.*, Soc. **1959** 1657), 227° (*Ha. et al.*). [α]$_D$: −55° [Py.; c = 1] (*Ha. et al.*). λ$_{max}$ (A.): 274 nm (*El Kh., El-Sh.*, Soc. **1958** 3118).

Tetra-*O*-acetyl-Derivat C$_{20}$H$_{22}$BrN$_3$O$_8$; D$_r$-1t_F,2c_F,3r_F,4-Tetraacetoxy-1*cat*$_F$-[2-(4-brom-phenyl)-2*H*-[1,2,3]triazol-4-yl]-butan. Kristalle (aus A.); F: 120°; [α]$_D$: −28° [CHCl$_3$; c = 1] (*Ha. et al.*).

D$_r$-1*cat*$_F$-[2-(4-Brom-phenyl)-2*H*-[1,2,3]triazol-4-yl]-butan-1t_F,2t_F,3r_F,4-tetraol, (1*R*)-1-[2-(4-Brom-phenyl)-2*H*-[1,2,3]triazol-4-yl]-D-threit C$_{12}$H$_{14}$BrN$_3$O$_4$, Formel XI (X = Br).

B. Beim Erwärmen von D-*lyxo*-[2]Hexosulose-bis-[4-brom-phenylhydrazon] mit CuSO$_4$·5H$_2$O in wss. Dioxan (*Hardegger et al.*, Helv. **34** [1951] 253, 257). Beim Behandeln von D_r-1cat_F-[2-Phenyl-2H-[1,2,3]triazol-4-yl]-butan-1t_F,2t_F,3r_F,4-tetraol mit Brom in H_2O (*El Khadem, El-Sha=fei*, Soc. **1958** 3117).

Kristalle [aus wss. A.] (*Ha. et al.*); F: 159° (*Ha. et al.; El Kh., El-Sh.*). $[\alpha]_D$: $+3°$ [A.; c = 0,5] (*Ha. et al.*).

Tetra-O-acetyl-Derivat $C_{20}H_{22}BrN_3O_8$; D_r-1t_F,2t_F,3r_F,4-Tetraacetoxy-1cat_F-[2-(4-brom-phenyl)-2H-[1,2,3]triazol-4-yl]-butan. Kristalle (aus A.); F: 102°; $[\alpha]_D$: $-24°$ [$CHCl_3$; c = 0,8] (*Ha. et al.*).

X   XI   XII   XIII

D_r-1cat_F-[2-(3,4-Dibrom-phenyl)-2H-[1,2,3]triazol-4-yl]-butan-1t_F,2c_F,3r_F,4-tetraol, D-(1R)-1-[2-(3,4-Dibrom-phenyl)-2H-[1,2,3]triazol-4-yl]-erythrit $C_{12}H_{13}Br_2N_3O_4$, Formel VII (X = X' = Br).

B. Beim Erwärmen von D-*arabino*-[2]Hexosulose-bis-[3,4-dibrom-phenylhydrazon] mit $CuSO_4$ in wss. Dioxan (*El Khadem, El-Shafei*, Soc. **1959** 1655, 1657). Aus D-*arabino*-[2]Hexosulose-bis-[3-brom-phenylhydrazon] oder aus D_r-1cat_F-[2-(3-Brom-phenyl)-2H-[1,2,3]triazol-4-yl]-butan-1t_F,2c_F,3r_F,4-tetraol beim Behandeln mit Brom in H_2O (*El Kh., El-Sh.*).

Kristalle (aus A.); F: 209−210°. λ_{max} (A.): 274−276 nm.

D_r-3c_F-Methoxy-1cat_F-[2-phenyl-2H-[1,2,3]triazol-4-yl]-butan-1t_F,2r_F,4-triol, D-(1R)-O^3-Methyl-1-[2-phenyl-2H-[1,2,3]triazol-4-yl]-erythrit $C_{13}H_{17}N_3O_4$, Formel XII (R = R'' = H, R' = CH_3).

B. Beim Erhitzen von O^5-Methyl-D-*arabino*-[2]hexosulose-bis-phenylhydrazon mit $CuSO_4$ ·5H_2O in H_2O (*Schmidt et al.*, B. **90** [1957] 1331, 1336).

Kristalle (aus Bzl.); F: 104−105°. $[\alpha]_D^{20}$: $-56,4°$ [A.; c = 1,4], $-74,5°$ [Py.; c = 1,1], $-31,0°$ [$CHCl_3$; c = 1,2].

D_r-4-Äthoxy-1cat_F-[2-phenyl-2H-[1,2,3]triazol-4-yl]-butan-1t_F,2c_F,3r_F-triol, D-(1R)-O^4-Äthyl-1-[2-phenyl-2H-[1,2,3]triazol-4-yl]-erythrit $C_{14}H_{19}N_3O_4$, Formel XII (R = R' = H, R'' = C_2H_5).

B. Beim Erwärmen von D_r-1cat_F-[2-Phenyl-2H-[1,2,3]triazol-4-yl]-4-[toluol-4-sulfonyloxy]-bu=tan-1t_F,2c_F,3r_F-triol mit wss.-äthanol. NaOH (*Hardegger, Schreier*, Helv. **35** [1952] 623, 625, 629). Beim Behandeln von (1S,2R)-1-[(R)-Oxiranyl]-2-[2-phenyl-2H-[1,2,3]triazol-4-yl]-äthan-1,2-diol mit äthanol. Natriummethylat (*Ha., Sch.*, l. c. S. 630).

Kristalle (aus Bzl.); F: 123−124° [korr.]. $[\alpha]_D$: $-53°$ [A.; c = 0,8].

D_r-3r_F-[3,5-Dinitro-benzoyloxy]-1t_F,2c_F,4-trimethoxy-1cat_F-[2-phenyl-2H-[1,2,3]triazol-4-yl]-butan, D-(1R)-O^3-[3,5-Dinitro-benzoyl]-O^1,O^2,O^4-trimethyl-1-[2-phenyl-2H-[1,2,3]triazol-4-yl]-erythrit $C_{22}H_{23}N_5O_9$, Formel XII (R = R'' = CH_3, R' = CO-$C_6H_3(NO_2)_2$).

B. Beim Erwärmen von O^3,O^4,O^6-Trimethyl-D-*arabino*-[2]hexosulose-bis-phenylhydrazon mit $CuSO_4$·5H_2O in H_2O und Behandeln des Reaktionsprodukts mit 3,5-Dinitro-benzoylchlorid

in Pyridin (*Stodola et al.,* Am. Soc. **78** [1956] 2514, 2517).
  Hellgelbe Kristalle; F: 127−128° [korr.].

L*r*-4*t*F-α-D-**Glucopyranosyloxy-4***cat*F-**[2-phenyl-2***H*-**[1,2,3]triazol-4-yl]-butan-1,2***c*F,3*r*F-**triol,**
D-**(1***R***)-***O*^{1}-α-D-**Glucopyranosyl-1-[2-phenyl-2***H*-**[1,2,3]triazol-4-yl]-erythrit** $C_{18}H_{25}N_3O_9$,
Formel XIII (in der Literatur als T u r a n o s e - p h e n y l o s o t r i a z o l bezeichnet).
  B. Beim Erwärmen von O^3-α-D-Glucopyranosyl-D-*arabino*-[2]hexosulose-bis-phenylhydrazon
(E III/IV **17** 3096) mit $CuSO_4 \cdot 5 H_2O$ in H_2O (*Hudson,* J. org. Chem. **9** [1944] 470, 475).
  Kristalle (aus A.); F: 193−194°. $[\alpha]_D^{20}$: +74,5° [H_2O; c = 0,9].

4-[2-Phenyl-2*H*-**[1,2,3]triazol-4-yl]-3-[3,4,5-trihydroxy-6-hydroxymethyl-tetrahydro-pyran-**
2-yloxy]-butan-1,2,4-triol $C_{18}H_{25}N_3O_9$.

   a) L*r*-3*c*F-β-D-**Glucopyranosyloxy-4***cat*F-**[2-phenyl-2***H*-**[1,2,3]triazol-4-yl]-butan-1,2***r*F,4*t*F-
triol, D-**(1***R***)-***O*^{2}-β-D-**Glucopyranosyl-1-[2-phenyl-2***H*-**[1,2,3]triazol-4-yl]-erythrit,** C e l l o b i o s e -
p h e n y l o s o t r i a z o l, Formel XIV.
  B. Beim Erhitzen von O^4-β-D-Glucopyranosyl-D-*arabino*-[2]hexosulose-bis-phenylhydrazon
(E III/IV **17** 3098) mit $CuSO_4 \cdot 5 H_2O$ in H_2O (*Haskins et al.,* Am. Soc. **67** [1945] 939).
  Kristalle (aus A.); F: 164−165°. $[\alpha]_D^{20}$: −50,8° [H_2O].
  H e p t a - *O* - a c e t y l - D e r i v a t $C_{32}H_{39}N_3O_{16}$; D*r*-1*t*F,3*r*F,4-T r i a c e t o x y -1*cat*F-[2-phen≠
y l-2*H*-[1,2,3]t r i a z o l-4-y l]-2*c*F-[t e t r a - *O* - a c e t y l-β-D-g l u c o p y r a n o s y l o x y]-b u t a n. Kri≠
stalle (aus A.); F: 130−131°. $[\alpha]_D^{20}$: −35,5° [$CHCl_3$; c = 0,9].

   b) L*r*-3*c*F-β-D-**Galactopyranosyloxy-4***cat*F-**[2-phenyl-2***H*-**[1,2,3]triazol-4-yl]-butan-1,2***r*F,4*t*F-
triol, D-**(1***R***)-***O*^{2}-β-D-**Galactopyranosyl-1-[2-phenyl-2***H*-**[1,2,3]triazol-4-yl]-erythrit,** L a c t o s e -
p h e n y l o s o t r i a z o l, Formel XV.
  B. Beim Erhitzen von O^4-β-D-Galactopyranosyl-D-*arabino*-[2]hexosulose-bis-phenylhydrazon
(E III/IV **17** 3099) mit $CuSO_4 \cdot 5 H_2O$ in H_2O (*Haskins et al.,* Am. Soc. **67** [1945] 939).
  Kristalle (aus A.); F: 180−181°. $[\alpha]_D^{20}$: −43,6° [H_2O; c = 0,8].

XIV   XV   XVI

D*r*-3*c*F-α-D-**Glucopyranosyloxy-1***cat*F-**[2-phenyl-2***H*-**[1,2,3]triazol-4-yl]-butan-1***t*F,2*r*F,4-**triol,**
D-**(1***R***)-***O*^{3}-α-D-**Glucopyranosyl-1-[2-phenyl-2***H*-**[1,2,3]triazol-4-yl]-erythrit,** L e u c r o s e -
p h e n y l o s o t r i a z o l $C_{18}H_{25}N_3O_9$, Formel XVI.
  B. Beim Erhitzen von O^5-α-D-Glucopyranosyl-D-*arabino*-[2]hexosulose-bis-phenylhydrazon
(E III/IV **17** 3105) mit $CuSO_4 \cdot 5 H_2O$ in H_2O (*Stodola et al.,* Am. Soc. **78** [1956] 2514, 2517).
  Kristalle (aus Me. + E.); F: 108−109° [korr.].
  H e p t a - *O* - a c e t y l - D e r i v a t $C_{32}H_{39}N_3O_{16}$; D*r*-1*t*F,2*c*F,4-T r i a c e t o x y-1*cat*F-[2-phen≠
y l-2*H*-[1,2,3]t r i a z o l-4-y l]-3*r*F-[t e t r a - *O* - a c e t y l-α-D-g l u c o p y r a n o s y l o x y]-b u t a n. Kri≠
stalle (aus A.); F: 150−151° [korr.].

1-[2-Phenyl-2H-[1,2,3]triazol-4-yl]-4-[3,4,5-trihydroxy-6-hydroxymethyl-tetrahydro-pyran-2-yloxy]-butan-1,2,3-triol $C_{18}H_{25}N_3O_9$.

a) **D$_r$-4-α-D-Glucopyranosyloxy-1cat_F-[2-phenyl-2H-[1,2,3]triazol-4-yl]-butan-1t_F,2c_F,3r_F-triol, D-(1R)-O^4-α-D-Glucopyranosyl-1-[2-phenyl-2H-[1,2,3]triazol-4-yl]-erythrit,** Isomaltose-phenylosotriazol, Formel I.

B. Beim Erhitzen von O^6-α-D-Glucopyranosyl-D-*arabino*-[2]hexosulose-bis-phenylhydrazon (E III/IV **17** 3105) mit $CuSO_4 \cdot 5H_2O$ in H_2O (*Thompson, Wolfrom*, Am. Soc. **76** [1954] 5173).
Kristalle (aus A.); F: 177−178° [korr.]. Netzebenenabstände: *Th., Wo.* $[\alpha]_D^{25}$: +42,5° [H_2O; c = 3,4].

b) **D$_r$-4-β-D-Glucopyranosyloxy-1cat_F-[2-phenyl-2H-[1,2,3]triazol-4-yl]-butan-1t_F,2c_F,3r_F-triol, D-(1R)-O^4-β-D-Glucopyranosyl-1-[2-phenyl-2H-[1,2,3]triazol-4-yl]-erythrit,** Gentio-biose-phenylosotriazol, Formel II.

B. Beim Erhitzen von O^6-β-D-Glucopyranosyl-D-*arabino*-[2]hexosulose-bis-phenylhydrazon (E III/IV **17** 3105) mit $CuSO_4 \cdot 5H_2O$ in H_2O (*Haskins et al.*, Am. Soc. **70** [1948] 2288).
Kristalle (aus A.) mit 1 Mol Äthanol; F: 91−93° [Zers.]. $[\alpha]_D^{20}$: −34,3° [H_2O; c = 0,8].
Hepta-O-acetyl-Derivat $C_{32}H_{39}N_3O_{16}$; D$_r$-1t_F,2c_F,3r_F-Triacetoxy-1cat_F-[2-phenyl-2H-[1,2,3]triazol-4-yl]-4-[tetra-O-acetyl-β-D-glucopyranosyloxy]-butan. Kristalle (aus A.); F: 144−146°. $[\alpha]_D^{20}$: −28,1° [$CHCl_3$; c = 0,8].
Hepta-O-benzoyl-Derivat $C_{67}H_{53}N_3O_{16}$; D$_r$-1t_F,2c_F,3r_F-Tris-benzoyloxy-1cat_F-[2-phenyl-2H-[1,2,3]triazol-4-yl]-4-[tetra-O-benzoyl-β-D-glucopyranosyloxy]-butan. Kristalle (aus $CHCl_3$+A.); F: 122−123°. $[\alpha]_D^{20}$: +1,5° [$CHCl_3$; c = 0,9].

c) **D$_r$-4-α-D-Galactopyranosyloxy-1cat_F-[2-phenyl-2H-[1,2,3]triazol-4-yl]-butan-1t_F,2c_F,3r_F-triol, D-(1R)-O^4-α-D-Galactopyranosyl-1-[2-phenyl-2H-[1,2,3]triazol-4-yl]-erythrit,** Melibiose-phenylosotriazol, Formel III.

B. Beim Erhitzen von O^6-α-D-Galactopyranosyl-D-*arabino*-[2]hexosulose-bis-phenylhydrazon (E III/IV **17** 3106) mit $CuSO_4 \cdot 5H_2O$ in H_2O (*Haskins et al.*, Am. Soc. **69** [1947] 1461).
Kristalle (aus A.); F: 153−154°. $[\alpha]_D^{20}$: +61,2° [H_2O; c = 0,8].

I   II   III

D$_r$-1t_F,2c_F,4-Triacetoxy-1cat_F-[2-phenyl-2H-[1,2,3]triazol-4-yl]-3r_F-[tetra-O-acetyl-β-D-gluco-pyranosyloxy]-butan $C_{32}H_{39}N_3O_{16}$, Formel IV (R = CO-CH$_3$).

B. Aus O^5-β-D-Glucopyranosyl-D-glucose beim aufeinanderfolgenden Behandeln mit Phenyl-hydrazin, mit $CuSO_4 \cdot 5H_2O$ und mit Acetanhydrid und Pyridin (*Stodola et al.*, Am. Soc. **78** [1956] 2514, 2518).
Kristalle (aus A.); F: 168−169° [korr.].

D$_r$-1cat_F-[2-Phenyl-2H-[1,2,3]triazol-4-yl]-4-[toluol-4-sulfonyloxy]-butan-1t_F,2c_F,3r_F-triol, D-(1R)-1-[2-Phenyl-2H-[1,2,3]triazol-4-yl]-O^4-[toluol-4-sulfonyl]-erythrit $C_{19}H_{21}N_3O_6S$, Formel V (R = H).

B. Als Hauptprodukt neben anderen Verbindungen beim Behandeln von D$_r$-1cat_F-[2-Phenyl-2H-[1,2,3]triazol-4-yl]-butan-1t_F,2c_F,3r_F,4-tetraol mit Toluol-4-sulfonylchlorid in Pyridin (*Har-*

degger, Schreier, Helv. **35** [1952] 623, 626, 627).

Kristalle (aus A.); F: 144–145° [korr.]. [α]$_D$: − 53° [Py.; c = 1].

Beim Behandeln mit Natriummethylat in CHCl$_3$ ist (1*S*,2*R*)-1-[(*R*)-Oxiranyl]-2-[2-phenyl-2*H*-[1,2,3]triazol-4-yl]-äthan-1,2-diol („5,6-Anhydro-D-fructose-phenylosotriazol") erhalten worden.

D$_r$-1*cat*$_F$-[2-Phenyl-2*H*-[1,2,3]triazol-4-yl]-3(?)*c*$_F$,4-bis-[toluol-4-sulfonyloxy]-butan-1*t*$_F$,2*r*$_F$-diol, D-(1*R*)-1-[2-Phenyl-2*H*-[1,2,3]triazol-4-yl]-*O*$^{3(?)}$, *O*^{4}-bis-[toluol-4-sulfonyl]-erythrit C$_{26}$H$_{27}$N$_3$O$_8$S$_2$, vermutlich Formel V (R = SO$_2$-C$_6$H$_4$-CH$_3$).

Konstitution: *Hardegger, Schreier*, Helv. **35** [1952] 623, 624 Anm. 1.

B. In geringer Menge neben anderen Verbindungen beim Behandeln von D$_r$-1*cat*$_F$-[2-Phenyl-2*H*-[1,2,3]triazol-4-yl]-butan-1*t*$_F$,2*c*$_F$,3*r*$_F$,4-tetraol mit Toluol-4-sulfonylchlorid in Pyridin (*Ha., Sch.*, l. c. S. 626).

Kristalle (aus Me.+A.); F: 150–151° [korr.]. [α]$_D$: − 52° [Py.; c = 0,7].

IV   V   VI   VII

D$_r$-1*cat*$_F$-[2-*o*-Tolyl-2*H*-[1,2,3]triazol-4-yl]-butan-1*t*$_F$,2*c*$_F$,3*r*$_F$,4-tetraol, D-(1*R*)-1-[2-*o*-Tolyl-2*H*-[1,2,3]triazol-4-yl]-erythrit C$_{13}$H$_{17}$N$_3$O$_4$, Formel VI (R = CH$_3$, R′ = R″ = H).

B. Beim Erwärmen von D-*arabino*-[2]Hexosulose-bis-*o*-tolylhydrazon („D-Glucose-*o*-tolyl⸗ osazon"; H **31** 353) mit CuSO$_4$ in wss. Dioxan (*El Khadem, El-Shafei*, Soc. **1959** 1655, 1656).

Kristalle (aus A.); F: 126–127°. Bei 230°/10 Torr sublimierbar.

D$_r$-1*cat*$_F$-[2-(4-Brom-2-methyl-phenyl)-2*H*-[1,2,3]triazol-4-yl]-butan-1*t*$_F$,2*c*$_F$,3*r*$_F$,4-tetraol, D-(1*R*)-1-[2-(4-Brom-2-methyl-phenyl)-2*H*-[1,2,3]triazol-4-yl]-erythrit C$_{13}$H$_{16}$BrN$_3$O$_4$, Formel VI (R = CH$_3$, R′ = H, R″ = Br).

B. Aus der vorangehenden Verbindung oder aus D-*arabino*-[2]Hexosulose-bis-*o*-tolylhydrazon beim Behandeln mit Brom in H$_2$O (*El Khadem, El-Shafei*, Soc. **1959** 1655, 1657). Beim Erwärmen von D-*arabino*-[2]Hexosulose-bis-[4-brom-2-methyl-phenylhydrazon] mit CuSO$_4$ in wss. Dioxan (*El Kh., El-Sh.*).

Kristalle (aus wss. A.); F: 175°. λ_{max} (A.): 260 nm.

D$_r$-1*cat*$_F$-[2-*m*-Tolyl-2*H*-[1,2,3]triazol-4-yl]-butan-1*t*$_F$,2*c*$_F$,3*r*$_F$,4-tetraol, D-(1*R*)-1-[2-*m*-Tolyl-2*H*-[1,2,3]triazol-4-yl]-erythrit C$_{13}$H$_{17}$N$_3$O$_4$, Formel VI (R = R″ = H, R′ = CH$_3$).

B. Beim Erwärmen von D-*arabino*-[2]Hexosulose-bis-*m*-tolylhydrazon („D-Glucose-*m*-tolyl⸗ osazon") mit CuSO$_4$ in wss. Dioxan (*El Khadem, El-Shafei*, Soc. **1959** 1655, 1656).

Kristalle (aus A.); F: 194–195°. λ_{max} (A.): 268 nm.

D$_r$-1*cat*$_F$-[2-(4-Brom-3-methyl-phenyl)-2*H*-[1,2,3]triazol-4-yl]-butan-1*t*$_F$,2*c*$_F$,3*r*$_F$,4-tetraol, D-(1*R*)-1-[2-(4-Brom-3-methyl-phenyl)-2*H*-[1,2,3]triazol-4-yl]-erythrit C$_{13}$H$_{16}$BrN$_3$O$_4$, Formel VI (R = H, R′ = CH$_3$, R″ = Br).

B. Aus der vorangehenden Verbindung oder aus D-*arabino*-[2]Hexosulose-bis-*m*-tolylhydrazon

beim Behandeln mit Brom in H_2O (*El Khadem, El-Shafei*, Soc. **1959** 1655, 1657). Beim Behandeln von D-Glucose mit [4-Brom-3-methyl-phenyl]-hydrazin-hydrochlorid und Erwärmen des Reak≠ tionsprodukts mit $CuSO_4$ in wss. Dioxan (*El Kh., El-Sh.*).
Kristalle (aus A.); F: 221−222°. λ_{max} (A.): 274−276 nm.

1-[2-*p*-Tolyl-2*H*-[1,2,3]triazol-4-yl]-butan-1,2,3,4-tetraol $C_{13}H_{17}N_3O_4$.

a) D$_r$-1*cat*$_F$-[2-*p*-Tolyl-2*H*-[1,2,3]triazol-4-yl]-butan-1*t*$_F$,2*c*$_F$,3*r*$_F$,4-tetraol, D-(1*R*)-1-[2-*p*-Tol≠ yl-2*H*-[1,2,3]triazol-4-yl]-erythrit, Formel VI (R = R′ = H, R″ = CH_3).
B. Aus D-*arabino*-[2]Hexosulose-bis-*p*-tolylhydrazon („D-Glucose-*p*-tolylosazon"; H **31** 353) beim Erhitzen mit $CuSO_4 \cdot 5H_2O$ in H_2O (*Hardegger, Elkhadem*, Helv. **30** [1947] 1478, 1480, 1481) oder beim Behandeln mit Brom in H_2O (*El Khadem, El-Shafei*, Soc. **1958** 3117).
Kristalle; F: 208° [korr.; aus H_2O] (*Ha., El Kh.*), 204° [aus wss. A.] (*El Kh., El-Sh.*). $[\alpha]_D$: −42,0° [Dioxan+H_2O (3:1); c = 0,6] (*Ha., El Kh.*). λ_{max} (A.): 268−272 nm (*El Kh., El-Sh.*).
Tetra-*O*-acetyl-Derivat $C_{21}H_{25}N_3O_8$; D$_r$-1*t*$_F$,2*c*$_F$,3*r*$_F$,4-Tetraacetoxy-1*cat*$_F$-[2-*p*-tolyl-2*H*-[1,2,3]triazol-4-yl]-butan. Kristalle (aus A.); F: 112° [korr.]; $[\alpha]_D$: −25° [$CHCl_3$; c = 0,6] (*Ha., El Kh.*).

b) L$_r$-1*cat*$_F$-[2-*p*-Tolyl-2*H*-[1,2,3]triazol-4-yl]-butan-1*c*$_F$,2*t*$_F$,3*r*$_F$,4-tetraol, (1*R*)-1-[2-*p*-Tolyl-2*H*-[1,2,3]triazol-4-yl]-L-threit, Formel VII.
B. Beim Erhitzen von L-*xylo*-[2]Hexosulose-bis-*p*-tolylhydrazon mit $CuSO_4 \cdot 5H_2O$ in H_2O (*Hardegger, El Khadem*, Helv. **30** [1947] 1478, 1480, 1481).
Kristalle (aus Ae. oder H_2O); F: 110° [korr.]. $[\alpha]_D$: −34° [A.; c = 0,8].

c) D$_r$-1*cat*$_F$-[2-*p*-Tolyl-2*H*-[1,2,3]triazol-4-yl]-butan-1*t*$_F$,2*t*$_F$,3*r*$_F$,4-tetraol, (1*R*)-1-[2-*p*-Tolyl-2*H*-[1,2,3]triazol-4-yl]-D-threit, Formel VIII.
B. Beim Erhitzen von D-*lyxo*-[2]Hexosulose-bis-*p*-tolylhydrazon mit $CuSO_4 \cdot 5H_2O$ in H_2O (*Hardegger, El Khadem*, Helv. **30** [1947] 1478, 1480, 1481).
Kristalle (aus Ae. oder H_2O); F: 133° [korr.]. $[\alpha]_D$: −17° [A.; c = 0,6].

D$_r$-1*cat*$_F$-[2-[2]Naphthyl-2*H*-[1,2,3]triazol-4-yl]-butan-1*t*$_F$,2*c*$_F$,3*r*$_F$,4-tetraol, D-(1*R*)-1-[2-[2]Naph≠ thyl-2*H*-[1,2,3]triazol-4-yl]-erythrit $C_{16}H_{17}N_3O_4$, Formel IX (R = $C_{10}H_7$).

B. Beim Erwärmen von D-*arabino*-[2]Hexosulose-bis-[2]naphthylhydrazon mit $CuSO_4 \cdot 5H_2O$ in wss. Dioxan (*Hardegger et al.*, Helv. **34** [1951] 253, 255).
Kristalle (aus A.); F: 225° [korr.]. $[\alpha]_D$: −78,5° [Py.; c = 1,2].
Tetra-*O*-acetyl-Derivat $C_{24}H_{25}N_3O_8$; D$_r$-1*t*$_F$,2*c*$_F$,3*r*$_F$,4-Tetraacetoxy-1*cat*$_F$-[2-[2]naphthyl-2*H*-[1,2,3]triazol-4-yl]-butan. Kristalle (aus Me.); F: 133° [korr.]. $[\alpha]_D$: −27° [$CHCl_3$; c = 0,8].
Tetra-*O*-benzoyl-Derivat $C_{44}H_{33}N_3O_8$; D$_r$-1*t*$_F$,2*c*$_F$,3*r*$_F$,4-Tetrakis-benzoyloxy-1*cat*$_F$-[2-[2]naphthyl-2*H*-[1,2,3]triazol-4-yl]-butan. Kristalle (aus A.); F: 133−134°. $[\alpha]_D$: −11° [$CHCl_3$; c = 0,5].

VIII   IX   X

D_r-1cat_F-[2-(4-Sulfamoyl-phenyl)-2H-[1,2,3]triazol-4-yl]-butan-1t_F,2c_F,3r_F,4-tetraol,
4-[4-(1t_F,2c_F,3r_F,4-Tetrahydroxy-but-cat_F-yl)-[1,2,3]triazol-2-yl]-benzolsulfonsäure-amid
$C_{12}H_{16}N_4O_6S$, Formel IX (R = C_6H_4-SO_2-NH_2).

B. Beim Erwärmen von D-*arabino*-[2]Hexosulose-1-[methyl-phenyl-hydrazon]-2-[(4-sulfamoyl-phenyl)-hydrazon] mit $CuSO_4$ in wss. Dioxan (*Henseke, Binte*, B. **88** [1955] 1167, 1181).

Kristalle (aus H_2O); F: 236°. $[\alpha]_D^{30}$: −40° [A.+H_2O (1:1); c = 0,5] (*He., Bi.*, l. c. S. 1177).

Tetrahydroxy-Verbindungen $C_nH_{2n-3}N_3O_4$

(±)-2-Phenyl-4,5,6,7-tetrahydro-2H-benzotriazol-4r,5t,6c,7t-tetraol $C_{12}H_{13}N_3O_4$, Formel X +Spiegelbild.

B. Beim Erwärmen von (±)-3r,4t,5c,6t-Tetrahydroxy-cyclohexan-1,2-dion-bis-phenylhydrazon mit $CuSO_4$ und wss. H_2SO_4 in Isopropylalkohol (*Anderson, Aronson*, J. org. Chem. **24** [1959] 1812).

Kristalle (aus H_2O); F: 278−282° [Zers.].

Beim Behandeln mit $NaIO_4$ in H_2O ist 2-Phenyl-2H-[1,2,3]triazol-4,5-dicarbaldehyd erhalten worden.

Tetra-*O*-acetyl-Derivat $C_{20}H_{21}N_3O_8$; (±)-4r,5t,6c,7t-Tetraacetoxy-2-phenyl-4,5,6,7-tetrahydro-2H-benzotriazol. Kristalle (aus Acn.); F: 194−195°.

Tetrahydroxy-Verbindungen $C_nH_{2n-15}N_3O_4$

D_r-1cat_F-Pyrido[3,2-f]chinoxalin-2(oder 3)-yl-butan-1t_F,2c_F,3r_F,4-tetraol, D-(1R)-1-Pyrido-[3,2-f]chinoxalin-2(oder 3)-yl-erythrit $C_{15}H_{15}N_3O_4$, Formel XI oder Formel XII.

B. Beim Erwärmen von Chinolin-5,6-diyldiamin und D-*arabino*-[2]Hexosulose in wss. Äthanol (*Hall, Turner*, Soc. **1945** 699, 700, 702).

Hellbraune Kristalle; F: 222−225° [Zers.; nach Sintern].

XI   XII   XIII

Tetrahydroxy-Verbindungen $C_nH_{2n-21}N_3O_4$

1-[5,6-Dimethoxy-1(2)H-indazol-3-yl]-6,7-dimethoxy-isochinolin $C_{20}H_{19}N_3O_4$, Formel XIII und Taut.

Diese Konstitution kommt dem früher (H **26** 130) als (±)-1-[5,6-Dimethoxy-3H-indazol-3-yl]-6,7-dimethoxy-isochinolin formulierten Diazopapaverin zu (*Cava et al.*, J. org. Chem. **38** [1973] 2394); entsprechend ist das Methojodid $[C_{21}H_{22}N_3O_4]$I (H **26** 130) als 1-[5,6-Dimethoxy-1(2)H-indazol-3-yl]-6,7-dimethoxy-2-methyl-isochinolinium-jodid zu formulieren.

Über die Bildung aus 2-[6,7-Dimethoxy-[1]isochinolylmethyl]-4,5-dimethoxy-anilin (vgl. H 130) s. *Cava et al.*

Kristalle (aus $CHCl_3$); F: $271-273°$ [unkorr.]. ^1H-NMR-Absorption (DMSO-d_6): *Cava et al.* λ_{max} (A.): 245 nm, 307 nm und 341 nm.

Tetrahydroxy-Verbindungen $C_nH_{2n-33}N_3O_4$

1,3,4,6-Tetrakis-[4-methoxy-phenyl]-2,5,7-triaza-norborn-2-en $C_{32}H_{31}N_3O_4$, Formel I.

Die von *van Alphen* (R. **52** [1933] 525, 527) unter dieser Konstitution beschriebene Verbindung („Δ^2-1.3.4.6-Tetra-[*p*-methoxy-phenyl]-trimidin“) ist als 3,4,5-Tris-[4-methoxy-phenyl]-1H-pyrazol (E III/IV **23** 3387) zu formulieren (*Comrie*, Soc. [C] **1968** 446; J.C.S. Perkin I **1972** 1193).

E. Pentahydroxy-Verbindungen

Pentahydroxy-Verbindungen $C_nH_{2n-1}N_3O_5$

1-[2-Phenyl-2H-[1,2,3]triazol-4-yl]-pentan-1,2,3,4,5-pentaol $C_{13}H_{17}N_3O_5$.

a) D_r-1cat_F-[2-Phenyl-2H-[1,2,3]triazol-4-yl]-pentan-1t_F,2c_F,3c_F,4r_F,5-pentaol, D-(1R)-1-[2-Phenyl-2H-[1,2,3]triazol-4-yl]-ribit, Sedoheptulose-phenylosotriazol, Formel II (in der Literatur auch als Sedoheptose-phenylosotriazol bezeichnet).

B. Beim Erhitzen von D-*altro*-[2]Heptosulose-bis-phenylhydrazon („Sedoheptose-phenylosazon“; H **31** 364) mit $CuSO_4 \cdot 5H_2O$ in H_2O (*Haskins et al.*, Am. Soc. **69** [1947] 1050; *Ettel, Liebster,* Collect. **14** [1949] 80, 89).

Kristalle; F: $181-182°$ [aus H_2O] (*Ha. et al.*), 181° [aus Me.] (*Et., Li.*). $[\alpha]_D^{20}$: $-71,5°$ [Py.; c = 0,8] (*Ha. et al.*), $-71°$ [Py.; c = 1] (*Et., Li.*).

Penta-O-benzoyl-Derivat $C_{48}H_{37}N_3O_{10}$; D_r-1t_F,2c_F,3c_F,4r_F,5-Pentakis-benzoyloxy-1cat_F-[2-phenyl-2H-[1,2,3]triazol-4-yl]-pentan. Kristalle (aus A.+$CHCl_3$); F: $114-115°$; $[\alpha]_D^{20}$: $+14,7°$ [$CHCl_3$; c = 0,9] (*Ha. et al.*).

b) D_r-1cat_F-[2-Phenyl-2H-[1,2,3]triazol-4-yl]-pentan-1c_F,2t_F,3c_F,4r_F,5-pentaol, (1S)-1-[2-Phenyl-2H-[1,2,3]triazol-4-yl]-D-arabit, Formel III.

B. Analog der vorangehenden Verbindung aus D-*gluco*-[2]Heptosulose-bis-phenylhydrazon [„D-Glucoheptose-phenylosazon“; H **31** 365] (*Haskins et al.*, Am. Soc. **69** [1947] 1050).

Kristalle (aus H_2O); F: $175-176°$. $[\alpha]_D^{20}$: $+46,9°$ [Py.; c = 0,8].

Penta-O-acetyl-Derivat $C_{23}H_{27}N_3O_{10}$; D_r-1c_F,2t_F,3c_F,4r_F,5-Pentaacetoxy-1cat_F-[2-phenyl-2H-[1,2,3]triazol-4-yl]-pentan. Kristalle (aus $CHCl_3$+Hexan); F: $111-112°$. $[\alpha]_D^{20}$: $+121,1°$ [$CHCl_3$; c = 0,8].

Penta-O-benzoyl-Derivat $C_{48}H_{37}N_3O_{10}$; D_r-1c_F,2t_F,3c_F,4r_F,5-Pentakis-benzoyloxy-1cat_F-[2-phenyl-2H-[1,2,3]triazol-4-yl]-pentan. Kristalle (aus A.+$CHCl_3$); F:

$110-112°$. $[\alpha]_D^{20}$: $+104,5°$ [CHCl$_3$; c = 0,9].

c) D$_r$-1cat$_F$-[2-Phenyl-2H-[1,2,3]triazol-4-yl]-pentan-1t_F,2t_F,3c_F,4r_F,5-pentaol, (1R)-1-[2-Phenyl-2H-[1,2,3]triazol-4-yl]-D-arabit, Formel IV.

B. Analog den vorangehenden Verbindungen aus D-*manno*-[2]Heptosulose-bis-phenylhydr$\approx$azon [,,D-Mannoheptose-phenylosazon"; H **31** 365] (*Haskins et al.*, Am. Soc. **69** [1947] 1050; *Ettel, Liebster,* Collect. **14** [1949] 80, 88).

Kristalle (aus A.); F: $184-185°$ (*Ha. et al.*), 184° (*Et., Li.*). $[\alpha]_D^{20}$: $-27,5°$ [Py.; c = 0,8] (*Ha. et al.*), $-27,3°$ [Py.; c = 1] (*Et., Li.*).

Penta-*O*-acetyl-Derivat C$_{23}$H$_{27}$N$_3$O$_{10}$; D$_r$-1t_F,2t_F,3c_F,4r_F,5-Pentaacetoxy-1cat$_F$-[2-phenyl-2H-[1,2,3]triazol-4-yl]-pentan. Kristalle (aus CHCl$_3$+Hexan); F: $115-116°$; $[\alpha]_D^{20}$: $-5,0°$ [CHCl$_3$; c = 1] (*Ha. et al.*).

Penta-*O*-benzoyl-Derivat C$_{48}$H$_{37}$N$_3$O$_{10}$; D$_r$-1t_F,2t_F,3c_F,4r_F,5-Pentakis-benzoyl$\approx$oxy-1cat$_F$-[2-phenyl-2H-[1,2,3]triazol-4-yl]-pentan. Kristalle (aus CHCl$_3$+A.); F: $76-77°$; $[\alpha]_D^{20}$: $+41,1°$ [CHCl$_3$; c = 0,8] (*Ha. et al.*).

d) D$_r$-1cat$_F$-[2-Phenyl-2H-[1,2,3]triazol-4-yl]-pentan-1c_F,2c_F,3t_F,4r_F,5-pentaol, D-(1S)-1-[2-Phenyl-2H-[1,2,3]triazol-4-yl]-xylit, Formel V.

B. Analog den vorangehenden Verbindungen aus D-*gulo*-[2]Heptosulose-bis-phenylhydrazon (*Stewart et al.*, Am. Soc. **74** [1952] 2206, 2208).

F: $122-123°$. $[\alpha]_D^{20}$: $+17,6°$ [Py.; c = 0,2].

e) L$_r$-1cat$_F$-[2-Phenyl-2H-[1,2,3]triazol-4-yl]-pentan-1c_F,2c_F,3t_F,4r_F,5-pentaol, L-(1R)-1-[2-Phenyl-2H-[1,2,3]triazol-4-yl]-xylit, Formel VI.

B. Analog den vorangehenden Verbindungen aus L-*gulo*-[2]Heptosulose-bis-phenylhydrazon (*Stewart et al.*, Am. Soc. **74** [1952] 2206, 2208).

Kristalle (aus Me.); F: $122-123°$. $[\alpha]_D^{20}$: $-18,3°$ [H$_2$O; c = 0,8], $-15,9°$ [Py.; c = 0,8].

f) D$_r$-1cat$_F$-[2-Phenyl-2H-[1,2,3]triazol-4-yl]-pentan-1t_F,2c_F,3t_F,4r_F,5-pentaol, D-(1R)-1-[2-Phenyl-2H-[1,2,3]triazol-4-yl]-xylit, Formel VII.

B. Analog den vorangehenden Verbindungen aus D-*ido*-[2]Heptosulose-bis-phenylhydrazon (*Pratt et al.*, Am. Soc. **74** [1952] 2210, 2213).

Kristalle (aus Acn.); F: $122-123°$. $[\alpha]_D^{20}$: $-44,9°$ [Py.; c = 0,8].

IV — V — VI — VII

g) D$_r$-1cat$_F$-[2-Phenyl-2H-[1,2,3]triazol-4-yl]-pentan-1c_F,2t_F,3t_F,4r_F,5-pentaol, (5S)-5-[2-Phenyl-2H-[1,2,3]triazol-4-yl]-D-arabit, Formel VIII.

B. Analog den vorangehenden Verbindungen aus D-*galacto*-[2]Heptosulose-bis-phenylhydr$\approx$azon [,,D-Galaheptose-phenylosazon"; H **31** 365] (*Haskins et al.*, Am. Soc. **69** [1947] 1050).

Kristalle (aus H$_2$O); F: $214-215°$. $[\alpha]_D^{20}$: $+80,3°$ [Py.; c = 0,8].

Penta-*O*-acetyl-Derivat C$_{23}$H$_{27}$N$_3$O$_{10}$; D$_r$-1c_F,2t_F,3t_F,4r_F,5-Pentaacetoxy-1cat$_F$-[2-phenyl-2H-[1,2,3]triazol-4-yl]-pentan. Kristalle (aus Me.); F: $134-135°$. $[\alpha]_D^{20}$: $+53,1°$ [CHCl$_3$; c = 0,9].

Penta-O-benzoyl-Derivat $C_{48}H_{37}N_3O_{10}$; D_r-1c_F,2t_F,3t_F,4r_F,5-Pentakis-benzoyl=
oxy-1cat_F-[2-phenyl-2H-[1,2,3]triazol-4-yl]-pentan. Kristalle (aus A.); F: 134–135°.
$[\alpha]_D^{20}$: +28,9° [CHCl$_3$; c = 0,8].

F. Hexahydroxy-Verbindungen

Hexahydroxy-Verbindungen $C_nH_{2n-1}N_3O_6$

1-[2-Phenyl-2H-[1,2,3]triazol-4-yl]-hexan-1,2,3,4,5,6-hexaol $C_{14}H_{19}N_3O_6$.

a) D_r-1cat_F-[2-Phenyl-2H-[1,2,3]triazol-4-yl]-hexan-1c_F,2t_F,3t_F,4c_F,5r_F,6-hexaol,   (1S)-1-[2-
Phenyl-2H-[1,2,3]triazol-4-yl]-D-mannit,   Formel IX.
B. Beim Erhitzen von D-*glycero*-D-*galacto*-[2]Octosulose-bis-phenylhydrazon mit CuSO$_4$ ·
5H$_2$O in H$_2$O (*Karabinos et al.*, Am. Soc. 75 [1953] 4320, 4323).
Kristalle (aus H$_2$O); F: 244–245° [korr.]. $[\alpha]_D^{20}$: +77,3° [Py.; c = 0,3].
Hexa-O-acetyl-Derivat $C_{26}H_{31}N_3O_{12}$; D_r-1c_F,2t_F,3t_F,4c_F,5r_F,6-Hexaacetoxy-
1cat_F-[2-phenyl-2H-[1,2,3]triazol-4-yl]-hexan. Kristalle (aus A.); F: 101–102° [korr.].
$[\alpha]_D^{20}$: +37,5° [CHCl$_3$; c = 0,6].

b) D_r-1cat_F-[2-Phenyl-2H-[1,2,3]triazol-4-yl]-hexan-1c_F,2c_F,3t_F,4t_F,5r_F,6-hexaol, D-(1S)-1-[2-
Phenyl-2H-[1,2,3]triazol-4-yl]-galactit,   Formel X.
B. Analog der vorangehenden Verbindung aus D-*glycero*-L-*manno*-[2]Octosulose-bis-phenyl=
hydrazon [H **31** 368] (*Wolfrom, Cooper*, Am. Soc. 71 [1949] 2668, 2670).
Kristalle (aus H$_2$O); F: 200–202°. $[\alpha]_D^{25}$: +26° [Py.; c = 1,5].   [*Blazek*]

VIII   IX   X

III. Oxo-Verbindungen

A. Monooxo-Verbindungen

Monooxo-Verbindungen $C_nH_{2n+1}N_3O$

5-Methyl-tetrahydro-[1,3,5]triazin-2-on $C_4H_9N_3O$, Formel I (R = CH₃).

B. Beim Erwärmen von Harnstoff mit wss. Formaldehyd und Methylamin (*Burke*, Am. Soc. **69** [1947] 2136; *Paquin*, Ang. Ch. **60** [1948] 267, 270; J. org. Chem. **14** [1949] 189, 193). Beim Erwärmen von *N,N'*-Bis-hydroxymethyl-harnstoff mit wss. Methylamin (*Du Pont de Nemours & Co.*, U.S.P. 2304624 [1940]).

Kristalle; F: 210° [unkorr.; aus A.] (*Bu.; s. a. Du Pont*), 199° [Zers.; aus A.] (*Pa.*).

Die folgenden Verbindungen sind in analoger Weise hergestellt worden:

5-Propyl-tetrahydro-[1,3,5]triazin-2-on $C_6H_{13}N_3O$, Formel I (R = CH₂-C₂H₅).
Kristalle (aus A.); F: 182° (*Pa.*).

5-Isobutyl-tetrahydro-[1,3,5]triazin-2-on $C_7H_{15}N_3O$, Formel I
(R = CH₂-CH(CH₃)₂). Kristalle; F: 200° [unkorr.; aus E.] (*Bu.; Du Pont*), 194° [aus A.] (*Pa.*).

5-Cyclohexyl-tetrahydro-[1,3,5]triazin-2-on $C_9H_{17}N_3O$, Formel I (R = C₆H₁₁).
Kristalle (aus A.); F: 205° [Zers.] (*Pa.*).

5-[2-Hydroxy-äthyl]-tetrahydro-[1,3,5]triazin-2-on $C_5H_{11}N_3O_2$, Formel I
(R = CH₂-CH₂OH). Kristalle (aus A.); F: 158° [unkorr.] (*Bu.; Du Pont*).

1,3-Bis-methoxymethyl-5-methyl-tetrahydro-[1,3,5]triazin-2-on $C_8H_{17}N_3O_3$, Formel II
(R = CH₃).

B. Aus 5-Methyl-tetrahydro-[1,3,5]triazin-2-on beim Erwärmen mit wss. Formaldehyd und Ba(OH)₂ und anschliessenden Behandeln mit wss.-methanol. HCl (*Du Pont de Nemours & Co.*, U.S.P. 2321989 [1942]).

Kp₂₋₃: 120–122°.

5-Isobutyl-1,3-bis-methoxymethyl-tetrahydro-[1,3,5]triazin-2-on $C_{11}H_{23}N_3O_3$, Formel II
(R = CH₂-CH(CH₃)₂).

B. Analog der vorangehenden Verbindung (*Du Pont de Nemours & Co.*, U.S.P. 2321989 [1942]).

Kp₅: 140–145°.

5-[2-Hydroxy-äthyl]-1,3-bis-methoxymethyl-tetrahydro-[1,3,5]triazin-2-on $C_9H_{19}N_3O_4$,
Formel II (R = CH₂-CH₂-OH).

B. Analog den vorangehenden Verbindungen (*Du Pont de Nemours & Co.*, U.S.P. 2321989 [1942]).

Hellgelbes Öl.

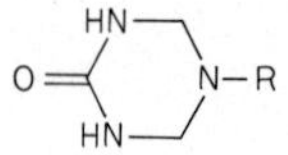

I 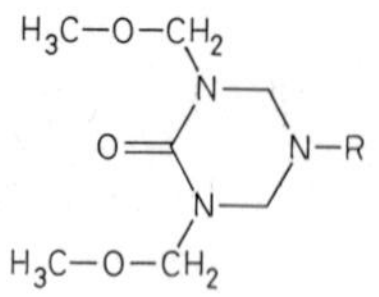   II 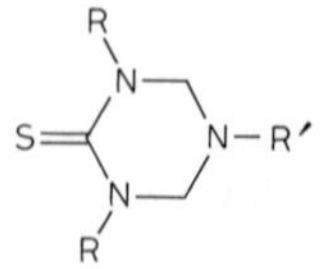   III 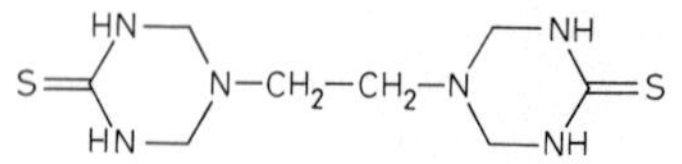   IV

5-[2-Amino-äthyl]-tetrahydro-[1,3,5]triazin-2-on $C_5H_{12}N_4O$, Formel I (R = CH_2-CH_2-NH_2).
B. Beim Behandeln von Harnstoff mit wss. Formaldehyd und Äthylendiamin und anschlies=
senden Erhitzen auf 135° (*Paquin*, Ang. Ch. **60** [1948] 267, 270; J. org. Chem. **14** [1949] 189, 191).
Kristalle (aus wss. A.); F: 176 – 177°.

5-[2-Dimethylamino-äthyl]-tetrahydro-[1,3,5]triazin-2-on $C_7H_{16}N_4O$, Formel I
(R = CH_2-CH_2-$N(CH_3)_2$).
B. Beim Erwärmen von *N,N*-Dimethyl-äthylendiamin mit Harnstoff und wss. Formaldehyd
oder mit *N,N'*-Bis-hydroxymethyl-harnstoff in H_2O (*Burke*, Am. Soc. **69** [1947] 2136).
Kristalle (aus A.); F: 114° [unkorr.].

5-Methyl-tetrahydro-[1,3,5]triazin-2-thion $C_4H_9N_3S$, Formel III (R = H, R' = CH_3).
B. Beim Behandeln von Thioharnstoff mit wss. Formaldehyd und wss. Methylamin und
anschliessenden Erwärmen (*Burke*, Am. Soc. **69** [1947] 2136; *Du Pont de Nemours & Co.*,
U.S.P. 2304624 [1940]; *Paquin*, Ang. Ch. **60** [1948] 267, 270; J. org. Chem. **14** [1949] 189, 191).
Kristalle; F: 180° [unkorr.; aus A.] (*Bu.*; s. a. *Du Pont*), 169° [Zers.; aus A. + Bzl.] (*Pa.*).

Die folgenden Verbindungen sind in analoger Weise hergestellt worden:
5-Isobutyl-tetrahydro-[1,3,5]triazin-2-thion $C_7H_{15}N_3S$, Formel III (R = H,
R' = CH_2-$CH(CH_3)_2$). Kristalle; F: 142° [aus A.] (*Pa.*), 139° [unkorr.; aus Trichloräthylen]
(*Bu.*).
5-Dodecyl-tetrahydro-[1,3,5]triazin-2-thion $C_{15}H_{31}N_3S$, Formel III (R = H,
R' = $[CH_2]_{11}$-CH_3). Kristalle (aus A.); F: 153° [unkorr.] (*Bu.; Du Pont*).
5-Cyclohexyl-tetrahydro-[1,3,5]triazin-2-thion $C_9H_{17}N_3S$, Formel III (R = H,
R' = C_6H_{11}). Kristalle (aus A.); F: 176° (*Pa.*), 172° [unkorr.] (*Bu.; Du Pont*).
5-[2-Hydroxy-äthyl]-tetrahydro-[1,3,5]triazin-2-thion $C_5H_{11}N_3OS$, Formel III
(R = H, R' = CH_2-CH_2-OH). Kristalle (aus A.); F: 162° [unkorr.] (*Bu.*).
5-[2-Hydroxy-äthyl]-1,3-diphenyl-tetrahydro-[1,3,5]triazin-2-thion
$C_{17}H_{19}N_3OS$, Formel III (R = C_6H_5, R' = CH_2-CH_2-OH). Kristalle (aus A.); F: 178° (*Bu.;
Du Pont*).
5-[2-Amino-äthyl]-tetrahydro-[1,3,5]triazin-2-thion $C_5H_{12}N_4S$, Formel III
(R = H, R' = CH_2-CH_2-NH_2). Kristalle (aus H_2O); F: 140° [Zers.] (*Pa.*).
1,2-Bis-[4-thioxo-tetrahydro-[1,3,5]triazin-1-yl]-äthan, Octahydro-5,5'-äthan=
diyl-bis-[1,3,5]triazin-2-thion $C_8H_{16}N_6S_2$, Formel IV. Kristalle (aus A.); F: 209 – 210°
[Zers.] (*Pa.*).

5,5-Dimethyl-2-phenyl-[1,2,4]triazolidin-3-on $C_{10}H_{13}N_3O$, Formel V.
Diese Konstitution kommt der früher (H **15** 280; E II **15** 103) als Aceton-[2-phenyl-semicarb=
azon] formulierten Verbindung zu (*Schildknecht, Hatzmann*, A. **724** [1969] 226).

***Opt.-inakt. 4,6-Dimethyl-tetrahydro-[1,3,5]triazin-2-on** $C_5H_{11}N_3O$, Formel VI.
B. Beim Erwärmen von Harnstoff mit Acetaldehyd-ammoniak (S. 25) in H_2O (*Paquin*, Ang.
Ch. **60** [1948] 267, 269; J. org. Chem. **14** [1949] 189, 192; *I.G. Farbenind.*, D.R.P. 582203
[1930]; Frdl. **19** 3186; *Gen. Aniline Works*, U.S.P. 2016521 [1931]).
Kristalle; F: 190° [Zers.; aus Acn. + A.] (*Pa.*); Zers. bei 190° [aus A.] (*I.G. Farbenind.;
Gen. Aniline Works*).

V   VI   VII

*Opt.-inakt. **4,6-Dimethyl-tetrahydro-[1,3,5]triazin-2-thion** $C_5H_{11}N_3S$, Formel VII
(R = R' = H) (H 132).

B. Beim Erwärmen von Thioharnstoff mit Acetaldehyd-ammoniak (S. 25) in H_2O (*Paquin, Ang. Ch.* **60** [1948] 267, 269; *J. org. Chem.* **14** [1949] 189, 192; *I.G. Farbenind.*, D.R.P. 582203 [1930]; *Frdl.* **19** 3186; *Gen. Aniline Works*, U.S.P. 2016521 [1931]). Beim Behandeln von Bis-[1-isothiocyanato-äthyl]-äther mit NH_3 in Äther (*Henze et al.*, J. org. Chem. **2** [1937] 29, 33).
Kristalle (aus H_2O); F: 182–183° [korr.] (*He. et al.*), 180° [Zers.] (*Pa.*).
Picrat. Kristalle (aus A.); F: 241–245° [Zers.] (*He. et al.*).

*Opt.-inakt. **4,6-Dimethyl-1-phenyl-tetrahydro-[1,3,5]triazin-2-thion** $C_{11}H_{15}N_3S$, Formel VII
(R = C_6H_5, R' = H) (H 133).
Konstitutionsbestätigung: *Elmore, Ogle, Soc.* **1960** 1961, 1962.
B. Beim Behandeln von Acetaldehyd-ammoniak (S. 25) mit Phenylisothiocyanat in Aceton (*El., Ogle,* l. c. S. 1964).
Kristalle (aus Acetonitril); F: 160,5–161°. IR-Banden (Nujol; 3275–690 cm^{-1}): *El., Ogle.*

*Opt.-inakt. **5-[2-Hydroxy-äthyl]-4,6-dimethyl-tetrahydro-[1,3,5]triazin-2-thion** $C_7H_{15}N_3OS$, Formel VII (R = H, R' = CH_2-CH_2-OH).
B. Beim Behandeln [20 h] von Thioharnstoff mit Acetaldehyd und 2-Amino-äthanol in H_2O (*Burke, Am. Soc.* **69** [1947] 2136; *Du Pont de Nemours & Co.*, U.S.P. 2304624 [1940]).
Kristalle (aus A.); F: 168°.

Monooxo-Verbindungen $C_nH_{2n-1}N_3O$

Oxo-Verbindungen $C_2H_3N_3O$

2,3-Dihydro-[1,2,3]triazol-4-on $C_2H_3N_3O$, Formel VIII (R = H) und Taut. (z. B.
1H-[1,2,3]Triazol-4-ol) (H 134; E I 36).
Bezüglich der Tautomerie s. *Elguero et al.*, Adv. heterocycl. Chem. Spl. 1 [1976] 383, 385.
B. Beim Behandeln von 2-Diazo-malonamidsäure-äthylester mit äthanol. KOH und anschlies=
senden Erwärmen mit wss. HCl (*Pedersen*, Acta chem. scand. **12** [1958] 1236, 1239).
Kristalle (aus E.); F: 130–132° [unkorr.] (*Pe.*).

3-Methyl-2,3-dihydro-[1,2,3]triazol-4-on $C_3H_5N_3O$, Formel VIII (R = CH_3) und Taut.
B. Beim Behandeln von Diazomalonsäure-äthylester-chlorid mit Methylamin in Äther, Be=
handeln des Reaktionsprodukts mit äthanol. KOH und anschliessenden Erwärmen mit wss.
HCl (*Pedersen*, Acta chem. scand. **12** [1958] 1236, 1239).
Kristalle (aus A.); F: 168–170° [unkorr.].

1-Phenyl-1,5-dihydro-[1,2,3]triazol-4-on $C_8H_7N_3O$, Formel IX und Taut.
Die Identität der von *Kleinfeller, Bönig* (J. pr. [2] **132** [1932] 175, 197) unter dieser Konstitution
beschriebenen, aus 1-Phenyl-1H-[1,2,3]triazol-4-ylamin mit Hilfe von $NaNO_2$ und wss. HCl
hergestellten Verbindung vom F: 160° ist zweifelhaft (*Daeniker, Druey*, Helv. **45** [1962] 2441,
2447).
Authentisches 1-Phenyl-1,5-dihydro-[1,2,3]triazol-4-on schmilzt bei 170–173° [unkorr.; Zers.]
(*Da., Dr.*, l. c. S. 2457).

3-Phenyl-2,3-dihydro-[1,2,3]triazol-4-on $C_8H_7N_3O$, Formel VIII (R = C_6H_5) und Taut.
(H 135).
B. Aus 5-Oxo-1-phenyl-2,5-dihydro-1H-[1,2,3]triazol-4-carbonsäure beim Erwärmen mit H_2O
(*Ilford Ltd.*, U.S.P. 2705713 [1954]).
Kristalle; F: 118–119° (*Ilford Ltd.*). IR-Banden (Nujol oder KBr; 1290–990 cm^{-1}): *Lieber*

et al., Canad. J. Chem. **36** [1958] 1441. λ_{max} (A.): 235 nm (*Li. et al.*).

3-[4-Chlor-phenyl]-2,3-dihydro-[1,2,3]triazol-4-on $C_8H_6ClN_3O$, Formel VIII (R = C_6H_4-Cl) und Taut.
B. Analog der vorangehenden Verbindung (*Ilford Ltd.*, U.S.P. 2705713 [1954]).
Kristalle (aus A.); F: 107° [Zers.].

VIII   IX   X   XI

3-[4-Brom-phenyl]-2,3-dihydro-[1,2,3]triazol-4-on $C_8H_6BrN_3O$, Formel VIII (R = C_6H_4-Br) und Taut. (H 135).
B. Analog den vorangehenden Verbindungen (*Ilford Ltd.*, U.S.P. 2705713 [1954]).
Kristalle (aus A.); F: 124° [Zers.].

3-Benzyl-2,3-dihydro-[1,2,3]triazol-4-on $C_9H_9N_3O$, Formel VIII (R = CH_2-C_6H_5) und Taut.
B. Aus 1-Benzyl-5-oxo-2,5-dihydro-1H-[1,2,3]triazol-4-carbonsäure beim Erwärmen mit H_2O (*Pedersen,* Acta chem. scand. **12** [1958] 1236, 1239; *Gompper,* B. **90** [1957] 382, 386).
Rötliche Kristalle; F: 159° [Zers.; aus Me. oder Butylacetat] (*Go.*), 157 – 158° [unkorr.] (*Pe.*).

5,5-Bis-methansulfonyl-1-methoxy-4,5-dihydro-1H-[1,2,3]triazol $C_5H_{11}N_3O_5S_2$, Formel X.
B. Beim Behandeln von N-[Bis-methansulfonyl-methylen]-O-methyl-hydroxylamin mit Diazo≠methan in Dioxan und Äthylacetat (*Backer,* R. **69** [1950] 1223, 1229).
Kristalle; Zers. bei 82°.
Beim Erwärmen mit Äthanol ist 2,2-Bis-methansulfonyl-1-methoxy-aziridin erhalten worden.

1,2-Dihydro-[1,2,4]triazol-3-on $C_2H_3N_3O$, Formel XI (R = R' = H) und Taut.
(z. B. 2,4-Dihydro-[1,2,4]triazol-3-on) (H 137; E II 75).
Bezüglich der Tautomerie vgl. *Kubota, Uda,* Chem. pharm. Bl. **21** [1973] 1342, 1343.
B. Beim Erwärmen von Semicarbazid mit Orthoameisensäure-triäthylester (*Runti et al.,* Ann. Chimica **49** [1959] 1668, 1675, 1676). Beim Erhitzen von [1,3,5]Triazin mit Semicarbazid auf 100 – 120° (*Grundmann, Kreutzberger,* Am. Soc. **79** [1957] 2839, 2843; *Olin Mathieson Chem. Corp.,* U.S.P. 2763661 [1955]). Beim Erhitzen von 5-Oxo-2,5-dihydro-1H-[1,2,4]triazol-3-car≠bonsäure (*Gehlen,* A. **577** [1952] 237, 241; vgl. H 137; E II 75).
Dipolmoment (ε; Dioxan) bei 25°: 3,30 D (*Jensen, Friediger,* Danske Vid. Selsk. Math. fys. Medd. **20** Nr. 20 [1942/43] 50).
Kristalle; F: 238 – 240° [aus A.] (*Ru. et al.*), 235,5° [Sublimation ab 150°] (*Ge.*), 234 – 235° [korr.; aus A.] (*Gr., Kr.*). IR-Spektrum (3 – 14 μ) der Kristalle: *Scheĭnker et al.,* Ž. fiz. Chim. **33** [1959] 302, 304; C. A. **1960** 4147.
Diacetyl-Derivat $C_6H_7N_3O_3$; 1,2-Diacetyl-1,2-dihydro-[1,2,4]triazol-3-on(?) (H 104; dort als 3(oder 5)-Acetoxy-1-acetyl-1H-[1,2,4]triazol formuliert). B. Beim Erhit≠zen von 5-Oxo-4,5-dihydro-1H-[1,2,4]triazol-3-carbonsäure mit Acetanhydrid (*Ge.*). – Kristalle; F: 136° [nach Sintern bei 125° und Kristallumwandlungen bei ca. 120° und ca. 130°].

1-Phenyl-1,2-dihydro-[1,2,4]triazol-3-on $C_8H_7N_3O$, Formel XI (R = C_6H_5, R' = H) und Taut. (H 139).
B. Beim Erwärmen von 1-Phenyl-semicarbazid mit Orthoameisensäure-triäthylester (*White≠head, Traverso,* Am. Soc. **77** [1955] 5872, 5876).
Kristalle; F: 274° [korr.] (*Atkinson et al.,* Soc. **1954** 4256, 4257), 273 – 274° [aus A.] (*Wh., Tr.*). UV-Spektrum (A. sowie äthanol. KOH; 210 – 310 nm): *At. et al.,* l. c. S. 4257, 4260.

2-Phenyl-1,2-dihydro-[1,2,4]triazol-3-on $C_8H_7N_3O$, Formel XI (R = H, R' = C_6H_5) und Taut. (H 139).

B. Beim Erwärmen von 2-Phenyl-4-[toluol-4-sulfonyl]-2,4-dihydro-[1,2,4]triazol-3-on mit methanol. KOH (*Logemann*, B. **91** [1958] 2578).

Kristalle (aus H_2O); F: 183—185°.

2-Methyl-1-phenyl-1,2-dihydro-[1,2,4]triazol-3-on $C_9H_9N_3O$, Formel XI (R = C_6H_5, R' = CH_3).

B. Aus 1-Phenyl-1,2-dihydro-[1,2,4]triazol-3-on beim Behandeln mit Dimethylsulfat und wss. NaOH (*Atkinson et al.*, Soc. **1954** 4256, 4262).

Kristalle (aus Pentan-1-ol); F: 296—297° [korr.; Zers.]. UV-Spektrum (A.; 210—310 nm): *At. et al.*, l. c. S. 4257, 4260.

2,4-Diphenyl-2,4-dihydro-[1,2,4]triazol-3-on $C_{14}H_{11}N_3O$, Formel XII (R = R' = C_6H_5).

B. Neben 1-Formyl-2,4-diphenyl-semicarbazid beim Erhitzen von Ameisensäure-[*N'*-phenyl-hydrazid] mit Phenylisocyanat (*Logemann*, B. **91** [1958] 2578, 2580).

Kristalle (aus Isopropylalkohol); F: 113—115°.

3-Oxo-1,4-diphenyl-2,3-dihydro-[1,2,4]triazolium-betain, 3-Hydroxy-1,4-diphenyl-[1,2,4]triazolium-betain $C_{14}H_{11}N_3O$, Formel XIII.

Diese Konstitution kommt der früher (H **27** 772) als 3,6-Diphenyl-5-oxa-2,3,6-triaza-bicyclo≠[2.1.1]hex-1-en („1.4-Diphenyl-3.5-endoxy-1.2.4-triazolin") formulierten Verbindung zu (*Kato et al.*, Tetrahedron Letters **1967** 4261; *Evans, Milligan*, Austral. J. Chem. **20** [1967] 1779).

Kristalle (aus DMF); F: 263—265° (*Ev., Mi.*). ¹H-NMR-Absorption (Trifluoressigsäure): *Ev., Mi.*

4-[3-Oxo-2,3-dihydro-[1,2,4]triazol-1-yl]-benzoesäure $C_9H_7N_3O_3$, Formel XI (R = C_6H_4-CO-OH, R' = H) und Taut.

B. Beim Erwärmen von 4-Semicarbazido-benzoesäure mit Orthoameisensäure-triäthylester (*Whitehead, Traverso*, Am. Soc. **77** [1955] 5872, 5876).

Unterhalb 300° nicht schmelzend.

4-[Toluol-4-sulfonyl]-2,4-dihydro-[1,2,4]triazol-3-on $C_9H_9N_3O_3S$, Formel XII (R = H, R' = SO_2-C_6H_4-CH_3) und Taut.

B. Beim Erhitzen von Ameisensäure-hydrazid mit Toluol-4-sulfonylisocyanat auf 130° (*Logemann*, B. **91** [1958] 2578).

Kristalle (aus Me.); F: 204—205°.

2-Phenyl-4-[toluol-4-sulfonyl]-2,4-dihydro-[1,2,4]triazol-3-on $C_{15}H_{13}N_3O_3S$, Formel XII (R = C_6H_5, R' = SO_2-C_6H_4-CH_3).

B. Beim Erhitzen von Ameisensäure-[*N'*-phenyl-hydrazid] mit Toluol-4-sulfonylisocyanat auf 120° (*Logemann*, B. **91** [1958] 2578).

Kristalle (aus A.); F: 154—155°.

XII   XIII   XIV   XV

5-Oxo-4-[toluol-4-sulfonyl]-4,5-dihydro-[1,2,4]triazol-1-carbonsäure-anilid(?) $C_{16}H_{14}N_4O_4S$, vermutlich Formel XII (R = CO-NH-C_6H_5, R' = SO_2-C_6H_4-CH_3).

B. In kleiner Menge beim Erhitzen von 1-Formyl-4-phenyl-semicarbazid mit Toluol-4-sulf≠onylisocyanat auf 150° (*Logemann*, B. **91** [1958] 2578).

Kristalle; F: 192—193°.

4-Amino-2,4-dihydro-[1,2,4]triazol-3-on $C_2H_4N_4O$, Formel XII (R = H, R' = NH$_2$) und Taut. (H 142).

B. Beim Erhitzen [20 h] von wss. $N_2H_4 \cdot H_2O$ mit CO auf 150°/900−1000 at (*Buckley, Ray*, Soc. **1949** 1156; *ICI*, U.S.P. 2640831 [1949]; s. a. *Du Pont de Nemours & Co.*, U.S.P. 2589289 [1948]). Beim Erhitzen [20 h] von 4-Amino-[1,2,4]triazolidin-3,5-dion („4-Amino-urazol") in H$_2$O mit CO auf 150°/1000 at (*Bu., Ray; ICI*, D.B.P. 814147 [1950]; D.R.B.P. 1950−1951 **6** 124).

Kristalle (aus A.); F: 180° (*Bu., Ray*).

1,2-Dihydro-[1,2,4]triazol-3-thion $C_2H_3N_3S$, Formel XIV und Taut. (z. B. 2,4-Dihydro-[1,2,4]triazol-3-thion) (H 142).

Bezüglich der Tautomerie vgl. *Kubota, Uda*, Chem. pharm. Bl. **21** [1973] 1342, 1345.

B. Beim Erwärmen von 1-Formyl-thiosemicarbazid mit wss. NaOH (*Ainsworth*, Org. Synth. Coll. Vol. V [1973] 1070, 1071; vgl. H 142). Beim Erwärmen von N'-Thiocarbamoyl-formohy= drazonsäure-äthylester mit wss. Na$_2$CO$_3$ (*Kanaoka*, J. pharm. Soc. Japan **75** [1955] 1149, 1152). Beim Erhitzen von [1,3,5]Triazin mit Thiosemicarbazid auf 190° (*Grundmann, Kreutzberger*, Am. Soc. **79** [1957] 2839, 2843; *Olin Mathieson Chem. Corp.*, U.S.P. 2763661 [1955]).

Kristalle (aus H$_2$O); F: 220−222° (*Ai.*), 216° (*Ka.*), 215−216° [korr.] (*Gr., Kr.*).

4-Methyl-2,4-dihydro-[1,2,4]triazol-3-thion $C_3H_5N_3S$, Formel XV (R = CH$_3$) und Taut. (H 142).

Diese Konstitution kommt der von *Goerdeler et al.* (B. **89** [1956] 1534, 1542) als Methyl-[1,3,4]thiadiazol-2-yl-amin formulierten Verbindung zu (*Goerdeler, Galinke*, B. **90** [1957] 202).

B. Beim Erhitzen von 2-Brom-[1,3,4]thiadiazol mit Methylamin in Äthanol auf 150° (*Go. et al.*). Beim Erhitzen von Methyl-[1,3,4]thiadiazol-2-yl-amin (H **27** 625) mit Methylamin in Methanol auf 150−160° (*Go., Ga.*).

Kristalle; F: 169° [aus H$_2$O] (*Go., Ga.*), 164,5−165° [aus wss. Me.] (*Go. et al.*).

4-Phenyl-2,4-dihydro-[1,2,4]triazol-3-thion $C_8H_7N_3S$, Formel XV (R = C$_6$H$_5$) und Taut.

B. Beim Erwärmen [8 h] von 4-Phenyl-thiosemicarbazid mit Äthylformiat und methanol. Natriummethylat (*Pesson et al.*, C. r. **248** [1959] 1677, 1678; Bl. **1961** 1581, 1582).

Kristalle (aus H$_2$O); F: 168−170°.

4-[4-Chlor-phenyl]-2,4-dihydro-[1,2,4]triazol-3-thion $C_8H_6ClN_3S$, Formel XV (R = C$_6$H$_4$-Cl) und Taut.

B. Analog der vorangehenden Verbindung (*Pesson et al.*, C. r. **248** [1959] 1677, 1679; Bl. **1961** 1581, 1582, 1584).

Kristalle (aus A.); F: 214° (*Pe. et al.*, Bl. **1961** 1584).

4-Methyl-1-phenyl-3-thioxo-2,3-dihydro-[1,2,4]triazolium-betain, 3-Mercapto-4-methyl-1-phenyl-[1,2,4]triazolium-betain $C_9H_9N_3S$, Formel I (R = CH$_3$).

B. Beim Erhitzen von 4-Methyl-3-methylmercapto-1-phenyl-[1,2,4]triazolium-jodid mit Pyri= din (*Duffin et al.*, Soc. **1959** 3799, 3805). Beim Erhitzen von 4-Methyl-1-phenyl-thiosemicarbazid mit Ameisensäure (*Du. et al.*).

Kristalle (aus A.); F: 267−268°. λ_{max} (A.): 248 nm.

2-Methyl-4-phenyl-2,4-dihydro-[1,2,4]triazol-3-thion $C_9H_9N_3S$, Formel II.

Diese Konstitution kommt wahrscheinlich der früher (H **27** 626) als [3-Methyl-3H-[1,3,4]thiadiazol-2-yliden]-phenyl-amin ($C_9H_9N_3S$) formulierten Verbindung zu (*Menin et al.*, C. r. **261** [1965] 766, 767, 768).

1,4-Diphenyl-3-thioxo-2,3-dihydro-[1,2,4]triazolium-betain, 3-Mercapto-1,4-diphenyl-[1,2,4]triazolium-betain $C_{14}H_{11}N_3S$, Formel I (R = C$_6$H$_5$).

Diese Konstitution kommt der früher (H **27** 772) als 3,6-Diphenyl-5-thia-2,3,6-triaza-bicyclo= [2.1.1]hex-1-en („1.4-Diphenyl-3.5-endothio-1.2.4-triazolin") beschriebenen Verbindung zu (*Evans, Milligan*, Austral. J. Chem. **20** [1967] 1779).

Kristalle (aus A.); F: 216−217° (*Ev., Mi.*). ^{1}H-NMR-Absorption (Trifluoressigsäure): *Ev., Mi.*

Die beim Erwärmen mit CH_3I in Methanol erhaltene, früher (H **27** 772) als 5-Methyl-3,6-diphenyl-5-thionia-2,3,6-triaza-bicyclo[2.1.1]hex-1-en-jodid („[1.4-Diphenyl-3.5-endothio-1.2.4-triazolin]-*S*-jodmethylat") beschriebene Verbindung ist als 3-Methylmercapto-1,4-diphenyl-[1,2,4]triazolium-jodid zu formulieren (*Potts et al.*, J. org. Chem. **32** [1967] 2245, 2247).

4-[4-Äthoxy-phenyl]-2,4-dihydro-[1,2,4]triazol-3-thion $C_{10}H_{11}N_3OS$, Formel III ($R = C_6H_4$-O-C_2H_5) und Taut.
B. Beim Erwärmen von 4-[4-Äthoxy-phenyl]-thiosemicarbazid mit Äthylformiat und methanol. Natriummethylat (*Pesson et al.*, C. r. **248** [1959] 1677, 1679; Bl. **1961** 1581, 1582, 1584). Kristalle (aus Me.); F: 185° (*Pe. et al.*, Bl. **1961** 1584).

4-[3-Thioxo-2,3-dihydro-[1,2,4]triazol-1-yl]-benzolsulfonsäure-amid $C_8H_8N_4O_2S_2$, Formel IV und Taut.
B. Beim Erhitzen von 1-[4-Sulfamoyl-phenyl]-thiosemicarbazid mit Ameisensäure (*Amorosa*, Boll. scient. Fac. Chim. ind. Univ. Bologna **10** [1952] 159).
Kristalle (aus H_2O); F: 243−245°.

4-Amino-2,4-dihydro-[1,2,4]triazol-3-thion $C_2H_4N_4S$, Formel III ($R = NH_2$) und Taut. (H 143).
B. Beim Behandeln von Chlormethyl-trichlormethyl-sulfid mit $N_2H_4 \cdot H_2O$ (*Feichtinger*, Z. Naturf. **3b** [1948] 377).

Oxo-Verbindungen $C_3H_5N_3O$

5-Methyl-1,2-dihydro-[1,2,4]triazol-3-on $C_3H_5N_3O$, Formel V ($R = R' = H$) und Taut.
Nach Ausweis der ^{1}H-NMR-, IR- und UV-Absorption liegt in Lösungen in H_2O, in Methanol sowie in DMSO überwiegend 5-Methyl-2,4-dihydro-[1,2,4]triazol-3-on vor (*Bernardini et al.*, Bl. **1975** 1191, 1194).
B. Beim Erwärmen von 1-Acetyl-semicarbazid oder von 5-Methyl-[1,3,4]oxadiazol-2-ylamin (über diese Verbindung s. *Gehlen, Blankenstein*, A. **638** [1960] 136, 139) mit wss. KOH (*Gehlen*, A. **563** [1949] 185, 198).
Kristalle (nach Sublimation); F: 245−246° [unkorr.] (*Be. et al.*), 245° (*Ge.*). ^{1}H-NMR-Absorption (*O*-Deuterio-methanol sowie DMSO): *Be. et al.*, l. c. S. 1193. IR-Spektrum (Perfluorkerosin; 2−7 μ): *Mautner, Kumler*, Am. Soc. **77** [1955] 4076. λ_{max} (Me.): 227 nm (*Be. et al.*). Scheinbare Dissoziationskonstante K'_a (H_2O; potentiometrisch ermittelt): $3,7 \cdot 10^{-10}$ (*Ma., Ku.*).

5-Methyl-2-phenyl-1,2-dihydro-[1,2,4]triazol-3-on $C_9H_9N_3O$, Formel V ($R = H$, $R' = C_6H_5$) und Taut. (H 146; E II 78).
B. Aus Acetylcarbamidsäure-äthylester beim Erhitzen mit Phenylhydrazin-hydrochlorid auf 150−160° (*Atkinson, Polya*, Soc. **1954** 3319, 3321; vgl. H 146) oder in kleiner Menge neben [*N'*-Phenyl-acetohydrazonoyl]-carbamidsäure-äthylester beim Erhitzen mit Phenylhydrazin und P_2O_5 in Xylol (*Ghosh, Betrabet*, J. Indian chem. Soc. **7** [1930] 899, 902). Aus 5-Methyl-4-[toluol-4-sulfonyl]-2,4-dihydro-[1,2,4]triazol-3-on beim Erwärmen mit methanol. KOH (*Logemann*, B. **91** [1958] 2578). Beim Erwärmen von [5-Oxo-1-phenyl-1,2-dihydro-[1,2,4]triazol-3-yl]-essigsäure mit wss. KOH (*Gosh*, J. Indian chem. Soc. **13** [1936] 86, 90).
Kristalle; F: 167° [korr.] (*At., Po.*), 166−167° [aus A.] (*Gh., Be.*), 164−166° [aus A.] (*Lo.*). λ_{max}: 249 nm [A.] bzw. 261 nm [äthanol. KOH] (*Atkinson et al.*, Soc. **1954** 4256, 4257).

5-Methyl-2-[4-nitro-phenyl]-1,2-dihydro-[1,2,4]triazol-3-on $C_9H_8N_4O_3$, Formel V (R = H, R' = C_6H_4-NO_2) und Taut.

B. Neben [*N*'-(4-Nitro-phenyl)-acetohydrazonoyl]-carbamidsäure-äthylester beim Erhitzen von Acetylcarbamidsäure-äthylester mit [4-Nitro-phenyl]-hydrazin und P_2O_5 in Xylol (*Ghosh, Betrabet*, J. Indian chem. Soc. **7** [1930] 899, 901).

Rotbraune Kristalle (aus Eg.); F: 259°.

Beim Erhitzen mit Anthranilsäure und P_2O_5 sind *N*-[5-Methyl-2-(4-nitro-phenyl)-2*H*-[1,2,4]triazol-3-yl]-anthranilsäure und 3-Methyl-1-[4-nitro-phenyl]-1*H*-[1,2,4]triazolo[3,4-*b*]chin≠azolin-5-on erhalten worden.

5-Methyl-1-phenyl-1,2-dihydro-[1,2,4]triazol-3-on $C_9H_9N_3O$, Formel V (R = C_6H_5, R' = H) und Taut.

B. Beim Erhitzen von 1-Phenyl-semicarbazid mit Orthoameisensäure-triäthylester (*Whitehead, Traverso*, Am. Soc. **77** [1955] 5872, 5876).

Kristalle (aus A.); F: 183°.

5-Methyl-4-phenyl-2,4-dihydro-[1,2,4]triazol-3-on $C_9H_9N_3O$, Formel VI (R = H, R' = C_6H_5) und Taut.

B. Neben anderen Verbindungen beim Erhitzen von 5-Methyl-[1,3,4]oxadiazol-2-ylamin (über diese Verbindung s. *Gehlen, Blankenstein*, A. **638** [1960] 136, 139) mit Anilin unter Zusatz von wss. HCl (*Gehlen, Benatzky*, A. **615** [1958] 60, 63).

Kristalle (aus H_2O); F: 153° (*Ge., Be.*).

3-Methyl-5-oxo-2,5-dihydro-[1,2,4]triazol-1-thiocarbonsäure-amid $C_4H_6N_4OS$, Formel V (R = H, R' = CS-NH_2) und Taut.

B. Beim Erhitzen von Acetylcarbamidsäure-äthylester mit Thiosemicarbazid und P_2O_5 in Xylol (*Ghosh, Betrabet*, J. Indian chem. Soc. **7** [1930] 899, 903).

Kristalle (aus wss. Eg.); F: 222°.

3-Methyl-5-oxo-2,5-dihydro-[1,2,4]triazol-1-thiocarbonsäure-allylamid $C_7H_{10}N_4OS$, Formel V (R = H, R' = CS-NH-CH_2-$CH=CH_2$) und Taut.

B. Analog der vorangehenden Verbindung (*Ghosh, Betrabet*, J. Indian chem. Soc. **7** [1930] 899, 903).

Kristalle (aus Xylol); F: 201°.

3-Methyl-5-oxo-2,5-dihydro-[1,2,4]triazol-1-thiocarbonsäure-anilid $C_{10}H_{10}N_4OS$, Formel V (R = H, R' = CS-NH-C_6H_5) und Taut.

B. Neben [1-(4-Phenyl-thiosemicarbazono)-äthyl]-carbamidsäure-äthylester beim Erhitzen von Acetylcarbamidsäure-äthylester mit 4-Phenyl-thiosemicarbazid und P_2O_5 in Xylol (*Ghosh, Be≠trabet*, J. Indian chem. Soc. **7** [1930] 899, 902).

Kristalle (aus Eg.); F: 243°.

3-Methyl-5-oxo-2,5-dihydro-[1,2,4]triazol-1-thiocarbonsäure-*p*-toluidid $C_{11}H_{12}N_4OS$, Formel V (R = H, R' = CS-NH-C_6H_4-CH_3) und Taut.

B. Neben [1-(4-*p*-Tolyl-thiosemicarbazono)-äthyl]-carbamidsäure-äthylester beim Erhitzen von Acetylcarbamidsäure-äthylester mit 4-*p*-Tolyl-thiosemicarbazid und P_2O_5 in Xylol (*Ghosh, Betrabet*, J. Indian chem. Soc. **7** [1930] 899, 903).

Kristalle (aus Eg.); F: 228°.

V   VI   VII   VIII   IX

5-Methyl-2-phenyl-4-[toluol-4-sulfonyl]-2,4-dihydro-[1,2,4]triazol-3-on $C_{16}H_{15}N_3O_3S$,
Formel VI (R = C_6H_5, R' = SO_2-C_6H_4-CH_3).

B. Beim Erhitzen von Essigsäure-[N'-phenyl-hydrazid] mit Toluol-4-sulfonylisocyanat (*Loge= mann*, B. **91** [1958] 2578, 2579).

Kristalle (aus Me.); F: 162—163°.

[3-Methyl-5-oxo-1-phenyl-1,5-dihydro-[1,2,4]triazol-4-yl]-carbamidsäure-äthylester
$C_{12}H_{14}N_4O_3$, Formel VI (R = C_6H_5, R' = NH-CO-O-C_2H_5).

Diese Konstitution kommt der früher (E II **26** 251) als 6-Methyl-3-oxo-4-phenyl-3,4-dihydro-
$2H$-[1,2,4,5]tetrazin-1-carbonsäure-äthylester ("1-Phenyl-6-oxo-3-methyl-1.4.5.6-tetrahydro-
1.2.4.5-tetrazin-carbonsäure-(4)-äthylester") formulierten Verbindung zu (*Gillis, Daniher*, J. org.
Chem. **27** [1962] 4001).

B. Beim Behandeln von *trans*-Diazendicarbonsäure-diäthylester mit Acetaldehyd-phenyl=
hydrazon in Äther (*Gi., Da.*).

Kristalle (aus Bzl.); F: 110—112° [unkorr.]. λ_{max} (A.): 247 nm.

5-Methyl-1,2-dihydro-[1,2,4]triazol-3-thion $C_3H_5N_3S$, Formel VII (R = R' = H) und Taut.
(H 149).

B. Aus 1-Acetyl-thiosemicarbazid beim Erwärmen mit wss. NaOH (*Girard*, C. r. **225** [1947]
458) oder mit methanol. Natriummethylat (*Jones, Ainsworth*, Am. Soc. **77** [1955] 1538). Neben
5-Methyl-[1,3,4]thiadiazol-2-ylamin beim Erhitzen von N'-Thiocarbamoyl-acetohydrazonsäure-
äthylester auf 180° (*Ainsworth*, Am. Soc. **78** [1956] 1973). Neben N'-Thiocarbamoyl-acetohydr=
azonsäure-äthylester beim Erwärmen von N-Phenyl-acetimidsäure-äthylester mit Thiosemicarb=
azid in Äthanol (*Raison*, Soc. **1957** 2856, 2861). Beim Erhitzen von 5-Methyl-[1,3,4]thiadiazol-2-
ylamin mit Methylamin in Methanol auf 150—160° (*Goerdeler, Galinke*, B. **90** [1957] 202).

Kristalle (aus H_2O); F: 282—283° (*Jo., Ai.*), 274—276° (*Ra.*), 263—264° [unkorr.] (*Ai.*).

2,5-Dimethyl-1,2-dihydro-[1,2,4]triazol-3-thion $C_4H_7N_3S$, Formel VII (R = H, R' = CH_3)
und Taut.

B. Aus 3-[2-Methyl-thiosemicarbazono]-buttersäure-äthylester beim Erwärmen mit äthanol.
NaOH oder mit äthanol. Natriumäthylat (*Losse et al.*, B. **91** [1958] 150, 155). Beim Erwärmen
von 2,7-Dimethyl-3-thioxo-1,2,3,4-tetrahydro-[1,2,4]triazepin-5-on mit äthanol. NaOH (*Lo.
et al.*).

Kristalle (aus Isobutylalkohol); F: 173—174°.

4,5-Dimethyl-2,4-dihydro-[1,2,4]triazol-3-thion $C_4H_7N_3S$, Formel VIII (R = H, R' = CH_3)
und Taut.

B. Aus 1-Acetyl-4-methyl-thiosemicarbazid beim Erwärmen mit äthanol. Natriumäthylat
(*Duffin et al.*, Soc. **1959** 3799, 3803).

Kristalle (aus A.); F: 210°.

1,4,5-Trimethyl-3-thioxo-2,3-dihydro-[1,2,4]triazolium-betain, 3-Mercapto-1,4,5-trimethyl-
[1,2,4]triazolium-betain $C_5H_9N_3S$, Formel IX (R = R' = CH_3).

B. Aus 1,4,5-Trimethyl-3-methylmercapto-[1,2,4]triazolium-jodid beim Erhitzen mit Pyridin
(*Duffin et al.*, Soc. **1959** 3799, 3805).

Kristalle (aus A.); F: 257—259°. λ_{max} (A.): 242 nm.

4-Äthyl-5-methyl-2,4-dihydro-[1,2,4]triazol-3-thion $C_5H_9N_3S$, Formel VIII (R = H,
R' = C_2H_5) und Taut.

B. Aus 1-Acetyl-4-äthyl-thiosemicarbazid beim Erwärmen mit äthanol. Natriumäthylat (*Duf=
fin et al.*, Soc. **1959** 3799, 3803).

Kristalle (aus A.); F: 139°.

5-Methyl-2-phenyl-1,2-dihydro-[1,2,4]triazol-3-thion $C_9H_9N_3S$, Formel VII (R = H,
R' = C_6H_5) und Taut.

B. Aus 3-[2-Phenyl-thiosemicarbazono]-buttersäure-äthylester beim Erwärmen mit äthanol.

NaOH oder mit äthanol. Natriumäthylat (*Losse et al.*, B. **91** [1958] 150, 156). Aus 5-Methyl-2-phenyl-1,2-dihydro-[1,2,4]triazol-3-on beim Erhitzen mit P_2S_5 in Toluol (*Duffin et al.*, Soc. **1959** 3799, 3803).

Kristalle; F: 185−186° (*Lo. et al.*), 182° [aus Bzl.] (*Du. et al.*).

5-Methyl-4-phenyl-2,4-dihydro-[1,2,4]triazol-3-thion $C_9H_9N_3S$, Formel VIII (R = H, R′ = C_6H_5) und Taut.

B. Aus 4-Phenyl-thiosemicarbazid beim Erhitzen mit Orthoessigsäure-triäthylester in Xylol (*Reynolds, VanAllan*, J. org. Chem. **24** [1959] 1478, 1483) oder beim Erwärmen mit Äthylacetat und methanol. Natriummethylat (*Pesson et al.*, C. r. **248** [1959] 1677, 1679; Bl. **1961** 1581, 1583). Aus 4-Phenyl-thiosemicarbazid beim Behandeln mit Acetimidsäure-äthylester-hydrochlorid und äthanol. Natriumäthylat (*Pe. et al.*, Bl. **1961** 1583). Aus 1-Acetyl-4-phenyl-thiosemicarbazid beim Erwärmen mit PbO in Äthanol (*Herbst, Klingbeil*, J. org. Chem. **23** [1958] 1912, 1916) oder mit äthanol. Natriumäthylat (*Duffin et al.*, Soc. **1959** 3799, 3803, 3804).

Kristalle; F: 220−222° [aus Me.] (*Pe. et al.*, Bl. **1961** 1583), 220° [aus Xylol] (*Re., Va.*), 217−218° [unkorr.; aus A.] (*He., Kl.*).

4,5-Dimethyl-2-phenyl-2,4-dihydro-[1,2,4]triazol-3-thion $C_{10}H_{11}N_3S$, Formel VIII (R = C_6H_5, R′ = CH_3).

B. Beim Behandeln von 4-Methyl-2-phenyl-thiosemicarbazid mit Acetanhydrid und Erwärmen des Reaktionsprodukts mit äthanol. Natriumäthylat (*Duffin et al.*, Soc. **1959** 3799, 3805). Beim Erhitzen von 3,4-Dimethyl-5-methylmercapto-1-phenyl-[1,2,4]triazolium-jodid mit Pyridin (*Du. et al.*).

Kristalle (aus H_2O); F: 79−81°. λ_{max} (A.): 287 nm.

2,5-Dimethyl-1-phenyl-1,2-dihydro-[1,2,4]triazol-3-thion $C_{10}H_{11}N_3S$, Formel VII (R = C_6H_5, R′ = CH_3).

B. Beim Erhitzen von 2-Methyl-1-phenyl-thiosemicarbazid mit Essigsäure und Acetanhydrid und Erwärmen des Reaktionsprodukts mit äthanol. Natriumäthylat (*Duffin et al.*, Soc. **1959** 3799, 3805).

Kristalle (aus A.); F: 267−269°. λ_{max} (A.): 291 nm.

4,5-Dimethyl-1-phenyl-3-thioxo-2,3-dihydro-[1,2,4]triazolium-betain, 3-Mercapto-4,5-dimethyl-1-phenyl-[1,2,4]triazolium-betain $C_{10}H_{11}N_3S$, Formel IX (R = C_6H_5, R′ = CH_3).

B. Beim Erhitzen von 4-Methyl-1-phenyl-thiosemicarbazid mit Essigsäure und Acetanhydrid (*Duffin et al.*, Soc. **1959** 3799, 3805). Beim Erhitzen von 4,5-Dimethyl-3-methylmercapto-1-phenyl-[1,2,4]triazolium-jodid mit Pyridin (*Du. et al.*).

Kristalle (aus H_2O); F: 292−294°. λ_{max} (A.): 245 nm.

2,5-Dimethyl-4-phenyl-2,4-dihydro-[1,2,4]triazol-3-thion $C_{10}H_{11}N_3S$, Formel VIII (R = CH_3, R′ = C_6H_5).

B. Aus 3-[2-Methyl-4-phenyl-thiosemicarbazono]-buttersäure-äthylester beim Erwärmen mit äthanol. NaOH oder mit äthanol. Natriumäthylat (*Losse et al.*, B. **91** [1958] 150, 156).

F: 70°.

5-Methyl-2,4-diphenyl-2,4-dihydro-[1,2,4]triazol-3-thion $C_{15}H_{13}N_3S$, Formel VIII (R = R′ = C_6H_5).

Diese Konstitution kommt der früher (H **15** 285; E I **15** 71) als 1-Acetyl-2,4-diphenyl-thiosemicarbazid formulierten Verbindung $C_{15}H_{15}N_3OS$ zu (*Grashey, Baumann*, Tetrahedron Letters **1972** 2947, 2948, 2949).

B. Aus 3-[2,4-Diphenyl-thiosemicarbazono]-buttersäure-äthylester beim Erwärmen mit äthanol. NaOH oder mit äthanol. Natriumäthylat (*Losse et al.*, B. **91** [1958] 150, 156).

Kristalle (aus A.); F: 134° (*Lo. et al.*).

5-Methyl-1,4-diphenyl-3-thioxo-2,3-dihydro-[1,2,4]triazolium $[C_{15}H_{14}N_3S]^+$, Formel X.

Betain $C_{15}H_{13}N_3S$; 3-Mercapto-5-methyl-1,4-diphenyl-[1,2,4]triazolium-betain.

Diese Konstitution kommt der früher (H **27** 773; E I **27** 649; E II **27** 926) als 4-Methyl-3,6-diphenyl-5-thia-2,3,6-triaza-bicyclo[2.1.1]hex-1-en („1.4-Diphenyl-5-methyl-3.5-endothio-1.2.4-triazolin") formulierten Verbindung zu (*Evans, Milligan,* Austral. J. Chem. **20** [1967] 1779; *Dougherty et al.,* Tetrahedron **26** [1970] 1989, 2002, 2003; *Grashey, Baumann,* Tetrahedron Letters **1972** 2947; s. a. *Temple, Montgomery,* Chem. heterocycl. Compounds **37** [1981] 599, 619, 620). Entsprechend ist die früher (H **27** 773) als 6-Benzyl-4-methyl-3-phenyl-5-thia-2,3,6-triaza-bicyclo[2.2.1]hex-1-en („1-Phenyl-4-benzyl-5-methyl-3.5-endothio-1.2.4-triazolin") be≠schriebene Verbindung als 4 - B e n z y l - 3 - m e r c a p t o - 5 - m e t h y l - 1 - p h e n y l - [1,2,4] t r i a z o l i u m-b e t a i n $C_{16}H_{15}N_3S$ (Formel IX [R = C_6H_5, R′ = CH_2-C_6H_5]) zu formulieren (vgl. *Ollis, Ramsden,* J.C.S. Perkin I **1974** 633, 634). — *B.* Aus 1,4-Diphenyl-thiosemicarbazid beim Erwär≠men mit Acetanhydrid (*Ev., Mi.; Gr., Ba.*). Beim Behandeln von Essigsäure-[*N*-phenyl-hydrazid] mit Phenylisothiocyanat und Erwärmen des Reaktionsprodukts mit K_2CO_3 in Acetonitril (*Gr., Ba.*). Aus Thioessigsäure-[*N*-phenyl-hydrazid] und Phenylisothiocyanat (*Gr., Ba.*). — Dimorph (*Gr., Ba.*); Kristalle; F: 263 − 264° (*Gr., Ba.*), 260 − 263° [aus A.] (*Ev., Mi.*) bzw. F: 236 − 237° (*Gr., Ba.*). ^{1}H-NMR-Absorption (Trifluoressigsäure): *Ev., Mi.* λ_{max} (Me.): 220 nm (*Ev., Mi.*).

Chlorid [$C_{15}H_{14}N_3S$]Cl. Die von *Potts et al.* (J. org. Chem. **32** [1967] 2245, 2246, 2251) unter dieser Konstitution beschriebene, früher (H **27** 622) als [5-Chlor-5-methyl-4-phenyl-[1,3,4]thiadiazolidin-2-yliden]-phenyl-amin angesehene Verbindung vom F: 227 − 228° ist als 2-Anilino-5-methyl-4-phenyl-[1,3,4]thiadiazolium-chlorid zu formulieren (*Gr., Ba.; s. a. Te., Mo.*).

2-Benzyl-5-methyl-1,2-dihydro-[1,2,4]triazol-3-thion $C_{10}H_{11}N_3S$, Formel VII (R = H, R′ = CH_2-C_6H_5) und Taut.
B. Aus 1-Acetyl-2-benzyl-thiosemicarbazid oder aus 2-Benzyl-7-methyl-3-thioxo-1,2,3,4-tetra≠hydro-[1,2,4]triazepin-5-on beim Erwärmen mit äthanol. NaOH (*Losse, Farr,* J. pr. [4] **8** [1959] 298, 303).
F: 142 − 143° [korr.].

4-Amino-5-methyl-2,4-dihydro-[1,2,4]triazol-3-thion $C_3H_6N_4S$, Formel VIII (R = H, R′ = NH_2) und Taut.
B. Aus 3-Acetyl-dithiocarbazidsäure-methylester und N_2H_4 (*Hoggarth,* Soc. **1952** 4811, 4814).
Kristalle (aus H_2O); F: 205 − 206° [Zers.].

*4-Benzylidenamino-5-methyl-2,4-dihydro-[1,2,4]triazol-3-thion $C_{10}H_{10}N_4S$, Formel VIII (R = H, R′ = N=CH-C_6H_5) und Taut.
B. Aus der vorangehenden Verbindung und Benzaldehyd in wss. HCl (*Hoggarth,* Soc. **1952** 4811, 4815).
Kristalle (aus A.); F: 204 − 205°.

2-Acetyl-4-acetylamino-5-methyl-2,4-dihydro-[1,2,4]triazol-3-thion, *N*-[1-Acetyl-3-methyl-5-thioxo-1,5-dihydro-[1,2,4]triazol-4-yl]-acetamid $C_7H_{10}N_4O_2S$, Formel VIII (R = CO-CH_3, R′ = NH-CO-CH_3).
Diese Konstitution kommt wahrscheinlich der früher (E II **3** 138) als Diacetyl-Derivat $C_5H_{10}N_4O_2S$ des Thiocarbonohydrazids formulierten Verbindung zu (*Beyer, Kröger,* A. **637** [1960] 135, 138, 139).
B. Aus Thiocarbonohydrazid beim Erhitzen mit Acetanhydrid (*Be., Kr.,* l. c. S. 143).
Kristalle (aus Me.); F: 180 − 182°.

X   XI   XII   XIII

Oxo-Verbindungen $C_4H_7N_3O$

3-Methyl-1,4-diphenyl-4,5-dihydro-1H-[1,2,4]triazin-6-on $C_{16}H_{15}N_3O$, Formel XI.
Die Identität der von *Sen* (J. Indian chem. Soc. **6** [1929] 1001, 1004) unter dieser Konstitution beschriebenen Verbindung vom F: 163−164° ist ungewiss (*Ohta, Kurosu*, J. pharm. Soc. Japan **69** [1949] 189; C. A. **1950** 1491). Entsprechendes gilt für die von *Sen* als 3-Methyl-1-phenyl-4-o-tolyl-4,5-dihydro-1H-[1,2,4]triazin-6-on $C_{17}H_{17}N_3O$ (F: 183−184°) und als 3-Methyl-4-[1]naphthyl-1-phenyl-4,5-dihydro-1H-[1,2,4]triazin-6-on $C_{20}H_{17}N_3O$ (F: 221°) formulierten Verbindungen.

5-Äthyl-1,2-dihydro-[1,2,4]triazol-3-thion $C_4H_7N_3S$, Formel XII und Taut.
B. Aus 1-Propionyl-thiosemicarbazid beim Erwärmen mit Na_2CO_3 in H_2O (*Wojahn*, Ar. **285** [1952] 122, 125).
Kristalle (aus H_2O); F: 248−251°.

5-Äthyl-4-phenyl-2,4-dihydro-[1,2,4]triazol-3-thion $C_{10}H_{11}N_3S$, Formel XIII und Taut.
B. Aus 4-Phenyl-thiosemicarbazid beim Erhitzen mit Orthopropionsäure-triäthylester in Butan-1-ol (*Reynolds, VanAllan*, J. org. Chem. **24** [1959] 1478, 1482, 1483).
Kristalle; F: 180°. λ_{max} (Me.): 258 nm.

Oxo-Verbindungen $C_5H_9N_3O$

6-Acetyl-4-methyl-2-phenyl-2,3,4,5-tetrahydro-[1,2,4]triazin, 1-[4-Methyl-2-phenyl-2,3,4,5-tetra≠hydro-[1,2,4]triazin-6-yl]-äthanon $C_{12}H_{15}N_3O$, Formel XIV (R = CH_3).
B. Aus Pyruvaldehyd-1-phenylhydrazon beim Erwärmen mit wss. Formaldehyd und Methyl≠amin in Äthanol (*Hahn*, Soc. Sci. Lodz. Acta chim. **4** [1959] 117, 127; Roczniki Chem. **33** [1959] 1245; C. A. **1960** 11043).
Gelbe Kristalle (aus Me.); F: 89−90° (*Hahn*, Soc. Sci. Lodz. Acta chim. **4** 127; s. a. *Hahn*, Roczniki Chem. **33** 1246).
Methojodid [$C_{13}H_{18}N_3O$]I; 6-Acetyl-4,4-dimethyl-2-phenyl-2,3,4,5-tetrahydro-[1,2,4]triazinium-jodid. Kristalle (aus Me.); F: 208−210° (*Hahn*, Roczniki Chem. **36** [1962] 227, 232; C. A. **57** [1962] 15114; s. a. *Hahn*, Roczniki Chem. **33** 1246).

Die folgenden Verbindungen sind in analoger Weise hergestellt worden:
1-[4-Äthyl-2-phenyl-2,3,4,5-tetrahydro-[1,2,4]triazin-6-yl]-äthanon $C_{13}H_{17}N_3O$, Formel XIV (R = C_2H_5). Kristalle; F: 52−53° (*Hahn*, Roczniki Chem. **33** 1246).
1-[2-Phenyl-4-propyl-2,3,4,5-tetrahydro-[1,2,4]triazin-6-yl]-äthanon $C_{14}H_{19}N_3O$, Formel XIV (R = CH_2-C_2H_5). Kristalle; F: 79−80,5° (*Hahn*, Roczniki Chem. **33** 1246).
1-[4-Isopropyl-2-phenyl-2,3,4,5-tetrahydro-[1,2,4]triazin-6-yl]-äthanon $C_{14}H_{19}N_3O$, Formel XIV (R = $CH(CH_3)_2$). Kristalle; F: 64−65° (*Hahn*, Roczniki Chem. **33** 1246).
1-[4-Butyl-2-phenyl-2,3,4,5-tetrahydro-[1,2,4]triazin-6-yl]-äthanon $C_{15}H_{21}N_3O$, Formel XIV (R = [CH_2]$_3$-CH_3). Hydrochlorid. Kristalle; F: 150−152° (*Hahn*, Roczniki Chem. **33** 1246).
1-[4-Allyl-2-phenyl-2,3,4,5-tetrahydro-[1,2,4]triazin-6-yl]-äthanon $C_{14}H_{17}N_3O$, Formel XIV (R = CH_2-$CH=CH_2$). Kristalle; F: 43−44° (*Hahn*, Roczniki Chem. **33** 1246).
1-[4-Cyclohexyl-2-phenyl-2,3,4,5-tetrahydro-[1,2,4]triazin-6-yl]-äthanon $C_{17}H_{23}N_3O$, Formel XIV (R = C_6H_{11}). Kristalle (aus wss. Acn.); F: 70−71° (*Hahn*, Soc. Sci. Lodz. Acta chim. **4** 128; s. a. *Hahn*, Roczniki Chem. **33** 1246).
1-[2,4-Diphenyl-2,3,4,5-tetrahydro-[1,2,4]triazin-6-yl]-äthanon $C_{17}H_{17}N_3O$, For≠mel XIV (R = C_6H_5). Kristalle; F: 119−121° (*Hahn*, Roczniki Chem. **33** 1246).
1-[4-Benzyl-2-phenyl-2,3,4,5-tetrahydro-[1,2,4]triazin-6-yl]-äthanon $C_{18}H_{19}N_3O$, Formel XIV (R = CH_2-C_6H_5). Hellgelbe Kristalle (aus wss. Me.); F: 73−74° (*Hahn*, Soc. Sci. Lodz. Acta chim. **4** 128; s. a. *Hahn*, Roczniki Chem. **33** 1246.

XIV   XV   XVI   XVII

*Opt.-inakt. 1-[5-Methyl-1(oder 3)-phenyl-4,5-dihydro-1(oder 3)H-[1,2,3]triazol-4-yl]-äthanon $C_{11}H_{13}N_3O$, Formel XV oder Formel XVI.

B. Beim Behandeln [14 d] von Pent-3t(?)-en-2-on (E IV **1** 3460) mit Phenylazid (*Alder, Stein,* A. **501** [1933] 1, 24).

Gelbe Kristalle (aus PAe.+E.); F: 106−107° [Zers.].

5-Propyl-1,2-dihydro-[1,2,4]triazol-3-thion $C_5H_9N_3S$, Formel XVII und Taut.

B. Aus 1,4-Dibutyryl-thiosemicarbazid beim Erwärmen mit Na_2CO_3 in H_2O (*Wojahn,* Ar. **285** [1952] 122, 126).

Kristalle (aus H_2O); F: 208−210°.

5-Isopropyl-1,2-dihydro-[1,2,4]triazol-3-on $C_5H_9N_3O$, Formel I und Taut.

B. Aus 1-Isobutyryl-semicarbazid beim Erhitzen mit wss. KOH (*Gehlen,* A. **563** [1949] 185, 199; D.B.P. 805763 [1950]; D.R.B.P. Org. Chem. 1950−1951 **6** 2364).

Kristalle (aus H_2O); F: 235° [Sublimation ab 140°] (*Ge.,* A. **563** 199; D.B.P. 805763).

Silber-Salz $Ag_2C_5H_7N_3O$: *Ge.,* A. **563** 199.

Oxo-Verbindungen $C_6H_{11}N_3O$

5-Isopropyl-4,5-dihydro-2H-[1,2,4]triazin-3-thion $C_6H_{11}N_3S$, Formel II und Taut.

B. Neben 5-Isopropyl-2,5-dihydro-[1,2,4]triazin-3-ylamin beim Erwärmen von N-[2-Methyl-1-thiosemicarbazonomethyl-propyl]-phthalimid mit N_2H_4 in H_2O (*Foye, Lange,* J. Am. pharm. Assoc. **46** [1957] 371).

Kristalle (aus wss. A.) mit 1 Mol H_2O; F: 189−190° [unkorr.]. λ_{max} (A.): 247 nm und 348 nm.

I   II   III   IV

5-$tert$-Butyl-1,2-dihydro-[1,2,4]triazol-3-on $C_6H_{11}N_3O$, Formel III.

Die von *Girard* (C. r. **212** [1941] 547; A. ch. [11] **16** [1941] 326, 367, 372) unter dieser Konstitution beschriebene Verbindung ist als 5-$tert$-Butyl-[1,3,4]oxadiazol-2-ylamin zu formulie≈ ren (*Maggio et al.,* Ann. Chimica **50** [1960] 491, 496, 499).

Oxo-Verbindungen $C_7H_{13}N_3O$

5,5,7-Trimethyl-2,4,5,6-tetrahydro-[1,2,4]triazepin-3-thion $C_7H_{13}N_3S$, Formel IV und Taut.

Diese Konstitution kommt der von *Mathes* (Am. Soc. **75** [1953] 1747), *Goodrich Co.* (U.S.P. 2535858 [1949]) und *Gakhar et al.* (Indian J. Chem. **9** [1971] 404) als 1-Amino-4,6,6-trimethyl-3,4-dihydro-1H-pyrimidin-2-thion formulierten Verbindung zu (*Zigeuner et al.,* M. **106** [1975] 1495).

B. Aus 4-Isothiocyanato-4-methyl-pentan-2-on (E IV **4** 1946) beim Erwärmen mit N_2H_4 und wss. HCl (*Ma.;* vgl. *Ga. et al.*) oder beim Erwärmen mit $N_2H_4 \cdot H_2O$ in Benzol (*Zi. et al.*).

Kristalle (aus A.); F: 210° (*Ga. et al.*), 209−210° [unkorr.] (*Ma.*), 209−210° (*Zi. et al.*).

5-Isobutyl-4,5-dihydro-2H-[1,2,4]triazin-3-thion $C_7H_{13}N_3S$, Formel V und Taut.

B. Neben 5-Isobutyl-2,5-dihydro-[1,2,4]triazin-3-ylamin beim Erwärmen von (±)-N-[3-Methyl-1-thiosemicarbazonomethyl-butyl]-phthalimid mit N_2H_4 in H_2O (*Foye, Lange,* J. Am. pharm. Assoc. **46** [1957] 371).

Kristalle (aus wss. A.); F: 90−91°. IR-Banden (3470−1490 cm^{-1}): *Fo., La.*

Oxo-Verbindungen C₈H₁₅N₃O

5-Hexyl-1,2-dihydro-[1,2,4]triazol-3-on $C_8H_{15}N_3O$, Formel VI und Taut.

B. Aus 1-Heptanoyl-semicarbazid beim Erhitzen mit wss. KOH (*Rodionow, Sworykina,* Izv. Akad. S.S.S.R. Otd. chim. **1953** 70, 75; engl. Ausg. S. 61, 65).

Kristalle (aus H_2O); F: 168,5°.

V   VI   VII

Monooxo-Verbindungen $C_nH_{2n-3}N_3O$

Oxo-Verbindungen C₃H₃N₃O

1H-[1,2,3]Triazol-4-carbaldehyd $C_3H_3N_3O$, Formel VII (R = H) und Taut.

B. Aus Propinal beim Behandeln mit HN_3 in Äther (*Hüttel,* B. **74** [1941] 1680, 1686; *Hüttel et al.,* A. **585** [1954] 115, 125; *Sheehan, Robinson* Am. Soc. **71** [1959] 1436, 1437).

Kristalle; F: 141−142° [aus A. oder H_2O] (*Hü.*), 141−142° [korr.] (*Sh., Ro.*).

Natrium-Salz NaC₃H₂N₃O. Herstellung: *Hüttel, Gebhardt,* A. **558** [1947] 34, 42. − Kristalle (aus A.+Ae.); F: 243−244° [Zers.] (*Hü., Ge.*).

Oxim C₃H₄N₄O. Kristalle (aus H_2O); F: 207−209° (*Wiley et al.,* Am. Soc. **77** [1955] 3412).

Phenylhydrazon C₉H₉N₅. Kristalle (aus wss. A.); F: 160−162° (*Wi. et al.*).

2,4-Dinitro-phenylhydrazon C₉H₇N₇O₄. Kristalle (aus A.+Ae.); F: 270−271° (*Wi. et al.*).

1-Methyl-1H-[1,2,3]triazol-4-carbaldehyd $C_4H_5N_3O$, Formel VII (R = CH₃).

B. Aus Propinal beim Behandeln mit Methylazid in Äther (*Hüttel, Gebhardt,* A. **558** [1947] 34, 40; *Hüttel et al.,* A. **585** [1954] 115, 125).

Kristalle (aus H_2O); F: 113−113,5° (*Hü., Ge.*).

1-Phenyl-1H-[1,2,3]triazol-4-carbaldehyd $C_9H_7N_3O$, Formel VII (R = C₆H₅).

B. Neben 3-Phenyl-3H-[1,2,3]triazol-4-carbaldehyd beim Erhitzen von Propinal-diäthylacetal mit Azidobenzol in Toluol und Erwärmen des Reaktionsprodukts mit wss.-äthanol. H_2SO_4 (*Sheehan, Robinson,* Am. Soc. **73** [1951] 1207, 1209). Aus Propinal beim Behandeln mit Azido-benzol in Äther (*Hüttel,* B. **74** [1941] 1680, 1686).

Kristalle; F: 99−100° [aus Bzl.+PAe. oder H_2O] (*Hü.*), 98,5−99,5° [aus PAe.] (*Sh., Ro.*).

Reaktion mit methanol. KOH: *Hüttel, Gebhardt,* A. **558** [1947] 34, 37, 44.

*(±)-[1-Phenyl-1H-[1,2,3]triazol-4-yl]-[1-phenyl-1H-[1,2,3]triazol-4-ylmethylenamino]-methanol(?) $C_{18}H_{15}N_7O$, vermutlich Formel VIII.

B. Aus 1-Phenyl-1H-[1,2,3]triazol-4-carbaldehyd beim Behandeln mit Ammoniumacetat und Essigsäure in Äthanol (*Hüttel et al.,* A. **585** [1954] 115, 121).

Kristalle (aus Acn. oder E.); F: 140°.

4-Dipiperidinomethyl-1-phenyl-1H-[1,2,3]triazol $C_{19}H_{27}N_5$, Formel IX.

B. Aus 1-Phenyl-1H-[1,2,3]triazol-4-carbaldehyd und Piperidin in Äthanol (*Hüttel et al.,* A.

585 [1954] 115, 121).
Kristalle (aus PAe.); F: 131−132°.

VIII   IX   X

2-Phenyl-2H-[1,2,3]triazol-4-carbaldehyd $C_9H_7N_3O$, Formel X (R = C_6H_5) (H 153).
B. Aus D_r-1cat_F-[2-Phenyl-2H-[1,2,3]triazol-4-yl]-butan-1t_F,2c_F,3r_F,4-tetraol beim Behandeln mit NaIO₄ in H₂O (*Hann, Hudson*, Am. Soc. **66** [1944] 735; *Riebsomer, Sumrell*, J. org. Chem. **13** [1948] 807, 809) oder mit Pb₃O₄ in wss. Essigsäure (*Vargha, Reményi*, Soc. **1951** 1068). Aus L_r-1cat_F-[2-Phenyl-2H-[1,2,3]triazol-4-yl]-butan-1t_F,2c_F,3r_F-triol beim Behandeln mit NaIO₄ in H₂O (*Haskins et al.*, Am. Soc. **69** [1947] 1461).
Kristalle; F: 68,5−69,2° (*Castle*, Mikroch. Acta **1953** 196), 68° [aus wss. A.] (*Va., Re.*). Orthorhombisch; Kristalloptik: *Ca.*
Phenylhydrazon $C_{15}H_{13}N_5$ (H 153). Hellgelbe Kristalle (aus A.); F: 117° (*Cottrell et al.*, Soc. **1954** 2968).
4-Nitro-phenylhydrazon $C_{15}H_{12}N_6O_2$. Kristalle; F: 258−260° [korr.; nach Trocknen bei 70° im Hochvakuum] (*Schreier et al.*, Helv. **37** [1954] 574, 579).
2,4-Dinitro-phenylhydrazon $C_{15}H_{11}N_7O_4$. Kristalle (aus CHCl₃+A.); F: 198−200° (*Ri., Su.*).
Semicarbazon $C_{10}H_{10}N_6O$. Kristalle; F: 225−226° (*Ri., Su.*), 219−222° [aus wss. A.] (*Karabinos*, Euclides **16** [1956] 279).
Thiosemicarbazon $C_{10}H_{10}N_6S$. Kristalle (aus A.); F: 223° [Zers.] (*Toldy et al.*, Acta chim. hung. **4** [1954] 303 Tab. II), 210−212° (*Ka.*).
Azin $C_{18}H_{14}N_8$;   Bis-[2-phenyl-2H-[1,2,3]triazol-4-ylmethylen]-hydrazin. Kristalle; F: 236−237° (*Ka.*).

2-[4-Nitro-phenyl]-2H-[1,2,3]triazol-4-carbaldehyd $C_9H_6N_4O_3$, Formel X (R = C_6H_4-NO_2).
B. Aus D_r-1cat_F-[2-(4-Nitro-phenyl)-2H-[1,2,3]triazol-4-yl]-butan-1t_F,2c_F,3r_F,4-tetraol beim Behandeln mit rauchender HNO₃ (*Bishop*, Sci. **117** [1953] 715).
F: 136−137°.

3-Phenyl-3H-[1,2,3]triazol-4-carbaldehyd $C_9H_7N_3O$, Formel XI.
B. Neben 1-Phenyl-1H-[1,2,3]triazol-4-carbaldehyd beim Erhitzen von Propinal-diäthylacetal mit Azidobenzol in Toluol und Erwärmen des Reaktionsprodukts mit wss.-äthanol. H₂SO₄ (*Sheehan, Robinson*, Am. Soc. **73** [1951] 1207, 1209).
Kristalle (aus Cyclohexan); F: 76,5−77°.

1-Benzyl-1H-[1,2,3]triazol-4-carbaldehyd $C_{10}H_9N_3O$, Formel VII (R = CH_2-C_6H_5).
B. Aus Benzylazid und Propinal (*Wiley et al.*, Am. Soc. **77** [1955] 3412).
Kristalle (aus wss. A.); F: 89−90°.
2,4-Dinitro-phenylhydrazon $C_{16}H_{13}N_7O_4$. Kristalle (aus A.); F: 228−230°.

Oxo-Verbindungen $C_4H_5N_3O$

6-Methyl-2H-[1,2,4]triazin-5-on $C_4H_5N_3O$, Formel XII und Taut.
Nach Ausweis der ¹H-NMR- und UV-Absorption liegt in Lösungen in Äthanol sowie in DMSO überwiegend 6-Methyl-2H-[1,2,4]triazin-5-on vor (*Daunis*, Bl. **1973** 2126; vgl. *Uchytilová et al.*, Collect. **36** [1971] 1955, 1960; *Lee, Paudler*, J. heterocycl. Chem. **9** [1972] 995, 996).
B. Aus 3-Hydrazino-6-methyl-2H-[1,2,4]triazin-5-on beim Erwärmen mit HgO in H₂O (*Rossi*,

Rend. Ist. lomb. **88** [1955] 185, 192).

  Kristalle (aus A.); F: 206° (*Ro.*).

      XI   XII   XIII   XIV

4-Acetyl-1-phenyl-1H-[1,2,3]triazol, 1-[1-Phenyl-1H-[1,2,3]triazol-4-yl]-äthanon $C_{10}H_9N_3O$, Formel XIII (X = H).

  B. Aus 3-Oxo-3-[1-phenyl-1H-[1,2,3]triazol-4-yl]-propionsäure-äthylester beim Erwärmen mit äthanol. Natriumäthylat und H_2O (*Borsche et al.*, A. **554** [1943] 15, 20). Aus 4t-Chlor-but-3-en-2-on (E IV **1** 345) beim Erwärmen mit Azidobenzol in Benzol (*Nešmejanow, Kotschetkow*, Doklady Akad. S.S.S.R. **77** [1951] 65, 67; C. A. **1952** 497; *Kotschetkow*, Ž. obšč. Chim. **25** [1955] 1366, 1367; engl. Ausg. S. 1313, 1314).

  Kristalle; F: 113° [aus A. oder Acn.] (*Bo. et al.*), 108—109° [aus wss. A.] (*Ne., Ko.; Ko.*).

  2,4-Dinitro-phenylhydrazon $C_{16}H_{13}N_7O_4$. Rote Kristalle (aus Eg.); F: 251—252° (*Bo. et al.*).

  Semicarbazon $C_{11}H_{12}N_6O$. Kristalle (aus A.); F: 222—223° (*Ne., Ko.; Ko.*).

2-Chlor-1-[1-phenyl-1H-[1,2,3]triazol-4-yl]-äthanon $C_{10}H_8ClN_3O$, Formel XIII (X = Cl).

  B. Aus 1,4-Dichlor-but-3-en-2-on (E III **1** 2968) beim Erwärmen mit Azidobenzol in Benzol (*Kotschetkow*, Ž. obšč. Chim. **25** [1955] 1366, 1368; engl. Ausg. S. 1313, 1315).

  Kristalle (aus Bzl.); F: 154—155°.

2-Chlor-1-[2-phenyl-2H-[1,2,3]triazol-4-yl]-äthanon $C_{10}H_8ClN_3O$, Formel XIV (X = Cl).

  B. Aus 2-Diazo-1-[2-phenyl-2H-[1,2,3]triazol-4-yl]-äthanon beim Behandeln mit äthanol. HCl (*Stein, D'Antoni*, Farmaco Ed. scient. **10** [1955] 235, 240).

  Kristalle (aus Ae.+PAe.); F: 115—117°.

2-Brom-1-[2-phenyl-2H-[1,2,3]triazol-4-yl]-äthanon $C_{10}H_8BrN_3O$, Formel XIV (X = Br).

  B. Analog der vorangehenden Verbindung (*Stein, D'Antoni*, Farmaco Ed. scient. **10** [1955] 235, 240).

  Kristalle (aus A.); F: 99,5—100°.

*[1-Phenyl-1H-[1,2,3]triazol-4-yl]-acetaldehyd-oxim $C_{10}H_{10}N_4O$, Formel I.

  B. Bei der Hydrierung von 4-[2-Nitro-vinyl]-1-phenyl-1H-[1,2,3]triazol an Palladium/Kohle in Pyridin bei 50—70° (*Hüttel et al.*, A. **585** [1954] 115, 120).

  Kristalle (aus A.); F: 143°.

3-Acetyl-1-phenyl-1H-[1,2,4]triazol, 1-[1-Phenyl-1H-[1,2,4]triazol-3-yl]-äthanon $C_{10}H_9N_3O$, Formel II (X = H).

  B. Aus N-Phenyl-pyruvamidrazon beim Erwärmen mit Orthoameisensäure-triäthylester (*Wereschtschagina, Poštowskiĭ*, Chimija chim. Technol. (NDVŠ) **2** [1959] 341, 342, 344; C. A. **1960** 510).

  Kristalle (aus H_2O); F: 121—123°.

  Oxim $C_{10}H_{10}N_4O$. Kristalle (aus wss. A.); F: 185—186°.

  Thiosemicarbazon $C_{11}H_{12}N_6S$. Kristalle (aus wss. A.); F: 203—204°.

1-[1-(4-Chlor-phenyl)-1H-[1,2,4]triazol-3-yl]-äthanon $C_{10}H_8ClN_3O$, Formel II (X = Cl).

  B. Analog der vorangehenden Verbindung (*Wereschtschagina, Poštowskiĭ*, Chimija chim. Technol. (NDVŠ) **2** [1959] 341, 342, 344; C. A. **1960** 510).

  Kristalle (aus H_2O); F: 145—147°.

  Oxim $C_{10}H_9ClN_4O$. Kristalle (aus A.); F: 184—186°.

Thiosemicarbazon $C_{11}H_{11}ClN_6S$. Kristalle (aus A.); F: 213–214°.

I   II   III

1-[1-(4-Äthoxy-phenyl)-1H-[1,2,4]triazol-3-yl]-äthanon $C_{12}H_{13}N_3O_2$, Formel II (X = O-C₂H₅).

(X = O-C$_2$H$_5$).

B. Analog den vorangehenden Verbindungen (*Wereschtschagina, Poštowskii*, Chimija chim. Technol. (NDVŠ) **2** [1959] 341, 342, 344; C. A. **1960** 510).

Kristalle (aus H_2O); F: 115–117°.

Oxim $C_{12}H_{14}N_4O_2$. Kristalle (aus wss. A.); F: 173–175°.

Thiosemicarbazon $C_{13}H_{16}N_6OS$. Kristalle (aus A.); F: 214–215°.

Oxo-Verbindungen $C_5H_7N_3O$

3,6-Dimethyl-2H-[1,2,4]triazin-5-on $C_5H_7N_3O$, Formel III und Taut.

Nach Ausweis der IR- und UV-Absorption liegt in Lösungen in $CHCl_3$ sowie in Äthanol überwiegend 3,6-Dimethyl-2H-[1,2,4]triazin-5-on vor (*Uchytilová et al.*, Collect. **36** [1971] 1955, 1960).

B. Aus 2-[1-Amino-äthylidenhydrazono]-propionsäure beim Erwärmen in DMF (*Uch. et al.*, l. c. S. 1962). Beim Behandeln von 3,5-Dimethyl-4-nitroso-1H-pyrazol mit PCl_5 in $CHCl_3$ und Aufbewahren des Reaktionsprodukts an feuchter Luft (*Fusco, Rossi*, Tetrahedron **3** [1958] 209, 219).

Kristalle (aus A.); F: 275–276° [nach Trocknen bei 0,1 Torr] (*Uch. et al.*). Kristalle (aus H_2O); F: 139–140° [unkorr.] (*Fu., Ro.*). IR-Banden (CHCl₃; 3420–1570 cm⁻¹): *Uch. et al.*, l. c. S. 1958. λ_{max} (A.): 237 nm (*Uch. et al.*).

5,6-Dimethyl-2H-[1,2,4]triazin-3-on $C_5H_7N_3O$, Formel IV (R = H, X = O) und Taut.

Nach Ausweis der ^1H-NMR- und UV-Absorption liegt in Lösungen in DMSO sowie in Äthanol ein Gleichgewichtsgemisch von überwiegend 5,6-Dimethyl-2H-[1,2,4]triazin-3-on und 6-Methyl-5-methylen-4,5-dihydro-2H-[1,2,4]triazin-3-on vor (*Paudler, Lee*, J. org. Chem. **36** [1971] 3921, 3923, 3924).

B. Neben Butanon beim Erwärmen von Butandion-monosemicarbazon mit wss. NaOH (*Seisbert*, B. **80** [1947] 498).

Kristalle; F: 222–223° [Zers.; nach Sintern ab 210°] (*Se.*).

5,6-Dimethyl-2H-[1,2,4]triazin-3-thion $C_5H_7N_3S$, Formel IV (R = H, X = S) und Taut.

B. Aus Butandion und Thiosemicarbazid beim Erwärmen in Äthanol (*Bednarz*, Diss. pharm. **9** [1957] 249, 251; C. A. **1958** 8083) oder beim Erhitzen in Essigsäure (*Klosa*, Ar. **288** [1955] 465, 467). Aus Butandion-mono-thiosemicarbazon beim Erwärmen in Äthanol (*Buu-Hoi et al.*, Soc. **1956** 713, 716).

Kristalle (aus Eg.); F: 233–237° [Zers.; nach Dunkelfärbung ab 220°] (*Kl.*). Orangegelbe Kristalle (aus A.); F: 191° (*Be.*); Zers. bei 191° (*Buu-Hoi et al.*).

5,6-Dimethyl-2-phenyl-2H-[1,2,4]triazin-3-selon $C_{11}H_{11}N_3Se$, Formel IV (R = C_6H_5, X = Se).

B. Aus Butandion und 2-Phenyl-selenosemicarbazid beim Erwärmen in Äthanol (*Bednarz*, Diss. pharm. **9** [1957] 249, 251; C. A. **1958** 8083).

Kristalle (aus A.); F: 149–150°.

4,6-Dimethyl-1H-[1,3,5]triazin-2-on $C_5H_7N_3O$, Formel V (X = X' = H) und Taut.

B. Bei der Hydrierung der Verbindung von 2-Chlor-acetamidin mit 4,6-Bis-chlormethyl-1H-[1,3,5]triazin-2-on an Palladium/Kohle in Methanol und Triäthylamin (*Schroeder, Grundmann*, Am. Soc. **78** [1956] 2447, 2450).

Kristalle (aus Acn.); F: 230–231° [unkorr.]. Bei 150°/0,05 Torr sublimierbar.

Hydrochlorid $C_5H_7N_3O \cdot HCl$. Kristalle (aus A.) mit 1 Mol H_2O; F: 177–179° [unkorr.].

Verbindung mit Acetamidin $C_5H_7N_3O \cdot C_2H_6N_2$. F: 212–213° [unkorr.].

4,6-Bis-chlormethyl-1H-[1,3,5]triazin-2-on $C_5H_5Cl_2N_3O$, Formel V (X = H, X' = Cl) und Taut.

B. Aus 2-Chlor-acetamidin beim Behandeln mit wss. NaOH und anschliessend mit $COCl_2$ in Toluol (*Schroeder, Grundmann*, Am. Soc. **78** [1956] 2447, 2450).

Verbindung mit 2-Chlor-acetamidin $C_5H_5Cl_2N_3O \cdot C_2H_5ClN_2$. Kristalle (aus A.); F: 150° [unkorr.].

4,6-Bis-dichlormethyl-1H-[1,3,5]triazin-2-on $C_5H_3Cl_4N_3O$, Formel V (X = Cl, X' = H) und Taut.

B. Analog der vorangehenden Verbindung (*Schroeder, Grundmann*, Am. Soc. **78** [1956] 2447, 2450).

Verbindung mit 2,2-Dichlor-acetamidin $C_5H_3Cl_4N_3O \cdot C_2H_4Cl_2N_2$. Kristalle (aus Bzl.); F: 241–245° [unkorr.].

4,6-Bis-trichlormethyl-1H-[1,3,5]triazin-2-on $C_5HCl_6N_3O$, Formel V (X = X' = Cl) und Taut.

B. Analog den vorangehenden Verbindungen (*Schroeder, Grundmann*, Am. Soc. **78** [1956] 2447, 2450).

Verbindung mit 2,2,2-Trichlor-acetamidin $C_5HCl_6N_3O \cdot C_2H_3Cl_3N_2$. Kristalle (aus Bzl.); F: 222–224° [unkorr.].

IV   V   VI   VII

4-Acetyl-5-methyl-1H-[1,2,3]triazol, 1-[5-Methyl-1H-[1,2,3]triazol-4-yl]-äthanon $C_5H_7N_3O$, Formel VI (R = H) und Taut. (E I 40).

B. Neben Butandion beim Behandeln von 3,5-Dimethyl-isoxazol-4-ylamin mit $NaNO_2$ und wss. H_2SO_4 und Erwärmen der Reaktionslösung mit $CuSO_4 \cdot 5H_2O$ und wss. H_2SO_4 (*Quilico, Musante*, G. **71** [1941] 327, 338, 339).

Kristalle (aus A.); F: 173–174°.

Silber-Salz $AgC_5H_6N_3O$.

Oxim $C_5H_8N_4O$. Kristalle (aus A.); F: 202°.

4-Nitro-phenylhydrazon $C_{11}H_{12}N_6O_2$. Orangegelbe Kristalle (aus A.); F: 253–255°.

4-Acetyl-5-methyl-1-phenyl-1H-[1,2,3]triazol, 1-[5-Methyl-1-phenyl-1H-[1,2,3]triazol-4-yl]-äthanon $C_{11}H_{11}N_3O$, Formel VI (R = C_6H_5).

B. Aus 5-Methyl-1-phenyl-1H-[1,2,3]triazol-4-carbonsäure-äthylester beim Erwärmen mit Natrium und Äthylacetat in Benzol und Behandeln des Reaktionsprodukts mit Essigsäure (*Borsche et al.*, A. **554** [1943] 15, 21).

Kristalle (aus Hexan); F: 99–100°.

2,4-Dinitro-phenylhydrazon $C_{17}H_{15}N_7O_4$. Rote Kristalle (aus $CHCl_3$+A.); F: 211°.

3-Acetyl-5-methyl-1-phenyl-1H-[1,2,4]triazol, 1-[5-Methyl-1-phenyl-1H-[1,2,4]triazol-3-yl]-äthanon $C_{11}H_{11}N_3O$, Formel VII (X = X' = H) (H 156).

B. Aus N-Phenyl-pyruvamidrazon beim Erwärmen mit Acetanhydrid (*Wereschtschagina, Postowskiĭ*, Chimija chim. Technol. (NDVŠ) **2** [1959] 341, 342, 343; C. A. **1960** 510).

Kristalle (aus PAe.); F: 88–89°.

Oxim $C_{11}H_{12}N_4O$ (H 156). Kristalle (aus wss. A.); F: 206—208°.

1-[1-(4-Chlor-phenyl)-5-methyl-1*H*-[1,2,4]triazol-3-yl]-äthanon $C_{11}H_{10}ClN_3O$, Formel VII
(X = H, X' = Cl).
   B. Analog der vorangehenden Verbindung (*Wereschtschagina, Poštowškiǐ,* Chimija chim.
Technol. (NDVŠ) **2** [1959] 341, 342, 344; C. A. **1960** 510).
   Kristalle (aus wss. A.); F: 150—152°.
   Oxim $C_{11}H_{11}ClN_4O$. Kristalle (aus wss. A.); F: 213—215°.

1-[1-(2,4-Dichlor-phenyl)-5-methyl-1*H*-[1,2,4]triazol-3-yl]-äthanon $C_{11}H_9Cl_2N_3O$, Formel VII
(X = X' = Cl).
   B. Aus *N*-[2,4-Dichlor-phenyl]-pyruvamidrazon beim Erwärmen mit Acetanhydrid und Erhit≠
zen des erhaltenen *N'*-Acetyl-*N*-[2,4-dichlor-phenyl]-pyruvamidrazons auf 200° (*Neber, Wörner,*
A. **526** [1936] 173, 179).
   Kristalle (aus A.); F: 150°.

1-[1-(4-Äthoxy-phenyl)-5-methyl-1*H*-[1,2,4]triazol-3-yl]-äthanon $C_{13}H_{15}N_3O_2$, Formel VII
(X = H, X' = O-C_2H_5).
   B. Beim Erwärmen von *N*-[4-Äthoxy-phenyl]-pyruvamidrazon mit Acetanhydrid (*Were≠
schtschagina, Poštowškiǐ,* Chimija chim. Technol. (NDVŠ) **2** [1959] 341, 342, 344; C. A. **1960**
510).
   Kristalle (aus wss. A.); F: 108—110°.

2,5,6,7-Tetrahydro-pyrrolo[2,1-*c*][1,2,4]triazol-3-on $C_5H_7N_3O$, Formel VIII und Taut.
   B. Aus 5-Methoxy-3,4-dihydro-2*H*-pyrrol beim Behandeln mit Carbazidsäure-äthylester in
Methanol und Erhitzen des Reaktionsprodukts in 1,2-Dichlor-benzol (*Petersen, Tietze,* B. **90**
[1957] 909, 915).
   Kristalle (aus A.); F: 179°.

1,2,5,6-Tetrahydro-imidazo[1,2-*a*]imidazol-3-on $C_5H_7N_3O$, Formel IX und Taut.
   B. Aus *N*-[4,5-Dihydro-1*H*-imidazol-2-yl]-glycin-äthylester-hydrochlorid beim Behandeln mit
Ag_2O in H_2O (*McKay, Hatton,* Am. Soc. **78** [1956] 1618, 1620).
   Picrat $C_5H_7N_3O \cdot C_6H_3N_3O_7$. F: 235—236° [Zers.].

VIII   IX   X   XI

1-Methyl-2,5-diphenyl-1,4,5,6-tetrahydro-2*H*-pyrrolo[3,4-*c*]pyrazol-3-on $C_{18}H_{17}N_3O$, Formel X
(R = R' = H).
   B. Aus 4,5-Bis-brommethyl-1-methyl-2-phenyl-1,2-dihydro-pyrazol-3-on beim Erhitzen mit
Anilin in Äthanol auf 140° (*Ito,* J. pharm. Soc. Japan **77** [1957] 707; C. A. **1957** 17894).
   Hellgelbe Kristalle (aus A.); F: 241° [Zers.].

   Die folgenden Verbindungen sind in analoger Weise hergestellt worden:
   1-Methyl-2-phenyl-5-*o*-tolyl-1,4,5,6-tetrahydro-2*H*-pyrrolo[3,4-*c*]pyrazol-3-on
$C_{19}H_{19}N_3O$, Formel X (R = CH_3, R' = H). Kristalle (aus Acn.); F: 208° [Zers.].
   1-Methyl-2-phenyl-5-*p*-tolyl-1,4,5,6-tetrahydro-2*H*-pyrrolo[3,4-*c*]pyrazol-3-on
$C_{19}H_{19}N_3O$, Formel X (R = H, R' = CH_3). Gelbe Kristalle (aus A.); F: 117°.
   5-[2-Äthoxy-phenyl]-1-methyl-2-phenyl-1,4,5,6-tetrahydro-2*H*-pyrrolo[3,4-*c*]≠
pyrazol-3-on $C_{20}H_{21}N_3O_2$, Formel X (R = O-C_2H_5, R' = H). Kristalle (aus PAe.+A.);
F: 194° [Zers.].

5-[4-Äthoxy-phenyl]-1-methyl-2-phenyl-1,4,5,6-tetrahydro-2H-pyrrolo[3,4-c]⸗
pyrazol-3-on $C_{20}H_{21}N_3O_2$, Formel X (R = H, R′ = O-C$_2$H$_5$). Gelbe Kristalle (aus A.);
F: 135°.

5-[1,5-Dimethyl-3-oxo-2-phenyl-2,3-dihydro-1H-pyrazol-4-yl]-1-methyl-2-
phenyl-1,4,5,6-tetrahydro-2H-pyrrolo[3,4-c]pyrazol-3-on $C_{23}H_{23}N_5O_2$, Formel XI.
Orangegelbe Kristalle (aus A.); F: 216°.

Oxo-Verbindungen $C_6H_9N_3O$

4-Butyryl-1-phenyl-1H-[1,2,3]triazol, 1-[1-Phenyl-1H-[1,2,3]triazol-4-yl]-butan-1-on
$C_{12}H_{13}N_3O$, Formel XII.
B. Aus 1t-Chlor-hex-1-en-3-on (E IV **1** 3466) beim Erwärmen mit Phenylazid in Benzol (*Kot⸗
schetkow*, Ž. obšč. Chim. **25** [1955] 1366, 1368; engl. Ausg. S. 1313, 1314).
Kristalle (aus A.); F: 109–110°.

[5-Methyl-2-phenyl-2H-[1,2,3]triazol-4-yl]-aceton $C_{12}H_{13}N_3O$, Formel XIII.
B. Aus 1-[5-Methyl-isoxazol-3-yl]-äthanon-phenylhydrazon beim Erhitzen über den Schmelz⸗
punkt (*Ajello, Cusmano*, G. **70** [1940] 770, 774).
Kristalle (aus A. oder H$_2$O); F: 85°.
Oxim $C_{12}H_{14}N_4O$. Kristalle (aus A.); F: 126–128°.
O-Benzoyl-oxim $C_{19}H_{18}N_4O_2$. Kristalle (aus A.); F: 100°.
Phenylhydrazon $C_{18}H_{19}N_5$. Hellgelbe Kristalle (aus A.); F: 101–102°.
Semicarbazon $C_{13}H_{16}N_6O$. Kristalle (aus A.); F: 210°.

XII   XIII   XIV   XV

3-Acetyl-5-äthyl-1-phenyl-1H-[1,2,4]triazol, 1-[5-Äthyl-1-phenyl-1H-[1,2,4]triazol-3-yl]-äthanon
$C_{12}H_{13}N_3O$, Formel XIV (X = H).
B. Aus *N*-Phenyl-pyruvamidrazon beim Erwärmen mit Propionsäure-anhydrid (*Were⸗
schtschagina, Poštowškiĭ*, Chimija chim. Technol. (NDVŠ) **2** [1959] 341, 342, 344; C. A. **1960**
510).
Kristalle (aus Eg.); F: 73–74°.
Oxim $C_{12}H_{14}N_4O$. Kristalle (aus wss. A.); F: 171–173°.

1-[5-Äthyl-1-(4-chlor-phenyl)-1H-[1,2,4]triazol-3-yl]-äthanon $C_{12}H_{12}ClN_3O$, Formel XIV
(X = Cl).
B. Analog der vorangehenden Verbindung (*Wereschtschagina, Poštowškiĭ*, Chimija chim.
Technol. (NDVŠ) **2** [1959] 341, 342, 344; C. A. **1960** 510).
Kristalle (aus PAe.); F: 64–66°.
Oxim $C_{12}H_{13}ClN_4O$. Kristalle (aus wss. A.); F: 195–197°.

1-[1-(4-Äthoxy-phenyl)-5-äthyl-1H-[1,2,4]triazol-3-yl]-äthanon $C_{14}H_{17}N_3O_2$, Formel XIV
(X = O-C$_2$H$_5$).
B. Analog den vorangehenden Verbindungen (*Wereschtschagina, Poštowškiĭ*, Chimija chim.
Technol. (NDVŠ) **2** [1959] 341, 342, 344; C. A. **1960** 510).
Kristalle (aus PAe.); F: 52–54°.

5,6,7,8-Tetrahydro-2H-[1,2,4]triazolo[4,3-a]pyridin-3-on $C_6H_9N_3O$, Formel XV und Taut.
B. Aus 6-Methoxy-2,3,4,5-tetrahydro-pyridin beim Erwärmen mit Carbazidsäure-äthylester

in Äthanol (*Petersen, Tietze*, B. **90** [1957] 909, 915).
Kristalle (aus Essigsäure-[2-methoxy-äthylester]); F: 131°.

2,4,4a,5,6,7-Hexahydro-cyclopenta[*e*][1,2,4]triazin-3-on $C_6H_9N_3O$, Formel I und Taut.
Die Konstitution der nachstehend beschriebenen Verbindung ist nicht gesichert; vgl. das
E I **8** 504 und E III **8** 3 beschriebene 2-Hydroxy-cyclopentanon-semicarbazon.
B. Aus 2-Hydroxy-cyclopentanon beim Behandeln mit Semicarbazid in Äthanol (*Wenus̄-
Danilowa*, Ž. obšč. Chim. **8** [1938] 1179, 1189; C. **1940** I 1490).
Zers. bei 194°.

1-Methyl-2-phenyl-1,2,4,5,6,7-hexahydro-pyrazolo[4,3-*c*]pyridin-3-on $C_{13}H_{15}N_3O$, Formel II
(R = CH₃, R' = H).
B. Aus 5-[2-Amino-äthyl]-1-methyl-2-phenyl-1,2-dihydro-pyrazol-3-on-dihydrochlorid beim
Erhitzen mit Formaldehyd und wss. HCl (*Sugasawa, Yoneda*, Pharm. Bl. **4** [1956] 360, 363).
D i h y d r o c h l o r i d $C_{13}H_{15}N_3O \cdot 2HCl$. Kristalle (aus A.); F: 194−195° [Zers.].

5-Methyl-2-phenyl-1,2,4,5,6,7-hexahydro-pyrazolo[4,3-*c*]pyridin-3-on $C_{13}H_{15}N_3O$, Formel II
(R = H, R' = CH₃) und Taut.
B. Aus 1-Methyl-4-oxo-piperidin-3-carbonsäure-äthylester-hydrochlorid beim Erhitzen mit
Phenylhydrazin-hydrochlorid in wss. HCl auf 150° (*Englert, McElwain*, Am. Soc. **56** [1934]
700).
H y d r o c h l o r i d $C_{13}H_{15}N_3O \cdot HCl$. Kristalle (aus A. + Ae.); F: 224−225° (*En., McE.*).

Die folgenden Verbindungen sind in analoger Weise hergestellt worden:
5 - Ä t h y l - 2 - p h e n y l - 1,2,4,5,6,7 - h e x a h y d r o - p y r a z o l o [4,3 - *c*] p y r i d i n - 3 - o n
$C_{14}H_{17}N_3O$, Formel II (R = H, R' = C₂H₅) und Taut. H y d r o c h l o r i d. Kristalle (aus A. +
Ae.); F: 187−188° (*En., McE.*).
2 - P h e n y l - 5 - p r o p y l - 1,2,4,5,6,7 - h e x a h y d r o - p y r a z o l o [4,3 - *c*] p y r i d i n - 3 - o n
$C_{15}H_{19}N_3O$,   Formel II   (R = H,   R' = CH₂-C₂H₅)   und   Taut.   H y d r o c h l o r i d
$C_{15}H_{19}N_3O \cdot HCl$. Kristalle (aus A. + Ae.); F: 191−192° (*En., McE.*).
5 - B u t y l - 2 - p h e n y l - 1,2,4,5,6,7 - h e x a h y d r o - p y r a z o l o [4,3 - *c*] p y r i d i n - 3 - o n $C_{16}H_{21}N_3O$,
Formel II (R = H, R' = [CH₂]₃-CH₃) und Taut. Kristalle (aus A. + Ae.); F: 117−118° (*En.,
McE.*).
5 - I s o p e n t y l - 2 - p h e n y l - 1,2,4,5,6,7 - h e x a h y d r o - p y r a z o l o [4,3 - *c*] p y r i d i n - 3 - o n
$C_{17}H_{23}N_3O$, Formel II (R = H, R' = CH₂-CH₂-CH(CH₃)₂) und Taut. Kristalle (aus A. +
Ae.); F: 125−126° (*En., McE.*).
5 - A c e t y l - 2 - p h e n y l - 1,2,4,5,6,7 - h e x a h y d r o - p y r a z o l o [4,3 - *c*] p y r i d i n - 3 - o n
$C_{14}H_{15}N_3O_2$, Formel II (R = H, R' = CO-CH₃) und Taut. Kristalle (aus A.); F: 191−192°
[korr.; Zers.] (*Dickerman, Lindwall*, J. org. Chem. **14** [1959] 530, 535).

I   II   III   IV

5-Methyl-1,2-diphenyl-1,2,4,5,6,7-hexahydro-pyrazolo[4,3-*c*]pyridin-3-on $C_{19}H_{19}N_3O$,
Formel II (R = C₆H₅, R' = CH₃).
B. Aus 1-Methyl-4-oxo-piperidin-3-carbonsäure-äthylester beim Erhitzen mit Hydrazobenzol
auf 150−160° (*Takahashi, Kanematsu*, J. pharm. Soc. Japan **78** [1958] 787, 790; C. A. **1958**
18450).
Kp₀,₀₃: 182−185°.

1,5,6,7-Tetrahydro-2*H*-imidazo[1,2-*a*]pyrimidin-3-on $C_6H_9N_3O$, Formel III und Taut.
B. Aus *N*-[1,4,5,6-Tetrahydro-pyrimidin-2-yl]-glycin-äthylester-hydrochlorid beim Behandeln

mit Ag$_2$O in H$_2$O (*McKay, Hatton,* Am. Soc. **78** [1956] 1618, 1620).

Picrat C$_6$H$_9$N$_3$O·C$_6$H$_3$N$_3$O$_7$. F: 155−155,4°.

1-[2-Diäthylamino-äthyl]-2,3,6,7-tetrahydro-1H-imidazo[1,2-a]pyrimidin-5-on C$_{12}$H$_{22}$N$_4$O, Formel IV.

B. Aus Diäthyl-[2-(2-methylmercapto-4,5-dihydro-imidazol-1-yl)-äthyl]-amin beim Erwärmen mit β-Alanin in Methanol (*McKay et al.,* Canad. J. Chem. **34** [1956] 1567, 1573).

Dipicrat C$_{12}$H$_{22}$N$_4$O·2C$_6$H$_3$N$_3$O$_7$. Kristalle (aus Me.); F: 176,5−177° [unkorr.].

6-Methyl-2-phenyl-1,2,4,5,6,7-hexahydro-pyrazolo[3,4-c]pyridin-3-on C$_{13}$H$_{15}$N$_3$O, Formel V und Taut.

B. Aus 1-Methyl-3-oxo-piperidin-4-carbonsäure-äthylester beim Erhitzen mit Phenylhydrazin-hydrochlorid in wss. HCl auf 150° (*Englert, McElwain,* Am. Soc. **56** [1934] 700).

Hydrochlorid C$_{13}$H$_{15}$N$_3$O·HCl. Kristalle (aus A.+Ae.); F: 191−193°.

Oxo-Verbindungen C$_7$H$_{11}$N$_3$O

4,6-Bis-pentafluoräthyl-1H-[1,3,5]triazin-2-on C$_7$HF$_{10}$N$_3$O, Formel VI (X = X′ = F) und Taut.

B. Beim Behandeln von 2,2,3,3,3-Pentafluor-propionamidin mit wss. NaOH und anschliessend mit COCl$_2$ in Toluol (*Schroeder,* Am. Soc. **81** [1959] 5658, 5662).

Verbindung mit 2,2,3,3,3-Pentafluor-propionamidin C$_7$HF$_{10}$N$_3$O·C$_3$H$_3$F$_5$N$_2$. F: 185° [unkorr.].

V   VI   VII

4,6-Bis-[1,1-dichlor-äthyl]-1H-[1,3,5]triazin-2-on C$_7$H$_7$Cl$_4$N$_3$O, Formel VI (X = Cl, X′ = H) und Taut.

B. Analog der vorangehenden Verbindung (*Schroeder, Grundmann,* Am. Soc. **78** [1956] 2447, 2450).

Verbindung mit 2,2-Dichlor-propionamidin C$_7$H$_7$Cl$_4$N$_3$O·C$_3$H$_6$Cl$_2$N$_2$. Kristalle (aus Bzl.); F: 212−214° [unkorr.].

4-Isovaleryl-1-phenyl-1H-[1,2,3]triazol, 3-Methyl-1-[1-phenyl-1H-[1,2,3]triazol-4-yl]-butan-1-on C$_{13}$H$_{15}$N$_3$O, Formel VII.

B. Aus 1t-Chlor-5-methyl-hex-1-en-3-on (E IV **1** 3483) beim Erwärmen mit Phenylazid in Benzol (*Kotschetkow,* Ž. obšč. Chim. **25** [1955] 1366, 1368; engl. Ausg. S. 1313, 1315).

Kristalle (aus wss. A.); F: 90,5−91°.

(±)-3-[5-Methyl-2-phenyl-2H-[1,2,3]triazol-4-yl]-butan-2-on C$_{13}$H$_{15}$N$_3$O, Formel VIII.

B. Aus 1-[4,5-Dimethyl-isoxazol-3-yl]-äthanon-phenylhydrazon beim Erhitzen mit wenig Kupfer-Pulver (*Ajello, Tornetta,* G. **77** [1947] 332, 336).

Kristalle (aus A.); F: 95°.

Oxim C$_{13}$H$_{16}$N$_4$O. Kristalle (aus A.); F: 116°.

Semicarbazon C$_{14}$H$_{18}$N$_6$O. Kristalle (aus A.); F: 188°.

2,5,6,7,8,9-Hexahydro-[1,2,4]triazolo[4,3-a]azepin-3-on C$_7$H$_{11}$N$_3$O, Formel IX und Taut.

B. Aus 7-Methoxy-3,4,5,6-tetrahydro-2H-azepin beim Behandeln mit Carbazidsäure-äthylester in Äthanol und anschliessenden Erwärmen (*Petersen, Tietze,* B. **90** [1957] 909, 919). Aus Hexahydroazepin-2-yliden-carbazidsäure-äthylester beim Erhitzen auf 130° (*Pe., Ti.*).

Kristalle; F: 182−183°.

VIII   IX   X   XI

6,8,9-Triaza-spiro[4.5]dec-9-en-7-on(?) $C_7H_{11}N_3O$, vermutlich Formel X und Taut.

B. Bei mehrtägigem Behandeln von 1-Hydroxy-cyclopentancarbaldehyd mit Semicarbazid in wss. Äthanol sowie beim Erhitzen des „dimeren 1-Hydroxy-cyclopentancarbaldehyds" (E III 8 11) mit Semicarbazid in wss. Äthanol auf 110° (*Wenuš-Danilowa, Ž. obšč. Chim.* **6** [1936] 1784, 1788; C. **1937** I 4088).

F: 216—218° [Zers.].

Oxo-Verbindungen $C_8H_{13}N_3O$

5-Pentyl-2H-[1,2,4]triazin-3-thion $C_8H_{13}N_3S$, Formel XI und Taut.

B. Aus 2-Oxo-heptanal-1-thiosemicarbazon beim Erwärmen mit K_2CO_3 in H_2O (*Rossi,* G. **83** [1953] 133, 139).

Kristalle (aus wss. A.); F: 97°.

Oxo-Verbindungen $C_9H_{15}N_3O$

4,6-Bis-heptafluorpropyl-1H-[1,3,5]triazin-2-on $C_9HF_{14}N_3O$, Formel XII und Taut.

B. Beim Behandeln von 2,2,3,3,4,4,4-Heptafluor-butyramidin mit wss. NaOH und anschlies⸗ send mit $COCl_2$ in Benzol (*Schroeder,* Am. Soc. **81** [1959] 5658, 5662).

Verbindung mit 2,2,3,3,4,4,4-Heptafluor-butyramidin $C_9HF_{14}N_3O \cdot C_4H_3F_7N_2$. F: 127° [unkorr.].

XII   XIII   XIV

2,5,6,7,8,9,10,11-Octahydro-[1,2,4]triazolo[4,3-a]azonin-3-on $C_9H_{15}N_3O$, Formel XIII und Taut.

B. Aus 9-Methoxy-3,4,5,6,7,8-hexahydro-2H-azonin beim Erwärmen mit Carbazidsäure-äthylester in Methanol (*Petersen, Tietze,* B. **90** [1957] 909, 917; *Schenley Ind.,* U.S.P. 2852525 [1956]). Aus Octahydroazonin-2-yliden-carbazidsäure-äthylester beim Erwärmen in Äthanol (*Pe., Ti.; Schenley Ind.*).

Kristalle (aus Essigsäure-[2-methoxy-äthylester]); F: 112—113° (*Schenley Ind.*), 112° (*Pe., Ti.*).

Oxo-Verbindungen $C_{11}H_{19}N_3O$

(±)-5-Phenyl-(4ar,11ac)-decahydro-dipyrido[1,2-a;1',2'-c][1,3,5]triazin-6-thion $C_{17}H_{23}N_3S$, Formel XIV + Spiegelbild.

B. Beim Behandeln von α-Tripiperidein (S. 84) oder von β-Tripiperidein (S. 84) mit Phenyliso⸗ thiocyanat in Äthanol (*Schöpf et al.,* A. **559** [1948] 8, 28, 32).

Kristalle (aus A.); F: 143—145°.   [*Wente*]

Monooxo-Verbindungen $C_nH_{2n-5}N_3O$

Oxo-Verbindungen $C_4H_3N_3O$

Dichlor-diazomethyl-[1,3,5]triazin $C_4HCl_2N_5$, Formel I.

B. Aus Trichlor-[1,3,5]triazin und Diazomethan (*Grundmann, Kober*, Am. Soc. **79** [1957] 944, 946; *Hendry et al.*, Soc. **1958** 1134, 1138).

Gelbe Kristalle (aus PAe.); F: 115 – 118° (*He. et al.*), 111,5 – 112,5° [nach Sublimation bei 100 – 125°] (*Gr., Ko.*).

[4,6-Dichlor-[1,3,5]triazin-2-ylmethylen]-triphenylphosphoranyliden-hydrazin, 4,6-Dichlor-[1,3,5]triazin-2-carbaldehyd-[triphenylphosphoranyliden-hydrazon] $C_{22}H_{16}Cl_2N_5P$, Formel II.

B. Aus der vorangehenden Verbindung und Triphenylphosphin (*Schönberg, Brosowski*, B. **92** [1959] 2602, 2605).

Gelbe Kristalle (aus Bzl.), die sich bei 110° dunkelrot und oberhalb 200° langsam schwarz färben.

Oxo-Verbindungen $C_5H_5N_3O$

Dichlor-[1-diazo-äthyl]-[1,3,5]triazin $C_5H_3Cl_2N_5$, Formel III.

B. Aus Trichlor-[1,3,5]triazin und Diazoäthan (*Grundmann, Kober*, Am. Soc. **79** [1957] 944, 947).

Gelbe Kristalle (aus PAe.); F: 100 – 101°.

Chlor-diazomethyl-methyl-[1,3,5]triazin $C_5H_4ClN_5$, Formel IV.

B. Aus Dichlor-methyl-[1,3,5]triazin und Diazomethan (*Grundmann, Kober*, Am. Soc. **79** [1957] 944, 946).

Gelbe Kristalle (aus PAe.); F: 89 – 90°.

Oxo-Verbindungen $C_6H_7N_3O$

(±)-5,5,6,7,7-Pentachlor-1-methyl-1,5,6,7-tetrahydro-benzotriazol-4-on $C_7H_4Cl_5N_3O$, Formel V.

Bezüglich der Position der CH_3-Gruppe s. die Angaben im Artikel 1-Methyl-4-nitro-1*H*-benzotriazol (S. 128).

B. Aus 1-Methyl-1*H*-benzotriazol-4-ylamin-hydrochlorid und Chlor in Essigsäure und wss. HCl (*Fries et al.*, A. **511** [1934] 213, 233).

Kristalle (aus Bzl.); F: 176° [Zers.].

2-Phenyl-2,4,6,7-tetrahydro-benzotriazol-5-on $C_{12}H_{11}N_3O$, Formel VI (X = X′ = H).

B. Bei der Hydrierung von 2-Phenyl-2*H*-benzotriazol-5-ol an Palladium/BaSO₄ in Essigsäure (*Fries et al.*, A. **511** [1934] 241, 250).

Kristalle (aus PAe.); F: 124°.

Phenylhydrazon $C_{18}H_{17}N_5$. Kristalle (aus Eg.); F: 190°.

Opt.-inakt. **4,4,6-Tribrom-7-chlor-2-phenyl-2,4,6,7-tetrahydro-benzotriazol-5-on** $C_{12}H_7Br_3ClN_3O$, Formel VI (X = Br, X′ = Cl).

B. Neben anderen Verbindungen beim Behandeln von 4,4-Dibrom-2-phenyl-2,4-dihydro-benzotriazol-5-on mit HCl in Essigsäure (*Fries et al.*, A. **511** [1934] 241, 251).

Kristalle (aus PAe.); F: 163°.

2,3-Dihydro-1*H*-imidazo[1,2-*c*]pyrimidin-5-on $C_6H_7N_3O$, Formel VII (X = H) und Taut. (z.B. 2,3-Dihydro-imidazo[1,2-*c*]pyrimidin-5-ol).

B. Aus [2,3-Dihydro-imidazo[1,2-*c*]pyrimidin-5-ylmercapto]-essigsäure und wss. HCl [140°] (*Martin, Mathieu*, Tetrahedron **1** [1957] 75, 84). Beim Erhitzen von [4-(2-Hydroxy-äthylamino)-pyrimidin-2-ylmercapto]-essigsäure mit wss. HBr (*Ma., Ma.*).

Kristalle.

Picrat $C_6H_7N_3O \cdot C_6H_3N_3O_7$. Kristalle; Zers. bei 228–230°. Netzebenenabstände: *Ma., Ma.*, l. c. S. 81.

V   VI   VII   VIII   IX

8-Nitro-2,3-dihydro-1*H*-imidazo[1,2-*c*]pyrimidin-5-on $C_6H_6N_4O_3$, Formel VII (X = NO_2) und Taut.

B. Beim Erhitzen von [2-Chlor-äthyl]-[2-chlor-5-nitro-pyrimidin-4-yl]-amin mit H_2O (*Martin, Mathieu*, Tetrahedron **1** [1957] 75, 82).

Kristalle; Zers. bei 260–270°. Netzebenenabstände: *Ma., Ma.*, l. c. S. 80.

Picrat $C_6H_6N_4O_3 \cdot C_6H_3N_3O_7$. Kristalle (aus H_2O); Zers. bei 210–220°. Netzebenenabstände: *Ma., Ma.*

2,3-Dihydro-1*H*-imidazo[1,2-*c*]pyrimidin-5-thion $C_6H_7N_3S$, Formel VIII (X = H) und Taut. (z.B. 2,3-Dihydro-imidazo[1,2-*c*]pyrimidin-5-thiol).

B. Beim aufeinanderfolgenden Erhitzen von 4-[2-Hydroxy-äthylamino]-1*H*-pyrimidin-2-thion mit $SOCl_2$ und mit wss. HCl (*Martin, Mathieu*, Tetrahedron **1** [1957] 75, 84).

Kristalle; Zers. bei 310–315°. Netzebenenabstände: *Ma., Ma.*, l. c. S. 81.

8-Nitro-2,3-dihydro-1*H*-imidazo[1,2-*c*]pyrimidin-5-thion $C_6H_6N_4O_2S$, Formel VIII (X = NO_2) und Taut.

B. Beim aufeinanderfolgenden Erwärmen von [2-Chlor-äthyl]-[2-chlor-5-nitro-pyrimidin-4-yl]-amin mit Thioharnstoff in Aceton und mit wss. Alkali (*Martin, Mathieu*, Tetrahedron **1** [1957] 75, 82).

Gelbrote Kristalle (aus H_2O) mit 1 Mol H_2O; Zers. bei 230–240°. Netzebenenabstände: *Ma., Ma.*, l. c. S. 81.

7,8-Dihydro-6*H*-imidazo[1,5-*c*]pyrimidin-5-on $C_6H_7N_3O$, Formel IX (R = H, X = O).

B. Aus Histamin, Chlorothiokohlensäure-*S*-phenylester und Triäthylamin (*Schlögl, Woidich*, M. **87** [1956] 679, 689).

F: 221–222° [nach Sublimation bei 150–160°/0,01 Torr].

Picrat $C_6H_7N_3O \cdot C_6H_3N_3O_7$. Kristalle (aus A.); F: 221–224° [Zers.].

6-Methyl-7,8-dihydro-6*H*-imidazo[1,5-*c*]pyrimidin-5-thion, Zapotidin $C_7H_9N_3S$, Formel IX (R = CH_3, X = S).

Konstitution: *Mechoulam et al.*, Am. Soc. **83** [1961] 2022.

Isolierung aus den Samen von Casimiroa edulis: *Kincl et al.*, Soc. **1956** 4163, 4169.

Kristalle (aus Ae.); F: 96–98° (*Ki. et al.*). ¹H-NMR-Absorption ($CDCl_3$): *Me. et al.* λ_{max} (A.): 236 nm, 256 nm und 290 nm (*Ki. et al.*).

Picrat $C_7H_9N_3S \cdot C_6H_3N_3O_7$. Gelbe Kristalle (aus Me.); F: 195–196° (*Ki. et al.*).

Oxo-Verbindungen $C_7H_9N_3O$

7-Methyl-8-nitro-2,3-dihydro-1*H*-imidazo[1,2-*c*]pyrimidin-5-on $C_7H_8N_4O_3$, Formel X (R = H, X = O) und Taut.

B. Beim Erhitzen von [2-Chlor-äthyl]-[2-chlor-6-methyl-5-nitro-pyrimidin-4-yl]-amin mit wss.

HCl (*Ramage, Trappe*, Soc. **1952** 4410, 4414).
Kristalle (aus H$_2$O); F: 286° [Zers.].

1-Benzyl-7-methyl-8-nitro-2,3-dihydro-1H-imidazo[1,2-c]pyrimidin-5-on C$_{14}$H$_{14}$N$_4$O$_3$,
Formel X (R = CH$_2$-C$_6$H$_5$, X = O).

B. Beim Erhitzen von Benzyl-[2-chlor-äthyl]-[2-chlor-6-methyl-5-nitro-pyrimidin-4-yl]-amin mit wss.-methanol. HCl (*Brook, Ramage*, Soc. **1955** 896, 898).
Gelbe Kristalle (aus H$_2$O); F: 171–172°.
Hydrochlorid C$_{14}$H$_{14}$N$_4$O$_3$·HCl. Gelbliche Kristalle (aus wss. HCl); F: 230° [Zers.].

7-Methyl-8-nitro-2,3-dihydro-1H-imidazo[1,2-c]pyrimidin-5-thion C$_7$H$_8$N$_4$O$_2$S, Formel X
(R = H, X = S) und Taut.

B. Beim aufeinanderfolgenden Erwärmen von [2-Chlor-äthyl]-[2-chlor-6-methyl-5-nitro-pyr‑
imidin-4-yl]-amin mit Thioharnstoff in Aceton und mit wss. NaOH (*Ramage, Trappe*, Soc.
1952 4410, 4413).
Orangefarbene Kristalle (aus 2-Äthoxy-äthanol); F: 270° [Zers.].

7-Methyl-2,3-dihydro-1H-imidazo[1,2-a]pyrimidin-5-on C$_7$H$_9$N$_3$O, Formel XI und Taut.

B. Beim Erhitzen von 4,5-Dihydro-1H-imidazol-2-ylamin mit Acetessigsäure-äthylester in
Äthanol (*De Cat, Van Dormael*, Bl. Soc. chim. Belg. **59** [1950] 573, 583). Neben anderen
Verbindungen beim Erhitzen von 2-[2-Hydroxy-äthylamino]-6-methyl-3H-pyrimidin-4-on mit
wss. HCl auf 140–148° (*Kawai*, Scient. Pap. Inst. phys. chem. Res. **16** [1931] 24, 27).
Kristalle (aus Butan-1-ol); F: 228–230° (*De Cat, Van Do.*).
Hydrochlorid C$_7$H$_9$N$_3$O·HCl. Kristalle (aus A.); F: 311° [Zers.] (*Ka.*).
Picrat. Gelbe Kristalle; F: 234° (*Ka.*).

(±)-1(oder 3)-Phenyl-(3at,7at)-1(oder 3),3a,4,6,7,7a-hexahydro-4r,7c-methano-benzotriazol-5-on
C$_{13}$H$_{13}$N$_3$O, Formel XII oder Formel XIII+Spiegelbilder.

Bezüglich der Konfigurationszuordnung s. *Alder, Stein*, A. **515** [1935] 185; *Huisgen et al.*,
B. **98** [1965] 3992.

B. Aus (±)-Norborn-5-en-2-on und Azidobenzol (*Alder, Rickert*, A. **543** [1940] 1, 19).
Kristalle; F: 140–141° (*Al., Ri.*).

Oxo-Verbindungen C$_8$H$_{11}$N$_3$O

(±)-2-[1H-[1,2,3]Triazol-4-yl]-cyclohexanon C$_8$H$_{11}$N$_3$O, Formel XIV und Taut.

B. In geringer Menge beim Behandeln von 2-Oxo-cyclohexancarbonitril mit Diazomethan
in Äther (*Mousseron, Manon*, Bl. **1949** 392, 394).
F: 168–170°. Kp$_{15}$: 105°.

Oxo-Verbindungen $C_9H_{13}N_3O$

5-Cyclohexyl-2H-[1,2,4]triazin-3-thion $C_9H_{13}N_3S$, Formel XV und Taut.
B. Beim Erwärmen von Cyclohexylglyoxal-2-thiosemicarbazon mit wss. K_2CO_3 (*Rossi*, G. **83** [1953] 133, 142).
Gelbe Kristalle (aus Me.); F: 225°.

Oxo-Verbindungen $C_{10}H_{15}N_3O$

2-Äthyl-5-[1-methyl-[4]piperidyliden]-3,5-dihydro-imidazol-4-on $C_{11}H_{17}N_3O$, Formel I und Taut.
B. Beim Erwärmen von Propionimidsäure-äthylester mit Glycin-äthylester und 1-Methyl-piperidin-4-on (*Lehr et al.*, Am. Soc. **75** [1953] 3640, 3642, 3645).
Kristalle; F: 162−164° [korr.; Zers.].

---

*Opt.-inakt. 2,3a,5,6,8,9,10,10b-Octahydro-4H-pyridazino[3,4,5-ij]chinolizin-3-on $C_{10}H_{15}N_3O$, Formel II.
B. Aus opt.-inakt. 9-Oxo-octahydro-chinolizin-1-carbonsäure-methylester (E IV **22** 2960) und $N_2H_4 \cdot H_2O$ (*Clemo et al.*, Soc. **1937** 965, 967).
Kristalle (aus H_2O) mit 1 Mol H_2O; F: 137°.

II   III   IV

Oxo-Verbindungen $C_{11}H_{17}N_3O$

(5S)-8,9,9-Trimethyl-(4ac)-4,4a,5,6,7,8-hexahydro-2H-5r,8c-methano-benzo[e][1,2,4]triazin-3-on $C_{11}H_{17}N_3O$, Formel III (X = O) und Taut.
B. Beim Erwärmen von 4-[(1R)-2-Oxo-bornan-3endo-yl]-semicarbazid mit wss. HCl (*McRae, Stevens*, Canad. J. Res. [B] **22** [1944] 45, 52). Beim Erhitzen von [(1R)-2-Oxo-bornan-3endo-yl]-carbamidsäure-äthylester mit $N_2H_4 \cdot H_2O$ auf 120−150° (*Rupe, Buxtorf*, Helv. **13** [1930] 444, 447). Beim Erhitzen von [(1R)-2-Hydrazono-bornan-3endo-yl]-carbamidsäure-äthylester (*Rupe, Bu.*).
Kristalle (aus A.), die bei ca. 325° sublimieren (*McRae, St.*). Kristalle (aus A. oder Eg.); F: 314−315° (*Rupe, Bu.*). $[\alpha]_D$: +115,4° [A.; c = 0,6] (*McRae, St.*).

(5S)-8,9,9-Trimethyl-(4ac)-4,4a,5,6,7,8-hexahydro-2H-5r,8c-methano-benzo[e][1,2,4]triazin-3-thion $C_{11}H_{17}N_3S$, Formel III (X = S) und Taut.
B. Aus 4-[(1R)-2-Oxo-bornan-3endo-yl]-thiosemicarbazid beim Behandeln mit wss. HCl oder mit Ameisensäure sowie beim Erwärmen mit NaOH (*McRae, Stevens*, Canad. J. Res. [B] **22** [1944] 45, 48).
Kristalle (aus A.); F: 239° [korr.]. $[\alpha]_D$: +281,5° [CHCl$_3$; c = 0,8].

Monooxo-Verbindungen $C_nH_{2n-7}N_3O$

Oxo-Verbindungen $C_6H_5N_3O$

2H-[1,2,4]Triazolo[4,3-a]pyridin-3-thion $C_6H_5N_3S$, Formel IV und Taut. (z.B. [1,2,4]Triazolo[4,3-a]pyridin-3-thiol) (E II 86).
Bezüglich der Tautomerie vgl. *Potts, Burton*, J. org. Chem. **31** [1966] 251, 257.

B. Beim Erhitzen von 2-Hydrazino-pyridin mit Phenylisothiocyanat in 1,2,4-Trichlor-benzol (*Reynolds, VanAllan,* J. org. Chem. **24** [1959] 1478, 1485, 1486). Beim Erwärmen von 2-Hydr‑ azino-pyridin mit CS_2 in $CHCl_3$ oder mit $CSCl_2$ (*Tarbell et al.,* Am. Soc. **70** [1948] 1381, 1384).

Kristalle; F: 215° [aus Butan-1-ol] (*Re., Va.*), 209 – 210° (*Ta. et al.*). λ_{max} (Me.): 242 nm, 285 nm und 340 nm (*Re., Va.,* l. c. S. 1483).

4,4-Dichlor-1,4-dihydro-benzotriazol-5-on $C_6H_3Cl_2N_3O$, Formel V und Taut.

B. Aus 4-Chlor-1*H*-benzotriazol-5-ol und Chlor (*Fries et al.,* A. **511** [1934] 213, 225).

Grünlichgelbe Kristalle (aus Bzl. + PAe.); F: 132° [Zers.].

Hydrochlorid $C_6H_3Cl_2N_3O \cdot HCl$. Hellgelb; Zers. bei 72°.

4,4-Dibrom-2-methyl-2,4-dihydro-benzotriazol-5-on $C_7H_5Br_2N_3O$, Formel VI (R = CH_3, X = Br, X' = H).

B. Aus 4-Brom-2-methyl-2*H*-benzotriazol-5-ol (S. 341) und Brom (*Fries et al.,* A. **511** [1934] 213, 228).

Gelbliche Kristalle (aus wss. Eg.); F: 117 – 119°.

4,4-Dibrom-2-phenyl-2,4-dihydro-benzotriazol-5-on $C_{12}H_7Br_2N_3O$, Formel VI (R = C_6H_5, X = Br, X' = H).

B. Aus 2-Phenyl-2*H*-benzotriazol-5-ol und Brom (*Fries et al.,* A. **511** [1934] 241, 251).

Gelbe Kristalle (aus PAe.); F: 172,5°.

4,4,6-Tribrom-2-phenyl-2,4-dihydro-benzotriazol-5-on $C_{12}H_6Br_3N_3O$, Formel VI (R = C_6H_5, X = X' = Br).

B. Beim Erwärmen von 4,4,6-Tribrom-7-chlor-2-phenyl-2,4,6,7-tetrahydro-benzotriazol-5-on in Äthanol (*Fries et al.,* A. **511** [1934] 241, 252).

Gelbe Kristalle; F: 169°.

(±)-4,6-Dibrom-4-nitro-2-phenyl-2,4-dihydro-benzotriazol-5-on $C_{12}H_6Br_2N_4O_3$, Formel VI (R = C_6H_5, X = NO_2, X' = Br).

B. Aus 4,6-Dibrom-2-phenyl-2*H*-benzotriazol-5-ol und HNO_3 (*Fries et al.,* A. **511** [1934] 241, 253).

F: 191° [Zers.].

V   VI   VII   VIII   IX

1-Methyl-2-phenyl-1,2-dihydro-pyrazolo[4,3-c]pyridin-3-on $C_{13}H_{11}N_3O$, Formel VII.

B. Beim Erwärmen von 1-Methyl-2-phenyl-1,2,4,5,6,7-hexahydro-pyrazolo[4,3-c]pyridin-3-on an Palladium/Kohle in *p*-Cymol unter Zusatz von Zimtsäure-äthylester (*Sugasawa, Yoneda,* Pharm. Bl. **4** [1956] 360, 363).

Kristalle (aus Bzl. + Hexan); F: 154 – 155°. UV-Spektrum (A.; 200 – 350 nm): *Su., Yo.*

1,4-Dihydro-imidazo[4,5-b]pyridin-7-on $C_6H_5N_3O$, Formel VIII und Taut. (z.B. 1*H*-Imidazo[4,5-b]pyridin-7-ol).

B. Aus 1(3)*H*-Imidazo[4,5-b]pyridin-7-ylamin bei der Diazotierung und anschliessenden Um‑ setzung mit H_2O (*Salemink, van der Want,* R. **68** [1949] 1013, 1026).

Hydrochlorid $C_6H_5N_3O \cdot HCl$. Kristalle (aus A. + Acn. + wss. HCl); F: 314 – 315° [un‑ korr.; Zers. ab 290°].

Picrat $C_6H_5N_3O \cdot C_6H_3N_3O_7$. Gelbe Kristalle (aus H_2O); F: 251−253° [unkorr.].

1,4-Dihydro-imidazo[4,5-*b*]pyridin-5-on $C_6H_5N_3O$, Formel IX und Taut. (z.B. 1*H*-Imidazo[4,5-*b*]pyridin-5-ol).

B. Aus 1(3)*H*-Imidazo[4,5-*b*]pyridin-5-ylamin bei der Diazotierung und anschliessenden Behandlung mit wss. NaOH (*Graboyes, Day,* Am. Soc. **79** [1957] 6421, 6423, 6425).

Kristalle (aus H_2O); F: 311−313° [Zers.].

1,3-Dihydro-imidazo[4,5-*b*]pyridin-2-on $C_6H_5N_3O$, Formel X (R = X = H) und Taut. (z.B. 1*H*-Imidazo[4,5-*b*]pyridin-2-ol).

B. Beim Erhitzen von Pyridin-2,3-diyldiamin und Harnstoff auf 130−140° (*Petrow, Saper,* Soc. **1948** 1389, 1392). Beim Erhitzen von [2-Amino-[3]pyridyl]-carbamidsäure-äthylester auf 160−165° (*Clark-Lewis, Thompson,* Soc. **1957** 442, 445). Aus 2-Amino-nicotinsäure-amid und Brom in wss. KOH (*Dornow, Hahmann,* Ar. **290** [1957] 20, 25). Beim Erhitzen von 3-Amino-pyridin-2-carbonylazid in Toluol (*Harrison, Smith,* Soc. **1959** 3157) oder von 2-Amino-nicotinoylazid in Xylol (*Do., Ha.; Ha., Sm.*). Bei der Hydrierung von 6-Chlor-1,3-dihydro-imidazo[4,5-*b*]pyridin-2-on an Palladium/CaCO₃ (*Vaughan et al.,* Am. Soc. **71** [1949] 1885).

Kristalle; F: 274° [korr.; aus A.] (*Pe., Sa.*), 270−272° [aus A.] (*Ha., Sm.*), 265−266° [aus Eg. bzw. aus H_2O] (*Do., Ha.; Cl.-Le., Th.*). IR-Banden (KBr; 1695−690 cm⁻¹): *Ha., Sm.* λ_{max}: 228 nm und 292 nm [A.] bzw. 299,5 nm [wss. NaOH] (*Ha., Sm.*).

Monoacetyl-Derivat $C_8H_7N_3O_2$. Kristalle (aus Bzl.); F: 212−213°. λ_{max} (A.): 251 nm und 286 nm (*Ha., Sm.*).

Diacetyl-Derivat $C_{10}H_9N_3O_3$; vermutlich 1,3-Diacetyl-1,3-dihydro-imidazo[4,5-*b*]pyridin-2-on. Bezüglich der Konstitution vgl. das analog hergestellte 1,3-Diacetyl-1,3-dihydro-benzimidazol-2-on (E III/IV **24** 281). − Kristalle (aus Acetanhydrid); F: 136−138°; λ_{max} (A.): 238,5 nm und 284 nm (*Ha., Sm.*).

1-Methyl-1,3-dihydro-imidazo[4,5-*b*]pyridin-2-on $C_7H_7N_3O$, Formel X (R = CH₃, X = H) und Taut.

B. Beim Erhitzen von [2-Amino-[3]pyridyl]-methyl-carbamidsäure-äthylester auf 200° (*Clark-Lewis, Thompson,* Soc. **1957** 442, 445).

Kristalle (aus H_2O); F: 201−202° [nach Sublimation bei 180°/12 Torr].

6-Chlor-1,3-dihydro-imidazo[4,5-*b*]pyridin-2-on $C_6H_4ClN_3O$, Formel X (R = H, X = Cl) und Taut.

B. Aus 5-Chlor-pyridin-2,3-diyldiamin und COCl₂ (*Vaughan et al.,* Am. Soc. **71** [1949] 1885).

Kristalle (aus Eg.); F: 338−340° [korr.].

6-Brom-1,3-dihydro-imidazo[4,5-*b*]pyridin-2-on $C_6H_4BrN_3O$, Formel X (R = H, X = Br) und Taut.

B. Beim Erhitzen von 5-Brom-pyridin-2,3-diyldiamin und Harnstoff auf 160−170° (*Petrow, Saper,* Soc. **1948** 1389, 1392).

Kristalle (aus Eg.) mit 0,5 Mol Essigsäure; F: >300°.

X   XI   XII   XIII   XIV

1,3-Dihydro-imidazo[4,5-*b*]pyridin-2-thion $C_6H_5N_3S$, Formel XI (X = H) und Taut.

B. Beim Erwärmen von Pyridin-2,3-diyldiamin mit CS₂ in Äthanol (*Petrow, Saper,* Soc. **1948** 1389, 1392).

Gelbliche Kristalle (aus A.); F: >300°.

6-Chlor-1,3-dihydro-imidazo[4,5-*b*]pyridin-2-thion $C_6H_4ClN_3S$, Formel XI (X = Cl) und Taut.

B. Aus 5-Chlor-pyridin-2,3-diyldiamin und $CSCl_2$ in wss. HCl (*Vaughan et al.*, Am. Soc. **71** [1949] 1885, 1887).

F: 352−354° [korr.].

6-Brom-1,3-dihydro-imidazo[4,5-*b*]pyridin-2-thion $C_6H_4BrN_3S$, Formel XI (X = Br) und Taut.

B. Aus 5-Brom-pyridin-2,3-diyldiamin beim Erhitzen mit CS_2 in äthanol. KOH oder beim Erhitzen mit Thioharnstoff auf 180° (*Petrow, Saper*, Soc. **1948** 1389, 1392).

Hellgelbe Kristalle (aus A.); F: > 300°.

1,5-Dihydro-imidazo[4,5-*c*]pyridin-4-on $C_6H_5N_3O$, Formel XII und Taut. (z.B. 1*H*-Imidazo=[4,5-*c*]pyridin-4-ol).

B. Beim Erwärmen von 3,4-Diamino-pyridin-2-ol mit Ameisensäure (*Salemink, van der Want*, R. **68** [1949] 1013, 1020).

Kristalle (aus H_2O); Zers. > 320° [unkorr.].

Hydrochlorid $C_6H_5N_3O \cdot HCl$. Kristalle (aus A. + Acn. + HCl) mit 1 Mol H_2O; F: 302° [unkorr.; Zers.].

Picrate. a) $2C_6H_5N_3O \cdot C_6H_3N_3O_7$. Hellgelbe Kristalle (aus H_2O); F: 321° [unkorr.; nach Dunkelfärbung bei 295°]. − b) $C_6H_5N_3O \cdot C_6H_3N_3O_7$. F: 318° [unkorr.].

Oxo-Verbindungen $C_7H_7N_3O$

2-Methyl-1,4-dihydro-2*H*-benzo[*e*][1,2,4]triazin-3-on $C_8H_9N_3O$, Formel XIII (R = CH_3, R' = H).

Hydrochlorid $C_8H_9N_3O \cdot HCl$. B. Aus 2-Methyl-2*H*-benzo[*e*][1,2,4]triazin-3-on und Zinn in wss. HCl (*Ergener*, Rev. Fac. Sci. Istanbul [A] **15** [1950] 91, 106). − Kristalle; F: 147−152° [Zers.].

4-Methyl-1,4-dihydro-2*H*-benzo[*e*][1,2,4]triazin-3-on $C_8H_9N_3O$, Formel XIII (R = H, R' = CH_3).

Hydrochlorid $C_8H_9N_3O \cdot HCl$. B. Aus 4-Methyl-1-oxy-4*H*-benzo[*e*][1,2,4]triazin-3-on und Zinn in wss. HCl (*Ergener*, Rev. Fac. Sci. Istanbul [A] **15** [1950] 91, 106). − Kristalle (aus H_2O); F: 146−147° [Zers.].

5-Chlor-7-methyl-imidazo[1,2-*c*]pyrimidin-2-on $C_7H_6ClN_3O$, Formel XIV und Taut.

B. Beim Erhitzen von 2-Chlor-6-methyl-pyrimidin-4-ylamin mit Chloressigsäure-anhydrid in $CHCl_3$ (*Schabarowa, Prokof'ew*, Doklady Akad. S.S.S.R. **101** [1955] 699, 700; C. A. **1956** 3457).

Kristalle (aus H_2O); F: 320°.

7-Methyl-8*H*-imidazo[1,2-*a*]pyrimidin-5-on $C_7H_7N_3O$, Formel I und Taut.

B. Aus 1*H*-Imidazol-2-ylamin und Acetessigsäure-äthylester in Essigsäure (*Allen et al.*, J. org. Chem. **24** [1959] 779, 787).

Kristalle (aus H_2O); F: 239°. UV-Spektrum (Me.; 200−300 nm): *Al. et al.*, l. c. S. 781.

5-Methyl-4*H*-pyrazolo[1,5-*a*]pyrimidin-7-on $C_7H_7N_3O$, Formel II und Taut.

B. Aus 1(2)*H*-Pyrazol-3-ylamin und Acetessigsäure-äthylester in Essigsäure (*Allen et al.*, J. org. Chem. **24** [1959] 779, 787).

Kristalle (aus DMF); F: 307°.

7-Methyl-2-phenyl-1,2-dihydro-pyrazolo[4,3-*c*]pyridin-3-on $C_{13}H_{11}N_3O$, Formel III (R = X = H) und Taut.

B. Beim Erwärmen von 5-Methyl-4-phenylazo-nicotinsäure mit Zink-Pulver in Essigsäure (*Bodendorf, Niemeitz*, Ar. **290** [1957] 494, 504).

Gelbe Kristalle (aus A.) mit ca. 1 Mol Äthanol, F: 276−280° [Sublimation ab 272°], die im Vakuum bei 160° 0,5 Mol Äthanol abgeben.

1,7-Dimethyl-2-phenyl-1,2-dihydro-pyrazolo[4,3-c]pyridin-3-on $C_{14}H_{13}N_3O$, Formel III ($R = CH_3$, $X = H$).

B. Beim Erhitzen von Antipyrin (E III/IV **24** 75) mit Hexamethylentetramin in Essigsäure (*Bodendorf, Niemeitz,* Ar. **290** [1957] 494, 502).

Kristalle (aus PAe.); F: 154−157°.

Hydrochlorid. Gelbliche Kristalle (aus A.+E.); F: 198−201° [Zers.; partielles Schmelzen ab 175°].

Hydrobromid. Gelbliche Kristalle (aus A.); F: 208−212° [Zers.].

Hydrojodid. Kristalle (aus Me. oder A.); F: 196−200° [Zers.].

Nitrat. Kristalle (aus Me.); F: 175−179° [Zers.].

1,7-Dimethyl-2-[4-nitro-phenyl]-1,2-dihydro-pyrazolo[4,3-c]pyridin-3-on $C_{14}H_{12}N_4O_3$, Formel III ($R = CH_3$, $X = NO_2$).

B. Aus 1,7-Dimethyl-2-phenyl-1,2-dihydro-pyrazolo[4,3-c]pyridin-3-on und wss. HNO_3 (*Bodendorf, Niemeitz,* Ar. **290** [1957] 494, 505).

Hellgelbe Kristalle (aus Dioxan); F: 180−182°.

Nitrat. Gelbe Kristalle (aus H_2O); F: 196−198°.

I II III IV

5,7-Dimethyl-2-phenyl-2,5-dihydro-pyrazolo[4,3-c]pyridin-3-on $C_{14}H_{13}N_3O$, Formel IV ($R = CH_3$).

B. Beim Erhitzen von 1,1,7-Trimethyl-3-oxo-2-phenyl-2,3-dihydro-1*H*-pyrazolo[4,3-c]pyridi≈ nium-jodid auf ca. 250° (*Bodendorf, Niemeitz,* Ar. **290** [1957] 494, 503). Beim Erhitzen von 1,7-Dimethyl-2-phenyl-1,2-dihydro-pyrazolo[4,3-c]pyridin-3-on-hydrojodid auf ca. 220° (*Bo., Ni.*). Aus 7-Methyl-2-phenyl-1,2-dihydro-pyrazolo[4,3-c]pyridin-3-on und Dimethylsulfat (*Bo., Ni.*).

Gelbe Kristalle (aus Acn.+Me.); F: 259−261° [Sublimation ab 240°].

1,1,7-Trimethyl-3-oxo-2-phenyl-2,3-dihydro-1*H*-pyrazolo[4,3-c]pyridinium $[C_{15}H_{16}N_3O]^+$, Formel V ($R = CH_3$).

Jodid $[C_{15}H_{16}N_3O]I$. *B.* Beim Erhitzen von 1,7-Dimethyl-2-phenyl-1,2-dihydro-pyrazolo≈ [4,3-c]pyridin-3-on oder von 7-Methyl-2-phenyl-1,2-dihydro-pyrazolo[4,3-c]pyridin-3-on mit CH_3I (*Bodendorf, Niemeitz,* Ar. **290** [1957] 494, 503). − Gelbliche Kristalle (aus Me.); F: 210−212° [Zers.].

5-Äthyl-7-methyl-2-phenyl-2,5-dihydro-pyrazolo[4,3-c]pyridin-3-on $C_{15}H_{15}N_3O$, Formel IV ($R = C_2H_5$).

B. Beim Erhitzen von 1-Äthyl-1,7-dimethyl-3-oxo-2-phenyl-2,3-dihydro-1*H*-pyrazolo[4,3-c]≈ pyridinium-jodid auf ca. 260° (*Bodendorf, Niemeitz,* Ar. **290** [1957] 494, 504).

Gelbe Kristalle (aus Acn.+Me.); F: 253−255°.

1-Äthyl-1,7-dimethyl-3-oxo-2-phenyl-2,3-dihydro-1*H*-pyrazolo[4,3-c]pyridinium $[C_{16}H_{18}N_3O]^+$, Formel V ($R = C_2H_5$).

Jodid $[C_{16}H_{18}N_3O]I$. *B.* Beim Erhitzen von 1,7-Dimethyl-2-phenyl-1,2-dihydro-pyrazolo≈ [4,3-c]pyridin-3-on mit Äthyljodid in Äthylacetat (*Bodendorf, Niemeitz,* Ar. **290** [1957] 494, 503). − Gelbliche Kristalle (aus Me.+E.); F: 199−200° [Zers.].

7-Methyl-1-nitromethyl-2-[4-nitro-phenyl]-1,2-dihydro-pyrazolo[4,3-c]pyridin-3-on(?) $C_{14}H_{11}N_5O_5$, vermutlich Formel III ($R = CH_2$-NO_2, $X = NO_2$).

B. Beim Behandeln von 1,7-Dimethyl-2-[4-nitro-phenyl]-1,2-dihydro-pyrazolo[4,3-c]pyridin-

3-on oder von 1,7-Dimethyl-2-phenyl-1,2-dihydro-pyrazolo[4,3-c]pyridin-3-on mit wss. HNO_3 (*Bodendorf, Niemeitz,* Ar. **290** [1957] 494, 506).

Hellgelbe Kristalle (aus Dioxan); F: 248–252° [Verfärbung ab 230°; Sublimation ab 235°].

2-[4-Amino-phenyl]-1,7-dimethyl-1,2-dihydro-pyrazolo[4,3-c]pyridin-3-on $C_{14}H_{14}N_4O$,

Formel III (R = CH_3, X = NH_2).

B. Bei der Hydrierung von 1,7-Dimethyl-2-[4-nitro-phenyl]-1,2-dihydro-pyrazolo[4,3-c]pyridin-3-on an Palladium/Kohle in Essigsäure (*Bodendorf, Niemeitz,* Ar. **290** [1957] 494, 505).

Kristalle (aus wss. Me.); F: 284–288° [Zers.; Sublimation ab 275°].

A c e t y l - D e r i v a t $C_{16}H_{16}N_4O_2$; 2-[4-A c e t y l a m i n o - p h e n y l]-1,7-d i m e t h y l-1,2-d i hydro-pyrazolo[4,3-c]pyridin-3-on, Essigsäure-[4-(1,7-dimethyl-3-oxo-1,3-dihydro-pyrazolo[4,3-c]pyridin-2-yl)-anilid]. Kristalle (aus wss. Isopropylalkohol); F: 238–239°.

1-Aminomethyl-2-[4-amino-phenyl]-7-methyl-1,2-dihydro-pyrazolo[4,3-c]pyridin-3-on(?)

$C_{14}H_{15}N_5O$, vermutlich Formel III (R = CH_2-NH_2, X = NH_2).

B. Bei der Hydrierung von 7-Methyl-1-nitromethyl-2-[4-nitro-phenyl]-1,2-dihydro-pyrazolo[4,3-c]pyridin-3-on(?; s. o.) an Palladium/Kohle in Essigsäure (*Bodendorf, Niemeitz,* Ar. **290** [1957] 494, 506).

Braungelbe Kristalle (aus wss. A.); F: 279–282° [Sublimation ab 275°].

         V   VI   VII   VIII

5-Methyl-1,3-dihydro-imidazo[4,5-b]pyridin-2-on $C_7H_7N_3O$, Formel VI (X = O, X′ = H) und Taut.

B. Beim Erhitzen von 2-Amino-6-methyl-nicotinoylazid in Xylol (*Dornow, Hahmann,* Ar. **290** [1957] 20, 30).

Kristalle (aus Me.); F: 286° [Zers.].

A c e t y l - D e r i v a t $C_9H_9N_3O_2$. *B.* Beim Erhitzen von 2-Amino-6-methyl-nicotinoylazid mit Acetanhydrid oder beim Erwärmen von 5-Methyl-1,3-dihydro-imidazo[4,5-b]pyridin-2-on mit Acetanhydrid (*Do., Ha.*). — Kristalle (aus Acetanhydrid); F: 258°.

6-Brom-5-methyl-1,3-dihydro-imidazo[4,5-b]pyridin-2-on $C_7H_6BrN_3O$, Formel VI (X = O, X′ = Br) und Taut.

B. Beim Erhitzen von 5-Brom-6-methyl-pyridin-2,3-diyldiamin und Harnstoff auf 180° (*Israel, Day,* J. org. Chem. **24** [1959] 1455, 1459). Aus 2-Amino-6-methyl-nicotinsäure-amid und Brom in wss. KOH (*Dornow, Hahmann,* Ar. **290** [1957] 20, 25).

Kristalle; F: >300° [aus DMF+H_2O] (*Is., Day*), 251° [aus Eg.] (*Do., Ha.*).

D i a c e t y l - D e r i v a t $C_{11}H_{10}BrN_3O_3$; vermutlich 1,3-D i a c e t y l-6-b r o m-5-m e t h y l-1,3-dihydro-imidazo[4,5-b]pyridin-2-on. Bezüglich der Konstitution vgl. das analog hergestellte 1,3-Diacetyl-1,3-dihydro-benzimidazol-2-on (E III/IV **24** 281). — Kristalle (aus Acetanhydrid); F: 178° (*Is., Day*).

6-Brom-5-methyl-1,3-dihydro-imidazo[4,5-b]pyridin-2-thion $C_7H_6BrN_3S$, Formel VI (X = S, X′ = Br) und Taut.

B. Beim Erwärmen von 5-Brom-6-methyl-pyridin-2,3-diyldiamin mit CS_2 in äthanol. KOH (*Israel, Day,* J. org. Chem. **24** [1959] 1455, 1459).

Kristalle (aus Äthylenglykol); F: >300°.

6-Brom-7-methyl-1,3-dihydro-imidazo[4,5-*b*]pyridin-2-on $C_7H_6BrN_3O$, Formel VII (X = O) und Taut.

B. Beim Erhitzen von 5-Brom-4-methyl-pyridin-2,3-diyldiamin und Harnstoff auf 180° (*Israel, Day*, J. org. Chem. **24** [1959] 1455, 1456).

Kristalle (aus Pentan-1-ol); F: > 300°.

Diacetyl-Derivat $C_{11}H_{10}BrN_3O_3$; vermutlich 1,3-Diacetyl-6-brom-7-methyl-1,3-dihydro-imidazo[4,5-*b*]pyridin-2-on. Bezüglich der Konstitution vgl. das analog herge= stellte 1,3-Diacetyl-1,3-dihydro-benzimidazol-2-on (E III/IV **24** 281). – Kristalle (aus Acet= anhydrid); F: 197−198°.

6-Brom-7-methyl-1,3-dihydro-imidazo[4,5-*b*]pyridin-2-thion $C_7H_6BrN_3S$, Formel VII (X = S) und Taut.

B. Beim Erwärmen von 5-Brom-4-methyl-pyridin-2,3-diyldiamin mit CS_2 in äthanol. KOH (*Israel, Day*, J. org. Chem. **24** [1959] 1455, 1459).

Kristalle (aus DMF + H_2O); F: > 300°.

6-Methyl-3,5-dihydro-pyrrolo[3,2-*d*]pyrimidin-4-on $C_7H_7N_3O$, Formel VIII und Taut.

B. Beim Erhitzen von 5-Acetylamino-6-methyl-3*H*-pyrimidin-4-on mit Natriumäthylat auf 300° (*Tanaka et al.*, J. pharm. Soc. Japan **75** [1955] 770).

F: 360°.

6-Methyl-1,5-dihydro-imidazo[4,5-*c*]pyridin-4-on $C_7H_7N_3O$, Formel IX und Taut.

B. Beim Erhitzen von 3,4-Diamino-6-methyl-pyridin-2-ol mit Ameisensäure (*Salemink, van der Want*, R. **68** [1949] 1013, 1027).

Kristalle (aus H_2O) mit 1 Mol H_2O; Zers. > 320°.

Hydrochlorid $C_7H_7N_3O \cdot HCl$. Kristalle (aus wss. HCl) mit 1 Mol H_2O; Zers. > 307°.

Picrate. a) $2C_7H_7N_3O \cdot C_6H_3N_3O_7$. Kristalle (aus H_2O); Zers. bei ca. 300°. – b) $C_7H_7N_3O \cdot C_6H_3N_3O_7$. Kristalle; F: 262° [Zers.].

2-Methyl-5,7-dihydro-pyrrolo[2,3-*d*]pyrimidin-6-on $C_7H_7N_3O$, Formel X (R = H) und Taut.

B. Beim Erwärmen von [4-Amino-2-methyl-pyrimidin-5-yl]-essigsäure-hydrazid mit $NaNO_2$ in wss. HCl (*Biggs, Sykes*, Soc. **1959** 1849, 1854).

F: 220° [Zers.; nach Sublimation bei 140°/0,001 Torr].

2,7-Dimethyl-5,7-dihydro-pyrrolo[2,3-*d*]pyrimidin-6-on $C_8H_9N_3O$, Formel X (R = CH_3) und Taut.

B. Beim Erwärmen von [2-Methyl-4-methylamino-pyrimidin-5-yl]-essigsäure mit HCl in Äth= anol (*Nesbitt, Sykes*, Soc. **1954** 3057, 3059).

Kristalle (aus A.); F: 141°.

IX   X   XI   XII

Oxo-Verbindungen $C_8H_9N_3O$

5,7-Dimethyl-imidazo[1,2-*c*]pyrimidin-2-on $C_8H_9N_3O$, Formel XI und Taut.

Hydrochlorid $C_8H_9N_3O \cdot HCl$. *B.* Aus 2,6-Dimethyl-pyrimidin-4-ylamin und Chloressig= säure-anhydrid (*Schabarowa, Prokof'ew*, Doklady Akad. S.S.S.R. **101** [1955] 699, 700; C. A. **1956** 3457). – Kristalle (aus A. + Ae.); F: 235−240°.

2,5-Dimethyl-4H-pyrazolo[1,5-a]pyrimidin-7-on $C_8H_9N_3O$, Formel XII und Taut.

B. Aus 5-Methyl-1(2)H-pyrazol-3-ylamin und Acetessigsäure-äthylester in Essigsäure (*Allen et al.*, J. org. Chem. **24** [1959] 779, 787).

Kristalle (aus DMF); F: 253°. λ_{max} (Me.): 218 nm, 255 nm und 292 nm.

5,7-Dimethyl-1H-pyrazolo[1,5-a]pyrimidin-2-on $C_8H_9N_3O$, Formel XIII und Taut.

Konstitution: *Schmidt et al.*, Ang. Ch. **70** [1958] 344.

B. Neben 4,6-Dimethyl-1,2-dihydro-pyrazolo[3,4-b]pyridin-3-on aus 5-Amino-1,2-dihydro-pyrazol-3-on und Pentan-2,4-dion (*Sch. et al.*; s. a. *Papini et al.*, G. **84** [1954] 769, 778). Aus Cyanessigsäure-[1-methyl-3-oxo-butylidenhydrazid] und wss. NaOH (*Ried, Köcher*, Ang. Ch. **70** [1958] 164; *Sch. et al.*).

Gelbliche Kristalle; F: 237—238° (*Ried, Kö.*), 233—234° (*Sch. et al.*).

Nitroso-Derivat $C_8H_8N_4O_2$. Orangefarbene Kristalle; F: 183—184° [Zers.] (*Ried, Kö.*).

2-Methyl-5,8-dihydro-6H-pyrido[2,3-d]pyrimidin-7-on $C_8H_9N_3O$, Formel XIV.

B. Beim Erhitzen von 3-[4-Chlor-2-methyl-pyrimidin-5-yl]-propionsäure-methylester mit methanol. NH_3 auf 100° (*Biggs, Sykes*, Soc. **1959** 1849, 1852).

Kristalle (aus wss. A.); F: 256°.

3,4-Dimethyl-1-phenyl-1,7-dihydro-pyrazolo[3,4-b]pyridin-6-on $C_{14}H_{13}N_3O$, Formel XV und Taut.

Diese Konstitution kommt der früher (E I **26** 30) als 3,6-Dimethyl-1-phenyl-1H-pyrazolo[3,4-b]pyridin-4-ol ($\rightleftharpoons$ 3,6-Dimethyl-1-phenyl-1,7-dihydro-pyrazolo[3,4-b]pyridin-4-on; „2-Phenyl-4'-oxy-5,6'-dimethyl-pyridino-2',3';3,4-pyrazol") beschriebenen Verbindung zu (*Tabak et al.*, Chimija geterocikl. Soedin. **1** [1965] 116; engl. Ausg. S. 79; *Ratajczyk, Swett*, J. heterocycl. Chem. **12** [1975] 517).

XIII   XIV   XV   XVI

4,6-Dimethyl-1,2-dihydro-pyrazolo[3,4-b]pyridin-3-on $C_8H_9N_3O$, Formel XVI (R = R' = H) und Taut.

Die von *Papini et al.* (G. **84** [1954] 769, 778) unter dieser Konstitution beschriebene Verbindung ist als 5,7-Dimethyl-1H-pyrazolo[1,5-a]pyrimidin-2-on (s. o.) zu formulieren (*Schmidt et al.*, Ang. Ch. **70** [1958] 344 Anm. 5).

B. Beim Behandeln von 5-Amino-1,2-dihydro-pyrazol-3-on mit Pentan-2,4-dion in wss. NaOH (*Taylor, Barton*, Am. Soc. **81** [1959] 2448, 2449; s. a. *Sch. et al.*). Beim aufeinanderfolgenden Behandeln von 4,6-Dimethyl-2-oxo-1,2-dihydro-pyridin-3-carbonsäure-äthylester mit $POCl_3$ und mit $N_2H_4 \cdot H_2O$ (*Sch. et al.*).

Kristalle; F: 338—339° [korr.; Zers.; aus Eg.] (*Ta., Ba.*), 335—337° (*Sch. et al.*).

1,4,6-Trimethyl-1,2-dihydro-pyrazolo[3,4-b]pyridin-3-on $C_9H_{11}N_3O$, Formel XVI (R = CH_3, R' = H) und Taut.

B. Aus 5-Amino-1-methyl-1,2-dihydro-pyrazol-3-on und Pentan-2,4-dion in wss. NaOH (*Taylor, Barton*, Am. Soc. **81** [1959] 2448, 2451).

Kristalle (aus A.); F: 211—212° [korr.].

2,4,6-Trimethyl-1,2-dihydro-pyrazolo[3,4-b]pyridin-3-on $C_9H_{11}N_3O$, Formel XVI (R = H, R' = CH_3) und Taut.

B. Analog der vorangehenden Verbindung (*Taylor, Barton*, Am. Soc. **81** [1959] 2448).

Kristalle (aus A. + PAe.); F: 196 − 197° [korr.].

4,6-Dimethyl-1-phenyl-1,2-dihydro-pyrazolo[3,4-*b*]pyridin-3-on $C_{14}H_{13}N_3O$, Formel XVI
(R = C_6H_5, R′ = H) und Taut.
  B. Analog den vorangehenden Verbindungen (*Taylor, Barton*, Am. Soc. **81** [1959] 2448).
Kristalle (aus Me.); F: 235,5 − 236,5° [korr.].

4,6-Dimethyl-2-phenyl-1,2-dihydro-pyrazolo[3,4-*b*]pyridin-3-on $C_{14}H_{13}N_3O$, Formel XVI
(R = H, R′ = C_6H_5) und Taut.
  B. Analog den vorangehenden Verbindungen (*Taylor, Barton*, Am. Soc. **81** [1959] 2448).
Kristalle (aus wss. A.); F: 199 − 200° [korr.].

2,6-Dimethyl-3,5-dihydro-pyrrolo[3,2-*d*]pyrimidin-4-on $C_8H_9N_3O$, Formel I und Taut.
  B. Beim Erhitzen von 5-Acetylamino-2,6-dimethyl-3*H*-pyrimidin-4-on mit Natriumäthylat
auf 300° (*Tanaka et al.*, J. pharm. Soc. Japan **75** [1955] 770).
Kristalle; F: 336 − 337° [Zers.].

5,6-Dimethyl-1,3-dihydro-imidazo[4,5-*b*]pyridin-2-on $C_8H_9N_3O$, Formel II (X = H) und Taut.
  B. Beim Erhitzen von 2-Amino-5,6-dimethyl-nicotinoylazid in Xylol (*Dornow et al.*, Ar. **291**
[1958] 368, 370).
Kristalle (aus Me.); F: 324 − 326° [Zers.].
  Methyl-Derivat $C_9H_{11}N_3O$. Kristalle (aus wss. A.); F: 106°.
  Benzoyl-Derivat $C_{15}H_{13}N_3O_2$. Kristalle (aus A.); F: 256° [Zers.].

3-[*N*-Acetyl-sulfanilyl]-5,6-dimethyl-1,3-dihydro-imidazo[4,5-*b*]pyridin-2-on, Essigsäure-
[4-(5,6-dimethyl-2-oxo-1,2-dihydro-imidazo[4,5-*b*]pyridin-3-sulfonyl)-anilid] $C_{16}H_{16}N_4O_4S$,
Formel II (X = SO_2-C_6H_4-NH-CO-CH_3) und Taut.
  B. Beim Erhitzen von 2-[(*N*-Acetyl-sulfanilyl)-amino]-5,6-dimethyl-nicotinoylazid in Xylol
(*Dornow et al.*, Ar. **291** [1958] 368, 372).
  F: 236 − 238° [Zers.].

I   II   III   IV

5,7-Dimethyl-1,3-dihydro-imidazo[4,5-*b*]pyridin-2-on $C_8H_9N_3O$, Formel III (X = H) und
Taut.
  B. Aus 2-Amino-4,6-dimethyl-nicotinsäure-amid beim Behandeln mit Brom in wss.-methanol.
KOH oder mit NaOCl in wss. KOH (*Dornow, Hahmann*, Ar. **290** [1957] 20, 28).
Kristalle (aus Me.); F: 360 − 362° [Zers.].

6-Brom-5,7-dimethyl-1,3-dihydro-imidazo[4,5-*b*]pyridin-2-on $C_8H_8BrN_3O$, Formel III (X = Br)
und Taut.
  B. Aus 2-Amino-5-brom-4,6-dimethyl-nicotinsäure-amid und Brom in wss. KOH (*Dornow,
Hahmann*, Ar. **290** [1957] 20, 25).
Kristalle (aus Eg.); F: 336 − 338° [Zers.].

2,7-Dimethyl-1,5-dihydro-pyrrolo[2,3-*d*]pyridazin-4-on $C_8H_9N_3O$, Formel IV (R = H) und
Taut.
  B. Beim Erwärmen von 2-Acetyl-5-methyl-pyrrol-3-carbonsäure oder deren Äthylester in

Äthanol mit $N_2H_4 \cdot H_2O$ (*Fischer et al.,* A. **486** [1931] 55, 61).
Kristalle, die unterhalb 300° nicht schmelzen.

2,7-Dimethyl-5-phenyl-1,5-dihydro-pyrrolo[2,3-*d*]pyridazin-4-on $C_{14}H_{13}N_3O$, Formel IV
(R = C_6H_5) und Taut.
B. Beim Erwärmen von 2-Acetyl-5-methyl-pyrrol-3-carbonsäure oder deren Äthylester mit
Phenylhydrazin in wss. Essigsäure (*Fischer et al.,* A. **486** [1931] 55, 61).
Kristalle (aus wss. A.); Zers. bei 324°.

Oxo-Verbindungen $C_9H_{11}N_3O$

6,8-Dimethyl-3,4-dihydro-pyrimido[1,2-*a*]pyrimidin-2-on $C_9H_{11}N_3O$, Formel V.
Hydrobromid $C_9H_{11}N_3O \cdot HBr$. *B.* Beim Erhitzen von 4,6-Dimethyl-pyrimidin-2-ylamin
mit 3-Brom-propionsäure (*Hurd, Hayao,* Am. Soc. **77** [1955] 117, 121). − Kristalle (aus Me. +
Ae.); F: 330° [Zers.; nach Sintern bei 245°].

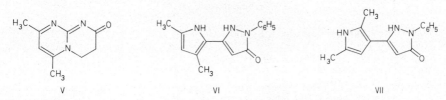

V   VI   VII

5-[3,5-Dimethyl-pyrrol-2-yl]-2-phenyl-1,2-dihydro-pyrazol-3-on $C_{15}H_{15}N_3O$, Formel VI und
Taut.
B. Beim Erhitzen von 3-[3,5-Dimethyl-pyrrol-2-yl]-3-oxo-propionsäure-äthylester mit Phenyl=
hydrazin in Äthanol (*Ingraffia,* G. **64** [1934] 778, 782).
Kristalle (aus Ae.); F: 141°.

5-[2,5-Dimethyl-pyrrol-3-yl]-2-phenyl-1,2-dihydro-pyrazol-3-on $C_{15}H_{15}N_3O$, Formel VII und
Taut.
B. Analog der vorangehenden Verbindung (*Oddo, Acuto,* G. **66** [1936] 380, 386).
Bräunliche Kristalle (aus A.); Zers. bei 247−252° [Braunfärbung ab 225°].

5,7-Dimethyl-3,4-dihydro-1*H*-pyrido[2,3-*d*]pyrimidin-2-on $C_9H_{11}N_3O$, Formel VIII.
B. Beim Erhitzen von [2-Amino-4,6-dimethyl-[3]pyridylmethyl]-carbamidsäure-äthylester in
Diphenyläther (*Vanderhorst, Hamilton,* Am. Soc. **75** [1953] 656).
Kristalle (aus 2-Äthoxy-äthanol); F: 271−274° [Zers.].

5,6,7-Trimethyl-1,3-dihydro-imidazo[4,5-*b*]pyridin-2-on $C_9H_{11}N_3O$, Formel IX und Taut.
B. Beim Erwärmen von 2-Amino-4,5,6-trimethyl-nicotinsäure-amid mit Brom in wss. KOH
(*Dornow, Hahmann,* Ar. **290** [1957] 20, 27).
F: 362−365° [Zers.].

VIII   IX   X   XI

**6-Acetyl-3,5-dimethyl-1-phenyl-1,4-dihydro-pyrrolo[3,2-*c*]pyrazol, 1-[3,5-Dimethyl-1-phenyl-
1,4-dihydro-pyrrolo[3,2-*c*]pyrazol-6-yl]-äthanon** $C_{15}H_{15}N_3O$, Formel X.
B. Beim Erwärmen von 4-Amino-5-methyl-2-phenyl-1,2-dihydro-pyrazol-3-on mit Pentan-2,4-

dion in Essigsäure in Gegenwart von Wasserstoff (*Ghosh, Das-Gupta*, J. Indian chem. Soc. **16** [1939] 63, 65).

Kristalle (aus Eg.); F: >300°.

Oxo-Verbindungen $C_{13}H_{19}N_3O$

2-[4-Methyl-6-oxo-1,6-dihydro-pyrimidin-2-yl]-4-azonia-spiro[3.5]nonan(?) $[C_{13}H_{20}N_3O]^+$, vermutlich Formel XI und Taut.

Jodid $[C_{13}H_{20}N_3O]I$. *B.* Aus 6-Methyl-2-[β,β'-dipiperidino-isopropyl]-3*H*-pyrimidin-4-on und CH_3I (*Snyder, Foster*, Am. Soc. **76** [1954] 118, 122). – Kristalle (aus Me.); F: 210–211,5° [korr.].

Monooxo-Verbindungen $C_nH_{2n-9}N_3O$

Oxo-Verbindungen $C_7H_5N_3O$

1*H*-Cycloheptatriazol-6-on $C_7H_5N_3O$, Formel I (R = H, X = O) und Taut. (z.B. Cyclo= heptatriazol-6-ol).

B. Beim Erwärmen von Cycloheptatriazol-6-ylamin mit wss. NaOH (*Nozoe et al.*, Pr. Japan Acad. **30** [1954] 313, 315).

Kristalle (aus H_2O); F: 246°. UV-Spektrum (Me.; 200–360 nm): *No. et al.*

Oxim $C_7H_6N_4O$. Gelbe Kristalle (aus wss. A.); F: 230° [Zers.]. Absorptionsspektrum (Me.; 200–410 nm): *No. et al.*

Hydrazon $C_7H_7N_5$. Gelbe Kristalle; F: 120° [Zers.]. Absorptionsspektrum (Me.; 200–430 nm): *No. et al.*

2,4-Dinitro-phenylhydrazon $C_{13}H_9N_7O_4$. Dunkelrote Kristalle; F: 260–270°.

[1*H*-Cycloheptatriazol-6-yliden]-isopropyliden-hydrazin, 1*H*-Cycloheptatriazol-6-on-isoprop= ylidenhydrazon $C_{10}H_{11}N_5$, Formel I (R = H, X = N-N=C(CH$_3$)$_2$).

B. Aus 1*H*-Cycloheptatriazol-6-on-hydrazon und Aceton (*Nozoe et al.*, Pr. Japan Acad. **30** [1954] 313, 315).

Gelbe Kristalle (aus H_2O); F: 220° [Zers.].

1-Methyl-1*H*-cycloheptatriazol-6-on $C_8H_7N_3O$, Formel I (R = CH$_3$, X = O).

B. Aus Cycloheptatriazol-6-ylamin und Dimethylsulfat (*Nozoe et al.*, Pr. Japan Acad. **30** [1954] 313, 314).

Kristalle (aus A.); F: 189–190°.

3*H*-Benzo[*d*][1,2,3]triazin-4-on $C_7H_5N_3O$, Formel II (R = H) und Taut; Benzazimid (H 163; E II 88).

Nach Ausweis der Kristallstruktur-Analyse liegt in den Kristallen 3*H*-Benzo[*d*][1,2,3]triazin-4-on vor (*Hjortås*, Acta cryst. [B] **29** [1973] 1916).

B. Neben *N*-Carbamoyl-*N*-nitroso-anthranilsäure-amid beim Behandeln von *N*-Carbamoyl-anthranilsäure-amid mit NaNO$_2$ und wss. HCl (*Jacini*, G. **77** [1947] 308, 311).

Atomabstände und Bindungswinkel (Röntgen-Diagramm): *Hj.*, l. c. S. 1919, 1920.

Kristalle (aus A.); F: 212–213° (*Buckley, Gibson*, Soc. **1956** 3242). Orthorhombisch; Kristall= struktur-Analyse (Röntgen-Diagramm): *Hj.* Dichte der Kristalle: 1,499 (*Hj.*). λ_{max} (A.): 223 nm und 278 nm (*Bu., Gi.*).

3-Methyl-3*H*-benzo[*d*][1,2,3]triazin-4-on $C_8H_7N_3O$, Formel II (R = CH$_3$) (H 164; E II 88).

B. Aus Anthranilsäure-methylester bei der Diazotierung und anschliessenden Umsetzung mit Methylamin (*Van Heyningen*, Am. Soc. **77** [1955] 6562).

Kristalle (aus Bzl. + PAe.); F: 120–122° [unkorr.].

3-Äthyl-3H-benzo[d][1,2,3]triazin-4-on $C_9H_9N_3O$, Formel II (R = C_2H_5) (H 164).
B. Analog der vorangehenden Verbindung (*Van Heyningen*, Am. Soc. **77** [1955] 6562).
Kristalle (aus PAe.); F: 70—71°.

3-Allyl-3H-benzo[d][1,2,3]triazin-4-on $C_{10}H_9N_3O$, Formel II (R = CH_2-CH=CH_2).
B. Analog den vorangehenden Verbindungen (*Van Heyningen*, Am. Soc. **77** [1955] 6562).
$Kp_{1,1}$: 105°.

I　　　　　　II　　　　　　III　　　　　　IV

2-[2,4-Dichlor-phenyl]-4-oxo-3,4-dihydro-benzo[d][1,2,3]triazinium-betain, 2-[2,4-Dichlor-phenyl]-4-hydroxy-benzo[d][1,2,3]triazinium-betain $C_{13}H_7Cl_2N_3O$, Formel III und Mesomere.
Diese Konstitution kommt der früher (E II **26** 90) als 1-[2,4-Dichlor-phenyl]-triazirinoindazol-7-on $C_{13}H_7Cl_2N_3O$ („1.2-[2.4-Dichlor-phenylimino]-indazolon") formulierten Verbindung zu (*McKillop, Kobylecki*, J. org. Chem. **39** [1974] 2710). Entsprechend sind die früher (E II **26** 91) beschriebenen Verbindungen folgendermassen zu formulieren:
1-[2,4,6-Trichlor-phenyl]-triazirinoindazol-7-on $C_{13}H_6Cl_3N_3O$ („1.2-[2.4.6-Trichlor-phenylimino]-indazolon") als 4-Oxo-2-[2,4,6-trichlor-phenyl]-3,4-dihydro-benzo[d][1,2,3]triazinium-betain (4-Hydroxy-2-[2,4,6-trichlor-phenyl]-benzo[d][1,2,3]triazinium-betain) $C_{13}H_6Cl_3N_3O$ (*McK., Ko.*);
1-[4-Brom-phenyl]-triazirinoindazol-7-on $C_{13}H_8BrN_3O$ („1.2-[4-Brom-phenylimino]-indazolon") als 2-[4-Brom-phenyl]-4-oxo-3,4-dihydro-benzo[d][1,2,3]triazinium-betain (2-[4-Brom-phenyl]-4-hydroxy-benzo[d][1,2,3]triazinium-betain) $C_{13}H_8BrN_3O$ (*Kerber*, J. org. Chem. **37** [1972] 1587; *McK., Ko.*);
1-[2,4-Dibrom-phenyl]-triazirinoindazol-7-on $C_{13}H_7Br_2N_3O$ („1.2-[2.4-Dibrom-phenylimino]-indazolon") als 2-[2,4-Dibrom-phenyl]-4-oxo-3,4-dihydro-benzo[d][1,2,3]triazinium-betain (2-[2,4-Dibrom-phenyl]-3-hydroxy-benzo[d][1,2,3]triazinium-betain) $C_{13}H_7Br_2N_3O$ (*Ke.; McK., Ko.*).

3-Phenyl-3H-benzo[d][1,2,3]triazin-4-on $C_{13}H_9N_3O$, Formel IV (X = X′ = X″ = H) (H 164).
B. Beim Erwärmen von 2-[N''-Phenyl-triazenyl]-benzoesäure-methylester in Äthanol oder beim Erwärmen von diazotiertem Anthranilsäure-anilid (*Grammaticakis*, C. r. **243** [1956] 2094).
Kristalle (aus A. oder wss. A.); F: 151° (*Gr.*). UV-Spektrum (A.; 230—375 nm): *Gr.*
Beim Erhitzen mit Polyphosphorsäure ist 5H-Phenanthridin-6-on erhalten worden (*Mitsuhashi*, J. pharm. Soc. Japan **71** [1951] 1235; C. A. **1952** 5593).

Die folgenden Verbindungen sind in analoger Weise hergestellt worden:
3-[2-Chlor-phenyl]-3H-benzo[d][1,2,3]triazin-4-on $C_{13}H_8ClN_3O$, Formel IV (X = Cl, X′ = X″ = H). Kristalle (aus A. oder wss. A.); F: 122° (*Gr.*). UV-Spektrum (A.; 220—350 nm): *Gr.*
3-[3-Chlor-phenyl]-3H-benzo[d][1,2,3]triazin-4-on $C_{13}H_8ClN_3O$, Formel IV (X = X″ = H, X′ = Cl). Kristalle (aus A. oder wss. A.); F: 144° (*Gr.*). UV-Spektrum (A.; 220—360 nm): *Gr.*
3-[4-Chlor-phenyl]-3H-benzo[d][1,2,3]triazin-4-on $C_{13}H_8ClN_3O$, Formel IV (X = X′ = H, X″ = Cl). Kristalle (aus A. oder wss. A.); F: 186° (*Gr.*). UV-Spektrum (A.; 220—375 nm): *Gr.*
3-[2-Nitro-phenyl]-3H-benzo[d][1,2,3]triazin-4-on $C_{13}H_8N_4O_3$, Formel IV (X = NO_2, X′ = X″ = H). Gelbe Kristalle (aus A. oder wss. A.); F: 184° (*Gr.*). Absorptionsspektrum (A.; 220—420 nm): *Gr.*

3-[3-Nitro-phenyl]-3*H*-benzo[*d*][1,2,3]triazin-4-on $C_{13}H_8N_4O_3$,   Formel IV (X = X'' = H, X' = NO$_2$) (H 164). Gelbe Kristalle (aus A. oder wss. A.); F: 243° (*Gr.*). UV-Spektrum (A.; 230–400 nm): *Gr.*

3-[4-Nitro-phenyl]-3*H*-benzo[*d*][1,2,3]triazin-4-on $C_{13}H_8N_4O_3$,   Formel IV (X = X' = H, X'' = NO$_2$) (H 165). Gelbe Kristalle (aus A. oder wss. A.); F: 275° [vorgeheizter App.] bzw. 252° [Zers.; langsames Erhitzen] (*Gr.*). UV-Spektrum (A.; 210–375 nm): *Gr.*

2-[4-Chlor-phenyl]-4-oxo-1-oxy-3,4-dihydro-benzo[*d*][1,2,3]triazinium-betain, 2-[4-Chlor-phenyl]-4-hydroxy-1-oxy-benzo[*d*][1,2,3]triazinium-betain $C_{13}H_8ClN_3O_2$, Formel V (X = X' = H, X'' = Cl) und Mesomere.

Diese Konstitution kommt der früher (E II **26** 91) als 1-[4-Chlor-phenyl]-triazirino≈ indazol-7-on-2-oxid $C_{13}H_8ClN_3O_2$ („1.2-[4-Chlor-phenylimino]-indazolon-N^1-oxyd") for≈ mulierten Verbindung zu (*McKillop, Kobylecki*, J. org. Chem. **39** [1974] 2710). Entsprechend sind die früher (E II **26** 91, 92) beschriebenen Verbindungen folgendermassen zu formulieren:

1-[2,4-Dichlor-phenyl]-triazirinoindazol-7-on-2-oxid $C_{13}H_7Cl_2N_3O_2$ („1.2-[2.4-Dichlor-phenylimino]-indazolon-N^1-oxyd") als 2-[2,4-Dichlor-phenyl]-4-oxo-1-oxy-3,4-dihydro-benzo[*d*][1,2,3]triazinium-betain (2-[2,4-Dichlor-phenyl]-4-hydroxy-1-oxy-benzo[*d*][1,2,3]triazinium-betain) $C_{13}H_7Cl_2N_3O_2$;

1-[2,4,6-Trichlor-phenyl]-triazirinoindazol-7-on-2-oxid $C_{13}H_6Cl_3N_3O_2$ („1.2-[2.4.6-Trichlor-phenylimino]-indazolon-N^1-oxyd") als 4-Oxo-1-oxy-2-[2,4,6-trichlor-phenyl]-3,4-dihydro-benzo[*d*][1,2,3]triazinium-betain (4-Hydroxy-1-oxy-2-[2,4,6-trichlor-phenyl]-benzo[*d*][1,2,3]triazinium-betain) $C_{13}H_6Cl_3N_3O_2$;

1-[3,4,5-Trichlor-phenyl]-triazirinoindazol-7-on-2-oxid $C_{13}H_6Cl_3N_3O_2$ („1.2-[3.4.5-Trichlor-phenylimino]-indazolon-N^1-oxyd") als 4-Oxo-1-oxy-2-[3,4,5-trichlor-phenyl]-3,4-dihydro-benzo[*d*][1,2,3]triazinium-betain (4-Hydroxy-1-oxy-2-[3,4,5-trichlor-phenyl]-benzo[*d*][1,2,3]triazinium-betain) $C_{13}H_6Cl_3N_3O_2$;

1-[4-Brom-phenyl]-triazirinoindazol-7-on-2-oxid $C_{13}H_8BrN_3O_2$ („1.2-[4-Brom-phenylimino]-indazolon-N^1-oxyd") als 2-[4-Brom-phenyl]-4-oxo-1-oxy-3,4-dihydro-benzo[*d*][1,2,3]triazinium-betain (2-[4-Brom-phenyl]-4-hydroxy-1-oxy-benzo[*d*][1,2,3]triazinium-betain) $C_{13}H_8BrN_3O_2$;

1-[2,4-Dibrom-phenyl]-triazirinoindazol-7-on-2-oxid $C_{13}H_7Br_2N_3O_2$ („1.2-[2.4-Dibrom-phenylimino]-indazolon-N^1-oxyd") als 2-[2.4-Dibrom-phenyl]-4-oxo-1-oxy-3,4-dihydro-benzo[*d*][1,2,3]triazinium-betain (2-[2,4-Dibrom-phenyl]-4-hydroxy-1-oxy-benzo[*d*][1,2,3]triazinium-betain) $C_{13}H_7Br_2N_3O_2$.

4-Oxo-1-oxy-2-pentachlorphenyl-3,4-dihydro-benzo[*d*][1,2,3]triazinium-betain, 4-Hydroxy-1-oxy-2-pentachlorphenyl-benzo[*d*][1,2,3]triazinium-betain $C_{13}H_4Cl_5N_3O_2$, Formel V (X = X' = X'' = Cl) und Mesomere.

Konstitution: *McKillop, Kobylecki*, J. org. Chem. **39** [1974] 2710.

B. Aus 2-Nitro-N'-pentachlorphenyl-benzohydrazonoylchlorid und NH$_3$ in Benzol (*Chatta≈ way, Parkes*, Soc. **1935** 1005, 1007; vgl. *Chattaway, Adamson*, Soc. **1931** 2787).

Dunkelgelbe Kristalle (aus Toluol), die bei 128° explodieren (*Ch., Pa.*).

4-Oxo-1-oxy-2-[2,3,4,5-tetrabrom-phenyl]-3,4-dihydro-benzo[*d*][1,2,3]triazinium-betain, 4-Hydroxy-1-oxy-2-[2,3,4,5-tetrabrom-phenyl]-benzo[*d*][1,2,3]triazinium-betain $C_{13}H_5Br_4N_3O_2$, Formel V (X = X'' = Br, X' = H) und Mesomere.

Konstitution: *McKillop, Kobylecki*, J. org. Chem. **39** [1974] 2710.

B. Analog der vorangehenden Verbindung (*Chattaway, Parkes*, Soc. **1935** 1005, 1007).

Hellgelbe Kristalle (aus Toluol), die bei 155° explodieren (*Ch., Pa.*).

4-Oxo-1-oxy-2-pentabromphenyl-3,4-dihydro-benzo[*d*][1,2,3]triazinium-betain, 4-Hydroxy-1-oxy-2-pentabromphenyl-benzo[*d*][1,2,3]triazinium-betain $C_{13}H_4Br_5N_3O_2$, Formel V (X = X' = X'' = Br) und Mesomere.

Konstitution: *McKillop, Kobylecki*, J. org. Chem. **39** [1974] 2710.

B. Analog den vorangehenden Verbindungen (*Chattaway, Parkes*, Soc. **1935** 1005, 1007).

Hellgelbe Kristalle (aus Toluol), die bei 157° explodieren (*Ch., Pa.*).

2-[4-Brom-2-nitro-phenyl]-4-oxo-1-oxy-3,4-dihydro-benzo[d][1,2,3]triazinium-betain, 2-[4-Brom-2-nitro-phenyl]-4-hydroxy-1-oxy-benzo[d][1,2,3]triazinium-betain $C_{13}H_7BrN_4O_4$, Formel V
(X = H, X′ = NO_2, X″ = Br) und Mesomere.
    Konstitution: *McKillop, Kobylecki*, J. org. Chem. **39** [1974] 2710.
    B. Analog den vorangehenden Verbindungen (*Chattaway, Adamson*, Soc. **1931** 2787, 2792).
    Hellgelbe Kristalle (aus A.), die bei 142° explodieren (*Ch., Ad.*).

2-[4-Brom-2-methyl-phenyl]-4-oxo-3,4-dihydro-benzo[d][1,2,3]triazinium-betain, 2-[4-Brom-2-methyl-phenyl]-4-hydroxy-benzo[d][1,2,3]triazinium-betain $C_{14}H_{10}BrN_3O$, Formel VI
(R = CH_3, X = Br, X′ = H) und Mesomere.
    B. Beim Behandeln von 2-[4-Brom-2-methyl-phenyl]-4-oxo-1-oxy-3,4-dihydro-benzo[d][1,2,3]triazinium-betain mit $SnCl_2$ in wss. HCl und Essigsäure (*Chattaway, Adamson*, Soc. **1931** 2787, 2790).
    Gelbliche Kristalle (aus wss. Eg.); F: 181°.

3-o-Tolyl-3H-benzo[d][1,2,3]triazin-4-on $C_{14}H_{11}N_3O$, Formel VII (R = CH_3, R′ = R″ = H)
(H 165).
    Kristalle (aus A. oder wss. A.); F: 167° (*Grammaticakis*, C. r. **243** [1956] 2094). UV-Spektrum (A.; 220–350 nm): *Gr.*

V   VI   VII

2-[4-Brom-2-methyl-phenyl]-4-oxo-1-oxy-3,4-dihydro-benzo[d][1,2,3]triazinium-betain, 2-[4-Brom-2-methyl-phenyl]-4-hydroxy-1-oxy-benzo[d][1,2,3]triazinium-betain $C_{14}H_{10}BrN_3O_2$, Formel VIII (R = CH_3, X = Br, X′ = H) und Mesomere.
    Konstitution: *McKillop, Kobylecki*, J. org. Chem. **39** [1974] 2710.
    B. Aus N′-[4-Brom-2-methyl-phenyl]-2-nitro-benzohydrazonoylbromid beim Erwärmen in Äthanol oder beim Behandeln mit NH_3 in Benzol (*Chattaway, Adamson*, Soc. **1931** 2787, 2790).
    Hellgelbe Kristalle (aus A.), die bei 151° explodieren (*Ch., Ad.*).

2-[2,4-Dibrom-6-methyl-phenyl]-4-oxo-1-oxy-3,4-dihydro-benzo[d][1,2,3]triazinium-betain, 2-[2,4-Dibrom-6-methyl-phenyl]-4-hydroxy-1-oxy-benzo[d][1,2,3]triazinium-betain
$C_{14}H_9Br_2N_3O_2$, Formel VIII (R = CH_3, X = X′ = Br) und Mesomere.
    Konstitution: *McKillop, Kobylecki*, J. org. Chem. **39** [1974] 2710.
    B. Beim Behandeln von N′-[2,4-Dibrom-6-methyl-phenyl]-2-nitro-benzohydrazonoylbromid mit NH_3 in Benzol (*Chattaway, Adamson*, Soc. **1931** 2787, 2791).
    Hellgelbe Kristalle (aus A.), die bei 145° explodieren (*Ch., Ad.*).

2-[2,4-Dibrom-5-methyl-phenyl]-4-oxo-1-oxy-3,4-dihydro-benzo[d][1,2,3]triazinium-betain, 2-[2,4-Dibrom-5-methyl-phenyl]-4-hydroxy-1-oxy-benzo[d][1,2,3]triazinium-betain
$C_{14}H_9Br_2N_3O_2$, Formel IX und Mesomere.
    Konstitution: *McKillop, Kobylecki*, J. org. Chem. **39** [1974] 2710.
    B. Aus N′-[2,4-Dibrom-5-methyl-phenyl]-2-nitro-benzohydrazonoylbromid beim Erwärmen in Äthanol (*Parkes, Burney*, Soc. **1935** 1619).
    Gelbe Kristalle (aus A.), die bei 126° explodieren (*Pa., Bu.*).

2-[2-Chlor-4-methyl-phenyl]-4-oxo-3,4-dihydro-benzo[d][1,2,3]triazinium-betain, 2-[2-Chlor-4-methyl-phenyl]-4-hydroxy-benzo[d][1,2,3]triazinium-betain $C_{14}H_{10}ClN_3O$, Formel VI (R = Cl, X = CH$_3$, X' = H) und Mesomere.
B. Beim Behandeln von 2-[2-Chlor-4-methyl-phenyl]-4-oxo-1-oxy-3,4-dihydro-benzo[d]≠[1,2,3]triazinium-betain mit SnCl$_2$ in wss. HCl und Essigsäure (*Chattaway, Adamson,* Soc. **1930** 843, 850).
Kristalle (aus A.); F: 173°.

2-[2,6-Dichlor-4-methyl-phenyl]-4-oxo-3,4-dihydro-benzo[d][1,2,3]triazinium-betain, 2-[2,6-Di≠chlor-4-methyl-phenyl]-4-hydroxy-benzo[d][1,2,3]triazinium-betain $C_{14}H_9Cl_2N_3O$, Formel VI (R = X' = Cl, X = CH$_3$) und Mesomere.
B. Analog der vorangehenden Verbindung (*Chattaway, Adamson,* Soc. **1930** 843, 850).
Kristalle (aus A.); F: 202°.

2-[2-Brom-4-methyl-phenyl]-4-oxo-3,4-dihydro-benzo[d][1,2,3]triazinium-betain, 2-[2-Brom-4-methyl-phenyl]-4-hydroxy-benzo[d][1,2,3]triazinium-betain $C_{14}H_{10}BrN_3O$, Formel VI (R = Br, X = CH$_3$, X' = H) und Mesomere.
B. Beim Erwärmen von 2-[2-Brom-4-methyl-phenyl]-4-oxo-1-oxy-3,4-dihydro-benzo[d]≠[1,2,3]triazinium-betain in Äthanol (*Chattaway, Adamson,* Soc. **1930** 157, 162).
Gelbliche Kristalle (aus A.); F: 166°.

2-[2,6-Dibrom-4-methyl-phenyl]-4-oxo-3,4-dihydro-benzo[d][1,2,3]triazinium-betain, 2-[2,6-Di≠brom-4-methyl-phenyl]-4-hydroxy-benzo[d][1,2,3]triazinium-betain $C_{14}H_9Br_2N_3O$, Formel VI (R = X' = Br, X = CH$_3$) und Mesomere.
B. Analog der vorangehenden Verbindung (*Chattaway, Adamson,* Soc. **1930** 157, 163).
Gelbe Kristalle (aus A.); F: 190° [Zers.].

3-p-Tolyl-3H-benzo[d][1,2,3]triazin-4-on $C_{14}H_{11}N_3O$, Formel VII (R = R'' = H, R' = CH$_3$) (H 165).
Kristalle (aus A. oder wss. A.); F: 143° (*Grammaticakis,* C. r. **243** [1956] 2094). UV-Spektrum (A.; 220–375 nm): *Gr.*

VIII   IX   X

4-Oxo-1-oxy-2-p-tolyl-3,4-dihydro-benzo[d][1,2,3]triazinium-betain, 4-Hydroxy-1-oxy-2-p-tolyl-benzo[d][1,2,3]triazinium-betain $C_{14}H_{11}N_3O_2$, Formel VIII (R = X' = H, X = CH$_3$) und Mesomere.
Konstitution: *McKillop, Kobylecki,* J. org. Chem. **39** [1974] 2710.
B. Aus 2-Nitro-benzaldehyd-p-tolylhydrazon und Brom in Essigsäure unter Zusatz von Na≠triumacetat (*Chattaway, Adamson,* Soc. **1930** 157, 163).
Hellgelbe Kristalle (aus A.), die bei 143° explodieren (*Ch., Ad.*).

2-[2-Chlor-4-methyl-phenyl]-4-oxo-1-oxy-3,4-dihydro-benzo[d][1,2,3]triazinium-betain, 2-[2-Chlor-4-methyl-phenyl]-4-hydroxy-1-oxy-benzo[d][1,2,3]triazinium-betain $C_{14}H_{10}ClN_3O_2$, Formel VIII (R = Cl, X = CH$_3$, X' = H) und Mesomere.
Konstitution: *McKillop, Kobylecki,* J. org. Chem. **39** [1974] 2710.
B. Aus N'-[2-Chlor-4-methyl-phenyl]-2-nitro-benzohydrazonoylchlorid und wss. NH$_3$ in Benzol (*Chattaway, Adamson,* Soc. **1930** 843, 850).
Hellgelbe Kristalle (aus A.), die bei 134° explodieren (*Ch., Ad.*).

2-[2,6-Dichlor-4-methyl-phenyl]-4-oxo-1-oxy-3,4-dihydro-benzo[*d*][1,2,3]triazinium-betain,
2-[2,6-Dichlor-4-methyl-phenyl]-4-hydroxy-1-oxy-benzo[*d*][1,2,3]triazinium-betain
$C_{14}H_9Cl_2N_3O_2$, Formel VIII (R = X′ = Cl, X = CH_3) und Mesomere.
Konstitution: *McKillop, Kobylecki*, J. org. Chem. **39** [1974] 2710.
B. Analog der vorangehenden Verbindung (*Chattaway, Adamson*, Soc. **1930** 843, 850).
Hellgelbe Kristalle (aus A.), die bei 155° explodieren (*Ch., Ad.*).

2-[2-Brom-4-methyl-phenyl]-4-oxo-1-oxy-3,4-dihydro-benzo[*d*][1,2,3]triazinium-betain,
2-[2-Brom-4-methyl-phenyl]-4-hydroxy-1-oxy-benzo[*d*][1,2,3]triazinium-betain $C_{14}H_{10}BrN_3O_2$,
Formel VIII (R = Br, X = CH_3, X′ = H) und Mesomere.
Konstitution: *McKillop, Kobylecki*, J. org. Chem. **39** [1974] 2710.
B. Beim Erwärmen von N′-[2-Brom-4-methyl-phenyl]-2-nitro-benzohydrazonoylbromid in
Äthanol (*Chattaway, Adamson*, Soc. **1930** 157, 162).
Hellgelbe Kristalle (aus A.), die bei 139° explodieren (*Ch., Ad.*).

2-[2,6-Dibrom-4-methyl-phenyl]-4-oxo-1-oxy-3,4-dihydro-benzo[*d*][1,2,3]triazinium-betain,
2-[2,6-Dibrom-4-methyl-phenyl]-4-hydroxy-1-oxy-benzo[*d*][1,2,3]triazinium-betain
$C_{14}H_9Br_2N_3O_2$, Formel VIII (R = X′ = Br, X = CH_3) und Mesomere.
Konstitution: *McKillop, Kobylecki*, J. org. Chem. **39** [1974] 2710.
B. Analog der vorangehenden Verbindung (*Chattaway, Adamson*, Soc. **1930** 157, 163).
Hellgelbe Kristalle (aus A.), die bei 167° explodieren (*Ch., Ad.*).

3-Mesityl-3*H*-benzo[*d*][1,2,3]triazin-4-on $C_{16}H_{15}N_3O$, Formel VII (R = R′ = R″ = CH_3).
B. Beim Erwärmen von 2-[N″-Mesityl-triazenyl]-benzoesäure-methylester in Äthanol (*Gram=
maticakis*, C. r. **243** [1956] 2094). Beim Erwärmen von diazotiertem Anthranilsäure-[2,4,6-tri=
methyl-anilid] (*Gr.*).
Kristalle (aus A. oder wss. A.); F: 142°. UV-Spektrum (A.; 210–360 nm): *Gr.*

3-Biphenyl-2-yl-3*H*-benzo[*d*][1,2,3]triazin-4-on $C_{19}H_{13}N_3O$, Formel VII (R = R′ = H,
R″ = C_6H_5).
B. Analog der vorangehenden Verbindung (*Grammaticakis*, C. r. **243** [1956] 2094).
Kristalle (aus A. oder wss. A.); F: 183°. UV-Spektrum (A.; 230–350 nm): *Gr.*

3-[2-Hydroxy-äthyl]-3*H*-benzo[*d*][1,2,3]triazin-4-on $C_9H_9N_3O_2$, Formel X (R = H).
B. Aus Anthranilsäure-methylester bei der Diazotierung und anschliessenden Umsetzung
mit 2-Amino-äthanol (*Van Heyningen*, Am. Soc. **77** [1955] 6562).
Kristalle (aus Bzl.); F: 116–118° [unkorr.].

3-[2-Methoxy-phenyl]-3*H*-benzo[*d*][1,2,3]triazin-4-on $C_{14}H_{11}N_3O_2$, Formel XI (X = O-CH_3,
X′ = H).
B. Beim Erwärmen von 2-[N″-(2-Methoxy-phenyl)-triazenyl]-benzoesäure-methylester in Äth=
anol (*Grammaticakis*, C. r. **243** [1956] 2094). Beim Erwärmen von diazotiertem Anthranilsäure-
[2-methoxy-anilid] (*Gr.*).
Kristalle (aus A. oder wss. A.); F: 153°. UV-Spektrum (A.; 220–375 nm): *Gr.*

3-[4-Methoxy-phenyl]-3*H*-benzo[*d*][1,2,3]triazin-4-on $C_{14}H_{11}N_3O_2$, Formel XI (X = H,
X′ = O-CH_3).
B. Analog der vorangehenden Verbindung (*Grammaticakis*, C. r. **243** [1956] 2094).
Kristalle (aus A. oder wss. A.); F: 157°. UV-Spektrum (A.; 210–400 nm): *Gr.*

3-[β,β′-Dihydroxy-isopropyl]-3*H*-benzo[*d*][1,2,3]triazin-4-on $C_{10}H_{11}N_3O_3$, Formel X
(R = CH_2-OH).
B. Aus Anthranilsäure-methylester bei der Diazotierung und anschliessenden Umsetzung
mit 2-Amino-propan-1,3-diol (*Van Heyningen*, Am. Soc. **77** [1955] 6562).
$Kp_{3,3}$: 117–120°.

3-Hydroxymethyl-3H-benzo[d][1,2,3]triazin-4-on $C_8H_7N_3O_2$, Formel XII (X = OH).

B. Beim Erwärmen von 3H-Benzo[d][1,2,3]triazin-4-on mit wss. Formaldehyd (*Farbenfabr. Bayer*, U.S.P. 2758115 [1955], 2843588 [1956]).

Kristalle; F: 134 — 135°.

3-Chlormethyl-3H-benzo[d][1,2,3]triazin-4-on $C_8H_6ClN_3O$, Formel XII (X = Cl).

B. Aus der vorangehenden Verbindung und $SOCl_2$ (*Farbenfabr. Bayer*, U.S.P. 2758115 [1955], 2843588 [1956]).

Kristalle (aus Isopropylalkohol); F: 125°.

3-Brommethyl-3H-benzo[d][1,2,3]triazin-4-on $C_8H_6BrN_3O$, Formel XII (X = Br).

B. Aus 3-Hydroxymethyl-3H-benzo[d][1,2,3]triazin-4-on und PBr_3 in Acetonitril (*Farbenfabr. Bayer*, D.B.P. 927270 [1953]; U.S.P. 2758115 [1955], 2843588 [1956]).

Kristalle (aus Me.); F: 126°.

XI   XII   XIII

Thiophosphorsäure-O,O'-dimethylester-S-[4-oxo-4H-benzo[d][1,2,3]triazin-3-ylmethylester] $C_{10}H_{12}N_3O_4PS$, Formel XIII (R = CH_3, X = O).

B. Beim Erwärmen der vorangehenden Verbindung mit dem Ammonium-Salz des Thiophos= phorsäure-O,O'-dimethylesters in Aceton (*Farbenfabr. Bayer*, U.S.P. 2843588 [1956]).

Kristalle (aus Isopropylalkohol + Ae., wss. Me. + Ae. oder Bzl. + Ae.); F: 81 — 83° (*Farben= fabr. Bayer*).

Geschwindigkeitskonstante der Hydrolyse in wss. Lösungen vom pH 1 — 5 bei 0 — 70° sowie in wss. Lösungen vom pH 0 — 8 bei 70°: *Mühlmann, Schrader*, Z. Naturf. **12b** [1957] 196, 205, 206.

Thiophosphorsäure-O,O'-diisopropylester-S-[4-oxo-4H-benzo[d][1,2,3]triazin-3-ylmethylester] $C_{14}H_{20}N_3O_4PS$, Formel XIII (R = $CH(CH_3)_2$, X = O).

B. Beim Erwärmen von 3-Chlormethyl-3H-benzo[d][1,2,3]triazin-4-on mit dem Ammonium-Salz des Thiophosphorsäure-O,O'-diisopropylesters in Aceton (*Farbenfabr. Bayer*, D.B.P. 927270 [1953]; U.S.P. 2758115 [1955]).

F: 55°.

Dithiophosphorsäure-O,O'-dimethylester-S-[4-oxo-4H-benzo[d][1,2,3]triazin-3-ylmethylester], Gusathion $C_{10}H_{12}N_3O_3PS_2$, Formel XIII (R = CH_3, X = S).

Zusammenfassende Darstellung: *G. Schrader*, Die Entwicklung neuer insektizider Phosphor= säure-Ester, 3. Aufl. [Weinheim 1963] S. 176.

B. Beim Erwärmen von 3-Chlormethyl-3H-benzo[d][1,2,3]triazin-4-on mit Natrium-[O,O'-dimethyl-dithiophosphat] in Aceton (*Farbenfabr. Bayer*, D.B.P. 927270 [1953]; U.S.P. 2758115 [1955]).

Kristalle (aus Me.); F: 72° (*Farbenfabr. Bayer*).

Geschwindigkeitskonstante der Hydrolyse in wss. Lösungen vom pH 1 — 5 bei 0 — 70° sowie in wss. Lösungen vom pH 0 — 9 bei 70°: *Mühlmann, Schrader*, Z. Naturf. **12b** [1957] 196, 205, 206.

Dithiophosphorsäure-O,O'-diäthylester-S-[4-oxo-4H-benzo[d][1,2,3]triazin-3-ylmethylester] $C_{12}H_{16}N_3O_3PS_2$, Formel XIII (R = C_2H_5, X = S).

B. Beim Behandeln des Natrium-Salzes des Dithiophosphorsäure-O,O'-diäthylesters mit 3-Chlormethyl-3H-benzo[d][1,2,3]triazin-4-on oder 3-Brommethyl-3H-benzo[d][1,2,3]triazin-4-on in Aceton (*Farbenfabr. Bayer*, D.B.P. 927270 [1955]; U.S.P. 2758115 [1955]).

Kristalle (aus Me.); F: 52°.

Dithiophosphorsäure-S-[4-oxo-4H-benzo[d][1,2,3]triazin-3-ylmethylester]-O,O'-dipropylester
$C_{14}H_{20}N_3O_3PS_2$, Formel XIII (R = CH_2-C_2H_5, X = S).

B. Beim Erwärmen von 3-Chlormethyl-3H-benzo[d][1,2,3]triazin-4-on mit dem Natrium-Salz des Dithiophosphorsäure-O,O'-dipropylesters in Aceton (*Farbenfabr. Bayer,* D.B.P. 927270 [1953]; U.S.P. 2758115 [1955]).
Kristalle (aus Me.); F: 53°.

Dithiophosphorsäure-O,O'-diisopropylester-S-[4-oxo-4H-benzo[d][1,2,3]triazin-3-ylmethylester]
$C_{14}H_{20}N_3O_3PS_2$, Formel XIII (R = $CH(CH_3)_2$, X = S).

B. Analog der vorangehenden Verbindung (*Farbenfabr. Bayer,* D.B.P. 927270 [1953]; U.S.P. 2758115 [1955]).
Kristalle (aus Me.); F: 56°.

[4-Oxo-4H-benzo[d][1,2,3]triazin-3-yl]-essigsäure $C_9H_7N_3O_3$, Formel XIV.

B. Beim Erhitzen des Äthylesters (s. u.) mit wss.-methanol. NaOH (*Van Heyningen,* Am. Soc. **77** [1955] 6562).
Kristalle (aus H_2O); F: 193–194° [unkorr.].
Äthylester $C_{11}H_{11}N_3O_3$. *B.* Aus Anthranilsäure-methylester bei der Diazotierung und anschliessenden Umsetzung mit Glycin-äthylester (*Van He.*). – Kristalle (aus Bzl.+PAe.); F: 98–100° [unkorr.].

3-[2-Dimethylamino-äthyl]-3H-benzo[d][1,2,3]triazin-4-on $C_{11}H_{14}N_4O$, Formel XV
(R = CH_3).

B. Aus Anthranilsäure-methylester bei der Diazotierung und anschliessenden Umsetzung mit N,N-Dimethyl-äthylendiamin (*Van Heyningen,* Am. Soc. **77** [1955] 6562).
Kristalle (aus PAe.); F: 61–62°.
Hydrochlorid $C_{11}H_{14}N_4O\cdot HCl$. Kristalle (aus A.+Ae.); F: 222–224° [unkorr.].

XIV   XV   XVI

3-[2-Diäthylamino-äthyl]-3H-benzo[d][1,2,3]triazin-4-on $C_{13}H_{18}N_4O$, Formel XV
(R = C_2H_5).

B. Analog der vorangehenden Verbindung (*Van Heyningen,* Am. Soc. **77** [1955] 6562).
$Kp_{1,6}$: 176°.
Hydrochlorid $C_{13}H_{18}N_4O\cdot HCl$. Kristalle (aus A.+Ae.); F: 226° [unkorr.; Zers.].

3-[3-Dimethylamino-propyl]-3H-benzo[d][1,2,3]triazin-4-on $C_{12}H_{16}N_4O$, Formel XVI.
B. Analog den vorangehenden Verbindungen (*Van Heyningen,* Am. Soc. **77** [1955] 6562).
$Kp_{2,4}$: 178°.
Hydrochlorid $C_{12}H_{16}N_4O\cdot HCl$. Kristalle (aus A.+Ae.); F: 208–210° [unkorr.; Zers.].

I   II   III

($\pm$)-3-[4-Diäthylamino-1-methyl-butyl]-3H-benzo[d][1,2,3]triazin-4-on $C_{16}H_{24}N_4O$, Formel I.
B. Analog den vorangehenden Verbindungen (*Van Heyningen,* Am. Soc. **77** [1955] 6562).

$Kp_{1,1}$: 185°.

Hydrochlorid $C_{16}H_{24}N_4O \cdot HCl$. Kristalle (aus A.+Ae.); F: 130−131° [unkorr.].

3-[2-Acetylamino-phenyl]-3H-benzo[d][1,2,3]triazin-4-on, Essigsäure-[2-(4-oxo-4H-benzo[d][1,2,3]triazin-3-yl)-anilid] $C_{15}H_{12}N_4O_2$, Formel II.

B. Beim Erwärmen von 2-[*N''*-(2-Acetylamino-phenyl)-triazenyl]-benzoesäure-methylester in Äthanol (*Grammaticakis,* C. r. **243** [1956] 2094). Beim Erwärmen von diazotiertem Anthranilsäure-[2-acetylamino-anilid] (*Gr.*).

Kristalle (aus A. oder wss. A.); F: 246°. UV-Spektrum (A.; 220−350 nm): *Gr.*

2-[4-Dimethylamino-phenyl]-4-oxo-3,4-dihydro-benzo[d][1,2,3]triazinium-betain, 2-[4-Dimethylamino-phenyl]-4-hydroxy-benzo[d][1,2,3]triazinium-betain $C_{15}H_{14}N_4O$, Formel III und Mesomere.

Diese Konstitution kommt der von *Jennen* (Meded. vlaam. chem. Verenig. **18** [1956] 43, 57) als 2-[4-Dimethylamino-phenylimino]-3-oxo-2,3-dihydro-1H-indazolium-betain $C_{15}H_{14}N_4O$ (E III/IV **24** 272) formulierten Verbindung zu (*Kerber,* J. org. Chem. **37** [1972] 1587, 1589, 1590). Die Verbindung, für die *Jennen* (l. c. S. 54, 57) diese Konstitution vermutet hat, ist als 4,4′-Bis-dimethylamino-azoxybenzol zu formulieren (*Ke.,* l. c. S. 1589).

B. Beim Behandeln von 1,2-Dihydro-indazol-3-on mit *N,N*-Dimethyl-4-nitroso-anilin in methanol. KOH (*Ke.,* l. c. S. 1592; vgl. *Je.*).

Blaue Kristalle; F: 199−200° [aus Me.+CCl₄] (*Ke.*), 198° (*Je.*). ¹H-NMR-Absorption und ¹H-¹H-Spin-Spin-Kopplungskonstanten (DMSO-d_6 sowie Trifluoressigsäure): *Ke.,* l. c. S. 1590, 1592. IR-Banden (KBr; 3,3−14,7 μ): *Ke.* λ_{max}: 228 nm, 238 nm, 292 nm, 298 nm und 548 nm [A.], 530 nm [CHCl₃] bzw. 522 nm [Dioxan] (*Ke.*). Polarographisches Halbstufenpotential (wss. A. vom pH 5,5 und pH 7): *Moelants, Janssen,* Bl. Soc. chim. Belg. **66** [1957] 209, 215. Massenspektrum: *Ke.*

3-[4-Dimethylamino-phenyl]-3H-benzo[d][1,2,3]triazin-4-on $C_{15}H_{14}N_4O$, Formel IV (R = R′ = CH₃).

B. Beim Erwärmen von diazotiertem Anthranilsäure-[4-dimethylamino-anilid] (*Jennen,* Meded. vlaam. chem. Verenig. **18** [1956] 43, 57).

Kristalle (aus A.); F: 249−250° (*Je.*). Polarographisches Halbstufenpotential (wss. A. vom pH 5,5 und pH 7): *Moelants, Janssen,* Bl. Soc. chim. Belg. **66** [1957] 209, 213.

3-[4-Acetylamino-phenyl]-3H-benzo[d][1,2,3]triazin-4-on, Essigsäure-[4-(4-oxo-4H-benzo[d][1,2,3]triazin-3-yl)-anilid] $C_{15}H_{12}N_4O_2$, Formel IV (R = CO-CH₃, R′ = H).

B. Beim Erwärmen von 2-[*N''*-(4-Acetylamino-phenyl)-triazenyl]-benzoesäure-methylester in Äthanol (*Grammaticakis,* C. r. **243** [1956] 2094). Beim Erwärmen von diazotiertem Anthranilsäure-[4-acetylamino-anilid] (*Gr.*).

Kristalle (aus A. oder wss. A.); F: 242°. UV-Spektrum (A.; 220−400 nm): *Gr.*

IV   V   VI

1,2-Bis-[4-oxo-4H-benzo[d][1,2,3]triazin-3-yl]-äthan, 3H,3′H-3,3′-Äthandiyl-bis-benzo[d][1,2,3]triazin-4-on $C_{16}H_{12}N_6O_2$, Formel V.

B. Aus Anthranilsäure-methylester bei der Diazotierung und anschliessenden Umsetzung mit Äthylendiamin (*Van Heyningen,* Am. Soc. **77** [1955] 6562).

Kristalle (aus Bzl.+PAe.); F: 213−215° [unkorr.].

3-[2]Pyridyl-3H-benzo[d][1,2,3]triazin-4-on $C_{12}H_8N_4O$, Formel VI.

B. Beim Erhitzen von 2-[N''-[2]Pyridyl-triazenyl]-benzoesäure-methylester mit äthanol. Natriumäthylat (*Van Heyningen*, Am. Soc. **77** [1955] 6562).

Kristalle (aus Me.); F: 189 – 190° [unkorr.].

3-[3]Pyridyl-3H-benzo[d][1,2,3]triazin-4-on $C_{12}H_8N_4O$, Formel VII.

B. Beim Behandeln von diazotiertem Anthranilsäure-methylester mit [3]Pyridylamin und Erwärmen des Reaktionsprodukts in Äthanol (*Grammaticakis*, Bl. **1959** 480, 491).

Kristalle (aus A.); F: 133°. UV-Spektrum (A.; 210 – 375 nm): *Gr.*, l. c. S. 484.

3-[3]Chinolyl-3H-benzo[d][1,2,3]triazin-4-on $C_{16}H_{10}N_4O$, Formel VIII.

B. Beim Erwärmen von 2-[N''-[3]Chinolyl-triazenyl]-benzoesäure-methylester mit methanol. Natriummethylat (*Van Heyningen*, Am. Soc. **77** [1955] 6562).

Kristalle (aus Me.); F: 188 – 189° [unkorr.].

VII   VIII   IX   X

7-Chlor-3H-benzo[d][1,2,3]triazin-4-on $C_7H_4ClN_3O$, Formel IX und Taut.

B. Aus diazotiertem 2-Amino-4-chlor-benzoesäure-amid (*Grundmann, Ulrich*, J. org. Chem. **24** [1959] 272).

Kristalle (aus A.); F: 219 – 220° [Zers.].

2-[2-Brom-4-methyl-phenyl]-7-nitro-4-oxo-3,4-dihydro-benzo[d][1,2,3]triazinium-betain,
2-[2-Brom-4-methyl-phenyl]-4-hydroxy-7-nitro-benzo[d][1,2,3]triazinium-betain $C_{14}H_9BrN_4O_3$, Formel X (X = H) und Mesomere.

B. Beim Erwärmen von 2-[2-Brom-4-methyl-phenyl]-7-nitro-4-oxo-1-oxy-3,4-dihydro-benzo[d][1,2,3]triazinium-betain mit Äthanol (*Chattaway, Adamson*, Soc. **1931** 2792, 2795).

Kristalle (aus Eg.); F: 250°.

2-[2,6-Dibrom-4-methyl-phenyl]-7-nitro-4-oxo-3,4-dihydro-benzo[d][1,2,3]triazinium-betain,
2-[2,6-Dibrom-4-methyl-phenyl]-4-hydroxy-7-nitro-benzo[d][1,2,3]triazinium-betain
$C_{14}H_8Br_2N_4O_3$, Formel X (X = Br) und Mesomere.

B. Beim Erwärmen von 2-[2,6-Dibrom-4-methyl-phenyl]-7-nitro-4-oxo-1-oxy-3,4-dihydro-benzo[d][1,2,3]triazinium-betain mit Äthanol (*Chattaway, Adamson*, Soc. **1931** 2792, 2795).

Kristalle (aus Eg.); F: 279°.

2-[2-Brom-4-methyl-phenyl]-7-nitro-4-oxo-1-oxy-3,4-dihydro-benzo[d][1,2,3]triazinium-betain,
2-[2-Brom-4-methyl-phenyl]-4-hydroxy-7-nitro-1-oxy-benzo[d][1,2,3]triazinium-betain
$C_{14}H_9BrN_4O_4$, Formel XI (X = H) und Mesomere.

Konstitution: *McKillop, Kobylecki*, J. org. Chem. **39** [1974] 2710.

B. Aus N'-[2-Brom-4-methyl-phenyl]-2,4-dinitro-benzohydrazonoylbromid und NH_3 (*Chattaway, Adamson*, Soc. **1931** 2792, 2795).

Hellgelbe Kristalle (aus A.), die bei 133° explodieren (*Ch., Ad.*).

2-[2,6-Dibrom-4-methyl-phenyl]-7-nitro-4-oxo-1-oxy-3,4-dihydro-benzo[d][1,2,3]triazinium-betain,
2-[2,6-Dibrom-4-methyl-phenyl]-4-hydroxy-7-nitro-1-oxy-benzo[d][1,2,3]triazinium-betain
$C_{14}H_8Br_2N_4O_4$, Formel XI (X = Br) und Mesomere.

Konstitution: *McKillop, Kobylecki*, J. org. Chem. **39** [1974] 2710.

B. Analog der vorangehenden Verbindung (*Chattaway, Adamson*, Soc. **1931** 2792, 2795).

Hellgelbe Kristalle (aus A.), die bei 142° explodieren (*Ch., Ad.*).

3H-Benzo[d][1,2,3]triazin-4-thion $C_7H_5N_3S$, Formel XII (X = H) und Taut. (H 166).
Nach Ausweis der IR-Absorption liegt im festen Zustand 1(oder 3)*H*-Benzo[*d*]triazin-4-thion vor (*Gilbert, Veldhuis*, J. heterocycl. Chem. **6** [1969] 779, 780).
Kristalle (aus A.); F: 205 – 206° (*Stanovnik, Tišler*, J. heterocycl. Chem. **8** [1971] 785, 786).
IR-Banden (Nujol; 3100 – 700 cm⁻¹): *Gi., Ve.*, l. c. S. 782.

| XI | XII | XIII | XIV |

7-Chlor-3H-benzo[d][1,2,3]triazin-4-thion $C_7H_4ClN_3S$, Formel XII (X = Cl) und Taut.
B. Aus diazotiertem 2-Amino-4-chlor-thiobenzoesäure-amid (*Grundmann, Ulrich*, J. org. Chem. **24** [1959] 272).
Kristalle; F: 215 – 217° [Zers.; aus A.] (*Gr., Ul.*), 205° [unkorr.] (*Gilbert, Veldhuis*, J. hetero≈ cycl. Chem. **6** [1969] 779, 782).

1-Oxy-4H-benzo[e][1,2,4]triazin-3-on, 4H-Benzo[e][1,2,4]triazin-3-on-1-oxid $C_7H_5N_3O_2$, Formel XIII und Taut. (E I 43).
B. Aus 1-Oxy-benzo[*e*][1,2,4]triazin-3-ylamin beim Behandeln mit $NaNO_2$ und wss. H_2SO_4 (*Jiu, Mueller*, J. org. Chem. **24** [1959] 813, 814, 817). Neben anderen Verbindungen beim Erhitzen von *N*-[2-Nitro-benzolsulfonyl]-harnstoff mit wss. NaOH (*Backer, Groot*, R. **69** [1950] 1323, 1339).
Gelbe Kristalle; F: 244 – 246° [unkorr.; aus Me.] (*Jiu, Mu.*), 218 – 219° [aus H_2O] (*Ba., Gr.*).

2-Methyl-2H-benzo[e][1,2,4]triazin-3-on $C_8H_7N_3O$, Formel XIV.
B. Neben 4-Methyl-4*H*-benzo[*e*][1,2,4]triazin-3-on und 3-Methoxy-benzo[*e*][1,2,4]triazin beim Behandeln von 4*H*-Benzo[*e*][1,2,4]triazin-3-on mit Diazomethan in Äther (*Ergener*, Rev. Fac. Sci. Istanbul [A] **15** [1950] 91, 105).
Orangefarbene Kristalle (aus H_2O); F: 157 – 158° [Zers.].

4-Methyl-4H-benzo[e][1,2,4]triazin-3-on $C_8H_7N_3O$, Formel I (R = CH_3, X = H).
B. s. im vorangehenden Artikel.
Kristalle (aus H_2O); F: 202° (*Ergener*, Rev. Fac. Sci. Istanbul [A] **15** [1950] 91, 105).

4-Methyl-1-oxy-4H-benzo[e][1,2,4]triazin-3-on, 4-Methyl-4H-benzo[e][1,2,4]triazin-3-on-1-oxid $C_8H_7N_3O_2$, Formel II (R = CH_3, X = H).
B. Beim Erwärmen von 4*H*-Benzo[*e*][1,2,4]triazin-3-on-1-oxid mit CH_3I in methanol. K_2CO_3 (*Jiu, Mueller*, J. org. Chem. **24** [1959] 813, 814, 817). Neben 3-Methoxy-benzo[*e*][1,2,4]triazin-1-oxid beim Behandeln von 4*H*-Benzo[*e*][1,2,4]triazin-3-on-1-oxid mit Diazomethan in Äther (*Ergener*, Rev. Fac. Sci. Istanbul [A] **15** [1950] 91, 100).
Grünlichgelbe Kristalle (aus Me.); F: 237 – 241° [unkorr.] (*Jiu, Mu.*), 233° [Zers.] (*Er.*).

7-Chlor-4H-benzo[e][1,2,4]triazin-3-on $C_7H_4ClN_3O$, Formel I (R = H, X = Cl) und Taut.
B. Aus diazotiertem 7-Chlor-benzo[*e*][1,2,4]triazin-3-ylamin (*Wolf et al.*, Am. Soc. **76** [1954] 3551).
F: 228 – 229°.

7-Chlor-1-oxy-4H-benzo[e][1,2,4]triazin-3-on, 7-Chlor-4H-benzo[e][1,2,4]triazin-3-on-1-oxid $C_7H_4ClN_3O_2$, Formel II (R = H, X = Cl) und Taut.
B. Aus diazotiertem 7-Chlor-1-oxy-benzo[*e*][1,2,4]triazin-3-ylamin (*Jiu, Mueller*, J. org. Chem.

24 [1959] 813, 814; *Wolf et al.*, Am. Soc. **76** [1954] 4611). Beim Erwärmen von [4-Chlor-2-nitro-phenyl]-harnstoff mit wss. NaOH (*Wolf et al.*).

Kristalle; F: 259−262° [unkorr.] (*Jiu, Mu.*), 232−234° (*Wolf et al.*, Am. Soc. **76** [1954] 3551), 230−231° [aus 2-Äthoxy-äthanol] (*Wolf et al.*, l. c. S. 4611).

3*H*-Pyrido[3,2-*d*]pyrimidin-4-on $C_7H_5N_3O$, Formel III (X = O, X' = H) und Taut.

B. Beim Erhitzen von 3-Amino-pyridin-2-carbonsäure mit Formamid auf 180° (*Price, Curtin*, Am. Soc. **68** [1946] 914; *Oakes et al.*, Soc. **1956** 1045, 1052). Beim Erwärmen von Pyrido[3,2-*d*]pyrimidin-4-ylamin mit wss. HCl (*Oa. et al.*) oder mit wss. NaOH (*Robins, Hitchings*, Am. Soc. **78** [1956] 973, 975).

Kristalle; F: 346−347° [aus wss. A.] (*Pr., Cu.*), 346° [aus H_2O] (*Oa. et al.*), 345−346° [unkorr.; aus wss. Eg.] (*Ro., Hi.*). IR-Banden (KBr sowie $CHCl_3$; 3400−1670 cm^{-1}): *Mason*, Soc. **1957** 4874, 4875. λ_{max} (wss. Lösung): 265 nm und 300 nm [pH 1] bzw. 282 nm und 310 nm [pH 11] (*Ro., Hi.*, l. c. S. 974). Scheinbarer Dissoziationsexponent pK_a' (H_2O; potentiometrisch ermittelt) bei 20°: 8,95 (*Albert, Hampton*, Soc. **1954** 505, 506). Löslichkeit in H_2O bei 20°: 0,0086 $mol \cdot l^{-1}$ (*Al., Ha.*).

Stabilitätskonstanten des Komplexes mit Nickel(2+) in H_2O bei 20°: *Al., Ha.*, l. c. S. 508.

2-Chlor-3*H*-pyrido[3,2-*d*]pyrimidin-4-thion $C_7H_4ClN_3S$, Formel III (X = S, X' = Cl) und Taut.

λ_{max} (wss. Lösung): 255 nm und 373 nm [pH 1] bzw. 245 nm und 370 nm [pH 11] (*Robins, Hitchings*, Am. Soc. **78** [1956] 973, 974).

3*H*-Pyrido[2,3-*d*]pyrimidin-4-on $C_7H_5N_3O$, Formel IV (X = O, X' = H) und Taut.

Die Identität des früher (E II **26** 90) unter dieser Konstitution beschriebenen Präparats ist ungewiss (*Robins, Hitchings*, Am. Soc. **77** [1955] 2256).

B. Beim Erhitzen von 2-Amino-nicotinsäure mit Formamid auf 170° (*Ro., Hi.*, l. c. S. 2258; *Oakes et al.*, Soc. **1956** 1045, 1053). Aus 2-Thioxo-2,3-dihydro-1*H*-pyrido[2,3-*d*]pyrimidin-4-on mit Hilfe von Raney-Nickel in wss. NaOH (*Oa. et al.*).

Kristalle; F: 258° [unkorr.; aus H_2O] (*Ro., Hi.*), 255−256° [aus wss. Me.] (*Oa. et al.*). λ_{max} (wss. Lösung): 270 nm und 317 nm [pH 1] bzw. 280 nm und 313 nm [pH 11] (*Ro., Hi.*).

2-Chlor-3*H*-pyrido[2,3-*d*]pyrimidin-4-on $C_7H_4ClN_3O$, Formel IV (X = O, X' = Cl) und Taut.

B. Aus 2,4-Dichlor-pyrido[2,3-*d*]pyrimidin und wss. NaOH (*Robins, Hitchings*, Am. Soc. **77** [1955] 2256, 2259).

Bräunliche Kristalle (aus Eg.), die unterhalb 360° nicht schmelzen.

3*H*-Pyrido[2,3-*d*]pyrimidin-4-thion $C_7H_5N_3S$, Formel IV (X = S, X' = H) und Taut.

B. Beim Erhitzen von 3*H*-Pyrido[2,3-*d*]pyrimidin-4-on mit P_2S_5 in Tetralin auf 175−180° (*Robins, Hitchings*, Am. Soc. **77** [1955] 2256, 2259).

Gelbgrüne Kristalle (aus A.); F: >360°. λ_{max} (wss. Lösung): 255 nm und 385 nm [pH 1] bzw. 240 nm und 370 nm [pH 11] (*Ro., Hi.*, l. c. S. 2258).

2-Chlor-3*H*-pyrido[2,3-*d*]pyrimidin-4-thion $C_7H_4ClN_3S$, Formel IV (X = S, X' = Cl) und Taut.

B. Aus 2,4-Dichlor-pyrido[2,3-*d*]pyrimidin und NaHS in H_2O (*Robins, Hitchings*, Am. Soc. **77** [1955] 2256, 2260).

Orangegelbe Kristalle; F: 327−330° [unkorr.]. λ_{max} (wss. Lösung): 258 nm und 375 nm [pH 1] bzw. 245 nm und 373 nm [pH 11] (*Ro., Hi.*, l. c. S. 2258).

5H-Pyrido[2,3-b]pyrazin-8-on $C_7H_5N_3O$, Formel V und Taut. (z.B. Pyrido[2,3-b]pyrazin-8-ol).

B. Beim Erhitzen von Pyrido[2,3-b]pyrazin-8-ylamin mit wss. NaOH auf 140° (*Albert, Hampton*, Soc. **1952** 4985, 4993).

Gelbe Kristalle (aus H_2O); Zers. bei 290−310° (*Al., Ha.*, Soc. **1952** 4993). IR-Banden (KBr sowie $CHCl_3$; 3415−1625 cm^{-1}): *Mason*, Soc. **1957** 4874, 4875. Scheinbarer Dissoziationsexponent pK_a' (H_2O; potentiometrisch ermittelt) bei 20°: 8,78 (*Albert, Hampton*, Soc. **1954** 505, 506). Löslichkeit in H_2O bei 20°: 0,028 mol·l^{-1} (*Al., Ha.*, Soc. **1954** 506). Stabilitätskonstanten des Komplexes mit Nickel(2+) in H_2O bei 20°: *Al., Ha.*, Soc. **1954** 508.

4H-Pyrido[2,3-b]pyrazin-3-on $C_7H_5N_3O$, Formel VI (R = H) und Taut.
B. Aus 3-Oxo-3,4-dihydro-pyrido[2,3-b]pyrazin-2-carbonsäure (*Clark-Lewis, Thompson*, Soc. **1957** 430, 436).
Hellgelbe Kristalle (aus H_2O); F: 239−240°. Bei 230°/2 Torr sublimierbar.

4-Methyl-4H-pyrido[2,3-b]pyrazin-3-on $C_8H_7N_3O$, Formel VI (R = CH_3).
B. Aus 4-Methyl-3-oxo-3,4-dihydro-pyrido[2,3-b]pyrazin-2-carbonsäure (*Clark-Lewis, Thompson*, Soc. **1957** 430, 436).
Kristalle (aus Hexan); F: 117°. λ_{max} (A.): 221 nm und 329−330 nm.

4-Phenyl-4H-pyrido[2,3-b]pyrazin-3-on $C_{13}H_9N_3O$, Formel VI (R = C_6H_5).
B. Beim Erwärmen von [3-Oxo-4-phenyl-3,4-dihydro-pyrido[2,3-b]pyrazin-2-carbonyl]-harnstoff mit wss. NaOH (*Rudy, Majer*, B. **72** [1939] 940, 944).
Kristalle (aus H_2O); F: 245°.

V   VI   VII   VIII   IX

1-Methyl-1H-pyrido[2,3-b]pyrazin-2-on $C_8H_7N_3O$, Formel VII.
B. Aus 1-Methyl-2-oxo-1,2-dihydro-pyrido[2,3-b]pyrazin-3-carbonsäure (*Clark-Lewis, Thompson*, Soc. **1957** 430, 436).
Kristalle (aus Bzl.); F: 223−224°. Bei 210°/15 Torr sublimierbar.

6H-Pyrido[3,4-b]pyrazin-5-on $C_7H_5N_3O$, Formel VIII und Taut. (z.B. Pyrido[3,4-b]pyrazin-5-ol).
B. Beim Erwärmen von 3,4-Diamino-1H-pyridin-2-on mit Polyglyoxal (H **1** 760) in Äthanol (*Albert, Hampton*, Soc. **1952** 4985, 4992).
Gelbe Kristalle (aus H_2O) mit 0,5 Mol H_2O; F: 270° [Zers.] (*Al., Ha.*, Soc. **1952** 4992). IR-Banden (KBr sowie $CHCl_3$; 3410−1660 cm^{-1}): *Mason*, Soc. **1957** 4874, 4875. Scheinbarer Dissoziationsexponent pK_a' (H_2O; potentiometrisch ermittelt) bei 20°: 11,05 (*Albert, Hampton*, Soc. **1954** 505, 506). Löslichkeit in H_2O bei 20°: 0,065 mol·l^{-1} (*Al., Ha.*, Soc. **1954** 506).
Stabilitätskonstanten der Komplexe mit Kupfer(2+), Eisen(2+) und Nickel(2+) in H_2O bei 20°: *Al., Ha.*, Soc. **1954** 508.

7H-Pyrido[2,3-d]pyridazin-8-on $C_7H_5N_3O$, Formel IX (R = H) und Taut.
B. Aus dem Natrium-Salz der 3-Formyl-pyridin-2-carbonsäure und Hydrazin-hydrochlorid

in H_2O (*Bottari, Carboni*, G. **86** [1956] 990, 996).
Kristalle (aus H_2O); F: 300°.

7-Phenyl-7H-pyrido[2,3-d]pyridazin-8-on $C_{13}H_9N_3O$, Formel IX (R = C_6H_5).
B. Beim Erwärmen von 3-[Phenylhydrazono-methyl]-pyridin-2-carbonsäure mit äthanol. HCl (*Bottari, Carboni*, G. **86** [1956] 990, 996).
Kristalle (aus Bzl.); F: 201—203°.   [*Lange*]

Oxo-Verbindungen $C_8H_7N_3O$

5-Phenyl-2,3-dihydro-[1,2,3]triazol-4-on $C_8H_7N_3O$, Formel X (R = R' = H) und Taut.
B. Beim Behandeln von 5-Oxo-4-phenyl-4,5-dihydro-1H-[1,2,3]triazol-4-carbonsäure-äthyl=ester (erhalten aus Azido-phenyl-malonsäure-diäthylester bei der Hydrierung an Palladium/Kohle) mit wss. KOH (*Hohenlohe-Oehringen*, M. **89** [1958] 597, 599, 601).
Kristalle (aus H_2O); F: 184° [Zers.; Sublimation ab 80°].

3,5-Diphenyl-2,3-dihydro-[1,2,3]triazol-4-on $C_{14}H_{11}N_3O$, Formel X (R = H, R' = C_6H_5) und Taut. (H 167; E II 92).
In der bei der Methylierung mit CH_3I oder Dimethylsulfat erhaltenen Verbindung (vgl. H 167; dort als 5-Methoxy-1,4-diphenyl-1H-[1,2,3]triazol beschrieben), die von *Scarpati et al.* (G. **93** [1963] 90, 95) als 2-Methyl-3,5-diphenyl-2,3-dihydro-[1,2,3]triazol-4-on formuliert wurde, hat 4-Hydroxy-1-methyl-3,5-diphenyl-[1,2,3]triazolium-betain (s. u.) vorgelegen (*Begtrup, Peder=sen*, Acta chem. scand. **21** [1967] 633, 634, 638). Bei der Methylierung mit Diazomethan sind 5-Methoxy-1,4-diphenyl-1H-[1,2,3]triazol, 2-Methyl-3,5-diphenyl-2,3-dihydro-[1,2,3]triazol-4-on und 1-Methyl-4-oxo-3,5-diphenyl-4,5-dihydro-[1,2,3]triazolium-betain erhalten worden (*Be., Pe.;* s. a. *Sc. et al.*).

2-Methyl-3,5-diphenyl-2,3-dihydro-[1,2,3]triazol-4-on $C_{15}H_{13}N_3O$, Formel X (R = CH_3, R' = C_6H_5).
Die von *Scarpati et al.* (G. **93** [1963] 90, 95) unter dieser Konstitution beschriebene Verbindung ist als 4-Hydroxy-1-methyl-3,5-diphenyl-[1,2,3]triazolium-betain (s. u.) zu formulieren (*Begtrup, Pedersen*, Acta chem. scand. **21** [1967] 633, 634).
Authentisches 2-Methyl-3,5-diphenyl-2,3-dihydro-[1,2,3]triazol-4-on schmilzt bei 141° (*Be., Pe.*).

1-Methyl-4-oxo-3,5-diphenyl-4,5-dihydro-[1,2,3]triazolium-betain, 4-Hydroxy-1-methyl-3,5-di=phenyl-[1,2,3]triazolium-betain $C_{15}H_{13}N_3O$, Formel XI.
Diese Konstitution kommt der früher (H **26** 109) als 5-Methoxy-1,4-diphenyl-1H-[1,2,3]tri=azol, von *Scarpati et al.* (G. **93** [1963] 90, 95) als 2-Methyl-3,5-diphenyl-2,3-dihydro-[1,2,3]triazol-4-on formulierten Verbindung zu (*Begtrup, Pedersen*, Acta chem. scand. **21** [1967] 633, 634; s. a. *Sc. et al.*).
Kristalle; F: 135—136° [aus PAe.] (*Sc. et al.*), 130° (*Be., Pe.*, l. c. S. 638).

5-Phenyl-1,2-dihydro-[1,2,4]triazol-3-on $C_8H_7N_3O$, Formel XII (R = R' = H) und Taut. (H 168).
Nach Ausweis der ^1H-NMR-, IR- und UV-Absorption liegt im festen Zustand und in Lösun=gen in Äthanol, DMSO und THF 5-Phenyl-2,4-dihydro-[1,2,4]triazol-3-on vor (*Kubota, Uda*, Chem. pharm. Bl. **21** [1973] 1342; s. a. *George, Papadopoulos*, J. org. Chem. **41** [1976] 3233).
Die von *Bougault, Popovici* (C. r. **189** [1929] 186; s. a. *Girard*, A. ch. [11] **16** [1941] 326, 367, 372, 377, 382; *Mautner, Kumler*, Am. Soc. **77** [1955] 4077) unter dieser Konstitution beschriebene Verbindung vom F: 240° ist als 5-Phenyl-[1,3,4]oxadiazol-2-ylamin zu formulieren (*Howard, Burch*, J. org. Chem. **26** [1961] 1651; s. a. *Futaki, Tosa*, Chem. pharm. Bl. **8** [1960] 908; *Maggio et al.*, Ann. Chimica **50** [1960] 491, 496, 499).
B. Aus 1-Benzoyl-semicarbazid oder aus 1,4-Dibenzoyl-semicarbazid beim Erhitzen mit wss. NaOH (*Nakai et al.*, Pharm. Bl. **5** [1957] 576, 579). Über die Bildung aus Benzaldehyd-semicarb=

azon mit $FeCl_3$ in Äthanol (H 168) s. a. *Hoggarth*, Soc. **1949** 1918, 1919, 1923. Beim Erhitzen von 3-Äthoxy-5-phenyl-1*H*-[1,2,4]triazol mit wss. HCl (*Ho.*, l. c. S. 1922). Beim Erwärmen von 5-Phenyl-[1,3,4]oxadiazol-2-ylamin mit wss. NaOH (*Gi.*, l. c. S. 382) oder mit wss. KOH (*Gehlen*, A. **563** [1949] 185, 199).

Kristalle (aus A.); F: 324° (*Ho.*). UV-Spektrum (A. sowie äthanol. HCl; 220–310 nm): *Atkinson et al.*, Soc. **1954** 4508. λ_{max}: 264 nm [A.] bzw. 223,5 nm und 273 nm [äthanol. KOH] (*Atkinson et al.*, Soc. **1954** 4256, 4257).

Silber-Salz $Ag_2C_8H_5N_3O$ (H 168): *Ge.*

2-Methyl-5-phenyl-1,2-dihydro-[1,2,4]triazol-3-on $C_9H_9N_3O$, Formel XII (R = H, R′ = CH_3) und Taut. (H 168).

Nach Ausweis der ^{1}H-NMR-, IR- und UV-Absorption liegt vorwiegend 2-Methyl-5-phenyl-2,4-dihydro-[1,2,4]triazol-3-on vor (*Kubota, Uda*, Chem. pharm. Bl. **21** [1973] 1342; s. a. *George, Papadopoulos*, J. org. Chem. **41** [1976] 3233).

B. Beim Behandeln von *N*-Methyl-benzamidrazon mit Chlorokohlensäure-äthylester (*Atkinson, Polya*, Soc. **1954** 3319, 3321).

Kristalle (aus Bzl.+PAe.); F: 219° [korr.] (*At., Po.*). λ_{max}: 269,5 nm [A.] bzw. 223,5 nm und 267 nm [äthanol. KOH] (*Atkinson et al.*, Soc. **1954** 4256, 4257).

2,5-Diphenyl-1,2-dihydro-[1,2,4]triazol-3-on $C_{14}H_{11}N_3O$, Formel XII (R = H, R′ = C_6H_5) und Taut. (H 169; E II 94).

Nach Ausweis der IR-Absorption liegt 2,5-Diphenyl-2,4-dihydro-[1,2,4]triazol-3-on vor (*George, Papadopoulos*, J. org. Chem. **41** [1976] 3233, 3235).

B. Beim Erwärmen von *N'*-Phenyl-benzohydrazonoylchlorid mit Kaliumcyanat in wss. Äthanol (*Fusco, Musante*, G. **68** [1938] 147, 154).

Kristalle (aus A.); F: 229° (*Fu., Mu.*).

X   XI   XII   XIII

2-[2,4-Dibrom-phenyl]-5-phenyl-1,2-dihydro-[1,2,4]triazol-3-on $C_{14}H_9Br_2N_3O$, Formel XII (R = H, R′ = $C_6H_3Br_2$) und Taut.

B. Analog der vorangehenden Verbindung (*Fusco, Musante*, G. **68** [1938] 147, 154).

Kristalle (aus A.); F: 274°.

Kalium-Salz $KC_{14}H_8Br_2N_3O$. Kristalle (aus A.); F: 271°.

1,5-Diphenyl-1,2-dihydro-[1,2,4]triazol-3-on $C_{14}H_{11}N_3O$, Formel XII (R = C_6H_5, R′ = H) und Taut. (H 169; E I 46).

B. Beim Erwärmen von 4-Benzoyl-1-phenyl-semicarbazid mit wss. NaOH oder mit Polyphosphorsäure (*Arcus, Prydal*, Soc. **1957** 1091).

Kristalle (aus A.); F: 288–289° [korr.] (*Ar., Pr.*). λ_{max}: 226 nm und 294 nm [A.] bzw. 230 nm und 302 nm [äthanol. KOH] (*Atkinson et al.*, Soc. **1954** 4256, 4257).

1-[4-Nitro-phenyl]-5-phenyl-1,2-dihydro-[1,2,4]triazol-3-on $C_{14}H_{10}N_4O_3$, Formel XII (R = C_6H_4-NO_2, R′ = H) und Taut.

B. Beim Erhitzen von 4-Benzoyl-1-[4-nitro-phenyl]-semicarbazid mit Polyphosphorsäure auf 105° (*Arcus, Prydal*, Soc. **1957** 1091).

Gelbe Kristalle (aus Chlorbenzol); F: 265–266° [korr.].

4,5-Diphenyl-2,4-dihydro-[1,2,4]triazol-3-on $C_{14}H_{11}N_3O$, Formel XIII (R = X = H, R′ = C_6H_5) und Taut. (E I 46; E II 94).

B. Aus Benzaldehyd-[4-phenyl-semicarbazon] beim Erwärmen mit $K_3[Fe(CN)_6]$ in alkal. Lösung (*Ramachander, Srinivasan*, Curr. Sci. **28** [1959] 368). Beim Erhitzen von [4,5-Diphenyl-4*H*-[1,2,4]triazol-3-yl]-phenyl-amin mit äthanol. KOH auf 200 – 210° (*Dymek*, Ann. Univ. Lublin [AA] **9** [1954] 61, 65; C.A. **1957** 5095).

Kristalle; F: 256° (*Ra., Sr.*), 255 – 256° [aus A.] (*Dy.*).

1,2,5-Triphenyl-1,2-dihydro-[1,2,4]triazol-3-on $C_{20}H_{15}N_3O$, Formel XII (R = R' = C_6H_5).

B. Beim Erhitzen von 1,2,5-Triphenyl-1,2-dihydro-[1,2,4]triazol-3-thion in Dioxan mit HgO auf 160 – 165° (*Sugii*, J. pharm. Soc. Japan **78** [1958] 283, 286; C. A. **1958** 11822).

Kristalle (aus Me.); F: 233°.

3-Oxo-1,4,5-triphenyl-2,3-dihydro-[1,2,4]triazolium-betain, 3-Hydroxy-1,4,5-triphenyl-[1,2,4]triazolium-betain $C_{20}H_{15}N_3O$, Formel XIV.

Diese Konstitution kommt der früher (E I 27 650) als 3,4,6-Triphenyl-5-oxa-2,3,6-triaza-bicyclo[2.1.1]hex-1-en („1.4.5-Triphenyl-3.5-endoxy-1.2.4-triazolin") formulierten Verbindung zu (*Potts et al.*, J. org. Chem. **32** [1967] 2245).

Kristalle (aus Me.); F: 316° (*Po. et al.*, l. c. S. 2249). IR-Banden (KBr; 3060 – 670 cm^{-1}): *Po. et al.*

5-Phenyl-4-*p*-tolyl-2,4-dihydro-[1,2,4]triazol-3-on $C_{15}H_{13}N_3O$, Formel XIII (R = X = H, R' = C_6H_4-CH_3) und Taut.

B. Aus Benzaldehyd-[4-*p*-tolyl-semicarbazon] mit Hilfe von $K_3[Fe(CN)_6]$ in alkal. Lösung (*Ramachander, Srinivasan*, Curr. Sci. **28** [1959] 368).

F: 244°.

2-Benzoyl-5-phenyl-4-*p*-tolyl-2,4-dihydro-[1,2,4]triazol-3-on $C_{22}H_{17}N_3O_2$, Formel XIII (R = CO-C_6H_5, R' = C_6H_4-CH_3, X = H).

Die früher (E II 26 94) unter dieser Konstitution beschriebene Verbindung ist als 2,5-Diphenyl-[1,3,4]oxadiazol zu formulieren (*Möckel*, Z. Chem. **4** [1964] 428).

2,5-Diphenyl-4-[toluol-4-sulfonyl]-2,4-dihydro-[1,2,4]triazol-3-on $C_{21}H_{17}N_3O_3S$, Formel XIII (R = C_6H_5, R' = SO_2-C_6H_4-CH_3, X = H).

B. Beim Erhitzen von Benzoesäure-[*N'*-phenyl-hydrazid] mit Toluol-4-sulfonylisocyanat (*Logemann*, B. **91** [1958] 2578).

Kristalle (aus A.); F: 198 – 199°.

[5-Oxo-1,3-diphenyl-1,5-dihydro-[1,2,4]triazol-4-yl]-carbamidsäure-äthylester $C_{17}H_{16}N_4O_3$, Formel XIII (R = C_6H_5, R' = NH-CO-O-C_2H_5, X = H).

Diese Konstitution kommt der früher (E II 26 255) als 3-Oxo-4,6-diphenyl-2*H*-3,4-dihydro-[1,2,4,5]tetrazin-1-carbonsäure-äthylester beschriebenen Verbindung zu (*Gillis, Daniher*, J. org. Chem. **27** [1962] 4001; s. a. *Fahr, Rupp*, A. **712** [1968] 93, 95). Entsprechend sind die früher (E II 26 255) als 3-Oxo-6-[3-nitro-phenyl]-4-phenyl-3,4-dihydro-2*H*-[1,2,4,5]tetrazin-1-carbonsäure-äthylester und als 3-Oxo-6-phenyl-4-*o*-tolyl-3,4-dihydro-2*H*-[1,2,4,5]tetrazin-1-carbonsäure-äthylester beschriebenen Verbindungen als [3-(3-Nitro-phenyl)-5-oxo-1-phenyl-1,5-dihydro-[1,2,4]triazol-4-yl]-carbamidsäure-äthylester $C_{17}H_{15}N_5O_5$ bzw. als [5-Oxo-3-phenyl-1-*o*-tolyl-1,5-dihydro-[1,2,4]triazol-4-yl]-carbamidsäure-äthylester $C_{18}H_{18}N_4O_3$ zu formulieren.

XIV   XV   XVI   XVII

5-[4-Chlor-phenyl]-1,2-dihydro-[1,2,4]triazol-3-on $C_8H_6ClN_3O$, Formel XV und Taut.

Nach Ausweis der IR-Absorption liegt 5-[4-Chlor-phenyl]-2,4-dihydro-[1,2,4]triazol-

3-on vor (*George, Papadopoulos,* J. org. Chem. **41** [1976] 3233, 3234).

B. Beim Erwärmen von 3-Äthoxy-5-[4-chlor-phenyl]-1*H*-[1,2,4]triazol mit wss. HCl (*Hoggarth,* Soc. **1949** 1918, 1923). Neben Bis-[4-chlor-benzyliden]-hydrazin beim Behandeln von 4-Chlor-benzaldehyd-semicarbazon mit $FeCl_3$ in wss. Äthanol (*Ho.*).

Kristalle (aus Eg.); F: 406° (*Ho.*).

5-[3-Nitro-phenyl]-4-phenyl-2,4-dihydro-[1,2,4]triazol-3-on $C_{14}H_{10}N_4O_3$, Formel XIII (R = H, R' = C_6H_5, X = NO_2) und Taut.

B. Aus 3-Nitro-benzaldehyd-[4-phenyl-semicarbazon] mit Hilfe von $K_3[Fe(CN)_6]$ in alkal. Lösung (*Ramachander, Srinivasan,* Curr. Sci. **28** [1959] 368).

F: 219°.

5-[3-Nitro-phenyl]-4-*p*-tolyl-2,4-dihydro-[1,2,4]triazol-3-on $C_{15}H_{12}N_4O_3$, Formel XIII (R = H, R' = C_6H_4-CH_3, X = NO_2) und Taut.

B. Aus 3-Nitro-benzaldehyd-[4-*p*-tolyl-semicarbazon] mit Hilfe von $K_3[Fe(CN)_6]$ in alkal. Lösung (*Ramachander, Srinivasan,* Curr. Sci. **28** [1959] 368).

F: 251°.

5-Phenyl-1,2-dihydro-[1,2,4]triazol-3-thion $C_8H_7N_3S$, Formel XVI (R = H) und Taut. (E II 95).

B. Aus 1-Acetyl-4-benzoyl-thiosemicarbazid, aus 4-Acetyl-1-benzoyl-thiosemicarbazid oder aus 1-Benzoyl-4-phenylacetyl-thiosemicarbazid beim Erwärmen mit Natriumäthylat in Äthanol (*Sugii,* Pharm. Bl. Nihon Univ. **2** [1958] 10, 12, 13; C. A. **1959** 8032). Aus 1,4-Dibenzoyl-thiosemicarbazid beim Erwärmen mit Natriumäthylat in Äthanol (*Hoggarth,* Soc. **1950** 614, 615; s. a. *Nakai et al.,* Pharm. Bl. **5** [1957] 576, 578). Aus 4-Benzoyl-1-carbamoyl-thiosemicarb≈ azid beim Erwärmen mit wss. NaOH oder neben 5-Benzoylamino-3*H*-[1,3,4]thiadiazol-2-on beim Erwärmen mit wss. HCl (*Sugii,* J. pharm. Soc. Japan **79** [1959] 100; C. A. **1959** 10033).

Kristalle; F: 256−257° [aus H_2O] (*Ho.*), 255−256° [aus wss. A.] (*Na. et al.*).

2-Methyl-5-phenyl-1,2-dihydro-[1,2,4]triazol-3-thion $C_9H_9N_3S$, Formel XVI (R = CH_3) und Taut.

B. Beim Erwärmen von 3-[2-Methyl-thiosemicarbazono]-3-phenyl-propionsäure-äthylester mit äthanol. NaOH oder äthanol. Natriumäthylat (*Losse et al.,* B. **91** [1958] 150, 155). Beim Erwär≈ men von 2-Methyl-7-phenyl-3-thioxo-2,3,4,6-tetrahydro-[1,2,4]triazepin-5-on mit äthanol. NaOH (*Lo. et al.,* l. c. S. 156).

F: 265−267° [aus Isopropylalkohol].

4-Methyl-5-phenyl-2,4-dihydro-[1,2,4]triazol-3-thion $C_9H_9N_3S$, Formel XVII (R = CH_3) und Taut. (H 174).

B. Aus 1-Benzoyl-4-methyl-thiosemicarbazid beim Erwärmen mit äthanol. Natriumäthylat (*Hoggarth,* Soc. **1949** 1163, 1167) oder mit $N_2H_4 \cdot H_2O$ in Äthanol (*Hoggarth,* Soc. **1950** 1579, 1581).

Kristalle (aus A. bzw. aus wss. A.); F: 166° (*Ho.,* Soc. **1949** 1167, **1950** 1581).

4,5-Diphenyl-2,4-dihydro-[1,2,4]triazol-3-thion $C_{14}H_{11}N_3S$, Formel XVII (R = C_6H_5) und Taut. (H 174; E II 96).

B. Beim Erwärmen von 4-Phenyl-thiosemicarbazid mit Äthylbenzoat in methanol. Natrium≈ methylat (*Pesson et al.,* C. r. **248** [1959] 1677, 1679). Aus 1-Benzoyl-4-phenyl-thiosemicarbazid beim Erwärmen mit äthanol. Natriumäthylat oder mit Piperidin (*Hoggarth,* Soc. **1949** 1163, 1167), mit wss. NaOH, mit wss. Na_2CO_3, mit wss. NH_3 oder mit wss. HCl (*Silberg, Cosma,* Acad. Cluj Stud. Cerc. Chim. **10** [1959] 151, 160; C. A. **1960** 8794). Neben Phenyl-[5-phenyl-[1,3,4]thiadiazol-2-yl]-amin aus 1-Benzoyl-4-phenyl-thiosemicarbazid beim Behandeln mit Poly≈ phosphorsäure, mit Acetylchlorid oder Benzoylchlorid (*Ho.*).

Kristalle; F: 288−289° [aus A.] (*Si., Co.*), 282° [aus A.] (*Ho.*), 279−280° (*Pe. et al.*).

N-Acetyl-Derivat $C_{16}H_{13}N_3OS$; 2-Acetyl-4,5-diphenyl-2,4-dihydro-[1,2,4]tri≈

azol-3-thion. Kristalle (aus A.); F: 160−162° (*Si., Co.,* l. c. S. 159).

1-Methyl-4,5-diphenyl-3-thioxo-2,3-dihydro-[1,2,4]triazolium-betain, 3-Mercapto-1-methyl-4,5-diphenyl-[1,2,4]triazolium-betain $C_{15}H_{13}N_3S$, Formel I (R = CH_3, R' = C_6H_5).
Konstitution: *Potts et al.,* J. org. Chem. **32** [1967] 2245, 2246 Anm. 7.
B. Beim Erhitzen von 1-Benzoyl-1-methyl-4-phenyl-thiosemicarbazid (*Hinman, Fulton,* Am. Soc. **80** [1958] 1895, 1896 Anm. 8).
F: 286−288° [Zers.] (*Hi., Fu.*).

4-Methyl-1,5-diphenyl-3-thioxo-2,3-dihydro-[1,2,4]triazolium-betain, 3-Mercapto-4-methyl-1,5-diphenyl-[1,2,4]triazolium-betain $C_{15}H_{13}N_3S$, Formel I (R = C_6H_5, R' = CH_3).
Diese Konstitution kommt der früher (H **27** 774) als 6-Methyl-3,4-diphenyl-5-thia-2,3,6-triaza-bicyclo[2.1.1]hex-1-en („4-Methyl-1.5-diphenyl-3.5-endothio-1.2.4-triazolin") beschriebenen Verbindung zu (*Ohta et al.,* Bl. chem. Soc. Japan **40** [1967] 579, 581, 583).
Kristalle (aus Butan-1-ol); F: 280° [unkorr.; Mikroheiztisch] bzw. 250−269° [Kapillare; abhängig von der Geschwindigkeit des Erhitzens] (*Ohta et al.*). ^{1}H-NMR-Absorption (CDCl$_3$): *Ohta et al.*

Entsprechend (s. hierzu auch *Potts et al.,* J. org. Chem. **32** [1967] 2245; *Grashey et al.,* Tetrahedron Letters **1972** 2939; *Ollis, Ramsden,* J.C.S. Perkin I **1974** 633) sind die früher als „3.5-Endothio-1.2.4-triazoline" beschriebenen Verbindungen zu formulieren als:
4-Äthyl-1,5-diphenyl-3-thioxo-2,3-dihydro-[1,2,4]triazolium-betain (4-Äthyl-3-mercapto-1,5-diphenyl-[1,2,4]triazolium-betain) $C_{16}H_{15}N_3S$, Formel I (R = C_6H_5, R' = C_2H_5) (H **27** 774).
1,4,5-Triphenyl-3-thioxo-2,3-dihydro-[1,2,4]triazolium-betain (3-Mercapto-1,4,5-triphenyl-[1,2,4]triazolium-betain) $C_{20}H_{15}N_3S$, Formel I (R = R' = C_6H_5) (H **27** 774; E I **27** 650).
1,5-Diphenyl-3-thioxo-4-*o*-tolyl-2,3-dihydro-[1,2,4]triazolium-betain (3-Mercapto-1,5-diphenyl-4-*o*-tolyl-[1,2,4]triazolium-betain) $C_{21}H_{17}N_3S$, Formel I (R = C_6H_5, R' = C_6H_4-CH_3) (H **27** 775).
4,5-Diphenyl-3-thioxo-1-*p*-tolyl-2,3-dihydro-[1,2,4]triazolium-betain (3-Mercapto-4,5-diphenyl-1-*p*-tolyl-[1,2,4]triazolium-betain) $C_{21}H_{17}N_3S$, Formel I (R = C_6H_4-CH_3, R' = C_6H_5) (H **27** 775).
1,5-Diphenyl-3-thioxo-4-*p*-tolyl-2,3-dihydro-[1,2,4]triazolium-betain (3-Mercapto-1,5-diphenyl-4-*p*-tolyl-[1,2,4]triazolium-betain) $C_{21}H_{17}N_3S$, Formel I (R = C_6H_5, R' = C_6H_4-CH_3) (H **27** 775).
4-Benzyl-1,5-diphenyl-3-thioxo-2,3-dihydro-[1,2,4]triazolium-betain (4-Benzyl-3-mercapto-1,5-diphenyl-[1,2,4]triazolium-betain) $C_{21}H_{17}N_3S$, Formel I (R = C_6H_5, R' = CH_2-C_6H_5) (H **27** 776; E II **27** 926).
4-Benzyl-5-phenyl-3-thioxo-1-*p*-tolyl-2,3-dihydro-[1,2,4]triazolium-betain (4-Benzyl-3-mercapto-5-phenyl-1-*p*-tolyl-[1,2,4]triazolium-betain) $C_{22}H_{19}N_3S$, Formel I (R = C_6H_4-CH_3, R' = CH_2-C_6H_5) (H **27** 776).
4-Anilino-1,5-diphenyl-3-thioxo-2,3-dihydro-[1,2,4]triazolium-betain (4-Anilino-3-mercapto-1,5-diphenyl-[1,2,4]triazolium-betain) $C_{20}H_{16}N_4S$, Formel I (R = C_6H_5, R' = NH-C_6H_5) (H **27** 777).

1,2,5-Triphenyl-1,2-dihydro-[1,2,4]triazol-3-thion $C_{20}H_{15}N_3S$, Formel II (R = C_6H_5, X = H).
B. Beim Erwärmen von *N,N'*-Diphenyl-hydrazin und Benzoylisothiocyanat in Äther (*Sugii,* J. pharm. Soc. Japan **78** [1958] 283, 286; C. A. **1958** 11822).
Hellgelbe Kristalle (aus Me.); F: 251°.

5-Phenyl-4-*p*-tolyl-2,4-dihydro-[1,2,4]triazol-3-thion $C_{15}H_{13}N_3S$, Formel III (R = C_6H_4-CH_3, X = X' = H) und Taut. (E II 96).
B. Beim Erhitzen von 1-Benzoyl-4-*p*-tolyl-thiosemicarbazid mit *p*-Toluidin auf 190−210° (*Dymek,* Ann. Univ. Lublin [AA] **9** [1954] 61, 65; C. A. **1957** 5095).
Kristalle (aus A.); F: 221°.

4-[4-Äthoxy-phenyl]-5-phenyl-2,4-dihydro-[1,2,4]triazol-3-thion $C_{16}H_{15}N_3OS$, Formel III
($R = C_6H_4$-O-C_2H_5, $X = X' = H$) und Taut.

B. Beim Erwärmen von 4-[4-Äthoxy-phenyl]-1-benzoyl-thiosemicarbazid mit wss. NaOH (*Po=stowskiĭ, Wereschtschagina, Ž.* obšč. Chim. **26** [1956] 2583, 2586; engl. Ausg. S. 2879, 2881).
Kristalle; F: 264 – 265°.

I   II   III   IV

4-Amino-5-phenyl-2,4-dihydro-[1,2,4]triazol-3-thion $C_8H_8N_4S$, Formel III ($R = NH_2$,
$X = X' = H$) und Taut.

B. Beim Erwärmen von 3-Benzoyl-dithiocarbazidsäure-methylester mit $N_2H_4 \cdot H_2O$ in Äthan=ol (*Hoggarth,* Soc. **1952** 4811, 4814; *Kanaoka,* J. pharm. Soc. Japan **76** [1956] 1133, 1135; C. A. **1957** 3579).
Kristalle (aus wss. A.); F: 204 – 205° (*Ho.*).
Beim Behandeln mit $K_3[Fe(CN)_6]$ in wss. NaOH ist Bis-[4-amino-5-phenyl-4*H*-[1,2,4]triazol-3-yl]-disulfid erhalten worden (*Ho.,* l. c. S. 4814). Beim Erwärmen mit Phenacylbromid in Äthanol ist 3,6-Diphenyl-7*H*-[1,2,4]triazolo[3,4-*b*][1,3,4]thiadiazin erhalten worden (*Ho.,* l. c. S. 4812, 4816).

Formyl-Derivat $C_9H_8N_4OS$; 4-Formylamino-5-phenyl-2,4-dihydro-[1,2,4]tri=azol-3-thion, *N*-[3-Phenyl-5-thioxo-1,5-dihydro-[1,2,4]triazol-4-yl]-formamid. Kristalle (aus H_2O); F: 208 – 209° (*Ka.*).

Acetyl-Derivat $C_{10}H_{10}N_4OS$; 4-Acetylamino-5-phenyl-2,4-dihydro-[1,2,4]tri=azol-3-thion, *N*-[3-Phenyl-5-thioxo-1,5-dihydro-[1,2,4]triazol-4-yl]-acetamid. Kristalle (aus H_2O); F: 218 – 219° (*Ka.*). UV-Spektrum (A.; 210 – 300 nm): *Ka.*

Propionyl-Derivat $C_{11}H_{12}N_4OS$; 5-Phenyl-4-propionylamino-2,4-dihydro-[1,2,4]triazol-3-thion, *N*-[3-Phenyl-5-thioxo-1,5-dihydro-[1,2,4]triazol-4-yl]-pro=pionamid. Kristalle (aus H_2O); F: 202° (*Ka.*). UV-Spektrum (A.; 210 – 300 nm): *Ka.*

Butyryl-Derivat $C_{12}H_{14}N_4OS$; 4-Butyrylamino-5-phenyl-2,4-dihydro-[1,2,4]triazol-3-thion, *N*-[3-Phenyl-5-thioxo-1,5-dihydro-[1,2,4]triazol-4-yl]-butyramid. Kristalle (aus wss. A.); F: 186 – 187° (*Ka.*). UV-Spektrum (A.; 210 – 300 nm): *Ka.*

Isobutyryl-Derivat $C_{12}H_{14}N_4OS$; 4-Isobutyrylamino-5-phenyl-2,4-dihydro-[1,2,4]triazol-3-thion, *N*-[3-Phenyl-5-thioxo-1,5-dihydro-[1,2,4]triazol-4-yl]-iso=butyramid. Kristalle (aus wss. A.); F: 205 – 206° (*Ka.*).

Benzoyl-Derivat $C_{15}H_{12}N_4OS$; 4-Benzoylamino-5-phenyl-2,4-dihydro-[1,2,4]triazol-3-thion, *N*-[3-Phenyl-5-thioxo-1,5-dihydro-[1,2,4]triazol-4-yl]-benz=amid. Kristalle (aus wss. A.); F: 255° (*Ka.*).

4-Nitro-benzoyl-Derivat $C_{15}H_{11}N_5O_3S$; 4-Nitro-benzoesäure-[3-phenyl-5-thi=oxo-1,5-dihydro-[1,2,4]triazol-4-ylamid]. Hellgelbe Kristalle (aus wss. A.); F: 267° (*Ka.*).

5-[4-Chlor-phenyl]-1,2-dihydro-[1,2,4]triazol-3-thion $C_8H_6ClN_3S$, Formel II ($R = H$, $X = Cl$) und Taut.

B. Beim Behandeln von 4-Chlor-benzoylisothiocyanat in Äther mit $N_2H_4 \cdot H_2O$ in Äthanol (*Hoggarth,* Soc. **1949** 1160, 1162). Aus 1-[4-Chlor-benzoyl]-thiosemicarbazid beim Behandeln mit äthanol. Natriumäthylat (*Hoggarth,* Soc. **1949** 1163, 1167) oder mit $N_2H_4 \cdot H_2O$ in Äthanol (*Hoggarth,* Soc. **1950** 1579, 1581).
Kristalle (aus wss. A.); F: 298° (*Ho.,* Soc. **1950** 1581).

5-[4-Chlor-phenyl]-4-phenyl-2,4-dihydro-[1,2,4]triazol-3-thion $C_{14}H_{10}ClN_3S$, Formel III ($R = C_6H_5$, $X = H$, $X' = Cl$) und Taut.

B. Aus 1-[4-Chlor-benzoyl]-4-phenyl-thiosemicarbazid (*Silberg, Cosma,* Acad. Cluj Stud. Cerc.

Chim. **10** [1959] 151, 159; C. A. **1960** 8794).

Kristalle (aus A.); F: 272—273°.

N-Acetyl-Derivat C$_{16}$H$_{12}$ClN$_3$OS; 2-Acetyl-5-[4-chlor-phenyl]-4-phenyl-2,4-di⸗
hydro-[1,2,4]triazol-3-thion. Kristalle (aus A.); F: 185—187°.

5-[4-Nitro-phenyl]-4-phenyl-2,4-dihydro-[1,2,4]triazol-3-thion C$_{14}$H$_{10}$N$_4$O$_2$S, Formel III
(R = C$_6$H$_5$, X = H, X′ = NO$_2$) und Taut.

B. Aus 1-[4-Nitro-benzoyl]-4-phenyl-thiosemicarbazid (*Silberg, Cosma,* Acad. Cluj Stud. Cerc.
Chim. **10** [1959] 151, 159; C. A. **1960** 8794).

Kristalle (aus A.); F: 270—271°.

N-Acetyl-Derivat C$_{16}$H$_{12}$N$_4$O$_3$S; 2-Acetyl-5-[4-nitro-phenyl]-4-phenyl-2,4-di⸗
hydro-[1,2,4]triazol-3-thion. Kristalle (aus A.); F: 198—200°.

5-[2-Chlor-4-nitro-phenyl]-4-phenyl-2,4-dihydro-[1,2,4]triazol-3-thion C$_{14}$H$_9$ClN$_4$O$_2$S,
Formel III (R = C$_6$H$_5$, X = Cl, X′ = NO$_2$) und Taut.

B. Aus 1-[2-Chlor-4-nitro-benzoyl]-4-phenyl-thiosemicarbazid (*Silberg, Cosma,* Acad. Cluj
Stud. Cerc. Chim. **10** [1959] 151, 159; C. A. **1960** 8794).

Kristalle (aus A.); F: 250°.

N-Acetyl-Derivat C$_{16}$H$_{11}$ClN$_4$O$_3$S; 2-Acetyl-5-[2-chlor-4-nitro-phenyl]-4-phen⸗
yl-2,4-dihydro-[1,2,4]triazol-3-thion. Kristalle (aus A.); F: 195—196°.

5-Methyl-1*H*-cycloheptatriazol-6-on C$_8$H$_7$N$_3$O, Formel IV und Taut.

B. Beim Erwärmen von 5-Methyl-cycloheptatriazol-6-ylamin mit wss. NaOH (*Nozoe et al.,*
Pr. Japan Acad. **30** [1954] 313, 316).

Kristalle (aus H$_2$O); F: 207°.

5-Acetyl-1*H*-benzotriazol, 1-[1*H*-Benzotriazol-5-yl]-äthanon C$_8$H$_7$N$_3$O, Formel V (R = H)
und Taut.

B. Beim Behandeln von 1-[3,4-Diamino-phenyl]-äthanon mit NaNO$_2$ in wss. HCl (*Borsche,
Barthenheier,* A. **553** [1942] 250, 258).

Kristalle; F: 164—165°.

2,4-Dinitro-phenylhydrazon C$_{14}$H$_{11}$N$_7$O$_4$. Rotbraune Kristalle (aus Nitrobenzol);
Zers. bei 305°.

6-Acetyl-3*H*-benzotriazol-1-oxid, 1-[3-Oxy-1*H*-benzotriazol-5-yl]-äthanon C$_8$H$_7$N$_3$O$_2$,
Formel VI und Taut. (1-[3-Hydroxy-3*H*-benzotriazol-5-yl]-äthanon).

B. Neben 1-[4-Methoxy-3-nitro-phenyl]-äthanon-hydrazon beim Erwärmen von 1-[4-Meth⸗
oxy-3-nitro-phenyl]-äthanon mit N$_2$H$_4$·H$_2$O in Äthanol (*Borsche, Barthenheier,* A. **553** [1942]
250, 252, 259).

Kristalle (aus wss. NH$_3$); F: 195°.

2,4-Dinitro-phenylhydrazon C$_{14}$H$_{11}$N$_7$O$_5$. Hellrote Kristalle (aus Nitrobenzol);
explosionsartige Zers. bei 242°.

5-Acetyl-1-methyl-1*H*-benzotriazol, 1-[1-Methyl-1*H*-benzotriazol-5-yl]-äthanon C$_9$H$_9$N$_3$O,
Formel V (R = CH$_3$).

B. Analog 5-Acetyl-1*H*-benzotriazol [s. o.] (*Borsche, Barthenheier,* A. **553** [1942] 250, 258).

Kristalle; F: 144—145°.

V   VI   VII

5-Acetyl-1-[4-äthyl-phenyl]-1H-benzotriazol, 1-[1-(4-Äthyl-phenyl)-1H-benzotriazol-5-yl]-äthanon $C_{16}H_{15}N_3O$, Formel V (R = C_6H_4-C_2H_5).

B. Beim Behandeln von 1-[4-(4-Äthyl-anilino)-3-amino-phenyl]-äthanon mit $NaNO_2$ in Essig‑säure (*Plant et al.,* Soc. **1935** 741, 743).

Kristalle (aus A.); F: 143°.

5-Acetyl-1-[4-acetyl-phenyl]-1H-benzotriazol, 1-[1-(4-Acetyl-phenyl)-1H-benzotriazol-5-yl]-äthanon $C_{16}H_{13}N_3O_2$, Formel V (R = C_6H_4-CO-CH_3).

B. Beim Behandeln von [4-Acetyl-2-nitro-phenyl]-[4-acetyl-phenyl]-amin mit $SnCl_2$ und wss. HCl in Essigsäure und Behandeln des Reaktionsprodukts mit $NaNO_2$ in Essigsäure (*Plant et al.,* Soc. **1935** 741, 743).

Kristalle (aus A.); F: 224°.

5-Acetyl-1-[4-dimethylamino-phenyl]-1H-benzotriazol, 1-[1-(4-Dimethylamino-phenyl)-1H-benzotriazol-5-yl]-äthanon $C_{16}H_{16}N_4O$, Formel V (R = C_6H_4-N(CH_3)$_2$).

B. Beim Behandeln von 1-[3-Amino-4-(4-dimethylamino-anilino)-phenyl]-äthanon mit $NaNO_2$ und wss. HCl in Essigsäure (*Clifton, Plant,* Soc. **1951** 461, 462, 465).

Dimorph; gelbe Kristalle (aus A.), F: 153−154° [nicht ganz rein] und hellgelbe Kristalle (aus Toluol), F: 182−183° [nach Chromatographie an Al_2O_3].

1-[5-Acetyl-benzotriazol-1-yl]-4-benzotriazol-1-yl-benzol, 1-[1-(4-Benzotriazol-1-yl-phenyl)-1H-benzotriazol-5-yl]-äthanon $C_{20}H_{14}N_6O$, Formel VII.

B. Beim Erwärmen von 1-[4-(4-Benzotriazol-1-yl-anilino)-3-nitro-phenyl]-äthanon mit $Na_2S_2O_4$ in Essigsäure und Behandeln der Reaktionslösung mit $NaNO_2$ (*Katritzky, Plant,* Soc. **1953** 412, 415).

Orangefarbene Kristalle (aus Eg.); F: 269−271°.

5-[2]Pyridyl-1,2-dihydro-pyrazol-3-on $C_8H_7N_3O$, Formel VIII (R = H) und Taut.

B. Beim Erwärmen von 3-Oxo-3-[2]pyridyl-propionsäure-äthylester mit $N_2H_4 \cdot H_2O$ in Methanol (*Clemo et al.,* Soc. **1938** 753).

Kristalle (aus A.); F: 219°.

2-[4-Nitro-phenyl]-5-[2]pyridyl-1,2-dihydro-pyrazol-3-on $C_{14}H_{10}N_4O_3$, Formel VIII (R = C_6H_4-NO_2) und Taut.

B. Aus 3-Oxo-3-[2]pyridyl-propionsäure-äthylester und [4-Nitro-phenyl]-hydrazin in wss. Es‑sigsäure (*Ochiai et al.,* B. **68** [1935] 1551, 1552).

Gelbe Kristalle; F: 169°.

5-[3]Pyridyl-1,2-dihydro-pyrazol-3-on $C_8H_7N_3O$, Formel IX (R = H) und Taut.

B. Aus 3-Oxo-3-[3]pyridyl-propionsäure-äthylester und $N_2H_4 \cdot H_2O$ in Methanol (*Clemo, Hol‑mes,* Soc. **1934** 1739) oder in Äthanol (*Bełżecki, Urbański,* Roczniki Chem. **32** [1958] 779, 782, 785; C. A. **1959** 10188).

Kristalle; F: 268° [aus H_2O+Eg.] (*Cl., Ho.*), 259−260° [Zers.; aus wss. A.] (*Be., Ur.*).

VIII   IX   X

2-Phenyl-5-[3]pyridyl-1,2-dihydro-pyrazol-3-on $C_{14}H_{11}N_3O$, Formel IX (R = C_6H_5) und Taut.

B. Beim Erhitzen von 3-Oxo-3-[3]pyridyl-propionsäure-äthylester mit Phenylhydrazin in Es‑sigsäure auf 100° (*Clemo, Holmes,* Soc. **1934** 1739).

Hellgelbe Kristalle; F: 188—189° (*Ochiai et al.*, B. **68** [1935] 1710, 1712), 188° [aus A.] (*Cl., Ho.*).

5-Oxo-3-[3]pyridyl-2,5-dihydro-pyrazol-1-thiocarbonsäure-amid $C_9H_8N_4OS$, Formel IX (R = CS-NH$_2$) und Taut.

B. Beim Erhitzen von 3-Oxo-3-[3]pyridyl-propionsäure-äthylester und Thiosemicarbazid (*Bełżecki, Urbański,* Roczniki Chem. **32** [1958] 779, 781, 785; C. A. **1959** 10188). Kristalle (aus A.); F: 236° [Zers.].

2-[1-Methyl-[4]piperidyl]-5-[3]pyridyl-1,2-dihydro-pyrazol-3-on $C_{14}H_{18}N_4O$, Formel X und Taut.

B. Aus 3-Oxo-3-[3]pyridyl-propionsäure-äthylester und 4-Hydrazino-1-methyl-piperidin (*Ebnöther et al.,* Helv. **42** [1959] 1201, 1210, 1213). Kristalle (aus A.); F: 200—202° [Zers.].

5-[4]Pyridyl-1,2-dihydro-pyrazol-3-on $C_8H_7N_3O$, Formel XI (R = H) und Taut.

B. Beim Erwärmen von 3-Oxo-3-[4]pyridyl-propionsäure-äthylester mit $N_2H_4 \cdot H_2O$ in Propan-1-ol (*Yale et al.,* Am. Soc. **75** [1953] 1933, 1938, 1942; s. a. *Magidšon,* Ž. obšč. Chim. **26** [1956] 1137, 1139; engl. Ausg. S. 1291, 1293; *Bełżeki, Urbański,* Roczniki Chem. **32** [1958] 779, 782, 785; C. A. **1959** 10188). Kristalle; F: 291—292,5° [Zers.; aus H$_2$O] (*Ma.*), 286—287° [Zers.; aus Eg.] (*Yale et al.*), 278—279° [Zers.; aus wss. A.] (*Be., Ur.*). Hydrochlorid $C_8H_7N_3O \cdot HCl$. Kristalle; F: ca. 280° [Zers.] (*Ma.*).

2-Phenyl-5-[4]pyridyl-1,2-dihydro-pyrazol-3-on $C_{14}H_{11}N_3O$, Formel XI (R = C$_6$H$_5$) und Taut. (H 176).

Graugrüne Kristalle (aus A.); F: 209—211° [nach Zers. bei 160—170° und Wiedererstarren] (*Magidšon,* Ž. obšč. Chim. **26** [1956] 1137, 1140; engl. Ausg. S. 1291, 1294). Hydrochlorid $C_{14}H_{11}N_3O \cdot HCl$. Hellbraune Kristalle mit 2 Mol H$_2$O; F: 251—253°.

5-Oxo-3-[4]pyridyl-2,5-dihydro-pyrazol-1-thiocarbonsäure-amid $C_9H_8N_4OS$, Formel XI (R = CS-NH$_2$) und Taut.

B. Beim Erhitzen von 3-Oxo-3-[4]pyridyl-propionsäure-äthylester und Thiosemicarbazid (*Bełżecki, Urbański,* Roczniki Chem. **32** [1958] 779, 781, 785; C. A. **1959** 10188). Kristalle (aus A.); F: 222—223° [Zers.].

2-[1-Methyl-[4]piperidyl]-5-[4]pyridyl-1,2-dihydro-pyrazol-3-on $C_{14}H_{18}N_4O$, Formel XII und Taut.

B. Aus 3-Oxo-3-[4]pyridyl-propionsäure-äthylester und 4-Hydrazino-1-methyl-piperidin (*Ebnöther et al.,* Helv. **42** [1959] 1201, 1210, 1213). Kristalle (aus A.); F: 233—237° [Zers.]. Dihydrobromid $C_{14}H_{18}N_4O \cdot 2HBr$. Kristalle (aus Me. + Ae.); F: 185—189° [Zers.].

XI   XII   XIII   XIV

4-[2]Pyridyl-1,3-dihydro-imidazol-2-thion $C_8H_7N_3S$, Formel XIII und Taut.

B. Beim Erwärmen von 2-Amino-1-[2]pyridyl-äthanon-monohydrochlorid mit Kalium-thiocyanat (*Clemo et al.,* Soc. **1938** 753). Kristalle (aus A.); F: 247—248°.

Hydrochlorid $C_8H_7N_3S \cdot HCl$. Gelbe Kristalle (aus wss. A. + wenig wss. HCl); F: 303° [Zers.].

Picrat $C_8H_7N_3S \cdot C_6H_3N_3O_7$. Gelbe Kristalle (aus A.) mit 2 Mol Äthanol; F: 194 – 195°.

4-[3]Pyridyl-1,3-dihydro-imidazol-2-thion $C_8H_7N_3S$, Formel XIV und Taut.

B. Analog der vorangehenden Verbindung (*Clemo et al.*, Soc. **1938** 753).

Kristalle (aus A.); F: 291 – 292°.

Hydrochlorid $C_8H_7N_3S \cdot HCl$. Gelbe Kristalle (aus wss. A.); F: 241 – 242°.

6-Methyl-3H-pyrido[3,2-d]pyrimidin-4-on $C_8H_7N_3O$, Formel I und Taut.

B. Beim Erhitzen von 3-Amino-6-methyl-pyridin-2-carbonsäure mit Formamid auf 125 – 180° (*Oakes, Rydon*, Soc. **1956** 4433, 4437). Beim Erwärmen von 6-Methyl-pyrido[3,2-d]pyrimidin-4-ylamin mit wss. HCl (*Oa., Ry.*).

Kristalle (aus H_2O); F: 299°.

7-Methyl-3H-pyrido[2,3-d]pyrimidin-4-on $C_8H_7N_3O$, Formel II und Taut.

B. Beim Erhitzen von 2-Amino-6-methyl-nicotinsäure mit Formamid auf 170 – 180° (*Robins, Hitchings*, Am. Soc. **80** [1958] 3449, 3451, 3457).

Hellgelbe Kristalle (aus H_2O); F: 309 – 311° [unkorr.]. λ_{max} (wss. Lösung vom pH 1 sowie pH 10,7): 318 nm (*Ro., Hi.*, l. c. S. 3455).

I   II   III   IV

2-Methyl-4H-pyrido[2,3-b]pyrazin-3-on(?) $C_8H_7N_3O$, vermutlich Formel III (X = H) und Taut.

B. Beim Erwärmen von Pyridin-2,3-diyldiamin mit Äthylpyruvat in Benzol (*Leese, Rydon*, Soc. **1955** 303, 307). Beim Hydrieren der folgenden Verbindung an Palladium/$SrCO_3$ in wss. NaOH (*Le., Ry.*).

Kristalle (aus A.); Zers. bei 240°. λ_{max} (wss. NaOH [0,01 n]): 227 nm und 342 nm.

7-Brom-2-methyl-4H-pyrido[2,3-b]pyrazin-3-on(?) $C_8H_6BrN_3O$, vermutlich Formel III (X = Br) und Taut.

B. Beim Erwärmen von 5-Brom-pyridin-2,3-diyldiamin mit Äthylpyruvat in Benzol (*Leese, Rydon*, Soc. **1955** 303, 307). Beim Erwärmen von [7-Brom-3-oxo-3,4-dihydro-pyrido[2,3-b]pyra= zin-2-yl]-essigsäure-äthylester(?; Syst.-Nr. 3939) mit wss. NaOH und Behandeln der Reaktions= lösung mit wss. Essigsäure (*Le., Ry.*).

Kristalle (aus A.); Zers. bei 240°. λ_{max} (wss. NaOH [0,01 n]): 228 nm, 234 nm, 264 nm und 348 nm.

3-Methyl-1H-pyrido[2,3-b]pyrazin-2-on(?) $C_8H_7N_3O$, vermutlich Formel IV und Taut.

B. Beim Behandeln von Pyridin-2,3-diyldiamin mit Brenztraubensäure in H_2O (*Korte*, B. **85** [1952] 1012, 1015, 1021). Beim Erwärmen von 5-Brom-pyridin-2,3-diyldiamin mit Natrium- oxalessigsäure-äthylester in wss. H_2SO_4, Hydrieren des Reaktionsprodukts an Palladium/$SrCO_3$ in wss. NaOH und Ansäuern der Reaktionslösung (*Leese, Rydon*, Soc. **1955** 303, 307).

Zers. bei 270° (*Le., Ry.*), bei 205° (*Ko.*). Absorptionsspektrum (wss. NaOH [0,05 n]; 220 – 420 nm): *Ko.*, l. c. S. 1015. λ_{max} (wss. NaOH [0,01 n]): 343 nm (*Le., Ry.*).

8-Methyl-6-[4-nitro-phenyl]-6H-pyrido[2,3-d]pyridazin-5-on $C_{14}H_{10}N_4O_3$, Formel V.

B. Aus 2-Acetyl-nicotinsäure und [4-Nitro-phenyl]-hydrazin in wss. HCl (*Wibaut, Boer*, R. **74** [1955] 241, 246, 251).

Kristalle (aus Bzl.); F: 270°.

Oxo-Verbindungen $C_9H_9N_3O$

6-Phenyl-4,5-dihydro-2H-[1,2,4]triazin-3-on $C_9H_9N_3O$, Formel VI (R = R' = H) und Taut.

B. Aus der folgenden Verbindung beim Behandeln mit $NaNO_2$ in wss. Essigsäure (*Busch, Küspert*, J. pr. [2] **144** [1936] 273, 275, 283).

Kristalle (aus A.); F: 288° [nach Sintern bei 224°].

4-Amino-6-phenyl-4,5-dihydro-2H-[1,2,4]triazin-3-on $C_9H_{10}N_4O$, Formel VI (R = H, R' = NH_2) und Taut.

Konstitution: *Hetzheim, Singelmann*, A. **749** [1971] 125, 126.

B. Beim Erwärmen von 2-Hydrazino-1-phenyl-äthanon-semicarbazon-hydrochlorid mit wss. KOH (*Busch, Küspert*, J. pr. [2] **144** [1936] 273, 274, 282).

Kristalle (aus A.); F: 200° (*Bu., Kü.*).

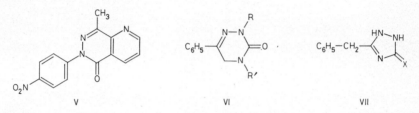

V   VI   VII

*4-Benzylidenamino-6-phenyl-4,5-dihydro-2H-[1,2,4]triazin-3-on $C_{16}H_{14}N_4O$, Formel VI (R = H, R' = N=CH-C_6H_5) und Taut.

B. Aus der vorangehenden Verbindung und Benzaldehyd (*Busch, Küspert*, J. pr. [2] **144** [1936] 273, 275, 283).

Kristalle (aus Py. + A.) mit 1 Mol Äthanol; F: 203°.

*4-Benzylidenamino-2,6-diphenyl-4,5-dihydro-2H-[1,2,4]triazin-3-on $C_{22}H_{18}N_4O$, Formel VI (R = C_6H_5, R' = N=CH-C_6H_5) und Taut.

B. Beim Behandeln von 2-Benzylidenhydrazino-1-phenyl-äthanon-phenylhydrazon mit $COCl_2$ in Benzol (*Busch, Küspert*, J. pr. [2] **144** [1936] 273, 275, 290).

Kristalle; F: 199°.

5-Benzyl-1,2-dihydro-[1,2,4]triazol-3-on $C_9H_9N_3O$, Formel VII (X = O) und Taut.

Die von *Girard* (A. ch. [11] **16** [1941] 326, 367, 372, 383; s. a. *Bougault, Popovici*, C. r. **189** [1929] 186) unter dieser Konstitution beschriebene Verbindung vom F: 156° ist als 5-Benzyl-[1,3,4]oxadiazol-2-ylamin zu formulieren (*Maggio et al.*, Ann. Chimica **50** [1960] 491, 499, 503).

B. Beim Erwärmen von 5-Benzyl-[1,3,4]oxadiazol-2-ylamin mit wss. NaOH (*Gi.*, l. c. S. 383) oder mit wss. KOH (*Gehlen*, A. **563** [1949] 185, 198). Beim Erwärmen von 1-Phenylacetyl-semicarbazid mit wss. KOH (*Ge.*, l. c. S. 198).

Hellgelbe Kristalle; F: 225° [aus A.] (*Gi.*), 223,5° [Sublimation ab ca. 160°] (*Ge.*).

Silber-Salz $Ag_2C_9H_7N_3O$: *Gi.*, l. c. S. 384; *Ge.*, l. c. S. 199.

Monoacetyl-Derivat. Kristalle (aus wss. A.); F: 169° (*Gi.*, l. c. S. 384).

5-Benzyl-1,2-dihydro-[1,2,4]triazol-3-thion $C_9H_9N_3S$, Formel VII (X = S) und Taut.

B. Neben anderen Verbindungen aus Thiosemicarbazid, Phenylacetylchlorid und wss. NaOH (*Takagi, Sugii*, J. pharm. Soc. Japan **78** [1958] 280, 283; C. A. **1958** 11822). Beim Erwärmen von 4-Benzoyl-1-phenylacetyl-thiosemicarbazid mit äthanol. Natriumäthylat (*Sugii*, Pharm. Bl. Nihon Univ. **2** [1958] 10, 12, 13; C. A. **1959** 8032). Aus 1-Carbamoyl-4-phenylacetyl-thiosemi≠ carbazid beim Behandeln mit wss. NaOH oder neben Phenylessigsäure-[5-oxo-4,5-dihydro-[1,3,4]thiadiazol-2-ylamid] beim Behandeln mit konz. H_2SO_4 (*Sugii*, J. pharm. Soc. Japan **79** [1959] 100; C. A. **1959** 10033).

Kristalle (aus wss. Me.); F: 222° (*Ta., Su.*).

5-Benzyl-4-methyl-2,4-dihydro-[1,2,4]triazol-3-thion $C_{10}H_{11}N_3S$, Formel VIII (R = CH_3) und Taut.

B. Beim Erwärmen von 4-Methyl-thiosemicarbazid mit Phenylessigsäure-äthylester in meth=anol. Natriummethylat (*Pesson et al.*, C. r. **248** [1959] 1677, 1679).

F: 155°.

5-Benzyl-4-phenyl-2,4-dihydro-[1,2,4]triazol-3-thion $C_{15}H_{13}N_3S$, Formel VIII (R = C_6H_5) und Taut.

B. Beim Erwärmen von 4-Phenyl-thiosemicarbazid mit Phenylessigsäure-äthylester in meth=anol. Natriummethylat (*Pesson et al.*, C. r. **248** [1959] 1677, 1679).

F: 199 − 200°.

VIII   IX   X

4-Phenyl-5-*p*-tolyl-2,4-dihydro-[1,2,4]triazol-3-on $C_{15}H_{13}N_3O$, Formel IX (R = H, X = O) und Taut.

B. Beim Erhitzen von Phenyl-[4-phenyl-5-*p*-tolyl-[1,2,4]triazol-3-yl]-amin mit äthanol. KOH auf 180 − 200° (*Dymek*, Ann. Univ. Lublin [AA] **9** [1954] 61, 67; C. A. **1957** 5095).

Kristalle (aus A.); F: 256 − 257°.

2-Methyl-5-*p*-tolyl-1,2-dihydro-[1,2,4]triazol-3-thion $C_{10}H_{11}N_3S$, Formel X und Taut.

B. Beim Erwärmen von 2-Methyl-1-*p*-toluoyl-thiosemicarbazid (aus *p*-Toluoylchlorid und 2-Methyl-thiosemicarbazid hergestellt) mit äthanol. Natriumäthylat (*Losse, Farr*, J. pr. [4] **8** [1959] 298, 303). Beim Erwärmen von 2-Methyl-3-thioxo-7-*p*-tolyl-2,3,4,6-tetrahydro-[1,2,4]tri=azepin-5-on mit äthanol. NaOH oder mit äthanol. Natriumäthylat (*Lo., Farr*).

Kristalle (aus Isobutylalkohol); F: 255 − 256°.

4,5-Di-*p*-tolyl-2,4-dihydro-[1,2,4]triazol-3-thion $C_{16}H_{15}N_3S$, Formel IX (R = CH_3, X = S) und Taut.

B. Neben [4,5-Di-*p*-tolyl-4*H*-[1,2,4]triazol-3-yl]-*p*-tolyl-amin beim Erhitzen von 1-*p*-Toluoyl-4-*p*-tolyl-thiosemicarbazid unter Zusatz von *p*-Toluidin auf 200° (*Dymek*, Ann. Univ. Lublin [AA] **9** [1954] 61, 63; C. A. **1957** 5095).

F: 223 − 225°.

*4-[1-Äthyl-1*H*-[2]pyridyliden]-5-methyl-2-phenyl-2,4-dihydro-pyrazol-3-on $C_{17}H_{17}N_3O$, Formel XI oder Stereoisomeres.

B. Beim Erhitzen von [2]Pyridylamin und Toluol-4-sulfonsäure-äthylester auf 130 − 140°, folgendem Behandeln mit wss. NaOH und Erhitzen des Reaktionsprodukts mit 5-Methyl-2-phenyl-1,2-dihydro-pyrazol-3-on unter vermindertem Druck auf 150 − 160° (*Oksengendler*, Ž. obšč. Chim. **23** [1953] 135, 139; engl. Ausg. S. 133, 137).

Gelbe Kristalle (aus A.); F: 185°.

4-[1-(2,6-Dichlor-benzyl)-1*H*-[4]pyridyliden]-5-methyl-2-phenyl-2,4-dihydro-pyrazol-3-on $C_{22}H_{17}Cl_2N_3O$, Formel XII (R = CH_2-$C_6H_3Cl_2$).

B. Beim Erwärmen einer Lösung von 1-[2,6-Dichlor-benzyl]-pyridinium-bromid und 5-Methyl-2-phenyl-1,2-dihydro-pyrazol-3-on in Methanol mit wss. NaOH (*Kröhnke et al.*, A.

600 [1956] 176, 193).

Gelbe Kristalle (aus A.); F: 223 – 224°.

5-Methyl-2-phenyl-4-[1-*trans*(?)-styryl-1*H*-[4]pyridyliden]-2,4-dihydro-pyrazol-3-on $C_{23}H_{19}N_3O$, vermutlich Formel XII (R = CH$\overset{t}{=}$CH-C$_6$H$_5$).

B. Beim Leiten von Luft in eine Lösung von 1-*trans*(?)-Styryl-pyridinium-bromid und 5-Methyl-2-phenyl-1,2-dihydro-pyrazol-3-on in wss.-methanol. NaOH (*Kröhnke et al.*, A. **600** [1956] 176, 196).

Rote Kristalle (aus A.); F: 239 – 240° [nach Sintern bei 236°].

XI   XII   XIII

4-[1-Benzhydryl-1*H*-[4]pyridyliden]-5-methyl-2-phenyl-2,4-dihydro-pyrazol-3-on $C_{28}H_{23}N_3O$, Formel XII (R = CH(C$_6$H$_5$)$_2$).

B. Beim Behandeln einer Lösung von 1-Benzhydryl-pyridinium-bromid und 5-Methyl-2-phenyl-1,2-dihydro-pyrazol-3-on in Methanol mit wss. NaOH (*Kröhnke et al.*, A. **600** [1956] 176, 197).

Gelbe Kristalle (aus A.); F: 238 – 239° [nach Sintern].

*5-Methyl-2-phenyl-4-pyrrol-2-ylmethylen-2,4-dihydro-pyrazol-3-on $C_{15}H_{13}N_3O$, Formel XIII (R = H).

B. Beim Erwärmen von 5-Methyl-2-phenyl-1,2-dihydro-pyrazol-3-on und Pyrrol-2-carbaldehyd (*Ponomarew*, Uč. Zap. Saratovsk. Univ. **42** [1955] 37, 39; C. A. **1959** 1313).

Orangefarbene Kristalle (aus A.); F: 130°.

*5-Methyl-4-[1-(4-nitro-phenyl)-pyrrol-2-ylmethylen]-2-phenyl-2,4-dihydro-pyrazol-3-on $C_{21}H_{16}N_4O_3$, Formel XIII (R = C$_6$H$_4$-NO$_2$).

B. Beim Erwärmen von 5-Methyl-2-phenyl-1,2-dihydro-pyrazol-3-on mit 1-[4-Nitro-phenyl]-pyrrol-2-carbaldehyd, Pyridin und wenig Piperidin (*Ponomarew*, Uč. Zap. Saratovsk. Univ. **42** [1955] 37, 40; C. A. **1959** 1313).

Rote Kristalle (aus Acn.); F: 205,5°.

5,7-Dimethyl-3*H*-pyrido[2,3-*d*]pyrimidin-4-on $C_9H_9N_3O$, Formel I (R = CH$_3$, R' = H) und Taut.

B. Beim Erhitzen von 2-Amino-4,6-dimethyl-nicotinsäure mit Formamid auf 160 – 165° (*Robins, Hitchings*, Am. Soc. **80** [1958] 3449, 3451, 3457). Beim Erwärmen von 5,7-Dimethyl-2-thioxo-2,3-dihydro-1*H*-pyrido[2,3-*d*]pyrimidin-4-on mit Raney-Nickel in wss. NH$_3$ und Äthanol (*Ro., Hi.*, l. c. S. 3454).

Kristalle (aus wss. A.); F: 327 – 329° [unkorr.]. λ_{max} (wss. Lösung): 313 nm [pH 1] bzw. 308 nm [pH 10,7] (*Ro., Hi.*, l. c. S. 3455).

I   II   III

6,7-Dimethyl-3*H*-pyrido[2,3-*d*]pyrimidin-4-on $C_9H_9N_3O$, Formel I (R = H, R' = CH$_3$) und Taut.

B. Beim Erwärmen von 6,7-Dimethyl-2-thioxo-2,3-dihydro-1*H*-pyrido[2,3-*d*]pyrimidin-4-on mit Raney-Nickel in wss. NH$_3$ und Äthanol (*Robins, Hitchings*, Am. Soc. **80** [1958] 3449,

3454).

Kristalle (aus wss. A.); F: $>350°$ [Zers.].

Oxo-Verbindungen $C_{10}H_{11}N_3O$

3-Benzyl-2,5-dihydro-1H-[1,2,4]triazin-6-on $C_{10}H_{11}N_3O$, Formel II und Taut.

B. Beim Behandeln von *N*-Äthoxycarbonylmethyl-2-phenyl-acetimidsäure-äthylester mit $N_2H_4 \cdot H_2O$ in Äthanol (*Kjær*, Acta chem. scand. **7** [1953] 1024, 1028).

Kristalle (aus A.+Ae.); F: 184−186° [unkorr.].

5-Benzyl-4,5-dihydro-2H-[1,2,4]triazin-3-thion $C_{10}H_{11}N_3S$, Formel III und Taut.

B. Aus 3-Phenyl-2-phthalimido-propionaldehyd-thiosemicarbazon und N_2H_4 in H_2O (*Foye, Lange*, J. Am. pharm. Assoc. **46** [1957] 371).

Kristalle (aus wss. A.) mit 1 Mol H_2O; F: 208−210° [unkorr.].

6-Benzoyl-4-methyl-2-phenyl-2,3,4,5-tetrahydro-[1,2,4]triazin, [4-Methyl-2-phenyl-2,3,4,5-tetrahydro-[1,2,4]triazin-6-yl]-phenyl-keton $C_{17}H_{17}N_3O$, Formel IV (R = C_6H_5, R' = CH_3) und Taut.

B. Aus Phenylglyoxal-2-(Z)-phenylhydrazon, Formaldehyd und Methylamin (*Hahn*, Roczniki Chem. **33** [1959] 1245; C. A. **1960** 11043).

Kristalle; F: 101−103°.

Die folgenden Verbindungen sind in analoger Weise hergestellt worden:

[4-Cyclohexyl-2-(2,4-dinitro-phenyl)-2,3,4,5-tetrahydro-[1,2,4]triazin-6-yl]-phenyl-keton $C_{22}H_{23}N_5O_5$, Formel IV (R = $C_6H_3(NO_2)_2$, R' = C_6H_{11}) und Taut. Oran≠gefarbene Kristalle (aus Me.); F: 158−160° (*Hahn*, Soc. Sci. Lodz. Acta chim. **4** [1959] 117, 129; C. A. **1961** 5526; Roczniki Chem. **33** 1245).

[2,4-Diphenyl-2,3,4,5-tetrahydro-[1,2,4]triazin-6-yl]-phenyl-keton $C_{22}H_{19}N_3O$, Formel IV (R = R' = C_6H_5) und Taut. Kristalle; F: 126−128° (*Hahn*, Roczniki Chem. **33** 1245).

[4-Benzyl-2-(4-chlor-phenyl)-2,3,4,5-tetrahydro-[1,2,4]triazin-6-yl]-phenyl-ke≠ton $C_{23}H_{20}ClN_3O$, Formel IV (R = C_6H_4-Cl, R' = CH_2-C_6H_5) und Taut. Gelbe Kristalle (aus A.); F: 140−141° (*Hahn*, Soc. Sci. Lodz. Acta chim. **4** 128; Roczniki Chem. **33** 1245).

[4-Cyclohexyl-2-(4-methoxy-phenyl)-2,3,4,5-tetrahydro-[1,2,4]triazin-6-yl]-phenyl-keton $C_{23}H_{27}N_3O_2$, Formel IV (R = C_6H_4-O-CH_3, R' = C_6H_{11}) und Taut. Gelbe Kristalle (aus wss. Me.); F: 99−100,5° (*Hahn*, Soc. Sci. Lodz. Acta chim. **4** 128; Roczniki Chem. **33** 1245).

3-[6-Benzoyl-4-methyl-4,5-dihydro-3H-[1,2,4]triazin-2-yl]-benzoesäure $C_{18}H_{17}N_3O_3$, Formel IV (R = C_6H_4-CO-OH, R' = CH_3) und Taut. Kristalle; F: 231−233° (*Hahn*, Roczniki Chem. **33** 1245).

4-[6-Benzoyl-4-methyl-4,5-dihydro-3H-[1,2,4]triazin-2-yl]-benzoesäure $C_{18}H_{17}N_3O_3$, Formel IV (R = C_6H_4-CO-OH, R' = CH_3) und Taut. Kristalle; F: 239−241° (*Hahn*, Roczniki Chem. **33** 1245).

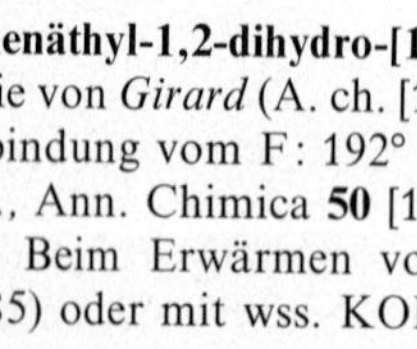

C_6H_5-CO — ... N—N—R / N—R'   IV

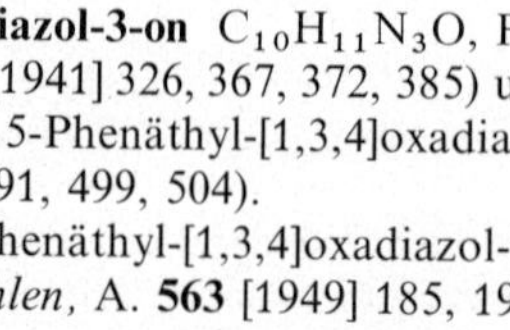

C_6H_5-CH_2-CH_2— ... HN—NH / N ... O   V

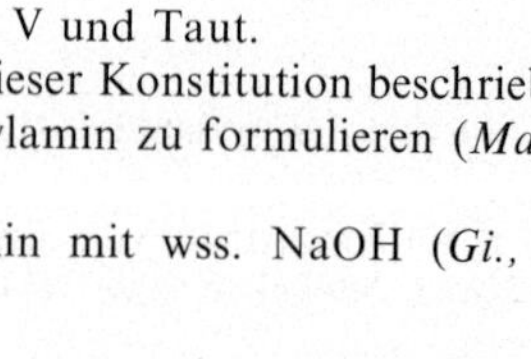

... N ... HN—N—C_6H_5 / H_5C_2 ... O   VI

5-Phenäthyl-1,2-dihydro-[1,2,4]triazol-3-on $C_{10}H_{11}N_3O$, Formel V und Taut.

Die von *Girard* (A. ch. [11] **16** [1941] 326, 367, 372, 385) unter dieser Konstitution beschriebene Verbindung vom F: 192° ist als 5-Phenäthyl-[1,3,4]oxadiazol-2-ylamin zu formulieren (*Maggio et al.*, Ann. Chimica **50** [1960] 491, 499, 504).

B. Beim Erwärmen von 5-Phenäthyl-[1,3,4]oxadiazol-2-ylamin mit wss. NaOH (*Gi.*, l. c. S. 385) oder mit wss. KOH (*Gehlen*, A. **563** [1949] 185, 199).

Kristalle; F: 208° [aus wss. A.] (*Gi.*), 205° [Sublimation ab 150°; aus H_2O] (*Ge.*).
Silber-Salz $Ag_2C_{10}H_9N_3O$: *Gi.*
Monoacetyl-Derivat. Kristalle; F: 167° (*Gi.*).

5-[5-Äthyl-[3]pyridyl]-2-phenyl-1,2-dihydro-pyrazol-3-on $C_{16}H_{15}N_3O$, Formel VI und Taut.

B. Beim Erwärmen von 3-[5-Äthyl-[3]pyridyl]-3-oxo-propionsäure-äthylester mit Phenylhydr≠
azin in Benzol (*Lukeš, Vaculík,* Collect. **23** [1958] 954, 959).
Hellgelbe Kristalle (aus A.); F: 190−190,5° [unkorr.].

4-Äthyl-2-[1-methyl-[4]piperidyl]-5-[4]pyridyl-1,2-dihydro-pyrazol-3-on $C_{16}H_{22}N_4O$,
Formel VII und Taut.

B. Aus 2-Äthyl-3-oxo-3-[4]pyridyl-propionsäure-äthylester und [1-Methyl-[4]piperidyl]-hydr≠
azin (*Ebnöther et al.,* Helv. **42** [1959] 1201, 1210, 1213).
Dihydrobromid $C_{16}H_{22}N_4O\cdot2HBr$. Kristalle (aus Me.+Ae.); F: 214−217° [Zers.].

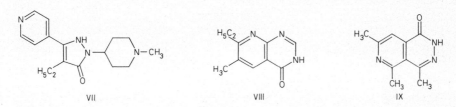

VII   VIII   IX

7-Äthyl-6-methyl-3H-pyrido[2,3-d]pyrimidin-4-on $C_{10}H_{11}N_3O$, Formel VIII und Taut.

B. Beim Erwärmen von 7-Äthyl-6-methyl-2-thioxo-2,3-dihydro-1H-pyrido[2,3-d]pyrimidin-4-
on mit Raney-Nickel in wss. NH_3 und Äthanol (*Robins, Hitchings,* Am. Soc. **80** [1958] 3449,
3454).
Kristalle (aus wss. A.); F: 272−273° [unkorr.].

4,5,7-Trimethyl-2H-pyrido[3,4-d]pyridazin-1-on $C_{10}H_{11}N_3O$, Formel IX und Taut.

B. Beim Erwärmen von 3-Acetyl-2,6-dimethyl-isonicotinsäure-äthylester mit $N_2H_4\cdot H_2O$ in
Äthanol (*Gardner et al.,* J. org. Chem. **21** [1956] 530, 533).
Kristalle; F: 235−237° [korr.].

5-Isopropyliden-2,7-dimethyl-5,7-dihydro-pyrrolo[2,3-d]pyrimidin-6-on $C_{11}H_{13}N_3O$, Formel X.

B. Beim Erwärmen von 2,7-Dimethyl-5,7-dihydro-pyrrolo[2,3-d]pyrimidin-6-on mit Aceton
in Gegenwart von NH_3 (*Nesbitt, Sykes,* Soc. **1954** 3057, 3059).
Kristalle (nach Sublimation bei 150°/0,001 Torr); F: 172°.

1,3,5,6,7,8-Hexahydro-imidazo[4,5-b]chinolin-2-on $C_{10}H_{11}N_3O$, Formel XI und Taut.

B. Beim Erhitzen von 2-Amino-5,6,7,8-tetrahydro-chinolin-3-carbonylazid in Xylol (*Dornow,*
Hinz, B. **91** [1958] 1834, 1839).
Kristalle (aus wss. Me.); F: 315−330° [Zers.].

X   XI   XII

Oxo-Verbindungen $C_{11}H_{13}N_3O$

(±)-3-Benzyl-5-methyl-2,5-dihydro-1H-[1,2,4]triazin-6-on $C_{11}H_{13}N_3O$, Formel XII und Taut.

B. Beim Behandeln von N-[1-Methoxycarbonyl-äthyl]-2-phenyl-acetimidsäure-äthylester mit

$N_2H_4 \cdot H_2O$ in Äthanol (*Kjær*, Acta chem. scand. **7** [1953] 1024, 1029).
Kristalle (aus A.); F: 189−190° [unkorr.].

7-Isobutyl-3H-pyrido[2,3-d]pyrimidin-4-on $C_{11}H_{13}N_3O$, Formel XIII und Taut.
B. Beim Erwärmen von 7-Isobutyl-2-thioxo-2,3-dihydro-1H-pyrido[2,3-d]pyrimidin-4-on mit Raney-Nickel in wss. NH_3 und Äthanol (*Robins, Hitchings*, Am. Soc. **80** [1958] 3449, 3454).
Kristalle (aus wss. A.); F: 248−250° [unkorr.].

Oxo-Verbindungen $C_{12}H_{15}N_3O$

7-Butyl-6-methyl-3H-pyrido[2,3-d]pyrimidin-4-on $C_{12}H_{15}N_3O$, Formel XIV (R = CH_3, n = 3) und Taut.
B. Beim Erwärmen von 7-Butyl-6-methyl-2-thioxo-2,3-dihydro-1H-pyrido[2,3-d]pyrimidin-4-on mit Raney-Nickel in wss. NH_3 und Äthanol (*Robins, Hitchings*, Am. Soc. **80** [1958] 3449, 3454).
Kristalle (aus wss. A.); F: 219−220° [unkorr.].

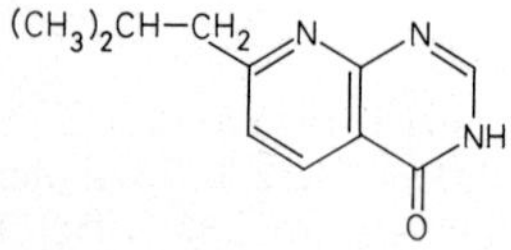

XIII 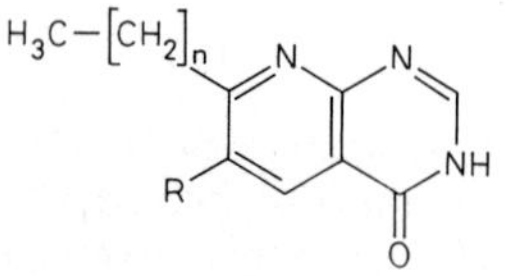   XIV 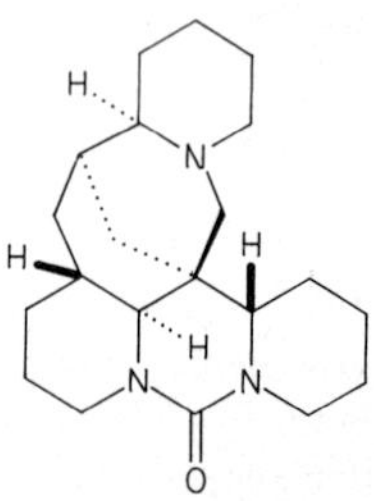   XV

6-Äthyl-7-propyl-3H-pyrido[2,3-d]pyrimidin-4-on $C_{12}H_{15}N_3O$, Formel XIV (R = C_2H_5, n = 2) und Taut.
B. Beim Erwärmen von 6-Äthyl-7-propyl-2-thioxo-2,3-dihydro-1H-pyrido[2,3-d]pyrimidin-4-on mit Raney-Nickel in wss. NH_3 und Äthanol (*Robins, Hitchings*, Am. Soc. **80** [1958] 3449, 3454).
Kristalle (aus wss. A.); F: 224−225° [unkorr.]. λ_{max} (wss. Lösung): 272 nm und 323 nm [pH 1] bzw. 280 nm und 316 nm [pH 10,7].

Oxo-Verbindungen $C_{21}H_{33}N_3O$

ent-6β-Homoormosanin-24-on, Homooxypiptanthin $C_{21}H_{33}N_3O$, Formel XV.
B. Beim Behandeln von (−)-Piptanthin (S. 92) mit $COCl_2$ oder mit Chlorokohlensäure-äthylester in Gegenwart von Triäthylamin in Benzol (*Eisner, Šorm*, Collect. **24** [1959] 2348, 2354; s. a. *Diškina, Konowalowa*, Doklady Akad. S.S.S.R. **81** [1951] 1069; C. A. **1953** 4889).
Kristalle (aus wss. Acn.); F: 153−155° (*Ei., Šorm*). UV-Spektrum (220−250 nm): *Di., Ko.*
Beim Behandeln mit $LiAlH_4$ in Dioxan ist (−)-Homopiptanthin (S. 165) erhalten worden (*Ei., Šorm.*).   [*Blazek*]

Monooxo-Verbindungen $C_nH_{2n-11}N_3O$

Oxo-Verbindungen $C_9H_7N_3O$

3-Phenyl-4H-[1,2,4]triazin-5-on $C_9H_7N_3O$, Formel I und Taut.
B. Aus 3-Phenyl-[1,2,4]triazin-5-ylamin beim Erhitzen mit wss. NaOH (*Fusco, Rossi*, Tetrahedron **3** [1958] 209, 223).

Kristalle (aus A.); F: 245° [unkorr.].

5-Phenyl-2H-[1,2,4]triazin-3-on $C_9H_7N_3O$, Formel II (X = O, X' = H) und Taut. (H 178).

B. Aus 5-Phenyl-[1,2,4]triazin-3-ylamin beim Erhitzen mit wss. KOH oder beim Erhitzen mit NaNO₂ in wss. HCl (*Ekeley et al.*, R. **59** [1940] 496, 500).

Kristalle (aus H₂O); F: 234°. Absorptionsspektrum (A.; 250 — 420 nm): *Ek. et al.*, l. c. S. 498.

5-[4-Chlor-phenyl]-2H-[1,2,4]triazin-3-thion $C_9H_6ClN_3S$, Formel II (X = S, X' = Cl) und Taut.

B. Beim Erwärmen von [4-Chlor-phenyl]-glyoxal-2-thiosemicarbazon in wss. K₂CO₃ (*Rossi*, R.A.L. [8] **14** [1953] 113, 118).

Orangefarbene Kristalle (aus A.) mit 1 Mol H₂O; F: 199°.

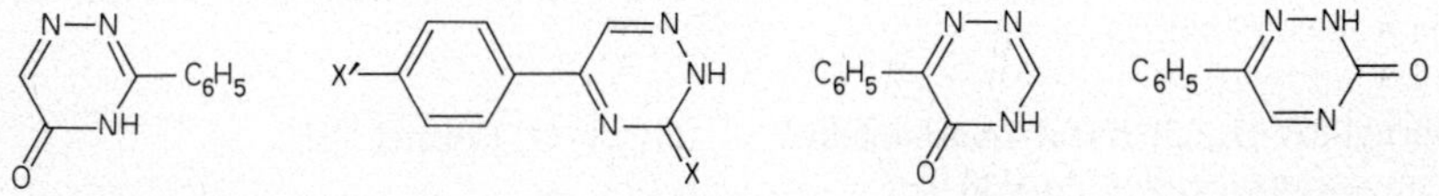

I   II   III   IV

5-[4-Nitro-phenyl]-2H-[1,2,4]triazin-3-thion $C_9H_6N_4O_2S$, Formel II (X = S, X' = NO₂) und Taut.

B. Analog der vorangehenden Verbindung (*Fusco et al.*, Ann. Chimica **42** [1952] 94, 97, 101).

Gelbe Kristalle (aus Eg.); F: 224 — 225° [Zers.].

6-Phenyl-4H-[1,2,4]triazin-5-on $C_9H_7N_3O$, Formel III und Taut.

B. Aus 6-Phenyl-[1,2,4]triazin-5-ylamin beim Erhitzen mit wss. NaOH (*Fusco, Rossi*, Tetrahedron **3** [1958] 209, 222). Aus 5-Oxo-6-phenyl-4,5-dihydro-[1,2,4]triazin-3-carbonsäure beim Erhitzen auf 260 — 270° (*Fu., Ro.*). Beim Erwärmen von 3-Hydrazino-6-phenyl-4H-[1,2,4]triazin-5-on mit HgO in wss.-äthanol. NaOH (*Fu., Ro.*).

Kristalle (aus H₂O oder A.); F: 208° [unkorr.].

6-Phenyl-2H-[1,2,4]triazin-3-on $C_9H_7N_3O$, Formel IV und Taut.

B. Aus 6-Phenyl-[1,2,4]triazin-3-ylamin (*Ekeley et al.*, R. **59** [1940] 496, 499).

UV-Spektrum (A.; 240 — 350 nm): *Ek. et al.*

4-Benzoyl-1-phenyl-1H-[1,2,3]triazol, Phenyl-[1-phenyl-1H-[1,2,3]triazol-4-yl]-keton $C_{15}H_{11}N_3O$, Formel V.

B. Beim Erwärmen von 1-Phenyl-1H-[1,2,3]triazol-4,5-dicarbonylchlorid mit Benzol und AlCl₃ (*Borsche et al.*, A. **554** [1943] 15, 19).

Kristalle (aus PAe.); F: 125°.

2,4-Dinitro-phenylhydrazon $C_{21}H_{15}N_7O_4$. Rote Kristalle (aus Py.); F: 254 — 255°.

5-Benzoyl-1-phenyl-1H-[1,2,3]triazol, Phenyl-[3-phenyl-3H-[1,2,3]triazol-4-yl]-keton $C_{15}H_{11}N_3O$, Formel VI.

B. Beim Erwärmen von 3-Phenyl-3H-[1,2,3]triazol-4-carbonylchlorid mit Benzol und AlCl₃ (*Borsche, Hahn*, A. **537** [1939] 219, 242).

Kristalle (aus PAe.); F: 100 — 101°.

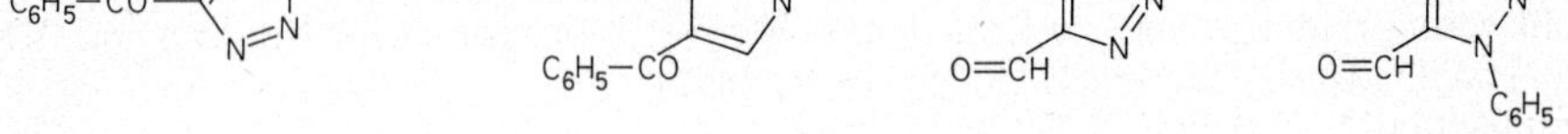

V   VI   VII   VIII

5-Phenyl-1H-[1,2,3]triazol-4-carbaldehyd $C_9H_7N_3O$, Formel VII (R = H) und Taut.

B. Beim Behandeln [2 d] von Phenylpropiolaldehyd mit HN_3 in Äther (*Sheehan, Robinson,* Am. Soc. **73** [1951] 1207).

Kristalle (aus wss. A.); F: 186,5−187,5° [korr.] (*Sh., Ro.*).

Thiosemicarbazon $C_{10}H_{10}N_6S$. F: 214−216° [unkorr.; Zers.] (*Hagenbach, Gysin,* Ex= perientia **8** [1952] 184).

1,5-Diphenyl-1H-[1,2,3]triazol-4-carbaldehyd $C_{15}H_{11}N_3O$, Formel VII (R = C_6H_5) (E II 98).

B. Neben 3,5-Diphenyl-3H-[1,2,3]triazol-4-carbaldehyd beim Erhitzen [24 h] von Phenylpro= piolaldehyd mit Azidobenzol in Toluol (*Sheehan, Robinson,* Am. Soc. **73** [1951] 1207, 1208).

Kristalle (aus Xylol+PAe.); F: 112−113° [korr.] (*Sh., Ro.*).

Oxim $C_{15}H_{12}N_4O$ (E II 98). Kristalle (aus wss. A.); F: 194−195° [korr.] (*Sh., Ro.*).

Thiosemicarbazon $C_{16}H_{14}N_6S$. F: 225−226° [unkorr.; Zers.] (*Hagenbach, Gysin,* Ex= perientia **8** [1952] 184).

3,5-Diphenyl-3H-[1,2,3]triazol-4-carbaldehyd $C_{15}H_{11}N_3O$, Formel VIII.

B. s. im vorangehenden Artikel.

Kristalle (aus A.); F: 171−172° [korr.] (*Sheehan, Robinson,* Am. Soc. **73** [1951] 1207, 1208).

Oxim $C_{15}H_{12}N_4O$. Kristalle (aus wss. Me.); F: 160,5−161,5° [korr.] (*Sh., Ro.*).

Thiosemicarbazon $C_{16}H_{14}N_6S$. F: 239−241° [unkorr.; Zers.] (*Hagenbach, Gysin,* Ex= perientia **8** [1952] 184).

6-Acetyl-benzo[e][1,2,4]triazin, 1-Benzo[e][1,2,4]triazin-6-yl-äthanon $C_9H_7N_3O$, Formel IX.

B. Aus 6-Acetyl-benzo[e][1,2,4]triazin-3-carbonsäure beim Erhitzen in H_2O auf 150° (*Fusco, Rossi,* Rend. Ist. lomb. **91** [1957] 186, 195).

Gelbe Kristalle (aus Bzl.); F: 138−139° (*Fu., Ro.*). Absorptionsspektrum (H_2O, wss. H_2SO_4 [10%ig und 50%ig], Me. sowie Cyclohexan; 220−530 nm): *Favini, Simonetta,* R.A.L. [8] **23** [1957] 434, 439, 440.

3-Benzyliden-5-phenyl-1,4,5-triaza-bicyclo[2.1.0]pentan-2-on $C_{15}H_{11}N_3O$, Formel X.

Die früher (H **26** 178) unter dieser Konstitution („2-Phenyl-4-benzal-1.2.3-triazolon-(5)") be= schriebene Verbindung ist als 2,5-Diphenyl-2H-pyrazol-3,4-dion-4-(Z)-phenylhydrazon (E III/IV **24** 1512) zu formulieren (*Moureu et al.,* Bl. **1956** 1780).

Die H **26** 178 (Zeile 17 v. u.) beschriebene Verbindung $C_{24}H_{18}N_4O_2$ ist als [3-Oxo-2,5-diphenyl-2,3-dihydro-1H-pyrazol-4-yl]-[5-oxo-1,3-diphenyl-1,5-dihydro-pyrazol-4-yliden]-amin (E III/IV **25** 3788) zu formulieren (*Mo. et al.*).

IX   X   XI   XII

Oxo-Verbindungen $C_{10}H_9N_3O$

5-Benzyl-2H-[1,2,4]triazin-3-thion $C_{10}H_9N_3S$, Formel XI und Taut.

B. Aus Phenylpyruvaldehyd-1-thiosemicarbazon beim Erwärmen mit wss. K_2CO_3 (*Rossi,* G. **83** [1953] 133, 140).

Hellgelbe Kristalle (aus A.); F: 169−170°.

3-Methyl-5-phenyl-1H-[1,2,4]triazin-6-on $C_{10}H_9N_3O$, Formel XII und Taut.

B. In geringer Menge aus 3,6-Dimethyl-5-phenyl-[1,2,4]triazin beim Erhitzen mit $KMnO_4$ in wss. NaOH (*Metze, Meyer,* B. **90** [1957] 481, 485).

Kristalle (aus H_2O oder A.); F: 253° [Zers.].

6-Methyl-3-phenyl-4H-[1,2,4]triazin-5-on $C_{10}H_9N_3O$, Formel XIII und Taut.

B. Aus *N'*-[1-Cyan-äthyliden]-benzohydrazonoylchlorid bei mehrtägigem Aufbewahren an feuchter Luft (*Fusco, Rossi*, Tetrahedron **3** [1958] 209, 220).

Kristalle (aus H_2O). Unter vermindertem Druck sublimierbar.

6-Methyl-5-phenyl-2H-[1,2,4]triazin-3-on $C_{10}H_9N_3O$, Formel XIV (X = O) und Taut.

B. Aus 1-Phenyl-propan-1,2-dion-2-semicarbazon beim Erhitzen mit wss. KOH (*Rossi*, G. **83** [1953] 133, 137). Beim Erhitzen der folgenden Verbindung mit H_2O_2 in wss. NaOH (*Klosa*, Ar. **288** [1955] 465, 468).

Kristalle ; F: 192 – 194° [aus H_2O] (*Ro.*), 191 – 192° [aus Eg.] (*Kl.*).

XIII   XIV   XV

6-Methyl-5-phenyl-2H-[1,2,4]triazin-3-thion $C_{10}H_9N_3S$, Formel XIV (X = S) und Taut.

B. Beim Erhitzen von 1-Phenyl-propan-1,2-dion mit Thiosemicarbazid in Essigsäure (*Klosa*, Ar. **288** [1955] 465, 468). Aus 1-Phenyl-propan-1,2-dion-2-thiosemicarbazon beim Erwärmen mit wss. K_2CO_3 (*Rossi*, G. **83** [1953] 133, 138).

Rote Kristalle (aus Eg.); F: 224 – 226° [Zers.] (*Kl.*), 172° [unreines Präparat?] (*Ro.*).

4-Benzoyl-5-methyl-1-phenyl-1H-[1,2,3]triazol, [5-Methyl-1-phenyl-1H-[1,2,3]triazol-4-yl]-phenyl-keton $C_{16}H_{13}N_3O$, Formel XV.

B. Beim Erwärmen von 5-Methyl-1-phenyl-1H-[1,2,3]triazol-4-carbonylchlorid mit Benzol und AlCl₃ (*Borsche et al.*, A. **554** [1943] 15, 21).

Hellgelbes Öl.

2,4-Dinitro-phenylhydrazon $C_{22}H_{17}N_7O_4$. F: 246°.

4-Acetyl-1,5-diphenyl-1H-[1,2,3]triazol, 1-[1,5-Diphenyl-1H-[1,2,3]triazol-4-yl]-äthanon $C_{16}H_{13}N_3O$, Formel I.

Diese Konstitution ist wahrscheinlich auch einer von *Alder, Stein* (A. **501** [1933] 1, 25) aus 4-Phenyl-but-3-en-2-on und Azidobenzol bei mehrmonatigem Aufbewahren des Reaktions= gemisches erhaltenen und als 1-[1,5-Diphenyl-4,5-dihydro-1H-[1,2,3]triazol-4-yl]-äth= anon $C_{16}H_{15}N_3O$ angesehenen Verbindung (gelbe Kristalle [aus PAe.]; F: 111°) zuzuordnen (*Texier, Carrié*, Bl. **1971** 3642, 3644, 3645, 3647).

Gelbe Kristalle (aus Me.); F: 129 – 130° (*Te., Ca.*).

7,8-Dihydro-6H-pyrido[3,2-d]pyrrolo[1,2-a]pyrimidin-10-on $C_{10}H_9N_3O$, Formel II.

B. Beim Erhitzen von 5-Methoxy-3,4-dihydro-2H-pyrrol mit 3-Amino-pyridin-2-carbonsäure in 1-Acetoxy-2-methoxy-äthan (*Petersen, Tietze*, A. **623** [1959] 166, 175).

Kristalle (aus A.); F: 193°.

I   II   III   IV

4-Methyl-1,2,4,5-tetrahydro-pyrazolo[4,3-c]isochinolin-3-on(?) $C_{11}H_{11}N_3O$, vermutlich Formel III (R = H) und Taut.

Zur Konstitution vgl. *Hinton, Mann*, Soc. **1959** 599, 602.

B. Beim Erwärmen von 2-Methyl-4-oxo-1,2,3,4-tetrahydro-isochinolin-3-carbonsäure-äthyl≈ ester mit N_2H_4 in wss. Äthanol (*Hi., Mann,* l. c. S. 608).
Rot; F: 290° [Zers.].
Hydrochlorid. Hellgelb; F: 266° [aus A.].

4-Methyl-2-phenyl-1,2,4,5-tetrahydro-pyrazolo[4,3-*c*]isochinolin-3-on(?) $C_{17}H_{15}N_3O$, vermutlich Formel III (R = C_6H_5) und Taut.
Zur Konstitution vgl. *Hinton, Mann,* Soc. **1959** 599, 602.
B. Analog der vorangehenden Verbindung (*Hi., Mann,* l. c. S. 608).
Rot; F: 234° [aus A.].
Hydrochlorid $C_{17}H_{15}N_3O \cdot HCl$. Gelbe Kristalle (aus A.); F: 231° [evakuierte Kapillare].
Picrat $C_{17}H_{15}N_3O \cdot C_6H_3N_3O_7$. Gelbe Kristalle (aus A.); F: 229°.
Methojodid $[C_{18}H_{18}N_3O]I$. Gelbe Kristalle (aus Me.); F: 245° [Zers. ab 233°] (*Hi., Mann,* l. c. S. 609).

1,2,3,5-Tetrahydro-pyridazino[4,5-*b*]indol-4-on $C_{10}H_9N_3O$, Formel IV.
B. Aus 3-Hydroxymethyl-indol-2-carbonsäure-hydrazid bei langsamem Erhitzen auf 180−200° (*Harradence, Lions,* J. Pr. Soc. N.S. Wales **72** [1938] 221, 224, 226).
Gelbe Kristalle; F: 285°.

Oxo-Verbindungen $C_{11}H_{11}N_3O$

***6-Styryl-4,5-dihydro-2*H*-[1,2,4]triazin-3-on** $C_{11}H_{11}N_3O$, Formel V und Taut.
B. Beim Erwärmen von 1-Hydroxy-4-phenyl-but-3-en-2-on (F: 170−172°) mit Semicarbazid-hydrochlorid in Natriumacetat enthaltendem Äthanol (*Ghosh, Dutta,* J. Indian chem. Soc. **30** [1953] 866, 870).
Kristalle; F: 227−228°.

V   VI   VII

***2(oder 4)-Acetyl-3-methyl-5-[3-nitro-benzyliden]-2,5(oder 4,5)-dihydro-1*H*-[1,2,4]triazin-6-on** $C_{13}H_{12}N_4O_4$, Formel VI oder Formel VII.
B. Beim Erwärmen von α-Acetylamino-3-nitro-zimtsäure-hydrazid (F: 160−161°) mit Acet≈ anhydrid und Essigsäure auf 100° (*Jennings,* Soc. **1957** 1512, 1515).
Hellgelbe Kristalle (aus A.); F: 215−216° [korr.]. λ_{max} (Me.): 245 nm, 275 nm und 340 nm.

2,3-Diacetyl-6-phenyl-1,2(oder 2,5)-dihydro-[1,2,4]triazin $C_{13}H_{13}N_3O_2$, Formel VIII oder Formel IX.
Die Identität zweier von *Biquard* (Bl. [5] **3** [1936] 656, 659) unter diesen Konstitutionen beschriebenen, beim Erwärmen von Acetophenon-semicarbazon mit Äthylmagnesiumbromid in Äther und Benzol und anschliessend mit Acetylchlorid oder Acetanhydrid in Benzol erhalte≈ nen Verbindungen (F: 273° bzw. F: 203°; UV-Spektren in Äthanol; mit wss. HCl jeweils in eine Verbindung $C_{11}H_{11}N_3O$ [F: 236° bzw. F: 183°] überführbar) ist ungewiss (vgl. dazu *Searles, Kash,* J. org. Chem. **19** [1954] 928).

6-Äthyl-5-phenyl-2*H*-[1,2,4]triazin-3-thion $C_{11}H_{11}N_3S$, Formel X und Taut.
B. Aus 1-Phenyl-butan-1,2-dion-2-thiosemicarbazon beim Erhitzen mit wss. NaOH (*Rossi,* G. **83** [1953] 133, 138).
Orangefarbene Kristalle (aus A.); F: 175°.

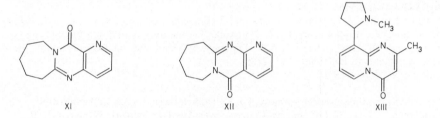

VIII   IX   X

Oxo-Verbindungen $C_{12}H_{13}N_3O$

7,8,9,10-Tetrahydro-6H-pyrido[3′,2′:4,5]pyrimido[1,2-a]azepin-12-on $C_{12}H_{13}N_3O$, Formel XI.
B. Beim Erwärmen von 7-Methoxy-3,4,5,6-tetrahydro-2H-azepin mit 3-Amino-pyridin-2-carbonsäure in Aceton (*Petersen, Tietze,* A. **623** [1959] 166, 175).
Kristalle (aus Toluol); F: 150−152°.

8,9,10,11-Tetrahydro-7H-pyrido[2′,3′:4,5]pyrimido[1,2-a]azepin-5-on $C_{12}H_{13}N_3O$, Formel XII.
B. Beim Erhitzen von 7-Methoxy-3,4,5,6-tetrahydro-2H-azepin mit 2-Amino-nicotinsäure in 1-Acetoxy-2-methoxy-äthan (*Petersen, Tietze,* A. **623** [1959] 166, 175).
Kristalle (aus Toluol); F: 143−145°.

XI   XII   XIII

Oxo-Verbindungen $C_{13}H_{15}N_3O$

(±)-2-Methyl-9-[1-methyl-pyrrolidin-2-yl]-pyrido[1,2-a]pyrimidin-4-on(?) $C_{14}H_{17}N_3O$, vermutlich Formel XIII.
Bezüglich der Konstitution vgl. *Antaki, Petrow,* Soc. **1951** 551.
B. Beim Erhitzen von (±)-3-[1-Methyl-pyrrolidin-2-yl]-[2]pyridylamin mit Acetessigsäure-äthylester auf 170−185° (*Kondakowa, Gol'dfarb,* Ž. obšč. Chim. **10** [1940] 1065, 1066; C. A. **1941** 4021).
Kristalle (aus wss. A.); F: 112° (*Ko., Go.*).
Beim Erwärmen mit HNO_3 [65%ig] und konz. H_2SO_4 ist eine **Mononitro-Verbindung** $C_{14}H_{16}N_4O_3$ (gelbe Kristalle [aus A.]; F: 120−121°) erhalten worden (*Ko., Go.*).
Dihydrochlorid $C_{14}H_{17}N_3O \cdot 2HCl$. Kristalle (aus A.+Ae.); F: 244−247° [Zers.] (*Ko., Go.*).
Hexachloroplatinat(IV) $C_{14}H_{17}N_3O \cdot H_2PtCl_6$. Orangefarbene Kristalle [aus wss. HCl] (*Ko., Go.*).
Dipicrat $C_{14}H_{17}N_3O \cdot 2C_6H_3N_3O_7$. Kristalle (aus A.); F: 209° (*Ko., Go.*).
Methojodid $[C_{15}H_{20}N_3O]I$. Kristalle (aus Me.); F: 238−240° [Zers.] (*Ko., Go.*).

Oxo-Verbindungen $C_{14}H_{17}N_3O$

(±)-3-Äthyl-3-[4,5-dihydro-1H-imidazol-2-ylmethyl]-1-methyl-indolin-2-on $C_{15}H_{19}N_3O$, Formel I (n = 1).
B. Beim Erhitzen von (±)-[3-Äthyl-1-methyl-2-oxo-indolin-3-yl]-acetonitril mit Äthylen-diamin-mono-[toluol-4-sulfonat] auf ca. 200° (*Horning, Rutenberg,* Am. Soc. **72** [1950] 3534).
F: 93−97°.
Picrat $C_{15}H_{19}N_3O \cdot C_6H_3N_3O_7$. Kristalle (aus A.); F: 181−182,5°.

Oxo-Verbindungen $C_{15}H_{19}N_3O$

(±)-3-Äthyl-3-[2-(4,5-dihydro-1*H*-imidazol-2-yl)-äthyl]-1-methyl-indolin-2-on $C_{16}H_{21}N_3O$, Formel I (n = 2).

B. Beim Erhitzen von (±)-3-[3-Äthyl-1-methyl-2-oxo-indolin-3-yl]-propionitril mit Äthylen=diamin-mono-[toluol-4-sulfonat] auf ca. 200° (*Horning, Rutenberg,* Am. Soc. **72** [1950] 3534).

F: 178−180,5° [unreines Präparat].

Picrat $C_{16}H_{21}N_3O \cdot C_6H_3N_3O_7$. F: 142,5−143,5°.

I   II   III

4-Acetonyl-3-[1,3-diphenyl-imidazolidin-2-ylmethyl]-indol, [3-(1,3-Diphenyl-imidazolidin-2-yl=methyl)-indol-4-yl]-aceton $C_{27}H_{27}N_3O$, Formel II.

B. Beim Erwärmen von [4-Acetonyl-indol-3-yl]-acetaldehyd (erhalten aus 3-[1,3-Diphenyl-imidazolidin-2-ylmethyl]-4-[2-methyl-[1,3]dioxolan-2-ylmethyl]-indol durch Einwirkung von wss. HCl in Äther und Äthylacetat) mit *N,N'*-Diphenyl-äthylendiamin in Essigsäure und Methanol (*Plieninger, Werst,* B. **89** [1956] 2783, 2788).

Kristalle; F: 166−169°.

2-[3-(1-Äthyl-pyrrolidin-2-yliden)-propenyl]-1,3-dimethyl-4-oxo-3,4,5,6,7,8-hexahydro-chinazolinium $[C_{19}H_{28}N_3O]^+$ und Mesomeres; **1-[1-Äthyl-4,5-dihydro-3*H*-pyrrol-2-yl]-3-[1,3-dimethyl-4-oxo-3,4,5,6,7,8-hexahydro-chinazolin-2-yl]-trimethinium** [1]), Formel III.

Jodid $[C_{19}H_{28}N_3O]I$. *B.* Beim Behandeln von 1,2,3-Trimethyl-4-oxo-3,4,5,6,7,8-hexahydro-chinazolinium-jodid mit 2-[1-Äthyl-pyrrolidin-2-yliden]-acetaldehyd in Acetanhydrid enthalten=dem Pyridin (*Farbw. Hoechst,* U.S.P. 2861989 [1956]). − Gelbe Kristalle (aus Me.); F: 186−187°.

Oxo-Verbindungen $C_{16}H_{21}N_3O$

(±)-3-Äthyl-3-[3-(4,5-dihydro-1*H*-imidazol-2-yl)-propyl]-1-methyl-indolin-2-on $C_{17}H_{23}N_3O$, Formel I (n = 3).

B. Beim Erhitzen von (±)-4-[3-Äthyl-1-methyl-2-oxo-indolin-3-yl]-butyronitril mit Äthylen=diamin-mono-[toluol-4-sulfonat] auf ca. 200° (*Horning, Rutenberg,* Am. Soc. **72** [1950] 3534).

F: 101−103,5°.

Picrat $C_{17}H_{23}N_3O \cdot C_6H_3N_3O_7$. F: 177−178°.

Monooxo-Verbindungen $C_nH_{2n-13}N_3O$

Oxo-Verbindungen $C_{10}H_7N_3O$

Chlor-diazomethyl-phenyl-[1,3,5]triazin $C_{10}H_6ClN_5$, Formel IV.

B. Beim Behandeln [2 d] von Dichlor-phenyl-[1,3,5]triazin mit Diazomethan in Äther (*Grund=mann, Kober,* Am. Soc. **79** [1957] 944, 947).

Gelbe Kristalle (aus PAe.); F: 107−109°. Beim Überhitzen erfolgt schnelle Zersetzung (*Gr.,*

---

[1]) Über diese Bezeichnungsweise s. *Reichardt, Mormann,* B. **105** [1972] 1815, 1832.

Ko., l. c. S. 946 Anm. 7).

2H-[1,2,4]Triazolo[4,3-a]chinolin-1-on $C_{10}H_7N_3O$, Formel V (X = O, X' = H).
B. Beim Erhitzen von 2-Hydrazino-chinolin mit Phenylisocyanat in 1,2,4-Trichlor-benzol (*Reynolds, VanAllan*, J. org. Chem. **24** [1959] 1478, 1484, 1486).
Kristalle (aus Butan-1-ol); F: 248°. λ_{max} (Me.; 210–330 nm): *Re., Va.*, l. c. S. 1483.

2H-[1,2,4]Triazolo[4,3-a]chinolin-1-thion $C_{10}H_7N_3S$, Formel V (X = S, X' = H) (H 181).
B. Aus 2-Hydrazino-chinolin und CS_2 in Pyridin (*Eastman Kodak Co.*, U.S.P. 2861076 [1957]).
F: 276° (*Reynolds, VanAllan*, J. org. Chem. **24** [1959] 1478, 1484), 265–266° (*Eastman Kodak Co.*). λ_{max} (Me.; 210–320 nm): *Re., Va.*, l. c. S. 1483.

IV   V   VI   VII

7-Chlor-2H-[1,2,4]triazolo[4,3-a]chinolin-1-thion $C_{10}H_6ClN_3S$, Formel V (X = S, X' = Cl).
B. Aus 6-Chlor-2-hydrazino-chinolin und CS_2 in Pyridin (*Eastman Kodak Co.*, U.S.P. 2861076 [1957]).
F: 298°.

4-Methyl-[1,2,3]triazolo[4,5,1-ij]chinolin-6-on $C_{10}H_7N_3O$, Formel VI.
B. Aus 8-Amino-2-methyl-1H-chinolin-4-on (E III/IV 22 5883) beim Behandeln mit $NaNO_2$ in wss. HCl (*Halcrow, Kermack*, Soc. **1945** 415).
Kristalle (aus H_2O); unterhalb 400° nicht schmelzend [Schwarzfärbung bei ca. 250°].

6-Methyl-[1,2,3]triazolo[4,5,1-ij]chinolin-4-on $C_{10}H_7N_3O$, Formel VII.
Zur Konstitution vgl. *Krahler, Burger*, Am. Soc. **64** [1942] 2417.
B. Beim Behandeln von 8-Amino-4-methyl-1H-chinolin-2-on (E III/IV 22 5910) mit $NaNO_2$ in wss. HCl (*Krahler, Burger*, Am. Soc. **64** 2419, **63** [1941] 2367, 2370).
F: 236–237,5° [Zers.] (*Kr., Bu.*, Am. Soc. **64** 2419), 235,5–236° [aus A.] (*Kr., Bu.*, Am. Soc. **63** 2370).

4-Methyl-1,4-dihydro-pyrazolo[4,3-b]chinolin-9-on $C_{11}H_9N_3O$, Formel VIII und Taut.
B. Aus N-[1,2-Dimethyl-4-oxo-1,4-dihydro-[3]chinolyl]-N-nitroso-acetamid beim Erwärmen in Benzol (*Adams, Hey*, Soc. **1951** 1521, 1526).
Gelbbraune Kristalle (aus A.); F: 340–342° [Zers. ab ca. 325°].

1,3-Dihydro-imidazo[4,5-b]chinolin-2-on $C_{10}H_7N_3O$, Formel IX (R = X = H) und Taut.
B. Beim Erhitzen von 5-[2-Nitro-benzyliden]-imidazolidin-2,4-dion mit wss. HI und rotem Phosphor (*Kozak, Musiał*, Bl. Acad. polon. [A] **1930** 432, 435; vgl. dagegen *Sasaki, Ueda*, Bio. Z. **232** [1931] 260, 264).
Kristalle (aus Nitrobenzol); F: 348–349° (*Ko., Mu.*).
Picrat $C_{10}H_7N_3O \cdot C_6H_3N_3O_7$. Gelbe Kristalle (aus A.); F: 291–292° [Zers.] (*Musiał*, Roczniki Chem. **25** [1951] 46, 48; C. A. **1953** 4885).
Acetyl-Derivat $C_{12}H_9N_3O_2$. Kristalle (aus Nitrobenzol); F: 330–331° [Zers.] (*Mu.*, l. c. S. 51).

1,3-Diphenyl-1,3-dihydro-imidazo[4,5-b]chinolin-2-on $C_{22}H_{15}N_3O$, Formel IX (R = C_6H_5, X = H).
B. Bei der Einwirkung von $COCl_2$ auf N^2,N^3-Diphenyl-chinolin-2,3-diyldiamin in m-Xylol

bei 130° (*Ried, Grabosch*, B. **89** [1956] 2684, 2687).
  Gelbe Kristalle (aus Eg.); F: 229 – 230° [unkorr.].

9-Brom-1,3-dihydro-imidazo[4,5-b]chinolin-2-on $C_{10}H_6BrN_3O$, Formel IX (R = H, X = Br)
und Taut.
  Bezüglich der Konstitution vgl. *Henze, Allen*, Am. Soc. **77** [1955] 461.
  B. Aus 5-[α-Brom-2-nitro-benzyliden]-imidazolidin-2,4-dion (E III/IV **24** 1532) beim Erhitzen
mit konz. wss. HI (*Musiał*, Roczniki Chem. **25** [1951] 46, 48; C. A. **1953** 4885).
  Kristalle (aus Nitrobenzol); F: 385 – 388° [Zers.] (*Mu.*).
  Brom-Derivat $C_{10}H_5Br_2N_3O$. Kristalle (aus Anilin); F: 380 – 383° [Zers.] (*Mu.*).
  Nitro-Derivat $C_{10}H_5BrN_4O_3$. Gelbe Kristalle (aus Nitrobenzol); F: 375 – 378° [Zers.]
(*Mu.*).

VIII   IX   X

9-Nitro-1,3-dihydro-imidazo[4,5-b]chinolin-2-on $C_{10}H_6N_4O_3$, Formel IX (R = H, X = NO$_2$)
und Taut.
  Bezüglich der Konstitution vgl. *Henze, Allen*, Am. Soc. **77** [1955] 461.
  B. Beim Erwärmen von 1,3-Dihydro-imidazo[4,5-b]chinolin-2-on oder dessen Acetyl-Derivat
mit wss. HNO$_3$ [D: 1,3] (*Musiał*, Roczniki Chem. **25** [1951] 46, 50, 51; C. A. **1953** 4885).
  Gelbe Kristalle [aus Nitrobenzol]; F: 360 – 363° [Zers.] (*Mu.*).

1,3-Dihydro-imidazo[4,5-b]chinolin-2-thion $C_{10}H_7N_3S$, Formel X (R = H) und Taut.
  B. Beim Erhitzen von 2-Thioxo-imidazolidin-4-on mit 2-Amino-benzaldehyd in Acetanhydrid
oder beim Behandeln von 5-[2-Nitro-benzyliden]-2-thioxo-imidazolidin-4-on mit Zinn und wss.
HCl (*Namjoshi, Dutt*, J. Indian chem. Soc. **8** [1931] 241, 243, 245).
  Kristalle (aus Eg. oder Py.); F: 213°.

3-Phenyl-1,3-dihydro-imidazo[4,5-b]chinolin-2-thion $C_{16}H_{11}N_3S$, Formel X (R = C_6H_5) und
Taut.
  B. Aus 5-[2-Nitro-benzyliden]-3-phenyl-2-thioxo-imidazolidin-4-on beim Erhitzen mit Zinn
und wss. HCl (*Ghosh*, J. Indian chem. Soc. **11** [1934] 23, 32).
  Kristalle (aus wss. A.); F: 186°.

3-p-Tolyl-1,3-dihydro-imidazo[4,5-b]chinolin-2-thion $C_{17}H_{13}N_3S$, Formel X (R = C_6H_4-CH$_3$)
und Taut.
  Diese Konstitution (oder die des entsprechenden 1-Acetyl-Derivats $C_{19}H_{15}N_3OS$?) ist
wahrscheinlich auch einer von *Ghosh* (J. Indian chem. Soc. **14** [1937] 113) aus 1-Acetyl-5-[2-nitro-
benzyliden]-2-thioxo-3-p-tolyl-imidazolidin-4-on (E III/IV **24** 1536) beim Erhitzen mit Zink-
Pulver und Essigsäure oder mit Zinn und wss. HCl erhaltenen und als Thiazolo[5,4-b]chinolin-2-
yl-p-tolyl-amin angesehenen Verbindung (Kristalle [aus A.]; F: 191 – 192°) zuzuordnen (s. dies≠
bezüglich *Jeffreys*, Soc. **1954** 2221, 2222).
  B. Aus 5-[2-Nitro-benzyliden]-2-thioxo-3-p-tolyl-imidazolidin-4-on (E III/IV **24** 1536) beim
Erhitzen mit Zink-Pulver und Essigsäure (*Sahoo et al.*, J. Indian chem. Soc. **36** [1959] 421,
423).
  Kristalle (aus A.); F: 223° (*Sa. et al.*).

3-[4-Äthoxy-phenyl]-1,3-dihydro-imidazo[4,5-b]chinolin-2-thion $C_{18}H_{15}N_3OS$, Formel X
(R = C_6H_4-O-C_2H_5) und Taut.
  Diese Konstitution (oder die des entsprechenden 1-Acetyl-Derivats $C_{20}H_{17}N_3O_2S$?) ist
wahrscheinlich der nachstehend beschriebenen, von *Ghosh* (J. Indian chem. Soc. **14** [1937]

113) als [4-Äthoxy-phenyl]-thiazolo[5,4-*b*]chinolin-2-yl-amin angesehenen Verbindung zuzuord=
nen (s. diesbezüglich *Jeffreys*, Soc. **1954** 2221, 2222).

B. Aus 1-Acetyl-3-[4-äthoxy-phenyl]-5-[2-nitro-benzyliden]-2-thioxo-imidazolidin-4-on (E III/
IV **24** 1536) beim Erhitzen mit Zink-Pulver und Essigsäure oder mit Zinn und wss. HCl
(*Gh*.).

Bräunliche Kristalle (aus A.); F: 175° (*Gh*.).

3-[4-Nitro-phenyl]-3,5-dihydro-pyridazino[4,5-*b*]indol-4-on $C_{16}H_{10}N_4O_3$, Formel XI.

B. Aus 3-[(4-Nitro-phenylhydrazono)-methyl]-indol-2-carbonsäure-methylester (oder -äthyl=
ester) beim Erhitzen unter vermindertem Druck auf 290−300° (*King, Stiller*, Soc. **1937** 466,
473).

Bräunliche Kristalle (aus Py.); F: > 365°.

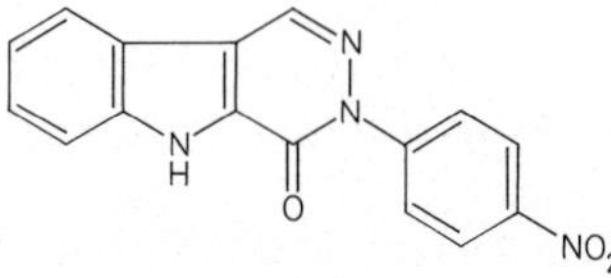

XI 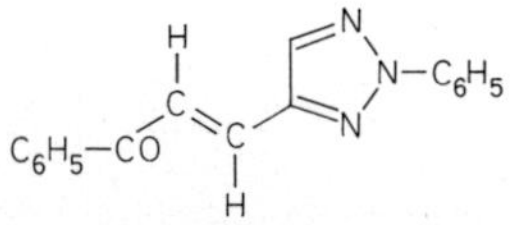 XII 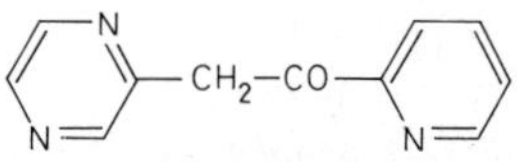 XIII

Oxo-Verbindungen $C_{11}H_9N_3O$

1-Phenyl-3*t*(?)-[2-phenyl-2*H*-[1,2,3]triazol-4-yl]-propenon $C_{17}H_{13}N_3O$, vermutlich Formel XII.

B. Beim Behandeln von 2-Phenyl-2*H*-[1,2,3]triazol-4-carbaldehyd mit Acetophenon in wss.-
äthanol. KOH (*Riebsomer, Sumrell*, J. org. Chem. **13** [1948] 807, 810).

Kristalle; F: 131−132°.

2-Pyrazin-2-yl-1-[2]pyridyl-äthanon $C_{11}H_9N_3O$, Formel XIII.

B. Als Hauptprodukt beim Behandeln von Methylpyrazin mit NaNH$_2$ in flüssigem NH$_3$
und anschliessend mit Pyridin-2-carbonsäure-methylester (*Behun, Levine*, Am. Soc. **81** [1959]
5157).

Kristalle (aus Ae. + PAe.); F: 87−87,6°.

Picrat $C_{11}H_9N_3O \cdot C_6H_3N_3O_7$. F: 166−167°.

2-Pyrazin-2-yl-1-[3]pyridyl-äthanon $C_{11}H_9N_3O$, Formel XIV.

B. Analog der vorangehenden Verbindung (*Behun, Levine*, Am. Soc. **81** [1959] 5157).

Kristalle (aus wss. A.); F: 129,2−130°.

Picrat $C_{11}H_9N_3O \cdot C_6H_3N_3O_7$. F: 209−210°.

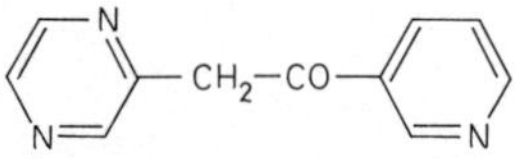

XIV 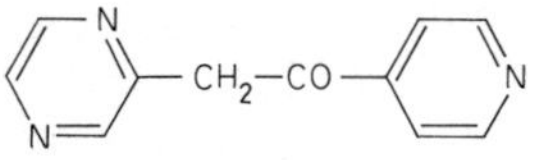 XV 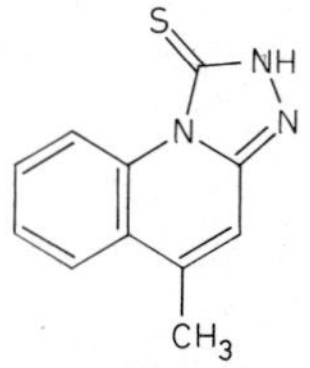 XVI

2-Pyrazin-2-yl-1-[4]pyridyl-äthanon $C_{11}H_9N_3O$, Formel XV.

B. Analog den vorangehenden Verbindungen (*Behun, Levine*, Am. Soc. **81** [1959] 5157).

Kristalle (aus Bzl. + PAe.); F: 142,2−142,8°.

Picrat $C_{11}H_9N_3O \cdot C_6H_3N_3O_7$. F: 228−229°.

5-Methyl-2*H*-[1,2,4]triazolo[4,3-*a*]chinolin-1-thion $C_{11}H_9N_3S$, Formel XVI (H 181).

B. Aus 2-Hydrazino-4-methyl-chinolin und CS$_2$ in Pyridin (*Eastman Kodak Co*.,
U.S.P. 2861076 [1957]).

F: 300° (*Reynolds, VanAllan*, J. org. Chem. **24** [1959] 1478, 1484), 298° (*Eastman Kodak Co.*).

7-Methyl-2H-[1,2,4]triazolo[4,3-a]chinolin-1-thion $C_{11}H_9N_3S$, Formel XVII.

B. Aus 2-Hydrazino-6-methyl-chinolin und CS_2 in Pyridin (*Eastman Kodak Co.*, U.S.P. 2861076 [1957]).

Amorph; F: 295—296° [Zers.].

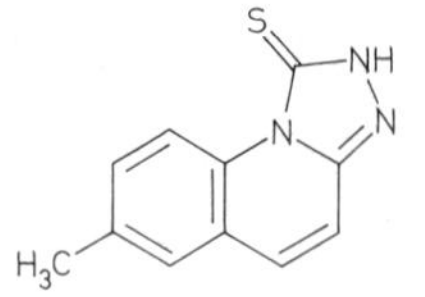

XVII 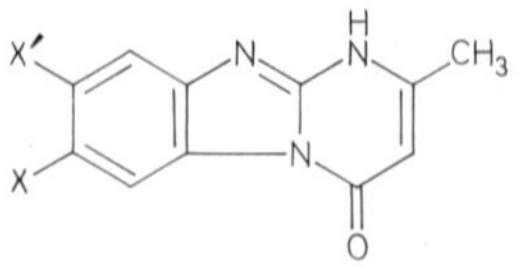   XVIII

2-Methyl-1H-benz[4,5]imidazo[1,2-a]pyrimidin-4-on $C_{11}H_9N_3O$, Formel XVIII (X = X' = H) und Taut.

B. Beim Erhitzen von 1H-Benzimidazol-2-ylamin mit Acetessigsäure-äthylester in Essigsäure (*De Cat, Van Dormael*, Bl. Soc. chim. Belg. **59** [1950] 573, 581) oder ohne Lösungsmittel (*I.G. Farbenind.*, D.R.P. 641598 [1935]; Frdl. **23** 270; *Crippa, Perroncito*, G. **65** [1935] 1067, 1069; *Antaki, Petrow*, Soc. **1951** 551, 553, 555; *Ridi, Checchi*, Ann. Chimica **44** [1954] 28, 35) oder beim Erhitzen von 1H-Benzimidazol-2-ylamin mit 3-Amino-crotonsäure-äthylester (*An., Pe.*). Beim Erwärmen von 1H-Benzimidazol-2-ylamin mit Diketen (E III/IV **17** 4297) in Xylol (*Ried, Müller*, J. pr. [4] **8** [1959] 132, 138).

Kristalle; F: 306—308° [aus wss. A.] (*De Cat, Van Do.*), 298—302° [Zers.] (*Ried, Mü.*), 294° [unkorr.; Zers.; aus A.] (*An., Pe.*), 280° [aus A.] (*Cr., Pe.; Ridi, Ch.*).

Picrat $C_{11}H_9N_3O \cdot C_6H_3N_3O_7$. F: 235—236° (*Ried, Mü.*).

Acetyl-Derivat $C_{13}H_{11}N_3O_2$. Kristalle (aus A.); F: 168° [unkorr.] (*An., Pe.*).

7(oder 8)-Chlor-2-methyl-1H-benz[4,5]imidazo[1,2-a]pyrimidin-4-on $C_{11}H_8ClN_3O$, Formel XVIII (X = Cl, X' = H oder X = H, X' = Cl) und Taut.

B. Beim Erwärmen von 5-Chlor-1(3)H-benzimidazol-2-ylamin mit Acetessigsäure-äthylester in Äthanol und anschliessenden Erhitzen auf 140—150° (*De Cat, Van Dormael*, Bl. Soc. chim. Belg. **59** [1950] 573, 585).

Kristalle (aus A.); F: 312—316°.

3,3-Dibrom-2-methyl-3H-benz[4,5]imidazo[1,2-a]pyrimidin-4-on $C_{11}H_7Br_2N_3O$, Formel I.

B. Beim Erhitzen von 2-Methyl-1H-benz[4,5]imidazo[1,2-a]pyrimidin-4-on mit Brom in Essigsäure (*Crippa, Perroncito*, G. **65** [1935] 1067, 1070).

Kristalle (aus Eg.); F: >300°.

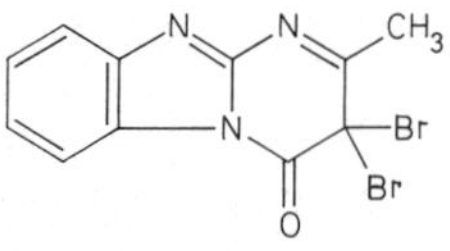

I 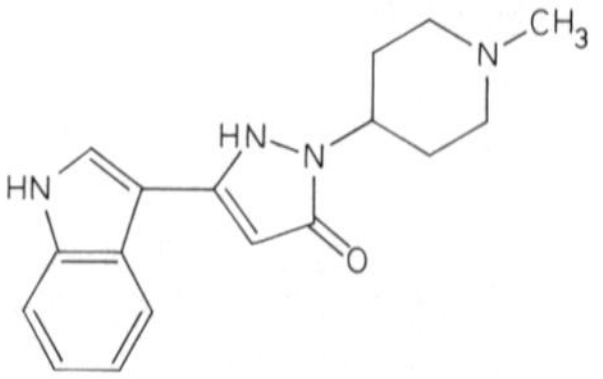   II 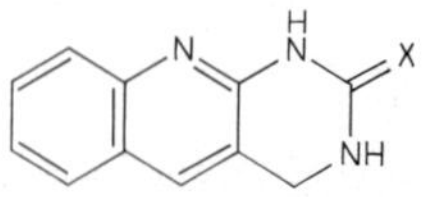   III

5-Indol-3-yl-2-[1-methyl-[4]piperidyl]-1,2-dihydro-pyrazol-3-on $C_{17}H_{20}N_4O$, Formel II und Taut.

B. Beim Behandeln von 3-Indol-3-yl-3-oxo-propionsäure-äthylester mit 4-Hydrazino-1-

methyl-piperidin, zuletzt unter Erhitzen auf 150°/12 Torr (*Ebnöther et al.*, Helv. **42** [1959] 1201, 1210, 1213).

Kristalle (aus A.); F: 245 – 248° [Zers.].

3,4-Dihydro-1*H*-pyrimido[4,5-*b*]chinolin-2-on $C_{11}H_9N_3O$, Formel III (X = O).

B. Beim Erhitzen von 3-Aminomethyl-[2]chinolylamin mit Phenylisocyanat in Pyridin oder aus [2-Amino-[3]chinolylmethyl]-carbamidsäure-äthylester beim Erhitzen in Diphenyläther (*Taylor, Kalenda*, Am. Soc. **78** [1956] 5108, 5114).

Hellgelbe Kristalle (aus wss. DMF); F: 349,5 – 351,5° [korr.; nach Sublimation bei 195°/0,05 Torr].

3,4-Dihydro-1*H*-pyrimido[4,5-*b*]chinolin-2-thion $C_{11}H_9N_3S$, Formel III (X = S) und Taut.

B. Beim Erhitzen von 3-Aminomethyl-[2]chinolylamin mit Phenylisothiocyanat in Pyridin (*Taylor, Kalenda*, Am. Soc. **78** [1956] 5108, 5114).

Hellgelbe Kristalle (aus H_2O); F: 292,5 – 293,5° [korr.; nach Sublimation bei 190°/0,1 Torr].

*2-Methyl-2,3-dihydro-1*H*-pyrido[3,4-*b*]chinoxalin-4-on-oxim $C_{12}H_{12}N_4O$, Formel IV.

Hydrochlorid $C_{12}H_{12}N_4O \cdot HCl$. *B*. Beim Erwärmen von 1-Methyl-piperidin-3,4,5-trion-3,4-dioxim-hydrochlorid (E III/IV **21** 5714) mit *o*-Phenylendiamin in Äthanol (*Cookson*, Soc. **1953** 1328, 1330). – Bräunliche Kristalle; Dunkelfärbung bei 190°.

3-Methyl-1-phenyl-1,9-dihydro-pyrazolo[3,4-*b*]chinolin-4-on $C_{17}H_{13}N_3O$, Formel V und Taut.

B. Beim Erhitzen von 5-Methyl-2-phenyl-1,2-dihydro-pyrazol-3-on mit Anthranilsäure unter Zusatz von Natriumacetat auf 130 – 140° (*Ghosh*, J. Indian chem. Soc. **14** [1937] 123, 124). Aus [3-Methyl-1-phenyl-1*H*-pyrazolo[3,4-*b*]chinolin-4-yl]-phenyl(oder [1]naphthyl)-amin beim Erhitzen mit äthanol. KOH auf 200 – 220° (*Kocwa*, Bl. Acad. Polon. [A] **1936** 390, 395, 398).

Kristalle (aus A.); F: 274° (*Ko.*). Gelbliche Kristalle (aus A.); F: 175 – 176° [?] (*Gh.*).

IV   V   VI   VII

3-Methyl-2-phenyl-2,9-dihydro-pyrazolo[3,4-*b*]chinolin-4-on $C_{17}H_{13}N_3O$, Formel VI und Taut.

B. Aus [3-Methyl-2-phenyl-2*H*-pyrazolo[3,4-*b*]chinolin-4-yl]-phenyl-amin beim Erhitzen mit äthanol. KOH auf 200 – 220° (*Kocwa*, Bl. Acad. polon. [A] **1936** 382, 386).

Kristalle (aus A.); F: 189° [Zers.]. Kristalle (aus wss. A.) mit 1 Mol H_2O.

3-Methyl-1-phenyl-1,5-dihydro-pyrazolo[4,3-*c*]chinolin-4-on $C_{17}H_{13}N_3O$, Formel VII und Taut. (H 117; E II 64).

Bestätigung der Konstitution: *Wul'fson, Shurin*, Ž. obšč. Chim. **32** [1962] 991; engl. Ausg. S. 976.

Kristalle (aus A.); F: 268 – 269°.

Oxo-Verbindungen $C_{12}H_{11}N_3O$

7-Phenyl-2,3-dihydro-1*H*-imidazo[1,2-*a*]pyrimidin-5-on $C_{12}H_{11}N_3O$, Formel VIII und Taut.

B. Beim Erwärmen von 3-Oxo-3-phenyl-propionsäure-äthylester mit 4,5-Dihydro-1*H*-imid= azol-2-ylamin in Äthanol (*De Cat, Van Dormael*, Bl. Soc. chim. Belg. **59** [1950] 573, 583).

Kristalle (aus 2-Methoxy-äthanol); F: 262 – 263°.

2,3-Dimethyl-1*H*-benz[4,5]imidazo[1,2-*a*]pyrimidin-4-on $C_{12}H_{11}N_3O$, Formel IX und Taut.

B. Beim Erwärmen von 1*H*-Benzimidazol-2-ylamin mit 2-Methyl-acetessigsäure-äthylester

in Äthanol (*De Cat, Van Dormael,* Bl. Soc. chim. Belg. **59** [1950] 573, 582).
Kristalle (aus A.); F: > 330°.

VIII   IX   X   XI

6-Indol-3-yl-4,5-dihydro-2*H*-pyridazin-3-on $C_{12}H_{11}N_3O$, Formel X (R = H).
B. Beim Erwärmen von 4-Indol-3-yl-4-oxo-buttersäure-methylester mit $N_2H_4 \cdot H_2O$ in Äthan=
ol (*Ballantine et al.,* Soc. **1957** 2227, 2231).
Kristalle; F: 267° (*Košt et al.,* Ž. org. Chim. **1** [1965] 129, 131; engl. Ausg. S. 126), 215°
[aus A.] (*Ba. et al.*). λ_{max} (A.): 274 nm und 314 nm (*Ba. et al.,* l. c. S. 2229).

6-[1-Methyl-indol-3-yl]-4,5-dihydro-2*H*-pyridazin-3-on $C_{13}H_{13}N_3O$, Formel X (R = CH_3).
B. Analog der vorangehenden Verbindung (*Ballantine et al.,* Soc. **1957** 2227, 2231).
Hellgelbe Kristalle (aus A.); F: 210° [nach Sintern bei 205°]. λ_{max} (A.): 274 nm und 322 nm
(*Ba. et al.,* l. c. S. 2229).

4-Indol-2-yl-5-methyl-2-phenyl-1,2-dihydro-pyrazol-3-on $C_{18}H_{15}N_3O$, Formel XI und Taut.
B. Aus 5-Methyl-2-phenyl-4-[1-phenylhydrazono-äthyl]-1,2-dihydro-pyrazol-3-on beim Erhit=
zen mit $ZnCl_2$ auf 200° (*Ghosh, Das-Gupta,* J. Indian chem. Soc. **16** [1939] 63, 64).
Kristalle (aus A.); F: 238° [Zers.; nach Sintern bei 225°].

5-[2-Methyl-indol-3-yl]-2-phenyl-1,2-dihydro-pyrazol-3-on $C_{18}H_{15}N_3O$, Formel XII und Taut.
B. Beim Erhitzen von 3-[2-Methyl-indol-3-yl]-3-oxo-propionsäure-äthylester mit Phenylhydr=
azin (*Albanese,* G. **60** [1930] 21, 25).
Kristalle (aus Bzl.); F: 258°.

1-Methyl-2,4-diphenyl-1,2,6,7-tetrahydro-pyrazolo[4,3-*c*]pyridin-3-on $C_{19}H_{17}N_3O$,
Formel XIII.
B. Aus *N*-[2-(2-Methyl-5-oxo-1-phenyl-2,5-dihydro-1*H*-pyrazol-3-yl)-äthyl]-benzamid beim
Erwärmen mit $POCl_3$ in Benzol (*Sugasawa, Yoneda,* Pharm. Bl. **4** [1956] 360, 362).
Kristalle (aus A.); F: 206−207°.

(±)-2,3,5-Trimethyl-4-phenyl-4,5-dihydro-2*H*-pyrrolo[3,4-*c*]pyrazol-6-on $C_{14}H_{15}N_3O$,
Formel XIV (R = R′ = CH_3).
B. Beim Erwärmen von (±)-4-Acetyl-1-methyl-5-phenyl-pyrrolidin-2,3-dion-3-methylhydr=
azon in wenig konz. H_2SO_4 enthaltendem Äthanol (*Dohrn, Thiele,* B. **64** [1931] 2863).
F: 250−255° [nach Sintern].

(±)-3-Methyl-2,4-diphenyl-4,5-dihydro-2*H*-pyrrolo[3,4-*c*]pyrazol-6-on $C_{18}H_{15}N_3O$, Formel XIV
(R = C_6H_5, R′ = H).
B. Analog der vorangehenden Verbindung (*Dohrn, Thiele,* B. **64** [1931] 2863).
Kristalle (aus A.); F: 214−215°.

XII   XIII   XIV   XV

(±)-3-Methyl-2,4,5-triphenyl-4,5-dihydro-2*H*-pyrrolo[3,4-*c*]pyrazol-6-on $C_{24}H_{19}N_3O$,
Formel XIV (R = R′ = C_6H_5).
   B. Analog den vorangehenden Verbindungen (*Dohrn, Thiele*, B. **64** [1931] 2863).
   F: 174−175°.

(±)-3-Methyl-4,5-diphenyl-2-*p*-tolyl-4,5-dihydro-2*H*-pyrrolo[3,4-*c*]pyrazol-6-on $C_{25}H_{21}N_3O$,
Formel XIV (R = C_6H_4-CH_3, R′ = C_6H_5).
   B. Analog den vorangehenden Verbindungen (*Dohrn, Thiele*, B. **64** [1931] 2863).
   F: 158−159°.

3,6-Dimethyl-1-phenyl-1,9-dihydro-pyrazolo[3,4-*b*]chinolin-4-on $C_{18}H_{15}N_3O$, Formel XV und
Taut.
   B. Aus [3,6-Dimethyl-1-phenyl-1*H*-pyrazolo[3,4-*b*]chinolin-4-yl]-phenyl(oder [1]naphthyl)-
amin beim Erhitzen mit wss.-äthanol. KOH auf 200−220° bzw. 250−260° (*Kocwa*, Bl. Acad.
polon. [A] **1936** 390, 400, 401).
   Kristalle (aus A.); F: 258°. Kristalle (aus wss. A.) mit 1 Mol H_2O.

3,6-Dimethyl-2-phenyl-2,9-dihydro-pyrazolo[3,4-*b*]chinolin-4-on $C_{18}H_{15}N_3O$, Formel I und
Taut.
   B. Aus [3,6-Dimethyl-2-phenyl-2*H*-pyrazolo[3,4-*b*]chinolin-4-yl]-phenyl-amin beim Erhitzen
mit wss.-äthanol. KOH auf 200−220° (*Kocwa*, Bl. Acad. polon. [A] **1936** 382, 389).
   Kristalle (aus A.); F: 203° [Zers.]. Kristalle (aus wss. A.) mit 1 Mol H_2O.

Oxo-Verbindungen $C_{13}H_{13}N_3O$

3-Äthyl-2-methyl-1*H*-benz[4,5]imidazo[1,2-*a*]pyrimidin-4-on $C_{13}H_{13}N_3O$, Formel II
(R = CH_3, R′ = H) und Taut.
   B. Beim Erhitzen von 1*H*-Benzimidazol-2-ylamin mit 2-Äthyl-acetessigsäure-äthylester auf
130−140° (*Antaki, Petrow*, Soc. **1951** 551, 555).
   Kristalle; F: 285° (*Murobushi et al.*, J. chem. Soc. Japan Ind. Chem. Sect. **58** [1955] 440;
C. A. **1955** 14544), 284° [unkorr.; Zers.; aus Bzl.+A.] (*An., Pe.*).

I   II   III

6-Methyl-2-phenyl-5,6,7,8-tetrahydro-3*H*-pyrido[4,3-*d*]pyrimidin-4-on $C_{14}H_{15}N_3O$, Formel III
und Taut.
   B. Beim Behandeln von 1-Methyl-4-oxo-piperidin-3-carbonsäure-äthylester(oder -methyl=
ester)-hydrochlorid mit Benzamidin-hydrochlorid und wss. K_2CO_3 (*Cook, Reed*, Soc. **1945**
399, 401).
   Hellgelbe Kristalle (aus A.); F: 225−227°.

Oxo-Verbindungen $C_{14}H_{15}N_3O$

2-Methyl-3-propyl-1*H*-benz[4,5]imidazo[1,2-*a*]pyrimidin-4-on $C_{14}H_{15}N_3O$, Formel II
(R = C_2H_5, R′ = H) und Taut.
   B. Beim Erhitzen von 1*H*-Benzimidazol-2-ylamin mit 2-Propyl-acetessigsäure-äthylester (*An=
taki, Petrow*, Soc. **1951** 551, 555).
   Kristalle (aus Bzl.+A.); F: 253° [unkorr.].

3-Isopropyl-2-methyl-1H-benz[4,5]imidazo[1,2-a]pyrimidin-4-on $C_{14}H_{15}N_3O$, Formel II
(R = R' = CH$_3$) und Taut.

B. Analog der vorangehenden Verbindung (*Antaki, Petrow*, Soc. **1951** 551, 555).
Kristalle (aus A.); F: 294° [unkorr.].

**(±)-6ξ(oder 5ξ)-Benzoyl-5ξ(oder 6ξ)-chlor-1-phenyl-(3at,7at)-3a,4,5,6,7,7a-hexahydro-
1H-4r,7c-methano-benzotriazol, (±)-[6ξ-Chlor-1(oder 3)-phenyl-(3at,7at)-3a,4,5,6,7,7a-
hexahydro-1(oder 3)H-4r,7c-methano-benzotriazol-5ξ-yl]-phenyl-keton** $C_{20}H_{18}ClN_3O$,
Formel IV oder Formel V + Spiegelbilder.

Bezüglich der Konfigurationszuordnung s. *Alder, Stein*, A. **515** [1935] 185; *Huisgen et al.*,
B. **98** [1965] 3992.

B. Aus opt.-inakt. [3-Chlor-norborn-5-en-2-yl]-phenyl-keton (E IV **7** 1307) und Azidobenzol
in Äthylacetat (*Nešmejanow et al.*, Doklady Akad. S.S.S.R. **82** [1952] 409, 412; C. A. **1953**
6876).
Kristalle; F: 169° [Zers.] (*Ne. et al.*).

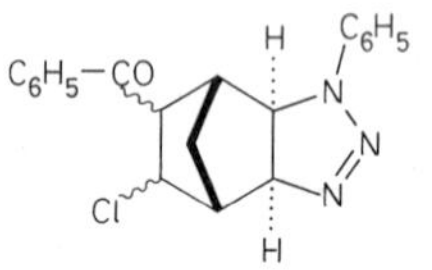

IV 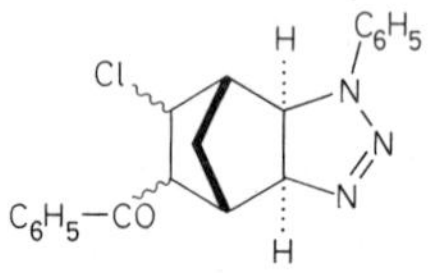   V 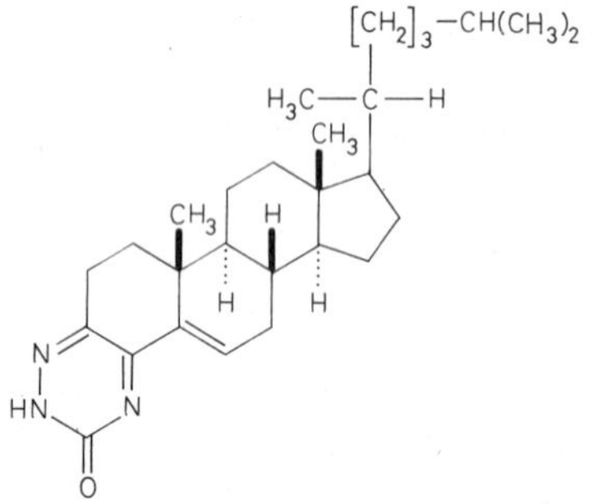   VI

Oxo-Verbindungen $C_{28}H_{43}N_3O$

2'H-Cholesta-3,5-dieno[4,3-e][1,2,4]triazin-3'-on(?) $C_{28}H_{43}N_3O$, vermutlich Formel VI und
Taut.

B. Neben 5α-Cholestan-3β,6α-diol (E III **6** 4810) beim Erhitzen von Cholest-4-en-3,6-dion-
3-semicarbazon (E III **7** 3669) mit Natrium und Äthanol auf 200° (*Stange*, Z. physiol. Chem.
223 [1934] 245, 247).
Kristalle (aus Eg. + Acn.); F: 285°.
Bildung eines Methyl-Derivats $C_{29}H_{45}N_3O$ (Kristalle [aus Me.]; F: 166°) beim Behandeln
mit Diazomethan in Äther: *St.*, l. c. S. 248.

Monooxo-Verbindungen $C_nH_{2n-15}N_3O$

Oxo-Verbindungen $C_{11}H_7N_3O$

3H-Naphtho[2,3-d][1,2,3]triazin-4-on $C_{11}H_7N_3O$, Formel VII und Taut.
B. Beim Erhitzen von diazotiertem 3-Amino-[2]naphthoesäure-amid mit wss. HCl (*Fries
et al.*, A. **516** [1935] 248, 284). Aus 3-Amino-[2]naphthoesäure-hydrazid bei Einwirkung von
HNO$_2$ (*Fr. et al.*).
Kristalle (aus A.); Zers. bei ca. 250°.

3H-Pyrimido[4,5-b]chinolin-4-on $C_{11}H_7N_3O$, Formel VIII (X = H) und Taut.
(z.B. Pyrimido[4,5-b]chinolin-4-ol).
B. Aus 2-Amino-chinolin-3-carbonsäure-amid beim Erhitzen mit Formamid auf 160–170°
oder, neben 1,3-Diacetyl-2-äthoxy-2,3-dihydro-1H-pyrimido[4,5-b]chinolin-4-on, beim Erhitzen
mit Orthoameisensäure-triäthylester und Acetanhydrid (*Taylor, Kalenda*, Am. Soc. **78** [1956]
5108, 5113).

Kristalle (aus A.); F: 355,5 – 356,5° [korr.; Zers.]. Bei 200°/0,5 Torr sublimierbar. λ_{max} (wss. NaOH [0,1 n]): 246 nm, 283 nm, 316 nm, 330 nm und 376 nm.

2-Chlor-3H-pyrimido[4,5-b]chinolin-4-on $C_{11}H_6ClN_3O$, Formel VIII (X = Cl) und Taut.

B. Beim Behandeln von 2,4-Dichlor-pyrimido[4,5-b]chinolin mit wss. NaOH (*Taylor, Kalenda,* Am. Soc. **78** [1956] 5108, 5115).

Gelb; F: 312 – 314° [korr.; Zers.; nach Sintern bei 240°]. λ_{max} (wss. NaOH [0,1 n]): 244 nm, 278 nm, 313 nm, 330 nm, 350 nm und 372 nm.

VII   VIII   IX   X

Dipyrido[1,2-a;2′,3′-d]pyrimidin-5-on $C_{11}H_7N_3O$, Formel IX.

B. Aus 2-[2]Pyridylamino-nicotinsäure beim Erhitzen unter vermindertem Druck auf 200°, beim Erwärmen mit konz. wss. HCl oder beim Erhitzen des Hydrochlorids mit Acetanhydrid (*Carboni, Pardi,* Ann. Chimica **49** [1959] 1228, 1235).

Gelbe Kristalle (aus Bzl.); F: 223° [nach Kristallumwandlung bei ca. 170°]. Absorptions⸗ spektrum (A.; 220 – 410 nm): *Ca., Pa.,* l. c. S. 1232.

1H-Pyrido[3,2-h]cinnolin-4-on $C_{11}H_7N_3O$, Formel X und Taut. (Pyrido[3,2-h]cinnolin-4-ol).

B. Aus 7-Acetyl-[8]chinolylamin bei der Diazotierung in Essigsäure und wss. H_2SO_4 (*Case, Brennan,* Am. Soc. **81** [1959] 6297, 6298, 6299).

Kristalle (aus Bzl.); F: 263° [geschlossene Kapillare] bzw. 261° [nach Sublimation bei 200°/1 – 2 Torr].

Dipyrido[1,2-a;3′,2′-e]pyrimidin-5-on $C_{11}H_7N_3O$, Formel XI.

B. Aus 2-Oxo-1,2-dihydro-pyridin-3-carbonsäure-[2]pyridylamid (E III/IV **22** 3967) beim Er⸗ hitzen mit PCl_5 und $POCl_3$ auf 145° (*Carboni, Pardi,* Ann. Chimica **49** [1959] 1220, 1226). Neben 2-Oxo-1,2-dihydro-pyridin-3-carbonsäure beim Behandeln [2 d] von 2-[2-Oxo-1,2-di⸗ hydro-pyridin-3-carbonylimino]-2H-[1,2′]bipyridyl-3′-carbonsäure (E III/IV **22** 6724) mit wss. NaOH (*Ca., Pa.,* l. c. S. 1225) oder neben 2-Chlor-nicotinsäure beim Erhitzen der gleichen Verbindung mit PCl_5 und $POCl_3$ (*Ca., Pa.,* l. c. S. 1226).

Gelbe Kristalle (aus Acn. oder Bzl. + Me.); F: 223° [nach Sintern bei 190°] (*Ca., Pa.,* l. c. S. 1227). UV-Spektrum (A.; 220 – 395 nm): *Ca., Pa.,* l. c. S. 1224.

2H-Pyrimido[4,5-c]chinolin-1-on $C_{11}H_7N_3O$, Formel XII und Taut. (z.B. Pyrimido[4,5-c]⸗ chinolin-1-ol).

B. Beim Erhitzen von 3-Amino-chinolin-4-carbonsäure mit Formamid auf 160° (*Colonna,* Boll. scient. Fac. Chim. ind. Univ. Bologna **2** [1941] 89, 93).

Kristalle (aus wss. A.), die bei 320° unter teilweiser Zersetzung sublimieren.

5H-Pyrido[2,3-c][1,5]naphthyridin-6-on, 3-Amino-[2,3′]bipyridyl-2′-carbonsäure-lactam $C_{11}H_7N_3O$, Formel XIII und Taut. (Pyrido[2,3-c][1,5]naphthyridin-6-ol).

Konstitution: *Czuba,* Roczniki Chem. **41** [1967] 289, 292, 293; C. A. **67** [1967] 54056.

B. In geringer Menge neben 6H-Pyrido[2,3-h][1,6]naphthyridin-5-on und anderen Verbindun⸗ gen beim Behandeln von [2,3′]Bipyridyl-3,2′-dicarbonsäure-diamid mit Brom und wss. KOH, zuletzt unter Erwärmen (*Brydówna,* Roczniki Chem. **14** [1934] 304, 322; C. A. **1935** 2535).

Kristalle (aus H_2O); F: 318 – 320° (*Br.*).

XI   XII   XIII   XIV   XV   XVI

10*H*-Pyrido[3,2-*c*][1,5]naphthyridin-7-on $C_{11}H_7N_3O$, Formel XIV und Taut. (Pyrido[3,2-*c*]-[1,5]naphthyridin-7-ol).

B. Beim Erhitzen von 7-Oxo-7,10-dihydro-pyrido[3,2-*c*][1,5]naphthyridin-8-carbonsäure-äthylester mit wss. NaOH und Erhitzen des Reaktionsprodukts in Mineralöl auf 320–330° (*Case, Brennan*, Am. Soc. **81** [1959] 6297, 6300).

Kristalle (aus A.) mit 1 Mol H_2O; F: 304–305°.

6*H*-Pyrido[2,3-*h*][1,6]naphthyridin-5-on, 2′-Amino-[2,3′]bipyridyl-3-carbonsäure-lactam $C_{11}H_7N_3O$, Formel XV (R = H) und Taut. (Pyrido[2,3-*h*][1,6]naphthyridin-5-ol).

Konstitution: *Czuba*, Roczniki Chem. **41** [1967] 289, 292, 293; C. A. **67** [1967] 54056.

B. s. o. im Artikel 5*H*-Pyrido[2,3-*c*][1,5]naphthyridin-6-on.

Kristalle (aus H_2O); F: 283–285° (*Brydówna*, Roczniki Chem. **14** [1934] 304, 322; C. A. **1935** 2535).

6-Methyl-6*H*-pyrido[2,3-*h*][1,6]naphthyridin-5-on $C_{12}H_9N_3O$, Formel XV (R = CH_3).

B. Beim Erhitzen der vorangehenden Verbindung mit KOH und anschliessend mit CH_3I auf 150–160° (*Brydówna*, Roczniki Chem. **14** [1934] 304, 323; C. A. **1935** 2535).

Kristalle (aus H_2O); F: 177–178°.

5*H*-Pyrido[3,2-*f*][1,7]naphthyridin-6-on, 2′-Amino-[3,3′]bipyridyl-2-carbonsäure-lactam $C_{11}H_7N_3O$, Formel XVI und Taut. (Pyrido[3,2-*f*][1,7]naphthyridin-6-ol).

B. Neben [3,3′]Bipyridyl-2,2′-diyldiamin beim Behandeln von [3,3′]Bipyridyl-2,2′-dicarbon-säure-diamid mit Brom und wss. KOH, zuletzt unter Erwärmen (*Brydówna, Wiszniewski*, Roczniki Chem. **15** [1935] 378, 381; C. A. **1936** 1377).

Kristalle (aus wss. Eg.); F: 366–368° [Zers.].

Oxo-Verbindungen $C_{12}H_9N_3O$

4-Methyl-2-phenyl-4*H*-pyrazolo[1,5-*a*]pyrimidin-7-on $C_{13}H_{11}N_3O$, Formel I (X = H).

B. Aus 4-Methyl-7-oxo-2-phenyl-4,7-dihydro-pyrazolo[1,5-*a*]pyrimidin-5-carbonsäure beim Erhitzen auf 195° (*Checchi et al.*, G. **86** [1956] 631, 641, 642).

Kristalle (aus A.); F: 246–248°.

4-Methyl-3-nitroso-2-phenyl-4*H*-pyrazolo[1,5-*a*]pyrimidin-7-on $C_{13}H_{10}N_4O_2$, Formel I (X = NO).

B. Aus der vorangehenden Verbindung beim Behandeln mit KNO_2 und wss. HCl in Essigsäure (*Checchi et al.*, G. **86** [1956] 631, 642).

Kristalle (aus A.); F: 253°.

5-Phenyl-1,3-dihydro-imidazo[4,5-*b*]pyridin-2-on $C_{12}H_9N_3O$, Formel II und Taut.

B. Aus 2-Amino-6-phenyl-nicotinoylazid beim Erhitzen in Xylol, Äthanol, Essigsäure, Anilin oder H_2O (*Dornow, Hahmann*, Ar. **290** [1957] 20, 23, 30).

Kristalle (aus Me.); F: 328–329° [Zers.].

2-Methyl-3H-pyrimido[4,5-b]chinolin-4-on $C_{12}H_9N_3O$, Formel III und Taut.

B. Beim Erwärmen von 2-Amino-chinolin-3-carbonsäure-amid mit Acetanhydrid und wenig konz. H_2SO_4 (*Taylor, Kalenda,* Am. Soc. **78** [1956] 5108, 5113).

Kristalle (aus H_2O oder nach Sublimation bei 200°/0,5 Torr); F: 318−321° [korr.; Zers.].
λ_{max} (wss. NaOH [0,1 n]): 245 nm, 280 nm, 313 nm, 327 nm und 375 nm.

       I   II   III   IV

2-Methyl-10-oxy-3H-pyrimido[4,5-b]chinolin-4-on $C_{12}H_9N_3O_2$, Formel IV und Taut.

Diese Konstitution kommt der früher (s. E I **25** 577) als 8-Hydroxy-3-methyl-1-oxo-2,8-di≠ hydro-1H-pyrrolo[3,4-b]indol-8 a-carbonitril (,,Lactam der 1-Oxy-3-[α-amino-äthyliden]-2-cyan-indolin-carbonsäure-(2)") beschriebenen Verbindung zu (*Taylor, Kalenda,* J. org. Chem. **18** [1953] 1755, 1759).

1-Methyl-3H-pyridazino[4,5-b]chinolin-4-on $C_{12}H_9N_3O$, Formel V (R = H) und Taut.

B. Beim Erwärmen von 3-Acetyl-chinolin-2-carbonsäure-äthylester mit $N_2H_4 \cdot H_2O$ in Äthan≠ ol (*Borsche, Ried,* A. **554** [1943] 269, 277).

Kristalle (aus Eg.); Zers. >320°.

1-Methyl-3-phenyl-3H-pyridazino[4,5-b]chinolin-4-on $C_{18}H_{13}N_3O$, Formel V (R = C_6H_5).

B. Aus 3-[1-Phenylhydrazono-äthyl]-chinolin-2-carbonsäure-äthylester beim Erhitzen unter CO_2 auf 180−200° (*Koller, Ruppersberg,* M. **58** [1931] 238, 243).

Gelbliche Kristalle (aus A.); F: 244° [evakuierte Kapillare].

3-Methyl-10H-pyrido[3,2-h]cinnolin-7-on $C_{12}H_9N_3O$, Formel VI und Taut.

B. Aus 3-Methyl-7-oxo-7,10-dihydro-pyrido[3,2-h]cinnolin-8-carbonsäure beim Erhitzen in Benzophenon auf 265−275° (*McKenzie, Hamilton,* J. org. Chem. **16** [1951] 1414).

Bräunlich; F: 325−326° [aus A.].

       V   VI   VII   VIII

3-Methyl-2H-pyrimido[4,5-c]chinolin-1-on $C_{12}H_9N_3O$, Formel VII und Taut.

B. Beim Erhitzen von 3-Amino-chinolin-4-carbonsäure mit Acetamid auf 170−175° (*Colonna,* Boll. scient. Fac. Chim. ind. Univ. Bologna **2** [1941] 89, 93).

Kristalle (aus H_2O); F: 126°.

4-Methyl-2H-pyrido[4,3-c]cinnolin-1-on $C_{12}H_9N_3O$, Formel VIII und Taut.

Die von *Schofield, Simpson* (Soc. **1946** 472, 478) unter dieser Konstitution beschriebene Verbindung ist als 2-[2]Pyridyl-1,2-dihydro-indazol-3-on (s. E III/IV **24** 272) zu formulieren (*Morley,* Soc. **1959** 2280, 2283).

Oxo-Verbindungen $C_{13}H_{11}N_3O$

5-Methyl-2-[4-nitro-phenyl]-8H-imidazo[1,2-a]pyrimidin-7-on $C_{13}H_{10}N_4O_3$, Formel IX und Taut.

B. Beim Erwärmen von 2-Amino-6-methyl-3H-pyrimidin-4-on mit 2-Brom-1-[4-nitro-phenyl]-äthanon in Äthanol (*Matsukawa, J.* pharm. Soc. Japan **71** [1951] 760, 763; C. A. **1952** 8094). Gelbe Kristalle (aus Eg.); F: > 370°.

2-Methyl-5-phenyl-4H-pyrazolo[1,5-a]pyrimidin-7-on $C_{13}H_{11}N_3O$, Formel X und Taut.

B. Beim Erhitzen von 5-Methyl-1(2)H-pyrazol-3-ylamin mit 3-Oxo-3-phenyl-propionsäure-äthylester in Essigsäure (*Allen et al., J.* org. Chem. **24** [1959] 779, 787). Kristalle (aus DMF); F: 286°.

IX   X   XI

5-Methyl-2-phenyl-4H-pyrazolo[1,5-a]pyrimidin-7-on $C_{13}H_{11}N_3O$, Formel XI (R = X = H) und Taut.

B. Beim Erhitzen von 5-Phenyl-1(2)H-pyrazol-3-ylamin mit Acetessigsäure-äthylester in Essigsäure (*Checchi et al.,* G. **85** [1955] 1160, 1167; *Allen et al., J.* org. Chem. **24** [1959] 779, 787). Kristalle; F: > 320° [aus A.] (*Ch. et al.*), > 315° [aus DMF] (*Al. et al.*).

1,5-Dimethyl-2-phenyl-1H-pyrazolo[1,5-a]pyrimidin-7-on $C_{14}H_{13}N_3O$, Formel XII.

B. Beim Erhitzen der vorangehenden Verbindung mit CH_3I in Methanol auf 120–130° (*Checci et al.,* G. **85** [1955] 1160, 1169). Kristalle (aus H_2O); F: 168–170°.

4,5-Dimethyl-2-phenyl-4H-pyrazolo[1,5-a]pyrimidin-7-on $C_{14}H_{13}N_3O$, Formel XI (R = CH_3, X = H).

B. Aus 5-Methyl-2-phenyl-4H-pyrazolo[1,5-a]pyrimidin-7-on beim Behandeln mit Dimethyl-sulfat in wss. NaOH oder beim Erhitzen mit CH_3I in äthanol. Natriumäthylat unter Druck auf 120° (*Checchi et al.,* G. **85** [1955] 1160, 1168). Kristalle (aus E.); F: 242–243°.

XII   XIII   XIV   XV

5-Methyl-2-phenyl-4-[5-phenyl-1(2)H-pyrazol-3-yl]-4H-pyrazolo[1,5-a]pyrimidin-7-on $C_{22}H_{17}N_5O$, Formel XIII und Taut.

B. Beim Erhitzen von Bis-[5-phenyl-1(2)H-pyrazol-3-yl]-amin mit Acetessigsäure-äthylester in Essigsäure (*Checchi, Ridi,* G. **87** [1957] 597, 613). Kristalle (aus Eg.); F: 334°.

Beim Erhitzen mit Acetanhydrid ist ein **Monoacetyl-Derivat** $C_{24}H_{19}N_5O_2$ vom F: $265-267°$ erhalten worden.

5-Methyl-3-nitroso-2-phenyl-4H-pyrazolo[1,5-a]pyrimidin-7-on $C_{13}H_{10}N_4O_2$, Formel XI (R = H, X = NO).

B. Beim Erwärmen von 5-Methyl-2-phenyl-4*H*-pyrazolo[1,5-*a*]pyrimidin-7-on mit KNO_2 in wss. HCl (*Checchi et al.*, G. **85** [1955] 1160, 1168).

Grüne Kristalle (aus Dioxan); F: $265-267°$ [Zers.].

6-Methyl-2-phenyl-4H-pyrazolo[1,5-a]pyrimidin-7-on $C_{13}H_{11}N_3O$, Formel XIV (R = X = H) und Taut.

B. Aus 6-Methyl-7-oxo-2-phenyl-4,7-dihydro-pyrazolo[1,5-*a*]pyrimidin-5-carbonsäure beim Erhitzen auf 320° (*Checchi et al.*, G. **86** [1956] 631, 641, 642).

Kristalle (aus Eg.); F: $>350°$.

4,6-Dimethyl-2-phenyl-4H-pyrazolo[1,5-a]pyrimidin-7-on $C_{14}H_{13}N_3O$, Formel XIV (R = CH₃, X = H).

B. Beim Behandeln der vorangehenden Verbindung mit Dimethylsulfat in wss. KOH (*Checchi et al.*, G. **86** [1956] 631, 641, 642). Aus 4,6-Dimethyl-7-oxo-2-phenyl-4,7-dihydro-pyrazolo[1,5-*a*]-pyrimidin-5-carbonsäure beim Erhitzen auf $290-300°$ (*Ch. et al.*).

Kristalle (aus A.); F: $192-194°$.

6-Methyl-3-nitroso-2-phenyl-4H-pyrazolo[1,5-a]pyrimidin-7-on $C_{13}H_{10}N_4O_2$, Formel XIV (R = H, X = NO) und Taut.

B. Beim Behandeln von 6-Methyl-2-phenyl-4*H*-pyrazolo[1,5-*a*]pyrimidin-7-on mit KNO_2 in wenig konz. wss. HCl enthaltender Essigsäure (*Checchi et al.*, G. **86** [1956] 631, 642).

Kristalle (aus Dioxan).

4,6-Dimethyl-3-nitroso-2-phenyl-4H-pyrazolo[1,5-a]pyrimidin-7-on $C_{14}H_{12}N_4O_2$, Formel XIV (R = CH₃, X = NO) und Taut.

B. Aus 4,6-Dimethyl-2-phenyl-4*H*-pyrazolo[1,5-*a*]pyrimidin-7-on beim Behandeln mit KNO_2 in wenig konz. wss. HCl enthaltender Essigsäure (*Checchi et al.*, G. **86** [1956] 631, 642).

Kristalle (aus A.); F: $259°$.

7-Methyl-5-phenyl-1H-pyrazolo[1,5-a]pyrimidin-2-on $C_{13}H_{11}N_3O$, Formel XV und Taut.

Bezüglich der Konstitution vgl. *Schmidt et al.*, Ang. Ch. **70** [1958] 344.

B. Aus Cyanessigsäure-[1-methyl-3-oxo-3-phenyl-propylidenhydrazid] mit Hilfe von wss. NaOH (*Ried, Köcher*, Ang. Ch. **70** [1958] 164).

Hellgelbe Kristalle; F: $257-258°$ (*Ried, Kö.*).

Nitroso-Derivat $C_{13}H_{10}N_4O_2$. Rote Kristalle; F: $216-217°$ [Zers.] (*Ried, Kö.*).

4-[2]Chinolyl-5-methyl-2-phenyl-1,2-dihydro-pyrazol-3-on $C_{19}H_{15}N_3O$, Formel I und Taut.

B. Beim Erhitzen von 5-Methyl-2-phenyl-1,2-dihydro-pyrazol-3-on mit Chinolin-hydrochlorid auf 180° (*Kitaura*, Bl. Inst. phys. chem. Res. Tokyo **20** [1941] 967, 977; C. A. **1949** 8386). Beim Erhitzen von 4-Acetyl-5-methyl-2-phenyl-1,2-dihydro-pyrazol-3-on mit 2-Amino-benz-aldehyd auf 210° (*Ki.*).

Kristalle (aus A. oder Acn.); F: $159-160°$.

I   II   III

4-[1-(2,4-Dichlor-benzyl)-1H-[4]chinolyliden]-5-methyl-2-phenyl-2,4-dihydro-pyrazol-3-on $C_{26}H_{19}Cl_2N_3O$, Formel II und Mesomeres; **1-[2,4-Dichlor-benzyl]-4-[5-methyl-3-oxo-2-phenyl-2,3-dihydro-1H-pyrazol-4-yl]-chinolinium-betain.**

B. Aus 1-[2,4-Dichlor-benzyl]-chinolinium-bromid und 5-Methyl-2-phenyl-1,2-dihydro-pyr≈azol-3-on in wss.-äthanol. NaOH unter Luftzutritt (*Kröhnke, Vogt,* B. **90** [1957] 2227, 2235). Rote Kristalle (aus Me.) mit 1 Mol H_2O; F: 195−197°.

4-Methyl-1,3-diphenyl-1,7-dihydro-pyrazolo[3,4-b]pyridin-6-on $C_{19}H_{15}N_3O$, Formel III, oder **6-Methyl-1,3-diphenyl-1,7-dihydro-pyrazolo[3,4-b]pyridin-4-on** $C_{19}H_{15}N_3O$, Formel IV, sowie Taut.

B. Beim Erhitzen von 2,5-Diphenyl-2H-pyrazol-3-ylamin mit Acetessigsäure-äthylester auf 140−150° (*Checchi et al.,* G. **85** [1955] 1160, 1163 Anm. 7, 1169). Kristalle (aus PAe.+CHCl₃); F: 203−205°.

Methyl-Derivat $C_{20}H_{17}N_3O$; 4,7-Dimethyl-1,3-diphenyl-1,7-dihydro-pyrazolo≈[3,4-b]pyridin-6-on oder 6,7-Dimethyl-1,3-diphenyl-1,7-dihydro-pyrazolo[3,4-b]≈pyridin-4-on. Kristalle (aus wss. A.); F: 89−90°.

7-Methyl-5-phenyl-1,3-dihydro-imidazo[4,5-b]pyridin-2-on $C_{13}H_{11}N_3O$, Formel V (X = H) und Taut.

B. Beim Erwärmen von 2-Amino-4-methyl-6-phenyl-nicotinsäure-amid mit KBrO in wss. Methanol oder mit NaClO in wss. KOH (*Dornow, Hahmann,* Ar. **290** [1957] 20, 28, 29). Kristalle (aus Me.); F: 329−330° [Zers.].

6-Brom-7-methyl-5-phenyl-1,3-dihydro-imidazo[4,5-b]pyridin-2-on $C_{13}H_{10}BrN_3O$, Formel V (X = Br) und Taut.

B. Beim Erwärmen von 2-Amino-4-methyl-6-phenyl-nicotinsäure-amid mit wss. KBrO oder mit Natriummethylat und Brom in Methanol (*Dornow, Hahmann,* Ar. **290** [1957] 20, 24, 25). Kristalle (aus Eg.); F: 310−312° [Zers.].

IV   V   VI   VII

1,2,3,4-Tetrahydro-benz[4,5]imidazo[1,2-a]cyclopenta[d]pyrimidin-11-on, 1,2,3,4-Tetrahydro-cyclopenta[4,5]pyrimido[1,2-a]benzimidazol-11-on $C_{13}H_{11}N_3O$, Formel VI und Taut.

B. Beim Erhitzen von 1H-Benzimidazol-2-ylamin mit 2-Oxo-cyclopentancarbonsäure-äthyl≈ester (*De Cat, Van Dormael,* Bl. Soc. chim. Belg. **59** [1950] 573, 584; *Antaki, Petrow,* Soc. **1951** 551, 555). Kristalle; F: 310−312° [aus A.] (*De Cat, Van Do.*), 304° [unkorr.; aus Bzl.] (*An., Pe.*).

Oxo-Verbindungen $C_{14}H_{13}N_3O$

3,5-Dimethyl-2-phenyl-4H-pyrazolo[1,5-a]pyrimidin-7-on $C_{14}H_{13}N_3O$, Formel VII und Taut.

B. Beim Erhitzen von 4-Methyl-5-phenyl-1(2)H-pyrazol-3-ylamin mit Acetessigsäure-äthyl≈ester auf 140−150° (*Checchi et al.,* G. **85** [1955] 1160, 1168). Kristalle (aus A.); F: 308−310°.

5-Methyl-4-[2-methyl-[4]chinolyl]-2-phenyl-1,2-dihydro-pyrazol-3-on $C_{20}H_{17}N_3O$, Formel VIII (R = H) und Taut. (z.B. 5-Methyl-4-[2-methyl-1H-[4]chinolyliden]-2-phenyl-2,4-di≈hydro-pyrazol-3-on).

B. Beim Erhitzen von 4-Chlor-2-methyl-chinolin mit 5-Methyl-2-phenyl-1,2-dihydro-pyrazol-3-on in Pyridin oder in einem Pyridin enthaltenden Essigsäure-Acetanhydrid-Gemisch (*Meyer,*

Bouchet, C. r. **227** [1948] 345).
Orangegelbe Kristalle; F: 320°.

5-Methyl-4-[2-methyl-[4]chinolyl]-2-*p*-tolyl-1,2-dihydro-pyrazol-3-on $C_{21}H_{19}N_3O$, Formel VIII
(R = CH_3) und Taut. (z.B. 5-Methyl-4-[2-methyl-1*H*-[4]chinolyliden]-2-*p*-tolyl-2,4-
dihydro-pyrazol-3-on).
B. Analog der vorangehenden Verbindung (*Meyer, Bouchet*, C. r. **227** [1948] 345).
Orangegelbe Kristalle; F: 302°.

1,3,4,5-Tetrahydro-2*H*-benz[4,5]imidazo[2,1-*b*]chinazolin-12-on $C_{14}H_{13}N_3O$, Formel IX und
Taut.
B. Beim Erwärmen von 1*H*-Benzimidazol-2-ylamin mit 2-Oxo-cyclohexancarbonsäure-äthyl=
ester in THF (*Ried, Müller*, J. pr. [4] **8** [1959] 132, 140) oder beim Erhitzen ohne Lösungsmittel
auf 150−160° (*Antaki, Petrow*, Soc. **1951** 551, 553, 555).
Kristalle; F: 301−304° (*Ried, Mü.*), 296° [unkorr.; aus Bzl.+A.] (*An., Pe.*).
Methojodid [$C_{15}H_{16}N_3O$]I. Kristalle (aus Acn.+A.); Zers. bei 228° (*An., Pe.*).

Oxo-Verbindungen $C_{15}H_{15}N_3O$

*Opt.-inakt. 5,6-Diphenyl-tetrahydro-[1,2,4]triazin-3-on $C_{15}H_{15}N_3O$, Formel X
(R = R' = H).
B. Aus opt.-inakt. 3-Methoxy-5,6-diphenyl-1,4,5,6-tetrahydro-[1,2,4]triazin (S. 357) mit Hilfe
von HBr (*Polonovski et al.*, C. r. **238** [1954] 1134). Aus der folgenden Verbindung beim Erhitzen
mit wss.-äthanol. KOH (*Polonovski et al.*, Bl. **1955** 1166, 1170).
Kristalle (aus A.+Me.); F: 293°.

*Opt.-inakt. 2,4-Diacetyl-5,6-diphenyl-tetrahydro-[1,2,4]triazin-3-on $C_{19}H_{19}N_3O_3$, Formel X
(R = CO-CH_3, R' = H).
B. Aus (±)-2,4-Diacetyl-5,6-diphenyl-4,5-dihydro-2*H*-[1,2,4]triazin-3-on durch Hydrierung an
Platin in Äthylacetat und Essigsäure (*Polonovski et al.*, Bl. **1955** 1166, 1170; C. r. **238** [1954]
695).
Kristalle (aus E.); F: 218−219°.

*Opt.-inakt. 1,2,4-Triacetyl-5,6-diphenyl-tetrahydro-[1,2,4]triazin-3-on $C_{21}H_{21}N_3O_4$, Formel X
(R = R' = CO-CH_3).
B. Aus der vorangehenden Verbindung beim Erhitzen mit Acetanhydrid (*Polonovski et al.*,
Bl. **1955** 1166, 1170).
Kristalle (aus A.); F: 204°.

---

*Opt.-inakt. 4,6-Diphenyl-tetrahydro-[1,3,5]triazin-2-thion $C_{15}H_{15}N_3S$, Formel XI (R = H).
B. Neben anderen Verbindungen beim Erwärmen von Benzaldehyd mit Thioharnstoff auf
90−100° (*Krässig, Egar*, Makromol. Ch. **18/19** [1956] 195, 200).
Kristalle (aus A.); F: 178°.

*Opt.-inakt. 1,3,4,5,6-Pentaphenyl-tetrahydro-[1,3,5]triazin-2-thion $C_{33}H_{27}N_3S$, Formel XI
(R = C_6H_5).
B. Aus *N*-{α-[*N*-(α-Anilino-benzyl)-anilino]-benzyl}-*N*-phenyl-thioharnstoff beim Erhitzen auf
über 220° (*Spasov, Robev*, Godisnik Univ. Sofia **51** Chimija [1956/57] 103, 110; C. A. **1960**
19552).

Kristalle; F: 236—237°.

---

*2-Phenyl-4-[2-(1,3,3-trimethyl-indolin-2-yliden)-äthyliden]-2,4-dihydro-pyrazol-3-on
$C_{22}H_{21}N_3O$, Formel XII (R = CH_3).
B. Beim Erwärmen von 2-[2-(*N*-Acetyl-anilino)-vinyl]-1,3,3-trimethyl-3*H*-indolium-jodid (E III/IV **22** 4864) mit 2-Phenyl-1,2-dihydro-pyrazol-3-on in Triäthylamin enthaltendem Äthan=
ol (*Brooker et al.,* Am. Soc. **73** [1951] 5332, 5334).
Orangerote Kristalle (aus Py. + Me.); F: 244—246° [korr.; Zers.]. λ_{max} (Me.): 480 nm (*Br.
et al.,* l. c. S. 5337).

*4-[2-(3,3-Dimethyl-1-phenyl-indolin-2-yliden)-äthyliden]-2-phenyl-2,4-dihydro-pyrazol-3-on
$C_{27}H_{23}N_3O$, Formel XII (R = C_6H_5).
B. Beim Erwärmen von 2-[2-(*N*-Acetyl-anilino)-vinyl]-3,3-dimethyl-1-phenyl-3*H*-indolium-
perchlorat mit 2-Phenyl-1,2-dihydro-pyrazol-3-on in Triäthylamin enthaltendem Äthanol (*Broo=
ker et al.,* Am. Soc. **73** [1951] 5332, 5334).
Rote Kristalle (aus Me.); F: 234—236° [korr.; Zers.]. λ_{max} (Me.): 484 nm (*Br. et al.,* l. c.
S. 5336).

Oxo-Verbindungen $C_{16}H_{17}N_3O$

*5-Methyl-4-[2-(1,3,3-trimethyl-indolin-2-yliden)-äthyliden]-2,4-dihydro-pyrazol-3-on
$C_{17}H_{19}N_3O$, Formel XIII (R = H, R' = CH_3).
B. Beim Erwärmen von [5-Methyl-3-oxo-2,3-dihydro-1*H*-pyrazol-4-yl]-[3-methyl-5-oxo-1,5-
dihydro-pyrazol-4-yliden]-methan mit 1,2,3,3-Tetramethyl-3*H*-indolium-jodid in Triäthylamin
enthaltendem Äthanol (*Ilford Ltd.,* U.S.P. 2369355 [1942]).
Rosafarben; F: 240°.

XII   XIII

*5-Methyl-2-phenyl-4-[2-(1,3,3-trimethyl-indolin-2-yliden)-äthyliden]-2,4-dihydro-pyrazol-3-on
$C_{23}H_{23}N_3O$, Formel XIII (R = C_6H_5, R' = CH_3).
B. Beim Erhitzen von 2-[2-Äthylmercapto-vinyl]-1,3,3-trimethyl-3*H*-indolium-jodid mit
5-Methyl-2-phenyl-1,2-dihydro-pyrazol-3-on in Pyridin (*Kendall, Majer,* Soc. **1948** 687, 690).
Beim Erwärmen von 2-[2-(*N*-Acetyl-anilino)-vinyl]-1,3,3-trimethyl-3*H*-indolium-jodid (E III/
IV **22** 4864) mit 5-Methyl-2-phenyl-1,2-dihydro-pyrazol-3-on in Triäthylamin enthaltendem
Äthanol (*Brooker et al.,* Am. Soc. **73** [1951] 5332, 5333). Beim Erwärmen von [5-Methyl-3-oxo-
2-phenyl-2,3-dihydro-1*H*-pyrazol-4-yl]-[3-methyl-5-oxo-1-phenyl-1,5-dihydro-pyrazol-4-yliden]-
methan mit 1,2,3,3-Tetramethyl-3*H*-indolium-jodid in Triäthylamin enthaltendem Äthanol (*Il=
ford Ltd.,* U.S.P. 2369355 [1942]).
Rote Kristalle; F: 184° (*Ilford Ltd.*), 183° (*Ke., Ma.*), 182—184° [korr.; Zers.] (*Br. et al.*).
λ_{max} (Me.): 476 nm (*Br. et al.,* l. c. S. 5337).
Ein ebenfalls unter dieser Konstitution beschriebenes Präparat (orangerote Kristalle; F:
212°) ist beim Erwärmen von 1,2,3,3-Tetramethyl-3*H*-indolium-jodid mit 5-Methyl-2-phenyl-1,2-
dihydro-pyrazol-3-on und Orthoameisensäure-triäthylester in Diäthylamin enthaltendem Äth=
anol erhalten worden (*Ilford Ltd.,* U.S.P. 2265908 [1939]).

***4-[2-(3,3-Dimethyl-1-phenyl-indolin-2-yliden)-äthyliden]-5-methyl-2-phenyl-2,4-dihydro-pyrazol-
3-on** $C_{28}H_{25}N_3O$, Formel XIII (R = R' = C_6H_5).
B. Beim Erwärmen von 2-[2-(*N*-Acetyl-anilino)-vinyl]-3,3-dimethyl-1-phenyl-3*H*-indolium-
perchlorat mit 5-Methyl-2-phenyl-1,2-dihydro-pyrazol-3-on in Triäthylamin enthaltendem Äth=

anol (*Brooker et al.*, Am. Soc. **73** [1951] 5332, 5334).
Rote Kristalle (aus Me.); F: 218−219° [korr.; Zers.]. λ_{max} (Me.): 479,5 nm (*Br. et al.*, l. c. S. 5336).

*5-Methyl-2-[2]naphthyl-4-[2-(1,3,3-trimethyl-indolin-2-yliden)-äthyliden]-2,4-dihydro-pyrazol-3-on $C_{27}H_{25}N_3O$, Formel XIII (R = $C_{10}H_7$, R' = CH_3).
B. Beim Erwärmen von 1,2,3,3-Tetramethyl-3*H*-indolium-jodid mit 5-Methyl-2-[2]naphthyl-1,2-dihydro-pyrazol-3-on und Orthoameisensäure-triäthylester in Diäthylamin enthaltendem Äthanol (*Ilford Ltd.*, U.S.P. 2265908 [1939]).
Rote Kristalle; F: 245°.

3-{3,3-Dimethyl-2-[2-(3-methyl-5-oxo-1-phenyl-1,5-dihydro-pyrazol-4-yliden)-äthyliden]-indolin-1-yl}-propionsäure $C_{25}H_{25}N_3O_3$, Formel XIII (R = C_6H_5, R' = CH_2-CH_2-COOH).
B. Beim Erwärmen von 1-[2-Carboxy-äthyl]-2,3,3-trimethyl-3*H*-indolium-jodid mit 4-[*N*-Acetyl-anilinomethylen]-5-methyl-2-phenyl-2,4-dihydro-pyrazol-3-on in Triäthylamin enthaltendem Äthanol (*Eastman Kodak Co.*, U.S.P. 2519001 [1947]).
Gelbe Kristalle (aus Me.); F: 156−157° [Zers.].

4-{3-Methyl-5-oxo-4-[2-(1,3,3-trimethyl-indolin-2-yliden)-äthyliden]-4,5-dihydro-pyrazol-1-yl}-benzolsulfonsäure $C_{23}H_{23}N_3O_4S$, Formel XIII (R = C_6H_4-SO_2-OH, R' = CH_3).
B. Beim Erwärmen von 2-[2-(*N*-Acetyl-anilino)-vinyl]-1,3,3-trimethyl-3*H*-indolium-jodid (E III/IV **22** 4864) mit 4-[3-Methyl-5-oxo-2,5-dihydro-pyrazol-1-yl]-benzolsulfonsäure in Triäthylamin enthaltendem Äthanol (*Eastman Kodak Co.*, U.S.P. 2493747 [1945], 2526632 [1948]).
Orangefarbene Kristalle; F: >315°.

Oxo-Verbindungen $C_{17}H_{19}N_3O$

*Opt.-inakt. 4,6-Dibenzyl-tetrahydro-[1,3,5]triazin-2-on $C_{17}H_{19}N_3O$, Formel I.
B. Beim Erwärmen von Harnstoff mit einem Phenylacetaldehyd-NH_3-Gemisch in wss. Äthanol (*Paquin*, J. org. Chem. **14** [1949] 189, 192).
Kristalle (aus A.).

---

*5-Methyl-4-[1-methyl-2-(1,3,3-trimethyl-indolin-2-yliden)-äthyliden]-2-phenyl-2,4-dihydro-pyrazol-3-on $C_{24}H_{25}N_3O$, Formel II (R = CH_3).
B. Beim Erwärmen von 1,2,3,3-Tetramethyl-3*H*-indolium-jodid mit 5-Methyl-2-phenyl-1,2-dihydro-pyrazol-3-on und Orthoessigsäure-triäthylester in Diäthylamin enthaltendem Äthanol (*Ilford Ltd.*, U.S.P. 2265908 [1939]).
Kristalle (aus A.+H_2O); F: 197°.

Oxo-Verbindungen $C_{18}H_{21}N_3O$

5-Methyl-2-phenyl-4-[1-(1,3,3-trimethyl-indolin-2-ylidenmethyl)-propyliden]-2,4-dihydro-pyrazol-3-on $C_{25}H_{27}N_3O$, Formel II (R = C_2H_5).
B. Beim Erwärmen von 1,2,3,3-Tetramethyl-3*H*-indolium-jodid mit 5-Methyl-2-phenyl-1,2-dihydro-pyrazol-3-on und Orthopropionsäure-triäthylester in Diäthylamin enthaltendem Äthanol (*Ilford Ltd.*, U.S.P. 2265908 [1939]).
Orangefarbene Kristalle; F: 209°.

Monooxo-Verbindungen $C_nH_{2n-17}N_3O$

Oxo-Verbindungen $C_{13}H_9N_3O$

5-[2]Naphthyl-2H-[1,2,4]triazin-3-thion $C_{13}H_9N_3S$, Formel III und Taut.

B. Aus [2]Naphthylglyoxal-2-thiosemicarbazon beim Erhitzen in wss. K_2CO_3 (*Rossi*, G. **83** [1953] 133, 136).

Orangefarbene Kristalle; F: 234 − 235°.

7-Benzoyl-1-phenyl-1H-benzotriazol, Phenyl-[1-phenyl-1H-benzotriazol-7-yl]-keton $C_{19}H_{13}N_3O$, Formel IV.

B. Aus 3-Amino-2-anilino-benzophenon beim Behandeln mit $NaNO_2$ in Essigsäure (*Plant, Tomlinson*, Soc. **1932** 2188, 2191, 2192).

Kristalle (aus A.); F: 154°.

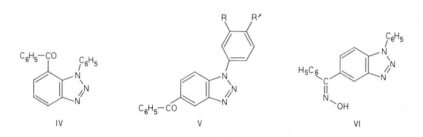

IV   V   VI

5-Benzoyl-1-phenyl-1H-benzotriazol, Phenyl-[1-phenyl-1H-benzotriazol-5-yl]-keton $C_{19}H_{13}N_3O$, Formel V (R = R′ = H).

B. Aus 3-Amino-4-anilino-benzophenon und $NaNO_2$ in Essigsäure (*Hunter, Darling*, Am. Soc. **53** [1931] 4183, 4184).

Kristalle (aus wss. A.); F: 128°.

Phenyl-[1-phenyl-1H-benzotriazol-5-yl]-keton-oxim $C_{19}H_{14}N_4O$.

a) **Phenyl-[1-phenyl-1H-benzotriazol-5-yl]-keton-(Z)-oxim,** Formel VI.

B. Neben dem folgenden Stereoisomeren beim Erwärmen der vorangehenden Verbindung mit $NH_2OH \cdot HCl$ und wss.-äthanol. Na_2CO_3 (*Hunter, Darling*, Am. Soc. **53** [1931] 4183, 4185).

Kristalle (aus wss. A.); F: 163 − 165°.

b) **Phenyl-[1-phenyl-1H-benzotriazol-5-yl]-keton-(E)-oxim,** Formel VII.

B. s. unter a).

Kristalle (aus A.); F: 200 − 201° (*Hunter, Darling*, Am. Soc. **53** [1931] 4183, 4185).

3-[5-Benzoyl-benzotriazol-1-yl]-benzophenon $C_{26}H_{17}N_3O_2$, Formel V (R = CO-C_6H_5, R′ = H).

B. Aus 3-Amino-4-[3-benzoyl-anilino]-benzophenon und $NaNO_2$ in Essigsäure (*Brooke, Plant*, Soc. **1956** 2212).

Kristalle (aus Eg.); F: 158°.

4-[5-Benzoyl-benzotriazol-1-yl]-benzophenon $C_{26}H_{17}N_3O_2$, Formel V (R = H, R′ = CO-C_6H_5).

B. Aus 3-Amino-4-[4-benzoyl-anilino]-benzophenon beim Behandeln mit $NaNO_2$ in Essig⸗ säure (*Plant, Tomlinson*, Soc. **1932** 2188, 2191).

Kristalle (aus Eg. oder A.); F: 195°.

Beim Erhitzen auf 380° ist 3,6-Dibenzoyl-carbazol erhalten worden.

5-Benzoyl-1-[4-dimethylamino-phenyl]-1*H*-benzotriazol, [1-(4-Dimethylamino-phenyl)-1*H*-benzotriazol-5-yl]-phenyl-keton $C_{21}H_{18}N_4O$, Formel V (R = H, R′ = N(CH$_3$)$_2$).

B. Beim Behandeln von 3-Amino-4-[4-dimethylamino-anilino]-benzophenon mit NaNO$_2$ und wss. HCl in Essigsäure (*Clifton, Plant*, Soc. **1951** 461, 465).

Hellgelbe Kristalle (aus A.); F: 162−164°.

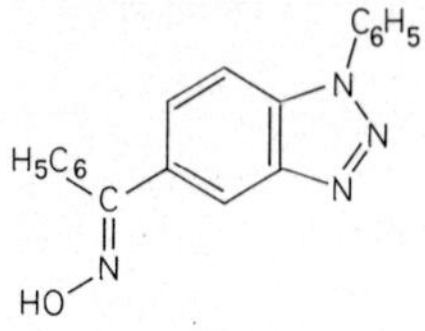

VII 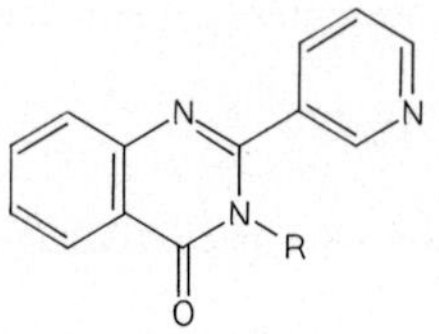   VIII 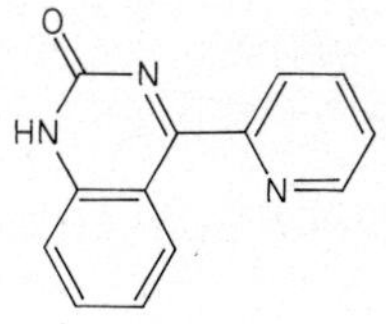   IX

2-[3]Pyridyl-3*H*-chinazolin-4-on $C_{13}H_9N_3O$, Formel VIII (R = H) und Taut.

B. Aus *N*-Nicotinoyl-anthranilsäure-amid beim Erhitzen auf 240−250° (*Zentmyer, Wagner*, J. org. Chem. **14** [1949] 967, 971, 978).

Kristalle (aus E. + Hexan); F: 276° [korr.].

3-Phenyl-2-[3]pyridyl-3*H*-chinazolin-4-on $C_{19}H_{13}N_3O$, Formel VIII (R = C$_6$H$_5$).

B. Aus *N*-Nicotinoyl-anthranilsäure-anilid beim Erhitzen mit ZnCl$_2$ auf 240−250° (*Zentmyer, Wagner*, J. org. Chem. **14** [1949] 967, 973, 979).

Kristalle (aus E. + Hexan); F: 175−176,5° [korr.].

4-[2]Pyridyl-1*H*-chinazolin-2-on $C_{13}H_9N_3O$, Formel IX und Taut.

B. Beim Erhitzen von [2-Amino-phenyl]-[2]pyridyl-keton mit Harnstoff auf 200−210° (*Schofield*, Soc. **1954** 4034).

Kristalle (aus A.); F: 278−280°.

7-Phenyl-3*H*-pyrido[2,3-*d*]pyrimidin-4-on $C_{13}H_9N_3O$, Formel X (X = H) und Taut.

B. Aus 7-Phenyl-2-thioxo-2,3-dihydro-1*H*-pyrido[2,3-*d*]pyrimidin-4-on beim Erwärmen mit Raney-Nickel in wss.-äthanol. NH$_3$ (*Robins, Hitchings*, Am. Soc. **80** [1958] 3449, 3454).

Kristalle (aus wss. A.); F: 260−263° [unkorr.]. λ_{max} (wss. Lösung): 244 nm und 332 nm [pH 1] bzw. 255 nm und 328 nm [pH 10,7] (*Ro., Hi.*, l. c. S. 3455).

7-[4-Chlor-phenyl]-3*H*-pyrido[2,3-*d*]pyrimidin-4-on $C_{13}H_8ClN_3O$, Formel X (X = Cl) und Taut.

B. Analog der vorangehenden Verbindung (*Robins, Hitchings*, Am. Soc. **80** [1958] 3449, 3454).

Kristalle (aus wss. A.); F: 348−349° [unkorr.].

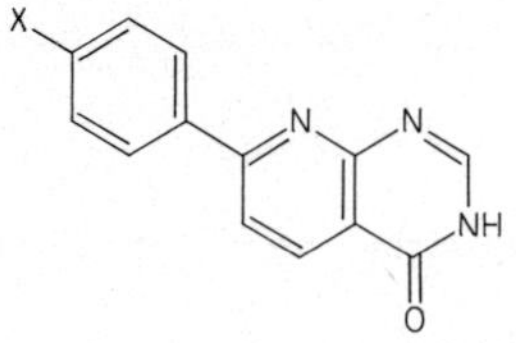

X 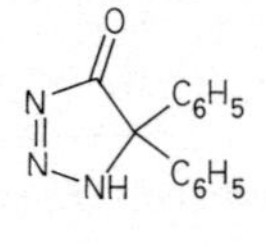   XI 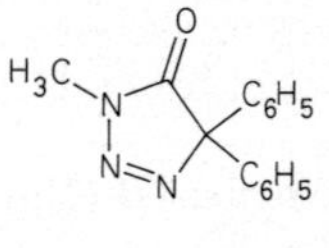   XII

Oxo-Verbindungen $C_{14}H_{11}N_3O$

5,5-Diphenyl-1,5-dihydro-[1,2,3]triazol-4-on $C_{14}H_{11}N_3O$, Formel XI und Taut.

B. Als Hauptprodukt bei der Hydrierung von [Azido-diphenyl-acetoxy]-essigsäure-äthylester an Palladium/Kohle in Äthanol (*Hohenlohe-Oehringen*, M. **89** [1958] 562, 568).

Kristalle (aus wss. A.), die sich langsam ab 60° unter Stickstoffentwicklung und unter starker Wärmeabgabe zersetzen; bei Substanzmengen ab 20 mg erfolgt die Zersetzung explosionsartig

(*Ho.-Oe.*, l. c. S. 568).

Beim Erwärmen in Toluol ist 3,3,6,6-Tetraphenyl-piperazin-2,5-dion, beim Behandeln mit Benzoylchlorid in wss. Na_2CO_3 ist 2,5,5-Triphenyl-oxazol-4-on erhalten worden (*Hohenlohe-Oehringen*, M. **89** [1958] 588, 594, 595).

3-Methyl-5,5-diphenyl-3,5-dihydro-[1,2,3]triazol-4-on $C_{15}H_{13}N_3O$, Formel XII.

B. Aus der vorangehenden Verbindung und Dimethylsulfat in wss. KOH (*Hohenlohe-Oehrin=gen*, M. **89** [1958] 588, 594).

Kristalle (aus Me.); F: 139−142° [Zers.].

---

*2-[6-Nitro-2-phenyl-2H-benzotriazol-5-yl]-1-phenyl-äthanon-phenylhydrazon $C_{26}H_{20}N_6O_2$, Formel XIII.

B. Beim Erwärmen von 5'-Chlor-2',4'-dinitro-desoxybenzoin mit Phenylhydrazin in Äthanol (*Ruggli, Straub*, Helv. **21** [1938] 1084, 1092).

Rote Kristalle (aus A. + E.); F: 197−198°.

7-p-Tolyl-3H-pyrido[2,3-d]pyrimidin-4-on $C_{14}H_{11}N_3O$, Formel XIV (R = H, R' = CH_3) und Taut.

B. Aus 2-Thioxo-7-p-tolyl-2,3-dihydro-1H-pyrido[2,3-d]pyrimidin-4-on beim Erwärmen mit Raney-Nickel in wss.-äthanol. NH_3 (*Robins, Hitchings*, Am. Soc. **80** [1958] 3449, 3454).

Kristalle (aus wss. A.); F: 312−315° [unkorr.].

XIII   XIV   XV

6-Methyl-7-phenyl-3H-pyrido[2,3-d]pyrimidin-4-on $C_{14}H_{11}N_3O$, Formel XIV (R = CH_3, R' = H) und Taut.

B. Analog der vorangehenden Verbindung (*Robins, Hitchings*, Am. Soc. **80** [1958] 3449, 3454).

Kristalle (aus wss. A.); F: 248−250° [unkorr.]. λ_{max} (wss. Lösung): 265 nm und 338 nm [pH 1] bzw. 243 nm und 326 nm [pH 10,7] (*Ro., Hi.*, l. c. S. 3455).

2-[1H-Benzimidazol-2-yl]-1-[4]pyridyl-äthanon $C_{14}H_{11}N_3O$, Formel XV.

B. Beim Erhitzen von 3-Oxo-3-[4]pyridyl-propionsäure-äthylester mit o-Phenylendiamin in Xylol auf 140−150° (*Magidšon*, Ž. obšč. Chim. **29** [1959] 165, 172; engl. Ausg. S. 168, 174).

Gelbe Kristalle (aus wss. A.); F: 211−212°.

Hydrochlorid $C_{14}H_{11}N_3O \cdot HCl$. Gelbe Kristalle; F: 230−235° [Zers.].

2-[2-(1-Methyl-1H-[2]pyridyliden)-äthyliden]-2H-imidazo[1,2-a]pyridin-3-on $C_{15}H_{13}N_3O$, Formel I.

B. Beim Erwärmen von 3-Oxo-2,3-dihydro-1H-imidazo[1,2-a]pyridinium-chlorid (vgl. E III/IV **24** 294) mit 2-[2-Anilino-vinyl]-1-methyl-pyridinium-jodid (E III/IV **21** 3456) und Acet=anhydrid in Triäthylamin enthaltendem Pyridin (*Knott*, Soc. **1956** 1360, 1364).

Grünbraune Kristalle (aus H_2O) mit 2 Mol H_2O; F: 124−125°. λ_{max}: 562 nm [A.], 592 nm [Py.] bzw. 536 nm [Py. + H_2O (1:4)] (*Kn.*, l. c. S. 1362).

3-[2-(1-Methyl-1H-[2]pyridyliden)-äthyliden]-2-oxo-2,3-dihydro-1H-imidazo[1,2-a]pyridinium $[C_{15}H_{14}N_3O]^+$, Formel II und Mesomere.

Betain $C_{15}H_{13}N_3O$; 3-[2-(1-Methyl-1H-[2]pyridyliden)-äthyliden]-imidazo[1,2-a]=

pyridin-2-on. *B.* Beim Erwärmen von 2-[2-(*N*-Acetyl-anilino)-vinyl]-1-methyl-pyridinium-jo≠
did (E III/IV **22** 4244) mit Imidazo[1,2-*a*]pyridin-2-on-hydrobromid (E III/IV **24** 294) in Tri≠
äthylamin enthaltendem Äthanol (*Knott,* Soc. **1951** 3033, 3037). — Rote Kristalle (aus H_2O);
F: 261° [unkorr.] (*Kn.,* Soc. **1951** 3037). λ_{max}: 525 nm [Me.] bzw. 464 nm [H_2O] (*Kn.,* Soc.
1951 3037), 536 nm [A.], 570 nm [Py.] bzw. 516 nm [Py. + H_2O (1:4)] (*Knott,* Soc. **1956** 1340,
1362).
    Bromid [$C_{15}H_{14}N_3O$]Br. Rote Kristalle (aus Me.); F: 268° [unkorr.] (*Kn.,* Soc. **1951** 3037).

I   II   III

3-[2-(1-Äthyl-1*H*-[4]pyridyliden)-äthyliden]-2-oxo-2,3-dihydro-1*H*-imidazo[1,2-*a*]pyridinium
[$C_{16}H_{16}N_3O$]⁺, Formel III und Mesomere.
    Betain $C_{16}H_{15}N_3O$; 3-[2-(1-Äthyl-1*H*-[4]pyridyliden)-äthyliden]-imidazo[1,2-*a*]≠
pyridin-2-on. *B.* Beim Erwärmen von 4-[2-(*N*-Acetyl-anilino)-vinyl]-1-äthyl-pyridinium-jodid
(E III/IV **22** 4244) mit Imidazo[1,2-*a*]pyridin-2-on-hydrobromid (E III/IV **24** 294) in Triäthyl≠
amin enthaltendem Äthanol (*Knott,* Soc. **1951** 3033, 3037). — Rote Kristalle (aus H_2O) mit
2 Mol H_2O. λ_{max} (Me.): 542 nm.
    Jodid [$C_{16}H_{16}N_3O$]I. Rote Kristalle (aus Me.); F: 267° [unkorr.].

Oxo-Verbindungen $C_{15}H_{13}N_3O$

5,6-Diphenyl-4,5-dihydro-2*H*-[1,2,4]triazin-3-on $C_{15}H_{13}N_3O$, Formel IV (R = R′ = H,
X = O) und Taut. (H 183).
    B. Bei der Hydrierung von 5,6-Diphenyl-2*H*-[1,2,4]triazin-3-on an Platin in wss.-äthanol.
NaOH oder an Raney-Nickel in wss. NaOH (*Polonovski et al.,* Bl. **1955** 1166, 1169; C. r.
238 [1954] 695). Aus 5,6-Diphenyl-tetrahydro-[1,2,4]triazin-3-on (S. 503) bei kurzem Erhitzen
mit Brom in Essigsäure (*Po. et al.,* C. r. **238** 697). Aus 3-Methoxy-5,6-diphenyl-4,5-dihydro-
[1,2,4]triazin beim Erhitzen mit Essigsäure (*Polonovski et al.,* C. r. **238** [1954] 1134).
    Kristalle (aus A. + Eg.); F: 276° (*Po. et al.,* C. r. **238** 695), 274 − 276° (*Po. et al.,* Bl. **1955**
1169).

2-Methyl-5,6-diphenyl-4,5-dihydro-2*H*-[1,2,4]triazin-3-on $C_{16}H_{15}N_3O$, Formel IV (R = CH_3,
R′ = H, X = O) und Taut. (H 183).
    B. Aus 2-Methyl-5,6-diphenyl-2*H*-[1,2,4]triazin-3-on durch Hydrierung an Raney-Nickel in
Äthanol (*Polonovski et al.,* Bl. **1955** 1166, 1171; C. r. **238** [1954] 1134).
    Kristalle (aus A.); F: 199°.

2-Acetyl-5,6-diphenyl-4,5-dihydro-2*H*-[1,2,4]triazin-3-on $C_{17}H_{15}N_3O_2$, Formel IV
(R = CO-CH_3, R′ = H, X = O) und Taut.
    B. Aus 2-Acetyl-5,6-diphenyl-2*H*-[1,2,4]triazin-3-on durch Hydrierung an Platin in Essigsäure
(*Polonovski et al.,* Bl. **1955** 1166, 1170; C. r. **238** [1954] 695).
    Kristalle (aus E. + wenig A.); F: 207 − 209° [vorgeheizter App.].

4-Acetyl-5,6-diphenyl-4,5-dihydro-2*H*-[1,2,4]triazin-3-on $C_{17}H_{15}N_3O_2$, Formel IV (R = H,
R′ = CO-CH_3, X = O) und Taut.
    B. Aus 4-Acetyl-3-methoxy-5,6-diphenyl-4,5-dihydro-[1,2,4]triazin beim Erhitzen mit Essig≠
säure (*Polonovski et al.,* Bl. **1955** 1171, 1174; C. r. **238** [1954] 1134).
    Kristalle (aus A.); F: 148 − 149°.

2,4-Diacetyl-5,6-diphenyl-4,5-dihydro-2H-[1,2,4]triazin-3-on $C_{19}H_{17}N_3O_3$, Formel IV
(R = R' = CO-CH$_3$, X = O) und Taut. (H 183).

B. Beim Erhitzen von 3-Methoxy-5,6-diphenyl-4,5-dihydro-[1,2,4]triazin oder von 5,6-Di‡
phenyl-4,5-dihydro-2H-[1,2,4]triazin-3-on mit Acetanhydrid (*Polonovski et al.*, Bl. **1955** 1166,
1169, 1171, 1173).

Kristalle (aus A.); F: 142–143° (*Po. et al.*, l. c. S. 1174).

IV   V   VI

5,6-Diphenyl-2-[2-piperidino-äthyl]-4,5-dihydro-2H-[1,2,4]triazin-3-on $C_{22}H_{26}N_4O$, Formel V
und Taut.

H y d r o b r o m i d $C_{22}H_{26}N_4O \cdot HBr$. *B.* Aus 5,6-Diphenyl-2-[2-piperidino-äthyl]-2H-[1,2,4]tri‡
azin-3-on-hydrobromid bei der Hydrierung an Platin in Äthanol (*Polonovski et al.*, Bl. **1955**
1166, 1171). – Kristalle (aus E.+A.); F: 207–210°.

5,6-Diphenyl-4,5-dihydro-2H-[1,2,4]triazin-3-thion $C_{15}H_{13}N_3S$, Formel IV (R = R' = H,
X = S) und Taut.

B. Beim Erhitzen von Benzoin mit Thiosemicarbazid-hydrochlorid in wss. Essigsäure oder
aus 5,6-Diphenyl-2H-[1,2,4]triazin-3-thion beim Erwärmen mit Zink-Pulver in Äthanol und
Essigsäure (*Gianturco, Romeo*, G. **82** [1952] 429, 433).

Kristalle (aus Eg.); F: 223°.

5-Methyl-4-[2-(1-methyl-1H-[2]chinolyliden)-äthyliden]-2-phenyl-2,4-dihydro-pyrazol-3-on
$C_{22}H_{19}N_3O$, Formel VI (R = CH$_3$, X = H).

a) Präparat vom F: 171°.

B. Beim Erhitzen von *N,N'*-Bis-[2-(1-methyl-chinolinium-2-yl)-vinyl]-*N,N'*-diphenyl-hydrazin-
dijodid (E III/IV **22** 7055) mit 5-Methyl-2-phenyl-1,2-dihydro-pyrazol-3-on in wenig Piperidin
enthaltendem Pyridin (*Zenno*, J. pharm. Soc. Japan **73** [1953] 595; C. A. **1954** 5858).

Rotbraune Kristalle; F: 171° [Zers.].

b) Präparat vom F: 130°.

B. Beim Erwärmen von 1,2-Dimethyl-chinolinium-jodid mit 5-Methyl-2-phenyl-1,2-dihydro-
pyrazol-3-on und Orthoameisensäure-triäthylester in Diäthylamin enthaltendem Äthanol (*Ilford
Ltd.*, U.S.P. 2265908 [1939]).

Orangerote Kristalle (aus wss. Me.); F: 130° [Zers.].

c) Präparat vom F: 90°.

B. Beim Erwärmen von [5-Methyl-3-oxo-2-phenyl-2,3-dihydro-1H-pyrazol-4-yl]-[3-methyl-5-
oxo-1-phenyl-1,5-dihydro-pyrazol-4-yliden]-methan mit 1,2-Dimethyl-chinolinium-jodid in Di‡
äthylamin enthaltendem Äthanol (*Ilford Ltd.*, U.S.P. 2369355 [1942]).

Grüne Kristalle; F: 90°.

4-[2-(1-Äthyl-1H-[2]chinolyliden)-äthyliden]-5-methyl-2-phenyl-2,4-dihydro-pyrazol-3-on
$C_{23}H_{21}N_3O$, Formel VI (R = C$_2$H$_5$, X = H).

B. Beim Erhitzen von *N,N'*-Bis-[2-(1-äthyl-chinolinium-2-yl)-vinyl]-*N,N'*-diphenyl-hydrazin-
dijodid (E III/IV **22** 7055) mit 5-Methyl-2-phenyl-1,2-dihydro-pyrazol-3-on in wenig Piperidin
enthaltendem Pyridin (*Zenno*, J. pharm. Soc. Japan **73** [1953] 595; C. A. **1954** 5858).

Braune Kristalle; F: 178° [Zers.].

**4-{4-[2-(1-Äthyl-1H-[2]chinolyliden)-äthyliden]-3-methyl-5-oxo-4,5-dihydro-pyrazol-1-yl}-
benzolsulfonsäure** $C_{23}H_{21}N_3O_4S$, Formel VI (R = C$_2$H$_5$, X = SO$_2$-OH).

B. Beim Erwärmen von 2-[2-(*N*-Acetyl-anilino)-vinyl]-1-äthyl-chinolinium-jodid   (E III/

IV **22** 4895) mit 4-[3-Methyl-5-oxo-2,5-dihydro-pyrazol-1-yl]-benzolsulfonsäure in Triäthylamin enthaltendem Äthanol (*Eastman Kodak Co.*, U.S.P. 2493747 [1945], 2526632 [1948]).

Orangefarbene Kristalle; F: >315°.

5-Methyl-4-[2-(1-methyl-1H-[4]chinolyliden)-äthyliden]-2-phenyl-2,4-dihydro-pyrazol-3-on $C_{22}H_{19}N_3O$, Formel VII (R = CH_3, X = H).

B. Beim Erwärmen von 1,4-Dimethyl-chinolinium-jodid mit 5-Methyl-2-phenyl-1,2-dihydro-pyrazol-3-on und Orthoameisensäure-triäthylester in Diäthylamin enthaltendem Äthanol (*Ilford Ltd.*, U.S.P. 2265908 [1939]).

Olivgrüne Kristalle; F: 251°.

4-[2-(1-Äthyl-1H-[4]chinolyliden)-äthyliden]-5-methyl-2-phenyl-2,4-dihydro-pyrazol-3-on $C_{23}H_{21}N_3O$, Formel VII (R = C_2H_5, X = H).

B. Beim Erwärmen von Kryptocyanin (E III/IV **23** 2069) mit 5-Methyl-2-phenyl-1,2-dihydro-pyrazol-3-on in Piperidin enthaltendem Äthanol (*Ogata, Noguchi*, J. scient. Res. Inst. Tokyo **45** [1951] 154, 159).

Kristalle (aus wss. A.); F: 161 – 162° [Zers.]. λ_{max}: 570 nm.

4-{4-[2-(1-Äthyl-1H-[4]chinolyliden)-äthyliden]-3-methyl-5-oxo-4,5-dihydro-pyrazol-1-yl}-benzolsulfonsäure $C_{23}H_{21}N_3O_4S$, Formel VII (R = C_2H_5, X = SO_2-OH).

B. Beim Erwärmen von 4-[2-(*N*-Acetyl-anilino)-vinyl]-1-äthyl-chinolinium-jodid (E III/IV **22** 4896) mit 4-[3-Methyl-5-oxo-2,5-dihydro-pyrazol-1-yl]-benzolsulfonsäure in Triäthylamin enthaltendem Äthanol (*Eastman Kodak Co.*, U.S.P. 2493747 [1945], 2526632 [1948]).

Orangerote Kristalle; F: >315°.

VII   VIII   IX

6-Äthyl-7-phenyl-3H-pyrido[2,3-d]pyrimidin-4-on $C_{15}H_{13}N_3O$, Formel VIII und Taut.

B. Beim Erwärmen von 6-Äthyl-7-phenyl-2-thioxo-2,3-dihydro-1H-pyrido[2,3-d]pyrimidin-4-on mit Raney-Nickel in wss.-äthanol. NH_3 (*Robins, Hitchings*, Am. Soc. **80** [1958] 3449, 3454).

Kristalle (aus wss. A.); F: 224 – 226° [unkorr.].

4,5-Dimethyl-7-phenyl-2H-pyrido[3,4-d]pyridazin-1-on $C_{15}H_{13}N_3O$, Formel IX (R = H) und Taut.

B. Beim Erwärmen von 3-Acetyl-2-methyl-6-phenyl-isonicotinsäure-äthylester mit N_2H_4 in wenig Äthanol (*Kao, Robinson*, Soc. **1955** 2865, 2868).

Kristalle (aus A.); F: 261 – 262°.

4,5-Dimethyl-2,7-diphenyl-2H-pyrido[3,4-d]pyridazin-1-on $C_{21}H_{17}N_3O$, Formel IX (R = C_6H_5).

B. Analog der vorangehenden Verbindung (*Kao, Robinson*, Soc. **1955** 2865, 2868).

Kristalle (aus A.); F: 182 – 183°.

Oxo-Verbindungen $C_{16}H_{15}N_3O$

4-[2-(1-Äthyl-1H-[2]chinolyliden)-1-methyl-äthyliden]-5-methyl-2-phenyl-2,4-dihydro-pyrazol-3-on $C_{24}H_{23}N_3O$, Formel X.

B. Beim Erwärmen von 4-Isopropyliden-5-methyl-2-phenyl-2,4-dihydro-pyrazol-3-on (E III/IV **24** 213) mit 1-Äthyl-2-jod-chinolinium-jodid und Natriumäthylat in Äthanol (*Ilford Ltd.*, U.S.P. 2319547 [1940]).

Kristalle (aus A.); F: 282°.

X   XI

4-{4-[2-(1,6-Dimethyl-1H-[2]chinolyliden)-äthyliden]-3-methyl-5-oxo-4,5-dihydro-pyrazol-1-yl}-benzolsulfonsäure $C_{23}H_{21}N_3O_4S$, Formel XI.

B. Beim Erwärmen von 2-[2-(*N*-Acetyl-anilino)-vinyl]-1,6-dimethyl-chinolinium-[toluol-4-sulfⁱonat] mit 4-[3-Methyl-5-oxo-2,5-dihydro-pyrazol-1-yl]-benzolsulfonsäure und Triäthylamin in Äthanol (*Eastman Kodak Co.*, U.S.P. 2493747 [1945], 2526632 [1948]).

Bräunliche Kristalle; F: >310°.

6-*trans*(?)-Cinnamoyl-3,5-dimethyl-1-phenyl-1,4-dihydro-pyrrolo[3,2-c]pyrazol, 1-[3,5-Dimethyl-1-phenyl-1,4-dihydro-pyrrolo[3,2-c]pyrazol-6-yl]-3t(?)-phenyl-propenon $C_{22}H_{19}N_3O$, vermutlich Formel XII.

B. Beim Erwärmen von 1-[3,5-Dimethyl-1-phenyl-1,4-dihydro-pyrrolo[3,2-c]pyrazol-6-yl]-äthⁱanon mit Benzaldehyd in Alkali enthaltendem Äthanol (*Ghosh, Das-Gupta*, J. Indian chem. Soc. **16** [1939] 63, 66).

Kristalle (aus Eg.); F: >300°.

Oxo-Verbindungen $C_{17}H_{17}N_3O$

(±)-3,5-Dibenzyl-2,5-dihydro-1H-[1,2,4]triazin-6-on $C_{17}H_{17}N_3O$, Formel XIII und Taut.

B. Aus (±)-2-[1-Äthoxy-2-phenyl-äthylidenamino]-3-phenyl-propionsäure-äthylester und N_2H_4 in Äthanol (*Kjær*, Acta chem. scand. **7** [1953] 1024, 1029).

Kristalle (aus A.); F: 171° [unkorr.].

XII   XIII   XIV

Oxo-Verbindungen $C_{23}H_{29}N_3O$

4-Äthyl-5-{4-äthyl-5-[3-äthyl-5-brom-4-methyl-pyrrol-2-ylmethylen]-3-methyl-5H-pyrrol-2-ylmethylen}-3-methyl-1,5-dihydro-pyrrol-2-on, 3,8,12-Triäthyl-14-brom-2,7,13-trimethyl-15,17-dihydro-tripyrrin-1-on $C_{23}H_{28}BrN_3O$, Formel XIV und Taut.

B. Beim Erhitzen von 4-Äthyl-5-[4-äthyl-3-methyl-pyrrol-2-ylmethylen]-3-methyl-1,5-dihydro-pyrrol-2-on (E III/IV **24** 530) mit 3-Äthyl-5-brom-4-methyl-pyrrol-2-carbaldehyd in Methanol und wss. HBr (*Fischer, Reinecke*, Z. physiol. Chem. **259** [1939] 83, 93).

Violette Kristalle; F: 218°.   [*Fiedler*]

Monooxo-Verbindungen $C_nH_{2n-19}N_3O$

Oxo-Verbindungen $C_{13}H_7N_3O$

[1,2,3]Triazolo[4,5,1-de]acridin-6-on $C_{13}H_7N_3O$, Formel I (X = H) (E II 101).

B. Beim Diazotieren von 4-Amino-10H-acridin-9-on in wss. HCl (*Lehmstedt, Schrader*, B.

70 [1937] 1526, 1535).

Braune Kristalle (aus Chlorbenzol); Zers. bei 258 – 259°.

5-Chlor-[1,2,3]triazolo[4,5,1-*de*]acridin-6-on $C_{13}H_6ClN_3O$, Formel I (X = Cl).

B. Analog der vorangehenden Verbindung (*Lehmstedt, Schrader*, B. **70** [1937] 1526, 1534). Hellrote Kristalle (aus Bzl.); Zers. bei 218°.

Am Licht erfolgt langsam Dunkelfärbung. Beim Erhitzen auf 240 – 250° wird Stickstoff abgespalten. Beim Erhitzen mit CuCl in 2-Nitro-toluol ist 8,17-Dichlor-dichino[3,2,1-*de*;3′,2′,1′-*kl*]phenazin-9,18-dion (?; E III/IV **24** 1851) erhalten worden. Beim Erhitzen mit 1-Amino-anthrachinon, Natriumacetat und CuCl in Tetralin ist 8,17-Bis-[9,10-dioxo-9,10-dihydro-[1]an=thrylamino]-dichino[3,2,1-*de*;3′,2′,1′-*kl*]phenazin-9,18-dion (?; E III/IV **25** 4227) erhalten wor=den.

Benzo[*de*][1,2,4]triazolo[5,1-*a*]isochinolin-7-on $C_{13}H_7N_3O$, Formel II (R = H).

B. Beim Erhitzen von 2-Amino-benz[*de*]isochinolin-1,3-dion mit Formamid unter Zusatz von NH₄Cl (*I. G. Farbenind.*, D.R.P. 752575 [1942]; D.R.P. Org. Chem. **6** 2481). Beim Erhitzen von 2-Acetylamino-benz[*de*]isochinolin-1,3-dion mit Formamid (*I. G. Farbenind.*).

Gelbe Kristalle (aus Py. oder Acetanhydrid); F: 240°.

I   II   III   IV

8-Phenyl-8*H*-phenaleno[1,2-*d*][1,2,3]triazol-7-on $C_{19}H_{11}N_3O$, Formel III.

B. Beim Erhitzen von 1-Phenyl-1*H*-naphtho[2,3-*d*][1,2,3]triazol-4-ol mit wss. H₂SO₄ und Glycerin (*Borsche et al.*, A. **554** [1943] 15, 23).

Gelbliche Kristalle (aus Dioxan); F: 255 – 256°.

Benz[4′,5′]imidazo[1′,2′:1,2]pyrrolo[3,4-*b*]pyridin-5-on, Pyrido[2′,3′:3,4]pyrrolo[1,2-*a*]=benzimidazol-5-on $C_{13}H_7N_3O$, Formel IV (E II 101; dort als „Lactam der 2-[Benzimid=azolyl-(2)]-nicotinsäure" bezeichnet).

B. Aus Pyridin-2,3-dicarbonsäure-2-äthylester (*Leko, Bastić*, Glasnik chem. Društva Beograd **14** [1949] 105, 108; C. A. **1952** 8655) oder aus 2-Carbamoyl-nicotinsäure (*Leko, Bastić*, Glasnik chem. Društva Beograd **13** [1948] 203, 207; C. A. **1952** 8655) und *o*-Phenylendiamin bei 150 – 160°.

Gelbliche Kristalle; F: 221 – 222° [aus Acetanhydrid] (*Leko, Ba.*, Glasnik chem. Društva Beograd **14** 108), 220° [aus Bzl.] (*Leko, Ba.*, Glasnik chem. Društva Beograd **13** 207).

Benz[4′,5′]imidazo[1′,2′:1,2]pyrrolo[4,3-*c*]pyridin-11-on, Pyrido[4′,3′:3,4]pyrrolo[1,2-*a*]=benzimidazol-11-on $C_{13}H_7N_3O$, Formel V.

B. Aus Pyridin-3,4-dicarbonsäure und *o*-Phenylendiamin bei 200° (*Leko, Bastić*, Glasnik chem. Društva Beograd **16** [1951] 175; C. A. **1954** 9366).

Gelbe Kristalle (aus Bzl. + PAe.); F: 208 – 209°.

Oxo-Verbindungen $C_{14}H_9N_3O$

10-Methyl-benzo[*de*][1,2,4]triazolo[5,1-*a*]isochinolin-7-on $C_{14}H_9N_3O$, Formel II (R = CH₃).

B. Beim Erhitzen von 2-Acetylamino-benz[*de*]isochinolin-1,3-dion mit Acetamid und NH₄Cl auf 250° (*I. G. Farbenind.*, D.R.P. 752575 [1942]; D.R.P. Org. Chem. **6** 2481).

Hellgelbe Kristalle (aus A.); F: 208 – 210°.

6H-Benz[4,5]imidazo[2,1-a]phthalazin-5-on $C_{14}H_9N_3O$, Formel VI (X = H) und Taut.

B. Beim Erhitzen von 2-[2-Amino-phenyl]-2,3-dihydro-phthalazin-1,4-dion oder von 2-[2-Amino-phenyl]-4-methoxy-2H-phthalazin-1-on mit wss. HCl auf 180° (*Rowe et al.*, Soc. **1938** 1079, 1082).

Kristalle (aus Py.); F: > 430° [Zers.].

V VI VII

10-Chlor-6H-benz[4,5]imidazo[2,1-a]phthalazin-5-on $C_{14}H_8ClN_3O$, Formel VI (X = Cl) und Taut.

B. Analog der vorangehenden Verbindung (*Rowe et al.*, Soc. **1938** 1079, 1083).

Kristalle (aus Py.), die unterhalb 440° nicht schmelzen.

Oxo-Verbindungen $C_{15}H_{11}N_3O$

5-Biphenyl-4-yl-2H-[1,2,4]triazin-3-thion $C_{15}H_{11}N_3S$, Formel VII und Taut.

B. Aus Biphenyl-4-yl-glyoxal-2-thiosemicarbazon mit Hilfe von wss. NaOH (*Rossi*, G. **83** [1953] 133, 136).

Gelbe Kristalle (aus Butylacetat); F: 233—234° [nach Sintern bei 215°].

3,6-Diphenyl-4H-[1,2,4]triazin-5-on $C_{15}H_{11}N_3O$, Formel VIII (X = O) und Taut.

Diese Konstitution kommt auch der von *Metze, Meyer* (B. **90** [1957] 481) als 3,5-Diphenyl-1H-[1,2,4]triazin-6-on angesehenen Verbindung $C_{15}H_{11}N_3O$ zu (*Becker et al.*, J. pr. **312** [1970] 669, 675).

B. Beim Erwärmen von 5-Methyl-3,6-diphenyl-[1,2,4]triazin (S. 263) mit $KMnO_4$ in wss. NaOH (*Me., Me.*, l. c. S. 484). Beim Erhitzen von 3,6-Diphenyl-[1,2,4]triazin-5-ylamin mit wss. HBr (*Fusco, Rossi*, Tetrahedron **3** [1958] 209, 218).

Kristalle; F: 274—276° [unkorr.; aus Eg.] (*Fu., Ro.*), 272° [aus A.] (*Me., Me.*).

3,6-Diphenyl-4H-[1,2,4]triazin-5-thion $C_{15}H_{11}N_3S$, Formel VIII (X = S) und Taut.

B. Aus 5-Chlor-3,6-diphenyl-[1,2,4]triazin, äthanol. Natriumäthylat und H_2S (*Fusco, Rossi*, Tetrahedron **3** [1958] 209, 219).

Orangefarbene Kristalle (aus wss. A.) mit 1 Mol H_2O.

5,6-Diphenyl-2H-[1,2,4]triazin-3-on $C_{15}H_{11}N_3O$, Formel IX (R = H, X = O) und Taut. (H 185).

Diese Konstitution kommt auch der von *Gianturco* (G. **82** [1952] 595, 598) als 5,6-Diphenyl-[1,2,4]triazin-3-sulfonsäure ($C_{15}H_{11}N_3O_3S$) formulierten Verbindung zu (*Rossi*, G. **83** [1953] 133, 135 Anm. 4).

B. Beim Erhitzen von 3-Methyl-5,6-diphenyl-[1,2,4]triazin mit $KMnO_4$ in wss. NaOH (*Metze, Meyer*, B. **90** [1957] 481, 484). Beim Erhitzen von 3-Methoxy-5,6-diphenyl-[1,2,4]triazin mit Essigsäure und wss. HBr (*Polonovski et al.*, Bl. **1955** 240, 242). Beim Erhitzen von 5,6-Diphenyl-tetrahydro-[1,2,4]triazin-3-on mit Brom in Essigsäure (*Polonovski et al.*, Bl. **1955** 1166, 1171). Beim Erwärmen von 5,6-Diphenyl-2H-[1,2,4]triazin-3-thion mit wss. H_2O_2 in wss. KOH (*Bähr*, Z. anorg. Ch. **273** [1953] 325, 331; s. a. *Polonovski, Pesson*, C. r. **232** [1951] 1260), mit $KMnO_4$ in wss. NaOH (*Gi.*, l. c. S. 598) oder mit Acetanhydrid (*Gi.*, l. c. S. 600).

Kristalle (aus Propan-1-ol bzw. aus A.); F: 225—226° (*Bähr; Po. et al.*, l. c. S. 241, 1171).

Über ein Methanol-Addukt $C_{15}H_{11}N_3O \cdot CH_4O$ (F: 221—222°) und ein Äthanol-Addukt $C_{15}H_{11}N_3O \cdot C_2H_6O$ (F: 220—221°) s. *Laakso et al.*, Tetrahedron **1** [1957] 103, 109.

Acetyl-Derivat $C_{17}H_{13}N_3O_2$; 2-Acetyl-5,6-diphenyl-2H-[1,2,4]triazin-3-on. F:

153—154° (*Po. et al.*, l. c. S. 1168).

2-Methyl-5,6-diphenyl-2H-[1,2,4]triazin-3-on $C_{16}H_{13}N_3O$, Formel IX (R = CH_3, X = O).

B. Beim Erhitzen von Benzil mit 2-Methyl-semicarbazid in Essigsäure auf 100° unter Druck (*Polonovski et al.*, Bl. **1955** 240, 242). Beim Erhitzen von 3-Methoxy-5,6-diphenyl-[1,2,4]triazin auf 200° (*Polonovski et al.*, C. r. **235** [1952] 1310). Aus 5,6-Diphenyl-2H-[1,2,4]triazin-3-on und Diazomethan (*Po. et al.*, Bl. **1955** 242). Aus dem wasserfreien Natrium-Salz des 5,6-Diphenyl-2H-[1,2,4]triazin-3-ons und Dimethylsulfat in siedendem Aceton oder aus dem Silber-Salz und CH_3I (*Po. et al.*, Bl. **1955** 242).

Kristalle (aus A.); F: 154°.

2-[2-Diäthylamino-äthyl]-5,6-diphenyl-2H-[1,2,4]triazin-3-on $C_{21}H_{24}N_4O$, Formel IX (R = CH_2-CH_2-$N(C_2H_5)_2$, X = O).

B. Beim Behandeln von 5,6-Diphenyl-2H-[1,2,4]triazin-3-on mit Natriummethylat in Meth≠anol und dann mit Diäthyl-[2-chlor-äthyl]-amin (*Polonovski et al.*, Bl. **1955** 240, 243).

Hydrojodid $C_{21}H_{24}N_4O·HI$. Kristalle (aus A.) mit 1 Mol Äthanol; F: 165—166° [Zers.].

Oxalat $C_{21}H_{24}N_4O·C_2H_2O_4$. Kristalle (aus Acn.); F: 135—137° [Zers.].

5,6-Diphenyl-2-[2-piperidino-äthyl]-2H-[1,2,4]triazin-3-on $C_{22}H_{24}N_4O$, Formel X.

B. Analog der vorangehenden Verbindung (*Polonovski et al.*, Bl. **1955** 240, 243).

Hydrobromid $C_{22}H_{24}N_4O·HBr$. Kristalle (aus A.); F: 184—187° [Zers.].

Oxalat $C_{22}H_{24}N_4O·C_2H_2O_4$. Kristalle (aus E.+A.), F: 176° [Zers.], die sich am Licht rosa färben.

5,6-Diphenyl-2H-[1,2,4]triazin-3-thion $C_{15}H_{11}N_3S$, Formel IX (R = H, X = S) und Taut.

B. Aus Benzil und Thiosemicarbazid beim Erhitzen über den Schmelzpunkt (*Gianturco, Romeo*, G. **82** [1952] 429, 431) sowie beim Erwärmen in Propan-1-ol (*Bähr*, Z. anorg. Ch. **273** [1953] 325, 330) oder in Essigsäure (*Gi., Ro.; Klosa*, Ar. **288** [1955] 465, 467).

Orangefarbene Kristalle; F: 225—228° [Zers.; aus Eg.] (*Kl.*), 219—220° [aus Propan-1-ol] (*Bähr*). λ_{max} (A.): 312 nm (*Gianturco*, G. **82** [1952] 595, 601).

4,6-Diphenyl-1H-[1,3,5]triazin-2-on $C_{15}H_{11}N_3O$, Formel XI (X = O, X′ = H) und Taut. (H 186).

B. Beim Erhitzen von Benzamidin-hydrochlorid mit Harnstoff über den Schmelzpunkt (*Capu≠ano, Giammanco*, G. **86** [1956] 109, 115). Beim Erhitzen von Chlor-diphenyl-[1,3,5]triazin mit wss. KOH (*Ruccia*, G. **89** [1959] 1670, 1679).

Kristalle (aus Dioxan); F: 293° (*Ca., Gi.*).

4,6-Bis-[4-chlor-phenyl]-1H-[1,3,5]triazin-2-on $C_{15}H_9Cl_2N_3O$, Formel XI (X = O, X′ = Cl) und Taut.

B. Beim Behandeln von 4-Chlor-benzamidin-hydrochlorid mit wss. NaOH und dann mit $COCl_2$ in Toluol (*Grundmann, Schröder*, B. **87** [1954] 747, 753).

Kristalle (aus Py.); F: 374° [korr.].

4,6-Bis-[4-nitro-phenyl]-1H-[1,3,5]triazin-2-on $C_{15}H_9N_5O_5$, Formel XI (X = O, X′ = NO_2) und Taut. (H 187).

B. Beim Behandeln von 4,6-Diphenyl-1H-[1,3,5]triazin-2-on mit H_2SO_4 und HNO_3 (*I. G. Farbenind.*, D.R.P. 501087 [1928]; Frdl. **17** 656; *Gen. Aniline Works*, U.S.P. 1841440 [1929]) oder in Essigsäure mit wss. HNO_3 (*I. G. Farbenind.*).

Kristalle (aus Dioxan + H_2O); F: 280 − 281° [unscharf].

4,6-Diphenyl-1H-[1,3,5]triazin-2-thion $C_{15}H_{11}N_3S$, Formel XI (X = S, X′ = H) und Taut.
B. Beim Behandeln von Chlor-diphenyl-[1,3,5]triazin mit NaHS in Methanol und Dioxan (*Grundmann et al.*, B. **86** [1953] 181, 184).
Hellgelbe Kristalle; F: 196 − 197° [korr.].

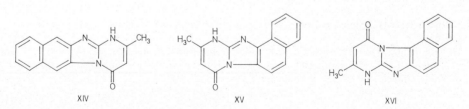

XI   XII   XIII

4-Benzoyl-1,5-diphenyl-1H-[1,2,3]triazol, [1,5-Diphenyl-1H-[1,2,3]triazol-4-yl]-phenyl-keton $C_{21}H_{15}N_3O$, Formel XII (H 187).
B. Beim Erwärmen von 1,5-Diphenyl-1H-[1,2,3]triazol-4-carbonylchlorid mit Benzol und AlCl₃ (*Borsche, Hahn*, A. **537** [1939] 219, 243).
2,4-Dinitro-phenylhydrazon $C_{27}H_{19}N_7O_4$. Gelbrote Kristalle (aus E.); F: 230 − 234°.

1′H-[3,2′;4′,3″]Terpyridin-6′-on, 4,6-Di-[3]pyridyl-1H-pyridin-2-on $C_{15}H_{11}N_3O$, Formel XIII.
B. Beim Behandeln von 1,3-Di-[3]pyridyl-propenon und 1-Carbamoylmethyl-pyridinium-chlorid mit methanol. NaOH (*Thesing, Müller*, B. **90** [1957] 711, 722).
Kristalle (aus H_2O oder Dioxan); F: 282° [unkorr.].

2-Methyl-1H-naphth[2′,3′:4,5]imidazo[1,2-a]pyrimidin-4-on $C_{15}H_{11}N_3O$, Formel XIV und Taut.
B. Beim Erhitzen von 1H-Naphth[2,3-d]imidazol-2-ylamin mit Diketen (E III/IV **17** 4297) oder mit Acetessigsäure-äthylester in Xylol (*Ried, Müller*, J. pr. [4] **8** [1959] 132, 136, 138).
Kristalle; F: 352 − 356° [Zers.].
Picrat $C_{15}H_{11}N_3O \cdot C_6H_3N_3O_7$. Kristalle (aus Nitrobenzol); F: 298 − 300° [Zers.].

XIV   XV   XVI

10-Methyl-11H-naphth[1′,2′:4,5]imidazo[1,2-a]pyrimidin-8-on $C_{15}H_{11}N_3O$, Formel XV und Taut.
B. Beim Erhitzen von 1(3)H-Naphth[1,2-d]imidazol-2-ylamin mit Diketen (E III/IV **17** 4297) in Xylol (*Ried, Müller*, J. pr. [4] **8** [1959] 132, 138).
Kristalle; F: 338 − 341° [Zers.].
Diese Verbindung hat wahrscheinlich auch in einem Präparat (Kristalle [aus Eg.] mit 1 Mol Essigsäure; F: 315° [Zers.]) vorgelegen, das von *Crippa, Maffei* (G. **71** [1941] 418, 421) beim Erhitzen von 1(3)H-Naphth[1,2-d]imidazol-2-ylamin mit Acetessigsäure-äthylester in Xylol erʒ halten und als 9-Methyl-8H-naphth[2′,1′:4,5]imidazo[1,2-a]pyrimidin-11-on ($C_{15}H_{11}N_3O$, Formel XVI) formuliert worden ist.

1-Methyl-7H-pyrimido[5,6,1-de]phenazin-3-on $C_{15}H_{11}N_3O$, Formel I (R = H).

B. Beim Hydrieren von Phenazin-1-carbonsäure-amid an Palladium in Acetanhydrid und anschliessenden Erhitzen (*Birkofer*, B. **85** [1952] 1023, 1034).

Gelbliche Kristalle (aus A.); F: 184°. Absorptionsspektrum (A.; 220–420 nm): *Bi.*, l. c. S. 1030.

7-Acetyl-1-methyl-7H-pyrimido[5,6,1-de]phenazin-3-on $C_{17}H_{13}N_3O_2$, Formel I (R = CO-CH₃).

B. Beim Hydrieren von Phenazin-1-carbonsäure-amid an Palladium in Acetanhydrid und anschliessenden Erhitzen in Gegenwart von ZnCl₂ (*Birkofer*, B. **85** [1952] 1023, 1034).

Gelbe Kristalle (aus A.); F: 199°. UV-Spektrum (A.; 220–340 nm): *Bi.*, l. c. S. 1031.

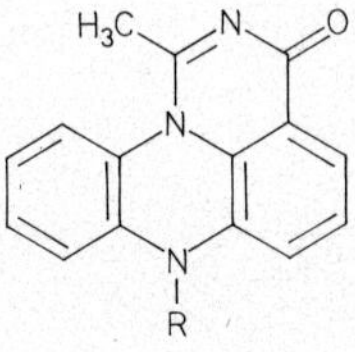

I 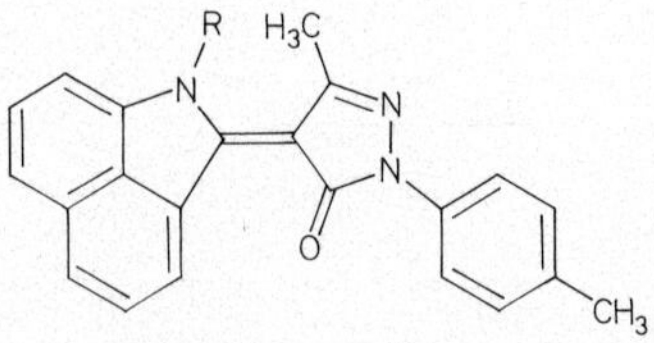   II 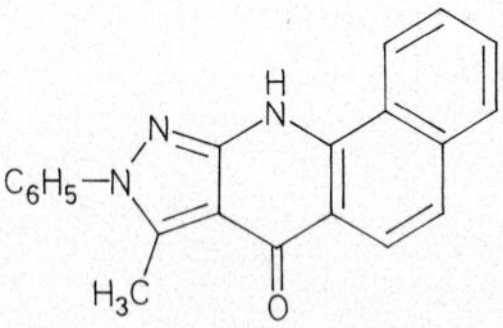   III

*4-[1H-Benz[cd]indol-2-yliden]-5-methyl-2-p-tolyl-2,4-dihydro-pyrazol-3-on $C_{22}H_{17}N_3O$, Formel II (R = H) oder Stereoisomeres.

B. Beim Erhitzen von 1H-Benz[cd]indol-2-thion mit 5-Methyl-2-p-tolyl-1,2-dihydro-pyrazol-3-on auf 180° (*Dokunichin, Gaewa*, Chim. Nauka Promyšl. **3** [1958] 126; C. A. **1958** 11427).

Rotbraune Kristalle (aus Xylol).

*5-Methyl-4-[1-methyl-1H-benz[cd]indol-2-yliden]-2-p-tolyl-2,4-dihydro-pyrazol-3-on $C_{23}H_{19}N_3O$, Formel II (R = CH₃) oder Stereoisomeres.

B. Aus 1-Methyl-2-methylmercapto-benz[cd]indolium-methylsulfat und 5-Methyl-2-p-tolyl-1,2-dihydro-pyrazol-3-on beim Erwärmen mit Triäthylamin in Äthanol (*Dokunichin et al.*, Ž. obšč. Chim. **29** [1959] 2742, 2745; engl. Ausg. S. 2709).

Schwarzbraune Kristalle (aus wss. Isopropylalkohol); F: 237–238°. Absorptionsspektrum (m-Xylol; 400–700 nm): *Do. et al.*

8-Methyl-9-phenyl-9,11-dihydro-benzo[h]pyrazolo[3,4-b]chinolin-7-on $C_{21}H_{15}N_3O$, Formel III und Taut.

B. Beim Erhitzen von 7-Anilino-(oder 7-[1]Naphthylamino)-8-methyl-9-phenyl-9H-benzo[h]≠pyrazolo[3,4-b]chinolin mit äthanol. KOH auf 200–220° (*Kocwa*, Bl. Acad. polon. [A] **1937** 570, 577).

Kristalle (aus A.); F: 235°.

8-Methyl-10-phenyl-10,11-dihydro-benzo[h]pyrazolo[3,4-b]chinolin-7-on $C_{21}H_{15}N_3O$, Formel IV und Taut.

B. Analog der vorangehenden Verbindung (*Kocwa*, Bl. Acad. polon. [A] **1937** 232, 237).

Kristalle (aus A.); F: 281–282°.

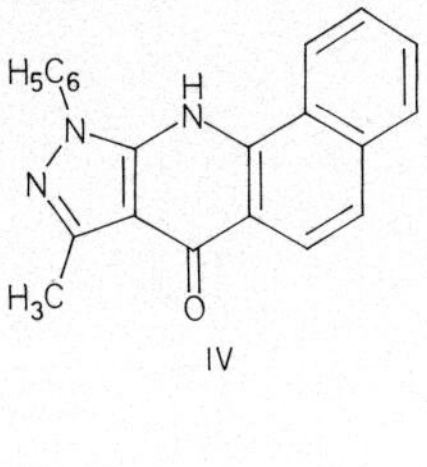

IV 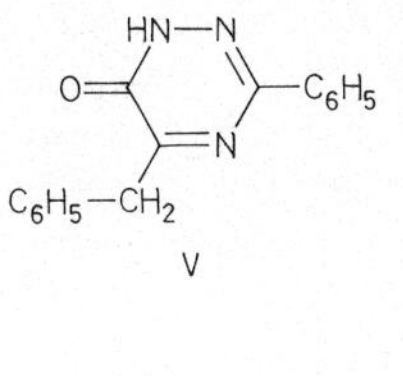   V 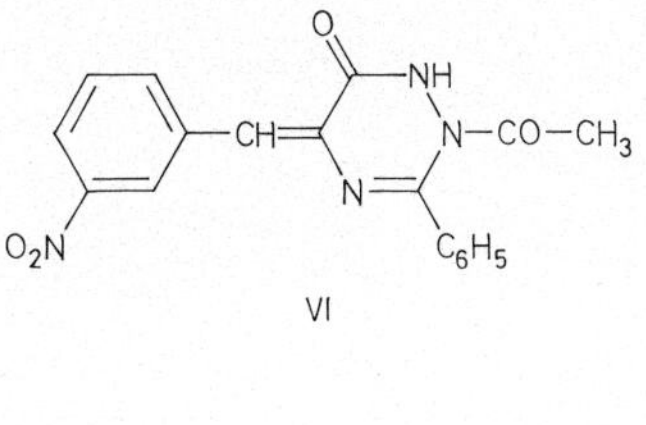   VI

Oxo-Verbindungen $C_{16}H_{13}N_3O$

5-Benzyl-3-phenyl-1H-[1,2,4]triazin-6-on $C_{16}H_{13}N_3O$, Formel V und Taut.

B. Beim kurzen Erhitzen von α-Benzoylamino-zimtsäure-hydrazid (F: 158°) mit wss. NaOH (*Cornforth,* Chem. Penicillin 1949 S. 688, 789).

Hellgelbe Kristalle (aus A.); F: 175—176°.

Acetyl-Derivat $C_{18}H_{15}N_3O_2$. Kristalle (aus A.) mit 1 Mol H_2O; F: 187—188°.

*2-Acetyl-5-[3-nitro-benzyliden]-3-phenyl-2,5-dihydro-1H-[1,2,4]triazin-6-on $C_{18}H_{14}N_4O_4$, Formel VI, oder **4-Benzoyl-3-methyl-5-[3-nitro-benzyliden]-4,5-dihydro-1H-[1,2,4]triazin-6-on** $C_{18}H_{14}N_4O_4$, Formel VII.

B. Beim Erhitzen von α-Benzoylamino-3-nitro-*trans*(?)-zimtsäure-hydrazid (F: 191°; E III **10** 3019) mit Acetanhydrid und Essigsäure (*Jennings,* Soc. **1957** 1512, 1515).

Kristalle (aus A.+H_2O) mit 1 Mol H_2O; F: 199—201°. λ_{max} (Me.): 230 nm, 267,5 nm und 360 nm.

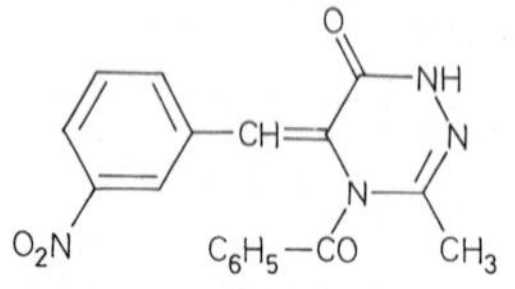

VII

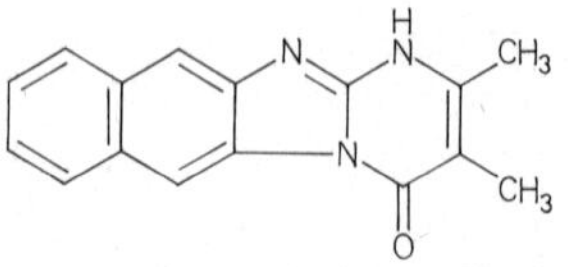

VIII

2,3-Dimethyl-1H-naphth[2′,3′:4,5]imidazo[1,2-a]pyrimidin-4-on $C_{16}H_{13}N_3O$, Formel VIII und Taut.

B. Beim Erhitzen von 1H-Naphth[2,3-d]imidazol-2-ylamin mit 2-Methyl-acetessigsäure-äthyl= ester in Xylol (*Ried, Müller,* J. pr. [4] **8** [1959] 132, 138).

Kristalle; F: 356—358° [Zers.].

Oxo-Verbindungen $C_{17}H_{15}N_3O$

5,6-Bis-p-tolyl-2H-[1,2,4]triazin-3-thion $C_{17}H_{15}N_3S$, Formel IX und Taut.

B. Beim Erhitzen von 4,4′-Dimethyl-benzil mit Thiosemicarbazid in Essigsäure (*Klosa,* Ar. **288** [1955] 465, 467).

Rötliche Kristalle (aus Eg.); F: 218—220° [Zers.].

(S?)-3-Indol-3-ylmethyl-7-nitro-3,4-dihydro-1H-chinoxalin-2-on $C_{17}H_{14}N_4O_3$, vermutlich Formel X.

B. Beim Erwärmen von N^{α}-[2,4-Dinitro-phenyl]-L(?)-tryptophan (E III/IV **22** 6778) in Äthanol mit wss. $[NH_4]_2S$ und dann mit wss. HCl bei pH 2—3 (*Scoffone et al.,* G. **87** [1957] 354, 359).

Gelbe Kristalle (aus wss.-äthanol. HCl); F: 220—221° [unkorr.; Zers.]. λ_{max} (A.): 283 nm und 400 nm.

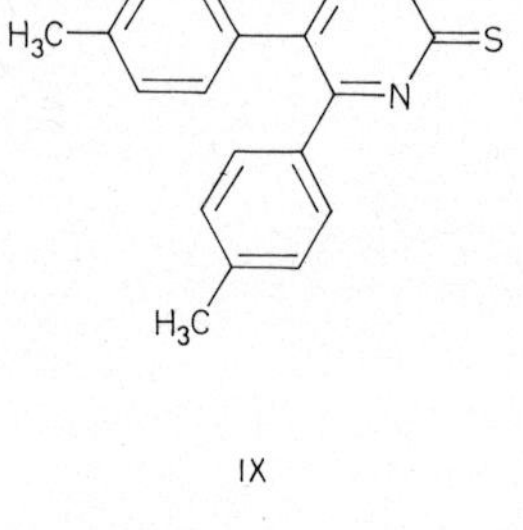

IX

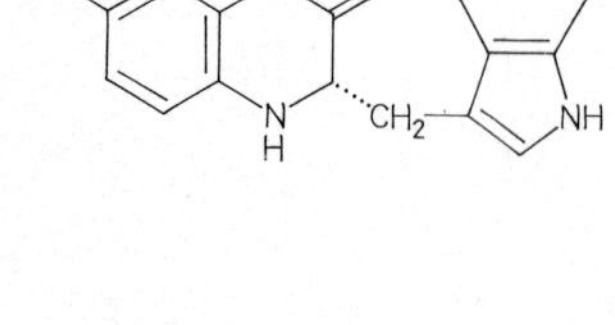

X

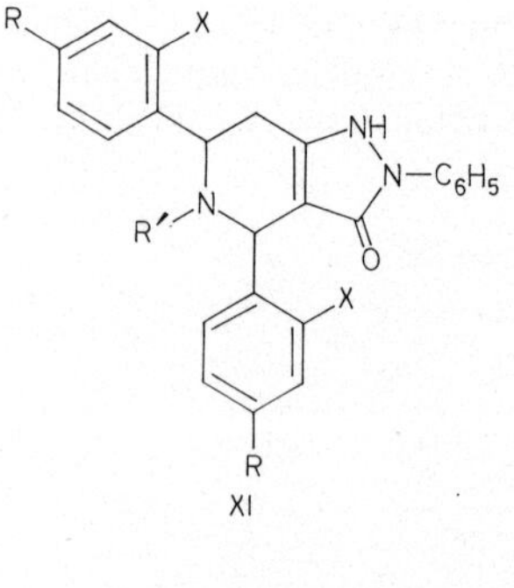

XI

Oxo-Verbindungen $C_{18}H_{17}N_3O$

*Opt.-inakt. 4,6-Bis-[2-chlor-phenyl]-2-phenyl-1,2,4,5,6,7-hexahydro-pyrazolo[4,3-c]pyridin-3-on
$C_{24}H_{19}Cl_2N_3O$, Formel XI (R = R' = H, X = Cl) und Taut.
B. Beim Erhitzen von opt.-inakt. 2,6-Bis-[2-chlor-phenyl]-4-oxo-piperidin-3-carbonsäure-
äthylester (E III/IV **22** 3130) mit Phenylhydrazin auf 125—140° (*Bhargava, Saxena*, J. Indian
chem. Soc. **35** [1958] 814).
Braune Kristalle (aus $CHCl_3$); F: 215°.

***Opt.-inakt. 4,6-Bis-[2-chlor-phenyl]-5-methyl-2-phenyl-1,2,4,5,6,7-hexahydro-pyrazolo[4,3-c]=
pyridin-3-on** $C_{25}H_{21}Cl_2N_3O$, Formel XI (R = H, R' = CH_3, X = Cl) und Taut.
B. Analog der vorangehenden Verbindung (*Bhargava, Saxena*, J. Indian chem. Soc. **35** [1958]
814).
Schwarze Kristalle (aus Ae. + A.); F: 170°.

*Opt.-inakt. 4,6-Bis-[2-nitro-phenyl]-2-phenyl-1,2,4,5,6,7-hexahydro-pyrazolo[4,3-c]pyridin-3-on
$C_{24}H_{19}N_5O_5$, Formel XI (R = R' = H, X = NO_2) und Taut.
B. Analog den vorangehenden Verbindungen (*Bhargava, Singh*, J. Indian chem. Soc. **34**
[1957] 105, 107).
Braune Kristalle (aus $CHCl_3$); F: 146°.

Oxo-Verbindungen $C_{20}H_{21}N_3O$

*Opt.-inakt. 2-Phenyl-4,6-di-p-tolyl-1,2,4,5,6,7-hexahydro-pyrazolo[4,3-c]pyridin-3-on
$C_{26}H_{25}N_3O$, Formel XI (R = CH_3, R' = X = H) und Taut.
B. Analog den vorangehenden Verbindungen (*Bhargava, Singh*, J. Indian chem. Soc. **34**
[1957] 105, 107).
Grüne Kristalle (aus $CHCl_3$ + Me.); F: 152°.

3,3-Bis-[2,5-dimethyl-pyrrol-3-yl]-indolin-2-on $C_{20}H_{21}N_3O$, Formel XII.
B. Beim Behandeln von 2,5-Dimethyl-pyrrol mit Äthylmagnesiumbromid in Äther und an=
schliessenden Erwärmen mit Isatin in Benzol (*Steinkopf, Wilhelm*, A. **546** [1941] 211, 224).
Kristalle (aus Me.); F: 249° [Zers.].

XII   XIII

Oxo-Verbindungen $C_{22}H_{25}N_3O$

**1,3-Dimethyl-4-oxo-2-[3-(1,3,3,5-tetramethyl-indolin-2-yliden)-propenyl]-3,4,5,6,7,8-hexahydro-
chinazolinium** $[C_{25}H_{32}N_3O]^+$ und Mesomere; **1-[1,3-Dimethyl-4-oxo-3,4,5,6,7,8-hexahydro-
chinazolin-2-yl]-3-[1,3,3,5-tetramethyl-3H-indol-2-yl]-trimethinium** [1]), Formel XIII.
Perchlorat $[C_{25}H_{32}N_3O]ClO_4$. *B.* Beim Behandeln von 1,2,3-Trimethyl-4-oxo-3,4,5,6,7,8-
hexahydro-chinazolinium-jodid und [1,3,3,5-Tetramethyl-indolin-2-yliden]-acetaldehyd mit
Pyridin und Acetanhydrid (*Farbw. Hoechst*, U.S.P. 2861989 [1956]). — Rote Kristalle (aus
Me.); F: 157—158°.

---

[1]) Über diese Bezeichnungsweise s. *Reichardt, Mormann*, B. **105** [1972] 1815, 1832.

Oxo-Verbindungen $C_{33}H_{47}N_3O$

4-{4-[5-(2,3-Dimethyl-indolizin-1-yl)-penta-2,4-dienyliden]-5-oxo-3-pentadecyl-4,5-dihydro-pyrazol-1-yl}-benzoesäure $C_{40}H_{51}N_3O_3$, Formel XIV und Mesomere.

B. Beim Erhitzen von 2,3-Dimethyl-indolizin mit 4-{4-[5-(*N*-Acetyl-anilino)-penta-2,4-dienyl≠iden]-5-oxo-3-pentadecyl-4,5-dihydro-pyrazol-1-yl}-benzoesäure in Essigsäure (*Eastman Kodak Co.*, U.S.P. 2706193 [1952]).

Dunkelblaue Kristalle (aus Eg.); F: 192–194° [Zers.].

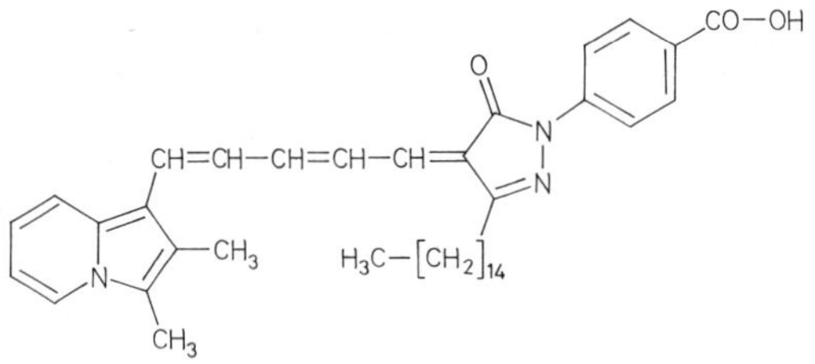

XIV 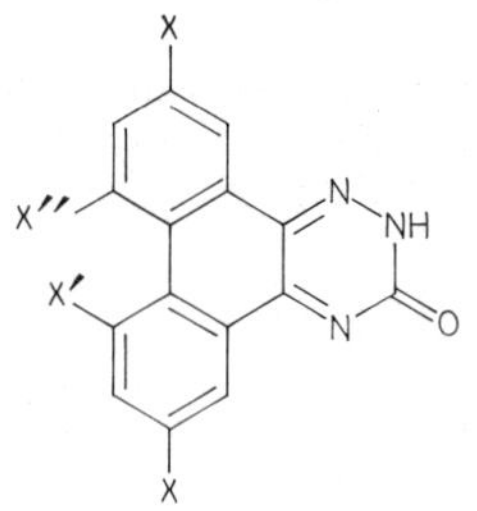   I

Monooxo-Verbindungen $C_nH_{2n-21}N_3O$

Oxo-Verbindungen $C_{15}H_9N_3O$

2*H*-Phenanthro[9,10-*e*][1,2,4]triazin-3-on $C_{15}H_9N_3O$, Formel I (X = X′ = X″ = H) und Taut. (z. B. Phenanthro[9,10-*e*][1,2,4]triazin-3-ol) (E I 52).

B. Beim Erhitzen von Phenanthren-9,10-dion-monosemicarbazon in Essigsäure (*De*, J. Indian chem. Soc. **7** [1930] 361, 364) oder in wss. KOH (*Laakso et al.*, Tetrahedron **1** [1957] 103, 116).

Gelbe Kristalle; F: 288° [Zers.; aus Py.] (*La. et al.*), 287° [aus A.] (*De*).

6,11-Dibrom-2*H*-phenanthro[9,10-*e*][1,2,4]triazin-3-on $C_{15}H_7Br_2N_3O$, Formel I (X = Br, X′ = X″ = H) und Taut. (E II 102).

B. Analog der vorangehenden Verbindung (*De*, J. Indian chem. Soc. **7** [1930] 361, 364).

F: 295°.

8(oder 9)-Nitro-2*H*-phenanthro[9,10-*e*][1,2,4]triazin-3-on $C_{15}H_8N_4O_3$, Formel I (X = X″ = H, X′ = NO₂ oder X = X′ = H, X″ = NO₂) und Taut. (E I 53).

B. Analog den vorangehenden Verbindungen (*De*, J. Indian chem. Soc. **7** [1930] 361, 364).

Kristalle (aus A.); F: 286°.

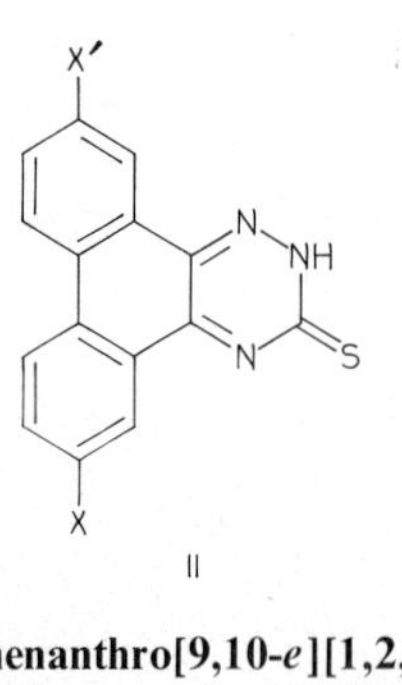

II 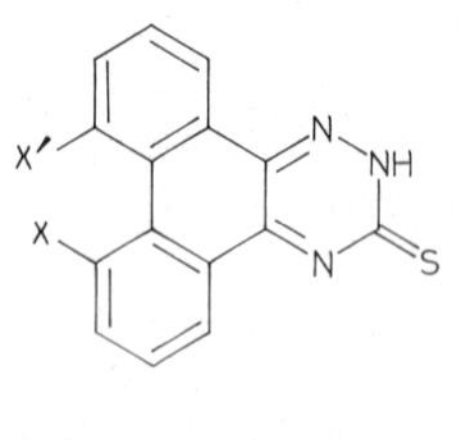   III 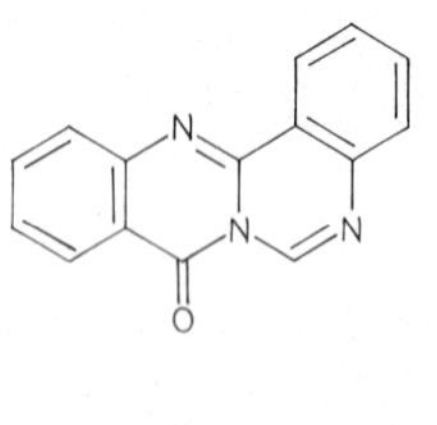   IV

2*H*-Phenanthro[9,10-*e*][1,2,4]triazin-3-thion $C_{15}H_9N_3S$, Formel II (X = X′ = H) und Taut. (z. B. Phenanthro[9,10-*e*][1,2,4]triazin-3-thiol).

B. Beim Erhitzen von Phenanthren-9,10-dion-monooxim mit Thiosemicarbazid und anschlies≠send mit Essigsäure oder beim Erhitzen von Phenanthren-9,10-dion-mono-thiosemicarbazon

mit Essigsäure (*De*, J. Indian chem. Soc. **7** [1930] 361, 362).
Rote Kristalle (aus Py.); F: 198°.

6(oder 11)-Nitro-2*H*-phenanthro[9,10-*e*][1,2,4]triazin-3-thion C₁₅H₈N₄O₂S, Formel II
(X = NO₂, X′ = H oder X = H, X′ = NO₂) und Taut.
B. Analog der vorangehenden Verbindung (*De*, J. Indian chem. Soc. **7** [1930] 361, 363).
F: >300°.

8(oder 9)-Nitro-2*H*-phenanthro[9,10-*e*][1,2,4]triazin-3-thion C₁₅H₈N₄O₂S, Formel III
(X = NO₂, X′ = H oder X = H, X′ = NO₂) und Taut.
B. Beim Erhitzen von 4-Nitro-phenanthren-9,10-dion-monooxim (F: 145°) mit Thiosemicarb‑
azid-hydrochlorid und anschliessend mit Essigsäure (*De*, J. Indian chem. Soc. **7** [1930] 361,
364).
Braune Kristalle (aus Py.); F: 230°.

6,11-Dinitro-2*H*-phenanthro[9,10-*e*][1,2,4]triazin-3-thion C₁₅H₇N₅O₄S, Formel II
(X = X′ = NO₂) und Taut.
B. Beim Erhitzen von 2,7-Dinitro-phenanthren-9,10-dion-monooxim mit Thiosemicarbazid
in Essigsäure oder von 2,7-Dinitro-phenanthren-9,10-dion-monosemicarbazon in Essigsäure (*De*,
J. Indian chem. Soc. **7** [1930] 361, 363).
Braune Kristalle (aus Py.); F: 220°.

Chinazolino[4,3-*b*]chinazolin-8-on C₁₅H₉N₃O, Formel IV.
B. Beim Erhitzen von 3*H*-Chinazolin-4-on mit POCl₃ (*Stephen, Stephen*, Soc. **1956** 4178).
Beim Erhitzen von [3,4′]Bichinazolinyl-4-on mit wss.-äthanol. HCl (*St., St.*, l. c. S. 4178). Beim
Erhitzen von *N*-Chinazolin-4-yl-anthranilsäure oder deren Methylester bis zum Schmelzpunkt
(*Stephen, Stephen*, Soc. **1956** 4173, 4176). Beim Erhitzen von 2-[2-Amino-phenyl]-3*H*-chinazolin-
4-on mit Ameisensäure (*St., St.*, l. c. S. 4178).
Kristalle (aus A.); F: 197°.

5-Chlor-chinazolino[3,2-*a*]chinazolin-12-on C₁₅H₈ClN₃O, Formel V.
B. Beim Erwärmen von 6*H*-Chinazolino[3,2-*a*]chinazolin-5,12-dion mit SOCl₂ (*Butler, Par‑
tridge*, Soc. **1959** 1512, 1520).
Gelbe Kristalle; F: 191 – 192° [nach Sublimation bei 150°/0,01 Torr].
An feuchter Luft erfolgt rasch Hydrolyse zu 6*H*-Chinazolino[3,2-*a*]chinazolin-5,12-dion. Beim
Behandeln mit Natriummethylat in Methanol ist *N*-[4-Methoxy-chinazolin-2-yl]-anthranilsäure
erhalten worden.

6*H*-Isochino[3,4-*b*]chinoxalin-5-on C₁₅H₉N₃O, Formel VI (R = H) und Taut. (z. B.
Isochino[3,4-*b*]chinoxalin-5-ol) (H 120).
B. Beim Erwärmen von Isochinolin-1,3,4-trion mit *o*-Phenylendiamin in Äthanol (*Meyer,
Vittenet*, A. ch. [10] **17** [1932] 271, 401). Beim Erwärmen von Indeno[1,2-*b*]chinoxalin-11-on-
oxim mit PCl₅ in CHCl₃ (*Otomasu, Omiya*, J. pharm. Soc. Japan **89** [1969] 607; C. A. **71**
[1969] 61341).
Gelbe Kristalle (aus Eg.); F: 278 – 280° (*Ot., Om.*).

6-Phenyl-6*H*-isochino[3,4-*b*]chinoxalin-5-on C₂₁H₁₃N₃O, Formel VI (R = C₆H₅).
B. Analog der vorangehenden Verbindung (*Meyer, Vittenet*, A. ch. [10] **17** [1932] 271, 401).
Kristalle (aus A.); F: 238 – 239°.

6-p-Tolyl-6H-isochino[3,4-b]chinoxalin-5-on $C_{22}H_{15}N_3O$, Formel VI (R = C_6H_4-CH_3).

B. Analog den vorangehenden Verbindungen (*Meyer, Vittenet*, A. ch. [10] **17** [1932] 271, 402).

Kristalle (aus A.); F: 232–233°.

6-Hydroxy-6H-isochino[3,4-b]chinoxalin-5-on $C_{15}H_9N_3O_2$, Formel VI (R = OH).

B. Beim Erwärmen von 2-Hydroxy-isochinolin-1,3,4-trion mit o-Phenylendiamin in Essigsäure (*Wanag*, Doklady Akad. S.S.S.R. **90** [1953] 59, 61; C. A. **1954** 3981).

Gelbe Kristalle (aus Eg.); F: 277° [Zers.].

Oxo-Verbindungen $C_{16}H_{11}N_3O$

2-Phenyl-1H-benz[4,5]imidazo[1,2-a]pyrimidin-4-on $C_{16}H_{11}N_3O$, Formel VII und Taut.

B. Aus 1H-Benzimidazol-2-ylamin und 3-Oxo-3-phenyl-propionsäure-äthylester beim Erwär=men in Äthanol (*De Cat, Van Dormael*, Bl. Soc. chim. Belg. **59** [1950] 573, 582) oder beim Erhitzen auf 170° (*Ridi, Checchi*, Ann. Chimica **44** [1954] 28, 35). Beim Erhitzen von 1H-Benzimidazol-2-ylamin mit 3-Oxo-3-phenyl-propionsäure-amid auf 140° (*Ridi et al.*, Ann. Chi=mica **44** [1954] 769, 774).

Kristalle (aus A.); F: 315–317° (*De Cat, Van Do.*), 309–311° (*Ridi, Ch.; Ridi et al.*).

3-Phenyl-1H-benz[4,5]imidazo[1,2-a]pyrimidin-4-on $C_{16}H_{11}N_3O$, Formel VIII und Taut.

B. Beim Erhitzen von 1H-Benzimidazol-2-ylamin mit 3-Oxo-2-phenyl-propionsäure-äthylester in Essigsäure (*De Cat, Van Dormael*, Bl. Soc. chim. Belg. **59** [1950] 573, 581).

Kristalle (aus A.); F: 295–297°.

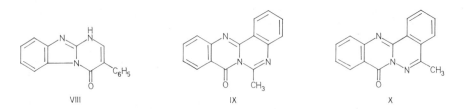

VIII   IX   X

6-Methyl-chinazolino[4,3-b]chinazolin-8-on $C_{16}H_{11}N_3O$, Formel IX.

B. Neben 2-[2-Acetylamino-phenyl]-3H-chinazolin-4-on beim Erhitzen von 2-[2-Amino-phenyl]-3H-chinazolin-4-on mit Acetanhydrid (*Stephen, Stephen*, Soc. **1956** 4178). Beim Behan=deln von 2-[2-Acetylamino-phenyl]-3H-chinazolin-4-on mit siedender wss. HCl oder wss. NaOH (*St., St.*).

Kristalle (aus Dioxan); F: 276°.

5-Methyl-phthalazino[1,2-b]chinazolin-8-on(?) $C_{16}H_{11}N_3O$, vermutlich Formel X.

B. Beim Erwärmen von 6a-Methyl-6aH-benz[4,5][1,3]oxazino[2,3-a]isoindol-5,11-dion mit $N_2H_4 \cdot H_2O$ in Äthanol (*Honzl*, Collect. **21** [1956] 725, 734, 741).

Kristalle (aus Dioxan); F: 263° [unkorr.]. UV-Spektrum (210–390 nm): *Ho.*, l. c. S. 735.

***2-[1-Methyl-1H-[2]chinolyliden]-2H-imidazo[1,2-a]pyridin-3-on** $C_{17}H_{13}N_3O$, Formel XI oder Stereoisomeres.

B. Beim Erwärmen von 3-Oxo-2,3-dihydro-1H-imidazo[1,2-a]pyridinium-chlorid (vgl. E III/IV **24** 294) und 2-Äthylmercapto-1-methyl-chinolinium-[toluol-4-sulfonat] (E III/IV **21** 1071) in Pyridin mit Triäthylamin (*Knott*, Soc. **1956** 1360, 1364).

Olivgrüne Kristalle (aus Me.); F: 190°.

5-Methyl-1,3-diphenyl-3,5-dihydro-pyridazino[4,5-b]indol-4-on $C_{23}H_{17}N_3O$, Formel XII.

B. Beim Erwärmen von 3-Benzoyl-1-methyl-indol-2-carbonsäure mit Phenylhydrazin in Äth=

anol (*Staunton, Topham,* Soc. **1953** 1889, 1893).
Kristalle (aus Bzl.); F: 157°.

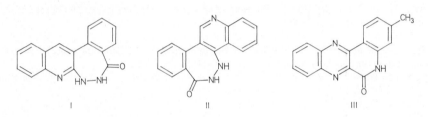

XI   XII   XIII

*3-[1*H*-Benzimidazol-2-ylmethylen]-indolin-2-on $C_{16}H_{11}N_3O$, Formel XIII.
B. Beim Erhitzen von 2-Methyl-1*H*-benzimidazol mit Isatin über den Schmelzpunkt (*van Al=
phen,* R. **59** [1940] 289, 295).
Kristalle (aus Eg. oder Nitrobenzol); unterhalb 350° nicht schmelzend.

6,7-Dihydro-benzo[5,6][1,2]diazepino[3,4-*b*]chinolin-5-on $C_{16}H_{11}N_3O$, Formel I.
B. Beim Erhitzen von Isochromeno[3,4-*b*]chinolin-5-on mit $N_2H_4 \cdot H_2O$ (*de Diesbach et al.,*
Helv. **34** [1951] 1050, 1059).
Gelbliche Kristalle (aus A.); F: 240−242°.

I   II   III

5,6-Dihydro-benzo[5,6][1,2]diazepino[4,3-*c*]chinolin-7-on $C_{16}H_{11}N_3O$, Formel II.
B. Beim Erhitzen von Isochromeno[4,3-*c*]chinolin-6-on mit $N_2H_4 \cdot H_2O$ (*de Diesbach et al.,*
Helv. **34** [1951] 1050, 1059).
Gelbliche Kristalle (aus A.); F: 264−267°.

3-Methyl-5*H*-chino[3,4-*b*]chinoxalin-6-on $C_{16}H_{11}N_3O$, Formel III und Taut.
B. Aus 7-Methyl-1*H*-chinolin-2,3,4-trion und *o*-Phenylendiamin (*Kruber, Rappen,* B. **81** [1948]
483, 488).
Hellgelbe Kristalle (aus Xylol); F: 302°.

(±)-11b,12-Dihydro-benz[4′,5′]imidazo[1′,2′:2,3]pyrazolo[5,1-*a*]isoindol-7-on $C_{16}H_{11}N_3O$,
Formel IV (X = H).
Bestätigung der Konstitution: *Rowe et al.,* Soc. **1936** 1098, 1100.
B. Aus (±)-1-[2-Amino-phenyl]-3,3a-dihydro-1*H*-pyrazolo[5,1-*a*]isoindol-2,8-dion beim Be=
handeln mit wss. H_2SO_4 bei 70° oder beim Erhitzen mit PCl_3 in Toluol (*Rowe et al.,* Soc.
1935 1796, 1802).
Kristalle (aus wss. Eg.); F: 219−221° (*Ro. et al.,* Soc. **1935** 1802).
Picrat $C_{16}H_{11}N_3O \cdot C_6H_3N_3O_7$. Gelbe Kristalle (aus A.); F: 234−236° (*Ro. et al.,* Soc.
1935 1802).

(±)-2-Chlor-11b,12-dihydro-benz[4′,5′]imidazo[1′,2′:2,3]pyrazolo[5,1-*a*]isoindol-7-on
$C_{16}H_{10}ClN_3O$, Formel IV (X = Cl).
B. Analog der vorangehenden Verbindung (*Rowe et al.,* Soc. **1935** 1796, 1802).
Kristalle (aus wss. Eg.); F: 238−239°.
Sulfat $2C_{16}H_{10}ClN_3O \cdot H_2SO_4$. Kristalle (aus Eg.); F: 278°.

IV   V   VI

Oxo-Verbindungen $C_{17}H_{13}N_3O$

6-Äthyl-chinazolino[4,3-*b*]chinazolin-8-on $C_{17}H_{13}N_3O$, Formel V.

B. Beim Behandeln von 2-[2-Propionylamino-phenyl]-3*H*-chinazolin-4-on mit siedender wss. HCl oder wss. NaOH oder beim Erhitzen von 2-[2-Amino-phenyl]-3*H*-chinazolin-4-on mit Propionsäure-anhydrid (*Stephen, Stephen,* Soc. **1956** 4178).

Kristalle (aus Dioxan); F: 250°.

3,6-Dimethyl-chinazolino[4,3-*b*]chinazolin-8-on $C_{17}H_{13}N_3O$, Formel VI (R = CH_3, R' = H).

B. Beim Erhitzen von 2,7-Dimethyl-3*H*-chinazolin-4-on mit Anthranilsäure und PCl_3 (*Aggar*wal, Ray, J. Indian chem. Soc. **6** [1929] 723, 725).

Gelbe Kristalle (aus A.); F: >285°.

4,6-Dimethyl-chinazolino[4,3-*b*]chinazolin-8-on $C_{17}H_{13}N_3O$, Formel VI (R = H, R' = CH_3).

B. Analog der vorangehenden Verbindung (*Indravati,* J. Madras Univ. **25** [1955] 125).

Gelbe Kristalle (aus A.); F: 250°.

3-Acetyl-2-methyl-naphth[2′,3′:4,5]imidazo[1,2-*a*]pyrimidin, 1-[2-Methyl-naphth[2′,3′:4,5]imidazo[1,2-*a*]pyrimidin-3-yl]-äthanon $C_{17}H_{13}N_3O$, Formel VII.

B. Beim Erhitzen von 1*H*-Naphth[2,3-*d*]imidazol-2-ylamin mit 3-Äthoxymethylen-pentan-2,4-dion in Xylol (*Ried, Müller,* J. pr. [4] **8** [1959] 132, 144).

Gelbbraune Kristalle; F: 254−256° [Zers.].

2,4-Dinitro-phenylhydrazon $C_{23}H_{17}N_7O_4$. F: 273−274° [Zers.].

VII   VIII   IX

(±)-2,3,4,5-Tetraphenyl-4,5-dihydro-2*H*-pyrrolo[3,4-*c*]pyrazol-6-on $C_{29}H_{21}N_3O$, Formel VIII.

B. Beim Erwärmen von 4-Benzoyl-1,5-diphenyl-pyrrolidin-2,3-dion-3-phenylhydrazon mit konz. H_2SO_4 in Äthanol (*Dohrn, Thiele,* B. **64** [1931] 2863).

F: 195−197°.

1,2,3,4-Tetrahydro-cyclopenta[*d*]naphth[2′,3′:4,5]imidazo[1,2-*a*]pyrimidin-13-on $C_{17}H_{13}N_3O$, Formel IX und Taut.

B. Beim Erhitzen von 1*H*-Naphth[2,3-*d*]imidazol-2-ylamin mit 2-Oxo-cyclopentancarbon-säure-äthylester in Xylol (*Ried, Müller,* J. pr. [4] **8** [1959] 132, 140).

Kristalle; F: 354−356° [Zers.].

Picrat $C_{17}H_{13}N_3O \cdot C_6H_3N_3O_7$. Kristalle (aus Nitrobenzol); F: 265−266° [Zers.].

9,10,11,12-Tetrahydro-cyclopenta[*d*]naphth[1′,2′:4,5]imidazo[1,2-*a*]pyrimidin-8-on $C_{17}H_{13}N_3O$, Formel X und Taut.

B. Analog der vorangehenden Verbindung (*Ried, Müller,* J. pr. [4] **8** [1959] 132, 140).

Kristalle; F: 352−354° [Zers.].

(±)-2-Methyl-11b,12-dihydro-benz[4′,5′]imidazo[1′,2′:2,3]pyrazolo[5,1-a]isoindol-7-on
$C_{17}H_{13}N_3O$, Formel IV (X = CH_3).

B. Beim Erhitzen von (±)-[2-(2-Amino-4-methyl-anilino)-3-oxo-isoindolin-1-yl]-essigsäure mit
PCl_3 und Toluol oder beim Erhitzen von (±)-1-[2-Amino-4-methyl-phenyl]-3,3a-dihydro-1*H*-
pyrazolo[5,1-a]isoindol-2,8-dion mit wss. H_2SO_4 (*Rowe et al.*, Soc. **1936** 1098, 1105).
Kristalle (aus E.); F: 242°.
Sulfat $2C_{17}H_{13}N_3O \cdot H_2SO_4$. Kristalle (aus A.); F: 269° [Zers.].
Picrat $C_{17}H_{13}N_3O \cdot C_6H_3N_3O_7$. Gelbe Kristalle (aus A.); F: 239°.

Oxo-Verbindungen $C_{18}H_{15}N_3O$

1,3,4,5-Tetrahydro-2*H*-naphth[2′,3′:4,5]imidazo[2,1-b]chinazolin-14-on $C_{18}H_{15}N_3O$, Formel XI
und Taut.
B. Beim Erhitzen von 1*H*-Naphth[2,3-d]imidazol-2-ylamin mit 2-Oxo-cyclohexancarbonsäure-
äthylester in Xylol (*Ried, Müller*, J. pr. [4] **8** [1959] 132, 142).
Kristalle; F: 344—346°.
Picrat $C_{18}H_{15}N_3O \cdot C_6H_3N_3O_7$. Kristalle (aus Nitrobenzol); F: 320—322° [Zers.].

14-Methyl-8,13,13b,14-tetrahydro-7*H*-indolo[2′,3′:3,4]pyrido[2,1-b]chinazolin-5-on $C_{19}H_{17}N_3O$,
Formel XII.

a) **(+)-Evodiamin** (E II 103).
Isolierung aus Evodia rutaecarpa: *Chen, Chen*, J. Am. pharm. Assoc. **22** [1933] 716.
Kristalle (aus Acn.); F: 272—273° [korr.; nach Erweichen ab 265°]; $[\alpha]_D^{28,5}$: +251° [Lösungs-
mittel nicht angegeben] (*Chen, Chen*).
Beim Schmelzen ist Rutaecarpin (S. 528) erhalten worden (*Asahina, Ohta*, J. pharm. Soc.
Japan **49** [1929] 1025, 1026; dtsch. Ref. S. 157; C. A. **1930** 1386).

b) **(±)-Evodiamin, Rhetsin** (E II 104).
Konstitution: *Chatterjee et al.*, Tetrahedron **7** [1959] 257, 258.
Isolierung aus der Rinde von Zanthoxylum rhetsa: *Ch. et al.*
B. Aus Rhetsinin (E III/IV **24** 566) beim Hydrieren an Platin in Essigsäure oder beim Behan-
deln mit Natriumboranat in $CHCl_3$ und Äthanol (*Ch. et al.*, l. c. S. 260).
Kristalle (aus $CHCl_3$+A.); F: 270—271° [Zers.].

Oxo-Verbindungen $C_{20}H_{19}N_3O$

**5-Methyl-4-[1-methyl-6-(1-methyl-1*H*-[2]chinolyliden)-hexa-2,4-dienyliden]-2-phenyl-2,4-dihydro-
pyrazol-3-on** $C_{27}H_{25}N_3O$, Formel XIII und Mesomere.
B. Beim Erwärmen von 2-[4-Äthylmercapto-buta-1,3-dienyl]-1-methyl-chinolinium-perchlorat
und 4-Isopropyliden-5-methyl-2-phenyl-2,4-dihydro-pyrazol-3-on mit Natriumacetat in Äthanol
(*Ilford Ltd.*, U.S.P. 2412816 [1943]).
Blaue Kristalle; F: 215°.

Oxo-Verbindungen $C_{25}H_{29}N_3O$

3-Methyl-1,7-di-[2]pyridyl-3-[2-[2]pyridyl-äthyl]-heptan-4-on(?) $C_{25}H_{29}N_3O$, vermutlich
Formel XIV.
B. Beim Erwärmen von 2-Vinyl-pyridin mit Butanon und Natrium (*Wilt, Levine*, Am. Soc.

75 [1953] 1368, 1370).

Kp$_5$: 268 – 270°.

Tristyphnat C$_{25}$H$_{29}$N$_3$O·3 C$_6$H$_3$N$_3$O$_8$. F: 90 – 91°.

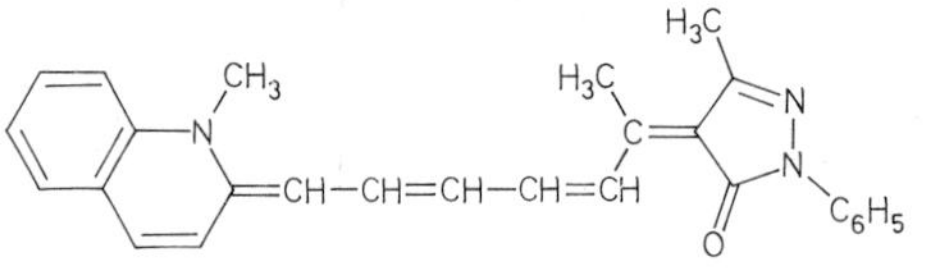

XIII 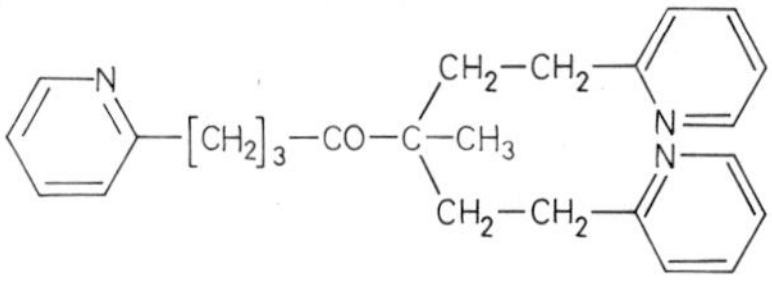   XIV

Oxo-Verbindungen C$_{26}$H$_{31}$N$_3$O

3,3-Dimethyl-1,7-di-[2]pyridyl-5-[2-[2]pyridyl-äthyl]-heptan-4-on(?) C$_{26}$H$_{31}$N$_3$O, vermutlich Formel XV.

B. Beim Erwärmen von 2-Vinyl-pyridin mit 3-Methyl-butan-2-on und Natrium (*Wilt, Levine,* Am. Soc. **75** [1953] 1368, 1370).

Kp$_5$: 282 – 284°.

Tripicrat C$_{26}$H$_{31}$N$_3$O·3 C$_6$H$_3$N$_3$O$_7$. F: 155 – 157°.

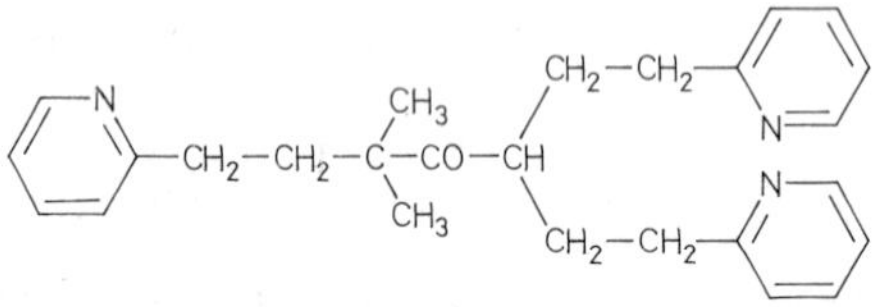

XV 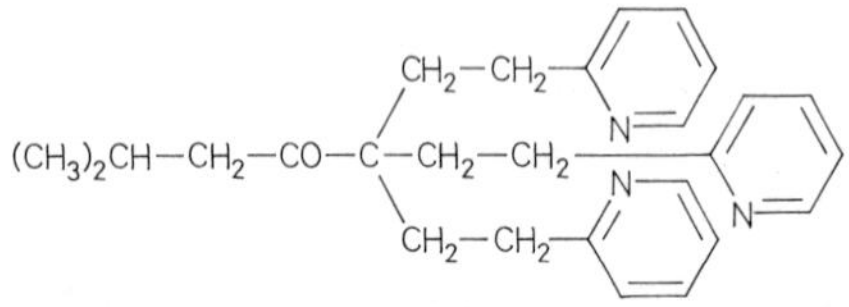   XVI

Oxo-Verbindungen C$_{27}$H$_{33}$N$_3$O

2-Methyl-7-[2]pyridyl-5,5-bis-[2-[2]pyridyl-äthyl]-heptan-4-on(?) C$_{27}$H$_{33}$N$_3$O, vermutlich Formel XVI.

B. Beim Erwärmen von 2-Vinyl-pyridin mit 4-Methyl-pentan-2-on und Natrium (*Wilt, Levine,* Am. Soc. **75** [1953] 1368, 1370).

Kp$_{1,5}$: 267 – 269°.

Tristyphnat C$_{27}$H$_{33}$N$_3$O·3 C$_6$H$_3$N$_3$O$_8$. F: 89 – 90°.

Monooxo-Verbindungen C$_n$H$_{2n-23}$N$_3$O

Oxo-Verbindungen C$_{17}$H$_{11}$N$_3$O

10-Oxy-2-phenyl-3H-pyrimido[4,5-b]chinolin-4-on, 2-Phenyl-3H-pyrimido[4,5-b]chinolin-4-on-10-oxid C$_{17}$H$_{11}$N$_3$O$_2$, Formel I und Taut.

Diese Konstitution kommt der früher (E I 25 579) als 4-Hydroxy-3-oxo-1-phenyl-2,4-dihydro-3H-pyrrolo[3,4-b]indol-3a-carbonitril („Lactam der 1-Oxy-3-[α-amino-benzal]-2-cyan-indolin-carbonsäure-(2)") formulierten Verbindung zu (*Taylor, Kalenda,* J. org. Chem. **18** [1953] 1755, 1759).

1-Phenyl-3H-pyridazino[4,5-b]chinolin-4-on C$_{17}$H$_{11}$N$_3$O, Formel II und Taut.

B. Beim Erwärmen von 3-Benzoyl-chinolin-2-carbonsäure-äthylester mit N$_2$H$_4$·H$_2$O in Äthanol (*Borsche, Ried,* A. **554** [1943] 269, 278).

Kristalle (aus Eg.); F: 308 – 310°.

| I | II | III | IV |

5-Phenyl-2H-pyrimido[4,5-c]chinolin-1-on C$_{17}$H$_{11}$N$_3$O, Formel III und Taut.

B. Beim Erhitzen von 3-Amino-2-phenyl-chinolin-4-carbonsäure mit Formamid (*Atkinson, Mattocks*, Soc. **1957** 3718, 3720). Beim Erhitzen von 5-Phenyl-pyrimido[4,5-c]chinolin mit H$_2$O$_2$ in Essigsäure (*At., Ma.*).

Kristalle (aus Dioxan); F: 307−308°.

Methyl-Derivat C$_{18}$H$_{13}$N$_3$O; 2(oder 4)-Methyl-5-phenyl-2(oder 4)H-pyr=
imido[4,5-c]chinolin-1-on. Kristalle (aus A.); F: 174−175°.

5-Phenyl-4H-pyridazino[3,4-c]chinolin-1-on C$_{17}$H$_{11}$N$_3$O, Formel IV und Taut.

B. Beim Diazotieren von 1-[3-Amino-2-phenyl-[4]chinolyl]-äthanon und anschliessenden Be=
handeln mit wss. NaOH (*Atkinson, Mattocks*, Soc. **1957** 3722, 3725).

Kristalle (aus A.); F: 262°.

Methyl-Derivat C$_{18}$H$_{13}$N$_3$O; 4-Methyl-5-phenyl-4H-pyridazino[3,4-c]chinolin-
1-on. Hellgelbe Kristalle (aus Butan-1-ol); F: 280−281° (*At., Ma.*, l. c. S. 3726).

4-[2]Chinolyl-2H-phthalazin-1-on C$_{17}$H$_{11}$N$_3$O, Formel V und Taut.

B. Beim Erwärmen von 2-[Chinolin-2-carbonyl]-benzoesäure mit N$_2$H$_4$·H$_2$O und KOH in
Triäthylenglykol (*Ochiai, Suzuki*, Pharm. Bl. **5** [1957] 405, 411).

Kristalle (aus A.); F: 286°.

| V | VI | VII |

Oxo-Verbindungen C$_{18}$H$_{13}$N$_3$O

2,5-Diphenyl-4H-pyrazolo[1,5-a]pyrimidin-7-on C$_{18}$H$_{13}$N$_3$O, Formel VI und Taut.

B. Beim Erhitzen von 5-Phenyl-1(2)H-pyrazol-3-ylamin mit 3-Oxo-3-phenyl-propionsäure-
äthylester auf 160° (*Checchi et al.*, G. **85** [1955] 1558, 1563).

Kristalle (aus A.); F: 330−332°.

2,6-Diphenyl-4H-pyrazolo[1,5-a]pyrimidin-7-on C$_{18}$H$_{13}$N$_3$O, Formel VII und Taut.

B. Beim Erhitzen von 2-Phenyl-3-[5-phenyl-1(2)H-pyrazol-3-ylamino]-acrylsäure-äthylester
(E III/IV **25** 2621) auf 200° (*Checchi et al.*, G. **86** [1956] 631, 644).

Kristalle (aus A.); F: <320°.

---

*2-[2-(1-Äthyl-1H-[2]chinolyliden)-äthyliden]-2H-imidazo[1,2-a]pyridin-3-on C$_{20}$H$_{17}$N$_3$O,
Formel VIII.

B. Beim Erwärmen von 2-[2-(*N*-Acetyl-anilino)-vinyl]-1-äthyl-chinolinium-jodid (E III/IV **22**
4895) mit 3-Oxo-2,3-dihydro-1H-imidazo[1,2-a]pyridinium-chlorid (vgl. E III/IV **24** 294) in Pyri=
din in Gegenwart von Triäthylamin (*Knott*, Soc. **1956** 1360, 1364).

Grüne Kristalle (aus Me.); F: 197°. λ_{max}: 600 nm [A.], 578 nm und 620 nm [Py.] bzw. 594 nm
[Py. + H$_2$O (1:4)] (*Kn.*, l. c. S. 1362).

VIII   IX   X

*3-[2-(1-Äthyl-1H-[2]chinolyliden)-äthyliden]-imidazo[1,2-a]pyridin-2-on $C_{20}H_{17}N_3O$,
Formel IX.

B. Beim kurzen Erwärmen von 2-[2-(N-Acetyl-anilino)-vinyl]-1-äthyl-chinolinium-jodid
(E III/IV **22** 4895) mit Imidazo[1,2-a]pyridin-2-on-hydrobromid in Äthanol und Triäthylamin
(*Knott,* Soc. **1951** 3033, 3036). Beim Erwärmen von 3-[2-(3-Äthyl-1H-benzoxazol-2-yliden)-äthyl‑
iden]-imidazo[1,2-a]pyridin-2-on mit 1-Äthyl-2-methyl-chinolinium-[toluol-4-sulfonat] in Äth‑
anol (*Kn.,* Soc. **1951** 3038).

Purpurrote Kristalle mit grünem Reflex (aus A. + Ae.); F: 266° [unkorr.] (*Kn.,* Soc. **1951**
3036). λ_{max}: 562 nm [Me.] bzw. 543 nm [wss. Me.] (*Kn.,* Soc. **1951** 3036), 569 nm [A.], 557 nm
und 595 nm [Py.] bzw. 563 nm [Py. + H$_2$O (1:4)] (*Knott,* Soc. **1956** 1360, 1362).

Hydrojodid $C_{20}H_{17}N_3O \cdot HI$. Gelbe Kristalle; F: 300° [unkorr.] (*Kn.,* Soc. **1951** 3036).

4-Methyl-3-phenyl-1H-pyrido[2,3-b]chinoxalin-2-on $C_{18}H_{13}N_3O$, Formel X und Taut.

B. Beim Erwärmen von 4-Methyl-5-phenyl-pyridin-2,3,6-trion und o-Phenylendiamin in Essig‑
säure (*Moore, Marascia,* Am. Soc. **81** [1959] 6049, 6056).

Hellgelbe Kristalle (aus Eg.); F: 275°.

(±)-1',3'-Dihydro-spiro[indolin-3,2'-naphth[1,2-d]imidazol]-2-on(?) $C_{18}H_{13}N_3O$, vermutlich
Formel XI.

B. Beim Erwärmen von Isatin mit Naphthalin-1,2-diyldiamin-hydrochlorid in wss. Äthanol
(*Henseke, Lemke,* B. **91** [1958] 101, 110).

Hellgelbe Kristalle (aus Dioxan + H$_2$O); Zers. bei 365°.

5-Oxo-7,8,13,14-tetrahydro-5H-indolo[2',3':3,4]pyrido[2,1-b]chinazolinium $[C_{18}H_{14}N_3O]^+$,
Formel XII (R = H) und Mesomere.

Betain $C_{18}H_{13}N_3O$; 8,13-Dihydro-7H-indolo[2',3':3,4]pyrido[2,1-b]chinazolin-5-
on, **Rutaecarpin** (E II 104). Isolierung aus Evodia rutaecarpa: *Chen, Chen,* J. Am. pharm.
Assoc. **22** [1933] 716. — B. Beim Behandeln von 4,9-Dihydro-3H-β-carbolin-hydrochlorid mit
2-Amino-benzaldehyd in H$_2$O und anschliessend mit K$_3$[Fe(CN)$_6$] bei pH 6,9 und 25° (*Schöpf,
Steuer,* A. **558** [1947] 124, 134). Aus Anthranilsäure und 1-Methoxy-4,9-dihydro-3H-β-carbolin
in siedendem Methanol (*Petersen, Tietze,* A. **623** [1959] 166, 176). Beim Erhitzen von Isoevodi‑
aminium-jodid [E III/IV **24** 373] (*Ohta,* J. pharm. Soc. Japan **65** [1945] Ausg. B, S. 89; C. A.
1951 5697) oder von (+)-Evodiamin [S. 525] (*Asahina, Ohta,* J. pharm. Soc. Japan **49** [1929]
1025, 1026; dtsch. Ref. S. 157; C. A. **1930** 1386). Beim Erwärmen von 8,13,13b,14-Tetrahydro-
7H-indolo[2',3':3,4]pyrido[2,1-b]chinazolinium-perchlorat mit CrO$_3$ und Essigsäure in Aceton
(*Sch., St.*). — Gelbliche Kristalle (aus A.); F: 261,5−262° [korr.] (*Chen, Chen*). IR-Banden
(CHCl$_3$; 3465−1600 cm^{-1}): *Marion et al.,* Am. Soc. **73** [1951] 305, 306. UV-Spektrum
(240−390 nm): *Raymond-Hamet,* C. r. **226** [1948] 1379.

14-Methyl-5-oxo-7,8,13,14-tetrahydro-5H-indolo[2',3':3,4]pyrido[2,1-b]chinazolinium
$[C_{19}H_{16}N_3O]^+$, Formel XII (R = CH$_3$) und Mesomere.

Chlorid $[C_{19}H_{16}N_3O]Cl$ (vgl. auch „Oxyevodiamin-hydrochlorid" [E II **26** 149]). Konstitu‑
tion: *Pachter, Suld,* J. org. Chem. **25** [1960] 1680. — B. Aus Rhetsinin (E III/IV **24** 566)
beim Behandeln mit wss. HCl in CHCl$_3$ (*Chatterjee et al.,* Tetrahedron **7** [1959] 257, 259)
oder beim Erwärmen mit wss.-äthanol. HCl (*Ohta,* J. pharm. Soc. Japan **65** [1945] Ausg.
B, S. 89; C. A. **1951** 5697; *Pa., Suld*). — Gelbe Kristalle; F: 238° [Zers.; aus wss.-äthanol.
HCl] (*Pa., Suld*), 228−229° [Zers.; aus A.] (*Ch. et al.*). Kristalle (aus A.) mit 2 Mol H$_2$O;

F: 256° [nach Sintern bei 243—244°] (*Ohta*).

Jodid [C$_{19}$H$_{16}$N$_3$O]I. Kristalle (aus A.); F: 253—254° [nach Sintern bei 240—243°] (*Ohta*).

Nitrat [C$_{19}$H$_{16}$N$_3$O]NO$_3$. Orangegelbe Kristalle (aus A.); F: 242—243° [Zers.] (*Ch. et al.*).

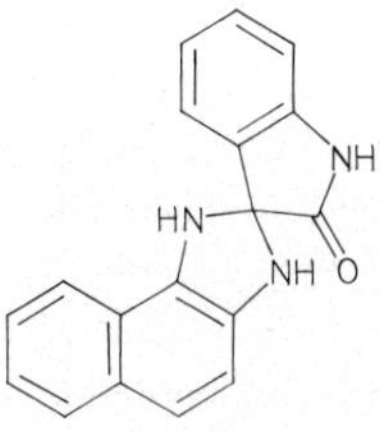

XI 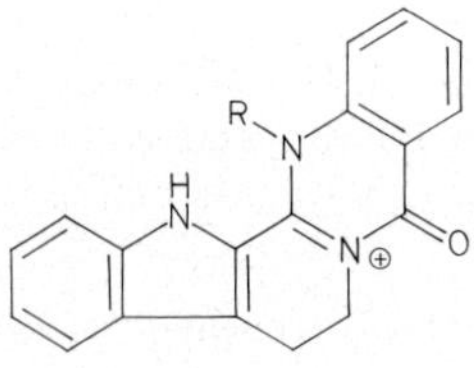   XII 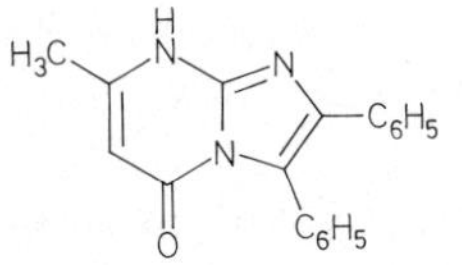   XIII 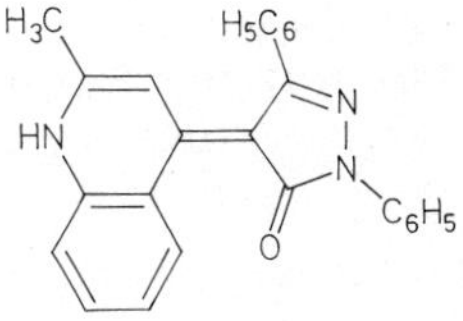   XIV

Oxo-Verbindungen C$_{19}$H$_{15}$N$_3$O

7-Methyl-2,3-diphenyl-8H-imidazo[1,2-a]pyrimidin-5-on C$_{19}$H$_{15}$N$_3$O, Formel XIII und Taut.

B. Beim Erhitzen von 4,5-Diphenyl-imidazol-2-ylamin mit Acetessigsäure-äthylester in Äthan= ol und Xylol (*De Cat, Van Dormael*, Bl. Soc. chim. Belg. **59** [1950] 573, 583).

Kristalle (aus Butan-1-ol + Xylol); F: 309°.

4-[2-Methyl-1H-[4]chinolyliden]-2,5-diphenyl-2,4-dihydro-pyrazol-3-on C$_{25}$H$_{19}$N$_3$O, Formel XIV oder Stereoisomeres.

B. Beim Erhitzen von 4-Chlor-2-methyl-chinolin mit 2,5-Diphenyl-1,2-dihydro-pyrazol-3-on in Pyridin oder in Essigsäure oder Acetanhydrid in Gegenwart von Pyridin (*Meyer, Bouchet*, C. r. **227** [1948] 345).

Hellgelbe Kristalle; F: 207°.

Oxo-Verbindungen C$_{20}$H$_{17}$N$_3$O

*12-Isopropyl-2-methyl-pyrido[3′,2′:4,5]cyclohepta[1,2-b]chinoxalin-5-on-oxim C$_{20}$H$_{18}$N$_4$O, Formel I und Taut.

Nach Ausweis der IR-Absorption liegt das Oxim-Tautomere vor (*Yamane*, J. chem. Soc. Japan Pure Chem. Sect. **80** [1959] 1175, 1178; C. A. **1961** 4500).

B. Beim Erwärmen von 8-Isopropyl-2-methyl-cyclohepta[b]pyridin-5,6,7-trion-5-oxim (E III/IV **21** 5753) und o-Phenylendiamin in Methanol (*Ya.*).

Gelbliche Kristalle (aus A. oder Bzl.); F: 238—238,5°. Absorptionsspektrum (Me., wss.-methanol. HCl sowie wss.-methanol. NaOH; 220—490 nm): *Ya.*

Hydrochlorid C$_{20}$H$_{18}$N$_4$O·HCl. Kristalle; F: 261—261,5° [Zers.]. UV-Spektrum (Me.; 220—400 nm): *Ya.*

Picrat C$_{20}$H$_{18}$N$_4$O·C$_6$H$_3$N$_3$O$_7$. Gelbe Kristalle (aus A.); F: 224—225° [Zers.].

Picrolonat C$_{20}$H$_{18}$N$_4$O·C$_{10}$H$_8$N$_4$O$_5$. Gelbe Kristalle (aus A.); F: 228—229°.

O-Acetyl-Derivat C$_{22}$H$_{20}$N$_4$O$_2$; 12-Isopropyl-2-methyl-pyrido[3′,2′:4,5]cyclo= hepta[1,2-b]chinoxalin-5-on-[O-acetyl-oxim]. Kristalle (aus A.); F: 156—158°. UV-Spektrum (Me.; 220—400 nm): *Ya.*

O-Benzoyl-Derivat C$_{27}$H$_{22}$N$_4$O$_2$; 12-Isopropyl-2-methyl-pyrido[3′,2′:4,5]cyclo= hepta[1,2-b]chinoxalin-5-on-[O-benzoyl-oxim]. Kristalle (aus A.); F: 169—170°. Ab= sorptionsspektrum (Me.; 220—410 nm): *Ya.*

I   II

Oxo-Verbindungen $C_{21}H_{19}N_3O$

1-Methyl-3-oxo-2-[3-(1,3,3-trimethyl-indolin-2-yliden)-propenyl]-3,4-dihydro-chinoxalinium
$[C_{23}H_{24}N_3O]^+$ und Mesomere; **1-[1-Methyl-3-oxo-3,4-dihydro-chinoxalin-2-yl]-3-[1,3,3-tri⸗
methyl-3H-indol-2-yl]-trimethinium** [1]), Formel II (R = H).

Jodid $[C_{23}H_{24}N_3O]I$. *B.* In geringer Menge beim Erhitzen von 3-Methyl-1*H*-chinoxalin-2-on
mit Dimethylsulfat und anschliessenden Behandeln mit [1,3,3-Trimethyl-indolin-2-yliden]-acet⸗
aldehyd (E III/IV **21** 3807) in Acetanhydrid und Pyridin und dann mit KI in H_2O (*Cook,
Perry*, Soc. **1943** 394, 396). − Kristalle (aus A.). λ_{max} (A.): 546 nm, 586 nm und 629 nm.

1,4-Dimethyl-3-oxo-2-[3-(1,3,3-trimethyl-indolin-2-yliden)-propenyl]-3,4-dihydro-chinoxalinium
$[C_{24}H_{26}N_3O]^+$ und Mesomere; **1-[1,4-Dimethyl-3-oxo-3,4-dihydro-chinoxalin-2-yl]-3-[1,3,3-tri⸗
methyl-3H-indol-2-yl]-trimethinium,** Formel II (R = CH₃).

Chlorid $[C_{24}H_{26}N_3O]Cl$. *B.* Analog der vorangehenden Verbindung (*Cook, Perry*, Soc. **1943**
394, 396). − Kristalle (aus wss. Eg.); F: 135°. λ_{max} (A.): 550 nm, 592 nm und 635 nm.

**1-Methyl-3-oxo-4-phenyl-2-[3-(1,3,3-trimethyl-indolin-2-yliden)-propenyl]-3,4-dihydro-
chinoxalinium** $[C_{29}H_{28}N_3O]^+$ und Mesomere; **1-[1-Methyl-3-oxo-4-phenyl-3,4-dihydro-
chinoxalin-2-yl]-3-[1,3,3-trimethyl-3H-indol-2-yl]-trimethinium,** Formel II (R = C₆H₅).

Chlorid $[C_{29}H_{28}N_3O]Cl$. *B.* Analog den vorangehenden Verbindungen (*Cook, Perry*, Soc.
1943 394, 397). − Kristalle (aus wss. Eg.); F: 252°. λ_{max} (A.): 554 nm, 595 nm und 653 nm.

Oxo-Verbindungen $C_{22}H_{21}N_3O$

Phenyl-[1,3,5-trihydroxy-4,6-diphenyl-hexahydro-[1,3,5]triazin-2-yl]-keton(?) $C_{22}H_{21}N_3O_4$,
vermutlich Formel III.

B. Beim Behandeln von Phenylglyoxal-2-oxim mit wss. H_3PO_4, auch unter Zusatz von Benz⸗
aldehyd-oxim (*Gardent*, A. ch. [12] **10** [1955] 411, 433, 434).

F: ca. 240° [Zers.].

III   IV

5-Acetyl-1,3-diäthyl-2-[3-(1,3,3-trimethyl-indolin-2-yliden)-propenyl]-benzimidazolium
$[C_{27}H_{32}N_3O]^+$ und Mesomere; **1-[5-Acetyl-1,3-diäthyl-1(3)H-benzimidazol-2-yl]-3-[1,3,3-
trimethyl-3H-indol-2-yl]-trimethinium** [1]), Formel IV.

Perchlorat $[C_{27}H_{32}N_3O]ClO_4$. *B.* Beim Erwärmen von 5-Acetyl-1,3-diäthyl-2-methyl-benz⸗
imidazolium-jodid mit 2-[2-(*N*-Acetyl-anilino)-vinyl]-1,3,3-trimethyl-3*H*-indolium-jodid in Äth⸗
anol unter Zusatz von Triäthylamin und anschliessenden Behandeln mit wss. NaClO₄ (*Eastman
Kodak Co.*, U.S.P. 2778823 [1954]; D.B.P. 1007620 [1955]). − Rote Kristalle mit gelbem Reflex
(aus A.); F: 219−221° [Zers.].

*****Opt.-inakt. 2-Phenyl-4,6-di-*trans*(?)-styryl-1,2,4,5,6,7-hexahydro-pyrazolo[4,3-*c*]pyridin-3-on**
$C_{28}H_{25}N_3O$, vermutlich Formel V (R = H) und Taut.

B. Beim Erhitzen von opt.-inakt. 4-Oxo-2,6-di-*trans*(?)-styryl-piperidin-3-carbonsäure-äthyl⸗
ester (E III/IV **22** 3148) mit Phenylhydrazin (*Bhargava, Singh*, J. Indian chem. Soc. **34** [1957]
105, 107).

---

[1]) Über diese Bezeichnungsweise s. *Reichardt, Mormann*, B. **105** [1972] 1815, 1832.

Kristalle (aus Acn.); F: 131°.

*Opt.-inakt. 5-Methyl-2-phenyl-4,6-di-*trans*(?)-styryl-1,2,4,5,6,7-hexahydro-pyrazolo=
[4,3-*c*]pyridin-3-on $C_{29}H_{27}N_3O$, vermutlich Formel V (R = CH_3) und Taut.
  B. Analog der vorangehenden Verbindung (*Bhargava, Saxena*, J. Indian chem. Soc. **35** [1958]
814, 816).
  Kristalle (aus Acn.); F: 285° [Zers.].

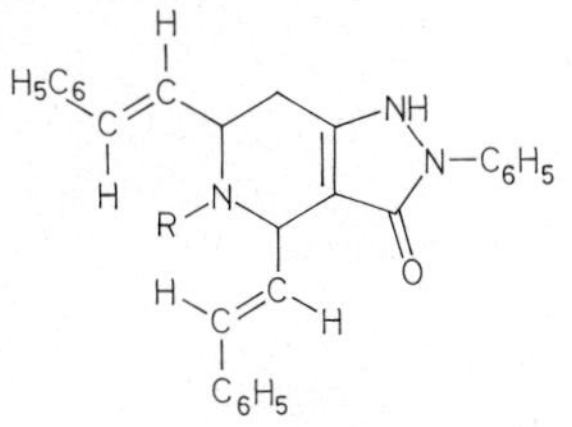

V 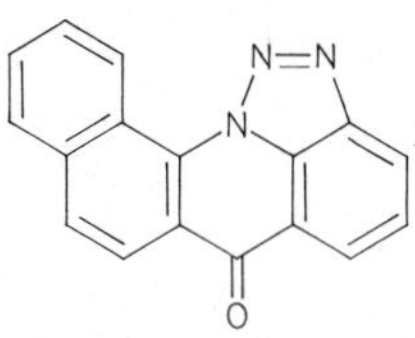   VI 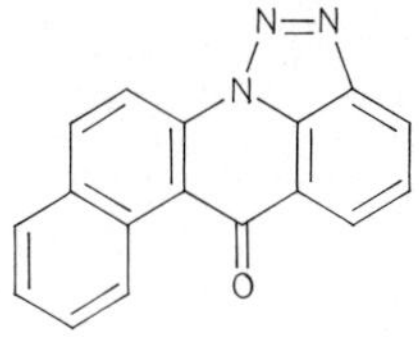   VII

Monooxo-Verbindungen $C_nH_{2n-25}N_3O$

Oxo-Verbindungen $C_{17}H_9N_3O$

Benzo[*c*][1,2,3]triazolo[1,5,4-*fg*]acridin-6-on $C_{17}H_9N_3O$, Formel VI.
  B. Beim Behandeln von 11-Amino-12*H*-benz[*c*]acridin-7-on mit $NaNO_2$ und wss. HCl (*Bach=*
man, Cowen, J. org. Chem. **13** [1948] 89, 92).
  Hellgelbe Kristalle (aus Bzl.); F: 212 – 213° [Zers.].

Benzo[*a*][1,2,3]triazolo[1,5,4-*fg*]acridin-6-on $C_{17}H_9N_3O$, Formel VII.
  B. Analog der vorangehenden Verbindung (*Bachman, Cowen*, J. org. Chem. **13** [1948] 89,
92).
  Hellgelbe Kristalle (aus Bzl.); F: 226 – 228° [Zers.].

4,5,11b-Triaza-benzo[4,5]pentaleno[1,2-*b*]naphthalin-12-on, N a p h t h o[2,3-*d*] p y r i d o =
[2′,3′ : 3,4] p y r r o l o [1,2-*a*] i m i d a z o l - 5 - o n $C_{17}H_9N_3O$, Formel VIII.
  B. Beim Erhitzen von Pyridin-2,3-dicarbonsäure-anhydrid mit Naphthalin-2,3-diyldiamin auf
180° (*Bastić, Golubović*, Glasnik chem. Društva Beograd **18** [1953] 235, 238; C. A. **1958** 2005).
  Gelbe Kristalle (aus Acetanhydrid); F: 320°.

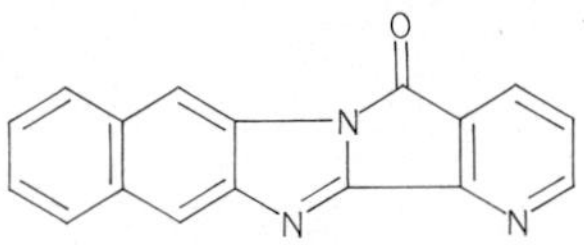

VIII 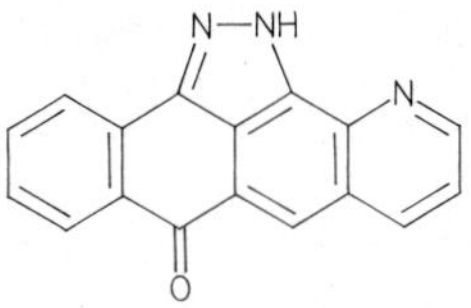   IX

2*H*-Benz[6,7]indazolo[4,3-*gh*]chinolin-8-on $C_{17}H_9N_3O$, Formel IX und Taut.
  B. Beim Erhitzen von 12-Chlor-naphtho[2,3-*g*]chinolin-6,11-dion mit $N_2H_4 \cdot H_2O$ in Pyridin
und Erhitzen des Reaktionsprodukts mit Oxalsäure in Nitrobenzol (*I.G. Farbenind.*,
D.R.P. 574967 [1931]; Frdl. **19** 2161).
  Gelbe Kristalle; F: >365°.

Oxo-Verbindungen $C_{19}H_{13}N_3O$

2,3-Diphenyl-5*H*-pyrido[2,3-*b*]pyrazin-6-on $C_{19}H_{13}N_3O$, Formel X und Taut.
  B. Beim Diazotieren von 2,3-Diphenyl-5*H*-pyrido[2,3-*b*]pyrazin-6-ylamin in wss. H_2SO_4 und

anschliessenden Erhitzen auf 100° (*Leese, Rydon,* Soc. **1955** 303, 306).
Kristalle (aus A.); F: 273—274°. λ_{max} (A.): 280 nm, 290 nm und 376 nm.

---

*5-[4]Chinolylmethylen-2-phenyl-3,5-dihydro-imidazol-4-on $C_{19}H_{13}N_3O$, Formel XI und Taut.
  B. Beim Erwärmen von 4-[4]Chinolylmethylen-2-phenyl-4*H*-oxazol-5-on (F: 171—172°) mit
wss.-äthanol. NH_3 unter Zusatz von K_2CO_3 (*Griffin, Dean,* Am. Soc. **67** [1945] 1231).
  Gelbe Kristalle (aus Pentan-2-ol); F: 304—305° [Zers.].
  Picrat. F: 275—277° [Zers.].

X   XI   XII

Oxo-Verbindungen $C_{20}H_{15}N_3O$

7-Benzyl-6-phenyl-3*H*-pyrido[2,3-*d*]pyrimidin-4-on $C_{20}H_{15}N_3O$, Formel XII und Taut.
  B. Beim Erwärmen von 7-Benzyl-6-phenyl-2-thioxo-2,3-dihydro-1*H*-pyrido[2,3-*d*]pyrimidin-4-
on mit Raney-Nickel in wss.-äthanol. NH_3 (*Robins, Hitchings,* Am. Soc. **80** [1958] 3449, 3454).
  Kristalle (aus A. + H_2O); F: 239—240° [unkorr.].

---

*4-[2-(1-Methyl-1*H*-[2]chinolyliden)-1-phenyl-äthyliden]-2-phenyl-2,4-dihydro-pyrazol-3-on
$C_{27}H_{21}N_3O$, Formel I (R = H).
  B. Beim Erhitzen von 2-Methylmercapto-chinolin mit Toluol-4-sulfonsäure-methylester auf
130—140° und dann mit 2-Phenyl-4-[1-phenyl-äthyliden]-2,4-dihydro-pyrazol-3-on (*Ilford Ltd.,*
U.S.P. 2319547 [1940]).
  Grün; F: 272°.

1-Methyl-2-[3-(1-methyl-1*H*-[2]chinolyliden)-propenyl]-3-oxo-3,4-dihydro-chinoxalinium
$[C_{22}H_{20}N_3O]^+$ und Mesomere; **1-[1-Methyl-[2]chinolyl]-3-[1-methyl-3-oxo-3,4-dihydro-
chinoxalin-2-yl]-trimethinium** [1]), Formel II (R = H).
  Jodid $[C_{22}H_{20}N_3O]I$. *B.* Beim Erhitzen von 3-Methyl-1*H*-chinoxalin-2-on mit Dimethylsulfat
und dann mit 2-[2-Anilino-vinyl]-1-methyl-chinolinium-jodid, Acetanhydrid und Natriumacetat
(*Cook, Perry,* Soc. **1943** 394, 396). — Kristalle (aus Eg.); F: 246°. λ_{max} (A.): 552 und 593 nm.

I   II

1-Methyl-2-[3-(1-methyl-1*H*-[2]chinolyliden)-propenyl]-3-oxo-4-phenyl-3,4-dihydro-chinoxalinium
$[C_{28}H_{24}N_3O]^+$ und Mesomere; **1-[1-Methyl-[2]chinolyl]-3-[1-methyl-3-oxo-4-phenyl-3,4-di≠
hydro-chinoxalin-2-yl]-trimethinium**, Formel II (R = C_6H_5).
  Methylsulfat $[C_{28}H_{24}N_3O]CH_3O_3S$. *B.* Beim Behandeln von 1-Methyl-2-[2-(*N*-methyl-ani≠
lino)-vinyl]-chinolinium-jodid in Benzol mit wss. Na_2CO_3 und anschliessend mit 1,2-Dimethyl-3-
oxo-4-phenyl-3,4-dihydro-chinoxalinium-methylsulfat und Acetanhydrid in Pyridin (*Cook,
Perry,* Soc. **1943** 394, 397). — Grüne Kristalle (aus Eg.); F: 244° [Zers.]. λ_{max} (A.): 656 nm.

---

[1]) Siehe S. 530 Anm.

Oxo-Verbindungen $C_{21}H_{17}N_3O$

*5-Methyl-4-[2-(1-methyl-1*H*-[2]chinolyliden)-1-phenyl-äthyliden]-2-phenyl-2,4-dihydro-pyrazol-3-on $C_{28}H_{23}N_3O$, Formel I (R = CH₃).

B. Aus 1-Methyl-2-phenyläthinyl-chinolinium-methylsulfat und 5-Methyl-2-phenyl-1,2-di≠ hydro-pyrazol-3-on in Gegenwart von Triäthylamin in Äthanol (*Kiprianow, Djadjuscha, Ž. obšč. Chim.* **29** [1959] 1708, 1714; engl. Ausg. S. 1685, 1691). Beim Erhitzen von 2-Methylmer≠ capto-chinolin mit Toluol-4-sulfonsäure-methylester auf 130–140° und dann mit 5-Methyl-2-phenyl-4-[1-phenyl-äthyliden]-2,4-dihydro-pyrazol-3-on (*Ilford Ltd.*, U.S.P. 2319547 [1940]).

Grüne Kristalle mit gelbem Reflex; F: 281° (*Ilford Ltd.*), 250° [Zers.; aus A.] (*Ki., Dj.*). λ_{max}: 408 nm und 545 nm [A.] bzw. 455 nm und 561 nm [CHCl₃] (*Ki., Dj.*).

Oxo-Verbindungen $C_{24}H_{23}N_3O$

*5-Methyl-2-phenyl-4-[1-phenyl-4-(1,3,3-trimethyl-indolin-2-yliden)-but-2-enyliden]-2,4-dihydro-pyrazol-3-on $C_{31}H_{29}N_3O$, Formel III.

B. Beim Erhitzen von 5-Methyl-2-phenyl-4-[1-phenyl-äthyliden]-2,4-dihydro-pyrazol-3-on mit 2-[2-(*N*-Acetyl-anilino)-vinyl]-1,3,3-trimethyl-3*H*-indolium-jodid in Pyridin (*Ilford Ltd.*, U.S.P. 2319547 [1940]).

Grüne Kristalle (aus A.); F: 214–216°.

III   IV   V

Monooxo-Verbindungen $C_nH_{2n-27}N_3O$

10-Phenyl-benzo[*de*][1,2,4]triazolo[5,1-*a*]isochinolin-7-on $C_{19}H_{11}N_3O$, Formel IV (R = C₆H₅).

B. Aus 2-Amino-benz[*de*]isochinolin-1,3-dion beim Erhitzen mit Benzamid und NH₄Cl oder mit Benzonitril und ZnCl₂ (*I. G. Farbenind.*, D.R.P. 752575 [1942]; D.R.P. Org. Chem. **6** 2481).

Orangegelbe Kristalle (aus Acetanhydrid); F: 260°.

6*H*-Benz[*f*]isochino[3,4-*b*]chinoxalin-5-on $C_{19}H_{11}N_3O$, Formel V (X = O) und Taut. (Benz[*f*]isochino[3,4-*b*]chinoxalin-5-ol).

B. Beim Erwärmen von 1-Nitroso-[2]naphthylamin mit 2-Cyanmethyl-benzoesäure-methyl≠ ester in äthanol. Natriumäthylat (*Osdene, Timmis*, Soc. **1955** 4349, 4352).

Gelbe Kristalle (aus Eg.); F: 362–363°.

6*H*-Benz[*f*]isochino[3,4-*b*]chinoxalin-5-thion $C_{19}H_{11}N_3S$, Formel V (X = S) und Taut. (Benz[*f*]isochino[3,4-*b*]chinoxalin-5-thiol).

B. Beim Erhitzen der vorangehenden Verbindung mit P₂S₅ in Pyridin (*Osdene, Timmis*, Soc. **1955** 4349, 4353).

Orangefarbene Kristalle (aus Py.); F: 317–318°.

6*H*-Benz[*f*]isochino[4,3-*b*]chinoxalin-5-on $C_{19}H_{11}N_3O$, Formel VI (X = O) und Taut. (Benz[*f*]isochino[4,3-*b*]chinoxalin-5-ol).

B. Beim Erwärmen von 2-Nitroso-[1]naphthylamin mit 2-Cyanmethyl-benzoesäure-methyl≠ ester in äthanol. Natriumäthylat (*Osdene, Timmis*, Soc. **1955** 4349, 4352).

Gelbliche Kristalle (aus Eg.); F: 308–309°.

6*H*-Benz[*f*]isochino[4,3-*b*]chinoxalin-5-thion $C_{19}H_{11}N_3S$, Formel VI (X = S) und Taut. (Benz[*f*]isochino[4,3-*b*]chinoxalin-5-thiol).

B. Beim Erhitzen der vorangehenden Verbindung mit P₂S₅ in Pyridin (*Osdene, Timmis*,

Soc. **1955** 4349, 4352).

Gelbe Kristalle (aus 2-Äthoxy-äthanol); F: 352°.

VI   VII   VIII

10-Benzyl-benzo[*de*][1,2,4]triazolo[5,1-*a*]isochinolin-7-on $C_{20}H_{13}N_3O$, Formel IV
(R = CH_2-C_6H_5).

B. Beim Erhitzen von 2-Amino-benz[*de*]isochinolin-1,3-dion mit Phenylacetonitril und NH_4Cl
(*I.G. Farbenind.*, D.R.P. 752575 [1942]; D.R.P. Org. Chem. **6** 2481).

Orangegelbe Kristalle (aus Acetanhydrid); F: 226°.

2-Phenyl-1*H*-naphth[2′,3′:4,5]imidazo[1,2-*a*]pyrimidin-4-on $C_{20}H_{13}N_3O$, Formel VII (X = H)
und Taut.

B. Beim Erhitzen von 1*H*-Naphth[2,3-*d*]imidazol-2-ylamin mit 3-Oxo-3-phenyl-propionsäure-
äthylester in Xylol (*Ried, Müller*, J. pr. [4] **8** [1959] 132, 136).

Gelbliche Kristalle; F: 370−372°.

2-[4-Nitro-phenyl]-1*H*-naphth[2′,3′:4,5]imidazo[1,2-*a*]pyrimidin-4-on $C_{20}H_{12}N_4O_3$, Formel VII
(X = NO_2) und Taut.

B. Analog der vorangehenden Verbindung unter Zusatz von etwas Tetramethylammonium=
hydroxid (*Ried, Müller*, J. pr. [4] **8** [1959] 132, 136).

Gelbe Kristalle; F: 384−386° [Zers.].

3-Phenyl-1*H*-naphth[2′,3′:4,5]imidazo[1,2-*a*]pyrimidin-4-on $C_{20}H_{13}N_3O$, Formel VIII und
Taut.

B. Analog den vorangehenden Verbindungen ohne Zusatz von Tetramethylammoniumhydr=
oxid (*Ried, Müller*, J. pr. [4] **8** [1959] 132, 138).

Kristalle; F: 305−308°.

(±)-4a-Phenyl-4,4a-dihydro-2*H*-phenanthro[9,10-*e*][1,2,4]triazin-3-on $C_{21}H_{15}N_3O$, Formel IX.

B. Beim Erhitzen von (±)-10-Hydroxy-10-phenyl-10*H*-phenanthren-9-on-semicarbazon mit
wss. HCl in Äthanol (*Awad et al.*, J. org. Chem. **24** [1959] 1777).

Kristalle (aus A.); F: 304° [unkorr.].

2,3-Diphenyl-6,7,8,9-tetrahydro-cyclopenta[5,6]pyrido[3,4-*b*]pyrazin-5-on $C_{22}H_{17}N_3O$,
Formel X und Taut.

B. Beim Erhitzen von 3,4-Diamino-1,5,6,7-tetrahydro-[1]pyrindin-2-on (E III/IV **22** 5649)
mit Benzil in Essigsäure (*Schroeder, Rigby*, Am. Soc. **71** [1949] 2205, 2208).

Acetat $C_{22}H_{17}N_3O \cdot C_2H_4O_2$. Gelbe Kristalle (aus Eg.); F: 362°.

IX   X   XI   XII

5-Methyl-4-[10-methyl-9-phenyl-9,10-dihydro-acridin-9-yl]-2-phenyl-1,2-dihydro-pyrazol-3-on
$C_{30}H_{25}N_3O$, Formel XI und Taut.

B. Beim kurzen Erhitzen von 10-Methyl-9-phenyl-9,10-dihydro-acridin-9-ol mit 5-Methyl-2-phenyl-1,2-dihydro-pyrazol-3-on in Äthanol (*Ginsburg,* Ž. obšč. Chim. **23** [1953] 1890; engl. Ausg. S. 1999).

Kristalle (aus A.); F: 188° (*Gi.,* Ž. obšč. Chim. **23** 1892). Zeitliche Änderung der elektrischen Leitfähigkeit in Nitrobenzol bei 25° (Dissoziation): *Ginsburg et al.,* Ž. obšč. Chim. **27** [1957] 993, 996; engl. Ausg. S. 1074, 1077.

1,4-Diacetyl-3-[1,1-di-indol-3-yl-äthyl]-1,4-dihydro-pyridin, 1-[1-Acetyl-3-(1,1-di-indol-3-yl-äthyl)-1,4-dihydro-[4]pyridyl]-äthanon $C_{27}H_{25}N_3O_2$, Formel XII.

B. Beim Erhitzen von 1,1-Di-indol-3-yl-1-[3]pyridyl-äthan mit Zink und Acetanhydrid (*Wood=ward et al.,* Am. Soc. **81** [1959] 4434).

Kristalle; F: 220–225° [Zers.].

Beim Erhitzen auf 200°/0,0005 Torr sind geringe Mengen Ellipticin (E III/IV **23** 1901) erhalten worden.

Monooxo-Verbindungen $C_nH_{2n-29}N_3O$

6-Phenyl-chinazolino[4,3-*b*]chinazolin-8-on $C_{21}H_{13}N_3O$, Formel I.

In dem von *Aggarwal, Ray* (J. Indian chem. Soc. **6** [1929] 735) unter dieser Konstitution beschriebenen Präparat hat ein Gemisch von 2-Phenyl-3*H*-chinazolin-4-on und *N*-[2-Phenyl-chinazolin-4-yl]-anthranilsäure vorgelegen (*Stephen, Stephen,* Soc. **1956** 4173, 4177).

B. Beim Erhitzen von *N*-[2-Phenyl-chinazolin-4-yl]-anthranilsäure oder deren Methylester mit Acetanhydrid (*St., St.,* l. c. S. 4177). Beim Erhitzen von 2-[2-Amino-phenyl]-3*H*-chinazolin-4-on mit Benzoesäure-anhydrid auf 250° (*Stephen, Stephen,* Soc. **1956** 4178, 4180).

Gelbliche Kristalle (aus Dioxan); F: 292° (*St., St.,* l. c. S. 4177, 4180).

Hexachloroplatinat(IV) $3C_{21}H_{13}N_3O \cdot H_2PtCl_6 \cdot HCl$. Braun (*St., St.,* l. c. S. 4180).

I   II   III

---

*3-[3-Phenyl-1*H*-chinoxalin-2-yliden]-indolin-2-on $C_{22}H_{15}N_3O$, Formel II oder Stereoisomeres.

B. Beim Erwärmen von [2-Oxo-indolin-3-yl]-phenyl-äthandion mit *o*-Phenylendiamin in Essig=säure und Äthanol (*Ainley, Robinson,* Soc. **1934** 1508, 1514).

Braune Kristalle (aus Isopentylalkohol); F: 255°.

---

*3-[1*H*-Benzimidazol-2-yl-phenyl-methylen]-indolin-2-on $C_{22}H_{15}N_3O$, Formel III oder Stereoisomeres.

B. Beim Erhitzen von 2-Benzyl-1*H*-benzimidazol mit Isatin auf 180° (*van Alphen,* R. **59** [1940] 289, 296).

Rötliche Kristalle (aus A.) mit 1 Mol Äthanol; die lösungsmittelfreie Verbindung schmilzt bei 264°.

Monooxo-Verbindungen $C_nH_{2n-31}N_3O$

2,3-Diphenyl-pyridazino[3,2-*b*]chinazolin-10-on $C_{23}H_{15}N_3O$, Formel IV.

Die Identität der früher (E I **26** 56) mit Vorbehalt unter dieser Konstitution beschriebenen

Verbindung („Lactam des 6-[2-Carboxy-phenylimino]-3.4-diphenyl-1.6-dihydro-pyridazins(?)")
ist ungewiss (*Beyer, Völcker*, B. **97** [1964] 390).

IV   V   VI

1*H*,**1′***H*,**1″***H*-**[3,2′;2′,3″]Terindol-3′-on**, 2,2-Di-indol-3-yl-indolin-3-on $C_{24}H_{17}N_3O$,
Formel V.

B. Beim Behandeln von Indol mit H_2O_2 in Essigsäure (*Witkop*, A. **558** [1947] 98, 105;
Witkop, Patrick, Am. Soc. **73** [1951] 713, 718) oder mit $NaNO_2$ in wss. H_2SO_4 und anschliessen=
den Erwärmen mit wss. KOH (*Seidel*, B. **77/79** [1944/46] 797, 805). Aus Indol und Indoxylrot
(E III/IV **24** 748) in Essigsäure (*Se.*).

Dimorph (*Loo, Woolf*, Chem. and Ind. **1957** 1123; *Wi., Pa.*); gelbe Kristalle, F: 250−251°
[Zers.; aus $CHCl_3$ + Me.] (*Loo, Wo.*), 243−245,5° [korr.; Zers.; Dunkelfärbung ab 210°; aus
Me.] (*Wi., Pa.*), 245° [Zers.; aus E.+wss. Me.] (*Sakamura, Obata*, Bl. agric. chem. Soc. Japan
20 [1956] 80) und gelbe Kristalle, F: 205−207° [aus $CHCl_3$ + Me.] (*Loo, Wo.*), 202−204°
[korr.; Zers.; nach Kristallumwandlung bei 140−160° und Sintern bei 195°; nach Wiedererstar=
ren der Schmelze liegt der Schmelzpunkt bei 242−244°] (*Wi., Pa.*). Gelbe Kristalle (aus Acn.)
mit 1 Mol Aceton; F: 245° (*Se.*). IR-Spektrum in Nujol (5,5−15,4 μ): *Sa., Ob.*; s. a. *Loo,
Wo.*; in $CHCl_3$ (2−12 μ): *Wi., Pa.*, l. c. S. 717. Absorptionsspektrum in Methanol
(230−600 nm): *Sa., Ob.*; in Äthanol (240−450 nm): *Wi., Pa.*, l. c. S. 714.

Picrat. Dunkelrote Kristalle; F: 266° [Zers.] (*Holmes-Siedle, Saunders*, Chem. and Ind.
1957 265).

1′-Methyl-1*H*,**1′***H*,**1″***H*-**[3,3′;3′,3″]terindol-2-on**, 3,3-Di-indol-3-yl-1-methyl-indolin-
2-on $C_{25}H_{19}N_3O$, Formel VI.

B. Aus Isatin und Indol in Essigsäure (*Seidel*, B. **83** [1950] 20, 25). Neben überwiegenden
Mengen 3-Hydroxy-1-methyl-1,3-dihydro-1′*H*-[3,3′]biindolyl-2-on (E III/IV **25** 213) beim Be=
handeln von 1-Methyl-indolin-2,3-dion mit Indolylmagnesiumbromid in Benzol und Äther
(*Steinkopf, Wilhelm*, A. **546** [1941] 211, 224). Beim Erhitzen von Indoxylrot (E III/IV **24** 748)
mit wss. KOH auf 145° (*Se.*).

Kristalle; F: 310° [aus wss. Py.] (*Se.*), 292−293° [aus A.] (*St., Wi.*).

VII   VIII

***3,5-Bis-[2]chinolylmethylen-1-methyl-piperidin-4-on** $C_{26}H_{21}N_3O$, Formel VII.

B. Beim Behandeln von 1-Methyl-piperidin-4-on mit Chinolin-2-carbaldehyd in wss.-äthanol.
KOH (*McElvain, Rorig*, Am. Soc. **70** [1948] 1820, 1824).

Gelbe Kristalle (aus A.); F: 158−159°.

*3,5-Bis-[4]chinolylmethylen-1-methyl-piperidin-4-on $C_{26}H_{21}N_3O$, Formel VIII.

B. Analog der vorangehenden Verbindung (*McElvain, Rorig,* Am. Soc. **70** [1948] 1820, 1825).
Gelbe Kristalle (aus Me.); F: 199 − 200°.

Monooxo-Verbindungen $C_nH_{2n-33}N_3O$

6-Methyl-2-phenyl-6H-benzo[e]pyrido[4,3,2-gh]perimidin-7-on $C_{24}H_{15}N_3O$, Formel IX.

B. Beim Erhitzen von 6-Amino-3-methyl-3H-naphtho[1,2,3-de]chinolin-2,7-dion mit *N*-Methyl-benzimidoylchlorid in Nitrobenzol (*I.G. Farbenind.*, D.R.P. 566474 [1931]; Frdl. **19** 2024).
Gelbe Kristalle; F: 287 − 288°.

IX   X   XI

Monooxo-Verbindungen $C_nH_{2n-35}N_3O$

Spiro[cyclopenta[2,1-b;3,4-b']diindol-11,2'-indolin]-3'-on, Anilrot $C_{24}H_{13}N_3O$, Formel X.

B. Beim Erhitzen von Leukoindigo (E III/IV **23** 3312) mit wss. $Na_2S_2O_4$ und wss. NaOH auf 180° und anschliessenden Durchleiten von Luft (*Seidel,* B. **83** [1950] 26).
Dunkelrote Kristalle (aus Nitrobenzol); F: 350°.

8-Benzyl-benzo[f]chinazolino[3,2-c]chinazolin-10-on $C_{26}H_{17}N_3O$, Formel XI.

B. Beim Erhitzen von 3-Benzyl-2H-benzo[f]chinazolin-1-on (E III/IV **24** 769) mit Anthranil=säure und PCl_3 (*Indravati,* J. Madras Univ. **25** [1955] 125).
Kristalle (aus A.); F: 276°.

Monooxo-Verbindungen $C_nH_{2n-37}N_3O$

*Opt.-inakt. 2,3,5,6-Tetraphenyl-1,4,7-triaza-tricyclo[3.3.0.0^{2,7}]oct-3-en-8-on $C_{29}H_{21}N_3O$, Formel XII.

Die von *van Alphen* (R. **52** [1933] 478, 482) unter dieser Konstitution beschriebene Verbindung ist als 3,4,5,3',4',5'-Hexaphenyl-1H,1'H-1,1'-carbonyl-di-pyrazol (E III/IV **23** 2055) zu formulie=ren (*Comrie,* Soc. [C] **1971** 2807, 2809).

XII   XIII

Monooxo-Verbindungen $C_nH_{2n-41}N_3O$

11-Chlor-13-phenyl-naphtho[1,2,3-*mn*]pyrimido[5,4-*c*]acridin-9-on $C_{28}H_{14}ClN_3O$, Formel XIII.
B. Beim Erwärmen von 12-Brom-2-phenyl-3*H*-naphtho[2,3-*g*]chinazolin-4,6,11-trion mit Ani≠
lin, anschliessend mit wss. H_2SO_4 und dann mit PCl_5 (*I.G. Farbenind.*, D.R.P. 737350 [1939];
D.R.P. Org. Chem. 1, Tl. 2, S. 338, 341).
Braungelbe Kristalle.   [*Weissmann*]

B. Dioxo-Verbindungen

Dioxo-Verbindungen $C_nH_{2n-1}N_3O_2$

Dioxo-Verbindungen $C_2H_3N_3O_2$

[1,2,4]Triazolidin-3,5-dion $C_2H_3N_3O_2$, Formel I (R = R' = R'' = H) und Taut.; **Urazol**
(H 192; E I 56; E II 106).
Über die Tautomerie s. *Elguero et al.*, Adv. heterocycl. Chem. Spl. 1 [1976] 455, 456.
B. Aus Allophansäure-methylester beim Erhitzen mit wss. $N_2H_4 \cdot H_2O$ und Erwärmen des
Reaktionsprodukts mit Aceton (*Gordon, Audrieth*, J. org. Chem. 20 [1955] 603; Inorg. Synth.
5 [1957] 52). Aus Biharnstoff (E IV 3 236) beim Erhitzen auf 200° (*Arndt et al.*, Rev. Fac.
Sci. Istanbul [A] 13 [1948] 127, 143; vgl. H 192).
Kristalle; F: 254−255° [Zers.] (*Ar. et al.*), 249° [unkorr.; Zers.; aus H_2O] (*Go., Au.*, J.
org. Chem. 20 605). Netzebenenabstände: *Go., Au.*, J. org. Chem. 20 605. Scheinbare Dissozia≠
tionskonstante K_a' (H_2O; potentiometrisch ermittelt) bei 25°: $1,6 \cdot 10^{-6}$ (*Go., Au.*). Löslichkeit
in H_2O bei 0°: 2,83 g/100 g; bei 65°: 23,7 g/100 g (*Go., Au.*).
Verbindung mit Hydrazin $C_2H_3N_3O_2 \cdot N_2H_4$ (E I 57). Kristalle (aus wss. A.); F:
195−196° [unkorr.] [Rohprodukt] (*Go., Au.*).

1-Methyl-[1,2,4]triazolidin-3,5-dion $C_3H_5N_3O_2$, Formel I (R = CH_3, R' = R'' = H) und
Taut. (H 193).
B. Aus 3-Carbamoyl-3-methyl-carbazidsäure-äthylester beim Erhitzen mit wss. NaOH (*Arndt
et al.*, Rev. Fac. Sci. Istanbul [A] 13 [1948] 127, 140).
Kristalle (aus A.); F: 241°.

4-Methyl-[1,2,4]triazolidin-3,5-dion $C_3H_5N_3O_2$, Formel I (R = R' = H, R'' = CH_3) und
Taut.
B. Aus 1,6-Dimethyl-biharnstoff (E III 4 140) beim Erhitzen auf 250° (*Arndt et al.*, Rev.
Fac. Sci. Istanbul [A] 13 [1948] 127, 141). Aus Biharnstoff (E IV 3 236) beim Erhitzen mit
Methylamin-hydrochlorid auf 220° (*Tsuji*, Pharm. Bl. 2 [1954] 403, 405, 409).
Kristalle; F: 233° [aus A.] (*Ar. et al.*), 232−233° [aus H_2O] (*Ts.*).

1,2-Dimethyl-[1,2,4]triazolidin-3,5-dion $C_4H_7N_3O_2$, Formel I (R = R' = CH_3, R'' = H) und
Taut.
B. Aus 3,4-Dimethyl-biharnstoff (E III 4 1730) beim Erhitzen auf 240° (*Arndt et al.*, Rev.
Fac. Sci. Istanbul [A] 13 [1948] 127, 142).
Kristalle (aus A.); F: 173°.

1,4-Dimethyl-[1,2,4]triazolidin-3,5-dion $C_4H_7N_3O_2$, Formel I (R = R'' = CH_3, R' = H) und
Taut.
Die Identität der von *Arndt et al.* (Rev. Fac. Sci. Istanbul [A] 13 [1948] 127, 146) unter
dieser Konstitution beschriebenen Verbindung vom F: 215° ist ungewiss (*Zinner, Gebhardt,*

Ar. **304** [1971] 706, 707).

Trimethyl-[1,2,4]triazolidin-3,5-dion $C_5H_9N_3O_2$, Formel I (R = R' = R'' = CH$_3$).
  B. Aus 1,2-Dimethyl-[1,2,4]triazolidin-3,5-dion beim Behandeln mit Diazomethan in Äther (*Arndt et al.*, Rev. Fac. Sci. Istanbul [A] **13** [1948] 127, 142).
  Hygroskopische Kristalle (aus PAe.); F: 64 – 66°.

4-Äthyl-[1,2,4]triazolidin-3,5-dion $C_4H_7N_3O_2$, Formel I (R = R' = H, R'' = C$_2$H$_5$) und Taut.
  B. Aus Biharnstoff (E IV **3** 236) beim Erhitzen mit Äthylamin-hydrochlorid auf 220° (*Tsuji*, Pharm. Bl. **2** [1954] 403, 405, 409).
  Kristalle (aus H$_2$O); F: 195 – 196°.

Die folgenden Verbindungen sind in analoger Weise hergestellt worden:
  4-Propyl-[1,2,4]triazolidin-3,5-dion $C_5H_9N_3O_2$, Formel II (n = 2) und Taut. Kristalle (aus H$_2$O); F: 168 – 169,5°.
  4-Butyl-[1,2,4]triazolidin-3,5-dion $C_6H_{11}N_3O_2$, Formel II (n = 3) und Taut. Kristalle (aus H$_2$O); F: 167 – 168°.
  4-Hexyl-[1,2,4]triazolidin-3,5-dion $C_8H_{15}N_3O_2$, Formel II (n = 5) und Taut. Kristalle (aus Me.); F: 143 – 145°.
  4-Octyl-[1,2,4]triazolidin-3,5-dion $C_{10}H_{19}N_3O_2$, Formel II (n = 7) und Taut. Kristalle (aus Me.); F: 138 – 139°.
  4-Decyl-[1,2,4]triazolidin-3,5-dion $C_{12}H_{23}N_3O_2$, Formel II (n = 9) und Taut. Kristalle (aus Me.); F: 137 – 138°.
  4-Dodecyl-[1,2,4]triazolidin-3,5-dion $C_{14}H_{27}N_3O_2$, Formel II (n = 11) und Taut. Kristalle (aus Me.); F: 133 – 135°.
  4-Tetradecyl-[1,2,4]triazolidin-3,5-dion $C_{16}H_{31}N_3O_2$, Formel II (n = 13) und Taut. Kristalle (aus Me.); F: 131 – 132°.
  4-Hexadecyl-[1,2,4]triazolidin-3,5-dion $C_{18}H_{35}N_3O_2$, Formel II (n = 15) und Taut. Kristalle (aus Me.); F: 128 – 129°.
  4-Octadecyl-[1,2,4]triazolidin-3,5-dion $C_{20}H_{39}N_3O_2$, Formel II (n = 17) und Taut. Kristalle (aus Me.); F: 120 – 121°.

I   II   III   IV

1-Phenyl-[1,2,4]triazolidin-3,5-dion $C_8H_7N_3O_2$, Formel III (R = R' = H) und Taut. (H 193; E I 57; E II 107).
  Nach Ausweis der IR- und UV-Absorption sowie des Dissoziationsexponenten liegt in den Kristallen sowie in wss. Lösung überwiegend 1-Phenyl-[1,2,4]triazolidin-3,5-dion vor (*Gordon et al.*, Tetrahedron Spl. Nr. 7 [1966] 213, 215).
  B. Aus 4-Phenyl-allophansäure-äthylester beim Erhitzen mit Phenylhydrazin auf 130° (*Murray, Dains*, Am. Soc. **56** [1934] 144; vgl. E II 107). Aus *N,N'*-Bis-äthoxycarbonyl-harnstoff (E III **3** 142) beim Erhitzen mit Phenylhydrazin auf 115° (*Mu., Da.*). Aus *N*-Methyl-*N'*-phenyl-harnstoff beim Erhitzen mit 1-Phenyl-semicarbazid oder mit 1,5-Diphenyl-carbonohydrazid (*Jolles, Ragni*, G. **68** [1938] 516, 520). Aus 5-Äthoxy-2-phenyl-1,2-dihydro-[1,2,4]triazol-3-on beim Erhitzen mit wss. HCl (*Guha, Saletore*, J. Indian chem. Soc. **6** [1929] 565, 572).
  Kristalle (aus A.); F: 269° (*Go. et al.*, l. c. S. 216). λ_{max} des Kations (konz. H$_2$SO$_4$): 235 nm; der neutralen Verbindung (wss. H$_2$SO$_4$ [1 n]): 248 nm; des Monoanions (wss. Lösung vom pH 8): 265 nm; des Dianions (wss. NaOH [1 n]): 278 nm (*Go. et al.*, l. c. S. 214). Scheinbare Dissoziationsexponenten pK'_{a1} (protonierte Verbindung), pK'_{a2} und pK'_{a3} (H$_2$O; spektrophoto= metrisch ermittelt): −4,1 bzw. 4,85 bzw. 12,20 (*Go. et al.*).

4-Phenyl-[1,2,4]triazolidin-3,5-dion $C_8H_7N_3O_2$, Formel IV (R = R' = H) und Taut. (H 195; E I 57).

B. Aus Biharnstoff (E IV 3 236) beim Erhitzen mit Anilin-hydrochlorid auf 220° (*Arndt et al.*, Rev. Fac. Sci. Istanbul [A] 13 [1948] 127, 139; vgl. H 195). Beim Erhitzen von 1-Phenyl-biharnstoff auf 220° (*Tsuji*, Pharm. Bl. 2 [1954] 403, 411).

Kristalle; F: 203° [aus A.] (*Ar. et al.*), 202–203° [aus H_2O] (*Ts.*).

1-Methyl-2-phenyl-[1,2,4]triazolidin-3,5-dion $C_9H_9N_3O_2$, Formel III (R = CH_3, R' = H) und Taut. (H 197; E I 58).

Nach Ausweis der IR- und UV-Absorption sowie des Dissoziationsexponenten liegt in den Kristallen sowie in wss. Lösung überwiegend 1-Methyl-2-phenyl-[1,2,4]triazolidin-3,5-dion vor (*Gordon et al.*, Tetrahedron Spl. Nr. 7 [1966] 213, 214, 215).

B. Aus 1-Phenyl-[1,2,4]triazolidin-3,5-dion beim Erwärmen mit CH_3I und äthanol. KOH (*Arndt et al.*, Rev. Fac. Sci. Istanbul [A] 13 [1948] 127, 138; vgl. H 197).

Kristalle; F: 185° [aus wss. A.] (*Go. et al.*, l. c. S. 216), 183° [nach Sintern ab 170°] (*Ar. et al.*). λ_{max} des Kations (konz. H_2SO_4): 226 nm (inflection); der neutralen Verbindung (wss. H_2SO_4 [1 n]): 240 nm; des Anions (wss. NaOH [0,01 n]): 248 nm (*Go. et al.*). Scheinbare Dissoziationsexponenten pK'_{a1} (protonierte Verbindung) und pK'_{a2} (H_2O; spektrophotometrisch ermittelt): −4,7 bzw. 6,97 (*Go. et al.*).

4-Methyl-1-phenyl-[1,2,4]triazolidin-3,5-dion $C_9H_9N_3O_2$, Formel III (R = H, R' = CH_3) und Taut. (H 198; E I 58).

Nach Ausweis der IR- und UV-Absorption sowie des Dissoziationsexponenten liegt in den Kristallen sowie in wss. Lösung überwiegend 4-Methyl-1-phenyl-[1,2,4]triazolidin-3,5-dion vor (*Gordon et al.*, Tetrahedron Spl. Nr. 7 [1966] 213, 214, 215).

B. Aus 5-Methoxy-4-methyl-2-phenyl-2,4-dihydro-[1,2,4]triazol-3-on beim Erhitzen mit wss. HCl (*Arndt et al.*, Rev. Fac. Sci. Istanbul [A] 13 [1948] 127, 128; vgl. H 198).

Kristalle; F: 223° (*Ar. et al.*), 220° [aus H_2O] (*Go. et al.*, l. c. S. 217). λ_{max} des Kations (konz. H_2SO_4): 243 nm; der neutralen Verbindung (wss. H_2SO_4 [1 n]): 246 nm; des Anions (wss. NaOH [0,01 n]): 264 nm (*Go. et al.*). Scheinbare Dissoziationsexponenten pK'_{a1} (protonierte Verbindung) und pK'_{a2} (H_2O; spektrophotometrisch ermittelt): −4,2 bzw. 4,73 (*Go. et al.*).

1,4-Dimethyl-2-phenyl-[1,2,4]triazolidin-3,5-dion $C_{10}H_{11}N_3O_2$, Formel III (R = R' = CH_3) (H 199; E I 58).

B. Aus 1-Methyl-2-phenyl-[1,2,4]triazolidin-3,5-dion beim Behandeln mit Diazomethan in Äther (*Arndt et al.*, Rev. Fac. Sci. Istanbul [A] 13 [1948] 127, 138; *Gordon et al.*, Tetrahedron Spl. Nr. 7 [1966] 213, 217; vgl. E I 58).

Kristalle (aus Bzl. oder PAe. bzw. aus wss. A.); F: 95° (*Ar. et al.; Go. et al.*). λ_{max} des Kations (konz. H_2SO_4): 231 nm; der neutralen Verbindung (wss. H_2SO_4 [1 n]): 239 nm (*Go. et al.*, l. c. S. 214). Scheinbarer Dissoziationsexponent pK'_a (protonierte Verbindung) (H_2O; spektrophotometrisch ermittelt): −4,8 (*Go. et al.*, l. c. S. 215).

1,2-Dimethyl-4-phenyl-[1,2,4]triazolidin-3,5-dion $C_{10}H_{11}N_3O_2$, Formel IV (R = R' = CH_3).

B. Aus 4-Phenyl-[1,2,4]triazolidin-3,5-dion beim Behandeln mit Diazomethan in Äther (*Arndt et al.*, Rev. Fac. Sci. Istanbul [A] 13 [1948] 127, 139).

Kristalle; F: 128–130°.

1,4-Diphenyl-[1,2,4]triazolidin-3,5-dion $C_{14}H_{11}N_3O_2$, Formel IV (R = C_6H_5, R' = H) und Taut. (H 199; E II 60).

B. Bei kurzem Erhitzen von 2-Phenyl-3-phenylcarbamoyl-carbazidsäure-äthylester mit wss. NaOH (*Loewe, Türgen*, Rev. Fac. Sci. Istanbul [A] 14 [1949] 227, 245). Beim Erwärmen von 1,4-Diphenyl-semicarbazid mit 1,1'-Carbonyl-bis-pyridinium-dichlorid in THF (*Scholtissek*, B. 89 [1956] 2562, 2565).

Dipolmoment bei 25°: 2,71 D [ε; Dioxan] bzw. 1,98 D [ε; Bzl.] (*Jensen, Friediger*, Danske

Vid. Selsk. Mat. fys. Medd. **20** Nr. 20 [1943] 52).
Kristalle; F: 174° [aus Me. oder wss. Eg.] (*Sch.*), 163° [aus A.] (*Lo., Tü.*).

1-Methyl-2,4-diphenyl-[1,2,4]triazolidin-3,5-dion $C_{15}H_{13}N_3O_2$, Formel IV (R = CH$_3$, R' = C$_6$H$_5$) (H 201; E I 60).
B. Aus der vorangehenden Verbindung und Diazomethan in Äther (*Loewe, Türgen*, Rev. Fac. Sci. Istanbul [A] **14** [1949] 227, 245).
Kristalle; F: 134°.

4-o-Tolyl-[1,2,4]triazolidin-3,5-dion $C_9H_9N_3O_2$, Formel V (R = CH$_3$, R' = H) und Taut.
B. Aus Biharnstoff (E IV **3** 236) beim Erhitzen mit *o*-Toluidin-hydrochlorid auf 220° (*Tsuji*, Pharm. Bl. **2** [1954] 403, 409). Aus 1-*o*-Tolyl-biharnstoff beim Erhitzen auf 220° (*Ts.*).
Kristalle (aus H$_2$O); F: 206–207°.

V   VI   VII   VIII

4-p-Tolyl-[1,2,4]triazolidin-3,5-dion $C_9H_9N_3O_2$, Formel V (R = H, R' = CH$_3$) und Taut.
B. Aus Biharnstoff (E IV **3** 236) beim Erhitzen mit *p*-Toluidin-hydrochlorid auf 220° (*Tsuji*, Pharm. Bl. **2** [1954] 403, 409, 410).
Kristalle (aus H$_2$O); F: 243–244°.

Die folgenden Verbindungen sind in analoger Weise hergestellt worden:
4-Benzyl-[1,2,4]triazolidin-3,5-dion $C_9H_9N_3O_2$, Formel VI und Taut. Kristalle (aus Me.); F: 182–183,5°.
4-[4-Äthyl-phenyl]-[1,2,4]triazolidin-3,5-dion $C_{10}H_{11}N_3O_2$, Formel V (R = H, R' = C$_2$H$_5$) und Taut. Kristalle (aus H$_2$O); F: 241–243°.
4-[4-Propyl-phenyl]-[1,2,4]triazolidin-3,5-dion $C_{11}H_{13}N_3O_2$, Formel V (R = H, R' = CH$_2$-C$_2$H$_5$) und Taut. Kristalle (aus H$_2$O); F: 228–230°.
4-[4-Butyl-phenyl]-[1,2,4]triazolidin-3,5-dion $C_{12}H_{15}N_3O_2$, Formel V (R = H, R' = [CH$_2$]$_3$-CH$_3$) und Taut. Kristalle (aus Me.); F: 194–195°.
4-[4-Hexyl-phenyl]-[1,2,4]triazolidin-3,5-dion $C_{14}H_{19}N_3O_2$, Formel V (R = H, R' = [CH$_2$]$_5$-CH$_3$) und Taut. Kristalle (aus Me.); F: 156–158°.
4-[4-Octyl-phenyl]-[1,2,4]triazolidin-3,5-dion $C_{16}H_{23}N_3O_2$, Formel V (R = H, R' = [CH$_2$]$_7$-CH$_3$) und Taut. Kristalle (aus Me.); F: 143–144,5°.

1,2-Diacetyl-[1,2,4]triazolidin-3,5-dion $C_6H_7N_3O_4$, Formel VII und Taut. (H 204).
B. Beim Erwärmen von [1,2,4]Triazolidin-3,5-dion mit Acetylchlorid und Essigsäure (*Tsuji*, Pharm. Bl. **2** [1954] 403, 410).
Kristalle (aus A.); F: 206–207°.

1-Hexanoyl-[1,2,4]triazolidin-3,5-dion $C_8H_{13}N_3O_3$, Formel VIII und Taut.
B. Analog der vorangehenden Verbindung (*Tsuji*, Pharm. Bl. **2** [1954] 403, 410).
Kristalle; F: 186–188°.

4-[3,5-Dioxo-[1,2,4]triazolidin-1-yl]-benzolsulfonsäure-amid $C_8H_8N_4O_4S$, Formel IX und Taut.
B. Aus 4-Hydrazino-benzolsulfonsäure-amid-hydrochlorid oder 4-Semicarbazido-benzol‌sulfonsäure-amid beim Erhitzen mit Harnstoff auf 190° (*Amorosa*, Farmaco **3** [1948] 389, 395).
Kristalle (aus H$_2$O); F: 283–286° [Zers.].

4-Amino-[1,2,4]triazolidin-3,5-dion $C_2H_4N_4O_2$, Formel X (R = H) und Taut. (vgl. H 204; E I 60; E II 109).

Bestätigung der H 204, E I 60 und E II 109 erfolgten Konstitutionszuordnung für die Präpa‍rate von *Diels* (E I 60), *Stollé* (E I 60), *Stollé, Krauch* (E I 60), *Stollé, Leverkus* (E I 60), *Munro, Wilson* (E II 109), *Curtius, Schmidt* (E II 109), *Baird, Wilson* (E II 109) und *Brown et al.* (E II 109) sowie für die im Original jeweils als Tetrahydro-[1,2,4,5]tetrazin-3,6-dion („*p*-Urazin") formulierten Präparate von *Curtius, Heidenreich* (H 204), *Purgotti* (H 204), *Pellizzari, Ronca‍gliolo* (H 204) und *Purgotti, Viganò* (H 204): *Eloy, Moussebois*, Bl. Soc. chim. Belg. **68** [1959] 432, 434; *Lenoir et al.*, Canad. J. Chem. **50** [1972] 2661, 2662, 2664; *Wiley*, Chem. heterocycl. Compounds **33** [1978] 1073, 1216, 1217. In den früher ebenfalls als 4-Amino-[1,2,4]triazolidin-3,5-dion formulierten Präparaten von *Chattaway* (H 204), *Datta, Gupta* (E I 60) und *Hurtley* (E II 109), die von den genannten Autoren als Tetrahydro-[1,2,4,5]tetrazin-3,6-dion beschrieben worden sind, hat dagegen wahrscheinlich Biharnstoff (E IV 3 236, E IV 4 4469) vorgelegen (*Wiley*, Am. Soc. **76** [1954] 5176; Chem. heterocycl. Compounds **33** 1216, 1217; *Grove et al.*, J. org. Chem. **26** [1961] 4131; *Lutz*, J. org. Chem. **29** [1964] 1174).

B. Aus Carbonohydrazid oder Hydrazin-*N,N'*-dicarbonsäure-amid-hydrazid (vgl. H 204) beim Erhitzen mit wss. HCl auf 210° (*Audrieth, Mohr*, Inorg. Synth. **4** [1953] 29). Aus Carbazid‍säure-phenylester beim Erhitzen mit H_2O (*Eloy, Mo.*, l. c. S. 435). Aus Semicarbazid-hydrochlo‍rid beim Erhitzen in Octan-1-ol oder Kerosin (*Le. et al.*, l. c. S. 2662) sowie beim Erwärmen mit $N_2H_4 \cdot H_2O$ in Äthanol und anschliessenden Erhitzen mit konz. wss. HCl auf 215° (*Le. et al.*, l. c. S. 2665). Beim Erhitzen von Biharnstoff mit $N_2H_4 \cdot 2HCl$ in Kerosin (*Le. et al.*, l. c. S. 2664; vgl. H 204). Beim Erhitzen von Piperidin-1-carbonsäure-hydrazid auf 200° (*Strat‍ton, Wilson*, Soc. **1931** 1154, 1158).

Kristalle; F: 276° [Zers.; aus wss. HCl] (*Au., Mohr*; vgl. *Le. et al.*), 273° [aus H_2O] (*St., Wi.*), 269−270° [aus H_2O] (*Eloy, Mo.*). pH-Wert einer gesättigten wss. Lösung bei 25°: 3,4 (*Au., Mohr*). Löslichkeit in H_2O bei 0°: 0,32 g/100 g; bei 65°: 4,02 g/100 g (*Au., Mohr*).

Silber-Salz $AgC_2H_3N_4O_2$ (H 205): *Eloy, Mo.*

Hydrazin-Salz $N_2H_4 \cdot C_2H_4N_4O_2$ (vgl. H 205). F: 256−258° (*Eloy, Mo.*).

Isopropyliden-Derivat $C_5H_8N_4O_2$; 4-Isopropylidenamino-[1,2,4]triazolidin-3,5-dion (H 205). F: 204−206° (*Eloy, Mo.*).

Benzyliden-Derivat $C_9H_8N_4O_2$; 4-Benzylidenamino-[1,2,4]triazolidin-3,5-dion (H 205). F: 254° (*Le. et al.*, l. c. S. 2666), 253° (*Au., Mohr*).

IX   X

1-Cyclohexyl-4-cyclohexylamino-[1,2,4]triazolidin-3,5-dion $C_{14}H_{24}N_4O_2$, Formel X (R = C_6H_{11}) und Taut.

Diese Konstitution kommt vermutlich der früher (E II **26** 259) als 1,4-Dicyclohexyl-tetra‍hydro-[1,2,4,5]tetrazin-3,6-dion („1.4-Dicyclohexyl-*p*-urazin") beschriebenen Verbindung zu (vgl. die folgende analog hergestellte Verbindung).

4-Anilino-1-phenyl-[1,2,4]triazolidin-3,5-dion $C_{14}H_{12}N_4O_2$, Formel X (R = C_6H_5) und Taut. (H 207; E I 61).

Bestätigung der Konstitutionszuordnung der H 207 und E I 61 beschriebenen Präparate: *Lenoir et al.*, Canad. J. Chem. **50** [1972] 2661, 2665. Diese Verbindung hat wahrscheinlich auch in dem früher (H **26** 440) als 1,4(oder 1,5)-Diphenyl-tetrahydro-[1,2,4,5]tetrazin-3,6-dion („1.4(oder 1.5)-Diphenyl-uracin") formulierten Präparat (F: 235°) vorgelegen (*Lenoir, Johnson*, Tetrahedron Letters **1973** 5123, 5124; s. a. *Le. et al.*, l. c. S. 2663; vgl. die thermische Isomerisie‍rung des 2-Phenyl-semicarbazids zu 1-Phenyl-semicarbazid [H **15** 276]).

B. Beim Erhitzen von Phenylhydrazin-hydrochlorid mit Harnstoff in Petroläther (*Le. et al.*; vgl. H 207; *Le., Jo.*, l. c. S. 5125). Beim Erhitzen von 3-Phenyl-carbazidsäure-äthylester auf ca. 200° oder von 1-Phenyl-semicarbazid auf 150−160° (*Le., Jo.*, l. c. S. 5123, 5125; vgl. H 207).

Kristalle (aus wss. A.); F: 264,2° (*Le. et al.*). ^{13}C-NMR-Absorption (DMSO) und ^{1}H-^{13}C-Spin-Spin-Kopplungskonstanten (DMSO): *Le. et al.*

1-Formyl-4-formylamino-[1,2,4]triazolidin-3,5-dion, N-[1-Formyl-3,5-dioxo-[1,2,4]triazolidin-4-yl]-formamid $C_4H_4N_4O_4$, Formel X (R = CHO) und Taut.

Diese Konstitution kommt der E I **6** 387 (Zeile 18 v.o.) beschriebenen Verbindung $C_2H_2N_2O_2$ vom F: 120° zu (*Rätz, Schroeder*, J. org. Chem. **23** [1958] 2017).

B. Aus der folgenden Verbindung beim Erhitzen auf 170°/3 Torr (*Rätz, Sch.*).

Kristalle (aus Me. oder H$_2$O); F: 120° [unkorr.].

1-Hydroxyoxalyl-4-hydroxyoxalylamino-[1,2,4]triazolidin-3,5-dion, N-[1-Hydroxyoxalyl-3,5-dioxo-[1,2,4]triazolidin-4-yl]-oxalamidsäure $C_6H_4N_4O_8$, Formel XI (R = H, X = OH) und Taut.

B. Aus der folgenden Verbindung beim Behandeln mit wss. NaOH (*Rätz, Schroeder*, J. org. Chem. **23** [1958] 2017).

Kristalle (aus A.); F: 176−178° [unkorr.].

Tetranatrium-Salz $Na_4C_6N_4O_8$. Kristalle (aus H$_2$O) mit 6 Mol H$_2$O.

Diammonium-Salz $[NH_4]_2C_6H_2N_4O_8$. Kristalle (aus H$_2$O); F: 204° [unkorr.].

Tetraammonium-Salz $[NH_4]_4C_6N_4O_8$. Kristalle (aus H$_2$O); F: 202−203° [unkorr.].

Tetrahydrazin-Salz $4N_2H_4 \cdot C_6H_4N_4O_8$. Kristalle (aus wss. A.); F: 159−160° [unkorr.].

Tetraanilin-Salz $4C_6H_7N \cdot C_6H_4N_4O_8$. Kristalle (aus A.); F: 205−206° [unkorr.].

Hexan-1,6-diyldiamin-Salz $2C_6H_{16}N_2 \cdot C_6H_4N_4O_8$. Kristalle (aus H$_2$O); F: 173−175° [unkorr.; Zers.].

1-Aminooxalyl-4-aminooxalylamino-[1,2,4]triazolidin-3,5-dion, N-[1-Aminooxalyl-3,5-dioxo-[1,2,4]triazolidin-4-yl]-oxalamid $C_6H_6N_6O_6$, Formel XI (R = H, X = NH$_2$) und Taut.

B. Aus Oxalamidsäure-hydrazid beim Behandeln mit wss. NaOH und mit COCl$_2$ in Toluol (*Rätz, Schroeder*, J. org. Chem. **23** [1958] 2017).

Kristalle (aus H$_2$O); F: 247−248° [unkorr.].

Dinatrium-Salz $Na_2C_6H_4N_6O_6$. Kristalle (aus H$_2$O) mit 1 Mol H$_2$O.

Dikalium-Salz $K_2C_6H_4N_6O_6$. Kristalle (aus H$_2$O).

Disilber-Salz $Ag_2C_6H_4N_6O_6$.

1-Methoxyoxalyl-4-[methoxyoxalyl-methyl-amino]-2-methyl-[1,2,4]triazolidin-3,5-dion, N-[1-Methoxyoxalyl-2-methyl-3,5-dioxo-[1,2,4]triazolidin-4-yl]-N-methyl-oxalamidsäure-methyl-ester $C_{10}H_{12}N_4O_8$, Formel XI (R = CH$_3$, X = O-CH$_3$).

B. Aus 1-Hydroxyoxalyl-4-hydroxyoxalylamino-[1,2,4]triazolidin-3,5-dion und Diazomethan in Äther (*Rätz, Schroeder*, J. org. Chem. **23** [1958] 2017).

Kristalle (aus Me.); F: 77−78°.

1-Aminooxalyl-4-[aminooxalyl-methyl-amino]-2-methyl-[1,2,4]triazolidin-3,5-dion, N-[1-Aminooxalyl-2-methyl-3,5-dioxo-[1,2,4]triazolidin-4-yl]-N-methyl-oxalamid $C_8H_{10}N_6O_6$, Formel XI (R = CH$_3$, X = NH$_2$).

B. Analog der vorangehenden Verbindung (*Rätz, Schroeder*, J. org. Chem. **23** [1958] 2017).

Kristalle (aus Me.); F: 191,5−193° [unkorr.].

XI   XII   XIII   XIV

5-Thioxo-[1,2,4]triazolidin-3-on-hydrazon, 5-Hydrazono-[1,2,4]triazolidin-3-thion $C_2H_5N_5S$, Formel XII und Taut. (E II 112).

Nach Ausweis der Kristallstruktur-Analyse liegt in den Kristallen ein assoziiertes Betain des 5-Hydrazino-4*H*-[1,2,4]triazol-3-thiols vor (*Senko*, U.S. Atomic Energy Comm. UCRL-3521 [1956] 13; *Senko, Templeton*, Acta cryst. **11** [1958] 808; vgl. *Elguero et al.*, Adv. heterocycl. Chem. Spl. 1 [1976] 483).

B. Neben anderen Verbindungen beim Behandeln von Dithiobiharnstoff (E IV **3** 386) mit wss. N_2H_4 (*Hoggarth*, Soc. **1952** 4817, 4818; vgl. E II 112). Beim Erhitzen von *S*-Methyl-1-thiocarbamoyl-isothiocarbonohydrazid mit wss. NaOH (*Scott, Audrieth*, J. org. Chem. **19** [1954] 742, 746).

Atomabstände und Bindungswinkel (Röntgen-Diagramm): *Se.; Se., Te.*

Kristalle (aus H_2O); F: 240−241° [Zers.] (*Ho.*). Monoklin; Kristallstruktur-Analyse (Rönt≠ gen-Diagramm): *Se.; Se., Te.*

Benzyliden-Derivat $C_9H_9N_5S$; 5-Benzylidenhydrazono-[1,2,4]triazolidin-3-thion und Taut. (E II 113). Kristalle (aus A.); F: 268−269° [Zers.] (*Ho.*).

[4-Chlor-benzyliden]-Derivat $C_9H_8ClN_5S$; 5-[4-Chlor-benzylidenhydrazono]-[1,2,4]triazolidin-3-thion und Taut. Kristalle (aus A. oder wss. A.); F: 276° [Zers.] (*Ho.*).

[4-Methoxy-benzyliden]-Derivat $C_{10}H_{11}N_5OS$; 5-[4-Methoxy-benzyliden≠ hydrazono]-[1,2,4]triazolidin-3-thion und Taut. Kristalle (aus A. oder wss. A.); F: 264−265° [Zers.] (*Ho.*).

4-Methyl-5-thioxo-[1,2,4]triazolidin-3-on $C_3H_5N_3OS$, Formel XIII (R = CH_3) und Taut.

B. Aus 1-Methyl-2-thio-biharnstoff [E IV **4** 221] (*Bradsher et al.*, J. org. Chem. **23** [1958] 618) oder aus 1,6-Dimethyl-2-thio-biharnstoff [E IV **4** 221] (*Loewe, Türgen*, Rev. Fac. Sci. Istanbul [A] **14** [1949] 227, 237) beim Erwärmen mit wss. NaOH.

Kristalle; F: 212° [aus Butan-1-ol, E. oder H_2O] (*Lo., Tü.*), 210−212° [korr.; aus H_2O] (*Br. et al.*).

Die folgenden Verbindungen sind in analoger Weise hergestellt worden:

4-Äthyl-5-thioxo-[1,2,4]triazolidin-3-on $C_4H_7N_3OS$, Formel XIII (R = C_2H_5) und Taut. Kristalle (aus H_2O); F: 184−184,5° [korr.; nach Sintern bei 150−160°] (*Br. et al.*).

4-Propyl-5-thioxo-[1,2,4]triazolidin-3-on $C_5H_9N_3OS$, Formel XIII (R = CH_2-C_2H_5) und Taut. Kristalle (aus H_2O); F: 175−176° [korr.; nach Sintern >155°] (*Br. et al.*).

4-Isopropyl-5-thioxo-[1,2,4]triazolidin-3-on $C_5H_9N_3OS$, Formel XIII (R = $CH(CH_3)_2$) und Taut. Kristalle (aus H_2O); F: 174−175° [korr.; nach Sintern >155°] (*Br. et al.*).

4-Butyl-5-thioxo-[1,2,4]triazolidin-3-on $C_6H_{11}N_3OS$, Formel XIII (R = $[CH_2]_3$-CH_3) und Taut. Kristalle (aus H_2O); F: 154,5−155,5° [korr.; nach Sintern bei 147−151°] (*Br. et al.*).

4-Pentyl-5-thioxo-[1,2,4]triazolidin-3-on $C_7H_{13}N_3OS$, Formel XIII (R = $[CH_2]_4$-CH_3) und Taut. Kristalle (aus H_2O); F: 151−151,5° [korr.; nach Sintern bei 139−146°] (*Br. et al.*).

4-Hexyl-5-thioxo-[1,2,4]triazolidin-3-on $C_8H_{15}N_3OS$, Formel XIII (R = $[CH_2]_5$-CH_3) und Taut. Kristalle (aus H_2O); F: 146,5−147,5° [korr.; nach Sintern >139°] (*Br. et al.*).

4-Heptyl-5-thioxo-[1,2,4]triazolidin-3-on $C_9H_{17}N_3OS$, Formel XIII (R = $[CH_2]_6$-CH_3) und Taut. Kristalle (aus H_2O); F: 145,5−146,5° [korr.; nach Sintern >139°] (*Br. et al.*).

4-Cyclohexyl-5-thioxo-[1,2,4]triazolidin-3-on $C_8H_{13}N_3OS$, Formel XIII (R = C_6H_{11}) und Taut.

B. Aus 3-Cyclohexylthiocarbamoyl-carbazidsäure-äthylester beim Erwärmen mit wss. KOH (*Tišler*, Ar. **292** [1959] 90, 93, 94).

Kristalle (aus H_2O); F: 185−186° [nach Trocknen bei 100°].

2-Phenyl-5-thioxo-[1,2,4]triazolidin-3-on $C_8H_7N_3OS$, Formel XIV und Taut. (H 211; E I 61).

Natrium-Salz $NaC_8H_6N_3OS \cdot 3H_2O$ (E I 61). Geschwindigkeitskonstante der Reaktion mit Äthyljodid in Äthanol bei 25°: *J. Chandler*, Diss. [Baltimore 1912], zit. bei *Brändström*, Ark. Kemi **11** [1957] 567, 588.

4-Phenyl-5-thioxo-[1,2,4]triazolidin-3-on $C_8H_7N_3OS$, Formel I (X = X′ = X″ = H) und Taut. (E II 113).

B. Aus 1-Phenyl-2-thio-biharnstoff beim Erwärmen mit wss. NaOH (*Bradsher et al.*, J. org. Chem. **23** [1958] 618; s. a. E II 113). Aus 3-Phenylthiocarbamoyl-carbazidsäure-äthylester beim Erwärmen mit wss. KOH (*Tišler*, Ar. **292** [1959] 90, 93, 94; s. a. E II 113). Aus 4-Phenyl-thiosemicarbazid beim Erwärmen mit Diäthylcarbonat und methanol. Natriummethylat (*Pesson et al.*, C. r. **248** [1959] 1680; Bl. **1961** 1581, 1585).

Kristalle (aus H_2O) mit 1 Mol H_2O, F: ca. 130° (*Pe. et al.*); die wasserfreie Verbindung schmilzt bei 193,5–195,5° [korr.] (*Br. et al.*), 195° (*Ti.*), 192–193° (*Pe. et al.*).

4-[3-Chlor-phenyl]-5-thioxo-[1,2,4]triazolidin-3-on $C_8H_6ClN_3OS$, Formel I (X = X″ = H, X′ = Cl) und Taut.

B. Aus 3-[(3-Chlor-phenyl)-thiocarbamoyl]-carbazidsäure-äthylester beim Erwärmen mit wss. KOH (*Tišler*, Ar. **292** [1959] 90, 93, 94).

Kristalle (aus H_2O); F: 205–206° [nach Trocknen bei 100°].

4-[4-Chlor-phenyl]-5-thioxo-[1,2,4]triazolidin-3-on $C_8H_6ClN_3OS$, Formel I (X = X′ = H, X″ = Cl) und Taut.

B. Aus 3-[(4-Chlor-phenyl)-thiocarbamoyl]-carbazidsäure-äthylester beim Erwärmen mit wss. KOH (*Tišler*, Ar. **292** [1959] 90, 93, 94). Aus 4-[4-Chlor-phenyl]-thiosemicarbazid beim Erwärmen mit Diäthylcarbonat und methanol. Natriummethylat (*Pesson et al.*, C. r. **248** [1959] 1680; Bl. **1961** 1581, 1585).

Lösungsmittelhaltige Kristalle [aus H_2O bzw. aus Me.] (*Ti.; Pe. et al.*, Bl. **1961** 1585); die lösungsmittelfreie Verbindung schmilzt bei 217–218° (*Ti.*), 216° (*Pe. et al.*, Bl. **1961** 1585).

4-[4-Brom-phenyl]-5-thioxo-[1,2,4]triazolidin-3-on $C_8H_6BrN_3OS$, Formel I (X = X′ = H, X″ = Br) und Taut.

B. Aus 3-[(4-Brom-phenyl)-thiocarbamoyl]-carbazidsäure-äthylester beim Erwärmen mit wss. KOH (*Tišler*, Ar. **292** [1959] 90, 93, 94).

Kristalle (aus H_2O); F: 245–247° [nach Trocknen bei 100°].

1,4-Diphenyl-5-thioxo-[1,2,4]triazolidin-3-on $C_{14}H_{11}N_3OS$, Formel II und Taut. (H 213; E I 62).

Die beim Behandeln mit wss. H_2O_2 in wss. Na_2CO_3 erhaltene Verbindung (s. H 213, 214) ist als 3-Hydroxy-1,4-diphenyl-[1,2,4]triazolium-betain (S. 422) zu formulieren (*Kato et al.*, Tetrahedron Letters **1967** 4261; *Evans, Milligan*, Austral. J. Chem. **20** [1967] 1779; s. a. *Temple*, Chem. heterocycl. Compounds **37** [1981] 599, 613).

5-Thioxo-4-*m*-tolyl-[1,2,4]triazolidin-3-on $C_9H_9N_3OS$, Formel I (X = X″ = H, X′ = CH_3) und Taut.

B. Aus 3-*m*-Tolylthiocarbamoyl-carbazidsäure-äthylester beim Erwärmen mit wss. KOH (*Tišler*, Ar. **292** [1959] 90, 93, 94).

Kristalle (aus H_2O); F: 180° [nach Trocknen bei 100°].

I   II   III   IV

5-Thioxo-4-*p*-tolyl-[1,2,4]triazolidin-3-on $C_9H_9N_3OS$, Formel I (X = X′ = H, X″ = CH_3) und Taut. (vgl. E II 115).

B. Analog der vorangehenden Verbindung (*Tišler*, Ar. **292** [1959] 90, 93, 94).

Kristalle (aus wss. A.); F: 223–225° [nach Trocknen bei 100°].

4-Benzyl-5-thioxo-[1,2,4]triazolidin-3-on $C_9H_9N_3OS$, Formel III (n = 1) und Taut.

B. Aus 1-Benzyl-2-thio-biharnstoff beim Erwärmen mit wss. NaOH (*Bradsher et al.*, J. org. Chem. **23** [1958] 618). Aus 3-Benzylthiocarbamoyl-carbazidsäure-äthylester beim Erwärmen mit wss. KOH (*Tišler*, Ar. **292** [1959] 90, 93, 94).

Kristalle (aus H_2O); F: 218–219° [nach Trocknen bei 100°] (*Ti.*), 216,5–217,5° [korr.; nach Sintern >195°] (*Br. et al.*).

4-Phenäthyl-5-thioxo-[1,2,4]triazolidin-3-on $C_{10}H_{11}N_3OS$, Formel III (n = 2) und Taut.

B. Aus 1-Phenäthyl-2-thio-biharnstoff beim Erwärmen mit wss. NaOH (*Bradsher et al.*, J. org. Chem. **23** [1958] 618).

Kristalle (aus H_2O); F: 171,5–172,5° [korr.; nach Sintern >162°].

4-[2,3-Dimethyl-phenyl]-5-thioxo-[1,2,4]triazolidin-3-on $C_{10}H_{11}N_3OS$, Formel I (X = X' = CH_3, X'' = H) und Taut.

B. Aus 3-[(2,3-Dimethyl-phenyl)-thiocarbamoyl]-carbazidsäure-äthylester beim Erwärmen mit wss. KOH (*Tišler*, Ar. **292** [1959] 90, 93, 94).

Kristalle (aus H_2O); F: 194° [nach Trocknen bei 100°].

4-[4-Methoxy-phenyl]-5-thioxo-[1,2,4]triazolidin-3-on $C_9H_9N_3O_2S$, Formel I (X = X' = H, X'' = $O-CH_3$) und Taut.

B. Analog der vorangehenden Verbindung (*Tišler*, Ar. **292** [1959] 90, 93, 94).

Kristalle (aus H_2O); F: 240° [nach Trocknen bei 100°].

4-[4-Äthoxy-phenyl]-5-thioxo-[1,2,4]triazolidin-3-on $C_{10}H_{11}N_3O_2S$, Formel I (X = X' = H, X'' = $O-C_2H_5$) und Taut.

B. Aus 4-[4-Äthoxy-phenyl]-thiosemicarbazid beim Erwärmen mit Diäthylcarbonat und methanol. Natriummethylat (*Pesson et al.*, C. r. **248** [1959] 1680; Bl. **1961** 1581, 1585).

F: 196–198°.

2-Acetyl-4-methyl-5-thioxo-[1,2,4]triazolidin-3-on $C_5H_7N_3O_2S$, Formel IV (R = CH_3) und Taut.

B. Aus 4-Methyl-5-thioxo-[1,2,4]triazolidin-3-on beim Erhitzen mit Acetanhydrid (*Loewe, Türgen*, Rev. Fac. Sci. Istanbul [A] **14** [1949] 227, 240).

Kristalle (aus A.); F: 198–199°.

2,4-Diacetyl-5-thioxo-[1,2,4]triazolidin-3-on $C_6H_7N_3O_3S$, Formel IV (R = $CO-CH_3$) und Taut.

B. Aus 5-Thioxo-[1,2,4]triazolidin-3-on beim Erhitzen mit Acetanhydrid (*Loewe, Türgen*, Rev. Fac. Sci. Istanbul [A] **14** [1949] 227, 241).

Kristalle (aus E.); F: 138°.

4-[2]Pyridyl-5-thioxo-[1,2,4]triazolidin-3-on $C_7H_6N_4OS$, Formel V und Taut.

B. Aus 4-[2]Pyridyl-thiosemicarbazid beim Erwärmen mit Diäthylcarbonat und methanol. Natriummethylat (*Pesson et al.*, C. r. **248** [1959] 1680; Bl. **1961** 1581, 1585).

F: 215–216°.

4-Amino-5-thioxo-[1,2,4]triazolidin-3-on $C_2H_4N_4OS$, Formel VI (X = O) und Taut.

Die Identität des früher (E II **26** 117) unter dieser Konstitution beschriebenen Präparats (F: 195–196° [Zers.]; „4-Amino-3-thio-urazol") ist aufgrund seiner Herstellung aus zweifelhaf≈ tem 1-Carbamoyl-thiocarbonohydrazid (E II **3** 138; vgl. E IV **3** 389) ungewiss; entsprechendes gilt für das Benzyliden-Derivat 4-Benzylidenamino-5-thioxo-[1,2,4]triazolidin-3-on ($C_9H_8N_4OS$; E II **26** 117).

Authentisches 4-Amino-5-thioxo-[1,2,4]triazolidin-3-on hat möglicherweise in den E II **26** 259 und von *Offe et al.* (Z. Naturf. **7b** [1952] 446, 458) als 6-Thioxo-tetrahydro-[1,2,4,5]tetrazin-3-on („Monothio-p-urazin") beschriebenen Präparaten (F: 238° [Zers.] bzw. F: 237°) vorgelegen (vgl. dazu *Petri*, Z. Naturf. **16b** [1961] 767; *Sandström*, Acta chem. scand. **15** [1961] 1295, 1296; *Lutz*, J. org. Chem. **29** [1964] 1174).

4-Amino-5-thioxo-[1,2,4]triazolidin-3-on-hydrazon, 4-Amino-5-hydrazono-[1,2,4]triazolidin-3-thion $C_2H_6N_6S$, Formel VI (X = N-NH$_2$) und Taut. (H 217).

Nach Ausweis der Kristallstruktur-Analyse liegt in den Kristallen 4-Amino-5-hydrazino-2,4-dihydro-[1,2,4]triazol-3-thion vor (*Isaacs, Kennard*, Soc. [B] **1971** 1270).

B. Aus Thiocarbonohydrazid beim Erwärmen mit N$_2$H$_4$ in wss. Äthanol (*Kulka*, Canad. J. Chem. **34** [1956] 1093, 1100). Aus *O,S*-Diäthyl-dithiocarbonat beim Behandeln mit N$_2$H$_4$ in H$_2$O und anschliessenden Erhitzen mit wss. HCl (*Strube, Lewis*, J. Am. pharm. Assoc. **48** [1959] 73; s. a. *Ku.*). Neben anderen Verbindungen beim Behandeln von Dithiobiharnstoff (E IV **3** 386) mit N$_2$H$_4$ in H$_2$O (*Hoggarth*, Soc. **1952** 4817, 4818). Neben 4-Amino-5-methyl-2,4-dihydro-[1,2,4]triazol-3-thion beim Erhitzen von 3-Acetyl-dithiocarbazidsäure-methylester mit N$_2$H$_4$ in wss. Äthanol (*Hoggarth*, Soc. **1952** 4811, 4814, 4815).

Atomabstände und Bindungswinkel (Röntgen-Diagramm): *Is., Ke.*
Kristalle; F: 233—235° (*Ku.*), 232—233° [Zers.; aus H$_2$O] (*Ho.*, l. c. S. 4815). Monoklin; Kristallstruktur-Analyse (Röntgen-Diagramm): *Is., Ke.* Dichte der Kristalle: 1,68 (*Is., Ke.*).

Dibenzyliden-Derivat $C_{16}H_{14}N_6S$; 4-Benzylidenamino-5-benzylidenhydr⁼azono-[1,2,4]triazolidin-3-thion und Taut. Hellgelbe Kristalle (aus Propan-1-ol); F: 245—246° [Zers.] (*Ho.*, l. c. S. 4819).

4-Carbamimidoylhydrazono-cyclohexa-2,5-dienyliden-Derivat $C_9H_{12}N_{10}S$; 4-Amino-5-[4-carbamimidoylhydrazono-cyclohexa-2,5-dienylidenhydrazono]-[1,2,4]triazolidin-3-thion. Hydrochlorid $C_9H_{12}N_{10}S \cdot HCl$. Feststoff (*St., Le.*).

[1,2,4]Triazolidin-3,5-dithion $C_2H_3N_3S_2$, Formel VII (R = H) und Taut.; **Dithiourazol** (E II 118).

Die von *Beckett, Dyson* (Soc. **1937** 1358, 1362) unter dieser Konstitution beschriebene Verbin⁼dung ist als 5-Amino-3*H*-[1,3,4]thiadiazol-2-thion zu formulieren (*Anthoni, Nielsen*, Acta chem. scand. [B] **28** [1974] 489).

Kristalle (aus H$_2$O); F: 197° (*Dubský et al.*, Z. anal. Chem. **100** [1935] 408, 414).

Beim Erhitzen mit Acetanhydrid ist die Diacetyl-Verbindung des 5-Amino-3*H*-[1,3,4]thiadi⁼azol-2-thions erhalten worden (*Guha, Janniah*, J. Indian Inst. Sci. [A] **21** [1938] 60, 63).

Hydrazin-Salz $N_2H_4 \cdot C_2H_3N_3S_2$ (E II 118). Kristalle (aus H$_2$O); Zers. bei 268° (*Du. et al.*, l. c. S. 413).

4-Phenyl-[1,2,4]triazolidin-3,5-dithion $C_8H_7N_3S_2$, Formel VII (R = C$_6$H$_5$) und Taut. (E II 118).

B. Aus 1,5-Bis-phenylthiocarbamoyl-thiocarbonohydrazid (E II **12** 234) beim Erhitzen mit wss. NaOH (*Dornow, Paucksch*, B. **99** [1966] 81, 83; vgl. E II **26** 118).

Gelbe Kristalle; F: 232° (*Dubský et al.*, Z. anal. Chem. **100** [1935] 408, 414), 227° [aus Eg.] (*Do., Pa.*).

Überführung in 5-Anilino-3*H*-[1,3,4]thiadiazol-2-thion durch Erhitzen mit wss. HCl: *Guha, Janniah*, J. Indian Inst. Sci. [A] **21** [1938] 60, 63.

4-*o*-Tolyl-[1,2,4]triazolidin-3,5-dithion $C_9H_9N_3S_2$, Formel VII (R = C$_6$H$_4$-CH$_3$) und Taut.

B. Neben 5-Amino-4-*o*-tolyl-2,4-dihydro-[1,2,4]triazol-3-thion beim Erhitzen von 1-*o*-Tolyl-dithiobiharnstoff (E III **12** 1882) mit wss. NaOH (*Guha, Mehta*, J. Indian Inst. Sci. [A] **21** [1938] 41, 56).

Kristalle (aus A.); F: 223°.

Überführung in 3,5-Bis-methylmercapto-4-*o*-tolyl-4*H*-[1,2,4]triazol durch Behandlung mit Di⁼methylsulfat und wss. NH$_3$: *Guha, Me.*

4-*p*-Tolyl-[1,2,4]triazolidin-3,5-dithion $C_9H_9N_3S_2$, Formel VII (R = C$_6$H$_4$-CH$_3$) und Taut.

B. Analog der vorangehenden Verbindung (*Guha, Mehta*, J. Indian Inst. Sci. [A] **21** [1938] 41, 57).

Kristalle (aus A.); F: 213°.

3-[3,5-Dithioxo-[1,2,4]triazolidin-4-yl]-propionsäure-methylester $C_6H_9N_3O_2S_2$, Formel VII ($R = CH_2\text{-}CH_2\text{-}CO\text{-}O\text{-}CH_3$) und Taut.

B. Aus N,N'-[Hydrazin-N,N'-bis-thiocarbonyl]-di-β-alanin-dimethylester (E IV **4** 2553) beim Erhitzen mit Polyphosphorsäure auf 120° (*McKay et al.*, Am. Soc. **80** [1958] 3335, 3338).

Kristalle; F: 141−142° [unkorr.].

V   VI   VII   VIII   IX   X   XI

4-Amino-[1,2,4]triazolidin-3,5-dithion $C_2H_4N_4S_2$, Formel VII ($R = NH_2$) und Taut. (E II 119).

Diese Verbindung hat auch in den früher (E II **26** 259) sowie von *Beckett, Dyson* (Soc. **1937** 1358, 1362) und von *Wangel* (Kem. Maanedsb. **39** [1958] 73, 74, 76) als Tetrahydro-[1,2,4,5]tetrazin-3,6-dithion („Dithio-*p*-urazin") beschriebenen Präparaten vorgelegen (*Petri*, Z. Naturf. **16b** [1961] 767; *Sandström*, Acta chem. scand. **15** [1961] 1295, 1296; *Lutz*, J. org. Chem. **29** [1964] 1174). Die Identität des früher (E II **26** 119) unter dieser Konstitution beschrie= benen Präparats von *Guha, De* ist aufgrund seiner Herstellung aus zweifelhaftem 1-Thiocarb= amoyl-thiocarbonohydrazid (E II **3** 138; vgl. E IV **3** 389) ungewiss.

Nach Ausweis der IR-Absorption ist die Verbindung als Dithioxo-Tautomeres zu formulieren (*Pe.*; s. a. *Lutz*, l. c. S. 1175).

B. Aus $N_2H_4 \cdot H_2O$ und Thiocarbonyldimercapto-di-essigsäure-dimethylester (*Wa.*, l. c. S. 74). Neben anderen Verbindungen beim Erhitzen von Thiocarbonohydrazid mit CS_2 in Pyridin (*Sa.*, l. c. S. 1297, 1299; vgl. E II **26** 259) sowie beim Erwärmen von Dithiobiharnstoff (E IV **3** 386) mit wss. $N_2H_4 \cdot H_2O$ (*Hoggarth*, Soc. **1952** 4817, 4818; *Lutz*, l. c. S. 1176; vgl. E II **26** 119). Beim Erwärmen von N,N'-Bis-isothiocyanato-thioharnstoff mit Anilin oder *p*-Toluidin in Äthanol (*Be., Dy.*). Beim Erhitzen von 1-Thiocarbamoyl-thiocarbonohydrazid mit wss. HCl (*Lutz*; vgl. E II **26** 119).

Kristalle (aus wss. HCl); F: 222° [Zers.] (*Sa.*), 216−218° [Zers.] (*Ho.*). IR-Banden (3250−650 cm^{-1}): *Pe.*; vgl. *Lutz*, l. c. S. 1175. λ_{max} (A.): 260 nm (*Sa.*).

Die freie Säure ist an der Luft nicht beständig (*Sa.*, l. c. S. 1296). In der beim Behandeln mit wss. Jod (s. E II **26** 259) oder mit $FeCl_3$ und wss. HCl (s. E II **26** 119) erhaltenen Verbindung der vermeintlichen Zusammensetzung $(C_2H_2N_4S_2)_x$ (F: 218° [Zers.] bzw. F: ca. 214° [Zers.]) hat wahrscheinlich 4,4'-Diamino-2,4,2',4'-tetrahydro-5,5'-disulfandiyl-bis-[1,2,4]triazol-3-thion $(C_4H_6N_8S_4)$ vorgelegen (*Pe.*).

Pyridin-Salz $C_5H_5N \cdot C_2H_4N_4S_2$. Hellgelbe Kristalle (aus H_2O); F: 200° (*Sa.*, l. c. S. 1299).

Dioxo-Verbindungen $C_3H_5N_3O_2$

Dihydro-[1,2,4]triazin-3,5-dion $C_3H_5N_3O_2$, Formel VIII (E I 63).

B. Bei der Hydrierung von 2*H*-[1,2,4]Triazin-3,5-dion an Platin in Äthanol (*Gut et al.*, Collect. **24** [1959] 5154, 5159). Aus Semicarbazidoessigsäure-äthylester beim Behandeln mit äthanol. Natriumäthylat (*Grundmann et al.*, J. org. Chem. **23** [1958] 1522; vgl. E I 63).

Kristalle; F: 234° (*Gr. et al.*), 210° [unkorr.; aus H_2O] (*Gut et al.*).

Dinatrium-Salz $Na_2C_3H_3N_3O_2 \cdot 2H_2O$ (*Gr. et al.*).

Tetrahydro-[1,2,4]triazin-3,6-dion $C_3H_5N_3O_2$, Formel IX ($R = H$).

Die ursprünglich von *Lindenmann et al.* (Am. Soc. **74** [1952] 476, 480) und von *Gante* (Fortschr. chem. Forsch. **6** [1966] 358, 376) unter dieser Konstitution beschriebene Verbindung ist als 3-Amino-imidazolidin-2,4-dion (E III/IV **24** 1045) zu formulieren (*Gut et al.*, Collect. **33** [1968] 2087, 2092; *Fankhauser, Brenner*, Helv. **53** [1970] 2298, 2302).

3,6-Dioxo-tetrahydro-[1,2,4]triazin-2-carbonsäure-benzylester $C_{11}H_{11}N_3O_4$, Formel IX
(R = CO-O-CH$_2$-C$_6$H$_5$).

Die ursprünglich von *Lindenmann et al.* (Am. Soc. **74** [1952] 476, 480) unter dieser Konstitution beschriebene Verbindung ist wahrscheinlich als [2,5-Dioxo-imidazolidin-1-yl]-carbamidsäure-benzylester (E III/IV 24 1047) zu formulieren (vgl. die Angaben im vorangehenden Artikel).

Dihydro-[1,3,5]triazin-2,4-dion $C_3H_5N_3O_2$, Formel X (R = H, X = O).

Das E II 26 119 beschriebene Präparat ist nicht rein gewesen (*Piskala, Gut,* Collect. **26** [1961] 2519, 2523).

B. Aus 1*H*-[1,3,5]Triazin-2,4-dion bei der Hydrierung an Raney-Nickel in Äthanol bei 100°/50 at (*Pi., Gut,* l. c. S. 2527) oder beim Erwärmen mit Natrium-Amalgam und wss. HCl (*Hartman, Fellig,* Am. Soc. **77** [1955] 1051).

Kristalle (aus H$_2$O); F: 291 – 292° [unkorr.; Zers.] (*Pi., Gut*), 287° [Zers.; geschlossene Kapillare; nach Sublimation bei 260°] (*Ha., Fe.*).

1-*o*-Tolyl-dihydro-[1,3,5]triazin-2,4-dithion $C_{10}H_{11}N_3S_2$, Formel X (R = C$_6$H$_4$-CH$_3$, X = S).

Diese Konstitution kommt wahrscheinlich der früher (E I 24 184) als 2-Thioxo-[1,3]diazetidin-1-thiocarbonsäure-*o*-toluidid formulierten Verbindung zu (s. dazu *Fairfull, Peak,* Soc. **1955** 803).

Dioxo-Verbindungen $C_4H_7N_3O_2$

Tetrahydro-[1,3,5]triazepin-2,4-dithion $C_4H_7N_3S_2$, Formel XI.

Die ursprünglich von *Thorn, Ludwig* (Canad. J. Chem. **32** [1954] 872) unter dieser Konstitution beschriebene Verbindung ist als 2-Thioxo-imidazolidin-1-thiocarbonsäure-amid (E III/IV 24 27) zu formulieren (*Mammi et al.,* Soc. **1965** 1521; *Valle et al.,* Acta cryst. [B] **26** [1970] 468).

5-Methyl-tetrahydro-[1,2,4]triazin-3,6-dion $C_4H_7N_3O_2$, Formel XII.

Die ursprünglich von *Schlögl, Korger* (M. **82** [1951] 799, 804, 808) und von *Schauenstein, Perko* (Z. El. Ch. **58** [1954] 883, 886) mit Vorbehalt unter dieser Konstitution beschriebene Verbindung ist wahrscheinlich als (±)-3-Amino-5-methyl-imidazolidin-2,4-dion (E III/IV 24 1085) zu formulieren (*Schlögl et al.,* M. **85** [1954] 607, 610, 622; s. a. *Fankhauser, Brenner,* Helv. **53** [1970] 2298, 2302).

6-Methyl-dihydro-[1,3,5]triazin-2,4-dion $C_4H_7N_3O_2$, Formel XIII (H 221).

Nach Ausweis der IR-Absorption liegt in Dioxan das Dioxo-Tautomere vor (*Jonáš et al.,* Collect. **27** [1962] 2754, 2758, 2759).

B. Bei der Hydrierung von 6-Methyl-1*H*-[1,3,5]triazin-2,4-dion an Platin in H$_2$O oder in Essigsäure (*Ostrogovich, Ostrogovich,* G. **66** [1936] 48, 53, 54). Beim Behandeln von Acetaldehyd mit Cyansäure (*Ostrogovich, Ostrogovich,* G. **68** [1938] 688, 689).

Kristalle (aus H$_2$O); F: 272 – 273° [Zers.] (*Os., Os.,* G. **66** 55, **68** 691).

Hydrochlorid $2C_4H_7N_3O_2 \cdot HCl$. Kristalle mit 3 Mol H$_2$O (*Os., Os.,* G. **68** 692).

Silber-Salz $AgC_4H_6N_3O_2$ (H 221). Kristalle mit 1 Mol H$_2$O; F: 260 – 261° [Zers.; nach Braunfärbung ab 160°] (*Os., Os.,* G. **68** 694).

Tetrachloroaurat(III) $2C_4H_7N_3O_2 \cdot HAuCl_4$. Orangegelbe Kristalle mit 2 Mol H$_2$O (*Os., Os.,* G. **68** 692, 693).

Verbindung mit Quecksilber(I)-hydroxid $C_4H_7N_3O_2 \cdot 2HgOH$. Feststoff mit 2 Mol H$_2$O, der bei 120° H$_2$O abgibt und sich bei 250 – 252° unter teilweisem Schmelzen zersetzt (*Os., Os.,* G. **68** 695).

Picrat $2C_4H_7N_3O_2 \cdot C_6H_3N_3O_7$. Hellgelbe Kristalle; F: 211 – 212° [Zers.; bei schnellem Erhitzen] (*Os., Os.,* G. **68** 693, 694).

Acetat $C_4H_7N_3O_2 \cdot C_2H_4O_2$. Kristalle (*Os., Os.,* G. **68** 691, 692).

Diacetyl-Derivat $C_8H_{11}N_3O_4$. Kristalle (aus Ae. + CHCl$_3$); F: 175 – 176° [bei schnellem Erhitzen] (*Os., Os.,* G. **68** 696, 697).

XII   XIII   XIV   XV   XVI

Dioxo-Verbindungen $C_5H_9N_3O_2$

6,6-Dimethyl-dihydro-[1,2,4]triazin-3,5-dion $C_5H_9N_3O_2$, Formel XIV (X = O) (H 222).

B. Aus α-Semicarbazido-isobuttersäure-äthylester beim Erwärmen mit methanol. Natrium=
methylat (*Safir et al.*, J. org. Chem. **18** [1953] 106, 113). Aus α-Semicarbazido-isobuttersäure-
amid beim Erwärmen mit äthanol. Natriumäthylat (*Fusco, Rossi*, G. **84** [1954] 373, 381).

Kristalle (aus A.); F: 228−230° (*Sa. et al.*).

6,6-Dimethyl-3-thioxo-tetrahydro-[1,2,4]triazin-5-on $C_5H_9N_3OS$, Formel XIV (X = S).

B. Aus α-Thiosemicarbazido-isobuttersäure-amid beim Erwärmen mit äthanol. Natrium=
äthylat (*Fusco, Rossi*, G. **84** [1954] 373, 378).

Kristalle (aus H_2O); F: 245°.

6-Äthyl-1,3,5-trimethyl-dihydro-[1,3,5]triazin-2,4-dion $C_8H_{15}N_3O_2$, Formel XV (R = CH_3,
X = O).

Diese Konstitution kommt der früher (E II 27 762) als 2-Äthyl-3,5-dimethyl-6-methylimino-
tetrahydro-[1,3,5]oxadiazin-4-on beschriebenen Verbindung zu, da die Ausgangsverbindung
nach *Etienne et al.* (C. r. [C] **277** [1973] 795, 797) als 6-Äthyliden-1,3,5-trimethyl-dihydro-
[1,3,5]triazin-2,4-dion zu formulieren ist.

6-Äthyl-dihydro-[1,3,5]triazin-2,4-dithion $C_5H_9N_3S_2$, Formel XV (R = H, X = S).

Diese Konstitution kommt wahrscheinlich der früher (s. E IV 3 357) unter Vorbehalt als
Propyliden-dithiobiuret ($C_5H_9N_3S_2$) formulierten Verbindung zu (vgl. *Fairfull, Peak*, Soc.
1955 803).

1,6,6-Trimethyl-5-phenyl-dihydro-[1,3,5]triazin-2,4-dion $C_{12}H_{15}N_3O_2$, Formel XVI (R = H).

B. Aus 1,6,6-Trimethyl-4-methylmercapto-5-phenyl-5,6-dihydro-1H-[1,3,5]triazin-2-on beim
Behandeln mit H_2O_2 und Essigsäure (*Fairfull, Peak*, Soc. **1955** 803, 807).

Kristalle (aus A.); F: 251−252°.

1,3,6,6-Tetramethyl-5-phenyl-dihydro-[1,3,5]triazin-2,4-dion $C_{13}H_{17}N_3O_2$, Formel XVI
(R = CH_3).

B. Aus der vorangehenden Verbindung beim Behandeln mit CH_3I und wss. NaOH (*Fairfull,
Peak*, Soc. **1955** 803, 807). Aus 2,2,3,5-Tetramethyl-6-methylmercapto-4-oxo-1-phenyl-2,3,4,5-
tetrahydro-[1,3,5]triazinium-jodid beim Erwärmen mit wss. NaOH (*Fa., Peak*).

Kristalle (aus PAe.); F: 146−147°.

6,6-Dimethyl-dihydro-[1,3,5]triazin-2,4-dithion $C_5H_9N_3S_2$, Formel I (R = R′ = H).

B. Aus Aceton und Dithiobiuret beim Behandeln mit HCl (*Fairfull, Peak*, Soc. **1955** 803,
806).

Kristalle (aus A.); F: 282−283°.

6,6-Dimethyl-1-phenyl-dihydro-[1,3,5]triazin-2,4-dithion $C_{11}H_{13}N_3S_2$, Formel I (R = C_6H_5,
R′ = H).

Diese Konstitution kommt der früher (H 24 9) als 2,2-Dimethyl-4-thioxo-[1,3]diazetidin-1-
thiocarbonsäure-anilid („ω-Phenyl-ms.ω′-isopropyliden-dithiobiuret") beschriebenen Verbin=
dung zu (*Fairfull, Peak*, Soc. **1955** 803).

1,6,6-Trimethyl-5-phenyl-dihydro-[1,3,5]triazin-2,4-dithion $C_{12}H_{15}N_3S_2$, Formel I (R = CH$_3$, R' = C$_6$H$_5$).

B. Aus 1,2,2-Trimethyl-4,6-bis-methylmercapto-3-phenyl-2,3-dihydro-[1,3,5]triazinium-jodid beim Behandeln mit H$_2$S in Pyridin und Triäthylamin (*Fairfull, Peak*, Soc. **1955** 803, 805).

Kristalle (aus Butan-1-ol oder Py.); F: 244—245°.

6,6-Dimethyl-1-*o*-tolyl-dihydro-[1,3,5]triazin-2,4-dithion $C_{12}H_{15}N_3S_2$, Formel I (R = C$_6$H$_4$-CH$_3$, R' = H).

Diese Konstitution kommt wahrscheinlich der früher (E I **24** 185) als 2,2-Dimethyl-4-thioxo-[1,3]diazetidin-1-thiocarbonsäure-*o*-toluid („ω-*o*-Tolyl-ms.ω'-isopropyliden-dithiobiuret") be=schriebenen Verbindung zu (s. *Fairfull, Peak*, Soc. **1955** 803).

6,6-Dimethyl-1-*m*-tolyl-dihydro-[1,3,5]triazin-2,4-dithion $C_{12}H_{15}N_3S_2$, Formel I (R = C$_6$H$_4$-CH$_3$, R' = H).

Diese Konstitution kommt wahrscheinlich der von *Underwood, Dains* (Univ. Kansas Sci. Bl. **24** [1936] 5, 13) als 2,2-Dimethyl-4-thioxo-[1,3]diazetidin-1-thiocarbonsäure-*m*-toluidid ($C_{12}H_{15}N_3S_2$) beschriebenen Verbindung zu (s. dazu *Fairfull, Peak*, Soc. **1955** 803).

B. Aus Aceton und 1-*m*-Tolyl-dithiobiuret beim Behandeln mit HCl (*Un., Da.*).

Kristalle (aus A.); F: 235—236° [Zers.] (*Un., Da.*).

6,6-Dimethyl-1-[1]naphthyl-dihydro-[1,3,5]triazin-2,4-dithion $C_{15}H_{15}N_3S_2$, Formel I (R = C$_{10}$H$_7$, R' = H).

Diese Konstitution kommt wahrscheinlich der von *Underwood, Dains* (Univ. Kansas Sci. Bl. **24** [1936] 5, 13) als 2,2-Dimethyl-4-thioxo-[1,3]diazetidin-1-thiocarbonsäure-[1]naphthylamid ($C_{15}H_{15}N_3S_2$) beschriebenen Verbindung zu (s. dazu *Fairfull, Peak*, Soc. **1955** 803).

B. Aus Aceton und 1-[1]Naphthyl-dithiobiuret beim Behandeln mit HCl (*Un., Da.*).

Kristalle (aus A.); F: 225° (*Un., Da.*).

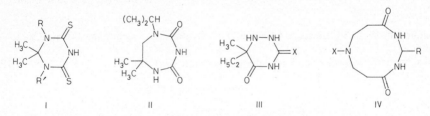

I   II   III   IV

Dioxo-Verbindungen $C_6H_{11}N_3O_2$

1-Isopropyl-6,6-dimethyl-tetrahydro-[1,3,5]triazepin-2,4-dion $C_9H_{17}N_3O_2$, Formel II.

Beim Erhitzen von μ-Imido-dikohlensäure-diäthylester mit N^2-Isopropyl-1,1-dimethyl-äthan=diyldiamin auf 120—140° (*Pachter, Riebsomer*, J. org. Chem. **15** [1950] 909, 917).

Kristalle (aus A.); F: 206°.

(±)-6-Äthyl-6-methyl-dihydro-[1,2,4]triazin-3,5-dion $C_6H_{11}N_3O_2$, Formel III (X = O).

B. Aus (±)-2-Methyl-2-semicarbazido-buttersäure-äthylester beim Erwärmen mit methanol. Natriummethylat (*Safir et al.*, J. org. Chem. **18** [1953] 106, 113). Aus (±)-2-Methyl-2-semicarb=azido-buttersäure-amid beim Erwärmen mit äthanol. Natriumäthylat (*Fusco, Rossi*, G. **84** [1954] 373, 381).

Kristalle; F: 218—220° [aus A.] (*Sa. et al.*), 156° [aus Me.] (*Fu., Ro.*).

(±)-6-Äthyl-6-methyl-3-thioxo-tetrahydro-[1,2,4]triazin-5-on $C_6H_{11}N_3OS$, Formel III (X = S).

B. Aus (±)-2-Methyl-2-thiosemicarbazido-butyronitril beim Behandeln mit konz. wss. HCl (*Safir et al.*, J. org. Chem. **18** [1953] 106, 113). Aus (±)-2-Methyl-2-thiosemicarbazido-butter=säure-amid beim Erwärmen mit äthanol. Natriumäthylat (*Fusco, Rossi*, G. **84** [1954] 373, 379).

Kristalle; F: 184° [aus Me.] (*Fu., Ro.*), 176—177° [aus H$_2$O] (*Sa. et al.*).

Dioxo-Verbindungen $C_7H_{13}N_3O_2$

Hexahydro-[1,3,7]triazecin-4,10-dion(?) $C_7H_{13}N_3O_2$, vermutlich Formel IV (R = X = H).

B. Aus β-Alanylamino-[3-chlor-propionylamino]-methan beim Erwärmen mit NH_3 bei 60°/20 at (*Vereinigte Glanzstoff-Fabr.*, D.B.P. 935331 [1951], 936631 [1952]; U.S.P. 2740812 [1953]).

F: 85° (*Glanzstoff*, D.B.P. 936631; U.S.P. 2740812).

Beim Erhitzen mit wss. NH_3 bildet sich *N*-[2-(Aminomethyl-carbamoyl)-äthyl]-β-alanin (*Glanzstoff*, D.B.P. 936631; U.S.P. 2740812). Beim Behandeln mit $[NH_4]HS$ und H_2O ist *N*-[2-(Aminomethyl-carbamoyl)-äthyl]-thio-β-alanin erhalten worden (*Vereinigte Glanzstoff-Fabr.*, D.B.P. 942510 [1954]).

7-Furfuryl-hexahydro-[1,3,7]triazecin-4,10-dion(?) $C_{12}H_{17}N_3O_3$, vermutlich Formel V (X = O).

B. Beim Erwärmen von Bis-acryloylamino-methan mit Furfurylamin in H_2O unter Zusatz von $CuSO_4 \cdot 5H_2O$ (*Nation. Drug Co.*, U.S.P. 2820800 [1954]).

Kristalle (aus A. oder Acn.+A.); F: 145−150°.

7-[2]Thienylmethyl-hexahydro-[1,3,7]triazecin-4,10-dion(?) $C_{12}H_{17}N_3O_2S$, vermutlich Formel V (X = S).

B. Analog der vorangehenden Verbindung (*Nation. Drug Co.*, U.S.P. 2820800 [1954]).

Kristalle (aus A.); F: 193−194°.

7-Chlor-hexahydro-[1,3,7]triazecin-4,10-dion(?) $C_7H_{12}ClN_3O_2$, vermutlich Formel IV (R = H, X = Cl).

B. Aus Hexahydro-[1,3,7]triazecin-4,10-dion beim Behandeln mit Chlor (*Vereinigte Glanzstoff-Fabr.*, D.B.P. 945242 [1954]).

F: 94°.

Überführung in *N*-[2-(Aminomethyl-carbamoyl)-äthyl]-*N*-chlor-β-alanin durch Erhitzen mit wss. NH_3: *Glanzstoff*.

7-Brom-hexahydro-[1,3,7]triazecin-4,10-dion(?) $C_7H_{12}BrN_3O_2$, vermutlich Formel IV (R = H, X = Br).

B. Analog der vorangehenden Verbindung (*Vereinigte Glanzstoff-Fabr.*, D.B.P. 945242 [1954]).

F: 48°.

V   VI   VII

5-Isobutyl-tetrahydro-[1,2,4]triazin-3,6-dion $C_7H_{13}N_3O_2$, Formel VI.

Die ursprünglich von *Schlögl, Korger* (M. **82** [1951] 799, 808) mit Vorbehalt unter dieser Konstitution beschriebene Verbindung ist als (±)-3-Amino-5-isobutyl-imidazolidin-2,4-dion (E III/IV **24** 1138) zu formulieren (*Schlögl et al.*, M. **85** [1954] 607; s. a. *Gut et al.*, Collect. **33** [1968] 2087; *Wright et al.*, J. med. Chem. **12** [1969] 379; *Fankhauser, Brenner*, Helv. **53** [1970] 2298, 2302, 2311).

Analog ist die von *Lepetit S.p.A.* (D.B.P. 1003218 [1956]) als 5-Methyl-5-propyl-tetra≠ hydro-[1,2,4]triazin-3,6-dion ($C_7H_{13}N_3O_2$) beschriebene Verbindung als (±)-3-Amino-5-methyl-5-propyl-imidazolidin-2,4-dion (E III/IV **24** 1140) zu formulieren.

(±)-6-Isopropyl-6-methyl-dihydro-[1,2,4]triazin-3,5-dion $C_7H_{13}N_3O_2$, Formel VII.

B. Aus (±)-2,3-Dimethyl-2-semicarbazido-buttersäure-methylester beim Erwärmen mit

methanol. Natriummethylat (*Safir et al.*, J. org. Chem. **18** [1953] 106, 113).
Kristalle (aus A.); F: 196–199°.

5,5-Diäthyl-tetrahydro-[1,2,4]triazin-3,6-dion $C_7H_{13}N_3O_2$, Formel VIII.
Die von *Fusco, Rossi* (Farmaco Ed. scient. **10** [1955] 619, 624) unter dieser Konstitution
beschriebene Verbindung ist als 5,5-Diäthyl-3-amino-imidazolidin-2,4-dion (E III/IV **24** 1141)
zu formulieren (vgl. *Schlögl et al.*, M. **85** [1954] 607; s. a. *Gut et al.*, Collect. **33** [1968] 2087;
Wright et al., J. med. Chem. **12** [1969] 379; *Fankhauser, Brenner*, Helv. **53** [1970] 2298, 2302).

6,6-Diäthyl-dihydro-[1,2,4]triazin-3,5-dion $C_7H_{13}N_3O_2$, Formel IX.
B. Aus 2-Äthyl-2-semicarbazido-buttersäure-methylester beim Erhitzen mit methanol. Na=
triummethylat (*Safir et al.*, J. org. Chem. **18** [1953] 106, 113).
Kristalle (aus A.); F: 215–217°.

VIII   IX   X

Dioxo-Verbindungen $C_8H_{15}N_3O_2$

2-Methyl-hexahydro-[1,3,7]triazecin-4,10-dion(?) $C_8H_{15}N_3O_2$, vermutlich Formel IV
(R = CH$_3$, X = H).
B. Aus 1-β-Alanylamino-1-[3-chlor-propionylamino]-äthan beim Erwärmen mit NH$_3$ bei
60°/20 at (*Vereinigte Glanzstoff-Fabr.*, D.B.P. 935331 [1951], 936631 [1952]; U.S.P. 2740812
[1953]).
F: 65° (*Glanzstoff*, D.B.P. 936631; U.S.P. 2740812).

Dioxo-Verbindungen $C_{10}H_{19}N_3O_2$

5-Äthyl-5-isopentyl-tetrahydro-[1,2,4]triazin-3,6-dion $C_{10}H_{19}N_3O_2$, Formel X.
Die von *Fusco, Rossi* (Farmaco Ed. scient. **10** [1955] 619, 626) unter dieser Konstitution
beschriebene Verbindung ist als (±)-5-Äthyl-3-amino-5-isopentyl-imidazolidin-2,4-dion (E III/IV
24 1166) zu formulieren (vgl. *Gut et al.*, Collect. **33** [1968] 2087, 2092; *Fankhauser, Brenner*,
Helv. **53** [1970] 2298, 2302).   [*Wente*]

Dioxo-Verbindungen $C_nH_{2n-3}N_3O_2$

Dioxo-Verbindungen $C_2HN_3O_2$

1*H*-[1,2,3]Triazol-4,5-dion-4-phenylhydrazon $C_8H_7N_5O$, Formel XI (R = H) und Taut. (z. B.
5-Phenylazo-2,3-dihydro-[1,2,3]triazol-4-on).
B. Aus 2,3-Dihydro-[1,2,3]triazol-4-on oder 5-Oxo-2,5-dihydro-1*H*-[1,2,3]triazol-4-carbon=
säure-amid und Benzoldiazoniumchlorid in wss. NaOH (*Pedersen*, Acta chem. scand. **12** [1958]
1236, 1238, 1239).
Gelbe Kristalle (aus A.); F: 155–156° [unkorr.].
Beim Erhitzen in Essigsäure ist 2-Phenyl-2*H*-tetrazol-5-carbonsäure-amid erhalten worden
(*Pe.*, l. c. S. 1240).

1-Methyl-1*H*-[1,2,3]triazol-4,5-dion-4-phenylhydrazon $C_9H_9N_5O$, Formel XI (R = CH$_3$) und
Taut. (z. B. 3-Methyl-5-phenylazo-2,3-dihydro-[1,2,3]triazol-4-on).
B. Aus 3-Methyl-2,3-dihydro-[1,2,3]triazol-4-on und Benzoldiazoniumchlorid in wss. NaOH
(*Pedersen*, Acta. chem. scand. **12** [1958] 1236, 1238, 1239).

Kristalle (aus A.); F: 156—157° [unkorr.].

1-Phenyl-1H-[1,2,3]triazol-4,5-dion-4-phenylhydrazon $C_{14}H_{11}N_5O$, Formel XI (R = C_6H_5) und Taut. (z. B. 3-Phenyl-5-phenylazo-2,3-dihydro-[1,2,3]triazol-4-on) (H 224; E I 64).

Kristalle (aus Me.); F: 142—143° [unkorr.] (*Pedersen*, Acta chem. scand. **12** [1958] 1236, 1238).

1-Benzyl-1H-[1,2,3]triazol-4,5-dion-4-phenylhydrazon $C_{15}H_{13}N_5O$, Formel XI (R = CH_2-C_6H_5) und Taut. (z. B. 3-Benzyl-5-phenylazo-2,3-dihydro-[1,2,3]triazol-4-on).

B. Aus 3-Benzyl-2,3-dihydro-[1,2,3]triazol-4-on und Benzoldiazoniumchlorid in wss. NaOH (*Pedersen*, Acta chem. scand. **12** [1958] 1236, 1238, 1239).

Kristalle (aus A.); F: 150—151° [unkorr.].

XI   XII   XIII

Dioxo-Verbindungen $C_3H_3N_3O_2$

2H-[1,2,4]Triazin-3,5-dion $C_3H_3N_3O_2$, Formel XII (X = O, X' = H) und Taut.; 6-Aza-uracil.

In den Kristallen liegt nach Ausweis des Röntgen-Diagramms 2H-[1,2,4]Triazin-3,5-dion vor (*Singh, Hodgson*, Acta cryst. [B] **30** [1974] 1430). Nach Ausweis der IR- und UV-Absorption liegt in Dioxan, Äthanol und neutraler wss. Lösung vorwiegend 2H-[1,2,4]Triazin-3,5-dion vor (*Horák, Gut*, Collect. **26** [1961] 1680; *Jonáš, Gut*, Collect. **26** [1961] 2155).

B. In mässiger Ausbeute (s. *Grundmann et al.*, J. org. Chem. **23** [1958] 1522) beim Erhitzen von Semicarbazonoessigsäure mit wss. NaOH (*Seibert*, B. **80** [1947] 494, 498, 499). Aus Tetra-hydro-[1,2,4]triazin-3,5-dion mit Hilfe von Brom in H_2O (*Gr. et al.*). Beim Erhitzen von 3-Thi-oxo-3,4-dihydro-2H-[1,2,4]triazin-5-on mit Chloressigsäure in H_2O (*Gut*, Collect. **23** [1958] 1588, 1590). Beim Erhitzen von 3,5-Dioxo-2,3,4,5-tetrahydro-[1,2,4]triazin-6-carbonsäure ohne Lö-sungsmittel auf 230—250°/10 Torr (*Barlow, Welch*, Am. Soc. **78** [1956] 1258) oder in Diphenyl-äther auf 190—210° (*Falco et al.*, Am. Soc. **78** [1956] 1938, 1940).

Herstellung von 2H-[3-^{14}C][1,2,4]Triazin-3,5-dion: *Chang, Ulbricht*, Am. Soc. **80** [1958] 976, 979; von 2H-[5 oder 6-^{14}C][1,2,4]Triazin-3,5-dion: *Morávek*, Collect. **24** [1959] 2571, 2574.

Kristalle; F: 277—279° [nach Sublimation bei 200°/1 Torr] (*Fa. et al.*), 272° (*Se.*; s. a. *Ba., We.*). λ_{max}: 258 nm [wss. Lösung vom pH 1 sowie wss. HCl (0,1 n)] (*Fa. et al.*, l. c. S. 1939; *Chang*, J. org. Chem. **23** [1958] 1951), 286(?) nm [wss. NaOH (0,1 n)] (*Ch.*) bzw. 250 nm [wss. Lösung vom pH 11] (*Fa. et al.*). Scheinbarer Dissoziationsexponent pK_a' (H_2O; potentiometrisch ermittelt): 6,9 (*Ch.*).

Dinatrium-Salz $Na_2C_3HN_3O_2$: *Gr. et al.*

2-β-D-Ribofuranosyl-2H-[1,2,4]triazin-3,5-dion $C_8H_{11}N_3O_6$, Formel XIII (R = H) und Taut.; 6-Aza-uridin.

Konstitution und Konfiguration: *Gut et al.*, Z. Chem. **1** [1961] 316.

B. Aus 2H-[1,2,4]Triazin-3,5-dion mit Hilfe von Escherichia coli (*Škoda et al.*, Collect. **22** [1957] 1330—1332).

Kristalle (aus wss. Butan-1-ol); F: 160—161° (*Šk. et al.*). UV-Spektrum (H_2O; 210—310 nm): *Šk. et al.*

2-[O⁵-Phosphono-β-D-ribofuranosyl]-2H-[1,2,4]triazin-3,5-dion $C_8H_{12}N_3O_9P$, Formel XIII (R = PO(OH)$_2$) und Taut.; 6-Aza-[5']uridylsäure.

Enzymatische Bildung aus 6-Aza-uridin (s. o.) und ATP mit Hilfe von Magnesium(2+)

in zellfreien Extrakten von Escherichia coli: *Škoda, Šorm*, Collect. **24** [1959] 1331, 1334.

6-Chlor-2H-[1,2,4]triazin-3,5-dion $C_3H_2ClN_3O_2$, Formel XII (X = O, X′ = Cl) und Taut.
B. Beim Erhitzen von 6-Brom-2H-[1,2,4]triazin-3,5-dion mit $POCl_3$ und Behandeln des Reak‑
tionsprodukts (Kp$_3$: 72°; Trichlor-[1,2,4]triazin(?) $C_3Cl_3N_3$) mit Methanol (*Chang, Ulbricht,*
Am. Soc. **80** [1958] 976, 979; *Chang,* J. org. Chem. **26** [1961] 1118).
Kristalle (aus H_2O); F: 225–227° [unkorr.].

6-Brom-2H-[1,2,4]triazin-3,5-dion $C_3H_2BrN_3O_2$, Formel XII (X = O, X′ = Br) und Taut.
B. Aus 2H-[1,2,4]Triazin-3,5-dion und Brom in H_2O (*Chang, Ulbricht,* Am. Soc. **80** [1958]
976, 979).
Kristalle (aus H_2O); F: 232–234° [unkorr.].

3-Thioxo-3,4-dihydro-2H-[1,2,4]triazin-5-on $C_3H_3N_3OS$, Formel XII (X = S, X′ = H) und
Taut.
In den Kristallen liegt nach Ausweis der IR-Absorption 3-Thioxo-3,4-dihydro-2H-[1,2,4]tri‑
azin-5-on vor (*Horák, Gut,* Collect. **28** [1963] 3392), in Lösungen in Dioxan und Äthanol
sowie in wss. Lösung vom pH 1,9 liegt nach Ausweis der IR- und UV-Absorption ebenfalls
vorwiegend 3-Thioxo-3,4-dihydro-2H-[1,2,4]triazin-5-on vor (*Ho., Gut; Jonáš, Gut,* Collect. **27**
[1962] 1886, 1888, 1893).
B. Beim Erhitzen von Thiosemicarbazonoessigsäure oder deren Äthylester mit wss. NaOH
(*Gut,* Collect. **23** [1958] 1588, 1590). Aus 5-Oxo-3-thioxo-2,3,4,5-tetrahydro-[1,2,4]triazin-6-car‑
bonsäure beim Erhitzen ohne Lösungsmittel auf 230–240°/13 Torr (*Gut*) oder in Diphenyläther
auf 180–185° (*Falco et al.,* Am. Soc. **78** [1956] 1938, 1940).
Herstellung von 3-Thioxo-3,4-dihydro-2H-[5 oder 6-^{14}C][1,2,4]triazin-5-on: *Morávek,* Collect.
24 [1959] 2571, 2572, 2574.
Gelbe Kristalle (aus H_2O); F: 251° [unkorr.; Zers.] (*Gut,* l. c. S. 1589 Anm., 1590; s. hingegen
Fa. et al.). λ_{max} (wss. Lösung): 265 nm [pH 1] bzw. 260 nm [pH 11] (*Fa. et al.,* l. c. S. 1939).

5-Thioxo-4,5-dihydro-2H-[1,2,4]triazin-3-on $C_3H_3N_3OS$, Formel I (X = O) und Taut.
Bezüglich der Tautomerie vgl. die Angaben im vorangehenden Artikel.
B. Neben geringen Mengen von 2H-[1,2,4]Triazin-3,5-dithion (s. u.) aus 2H-[1,2,4]Triazin-3,5-
dion und P_2S_5 in Pyridin (*Falco et al.,* Am. Soc. **78** [1956] 1938, 1940).
Orangefarbenes Pulver (aus E.); F: 213–214°. λ_{max} (wss. Lösung): 243 nm und 325 nm
[pH 1] bzw. 245 nm und 330 nm [pH 11] (*Fa. et al.,* l. c. S. 1939).

2H-[1,2,4]Triazin-3,5-dithion $C_3H_3N_3S_2$, Formel I (X = S) und Taut.
Bezüglich der Tautomerie vgl. die Angaben im Artikel 3-Thioxo-3,4-dihydro-2H-[1,2,4]triazin-
3-on (s. o.).
B. s. im vorangehenden Artikel.
Orangefarbene Kristalle (aus wss. A.); F: 209–210° (*Falco et al.,* Am. Soc. **78** [1956] 1938,
1940). λ_{max} (wss. Lösung): 275 nm und 320 nm [pH 1] bzw. 270 nm und 310–320 nm [pH 11]
(*Fa. et al.,* l. c. S. 1939).

1H-[1,3,5]Triazin-2,4-dion $C_3H_3N_3O_2$, Formel II (R = R′ = H) und Taut.; 5-Aza-uracil
(E II 120).
Diese Konstitution kommt dem früher (H **24** 451; E I **24** 402; E II **24** 263) als 5-Imino-
imidazolidin-2,4-dion formulierten **Allantoxaidin** zu (*Brandenberger, Brandenberger,* Helv. **37**
[1954] 2207–2220; *Brandenberger,* Experientia **12** [1956] 208; *Flament et al.,* Helv. **42** [1959]
485–489; *Pike,* Org. magnet. Resonance **8** [1976] 224; s. a. *Hartman, Fellig,* Am. Soc. **77**
[1955] 1051; *Canellakis, Cohen,* J. biol. Chem. **213** [1955] 379, 384).
In den Kristallen liegt nach Ausweis der IR-Absorption das Tautomere mit einer oder
zwei C=O-Gruppen (*Fl. et al.*), in neutraler wss. Lösung und in Lösungen in Dioxan und
in Äthanol liegt nach Ausweis der IR- und UV-Absorption 1H-[1,3,5]Triazin-2,4-dion (*Jonáš
et al.,* Collect. **27** [1962] 2754) und in Lösungen in DMSO-d_6 liegt nach Ausweis der ^{1}H-NMR-
Absorption vorwiegend 6-Hydroxy-1H-[1,3,5]triazin-2-on (*Pike*) vor.

B. Beim Erhitzen von Harnstoff mit Orthoameisensäure-triäthylester und Behandeln der erhaltenen Verbindung mit Harnstoff (s. u.) mit wss.-äthanol. HCl (*Piskala, Gut,* Collect. **28** [1963] 2376, 2378, 2379; *Whitehead,* Am. Soc. **75** [1953] 671). Aus Dimethoxy-[1,3,5]triazin mit Hilfe von konz. wss. HCl (*Fl. et al.*). Beim Erwärmen des Silber-Salzes der 4,6-Dioxo-1,4,5,6-tetrahydro-[1,3,5]triazin-2-carbonsäure mit wss. HCl (*Ha., Fe.*). — Herstellung von 1H-[4-^{14}C][1,3,5]Triazin-2,4-dion: *Brandenberger, Brandenberger,* Org. Synth. Isotopes **1958** 772.

Kristalle; F: 284−285° [Zers.; aus H_2O] (*Pi., Gut*), 272° [unkorr.; Verfärbung ab 255°; geschlossene Kapillare; aus wss. A.] [im Hochvakuum bei 110° getrocknetes Präparat] (*Br., Br.*), 270−272° [Zers.; aus H_2O] [im Vakuum bei 100° getrocknetes Präparat] (*Fl. et al.*). IR-Spektrum (KBr; 2−15 μ): *Fl. et al.* UV-Spektrum in Methanol sowie wss. Lösung vom pH 11 (210−280 nm): *Fl. et al.;* in wss. Lösungen vom pH 1,1−12,6 (210−290 nm): *Br., Br.* λ_{max} (wss. Lösung): 235 nm [pH 2,2] bzw. 252,5 nm [pH 11,6] (*Ha., Fe.*). Scheinbarer Dissoziationsexponent pK'_a (H_2O; potentiometrisch ermittelt) bei 20°: 6,5 (*Albert, Phillips,* Soc. **1956** 1294, 1301).

Wirkung auf Platin-Hydrierungskatalysatoren: *Brandenberger, Schwyzer,* Helv. **38** [1955] 1396. Beim Erhitzen mit Natrium-Amalgam in schwach saurer wss. Lösung ist Dihydro-[1,3,5]triazin-2,4-dion erhalten worden (*Ha., Fe.*).

Verbindung mit Natriumhydrogensulfit $C_3H_3N_3O_2\cdot NaHSO_3$. Kristalle mit 1 Mol H_2O (*Bougault, Pinguet,* C. r. **194** [1932] 979).

Verbindung mit Kaliumhydrogensulfit $C_3H_3N_3O_2\cdot KHSO_3$. Kristalle mit 1 Mol H_2O (*Bo., Pi.*).

Verbindung mit Harnstoff $C_3H_3N_3O_2\cdot CH_4N_2O$. Diese Verbindung hat in der von *Whitehead* als N,N'-Dicarbamoyl-formamidin $C_3H_6N_4O_2$ angesehenen Verbindung vorgelegen (*Pi., Gut,* l. c. S. 2378, 2379). — Kristalle; F: 234−235° [Zers.] [Rohprodukt] (*Pi., Gut*), 234° [aus DMF + H_2O] (*Wh.,* l. c. S. 673).

1-Methyl-1H-[1,3,5]triazin-2,4-dion $C_4H_5N_3O_2$, Formel II (R = CH_3, R′ = H) und Taut.

Diese Konstitution kommt dem früher (E II **24** 265) als 5-Imino-3-methyl-imidazolidin-2,4-dion beschriebenen, aus dem Silber-Salz des Allantoxaidins und CH_3I hergestellten Präparat zu (*Piskala, Gut,* Collect. **26** [1961] 2519, 2521, 2524, 2525).

B. Aus 1-Methyl-biuret und Äthylformiat in äthanol. Natriumäthylat oder aus 1H-[1,3,5]Triazin-2,4-dion (s. o.) und Diazomethan [1 Mol] (*Pi., Gut*).

Kristalle (aus A.) mit 1 Mol Äthanol; F: 209−210° [unkorr.]. Scheinbarer Dissoziationsexponent pK'_a (H_2O) bei 25°: 8,15.

3-Methyl-1H-[1,3,5]triazin-2,4-dion $C_4H_5N_3O_2$, Formel II (R = H, R′ = CH_3) und Taut.

Diese Konstitution kommt der früher (E II **24** 265) als 5-Imino-3-methyl-imidazolidin-2,4-dion beschriebenen, aus 3-Methyl-allantoxansäure hergestellten Verbindung (F: 226°) zu (*Piskala, Gut,* Collect. **26** [1961] 2519, 2521, 2525).

1,3-Dimethyl-1H-[1,3,5]triazin-2,4-dion $C_5H_7N_3O_2$, Formel II (R = R′ = CH_3).

Diese Konstitution kommt der früher (E II **24** 265) als 3-Methyl-5-methylimino-imidazolidin-2,4-dion beschriebenen Verbindung zu (*Piskala, Gut,* Collect. **26** [1961] 2519, 2521).

Dioxo-Verbindungen $C_4H_5N_3O_2$

6-Methyl-2H-[1,2,4]triazin-3,5-dion $C_4H_5N_3O_2$, Formel III (R = R′ = H) und Taut.; 6-Aza-thymin (H 227; E II 121).

B. Aus 2-Semicarbazono-propionsäure mit Hilfe von Natriumäthylat in Äthanol und Äthylenglykol (*Chang*, J. org. Chem. **23** [1958] 1951). Aus 6-Methyl-3-thioxo-3,4-dihydro-2*H*-[1,2,4]tri $\rightleftharpoons$ azin-5-on beim Erhitzen mit konz. wss. HCl (*Hadáček, Kiša*, Spisy přírodov. Mas. Univ. Nr. 395 [1958] S. 269, 273 – 275; C. A. **1959** 11399), beim Erhitzen mit Chloressigsäure in H$_2$O (*Gut*, Collect. **23** [1958] 1588, 1591), beim Behandeln mit H$_2$O$_2$ und wss. NaOH (*Ha., Kiša*) oder mit KMnO$_4$ in wss. NaOH (*Rossi*, G. **83** [1953] 133, 142, 143).

Herstellung von 6-Methyl-2*H*-[5-^{14}C][1,2,4]triazin-3,5-dion: *Morávek*, Collect. **24** [1959] 2571, 2575; von 6-Methyl-2*H*-[6-^{14}C][1,2,4]triazin-3,5-dion: *Prusoff*, J. biol. Chem. **226** [1957] 901, 902.

Kristalle; F: 211 – 212° [korr.; aus wss. Me.] (*Ha., Kiša*), 210 – 212° [unkorr.; aus H$_2$O] (*Ch.*), 209° [aus Butylacetat] (*Ro.*). UV-Spektrum (H$_2$O; 210 – 370 nm): *Ha., Kiša.* λ_{max} (wss. Lösung): 263 nm [pH 1] bzw. 252 nm [pH 11] (*Falco et al.*, Am. Soc. **78** [1956] 1938, 1939), 261 nm [wss. HCl (0,1 n)] bzw. 246 nm [wss. NaOH (0,1 n)] (*Ch.*). Scheinbarer Dissoziations $\rightleftharpoons$ exponent pK$'_a$ (H$_2$O; potentiometrisch ermittelt): 7,6 (*Ch.*).

Beim Erhitzen mit Natrium-Amalgam in H$_2$O ist 2-Semicarbazido-propionsäure erhalten worden (*Popovici*, A. ch. [10] **18** [1932] 183, 212).

Natrium-Salz NaC$_4$H$_4$N$_3$O$_2$: *Ha., Kiša.*

Quecksilber(II)-Salz Hg(C$_4$H$_4$N$_3$O$_2$)$_2$·H$_2$O. Herstellung: *Hall*, Am. Soc. **80** [1958] 1145, 1148. – Kristalle (*Hall*).

4,6-Dimethyl-2*H*-[1,2,4]triazin-3,5-dion C$_5$H$_7$N$_3$O$_2$, Formel III (R = H, R′ = CH$_3$) und Taut.

B. Aus dem Quecksilber(II)-Salz des 6-Methyl-2*H*-[1,2,4]triazin-3,5-dions (s. o.) und CH$_3$I (*Hall*, Am. Soc. **80** [1958] 1145, 1147, 1149).

Kristalle; F: 157 – 158° [unkorr.; nach Sublimation]. λ_{max}: 260 nm [H$_2$O sowie wss. HCl (0,1 n)] bzw. 298 nm [wss. NaOH (0,1 n)].

Beim Erhitzen mit wss. NaOH ist 2-[4-Methyl-semicarbazono]-propionsäure erhalten worden (*Hall*, l. c. S. 1150).

2,4,6-Trimethyl-2*H*-[1,2,4]triazin-3,5-dion C$_6$H$_9$N$_3$O$_2$, Formel III (R = R′ = CH$_3$).

B. Aus der vorangehenden Verbindung und Dimethylsulfat (*Hall*, Am. Soc. **80** [1958] 1145, 1147, 1149).

Kristalle (aus H$_2$O); F: 82 – 85° und (nach Wiedererstarren) F: 101,5 – 103° [unkorr.]. λ_{max}: 273 nm [H$_2$O sowie wss. NaOH (0,1 n)] bzw. 274 nm [wss. HCl (0,1 n)].

2-[β-D-*erythro*-2-Desoxy-pentofuranosyl]-6-methyl-2*H*-[1,2,4]triazin-3,5-dion C$_9$H$_{13}$N$_3$O$_5$, Formel IV (R = R′ = H) und Taut.; 6-Aza-thymidin.

Konfiguration: *Shiau, Prusoff*, Carbohydrate Res. **62** [1978] 175.

B. Aus 6-Methyl-2*H*-[1,2,4]triazin-3,5-dion und Thymidin (E III/IV **24** 1297) mit Hilfe von Streptococcus faecalis (*Prusoff*, J. biol. Chem. **215** [1955] 809, 812 – 817; *Hall, Haselkorn*, Am. Soc. **80** [1958] 1138, 1139, 1140).

Kristalle (aus Acn.); F: 153 – 154° [unkorr.]; $[\alpha]_D^{25}$: – 68,0° [H$_2$O; c = 0,01] (*Sh., Pr.*). UV-Spektrum (wss. HCl [0,1 n] sowie wss. NaOH [0,1 n]; 220 – 300 nm): *Pr.* λ_{max} (wss. Lösung): 262 nm [pH 1 sowie pH 7] bzw. 251 nm [pH 12,5] (*Hall, Ha.; Hall*, Am. Soc. **80** [1958] 1145, 1147).

6-Methyl-2-[*O*^{3}-phosphono-β-D-*erythro*-2-desoxy-pentofuranosyl]-2*H*-[1,2,4]triazin-3,5-dion C$_9$H$_{14}$N$_3$O$_8$P, Formel IV (R = PO(OH)$_2$, R′ = H) und Taut.; 6-Aza-[3′]thymidylsäure.

B. Neben 6-Methyl-2-[*O*^{5}-phosphono-β-D-*erythro*-2-desoxy-pentofuranosyl]-2*H*-[1,2,4]triazin-3,5-dion und 2-[*O*^{3},*O*^{5}-Diphosphono-β-D-*erythro*-2-desoxy-pentofuranosyl]-6-methyl-2*H*-[1,2,4]triazin-3,5-dion bei der Behandlung der vorangehenden Verbindung mit Chlorophosphor $\rightleftharpoons$ säure-dibenzylester in Pyridin und Hydrierung des Reaktionsprodukts an Palladium/Kohle in wss.-äthanol. HCl (*Hall, Haselkorn*, Am. Soc. **80** [1958] 1138, 1140).

Cyclohexylamin-Salz 2C$_6$H$_{13}$N·C$_9$H$_{14}$N$_3$O$_8$P. Kristalle (aus A.+Acn.); F: 226 – 227° [unkorr.].

6-Methyl-2-[O^5-phosphono-β-D-*erythro*-2-desoxy-pentofuranosyl]-2*H*-[1,2,4]triazin-3,5-dion
$C_9H_{14}N_3O_8P$, Formel IV (R = H, R′ = PO(OH)$_2$) und Taut.; 6-Aza-[5′]thymidylsäure.
B. s. im vorangehenden Artikel.
Cyclohexylamin-Salz $2C_6H_{13}N \cdot C_9H_{14}N_3O_8P$. Kristalle (aus A. + Acn.); F: 142 – 143°
[unkorr.] (*Hall, Haselkorn,* Am. Soc. **80** [1958] 1138, 1140).

2-[O^3,O^5-Diphosphono-β-D-*erythro*-2-desoxy-pentofuranosyl]-6-methyl-2*H*-[1,2,4]triazin-3,5-dion $C_9H_{15}N_3O_{11}P_2$, Formel IV (R = R′ = PO(OH)$_2$) und Taut.
B. s. o. im Artikel 6-Methyl-2-[O^3-phosphono-β-D-*erythro*-2-desoxy-pentofuranosyl]-2*H*-[1,2,4]triazin-3,5-dion.
Cyclohexylamin-Salz $4C_6H_{13}N \cdot C_9H_{15}N_3O_{11}P_2$. Kristalle (aus A. + Acn.); F: 201 – 203° [unkorr.] (*Hall, Haselkorn,* Am. Soc. **80** [1958] 1138, 1140).

6-Methyl-2-β-D-ribofuranosyl-2*H*-[1,2,4]triazin-3,5-dion $C_9H_{13}N_3O_6$, Formel V (R = H) und Taut.
Konfiguration: *Prystaš, Šorm,* Collect. **27** [1962] 1578, 1584.
B. Aus der folgenden Verbindung mit Hilfe von methanol. Natriummethylat (*Pr., Šorm;*
s. a. *Hall,* Am. Soc. **80** [1958] 1145, 1147 – 1149).
Kristalle (aus A. + E.); F: 139 – 142°; $[\alpha]_D^{25}$: – 113° [Py.; c = 0,3] (*Pr., Šorm*). Sehr hygroskopisches Glas mit 3 Mol H_2O (*Hall*). λ_{max}: 262 nm [H_2O sowie wss. HCl (0,1 n)] bzw. 251 nm [wss. NaOH (0,1 n)] (*Hall*).

6-Methyl-2-[tri-O-benzoyl-β-D-ribofuranosyl]-2*H*-[1,2,4]triazin-3,5-dion $C_{30}H_{25}N_3O_9$,
Formel V (R = CO-C$_6$H$_5$) und Taut.
B. Neben 6-Methyl-4-[tri-O-benzoyl-β-D-ribofuranosyl]-2*H*-[1,2,4]triazin-3,5-dion (s. u.) und 6-Methyl-2,4-bis-[tri-O-benzoyl-β-D-ribofuranosyl]-2*H*-[1,2,4]triazin-3,5-dion (s. u.) aus dem Quecksilber(II)-Salz des 6-Methyl-2*H*-[1,2,4]triazin-3,5-dions und Tri-O-benzoyl-ξ-D-ribofuranosylchlorid [E III/IV 17 2294] (*Hall,* Am. Soc. **80** [1958] 1145, 1147, 1148). Aus 2-Acetyl-2*H*-[1,2,4]triazin-3,5-dion über mehrere Stufen (*Prystaš, Šorm,* Collect. **27** [1962] 1578, 1581 – 1584).
Kristalle (aus A.); F: 129 – 130°; $[\alpha]_D^{25}$: – 55° [Py.; c = 0,4] (*Pr., Šorm*). Glas mit 3 Mol H_2O (*Hall*).

6-Methyl-4-β-D-ribofuranosyl-2*H*-[1,2,4]triazin-3,5-dion $C_9H_{13}N_3O_6$, Formel VI (R = H) und Taut.
B. Aus der folgenden Verbindung mit Hilfe von methanol. Natriummethylat (*Hall,* Am. Soc. **80** [1958] 1145, 1147 – 1149).
Kristalle (aus E. + Isopropylalkohol); F: 164 – 165° [unkorr.]. λ_{max}: 264 nm [H_2O sowie wss. HCl (0,1 n)] bzw. 304 nm [wss. NaOH (0,1 n)].
Beim Behandeln mit wss. NH$_3$ ist 2-[4-β-D-Ribofuranosyl-semicarbazono]-propionsäure erhalten worden.

V   VI   VII

6-Methyl-4-[tri-O-benzoyl-β-D-ribofuranosyl]-2*H*-[1,2,4]triazin-3,5-dion $C_{30}H_{25}N_3O_9$,
Formel VI (R = CO-C$_6$H$_5$) und Taut.
B. s. o. im Artikel 6-Methyl-2-[tri-O-benzoyl-β-D-ribofuranosyl]-2*H*-[1,2,4]triazin-3,5-dion.
Kristalle (aus Me. + PAe.); F: 155,5 – 156° [unkorr.] (*Hall,* Am. Soc. **80** [1958] 1145, 1148).

6-Methyl-2,4-di-β-D-ribofuranosyl-2H-[1,2,4]triazin-3,5-dion $C_{14}H_{21}N_3O_{10}$, Formel VII (R = H).

B. Aus der folgenden Verbindung mit Hilfe von methanol. Natriummethylat (*Hall*, Am. Soc. **80** [1958] 1145, 1147 – 1149).

Sehr hygroskopisches Glas. λ_{max} (H_2O sowie wss. HCl [0,1 n]): 267 nm.

Hydrolyse in wss. HCl [0,1 n], in Essigsäure und in wss. Alkali [pH 10]: *Hall*.

6-Methyl-2,4-bis-[tri-O-benzoyl-β-D-ribofuranosyl]-2H-[1,2,4]triazin-3,5-dion $C_{56}H_{45}N_3O_{16}$, Formel VII (R = CO-C_6H_5).

B. s. o. im Artikel 6-Methyl-2-[tri-O-benzoyl-β-D-ribofuranosyl]-2H-[1,2,4]triazin-3,5-dion.

Glas (*Hall*, Am. Soc. **80** [1958] 1145, 1148).

6-Methyl-3-thioxo-3,4-dihydro-2H-[1,2,4]triazin-5-on $C_4H_5N_3OS$, Formel VIII (R = R' = H) und Taut. (E II 121).

B. Aus Thiosemicarbazid bei aufeinanderfolgendem Erhitzen mit Brenztraubensäure in H_2O und mit NaOH (*Gut*, Collect. **23** [1958] 1588, 1591) oder mit KOH (*Hadáček, Kiša*, Spisy přírodov. Mas. Univ. Nr. 395 [1958] 269, 272, 275; C. A. **1959** 11399). Beim Erhitzen von 2-Thiosemicarbazono-propionsäure oder deren Äthylester mit wss. NaOH (*Gut*, l. c. S. 1590, 1591). – Herstellung von 6-Methyl-3-thioxo-3,4-dihydro-2H-[5-^{14}C][1,2,4]triazin-5-on: *Morávek*, Collect. **24** [1959] 2571, 2574; von 6-Methyl-3-thioxo-3,4-dihydro-2H-[6-^{14}C][1,2,4]triazin-5-on: *Prusoff*, J. biol. Chem. **226** [1957] 901, 902.

Kristalle, F: 220° (*Ha., Kiša*); gelbe Kristalle (aus H_2O), F: 218 – 219° [unkorr.] (*Gut*). UV-Spektrum (H_2O; 210 – 380 nm): *Ha., Kiša*. λ_{max} (wss. Lösung): 268 nm [pH 1] bzw. 262 nm [pH 11] (*Falco et al.*, Am. Soc. **78** [1956] 1938, 1939).

Über Kupfer(II)-Komplexsalze s. *Ha., Kiša*.

4,6-Dimethyl-2-phenyl-3-thioxo-3,4-dihydro-2H-[1,2,4]triazin-5-on $C_{11}H_{11}N_3OS$, Formel VIII (R = C_6H_5, R' = CH_3).

B. Beim Behandeln von 4-Methyl-2-phenyl-thiosemicarbazid mit Brenztraubensäure in Essigsäure oder mit Brenztraubensäure-methylester in Methanol (*Elvidge, Spring*, Soc. **1949** Spl. 135, 140).

Kristalle (aus wss. A.); F: 150°. λ_{max} (A.): 227 nm und 274 nm.

6-Methyl-2H-[1,2,4]triazin-3,5-dithion $C_4H_5N_3S_2$, Formel IX und Taut.

B. Aus 6-Methyl-2H-[1,2,4]triazin-3,5-dion und P_2S_5 (*Falco et al.*, Am. Soc. **78** [1956] 1938, 1940).

Orangefarbene Kristalle (aus H_2O); F: 217 – 218°. λ_{max} (wss. Lösung): 275 nm und 315 nm [pH 1] bzw. 265 nm und 318 nm [pH 11] (*Fa. et al.*, l. c. S. 1939).

Beim Behandeln mit äthanol. NH_3 [122°] ist 5-Amino-6-methyl-2H-[1,2,4]triazin-3-thion erhalten worden.

VIII   IX   X   XI

6-Methyl-1H-[1,3,5]triazin-2,4-dion $C_4H_5N_3O_2$, Formel X (X = X' = H) und Taut. (H 227; E I 65; E II 121).

B. Aus Dichlor-methyl-[1,3,5]triazin und wss. NaOH (*Gen. Aniline Works*, U.S.P. 1911689 [1928]). In mässiger Ausbeute beim Erhitzen von 4-Amino-6-methyl-1H-[1,3,5]triazin-2-on mit konz. H_2SO_4 auf 160 – 180° (*Chromow-Borišow, Kišarewa*, Ž. obšč. Chim. **29** [1959] 3010, 3015; engl. Ausg. S. 2976, 2980).

Kristalle (aus H_2O); F: 301 – 302° [Zers.] (*Piskala, Gut*, Collect. **28** [1963] 1681, 1687). λ_{max} (wss. Lösung): 232,5 nm [pH 2,2] bzw. 250 nm [pH 11,6] (*Hartman, Fellig*, Am. Soc. **77**

[1955] 1051).

Bei der Hydrierung an Platin in H_2O oder in Essigsäure ist 6-Methyl-dihydro-[1,3,5]triazin-2,4-dion erhalten worden (*Ostrogovich, Ostrogovich*, G. **66** [1936] 48, 53, 54).

6-Trifluormethyl-1H-[1,3,5]triazin-2,4-dion $C_4H_2F_3N_3O_2$, Formel X (X = X' = F) und Taut.
B. Aus Difluor-trifluormethyl-[1,3,5]triazin und H_2O (*Kober, Grundmann*, Am. Soc. **81** [1959] 3769).
Kristalle mit 2 Mol H_2O; F: 182—186° [Zers.] [Rohprodukt].

6-Chlormethyl-1H-[1,3,5]triazin-2,4-dion $C_4H_4ClN_3O_2$, Formel X (X = H, X' = Cl) und Taut.
Hydrochlorid $C_4H_4ClN_3O_2 \cdot HCl$. B. Aus Diazomethyl-dimethoxy-[1,3,5]triazin mit Hilfe von HCl in Äther (*Grundmann, Kober*, Am. Soc. **79** [1957] 944, 946, 948). — F: 218—220° [Rohprodukt].

1,3,5-Trimethyl-6-methylen-dihydro-[1,3,5]triazin-2,4-dion $C_7H_{11}N_3O_2$, Formel XI.
Diese Konstitution kommt der früher (E II **27** 763) als 3,5-Dimethyl-2-methylen-6-methyl=imino-tetrahydro-[1,3,5]oxadiazin-4-on („3.5-Dimethyl-4-oxo-6-methylimino-2-methylen-tetra=hydro-1.3.5-oxdiazin") beschriebenen Verbindung zu (*Etienne et al.*, C. r. [C] **277** [1973] 795, 797).

5-Acetyl-2-[2-hydroxy-phenyl]-3-phenyl-2,3-dihydro-[1,2,3]triazol-4-on $C_{16}H_{13}N_3O_3$, Formel XII (R = X' = H, X = OH).
B. Aus 2-Amino-phenol bei der Diazotierung, anschliessenden Umsetzung mit Acetessigsäure-anilid in Gegenwart von Na_2CO_3 und Behandlung des Reaktionsprodukts in wss. NaOH mit Luft unter Zusatz von $MnSO_4$ (*Poskočil, Allan*, Chem. Listy **47** [1953] 1801, 1809; Collect. **19** [1954] 305, 315; C. A. **1954** 4221).
Kristalle (aus Me.); F: 170—189° [korr.; Zers.].

5-Acetyl-2-[4-hydroxy-phenyl]-3-phenyl-2,3-dihydro-[1,2,3]triazol-4-on $C_{16}H_{13}N_3O_3$, Formel XII (R = X = H, X' = OH).
B. Aus 4-Amino-phenol bei der Diazotierung, anschliessenden Umsetzung mit Acetessigsäure-anilid in Gegenwart von Na_2CO_3 und Behandlung des Reaktionsprodukts in wss. NH_3 mit Luft unter Zusatz von $CuSO_4$ und wss. NaOH (*Poskočil, Allan*, Chem. Listy **47** [1953] 1801, 1809; Collect. **19** [1954] 305, 315; C. A. **1954** 4221).
Gelbliche Kristalle (aus H_2O); F: 195—216° [korr.; Zers.] (*Po., Al.*, Chem. Listy **47** 1809; Collect. **19** 315).
Thiosemicarbazon $C_{17}H_{16}N_6O_2S$; 2-[4-Hydroxy-phenyl]-3-phenyl-5-[1-thio=semicarbazono-äthyl]-2,3-dihydro-[1,2,3]triazol-4-on. Kristalle (aus wss. A.); F: 156—168° [korr.; Zers.] (*Poskočil, Allan*, Collect. **21** [1956] 920, 924).
Phenylhydrazon $C_{22}H_{19}N_5O_2$; 2-[4-Hydroxy-phenyl]-3-phenyl-5-[1-phenyl=hydrazono-äthyl]-2,3-dihydro-[1,2,3]triazol-4-on. Hellgelbe Kristalle (aus A.); F: 171—176° [korr.; Zers.] (*Po., Al.*, Collect. **21** 924).

5-[4-Acetyl-5-oxo-1-phenyl-1,5-dihydro-[1,2,3]triazol-2-yl]-2-hydroxy-benzoesäure $C_{17}H_{13}N_3O_5$, Formel XII (R = CO-OH, X = H, X' = OH).
B. Aus 2-Hydroxy-5-[2-oxo-1-phenylcarbamoyl-propylazo]-benzoesäure (Syst.-Nr. 2080) bei der Oxidation mit Luft und $MnSO_4$ in wss. NaOH oder mit Luft und $CuSO_4$ in wss. $NaOH/NH_3$ sowie bei der Oxidation mit NaClO in wss. NaOH oder mit $CuSO_4$ in wss. NH_3, wss. Na_2CO_3 und Pyridin (*Poskočil, Allan*, Collect. **21** [1956] 920, 923, 924).
Kristalle (aus wss. Eg.); F: 243°.

4-[4-Acetyl-5-oxo-1-phenyl-1,5-dihydro-[1,2,3]triazol-2-yl]-3-hydroxy-naphthalin-1-sulfonsäure $C_{20}H_{15}N_3O_6S$, Formel XIII.
B. Aus 4-Amino-3-hydroxy-naphthalin-1-sulfonsäure bei der Diazotierung, anschliessenden Umsetzung mit Acetessigsäure-anilid und Behandlung des Reaktionsprodukts in wss. NaOH mit Luft und $MnSO_4$ (*Poskočil, Allan*, Chem. Listy **47** [1953] 1801, 1805, 1809; Collect. **19**

[1954] 305, 310, 315; C. A. **1954** 4221).

Gelber Feststoff.

Natrium-Salz NaC$_{20}$H$_{14}$N$_3$O$_6$S. Kristalle (aus H$_2$O) mit 1 Mol H$_2$O.

XII   XIII   XIV

Dioxo-Verbindungen C$_5$H$_7$N$_3$O$_2$

2,7-Dimethyl-3-thioxo-2,3,4,6-tetrahydro-[1,2,4]triazepin-5-on C$_6$H$_9$N$_3$OS, Formel XIV (R = CH$_3$) und Taut.

B. In mässiger Ausbeute beim Eintragen von Natrium in eine Lösung von 3-[2-Methyl-thiosemicarbazono]-buttersäure-äthylester in Isopropylalkohol (*Losse et al.*, B. **91** [1958] 150, 155). In geringer Ausbeute beim Erwärmen von 3-[2-Methyl-thiosemicarbazono]-buttersäure-äthylester mit Calciumisopropylat in Isopropylalkohol (*Losse, Farr,* J. pr. [4] **8** [1959] 298, 302).

Kristalle ; F: 147–148° [korr.] (*Lo., Farr*), 137,5–138° [aus Isopropylalkohol] (*Lo. et al.*).

Beim Erwärmen mit äthanol. NaOH oder äthanol. Natriumäthylat ist 2,5-Dimethyl-1,2-dihydro-[1,2,4]triazol-3-thion erhalten worden (*Lo. et al.; Lo., Farr*). Überführung in 2,7-Di‍methyl-3-thioxo-3,4-dihydro-2*H*-[1,2,4]triazepin-5,6-dion-6-phenylhydrazon beim Behandeln mit Benzoldiazonium-Salz und wss. Na$_2$CO$_3$: *Lo., Farr,* l. c. S. 304.

Überführung in eine als 5-[2,4-Dinitro-phenylhydrazono]-2,7-dimethyl-2,4,5,6-tetrahydro-[1,2,4]triazepin-3-thion C$_{12}$H$_{13}$N$_7$O$_4$S formulierte Verbindung (Kristalle [aus A.], F: 238–239° [korr.]) beim Erwärmen mit [2,4-Dinitro-phenyl]-hydrazin und äthanol. H$_3$PO$_4$: *Lo., Farr.*

7-Methyl-2-phenyl-3-thioxo-2,3,4,6-tetrahydro-[1,2,4]triazepin-5-on C$_{11}$H$_{11}$N$_3$OS, Formel XIV (R = C$_6$H$_5$) und Taut.

B. In geringer Ausbeute beim Erwärmen von 3-[2-Phenyl-thiosemicarbazono]-buttersäure-äthylester mit Calciumisopropylat in Isopropylalkohol (*Losse, Farr,* J. pr. [4] **8** [1959] 298, 302).

Kristalle; F: 198–200° [korr.].

2-Benzyl-7-methyl-3-thioxo-2,3,4,6-tetrahydro-[1,2,4]triazepin-5-on C$_{12}$H$_{13}$N$_3$OS, Formel XIV (R = CH$_2$-C$_6$H$_5$) und Taut.

B. In mässiger Ausbeute beim Eintragen von Natrium in eine Lösung von 3-[2-Benzyl-thiosemicarbazono]-buttersäure-äthylester in Isopropylalkohol (*Losse, Farr,* J. pr. [4] **8** [1959] 298, 302).

Kristalle; F: 176–177° [korr.].

Überführung in eine als 2-Benzyl-5-[2,4-dinitro-phenylhydrazono]-7-methyl-2,4,5,6-tetrahydro-[1,2,4]triazepin-3-thion C$_{18}$H$_{17}$N$_7$O$_4$S formulierte Verbindung (Kristalle [aus A.], F: 199,5–202° [korr.]) beim Erwärmen mit [2,4-Dinitro-phenyl]-hydrazin und äthanol. H$_3$PO$_4$: *Lo., Farr,* l. c. S. 304.

6-Äthyl-2*H*-[1,2,4]triazin-3,5-dion C$_5$H$_7$N$_3$O$_2$, Formel I (X = O) und Taut.

B. Aus 2-Semicarbazono-buttersäure mit Hilfe von Natriumäthylat in Äthanol und Äthylen‍glykol (*Chang,* J. org. Chem. **23** [1958] 1951). Aus 6-Äthyl-3-thioxo-3,4-dihydro-2*H*-[1,2,4]tri‍azin-5-on beim Behandeln mit NaBrO (*Godfrin,* J. Pharm. Chim. [8] **30** [1939] 321, 326) oder beim Erhitzen mit Chloressigsäure in H$_2$O (*Gut, Prystaš,* Collect. **24** [1959] 2986, 2989, 2990).

Kristalle; F: 153° [aus H$_2$O] (*Gut, Pr.*), 152° (*Go.*), 145–147° [aus Bzl.] (*Ch.*). λ_{max}: 260 nm [wss. HCl (0,1 n)] bzw. 246 nm [wss. NaOH (0,1 n)] (*Ch.*). Scheinbarer Dissoziationsexponent

pK'_a (H_2O; potentiometrisch ermittelt): 7,47 (*Ch.*).

6-Äthyl-3-thioxo-3,4-dihydro-2*H*-[1,2,4]triazin-5-on $C_5H_7N_3OS$, Formel I (X = S) und Taut.
B. Aus 2-Thiosemicarbazono-buttersäure mit Hilfe von wss. NaOH (*Godfrin, J. Pharm. Chim.* [8] **30** [1939] 321, 326; *Gut, Prystaš,* Collect. **24** [1959] 2986, 2989).
Kristalle; F: 168° [aus H_2O] (*Gut, Pr.*), 165° (*Go.*).

I   II   III

6-Äthyliden-1,3,5-trimethyl-dihydro-[1,3,5]triazin-2,4-dion $C_8H_{13}N_3O_2$, Formel II.
Diese Konstitution kommt der früher (E II **27** 763) als 2-Äthyliden-3,5-dimethyl-6-methyl≈
imino-tetrahydro-[1,3,5]oxadiazin-4-on („3.5-Dimethyl-4-oxo-6-methylimino-2-äthyliden-tetra≈
hydro-1.3.5-oxdiazin") beschriebenen Verbindung zu (*Etienne et al.,* C. r. [C] **277** [1973] 795,
797).

5-Acetonyl-1,2-dihydro-[1,2,4]triazol-3-on $C_5H_7N_3O_2$, Formel III und Taut.
B. Aus 3-[5-Oxo-2,5-dihydro-1*H*-[1,2,4]triazol-3-yl]-pentan-2,4-dion mit Hilfe von äthanol.
KOH (*Ghosh,* J. Indian chem. Soc. **13** [1936] 86, 91).
Kristalle (aus wss. A.); F: 228−230°.

(±)-3-Benzoyl-(3a*r*,6a*c*)-hexahydro-pyrrolo[3,4-*d*]imidazol-2,4-dion $C_{12}H_{11}N_3O_3$, Formel IV
+ Spiegelbild.
B. Beim Behandeln von (±)-4*c*-Benzoylamino-5-oxo-pyrrolidin-3*r*-carbonsäure-hydrazid mit
wss. HCl und $NaNO_2$ und Erwärmen des Reaktionsprodukts in Dioxan oder in Benzylalkohol
(*Sicher et al.,* Collect. **24** [1959] 3719, 3725).
Kristalle (aus wss. A.); F: 231−232° [unkorr.].

Dioxo-Verbindungen $C_6H_9N_3O_2$

7-Äthyl-2-methyl-3-thioxo-2,3,4,6-tetrahydro-[1,2,4]triazepin-5-on $C_7H_{11}N_3OS$, Formel V
(R = CH_3) und Taut.
B. Beim Eintragen von Natrium in eine Lösung von 3-[2-Methyl-thiosemicarbazono]-valerian≈
säure-äthylester in Isopropylalkohol (*Losse, Farr,* J. pr. [4] **8** [1959] 298, 302).
Kristalle; F: 130−131° [korr.].
Überführung in eine als 7-Äthyl-5-[2,4-dinitro-phenylhydrazono]-2-methyl-2,4,5,6-
tetrahydro-[1,2,4]triazepin-3-thion $C_{13}H_{15}N_7O_4S$ formulierte Verbindung (Kristalle [aus
A.], F: 212° [korr.]) beim Erwärmen mit [2,4-Dinitro-phenyl]-hydrazin und äthanol. H_3PO_4:
Lo., Farr, l. c. S. 304.

7-Äthyl-2-benzyl-3-thioxo-2,3,4,6-tetrahydro-[1,2,4]triazepin-5-on $C_{13}H_{15}N_3OS$, Formel V
(R = CH_2-C_6H_5) und Taut.
B. In mässiger Ausbeute analog der vorangehenden Verbindung (*Losse, Farr,* J. pr. [4]
8 [1959] 298, 302).
Kristalle; F: 151−152° [korr.].

6-Propyl-2*H*-[1,2,4]triazin-3,5-dion $C_6H_9N_3O_2$, Formel VI (X = O) und Taut.
B. Aus 2-Semicarbazono-valeriansäure mit Hilfe von Natriumäthylat in Äthanol und Äthylen≈
glykol (*Chang,* J. org. Chem. **23** [1958] 1951).
Kristalle (aus Bzl.); F: 132−134° [unkorr.]. λ_{max}: 261 nm [wss. HCl (0,1 n)] bzw. 250 nm

[wss. NaOH (0,1 n)]. Scheinbarer Dissoziationsexponent pK_a' (H_2O; potentiometrisch ermittelt): 7,5.

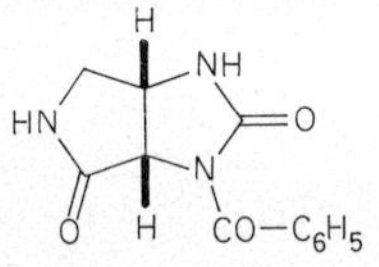

IV 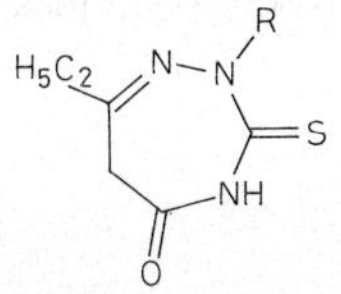   V 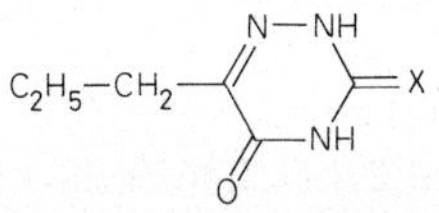   VI

6-Propyl-3-thioxo-3,4-dihydro-2H-[1,2,4]triazin-5-on $C_6H_9N_3OS$, Formel VI (X = S) und Taut.

B. Aus 2-Thiosemicarbazono-valeriansäure-äthylester mit Hilfe von wss. NaOH (*Godfrin,* J. Pharm. Chim. [8] **30** [1939] 321, 324, 326).

Kristalle; F: 149°.

___

6-Isopropyl-2H-[1,2,4]triazin-3,5-dion $C_6H_9N_3O_2$, Formel VII (R = H, X = O) und Taut.

B. Aus α-Semicarbazono-isovaleriansäure mit Hilfe von Natriumäthylat in Äthanol und Äthylenglykol (*Chang,* J. org. Chem. **23** [1958] 1951). Aus 6-Isopropyl-3-thioxo-3,4-dihydro-2H-[1,2,4]triazin-5-on bei aufeinanderfolgendem Erhitzen mit Chloressigsäure und wss. NaOH und mit wss. HCl (*Gut, Prystaš,* Collect. **24** [1959] 2986, 2990).

Kristalle (aus H_2O); F: 195−196° [unkorr.] (*Ch.*), 195° (*Gut, Pr.*). λ_{max}: 261 nm [wss. HCl (0,1 n)] bzw. 246 nm [wss. NaOH (0,1 n)] (*Ch.*). Scheinbarer Dissoziationsexponent pK_a' (H_2O; potentiometrisch ermittelt): 7,45 (*Ch.*).

6-Isopropyl-3-thioxo-3,4-dihydro-2H-[1,2,4]triazin-5-on $C_6H_9N_3OS$, Formel VII (R = H, X = S) und Taut.

B. Aus α-Thiosemicarbazono-isovaleriansäure mit Hilfe von wss. NaOH (*Gut, Prystaš,* Collect. **24** [1959] 2986, 2989).

Kristalle (aus H_2O); F: 215°.

Dioxo-Verbindungen $C_7H_{11}N_3O_2$

6-Butyl-2H-[1,2,4]triazin-3,5-dion $C_7H_{11}N_3O_2$, Formel VIII (X = O, n = 3) und Taut.

B. Aus der folgenden Verbindung mit Hilfe von NaBrO (*Godfrin,* J. Pharm. Chim. [8] **30** [1939] 321, 326).

F: 135°.

6-Butyl-3-thioxo-3,4-dihydro-2H-[1,2,4]triazin-5-on $C_7H_{11}N_3OS$, Formel VIII (X = S, n = 3) und Taut.

B. Aus 2-Thiosemicarbazono-hexansäure mit Hilfe von wss. NaOH (*Godfrin,* J. Pharm. Chim. [8] **30** [1939] 321, 324, 326).

Kristalle; F: 143°.

___

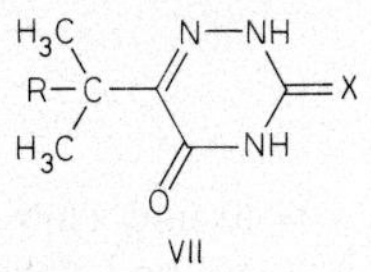

VII 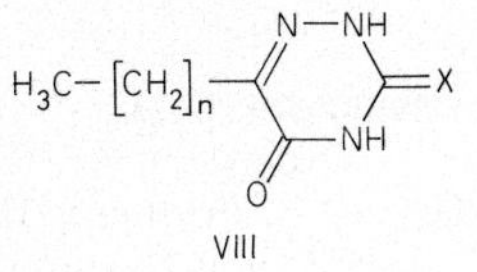   VIII 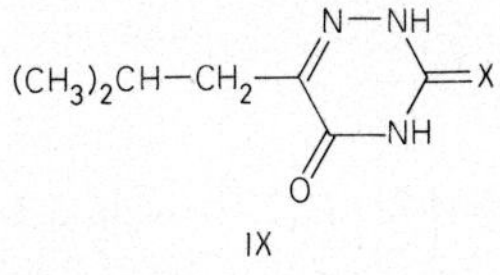   IX

6-Isobutyl-2H-[1,2,4]triazin-3,5-dion $C_7H_{11}N_3O_2$, Formel IX (X = O) und Taut.

B. Analog 6-Butyl-2H-[1,2,4]triazin-3,5-dion [s. o.] (*Godfrin,* J. Pharm. Chim. [8] **30** [1939] 321, 326).

F: 185°.

6-Isobutyl-3-thioxo-3,4-dihydro-2H-[1,2,4]triazin-5-on $C_7H_{11}N_3OS$, Formel IX (X = S) und Taut.

B. Analog 6-Butyl-3-thioxo-3,4-dihydro-2H-[1,2,4]triazin-5-on [s. o.] (*Godfrin*, J. Pharm. Chim. [8] **30** [1939] 321, 324, 326).

Kristalle; F: 182°.

6-*tert*-Butyl-2H-[1,2,4]triazin-3,5-dion $C_7H_{11}N_3O_2$, Formel VII (R = CH$_3$, X = O) und Taut. (E I 66).

B. Aus der folgenden Verbindung bei aufeinanderfolgendem Erhitzen mit Chloressigsäure und wss. NaOH und mit wss. HCl (*Gut, Prystaš*, Collect. **24** [1959] 2986, 2990).

Kristalle (aus wss. A.); F: 270°.

6-*tert*-Butyl-3-thioxo-3,4-dihydro-2H-[1,2,4]triazin-5-on $C_7H_{11}N_3OS$, Formel VII (R = CH$_3$, X = S) und Taut.

B. Aus 3,3-Dimethyl-2-thiosemicarbazono-buttersäure mit Hilfe von wss. NaOH (*Gut, Prystaš*, Collect. **24** [1959] 2986, 2989).

Kristalle (aus Dioxan + H$_2$O); F: 303°.

8-Methyl-1,3,8-triaza-spiro[4.5]decan-2,4-dion $C_8H_{13}N_3O_2$, Formel X.

B. Aus 1-Methyl-piperidin-4-on oder aus 1-Methyl-4-oxo-piperidin-3-carbonsäure-äthylester, [NH$_4$]$_2$CO$_3$ und KCN in wss. Äthanol (*Mailey, Day*, J. org. Chem. **22** [1957] 1061, 1062, 1063).

Kristalle (aus wss. A.); F: 254−256° [unkorr.].

Dioxo-Verbindungen $C_8H_{13}N_3O_2$

6-Pentyl-2H-[1,2,4]triazin-3,5-dion $C_8H_{13}N_3O_2$, Formel VIII (X = O, n = 4) und Taut.

B. Aus 2-Semicarbazono-heptansäure mit Hilfe von Natriumäthylat in Äthanol und Äthylenglykol (*Chang*, J. org. Chem. **23** [1958] 1951). Aus der folgenden Verbindung bei aufeinanderfolgendem Erhitzen mit Chloressigsäure und wss. NaOH und mit wss. HCl (*Gut, Prystaš*, Collect. **24** [1959] 2986, 2990).

Kristalle; F: 131° [aus wss. A.] (*Gut, Pr.*), 126−128° [unkorr.; aus Bzl.] (*Ch.*). λ_{max}: 262 nm [wss. HCl (0,1 n)] bzw. 251 nm [wss. NaOH (0,1 n)] (*Ch.*). Scheinbarer Dissoziationsexponent pK'_a (H$_2$O; potentiometrisch ermittelt): 7,42 (*Ch.*).

6-Pentyl-3-thioxo-3,4-dihydro-2H-[1,2,4]triazin-5-on $C_8H_{13}N_3OS$, Formel VIII (X = S, n = 4) und Taut.

B. Aus 2-Thiosemicarbazono-heptansäure mit Hilfe von wss. NaOH (*Gut, Prystaš*, Collect. **24** [1959] 2986, 2989).

Kristalle (aus wss. A.); F: 143°.

3-Thioxo-1,2,4-triaza-spiro[5.5]undecan-5-on $C_8H_{13}N_3OS$, Formel XI.

B. Aus 1-Thiosemicarbazido-cyclohexancarbonsäure-amid mit Hilfe von äthanol. Natriumäthylat (*Fusco, Rossi*, G. **84** [1954] 373, 380).

Kristalle (aus A.); F: 224°.

Dioxo-Verbindungen $C_{10}H_{17}N_3O_2$

6-Heptyl-2H-[1,2,4]triazin-3,5-dion $C_{10}H_{17}N_3O_2$, Formel VIII (X = O, n = 6) und Taut.

B. Aus 2-Semicarbazono-nonansäure mit Hilfe von Natriumäthylat in Äthanol und Äthylenglykol (*Chang*, J. org. Chem. **23** [1958] 1951).

Kristalle (aus H$_2$O); F: 117−119° [unkorr.]. λ_{max}: 263 nm [wss. HCl (0,1 n)] bzw. 247 nm [wss. NaOH (0,1 n)]. Scheinbarer Dissoziationsexponent pK'_a (H$_2$O; potentiometrisch ermittelt): 7,8.

       X   XI   XII   XIII

*Opt.-inakt. 7,7,9-Trimethyl-1,3,8-triaza-spiro[4.5]decan-2,4-dion $C_{10}H_{17}N_3O_2$, Formel XII.

B. Aus 2,2,6-Trimethyl-piperidin-4-on, $[NH_4]_2CO_3$ und KCN in wss. Äthanol (*Mailey, Day,* J. org. Chem. **22** [1957] 1061, 1062, 1063).

F: 360° [unkorr.; Zers.].

Hydrochlorid $C_{10}H_{17}N_3O_2 \cdot HCl$. F: > 360° [Zers.].

Dioxo-Verbindungen $C_{11}H_{19}N_3O_2$

7,7,9,9-Tetramethyl-1,3,8-triaza-spiro[4.5]decan-2,4-dion $C_{11}H_{19}N_3O_2$, Formel XIII (R = H).

B. Aus 2,2,6,6-Tetramethyl-piperidin-4-on, $[NH_4]_2CO_3$ und KCN in wss. Äthanol (*Mailey, Day,* J. org. Chem. **22** [1957] 1061, 1062, 1063).

Kristalle (aus wss. A.); F: 360 – 365° [unkorr.; Zers.].

Hydrochlorid $C_{11}H_{19}N_3O_2 \cdot HCl$. Kristalle (aus H_2O); F: > 360° [Zers.].

7,7,8,9,9-Pentamethyl-1,3,8-triaza-spiro[4.5]decan-2,4-dion $C_{12}H_{21}N_3O_2$, Formel XIII (R = CH_3).

B. Aus 1,2,2,6,6-Pentamethyl-piperidin-4-on, $[NH_4]_2CO_3$ und KCN in wss. Äthanol (*Mailey, Day,* J. org. Chem. **22** [1957] 1061, 1062, 1063).

Kristalle (aus wss. A.); F: 209 – 211° [unkorr.].   [*G. Grimm*]

Dioxo-Verbindungen $C_nH_{2n-5}N_3O_2$

Dioxo-Verbindungen $C_4H_3N_3O_2$

4-Diazoacetyl-2-phenyl-2H-[1,2,3]triazol, 2-Diazo-1-[2-phenyl-2H-[1,2,3]triazol-4-yl]-äthanon $C_{10}H_7N_5O$, Formel I.

B. Aus 2-Phenyl-2H-[1,2,3]triazol-4-carbonylchlorid und Diazomethan in Äther (*Stein, D'Antoni,* Farmaco Ed. scient. **10** [1955] 235, 239).

Gelbe Kristalle (aus Ae. + PAe.); F: 116 – 118° [Zers.].

1-Hexyl-1H-[1,2,3]triazol-4,5-dicarbaldehyd $C_{10}H_{15}N_3O_2$, Formel II (R = $[CH_2]_5$-CH_3).

B. Aus der folgenden Verbindung beim Erwärmen mit wss.-äthanol. H_2SO_4 (*Henkel, Weygand,* B. **76** [1943] 812, 817).

$Kp_{0,1}$: 104 – 106°; n_D^{19}: 1,4960 (*He., We.*).

Überführung in 1-Hexyl-5,6-dihydroxy-1H-benzotriazol-4,7-dion durch Behandeln mit Dinatrium-[1,2-dihydroxy-äthan-1,2-disulfonat] und KCN in wss. Na_2CO_3: *Weygand, Henkel,* B. **76** [1943] 818, 822.

1-Hexyl-1H-[1,2,3]triazol-4,5-dicarbaldehyd-bis-diäthylacetal $C_{18}H_{35}N_3O_4$, Formel III (R = $[CH_2]_5$-CH_3).

B. Aus Butindial-bis-diäthylacetal beim Erwärmen mit Hexylazid in Äthanol (*Henkel, Weygand,* B. **76** [1943] 812, 817).

$Kp_{0,08}$: 145°. n_D^{21}: 1,4571.

1-Dodecyl-1H-[1,2,3]triazol-4,5-dicarbaldehyd $C_{16}H_{27}N_3O_2$, Formel II (R = $[CH_2]_{11}$-CH_3).

B. Aus der folgenden Verbindung beim Erwärmen mit wss.-äthanol. H_2SO_4 (*Henkel, Weygand,* B. **76** [1943] 812, 818).

Kristalle (aus PAe.); F: $30-32,5°$. $Kp_{0,1}$: $168°$.

1-Dodecyl-1H-[1,2,3]triazol-4,5-dicarbaldehyd-bis-diäthylacetal $C_{24}H_{47}N_3O_4$, Formel III (R = $[CH_2]_{11}$-CH_3).

B. Aus Butindial-bis-diäthylacetal beim Erwärmen mit Dodecylazid in Äthanol (*Henkel, Weygand*, B. **76** [1943] 812, 818).

$Kp_{0,01}$: $184°$. n_D^{20}: 1,4591.

I II III IV

1-Phenyl-1H-[1,2,3]triazol-4,5-dicarbaldehyd $C_{10}H_7N_3O_2$, Formel II (R = C_6H_5).

B. Aus 1-Phenyl-1H-[1,2,3]triazol-4,5-dicarbaldehyd-bis-diäthylacetal beim Erwärmen mit wss.-äthanol. H_2SO_4 (*Henkel, Weygand*, B. **76** [1943] 812, 816) oder beim Erwärmen mit wss. H_2SO_4 in Xylol unter azeotroper Destillation des entstehenden Äthanols (*Winter, Müller*, B. **107** [1974] 715).

Kristalle (aus PAe.); F: $107°$ (*He., We.*), $106-107°$ (*Wi., Mü.*). ^{1}H-NMR-Absorption (CDCl$_3$): *Wi., Mü.*

2-Phenyl-2H-[1,2,3]triazol-4,5-dicarbaldehyd $C_{10}H_7N_3O_2$, Formel IV.

B. Aus 2-Phenyl-4,5,6,7-tetrahydro-2H-benzotriazol-4r,5t,6c,7t-tetraol beim Behandeln mit $NaIO_4$ in H_2O (*Anderson, Anronson*, J. org. Chem. **24** [1959] 1812).

Kristalle (aus wss. A.); F: $145-147°$.

Bis-[2,4-dinitro-phenylhydrazon] $C_{22}H_{15}N_{11}O_8$. F: $304-307°$ [Zers.].

1-Phenyl-1H-[1,2,3]triazol-4,5-dicarbaldehyd-bis-diäthylacetal $C_{18}H_{27}N_3O_4$, Formel III (R = C_6H_5).

B. Aus Butindial-bis-diäthylacetal beim Erwärmen mit Azidobenzol in Äthanol (*Henkel, Weygand*, B. **76** [1943] 812, 816).

Kristalle (aus PAe.); F: $59°$. $Kp_{0,01}$: $41°$.

1-Benzyl-1H-[1,2,3]triazol-4,5-dicarbaldehyd $C_{11}H_9N_3O_2$, Formel II (R = CH_2-C_6H_5).

B. Aus der folgenden Verbindung beim Erwärmen mit wss.-äthanol. H_2SO_4 (*Henkel, Weygand*, B. **76** [1943] 812, 817).

Kristalle (aus PAe.); F: $89°$.

1-Benzyl-1H-[1,2,3]triazol-4,5-dicarbaldehyd-bis-diäthylacetal $C_{19}H_{29}N_3O_4$, Formel III (R = CH_2-C_6H_5).

B. Aus Butindial-bis-diäthylacetal beim Erwärmen mit Benzylazid in Äthanol (*Henkel, Weygand*, B. **76** [1943] 812, 816).

$Kp_{0,15}$: $166-167°$.

Dioxo-Verbindungen $C_5H_5N_3O_2$

(±)-(3ar,6ac)-3a,6a-Dihydro-3H-pyrrolo[3,4-c]pyrazol-4,6-dion, (±)-cis-4,5-Dihydro-3H-pyrazol-3,4-dicarbonsäure-imid $C_5H_5N_3O_2$, Formel V (R = H) +Spiegelbild.

Bezüglich der Konstitutions- und Konfigurationszuordnung s. die Angaben im folgenden Artikel.

B. Beim Behandeln von Maleinimid mit Diazomethan in Äther (*Arndt et al.*, Rev. Fac. Sci. Istanbul [A] **13** [1948] 103, 119).

Kristalle (aus Me.); F: $142°$ [Zers.].

(±)-5-Phenyl-(3ar,6ac)-3a,6a-dihydro-3H-pyrrolo[3,4-c]pyrazol-4,6-dion $C_{11}H_9N_3O_2$, Formel V (R = C_6H_5) + Spiegelbild.

Konstitution: *Awad et al.*, J. org. Chem. **26** [1961] 4126; J. Chem. U.A.R. **6** [1963] 119, 121.

Konfiguration: *Declercq et al.*, Acta cryst. [B] **35** [1979] 1491.

B. Beim Behandeln von *N*-Phenyl-maleinimid mit Diazomethan in Äther (*Mustafa et al.*, Am. Soc. **78** [1956] 145, 146).

Atomabstände und Bindungswinkel (Röntgen-Diagramm): *De. et al.*

Kristalle (aus $CHCl_3$ + Ae.); F: 178° [unkorr.; Zers.] (*Mu. et al.*). Monoklin; Dimensionen der Elementarzelle (Röntgen-Diagramm): *De. et al.* Dichte der Kristalle: 1,42 (*De. et al.*).

Beim Erhitzen unter vermindertem Druck auf 180° sind 3-Methyl-1-phenyl-pyrrol-2,5-dion und 3-Phenyl-3-aza-bicyclo[3.1.0]hexan-2,4-dion (E III/IV **21** 4655, **22** 7301) erhalten worden (*Awad et al.*, J. org. Chem. **26** 4126; J. Chem. U.A.R. **6** 123).

Die folgenden Verbindungen sind in analoger Weise hergestellt worden:

(±)-5-*p*-Tolyl-(3ar,6ac)-3a,6a-dihydro-3H-pyrrolo[3,4-c]pyrazol-4,6-dion $C_{12}H_{11}N_3O_2$, Formel V (R = C_6H_4-CH_3) + Spiegelbild. Kristalle (aus $CHCl_3$ + Ae.); F: 178° [unkorr.; Zers.] (*Mu. et al.*).

(±)-5-[2,4-Dimethyl-phenyl]-(3ar,6ac)-3a,6a-dihydro-3H-pyrrolo[3,4-c]pyrazol-4,6-dion $C_{13}H_{13}N_3O_2$, Formel V (R = $C_6H_3(CH_3)_2$) + Spiegelbild. Kristalle (aus $CHCl_3$ + Ae.); F: 143° [unkorr.; Zers.] (*Mu. et al.*).

(±)-5-[4-Methoxy-phenyl]-(3ar,6ac)-3a,6a-dihydro-3H-pyrrolo[3,4-c]pyrazol-4,6-dion $C_{12}H_{11}N_3O_3$, Formel V (R = C_6H_4-O-CH_3) + Spiegelbild. Kristalle (aus $CHCl_3$ + Ae.); F: 184° [unkorr.; Zers.] (*Mu. et al.*).

(±)-5-[4-Äthoxy-phenyl]-(3ar,6ac)-3a,6a-dihydro-3H-pyrrolo[3,4-c]pyrazol-4,6-dion $C_{13}H_{13}N_3O_3$, Formel V (R = C_6H_4-O-C_2H_5) + Spiegelbild. Kristalle (aus $CHCl_3$ + Ae.); F: 172° [unkorr.; Zers.] (*Mu. et al.*).

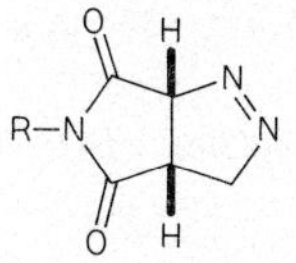

V 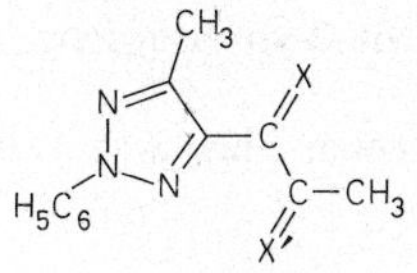   VI 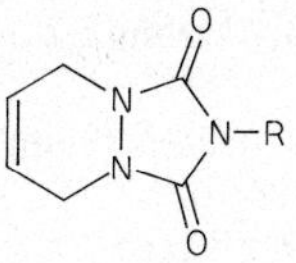   VII 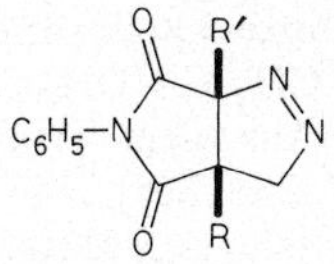   VIII

Dioxo-Verbindungen $C_6H_7N_3O_2$

4-Methyl-2-phenyl-5-pyruvoyl-2H-[1,2,3]triazol, 1-[5-Methyl-2-phenyl-2H-[1,2,3]triazol-4-yl]-propan-1,2-dion $C_{12}H_{11}N_3O_2$, Formel VI (X = X' = O).

B. Aus der folgenden Verbindung beim Erwärmen mit wss.-äthanol. HCl (*Ajello, Cusmano*, G. **70** [1940] 770, 776).

Kristalle (aus Bzl. oder wss. A.); F: 165°.

***1-[5-Methyl-2-phenyl-2H-[1,2,3]triazol-4-yl]-propan-1,2-dion-1-oxim** $C_{12}H_{12}N_4O_2$, Formel VI (X = N-OH, X' = O).

B. Aus [5-Methyl-2-phenyl-2H-[1,2,3]triazol-4-yl]-aceton beim Behandeln mit Isopentylnitrit und äthanol. Natriumäthylat (*Ajello, Cusmano*, G. **70** [1940] 770, 775).

Kristalle (aus Bzl.); F: 120° (*Aj., Cu.*).

Beim Behandeln mit äthanol. NH_3 unter der Einwirkung von Sonnenlicht bildet sich 1-[5-Methyl-2-phenyl-2H-[1,2,3]triazol-4-yl]-propan-1,2-dion-dioxim [s. u.] (*Capuano, Giammanco*, G. **87** [1957] 845, 850).

O-Benzoyl-Derivat $C_{19}H_{16}N_4O_3$; *1-[5-Methyl-2-phenyl-2H-[1,2,3]triazol-4-yl]-propan-1,2-dion-1-[*O*-benzoyl-oxim]. Kristalle (aus A.); F: 117° (*Aj., Cu.*).

***1-[5-Methyl-2-phenyl-2H-[1,2,3]triazol-4-yl]-propan-1,2-dion-dioxim** $C_{12}H_{13}N_5O_2$, Formel VI (X = X' = N-OH).

B. Aus 1-[5-Methyl-2-phenyl-2H-[1,2,3]triazol-4-yl]-propan-1,2-dion und NH_2OH (*Ajello*,

Cusmano, G. **70** [1940] 770, 777). Aus 1-[5-Methyl-2-phenyl-2*H*-[1,2,3]triazol-4-yl]-propan-1,2-dion-1-oxim beim Erwärmen mit NH_2OH in wss. Äthanol (*Aj., Cu.,* l. c. S. 776) oder beim Behandeln mit äthanol. NH_3 unter der Einwirkung von Sonnenlicht (*Capuano, Giammanco,* G. **87** [1957] 845, 850).

Kristalle (aus A.); F: 234° (*Aj., Cu.*), 233–234° (*Ca., Gi.*).

Dibenzoyl-Derivat $C_{26}H_{21}N_5O_4$; 1-[5-Methyl-2-phenyl-2*H*-[1,2,3]triazol-4-yl]-propan-1,2-dion-bis-[*O*-benzoyl-oxim]. Kristalle (aus A.); F: 170° (*Aj., Cu.*).

5,8-Dihydro-[1,2,4]triazolo[1,2-*a*]pyridazin-1,3-dion, 3,6-Dihydro-pyridazin-1,2-dicarbonsäure-imid $C_6H_7N_3O_2$, Formel VII (R = H).

B. Aus 3,6-Dihydro-pyridazin-1,2-dicarbonsäure-diamid beim Erhitzen auf 275–285° (*Sterling Drug Inc.,* U.S.P. 2813865, 2813866 [1955]).

Kristalle (aus H_2O); F: 244–247° [korr.].

2-Methyl-5,8-dihydro-[1,2,4]triazolo[1,2-*a*]pyridazin-1,3-dion $C_7H_9N_3O_2$, Formel VII (R = CH_3).

B. Aus der vorangehenden Verbindung beim Erwärmen mit Dimethylsulfat und wss. NaOH (*Sterling Drug Inc.,* U.S.P. 2813865, 2813866 [1955]).

Kristalle (aus Me.); F: 155–159°.

Die folgenden Verbindungen sind in analoger Weise hergestellt worden:

2-Dodecyl-5,8-dihydro-[1,2,4]triazolo[1,2-*a*]pyridazin-1,3-dion $C_{18}H_{31}N_3O_2$, Formel VII (R = $[CH_2]_{11}$-CH_3). Kristalle (aus Me.); F: 44,5–45,5°.

2-[4-Nitro-benzyl]-5,8-dihydro-[1,2,4]triazolo[1,2-*a*]pyridazin-1,3-dion $C_{13}H_{12}N_4O_4$, Formel VII (R = CH_2-C_6H_4-NO_2). Kristalle (aus E.); F: 200–202,5°.

2-[2-Hydroxy-äthyl]-5,8-dihydro-[1,2,4]triazolo[1,2-*a*]pyridazin-1,3-dion $C_8H_{11}N_3O_3$, Formel VII (R = CH_2-CH_2-OH). Kristalle (aus H_2O); F: 162–167,5°.

[1,3-Dioxo-5,8-dihydro-[1,2,4]triazolo[1,2-*a*]pyridazin-2-yl]-essigsäure $C_8H_9N_3O_4$, Formel VII (R = CH_2-CO-OH).

B. Aus dem Äthylester (s. u.) beim Erwärmen mit wss. HCl (*Sterling Drug Inc.,* U.S.P. 2813865, 2813866 [1955]).

Kristalle (aus H_2O); F: 160–169°.

Äthylester $C_{10}H_{13}N_3O_4$. *B.* Aus 5,8-Dihydro-[1,2,4]triazolo[1,2-*a*]pyridazin-1,3-dion beim Erwärmen mit Bromessigsäure-äthylester in wss.-äthanol. NaOH (*Sterling Drug Inc.*). – Kristalle (aus H_2O); F: 102,5–105°.

(±)-3a(oder 6a)-Methyl-5-phenyl-(3a*r*,6a*c*)-3a,6a-dihydro-3*H*-pyrrolo[3,4-*c*]pyrazol-4,6-dion $C_{12}H_{11}N_3O_2$, Formel VIII (R = CH_3, R′ = H oder R = H, R′ = CH_3) + Spiegelbilder.

Bezüglich der Konstitution und Konfiguration vgl. die Angaben im Artikel (±)-5-Phenyl-(3a*r*,6a*c*)-3a,6a-dihydro-3*H*-pyrrolo[3,4-*c*]pyrazol-4,6-dion (S. 567).

B. Aus 3-Methyl-1-phenyl-pyrrol-2,5-dion beim Behandeln mit Diazomethan in Äther (*Mustafa et al.,* Am. Soc. **78** [1956] 145, 147).

Kristalle (aus $CHCl_3$ + Ae.); F: 180° [unkorr.; Zers.].

Dioxo-Verbindungen $C_7H_9N_3O_2$

(±)-5,8-Dimethyl-8,8a-dihydro-1*H*-imidazo[1,2-*a*]pyrimidin-2,7-dion $C_8H_{11}N_3O_2$, Formel IX.

UV-Spektrum (wss. Lösungen vom pH 0–14; 230–300 nm): *Prokof'ew et al.,* Vestnik Moskovsk. Univ. **12** [1957] Nr. 3, S. 199, 201, 207; C. A. **1958** 9146.

6-Methyl-5,6,7,8-tetrahydro-1*H*-pyrido[4,3-*d*]pyrimidin-2,4-dion $C_8H_{11}N_3O_2$, Formel X und Taut.

B. Aus 1-Methyl-4-oxo-piperidin-3-carbonsäure-methylester beim Erwärmen mit Harnstoff und äthanol. Natriumäthylat (*Cook, Reed,* Soc. **1954** 399, 401).

Hydrochlorid $C_8H_{11}N_3O_2 \cdot HCl$. Hellgelbe Kristalle; F: 285° [nach Sublimation im Hochvakuum bei 200°].

IX   X   XI   XII

Dioxo-Verbindungen $C_9H_{13}N_3O_2$

2-Imino-3,3,7,7-tetramethyl-2,3,6,7-tetrahydro-imidazo[1,5-a]imidazol-5-on $C_9H_{14}N_4O$,
Formel XI (X = H) und Taut.

Diese Konstitution kommt der von *Jacobson* (Am. Soc. **67** [1945] 199) als N,N'-Bis-[1-cyan-1-methyl-äthyl]-harnstoff beschriebenen Verbindung zu (*McKay et al.*, Am. Soc. **80** [1958] 6276, 6277).

B. Beim Behandeln von α-Amino-isobutyronitril mit $COCl_2$ in Toluol (*Ja.*). Aus N,N'-Bis-[1-cyan-1-methyl-äthyl]-harnstoff beim Erhitzen über den Schmelzpunkt (*McKay et al.*).

Kristalle; F: 240° [unkorr.; Zers.] (*McKay et al.*, l. c. S. 6278), 238° [aus A.] (*Ja.*). IR-Banden (3230−1580 cm^{-1}): *McKay et al.*, l. c. S. 6279.

Überführung in α-[4,4-Dimethyl-2,5-dioxo-imidazolidin-1-yl]-isobuttersäure durch Erwärmen mit wss. HCl, in α-[4,4-Dimethyl-2,5-dioxo-imidazolidin-1-yl]-isobuttersäure-amid durch Erhit≠ zen mit H_2O, in α-[5-Imino-4,4-dimethyl-2-oxo-imidazolidin-1-yl]-isobuttersäure-amid durch Behandeln mit äthanol. HCl: *McKay et al.*

*3,3,7,7-Tetramethyl-6-nitro-2-nitroimino-2,3,6,7-tetrahydro-imidazo[1,5-a]imidazol-5-on
$C_9H_{12}N_6O_5$, Formel XI (X = NO_2).

B. Aus der vorangehenden Verbindung beim Behandeln mit HNO_3 in Acetanhydrid unter Zusatz von NH_4Cl (*McKay et al.*, Am. Soc. **80** [1958] 6276, 6280).

Kristalle (aus Acn. + PAe.); F: 214−215° [unkorr.; Zers.].

Dioxo-Verbindungen $C_{11}H_{17}N_3O_2$

*Opt.-inakt. 3,7-Diäthyl-2-imino-3,7-dimethyl-2,3,6,7-tetrahydro-imidazo[1,5-a]imidazol-5-on
$C_{11}H_{18}N_4O$, Formel XII (X = H).

B. Aus opt.-inakt. N,N'-Bis-[1-cyan-1-methyl-propyl]-harnstoff (F: 157−158°) beim längeren Erwärmen in Äthanol (*McKay et al.*, Am. Soc. **80** [1958] 6276, 6278, 6279).

Kristalle; F: 207−208° [unkorr.; Zers.]. IR-Banden (3250−1590 cm^{-1}): *McKay et al.*

***Opt.-inakt. 3,7-Diäthyl-3,7-dimethyl-6-nitro-2-nitroimino-2,3,6,7-tetrahydro-imidazo[1,5-a]≠
imidazol-5-on** $C_{11}H_{16}N_6O_5$, Formel XII (X = NO_2).

B. Aus der vorangehenden Verbindung beim Behandeln mit HNO_3 in Acetanhydrid unter Zusatz von NH_4Cl (*McKay et al.*, Am. Soc. **80** [1958] 6276, 6280).

Kristalle (aus Acn. + PAe.); F: 164−165° [unkorr.; Zers.].

Dioxo-Verbindungen $C_nH_{2n-7}N_3O_2$

Dioxo-Verbindungen $C_6H_5N_3O_2$

2,3-Dihydro-6H-pyrrolo[3,4-d]pyridazin-1,4-dion $C_6H_5N_3O_2$, Formel I (R = H) und Taut.
(z. B. 4-Hydroxy-2,6-dihydro-pyrrolo[3,4-d]pyridazin-1-on).

B. Aus Pyrrol-3,4-dicarbonsäure-dihydrazid beim Erhitzen mit $N_2H_4 \cdot H_2O$ oder mit wss. HCl (*Jones*, Am. Soc. **78** [1956] 159, 161, 162).

Kristalle; F: > 310°.

6-Methyl-2,3-dihydro-6H-pyrrolo[3,4-d]pyridazin-1,4-dion $C_7H_7N_3O_2$, Formel I (R = CH_3) und Taut.

B. Analog der vorangehenden Verbindung (*Jones*, Am. Soc. **78** [1956] 159, 161, 162). Kristalle; F: 339−340°.

Dioxo-Verbindungen $C_7H_7N_3O_2$

7-Methyl-1H-imidazo[1,2-c]pyrimidin-2,5-dion $C_7H_7N_3O_2$, Formel II und Taut.

B. Aus 4-Amino-6-methyl-1H-pyrimidin-2-on beim Erwärmen mit Chloressigsäure-anhydrid und Tributylamin in $CHCl_3$ (*Schaborowa, Prokof'ew*, Doklady Akad. S.S.S.R. **101** [1955] 699, 701; C. A. **1956** 3457).

Rosafarbene Kristalle (aus H_2O); Zers. >350°.

I   II   III   IV

5-Methyl-1H-imidazo[1,2-a]pyrimidin-2,7-dion $C_7H_7N_3O_2$, Formel III (R = H) und Taut.

λ_{max} (wss. Lösung): 266 nm [pH 0], 262 nm [pH 2,2] bzw. 263 nm [pH 4] (*Prokof'ew et al.*, Vestnik Moskovsk. Univ. **12** [1957] Nr. 3, S. 199, 201; C. A. **1958** 9146).

5,8-Dimethyl-8H-imidazo[1,2-a]pyrimidin-2,7-dion $C_8H_9N_3O_2$, Formel III (R = CH_3).

B. Aus 2-Amino-3,6-dimethyl-3H-pyrimidin-4-on beim Erhitzen mit Chloressigsäure-anhydrid (*Antonowitsch, Prokof'ew*, Vestnik Moskovsk. Univ. **10** [1955] Nr. 3, S. 57, 60; C. A. **1955** 10972).

Kristalle (aus H_2O); F: 261−262° (*An., Pr.*). λ_{max} (wss. Lösung): 265 nm [pH 0], 267,5 nm [pH 2,1−9,8], 263 nm [pH 11,9] bzw. 268 nm [pH 14] (*Prokof'ew et al.*, Vestnik Moskovsk. Univ. **12** [1957] Nr. 3, S. 199, 200; C. A. **1958** 9145).

Überführung in [3,6-Dimethyl-2,4-dioxo-3,4-dihydro-2H-pyrimidin-1-yl]-essigsäure mit Hilfe von wss. HCl oder wss. NaOH: *An., Pr.*

7-Methyl-1H-imidazo[1,2-a]pyrimidin-2,5-dion $C_7H_7N_3O_2$, Formel IV und Taut.

B. Neben [2-Amino-4-methyl-6-oxo-6H-pyrimidin-1-yl]-essigsäure beim Erwärmen von N-Carbamimidoyl-glycin und Acetessigsäure-äthylester mit methanol. Natriummethylat (*Proko= f'ew et al.*, Doklady Akad. S.S.S.R. **87** [1952] 783; C. A. **1954** 169).

Kristalle (aus H_2O); F: 310° (*Pr. et al.*, Doklady Akad. S.S.S.R. **87** 783). UV-Spektrum (wss. HCl [2 n] sowie wss. Lösungen vom pH 0−14; 230−320 nm): *Prokof'ew et al.*, Vestnik Moskovsk. Univ. **12** [1957] Nr. 3, S. 199, 200, 203; C. A. **1958** 9146. Scheinbare Dissoziations= konstante K'_a (H_2O; spektrophotometrisch ermittelt): $3,31 \cdot 10^{-7}$ (*Pr. et al.*, Vestnik Moskovsk. Univ. **12** Nr. 3, S. 200).

5-Methyl-4H-pyrazolo[1,5-a]pyrimidin-2,7-dion $C_7H_7N_3O_2$, Formel V (R = H) und Taut. (5-Methyl-pyrazolo[1,5-a]pyrimidin-2,7-diol).

Diese Konstitution kommt der von *Taylor, Barton* (Am. Soc. **81** [1959] 2448, 2450, 2451) als 6-Methyl-1H-pyrazolo[3,4-b]pyridin-3,4-diol (⇌ 6-Methyl-1,2-dihydro-7H-pyrazolo[3,4-b]pyridin-3,4-dion $C_7H_7N_3O_2$) beschriebenen Verbindung zu (*Imbach et al.*, Bl. **1970** 1929, 1930; s. a. *Ried, Köcher*, A. **647** [1961] 116, 125; *Ried, Peuchert*, A. **660** [1962] 104, 107).

B. Neben 4-Methyl-1,2-dihydro-7H-pyrazolo[3,4-b]pyridin-3,6-dion beim Erhitzen von 5-Amino-1,2-dihydro-pyrazol-3-on mit Acetessigsäure-äthylester und Essigsäure (*Ta., Ba.; Im.*

et al., l. c. S. 1933). Aus 5-Amino-1,2-dihydro-pyrazol-3-on beim Erwärmen mit Acetessigsäure-äthylester und wss. NaOH (*Ta., Ba.*).

Kristalle (aus DMF); F: 356−358° [korr.; Zers.] (*Ta., Ba.; s. a. Im. et al.*). ^{1}H-NMR-Absorption (DMSO-d_6 sowie Trifluoressigsäure): *Im. et al.*, l. c. S. 1931, 1932. λ_{max} (A.): 230 nm und 294 nm (*Im. et al.*).

Überführung in [4-Methyl-6-oxo-1,6-dihydro-pyrimidin-2-yl]-essigsäure-amid (E III/IV **25** 1625; E III/IV **22** 6910 als 2-Amino-4-hydroxy-6-methyl-nicotinsäure-amid formuliert) durch Erwärmen mit Raney-Nickel in Äthanol: *Ta., Ba.*

Monoacetyl-Derivat $C_9H_9N_3O_3$. Kristalle (aus A.); F: 255−256° [korr.; Zers.] (*Ta., Ba.*).

5-Methyl-1-phenyl-4H-pyrazolo[1,5-a]pyrimidin-2,7-dion $C_{13}H_{11}N_3O_2$, Formel V (R = C_6H_5) und Taut.

Diese Konstitution kommt der von *Gen. Aniline & Film Corp.* (U.S.P. 2403329 [1944], 2481466 [1944]) als 7-Methyl-1-phenyl-4H-pyrazolo[1,5-a]pyrimidin-2,5-dion $C_{13}H_{11}N_3O_2$ und von *Taylor, Barton* (Am. Soc. **81** [1959] 2448, 2450) als 6-Methyl-2-phenyl-2H-pyrazolo[3,4-b]pyridin-3,4-diol ($\rightleftharpoons$ 6-Methyl-2-phenyl-1,2-dihydro-7H-pyr$ ₂ azolo[3,4-b]pyridin-3,4-dion $C_{13}H_{11}N_3O_2$) beschriebenen Verbindung zu (*Imbach et al.*, Bl. **1970** 1929, 1930).

B. Aus 5-Amino-2-phenyl-1,2-dihydro-pyrazol-3-on beim Erwärmen mit Diketen (E III/IV **17** 4297) in Xylol (*Gen. Aniline*) oder beim Erhitzen mit Acetessigsäure-äthylester und Essigsäure (*Ta., Ba.; s. a. Papini*, G. **83** [1953] 861, 865).

Kristalle; F: 306−308° [korr.; Zers.] (*Ta., Ba.*).

Acetyl-Derivat. F: 145−146° [korr.; Zers.] (*Ta., Ba.*).

V   VI   VII

4-Methyl-1,2-dihydro-7H-pyrazolo[3,4-b]pyridin-3,6-dion $C_7H_7N_3O_2$, Formel VI und Taut. (4-Methyl-1H-pyrazolo[3,4-b]pyridin-3,6-diol).

B. Neben 5-Methyl-4H-pyrazolo[1,5-a]pyrimidin-2,7-dion (s. o.) beim Erhitzen von 5-Amino-1,2-dihydro-pyrazol-3-on mit Acetessigsäure-äthylester und Essigsäure (*Taylor, Barton*, Am. Soc. **81** [1959] 2448, 2451; *Imbach et al.*, Bl. **1970** 1929, 1934).

F: 334−336° [korr.; Zers.] (*Ta., Ba.*). Kristalle (aus Eg.) mit 1 Mol Essigsäure; F: >300° (*Im. et al.*). ^{1}H-NMR-Absorption (DMSO-d_6 sowie Trifluoressigsäure): *Im. et al.*, l. c. S. 1931, 1932, 1934. λ_{max} (A.): 307 nm (*Im. et al.*).

Überführung in 2-Amino-6-hydroxy-4-methyl-nicotinsäure-amid durch Erwärmen mit Raney-Nickel in Äthanol: *Ta., Ba.; Im. et al.*

Monoacetyl-Derivat $C_9H_9N_3O_3$. Kristalle (aus A.); F: 325−327° [korr.] (*Ta., Ba.*).

Diacetyl-Derivat $C_{11}H_{11}N_3O_4$. Kristalle; Zers. >260° [nach Sintern bei 180−185°] (*Ta., Ba.*).

6-Methyl-1,4-dihydro-3H-imidazo[4,5-b]pyridin-2,5-dion $C_7H_7N_3O_2$, Formel VII und Taut.

B. Aus 2-Amino-6-hydroxy-5-methyl-nicotinsäure-amid in Methanol beim Behandeln mit Brom in wss. KOH (*Dornow, Hahmann*, Ar. **290** [1957] 20, 28).

Kristalle (aus Me.); F: 398−402° [Zers.].

6-Chlor-7-methyl-1,4-dihydro-3H-imidazo[4,5-b]pyridin-2,5-dion $C_7H_6ClN_3O_2$, Formel VIII und Taut.

B. Aus 2-Amino-6-hydroxy-4-methyl-nicotinsäure-amid beim Behandeln mit NaOCl in wss.

KOH (*Dornow, Hahmann*, Ar. **290** [1957] 20, 29).

Kristalle (aus Me.); F: 257° [Zers.].

Überführung in 2,5,6-Trichlor-7-methyl-1(3)*H*-imidazo[4,5-*b*]pyridin durch Erhitzen mit $POCl_3$ und PCl_5 auf 120°: *Do., Ha.*

2-Methyl-5,7-dihydro-3*H*-pyrrolo[2,3-*d*]pyrimidin-4,6-dion $C_7H_7N_3O_2$, Formel IX und Taut.

B. Aus Cyanbernsteinsäure-diäthylester beim Behandeln mit äthanol. HCl und Behandeln des Reaktionsgemisches mit Acetamidin-hydrochlorid und äthanol. Natriumäthylat (*Földi et al.*, B. **75** [1942] 755, 761).

Unterhalb 360° nicht schmelzend.

VIII   IX   X   XI

2-Methyl-5,6-dihydro-1*H*-pyrrolo[2,3-*d*]pyridazin-4,7-dion $C_7H_7N_3O_2$, Formel X (R = H) und Taut.

B. Aus 5-Methyl-pyrrol-2,3-dicarbonsäure-diäthylester beim Behandeln mit $N_2H_4 \cdot H_2O$ in Methanol (*Jones*, Am. Soc. **78** [1956] 159, 161).

F: 355° [Zers.].

2-Methyl-1-phenyl-1*H*-pyrrolo[2,3-*d*]pyridazin-4,7-dion $C_{13}H_{11}N_3O_2$, Formel X (R = C_6H_5) und Taut.

B. Analog der vorangehenden Verbindung (*Jones*, Am. Soc. **78** [1956] 159, 161).

F: 335 – 337°.

Dioxo-Verbindungen $C_8H_9N_3O_2$

(±)-3,5-Dimethyl-1*H*-imidazo[1,2-*a*]pyrimidin-2,7-dion $C_8H_9N_3O_2$, Formel XI (R = H) und Taut.

B. Neben 3,7-Dimethyl-1*H*-imidazo[1,2-*a*]pyrimidin-2,5-dion beim Erhitzen von (±)-2-Brom-propionsäure-[4-methyl-6-oxo-1,6-dihydro-pyrimidin-2-ylamid] mit Acetanhydrid (*Antono≠ witsch, Prokof'ew*, Vestnik Moskovsk. Univ. **10** [1955] Nr. 3, S. 57, 60; C. A. **1955** 10972).

Kristalle (aus H_2O); F: 221 – 223° (*An., Pr.*). UV-Spektrum (wss. Lösungen vom pH 0 – 14; 230 – 300 nm): *Prokof'ew et al.*, Vestnik Moskovsk. Univ. **12** [1957] Nr. 3, S. 199, 201, 208; C. A. **1958** 9146.

(±)-3,5,8-Trimethyl-8*H*-imidazo[1,2-*a*]pyrimidin-2,7-dion $C_9H_{11}N_3O_2$, Formel XI (R = CH_3).

B. Aus 2-Amino-3,6-dimethyl-3*H*-pyrimidin-4-on beim Erhitzen mit opt.-inakt. 2-Brom-pro≠ pionsäure-anhydrid (*Antonowitsch, Prokof'ew*, Vestnik Moskovsk. Univ. **10** [1955] Nr. 3, S. 57, 60; C. A. **1955** 10972).

Kristalle (aus H_2O); F: 187 – 189° (*An., Pr.*). UV-Spektrum (wss. Lösungen vom pH 0 – 14; 230 – 310 nm): *Prokof'ew et al.*, Vestnik Moskovsk. Univ. **12** [1957] Nr. 3, S. 199, 201, 206; C. A. **1958** 9146.

(±)-3,7-Dimethyl-1*H*-imidazo[1,2-*a*]pyrimidin-2,5-dion $C_8H_9N_3O_2$, Formel XII (R = CH_3, R′ = H) und Taut.

B. Neben 2-[2-Amino-4-methyl-6-oxo-6*H*-pyrimidin-1-yl]-propionsäure beim Erwärmen von *N*-Carbamimidoyl-DL-alanin und Acetessigsäure-äthylester mit methanol. Natriummethylat (*Prokof'ew et al.*, Doklady Akad. S.S.S.R. **87** [1952] 783; C. A. **1954** 169). Aus (±)-2-Brom-propionsäure-[4-methyl-6-oxo-1,6-dihydro-pyrimidin-2-ylamid] beim Behandeln mit flüssigem

NH₃ (*Prokof'ew et al.*, Doklady Akad. S.S.S.R. **87** 783; Ž. obšč. Chim. **25** [1955] 397, 401; engl. Ausg. S. 375, 377) oder neben 3,5-Dimethyl-1*H*-imidazo[1,2-*a*]pyrimidin-2,7-dion beim Erhitzen mit Acetanhydrid (*Antonowitsch, Prokof'ew*, Vestnik Moskovsk. Univ. **10** [1955] Nr. 3, S. 57, 60; C. A. **1955** 10972). Aus (±)-2-Amino-5-methyl-1,5-dihydro-imidazol-4-on-hydrochlo‍rid und Acetessigsäure-äthylester beim Erwärmen mit äthanol. Natriumäthylat (*Prokof'ew, Schwatschkin*, Ž. obšč. Chim. **25** [1955] 975, 976; engl. Ausg. S. 939, 940).

Kristalle (aus H₂O); F: 283° [Zers.] (*Pr. et al.*, Doklady Akad. S.S.S.R. **87** 784). λ_{max} (wss. Lösung): 232 nm und 266 nm [pH 0], 232 nm und 274 nm [pH 2,1 – 3,9], 237 nm und 278 nm [pH 6,1] bzw. 242,5 nm und 295 nm [pH 8,1 – 14] (*Prokof'ew et al.*, Vestnik Moskovsk. Univ. **12** [1957] Nr. 3, S. 199, 200; C. A. **1958** 9146). Scheinbare Dissoziationskonstante K'_a (H₂O; spektrophotometrisch ermittelt): $2,95 \cdot 10^{-7}$ (*Pr. et al.*, Vestnik Moskovsk. Univ. **12** Nr. 3, S. 200).

Kalium-Salz KC₈H₈N₃O₂ (*Schwatschkin, Prokof'ew*, Ž. obšč. Chim. **26** [1956] 3416, 3418, 3419; engl. Ausg. S. 3805, 3807).

Silber-Salz AgC₈H₈N₃O₂. Zers. bei 290° (*Sch., Pr.*).

XII   XIII   XIV

6,7-Dimethyl-1*H*-imidazo[1,2-*a*]pyrimidin-2,5-dion C₈H₉N₃O₂, Formel XII (R = H, R′ = CH₃) und Taut.

B. Aus 2-Amino-1,5-dihydro-imidazol-4-on und 2-Methyl-acetessigsäure-äthylester beim Er‍wärmen mit äthanol. Natriumäthylat (*Prokof'ew, Schwatschkin*, Ž. obšč. Chim. **24** [1954] 1046; engl. Ausg. S. 1045).

Kristalle (aus H₂O); F: 289 – 290° [Zers.].

6,7-Dimethyl-1,4-dihydro-3*H*-imidazo[4,5-*b*]pyridin-2,5-dion C₈H₉N₃O₂, Formel XIII und Taut.

B. Aus 2-Amino-6-hydroxy-4,5-dimethyl-nicotinsäure-amid in Methanol beim Behandeln mit Brom in wss. KOH (*Dornow, Hahmann*, Ar. **290** [1957] 20, 28, 29).

Kristalle (aus Me.); F: 346 – 348° [Zers.].

5,7-Dimethyl-2,3-dihydro-6*H*-pyrrolo[3,4-*d*]pyridazin-1,4-dion C₈H₉N₃O₂, Formel XIV und Taut.

B. Aus 2,5-Dimethyl-pyrrol-3,4-dicarbonsäure-diäthylester beim Erhitzen mit $N_2H_4 \cdot H_2O$ in Äthanol auf 140 – 150° (*Seka, Preissecker*, M. **57** [1931] 71, 76).

Zers. bei 359° [Verkohlung ab 259°].

Dioxo-Verbindungen C₉H₁₁N₃O₂

(±)-3-Äthyl-5-methyl-1*H*-imidazo[1,2-*a*]pyrimidin-2,7-dion C₉H₁₁N₃O₂, Formel I (R = H) und Taut.

λ_{max} (wss. Lösung): 265 nm [pH 1,9], 270 nm [pH 4], 262 nm [pH 6,1 und pH 8,2], 264 nm [pH 10,1] bzw. 267 nm [pH 12] (*Prokof'ew et al.*, Vestnik Moskovsk. Univ. **12** [1957] Nr. 3, S. 199, 201; C. A. **1958** 9146).

(±)-3-Äthyl-5,8-dimethyl-8*H*-imidazo[1,2-*a*]pyrimidin-2,7-dion C₁₀H₁₃N₃O₂, Formel I (R = CH₃).

B. Aus 2-Amino-3,6-dimethyl-3*H*-pyrimidin-4-on beim Erhitzen mit opt.-inakt. 2-Brom-but‍tersäure-anhydrid (*Antonowitsch, Prokof'ew*, Vestnik Moskovsk. Univ. **10** [1955] Nr. 3, S. 57,

60; C. A. **1955** 10972).

Kristalle (aus H_2O); F: 158−160°.

(±)-3-Äthyl-7-methyl-1H-imidazo[1,2-a]pyrimidin-2,5-dion $C_9H_{11}N_3O_2$, Formel II (R = C_2H_5, R' = H) und Taut.

B. Aus (±)-2-Brom-buttersäure-[4-methyl-6-oxo-1,6-dihydro-pyrimidin-2-ylamid] beim Be= handeln mit flüssigem NH_3 (*Prokof'ew et al.*, Doklady Akad. S.S.S.R. **87** [1952] 783; C. A. **1954** 169).

Kristalle (aus H_2O); F: 213°.

6-Äthyl-7-methyl-1H-imidazo[1,2-a]pyrimidin-2,5-dion $C_9H_{11}N_3O_2$, Formel II (R = H, R' = C_2H_5) und Taut.

B. Aus 2-Amino-1,5-dihydro-imidazol-4-on und 2-Äthyl-acetessigsäure-äthylester beim Er= wärmen mit äthanol. Natriumäthylat (*Prokof'ew, Schwatschkin,* Ž. obšč. Chim. **24** [1954] 1046; engl. Ausg. S. 1045).

Kristalle (aus H_2O); F: 261−262° [Zers.].

I   **II**   **III**   **IV**

***1,3-Dimethyl-5-[2-(1-methyl-pyrrolidin-2-yliden)-äthyliden]-2-thioxo-imidazolidin-4-on**
$C_{12}H_{17}N_3OS$, Formel III (R = R' = CH_3).

B. Aus 1,3-Dimethyl-2-thioxo-imidazolidin-4-on und [1-Methyl-pyrrolidin-2-yliden]-acetalde= hyd beim Erwärmen mit Acetanhydrid und Pyridin (*Farbw. Hoechst,* D.B.P. 883025 [1940]).

Braunrote Kristalle (aus Me.); F: 199°. λ_{max}: 460 nm.

***1-Allyl-5-[2-(1-methyl-pyrrolidin-2-yliden)-äthyliden]-3-phenyl-2-thioxo-imidazolidin-4-on**
$C_{19}H_{21}N_3OS$, Formel III (R = CH_2-CH=CH_2, R' = C_6H_5).

B. Analog der vorangehenden Verbindung (*Farbw. Hoechst,* D.B.P. 883025 [1940]).

Rotorangefarbene Kristalle (aus Me.); F: 177°. λ_{max}: 468 nm.

Dioxo-Verbindungen $C_{10}H_{13}N_3O_2$

(±)-6-Äthyl-3,7-dimethyl-1H-imidazo[1,2-a]pyrimidin-2,5-dion $C_{10}H_{13}N_3O_2$, Formel IV (R = H) und Taut.

B. Aus (±)-2-Amino-5-methyl-1,5-dihydro-imidazol-4-on-hydrochlorid und 2-Äthyl-acetessig= säure-äthylester beim Erwärmen mit äthanol. Natriumäthylat (*Prokof'ew, Schwatschkin,* Ž. obšč. Chim. **25** [1955] 975, 977; engl. Ausg. S. 939, 940).

Kristalle (aus A.); F: 263° (*Pr., Sch.*). λ_{max} (wss. Lösung): 242 nm [pH 0], 245 nm und 280 nm [pH 2,1−3,9], 281 nm und 296 nm [pH 6,1] bzw. 247,5 nm und 301,5 nm [pH 8,1−14] (*Prokof'ew et al.,* Vestnik Moskovsk. Univ. **12** [1957] Nr. 3, S. 199, 200; C. A. **1958** 9146). Scheinbare Dissoziationskonstante K_a' (H_2O; spektrophotometrisch ermittelt): $2,19 \cdot 10^{-7}$ (*Pr. et al.*).

Kalium-Salz $KC_{10}H_{12}N_3O_2$. Kristalle mit 4 Mol H_2O; F: 278° [nach Trocknen bei 130°] (*Schwatschkin, Prokof'ew,* Ž. obšč. Chim. **26** [1956] 3416, 3419; engl. Ausg. S. 3805, 3807).

(±)-6-Äthyl-1,3,7-trimethyl-1H-imidazo[1,2-a]pyrimidin-2,5-dion $C_{11}H_{15}N_3O_2$, Formel IV (R = CH_3).

B. Aus der vorangehenden Verbindung beim Behandeln mit CH_3I und äthanol. KOH (*Schwatschkin, Prokof'ew,* Ž. obšč. Chim. **26** [1956] 3416, 3420; engl. Ausg. S. 3805, 3808).

Kristalle (aus H_2O); F: 160° (*Sch., Pr.*). λ_{max} (wss. Lösung): 240 nm und 277 nm [pH 0], 239 nm und 280 nm [pH 2,1–10,3], 238 nm und 289 nm [pH 12] bzw. 233 nm und 297 nm [pH 14] (*Prokof'ew et al.*, Vestnik Moskovsk. Univ. **12** [1957] Nr. 3, S. 199, 200; C. A. **1958** 9146). Scheinbare Dissoziationskonstante K_a' (H_2O; spektrophotometrisch ermittelt): $4{,}47 \cdot 10^{-13}$ (*Pr. et al.*).

Überführung in 2-[5-Äthyl-4-methyl-2,6-dioxo-3,6-dihydro-2H-pyrimidin-1-yl]-propionsäure durch Erhitzen mit wss. NaOH: *Sch., Pr.*

---

*(±)-5-[2-(1,3-Dimethyl-pyrrolidin-2-yliden)-äthyliden]-1,3-dimethyl-2-thioxo-imidazolidin-4-on $C_{13}H_{19}N_3OS$, Formel V (R = CH_3).

B. Aus 1,3-Dimethyl-2-thioxo-imidazolidin-4-on und (±)-[1,3-Dimethyl-pyrrolidin-2-yliden]-acetaldehyd-phenylimin beim Erwärmen mit Acetanhydrid und Pyridin (*Farbw. Hoechst*, D.B.P. 902291 [1943]).

Rote Kristalle mit metallischblauem Oberflächenglanz (aus Me.); F: 140°.

---

*(±)-1-Äthyl-5-[2-(1,3-dimethyl-pyrrolidin-2-yliden)-äthyliden]-3-methyl-2-thioxo-imidazolidin-4-on $C_{14}H_{21}N_3OS$, Formel V (R = C_2H_5).

B. Analog der vorangehenden Verbindung (*Farbw. Hoechst*, D.B.P. 902291 [1943]).

Orangefarbene Kristalle mit silbrigem Oberflächenglanz (aus Me.); F: 154°.

---

*(±)-5-[2-(1,4-Dimethyl-pyrrolidin-2-yliden)-äthyliden]-1,3-dimethyl-2-thioxo-imidazolidin-4-on $C_{13}H_{19}N_3OS$, Formel VI.

B. Analog den vorangehenden Verbindungen (*Farbw. Hoechst*, D.B.P. 902290 [1942]).

Orangefarbene Kristalle (aus Me.); F: 201°.

V   VI   VII

Dioxo-Verbindungen $C_{11}H_{15}N_3O_2$

6-Butyl-7-methyl-1H-imidazo[1,2-a]pyrimidin-2,5-dion $C_{11}H_{15}N_3O_2$, Formel VII (R = H) und Taut.

B. Aus 2-Amino-1,5-dihydro-imidazol-4-on-hydrochlorid und 2-Butyl-acetessigsäure-äthyl= ester beim Erwärmen mit äthanol. Natriumäthylat (*Prokof'ew, Schwatschkin*, Ž. obšč. Chim. **25** [1955] 975, 978; engl. Ausg. S. 939, 941).

Kristalle (aus A.); F: 252°.

---

*5-[2-(1-Äthyl-4,4-dimethyl-pyrrolidin-2-yliden)-äthyliden]-3-benzoyl-1-methyl-2-thioxo-imidazolidin-4-on $C_{21}H_{25}N_3O_2S$, Formel VIII (R = CH_3, R' = C_2H_5).

B. Aus 3-Benzoyl-1-methyl-2-thioxo-imidazolidin-4-on und 5-[2-(N-Acetyl-anilino)-vinyl]-1-äthyl-3,3-dimethyl-3,4-dihydro-2H-pyrrolium-jodid beim Erwärmen mit Triäthylamin in Äthan= ol (*Ilford Ltd.*, U.S.P. 2865917 [1957]).

Rote Kristalle (aus A.); F: 194–195°.

---

*3-Benzoyl-1-phenyl-2-thioxo-5-[2-(1,4,4-trimethyl-pyrrolidin-2-yliden)-äthyliden]-imidazolidin-4-on $C_{25}H_{25}N_3O_2S$, Formel VIII (R = C_6H_5, R' = CH_3).

B. Analog der vorangehenden Verbindung (*Ilford Ltd.*, U.S.P. 2865917 [1957]).

Orangerote Kristalle (aus A.); F: 237–239°.

---

*5-[2-(1-Äthyl-4,4-dimethyl-pyrrolidin-2-yliden)-äthyliden]-3-benzoyl-1-phenyl-2-thioxo-imidazolidin-4-on $C_{26}H_{27}N_3O_2S$, Formel VIII (R = C_6H_5, R' = C_2H_5).

B. Analog den vorangehenden Verbindungen (*Ilford Ltd.*, U.S.P. 2865917 [1957]).

Orangefarbene Kristalle (aus A. + CHCl$_3$); F: 246 – 248°.

5,5-Diäthyl-3-methyl-1-phenyl-1,7-dihydro-pyrazolo[3,4-b]pyridin-4,6-dion C$_{17}$H$_{19}$N$_3$O$_2$, Formel IX.

B. Aus 5-Methyl-2-phenyl-2H-pyrazol-3-ylamin beim Erhitzen mit Diäthylmalonylchlorid auf 190° (*Crippa, Caracci*, G. **70** [1940] 389, 394).

Kristalle (aus Bzl.); F: 195°.

VIII   IX   X

Dioxo-Verbindungen C$_{12}$H$_{17}$N$_3$O$_2$

(±)-6-Butyl-3,7-dimethyl-1H-imidazo[1,2-a]pyrimidin-2,5-dion C$_{12}$H$_{17}$N$_3$O$_2$, Formel VII (R = CH$_3$) und Taut.

B. Aus (±)-2-Amino-5-methyl-1,5-dihydro-imidazol-4-on-hydrochlorid und 2-Butyl-acetessig≠ säure-äthylester beim Erwärmen mit äthanol. Natriumäthylat (*Prokof'ew, Schwatschkin*, Ž. obšč. Chim. **25** [1955] 975, 977; engl. Ausg. S. 939, 940).

Kristalle (aus A. oder Butan-1-ol); F: 229°.

Dioxo-Verbindungen C$_n$H$_{2n-9}$N$_3$O$_2$

Dioxo-Verbindungen C$_6$H$_3$N$_3$O$_2$

*1H-Benzotriazol-4,5-dion-4-oxim** C$_6$H$_4$N$_4$O$_2$, Formel X (R = H) und Taut. (z. B. 4-Nitr≠ oso-1H-benzotriazol-5-ol).

B. Aus 1H-Benzotriazol-5-ol und NaNO$_2$ in wss. H$_2$SO$_4$ (*Fries et al.*, A. **511** [1934] 213, 226; vgl. *Fieser, Martin*, Am. Soc. **57** [1935] 1835, 1837).

Gelbe Kristalle (aus Dioxan oder aus wss. NH$_3$ + wss. HCl); explosionsartige Zers. > 360° (*Fr. et al.*).

2-Methyl-2H-benzotriazol-4,5-dion C$_7$H$_5$N$_3$O$_2$, Formel XI (R = CH$_3$, X = H).

Bezüglich der Position der Methyl-Gruppe vgl. die Angaben im Artikel 2-Methyl-5-nitro-2H-benzotriazol (S. 130).

B. Aus 4-Brom-2-methyl-2H-benzotriazol-5-ol beim Behandeln mit HNO$_3$ in CHCl$_3$ und anschliessenden Erwärmen (*Fries et al.*, A. **511** [1934] 213, 228).

Orangefarbene Kristalle (aus Bzl.), die sich oberhalb 100° braun färben und bei weiterem Erhitzen zersetzen.

*1-Methyl-1H-benzotriazol-4,5-dion-4-oxim** C$_7$H$_6$N$_4$O$_2$, Formel X (R = CH$_3$) und Taut. (1-Methyl-4-nitroso-1H-benzotriazol-5-ol).

B. Aus 1-Methyl-1H-benzotriazol-5-ol beim Behandeln mit NaNO$_2$ und wss. HCl (*Süs*, A. **579** [1953] 133, 149).

Kristalle (aus Eg.); Zers. bei ca. 227° [nach Dunkelfärbung ab 180°].

7-Chlor-1-methyl-1H-benzotriazol-4,5-dion C$_7$H$_4$ClN$_3$O$_2$, Formel XII (R = CH$_3$, X = H).

Bezüglich der Position der Methyl-Gruppe vgl. die Angaben im Artikel 1-Methyl-4-nitro-1H-benzotriazol (S. 128).

B. Aus 5,7-Dichlor-1-methyl-1H-benzotriazol-4-ol beim Erhitzen mit wss. HNO$_3$ (*Fries et al.*, A. **511** [1934] 213, 234).

Hellgelbe Kristalle mit silbrigem Oberflächenglanz (aus A.); F: 187−188°.

      XI   XII   XIII

6,7-Dichlor-1*H*-benzotriazol-4,5-dion $C_6HCl_2N_3O_2$, Formel XII (R = H, X = Cl) und Taut. (H 234).
    B. Aus 5,6,7-Trichlor-1*H*-benzotriazol-4-ol beim Erhitzen mit wss. HNO_3 (*Fries et al.*, A. **511** [1934] 213, 232).
    Orangegelbe Kristalle (*Fr. et al.*).
    Verbindung mit Triphenylphosphin $C_6HCl_2N_3O_2 \cdot C_{18}H_{15}P$. Hellgelbe Kristalle; F: 211−212° [Zers.] (*Horner, Klüpfel*, A. **591** [1955] 69, 76, 93).

6-Brom-2-phenyl-2*H*-benzotriazol-4,5-dion $C_{12}H_6BrN_3O_2$, Formel XI (R = C_6H_5, X = Br).
    B. Aus 4,6-Dibrom-2-phenyl-2*H*-benzotriazol-5-ol beim Behandeln mit HNO_3 in $CHCl_3$ und Erwärmen des erhaltenen 4,6-Dibrom-4-nitro-2-phenyl-2,4-dihydro-benzotriazol-5-ons (S. 445) in Benzol (*Fries et al.*, A. **511** [1934] 241, 253).
    Kristalle (aus Bzl.); F: 173°.

Pyrrolo[3,4-*b*]pyrazin-5,7-dion, Pyrazin-2,3-dicarbonsäure-imid $C_6H_3N_3O_2$, Formel XIII (R = H) (H 235).
    B. Aus Pyrazin-2,3-dicarbonsäure-anhydrid beim Erhitzen mit Acetanhydrid und Acetamid auf 120° (*Hemmerich, Fallab*, Helv. **41** [1958] 498, 512).
    Kristalle (aus A.); F: 243−245°.

6-Methyl-pyrrolo[3,4-*b*]pyrazin-5,7-dion $C_7H_5N_3O_2$, Formel XIII (R = CH_3).
    B. Aus Pyrazin-2,3-dicarbonsäure-anhydrid beim Erhitzen mit Acetanhydrid und Methyl⸗ amin-hydrochlorid (*Hemmerich, Fallab*, Helv. **41** [1958] 498, 512).
    Kristalle (aus H_2O); F: 183−184°. Bei 160°/0,01 Torr sublimierbar.

Dioxo-Verbindungen $C_7H_5N_3O_2$

2*H*-Pyrido[2,1-*c*][1,2,4]triazin-3,4-dion $C_7H_5N_3O_2$, Formel XIV und Taut.
    Die Identität einer von *Kauffmann et al.* (Z. Naturf. **14b** [1959] 601) unter dieser Konstitution beschriebenen Verbindung (F: 244°) ist ungewiss (*Potts, Burton*, J. org. Chem. **31** [1966] 251, 255).

1*H*-Pyrido[3,2-*d*]pyrimidin-2,4-dion $C_7H_5N_3O_2$, Formel XV (R = H) und Taut. (z. B. Pyrido[3,2-*d*]pyrimidin-2,4-diol).
    B. Aus 3-Amino-pyridin-2-carbonsäure (*Oakes et al.*, Soc. **1956** 1045, 1050) oder aus 3-Amino-pyridin-2-carbonsäure-amid (*Robins, Hitchings*, Am. Soc. **78** [1956] 973, 975) beim Erhitzen mit Harnstoff auf 190°. Aus 3-Ureido-pyridin-2-carbonsäure beim Erhitzen über den Schmelz⸗ punkt (*Korte*, B. **85** [1952] 1012, 1022).
    Kristalle (aus H_2O); F: >380° (*Oa. et al.*). UV-Spektrum in Äthanol (210−340 nm): *Oa. et al.*, l. c. S. 1047; in wss. NaOH [0,05 n] (220−380 nm): *Ko.*, l. c. S. 1017. λ_{max} (wss. Lösung): 315 nm [pH 1] bzw. 265 nm und 315 nm [pH 11] (*Ro., Hi.*, l. c. S. 974).

1,3-Dimethyl-1*H*-pyrido[3,2-*d*]pyrimidin-2,4-dion $C_9H_9N_3O_2$, Formel XV (R = CH_3).
    B. Aus der vorangehenden Verbindung beim Behandeln mit Dimethylsulfat und wss. NaOH (*Oakes et al.*, Soc. **1956** 1045, 1051).
    Kristalle (aus A.); F: 246°. UV-Spektrum (A.; 220−340 nm): *Oa. et al.*, l. c. S. 1047.

XIV   XV   XVI

2-Thioxo-2,3-dihydro-1H-pyrido[3,2-d]pyrimidin-4-on $C_7H_5N_3OS$, Formel XVI (X = O) und
Taut. (z. B. 2-Mercapto-pyrido[3,2-d]pyrimidin-4-ol).

B. Aus 3-Thioureido-pyridin-2-carbonsäure beim Erhitzen auf 160 − 180° (*Korte*, B. **85** [1952]
1012, 1022). Aus 4-Amino-1H-pyrido[3,2-d]pyrimidin-2-thion beim Erwärmen mit wss. NaOH
(*Robins, Hitchings*, Am. Soc. **78** [1956] 973, 975).

Kristalle [aus Eg.] (*Ko.*); F: > 360° (*Oakes et al.*, Soc. **1956** 1045, 1049), 300° [Zers.] (*Ko.*;
s. a. *Ro., Hi.*). λ_{max} (wss. Lösung): 290 nm [pH 1] bzw. 295 nm [pH 11] (*Ro., Hi.*, l. c. S. 974).

1H-Pyrido[3,2-d]pyrimidin-2,4-dithion $C_7H_5N_3S_2$, Formel XVI (X = S) und Taut. (z. B.
Pyrido[3,2-d]pyrimidin-2,4-dithiol).

B. Aus 2,4-Dichlor-pyrido[3,2-d]pyrimidin beim Erwärmen mit Thioharnstoff in Dioxan und
Erwärmen des erhaltenen Bis-thiouronium-Salzes (F: 254°) mit H_2O (*Oakes et al.*, Soc. **1956**
1045, 1051). Aus 2,4-Dichlor-pyrido[3,2-d]pyrimidin beim Erwärmen mit Thioharnstoff in Äth=
anol (*Robins, Hitchings*, Am. Soc. **78** [1956] 973, 975).

Dunkelgelbe Kristalle; F: 340° [Zers.; aus H_2O] (*Oa. et al.*); Zers. bei 335 − 340° [unkorr.;
aus A.] (*Ro., Hi.*). λ_{max} (wss. Lösung): 252 nm, 295 nm und 350 nm [pH 1] bzw. 253 nm,
305 nm und 390 nm [pH 11] (*Ro., Hi.*, l. c. S. 974).

1H-Pyrido[3,4-d]pyrimidin-2,4-dion $C_7H_5N_3O_2$, Formel I (X = O) und Taut. (z. B. Pyrido=
[3,4-d]pyrimidin-2,4-diol) (H 236).

B. Aus Pyridin-3,4-dicarbonsäure-diamid beim Erwärmen mit Blei(IV)-acetat in DMF (*Beck=*
with, Hickman, Soc. [C] **1968** 2756, 2759).

Kristalle; F: 365° [nach Sublimation bei 210°/0,01 Torr].

2-Thioxo-2,3-dihydro-1H-pyrido[3,4-d]pyrimidin-4-on $C_7H_5N_3OS$, Formel I (X = S) und Taut.
(z. B. 2-Mercapto-pyrido[3,4-d]pyrimidin-4-ol).

B. Aus 3-Amino-isonicotinsäure und Thioharnstoff beim Erhitzen in Mineralöl auf 180°
(*Fox*, J. org. Chem. **17** [1952] 547, 553).

Hellbraunes Pulver, das oberhalb 360° sublimiert.

1H-Pyrido[2,3-d]pyrimidin-2,4-dion $C_7H_5N_3O_2$, Formel II (R = H, X = O) und Taut. (z. B.
Pyrido[2,3-d]pyrimidin-2,4-diol).

B. Aus 2-Amino-nicotinsäure beim Erhitzen mit Harnstoff auf 190° (*Robins, Hitchings*, Am.
Soc. **77** [1955] 2256, 2258). Aus 2-Amino-nicotinsäure-amid beim Erwärmen mit Chlorokohlen=
säure-äthylester (*Dornow, Hahmann*, Ar. **290** [1957] 61, 65). Aus Pyridin-2,3-dicarbonsäure-
diamid beim Behandeln mit Brom und wss. KOH (*McLean, Spring*, Soc. **1949** 2582, 2583).
Aus 6-Amino-1H-pyrimidin-2,4-dion beim Erwärmen mit 1,1,3-Triäthoxy-3-methoxy-propan,
H_3PO_4 und Polyphosphorsäure (*Robins, Hitchings*, Am. Soc. **80** [1958] 3449, 3457).

Kristalle; F: 365° [unkorr.; aus Eg.] (*Ro., Hi.*, Am. Soc. **77** 2258), 361° [Zers.; nach Sublima=
tion bei 170°/10^{-3} Torr] (*McL., Sp.*), 360° [Zers.; aus Eg.] (*Do., Ha.*). UV-Spektrum (A.;
220 − 340 nm): *Oakes et al.*, Soc. **1956** 1045, 1049. λ_{max}: 305 nm [wss. Lösung vom pH 1]
bzw. 263 nm und 310 nm [wss. Lösung vom pH 11] (*Ro., Hi.*, Am. Soc. **77** 2258), 316 nm
[wss. NaOH (0,1 n)] (*McL., Sp.*).

1,3-Dimethyl-1H-pyrido[2,3-d]pyrimidin-2,4-dion $C_9H_9N_3O_2$, Formel II (R = CH_3, X = O).

B. Aus der vorangehenden Verbindung beim Behandeln mit Dimethylsulfat und wss. NaOH
(*McLean, Spring*, Soc. **1949** 2582, 2584).

Kristalle (aus A.); F: 164 − 165° (*McL., Sp.*). UV-Spektrum (A.; 220 − 340 nm): *Oakes et al.*,

Soc. **1956** 1045, 1049.

2-Thioxo-2,3-dihydro-1H-pyrido[2,3-d]pyrimidin-4-on $C_7H_5N_3OS$, Formel II (R = H, X = S) und Taut. (z. B. 2-Mercapto-pyrido[2,3-d]pyrimidin-4-ol).

B. Aus 2-Amino-nicotinsäure beim Erhitzen mit Thioharnstoff auf 210° (*Robins, Hitchings,* Am. Soc. **77** [1955] 2256, 2260). Aus 2-Chlor-pyrido[2,3-d]pyrimidin-4-ylamin beim Erwärmen mit Thioharnstoff in Äthanol (*Oakes et al.,* Soc. **1956** 1045, 1053). Aus 4-Amino-1H-pyrido≠ [2,3-d]pyrimidin-2-thion beim Erhitzen mit wss. NaOH (*Ro., Hi.*). Aus 2-Chlor-3H-pyrido≠ [2,3-d]pyrimidin-4-on beim Erwärmen mit NaHS in H_2O (*Ro., Hi.*).

Kristalle; F: 360° [nach Sublimation bei 180° (Badtemperatur)/10^{-4} Torr] (*Oa. et al.*), 355−356° [unkorr.] (*Ro., Hi.*). λ_{max} (wss. Lösung): 283 nm und 317 nm [pH 1] bzw. 298 nm [pH 11] (*Ro., Hi.,* l. c. S. 2258).

4-Thioxo-3,4-dihydro-1H-pyrido[2,3-d]pyrimidin-2-on $C_7H_5N_3OS$, Formel III (X = O) und Taut. (z. B. 4-Mercapto-pyrido[2,3-d]pyrimidin-2-ol).

B. Aus 2-Chlor-3H-pyrido[2,3-d]pyrimidin-4-thion beim Erhitzen mit wss. Essigsäure und Natriumacetat (*Robins, Hitchings,* Am. Soc. **77** [1955] 2256, 2260).

Orangefarben; F: 294−296° [unkorr.]. λ_{max} (wss. Lösung): 275−288 nm [pH 1] bzw. 267 nm und 305 nm [pH 11] (*Ro., Hi.,* l. c. S. 2258).

1H-Pyrido[2,3-d]pyrimidin-2,4-dithion $C_7H_5N_3S_2$, Formel III (X = S) und Taut. (z. B. Pyrido[2,3-d]pyrimidin-2,4-dithiol).

B. Aus 2,4-Dichlor-pyrido[2,3-d]pyrimidin beim Erwärmen mit NaHS in H_2O (*Robins, Hit≠ chings,* Am. Soc. **77** [1955] 2256, 2259). Aus 1H-Pyrido[2,3-d]pyrimidin-2,4-dion beim Erhitzen mit P_2S_5 in Tetralin auf 200° (*Ro., Hi.*).

Gelbgrün; F: >360° [unkorr.]. λ_{max} (wss. Lösung): 234 nm, 273 nm, 293 nm und 340 nm [pH 1] bzw. 235 nm, 265 nm, 307 nm und 385 nm [pH 11] (*Ro., Hi.,* l. c. S. 2258).

4-Methyl-4H,5H-pyrido[2,3-b]pyrazin-3,6-dion $C_8H_7N_3O_2$, Formel IV und Taut.

B. Aus 6-Amino-4-methyl-4H-pyrido[2,3-b]pyrazin-3-on beim Behandeln mit $NaNO_2$ und wss. HCl (*Leese, Rydon,* Soc. **1955** 303, 306).

Kristalle (aus Butan-1-ol); F: 297°. λ_{max} (A.): 227 nm, 347 nm und 354 nm.

1-Butyl-1,4-dihydro-pyrido[3,4-b]pyrazin-2,3-dion $C_{11}H_{13}N_3O_2$, Formel V (R = $[CH_2]_3$-CH_3) und Taut.

B. Aus N^4-Butyl-pyridin-3,4-diyldiamin beim Erhitzen mit Oxalsäure-diäthylester auf 170° (*Bremer,* A. **529** [1937] 290, 298).

Kristalle (aus A.); F: 256°.

1-Phenyl-1,4-dihydro-pyrido[3,4-b]pyrazin-2,3-dion $C_{13}H_9N_3O_2$, Formel V (R = C_6H_5) und Taut.

B. Analog der vorangehenden Verbindung (*Bremer,* A. **529** [1937] 290, 298).

Kristalle (aus H_2O), die unterhalb 325° nicht schmelzen.

6,7-Dihydro-pyrido[2,3-d]pyridazin-5,8-dion $C_7H_5N_3O_2$, Formel VI und Taut.

B. Aus Pyridin-2,3-dicarbonsäure-anhydrid beim Erwärmen mit N_2H_4 in H_2O (*Gleu, Wacker≠ nagel,* J. pr. [2] **148** [1937] 72, 76) oder beim Erhitzen mit $N_2H_4 \cdot H_2O$ in Essigsäure (*Gheorgiu,* Bl. [4] **47** [1930] 630, 635). Aus Pyridin-2,3-dicarbonsäure beim Behandeln mit $N_2H_4 \cdot H_2O$ in Äthanol und Erhitzen des Reaktionsprodukts (*Wegler,* J. pr. [2] **148** [1937] 135, 151). Aus

Pyridin-2,3-dicarbonsäure-dimethylester und $N_2H_4 \cdot H_2O$ (*Shavel et al.*, J. Am. pharm. Assoc. **42** [1953] 402, 405). Beim Erhitzen von Pyridin-2,3-dicarbonsäure-3-anilid-2-hydrazid auf 200° (*Dimitrijević, Tadić*, Glasnik chem. Društva Beograd **19** [1954] 33, 44; C. A. **1956** 10235).

Kristalle; F: 311−312° [aus H_2O] (*Gh.*), 309° [aus wss. HCl+A.] (*We.*; s. a. *Gleu, Wa.*). UV-Spektrum (H_2O; 240−350 nm): *Gheorgiu*, Bl. [4] **47** 633, [4] **53** [1933] 151, 155, 157).

Hydrochlorid $C_7H_5N_3O_2 \cdot HCl$. Gelbe Kristalle (*Gleu, Wa.*).

Kalium-Salz $KC_7H_4N_3O_2$. Kristalle (*Gh.*, Bl. [4] **47** 636).

Kupfer(II)-Komplex $Cu(C_7H_4N_3O_2)_2$. Hellgrüner Feststoff (*Hemmerich, Fallab*, Helv. **41** [1958] 498, 509).

Silber-Salz $AgC_7H_4N_3O_2$. Feststoff (*Gh.*, Bl. [4] **47** 637).

Disilber-Salz. Gelborangefarbener Feststoff (*Gh.*, Bl. [4] **53** 154 Anm. 5).

Diacetyl-Derivat $C_{11}H_9N_3O_4$. Kristalle (aus A.); F: 144−147° (*Gh.*, Bl. [4] **47** 638).

V   VI   VII   VIII   IX

2,3-Dihydro-pyrido[3,4-*d*]pyridazin-1,4-dion $C_7H_5N_3O_2$, Formel VII und Taut. (E I 68; dort auch als *N.N'*-Cinchomeronyl-hydrazin bezeichmet).

B. Aus Pyridin-3,4-dicarbonsäure-dimethylester beim Erwärmen mit $N_2H_4 \cdot H_2O$ in Äthanol und Erhitzen des Reaktionsprodukts auf 370° (*Gheorghiu*, Bl. [4] **53** [1933] 151, 152) oder beim Erwärmen mit N_2H_4 in wss. Äthanol (*Yale et al.*, Am. Soc. **75** [1953] 1933, 1937 Anm. 7, 1942).

Kristalle (aus wss. Eg.); F: 365° [Zers.] (*Gh.*; s. a. *Yale et al.*). UV-Spektrum (H_2O; 240−400 nm): *Gh.*, l. c. S. 155−157.

Disilber-Salz $Ag_2C_7H_3N_3O_2$. Feststoff mit 2 Mol H_2O (*Gh.*).

Hydrazin-Salz $C_7H_5N_3O_2 \cdot N_2H_4$. Kristalle (aus A.); F: >300° (*Yale et al.*).

Diacetyl-Derivat $C_{11}H_9N_3O_4$. Kristalle (aus E.); F: 146−147° (*Gh.*).

Dioxo-Verbindungen $C_8H_7N_3O_2$

1,5-Dihydro-benzo[*f*][1,3,5]triazepin-2,4-dion $C_8H_7N_3O_2$, Formel VIII.

Die früher (s. E II **26** 124) unter dieser Konstitution beschriebene Verbindung („2.4-Dioxo-2.3.4.5-tetrahydro-6.7-benzo-1.3.5-heptatriazin") ist als 1,3-Dihydro-benzimidazol-2-on (E III/IV **24** 275) zu formulieren (*Peet, Sunder*, Indian J. Chem. [B] **16** [1978] 207).

1,2-Diphenyl-4-[4]pyridyl-pyrazolidin-3,5-dion(?) $C_{20}H_{15}N_3O_2$, vermutlich Formel IX.

B. Aus 4-Brom-1,2-diphenyl-pyrazolidin-3,5-dion beim Erwärmen mit Pyridin (*Pešin et al.*, Ž. obšč. Chim. **28** [1958] 3274, 3276; engl. Ausg. S. 3300, 3302).

Kristalle (aus Py.); F: 253,5−254,5°.

(±)-5-[2]Pyridyl-imidazolidin-2,4-dion(?) $C_8H_7N_3O_2$, vermutlich Formel X.

B. Aus Natrium-[hydroxy-[2]pyridyl-methansulfonat] beim Erwärmen mit KCN und $[NH_4]_2CO_3$ in wss. Äthanol (*Henze, Knowles*, J. org. Chem. **19** [1954] 1127, 1131). Aus 5-Amino-4-[2]pyridyl-3*H*-oxazol-2-on beim Erhitzen mit Essigsäure (*Viscontini, Raschig*, Helv. **42** [1959] 570, 575).

Kristalle; Zers. bei 301−302° [evakuierte Kapillare; aus wss. NH_3+Eg.] (*Vi., Ra.*); F: 243,5° [Zers.; aus H_2O oder Äthylenglykol] (*He., Kn.*). IR-Spektrum (KBr; 2,5−6,3 μ): *Vi., Ra.*, l. c. S. 574.

X   XI   XII

(±)-5-[3]Pyridyl-imidazolidin-2,4-dion $C_8H_7N_3O_2$, Formel XI.

B. Aus Pyridin-3-carbaldehyd beim Erwärmen mit KCN und $[NH_4]_2CO_3$ in Äthanol (*Viscontini, Raschig,* Helv. **42** [1959] 570, 576; s. a. *Henze, Knowles,* J. org. Chem. **19** [1954] 1127, 1131).

Kristalle; F: 308 − 309° [aus wss. NH_3 + Eg.] (*Vi., Ra.*), 223° [Zers.; aus H_2O] (*He., Kn.*).

(±)-5-[4]Pyridyl-imidazolidin-2,4-dion $C_8H_7N_3O_2$, Formel XII.

B. Analog der vorangehenden Verbindung (*Viscontini, Raschig,* Helv. **42** [1959] 570, 576; s. a. *Henze, Knowles,* J. org. Chem. **19** [1954] 1127, 1131).

Gelbe Kristalle; F: 330 − 332° [aus wss. NH_3 + Eg.] (*Vi., Ra.*), 304° [Zers.; aus Me.] (*He., Kn.*).

3-Äthyl-5-[1-äthyl-1*H*-[4]pyridyliden]-1-phenyl-2-thioxo-imidazolidin-4-on $C_{18}H_{19}N_3OS$, Formel XIII.

B. Aus 3-Äthyl-1-phenyl-2-thioxo-imidazolidin-4-on und 1-Äthyl-4-sulfo-pyridinium-betain beim Erwärmen mit Triäthylamin in Äthanol (*Larivé et al.,* Bl. **1956** 1443, 1452).

Kristalle (aus Py.); F: 243 − 245°.

***5-Pyrrol-2-ylmethylen-imidazolidin-2,4-dion** $C_8H_7N_3O_2$, Formel XIV (R = H).

B. Beim Erwärmen von Imidazolidin-2,4-dion mit Pyrrol-2-carbaldehyd in Äthanol unter Zusatz von Piperidin (*Harvey,* Soc. **1950** 1638).

Gelbbraune Kristalle (aus wss.-äthanol. Py.); F: 228 − 230°.

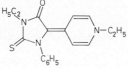   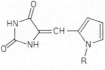

XIII   XIV   XV

***5-[1-Methyl-pyrrol-2-ylmethylen]-imidazolidin-2,4-dion** $C_9H_9N_3O_2$, Formel XIV (R = CH_3).

B. Beim Erwärmen von Imidazolidin-2,4-dion mit 1-Methyl-pyrrol-2-carbaldehyd in Äthanol unter Zusatz von Piperidin und Pyridin (*Herz, Brasch,* J. org. Chem. **23** [1958] 1513, 1516).

Kristalle (aus wss.-äthanol. Py.); F: 234 − 235° [unkorr.; nach Sintern bei 231°].

6-Methyl-1*H*-pyrido[3,2-*d*]pyrimidin-2,4-dion $C_8H_7N_3O_2$, Formel XV und Taut.

B. Aus 3-Amino-6-methyl-pyridin-2-carbonsäure beim Erhitzen mit Harnstoff auf 200° (*Oakes, Rydon,* Soc. **1956** 4433, 4436). Aus 3-Amino-6-methyl-pyrrolo[3,4-*c*]pyridin-1-on beim Erwärmen mit NaOCl in wss. KOH (*McLean, Spring,* Soc. **1949** 2582, 2585).

Kristalle (aus H_2O), F: >370° (*Oa., Ry.*); gelbe Kristalle (aus Eg.), Zers. >360° (*McL., Sp.*).

6-Methyl-1*H*-pyrido[2,3-*d*]pyrimidin-2,4-dion $C_8H_7N_3O_2$, Formel I und Taut.

B. Aus 5-Methyl-pyridin-2,3-dicarbonsäure-diamid beim Erwärmen mit Brom und wss. NaOH (*Oakes, Rydon,* Soc. **1956** 4433, 4438).

Kristalle (aus H_2O); F: 345°.

7-Methyl-1*H*-pyrido[2,3-*d*]pyrimidin-2,4-dion $C_8H_7N_3O_2$, Formel II (R = R′ = H) und Taut.

B. Aus 2-Amino-6-methyl-nicotinsäure beim Erhitzen mit Harnstoff auf 200° (*Robins, Hitchings,* Am. Soc. **80** [1958] 3449, 3456). Aus 7-Methyl-4-oxo-2-thioxo-1,2,3,4-tetrahydro-pyrido[2,3-d]pyrimidin-5-carbonsäure beim Erhitzen über 360° (*Ridi, Checchi*, Ann. Chimica **47** [1957] 728, 741).

Kristalle (aus Eg.); F: 314—315° [unkorr.] (*Ro., Hi.*), 310° (*Ri., Ch.*). λ_{max} (wss. Lösung): 307 nm [pH 1] bzw. 265 nm und 309 nm [pH 10,7] (*Ro., Hi.*, l. c. S. 3455).

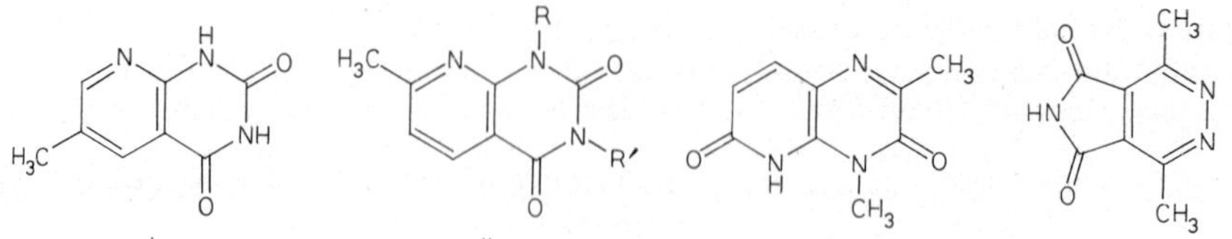

1,3,7-Trimethyl-1H-pyrido[2,3-d]pyrimidin-2,4-dion $C_{10}H_{11}N_3O_2$, Formel II (R = R′ = CH_3).

B. Aus 1,3,7-Trimethyl-2,4-dioxo-1,2,3,4-tetrahydro-pyrido[2,3-d]pyrimidin-5-carbonsäure beim Erhitzen über 360° (*Ridi, Checchi*, Ann. Chimica **47** [1957] 728, 741).

Kristalle (aus A.); F: 160°.

Die folgenden Verbindungen sind in analoger Weise hergestellt worden:

7-Methyl-1-phenyl-1H-pyrido[2,3-d]pyrimidin-2,4-dion $C_{14}H_{11}N_3O_2$, Formel II (R = C_6H_5, R′ = H) und Taut. Kristalle (aus A.).

3,7-Dimethyl-1-phenyl-1H-pyrido[2,3-d]pyrimidin-2,4-dion $C_{15}H_{13}N_3O_2$, Formel II (R = C_6H_5, R′ = CH_3). Kristalle (aus A.); F: 215°.

1-[4-Äthoxy-phenyl]-3,7-dimethyl-1H-pyrido[2,3-d]pyrimidin-2,4-dion $C_{17}H_{17}N_3O_3$, Formel II (R = C_6H_4-O-C_2H_5, R′ = CH_3). Kristalle (aus Eg.); F: 200°.

2,4-Dimethyl-4H,5H-pyrido[2,3-b]pyrazin-3,6-dion $C_9H_9N_3O_2$, Formel III und Taut.

B. Aus 6-Amino-2,4-dimethyl-4H-pyrido[2,3-b]pyrazin-3-on beim Behandeln mit $NaNO_2$ und wss. HCl (*Leese, Rydon*, Soc. **1955** 303, 307).

Kristalle (aus A.); F: 266—268°. λ_{max} (A.): 342 nm.

1,4-Dimethyl-pyrrolo[3,4-d]pyridazin-5,7-dion, 3,6-Dimethyl-pyridazin-4,5-dicarbonsäure-imid $C_8H_7N_3O_2$, Formel IV.

B. Aus 3,6-Dimethyl-pyridazin-4,5-dicarbonsäure-diamid beim Erhitzen auf 240°/10 Torr (*Bilton, Linstead*, Soc. **1937** 922, 928).

Hellgelbe Kristalle (aus A.); F: 240° [Zers.].

Dioxo-Verbindungen $C_9H_9N_3O_2$

6-Phenyl-dihydro-[1,3,5]triazin-2,4-dion $C_9H_9N_3O_2$, Formel V (X = O) (H 236; dort auch als ω.ω′-Benzal-biuret bezeichnet).

B. Beim Erhitzen von Harnstoff mit Benzaldehyd auf 160° (*Das-Gupta*, J. Indian chem. Soc. **10** [1933] 111, 113; *Krässig, Egar*, Makromol. Ch. **18/19** [1956] 195, 198).

Kristalle; F: 287,5—288° [aus Me.] (*Kr., Egar*), 270° [Zers.; aus H_2O] (*Das-Gu.*).

6-Phenyl-dihydro-[1,3,5]triazin-2,4-dithion $C_9H_9N_3S_2$, Formel V (X = S) (H 237; dort auch als ω.ω′-Benzal-dithiobiuret bezeichnet).

Diese Konstitution kommt der von *Foye, Hefferren* (J. Am. pharm. Assoc. **42** [1953] 31) als Benzyliden-dithiobiuret ($C_9H_9N_3S_2$) beschriebenen Verbindung zu (*Fairfull, Peak*, Soc. **1955** 803, 806; *Smissman et al.*, J. org. Chem. **22** [1957] 824).

B. Aus Benzaldehyd beim Erhitzen mit Thioharnstoff (*Krässig, Egar*, Makromol. Ch. **18/19** [1956] 195, 199), beim Erwärmen mit Dithiobiuret und äthanol. HCl (*Fa., Peak*) oder beim Erhitzen mit Dithiobiuret und Essigsäure (*Sm. et al.*; s. a. *Foye, He.*).

Kristalle; F: 243—244° [aus Butan-1-ol] (*Fa., Peak*), 238° [aus Me.] (*Kr., Egar*), 235—236° [Zers.; aus A.] (*Sm. et al.*). λ_{max} (A.): 275 nm und 298 nm (*Sm. et al.*).

(±)-1,6-Diphenyl-dihydro-[1,3,5]triazin-2,4-dithion $C_{15}H_{13}N_3S_2$, Formel VI
(R = R' = R'' = H).

Diese Konstitution kommt der früher (H **24** 120) als 2-Phenyl-4-thioxo-[1,3]diazetidin-1-thio≈
carbonsäure-anilid („ω-Phenyl-ms.ω'-benzal-dithiobiuret") beschriebenen Verbindung zu (*Fair≈*
full, Peak, Soc. **1955** 803, 804).

(±)-6-Phenyl-1-*o*-tolyl-dihydro-[1,3,5]triazin-2,4-dithion $C_{16}H_{15}N_3S_2$, Formel VI (R = CH$_3$,
R' = R'' = H).

Diese Konstitution kommt wahrscheinlich der früher (E I **24** 243) als 2-Phenyl-4-thioxo-
[1,3]diazetidin-1-thiocarbonsäure-*o*-toluidid („ω-*o*-Tolyl-ms.ω'-benzal-dithiobiuret") beschrie≈
benen Verbindung zu (*Fairfull, Peak,* Soc. **1955** 803).

(±)-6-Phenyl-1-*m*-tolyl-dihydro-[1,3,5]triazin-2,4-dithion $C_{16}H_{15}N_3S_2$, Formel VI
(R = R'' = H, R' = CH$_3$).

Diese Konstitution kommt wahrscheinlich der von *Underwood, Dains* (Univ. Kansas Sci.
Bl. **24** [1936] 5, 13) als 2-Phenyl-4-thioxo-[1,3]diazetidin-1-thiocarbonsäure-*m*-toluidid („α-*m*-
Tolyldithio-*c*-phenylalduret") beschriebenen Verbindung zu (*Fairfull, Peak,* Soc. **1955** 803).

B. Aus 1-*o*-Tolyl-dithiobiuret und Benzaldehyd beim Behandeln mit HCl (*Un., Da.*).

F: 189° [aus A.] (*Un., Da.*).

V   VI   VII   VIII

(±)-4-[2-Phenyl-4,6-dithioxo-tetrahydro-[1,3,5]triazin-1-yl]-benzoesäure $C_{16}H_{13}N_3O_2S_2$,
Formel VI (R = R' = H, R'' = CO-OH).

B. Aus 4-[3-Thiocarbamoyl-thioureido]-benzoesäure und Benzaldehyd beim Behandeln mit
äthanol. HCl (*Fairfull, Peak,* Soc. **1955** 803, 806).

Kristalle (aus A.); F: 231—232°.

(±)-6-[4-Chlor-phenyl]-1-phenyl-dihydro-[1,3,5]triazin-2,4-dithion $C_{15}H_{12}ClN_3S_2$, Formel VII
(R = C$_6$H$_5$, X = H, X' = Cl).

B. Aus 1-Phenyl-dithiobiuret und 4-Chlor-benzaldehyd beim Behandeln mit äthanol. HCl
(*Fairfull, Peak,* Soc. **1955** 803, 806).

Kristalle (aus Butan-1-ol); F: 215—216°.

6-[4-Brom-phenyl]-dihydro-[1,3,5]triazin-2,4-dithion $C_9H_8BrN_3S_2$, Formel VII (R = X = H,
X' = Br).

Diese Konstitution kommt der von *Foye, Hefferren* (J. Am. pharm. Assoc. **42** [1953] 31)
als [4-Brom-benzyliden]-dithiobiuret ($C_9H_8BrN_3S_2$) beschriebenen Verbindung zu
(*Fairfull, Peak,* Soc. **1955** 803).

B. Aus Dithiobiuret und 4-Brom-benzaldehyd beim Erhitzen mit Essigsäure (*Foye, He.*).

Rosafarbene Kristalle (aus Eg.); F: 235—236° [korr.] (*Foye, He.*).

(±)-6-[3-Nitro-phenyl]-1-phenyl-dihydro-[1,3,5]triazin-2,4-dithion $C_{15}H_{12}N_4O_2S_2$, Formel VII
(R = C$_6$H$_5$, X = NO$_2$, X' = H).

B. Aus 1-Phenyl-dithiobiuret und 3-Nitro-benzaldehyd beim Behandeln mit äthanol. HCl
(*Fairfull, Peak,* Soc. **1955** 803, 806).

Kristalle (aus Butan-1-ol); F: 210—211°.

6-[4-Nitro-phenyl]-dihydro-[1,3,5]triazin-2,4-dithion $C_9H_8N_4O_2S_2$, Formel VII (R = X = H,
X' = NO$_2$).

Diese Konstitution kommt der von *Foye, Hefferren* (J. Am. pharm. Assoc. **42** [1953] 31) als [4-Nitro-benzyliden]-dithiobiuret $(C_9H_8N_4O_2S_2)$ beschriebenen Verbindung zu (*Fairfull, Peak*, Soc. **1955** 803; *Smissman et al.*, J. org. Chem. **22** [1957] 824).

B. Aus Dithiobiuret und 4-Nitro-benzaldehyd beim Erhitzen mit Essigsäure (*Foye, He.*). Rote Kristalle (aus Eg.); F: 230° [korr.; Zers.] (*Foye, He.*).

1,2-Diphenyl-4-[2]pyridylmethyl-pyrazolidin-3,5-dion $C_{21}H_{17}N_3O_2$, Formel VIII.

B. Aus [2]Pyridylmethyl-malonsäure-diäthylester und Hydrazobenzol beim Erhitzen mit Natriumäthylat in Äthanol und anschliessend in Xylol (*Geigy Chem. Corp.*, U.S.P. 2835677 [1956]). Kristalle (aus E. + A.); F: 179 – 180°.

1,2-Diphenyl-4-[4]pyridylmethyl-pyrazolidin-3,5-dion $C_{21}H_{17}N_3O_2$, Formel IX.

B. Analog der vorangehenden Verbindung (*Geigy Chem. Corp.*, U.S.P. 2835677 [1956]). Kristalle (aus Py.); F: 220°.

($\pm$)-5-[3]Pyridylmethyl-2-thioxo-imidazolidin-4-on $C_9H_9N_3OS$, Formel X.

B. Beim Erhitzen von Pyridin-3-carbaldehyd mit 1-Acetyl-2-thioxo-imidazolidin-4-on, Acetanhydrid und Natriumacetat und anschliessend mit Acetanhydrid, wss. HI und rotem Phosphor (*Niemann et al.*, Am. Soc. **64** [1942] 1678, 1680). Kristalle (aus wss. A.); F: 249 – 252°.

IX   X   XI   XII

($\pm$)-5-Methyl-5-[2]pyridyl-imidazolidin-2,4-dion $C_9H_9N_3O_2$, Formel XI.

B. Aus 1-[2]Pyridyl-äthanon beim Erwärmen mit KCN und $[NH_4]_2CO_3$ in wss. Äthanol (*Henze, Knowles*, J. org. Chem. **19** [1954] 1127, 1131, 1132; s. a. *Komeno*, J. pharm. Soc. Japan **71** [1951] 646; C. A. **1952** 8118; *Teague et al.*, Am. Soc. **75** [1953] 3429).
Kristalle; F: 171 – 172° [aus H_2O] (*Ko.*), 171 – 171,5° [aus wss. A.] (*He., Kn.*), 164 – 165° [korr.] (*Te. et al.*).
Hydrochlorid $C_9H_9N_3O_2 \cdot HCl$. F: 213,5 – 218° [korr.] (*Te. et al.*); Zers. bei 214 – 215° (*Ko.*).

($\pm$)-5-Methyl-5-[3]pyridyl-imidazolidin-2,4-dion $C_9H_9N_3O_2$, Formel XII.

B. Analog der vorangehenden Verbindung (*Komeno*, J. pharm. Soc. Japan **71** [1951] 646; C. A. **1952** 8118; *Teague et al.*, Am. Soc. **75** [1953] 3429).
Kristalle; F: 165 – 170° [korr.] (*Te. et al.*), 143 – 144° [aus Me. + Bzl.] (*Ko.*). Kristalle (aus Acn. + E.) mit 0,5 Mol H_2O; Zers. bei 110 – 118° (*Ko.*).
Hydrochlorid $C_9H_9N_3O_2 \cdot HCl$. Kristalle; F: 255 – 260° [korr.] (*Te. et al.*); Zers. bei 251 – 253° [aus Me. + E.] (*Ko.*).
Picrat $C_9H_9N_3O_2 \cdot C_6H_3N_3O_7$. Gelbe Kristalle; F: 233 – 234° (*Ko.*).

($\pm$)-5-Methyl-5-[4]pyridyl-imidazolidin-2,4-dion $C_9H_9N_3O_2$, Formel XIII.

B. Aus 1-[4]Pyridyl-äthanon beim Erwärmen mit KCN und $[NH_4]_2CO_3$ in Äthanol (*Chu, Teague*, J. org. Chem. **23** [1958] 1578).
Kristalle (aus wss. A.); F: 234,5 – 235,5° [korr.].

5,7-Dimethyl-1H-pyrido[2,3-d]pyrimidin-2,4-dion $C_9H_9N_3O_2$, Formel XIV (R = R' = H) und Taut.

B. Aus 2-Amino-4,6-dimethyl-nicotinsäure beim Erhitzen mit Harnstoff auf 200° (*Robins, Hitchings*, Am. Soc. **80** [1958] 3449, 3456). Aus 2-Amino-4,6-dimethyl-nicotinsäure-amid beim Erwärmen mit Chlorokohlensäure-äthylester auf 100° (*Dornow, Hahmann*, Ar. **290** [1957] 61,

65). Aus 4,6-Dimethyl-2-ureido-nicotinsäure-hydrochlorid beim Erhitzen auf 210° (*Do., Ha.*).
Aus 6-Amino-1*H*-pyrimidin-2,4-dion beim Erwärmen mit Pentan-2,4-dion und H_3PO_4 (*Ro.,
Hi.*) oder beim Erhitzen mit Pentan-2,4-dion und P_2O_5 auf 130° (*Ridi et al.*, Ann. Chimica
45 [1955] 439, 444). Beim Erwärmen von 5,7-Dimethyl-2-thioxo-2,3-dihydro-1*H*-pyrido[2,3-*d*]-
pyrimidin-4-on mit wss. Chloressigsäure und Erhitzen des Reaktionsprodukts mit wss. HCl
(*Ro., Hi.*).

Kristalle (aus Eg.); F: 342−344° (*Do., Ha.*), 304−306° [unkorr.] (*Ro., Hi.*). λ_{max} (wss. Lösung): 307 nm [pH 1] bzw. 266 nm und 310 nm [pH 10,7] (*Ro., Hi.*, l. c. S. 3455).

1,5,7-Trimethyl-1*H*-pyrido[2,3-*d*]pyrimidin-2,4-dion $C_{10}H_{11}N_3O_2$, Formel XIV (R = CH_3,
R' = H) und Taut.
B. Aus 6-Amino-1-methyl-1*H*-pyrimidin-2,4-dion beim Erhitzen mit Pentan-2,4-dion und
P_2O_5 auf 130° (*Ridi et al.*, Ann. Chimica **45** [1955] 439, 445).
Kristalle (aus A.); F: 265°.

1,3,5,7-Tetramethyl-1*H*-pyrido[2,3-*d*]pyrimidin-2,4-dion $C_{11}H_{13}N_3O_2$, Formel XIV
(R = R' = CH_3).
B. Aus der vorangehenden Verbindung beim Behandeln mit Dimethylsulfat und wss. NaOH
(*Ridi et al.*, Ann. Chimica **45** [1955] 439, 446).
Kristalle (aus A.); F: 182°.

XIII   XIV   XV

5,7-Dimethyl-1-phenyl-1*H*-pyrido[2,3-*d*]pyrimidin-2,4-dion $C_{15}H_{13}N_3O_2$, Formel XIV
(R = C_6H_5, R' = H) und Taut.
B. Aus 6-Amino-1-phenyl-1*H*-pyrimidin-2,4-dion beim Erhitzen mit Pentan-2,4-dion und
P_2O_5 auf 130° (*Ridi et al.*, Ann. Chimica **45** [1955] 439, 445).
Kristalle (aus Eg.); F: 335°.

3,5,7-Trimethyl-1-phenyl-1*H*-pyrido[2,3-*d*]pyrimidin-2,4-dion $C_{16}H_{15}N_3O_2$, Formel XIV
(R = C_6H_5, R' = CH_3).
B. Analog der vorangehenden Verbindung (*Ridi et al.*, Ann. Chimica **45** [1955] 439, 445).
Aus der vorangehenden Verbindung beim Erwärmen mit Dimethylsulfat und wss. NaOH (*Ridi
et al.*).
Kristalle (aus Me.); F: 240°.

1-[4-Äthoxy-phenyl]-5,7-dimethyl-1*H*-pyrido[2,3-*d*]pyrimidin-2,4-dion $C_{17}H_{17}N_3O_3$,
Formel XIV (R = C_6H_4-O-C_2H_5, R' = H) und Taut.
B. Aus 1-[4-Äthoxy-phenyl]-6-amino-1*H*-pyrimidin-2,4-dion beim Erhitzen mit Pentan-2,4-
dion und P_2O_5 auf 130° (*Ridi et al.*, Ann. Chimica **45** [1955] 439, 445).
Kristalle (aus Eg.); F: 320°.

1-[4-Äthoxy-phenyl]-3,5,7-trimethyl-1*H*-pyrido[2,3-*d*]pyrimidin-2,4-dion $C_{18}H_{19}N_3O_3$,
Formel XIV (R = C_6H_4-O-C_2H_5, R' = CH_3).
B. Analog der vorangehenden Verbindung (*Ridi et al.*, Ann. Chimica **45** [1955] 439, 445).
Aus der vorangehenden Verbindung beim Erwärmen mit Dimethylsulfat und wss. NaOH (*Ridi
et al.*).
Kristalle (aus Eg.); F: 218−220°.

5,7-Dimethyl-2-thioxo-2,3-dihydro-1H-pyrido[2,3-d]pyrimidin-4-on C$_9$H$_9$N$_3$OS, Formel XV
und Taut.

B. Aus 6-Amino-2-thioxo-2,3-dihydro-1H-pyrimidin-4-on beim Erwärmen mit Pentan-2,4-
dion und H$_3$PO$_4$ (*Robins, Hitchings*, Am. Soc. **80** [1958] 3449, 3453) oder beim Erhitzen
mit Pentan-2,4-dion und P$_2$O$_5$ auf 130° (*Ridi et al.*, Ann. Chimica **45** [1955] 439, 444).

Gelbliches Pulver; F: > 320° (*Ridi et al.*). Kristalle (aus A.); F: 287 — 288° [unkorr.] (*Ro.,
Hi.*). λ_{max} (wss. Lösung): 282 nm und 311 nm [pH 1] bzw. 297 nm [pH 10,7] (*Ro., Hi.*, l. c.
S. 3455).

6,7-Dimethyl-1H-pyrido[2,3-d]pyrimidin-2,4-dion C$_9$H$_9$N$_3$O$_2$, Formel I (X = O) und Taut.

B. Aus 2-Amino-5,6-dimethyl-nicotinsäure beim Erhitzen mit Harnstoff auf 200° (*Robins,
Hitchings*, Am. Soc. **80** [1958] 3449, 3456). Aus 2-Amino-5,6-dimethyl-nicotinsäure-amid beim
Erwärmen mit Chlorokohlensäure-äthylester auf 100° (*Dornow, Hahmann*, Ar. **290** [1957] 61,
66). Aus 6-Amino-1H-pyrimidin-2,4-dion beim Erwärmen mit 2-Methyl-3-oxo-butyraldehyd
und H$_3$PO$_4$ (*Ro., Hi.*).

Hellgelbe Kristalle (aus Eg.); F: 329 — 330° [unkorr.] (*Ro., Hi.*), 270 — 271° [Zers.] (*Do.,
Ha.*).

6,7-Dimethyl-2-thioxo-2,3-dihydro-1H-pyrido[2,3-d]pyrimidin-4-on C$_9$H$_9$N$_3$OS, Formel I
(X = S) und Taut.

B. Aus 6-Amino-2-thioxo-2,3-dihydro-1H-pyrimidin-4-on beim Erwärmen mit 2-Methyl-3-
oxo-butyraldehyd und H$_3$PO$_4$ (*Robins, Hitchings*, Am. Soc. **80** [1958] 3449, 3452).

Kristalle (aus Eg.); F: 300 — 302° [unkorr.].

5,7-Dimethyl-2,3-dihydro-pyrido[3,4-d]pyridazin-1,4-dion C$_9$H$_9$N$_3$O$_2$, Formel II und Taut.

B. Aus 2,6-Dimethyl-pyridin-3,4-dicarbonsäure-diäthylester beim Behandeln mit N$_2$H$_4$·H$_2$O
in Methanol (*Jones*, Am. Soc. **78** [1956] 159, 161, 162).

Kristalle; F: 302° [Zers.].

I   II   III   IV

5-Acetyl-4-methyl-1,2-dihydro-pyrazolo[3,4-b]pyridin-3-on(?) C$_9$H$_9$N$_3$O$_2$, vermutlich
Formel III und Taut.

B. Aus 5-Amino-1,2-dihydro-pyrazol-3-on und 3-Äthoxymethylen-pentan-2,4-dion beim Er=
hitzen in Essigsäure (*Papini et al.*, G. **87** [1957] 931, 946).

Kristalle (aus Dioxan); F: 226°.

2,4-Dinitro-phenylhydrazon C$_{15}$H$_{13}$N$_7$O$_5$; 5-[1-(2,4-Dinitro-phenylhydrazono)-
äthyl]-4-methyl-1,2-dihydro-pyrazolo[3,4-b]pyridin-3-on(?). Orangegelber Feststoff
(aus A.); F: 210°.

Dioxo-Verbindungen C$_{10}$H$_{11}$N$_3$O$_2$

(±)-6-Benzyl-4-methyl-3-thioxo-tetrahydro-[1,2,4]triazin-5-on C$_{11}$H$_{13}$N$_3$OS, Formel IV
(R = CH$_3$).

B. Beim Behandeln von 6-Benzyl-4-methyl-3-thioxo-3,4-dihydro-2H-[1,2,4]triazin-5-on mit
Natrium-Amalgam in H$_2$O (*Cattelain*, Bl. [5] **11** [1944] 256, 279).

Kristalle (aus wss. A.); F: 140 — 143°.

(±)-4-Äthyl-6-benzyl-3-thioxo-tetrahydro-[1,2,4]triazin-5-on $C_{12}H_{15}N_3OS$, Formel IV
(R = C_2H_5).
   B. Analog der vorangehenden Verbindung (*Cattelain*, Bl. [5] **11** [1944] 256, 279).
   Kristalle (aus wss. A.); F: 127−128°.

6-Methyl-6-phenyl-dihydro-[1,3,5]triazin-2,4-dithion $C_{10}H_{11}N_3S_2$, Formel V (R = X = H).
   Diese Verbindung hat wahrscheinlich auch in einem von *Britton, Nobles* (J. Am. pharm.
Assoc. **43** [1954] 54) als [1-Phenyl-äthyliden]-dithiobiuret ($C_{10}H_{11}N_3S_2$) beschriebenen
Präparat (F: 210°) vorgelegen (vgl. *Fairfull, Peak*, Soc. **1955** 803, 806).
   B. Aus Dithiobiuret und Acetophenon beim Behandeln mit äthanol. HCl (*Fa., Peak*; vgl.
Br., No.).
   Kristalle (aus Py.+Ae.); F: 281−282° (*Fa., Peak*).

(±)-6-Methyl-1,6-diphenyl-dihydro-[1,3,5]triazin-2,4-dithion $C_{16}H_{15}N_3S_2$, Formel V
(R = C_6H_5, X = H).
   B. Aus 1-Phenyl-dithiobiuret und Acetophenon beim Behandeln mit äthanol. HCl (*Fairfull,
Peak*, Soc. **1955** 803, 806).
   Kristalle (aus Butan-1-ol); F: 198−198,5°.

6-[4-Chlor-phenyl]-6-methyl-dihydro-[1,3,5]triazin-2,4-dithion $C_{10}H_{10}ClN_3S_2$, Formel V
(R = H, X = Cl).
   Diese Konstitution kommt wahrscheinlich der von *Britton, Nobles* (J. Am. pharm. Assoc.
43 [1954] 54) als [1-(4-Chlor-phenyl)-äthyliden]-dithiobiuret ($C_{10}H_{10}ClN_3S_2$) be=
schriebenen Verbindung zu (*Fairfull, Peak*, Soc. **1955** 803).
   B. Aus Dithiobiuret und 1-[4-Chlor-phenyl]-äthanon beim Erhitzen mit Essigsäure (*Br., No.*).
   Kristalle (aus Eg.); F: 240° [unkorr.] (*Br., No.*).

V   VI   VII

6-Methyl-6-[4-nitro-phenyl]-dihydro-[1,3,5]triazin-2,4-dithion $C_{10}H_{10}N_4O_2S_2$, Formel V
(R = H, X = NO_2).
   Diese Konstitution kommt wahrscheinlich der von *Britton, Nobles* (J. Am. pharm. Assoc.
43 [1954] 54) als [1-(4-Nitro-phenyl)-äthyliden]-dithiobiuret ($C_{10}H_{10}N_4O_2S_2$) be=
schriebenen Verbindung zu (*Fairfull, Peak*, Soc. **1955** 803).
   B. Aus Dithiobiuret und 1-[4-Nitro-phenyl]-äthanon beim Erhitzen mit Essigsäure (*Br., No.*).
   Kristalle (aus Eg.); F: 235° [unkorr.] (*Br., No.*).

1,2-Diphenyl-4-[2-[4]pyridyl-äthyl]-pyrazolidin-3,5-dion $C_{22}H_{19}N_3O_2$, Formel VI.
   B. Aus [2-[4]Pyridyl-äthyl]-malonsäure-diäthylester und Hydrazobenzol beim Erhitzen mit
Natriummethylat in Äthanol und anschliessend in Xylol (*Geigy Chem. Corp.*, U.S.P. 2835677
[1956]).
   Kristalle (aus A.); F: 178°.

(±)-5-Äthyl-5-[2]pyridyl-imidazolidin-2,4-dion $C_{10}H_{11}N_3O_2$, Formel VII.
   B. Aus 1-[2]Pyridyl-propan-1-on beim Erwärmen mit KCN und $[NH_4]_2CO_3$ in wss. Äthanol
(*Teague et al.*, Am. Soc. **75** [1953] 3429; *Henze, Knowles*, J. org. Chem. **19** [1954] 1127, 1131,
1132).
   Kristalle; F: 184−185° [aus wss. A.] (*He., Kn.*), 179−180,7° [korr.] (*Te. et al.*).
   Hydrochlorid $C_{10}H_{11}N_3O_2 \cdot$ HCl. F: 220−222° [korr.] (*Te. et al.*).

(±)-5-Äthyl-5-[3]pyridyl-imidazolidin-2,4-dion $C_{10}H_{11}N_3O_2$, Formel VIII (X = H).
   B. Aus 1-[3]Pyridyl-propan-1-on beim Erwärmen mit KCN und $[NH_4]_2CO_3$ in wss. Äthanol

(*Chem. Fabr. v. Heyden*, D.R.P. 602218 [1932]; Frdl. **21** 532; s. a. *Teague et al.*, Am. Soc. **75** [1953] 3429).
    Kristalle; F: 178° (*v. Heyden*), 160−161° [korr.] (*Te. et al.*).
    Hydrochlorid $C_{10}H_{11}N_3O_2 \cdot HCl$. Kristalle; F: 249−250° [korr.] (*Te. et al.*), 248−249° (*v. Heyden*).

(±)-5-Äthyl-5-[2-chlor-[3]pyridyl]-imidazolidin-2,4-dion $C_{10}H_{10}ClN_3O_2$, Formel VIII (X = Cl).
    B. Analog der vorangehenden Verbindung (*Chem. Fabr. v. Heyden*, D.R.P. 602218 [1932]; Frdl. **21** 532).
    F: 196°.

_____

(±)-5-Äthyl-5-[4]pyridyl-imidazolidin-2,4-dion $C_{10}H_{11}N_3O_2$, Formel IX.
    B. Analog den vorangehenden Verbindungen (*Chu, Teague*, J. org. Chem. **23** [1958] 1578).
    F: 181,5−183° [korr.].

_____

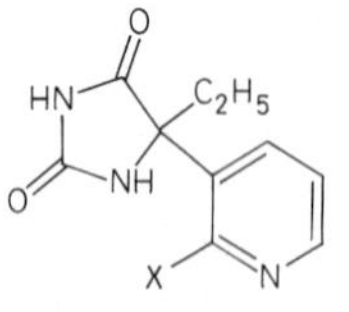

VIII 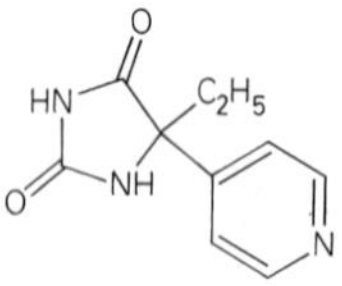   IX 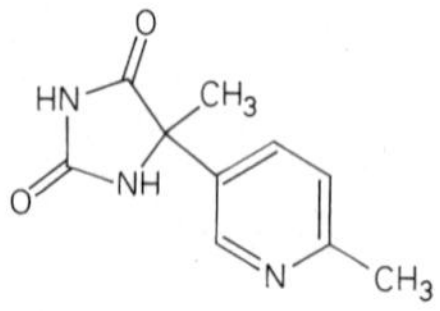   X 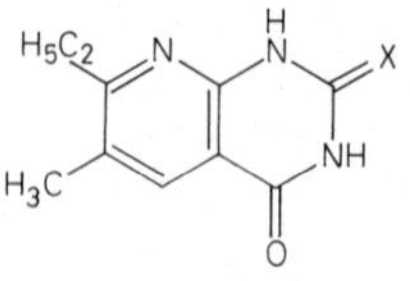   XI

(±)-5-Methyl-5-[6-methyl-[3]pyridyl]-imidazolidin-2,4-dion $C_{10}H_{11}N_3O_2$, Formel X.
    B. Aus 1-[6-Methyl-[3]pyridyl]-äthanon beim Erwärmen mit NaCN und $[NH_4]_2CO_3$ in wss. Lösung vom pH 7,2−7,4 (*Yoshida, Kumagae*, J. chem. Soc. Japan Pure Chem. Sect. **80** [1959] 1315; C. A. **1961** 4496).
    Kristalle (aus H_2O); F: 295−297° [Zers.].

_____

7-Äthyl-6-methyl-1*H*-pyrido[2,3-*d*]pyrimidin-2,4-dion $C_{10}H_{11}N_3O_2$, Formel XI (X = O) und Taut.
    B. Aus 6-Amino-1*H*-pyrimidin-2,4-dion beim Erwärmen mit 2-Methyl-3-oxo-valeraldehyd und H_3PO_4 (*Robins, Hitchings*, Am. Soc. **80** [1958] 3449, 3452).
    Kristalle (aus A.); F: 218−220° [unkorr.].

_____

7-Äthyl-6-methyl-2-thioxo-2,3-dihydro-1*H*-pyrido[2,3-*d*]pyrimidin-4-on $C_{10}H_{11}N_3OS$, Formel XI (X = S) und Taut.
    B. Analog der vorangehenden Verbindung (*Robins, Hitchings*, Am. Soc. **80** [1958] 3449, 3452).
    Kristalle (aus A.); F: 238−240° [unkorr.].

_____

5,6,7-Trimethyl-1*H*-pyrido[2,3-*d*]pyrimidin-2,4-dion $C_{10}H_{11}N_3O_2$, Formel XII (X = O) und Taut.
    B. Aus 6-Amino-1*H*-pyrimidin-2,4-dion beim Erwärmen mit 3-Methyl-pentan-2,4-dion und H_3PO_4 (*Burroughs Wellcome & Co.*, U.S.P. 2749844 [1953]).
    F: 308−310°.

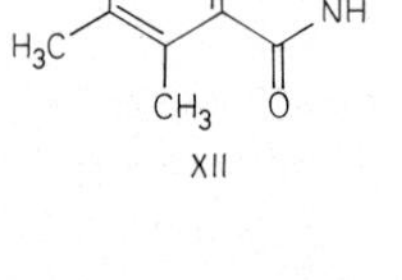

XII 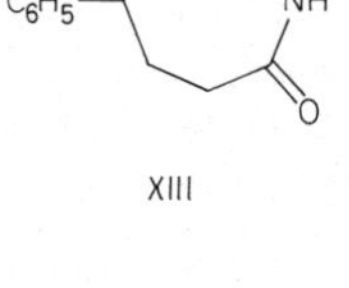   XIII 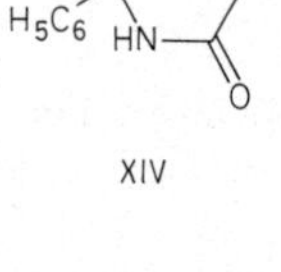   XIV 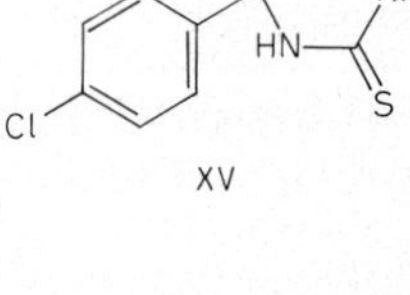   XV

5,6,7-Trimethyl-2-thioxo-2,3-dihydro-1H-pyrido[2,3-d]pyrimidin-4-on $C_{10}H_{11}N_3OS$,
Formel XII (X = S) und Taut.
   B. Analog der vorangehenden Verbindung (*Robins, Hitchings*, Am. Soc. **80** [1958] 3449,
3452).
   Kristalle (aus A.); F: 305–307° [unkorr.]. λ_{max} (wss. Lösung): 284 nm und 325 nm [pH 1]
bzw. 260 nm und 300 nm [pH 10,7] (*Ro., Hi.*, l. c. S. 3455).

Dioxo-Verbindungen $C_{11}H_{13}N_3O_2$

(±)-8-Phenyl-tetrahydro-[1,2,4]triazocin-3,5-dion(?) $C_{11}H_{13}N_3O_2$, vermutlich Formel XIII.
   B. Aus 4-Phenyl-4-semicarbazono-buttersäure (F: 182°) beim Hydrieren des Natrium-Salzes
an Raney-Nickel in H_2O (*Chabrier, Sekera*, Bl. **1948** 1038, 1040, 1041) sowie beim Behandeln
mit Natrium-Amalgam und H_2O (*Bougault et al.*, Bl. **1948** 786).
   Kristalle (aus A. + Ae.); F: 166° (*Bo. et al.*).

5-Äthyl-5-phenyl-tetrahydro-[1,2,4]triazin-3,6-dion $C_{11}H_{13}N_3O_2$, Formel XIV.
   Die von *Fusco, Rossi* (Farmaco Ed. scient. **10** [1955] 619, 623) unter dieser Konstitution
beschriebene Verbindung ist wahrscheinlich als (±)-5-Äthyl-3-amino-5-phenyl-imidazolidin-2,4-
dion (E III/IV **24** 1489) zu formulieren (*Gut et al.*, Collect. **33** [1968] 2087; *Fankhauser, Brenner*,
Helv. **53** [1970] 2298).

6-Äthyl-6-[4-chlor-phenyl]-dihydro-[1,3,5]triazin-2,4-dithion $C_{11}H_{12}ClN_3S_2$, Formel XV.
   Diese Konstitution kommt wahrscheinlich der von *Britton, Nobles* (J. Am. pharm. Assoc.
43 [1954] 54) als [1-(4-Chlor-phenyl)-propyliden]-dithiobiuret ($C_{11}H_{12}ClN_3S_2$) be‑
schriebenen Verbindung zu (*Fairfull, Peak*, Soc. **1955** 803).
   B. Aus Dithiobiuret und 1-[4-Chlor-phenyl]-propan-1-on beim Erhitzen in Essigsäure (*Br.,
No.*).
   Kristalle (aus Eg.); F: 218° [unkorr.] (*Br., No.*).

(±)-5-Propyl-5-[2]pyridyl-imidazolidin-2,4-dion $C_{11}H_{13}N_3O_2$, Formel I (R = C_2H_5, R' = H).
   B. Aus 1-[2]Pyridyl-butan-1-on beim Erwärmen mit KCN und $[NH_4]_2CO_3$ in wss. Äthanol
(*Henze, Knowles*, J. org. Chem. **19** [1954] 1127, 1131, 1132).
   Kristalle (aus wss. A.); F: 155–156,5°.

(±)-5-Isopropyl-5-[2]pyridyl-imidazolidin-2,4-dion $C_{11}H_{13}N_3O_2$, Formel I (R = R' = CH_3).
   B. Analog der vorangehenden Verbindung (*Henze, Knowles*, J. org. Chem. **19** [1954] 1127,
1131, 1132).
   Kristalle (aus wss. A.); F: 246,5–248°.

7-Isobutyl-2-thioxo-2,3-dihydro-1H-pyrido[2,3-d]pyrimidin-4-on $C_{11}H_{13}N_3OS$, Formel II und
Taut.
   B. Aus 6-Amino-2-thioxo-2,3-dihydro-1H-pyrimidin-4-on beim Erwärmen mit 5-Methyl-3-
oxo-hexanal und H_3PO_4 (*Robins, Hitchings*, Am. Soc. **80** [1958] 3449, 3452).
   Kristalle (aus wss. A.); F: 210–211° [unkorr.].

6-Äthyl-5,7-dimethyl-2-thioxo-2,3-dihydro-1H-pyrido[2,3-d]pyrimidin-4-on $C_{11}H_{13}N_3OS$,
Formel III und Taut.
   B. Aus 6-Amino-2-thioxo-2,3-dihydro-1H-pyrimidin-4-on beim Erwärmen mit 3-Äthyl-

pentan-2,4-dion und H_3PO_4 (*Robins, Hitchings,* Am. Soc. **80** [1958] 3449, 3452).
Kristalle (aus A.); F: 253−255° [unkorr.].

(±)-1-Phenyl-(3a*t*,4a*c*,8a*c*,9a*t*)-3a,4,4a,6,7,8a,9,9a-octahydro-1*H*-4*r*,9*c*-methano-naphtho[2,3-*d*]⹀ [1,2,3]triazol-5,8-dion $C_{17}H_{17}N_3O_2$, Formel IV (R = C_6H_5)+Spiegelbild.
Bezüglich der Konfiguration an den C-Atomen 3a und 9a vgl. *Huisgen et al.,* B. **98** [1965] 3992, 3993.

B. Aus (4a*c*,8a*c*)-1,4,4a,6,7,8a-Hexahydro-1*r*,4*c*-methano-naphthalin-5,8-dion und Azido⹀ benzol (*Alder, Stein,* A. **485** [1931] 211, 220).
Kristalle (aus E.); Zers. bei 194° [bei schnellem Erhitzen] (*Al., St.*).

(±)-1-Benzyl-(3a*t*,4a*c*,8a*c*,9a*t*)-3a,4,4a,6,7,8a,9,9a-octahydro-1*H*-4*r*,9*c*-methano-naphtho[2,3-*d*]⹀ [1,2,3]triazol-5,8-dion $C_{18}H_{19}N_3O_2$, Formel IV (R = CH_2-C_6H_5)+Spiegelbild.
B. Analog der vorangehenden Verbindung (*Alder, Stein,* A. **485** [1931] 211, 221).
Kristalle (aus E.); F: 141°.

Dioxo-Verbindungen $C_{12}H_{15}N_3O_2$

(±)-5-Butyl-5-[2]pyridyl-imidazolidin-2,4-dion $C_{12}H_{15}N_3O_2$, Formel V (R = C_2H_5, R′ = H).
B. Aus 1-[2]Pyridyl-pentan-1-on beim Erwärmen mit KCN und $[NH_4]_2CO_3$ in wss. Äthanol (*Henze, Knowles,* J. org. Chem. **19** [1954] 1127, 1131, 1132).
Kristalle (aus wss. A.); F: 167,5−168°.

5-*sec*-Butyl-5-[2]pyridyl-imidazolidin-2,4-dion $C_{12}H_{15}N_3O_2$, Formel VI (R = C_2H_5, R′ = H).

a) Racemat vom F: 233°.
B. Neben dem unter b) beschriebenen Racemat aus (±)-2-Methyl-1-[2]pyridyl-butan-1-on beim Erwärmen mit KCN und $[NH_4]_2CO_3$ in wss. Äthanol (*Henze, Knowles,* J. org. Chem. **19** [1954] 1127, 1131−1133).
Kristalle (aus wss. A.); F: 231−233°. IR-Spektrum (Nujol; 2−14 µ): *He., Kn.*

b) Racemat vom F: 188°.
B. s. unter a).
Kristalle (aus wss. A.); F: 185−188°. IR-Spektrum (Nujol; 2−14 µ): *He., Kn.*

(±)-5-Isobutyl-5-[2]pyridyl-imidazolidin-2,4-dion $C_{12}H_{15}N_3O_2$, Formel V (R = R′ = CH_3).
B. Aus 3-Methyl-1-[2]pyridyl-butan-1-on beim Erwärmen mit KCN und $[NH_4]_2CO_3$ in wss. Äthanol (*Henze, Knowles,* J. org. Chem. **19** [1954] 1127, 1131, 1132).
Kristalle (aus Bzl.); F: 144−145,5°.

V   VI   VII

(±)-5-*tert*-Butyl-5-[2]pyridyl-imidazolidin-2,4-dion $C_{12}H_{15}N_3O_2$, Formel VI (R = R′ = CH_3).
B. Analog der vorangehenden Verbindung (*Henze, Knowles,* J. org. Chem. **19** [1954] 1127, 1131, 1132).
Kristalle (aus wss. A.); F: 266,5−267° [Zers.].

7-Butyl-6-methyl-1*H*-pyrido[2,3-*d*]pyrimidin-2,4-dion $C_{12}H_{15}N_3O_2$, Formel VII (X = O) und Taut.
B. Aus 6-Amino-1*H*-pyrimidin-2,4-dion beim Erwärmen mit 2-Methyl-3-oxo-heptanal und H_3PO_4 (*Robins, Hitchings,* Am. Soc. **80** [1958] 3449, 3452).
Kristalle (aus wss. Eg.); F: 209−211° [unkorr.].

7-Butyl-6-methyl-2-thioxo-2,3-dihydro-1*H*-pyrido[2,3-*d*]pyrimidin-4-on $C_{12}H_{15}N_3OS$,
Formel VII (X = S) und Taut.
B. Analog der vorangehenden Verbindung (*Robins, Hitchings*, Am. Soc. **80** [1958] 3449,
3452).
Kristalle (aus A.); F: 225 – 228° [unkorr.].

6-Äthyl-7-propyl-1*H*-pyrido[2,3-*d*]pyrimidin-2,4-dion $C_{12}H_{15}N_3O_2$, Formel VIII (X = O) und
Taut.
B. Analog den vorangehenden Verbindungen (*Robins, Hitchings*, Am. Soc. **80** [1958] 3449,
3452).
Kristalle (aus A.); F: 188 – 190° [unkorr.]. λ_{max} (wss. Lösung): 248 nm und 318 nm [pH 1]
bzw. 265 nm und 320 nm [pH 10,7] (*Ro., Hi.*, l. c. S. 3455).

6-Äthyl-7-propyl-2-thioxo-2,3-dihydro-1*H*-pyrido[2,3-*d*]pyrimidin-4-on $C_{12}H_{15}N_3OS$,
Formel VIII (X = S) und Taut.
B. Analog den vorangehenden Verbindungen (*Robins, Hitchings*, Am. Soc. **80** [1958] 3449,
3452).
Kristalle (aus A.); F: 217 – 219° [unkorr.]. λ_{max} (wss. Lösung): 288 nm und 330 nm [pH 1]
bzw. 238 nm und 300 nm [pH 10,7] (*Ro., Hi.*, l. c. S. 3455).

VIII   IX   X

5,7-Dimethyl-6-propyl-2-thioxo-2,3-dihydro-1*H*-pyrido[2,3-*d*]pyrimidin-4-on $C_{12}H_{15}N_3OS$,
Formel IX und Taut.
B. Analog den vorangehenden Verbindungen (*Robins, Hitchings*, Am. Soc. **80** [1958] 3449,
3452).
Kristalle (aus A.); F: 230 – 231° [unkorr.].

1,2,3,4,1″,2″,3″,4″-Octahydro-1′*H*-[2,2′;5′,2″]terpyrrol-5,5″-dion $C_{12}H_{15}N_3O_2$, Formel X.
In dem aus Pyrrol beim Behandeln mit Essigsäure und wss. H_2O_2 erhaltenen Präparat
der Zusammensetzung $C_{12}H_{17}N_3O_3$ (s. E I **20** 36, 38; E II **20** 80, 82) hat ein Gemisch der
Monohydrate vom F: 217° [Zers.] bzw. F: 233° [Zers.] von *meso-* und *racem.*-1,2,3,4,1″,2″,3″,4″-
Octahydro-1′*H*-[2,2′;5′,2″]terpyrrol-5,5″-dion vorgelegen (*Bocchi et al.*, Tetrahedron **23** [1967]
737, 739).

Dioxo-Verbindungen $C_{13}H_{17}N_3O_2$

5-[1-Methyl-butyl]-5-[2]pyridyl-imidazolidin-2,4-dion $C_{13}H_{17}N_3O_2$, Formel XI (R = C_2H_5,
R′ = CH_3).
Drei opt.-inakt. Präparate (Kristalle [aus wss. A.]; F: 140 – 144° bzw. F: 185 – 186° bzw.
F: 233 – 234°) sind aus (±)-2-Methyl-1-[2]pyridyl-pentan-1-on beim Erwärmen mit KCN und
$[NH_4]_2CO_3$ in wss. Äthanol erhalten worden (*Henze, Knowles*, J. org. Chem. **19** [1954] 1127,
1131, 1132).

(±)-5-[1-Äthyl-propyl]-5-[2]pyridyl-imidazolidin-2,4-dion $C_{13}H_{17}N_3O_2$, Formel XI (R = CH_3,
R′ = C_2H_5).
B. Aus 2-Äthyl-1-[2]pyridyl-butan-1-on beim Erwärmen mit KCN und $[NH_4]_2CO_3$ in wss.
Äthanol (*Henze, Knowles*, J. org. Chem. **19** [1954] 1127, 1131, 1132).
Kristalle (aus wss. A. oder Bzl.); F: 140° und (nach Wiedererstarren bei 150°) F: 167°.

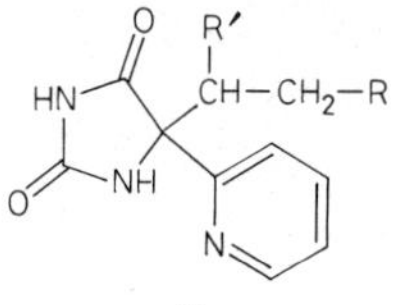

XI 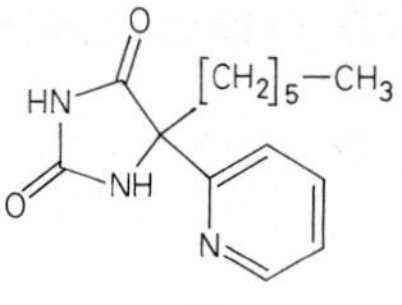   XII 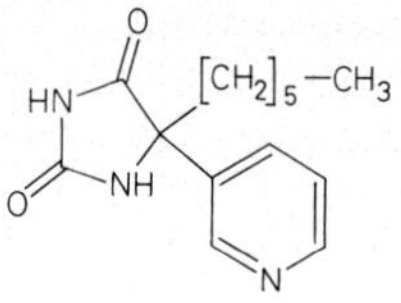   XIII

Dioxo-Verbindungen $C_{14}H_{19}N_3O_2$

(±)-5-Hexyl-5-[2]pyridyl-imidazolidin-2,4-dion $C_{14}H_{19}N_3O_2$, Formel XII.

B. Aus 1-[2]Pyridyl-heptan-1-on beim Erwärmen mit KCN und $[NH_4]_2CO_3$ in wss. Äthanol (*Teague et al.,* Am. Soc. **75** [1953] 3429).

Kristalle; F: 137,5−140° [korr.].

Hydrochlorid $C_{14}H_{19}N_3O_2 \cdot HCl$. Kristalle; F: 196−201° [korr.].

(±)-5-Hexyl-5-[3]pyridyl-imidazolidin-2,4-dion $C_{14}H_{19}N_3O_2$, Formel XIII.

B. Analog der vorangehenden Verbindung (*Teague et al.,* Am. Soc. **75** [1953] 3429).

Kristalle; F: 156−163° [korr.].

Hydrochlorid $C_{14}H_{19}N_3O_2 \cdot HCl$. Kristalle; F: 208−212° [korr.].

(±)-5-Hexyl-5-[4]pyridyl-imidazolidin-2,4-dion $C_{14}H_{19}N_3O_2$, Formel XIV.

B. Analog den vorangehenden Verbindungen (*Chu, Teague,* J. org. Chem. **23** [1958] 1578).

F: 146−147° [korr.].

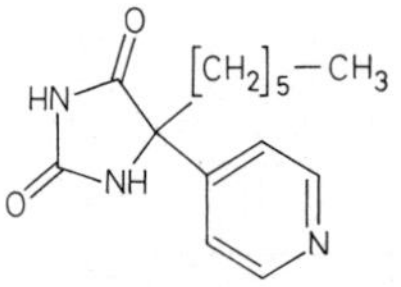

XIV 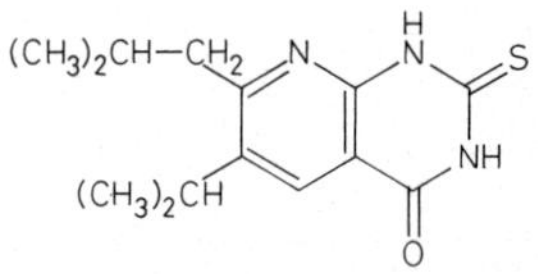   XV

7-Isobutyl-6-isopropyl-2-thioxo-2,3-dihydro-1*H*-pyrido[2,3-*d*]pyrimidin-4-on $C_{14}H_{19}N_3OS$, Formel XV und Taut.

B. Aus 6-Amino-2-thioxo-2,3-dihydro-1*H*-pyrimidin-4-on beim Erwärmen mit 2-Isopropyl-5-methyl-3-oxo-hexanal und H_3PO_4 (*Robins, Hitchings,* Am. Soc. **80** [1958] 3449, 3452).

Kristalle (aus A.); F: 208−209° [unkorr.].   [*Wente*]

Dioxo-Verbindungen $C_nH_{2n-11}N_3O_2$

Dioxo-Verbindungen $C_8H_5N_3O_2$

*5-[3]Pyridyl-2*H*-pyrazol-3,4-dion-4-oxim $C_8H_6N_4O_2$, Formel I (R = H).

B. Aus 2-Hydroxyimino-3-oxo-3-[3]pyridyl-propionsäure-äthylester (E III/IV **22** 3186) und $N_2H_4 \cdot HCl$ (*Burrus, Powell,* Am. Soc. **67** [1945] 1468, 1470).

Orangefarbene Kristalle mit 0,5 Mol H_2O; F: 253−255° [Zers.].

*2-Phenyl-5-[3]pyridyl-2*H*-pyrazol-3,4-dion-4-oxim $C_{14}H_{10}N_4O_2$, Formel I (R = C_6H_5).

B. Analog der vorangehenden Verbindung (*Burrus, Powell,* Am. Soc. **67** [1945] 1468, 4170).

Orangefarbene Kristalle (aus wss. Eg.); F: 229−230,5° [Zers.].

Dioxo-Verbindungen $C_9H_7N_3O_2$

6-Phenyl-2*H*-[1,2,4]triazin-3,5-dion $C_9H_7N_3O_2$, Formel II (R = H, X = O) und Taut.
(E I 68; E II 126).

B. Aus der folgenden Verbindung beim Erhitzen mit Chloressigsäure in wss. NaOH und

anschliessend mit wss. HCl (*Gut, Prystaš,* Collect. **24** [1959] 2986, 2990).
  Kristalle (aus wss. Dioxan); F: 261−262°.

6-Phenyl-3-thioxo-3,4-dihydro-2*H*-[1,2,4]triazin-5-on $C_9H_7N_3OS$, Formel II (R = H, X = S)
und Taut. (E II 126).
  B. Aus 5-Amino-6-phenyl-2*H*-[1,2,4]triazin-3-thion beim Erwärmen mit wss. HCl (*Kröhnke,
Leister,* B. **91** [1958] 1479, 1488).
  Kristalle (aus Me.); F: 256°.

4-Methyl-6-phenyl-3-thioxo-3,4-dihydro-2*H*-[1,2,4]triazin-5-on $C_{10}H_9N_3OS$, Formel II
(R = CH₃, X = S) und Taut.
  B. Aus [4-Methyl-thiosemicarbazono]-phenyl-essigsäure mit Hilfe von wss. Alkalien (*Hagen≠
bach et al.,* Ang. Ch. **66** [1954] 359, 362).
  Gelbe Kristalle (aus A.); F: 223−224° [Zers.] (*Ha. et al.*).

  Die folgenden Verbindungen sind in analoger Weise hergestellt worden:
  4-Äthyl-6-phenyl-3-thioxo-3,4-dihydro-2*H*-[1,2,4]triazin-5-on $C_{11}H_{11}N_3OS$,
Formel II (R = C₂H₅, X = S) und Taut. Gelbe Kristalle (aus A.); F: 207−208° [Zers.] (*Ha.
et al.*).
  4-Allyl-6-phenyl-3-thioxo-3,4-dihydro-2*H*-[1,2,4]triazin-5-on $C_{12}H_{11}N_3OS$, For≠
mel II (R = CH₂-CH=CH₂, X = S) und Taut. Gelbe Kristalle (aus A.); F: 186−187° [Zers.]
(*Ha. et al.*).
  6-[4-Chlor-phenyl]-3-thioxo-3,4-dihydro-2*H*-[1,2,4]triazin-5-on $C_9H_6ClN_3OS$,
Formel III (X = X′ = H, X″ = Cl) und Taut. Gelbe Kristalle; F: 288−290° [Zers.; aus A.]
(*Ha. et al.,* l. c. S. 361), 284° [aus wss. A.] (*Wellcome Found.,* D.B.P. 951996 [1953]).
  6-[2,4-Dichlor-phenyl]-3-thioxo-3,4-dihydro-2*H*-[1,2,4]triazin-5-on
$C_9H_5Cl_2N_3OS$, Formel III (X = X″ = Cl, X′ = H) und Taut. Kristalle (aus Bzl.); F:
219−220° (*Wellcome Found.*).
  6-[3,4-Dichlor-phenyl]-3-thioxo-3,4-dihydro-2*H*-[1,2,4]triazin-5-on
$C_9H_5Cl_2N_3OS$, Formel III (X = H, X′ = X″ = Cl) und Taut. Gelbe Kristalle (aus Bzl.+A.);
F: 227−230° (*Wellcome Found.*).
  6-[4-Brom-phenyl]-3-thioxo-3,4-dihydro-2*H*-[1,2,4]triazin-5-on $C_9H_6BrN_3OS$,
Formel III (X = X′ = H, X″ = Br) und Taut. Gelbe Kristalle (aus A.); F: 278−280° [Zers.]
(*Ha. et al.,* l. c. S. 361).
  6-[3-Nitro-phenyl]-3-thioxo-3,4-dihydro-2*H*-[1,2,4]triazin-5-on $C_9H_6N_4O_3S$,
Formel III (X = X″ = H, X′ = NO₂) und Taut. Gelbe Kristalle (aus A.); F: 226−227° [Zers.]
(*Ha. et al.,* l. c. S. 361).
  6-[4-Nitro-phenyl]-3-thioxo-3,4-dihydro-2*H*-[1,2,4]triazin-5-on $C_9H_6N_4O_3S$,
Formel III (X = X′ = H, X″ = NO₂) und Taut. Gelbe Kristalle (aus wss. Py.); F: 258−259°
[Zers.] (*Ha. et al.,* l. c. S. 360).

  I   II   III   IV

6-Phenyl-1*H*-[1,3,5]triazin-2,4-dion $C_9H_7N_3O_2$, Formel IV (R = R′ = H) und Taut.
  B. Aus Benzonitril beim Erhitzen mit Cyanguanidin und KOH in 2-Methoxy-äthanol (*BASF,*
U.S.P. 2832779 [1956]). Aus 1-Benzoyl-biuret beim Behandeln mit wss. KOH (*Bloch, Sobotka,*
Am. Soc. **60** [1938] 1656; *Adams et al.,* J. org. Chem. **17** [1952] 1162, 1171; *Ostrogovich,*
Bulet. Cluj **4** [1929] 521; C. **1930** I 838). Aus Dichlor-phenyl-[1,3,5]triazin beim Erwärmen
mit wss. NaOH (*Grundmann et al.,* B. **86** [1953] 181, 183).

Kristalle; F: 299 – 300° [Zers.] (*Smissman et al.*, J. org. Chem. **22** [1957] 824), 297 – 300° [aus A.] (*Bl., So.*). Orthorhombisch; Kristallmorphologie und Kristalloptik: *Stanciu*, zit. bei *Ostrogovich*, G. **65** [1935] 229, 232. Löslichkeit in H_2O und in Essigsäure bei 20° und bei Siedetemperatur: *Os.*, G. **65** 232, 233.

Hydrochlorid $C_9H_7N_3O_2 \cdot HCl$. Wasserfreie Kristalle (aus Me.); Kristalle (aus wss. HCl) mit 0,5 Mol H_2O und mit 1 Mol H_2O (*Os.*, G. **65** 234).

Natrium-Salze. a) $NaC_9H_6N_3O_2$. Kristalle (aus H_2O) mit 1 Mol H_2O, mit 6 Mol H_2O und mit 7 Mol H_2O; Kristalle (aus Me.) mit 1 Mol Methanol (*Os.*, G. **65** 235, 236). – b) $Na_2C_9H_5N_3O_2$. Kristalle (aus A.) mit 2 Mol Äthanol (*Os.*, G. **65** 236).

Tetraammin-diaqua-kupfer(II)-Salz $[Cu(NH_3)_4(H_2O)_2](C_9H_6N_3O_2)_2$. Blaue Kristalle [aus wss. NH_3] (*Os.*, G. **65** 239). Triklin; Kristallmorphologie und Kristalloptik: *St.*, zit. bei *Os.*, G. **65** 240.

Silber-Salze. a) $AgC_9H_6N_3O_2$. Pulver (aus H_2O) mit 0,5 Mol H_2O und Kristalle (aus H_2O) mit 1 Mol H_2O (*Os.*, G. **65** 236, 237). – b) $Ag_2C_9H_5N_3O_2$. Kristalle (aus H_2O) mit 1 Mol H_2O (*Os.*, G. **65** 237).

Magnesium-Salz $Mg(C_9H_6N_3O_2)_2$. Kristalle (aus H_2O) mit 10 Mol H_2O (*Os.*, G. **65** 238).

Barium-Salz $Ba(C_9H_6N_3O_2)_2$. Kristalle (aus H_2O) mit 3 Mol H_2O; Löslichkeit in siedendem H_2O: 0,7 g/100 ml (*Os.*, G. **65** 238).

Blei(II)-Salz $Pb(C_9H_6N_3O_2)_2$. Kristalle [aus H_2O] (*Os.*, G. **65** 238).

1-Methyl-6-phenyl-1H-[1,3,5]triazin-2,4-dion $C_{10}H_9N_3O_2$, Formel IV (R = CH_3, R' = H) und Taut.

B. Aus 4-Methoxy-1-methyl-6-phenyl-1H-[1,3,5]triazin-2-on beim Erwärmen mit wss. NaOH, wss. HCl oder äthanol. HCl (*Bloch, Sobotka*, Am. Soc. **60** [1938] 1656, 1658).

Kristalle (aus wss. Me. oder H_2O); F: 278 – 280° [korr.].

1,3-Dimethyl-6-phenyl-1H-[1,3,5]triazin-2,4-dion $C_{11}H_{11}N_3O_2$, Formel IV (R = R' = CH_3).

B. Neben 4-Methoxy-1-methyl-6-phenyl-1H-[1,3,5]triazin-2-on beim Behandeln von 6-Phenyl-1H-[1,3,5]triazin-2,4-dion mit Diazomethan in Äther (*Bloch, Sobotka*, Am. Soc. **60** [1938] 1656).

Kristalle (aus Butan-1-ol); F: 132° [korr.].

1-[4-Chlor-phenyl]-6-phenyl-1H-[1,3,5]triazin-2,4-dion $C_{15}H_{10}ClN_3O_2$, Formel IV (R = C_6H_4-Cl, R' = H) und Taut.

B. Aus Benzoesäure-[4-chlor-N-cyan-anilid] und Guanidin-hydrochlorid (*Birtwell*, Soc. **1952** 1279, 1285).

Kristalle (aus Eg.); F: 235 – 238°.

6-Phenyl-1H-[1,3,5]triazin-2,4-dithion $C_9H_7N_3S_2$, Formel V und Taut.

B. Aus Dithiobiuret und Benzoylchlorid (*Fairfull, Peak*, Soc. **1955** 803, 808). Aus Dichlor-phenyl-[1,3,5]triazin und NaHS (*Grundmann et al.*, B. **86** [1953] 181, 184) oder KHS (*Fa., Peak*).

Gelbe Kristalle; F: 248 – 249° [aus A.] (*Fa., Peak*), 243 – 244° [korr.; Zers.; aus wss.-äthanol. NaOH + wss. HCl] (*Gr. et al.*). λ_{max} (A.): 235 nm (*Smissman et al.*, J. org. Chem. **22** [1957] 824).

V   VI   VII   VIII

6-[2]Pyridyl-2-thioxo-2,3-dihydro-1H-pyrimidin-4-on $C_9H_7N_3OS$, Formel VI und Taut.

B. Aus 3-Oxo-3-[2]pyridyl-propionsäure-äthylester und Thioharnstoff (*Gilman, Broadbent,*

Am. Soc. **70** [1948] 2755, 2758).

Kristalle (aus Eg.); F: 291−294° [geringe Zers.].

6-[3]Pyridyl-2-thioxo-2,3-dihydro-1H-pyrimidin-4-on $C_9H_7N_3OS$, Formel VII und Taut.

B. Analog der vorangehenden Verbindung (*Jackman et al.*, Am. Soc. **70** [1948] 497, 498; *Miller et al.*, Am. Soc. **70** [1948] 500; *Gilman, Broadbent*, Am. Soc. **70** [1948] 2755, 2756, 2758).

Kristalle (aus 2-Äthoxy-äthanol bzw. aus Eg.); F: 296−298° [korr.; Zers.] (*Mi. et al.; Gi., Br.*).

Hydrochlorid $C_9H_7N_3OS \cdot HCl$. F: ca. 291° (*Ja. et al.*).

6-[4]Pyridyl-2-thioxo-2,3-dihydro-1H-pyrimidin-4-on $C_9H_7N_3OS$, Formel VIII und Taut.

B. Analog den vorangehenden Verbindungen (*Gilman, Broadbent*, Am. Soc. **70** [1958] 2755, 2756, 2758).

F: 355−358° [Zers.; aus wss. Alkali+Eg.].

---

*5-[2]Pyridylmethylen-imidazolidin-2,4-dion $C_9H_7N_3O_2$, Formel IX.

B. Neben 5-[Hydroxy-[2]pyridyl-methyl]-imidazolidin-2,4-dion (F: 202°) beim Erwärmen von Pyridin-2-carbaldehyd mit Imidazolidin-2,4-dion in wss. NaOH (*Zymalkowski*, Ar. **291** [1958] 436, 440).

Gelbe Kristalle (aus A.); F: 236−236,5°.

Hydrochlorid $C_9H_7N_3O_2 \cdot HCl$. F: 230° [unter HCl-Abspaltung].

---

*5-[3]Pyridylmethylen-imidazolidin-2,4-dion $C_9H_7N_3O_2$, Formel X.

B. Aus Pyridin-3-carbaldehyd und Imidazolidin-2,4-dion (*Zymalkowski*, Ar. **291** [1958] 436, 439).

Kristalle (aus Py.); F: 314°.

Hydrochlorid $C_9H_7N_3O_2 \cdot HCl$.

IX   X   XI

Dioxo-Verbindungen $C_{10}H_9N_3O_2$

2-Methyl-7-phenyl-3-thioxo-2,3,4,6-tetrahydro-[1,2,4]triazepin-5-on $C_{11}H_{11}N_3OS$, Formel XI.

B. Aus 3-[2-Methyl-thiosemicarbazono]-3-phenyl-propionsäure-äthylester beim Erwärmen mit Natrium in Isopropylalkohol (*Losse et al.*, B. **91** [1958] 150, 155; vgl. *Losse, Farr*, J. pr. [4] **8** [1959] 298, 303).

Kristalle (aus Isopropylalkohol); F: 181° [korr.] (*Lo. et al.*).

---

*5-Benzyliden-3-thioxo-tetrahydro-[1,2,4]triazin-6-on $C_{10}H_9N_3OS$, Formel XII und Taut.

B. Aus 4-Benzyliden-2-thioxo-thiazolidin-5-on und $N_2H_4 \cdot H_2O$ (*Cook et al.*, Soc. **1950** 1892, 1898; vgl. *Holland, Mamalis*, Soc. **1958** 4588, 4593). Aus 5t-Phenyl-2-thioxo-thiazolidin-4r-carbonsäure-methylester und $N_2H_4 \cdot H_2O$ (*Ho., Ma.*).

Hellgelbe Kristalle (aus Eg.); F: 265° [Zers.] (*Ho., Ma.*), 251° (*Cook et al.*).

6-Benzyl-2H-[1,2,4]triazin-3,5-dion $C_{10}H_9N_3O_2$, Formel XIII (R = R′ = H) und Taut. (E I 69).

B. Aus 3-Phenyl-2-semicarbazono-propionsäure beim Erwärmen mit äthanol. Natriumäthylat in Äthylenglykol (*Chang*, J. org. Chem. **23** [1958] 1951, 1953; vgl. E I 69).

Kristalle (aus H_2O); F: 204−206° [unkorr.]. λ_{max} (wss. HCl): 260 nm.

6-Benzyl-2-methyl-2H-[1,2,4]triazin-3,5-dion $C_{11}H_{11}N_3O_2$, Formel XIII (R = CH_3, R' = H) und Taut.

B. Aus 6-Benzyl-2-methyl-3-methylmercapto-2H-[1,2,4]triazin-5-on beim Erwärmen mit wss.-äthanol. HCl (*Cattelain*, Bl. [5] 12 [1945] 53, 55).

Kristalle (aus wss. A.); F: 137°.

2-Äthyl-6-benzyl-2H-[1,2,4]triazin-3,5-dion $C_{12}H_{13}N_3O_2$, Formel XIII (R = C_2H_5, R' = H) und Taut.

B. Beim Erwärmen von 2-Äthyl-3-äthylmercapto-6-benzyl-2H-[1,2,4]triazin-5-on (aus 3-Äthylmercapto-6-benzyl-4H-[1,2,4]triazin-5-on und Äthyljodid erhalten) beim Erwärmen mit wss.-äthanol. HCl (*Cattelain*, Bl. [5] 12 [1945] 53, 56).

Kristalle (aus wss. A.); F: 103°.

6-Benzyl-4-octyl-2H-[1,2,4]triazin-3,5-dion $C_{18}H_{25}N_3O_2$, Formel XIII (R = H, R' = $[CH_2]_7$-CH_3) und Taut.

B. Aus 6-Benzyl-2H-[1,2,4]triazin-3,5-dion und Octylbromid (*Tsuji*, Pharm. Bl. 2 [1956] 403, 409).

Kristalle (aus A.); F: 98 – 100°.

2,6-Dibenzyl-2H-[1,2,4]triazin-3,5-dion $C_{17}H_{15}N_3O_2$, Formel XIII (R = CH_2-C_6H_5, R' = H) und Taut.

B. Aus 2-[2-Benzyl-semicarbazono]-3-phenyl-propionsäure beim Erwärmen mit wss. NaOH (*Cattelain*, Bl. [5] 12 [1945] 53, 57). Aus 2,6-Dibenzyl-3-benzylmercapto-2H-[1,2,4]triazin-5-on beim Erwärmen mit wss.-äthanol. HCl (*Ca.*, l. c. S. 56).

Kristalle (aus wss. A.); F: 113°.

4-Acetyl-6-benzyl-2H-[1,2,4]triazin-3,5-dion $C_{12}H_{11}N_3O_3$, Formel XIII (R = H, R' = CO-CH_3) und Taut.

B. Aus 6-Benzyl-2H-[1,2,4]triazin-3,5-dion und Acetanhydrid (*Cattelain*, Bl. [5] 12 [1945] 53, 57).

Kristalle (aus wss. Eg.); F: 110°.

XII   XIII   XIV

4,6-Dibenzyl-2-chlor-2H-[1,2,4]triazin-3,5-dion $C_{17}H_{14}ClN_3O_2$, Formel XIII (R = Cl, R' = CH_2-C_6H_5).

B. Aus 4,6-Dibenzyl-2H-[1,2,4]triazin-3,5-dion und Dichlorcarbamidsäure-methylester (*Chabrier de la Saulnière*, A. ch. [11] 17 [1942] 353, 357, 368).

Kristalle; F: 153°.

6-Benzyl-2,4-dichlor-2H-[1,2,4]triazin-3,5-dion $C_{10}H_7Cl_2N_3O_2$, Formel XIII (R = R' = Cl).

B. Analog der vorangehenden Verbindung (*Chabrier de la Saulnière*, A. ch. [11] 17 [1942] 353, 357, 368).

Kristalle; F: 119°; Explosion bei 150°.

6-Benzyl-3-thioxo-3,4-dihydro-2H-[1,2,4]triazin-5-on $C_{10}H_9N_3OS$, Formel XIV (R = R' = H) und Taut. (E II 126).

Geschwindigkeit der Reaktion mit CH_3I (Bildung von 6-Benzyl-3-methylmercapto-2H-[1,2,4]triazin-5-on) bei 19,5°, mit Äthyljodid (Bildung von 3-Äthylmercapto-6-benzyl-2H-[1,2,4]triazin-5-on) bei 19,5° und mit Benzylchlorid (Bildung von 6-Benzyl-3-benzylmercapto-2H-[1,2,4]triazin-5-on und 2,6-Dibenzyl-3-benzylmercapto-2H-[1,2,4]triazin-5-on) bei 16,5°, 19,5°

und 78°, jeweils in äthanol. NaOH: *Cattelain,* Bl. [5] **11** [1944] 256, 268 – 273.

6-Benzyl-2-methyl-3-thioxo-3,4-dihydro-2*H*-[1,2,4]triazin-5-on $C_{11}H_{11}N_3OS$, Formel XIV
(R = CH_3, R′ = H) und Taut.
  B. Aus 2-[2-Methyl-thiosemicarbazono]-3-phenyl-propionsäure beim Behandeln mit wss.
NaOH (*Cattelain,* Bl. [5] **11** [1944] 249, 254).
  Kristalle (aus wss. A.); F: 152,5°.

6-Benzyl-4-methyl-3-thioxo-3,4-dihydro-2*H*-[1,2,4]triazin-5-on $C_{11}H_{11}N_3OS$, Formel XIV
(R = H, R′ = CH_3) und Taut.
  B. Analog der vorangehenden Verbindung (*Cattelain,* Bl. [5] **11** [1944] 273, 277).
  Kristalle (aus A.); F: 175,5°.

6-Benzyl-2,4-dimethyl-3-thioxo-3,4-dihydro-2*H*-[1,2,4]triazin-5-on $C_{12}H_{13}N_3OS$, Formel XIV
(R = R′ = CH_3).
  B. Aus Phenylbrenztraubensäure und 2,4-Dimethyl-thiosemicarbazid (*Cattelain,* Bl. [5] **12**
[1945] 39, 47).
  Kristalle (aus A.); F: 83°.

4-Äthyl-6-benzyl-3-thioxo-3,4-dihydro-2*H*-[1,2,4]triazin-5-on $C_{12}H_{13}N_3OS$, Formel XIV
(R = H, R′ = C_2H_5) und Taut.
  B. Aus 2-[4-Äthyl-thiosemicarbazono]-3-phenyl-propionsäure beim Behandeln mit wss. NaOH
(*Cattelain,* Bl. [5] **11** [1944] 273, 279).
  Kristalle (aus wss. A.); F: 175°.

2,6-Dibenzyl-3-thioxo-3,4-dihydro-2*H*-[1,2,4]triazin-5-on $C_{17}H_{15}N_3OS$, Formel XIV
(R = CH_2-C_6H_5, R′ = H) und Taut.
  B. Analog der vorangehenden Verbindung (*Cattelain,* Bl. [5] **11** [1944] 249, 255).
  Kristalle (aus wss. A.); F: 123°.

6-Benzyl-1*H*-[1,3,5]triazin-2,4-dion $C_{10}H_9N_3O_2$, Formel I und Taut.
  B. Aus 1-Phenylacetyl-biuret beim Behandeln mit wss. KOH (*Ostrogovich, Tanislau,* G.
64 [1934] 824, 828).
  Kristalle; F: 251 – 252° [unkorr.; Zers.].
  Hydrochlorid $C_{10}H_9N_3O_2 \cdot HCl$. Kristalle; F: 258 – 259° [unkorr.; Zers.].
  Natrium-Salz $4NaC_{10}H_8N_3O_2 \cdot 11H_2O$. Kristalle; F: 236 – 237° [unkorr.; Zers.; nach
Erweichen bei 135 – 140°].
  Silber-Salz $AgC_{10}H_8N_3O_2$. Kristalle; F: 264 – 265° [unkorr.; Zers.; nach Erweichen bei
235 – 240°].
  Barium-Salz $Ba(C_{10}H_8N_3O_2)_2 \cdot 3H_2O$. Kristalle; F: 254 – 256° [unkorr.; Zers.; nach Er=
weichen bei 226°].

6-*o*-Tolyl-1*H*-[1,3,5]triazin-2,4-dion $C_{10}H_9N_3O_2$, Formel II (R = CH_3, R′ = H) und Taut.
  B. Analog der vorangehenden Verbindung (*Am. Cyanamid Co.,* U.S.P. 2691018 [1951]).
  Kristalle (aus Eg.); F: ca. 295°.

I   II   III

6-*p*-Tolyl-1*H*-[1,3,5]triazin-2,4-dion $C_{10}H_9N_3O_2$, Formel II (R = H, R′ = CH_3) und Taut.
  B. Analog den vorangehenden Verbindungen (*I.G. Farbenind.,* Schweiz.P. 184766 [1935]).

Kristalle; F: 309°.

(±)-5-Methyl-4,5-dihydro-3aH-imidazo[1,5-a]chinoxalin-1,3-dion, (±)-4-Methyl-3,4-dihydro-2H-chinoxalin-1,2-dicarbonsäure-imid $C_{11}H_{11}N_3O_2$, Formel III (R = H).
Diese Konstitution kommt der von *Rudy, Cramer* (B. **71** [1938] 1234, 1241) als 3-[2-Dimethyl≠amino-phenylimino]-azetidin-2,4-dion beschriebenen Verbindung zu (*King, Clark-Lewis*, Soc. **1951** 3080, 3081).
B. Aus 4-Methyl-3,4-dihydro-1H-spiro[chinoxalin-2,5'-pyrimidin]-2',4',6'-trion beim Erwär≠men mit wss. NaOH (*King, Cl.-Le.*, l. c. S. 3083; *Rudy, Cr.*). Aus 5-Methyl-5H-imidazo[1,5-a]≠chinoxalin-1,3-dion mit Hilfe von Zinn und wss. HCl (*King, Cl.-Le.*, l. c. S. 3084).
Kristalle (aus A.); F: 240° (*King, Cl.-Le.*), 239° [korr.; Zers.] (*Rudy, Cr.*).

(±)-2,5-Dimethyl-4,5-dihydro-3aH-imidazo[1,5-a]chinoxalin-1,3-dion $C_{12}H_{13}N_3O_2$, Formel III (R = CH₃).
Diese Konstitution kommt der von *Rudy, Cramer* (B. **71** [1938] 1234, 1242) als 3-[2-Dimethyl≠amino-phenylimino]-1-methyl-azetidin-2,4-dion beschriebenen Verbindung zu (*King, Clark-Le≠wis*, Soc. **1951** 3080, 3081).
B. Aus der vorangehenden Verbindung und Diazomethan (*King, Cl.-Le.*, l. c. S. 3083; *Rudy, Cr.*). Aus 2,5-Dimethyl-5H-imidazo[1,5-a]chinoxalin-1,3-dion beim Behandeln mit Zinn und wss. HCl (*King, Cl.-Le.*, l. c. S. 3084).
Kristalle (aus A.); F: 156−157° [korr.] (*Rudy, Cr.*), 154° (*King, Cl.-Le.*). UV-Spektrum (A.; 200−350 nm): *King, Cl.-Le.*, l. c. S. 3082.
Picrat. Braune Kristalle (aus A.); F: 133° (*King, Cl.-Le.; Rudy, Cr.*).

4-[2-(1-Methyl-1H-[2]pyridyliden)-äthyliden]-1,2-diphenyl-pyrazolidin-3,5-dion $C_{23}H_{19}N_3O_2$, Formel IV (R = H) und Mesomere.
B. Aus 1,2-Dimethyl-pyridinium-jodid, Orthoameisensäure-triäthylester und 1,2-Diphenyl-pyrazolidin-3,5-dion (*Zenno*, J. Soc. Phot. Sci. Technol. Japan **15** [1952/53] 99, 101; C. A. **1954** 11063).
Gelbe Kristalle (aus A.); Zers. bei 287°.

4-[2-(1-Methyl-1H-[2]pyridyliden)-äthyliden]-1,2-di-p-tolyl-pyrazolidin-3,5-dion $C_{25}H_{23}N_3O_2$, Formel IV (R = CH₃) und Mesomere.
B. Analog der vorangehenden Verbindung (*Zenno*, J. Soc. Phot. Sci. Technol. Japan **15** [1952/53] 99, 102; C. A. **1954** 11063).
Zers. bei 202°.

IV   V   VI

*Opt.-inakt. 1(oder 3)-Phenyl-3a,4,4a,7a,8,8a-hexahydro-1(oder 3)H-4,8-methano-indeno[5,6-d]≠[1,2,3]triazol-5,9-dion-bis-[O-acetyl-oxim] $C_{20}H_{19}N_5O_4$, Formel V oder VI.
B. Aus opt.-inakt. 3a,4,7,7a-Tetrahydro-4,7-methano-inden-1,8-dion-bis-[O-acetyl-oxim] (E III **7** 3602) und Azidobenzol (*Alder, Stein*, A. **501** [1935] 1, 26).
Kristalle (aus Me.); F: 214°.

Dioxo-Verbindungen $C_{11}H_{11}N_3O_2$

2-Methyl-3-thioxo-7-p-tolyl-2,3,4,6-tetrahydro-[1,2,4]triazepin-5-on $C_{12}H_{13}N_3OS$, Formel VII.
B. Aus 3-[2-Methyl-thiosemicarbazono]-3-p-tolyl-propionsäure-äthylester beim Erwärmen mit

Natrium und Isopropylalkohol (*Losse, Farr,* J. pr. [4] **8** [1959] 298, 302).
Kristalle (aus Isopropylalkohol); F: 198−199° [korr.].

2,4-Dichlor-6-phenäthyl-2H-[1,2,4]triazin-3,5-dion $C_{11}H_9Cl_2N_3O_2$, Formel VIII.

B. Aus 6-Phenäthyl-2H-[1,2,4]triazin-3,5-dion und Dichlorcarbamidsäure-methylester (*Cha=
brier de la Saulnière,* A. ch. [11] **17** [1942] 353, 357, 368).
Kristalle; F: 130°; Explosion bei 165°.

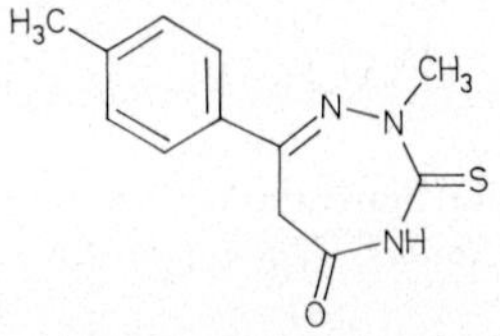

VII 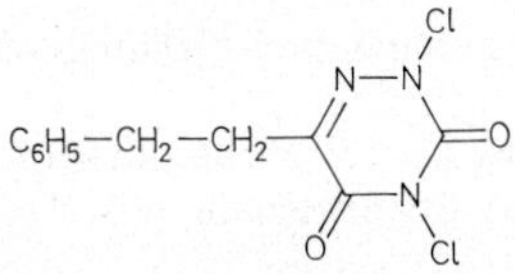   VIII 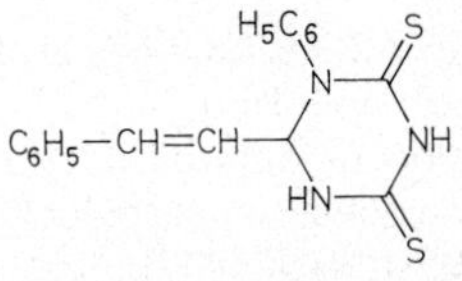   IX

***1-Phenyl-6-styryl-dihydro-[1,3,5]triazin-2,4-dithion** $C_{17}H_{15}N_3S_2$, Formel IX und Taut.

B. Aus 1-Phenyl-dithiobiuret und Zimtaldehyd (*Fairfull, Peak,* Soc. **1955** 803, 806).
Kristalle (aus Butan-1-ol); F: 201−202°.

**(±)-5,7-Dimethyl-4,5-dihydro-3aH-imidazo[1,5-a]chinoxalin-1,3-dion, (±)-4,6-Dimethyl-3,4-di=
hydro-2H-chinoxalin-1,2-dicarbonsäure-imid** $C_{12}H_{13}N_3O_2$, Formel X (R = H).

Zur Konstitution vgl. *King, Clark-Lewis,* Soc. **1951** 3080, 3081.
B. Aus 4,6-Dimethyl-3,4-dihydro-1H-spiro[chinoxalin-2,5'-pyrimidin]-2',4',6'-trion beim Er=
wärmen mit wss. NaOH (*Rudy, Cramer,* B. **72** [1939] 227, 247).
Kristalle (*Rudy, Cr.*).

4-[2-(1,6-Dimethyl-1H-[2]pyridyliden)-äthyliden]-1,2-diphenyl-pyrazolidin-3,5-dion
$C_{24}H_{21}N_3O_2$, Formel XI (R = H) und Mesomere.

B. Aus 1,2,6-Trimethyl-pyridinium-jodid, Orthoameisensäure-triäthylester und 1,2-Diphenyl-
pyrazolidin-3,5-dion (*Zenno,* J. Soc. Phot. Sci. Technol. Japan **15** [1952/53] 99, 102; C. A.
1954 11063).
Zers. bei 295°.

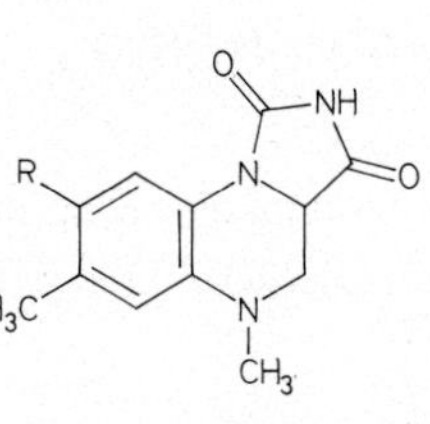

X 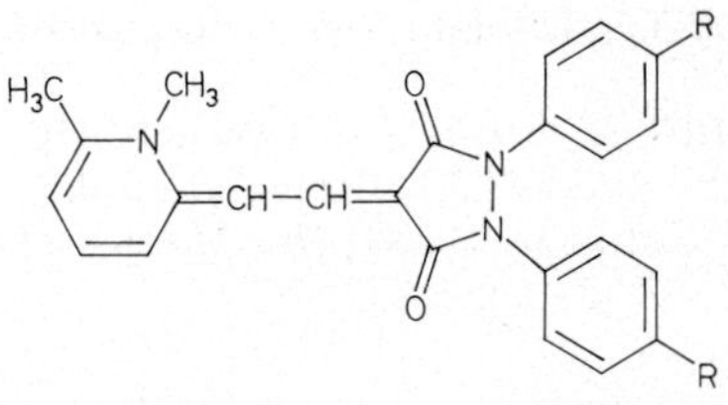   XI 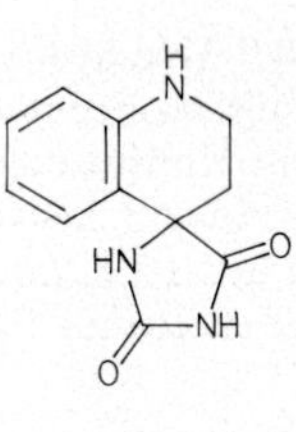   XII

4-[2-(1,6-Dimethyl-1H-[2]pyridyliden)-äthyliden]-1,2-di-p-tolyl-pyrazolidin-3,5-dion
$C_{26}H_{25}N_3O_2$, Formel XI (R = CH₃) und Mesomere.

B. Analog der vorangehenden Verbindung (*Zenno,* J. Soc. Phot. Sci. Technol. Japan **15**
[1952/53] 99, 102; C. A. **1954** 11063).
Zers. bei 225°.

(±)-2,3-Dihydro-1H-spiro[chinolin-4,4'-imidazolidin]-2',5'-dion $C_{11}H_{11}N_3O_2$, Formel XII.

B. Aus 2,3-Dihydro-1H-chinolin-4-on, KCN und [NH₄]₂CO₃ beim Erwärmen in wss. Äthanol
(*Faust et al.,* J. Am. pharm. Assoc. **46** [1957] 118, 121, 123).

Kristalle (aus A. + Heptan); F: 266 – 267° [korr.].

6,7,8,9-Tetrahydro-1H-pyrimido[4,5-b]chinolin-2,4-dion $C_{11}H_{11}N_3O_2$, Formel XIII (X = O) und Taut.

B. Aus 6-Amino-1H-pyrimidin-2,4-dion und der Natrium-Verbindung von 2-Oxo-cyclohexan≠carbaldehyd beim Erwärmen in wss. H_3PO_4 (*Robins, Hitchings*, Am. Soc. **80** [1958] 3449, 3457). Aus 2-Amino-5,6,7,8-tetrahydro-chinolin-3-carbonsäure und Harnstoff (*Ro., Hi.*). Aus der folgenden Verbindung beim Erwärmen mit wss. Chloressigsäure (*Ro., Hi.*).

Braune Kristalle (aus Eg.); F: 306 – 308° [unkorr.].

2-Thioxo-2,3,6,7,8,9-hexahydro-1H-pyrimido[4,5-b]chinolin-4-on $C_{11}H_{11}N_3OS$, Formel XIII (X = S) und Taut.

B. Aus 6-Amino-2-thioxo-2,3-dihydro-1H-pyrimidin-4-on und der Natrium-Verbindung von 2-Oxo-cyclohexancarbaldehyd beim Erwärmen in wss. H_3PO_4 (*Robins, Hitchings*, Am. Soc. **80** [1958] 3449, 3457).

Hellgrüne Kristalle (aus Eg.); F: 252 – 255° [unkorr.].

Dioxo-Verbindungen $C_{12}H_{13}N_3O_2$

(±)-5,7,8-Trimethyl-4,5-dihydro-3aH-imidazo[1,5-a]chinoxalin-1,3-dion, (±)-4,6,7-Trimethyl-3,4-dihydro-2H-chinoxalin-1,2-dicarbonsäure-imid $C_{13}H_{15}N_3O_2$, Formel X (R = CH_3).

Diese Konstitution kommt der von *Rudy, Cramer* (B. **71** [1938] 227, 241) als 3-[2-Dimethyl≠amino-4,5-dimethyl-phenylimino]-azetidin-2,4-dion beschriebenen Verbindung zu (*King, Clark-Lewis*, Soc. **1951** 3080, 3081).

B. Aus 4,6,7-Trimethyl-3,4-dihydro-1H-spiro[chinoxalin-2,5'-pyrimidin]-2',4',6'-trion beim Erwärmen mit wss. NaOH (*Rudy, Cramer*, B. **72** [1939] 227, 241).

Kristalle (aus A.); F: 250° [Zers.] (*Rudy, Cr.*).

XIII XIV XV

6,7,8,9-Tetrahydro-4H,11H-4,7a,11-triaza-benzo[ef]heptalen-5,10-dion(?) $C_{12}H_{13}N_3O_2$, vermutlich Formel XIV.

Zur Konstitution vgl. *Ittyerah, Mann*, Soc. **1958** 467, 474.

B. Aus 2,3,5,6-Tetrahydro-pyrido[3,2,1-ij]chinolin-1,7-dion (1,6-Dioxo-julolidin) beim Behan≠deln in $CHCl_3$ mit NaN_3 und konz. H_2SO_4 (*It., Mann*, l. c. S. 479).

Kristalle (aus Eg.); F: 356° [Zers.].

Dioxo-Verbindungen $C_nH_{2n-13}N_3O_2$

Dioxo-Verbindungen $C_9H_5N_3O_2$

7-Phenyl-1(3)H-imidazo[4,5-e]isoindol-6,8-dion $C_{15}H_9N_3O_2$, Formel XV und Taut.

Die früher (H **26** 237) unter dieser Konstitution („[Benzimidazol-dicarbonsäure-(4.5 bzw. 6.7)]-anil") beschriebene Verbindung ist aufgrund der genetischen Beziehung zu 5-[2-Carboxy-phenyl]-1(3)H-imidazol-4-carbonsäure als 5-Phenyl-1(3)H-benz[c]imidazo[4,5-e]azepin-4,6-dion (S. 607) zu formulieren (vgl. *Poraĭ-Koschiz et al.*, Ž. obšč. Chim. **24** [1954] 507, 508; engl. Ausg. S. 517, 518).

Dioxo-Verbindungen $C_{10}H_7N_3O_2$

5-Methyl-5H-imidazo[1,5-a]chinoxalin-1,3-dion, 4-Methyl-4H-chinoxalin-1,2-dicarbonsäure-imid $C_{11}H_9N_3O_2$, Formel I (R = R' = H).

B. Aus 1-[2-Methylamino-phenyl]-imidazolidin-2,4-dion beim Erwärmen mit Natrium und Äthylformiat (*King, Clark-Lewis*, Soc. **1951** 3080, 3084).

Gelbe Kristalle (aus A.); F: 270°.

2,5-Dimethyl-5H-imidazo[1,5-a]chinoxalin-1,3-dion $C_{12}H_{11}N_3O_2$, Formel I (R = CH_3, R' = H).

B. Aus 3-Methyl-1-[2-methylamino-phenyl]-imidazolidin-2,4-dion beim Erwärmen mit Natrium und Äthylformiat (*King, Clark-Lewis*, Soc. **1951** 3080, 3084). Aus 2,5-Dimethyl-4,5-dihydro-3aH-imidazo[1,5-a]chinoxalin-1,3-dion in Essigsäure beim Durchleiten von Sauerstoff (*King, Clark-Lewis*, Soc. **1953** 172, 177).

Orangegelbe Kristalle (aus A.); F: 260° (*King, Cl.-Le.*, Soc. **1951** 3084). λ_{max} (A.; 210 – 440 nm): *King, Cl.-Le.*, Soc. **1953** 177.

1H-Benz[4,5]imidazo[1,2-a]pyrimidin-2,4-dion $C_{10}H_7N_3O_2$, Formel II (R = H) und Taut.

B. Aus 1(3)H-Benzimidazol-2-ylamin und Malonsäure-diäthylester (*I.G. Farbenind.*, D.R.P. 641598 [1935]; Frdl. **23** 270; *De Cat, Van Dormael*, Bl. Soc. chim. Belg. **59** [1950] 573, 585).

Hellgelbe Kristalle (aus wss. Ameisensäure); F: >340° (*De Cat, Van Do.*).

I   II   III   IV

2-Thioxo-3-p-tolyl-1,2,3,4-tetrahydro-imidazo[4,5-b]chinolin-9-on $C_{17}H_{13}N_3OS$, Formel III und Taut.

B. Aus 2-Thioxo-3-p-tolyl-imidazolidin-4-on und Anthranilsäure (*Sahoo et al.*, J. Indian chem. Soc. **36** [1959] 421, 423).

Kristalle (aus A.); F: 232° [Zers.].

2,3-Dihydro-5H-pyridazino[4,5-b]indol-1,4-dion $C_{10}H_7N_3O_2$, Formel IV und Taut.

B. Aus Indol-2,3-dicarbonsäure-dimethylester und $N_2H_4 \cdot H_2O$ (*Huntress, Hearon*, Am. Soc. **63** [1941] 2762, 2766).

Unterhalb 360° nicht schmelzend.

Acetyl-Derivat $C_{12}H_9N_3O_3$. Zers. >270°.

Dioxo-Verbindungen $C_{11}H_9N_3O_2$

1-Phenyl-3-[1-phenyl-1H-[1,2,3]triazol-4-yl]-propan-1,3-dion $C_{17}H_{13}N_3O_2$, Formel V und Taut.

B. Aus 1-Phenyl-1H-[1,2,3]triazol-4,5-dicarbonsäure-dimethylester beim Erwärmen mit Natrium und Acetophenon in Benzol (*Borsche et al.*, A. **554** [1943] 15, 20).

Kristalle (aus Me. oder Acn.); F: 169 – 170°.

2,4,5-Trimethyl-5H-imidazo[1,5-a]chinoxalin-1,3-dion $C_{13}H_{13}N_3O_2$, Formel I (R = R' = CH_3).

B. Aus 3-Methyl-1-[2-methylamino-phenyl]-imidazolidin-2,4-dion beim Erwärmen mit Natrium und Äthylacetat (*King, Clark-Lewis*, Soc. **1951** 3080, 3085).

Gelbe Kristalle (aus A.); F: 190 – 191°.

2-Benzyl-1,2,4,9-tetrahydro-benzo[*b*]pyrrolo[3,4-*e*][1,4]diazepin-3,10-dion $C_{18}H_{15}N_3O_2$,
Formel VI und Taut.

B. Neben 4-[2-Amino-phenylimino]-1-benzyl-5-oxo-pyrrolidin-3-carbonsäure-äthylester beim
Erwärmen von 1-Benzyl-4,5-dioxo-pyrrolidin-3-carbonsäure-äthylester mit *o*-Phenylendiamin in
Äthanol oder beim Erhitzen von 4-[2-Amino-phenylimino]-1-benzyl-5-oxo-pyrrolidin-3-carbon‹
säure-äthylester (*Morosawa*, Bl. chem. Soc. Japan **31** [1958] 418, 420).

Orangefarbene Kristalle (aus A.); F: 265 – 270° [Zers.].

Dioxo-Verbindungen $C_{12}H_{11}N_3O_2$

3-Äthyl-1*H*-benz[4,5]imidazo[1,2-*a*]pyrimidin-2,4-dion $C_{12}H_{11}N_3O_2$, Formel II (R = C_2H_5)
und Taut.

B. Aus 1(3)*H*-Benzimidazol-2-ylamin und Äthylmalonsäure-diäthylester (*De Cat, Van Dor‹
mael*, Bl. Soc. chim. Belg. **59** [1950] 573, 585).

Kristalle (aus Ameisensäure); F: 284 – 285°.

V   VI   VII

(±)-5-Indol-3-ylmethyl-imidazolidin-2,4-dion $C_{12}H_{11}N_3O_2$, Formel VII (R = R' = H)
(E II 127).

B. Aus 5-Indol-3-ylmethylen-imidazolidin-2,4-dion beim Hydrieren an Raney-Nickel in wss.
NaOH oder wss. Äthanol (*Elks et al.*, Soc. **1944** 629, 631).

Kristalle (aus H_2O); F: 218 – 220°.

(±)-5-Indol-3-ylmethyl-1-methyl-imidazolidin-2,4-dion $C_{13}H_{13}N_3O_2$, Formel VII (R = CH_3,
R' = H).

B. Aus [Acetyl-methyl-amino]-indol-3-ylmethyl-malonsäure-dimethylester beim Erwärmen
mit wss. KOH und anschliessend mit Kaliumcyanat (*Uhle, Harris*, Am. Soc. **79** [1957] 102,
108). Aus 5-Indol-3-ylmethylen-1-methyl-imidazolidin-2,4-dion beim Behandeln mit Natrium-
Amalgam in wss. NaOH (*Gordon, Jackson*, J. biol. Chem. **110** [1935] 151, 156) oder bei der
Hydrierung an Raney-Nickel in wss. NaOH (*Blicke, Norris*, Am. Soc. **76** [1954] 3213). Aus
5-Indol-3-ylmethylen-1-methyl-imidazolidin-2,4-dion beim Erhitzen mit H_2S in Pyridin und
konz. wss. NH_3 (*Miller, Robson*, Soc. **1938** 1910).

Kristalle (aus H_2O); F: 213 – 214° [Zers.; nach Erweichen bei 210°] (*Go., Ja.*), 211 – 212°
(*Mi., Ro.*), 209 – 211° (*Uhle, Ha.*).

(±)-[4-Indol-3-ylmethyl-2,5-dioxo-imidazolidin-1-yl]-essigsäure $C_{14}H_{13}N_3O_4$, Formel VII
(R = H, R' = CH_2-CO-OH).

B. Aus N^α-[Carboxymethyl-carbamoyl]-DL-tryptophan beim Erwärmen mit wss. HCl (*Schlögl
et al.*, M. **87** [1956] 425, 435, 436). Aus dem folgenden Äthylester mit Hilfe von äthanol.
NaOH (*Sch. et al.*).

Kristalle (aus E. + PAe.); F: 189 – 193°.

(±)-[4-Indol-3-ylmethyl-2,5-dioxo-imidazolidin-1-yl]-essigsäure-äthylester $C_{16}H_{17}N_3O_4$,
Formel VII (R = H, R' = CH_2-CO-O-C_2H_5).

B. Aus 5-Indol-3-ylmethyl-imidazolidin-2,4-dion beim Erwärmen mit äthanol. Natriumäthylat

und Bromessigsäure-äthylester (*Schlögl et al.*, M. **87** [1956] 425, 435, 436).
Kristalle (aus E.); F: 172−173°.

(S)-[4-Indol-3-ylmethyl-2,5-dioxo-imidazolidin-1-yl]-essigsäure-amid $C_{14}H_{14}N_4O_3$,
Formel VIII.

B. Aus *N*-[N^α-Benzyloxycarbonyl-L-tryptophyl]-glycin-äthylester beim Behandeln mit meth≠
anol. NH_3 (*Davis*, J. biol. Chem. **223** [1956] 935, 945).
Kristalle (aus Me.); F: 196°.

(±)-3-Amino-5-indol-3-ylmethyl-imidazolidin-2,4-dion $C_{12}H_{12}N_4O_2$, Formel VII (R = H,
R′ = NH_2).
Konstitution: *Schlögl et al.*, M. **85** [1954] 607; s. a. *Wright et al.*, J. med. Chem. **12** [1969]
379; *Fankhauser, Brenner*, Helv. **53** [1970] 2298, 2302, 2311.
B. Aus *N*-Benzyloxycarbonyl-DL-tryptophan-äthylester und $N_2H_4 \cdot H_2O$ (*Schlögl, Korger*, M.
82 [1951] 799, 808).
Kristalle (aus H_2O); F: 220−223° [unkorr.] (*Sch., Ko.*). UV-Spektrum (A.; 230−300 nm):
Sch., Ko., l. c. S. 807.

(±)-5-Indol-3-ylmethyl-2-thioxo-imidazolidin-4-on $C_{12}H_{11}N_3OS$, Formel IX (R = R′ = H).
B. Aus (±)-1-Acetyl-5-indol-3-ylmethyl-2-thioxo-imidazolidin-4-on beim Erwärmen mit wss.
Essigsäure oder mit wss. NH_3 (*Swan*, Austral. J. scient. Res. [A] **5** [1952] 711, 718).
F: 190−191° [unkorr.] (*Swan*). λ_{max} (A.): 219 nm und 278 nm (*Elmore, Ogle*, Soc. **1957**
4404, 4406).

(±)-5-Indol-3-ylmethyl-3-phenyl-2-thioxo-imidazolidin-4-on $C_{18}H_{15}N_3OS$, Formel IX (R = H,
R′ = C_6H_5).
B. Aus DL-Tryptophan und Phenylisothiocyanat beim Behandeln mit Pyridin und wss. NaOH
und Erwärmen des Reaktionsprodukts mit Essigsäure (*Edman*, Acta chem. scand. **4** [1950]
277, 279).
Kristalle (aus wss. Eg.); F: 177° [unkorr.] (*Ed.*). IR-Spektrum (KBr; 2,5−15 μ): *Ramachan≠
dran et al.*, Anal. Chem. **27** [1955] 1734, 1737.

(±)-5-Indol-3-ylmethyl-3-[2-nitro-phenyl]-2-thioxo-imidazolidin-4-on $C_{18}H_{14}N_4O_3S$, Formel IX
(R = H, R′ = C_6H_4-NO_2).
B. Analog der vorangehenden Verbindung (*Ramachandran, McConnell*, Am. Soc. **78** [1956]
1255).
Hellgelbe Kristalle (aus wss. A.); F: 218° (*Ra., McC.*). IR-Spektrum (KBr; 2,6−16 μ):
Epp, Anal. Chem. **29** [1957] 1283, 1286.

VIII   IX   X   XI

(±)-1-Acetyl-5-indol-3-ylmethyl-2-thioxo-imidazolidin-4-on $C_{14}H_{13}N_3O_2S$, Formel IX
(R = CO-CH_3, R′ = H).
B. Beim Erwärmen von DL-Tryptophan mit Ammonium-thiocyanat, Acetanhydrid und Essig≠
säure (*Kuck et al.*, Am. Soc. **73** [1951] 5470; *Swan*, Austral. J. scient. Res. [A] **5** [1952] 711,
714; *Haurowitz et al.*, J. biol. Chem. **224** [1957] 827, 828).
Kristalle; F: 180° (*Ha. et al.*), 172° [unkorr.; aus wss. A.] (*Swan*), 170° [aus A.] (*Kuck
et al.*). λ_{max} (wss. HCl): 277−278 nm (*Ha. et al.*).

*(±)-5-Indol-3-ylmethyl-3-[4-phenylazo-phenyl]-2-thioxo-imidazolidin-4-on** $C_{24}H_{19}N_5OS$,
Formel IX (R = H, R' = C_6H_4-N=N-C_6H_5).

B. Aus DL-Tryptophan und 4-Phenylazo-phenylisothiocyanat beim Behandeln mit Pyridin
und wss. NaOH und anschliessenden Erwärmen mit wss. HCl (*Ramachandran, McConnell,*
Am. Soc. **78** [1956] 1255).

Orangerote Kristalle (aus wss. A.); F: 194–195° [Zers.] (*Ra., McC.*). IR-Spektrum (KBr;
2,6–16 µ): *Epp*, Anal. Chem. **29** [1957] 1283, 1285. λ_{max} (A.): 269 nm und 324 nm (*Ra., McC.*).

Dioxo-Verbindungen $C_{13}H_{13}N_3O_2$

(±)-5-Indol-3-ylmethyl-5-methyl-imidazolidin-2,4-dion $C_{13}H_{13}N_3O_2$, Formel X.

B. Beim Erwärmen von Indol-3-yl-aceton in wss. Äthanol mit KCN und $[NH_4]_2CO_3$ (*Merck
& Co. Inc.,* U.S.P. 2766255 [1953]).

Kristalle (aus wss. A.); F: 232–233°.

(±)-5-[2-Methyl-indol-3-ylmethyl]-imidazolidin-2,4-dion $C_{13}H_{13}N_3O_2$, Formel XI (R = H).

B. Aus 5-[2-Methyl-indol-3-ylmethylen]-imidazolidin-2,4-dion beim Behandeln mit Natrium-
Amalgam in wss. NaOH (*Matsuura et al.,* Med. J. Osaka Univ. [engl. Ausg.] **4** [1954] 449,
452).

Kristalle (aus H_2O); F: 147–150°.

(±)-1-Methyl-5-[2-methyl-indol-3-ylmethyl]-imidazolidin-2,4-dion $C_{14}H_{15}N_3O_2$, Formel XI
(R = CH$_3$).

B. Bei der Hydrierung von 1-Methyl-5-[2-methyl-indol-3-ylmethylen]-imidazolidin-2,4-dion
an Raney-Nickel in wss. NaOH bei 50°/100 at (*Plieninger,* B. **86** [1953] 404, 409).

Kristalle (aus A.); F: 183–185°.

Dioxo-Verbindungen $C_{14}H_{15}N_3O_2$

3-Butyl-1*H*-benz[4,5]imidazo[1,2-*a*]pyrimidin-2,4-dion $C_{14}H_{15}N_3O_2$, Formel XII (R = H,
n = 3) und Taut.

B. Aus 1*H*-Benzimidazol-2-ylamin und Butylmalonsäure-diäthylester (*Ridi et al.,* Ann. Chimica **44** [1954] 769, 775).

Kristalle (aus wss. Ameisensäure); F: 278°.

3,3-Diäthyl-1*H*-benz[4,5]imidazo[1,2-*a*]pyrimidin-2,4-dion $C_{14}H_{15}N_3O_2$, Formel XII
(R = C_2H_5, n = 1) und Taut.

B. Aus 1*H*-Benzimidazol-2-ylamin und Diäthylmalonylchlorid (*Crippa, Perroncito,* G. **65**
[1935] 38, 41).

Kristalle (aus A.); F: 243°.

XII   XIII   XIV

*Opt.-inakt. 3-Indol-3-ylmethyl-6-methyl-piperazin-2,5-dion, Cyclo-[alanyl-tryptophyl],** Alanyl-
tryptophan-anhydrid $C_{14}H_{15}N_3O_2$, Formel XIII.

B. Bei der Sublimation von opt.-inakt. N^α-Alanyl-tryptophan [E III/IV **22** 6801] (*Gaudiano,
Ricca,* G. **87** [1957] 789, 794).

Kristalle (aus Butan-1-ol); F: 260–261°.

Dioxo-Verbindungen $C_{16}H_{19}N_3O_2$

(±)-3-Äthyl-3-butyl-1H-benz[4,5]imidazo[1,2-a]pyrimidin-2,4-dion $C_{16}H_{19}N_3O_2$, Formel XII
(R = C_2H_5, n = 3) und Taut.

B. Aus 1H-Benzimidazol-2-ylamin und Äthyl-butyl-malonsäure-diäthylester (*Ridi et al.,* Ann. Chimica **44** [1954] 769, 776).

F: 300° [nicht gereinigtes Präparat].

Dioxo-Verbindungen $C_{17}H_{21}N_3O_2$

(3S)-trans-3-Indol-3-ylmethyl-6-isobutyl-piperazin-2,5-dion, Cyclo-[D-leucyl-L-tryptophyl],
D-Leucyl-L-tryptophan-anhydrid $C_{17}H_{21}N_3O_2$, Formel XIV.

B. Beim Hydrieren von N^α-[N-Benzyloxycarbonyl-D-leucyl]-L-tryptophan-methylester an Palladium in Methanol und wenig Essigsäure und anschliessenden Behandeln mit methanol. NH₃ (*Fruton,* Am. Soc. **70** [1948] 1280).

Kristalle (aus A.); F: 218−219° [Zers.].

Dioxo-Verbindungen $C_{29}H_{45}N_3O_2$

(3S)-cis-3-[5,7-Diisopentyl-2-tert-pentyl-indol-3-ylmethyl]-6-methyl-piperazin-2,5-dion,
Hexahydroechinulin, Hydroechinulin $C_{29}H_{45}N_3O_2$, Formel I (X = X′ = H).

B. Bei der Hydrierung von Echinulin (S. 620) an Platin in Essigsäure (*Quilico, Panizzi,* B. **76** [1943] 348, 351, 356) oder an Raney-Nickel in Butan-1-ol (*Quilico et al.,* G. **78** [1948] 111, 128).

Kristalle; F: 248−249° [aus Butan-1-ol] (*Qu., Pa.*), 246−248° [aus A.] (*Qu. et al.,* G. **78** 128). $[\alpha]_D^{20}$: −60° [CHCl₃; c = 0,4], −56° [CHCl₃; c = 2] (*Quilico, Cardani,* G. **83** [1953] 155, 168 Anm. 14). IR-Spektrum (Nujol; 2−15 μ): *Quilico et al.,* G. **85** [1955] 3, 6, **86** [1956] 211, 220, 222. UV-Spektrum (210−310 nm): *Qu. et al.,* G. **86** 213, 214.

Überführung in ein opt.-inakt. Präparat (Kristalle [aus A.]; F: 204−205°) beim Behandeln mit äthanol. Natriumäthylat: *Casnati et al.,* G. **90** [1960] 476, 500; s. a. *Qu. et al.,* G. **85** 28.

(3S)-cis-3-[4-Brom-5,7-diisopentyl-2-tert-pentyl-indol-3-ylmethyl]-6-methyl-piperazin-2,5-dion,
Bromhexahydroechinulin $C_{29}H_{44}BrN_3O_2$, Formel I (X = Br, X′ = H).

B. Bei der Hydrierung von Bromechinulin (S. 621) an Platin in Essigsäure (*Quilico et al.,* G. **88** [1958] 1308, 1317).

Kristalle (aus A.); F: 260°.

(3S)-cis-3-[4,6-Dibrom-5,7-diisopentyl-2-tert-pentyl-indol-3-ylmethyl]-6-methyl-piperazin-2,5-dion, Dibromhexahydroechinulin $C_{29}H_{43}Br_2N_3O_2$, Formel I (X = X′ = Br).

B. Aus Hexahydroechinulin (s. o.) beim Behandeln mit Brom in Essigsäure (*Quilico et al.,* G. **88** [1958] 1308, 1317).

Kristalle (aus A.); F: 283−285°.

I   II

(3S)-cis-3-[5,7-Diisopentyl-6-nitro-2-*tert*-pentyl-indol-3-ylmethyl]-6-methyl-piperazin-2,5-dion,
Nitrohexahydroechinulin $C_{29}H_{44}N_4O_4$, Formel I (X = H, X′ = NO₂).

B. Bei der Hydrierung von Nitroechinulin (S. 621) an Platin in Essigsäure oder beim Behan=
deln von Hexahydroechinulin mit NaNO₂ in Essigsäure (*Quilico et al.,* G. **88** [1958] 125, 145,
146).

Dimorph; hellgelbe Kristalle (aus A.), F: 262−263° und gelbe Kristalle (aus A.), die sich
bei 225° in die höherschmelzende Modifikation umwandeln. IR-Spektrum (Nujol; 2−15 µ)
der beiden Modifikationen: *Qu. et al.,* l. c. S. 134. UV-Spektrum (A.; 210−310 nm): *Qu. et al.,*
l. c. S. 132.

Dioxo-Verbindungen $C_nH_{2n-15}N_3O_2$

Dioxo-Verbindungen $C_{10}H_5N_3O_2$

1*H*-Naphtho[2,3-*d*][1,2,3]triazol-4,9-dion $C_{10}H_5N_3O_2$, Formel II (R = H) und Taut.

B. Aus *N*-[3-Amino-1,4-dioxo-1,4-dihydro-[2]naphthyl]-acetamid beim Behandeln mit
Na₂S₂O₄ in H₂O und anschliessend mit NaNO₂ und wss. HCl (*Fieser, Martin,* Am. Soc.
57 [1935] 1844, 1847). Aus 1*H*-Naphtho[2,3-*d*][1,2,3]triazol, 4,9-Dihydro-1*H*-naphtho[2,3-*d*]=
[1,2,3]triazol oder 5,6,7,8-Tetrahydro-1*H*-naphtho[2,3-*d*][1,2,3]triazol beim Erhitzen mit
Na₂Cr₂O₇ und wss. H₂SO₄ (*Fries et al.,* A. **516** [1935] 248, 266).

Gelbe Kristalle (aus A. oder Eg.); F: 242° [Zers.] (*Fr. et al.*). Gelbliche Kristalle (aus Acn. +
H₂O) mit 1 Mol H₂O; die wasserfreie Verbindung zersetzt sich bei 240−245° (*Fi., Ma.*).
Polarographisches Halbstufenpotential (wss. A.): *Fi., Ma.,* l. c. S. 1845.

1-Methyl-1*H*-naphtho[2,3-*d*][1,2,3]triazol-4,9-dion $C_{11}H_7N_3O_2$, Formel II (R = CH₃).

B. Aus [1,4]Naphthochinon und Methylazid beim Erhitzen in Benzol und Äthanol (*Fieser,
Hartwell,* Am. Soc. **57** [1935] 1479, 1481). Aus 1*H*-Naphtho[2,3-*d*][1,2,3]triazol-4,9-dion beim
Behandeln mit Dimethylsulfat und wss. NaOH (*Fieser, Martin,* Am. Soc. **57** [1935] 1844,
1847; *Fries et al.,* A. **516** [1935] 248, 267).

Kristalle; F: 248−250° [aus Bzl.] (*Fi., Ha.*), 237° [aus Eg. oder A.] (*Fries et al.*).

1-Phenyl-1*H*-naphtho[2,3-*d*][1,2,3]triazol-4,9-dion $C_{16}H_9N_3O_2$, Formel II (R = C₆H₅)
(E I 70; E II 127).

B. Aus 1-Phenyl-1*H*-naphtho[2,3-*d*][1,2,3]triazol-4-ol beim Erhitzen mit CrO₃ und wss. H₂SO₄
(*Borsche, Hahn,* A. **537** [1939] 219, 245).

Grüne Kristalle (aus Acn.); F: 242−243°.

1-[6,11-Dioxo-6,11-dihydro-naphthacen-5-yl]-1*H*-naphtho[2,3-*d*][1,2,3]triazol-4,9-dion
$C_{28}H_{13}N_3O_4$, Formel III.

B. Aus 6-Chlor-naphthacen-5,12-dion und 1*H*-Naphtho[2,3-*d*][1,2,3]triazol-4,9-dion (*Wald=
mann, Hindenburg,* J. pr. [2] **156** [1940] 157, 166).

Hellgelbe Kristalle (aus Nitrobenzol); unterhalb 370° nicht schmelzend.

III   IV   V

1-Acetyl-1H-naphtho[2,3-d][1,2,3]triazol-4,9-dion $C_{12}H_7N_3O_3$, Formel II (R = CO-CH$_3$).

B. Aus 1H-Naphtho[2,3-d][1,2,3]triazol-4,9-dion und Acetanhydrid (*Fries et al.*, A. **516** [1935] 248, 267).

Hellgelbe Kristalle (aus PAe.); F: 186°.

6-[4,9-Dioxo-4,9-dihydro-naphtho[2,3-d][1,2,3]triazol-1-yl]-hexansäure $C_{16}H_{15}N_3O_4$, Formel II (R = [CH$_2$]$_5$-CO-OH).

B. Aus [1,4]Naphthochinon und 6-Azido-hexansäure (*Minisci, Portolani*, G. **89** [1959] 1944).

Kristalle (aus Bzl.); F: 166°.

6,11-Bis-[4,9-dioxo-4,9-dihydro-naphtho[2,3-d][1,2,3]triazol-1-yl]-naphthacen-5,12-dion, 1H,1′H-1,1′-[6,11-Dioxo-6,11-dihydro-naphthacen-5,12-diyl]-bis-naphtho[2,3-d][1,2,3]triazol-4,9-dion $C_{38}H_{16}N_6O_6$, Formel IV.

B. Aus 6,11-Dichlor-naphthacen-5,12-dion und 1H-Naphtho[2,3-d][1,2,3]triazol-4,9-dion (*Waldmann, Hindenburg*, J. pr. [2] **156** [1940] 157, 166).

Gelbe Kristalle (aus Xylol); unterhalb 400° nicht schmelzend.

2-[2-Acetylamino-phenyl]-pyrrolo[3,4-b]chinoxalin-1,3-dion, Essigsäure-[2-(1,3-dioxo-1,3-dihydro-pyrrolo[3,4-b]chinoxalin-2-yl)-anilid] $C_{18}H_{12}N_4O_3$, Formel V.

B. Aus 3-[2-Amino-phenylcarbamoyl]-chinoxalin-2-carbonsäure oder 3-[2-Acetylamino-phenylcarbamoyl]-chinoxalin-2-carbonsäure beim Erhitzen mit Acetanhydrid (*Crippa, Aguzzi*, G. **67** [1937] 352, 357).

Kristalle (aus Eg.); F: 310−315°.

Dioxo-Verbindungen $C_{11}H_7N_3O_2$

5-Phenyl-1(3)H-benz[c]imidazo[4,5-e]azepin-4,6-dion $C_{17}H_{11}N_3O_2$, Formel VI und Taut.

Diese Konstitution kommt der früher (H **26** 237) als 7-Phenyl-1(3)H-imidazo[4,5-e]isoindol-6,8-dion („[Benzimidazol-dicarbonsäure-(4.5 bzw. 6.7)]-anil") formulierten Verbindung aufgrund der genetischen Beziehung zu 5-[2-Carboxy-phenyl]-1(3)H-imidazol-4-carbonsäure zu (vgl. *Poraǐ-Koschiz et al.*, Ž. obšč. Chim. **24** [1954] 507, 508; engl. Ausg. S. 517, 518).

1H-Pyrimido[4,5-b]chinolin-2,4-dion $C_{11}H_7N_3O_2$, Formel VII (R = X′ = H, X = O) und Taut. (z.B. Pyrimido[4,5-b]chinolin-2,4-diol) (H 238).

B. Aus Barbitursäure und 2-Amino-benzaldehyd-p-tolylimin beim Erhitzen in Glycerin und wenig Piperidin (*Borsche et al.*, A. **550** [1942] 160, 167). Aus 6-Amino-1H-pyrimidin-2,4-dion oder 6-Methylamino-1H-pyrimidin-2,4-dion und 2-Amino-benzaldehyd beim Erwärmen in wss. HCl oder Essigsäure (*King, King*, Soc. **1947** 726, 733, 734). Aus 2-Amino-chinolin-3-carbonsäure-amid und Phenylisocyanat oder Diäthylcarbonat (*Taylor, Kalenda*, Am. Soc. **78** [1956] 5108, 5113). Aus 2-Chlor-3H-pyrimido[4,5-b]chinolin-4-on beim Behandeln mit äthanol. Natriumäthylat (*Ta., Ka.*, l. c. S. 5115).

Kristalle (aus Eg.) mit 1 Mol Essigsäure (*King, King*); die lösungsmittelfreie Verbindung schmilzt bei 368° (*Bo. et al.*).

VI   VII   VIII   IX

10-Oxy-1H-pyrimido[4,5-b]chinolin-2,4-dion, 1H-Pyrimido[4,5-b]chinolin-2,4-dion-10-oxid $C_{11}H_7N_3O_3$, Formel VIII und Taut.

B. Aus 2-Amino-1-oxy-chinolin-3-carbonsäure-amid und Chlorokohlensäure-äthylester (*Taylor, Kalenda*, Am. Soc. **78** [1956] 5108, 5113).

Hellgelbe Kristalle (aus DMF); F: >350°.

8-Nitro-1H-pyrimido[4,5-b]chinolin-2,4-dion $C_{11}H_6N_4O_4$, Formel VII (R = H, X = O, X' = NO$_2$) und Taut.
   B. Aus Barbitursäure und 2-Amino-4-nitro-benzaldehyd (*King, King,* Soc. **1947** 726, 734).
   Hellgelbe Kristalle (aus Eg.) mit 1 Mol Essigsäure; F: >310°.

3-Phenyl-2-thioxo-2,3-dihydro-1H-pyrimido[4,5-b]chinolin-4-on $C_{17}H_{11}N_3OS$, Formel VII (R = C$_6$H$_5$, X = S, X' = H) und Taut.
   B. Aus 2-Amino-chinolin-3-carbonsäure-amid und Phenylisothiocyanat (*Taylor, Kalenda,* Am. Soc. **78** [1956] 5108, 5113).
   Hellgelb; F: 321 – 324°.

4H-Pyrimido[4,5-c]chinolin-1,3-dion $C_{11}H_7N_3O_2$, Formel IX und Taut. (z.B. Pyrimido[4,5-c]chinolin-1,3-diol).
   B. Aus 3-Amino-chinolin-4-carbonsäure und Harnstoff (*Colonna,* Boll. scient. Fac. Chim. ind. Univ. Bologna **2** [1941] 89, 93).
   Kristalle (aus Eg.), die ab 300° unter teilweiser Zersetzung sublimieren.

Dioxo-Verbindungen $C_{12}H_9N_3O_2$

2-Phenyl-4H-pyrazolo[1,5-a]pyrimidin-5,7-dion $C_{12}H_9N_3O_2$, Formel X.
   B. Aus 3-Phenyl-1H-pyrazol-5-ylamin und Malonsäure-diäthylester (*Checchi,* G. **88** [1958] 591, 599).
   Kristalle (aus H$_2$O); F: 260° [Zers.].

X   XI   XII

2(oder 3)-Methyl-3,6(oder 2,6)-diphenyl-imidazo[1,5-a]imidazol-5,7-dion $C_{18}H_{13}N_3O_2$, Formel XI (R = CH$_3$) oder Formel XII (R = CH$_3$).
   B. Aus 4-Methyl-5-phenyl-1(3)H-imidazol beim Erhitzen mit Phenylisocyanat (*Gompper et al.,* B. **92** [1959] 550, 560).
   Hellgelbe Kristalle (aus Butan-1-ol); F: 239 – 241°. λ_{max} (CHCl$_3$): 255 nm und 375 nm (*Go. et al.,* l. c. S. 552). Fluorescenzmaximum (CHCl$_3$): 488 nm.

*3-Äthyl-5-[1-äthyl-1H-[2]chinolyliden]-1-phenyl-2-thioxo-imidazolidin-4-on $C_{22}H_{21}N_3OS$, Formel XIII (R = C$_6$H$_5$, R' = R'' = C$_2$H$_5$) oder Stereoisomeres.
   B. Aus 1-Äthyl-2-phenylmercapto-chinolinium-jodid und 3-Äthyl-1-phenyl-2-thioxo-imidazolidin-4-on (*Eastman Kodak Co.,* U.S.P. 2161331 [1935], 2177403 [1935], 2185182 [1937]).
   Dunkelgrüne Kristalle (aus Me.).

*3-Benzoyl-1-methyl-5-[1-methyl-1H-[2]chinolyliden]-2-thioxo-imidazolidin-4-on $C_{21}H_{17}N_3O_2S$, Formel XIII (R = R'' = CH$_3$, R' = CO-C$_6$H$_5$) oder Stereoisomeres.
   B. Aus 1-Methyl-2-methylmercapto-chinolinium-[toluol-4-sulfonat] und 3-Benzoyl-1-methyl-2-thioxo-imidazolidin-4-on (*Ilford Ltd.,* U.S.P. 2865917 [1957]).
   Kristalle (aus Bzl.); F: 245 – 247°.

*5-Indol-3-ylmethylen-imidazolidin-2,4-dion $C_{12}H_9N_3O_2$, Formel XIV (R = R' = H) (E II 130).
   B. Aus Indol-3-carbaldehyd und Imidazolidin-2,4-dion beim Erhitzen in Piperidin (*Boyd,*

Robson, Biochem. J. **29** [1935] 2256; *Shabica et al.*, Am. Soc. **68** [1946] 1156; vgl. E II 130).
Aus Indol-3-yl-glyoxylsäure und Imidazolidin-2,4-dion beim Erhitzen in *N,N*-Dimethyl-anilin
und Morpholin (*Abbott Labor.*, U.S.P. 2305501 [1940]). Aus 5-Indol-3-ylmethylen-2-thioxo-
imidazolidin-4-on beim Erwärmen mit wss. Essigsäure und Chloressigsäure (*Holland, Nayler*,
Soc. **1953** 285).
　　Gelbe Kristalle (aus Eg.); F: 334° [unkorr.] (*Ho., Na.*), 330° (*Boyd, Ro.*).

XIII　　　　　　　　XIV　　　　　　　　XV

*5-Indol-3-ylmethylen-1-methyl-imidazolidin-2,4-dion $C_{13}H_{11}N_3O_2$, Formel XIV (R = CH_3,
R' = H).
　　B. Aus Indol-3-carbaldehyd und 1-Methyl-imidazolidin-2,4-dion (*Miller, Robson*, Soc. **1938**
1910; *Gordon, Jackson*, J. biol. Chem. **110** [1935] 151, 156).
　　Kristalle (aus Py. + H_2O); F: 337 − 338° [nach Erweichen bei 328°] (*Mi., Ro.*).

*5-[1-Methyl-indol-3-ylmethylen]-imidazolidin-2,4-dion $C_{13}H_{11}N_3O_2$, Formel XIV (R = H,
R' = CH_3).
　　B. Analog der vorangehenden Verbindung (*Baker et al.*, Biochem. J. **40** [1946] 420, 422).
　　Kristalle (aus Eg.); F: 310° [Zers.; Dunkelfärbung bei 296°].

*5-[4-Chlor-indol-3-ylmethylen]-1-methyl-imidazolidin-2,4-dion $C_{13}H_{10}ClN_3O_2$, Formel XV
(R = CH_3, X = O, X' = Cl).
　　B. Analog den vorangehenden Verbindungen (*Hardegger, Corrodi*, Helv. **38** [1955] 468, 472).
　　Gelbe Kristalle (aus Py. + H_2O); F: 350° [korr.].

*5-Indol-3-ylmethylen-2-thioxo-imidazolidin-4-on $C_{12}H_9N_3OS$, Formel XV (R = X' = H,
X = S).
　　B. Aus Indol-3-carbaldehyd und 2-Thioxo-imidazolidin-4-on (*Behringer, Schmeidl*, B. **90**
[1957] 2510, 2514). Aus 4-Indol-3-ylmethylen-2-thioxo-thiazolidin-5-on beim Erwärmen mit wss.
NH_3 (*Holland, Nayler*, Soc. **1953** 285).
　　Hellgelbe Kristalle (aus wss. A. oder Dioxan + H_2O); F: 312 − 320° [Zers.] (*Be., Sch.*). Orange=
farbene Kristalle (aus Eg.) mit 1 Mol Essigsäure; Zers. bei 310 − 315° (*Ho., Na.*).

6-Phenyl-1,2-dihydro-7H-pyrazolo[3,4-b]pyridin-3,4-dion $C_{12}H_9N_3O_2$, Formel I (R = H) und
Taut.
　　Die Identität einer von *Papini* (G. **83** [1953] 861, 865) unter dieser Konstitution beschriebenen,
aus 5-Amino-1,2-dihydro-pyrazol-3-on und 3-Oxo-3-phenyl-propionsäure-äthylester hergestell=
ten Verbindung (Kristalle [aus H_2O], Zers. > 300°) ist ungewiss (vgl. *Taylor, Barton*, Am.
Soc. **81** [1959] 2448, 2451; *Imbach et al.*, Bl. **1970** 1929, 1930).

1,6-Diphenyl-1,2-dihydro-7H-pyrazolo[3,4-b]pyridin-3,4-dion $C_{18}H_{13}N_3O_2$, Formel I
(R = C_6H_5) und Taut.
　　Die Identität einer von *Papini* (G. **83** [1953] 861, 866) unter dieser Konstitution beschriebenen,
aus vermeintlichem 5-Amino-1-phenyl-1,2-dihydro-pyrazol-3-on (s. E III/IV **25** 3518) und
3-Oxo-3-phenyl-propionsäure-äthylester hergestellten Verbindung (Kristalle [aus Eg.]) ist unge=
wiss (vgl. die Angaben im vorangehenden Artikel).

Dioxo-Verbindungen $C_{13}H_{11}N_3O_2$

2(oder 3)-Äthyl-3,6(oder 2,6)-diphenyl-imidazo[1,5-a]imidazol-5,7-dion $C_{19}H_{15}N_3O_2$,
Formel XI (R = C_2H_5) oder Formel XII (R = C_2H_5) auf S. 608.

B. Aus 4-Äthyl-5-phenyl-1(3)H-imidazol beim Erhitzen mit Phenylisocyanat (*Gompper et al.*, B. **92** [1959] 550, 560).

Hellgelbe Kristalle (aus Butan-1-ol); F: 198−199°. λ_{max} (CHCl$_3$): 250 nm, 255 nm und 372 nm (*Go. et al.*, l. c. S. 552). Fluorescenzmaximum (CHCl$_3$): 491 nm.

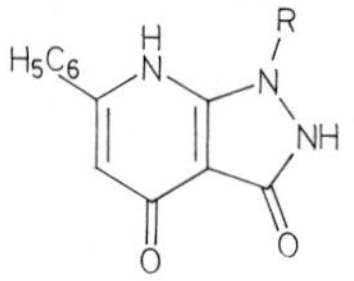

I

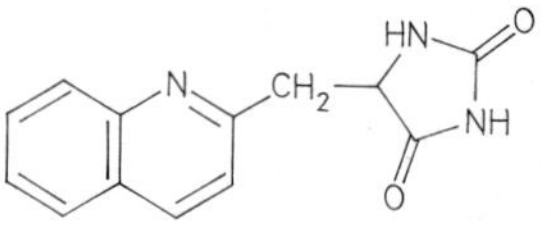

II

(±)-5-[2]Chinolylmethyl-imidazolidin-2,4-dion $C_{13}H_{11}N_3O_2$, Formel II.

B. Bei der Hydrierung von 5-[2]Chinolylmethylen-imidazolidin-2,4-dion an Raney-Nickel in wss. NaOH (*Elks et al.*, Soc. **1948** 1386).

Kristalle (aus H$_2$O); F: 177−179°.

(±)-5-[4]Chinolylmethyl-imidazolidin-2,4-dion $C_{13}H_{11}N_3O_2$, Formel III.

B. Aus opt.-inakt. 5-[[4]Chinolyl-hydroxy-methyl]-imidazolidin-2,4-dion beim Erhitzen mit wss. HI (*Phillips*, Am. Soc. **67** [1945] 744, 747).

Kristalle (aus wss. A.); F: 307−310° [unkorr.; Zers.].

(±)-5-[2]Chinolyl-5-methyl-imidazolidin-2,4-dion $C_{13}H_{11}N_3O_2$, Formel IV.

B. Aus 1-[2]Chinolyl-äthanon, KCN und [NH$_4$]$_2$CO$_3$ (*Komeno*, J. pharm. Soc. Japan **71** [1951] 646; C. A. **1952** 8118).

Kristalle (aus A.); F: 206°.

Hydrochlorid $C_{13}H_{11}N_3O_2 \cdot$ HCl. Zers. bei 250°.

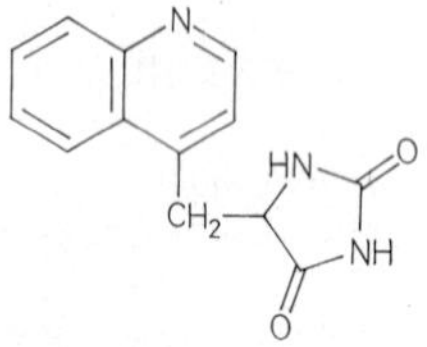

III

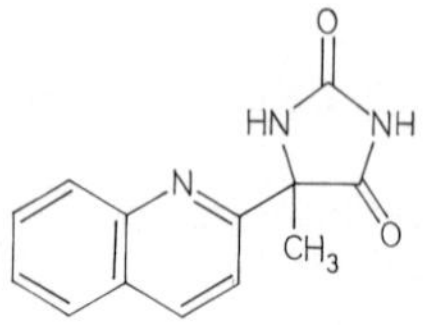

IV

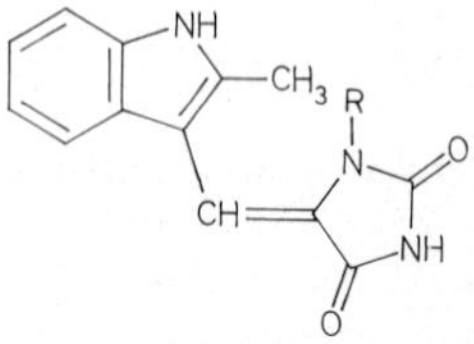

V

*5-[2-Methyl-indol-3-ylmethylen]-imidazolidin-2,4-dion $C_{13}H_{11}N_3O_2$, Formel V (R = H).

B. Aus 2-Methyl-indol-3-carbaldehyd und Imidazolidin-2,4-dion (*Matsuura et al.*, Med. J. Osaka Univ. [engl. Ausg.] **4** [1954] 449, 452).

Kristalle (aus Eg.); F: 294°.

*1-Methyl-5-[2-methyl-indol-3-ylmethylen]-imidazolidin-2,4-dion $C_{14}H_{13}N_3O_2$, Formel V (R = CH$_3$).

B. Analog der vorangehenden Verbindung (*Plieninger*, B. **86** [1953] 404, 409).

Kristalle (aus A.); F: 240−242°.

*5-[5-Methyl-indol-3-ylmethylen]-imidazolidin-2,4-dion $C_{13}H_{11}N_3O_2$, Formel VI (E II 131).

B. Aus 5-Methyl-indol-3-carbaldehyd beim Erhitzen mit Imidazolidin-2,4-dion in Piperidin (*Boon*, Soc. **1949** Spl. 230).

F: 329°.

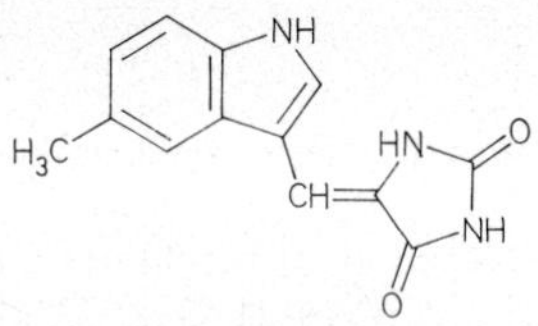

VI

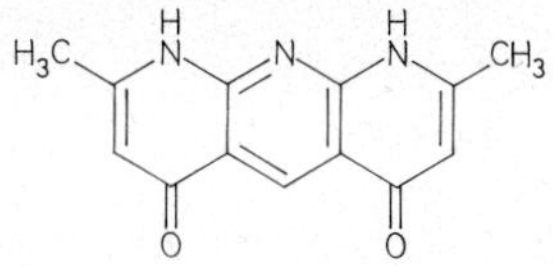

VII

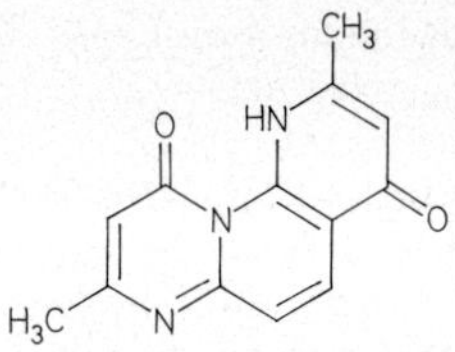

VIII

2,8-Dimethyl-1*H***,9***H***-pyrido[2,3-***b***][1,8]naphthyridin-4,6-dion** $C_{13}H_{11}N_3O_2$, Formel VII, oder
2,8-Dimethyl-1*H***-pyrimido[1,2-***a***][1,8]naphthyridin-4,10-dion** $C_{13}H_{11}N_3O_2$, Formel VIII, sowie
Taut.

B. Aus 3,3′-Pyridin-2,6-diyldiamino-di-crotonsäure-diäthylester beim Erwärmen in Diphenyl≠
äther und Biphenyl (*Hauser, Weiss*, J. org. Chem. **14** [1949] 453, 458).
Kristalle (aus A. + Diisopropyläther); F: 230 − 231° [unkorr.].

Dioxo-Verbindungen $C_{14}H_{13}N_3O_2$

(±)-5-Äthyl-5-[4]chinolyl-imidazolidin-2,4-dion $C_{14}H_{13}N_3O_2$, Formel IX.
B. Aus 1-[4]Chinolyl-propan-1-on, NaCN und $[NH_4]_2CO_3$ (*Chem. Fabr. v. Heyden*,
D.R.P. 602218 [1932]; Frdl. **21** 532).
F: 241°.
Hydrochlorid. Zers. bei 290°.

(±)-2-[3-Methyl-chinoxalin-2-ylmethyl]-1-phenyl-pyrrolidin-2,5-dion $C_{20}H_{17}N_3O_2$, Formel X.
Konstitution: *Taylor, Hand*, Am. Soc. **85** [1963] 770, 774.
B. Aus 2,3-Dimethyl-chinoxalin und *N*-Phenyl-maleinimid (*Mustafa, Kamel*, Am. Soc. **77**
[1955] 1828).
Kristalle; F: 185,5 − 186,5° [aus Bzl.] (*Ta., Hand*), 184° [aus Bzl. + PAe.] (*Mu., Ka.*). ¹H-NMR-
Absorption (CDCl₃): *Ta., Hand*. λ_{max} (A.; 230 − 330 nm): *Ta., Hand*, l. c. S. 771.

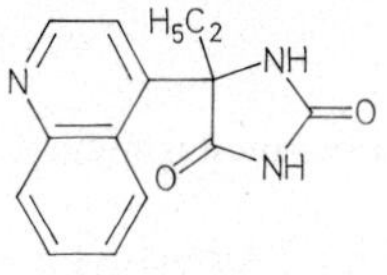

IX

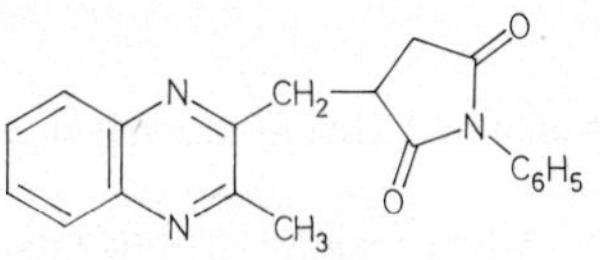

X

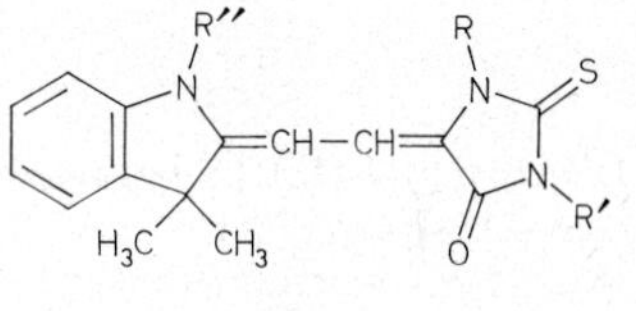

XI

Dioxo-Verbindungen $C_{15}H_{15}N_3O_2$

*1,3-Dimethyl-2-thioxo-5-[2-(1,3,3-trimethyl-indolin-2-yliden)-äthyliden]-imidazolidin-4-on
$C_{18}H_{21}N_3OS$, Formel XI (R = R′ = R″ = CH₃).
B. Aus [1,3,3-Trimethyl-indolin-2-yliden]-selenoacetaldehyd und 1,3-Dimethyl-2-thioxo-imid≠
azolidin-4-on (*Agfa*, D.B.P. 910199 [1954]).
λ_{max}: 495 nm.

*3-Äthyl-1-phenyl-2-thioxo-5-[2-(1,3,3-trimethyl-indolin-2-yliden)-äthyliden]-imidazolidin-4-on
$C_{24}H_{25}N_3OS$, Formel XI (R = C₆H₅, R′ = C₂H₅, R″ = CH₃).
B. Aus 2-[2-(*N*-Acetyl-anilino)-vinyl]-1,3,3-trimethyl-3*H*-indolium-jodid und 3-Äthyl-1-
phenyl-2-thioxo-imidazolidin-4-on (*Brooker et al.*, Am. Soc. **73** [1951] 5332, 5335).
Rote Kristalle (aus Py. + Me.); F: 202 − 203° [korr.; Zers.]. λ_{max} (Me.): 490 nm.

*3-Allyl-1-phenyl-2-thioxo-5-[2-(1,3,3-trimethyl-indolin-2-yliden)-äthyliden]-imidazolidin-4-on
$C_{25}H_{25}N_3OS$, Formel XI (R = C₆H₅, R′ = CH₂-CH=CH₂, R″ = CH₃).
B. Aus [1,3,3-Trimethyl-indolin-2-yliden]-selenoacetaldehyd und 3-Allyl-1-phenyl-2-thioxo-

imidazolidin-4-on (*Agfa*, D.B.P. 910199 [1954]).
λ_{max}: 498 nm.

*3-Äthyl-5-[2-(3,3-dimethyl-1-phenyl-indolin-2-yliden)-äthyliden]-1-phenyl-2-thioxo-imidazolidin-4-on $C_{29}H_{27}N_3OS$, Formel XI (R = R'' = C_6H_5, R' = C_2H_5).

B.   Aus   2-[2-(*N*-Acetyl-anilino)-vinyl]-3,3-dimethyl-1-phenyl-3*H*-indolium-perchlorat   und 3-Äthyl-1-phenyl-2-thioxo-imidazolidin-4-on (*Brooker et al.*, Am. Soc. **73** [1951] 5332, 5334).

Orangefarbene Kristalle mit blauem Glanz (aus A.); F: 199—200° [korr.; Zers.]. λ_{max} (Me. sowie Py.): 485 nm (*Br. et al.*, l. c. S. 5337, 5340, 5344). λ_{max} in Pyridin-H_2O-Gemischen: *Br. et al.*, l. c. S. 5340, 5344.

*3-Benzoyl-1-methyl-2-thioxo-5-[2-(1,3,3-trimethyl-indolin-2-yliden)-äthyliden]-imidazolidin-4-on $C_{24}H_{23}N_3O_2S$, Formel XI (R = R'' = CH_3, R' = CO-C_6H_5).

B. Aus 3-Benzoyl-1-methyl-2-thioxo-imidazolidin-4-on ($C_{11}H_{10}N_2O_2S$; F: 134—136°; aus *N*-Methyl-glycin und Benzoylisothiocyanat hergestellt) und 2-[2-(*N*-Acetyl-anilino)-vinyl]-1,3,3-trimethyl-3*H*-indolium-jodid (*Ilford Ltd.*, U.S.P. 2865917 [1957]).

Kristalle (aus Bzl.); F: 218—220° (?).

Dioxo-Verbindungen $C_{16}H_{17}N_3O_2$

6-Butyl-2-phenyl-4*H*-pyrazolo[1,5-*a*]pyrimidin-5,7-dion $C_{16}H_{17}N_3O_2$, Formel XII und Taut.

B. Aus 5-Phenyl-1(2)*H*-pyrazol-3-ylamin und Butylmalonsäure-diäthylester (*Checchi*, G. **88** [1958] 591, 599).

Kristalle (aus Eg.); F: 287—289° [Zers.].

XII   XIII

*1,3-Dimethyl-5-[2-(1,3,3,5-tetramethyl-indolin-2-yliden)-äthyliden]-2-thioxo-imidazolidin-4-on $C_{19}H_{23}N_3OS$, Formel XIII.

B. Aus [1,3,3,5-Tetramethyl-indolin-2-yliden]-selenoacetaldehyd und 1,3-Dimethyl-2-thioxo-imidazolidin-4-on (*Agfa*, D.B.P. 910199 [1954]).

λ_{max}: 505 nm.   [*U. Müller*]

Dioxo-Verbindungen $C_nH_{2n-17}N_3O_2$

Dioxo-Verbindungen $C_{13}H_9N_3O_2$

6-[2]Naphthyl-2*H*-[1,2,4]triazin-3,5-dion $C_{13}H_9N_3O_2$, Formel I (R = R' = H, X = O) und Taut.

B. Beim Erwärmen von [2]Naphthyl-semicarbazono-essigsäure mit wss. NaOH (*Popovici*, A. ch. [10] **18** [1932] 183, 212).

Kristalle (aus PAe.+A.); F: 289°.

4-Benzyl-6-[2]naphthyl-2*H*-[1,2,4]triazin-3,5-dion $C_{20}H_{15}N_3O_2$, Formel I (R = H, R' = CH_2-C_6H_5, X = O) und Taut.

B. Neben 2,4-Dibenzyl-6-[2]naphthyl-2*H*-[1,2,4]triazin-3,5-dion beim Erwärmen der vorangehenden Verbindung mit Benzylchlorid in wss.-äthanol. KOH (*Popovici*, A. ch. [10] **18** [1932] 183, 214).

F: 217°.

2,4-Dibenzyl-6-[2]naphthyl-2H-[1,2,4]triazin-3,5-dion $C_{27}H_{21}N_3O_2$, Formel I
(R = R' = CH_2-C_6H_5, X = O).
B. s. im vorangehenden Artikel.
F: 179° [aus $CHCl_3$ oder PAe.] (*Popovici*, A. ch. [10] **18** [1932] 183, 215).

6-[2]Naphthyl-3-thioxo-3,4-dihydro-2H-[1,2,4]triazin-5-on $C_{13}H_9N_3OS$, Formel I
(R = R' = H, X = S) und Taut.
B. Beim Erwärmen von [2]Naphthyl-thiosemicarbazono-essigsäure mit wss. NaOH (*Popovici*, A. ch. [10] **18** [1932] 183, 232; *Hagenbach et al.*, Ang. Ch. **66** [1954] 359, 361).
Gelbe Kristalle; F: 274° [aus A.] (*Po.*), 228−229° [aus wss. Py.] (*Ha. et al.*).

7-Phenyl-1H-pyrido[2,3-d]pyrimidin-2,4-dion $C_{13}H_9N_3O_2$, Formel II (R = R' = H) und Taut.
B. Beim Erhitzen von 2-Amino-6-phenyl-nicotinsäure mit Harnstoff auf 200° (*Robins, Hitchings*, Am. Soc. **80** [1958] 3449, 3456). Beim Erwärmen von 6-Amino-1H-pyrimidin-2,4-dion mit dem Natrium-Salz von 3-Oxo-3-phenyl-propionaldehyd und wss. H_3PO_4 (*Ro., Hi.*).
Kristalle (aus Eg.); F: 341−342° [unkorr.]. λ_{max} (wss. Lösung): 240 nm, 265 nm und 327 nm [pH 1] bzw. 263 nm und 333 nm [pH 10,7] (*Ro., Hi.*, l. c. S. 3455).

3-Methyl-1,7-diphenyl-1H-pyrido[2,3-d]pyrimidin-2,4-dion $C_{20}H_{15}N_3O_2$, Formel II
(R = C_6H_5, R' = CH_3).
B. Beim Erhitzen von 3-Methyl-2,4-dioxo-1,7-diphenyl-1,2,3,4-tetrahydro-pyrido[2,3-d]pyrimidin-5-carbonsäure [>360°] (*Ridi*, Ann. Chimica **49** [1959] 944, 952).
Kristalle (aus Eg. oder A.); F: 220°.

I   II   III

7-[4-Chlor-phenyl]-1H-pyrido[2,3-d]pyrimidin-2,4-dion $C_{13}H_8ClN_3O_2$, Formel III (X = O, X' = Cl) und Taut.
B. Beim Erwärmen von 6-Amino-1H-pyrimidin-2,4-dion mit dem Natrium-Salz von 3-[4-Chlor-phenyl]-3-oxo-propionaldehyd und wss. H_3PO_4 (*Robins, Hitchings*, Am. Soc. **80** [1958] 3449, 3452).
Kristalle (aus Eg.); F: >360°.

7-[4-Brom-phenyl]-1H-pyrido[2,3-d]pyrimidin-2,4-dion $C_{13}H_8BrN_3O_2$, Formel III (X = O, X' = Br) und Taut.
B. Analog der vorangehenden Verbindung (*Robins, Hitchings*, Am. Soc. **80** [1958] 3449, 3452).
Kristalle (aus Eg.); F: >360°.

7-Phenyl-2-thioxo-2,3-dihydro-1H-pyrido[2,3-d]pyrimidin-4-on $C_{13}H_9N_3OS$, Formel III
(X = S, X' = H) und Taut.
B. Beim Erwärmen von 6-Amino-2-thioxo-2,3-dihydro-1H-pyrimidin-4-on mit dem Natrium-Salz von 3-Oxo-3-phenyl-propionaldehyd und wss. H_3PO_4 (*Robins, Hitchings*, Am. Soc. **80** [1958] 3449, 3452).
Kristalle (aus Eg.); F: 310−312° [unkorr.]. λ_{max} (wss. Lösung): 285 nm und 345 nm [pH 1] bzw. 240 nm, 298 nm und 351 nm [pH 10,7] (*Ro., Hi.*, l. c. S. 3455).

7-[4-Chlor-phenyl]-2-thioxo-2,3-dihydro-1H-pyrido[2,3-d]pyrimidin-4-on $C_{13}H_8ClN_3OS$, Formel III (X = S, X' = Cl) und Taut.

B. Analog der vorangehenden Verbindung (*Robins, Hitchings,* Am. Soc. **80** [1958] 3449, 3452).

Kristalle (aus Eg.); F: 335—337° [unkorr.].

7-[4-Brom-phenyl]-2-thioxo-2,3-dihydro-1H-pyrido[2,3-d]pyrimidin-4-on $C_{13}H_8BrN_3OS$, Formel III (X = S, X' = Br) und Taut.

B. Analog den vorangehenden Verbindungen (*Robins, Hitchings,* Am. Soc. **80** [1958] 3449, 3452).

Kristalle (aus Eg.); F: 334—335° [unkorr.].

---

*5-[2]Chinolylmethylen-imidazolidin-2,4-dion $C_{13}H_9N_3O_2$, Formel IV (X = O).

B. Beim Erwärmen der folgenden Verbindung mit Chloressigsäure in H_2O (*Elks et al.,* Soc. **1948** 1386, 1389).

Gelbe Kristalle (aus wss. A. oder Eg.); F: 266—268°.

*5-[2]Chinolylmethylen-2-thioxo-imidazolidin-4-on $C_{13}H_9N_3OS$, Formel IV (X = S).

B. Aus Chinolin-2-carbaldehyd beim Erwärmen mit 2-Thioxo-imidazolidin-4-on oder mit 1-Acetyl-2-thioxo-imidazolidin-4-on sowie mit 1-Benzoyl-2-thioxo-imidazolidin-4-on in Äthanol in Gegenwart von Diäthylamin (*Phillips,* Am. Soc. **67** [1945] 744, 746).

Gelbe Kristalle (aus Py.); F: 296—297° [unkorr.; Zers.].

*5-[4]Chinolylmethylen-imidazolidin-2,4-dion $C_{13}H_9N_3O_2$, Formel V (X = O).

B. Beim Erwärmen von 5-[[4]Chinolyl-hydroxy-methyl]-imidazolidin-2,4-dion mit wss. HCl (*Phillips,* Am. Soc. **67** [1945] 744, 747). Beim Erwärmen von Chinolin-4-carbaldehyd mit Imidazolidin-2,4-dion in Essigsäure in Gegenwart von Natriumacetat (*Ph.*).

Kristalle (aus wss. A.); F: 335—336° [unkorr.].

*5-[4]Chinolylmethylen-2-thioxo-imidazolidin-4-on $C_{13}H_9N_3OS$, Formel V (X = S).

B. Analog der vorangehenden Verbindung (*Phillips,* Am. Soc. **67** [1945] 744, 746).

Gelbe Kristalle (aus Py.); F: >320°.

IV   V   VI   VII

Dioxo-Verbindungen $C_{14}H_{11}N_3O_2$

(±)-5-Phenyl-5-[2]pyridyl-imidazolidin-2,4-dion $C_{14}H_{11}N_3O_2$, Formel VI.

B. Beim Erwärmen von Phenyl-[2]pyridyl-keton mit KCN und $[NH_4]_2CO_3$ in Äthanol (*Teague,* Am. Soc. **69** [1947] 714; *Parke, Davis & Co.,* U.S.P. 2526231 [1946]).

Kristalle; F: 237,5—238° [korr.; aus $CHCl_3$] (*Te.*), 234—235° [aus A.] (*Parke, Davis & Co.*).

(±)-5-Phenyl-5-[3]pyridyl-imidazolidin-2,4-dion $C_{14}H_{11}N_3O_2$, Formel VII.

B. Analog der vorangehenden Verbindung (*Parke, Davis & Co.,* U.S.P. 2526231 [1946]).

Kristalle (aus A.); F: 229—230°.

Hydrochlorid. Kristalle; F: 255—257° [Zers.].

(±)-5-Phenyl-5-[4]pyridyl-imidazolidin-2,4-dion $C_{14}H_{11}N_3O_2$, Formel VIII.

B. Analog den vorangehenden Verbindungen (*Teague,* Am. Soc. **69** [1947] 714; *Parke, Davis*

& *Co.*, U.S.P. 2 526 231 [1946]).

Kristalle (aus CHCl$_3$); F: 253 – 255° [korr.] (*Te.*).

7-*p*-Tolyl-1*H*-pyrido[2,3-*d*]pyrimidin-2,4-dion C$_{14}$H$_{11}$N$_3$O$_2$, Formel III (X = O, X' = CH$_3$) und Taut.

B. Beim Erwärmen von 6-Amino-1*H*-pyrimidin-2,4-dion mit dem Natrium-Salz von 3-Oxo-3-*p*-tolyl-propionaldehyd und wss. H$_3$PO$_4$ (*Robins, Hitchings*, Am. Soc. **80** [1958] 3449, 3452).

Kristalle (aus Eg.); F: > 360°.

2-Thioxo-7-*p*-tolyl-2,3-dihydro-1*H*-pyrido[2,3-*d*]pyrimidin-4-on C$_{14}$H$_{11}$N$_3$OS, Formel III (X = S, X' = CH$_3$) und Taut.

B. Beim Erwärmen von 6-Amino-2-thioxo-2,3-dihydro-1*H*-pyrimidin-4-on mit dem Natrium-Salz von 3-Oxo-3-*p*-tolyl-propionaldehyd und wss. H$_3$PO$_4$ (*Robins, Hitchings*, Am. Soc. **80** [1958] 3449, 3452).

Kristalle (aus Eg.); F: 219 – 220° [unkorr.].

5-Methyl-7-phenyl-1*H*-pyrido[2,3-*d*]pyrimidin-2,4-dion C$_{14}$H$_{11}$N$_3$O$_2$, Formel IX (R = CH$_3$, R' = H, X = O) und Taut.

B. Beim Erhitzen von 2-Amino-4-methyl-6-phenyl-nicotinsäure mit Harnstoff (*Robins, Hitchings*, Am. Soc. **80** [1958] 3449, 3457). Beim Erwärmen von 6-Amino-1*H*-pyrimidin-2,4-dion mit dem Natrium-Salz von 1-Phenyl-butan-1,3-dion und wss. H$_3$PO$_4$ (*Ro., Hi.*; s. a. *Ridi et al.*, Ann. Chimica **45** [1955] 439, 446).

Kristalle (aus Eg.); F: 308 – 310° [unkorr.] (*Ro., Hi.*). λ_{max} (wss. Lösung): 270 nm und 325 nm [pH 1] bzw. 260 nm und 330 nm [pH 10,7] (*Ro., Hi.*, l. c. S. 3455).

VIII   IX   X

6-Methyl-7-phenyl-1*H*-pyrido[2,3-*d*]pyrimidin-2,4-dion C$_{14}$H$_{11}$N$_3$O$_2$, Formel IX (R = H, R' = CH$_3$, X = O) und Taut.

B. Beim Erwärmen von 6-Amino-1*H*-pyrimidin-2,4-dion mit dem Natrium-Salz von 2-Methyl-3-oxo-3-phenyl-propionaldehyd und wss. H$_3$PO$_4$ (*Robins, Hitchings*, Am. Soc. **80** [1958] 3449, 3452).

Kristalle (aus Eg.); F: 247 – 249° [unkorr.]. λ_{max} (wss. Lösung): 247 nm und 327 nm [pH 1] bzw. 330 nm [pH 10,7] (*Ro., Hi.*, l. c. S. 3455).

6-Methyl-7-phenyl-2-thioxo-2,3-dihydro-1*H*-pyrido[2,3-*d*]pyrimidin-4-on C$_{14}$H$_{11}$N$_3$OS, Formel IX (R = H, R' = CH$_3$, X = S) und Taut.

B. Analog der vorangehenden Verbindung (*Robins, Hitchings*, Am. Soc. **80** [1958] 3449, 3452).

Kristalle (aus A.); F: 241 – 242° [unkorr.]. λ_{max} (wss. Lösung): 287 nm und 340 nm [pH 1] bzw. 300 nm und 348 nm [pH 10,7] (*Ro., Hi.*, l. c. S. 3455).

4-[2-(1-Äthyl-1*H*-[2]chinolyliden)-äthyliden]-1,2-diphenyl-pyrazolidin-3,5-dion C$_{28}$H$_{23}$N$_3$O$_2$, Formel X (R = H, R' = C$_2$H$_5$) und Mesomere.

B. Beim Erhitzen von 1-Äthyl-2-methyl-chinolinium-jodid mit Orthoameisensäure-triäthylester und 1,2-Diphenyl-pyrazolidin-3,5-dion (*Zenno*, J. Soc. Phot. Sci. Technol. Japan **15** [1953] 99, 102; C. A. **1954** 11 063).

Zers. bei 296°.

4-[2-(1-Methyl-1*H*-[2]chinolyliden)-äthyliden]-1,2-di-*p*-tolyl-pyrazolidin-3,5-dion $C_{29}H_{25}N_3O_2$, Formel X (R = R' = CH$_3$) und Mesomere.

B. Analog der vorangehenden Verbindung (*Zenno*, J. Soc. Phot. Sci. Technol. Japan **15** [1953] 99, 102; C. A. **1954** 11063).

Zers. bei 292°.

----

*3-Äthyl-5-[2-(1-äthyl-1*H*-[2]chinolyliden)-äthyliden]-2-thioxo-imidazolidin-4-on $C_{18}H_{19}N_3OS$, Formel XI (R = H, R' = C$_2$H$_5$).

B. Beim Erwärmen von 3-Äthyl-2-thioxo-imidazolidin-4-on mit 2-[2-(*N*-Acetyl-anilino)-vinyl]-1-äthyl-chinolinium-jodid und Triäthylamin in Äthanol (*Jeffreys*, Soc. **1954** 2221, 2226, 2227).

Blaue Kristalle (aus Py. + Me.); F: 278°. λ_{max} (Me.): 540 nm.

----

*5-[2-(1-Äthyl-1*H*-[2]chinolyliden)-äthyliden]-1,3-diphenyl-2-thioxo-imidazolidin-4-on $C_{28}H_{23}N_3OS$, Formel XI (R = R' = C$_6$H$_5$).

B. Beim Erwärmen von 1-Äthyl-2-[2-anilino-vinyl]-chinolinium-jodid mit 1,3-Diphenyl-2-thioxo-imidazolidin-4-on und Natriumacetat in Acetanhydrid (*Eastman Kodak Co.*, U.S.P. 2177403 [1935]).

Dunkle, glänzende Kristalle (aus Eg.).

----

*1-Acetyl-3-äthyl-5-[2-(1-äthyl-1*H*-[2]chinolyliden)-äthyliden]-2-thioxo-imidazolidin-4-on $C_{20}H_{21}N_3O_2S$, Formel XI (R = CO-CH$_3$, R' = C$_2$H$_5$).

B. Beim Erwärmen von 1-Acetyl-3-äthyl-2-thioxo-imidazolidin-4-on (erhalten aus 3-Äthyl-2-thioxo-imidazolidin-4-on und Acetanhydrid) mit 2-[2-(*N*-Acetyl-anilino)-vinyl]-1-äthyl-chinolinium-jodid und Triäthylamin in Äthanol (*Jeffreys*, Soc. **1954** 2221, 2226, 2227).

Blau; F: 207° [aus Py. + Me.]. λ_{max} (Me.): 535 nm.

XI   XII

3-Äthyl-5-[2-(1-äthyl-1*H*-[4]chinolyliden)-äthyliden]-2-thioxo-imidazolidin-4-on $C_{18}H_{19}N_3OS$, Formel XII (R = H) und Mesomere.

B. Analog 3-Äthyl-5-[2-(1-äthyl-1*H*-[2]chinolyliden)-äthyliden]-2-thioxo-imidazolidin-4-on [s. o.] (*Jeffreys*, Soc. **1954** 2221, 2226, 2227).

Grüne Kristalle (aus Py. + Me.); F: 237°. λ_{max}: 550 nm [Bzl.], 574 nm [Me.] bzw. 617 nm [wss. Me.].

1-Acetyl-3-äthyl-5-[2-(1-äthyl-1*H*-[4]chinolyliden)-äthyliden]-2-thioxo-imidazolidin-4-on $C_{20}H_{21}N_3O_2S$, Formel XII (R = CO-CH$_3$) und Mesomere.

B. Analog 1-Acetyl-3-äthyl-5-[2-(1-äthyl-1*H*-[2]chinolyliden)-äthyliden]-2-thioxo-imidazolidin-4-on [s. o.] (*Jeffreys*, Soc. **1954** 2221, 2226, 2227).

Dunkelgrüne Kristalle (aus Bzl. + PAe.); F: 184°. λ_{max}: 570 nm [Bzl.], 610 nm [Me.] bzw. 585 nm [wss. Me.].

1,3,4,5-Tetrahydro-benz[4,5]imidazo[2,1-*b*]chinazolin-2,12-dion $C_{14}H_{11}N_3O_2$, Formel XIII und Taut.

B. Beim Erwärmen von 2,12-Dioxo-1,2,3,4,5,12-hexahydro-benz[4,5]imidazo[2,1-*b*]chinazolin-3-carbonsäure-äthylester mit wss. HCl (*Ried, Müller*, J. pr. [4] **8** [1959] 132, 134, 141).

F: 312–314° [Zers.].

Dioxo-Verbindungen $C_{15}H_{13}N_3O_2$

(±)-5-Phenyl-5-[2]pyridylmethyl-imidazolidin-2,4-dion $C_{15}H_{13}N_3O_2$, Formel XIV.
B. Beim Erwärmen von 1-Phenyl-2-[2]pyridyl-äthanon mit KCN und $[NH_4]_2CO_3$ in Äthanol (*Teague et al.*, Am. Soc. **75** [1953] 3429).
F: 195,5−196° [korr.].

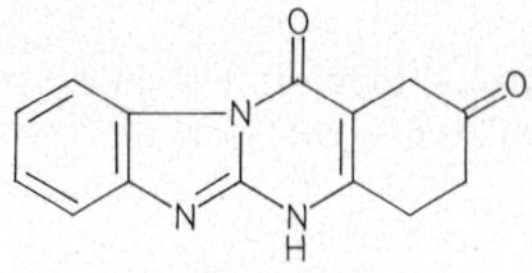

XIII 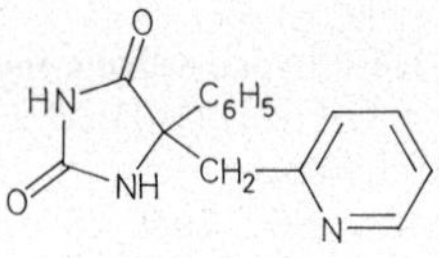   XIV 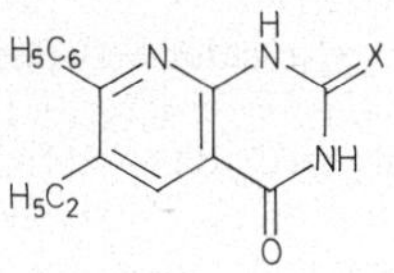   XV

6-Äthyl-7-phenyl-1H-pyrido[2,3-d]pyrimidin-2,4-dion $C_{15}H_{13}N_3O_2$, Formel XV (X = O) und Taut.
B. Beim Erwärmen von 6-Amino-1H-pyrimidin-2,4-dion mit dem Natrium-Salz von 2-Benz⁼oyl-butyraldehyd und wss. H_3PO_4 (*Robins, Hitchings*, Am. Soc. **80** [1958] 3449, 3452).
Kristalle (aus A.); F: 231−233° [unkorr.].

6-Äthyl-7-phenyl-2-thioxo-2,3-dihydro-1H-pyrimidin-4-on $C_{15}H_{13}N_3OS$, Formel XV (X = S) und Taut.
B. Analog der vorangehenden Verbindung (*Robins, Hitchings*, Am. Soc. **80** [1958] 3449, 3452).
Kristalle (aus A.); F: 212−213° [unkorr.].

Dioxo-Verbindungen $C_nH_{2n-19}N_3O_2$

Dioxo-Verbindungen $C_{14}H_9N_3O_2$

1H-Naphth[2′,3′:4,5]imidazo[1,2-a]pyrimidin-2,4-dion $C_{14}H_9N_3O_2$, Formel I und Taut.
B. Beim Erhitzen von 1H-Naphth[2,3-d]imidazol-2-ylamin mit Malonsäure-diäthylester auf 223° (*Ried, Müller*, J. pr. [4] **8** [1959] 132, 144).
Gelbliche Kristalle (aus DMF+H_2O oder Py.+H_2O); F: 359−361° [Zers.].

Dioxo-Verbindungen $C_{15}H_{11}N_3O_2$

3-[2-Oxo-2-[4]pyridyl-äthyl]-1H-chinoxalin-2-on $C_{15}H_{11}N_3O_2$, Formel II und Taut.
B. Beim Erhitzen von o-Phenylendiamin mit 2,4-Dioxo-4-[4]pyridyl-buttersäure-äthylester in Äthanol (*Fatutta, Stener*, G. **88** [1958] 89, 100).
Gelbe Kristalle (aus A.); F: 237°.
Benzoyl-Derivat $C_{22}H_{15}N_3O_3$; 1-Benzoyl-3-[2-oxo-2-[4]pyridyl-äthyl]-1H-chin⁼oxalin-2-on. Gelbe Kristalle (aus A.); F: 215−216°.

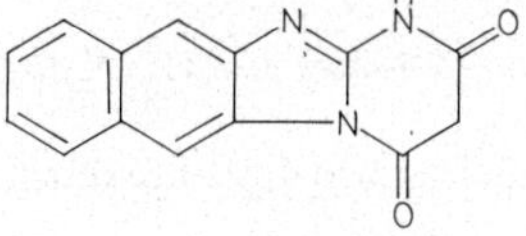

I 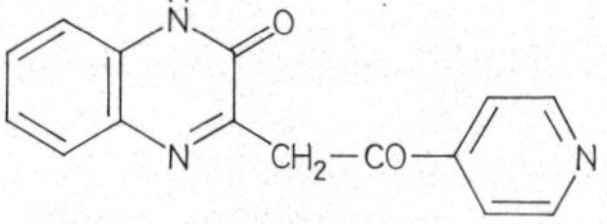   II 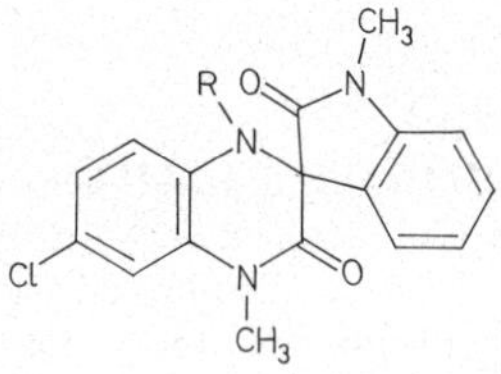   III

(±)-6-Chlor-4,1'-dimethyl-1,4-dihydro-spiro[chinoxalin-2,3'-indolin]-3,2'-dion $C_{17}H_{14}ClN_3O_2$,
Formel III (R = H) (E II **25** 233 [Zeile 15 v. o.]; dort als „Verbindung $C_{17}H_{16}ClN_3O_2$"
bezeichnet).

Konstitution: *Clark-Lewis, Katekar,* Soc. **1959** 2825, 2827.

B. Beim Erwärmen von 4-Methyl-3-oxo-1-oxy-3,4-dihydro-chinoxalin-2-carbonsäure-[*N*-
methyl-anilid] mit äthanol. oder methanol. HCl (*Cl.-Le., Ka.*).

Kristalle (aus Me. bzw. A.) mit 1 Mol Methanol bzw. Äthanol; F: 241−242°. λ_{max} (A.):
232 nm und 306 nm.

(±)-1-Acetyl-6-chlor-4,1'-dimethyl-1,4-dihydro-spiro[chinoxalin-2,3'-indolin]-3,2'-dion
$C_{19}H_{16}ClN_3O_3$, Formel III (R = CO-CH$_3$) (E II **25** 233 [Zeile 16 v. o.]; dort als
„Verbindung $C_{19}H_{18}ClN_3O_3$" bezeichnet).

Konstitution: *Clark-Lewis, Katekar,* Soc. **1959** 2825, 2828.

B. Beim Erwärmen der vorangehenden Verbindung mit Acetylchlorid und Acetanhydrid
(*Cl.-Le., Ka.*).

Kristalle (aus A.); F: 226−227°. λ_{max} (A.): 238 nm und 292 nm.

Dioxo-Verbindungen $C_{16}H_{13}N_3O_2$

6-Benzhydryl-2*H*-[1,2,4]triazin-3,5-dion $C_{16}H_{13}N_3O_2$, Formel IV und Taut.

B. Beim Erwärmen von 3,3-Diphenyl-2-semicarbazono-propionsäure mit wss. NaOH (*Rossi,*
G. **83** [1953] 133, 139).

Kristalle (aus wss. A.); F: 236−237°.

(±)-5,7,7a,14-Tetrahydro-benzo[3,4][1,2,5]triazocino[8,1-*a*]isoindol-6,12-dion(?) $C_{16}H_{13}N_3O_2$,
vermutlich Formel V (X = H).

B. Beim Erhitzen von (±)-1-[2-Amino-phenyl]-3,3a-dihydro-pyrazolo[5,1-*a*]isoindol-2,8-dion
mit wss. H_2SO_4 (*Rowe et al.,* Soc. **1935** 1796, 1802). Beim Erhitzen von (±)-[2-(2-Amino-anilino)-
3-oxo-isoindolin-1-yl]-essigsäure mit wss. H_2SO_4 (*Rowe et al.*).

Kristalle (aus E. oder wss. Eg.); F: 227°.

Hydrobromid. Kristalle; F: 264−265°.

Picrat $C_{16}H_{13}N_3O_2 \cdot C_6H_3N_3O_7$. Gelbe Kristalle (aus A.); F: 229−230°.

(±)-3-Chlor-5,7,7a,14-tetrahydro-benzo[3,4][1,2,5]triazocino[8,1-*a*]isoindol-6,12-dion(?)
$C_{16}H_{12}ClN_3O_2$, vermutlich Formel V (X = Cl).

B. Beim Erhitzen von (±)-1-[2-Amino-4-chlor-phenyl]-3,3a-dihydro-pyrazolo[5,1-*a*]isoindol-
2,8-dion mit wss. H_2SO_4 (*Rowe et al.,* Soc. **1935** 1796, 1802, 1803). Beim Erhitzen von (±)-[2-(2-
Amino-4-chlor-anilino)-3-oxo-isoindolin-1-yl]-essigsäure mit wss. H_2SO_4 (*Rowe et al.*).

Kristalle (aus E. oder A.); F: 237°.

IV   V   VI

(±)-11b,12-Dihydro-14*H*-benzo[2,3][1,4]diazepino[7,1-*a*]phthalazin-7,13-dion $C_{16}H_{13}N_3O_2$,
Formel VI (R = X = X' = H).

B. Beim Erwärmen von (±)-[2-(2-Amino-phenyl)-4-oxo-1,2,3,4-tetrahydro-phthalazin-1-yl]-
essigsäure mit wss. HCl (*Rowe et al.,* Soc. **1935** 1796, 1805).

Kristalle; F: 293°.

Beim Erhitzen mit wss. H_2SO_4 ist 2-[2-Amino-phenyl]-4-oxo-3,4-dihydro-phthalazinium-be⁼ tain(?) (E III/IV **24** 406) erhalten worden.

Die folgenden Verbindungen sind in analoger Weise hergestellt worden:

(±)-6-Methyl-11b,12-dihydro-14*H*-benzo[2,3][1,4]diazepino[7,1-*a*]phthalazin-7,13-dion $C_{17}H_{15}N_3O_2$, Formel VI (R = CH_3, X = X' = H). Kristalle (aus A.); F: 315−317° (*Rowe et al.*, l. c. S. 1804).

(±)-2-Chlor-11b,12-dihydro-14*H*-benzo[2,3][1,4]diazepino[7,1-*a*]phthalazin-7,13-dion $C_{16}H_{12}ClN_3O_2$, Formel VI (R = X' = H, X = Cl) und Taut. Kristalle; F: 304° (*Rowe et al.*, l. c. S. 1805).

(±)-2-Chlor-6-methyl-11b,12-dihydro-14*H*-benzo[2,3][1,4]diazepino[7,1-*a*]⁼ phthalazin-7,13-dion $C_{17}H_{14}ClN_3O_2$, Formel VI (R = CH_3, X = Cl, X' = H). Kristalle (aus A.); F: 321° (*Rowe et al.*, l. c. S. 1804).

(±)-3-Chlor-11b,12-dihydro-14*H*-benzo[2,3][1,4]diazepino[7,1-*a*]phthalazin-7,13-dion $C_{16}H_{12}ClN_3O_2$, Formel VI (R = X = H, X' = Cl) und Taut. Kristalle (aus A.); F: 303−304° (*Rowe et al.*, l. c. S. 1805).

3-Äthyl-1*H*-naphth[2′,3′:4,5]imidazo[1,2-*a*]pyrimidin-2,4-dion $C_{16}H_{13}N_3O_2$, Formel VII und Taut.

B. Beim Erhitzen von 1*H*-Naphth[2,3-*d*]imidazol-2-ylamin mit Äthylmalonsäure-diäthylester in Gegenwart von Piperidin (*Ried, Müller,* J. pr. [4] **8** [1959] 132, 144).

Kristalle (aus DMF + H_2O oder Py. + H_2O); F: 334−336° [Zers.].

Dioxo-Verbindungen $C_{17}H_{15}N_3O_2$

(±)-3-Methyl-5,7,7a,14-tetrahydro-benzo[3,4][1,2,5]triazocino[8,1-*a*]isoindol-6,12-dion(?) $C_{17}H_{15}N_3O_2$, vermutlich Formel V (X = CH_3).

B. Beim Erhitzen von (±)-2-Methyl-11b,12-dihydro-benz[4′,5′]imidazo[1′,2′:2,3]pyrazolo⁼ [5,1-*a*]isoindol-7-on-sulfat mit wss. H_2SO_4 (*Rowe et al.*, Soc. **1936** 1098, 1106).

Kristalle (aus E.); F: 231°.

Picrat $C_{17}H_{15}N_3O_2 \cdot C_6H_3N_3O_7$. Gelbe Kristalle (aus A.); F: 226°.

(±)-2-Methyl-11b,12-dihydro-14*H*-benzo[2,3][1,4]diazepino[7,1-*a*]phthalazin-7,13-dion $C_{17}H_{15}N_3O_2$, Formel VI (R = X' = H, X = CH_3).

B. Beim Erwärmen von (±)-[2-(2-Amino-4-methyl-phenyl)-4-oxo-1,2,3,4-tetrahydro-phthal⁼ azin-1-yl]-essigsäure mit wss. HCl (*Rowe et al.*, Soc. **1936** 1098, 1107).

Kristalle (aus A.); F: 282−284°.

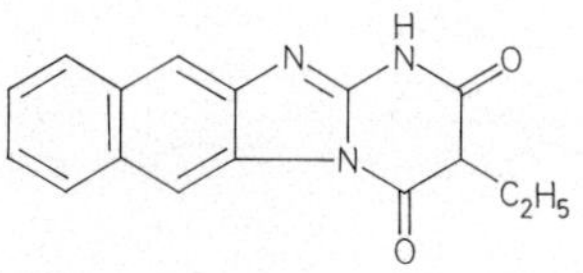

VII 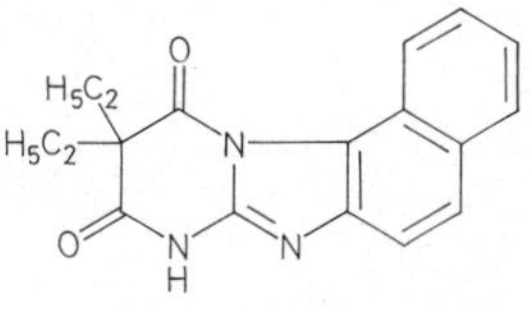   VIII 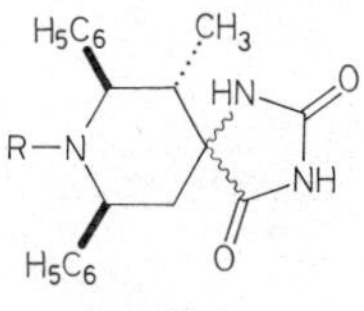   IX

Dioxo-Verbindungen $C_{18}H_{17}N_3O_2$

10,10-Diäthyl-8*H*-naphth[2′,1′:4,5]imidazo[1,2-*a*]pyrimidin-9,11-dion $C_{18}H_{17}N_3O_2$, Formel VIII und Taut.

Für die nachstehend beschriebene Verbindung kommt auch die Formulierung als 9,9-Di⁼ äthyl-11*H*-naphth[1′,2′:4,5]imidazo[1,2-*a*]pyrimidin-8,10-dion in Betracht.

B. Beim Behandeln von 1(3)*H*-Naphth[1,2-*d*]imidazol-2-ylamin mit Diäthylmalonylchlorid in Pyridin (*Crippa, Maffei,* G. **71** [1941] 418, 421).

Kristalle (aus A.); F: 204°.

Dioxo-Verbindungen $C_{20}H_{21}N_3O_2$

(±)-6r-Methyl-7t,9t-diphenyl-(5ξN¹)-1,3,8-triaza-spiro[4.5]decan-2,4-dion $C_{20}H_{21}N_3O_2$, Formel IX (R = H)+Spiegelbild.

B. Beim Erwärmen von (±)-3t-Methyl-2r,6c-diphenyl-piperidin-4-on (E III/IV **21** 4308) mit KCN und $[NH_4]_2CO_3$ in wss. Äthanol (*Mailey, Day,* J. org. Chem. **22** [1957] 1061, 1062).

Kristalle (aus wss. A.); F: 363−365° [Zers.].

(±)-6r,8-Dimethyl-7t,9t-diphenyl-(5ξN¹)-1,3,8-triaza-spiro[4.5]decan-2,4-dion $C_{21}H_{23}N_3O_2$, Formel IX (R = CH₃)+Spiegelbild.

B. Analog der vorangehenden Verbindung (*Mailey, Day,* J. org. Chem. **22** [1957] 1061, 1063).

Kristalle (aus wss. A.); F: 370−373° [Zers.].

Dioxo-Verbindungen $C_{21}H_{23}N_3O_2$

(±)-6,6-Dimethyl-7r,9c-diphenyl-(5ξN¹)-1,3,8-triaza-spiro[4.5]decan-2,4-dion $C_{21}H_{23}N_3O_2$, Formel X (R = CH₃, R′ = H)+Spiegelbild.

B. Beim Erhitzen von (±)-3,3-Dimethyl-2r,6c-diphenyl-piperidin-4-on (E III/IV **21** 4312) mit KCN und $[NH_4]_2CO_3$ in wss. Äthanol auf 100° (*Mailey, Day,* J. org. Chem. **22** [1957] 1061, 1062).

F: 323−325° [Zers.].

---

*6r,10c-Dimethyl-7t,9t-diphenyl-(5ξN¹)-1,3,8-triaza-spiro[4.5]decan-2,4-dion $C_{21}H_{23}N_3O_2$, Formel X (R = H, R′ = CH₃).

B. Analog der vorangehenden Verbindung (*Mailey, Day,* J. org. Chem. **22** [1957] 1061, 1063).

F: >360° [Zers.].

Dioxo-Verbindungen $C_{22}H_{25}N_3O_2$

Bis-[4-acetyl-3,5-dimethyl-pyrrol-2-yl]-[2]pyridyl-methan, 2-[Bis-(4-acetyl-3,5-dimethyl-pyrrol-2-yl)-methyl]-pyridin $C_{22}H_{25}N_3O_2$, Formel XI.

B. Aus Pyridin-2-carbaldehyd und 1-[2,4-Dimethyl-pyrrol-3-yl]-äthanon in wss.-äthanol. HBr (*Strell et al.,* B. **90** [1957] 1798, 1805).

Kristalle (aus A.), F: 155°, die sich an der Luft rot färben.

Hydrobromid. Kristalle, F: 229°, die sich an der Luft rot färben.

X   XI   XII

Dioxo-Verbindungen $C_{29}H_{39}N_3O_2$

(3S)-3r-[2-(1,1-Dimethyl-allyl)-5,7-bis-(3-methyl-but-2-enyl)-indol-3-ylmethyl]-6c-methyl-piperazin-2,5-dion, Echinulin $C_{29}H_{39}N_3O_2$, Formel XII (X = X′ = H).

Konstitution: *Casnati et al.,* G. **92** [1962] 105, 129; *Birch,* Pr. chem. Soc. **1962** 3, 12. Konfiguration: *Houghton, Saxton,* Tetrahedron Letters **1968** 5475; Soc. [C] **1969** 1003, 1007; *Nakashima, Slater,* Canad. J. Chem. **47** [1969] 2069; Tetrahedron Letters **1971** 2649.

Isolierung aus Aspergillus amstelodami: *Shibata, Natori,* Pharm. Bl. **1** [1953] 160, 163; aus

Aspergillus chevalieri: *Kitamura et al.*, J. pharm. Soc. Japan **76** [1956] 972; C. A. **1957** 1373; aus Aspergillus echinulatus: *Quilico, Panizzi*, B. **76** [1943] 348, 355; aus Aspergillus niveo-glaucus, repens und ruber: *Quilico, Cardani*, R.A.L. [8] **9** [1950] 220, 224.

Kristalle (aus Butan-1-ol bzw. aus Eg. oder A.); F: 242−243° (*Qu., Pa.; Sh., Na.*). $[\alpha]_D^{20}$: −26,0° [CHCl$_3$; c = 1] (*Nakashima*, zit. bei *Takamatsu et al.*, Tetrahedron Letters **1971** 4665, 4668 Anm. 14); $[M]_{238}$: −15500° (Tal); $[M]_{216}$: → +19950° (Gipfel) [Me.] (*Ho., Sa.*, Tetrahe-dron Letters **1968** 5475; Soc. [C] **1969** 1007. ORD (A.; 320−215 nm): *Na., Sl.*, Canad. J. Chem. **47** 2071. ^{1}H-^{1}H-Spin-Spin-Kopplungskonstanten und ^{1}H-NMR-Absorption (Essigsäure-d_4): *Ho., Sa.*, Soc. [C] **1969** 1006. IR-Spektrum (Nujol; 2−15 μ): *Quilico et al.*, G. **85** [1955] 3, 5, **86** [1956] 211, 220. UV-Spektrum (A.; 220−320 nm): *Na., Sl.*, Canad. J. Chem. **47** 2071; s. a. *Qu. et al.*, G. **86** 213. Löslichkeit [g/100 ml Lösung] bei 23° in Äthanol: 0,09; in Essigsäure: 2,81; in CHCl$_3$: 3,13; in Benzol: 0,022 (*Qu., Pa.*).

Zeitlicher Verlauf der Hydrierung an Platin in Essigsäure: *Qu., Pa.*, l. c. S. 356.

(3S)-3r-[4-Brom-2-(1,1-dimethyl-allyl)-5,7-bis-(3-methyl-but-2-enyl)-indol-3-ylmethyl]-6c-methyl-piperazin-2,5-dion, Bromechinulin C$_{29}$H$_{38}$BrN$_3$O$_2$, Formel XII (X = Br, X' = H).

Konstitution: *Fraser et al.*, Canad. J. Chem. **54** [1976] 2915.

B. Beim Behandeln von Echinulin (s. o.) mit Brom in CHCl$_3$ und Erwärmen des erhaltenen Pentabromechinulins (C$_{29}$H$_{38}$Br$_5$N$_3$O$_2$) mit Zink-Pulver in Äthanol (*Quilico et al.*, G. **88** [1958] 1308, 1314, 1316).

Kristalle (aus A.); F: 205−208° (*Qu. et al.*).

(3S)-3r-[2-(1,1-Dimethyl-allyl)-5,7-bis-(3-methyl-but-2-enyl)-6-nitro-indol-3-ylmethyl]-6c-methyl-piperazin-2,5-dion, Nitroechinulin C$_{29}$H$_{38}$N$_4$O$_4$, Formel XII (X = H, X' = NO$_2$).

Konstitution: *Fraser et al.*, Canad. J. Chem. **54** [1976] 2915.

B. Beim Behandeln von Echinulin (s. o.) mit NaNO$_2$ in Essigsäure (*Quilico et al.*, G. **88** [1958] 125, 144).

Hellgelbe Kristalle (aus A.); F: 226−228° (*Qu. et al.*). IR-Spektrum (Nujol; 2−15 μ): *Qu. et al.*, l. c. S. 134. UV-Spektrum (A.; 210−300 nm): *Qu. et al.*, l. c. S. 132.

Dioxo-Verbindungen C$_n$H$_{2n-21}$N$_3$O$_2$

Dioxo-Verbindungen C$_{14}$H$_7$N$_3$O$_2$

1H-Anthra[2,3-d][1,2,3]triazol-5,10-dion C$_{14}$H$_7$N$_3$O$_2$, Formel XIII und Taut. (E I 71).

B. Beim Behandeln von 2,3-Diamino-anthrachinon mit NaNO$_2$ und H$_2$SO$_4$ (*Waldmann, Hindenburg*, B. **71** [1938] 371).

Gelbliche Kristalle (aus Eg.); F: 296°.

Acetyl-Derivat C$_{16}$H$_9$N$_3$O$_3$; 1-Acetyl-1H-anthra[2,3-d][1,2,3]triazol-5,10-dion. Kristalle (aus Acetanhydrid); F: 210°.

XIII   XIV   XV

1H-Anthra[1,2-d][1,2,3]triazol-6,11-dion C$_{14}$H$_7$N$_3$O$_2$, Formel XIV und Taut. (E I 71).

Gelbe Kristalle; F: >330° [Zers.] (*Waldmann, Hindenburg*, B. **71** [1938] 371).

Acetyl-Derivat $C_{16}H_9N_3O_3$. Bräunliche Kristalle; F: 266°.

2-[3-Nitro-phenyl]-2H-anthra[1,2-d][1,2,3]triazol-6,11-dion $C_{20}H_{10}N_4O_4$, Formel XV
(X = NO$_2$, X' = H).

B. Aus diazotiertem 3-Nitro-anilin bei der Umsetzung mit [2]Anthrylamin und anschliessenden Oxidation mit CrO$_3$ (*I.G. Farbenind.*, D.R.P. 647015 [1935]; Frdl. **24** 888, 892).

Hellbraune Kristalle; F: 304°.

2-[4-Nitro-phenyl]-2H-anthra[1,2-d][1,2,3]triazol-6,11-dion $C_{20}H_{10}N_4O_4$, Formel XV (X = H, X' = NO$_2$).

B. Aus diazotiertem 4-Nitro-anilin bei aufeinanderfolgender Umsetzung mit [2]Anthrylamin, CuSO$_4$ in Pyridin und H$_2$O und mit CrO$_3$ in wss. Essigsäure (*Gorelik, Charasch,* Chimija geterocikl. Soedin. **7** [1971] 1574, 1577, 1578; engl. Ausg. S. 1464, 1467, 1468; *I.G. Farbenind.*, D.R.P. 647015 [1935]; Frdl. **24** 888, 889).

Hellgelbe Kristalle; F: 343−344° [aus Eg.] (*Go., Ch.*), 325° (*I.G. Farbenind.*). Absorptions≈ spektrum (CHCl$_3$; 250−450 nm): *Go., Ch.*, l. c. S. 1576.

4-[6,11-Dioxo-6,11-dihydro-anthra[1,2-d][1,2,3]triazol-2-yl]-benzoesäure $C_{21}H_{11}N_3O_4$, Formel XV (X = H, X' = CO-OH).

B. Aus 4-[2-Amino-[1]anthrylazo]-benzoesäure und CrO$_3$ in Essigsäure [120°] (*I.G. Farbenind.*, D.R.P. 647015 [1935]; Frdl. **24** 888, 893).

Gelb; F: >360°.

2-[3-Amino-phenyl]-2H-anthra[1,2-d][1,2,3]triazol-6,11-dion $C_{20}H_{12}N_4O_2$, Formel XV
(X = NH$_2$, X' = H).

B. Aus 2-[3-Nitro-phenyl]-2H-anthra[1,2-d]triazol-6,11-dion mit Hilfe von Na$_2$S (*I.G. Farben≈ ind.*, D.R.P. 647015 [1935]; Frdl. **24** 888, 892).

Braune Kristalle; F: 299°.

2-[4-Amino-phenyl]-2H-anthra[1,2-d][1,2,3]triazol-6,11-dion $C_{20}H_{12}N_4O_2$, Formel XV
(X = H, X' = NH$_2$).

B. Beim Erhitzen von 2-[4-Nitro-phenyl]-2H-anthra[1,2-d][1,2,3]triazol-6,11-dion mit SnCl$_2$ in wss. HCl (*Gorelik, Charasch,* Chimija geterocikl. Soedin. **7** [1971] 1574, 1577, 1578; engl. Ausg. S. 1464, 1467, 1468; *Gen. Aniline Works,* U.S.P. 2141707 [1936]; *I.G. Farbenind.*, D.R.P. 647015 [1935]; Frdl. **24** 888, 890).

Schwarze Kristalle mit grünem Glanz, F: 356° (*Gen. Aniline Works; I.G. Farbenind.*); hellgelbe Kristalle (aus Eg.), F: 342−343° (*Go., Ch.*). λ_{max} (CHCl$_3$): 440 nm (*Go., Ch.*).

4,4'-Bis-[6,11-dioxo-6,11-dihydro-anthra[1,2-d][1,2,3]triazol-2-yl]-biphenyl, 2H,2'H-2,2'- Biphenyl-4,4'-diyl-bis-anthra[1,2-d][1,2,3]triazol-6,11-dion $C_{40}H_{20}N_6O_4$, Formel I.

B. Beim Erhitzen von 4,4'-Bis-[2-amino-[1]anthrylazo]-biphenyl mit CrO$_3$ in Essigsäure und Nitrobenzol (*I.G. Farbenind.*, D.R.P. 647015 [1935]; Frdl. **24** 888, 889).

Rotgelbe Kristalle; F: >360°.

Naphth[1',2':4,5]imidazo[1,2-a]pyrimidin-5,6-dion $C_{14}H_7N_3O_2$, Formel II.

B. Beim Erhitzen von 2,3-Dichlor-[1,4]naphthochinon mit Pyrimidin-2-ylamin in 2-Methoxy-äthanol (*Mosby, Boyle,* J. org. Chem. **24** [1959] 374, 380 Anm. 27; s. a. *Mathur, Tilak,* J. scient. ind. Res. India **17** B [1958] 33, 38).

Gelbe Kristalle (aus 1,2-Dichlor-benzol); F: 343,5−345° [Zers.] (*Mo., Bo.*). λ_{max} (A.; 240−370 nm): *Mo., Bo.*

Dioxo-Verbindungen $C_{15}H_9N_3O_2$

5H-Chinazolino[2,3-b]chinazolin-11,13-dion $C_{15}H_9N_3O_2$, Formel III (R = H).

B. Neben 6*H*-Chinazolino[3,2-*a*]chinazolin-5,12-dion (Hauptprodukt) beim Erhitzen von *N*-[4-Oxo-3,4-dihydro-chinazolin-2-yl]-anthranilsäure-methylester auf 255° (*Butler, Partridge,* Soc. **1959** 1512, 1517).

Gelbe Kristalle (aus 2-Äthoxy-äthanol+DMF); F: 359−362°.

Isomerisation zu 6*H*-Chinazolino[3,2-*a*]chinazolin-5,12-dion beim Erhitzen mit wss. HCl oder mit 2-Äthoxy-äthanol sowie beim Behandeln mit 2-Chlor-äthanol oder Acylchloriden: *Bu., Pa.,* l. c. S. 1515, 1517, 1518. Beim Erhitzen mit wss. NaOH und anschliessenden Behandeln mit wss. HCl ist 2-[2-Amino-4-oxo-4*H*-chinazolin-3-yl]-benzoesäure-hydrochlorid erhalten wor= den. Beim Erwärmen mit konz. H_2SO_4 und anschliessenden Behandeln mit Methanol sind *N*-[4-Oxo-3,4-dihydro-chinazolin-2-yl]-anthranilsäure-methylester und 6*H*-Chinazolino[3,2-*a*]= chinazolin-5,12-dion erhalten worden. Beim Behandeln mit Dimethylsulfat in wss. NaOH sind 5-Methyl-5*H*-chinazolino[2,3-*b*]chinazolin-11,13-dion, 7-Methyl-7*H*-chinazolino[3,2-*a*]chinazo= lin-5,12-dion und 6*H*-Chinazolino[3,2-*a*]chinazolin-5,12-dion erhalten worden. Beim Erwärmen mit K_2CO_3 und Äthyljodid in Aceton ist 7-Äthyl-7*H*-chinazolino[3,2-*a*]chinazolin-5,12-dion erhalten worden.

5-Methyl-5H-chinazolino[2,3-b]chinazolin-11,13-dion $C_{16}H_{11}N_3O_2$, Formel III (R = CH₃).

B. Beim Erhitzen von *N*-[4-Äthoxy-chinazolin-2-yl]-*N*-methyl-anthranilsäure-hydrochlorid auf 255° (*Butler, Partridge,* Soc. **1959** 1512, 1519). Beim Erwärmen der vorangehenden Verbindung mit CH₃I in Aceton unter Zusatz von K_2CO_3 (*Bu., Pa.*).

Kristalle (aus Bzl.); F: 283−284°.

6H-Chinazolino[3,2-a]chinazolin-5,12-dion $C_{15}H_9N_3O_2$, Formel IV (R = H) und Taut.

B. Beim Erhitzen von 2-[2-Amino-4-oxo-4*H*-chinazolin-3-yl]-benzoesäure oder deren Methyl= ester auf 200−255° sowie beim Erhitzen von *N*-[4-Äthoxy-chinazolin-2-yl]-anthranilsäure-hy= drochlorid auf 130° (*Butler, Partridge,* Soc. **1959** 1512, 1517). Beim Erhitzen von *N*-[4-Oxo-3,4-dihydro-chinazolin-2-yl]-anthranilsäure-hydrochlorid in H_2O (*Bu., Pa.*).

Kristalle (aus 2-Äthoxy-äthanol); F: 255−256°. λ_{max} (A.): 235 nm, 283 nm und 320 nm.

Beim Erwärmen mit konz. H_2SO_4 und anschliessenden Behandeln mit Methanol sind 5*H*-Chinazolino[2,3-*b*]chinazolin-11,13-dion und *N*-[4-Oxo-3,4-dihydro-chinazolin-2-yl]-anthranil= säure-methylester erhalten worden. Beim Behandeln mit Dimethylsulfat in wss. NaOH ist 7-Methyl-7*H*-chinazolino[3,2-*a*]chinazolin-5,12-dion erhalten worden.

6-Methyl-6H-chinazolino[3,2-a]chinazolin-5,12-dion $C_{16}H_{11}N_3O_2$, Formel IV (R = CH₃).

B. Beim Erhitzen von 3-Methyl-2-thioxo-2,3-dihydro-1*H*-chinazolin-4-on mit CH₃I in Aceton und Erhitzen des Reaktionsprodukts mit Anthranilsäure-methylester auf 255° (*Butler, Partridge,* Soc. **1959** 1512, 1519).

Kristalle (aus A.); F: 175−176°. λ_{max} (A.): 235 nm, 283 nm und 320 nm.

III   IV   V   VI

7-Methyl-7H-chinazolino[3,2-a]chinazolin-5,12-dion $C_{16}H_{11}N_3O_2$, Formel V (R = CH_3).
   B. Beim Behandeln von 6*H*-Chinazolino[3,2-*a*]chinazolin-5,12-dion mit Dimethylsulfat in wss. NaOH (*Butler, Partridge,* Soc. **1959** 1512, 1518). Beim Erhitzen von *N*-[4-Methoxy-chinazo≠ lin-2-yl]-anthranilsäure oder deren Methylester auf 200−255° (*Bu., Pa.*).
   Kristalle (aus A.); F: 165−166°. λ_{max} (A.): 236 nm, 283 nm und 325 nm.

6-Äthyl-6H-chinazolino[3,2-a]chinazolin-5,12-dion $C_{17}H_{13}N_3O_2$, Formel IV (R = C_2H_5).
   B. Neben 7-Äthyl-7*H*-chinazolino[3,2-*a*]chinazolin-5,12-dion beim Erhitzen von *N*-[4-Äthoxy-chinazolin-2-yl]-anthranilsäure-methylester auf 255° (*Butler, Partridge,* Soc. **1959** 1512, 1520).
   Kristalle (aus PAe.); F: 135−136°. λ_{max} (A.): 236 nm, 282 nm, 320 nm und 335 nm.

7-Äthyl-7H-chinazolino[3,2-a]chinazolin-5,12-dion $C_{17}H_{13}N_3O_2$, Formel V (R = C_2H_5).
   B. Beim Erwärmen von 5*H*-Chinazolino[2,3-*b*]chinazolin-11,13-dion mit Äthyljodid und K_2CO_3 in Aceton (*Butler, Partridge,* Soc. **1959** 1512, 1519).
   Kristalle (aus A.); F: 166−168°. λ_{max} (A.): 236 nm, 285 nm und 320 nm.

Die folgenden Verbindungen sind in analoger Weise hergestellt worden:
   7-Propyl-7*H*-chinazolino[3,2-*a*]chinazolin-5,12-dion $C_{18}H_{15}N_3O_2$,   Formel V (R = CH_2-C_2H_5). Kristalle (aus A.); F: 155−156°. λ_{max} (A.): 236 nm, 284 nm und 320 nm.
   7-Butyl-7*H*-chinazolino[3,2-*a*]chinazolin-5,12-dion $C_{19}H_{17}N_3O_2$,   Formel V (R = [CH_2]$_3$-CH_3). Kristalle (aus A.); Zers. bei 180−190°. λ_{max} (A.): 235 nm, 285 nm und 320 nm.
   7-Pentyl-7*H*-chinazolino[3,2-*a*]chinazolin-5,12-dion $C_{20}H_{19}N_3O_2$,   Formel V (R = [CH_2]$_4$-CH_3). Kristalle (aus A.); Zers. bei 180−190°. λ_{max} (A.): 234 nm, 282 nm und 320 nm.
   7-Hexyl-7*H*-chinazolino[3,2-*a*]chinazolin-5,12-dion $C_{21}H_{21}N_3O_2$,   Formel V (R = [CH_2]$_5$-CH_3). Kristalle (aus A.); Zers. bei 180−190°. λ_{max} (A.): 235 nm, 282 nm und 320 nm.
   7-Benzyl-7*H*-chinazolino[3,2-*a*]chinazolin-5,12-dion $C_{22}H_{15}N_3O_2$,   Formel V (R = CH_2-C_6H_5). Gelbe Kristalle (aus A.); F: 189−191°. λ_{max} (A.): 236 nm, 282 nm und 320 nm.

Dioxo-Verbindungen $C_{16}H_{11}N_3O_2$

3-Phenyl-1H-benz[4,5]imidazo[1,2-a]pyrimidin-2,4-dion $C_{16}H_{11}N_3O_2$, Formel VI (R = H) und Taut.
   B. Beim Erhitzen von 1*H*-Benzimidazol-2-ylamin mit Phenylmalonsäure-diäthylester auf 180° (*Ridi et al.,* Ann. Chimica **44** [1954] 769, 775).
   Kristalle (aus wss. Ameisensäure); F: 285°.

7,13-Dioxo-7,12,13,14-tetrahydro-6H-benzo[2,3][1,4]diazepino[7,1-a]phthalazinium
[$C_{16}H_{12}N_3O_2$]⁺, Formel VII (X = H) und Taut.
   Betain $C_{16}H_{11}N_3O_2$; 7-Hydroxy-13-oxo-13,14-dihydro-12*H*-benzo[2,3][1,4]diaz≠ epino[7,1-*a*]phthalazinium-betain. *B.* Beim Behandeln von [2-(2-Amino-phenyl)-4-oxo-1,2,3,4-tetrahydro-phthalazin-1-yl]-essigsäure mit $Na_2Cr_2O_7$ in wss. H_2SO_4 (*Rowe et al.,* Soc. **1935** 1796, 1807). Beim Behandeln von (±)-11b,12-Dihydro-14*H*-benzo[2,3][1,4]diazepino[7,1-*a*]≠ phthalazin-7,13-dion mit $Na_2Cr_2O_7$ in wss. H_2SO_4 (*Rowe et al.,* Soc. **1935** 1807) oder mit HNO_3 (*Rowe, Osborn,* Soc. **1947** 829, 834). − Kristalle (aus wss. Eg. oder Eg.); F: 302° (*Rowe et al.,* Soc. **1935** 1807). − Beim Erhitzen mit wss. HCl auf 150° ist 5-Methyl-benz[4,5]≠ imidazo[2,1-*a*]phthalazin erhalten worden (*Rowe et al.,* Soc. **1937** 90, 104). Beim Erhitzen mit wss. Na_2S oder mit wss. NaOH ist 2-[2-Amino-phenyl]-4-hydroxy-1-methyl-phthalazinium-be≠ tain (E III/IV **24** 472) erhalten worden (*Rowe et al.,* Soc. **1935** 1808).

2-Chlor-7,13-dioxo-7,12,13,14-tetrahydro-6H-benzo[2,3][1,4]diazepino[7,1-a]phthalazinium
[$C_{16}H_{11}ClN_3O_2$]⁺, Formel VII (X = Cl) und Taut.
   Betain $C_{16}H_{10}ClN_3O_2$; 2-Chlor-7-hydroxy-13-oxo-13,14-dihydro-12*H*-benzo≠ [2,3][1,4]diazepino[7,1-*a*]phthalazinium-betain. *B.* Analog der vorangehenden Verbin≠

dung (*Rowe et al.,* Soc. **1935** 1796, 1807). — Kristalle (aus wss. Eg.); F: 314°.

VII   VIII   IX

***Opt.-inakt. 5,10,11,12-Tetrahydro-5,10-pyrrolo[3,4]ätheno-benzo[g]chinazolin-13,15-dion,
5,10-Dihydro-5,10-äthano-benzo[g]chinazolin-11,12-dicarbonsäure-imid** $C_{16}H_{11}N_3O_2$, Formel
VIII und/oder Stereoisomeres + Spiegelbilder.

B. Beim Erhitzen von Benzo[g]chinazolin mit Maleinimid in Xylol (*Etienne, Legrand,* C. r.
232 [1951] 1223).

Kristalle; F: 325 – 330°.

Dioxo-Verbindungen $C_{17}H_{13}N_3O_2$

(±)-3-Methyl-3-phenyl-1H-benz[4,5]imidazo[1,2-a]pyrimidin-2,4-dion $C_{17}H_{13}N_3O_2$, Formel VI
(R = CH$_3$) und Taut.

B. Beim Erhitzen von 1H-Benzimidazol-2-ylamin mit Methyl-phenyl-malonsäure-diäthylester
auf 180° (*Ridi et al.,* Ann. Chimica **44** [1954] 769, 771, 776).

F: 300°.

(±)-3,3,5-Triphenyl-(3ar,6ac)-3a,6a-dihydro-3H-pyrrolo[3,4-c]pyrazol-4,6-dion $C_{23}H_{17}N_3O_2$,
Formel IX + Spiegelbild.

Bezüglich der Konstitution und Konfiguration vgl. das analog hergestellte (±)-5-Phenyl-
(3ar,6ac)-3a,6a-dihydro-3H-pyrrolo[3,4-c]pyrazol-4,6-dion (S. 567).

B. Beim Behandeln von N-Phenyl-maleinimid mit Diazo-diphenyl-methan in Benzol (*Mustafa
et al.,* Am. Soc. **78** [1956] 145, 147).

Kristalle (aus CHCl$_3$ + Ae.); F: 143° [unkorr.; Zers.].

Dioxo-Verbindungen $C_{18}H_{15}N_3O_2$

15-Methyl-6,7,8,13-tetrahydro-15H-benzo[2,3][1,5]diazecino[9,8-b]indol-5,14-dion(?)
$C_{19}H_{17}N_3O_2$, vermutlich Formel X.

B. Beim Erwärmen von 3-{2-[(N-Methyl-anthraniloyl)-amino]-äthyl}-indol-2-carbonsäure mit
POCl$_3$ in CCl$_4$ (*Asahina, Ohta,* J. pharm. Soc. Japan **49** [1929] 1025, 1027; dtsch. Ref. S. 157;
C. A. **1930** 1386).

Gelb; F: 210 – 215° [Zers.; nach Sintern bei 190 – 200°].

X   XI

Dioxo-Verbindungen $C_nH_{2n-23}N_3O_2$

2,3,6-Triphenyl-imidazo[1,5-a]imidazol-5,7-dion $C_{23}H_{15}N_3O_2$, Formel XI (X = X' = H).

B. Neben 4,5-Diphenyl-1H-imidazol-2-carbonsäure-anilid und N,N'-Diphenyl-harnstoff beim

Erhitzen von 4,5-Diphenyl-1H-imidazol mit Phenylisocyanat (*Gompper et al.*, B. **92** [1959] 550, 559).

Gelbe Kristalle (aus Butan-1-ol); F: $207-208°$. λ_{max} ($CHCl_3$): 245 nm, 265 nm und 390 nm (*Go. et al.*, l. c. S. 552). Fluorescenzmaximum ($CHCl_3$): 496 nm.

2(oder 3)-[4-Chlor-phenyl]-3,6(oder 2,6)-diphenyl-imidazo[1,5-a]imidazol-5,7-dion
$C_{23}H_{14}ClN_3O_2$, Formel XI (X = Cl, X′ = H oder X = H, X′ = Cl).

B. Neben 4-[4-Chlor-phenyl]-5-phenyl-1(3)H-imidazol-2-carbonsäure-anilid (Hauptprodukt) beim Erhitzen von 4-[4-Chlor-phenyl]-5-phenyl-1(3)H-imidazol mit Phenylisocyanat (*Gompper et al.*, B. **92** [1959] 550, 561).

Grünlichgelbe Kristalle (aus Butan-1-ol); F: $226-228°$. λ_{max} ($CHCl_3$): 244 nm, 271 nm und 390 nm (*Go. et al.*, l. c. S. 552). Fluorescenzmaximum ($CHCl_3$): 494 nm.

2(oder 3)-[4-Brom-phenyl]-3,6(oder 2,6)-diphenyl-imidazo[1,5-a]imidazol-5,7-dion
$C_{23}H_{14}BrN_3O_2$, Formel XI (X = Br, X′ = H oder X = H, X′ = Br).

B. Analog der vorangehenden Verbindung (*Gompper et al.*, B. **92** [1959] 550, 561).

Grünlichgelbe Kristalle (aus Butan-1-ol); F: $223-224°$. λ_{max} ($CHCl_3$): 242 nm, 275 nm und 388 nm (*Go. et al.*, l. c. S. 552). Fluorescenzmaximum ($CHCl_3$): 496 nm.

---

*5-[2-Oxo-indolin-3-yliden]-2-phenyl-3,5-dihydro-imidazol-4-on $C_{17}H_{11}N_3O_2$, Formel XII oder Stereoisomeres und Taut.

B. Beim Erwärmen von 2-Phenyl-3,5-dihydro-imidazol-4-on mit Isatin in Essigsäure (*Kjær*, Acta chem. scand. **7** [1953] 1030, 1033).

Dunkelrote Kristalle (aus Pentylacetat); F: $>300°$.

XII   XIII   XIV

5-Phenyl-4H-pyrimido[4,5-c]chinolin-1,3-dion $C_{17}H_{11}N_3O_2$, Formel XIII und Taut.

B. Beim Erwärmen von 5-Phenyl-2H-pyrimido[4,5-c]chinolin-1-on mit H_2O_2 in Essigsäure (*Atkinson, Mattocks*, Soc. **1957** 3718, 3721).

Kristalle (aus DMF); F: 330° [Zers.].

7-[1]Naphthyl-2-thioxo-2,3-dihydro-1H-pyrido[2,3-d]pyrimidin-4-on $C_{17}H_{11}N_3OS$, Formel XIV und Taut.

B. Beim Erwärmen von 6-Amino-2-thioxo-2,3-dihydro-1H-pyrimidin-4-on mit dem Natrium-Salz von 3-[1]Naphthyl-3-oxo-propionaldehyd und wss. H_3PO_4 (*Robins, Hitchings*, Am. Soc. **80** [1958] 3449, 3452).

Kristalle (aus Eg.); F: $340-342°$ [unkorr.].

(±)-5′-Phenyl-(3′ar,6′ac)-3′a,6′a-dihydro-spiro[fluoren-9,3′-pyrrolo[3,4-c]pyrazol]-4′,6′-dion
$C_{23}H_{15}N_3O_2$, Formel I (R = H) + Spiegelbild.

Bezüglich der Konstitution und Konfiguration vgl. das analog hergestellte (±)-5-Phenyl-(3ar,6ac)-3a,6a-dihydro-3H-pyrrolo[3,4-c]pyrazol-4,6-dion (S. 567).

B. Beim Behandeln von N-Phenyl-maleinimid mit 9-Diazo-fluoren in Benzol (*Mustafa et al.*,

Am. Soc. **78** [1956] 145, 147).

Kristalle (aus CHCl₃ + Ae.); F: 201° [unkorr.; Zers.].

(±)-5'-*p*-Tolyl-(3'a*r*,6'a*c*)-3'a,6'a-dihydro-spiro[fluoren-9,3'-pyrrolo[3,4-*c*]pyrazol]-4',6'-dion
$C_{24}H_{17}N_3O_2$, Formel I (R = CH₃) + Spiegelbild.

Bezüglich der Konstitution und Konfiguration vgl. das analog hergestellte (±)-5-Phenyl-(3a*r*,6a*c*)-3a,6a-dihydro-3*H*-pyrrolo[3,4-*c*]pyrazol-4,6-dion (S. 567).

B. Beim Behandeln von *N*-*p*-Tolyl-maleinimid mit 9-Diazo-fluoren in Benzol (*Mustafa et al.*, Am. Soc. **78** [1956] 145, 147).

Kristalle (aus CHCl₃ + Ae.); F: 197° [unkorr.; Zers.].

I   II   III

2,6-Diphenyl-4*H*-pyrazolo[1,5-*a*]pyrimidin-5,7-dion $C_{18}H_{13}N_3O_2$, Formel II und Taut.

B. Beim Erhitzen von 5-Phenyl-1(2)*H*-pyrazol-3-ylamin mit Phenylmalonsäure-diäthylester (*Checchi*, G. **88** [1958] 591, 600).

Kristalle (aus Eg.); F: 304 – 305° [Zers.].

(±)-5-[4]Chinolyl-5-phenyl-imidazolidin-2,4-dion $C_{18}H_{13}N_3O_2$, Formel III.

B. Beim Erhitzen von [4]Chinolyl-phenyl-keton mit KCN und [NH₄]₂CO₃ in Acetamid (*Parke, Davis & Co.*, U.S.P. 2526232 [1946]).

Hellbrauner Feststoff (aus A. + H₂O) mit 0,5 Mol H₂O; F: 176 – 178° [Zers.].

(±)-5-[5]Chinolyl-5-phenyl-imidazolidin-2,4-dion $C_{18}H_{13}N_3O_2$, Formel IV.

B. Analog der vorangehenden Verbindung (*Parke, Davis & Co.*, U.S.P. 2526232 [1946]).

Feststoff (aus A. + Ae.) mit 1 Mol H₂O.

(±)-5-[6]Chinolyl-5-phenyl-imidazolidin-2,4-dion(?) $C_{18}H_{13}N_3O_2$, vermutlich Formel V.

B. Beim Erhitzen einer als [6]Chinolyl-phenyl-keton angesehenen Verbindung vom F: 104 – 106° (s. E III/IV **21** 4385) mit KCN und [NH₄]₂CO₃ in Äthanol (*Parke, Davis & Co.*, U.S.P. 2526232 [1946]).

Gelbe Kristalle (aus A.); F: 245 – 245,5°.

IV   V   VI   VII

(±)-5-[7]Chinolyl-5-phenyl-imidazolidin-2,4-dion $C_{18}H_{13}N_3O_2$, Formel VI.

B. Analog der vorangehenden Verbindung (*Parke, Davis & Co.*, U.S.P. 2526232 [1946]).

Kristalle (aus A. + Ae.) mit 1 Mol H₂O; F: 229° [nach Sintern bei 105°].

(±)-5-[8]Chinolyl-5-phenyl-imidazolidin-2,4-dion $C_{18}H_{13}N_3O_2$, Formel VII.

B. Analog den vorangehenden Verbindungen (*Parke, Davis & Co.*, U.S.P. 2526232 [1946]).

Kristalle (aus A.); F: 247,5 – 249,5°.

(±)-4-Chinazolin-2-yl-5-phenyl-1-*p*-tolyl-pyrrolidin-2,3-dion $C_{25}H_{19}N_3O_2$, Formel VIII
(R = C_6H_4-CH_3) und Taut.

B. Beim Erhitzen von Chinazolin-2-yl-brenztraubensäure-äthylester mit Benzaldehyd und *p*-Toluidin in Äthanol (*Borsche, Doeller*, B. **76** [1943] 1176, 1178).

Orangerote Kristalle (aus Xylol); F: 280° [Zers.].

(±)-4-Chinazolin-2-yl-1-[2]naphthyl-5-phenyl-pyrrolidin-2,3-dion $C_{28}H_{19}N_3O_2$, Formel VIII
(R = $C_{10}H_7$) und Taut.

B. Analog der vorangehenden Verbindung (*Borsche, Doeller*, B. **76** [1943] 1176, 1178).

Rotgelbe Kristalle (aus Nitrobenzol); Zers. bei 303°.

(±)-4-Chinoxalin-2-yl-5-phenyl-1-*p*-tolyl-pyrrolidin-2,3-dion $C_{25}H_{19}N_3O_2$, Formel IX
(R = C_6H_4-CH_3) und Taut.

B. Beim Erhitzen von Chinoxalin-2-yl-brenztraubensäure-äthylester mit Benzaldehyd und *p*-Toluidin in Äthanol (*Borsche, Doeller*, A. **537** [1939] 39, 46).

Rote Kristalle; F: 283 – 285°.

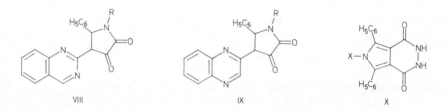

(±)-4-Chinoxalin-2-yl-1-[2]naphthyl-5-phenyl-pyrrolidin-2,3-dion $C_{28}H_{19}N_3O_2$, Formel IX
(R = $C_{10}H_7$) und Taut.

B. Analog der vorangehenden Verbindung (*Borsche, Doeller*, A. **537** [1939] 39, 46).

Rotes Pulver; Zers. bei 290 – 292°.

5,7-Diphenyl-2,3-dihydro-6*H*-pyrrolo[3,4-*d*]pyridazin-1,4-dion $C_{18}H_{13}N_3O_2$, Formel X
(X = H) und Taut.

B. Beim Erhitzen von 2,5-Diphenyl-pyrrol-3,4-dicarbonsäure-diäthylester mit $N_2H_4 \cdot H_2O$ und Äthanol auf 140 – 150° (*Seka, Preissecker*, M. **57** [1931] 71, 77).

Kristalle (aus Nitrobenzol); F: 324°.

6-Amino-5,7-diphenyl-2,3-dihydro-6*H*-pyrrolo[3,4-*d*]pyridazin-1,4-dion $C_{18}H_{14}N_4O_2$, Formel X
(X = NH_2) und Taut.

B. Beim Erwärmen von 1-Amino-2,5-diphenyl-pyrrol-3,4-dicarbonsäure-diäthylester mit $N_2H_4 \cdot H_2O$ in Äthanol (*Waśśerman, Mikluchin*, Ž. obšč. Chim. **9** [1939] 606, 616; C. **1941** I 884).

Kristalle; unterhalb 320° nicht schmelzend.

2-Methyl-3-phenacyl-1*H*-benz[4,5]imidazo[1,2-*a*]pyrimidin-4-on $C_{19}H_{15}N_3O_2$, Formel XI und Taut.

B. Beim Erhitzen von 1*H*-Benzimidazol-2-ylamin mit 2-Acetyl-4-oxo-4-phenyl-buttersäure-äthylester in Äthanol auf 150° (*De Cat, Van Dormael*, Bl. Soc. chim. Belg. **59** [1950] 573, 583).

Kristalle (aus Butan-1-ol); F: 286 – 288° (vermutlich unreines Präparat).

1,3,5-Tri-[3]pyridyl-pentan-1,5-dion $C_{20}H_{17}N_3O_2$, Formel XII.

B. Beim Behandeln von 1-[3]Pyridyl-äthanon mit Pyridin-3-carbaldehyd und äthanol. Na=

triumäthylat (*Wiley et al.*, J. org. Chem. **23** [1958] 732, 735) neben 1,3-Di-[3]pyridyl-propenon (*Merz, Barchet*, Ar. **297** [1964] 412, 422; s. a. *Thesing, Müller*, B. **90** [1957] 711, 721). Beim aufeinanderfolgenden Erhitzen von 3-Oxo-3-[3]pyridyl-propionsäure-äthylester mit Pyridin-3-carbaldehyd und mit wss. HCl (*Merz, Barchet*, Ar. **297** [1964] 423, 430).

Kristalle; F: 146° [aus A.] (*Merz, Ba.*, l. c. S. 422, 430), 145–146° [aus wss. A.] (*Wi. et al.*).

XI

XII

Dioxo-Verbindungen $C_nH_{2n-25}N_3O_2$

7-Benzyl-6-phenyl-1H-pyrido[2,3-d]pyrimidin-2,4-dion $C_{20}H_{15}N_3O_2$, Formel I (X = O) und Taut.

B. Beim Erwärmen von 6-Amino-1H-pyrimidin-2,4-dion mit dem Natrium-Salz von 3-Oxo-2,4-diphenyl-butyraldehyd und wss. H_3PO_4 (*Robins, Hitchings*, Am. Soc. **80** [1958] 3449, 3452).

Kristalle (aus Eg.); F: 248–249° [unkorr.]. λ_{max} (wss. Lösung): 255 nm und 320 nm [pH 1] bzw. 274 nm und 325 nm [pH 10,7] (*Ro., Hi.*, l. c. S. 3455).

7-Benzyl-6-phenyl-2-thioxo-2,3-dihydro-1H-pyrido[2,3-d]pyrimidin-4-on $C_{20}H_{15}N_3OS$, Formel I (X = S) und Taut.

B. Analog der vorangehenden Verbindung (*Robins, Hitchings*, Am. Soc. **80** [1958] 3449, 3452).

Kristalle (aus A.); F: 235–236° [unkorr.]. λ_{max} (wss. Lösung): 292 nm [pH 1] bzw. 308 nm [pH 10,7] (*Ro., Hi.*, l. c. S. 3455).

I

II

III

1,5-Dimethyl-2-phenyl-4-[2-phenyl-chinolin-4-carbonyl]-1,2-dihydro-pyrazol-3-on $C_{27}H_{21}N_3O_2$, Formel II.

B. Beim Erhitzen von Antipyrin (E III/IV **24** 75) mit 2-Phenyl-chinolin-4-carbonsäure und P_2O_5 auf 150° (*Kaufmann et al.*, B. **75** [1942] 1236, 1242).

Kristalle (aus wss. A.); F: 198°.

2,5-Bis-[2-oxo-indolin-3-yliden]-pyrrolidin, 3,3'-Pyrrolidin-2,5-diyliden-bis-indolin-2-on $C_{20}H_{15}N_3O_2$, Formel III (R = X = X' = H).

Die von *Grassmann, v. Arnim* (A. **509** [1934] 288, 293) unter dieser Konstitution beschriebene Verbindung ist als 1-[2-Hydroxy-indol-3-yl]-4-[2-oxo-indolin-3-yliden]-3,4-dihydro-2H-pyrrolium-betain (E III/IV **24** 601) zu formulieren (*Johnson, McCaldin*, Soc. **1957** 3470, 3472, **1958** 817, 818; *Hudson, Robertson*, Tetrahedron Letters **1967** 4015). Analog sind zu formulieren: 2,5-Bis-[1-methyl-2-oxo-indolin-3-yliden]-pyrrolidin $C_{22}H_{19}N_3O_2$ (Formel III [R = CH₃, X = X' = H]) als 1-[2-Hydroxy-1-methyl-indol-3-yl]-4-[1-methyl-2-oxo-indolin-3-yliden]-3,4-dihydro-2H-pyrrolium-betain (E III/IV **24** 601); 2,5-Bis-[1-acetyl-2-oxo-indolin-3-yliden]-pyrrolidin $C_{24}H_{19}N_3O_4$ [Formel III (R = CO-CH$_3$, X = X' = H); violette Kristalle] (*Grassmann, v. Arnim*, A. **519** [1935] 192, 194, 203) als 1-[1-Acetyl-2-hydr≠oxy-indol-3-yl]-4-[1-acetyl-2-oxo-indolin-3-yliden]-3,4-dihydro-2*H*-pyrrolium-betain $C_{24}H_{19}N_3O_4$, Formel IV (R = CO-CH$_3$, X = X' = H); 2,5-Bis-[5,7-dibrom-2-oxo-indolin-3-yliden]-pyrrolidin $C_{20}H_{11}Br_4N_3O_2$ [Formel III   (R = H, X = X' = Br); dunkelblaue Kristalle] (*Gr., v. Ar.*, A. **519** 202) als 1-[5,7-Dibrom-2-hydroxy-indol-3-yl]-4-[5,7-dibrom-2-oxo-indolin-3-yliden]-3,4-dihydro-2*H*-pyrrolium-betain $C_{20}H_{11}Br_4N_3O_2$, Formel IV (R = H, X = X' = Br); 2,5-Bis-[5-jod-2-oxo-ind≠olin-3-yliden]-pyrrolidin $C_{20}H_{13}I_2N_3O_2$ [Formel III (R = X' = H, X = I); dunkelblaue Kristalle] (*Gr., v.Ar.*, A. **519** 202) als 1-[2-Hydroxy-5-jod-indol-3-yl]-4-[5-jod-2-oxo-indolin-3-yliden]-3,4-dihydro-2*H*-pyrrolium-betain $C_{20}H_{13}I_2N_3O_2$,   Formel IV (R = X' = H,   X = I);   2,5-Bis-[5-nitro-2-oxo-indolin-3-yliden]-pyrrolidin $C_{20}H_{13}N_5O_6$ [Formel III (R = X' = H, X = NO$_2$); grün schimmernde Kristalle] (*Gr., v.Ar.*, A. **519** 202) als 1-[2-Hydroxy-5-nitro-indol-3-yl]-4-[5-nitro-2-oxo-indolin-3-yl≠iden]-3,4-dihydro-2*H*-pyrrolium-betain $C_{20}H_{13}N_5O_6$,   Formel IV   (R = X' = H, X = NO$_2$).

IV   V   VI

2,6-Bis-[2-oxo-indolin-3-yliden]-piperidin, 3,3'-Piperidin-2,6-diyliden-bis-indolin-2-on
$C_{21}H_{17}N_3O_2$, Formel V.

Das von *Grassmann, v. Arnim* (A. **509** [1934] 288, 292; vgl. H **21** 443) unter dieser Konstitution beschriebene Isatinblau ist als 1-[2-Hydroxy-indol-3-yl]-5-[2-oxo-indolin-3-yliden]-2,3,4,5-tetra≠hydro-pyridinium-betain (E III/IV **24** 605) zu formulieren (*Johnson, McCaldin*, Soc. **1957** 3470, 3472).

6-Phenyl-1,2,3,4,6,8,9,10,11,12-decahydro-cyclopenta[*h*]cyclopenta[5,6]pyrido[4,3-*b*][1,6]naph≠thyridin-5,7-dion $C_{23}H_{21}N_3O_2$, Formel VI und Taut.

B. Beim Erhitzen von 4-Amino-6,7-dihydro-5*H*-[1]pyrindin-2-ol mit Benzaldehyd in Essig≠säure und wss. HCl (*Schroeder, Rigby*, Am. Soc. **71** [1949] 2205, 2209).

F: 360°.

Dioxo-Verbindungen $C_nH_{2n-27}N_3O_2$

3-Phenyl-1*H*-naphth[2',3':4,5]imidazo[1,2-*a*]pyrimidin-2,4-dion $C_{20}H_{13}N_3O_2$, Formel VII und Taut.

B. Beim Erhitzen von 1*H*-Naphth[2,3-*d*]imidazol-2-ylamin mit Phenylmalonsäure-diäthylester in Gegenwart von Benzyl-trimethyl-ammonium-hydroxid in Xylol auf 140° (*Ried, Müller*, J. pr. [4] **8** [1959] 132, 144).

Kristalle (aus DMF + H$_2$O oder Py. + H$_2$O); F: 328 – 330° [Zers.].

2,5-Bis-[2-oxo-indolin-3-yliden]-2,5-dihydro-pyrrol, 3,3'-Pyrrol-2,5-diyliden-bis-indolin-2-on
$C_{20}H_{13}N_3O_2$, Formel VIII (R = R' = R'' = H).

Die von *Grassmann, v. Arnim* (A. **519** [1935] 192, 204) unter dieser Konstitution beschriebene Verbindung (dunkelblaue Kristalle; Absorptionsspektrum [400 – 800 nm]) ist als (±)-3-Pyrrol-1-yl-indolin-2-on $C_{12}H_{10}N_2O$ zu formulieren (*Hudson, Robertson*, Tetrahedron Letters **1967**

4015).

2,5-Bis-[1-methyl-2-oxo-indolin-3-yliden]-2,5-dihydro-pyrrol, 1,1′-Dimethyl-3,3′-pyrrol-2,5-di⸗ yliden-bis-indolin-2-on $C_{22}H_{17}N_3O_2$, Formel VIII (R = CH_3, R′ = R″ = H).

Die Identität der nachstehend beschriebenen Verbindung ist zweifelhaft (vgl. dazu *Johnson, McCaldin*, Soc. **1957** 3470, 3472, **1958** 817, 818; *Hudson, Robertson*, Tetrahedron Letters **1967** 4015).

B. Neben 5,5′-Bis-[1-methyl-2-oxo-indolin-3-yliden]-1,5,1′,5′-tetrahydro-[2,2′]bipyrrolyliden (Hauptprodukt) beim Erwärmen von 1-Methyl-indolin-2,3-dion mit Pyrrol in Essigsäure und Äthanol (*Steinkopf, Wilhelm*, A. **546** [1941] 211, 228, 229).

Dunkelgrüne Kristalle (aus E.); F: 250° [unscharf; Zers.].

VII   VIII   IX

3-Äthyl-4-methyl-2,5-bis-[1-methyl-2-oxo-indolin-3-yliden]-2,5-dihydro-pyrrol, 1,1′-Dimethyl-3,3′-[3-äthyl-4-methyl-pyrrol-2,5-diyliden]-bis-indolin-2-on $C_{25}H_{23}N_3O_2$, Formel VIII (R = R″ = CH_3, R′ = C_2H_5).

Die Identität der nachstehend beschriebenen Verbindung ist zweifelhaft (vgl. dazu *Johnson, McCaldin*, Soc. **1957** 3470, 3472, **1958** 817, 818; *Hudson, Robertson*, Tetrahedron Letters **1967** 4015).

B. Neben 3,3′(oder 4,4′)-Diäthyl-4,4′(oder 3,3′)-dimethyl-5,5′-bis-[1-methyl-2-oxo-indolin-3-yliden]-1,5,1′,5′-tetrahydro-[2,2′]bipyrrolyliden (Hauptprodukt) beim Erhitzen von 1-Methyl-indolin-2,3-dion mit 3-Äthyl-4-methyl-pyrrol in Essigsäure und Äthanol (*Steinkopf, Wilhelm*, A. **546** [1941] 211, 230, 231).

Schwarzviolette Kristalle (aus E.); F: 211−214°.

Dioxo-Verbindungen $C_nH_{2n-31}N_3O_2$

2-[4,5-Diphenyl-4H-[1,2,4]triazol-3-yl]-anthrachinon $C_{28}H_{17}N_3O_2$, Formel IX (X = H).

B. Beim Erhitzen von 9,10-Dioxo-9,10-dihydro-anthracen-2-carbonsäure-hydrazid mit *N*-Phenyl-benzimidoylchlorid in 1,2-Dichlor-benzol (*Klingsberg*, Am. Soc. **80** [1958] 5786, 5788). Beim Erhitzen von 9,10-Dioxo-9,10-dihydro-anthracen-2-carbonsäure-anilid mit $SOCl_2$ und an⸗ schliessend mit Benzoesäure-hydrazid in 1,2-Dichlor-benzol (*Kl.*).

Kristalle (aus Xylol); F: 275° [korr.].

1-Chlor-2-[4,5-diphenyl-4H-[1,2,4]triazol-3-yl]-anthrachinon $C_{28}H_{16}ClN_3O_2$, Formel IX (X = Cl).

B. Beim Erhitzen von 1-Chlor-9,10-dioxo-*N*-phenyl-9,10-dihydro-anthracen-2-carbimidoyl⸗ chlorid mit Benzoesäure-hydrazid in 1,2-Dichlor-benzol (*Klingsberg*, Am. Soc. **80** [1958] 5786, 5788).

Kristalle (aus wss. Eg.); F: 275° [korr.].

*Opt.-inakt. 1,3-Dihydro-1′H,1″H-[3,2′;2′,3″]terindol-2,3′-dion(?) $C_{24}H_{17}N_3O_2$, vermutlich Formel X.

B. Aus 1′H-[2,3′]Biindolyl-3-on (Indoxylrot) und Indolin-2-on (*Seidel*, B. **83** [1950] 20, 24).

Pyridin enthaltende hellgelbe Kristalle (aus Py.); F: 208° [nach Sintern].

Dioxo-Verbindungen $C_nH_{2n-39}N_3O_2$

2,3,8,8a-Tetraphenyl-8,8a-dihydro-3H-3,7-cyclo-imidazo[1,2-a]pyrazin-5,6-dion,
5,7,7a,8-Tetraphenyl-5,7a-dihydro-1,5-methano-imidazo[1,5-a]imidazol-2,3-dion
$C_{30}H_{21}N_3O_2$, Formel XI.

Die von *van Alphen* (R. **52** [1933] 478, 481, 482) unter dieser Konstitution beschriebene
Verbindung ist als 3,4,5,3',4',5'-Hexaphenyl-1H,1'H-1,1'-oxalyl-di-pyrazol (E III/IV **23** 2055) zu
formulieren (*Comrie*, Soc. [C] **1971** 2807, 2809).

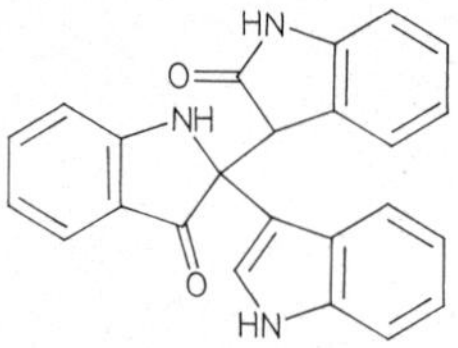

X 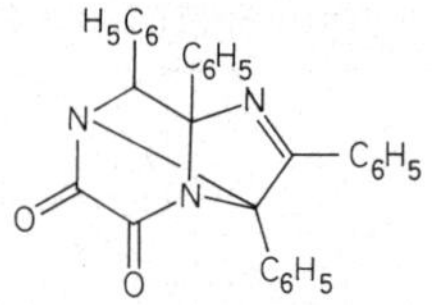   XI 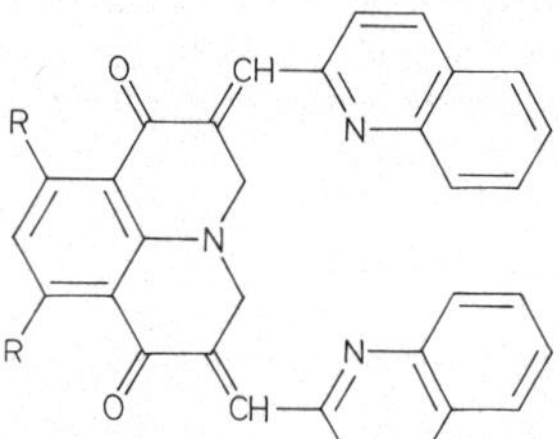   XII

Dioxo-Verbindungen $C_nH_{2n-43}N_3O_2$

*2,6-Bis-[2]chinolylmethylen-2,3,5,6-tetrahydro-pyrido[3,2,1-ij]chinolin-1,7-dion $C_{32}H_{21}N_3O_2$,
Formel XII (R = H).

B. Beim Erwärmen von 2,3,5,6-Tetrahydro-pyrido[3,2,1-ij]chinolin-1,7-dion mit Chinolin-2-
carbaldehyd in äthanol. KOH (*Ittyerah, Mann,* Soc. **1958** 467, 478).

Hellgelbe Kristalle (aus Bzl.); F: 185°.

---

*2,6-Bis-[2]chinolylmethylen-8,10-dimethyl-2,3,5,6-tetrahydro-pyrido[3,2,1-ij]chinolin-1,7-dion
$C_{34}H_{25}N_3O_2$, Formel XII (R = CH$_3$).

B. Analog der vorangehenden Verbindung (*Ittyerah, Mann,* Soc. **1958** 467, 478).

Hellgelbe Kristalle (aus Bzl.); F: 225°.   [*Lange*]

C. Trioxo-Verbindungen

Trioxo-Verbindungen $C_nH_{2n-3}N_3O_3$

Trioxo-Verbindungen $C_3H_3N_3O_3$

3-Thioxo-tetrahydro-[1,2,4]triazin-5,6-dion $C_3H_3N_3O_2S$, Formel I und Taut.

Eine Verbindung dieser Konstitution hat in dem früher (s. E III **3** 320) als N,N'-Bis-amino=
oxalyl-N,N'-diisothiocyanato-thioharnstoff   („$N.N'$-Diisothiocyanato-$N.N'$-dioxamoyl-thio=
harnstoff") beschriebenen Präparat der vermeintlichen Zusammensetzung $C_7H_4N_6O_4S_3$ vorge=
legen (*Anthoni et al.,* Acta chem. scand. [B] **30** [1976] 71, 74, 81).

Nach Ausweis der UV-Absorption der N- und S-methylierten Derivate liegt in äthanol.
Lösung   überwiegend   6-Hydroxy-3-thioxo-3,4-dihydro-2H-[1,2,4]triazin-5-on
$C_3H_3N_3O_2S$ vor (*Pesson, Antoine,* Bl. **1970** 1599).

Hellgelbe Kristalle (aus Nitrobenzol); F: 219–223° [unkorr.; Zers.] (*An. et al.*).

[1,3,5]Triazintrion $C_3H_3N_3O_3$, Formel II und Taut.; **Isocyanursäure** und **Cyanursäure** (H 239;
E I 73; E II 131).

Zusammenfassende Darstellung: *Smolin, Rapoport,* Chem. heterocycl. Compounds **13** [1959]

17; Kirk-Othmer **7** [1979] 397.

Nach Ausweis der Kristallstruktur-Analyse (*Wiebenga, Moerman*, Z. Kr. **99** [1938] 217; *Wiebenga*, Am. Soc. **74** [1952] 6156; *Verschoor, Keulen*, Acta cryst. [B] **27** [1971] 134, 142) sowie der IR-Absorption (*Newmann, Badger*, Am. Soc. **74** [1952] 3545; *Padgett, Hamner*, Am. Soc. **80** [1958] 803, 808) liegt in den Kristallen und nach Ausweis der UV-Absorption (*Klotz, Askounis*, Am. Soc. **69** [1947] 801; *Hirt, Schmitt*, Spectrochim. Acta **12** [1958] 127, 135; *Ciquitti, Paoloni*, Spectrochim. Acta **20** [1964] 211, 212) liegt in wss. Lösung fast ausschliesslich [1,3,5]Triazintrion (Isocyanursäure) vor (s. a. *Katritzky, Lagowski*, Adv. heterocycl. Chem. **1** [1963] 339, 387; *Elguero et al.*, Adv. heterocycl. Chem. Spl. **1** [1976] 138).

Isolierung aus den Böden von Kagamigahara: *Ichikawa*, J. agric. chem. Soc. Japan **12** [1936] 898; Bl. agric. chem. Soc. Japan **12** [1936] 131; C. **1937** I 2241.

B. Aus Harnstoff beim Erhitzen mit NH₄Cl (*Am. Cyanamid Co.*, U.S.P. 2527316 [1949]), mit ZnCl₂ (*Siddhanta, Ray*, J. Indian chem. Soc. **20** [1943] 359, 360; *Hands, Whitt*, J. Soc. chem. Ind. **67** [1948] 66), mit wss. H₂SO₄ (*Montecatini*, U.S.P. 2790801 [1955]), mit SOCl₂ (*Gable*, U.S.P. 2729637 [1953]) oder mit SO₂Cl₂ (*Haworth, Mann*, Soc. **1943** 603, 605). Aus Harnstoff beim Erhitzen mit Phenol, *p*-Kresol sowie Dimethylphenol (*Am. Cyanamid Co.*, U.S.P. 2822363 [1955]), in DMF oder *N,N*-Dimethyl-acetamid (*Emery-Ind.*, U.S.P. 2872447 [1956]). Aus Carbamoylchlorid beim Erhitzen auf 180° (*Slocombe et al.*, Am. Soc. **72** [1950] 1888). Aus Allophansäure-äthylester beim Erhitzen auf 200° (*Werner, Werner*, Scient. Pr. roy. Dublin Soc. **23** [1943] 137, 140). Aus Allophanoylchlorid beim Erhitzen auf 290° (*I. G. Farbenind.*, D.R.P. 607663 [1933]; U.S.P. 2045111 [1933]; Brit. P. 416599 [1933]) oder beim Erhitzen in Chlorbenzol, Toluol oder Naphthalin (*I. G. Farbenind.*, D.R.P. 620906 [1934]; Frdl. **22** 215). Beim Erhitzen des Ammonium-Salzes der Methylcarbamoyl-amidoschwefelsäure auf 200° (*Gag‑ non et al.*, Canad. J. Chem. **34** [1956] 1662, 1670). Aus Trichlor-[1,3,5]triazin beim Erhitzen auf 150° (*Zobrist, Schinz*, Helv. **35** [1952] 2380, 2387). Beim Erhitzen von [1,3,5]Triazin-2,4,6-triyltriamin mit wss. H₂SO₄ auf 200° (*Am. Cyanamid Co.*, U.S.P. 2768167 [1955]).

Atomabstände und Bindungswinkel bei 85 – 95 K und 295 K (Röntgen-Diagramm): *Ver‑ schoor, Keulen*, Acta cryst. [B] **27** [1971] 134, 141; s. a. *Wiebenga*, Am. Soc. **74** [1952] 6156; bei 120 – 130 K (Neutronenbeugung): *Coppes, Vos*, Acta cryst. [B] **27** [1971] 146, 148.

Kristalle [nach Sublimation bei 150 – 180°/10⁻⁴ Torr] (*Verschoor, Keulen*, Acta cryst. [B] **27** [1971] 134, 137). Monoklin; Kristallstruktur-Analyse (Röntgen-Diagramm) bei 100 K und 295 K: *Ve., Ke.*; s. a. *Wiebenga, Moerman*, Z. Kr. **99** [1938] 217. Assoziation und Dihydrat-Bildung in H₂O: *Anslow*, Discuss. Faraday Soc. **9** [1950] 299, 308. Dichte der Kristalle (Dihy‑ drat?) bei −5°: 1,753 (*Beck*, Öst. Chemiker-Ztg. **46** [1943] 18, 21). Kristalloptik der wasserfreien Verbindung: *Wi., Mo.*, l. c. S. 218. Anisotrope Absorption (Dichroismus) eines Einkristalls (3600 – 550 cm⁻¹): *Newman, Badger*, Am. Soc. **74** [1952] 3545, 3547. IR-Spektrum (2 – 15 µ) der wasserfreien Kristalle: *Padgett et al.*, J. chem. Physics **26** [1957] 959; *Padgett, Hamner*, Am. Soc. **80** [1958] 803, 808; *Roosens*, Bl. Soc. chim. Belg. **59** [1950] 377, 381; *Rahman, R*. **75** [1956] 164, 167; *Scheïnker, Pomeranzew*, Ž. fiz. Chim. **30** [1956] 79, 87; C. A. **1956** 14780; *Brandenberger, Brandenberger*, Helv. **37** [1954] 2207, 2210; *Ne., Ba.*; der Kristalle des Dihydrats: *Ro.*, l. c. S. 382; der Kristalle von partiell deuterierter Cyanursäure: *Ne., Ba.* Raman-Banden der Kristalle des Dihydrats (1780 – 710 cm⁻¹): *Kahovec, Kohlrausch*, Z. physik. Chem. [A] **193** [1944] 188, 189, 194; von Lösungen in wss. HCl und wss. NaOH (3490 – 330 cm⁻¹): *Ito*, Bl. chem. Soc. Japan **26** [1953] 339. UV-Spektrum (190 – 260 nm) in H₂O, wss. HClO₄ [0,1 n und 7 n] sowie wss. NaOH [0,1 n]: *Agallidis et al.*, B. **71** [1938] 1391, 1397; in wss. HCl [0,1 n], wss. Lösung vom pH 9 sowie wss. NaOH vom pH 12: *Hirt, Schmitt*, Spectrochim. Acta **12** [1958] 127, 131.

Magnetische Susceptibilität der wasserfreien Verbindung bei 10°: $-51,1 \cdot 10^{-6}$ cm³·mol⁻¹ (*Maruha*, J. chem. Soc. Japan Pure Chem. Sect. **71** [1950] 627; C. A. **1951** 9067); bei Raumtem‑ peratur: $-54,5 \cdot 10^{-6}$ cm³·mol⁻¹ (*Matsunaga, Morita*, Bl. chem. Soc. Japan **31** [1958] 644); bei 31°: $-61,5 \cdot 10^{-6}$ cm³·mol⁻¹ (*Siddhanta, Ray*, J. Indian chem. Soc. **20** [1943] 359, 360). Magnetische Anisotropie des Dihydrats: *Lonsdale*, Pr. roy. Soc. [A] **177** [1941] 272, 279. Schein‑ bare Dissoziationsexponenten pK'_{a1} und pK'_{a2} (H₂O; spektrophotometrisch ermittelt): 6,5 bzw. 10,6 (*Hirt, Schmitt*, Spectrochim. Acta **12** [1958] 127, 129). Scheinbare Dissoziationskonstante K'_{a1} (H₂O; potentiometrisch ermittelt): $1,66 \cdot 10^{-7}$ (*Redemann, Lucas*, Am. Soc. **61** [1939] 3420, 3422).

Reaktion mit NH_3 bei 250°, 300° und 350° (Bildung von [1,3,5]Triazin-2,4,6-triyltriamin, 4,6-Diamino-1H-[1,3,5]triazin-2-on und 6-Amino-1H-[1,3,5]triazin-2,4-dion): *Kasarnowskiĭ, Malkina, Ž.* prikl. Chim. **30** [1957] 490; engl. Ausg. S. 525.

Kalium-Salz $KC_3H_2N_3O_3$ (H 242). Kristalle (aus H_2O) mit 1 Mol H_2O (*Wagner-Jauregg, Häring,* Helv. **41** [1958] 377, 384).

Dinatrium-[tetrakis-(4,6-dihydroxy-[1,3,5]triazin-2-olato)-cuprat(II)] $Na_2[Cu(C_3H_2N_3O_3)_4]$ (vgl. E I 73). Herstellung: *Ostrogovich, Ostrogovich,* Atti V. Congr. naz. Chim. pura appl. Sardinien 1935 S. 431. – Die wasserfreien Kristalle existieren in einer violetten und einer grünblauen Modifikation. Violette Kristalle mit 6 Mol H_2O.

Calcium-Salz $Ca(C_3H_2N_3O_3)_2$ (vgl. H 242). Kristalle mit 4 Mol H_2O [nach Trocknen im Vakuum] (*Haworth, Mann,* Soc. **1943** 603, 606).

Kobalt(II)-Komplexsalze. a) $Co_2[Co(C_3N_3O_3)_2]$. Herstellung: *Pascal, Lecuir,* C. r. **190** [1930] 784. Blaugrüner Feststoff. Magnetische Susceptibilität bei 16°: $+25610 \cdot 10^{-6}$ cm³·mol⁻¹. – b) $H_2Co_2(C_3N_3O_3)_2$. Herstellung: *Pa., Le.* Violette Kristalle mit 6 Mol H_2O. Magnetische Susceptibilität bei 16°: $+19090 \cdot 10^{-6}$ cm³·mol⁻¹. – c) $H_4Co(C_3N_3O_3)_2$. Herstellung: *Pa., Le.* Rosafarbene Kristalle mit 3 Mol H_2O. Magnetische Susceptibilität bei 16°: $+9250 \cdot 10^{-6}$ cm³·mol⁻¹.

Verbindung mit Biuret $C_3H_3N_3O_3 \cdot C_2H_5N_3O_2$. Kristalle [aus H_2O] (*Close,* Am. Soc. **75** [1953] 3619).

4-Nitro-benzyl-Derivat $C_{10}H_8N_4O_5$ (E I 73). F: 278° (*Kurzer,* Soc. **1951** 1258, 1261).

     I   II   III   IV   V

6-Imino-dihydro-[1,3,5]triazin-2,4-dion, Ammelid $C_3H_4N_4O_2$ s. 6-Amino-1H-[1,3,5]triazin-2,4-dion (Syst.-Nr. 3990).

4,6-Diimino-tetrahydro-[1,3,5]triazin-2-on, Ammelin $C_3H_5N_5O$ s. 4,6-Diamino-1H-[1,3,5]triazin-2-on (Syst.-Nr. 3990).

2,4,6-Triimino-hexahydro-[1,3,5]triazin, [1,3,5]Triazintrion-triimin, Melamin, Cyanuramid $C_3H_6N_6$ s. [1,3,5]Triazin-2,4,6-triyltriamin (Syst.-Nr. 3988).

[1,3,5]Triazintrion-monooxim $C_3H_4N_4O_3$ s. 6-Hydroxyamino-1H-[1,3,5]triazin-2,4-dion (Syst.-Nr. 3997).

[1,3,5]Triazintrion-monohydrazon $C_3H_5N_5O_2$ s. 6-Hydrazino-1H-[1,3,5]triazin-2,4-dion (Syst.-Nr. 3998).

[1,3,5]Triazintrion-dihydrazon $C_3H_7N_7O$ s. 4,6-Dihydrazino-1H-[1,3,5]triazin-2-on (Syst.-Nr. 3998).

[1,3,5]Triazintrion-trihydrazon $C_3H_9N_9$ s. Trihydrazino-[1,3,5]triazin (Syst.-Nr. 3998).

Methyl-[1,3,5]triazintrion $C_4H_5N_3O_3$, Formel III (R = R′ = H) und Taut. (H 249).
     B. Beim Erhitzen von Methylharnstoff mit Harnstoff auf 250° (*Close,* Am. Soc. **75** [1953] 3617).
     Kristalle; F: 295–296° [korr.] (*Biltz,* B. **67** [1934] 1856, 1862).
     Verbindung mit 1-Methyl-biuret $C_4H_5N_3O_3 \cdot C_3H_7N_3O_2$. Kristalle [aus wss. Acn.] (*Close,* Am. Soc. **75** [1953] 3619).

Dimethyl-[1,3,5]triazintrion $C_5H_7N_3O_3$, Formel III (R = CH_3, R' = H) und Taut. (H 249;
E I 76; E II 134).

 B. Aus Trimethoxy-[1,3,5]triazin beim Erhitzen mit Essigsäure-BF_3 in Toluol (*Rütgerswerke*,
D.B.P. 959645 [1954]; U.S.P. 2830051 [1955]).

 F: 222 – 225°.

Trimethyl-[1,3,5]triazintrion $C_6H_9N_3O_3$, Formel III (R = R' = CH_3) (H 249; E I 76;
E II 134).

 B. Aus *N*-Methyl-*N*-nitroso-harnstoff beim Erwärmen in Toluol (*Huisgen, Reimlinger*, A.
599 [1956] 183, 199). Aus Methylcarbamidsäure-methylester beim Erhitzen mit Natriummethylat
auf 280° oder mit Ca(OH)$_2$ auf 200° (*Bortnick et al.*, Am. Soc. **78** [1956] 4358, 4360). Aus
[1,3,5]Triazintrion beim Behandeln mit Diazomethan in Äther (*Sobotka, Bloch*, Am. Soc. **59**
[1937] 2606).

 Kristalle (aus A.); F: 174 – 176° (*Hu., Re.*). UV-Spektrum (210 – 230 nm): *Agallidis et al.*,
B. **71** [1938] 1391, 1397.

 Bildung von 6-Hydroxy-1,3,5-trimethyl-6-phenyl-dihydro-[1,3,5]triazin-2,4-dion durch Erwär=
men mit Phenylmagnesiumbromid in Benzol: *So., Bl.*

Trimethyl-[1,3,5]triazintrion-triimin, Trimethylisomelamin $C_6H_{12}N_6$, Formel IV (H 250;
E I 76; E II 134).

 B. Aus Cyanamid beim Behandeln mit Dimethylsulfat und wss. NaOH (*Miller, Bann*, J.
appl. Chem. **6** [1956] 89, 92). Neben *N,N'*-Dimethyl-guanidin beim Erhitzen von *N*-Methyl-*N'*-
nitro-guanidin mit wss. Methylamin bei 6,7 at (*Davis, Elderfield*, Am. Soc. **55** [1933] 731,
738).

Äthyl-[1,3,5]triazintrion $C_5H_7N_3O_3$, Formel V und Taut.

 B. Aus 1-Äthyl-biuret und Diäthylcarbonat beim Erwärmen mit äthanol. Natriumäthylat
(*Close*, Am. Soc. **75** [1953] 3617).

 Kristalle (aus A.); F: 230 – 231° (*Cl.*, l. c. S. 3618).

 Verbindung mit 1-Äthyl-biuret $C_5H_7N_3O_3 \cdot C_4H_9N_3O_2$. Kristalle (aus H$_2$O); F:
172 – 173° (*Close*, Am. Soc. **75** [1953] 3619).

Propyl-[1,3,5]triazintrion $C_6H_9N_3O_3$, Formel VI (R = R' = H, n = 2) und Taut.

 B. Aus 1-Propyl-biuret und Diäthylcarbonat beim Erwärmen mit äthanol. Natriumäthylat
(*Close*, Am. Soc. **75** [1953] 3618).

 Kristalle (aus A.); F: 226 – 227° (*Cl.*, l. c. S. 3618).

 Verbindung mit 1-Propyl-biuret $C_6H_9N_3O_3 \cdot C_5H_{11}N_3O_2$. Kristalle (aus H$_2$O oder
A.); F: 173 – 175° (*Close*, Am. Soc. **75** [1953] 3619).

Dipropyl-[1,3,5]triazintrion $C_9H_{15}N_3O_3$, Formel VI (R = CH_2-C_2H_5, R' = H, n = 2) und
Taut.

 B. Aus Tripropoxy-[1,3,5]triazin beim Erhitzen mit Essigsäure-BF_3 in Xylol (*Rütgerswerke*,
D.B.P. 959645 [1954]; U.S.P. 2830051 [1955]).

 F: 138 – 139°.

Butyl-[1,3,5]triazintrion $C_7H_{11}N_3O_3$, Formel VI (R = R' = H, n = 3) und Taut.

 B. Aus 1-Butyl-biuret und Diäthylcarbonat beim Erwärmen mit äthanol. Natriumäthylat
(*Close*, Am. Soc. **75** [1953] 3617).

 Kristalle (aus A.); F: 226 – 227° (*Cl.*, l. c. S. 3618).

 Verbindung mit 1-Butyl-biuret $C_7H_{11}N_3O_3 \cdot C_6H_{13}N_3O_2$. Kristalle (aus H$_2$O oder
A.); F: 181 – 182° (*Close*, Am. Soc. **75** [1953] 3619).

Tributyl-[1,3,5]triazintrion $C_{15}H_{27}N_3O_3$, Formel VI (R = R' = [CH$_2$]$_3$-CH$_3$, n = 3).

 B. Neben Butylisocyanat beim Erhitzen von Butylcarbamidsäure-äthylester mit CaO auf
150 – 200° (*Bortnick et al.*, Am. Soc. **78** [1956] 4358, 4360). Neben *N,N'*-Dibutyl-harnstoff
beim Erhitzen von Kaliumcyanat mit Butylchlorid und KI in Acetonitril auf 175° (*Am. Cyanamid*

Co., U.S.P. 2536849 [1949]).

$Kp_{0,9}$: 151−155° (*Am. Cyanamid Co.*, U.S.P. 2536849).

Überführung in Butylisocyanat durch Behandeln mit HCl in Toluol und Erhitzen der Reak≠
tionslösung: *Am. Cyanamid Co.*, U.S.P. 2580468 [1949].

(±)-*sec*-Butyl-[1,3,5]triazintrion $C_7H_{11}N_3O_3$, Formel VII (R = CH_3, R′ = H) und Taut.

B. In kleiner Menge beim Erhitzen von (±)-*sec*-Butyl-harnstoff mit Harnstoff auf 250° (*Close,*
Am. Soc. **75** [1953] 3617).

F: 239−240°.

Isobutyl-[1,3,5]triazintrion $C_7H_{11}N_3O_3$, Formel VII (R = H, R′ = CH_3) und Taut.

B. Aus 1-Isobutyl-biuret und Diäthylcarbonat beim Erwärmen mit äthanol. Natriumäthylat
(*Close,* Am. Soc. **75** [1953] 3617).

Kristalle (aus A.); F: 266−267° (*Cl.*, l. c. S. 3618).

Verbindung mit 1-Isobutyl-biuret $C_7H_{11}N_3O_3 \cdot C_6H_{13}N_3O_2$. Kristalle [aus wss. Acn.]
(*Close,* Am. Soc. **75** [1953] 3619).

Pentyl-[1,3,5]triazintrion $C_8H_{13}N_3O_3$, Formel VI (R = R′ = H, n = 4) und Taut.

B. Aus 1-Pentyl-biuret und Diäthylcarbonat beim Erwärmen mit äthanol. Natriumäthylat
(*Close,* Am. Soc. **75** [1953] 3617). In kleiner Menge beim Erhitzen von Pentylharnstoff mit
μ-Imido-dikohlensäure-diäthylester (E III **3** 50) auf 250° (*Cl.*).

Kristalle (aus A.); F: 229−230° (*Cl.*, l. c. S. 3618).

Verbindung mit 1-Pentyl-biuret $C_8H_{13}N_3O_3 \cdot C_7H_{15}N_3O_2$. Kristalle (aus H_2O); F:
178−179° (*Close,* Am. Soc. **75** [1953] 3619).

Isopentyl-[1,3,5]triazintrion $C_8H_{13}N_3O_3$, Formel VIII und Taut.

B. Aus 1-Isopentyl-biuret und Diäthylcarbonat beim Erwärmen mit äthanol. Natriumäthylat
(*Close,* Am. Soc. **75** [1953] 3617).

Kristalle (aus A.); F: 232−233° (*Cl.*, l. c. S. 3618).

Verbindung mit 1-Isopentyl-biuret $C_8H_{13}N_3O_3 \cdot C_7H_{15}N_3O_2$. Kristalle (aus wss.
Acn. oder A.); F: 177−178° (*Close,* Am. Soc. **75** [1953] 3619).

Hexyl-[1,3,5]triazintrion $C_9H_{15}N_3O_3$, Formel VI (R = R′ = H, n = 5) und Taut.

B. Aus 1-Hexyl-biuret und Diäthylcarbonat beim Erwärmen mit äthanol. Natriumäthylat
(*Close,* Am. Soc. **75** [1953] 3617). Aus Hexylisocyanat oder aus Hexylcarbamidsäure-äthylester
beim Behandeln mit Titan(IV)-butylat (*Laakso, Reynolds,* Am. Soc. **79** [1957] 5717, 5718).

Kristalle (aus A.); F: 226−227° (*Cl.*, l. c. S. 3618).

Verbindung mit 1-Hexyl-biuret $C_9H_{15}N_3O_3 \cdot C_8H_{17}N_3O_2$. Kristalle (aus wss. Acn.);
F: 180−181° (*Close,* Am. Soc. **75** [1953] 3619).

Allyl-[1,3,5]triazintrion $C_6H_7N_3O_3$, Formel IX (R = R′ = H) und Taut.

B. Aus Tris-allyloxy-[1,3,5]triazin beim Erhitzen mit Phenol unter Zusatz von Bleicherde
(*Rütgerswerke,* D.B.P. 959645 [1954]; U.S.P. 2830051 [1955]).

Kristalle; F: 209−211°.

Diallyl-[1,3,5]triazintrion $C_9H_{11}N_3O_3$, Formel IX (R = CH_2-CH=CH_2, R′ = H) und Taut.

B. Aus Tris-allyloxy-[1,3,5]triazin beim Erhitzen mit Essigsäure-BF_3 in Xylol oder mit Cumol
unter Zusatz von Bleicherde (*Rütgerswerke,* D.B.P. 959645 [1954]; U.S.P. 2830051 [1955]).

Kristalle; F: 146−148°.

Triallyl-[1,3,5]triazintrion $C_{12}H_{15}N_3O_3$, Formel IX (R = R' = CH$_2$-CH=CH$_2$).

B. Beim Erhitzen von Kaliumcyanat mit Allylchlorid in Acetonitril auf 150° (*Am. Cyanamid Co.*, U.S.P. 2536849 [1949]).

Kp$_{0,5}$: 107 − 114° (*Am. Cyanamid Co.*). Verbrennungsenthalpie: *Clampitt et al.*, J. Polymer Sci. **27** [1958] 515, 521. IR-Spektrum (KBr; 1800 − 700 cm^{-1}): *Cl. et al.*

Enthalpie der durch Dibenzoylperoxid initiierten Polymerisation in Al$_2$O$_3$ bei 109° und 142°: *Cl. et al.*, l. c. S. 519.

Tricyclohexyl-[1,3,5]triazintrion $C_{21}H_{33}N_3O_3$, Formel X.

B. Neben Cyclohexylisocyanat (Hauptprodukt) beim Erhitzen von Cyclohexylcarbamidsäureäthylester mit CaO (*Bortnick et al.*, Am. Soc. **78** [1956] 4358, 4360).

F: 230 − 232° (nicht rein erhalten).

Phenyl-[1,3,5]triazintrion $C_9H_7N_3O_3$, Formel XI und Taut. (H 251; E I 76; E II 134).

B. Aus 1-Phenyl-biuret und Diäthylcarbonat beim Erwärmen mit äthanol. Natriumäthylat (*Close*, Am. Soc. **75** [1953] 3617).

Kristalle (aus A.); F: 310 − 311° (*Cl.*, l. c. S. 3618).

Verbindung mit 1-Phenyl-biuret $C_9H_7N_3O_3 \cdot 2C_8H_9N_3O_2$ (vgl. E II 134). Kristalle (aus H$_2$O); F: 209 − 211° (*Close*, Am. Soc. **75** [1953] 3619).

IX   X   XI   XII

Triphenyl-[1,3,5]triazintrion $C_{21}H_{15}N_3O_3$, Formel XII (X = X' = X'' = H) (H 253; E I 76).

B. Aus Phenylisocyanat beim Behandeln mit Äthylenoxid und wenig Pyridin bei 0° (*Jones, Savill*, Soc. **1957** 4392), mit Äthylenoxid bei 100° (*Kraśuśkiĭ, Mowśumsade*, Ž. obšč. Chim. **6** [1936] 1203, 1206; C. **1937** I 3946), mit Äthanol und 4-Methyl-morpholin bei 125° (*Kogon*, Am. Soc. **78** [1956] 4911, 4914) sowie mit Kaliumacetat bei 125° (*Ko.*). Aus Phenylisocyanat beim Behandeln mit AlCl$_3$ (*Dokunichin, Gaewa*, Ž. obšč. Chim. **29** [1959] 297, 299; engl. Ausg. S. 300, 302) oder mit der Dinatrium-Verbindung des *trans*-Stilbens in 1,2-Dimethoxy-äthan (*Brook et al.*, J. org. Chem. **18** [1953] 447, 461).

Kristalle (aus Eg.); F: 280 − 281° [korr.] (*Br. et al.*). UV-Spektrum (A.; 235 − 275 nm): *Schroeder et al.*, Anal. Chem. **23** [1951] 1740, 1745, 1747.

Tris-[2-chlor-phenyl]-[1,3,5]triazintrion $C_{21}H_{12}Cl_3N_3O_3$, Formel XII (X = Cl, X' = X'' = H).

B. Aus 2-Chlor-phenylisocyanat beim Erhitzen mit Äthanol und 4-Methyl-morpholin (*Kogon*, Am. Soc. **78** [1956] 4911).

Kristalle (aus A.); F: 201° [unkorr.].

Tris-[3-chlor-phenyl]-[1,3,5]triazintrion $C_{21}H_{12}Cl_3N_3O_3$, Formel XII (X = X'' = H, X' = Cl).

B. Aus 3-Chlor-phenylisocyanat beim Erhitzen mit Äthanol und 4-Methyl-morpholin oder mit Kaliumacetat (*Kogon*, Am. Soc. **78** [1956] 4911).

Kristalle (aus A.); F: 218° [unkorr.; Zers.].

Tris-[4-chlor-phenyl]-[1,3,5]triazintrion $C_{21}H_{12}Cl_3N_3O_3$, Formel XII (X = X' = H, X'' = Cl).

B. Aus 4-Chlor-phenylisocyanat beim Erhitzen mit Äthanol und 4-Methyl-morpholin oder mit Kaliumacetat (*Kogon*, Am. Soc. **78** [1956] 4911).

Kristalle (aus A.); F: 318° [unkorr.].

Tris-[2-nitro-phenyl]-[1,3,5]triazintrion $C_{21}H_{12}N_6O_9$, Formel XII (X = NO_2, X' = X'' = H).

B. Aus 2-Nitro-phenylisocyanat beim Erhitzen mit Äthanol und 4-Methyl-morpholin (*Kogon*, Am. Soc. **78** [1956] 4911).

Kristalle (aus A.); F: 260° [unkorr.].

Tris-[4-nitro-phenyl]-[1,3,5]triazintrion $C_{21}H_{12}N_6O_9$, Formel XII (X = X' = H, X'' = NO_2).

B. Aus 4-Nitro-phenylisocyanat beim Erhitzen mit Äthanol und 4-Methyl-morpholin (*Kogon*, Am. Soc. **78** [1956] 4911) oder beim Erwärmen mit Kaliumacetat (*van Hoogstraten*, R. **51** [1932] 414, 423).

Kristalle (aus A.); F: 350° [unkorr.] (*Ko.*).

Triphenyl-[1,3,5]triazintrion-triimin, Triphenylisomelamin $C_{21}H_{18}N_6$, Formel XIII (R = X = X' = H) (H 253; E I 76; E II 135).

B. Neben anderen Verbindungen beim Erhitzen von [1,3,5]Triazin-2,4,6-triyltriamin-monohy= drochlorid mit Anilin auf 190° (*I.G. Farbenind.*, U.S.P. 2228161 [1938]).

Triphenyl-[1,3,5]triazintrion-tris-phenylimin $C_{39}H_{30}N_6$, Formel XIII (R = C_6H_5, X = X' = H) (H 254).

Bestätigung der Konstitution: *Hansen, Blake*, J. heterocycl. Chem. **7** [1970] 997.

Kristalle (aus A.); F: 196,5–197,5°.

Tris-[2-chlor-phenyl]-[1,3,5]triazintrion-triimin $C_{21}H_{15}Cl_3N_6$, Formel XIII (R = X' = H, X = Cl).

B. Neben N^2,N^4,N^6-Tris-[2-chlor-phenyl]-[1,3,5]triazin-2,4,6-triyltriamin beim Erwärmen von [2-Chlor-phenyl]-carbamonitril auf 100° (*Kurzer*, Soc. **1949** 3033, 3037).

Kristalle (aus wss.-äthanol. HCl + wss. NH_3); F: 261–262° [unkorr.]. λ_{max}: 247 nm.

Tris-[4-chlor-phenyl]-[1,3,5]triazintrion-triimin $C_{21}H_{15}Cl_3N_6$, Formel XIII (R = X = H, X' = Cl).

B. Aus [4-Chlor-phenyl]-carbamonitril beim Erwärmen (*Singh et al.*, J. Indian chem. Soc. **23** [1946] 373, 375).

F: 280°.

Tris-[2-brom-phenyl]-[1,3,5]triazintrion-triimin $C_{21}H_{15}Br_3N_6$, Formel XIII (R = X' = H, X = Br).

B. Neben N^2,N^4,N^6-Tris-[2-brom-phenyl]-[1,3,5]triazin-2,4,6-triyltriamin beim Erwärmen von [2-Brom-phenyl]-carbamonitril auf 100° (*Kurzer*, Soc. **1949** 3033, 3037).

Kristalle (aus wss.-äthanol. HCl + wss. NH_3); F: 266–268° [unkorr.]. λ_{max}: 242 nm.

*6-Anilino-6-[N-methyl-anilino]-1,3,5-triphenyl-dihydro-[1,3,5]triazin-2,4-dion-bis-phenylimin(?),
N^2-**Methyl-1,3,5,**$N^2,N^{2'}$-**pentaphenyl-4,6-bis-phenylimino-tetrahydro-[1,3,5]triazin-2,2-diyl=**
diamin(?) $C_{46}H_{39}N_7$, vermutlich Formel XIV (R = CH_3).

B. Beim Behandeln von Diphenylcarbodiimid mit N-Methyl-anilin (*Rivier, Langer*, Helv. **26** [1943] 1722, 1724).

Kristalle (aus E.); F: 144–145° [korr.].

*6-[N-Äthyl-anilino]-6-anilino-1,3,5-triphenyl-dihydro-[1,3,5]triazin-2,4-dion-bis-phenylimin(?),
N^2-**Äthyl-1,3,5,**$N^2,N^{2'}$-**pentaphenyl-4,6-bis-phenylimino-tetrahydro-[1,3,5]triazin-2,2-diyl=**
diamin(?) $C_{47}H_{41}N_7$, vermutlich Formel XIV (R = C_2H_5).

B. Analog der vorangehenden Verbindung (*Rivier, Langer*, Helv. **26** [1943] 1722, 1725).

Kristalle; F: 149–150° [korr.].

XIII   XIV   XV

Tri-*o*-tolyl-[1,3,5]triazintrion $C_{24}H_{21}N_3O_3$, Formel XII (X = CH$_3$, X' = X'' = H) (H 254).

B. Aus *o*-Tolylisocyanat beim Erhitzen mit Äthanol und 4-Methyl-morpholin (*Kogon*, Am. Soc. **78** [1956] 4911).

Kristalle (aus A.); F: 180° [unkorr.].

Tri-*p*-tolyl-[1,3,5]triazintrion $C_{24}H_{21}N_3O_3$, Formel XII (X = X' = H, X'' = CH$_3$) (H 254).

B. Aus *p*-Tolylisocyanat beim Erhitzen mit Äthanol und 4-Methyl-morpholin oder mit Kaliumacetat (*Kogon*, Am. Soc. **78** [1956] 4911).

Kristalle (aus A.); F: 264° [unkorr.].

Tri-*p*-tolyl-[1,3,5]triazintrion-triimin, Tri-*p*-tolyl-isomelamin $C_{24}H_{24}N_6$, Formel XIII (R = X = H, X' = CH$_3$) (H 254).

B. Aus *p*-Tolylcarbamonitril beim Erwärmen (*Singh et al.*, J. Indian chem. Soc. **23** [1946] 373, 375).

F: 256°.

Benzyl-[1,3,5]triazintrion $C_{10}H_9N_3O_3$, Formel XV (R = H, X = O) und Taut.

B. Aus 1-Benzyl-biuret und Diäthylcarbonat beim Erwärmen mit äthanol. Natriumäthylat (*Close*, Am. Soc. **75** [1953] 3617).

Kristalle (aus A.); F: 244–245° (*Cl.*, l. c. S. 3618).

Verbindung mit 1-Benzyl-biuret $C_{10}H_9N_3O_3 \cdot C_9H_{11}N_3O_2$. Kristalle (aus wss. Acn. oder A.); F: 185–186° (*Close*, Am. Soc. **75** [1953] 3619).

Tribenzyl-[1,3,5]triazintrion $C_{24}H_{21}N_3O_3$, Formel XV (R = CH$_2$-C$_6$H$_5$, X = O) (H 255; E I 76).

B. Beim Erhitzen von Natriumcyanat mit Benzylchlorid in DMF auf 145° (*Ethyl Corp.*, U.S.P. 2866801 [1955], 2866802 [1955]). Beim Erwärmen von Tris-benzyloxy-[1,3,5]triazin in wss. Äthanol (*Gompper, Christman*, B. **92** [1959] 1935, 1942).

Kristalle; F: 159° (*Go., Ch.*).

Tribenzyl-[1,3,5]triazintrion-triimin, Tribenzylisomelamin $C_{24}H_{24}N_6$, Formel XV (R = CH$_2$-C$_6$H$_5$, X = NH) (H 255).

B. Beim Behandeln von Benzylcarbamonitril mit wss. NaOH (*Birkhofer*, B. **75** [1942] 429, 437). Neben *N,N'*-Dibenzyl-guanidin beim Erhitzen von *N*-Benzyl-*N'*-nitro-guanidin mit Benzylamin in H$_2$O unter Durchleiten von CO$_2$ (*Davis, Elderfield*, Am. Soc. **55** [1933] 731, 739). Bei der Hydrierung von Dibenzylcarbamonitril an Palladium in Äthanol bis zur Aufnahme von 1 Mol Wasserstoff (*Bi.*, l. c. S. 441).

Kristalle (aus Butan-1-ol); F: 146–147° und (nach Wiedererstarren) F: 157–158° [Zers.] (*Da., El.*). Kristalle (aus Ae.); F: 129–130° [aus Ae.] (*Bi.*).

Tri-[1]naphthyl-[1,3,5]triazintrion $C_{33}H_{21}N_3O_3$, Formel I (R = C$_{10}$H$_7$).

B. Neben *N,N'*-Di-[1]naphthyl-harnstoff beim Behandeln [30 d] von [1]Naphthylisocyanat mit Epichlorhydrin und wenig Pyridin (*Jones, Savill*, Soc. **1957** 4392).

Kristalle; F: 335°.

Tri-[2]naphthyl-[1,3,5]triazintrion $C_{33}H_{21}N_3O_3$, Formel I (R = $C_{10}H_7$).
B. Analog der vorangehenden Verbindung (*Jones, Savill*, Soc. **1957** 4392).
Kristalle; F: 344°.

Tris-biphenyl-4-yl-[1,3,5]triazintrion $C_{39}H_{27}N_3O_3$, Formel II (R = C_6H_5, X = H).
B. Analog den vorangehenden Verbindungen (*Jones, Savill*, Soc. **1957** 4392).
Kristalle; F: 374°.

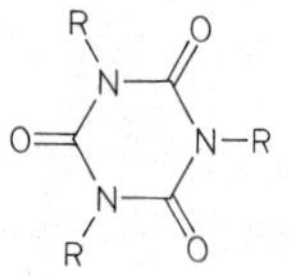

I 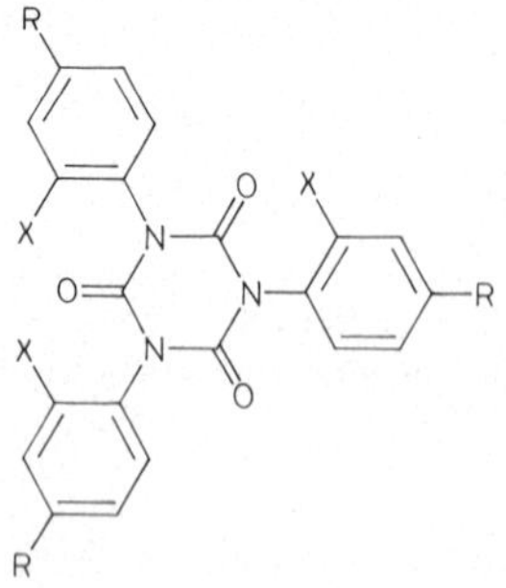   II 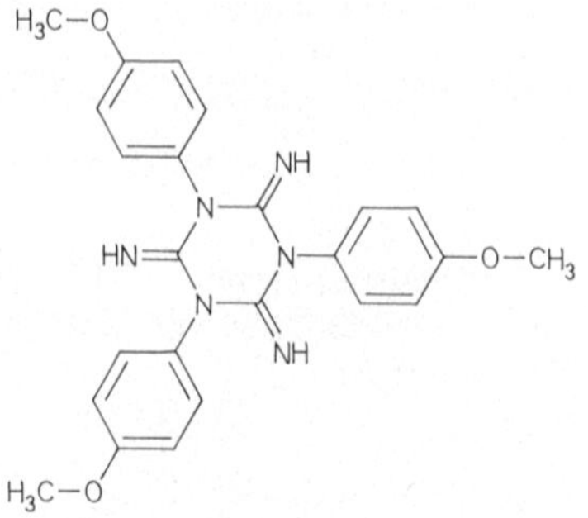   III

Tris-[2-methoxy-phenyl]-[1,3,5]triazintrion $C_{24}H_{21}N_3O_6$, Formel II (R = H, X = O-CH$_3$).
B. Aus 2-Methoxy-phenylisocyanat beim Erhitzen mit Äthanol und 4-Methyl-morpholin
(*Kogon*, Am. Soc. **78** [1956] 4911).
Kristalle (aus A.); F: 261° [unkorr.].

Tris-[4-methoxy-phenyl]-[1,3,5]triazintrion $C_{24}H_{21}N_3O_6$, Formel II (R = O-CH$_3$, X = H).
B. Analog der vorangehenden Verbindung (*Kogon*, Am. Soc. **78** [1956] 4911).
Kristalle (aus A.); F: 260° [unkorr.].

Tris-[4-methoxy-phenyl]-[1,3,5]triazintrion-triimin $C_{24}H_{24}N_6O_3$, Formel III.
B. Aus [4-Methoxy-phenyl]-carbamonitril beim Erwärmen mit Methylamin-hydrochlorid und
Äthanol (*King, Tonkin*, Soc. **1946** 1063, 1066).
Kristalle (aus A.); F: 218°.

*Opt.-inakt. Tris-[β-hydroxy-3-methoxy-phenäthyl]-[1,3,5]triazintrion $C_{30}H_{33}N_3O_9$,
Formel IV.
B. Neben 5-[3-Methoxy-phenyl]-oxazolidin-2-on beim Behandeln von (±)-3-Hydroxy-3-[3-
methoxy-phenyl]-propionsäure-hydrazid mit NaNO$_2$ und wss. Essigsäure (*Bergmann, Sulzba=
cher*, J. org. Chem. **16** [1951] 84, 86).
Kristalle (aus Butan-1-ol); F: 202−203°.

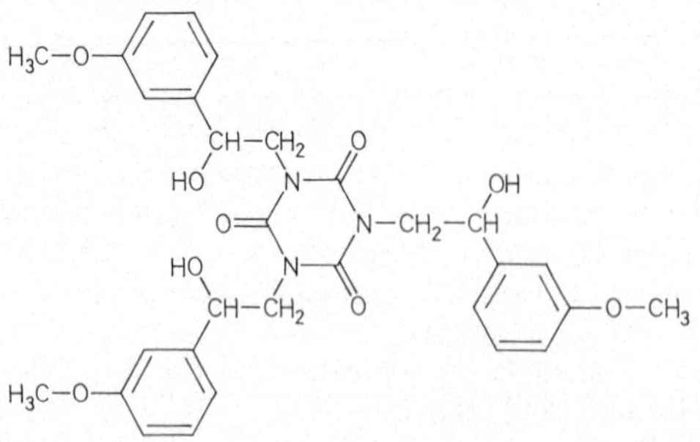

IV 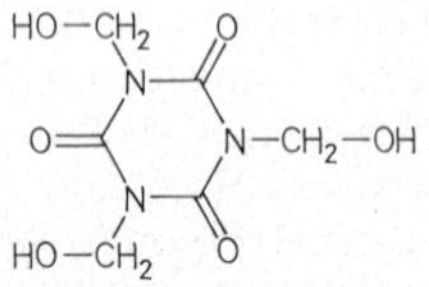   V

Tris-hydroxymethyl-[1,3,5]triazintrion $C_6H_9N_3O_6$, Formel V.
B. Aus [1,3,5]Triazintrion beim Erwärmen mit wss. Formaldehyd (*Pasenko, Tschornik*, Ukr.

chim. Ž. **30** [1963] 195, 196; C. A. **61** [1964] 1866; *Kucharski, Rokaszewski*, Chemia stosowana **18** [1974] 451, 460; C. A. **82** [1975] 72944; s. a. *I. G. Farbenind.*, Franz. P. 769919 [1934]).

D^{20}: 1,536; Oberflächenspannung bei 20°: 72,0 g·s^{-2}; Viscosität bei 20°: 62 g·cm^{-1}·s^{-1}; n_D^{20}: 1,537 (*Ku., Ro.*, l. c. S. 455, 456).

Zeitlicher Verlauf der Zersetzung bei 100°, 120°, 140° und 160°: *Ku., Ro.*, l. c. S. 460.

Triacetyl-Derivat $C_{12}H_{15}N_3O_9$; Tris-acetoxymethyl-[1,3,5]triazintrion. Kristalle (aus CHCl$_3$); F: 206–207°; D^{20}: 1,49 (*Ku., Ro.*, l. c. S. 459, 461).

Tris-äthoxycarbonylmethyl-[1,3,5]triazintrion, [Trioxo-[1,3,5]triazin-1,3,5-triyl]-tri-essigsäure-triäthylester $C_{15}H_{21}N_3O_9$, Formel VI (n = 1).

B. Aus Chloressigsäure-äthylester und Kaliumcyanat bei 160–170° (*BASF*, D.B.P. 812312 [1950]; D.R.B.P. Org. Chem. 1950–1951 **6** 2481).

Kp$_1$: 205°.

Tris-[3-äthoxycarbonyl-propyl]-[1,3,5]triazintrion, 4,4′,4″-[Trioxo-[1,3,5]triazin-1,3,5-triyl]-tri-buttersäure-triäthylester $C_{21}H_{33}N_3O_9$, Formel VI (n = 3).

B. Beim Erhitzen von 4-Chlor-buttersäure-äthylester mit Kaliumcyanat auf 170° (*Reppe et al.*, A. **596** [1955] 1, 190; *BASF*, D.B.P. 812312 [1950]; D.R.B.P. Org. Chem. 1950–1951 **6** 2481).

Kp$_1$: 250–255° (*Re. et al.*).

[2-Amino-äthyl]-[1,3,5]triazintrion $C_5H_8N_4O_3$, Formel VII (R = H) und Taut.

Diese Konstitution kommt vermutlich auch der von *Guha, Ramaswami* (J. Indian chem. Soc. **11** [1934] 811, 814, 820) als Tetrahydro-[1,3,5,7]tetrazonin-2,4,6-trion ($C_5H_8N_4O_3$, „Carboäthylendiharnstoff") formulierten Verbindung zu.

B. In geringer Menge neben Allophansäure beim Erwärmen von μ,μ'-Diimido-trikohlensäure-diäthylester (E III **3** 142) mit Äthylendiamin (*Guha, Ra.*, l. c. S. 820). Aus *N*-[2-Amino-äthyl]-benzamid-hydrochlorid, der Kalium-Verbindung des *N,N′*-Dicyan-guanidins und NH$_4$Cl beim Erhitzen in 2-Äthoxy-äthanol und Erhitzen des Reaktionsprodukts mit wss. H$_2$SO$_4$ (*Schaefer*, Am. Soc. **77** [1955] 5922, 5926). Aus Tris-aziridin-1-yl-[1,3,5]triazin beim Erhitzen mit wss. H$_2$SO$_4$ auf 145° (*Sch.*).

Kristalle (aus H$_2$O); F: 280–281° [korr.] (*Sch.*), 275–276° (*Guha, Ra.*). Scheinbarer Dissoziationsexponent pK$_a'$ (H$_2$O?): ca. 6,8 (*Sch.*).

Die beim Erwärmen mit konz. wss. HCl erhaltene Verbindung (s. *Guha, Ra.*, l. c. S. 815, 821) ist nicht als 1,6,7,9-Tetrahydro-3*H*-purin-2,8-dion, sondern vermutlich als 7,8-Dihydro-6*H*-imidazo[1,2-*a*][1,3,5]triazin-2,4-dion zu formulieren.

VI   VII   VIII

Bis-[2-amino-äthyl]-[1,3,5]triazintrion $C_7H_{13}N_5O_3$, Formel VII (R = CH$_2$-CH$_2$-NH$_2$) und Taut.

B. Aus 4,6-Bis-aziridin-1-yl-[1,3,5]triazin-2-ylamin beim Erhitzen mit wss. H$_2$SO$_4$ auf 145° (*Schaefer*, Am. Soc. **77** [1955] 5922, 5926).

Kristalle (aus H$_2$O); F: 213–214° [korr.].

*Opt.-inakt. Tris-[4-*sec*-butyl-3-isocyanato-phenyl]-[1,3,5]triazintrion $C_{36}H_{36}N_6O_6$, Formel VIII (R = $CH(CH_3)$-C_2H_5).

B. Aus (±)-4-*sec*-Butyl-*m*-phenylendiisocyanat beim Behandeln mit Tributylphosphin (*Du Pont de Nemours & Co.*, U.S.P. 2801244 [1956]).

F: 364−367°.

Tris-[4-*tert*-butyl-3-isocyanato-phenyl]-[1,3,5]triazintrion $C_{36}H_{36}N_6O_6$, Formel VIII (R = $C(CH_3)_3$).

B. Analog der vorangehenden Verbindung (*Du Pont de Nemours & Co.*, U.S.P. 2801244 [1956]).

Kristalle (aus E.+Isooctan); F: 310−311°.

Trichlor-[1,3,5]triazintrion, Symclosen $C_3Cl_3N_3O_3$, Formel IX (X = Cl) (H 256).

B. Aus [1,3,5]Triazintrion beim Behandeln mit Chlor in wss. NaOH bzw. in wss. KOH unter der Einwirkung von UV-Licht (*Hands, Whitt*, J. Soc. chem. Ind. **67** [1948] 66; *Yamazaki et al.*, J. Soc. org. synth. Chem. Japan **15** [1957] 35, 37; C. A. **1957** 10454; *Ishii et al.*, J. Soc. org. synth. Chem. Japan **15** [1957] 241, 243; C. A. **1957** 12107; *Food Machin. & Chem. Corp.*, U.S.P. 2969360 [1958]). Aus *N'*-Carbonyl-*N,N*-dichlor-harnstoff (*Birckenbach, Linhard*, B. **63** [1930] 2528, 2529).

Kristalle; F: 227−229° (*Ya. et al.*).

Tribrom-[1,3,5]triazintrion $C_3Br_3N_3O_3$, Formel IX (X = Br) (E II 135).

B. Aus [1,3,5]Triazintrion beim Behandeln mit Brom in wss. KOH (*Morita*, Bl. chem. Soc. Japan **31** [1958] 347, 349).

Kristalle; unterhalb 300° nicht schmelzend (*Mo.*, l. c. S. 348).

Trijod-[1,3,5]triazintrion $C_3I_3N_3O_3$, Formel IX (X = I).

B. Aus Jodisocyanat oder aus Dijod-carbamoylisocyanat (*Birckenbach, Linhard*, B. **63** [1930] 2544, 2547, 2557).

Orangefarbenes Pulver. Unter Licht- und Luftabschluss bei −80° einige Zeit stabil.

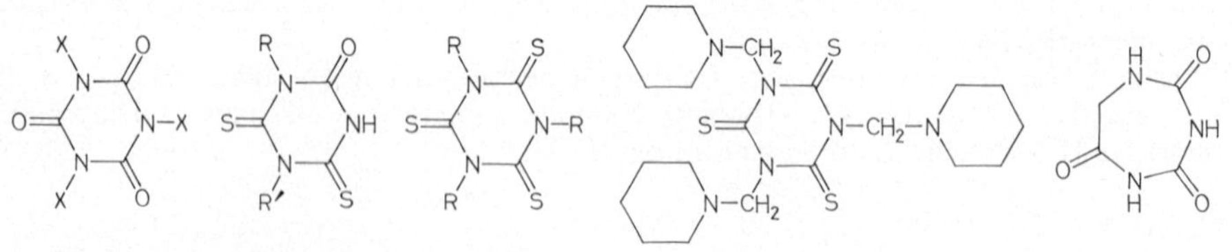

IX   X   XI   XII   XIII

1,5-Diallyl-4,6-dithioxo-tetrahydro-[1,3,5]triazin-2-on $C_9H_{11}N_3OS_2$, Formel X (R = R' = CH_2-CH=CH_2) und Taut.

Diese Konstitution kommt möglicherweise der früher (H **27** 232) als 2-Allylimino-4-oxo-[1,3]thiazetidin-3-thiocarbonsäure-allylamid („*N*ª.*N*ᶜ-Diallyl-*S*¹.*N*ᵇ-carbonyl-isodithiobiuret") beschriebenen Verbindung zu.

B. Aus der Natrium-Verbindung des 4-Allyl-3-thio-allophansäure-äthylesters und Allylisoꞌ thiocyanat in Äther (*Ghosh, Guha*, J. Indian chem. Soc. 7 [1930] 263, 271).

Kristalle (aus A.); F: 133°.

Die folgenden Verbindungen sind in analoger Weise hergestellt worden:

1,5-Diphenyl-4,6-dithioxo-tetrahydro-[1,3,5]triazin-2-on $C_{15}H_{11}N_3OS_2$, Formel X (R = R' = C_6H_5) und Taut. Diese Konstitution kommt möglicherweise der früher (H **27** 232) als 2-Oxo-4-phenylimino-[1,3]thiazetidin-3-thiocarbonsäure-anilid („*N*ª.*N*ᶜ-Diphenyl-*S*¹.*N*ᵇ-carbonyl-isodithiobiuret") beschriebenen Verbindung zu. − Gelbe Kristalle (aus Me.); F: 248°. − Methyl-Derivat $C_{16}H_{13}N_3OS_2$. Kristalle (aus A.); F: 220°. − Benzoyl-Derivat. Kristalle (aus A.); F: 158−159°.

1-Allyl-4,6-dithioxo-5-*o*-tolyl-tetrahydro-[1,3,5]triazin-2-on $C_{13}H_{13}N_3OS_2$, Forꞌ mel X (R = CH_2-CH=CH_2, R' = C_6H_4-CH_3) und Taut. Kristalle (aus A.); F: 136−137°.

1-Phenyl-4,6-dithioxo-5-*o*-tolyl-tetrahydro-[1,3,5]triazin-2-on $C_{16}H_{13}N_3OS_2$,
Formel X (R = C_6H_5, R' = C_6H_4-CH_3) und Taut. Gelbe Kristalle (aus Me.); F: 235−236°.
− Benzoyl-Derivat. Kristalle (aus A.); F: 155°.

5-Phenyl-4,6-dithioxo-1-*o*-tolyl-tetrahydro-[1,3,5]triazin-2-on $C_{16}H_{13}N_3OS_2$,
Formel X (R = C_6H_4-CH_3, R' = C_6H_5) und Taut. Kristalle (aus Me.); F: 244−245°. −
Benzoyl-Derivat. Kristalle (aus A.); F: 205°.

4,6-Dithioxo-1,5-di-*o*-tolyl-tetrahydro-[1,3,5]triazin-2-on $C_{17}H_{15}N_3OS_2$, For⸗
mel X (R = R' = C_6H_4-CH_3) und Taut. Gelbe Kristalle (aus Me.); F: 280°.

4,6-Dithioxo-1,5-di-*m*-tolyl-tetrahydro-[1,3,5]triazin-2-on $C_{17}H_{15}N_3OS_2$, For⸗
mel X (R = R' = C_6H_4-CH_3) und Taut. Gelbe Kristalle (aus Me.); F: 237° [nach Sintern
bei 226°].

1-Allyl-4,6-dithioxo-5-*p*-tolyl-tetrahydro-[1,3,5]triazin-2-on $C_{13}H_{13}N_3OS_2$, For⸗
mel X (R = CH_2-CH=CH_2, R' = C_6H_4-CH_3) und Taut. Kristalle (aus A.); F: 145°.

1-Phenyl-4,6-dithioxo-5-*p*-tolyl-tetrahydro-[1,3,5]triazin-2-on $C_{16}H_{13}N_3OS_2$,
Formel X (R = C_6H_5, R' = C_6H_4-CH_3) und Taut. Gelbe Kristalle (aus Me.); F: 251−252°.

4,6-Dithioxo-1-*o*-tolyl-5-*p*-tolyl-tetrahydro-[1,3,5]triazin-2-on $C_{17}H_{15}N_3OS_2$,
Formel X (R = R' = C_6H_4-CH_3) und Taut. Gelbe Kristalle (aus Me.); F: 224°.

[1,3,5]Triazintrithion $C_3H_3N_3S_3$, Formel XI (R = H) und Taut.; **Trithiocyanursäure** und
Trithioisocyanursäure (H 259).
     B. Aus Trichlor-[1,3,5]triazin und KHS in H_2O (*Standard Oil Co. of Indiana*, U.S.P. 2854411
[1954]).

Tris-[1-methoxycarbonyl-2-methyl-propenyl]-[1,3,5]triazintrithion, 3,3',3''-Trimethyl-2,2',2''-
[trithioxo-[1,3,5]triazin-1,3,5-triyl]-tri-crotonsäure-trimethylester $C_{21}H_{27}N_3O_6S_3$, Formel XI
(R = C(CO-O-CH_3)=C(CH_3)$_2$).
     B. Aus 2-Chlor-5,5-dimethyl-4,5-dihydro-thiazol-4-carbonsäure-methylester beim Erwärmen
mit der Natrium-Verbindung des Acetessigsäure-äthylesters in Benzol (*Cook et al.*, Soc. **1949**
2367, 2369).
     Hellgelbe Kristalle (aus A.); F: 206−208°.

Tris-piperidinomethyl-[1,3,5]triazintrithion $C_{21}H_{36}N_6S_3$, Formel XII.
     B. Aus [1,3,5]Triazintrithion und Piperidinomethanol (*I.G. Farbenind.*, D.R.P. 575114 [1932];
Frdl. **20** 2029).
     F: 132°.

Trioxo-Verbindungen $C_4H_5N_3O_3$

Dihydro-[1,3,5]triazepin-2,4,6-trion $C_4H_5N_3O_3$, Formel XIII.
     B. Aus Hydantoinsäure-amid (E II **4** 795) und Diphenylcarbonat beim Erhitzen auf 180°
(*Guha, Ramaswami*, J. Indian chem. Soc. **11** [1934] 811, 820). Neben Hydantoylharnstoff beim
Erhitzen von Hydantoinsäure-äthylester (E IV **4** 2420) mit Harnstoff auf 135° (*Guha, Ra.*).
     Kristalle (aus A.); F: 220−221°.

Trioxo-Verbindungen $C_6H_9N_3O_3$

2,6,6-Trimethyl-4-phenyl-3-thioxo-tetrahydro-[1,2,4]triazepin-5,7-dion $C_{13}H_{15}N_3O_2S$, Formel I.
     Die von *Losse, Uhlig* (B. **90** [1957] 257, 258) unter dieser Konstitution beschriebene Verbin⸗
dung ist wahrscheinlich als N-[3,3-Dimethyl-2,4-dioxo-azetidin-1-yl]-N-methyl-N'-phenyl-thio⸗
harnstoff (E III/IV **21** 4590) zu formulieren (*Ebnöther et al.*, Helv. **42** [1959] 918, 928).

Trioxo-Verbindungen $C_7H_{11}N_3O_3$

6-Äthyl-6-methyl-2-phenyl-3-thioxo-tetrahydro-[1,2,4]triazepin-5,7-dion $C_{13}H_{15}N_3O_2S$,
Formel II (R = C_6H_5, R' = H).
     Die von *Losse, Uhlig* (B. **90** [1957] 257) unter dieser Konstitution beschriebene Verbindung

ist wahrscheinlich als *N*-[3-Äthyl-3-methyl-2,4-dioxo-azetidin-1-yl]-*N*-phenyl-thioharnstoff (E III/IV **21** 4598) zu formulieren (*Ebnöther et al.*, Helv. **42** [1959] 918, 928).

6-Äthyl-2,6-dimethyl-4-phenyl-3-thioxo-tetrahydro-[1,2,4]triazepin-5,7-dion $C_{14}H_{17}N_3O_2S$,
Formel II (R = CH_3, R′ = C_6H_5).
Die von *Losse, Uhlig* (B. **90** [1957] 257) unter dieser Konstitution beschriebene Verbindung ist wahrscheinlich als *N*-[3-Äthyl-3-methyl-2,4-dioxo-azetidin-1-yl]-*N*-methyl-*N′*-phenyl-thioharnstoff (E III/IV **21** 4598) zu formulieren (*Ebnöther et al.*, Helv. **42** [1959] 918, 928).

Trioxo-Verbindungen $C_8H_{13}N_3O_3$

6,6-Diäthyl-2-phenyl-dihydro-[1,2,4]triazepin-3,5,7-trion $C_{14}H_{17}N_3O_3$, Formel III (R = C_6H_5,
R′ = H, X = O).
Die von *Losse et al.* (J. pr. [4] **7** [1959] 28, 33) unter dieser Konstitution beschriebene Verbindung ist wahrscheinlich als *N*-[3,3-Diäthyl-2,4-dioxo-azetidin-1-yl]-*N*-phenyl-harnstoff (E III/IV **21** 4605) zu formulieren (vgl. *Ebnöther et al.*, Helv. **42** [1959] 918, 928).

6,6-Diäthyl-2-phenyl-3-thioxo-tetrahydro-[1,2,4]triazepin-5,7-dion $C_{14}H_{17}N_3O_2S$, Formel III
(R = C_6H_5, R′ = H, X = S).
Die von *Losse, Uhlig* (B. **90** [1957] 257, 258) unter dieser Konstitution beschriebene Verbindung ist wahrscheinlich als *N*-[3,3-Diäthyl-2,4-dioxo-azetidin-1-yl]-*N*-phenyl-thioharnstoff (E III/IV **21** 4606) zu formulieren (*Ebnöther et al.*, Helv. **42** [1959] 918, 928).
B. In sehr geringer Menge neben *N*-[3,3-Diäthyl-2,4-dioxo-azetidin-1-yl]-*N*-phenyl-thioharnstoff beim Behandeln von Diäthylmalonylchlorid mit 2-Phenyl-thiosemicarbazid und Pyridin (*Eb. et al.*, l. c. S. 945, 954).
Kristalle (aus E.); F: 208–209° (*Eb. et al.*). IR-Spektrum (Nujol; 2–16 μ): *Eb. et al.*, l. c. S. 929.

6,6-Diäthyl-2-methyl-4-phenyl-3-thioxo-tetrahydro-[1,2,4]triazepin-5,7-dion $C_{15}H_{19}N_3O_2S$,
Formel III (R = CH_3, R′ = C_6H_5, X = S).
Die von *Losse, Uhlig* (B. **90** [1957] 257, 258) unter dieser Konstitution beschriebene Verbindung ist wahrscheinlich als *N*-[3,3-Diäthyl-2,4-dioxo-azetidin-1-yl]-*N*-methyl-*N″*-phenyl-thioharnstoff (E III/IV **21** 4605) zu formulieren (*Ebnöther et al.*, Helv. **42** [1959] 918, 928).

Trioxo-Verbindungen $C_{10}H_{17}N_3O_3$

2-Phenyl-6,6-dipropyl-3-thioxo-tetrahydro-[1,2,4]triazepin-5,7-dion $C_{16}H_{21}N_3O_2S$, Formel IV
(R = C_6H_5, R′ = H).
Die von *Losse, Uhlig* (B. **90** [1957] 257, 258) unter dieser Konstitution beschriebene Verbindung ist wahrscheinlich als *N*-[2,4-Dioxo-3,3-dipropyl-azetidin-1-yl]-*N*-phenyl-thioharnstoff (E III/IV **21** 4617) zu formulieren (*Ebnöther et al.*, Helv. **42** [1959] 918, 930).

2-Methyl-4-phenyl-6,6-dipropyl-3-thioxo-tetrahydro-[1,2,4]triazepin-5,7-dion $C_{17}H_{23}N_3O_2S$,
Formel IV (R = CH_3, R′ = C_6H_5).
Die von *Losse, Uhlig* (B. **90** [1957] 257, 258) unter dieser Konstitution beschriebene Verbindung ist wahrscheinlich als *N*-[2,4-Dioxo-3,3-dipropyl-azetidin-1-yl]-*N*-methyl-*N′*-phenyl-thioharnstoff (E III/IV **21** 4617) zu formulieren (*Ebnöther et al.*, Helv. **42** [1959] 918, 928).

Trioxo-Verbindungen $C_{16}H_{29}N_3O_3$

3-Isobutyl-6,9-diisopropyl-hexahydro-[1,4,7]triazonin-2,5,8-trion(?), Cyclo-[leucyl→valyl→ valyl](?) $C_{16}H_{29}N_3O_3$, vermutlich Formel V.

Isolierung aus dem Hydrolysat von Pecten islandicus: *Šadikow, Krištalinškaja*, Biochimija **2** [1937] 146; C. **1937** I 4807.

Kristalle; F: 273,5 − 274° [Zers.; nach Sublimation].

Trioxo-Verbindungen $C_{18}H_{33}N_3O_3$

1,8,15-Triaza-cycloheneicosan-2,9,16-trion $C_{18}H_{33}N_3O_3$, Formel VI (in der Literatur auch als „cyclisches trimeres ε-Caprolactam" bezeichnet).

Diese Konstitution kommt der von *Hermans* (R. **72** [1953] 798, 802) als „β-Dimeres des ε-Caprolactams" bezeichneten Verbindung zu (*Rothe, Rothe*, B. **88** [1955] 284; *Hermans*, Nature **177** [1956] 126). Die von *Hermans* (R. **72** 805) als „cyclisches Trimeres des ε-Caprolactams" bezeichnete Verbindung ist als [1,8,15,22]Tetraazacyclooctacosan-2,9,16,23-tetraon zu formulieren (*He.*, Nature **177** 126).

Isolierung aus technischem Poly-ε-caprolactam: *He.*, R. **72** 802.

B. Aus 6-[6-(6-Benzyloxycarbonylamino-hexanoylamino)-hexanoylamino]-hexanthiosäure-*S*-phenylester beim Behandeln mit HBr in Essigsäure und Erhitzen mit wenig Triäthylamin in DMF (*Rothe, Kunitz*, A. **609** [1957] 88, 100). Aus 6-[6-(6-Benzyloxycarbonylamino-hexanoylamino)-hexanoylamino]-hexansäure-hydrazid beim Behandeln mit HBr in Essigsäure, Behandeln des Reaktionsprodukts mit wss. HCl und NaNO₂ und Behandeln des erhaltenen Azids mit wss. NaHCO₃ (*Zahn, Determann*, B. **90** [1957] 2176, 2180).

Kristalle; F: 251° [aus H₂O] (*Zahn, De.*), 247 − 248° [korr.; aus H₂O] (*He.*, R. **72** 802), 244° [aus DMF] (*Ro., Ku.*). Netzebenenabstände: *He.*, R. **72** 812; *Ro., Ku.* IR-Spektrum (KBr; 2 − 15 μ): *Zahn et al.*, Ang. Ch. **68** [1956] 229, 234; *Ogata*, Bl. chem. Soc. Japan **32** [1959] 813, 816. Löslichkeit in H₂O bei 17°: 0,93 g/100 g (*He.*, Nature **177** 126).

Geschwindigkeitskonstante der Hydrolyse (Bildung von 6-Amino-hexansäure) in wss. HCl [7,7 n] bei 110°: *Heikens et al.*, Makromol. Ch. **30** [1959] 154, 167; in wss. H₂SO₄ [3 n] bei 78° und 100°: *Og.*, l. c. S. 814, 815.

Tetrachloroaurat(III). Kristalle (*Zahn et al.*, l. c. S. 233).

Trioxo-Verbindungen $C_nH_{2n-5}N_3O_3$

Trioxo-Verbindungen $C_4H_3N_3O_3$

***6-[Hydroxyimino-methyl]-1*H*-[1,3,5]triazin-2,4-dion, 4,6-Dioxo-1,4,5,6-tetrahydro-[1,3,5]triazin-2-carbaldehyd-oxim** $C_4H_4N_4O_3$, Formel VII (R = H) und Taut.

B. Aus 6-Methyl-1*H*-[1,3,5]triazin-2,4-dion-sulfat in H₂O beim Behandeln mit nitrosen Gasen (*Ostrogovich, Crasu*, G. **64** [1934] 800, 808).

Kristalle (aus H₂O) mit 1 Mol H₂O (*Os., Cr.*, G. **64** 810). Monoklin; Kristallmorphologie und Kristalloptik: *Stanciu*, zit. bei *Os., Cr.*, G. **64** 810, 811. Löslichkeit in H₂O: *Os., Cr.*, G. **64** 810.

Überführung in 4,6-Dioxo-1,4,5,6-tetrahydro-[1,3,5]triazin-2-thiocarbonsäure-amid durch Behandeln mit H₂S in wss. HCl: *Ostrogovich, Crasu*, G. **66** [1936] 653, 658; in 6-Aminomethyl-1*H*-[1,3,5]triazin-2,4-dion durch Behandeln mit SnCl₂ und wss. HCl: *Os., Cr.*, G. **66** 657.

Hydrochlorid $C_4H_4N_4O_3 \cdot HCl$. Kristalle mit 1 Mol H₂O sowie mit 2 Mol H₂O (*Os., Cr.*, G. **64** 812).

Sulfat $C_4H_4N_4O_3 \cdot H_2SO_4$. Kristalle (*Os., Cr.*, G. **64** 811).

Mononatrium-Salz $NaC_4H_3N_4O_3$. Feststoff mit 1 Mol H_2O (*Os., Cr.*, G. **64** 813).

Dinatrium-Salz $Na_2C_4H_2N_4O_3$. Feststoff mit 2 Mol H_2O (*Os., Cr.*, G. **64** 813).

Trinatrium-Salz $Na_3C_4HN_4O_3$. Kristalle mit 1 Mol H_2O (*Os., Cr.*, G. **64** 814).

Monokalium-Salz $KC_4H_3N_4O_3$. Kristalle mit 1 Mol H_2O (*Os., Cr.*, G. **64** 815).

Kupfer(II)-Salze. a) $CuC_4H_2N_4O_3$. Grüne Kristalle mit 1 Mol H_2O (*Os., Cr.*, G. **64** 806, 820). – b) $Cu_2(C_4H_2N_4O_3)_2$. Grüne Kristalle mit 4 Mol H_2O (*Os., Cr.*, G. **64** 806, 821).

Silber-Salz $AgC_4H_3N_4O_3$. Feststoff mit 1 Mol H_2O (*Os., Cr.*, G. **64** 816).

Barium-Salz $Ba(C_4H_3N_4O_3)_2$. Kristalle mit 2 Mol H_2O (*Os., Cr.*, G. **64** 816). Gelbe Kristalle mit 3 Mol H_2O (*Os., Cr.*, G. **64** 817, 818). Das Trihydrat ist monoklin; Kristallmorphologie und Kristalloptik: *St.*, zit. bei *Os., Cr.*, G. **64** 818.

Ammonium-Salz $[NH_4]C_4H_3N_4O_3$. Feststoff (*Os., Cr.*, G. **64** 815).

Eisen(II)-Salz $Fe(C_4H_3N_4O_3)_2$. Konstitution: *Ostrogovich, Cadariu*, G. **73** [1943] 149, 154. – Braune Kristalle; rote Kristalle mit 2 Mol H_2O (*Os., Cr.*, G. **64** 819).

*6-[Acetoxyimino-methyl]-1H-[1,3,5]triazin-2,4-dion, 4,6-Dioxo-1,4,5,6-tetrahydro-[1,3,5]triazin-2-carbaldehyd-[O-acetyl-oxim] $C_6H_6N_4O_4$, Formel VII (R = $CO\text{-}CH_3$) und Taut.

B. Aus dem Monokalium-Salz der vorangehenden Verbindung beim Behandeln mit Acetanhydrid und Pyridin (*Ostrogovich, Crasu*, G. **66** [1936] 653, 654).

F: 203–204° [Zers.].

Bildung von 4,6-Dioxo-1,4,5,6-tetrahydro-[1,3,5]triazin-2-carbonitril beim Erwärmen mit Pyridin: *Os., Cr.*

Pyridin-Salz $C_6H_6N_4O_4 \cdot C_5H_5N$. Kristalle; F: 177–178° [Zers.].

*6-[Benzoyloxyimino-methyl]-1H-[1,3,5]triazin-2,4-dion, 4,6-Dioxo-1,4,5,6-tetrahydro-[1,3,5]triazin-2-carbaldehyd-[O-benzoyl-oxim] $C_{11}H_8N_4O_4$, Formel VII (R = $CO\text{-}C_6H_5$) und Taut.

B. Analog der vorangehenden Verbindung (*Ostrogovich, Crasu*, G. **66** [1936] 653, 654).

F: 187–188° [Zers.].

Bildung von 4,6-Dioxo-1,4,5,6-tetrahydro-[1,3,5]triazin-2-carbonitril beim Erwärmen mit Pyridin: *Os., Cr.*

Pyridin-Salz $C_{11}H_8N_4O_4 \cdot C_5H_5N$. Kristalle.

VII   VIII   IX

*6-[Hydroxyimino-methyl]-1H-[1,3,5]triazin-2,4-dion-4-oxim, 4-Hydroxyimino-6-oxo-1,4,5,6-tetrahydro-[1,3,5]triazin-2-carbaldehyd-oxim $C_4H_5N_5O_3$, Formel VIII (R = H) und Taut.

B. Aus 4-Amino-6-dibrommethyl-1H-[1,3,5]triazin-2-on beim Erwärmen mit Hydroxylamin-acetat (Überschuss) in Methanol (*Ostrogovich, Cadariu*, G. **71** [1941] 505, 509). Beim Erwärmen von 4-Amino-6-[hydroxyimino-methyl]-1H-[1,3,5]triazin-2-on oder von N-[4-Dibrommethyl-6-oxo-1,6-dihydro-[1,3,5]triazin-2-yl]-acetamid mit Hydroxylamin-acetat in Methanol (*Ostrogovich, Cadariu*, G. **71** [1941] 524, 529).

Dimorph(?); hellgelbe und dunkelgelbe Kristalle (aus H_2O) mit jeweils 1 Mol H_2O (*Os., Ca.*, l. c. S. 508, 510).

Hydrochlorid $C_4H_5N_5O_3 \cdot HCl$. Kristalle mit 1 Mol H_2O; Kristalle mit 1 Mol Äthanol und 0,5 Mol H_2O (*Os., Ca.*, l. c. S. 511).

Mononatrium-Salz $NaC_4H_4N_5O_3$. Gelbes Pulver mit 0,5 Mol H_2O (*Os., Ca.*, l. c. S. 511).

Dinatrium-Salz. Orangegelbes Pulver (*Os., Ca.*, l. c. S. 512).

Silber-Salz $Ag_2C_4H_3N_5O_3 \cdot AgC_4H_4N_5O_3$. Gelber Feststoff mit 2 Mol H_2O (*Os., Ca.*, l. c. S. 512).

Quecksilber(I)-Salz [2Hg$_2$(Hg$_2$C$_4$H$_2$N$_5$O$_3$)$_2$·Hg$_2$C$_4$H$_3$N$_5$O$_3$·8H$_2$O](?). Rotes Pulver [nach Trocknen] (*Os., Ca.,* l. c. S. 512).

Quecksilber(II)-Salz [Hg$_9$(C$_4$HN$_5$O$_3$)$_4$(C$_4$H$_3$N$_5$O$_3$)·10H$_2$O]. Rotbraunes Pulver [nach Trocknen] (*Os., Ca.,* l. c. S. 512).

Dodecawolframophosphat 3C$_4$H$_5$N$_5$O$_3$·H$_4$[PW$_{12}$O$_{42}$]. Gelbliche, wasserhaltige Kristalle (*Os., Ca.,* l. c. S. 510).

Diacetat C$_4$H$_5$N$_5$O$_3$·2C$_2$H$_4$O$_2$. Kristalle (*Os., Ca.,* l. c. S. 511).

Phenylhydrazin-Salz C$_4$H$_5$N$_5$O$_3$·C$_6$H$_8$N$_2$. Gelbbraunes Pulver (*Ostrogovich, Cadariu,* G. **71** [1941] 515, 522).

*6-[Acetoxyimino-methyl]-1*H*-[1,3,5]triazin-2,4-dion-4-[*O*-acetyl-oxim], 4-Acetoxyimino-6-oxo-1,4,5,6-tetrahydro-[1,3,5]triazin-2-carbaldehyd-[*O*-acetyl-oxim] C$_8$H$_9$N$_5$O$_5$, Formel VIII (R = CO-CH$_3$) und Taut.

B. Aus der vorangehenden Verbindung beim Erwärmen mit Acetanhydrid und Essigsäure (*Ostrogovich, Cadariu,* G. **71** [1941] 515, 518).

Kristalle (aus Acn.) mit 1 Mol H$_2$O; F: 181−186°.

*6-[Benzoyloxyimino-methyl]-1*H*-[1,3,5]triazin-2,4-dion-4-[*O*-benzoyl-oxim], 4-Benzoyloxyimino-6-oxo-1,4,5,6-tetrahydro-[1,3,5]triazin-2-carbaldehyd-[*O*-benzoyl-oxim] C$_{18}$H$_{13}$N$_5$O$_5$, Formel VIII (R = CO-C$_6$H$_5$) und Taut.

B. Analog der vorangehenden Verbindung (*Ostrogovich, Cadariu,* G. **71** [1941] 515, 519).

Kristalle (aus Acn. oder Butanon); F: 215°.

*6-[Phenylhydrazono-methyl]-1*H*-[1,3,5]triazin-2,4-dion, 4,6-Dioxo-1,4,5,6-tetrahydro-[1,3,5]triazin-2-carbaldehyd-phenylhydrazon C$_{10}$H$_9$N$_5$O$_2$, Formel IX (R = H, X = O) und Taut.

B. Aus 6-[Hydroxyimino-methyl]-1*H*-[1,3,5]triazin-2,4-dion und Phenylhydrazin beim Erhitzen in wss. Essigsäure (*Ostrogovich, Crasu,* G. **66** [1936] 653, 656).

Gelber Feststoff.

Dihydrochlorid C$_{10}$H$_9$N$_5$O$_2$·2HCl. Orangerote Kristalle.

Sulfat C$_{10}$H$_9$N$_5$O$_2$·H$_2$SO$_4$. Orangerote Kristalle.

Acetat C$_{10}$H$_9$N$_5$O$_2$·C$_2$H$_4$O$_2$. Gelbe Kristalle.

*6-[(Methyl-phenyl-hydrazono)-methyl]-1*H*-[1,3,5]triazin-2,4-dion, 4,6-Dioxo-1,4,5,6-tetrahydro-[1,3,5]triazin-2-carbaldehyd-[methyl-phenyl-hydrazon] C$_{11}$H$_{11}$N$_5$O$_2$, Formel IX (R = CH$_3$, X = O) und Taut.

B. Aus 6-[Hydroxyimino-methyl]-1*H*-[1,3,5]triazin-2,4-dion und *N*-Methyl-*N*-phenyl-hydrazin beim Erhitzen in wss. Essigsäure (*Ostrogovich, Crasu,* G. **66** [1936] 653, 656).

Gelbe Kristalle.

Hydrochlorid C$_{11}$H$_{11}$N$_5$O$_2$·HCl. Orangefarbene Kristalle mit 2 Mol H$_2$O.

Sulfat C$_{11}$H$_{11}$N$_5$O$_2$·H$_2$SO$_4$. Orangefarbene Kristalle.

*6-[Phenylhydrazono-methyl]-1*H*-[1,3,5]triazin-2,4-dion-4-oxim, 4-Hydroxyimino-6-oxo-1,4,5,6-tetrahydro-[1,3,5]triazin-2-carbaldehyd-phenylhydrazon C$_{10}$H$_{10}$N$_6$O$_2$, Formel IX (R = H, X = N-OH) und Taut.

B. Aus 6-[Hydroxyimino-methyl]-1*H*-[1,3,5]triazin-2,4-dion-4-oxim beim Erhitzen mit Phenyl-hydrazin in Äthanol auf 135° (*Ostrogovich, Cadariu,* G. **71** [1941] 515, 523).

Braune Kristalle (aus A.); F: 282−283° [Zers.].

*6-[(Methyl-phenyl-hydrazono)-methyl]-1*H*-[1,3,5]triazin-2,4-dion-4-oxim, 4-Hydroxyimino-6-oxo-1,4,5,6-tetrahydro-[1,3,5]triazin-2-carbaldehyd-[methyl-phenyl-hydrazon] C$_{11}$H$_{12}$N$_6$O$_2$, Formel IX (R = CH$_3$, X = N-OH) und Taut.

B. Aus 6-[Hydroxyimino-methyl]-1*H*-[1,3,5]triazin-2,4-dion-4-oxim beim Erhitzen mit *N*-Methyl-*N*-phenyl-hydrazin in Äthanol auf 140° (*Ostrogovich, Cadariu,* G. **71** [1941] 515, 523).

Gelbe Kristalle; F: ca. 236° (nicht rein erhalten).

Trioxo-Verbindungen $C_5H_5N_3O_3$

2,7-Dimethyl-3-thioxo-3,4-dihydro-2H-[1,2,4]triazepin-5,6-dion-6-phenylhydrazon $C_{12}H_{13}N_5OS$, Formel X (R = C_6H_5) und Taut. (z.B. 2,7-Dimethyl-6-phenylazo-3-thioxo-2,3,4,6-tetrahydro-[1,2,4]triazepin-5-on).

B. Aus 2,7-Dimethyl-3-thioxo-2,3,4,6-tetrahydro-[1,2,4]triazepin-5-on und Benzoldiazonium-Salz (*Losse, Farr,* J. pr. [4] **8** [1959] 298, 304).

Natrium-Salz $NaC_{12}H_{12}N_5OS$. Braunroter Feststoff (aus wss. Dioxan); F: 172—174° [korr.].

2,7-Dimethyl-3-thioxo-3,4-dihydro-2H-[1,2,4]triazepin-5,6-dion-6-[4-nitro-phenylhydrazon] $C_{12}H_{12}N_6O_3S$, Formel X (R = C_6H_4-NO_2) und Taut. (z.B. 2,7-Dimethyl-6-[4-nitro-phenylazo]-3-thioxo-2,3,4,6-tetrahydro-[1,2,4]triazepin-5-on).

B. Analog der vorangehenden Verbindung (*Losse, Farr,* J. pr. [4] **8** [1959] 298, 305).

Brauner Feststoff; F: 216—218° [korr.].

2,7-Dimethyl-3-thioxo-3,4-dihydro-2H-[1,2,4]triazepin-5,6-dion-6-[1]naphthylhydrazon $C_{16}H_{15}N_5OS$, Formel X (R = $C_{10}H_7$) und Taut. (z.B. 2,7-Dimethyl-6-[1]naphthylazo-3-thioxo-2,3,4,6-tetrahydro-[1,2,4]triazepin-5-on).

B. Analog den vorangehenden Verbindungen (*Losse, Farr,* J. pr. [4] **8** [1959] 298, 305).

Hellbrauner Feststoff; F: 181—182°.

X   XI   XII

Trioxo-Verbindungen $C_6H_7N_3O_3$

6-Acetonyliden-1,3,5-trimethyl-dihydro-[1,3,5]triazin-2,4-dion $C_9H_{13}N_3O_3$, Formel XI.

Diese Konstitution kommt der früher (E II **27** 777) als 2-Acetonyliden-3,5-dimethyl-6-methylimino-tetrahydro-[1,3,5]oxadiazin-4-on beschriebenen Verbindung zu, da die verwendete Ausgangsverbindung nicht als 3,5-Dimethyl-2-methylen-6-methylimino-tetrahydro-[1,3,5]oxadiazin-4-on, sondern als 1,3,5-Trimethyl-6-methylen-dihydro-[1,3,5]triazin-2,4-dion (S. 560) zu formulieren ist.

Trioxo-Verbindungen $C_7H_9N_3O_3$

3-[5-Oxo-2,5-dihydro-1H-[1,2,4]triazol-3-yl]-pentan-2,4-dion $C_7H_9N_3O_3$, Formel XII (R = H) und Taut.

B. Aus [2-Acetyl-3-oxo-thiobutyryl]-carbamidsäure beim Behandeln mit $N_2H_4 \cdot H_2O$ in Äthanol und anschliessenden Erwärmen (*Ghosh,* J. Indian chem. Soc. **13** [1936] 86, 91).

Kristalle (aus H_2O); F: 70—71° (*Gh.,* J. Indian chem. Soc. **13** 91).

Überführung in 5-[3,5-Dimethyl-1H-pyrazol-4-yl]-1,2-dihydro-[1,2,4]triazol-3-on durch Behandeln mit $N_2H_4 \cdot H_2O$ in Äthanol: *Ghosh,* J. Indian chem. Soc. **15** [1938] 240.

Mono-phenylimin (F: 226—227°): *Gh.,* J. Indian chem. Soc. **15** 242.

3-[5-Oxo-1-phenyl-2,5-dihydro-1H-[1,2,4]triazol-3-yl]-pentan-2,4-dion $C_{13}H_{13}N_3O_3$, Formel XII (R = C_6H_5) und Taut.

B. Analog der vorangehenden Verbindung (*Ghosh,* J. Indian chem. Soc. **15** [1938] 240).

Kristalle (aus wss. A.); F: 105—106°.

Trioxo-Verbindungen $C_8H_{11}N_3O_3$

9-Methyl-2,4,9-triaza-spiro[5.5]undecan-1,3,5-trion $C_9H_{13}N_3O_3$, Formel XIII (R = CH_3).

B. Aus 5,5-Bis-[2-brom-äthyl]-barbitursäure (*Büchi et al.,* Farmaco **6** [1951] 429, 436) oder

aus 5,5-Bis-[2-jod-äthyl]-barbitursäure (*Stanfield, Daugherty,* Am. Soc. **81** [1959] 5167, 5170) beim Behandeln mit Methylamin in Äthanol unter Zusatz von Ag_2O.
Kristalle (aus Acn.); F: 160–160,5° [korr.] (*St., Da.;* vgl. *Bü. et al.*).

Die folgenden Verbindungen sind in analoger Weise hergestellt worden:

9-Äthyl-2,4,9-triaza-spiro[5.5]undecan-1,3,5-trion $C_{10}H_{15}N_3O_3$,   Formel XIII
(R = C_2H_5). Kristalle (aus A.); F: 166–167° [korr.] (*St., Da.*).

9-Propyl-2,4,9-triaza-spiro[5.5]undecan-1,3,5-trion $C_{11}H_{17}N_3O_3$,   Formel XIII
(R = CH_2-C_2H_5). Kristalle (aus A.); F: 155–156° (*Bü. et al.*).

9-Isopropyl-2,4,9-triaza-spiro[5.5]undecan-1,3,5-trion $C_{11}H_{17}N_3O_3$,   Formel XIII
(R = $CH(CH_3)_2$). Kristalle (aus Acn.); F: 143–145° [korr.] (*St., Da.*).

9-Butyl-2,4,9-triaza-spiro[5.5]undecan-1,3,5-trion $C_{12}H_{19}N_3O_3$,   Formel XIII
(R = $[CH_2]_3$-CH_3). Kristalle (aus Me.+Ae.); F: 174–175° [korr.] (*St., Da.;* vgl. *Bü. et al.*).

9-Allyl-2,4,9-triaza-spiro[5.5]undecan-1,3,5-trion $C_{11}H_{15}N_3O_3$,   Formel XIII
(R = CH_2-CH=CH_2). Kristalle (aus Acn.); F: 134,5–135° [korr.] (*St., Da.*).

9-Cyclohexyl-2,4,9-triaza-spiro[5.5]undecan-1,3,5-trion $C_{14}H_{21}N_3O_3$, Formel XIII
(R = C_6H_{11}). Kristalle (aus A.); F: 194–196° [korr.] (*St., Da.*).

9-Phenyl-2,4,9-triaza-spiro[5.5]undecan-1,3,5-trion $C_{14}H_{15}N_3O_3$,   Formel XIII
(R = C_6H_5). Kristalle (aus H_2O); F: 202–202,5° [korr.] (*St., Da.*).

9-o-Tolyl-2,4,9-triaza-spiro[5.5]undecan-1,3,5-trion $C_{15}H_{17}N_3O_3$,   Formel XIII
(R = C_6H_4-CH_3). Kristalle (aus Me.); F: 178–179° [korr.] (*St., Da.*).

9-p-Tolyl-2,4,9-triaza-spiro[5.5]undecan-1,3,5-trion $C_{15}H_{17}N_3O_3$,   Formel XIII
(R = C_6H_4-CH_3). Kristalle (aus Butan-1-ol); F: 157–158° [korr.] (*St., Da.*).

9-Benzyl-2,4,9-triaza-spiro[5.5]undecan-1,3,5-trion $C_{15}H_{17}N_3O_3$,   Formel XIII
(R = CH_2-C_6H_5). Kristalle (aus A.); F: 173–174° [korr.] (*St., Da.*).

9-Phenäthyl-2,4,9-triaza-spiro[5.5]undecan-1,3,5-trion $C_{16}H_{19}N_3O_3$, Formel XIII
(R = CH_2-CH_2-C_6H_5). Kristalle (aus A.); F: 185–187° [korr.] (*St., Da.*).

9-[2-Hydroxy-äthyl]-2,4,9-triaza-spiro[5.5]undecan-1,3,5-trion $C_{10}H_{15}N_3O_4$, Formel XIII (R = CH_2-CH_2-OH). Kristalle (aus Me.); F: 277–278° [korr.] (*St., Da.*).

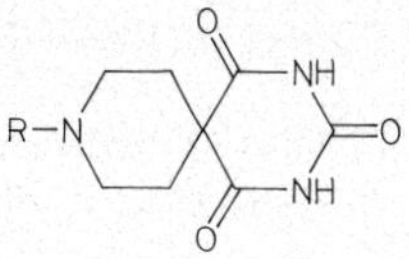

XIII 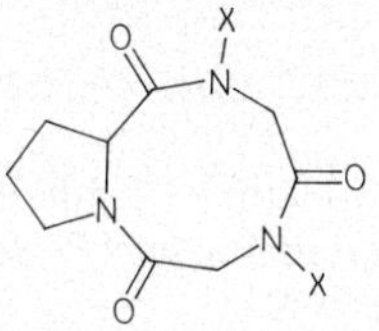   XIV 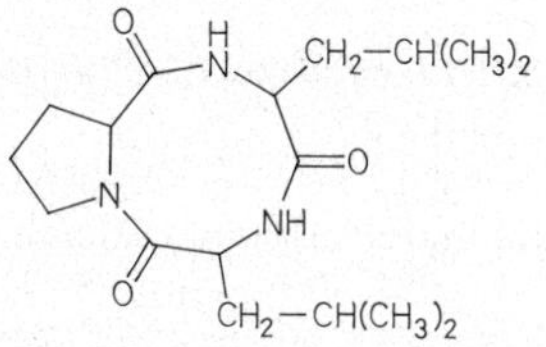   XV

9-Benzolsulfonyl-2,4,9-triaza-spiro[5.5]undecan-1,3,5-trion $C_{14}H_{15}N_3O_5S$, Formel XIII (R = SO_2-C_6H_5).
B. Aus 1-Benzolsulfonyl-piperidin-4,4-dicarbonsäure-diäthylester und Harnstoff beim Erwärᵈ men mit äthanol. Natriumäthylat (*Skinner et al.,* Am. Soc. **77** [1955] 2248).
Kristalle (aus Eg.); F: 278–280° [Zers.].
Bildung von [1-Benzolsulfonyl-piperidin-4-carbonyl]-harnstoff beim Behandeln [11 d] mit wss. NaOH: *Sk. et al.*
Dinatrium-Salz $Na_2C_{14}H_{13}N_3O_5S$.

Trioxo-Verbindungen $C_9H_{13}N_3O_3$

(±)-Octahydro-pyrrolo[1,2-a][1,4,7]triazonin-1,4,7-trion, Cyclo-[glycyl→glycyl→DL-prolyl] $C_9H_{13}N_3O_3$, Formel XIV (X = H).
B. Neben Hexahydro-pyrrolo[1,2-a]pyrazin-1,4-dion und anderen Verbindungen beim Behanᵈ deln von N-[1-Glycyl-DL-prolyl]-glycin-äthylester in Äthanol mit Triäthylamin (*Smith,* Soc. **1957** 3985).
Kristalle (aus H_2O) mit 1 Mol H_2O. IR-Banden (KBr; 3500–950 cm^{-1}): *Sm.*

(±)-2,5-Dichlor-octahydro-pyrrolo[1,2-*a*][1,4,7]triazonin-1,4,7-trion, Cyclo-[*N*-chlor-glycyl→*N*-chlor-glycyl→DL-prolyl] $C_9H_{11}Cl_2N_3O_3$, Formel XIV (X = Cl).

B. Aus der vorangehenden Verbindung beim Behandeln einer Lösung in H_2O mit Chlor (*Smith*, Soc. **1957** 3985).

Feststoff.

Trioxo-Verbindungen $C_{17}H_{29}N_3O_3$

3,6-Diisobutyl-octahydro-pyrrolo[1,2-*a*][1,4,7]triazonin-1,4,7-trion(?), Cyclo-[leucyl→leucyl→prolyl](?) $C_{17}H_{29}N_3O_3$, vermutlich Formel XV.

B. Beim Erhitzen von Serum-Albumin mit wss. H_3PO_4 auf 180° (*Šadikow, Maljuga*, Doklady Akad. S.S.S.R. **1934** II 418, 420).

F: 271,5°.   [*Wente*]

Trioxo-Verbindungen $C_nH_{2n-7}N_3O_3$

1,3-Dihydro-pyrrolo[3,4-*d*]imidazol-2,4,6-trion, 2-Oxo-2,3-dihydro-1*H*-imidazol-4,5-dicarbon=säure-imid $C_5H_3N_3O_3$, Formel I.

Diese Konstitution kommt wahrscheinlich der nachstehend beschriebenen Verbindung zu (*Scholl et al.*, B. **82** [1949] 239, 243).

B. Aus 1-Amino-äthan-1,1,2,2-tetracarbonsäure-tetraamid und Brom in wss. KOH (*Sch. et al.*, l. c. S. 246).

Wasserhaltige Kristalle (aus H_2O); Zers. > 110°.

Silber-Salz $AgC_5H_2N_3O_3$. Kristalle (aus H_2O).

1*H*-Imidazo[1,2-*a*]pyrimidin-2,5,7-trion $C_6H_5N_3O_3$, Formel II (R = R' = H) und Taut.

B. Beim Erwärmen von 2-Amino-1,5-dihydro-imidazol-4-on mit Malonsäure-diäthylester und äthanol. Natriumäthylat (*Prokof'ew, Schwatschkin*, Ž. obšč. Chim. **24** [1954] 1046, 1047; engl. Ausg. S. 1045, 1046).

Hellgelbe Kristalle (aus H_2O).

(±)-3-Methyl-1*H*-imidazo[1,2-*a*]pyrimidin-2,5,7-trion $C_7H_7N_3O_3$, Formel II (R = CH$_3$, R' = H) und Taut.

B. Beim Erhitzen von (±)-2-Amino-5-methyl-1,5-dihydro-imidazol-4-on-hydrochlorid mit Malonsäure-diäthylester und äthanol. Natriumäthylat (*Prokof'ew, Schwatschkin*, Ž. obšč. Chim. **25** [1955] 975, 978; engl. Ausg. S. 939, 941).

Kristalle (aus H_2O); F: 225° (*Pr., Sch.*). UV-Spektrum (wss. Lösungen vom pH 0 − 14; 225 − 310 nm): *Prokof'ew et al.*, Vestnik Moskovsk. Univ. **12** [1957] Nr. 3, S. 199, 200, 205; C. A. **1958** 9146. Scheinbare Dissoziationskonstanten K'_{a1} und K'_{a2} (H_2O; spektrophotometrisch ermittelt): $2,09 \cdot 10^{-4}$ bzw. $1,23 \cdot 10^{-8}$ (*Pr. et al.*).

6-Äthyl-1*H*-imidazo[1,2-*a*]pyrimidin-2,5,7-trion $C_8H_9N_3O_3$, Formel II (R = H, R' = C$_2$H$_5$) und Taut.

B. Beim Erwärmen von 2-Amino-1,5-dihydro-imidazol-4-on mit Äthylmalonsäure-diäthylester und äthanol. Natriumäthylat (*Prokof'ew, Schwatschkin*, Ž. obšč. Chim. **24** [1954] 1046, 1048; engl. Ausg. S. 1045, 1046).

Kristalle (aus H_2O); F: 292 − 293° [Zers.].

I   II   III   IV

(±)-6-Äthyl-3-methyl-1*H*-imidazo[1,2-*a*]pyrimidin-2,5,7-trion $C_9H_{11}N_3O_3$, Formel II
(R = CH$_3$, R′ = C$_2$H$_5$) und Taut.

B. Beim Erhitzen von (±)-2-Amino-5-methyl-1,5-dihydro-imidazol-4-on-hydrochlorid mit Äthylmalonsäure-diäthylester und äthanol. Natriumäthylat (*Prokof'ew, Schwatschkin*, Ž. obšč. Chim. **25** [1955] 975, 979; engl. Ausg. S. 939, 941).
Kristalle (aus A.); F: 290–291° [Zers.] (*Pr., Sch.*).
Kalium-Salz KC$_9$H$_{10}$N$_3$O$_3$. Kristalle; F: 243° [Zers.] (*Schwatschkin, Prokof'ew*, Ž. obšč. Chim. **26** [1956] 3416, 3420; engl. Ausg. S. 3805, 3808).

6-Butyl-1*H*-imidazo[1,2-*a*]pyrimidin-2,5,7-trion $C_{10}H_{13}N_3O_3$, Formel II (R = H,
R′ = [CH$_2$]$_3$-CH$_3$) und Taut.

B. Beim Erwärmen von 2-Amino-1,5-dihydro-imidazol-4-on mit Butylmalonsäure-diäthylester und äthanol. Natriumäthylat (*Prokof'ew, Schwatschkin*, Ž. obšč. Chim. **24** [1954] 1046, 1048; engl. Ausg. S. 1045, 1047).
Kristalle (aus H$_2$O); F: 278° [Zers.].

(±)-6-Butyl-3-methyl-1*H*-imidazo[1,2-*a*]pyrimidin-2,5,7-trion $C_{11}H_{15}N_3O_3$, Formel II
(R = CH$_3$, R′ = [CH$_2$]$_3$-CH$_3$) und Taut.

B. Beim Erhitzen von (±)-2-Amino-5-methyl-1,5-dihydro-imidazol-4-on-hydrochlorid mit Butylmalonsäure-diäthylester und äthanol. Natriumäthylat (*Prokof'ew, Schwatschkin*, Ž. obšč. Chim. **25** [1955] 975, 979; engl. Ausg. S. 939, 942).
Gelbliche Kristalle; F: 228°.

5-[(9a*R*)-(9a*r*)-Octahydro-chinolizin-1*t*-ylmethyl]-barbitursäure $C_{14}H_{21}N_3O_3$, Formel III.

B. Beim Erwärmen von [(9a*R*)-(9a*r*)-Octahydro-chinolizin-1*t*-ylmethyl]-malonsäure-diäthyl≠ ester mit Harnstoff und äthanol. Natriumäthylat (*Kaznel'šon, Kabatschnik*, Doklady Akad. S.S.S.R. **13** [1936] 397, 398; C. r. Doklady **13** [1936] 409).
Natrium-Salz. Kristalle.

**(8a*S*)-6*t*-Isobutyl-(8a*r*,13a*c*)-decahydro-dipyrrolo[1,2-*a*;1′,2′-*d*][1,4,7]triazonin-5,8,13-trion,
Cyclo-[L-leucyl→L-prolyl→L-prolyl]** $C_{16}H_{25}N_3O_3$, Formel IV.

B. Beim Erhitzen von Casein mit wss. H$_2$SO$_4$ auf 180° (*Ssadikow, Poschiltzowa*, Bio. Z. **221** [1930] 304, 308).
Kristalle (aus A.); F: 262–264°.
Beim Erhitzen [8 h] mit wss. H$_2$SO$_4$ sind L-Leućin und L-Prolin erhalten worden.

Trioxo-Verbindungen $C_nH_{2n-9}N_3O_3$

6,7-Dihydro-1*H*-pyrido[2,3-*d*]pyridazin-2,5,8-trion $C_7H_5N_3O_3$, Formel V (X = H) und Taut.
B. Aus 6-Oxo-1,6-dihydro-pyridin-2,3-dicarbonsäure-dimethylester oder aus 6-Oxo-1,6-di≠ hydro-pyridin-2,3-dicarbonsäure-anhydrid und N$_2$H$_4$·H$_2$O (*Gleu, Wackernagel*, J. pr. [2] **148** [1937] 72, 77).
Kristalle; Zers. >400°.

3-Chlor-6,7-dihydro-1*H*-pyrido[2,3-*d*]pyridazin-2,5,8-trion $C_7H_4ClN_3O_3$, Formel V (X = Cl)
und Taut.
B. Aus 5-Chlor-6-oxo-1,6-dihydro-pyridin-2,3-dicarbonsäure-dimethylester und N$_2$H$_4$·H$_2$O (*Gleu, Wackernagel*, J. pr. [2] **148** [1937] 72, 77).
Kristalle; Zers. bei 380–400°.

3-Brom-6,7-dihydro-1*H*-pyrido[2,3-*d*]pyridazin-2,5,8-trion $C_7H_4BrN_3O_3$, Formel V (X = Br)
und Taut.
B. Analog der vorangehenden Verbindung (*Gleu, Wackernagel*, J. pr. [2] **148** [1937] 72, 77).

Kristalle; Zers. bei 400–450°.

3-Jod-6,7-dihydro-1H-pyrido[2,3-d]pyridazin-2,5,8-trion $C_7H_4IN_3O_3$, Formel V (X = I) und Taut.

B. Analog den vorangehenden Verbindungen (*Gleu, Wackernagel*, J. pr. [2] **148** [1937] 72, 77).

Gelblich; Zers. bei 420–450°.

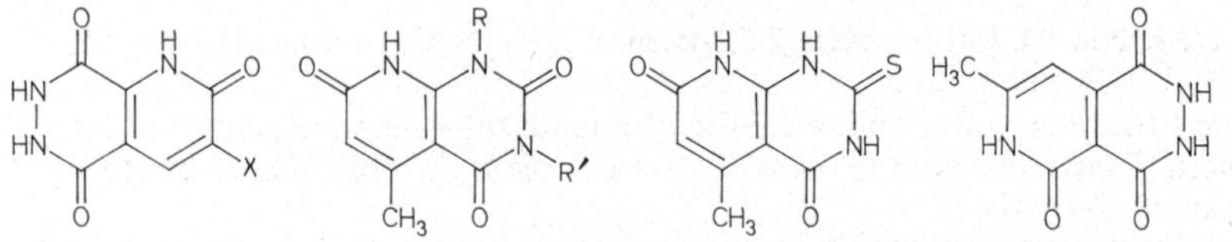

V   VI   VII   VIII

5-Methyl-1H,8H-pyrido[2,3-d]pyrimidin-2,4,7-trion $C_8H_7N_3O_3$, Formel VI (R = R' = H) und Taut.

B. Beim Erhitzen von 6-Amino-1H-pyrimidin-2,4-dion mit Acetessigsäure-äthylester und P_2O_5 auf 150–170° (*Ridi et al.*, Ann. Chimica **45** [1955] 439, 446).

F: 320°.

Die folgenden Verbindungen sind in analoger Weise hergestellt worden:

1,5-Dimethyl-1H,8H-pyrido[2,3-d]pyrimidin-2,4,7-trion $C_9H_9N_3O_3$, Formel VI (R = CH_3, R' = H) und Taut. Kristalle (aus Eg.); F: 330°.

5-Methyl-1-phenyl-1H,8H-pyrido[2,3-d]pyrimidin-2,4,7-trion $C_{14}H_{11}N_3O_3$, Formel VI (R = C_6H_5, R' = H) und Taut. Kristalle (aus Eg.); F: 280°.

3,5-Dimethyl-1-phenyl-1H,8H-pyrido[2,3-d]pyrimidin-2,4,7-trion $C_{15}H_{13}N_3O_3$, Formel VI (R = C_6H_5, R' = CH_3) und Taut. Kristalle (aus Eg.); F: 303°.

1-[4-Äthoxy-phenyl]-5-methyl-1H,8H-pyrido[2,3-d]pyrimidin-2,4,7-trion $C_{16}H_{15}N_3O_4$, Formel VI (R = C_6H_4-O-C_2H_5, R' = H) und Taut. Kristalle (aus Eg.); F: 332°.

1-[4-Äthoxy-phenyl]-3,5-dimethyl-1H,8H-pyrido[2,3-d]pyrimidin-2,4,7-trion $C_{17}H_{17}N_3O_4$, Formel VI (R = C_6H_4-O-C_2H_5, R' = CH_3) und Taut. Kristalle (aus Eg.); F: 280°.

5-Methyl-2-thioxo-2,3-dihydro-1H,8H-pyrido[2,3-d]pyrimidin-4,7-dion $C_8H_7N_3O_2S$, Formel VII und Taut.

B. Beim Erhitzen von 6-Amino-2-thioxo-2,3-dihydro-1H-pyrimidin-4-on mit Acetessigsäure-äthylester und P_2O_5 auf 150–170° (*Ridi et al.*, Ann. Chimica **45** [1955] 439, 447).

Gelblich; F: 320°.

7-Methyl-2,3-dihydro-6H-pyrido[3,4-d]pyridazin-1,4,5-trion $C_8H_7N_3O_3$, Formel VIII und Taut.

B. Beim Erwärmen von 2-Hydroxy-6-methyl-pyridin-3,4-dicarbonsäure-diäthylester mit $N_2H_4 \cdot H_2O$ in H_2O (*Gardner et al.*, J. org. Chem. **21** [1956] 530, 532).

Gelb; F: >300°.

Trioxo-Verbindungen $C_nH_{2n-11}N_3O_3$

Trioxo-Verbindungen $C_9H_7N_3O_3$

5-Pyrrol-2-ylmethylen-barbitursäure $C_9H_7N_3O_3$, Formel IX.

B. Beim Erwärmen von Barbitursäure mit Pyrrol-2-carbaldehyd in H_2O (*Gardner et al.*,

J. org. Chem. **23** [1958] 823, 826).
Gelbe Kristalle (aus Eg.); F: >280°.

1,2-Diphenyl-4-[pyridin-3-carbonyl]-pyrazolidin-3,5-dion $C_{21}H_{15}N_3O_3$, Formel X (R = H)
und Taut. (z. B. 3-[5-Hydroxy-3-oxo-1,2-diphenyl-2,3-dihydro-1H-pyrazol-4-carbonyl]-pyridinium-betain).
B. Aus 1,2-Diphenyl-pyrazolidin-3,5-dion und Nicotinoylchlorid-hydrochlorid in Pyridin (*Musante, Fabbrini*, G. **87** [1957] 181, 189; *Geigy Chem. Corp.*, U.S.P. 2808411 [1956]).
Rosafarben; F: 338−341° (*Geigy Chem. Corp.*), 314° [Zers.; aus wss. NaOH+wss. HCl] (*Mu., Fa.*). IR-Spektrum (Nujol; 2−15 µ): *Mu., Fa.*, l. c. S. 184.

IX   X   XI

4-[Pyridin-3-carbonyl]-1,2-di-p-tolyl-pyrazolidin-3,5-dion $C_{23}H_{19}N_3O_3$, Formel X (R = CH₃)
und Taut.
B. Analog der vorangehenden Verbindung (*Geigy Chem. Corp.*, U.S.P. 2808411 [1956]).
F: 318−322°.

1,2-Diphenyl-4-[pyridin-4-carbonyl]-pyrazolidin-3,5-dion $C_{21}H_{15}N_3O_3$, Formel XI und Taut.
B. Analog den vorangehenden Verbindungen (*Geigy Chem. Corp.*, U.S.P. 2808411 [1956]).
F: 341−342°.

Trioxo-Verbindungen $C_{10}H_9N_3O_3$

6-Acetyl-5-methyl-1-phenyl-1H-pyrido[2,3-d]pyrimidin-2,4-dion $C_{16}H_{13}N_3O_3$, Formel XII
(R = X = H) und Taut.
B. Neben der folgenden Verbindung beim Erhitzen von 6-Amino-1-phenyl-1H-pyrimidin-2,4-dion mit 3-Äthoxymethylen-pentan-2,4-dion in Essigsäure (*Ridi*, Ann. Chimica **49** [1959] 944, 951).
Kristalle (aus wss. Eg.); F: 280°.
Phenylhydrazon $C_{22}H_{19}N_5O_2$; 5-Methyl-1-phenyl-6-[1-phenylhydrazono-äthyl]-1H-pyrido[2,3-d]pyrimidin-2,4-dion. Hellgelbe Kristalle (aus Eg.); F: >300°.

*6-[1-(2,6-Dioxo-3-phenyl-1,2,3,6-tetrahydro-pyrimidin-4-ylimino)-äthyl]-5-methyl-1-phenyl-1H-pyrido[2,3-d]pyrimidin-2,4-dion $C_{26}H_{20}N_6O_4$, Formel XIII und Taut.
B. s. im vorangehenden Artikel.
Rosafarbene Kristalle (aus Eg.); F: >380° (*Ridi*, Ann. Chimica **49** [1959] 944, 951).

6-Acetyl-3,5-dimethyl-1-phenyl-1H-pyrido[2,3-d]pyrimidin-2,4-dion $C_{17}H_{15}N_3O_3$, Formel XII
(R = CH₃, X = H).
B. Beim Erhitzen von 6-Amino-3-methyl-1-phenyl-1H-pyrimidin-2,4-dion mit 3-Äthoxy-methylen-pentan-2,4-dion in Essigsäure (*Ridi*, Ann. Chimica **49** [1959] 944, 951). Aus 6-Acetyl-5-methyl-1-phenyl-1H-pyrido[2,3-d]pyrimidin-2,4-dion und Dimethylsulfat (*Ridi*).
Kristalle (aus A.); F: 200°.
Oxim $C_{17}H_{16}N_4O_3$; 6-[1-Hydroxyimino-äthyl]-3,5-dimethyl-1-phenyl-1H-pyrido[2,3-d]pyrimidin-2,4-dion. Kristalle (aus A.); F: 158° (*Ridi*, l. c. S. 945, 953).

Hydrazon $C_{17}H_{17}N_5O_2$; 6-[1-Hydrazono-äthyl]-3,5-dimethyl-1-phenyl-1H-pyrido[2,3-d]pyrimidin-2,4-dion. Hydrazin-Salz $N_2H_4 \cdot C_{17}H_{17}N_5O_2$. Kristalle (aus A.); F: 220° (*Ridi*, l. c. S. 945, 953).

2,4-Dinitro-phenylhydrazon $C_{23}H_{19}N_7O_6$; 6-[1-(2,4-Dinitro-phenylhydrazono)-äthyl]-3,5-dimethyl-1-phenyl-1H-pyrido[2,3-d]pyrimidin-2,4-dion. Gelbe Kristalle (aus A.); F: 220° (*Ridi*, l. c. S. 945, 953).

XII   XIII   XIV

6-Acetyl-1-[4-äthoxy-phenyl]-5-methyl-1H-pyrido[2,3-d]pyrimidin-2,4-dion $C_{18}H_{17}N_3O_4$, Formel XII (R = H, X = O-C_2H_5) und Taut.

B. Beim Erhitzen von 1-[4-Äthoxy-phenyl]-6-amino-1H-pyrimidin-2,4-dion mit 3-Äthoxy-methylen-pentan-2,4-dion in Essigsäure oder mit P_2O_5 auf 120° (*Ridi*, Ann. Chimica **49** [1959] 944, 952).

Kristalle (aus Eg.); F: 285°.

6-Acetyl-1-[4-äthoxy-phenyl]-3,5-dimethyl-1H-pyrido[2,3-d]pyrimidin-2,4-dion $C_{19}H_{19}N_3O_4$, Formel XII (R = CH_3, X = O-C_2H_5).

B. Analog der vorangehenden Verbindung (*Ridi*, Ann. Chimica **49** [1959] 944, 952). Beim Behandeln der vorangehenden Verbindung mit Dimethylsulfat in wss. KOH (*Ridi*).

Kristalle (aus Eg.); F: 245°.

Trioxo-Verbindungen $C_{11}H_{11}N_3O_3$

5-Äthyl-5-[2]pyridyl-barbitursäure $C_{11}H_{11}N_3O_3$, Formel XIV (X = H).

B. Neben [2-[2]Pyridyl-butyryl]-harnstoff (Hauptprodukt) beim Erhitzen von Äthyl-[2]pyridyl-malonsäure-diäthylester mit Natrium-*tert*-butylat und Harnstoff in *tert*-Butylalkohol (*McElvain, Goese*, Am. Soc. **65** [1943] 2226).

Kristalle (aus wss. A.); F: 257—258°.

5-Äthyl-5-[5-nitro-[2]pyridyl]-barbitursäure $C_{11}H_{10}N_4O_5$, Formel XIV (X = NO_2).

B. Beim Erhitzen von 5-Äthyl-barbitursäure mit 2-Chlor-5-nitro-pyridin auf 210—230° (*Chem. Fabr. v. Heyden*, D.R.P. 626411 [1933]; Frdl. **22** 561; U.S.P. 2084136 [1934]).

Kristalle (aus Eg.); F: 245°.

5-Äthyl-5-[4]pyridyl-barbitursäure $C_{11}H_{11}N_3O_3$, Formel I (R = R' = H).

B. Beim Erhitzen von 5-Äthyl-barbitursäure mit 4-Brom-pyridin in Xylol (*Chem. Fabr. v. Heyden*, D.R.P. 626411 [1933]; Frdl. **22** 561; U.S.P. 2084136 [1934]) oder mit [1,4']Bipyridylium-bromid-hydrobromid auf 185° (*Chem. Fabr. v. Heyden*, D.R.P. 642794 [1935]; Frdl. **23** 452).

Kristalle [aus H_2O] (*Chem. Fabr. v. Heyden*, D.R.P. 626411; U.S.P. 2084136).

(±)-5-Äthyl-1-methyl-5-[4]pyridyl-barbitursäure $C_{12}H_{13}N_3O_3$, Formel I (R = CH_3, R' = H).

B. Beim Erhitzen von 5-Äthyl-1-methyl-barbitursäure mit 4-Brom-pyridin (*Chem. Fabr. v. Heyden*, D.R.P. 626411 [1933]; Frdl. **22** 561; U.S.P. 2084136 [1934]) oder mit [1,4']Bipyridylium-bromid-hydrobromid (*Chem. Fabr. v. Heyden*, D.R.P. 642794 [1935]; Frdl. **23** 452).

Kristalle (aus H_2O); F: 150°.

(±)-5-Äthyl-1-methyl-3-phenyl-5-[4]pyridyl-barbitursäure $C_{18}H_{17}N_3O_3$, Formel I (R = CH$_3$, R' = C$_6$H$_5$).

B. Beim Erhitzen von 5-Äthyl-1-methyl-3-phenyl-barbitursäure mit [1,4']Bipyridylium-bro= mid-hydrobromid (*Chem. Fabr. v. Heyden,* D.R.P. 642794 [1935]; Frdl. **23** 452).

Kristalle (aus wss. A.); F: 143°.

5-[2,5-Dimethyl-1-phenyl-pyrrol-3-ylmethylen]-barbitursäure $C_{17}H_{15}N_3O_3$, Formel II (R = H, X = O).

B. Beim Erwärmen von Barbitursäure mit 2,5-Dimethyl-1-phenyl-pyrrol-3-carbaldehyd in Äthanol (*Eastman Kodak Co.,* U.S.P. 2739147 [1951]).

Gelbe Kristalle (aus Py. + Me.); F: 246−249°.

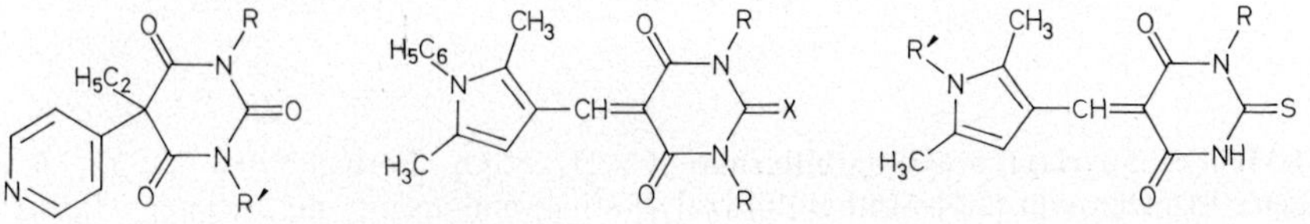

I   II   III

5-[2,5-Dimethyl-1-phenyl-pyrrol-3-ylmethylen]-2-thio-barbitursäure $C_{17}H_{15}N_3O_2S$, Formel II (R = H, X = S).

B. Beim Erwärmen von 2-Thio-barbitursäure mit 2,5-Dimethyl-1-phenyl-pyrrol-3-carbaldehyd in Äthanol (*Eastman Kodak Co.,* U.S.P. 2739147 [1951]).

Orangegelbe Kristalle (aus Py. + Me.); F: 264−266°.

Die folgenden Verbindungen sind in analoger Weise hergestellt worden:

5-[1-Heptyl-2,5-dimethyl-pyrrol-3-ylmethylen]-2-thio-barbitursäure $C_{18}H_{25}N_3O_2S$, Formel III (R = H, R' = [CH$_2$]$_6$-CH$_3$). Grüngelbe Kristalle (aus Py. + Me.); F: 254−256°.

*1-Äthyl-5-[2,5-dimethyl-1-phenyl-pyrrol-3-ylmethylen]-2-thio-barbitursäure $C_{19}H_{19}N_3O_2S$, Formel III (R = C$_2$H$_5$, R' = C$_6$H$_5$). Braungelbe Kristalle (aus Py. + Me.); F: 246−248° [Zers.].

1,3-Diäthyl-5-[2,5-dimethyl-1-phenyl-pyrrol-3-ylmethylen]-2-thio-barbitur= säure $C_{21}H_{23}N_3O_2S$, Formel II (R = C$_2$H$_5$, X = S). Orangegelbe Kristalle (aus Py. + Me.); F: 177−179°.

*5-[2,5-Dimethyl-1-propyl-pyrrol-3-ylmethylen]-1-phenyl-2-thio-barbitur= säure $C_{20}H_{21}N_3O_2S$, Formel III (R = C$_6$H$_5$, R' = CH$_2$-C$_2$H$_5$). Braungelbe Kristalle (aus Py. + Me.); F: 282−284° [Zers.].

*5-[1-Dodecyl-2,5-dimethyl-pyrrol-3-ylmethylen]-1-phenyl-2-thio-barbitur= säure $C_{29}H_{39}N_3O_2S$, Formel III (R = C$_6$H$_5$, R' = [CH$_2$]$_{11}$-CH$_3$). Braungelbe Kristalle (aus Py. + Me.); F: 186−188° [Zers.].

*5-[1-Cyclohexyl-2,5-dimethyl-pyrrol-3-ylmethylen]-1-phenyl-2-thio-barbi= tursäure $C_{23}H_{25}N_3O_2S$, Formel III (R = C$_6$H$_5$, R' = C$_6$H$_{11}$). Gelbbraune Kristalle (aus Py. + Me.); F: 270−272° [Zers.].

*5-[2,5-Dimethyl-1-phenyl-pyrrol-3-ylmethylen]-1-phenyl-2-thio-barbitur= säure $C_{23}H_{19}N_3O_2S$, Formel III (R = R' = C$_6$H$_5$). Gelbbraune Kristalle (aus Py. + Me.); F: 247−250° [Zers.].

*1-Äthyl-5-[1-benzyl-2,5-dimethyl-pyrrol-3-ylmethylen]-2-thio-barbitursäure $C_{20}H_{21}N_3O_2S$, Formel III (R = C$_2$H$_5$, R' = CH$_2$-C$_6$H$_5$). Gelbe Kristalle (aus Py. + Me.); F: 252−254° [Zers.].

5-[3,4,5-Trimethyl-pyrrol-2-yliden]-barbitursäure $C_{11}H_{11}N_3O_3$, Formel IV.

B. Beim Erwärmen von Alloxan (E III/IV **24** 2137) mit 2,3,4-Trimethyl-pyrrol in Äthanol in Gegenwart von wss. HBr (*Treibs et al.,* A. **612** [1958] 229, 240).

Blauviolette Kristalle (aus A.) mit 2 Mol H$_2$O; unterhalb 350° nicht schmelzend.

Trioxo-Verbindungen $C_{12}H_{13}N_3O_3$

6-Äthyl-2,6-diphenyl-3-thioxo-tetrahydro-[1,2,4]triazepin-5,7-dion $C_{18}H_{17}N_3O_2S$, Formel V.

Die von *Losse et al.* (J. pr. [4] **7** [1958] 28, 33) unter dieser Konstitution beschriebene Verbin=
dung ist wahrscheinlich als *N*-[3-Äthyl-2,4-dioxo-3-phenyl-azetidin-1-yl]-*N*-phenyl-thioharnstoff
(E III/IV **21** 5483) zu formulieren (*Ebnöther et al.*, Helv. **42** [1959] 918, 928).

IV   V   VI

5-[2-(4-Methyl-[2]pyridyl)-äthyl]-barbitursäure $C_{12}H_{13}N_3O_3$, Formel VI (R = CH$_3$, R' = H).

B. Beim Erhitzen von [2-(4-Methyl-[2]pyridyl)-äthyl]-malonsäure-diäthylester, Harnstoff und
äthanol. Natriumäthylat auf $110-115°$ (*Godlewska-Zwierzak et al.*, Roczniki Chem. **33** [1959]
1215; C. A. **1960** 14262).

Grüngelbe Kristalle (aus wss. Acn.) mit 3 Mol H$_2$O; F: $250-251°$ [Zers.].

Picrolonat $C_{12}H_{13}N_3O_3 \cdot C_{10}H_8N_4O_5$. Gelbe Kristalle; F: $217-218°$ [Zers.].

5-[2-(6-Methyl-[2]pyridyl)-äthyl]-barbitursäure $C_{12}H_{13}N_3O_3$, Formel VI (R = H, R' = CH$_3$).

B. Analog der vorangehenden Verbindung (*Godlewska-Zwierzak et al.*, Roczniki Chem. **33**
[1959] 1215; C. A. **1960** 14262).

Gelbe Kristalle (aus H$_2$O); F: $278-279°$ [Zers.].

Picrolonat $C_{12}H_{13}N_3O_3 \cdot C_{10}H_8N_4O_5$. Kristalle; F: $243-244°$ [Zers.].

5-Äthyl-5-[3]pyridylmethyl-barbitursäure $C_{12}H_{13}N_3O_3$, Formel VII (n = 1).

B. Aus 3-Brommethyl-pyridin bei aufeinanderfolgender Umsetzung mit Äthylmalonsäure-
diäthylester und mit Harnstoff (*Kuhn, Richter*, Am. Soc. **57** [1935] 1927).

Kristalle (aus A.); F: $213-214°$.

5-Propyl-5-[2]pyridyl-barbitursäure $C_{12}H_{13}N_3O_3$, Formel VIII (n = 2).

B. Beim Erhitzen von 5-Propyl-barbitursäure mit 2-Brom-pyridin in *N,N*-Dimethyl-anilin
auf 170° (*Frank, Phillips*, Am. Soc. **71** [1949] 2804).

Kristalle (aus H$_2$O); F: $249-250°$.

VII   VIII   IX

Trioxo-Verbindungen $C_{13}H_{15}N_3O_3$

($\pm$)-3-Benzyl-hexahydro-[1,4,7]triazonin-2,5,8-trion, Cyclo-[glycyl →glycyl →DL-phenylalanyl]
$C_{13}H_{15}N_3O_3$, Formel IX (R = H).

B. Aus *N*-Benzyloxycarbonyl-DL-phenylalanyl → glycyl → glycin-hydrazid durch Überführung
in das Azid und Hydrierung des Azids an Palladium in Äthylacetat (*Winitz, Fruton*, Am.
Soc. **75** [1953] 3041).

F: $177-179°$ [Zers.].

6-Äthyl-6-benzyl-2-methyl-3-thioxo-tetrahydro-[1,2,4]triazepin-5,7-dion $C_{14}H_{17}N_3O_2S$,
Formel X (R = CH$_3$).

Die von *Losse et al.* (J. pr. [4] **7** [1958] 28, 32) unter dieser Konstitution beschriebene Verbin=
dung ist wahrscheinlich als *N*-[3-Äthyl-3-benzyl-2,4-dioxo-azetidin-1-yl]-*N*-methyl-thioharnstoff
(E III/IV **21** 5489) zu formulieren (*Ebnöther et al.*, Helv. **42** [1959] 918, 928). Entsprechend
ist die als 6-Äthyl-6-benzyl-2-phenyl-3-thioxo-tetrahydro-[1,2,4]triazepin-5,7-
dion $C_{19}H_{19}N_3O_2S$ [Formel X (R = C$_6$H$_5$)] beschriebene Verbindung wahrscheinlich als *N*-[3-
Äthyl-3-benzyl-2,4-dioxo-azetidin-1-yl]-*N*-phenyl-thioharnstoff (E III/IV **21** 5490) zu formulie=
ren.

5-[2-(4,6-Dimethyl-[2]pyridyl)-äthyl]-barbitursäure $C_{13}H_{15}N_3O_3$, Formel VI (R = R' = CH$_3$).

B. Beim Erhitzen von [2-(4,6-Dimethyl-[2]pyridyl)-äthyl]-malonsäure-diäthylester, Harnstoff
und äthanol. Natriumäthylat auf 110—115° (*Godlewska-Zwierzak et al.*, Roczniki Chem. **33**
[1959] 1215; C. A. **1960** 14262).

Grüngelbe Kristalle (aus H$_2$O) mit 3 Mol H$_2$O; F: 246—247° [Zers.].

5-Propyl-5-[3]pyridylmethyl-barbitursäure $C_{13}H_{15}N_3O_3$, Formel VII (n = 2).

B. Aus 3-Brommethyl-pyridin bei aufeinanderfolgender Umsetzung mit Propylmalonsäure-
diäthylester und mit Harnstoff (*Kuhn, Richter*, Am. Soc. **57** [1935] 1927).

Kristalle (aus A.); F: 250° [Zers.].

5-Butyl-5-[2]pyridyl-barbitursäure $C_{13}H_{15}N_3O_3$, Formel VIII (n = 3).

B. Beim Erhitzen von 5-Butyl-barbitursäure mit 2-Brom-pyridin in *N,N*-Dimethyl-anilin auf
170° (*Frank, Phillips*, Am. Soc. **71** [1949] 2804).

Kristalle (aus H$_2$O); F: 264—265°.

5-Butyl-5-[4]pyridyl-barbitursäure $C_{13}H_{15}N_3O_3$, Formel XI.

B. Beim Erhitzen von 5-Butyl-barbitursäure mit [1,4']Bipyridylium-bromid-hydrobromid
(*Chem. Fabr. v. Heyden*, D.R.P. 642794 [1935]; Frdl. **23** 452).

F: 260°.

X   XI   XII

Trioxo-Verbindungen $C_{14}H_{17}N_3O_3$

***Opt.-inakt. 3-Benzyl-6-methyl-hexahydro-[1,4,7]triazonin-2,5,8-trion, Cyclo-[alanyl →phenyl=
alanyl →glycyl]** $C_{14}H_{17}N_3O_3$, Formel IX (R = CH$_3$).

B. Beim Behandeln von opt.-inakt. Glycyl → alanyl → phenylalanyl-methylester mit NH$_3$ in
Methanol oder mit Piperidin (*Brockmann et al.*, Naturwiss. **41** [1954] 37).

Kristalle.

5-Butyl-5-[3]pyridylmethyl-barbitursäure $C_{14}H_{17}N_3O_3$, Formel XII (R = H).

B. Aus 3-Brommethyl-pyridin bei aufeinanderfolgender Umsetzung mit Butylmalonsäure-
diäthylester und mit Harnstoff (*Kuhn, Richter*, Am. Soc. **57** [1935] 1927).

Kristalle (aus A.); F: 218—219°.

Trioxo-Verbindungen $C_{15}H_{19}N_3O_3$

5-Isopentyl-5-[3]pyridylmethyl-barbitursäure $C_{15}H_{19}N_3O_3$, Formel XII (R = CH$_3$).

B. Analog der vorangehenden Verbindung (*Kuhn, Richter*, Am. Soc. **57** [1935] 1927).

Kristalle (aus A.); F: 229—230°.

Trioxo-Verbindungen $C_nH_{2n-13}N_3O_3$

6-[α-((E)-Hydroxyimino)-benzyl]-1H-[1,3,5]triazin-2,4-dion $C_{10}H_8N_4O_3$, Formel I und Taut.
Konfiguration: *Ostrogovich, Tanislau,* G. **66** [1936] 672.
B. Aus 6-Benzyl-1H-[1,3,5]triazin-2,4-dion und Amylnitrit in HCl-haltiger Essigsäure (*Ostro=
govich, Tanislau,* G. **66** [1936] 662, 663).
Gelbe Kristalle (aus H_2O) mit 3 Mol H_2O, F: 235—236° [Zers.]; Kristalle (aus A.) mit
2 Mol H_2O, F: 241—242°; Kristalle (aus dem Trihydrat oder dem Dihydrat beim Aufbewahren
über H_2SO_4) mit 1 Mol H_2O, F: 255—256° (*Os., Ta.,* l. c. S. 663).
Hydrochlorid $C_{10}H_8N_4O_3 \cdot HCl$. F: 226—227° [Zers.] (*Os., Ta.,* l. c. S. 664).
Natrium-Salz $NaC_{10}H_7N_4O_3$. Kristalle (aus wss. Me.) mit 3 Mol H_2O; F: 269—271°
[Zers.], die beim Trocknen im Exsikkator 2 Mol H_2O abgeben und bei 140—145°/15 Torr
wasserfrei werden (*Os., Ta.,* l. c. S. 664).
Dinatrium-Salz $Na_2C_{10}H_6N_4O_3$. Kristalle (aus A.) mit 1,5 Mol Äthanol; F: 264—265°
[Zers.] (*Os., Ta.,* l. c. S. 664, 665).
Kupfer(II)-Salze. a) $CuC_{10}H_6N_4O_3$. Grüne Kristalle; F: 321—322° [Zers.; ab 220° Ver=
färbung] (*Os., Ta.,* l. c. S. 670, 671). — b) $[Cu_2(C_{10}H_6N_4O_3)_2 \cdot 4H_2O]$. Blaue Kristalle (*Os.,
Ta.,* l. c. S. 669, 670).
Silber-Salz $AgC_{10}H_7N_4O_3$. Kristalle mit 1 Mol H_2O; F: 300—302° [Zers.] (*Os., Ta.,*
l. c. S. 665).
Barium-Salz $Ba(C_{10}H_7N_4O_3)_2$. Kristalle (aus H_2O) mit 3 Mol H_2O; F: 252—253° [Zers.]
(*Os., Ta.,* l. c. S. 666).
Eisen(II)-Salz $Fe(C_{10}H_7N_4O_3)_2$. Zur Konstitution vgl. *Ostrogovich, Cadariu,* G. **73** [1943]
154. — Hellgrüne Kristalle mit 4 Mol H_2O; F: 228—230° [Zers.] (*Os., Ta.,* l. c. S. 666, 667).

I   II   III   IV

5-[2]Pyridylmethylen-barbitursäure $C_{10}H_7N_3O_3$, Formel II.
B. Aus Barbitursäure und Pyridin-2-carbaldehyd in H_2O (*Profft et al.,* J. pr. [4] **2** [1955]
147, 161).
Gelblich; Zers. bei 275—280° [Dunkelfärbung ab 265°].

5-[3]Pyridylmethylen-barbitursäure $C_{10}H_7N_3O_3$, Formel III.
B. Analog der vorangehenden Verbindung (*Klosa,* Ar. **289** [1956] 177, 183).
Kristalle (aus Eg.); F: 294—296°.

5-[4]Pyridylmethylen-barbitursäure $C_{10}H_7N_3O_3$, Formel IV.
B. Analog den vorangehenden Verbindungen (*Klosa,* Ar. **289** [1956] 177, 183).
Gelbe Kristalle (aus Eg.); F: 328—330°.

6-[β-Thiosemicarbazono-phenäthyl]-2H-[1,2,4]triazin-3,5-dion $C_{12}H_{12}N_6O_2S$, Formel V
(X = O) und Taut.
B. Beim Erhitzen der folgenden Verbindung mit CH_3I in wss.-äthanol. NaOH und anschlie=
ssenden Behandeln mit wss. HCl (*Cattelain, Chabrier,* Bl. **1947** 1098, 1101).
Kristalle (aus wss. A.); F: 187,5°.

6-[β-Thiosemicarbazono-phenäthyl]-3-thioxo-3,4-dihydro-2H-[1,2,4]triazin-5-on $C_{12}H_{12}N_6OS_2$, Formel V (X = S) und Taut.

B. Beim Erwärmen von 2,4-Bis-thiosemicarbazono-4-phenyl-buttersäure mit wss. NaOH (*Catelain, Chabrier,* Bl. **1947** 1098, 1100).

Kristalle (aus wss. A.); F: 250°.

V   VI

5-[2-(1-Methyl-1H-[2]pyridyliden)-äthyliden]-barbitursäure $C_{12}H_{11}N_3O_3$, Formel VI (R = CH₃, X = O) und Mesomere.

B. Beim Erhitzen von 1,2-Dimethyl-pyridinium-jodid mit Orthoameisensäure-triäthylester und Barbitursäure (*Zenno,* J. pharm. Soc. Japan **73** [1953] 301; C. A. **1954** 2044).

Gelbe Kristalle (aus H_2O); F: 274° [Zers.].

5-[2-(1-Äthyl-1H-[2]pyridyliden)-äthyliden]-barbitursäure $C_{13}H_{13}N_3O_3$, Formel VI (R = C₂H₅, X = O) und Mesomere.

B. Analog der vorangehenden Verbindung (*Zenno,* J. pharm. Soc. Japan **73** [1953] 301; C. A. **1954** 2044).

Gelbe Kristalle (aus H_2O); F: 244° [Zers.].

5-[2-(1-Methyl-1H-[2]pyridyliden)-äthyliden]-2-thio-barbitursäure $C_{12}H_{11}N_3O_2S$, Formel VI (R = CH₃, X = S) und Mesomere.

B. Beim Erhitzen von 5-[2-(1-Methyl-1H-[2]pyridyliden)-äthyliden]-barbitursäure mit 2-Thiobarbitursäure in Pyridin (*Zenno,* J. pharm. Soc. Japan **74** [1954] 1236, 1239; C. A. **1955** 14736). Beim Erhitzen von [4,6-Dioxo-2-thioxo-hexahydro-pyrimidin-5-yl]-[4,6-dioxo-2-thioxo-tetrahydro-pyrimidin-5-yliden]-methan mit 1,2-Dimethyl-pyridinium-jodid in Gegenwart von Piperidin in Pyridin (*Zenno,* J. pharm. Soc. Japan **73** [1953] 1063, 1065; C. A. **1954** 8543).

Orangefarbene Kristalle (aus A.); F: 284–286° [Zers.] (*Ze.,* J. pharm. Soc. Japan **73** 1065), 284° [Zers.] (*Ze.,* J. pharm. Soc. Japan **74** 1239).

1,3-Diäthyl-5-[2-(1-äthyl-1H-[4]pyridyliden)-äthyliden]-2-thio-barbitursäure $C_{17}H_{21}N_3O_2S$, Formel VII und Mesomere.

B. Beim Erhitzen von 5-Äthoxymethylen-1,3-diäthyl-2-thio-barbitursäure mit 1-Äthyl-4-methyl-pyridinium-jodid in Äthanol (*Jeffreys,* Soc. **1956** 2991, 2994).

Braunrote, gelbglänzende Kristalle (aus Py.+Me.); F: 309° [Zers.]. λ_{max}: 535 nm [Bzl.], 480 nm [Me.] bzw. 460 nm [wss. Me.].

VII   VIII

5-[6-Methyl-[2]pyridylmethylen]-barbitursäure $C_{11}H_9N_3O_3$, Formel VIII.

B. Beim Erhitzen von Barbitursäure mit 6-Methyl-pyridin-2-carbaldehyd in H_2O (*Klosa,* Ar. **289** [1956] 177, 183).

Orangefarbene Kristalle (aus Eg.); F: 274–276°.

*Opt.-inakt. 5-[2-Oxo-indolin-3-yl]-imidazolidin-2,4-dion $C_{11}H_9N_3O_3$, Formel IX (R = H) (E II 135).

B. Bei der Reduktion von 5-[2-Oxo-indolin-3-yliden]-imidazolidin-2,4-dion (s. u.) mit Zinn in äthanol. HCl oder mit wss. HI in Essigsäure (*Hill et al.*, Am. Soc. **52** [1930] 769, 771).

Kristalle (aus H_2O).

5-[2-(1,6-Dimethyl-1*H*-[2]pyridyliden)-äthyliden]-barbitursäure $C_{13}H_{13}N_3O_3$, Formel X (X = O) und Mesomere.

B. Beim Erhitzen von 1,2,6-Trimethyl-pyridinium-jodid mit Orthoameisensäure-triäthylester und Barbitursäure (*Zenno,* J. pharm. Soc. Japan **73** [1953] 301; C. A. **1954** 2044).

Gelbe Kristalle (aus H_2O); F: 265° [Zers.].

5-[2-(1,6-Dimethyl-1*H*-[2]pyridyliden)-äthyliden]-2-thio-barbitursäure $C_{13}H_{13}N_3O_2S$, Formel X (X = S) und Mesomere.

B. Analog der vorangehenden Verbindung (*Zenno,* J. Soc. Phot. Sci. Technol. Japan **15** [1952/53] 99, 102; C. A. **1954** 11063).

Gelbe Kristalle (aus A.); Zers. bei 279°.

IX   X   XI

5-Allyl-5-[4]pyridyl-barbitursäure $C_{12}H_{11}N_3O_3$, Formel XI.

B. Beim Erhitzen von 5-Allyl-barbitursäure mit [1,4′]Bipyridylium-bromid-hydrobromid (*Chem. Fabr. v. Heyden,* D.R.P. 642794 [1935]; Frdl. **23** 452).

F: 270° [Zers.].

---

*Opt.-inakt. 5-[5-Methyl-2-oxo-indolin-3-yl]-imidazolidin-2,4-dion $C_{12}H_{11}N_3O_3$, Formel IX (R = CH_3).

B. Beim Erhitzen von 5-[5-Methyl-2-oxo-indolin-3-yliden]-imidazolidin-2,4-dion (S. 662) mit wss. HI in Essigsäure (*Henze, Blair,* Am. Soc. **55** [1933] 4621, 4624).

Kristalle (aus H_2O); F: 306−307° [korr.; Zers.].

Beim Erhitzen mit rotem Phosphor und wss. HI auf 150° ist 6-Methyl-2-oxo-1,2,3,4-tetra= hydro-chinolin-4-carbonsäure, mit $Ba(OH)_2$ in H_2O auf 150° ist 5-Methyl-indolin-2-on erhalten worden.

Trioxo-Verbindungen $C_nH_{2n-15}N_3O_3$

*5-[2-Oxo-indolin-3-yliden]-imidazolidin-2,4-dion $C_{11}H_7N_3O_3$, Formel XII (R = X = X′ = H) oder Stereoisomeres (E II 136; dort als 5-[2-Oxo-indolinyliden-(3)]-hydantoin bezeichnet).

Beim Erhitzen mit rotem Phosphor und wss. HI auf 150° ist 2-Oxo-1,2,3,4-tetrahydro-chinolin-4-carbonsäure erhalten worden (*Hill et al.,* Am. Soc. **52** [1930] 769, 773). Beim Erhitzen mit $Ba(OH)_2$ in H_2O auf 115−120° sind Indolin-2-on, Oxalsäure und NH_3 erhalten worden (*Henze, Blair,* Am. Soc. **55** [1933] 4621, 4623).

*3-[3-(2,5-Dioxo-imidazolidin-4-yliden)-2-oxo-indolin-1-yl]-propionitril $C_{14}H_{10}N_4O_3$, Formel XII (R = CH_2-CH_2-CN, X = X′ = H) oder Stereoisomeres.

B. Beim Erhitzen von 3-[2,3-Dioxo-indolin-1-yl]-propionitril mit Imidazolidin-2,4-dion und Natriumacetat in Essigsäure unter Zusatz von Acetanhydrid auf 150° (*DiCarlo, Lindwall,* Am. Soc. **67** [1945] 199).

Gelbe Kristalle; unterhalb 300° nicht schmelzend.

*5-[5-Brom-2-oxo-indolin-3-yliden]-imidazolidin-2,4-dion $C_{11}H_6BrN_3O_3$, Formel XII
(R = X' = H, X = Br) oder Stereoisomeres.
B. Beim Erhitzen von 5-Brom-indolin-2,3-dion mit Imidazolidin-2,4-dion und Natriumacetat in Essigsäure unter Zusatz von Acetanhydrid auf 150° (*Hill et al.,* Am. Soc. **52** [1930] 769, 773).
Rot; unterhalb 300° nicht schmelzend.

*5-[5,7-Dibrom-2-oxo-indolin-3-yliden]-imidazolidin-2,4-dion $C_{11}H_5Br_2N_3O_3$, Formel XII
(R = H, X = X' = Br) oder Stereoisomeres.
B. Analog der vorangehenden Verbindung (*Hill et al.,* Am. Soc. **52** [1930] 769, 773).
Orangefarben; unterhalb 300° nicht schmelzend.

XII XIII XIV XV

*5-[2-Oxo-indolin-3-yliden]-2-thioxo-imidazolidin-4-on, 3-[5-Oxo-2-thioxo-imidazolidin-4-yliden]-indolin-2-on $C_{11}H_7N_3O_2S$, Formel XIII (R = H) oder Stereoisomeres.
B. Beim Erhitzen von Indolin-2,3-dion mit 2-Thioxo-imidazolidin-4-on in Acetanhydrid (*Pendse,* J. Indian chem. Soc. **15** [1938] 229).
Rotbraune Kristalle (aus A.); F: >260°. λ_{max}: 476,4 nm.

*5-[2-Oxo-indolin-3-yliden]-2-thioxo-3-*o*-tolyl-imidazolidin-4-on $C_{18}H_{13}N_3O_2S$, Formel XIII
(R = C_6H_4-CH_3) oder Stereoisomeres.
B. Analog der vorangehenden Verbindung (*Rout,* J. Indian chem. Soc. **35** [1958] 287, 289).
Kristalle (aus A.); F: 228°.

———————

7-Chlor-1,5-dihydro-pyrimido[5,4-*b*]chinolin-2,4,10-trion $C_{11}H_6ClN_3O_3$, Formel XIV und Taut.
B. Beim Erwärmen von 4-Chlor-2-[2,4-dioxo-1,2,3,4-tetrahydro-pyrimidin-5-ylamino]-benzoesäure mit wss. H_2SO_4 (*Besly, Goldberg,* Soc. **1957** 4997, 5000).
Gelb; F: >400°.

———————

6-Phenyl-1*H*-imidazo[1,2-*a*]pyrimidin-2,5,7-trion $C_{12}H_9N_3O_3$, Formel XV (R = H) und Taut.
B. Beim Erhitzen von 2-Amino-1,5-dihydro-imidazol-4-on mit Phenylmalonsäure-diäthylester und äthanol. Natriumäthylat (*Prokof'ew, Schwatschkin,* Ž. obšč. Chim. **25** [1955] 975, 979; engl. Ausg. S. 939, 942).
Kristalle (aus H_2O); F: 315° [Zers.].

———————

*(±)-5-[2-Oxo-indolin-3-ylmethylen]-imidazolidin-2,4-dion $C_{12}H_9N_3O_3$, Formel XVI.
B. Beim Erhitzen von 2-Oxo-indolin-3-carbaldehyd mit Imidazolidin-2,4-dion und Natriumacetat in Acetanhydrid und Behandeln des erhaltenen Acetyl-Derivats mit wss. NaOH (*Iwao et al.,* J. chem. Soc. Japan **60** [1939] 454; C. A. **1941** 5107).
Grünliche Kristalle; F: 274° [Zers.].
Beim Erhitzen mit $Ba(OH)_2$ in H_2O sind Indolin-2-on und Serin erhalten worden.
Acetyl-Derivat $C_{14}H_{11}N_3O_4$. Hellgelbgrüne Kristalle (aus Eg.); F: 248°.

———————

*5-[5-Methyl-2-oxo-indolin-3-yliden]-imidazolidin-2,4-dion $C_{12}H_9N_3O_3$, Formel XII
(R = X' = H, X = CH$_3$) oder Stereoisomeres.

B. Beim Erhitzen von 5-Methyl-indolin-2,3-dion mit Imidazolidin-2,4-dion und Natriumacetat in Essigsäure unter Zusatz von Acetanhydrid auf 150° (*Henze, Blair*, Am. Soc. **55** [1933] 4621, 4623).

Rotbraun; F: >310°.

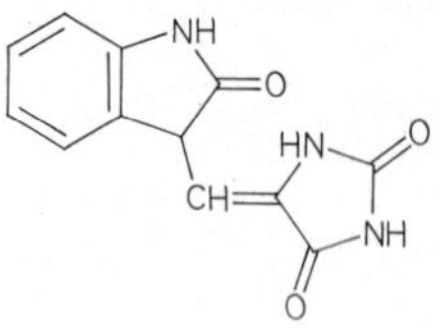

XVI 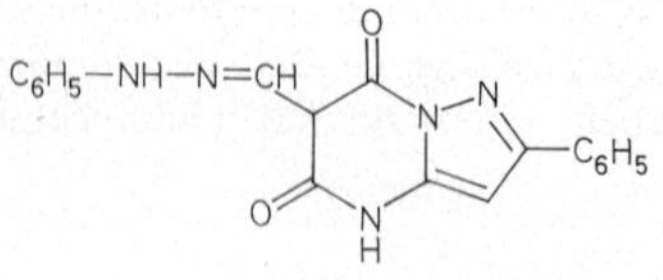   XVII

(±)-3-Methyl-6-phenyl-1H-imidazo[1,2-a]pyrimidin-2,5,7-trion $C_{13}H_{11}N_3O_3$, Formel XV
(R = CH$_3$) und Taut.

λ_{max} (wss. Lösungen vom pH 0–14; 245–295 nm): *Prokof'ew et al.*, Vestnik Moskovsk. Univ. **12** [1957] Nr. 3, S. 199, 200; C. A. **1958** 9146.

Trioxo-Verbindungen $C_nH_{2n-17}N_3O_3$

2-Phenyl-6-[phenylhydrazono-methyl]-4H-pyrazolo[1,5-a]pyrimidin-5,7-dion, 5,7-Dioxo-2-phenyl-4,5,6,7-tetrahydro-pyrazolo[1,5-a]pyrimidin-6-carbaldehyd-phenylhydrazon $C_{19}H_{15}N_5O_2$, Formel XVII und Taut.

B. Beim Erhitzen von 6-Anilinomethylen-2-phenyl-4H-pyrazolo[1,5-a]pyrimidin-5,7-dion mit Phenylhydrazin in Essigsäure (*Checchi*, G. **88** [1958] 591, 600).

Kristalle (aus wss. Eg.); F: 280° [Zers.].

5-[1-Äthyl-1H-[2]chinolyliden]-barbitursäure $C_{15}H_{13}N_3O_3$, Formel I (X = O).

B. Beim Erwärmen von 1-Äthyl-2-jod-chinolinium-jodid mit Barbitursäure und Triäthylamin in Äthanol (*Eastman Kodak Co.*, U.S.P. 2170803 [1934], 2185182 [1937]).

Gelbe Kristalle (aus Me.).

5-[1-Äthyl-1H-[2]chinolyliden]-2-thio-barbitursäure $C_{15}H_{13}N_3O_2S$, Formel I (X = S).

B. Analog der vorangehenden Verbindung (*Eastman Kodak Co.*, U.S.P. 2170803 [1934], 2185182 [1937]).

Orangefarbene Kristalle (aus H$_2$O).

5-Phenyl-1H,8H-pyrido[2,3-d]pyrimidin-2,4,7-trion $C_{13}H_9N_3O_3$, Formel II (R = R' = H, X = O) und Taut.

B. Beim Erhitzen von 6-Amino-1H-pyrimidin-2,4-dion mit 3-Oxo-3-phenyl-propionsäure-äthylester und P$_2$O$_5$ auf 150–170° (*Ridi et al.*, Ann. Chimica **45** [1955] 439, 446).

F: >320° [aus wss. Na$_2$CO$_3$+wss. HCl].

Die folgenden Verbindungen sind in analoger Weise hergestellt worden:

1,5-Diphenyl-1H,8H-pyrido[2,3-d]pyrimidin-2,4,7-trion $C_{19}H_{13}N_3O_3$, Formel II (R = C$_6$H$_5$, R' = H, X = O) und Taut. Kristalle (aus A.); F: 280°.

3-Methyl-1,5-diphenyl-1H,8H-pyrido[2,3-d]pyrimidin-2,4,7-trion $C_{20}H_{15}N_3O_3$, Formel II (R = C$_6$H$_5$, R' = CH$_3$, X = O) und Taut. Kristalle (aus A.); F: 215°.

1-[4-Äthoxy-phenyl]-5-phenyl-1H,8H-pyrido[2,3-d]pyrimidin-2,4,7-trion $C_{21}H_{17}N_3O_4$, Formel II (R = C$_6$H$_4$-O-C$_2$H$_5$, R' = H, X = O) und Taut. Kristalle (aus A.); F: 280°.

1-[4-Äthoxy-phenyl]-3-methyl-5-phenyl-1H,8H-pyrido[2,3-d]pyrimidin-2,4,7-

trion $C_{22}H_{19}N_3O_4$, Formel II (R = C_6H_4-O-C_2H_5, R' = CH_3, X = O) und Taut. Kristalle (aus A.); F: 230°.

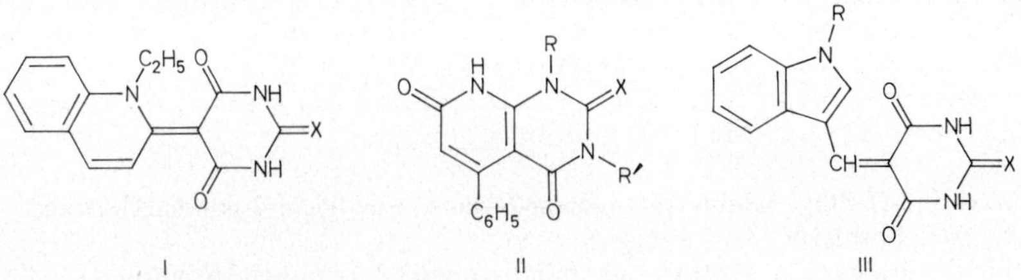

5-Phenyl-2-thioxo-2,3-dihydro-1H,8H-pyrido[2,3-d]pyrimidin-4,7-dion $C_{13}H_9N_3O_2S$, Formel II (R = R' = H, X = S) und Taut.

B. Beim Erhitzen von 6-Amino-2-thioxo-2,3-dihydro-1H-pyrimidin-4-on mit 3-Oxo-3-phenyl-propionsäure-äthylester und P_2O_5 auf 150° (*Ridi et al.*, Ann. Chimica **45** [1955] 439, 447).

Gelbliches Pulver (nicht rein erhalten).

5-Indol-3-ylmethylen-barbitursäure $C_{13}H_9N_3O_3$, Formel III (R = H, X = O) (E II 136).

B. Beim Erhitzen von Indol-3-carbaldehyd mit Barbitursäure in Gegenwart von Piperidin in Äthanol (*Van Order, Lindwall,* J. org. Chem. **10** [1945] 128, 130).

Orangefarbene Kristalle (aus H_2O); F: > 300° [Zers.].

Die folgenden Verbindungen sind in analoger Weise hergestellt worden:

5-[1-Methyl-indol-3-ylmethylen]-barbitursäure $C_{14}H_{11}N_3O_3$, Formel III (R = CH_3, X = O). Gelb; F: > 300° [Zers.; aus Dioxan + H_2O].

5-Indol-3-ylmethylen-2-thio-barbitursäure $C_{13}H_9N_3O_2S$, Formel III (R = H, X = S). Orangefarbene Kristalle (aus H_2O); F: > 300° [Zers.].

5-[1-Methyl-indol-3-ylmethylen]-2-thio-barbitursäure $C_{14}H_{11}N_3O_2S$, Formel III (R = CH_3, X = S). Orangefarbene Kristalle (aus Dioxan + H_2O); F: 290° [Zers.].

*1-Äthyl-5-[1,2-dimethyl-indol-3-ylmethylen]-2-thio-barbitursäure $C_{17}H_{17}N_3O_2S$, Formel IV.

B. Beim Erwärmen von 1-Äthyl-2-thio-barbitursäure mit 1,2-Dimethyl-indol-3-carbaldehyd in Äthanol (*Eastman Kodak Co.,* U.S.P. 2739147 [1951]).

Braune Kristalle (aus Py. + Me.); F: 246 − 248° [Zers.].

*1,3-Diäthyl-5-[2-(1,3,3-trimethyl-indolin-2-yliden)-äthyliden]-barbitursäure $C_{21}H_{25}N_3O_3$, Formel V (R = CH_3, X = O).

B. Beim Erwärmen von 2-[2-(N-Acetyl-anilino)-vinyl]-1,3,3-trimethyl-3H-indolium-jodid mit 1,3-Diäthyl-barbitursäure unter Zusatz von Triäthylamin in Äthanol (*Brooker et al.,* Am. Soc. **73** [1951] 5332, 5335, 5337).

Hellgelbe Kristalle (aus Py. + Me.); F: 272 − 274° [korr.; Zers.]. λ_{max} (Me.): 465 nm.

*1,3-Diäthyl-5-[2-(3,3-dimethyl-1-phenyl-indolin-2-yliden)-äthyliden]-barbitursäure
$C_{26}H_{27}N_3O_3$, Formel V (R = C_6H_5, X = O).

B. Analog der vorangehenden Verbindung (*Brooker et al.,* Am. Soc. **73** [1951] 5332, 5334, 5336).

Dunkelgelbe Kristalle (aus Py. + Me.); F: 267 − 269° [korr.; Zers.]. λ_{max} (Me.): 466,5 nm.

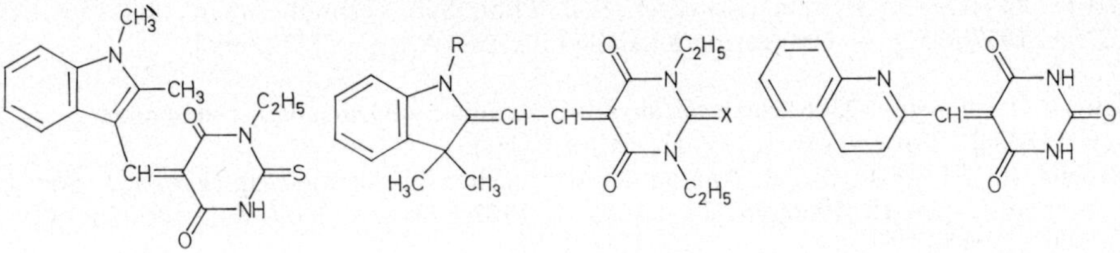

*1,3-Diäthyl-5-[2-(1,3,3-trimethyl-indolin-2-yliden)-äthyliden]-2-thio-barbitursäure
$C_{21}H_{25}N_3O_2S$, Formel V (R = CH_3, X = S).

B. Beim Erwärmen von 2-[2-(*N*-Acetyl-anilino)-vinyl]-1,3,3-trimethyl-3*H*-indolium-jodid mit 1,3-Diäthyl-2-thio-barbitursäure unter Zusatz von Triäthylamin in Äthanol (*Knott*, Soc. **1951** 3038, 3045; *Brooker et al.*, Am. Soc. **73** [1951] 5332, 5335, 5337).

Hellorangefarbene Kristalle; F: 276° [unkorr.; aus A.] (*Kn.*), 275 – 276° [korr.; Zers.; aus Py. + Me.] (*Br. et al.*). λ_{max} (Me.): 490 nm (*Br. et al.*).

*1,3-Diäthyl-5-[2-(1-äthyl-3,3-dimethyl-indolin-2-yliden)-äthyliden]-2-thio-barbitursäure
$C_{22}H_{27}N_3O_2S$, Formel V (R = C_2H_5, X = S).

B. Beim Erwärmen von 1-Äthyl-2-[2-anilino-vinyl]-3,3-dimethyl-3*H*-indolium-jodid mit 1,3-Diäthyl-2-thio-barbitursäure unter Zusatz von Triäthylamin in Äthanol (*Brooker et al.*, Am. Soc. **73** [1951] 5332, 5335, 5340, 5347).

Orangefarbene Kristalle mit gelbem Glanz (aus Py. + Me.); F: 312 – 313° [korr.; Zers.]. λ_{max}: 495 nm [Py.] bzw. 498 nm [Py. + H_2O (2:3)].

*1,3-Diäthyl-5-[2-(3,3-dimethyl-1-phenyl-indolin-2-yliden)-äthyliden]-2-thio-barbitursäure
$C_{26}H_{27}N_3O_2S$, Formel V (R = C_6H_5, X = S).

B. Beim Erwärmen von 2-[2-(*N*-Acetyl-anilino)-vinyl]-3,3-dimethyl-1-phenyl-3*H*-indolium-perchlorat mit 1,3-Diäthyl-2-thio-barbitursäure unter Zusatz von Triäthylamin in Äthanol (*Brooker et al.*, Am. Soc. **73** [1951] 5332, 5334, 5336).

Orangefarbene Kristalle mit blauem Glanz (aus Py. + Me.); F: 262 – 264° [korr.; Zers.]. λ_{max} (Me.): 494 nm.

Trioxo-Verbindungen $C_nH_{2n-19}N_3O_3$

5-[2]Chinolylmethylen-barbitursäure $C_{14}H_9N_3O_3$, Formel VI.

B. Beim Erhitzen von Barbitursäure mit Chinolin-2-carbaldehyd in H_2O (*Klosa*, Ar. **289** [1956] 177, 183).

Braungelbe Kristalle (aus Eg.); F: 225 – 227°.

1-Methyl-2-[2,4,6-trioxo-tetrahydro-pyrimidin-5-ylidenmethyl]-chinolinium $[C_{15}H_{12}N_3O_3]^+$, Formel VII (R = H, R' = CH_3).

Jodid $[C_{15}H_{12}N_3O_3]I$. *B.* Beim Erhitzen von 1,2-Dimethyl-chinolinium-jodid und Alloxan (E III/IV **24** 2137) in Pyridin (*Zenno*, J. Soc. Phot. Sci. Technol. Japan **19** [1956] 84, 87, 90; C. A. **1957** 8757). – Rötliche Kristalle (aus wss. A.); F: > 300° [Zers.].

2-[1,3-Dimethyl-2,4,6-trioxo-tetrahydro-pyrimidin-5-ylidenmethyl]-1-methyl-chinolinium $[C_{17}H_{16}N_3O_3]^+$, Formel VII (R = R' = CH_3).

Bromid $[C_{17}H_{16}N_3O_3]Br$. *B.* Beim Erhitzen von 1,2-Dimethyl-chinolinium-jodid mit 5,5-Dibrom-1,3-dimethyl-barbitursäure in Pyridin (*Zenno*, J. Soc. Phot. Sci. Technol. Japan **19** [1956] 84, 87, 90; C. A. **1957** 8758). – Rote Kristalle (aus wss. A.); F: 299 – 300° [Zers.].

1-Äthyl-2-[2,4,6-trioxo-tetrahydro-pyrimidin-5-ylidenmethyl]-chinolinium $[C_{16}H_{14}N_3O_3]^+$, Formel VII (R = H, R' = C_2H_5).

Jodid $[C_{16}H_{14}N_3O_3]I$. *B.* Beim Erhitzen von 1-Äthyl-2-methyl-chinolinium-jodid mit Alloxan (E III/IV **24** 2137) in Pyridin (*Zenno*, J. Soc. Phot. Sci. Technol. Japan **19** [1956] 84, 87, 90; C. A. **1957** 8757). – Orangerote Kristalle (aus wss. A.); F: 275° [Zers.].

1-Äthyl-2-[1,3-dimethyl-2,4,6-trioxo-tetrahydro-pyrimidin-5-ylidenmethyl]-chinolinium $[C_{18}H_{18}N_3O_3]^+$, Formel VII (R = CH_3, R' = C_2H_5).

Bromid $[C_{18}H_{18}N_3O_3]Br$. *B.* Analog der vorangehenden Verbindung (*Zenno*, J. Soc. Phot. Sci. Technol. Japan **19** [1956] 84, 87, 90; C. A. **1957** 8758). – Rote Kristalle (aus wss. A.); F: > 300° [Zers.].

VII   VIII

5-[2-(1-Methyl-1*H*-[2]chinolyliden)-äthyliden]-barbitursäure $C_{16}H_{13}N_3O_3$, Formel VIII
(R = CH$_3$, X = O) und Mesomere.

B. Beim Erhitzen von 1,2-Dimethyl-chinolinium-jodid mit Orthoameisensäure-triäthylester und Barbitursäure (*Zenno*, J. pharm. Soc. Japan **73** [1953] 301; C. A. **1954** 2044). Beim Erhitzen von [2,4,6-Trioxo-hexahydro-pyrimidin-5-yl]-[2,4,6-trioxo-tetrahydro-pyrimidin-5-yliden]-methan mit 1,2-Dimethyl-chinolinium-jodid in Gegenwart von Piperidin in Pyridin (*Zenno*, J. pharm. Soc. Japan **73** [1953] 1063, 1065; C. A. **1954** 8543).

Orangefarbene Kristalle; F: 302° [Zers.; aus A.] (*Ze.*, l. c. S. 1065), 300° [Zers.; aus H$_2$O] (*Ze.*, l. c. S. 301).

5-[2-(1-Äthyl-1*H*-[2]chinolyliden)-äthyliden]-barbitursäure $C_{17}H_{15}N_3O_3$, Formel VIII
(R = C$_2$H$_5$, X = O) und Mesomere.

B. Beim Erhitzen von 1-Äthyl-2-methyl-chinolinium-jodid mit Orthoameisensäure-triäthyl=
ester und Barbitursäure (*Zenno*, J. pharm. Soc. Japan **73** [1953] 301; C. A. **1954** 2044). Beim Erhitzen von 5-[2-(1-Methyl-1*H*-[2]pyridyliden)-äthyliden]-barbitursäure mit 1-Äthyl-2-methyl-chinolinium-jodid in Pyridin (*Zenno*, J. pharm. Soc. Japan **74** [1954] 1236, 1239; C. A. **1955** 14736).

Orangerote Kristalle; F: 303−305° [Zers.; aus A.] (*Ze.*, J. pharm. Soc. Japan **74** 1239), 303° [Zers.; aus H$_2$O] (*Ze.*, J. pharm. Soc. Japan **73** 301).

5-[2-(1-Methyl-1*H*-[2]chinolyliden)-äthyliden]-2-thio-barbitursäure $C_{16}H_{13}N_3O_2S$, Formel VIII
(R = CH$_3$, X = S) und Mesomere.

B. Beim Erhitzen von 1,2-Dimethyl-chinolinium-jodid mit Orthoameisensäure-triäthylester und 2-Thio-barbitursäure (*Zenno*, J. pharm. Soc. Japan **73** [1953] 301; C. A. **1954** 2044). Beim Erhitzen von [4,6-Dioxo-2-thioxo-hexahydro-pyrimidin-5-yl]-[4,6-dioxo-2-thioxo-tetrahydro-pyrimidin-5-yliden]-methan mit 1,2-Dimethyl-chinolinium-jodid in Pyridin (*Zenno*, J. pharm. Soc. Japan **74** [1954] 1236, 1239; C. A. **1955** 14736).

Orangerote Kristalle; F: 287−289° [Zers.; aus A.] (*Ze.*, J. pharm. Soc. Japan **74** 1239), 287° [Zers.; aus H$_2$O] (*Ze.*, J. pharm. Soc. Japan **73** 301).

5-[2-(1-Äthyl-1*H*-[2]chinolyliden)-äthyliden]-2-thio-barbitursäure $C_{17}H_{15}N_3O_2S$, Formel VIII
(R = C$_2$H$_5$, X = S) und Mesomere.

B. Beim Erhitzen von [4,6-Dioxo-2-thioxo-hexahydro-pyrimidin-5-yl]-[4,6-dioxo-2-thioxo-tetrahydro-pyrimidin-5-yliden]-methan mit 1-Äthyl-2-methyl-chinolinium-jodid in Gegenwart von Piperidin in Pyridin (*Zenno*, J. pharm. Soc. Japan **73** [1953] 1063, 1066; C. A. **1954** 8543).

Rote Kristalle (aus A.); F: 314−316° [Zers.].

1-Äthyl-6-methyl-2-[2,4,6-trioxo-tetrahydro-pyrimidin-5-ylidenmethyl]-chinolinium
$[C_{17}H_{16}N_3O_3]^+$, Formel IX.

Jodid $[C_{17}H_{16}N_3O_3]$I. *B.* Beim Erhitzen von 1-Äthyl-2,6-dimethyl-chinolinium-jodid mit Alloxan (E III/IV **24** 2137) in Pyridin (*Zenno*, J. Soc. Phot. Sci. Technol. Japan **19** [1956] 84, 87, 90; C. A. **1957** 8757). − Rötliche Kristalle (aus wss. A.); F: 259−261° [Zers.].

1,3-Diäthyl-5-[3-(2,3-dimethyl-indolizin-1-yl)-allyliden]-2-thio-barbitursäure $C_{21}H_{23}N_3O_2S$,
Formel X und Mesomere.

B. Beim Erhitzen von 5-[3-(*N*-Acetyl-anilino)-allyliden]-1,3-diäthyl-2-thio-barbitursäure mit

2,3-Dimethyl-indolizin in Pyridin (*Eastman Kodak Co.*, U.S.P. 2706193 [1952]).
Dunkle Kristalle (aus Py. + Me.); F: 260 – 262° [Zers.].

IX   X   XI

2-Äthyl-6,6-dibenzyl-dihydro-[1,2,4]triazepin-3,5,7-trion $C_{20}H_{21}N_3O_3$, Formel XI (R = C_2H_5, R' = H, X = O).

Die von *Losse et al.* (J. pr. [4] **7** [1958] 28, 33) unter dieser Konstitution beschriebene Verbin‍dung ist wahrscheinlich als N-Äthyl-N-[3,3-dibenzyl-2,4-dioxo-azetidin-1-yl]-harnstoff (E III/IV **21** 5622) zu formulieren (vgl. *Ebnöther et al.,* Helv. **42** [1959] 918, 928).

Analog sind zu formulieren: 6,6-Dibenzyl-2-phenyl-dihydro-[1,2,4]triazepin-3,5,7-trion $C_{24}H_{21}N_3O_3$ (Formel XI [R = C_6H_5, R' = H, X = O]) als N-[3,3-Dibenzyl-2,4-dioxo-azetidin-1-yl]-N-phenyl-harnstoff (E III/IV **21** 5622); 6,6-Dibenzyl-2-methyl-3-thioxo-tetrahydro-[1,2,4]triazepin-5,7-dion $C_{19}H_{19}N_3O_2S$ (Formel XI [R = CH_3, R' = H, X = S]) als N-[3,3-Dibenzyl-2,4-dioxo-azetidin-1-yl]-N-methyl-thioharnstoff (E III/IV **21** 5622); 6,6-Dibenzyl-2-phenyl-3-thioxo-tetrahydro-[1,2,4]triazepin-5,7-dion $C_{24}H_{21}N_3O_2S$ (Formel XI [R = C_6H_5, R' = H, X = S]) als N-[3,3-Dibenzyl-2,4-dioxo-azet‍idin-1-yl]-N-phenyl-thioharnstoff (E III/IV **21** 5623); 6,6-Dibenzyl-2-methyl-4-phenyl-3-thioxo-tetrahydro-[1,2,4]triazepin-5,7-dion $C_{25}H_{23}N_3O_2S$ (Formel XI [R = CH_3, R' = C_6H_5, X = S]) als N-[3,3-Dibenzyl-2,4-dioxo-azetidin-1-yl]-N-methyl-N'-phenyl-thio‍harnstoff (E III/IV **21** 5622); 2,6,6-Tribenzyl-3-thioxo-tetrahydro-[1,2,4]triazepin-5,7-dion $C_{25}H_{23}N_3O_2S$ (Formel XI [R = CH_2-C_6H_5, R' = H, X = S]) als N-Benzyl-N-[3,3-di‍benzyl-2,4-dioxo-azetidin-1-yl]-thioharnstoff (E III/IV **21** 5623).

*1,3-Diäthyl-5-[4-(1-äthyl-3,3-dimethyl-indolin-2-yliden)-but-2-enyliden]-2-thio-barbitursäure $C_{24}H_{29}N_3O_2S$, Formel XII.

B. Beim Behandeln von 2-[4-(N-Acetyl-anilino)-buta-1,3-dienyl]-1-äthyl-3,3-dimethyl-3H-in‍dolium-jodid (erhalten aus 1-Äthyl-2,3,3-trimethyl-3H-indolium-jodid, 3-Anilino-acrylaldehyd-phenylimin-hydrochlorid und Acetanhydrid) mit 1,3-Diäthyl-2-thio-barbitursäure unter Zusatz von Triäthylamin in Äthanol (*Brooker et al.,* Am. Soc. **73** [1951] 5332, 5335).

Dipolmoment (ε; Bzl.) bei 30°: 9,70 D (*Kushner, Smyth,* Am. Soc. **71** [1949] 1401, 1402).

Dunkle Kristalle mit blauem Glanz (aus Py. + Me.); F: 302 – 303° [korr.; Zers.] (*Br. et al.*). λ_{max}: 584,5 nm [Cyclohexylbenzol], 595 nm [Py.], 593,5 nm [Py. + H_2O (2:3)] bzw. 589,5 nm [wss. A. (75%ig)] (*Br. et al.,* l. c. S. 5340).

XII   XIII

1,1,3-Tris-[5-acetyl-2,4-dimethyl-pyrrol-3-yl]-propan(?) $C_{27}H_{35}N_3O_3$, vermutlich Formel XIII.
Diese Konstitution kommt wahrscheinlich der früher (E I **24** 363) als 3,3-Bis-[acetyl-2,4-

dimethyl-pyrrol-3-yl]-propen $C_{19}H_{24}N_2O_2$ formulierten Verbindung zu (*Treibs et al.,* A. **1981** 849, 850).

Trioxo-Verbindungen $C_nH_{2n-21}N_3O_3$

1,3-Diäthyl-5-[5-(2-methyl-indolizin-1-yl)-penta-2,4-dienyliden]-2-thio-barbitursäure
$C_{22}H_{23}N_3O_2S$, Formel XIV (R = H) und Mesomere.
B. Beim Erhitzen von 5-[5-(N-Acetyl-anilino)-penta-2,4-dienyliden]-1,3-diäthyl-2-thio-barbi=
tursäure mit 2-Methyl-indolizin in Pyridin (*Eastman Kodak Co.,* U.S.P. 2706193 [1952]).
Violette Kristalle (aus Py. + Me.); F: ca. 225° [Zers.].

XIV   XV

1,3-Diäthyl-5-[5-(2,3-dimethyl-indolizin-1-yl)-penta-2,4-dienyliden]-2-thio-barbitursäure
$C_{23}H_{25}N_3O_2S$, Formel XIV (R = CH$_3$) und Mesomere.
B. Analog der vorangehenden Verbindung (*Eastman Kodak Co.,* U.S.P. 2706193 [1952]).
Gelbgrüne Kristalle (aus Py. + Me.); F: 229 – 232° [Zers.].

*1,3-Diäthyl-5-[6-(1-äthyl-3,3-dimethyl-indolin-2-yliden)-hexa-2,4-dienyliden]-2-thio-barbitursäure $C_{26}H_{31}N_3O_2S$, Formel XV.
B. Beim Behandeln von 2-[6-(N-Acetyl-anilino)-hexa-1,3,5-trienyl]-1-äthyl-3,3-dimethyl-3H-
indolium-jodid (erhalten aus 1-Äthyl-2,3,3-trimethyl-3H-indolium-jodid, 5-Anilino-penta-2,4-
dienal-phenylimin-hydrochlorid und Acetanhydrid) mit 1,3-Diäthyl-2-thio-barbitursäure unter
Zusatz von Triäthylamin in Äthanol (*Brooker et al.,* Am. Soc. 73 [1951] 5332, 5335).
Bläuliche Kristalle (aus A.); F: 190 – 192° [korr.; Zers.]. λ_{max}: 697,5 nm [Py.] bzw. 692,5 nm
[Py. + H$_2$O (2:3)] (*Br. et al.,* l. c. S. 5340).

I   II

Tris-[5-äthyl-3-methyl-4-propionyl-pyrrol-2-yl]-äthen $C_{32}H_{43}N_3O_3$, Formel I.
Diese Konstitution kommt der früher (E II **26** 317) als Tetrakis-[5-äthyl-3-methyl-4-propionyl-
pyrrol-2-yl]-äthen formulierten Verbindung zu (*Treibs, Reitsam,* B. **90** [1957] 777, 781, 786).
B. Beim Erhitzen von Tetrakis-[5-äthyl-3-methyl-4-propionyl-pyrrol-2-yl]-äthan mit äthanol.
HCl (*Tr., Re.*).
Kristalle; F: 209° [nach Trocknen bei 120° unter vermindertem Druck].
Die Identität der beim Behandeln mit Natrium und Äthanol erhaltenen Verbindung (vgl.
E II **26** 317) ist ungewiss.

Trioxo-Verbindungen $C_nH_{2n-25}N_3O_3$

1,2-Diphenyl-4-[2-phenyl-chinolin-4-carbonyl]-pyrazolidin-3,5-dion $C_{31}H_{21}N_3O_3$, Formel II und Taut.

B. Aus 1,2-Diphenyl-pyrazolidin-3,5-dion und 2-Phenyl-chinolin-4-carbonylchlorid in Pyridin (*Musante, Fabbrini,* G. **87** [1957] 181, 190).

Rosafarben; F: 325° [Zers.]. IR-Spektrum (Nujol sowie Perfluorkerosin; $2-15\,\mu$): *Mu., Fa.,* l. c. S. 185, 186.

4-Nitro-4-[3-oxo-3-[3]pyridyl-propyl]-1,7-di-[3]pyridyl-heptan-1,7-dion $C_{25}H_{24}N_4O_5$, Formel III.

B. Beim Erhitzen von 3-Dimethylamino-1-[3]pyridyl-propan-1-on-hydrochlorid mit Nitro= methan in methanol. Natriummethylat (*Stein, Burger,* Am. Soc. **79** [1957] 154).

Kristalle (aus A.); F: 180° [korr.].

III   IV

Trioxo-Verbindungen $C_nH_{2n-29}N_3O_3$

1,3-Diäthyl-5-[5-(2-phenyl-indolizin-1-yl)-penta-2,4-dienyliden]-2-thio-barbitursäure $C_{27}H_{25}N_3O_2S$, Formel IV und Mesomere.

B. Beim Erhitzen von 5-[5-(*N*-Acetyl-anilino)-penta-2,4-dienyliden]-1,3-diäthyl-2-thio-barbi= tursäure mit 2-Phenyl-indolizin in Essigsäure (*Eastman Kodak Co.,* U.S.P. 2706193 [1952]).

Dunkelblaue Kristalle (aus Py. + Me.); F: > 330°.

Trioxo-Verbindungen $C_nH_{2n-31}N_3O_3$

2-Cyclohexyl-benzo[*lmn*]benz[4,5]imidazo[2,1-*b*][3,8]phenanthrolin-1,3,6-trion $C_{26}H_{19}N_3O_3$, Formel V (R = C_6H_{11}).

B. Beim Erhitzen von 7-Oxo-7*H*-benzo[*de*]benz[4,5]imidazo[2,1-*a*]isochinolin-3,4-dicarbon= säure-anhydrid mit Cyclohexylamin (*I.G. Farbenind.,* D.R.P. 547924 [1929]; Frdl. **18** 1501; *Gen. Aniline Works,* U.S.P. 1935945 [1930]).

Orangefarbene Kristalle.

2-Phenyl-benzo[*lmn*]benz[4,5]imidazo[2,1-*b*][3,8]phenanthrolin-1,3,6-trion $C_{26}H_{13}N_3O_3$, Formel VI (R = X = X′ = H).

B. Analog der vorangehenden Verbindung (*I.G. Farbenind.,* D.R.P. 547924 [1929]; Frdl. **18** 1501; *Gen. Aniline Works,* U.S.P. 1935945 [1930]). Beim Erhitzen von Naphthalin-1,4,5,8-tetracarbonsäure-monoanilid mit *o*-Phenylendiamin in Essigsäure (*I.G. Farbenind.,* D.R.P. 551183 [1930]; Frdl. **19** 2198; *Gen. Aniline Works*).

Gelbe Kristalle.

2-[4-Chlor-phenyl]-benzo[*lmn*]benz[4,5]imidazo[2,1-*b*][3,8]phenanthrolin-1,3,6-trion $C_{26}H_{12}ClN_3O_3$, Formel VI (R = X = H, X′ = Cl).

B. Beim Erhitzen von 7-Oxo-7*H*-benzo[*de*]benz[4,5]imidazo[2,1-*a*]isochinolin-3,4-dicarbon= säure-anhydrid mit 4-Chlor-anilin auf $180-200°$ (*I.G. Farbenind.,* D.R.P. 547924 [1929]; Frdl. **18** 1501; *Gen. Aniline Works,* U.S.P. 1935945 [1930]).

Rötliche Kristalle; unterhalb 370° nicht schmelzend.

V   VI

2-Benzyl-benzo[*lmn*]benz[4,5]imidazo[2,1-*b*][3,8]phenanthrolin-1,3,6-trion $C_{27}H_{15}N_3O_3$, Formel V (R = CH_2-C_6H_5).

B. Beim Erhitzen von 7-Oxo-7*H*-benzo[*de*]benz[4,5]imidazo[2,1-*a*]isochinolin-3,4-dicarbon= säure-anhydrid mit Benzylamin auf 150−160° (*I.G. Farbenind.*, D.R.P. 547924 [1929]; Frdl. **18** 1501; *Gen. Aniline Works*, U.S.P. 1935945 [1930]).

Rötlichgelbe Kristalle.

2-[2,5-Dimethyl-phenyl]-benzo[*lmn*]benz[4,5]imidazo[2,1-*b*][3,8]phenanthrolin-1,3,6-trion $C_{28}H_{17}N_3O_3$, Formel VI (R = CH_3, X = X′ = H).

B. Analog der vorangehenden Verbindung (*I.G. Farbenind.*, D.R.P. 547924 [1929]; Frdl. **18** 1501; *Gen. Aniline Works*, U.S.P. 1935945 [1930]).

Gelbe Kristalle.

2-[2-Hydroxy-äthyl]-benzo[*lmn*]benz[4,5]imidazo[2,1-*b*][3,8]phenanthrolin-1,3,6-trion $C_{22}H_{13}N_3O_4$, Formel V (R = CH_2-CH_2-OH).

B. Analog den vorangehenden Verbindungen (*I.G. Farbenind.*, D.R.P. 547924 [1929]; Frdl. **18** 1501; *Gen. Aniline Works*, U.S.P. 1935945 [1930]).

Orangefarbene Kristalle.

2-[3-Amino-phenyl]-benzo[*lmn*]benz[4,5]imidazo[2,1-*b*][3,8]phenanthrolin-1,3,6-trion $C_{26}H_{14}N_4O_3$, Formel VI (R = X′ = H, X = NH_2).

B. Beim aufeinanderfolgenden Erhitzen von 7-Oxo-7*H*-benzo[*de*]benz[4,5]imidazo[2,1-*a*]iso= chinolin-3,4-dicarbonsäure mit 3-Nitro-anilin und mit $NaHSO_3$ in Äthanol (*Krašowizkiĭ et al.*, Ž. prikl. Chim. **32** [1959] 2592; engl. Ausg. S. 2669).

Braun; unterhalb 360° nicht schmelzend.

2-[4-Amino-phenyl]-benzo[*lmn*]benz[4,5]imidazo[2,1-*b*][3,8]phenanthrolin-1,3,6-trion $C_{26}H_{14}N_4O_3$, Formel VI (R = X = H, X′ = NH_2).

B. Analog der vorangehenden Verbindung (*Krašowizkiĭ et al.*, Ž. prikl. Chim. **32** [1959] 2592; engl. Ausg. S. 2669).

Braun; unterhalb 360° nicht schmelzend.

---

*Opt.-inakt. 1,1′,1″-Triphenyl-1,3,1″,3″-tetrahydro-1′*H*-[3,3′;3′,3″]terindol-2,2′,2″-trion, 3,3-Bis-[2-oxo-1-phenyl-indolin-3-yl]-1-phenyl-indolin-2-on $C_{42}H_{29}N_3O_3$, Formel VII.

B. Beim Behandeln von 1-Phenyl-indolin-2,3-dion mit 1-Phenyl-indolin-2-on und äthanol. Natriumäthylat (*Stollé*, J. pr. [2] **135** [1932] 345, 354).

Kristalle (aus A.); F: 290° [Zers.].

---

*Opt.-inakt. 2-[1,2,3,3-Tetramethyl-indolin-5-yl]-2,3-dihydro-1*H*-naphtho[2,3-*g*]chinazolin-4,6,11-trion $C_{28}H_{25}N_3O_3$, Formel VIII.

B. Aus 3-Amino-5,10-dioxo-5,10-dihydro-anthracen-2-carbonitril, (±)-1,2,3,3-Tetramethyl-indolin-5-carbaldehyd und konz. H_2SO_4 (*I.G. Farbenind.*, D.R.P. 672493 [1936]; Frdl. **25** 739; *Gen. Aniline Works.* U.S.P. 2154889 [1937]).

Rotbraun; F: 286°.

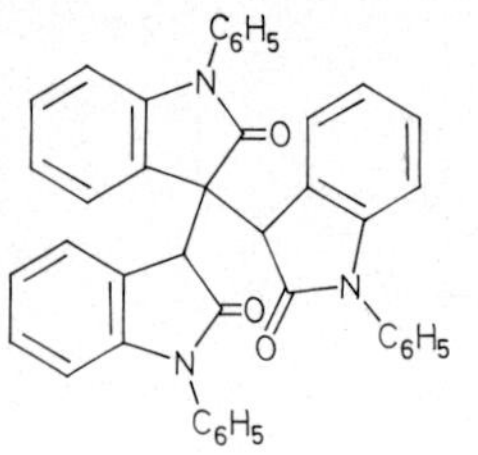

VII

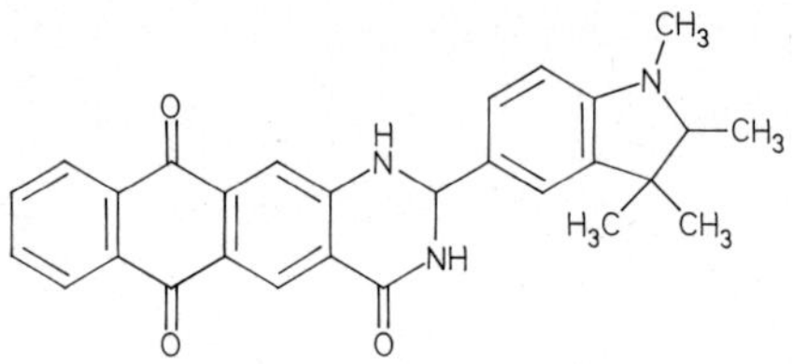

VIII

Trioxo-Verbindungen $C_nH_{2n-33}N_3O_3$

14H-Benz[4,5]imidazo[1,2-a]naphtho[2,3-f]chinoxalin-8,13,15-trion $C_{22}H_{11}N_3O_3$, Formel IX und Taut.

B. Beim aufeinanderfolgenden Erhitzen von 1,2-Diamino-anthrachinon mit Oxalsäure und Phenol und anschliessend mit Anthranilsäure und Ba(OH)$_2$ (*Du Pont de Nemours & Co.*, U.S.P. 2751385 [1955]).

Dunkelrote Kristalle (aus Nitrobenzol); F: ca. 340° [unter Sublimation]. Monoklin; Dimen=
sionen der Elementarzelle (Röntgen-Diagramm): *Du Pont.* Dichte der Kristalle: ca. 1,46.

Beim Erhitzen mit SO$_2$Cl$_2$ in Nitrobenzol ist eine Verbindung C$_{22}$H$_9$Cl$_2$N$_3$O$_3$ (orangefar=
ben, F: 330—336°) erhalten worden.

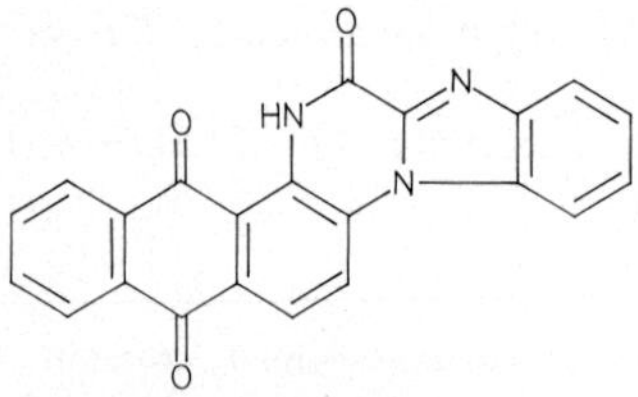

IX

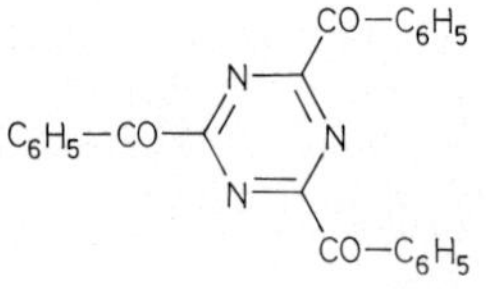

X

Tribenzoyl-[1,3,5]triazin $C_{24}H_{15}N_3O_3$, Formel X.

B. Aus [1,3,5]Triazin-2,4,6-tricarbonylchlorid, Benzol und AlCl$_3$ (*Grundmann, Kober,* J. org. Chem. **21** [1956] 1392).

Kristalle (aus PAe.); F: 157—161°.

(±)-(4br,10bc,16bt)-4bH,10bH,16bH-[1,3,5]Triazino[2,1-a;4,3-a';6,5-a'']triisoindol-6,12,18-trion $C_{24}H_{15}N_3O_3$, Formel I + Spiegelbild.

Diese Konstitution kommt der E III/IV **24** 1807 mit Vorbehalt als opt.-inakt. 12b,12c-
Dihydro-[1,2]diazeto[4,1-a;3,2-a']diisoindol-5,8-dion C$_{16}$N$_{10}$N$_2$O$_2$ formulierten Ver=
bindung zu (*Armarego, Sharma,* Soc. [C] **1970** 1600, 1604, 1606).

B. Beim Erhitzen von (±)-3-Hydroxy-isoindolin-1-on in SOCl$_2$ (*Ar., Sh.*).

Kristalle (aus Acn.); F: 332—333°. ^{1}H-NMR-Absorption (CDCl$_3$): *Ar., Sh.* IR-Banden
(KBr sowie CH$_2$Cl$_2$; 1720—1610 cm^{-1}): *Ar., Sh.,* l. c. S. 1603. λ_{max} (Acetonitril sowie konz.
H$_2$SO$_4$; 220—280 nm): *Ar., Sh.*

Massenspektrum: *Ar., Sh.,* l. c. S. 1605.

Trioxo-Verbindungen $C_nH_{2n-41}N_3O_3$

**Benzo[lmn]naphth[1',2',3':3,4]indazolo[1,7-bc][2,8]phenanthrolin-1,3,8-trion, 9-Oxo-9H-
benzo[kl]benz[6,7]indazolo[4,3,2-cde]acridin-3,4-dicarbonsäure-imid** $C_{26}H_{11}N_3O_3$, Formel II
(R = H).

B. Beim Erhitzen von 6-[6-Oxo-6H-dibenz[cd,g]indazol-2-yl]-benz[de]isochinolin-1,3-dion

(E III/IV **24** 715) mit KOH auf 125° (*Akiyoshi, Tsuge,* J. chem. Soc. Japan Ind. Chem. Sect. **57** [1954] 296; C. A. **1955** 4297).

Rotbraun; F: > 360°.

2-Methyl-benzo[*lmn*]naphth[1′,2′,3′:3,4]indazolo[1,7-*bc*][2,8]phenanthrolin-1,3,8-trion

$C_{27}H_{13}N_3O_3$, Formel II (R = CH_3).

B. Beim Erhitzen der vorangehenden Verbindung mit Toluol-4-sulfonsäure-methylester und Na_2CO_3 in Nitrobenzol auf 195–200° (*Akiyoshi, Tsuge,* J. chem. Soc. Japan Ind. Chem. Sect. **57** [1954] 296; C. A. **1955** 4297).

Rotviolett; F: > 360°.

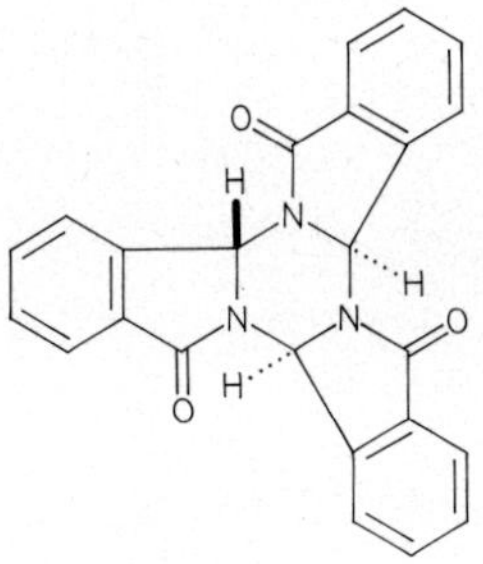

I 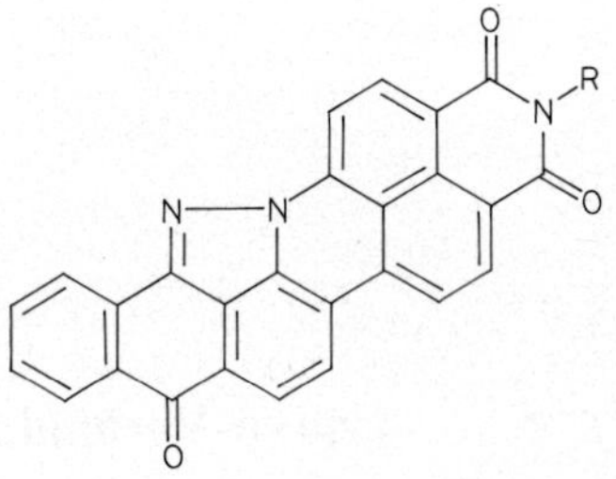   II

2-Äthyl-benzo[*lmn*]naphth[1′,2′,3′:3,4]indazolo[1,7-*bc*][2,8]phenanthrolin-1,3,8-trion

$C_{28}H_{15}N_3O_3$, Formel II (R = C_2H_5).

B. Analog der vorangehenden Verbindung (*Akiyoshi, Tsuge,* J. chem. Soc. Japan Ind. Chem. Sect. **57** [1954] 296; C. A. **1955** 4297).

Rotviolett; F: > 360°.

2-Phenyl-benzo[*lmn*]naphth[1′,2′,3′:3,4]indazolo[1,7-*bc*][2,8]phenanthrolin-1,3,8-trion

$C_{32}H_{15}N_3O_3$, Formel II (R = C_6H_5).

B. Beim Erhitzen von 6-[6-Oxo-6*H*-dibenz[*cd,g*]indazol-2-yl]-2-phenyl-benz[*de*]isochinolin-1,3-dion mit KOH auf 125° (*Akiyoshi, Tsuge,* J. chem. Soc. Japan Ind. Chem. Sect. **57** [1954] 296; C. A. **1955** 4297).

Rotbraun; F: > 360°.

2-[4-Äthoxy-phenyl]-benzo[*lmn*]naphth[1′,2′,3′:3,4]indazolo[1,7-*bc*][2,8]phenanthrolin-1,3,8-trion

$C_{34}H_{19}N_3O_4$, Formel II (R = C_6H_4-O-C_2H_5).

B. Analog der vorangehenden Verbindung (*Akiyoshi, Tsuge,* J. chem. Soc. Japan Ind. Chem. Sect. **57** [1954] 296; C. A. **1955** 4297).

Rotbraun; F: > 360°.

4-Nicotinoyl-3,5-diphenyl-1,7-di-[3]pyridyl-heptan-1,7-dion $C_{35}H_{29}N_3O_3$, Formel III.

a) Opt.-inakt. Verbindung vom F: 241°.

B. Neben der niedriger schmelzenden Verbindung beim Behandeln von 1-[3]Pyridyl-äthanon mit Benzaldehyd in äthanol. Benzyl-trimethyl-ammonium-hydroxid (*Kloetzel, Chubb,* Am. Soc. **79** [1957] 4226, 4227).

Kristalle (aus A.); F: 240–241° [unkorr.].

b) Opt.-inakt. Verbindung vom F: 205°.

B. s. o. bei der höherschmelzenden Verbindung.

Kristalle (aus A.); F: 203–205° [unkorr.].

Trioxo-Verbindungen $C_nH_{2n-47}N_3O_3$

2-[2-Amino-phenyl]-benz[4,5]imidazo[2,1-*a*]anthra[2,1,9-*def*;6,5,10-*d'e'f'*]diisochinolin-1,3,8-trion $C_{36}H_{18}N_4O_3$, Formel IV.

B. Neben anderen Verbindungen beim Erhitzen von Perylen-3,4,9,10-tetracarbonsäure-3,4;9,10-dianhydrid mit *o*-Phenylendiamin auf 190° (*Maki, Hashimoto*, Bl. chem. Soc. Japan **25** [1952] 411).

Schwarzviolettes Pulver.

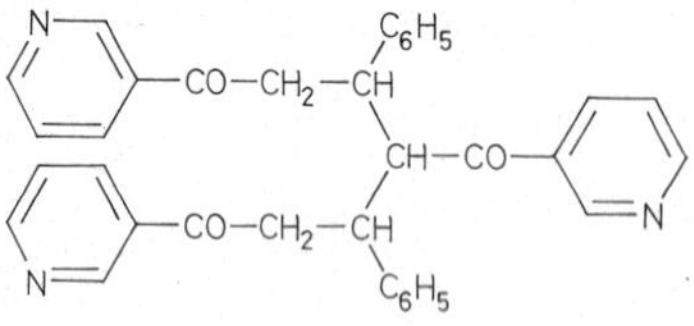

III 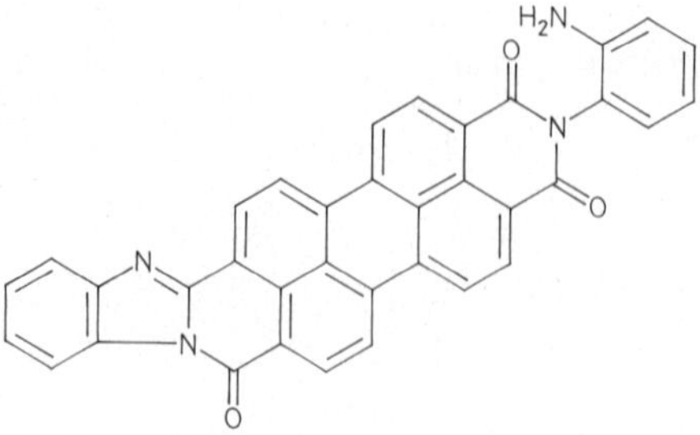   IV

Trioxo-Verbindungen $C_nH_{2n-49}N_3O_3$

6*H*-Anthra[1,2-*c*]benzo[*lmn*]benz[4,5]imidazo[2,1-*i*][2,8]phenanthrolin-5,9,20-trion $C_{32}H_{15}N_3O_3$, Formel V und Taut.

B. Beim Erhitzen von 1-[7-Oxo-7*H*-benzo[*de*]benz[4,5]imidazo[2,1-*a*]isochinolin-4-ylamino]-anthrachinon (E III/IV **25** 3871) mit KOH auf 250—260° (*I.G. Farbenind.*, D.R.P. 607341 [1932]; Frdl. **21** 1181; *Gen. Aniline Works*, U.S.P. 2069663 [1932]).

Grüne Kristalle (aus Nitrobenzol); F: 342—343°.

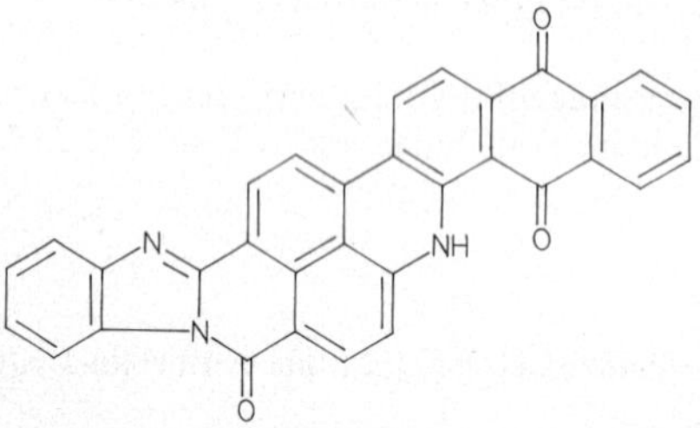

V 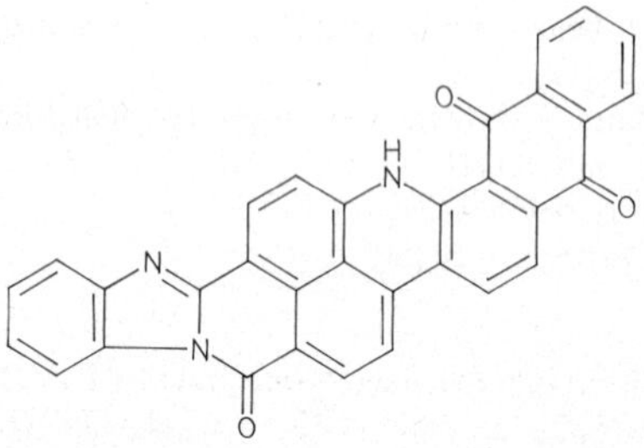   VI

19*H*-Anthra[1,2-*c*]benzo[*lmn*]benz[4,5]imidazo[1,2-*j*][2,8]phenanthrolin-5,10,20-trion $C_{32}H_{15}N_3O_3$, Formel VI und Taut.

B. Beim Erhitzen von 1-[7-Oxo-7*H*-benzo[*de*]benz[4,5]imidazo[2,1-*a*]isochinolin-3-ylamino]-anthrachinon (E III/IV **25** 3870) mit KOH auf 250—260° (*I.G. Farbenind.*, D.R.P. 607341 [1932]; Frdl. **21** 1181; *Gen. Aniline Works*, U.S.P. 2069663 [1932]).

Gelblichgrüne Kristalle (aus Nitrobenzol); F: 363°.

D. Tetraoxo-Verbindungen

Tetraoxo-Verbindungen $C_nH_{2n-5}N_3O_4$

[1,3,5]Triazepin-2,4,6,7-tetraon(?) $C_4H_3N_3O_4$, vermutlich Formel VII.

B. Neben N,N'-Dicarbamoyl-oxalamid beim Behandeln von N,N'-Bis-äthoxycarbonyl-oxal‹amid mit flüssigem NH_3 (*Guha, Ramaswami,* J. Indian chem. Soc. **11** [1934] 811, 820).

Kristalle (aus A.); F: 235°.

2,4-Diimino-tetrahydro-[1,3,5]triazepin-6,7-dion $C_4H_5N_5O_2$, Formel VIII (R = H).

Die früher (E I **26** 79) unter dieser Konstitution beschriebene, als „$\omega.\omega'$-Oxalyl-biguanid" bezeichnete Verbindung ist als [4,5-Dioxo-4,5-dihydro-1*H*-imidazol-2-yl]-guanidin oder 2-Amino-4,5-dioxo-4,5-dihydro-imidazol-1-carbamidin (E III/IV **25** 4099) zu formulieren (s. dazu *Soko‹lowskaja et al.,* Ž. obšč. Chim. **27** [1957] 765, 769; engl. Ausg. S. 839, 842; vgl. *Furukawa,* Chem. pharm. Bl. **10** [1962] 1215, 1218; *Hayashi et al.,* Chem. pharm. Bl. **16** [1968] 471, 473).

2,4-Diimino-1-phenyl-tetrahydro-[1,3,5]triazepin-6,7-dion $C_{10}H_9N_5O_2$, Formel VIII (R = C_6H_5).

Die von *Ridi, Checchi* (Ann. Chimica **43** [1953] 807, 809, 811) unter dieser Konstitution beschriebene Verbindung ist als N-[4,5-Dioxo-4,5-dihydro-1*H*-imidazol-2-yl]-N'-phenyl-gua‹nidin oder 2-Amino-4,5-dioxo-4,5-dihydro-imidazol-1-carbimidsäure-anilid (E III/IV **25** 4099) zu formulieren (*Sokolowskaja et al.,* Ž. obšč. Chim. **27** [1957] 765, 769; engl. Ausg. S. 839, 842; vgl. *Hayashi et al.,* Chem. pharm. Bl. **16** [1968] 471, 472). Analog ist das von *Ridi et al.* (Ann. Chimica **44** [1954] 769, 778) als 2,4-Diimino-1-*p*-tolyl-tetrahydro-[1,3,5]tri‹azepin-6,7-dion $C_{11}H_{11}N_5O_2$ (Formel VIII [R = C_6H_4-CH_3]) beschriebene Präparat als N-[4,5-Dioxo-4,5-dihydro-1*H*-imidazol-2-yl]-N'-*p*-tolyl-guanidin oder 2-Amino-4,5-dioxo-4,5-dihydro-imidazol-1-carbimidsäure-*p*-toluidid (E III/IV **25** 4100) zu formulieren (s. dazu *So. et al.;* vgl. *Furukawa,* Chem. pharm. Bl. **10** [1962] 1215, 1217; *Ha.*).

VII   VIII   IX   X

1-[4-Äthoxy-phenyl]-2,4-diimino-tetrahydro-[1,3,5]triazepin-6,7-dion $C_{12}H_{13}N_5O_3$, Formel VIII (R = C_6H_4-O-C_2H_5).

Die Identität des früher (E I **26** 79) unter dieser Konstitution beschriebenen Präparats ist ungewiss (*Ridi et al.,* Ann. Chimica **44** [1954] 769, 773). Die von *Ridi et al.* (l. c. S. 777) unter dieser Konstitution beschriebene Verbindung ist als N-[4-Äthoxy-phenyl]-N'-[4,5-dioxo-4,5-di‹hydro-1*H*-imidazol-2-yl]-guanidin oder 2-Amino-4,5-dioxo-4,5-dihydro-imidazol-1-carbimid‹säure-*p*-phenetidid (E III/IV **25** 4100) zu formulieren (vgl. dazu *Sokolowskaja et al.,* Ž. obšč. Chim. **27** [1957] 765, 769; engl. Ausg. S. 839, 842).

Tetraoxo-Verbindungen $C_nH_{2n-15}N_3O_4$

(±)-5-[2-Oxo-indolin-3-ylmethyl]-barbitursäure $C_{13}H_{11}N_3O_4$, Formel IX.

B. Bei der Hydrierung der folgenden Verbindung an Platin in Essigsäure (*Horner,* A. **548** [1941] 117, 137).

Kristalle (aus Me.); F: 206° [unscharf].

Tetraoxo-Verbindungen $C_nH_{2n-17}N_3O_4$

(±)-5-[2-Oxo-indolin-3-ylmethylen]-barbitursäure $C_{13}H_9N_3O_4$, Formel X.

B. Beim Erhitzen von 2-Oxo-indolin-3-carbaldehyd mit Barbitursäure in Essigsäure (*Horner*, A. **548** [1941] 117, 136).

Kristalle (aus Py.); F: > 300°.   [*Lange*]

E. Hydroxo-oxo-Verbindungen

1. Hydroxy-oxo-Verbindungen mit 2 Sauerstoff-Atomen

Hydroxy-oxo-Verbindungen $C_nH_{2n-1}N_3O_2$

Hydroxy-oxo-Verbindungen $C_2H_3N_3O_2$

5-Äthoxy-1,2-dihydro-[1,2,4]triazol-3-on $C_4H_7N_3O_2$, Formel I (R = H) und Taut.

B. Aus μ-Imido-1-thio-dikohlensäure-*O,O'*-diäthylester und $N_2H_4 \cdot H_2O$ (*Guha, Saletore*, J. Indian chem. Soc. **6** [1929] 565, 571).

Kristalle (aus A.); F: 170—172°.

5-Methoxy-4-methyl-2,4-dihydro-[1,2,4]triazol-3-on $C_4H_7N_3O_2$, Formel II (R = H) und Taut.

B. Aus [1,2,4]Triazolidin-3,5-dion oder aus 4-Methyl-[1,2,4]triazolidin-3,5-dion und Diazo=methan in Äther (*Arndt et al.*, Rev. Fac. Sci. Istanbul [A] **13** [1948] 127, 141, 144).

Dimorph(?); Kristalle (aus Me.), F: 116°, die bei langsamem Erhitzen oder nach monatelan=gem Aufbewahren bei 147° schmelzen.

5-Methoxy-2,4-dimethyl-2,4-dihydro-[1,2,4]triazol-3-on $C_5H_9N_3O_2$, Formel II (R = CH$_3$).

B. Aus der vorangehenden Verbindung oder aus [1,2,4]Triazolidin-3,5-dion und Diazomethan (Überschuss) in Äther (*Arndt et al.*, Rev. Fac. Sci. Istanbul [A] **13** [1948] 127, 145).

Kristalle (aus Me.); F: 175—176°.

5-Äthoxy-2-phenyl-1,2-dihydro-[1,2,4]triazol-3-on $C_{10}H_{11}N_3O_2$, Formel I (R = C$_6$H$_5$) und Taut.

B. Aus μ-Imido-1-thio-dikohlensäure-*O,O'*-diäthylester und Phenylhydrazin (*Guha, Saletore*, J. Indian chem. Soc. **6** [1929] 565, 572).

Kristalle (aus A.); F: 150—151°.

5-Methoxy-4-methyl-2-phenyl-2,4-dihydro-[1,2,4]triazol-3-on $C_{10}H_{11}N_3O_2$, Formel II (R = C$_6$H$_5$) (H 263).

B. Aus 1-Phenyl-[1,2,4]triazolidin-3,5-dion und Diazomethan in Äther (*Arndt et al.*, Rev. Fac. Sci. Istanbul [A] **13** [1948] 127, 138).

Kristalle; F: 95°.

3-Äthoxy-5-oxo-*N-p*-tolyl-2,5-dihydro-[1,2,4]triazol-1-carbimidsäure-*p*-toluidid, 3-Äthoxy-5-oxo-*N,N'*-di-*p*-tolyl-2,5-dihydro-[1,2,4]triazol-1-carbamidin $C_{19}H_{21}N_5O_2$, Formel I (R = C(NH-C$_6$H$_4$-CH$_3$)=N-C$_6$H$_4$-CH$_3$) und Taut.

B. Aus μ-Imido-1-thio-dikohlensäure-*O,O'*-diäthylester und *N*-Amino-*N',N''*-di-*p*-tolyl-gua=nidin (*Guha, Saletore*, J. Indian chem. Soc. **6** [1929] 565, 572).

Kristalle (aus A.); F: 229—230°.

3-Äthoxy-5-oxo-2,5-dihydro-[1,2,4]triazol-1-thiocarbonsäure-anilid $C_{11}H_{12}N_4O_2S$, Formel I
(R = CS-NH-C$_6$H$_5$) und Taut.

B. Aus µ-Imido-1-thio-dikohlensäure-*O,O'*-diäthylester und 4-Phenyl-thiosemicarbazid (*Guha, Saletore*, J. Indian chem. Soc. **6** [1929] 565, 572).

Kristalle (aus A.); F: 246−248°.

3-Äthoxy-5-oxo-2,5-dihydro-[1,2,4]triazol-1-thiocarbonsäure-*p*-toluidid $C_{12}H_{14}N_4O_2S$, Formel I
(R = CS-NH-C$_6$H$_4$-CH$_3$) und Taut.

B. Analog der vorangehenden Verbindung (*Guha, Saletore*, J. Indian chem. Soc. **6** [1929] 565, 572).

Kristalle (aus A.); F: 186−187°.

4-Methyl-5-methylmercapto-2,4-dihydro-[1,2,4]triazol-3-on $C_4H_7N_3OS$, Formel III (R = H,
R' = CH$_3$) und Taut.

B. Aus 5-Thioxo-[1,2,4]triazolidin-3-on und Diazomethan (*Loewe, Türgen*, Rev. Fac. Sci. Istanbul [A] **14** [1949] 227, 235). Aus 4-Methyl-5-thioxo-[1,2,4]triazolidin-3-on beim Behandeln mit CH$_3$I in Methanol oder mit Diazomethan in Äther (*Lo., Tü.*).

Dimorph(?); Kristalle (aus E.), F: 96°; nach längerem Aufbewahren [8−30 d] liegt der Schmelzpunkt bei 115°.

**Bis-[4-methyl-5-oxo-4,5-dihydro-1*H*-[1,2,4]triazol-3-yl]-disulfid, 4,4'-Dimethyl-2,4,2',4'-tetra⸗
hydro-5,5'-disulfandiyl-bis-[1,2,4]triazol-3-on** $C_6H_8N_6O_2S_2$, Formel IV (R = CH$_3$) und Taut.

B. Aus 4-Methyl-5-thioxo-[1,2,4]triazolidin-3-on beim Behandeln mit K$_3$[Fe(CN$_6$)] in wss. NH$_3$ (*Loewe, Türgen*, Rev. Fac. Sci. Istanbul [A] **14** [1949] 227, 238).

Kristalle (aus wss. HCl); F: 225−227°.

**Bis-[4-cyclohexyl-5-oxo-4,5-dihydro-1*H*-[1,2,4]triazol-3-yl]-disulfid, 4,4'-Dicyclohexyl-2,4,2',4'-
tetrahydro-5,5'-disulfandiyl-bis-[1,2,4]triazol-3-on** $C_{16}H_{24}N_6O_2S_2$, Formel IV (R = C$_6$H$_{11}$)
und Taut.

B. Aus 4-Cyclohexyl-5-thioxo-[1,2,4]triazolidin-3-on beim Behandeln mit Jod in wss. Äthanol (*Tišler*, Ar. **292** [1959] 90, 93, 95).

Kristalle (aus wss. A.); F: 275−276°.

I   II   III   IV

5-Methylmercapto-4-phenyl-2,4-dihydro-[1,2,4]triazol-3-on $C_9H_9N_3OS$, Formel III (R = H,
R' = C$_6$H$_5$) und Taut. (E II 142).

B. Neben 2-Methyl-5-methylmercapto-4-phenyl-2,4-dihydro-[1,2,4]triazol-3-on beim Behan⸗
deln von 4-Phenyl-5-thioxo-[1,2,4]triazolidin-3-on mit Diazomethan in Äther (*Loewe, Türgen*, Rev. Fac. Sci. Istanbul [A] **14** [1949] 227, 242). Aus 4-Phenyl-5-thioxo-[1,2,4]triazolidin-3-on beim Behandeln mit Dimethylsulfat und wss. NH$_3$ (*Pesson et al.*, Bl. **1961** 1581, 1585).

Kristalle; F: 219° (*Pe. et al.*), 207−208° (*Lo., Tü.*).

**Bis-[4-(3-chlor-phenyl)-5-oxo-4,5-dihydro-1*H*-[1,2,4]triazol-3-yl]-disulfid, 4,4'-Bis-[3-chlor-
phenyl]-2,4,2',4'-tetrahydro-5,5'-disulfandiyl-bis-[1,2,4]triazol-3-on** $C_{16}H_{10}Cl_2N_6O_2S_2$,
Formel IV (R = C$_6$H$_4$-Cl) und Taut.

B. Aus 4-[3-Chlor-phenyl]-5-thioxo-[1,2,4]triazolidin-3-on beim Behandeln mit Jod in wss. Äthanol (*Tišler*, Ar. **292** [1959] 90, 93, 95).

Kristalle (aus wss. A.); F: 257°.

2-Methyl-5-methylmercapto-4-phenyl-2,4-dihydro-[1,2,4]triazol-3-on $C_{10}H_{11}N_3OS$, Formel III
($R = CH_3$, $R' = C_6H_5$).

B. Aus 5-Methylmercapto-4-phenyl-2,4-dihydro-[1,2,4]triazol-3-on oder 4-Phenyl-5-thioxo-[1,2,4]triazolidin-3-on beim Behandeln mit Diazomethan in Äther (*Loewe, Türgen,* Rev. Fac. Sci. Istanbul [A] **14** [1949] 227, 243).
Kristalle (aus A.); F: 130—131°.

Bis-[5-oxo-4-*m*-tolyl-4,5-dihydro-1*H*-[1,2,4]triazol-3-yl]-disulfid, 4,4'-Di-*m*-tolyl-2,4,2',4'-tetra-hydro-5,5'-disulfandiyl-bis-[1,2,4]triazol-3-on $C_{18}H_{16}N_6O_2S_2$, Formel IV ($R = C_6H_4\text{-}CH_3$) und Taut.

B. Analog Bis-[4-(3-chlor-phenyl)-5-oxo-4,5-dihydro-1*H*-[1,2,4]triazol-3-yl]-disulfid [s. o.] (*Tišler,* Ar. **292** [1959] 90, 93, 95).
Kristalle (aus wss. A.); F: 253—254°.

5-Methylmercapto-4-*p*-tolyl-2,4-dihydro-[1,2,4]triazol-3-on $C_{10}H_{11}N_3OS$, Formel III ($R = H$, $R' = C_6H_4\text{-}CH_3$) und Taut.

B. Als Hauptprodukt neben 2-Methyl-5-methylmercapto-4-*p*-tolyl-2,4-dihydro-[1,2,4]triazol-3-on beim Behandeln von 5-Thioxo-4-*p*-tolyl-[1,2,4]triazolidin-3-on mit CH_3I und wss. NaOH (*Tišler,* Ar. **292** [1959] 90, 95).
Kristalle (aus A.); F: 120°.

2-Methyl-5-methylmercapto-4-*p*-tolyl-2,4-dihydro-[1,2,4]triazol-3-on $C_{11}H_{13}N_3OS$, Formel III ($R = CH_3$, $R' = C_6H_4\text{-}CH_3$).

B. s. o. bei 5-Methylmercapto-4-*p*-tolyl-2,4-dihydro-[1,2,4]triazol-3-on.
Kristalle (aus wss. A.); F: 174—175° (*Tišler,* Ar. **292** [1959] 90, 95).

Bis-[4-(2,3-dimethyl-phenyl)-5-oxo-4,5-dihydro-1*H*-[1,2,4]triazol-3-yl]-disulfid, 4,4'-Bis-[2,3-di-methyl-phenyl]-2,4,2',4'-tetrahydro-5,5'-disulfandiyl-bis-[1,2,4]triazol-3-on $C_{20}H_{20}N_6O_2S_2$, Formel IV ($R = C_6H_3(CH_3)_2$) und Taut.

B. Aus 4-[2,3-Dimethyl-phenyl]-5-thioxo-[1,2,4]triazolidin-3-on beim Behandeln mit Jod in wss. Äthanol (*Tišler,* Ar. **292** [1959] 90, 93, 95).
Kristalle (aus wss. A.); F: 252—253°.

2-Acetyl-5-methylmercapto-1,2-dihydro-[1,2,4]triazol-3-on $C_5H_7N_3O_2S$, Formel V und Taut.

B. Aus 2,4-Diacetyl-5-methylmercapto-2,4-dihydro-[1,2,4]triazol-3-on beim Erwärmen mit wss. Äthanol (*Loewe, Türgen,* Rev. Fac. Sci. Istanbul [A] **14** [1949] 227, 242).
Kristalle (aus A.); F: 189—190°.

2-Acetyl-4-methyl-5-methylmercapto-2,4-dihydro-[1,2,4]triazol-3-on $C_6H_9N_3O_2S$, Formel III
($R = CO\text{-}CH_3$, $R' = CH_3$).

B. Aus 4-Methyl-5-methylmercapto-2,4-dihydro-[1,2,4]triazol-3-on beim Erhitzen mit Acet-anhydrid (*Loewe, Türgen,* Rev. Fac. Sci. Istanbul [A] **14** [1949] 227, 240). Aus 2-Acetyl-4-methyl-5-thioxo-[1,2,4]triazolidin-3-on, 2,4-Diacetyl-5-thioxo-[1,2,4]triazolidin-3-on oder 2-Acetyl-5-methylmercapto-1,2-dihydro-[1,2,4]triazol-3-on beim Behandeln mit Diazomethan in Äther (*Lo., Tü.*).
Kristalle (aus E. oder A.); F: 125°.

2,4-Diacetyl-5-methylmercapto-2,4-dihydro-[1,2,4]triazol-3-on $C_7H_9N_3O_3S$, Formel III
($R = R' = CO\text{-}CH_3$).

B. Aus 5-Methylmercapto-1,2-dihydro-[1,2,4]triazol-3-on beim Erhitzen mit Acetanhydrid (*Loewe, Türgen,* Rev. Fac. Sci. Istanbul [A] **14** [1949] 227, 242).
Kristalle (aus E.); F: 170°.

5-Methylmercapto-1,2-dihydro-[1,2,4]triazol-3-thion $C_3H_5N_3S_2$, Formel VI und Taut.
(E II 147).
Kristalle (aus A.); F: 264° (*Dubský et al.,* Z. anal. Chem. **100** [1935] 408, 415).

Überführung in 3,5-Bis-methylmercapto-1*H*-[1,2,4]triazol durch Behandeln mit Diazomethan in Äther: *Loewe, Türgen,* Rev. Fac. Sci. Istanbul [A] **14** [1949] 227, 243.

2-Methyl-5-methylmercapto-4-phenyl-2,4-dihydro-[1,2,4]triazol-3-thion $C_{10}H_{11}N_3S_2$,
Formel VII (R = R″ = CH_3, R′ = C_6H_5).

B. Neben 3,5-Bis-methylmercapto-4-phenyl-4*H*-[1,2,4]triazol beim Behandeln von 4-Phenyl-[1,2,4]triazolidin-3,5-dithion mit Diazomethan in Äther (*Loewe, Türgen,* Rev. Fac. Sci. Istanbul [A] **14** [1949] 227, 244).

Kristalle (aus A.); F: 145–146°.

Bis-[5-thioxo-4-*o*-tolyl-4,5-dihydro-1*H*-[1,2,4]triazol-3-yl]-disulfid

Bis-[5-thioxo-4-*o*-tolyl-4,5-dihydro-1*H*-[1,2,4]triazol-3-yl]-disulfid, 4,4′-Di-*o*-tolyl-2,4,2′,4′-tetra⸗hydro-5,5′-disulfandiyl-bis-[1,2,4]triazol-3-thion $C_{18}H_{16}N_6S_4$, Formel VIII (R = C_6H_4-CH_3) und Taut.

B. Aus 4-*o*-Tolyl-[1,2,4]triazolidin-3,5-dithion beim Behandeln mit Jod in wss. KOH (*Guha, Mehta,* J. Indian Inst. Sci. [A] **21** [1938] 41, 57).

Gelb; F: 245°.

Bis-[5-thioxo-4-*p*-tolyl-4,5-dihydro-1*H*-[1,2,4]triazol-3-yl]-disulfid, 4,4′-Di-*p*-tolyl-2,4,2′,4′-tetra⸗hydro-5,5′-disulfandiyl-bis-[1,2,4]triazol-3-thion $C_{18}H_{16}N_6S_4$, Formel VIII (R = C_6H_4-CH_3) und Taut.

B. Analog der vorangehenden Verbindung (*Guha, Mehta,* J. Indian Inst. Sci. [A] **21** [1938] 41, 57).

Gelb; F: 227° [Zers.].

4-Amino-5-benzylmercapto-2,4-dihydro-[1,2,4]triazol-3-thion $C_9H_{10}N_4S_2$, Formel VII (R = H, R′ = NH_2, R″ = CH_2-C_6H_5) und Taut.

Diese Konstitution kommt wahrscheinlich der von *Wangel* (Kem. Maanedsb. **39** [1958] 73, 74, 76) als 6-Benzylmercapto-1,4-dihydro-[1,2,4,5]tetrazin-3-thiol $C_9H_{10}N_4S_2$ be⸗schriebenen Verbindung zu (*Sandström,* Acta chem. scand. **15** [1961] 1295, 1296).

B. Aus Thiocarbazidsäure-*O*-benzylester mit Hilfe von Alkali (*Wa.*). Aus dem Pyridin-Salz des 4-Amino-[1,2,4]triazolidin-3,5-dithions und Benzylchlorid in Äthanol (*Sa.,* l. c. S. 1300).

Kristalle; F: 158–158,5° [aus Toluol] (*Sa.*), 155,5–157,5° (*Wa.*).

Bis-[4-amino-5-thioxo-4,5-dihydro-1*H*-[1,2,4]triazol-3-yl]-disulfid, 4,4′-Diamino-2,4,2′,4′-tetra⸗hydro-5,5′-disulfandiyl-bis-[1,2,4]triazol-3-thion $C_4H_6N_8S_4$, Formel VIII (R = NH_2).

Diese Konstitution kommt wahrscheinlich den E II **26** 119 (im Artikel „4-Amino-dithiour⸗azol") und E II **26** 259 (im Artikel „Dithio-*p*-urazin") als Verbindung $(C_2H_2N_4S_2)_x$ beschriebe⸗nen Präparaten (F: ca. 214° [Zers.] bzw. F: 218° [Zers.]) zu (*Petri,* Z. Naturf. **16b** [1961] 767; vgl. *Lutz,* J. org. Chem. **29** [1964] 1174, 1175).

IR-Banden (3250–650 cm^{-1}): *Pe.*

Hydroxy-oxo-Verbindungen $C_3H_5N_3O_2$

5-Methoxymethyl-1,2-dihydro-[1,2,4]triazol-3-thion $C_4H_7N_3OS$, Formel IX (R = CH_3) und Taut.

B. Beim Behandeln von Methoxyacetylchlorid mit Thiosemicarbazid in Pyridin und Erwärmen des Reaktionsprodukts mit Natriummethylat und Äthanol (*Jones, Ainsworth,* Am. Soc. **77** [1955] 1538).

Kristalle (aus A.); F: 185–187°.

5-Äthoxymethyl-1,2-dihydro-[1,2,4]triazol-3-thion $C_5H_9N_3OS$, Formel IX (R = C_2H_5) und Taut.

B. Analog der vorangehenden Verbindung (*Jones, Ainsworth*, Am. Soc. **77** [1955] 1538).
Kristalle (aus E.+PAe.); F: 130−131°.

5-Phenoxymethyl-1,2-dihydro-[1,2,4]triazol-3-thion $C_9H_9N_3OS$, Formel IX (R = C_6H_5) und Taut.

B. Analog den vorangehenden Verbindungen (*Jones, Ainsworth*, Am. Soc. **77** [1955] 1538).
Kristalle (aus H_2O); F: 224−225°.

IX   X   XI

Hydroxy-oxo-Verbindungen $C_4H_7N_3O_2$

4-Äthoxy-1,5,6,7-tetrahydro-[1,3,5]triazepin-2-on $C_6H_{11}N_3O_2$, Formel X.

Die von *Guha, Saletore* (J. Indian chem. Soc. **6** [1929] 565, 571) unter dieser Konstitution beschriebene Verbindung ist als [4,5-Dihydro-1*H*-imidazol-2-yl]-carbamidsäure-äthylester zu formulieren (*Peet, Sunder*, Indian J. Chem. [B] **16** [1978] 207).

1,6-Bis-[2-(5-oxo-2,5-dihydro-1*H*-[1,2,4]triazol-3-yl)-äthoxy]-hexan, 1,2,1′,2′-Tetrahydro-5,5′-[3,10-dioxa-dodecandiyl]-bis-[1,2,4]triazol-3-on $C_{14}H_{24}N_6O_4$, Formel XI und Taut.

B. Beim Behandeln von 4,11-Dioxa-tetradecandisäure-dihydrazid (E IV **3** 723) mit Kaliumcy⁓anat in wss. HCl und Erhitzen des Reaktionsprodukts mit wss. KOH (*Gehlen*, A. **563** [1949] 185, 200).
Kristalle (aus H_2O); F: 210−213°.
Silber-Salz $Ag_4C_{14}H_{20}N_6O_4$.

5-[2-Äthoxy-äthyl]-1,2-dihydro-[1,2,4]triazol-3-thion $C_6H_{11}N_3OS$, Formel XII und Taut.

B. Aus 2-Äthoxy-propionylchlorid beim Behandeln mit Thiosemicarbazid in Pyridin und anschliessenden Erwärmen mit Natriummethylat und Äthanol (*Ainsworth, Jones*, Am. Soc. **76** [1954] 5651, 5654).
Kristalle (aus E.); F: 166−167° [unkorr.].

Hydroxy-oxo-Verbindungen $C_5H_9N_3O_2$

1,6,6-Trimethyl-4-methylmercapto-5-phenyl-5,6-dihydro-1*H*-[1,3,5]triazin-2-on $C_{13}H_{17}N_3OS$, Formel XIII (X = O).

B. Aus 1,2,2-Trimethyl-4,6-bis-methylmercapto-3-phenyl-2,3-dihydro-[1,3,5]triazinium-jodid beim Behandeln mit wss.-methanol. NaOH (*Fairfull, Peak*, Soc. **1955** 803, 806).
Kristalle (aus Acn.); F: 156−157°.
Picrat $C_{13}H_{17}N_3OS·C_6H_3N_3O_7$. Kristalle (aus A.); F: 161−161,5°.
Methojodid [$C_{14}H_{20}N_3OS$]I; 2,2,3,5-Tetramethyl-6-methylmercapto-4-oxo-1-phenyl-2,3,4,5-tetrahydro-[1,3,5]triazinium-jodid. Kristalle (aus Bzl.); F: 127−128°.

4-Imino-2,2,3-trimethyl-6-methylmercapto-1-phenyl-1,2,3,4-tetrahydro-[1,3,5]triazin, 1,6,6-Trimethyl-4-methylmercapto-5-phenyl-5,6-dihydro-1*H*-[1,3,5]triazin-2-on-imin $C_{13}H_{18}N_4S$, Formel XIII (X = NH).

B. Aus 1,2,2-Trimethyl-4,6-bis-methylmercapto-3-phenyl-2,3-dihydro-[1,3,5]triazinium-jodid beim Behandeln mit äthanol. NH_3 (*Fairfull, Peak*, Soc. **1955** 803, 805).
Hydrojodid $C_{13}H_{18}N_4S·HI$. Kristalle (aus H_2O) mit 1 Mol H_2O; F: 112−114°.

XII   XIII   XIV

*Phenyl-[1,6,6-trimethyl-4-methylmercapto-5-phenyl-5,6-dihydro-1H-[1,3,5]triazin-2-yliden]-amin, 1,6,6-Trimethyl-4-methylmercapto-5-phenyl-5,6-dihydro-1H-[1,3,5]triazin-2-on-phenylimin $C_{19}H_{22}N_4S$, Formel XIII (X = N-C_6H_5).

B. Aus 1,2,2-Trimethyl-4,6-bis-methylmercapto-3-phenyl-2,3-dihydro-[1,3,5]triazinium-jodid beim Behandeln mit Anilin in Pyridin und Diäthylamin (*Fairfull, Peak,* Soc. **1955** 803, 806).

Kristalle (aus PAe. oder Me.); F: 153−154°.

*1,6,6-Trimethyl-4-methylmercapto-5-phenyl-5,6-dihydro-1H-[1,3,5]triazin-2-on-thiosemicarbazon $C_{14}H_{20}N_6S_2$, Formel XIII (X = N-NH-CS-NH$_2$).

B. Aus 1,2,2-Trimethyl-4,6-bis-methylmercapto-3-phenyl-2,3-dihydro-[1,3,5]triazinium-jodid beim Behandeln mit Thiosemicarbazid in Pyridin und Diäthylamin (*Fairfull, Peak,* Soc. **1955** 803, 805).

Kristalle (aus A.); F: 191−192°.

Hydroxy-oxo-Verbindungen $C_{17}H_{33}N_3O_2$

(16aR)-13t-[(S)-1-Hydroxy-propyl]-(16ar)-tetradecahydro-pyrido[2,1-d][1,5,9]triazacyclotridecin-2-on, Dihydropalustrin $C_{17}H_{33}N_3O_2$, Formel XIV.

Konstitution und Konfiguration: *Mayer et al.,* Helv. **51** [1968] 661, **61** [1978] 905, 907; *Rüedi, Eugster,* Helv. **61** [1978] 899.

B. Bei der Hydrierung von Palustrin-dihydrochlorid (S. 682) an Palladium/BaSO$_4$ in Äthanol (*Ma. et al.,* Helv. **61** 913) oder an Platin in H$_2$O (*Eugster et al.,* Helv. **36** [1953] 1387, 1398).

Kristalle (aus Ae.); F: 102−102,7° (*Rü., Eu.,* l. c. S. 904; *Ma. et al.,* Helv. **61** 913), 96° (*Eu. et al.*). Kp$_{0,001}$: 130−140° [Kugelrohr] (*Eu. et al.; Ma. et al.,* Helv. **61** 913). $[\alpha]_D^{18}$: +34,2° [H$_2$O; c = 0,83] (*Eu. et al.*); $[\alpha]_D^{24}$: +30° [H$_2$O; c = 0,58] (*Rü., Eu.*), −19,7° [A.; c = 1,4] (*Ma. et al.,* Helv. **61** 913). ^{13}C-NMR-Absorption (Benzol-d_6) bei 60°: *Rü., Eu.,* l. c. S. 903. IR-Banden (Nujol; 3300−700 cm^{-1}): *Ma. et al.,* Helv. **61** 913.

Dihydrochlorid $C_{17}H_{33}N_3O_2 \cdot 2HCl$. Kristalle (aus A. + Ae.); F: 197° [Zers.] (*Ma. et al.,* Helv. **61** 913), 185,5−189,2° (*Rü., Eu.*). $[\alpha]_D^{23}$: −12° [H$_2$O; c = 0,6] (*Rü., Eu.*). IR-Banden (Nujol; 3300−730 cm^{-1}): *Ma. et al.,* Helv. **61** 913.

Hydroxy-oxo-Verbindungen $C_nH_{2n-3}N_3O_2$

Hydroxy-oxo-Verbindungen $C_3H_3N_3O_2$

[5-Oxo-4,5-dihydro-[1,2,4]triazin-3-ylmercapto]-essigsäure-äthylester $C_7H_9N_3O_3S$, Formel I und Taut.

B. Aus dem Natrium-Salz des 3-Thioxo-3,4-dihydro-2H-[1,2,4]triazin-5-ons beim Erwärmen mit Chloressigsäure und Äthanol (*Gut, Prystaš,* Collect. **24** [1959] 2986, 2989, 2990).

Kristalle (aus H$_2$O); F: 128−129°.

Hydroxy-oxo-Verbindungen $C_4H_5N_3O_2$

6-Methyl-3-methylmercapto-4H-[1,2,4]triazin-5-on $C_5H_7N_3OS$, Formel II (R = CH$_3$) und Taut.

B. Aus 6-Methyl-3-thioxo-3,4-dihydro-2H-[1,2,4]triazin-5-on beim Behandeln mit CH$_3$I und wss. NaOH (*Falco et al.*, Am. Soc. **78** [1956] 1938, 1941) oder mit Dimethylsulfat, wss. NaOH und NH$_3$ (*Hadáček, Kiša*, Spisy přírodov. Mas. Univ. Nr. 395 [1958] 269, 272; C. A. **1959** 2677). – Herstellung von 6-Methyl-3-methylmercapto-4*H*-[6-^{14}C][1,2,4]triazin-5-on: *Prusoff*, J. biol. Chem. **226** [1957] 901, 902.

Kristalle; F: 226–227° [korr.; aus Me.] (*Ha., Kiša*), 222–223° [Zers.; aus H$_2$O] (*Fa. et al.*). UV-Spektrum (H$_2$O; 210–330 nm): *Ha., Kiša*. λ_{max} (wss. Lösung): 235 nm [pH 1] bzw. 287 nm [pH 11] (*Fa. et al.*).

I

II

III

3-Allylmercapto-6-methyl-4*H*-[1,2,4]triazin-5-on C$_7$H$_9$N$_3$OS, Formel II (R = CH$_2$-CH=CH$_2$) und Taut.

B. Aus 6-Methyl-3-thioxo-3,4-dihydro-2*H*-[1,2,4]triazin-5-on beim Behandeln mit Allylbromid und äthanol. Natriumäthylat (*Hadáček, Kiša*, Spisy přírodov. Mas. Univ. Nr. 395 [1958] 269, 272; C. A. **1959** 11 399).

Kristalle (aus A.); F: 186°. UV-Spektrum (H$_2$O; 210–230 nm): *Ha., Kiša*.

[6-Methyl-5-oxo-4,5-dihydro-[1,2,4]triazin-3-ylmercapto]-essigsäure C$_6$H$_7$N$_3$O$_3$S, Formel II (R = CH$_2$-CO-OH) und Taut.

B. Aus 6-Methyl-3-thioxo-3,4-dihydro-2*H*-[1,2,4]triazin-5-on beim Erhitzen mit Chloressig≈ säure in wss. NaOH (*Gut, Prystaš*, Collect. **24** [1959] 2986, 2989, 2990) oder mit Natrium-chloracetat in wss. Äthanol (*Eastman Kodak Co.*, U.S.P. 2819965 [1956]).

Kristalle; F: 182° [aus H$_2$O] (*Gut, Pr.*), 176–178° [aus wss. DMF] (*Eastman Kodak Co.*).

[2,2-Dihydroxy-äthoxy]-[2-phenyl-2*H*-[1,2,3]triazol-4-yl]-acetaldehyd, 2-[2-Phenyl-2*H*-[1,2,3]triazol-4-yl]-3-oxa-glutaraldehyd-5-hydrat C$_{12}$H$_{13}$N$_3$O$_4$ und cycl. Taut.

a) **(3*R*)-3-[2-Phenyl-2*H*-[1,2,3]triazol-4-yl]-[1,4]dioxan-2ξ,6ξ-diol**, Formel III.

B. Beim Behandeln von (3*R*)-2*c*-[2-Phenyl-2*H*-[1,2,3]triazol-4-yl]-tetrahydro-furan-3*r*,4*c*-diol („3,6-Anhydro-D-fructose-phenylosotriazol“) oder von (3*S*)-2*t*-[2-Phenyl-2*H*-[1,2,3]triazol-4-yl]-tetrahydro-furan-3*r*,4*t*-diol („3,6-Anhydro-D-tagatose-phenylosotriazol“) mit wss. HIO$_4$ (*Schreier et al.*, Helv. **37** [1954] 574, 580).

Kristalle (aus Acn.+PAe.); F: 106–107° [korr.]. [α]$_D$: –12,2° (nach 5 min) → –10,5° (End≈ wert nach 18 h) [Me.; c = 1,3], –8,1° [Dioxan; c = 0,8].

Überführung in eine vermutlich als (*S*)-[2-(4-Nitro-phenylhydrazono)-äthoxy]-[2-phenyl-2*H*-[1,2,3]triazol-4-yl]-acetaldehyd-[4-nitro-phenylhydrazon] zu formulie≈ rende Verbindung C$_{24}$H$_{21}$N$_9$O$_5$ (orangefarbene Kristalle [aus A.]; F: 205–207° [korr.]): *Sch. et al.*

b) **(3*S*)-3-[2-Phenyl-2*H*-[1,2,3]triazol-4-yl]-[1,4]dioxan-2ξ,6ξ-diol**, Formel IV.

B. Beim Behandeln von (3*R*)-2*t*-[2-Phenyl-2*H*-[1,2,3]triazol-4-yl]-tetrahydro-furan-3*r*,4*c*-diol („3,6-Anhydro-D-psicose-phenylosotriazol“) oder von (3*R*)-2*t*-[2-Phenyl-2*H*-[1,2,3]triazol-4-yl]-tetrahydro-furan-3*r*,4*t*-diol („3,6-Anhydro-L-tagatose-phenylosotriazol“) mit wss. HIO$_4$ (*Schreier et al.*, Helv. **37** [1954] 574, 578).

Kristalle (aus Acn.+PAe.); F: 106–107° [korr.]. [α]$_D$: +12° [Me.; c = 0,75], +10° [Dioxan; c = 1].

Überführung in eine vermutlich als (*R*)-Hydroxy-[2-phenyl-2*H*-[1,2,3]triazol-4-yl]-acetaldehyd-[4-nitro-phenylhydrazon] C$_{16}$H$_{14}$N$_6$O$_3$ zu formulierende Verbindung (gelborangefarbene Kristalle [aus wss. Py.], F: 203–204° [korr.]): *Sch. et al.*

5-[2*t*-Äthoxy-vinyl]-1-phenyl-1,2-dihydro-[1,2,4]triazol-3-thion C$_{12}$H$_{13}$N$_3$OS, Formel V und Taut.

B. Aus 4-[3*t*-Äthoxy-acryloyl]-1-phenyl-thiosemicarbazid (Syst.-Nr. 2040) beim Erwärmen mit

wss. NaOH (*Shaw, Warrener*, Soc. **1958** 153, 155).
Kristalle (aus A.); F: 161°.

IV   V   VI

Hydroxy-oxo-Verbindungen $C_5H_7N_3O_2$

*5-[2-Methoxy-1-methyl-vinyl]-1-phenyl-1,2-dihydro-[1,2,4]triazol-3-on $C_{12}H_{13}N_3O_2$,
Formel VI (X = O) und Taut.
B. Aus 4-[3ξ-Methoxy-2-methyl-acryloyl]-1-phenyl-semicarbazid (F: 193°) beim Erwärmen
mit wss. NaOH (*Shaw, Warrener*, Soc. **1958** 157, 160).
Kristalle (aus A.); F: 195−197°.

*5-[2-Methoxy-1-methyl-vinyl]-1-phenyl-1,2-dihydro-[1,2,4]triazol-3-thion $C_{12}H_{13}N_3OS$,
Formel VI (X = S) und Taut.
B. Analog der vorangehenden Verbindung (*Shaw, Warrener*, Soc. **1958** 153, 156).
Kristalle (aus A.); F: 195−196°.

Hydroxy-oxo-Verbindungen $C_7H_{11}N_3O_2$

[6-*tert*-Butyl-5-oxo-4,5-dihydro-[1,2,4]triazin-3-ylmercapto]-essigsäure $C_9H_{13}N_3O_3S$,
Formel VII und Taut.
B. Aus 6-*tert*-Butyl-3-thioxo-3,4-dihydro-2*H*-[1,2,4]triazin-5-on beim Behandeln mit Chlor=
essigsäure und wss. NaOH (*Gut, Prystaš*, Collect. **24** [1959] 2986, 2989, 2990).
Kristalle (aus wss. A.); F: 182−183°.

VII   VIII

Hydroxy-oxo-Verbindungen $C_{17}H_{31}N_3O_2$

(16a*R*)-13*t*-[(*S*)-1-Hydroxy-propyl]-(16a*r*)-1,4,5,6,7,8,9,10,11,13,16,16a-dodecahydro-3*H*-
pyrido[2,1-*d*][1,5,9]triazacyclotridecin-2-on, Palustrin $C_{17}H_{31}N_3O_2$, Formel VIII (R = H).
Konstitution und Konfiguration: *Mayer et al.*, Helv. **61** [1978] 905, 910. Absolute Konfigura=
tion: *Wälchli et al.*, Helv. **61** [1978] 921, 925.
Identität von Palustrin mit Equisetin: *Glet et al.*, Z. physiol. Chem. **244** [1936] 229, 230;
Wöhlbier, Beckmann, B. **83** [1950] 310; *Wöhlbier et al.*, B. **88** [1955] 1706.
Isolierung aus Equisetum palustre: *Glet et al.*; *Karrer, Eugster*, Helv. **31** [1948] 1062, 1064;
Eugster et al., Helv. **36** [1953] 1387, 1392; *Wö., Be.*; *Eugster*, Heterocycles **4** [1976] 51, 55.
Kristalle; F: 121° (*Ka., Eu.*), 120−121° [aus Bzl.+PAe.] (*Wö., Be.*). $[\alpha]_D^{18}$: +15,8° [H_2O;
c = 1,2] (*Ka., Eu.*); $[\alpha]_D^{22}$: +19,4° [A.; c = 1,6] (*Ma. et al.*, l. c. S. 911). IR-Spektrum (Nujol;
2−16 μ): *Eu. et al.*, l. c. S. 1388. IR-Banden (CHCl$_3$; 3400−700 cm^{-1}): *Ma. et al.*
Beim Erhitzen mit wss. HCl ist {(2*R*)-1-[3-(4-Amino-butylamino)-propyl]-6*c*-[(*S*)-1-
hydroxy-propyl]-1,2,3,6-tetrahydro-[2*r*]pyridyl}-essigsäure $C_{17}H_{33}N_3O_3$ (Tripicro=

lonat $C_{17}H_{33}N_3O_3 \cdot 3 C_{10}H_8N_4O_5$: Kristalle; F: 190−198° [nach Sintern; Zers. bei 200°]) erhalten worden (*Eu. et al.*, l. c. S. 1396; vgl. *Ma. et al.*, l. c. S. 917).

Monohydrochlorid $C_{17}H_{31}N_3O_2 \cdot HCl$. Kristalle mit 1 Mol H_2O; F: 154−155° [aus $CHCl_3$ + E.] (*Wö., Be.*), 150−152° (*Ma. et al.*, l. c. S. 912). IR-Banden (Nujol; 3520− 1550 cm⁻¹): *Ma. et al.*

Dihydrochlorid $C_{17}H_{31}N_3O_2 \cdot 2 HCl$. Kristalle mit 1 Mol H_2O; F: 190° [Zers.; aus A.+ Isopropylalkohol] (*Wö., Be.*), 188−190° [Zers.; nach Sintern ab 175°] (*Ka., Eu.*). $[\alpha]_D^{18}$: +8,3° [H_2O; c = 1,5] (*Ka., Eu.*); $[\alpha]_D^{25}$: +8,7° [H_2O; c = 3,1] (*Wö., Be.*). IR-Banden (KBr; 3320−700 cm⁻¹): *Ma. et al.*, l. c. S. 912.

Diperchlorat. Kristalle (aus A.+Ae.); F: 170° [Zers.] (*Eu. et al.*).

Bis-tetrachloroaurat(III) $C_{17}H_{31}N_3O_2 \cdot 2 HAuCl_4$. Orangegelbe Kristalle (aus wss. HCl); Zers. bei 190−195° [abhängig von der Geschwindigkeit des Erhitzens] (*Wö., Be.*).

Direineckat $C_{17}H_{31}N_3O_2 \cdot 2 H[Cr(CNS)_4(NH_3)_2]$. Rosafarbener Feststoff mit 1 Mol H_2O; F: 173,5−174° [Zers.; evakuierte Kapillare] (*Eu. et al.*).

Hexachloroplatinat(IV) $C_{17}H_{31}N_3O_2 \cdot H_2PtCl_6$. Hellorangefarbene Kristalle; Zers. bei 221−223° (*Ka., Eu.*).

Dipicrat $C_{17}H_{31}N_3O_2 \cdot 2 C_6H_3N_3O_7$. Gelbe Kristalle; F: 150−151° [Zers.; aus A.] (*Wö., Be.*), 150−150,5° [nach Sintern ab 145°; aus wss. Acn.] (*Ka., Eu.*).

Dipicrolonat $C_{17}H_{31}N_3O_2 \cdot 2 C_{10}H_8N_4O_5$. Kristalle (aus wss. Me. oder THF + E.) mit 3 Mol H_2O; F: 154° (*Eu. et al.*).

Diliturat (5-Nitro-barbiturat). Kristalle (aus H_2O); F: 207,5−208° [Zers.; evakuierte Kapillare] (*Eu. et al.*).

N-[2,4-Dinitro-phenyl]-Derivat $C_{23}H_{33}N_5O_6$; (16a*R*)-8-[2,4-Dinitro-phenyl]-13*t*-[(*S*)-1-hydroxy-propyl]-(16a*r*)-1,4,5,6,7,8,9,10,11,13,16,16a-dodecahydro-3*H*-pyrido[2,1-*d*][1,5,9]triazacyclotridecin-2-on, [2,4-Dinitro-phenyl]-palustrin, [2,4-Dinitro-phenyl]-equisetin, Formel VIII (R = $C_6H_3(NO_2)_2$). Hydrochlorid $C_{23}H_{33}N_5O_6 \cdot HCl$. Gelbe Kristalle (aus wss. HCl); F: 226−227° [Zers.; nach Trocknen bei 100°/0,03 Torr] (*Eu. et al.*).

N-Phenylthiocarbamoyl-Derivat $C_{24}H_{36}N_4O_2S$; (16a*R*)-13*t*-[(*S*)-1-Hydroxy-propyl]-2-oxo-(16a*r*)-1,2,3,4,5,6,7,10,11,13,16,16a-dodecahydro-9*H*-pyrido[2,1-*d*][1,5,9]triazacyclotridecin-8-thiocarbonsäure-anilid, Phenylthiocarbamoyl-palustrin, Formel VIII (R = CS-NH-C_6H_5). Hydrochlorid $C_{24}H_{36}N_4O_2S \cdot HCl$. Kristalle (aus wss. HCl); F: 218° [bei schnellem Erhitzen] bzw. 209° [bei langsamem Erhitzen] (*Eu. et al.*).

N-Nitroso-Derivat $C_{17}H_{30}N_4O_3$; (16a*R*)-13*t*-[(*S*)-1-Hydroxy-propyl]-8-nitroso-(16a*r*)-1,4,5,6,7,8,9,10,11,13,16,16a-dodecahydro-3*H*-pyrido[2,1-*d*][1,5,9]triazacyclotridecin-2-on, Nitrosopalustrin, Nitrosoequisetin, Formel VIII (R = NO). Kristalle (aus Ae.); F: 146−147° (*Wö. et al.*). − Hydrochlorid $C_{17}H_{30}N_4O_3 \cdot HCl$. Kristalle (aus Me. + E. oder Me. + Acn.); F: 210−211° [Zers.] (*Wö. et al.*).

(16a*R*)-13*t*-[(*S*)-1-Hydroxy-propyl]-8,8-dimethyl-2-oxo-(16a*r*)-1,2,3,4,5,6,7,8,9,10,11,13,16,16a-tetradecahydro-pyrido[2,1-*d*][1,5,9]triazacyclotridecinium(?) $[C_{19}H_{36}N_3O_2]^+$, vermutlich Formel IX.

Jodid $[C_{19}H_{36}N_3O_2]I$. B. Beim Behandeln von Palustrin (s. o.) mit CH_3I in Aceton (*Eugster et al.*, Helv. **36** [1953] 1387, 1397). − Kristalle (aus Me. + Ae.); F: 225°. − Hydrojodid $[C_{19}H_{36}N_3O_2]I \cdot HI$. Kristalle (aus Acn. + A. + Ae.); F: 183° [Zers.]. − Verbindung mit Quecksilber(II)-jodid $[C_{19}H_{36}N_3O_2]I \cdot HgI_2$. Kristalle (aus Acn. + wss. A.) mit 6−8 Mol H_2O; Zers. bei 207°.

Dipicrat $[C_{19}H_{36}N_3O_2]C_6H_2N_3O_7 \cdot C_6H_3N_3O_7$. Gelbe Kristalle (aus wss. Me.); F: 206° [Zers.; nach Trocknen bei 80°/0,03 Torr].

(16a*R*)-8-Formyl-13*t*-[(*S*)-1-hydroxy-propyl]-(16a*r*)-1,4,5,6,7,8,9,10,11,13,16,16a-dodecahydro-3*H*-pyrido[2,1-*d*][1,5,9]triazacyclotridecin-2-on, Palustridin $C_{18}H_{31}N_3O_3$, Formel VIII (R = CHO).

Konstitution: *Green et al.*, Helv. **52** [1969] 673. Absolute Konfiguration: *Wälchli et al.*, Helv. **61** [1978] 921.

Identität von Palustridin mit dem von *Wöhlbier, Beckmann* (B. **83** [1950] 310, 312) beschriebe=
nen Equisetonin: *Eugster et al.,* Helv. **36** [1953] 1387, 1388.

Isolierung aus Equisetum palustre: *Wö., Be.; Eu. et al.,* l. c. S. 1392.

Hydrochlorid $C_{18}H_{31}N_3O_3 \cdot HCl$. Kristalle (aus A.); F: 204° [Zers.]; $[\alpha]_D^{19}$: +50,2° [H_2O;
c = 1,2] (*Eu. et al.*).

Hydroxy-oxo-Verbindungen $C_nH_{2n-7}N_3O_2$

4-Methoxymethyl-6-methyl-1,2-dihydro-pyrazolo[3,4-*b*]pyridin-3-on $C_9H_{11}N_3O_2$, Formel X
(R = H) und Taut.

B. Aus 5-Amino-1,2-dihydro-pyrazol-3-on und 1-Methoxy-pentan-2,4-dion beim Erwärmen
mit wss. NaOH (*Taylor, Barton,* Am. Soc. **81** [1959] 2448, 2449, 2451).

Kristalle (aus Eg.); F: 272 – 273° [korr.; Zers.].

Überführung in 2-Amino-4-methoxymethyl-6-methyl-nicotinsäure-amid durch Erwärmen mit
Raney-Nickel in Äthanol: *Ta., Ba.*

IX   X   XI

4-Methoxymethyl-1,6-dimethyl-1,2-dihydro-pyrazolo[3,4-*b*]pyridin-3-on $C_{10}H_{13}N_3O_2$,
Formel X (R = CH_3) und Taut.

B. Analog der vorangehenden Verbindung (*Taylor, Barton,* Am. Soc. **81** [1959] 2448, 2449,
2450).

Kristalle (aus wss. A.); F: 195 – 196,5° [korr.].

4-Methoxymethyl-6-methyl-1-phenyl-1,2-dihydro-pyrazolo[3,4-*b*]pyridin-3-on $C_{15}H_{15}N_3O_2$,
Formel X (R = C_6H_5) und Taut.

B. Analog den vorangehenden Verbindungen (*Taylor, Barton,* Am. Soc. **81** [1959] 2448,
2449, 2451).

Kristalle (aus A.); F: 163 – 165° [korr.].

Überführung in 2-Anilino-4-methoxymethyl-6-methyl-nicotinsäure-amid durch Erwärmen mit
Raney-Nickel in Äthanol: *Ta., Ba.*

Hydroxy-oxo-Verbindungen $C_nH_{2n-9}N_3O_2$

Hydroxy-oxo-Verbindungen $C_7H_5N_3O_2$

7-Methoxy-3*H*-benzo[*d*][1,2,3]triazin-4-on $C_8H_7N_3O_2$, Formel XI und Taut.

B. Neben *N*-[7-Methoxy-benzo[*d*][1,2,3]triazin-4-yl]-hydroxylamin beim Erwärmen von
2-Amino-4-methoxy-benzonitril mit $NH_2OH \cdot HCl$ und äthanol. Natriumäthylat und Behandeln
des Reaktionsprodukts mit $NaNO_2$ und wss. HCl (*Grundmann, Ulrich,* J. org. Chem. **24** [1959]
272).

Kristalle (aus H_2O); F: 220 – 221° [Zers.].

**7-Methoxy-1-oxy-4*H*-benzo[*e*][1,2,4]triazin-3-on, 7-Methoxy-4*H*-benzo[*e*][1,2,4]triazin-3-on-
1-oxid** $C_8H_7N_3O_3$, Formel XII und Taut.

B. Aus 7-Methoxy-1-oxy-benzo[*e*][1,2,4]triazin-3-ylamin beim Behandeln mit $NaNO_2$ und
wss. H_2SO_4 (*Jiu, Mueller,* J. org. Chem. **24** [1959] 813, 814).

Kristalle (aus Me.); F: 244 – 246° [unkorr.].

7-Hydroxy-5H-pyrido[3,2-d]pyrimidin-6-on $C_7H_5N_3O_2$, Formel XIII und Taut.

B. Aus 4-Methyl-pyrimidin-5-ylamin und Oxalsäure-diäthylester beim Behandeln mit äthanol. Kaliumäthylat (*Pfleiderer, Mosthaf,* B. **90** [1957] 738, 745).

Kristalle (aus Eg.); F: > 300°.

XII   XIII   XIV

Hydroxy-oxo-Verbindungen $C_8H_7N_3O_2$

[3-(2-Hydroxy-phenyl)-5-oxo-1-phenyl-1,5-dihydro-[1,2,4]triazol-4-yl]-carbamidsäure-äthylester $C_{17}H_{16}N_4O_4$, Formel XIV (R = C_6H_5, R' = NH-CO-O-C_2H_5, X = O).

Diese Konstitution kommt wahrscheinlich der früher (E II **26** 319) als 6-[2-Hydroxy-phenyl]-3-oxo-4-phenyl-3,4-dihydro-2H-[1,2,4,5]tetrazin-1-carbonsäure-äthylester beschriebenen Verbin≠ dung zu (vgl. *Gillis, Danihel,* J. org. Chem. **27** [1962] 4001; *Wiley,* Chem. heterocycl. Compounds **33** [1978] 1075, 1185, 1186). Entsprechend ist die früher (E II **26** 319) als 6-[2-Hydroxy-phenyl]-3-oxo-4-o-tolyl-3,4-dihydro-2H-[1,2,4,5]tetrazin-1-carbonsäure-äthylester beschriebene Verbin≠ dung als [3-(2-Hydroxy-phenyl)-5-oxo-1-o-tolyl-1,5-dihydro-[1,2,4]triazol-4-yl]-carbamidsäure-äthylester $C_{18}H_{18}N_4O_4$ zu formulieren.

5-[2-Hydroxy-phenyl]-4-phenyl-2,4-dihydro-[1,2,4]triazol-3-thion $C_{14}H_{11}N_3OS$, Formel XIV (R = H, R' = C_6H_5, X = S) und Taut.

B. Aus 4-Phenyl-1-salicyloyl-thiosemicarbazid beim Erhitzen mit wss. NaOH oder mit wss. HCl (*Silberg, Cosma,* Acad. Cluj Stud. Cerc. Chim. **10** [1959] 151, 158, 160).

Kristalle (aus A.); F: 290 – 292°.

Diacetyl-Derivat $C_{18}H_{15}N_3O_3S$; 5-[2-Acetoxy-phenyl]-2-acetyl-4-phenyl-2,4-dihydro-[1,2,4]triazol-3-thion. Kristalle (aus A.); F: 168 – 170°.

5-[4-Methoxy-phenyl]-1,2-dihydro-[1,2,4]triazol-3-on $C_9H_9N_3O_2$, Formel I (R = CH_3, X = O) und Taut.

Nach Ausweis der IR-Absorption liegt in fester Form 5-[4-Methoxy-phenyl]-2,4-di≠ hydro-[1,2,4]triazol-3-on vor (*George, Papadopoulos,* J. org. Chem. **41** [1976] 3233).

B. Aus [4-Methoxy-thiobenzoyl]-carbamidsäure-äthylester beim Erhitzen mit N_2H_4 in Äth≠ anol (*Ge., Pa.,* l. c. S. 3234, 3236). Aus 3-Äthoxy-5-[4-methoxy-phenyl]-1H-[1,2,4]triazol beim Erhitzen mit wss. HCl (*Hoggarth,* Soc. **1949** 1918, 1923). Neben Bis-[4-methoxy-benzyliden]-hydrazin beim Erhitzen von 4-Methoxy-benzaldehyd-semicarbazon mit FeCl₃ in wss. Äthanol auf 140° (*Ho.*).

Kristalle; F: 334 – 335° [unkorr.; Zers.; aus Butan-1-ol] (*Ge., Pa.*), 334° [aus Eg.] (*Ho.*).

Acetyl-Derivat $C_{11}H_{11}N_3O_3$. Kristalle (aus A.); F: 226° (*Ho.*).

5-[4-Methoxy-phenyl]-4-phenyl-2,4-dihydro-[1,2,4]triazol-3-on $C_{15}H_{13}N_3O_2$, Formel II (R = C_6H_5, X = O).

B. Aus 4-Methoxy-benzaldehyd-[4-phenyl-semicarbazon] beim Erwärmen mit $K_3[Fe(CN)_6]$ in äthanol. NaOH (*Srinivasan et al.,* Ar. **295** [1962] 405, 409, 410; s. a. *Ramachander, Srinivasan,* Curr. Sci. **28** [1959] 368).

Kristalle (aus A.); F: 240° [unkorr.] (*Sr. et al.*).

5-[4-Methoxy-phenyl]-4-p-tolyl-2,4-dihydro-[1,2,4]triazol-3-on $C_{16}H_{15}N_3O_2$, Formel II (R = C_6H_4-CH_3, X = O).

B. Analog der vorangehenden Verbindung (*Srinivasan et al.,* Ar. **295** [1962] 405, 409, 410;

s. a. *Ramachander, Srinivasan,* Curr. Sci. **28** [1959] 368).
Kristalle (aus Bzl.); F: 219° [unkorr.] (*Sr. et al.*).

5-[4-Methoxy-phenyl]-1,2-dihydro-[1,2,4]triazol-3-thion $C_9H_9N_3OS$, Formel I (R = CH_3,
X = S) und Taut.
B. Aus 1-[4-Methoxy-benzoyl]-thiosemicarbazid beim Erwärmen mit äthanol. Natriumäthylat
(*Hoggarth,* Soc. **1949** 1163, 1167). Beim Behandeln von 4-Methoxy-benzoylisothiocyanat mit
$N_2H_4 \cdot H_2O$ in Äthanol (*Hoggarth,* Soc. **1949** 1160, 1161). Neben 5-[4-Methoxy-phenyl]-
[1,3,4]thiadiazol-2-ylamin beim Erhitzen von 4-Methoxy-N'-thiocarbamoyl-benzohydrazon=
säure-äthylester mit äthanol. NH_3 auf 150° (*Raison,* Soc. **1957** 2858, 2859).
Kristalle; F: 259 − 261° [aus A.] (*Ra.*), 257° [aus wss. A.] (*Ho.,* l. c. S. 1167).

5-[4-Äthoxy-phenyl]-1,2-dihydro-[1,2,4]triazol-3-thion $C_{10}H_{11}N_3OS$, Formel I (R = C_2H_5,
X = S) und Taut.
B. Aus 1-[4-Äthoxy-benzoyl]-thiosemicarbazid beim Erwärmen mit äthanol. Natriumäthylat
(*Mndshojan et al.,* Izv. Armjansk. Akad. Ser. chim. **10** [1957] 357, 359, 360; C. A. **1958** 12851).
F: 258°.

Die folgenden Verbindungen sind in analoger Weise hergestellt worden:
   5-[4-Propoxy-phenyl]-1,2-dihydro-[1,2,4]triazol-3-thion $C_{11}H_{13}N_3OS$,   Formel I
(R = CH_2-C_2H_5, X = S) und Taut. F: 260°.
   5-[4-Isopropoxy-phenyl]-1,2-dihydro-[1,2,4]triazol-3-thion $C_{11}H_{13}N_3OS$,   For=
mel I (R = $CH(CH_3)_2$, X = S) und Taut. F: 244°.
   5-[4-Butoxy-phenyl]-1,2-dihydro-[1,2,4]triazol-3-thion $C_{12}H_{15}N_3OS$,   Formel I
(R = $[CH_2]_3$-CH_3, X = S) und Taut. F: 235°.
   5-[4-Isobutoxy-phenyl]-1,2-dihydro-[1,2,4]triazol-3-thion $C_{12}H_{15}N_3OS$, Formel I
(R = CH_2-$CH(CH_3)_2$, X = S) und Taut. F: 249°. IR-Spektrum (2 − 15 μ): *Mn. et al.*
   5-[4-Pentyloxy-phenyl]-1,2-dihydro-[1,2,4]triazol-3-thion $C_{13}H_{17}N_3OS$, Formel I
(R = $[CH_2]_4$-CH_3, X = S) und Taut. F: 246°.
   5-[4-Isopentyloxy-phenyl]-1,2-dihydro-[1,2,4]triazol-3-thion $C_{13}H_{17}N_3OS$,   For=
mel I (R = CH_2-CH_2-$CH(CH_3)_2$, X = S) und Taut. F: 256°.

5-[4-Methoxy-phenyl]-4-methyl-2,4-dihydro-[1,2,4]triazol-3-thion $C_{10}H_{11}N_3OS$, Formel II
(R = CH_3, X = S).
B. Aus 1-[4-Methoxy-benzoyl]-4-methyl-thiosemicarbazid beim Erwärmen mit äthanol. Na=
triumäthylat oder beim Erhitzen auf 200° (*Hoggarth,* Soc. **1949** 1163, 1167).
Kristalle (aus wss. A.); F: 176 − 178°.

—————

4-Äthoxy-1,5-dihydro-benzo[*f*][1,3,5]triazepin-2-on $C_{10}H_{11}N_3O_2$, Formel III.
Die von *Guha, Saletore* (J. Indian chem. Soc. **6** [1929] 565, 571) unter dieser Konstitution
beschriebene Verbindung ist als [1*H*-Benzimidazol-2-yl]-carbamidsäure-äthylester zu formulieren
(*Peet, Sunder,* Indian J. Chem. **16** B [1978] 207).

—————

1-[5-Hydroxy-2-phenyl-2*H*-benzotriazol-4-yl]-äthanon $C_{14}H_{11}N_3O_2$, Formel IV
(X = X′ = H).
B. Aus 5-Acetoxy-2-phenyl-2*H*-benzotriazol beim Erwärmen mit $AlCl_3$ in CS_2 (*Fries et al.,*
A. **511** [1934] 241, 255).
Kristalle (aus A. oder Eg.); F: 168°.
   Acetyl-Derivat $C_{16}H_{13}N_3O_3$;   1-[5-Acetoxy-2-phenyl-2*H*-benzotriazol-4-yl]-

äthanon. Kristalle (aus wss. A.); F: 145°.

2-Chlor-1-[5-hydroxy-2-phenyl-2*H*-benzotriazol-4-yl]-äthanon $C_{14}H_{10}ClN_3O_2$, Formel IV
(X = Cl, X′ = H).

B. Aus 2-Phenyl-2*H*-benzotriazol-5-ol beim Erwärmen mit Chloracetylchlorid und $AlCl_3$
in CS_2 (*Fries et al.,* A. **511** [1934] 241, 256).

Kristalle (aus Eg.); F: 187°.

Überführung in 2-Phenyl-2*H*-furo[3′,2′:3,4]benzo[1,2-*d*][1,2,3]triazol-8-ol durch Erwärmen
mit Natriumacetat in Äthanol: *Fr. et al.,* l. c. S. 258.

Acetyl-Derivat $C_{16}H_{12}ClN_3O_3$; 1-[5-Acetoxy-2-phenyl-2*H*-benzotriazol-4-yl]-
2-chlor-äthanon. Kristalle (aus A.); F: 151°.

2-Brom-1-[5-hydroxy-2-phenyl-2*H*-benzotriazol-4-yl]-äthanon $C_{14}H_{10}BrN_3O_2$, Formel IV
(X = Br, X′ = H).

B. Aus 1-[5-Hydroxy-2-phenyl-2*H*-benzotriazol-4-yl]-äthanon beim Erwärmen mit Brom
(1 Mol) und HBr enthaltender Essigsäure (*Fries et al.,* A. **511** [1934] 241, 256).

Kristalle (aus A.); F: 168°.

2,2-Dibrom-1-[5-hydroxy-2-phenyl-2*H*-benzotriazol-4-yl]-äthanon $C_{14}H_9Br_2N_3O_2$, Formel IV
(X = X′ = Br).

B. Aus 1-[5-Hydroxy-2-phenyl-2*H*-benzotriazol-4-yl]-äthanon beim Erwärmen mit Brom
(2 Mol) und HBr enthaltender Essigsäure (*Fries et al.,* A. **511** [1934] 241, 256).

Hellgelbe Kristalle (aus Eg.); F: 189°.

Überführung in 7-Acetoxy-2-phenyl-2*H*-furo[3′,2′:3,4]benzo[1,2-*d*][1,2,3]triazol-8-ol durch
Erhitzen mit Silberacetat in Essigsäure: *Fr. et al.*

Acetyl-Derivat $C_{16}H_{11}Br_2N_3O_3$; 1-[5-Acetoxy-2-phenyl-2*H*-benzotriazol-4-yl]-
2,2-dibrom-äthanon. Kristalle (aus A. oder Eg.); F: 191°.

IV   V   VI

Hydroxy-oxo-Verbindungen $C_9H_9N_3O_2$

5-[4-Methoxy-benzyl]-1,2-dihydro-[1,2,4]triazol-3-on $C_{10}H_{11}N_3O_2$, Formel V und Taut.

Die von *Girard* (A. ch. [11] **16** [1941] 326, 374) unter dieser Konstitution beschriebene,
aus 3-[4-Methoxy-phenyl]-2-semicarbazono-propionsäure erhaltene Verbindung (F: 173°) ist
als 5-[4-Methoxy-benzyl]-[1,3,4]oxadiazol-2-ylamin zu formulieren (vgl. *Gehlen, Blankenstein,*
A. **638** [1960] 136, 139; *Maggio et al.,* Ann. Chimica **50** [1960] 491, 496, 499).

B. Aus 5-[4-Methoxy-benzyl]-[1,3,4]oxadiazol-2-ylamin beim Erwärmen mit wss. NaOH (*Gi.,*
l. c. S. 380).

Kristalle (aus A.); F: 228° [vorgeheizter Block] (*Gi.*).

Silber-Salz $Ag_2C_{10}H_9N_3O_2$: *Gi.*

Acetyl-Derivat $C_{12}H_{13}N_3O_3$. Kristalle (aus wss. A.); F: 185° (*Gi.*).

5-Hydroxy-2,6-dimethyl-8*H*-pyrido[2,3-*d*]pyrimidin-7-on $C_9H_9N_3O_2$, Formel VI (R = CH_3)
und Taut.

B. Aus 4-Amino-2-methyl-pyrimidin-5-carbonsäure-äthylester und Äthylpropionat beim Er⸗
hitzen mit Natrium auf 110° (*Dornow, Hinz,* B. **91** [1958] 1834, 1840).

Kristalle (aus H_2O); F: 320° [Zers.].

Hydroxy-oxo-Verbindungen $C_{10}H_{11}N_3O_2$

(±)-6-Benzyl-3-methylmercapto-1,6-dihydro-2H-[1,2,4]triazin-5-on $C_{11}H_{13}N_3OS$, Formel VII
(R = CH$_3$) und Taut.

Die nachstehend beschriebene Verbindung ist von *Cattelain* (Bl. [5] **11** [1944] 256, 264) als 6-Benzyl-3-methylmercapto-3,4-dihydro-2H-[1,2,4]triazin-5-on formuliert wor‍den.

B. Aus 6-Benzyl-3-methylmercapto-4H-[1,2,4]triazin-5-on beim Behandeln mit Natrium-Amalgam in wss. NaOH (*Ca.*).

Kristalle (aus wss. A.); F: 129°.

(±)-3-Äthylmercapto-6-benzyl-1,6-dihydro-2H-[1,2,4]triazin-5-on $C_{12}H_{15}N_3OS$, Formel VII
(R = C$_2$H$_5$) und Taut.

Die nachstehend beschriebene Verbindung ist von *Cattelain* (Bl. [5] **11** [1944] 256, 265) als 3-Äthylmercapto-6-benzyl-3,4-dihydro-2H-[1,2,4]triazin-5-on formuliert worden.

B. Analog der vorangehenden Verbindung (*Ca.*).

Kristalle (aus wss. A.); F: 108,5°.

(±)-6-Benzyl-3-benzylmercapto-1,6-dihydro-2H-[1,2,4]triazin-5-on $C_{17}H_{17}N_3OS$, Formel VII
(R = CH$_2$-C$_6$H$_5$) und Taut.

Die nachstehend beschriebene Verbindung ist von *Cattelain* (Bl. [5] **11** [1944] 256, 265) als 6-Benzyl-3-benzylmercapto-3,4-dihydro-2H-[1,2,4]triazin-5-on formuliert wor‍den.

B. Analog den vorangehenden Verbindungen (*Ca.*).

Kristalle (aus A.); F: 123−124°.

6-Äthyl-5-hydroxy-2-methyl-8H-pyrido[2,3-d]pyrimidin-7-on $C_{10}H_{11}N_3O_2$, Formel VI
(R = C$_2$H$_5$).

B. Aus 4-Amino-2-methyl-pyrimidin-5-carbonsäure-äthylester und Buttersäure-butylester beim Erhitzen mit Natrium auf 100° (*Dornow, Hinz*, B. **91** [1958] 1834, 1840).

Kristalle (aus A.); F: 274−276°.

Hydroxy-oxo-Verbindungen $C_nH_{2n-11}N_3O_2$

Hydroxy-oxo-Verbindungen $C_9H_7N_3O_2$

5-[4-Hydroxy-phenyl]-2H-[1,2,4]triazin-3-thion $C_9H_7N_3OS$, Formel VIII (R = H) und Taut.
B. Aus [4-Hydroxy-phenyl]-glyoxal-2-thiosemicarbazon beim Erwärmen mit Na$_2$CO$_3$ in H$_2$O (*Rossi*, G. **83** [1953] 133, 137).

Orangefarbene Kristalle (aus wss. Me. oder Eg.); F: 243−244° [Zers.].

5-[4-Methoxy-phenyl]-2H-[1,2,4]triazin-3-thion $C_{10}H_9N_3OS$, Formel VIII (R = CH$_3$) und Taut.
B. Analog der vorangehenden Verbindung (*Rossi*, R.A.L. [8] **14** [1953] 113, 117).

Gelbe Kristalle (aus A.); F: 219° [Zers.].

VII   VIII   IX   X

5-[4-Äthansulfonyl-phenyl]-2H-[1,2,4]triazin-3-thion $C_{11}H_{11}N_3O_2S_2$, Formel IX (R = C$_2$H$_5$)
und Taut.

B. Aus [4-Äthansulfonyl-phenyl]-glyoxal-2-thiosemicarbazon beim Erwärmen mit K$_2$CO$_3$ in

H_2O (*Fusco et al.,* Ann. Chimica **42** [1952] 94, 97, 101).
Gelbe Kristalle (aus A.); F: 211–212° [Zers.].

5-[4-(Butan-1-sulfonyl)-phenyl]-2H-[1,2,4]triazin-3-thion $C_{13}H_{15}N_3O_2S_2$, Formel IX
(R = [CH$_2$]$_3$-CH$_3$) und Taut.
   B. Analog der vorangehenden Verbindung (*Fusco et al.,* Ann. Chimica **42** [1952] 94, 97, 101).
   Gelbe Kristalle (aus A.); F: 205–206°.

3-Methylmercapto-6-phenyl-4H-[1,2,4]triazin-5-on $C_{10}H_9N_3OS$, Formel X (R = CH$_3$) und Taut.
   B. Aus Phenylglyoxylsäure-äthylester beim Erhitzen mit *S*-Methyl-isothiosemicarbazid-hydrojodid in Äthanol und Essigsäure (*Wellcome Found.,* D.B.P. 951996 [1953]; *Hagenbach et al.,* Ang. Ch. **66** [1954] 359, 360, 362). Aus 6-Phenyl-3-thioxo-3,4-dihydro-2H-[1,2,4]triazin-5-on beim Behandeln mit CH$_3$I und äthanol. NaOH (*Wellcome Found.*).
   Gelbe Kristalle (aus A.); F: 240–242° (*Ha. et al.*), 235–236° (*Wellcome Found.*).

[5-Oxo-6-phenyl-4,5-dihydro-[1,2,4]triazin-3-ylmercapto]-essigsäure $C_{11}H_9N_3O_3S$, Formel X (R = CH$_2$-CO-OH) und Taut.
   B. Aus 6-Phenyl-3-thioxo-3,4-dihydro-2H-[1,2,4]triazin-5-on beim Erwärmen mit Chloressigsäure in wss. NaOH (*Gut, Prystaš,* Collect. **24** [1959] 2986, 2989; vgl. *Cattelain, Chabrier,* Bl. **1948** 700).
   Kristalle (aus wss. A.); F: 185–187° (*Gut, Pr.*).
   Äthylester $C_{13}H_{13}N_3O_3S$. Kristalle; F: 160–162° (*Ca., Ch.*).

6-[4-Chlor-phenyl]-3-methylmercapto-4H-[1,2,4]triazin-5-on $C_{10}H_8ClN_3OS$, Formel XI (X = X′ = H, X″ = Cl) und Taut.
   B. Aus 6-[4-Chlor-phenyl]-3-thioxo-3,4-dihydro-2H-[1,2,4]triazin-5-on beim Behandeln mit CH$_3$I in äthanol. NaOH (*Wellcome Found.,* D.B.P. 951996 [1953]).
   Kristalle (aus wss. A.); F: 280–282°.

6-[2,4-Dichlor-phenyl]-3-methylmercapto-4H-[1,2,4]triazin-5-on $C_{10}H_7Cl_2N_3OS$, Formel XI (X = X″ = Cl, X′ = H) und Taut.
   B. Analog der vorangehenden Verbindung (*Wellcome Found.,* D.B.P. 951996 [1953]).
   Kristalle (aus wss. A.); F: 250–253°.

6-[3,4-Dichlor-phenyl]-3-methylmercapto-4H-[1,2,4]triazin-5-on $C_{10}H_7Cl_2N_3OS$, Formel XI (X = H, X′ = X″ = Cl) und Taut.
   B. Analog den vorangehenden Verbindungen (*Wellcome Found.,* D.B.P. 951996 [1953]).
   Kristalle (aus wss. A.); F: 272–280°.

3-Methylmercapto-6-[4-nitro-phenyl]-4H-[1,2,4]triazin-5-on $C_{10}H_8N_4O_3S$, Formel XI (X = X′ = H, X″ = NO$_2$) und Taut.
   B. Analog den vorangehenden Verbindungen (*Hagenbach et al.,* Ang. Ch. **66** [1954] 359, 362).
   Gelbe Kristalle (aus wss. Py.); F: 320°.

XI   XII   XIII   XIV

4-Methoxy-1-methyl-6-phenyl-1*H*-[1,3,5]triazin-2-on $C_{11}H_{11}N_3O_2$, Formel XII.

B. Neben 1,3-Dimethyl-6-phenyl-1*H*-[1,3,5]triazin-2,4-dion beim Behandeln von 6-Phenyl-1*H*-[1,3,5]triazin-2,4-dion mit Diazomethan in Äther (*Bloch, Sobotka*, Am. Soc. **60** [1938] 1656).

Kristalle (aus Bzl.); F: 183° [korr.].

6-Methylmercapto-1,4-diphenyl-1*H*-[1,3,5]triazin-2-thion $C_{16}H_{13}N_3S_2$, Formel XIII.

Konstitution: *Neuffer, Goerdeler*, B. **105** [1972] 3138, 3139, 3142.

B. Aus *S*-Methyl-*N*-phenyl-isothioharnstoff und Benzoylisothiocyanat in Äther (*Ne., Go.*, l. c. S. 3147, 3148; s. a. *Douglass, Dains*, Am. Soc. **56** [1934] 719).

Orangegelbe Kristalle; F: 211° (*Do., Da.*), 210 – 211° [aus A.] (*Ne., Go.*).

8-Methoxy-5,6-dihydro-[1,2,3]triazolo[4,5,1-*ij*]chinolin-4-on(?) $C_{10}H_9N_3O_2$, vermutlich Formel XIV (R = CH_3).

B. Aus 8-Methoxy-4*H*-[1,2,3]triazolo[4,5,1-*ij*]chinolin-4-ol(?; S. 387) beim Behandeln mit wss. NaOH (*C.F. Boehringer & Söhne*, D.R.P. 613627 [1934]; Frdl. **22** 495).

F: 233 – 234° [aus E.].

8-Äthoxy-5,6-dihydro-[1,2,3]triazolo[4,5,1-*ij*]chinolin-4-on(?) $C_{11}H_{11}N_3O_2$, vermutlich Formel XIV (R = C_2H_5).

B. Aus 6-Äthoxy-[8]chinolylamin bei der Umsetzung mit NaNO$_2$ und wss. HCl und mit wss. NaOH (*C.F. Boehringer & Söhne*, D.R.P. 613627 [1934]; Frdl. **22** 495; vgl. *C.F. Boehringer & Söhne*, D.R.P. 576119 [1933]; Frdl. **20** 716).

Zers. bei 198° (*C.F. Boehringer & Söhne*, D.R.P. 613627).

Hydroxy-oxo-Verbindungen $C_{10}H_9N_3O_2$

3-Äthylmercapto-2-methyl-7-phenyl-2,6-dihydro-[1,2,4]triazepin-5-on $C_{13}H_{15}N_3OS$, Formel I und Taut.

B. Aus 2-Methyl-7-phenyl-3-thioxo-2,3,4,6-tetrahydro-[1,2,4]triazepin-5-on und Äthyljodid beim Behandeln mit äthanol. Alkali (*Losse et al.*, B. **91** [1958] 150, 155).

F: 168°.

---

*5-Benzyliden-3-methylmercapto-2,5-dihydro-1*H*-[1,2,4]triazin-6-on $C_{11}H_{11}N_3OS$, Formel II und Taut.

B. Aus 5-Benzyliden-3-thioxo-tetrahydro-[1,2,4]triazin-6-on (S. 595) beim Behandeln mit CH_3I und wss. NaOH (*Holland, Mamalis*, Soc. **1958** 4588, 4593).

Gelbe Kristalle (aus Me.); F: 164 – 165° (*Ho., Ma.*).

Eine von *Cook et al.* (Soc. **1950** 1892, 1898) ebenfalls unter dieser Konstitution beschriebene, auf gleiche Weise hergestellte Verbindung (gelbe Kristalle [aus wss. Me.], F: 227° [Zers.]) ist von *Holland, Mamalis* nicht wieder erhalten worden.

I   II   III

6-Benzyl-3-methylmercapto-4*H*-[1,2,4]triazin-5-on $C_{11}H_{11}N_3OS$, Formel III (R = CH_3) und Taut.

B. Aus 2-[*S*-Methyl-isothiosemicarbazono]-3-phenyl-propionsäure beim Erhitzen auf 200° sowie beim Erwärmen in Äthanol (*Cattelain*, Bl. [5] **11** [1944] 249, 262). Aus 3-Phenyl-2-thiosemicarbazono-propionsäure oder aus 6-Benzyl-3-thioxo-3,4-dihydro-2*H*-[1,2,4]triazin-5-on beim Behandeln mit wss.-äthanol. NaOH und mit CH_3I (*Ca.*).

Kristalle (aus A.); F: 202°.

3-Äthylmercapto-6-benzyl-4*H*-[1,2,4]triazin-5-on $C_{12}H_{13}N_3OS$, Formel III (R = C_2H_5) und Taut.

B. Aus 3-Phenyl-2-thiosemicarbazono-propionsäure oder aus 6-Benzyl-3-thioxo-3,4-dihydro-2*H*-[1,2,4]triazin-5-on beim Behandeln mit wss.-äthanol. NaOH und mit Äthyljodid (*Cattelain,* Bl. [5] **11** [1944] 256, 264).

Kristalle (aus wss. A.); F: 200—201°.

6-Benzyl-3-benzylmercapto-4*H*-[1,2,4]triazin-5-on $C_{17}H_{15}N_3OS$, Formel III (R = CH_2-C_6H_5) und Taut.

B. Aus 3-Phenyl-2-thiosemicarbazono-propionsäure beim Erwärmen mit Benzylchlorid und K_2CO_3 in Methanol (*Cattelain,* Bl. [5] **11** [1944] 256, 266). Aus 6-Benzyl-3-thioxo-3,4-dihydro-2*H*-[1,2,4]triazin-5-on beim Erwärmen mit Benzylchlorid und $CaCO_3$ in Äthanol (*Ca.*).

Kristalle (aus wss. A.); F: 166—167°.

[6-Benzyl-5-oxo-4,5-dihydro-[1,2,4]triazin-3-ylmercapto]-essigsäure $C_{12}H_{11}N_3O_3S$, Formel III (R = CH_2-CO-OH) und Taut.

B. Aus 3-Phenyl-2-thiosemicarbazono-propionsäure beim Erwärmen mit Natrium-chloracetat in wss. Äthanol (*Chabrier,* Bl. **1947** 797, 806). Aus 6-Benzyl-3-thioxo-3,4-dihydro-2*H*-[1,2,4]triazin-5-on beim Behandeln mit wss.-äthanol. NaOH und mit Chloressigsäure-äthylester und Behandeln der Reaktionslösung mit wss. NaOH (*Cattelain, Chabrier,* Bl. **1948** 700).

Kristalle; F: 160° (*Ca., Ch.*).

Bis-[6-benzyl-5-oxo-4,5-dihydro-[1,2,4]triazin-3-yl]-disulfid, 6,6′-Dibenzyl-4*H*,4′*H*-3,3′-disulfandiyl-bis-[1,2,4]triazin-5-on $C_{20}H_{16}N_6O_2S_2$, Formel IV und Taut.

B. Aus 6-Benzyl-3-thioxo-3,4-dihydro-2*H*-[1,2,4]triazin-5-on beim Behandeln mit Jod und wss. NaOH oder beim Behandeln mit $CuSO_4$ und wss. NaOH (*Cattelain,* Bl. [5] **12** [1945] 47, 51, 52).

Gelblich; F: 172,5°.

IV   V

6-Benzyl-2-methyl-3-methylmercapto-2*H*-[1,2,4]triazin-5-on $C_{12}H_{13}N_3OS$, Formel V (R = CH_3).

B. Aus Natrium-phenylpyruvat beim Behandeln mit 2,*S*-Dimethyl-isothiosemicarbazid-hydrojodid in H_2O (*Cattelain,* Bl. [5] **12** [1945] 39, 44, 45). Aus 6-Benzyl-3-methylmercapto-4*H*-[1,2,4]triazin-5-on beim Erwärmen mit wss.-äthanol. NaOH und mit CH_3I (*Ca.,* l. c. S. 41).

Kristalle (aus wss. A.); F: 116,5°.

VI   VII   VIII

6-Benzyl-4-methyl-3-methylmercapto-4*H*-[1,2,4]triazin-5-on $C_{12}H_{13}N_3OS$, Formel VI.

B. Aus 6-Benzyl-4-methyl-3-thioxo-3,4-dihydro-2*H*-[1,2,4]triazin-5-on beim Behandeln mit wss.-methanol. NaOH und mit CH_3I (*Cattelain,* Bl. [5] **12** [1945] 39, 43, 46).

Kristalle (aus wss. A.); F: 112°.

2,6-Dibenzyl-3-benzylmercapto-2H-[1,2,4]triazin-5-on $C_{24}H_{21}N_3OS$, Formel V
(R = CH_2-C_6H_5).

B. Aus 6-Benzyl-3-benzylmercapto-4H-[1,2,4]triazin-5-on beim Behandeln mit wss.-äthanol. NaOH und Erwärmen der Reaktionslösung mit Benzylchlorid (*Cattelain*, Bl. [5] **12** [1945] 39, 45).

Kristalle (aus A.); F: 106°.

Hydroxy-oxo-Verbindungen $C_{12}H_{13}N_3O_2$

(±)-7-Butyl-3-[4-hydroxy-benzyl]-6,7-dihydro-5H-imidazo[1,2-a]imidazol-2-on $C_{16}H_{21}N_3O_2$, Formel VII.

B. Aus DL-Tyrosin-äthylester beim Erwärmen mit [2-Brom-äthyl]-butyl-carbamonitril in Äthanol (*Elderfield, Green*, J. org. Chem. **17** [1952] 442, 448).

Dimorphe Kristalle; F: 116,5—117° [korr.; aus E.] und F: 139—140° [korr.; aus A. oder E. + A.].

Überführung in (±)-2-[3-Butyl-2-imino-imidazolidin-1-yl]-3-[4-hydroxy-phenyl]-propionsäure $C_{16}H_{23}N_3O_3$ (Hygroskopische Kristalle, die bei ca. 115° unter Zersetzung erweichen und bis 180° nicht vollständig geschmolzen sind) durch Erhitzen mit wss. HCl: *El., Gr.*

Hydrochlorid $C_{16}H_{21}N_3O_2 \cdot$ HCl. Kristalle (aus A. + Ae.); F: 179—180° [korr.].

Hydroxy-oxo-Verbindungen $C_nH_{2n-13}N_3O_2$

(±)-1,3-Diacetyl-2-äthoxy-2,3-dihydro-1H-pyrimido[4,5-b]chinolin-4-on $C_{17}H_{17}N_3O_4$, Formel VIII.

B. Neben 3H-Pyrimido[4,5-b]chinolin-4-on beim Erhitzen von 2-Amino-chinolin-3-carbonsäure-amid mit Orthoameisensäure-triäthylester und Acetanhydrid (*Taylor, Kalenda*, Am. Soc. **78** [1956] 5108, 5113).

Kristalle (aus wss. DMF); F: 211—212° [korr.].

(±)-4-[4-Methoxy-phenyl]-3-methyl-2-phenyl-5-m-tolyl-4,5-dihydro-2H-pyrrolo[3,4-c]pyrazol-6-on $C_{26}H_{23}N_3O_2$, Formel IX (R = CH_3, X = X′ = H).

B. Aus (±)-4-Acetyl-5-[4-methoxy-phenyl]-1-m-tolyl-pyrrolidin-2,3-dion-3-phenylhydrazon beim Erwärmen mit äthanol. H_2SO_4 (*Dohrn, Thiele*, B. **64** [1931] 2863).

F: 167—169°.

(±)-5-[2-Methoxy-phenyl]-4-[4-methoxy-phenyl]-3-methyl-2-phenyl-4,5-dihydro-2H-pyrrolo[3,4-c]pyrazol-6-on $C_{26}H_{23}N_3O_3$, Formel IX (R = X′ = H, X = O-CH_3).

B. Analog der vorangehenden Verbindung (*Dohrn, Thiele*, B. **64** [1931] 2863).

F: 161—163°.

(±)-4,5-Bis-[4-methoxy-phenyl]-3-methyl-2-phenyl-4,5-dihydro-2H-pyrrolo[3,4-c]pyrazol-6-on $C_{26}H_{23}N_3O_3$, Formel IX (R = X = H, X′ = O-CH_3).

B. Analog den vorangehenden Verbindungen (*Dohrn, Thiele*, B. **64** [1931] 2863).

F: 162—164°.

IX   X

6-[5-Methoxy-1-methyl-indol-3-yl]-4,5-dihydro-2*H*-pyridazin-3-on $C_{14}H_{15}N_3O_2$, Formel X.
B. Aus 4-[5-Methoxy-1-methyl-indol-3-yl]-4-oxo-buttersäure-methylester beim Erwärmen mit $N_2H_4 \cdot H_2O$ in Äthanol (*Ballantine et al.,* Soc. **1957** 2227, 2231).
Kristalle (aus Me.); F: 232°. λ_{max} (A.): 279 nm und 326 nm.

Hydroxy-oxo-Verbindungen $C_nH_{2n-17}N_3O_2$

2-[5-Hydroxy-1(3)*H*-benzimidazol-2-yl]-1-[4]pyridyl-äthanon $C_{14}H_{11}N_3O_2$, Formel XI
(R = H) und Taut.
B. Aus der folgenden Verbindung beim Erhitzen mit wss. HBr (*Magidšon,* Ž. obšč. Chim.
29 [1959] 165, 173; engl. Ausg. S. 168, 175).
Gelber Feststoff mit 1 Mol H_2O; unterhalb 370° nicht schmelzend.
Monohydrobromid $C_{14}H_{11}N_3O_2 \cdot HBr$. Rote Kristalle (aus H_2O).
Trihydrobromid $C_{14}H_{11}N_3O_2 \cdot 3HBr$. Hellgrüne Kristalle; unterhalb 370° nicht schmel=
zend.

2-[5-Methoxy-1(3)*H*-benzimidazol-2-yl]-1-[4]pyridyl-äthanon $C_{15}H_{13}N_3O_2$, Formel XI
(R = CH₃) und Taut.
B. Aus 3-Oxo-3-[4]pyridyl-propionsäure-äthylester und 4-Methoxy-*o*-phenylendiamin beim
Erhitzen in Xylol (*Magidšon,* Ž. obšč. Chim. **29** [1959] 165, 173; engl. Ausg. S. 168, 174,
175).
Gelbe Kristalle (aus Py.) mit 1 Mol H_2O; F: 317−319° [geschlossene Kapillare].
Dihydrochlorid $C_{15}H_{13}N_3O_2 \cdot 2HCl$. Gelbe Kristalle mit 2 Mol H_2O; F: 275−277°.

XI   XII   XIII

5-Hydroxy-2-methyl-6-phenyl-8*H*-pyrido[2,3-*d*]pyrimidin-7-on $C_{14}H_{11}N_3O_2$, Formel XII und
Taut.
B. Aus 4-Amino-2-methyl-pyrimidin-5-carbonsäure-äthylester und Phenylessigsäure-äthyl=
ester beim Erhitzen mit Natrium auf 110° (*Dornow, Hinz,* B. **91** [1958] 1834, 1840).
Kristalle (aus wss. Eg.); F: 308°.

(±)-5-Hydroxy-5,6-diphenyl-4,5-dihydro-2*H*-[1,2,4]triazin-3-thion $C_{15}H_{13}N_3OS$, Formel XIII.
Dieses cyclische Tautomere liegt in der von *Gianturco, Romeo* (G. **82** [1952] 429, 430) als
Benzil-mono-thiosemicarbazon beschriebenen Verbindung vor (*Tomtschin et al.,* Ž. org. Chim.
10 [1974] 2002; engl. Ausg. S. 2021).
B. Aus Benzil und Thiosemicarbazid beim Erwärmen in Äthanol (*Gi., Ro.*).
Kristalle; F: 185° [aus A.] (*Gi., Ro.*).

(±)-[5-Chlor-2-hydroxy-phenyl]-[4-[2]pyridyl-4,5-dihydro-1*H*-pyrazol-3-yl]-keton [1])
$C_{15}H_{12}ClN_3O_2$, Formel XIV (R = H, X = Cl).
B. Aus 1-[5-Chlor-2-hydroxy-phenyl]-3*t*(?)-[2]pyridyl-propenon (F: 108,5−109°) und Diazo=
methan in Äther (*Kuhn, Hensel,* B. **86** [1953] 1333, 1337).
Kristalle (aus A.); F: 189,5° [Zers.].

---

[1]) Bezüglich der Position der Doppelbindung im Pyrazol-Ring vgl. das analog hergestellte
Phenyl-[4-phenyl-4,5-dihydro-1*H*-pyrazol-3-yl]-keton (E III/IV **24** 692).

(±)-[5-Brom-2-hydroxy-phenyl]-[4-[2]pyridyl-4,5-dihydro-1*H*-pyrazol-3-yl]-keton [1])
$C_{15}H_{12}BrN_3O_2$, Formel XIV (R = H, X = Br).
    B. Analog der vorangehenden Verbindung (*Kuhn, Hensel,* B. **86** [1953] 1333, 1338).
    Kristalle (aus A.); F: 185° [Zers.].

(±)-[5-Chlor-2-hydroxy-phenyl]-[4-(6-methyl-[2]pyridyl)-4,5-dihydro-1*H*-pyrazol-3-yl]-keton [1])
$C_{16}H_{14}ClN_3O_2$, Formel XIV (R = CH₃, X = Cl).
    B. Aus 1-[5-Chlor-2-hydroxy-phenyl]-3*t*(?)-[6-methyl-[2]pyridyl]-propenon (F: 130°) und Di=
azomethan in Äther (*Kuhn, Hensel,* B. **86** [1953] 1333, 1338).
    Gelbe Kristalle (aus A.); F: 162—163°.

XIV   XV   XVI

Hydroxy-oxo-Verbindungen $C_nH_{2n-19}N_3O_2$

5-Acetyl-12-hydroxy-13-oxo-5,13-dihydro-pyrido[2′,1′:2,3]imidazo[1,5-*b*]cinnolinium-betain
$C_{16}H_{11}N_3O_3$, Formel XV (X = H) und Mesomere.
    Diese Konstitution kommt wahrscheinlich der von *Schofield, Simpson* (Soc. **1946** 472, 477)
als 1-Acetyl-2-[3-carboxy-cinnolin-4-yl]-pyridinium-betain beschriebenen Verbindung zu (*Mor=
ley,* Soc. **1959** 2280, 2281).
    B. Aus 4-Oxo-1,4-dihydro-cinnolin-3-carbonsäure beim Erhitzen mit Acetanhydrid (6,5 Mol)
und Pyridin [4,5 Mol] (*Sch., Si.*).
    Gelbe Kristalle (aus Eg.+PAe.); F: 217° [unkorr.; Zers.] (*Sch., Si.*).

5-Acetyl-2-chlor-12-hydroxy-13-oxo-5,13-dihydro-pyrido[2′,1′:2,3]imidazo[1,5-*b*]cinnolinium-betain $C_{16}H_{10}ClN_3O_3$, Formel XV (X = Cl) und Mesomere.
    B. Analog der vorangehenden Verbindung (*Morley,* Soc. **1959** 2280, 2283).
    Olivgrüne Kristalle; Zers. >240°.

3-[α-Hydroxy-benzhydryl]-1*H*-[1,2,4]triazin-6-on $C_{16}H_{13}N_3O_2$, Formel XVI (R = H) und
Taut.
    B. Aus 3-[α-Hydroxy-benzhydryl]-6-oxo-1,6-dihydro-[1,2,4]triazin-5-carbonsäure beim Erhit=
zen in Toluol (*Metze, Rolle,* B. **91** [1958] 422, 426).
    Kristalle; F: 178—180°.

3-[α-Hydroxy-benzhydryl]-5-methyl-1*H*-[1,2,4]triazin-6-on $C_{17}H_{15}N_3O_2$, Formel XVI
(R = CH₃) und Taut.
    B. Aus [5,6-Dimethyl-[1,2,4]triazin-3-yl]-diphenyl-methanol beim Erhitzen mit KMnO₄ und
wss. NaOH (*Metze, Rolle,* B. **91** [1958] 422, 426).
    Kristalle (aus wss. Dioxan) mit 1 Mol H₂O; F: 201—202°; die wasserfreie Verbindung
schmilzt bei 207—208°.

2-[6-Methoxy-1-methyl-1*H*-[2]chinolylidenmethyl]-1,3-dimethyl-4-oxo-1(3),4,5,6,7,8-hexahydro-chinazolinium $[C_{22}H_{26}N_3O_2]^+$ und Mesomere; **[1,3-Dimethyl-4-oxo-1(3),4,5,6,7,8-hexahydro-chinazolin-2-yl]-[6-methoxy-1-methyl-[2]chinolyl]-methinium** [2]), Formel I.
    Jodid $[C_{22}H_{26}N_3O_2]I$. *B.* Aus 1,2,3-Trimethyl-4-oxo-3,4,5,6,7,8-hexahydro-chinazolinium-

---
[1]) Siehe S. 692 Anm.
[2]) Über diese Bezeichnungsweise s. *Reichardt, Mormann,* B. **105** [1972] 1815, 1832.

jodid und 2-Äthylmercapto-6-methoxy-1-methyl-chinolinium-jodid beim Erwärmen mit Tri=
äthylamin in Äthanol (*Farbw. Hoechst*, U.S.P. 2861989 [1956]). − Orangefarbene Kristalle
(aus Me.); F: 226°.

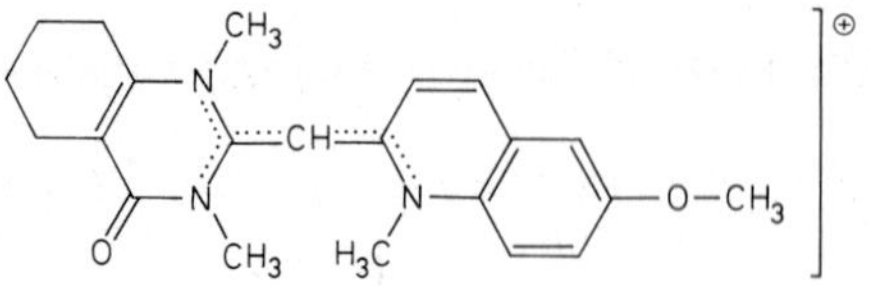

I

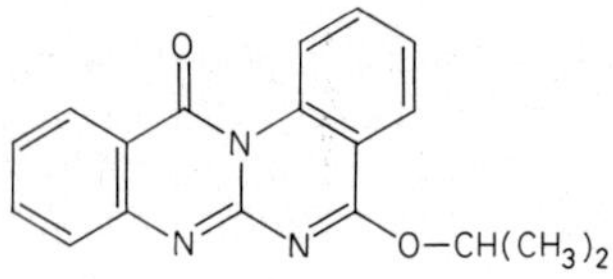

II

Hydroxy-oxo-Verbindungen $C_nH_{2n-21}N_3O_2$

5-Isopropoxy-chinazolino[3,2-*a*]chinazolin-12-on $C_{18}H_{15}N_3O_2$, Formel II.
B. Neben 6H-Chinazolino[3,2-*a*]chinazolin-5,12-dion beim Erhitzen von *N*-[4-Isopropoxy-
chinazolin-2-yl]-anthranilsäure-methylester auf 250° (*Butler, Partridge*, Soc. **1959** 1512, 1518).
Gelbe Kristalle (aus Ae. + PAe.); F: 85−88°.

2-Methoxy-6-methyl-chinazolino[4,3-*b*]chinazolin-8-on $C_{17}H_{13}N_3O_2$, Formel III (X = O-CH$_3$,
X' = H).
B. Aus 6-Methoxy-2-methyl-3H-chinazolin-4-on und Anthranilsäure beim Erhitzen mit PCl$_3$
(*Aggarwal, Ray*, J. Indian chem. Soc. **6** [1929] 723, 726).
Gelbbraune Kristalle (aus A.); F: 240°.

4-Methoxy-6-methyl-chinazolino[4,3-*b*]chinazolin-8-on $C_{17}H_{13}N_3O_2$, Formel III (X = H,
X' = O-CH$_3$).
B. Aus 8-Methoxy-2-methyl-3H-chinazolin-4-on und Anthranilsäure beim Erhitzen mit PCl$_3$
(*Indrawati*, J. Madras Univ. **25** [1955] 125, 126).
Hellgelbe Kristalle (aus Me.); F: 260°.

Hydroxy-oxo-Verbindungen $C_nH_{2n-23}N_3O_2$

2-Hydroxy-14-methyl-5-oxo-5,7,8,13-tetrahydro-indolo[2',3':3,4]pyrido[2,1-*b*]chinazolinium
$[C_{19}H_{16}N_3O_2]^+$, Formel IV (R = H) und Mesomere.
Bromid. Bezüglich der Konstitution vgl. *Pachter et al.*, Am. Soc. **82** [1960] 5187, 5189. −
B. Aus der folgenden Verbindung beim Erhitzen mit wss. HBr (*Smith, Kline & French Labor.*,
U.S.P. 2858251 [1956]). − Kristalle (aus wss. A.); F: 346° [Zers.] (*Smith, Kline & French
Labor.*).

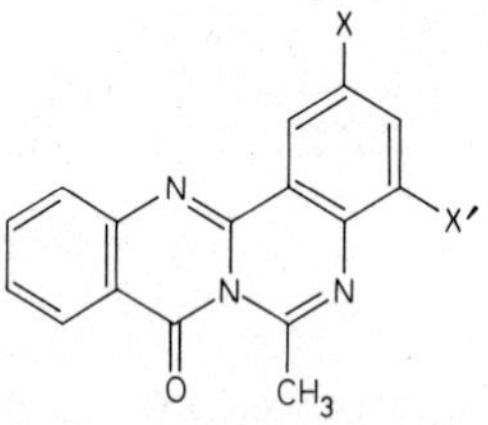

III 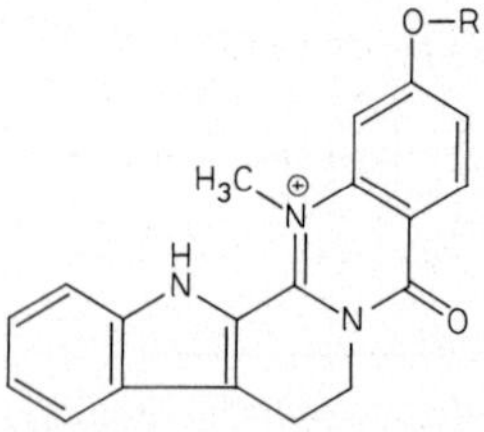	IV 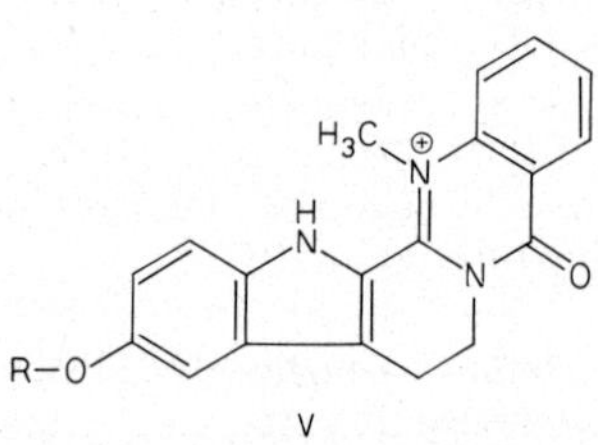	V

2-Methoxy-14-methyl-5-oxo-5,7,8,13-tetrahydro-indolo[2',3':3,4]pyrido[2,1-*b*]chinazolinium
$[C_{20}H_{18}N_3O_2]^+$, Formel IV (R = CH$_3$) und Mesomere.
Hydroxid [C$_{20}$H$_{18}$N$_3$O$_2$]OH; 2-Methoxy-14-methyl-8,14-dihydro-7H-indolo=

[2′,3′:3,4]pyrido[2,1-*b*]chinazolin-5-on-hydrat $C_{20}H_{19}N_3O_3$. Zur Konstitution s. d. An=
gaben bei Hortiamin-hydrat (s. u.). — *B.* Aus 2,3,4,9-Tetrahydro-β-carbolin-1-on und 4-Meth=
oxy-2-methylamino-benzoesäure-methylester beim Erhitzen mit POCl₃ in Toluol und anschlies=
senden Behandeln mit wss. NH₃ (*Smith, Kline & French Labor.*, U.S.P. 2858251 [1956]). —
Kristalle (aus CHCl₃ + A.); F: 195 — 196° [Zers.].

10-Hydroxy-14-methyl-5-oxo-5,7,8,13-tetrahydro-indolo[2′,3′:3,4]pyrido[2,1-*b*]chinazolinium

$[C_{19}H_{16}N_3O_2]^+$, Formel V (R = H) und Mesomere.

Bromid. *B.* Aus dem folgenden Betain beim Erhitzen mit wss. HBr (*Smith, Kline French
Labor.*, U.S.P. 2858251 [1956]). — Kristalle (aus wss. A.); F: 266 — 267° [Zers.].

10-Methoxy-14-methyl-5-oxo-5,7,8,13-tetrahydro-indolo[2′,3′:3,4]pyrido[2,1-*b*]chinazolinium

$[C_{20}H_{18}N_3O_2]^+$, Formel V (R = CH₃) und Mesomere.

Betain $C_{20}H_{17}N_3O_2$; 10-Methoxy-14-methyl-8,14-dihydro-7*H*-indolo[2′,3′:3,4]=
pyrido[2,1-*b*]chinazolin-5-on, Hortiamin. Konstitution: *Pachter et al.*, Ang. Ch. **69**
[1957] 687; Am. Soc. **82** [1960] 5187. — Isolierung aus der Rinde von Hortia arborea: *Pa.
et al.*, Am. Soc. **82** 5191. — *B.* Aus 6-Methoxy-2,3,4,9-tetrahydro-β-carbolin-1-on und *N*-Methyl-
anthranilsäure-methylester beim Erhitzen mit PCl₃ und POCl₃ (*Smith, Kline & French Labor.*,
U.S.P. 2858251 [1956]) oder mit POCl₃ in Toluol (*Pa. et al.*, Am. Soc. **82** 5192) und anschlies=
senden Behandeln mit wss. NH₃. — Rotorangefarbene Kristalle (aus CHCl₃ + Bzl.); F: 209°
[Zers.] (*Pa. et al.*, Am. Soc. **82** 5191). Absorptionsspektrum (wasserfreies A., wss. A. [95%ig]
sowie Acetonitril; 250 — 450 nm): *Pa. et al.*, Am. Soc. **82** 5189, 5191.

Hydroxid $[C_{20}H_{18}N_3O_2]OH$; Hortiamin-hydrat. Zur Formulierung als 13b-Hydroxy-
10-methoxy-14-methyl-8,13,13b,14-tetrahydro-7*H*-indolo[2′,3′:3,4]pyrido[2,1-*b*]=
chinazolin-5-on $C_{20}H_{19}N_3O_3$ bzw. als 2-[*N*-Methyl-anthraniloyl]-6-methoxy-
2,3,4,9-tetrahydro-β-carbolin-1-on $C_{20}H_{19}N_3O_3$ s. *Pa. et al.*, Am. Soc. **82** 5187. — Gelbe
Kristalle [aus CHCl₃ + Bzl.] (*Pa. et al.*, Am. Soc. **82** 5191). Absorptionsspektrum (Acetonitril
sowie wss. Acetonitril; 240 — 400 nm): *Pa. et al.*, Am. Soc. **82** 5190, 5192.

Chlorid $[C_{20}H_{18}N_3O_2]Cl$; Hortiamin-hydrochlorid. Gelbe Kristalle mit 1 Mol H₂O;
F: 243° [Zers.] (*Pa. et al.*, Am. Soc. **82** 5192; s. a. *Smith, Kline & French Labor.*; *Pa. et al.*,
Ang. Ch. **69** 687). λ_{max} (Acetonitril): 376 nm (*Pa. et al.*, Am. Soc. **82** 5192).

9-Chlor-12-methoxy-14-methyl-5-oxo-5,7,8,13-tetrahydro-indolo[2′,3′:3,4]pyrido[2,1-*b*]=chinazolinium-betain, 9-Chlor-12-methoxy-14-methyl-8,14-dihydro-7*H*-indolo[2′,3′:3,4]pyrido=[2,1-*b*]chinazolin-5-on

$C_{20}H_{16}ClN_3O_2$, Formel VI und Mesomere.

B. Aus 5-Chlor-8-methoxy-2,3,4,9-tetrahydro-β-carbolin und *N*-Methyl-anthranilsäure-
methylester beim Erhitzen mit PCl₃ und POCl₃ und anschliessenden Behandeln mit wss. NaOH
(*Smith, Kline & French Labor.*, U.S.P. 2858251 [1956]).
Orangefarbene Kristalle (aus CHCl₃); F: 251 — 252°.

VI   VII   VIII

Hydroxy-oxo-Verbindungen $C_nH_{2n-25}N_3O_2$

9-Hydroxy-3-oxo-2,3-dihydro-benz[*h*]indolizino[1,2,3-*de*]cinnolinium-betain, 2*H*-Benz[*h*]=indolizino[1,2,3-*de*]cinnolin-3,9-dion

$C_{17}H_9N_3O_2$, Formel VII und Mesomere.

Konstitution: *Acharya et al.*, J. scient. ind. Res. India **14** B [1955] 394.

B. Beim Erhitzen von 6,11-Dioxo-6,11-dihydro-benzo[*f*]pyrido[1,2-*a*]indol-12-carbonsäure-äthylester (E III/IV **22** 3222) mit $N_2H_4 \cdot H_2O$ in Äthanol (*Suryanarayana, Tilak*, Pr. Indian Acad. [A] **39** [1954] 185, 194).

Gelbe Kristalle (aus Nitrobenzol); unterhalb 300° nicht schmelzend (*Su., Ti.*).

Hydroxy-oxo-Verbindungen $C_nH_{2n-27}N_3O_2$

7-Methoxy-5-methyl-5*H*-chino[3,2-*a*]phenazin-14-on $C_{21}H_{15}N_3O_2$, Formel VIII (R = CH_3).

B. Aus 3-Methoxy-10-methyl-10*H*-acridin-1,2,9-trion und *o*-Phenylendiamin beim Erwärmen mit wss. HCl (*Hughes, Neill*, Austral. J. scient. Res. [A] **2** [1949] 429, 436).

Gelbe Kristalle (aus A.); F: 285–287° [unkorr.].

7-Äthoxy-5-methyl-5*H*-chino[3,2-*a*]phenazin-14-on $C_{22}H_{17}N_3O_2$, Formel VIII (R = C_2H_5).

B. Analog der vorangehenden Verbindung (*Hughes, Neill*, Austral. J. scient. Res. [A] **2** [1949] 429, 436).

Gelbe Kristalle (aus A.); F: 304–305° [unkorr.].

4-Hydroxy-5,14-dihydro-benz[6,7]azepino[2,3-*b*]phenazin-15-on $C_{20}H_{13}N_3O_2$, Formel IX und Taut. (z.B. 5*H*-Benz[6,7]azepino[2,3-*b*]phenazin-4,15-diol).

B. Beim Erwärmen von 3,6,10-Trihydroxy-dibenz[*b,f*]azepin-2-on mit *o*-Phenylendiamin in Äthanol (*Butenandt et al.*, A. **603** [1957] 200, 205, 212).

Braunrote Kristalle mit 0,3 Mol H_2O, die bei 130–150° orangefarben werden und sich oberhalb 210° in gelbe Kristalle umwandeln; Zers. bei 315–325° [unter Sublimation und Dunkelfärbung]. Kristalle (aus Me.) mit 1 Mol Methanol. λ_{max} (A.): *Bu. et al.*

IX   X

---

*Opt.-inakt. 3-Äthoxy-3-[3-phenyl-1,2-dihydro-chinoxalin-2-yl]-indolin-2-on(?) $C_{24}H_{21}N_3O_2$, vermutlich Formel X.

B. Aus opt.-inakt. 3′-Benzoyl-spiro[indolin-3,2′-oxiran]-2-on beim Erhitzen mit *o*-Phenylendiamin und Äthanol in Essigsäure (*Ainley, Robinson*, Soc. **1934** 1508, 1514).

Braungelbe Kristalle (aus A.); F: 200–201°.

Hydroxy-oxo-Verbindungen $C_nH_{2n-29}N_3O_2$

5-[4-Methoxy-phenyl]-phthalazino[1,2-*b*]chinazolin-8-on $C_{22}H_{15}N_3O_2$, Formel XI.

Diese Konstitution kommt der von *Engels et al.* (Soc. **1959** 2694, 2698) als 5-[4-Methoxy-phenyl]-benzo[5,6][1,2,4]triazepino[3,4-*a*]isoindol-12-on $C_{22}H_{15}N_3O_2$ beschriebenen Verbindung zu (*Lamchen*, Soc. [C] **1966** 573, 575).

B. Aus 6a-[4-Methoxy-phenyl]-6a*H*-benz[4,5][1,3]oxazino[2,3-*a*]isoindol-5,11-dion (über diese Verbindung s. *Abramowitz, Lamchen*, Soc. **1965** 2165, 2172) beim Erwärmen mit $N_2H_4 \cdot H_2O$ in Äthanol (*En. et al.*).

Kristalle (aus Eg.); F: 241–242° (*En. et al.*). IR-Banden (Nujol; 1710–1470 cm^{-1}): *En. et al.* λ_{max}: 233 nm, 291 nm, 306 nm und 347 nm (*En. et al.*).

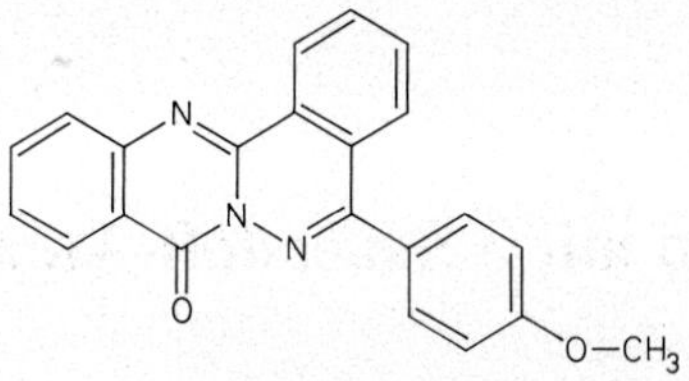

XI

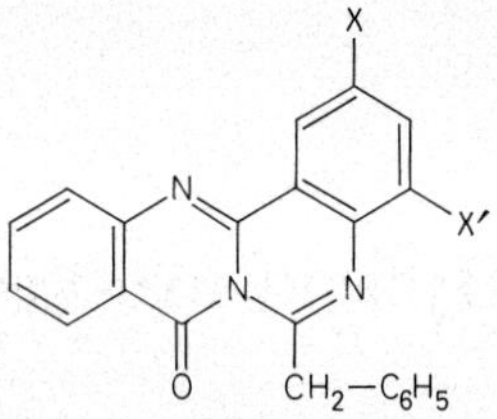

XII

6-Benzyl-2-methoxy-chinazolino[4,3-*b*]chinazolin-8-on $C_{23}H_{17}N_3O_2$, Formel XII (X = O-CH$_3$, X' = H).

B. Aus 2-Benzyl-6-methoxy-3*H*-chinazolin-4-on und Anthranilsäure beim Erhitzen mit PCl$_3$ (*Aggarwal, Ray,* J. Indian chem. Soc. **6** [1929] 723, 727).

Kristalle (aus A.); F: 244°.

6-Benzyl-4-methoxy-chinazolino[4,3-*b*]chinazolin-8-on $C_{23}H_{17}N_3O_2$, Formel XII (X = H, X' = O-CH$_3$).

B. Analog der vorangehenden Verbindung (*Aggarwal, Ray,* J. Indian chem. Soc. **6** [1929] 723, 727).

Kristalle (aus A.); F: 254°.   [*Wente*]

2. Hydroxy-oxo-Verbindungen mit 3 Sauerstoff-Atomen

Hydroxy-oxo-Verbindungen $C_nH_{2n-1}N_3O_3$

6-Äthyl-6-hydroxy-1,3,5-trimethyl-dihydro-[1,3,5]triazin-2,4-dion $C_8H_{15}N_3O_3$, Formel I (n = 1).

B. Aus Trimethyl-[1,3,5]triazintrion und Äthylmagnesiumbromid in Äther (*Sobotka, Bloch,* Am. Soc. **59** [1937] 2606).

Kristalle (aus Ae.); F: 112−113°.

Über die Bildung einer orangegelben Verbindung $C_8H_{14}Br_3N_3O_2$ (F: 128°) beim Behan= deln mit Brom in Essigsäure s. *So., Bl.*

6-Hydroxy-1,3,5-trimethyl-6-propyl-dihydro-[1,3,5]triazin-2,4-dion $C_9H_{17}N_3O_3$, Formel I (n = 2).

B. Analog der vorangehenden Verbindung (*Sobotka, Bloch,* Am. Soc. **59** [1937] 2606).

Kristalle (aus Ae.); F: 129°.

Über die Bildung einer orangegelben Verbindung $C_9H_{16}Br_3N_3O_2$ (F: 151°) beim Behan= deln mit Brom in Essigsäure s. *So., Bl.* Bei der Einwirkung von Jod in $CHCl_3$ ist eine Verbin= dung $C_9H_{16}I_3N_3O_2$ (Kristalle [aus Eg.]; F: 112−115°) erhalten worden.

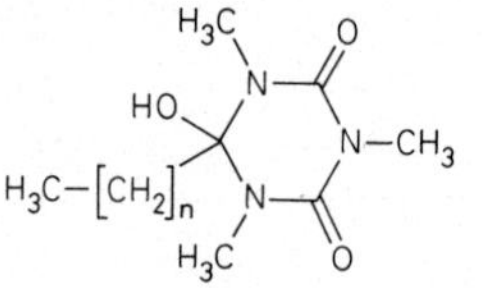

I 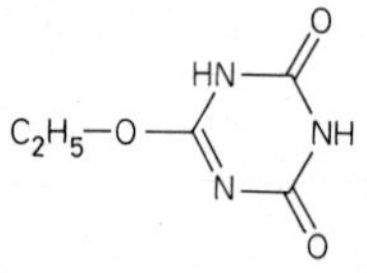   II 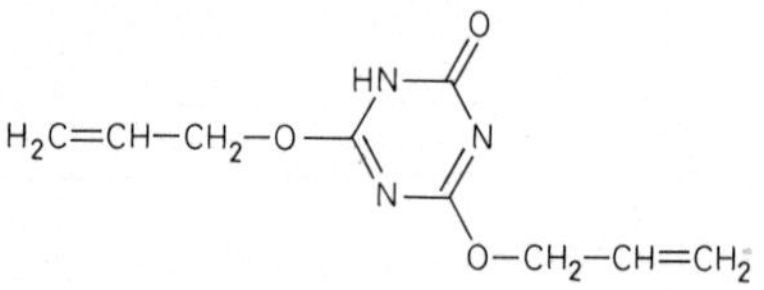   III

Hydroxy-oxo-Verbindungen $C_nH_{2n-3}N_3O_3$

6-Äthoxy-1H-[1,3,5]triazin-2,4-dion $C_5H_7N_3O_3$, Formel II und Taut.

B. Beim Erhitzen von μ-Imido-1-thio-dikohlensäure-*O,O′*-diäthylester (E III **3** 250) mit Harn= stoff (*Guha, Saletore,* J. Indian chem. Soc. **6** [1929] 565, 573).

Kristalle (aus wss. A.); F: 171−173°.

4,6-Bis-allyloxy-1H-[1,3,5]triazin-2-on $C_9H_{11}N_3O_3$, Formel III und Taut.

B. In geringer Menge neben Tris-allyloxy-[1,3,5]triazin beim Behandeln von Trichlor-[1,3,5]tri= azin mit Na_2CO_3 in wasserhaltigem Allylalkohol (*Dudley et al.,* Am. Soc. **73** [1951] 2986).

Kristalle (aus H_2O); F: 137−138° [unkorr.].

6-Äthoxy-4-thioxo-3,4-dihydro-1H-[1,3,5]triazin-2-on $C_5H_7N_3O_2S$, Formel IV und Taut.

B. Beim Erwärmen von μ-Imido-1-thio-dikohlensäure-*O,O′*-diäthylester (E III **3** 250) mit Thioharnstoff in wenig wss. Äthanol (*Guha, Saletore,* J. Indian chem. Soc. **6** [1929] 565, 573).

Kristalle (aus A.); F: 150° [nach Sintern bei 110°].

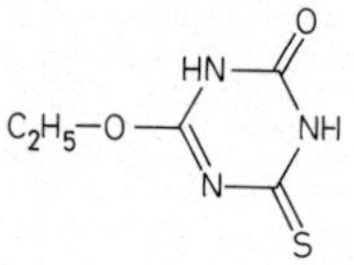

IV 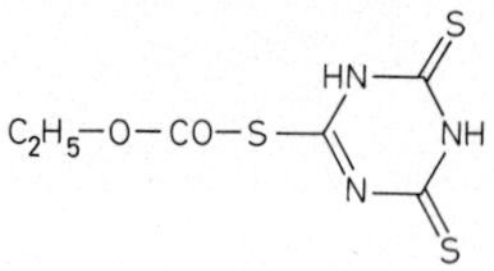   V 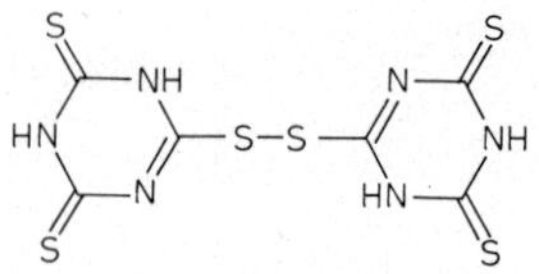   VI

6-Äthoxycarbonylmercapto-1H-[1,3,5]triazin-2,4-dithion, Thiokohlensäure-O-äthylester-S-[4,6-dithioxo-1,4,5,6-tetrahydro-[1,3,5]triazin-2-ylester] $C_6H_7N_3O_2S_3$, Formel V und Taut.

B. In geringer Menge beim Behandeln von Chlorokohlensäure-äthylester mit Ammonium-dithiocarbamat in Äthanol (*Buchman et al.*, J. org. Chem. **6** [1941] 764, 771).

Kristalle (aus A.); F: >200°.

Bis-[4,6-dithioxo-1,4,5,6-tetrahydro-[1,3,5]triazin-2-yl]-disulfid, 1H,1′H-6,6′-Disulfandiyl-bis-[1,3,5]triazin-2,4-dithion $C_6H_4N_6S_6$, Formel VI und Taut.

Diese Konstitution wird dem früher (H **3** 143; E II **3** 109, 127) beschriebenen sog. Pseudo schwefelcyan zugeordnet (*Antykow*, Ž. prikl. Chim. **40** [1967] 2547; engl. Ausg. S. 2435).

6-Methoxymethyl-1H-[1,3,5]triazin-2,4-dion $C_5H_7N_3O_3$, Formel VII (R = CH$_3$) und Taut.

B. Aus Dichlor-diazomethyl-[1,3,5]triazin bei mehrtägigem Behandeln mit Methanthiol und Methanol (*Kober, Grundmann*, Am. Soc. **80** [1958] 5547, 5549).

Kristalle (aus Eg.); F: 198−200°.

6-[2]Naphthyloxymethyl-1H-[1,3,5]triazin-2,4-dion $C_{14}H_{11}N_3O_3$, Formel VII (R = C$_{10}$H$_7$) und Taut.

B. Aus 6-Chlormethyl-1H-[1,3,5]triazin-2,4-dion und [2]Naphthol in alkal. Lösung (*Grund mann, Kober*, Am. Soc. **79** [1957] 944, 948).

Kristalle (aus Eg.); F: 300° [Zers.].

VII   VIII   IX

Hydroxy-oxo-Verbindungen $C_nH_{2n-5}N_3O_3$

4,6-Dimethoxy-[1,3,5]triazin-2-carbaldehyd $C_6H_7N_3O_3$, Formel VIII (X = O).

B. Aus 4,6-Dimethoxy-[1,3,5]triazin-2-carbaldehyd-hydrazon beim Erwärmen mit 2,4-Dinitro-benzaldehyd in wss. Äthanol (*Kober, Grundmann*, Am. Soc. **80** [1958] 5547, 5550).

Hygroskopische Kristalle (nach Sublimation bei 60−75°/0,5 Torr); F: 74−75°. Kristalle (aus H$_2$O) mit 1 Mol H$_2$O; F: 83−85°.

Thiosemicarbazon $C_7H_{10}N_6O_2S$. Gelbliche Kristalle (aus wss. A.); F: 222−223° [Zers.].

4,6-Dimethoxy-[1,3,5]triazin-2-carbaldehyd-dimethylacetal $C_8H_{13}N_3O_4$, Formel IX (R = R′ = CH$_3$).

B. Beim Erwärmen von Dibrommethyl-dimethoxy-[1,3,5]triazin mit Natriummethylat in Methanol (*Kober, Grundmann*, Am. Soc. **80** [1958] 5547, 5550).

Kristalle (aus PAe.); F: 40−41°.

(±)-Äthoxy-[dimethoxy-[1,3,5]triazin-2-yl]-methanol, (±)-4,6-Dimethoxy-[1,3,5]triazin-2-carb aldehyd-monoäthylacetal $C_8H_{13}N_3O_4$, Formel IX (R = C$_2$H$_5$, R′ = H).

B. In geringerer Menge neben 4,6-Dimethoxy-[1,3,5]triazin-2-carbaldehyd beim Erwärmen von 4,6-Dimethoxy-[1,3,5]triazin-2-carbaldehyd-hydrazon mit 2,4-Dinitro-benzaldehyd und wasserhaltigem Äthanol (*Kober, Grundmann*, Am. Soc. **80** [1958] 5547, 5550).

Kristalle (aus PAe.); F: 51−52°.

Bei 75−125°/0,2 Torr entsteht 4,6-Dimethoxy-[1,3,5]triazin-2-carbaldehyd.

*4,6-Dimethoxy-[1,3,5]triazin-2-carbaldehyd-hydrazon $C_6H_9N_5O_2$, Formel VIII (X = N-NH$_2$).

B. Aus Diazomethyl-dimethoxy-[1,3,5]triazin beim Behandeln mit H$_2$S, Methanthiol oder

Äthanthiol in Methanol (*Kober, Grundmann*, Am. Soc. **80** [1958] 5547, 5549).
Gelbe Kristalle (aus A.); F: 212−213°. Bei 180−190°/0,5 Torr sublimierbar.

*4,6-Dimethoxy-[1,3,5]triazin-2-carbaldehyd-benzylidenhydrazon $C_{13}H_{13}N_5O_2$, Formel VIII
(X = N-N=CH-C_6H_5).
B. Aus der vorangehenden Verbindung beim Erwärmen mit Benzaldehyd in Äthanol (*Kober, Grundmann*, Am. Soc. **80** [1958] 5547, 5549).
Gelbe Kristalle (aus PAe.); F: 151−152°.

Diazomethyl-dimethoxy-[1,3,5]triazin $C_6H_7N_5O_2$, Formel X (R = CH_3).
B. Beim Behandeln von Dichlor-diazomethyl-[1,3,5]triazin mit Natriummethylat in Methanol
(*Grundmann, Kober*, Am. Soc. **79** [1957] 944, 947).
Gelbe Kristalle (aus PAe.); F: 105−106° [nach Sublimation bei 110−135°/0,015 Torr].

Diäthoxy-diazomethyl-[1,3,5]triazin $C_8H_{11}N_5O_2$, Formel X (R = C_2H_5).
B. Analog der vorangehenden Verbindung (*Grundmann, Kober*, Am. Soc. **79** [1957] 944,
947).
Gelbe Kristalle (aus PAe.); F: 62,5°.

4,6-Bis-methylmercapto-[1,3,5]triazin-2-carbaldehyd $C_6H_7N_3OS_2$, Formel XI (R = CH_3,
X = O).
B. Aus der folgenden Verbindung beim Erhitzen auf 70−120°/0,5 Torr (*Kober, Grundmann*,
Am. Soc. **80** [1958] 5547, 5550).
Gelbliche Kristalle; F: 102−102,5°. Kristalle (aus H_2O) mit 1,5 Mol H_2O; F: 88−89°.
T h i o s e m i c a r b a z o n $C_7H_{10}N_6S_3$. Gelbe Kristalle (aus wss. A.); F: 256° [Zers.].

**(±)-Äthoxy-[bis-methylmercapto-[1,3,5]triazin-2-yl]-methanol, (±)-4,6-Bis-methylmercapto-
[1,3,5]triazin-2-carbaldehyd-monoäthylacetal** $C_8H_{13}N_3O_2S_2$, Formel XII.
B. Aus 4,6-Bis-methylmercapto-[1,3,5]triazin-2-carbaldehyd-hydrazon beim Erwärmen mit
2,4-Dinitro-benzaldehyd in Äthanol (*Kober, Grundmann*, Am. Soc. **80** [1958] 5547, 5549).
Kristalle (aus A.); F: 57−58°.

*4,6-Bis-methylmercapto-[1,3,5]triazin-2-carbaldehyd-hydrazon $C_6H_9N_5S_2$, Formel XI
(R = CH_3, X = N-NH_2).
B. Aus Dichlor-diazomethyl-[1,3,5]triazin oder aus Diazomethyl-bis-methylmercapto-
[1,3,5]triazin beim Behandeln mit Methanthiol in äthanol. Natriumäthylat bzw. in Äthanol
(*Kober, Grundmann*, Am. Soc. **80** [1958] 5547, 5549).
Gelbe Kristalle (aus wss. Acn.); F: 179−181°.

X   XI   XII

*4,6-Bis-methylmercapto-[1,3,5]triazin-2-carbaldehyd-benzylidenhydrazon $C_{13}H_{13}N_5S_2$,
Formel XI (R = CH_3, X = N-N=CH-C_6H_5).
B. Aus der vorangehenden Verbindung beim Erwärmen mit Benzaldehyd in Äthanol (*Kober,
Grundmann*, Am. Soc. **80** [1958] 5547, 5549).
Gelbe Kristalle (aus PAe.); F: 144−145°.

*4,6-Bis-äthylmercapto-[1,3,5]triazin-2-carbaldehyd-hydrazon $C_8H_{13}N_5S_2$, Formel XI
(R = C_2H_5, X = N-NH_2).
B. Aus Dichlor-diazomethyl-[1,3,5]triazin oder aus Bis-äthylmercapto-diazomethyl-[1,3,5]tri⸗
azin beim Behandeln mit Äthanthiol in äthanol. Natriumäthylat bzw. mit Methanthiol in

Äthanol (*Kober, Grundmann*, Am. Soc. **80** [1958] 5547, 5549).
Kristalle (aus PAe.); F: 138−139°.

*4,6-Bis-äthylmercapto-[1,3,5]triazin-2-carbaldehyd-benzylidenhydrazon $C_{15}H_{17}N_5S_2$,
Formel XI (R = C_2H_5, X = N-N=CH-C_6H_5).
B. Aus der vorangehenden Verbindung beim Erwärmen mit Benzaldehyd in Äthanol (*Kober, Grundmann*, Am. Soc. **80** [1958] 5547, 5549).
Kristalle (aus PAe.); F: 74°.

Diazomethyl-bis-methylmercapto-[1,3,5]triazin $C_6H_7N_5S_2$, Formel XI (R = CH_3, X = N_2).
B. Beim Behandeln von Dichlor-diazomethyl-[1,3,5]triazin mit Natrium-methanthiolat in Xylol (*Grundmann, Kober*, Am. Soc. **79** [1957] 944, 947).
Kristalle (aus PAe.); F: 112−115°, die sich am Licht violett färben.

Bis-äthylmercapto-diazomethyl-[1,3,5]triazin $C_8H_{11}N_5S_2$, Formel XI (R = C_2H_5, X = N_2).
B. Analog der vorangehenden Verbindung (*Grundmann, Kober*, Am. Soc. **79** [1957] 944, 947).
Kristalle (aus PAe.); F: 34−35°.

Diazomethyl-bis-phenylmercapto-[1,3,5]triazin $C_{16}H_{11}N_5S_2$, Formel XI (R = C_6H_5, X = N_2).
B. Analog den vorangehenden Verbindungen (*Grundmann, Kober*, Am. Soc. **79** [1957] 944, 947).
Lichtempfindliche gelbe Kristalle (aus PAe.); F: 98−99°.

Hydroxy-oxo-Verbindungen $C_nH_{2n-7}N_3O_3$

4-Hydroxy-2-phenyl-1,2-dihydro-7H-pyrazolo[3,4-b]pyridin-3,6-dion $C_{12}H_9N_3O_3$, Formel XIII (X = X' = H) und Taut.
B. Beim Erwärmen von 5-Amino-2-phenyl-1,2-dihydro-pyrazol-3-on mit Malonsäure-diäthyl≠
ester und Natriumäthylat in Äthanol (*ICI*, U.S.P. 2584314 [1950], D.B.P. 843414 [1951]; D.R.B.P. Org. Chem. 1950−1951 **6** 2418).
Kristalle (aus Eg.); F: 268° [Zers.].

Die folgenden Verbindungen sind in analoger Weise hergestellt worden:
2-[4-Chlor-phenyl]-4-hydroxy-1,2-dihydro-7H-pyrazolo[3,4-b]pyridin-3,6-dion $C_{12}H_8ClN_3O_3$, Formel XIII (X = H, X' = Cl) und Taut. Kristalle (aus A.); F: 228−230° [Zers.].
2-[3,4-Dichlor-phenyl]-4-hydroxy-1,2-dihydro-7H-pyrazolo[3,4-b]pyridin-3,6-dion $C_{12}H_7Cl_2N_3O_3$, Formel XIII (X = X' = Cl) und Taut. Kristalle (aus A.); F: 280−282° [Zers.].
4-Hydroxy-2-p-tolyl-1,2-dihydro-7H-pyrazolo[3,4-b]pyridin-3,6-dion $C_{13}H_{11}N_3O_3$, Formel XIII (X = H, X' = CH_3) und Taut. Kristalle (aus Me.); F: 249−250° [Zers.].
4-Hydroxy-2-[4-methoxy-phenyl]-1,2-dihydro-7H-pyrazolo[3,4-b]pyridin-3,6-dion $C_{13}H_{11}N_3O_4$, Formel XIII (X = H, X' = O-CH_3) und Taut. Kristalle (aus Me.); F: 234° [Zers.].

XIII   XIV   XV

Hydroxy-oxo-Verbindungen $C_nH_{2n-9}N_3O_3$

Hydroxy-oxo-Verbindungen $C_7H_5N_3O_3$

7-Hydroxy-1,3-dimethyl-1H-pyrido[3,2-d]pyrimidin-2,4-dion $C_9H_9N_3O_3$, Formel XIV
(R = R' = H).

B. Aus 7-Hydroxy-1,3-dimethyl-2,4-dioxo-1,2,3,4-tetrahydro-pyrido[3,2-d]pyrimidin-6-carᵇbonsäure beim Erhitzen auf 300° (*Pfleiderer, Mosthaf*, B. **90** [1957] 738, 744).
Kristalle (aus Eg.) mit 1 Mol H_2O; F: 329−332°.

7-Methoxy-1,3-dimethyl-1H-pyrido[3,2-d]pyrimidin-2,4-dion $C_{10}H_{11}N_3O_3$, Formel XIV
(R = H, R' = CH_3).

B. Aus der vorangehenden Verbindung und Diazomethan in Äther (*Pfleiderer, Mosthaf*,
B. **90** [1957] 738, 745).
Kristalle (aus A.); F: 214−217°.

Hydroxy-oxo-Verbindungen $C_8H_7N_3O_3$

5-[2-Hydroxy-4-mercapto-phenyl]-4-phenyl-2,4-dihydro-[1,2,4]triazol-3-thion $C_{14}H_{11}N_3OS_2$,
Formel XV und Taut.

B. Aus 1-[2-Hydroxy-4-mercapto-benzoyl]-4-phenyl-thiosemicarbazid beim Erwärmen mit
wss. NH_3 (*Silberg, Simiti*, Acad. Cluj Stud. Cerc. Chim. **10** [1959] 319, 325; C. A. **1960** 22468).
Kristalle (aus A.); F: 267°.

7-Hydroxy-1,3,6-trimethyl-1H-pyrido[3,2-d]pyrimidin-2,4-dion $C_{10}H_{11}N_3O_3$, Formel XIV
(R = CH_3, R' = H).

B. Beim Behandeln von 5-Amino-1,3,6-trimethyl-1H-pyrimidin-2,4-dion mit Brenztraubenᵇsäure-methylester in Äthanol und anschliessenden Behandeln mit Kaliumäthylat in Äthanol
und Äther (*Pfleiderer, Mosthaf*, B. **90** [1957] 738, 743).
Kristalle (aus Eg.) mit 1 Mol H_2O; F: 353−354°.

7-Methoxy-1,3,6-trimethyl-1H-pyrido[3,2-d]pyrimidin-2,4-dion $C_{11}H_{13}N_3O_3$, Formel XIV
(R = R' = CH_3).

B. Aus der vorangehenden Verbindung und Diazomethan in Äther (*Pfleiderer, Mosthaf*,
B. **90** [1957] 738, 743).
Kristalle (aus Eg.); F: 330−332°.

6-Hydroxymethyl-1H-pyrido[3,2-d]pyrimidin-2,4-dion $C_8H_7N_3O_3$, Formel I und Taut.
B. Aus 6-Methyl-1H-pyrido[3,2-d]pyrimidin-2,4-dion beim Erwärmen mit Brom und Naᵇtriumacetat in Essigsäure und Erhitzen mit H_2O (*Oakes, Rydon*, Soc. **1956** 4433, 4437).
Kristalle (aus H_2O); F: 330°.

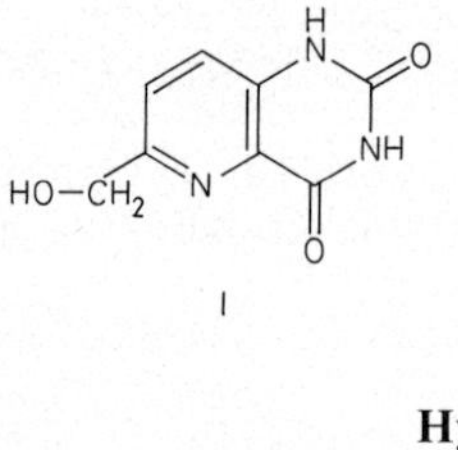

I 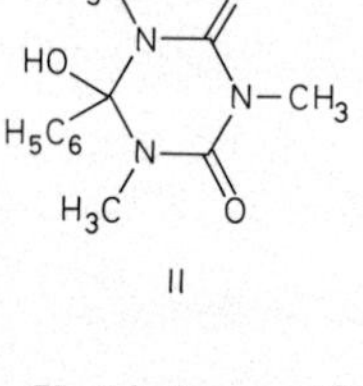   II 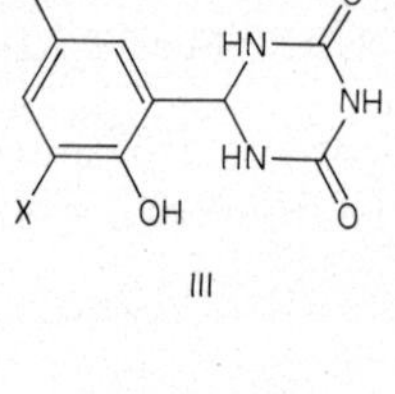   III

Hydroxy-oxo-Verbindungen $C_9H_9N_3O_3$

6-Hydroxy-1,3,5-trimethyl-6-phenyl-dihydro-[1,3,5]triazin-2,4-dion $C_{12}H_{15}N_3O_3$, Formel II.
B. Aus Trimethyl-[1,3,5]triazintrion und Phenylmagnesiumbromid in Äther (*Sobotka, Bloch*,
Am. Soc. **59** [1937] 2606).
Kristalle (aus Bzl. + PAe.); F: 158−159°.

Bei Einwirkung von Brom in Essigsäure ist eine Verbindung $C_{12}H_{14}Br_3N_3O_2$ (gelbe Kristalle [aus Eg.]; F: 176°) erhalten worden.

6-[2-Hydroxy-phenyl]-dihydro-[1,3,5]triazin-2,4-dion $C_9H_9N_3O_3$, Formel III (X = X′ = H).
Eine von *Das-Gupta* (J. Indian chem. Soc. **10** [1933] 111, 114) unter dieser Konstitution beschriebene, durch Erhitzen von Salicylaldehyd mit Harnstoff erhaltene Verbindung (ohne definierten Schmelzpunkt) ist wahrscheinlich als [2-Oxo-3,4-dihydro-2*H*-benz[*e*][1,3]oxazin-4-yl]-harnstoff zu formulieren (*Palazzo, Marino*, G. **94** [1964] 811, 813, 814).

6-[5-Chlor-2-hydroxy-phenyl]-dihydro-[1,3,5]triazin-2,4-dion $C_9H_8ClN_3O_3$, Formel III (X = H, X′ = Cl).
Die Konstitution der folgenden Verbindung ist nicht gesichert (s. diesbezüglich *Palazzo, Marino*, G. **94** [1964] 811, 813).
B. Beim Erhitzen von 5-Chlor-2-hydroxy-benzaldehyd mit Harnstoff und wenig Pyridin auf 140–150° (*Nigam, Pandya*, Pr. Indian Acad. [A] **29** [1949] 56, 61).
Gelbe Kristalle (aus A.); F: 241° [Zers.] (*Ni., Pa.*, Pr. Indian Acad. [A] **29** 61).

Die folgenden Verbindungen sind in analoger Weise hergestellt worden:
6-[3,5-Dichlor-2-hydroxy-phenyl]-dihydro-[1,3,5]triazin-2,4-dion(?) $C_9H_7Cl_2N_3O_3$, vermutlich Formel III (X = X′ = Cl). Gelblich; F: 261° (*Ni., Pa.*, Pr. Indian Acad. [A] **29** 61).
6-[2,6-Dichlor-3-hydroxy-phenyl]-dihydro-[1,3,5]triazin-2,4-dion $C_9H_7Cl_2N_3O_3$, Formel IV. Gelbe Kristalle; F: 240° (*Nigam, Pandya*, Agra Univ. J. Res. **7** [1958] 67, 69, 72).
6-[3-Chlor-4-hydroxy-phenyl]-dihydro-[1,3,5]triazin-2,4-dion $C_9H_8ClN_3O_3$, Formel V (X = H). Gelbe Kristalle; F: 180° (*Ni., Pa.*, Agra Univ. J. Res. **7** 74).
6-[3,5-Dichlor-4-hydroxy-phenyl]-dihydro-[1,3,5]triazin-2,4-dion $C_9H_7Cl_2N_3O_3$, Formel V (X = Cl). Gelbe Kristalle; F: 201° (*Ni., Pa.*, Agra Univ. J. Res. **7** 75).

IV   V   VI

6-[4-Methoxy-phenyl]-dihydro-[1,3,5]triazin-2,4-dithion $C_{10}H_{11}N_3OS_2$, Formel VI (R = H).
Diese Konstitution kommt der von *Foye, Hefferren* (J. Am. pharm. Assoc. **42** [1953] 31) als 1-[4-Methoxy-benzyliden]-dithiobiuret beschriebenen Verbindung zu (*Fairfull, Peak*, Soc. **1955** 803; *Smissman et al.*, J. org. Chem. **22** [1957] 824).
B. Aus Dithiobiuret und 4-Methoxy-benzaldehyd beim Erhitzen mit Essigsäure (*Foye, He.*) oder beim Behandeln mit HCl in Äthanol (*Fa., Peak*, l. c. S. 805, 806).
Hellgelbe Kristalle; F: 239–240° [korr.; aus Eg.], 236–237° [aus Butan-1-ol] (*Fa., Peak*).

(±)-6-[4-Methoxy-phenyl]-1-phenyl-dihydro-[1,3,5]triazin-2,4-dithion $C_{16}H_{15}N_3OS_2$, Formel VI (R = C_6H_5) und Taut.
B. Aus 1-Phenyl-dithiobiuret und 4-Methoxy-benzaldehyd beim Behandeln mit HCl in Äthanol (*Fairfull, Peak*, Soc. **1955** 803, 805, 806).
Kristalle (aus Chlorbenzol); F: 197–198°.

*Opt.-inakt. 5-[Hydroxy-[2]pyridyl-methyl]-imidazolidin-2,4-dion $C_9H_9N_3O_3$, Formel VII.
B. Aus Pyridin-2-carbaldehyd und Imidazolidin-2,4-dion in wss. NaOH (*Zymalkowski*, Ar. **291** [1958] 436, 440).
Kristalle (aus H_2O); F: 202°.
Hydrochlorid $C_9H_9N_3O_3$·HCl. F: 208–212°.

*Opt.-inakt. 5-[Hydroxy-[4]pyridyl-methyl]-imidazolidin-2,4-dion $C_9H_9N_3O_3$, Formel VIII.

B. Analog der vorangehenden Verbindung (*Zymalkowski*, Ar. **291** [1958] 436, 440).

Kristalle; F: 314−316°.

Hydrochlorid $C_9H_9N_3O_3 \cdot HCl$.

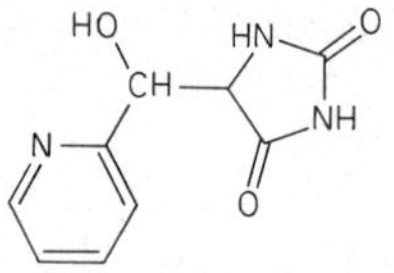

VII 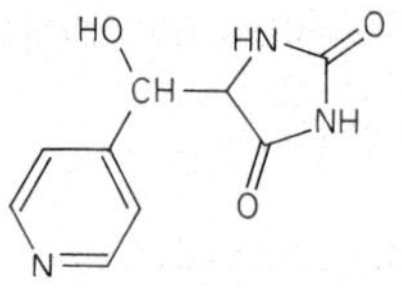   VIII 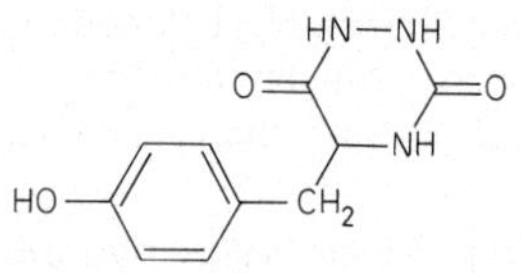   IX

Hydroxy-oxo-Verbindungen $C_{10}H_{11}N_3O_3$

5-[4-Hydroxy-benzyl]-tetrahydro-[1,2,4]triazin-3,6-dion $C_{10}H_{11}N_3O_3$, Formel IX.

Eine unter dieser Konstitution von *Schlögl, Korger* (M. **82** [1951] 799, 808; s. a. *Schauenstein, Perko*, Z. El. Ch. **57** [1953] 927, **58** [1954] 883) beschriebene Verbindung ist als (±)-3-Amino-5-[4-hydroxy-benzyl]-imidazolidin-2,4-dion (E III/IV **25** 320) zu formulieren (*Schlögl et al.*, M. **85** [1954] 607, 610; *Wright et al.*, J. med. Chem. **12** [1969] 379; s. a. *Fankhäuser, Brenner*, Helv. **53** [1970] 2298, 2302; *Gut et al.*, Collect. **33** [1968] 2087, 2092).

(±)-3-Benzylmercapto-6-[4-methoxy-benzyl]-1,6-dihydro-4*H*-[1,2,4]triazin-5-on $C_{18}H_{19}N_3O_2S$, Formel X und Taut.

B. Aus 3-Benzylmercapto-6-[4-methoxy-benzyl]-4*H*-[1,2,4]triazin-5-on beim Erwärmen mit Natrium-Amalgam in H_2O (*Girard*, A. ch. [11] **16** [1941] 356, 364).

Kristalle (aus A.); F: 72°.

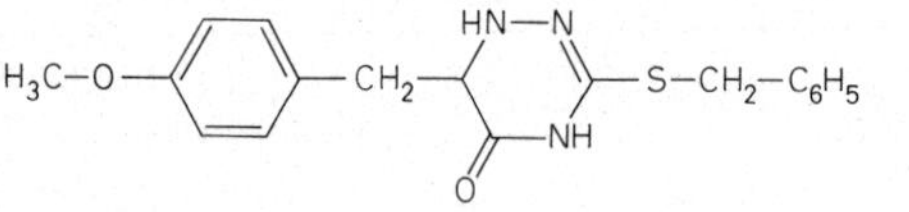

X 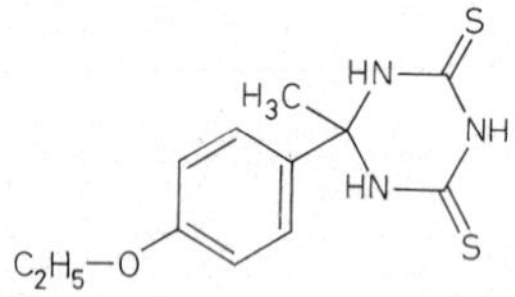   XI

6-[4-Äthoxy-phenyl]-6-methyl-dihydro-[1,3,5]triazin-2,4-dithion $C_{12}H_{15}N_3OS_2$, Formel XI.

Diese Konstitution kommt wahrscheinlich der von *Britton, Nobles* (J. Am. pharm. Assoc. **43** [1954] 54) als 1-[1-(4-Äthoxy-phenyl)-äthyliden]-dithiobiuret beschriebenen Verbindung zu (*Fairfull, Peak*, Soc. **1955** 803).

B. Aus Dithiobiuret und 1-[4-Äthoxy-phenyl]-äthanon beim Erhitzen mit Essigsäure (*Br., No.*).

Kristalle (aus Eg.); F: 234° [unkorr.]. (*Br., No.*).

(±)-5-[6-Äthoxy-[3]pyridyl]-5-äthyl-imidazolidin-2,4-dion $C_{12}H_{15}N_3O_3$, Formel XII.

B. Beim Behandeln von 1-[6-Äthoxy-[3]pyridyl]-propan-1-on mit NaCN und $[NH_4]_2CO_3$ in wss. Äthanol bei 80° unter 10 at CO_2 (*Chem. Fabr. v. Heyden*, D.R.P. 602218 [1932]; Frdl. **21** 532).

F: 135°.

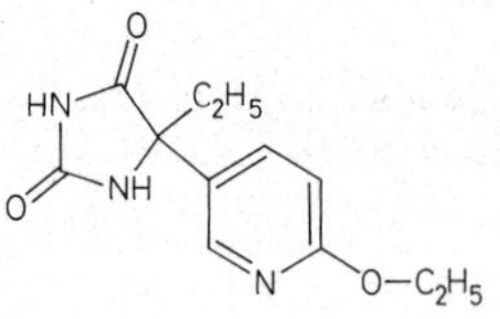

XII 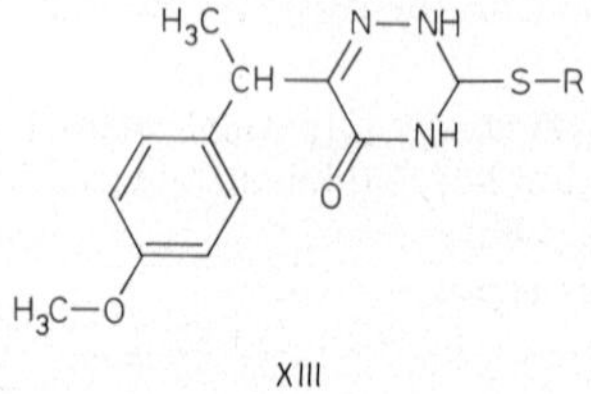   XIII

Hydroxy-oxo-Verbindungen $C_{11}H_{13}N_3O_3$

(±)-6-[1-(4-Methoxy-phenyl)-äthyl]-3-methylmercapto-3,4-dihydro-2H-[1,2,4]triazin-5-on
$C_{13}H_{17}N_3O_2S$, Formel XIII (R = CH$_3$) und Taut.
  B. Aus (±)-6-[1-(4-Methoxy-phenyl)-äthyl]-3-methylmercapto-4H-[1,2,4]triazin-5-on beim Er=
wärmen mit Natrium-Amalgam in H$_2$O (*Cattelain*, Bl. [5] **11** [1944] 18, 21).
  Kristalle (aus A.); F: 174°.

(±)-3-Benzylmercapto-6-[1-(4-methoxy-phenyl)-äthyl]-3,4-dihydro-2H-[1,2,4]triazin-5-on
$C_{19}H_{21}N_3O_2S$, Formel XIII (R = CH$_2$-C$_6$H$_5$) und Taut.
  B. Analog der vorangehenden Verbindung (*Cattelain*, Bl. [5] **11** [1944] 18, 22).
  Kristalle (aus A.); F: 135°.

Hydroxy-oxo-Verbindungen $C_nH_{2n-11}N_3O_3$

Hydroxy-oxo-Verbindungen $C_9H_7N_3O_3$

6-[4-Hydroxy-phenyl]-3-thioxo-3,4-dihydro-2H-[1,2,4]triazin-5-on $C_9H_7N_3O_2S$, Formel XIV
(R = R' = H) und Taut.
  B. Aus [4-Hydroxy-phenyl]-thiosemicarbazono-essigsäure mit Hilfe von wss. Alkali (*Hagen=
bach et al.*, Ang. Ch. **66** [1954] 359, 361).
  Gelbe Kristalle (aus A.); F: 282−283° [Zers.].

XIV   XV   XVI

Die folgenden Verbindungen sind in analoger Weise hergestellt worden:
  6-[4-Methoxy-phenyl]-3-thioxo-3,4-dihydro-2H-[1,2,4]triazin-5-on $C_{10}H_9N_3O_2S$,
Formel XIV (R = H, R' = CH$_3$) und Taut. Gelbe Kristalle (aus wss. Dioxan); F: 278−280°
[Zers.] (*Ha. et al.*, l. c. S. 361).
  6-[4-(2-Hydroxy-äthoxy)-phenyl]-3-thioxo-3,4-dihydro-2H-[1,2,4]triazin-5-on
$C_{11}H_{11}N_3O_3S$, Formel XIV (R = H, R' = CH$_2$-CH$_2$-OH) und Taut. Gelbe Kristalle (aus
Py.); F: 266−268° [Zers.] (*Ha. et al.*, l. c. S. 361).
  4-Allyl-6-[4-methoxy-phenyl]-3-thioxo-3,4-dihydro-2H-[1,2,4]triazin-5-on
$C_{13}H_{13}N_3O_2S$, Formel XIV (R = CH$_2$-CH=CH$_2$, R' = CH$_3$) und Taut. Gelbe Kristalle (aus
A.); F: 180−181° [Zers.] (*Ha. et al.*, l. c. S. 362).
  6-[4-Methylmercapto-phenyl]-3-thioxo-3,4-dihydro-2H-[1,2,4]triazin-5-on
$C_{10}H_9N_3OS_2$, Formel XV (R = H, R' = CH$_3$) und Taut. Gelbe Kristalle (aus A.); F:
238−240° [Zers.] (*Ha. et al.*, l. c. S. 361).
  6-[4-Methansulfonyl-phenyl]-3-thioxo-3,4-dihydro-2H-[1,2,4]triazin-5-on
$C_{10}H_9N_3O_3S_2$, Formel XVI (R = CH$_3$) und Taut. Gelbe Kristalle (aus wss. Py.); F: 307−308°
[Zers.] (*Ha. et al.*, l. c. S. 361).
  6-[4-Äthylmercapto-phenyl]-3-thioxo-3,4-dihydro-2H-[1,2,4]triazin-5-on
$C_{11}H_{11}N_3OS_2$, Formel XV (R = H, R' = C$_2$H$_5$) und Taut. Gelbe Kristalle (aus Dioxan);
F: 266−268° [Zers.] (*Ha. et al.*, l. c. S. 361).
  6-[4-Äthansulfonyl-phenyl]-3-thioxo-3,4-dihydro-2H-[1,2,4]triazin-5-on
$C_{11}H_{11}N_3O_3S_2$, Formel XVI (R = C$_2$H$_5$) und Taut. Gelbe Kristalle (aus wss. Py.); F:
302−304° [Zers.] (*Ha. et al.*, l. c. S. 361).
  4-Methyl-6-[4-methylmercapto-phenyl]-3-thioxo-3,4-dihydro-2H-[1,2,4]triazin-
5-on $C_{11}H_{11}N_3OS_2$, Formel XV (R = R' = CH$_3$) und Taut. Kristalle (aus A.); F: 181−182°
[Zers.] (*Ha. et al.*, l. c. S. 362).

4-Allyl-6-[4-methylmercapto-phenyl]-3-thioxo-3,4-dihydro-2*H*-[1,2,4]triazin-5-on $C_{13}H_{13}N_3OS_2$, Formel XV (R = CH$_2$-CH=CH$_2$, R' = CH$_3$) und Taut. Gelbe Kristalle (aus wss. Py.); F: 215–216° [Zers.] (*Ha. et al.*, l. c. S. 362).

6-[2-Methoxy-phenyl]-1*H*-[1,3,5]triazin-2,4-dion $C_{10}H_9N_3O_3$, Formel I (R = CH$_3$, X = H) und Taut.

B. Aus 1-[2-Methoxy-benzoyl]-biuret mit Hilfe von wss. KOH (*Am. Cyanamid Co.*, U.S.P. 2691018 [1951], 2691019 [1953]; D.B.P. 926976 [1951]).

F: ca. 250°.

6-[2-Äthoxy-phenyl]-1*H*-[1,3,5]triazin-2,4-dion $C_{11}H_{11}N_3O_3$, Formel I (R = C$_2$H$_5$, X = H) und Taut.

B. Analog der vorangehenden Verbindung (*Am. Cyanamid Co.*, D.B.P. 926976 [1951]).

F: ca. 246°.

6-[5-Chlor-2-methoxy-phenyl]-1*H*-[1,3,5]triazin-2,4-dion $C_{10}H_8ClN_3O_3$, Formel I (R = CH$_3$, X = Cl) und Taut.

B. Analog den vorangehenden Verbindungen (*Am. Cyanamid Co.*, U.S.P. 2691019 [1953]; D.B.P. 926976 [1951]).

F: ca. 250° [Zers.].

Hydroxy-oxo-Verbindungen $C_{10}H_9N_3O_3$

6-[4-Methoxy-benzyl]-2*H*-[1,2,4]triazin-3,5-dion $C_{11}H_{11}N_3O_3$, Formel II (R = R' = H, X = O) und Taut.

B. Aus 3-[4-Methoxy-phenyl]-2-semicarbazono-propionsäure beim Erhitzen in wss. NaOH (*Girard*, A. ch. [11] **16** [1941] 326, 341).

Kristalle (aus A.); F: 215°.

6-[4-Methoxy-benzyl]-4-methyl-2*H*-[1,2,4]triazin-3,5-dion $C_{12}H_{13}N_3O_3$, Formel II (R = H, R' = CH$_3$, X = O) und Taut.

B. Neben 6-[4-Methoxy-benzyl]-2,4-dimethyl-2*H*-[1,2,4]triazin-3,5-dion beim Erwärmen von 6-[4-Methoxy-benzyl]-2*H*-[1,2,4]triazin-3,5-dion mit CH$_3$I und methanol. KOH unter Druck (*Girard*, A. ch. [11] **16** [1941] 326, 342, 343).

Kristalle (aus A.); F: 144°.

6-[4-Methoxy-benzyl]-2,4-dimethyl-2*H*-[1,2,4]triazin-3,5-dion $C_{13}H_{15}N_3O_3$, Formel II (R = R' = CH$_3$, X = O).

B. s. im vorangehenden Artikel.

Kristalle (aus wss. A.); F: 89° (*Girard*, A. ch. [11] **16** [1941] 326, 342, 343).

4-Äthyl-6-[4-methoxy-benzyl]-2*H*-[1,2,4]triazin-3,5-dion $C_{13}H_{15}N_3O_3$, Formel II (R = H, R' = C$_2$H$_5$, X = O) und Taut.

B. Beim Erwärmen von 6-[4-Methoxy-benzyl]-2*H*-[1,2,4]triazin-3,5-dion mit Äthyljodid in einer mit KOH neutralisierten äthanol. Lösung unter Druck (*Girard*, A. ch. [11] **16** [1941] 326, 343).

Kristalle (aus A.); F: 140°.

2,4-Diäthyl-6-[4-methoxy-benzyl]-2*H*-[1,2,4]triazin-3,5-dion $C_{15}H_{19}N_3O_3$, Formel II (R = R' = C$_2$H$_5$, X = O).

B. Aus der vorangehenden Verbindung und Äthyljodid (*Girard*, A. ch. [11] **16** [1941] 326, 344).

Kristalle (aus wss. A. oder Ae. + PAe.); F: 72°.

I   II   III

2-Benzyl-6-[4-methoxy-benzyl]-2H-[1,2,4]triazin-3,5-dion $C_{18}H_{17}N_3O_3$, Formel II
(R = CH_2-C_6H_5, R' = H, X = O) und Taut.
  B. Beim Erwärmen von 3-Benzylmercapto-6-[4-methoxy-benzyl]-4H-[1,2,4]triazin-5-on mit
Benzylchlorid in einer mit KOH neutralisierten äthanol. Lösung und anschliessend mit wss.-
äthanol. HCl (*Girard*, A. ch. [11] **16** [1941] 356, 366).
  Kristalle (aus wss. A.); F: 120°.

4-Benzyl-6-[4-methoxy-benzyl]-2H-[1,2,4]triazin-3,5-dion $C_{18}H_{17}N_3O_3$, Formel II (R = H,
R' = CH_2-C_6H_5, X = O) und Taut.
  B. Neben 2,4-Dibenzyl-6-[4-methoxy-benzyl]-2H-[1,2,4]triazin-3,5-dion beim Erwärmen von
6-[4-Methoxy-benzyl]-2H-[1,2,4]triazin-3,5-dion mit Benzylchlorid in wss.-äthanol. KOH (*Gi=
rard*, A. ch. [11] **16** [1941] 326, 345).
  Kristalle (aus A.); F: 136°.

2,4-Dibenzyl-6-[4-methoxy-benzyl]-2H-[1,2,4]triazin-3,5-dion $C_{25}H_{23}N_3O_3$, Formel II
(R = R' = CH_2-C_6H_5, X = O).
  B. s. im vorangehenden Artikel.
  Kristalle (aus A.); F: 71° (*Girard*, A. ch. [11] **16** [1941] 326, 345).

6-[4-Methoxy-benzyl]-3-thioxo-3,4-dihydro-2H-[1,2,4]triazin-5-on $C_{11}H_{11}N_3O_2S$, Formel II
(R = R' = H, X = S) und Taut.
  B. Aus 3-[4-Methoxy-phenyl]-2-thiosemicarbazono-propionsäure beim Erhitzen in wss. NaOH
(*Girard*, A. ch. [11] **16** [1941] 356, 360; C. r. **206** [1938] 1303). Beim Erhitzen von 3-[4-Methoxy-
phenyl]-2-thioxo-propionsäure mit Thiosemicarbazid und Natriumacetat in Essigsäure (*Gi.*, A.
ch. [11] **16** 360).
  Kristalle (aus wss. A.); F: 177°.

6-[4-Methoxy-benzyl]-3-methylmercapto-4H-[1,2,4]triazin-5-on $C_{12}H_{13}N_3O_2S$, Formel III
(R = CH_3) und Taut.
  B. Beim Erwärmen von 6-[4-Methoxy-benzyl]-3-thioxo-3,4-dihydro-2H-[1,2,4]triazin-5-on mit
CH_3I in einer mit KOH neutralisierten methanol. Lösung unter Druck (*Girard*, A. ch. [11]
16 [1941] 356, 362).
  Gelbliche Kristalle (aus A.); F: 211°.

3-Äthylmercapto-6-[4-methoxy-benzyl]-4H-[1,2,4]triazin-5-on $C_{13}H_{15}N_3O_2S$, Formel III
(R = C_2H_5) und Taut.
  B. Analog der vorangehenden Verbindung (*Girard*, A. ch. [11] **16** [1941] 356, 362).
  Gelbliche Kristalle (aus A.); F: 187°.

3-Benzylmercapto-6-[4-methoxy-benzyl]-4H-[1,2,4]triazin-5-on $C_{18}H_{17}N_3O_2S$, Formel III
(R = CH_2-C_6H_5) und Taut.
  B. Analog den vorangehenden Verbindungen (*Girard*, A. ch. [11] **16** [1941] 356, 362).
  Kristalle (aus A.); F: 184°.

6-[2-Methoxy-5-methyl-phenyl]-1H-[1,3,5]triazin-2,4-dion $C_{11}H_{11}N_3O_3$, Formel IV und Taut.
  B. Aus 1-[2-Methoxy-5-methyl-benzoyl]-biuret beim Behandeln mit wss. NaOH (*Am. Cy=
anamid Co.*, U.S.P. 2691020 [1953]; D.B.P. 926976 [1951]).
  F: ca. 238°.

Hydroxy-oxo-Verbindungen $C_{11}H_{11}N_3O_3$

(±)-6-[1-(4-Methoxy-phenyl)-äthyl]-2H-[1,2,4]triazin-3,5-dion $C_{12}H_{13}N_3O_3$, Formel V
(R = R' = H, X = O) und Taut.
B. Aus (±)-3-[4-Methoxy-phenyl]-2-semicarbazono-buttersäure beim Erhitzen mit wss. NaOH
(*Cattelain*, Bl. [5] **9** [1942] 907, 912).
Kristalle (aus A.); F: 220,5°.

(±)-6-[1-(4-Methoxy-phenyl)-äthyl]-4-methyl-2H-[1,2,4]triazin-3,5-dion $C_{13}H_{15}N_3O_3$, Formel V
(R = H, R' = CH₃, X = O) und Taut.
B. Neben 6-[1-(4-Methoxy-phenyl)-äthyl]-2,4-dimethyl-2H-[1,2,4]triazin-3,5-dion (s. u.) beim
Erhitzen der vorangehenden Verbindung mit CH₃I in einer mit KOH neutralisierten methanol.
Lösung unter Druck (*Cattelain*, Bl. [5] **9** [1942] 907, 913).
Kristalle; F: 159−160°.

(±)-6-[1-(4-Methoxy-phenyl)-äthyl]-2,4-dimethyl-2H-[1,2,4]triazin-3,5-dion $C_{14}H_{17}N_3O_3$,
Formel V (R = R' = CH₃, X = O).
B. Aus der vorangehenden Verbindung und CH₃I (*Cattelain*, Bl. [5] **9** [1942] 907, 913).
Eine weitere Bildung s. bei der vorangehenden Verbindung.
Kristalle; F: 142,5°.

(±)-4-Äthyl-6-[1-(4-methoxy-phenyl)-äthyl]-2H-[1,2,4]triazin-3,5-dion $C_{14}H_{17}N_3O_3$, Formel V
(R = H, R' = C₂H₅, X = O) und Taut.
B. Beim Erhitzen von (±)-6-[1-(4-Methoxy-phenyl)-äthyl]-2H-[1,2,4]triazin-3,5-dion mit
Äthyljodid in einer mit KOH neutralisierten äthanol. Lösung unter Druck (*Cattelain*, Bl. [5]
9 [1942] 907, 914).
Kristalle; F: 132°.

IV   V   VI

(±)-4-Benzyl-6-[1-(4-methoxy-phenyl)-äthyl]-2H-[1,2,4]triazin-3,5-dion $C_{19}H_{19}N_3O_3$, Formel V
(R = H, R' = CH₂-C₆H₅, X = O) und Taut.
B. Neben 2,4-Dibenzyl-6-[1-(4-methoxy-phenyl)-äthyl]-2H-[1,2,4]triazin-3,5-dion (s. u.) beim
Erhitzen von (±)-6-[1-(4-Methoxy-phenyl)-äthyl]-2H-[1,2,4]triazin-3,5-dion mit Benzylchlorid in
einer mit KOH neutralisierten äthanol. Lösung (*Cattelain*, Bl. [5] **9** [1942] 907, 914).
Kristalle; F: 206°.

(±)-2,4-Dibenzyl-6-[1-(4-methoxy-phenyl)-äthyl]-2H-[1,2,4]triazin-3,5-dion $C_{26}H_{25}N_3O_3$,
Formel V (R = R' = CH₂-C₆H₅, X = O).
B. Aus der vorangehenden Verbindung und Benzylchlorid (*Cattelain*, Bl. [5] **9** [1942] 907,
914). Eine weitere Bildung s. im vorangehenden Artikel.
Kristalle; F: 160,5−161,5°.

(±)-6-[1-(4-Methoxy-phenyl)-äthyl]-3-thioxo-3,4-dihydro-2H-[1,2,4]triazin-5-on $C_{12}H_{13}N_3O_2S$,
Formel V (R = R' = H, X = S) und Taut.
B. Aus (±)-3-[4-Methoxy-phenyl]-2-thiosemicarbazono-buttersäure beim Erwärmen mit wss.
NaOH (*Cattelain*, Bl. [5] **11** [1944] 18, 19; C. r. **212** [1941] 551).
Kristalle; F: 171° (*Ca.*, C. r. **212** 551), 165,5° [aus wss. A.] (*Ca.*, Bl. [5] **11** 19).

(±)-6-[1-(4-Methoxy-phenyl)-äthyl]-3-methylmercapto-4H-[1,2,4]triazin-5-on $C_{13}H_{15}N_3O_2S$,
Formel VI (R = CH$_3$) und Taut.

    B. Beim Erwärmen von (±)-6-[1-(4-Methoxy-phenyl)-äthyl]-3-thioxo-3,4-dihydro-2*H*-[1,2,4]triazin-5-on mit CH$_3$I in einer mit NaOH neutralisierten methanol. Lösung unter Druck (*Cattelain*, Bl. [5] **11** [1944] 18, 20).

    Kristalle (aus Me.); F: 216,5°.

(±)-3-Äthylmercapto-6-[1-(4-methoxy-phenyl)-äthyl]-4H-[1,2,4]triazin-5-on $C_{14}H_{17}N_3O_2S$,
Formel VI (R = C$_2$H$_5$) und Taut.

    B. Analog der vorangehenden Verbindung (*Cattelain*, Bl. [5] **11** [1944] 18, 20).

    Kristalle (aus wss. A.); F: 126°.

(±)-3-Benzylmercapto-6-[1-(4-methoxy-phenyl)-äthyl]-4H-[1,2,4]triazin-5-on $C_{19}H_{19}N_3O_2S$,
Formel VI (R = CH$_2$-C$_6$H$_5$) und Taut.

    B. Analog den vorangehenden Verbindungen (*Cattelain*, Bl. [5] **11** [1944] 18, 22).

    Kristalle (aus wss. A.); F: 165,5°.   [*Fiedler*]

Hydroxy-oxo-Verbindungen $C_nH_{2n-13}N_3O_3$

3-Äthoxy-2-äthoxymethyl-1H-benz[4,5]imidazo[1,2-a]pyrimidin-4-on $C_{15}H_{17}N_3O_3$, Formel VII
und Taut.

    B. Aus 1(3)*H*-Benzimidazol-2-ylamin und 2,4-Diäthoxy-acetessigsäure-äthylester (*De Cat, Van Dormael*, Bl. Soc. chim. Belg. **59** [1950] 573, 584).

    Kristalle (aus A.); F: 223 – 225°.

(±)-5-[5-Methoxy-indol-3-ylmethyl]-imidazolidin-2,4-dion $C_{13}H_{13}N_3O_3$, Formel VIII
(X = O-CH$_3$, X′ = X″ = H).

    B. Bei der Hydrierung von 5-[5-Methoxy-indol-3-ylmethylen]-imidazolidin-2,4-dion an Raney-Nickel in wss. NaOH (*Marchant, Harvey*, Soc. **1951** 1808, 1809).

    Kristalle (aus wss. A.); F: 206 – 208° [unkorr.].

VII   VIII

(±)-5-[6-Methoxy-indol-3-ylmethyl]-imidazolidin-2,4-dion $C_{13}H_{13}N_3O_3$, Formel VIII
(X = X″ = H, X′ = O-CH$_3$).

    B. Aus 5-[6-Methoxy-indol-3-ylmethylen]-imidazolidin-2,4-dion beim Erhitzen mit H$_2$S in Pyridin (*Harvey, Robson*, Soc. **1938** 97, 100).

    Kristalle (aus wss. A.); F: 220°.

(±)-5-[7-Methoxy-indol-3-ylmethyl]-imidazolidin-2,4-dion $C_{13}H_{13}N_3O_3$, Formel VIII
(X = X′ = H, X″ = O-CH$_3$).

    B. Bei der Hydrierung von 5-[7-Methoxy-indol-3-ylmethylen]-imidazolidin-2,4-dion an Raney-Nickel in wss. NaOH (*Marchant, Harvey*, Soc. **1951** 1808, 1810).

    Kristalle; F: 247 – 249° [unkorr.].

4-[3,4-Dimethoxy-phenyl]-1-methyl-2-phenyl-1,2,6,7-tetrahydro-pyrazolo[4,3-c]pyridin-3-on
$C_{21}H_{21}N_3O_3$, Formel IX.

    B. Aus 3,4-Dimethoxy-benzoesäure-[2-(2-methyl-5-oxo-1-phenyl-2,5-dihydro-1*H*-pyrazol-

3-yl)-äthylamid] beim Erwärmen mit POCl$_3$ in Benzol (*Sugasawa, Yoneda*, Pharm. Bl. **4** [1956] 360, 362).

Kristalle (aus Bzl.); F: 159—160°. UV-Spektrum (A.; 200—325 nm): *Su., Yo.*

Hydroxy-oxo-Verbindungen $C_nH_{2n-15}N_3O_3$

5-[2-Methoxy-phenyl]-1-phenyl-4*H*-pyrazolo[1,5-*a*]pyrimidin-2,7-dion $C_{19}H_{15}N_3O_3$, Formel X (X = O-CH$_3$, X′ = H) und Taut.

Diese Konstitution kommt vermutlich der nachstehend beschriebenen, von *Eastman Kodak Co.* (U.S.P. 2735769 [1953]) als 7-[2-Methoxy-phenyl]-1-phenyl-3*H*-pyrazolo[1,5-*a*]⁼ pyrimidin-2,5-dion angesehenen Verbindung $C_{19}H_{15}N_3O_3$ zu (vgl. das analog hergestellte 5-Methyl-1-phenyl-4*H*-pyrazolo[1,5-*a*]pyrimidin-2,7-dion [S. 571]).

B. Beim Erhitzen von 5-Amino-2-phenyl-1,2-dihydro-pyrazol-3-on mit 3-[2-Methoxy-phenyl]-3-oxo-propionsäure-äthylester in Xylol (*Eastman Kodak Co.*).

Kristalle; F: 210—212°.

IX   X   XI

5-[3-Methoxy-phenyl]-1-phenyl-4*H*-pyrazolo[1,5-*a*]pyrimidin-2,7-dion $C_{19}H_{15}N_3O_3$, Formel X (X = H, X′ = O-CH$_3$) und Taut.

Diese Konstitution kommt vermutlich der nachstehend beschriebenen, von *Eastman Kodak Co.* (U.S.P. 2735769 [1953]) als 7-[3-Methoxy-phenyl]-1-phenyl-3*H*-pyrazolo[1,5-*a*]⁼ pyrimidin-2,5-dion angesehenen Verbindung $C_{19}H_{15}N_3O_3$ zu (vgl. das analog hergestellte 5-Methyl-1-phenyl-4*H*-pyrazolo[1,5-*a*]pyrimidin-2,7-dion [S. 571]).

B. Analog der vorangehenden Verbindung (*Eastman Kodak Co.*).

Kristalle; F: 254—255°.

*5-[5-Methoxy-indol-3-ylmethylen]-imidazolidin-2,4-dion $C_{13}H_{11}N_3O_3$, Formel XI (X = O-CH$_3$, X′ = X″ = H).

B. Aus 5-Methoxy-indol-3-carbaldehyd und Imidazolidin-2,4-dion (*Marchant, Harvey*, Soc. **1951** 1808, 1809).

Gelbe Kristalle (aus Eg. oder Py.); F: 302° [unkorr.].

*5-[6-Methoxy-indol-3-ylmethylen]-imidazolidin-2,4-dion $C_{13}H_{11}N_3O_3$, Formel XI (X = X″ = H, X′ = O-CH$_3$).

B. Analog der vorangehenden Verbindung (*Harvey, Robson*, Soc. **1938** 97, 100).

Gelbe Kristalle (aus Py.+H$_2$O oder Eg.); F: 311—315°.

*5-[7-Methoxy-indol-3-ylmethylen]-imidazolidin-2,4-dion $C_{13}H_{11}N_3O_3$, Formel XI (X = X′ = H, X″ = O-CH$_3$).

B. Analog den vorangehenden Verbindungen (*Marchant, Harvey*, Soc. **1951** 1808, 1809).

Gelbe Kristalle (aus Eg. oder Py.); F: 295—300° [unkorr.].

4-[3,4-Dimethoxy-phenyl]-1-methyl-2-phenyl-1,2-dihydro-pyrazolo[4,3-c]pyridin-3-on $C_{21}H_{19}N_3O_3$, Formel XII.

B. Aus 4-[3,4-Dimethoxy-phenyl]-1-methyl-2-phenyl-1,2,6,7-tetrahydro-pyrazolo[4,3-c]pyridin-3-on beim Erhitzen mit Palladium/Kohle in *p*-Cymol und Äthylcinnamat (*Sugasawa, Yoneda*, Pharm. Bl. **4** [1956] 360, 363).

Kristalle (aus Bzl.+Hexan); F: 167–168°. UV-Spektrum (A.; 200–350 nm): *Su., Yo.*

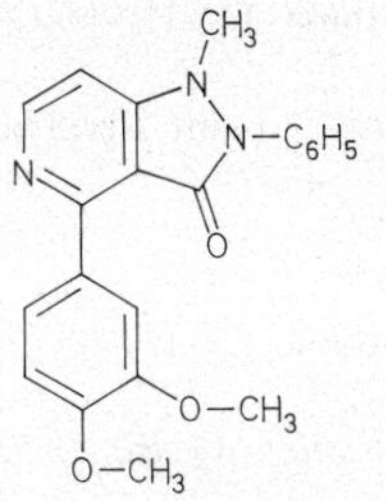

XII 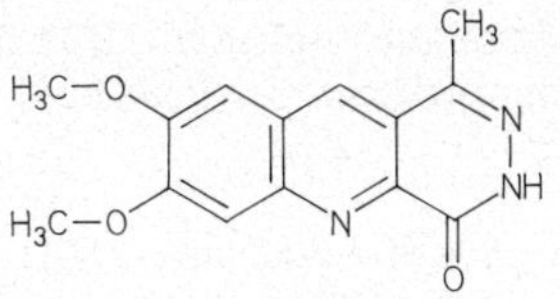   XIII

7,8-Dimethoxy-1-methyl-3H-pyridazino[4,5-b]chinolin-4-on $C_{14}H_{13}N_3O_3$, Formel XIII und Taut.

B. Aus 3-Acetyl-6,7-dimethoxy-chinolin-2-carbonsäure-äthylester und $N_2H_4 \cdot H_2O$ (*Borsche, Ried*, A. **554** [1943] 269, 277).

Hellgelbe Kristalle (aus Eg.); F: ca. 315°.

*Opt.-inakt. 5-[[2]Chinolyl-hydroxy-methyl]-imidazolidin-2,4-dion $C_{13}H_{11}N_3O_3$, Formel I.

B. Aus Chinolin-2-carbaldehyd und Imidazolidin-2,4-dion (*Phillips*, Am. Soc. **67** [1945] 744, 746).

Kristalle (aus wss. A.); F: 201–203° [unkorr.; Zers.].

*Opt.-inakt. 5-[[4]Chinolyl-hydroxy-methyl]-imidazolidin-2,4-dion $C_{13}H_{11}N_3O_3$, Formel II.

B. Analog der vorangehenden Verbindung (*Phillips*, Am. Soc. **67** [1945] 744, 747).

Kristalle (aus wss. A.); F: 258–259° [unkorr.; Zers.].

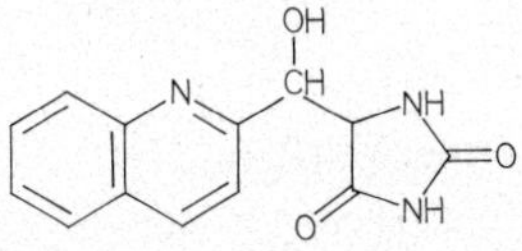

I 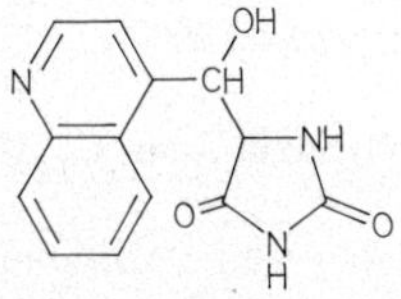   II 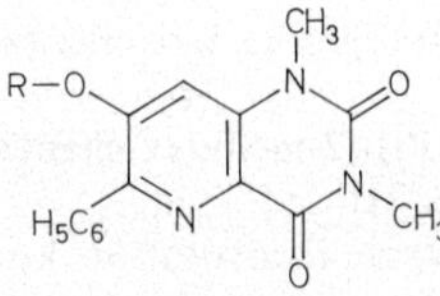   III

Hydroxy-oxo-Verbindungen $C_nH_{2n-17}N_3O_3$

7-Hydroxy-1,3-dimethyl-6-phenyl-1H-pyrido[3,2-d]pyrimidin-2,4-dion $C_{15}H_{13}N_3O_3$, Formel III (R = H).

B. Beim Erwärmen von 5-Amino-1,3,6-trimethyl-1H-pyrimidin-2,4-dion mit Phenylglyoxylsäure-äthylester in Äthanol und wenig Essigsäure und Behandeln des Reaktionsprodukts mit Kaliumäthylat in Äthanol und Äther (*Pfleiderer, Mosthaf*, B. **90** [1957] 738, 743).

Kristalle (aus Eg.) mit 1 Mol H_2O; F: 331–332°.

7-Methoxy-1,3-dimethyl-6-phenyl-1H-pyrido[3,2-d]pyrimidin-2,4-dion $C_{16}H_{15}N_3O_3$, Formel III (R = CH_3).

B. Aus der vorangehenden Verbindung und Diazomethan (*Pfleiderer, Mosthaf*, B. **90** [1957] 738, 744).

Kristalle (aus A.); F: 250°.

4-[6-Methoxy-chinolin-4-carbonyl]-1,5-dimethyl-2-phenyl-1,2-dihydro-pyrazol-3-on
$C_{22}H_{19}N_3O_3$, Formel IV.

B. Aus 1,5-Dimethyl-2-phenyl-1,2-dihydro-pyrazol-3-on beim Erhitzen mit 6-Methoxy-chino≠
lin-4-carbonsäure und P_2O_5 oder mit 6-Methoxy-chinolin-4-carbonylchlorid-hydrochlorid
(*Kaufmann et al.*, B. **75** [1942] 1236, 1243).

F: 130−132°.

5,6-Bis-[2-methoxy-phenyl]-4,5-dihydro-2H-[1,2,4]triazin-3-thion $C_{17}H_{17}N_3O_2S$, Formel V
(X = O-CH₃, X′ = H) und Taut.

B. Aus 5,6-Bis-[2-methoxy-phenyl]-2H-[1,2,4]triazin-3-thion beim Erwärmen mit Zink und
Essigsäure in Äthanol (*Gianturco, Romeo*, G. **82** [1952] 429, 434).

Kristalle (aus Eg.); F: 252°.

5,6-Bis-[4-methoxy-phenyl]-4,5-dihydro-2H-[1,2,4]triazin-3-thion $C_{17}H_{17}N_3O_2S$, Formel V
(X = H, X′ = O-CH₃) und Taut.

B. Analog der vorangehenden Verbindung (*Gianturco, Romeo*, G. **82** [1952] 429, 433).

Kristalle (aus Eg.); F: 160°.

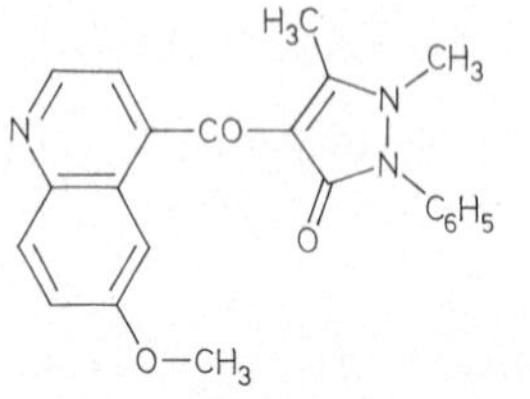

IV 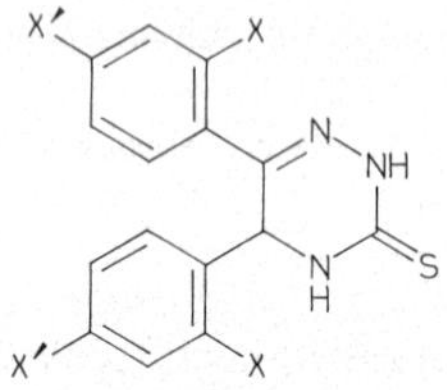   V 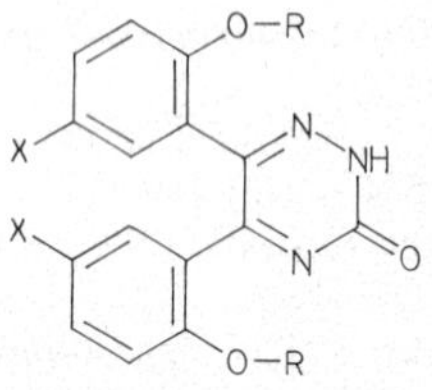   VI

Hydroxy-oxo-Verbindungen $C_nH_{2n-19}N_3O_3$

5,6-Bis-[2-hydroxy-phenyl]-2H-[1,2,4]triazin-3-on $C_{15}H_{11}N_3O_3$, Formel VI (R = X = H) und
Taut.

B. Aus 2,2′-Dihydroxy-benzil und Semicarbazid-hydrochlorid (*Kuhn, Birkofer*, B. **84** [1951]
659, 663).

Orangerote Kristalle (aus Eg.); F: 239−240°.

5,6-Bis-[2-methoxy-phenyl]-2H-[1,2,4]triazin-3-on $C_{17}H_{15}N_3O_3$, Formel VI (R = CH₃,
X = H) und Taut.

Diese Konstitution kommt auch der von *Gianturco* (G. **82** [1952] 595, 599) als 5,6-Bis-[2-
methoxy-phenyl]-[1,2,4]triazin-3-sulfonsäure formulierten Verbindung zu (*Rossi*, G. **83** [1953]
133, 135 Anm.).

B. Aus 2,2′-Dimethoxy-benzil und Semicarbazid-hydrochlorid (*Kuhn, Birkofer*, B. **84** [1951]
659, 663). Aus 5,6-Bis-[2-methoxy-phenyl]-2H-[1,2,4]triazin-3-thion beim Behandeln mit $KMnO_4$
in wss. NaOH (*Gi.*).

Kristalle; F: 217° [aus A.] (*Gi.*), 212° (*Kuhn, Bi.*).

5,6-Bis-[5-brom-2-hydroxy-phenyl]-2H-[1,2,4]triazin-3-on $C_{15}H_9Br_2N_3O_3$, Formel VI (R = H,
X = Br) und Taut.

B. Aus 5,5′-Dibrom-2,2′-dihydroxy-benzil und Semicarbazid-hydrochlorid (*Kuhn, Birkofer*,
B. **84** [1951] 659, 663).

Orangefarbene Kristalle (aus Eg.); F: 259−260°.

5,6-Bis-[2-methoxy-5-nitro-phenyl]-2H-[1,2,4]triazin-3-on $C_{17}H_{13}N_5O_7$, Formel VI (R = CH₃,
X = NO₂) und Taut.

B. Analog der vorangehenden Verbindung (*Moureu et al.*, Bl. **1955** 1155).

Kristalle (aus Eg.); F: 276−277°.

5,6-Bis-[2-methoxy-phenyl]-2H-[1,2,4]triazin-3-thion $C_{17}H_{15}N_3O_2S$, Formel VII und Taut.

B. Aus 2,2'-Dimethoxy-benzil beim Erwärmen mit Thiosemicarbazid-hydrochlorid in wss. Essigsäure oder beim Schmelzen mit Thiosemicarbazid (*Gianturco, Romeo*, G. **82** [1952] 429, 431, 432).

Kristalle (aus Eg.); F: 227−228° (*Gi., Ro.*). λ_{max} (A.): 305 nm (*Gianturco*, G. **82** [1952] 595, 601).

5,6-Bis-[4-methoxy-phenyl]-2H-[1,2,4]triazin-3-on $C_{17}H_{15}N_3O_3$, Formel VIII (R = CH$_3$, X = O) und Taut. (H 274).

Diese Konstitution kommt auch der von *Gianturco* (G. **82** [1952] 595, 599) als 5,6-Bis-[4-methoxy-phenyl]-[1,2,4]triazin-3-sulfonsäure formulierten Verbindung (F: 259°) zu (*Rossi*, G. **83** [1953] 133, 135 Anm.).

B. Aus 5,6-Bis-[4-methoxy-phenyl]-2H-[1,2,4]triazin-3-thion durch Oxidation mit H$_2$O$_2$ (*Polonovski, Pesson*, C. r. **232** [1951] 1260; *Klosa*, Ar. **288** [1955] 465, 468) oder mit KMnO$_4$ (*Gi.*) in wss. NaOH.

F: 262−264° (*Po., Pe.*).

5,6-Bis-[4-hydroxy-phenyl]-2H-[1,2,4]triazin-3-thion $C_{15}H_{11}N_3O_2S$, Formel VIII (R = H, X = S) und Taut.

B. Aus 4,4'-Dihydroxy-benzil und Thiosemicarbazid (*Polonovski, Pesson*, C. r. **232** [1951] 1260).

Hygroskopische Kristalle; F: ca. 270° [Zers.].

VII   VIII   IX

5,6-Bis-[4-methoxy-phenyl]-2H-[1,2,4]triazin-3-thion $C_{17}H_{15}N_3O_2S$, Formel VIII (R = CH$_3$, X = S) und Taut.

B. Aus 4,4'-Dimethoxy-benzil und Thiosemicarbazid (*Klosa*, Ar. **288** [1955] 465, 467; *Gianturco, Romeo*, G. **82** [1952] 429, 431; *Polonovski, Pesson*, C. r. **232** [1951] 1260).

Orangefarbene Kristalle; F: ca. 255° (*Po., Pe.*), 226−227° [aus Eg.] (*Gi., Ro.*). λ_{max} (A.): 317 nm (*Gianturco*, G. **82** [1952] 595, 601).

6a-Methoxy-5,8-dimethyl-5H,8H-chinoxalino[1,2-a]chinoxalin-6,7-dion $C_{18}H_{17}N_3O_3$, Formel IX (R = CH$_3$).

Diese Konstitution kommt wahrscheinlich der E II **25** 233 (Zeile 12 v. o.) beschriebenen Verbindung $C_{18}H_{17}N_3O_3$ (F: 276−278°) zu (*Clark-Lewis, Katekar*, Soc. **1959** 2825, 2826, 2830).

6a-Äthoxy-5,8-dimethyl-5H,8H-chinoxalino[1,2-a]chinoxalin-6,7-dion $C_{19}H_{19}N_3O_3$, Formel IX (R = C$_2$H$_5$).

Diese Konstitution kommt wahrscheinlich der E II **25** 233 (Zeile 13 v. o.) beschriebenen Verbindung $C_{19}H_{19}N_3O_3$ (F: 240°) zu (*Clark-Lewis, Katekar*, Soc. **1959** 2825, 2826).

Hellgelbe Kristalle; F: 243° (*Cl.-Le., Ka.*, l. c. S. 2830).

---

*Opt.-inakt. 4,6-Bis-[2-hydroxy-phenyl]-2-phenyl-1,2,4,5,6,7-hexahydro-pyrazolo[4,3-c]pyridin-3-on $C_{24}H_{21}N_3O_3$, Formel X (X = OH, X' = X'' = H) und Taut.

B. Aus opt.-inakt. 2,6-Bis-[2-hydroxy-phenyl]-4-oxo-piperidin-3-carbonsäure-äthylester (E III/IV **22** 3418) beim Erhitzen mit Phenylhydrazin (*Bhargava, Singh*, J. Indian chem. Soc. **34**

[1957] 105, 107).

Braune Kristalle (aus Acn.); F: 150°.

---

*Opt.-inakt. 4,6-Bis-[3-hydroxy-phenyl]-2-phenyl-1,2,4,5,6,7-hexahydro-pyrazolo[4,3-c]pyridin-3-on C$_{24}$H$_{21}$N$_3$O$_3$, Formel X (X = X'' = H, X' = OH) und Taut.

B. Analog der vorangehenden Verbindung (*Bhargava, Singh*, J. Indian chem. Soc. **34** [1957] 105, 107).

Violette Kristalle (aus Acn.); F: 160°.

---

*Opt.-inakt. 4,6-Bis-[4-hydroxy-phenyl]-2-phenyl-1,2,4,5,6,7-hexahydro-pyrazolo[4,3-c]pyridin-3-on C$_{24}$H$_{21}$N$_3$O$_3$, Formel X (X = X' = H, X'' = OH) und Taut.

B. Analog den vorangehenden Verbindungen (*Bhargava, Saxena*, J. Indian chem. Soc. **35** [1958] 814).

Kristalle (aus Acn.); F: 125°.

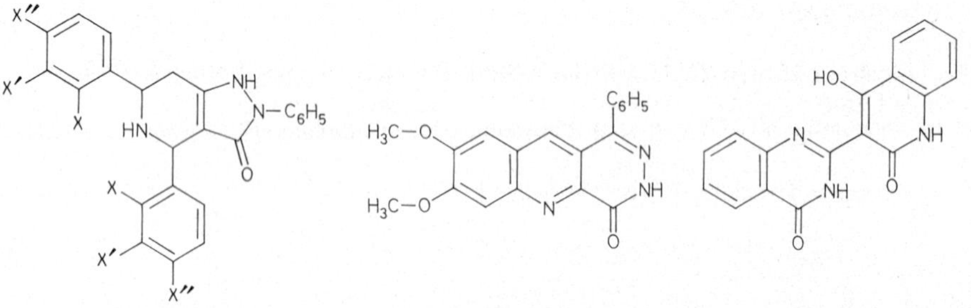

Hydroxy-oxo-Verbindungen C$_n$H$_{2n-23}$N$_3$O$_3$

7,8-Dimethoxy-1-phenyl-3H-pyridazino[4,5-b]chinolin-4-on C$_{19}$H$_{15}$N$_3$O$_3$, Formel XI und Taut.

B. Aus 3-Benzoyl-6,7-dimethoxy-chinolin-2-carbonsäure-äthylester und N$_2$H$_4$·H$_2$O (*Borsche, Ried*, A. **554** [1943] 269, 279).

Kristalle (aus Eg.); F: 316–318°.

2-[4-Hydroxy-2-oxo-1,2-dihydro-[3]chinolyl]-3H-chinazolin-4-on C$_{17}$H$_{11}$N$_3$O$_3$, Formel XII und Taut.

B. Aus [4-Oxo-3,4-dihydro-chinazolin-2-yl]-essigsäure-methylester-[toluol-4-sulfonat] beim Erhitzen mit Anthranilsäure-methylester (*Hardman, Partridge*, Soc. **1954** 3878, 3884).

Kristalle (aus Eg.); F: 353–355° [geringe Zers.]. λ_{max} (wss. NaOH): 220 nm, 285 nm und 305 nm.

Beim Erhitzen mit POCl$_3$ ist eine Verbindung C$_{17}$H$_9$Cl$_2$N$_3$O (Kristalle [aus Bzl.]; F: 260,5–261,5° [Zers.]) erhalten worden.

2,3-Dimethoxy-14-methyl-5-oxo-5,7,8,13-tetrahydro-indolo[2',3':3,4]pyrido[2,1-b]chinazolinium-betain, 2,3-Dimethoxy-14-methyl-7,8-dihydro-14H-indolo[2',3':3,4]pyrido[2,1-b]chinazolin-5-on C$_{21}$H$_{19}$N$_3$O$_3$, Formel XIII und Mesomere.

B. Beim Erhitzen von 2,3,4,9-Tetrahydro-β-carbolin-1-on mit 4,5-Dimethoxy-2-methylamino-benzoesäure-methylester und POCl$_3$ (*Smith, Kline & French Labor.*, U.S.P. 2858251 [1956]).

Kristalle; F: 210–220° [Zers.].

Hydroxy-oxo-Verbindungen C$_n$H$_{2n-27}$N$_3$O$_3$

6-Hydroxy-7-methoxy-5-methyl-5H-chino[3,2-a]phenazin-14-on C$_{21}$H$_{15}$N$_3$O$_3$, Formel XIV (R = H, R' = CH$_3$).

B. Aus 2-Hydroxy-3-methoxy-10-methyl-10H-acridin-1,4,9-trion oder 2,3-Dimethoxy-10-

methyl-10*H*-acridin-1,4,9-trion und *o*-Phenylendiamin (*Crow*, Austral. J. scient. Res. [A] **2** [1949] 264, 270).

Violette Kristalle (aus E. +CHCl₃); F: 258 – 259° [korr.].

Acetyl-Derivat $C_{23}H_{17}N_3O_4$; 6-Acetoxy-7-methoxy-5-methyl-5*H*-chino[3,2-*a*]⁼ phenazin-14-on. Gelbe Kristalle (aus CHCl₃ +PAe.); F: 250 – 251° [korr.].

XIII   XIV   XV

6,7-Dimethoxy-5-methyl-5*H*-chino[3,2-*a*]phenazin-14-on $C_{22}H_{17}N_3O_3$, Formel XIV (R = R′ = CH₃).

B. Aus 3,4-Dimethoxy-10-methyl-10*H*-acridin-1,2,9-trion und *o*-Phenylendiamin (*Crow*, Austral. J. scient. Res. [A] **2** [1949] 264, 269).

Gelbe Kristalle (aus E. +PAe.); F: 244 – 245° [korr.].

7-Äthoxy-6-methoxy-5-methyl-5*H*-chino[3,2-*a*]phenazin-14-on $C_{23}H_{19}N_3O_3$, Formel XIV (R = CH₃, R′ = C₂H₅).

B. Aus 3-Äthoxy-4-methoxy-10-methyl-10*H*-acridin-1,2,9-trion und *o*-Phenylendiamin (*Crow*, *Price*, Austral. J. scient. Res. [A] **2** [1949] 282, 298).

Gelbe Kristalle (aus E. +PAe.); F: 213 – 214° [korr.].

7-Hydroxy-6-methoxy-13-methyl-13*H*-chino[2,3-*a*]phenazin-8-on $C_{21}H_{15}N_3O_3$, Formel XV.

B. Aus 3-Hydroxy-2-methoxy-10-methyl-10*H*-acridin-1,4,9-trion und *o*-Phenylendiamin (*Crow*, *Price*, Austral. J. scient. Res. [A] **2** [1949] 282, 300).

Violettrote Kristalle (aus E.); F: 281 – 283° [unkorr.].

3-[(*E*?)-5-(5-Hydroxy-indol-3-yl)-2-oxo-1,2-dihydro-pyrrol-3-yliden]-indolin-2-on, Violacein $C_{20}H_{13}N_3O_3$, vermutlich Formel I (R = R′ = H).

Konstitution und Konfiguration: *Ballantine et al.*, Soc. **1958** 755, **1960** 2292.

Isolierung aus Chromobacterium violaceum: *Wrede*, *Rothaas*, Z. physiol. Chem. **223** [1934] 113; *Tobie*, J. Bacteriol. **29** [1935] 223; *Strong*, Sci. **100** [1944] 287; *Ba. et al.*, Soc. **1958** 757.

B. Aus 3-[(*E*?)-5-(5-Methoxy-indol-3-yl)-2-oxo-1,2-dihydro-pyrrol-3-yliden]-indolin-2-on beim Erhitzen mit HBr in Essigsäure (*Ballantine et al.*, Pr. chem. Soc. **1958** 232; Soc. **1960** 2298).

Schwarze Kristalle mit grünem Glanz (aus Acn.) mit 0,3 Mol Aceton; violette Kristalle (aus wss. Py.) mit 1 Mol Pyridin (*Ba. et al.*, Soc. **1958** 757, 758). Violette Kristalle (aus 2-Chlor-pyridin + wss. A.) mit 1 Mol 2-Chlor-pyridin; unterhalb 300° nicht schmelzend (*Wrede*, *Swane*, Ar. Pth. **186** [1937] 532, 536). Absorptionsspektrum (A.; 250 – 680 nm): *Ehrismann*, *Noethling*, Bio. Z. **284** [1936] 378, 382; s. a. *Sartory et al.*, C. r. **206** [1938] 950; *Ba. et al.*, Soc. **1960** 2295.

3-[(*E*?)-5-(5-Methoxy-indol-3-yl)-2-oxo-1,2-dihydro-pyrrol-3-yliden]-indolin-2-on, Mono⁼ methylviolacein $C_{21}H_{15}N_3O_3$, vermutlich Formel I (R = H, R′ = CH₃).

B. Beim Erwärmen von 3-[5-(1-Acetyl-5-methoxy-indol-3-yl)-2-oxo-[3]furyliden]-indolin-2-on (F: 310°) mit äthanol. NH₃ (*Ballantine et al.*, Pr. chem. Soc. **1958** 232; Soc. **1960** 2292, 2298). Aus Violacein (s. o.) und Diazomethan (*Ba. et al.*).

Schwarze Kristalle; F: >310° (*Ba. et al.*, Soc. **1960** 2298).

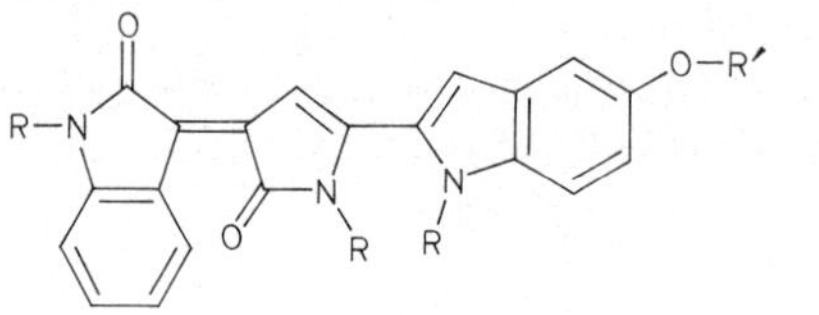

I

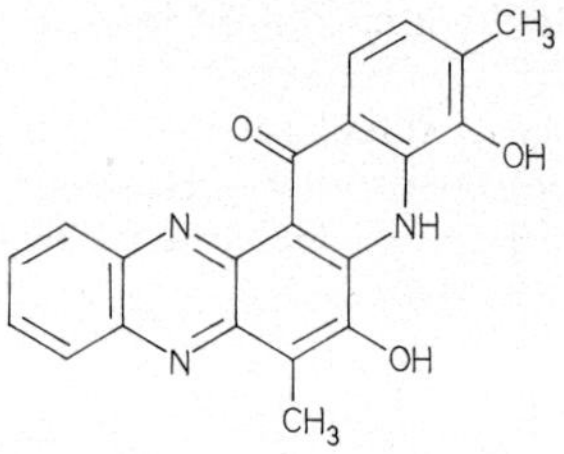

II

3-[(*E*?)-5-(5-Methoxy-1-methyl-indol-3-yl)-1-methyl-2-oxo-1,2-dihydro-pyrrol-3-yliden]-1-methyl-indolin-2-on, Tetramethylviolacein $C_{24}H_{21}N_3O_3$, vermutlich Formel I (R = R′ = CH₃).

B. Aus Violacein (s. o.) und Dimethylsulfat (*Ballantine et al.,* Soc. **1958** 755, 758, **1960** 2292, 2299).

Blaue Kristalle; F: 220° [aus E.] bzw. 218° [aus A.] (*Ba. et al.,* Soc. **1958** 758; s. a. *Ba. et al.,* Soc. **1960** 2299). Benzolhaltige bronzefarbene Kristalle (aus Bzl.), F: 128° (*Ba. et al.,* Soc. **1960** 2299); benzolhaltige blaue Kristalle (aus Bzl.), F: 127° (*Ba. et al.,* Soc. **1958** 758). λ_{max} (A.): 270 nm, 376 nm und 580 nm (*Ba. et al.,* Soc. **1958** 758).

4,6-Dihydroxy-3,7-dimethyl-5*H*-chino[3,2-*a*]phenazin-14-on $C_{21}H_{15}N_3O_3$, Formel II und Taut.

B. Aus 2,5-Dihydroxy-3,6-dimethyl-10*H*-acridin-1,4,9-trion (E III/IV **21** 6733) und *o*-Phenylendiamin (*Brockmann, Muxfeldt,* B. **89** [1956] 1379, 1394).

Kristalle; Zers. > 240°.

Triacetyl-Derivat $C_{27}H_{21}N_3O_6$; 4,6-Diacetoxy-5-acetyl-3,7-dimethyl-5*H*-chino[3,2-*a*]phenazin-14-on(?). Hellgelbe Kristalle (aus Toluol); F: 258°.

Hydroxy-oxo-Verbindungen $C_nH_{2n-29}N_3O_3$

5-[2,4-Dimethoxy-phenyl]-phthalazino[1,2-*b*]chinazolin-8-on $C_{23}H_{17}N_3O_3$, Formel III.

Diese Konstitution kommt der von *Engels et al.* (Soc. **1959** 2694, 2696) als 5-[2,4-Dimethoxy-phenyl]-benzo[5,6][1,2,4]triazepino[3,4-*a*]isoindol-12-on $C_{23}H_{17}N_3O_3$ formulierten Verbindung zu (*Lamchen,* Soc. [C] **1966** 573).

B. Aus 6a-[2,4-Dimethoxy-phenyl]-6a*H*-benz[4,5][1,3]oxazino[2,3-*a*]isoindol-5,11-dion (über diese Verbindung s. *Abramowitz, Lamchen,* Soc. **1965** 2165, 2173) und $N_2H_4 \cdot H_2O$ (*En. et al.,* l. c. S. 2697).

Kristalle (aus CHCl₃); F: 271 – 272° (*En. et al.*). IR-Banden (Nujol; 1720 – 1470 cm⁻¹): *En. et al.* λ_{max}: 230 nm, 283 nm, 305 nm, 328 nm und 342 nm (*En. et al.*).

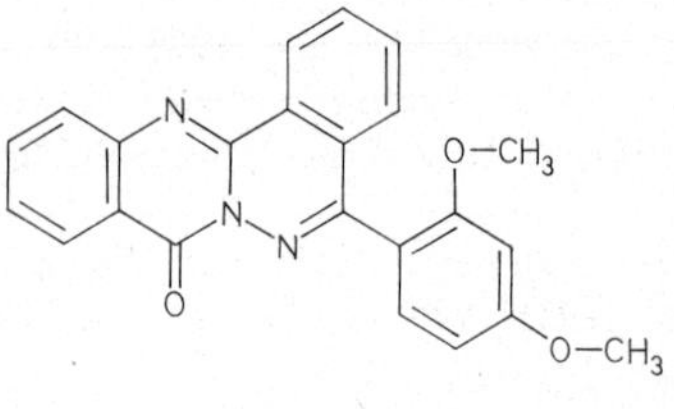

III

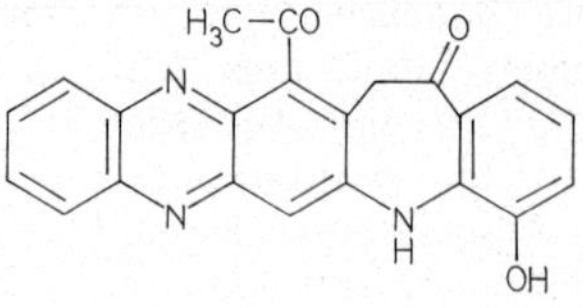

IV

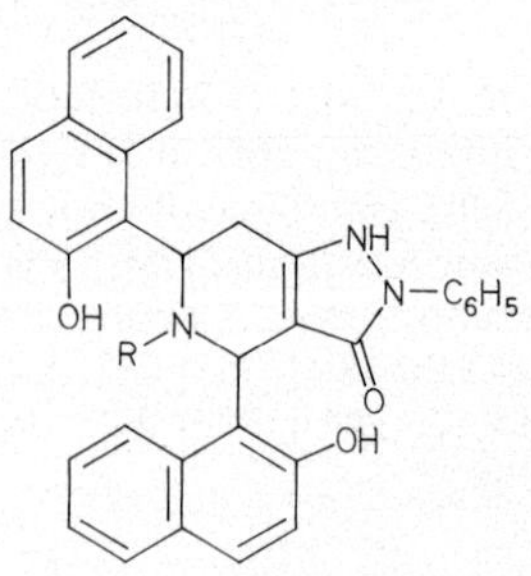

V

13-Acetyl-4-hydroxy-5,14-dihydro-benz[6,7]azepino[2,3-*b*]phenazin-15-on $C_{22}H_{15}N_3O_3$, Formel IV und Taut. (z. B. 1-[4,15-Dihydro-5*H*-benz[6,7]azepino[2,3-*b*]phenazin-13-yl]-äthanon).

B. Aus 1-Acetyl-3,6-dihydroxy-11*H*-dibenz[*b,f*]azepin-2,10-dion und *o*-Phenylendiamin (*Bute=*

nandt et al., A. **603** [1957] 200, 215).

Gelbe Kristalle (aus Acn. + H_2O); Zers. bei $276-279°$.

Diacetyl-Derivat $C_{26}H_{19}N_3O_5$; [4,15-Diacetoxy-5H-benz[6,7]azepino[2,3-b]≠
phenazin-13-yl]-äthanon. Kristalle (aus Acn.); F: $225-232°$ [Zers.] (*Bu. et al.*, l. c. S. 216).
λ_{max} (A.): 222 nm, 248 nm, 316 nm, 330 nm, 395 nm und 419 nm.

Hydroxy-oxo-Verbindungen $C_nH_{2n-31}N_3O_3$

*Opt.-inakt. 4,6-Bis-[2-hydroxy-[1]naphthyl]-2-phenyl-1,2,4,5,6,7-hexahydro-pyrazolo[4,3-*c*]≠
pyridin-3-on $C_{32}H_{25}N_3O_3$, Formel V (R = H) und Taut.

B. Aus opt.-inakt. 2,6-Bis-[2-hydroxy-[1]naphthyl]-4-oxo-piperidin-3-carbonsäure-äthylester
(E III/IV **22** 3424) und Phenylhydrazin (*Bhargava, Singh*, J. Indian chem. Soc. **34** [1957] 105,
107).

Schwarze Kristalle (aus Acn.); F: 280°.

*Opt.-inakt. 4,6-Bis-[2-hydroxy-[1]naphthyl]-5-methyl-2-phenyl-1,2,4,5,6,7-hexahydro-
pyrazolo[4,3-*c*]pyridin-3-on $C_{33}H_{27}N_3O_3$, Formel V (R = CH$_3$) und Taut.

B. Analog der vorangehenden Verbindung (*Bhargava, Saxena*, J. Indian chem. Soc. **35** [1958]
814).

Schwarze Kristalle (aus Ae.); F: 183°.

3. Hydroxy-oxo-Verbindungen mit 4 Sauerstoff-Atomen

Hydroxy-oxo-Verbindungen $C_nH_{2n-9}N_3O_4$

1-Hexyl-5,6-dihydroxy-1H-benzotriazol-4,7-dion $C_{12}H_{15}N_3O_4$, Formel VI (R = [CH$_2$]$_5$-CH$_3$) und Taut.

B. Aus 1-Hexyl-1H-[1,2,3]triazol-4,5-dicarbaldehyd und Dinatrium-[1,2-dihydroxy-äthan-1,2-disulfonat] mit Hilfe von KCN, wss. Na$_2$CO$_3$ und Luft (*Weygand, Henkel,* B. **76** [1943] 818, 822).

Rote Kristalle (aus Dioxan + H$_2$O); F: 166−167°. Absorptionsspektrum (wss. Eg.; 400−600 nm): *We., He.,* l. c. S. 820. Redoxpotential (wss. Eg.): *We., He.,* l. c. S. 821.

Die folgenden Verbindungen sind in analoger Weise hergestellt worden:

1-Dodecyl-5,6-dihydroxy-1H-benzotriazol-4,7-dion $C_{18}H_{27}N_3O_4$, Formel VI (R = [CH$_2$]$_{11}$-CH$_3$) und Taut. Rote Kristalle (aus Dioxan + H$_2$O); F: 158−162°. Absorptions≈spektrum (wss. Eg.; 400−600 nm): *We., He.* Redoxpotential (wss. Eg.): *We., He.*

5,6-Dihydroxy-1-phenyl-1H-benzotriazol-4,7-dion $C_{12}H_7N_3O_4$, Formel VI (R = C$_6$H$_5$) und Taut. (H 275). Rote Kristalle (aus wss. Eg.) mit 0,5 Mol H$_2$O; F: 270° [Zers.]. Absorptionsspektrum (wss. Eg.; 400−600 nm): *We., He.*

1-Benzyl-5,6-dihydroxy-1H-benzotriazol-4,7-dion $C_{13}H_9N_3O_4$, Formel VI (R = CH$_2$-C$_6$H$_5$) und Taut. Rote Kristalle (aus wss. A. + wenig Eg.); F: 200−203°. Absorp≈tionsspektrum (wss. Eg.): *We., He.*

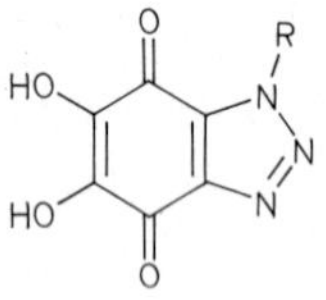

VI 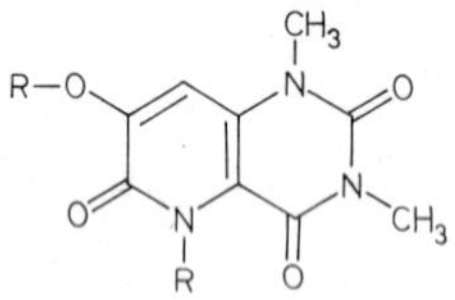   VII 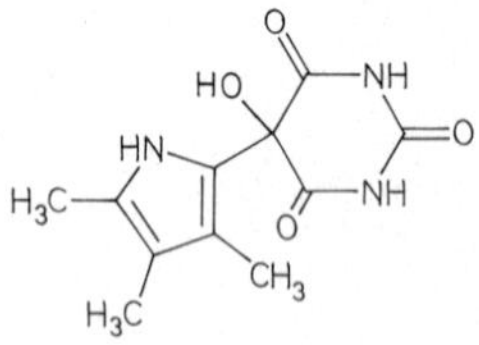   VIII 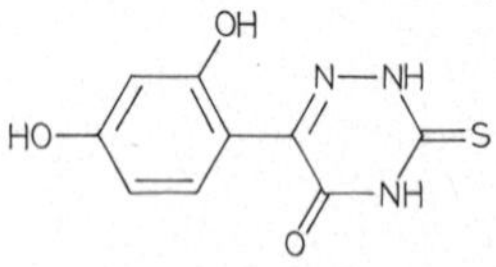   IX

7-Hydroxy-1,3-dimethyl-1,5-dihydro-pyrido[3,2-d]pyrimidin-2,4,6-trion $C_9H_9N_3O_4$, Formel VII (R = H) und Taut.

B. Aus 5-Amino-1,3,6-trimethyl-1H-pyrimidin-2,4-dion und Oxalsäure-diäthylester mit Hilfe von Kaliumäthylat (*Pfleiderer, Mosthaf,* B. **90** [1957] 738, 743).

Kristalle (aus Eg.); F: 368°.

7-Methoxy-1,3,5-trimethyl-1,5-dihydro-pyrido[3,2-d]pyrimidin-2,4,6-trion $C_{11}H_{13}N_3O_4$, Formel VII (R = CH$_3$).

B. Aus der vorangehenden Verbindung und Diazomethan (*Pfleiderer, Mosthaf,* B. **90** [1957] 738, 743).

Kristalle (aus A.); F: 275−278°.

5-Hydroxy-5-[3,4,5-trimethyl-pyrrol-2-yl]-barbitursäure $C_{11}H_{13}N_3O_4$, Formel VIII.

B. Aus Alloxan (E III/IV **24** 2137) und 2,3,4-Trimethyl-pyrrol (*Treibs et al.,* A. **612** [1958] 229, 239).

Kristalle; Zers. bei ca. 200° [Rotfärbung ab 150°].

Hydroxy-oxo-Verbindungen $C_nH_{2n-11}N_3O_4$

6-[2,4-Dihydroxy-phenyl]-3-thioxo-3,4-dihydro-2H-[1,2,4]triazin-5-on $C_9H_7N_3O_3S$, Formel IX und Taut.

B. Beim Behandeln von [2,4-Dihydroxy-phenyl]-thiosemicarbazono-essigsäure (aus [2,4-Di‍hydroxy-phenyl]-glyoxylsäure hergestellt) mit wss. Alkali (*Hagenbach et al.*, Ang. Ch. **66** [1954] 359, 361).

Gelbe Kristalle (aus Dioxan); F: 312° [Zers.].

Die folgenden Verbindungen sind in analoger Weise hergestellt worden:

6-[3,4-Dihydroxy-phenyl]-3-thioxo-3,4-dihydro-2H-[1,2,4]triazin-5-on $C_9H_7N_3O_3S$, Formel X (R = R' = H) und Taut. Gelbe Kristalle (aus wss. Py.); F: 310−320° [Zers.].

6-[4-Hydroxy-3-methoxy-phenyl]-3-thioxo-3,4-dihydro-2H-[1,2,4]triazin-5-on $C_{10}H_9N_3O_3S$, Formel X (R = CH_3, R' = H) und Taut. Gelbe Kristalle (aus wss. Py.); F: 274−276° [Zers.].

6-[3,4-Dimethoxy-phenyl]-3-thioxo-3,4-dihydro-2H-[1,2,4]triazin-5-on $C_{11}H_{11}N_3O_3S$, Formel X (R = R' = CH_3) und Taut. Gelbe Kristalle (aus wss. Dioxan); F: 276° [Zers.].

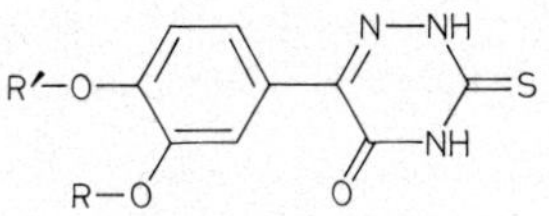

X 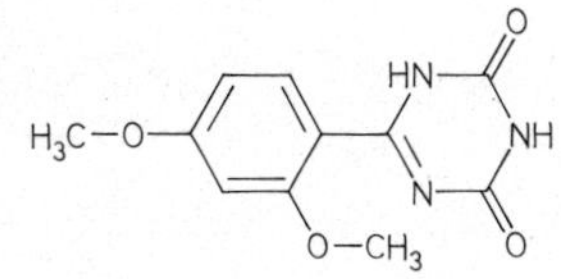   XI 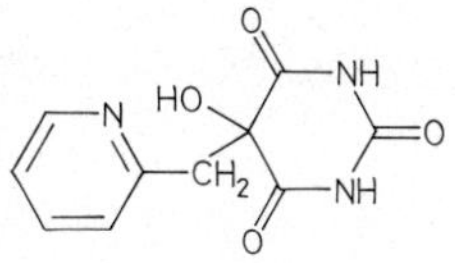   XII

6-[2,4-Dimethoxy-phenyl]-1H-[1,3,5]triazin-2,4-dion $C_{11}H_{11}N_3O_4$, Formel XI und Taut.

B. Aus 1-[2,4-Dimethoxy-benzoyl]-biuret beim Behandeln mit wss. NaOH (*Am. Cyanamid Co.*, D.B.P. 926976 [1951]).

F: ca. 254° [Zers.].

5-Hydroxy-5-[2]pyridylmethyl-barbitursäure $C_{10}H_9N_3O_4$, Formel XII.

B. Aus Alloxan (E III/IV 24 2137) beim Erhitzen mit 2-Methyl-pyridin (*McElvain, Johnson*, Am. Soc. **63** [1941] 2213, 2216).

Kristalle mit 1 Mol H_2O; F: 230−231°.

Hydroxy-oxo-Verbindungen $C_nH_{2n-13}N_3O_4$

20'-Hydroxy-spiro[cyclohexan-1,18'-(5,9,14-triaza-bicyclo[17.3.1]tricosa-1(23),19,21-trien)]-4,4',15'-trion, 19'-Hydroxy-spiro[cyclohexan-1,17'-(4,8,13-triaza-[17]metacyclophan)]-4,3',14'-trion, 14,15,28,29-Tetrahydro-1,2-seco-lunarin [1]), Hexahydrolunarin $C_{25}H_{37}N_3O_4$, Formel I.

Konstitution: *Poupat et al.*, Tetrahedron **28** [1972] 3087, 3094.

B. Bei der Hydrierung von Lunarin (Syst.-Nr. 4673) an Platin in Äthanol oder neben Hexa‍hydrolunarinol ($C_{25}H_{39}N_3O_4$; Kristalle [aus THF]; F: 165° [korr.]; $[\alpha]_D^{20}$: +126,5° [A.; c = 0,148]; IR-Spektrum [2−16 μ]) in Methanol (*Potier, Le Men*, Bl. **1959** 456).

IR-Spektrum (2−16 μ) und UV-Spektrum (220−320 nm): *Po., Le Men.*

___

[1]) Bei von **Lunarin** abgeleiteten Namen gilt die in Formel II angegebene Stellungsbezeichnung (*Poupat et al.*, Tetrahedron **28** [1972] 3087).

I   II

Hydroxy-oxo-Verbindungen $C_nH_{2n-15}N_3O_4$

7,8-Dimethoxy-1H-pyrimido[4,5-b]chinolin-2,4-dion $C_{13}H_{11}N_3O_4$, Formel III und Taut.

B. Aus Barbitursäure und *N*-[2-Amino-4,5-dimethoxy-benzyliden]-*p*-toluidin (*Borsche et al.*, A. **550** [1942] 160, 168).

Gelbe Kristalle (aus Eg.); F: 358−360°.

III   IV   V

6,7-Dimethoxy-2,3-dihydro-pyridazino[4,5-b]chinolin-1,4-dion $C_{13}H_{11}N_3O_4$, Formel IV und Taut.

B. Aus 7,8-Dimethoxy-chinolin-2,3-dicarbonsäure-diäthylester und N_2H_4 (*Ried et al.*, B. **85** [1952] 204, 214).

Gelbe Kristalle (aus wss. Eg.); F: 261°.

(4$\varXi$)-4'-Hydroxy-3'-methoxy-17'-methyl-spiro[imidazolidin-4,6'-morphinan]-2,5-dion $C_{20}H_{25}N_3O_4$, Formel V.

B. Aus (−)-Dihydrothebainon (E III/IV **21** 6528) beim Erwärmen mit NaCN und $[NH_4]_2CO_3$ in wss. Äthanol (*Komeno*, J. pharm. Soc. Japan **71** [1951] 646; C. A. **1952** 8118).

Kristalle (aus A.) mit 2 Mol H_2O; Zers. bei 297−298°.

Hydrochlorid $C_{20}H_{25}N_3O_4 \cdot HCl$. Kristalle (aus Me. + E.); Zers. bei 332°.

Picrat $C_{20}H_{25}N_3O_4 \cdot C_6H_3N_3O_7$. Gelbe Kristalle (aus H_2O); Zers. bei 270°.

Hydroxy-oxo-Verbindungen $C_nH_{2n-17}N_3O_4$

5-[2]Chinolylmethyl-5-hydroxy-barbitursäure $C_{14}H_{11}N_3O_4$, Formel VI.

B. Aus Alloxan (E III/IV **24** 2137) beim Erhitzen mit Chinaldin (*McElvain, Johnson*, Am. Soc. **63** [1941] 2213, 2216).

F: 238−240°.

20'-Hydroxy-spiro[cyclohexan-1,18'-(5,9,14-triaza-bicyclo[17.3.1]tricosa-1(23),2t,16t,19,21-pentaen)]-4,4',15'-trion, 19'-Hydroxy-spiro[cyclohexan-1,17'-(4,8,13-triaza-[17]metacyclopha-1t,15t-dien)]-4,3',14'-trion, 1,2-Seco-lunarin, Numismin $C_{25}H_{33}N_3O_4$, Formel VII.

Konstitution und Konfiguration: *Poupat et al.*, Tetrahedron **28** [1972] 3087, 3094.

Isolierung aus den Samen von Lunaria biennis: *Potier et al.*, Bl. **1959** 201.

Kristalle (aus Acn.); F: 278−280° [vorgeheizter App.] (*Pot. et al.*). IR-Spektrum (2−16 μ)

und UV-Spektrum (neutrale sowie alkal. Lösung; 225 – 375 nm): *Pot. et al.* – Über eine gelbe Form (Lunariamin; F: 290° [korr.; vorgeheizter App.] bzw. F: 248° [korr.; Kapillare]; $[\alpha]_D$: +9° [wss. HCl]; IR-Spektrum [2 – 16 μ]; Absorptionsspektrum [210 – 700 nm]) s. *Janot, LeMen,* Bl. **1956** 1840; s. dazu auch *Pou. et al.*

VI   VII   VIII

Hydroxy-oxo-Verbindungen $C_nH_{2n-19}N_3O_4$

6-Methoxy-1-methyl-2-[2,4,6-trioxo-tetrahydro-pyrimidin-5-ylidenmethyl]-chinolinium $[C_{16}H_{14}N_3O_4]^+$, Formel VIII (R = H).

Jodid $[C_{16}H_{14}N_3O_4]$I. *B.* Aus 6-Methoxy-1,2-dimethyl-chinolinium-jodid und Alloxan [E III/ IV **24** 2137] (*Zenno,* J. Soc. Phot. Sci. Technol. Japan **19** [1956] 84, 87; C. A. **1957** 8757). – Rötlichbraun; F: 281°.

2-[1,3-Dimethyl-2,4,6-trioxo-tetrahydro-pyrimidin-5-ylidenmethyl]-6-methoxy-1-methyl-chinolinium $[C_{18}H_{18}N_3O_4]^+$, Formel VIII (R = CH$_3$).

Bromid $[C_{18}H_{18}N_3O_4]$Br. *B.* Aus 6-Methoxy-1,2-dimethyl-chinolium-bromid und 5,5-Di≠ brom-1,3-dimethyl-barbitursäure (*Zenno,* J. Soc. Phot. Sci. Technol. Japan **19** [1956] 84, 87; C. A. **1957** 8758). – Rötlich; F: >300°.

4. Hydroxy-oxo-Verbindungen mit 5 Sauerstoff-Atomen

Hydroxy-oxo-Verbindungen $C_nH_{2n-11}N_3O_5$

5-[4-Acetyl-3,5-dimethyl-pyrrol-2-yl]-5-hydroxy-barbitursäure $C_{12}H_{13}N_3O_5$, Formel IX.

B. Aus Alloxan (E III/IV **24** 2137) und 1-[2,4-Dimethyl-pyrrol-3-yl]-äthanon (*Treibs et al.*, A. **612** [1958] 229, 240).

Kristalle (aus wss. A.), die bei 187° sintern [Braunfärbung].

Hydroxy-oxo-Verbindungen $C_nH_{2n-19}N_3O_5$

*Opt.-inakt. 4,6-Bis-[4-hydroxy-3-methoxy-phenyl]-2-phenyl-1,2,4,5,6,7-hexahydro-pyrazolo=[4,3-c]pyridin-3-on $C_{26}H_{25}N_3O_5$, Formel X (R = H).

B. Aus opt.-inakt. 2,6-Bis-[4-hydroxy-3-methoxy-phenyl]-4-oxo-piperidin-3-carbonsäure-äthylester (E III/IV **22** 3443) beim Erhitzen mit Phenylhydrazin (*Bhargava, Singh*, J. Indian chem. Soc. **34** [1957] 105, 107).

Gelbe Kristalle (aus CHCl₃); F: 128°.

*Opt.-inakt. 4,6-Bis-[3,4-dimethoxy-phenyl]-2-phenyl-1,2,4,5,6,7-hexahydro-pyrazolo[4,3-c]=pyridin-3-on $C_{28}H_{29}N_3O_5$, Formel X (R = CH₃).

B. Analog der vorangehenden Verbindung (*Bhargava, Singh*, J. Indian chem. Soc. **34** [1957] 105, 107).

Gelbe Kristalle (aus Me.); F: 138°.   [*U. Müller*]

Sachregister

Das folgende Register enthält die Namen der in diesem Band abgehandelten Verbindungen im allgemeinen mit Ausnahme der Namen von Salzen, deren Kat≠ionen aus Metall-Ionen, Metallkomplex-Ionen oder protonierten Basen bestehen, und von Additionsverbindungen.

Die im Register aufgeführten Namen („Registernamen") unterscheiden sich von den im Text verwendeten Namen im allgemeinen dadurch, dass Substitutionspräfixe und Hydrierungsgradpräfixe hinter den Stammnamen gesetzt („invertiert") sind, und dass alle zur Konfigurationskennzeichnung dienenden genormten Präfixe und Symbole (s. „Stereochemische Bezeichnungsweisen") weggelassen sind.

Der Registername enthält demnach die folgenden Bestandteile in der angegebenen Reihenfolge:

1. den Register-Stammnamen (in Fettdruck); dieser setzt sich, sofern nicht ein Radikofunktionalname (s.u.) vorliegt, zusammen aus
   a) dem Stammvervielfachungsaffix (z.B. Bi in [1,2′]Binaphthyl),
   b) stammabwandelnden Präfixen[1]),
   c) dem Namensstamm (z.B. Hex in Hexan; Pyrr in Pyrrol),
   d) Endungen (z.B. an, en, in zur Kennzeichnung des Sättigungszustandes von Kohlenstoff-Gerüsten; ol, in, olidin zur Kennzeichnung von Ringgrösse und Sättigungszustand bei Heterocyclen; ium, id zur Kennzeichnung der Ladung eines Ions),
   e) dem Funktionssuffix zur Kennzeichnung der Hauptfunktion (z.B. -säure, -carbonsäure, -on, -ol),
   f) Additionssuffixen (z.B. oxid in Äthylenoxid, Pyridin-1-oxid).

2. Substitutionspräfixe*), d.h. Präfixe, die den Ersatz von Wasserstoff-Atomen durch andere Atome oder Gruppen („Substituenten") kennzeichnen (z.B. Äthyl-chlor in 2-Äthyl-1-chlor-naphthalin; Epoxy in 1,4-Epoxy-p-menthan).

3. Hydrierungsgradpräfixe (z.B. Hydro in 1,2,3,4-Tetrahydro-naphthalin; Dehydro in 4,4′-Didehydro-β,β'-carotin-3,3′-dion).

4. Funktionsabwandlungssuffixe (z.B. -oxim in Aceton-oxim; -methylester in Bern≠steinsäure-dimethylester; -anhydrid in Benzoesäure-anhydrid).

---

[1]) Zu den stammabwandelnden Präfixen gehören:
Austauschpräfixe*) (z.B. Oxa in 3,9-Dioxa-undecan; Thio in Thioessigsäure),
Gerüstabwandlungspräfixe (z.B. Cyclo in 2,5-Cyclo-benzocyclohepten; Bicyclo in Bicyclo≠[2.2.2]octan; Spiro in Spiro[4.5]decan; Seco in 5,6-Seco-cholestan-5-on; Iso in Isopentan),
Brückenpräfixe*) (nur in Namen verwendet, deren Stamm ein Ringgerüst ohne Seitenkette bezeichnet; z.B. Methano in 1,4-Methano-naphthalin; Epoxido in 4,7-Epoxido-inden [zum Stammnamen gehörig im Gegensatz zu dem bedeutungsgleichen Substitutionspräfix Epoxy]),
Anellierungspräfixe (z.B. Benzo in Benzocyclohepten; Cyclopenta in Cyclopenta[a]phen≠anthren),
Erweiterungspräfixe (z.B. Homo in D-Homo-androst-5-en),
Subtraktionspräfixe (z.B. Nor in A-Nor-cholestan; Desoxy in 2-Desoxy-hexose).

Beispiele:

Dibrom-chlor-methan wird registriert als **Methan**, Dibrom-chlor-;
meso-1,6-Diphenyl-hex-3-in-2,5-diol wird registriert als **Hex-3-in-2,5-diol**, 1,6-Diphenyl-;
4a,8a-Dimethyl-octahydro-naphthalin-2-on-semicarbazon wird registriert als
   Naphthalin-2-on, 4a,8a-Dimethyl-octahydro-, semicarbazon;
5,6-Dihydroxy-hexahydro-4,7-ätheno-isobenzofuran-1,3-dion wird registriert als
   4,7-Ätheno-isobenzofuran-1,3-dion, 5,6-Dihydroxy-hexahydro-;
1-Methyl-chinolinium wird registriert als **Chinolinium**, 1-Methyl-.

Besondere Regelungen gelten für Radikofunktionalnamen, d.h. Namen, die aus einer oder mehreren Radikalbezeichnungen und der Bezeichnung einer Funktions≠ klasse (z.B. Äther) oder eines Ions (z.B. Chlorid) zusammengesetzt sind:

a) Bei Radikofunktionalnamen von Verbindungen deren (einzige) durch einen Funktionsklassen-Namen oder Ionen-Namen bezeichnete Funktionsgruppe mit nur einem (einwertigen) Radikal unmittelbar verknüpft ist, umfasst der Register-Stammname die Bezeichnung des Radikals und die Funktionsklassenbezeichnung (oder Ionenbezeichnung) in unveränderter Reihenfolge; ausgenommen von dieser Regelung sind jedoch Radikofunktionalnamen, die auf die Bezeichnung eines sub≠ stituierbaren (d.h. Wasserstoff-Atome enthaltenden) Anions enden (s. unter c)). Präfixe, die eine Veränderung des Radikals ausdrücken, werden hinter den Stamm≠ namen gesetzt[2]).

Beispiele:

Äthylbromid, Phenyllithium und Butylamin werden unverändert registriert;
4′-Brom-3-chlor-benzhydrylchlorid wird registriert als **Benzhydrylchlorid**,4′-Brom-3-chlor-;
1-Methyl-butylamin wird registriert als **Butylamin**, 1-Methyl-.

b) Bei Radikofunktionalnamen von Verbindungen mit einem mehrwertigen Radi≠ kal, das unmittelbar mit den durch Funktionsklassen-Namen oder Ionen-Namen bezeichneten Funktionsgruppen verknüpft ist, umfasst der Register-Stammname die Bezeichnung dieses Radikals und die (gegebenenfalls mit einem Vervielfa≠ chungsaffix versehene) Funktionsklassenbezeichnung (oder Ionenbezeichnung), nicht aber weitere im Namen enthaltene Radikalbezeichnungen, auch wenn sie sich auf unmittelbar mit einer der Funktionsgruppen verknüpfte Radikale beziehen.

Beispiele:

Äthylendiamin und Äthylenchlorid werden unverändert registriert;
N,N-Diäthyl-äthylendiamin wird registriert als **Äthylendiamin**, *N,N*-Diäthyl-;
6-Methyl-1,2,3,4-tetrahydro-naphthalin-1,4-diyldiamin wird registriert als **Naphthalin-1,4-diyldiamin**, 6-Methyl-1,2,3,4-tetrahydro-.

c) Bei Radikofunktionalnamen, deren (einzige) Funktionsgruppe mit mehreren Radikalen unmittelbar verknüpft ist oder deren als Anion bezeichnete Funktions≠ gruppe Wasserstoff-Atome enthält, besteht der Register-Stammname nur aus der Funktionsklassenbezeichnung (oder Ionenbezeichnung); die Radikalbezeichnungen werden dahinter angeordnet.

Beispiele:

Benzyl-methyl-amin wird registriert als **Amin**, Benzyl-methyl-;
Äthyl-trimethyl-ammonium wird registriert als **Ammonium**, Äthyl-trimethyl-;

---

[2]) Namen mit Präfixen, die eine Veränderung des als Anion bezeichneten Molekülteils ausdrücken sollen (z.B. Methyl-chloracetat), werden im Handbuch nicht mehr verwendet.

Diphenyläther wird registriert als **Äther,** Diphenyl-;
[2-Äthyl-[1]naphthyl]-phenyl-keton-oxim wird registriert als **Keton,** [2-Äthyl-[1]naphthyl]-phenyl-, oxim.

Nach der sog. Konjunktiv-Nomenklatur gebildete Namen (z.B. Cyclohexan=methanol, 2,3-Naphthalindiessigsäure) werden im Handbuch nicht mehr verwendet.

Massgebend für die Anordnung von Verbindungsnamen sind in erster Linie die nicht kursiv gesetzten Buchstaben des Register-Stammnamens; in zweiter Linie werden die durch Kursivbuchstaben und/oder Ziffern repräsentierten Differenzie=rungsmarken des Register-Stammnamens berücksichtigt; erst danach entscheiden die nachgestellten Präfixe und zuletzt die Funktionsabwandlungssuffixe.

Beispiele:

o-**Phenylendiamin,** 3-Brom- erscheint unter dem Buchstaben P nach *m*-**Phenylendiamin,** 2,4,6-Trinitro-;

Cyclopenta[*b*]naphthalin, 1-Brom-1*H*- erscheint nach **Cyclopenta[*a*]naphthalin,** 3-Methyl-1*H*-;

Aceton, 1,3-Dibrom-, hydrazon erscheint nach **Aceton,** Chlor-, oxim.

Mit Ausnahme von deuterierten Verbindungen werden isotopen-markierte Prä=parate im allgemeinen nicht ins Register aufgenommen. Sie werden im Artikel der nicht markierten Verbindung erwähnt, wenn der Originalliteratur hinreichend bedeutende Bildungsweisen zu entnehmen sind.

Von griechischen Zahlwörtern abgeleitete Namen oder Namensteile sind einheit=lich mit c (nicht mit k) geschrieben.

Die Buchstaben i und j werden unterschieden. Die Umlaute ä, ö und ü gelten hinsichtlich ihrer alphabetischen Einordnung als ae, oe bzw. ue.

---

*) Verzeichnis der in systematischen Namen verwendeten Substitutionspräfixe, Austausch=präfixe und Brückenpräfixe s. Gesamtregister, Sachregister für Band 5 S. V–XXXVI.

Subject Index

The following index contains the names of compounds dealt with in this volume, with the exception of salts whose cations are formed by metal ions, complex metal ions or protonated bases; addition compounds are likewise omitted.

The names used in the index (Index Names) are different from the systematic nomenclature used in the text only insofar as Substitution and Degree-of-Unsaturation Prefices are placed after the name (inverted), and all configurational prefices and symbols (see "Stereochemical Conventions") are omitted.

The Index Names are comprised of the following components in the order given:

1. the Index-Stem-Name (boldface type); this (insofar as a Radicofunctional name is not involved) is in turn made up of:
   a) the Parent-Multiplier (e.g. bi in [1,2']Binaphthyl),
   b) Parent-Modifying Prefices[1],
   c) the Parent-Stem (e.g. Hex in Hexan, Pyrr in Pyrrol),
   d) endings (e.g. an, en, in defining the degree of unsaturation in the hydrocarbon entity; ol, in, olidin, referring to the ring size and degree of unsaturation of heterocycles; ium, id, indicating the charge of ions),
   e) the Functional-Suffix, indicating the main chemical function (e.g. -säure, -carbonsäure, -on, -ol),
   f) the Additive-Suffix (e.g. oxid in Äthylenoxid, Pyridin-1-oxid).

2. Substitutive Prefices*, i.e., prefices which denote the substitution of Hydrogen atoms with other atoms or groups (substituents) (e.g. äthyl and chlor in 2-Äthyl-1-chlor-naphthalin; epoxy in 1,4-Epoxy-p-menthan).

3. Hydrogenation-Prefices (e.g. hydro in 1,2,3,4-Tetrahydro-naphthalin; dehydro in 4,4'-Didehydro-β,β'-carotin-3,3'-dion).

4. Function-Modifying-Suffices (e.g. oxim in Aceton-oxim; methylester in Bernsteinsäure-dimethylester; anhydrid in Benzoesäure-anhydrid).

---

[1] Parent-Modifying Prefices include the following:

Replacement Prefices* (e.g. oxa in 3,9-Dioxa-undecan; thio in Thioessigsäure),

Skeleton Prefices (e.g. cyclo in 2,5-Cyclo-benzocyclohepten; bicyclo in Bicyclo[2.2.2]octan; spiro in Spiro[4.5]decan; seco in 5,6-Seco-cholestan-5-on; iso in Isopentan),

Bridge Prefices* (only used for names of which the Parent is a ring system without a side chain), e.g. methano in 1,4-Methano-naphthalin; epoxido in 4,7-Epoxido-inden (used here as part of the Stem-name in preference to the Substitutive Prefix epoxy),

Fusion Prefices (e.g. benzo in Benzocyclohepten, cyclopenta in Cyclopenta[a]phenanthren),

Incremental Prefices (e.g. homo in D-Homo-androst-5-en),

Subtractive Prefices (e.g. nor in A-Nor-cholestan; desoxy in 2-Desoxy-hexose).

Examples:
   Dibrom-chlor-methan is indexed under **Methan,** Dibrom-chlor-;
   meso-1,6-Diphenyl-hex-3-in-2,5-diol is indexed under **Hex-3-in-2,5-diol,** 1,6-Diphenyl-;
   4a,8a-Dimethyl-octahydro-naphthalin-2-on-semicarbazon is indexed under **Naphthalin-
      2-on,** 4a,8a-Dimethyl-octahydro-, semicarbazon;
   5,6-Dihydroxy-hexahydro-4,7-ätheno-isobenzofuran-1,3-dion is indexed under
      4,7-Ätheno-isobenzofuran-1,3-dion, 5,6-Dihydroxy-hexahydro-;
   1-Methyl-chinolinium is indexed under **Chinolinium,** 1-Methyl-.

Special rules are used for Radicofunctional Names (i.e. names comprised of
one or more Radical Names and the name of either a class of compounds (e.g.
Äther) or an ion (e.g. chlorid)):
   a) For Radicofunctional names of compounds whose single functional group
is described by a class name or ion, and is immediately connected to a single
univalent radical, the Index-Stem-Name comprises the radical name followed by
the functional name (or ion) in unaltered order; the only exception to this rule
is found when the Radicofunctional Name would end with a Hydrogencontaining
(i.e. substitutable) anion, (see under c), below). Prefices which modify the radical
part of the name are placed after the Stem-Name[2].

Examples:
   Äthylbromid, Phenyllithium and Butylamin are indexed unchanged.
   4'-Brom-3-chlor-benzhydrylchlorid is indexed under **Benzhydrylchlorid,** 4'-Brom-3-chlor-;
   1-Methyl-butylamin is indexed under **Butylamin,** 1-Methyl-.

   b) For Radicofunctional names of compounds with a multivalent radical attached
directly to a functional group described by a class name (or ion), the Index-Stem-
Name is comprised of the name of the radical and the functional group (modified
by a multiplier when applicable), but not those of other radicals contained in
the molecule, even when they are attached to the functional group in question.

Examples:
   Äthylendiamin and Äthylenchlorid are indexed unchanged;
   6-Methyl-1,2,3,4-tetrahydro-naphthalin-1,4-diyldiamin is indexed under **Naphthalin-
      1,4-diyldiamin,** 6-Methyl-1,2,3,4-tetrahydro-;
   N,N-Diäthyl-äthylendiamin is indexed under **Äthylendiamin,** *N,N*-Diäthyl-.

   c) In the case of Radicofunctional names whose single functional group is directly
bound to several different radicals, or whose functional group is an anion containing
exchangeable Hydrogen atoms, the Index-Stem-Name is comprised of the functional
class name (or ion) alone; the names of the radicals are listed after the Stem-Name.

Examples:
   Benzyl-methyl-amin is indexed under **Amin,** Benzyl-methyl-;
   Äthyl-trimethyl-ammonium is indexed under **Ammonium,** Äthyl-trimethyl-;
   Diphenyläther is indexed under **Äther,** Diphenyl-;
   [2-Äthyl-[1]naphthyl]-phenyl-keton-oxim is indexed under **Keton,** [2-Äthyl-[1]naphthyl]-
      phenyl-, oxim.

----

[2] Names using prefices which imply an alteration of the anionic component (e.g. Methyl-
chloracetat) are no longer used in the Handbook.

Conjunctive names (e.g. Cyclohexanmethanol; 2,3-Naphthalindiessigsäure) are no longer in use in the Handbook.

The alphabetical listings follow the non-italic letters of the Stem-Name; the italic letters and/or modifying numbers of the Stem-Name then take precedence over prefices. Function-Modifying Suffices have the lowest priority.

Examples:

o-**Phenylendiamin**, 3-Brom- appears under the letter P, after *m*-**Phenylendiamin**, 2,4,6-Trinitro-;

Cyclopenta[*b*]naphthalin, 1-Brom-1*H*- appears after **Cyclopenta[*a*]naphthalin**, 3-Methyl-1*H*-;

Aceton, 1,3-Dibrom-, hydrazon appears after **Aceton**, Chlor-, oxim.

With the exception of deuterated compounds, isotopically labeled substances are generally not listed in the index. They may be found in the articles describing the corresponding non-labeled compounds provided the original literature contains sufficiently important information on their method of preparation.

Names or parts of names derived from Greek numerals are written throughout with c (not k). The letters i and j are treated separately and the modified vowels ä, ö, and ü are treated as ae, oe and ue respectively for the purposes of alphabetical ordering.

---

* For a list of the Substitutive, Replacement and Bridge Prefices, see: Gesamtregister, Subject Index for Volume 5 pages V–XXXVI.

A

Acenaphthenoindazin 291
Acenaphtho[4,5-*d*][1,2,3]triazol
−, 9-Benzoyl-5,9-dihydro-4*H*- 233
−, 5,9-Dihydro-4*H*- 233
Acetaldehyd
−, [2,2-Dihydroxy-äthoxy]-[2-phenyl-
    2*H*-[1,2,3]triazol-4-yl]- 680
−, Hydroxy-[2-phenyl-2*H*-[1,2,3]triazol-
    4-yl]-,
    − [4-nitro-phenylhydrazon] 680
−, [2-(4-Nitro-phenylhydrazono)-äthoxy]-
    [2-phenyl-2*H*-[1,2,3]triazol-4-yl]-,
    − [4-nitro-phenylhydrazon] 680
−, [1-Phenyl-1*H*-[1,2,3]triazol-4-yl]-,
    − oxim 433
Acetaldehydammoniak 25
Acetamid
−, *N*-[1-Acetyl-3-methyl-5-thioxo-
    1,5-dihydro-[1,2,4]triazol-4-yl]- 428
−, *N*,*N*′-[4-Benzotriazol-1-yl-
    m-phenylen]-bis- 111
−, *N*-[3,5-Diheptadecyl-[1,2,4]triazol-
    4-yl]- 63
−, *N*-[3,5-Diphenyl-[1,2,4]triazol-4-yl]-
    247
−, *N*-[6-Methyl-benzotriazol-1-yl]-*N*-
    p-tolyl- 148
−, *N*-Naphtho[1,2-*d*][1,2,3]triazol-1-yl-
    N-phenyl- 217
−, *N*-[3-Phenyl-5-thioxo-1,5-dihydro-
    [1,2,4]triazol-4-yl]- 472
Aceton
    − [*O*-(4,6-dichlor-[1,3,5]triazin-2-yl)-
      oxim] 331
−, [3-(1,3-Diphenyl-imidazolidin-
    2-ylmethyl)-indol-4-yl]- 488
−, [5-Methyl-2-phenyl-2*H*-[1,2,3]triazol-
    4-yl]- 437
    − [*O*-benzoyl-oxim] 437
    − oxim 437
    − phenylhydrazon 437
    − semicarbazon 437
Acetonitril
−, Dichlor-,
    − dimolekulares 74
−, [1,3,5]Triazin-1,3,5-triyl-tri- 13
−, [1,3,5]Triazin-2,4,6-triyltrioxy-tri- 400
Acetophenon
    − [*O*-(4,6-dichlor-[1,3,5]triazin-2-yl)-
      oxim] 331
Acridinium
−, 10-Methyl-9-[3-(10-methyl-
    10*H*-acridin-9-yliden)-2-(10-methyl-
    10*H*-acridin-9-ylidenmethyl)-propenyl]-
    320

Acrylaldehyd
−, 3-[5-Nitro-[2]furyl]-,
    − [1,2,4]triazol-4-ylimin 41
Äthan
−, 1-Benzotriazol-1-yl-2-benzotriazol-
    2-yl- 113
−, 1-Benzotriazol-1-yl-2-benzoyloxy-
    103
−, 1-Benzotriazol-2-yl-2-benzoyloxy-
    103
−, 1,2-Bis-benzotriazol-1-yl- 113
−, 1,2-Bis-benzotriazol-2-yl- 114
−, 1,2-Bis-[1,5-dinitro-hexahydro-
    [1,3,5]triazepin-3-yl]- 24
−, 1,2-Bis-[4-oxo-4*H*-benzo[*d*]=
    [1,2,3]triazin-3-yl]- 462
−, 1,2-Bis-[2-[2]pyridyl-benzimidazol-
    1-yl]- 231
−, 1,2-Bis-[4-thioxo-tetrahydro-
    [1,3,5]triazin-1-yl]- 419
−, 1-[5-Chlor-2-methyl-indol-3-yl]-2-
    [4,5-dihydro-1*H*-imidazol-2-yl]-1-
    [3-methoxy-phenyl]- 368
−, 1-[4-Chlor-phenyl]-2-[4,5-dihydro-
    1*H*-imidazol-2-yl]-1-[2]pyridyl- 238
−, 2-[4,5-Dihydro-1*H*-imidazol-2-yl]-
    1-indol-3-yl-1-[3-methoxy-phenyl]- 367
−, 2-[4,5-Dihydro-1*H*-imidazol-2-yl]-1-
    [3-methoxy-phenyl]-1-[2-methyl-indol-
    3-yl]- 367
−, 1-[4,5-Dihydro-1*H*-imidazol-2-yl]-
    2-phenyl-1-[3]pyridyl- 238
−, 2-[4,5-Dihydro-1*H*-imidazol-2-yl]-
    1-phenyl-1-[2]pyridyl- 238
−, 1,1-Di-indol-3-yl-1-[3]pyridyl- 297
5,10-Äthano-benzo[*g*]chinazolin-
11,12-dicarbonsäure
−, 5,10-Dihydro-,
    − imid 625
Äthanol
−, 2-Benzotriazol-1-yl- 103
−, 2-Benzotriazol-2-yl- 103
−, 1-[5,6-Dimethyl-[1,2,4]triazin-3-yl]-
    1-phenyl- 353
−, 2-[2-[3]Isochinolyl-benzimidazol-1-yl]-
    271
−, 1-[2-Phenyl-2*H*-[1,2,3]triazol-4-yl]-
    326
−, 2-[2-[2]Pyridyl-benzimidazol-1-yl]-
    231
−, 2-[2,3,5,6-Tetrahydro-imidazo[1,2-*a*]=
    imidazol-1-yl]- 55
−, 2-[1,3,5]Triazin-2-yl- 333
−, 2-[1,2,4]Triazol-1-yl- 36
Äthanon
−, 1-[5-Acetoxy-2-phenyl-
    2*H*-benzotriazol-4-yl]- 685
−, 1-[5-Acetoxy-2-phenyl-
    2*H*-benzotriazol-4-yl]-2-chlor- 686

Äthanon (Fortsetzung)

−, 1-[5-Acetoxy-2-phenyl-2H-benzotriazol-4-yl]-2,2-dibrom- 686

−, 1-[1-Acetyl-3-(1,1-di-indol-3-yl-äthyl)-1,4-dihydro-[4]pyridyl]- 535

−, 1-[1-(4-Acetyl-phenyl)-1H-benzotriazol-5-yl]- 474

−, 1-[1-(4-Äthoxy-phenyl)-5-äthyl-1H-[1,2,4]triazol-3-yl]- 437

−, 1-[1-(4-Äthoxy-phenyl)-5-methyl-1H-[1,2,4]triazol-3-yl]- 436

−, 1-[1-(4-Äthoxy-phenyl)-1H-[1,2,4]triazol-3-yl]- 434
  − oxim 434
  − thiosemicarbazon 434

−, 1-[5-Äthyl-1-(4-chlor-phenyl)-1H-[1,2,4]triazol-3-yl]- 437
  − oxim 437

−, 1-[1-(4-Äthyl-phenyl)-1H-benzotriazol-5-yl]- 474

−, 1-[4-Äthyl-2-phenyl-2,3,4,5-tetrahydro-[1,2,4]triazin-6-yl]- 429

−, 1-[5-Äthyl-1-phenyl-1H-[1,2,4]triazol-3-yl]- 437
  − oxim 437

−, 1-[4-Allyl-2-phenyl-2,3,4,5-tetrahydro-[1,2,4]triazin-6-yl]- 429

−, 2-[1H-Benzimidazol-2-yl]-1-[4]pyridyl- 508

−, 1-Benzo[e][1,2,4]triazin-6-yl- 484

−, 1-[1H-Benzotriazol-5-yl]- 473
  − [2,4-dinitro-phenylhydrazon] 473

−, 1-[4-(4-Benzotriazol-1-yl-anilino)-3-nitro-phenyl]- 110

−, 1-[1-(4-Benzotriazol-1-yl-phenyl)-1H-benzotriazol-5-yl]- 474

−, 1-[4-Benzyl-2-phenyl-2,3,4,5-tetrahydro-[1,2,4]triazin-6-yl]- 429

−, 2-Brom-1-[5-hydroxy-2-phenyl-2H-benzotriazol-4-yl]- 686

−, 2-Brom-1-[2-phenyl-2H-[1,2,3]triazol-4-yl]- 433

−, 1-[4-Butyl-2-phenyl-2,3,4,5-tetrahydro-[1,2,4]triazin-6-yl]- 429

−, 2-Chlor-1-[5-hydroxy-2-phenyl-2H-benzotriazol-4-yl]- 686

−, 1-[1-(4-Chlor-phenyl)-5-methyl-1H-[1,2,4]triazol-3-yl]- 436
  − oxim 436

−, 1-[1-(4-Chlor-phenyl)-1H-[1,2,4]triazol-3-yl]- 433
  − oxim 433
  − thiosemicarbazon 434

−, 2-Chlor-1-[1-phenyl-1H-[1,2,3]triazol-4-yl]- 433

−, 2-Chlor-1-[2-phenyl-2H-[1,2,3]triazol-4-yl]- 433

−, 1-[4-Cyclohexyl-2-phenyl-2,3,4,5-tetrahydro-[1,2,4]triazin-6-yl]- 429

−, [4,15-Diacetoxy-5H-benz[6,7]azepino[2,3-b]phenazin-13-yl]- 717

−, 2-Diazo-1-[2-phenyl-2H-[1,2,3]triazol-4-yl]- 565

−, 2,2-Dibrom-1-[5-hydroxy-2-phenyl-2H-benzotriazol-4-yl]- 686

−, 1-[1-(2,4-Dichlor-phenyl)-5-methyl-1H-[1,2,4]triazol-3-yl]- 436

−, 1-[4,15-Dihydroxy-5H-benz[6,7]azepino[2,3-b]phenazin-13-yl]- 716

−, 1-[1-(4-Dimethylamino-phenyl)-1H-benzotriazol-5-yl]- 474

−, 1-[3,5-Dimethyl-1-phenyl-1,4-dihydro-pyrrolo[3,2-c]pyrazol-6-yl]- 453

−, 1-[1,5-Diphenyl-4,5-dihydro-1H-[1,2,3]triazol-4-yl]- 485

−, 1-[2,4-Diphenyl-2,3,4,5-tetrahydro-[1,2,4]triazin-6-yl]- 429

−, 1-[1,5-Diphenyl-1H-[1,2,3]triazol-4-yl]- 485

−, 2-[5-Hydroxy-1(3)H-benzimidazol-2-yl]-1-[4]pyridyl- 692

−, 1-[3-Hydroxy-3H-benzotriazol-5-yl]- 473

−, 1-[5-Hydroxy-2-phenyl-2H-benzotriazol-4-yl]- 685

−, 1-[4-Isopropyl-2-phenyl-2,3,4,5-tetrahydro-[1,2,4]triazin-6-yl]- 429

−, 2-[5-Methoxy-1(3)H-benzimidazol-2-yl]-1-[4]pyridyl- 692

−, 1-[1-Methyl-1H-benzotriazol-5-yl]- 473

−, 1-[2-Methyl-naphth[2′,3′:4,5]imidazo[1,2-a]pyrimidin-3-yl]- 524
  − [2,4-dinitro-phenylhydrazon] 524

−, 1-[5-Methyl-1-phenyl-4,5-dihydro-1H-[1,2,3]triazol-4-yl]- 430

−, 1-[5-Methyl-3-phenyl-4,5-dihydro-3H-[1,2,3]triazol-4-yl]- 430

−, 1-[4-Methyl-2-phenyl-2,3,4,5-tetrahydro-[1,2,4]triazin-6-yl]- 429

−, 1-[5-Methyl-1-phenyl-1H-[1,2,3]triazol-4-yl]- 435
  − [2,4-dinitro-phenylhydrazon] 435

−, 1-[5-Methyl-1-phenyl-1H-[1,2,4]triazol-3-yl]- 435
  − oxim 436

−, 1-[5-Methyl-1H-[1,2,3]triazol-4-yl]- 435
  − [4-nitro-phenylhydrazon] 435
  − oxim 435

−, 2-[6-Nitro-2-phenyl-2H-benzotriazol-5-yl]-1-phenyl-,
  − phenylhydrazon 508

−, 1-[3-Oxy-1H-benzotriazol-5-yl]- 473
  − [2,4-dinitro-phenylhydrazon] 473

−, 1-[2-Phenyl-4-propyl-2,3,4,5-tetrahydro-[1,2,4]triazin-6-yl]- 429

Äthanon (Fortsetzung)
—, 1-[1-Phenyl-1*H*-[1,2,3]triazol-4-yl]-
433
  — [2,4-dinitro-phenylhydrazon] 433
  — semicarbazon 433
—, 1-[1-Phenyl-1*H*-[1,2,4]triazol-3-yl]-
433
  — oxim 433
  — thiosemicarbazon 433
—, 2-Pyrazin-2-yl-1-[2]pyridyl- 491
—, 2-Pyrazin-2-yl-1-[3]pyridyl- 491
—, 2-Pyrazin-2-yl-1-[4]pyridyl- 491
4,9-Äthano-naphtho[2,3-*d*][1,2,3]triazol
—, 1-Phenyl-3a,4,4a,5,6,8a,9,9a-
octahydro-1*H*- 163
—, 1-Phenyl-3a,4,4a,7,8,8a,9,9a-
octahydro-1*H*- 163
Äthansulfonat
—, 2-[3-Phenyl-[1,2,3]triazolium-1-yl]- 32
Äthen
—, 1-Chinazolin-2-yl-2-[6-methyl-
[2]pyridyl]- 264
—, 1-Chinazolin-2-yl-2-[3]pyridyl- 258
—, 1-Chinoxalin-2-yl-2-[6-methyl-
[2]pyridyl]- 264
—, 1-Chinoxalin-2-yl-2-[3]pyridyl- 258
—, Tris-[5-äthyl-3-methyl-4-propionyl-
pyrrol-2-yl]- 667
Äther
—, Bis-[3,5-dinitro-tetrahydro-
[1,3,5]triazin-1-ylmethyl]- 20
—, Bis-[1-phenyl-1,3a,4,4a,5,7a,8,8a-
octahydro-4,8-methano-indeno[5,6-*d*]≠
[1,2,3]triazol-5-yl]- 344
—, Bis-[3-phenyl-3,3a,4,4a,5,7a,8,8a-
octahydro-4,8-methano-indeno[5,6-*d*]≠
[1,2,3]triazol-5-yl]- 344
Äthylamin
—, 2-[1,2,4]Triazol-1-yl- 39
Aldehydammoniak 25
Aldotripiperidein 86
Allantoxaidin 555
Allocyanin 317
Altrose
  — phenylosotriazol 406
Amin
*hier nur sekundäre und tertiäre Monoamine;
primäre Amine s. unter den entsprechenden
Alkyl- bzw. Arylaminen*
—, [2-Benzotriazol-1-yl-äthyl]-dimethyl-
109
—, Benzotriazol-1-yl-bornan-2-yliden-
117
—, [2-Benzotriazol-1-ylmethoxy-äthyl]-
dimethyl- 105
—, Benzotriazol-1-ylmethyl-dimethyl-
105

—, [4-Benzotriazol-1-yl-phenyl]-
[2,4-dinitro-phenyl]- 110
—, Benzyliden-[3,3-dimethyl-2,6-diphenyl-
2,5-dihydro-3*H*-[1,2,4]triazin-4-yl]- 162
—, Benzyliden-[2,6-diphenyl-2,5-dihydro-
3*H*-[1,2,4]triazin-4-yl]- 159
—, Benzyliden-[3,5-diphenyl-[1,2,4]triazol-
4-yl]- 247
—, Benzyliden-[3-methyl-2,6-diphenyl-
2,5-dihydro-3*H*-[1,2,4]triazin-4-yl]- 161
—, Benzyliden-[3-methyl-2,3,6-triphenyl-
2,5-dihydro-3*H*-[1,2,4]triazin-4-yl]- 237
—, Benzyliden-[2,3,6-triphenyl-
2,5-dihydro-3*H*-[1,2,4]triazin-4-yl]- 236
—, [2-(6-Chlor-imidazo[4,5-*b*]pyridin-
3-yl)-äthyl]-dimethyl- 140
—, [2-Chlor-phenyl]-[2,3-dihydro-
naphtho[1,2-*d*][1,2,3]triazol-1-yl]- 193
—, Diäthyl-[4-(5-chlor-benzotriazol-1-yl)-
pentyl]- 121
—, Diäthyl-[2-(5,6-diphenyl-[1,2,4]triazin-
3-yloxy)-äthyl]- 364
—, Diäthyl-[2-(6-methoxy-benzotriazol-
1-yl)-äthyl]- 340
—, Diäthyl-[3-(6-methoxy-benzotriazol-
1-yl)-butyl]- 340
—, Diäthyl-[4-(6-methoxy-benzotriazol-
1-yl)-pentyl]- 341
—, Diäthyl-[2-(4-methyl-3,12-dihydro-
2*H*-pyrrolo[2′,3′:4,5]pyrido[3,2-*a*]carbazol-
1-yl)-äthyl]- 274
—, Diäthyl-[3-pyrrolo[2,3,4,5-*lmn*]≠
[4,7]phenanthrolin-4-yl-propyl]- 240
—, Diäthyl-[2-(2,3,5,6-tetrahydro-
imidazo[1,2-*a*]imidazol-1-yl)-äthyl]- 56
—, Diäthyl-[3-(2,3,5,6-tetrahydro-
imidazo[1,2-*a*]imidazol-1-yl)-propyl]- 57
—, Diisopropyl-[2-(2,3,5,6-tetrahydro-
imidazo[1,2-*a*]imidazol-1-yl)-äthyl]- 57
—, [4-Dimethylamino-benzyliden]-
[3-methylmercapto-5-phenyl-[1,2,4]triazol-
4-yl]- 349
—, [4-Dimethylamino-benzyliden]-
[3-phenyl-[1,2,4]triazol-4-yl]- 173
—, [4,6-Dimethyl-benzotriazol-1-yl]-
[2,4-dimethyl-phenyl]- 155
—, [5,6-Dimethyl-benzotriazol-
1-ylmethyl]-[1]naphthyl- 156
—, [5,6-Dimethyl-benzotriazol-
1-ylmethyl]-[2]naphthyl- 156
—, Dimethyl-[2-(tetrachlor-benzotriazol-
1-yl)-äthyl]- 125
—, Dimethyl-[2-(tetrachlor-benzotriazol-
2-yl)-äthyl]- 125
—, Dimethyl-[2-(2,3,5,6-tetrahydro-
imidazo[1,2-*a*]imidazol-1-yl)-äthyl]- 56

Amin (Fortsetzung)

—, Dimethyl-[3-(2,3,5,6-tetrahydro-
imidazo[1,2-*a*]imidazol-1-yl)-propyl]- 57

—, Dipropyl-[2-(2,3,5,6-tetrahydro-
imidazo[1,2-*a*]imidazol-1-yl)-äthyl]- 56

—, [6-Methyl-benzotriazol-1-yl]-*p*-tolyl-
148

—, [3-Methyl-3*H*-[1,3,4]thiadiazol-
2-yliden]-phenyl- 423

—, Naphtho[1,2-*d*][1,2,3]triazol-1-yl-
[2]naphthyl- 217

—, Naphtho[1,2-*d*][1,2,3]triazol-1-yl-
phenyl- 217

—, [5-Nitro-furfuryliden]-[1,2,4]triazol-
4-yl- 41

—, [3-(5-Nitro-[2]furyl)-allyliden]-
[1,2,4]triazol-4-yl- 41

—, Phenyl-[2-phenyl-2,5-dihydro-
3*H*-[1,2,4]triazin-4-yl]- 27

—, Phenyl-[1,6,6-trimethyl-
4-methylmercapto-5-phenyl-5,6-dihydro-
1*H*-[1,3,5]triazin-2-yliden]- 679

—, [4,5,6,7-Tetrahydro-3*H*-azepin-2-yl]-
[1,2,4]triazol-4-yl- 41

—, [4,6,7-Trimethyl-benzotriazol-1-yl]-
[2,4,5-trimethyl-phenyl]- 159

Ammonium

—, *N,N'*-Dimethyl-*N,N'*-dimethylen-
N,N'-[2,4-dimethyl-2,4-diaza-pentandiyl]-
di- 4

—, Trimethyl-[2-(tetrachlor-benzotriazol-
2-yl)-äthyl]- 125

Anhydrid

—, Benzoesäure-[*N*-(4,5-dimethyl-
[1,2,3]triazol-1-yl)-benzimidsäure]- 48

—, Benzoesäure-[*N*-(4,5-diphenyl-
[1,2,3]triazol-1-yl)-benzimidsäure]- 244

—, Benzoesäure-[*N*-(5-methyl-
[1,2,3]triazol-1-yl)-benzimidsäure]- 44

1,5-Anhydro-galactit

—, 1-[4-Phenyl-[1,2,3]triazol-1-yl]- 171

—, Tetra-*O*-acetyl-1-[4-phenyl-
[1,2,3]triazol-1-yl]- 171

1,5-Anhydro-glucit

—, 1-[4-Phenyl-[1,2,3]triazol-1-yl]- 171

—, Tetra-*O*-acetyl-1-[4-phenyl-
[1,2,3]triazol-1-yl]- 171

Anilin

—, *N*-Äthyl-4-[4-benzotriazol-2-yl-
phenylazo]-*N*-benzyl- 112

—, *N*-Äthyl-*N*-benzyl-4-[4-(1-oxy-
benzotriazol-2-yl)-phenylazo]- 113

—, 5-Arsenoso-2-[4,5-dimethyl-
[1,2,3]triazol-2-yl]- 47

—, *N*-Benzo[*f*]chinolin-1-ylmethylen-
4-[4,5-dimethyl-[1,2,3]triazol-2-yl]- 47

—, 3-Benzotriazol-2-yl- 109

—, 4-Benzotriazol-1-yl- 109

—, 4-Benzotriazol-2-yl- 111

—, 4-Benzotriazol-1-yl-*N*-benzyl- 110

—, 4-Benzotriazol-1-yl-*N*-benzyliden- 110

—, 4-Benzotriazol-1-yl-*N*-benzyl-
N-nitroso- 113

—, 4-Benzotriazol-2-yl-*N,N*-bis-[2-chlor-
äthyl]- 111

—, 4-Benzotriazol-2-yl-*N,N*-dimethyl-
111

—, 4-Benzotriazol-2-yl-2-methoxy-
5-methyl- 112

—, *N*-Benzotriazol-1-ylmethyl- 105

—, *N*-Benzotriazol-1-ylmethyl-4-nitro-
105

—, 4-[4-Benzotriazol-2-yl-phenylazo]-
N,N-dimethyl- 112

—, *N,N*-Bis-[2-chlor-äthyl]-4-[1-oxy-
benzotriazol-2-yl]- 111

—, *N,N*-Diäthyl-4-[4-benzotriazol-2-yl-
phenylazo]- 112

—, *N,N*-Diäthyl-4-[4-(1-oxy-benzotriazol-
2-yl)-phenylazo]- 113

—, *N*-[5,6-Dimethyl-benzotriazol-
1-ylmethyl]- 156

—, *N*-[5,6-Dimethyl-benzotriazol-
1-ylmethyl]-4-nitro- 156

—, *N,N*-Dimethyl-4-[5-nitro-benzotriazol-
1-yl]- 133

—, *N,N*-Dimethyl-4-[4-(1-oxy-
benzotriazol-2-yl)-phenylazo]- 113

—, 2-[3,5-Dimethyl-[1,2,4]triazol-1-yl]-
51

—, 2-[4,5-Dimethyl-[1,2,3]triazol-2-yl]-
47

—, 3-[3,5-Dimethyl-[1,2,4]triazol-1-yl]-
51

—, 4-[3,5-Dimethyl-[1,2,4]triazol-1-yl]-
52

—, 4-[4,5-Dimethyl-[1,2,3]triazol-2-yl]-
47

—, 4-[5-Methyl-benzotriazol-2-yl]- 147

—, 4-[4-Methyl-[1,2,3]triazol-2-yl]- 43

—, 4-Naphtho[1,2-*d*][1,2,3]triazol-2-yl-
213

—, 3-[1-Oxy-benzotriazol-2-yl]- 109

—, Tetra-*N*-methyl-4',4'-[4-naphtho[1,2-*d*]≠
[1,2,3]triazol-2-yl-benzyliden]-di- 213

—, 4-[1,2,3]Triazol-2-yl- 32

Anilrot 537

p-**Anisidin**

—, *N*-[5,6-Dimethyl-benzotriazol-
1-ylmethyl]- 156

**Anthra[1,2-*c*]benzo[*lmn*]benz[4,5]imidazo[1,2-*j*]≠
[2,8]phenanthrolin-5,10,20-trion**

—, 19*H*- 672

**Anthra[1,2-*c*]benzo[*lmn*]benz[4,5]imidazo[2,1-*i*]≠
[2,8]phenanthrolin-5,9,20-trion**

—, 6*H*- 672

Anthrachinon
- , 1-Benzotriazol-1-yl-4-benzoylamino-
  112
- , 1-Chlor-2-[4,5-diphenyl-4*H*-
  [1,2,4]triazol-3-yl]- 631
- , 2-[4,5-Diphenyl-4*H*-[1,2,4]triazol-3-yl]-
  631

Anthra[1,2,3,4-*lmn*]dinaphtho[1,2-*c*;2′,1′-*i*][2,9]phenanthrolin-16,21-dion
- , 15,22-Dihydro- 215

Anthra[1,2,3,4-*lmn*]dinaphtho[2,1-*c*;1′,2′-*i*][2,9]phenanthrolin-14,19-dion
- , 13,20-Dihydro- 215

Anthranilsäure
- , *N*-[4-Naphtho[1,2-*d*][1,2,3]triazol-2-yl-
  stilben-2-sulfonyl]- 209

Anthra[1,2-*d*][1,2,3]triazol
- , 1*H*- 255
- , 6,11-Dimethyl-2-phenyl-2*H*- 265
- , 2-[4-Nitro-phenyl]-2*H*- 255
- , 2-Phenyl-2*H*- 255

Anthra[1,2-*d*][1,2,3]triazol-6,11-dion
- , 1*H*- 621
- , 2-[3-Amino-phenyl]-2*H*- 622
- , 2-[4-Amino-phenyl]-2*H*- 622
- , 2*H*,2′*H*-2,2′-Biphenyl-4,4′-diyl-bis-
  622
- , 2-[3-Nitro-phenyl]-2*H*- 622
- , 2-[4-Nitro-phenyl]-2*H*- 622

Anthra[2,3-*d*][1,2,3]triazol-5,10-dion
- , 1*H*- 621
- , 1-Acetyl-1*H*- 621

Anthyridin
  s. unter *Pyrido[2,3-*b*][1,8]naphthyridin*

Arabinose
- — phenylosotriazol 391

Arabit
- , 1-[2-Phenyl-2*H*-[1,2,3]triazol-4-yl]-
  415

Arsonsäure
- , [3-Amino-4-(4,5-dimethyl-
  [1,2,3]triazol-2-yl)-phenyl]- 48
- , [4-(4,5-Bis-hydroxymethyl-
  [1,2,3]triazol-1-yl)-phenyl]- 375
- , [4-(4,5-Dimethyl-[1,2,3]triazol-2-yl)-
  3-nitro-phenyl]- 47
- , [2-(4,5-Dimethyl-[1,2,3]triazol-2-yl)-
  phenyl]- 47
- , [4-(4,5-Dimethyl-[1,2,3]triazol-2-yl)-
  phenyl]- 47
- , [4-[1,2,3]Triazol-2-yl-phenyl]- 33

5,18-[1]Azapropano-dibenzo[*a*,*c*]naphtho[1,2-*h*]phenazin
- , 21-Methyl-2,3,4,4a,5,6-hexahydro-
  1*H*- 308

12,16a-[1]Azapropano-dibenzo[*a*,*c*]naphtho[1,2-*i*]phenazin
- , 21-Methyl-12,12a,13,14,15,16-
  hexahydro-11*H*- 308

6-Aza-thymidin 557;
  Derivate s. unter *[1,2,4]Triazin-3,5-dion,*
  2-[erythro-2-Desoxy-pentofuranosyl]-
  6-methyl-2H-

6-Aza-[3′]thymidylsäure 557;
  Derivate s. unter *[1,2,4]Triazin-3,5-dion,*
  6-Methyl-2-[O³-phosphono-erythro-
  2-desoxy-pentofuranosyl]-2H-

6-Aza-[5′]thymidylsäure 558;
  Derivate s. unter *[1,2,4]Triazin-3,5-dion,*
  6-Methyl-2-[O⁵-phosphono-erythro-
  2-desoxy-pentofuranosyl]-2H-

6-Aza-thymin 556;
  Derivate s. unter *[1,2,4]Triazin-3,5-dion,*
  6-Methyl-2H-

5-Aza-uracil 555;
  Derivate s. unter *[1,3,5]Triazin-2,4-dion,*
  1H-

6-Aza-uracil 554;
  Derivate s. unter *[1,2,4]Triazin-3,5-dion,*
  2H-

6-Aza-uridin 554;
  Derivate s. unter *[1,2,4]Triazin-3,5-dion,*
  2-Ribofuranosyl-2H-

6-Aza-[5′]uridylsäure 554

Azepino[4,5-*b*]chinoxalin
- , 3-Phenyl-2,3,4,5-tetrahydro-1*H*- 196

Azirino[2,3-*c*]pyrazol
- , Hexahydro- s. *2,3,6-Triaza-
  bicyclo[3.1.0]hexan*

4-Azonia-spiro[3.5]nonan
- , 2-[4-Methyl-6-oxo-1,6-dihydro-
  pyrimidin-2-yl]- 454

B

Barbitursäure
- , 5-[4-Acetyl-3,5-dimethyl-pyrrol-2-yl]-
  5-hydroxy- 722
- , 5-[1-Äthyl-1*H*-[2]chinolyliden]- 662
- , 5-[2-(1-Äthyl-1*H*-[2]chinolyliden)-
  äthyliden]- 665
- , 5-Äthyl-1-methyl-3-phenyl-
  5-[4]pyridyl- 655
- , 5-Äthyl-1-methyl-5-[4]pyridyl- 654
- , 5-Äthyl-5-[5-nitro-[2]pyridyl]- 654
- , 5-Äthyl-5-[2]pyridyl- 654
- , 5-Äthyl-5-[4]pyridyl- 654
- , 5-[2-(1-Äthyl-1*H*-[2]pyridyliden)-
  äthyliden]- 659

Barbitursäure (Fortsetzung)
—, 5-Äthyl-5-[3]pyridylmethyl- 656
—, 5-Allyl-5-[4]pyridyl- 660
—, 5-Butyl-5-[2]pyridyl- 657
—, 5-Butyl-5-[4]pyridyl- 657
—, 5-Butyl-5-[3]pyridylmethyl- 657
—, 5-[2]Chinolylmethylen- 664
—, 5-[2]Chinolylmethyl-5-hydroxy- 720
—, 1,3-Diäthyl-5-[2-(3,3-dimethyl-
1-phenyl-indolin-2-yliden)-äthyliden]- 663
—, 1,3-Diäthyl-5-[2-(1,3,3-trimethyl-
indolin-2-yliden)-äthyliden]- 663
—, 5-[2,5-Dimethyl-1-phenyl-pyrrol-
3-ylmethylen]- 655
—, 5-[2-(4,6-Dimethyl-[2]pyridyl)-äthyl]-
657
—, 5-[2-(1,6-Dimethyl-1H-[2]pyridyliden)-
äthyliden]- 660
—, 5-Hydroxy-5-[2]pyridylmethyl- 719
—, 5-Hydroxy-5-[3,4,5-trimethyl-pyrrol-
2-yl]- 718
—, 5-Indol-3-ylmethylen- 663
—, 5-Isopentyl-5-[3]pyridylmethyl- 657
—, 5-[2-(1-Methyl-1H-[2]chinolyliden)-
äthyliden]- 665
—, 5-[1-Methyl-indol-3-ylmethylen]- 663
—, 5-[2-(4-Methyl-[2]pyridyl)-äthyl]- 656
—, 5-[2-(6-Methyl-[2]pyridyl)-äthyl]- 656
—, 5-[2-(1-Methyl-1H-[2]pyridyliden)-
äthyliden]- 659
—, 5-[6-Methyl-[2]pyridylmethylen]- 659
—, 5-Octahydrochinolizin-1-ylmethyl-
651
—, 5-[2-Oxo-indolin-3-ylmethyl]- 673
—, 5-[2-Oxo-indolin-3-ylmethylen]- 674
—, 5-Propyl-5-[2]pyridyl- 656
—, 5-Propyl-5-[3]pyridylmethyl- 657
—, 5-[2]Pyridylmethylen- 658
—, 5-[3]Pyridylmethylen- 658
—, 5-[4]Pyridylmethylen- 658
—, 5-Pyrrol-2-ylmethylen- 652
—, 5-[3,4,5-Trimethyl-pyrrol-2-yliden]-
655
Benzaldehyd
— [4-benzotriazol-1-yl-phenyl-imin]
110
— [3,3-dimethyl-2,6-diphenyl-
2,5-dihydro-3H-[1,2,4]triazin-4-ylimin]
162
— [2,6-diphenyl-2,5-dihydro-
3H-[1,2,4]triazin-4-ylimin] 159
— [3-methyl-2,6-diphenyl-2,5-dihydro-
3H-[1,2,4]triazin-4-ylimin] 161
—, 4-Dimethylamino-,
— [3-phenyl-[1,2,4]triazol-4-ylimin]
173
—, 2,2′,2″-[1,3,5]Triazin-2,4,6-triyltrioxy-
tri- 400

—, 3,3′,3″-[1,3,5]Triazin-2,4,6-triyltrioxy-
tri- 400
—, 4,4′,4″-[1,3,5]Triazin-2,4,6-triyltrioxy-
tri- 400
Benzamid
—, N-[4-Benzotriazol-1-yl-9,10-dioxo-
9,10-dihydro-[1]anthryl]- 112
—, N-[3-Methylmercapto-5-phenyl-
[1,2,4]triazol-4-yl]- 349
—, N-[3-Phenyl-5-thioxo-1,5-dihydro-
[1,2,4]triazol-4-yl]- 472
—, N-[1,4,5,7-Tetramethyl-pyrrolo[3,4-d]≠
pyridazin-6-yl]- 162
—, N,N′,N″-[1,3,5]Triazin-1,3,5-triyl-tris-
18
Benz[de]anthracen-7-on
—, 3-Benzotriazol-1-yl- 106
Benz[6,7]azepino[2,3-b]phenazin
—, 4,15-Diacetoxy-5H- 390
Benz[6,7]azepino[2,3-b]phenazin-4,15-diol
—, 5H- s. Benz[6,7]azepino[2,3-
b]phenazin-15-on, 4-Hydroxy-5,14-dihydro-
Benz[6,7]azepino[2,3-b]phenazin-15-on
—, 13-Acetyl-4-hydroxy-5,14-dihydro-
716
—, 4-Hydroxy-5,14-dihydro- 696
Benzazimid 454
Benzen-1,2,4-triyltriamin
—, N¹-[4-Benzotriazol-1-yl-phenyl]- 110
**Benz[4,5]imidazo[2,1-a]anthra[2,1,9-def;6,5,10-
d′e′f′]diisochinolin-1,3,8-trion**
—, 2-[2-Amino-phenyl]- 672
Benz[c]imidazo[4,5-e]azepin-4,6-dion
—, 5-Phenyl-1(3)H- 607
Benzimidazo[2,1-b]benzo[lmn][3,8]phenanthrolin
s. unter Benzo[lmn]benz[4,5]imidazo≠
[2,1-b][3,8]phenanthrolin
Benz[4,5]imidazo[2,1-b]chinazolin
—, 1,2,3,4-Tetrahydro- 236
Benz[4,5]imidazo[2,1-b]chinazolin-2,12-dion
—, 1,3,4,5-Tetrahydro- 616
Benz[4,5]imidazo[2,1-b]chinazolin-12-ol
s. unter Benz[4,5]imidazo[2,1-b]chinazolin-
12-on
Benz[4,5]imidazo[2,1-b]chinazolin-12-on
—, 1,3,4,5-Tetrahydro-2H- 503
**Benz[4,5]imidazo[1,2-a]cholest-2-eno[3,2-
d]pyrimidin** 277
**Benz[4,5]imidazo[2,1-b]cyclopenta[5,6]naphtho≠
[1,2-g]chinazolin**
—, 1-[1,5-Dimethyl-hexyl]-15a,17a-
dimethyl-2,3,3a,3b,4,5,5a,6,15,15a,15b,16,≠
17,17a-tetradecahydro-1H- 277
**Benz[4,5]imidazo[1,2-a]cyclopenta[d]pyrimidin-
11-ol**
—, 1H- s. Benz[4,5]imidazo[1,2-
a]cyclopenta[d]pyrimidin-11-on,
1,4-Dihydro-

Benz[4,5]imidazo[1,2-*a*]cyclopenta[*d*]pyrimidin-11-on
- —, 1,2,3,4-Tetrahydro- 502

Benz[*d*]imidazo[1,2-*a*]imidazol
- —, 2,3-Diphenyl-1*H*- 294

Benzimidazol
- —, 5,6-Dimethyl-2-[4]pyridyl-1*H*- 236
- —, 2,2'-Di-[2]pyridyl-1*H*,1'*H*-
  1,1'-äthandiyl-bis- 231
- —, 2-[2]Pyridyl-1*H*- 230
- —, 2-[3]Pyridyl-1*H*- 231
- —, 2-[4]Pyridyl-1*H*- 232

Benzimidazolium
- —, 1-[3-Acetoxy-propyl]-5-chlor-2-[3-
  (1,3-dimethyl-pyrrolidin-2-yliden)-
  propenyl]-3-methyl- 226
- —, 5-Acetyl-1,3-diäthyl-2-[3-
  (1,3,3-trimethyl-indolin-2-yliden)-
  propenyl]- 530
- —, 1-Äthyl-2-[3-(1-äthyl-pyrrolidin-
  2-yliden)-propenyl]-3-phenyl- 225
- —, 1-Äthyl-5,6-dichlor-2-[3-(1,4-dimethyl-
  pyrrolidin-2-yliden)-prpopenyl]-3-methyl-
  226
- —, 2-[1-Äthyl-1*H*-[2]pyridylidenmethyl]-
  1,3-dimethyl- 234
- —, 1,3-Diäthyl-5-brom-2-[3-
  (1,3,3-trimethyl-indolin-2-yliden)-
  propenyl]- 275
- —, 1,3-Diäthyl-2-[2-(2,5-dimethyl-
  1-phenyl-pyrrol-3-yl)-vinyl]- 237

**Benz[4,5]imidazo[1,2-*a*]naphtho[2,3-*f*]=
chinoxalin-8,13-dion**
- —, 15-Hydroxy- s. *Benz[4,5]imidazo=
  [1,2-a]naphtho[2,3-f]chinoxalin-
  8,13,15-trion, 14*H-

**Benz[4,5]imidazo[1,2-*a*]naphtho[2,3-*f*]=
chinoxalin-8,13,15-trion**
- —, 14*H*- 670

Benz[4,5]imidazo[2,1-*a*]phthalazin 255
- —, 5-Acetoxy- 364
- —, 5-Acetoxy-10-chlor- 364
- —, 9-Chlor- 255
- —, 9-Chlor-5-methyl- 262
- —, 5,10-Dimethyl- 265
- —, 5-Methyl- 262

Benz[4,5]imidazo[2,1-*a*]phthalazin-5-ol
- s. *Benz[4,5]imidazo[2,1-a]phthalazin-
  5-on, 6*H-

Benz[4,5]imidazo[2,1-*a*]phthalazin-5-on
- —, 6*H*- 514
- —, 10-Chlor-6*H*- 514

Benz[4,5]imidazo[1,2-*a*]pyrazin
- —, 2-Acetyl-1,2,3,4-tetrahydro- 186
- —, 1-Benzyl-2-methyl-1,2,3,4-tetrahydro-
  253
- —, 2-Methyl-1,2,3,4-tetrahydro- 186
- —, 1,2,3,4-Tetrahydro- 185

Benz[4,5]imidazo[1,2-*a*]pyrazin-2-carbonsäure
- —, 8-Chlor-3,4-dihydro-1*H*-,
  - äthylester 187
- —, 3,4-Dihydro-1*H*-,
  - äthylester 186
  - amid 187

Benz[4,5]imidazo[1,2-*a*]pyrazinium
- —, 2-Benzyl-2-methyl-1,2,3,4-tetrahydro-
  186
- —, 2,2-Dimethyl-1,2,3,4-tetrahydro- 186

**Benz[4',5']imidazo[2',1':3,4]pyrazino[1,2-*b*]=
isochinolin**
- —, 6,7,14,14a-Tetrahydro-9*H*- 268

**Benz[4',5']imidazo[2',1':3,4]pyrazino[1,2-*b*]=
isochinolinylium**
- —, 6,7-Dihydro- 280

**Benz[4',5']imidazo[1',2':2,3]pyrazolo[5,1-*a*]=
isoindol-7-on**
- —, 2-Chlor-11b,12-dihydro- 523
- —, 11b,12-Dihydro- 523
- —, 2-Methyl-11b,12-dihydro- 525

Benz[4,5]imidazo[1,2-*a*]pyrido[2,1-*c*]pyrazin
- —, 1,3,4,6,7,13b-Hexahydro-2*H*- 198

**Benz[4,5]imidazo[1,2-*a*]pyrido[2,1-*c*]pyrazinyl=
ium**
- —, 6,7-Dihydro- 249

Benz[4,5]imidazo[1,2-*a*]pyrimidin
- —, 7-Äthoxy-2,4-dimethyl- 356
- —, 8-Äthoxy-2,4-dimethyl- 356
- —, 2,4-Dimethyl- 223
- —, 2,4-Dimethyl-7-nitro- 223
- —, 2,4-Dimethyl-8-nitro- 223
- —, 3,4-Dimethyl-6,7,8,9-tetrahydro- 190
- —, 7,9-Dinitro- 219
- —, 2,4-Diphenyl- 301
- —, 7-Methoxy-2,4-dimethyl- 356
- —, 8-Methoxy-2,4-dimethyl- 356
- —, 2-Methyl- 221
- —, 4-Methyl-7,9-dinitro- 222
- —, 2-Methyl-4-phenyl- 272
- —, 2-Phenyl- 269

Benz[4,5]imidazo[1,2-*a*]pyrimidin-2,4-diol
- s. *Benz[4,5]imidazo[1,2-a]pyrimidin-
  2,4-dion, 1*H-

Benz[4,5]imidazo[1,2-*a*]pyrimidin-2,4-dion
- —, 1*H*- 601
- —, 3-Äthyl-1*H*- 602
- —, 3-Äthyl-3-butyl-1*H*- 605
- —, 3-Butyl-1*H*- 604
- —, 3,3-Diäthyl-1*H*- 604
- —, 3-Methyl-3-phenyl-1*H*- 625
- —, 3-Phenyl-1*H*- 624

Benz[4,5]imidazo[1,2-*a*]pyrimidin-4-ol
- s. *Benz[4,5]imidazo[1,2-a]pyrimidin-
  4-on, 1*H-

Benz[4,5]imidazo[1,2-*a*]pyrimidin-4-on
- —, 3-Äthoxy-2-äthoxymethyl-1*H*- 709
- —, 3-Äthyl-2-methyl-1*H*- 495

Benz[4,5]imidazo[1,2-*a*]pyrimidin-4-on
(Fortsetzung)
—, 7-Chlor-2-methyl-1*H*- 492
—, 8-Chlor-2-methyl-1*H*- 492
—, 3,3-Dibrom-2-methyl-3*H*- 492
—, 2,3-Dimethyl-1*H*- 493
—, 3-Isopropyl-2-methyl-1*H*- 496
—, 2-Methyl-1*H*- 492
—, 2-Methyl-3-phenacyl-1*H*- 628
—, 2-Methyl-3-propyl-1*H*- 495
—, 2-Phenyl-1*H*- 522
—, 3-Phenyl-1*H*- 522
Benz[4′,5′]imidazo[1′,2′:1,2]pyrrolo[3,4-*b*]≈
pyridin-5-on 513
Benz[4′,5′]imidazo[1′,2′:1,2]pyrrolo[4,3-*c*]≈
pyridin-11-on 513
Benz[6,7]indazolo[4,3-*gh*]chinolin-8-on
—, 2*H*- 531
Benz[*h*]indolizino[1,2,3-*de*]cinnolin-3,9-dion
—, 2*H*- 696
Benz[*h*]indolizino[1,2,3-*de*]cinnolinium
—, 9-Hydroxy-3-oxo-2,3-dihydro-,
— betain 695
Benz[*g*]indolo[2,3-*b*]chinoxalin
—, 5*H*- 283
Benz[*f*]isochino[3,4-*b*]chinoxalin 289
—, 7,14-Dihydro- 285
Benz[*f*]isochino[4,3-*b*]chinoxalin 289
—, 5-Chlor- 289
—, 7,14-Dihydro- 285
—, 5-Methylmercapto- 372
Benz[*f*]isochino[3,4-*b*]chinoxalin-5-ol
s. *Benz[f]isochino[3,4-*b*]chinoxalin-5-on,*
6H-
Benz[*f*]isochino[4,3-*b*]chinoxalin-5-ol
s. *Benz[f]isochino[4,3-*b*]chinoxalin-5-on,*
6H-
Benz[*f*]isochino[3,4-*b*]chinoxalin-5-on
—, 6*H*- 533
Benz[*f*]isochino[4,3-*b*]chinoxalin-5-on
—, 6*H*- 533
Benz[*f*]isochino[3,4-*b*]chinoxalin-5-thiol
s. *Benz[f]isochino[3,4-*b*]chinoxalin-*
5-thion, 6H-
Benz[*f*]isochino[4,3-*b*]chinoxalin-5-thiol
s. *Benz[f]isochino[4,3-*b*]chinoxalin-*
5-thion, 6H-
Benz[*f*]isochino[3,4-*b*]chinoxalin-5-thion
—, 6*H*- 533
Benz[*f*]isochino[4,3-*b*]chinoxalin-5-thion
—, 6*H*- 533
Benzo[*lmn*]benz[4,5]imidazo[2,1-*b*]≈
[3,8]phenanthrolin-1,3,6-trion
—, 2-[3-Amino-phenyl]- 669
—, 2-[4-Amino-phenyl]- 669
—, 2-Benzyl- 669
—, 2-[4-Chlor-phenyl]- 668

—, 2-Cyclohexyl- 668
—, 2-[2,5-Dimethyl-phenyl]- 669
—, 2-[2-Hydroxy-äthyl]- 669
—, 2-Phenyl- 668
Benzo[*kl*]benz[6,7]indazolo[4,3,2-*cde*]acridin-
3,4-dicarbonsäure
—, 9-Oxo-9*H*-,
— imid 670
Benzo[*f*]chinazolino[3,2-*c*]chinazolin-10-on
—, 8-Benzyl- 537
Benzo[*b*]chino[3′,2′:3,4]chino[1,8-*gh*]≈
[1,6]naphthyridin
—, 9*H*,13*H*- 309
—, 10*H*,12*H*- 309
—, 1-Methyl-10*H*,12*H*- 310
Benzo[*f*]chinolin-1-carbaldehyd
— [4-(4,5-dimethyl-[1,2,3]triazol-2-yl)-
phenylimin] 47
Benzo[*b*]chino[2,3,4-*de*]naphtho[1,2-*h*]≈
[1,6]naphthyridin
—, 17-Phenyl-17*H*- 310
Benzo[*f*]chinoxalin
—, 3-[4-Naphtho[1,2-*d*][1,2,3]triazol-2-yl-
phenyl]- 217
Benzo[2,3][1,5]diazecino[9,8-*b*]indol-5,14-dion
—, 15-Methyl-6,7,8,13-tetrahydro-15*H*-
625
Benzo[5,6][1,2]diazepino[3,4-*b*]chinolin-5-on
—, 6,7-Dihydro- 523
Benzo[5,6][1,2]diazepino[4,3-*c*]chinolin-7-on
—, 5,6-Dihydro- 523
Benzo[2,3][1,4]diazepino[7,1-*a*]phthalazin-
7,13-dion
—, 2-Chlor-11b,12-dihydro-14*H*- 619
—, 3-Chlor-11b,12-dihydro-14*H*- 619
—, 2-Chlor-6-methyl-11b,12-dihydro-
14*H*- 619
—, 11b,12-Dihydro-14*H*- 618
—, 2-Methyl-11b,12-dihydro-14*H*- 619
—, 6-Methyl-11b,12-dihydro-14*H*- 619
Benzo[2,3][1,4]diazepino[7,1-*a*]phthalazinium
—, 2-Chlor-7,13-dioxo-7,12,13,14-
tetrahydro-6*H*- 624
— betain 624
—, 2-Chlor-7-hydroxy-13-oxo-
13,14-dihydro-12*H*-,
— betain 624
—, 7,13-Dioxo-7,12,13,14-tetrahydro-6*H*-
624
— betain 624
—, 7-Hydroxy-13-oxo-13,14-dihydro-12*H*-,
— betain 624
Benzo[2,3][1,4]diazepino[7,1-*a*]phthalazin-
13-on
—, 7-Hydroxy-14*H*- s. *Benzo[2,3]≈*
*[1,4]diazepino[7,1-*a*]phthalazin-7,13-dion,*
14H-

Benzo[ij]dichino[2,3-b;3′,2′-g]chinolizin

s. unter *Benzo[b]chino[3′,2′:3,4]chino[1,8-gh][1,6]naphthyridin*

Benzo[ij]diindolo[2,3-b;3′,2′-g]chinolizin

–, 4,9,11,16-Tetrahydro- 304

Benzoesäure

– [2-benzotriazol-1-yl-äthylester] 103
– [2-benzotriazol-2-yl-äthylester] 103
– benzotriazol-1-ylmethylester 104
– [4,6-dimethoxy-[1,3,5]triazin-2-ylmethylester] 403
– [4-(4-methyl-[1,2,3]triazol-2-yl)-anilid] 44
– [1-phenyl-1H-[1,2,3]triazol-4-ylmethylester] 323
– [1-[1,2,3]triazol-2-yl-anilid] 32
–, 5-[4-Acetyl-5-oxo-1-phenyl-1,5-dihydro-[1,2,3]triazol-2-yl]-2-hydroxy-560
–, 4-Amino-,
– [2-phenyl-2H-[1,2,3]triazol-4-ylmethylester] 323
–, 4-[Benzotriazol-1-ylmethyl-amino]-105
–, 3-[6-Benzoyl-4-methyl-4,5-dihydro-3H-[1,2,4]triazin-2-yl]- 480
–, 4-[6-Benzoyl-4-methyl-4,5-dihydro-3H-[1,2,4]triazin-2-yl]- 480
–, 2-[3-(4-Chlor-phenyl)-5-phenyl-[1,2,4]triazol-4-yl]- 247
–, 4-[(5,6-Dimethyl-benzotriazol-1-ylmethyl)-amino]- 156
– äthylester 156
–, 4-{4-[5-(2,3-Dimethyl-indolizin-1-yl)-penta-2,4-dienyliden]-5-oxo-3-pentadecyl-4,5-dihydro-pyrazol-1-yl}- 520
–, 4-[6,11-Dioxo-6,11-dihydro-anthra[1,2-d][1,2,3]triazol-2-yl]- 622
–, 2,2′-[3-Hydroxy-5,7-dinitro-3H-benzotriazol-1,2-diyl]-di- 87
–, 4,4′-[3-Hydroxy-5,7-dinitro-3H-benzotriazol-1,2-diyl]-di- 87
–, 2-Hydroxy-5-[4-naphtho[1,2-d][1,2,3]triazol-2-yl-stilben-2-sulfonylamino]-210
–, 2-Naphtho[1,2-d][1,2,3]triazol-2-yl-,
– methylester 206
–, 3-Naphtho[1,2-d][1,2,3]triazol-2-yl-,
– methylester 207
–, 4-Naphtho[1,2-d][1,2,3]triazol-2-yl-,
– [2-diäthylamino-äthylester] 207
– methylester 207
–, 3-[4-Naphtho[1,2-d][1,2,3]triazol-2-yl-stilben-2-sulfonylamino]- 210
–, 4-[4-Naphtho[1,2-d][1,2,3]triazol-2-yl-stilben-2-sulfonylamino]- 210
–, 4-Nitro-,
– [3-phenyl-5-thioxo-1,5-dihydro-[1,2,4]triazol-4-ylamid] 472

– [2-phenyl-2H-[1,2,3]triazol-4-ylmethylester] 323
–, 4-[3-Oxo-2,3-dihydro-[1,2,4]triazol-1-yl]- 422
–, 4-[2-Phenyl-4,6-dithioxo-tetrahydro-[1,3,5]triazin-1-yl]- 583
–, 4-[[1,2,3]Triazol-1-ylmethyl-amino]-31

Benzo[lmn][1′,2′:3,4]indazolo[1,7-bc]=[2,8]phenanthrolin-1,3,8-trion 670

Benzol

–, 1-Acetoxy-4-[5,6-diphenyl-[1,2,4]triazin-3-yl]- 372
–, 1-[5-Acetyl-benzotriazol-1-yl]-4-benzotriazol-1-yl- 474
–, 1-Benzotriazol-1-yl-4-carbazol-9-yl-110
–, 1,4-Bis-[5-chlor-benzotriazol-1-yl]-121
–, 1,4-Bis-[5-methoxy-benzotriazol-1-yl]-341
–, 1,4-Bis-[[1,2,4]triazol-1-carbonyl]- 38
–, 2,4-Diacetoxy-1-benzotriazol-2-yl-104
–, 1,3,5-Tri-[3]pyridyl- 294

Benzolsulfonsäure

–, 4-{4-[2-(1-Äthyl-1H-[2]chinolyliden)-äthyliden]-3-methyl-5-oxo-4,5-dihydro-pyrazol-1-yl}- 510
–, 4-{4-[2-(1-Äthyl-1H-[4]chinolyliden)-äthyliden]-3-methyl-5-oxo-4,5-dihydro-pyrazol-1-yl}- 511
–, 2-Amino-5-naphtho[1,2-d]=[1,2,3]triazol-2-yl- 213
–, 5-Amino-2-naphtho[1,2-d]=[1,2,3]triazol-2-yl- 213
–, 2-[2-Benzo[1,3]dioxol-5-yl-vinyl]-5-naphtho[1,2-d][1,2,3]triazol-2-yl-,
– dicyclohexylamid 216
–, 4-Benzotriazol-2-yl- 109
–, 4-{4-[2-(1,6-Dimethyl-1H-[2]chinolyliden)-äthyliden]-3-methyl-5-oxo-4,5-dihydro-pyrazol-1-yl}- 512
–, 4-[3,5-Dioxo-[1,2,4]triazolidin-1-yl]-,
– amid 541
–, 4-Hydroxy-,
– [1,2,4]triazol-4-ylamid 41
–, 4-[3-(4-Hydroxy-3-methoxy-phenyl)-3H-naphtho[2,1-e][1,2,4]triazin-2-yl]- 390
–, 4-{3-Methyl-5-oxo-4-[2-(1,3,3-trimethyl-indolin-2-yliden)-äthyliden]-4,5-dihydro-pyrazol-1-yl}-505
–, 2-Naphtho[1,2-d][1,2,3]triazin-2-yl-207
–, 4-Naphtho[1,2-d][1,2,3]triazin-2-yl-207
– [2]pyridylamid 207

Benzolsulfonsäure (Fortsetzung)
—, 4-[3*H*-Naphtho[2,1-*e*][1,2,4]triazin-
2-yl]- 221
—, 4-Phthalimido-,
 — [1,2,4]triazol-4-ylamid 42
—, 4-[4-(1,2,3,4-Tetrahydroxy-butyl)-
[1,2,3]triazol-2-yl]-,
 — amid 414
—, 4-[3-Thioxo-2,3-dihydro-[1,2,4]triazol-
1-yl]-,
 — amid 424
—, 4-[1,2,3]Triazol-2-yl-,
 — amid 32
 — anilid 32

Benzolsulfonylchlorid
—, 4-[1,2,3]Triazol-2-yl- 32

Benzo[*lmn*]naphth[1′,2′,3′:3,4]indazolo[1,7-*bc*]≠
 [2,8]phenanthrolin-1,3,8-trion
—, 2-[4-Äthoxy-phenyl]- 671
—, 2-Äthyl- 671
—, 2-Methyl- 671
—, 2-Phenyl- 671

Benzonitril
—, 4-[4-Benzotriazol-1-yl-anilino]-3-nitro-
111

Benzophenon
—, 3-[5-Benzoyl-benzotriazol-1-yl]- 506
—, 4-[5-Benzoyl-benzotriazol-1-yl]- 506
—, 4,4′-Bis-naphtho[1,2-*d*][1,2,3]triazol-
2-yl- 214

Benzo[*h*]pyrazolo[3,4-*b*]chinolin-7-ol
 s. unter *Benzo[*h*]pyrazolo[3,4-b]≠*
 chinolin-7-on

Benzo[*h*]pyrazolo[3,4-*b*]chinolin-7-on
—, 8-Methyl-9-phenyl-9,11-dihydro- 517
—, 8-Methyl-10-phenyl-10,11-dihydro-
517

Benzo[*e*]pyrido[4,3,2-*gh*]perimidin-7-on
—, 6-Methyl-2-phenyl-6*H*- 537

Benzo[*a*]pyrido[2,3-*c*]phenazin 289

Benzo[*b*]pyrrolo[3,4-*e*][1,4]diazepin-3,10-dion
—, 2-Benzyl-1,2,4,9-tetrahydro- 602

Benzo[*f*][1,3,5]triazepin-2,4-dion
—, 1,5-Dihydro- 580

Benzo[5,6][1,2,4]triazepino[3,4-*a*]isoindol-
 12-on
—, 5-[2,4-Dimethoxy-phenyl]- 716
—, 5-[4-Methoxy-phenyl]- 696

Benzo[*f*][1,3,5]triazepin-2-on
—, 4-Äthoxy-1,5-dihydro- 685

Benzo[*d*][1,2,3]triazin
—, 4-[4-Methoxy-phenyl]- 359
—, 3-Phenyl-3,4-dihydro- 141

Benzo[*e*][1,2,4]triazin 166
—, 6-Acetyl- 484
—, x-Benzoyl-3-phenyl-x-dihydro- 241
—, 3-Chlor- 166
—, 6-Chlor- 167
—, 6-Chlor-3-[4-methoxy-phenyl]- 361

—, 6-Chlor-3-methyl- 174
—, 3-[4-Chlor-phenyl]- 242
—, 6-Chlor-3-phenyl- 241
—, 7-Chlor-3-phenyl- 242
—, 3-[4-Chlor-phenyl]-8-methoxy- 361
—, 3,7-Dichlor- 167
—, 3,6-Dimethyl- 179
—, 3,6-Diphenyl- 284
—, 3,x-Diphenyl- 241
—, 3-Heptyl- 190
—, 3-Methoxy- 345
—, 6-Methoxy- 346
—, 8-Methoxy- 346
—, 6-Methoxy-3-methyl- 351
—, 8-Methoxy-3-methyl- 351
—, 6-Methoxy-3-[4-nitro-phenyl]- 360
—, 3-[4-Methoxy-phenyl]- 361
—, 6-Methoxy-3-phenyl- 359
—, 7-Methoxy-3-phenyl- 360
—, 8-Methoxy-3-phenyl- 360
—, 3-[4-Methoxy-phenyl]-6-nitro- 361
—, 3-Methyl- 173
—, 6-Methyl- 174
—, 6-Methyl-3-phenyl- 247
—, 7-Methyl-3-phenyl- 248
—, 3-Methyl-5,6,7,8-tetrahydro- 88
—, 3-[4-Nitro-phenyl]- 242
—, 6-Nitro-3-phenyl- 242
—, 8-Nitro-3-phenyl- 242
—, 3-[2-Nitro-phenyl]-3,4-dihydro- 233
—, 1-Oxy- 166
—, 3-Pentyl- 188
—, 3-Phenäthyl- 251
—, 3-Phenyl- 241
—, 3-Phenyl-5,6,7,8-tetrahydro- 224
—, 5,6,7,8-Tetrahydro- 88

Benzo[*d*][1,2,3]triazinium
—, 2-[2-Brom-4-methyl-phenyl]-
4-hydroxy-,
 — betain 458
—, 2-[4-Brom-2-methyl-phenyl]-
4-hydroxy-,
 — betain 457
—, 2-[2-Brom-4-methyl-phenyl]-
4-hydroxy-7-nitro-,
 — betain 463
—, 2-[2-Brom-4-methyl-phenyl]-
4-hydroxy-7-nitro-1-oxy-,
 — betain 463
—, 2-[2-Brom-4-methyl-phenyl]-
4-hydroxy-1-oxy-,
 — betain 459
—, 2-[4-Brom-2-methyl-phenyl]-
4-hydroxy-1-oxy-,
 — betain 457
—, 2-[2-Brom-4-methyl-phenyl]-7-nitro-
4-oxo-3,4-dihydro-,
 — betain 463

Benzo[*d*][1,2,3]triazinium (Fortsetzung)
—, 2-[2-Brom-4-methyl-phenyl]-7-nitro-
4-oxo-1-oxy-3,4-dihydro-,
　— betain 463
—, 2-[2-Brom-4-methyl-phenyl]-4-oxo-
3,4-dihydro-,
　— betain 458
—, 2-[4-Brom-2-methyl-phenyl]-4-oxo-
3,4-dihydro-,
　— betain 457
—, 2-[2-Brom-4-methyl-phenyl]-4-oxo-
1-oxy-3,4-dihydro-,
　— betain 459
—, 2-[4-Brom-2-methyl-phenyl]-4-oxo-
1-oxy-3,4-dihydro-,
　— betain 457
—, 2-[4-Brom-2-nitro-phenyl]-4-hydroxy-
1-oxy-,
　— betain 457
—, 2-[4-Brom-2-nitro-phenyl]-4-oxo-
1-oxy-3,4-dihydro-,
　— betain 457
—, 2-[4-Brom-phenyl]-4-hydroxy-,
　— betain 455
—, 2-[4-Brom-phenyl]-4-hydroxy-1-oxy-,
　— betain 456
—, 2-[4-Brom-phenyl]-4-oxo-3,4-dihydro-,
　— betain 455
—, 2-[4-Brom-phenyl]-4-oxo-1-oxy-
3,4-dihydro-,
　— betain 456
—, 2-[2-Chlor-4-methyl-phenyl]-
4-hydroxy-,
　— betain 458
—, 2-[2-Chlor-4-methyl-phenyl]-
4-hydroxy-1-oxy-,
　— betain 458
—, 2-[2-Chlor-4-methyl-phenyl]-4-oxo-
3,4-dihydro-,
　— betain 458
—, 2-[2-Chlor-4-methyl-phenyl]-4-oxo-
1-oxy-3,4-dihydro-,
　— betain 458
—, 2-[4-Chlor-phenyl]-4-hydroxy-1-oxy-,
　— betain 456
—, 2-[4-Chlor-phenyl]-4-oxo-1-oxy-
3,4-dihydro-,
　— betain 456
—, 2-[2,6-Dibrom-4-methyl-phenyl]-
4-hydroxy-,
　— betain 458
—, 2-[2,6-Dibrom-4-methyl-phenyl]-
4-hydroxy-7-nitro-,
　— betain 463
—, 2-[2,6-Dibrom-4-methyl-phenyl]-
4-hydroxy-7-nitro-1-oxy-,
　— betain 463

—, 2-[2,4-Dibrom-5-methyl-phenyl]-
4-hydroxy-1-oxy-,
　— betain 457
—, 2-[2,4-Dibrom-6-methyl-phenyl]-
4-hydroxy-1-oxy-,
　— betain 457
—, 2-[2,6-Dibrom-4-methyl-phenyl]-
4-hydroxy-1-oxy-,
　— betain 459
—, 2-[2,6-Dibrom-4-methyl-phenyl]-
7-nitro-4-oxo-3,4-dihydro-,
　— betain 463
—, 2-[2,6-Dibrom-4-methyl-phenyl]-
7-nitro-4-oxo-1-oxy-3,4-dihydro-,
　— betain 463
—, 2-[2,6-Dibrom-4-methyl-phenyl]-
4-oxo-3,4-dihydro-,
　— betain 458
—, 2-[2,4-Dibrom-5-methyl-phenyl]-
4-oxo-1-oxy-3,4-dihydro-,
　— betain 457
—, 2-[2,4-Dibrom-6-methyl-phenyl]-
4-oxo-1-oxy-3,4-dihydro-,
　— betain 457
—, 2-[2,6-Dibrom-4-methyl-phenyl]-
4-oxo-1-oxy-3,4-dihydro-,
　— betain 459
—, 2-[2,4-Dibrom-phenyl]-3-hydroxy-,
　— betain 455
—, 2-[2,4-Dibrom-phenyl]-4-hydroxy-
1-oxy-,
　— betain 456
—, 2-[2,4-Dibrom-phenyl]-4-oxo-
3,4-dihydro-,
　— betain 455
—, 2-[2,4-Dibrom-phenyl]-4-oxo-1-oxy-
3,4-dihydro-,
　— betain 456
—, 2-[2,6-Dichlor-4-methyl-phenyl]-
4-hydroxy-,
　— betain 458
—, 2-[2,6-Dichlor-4-methyl-phenyl]-
4-hydroxy-1-oxy-,
　— betain 459
—, 2-[2,6-Dichlor-4-methyl-phenyl]-4-oxo-
3,4-dihydro-,
　— betain 458
—, 2-[2,6-Dichlor-4-methyl-phenyl]-4-oxo-
1-oxy-3,4-dihydro-,
　— betain 459
—, 2-[2,4-Dichlor-phenyl]-4-hydroxy-,
　— betain 455
—, 2-[2,4-Dichlor-phenyl]-4-hydroxy-
1-oxy-,
　— betain 456
—, 2-[2,4-Dichlor-phenyl]-4-oxo-
3,4-dihydro-,
　— betain 455

Benzo[*d*][1,2,3]triazinium   (Fortsetzung)
—, 2-[2,4-Dichlor-phenyl]-4-oxo-1-oxy-
   3,4-dihydro-,
   — betain 456
—, 2-[4-Dimethylamino-phenyl]-
   4-hydroxy-,
   — betain 462
—, 2-[4-Dimethylamino-phenyl]-4-oxo-
   3,4-dihydro-,
   — betain 462
—, 4-Hydroxy-1-oxy-2-pentabromphenyl-,
   — betain 456
—, 4-Hydroxy-1-oxy-2-pentachlorphenyl-,
   — betain 456
—, 4-Hydroxy-1-oxy-2-[2,3,4,5-tetrabrom-
   phenyl]-,
   — betain 456
—, 4-Hydroxy-1-oxy-2-*p*-tolyl-,
   — betain 458
—, 4-Hydroxy-1-oxy-2-[2,4,6-trichlor-
   phenyl]-,
   — betain 456
—, 4-Hydroxy-1-oxy-2-[3,4,5-trichlor-
   phenyl]-,
   — betain 456
—, 4-Hydroxy-2-[2,4,6-trichlor-phenyl]-,
   — betain 455
—, 4-Oxo-1-oxy-2-pentabromphenyl-
   3,4-dihydro-,
   — betain 456
—, 4-Oxo-1-oxy-2-pentachlorphenyl-
   3,4-dihydro-,
   — betain 456
—, 4-Oxo-1-oxy-2-[2,3,4,5-tetrabrom-
   phenyl]-3,4-dihydro-,
   — betain 456
—, 4-Oxo-1-oxy-2-*p*-tolyl-3,4-dihydro-,
   — betain 458
—, 4-Oxo-1-oxy-2-[2,4,6-trichlor-phenyl]-
   3,4-dihydro-,
   — betain 456
—, 4-Oxo-1-oxy-2-[3,4,5-trichlor-phenyl]-
   3,4-dihydro-,
   — betain 456
—, 4-Oxo-2-[2,4,6-trichlor-phenyl]-
   3,4-dihydro-,
   — betain 455
Benzo[*d*][1,2,3]triazin-4-ol
   s. *Benzo[*d*][1,2,3]triazin-4-on, 3*H-
Benzo[*e*][1,2,4]triazin-8-ol
—, 3-[4-Chlor-phenyl]- 360
—, 3,x-Diphenyl- 360
—, 3-Methyl-x-phenyl- 351
—, 3-Phenyl- 360
—, x-Phenyl- 346
Benzo[*d*][1,2,3]triazin-4-on
—, 3*H*- 454

—, 3-[2-Acetylamino-phenyl]-3*H*- 462
—, 3-[4-Acetylamino-phenyl]-3*H*- 462
—, 3*H*,3'*H*-3,3'-Äthandiyl-bis- 462
—, 3-Äthyl-3*H*- 455
—, 3-Allyl-3*H*- 455
—, 3-Biphenyl-2-yl-3*H*- 459
—, 3-Brommethyl-3*H*- 460
—, 3-[3]Chinolyl-3*H*- 463
—, 7-Chlor-3*H*- 463
—, 3-Chlormethyl-3*H*- 460
—, 3-[2-Chlor-phenyl]-3*H*- 455
—, 3-[3-Chlor-phenyl]-3*H*- 455
—, 3-[4-Chlor-phenyl]-3*H*- 455
—, 3-[2-Diäthylamino-äthyl]-3*H*- 461
—, 3-[4-Diäthylamino-1-methyl-butyl]-
   3*H*- 461
—, 3-[β,β'-Dihydroxy-isopropyl]-3*H*- 459
—, 3-[2-Dimethylamino-äthyl]-3*H*- 461
—, 3-[4-Dimethylamino-phenyl]-3*H*- 462
—, 3-[3-Dimethylamino-propyl]-3*H*- 461
—, 3-[2-Hydroxy-äthyl]-3*H*- 459
—, 3-Hydroxymethyl-3*H*- 460
—, 3-Mesityl-3*H*- 459
—, 7-Methoxy-3*H*- 683
—, 3-[2-Methoxy-phenyl]-3*H*- 459
—, 3-[4-Methoxy-phenyl]-3*H*- 459
—, 3-Methyl-3*H*- 454
—, 3-[2-Nitro-phenyl]-3*H*- 455
—, 3-[3-Nitro-phenyl]-3*H*- 456
—, 3-[4-Nitro-phenyl]-3*H*- 456
—, 3-Phenyl-3*H*- 455
—, 3-[2]Pyridyl-3*H*- 463
—, 3-[3]Pyridyl-3*H*- 463
—, 3-*o*-Tolyl-3*H*- 457
—, 3-*p*-Tolyl-3*H*- 458
Benzo[*e*][1,2,4]triazin-3-on
—, 7-Chlor-4*H*- 464
—, 7-Chlor-1-oxy-4*H*- 464
—, 7-Methoxy-1-oxy-4*H*- 683
—, 2-Methyl-2*H*- 464
—, 4-Methyl-4*H*- 464
—, 2-Methyl-1,4-dihydro-2*H*- 447
—, 4-Methyl-1,4-dihydro-2*H*- 447
—, 4-Methyl-1-oxy-4*H*- 464
—, 1-Oxy-4*H*- 464
Benzo[*e*][1,2,4]triazin-3-on-1-oxid
—, 4*H*- 464
—, 7-Chlor-4*H*- 464
—, 7-Methoxy-4*H*- 683
—, 4-Methyl-4*H*- 464
Benzo[*e*][1,2,4]triazin-1-oxid 166
—, 3-Äthoxy- 345
—, 3-Brom- 167
—, 3-Butoxy- 345
—, 3-Chlor- 166
—, 3-Chlor-7-methoxy- 346
—, 7-Chlor-3-methoxy- 345
—, 6-Chlor-3-[4-methoxy-phenyl]- 361

Benzo[e][1,2,4]triazin-1-oxid (Fortsetzung)
—, 3-[4-Chlor-phenyl]- 242
—, 6-Chlor-3-phenyl- 241
—, 7-Chlor-3-phenyl- 242
—, 3,7-Dichlor- 167
—, 3-Methoxy- 345
—, 6-Methoxy-3-[4-nitro-phenyl]- 360
—, 3-[4-Methoxy-phenyl]- 361
—, 7-Methoxy-3-phenyl- 360
—, 7-Methyl-3-phenyl- 248
—, 3-[4-Nitro-phenyl]- 242
—, 3-Phenyl- 241
—, 3-Styryl- 258
—, 3,3'-Sulfandiyl-bis- 346
Benzo[e][1,2,4]triazin-2-oxid
—, 3-Phenyl- 241
Benzo[d][1,2,3]triazin-4-thiol
s. *Benzo[d][1,2,3]triazin-4-thion, 3*H-
Benzo[d][1,2,3]triazin-4-thion
—, 3H- 464
—, 7-Chlor-3H- 464
Benzo[3,4][1,2,5]triazocino[8,1-a]isoindol-6,12-dion
—, 3-Chlor-5,7,7a,14-tetrahydro- 618
—, 3-Methyl-5,7,7a,14-tetrahydro- 619
—, 5,7,7a,14-Tetrahydro- 618
Benzotriazol
—, 1H- 93
—, 4-Acetoxy-1H- 337
—, 5-Acetoxy-4-acetoxymethyl-1-acetyl-1H- 381
—, 5-Acetoxy-1-acetyl-1H- 340
—, 7-Acetoxy-1-acetyl-1H- 337
—, 1-Acetoxy-6-brom-1H- 126
—, 1-Acetoxy-6-brom-4-nitro-1H- 136
—, 1-Acetoxy-6-chlor-1H- 122
—, 1-Acetoxy-4-chlor-6-nitro-1H- 135
—, 1-Acetoxy-6-chlor-4-nitro-1H- 134
—, 4-Acetoxy-5,7-dibrom-2-phenyl-2H- 338
—, 5-Acetoxy-4,6-dibrom-2-phenyl-2H- 342
—, 1-Acetoxymethyl-1H- 104
—, 1-Acetoxy-5-methyl-1H- 144
—, 1-Acetoxy-5-methyl-4,6-dinitro-1H- 150
—, 1-Acetoxy-7-methyl-4,6-dinitro-1H- 150
—, 4-Acetoxy-2-phenyl-2H- 337
—, 1-Acetyl-1H- 107
—, 5-Acetyl-1H- 473
—, 5-Acetyl-1-[4-acetyl-phenyl]-1H- 474
—, 1-Acetyl-5-äthoxy-1H- 340
—, 2-Acetyl-5-äthoxy-2H- 340
—, 5-Acetyl-1-[4-äthyl-phenyl]-1H- 474
—, 1-Acetyl-5-brom-1H- 126
—, 1-Acetyl-5-chlor-1H- 121
—, 1-Acetyl-6-chlor-1H- 121
—, 1-Acetyl-5,6-dimethyl-1H- 156

—, 5-Acetyl-1-[4-dimethylamino-phenyl]-1H- 474
—, 1-Acetyl-5-methoxy-1H- 339
—, 1-Acetyl-6-methoxy-1H- 340
—, 2-Acetyl-5-methoxy-2H- 340
—, 1-Acetyl-5-methyl-1H- 147
—, 5-Acetyl-1-methyl-1H- 473
—, 1-[N-Acetyl-sulfanilyl]-1H- 117
—, 1-[N-Acetyl-sulfanilyl]-4,6-dibrom-1H- 127
—, 1-Acetyl-4-trifluormethyl-1H- 143
—, 1H,1'H-1,1'-Äthandiyl-bis- 113
—, 1H,2'H-1,2'-Äthandiyl-bis- 113
—, 2H,2'H-2,2'-Äthandiyl-bis- 114
—, 5-Äthoxy-1H- 339
—, 5-Äthoxy-4-nitro-1H- 342
—, 6-Äthoxy-4-nitro-1H- 343
—, 5-Äthoxy-2-phenyl-2H- 339
—, 1-Äthyl-1H- 96
—, 2-Äthyl-2H- 97
—, 1-Äthyl-4,5,6,7-tetrabrom-1H- 127
—, 2-Äthyl-4,5,6,7-tetrabrom-2H- 127
—, 1-Äthyl-4,5,6,7-tetrachlor-1H- 124
—, 2-Äthyl-4,5,6,7-tetrachlor-2H- 124
—, 1-Allyl-1H- 99
—, 2-Allyl-2H- 99
—, 1-Anilinomethyl-1H- 105
—, 1-Anilinomethyl-5,6-dimethyl-1H- 156
—, 1-p-Anisidinomethyl-5,6-dimethyl-1H- 156
—, 1-Benzolsulfonyl-5,6-dimethyl-1H- 156
—, 1-Benzoyl-1H- 107
—, 1-Benzoyl-5,6-dimethyl-1H- 156
—, 5-Benzoyl-1-[4-dimethylamino-phenyl]-1H- 507
—, 1-Benzoyl-5-methoxy-1H- 340
—, 1-Benzoyloxymethyl-1H- 104
—, 1-Benzoyloxy-5-methyl-1H- 144
—, 5-Benzoyl-1-phenyl-1H- 506
—, 7-Benzoyl-1-phenyl-1H- 506
—, 1-Benzyl-1H- 102
—, 2-Benzyl-2H- 102
—, 1H,1'H-Biphenyl-2,2'-diyl-bis- 115
—, 1-Biphenyl-4-yl-6-chlor-1H- 121
—, 1-[2,4-Bis-acetylamino-phenyl]-1H- 111
—, 5-Brom-1H- 125
—, 1-[2-Brom-äthyl]-1H- 97
—, 2-[2-Brom-äthyl]-2H- 97
—, 5-Brom-4-chlor-6-nitro-2-phenyl-2H- 137
—, 4-Brom-5-chlor-6-nitro-2-p-tolyl-2H- 137
—, 5-Brom-4-chlor-6-nitro-2-o-tolyl-2H- 137
—, 5-Brom-7-methyl-4,6-dinitro-2-p-tolyl-2H- 143

Benzotriazol (Fortsetzung)
–, 1-Brommethyl-4-nitro-1*H*- 129
–, 1-Brommethyl-5-nitro-1*H*- 132
–, 6-Brom-4-methyl-5-nitro-2-*p*-tolyl-
2*H*- 143
–, 7-Brom-4-methyl-5-nitro-2-*p*-tolyl-
2*H*- 143
–, 4-Brom-6-nitro-2-phenyl-2*H*- 137
–, 6-Brom-4-nitro-2-phenyl-2*H*- 136
–, 2-[4-Brom-phenyl]-2*H*- 100
–, 1-[4-Brom-phenyl]-6-chlor-1*H*- 120
–, 1-[4-Brom-phenyl]-5-nitro-1*H*- 131
–, 1-Butyl-1*H*- 97
–, 2-Butyl-2*H*- 98
–, 1*H*,1′*H*-1,1′-Carbonyl-bis- 108
–, Chinolyl- s. *Chinolin, Benzotriazolyl-*
–, 1-[2]Chinolyl-5,6-dimethoxy-1*H*- 380
–, 4-Chlor-1*H*- 118
–, 5-Chlor-1*H*- 118
–, 1-[2-Chlor-äthyl]-1*H*- 97
–, 5-Chlor-1-chlormethyl-1*H*- 121
–, 6-Chlor-1-chlormethyl-1*H*- 121
–, 5-Chlor-1-[4-chlor-phenyl]-1*H*- 119
–, 5-Chlor-2-[2-chlor-phenyl]-2*H*- 119
–, 5-Chlor-2-[3-chlor-phenyl]-2*H*- 119
–, 5-Chlor-2-[4-chlor-phenyl]-2*H*- 119
–, 6-Chlor-1-[2-chlor-phenyl]-1*H*- 119
–, 6-Chlor-1-[3-chlor-phenyl]-1*H*- 119
–, 6-Chlor-1-[4-chlor-phenyl]-1*H*- 119
–, 5-Chlor-1-[4-diäthylamino-1-methyl-
butyl]-1*H*- 121
–, 5-Chlor-1-[2,4-dichlor-phenyl]-1*H*-
119
–, 6-Chlor-1-[2-methoxy-phenyl]-1*H*-
121
–, 1-Chlormethyl-1*H*- 105
–, 6-Chlor-1-methyl-1*H*- 118
–, 5-Chlor-4-methyl-7-nitro-2-*p*-tolyl-
2*H*- 143
–, 7-Chlor-4-methyl-5-nitro-2-*p*-tolyl-
2*H*- 143
–, 7-Chlor-5-nitro-1-phenyl-1*H*- 135
–, 1-[2-Chlor-4-nitro-phenyl]-5-nitro-1*H*-
131
–, 4-Chlor-6-nitro-2-*p*-tolyl-2*H*- 135
–, 5-Chlor-6-nitro-2-*o*-tolyl-2*H*- 134
–, 5-Chlor-6-nitro-2-*p*-tolyl-2*H*- 135
–, 6-Chlor-4-nitro-2-*p*-tolyl-2*H*- 134
–, 5-Chlor-4-nitro-1-trichlormethansulfenyl-
1*H*- 133
–, 1-[2-Chlor-phenyl]-1*H*- 99
–, 1-[3-Chlor-phenyl]-1*H*- 99
–, 1-[4-Chlor-phenyl]-1*H*- 100
–, 2-[2-Chlor-phenyl]-2*H*- 100
–, 2-[3-Chlor-phenyl]-2*H*- 100
–, 2-[4-Chlor-phenyl]-2*H*- 100
–, 5-Chlor-1-phenyl-1*H*- 118
–, 5-Chlor-2-phenyl-2*H*- 119
–, 6-Chlor-1-phenyl-1*H*- 119

–, 2-[2-Chlor-phenyl]-5-methyl-2*H*- 145
–, 2-[3-Chlor-phenyl]-5-methyl-2*H*- 145
–, 2-[4-Chlor-phenyl]-5-methyl-2*H*- 145
–, 1-[2-Chlor-phenyl]-5-nitro-1*H*- 130
–, 1-[3-Chlor-phenyl]-5-nitro-1*H*- 130
–, 1-[4-Chlor-phenyl]-5-nitro-1*H*- 131
–, 5-Chlor-1-[2]pyridyl-1*H*- 121
–, 6-Chlor-1-*m*-tolyl-1*H*- 120
–, 6-Chlor-1-*o*-tolyl-1*H*- 120
–, 6-Chlor-1-*p*-tolyl-1*H*- 121
–, 5-Chlor-1-trichlormethansulfenyl-1*H*-
122
–, 6-Chlor-1-trichlormethansulfenyl-1*H*-
122
–, 1-Cyclohexyl-1*H*- 99
–, 2-[2,4-Diacetoxy-phenyl]-2*H*- 104
–, 1-[2-Diäthylamino-äthyl]-6-methoxy-
1*H*- 340
–, 1-[4-Diäthylamino-1-methyl-butyl]-
6-methoxy-1*H*- 341
–, 1-[3-Diäthylamino-1-methyl-propyl]-
6-methoxy-1*H*- 340
–, 4,6-Dibrom-1*H*- 126
–, 4,6-Dibrom-1-methoxy-1*H*- 126
–, 4,5-Dibrom-6-nitro-2-*p*-tolyl-2*H*- 137
–, 4,7-Dibrom-5-nitro-2-*p*-tolyl-2*H*- 137
–, 4,7-Dichlor-1*H*- 122
–, 5,6-Dichlor-1*H*- 123
–, 4,6-Dichlor-1-methoxy-1*H*- 122
–, 4,7-Dichlor-1-methyl-1*H*- 123
–, 4,7-Dichlor-2-methyl-2*H*- 123
–, 5,6-Dichlor-1-methyl-1*H*- 123
–, 5,6-Dichlor-2-methyl-2*H*- 123
–, 5,7-Dichlor-4-methyl-2-*p*-tolyl-2*H*-
143
–, 4,5-Dichlor-6-nitro-2-phenyl-2*H*- 136
–, 4,5-Dichlor-6-nitro-2-*o*-tolyl-2*H*- 136
–, 4,5-Dichlor-6-nitro-2-*p*-tolyl-2*H*- 136
–, 4,7-Dichlor-5-nitro-2-*p*-tolyl-2*H*- 135
–, 5,5′-Dichlor-1*H*,1′*H*-1,1′-*p*-phenylen-
bis- 121
–, 5,6-Dimethoxy-1*H*- 380
–, 5,6-Dimethoxy-1-phenyl-1*H*- 380
–, 5,5′-Dimethoxy-1*H*,1′*H*-1,1′-
p-phenylen-bis- 341
–, 1,5-Dimethyl-1*H*- 144
–, 1,6-Dimethyl-1*H*- 144
–, 2,5-Dimethyl-2*H*- 144
–, 4,6-Dimethyl-1*H*- 155
–, 5,6-Dimethyl-1*H*- 155
–, 1-[2-Dimethylamino-äthyl]-1*H*- 109
–, 1-Dimethylaminomethyl-1*H*- 105
–, 1,5-Dimethyl-7-nitro-1*H*- 150
–, 1,6-Dimethyl-4-nitro-1*H*- 150
–, 5,6-Dimethyl-1-[4-nitro-benzoyl]-1*H*-
156
–, 5,5′-Dinitro-1*H*,1′*H*-biphenyl-
2,2′-diyl-bis- 133

Benzotriazol (Fortsetzung)

—, 5,7-Dinitro-1,2-bis-[3-nitro-phenyl]-2,3-dihydro-1*H*- 87
—, 4,6-Dinitro-2-*p*-tolyl-2*H*- 138
—, 1*H*,1′*H*-1,1′-Diphenoyl-bis- 107
—, 1-Dodecyl-1*H*- 98
—, 6-Fluor-1-phenyl-1*H*- 118
—, 1-Hexadecyl-1*H*- 98
—, 1*H*,1′*H*-1,1′-Hexandiyl-bis- 114
—, 2-Hydroxy-4,5,6,7-tetrahydro-2*H*- 75
—, 4-Jod-1*H*- 127
—, 4-Jod-6-nitro-2-phenyl-2*H*- 138
—, 6-Jod-4-nitro-2-phenyl-2*H*- 138
—, 1*H*,1′*H*-1,1′-Methandiyl-bis- 106
—, 1*H*,2′*H*-1,2′-Methandiyl-bis- 106
—, 1-Methoxy-1*H*- 117
—, 4-Methoxy-1*H*- 337
—, 5-Methoxy-1*H*- 338
—, 1-Methoxy-6-methyl-1*H*- 148
—, 4-Methoxy-7-methyl-1*H*- 343
—, 5-Methoxy-1-methyl-1*H*- 339
—, 7-Methoxy-1-methyl-1*H*- 337
—, 1-Methoxy-5-methyl-6-nitro-1*H*- 149
—, 1-Methoxy-6-nitro-1*H*- 133
—, 5-Methoxy-4-nitro-1*H*- 342
—, 6-Methoxy-4-nitro-1*H*- 342
—, 7-Methoxy-6-nitro-1*H*- 338
—, 1-[2-Methoxy-phenyl]-1*H*- 103
—, 1-[4-Methoxy-phenyl]-1*H*- 103
—, 2-[4-Methoxy-phenyl]-2*H*- 104
—, 5-Methoxy-2-phenyl-2*H*- 339
—, 1-[2-Methoxy-phenyl]-5-nitro-1*H*- 132
—, 1-[3-Methoxy-phenyl]-5-nitro-1*H*- 132
—, 1-[4-Methoxy-phenyl]-5-nitro-1*H*- 132
—, 2-[4-Methoxy-phenyl]-1-oxy-2*H*- 104
—, 5-Methoxy-1-[4]pyridyl-1*H*- 341
—, 1-Methyl-1*H*- 95
—, 2-Methyl-2*H*- 96
—, 4-Methyl-1*H*- 141
—, 5-Methyl-1*H*- 144
—, 1-[2-Methyl-benzyl]-1*H*- 102
—, 1-[4-Methyl-benzyl]-1*H*- 103
—, 4-Methyl-5,7-dinitro-2-*p*-tolyl-2*H*- 143
—, 1-Methyl-4-nitro-1*H*- 128
—, 1-Methyl-5-nitro-1*H*- 130
—, 1-Methyl-6-nitro-1*H*- 130
—, 1-Methyl-7-nitro-1*H*- 128
—, 2-Methyl-4-nitro-2*H*- 128
—, 2-Methyl-5-nitro-2*H*- 130
—, 5-Methyl-1-nitro-1*H*- 148
—, 6-Methyl-4-nitro-1*H*- 150
—, 7-Methyl-5-nitro-1-phenyl-1*H*- 143
—, 1-[2-Methyl-4-nitro-phenyl]-5-nitro-1*H*- 131
—, 5-Methyl-6-nitro-2-*p*-tolyl-2*H*- 149

—, 6-Methyl-4-nitro-2-*p*-tolyl-2*H*- 150
—, 1-Methyl-3-oxy-1*H*- 96
—, 5-Methyl-2-phenyl-2*H*- 145
—, 1-[2-Methyl-piperidinomethyl]-1*H*- 105
—, 1-[4-Methyl-[2]pyridyl]-1*H*- 115
—, 1-[6-Methyl-[2]pyridyl]-1*H*- 115
—, 4-Methyl-1-[3]pyridyl-1*H*- 142
—, 5-Methyl-1-[2]pyridyl-1*H*- 148
—, 7-Methyl-1-[3]pyridyl-1*H*- 142
—, 6-Methyl-1-*p*-toluidino-1*H*- 148
—, 4-Methyl-2-*m*-tolyl-2*H*- 142
—, 4-Methyl-2-*o*-tolyl-2*H*- 141
—, 4-Methyl-2-*p*-tolyl-2*H*- 142
—, 5-Methyl-1-*p*-tolyl-1*H*- 146
—, 5-Methyl-2-*o*-tolyl-2*H*- 146
—, 5-Methyl-2-*p*-tolyl-2*H*- 146
—, 1-[1]Naphthyl-1*H*- 103
—, 1-[2]Naphthyl-1*H*- 103
—, 4-Nitro-1*H*- 128
—, 5-Nitro-1*H*- 129
—, 4-Nitro-2-[4-nitro-phenyl]-2*H*- 128
—, 5-Nitro-1-[4-nitro-phenyl]-1*H*- 131
—, 5-Nitro-2-[4-nitro-phenyl]-2*H*- 131
—, 1-[2-Nitro-phenyl]-1*H*- 100
—, 1-[4-Nitro-phenyl]-1*H*- 100
—, 2-[4-Nitro-phenyl]-2*H*- 101
—, 5-Nitro-1-phenyl-1*H*- 130
—, 5-Nitro-2-phenyl-2*H*- 131
—, 4-Nitro-2-*p*-tolyl-2*H*- 128
—, 5-Nitro-1-*m*-tolyl-1*H*- 132
—, 5-Nitro-1-*o*-tolyl-1*H*- 131
—, 5-Nitro-1-*p*-tolyl-1*H*- 132
—, 5-Nitro-2-*o*-tolyl-2*H*- 131
—, 5-Nitro-2-*p*-tolyl-2*H*- 132
—, 4-Nitro-1-trichlormethansulfenyl-1*H*- 129
—, 3-Oxy-1*H*- 95
—, 1-Oxy-2-phenyl-2*H*- 101
—, 1-Oxy-2-*o*-tolyl-2*H*- 101
—, 1-Oxy-2-*p*-tolyl-2*H*- 102
—, 1-Phenäthyl-1*H*- 102
—, 1-Phenyl-1*H*- 99
—, 2-Phenyl-2*H*- 100
—, 1-Phenyl-4,5,6,7-tetrahydro-1*H*- 75
—, 2-Phenyl-4,5,6,7-tetrahydro-2*H*- 75
—, 1-Piperidinomethyl-1*H*- 105
—, 1*H*,1′*H*-1,1′-Propandiyl-bis- 114
—, 1-Propyl-1*H*- 97
—, 2-Propyl-2*H*- 97
—, 1-[3]Pyridyl-1*H*- 115
—, 4,5,6,7-Tetraacetoxy-2-phenyl-4,5,6,7-tetrahydro-2*H*- 414
—, 4,5,6,7-Tetrabrom-1*H*- 127
—, 4,5,6,7-Tetrabrom-1-methyl-1*H*- 127
—, 4,5,6,7-Tetrabrom-2-methyl-2*H*- 127
—, 4,5,6,7-Tetrachlor-1*H*- 124
—, 4,5,6,7-Tetrachlor-1-[2-dimethylamino-äthyl]-1*H*- 125

Benzotriazol (Fortsetzung)
−, 4,5,6,7-Tetrachlor-2-[2-dimethylamino-
äthyl]-2H- 125
−, 4,5,6,7-Tetrachlor-1-methyl-1H- 124
−, 4,5,6,7-Tetrachlor-2-methyl-2H- 124
−, 1-[Toluol-4-sulfonyl]-1H- 117
−, 1-o-Tolyl-1H- 101
−, 1-p-Tolyl-1H- 102
−, 2-m-Tolyl-2H- 102
−, 2-o-Tolyl-2H- 101
−, 2-p-Tolyl-2H- 102
−, 4,5,7-Tribrom-6-chlor-1H- 127
−, 4,5,7-Tribrom-6-chlor-1-methyl-1H-
127
−, 4,5,6-Trichlor-1-methyl-1H- 124
−, 1,5,6-Trimethyl-1H- 155
−, 2,5,6-Trimethyl-2H- 156
−, 1-Vinyl-1H- 99
−, 2-Vinyl-2H- 99
Benzotriazol-1-carbonsäure
− äthylester 107
− anilid 107
− methylester 107
− [1]naphthylamid 107
−, 5,6-Dimethyl-,
− äthylester 156
−, 5-Methyl-,
− anilid 147
Benzotriazol-4,5-diol
−, 3-Methyl-3H- 379
Benzotriazol-4,7-diol
−, 1-[4-Nitro-phenyl]-1H- 379
Benzotriazol-5,6-diol
−, 1H- 380
Benzotriazol-4,5-dion
−, 1H-,
− 4-oxim 576
−, 6-Brom-2-phenyl-2H- 577
−, 7-Chlor-1-methyl-1H- 576
−, 6,7-Dichlor-1H- 577
−, 1-Methyl-1H-,
− 4-oxim 576
−, 2-Methyl-2H- 576
Benzotriazol-4,7-dion
−, 1-Benzyl-5,6-dihydroxy-1H- 718
−, 5,6-Dihydroxy-1-phenyl-1H- 718
−, 1-Dodecyl-5,6-dihydroxy-1H- 718
−, 1-Hexyl-5,6-dihydroxy-1H- 718
Benzotriazolium
−, 1-Äthyl-3-dodecyl- 98
−, 1-Äthyl-3-hexadecyl- 99
−, 1-Äthyl-2-methyl- 97
−, 2-Äthyl-1-methyl- 97
−, 2-Benzyl-1-methyl- 102
−, 1-Butyl-3-dodecyl- 98
−, 1,3-Dibenzyl- 102
−, 1,3-Didodecyl- 98
−, 1,2-Dimethyl- 96
−, 1,3-Dimethyl- 96

−, 3,3'-Dimethyl-1,1'-butandiyl-bis- 114
−, 3,3'-Dimethyl-1,1'-decandiyl-bis- 115
−, 3,3'-Dimethyl-1,1'-hexandiyl-bis- 115
−, 1,3-Dimethyl-5-nitro- 130
−, 2,2'-Dimethyl-1,1'-pentandiyl-bis-
114
−, 3,3'-Dimethyl-1,1'-pentandiyl-bis-
114
−, 3,3'-Dimethyl-1,1'-propandiyl-bis-
114
−, 1,3-Dioctyl- 98
−, 1-Dodecyl-3-methyl- 98
−, 1-Hexadecyl-3-methyl- 98
−, 5-Methyl-2-phenyl-1-p-tolyl- 147
Benzo[a][1,2,3]triazolo[1,5,4-fg]acridin-6-on
531
Benzo[c][1,2,3]triazolo[1,5,4-fg]acridin-6-on
531
Benzo[de][1,2,4]triazolo[5,1-a]isochinolin-7-on
513
−, 10-Benzyl- 534
−, 10-Methyl- 513
−, 10-Phenyl- 533
Benzotriazol-1-ol 95
−, 5-Äthoxy-6-nitro- 342
−, 4-Äthyl-7-methyl-6-nitro- 159
−, 2,3-Bis-[4-äthoxy-phenyl]-4,6-dinitro-
2,3-dihydro- 87
−, 2,3-Bis-[2-brom-4-methyl-phenyl]-
4,6-dinitro-2,3-dihydro- 87
−, 2,3-Bis-[4-brom-phenyl]-4,6-dinitro-
2,3-dihydro- 87
−, 2,3-Bis-[2-carboxy-phenyl]-4,6-dinitro-
2,3-dihydro- 87
−, 2,3-Bis-[4-carboxy-phenyl]-4,6-dinitro-
2,3-dihydro- 87
−, 5-Brom- 126
−, 6-Brom- 126
−, 5-Brom-2,3-di-[2]naphthyl-4,6-dinitro-
2,3-dihydro- 88
−, 7-Brom-2,3-di-[2]naphthyl-4,6-dinitro-
2,3-dihydro- 88
−, 5-Brom-4,6-dinitro-2,3-diphenyl-
2,3-dihydro- 87
−, 7-Brom-4,6-dinitro-2,3-diphenyl-
2,3-dihydro- 87
−, 5-Brom-4,6-dinitro-2,3-di-p-tolyl-
2,3-dihydro- 87
−, 7-Brom-4,6-dinitro-2,3-di-p-tolyl-
2,3-dihydro- 87
−, 4-Brom-7-methyl- 143
−, 4-Brom-6-nitro- 136
−, 6-Brom-4-nitro- 136
−, 5-Chlor- 118
−, 6-Chlor- 118
−, 4-Chlor-6-nitro- 135
−, 5-Chlor-6-nitro- 134
−, 6-Chlor-4-nitro- 134

Benzotriazol-1-ol   (Fortsetzung)
−, 2,3-Dibenzyl-5-brom-4,6-dinitro-2,3-dihydro- 88
−, 2,3-Dibenzyl-7-brom-4,6-dinitro-2,3-dihydro- 88
−, 2,3-Dibenzyl-4,6-dinitro-2,3-dihydro- 87
−, 4,6-Dibrom- 126
−, 4,6-Dichlor- 122
−, 4,7-Dichlor- 122
−, 5,6-Dichlor- 123
−, 2,3-Di-[2]naphthyl-4,6-dinitro-2,3-dihydro- 87
−, 4,6-Dinitro-2,3-di-*p*-tolyl-2,3-dihydro- 87
−, 5-Methyl- 144
−, 6-Methyl- 144
−, 5-Methyl-4,6-dinitro- 150
−, 7-Methyl-4,6-dinitro- 150
−, 5-Methyl-6-nitro- 149
−, 6-Nitro- 129
Benzotriazol-2-ol
−, 4,5,6,7-Tetrahydro- 75
Benzotriazol-4-ol
−, 1*H*- 337
−, 5,7-Dibrom-1*H*- 338
−, 5,7-Dibrom-2-phenyl-2*H*- 338
−, 5,7-Dichlor-1-methyl-1*H*- 337
−, 1,7-Dimethyl-1*H*- 343
−, 7-Methyl-1*H*- 343
−, 6-Nitro-1*H*- 338
−, 2-Phenyl-2*H*- 337
−, 5,6,7-Trichlor-1*H*- 338
Benzotriazol-5-ol
−, 1*H*- 338
−, 1,4-Bis-hydroxymethyl-1*H*- 381
−, 4-Brom-1*H*- 341
−, 4-Brom-2-methyl-2*H*- 341
−, 4-Brom-2-phenyl-2*H*- 341
−, 4-Chlor-1*H*- 341
−, 4,6-Dibrom-2-methyl-2*H*- 342
−, 4,6-Dibrom-2-phenyl-2*H*- 342
−, 1-Hydroxymethyl-1*H*- 339
−, 4-Hydroxymethyl-1*H*- 380
−, 1-Methyl-1*H*- 339
−, 2-Methyl-2*H*- 339
−, 1-Methyl-4-nitroso-1*H*- 576
−, 4-Methyl-2-phenyl-2*H*- 343
−, 4-Nitro-1*H*- 342
−, 4-Nitroso-1*H*- 576
−, 2-Phenyl-2*H*- 339
Benzotriazol-4-on
−, 5,5,6,7,7-Pentachlor-1-methyl-1,5,6,7-tetrahydro- 441
Benzotriazol-5-on
−, 4,4-Dibrom-2-methyl-2,4-dihydro- 445
−, 4,6-Dibrom-4-nitro-2-phenyl-2,4-dihydro- 445

−, 4,4-Dibrom-2-phenyl-2,4-dihydro- 445
−, 4,4-Dichlor-1,4-dihydro- 445
−, 2-Phenyl-2,4,6,7-tetrahydro- 441
− phenylhydrazon 441
−, 4,4,6-Tribrom-7-chlor-2-phenyl-2,4,6,7-tetrahydro- 441
−, 4,4,6-Tribrom-2-phenyl-2,4-dihydro- 445
Benzotriazol-1-oxid
−, 3*H*- 95
−, 6-Acetyl-3*H*- 473
−, 5-Äthoxy-6-nitro-3*H*- 342
−, 4-Äthyl-7-methyl-6-nitro-3*H*- 159
−, 2-[3-Amino-phenyl]-2*H*- 109
−, 5-Brom-3*H*- 126
−, 6-Brom-3*H*- 126
−, 5-Brom-4-chlor-6-nitro-2-phenyl-2*H*- 137
−, 4-Brom-7-methyl-3*H*- 143
−, 4-Brom-6-nitro-3*H*- 136
−, 6-Brom-4-nitro-3*H*- 136
−, 2-[4-Brom-phenyl]-2*H*- 101
−, 5-Chlor-3*H*- 118
−, 6-Chlor-3*H*- 118
−, 5-Chlor-2-[2-chlor-phenyl]-2*H*- 120
−, 5-Chlor-2-[3-chlor-phenyl]-2*H*- 120
−, 4-Chlor-6-nitro-3*H*- 135
−, 5-Chlor-6-nitro-3*H*- 134
−, 6-Chlor-4-nitro-3*H*- 134
−, 5-Chlor-2-[4-nitro-phenyl]-2*H*- 120
−, 5-Chlor-6-nitro-2-phenyl-2*H*- 134
−, 4-Chlor-6-nitro-2-*p*-tolyl-2*H*- 135
−, 5-Chlor-6-nitro-2-*p*-tolyl-2*H*- 135
−, 6-Chlor-4-nitro-2-*p*-tolyl-2*H*- 134
−, 2-[2-Chlor-phenyl]-2*H*- 101
−, 2-[3-Chlor-phenyl]-2*H*- 101
−, 2-[4-Chlor-phenyl]-2*H*- 101
−, 5-Chlor-2-phenyl-2*H*- 120
−, 2-[2-Chlor-phenyl]-6-methyl-2*H*- 145
−, 2-[3-Chlor-phenyl]-6-methyl-2*H*- 145
−, 2-[4-Chlor-phenyl]-6-methyl-2*H*- 145
−, 4,6-Dibrom-3*H*- 126
−, 4,6-Dibrom-3-methyl-3*H*- 126
−, 4,5-Dibrom-6-nitro-2-*p*-tolyl-2*H*- 137
−, 4,6-Dichlor-3*H*- 122
−, 4,7-Dichlor-3*H*- 122
−, 5,6-Dichlor-3*H*- 123
−, 4,6-Dichlor-3-methyl-3*H*- 122
−, 4,5-Dichlor-6-nitro-2-phenyl-2*H*- 136
−, 4,5-Dichlor-6-nitro-2-*p*-tolyl-2*H*- 136
−, 4,7-Dichlor-6-nitro-2-*p*-tolyl-2*H*- 135
−, 3,6-Dimethyl-3*H*- 145
−, 3,5-Dimethyl-6-nitro-3*H*- 149
−, 2-[4-Methoxy-phenyl]-2*H*- 104
−, 3-Methyl-3*H*- 96
−, 5-Methyl-3*H*- 144
−, 6-Methyl-3*H*- 144
−, 5-Methyl-4,6-dinitro-3*H*- 150

Benzotriazol-1-oxid (Fortsetzung)
- —, 7-Methyl-4,6-dinitro-3*H*- 150
- —, 7-Methyl-4,6-dinitro-2-*p*-tolyl-2*H*-
143
- —, 3-Methyl-6-nitro-3*H*- 130
- —, 5-Methyl-6-nitro-3*H*- 149
- —, 5-Methyl-6-nitro-2-*p*-tolyl-2*H*- 149
- —, 6-Methyl-4-nitro-2-*p*-tolyl-2*H*- 150
- —, 6-Methyl-2-phenyl-2*H*- 145
- —, 4-Methyl-2-*m*-tolyl-2*H*- 142
- —, 4-Methyl-2-*o*-tolyl-2*H*- 141
- —, 4-Methyl-2-*p*-tolyl-2*H*- 142
- —, 6-Methyl-2-*m*-tolyl-2*H*- 146
- —, 6-Methyl-2-*o*-tolyl-2*H*- 146
- —, 6-Methyl-2-*p*-tolyl-2*H*- 146
- —, 6-Nitro-3*H*- 129
- —, 2-[3-Nitro-phenyl]-2*H*- 101
- —, 4-Nitro-2-*p*-tolyl-2*H*- 129
- —, 6-Nitro-2-*p*-tolyl-2*H*- 132
- —, 2-Phenyl-2*H*- 101
- —, 2-*o*-Tolyl-2*H*- 101
- —, 2-*p*-Tolyl-2*H*- 102

Benzotriazol-4,5,6,7-tetraol
- —, 2-Phenyl-4,5,6,7-tetrahydro-2*H*- 414

Benzotriazol-1-thiocarbonsäure
- — anilid 108
- — *m*-toluidid 108
- — *p*-toluidid 108

Benzylalkohol
- —, α-Benzotriazol-1-yl-3-nitro- 106
- —, α-Benzotriazol-1-yl-4-nitro- 106

Bernsteinsäure
- —, [4,6-Dichlor-[1,3,5]triazin-
2-ylmercapto]-,
- — diäthylester 333

Biphenyl
- —, 2,2'-Bis-[benzotriazol-1-carbonyl]-
107
- —, 2,2'-Bis-benzotriazol-1-yl- 115
- —, 4,4'-Bis-[6,11-dioxo-6,11-dihydro-
anthra[1,2-*d*][1,2,3]triazol-2-yl]- 622
- —, 2,2'-Bis-[5-nitro-benzotriazol-1-yl]-
133
- —, 4,4'-Bis-[3-phenyl-naphtho[1,2-*d*]⁼
[1,2,3]triazolium-2-yl]- 214
- —, 3,3'-Dichlor-4,4'-bis-[3-phenyl-
naphtho[1,2-*d*][1,2,3]triazolium-2-yl]- 214

[2,3']Bipyridyl-2'-carbonsäure
- —, 3-Amino-,
- — lactam 497

[2,3']Bipyridyl-3-carbonsäure
- —, 2'-Amino-,
- — lactam 498

[3,3']Bipyridyl-2-carbonsäure
- —, 2'-Amino-,
- — lactam 498

[4,4']Bipyridylium
- —, 1-Äthyl-2-[3-(1-äthyl-1*H*-
[2]chinolyliden)-propenyl]-2'-methyl- 296

- —, 2-[3-(1,6-Dimethyl-1*H*-[2]chinolyliden)-
propenyl]-1,2'-dimethyl- 298
- —, 1,2'-Dimethyl-2-[1-methyl-
1*H*-[2]chinolylidenmethyl]- 287
- —, 1,2'-Dimethyl-2-[3-(1-methyl-
1*H*-[2]chinolyliden)-propenyl]- 296
- —, 1,2'-Dimethyl-2-[3-(1-methyl-
1*H*-[4]chinolyliden)-propenyl]- 297
- —, 1,2'-Dimethyl-2-[2-(4-methyl-
2,4-dihydro-1*H*-cyclopenta[*b*]chinolin-
3-yl)-vinyl]- 302

[2,2']Bipyrrolyl
- —, 4'-Methoxy-5'-[5-methyl-4-pentyl-
pyrrol-2-ylmethylen]-1*H*,5'*H*- 358

Biscyclopenta[5,6]pyrido[4,3-*b*:3',4'-*e*]pyridin
- s. unter *Cyclopenta[h]cyclopenta⁼*
[5,6]pyrido[4,3-b][1,6]naphthyridin

Bornan-2-on
- — benzotriazol-1-ylimin 117

Brevicollin 238
- —, *N*-Methyl- 239

Brevicollin-bis-methojodid 239

Brevicollin-mono-methojodid 238

Buta-1,3-dien
- —, 1,4-Bis-[1-äthyl-chinolinium-2-yl]-2-
[1-äthyl-1*H*-[2]chinolylidenmethyl]- 318
- —, 1,4-Bis-[1-äthyl-chinolinium-4-yl]-2-
[1-äthyl-1*H*-[4]chinolylidenmethyl]- 319

Butan
- —, 1,4-Bis-[3,5-dinitro-tetrahydro-
[1,3,5]triazin-1-yl]- 21
- —, 1,4-Bis-[3-methyl-benzotriazolium-
1-yl]- 114
- —, 3-[3,5-Dinitro-benzoyloxy]-
1,2,4-trimethoxy-1-[2-phenyl-
2*H*-[1,2,3]triazol-4-yl]- 409
- —, 1,2,3,4-Tetraacetoxy-1-[2-(4-brom-
phenyl)-2*H*-[1,2,3]triazol-4-yl]- 408, 409
- —, 1,2,3,4-Tetraacetoxy-1-[2-[2]naphthyl-
2*H*-[1,2,3]triazol-4-yl]- 413
- —, 1,2,3,4-Tetraacetoxy-1-[2-phenyl-
2*H*-[1,2,3]triazol-4-yl]- 407
- —, 1,2,3,4-Tetraacetoxy-1-[2-*p*-tolyl-
2*H*-[1,2,3]triazol-4-yl]- 413
- —, 1,2,3,4-Tetrakis-benzoyloxy-1-
[2-[2]naphthyl-2*H*-[1,2,3]triazol-4-yl]-
413
- —, 1,2,3,4-Tetrakis-benzoyloxy-1-
[2-phenyl-2*H*-[1,2,3]triazol-4-yl]- 407
- —, 1,2,3-Triacetoxy-1-[2-phenyl-
2*H*-[1,2,3]triazol-4-yl]- 394
- —, 1,2,3-Triacetoxy-1-[2-phenyl-
2*H*-[1,2,3]triazol-4-yl]-4-[tetra-*O*-acetyl-
glucopyranosyloxy]- 411
- —, 1,2,4-Triacetoxy-1-[2-phenyl-
2*H*-[1,2,3]triazol-4-yl]-3-[tetra-*O*-acetyl-
glucopyranosyloxy]- 410, 411

Butan (Fortsetzung)
- , 1,3,4-Triacetoxy-1-[2-phenyl-2H-[1,2,3]triazol-4-yl]-2-[tetra-O-acetyl-glucopyranosyloxy]- 410
- , 1,2,3-Tris-benzoyloxy-1-[2-phenyl-2H-[1,2,3]triazol-4-yl]- 394
- , 1,2,4-Tris-benzoyloxy-1-[2-phenyl-2H-[1,2,3]triazol-4-yl]- 395
- , 1,2,3-Tris-benzoyloxy-1-[2-phenyl-2H-[1,2,3]triazol-4-yl]-4-[tetra-O-benzoyl-glucopyranosyloxy]- 411

Butan-1,2-diol
- , 1-[2-Phenyl-2H-[1,2,3]triazol-4-yl]-3,4-bis-[toluol-4-sulfonyloxy]- 412

3a,7a-Butano-4,7-methano-benzotriazol
- , 1-Phenyl-4,5,6,7-tetrahydro-1H- 91

Butan-1-on
- , 3-Methyl-1-[1-phenyl-1H-[1,2,3]triazol-4-yl]- 439
- , 1-[1-Phenyl-1H-[1,2,3]triazol-4-yl]- 437

Butan-2-on
- , 4-Benzotriazol-1-yl-4-[4-methoxy-phenyl]- 106
- , 3-Methyl-4-[5-nitro-3-oxy-benzotriazol-1-yl]- 133
- , 3-[5-Methyl-2-phenyl-2H-[1,2,3]triazol-4-yl]- 439
  - oxim 439
  - semicarbazon 439
- , 4-[5-Nitro-3-oxy-benzotriazol-1-yl]- 132
- , 4-[6-Nitro-1-oxy-benzotriazol-2-yl]- 132
- , 4-Phenyl-4-[1,2,3]triazol-1-yl- 31

Butan-1,2,3,4-tetraol
- , 1-[2-(4-Brom-2-methyl-phenyl)-2H-[1,2,3]triazol-4-yl]- 412
- , 1-[2-(4-Brom-3-methyl-phenyl)-2H-[1,2,3]triazol-4-yl]- 412
- , 1-[2-(3-Brom-phenyl)-2H-[1,2,3]triazol-4-yl]- 408
- , 1-[2-(4-Brom-phenyl)-2H-[1,2,3]triazol-4-yl]- 408
- , 1-[2-(3,4-Dibrom-phenyl)-2H-[1,2,3]triazol-4-yl]- 409
- , 1-[2-[2]Naphthyl-2H-[1,2,3]triazol-4-yl]- 413
- , 1-[2-Phenyl-2H-[1,2,3]triazol-4-yl]- 406
- , 1-Pyrido[3,2-f]chinoxalin-2-yl- 414
- , 1-Pyrido[3,2-f]chinoxalin-3-yl- 414
- , 1-[2-(4-Sulfamoyl-phenyl)-2H-[1,2,3]triazol-4-yl]- 414
- , 1-[2-m-Tolyl-2H-[1,2,3]triazol-4-yl]- 412
- , 1-[2-o-Tolyl-2H-[1,2,3]triazol-4-yl]- 412

- , 1-[2-p-Tolyl-2H-[1,2,3]triazol-4-yl]- 413

Butan-1,2,3-triol
- , 4-Äthoxy-1-[2-phenyl-2H-[1,2,3]triazol-4-yl]- 409
- , 4-Galactopyranosyloxy-1-[2-phenyl-2H-[1,2,3]triazol-4-yl]- 411
- , 4-Glucopyranosyloxy-1-[2-phenyl-2H-[1,2,3]triazol-4-yl]- 411
- , 4-Glucopyranosyloxy-4-[2-phenyl-2H-[1,2,3]triazol-4-yl]- 410
- , 4-Jod-1-[2-phenyl-2H-[1,2,3]triazol-4-yl]- 395
- , 1-[2-Phenyl-2H-[1,2,3]triazol-4-yl]- 394
- , 1-[2-Phenyl-2H-[1,2,3]triazol-4-yl]-4-[toluol-4-sulfonyloxy]- 411
- , 1-[2-p-Tolyl-2H-[1,2,3]triazol-4-yl]- 395

Butan-1,2,4-triol
- , 3-Galactopyranosyloxy-4-[2-phenyl-2H-[1,2,3]triazol-4-yl]- 410
- , 3-Glucopyranosyloxy-1-[2-phenyl-2H-[1,2,3]triazol-4-yl]- 410
- , 3-Glucopyranosyloxy-4-[2-phenyl-2H-[1,2,3]triazol-4-yl]- 410
- , 3-Methoxy-1-[2-phenyl-2H-[1,2,3]triazol-4-yl]- 409
- , 1-[2-Phenyl-2H-[1,2,3]triazol-4-yl]- 395

But-2-en-1,4-dion
- , 1,4-Di-[1,2,4]triazol-1-yl- 37

But-3-in-2-ol
- , 4-[3-(4-Amino-phenyl)-5-(α-hydroxy-phenyl)-3H-[1,2,3]triazol-4-yl]-2-methyl- 379
- , 4-[5-(α-Hydroxy-isopropyl)-3-(2-nitro-phenyl)-3H-[1,2,3]triazol-4-yl]-2-methyl- 379
- , 4-[5-(α-Hydroxy-isopropyl)-3-(3-nitro-phenyl)-3H-[1,2,3]triazol-4-yl]-2-methyl- 379
- , 4-[5-(α-Hydroxy-isopropyl)-3-(4-nitro-phenyl)-3H-[1,2,3]triazol-4-yl]-2-methyl- 379

Buttersäure
- , 3-Benzotriazol-1-yl- 108
  - amid 108
- , 3-[4,7-Dichlor-benzotriazol-2-yl]- 123
- , 3-[5,6-Dichlor-benzotriazol-1-yl]- 123
- , 3-[Tetrachlor-benzotriazol-2-yl]- 125
  - amid 125
- , 4,4',4''-[Trioxo-[1,3,5]triazin-1,3,5-triyl]-tri-,
  - triäthylester 641

Butyraldehydammoniak 26
Butyramid
- , N-[3-Phenyl-5-thioxo-1,5-dihydro-[1,2,4]triazol-4-yl]- 472

C

Campher
- benzotriazol-1-ylimin 117

Carbamidsäure
-, *N,N'*-[2-Chlor-äthyliden]-bis-,
  - diäthylester 3
-, Diäthyl-,
  - [5-äthyl-2-phenyl-2*H*-[1,2,4]triazol-
    3-ylester] 327
  - [5-methyl-2-phenyl-2*H*-
    [1,2,4]triazol-3-ylester] 324
  - [5-methyl-3-phenyl-3*H*-
    [1,2,3]triazol-4-ylester] 322
-, Dibutyl-,
  - [5-methyl-2-phenyl-2*H*-
    [1,2,4]triazol-3-ylester] 324
-, Dimethyl-,
  - [5-äthyl-1-phenyl-1*H*-[1,2,4]triazol-
    3-ylester] 327
  - [5-äthyl-2-phenyl-2*H*-[1,2,4]triazol-
    3-ylester] 327
  - [5,6-diphenyl-[1,2,4]triazin-
    3-ylester] 364
  - [5-methyl-2-phenyl-2*H*-
    [1,2,4]triazol-3-ylester] 324
  - [5-methyl-3-phenyl-3*H*-
    [1,2,3]triazol-3-ylester] 322
  - [1-phenyl-5-propyl-1*H*-
    [1,2,4]triazol-3-ylester] 329
  - [2-phenyl-5-propyl-2*H*-
    [1,2,4]triazol-3-ylester] 329
  - [1-phenyl-1*H*-[1,2,4]triazol-
    3-ylester] 321
  - [2-phenyl-2*H*-[1,2,4]triazol-
    3-ylester] 321
-, [3-(2-Hydroxy-phenyl)-5-oxo-1-phenyl-
    1,5-dihydro-[1,2,4]triazol-4-yl]-,
  - äthylester 684
-, [3-(2-Hydroxy-phenyl)-5-oxo-1-*o*-tolyl-
    1,5-dihydro-[1,2,4]triazol-4-yl]-,
  - äthylester 684
-, [3-Methyl-5-oxo-1-phenyl-1,5-dihydro-
    [1,2,4]triazol-4-yl]-,
  - äthylester 426
-, [3-(3-Nitro-phenyl)-5-oxo-1-phenyl-
    1,5-dihydro-[1,2,4]triazol-4-yl]-,
  - äthylester 469
-, [5-Oxo-1,3-diphenyl-1,5-dihydro-
    [1,2,4]triazol-4-yl]-,
  - äthylester 469
-, [5-Oxo-3-phenyl-1-*o*-tolyl-1,5-dihydro-
    [1,2,4]triazol-4-yl]-,
  - äthylester 469
-, [1,2,4]Triazol-4-yl-,
  - äthylester 41

Carbazol
-, 9-Äthyl-3,6-di-[2]chinolyl- 316
-, 9-[4-Benzotriazol-1-yl-phenyl]- 110
-, 2-[4,5-Dihydro-1*H*-imidazol-2-yl]-
    251

β-Carbolin
-, 1-[2-Chlor-4-methyl-[3]chinolyl]-
    4,9-dihydro-3*H*- 287
-, 1,9-Dimethyl-4-[1-methyl-pyrrolidin-
    2-yl]-9*H*- 239
-, 1-[4-Methyl-[3]chinolyl]-9*H*- 294
-, 1-Methyl-4-[1-methyl-pyrrolidin-2-yl]-
    9*H*- 238
-, 1-[3]Piperidyl-4,9-dihydro-3*H*- 226

β-Carbolinium
-, 1,2-Dimethyl-4-[1-methyl-pyrrolidin-
    2-yl]-9*H*- 238
-, 4-[1,1-Dimethyl-pyrrolidinium-2-yl]-
    1,2-dimethyl-9*H*- 239

β-Carbolin-1-on
-, 6-Methoxy-2-[*N*-methyl-anthraniloyl]-
    2,3,4,9-tetrahydro- 695

Cellobiose
- phenylosotriazol 410

Chinazolin
-, 2-Chlor-4-[2]pyridyl- 243
-, 2-[2-(6-Methyl-[2]pyridyl)-vinyl]- 264
-, 4-[2]Pyridyl- 243
-, 2-[2-[3]Pyridyl-vinyl]- 258

Chinazolinium
-, 1-Äthyl-4-[1-äthyl-1*H*-[2]chinolyl≤
    idenmethyl]- 279
-, 1-Äthyl-4-[1-äthyl-1*H*-[4]chinolyl≤
    idenmethyl]- 279
-, 2-[3-(1-Äthyl-pyrrolidin-2-yliden)-
    propenyl]-1,3-dimethyl-4-oxo-3,4,5,6,7,8-
    hexahydro- 488
-, 1,3-Dimethyl-4-oxo-2-[3-(1,3,3,5-
    tetramethyl-indolin-2-yliden)-propenyl]-
    3,4,5,6,7,8-hexahydro- 519
-, 2-[2-Indol-3-yl-vinyl]-1-methyl-
    4-phenyl- 304
-, 2-[6-Methoxy-1-methyl-1*H*-
    [2]chinolylidenmethyl]-1,3-dimethyl-4-oxo-
    1(3),4,5,6,7,8-hexahydro- 693

Chinazolino[2,3-*b*]chinazolin-11,13-dion
-, 5*H*- 623
-, 5-Methyl-5*H*- 623

Chinazolino[3,2-*a*]chinazolin-5,12-dion
-, 6*H*- 623
-, 6-Äthyl-6*H*- 624
-, 7-Äthyl-7*H*- 624
-, 7-Benzyl-7*H*- 624
-, 7-Butyl-7*H*- 624
-, 7-Hexyl-7*H*- 624
-, 6-Methyl-6*H*- 623
-, 7-Methyl-7*H*- 624
-, 7-Pentyl-7*H*- 624
-, 7-Propyl-7*H*- 624

Chinazolino[3,2-*a*]chinazolin-5-on
—, 12-Hydroxy- s. *Chinazolino[3,2-
a]chinazolin-5,12-dion, 6H-*
Chinazolino[3,2-*a*]chinazolin-12-on
—, 5-Chlor- 521
—, 5-Hydroxy-7*H*- s. *Chinazolino[3,2-
a]chinazolin-5,12-dion, 6H-*
—, 5-Isopropoxy- 694
Chinazolino[4,3-*b*]chinazolin-8-on 521
—, 6-Äthyl- 524
—, 6-Benzyl-2-methoxy- 697
—, 6-Benzyl-4-methoxy- 697
—, 3,6-Dimethyl- 524
—, 4,6-Dimethyl- 524
—, 2-Methoxy-6-methyl- 694
—, 4-Methoxy-6-methyl- 694
—, 6-Methyl- 522
—, 6-Phenyl- 535
Chinazolin-2-on
—, 4-[2]Pyridyl-1*H*- 507
Chinazolin-4-on
—, 2-[4-Hydroxy-2-oxo-1,2-dihydro-
[3]chinolyl]-3*H*- 714
—, 3-Phenyl-2-[3]pyridyl-3*H*- 507
—, 2-[3]Pyridyl-3*H*- 507
Chino[3,4-*b*]chinoxalin-6-ol
s. *Chino[3,4-b]chinoxalin-6-on, 5*H-
Chino[3,4-*b*]chinoxalin-6-on
—, 3-Methyl-5*H*- 523
Chinolin
—, 2-[1*H*-Benzimidazol-2-yl]- 271
—, 3-[1*H*-Benzimidazol-2-yl]- 271
—, 4-[1*H*-Benzimidazol-2-yl]- 271
—, 5-[1*H*-Benzimidazol-2-yl]- 271
—, 6-[1*H*-Benzimidazol-2-yl]- 271
—, 7-[1*H*-Benzimidazol-2-yl]- 271
—, 8-[1*H*-Benzimidazol-2-yl]- 271
—, 3-[1*H*-Benzimidazol-2-yl]-
2,4-dimethyl- 273
—, 4-[1*H*-Benzimidazol-2-yl]-2-methyl-
272
—, 2-Benzotriazol-1-yl- 116
—, 4-Benzotriazol-1-yl- 116
—, 4-Benzotriazol-1-yl-6-chlor- 116
—, 4-Benzotriazol-1-yl-6-methoxy- 116
—, 4-Benzotriazol-1-yl-6-methoxy-
2,3-dimethyl- 117
—, 2-Benzotriazol-1-yl-6-methoxy-
4-methyl- 116
—, 4-Benzotriazol-1-yl-6-methoxy-
2-methyl- 116
—, 2-Benzotriazol-1-yl-4-methyl- 116
—, 4-Benzotriazol-1-yl-2-methyl- 116
—, 4-Benzotriazol-1-yl-2-phenyl- 116
—, 2-[1-Benzyl-1*H*-imidazol-2-yl]- 230
—, 4-[Bis-(2-methyl-indol-3-yl)-methyl]-
308
—, 8-[4,5-Dihydro-1*H*-imidazol-
2-ylmethyl]- 224

—, 4-[4,5-Dihydro-1*H*-imidazol-2-yl]-
2-phenyl- 273
—, 2-[4-(1,5-Diphenyl-4,5-dihydro-
1*H*-pyrazol-3-yl)-phenyl]- 302
—, 2-[4-(2,5-Diphenyl-3,4-dihydro-
2*H*-pyrazol-3-yl)-phenyl]- 302
—, 2-[4-(1,5-Diphenyl-4,5-dihydro-
1*H*-pyrazol-3-yl)-phenyl]-
1,2,3,4-tetrahydro- 288
—, 2-[1,3-Diphenyl-imidazolidin-2-yl]- 196
—, 4-[1,3-Diphenyl-imidazolidin-2-yl]- 196
—, 2,2′,2″-Methantriyl-tri- 311
—, 6-Methoxy-4-[5-methyl-2-phenyl-
2*H*-pyrazol-3-yl]- 357
—, 4-Methyl-3-[2]pyridyl- 220
—, 4-Methyl-3-[4]pyridyl- 220
—, 2,2′-[4-Phenyl-pyridin-2,6-diyl]-di- 312
—, 3-[1,2,4]Triazol-4-yl- 39
Chinolinium
—, 6-Äthoxy-4-[3-(6-äthoxy-1-äthyl-
1*H*-[4]chinolyliden)-2-(6-äthoxy-
1-äthyl-1*H*-[4]chinolylidenmethyl)-
propenyl]-1-äthyl- 405
—, 1-Äthyl-2-[3-(1-äthyl-1*H*-
[2]chinolyliden)-2-(1-äthyl-1*H*-
[2]chinolylidenmethyl)-propenyl]- 314
—, 1-Äthyl-4-[3-(1-äthyl-1*H*-
[4]chinolyliden)-2-(1-äthyl-1*H*-
[4]chinolylidenmethyl)-propenyl]- 314
—, 1-Äthyl-4-[3-(1-äthyl-6-methoxy-
1*H*-[4]chinolyliden)-2-(1-äthyl-
6-methoxy-[4]chinolylidenmethyl)-
propenyl]-6-methoxy- 405
—, 1-Äthyl-2-[3-äthyl-2-methylmercapto-
3*H*-pyrimidin-4-ylidenmethyl]- 361
—, 1-Äthyl-2-[1,2-bis-(1-äthyl-
1*H*-[2]chinolyliden)-äthyl]- 311
—, 1-Äthyl-2,4-bis-[1-äthyl-
1*H*-[2]chinolylidenmethyl]- 312
—, 1-Äthyl-4-[1,3-dimethyl-1,3-dihydro-
benzimidazol-2-ylidenmethyl]- 272
—, 1-Äthyl-2-[3,6-dimethyl-2-phenyl-
3*H*-pyrimidin-4-ylidenmethyl]- 287
—, 1-Äthyl-2-[1,3-dimethyl-2,4,6-trioxo-
tetrahydro-pyrimidin-5-ylidenmethyl]- 664
—, 1-Äthyl-6-methyl-2-[2,4,6-trioxo-
tetrahydro-pyrimidin-5-ylidenmethyl]- 665
—, 1-Äthyl-2-[2,4,6-trioxo-tetrahydro-
pyrimidin-5-ylidenmethyl]- 664
—, 2,4-Bis-[1-äthyl-1*H*-[2]chinolyl≴
idenmethyl]-1-methyl- 311
—, 1-[2,4-Dichlor-benzyl]-4-[5-methyl-
3-oxo-2-phenyl-2,3-dihydro-1*H*-pyrazol-
4-yl]-,
— betain 502
—, 2-[1,3-Dimethyl-2,4,6-trioxo-
tetrahydro-pyrimidin-5-ylidenmethyl]-
6-methoxy-1-methyl- 721

Chinolinium (Fortsetzung)
–, 2-[1,3-Dimethyl-2,4,6-trioxo-tetrahydro-pyrimidin-5-ylidenmethyl]-1-methyl- 664
–, 6-Methoxy-1-methyl-2-[2,4,6-trioxo-tetrahydro-pyrimidin-5-ylidenmethyl]- 721
–, 1-Methyl-2,4-bis-[1-methyl-1*H*-[2]chinolylidenmethyl]- 311
–, 1-Methyl-2-[3-(1-methyl-1*H*-[2]chinolyliden)-2-(1-methyl-1*H*-[2]chinolylidenmethyl)-propenyl]- 313
–, 1-Methyl-2-[3-(2-methyl-6-methylmercapto-2*H*-pyridazin-3-yliden)-propenyl]- 365
–, 1-Methyl-6-naphtho[1,2-*d*]≠[1,2,3]triazol-2-yl- 216
–, 1-Methyl-2-[2,4,6-trioxo-tetrahydro-pyrimidin-5-ylidenmethyl]- 664
Chinolin-4-on
–, 6-Benzotriazol-1-yl-2-methyl-1*H*- 117
Chino[5,6-*b*][1,7]phenanthrolin 290
–, 3,11-Dimethyl- 294
Chino[2,3-*b*]phenazin
–, 1,2,3,4-Tetrahydro- 280
Chino[2,3-*a*]phenazin-8-on
–, 7-Hydroxy-6-methoxy-13-methyl-13*H*- 715
Chino[3,2-*a*]phenazin-14-on
–, 6-Acetoxy-7-methoxy-5-methyl-5*H*- 715
–, 7-Äthoxy-6-methoxy-5-methyl-5*H*- 715
–, 7-Äthoxy-5-methyl-5*H*- 696
–, 4,6-Diacetoxy-5-acetyl-3,7-dimethyl-5*H*- 716
–, 4,6-Dihydroxy-3,7-dimethyl-5*H*- 716
–, 6,7-Dimethoxy-5-methyl-5*H*- 715
–, 6-Hydroxy-7-methoxy-5-methyl-5*H*- 714
–, 7-Methoxy-5-methyl-5*H*- 696
Chinovose
– phenylosotriazol 394
Chinoxalin
–, 2-[3]Chinolyl- 278
–, 2,3-Diphenyl-6-[2]pyridyl- 306
–, 2,3-Diphenyl-6-[3]pyridyl- 306
–, 2-[2-Methyl-1,5-diphenyl-pyrrol-3-yl]- 280
–, 2-[2-Methyl-4,5-diphenyl-pyrrol-3-yl]- 305
–, 2-[2-Methyl-indol-3-yl]- 272
–, 2-[2-(6-Methyl-[2]pyridyl)-vinyl]- 264
–, 2-[2-Phenyl-indol-3-yl]- 302
–, 2-Phenyl-3-[4]pyridyl- 284
–, 6-[3]Pyridyl- 243
–, 2-[2-[3]Pyridyl-vinyl]- 258
–, 2-[2,4,5-Triphenyl-pyrrol-3-yl]- 312

Chinoxalin-1,2-dicarbonsäure
–, 4,6-Dimethyl-3,4-dihydro-2*H*-,
– imid 599
–, 4-Methyl-4*H*-,
– imid 601
–, 4-Methyl-3,4-dihydro-2*H*-,
– imid 598
–, 4,6,7-Trimethyl-3,4-dihydro-2*H*-,
– imid 600
Chinoxalinium
–, 1,3-Dimethyl-2-[3-(1-methyl-1*H*-[2]chinolyliden)-propenyl]- 287
–, 1,4-Dimethyl-3-oxo-2-[3-(1,3,3-trimethyl-indolin-2-yliden)-propenyl]-3,4-dihydro- 530
–, 1,3-Dimethyl-2-[3-(1,3,3-trimethyl-indolin-2-yliden)-propenyl]- 283
–, 1-Methyl-2-[3-(1-methyl-1*H*-[2]chinolyliden)-propenyl]-3-oxo-3,4-dihydro- 532
–, 1-Methyl-2-[3-(1-methyl-1*H*-[2]chinolyliden)-propenyl]-3-oxo-4-phenyl-3,4-dihydro- 532
–, 1-Methyl-3-oxo-4-phenyl-2-[3-(1,3,3-trimethyl-indolin-2-yliden)-propenyl]-3,4-dihydro- 530
–, 1-Methyl-3-oxo-2-[3-(1,3,3-trimethyl-indolin-2-yliden)-propenyl]-3,4-dihydro- 530
–, 3-Methyl-1-phenyl-2-[3-(1,3,3-trimethyl-indolin-2-yliden)-propenyl]- 283
–, 1-Phenyl-2-[3-(1,3,3-trimethyl-indolin-2-yliden)-propenyl]- 282
Chinoxalino[1,2-*a*]chinoxalin-6,7-dion
–, 6a-Äthoxy-5,8-dimethyl-5*H*,8*H*- 713
–, 6a-Methoxy-5,8-dimethyl-5*H*,8*H*- 713
Chinoxalin-2-on
–, 1-Benzoyl-3-[2-oxo-2-[4]pyridyl-äthyl]-1*H*- 617
–, 3-Indol-3-ylmethyl-7-nitro-3,4-dihydro-1*H*- 518
–, 3-[2-Oxo-2-[4]pyridyl-äthyl]-1*H*- 617
Cholesta-3,5-dieno[4,3-*e*][1,2,4]triazin-3'-on
–, 2'*H*- 496
Cinnolin
–, 3-[2]Chinolyl-6-chlor-4-phenyl- 303
–, 3-[2]Chinolyl-4-[4-methoxy-phenyl]- 373
–, 3-[2]Chinolyl-4-phenyl- 303
–, 3-[2]Chinolyl-4-*p*-tolyl- 304
–, 6-Chlor-4-phenyl-3-[2]pyridyl- 284
–, 4-[4-Methoxy-phenyl]-3-[2]pyridyl- 371
–, 4-[4-Methoxy-phenyl]-3-[3]pyridyl- 371
–, 3-Methyl-4-[2]pyridyl- 248
–, 3-Methyl-4-[3]pyridyl- 248

Cinnolin (Fortsetzung)
−, 4-Phenyl-3-[2]pyridyl- 284
−, 4-[2]Pyridyl- 243
−, 4-[3]Pyridyl- 243
−, 4-[4]Pyridyl- 243
−, 3-[2]Pyridyl-4-*p*-tolyl- 285
Cinnolinium
−, 1-Äthyl-4-[3-(1-äthyl-1*H*-
[2]chinolyliden)-propenyl]- 286
−, 1-Methyl-4-[3-(1-methyl-
1*H*-[4]chinolyliden)-propenyl]- 286
Crotonsäure
−, 3-[4-Benzotriazol-1-yl-anilino]-,
− äthylester 110
−, 3,3′,3″-Trimethyl-2,2′,2″-[trithioxo-
[1,3,5]triazin-1,3,5-triyl]-tri-,
− trimethylester 643
Cyanurbromid 69
Cyanurchlorid 66
Cyanurfluorid 65
Cyanursäure 632;
subst. Derivate s. unter
[1,3,5]Triazintrion
− triäthylester 396
− triallylester 398
− tribenzylester 399
− tributylester 396
− tri-*sec*-butylester 396
− tri-*tert*-butylester 397
− trihexylester 397
− triisobutylester 397
− triisopentylester 397
− triisopropylester 396
− trimethylester 395
− tripentylester 397
− tri-*tert*-pentylester 397
− triphenylester 398
− tripropylester 396
− tri-*p*-tolylester 399
Cyanurtriazid 69
Cyclo-[alanyl→phenylalanyl→glycyl] 657
Cyclo-[alanyl-tryptophyl] 604
Cyclobutan
−, 1,3-Bis-[dodecahydro-tripyrido⌐
[1,2-*a*;1′,2′-*c*;3″,2″-*e*]pyrimidin-
1-carbonyl]-2,4-diphenyl- 86
Cyclodecatriazol
−, 1-Phenyl-3a,4,5,6,7,8,9,10,11,11a-
decahydro-1*H*- 62
5,11-Cyclo-dibenzo[3,4;7,8][1,5]diazocino[2,1-*b*]⌐
chinazolin
−, 17-Methoxy-10,11-dihydro-5a*H*,17*H*-
371
5,11-Cyclo-dibenzo[3,4;7,8][1,5]diazocino[2,1-*b*]⌐
chinazolin-17-ol
−, 10-Acetyl-10,11-dihydro-5a*H*,17*H*-
371
−, 10,11-Dihydro-5a*H*,17*H*- 371

Cyclo-[glycyl→glycyl→phenylalanyl] 656
Cyclo-[glycyl→glycyl→prolyl] 649
Cyclo-[*N*-*chlor*-glycyl→*N*-*chlor*-glycyl→
prolyl] 650
Cycloheptatriazol
−, 6-Imino-1,6-dihydro- s. *Cycloheptatriazol-*
6-ylamin (Syst.-Nr. 3956)
−, 1-Phenyl-1,4,5,6,7,8-hexahydro- 77
−, 1-Phenyl-1,3a,4,5,6,7,8,8a-octahydro- 60
Cycloheptatriazol-6-ol
s. a. *Cycloheptatriazol-6-on*, *1H*-
−, 1,4,5,6,7,8-Hexahydro- 334
Cycloheptatriazol-6-on
−, 1*H*- 454
− [2,4-dinitro-phenylhydrazon] 454
− hydrazon 454
− isopropylidenhydrazon 454
− oxim 454
−, 1-Methyl-1*H*- 454
−, 5-Methyl-1*H*- 473
Cyclohexanol
−, 1-[1-Benzyl-1*H*-[1,2,3]triazol-4-yl]- 335
Cyclohexanon
− [*O*-(4,6-dichlor-[1,3,5]triazin-2-yl)-
oxim] 331
−, 2-[1*H*-[1,2,3]Triazol-4-yl]- 443
3,7-Cyclo-imidazo[1,2-*a*]pyrazin-5,6-dion
−, 2,3,8,8a-Tetraphenyl-8,8a-dihydro-
3*H*- 632
Cyclo-[leucyl→leucyl→prolyl] 650
Cyclo-[leucyl→prolyl→prolyl] 651
Cyclo-[leucyl-tryptophyl] 605
Cyclo-[leucyl→valyl→valyl] 645
Cyclonit 22
Cyclononatriazol
−, 1-Phenyl-1,3a,4,5,6,7,8,9,10,10a-
decahydro- 62
Cyclooctatriazol
−, 1-Phenyl-3a,4,5,8,9,9a-hexahydro-1*H*- 78
−, 1-Phenyl-4,5,6,7,8,9-hexahydro-1*H*-
78
−, 1-Phenyl-3a,4,5,6,7,8,9,9a-octahydro-
1*H*- 61
Cyclopenta[*h*]cyclopenta[5,6]pyrido[4,3-*b*]⌐
[1,6]naphthyridin-5,7-dion
−, 6-Phenyl-1,2,3,4,6,8,9,10,11,12-
decahydro- 630
Cyclopenta[*d*]naphth[1′,2′:4,5]imidazo[1,2-*a*]⌐
pyrimidin-8-ol
−, 9*H*- s. *Cyclopenta[*d*]naphth[1′,2′:4,*
5]imidazo[1,2-a]pyrimidin-8-on,
9,12-Dihydro-
Cyclopenta[*d*]naphth[2′,3′:4,5]imidazo[1,2-*a*]⌐
pyrimidin-13-ol
−, 1*H*- s. *Cyclopenta[*d*]naphth[2′,3′:4,*
5]imidazo[1,2-a]pyrimidin-13-on,
1,4-Dihydro-

Cyclopenta[*d*]naphth[1′,2′:4,5]imidazo[1,2-*a*]=
pyrimidin-8-on
—, 9,10,11,12-Tetrahydro- 524
Cyclopenta[*d*]naphth[2′,3′:4,5]imidazo[1,2-*a*]=
pyrimidin-13-on
—, 1,2,3,4-Tetrahydro- 524
Cyclopentancarbonitril
—, 1-[4-Benzotriazol-1-yl-anilino]- 111
Cyclopentancarbonsäure
—, 1-[4-Benzotriazol-1-yl-anilino]- 110
— amid 110
Cyclopenta[5,6]pyrido[3,4-*b*]pyrazin-5-ol
—, 7*H*- s. Cyclopenta[5,6]pyrido[3,4-
b]pyrazin-5-on, 6,7-Dihydro-
Cyclopenta[5,6]pyrido[3,4-*b*]pyrazin-5-on
—, 2,3-Diphenyl-6,7,8,9-tetrahydro- 534
Cyclopenta[4,5]pyrimido[1,2-*a*]benzimidazol
s. unter Benz[4,5]imidazo[1,2-a]=
cyclopenta[d]pyrimidin
Cyclopenta[*e*][1,2,4]triazin
—, 6,7-Dihydro-5*H*- 88
—, 3-Methyl-6,7-dihydro-5*H*- 88
—, 3-Phenyl-6,7-dihydro-5*H*- 223
Cyclopenta[*e*][1,2,4]triazin-3-on
—, 2,4,4a,5,6,7-Hexahydro- 438
Cyclopentatriazol
—, 1-[4-Brom-phenyl]-1,3a,4,5,6,6a-
hexahydro- 54
—, 2-Phenyl-2,4-dihydro- 86
—, 1-Phenyl-1,3a,4,5,6,6a-hexahydro- 54
Cycloundecatriazol
—, 1-Phenyl-1,3a,4,5,6,7,8,9,10,11,12,12a-
dodecahydro- 62

D

Decan
—, 1,10-Bis-[3-methyl-benzotriazolium-
1-yl]- 115
Desoxyechinulin 240
Desoxyhydroechinulin 191
Desoxypalustrin 329
1-Desoxy-ribit
—, 1-[2,3-Dimethyl-indolo[2,3-*b*]=
chinoxalin-5-yl]- 266
Diacetamid
—, *N*-[3,5-Diphenyl-[1,2,4]triazol-4-yl]-
247
—, *N*-[1,2,4]Triazol-4-yl- 40
3,9-Diaza-6-azonia-spiro[5.5]undecan
—, 3,9-Bis-[4-methoxy-phenyl]- 28
—, 3,9-Di-[2]naphthyl- 28
5a,14a-Diaza-1,5-epimino-10,15a-methano-
dibenz[*b*,*fg*]octalen
—, Tetradecahydro- s. Panamin
1,3-Diaza-2-(1,3)isoindola-cyclonon-1-en 197
—, 3-Acetyl- 197

[1,3]Diazepin
—, 2-[3]Pyridyl-4,5,6,7-tetrahydro-1*H*-
161
[1,3]Diazetidin-1-thiocarbonsäure
—, 2,2-Dimethyl-4-thioxo-,
— [1]naphthylamid 551
— *m*-toluidid 551
[1,2]Diazeto[4,1-*a*;3,2-*a*′]diisoindol-5,8-dion
—, 12b,12c-Dihydro- 670
Diazopapaverin 414
Dibenzo[*f*,*h*]chino[3,4-*b*]chinoxalin 306
Dibenzo[*b*,*h*]chino[2,3,4-*de*][1,6]naphthyridin
—, 5-Phenyl-5*H*- 303
Dibenzo[*a*,*c*]phenazin
—, 2-[2]Chinolyl- 315
—, 3-[2]Chinolyl- 315
Dibenzo[*f*,*h*]pyrido[2,3-*b*]chinoxalin
—, 12-Brom- 289
—, 12-Brom-11-chlor- 290
Dibenzo[*f*,*h*]pyrido[3,4-*b*]chinoxalin 290
—, 10-Chlor- 290
—, 12-Chlor- 290
Dibenzo[*a*,*c*]pyrido[2,3-*h*]phenazin 306
Dibenzo[*a*,*c*]pyrido[3,2-*h*]phenazin 306
Dibenzo[*c*,*f*][1,2,5]triazepin
—, 2,3,4,5,6,11-Hexahydro-1*H*- 189
—, 11-Methyl-11*H*- 230
—, 11-Methyl-6,11-dihydro-5*H*- 223
Dibenzo[*c*,*f*][1,2,5]triazocin
—, 5,12-Dihydro- 233
4,10;5,9-Dimethano-cyclopenta[6,7]naphtho=
[2,3-*d*]triazol
—, 3-Phenyl-$\Delta^{1,6}$-dodecahydro- 198
—, 3-Phenyl-$\Delta^{1,7}$-dodecahydro- 198
4,12;5,11-Dimethano-indeno[1′,2′:6,7]naphtho=
[2,3-*d*][1,2,3]triazol
—, 1-Phenyl-1,3a,4,4a,5,5a,10,10a,11,11a,=
12,12a-dodecahydro- 254
—, 3-Phenyl-3,3a,4,4a,5,5a,10,10a,11,11a,=
12,12a-dodecahydro- 254
4,9;5,8-Dimethano-naphtho[2,3-*d*]=
[1,2,3]triazol
—, 6-Chlor-1-phenyl-3a,4,4a,5,6,7,8,8a,9,=
9a-decahydro-1*H*- 163
—, 7-Chlor-1-phenyl-3a,4,4a,5,6,7,8,8a,9,=
9a-decahydro-1*H*- 163
—, 6,7-Dichlor-1-phenyl-3a,4,4a,5,6,7,8,=
8a,9,9a-decahydro-1*H*- 164
—, 1,6-Diphenyl-3a,4,4a,5,6,7,8,8a,9,9a-
decahydro-1*H*- 240
—, 1,7-Diphenyl-3a,4,4a,5,6,7,8,8a,9,9a-
decahydro-1*H*- 240
—, 1-Phenyl-3a,4,4a,5,6,7,8,8a,9,9a-
decahydro-1*H*- 163
—, 6,6,7-Trichlor-1-phenyl-3a,4,4a,5,6,7,8,=
8a,9,9a-decahydro-1*H*- 164
—, 6,7,7-Trichlor-1-phenyl-3a,4,4a,5,6,7,8,=
8a,9,9a-decahydro-1*H*- 164

4,9;5,8-Dimethano-naphtho[2,3-d][1,2,3]triazol-6-ol
—, 1-Phenyl-3a,4,4a,5,6,7,8,8a,9,9a-decahydro-1H- 345
—, 3-Phenyl-3a,4,4a,5,6,7,8,8a,9,9a-decahydro-3H- 345
[1,4]Dioxan-2,6-diol
—, 3-[2-Phenyl-2H-[1,2,3]triazol-4-yl]- 680
Dipyrido[1,2-a;4',3'-d]imidazol
s. unter *Imidazo[1,2-a;5,4-c']dipyridin*
Dipyrido[2,1-f;2',3'-h][1,6]naphthyridin
—, Hexadecahydro- 86
Dipyrido[1,2-a;2',3'-d]pyrimidin-5-on 497
Dipyrido[1,2-a;2',2'-e]pyrimidin-5-on 497
Dipyrido[1,2-c;3',2'-e]pyrimidin-4-thiocarbonsäure
—, 5-Phenyl-6-thioxo-decahydro-,
— anilid 84
Dipyrido[4,3-b;3',4'-d]pyrrol
s. unter *Pyrrolo[3,2-c;4,5-c']dipyridin, 5H-*
Dipyrido[1,2-a;1',2'-c][1,3,5]triazin-6-thion
—, 5-Phenyl-decahydro- 440
Dipyrrolo[1,2-a;1',2'-d][1,4,7]triazonin-5,8,13-trion
—, 6-Isobutyl-decahydro- 651
Disulfid
—, Bis-[4-amino-5-phenyl-4H-[1,2,4]triazol-3-yl]- 350
—, Bis-[4-amino-5-thioxo-4,5-dihydro-1H-[1,2,4]triazol-3-yl]- 677
—, Bis-[6-benzyl-5-oxo-4,5-dihydro-[1,2,4]triazin-3-yl]- 690
—, Bis-[5,6-bis-(2-methoxy-phenyl)-[1,2,4]triazin-3-yl]- 404
—, Bis-[5,6-bis-(4-methoxy-phenyl)-[1,2,4]triazin-3-yl]- 404
—, Bis-[5-(2-chlor-4-nitro-phenyl)-4-phenyl-4H-[1,2,4]triazol-3-yl]- 350
—, Bis-[4-(3-chlor-phenyl)-5-oxo-4,5-dihydro-1H-[1,2,4]triazol-3-yl]- 675
—, Bis-[5-(4-chlor-phenyl)-4-phenyl-4H-[1,2,4]triazol-3-yl]- 350
—, Bis-[4-cyclohexyl-5-oxo-4,5-dihydro-1H-[1,2,4]triazol-3-yl]- 675
—, Bis-[4-(2,3-dimethyl-phenyl)-5-oxo-4,5-dihydro-1H-[1,2,4]triazol-3-yl]- 676
—, Bis-[5,6-diphenyl-[1,2,4]triazin-3-yl]- 365
—, Bis-[4,5-diphenyl-4H-[1,2,4]triazol-3-yl]- 348
—, Bis-[2,3-di-[2]pyridyl-indolizin-1-yl]- 370
—, Bis-[4,6-dithioxo-1,4,5,6-tetrahydro-[1,3,5]triazin-2-yl]- 699
—, Bis-[5-(2-hydroxy-phenyl)-4-phenyl-[1,2,4]triazol-3-yl]- 382
—, Bis-[4-methyl-5-oxo-4,5-dihydro-1H-[1,2,4]triazol-3-yl]- 675

—, Bis-[5-(4-nitro-phenyl)-4-phenyl-4H-[1,2,4]triazol-3-yl]- 350
—, Bis-[5-oxo-4-m-tolyl-4,5-dihydro-1H-[1,2,4]triazol-3-yl]- 676
—, Bis-[5-thioxo-4-o-tolyl-4,5-dihydro-1H-[1,2,4]triazol-3-yl]- 677
—, Bis-[5-thioxo-4-p-tolyl-4,5-dihydro-1H-[1,2,4]triazol-3-yl]- 677
Dithiobiuret
—, Benzyliden- 582
—, [4-Brom-benzyliden]- 583
—, [1-(4-Chlor-phenyl)-äthyliden]- 587
—, [1-(4-Chlor-phenyl)-propyliden]- 589
—, [4-Nitro-benzyliden]- 584
—, [1-(4-Nitro-phenyl)-äthyliden]- 587
—, [1-Phenyl-äthyliden]- 587
—, Propyliden- 550
Dithiophosphorsäure
— O,O'-diäthylester-S-[4-nitro-benzotriazol-1-ylmethylester] 129
— O,O'-diäthylester-S-[4-oxo-4H-benzo[d][1,2,3]triazin-3-ylmethylester] 460
— O,O'-diisopropylester-S-[4-oxo-4H-benzo[d][1,2,3]triazin-3-ylmethylester] 461
— O,O'-dimethylester-S-[4-oxo-4H-benzo[d][1,2,3]triazin-3-ylmethylester] 460
— S-[4-oxo-4H-benzo[d][1,2,3]triazin-3-ylmethylester-O,O'-dipropylester 461
Dithiourazol 547;
Derivate s. *[1,2,4]Triazolidin-3,5-dithion*

E

Echinulin 620
—, Brom- 621
—, Bromhexahydro- 605
—, Dibromhexahydro- 605
—, Hexahydro- 605
—, Nitro- 621
—, Nitrohexahydro- 606
—, Pentabrom- 621
1,10-Epaminylyliden-benzo[c][1,6]diazacyclododecin
—, 2-Acetyl-4,5,6,7,8,9-hexahydro-3H- 197
—, 4,5,6,7,8,9-Hexahydro-3H- 197
Equisetin 681
—, [2,4-Dinitro-phenyl]- 682
—, Nitroso- 682

Equisetonin 683

Erythrit

—, O^4-Äthyl-1-[2-phenyl-2H-[1,2,3]triazol-4-yl]- 409

—, 1-[2-(4-Brom-2-methyl-phenyl)-2H-[1,2,3]triazol-4-yl]- 412

—, 1-[2-(4-Brom-3-methyl-phenyl)-2H-[1,2,3]triazol-4-yl]- 412

—, 1-[2-(3-Brom-phenyl)-2H-[1,2,3]triazol-4-yl]- 408

—, 1-[2-(4-Brom-phenyl)-2H-[1,2,3]triazol-4-yl]- 408

—, 1-[2-(3,4-Dibrom-phenyl)-2H-[1,2,3]triazol-4-yl]- 409

—, O^3-[3,5-Dinitro-benzoyl]-O^1,O^2,O^4-trimethyl-1-[2-phenyl-2H-[1,2,3]triazol-4-yl]- 409

—, O^2-Galactopyranosyl-1-[2-phenyl-2H-[1,2,3]triazol-4-yl]- 410

—, O^4-Galactopyranosyl-1-[2-phenyl-2H-[1,2,3]triazol-4-yl]- 411

—, O^1-Glucopyranosyl-1-[2-phenyl-2H-[1,2,3]triazol-4-yl]- 410

—, O^2-Glucopyranosyl-1-[2-phenyl-2H-[1,2,3]triazol-4-yl]- 410

—, O^3-Glucopyranosyl-1-[2-phenyl-2H-[1,2,3]triazol-4-yl]- 410

—, O^4-Glucopyranosyl-1-[2-phenyl-2H-[1,2,3]triazol-4-yl]- 411

—, O^3-Methyl-1-[2-phenyl-2H-[1,2,3]triazol-4-yl]- 409

—, 1-[2-[2]Naphthyl-2H-[1,2,3]triazol-4-yl]- 413

—, 1-[2-Phenyl-2H-[1,2,3]triazol-4-yl]- 406

—, 1-[2-Phenyl-2H-[1,2,3]triazol-4-yl]-O^3,O^4-bis-[toluol-4-sulfonyl]- 412

—, 1-[2-Phenyl-2H-[1,2,3]triazol-4-yl]-O^4-[toluol-4-sulfonyl]- 411

—, 1-Pyrido[3,2-f]chinoxalin-2-yl- 414

—, 1-Pyrido[3,2-f]chinoxalin-3-yl- 414

—, 1-[2-m-Tolyl-2H-[1,2,3]triazol-4-yl]- 412

—, 1-[2-o-Tolyl-2H-[1,2,3]triazol-4-yl]- 412

—, 1-[2-p-Tolyl-2H-[1,2,3]triazol-4-yl]- 413

Essigsäure

— [1-acetyl-1H-benzotriazol-5-ylester] 340

— [3-acetyl-3H-benzotriazol-4-ylester] 337

— benz[4,5]imidazo[2,1-a]phthalazin-5-ylester 364

— [4-(benzotriazol-1-sulfonyl)-anilid] 117

— [1H-benzotriazol-4-ylester] 337

— benzotriazol-1-ylmethylester 104

— [10-chlor-benz[4,5]imidazo[2,1-a]phthalazin-5-ylester] 364

— [4-(4,6-dibrom-benzotriazol-1-ylsulfonyl)-anilid] 127

— [4,6-dibrom-2-phenyl-2H-benzotriazol-5-ylester] 342

— [5,7-dibrom-2-phenyl-2H-benzotriazol-4-ylester] 338

— [4,6-dimethoxy-[1,3,5]triazin-2-ylmethylester] 403

— [4-(5,6-dimethyl-2-oxo-1,2-dihydro-imidazo[4,5-b]pyridin-3-sulfonyl)-anilid] 452

— [4-(1,7-dimethyl-3-oxo-1,3-dihydro-pyrazolo[4,3-c]pyridin-2-yl)-anilid] 449

— [1,5-dinitro-hexahydro-[1,3,5]triazepin-3-ylmethylester] 24

— [3,5-dinitro-tetrahydro-[1,3,5]triazin-1-ylmethylester] 20

— [2-(1,3-dioxo-1,3-dihydro-pyrrolo[3,4-b]chinoxalin-2-yl)-anilid] 607

— [4-(2,3,5,6,7,8-hexahydro-imidazo[1,2-a][1,3]diazepin-1-sulfonyl)-anilid] 60

— [4-(4-methyl-[1,2,3]triazol-2-yl)-anilid] 44

— [2-(4-oxo-4H-benzo[d][1,2,3]triazin-3-yl)-anilid] 462

— [4-(4-oxo-4H-benzo[d][1,2,3]triazin-3-yl)-anilid] 462

— [2-phenyl-2H-benzotriazol-4-ylester] 337

— [1-phenyl-3a,4,5,6,7,7a-hexahydro-1H-4,7-methano-benzotriazol-5-ylester] 334

— [1-phenyl-3a,4,5,6,7,7a-hexahydro-1H-4,7-methano-benzotriazol-8-ylester] 335

— [3-phenyl-3a,4,5,6,7,7a-hexahydro-3H-4,7-methano-benzotriazol-5-ylester] 334

— [4-(2,3,5,6-tetrahydro-imidazo[1,2-a]imidazol-1-sulfonyl)-anilid] 58

— [4-(2,3,6,7-tetrahydro-5H-imidazo[1,2-a]pyrimidin-1-sulfonyl)-anilid] 59

— [4-[1,2,3]triazol-2-yl-anilid] 32

— [4-[1,2,4]triazol-4-ylsulfamoyl-anilid] 42

— [8,9,9-trimethyl-2,4a,5,6,7,8-hexahydro-5,8-methano-benzo[e][1,2,4]triazin-3-ylester] 337

—, [5-Äthyl-4-phenyl-4H-[1,2,4]triazol-3-ylmercapto]- 327

—, {1-[3-(4-Amino-butylamino)-propyl]-6-[1-hydroxy-propyl]-1,2,3,6-tetrahydro-[2]pyridyl}- 681

Essigsäure (Fortsetzung)
−, [4-Amino-5-phenyl-4*H*-[1,2,4]triazol-
3-ylmercapto]- 350
− äthylester 350
−, [4-Amino-4*H*-[1,2,4]triazol-
3,5-diyldimercapto]-di- 374
−, Benzotriazol-1-yl-,
− äthylester 108
−, [6-Benzyl-5-oxo-4,5-dihydro-
[1,2,4]triazin-3-ylmercapto]- 690
−, [6-*tert*-Butyl-5-oxo-4,5-dihydro-
[1,2,4]triazin-3-ylmercapto]- 681
−, [4,6-Dichlor-[1,3,5]triazin-
2-ylmercapto]-,
− methylester 333
−, [2,3-Dihydro-imidazo[1,2-*c*]pyrimidin-
5-ylmercapto]- 336
−, [1,3-Dioxo-5,8-dihydro-[1,2,4]triazolo=
[1,2-*a*]pyridazin-2-yl]- 568
− äthylester 568
−, [4-Indol-3-ylmethyl-2,5-dioxo-
imidazolidin-1-yl]- 602
− äthylester 602
− amid 603
−, [2-(5-Methyl-benzotriazol-1-yl)-3-oxo-
isoindolin-1-yl]- 148
− amid 148
− anilid 148
−, [6-Methyl-5-oxo-4,5-dihydro-
[1,2,4]triazin-3-ylmercapto]- 680
−, [5-Methyl-[1,2,4]triazolo[4,3-*a*]=
chinolin-1-ylmercapto]- 356
−, [5-Methyl-1*H*-[1,2,4]triazol-
3-ylmercapto]- 324
−, Naphtho[2,3-*d*][1,2,3]triazol-1-yl- 200
−, [4-(4-Naphtho[1,2-*d*][1,2,3]triazol-2-yl-
stilben-2-sulfonylamino)-phenoxy]- 209
−, [4-Oxo-4*H*-benzo[*d*][1,2,3]triazin-3-yl]-
461
− äthylester 461
−, [5-Oxo-4,5-dihydro-[1,2,4]triazin-
3-ylmercapto]-,
− äthylester 679
−·, [5-Oxo-6-phenyl-4,5-dihydro-
[1,2,4]triazin-3-ylmercapto]- 688
− äthylester 688
−, [4-Phenyl-4*H*-[1,2,4]triazol-
3-ylmercapto]- 322
−, [2-[2]Pyridyl-benzimidazol-1-yl]- 231
− methylester 231
−, [1,3,5]Triazin-1,3,5-triyl-tri-,
− triamid 13
− tris-methylamid 13
−, [1,2,3]Triazol-1-yl- 32
−, [1,2,4]Triazol-1-yl- 38
− äthylester 38
− amid 38

−, Trifluor-,
− [3,5-dinitro-tetrahydro-
[1,3,5]triazin-1-ylmethylester] 20
−, [Trioxo-[1,3,5]triazin-1,3,5-triyl]-tri-,
− triäthylester 641
Evodiamin 525

F

Fluoreno[9′,1′:5,6,7]indolo[2,3-*b*]chinoxalin
−, 15*H*- 309
Fluoreno[2,3-*d*][1,2,3]triazol
−, 1-Acetyl-1,9-dihydro- 244
Formamid
−, *N*-[1-Formyl-3,5-dioxo-
[1,2,4]triazolidin-4-yl]- 543
−, *N*-[3-Phenyl-5-thioxo-1,5-dihydro-
[1,2,4]triazol-4-yl]- 472
Formamidin
−, *N*,*N*′-Dicarbamoyl- 556
−, *N*-[2,4-Dihydroxy-benzyliden]- 65
Fucose
− phenylosotriazol 394
Furfural
−, 5-Nitro-,
− [1,2,4]triazol-4-ylimin 41

G

Galactit
−, 1-[2-Phenyl-2*H*-[1,2,3]triazol-4-yl]-
417
Galactose
− phenylosotriazol 408
Gentiobiose
− phenylosotriazol 411
Glucose
− phenylosotriazol 406
Gusathion 460

H

[4.2.0]Heptamethindiium
−, 7-[1-Äthyl-[2]chinolyl]-1,5-bis-
[1,3,3-trimethyl-3*H*-indol-2-yl]- 314
−, 1,3,7-Tris-[1,3,3-trimethyl-3*H*-indol-
2-yl]- 312
Heptan
−, 1-[4,5-Dihydro-1*H*-imidazol-2-yl]-
1-[3]pyridyl- 164

Heptan-1,7-dion

—, 4-Nicotinoyl-3,5-diphenyl-1,7-di-
[3]pyridyl- 671

—, 4-Nitro-4-[3-oxo-3-[3]pyridyl-propyl]-
1,7-di-[3]pyridyl- 668

Heptan-1-ol

—, 1-[1-Benzyl-1H-[1,2,3]triazol-4-yl]-
329

Heptan-4-on

—, 3,3-Dimethyl-1,7-di-[2]pyridyl-5-
[2-[2]pyridyl-äthyl]- 526

—, 3-Methyl-1,7-di-[2]pyridyl-3-
[2-[2]pyridyl-äthyl]- 525

—, 2-Methyl-7-[2]pyridyl-5,5-bis-
[2-[2]pyridyl-äthyl]- 526

Hepta-1,3,5-trien

—, 7-[1-Äthyl-1H-[2]chinolyliden]-1,5-bis-
[1,3,3-trimethyl-3H-indolium-2-yl]- 314

—, 7-[1,3,3-Trimethyl-indolin-2-yliden]-
1,3-bis-[1,3,3-trimethyl-3H-indolium-2-yl]-
312

Hexan

—, 1,6-Bis-benzotriazol-1-yl- 114

—, 1,6-Bis-[3-methyl-benzotriazolium-
1-yl]- 115

—, 1,6-Bis-[2-(5-oxo-2,5-dihydro-
1H-[1,2,4]triazol-3-yl)-äthoxy]- 678

—, 1,2,3,4,5,6-Hexaacetoxy-1-[2-phenyl-
2H-[1,2,3]triazol-4-yl]- 417

Hexan-1,6-dion

—, 1,6-Di-[1,2,4]triazol-1-yl- 37

Hexan-1,2,3,4,5,6-hexaol

—, 1-[2-Phenyl-2H-[1,2,3]triazol-4-yl]-
417

Hexansäure

—, 6-[4,6-Dichlor-[1,3,5]triazin-2-yloxy]-,
— äthylester 331

—, 6-[4,9-Dioxo-4,9-dihydro-naphtho≠
[2,3-d][1,2,3]triazol-1-yl]- 607

Hexogen 22

Homoormosanin 165;
Bezifferung s. 166 Anm.

Homoormosanin-24-on 482

Homooxypiptanthin 482

Homopipanthin 165

Homopiptamin 166

Hortiamin 695

Hydrazin

—, Bis-[2-phenyl-2H-[1,2,3]triazol-
4-ylmethylen]- 432

—, [1H-Cycloheptatriazol-3-yliden]-
isopropyliden- 454

—, [4,6-Dichlor-[1,3,5]triazin-
2-ylmethylen]-triphenylphosphoranyliden-
441

Hydroechinulin 605

I

Imidazo[4,5-d]benzazepin

s. Benz[c]imidazo[4,5-e]azepin

Imidazo[1,2-c]chinazolinium

—, 1-Äthyl-9-chlor-2,3-dihydro-1H-
193

Imidazo[4,5-b]chinolin

—, 2,3-Diphenyl-3H- 270

Imidazo[4,5-c]chinolin

—, 2,4-Dimethyl-3H- 223

—, 2,4-Dimethyl-3-phenyl-3H- 224

—, 1-[6-Methoxy-[8]chinolyl]-2-methyl-
1H- 222

—, 4-Methyl-3H- 221

Imidazo[4,5-f]chinolin

—, 1(3)H- 219

—, 2-Äthyl-1(3)H- 224

—, 2-Isopropyl-1(3)H- 224

—, 2-Methyl-1(3)H- 222

—, 2-[4-Nitro-phenyl]-1(3)H- 270

—, 2-Phenyl-1(3)H- 270

—, 2-Styryl-1(3)H- 279

Imidazo[4,5-b]chinolin-9-ol

—, 2-Mercapto-1(3)H- s. Imidazo[4,5-
b]chinolin-9-on, 2-Thioxo-
1,2,3,4-tetrahydro-

Imidazo[4,5-b]chinolin-2-on

—, 9-Brom-1,3-dihydro- 490

—, 1,3-Dihydro- 489

—, 1,3-Diphenyl-1,3-dihydro- 489

—, 1,3,5,6,7,8-Hexahydro- 481

—, 9-Nitro-1,3-dihydro- 490

Imidazo[4,5-b]chinolin-9-on

—, 2-Thioxo-3-p-tolyl-1,2,3,4-tetrahydro-
601

Imidazo[4,5-b]chinolin-2-thion

—, 1-Acetyl-3-[4-äthoxy-phenyl]-
1,3-dihydro- 490

—, 1-Acetyl-3-p-tolyl-1,3-dihydro- 490

—, 3-[4-Äthoxy-phenyl]-1,3-dihydro- 490

—, 1,3-Dihydro- 490

—, 3-Phenyl-1,3-dihydro- 490

—, 3-p-Tolyl-1,3-dihydro- 490

Imidazo[1,5-a]chinoxalin-1,3-dion

—, 2,5-Dimethyl-5H- 601

—, 2,5-Dimethyl-4,5-dihydro-3aH- 598

—, 5,7-Dimethyl-4,5-dihydro-3aH- 599

—, 5-Methyl-5H- 601

—, 5-Methyl-4,5-dihydro-3aH- 598

—, 2,4,5-Trimethyl-5H- 601

—, 5,7,8-Trimethyl-4,5-dihydro-3aH-
600

Imidazo[1,2-a][1,3]diazepin

—, 1-[N-Acetyl-sulfanilyl]-2,3,5,6,7,8-
hexahydro-1H- 60

—, 2,3,5,6,7,8-Hexahydro-1H- 60

—, 1-Nitro-2,3,5,6,7,8-hexahydro-1H- 60

Imidazo[1,2-a][1,3]diazepin   (Fortsetzung)
−, 1-Sulfanilyl-2,3,5,6,7,8-hexahydro-
  1*H*- 60
−, 1-[Toluol-4-sulfonyl]-2,3,5,6,7,8-
  hexahydro-1*H*- 60
Imidazo[1,2-a;5,4-c']dipyridin
−, 4-Nitro- 219
Imidazo[1,2-a]imidazol
−, 1-[*N*-Acetyl-sulfanilyl]-
  2,3,5,6-tetrahydro-1*H*- 58
−, 1-Benzyl-2,3,5,6-tetrahydro-1*H*- 55
−, 1-[2-Chlor-äthyl]-2,3,5,6-tetrahydro-
  1*H*- 54
−, 1-[2-Diäthylamino-äthyl]-
  2,3,5,6-tetrahydro-1*H*- 56
−, 1-[3-Diäthylamino-propyl]-
  2,3,5,6-tetrahydro-1*H*- 57
−, 2,5-Dibenzyl-1(7)*H*- 275
−, 2,5-Dibutyl-1(7)*H*- 92
−, 2,5-Diisobutyl-1(7)*H*- 92
−, 1-[2-Diisopropylamino-äthyl]-
  2,3,5,6-tetrahydro-1*H*- 57
−, 2,5-Dimethyl-1(7)*H*- 88
−, 1-[2-Dimethylamino-äthyl]-
  2,3,5,6-tetrahydro-1*H*- 56
−, 1-[3-Dimethylamino-propyl]-
  2,3,5,6-tetrahydro-1*H*- 57
−, 1-[2-Dipropylamino-äthyl]-
  2,3,5,6-tetrahydro-1*H*- 56
−, 1-Dodecyl-2,3,5,6-tetrahydro-1*H*- 55
−, 1-Hexadecyl-2,3,5,6-tetrahydro-1*H*-
  55
−, 1-[4-Nitro-benzolsulfonyl]-
  2,3,5,6-tetrahydro-1*H*- 57
−, 1-Nitro-2,3,5,6-tetrahydro-1*H*- 58
−, 1-Octadecyl-2,3,5,6-tetrahydro-1*H*-
  55
−, 1-Octyl-2,3,5,6-tetrahydro-1*H*- 55
−, 1-Phenäthyl-2,3,5,6-tetrahydro-1*H*-
  55
−, 1-Propyl-2,3,5,6-tetrahydro-1*H*- 54
−, 1-Sulfanilyl-2,3,5,6-tetrahydro-1*H*-
  57
−, 1-Tetradecyl-2,3,5,6-tetrahydro-1*H*-
  55
−, 2,3,5,6-Tetrahydro-1*H*- 54
−, 1-[Toluol-4-sulfonyl]-
  2,3,5,6-tetrahydro-1*H*- 57
−, 1-Vinyl-2,3,5,6-tetrahydro-1*H*- 55
Imidazo[1,5-c]imidazol
−, 3,5-Bis-[1-äthyl-pentyl]-
  2,6-diisopropyl-7a-methyl-hexahydro- 29
−, 2,6-Diisopropyl-7a-methyl-
  3,5-diphenyl-hexahydro- 239
−, 2,6-Diisopropyl-7a-methyl-hexahydro-
  28
−, 7a-Methyl-2,6-diphenyl-hexahydro-
  28

Imidazo[1,5-a]imidazol-5,7-dion
−, 2-Äthyl-3,6-diphenyl- 610
−, 3-Äthyl-2,6-diphenyl- 610
−, 2-[4-Brom-phenyl]-3,6-diphenyl- 626
−, 3-[4-Brom-phenyl]-2,6-diphenyl- 626
−, 2-[4-Chlor-phenyl]-3,6-diphenyl- 626
−, 3-[4-Chlor-phenyl]-2,6-diphenyl- 626
−, 2-Methyl-3,6-diphenyl- 608
−, 3-Methyl-2,6-diphenyl- 608
−, 2,3,6-Triphenyl- 625
Imidazo[1,2-a]imidazolium
−, 1,1-Bis-[3-(2-chlor-phenoxy)-
  2-hydroxy-propyl]-2,3,5,6-tetrahydro-1*H*-
  56
−, 1,1-Bis-[3-(4-chlor-phenoxy)-
  2-hydroxy-propyl]-2,3,5,6-tetrahydro-1*H*-
  56
Imidazo[1,2-a]imidazol-3-ol
−, 1*H*- s. *Imidazo[1,2-a]imidazol-3-on,
  1,2-Dihydro-*
Imidazo[1,2-a]imidazol-2-on
−, 7-Butyl-3-[4-hydroxy-benzyl]-
  6,7-dihydro-5*H*- 691
Imidazo[1,2-a]imidazol-3-on
−, 1,2,5,6-Tetrahydro- 436
Imidazo[1,5-a]imidazol-5-on
−, 3,7-Diäthyl-3,7-dimethyl-6-nitro-
  2-nitroimino-2,3,6,7-tetrahydro- 569
−, 3,7-Diäthyl-2-imino-3,7-dimethyl-
  2,3,6,7-tetrahydro- 569
−, 2-Imino-3,3,7,7-tetramethyl-
  2,3,6,7-tetrahydro- 569
−, 3,3,7,7-Tetramethyl-6-nitro-
  2-nitroimino-2,3,6,7-tetrahydro- 569
Imidazo[5,1-a]isochinolin
−, 3-[4]Chinolyl-8,9-dimethoxy-
  5,6-dihydro- 390
−, 8,9-Dimethoxy-3-[2]pyridyl-
  5,6-dihydro- 389
−, 8,9-Dimethoxy-3-[3]pyridyl-
  5,6-dihydro- 389
−, 8,9-Dimethoxy-3-[4]pyridyl-
  5,6-dihydro- 389
Imidazo[4,5-e]isoindol-6,8-dion
−, 7-Phenyl-1(3)*H*- 600
Imidazol
−, 4-[2-Methyl-4,5-diphenyl-pyrrol-3-yl]-
  1(3)*H*- 281
−, 2-[3]Pyridyl-1*H*- 176
−, 4-[2]Pyridyl-1(3)*H*- 176
−, 4-[3]Pyridyl-1(3)*H*- 176
Imidazol-4,5-dicarbonsäure
−, 2-Oxo-2,3-dihydro-1*H*-,
  − imid 650
Imidazolidin-2,4-dion
−, 5-[6-Äthoxy-[3]pyridyl]-5-äthyl- 704
−, 5-Äthyl-5-[4]chinolyl- 611
−, 5-Äthyl-5-[2-chlor-[3]pyridyl]- 588
−, 5-[1-Äthyl-propyl]-5-[2]pyridyl- 591

Imidazolidin-2,4-dion   (Fortsetzung)
—, 5-Äthyl-5-[2]pyridyl- 587
—, 5-Äthyl-5-[3]pyridyl- 587
—, 5-Äthyl-5-[4]pyridyl- 588
—, 3-Amino-5-indol-3-ylmethyl- 603
—, 5-[5-Brom-2-oxo-indolin-3-yliden]- 661
—, 5-Butyl-5-[2]pyridyl- 590
—, 5-*sec*-Butyl-5-[2]pyridyl- 590
—, 5-*tert*-Butyl-5-[2]pyridyl- 590
—, 5-[[2]Chinolyl-hydroxy-methyl]- 711
—, 5-[[4]Chinolyl-hydroxy-methyl]- 711
—, 5-[2]Chinolylmethyl- 610
—, 5-[2]Chinolyl-5-methyl- 610
—, 5-[4]Chinolylmethyl- 610
—, 5-[2]Chinolylmethylen- 614
—, 5-[4]Chinolylmethylen- 614
—, 5-[4]Chinolyl-5-phenyl- 627
—, 5-[5]Chinolyl-5-phenyl- 627
—, 5-[6]Chinolyl-5-phenyl- 627
—, 5-[7]Chinolyl-5-phenyl- 627
—, 5-[8]Chinolyl-5-phenyl- 628
—, 5-[4-Chlor-indol-3-ylmethylen]-
   1-methyl- 609
—, 5-[5,7-Dibrom-2-oxo-indolin-3-yliden]-
   661
—, 5-Hexyl-5-[2]pyridyl- 592
—, 5-Hexyl-5-[3]pyridyl- 592
—, 5-Hexyl-5-[4]pyridyl- 592
—, 5-[Hydroxy-[2]pyridyl-methyl]- 703
—, 5-[Hydroxy-[4]pyridyl-methyl]- 704
—, 5-Indol-3-ylmethyl- 602
—, 5-Indol-3-ylmethylen- 608
—, 5-Indol-3-ylmethylen-1-methyl- 609
—, 5-Indol-3-ylmethyl-1-methyl- 602
—, 5-Indol-3-ylmethyl-5-methyl- 604
—, 5-Isobutyl-5-[2]pyridyl- 590
—, 5-Isopropyl-5-[2]pyridyl- 589
—, 5-[5-Methoxy-indol-3-ylmethyl]- 709
—, 5-[6-Methoxy-indol-3-ylmethyl]- 709
—, 5-[7-Methoxy-indol-3-ylmethyl]- 709
—, 5-[5-Methoxy-indol-3-ylmethylen]-
   710
—, 5-[6-Methoxy-indol-3-ylmethylen]-
   710
—, 5-[7-Methoxy-indol-3-ylmethylen]-
   710
—, 5-[1-Methyl-butyl]-5-[2]pyridyl- 591
—, 5-[2-Methyl-indol-3-ylmethyl]- 604
—, 5-[1-Methyl-indol-3-ylmethylen]- 609
—, 5-[2-Methyl-indol-3-ylmethylen]- 610
—, 5-[5-Methyl-indol-3-ylmethylen]- 610
—, 1-Methyl-5-[2-methyl-indol-
   3-ylmethyl]- 604
—, 1-Methyl-5-[2-methyl-indol-
   3-ylmethylen]- 610
—, 5-Methyl-5-[6-methyl-[3]pyridyl]- 588
—, 5-[5-Methyl-2-oxo-indolin-3-yl]- 660
—, 5-[5-Methyl-2-oxo-indolin-3-yliden]-
   662

—, 5-Methyl-5-[2]pyridyl- 584
—, 5-Methyl-5-[3]pyridyl- 584
—, 5-Methyl-5-[4]pyridyl- 584
—, 5-[1-Methyl-pyrrol-2-ylmethylen]-
   581
—, 5-[2-Oxo-indolin-3-yl]- 660
—, 5-[2-Oxo-indolin-3-yliden]- 660
—, 5-[2-Oxo-indolin-3-ylmethylen]- 661
—, 5-Phenyl-5-[2]pyridyl- 614
—, 5-Phenyl-5-[3]pyridyl- 614
—, 5-Phenyl-5-[4]pyridyl- 614
—, 5-Phenyl-5-[2]pyridylmethyl- 617
—, 5-Propyl-5-[2]pyridyl- 589
—, 5-[2]Pyridyl- 580
—, 5-[3]Pyridyl- 581
—, 5-[4]Pyridyl- 581
—, 5-[2]Pyridylmethylen- 595
—, 5-[3]Pyridylmethylen- 595
—, 5-Pyrrol-2-ylmethylen- 581
Imidazolidin-4-on
—, 1-Acetyl-3-äthyl-5-[2-(1-äthyl-
   1*H*-[2]chinolyliden)-äthyliden]-2-thioxo-
   616
—, 1-Acetyl-3-äthyl-5-[2-(1-äthyl-
   1*H*-[4]chinolyliden)-äthyliden]-2-thioxo-
   616
—, 1-Acetyl-5-indol-3-ylmethyl-2-thioxo-
   603
—, 3-Äthyl-5-[2-(1-äthyl-1*H*-
   [2]chinolyliden)-äthyliden]-2-thioxo- 616
—, 3-Äthyl-5-[2-(1-äthyl-1*H*-
   [4]chinolyliden)-äthyliden]-2-thioxo- 616
—, 3-Äthyl-5-[1-äthyl-1*H*-[2]chinolyliden]-
   1-phenyl-2-thioxo- 608
—, 3-Äthyl-5-[1-äthyl-1*H*-[4]pyridyliden]-
   1-phenyl-2-thioxo- 581
—, 5-[2-(1-Äthyl-1*H*-[2]chinolyliden)-
   äthyliden]-1,3-diphenyl-2-thioxo- 616
—, 3-Äthyl-5-[2-(3,3-dimethyl-1-phenyl-
   indolin-2-yliden)-äthyliden]-1-phenyl-
   2-thioxo- 612
—, 5-[2-(1-Äthyl-4,4-dimethyl-pyrrolidin-
   2-yliden)-äthyliden]-3-benzoyl-1-methyl-
   2-thioxo- 575
—, 5-[2-(1-Äthyl-4,4-dimethyl-pyrrolidin-
   2-yliden)-äthyliden]-3-benzoyl-1-phenyl-
   2-thioxo- 575
—, 1-Äthyl-5-[2-(1,3-dimethyl-pyrrolidin-
   2-yliden)-äthyliden]-3-methyl-2-thioxo-
   575
—, 3-Äthyl-1-phenyl-2-thioxo-5-[2-
   (1,3,3-trimethyl-indolin-2-yliden)-
   äthyliden]- 611
—, 1-Allyl-5-[2-(1-methyl-pyrrolidin-
   2-yliden)-äthyliden]-3-phenyl-2-thioxo-
   574
—, 3-Allyl-1-phenyl-2-thioxo-5-[2-
   (1,3,3-trimethyl-indolin-2-yliden)-
   äthyliden]- 611

Imidazolidin-4-on   (Fortsetzung)
—, 3-Benzoyl-1-methyl-5-[1-methyl-
   1*H*-[2]chinolyliden]-2-thioxo- 608
—, 3-Benzoyl-1-methyl-2-thioxo- 612
—, 3-Benzoyl-1-methyl-2-thioxo-5-
   [2-(1,3,3-trimethyl-indolin-2-yliden)-
   äthyliden]- 612
—, 3-Benzoyl-1-phenyl-2-thioxo-5-
   [2-(1,4,4-trimethyl-pyrrolidin-2-yliden)-
   äthyliden]- 575
—, 5-[2]Chinolylmethylen-2-thioxo- 614
—, 5-[4]Chinolylmethylen-2-thioxo- 614
—, 1,3-Dimethyl-5-[2-(1-methyl-
   pyrrolidin-2-yliden)-äthyliden]-2-thioxo-
   574
—, 5-[2-(1,3-Dimethyl-pyrrolidin-
   2-yliden)-äthyliden]-1,3-dimethyl-2-thioxo-
   575
—, 5-[2-(1,4-Dimethyl-pyrrolidin-
   2-yliden)-äthyliden]-1,3-dimethyl-2-thioxo-
   575
—, 1,3-Dimethyl-5-[2-(1,3,3,5-tetramethyl-
   indolin-2-yliden)-äthyliden]-2-thioxo- 612
—, 1,3-Dimethyl-2-thioxo-5-[2-
   (1,3,3-trimethyl-indolin-2-yliden)-
   äthyliden]- 611
—, 5-Indol-3-ylmethylen-2-thioxo- 609
—, 5-Indol-3-ylmethyl-3-[2-nitro-phenyl]-
   2-thioxo- 603
—, 5-Indol-3-ylmethyl-3-[4-phenylazo-
   phenyl]-2-thioxo- 604
—, 5-Indol-3-ylmethyl-3-phenyl-2-thioxo-
   603
—, 5-Indol-3-ylmethyl-2-thioxo- 603
—, 5-[2-Oxo-indolin-3-yliden]-2-thioxo-
   661
—, 5-[2-Oxo-indolin-3-yliden]-2-thioxo-
   3-*o*-tolyl- 661
—, 5-[3]Pyridylmethyl-2-thioxo- 584

Imidazol-4-on
—, 2-Äthyl-5-[1-methyl-[4]piperidyliden]-
   3,5-dihydro- 444
—, 5-[4]Chinolylmethylen-2-phenyl-
   3,5-dihydro- 532
—, 5-[2-Oxo-indolin-3-yliden]-2-phenyl-
   3,5-dihydro- 626

Imidazol-2-thion
—, 4-[2]Pyridyl-1,3-dihydro- 475
—, 4-[3]Pyridyl-1,3-dihydro- 476

Imidazo[1,2-*a*][1,8]naphthyridin
—, 2,4-Dimethyl-8-phenyl- 273
—, 2,4,8-Trimethyl- 224

Imidazo[1,2-*a*]pyrazin
—, 5,6-Diphenyl-2,3-dihydro- 272

Imidazo[1,2-*a*]pyridin
—, 2-Methyl-6-[1-methyl-pyrrolidin-2-yl]-
   189
—, 2-Methyl-8-[1-methyl-pyrrolidin-2-yl]-
   189

—, 2-Methyl-8-[1-methyl-pyrrolidin-2-yl]-
   3-nitro- 189
—, 6-[1-Methyl-pyrrolidin-2-yl]- 188
—, 8-[1-Methyl-pyrrolidin-2-yl]- 188
—, 8-[1-Methyl-pyrrolidin-2-yl]-3-nitro-
   188
—, 8-[1-Methyl-pyrrolidin-2-yl]-2-phenyl-
   253
—, 8-[1-Methyl-pyrrolidin-2-yl]-3-phenyl-
   253

Imidazo[4,5-*b*]pyridin
—, 1(3)*H*- 139
—, 3-Äthyl-6-chlor-3*H*- 140
—, 3-Äthyl-6-chlor-2-methyl-3*H*- 152
—, 1-Äthyl-2-methyl-1*H*- 152
—, 3-Äthyl-2-methyl-3*H*- 152
—, 2-Benzyl-6-chlor-1(3)*H*- 235
—, 3-Benzyl-6-chlor-3*H*- 140
—, 6-Brom-1(3)*H*- 140
—, 6-Brom-5,7-dimethyl-1(3)*H*- 158
—, 6-Brom-2-methyl-1(3)*H*- 152
—, 6-Brom-5-methyl-1(3)*H*- 153
—, 6-Brom-7-methyl-1(3)*H*- 153
—, 2-Chlor-1(3)*H*- 139
—, 5-Chlor-1(3)*H*- 139
—, 6-Chlor-1(3)*H*- 140
—, 7-Chlor-1(3)*H*- 140
—, 6-Chlor-2-[4-chlor-benzyl]-1(3)*H*- 235
—, 2-Chlor-5,6-dimethyl-1(3)*H*- 158
—, 6-Chlor-2,3-dimethyl-3*H*- 152
—, 6-Chlor-3-[2-dimethylamino-äthyl]-
   3*H*- 140
—, 2-Chlor-5-methyl-1(3)*H*- 152
—, 6-Chlor-3-methyl-3*H*- 140
—, 7-Chlor-5-methyl-1(3)*H*- 153
—, 6-Chlor-2-[4-nitro-benzyl]-1(3)*H*- 235
—, 5,6-Dimethyl-1(3)*H*- 158
—, 5,7-Dimethyl-1(3)*H*- 158
—, 5-Imino-4,5-dihydro-1*H*- s. *Imidazo=*
   *[4,5-*b*]pyridin-5-ylamin, 1(3)*H-
   (Syst.-Nr. 3955)
—, 7-Imino-4,7-dihydro-1*H*- s. *Imidazo=*
   *[4,5-*b*]pyridin-7-ylamin, 1(3)*H-
   (Syst.-Nr. 3955)
—, 2-Methyl-1(3)*H*- 152
—, 5-Methyl-1(3)*H*- 152
—, 7-Methyl-1(3)*H*- 153
—, 2-Phenyl-1(3)*H*- 232
—, 2-Styryl-1(3)*H*- 248
—, 2,5,6-Trichlor-7-methyl-1(3)*H*- 153

Imidazo[4,5-*c*]pyridin
—, 1(3)*H*- 140
—, 2-Äthyl-1(3)*H*- 158
—, 1-Äthyl-2-[4-methoxy-phenyl]-1*H*-
   356
—, 1-Äthyl-2-methyl-1*H*- 154
—, 2-Äthyl-1-methyl-1*H*- 158
—, 1-Äthyl-2-propyl-1*H*- 160
—, 1-Butyl-2-methyl-1*H*- 154

Imidazo[4,5-c]pyridin (Fortsetzung)
—, 4-Chlor-1(3)*H*- 141
—, 4-Chlor-6-methyl-1(3)*H*- 154
—, 1,2-Diäthyl-1*H*- 159
—, 1,2-Dimethyl-1*H*- 154
—, 2-Hexyl-1-methyl-1*H*- 163
—, 2-[4-Methoxy-phenyl]-1(3)*H*- 356
—, 4-[4-Methoxy-phenyl]-
  4,5,6,7-tetrahydro-1*H*- 353
—, 2-Methyl-1(3)*H*- 153
—, 1-Methyl-2-phenyl-1*H*- 232
—, 1-Methyl-2-propyl-1*H*- 160
—, 2-Methyl-1-propyl-1*H*- 154
—, 7-Nitro-1(3)*H*- 141
—, 2-Phenyl-1(3)*H*- 232
—, 4,5,6,7-Tetrahydro-1(3)*H*- 76
Imidazo[4,5-b]pyridin-2,5-diol
—, 1*H*- s. *Imidazo[4,5-b]pyridin-
  2,5-dion, 1,4-Dihydro-3H-*
Imidazo[4,5-b]pyridin-2,5-dion
—, 6-Chlor-7-methyl-1,4-dihydro-3*H*-
  571
—, 6,7-Dimethyl-1,4-dihydro-3*H*- 573
—, 6-Methyl-1,4-dihydro-3*H*- 571
Imidazo[1,2-a]pyridinium
—, 3-[2-(1-Äthyl-1*H*-[4]pyridyliden)-
  äthyliden]-2-oxo-2,3-dihydro-1*H*- 509
  — betain 509
—, 3-[2-(1-Methyl-1*H*-[2]pyridyliden)-
  äthyliden]-2-oxo-2,3-dihydro-1*H*-
  508
  — betain 509
Imidazo[4,5-b]pyridin-2-ol
—, 1(3)*H*- s. *Imidazo[4,5-b]pyridin-
  2-on, 1,3-Dihydro-*
Imidazo[4,5-b]pyridin-5-ol
  s. unter *Imidazo[4,5-b]pyridin-5-on*
Imidazo[4,5-b]pyridin-7-ol
  s. unter *Imidazo[4,5-b]pyridin-7-on*
Imidazo[4,5-c]pyridin-4-ol
  s. unter *Imidazo[4,5-c]pyridin-4-on*
Imidazo[1,2-a]pyridin-2-on
—, 3-[2-(1-Äthyl-1*H*-[2]chinolyliden)-
  äthyliden]- 528
—, 3-[2-(1-Äthyl-1*H*-[4]pyridyliden)-
  äthyliden]- 509
—, 3-[2-(1-Methyl-1*H*-[2]pyridyliden)-
  äthyliden]- 509
Imidazo[1,2-a]pyridin-3-on
—, 2-[2-(1-Äthyl-1*H*-[2]chinolyliden)-
  äthyliden]-2*H*- 527
—, 2-[1-Methyl-1*H*-[2]chinolyliden]-2*H*-
  522
—, 2-[2-(1-Methyl-1*H*-[2]pyridyliden)-
  äthyliden]-2*H*- 508
Imidazo[4,5-b]pyridin-2-on
—, 3-[N-Acetyl-sulfanilyl]-5,6-dimethyl-
  1,3-dihydro- 452
—, 6-Brom-1,3-dihydro- 446

—, 6-Brom-5,7-dimethyl-1,3-dihydro-
  452
—, 6-Brom-5-methyl-1,3-dihydro- 449
—, 6-Brom-7-methyl-1,3-dihydro- 450
—, 6-Brom-7-methyl-5-phenyl-
  1,3-dihydro- 502
—, 6-Chlor-1,3-dihydro- 446
—, 1,3-Diacetyl-6-brom-5-methyl-
  1,3-dihydro- 449
—, 1,3-Diacetyl-6-brom-7-methyl-
  1,3-dihydro- 450
—, 1,3-Diacetyl-1,3-dihydro- 446
—, 1,3-Dihydro- 446
—, 5,6-Dimethyl-1,3-dihydro- 452
—, 5,7-Dimethyl-1,3-dihydro- 452
—, 5-Hydroxy-1,3-dihydro- s. *Imidazo=
  [4,5-b]pyridin-2,5-dion, 1,4-Dihydro-3*H-*
—, 1-Methyl-1,3-dihydro- 446
—, 5-Methyl-1,3-dihydro- 449
—, 7-Methyl-5-phenyl-1,3-dihydro- 502
—, 5-Phenyl-1,3-dihydro- 498
—, 5,6,7-Trimethyl-1,3-dihydro- 453
Imidazo[4,5-b]pyridin-5-on
—, 1,4-Dihydro- 446
Imidazo[4,5-b]pyridin-7-on
—, 1,4-Dihydro- 445
Imidazo[4,5-c]pyridin-4-on
—, 1,5-Dihydro- 447
—, 6-Methyl-1,5-dihydro- 450
Imidazo[4,5-b]pyridin-4-oxid
—, 1(3)*H*- 139
—, 6-Brom-1(3)*H*- 140
—, 6-Brom-5,7-dimethyl-1(3)*H*- 158
—, 6-Brom-5-methyl-1(3)*H*- 153
—, 6-Brom-7-methyl-1(3)*H*- 153
—, 6-Chlor-1(3)*H*- 140
Imidazo[4,5-b]pyridin-2-thion
—, 6-Brom-1,3-dihydro- 447
—, 6-Brom-5-methyl-1,3-dihydro- 449
—, 6-Brom-7-methyl-1,3-dihydro- 450
—, 6-Chlor-1,3-dihydro- 447
—, 1,3-Dihydro- 446
Imidazo[1,2-a]pyrimidin
—, 1-[N-Acetyl-sulfanilyl]-1,2,3,5,6,7-
  hexahydro- 59
—, 2-[3-Brom-4-methoxy-phenyl]- 356
—, 2-[4-Brom-phenyl]- 230
—, 2-[4-Chlor-phenyl]- 230
—, 2-[3,4-Dichlor-phenyl]- 230
—, 2,7-Dimethyl- 157
—, 2-[3,4-Dimethyl-phenyl]- 235
—, 2-[4-Fluor-[1]naphthyl]- 270
—, 2-[4-Fluor-phenyl]- 230
—, 1,2,3,5,6,7-Hexahydro- 59
—, 2-Methyl- 151
—, 7-Methyl-2-[4-nitro-phenyl]- 234
—, 5-Methyl-2-phenyl- 234
—, 7-Methyl-2-phenyl- 234
—, 1-Nitro-1,2,3,5,6,7-hexahydro- 59

Imidazo[1,2-*a*]pyrimidin (Fortsetzung)
—, 2-[4-Nitro-phenyl]- 230
—, 2-Phenyl- 230
—, 1-[Toluol-4-sulfonyl]-1,2,3,5,6,7-
hexahydro- 59
Imidazo[1,2-*c*]pyrimidin
—, 5,7-Dimethyl-2-phenyl- 235
—, 7-Methyl-2-phenyl- 234
Imidazo[1,5-*a*]pyrimidin
—, 2,4,8-Trimethyl- 160
Imidazo[1,2-*a*]pyrimidin-2,5-dion
—, 6-Äthyl-3,7-dimethyl-1*H*- 574
—, 3-Äthyl-7-methyl-1*H*- 574
—, 6-Äthyl-7-methyl-1*H*- 574
—, 6-Äthyl-1,3,7-trimethyl-1*H*- 574
—, 6-Butyl-3,7-dimethyl-1*H*- 576
—, 6-Butyl-7-methyl-1*H*- 575
—, 3,7-Dimethyl-1*H*- 572
—, 6,7-Dimethyl-1*H*- 573
—, 7-Hydroxy-8*H*- s. *Imidazo[1,2-
a]pyrimidin-2,5,7-trion*, 1H-
—, 7-Methyl-1*H*- 570
Imidazo[1,2-*a*]pyrimidin-2,7-dion
—, 3-Äthyl-5,8-dimethyl-8*H*- 573
—, 3-Äthyl-5-methyl-1*H*- 573
—, 3,5-Dimethyl-1*H*- 572
—, 5,8-Dimethyl-8*H*- 570
—, 5,8-Dimethyl-8,8a-dihydro-1*H*- 568
—, 5-Hydroxy-8*H*- s. *Imidazo[1,2-
a]pyrimidin-2,5,7-trion*, 1H-
—, 5-Methyl-1*H*- 570
—, 3,5,8-Trimethyl-8*H*- 572
Imidazo[1,2-*a*]pyrimidin-5,7-dion
—, 2-Hydroxy-1*H*- s. *Imidazo[1,2-
a]pyrimidin-2,5,7-trion*, 1H-
Imidazo[1,2-*c*]pyrimidin-2,5-dion
—, 7-Methyl-1*H*- 570
Imidazo[1,2-*a*]pyrimidin-2-ol
s. *Imidazo[1,2-c]pyrimidin-2-on*
Imidazo[1,2-*a*]pyrimidin-5-ol
s. *Imidazo[1,2-a]pyrimidin-5-on*, 1H-
Imidazo[1,2-*a*]pyrimidin-7-ol
s. *Imidazo[1,2-a]pyrimidin-7-on*, 8H-
Imidazo[1,2-*c*]pyrimidin-5-ol
s. *Imidazo[1,2-c]pyrimidin-5-on*, 1H-
Imidazo[1,2-*a*]pyrimidin-2-on
—, 5,7-Dihydroxy- s. *Imidazo[1,2-
a]pyrimidin-2,5,7-trion*, 1H-
—, 7-Hydroxy- s. *Imidazo[1,2-a]=
pyrimidin-2,7-dion*, 1(8)H-
Imidazo[1,2-*a*]pyrimidin-3-on
—, 1,5,6,7-Tetrahydro-2*H*- 438
Imidazo[1,2-*a*]pyrimidin-5-on
—, 1-[2-Diäthylamino-äthyl]-
2,3,6,7-tetrahydro-1*H*- 439
—, 7-Methyl-8*H*- 447
—, 7-Methyl-2,3-dihydro-1*H*- 443
—, 7-Methyl-2,3-diphenyl-8*H*- 529
—, 7-Phenyl-2,3-dihydro-1*H*- 493

Imidazo[1,2-*a*]pyrimidin-7-on
—, 5-Methyl-2-[4-nitro-phenyl]-8*H*-
500
Imidazo[1,2-*c*]pyrimidin-2-on
—, 5-Chlor-7-methyl- 447
—, 5,7-Dimethyl- 450
—, 5-Hydroxy- s. *Imidazo[1,2-c]=
pyrimidin-2,5-dion*, 1H-
Imidazo[1,2-*c*]pyrimidin-5-on
—, 1-Benzyl-7-methyl-8-nitro-2,3-dihydro-
1*H*- 443
—, 2,3-Dihydro-1*H*- 442
—, 7-Methyl-8-nitro-2,3-dihydro-1*H*-
442
—, 8-Nitro-2,3-dihydro-1*H*- 442
Imidazo[1,5-*c*]pyrimidin-5-on
—, 7,8-Dihydro-6*H*- 442
Imidazo[1,2-*c*]pyrimidin-5-thiol
s. *Imidazo[1,2-c]pyrimidin-5-thion*, 1H-
Imidazo[1,2-*c*]pyrimidin-5-thion
—, 2,3-Dihydro-1*H*- 442
—, 7-Methyl-8-nitro-2,3-dihydro-1*H*-
443
—, 8-Nitro-2,3-dihydro-1*H*- 442
Imidazo[1,5-*c*]pyrimidin-5-thion
—, 6-Methyl-7,8-dihydro-6*H*- 442
Imidazo[1,2-*a*]pyrimidin-2,5,7-triol
s. *Imidazo[1,2-a]pyrimidin-2,5,7-trion*,
1H-
Imidazo[1,2-*a*]pyrimidin-2,5,7-trion
—, 1*H*- 650
—, 6-Äthyl-1*H*- 650
—, 6-Äthyl-3-methyl-1*H*- 651
—, 6-Butyl-1*H*- 651
—, 6-Butyl-3-methyl-1*H*- 651
—, 3-Methyl-1*H*- 650
—, 3-Methyl-6-phenyl-1*H*- 662
—, 6-Phenyl-1*H*- 661
Imidazo[1,5-*a*]pyrrolo[2,3-*e*]pyridin
—, 1,7-Diphenyl-3a,5a,8,8a-tetrahydro-
3*H*- 283
Indazolium
—, 2-[4-Dimethylamino-phenylimino]-
3-oxo-2,3-dihydro-1*H*-,
— betain 462
Indeno[7,1-*fg*]indeno[3,2-*b*]chinoxalin
—, 9-Nitro-5,12-dihydro-4*H*- 291
Indeno[2′,1′:5,6]indolo[2,3-*b*]chinoxalin
—, 6,12-Dihydro- 301
Indeno[7,1-*fg*]indolo[3,2-*b*]chinoxalin
—, 5,12-Dihydro-4*H*- 291
—, 9,11-Dinitro-5,11-dihydro-4*H*- 291
Indol
—, 4-Acetonyl-3-[1,3-diphenyl-
imidazolidin-2-ylmethyl]- 488
—, 1-Acetyl-3-[1,3-diphenyl-imidazolidin-
2-ylmethyl]- 189

Indol (Fortsetzung)
- , 5-Chlor-3-[2-(4,5-dihydro-
  1*H*-imidazol-2-yl)-1-(3-methoxy-phenyl)-
  äthyl]-2-methyl- 368
- , 5-Chlor-3-[2-(4,5-dihydro-
  1*H*-imidazol-2-yl)-1-phenyl-äthyl]-
  2-methyl- 269
- , 3-[2-(4,5-Dihydro-1*H*-imidazol-2-yl)-
  1-(3-methoxy-phenyl)-äthyl]- 367
- , 3-[2-(4,5-Dihydro-1*H*-imidazol-2-yl)-
  1-(3-methoxy-phenyl)-äthyl]-2-methyl-
  367
- , 3-[4,5-Dihydro-1*H*-imidazol-
  2-ylmethyl]- 196
- , 3-[2-(4,5-Dihydro-1*H*-imidazol-2-yl)-
  1-phenyl-äthyl]- 268
- , 3-[2-(4,5-Dihydro-1*H*-imidazol-2-yl)-
  1-phenyl-äthyl]-2-methyl- 268
- , 5,7-Diisopentyl-3-[5-methyl-piperazin-
  2-ylmethyl]-2-*tert*-pentyl- 191
- , 2-[1,1-Dimethyl-allyl]-5,7-bis-
  [3-methyl-but-2-enyl]-3-[5-methyl-
  piperazin-2-ylmethyl]- 240
- , 1,1'-Dimethyl-3,3'-[4]pyridylmethandiyl-di-
  296
- , 2,2'-Dimethyl-3,3'-[2]pyridylmethandiyl-
  di- 298
- , 2,2'-Dimethyl-3,3'-[3]pyridylmethandiyl-
  di- 299
- , 2,2'-Dimethyl-3,3'-[4]pyridylmethandiyl-
  di- 299
- , 3-[1,3-Diphenyl-imidazolidin-
  2-ylmethyl]- 189
- , 3,3',3''-Methantriyl-tri- 305
- , 3,3'-[1-[3]Pyridyl-äthyliden]-di- 297
- , 3,3'-[2]Pyridylmethandiyl-di- 295
- , 3,3'-[3]Pyridylmethandiyl-di- 295
- , 3,3'-[4]Pyridylmethandiyl-di- 295
- , 2,2',2''-Trimethyl-3,3',3''-methantriyl-
  tri- 305
- , 3,3',3''-Trimethyl-2,2',2''-methantriyl-
  tri- 305

Indolin-2-on
- , 3-Äthoxy-3-[3-phenyl-1,2-dihydro-
  chinoxalin-2-yl]- 696
- , 3-Äthyl-3-[2-(4,5-dihydro-
  1*H*-imidazol-2-yl)-äthyl]-1-methyl- 488
- , 3-Äthyl-3-[4,5-dihydro-1*H*-imidazol-
  2-ylmethyl]-1-methyl- 487
- , 3-Äthyl-3-[3-(4,5-dihydro-
  1*H*-imidazol-2-yl)-propyl]-1-methyl- 488
- , 3-[1*H*-Benzimidazol-2-ylmethylen]-
  523
- , 3-[1*H*-Benzimidazol-2-yl-phenyl-
  methylen]- 535
- , 3,3-Bis-[2,5-dimethyl-pyrrol-3-yl]-
  519
- , 3,3-Bis-[2-oxo-1-phenyl-indolin-3-yl]-
  1-phenyl- 669

- , 3,3-Di-indol-3-yl-1-methyl- 536
- , 1,1'-Dimethyl-3,3'-[3-äthyl-4-methyl-
  pyrrol-2,5-diyliden]-bis- 631
- , 1,1'-Dimethyl-3,3'-pyrrol-2,5-diyliden-
  bis- 631
- , 3-[5-(5-Hydroxy-indol-3-yl)-2-oxo-
  1,2-dihydro-pyrrol-3-yliden]- 715
- , 3-[5-(5-Methoxy-indol-3-yl)-2-oxo-
  1,2-dihydro-pyrrol-3-yliden]- 715
- , 3-[5-(5-Methoxy-1-methyl-indol-3-yl)-
  1-methyl-2-oxo-1,2-dihydro-pyrrol-
  3-yliden]-1-methyl- 716
- , 3-[5-Oxo-2-thioxo-imidazolidin-
  4-yliden]- 661
- , 3-[3-Phenyl-1*H*-chinoxalin-2-yliden]-
  535
- , 3,3'-Piperidin-2,6-diyliden-bis- 630
- , 3,3'-Pyrrol-2,5-diyliden-bis- 630
- , 3,3'-Pyrrolidin-2,5-diyliden-bis- 629
- , 3-Pyrrol-1-yl- 630

Indolin-3-on
- , 2,2-Di-indol-3-yl- 536

Indolium
- , 2-[3-(6-Methoxy-2-methyl-
  2*H*-pyridazin-3-yliden)-propenyl]-
  1,3,3-trimethyl-3*H*- 362
- , 1,3,3-Trimethyl-2-[3-(2-methyl-
  6-methylmercapto-2*H*-pyridazin-3-yliden)-
  propenyl]-3*H*- 363
- , 1,3,3-Trimethyl-2-[3-(2,5,5-trimethyl-
  6-methylmercapto-4,5-dihydro-
  2*H*-pyridazin-3-yliden)-propenyl]-3*H*-
  358

Indolizin
- , 2,3-Di-[2]pyridyl- 279
- , 1-Nitro-2,3-di-[2]pyridyl- 279
- , 2,3,2',3'-Tetra-[2]pyridyl-
  1,1'-disulfandiyl-di- 370

Indolo[2,3-*c*][1,7]benzodiazecin
  s. *Benzo[2,3][1,5]diazecino[9,8-b]indol*

Indolo[2,3-*b*]chinoxalin
- , 6*H*- 255
- , 7-Äthyl-6*H*- 265
- , 9-Äthyl-6*H*- 266
- , 10-Äthyl-7-methyl-6*H*- 267
- , 9-Brom-7,10-dimethyl-6*H*- 266
- , 9-Brom-8-fluor-6*H*- 256
- , 7-Brom-9-methyl-6*H*- 263
- , 9-Brom-7-methyl-6*H*- 263
- , 9-Brom-8-methyl-6*H*- 263
- , 9-*tert*-Butyl-6*H*- 267
- , 9-Chlor-7,10-dimethyl-6*H*- 266
- , 2-Chlor-3-methyl-6*H*- 262
- , 3-Chlor-2-methyl-6*H*- 262
- , 7-Chlor-9-methyl-6*H*- 263
- , 8,9-Difluor-6*H*- 256
- , 7,9-Dimethyl-6*H*- 266
- , 7,10-Dimethyl-6*H*- 266

Indolo[2,3-*b*]chinoxalin (Fortsetzung)
−, 7,10-Dimethyl-9-nitro-6*H*- 266
−, 9-Fluor-6*H*- 256
−, 9-Jod-6*H*- 256
−, 8-Methyl-6*H*- 263
−, 9-Methyl-7-nitro-6*H*- 263
−, 1-Methyl-6-phenyl-6*H*- 262
−, 4-Methyl-6-phenyl-6*H*- 262
−, 8-Methyl-6-phenyl-7,8,9,10-
   tetrahydro-6*H*- 237
−, 6-Phenyl-7,8,9,10-tetrahydro-6*H*-
   236
−, 7,8,10-Trimethoxy-6*H*- 404
**Indolo[3,2-*c*]indolo[2′,3′:4,5]pyrido[3,2,1-*ij*]⁼
chinolin**
−, 4,16-Diphenyl-4,9,11,16-tetrahydro-
   304
−, 4,9,11,16-Tetrahydro- 304
Indolo[3,2-*a*]phenazin
−, 8*H*- 284
Indolo[2,3-*b*]phenazin-4a-ol
−, 13b-Methyl-1,2,3,4,5,13b-hexahydro-
   367
Indolo[2′,3′:3,4]pyrido[2,1-*b*]chinazolinium
−, 9-Chlor-12-methoxy-14-methyl-5-oxo-
   5,7,8,13-tetrahydro- 695
   − betain 695
−, 2,3-Dimethoxy-14-methyl-5-oxo-
   5,7,8,13-tetrahydro- 714
   − betain 714
−, 2-Hydroxy-14-methyl-5-oxo-5,7,8,13-
   tetrahydro- 694
−, 10-Hydroxy-14-methyl-5-oxo-5,7,8,13-
   tetrahydro- 695
−, 2-Methoxy-14-methyl-5-oxo-5,7,8,13-
   tetrahydro- 694
−, 10-Methoxy-14-methyl-5-oxo-5,7,8,13-
   tetrahydro- 695
   − betain 695
−, 14-Methyl-5-oxo-7,8,13,14-tetrahydro-
   5*H*- 528
−, 14-Methyl-8,13,13b,14-tetrahydro-
   7*H*- 274
−, 5-Oxo-7,8,13,14-tetrahydro-5*H*- 528
   − betain 528
−, 8,13,13b,14-Tetrahydro-7*H*- 273
Indolo[2′,3′:3,4]pyrido[2,1-*b*]chinazolin-5-on
−, 9-Chlor-12-methoxy-14-methyl-
   8,14-dihydro-7*H*- 695
−, 8,13-Dihydro-7*H*- 528
−, 2,3-Dimethoxy-14-methyl-7,8-dihydro-
   14*H*- 714
−, 13b-Hydroxy-10-methoxy-14-methyl-
   8,13,13b,14-tetrahydro-7*H*- 695
−, 2-Methoxy-14-methyl-8,14-dihydro-
   7*H*-,
   − hydrat 694

−, 10-Methoxy-14-methyl-8,14-dihydro-
   7*H*- 695
−, 14-Methyl-8,13,13b,14-tetrahydro-
   7*H*- 525
Indophenazin 255
Isobuttersäure
   − [4-isopropyl-7-methyl-
     1,5,6,7-tetrahydro-azepin-
     2-ylidenhydrazid] 92
−, α-Benzotriazol-1-yl- 109
−, α-Benzotriazol-2-yl- 109
−, α-[4-(1-Hydroxy-cyclohexyl)-5-
   (1-hydroxy-cyclohexyläthinyl)-
   [1,2,3]triazol-1-yl]-,
   − äthylester 386
   − amid 387
−, α-[4-(α-Hydroxy-isopropyl)-5-
   (3-hydroxy-3-methyl-but-1-inyl)-
   [1,2,3]triazol-1-yl]-,
   − amid 379
Isobutyramid
−, *N*-[3-Phenyl-5-thioxo-1,5-dihydro-
   [1,2,4]triazol-4-yl]- 472
Isochino[3,4-*b*]chinoxalin-5-ol
   s. *Isochino[3,4-*b*]chinoxalin-5-on,*
   6*H*-
Isochino[3,4-*b*]chinoxalin-5-on
−, 6*H*- 521
−, 6-Hydroxy-6*H*- 522
−, 6-Phenyl-6*H*- 521
−, 6-*p*-Tolyl-6*H*- 521
Isochinolin
−, 3-[1*H*-Benzimidazol-2-yl]- 271
−, 2-Benzolsulfonyl-1,2-dihydro- 300
−, 2-Benzoyl-1,2-dihydro- 300
−, 1-[5,6-Dimethoxy-1(2)*H*-indazol-3-yl]-
   6,7-dimethoxy- 414
−, 1-[5,6-Dimethoxy-3*H*-indazol-3-yl]-
   6,7-dimethoxy- 414
Isochinolinium
−, 1-[5,6-Dimethoxy-1(2)*H*-indazol-3-yl]-
   6,7-dimethoxy-2-methyl- 414
Isocyanursäure 632;
   Derivate s. unter *[1,3,5]Triazintrion*
Isoindolo[2,1-*a*][1,3,4]benzotriazepin
−, 12*H*- s. *Benzo[5,6][1,2,4]triazepino⁼
   [3,4-a]isoindol, 12*H*-*
Isoindolo[2,1-*b*][1,2,6]benzotriazocin
   s. *Benzo[3,4][1,2,5]triazocino[8,1-
   a]isoindol*
Isoindolo[2′,1′:2,3]pyrazolo[1,5-*a*]benzimidazol
−, 7*H*- s. *Benz[4′,5′]imidazo[1′,2′:2,3]⁼
   pyrazolo[5,1-a]isoindol, 7*H*-*
Isomaltose
   − phenylosotriazol 411
Isomelamin
−, Tribenzyl- 639

Isomelanin (Fortsetzung)
—, Trimethyl- 635
—, Triphenyl- 638
—, Tri-*p*-tolyl- 639
Isonicotinamid
—, *N*,*N'*,*N''*-[1,3,5]Triazin-1,3,5-triyl-tris-
18
Isotripiperidein 85
—, *N*-Cinnamoyl- 86
Isovaleraldehydammoniak 26

J

Jamin 166

K

Keton
—, [4-Benzyl-2-(4-chlor-phenyl)-
2,3,4,5-tetrahydro-[1,2,4]triazin-6-yl]-
phenyl- 480
—, [5-Brom-2-hydroxy-phenyl]-
[4-[2]pyridyl-4,5-dihydro-1*H*-pyrazol-3-yl]-
693
—, [5-Chlor-2-hydroxy-phenyl]-[4-
(6-methyl-[2]pyridyl)-4,5-dihydro-
1*H*-pyrazol-3-yl]- 693
—, [5-Chlor-2-hydroxy-phenyl]-
[4-[2]pyridyl-4,5-dihydro-1*H*-pyrazol-3-yl]-
692
—, [6-Chlor-1-phenyl-3a,4,5,6,7,7a-
hexahydro-1*H*-4,7-methano-benzotriazol-
5-yl]-phenyl- 496
—, [6-Chlor-3-phenyl-3a,4,5,6,7,7a-
hexahydro-3*H*-4,7-methano-benzotriazol-
5-yl]-phenyl- 496
—, [4-Cyclohexyl-2-(2,4-dinitro-phenyl)-
2,3,4,5-tetrahydro-[1,2,4]triazin-6-yl]-
phenyl- 480
—, [4-Cyclohexyl-2-(4-methoxy-phenyl)-
2,3,4,5-tetrahydro-[1,2,4]triazin-6-yl]-
phenyl- 480
—, [1-(4-Dimethylamino-phenyl)-
1*H*-benzotriazol-5-yl]-phenyl- 507
—, [2,4-Diphenyl-2,3,4,5-tetrahydro-
[1,2,4]triazin-6-yl]-phenyl- 480
—, [1,5-Diphenyl-1*H*-[1,2,3]triazol-4-yl]-
phenyl- 516
   — [2,4-dinitro-phenylhydrazon] 516
—, [4-Methyl-2-phenyl-2,3,4,5-tetrahydro-
[1,2,4]triazin-6-yl]-phenyl- 480
—, [5-Methyl-1-phenyl-1*H*-[1,2,3]triazol-
4-yl]-phenyl- 485
   — [2,4-dinitro-phenylhydrazon] 485

—, Phenyl-[1-phenyl-1*H*-benzotriazol-
5-yl]- 506
   — oxim 506
—, Phenyl-[1-phenyl-1*H*-benzotriazol-
7-yl]- 506
—, Phenyl-[1-phenyl-1*H*-[1,2,3]triazol-
4-yl]- 483
   — [2,4-dinitro-phenylhydrazon] 483
—, Phenyl-[3-phenyl-3*H*-[1,2,3]triazol-
4-yl]- 483

   Phenyl-[1,3,5-trihydroxy-4,6-diphenyl-
hexahydro-[1,3,5]triazin-2-yl]- 530
Kyaphenin 292

L

Lactose
   — phenylosotriazol 410
Leucrose
   — phenylosotriazol 410
Leukazon 52
Lunariamin 720
Lunarin
   Bezifferung s. 719 Anm.
—, Hexahydro- 719
Lunarinol
—, Hexahydro- 719

M

Malonamid
—, *N*,*N'*-Di-[1,2,4]triazol-4-yl- 40
Malonsäure
—, Äthyl-,
   — bis-[1,2,4]triazol-4-ylamid 41
Mannit
—, 1-[2-Phenyl-2*H*-[1,2,3]triazol-4-yl]-
417
Melibiose
   — phenylosotriazol 411
Methan
—, Benzotriazol-1-yl-benzotriazol-2-yl-
106
—, Bis-[4-acetyl-3,5-dimethyl-pyrrol-2-yl]-
[2]pyridyl- 620
—, Bis-[1-äthyl-pyridinium-4-yl]-[1-äthyl-
1*H*-[4]pyridyliden]- 265
—, Bis-benzotriazol-1-yl- 106
—, Bis-[4-dimethylamino-phenyl]-
[4-naphtho[1,2-*d*][1,2,3]triazol-2-yl-phenyl]-
213
—, Bis-[1,5-dinitro-hexahydro-
[1,3,5]triazepin-3-yl]- 24

Methan (Fortsetzung)

—, Bis-[3,5-dinitro-tetrahydro-
[1,3,5]triazin-1-yl]- 21

—, Bis-[3-methyl-indol-2-yl]-[3-methyl-
indol-2-yliden]- 308

—, Bis-[1-methyl-indol-3-yl]-[4]pyridyl-
296

—, Bis-[2-methyl-indol-3-yl]-[2]pyridyl-
298

—, Bis-[2-methyl-indol-3-yl]-[3]pyridyl-
299

—, Bis-[2-methyl-indol-3-yl]-[4]pyridyl-
299

—, Bis-[1-methyl-pyridinium-4-yl]-
[1-methyl-1H-[4]pyridyliden]- 264

—, Bis-[4-naphtho[1,2-d][1,2,3]triazol-2-yl-
phenyl]- 214

—, Bis-[4-naphtho[1,2-d][1,2,3]triazol-2-yl-
phenyl]-phenyl- 214

—, [4]Chinolyl-bis-[2-methyl-indol-3-yl]-
308

—, Di-[2]chinolyl-[1H-[2]chinolyliden]-
311

—, Di-indol-3-yl-[2]pyridyl- 295

—, Di-indol-3-yl-[3]pyridyl- 295

—, Di-indol-3-yl-[4]pyridyl- 295

—, Tri-[2]chinolyl- 311

—, Tri-indol-3-yl- 305

—, Tris-[5-äthyl-pyrrol-2-yl]- 227

—, Tris-[3,5-dimethyl-pyrrol-2-yl]-
227

—, Tris-[2-methyl-indol-3-yl]- 305

—, Tris-[3-methyl-indol-2-yl]- 305

—, Tris-[4-naphtho[1,2-d][1,2,3]triazol-
2-yl-phenyl]- 214

—, Tris-[2]pyridyl- 264

5,8-Methano-benzo[e][1,2,4]triazin

—, 3-Acetoxy-8,9,9-trimethyl-2,4a,5,6,7,8-
hexahydro- 337

—, 8,9,9-Trimethyl-3-methylmercapto-
2,4a,5,6,7,8-hexahydro- 337

5,8-Methano-benzo[e][1,2,4]triazin-3-on

—, 8,9,9-Trimethyl-4,4a,5,6,7,8-
hexahydro-2H- 444

5,8-Methano-benzo[e][1,2,4]triazin-3-thion

—, 8,9,9-Trimethyl-4,4a,5,6,7,8-
hexahydro-2H- 444

4,6-Methano-benzotriazol

—, 3a,5,5-Trimethyl-1-phenyl-3a,4,5,6,7,≠
7a-hexahydro-1H- 82

—, 3a,5,5-Trimethyl-3-phenyl-3a,4,5,6,7,≠
7a-hexahydro-3H- 82

4,7-Methano-benzotriazol

—, 5-Acetoxy-1-phenyl-3a,4,5,6,7,7a-
hexahydro-1H- 334

—, 6-Acetoxy-1-phenyl-3a,4,5,6,7,7a-
hexahydro-1H- 334

—, 8-Acetoxy-1-phenyl-3a,4,5,6,7,7a-
hexahydro-1H- 335

—, 5-Benzoyl-6-chlor-1-phenyl-3a,4,5,6,7,≠
7a-hexahydro-1H- 496

—, 6-Benzoyl-5-chlor-1-phenyl-3a,4,5,6,7,≠
7a-hexahydro-1H- 496

—, 5,6-Bis-hydroxymethyl-1-phenyl-
3a,4,5,6,7,7a-hexahydro-1H- 378

—, 5-Chlormethyl-1-phenyl-3a,4,5,6,7,7a-
hexahydro-1H- 79

—, 6-Chlormethyl-1-phenyl-3a,4,5,6,7,7a-
hexahydro-1H- 79

—, 5-Chlor-1-phenyl-3a,4,5,6,7,7a-
hexahydro-1H- 77

—, 6-Chlor-1-phenyl-3a,4,5,6,7,7a-
hexahydro-1H- 77

—, 5-Cyclohex-3-enyl-1-phenyl-
3a,4,5,6,7,7a-hexahydro-1H- 164

—, 6-Cyclohex-3-enyl-1-phenyl-
3a,4,5,6,7,7a-hexahydro-1H- 164

—, 5,8-Diacetoxy-1-phenyl-3a,4,5,6,7,7a-
hexahydro-1H- 378

—, 6,8-Diacetoxy-1-phenyl-3a,4,5,6,7,7a-
hexahydro-1H- 378

—, 5,6-Dichlor-1-phenyl-3a,4,5,6,7,7a-
hexahydro-1H- 77

—, 5,6-Dimethylen-1-phenyl-3a,4,5,6,7,7a-
hexahydro-1H- 160

—, 3a,7a-Dimethyl-1-phenyl-3a,4,5,6,7,7a-
hexahydro-1H- 81

—, 5,5-Dimethyl-1-phenyl-3a,4,5,6,7,7a-
hexahydro-1H- 81

—, 5,6-Dimethyl-1-phenyl-3a,4,5,6,7,7a-
hexahydro-1H- 81

—, 6,6-Dimethyl-1-phenyl-3a,4,5,6,7,7a-
hexahydro-1H- 81

—, 1,5-Diphenyl-3a,4,5,6,7,7a-hexahydro-
1H- 197

—, 1,6-Diphenyl-3a,4,5,6,7,7a-hexahydro-
1H- 197

—, 5-Methylen-1-phenyl-3a,4,5,6,7,7a-
hexahydro-1H- 90

—, 6-Methylen-1-phenyl-3a,4,5,6,7,7a-
hexahydro-1H- 90

—, 3a-Methyl-1-phenyl-3a,4,5,6,7,7a-
hexahydro-1H- 79

—, 7a-Methyl-1-phenyl-3a,4,5,6,7,7a-
hexahydro-1H- 79

—, 1-Phenyl-3a,4,5,6,7,7a-hexahydro-1H-
77

—, 1-Phenyl-5-salicyloyloxymethyl-
3a,4,5,6,7,7a-hexahydro-1H- 335

—, 1-Phenyl-6-salicyloyloxymethyl-
3a,4,5,6,7,7a-hexahydro-1H- 335

—, 1-Phenyl-5-vanillyl-3a,4,5,6,7,7a-
hexahydro-1H- 387

—, 1-Phenyl-6-vanillyl-3a,4,5,6,7,7a-
hexahydro-1H- 387

4,7-Methano-benzotriazol (Fortsetzung)

−, 3a,4,7a-Trimethyl-1-phenyl-3a,4,5,6,7,⇄ 7a-hexahydro-1*H*- 82

−, 3a,6,6-Trimethyl-1-phenyl-3a,4,5,6,7,⇄ 7a-hexahydro-1*H*- 82

−, 3a,7,7a-Trimethyl-1-phenyl- 3a,4,5,6,7,7a-hexahydro-1*H*- 82

−, 4,6,6-Trimethyl-1-phenyl-3a,4,5,6,7,7a- hexahydro-1*H*- 82

−, 5,5,7-Trimethyl-1-phenyl-3a,4,5,6,7,7a- hexahydro-1*H*- 82

−, 5,5,7a-Trimethyl-1-phenyl-3a,4,5,6,7,⇄ 7a-hexahydro-1*H*- 82

4,7-Methano-benzotriazol-5,8-diol

−, 1-Phenyl-3a,4,5,6,7,7a-hexahydro-1*H*- 378

−, 3-Phenyl-3a,4,5,6,7,7a-hexahydro-3*H*- 378

4,7-Methano-benzotriazol-5-ol

−, 1-Phenyl-3a,4,5,6,7,7a-hexahydro-1*H*- 334

−, 3-Phenyl-3a,4,5,6,7,7a-hexahydro-3*H*- 334

4,7-Methano-benzotriazol-5-on

−, 1-Phenyl-1,3a,4,6,7,7a-hexahydro- 443

−, 3-Phenyl-3,3a,4,6,7,7a-hexahydro- 443

4,9-Methano-biphenyleno[2,3-*d*][1,2,3]triazol

−, 1-Phenyl-3a,4,4a,8b,9,9a-hexahydro- 1*H*- 225

4,11-Methano-cycloocta[4,5]benzo[1,2-*d*]⇄ [1,2,3]triazol

−, 1-Phenyl-3a,4,4a,5,6,9,10,10a,11,11a- decahydro-1*H*- 164

4,11-Methano-cycloocta[5,6]benzo[1,2-*d*]⇄ [1,2,3]triazol

−, 1-Phenyl-3a,4,4a,5,6,7,8,9,10,10a,11,⇄ 11a-dodecahydro-1*H*- 92

4,11-Methano-cycloocta[*f*]benzotriazol

s. unter *4,11-Methano-cycloocta⇄ [4,5]benzo[1,2-*d*][1,2,3]triazol*

6,13-Methano-dipyrido[1,2-*a*;3′,2′-*e*]azocin

−, 1-Acetyl-13-[1-acetyl-[2]piperidyl]- tetradecahydro- 93

−, 1-Nitroso-13-[1-nitroso-[2]piperidyl]- tetradecahydro- 93

−, 13-[2]Piperidyl-tetradecahydro- 92

4,10-Methano-fluoreno[2,3-*d*][1,2,3]triazol

−, 1-Phenyl-1,3a,4,4a,9,9a,10,10a- octahydro- 225

−, 3-Phenyl-3,3a,4,4a,9,9a,10,10a- octahydro- 225

1,5-Methano-imidazo[1,5-*a*]imidazol-2,3-dion

−, 5,7,7a,8-Tetraphenyl-5,7a-dihydro- 632

4,8-Methano-indeno[5,6-*d*][1,2,3]triazol

−, 1-Cyclohexylmethyl-1,3a,4,4a,5,7a,8,⇄ 8a-octahydro- 162

−, 1-Cyclohexylmethyl-1,3a,4,4a,7,7a,8,⇄ 8a-octahydro- 162

−, 1,1′-Diphenyl-1,3a,4,4a,5,7a,8,8a,1′,⇄ 3′a,4′,4′a,5′,7′a,8′,8′a-hexadecahydro- 5,5′-oxy-bis- 344

−, 3,3′-Diphenyl-3,3a,4,4a,5,7a,8,8a,3′,⇄ 3′a,4′,4′a,5′,7′a,8′,8′a-hexadecahydro- 5,5′-oxy-bis- 344

−, 1-Phenyl-1,3a,4,4a,5,6,7,7a,8,8a- decahydro- 91

−, 1-Phenyl-1,3a,4,4,6,8,8a-hexahydro- 187

−, 1-Phenyl-1,3a,4,4a,5,7a,8,8a- octahydro- 162

−, 1-Phenyl-1,3a,4,4a,7,7a,8,8a- octahydro- 162

4,8-Methano-indeno[5,6-*d*][1,2,3]triazol- 5,9-dion

−, 1-Phenyl-3a,4,4a,7a,8,8a-hexahydro- 1*H*-,

− bis-[*O*-acetyl-oxim] 598

−, 3-Phenyl-3a,4,4a,7a,8,8a-hexahydro- 3*H*-,

− [*O*-acetyl-oxim] 598

Methanol

−, Äthoxy-[bis-methylmercapto- [1,3,5]triazin-2-yl]- 700

−, Äthoxy-[dimethoxy-[1,3,5]triazin- 2-yl]- 699

−, Benzotriazol-1-yl- 104

−, [1-Benzyl-1*H*-[1,2,3]triazol-4-yl]- 323

−, [1-Benzyl-1*H*-[1,2,4]triazol-3-yl]- 326

−, [2-Benzyl-2*H*-[1,2,4]triazol-3-yl]- 326

−, Bis-[4-dimethylamino-phenyl]- [4-naphtho[1,2-*d*][1,2,3]triazol-2-yl-phenyl]- 213

−, Bis-[4-naphtho[1,2-*d*][1,2,3]triazol-2-yl- phenyl]-phenyl- 214

−, [2-(4-Brom-phenyl)-2*H*-[1,2,3]triazol- 4-yl]- 323

−, [3-Chlormethyl-6-phenyl-4,5-dihydro- [1,2,4]triazin-5-yl]- 351

−, [4,6-Dimethoxy-[1,3,5]triazin-2-yl]- 403

−, [6,6-Dimethyl-1-phenyl-3a,4,5,6,7,7a- hexahydro-1*H*-4,7-methano-benzotriazol- 5-yl]- 336

−, [6,6-Dimethyl-3-phenyl-3a,4,5,6,7,7a- hexahydro-3*H*-4,7-methano-benzotriazol- 5-yl]- 336

−, [5,6-Dimethyl-[1,2,4]triazin-3-yl]- 334

−, [5,6-Dimethyl-[1,2,4]triazin-3-yl]- diphenyl- 367

Methanol (Fortsetzung)
–, [3,5-Dinitro-tetrahydro-[1,3,5]triazin-
1-yl]- 19
–, Di-[2]pyridyl-[4]pyridyl- 365
–, Di-[3]pyridyl-[4]pyridyl- 366
–, [5-Hydroxy-benzotriazol-1-yl]- 339
–, [5-Hydroxy-1*H*-benzotriazol-4-yl]-
380
–, [5-Hydroxymethoxy-2-phenyl-
2*H*-benzotriazol-4-yl]- 381
–, [5-Hydroxy-1-phenyl-1*H*-benzotriazol-
4-yl]- 381
–, [3-Methyl-6-phenyl-1,2-dihydro-
[1,2,4]triazin-5-yl]- 351
–, [3-Methyl-6-phenyl-4,5-dihydro-
[1,2,4]triazin-5-yl]- 351
–, [5-Methyl-6-phenyl-[1,2,4]triazin-3-yl]-
diphenyl- 372
–, [6-Methyl-5-phenyl-[1,2,4]triazin-3-yl]-
diphenyl- 372
–, [5-Methyl-4-phenyl-4*H*-[1,2,4]triazol-
3-yl]-diphenyl- 362
–, Naphtho[2,3-*d*][1,2,3]triazol-1-yl- 200
–, [5-Nitro-benzotriazol-1-yl]- 132
–, Phenyl-[2-phenyl-2*H*-[1,2,3]triazol-
4-yl]- 351
–, [1-Phenyl-1*H*-[1,2,3]triazol-4-yl]- 322
–, [2-Phenyl-2*H*-[1,2,3]triazol-4-yl]- 323
–, [3-Phenyl-3*H*-[1,2,3]triazol-4-yl]- 323
–, [1-Phenyl-1*H*-[1,2,3]triazol-4-yl]-
[1-phenyl-1*H*-[1,2,3]triazol-4-ylmethyl≉
enamino]- 431
–, [2]Piperidyl-[2-[3]pyridyl-[4]chinolyl]-
368
–, [2]Pyridyl-di-[4]pyridyl- 366
–, [3]Pyridyl-di-[4]pyridyl- 366
–, [1*H*-[1,2,4]Triazol-3-yl]- 326
–, Tri-[2]pyridyl- 365
–, Tri-[3]pyridyl- 366
–, Tri-[4]pyridyl- 367
–, Tris-[4-naphtho[1,2-*d*][1,2,3]triazol-
2-yl-phenyl]- 214
4,9-Methano-naphtho[2,3-*d*][1,2,3]triazol
–, 1-Phenyl-3a,4,4a,5,8,8a,9,9a-
octahydro-1*H*- 163
–, 1-Phenyl-3a,4,9,9a-tetrahydro-1*H*- 195
**4,9-Methano-naphtho[2,3-*d*][1,2,3]triazol-
5,8-dion**
–, 1-Benzyl-3a,4,4a,6,7,8a,9,9a-
octahydro-1*H*- 590
–, 1-Phenyl-3a,4,4a,6,7,8a,9,9a-
octahydro-1*H*- 590
Methindiium
–, Tris-[1-äthyl-[4]pyridyl]- 265
–, Tris-[1-methyl-[4]pyridyl]- 264
Methinium
–, [1-Äthyl-chinazolin-4-yl]-[1-äthyl-
[2]chinolyl]- 279

–, [1-Äthyl-chinazolin-4-yl]-[1-äthyl-
[4]chinolyl]- 279
–, [1-Äthyl-[2]chinolyl]-[3-äthyl-
2-methylmercapto-pyrimidin-4-yl]- 361
–, [1-Äthyl-[4]chinolyl]-[1,3-dimethyl-
1(3)*H*-benzimidazol-2-yl]- 272
–, [1-Äthyl-[2]chinolyl]-[3,6-dimethyl-
2-phenyl-pyrimidin-4-yl]- 287
–, [1-Äthyl-[2]pyridyl]-[1,3-dimethyl-
1(3)*H*-benzimidazol-2-yl]- 234
–, Bis-[1-äthyl-[2]chinolyl]-[1-äthyl-
1*H*-[2]chinolylidenmethyl]- 311
–, [1,2′-Dimethyl-[4,4′]bipyridyl-2-yl]-
[1-methyl-[2]chinolyl]- 287
–, [1,3-Dimethyl-4-oxo-1(3),4,5,6,7,8-
hexahydro-chinazolin-2-yl]-[6-methoxy-
1-methyl-[2]chinolyl]- 693
–, [4-Methoxy-2-(4-nitro-phenyl)-
phthalazin-1-yl]-[1,3,3-trimethyl-3*H*-indol-
2-yl]- 369
–, [1-Methyl-[2]chinolyl]-[3,3,7-trimethyl-
3*H*-pyrrolo[2,3-*b*]pyridin-2-yl]- 275
–, Tris-[3-methyl-indol-2-yl]- 308

N

Naphthacen-5,12-dion
–, 6-Benzotriazol-1-yl- 107
–, 6,11-Bis-benzotriazol-1-yl- 115
–, 6,11-Bis-[4,9-dioxo-4,9-dihydro-
naphtho[2,3-*d*][1,2,3]triazol-1-yl]- 607
–, 6,11-Bis-naphtho[1,2-*d*][1,2,3]triazol-
1-yl- 215
–, 6,11-Bis-naphtho[1,2-*d*][1,2,3]triazol-
3-yl- 215
–, 6-Naphtho[1,2-*d*][1,2,3]triazol-1-yl-
206
–, 6-Naphtho[1,2-*d*][1,2,3]triazol-3-yl-
206
Naphthalin-2-diazonium
–, 5-[Benzotriazol-1-sulfonyl]-1-hydroxy-,
– betain 117
Naphthalin-2,7-disulfonsäure
–, 4-Hydroxy-5-naphtho[1,2-*d*]≉
[1,2,3]triazol-2-yl- 211
Naphthalin-1-sulfonsäure
–, 4-[4-Acetyl-5-oxo-1-phenyl-
1,5-dihydro-[1,2,3]triazol-2-yl]-3-hydroxy-
560
Naphth[1′,2′:4,5]imidazo[2,1-*b*]chinazolin
–, 9,10,11,12-Tetrahydro- 273
Naphth[2′,3′:4,5]imidazo[2,1-*b*]chinazolin
–, 1,2,3,4-Tetrahydro- 273
Naphth[2′,3′:4,5]imidazo[2,1-*b*]chinazolin-14-ol
s. *Naphth[2′,3′:4,5]imidazo[2,1-
b]chinazolin-14-on, 5H-*

Naphth[2′,3′:4,5]imidazo[2,1-*b*]chinazolin-14-on
—, 1,3,4,5-Tetrahydro-2*H*- 525
Naphth[2,3-*d*]imidazol
—, 2-[2]Pyridyl-1*H*- 270
—, 2-[3]Pyridyl-1*H*- 270
Naphth[1′,2′:4,5]imidazo[1,2-*a*]pyrimidin
—, 5,6-Diacetoxy- 389
—, 10-Phenyl- 290
Naphth[2′,3′:4,5]imidazo[1,2-*a*]pyrimidin
—, 3-Acetyl-2-methyl- 524
—, 2,3-Dimethyl- 265
—, 2,4-Dimethyl- 265
—, 2,4-Diphenyl- 309
—, 2-Methyl- 262
—, 2-Methyl-4-phenyl- 294
—, 4-Methyl-2-phenyl- 294
—, 2-Phenyl- 290
Naphth[2′,3′:4,5]imidazo[1,2-*a*]pyrimidin-2,4-diol
  s. *Naphth[2′,3′:4,5]imidazo[1,2-a]pyrimidin-2,4-dion, 1*H-
Naphth[1′,2′:4,5]imidazo[1,2-*a*]pyrimidin-5,6-dion 622
Naphth[1′,2′:4,5]imidazo[1,2-*a*]pyrimidin-8,10-dion
—, 9,9-Diäthyl-11*H*- 619
Naphth[2′,1′:4,5]imidazo[1,2-*a*]pyrimidin-9,11-dion
—, 10,10-Diäthyl-8*H*- 619
Naphth[2′,3′:4,5]imidazo[1,2-*a*]pyrimidin-2,4-dion
—, 1*H*- 617
—, 3-Äthyl-1*H*- 619
—, 3-Phenyl-1*H*- 630
Naphth[1′,2′:4,5]imidazo[1,2-*a*]pyrimidin-8-ol
  s. *Naphth[1′,2′:4,5]imidazo[1,2-a]pyrimidin-8-on, 11*H-
Naphth[2′,1′:4,5]imidazo[1,2-*a*]pyrimidin-11-ol
  s. *Naphth[2′,1′:4,5]imidazo[1,2-a]pyrimidin-11-on, 8*H-
Naphth[2′,3′:4,5]imidazo[1,2-*a*]pyrimidin-4-ol
  s. *Naphth[2′,3′:4,5]imidazo[1,2-a]pyrimidin-4-on, 1*H-
Naphth[1′,2′:4,5]imidazo[1,2-*a*]pyrimidin-8-on
—, 10-Methyl-11*H*- 516
Naphth[2′,1′:4,5]imidazo[1,2-*a*]pyrimidin-11-on
—, 9-Methyl-8*H*- 516
Naphth[2′,3′:4,5]imidazo[1,2-*a*]pyrimidin-4-on
—, 2,3-Dimethyl-1*H*- 518
—, 2-Hydroxy-1*H*- s. *Naphth[2′,3′:4,5]imidazo[1,2-a]pyrimidin-2,4-dion, 1*H-
—, 2-Methyl-1*H*- 516
—, 2-[4-Nitro-phenyl]-1*H*- 534
—, 2-Phenyl-1*H*- 534
—, 3-Phenyl-1*H*- 534

Naphth[2′,3′:4,5]indolo[2,3-*b*]chinoxalin
—, 8*H*- 302
Naphtho[2,3-*g*]chinazolin-4,6,11-trion
—, 2-[1,2,3,3-Tetramethyl-indolin-5-yl]-2,3-dihydro-1*H*- 669
[2]Naphthoesäure
—, 3-Hydroxy-4-[6-methyl-1-oxy-benzotriazol-2-yl]- 147
  — anilid 147
[1]Naphthol
—, 2-[1,2,4]Triazolo[4,3-*a*]pyridin-3-yl-369
[2]Naphthol
—, 3-[5-Cyclohexyl-1*H*-[1,2,4]triazol-3-yl]-363
—, 3-[5-Isopropyl-1*H*-[1,2,4]triazol-3-yl]-358
—, 1-[1-Oxy-benzotriazol-2-yl]- 104
—, 3-[6,7,8,9-Tetrahydro-5*H*-[1,2,4]triazolo[4,3-*a*]azepin-3-yl]- 363
—, 1-[1,2,4]Triazolo[4,3-*a*]chinolin-1-yl- 372
—, 1-[4-[1,2,3]Triazol-2-yl-phenylazo]- 33
Naphtho[2,3-*d*]pyrido[2′,3′:3,4]pyrrolo[1,2-*a*]imidazol-5-on 531
Naphtho[1,2,3-*mn*]pyrimido[5,4-*c*]acridin-9-on
—, 11-Chlor-13-phenyl- 538
Naphtho[1,2-*d*][1,2,3]triazin
—, 3-Acetyl-3,4-dihydro- 221
Naphtho[1,2-*e*][1,2,4]triazin 227
—, 2-Chlor- 227
Naphtho[1,8-*de*][1,2,3]triazin
—, 1*H*- 218
—, 1-[2,4-Dinitro-phenyl]-1*H*- 218
—, 1-Phenyl-1*H*- 218
—, 4,6,9-Tribrom-1*H*- 219
Naphtho[2,1-*e*][1,2,4]triazin 227
Naphtho[2,3-*d*][1,2,3]triazin-4-ol
  s. *Naphtho[2,3-*d]*[1,2,3]triazin-4-on, 3*H-
Naphtho[2,3-*d*][1,2,3]triazin-4-on
—, 3*H*- 496
Naphtho[1,2-*d*][1,2,3]triazol
—, 1*H*- 201
—, 3-Äthyl-3*H*- 201
—, 1-Anilino-1*H*- 217
—, 2-Biphenyl-2-yl-2*H*- 205
—, 2-Biphenyl-4-yl-2*H*- 205
—, 2-[2-Brom-phenyl]-2*H*- 202
—, 2-[6]Chinolyl-2*H*- 216
—, 1-[2-Chlor-anilino]-2,3-dihydro-1*H*-193
—, 2-[2-Chlor-phenyl]-2*H*- 202
—, 2-[3-Chlor-phenyl]-2*H*- 202
—, 2-[4-Chlor-phenyl]-2*H*- 202
—, 2-[4-Chlor-phenyl]-7-methoxy-2*H*-356
—, 2-[4-Chlor-phenyl]-7-methoxy-6-nitro-2*H*- 356

Naphtho[1,2-d][1,2,3]triazol (Fortsetzung)
—, 2-[2-(2,4-Dimethyl-benzolsulfonyl)-stilben-4-yl]-2H- 206
—, 2-[2-Fluor-phenyl]-2H- 202
—, 2-[4-Fluor-phenyl]-2H- 202
—, 2-[2-Jod-phenyl]-2H- 202
—, 2-[4-Jod-phenyl]-2H- 203
—, 2-[2-Methansulfonyl-stilben-4-yl]-2H- 206
—, 2-[2'-Methansulfonyl-stilben-4-yl]-2H- 206
—, 2-[4'-Methansulfonyl-stilben-4-yl]-2H- 206
—, 2-[2-Methoxy-phenyl]-2H- 205
—, 2-[4-Methoxy-phenyl]-2H- 205
—, 1-Methyl-1H- 201
—, 2-Methyl-2H- 201
—, 3-Methyl-3H- 201
—, 2-[2-Methylmercapto-phenyl]-2H- 205
—, 4-Nitro-2-[4-nitro-phenyl]-2H- 217
—, 6-Nitro-2-[4-nitro-phenyl]-2H- 218
—, 7-Nitro-2-[4-nitro-phenyl]-2H- 218
—, 8-Nitro-2-[4-nitro-phenyl]-2H- 218
—, 2-[2-Nitro-phenyl]-2H- 203
—, 2-[4-Nitro-phenyl]-2H- 203
—, 2-Phenyl-2H- 202
—, 3-Phenyl-3H- 203
—, 3-[2]Pyridyl-3H- 216
—, 2-o-Tolyl-2H- 204
—, 2-p-Tolyl-2H- 204
—, 2-[2,4,5-Trimethyl-phenyl]-2H- 205

Naphtho[2,3-d][1,2,3]triazol
—, 1H- 199
—, 4-Acetoxy-1-phenyl-1H- 354
—, 1-Acetyl-1H- 200
—, 1-Acetyl-4,9-dihydro-1H- 193
—, 1-Acetyl-5,6,7,8-tetrahydro-1H- 185
—, 4-Brom-1H- 200
—, 1-Brommethyl-1H- 200
—, 1-Chloracetyl-1H- 200
—, 4,9-Diacetoxy-1-acetyl-1H- 388
—, 4,9-Dibrom-1H- 201
—, 4,9-Dichlor-1H- 200
—, 4,9-Dihydro-1H- 193
—, 1-Methyl-1H- 200
—, 1-Methyl-4,9-dihydro-1H- 193
—, 1-Methyl-5,6,7,8-tetrahydro-1H- 185
—, 5,6,7,8-Tetrahydro-1H- 185

Naphtho[2,3-d][1,2,3]triazol-4,9-dion
—, 1H- 606
—, 1-Acetyl-1H- 607
—, 1H,1'H-1,1'-[6,11-Dioxo-6,11-dihydro-naphthacen-5,12-diyl]-bis- 607
—, 1-[6,11-Dioxo-6,11-dihydro-naphthacen-5-yl]-1H- 606
—, 1-Methyl-1H- 606
—, 1-Phenyl-1H- 606

Naphtho[1,2-d][1,2,3]triazolium
—, 1-Äthyl-3-methyl- 202
—, 3-Äthyl-1-methyl- 202
—, 3-Äthyl-2-phenyl- 203
—, 3-Biphenyl-4-yl-2-phenyl- 205
—, 2-[2-Carboxy-phenyl]-3-phenyl- 207
—, 2-[4-Carboxy-phenyl]-3-phenyl- 207
—, 2-[4-Chlor-phenyl]-3-phenyl- 204
—, 3-[4-Chlor-phenyl]-2-phenyl- 204
—, 1,3-Dimethyl- 201
—, 2,3-Dimethyl- 201
—, 2,3-Diphenyl- 203
—, 3,3'-Diphenyl-2,2'-biphenyl-4,4'-diyl-bis- 214
—, 3,3'-Diphenyl-2,2'-[3,3'-dichlor-biphenyl-4,4'-diyl]-bis- 214
—, 2-[2-Hydroxy-phenyl]-3-phenyl- 205
—, 2-[4-Jod-phenyl]-3-phenyl- 204
—, 2-[2-Methoxy-phenyl]-3-phenyl- 205
—, 3-Methyl-2-phenyl- 203
—, 2-[4-Nitro-phenyl]-3-phenyl- 204
—, 3-Phenyl-2-[4-sulfo-phenyl]-,
  — betain 208
—, 2-Phenyl-3-p-tolyl- 204

Naphtho[1,2-d][1,2,3]triazol-3-ol
—, 5-Nitro- 217

Naphtho[1,2-d][1,2,3]triazol-4-ol
—, 8-Brom-2-[7-brom-3-hydroxy-[2]naphthyl]-2H- 355
—, 8-Brom-2-[3-hydroxy-[2]naphthyl]-2H- 355
—, 2-[3-Hydroxy-7-methoxy-[2]naphthyl]-8-methoxy-2H- 388
—, 2-[3-Hydroxy-[2]naphthyl]-2H- 355
—, 2-Phenyl-2H- 354

Naphtho[1,2-d][1,2,3]triazol-7-ol
—, 2-[4-Chlor-phenyl]-2H- 355
—, 2-[4-Methoxy-phenyl]-2H- 355
—, 2-[2]Naphthyl-2H- 355
—, 2-Phenyl-2H- 355
—, 2-p-Tolyl-2H- 355

Naphtho[1,2-d][1,2,3]triazol-8-ol
—, 2-[4-Chlor-phenyl]-2H- 355
—, 2-[4-Methoxy-phenyl]-2H- 355
—, 2-Phenyl-2H- 355

Naphtho[2,3-d][1,2,3]triazol-4-ol
—, 1-Phenyl-1H- 354

Naphtho[1,2-d][1,2,3]triazol-3-oxid
—, 5-Nitro-1H- 217
—, 5-Nitro-2-[4-nitro-phenyl]-2H- 217
—, 5-Nitro-2-phenyl-2H- 217

[1]Naphthylamin
—, 4-[4-Benzotriazol-2-yl-phenylazo]- 112
—, 4-[4-(1-Oxy-benzotriazol-2-yl)-phenylazo]- 113

[2]Naphthylamin
—, 1-[4-Benzotriazol-2-yl-phenylazo]-
112
—, 1-[4-Naphtho[1,2-*d*][1,2,3]triazol-2-yl-
phenylazo]- 213
—, 1-[4-(1-Oxy-benzotriazol-2-yl)-
phenylazo]- 113
Neocyanin 317
Nicotellin 261
Numismin 720

O

Ormosanin 93
Ormosin 165 Anm. 2
Ormosinin 165 Anm. 2
3-Oxa-glutaraldehyd
—, 2-[2-Phenyl-2*H*-[1,2,3]triazol-4-yl]-,
— 5-hydrat 680
Oxalamid
—, *N*-[1-Aminooxalyl-3,5-dioxo-
[1,2,4]triazolidin-4-yl]- 543
—, *N*-[1-Aminooxalyl-2-methyl-3,5-dioxo-
[1,2,4]triazolidin-4-yl]-*N*-methyl-
543
—, *N*,*N*'-Di-[1,2,4]triazol-4-yl- 40
Oxalamidsäure
—, *N*-[1-Hydroxyoxalyl-3,5-dioxo-
[1,2,4]triazolidin-4-yl]- 543
—, *N*-[1-Methoxyoxalyl-2-methyl-
3,5-dioxo-[1,2,4]triazolidin-4-yl]-*N*-methyl-,
— methylester 543
Oxid
—, Benzoyl-[*N*-(4,5-dimethyl-
[1,2,3]triazol-1-yl)-benzimidoyl]- 48
—, Benzoyl-[*N*-(4,5-diphenyl-
[1,2,3]triazol-1-yl)-benzimidoyl]- 244
—, Benzoyl-[*N*-(5-methyl-[1,2,3]triazol-
1-yl)-benzimidoyl]- 44

P

Palustridin 682
Palustrin 681
—, Dihydro- 679
—, [2,4-Dinitro-phenyl]- 682
—, Nitroso- 682
—, Phenylthiocarbamoyl- 682
Panamin 165;
Bezifferung s. 165 Anm. 1
—, 19-Methyl- 165

Penta-1,3-dien
—, 1-[1-Äthyl-chinolinium-2-yl]-3-
[1-äthyl-chinolinium-4-yl]-5-[1-äthyl-
1*H*-[2]chinolyliden]- 317
—, 1,3-Bis-[1-(2-acetoxy-äthyl)-
chinolinium-4-yl]-5-[1-(2-acetoxy-äthyl)-
1*H*-[4]chinolyliden]- 318
—, 1,3-Bis-[1-äthyl-6-brom-chinolinium-
2-yl]-5-[1-äthyl-6-brom-1*H*-[2]chinolyliden]-
316
—, 1,3-Bis-[1-äthyl-chinolinium-2-yl]-5-
[1-äthyl-1*H*-[2]chinolyliden]- 316
—, 1,3-Bis-[1-äthyl-chinolinium-4-yl]-5-
[1-äthyl-1*H*-[4]chinolyliden]- 317
—, 1,3-Bis-[1-äthyl-pyridinium-2-yl]-5-
[1-äthyl-1*H*-[2]pyridyliden]- 280
—, 1,3-Bis-[1-(2-benzyloxy-äthyl)-
chinolinium-4-yl]-5-[1-(2-benzyloxy-äthyl)-
1*H*-[4]chinolyliden]- 318
—, 1,3-Bis-[1-butyl-chinolinium-4-yl]-5-
[1-butyl-1*H*-[4]chinolyliden]- 318
—, 1,3-Bis-[1-isobutyl-chinolinium-4-yl]-
5-[1-isobutyl-1*H*-[4]chinolyliden]- 318
—, 1,3-Bis-[1-isopentyl-chinolinium-4-yl]-
5-[1-isopentyl-1*H*-[4]chinolyliden]- 318
—, 1,3-Bis-[1-isopropyl-chinolinium-4-yl]-
5-[1-isopropyl-1*H*-[4]chinolyliden]- 318
—, 1,3-Bis-[1-methyl-chinolinium-4-yl]-
5-[1-methyl-1*H*-[4]chinolyliden]- 317
—, 1,3-Bis-[1-methyl-pyridinium-2-yl]-
5-[1-methyl-1*H*-[2]pyridyliden]- 280
—, 1,3-Bis-[1-methyl-pyridinium-4-yl]-
5-[1-methyl-1*H*-[4]pyridyliden]- 281
—, 1,3-Bis-[1-pentyl-chinolinium-4-yl]-
5-[1-pentyl-1*H*-[4]chinolyliden]- 318
—, 1,3-Bis-[1-phenäthyl-chinolinium-4-yl]-
5-[1-phenäthyl-1*H*-[4]chinolyliden]- 318
—, 1,3-Bis-[1-propyl-chinolinium-4-yl]-
5-[1-propyl-1*H*-[4]chinolyliden]- 318
—, 5-[1,3,3-Trimethyl-indolin-2-yliden]-
1,3-bis-[1,3,3-trimethyl-3*H*-indolium-2-yl]-
310
[2.2.0]Pentamethindiium
—, 1,5-Bis-[1-äthyl-[2]chinolyl]-3-[1-äthyl-
[4]chinolyl]- 317
—, 1,3,5-Tris-[1-(2-acetoxy-äthyl)-
[4]chinolyl]- 318
—, 1,3,5-Tris-[1-äthyl-6-brom-[2]chinolyl]-
316
—, 1,3,5-Tris-[1-äthyl-[2]chinolyl]- 316
—, 1,3,5-Tris-[1-äthyl-[4]chinolyl]- 317
—, 1,3,5-Tris-[1-äthyl-[2]pyridyl]- 280
—, 1,3,5-Tris-[1-(2-benzyloxy-äthyl)-
[4]chinolyl]- 318
—, 1,3,5-Tris-[1-butyl-[4]chinolyl]- 318
—, 1,3,5-Tris-[1-isobutyl-[4]chinolyl]- 318
—, 1,3,5-Tris-[1-isopentyl-[4]chinolyl]-
318

[2.2.0]Pentamethindiium (Fortsetzung)
—, 1,3,5-Tris-[1-isopropyl-[4]chinolyl]-
318
—, 1,3,5-Tris-[1-methyl-[4]chinolyl]- 317
—, 1,3,5-Tris-[1-methyl-[2]pyridyl]- 280
—, 1,3,5-Tris-[1-methyl-[4]pyridyl]- 281
—, 1,3,5-Tris-[1-pentyl-[4]chinolyl]- 318
—, 1,3,5-Tris-[1-phenäthyl-[4]chinolyl]-
318
—, 1,3,5-Tris-[1-propyl-[4]chinolyl]- 318
—, 1,3,5-Tris-[1,3,3-trimethyl-3H-indol-
2-yl]- 310

Pentan
—, 1,5-Bis-[3,5-dinitro-tetrahydro-
[1,3,5]triazin-1-yl]- 21
—, 1,5-Bis-[2-methyl-benzotriazolium-
1-yl]- 114
—, 1,5-Bis-[3-methyl-benzotriazolium-
1-yl]- 114
—, 1,2,3,4,5-Pentaacetoxy-1-[2-phenyl-
2H-[1,2,3]triazol-4-yl]- 415
—, 1,2,3,4,5-Pentakis-benzoyloxy-1-
[2-phenyl-2H-[1,2,3]triazol-4-yl]- 415

Pentan-1,5-dion
—, 1,3,5-Tri-[3]pyridyl- 628

Pentan-2,4-dion
—, 3-[5-Oxo-2,5-dihydro-1H-[1,2,4]triazol-
3-yl]- 648
—, 3-[5-Oxo-1-phenyl-2,5-dihydro-
1H-[1,2,4]triazol-3-yl]- 648

Pentan-3-on
—, 1,5-Diphenyl-1,5-di-[1,2,3]triazol-1-yl-
33

Pentan-1,2,3,4,5-pentaol
—, 1-[2-Phenyl-2H-[1,2,3]triazol-4-yl]-
415

Perimidinium
—, 2-[3-(1-Äthyl-1H-[2]chinolyliden)-
propenyl]-1,3-dimethyl- 302

Phenaleno[1,2-d][1,2,3]triazol-7-on
—, 8-Phenyl-8H- 513

Phenanthren-9,10-dion
— mono-[2]pyridylhydrazon 371

Phenanthridin
—, 6,6′,6″-Propan-1,2,3-triyl-tri- 320

**Phenanthro[9,10-e]pyrido[2,1-c][1,2,4]triazin-
15a-ol** 371

Phenanthro[9,10-e][1,2,4]triazin
—, 3-Chlor- 269
—, 3-Phenoxy- 368

Phenanthro[9,10-e][1,2,4]triazin-3-ol
s. *Phenanthro[9,10-*e*][1,2,4]triazin-3-on,
2H-*

Phenanthro[9,10-e][1,2,4]triazin-3-on
—, 2H- 520
—, 6,11-Dibrom-2H- 520
—, 8-Nitro-2H- 520
—, 9-Nitro-2H- 520
—, 4a-Phenyl-4,4a-dihydro-2H- 534

Phenanthro[9,10-e][1,2,4]triazin-3-thiol
s. *Phenanthro[9,10-*e*][1,2,4]triazin-
3-thion,* 2H-

Phenanthro[9,10-e][1,2,4]triazin-3-thion
—, 2H- 520
—, 6,11-Dinitro-2H- 521
—, 6-Nitro-2H- 521
—, 8-Nitro-2H- 521
—, 9-Nitro-2H- 521
—, 11-Nitro-2H- 521

Phenanthro[9,10-d][1,2,3]triazol
—, 1H- 255
—, 1-Methyl-1H- 255

1-(1,4)Phena-5-(4,5)[1,2,3]triazola-cyclononan
—, [5]1H- 198

Phenol
—, 4-Amino-2-benzotriazol-2-yl- 112
—, 4-Amino-3-benzotriazol-2-yl- 112
—, 2-Brom-6-imidazo[1,2-a]pyrimidin-
2-yl-4-methyl- 357
—, 2-[4,6-Dichlor-[1,3,5]triazin-2-yl]- 352
—, 4-[5,6-Diphenyl-[1,2,4]triazin-3-yl]-
372
—, 2-[5-(4-Methoxy-phenyl)-
1H-[1,2,4]triazol-3-yl]- 389
—, 4-[5-Methyl-benzotriazol-2-yl]- 147
—, 4-[5-Methyl-1-oxy-benzotriazol-2-yl]-
147
—, 4-[6-Methyl-1-oxy-benzotriazol-2-yl]-
147
—, 3-[3-Methyl-5-[3]pyridyl-pyrazol-1-yl]-
180
—, 3-[3-Methyl-5-[4]pyridyl-pyrazol-1-yl]-
183
—, 2-[5-Phenyl-1H-[1,2,4]triazol-3-yl]-
361
—, 4-[3-[2]Pyridyl-cinnolin-4-yl]- 371
—, 2-[6,7,8,9-Tetrahydro-5H-
[1,2,4]triazolo[4,3-a]azepin-3-yl]- 354
—, 2,2′,2″-[1,3,5]Triazin-2,4,6-triyl-tri-
405
—, 4-[1,2,4]Triazin-5-yl- 352
—, 2-[1,2,4]Triazolo[4,3-a]chinolin-1-yl-
369

m-Phenylendiamin
—, 4-Benzotriazol-1-yl- 111
—, 4-[4-Benzotriazol-2-yl-phenylazo]-
112
—, 4-[4-(1-Oxy-benzotriazol-2-yl)-
phenylazo]- 113

p-Phenylendiamin
—, N'-[5,6-Dimethyl-benzotriazol-
1-ylmethyl]-N,N-dimethyl- 156

Phthalamidsäure
—, N-[3,5-Dimethyl-[1,2,4]triazol-4-yl]- 52

Phthalazinium
—, 2-[2,6-Dichlor-4-nitro-phenyl]-
4-methoxy-1-[3-(1,3,3-trimethyl-indolin-
2-yliden)-propenyl]- 370

Phthalazinium (Fortsetzung)
 –, 4-Methoxy-2-[4-nitro-phenyl]-1-
 [1,3,3-trimethyl-indolin-2-ylidenmethyl]-
 369
 –, 4-Methoxy-2-[4-nitro-phenyl]-1-
 [3-(1,3,3-trimethyl-indolin-2-yliden)-
 propenyl]- 370
Phthalazino[2,1-*a*][1,5]benzodiazepin
 s. *Benzo[2,3][1,4]diazepino[7,1-
 a]phthalazin*
Phthalazino[1,2-*b*]chinazolin-8-on
 –, 5-[2,4-Dimethoxy-phenyl]- 716
 –, 5-[4-Methoxy-phenyl]- 696
 –, 5-Methyl- 522
Phthalazin-1-on
 –, 4-[2]Chinolyl-2*H*- 527
Phthalimid
 –, *N*-[2-[1,2,4]Triazol-1-yl-äthyl]- 39
 –, *N*-[1,2,4]Triazol-1-ylmethyl- 36
 –, *N*-[3-[1,2,4]Triazol-1-yl-propyl]- 39
Piperazin-2,5-dion
 –, 3-[4-Brom-5,7-diisopentyl-2-
 tert-pentyl-indol-3-ylmethyl]-6-methyl-
 605
 –, 3-[4-Brom-2-(1,1-dimethyl-allyl)-
 5,7-bis-(3-methyl-but-2-enyl)-indol-
 3-ylmethyl]-6-methyl- 621
 –, 3-[4,6-Dibrom-5,7-diisopentyl-2-
 tert-pentyl-indol-3-ylmethyl]-6-methyl-
 605
 –, 3-[5,7-Diisopentyl-6-nitro-2-
 tert-pentyl-indol-3-ylmethyl]-6-methyl-
 606
 –, 3-[5,7-Diisopentyl-2-*tert*-pentyl-indol-
 3-ylmethyl]-6-methyl- 605
 –, 3-[2-(1,1-Dimethyl-allyl)-5,7-bis-
 (3-methyl-but-2-enyl)-indol-3-ylmethyl]-
 6-methyl- 620
 –, 3-[2-(1,1-Dimethyl-allyl)-5,7-bis-
 (3-methyl-but-2-enyl)-6-nitro-indol-
 3-ylmethyl]-6-methyl- 621
 –, 3-Indol-3-ylmethyl-6-isobutyl- 605
 –, 3-Indol-3-ylmethyl-6-methyl- 604
Piperidin
 –, 1-Benzyl-4-[4,5-dihydro-1*H*-imidazol-
 2-yl]-4-phenyl- 190
 –, 2,6-Bis-[2-oxo-indolin-3-yliden]- 630
 –, 3-[4,9-Dihydro-3*H*-β-carbolin-1-yl]-
 1-[toluol-4-sulfonyl]- 226
 –, 4-[4,5-Dihydro-1*H*-imidazol-2-yl]-
 1-methyl-4-phenyl- 190
 –, 3-[1(3)*H*-Imidazol-4-yl]- 79
 –, 1-[4-Naphtho[1,2-*d*][1,2,3]triazol-2-yl-
 stilben-2-sulfonyl]- 209
Piperidin-4-on
 –, 3,5-Bis-[2]chinolylmethylen-1-methyl-
 536
 –, 3,5-Bis-[4]chinolylmethylen-1-methyl-
 537

Piptamin 93
Piptanthin 92
Prodigiosin 358
Propan
 –, 2-Acetoxy-2-[1-phenyl-1*H*-
 [1,2,3]triazol-4-yl]- 328
 –, 1,3-Bis-benzotriazol-1-yl- 114
 –, 1,3-Bis-[3-methyl-benzotriazolium-
 1-yl]- 114
 –, 1-[4,5-Dihydro-1*H*-imidazol-2-yl]-
 3-phenyl-2-[2]pyridyl- 239
 –, 1,2,3-Triacetoxy-1-[2-(4-brom-phenyl)-
 2*H*-[1,2,3]triazol-4-yl]- 393
 –, 1,2,3-Triacetoxy-1-[2-phenyl-
 2*H*-[1,2,3]triazol-4-yl]- 392
 –, 1,2,3-Triacetoxy-1-[2-*p*-tolyl-
 2*H*-[1,2,3]triazol-4-yl]- 394
 –, 1,2,3-Tri-phenanthridin-6-yl- 320
 –, 1,2,3-Tri-[4]pyridyl- 267
 –, 1,1,3-Tris-[5-acetyl-2,4-dimethyl-
 pyrrol-3-yl]- 666
 –, 1,2,3-Tris-benzoyloxy-1-[2-(4-brom-
 phenyl)-2*H*-[1,2,3]triazol-4-yl]- 393
 –, 1,2,3-Tris-benzoyloxy-1-[2-phenyl-
 2*H*-[1,2,3]triazol-4-yl]- 392
 –, 1,2,3-Tris-benzoyloxy-1-[2-*p*-tolyl-
 [1,2,3]triazol-4-yl]- 394
Propan-1,2-diol
 –, 3-Glucopyranosyloxy-3-[2-phenyl-
 2*H*-[1,2,3]triazol-4-yl]- 393
Propan-1,2-dion
 –, 1-[5-Methyl-2-phenyl-2*H*-[1,2,3]triazol-
 4-yl]- 567
 – 1-[*O*-benzoyl-oxim] 567
 – bis-[*O*-benzoyl-oxim] 568
 – dioxim 567
 – 1-oxim 567
Propan-1,3-dion
 –, 1-Phenyl-3-[1-phenyl-1*H*-[1,2,3]triazol-
 4-yl]- 601
Propan-1-ol
 –, 1,3-Bis-benzotriazol-1-yl-3-phenyl-
 115
 –, 1-[2-Phenyl-2*H*-[1,2,3]triazol-4-yl]-
 327
 –, 1-[1,2,3,4,5,6,7,8,9,10,11,13,16,16a-
 Tetradecahydro-pyrido[2,1-*d*]≠
 [1,5,9]triazacyclotridecin-13-yl]- 329
Propan-2-ol
 –, 2-[1-(3-Amino-phenyl)-1*H*-
 [1,2,3]triazol-4-yl]- 328
 –, 2-[1-(4-Amino-phenyl)-1*H*-
 [1,2,3]triazol-4-yl]- 328
 –, 2-[1-Benzyl-5-brom-1*H*-[1,2,3]triazol-
 4-yl]- 329
 –, 2-[3-Benzyl-5-brom-3*H*-[1,2,3]triazol-
 4-yl]- 329
 –, 2-[1-Benzyl-1*H*-[1,2,3]triazol-4-yl]-
 328

Propan-2-ol (Fortsetzung)
—, 2-[5-Brom-1-phenyl-1H-[1,2,3]triazol-4-yl]- 328
—, 1-[2-Chlor-phenoxy]-3-[2,3,5,6-tetrahydro-imidazo[1,2-a]imidazol-1-yl]- 55
—, 1-[4-Chlor-phenoxy]-3-[2,3,5,6-tetrahydro-imidazo[1,2-a]imidazol-1-yl]- 55
—, 1-[2,4-Dichlor-phenoxy]-3-[2,3,5,6-tetrahydro-imidazo[1,2-a]imidazol-1-yl]- 56
—, 2-[5,6-Dimethyl-[1,2,4]triazin-3-yl]- 335
—, 2-{1-[4-(2-Hydroxy-[1]naphthylazo)-phenyl]-[1,2,3]triazol-4-yl}- 328
—, 2-[1-(4-Methoxy-benzyl)-1H-[1,2,3]triazol-4-yl]- 328
—, 2-[1-(3-Nitro-phenyl)-1H-[1,2,3]triazol-4-yl]- 328
—, 2-[1-(4-Nitro-phenyl)-1H-[1,2,3]triazol-4-yl]- 328
—, 2-[1-Phenyl-1H-[1,2,3]triazol-4-yl]- 327
—, 1-[2,3,5,6-Tetrahydro-imidazo[1,2-a]imidazol-1-yl]-3-m-tolyloxy- 56
—, 1,2,3-Tri-[2]pyridyl- 367

Propan-1-on
—, 3-Benzotriazol-1-yl-1,3-diphenyl- 106
—, 3-[4,7-Dichlor-benzotriazol-2-yl]-1,3-diphenyl- 123
—, 1,3-Diphenyl-3-[tetrabrom-benzotriazol-2-yl]- 127
—, 1,3-Diphenyl-3-[tetrachlor-benzotriazol-2-yl]- 124
—, 1,3-Diphenyl-3-[1,2,3]triazol-1-yl- 31
—, 1,3-Diphenyl-3-[1,2,4]triazol-1-yl- 37
—, 1,3-Diphenyl-3-[4,5,7-trichlor-6-methyl-benzotriazol-2-yl]- 148

Propan-2-on s. *Aceton*

Propan-2-sulfonat
—, 1-[5-Methyl-3-phenyl-[1,2,3]triazolium-1-yl]- 43

Propan-1,2,3-triol
—, 1-[2-(4-Brom-phenyl)-2H-[1,2,3]triazol-4-yl]- 393
—, 1-[2-Phenyl-2H-[1,2,3]triazol-4-yl]- 391
—, 1-[2-p-Tolyl-2H-[1,2,3]triazol-4-yl]- 393

Propen
—, 1-[1-Äthyl-pyridinium-2-yl]-2-[1-äthyl-pyridinium-2-ylmethyl]-3-[1-äthyl-1H-[2]pyridyliden]- 274
—, 3,3-Bis-[5-acetyl-2,4-dimethyl-pyrrol-3-yl]- 666

—, 1,3-Bis-[1-äthyl-chinolinium-2-yl]-2-[1-äthyl-chinolinium-2-ylmethyl]- 314
—, 1,3-Bis-[1-äthyl-chinolinium-4-yl]-2-[1-äthyl-chinolinium-4-ylmethyl]- 314
—, 1,2-Bis-[1-äthyl-chinolinium-2-yl]-3-[1-äthyl-1H-[2]chinolyliden]- 313
—, 1,2-Bis-[1-äthyl-chinolinium-4-yl]-3-[1-äthyl-1H-[4]chinolyliden]- 313
—, 1,3-Bis-[1-äthyl-chinolinium-2-yl]-2-[1-äthyl-1H-[2]chinolylidenmethyl]- 314
—, 1,3-Bis-[1-äthyl-chinolinium-4-yl]-2-[1-äthyl-1H-[4]chinolylidenmethyl]- 314
—, 1,3-Bis-[10-methyl-acridinium-9-yl]-2-[10-methyl-10H-acridin-9-ylidenmethyl]- 320
—, 1-[1-Methyl-pyridinium-2-yl]-2-[1-methyl-pyridinium-2-ylmethyl]-3-[1-methyl-1H-[2]pyridyliden]- 274

Propenon
—, 1-[3,5-Dimethyl-1-phenyl-1,4-dihydro-pyrrolo[3,2-c]pyrazol-6-yl]-3-phenyl- 512
—, 1-Phenyl-3-[2-phenyl-2H-[1,2,3]triazol-4-yl]- 491

Propionaldehydammoniak 26

Propionamid
—, N-[3-Phenyl-5-thioxo-1,5-dihydro-[1,2,4]triazol-4-yl]- 472

Propionitril
—, 3-Benzotriazol-1-yl- 108
—, 3-[3-(2,5-Dioxo-imidazolidin-4-yliden)-2-oxo-indolin-1-yl]- 660
—, 3-Indolo[2,3-b]chinoxalin-6-yl- 256
—, 3-[Tetrachlor-benzotriazol-2-yl]- 125
—, 3,3'-[1,2,4]Triazol-4-ylimino-di- 41
—, 3-[4,5,7-Trichlor-6-methyl-benzotriazol-2-yl]- 149

Propionsäure
—, 3-Benzotriazol-1-yl- 108
— amid 108
—, 2-[3-Butyl-2-imino-imidazolidin-1-yl]-3-[4-hydroxy-phenyl]- 691
—, 2-[4,6-Dichlor-[1,3,5]triazin-2-yloxy]-, — methylester 331
—, 3-{3,3-Dimethyl-2-[2-(3-methyl-5-oxo-1-phenyl-1,5-dihydro-pyrazol-4-yliden)-äthyliden]-indolin-1-yl}- 505
—, 3-[3,5-Dithioxo-[1,2,4]triazolidin-4-yl]-, — methylester 548
—, 3-[Tetrachlor-benzotriazol-2-yl]- 124
— amid 125
—, 3-[1,2,3]Triazol-1-yl- 32
—, 3-[1,2,4]Triazol-1-yl- 38
—, 3-[4,5,7-Trichlor-6-methyl-benzotriazol-2-yl]-, — amid 149

Propylamin
—, 3-[1,2,4]Triazol-1-yl- 39
Pseudoschwefelcyan 699
Pyrazin-2,3-dicarbonsäure
— imid 577
Pyrazino[1,2-a]benzimidazol
s. *Benz[4,5]imidazo[1,2-a]pyrazin*
Pyrazol
—, 1-Benzoyl-3-nitro-5-[3]pyridyl-1*H*-
175
—, 3-[3,5-Dimethyl-pyrrol-2-yl]-5-methyl-
1(2)*H*- 161
—, 5-[3,5-Dimethyl-pyrrol-2-yl]-3-methyl-
1-phenyl-1*H*- 161
—, 1,5-Diphenyl-3-[3]pyridyl-4,5-dihydro-
1*H*- 235
—, 3-Methyl-1-phenyl-5-pyrrol-2-yl-1*H*-
158
—, 3-Methyl-5-pyrrol-2-yl-1(2)*H*- 157
—, 3-[3]Pyridyl-1(2)*H*- 174
—, 3-[4]Pyridyl-1(2)*H*- 175
Pyrazol-3,4-dicarbonsäure
—, 4,5-Dihydro-3*H*-,
— imid 566
Pyrazol-3,4-dion
—, 2-Phenyl-5-[3]pyridyl-2*H*-,
— 4-oxim 592
—, 5-[3]Pyridyl-2*H*-,
— 4-oxim 592
Pyrazolidin-3,5-dion
—, 4-[2-(1-Äthyl-1*H*-[2]chinolyliden)-
äthyliden]-1,2-diphenyl- 615
—, 4-[2-(1,6-Dimethyl-1*H*-[2]pyridyliden)-
äthyliden]-1,2-diphenyl- 599
—, 4-[2-(1,6-Dimethyl-1*H*-[2]pyridyliden)-
äthyliden]-1,2-di-*p*-tolyl- 599
—, 1,2-Diphenyl-4-[2-phenyl-chinolin-
4-carbonyl]- 668
—, 1,2-Diphenyl-4-[pyridin-3-carbonyl]-
653
—, 1,2-Diphenyl-4-[pyridin-4-carbonyl]-
653
—, 1,2-Diphenyl-4-[4]pyridyl- 580
—, 1,2-Diphenyl-4-[2-[4]pyridyl-äthyl]-
587
—, 1,2-Diphenyl-4-[2]pyridylmethyl- 584
—, 1,2-Diphenyl-4-[4]pyridylmethyl- 584
—, 4-[2-(1-Methyl-1*H*-[2]chinolyliden)-
äthyliden]-1,2-di-*p*-tolyl- 616
—, 4-[2-(1-Methyl-1*H*-[2]pyridyliden)-
äthyliden]-1,2-diphenyl- 598
—, 4-[2-(1-Methyl-1*H*-[2]pyridyliden)-
äthyliden]-1,2-di-*p*-tolyl- 598
—, 4-[Pyridin-3-carbonyl]-1,2-di-*p*-tolyl-
653
Pyrazolo[1,5-a]chinazolin 219
Pyrazolo[1,5-c]chinazolin
—, 2,5-Dimethyl- 223

—, 2-Methyl- 221
Pyrazolo[3,4-b]chinolin
—, 6,7-Dimethoxy-3-methyl-1-phenyl-
1*H*- 388
—, 4-Imino-4,9-dihydro-1*H*- s. *Pyrazolo=
[3,4-b]chinolin-4-ylamin, 1(2)*H-
(Syst.-Nr. 3958)
Pyrazolo[3,4-c]chinolin
—, 3(2)*H*- 220
—, 8-Chlor-3(2)*H*- 220
Pyrazolo[3,4-f]chinolin
—, 1(2)*H*- 219
Pyrazolo[3,4-b]chinolin-4-ol
—, 1*H*- s. *Pyrazolo[3,4-b]chinolin-4-on,
1,9-Dihydro-*
Pyrazolo[3,4-b]chinolin-9-ol
—, 3-Methyl-1-phenyl-1,3a,4,9a-
tetrahydro- 188
Pyrazolo[3,4-b]chinolin-4-on
—, 3,6-Dimethyl-1-phenyl-1,9-dihydro-
495
—, 3,6-Dimethyl-2-phenyl-2,9-dihydro-
495
—, 3-Methyl-1-phenyl-1,9-dihydro- 493
—, 3-Methyl-2-phenyl-2,9-dihydro- 493
Pyrazolo[4,3-b]chinolin-9-on
—, 4-Methyl-1,4-dihydro- 489
Pyrazolo[4,3-c]chinolin-4-on
—, 3-Methyl-1-phenyl-1,5-dihydro- 493
Pyrazolo[4,3-c]isochinolin-3-on
—, 4-Methyl-2-phenyl-1,2,4,5-tetrahydro- 486
—, 4-Methyl-1,2,4,5-tetrahydro- 485
Pyrazol-3-on
—, 4-[2-(1-Äthyl-1*H*-[2]chinolyliden)-
äthyliden]-5-methyl-2-phenyl-2,4-dihydro-
510
—, 4-[2-(1-Äthyl-1*H*-[4]chinolyliden)-
äthyliden]-5-methyl-2-phenyl-2,4-dihydro-
511
—, 4-[2-(1-Äthyl-1*H*-[2]chinolyliden)-
1-methyl-äthyliden]-5-methyl-2-phenyl-
2,4-dihydro- 511
—, 4-Äthyl-2-[1-methyl-[4]piperidyl]-
5-[4]pyridyl-1,2-dihydro- 481
—, 4-[1-Äthyl-1*H*-[2]pyridyliden]-
5-methyl-2-phenyl-2,4-dihydro- 478
—, 5-[5-Äthyl-[3]pyridyl]-2-phenyl-
1,2-dihydro- 481
—, 4-[1-Benzhydryl-1*H*-[4]pyridyliden]-
5-methyl-2-phenyl-2,4-dihydro- 479
—, 4-[1*H*-Benz[*cd*]indol-2-yliden]-
5-methyl-2-*p*-tolyl-2,4-dihydro- 517
—, 4-[2]Chinolyl-5-methyl-2-phenyl-
1,2-dihydro- 501
—, 4-[1-(2,4-Dichlor-benzyl)-1*H*-[4]chinolin=
yliden]-5-methyl-2-phenyl-2,4-dihydro-
502

Pyrazol-3-on (Fortsetzung)
—, 4-[1-(2,6-Dichlor-benzyl)-
　　1H-[4]pyridyliden]-5-methyl-2-phenyl-
　　2,4-dihydro- 478
—, 4-[2-(3,3-Dimethyl-1-phenyl-indolin-
　　2-yliden)-äthyliden]-5-methyl-2-phenyl-
　　2,4-dihydro- 504
—, 4-[2-(3,3-Dimethyl-1-phenyl-indolin-
　　2-yliden)-äthyliden]-2-phenyl-2,4-dihydro-
　　504
—, 1,5-Dimethyl-2-phenyl-4-[2-phenyl-
　　chinolin-4-carbonyl]-1,2-dihydro- 629
—, 5-[2,5-Dimethyl-pyrrol-3-yl]-2-phenyl-
　　1,2-dihydro- 453
—, 5-[3,5-Dimethyl-pyrrol-2-yl]-
　　2-phenyl-1,2-dihydro- 453
—, 1,5,1′,5′,1″,5″-Hexamethyl-2,2′,2″-
　　triphenyl-1,2,1′,2′,1″,2″-hexahydro-
　　4,4′,4‴-[1,3,5]triazin-1,3,5-triyl-tris- 16
—, 4-Indol-2-yl-5-methyl-2-phenyl-
　　1,2-dihydro- 494
—, 5-Indol-3-yl-2-[1-methyl-[4]piperidyl]-
　　1,2-dihydro- 492
—, 4-[6-Methoxy-chinolin-4-carbonyl]-
　　1,5-dimethyl-2-phenyl-1,2-dihydro- 712
—, 4-[2-Methyl-1H-[4]chinolyliden]-
　　2,5-diphenyl-2,4-dihydro- 529
—, 4-[2-(1-Methyl-1H-[2]chinolyliden)-
　　1-phenyl-äthyliden]-2-phenyl-2,4-dihydro-
　　532
—, 5-[2-Methyl-indol-3-yl]-2-phenyl-
　　1,2-dihydro- 494
—, 5-Methyl-4-[1-methyl-1H-benz≠
　　[cd]indol-2-yliden]-2-p-tolyl-2,4-dihydro-
　　517
—, 5-Methyl-4-[2-(1-methyl-
　　1H-[2]chinolyliden)-äthyliden]-2-phenyl-
　　2,4-dihydro- 510
—, 5-Methyl-4-[2-(1-methyl-
　　1H-[4]chinolyliden)-äthyliden]-2-phenyl-
　　2,4-dihydro- 511
—, 5-Methyl-4-[2-(1-methyl-
　　1H-[2]chinolyliden)-1-phenyl-äthyliden]-
　　2-phenyl-2,4-dihydro- 533
—, 5-Methyl-4-[2-methyl-1H-
　　[4]chinolyliden]-2-phenyl-2,4-dihydro-
　　502
—, 5-Methyl-4-[2-methyl-1H-
　　[4]chinolyliden]-2-p-tolyl-2,4-dihydro- 503
—, 5-Methyl-4-[2-methyl-[4]chinolyl]-
　　2-phenyl-1,2-dihydro- 502
—, 5-Methyl-4-[2-methyl-[4]chinolyl]-2-
　　p-tolyl-1,2-dihydro- 503
—, 5-Methyl-4-[1-methyl-6-(1-methyl-
　　1H-[2]chinolyliden)-hexa-2,4-dienyliden]-
　　2-phenyl-2,4-dihydro- 525
—, 5-Methyl-4-[10-methyl-9-phenyl-
　　9,10-dihydro-acridin-9-yl]-2-phenyl-
　　1,2-dihydro- 535

—, 5-Methyl-4-[1-methyl-2-
　　(1,3,3-trimethyl-indolin-2-yliden)-
　　äthyliden]-2-phenyl-2,4-dihydro- 505
—, 5-Methyl-2-[2]naphthyl-4-[2-
　　(1,3,3-trimethyl-indolin-2-yliden)-
　　äthyliden]-2,4-dihydro- 505
—, 5-Methyl-4-[1-(4-nitro-phenyl)-pyrrol-
　　2-ylmethylen]-2-phenyl-2,4-dihydro- 479
—, 5-Methyl-2-phenyl-4-[1-phenyl-
　　4-(1,3,3-trimethyl-indolin-2-yliden)-but-
　　2-enyliden]-2,4-dihydro- 533
—, 5-Methyl-2-phenyl-4-pyrrol-
　　2-ylmethylen-2,4-dihydro- 479
—, 5-Methyl-2-phenyl-4-[1-styryl-
　　1H-[4]pyridyliden]-2,4-dihydro- 479
—, 5-Methyl-2-phenyl-4-[2-
　　(1,3,3-trimethyl-indolin-2-yliden)-
　　äthyliden]-2,4-dihydro- 504
—, 5-Methyl-2-phenyl-4-[1-
　　(1,3,3-trimethyl-indolin-2-ylidenmethyl)-
　　propyliden]-2,4-dihydro- 505
—, 2-[1-Methyl-[4]piperidyl]-5-[3]pyridyl-
　　1,2-dihydro- 475
—, 2-[1-Methyl-[4]piperidyl]-5-[4]pyridyl-
　　1,2-dihydro- 475
—, 5-Methyl-4-[2-(1,3,3-trimethyl-indolin-
　　2-yliden)-äthyliden]-2,4-dihydro- 504
—, 2-[4-Nitro-phenyl]-5-[2]pyridyl-
　　1,2-dihydro- 474
—, 2-Phenyl-5-[3]pyridyl-1,2-dihydro-
　　474
—, 2-Phenyl-5-[4]pyridyl-1,2-dihydro-
　　475
—, 2-Phenyl-4-[2-(1,3,3-trimethyl-indolin-
　　2-yliden)-äthyliden]-2,4-dihydro- 504
—, 5-[2]Pyridyl-1,2-dihydro- 474
—, 5-[3]Pyridyl-1,2-dihydro- 474
—, 5-[4]Pyridyl-1,2-dihydro- 475
Pyrazolo[3,4-b]pyridin
—, 4,6-Dimethyl-1,3-diphenyl-1H- 236
—, 3,4-Dimethyl-1-phenyl-1H- 158
Pyrazolo[3,4-c]pyridin
—, 5-Methyl-3H- 151
—, 7-Methyl-3H- 151
Pyrazolo[4,3-b]pyridin
—, 3-Methyl-1-phenyl-1H- 151
—, 1-Phenyl-1H- 139
Pyrazolo[4,3-c]pyridin
—, 5-Acetyl-1-[2,4-dinitro-phenyl]-
　　4,7-dimethyl-4,5,6,7-tetrahydro-1H- 79
—, 5,7-Dimethyl-3-p-tolyl-
　　4,5,6,7-tetrahydro-1(2)H- 197
Pyrazolo[3,4-b]pyridin-3,4-diol
—, 1H- s. Pyrazolo[3,4-b]pyridin-
　　3,4-dion, 1,2-Dihydro-7H-
Pyrazolo[3,4-b]pyridin-3,6-diol
—, 1H- s. Pyrazolo[3,4-b]pyridin-
　　3,6-dion, 1,2-Dihydro-7H-

Pyrazolo[3,4-*b*]pyridin-3,4-dion
—, 1,6-Diphenyl-1,2-dihydro-7*H*- 609
—, 6-Methyl-1,2-dihydro-7*H*- 570
—, 6-Methyl-2-phenyl-1,2-dihydro-7*H*-
571
—, 6-Phenyl-1,2-dihydro-7*H*- 609
Pyrazolo[3,4-*b*]pyridin-3,6-dion
—, 2-[4-Chlor-phenyl]-4-hydroxy-
1,2-dihydro-7*H*- 701
—, 2-[3,4-Dichlor-phenyl]-4-hydroxy-
1,2-dihydro-7*H*- 701
—, 4-Hydroxy-2-[4-methoxy-phenyl]-
1,2-dihydro-7*H*- 701
—, 4-Hydroxy-2-phenyl-1,2-dihydro-7*H*-
701
—, 4-Hydroxy-2-*p*-tolyl-1,2-dihydro-7*H*-
701
—, 4-Methyl-1,2-dihydro-7*H*- 571
Pyrazolo[3,4-*b*]pyridin-4,6-dion
—, 5,5-Diäthyl-3-methyl-1-phenyl-
1,7-dihydro- 576
Pyrazolo[4,3-*c*]pyridinium
—, 1-Äthyl-1,7-dimethyl-3-oxo-2-phenyl-
2,3-dihydro-1*H*- 448
—, 1,1,7-Trimethyl-3-oxo-2-phenyl-
2,3-dihydro-1*H*- 448
Pyrazolo[3,4-*b*]pyridin-3-ol
—, 1*H*- s. *Pyrazolo[3,4-*b*]pyridin-3-on,
1,2-Dihydro-*
Pyrazolo[3,4-*b*]pyridin-4-ol
s. unter *Pyrazolo[3,4-*b*]pyridin-4-on*
Pyrazolo[3,4-*b*]pyridin-6-ol
s. unter *Pyrazolo[3,4-*b*]pyridin-6-on*
Pyrazolo[3,4-*b*]pyridin-3-on
—, 5-Acetyl-4-methyl-1,2-dihydro- 586
—, 4,6-Dimethyl-1,2-dihydro- 451
—, 4,6-Dimethyl-1-phenyl-1,2-dihydro-
452
—, 4,6-Dimethyl-2-phenyl-1,2-dihydro-
452
—, 5-[1-(2,4-Dinitro-phenylhydrazono)-
äthyl]-4-methyl-1,2-dihydro- 586
—, 4-Hydroxy-1,2-dihydro- s. *Pyrazolo*
*[3,4-*b*]pyridin-3,4-dion, 1,2-Dihydro-7*H-
—, 4-Methoxymethyl-1,6-dimethyl-
1,2-dihydro- 683
—, 4-Methoxymethyl-6-methyl-
1,2-dihydro- 683
—, 4-Methoxymethyl-6-methyl-1-phenyl-
1,2-dihydro- 683
—, 1,4,6-Trimethyl-1,2-dihydro- 451
—, 2,4,6-Trimethyl-1,2-dihydro- 451
Pyrazolo[3,4-*b*]pyridin-4-on
—, 6,7-Dimethyl-1,3-diphenyl-
1,7-dihydro- 502
—, 3,6-Dimethyl-1-phenyl-1,7-dihydro-
451

—, 6-Methyl-1,3-diphenyl-1,7-dihydro-
502
Pyrazolo[3,4-*b*]pyridin-6-on
—, 4,7-Dimethyl-1,3-diphenyl-
1,7-dihydro- 502
—, 3,4-Dimethyl-1-phenyl-1,7-dihydro-
451
—, 4-Methyl-1,3-diphenyl-1,7-dihydro-
502
Pyrazolo[3,4-*c*]pyridin-3-on
—, 6-Methyl-2-phenyl-1,2,4,5,6,7-
hexahydro- 439
Pyrazolo[4,3-*c*]pyridin-3-on
—, 2-[4-Acetylamino-phenyl]-
1,7-dimethyl-1,2-dihydro- 449
—, 5-Acetyl-2-phenyl-1,2,4,5,6,7-
hexahydro- 438
—, 5-Äthyl-7-methyl-2-phenyl-
2,5-dihydro- 448
—, 5-Äthyl-2-phenyl-1,2,4,5,6,7-
hexahydro- 438
—, 1-Aminomethyl-2-[4-amino-phenyl]-
7-methyl-1,2-dihydro- 449
—, 2-[4-Amino-phenyl]-1,7-dimethyl-
1,2-dihydro- 449
—, 4,6-Bis-[2-chlor-phenyl]-5-methyl-
2-phenyl-1,2,4,5,6,7-hexahydro- 519
—, 4,6-Bis [2-chlor-phenyl]-2-phenyl-
1,2,4,5,6,7-hexahydro- 519
—, 4,6-Bis-[3,4-dimethoxy-phenyl]-
2-phenyl-1,2,4,5,6,7-hexahydro- 722
—, 4,6-Bis-[4-hydroxy-3-methoxy-phenyl]-
2-phenyl-1,2,4,5,6,7-hexahydro- 722
—, 4,6-Bis-[2-hydroxy-[1]naphthyl]-
5-methyl-2-phenyl-1,2,4,5,6,7-hexahydro-
717
—, 4,6-Bis-[2-hydroxy-[1]naphthyl]-
2-phenyl-1,2,4,5,6,7-hexahydro- 717
—, 4,6-Bis-[2-hydroxy-phenyl]-2-phenyl-
1,2,4,5,6,7-hexahydro- 713
—, 4,6-Bis-[3-hydroxy-phenyl]-2-phenyl-
1,2,4,5,6,7-hexahydro- 714
—, 4,6-Bis-[4-hydroxy-phenyl]-2-phenyl-
1,2,4,5,6,7-hexahydro- 714
—, 4,6-Bis-[2-nitro-phenyl]-2-phenyl-
1,2,4,5,6,7-hexahydro- 519
—, 5-Butyl-2-phenyl-1,2,4,5,6,7-
hexahydro- 438
—, 4-[3,4-Dimethoxy-phenyl]-1-methyl-
2-phenyl-1,2-dihydro- 711
—, 4-[3,4-Dimethoxy-phenyl]-1-methyl-
2-phenyl-1,2,6,7-tetrahydro- 709
—, 1,7-Dimethyl-2-[4-nitro-phenyl]-
1,2-dihydro- 448
—, 1,7-Dimethyl-2-phenyl-1,2-dihydro-
448

Pyrazolo[4,3-c]pyridin-3-on   (Fortsetzung)
—, 5,7-Dimethyl-2-phenyl-2,5-dihydro- 448
—, 5-Isopentyl-2-phenyl-1,2,4,5,6,7-
     hexahydro- 438
—, 5-Methyl-1,2-diphenyl-1,2,4,5,6,7-
     hexahydro- 438
—, 1-Methyl-2,4-diphenyl-
     1,2,6,7-tetrahydro- 494
—, 7-Methyl-1-nitromethyl-2-[4-nitro-
     phenyl]-1,2-dihydro- 448
—, 1-Methyl-2-phenyl-1,2-dihydro- 445
—, 7-Methyl-2-phenyl-1,2-dihydro- 447
—, 5-Methyl-2-phenyl-4,6-distyryl-
     1,2,4,5,6,7-hexahydro- 531
—, 1-Methyl-2-phenyl-1,2,4,5,6,7-
     hexahydro- 438
—, 5-Methyl-2-phenyl-1,2,4,5,6,7-
     hexahydro- 438
—, 2-Phenyl-4,6-distyryl-1,2,4,5,6,7-
     hexahydro- 530
—, 2-Phenyl-4,6-di-*p*-tolyl-1,2,4,5,6,7-
     hexahydro- 519
—, 2-Phenyl-5-propyl-1,2,4,5,6,7-
     hexahydro- 438
Pyrazolo[3,4-b]pyridin-3,4,6-triol
—, 1*H*- s. *Pyrazolo[3,4-b]pyridin-*
     *3,6-dion, 4-Hydroxy-1,2-dihydro-7*H-
Pyrazolo[3,4-b]pyridin-3,4,6-trion
—, 1,2-Dihydro-7*H*- s. *Pyrazolo[3,4-*
     b]pyridin-3,6-dion, 4-Hydroxy-1,2-dihydro-
     7H-
Pyrazolo[1,5-a]pyrimidin
—, 5,7-Dimethyl-3-nitroso-2-phenyl- 235
—, 5,7-Dimethyl-2-phenyl- 235
—, 7-Methyl-2-phenyl- 234
—, 3,5,7-Trimethyl-2-phenyl- 237
Pyrazolo[1,5-a]pyrimidin-6-carbaldehyd
—, 5,7-Dioxo-2-phenyl-4,5,6,7-tetrahydro-,
     — phenylhydrazon 662
Pyrazolo[1,5-a]pyrimidin-2,7-diol
   s. *Pyrazolo[1,5-a]pyrimidin-2,7-dion,*
     *4*H-
Pyrazolo[1,5-a]pyrimidin-2,5-dion
—, 7-[2-Methoxy-phenyl]-1-phenyl-3*H*-
     710
—, 7-[3-Methoxy-phenyl]-1-phenyl-3*H*-
     710
—, 7-Methyl-1-phenyl-4*H*- 571
Pyrazolo[1,5-a]pyrimidin-2,7-dion
—, 5-[2-Methoxy-phenyl]-1-phenyl-4*H*-
     710
—, 5-[3-Methoxy-phenyl]-1-phenyl-4*H*-
     710
—, 5-Methyl-4*H*- 570
—, 5-Methyl-1-phenyl-4*H*- 571
Pyrazolo[1,5-a]pyrimidin-5,7-dion
—, 6-Butyl-2-phenyl-4*H*- 612
—, 2,6-Diphenyl-4*H*- 627

—, 2-Phenyl-4*H*- 608
—, 2-Phenyl-6-[phenylhydrazono-methyl]-
     4*H*- 662
Pyrazolo[1,5-a]pyrimidin-2-ol
   s. *Pyrazolo[1,5-a]pyrimidin-2-on,* 1H-
Pyrazolo[1,5-a]pyrimidin-7-ol
   s. unter *Pyrazolo[1,5-a]pyrimidin-7-on*
Pyrazolo[1,5-a]pyrimidin-2-on
—, 5,7-Dimethyl-1*H*- 451
—, 7-Methyl-5-phenyl-1*H*- 501
Pyrazolo[1,5-a]pyrimidin-7-on
—, 2,5-Dimethyl-4*H*- 451
—, 4,6-Dimethyl-3-nitroso-2-phenyl-4*H*- 501
—, 1,5-Dimethyl-2-phenyl-1*H*- 500
—, 3,5-Dimethyl-2-phenyl-4*H*- 502
—, 4,5-Dimethyl-2-phenyl-4*H*- 500
—, 4,6-Dimethyl-2-phenyl-4*H*- 501
—, 2,5-Diphenyl-4*H*- 527
—, 2,6-Diphenyl-4*H*- 527
—, 5-Methyl-4*H*- 447
—, 4-Methyl-3-nitroso-2-phenyl-4*H*- 498
—, 5-Methyl-3-nitroso-2-phenyl-4*H*- 501
—, 6-Methyl-3-nitroso-2-phenyl-4*H*- 501
—, 2-Methyl-5-phenyl-4*H*- 500
—, 4-Methyl-2-phenyl-4*H*- 498
—, 5-Methyl-2-phenyl-4*H*- 500
—, 6-Methyl-2-phenyl-4*H*- 501
—, 5-Methyl-2-phenyl-4-[5-phenyl-
     1(2)*H*-pyrazol-3-yl]-4*H*- 500
Pyrazol-1-thiocarbonsäure
—, 5-Oxo-3-[3]pyridyl-2,5-dihydro-,
     — amid 475
—, 5-Oxo-3-[4]pyridyl-2,5-dihydro-,
     — amid 475
Pyridazin
—, 3-[2-Methyl-4,5-diphenyl-pyrrol-3-yl]-
     6-phenyl- 307
Pyridazin-1,2-dicarbonsäure
—, 3,6-Dihydro-,
     — imid 568
Pyridazin-4,5-dicarbonsäure
—, 3,6-Dimethyl-,
     — imid 582
Pyridazino[3,2-b]chinazolin-10-on
—, 2,3-Diphenyl- 535
Pyridazino[3,4-c]chinolin
—, 1-Chlor-5-phenyl- 278
—, 1-Methoxy-5-phenyl- 370
—, 1-Phenoxy-5-phenyl- 370
Pyridazino[4,5-b]chinolin-1,4-dion
—, 6,7-Dimethoxy-2,3-dihydro- 720
Pyridazino[3,4-c]chinolin-1-ol
   s. *Pyridazino[3,4-c]chinolin-1-on,* 4H-
Pyridazino[3,4-c]chinolin-1-on
—, 4-Methyl-5-phenyl-4*H*- 527
—, 5-Phenyl-4*H*- 527
Pyridazino[4,5-b]chinolin-4-on
—, 7,8-Dimethoxy-1-methyl-3*H*- 711
—, 7,8-Dimethoxy-1-phenyl-3*H*- 714

Pyridazino[4,5-*b*]chinolin-4-on   (Fortsetzung)
—, 1-Methyl-3*H*- 499
—, 1-Methyl-3-phenyl-3*H*- 499
—, 1-Phenyl-3*H*- 526
Pyridazino[3,4,5-*ij*]chinolizin-3-on
—, 2,3a,5,6,8,9,10,10b-Octahydro-4*H*-
  444
Pyridazino[4,5-*b*]indol
—, 2,4-Diphenyl-2,3,4,5-tetrahydro-1*H*-
  253
—, 5-Methyl-1,4-diphenyl-5*H*- 301
Pyridazino[4,5-*b*]indol-1,4-diol
—, 5*H*- s. *Pyridazino[4,5-b]indol-
  1,4-dion, 2,3-Dihydro-5H-*
Pyridazino[4,5-*b*]indol-1,4-dion
—, 2,3-Dihydro-5*H*- 601
Pyridazino[4,5-*b*]indolium
—, 5-Methyl-1,3,4-triphenyl-5*H*- 301
Pyridazino[4,5-*b*]indol-1-on
—, 4-Hydroxy-2,5-dihydro- s. *Pyridazino=
  [4,5-b]indol-1,4-dion, 2,3-Dihydro-5H-*
Pyridazino[4,5-*b*]indol-4-on
—, 1-Hydroxy-3,5-dihydro- s. *Pyridazino=
  [4,5-b]indol-1,4-dion, 2,3-Dihydro-5H-*
—, 5-Methyl-1,3-diphenyl-3,5-dihydro-
  523
—, 3-[4-Nitro-phenyl]-3,5-dihydro- 491
—, 1,2,3,5-Tetrahydro- 486
Pyridazino[3,4-*c*]isochinolin
—, 2-Methyl-6-[4-nitro-phenyl]- 278
—, 2-Methyl-6-phenyl- 279
Pyridazino[4,5-*c*]isochinolin
—, 6-[3-Nitro-phenyl]- 277
—, 6-[4-Nitro-phenyl]- 277
—, 6-Phenyl- 277
Pyridazin-3-on
—, 6-Indol-3-yl-4,5-dihydro-2*H*- 494
—, 6-[5-Methoxy-1-methyl-indol-3-yl]-
  4,5-dihydro-2*H*- 692
—, 6-[1-Methyl-indol-3-yl]-4,5-dihydro-
  2*H*- 494
Pyridin
—, 4-[5-Äthyl-1-(3-chlor-phenyl)-
  1*H*-pyrazol-3-yl]- 185
—, 4-[5-Äthyl-1-(4-chlor-phenyl)-
  1*H*-pyrazol-3-yl]- 185
—, 4-[5-Äthyl-2-(3-chlor-phenyl)-
  2*H*-pyrazol-3-yl]- 185
—, 4-[5-Äthyl-2-(4-chlor-phenyl)-
  2*H*-pyrazol-3-yl]- 185
—, 5-Äthyl-2-[1,3-diphenyl-imidazolidin-
  2-yl]- 90
—, 3,3′,3″-Benzen-1,3,5-triyl-tri- 294
—, 1-Benzoyl-4,5-bis-benzoylamino-
  1,2,3,6-tetrahydro- 76
—, 2-[1-Benzyl-2-(4,5-dihydro-
  1*H*-imidazol-2-yl)-äthyl]- 239
—, 2-[Bis-(4-acetyl-3,5-dimethyl-pyrrol-
  2-yl)-methyl]- 620

—, 3-[1,3-Bis-(4-methoxy-benzyl)-
  imidazolidin-2-yl]- 89
—, 4-[1,3-Bis-(4-methoxy-benzyl)-
  imidazolidin-2-yl]- 89
—, 2,6-Bis-[2-(6-methyl-[2]pyridyl)-äthyl]-
  269
—, 2,6-Bis-[2-(6-methyl-[2]pyridyl)-vinyl]-
  282
—, 3-[4-Brom-5-nitro-1(2)*H*-pyrazol-3-yl]-
  175
—, 4-[2-(4-Brom-phenyl)-5-methyl-
  2*H*-pyrazol-3-yl]- 182
—, 4-[1-(5-Chlor-2-methoxy-phenyl)-
  5-methyl-1*H*-pyrazol-3-yl]- 182
—, 4-[2-(5-Chlor-2-methoxy-phenyl)-
  5-methyl-2*H*-pyrazol-3-yl]- 182
—, 4-[1-(3-Chlor-2-methyl-phenyl)-
  5-methyl-1*H*-pyrazol-3-yl]- 182
—, 4-[2-(3-Chlor-2-methyl-phenyl)-
  5-methyl-2*H*-pyrazol-3-yl]- 182
—, 3-[5-Chlor-4-nitro-1(2)*H*-pyrazol-3-yl]-
  175
—, 2-[1-(4-Chlor-phenyl)-2-(4,5-dihydro-
  1*H*-imidazol-2-yl)-äthyl]- 238
—, 2-[2-(3-Chlor-phenyl)-5-methyl-
  2*H*-pyrazol-3-yl]- 180
—, 2-[2-(4-Chlor-phenyl)-5-methyl-
  2*H*-pyrazol-3-yl]- 180
—, 3-[1-(4-Chlor-phenyl)-5-methyl-
  1*H*-pyrazol-3-yl]- 180
—, 3-[2-(3-Chlor-phenyl)-5-methyl-
  2*H*-pyrazol-3-yl]- 180
—, 3-[2-(4-Chlor-phenyl)-5-methyl-
  2*H*-pyrazol-3-yl]- 180
—, 4-[1-(3-Chlor-phenyl)-5-methyl-
  1*H*-pyrazol-3-yl]- 181
—, 4-[1-(4-Chlor-phenyl)-5-methyl-
  1*H*-pyrazol-3-yl]- 181
—, 4-[2-(2-Chlor-phenyl)-5-methyl-
  2*H*-pyrazol-3-yl]- 182
—, 4-[2-(3-Chlor-phenyl)-5-methyl-
  2*H*-pyrazol-3-yl]- 182
—, 4-[2-(4-Chlor-phenyl)-5-methyl-
  2*H*-pyrazol-3-yl]- 182
—, 3-[5-Chlor-1(2)*H*-pyrazol-3-yl]- 174
—, 1,4-Diacetyl-3-[1,1-di-indol-3-yl-äthyl]-
  1,4-dihydro- 535
—, 2,6-Di-[2]chinolyl-4-phenyl- 312
—, 4-[4,4-Dichlor-2,5-dihydro-
  1*H*-pyrazol-3-yl]- 157
—, 4-[1-(2,4-Dichlor-phenyl)-5-methyl-
  1*H*-pyrazol-3-yl]- 182
—, 4-[2-(2,4-Dichlor-phenyl)-5-methyl-
  2*H*-pyrazol-3-yl]- 182
—, 4-[2-(2,5-Dichlor-phenyl)-5-methyl-
  2*H*-pyrazol-3-yl]- 182
—, 2-[4,5-Dihydro-1*H*-imidazol-2-yl]-
  157

Pyridin (Fortsetzung)
−, 3-[4,5-Dihydro-1*H*-imidazol-2-yl]-
157
−, 3-[1-(4,5-Dihydro-1*H*-imidazol-2-yl)-
heptyl]- 164
−, 3-[4,5-Dihydro-1*H*-imidazol-
2-ylmethyl]- 160
−, 2-[2-(4,5-Dihydro-1*H*-imidazol-2-yl)-
1-phenyl-äthyl]- 238
−, 3-[1-(4,5-Dihydro-1*H*-imidazol-2-yl)-
2-phenyl-äthyl]- 238
−, 2-[1,5-Dimethyl-4-phenyl-2,5-dihydro-
1*H*-imidazol-2-yl]- 237
−, 3-[4,5-Dinitro-1(2)*H*-pyrazol-3-yl]-
175
−, 2-[4,5-Diphenyl-4,5-dihydro-
1*H*-imidazol-2-yl]- 281
−, 3-[4,5-Diphenyl-4,5-dihydro-
1*H*-imidazol-2-yl]- 281
−, 2-[1,3-Diphenyl-imidazolidin-2-yl]-
89
−, 3-[1,3-Diphenyl-imidazolidin-2-yl]-
89
−, 4-[1,3-Diphenyl-imidazolidin-2-yl]-
89
−, 2-[1,3-Diphenyl-imidazolidin-2-yl]-
4,6-dimethyl- 90
−, 2-[1,3-Diphenyl-imidazolidin-2-yl]-
4-methyl- 90
−, 2-[1,3-Diphenyl-imidazolidin-2-yl]-
6-methyl- 90
−, 2,6-Di-[1,2,4]triazol-4-yl- 39
−, 2-[1(3)*H*-Imidazol-4-yl]- 176
−, 3-[1*H*-Imidazol-2-yl]- 176
−, 3-[1(3)*H*-Imidazol-4-yl]- 176
−, 2-[1-Isopropyl-4,4-dimethyl-
imidazolidin-2-yl]- 90
−, 3-[1-Isopropyl-4,4-dimethyl-
imidazolidin-2-yl]- 90
−, 4-[1-Isopropyl-4,4-dimethyl-
imidazolidin-2-yl]- 91
−, 2-[1-Isopropyl-4,4-dimethyl-
imidazolidin-2-yl]-6-methyl- 91
−, 3-[5-Jod-1(2)*H*-pyrazol-3-yl]- 174
−, 2,2′,2″-Methantriyl-tri- 264
−, 3-[2-(3-Methoxy-phenyl)-5-methyl-
2*H*-pyrazol-3-yl]- 181
−, 4-[2-(3-Methoxy-phenyl)-5-methyl-
2*H*-pyrazol-3-yl]- 183
−, 2-[1-Methyl-imidazolidin-2-yl]- 89
−, 3-[1-Methyl-imidazolidin-2-yl]- 89
−, 4-[1-Methyl-imidazolidin-2-yl]- 89
−, 2-Methyl-6-[1-methyl-imidazolidin-
2-yl]- 90
−, 4-[5-Methyl-4-nitroso-1-phenyl-
1*H*-pyrazol-3-yl]- 183
−, 4-[5-Methyl-4-nitroso-2-phenyl-
2*H*-pyrazol-3-yl]- 183

−, 2-[5-Methyl-2-phenyl-2*H*-pyrazol-
3-yl]- 179
−, 3-[5-Methyl-2-phenyl-2*H*-pyrazol-
3-yl]- 180
−, 3-[5-Methyl-1(2)*H*-pyrazol-3-yl]- 180
−, 4-[5-Methyl-1(2)*H*-pyrazol-3-yl]- 181
−, 3-[4-Nitro-5-nitroso-1(2)*H*-pyrazol-
3-yl]- 175
−, 3-[4-Nitro-1(2)*H*-pyrazol-3-yl]- 174
−, 3-[5-Nitro-1(2)*H*-pyrazol-3-yl]- 175
−, 3-[5-Phenyl-1(2)*H*-pyrazol-3-yl]- 248
−, 4,4′,4″-Propan-1,2,3-triyl-tri- 267
−, 3-[1(2)*H*-Pyrazol-3-yl]- 174
−, 4-[1(2)*H*-Pyrazol-3-yl]- 175
−, 2,2′-Pyrrol-2,5-diyl-di- 249
−, 2-[1,2,4]Triazol-4-yl- 39
−, 3-[1,2,4]Triazol-4-yl- 39
Pyridin-2,6-diyldiamin
−, 3-[4-Benzotriazol-2-ylphenylazo]- 112
−, 3-[4-(1-Oxy-benzotriazol-2-yl)-
phenylazo]- 113
Pyridinium
−, 1-Äthyl-4-[5-methyl-1(2)*H*-pyrazol-
3-yl]- 181
−, 4-[Di-indol-3-yl-methyl]-1-methyl- 296
−, 4-[Di-indol-3-yl-methyl]-1-
[3-trimethylammonio-propyl]- 296
−, 3-[5-Hydroxy-3-oxo-1,2-diphenyl-
2,3-dihydro-1*H*-pyrazol-4-carbonyl]-,
− betain 653
−, 1-Methyl-3-[1-methyl-5-nitro-
1*H*-pyrazol-3-yl]- 175
−, 1-Methyl-3-[2-methyl-5-nitro-
2*H*-pyrazol-3-yl]- 175
−, 1-Methyl-3-[5-nitro-1(2)*H*-pyrazol-
3-yl]- 175
− betain 175
−, 1-Methyl-3-[1(2)*H*-pyrazol-3-yl]- 174
Pyridin-2-ol
−, 1-Acetyl-2-cinnolin-4-yl-1,2-dihydro- 357
Pyridin-2-on
−, 4,6-Di-[3]pyridyl-1*H*- 516
Pyrido[3,2-*h*]chinazolin 228
Pyrido[3,2-*h*]chinazolin-7-ol
−, 7,8,9,10-Tetrahydro- 353
Pyrido[2,1-*b*]chinazolinylium
−, 6-[2]Piperidyl-5,5a,6,7,8,9-hexahydro-
199
Pyrido[3,2,1-*ij*]chinolin-1,7-dion
−, 2,6-Bis-[2]chinolylmethylen-
8,10-dimethyl-2,3,5,6-tetrahydro- 632
−, 2,6-Bis-[2]chinolylmethylen-
2,3,5,6-tetrahydro- 632
Pyrido[2,3-*f*]chinoxalin 228
Pyrido[3,2-*f*]chinoxalin 228
−, 2,3-Dimethyl- 235
−, 2,3-Diphenyl- 303
Pyrido[3,4-*b*]chinoxalin 227
−, 5,10-Dihydro- 222

Pyrido[3,4-*b*]chinoxalin (Fortsetzung)
−, 8-Methyl- 232
−, 4-Nitro-10-phenyl-5,10-dihydro- 222
Pyrido[2,3-*b*]chinoxalin-2-on
−, 4-Methyl-3-phenyl-1*H*- 528
Pyrido[3,4-*b*]chinoxalin-4-on
−, 2-Methyl-2,3-dihydro-1*H*-,
     − oxim 493
Pyrido[3,2-*f*]chinoxalin-1,4,7-trioxid 228
Pyrido[3,2-*c*]cinnolin 228
Pyrido[3,2-*h*]cinnolin 228
−, 4-Methyl- 232
−, 4-Styryl- 285
Pyrido[4,3-*c*]cinnolin 228
−, x-Brom- 229
−, 4-Methyl- 233
−, 9-Methyl- 233
Pyrido[3,4-*h*]cinnolinium
−, 6-Hydroxy-5-methyl-3-pentyl-
     2-phenyl-9-propenyl-,
     − betain 363
Pyrido[3,2-*h*]cinnolin-4-ol
   s. *Pyrido[3,2-*h*]cinnolin-4-on, 1*H*-
Pyrido[3,2-*h*]cinnolin-7-ol
   s. *Pyrido[3,2-*h*]cinnolin-7-on, 10*H*-
Pyrido[4,3-*c*]cinnolin-1-ol
   s. *Pyrido[4,3-*c*]cinnolin-1-on, 2*H*-
Pyrido[3,2-*h*]cinnolin-4-on
−, 1*H*- 497
Pyrido[3,2-*h*]cinnolin-7-on
−, 3-Methyl-10*H*- 499
Pyrido[3,4-*h*]cinnolin-6-on
−, 5-Methyl-3-pentyl-2-phenyl-
     9-propenyl-2*H*- 363
Pyrido[4,3-*c*]cinnolin-1-on
−, 4-Methyl-2*H*- 499
**Pyrido[3′,2′:4,5]cyclohepta[1,2-*b*]chinoxalin-
5-on**
−, 12-Isopropyl-2-methyl-,
     − [*O*-acetyl-oxim] 529
     − [*O*-benzoyl-oxim] 529
     − oxim 529
Pyrido[2′,1′:2,3]imidazo[1,5-*b*]cinnolinium
−, 5-Acetyl-2-chlor-12-hydroxy-13-oxo-
     5,13-dihydro-,
     − betain 693
−, 5-Acetyl-12-hydroxy-13-oxo-
     5,13-dihydro-,
     − betain 693
Pyrido[3,2-*c*][1,5]naphthyridin 229
−, 7-Chlor- 229
Pyrido[2,3-*b*][1,8]naphthyridin-4,6-diol
   s. unter *Pyrido[2,3-*b*][1,8]naphthyridin-
   4,6-dion*
Pyrido[2,3-*b*][1,8]naphthyridin-4,6-dion
−, 2,8-Dimethyl-1*H*,9*H*- 611
Pyrido[2,3-*c*][1,5]naphthyridin-6-ol
   s. *Pyrido[2,3-*c*][1,5]naphthyridin-6-on,
   5*H*-

Pyrido[2,3-*h*][1,6]naphthyridin-5-ol
   s. *Pyrido[2,3-*h*][1,6]naphthyridin-5-on,
   6*H*-
Pyrido[3,2-*c*][1,5]naphthyridin-7-ol
   s. *Pyrido[3,2-*c*][1,5]naphthyridin-7-on,
   10*H*-
Pyrido[3,2-*f*][1,7]naphthyridin-6-ol
   s. *Pyrido[3,2-*f*][1,7]naphthyridin-6-on,
   5*H*-
Pyrido[2,3-*c*][1,5]naphthyridin-6-on
−, 5*H*- 497
Pyrido[2,3-*h*][1,6]naphthyridin-5-on
−, 6*H*- 498
−, 6-Methyl-6*H*- 498
Pyrido[3,2-*c*][1,5]naphthyridin-7-on
−, 10*H*- 498
Pyrido[3,2-*f*][1,7]naphthyridin-6-on
−, 5*H*- 498
Pyrido[3,2-*f*][1,7]phenanthrolin 269
Pyrido[3,4-*f*][2,8]phenanthrolin
−, 4,8,12-Tribenzyliden-2,6,10-trimethyl-
     1,2,3,4,5,6,7,8,9,10,11,12-dodecahydro-
     315
Pyrido[2,3-*a*]phenazin
−, 9-Chlor- 269
Pyrido[2,3-*b*]phenazin
−, 2-Phenyl- 301
Pyrido[3,2-*a*]phenazin
−, 10-Chlor- 269
Pyrido[2,3-*a*]phenazin-5-ol 368
−, 6-Propyl- 369
Pyrido[3,2-*a*]phenazin-5-ol 368
−, 6-Propyl- 369
Pyrido[2,3-*b*]pyrazin 168
−, 7-Brom- 168
−, 7-Brom-2,3-dimethyl- 183
−, 7-Brom-6,8-dimethyl- 184
−, 7-Brom-2,3-diphenyl- 285
−, 7-Brom-6-methyl- 177
−, 7-Brom-8-methyl- 177
−, 7-Brom-6-methyl-2,3-diphenyl- 286
−, 7-Brom-8-methyl-2,3-diphenyl- 286
−, 7-Brom-2,3,6,8-tetramethyl- 187
−, 7-Brom-2,3,6-trimethyl- 185
−, 7-Brom-2,3,8-trimethyl- 185
−, 7-Chlor- 168
−, 7-Chlor-2,3-dimethyl- 183
−, 7-Chlor-2,3-diphenyl- 285
−, 6,7-Dichlor- 168
−, 6,7-Dichlor-2,3-dimethyl- 183
−, 2,3-Dimethyl- 183
−, 2,3-Diphenyl- 285
−, 6-Methyl-2,3-diphenyl- 286
−, 7-Methyl-2,3-diphenyl- 286
−, 8-Methyl-2,3-diphenyl- 286
−, 3-Methylen-2,4-diphenyl-3,4-dihydro-
     248
−, 2-Methyl-3-methylen-4-phenyl-
     3,4-dihydro- 184

Pyrido[3,4-*b*]pyrazin 168
-, 5-Chlor- 168
-, 7-Chlor- 168
-, 2,3-Dimethyl-8-nitro- 184
Pyrido[2,3-*b*]pyrazin-3,6-diol
  s. *Pyrido[2,3-*b*]pyrazin-3,6-dion, 4*H,5*H-
Pyrido[3,4-*b*]pyrazin-2,3-diol
  s. *Pyrido[3,4-*b*]pyrazin-2,3-dion,
  1,4-Dihydro-*
Pyrido[2,3-*b*]pyrazin-3,6-dion
-, 2,4-Dimethyl-4*H*,5*H*- 582
-, 4-Methyl-4*H*,5*H*- 579
Pyrido[3,4-*b*]pyrazin-2,3-dion
-, 1-Butyl-1,4-dihydro- 579
-, 1-Phenyl-1,4-dihydro- 579
Pyrido[2′,1′:3,4]pyrazino[1,2-*a*]benzimidazol
  s. unter *Benz[4,5]imidazo[1,2-*a*]pyrido=
  [2,1-*c*]pyrazin*
-, 1,3,4,6,7,13b-Hexahydro-2*H*- 198
Pyrido[2,3-*b*]pyrazin-3-ol
  s. *Pyrido[2,3-*b*]pyrazin-3-on, 4*H-
Pyrido[2,3-*b*]pyrazin-6-ol
  s. *Pyrido[2,3-*b*]pyrazin-6-on, 5*H-
Pyrido[2,3-*b*]pyrazin-8-ol
  s. unter *Pyrido[2,3-*b*]pyrazin-8-on*
Pyrido[3,4-*b*]pyrazin-5-ol
  s. unter *Pyrido[3,4-*b*]pyrazin-5-on*
Pyrido[2,3-*b*]pyrazin-2-on
-, 1-Methyl-1*H*- 466
-, 3-Methyl-1*H*- 476
Pyrido[2,3-*b*]pyrazin-3-on
-, 4*H*- 466
-, 7-Brom-2-methyl-4*H*- 476
-, 6-Hydroxy-4*H*- s. *Pyrido[2,3-
  b*]pyrazin-3,6-dion, 4*H,5*H-
-, 6-Imino-5,6-dihydro-4*H*- s. *Pyrido=
  [2,3-b*]pyrazin-3-on, 6-Amino-4*H-
  (Syst.-Nr. 3990)
-, 2-Methyl-4*H*- 476
-, 4-Methyl-4*H*- 466
-, 4-Phenyl-4*H*- 466
Pyrido[2,3-*b*]pyrazin-6-on
-, 2,3-Diphenyl-5*H*- 531
Pyrido[2,3-*b*]pyrazin-8-on
-, 5*H*- 466
Pyrido[3,4-*b*]pyrazin-5-on
-, 6*H*- 466
Pyrido[2,3-*b*]pyrazintriium
-, 7-Brom-1,4,5-trimethyl-2,3-diphenyl-
  285
Pyrido[2,3-*d*]pyridazin
-, 8-Chlor-5-phenyl- 243
Pyrido[2,3-*d*]pyridazin-5,8-diol
  s. *Pyrido[2,3-d]pyridazin-5,8-dion,
  6,7-Dihydro-*
Pyrido[3,4-*d*]pyridazin-1,4-diol
  s. *Pyrido[3,4-d]pyridazin-1,4-dion,
  2,3-Dihydro-*

Pyrido[2,3-*d*]pyridazin-5,8-dion
-, 6,7-Dihydro- 579
-, 2-Hydroxy-6,7-dihydro- s. *Pyrido=
  [2,3-d]pyridazin-2,5,8-trion, 6,7-Dihydro-
  1*H-
Pyrido[3,4-*d*]pyridazin-1,4-dion
-, 2,3-Dihydro- 580
-, 5,7-Dimethyl-2,3-dihydro- 586
-, 5-Hydroxy-2,3-dihydro- s. *Pyrido=
  [3,4-d]pyridazin-1,4,5-trion, 2,3-Dihydro-
  6*H-
Pyrido[2,3-*d*]pyridazin-8-ol
  s. *Pyrido[2,3-d]pyridazin-8-on, 7*H-
Pyrido[2,3-*d*]pyridazin-5-on
-, 2,8-Dihydroxy-6*H*- s. *Pyrido[2,3-
  d]pyridazin-2,5,8-trion, 6,7-Dihydro-1*H-
-, 8-Methyl-6-[4-nitro-phenyl]-6*H*- 476
Pyrido[2,3-*d*]pyridazin-8-on
-, 7*H*- 466
-, 2,5-Dihydroxy-7*H*- s. *Pyrido[2,3-
  d]pyridazin-2,5,8-trion, 6,7-Dihydro-1*H-
-, 7-Phenyl-7*H*- 467
Pyrido[3,4-*d*]pyridazin-1-on
-, 4,5-Dihydroxy-2*H*- s. *Pyrido[3,4-
  d]pyridazin-1,4,5-trion, 2,3-Dihydro-6*H-
-, 4,5-Dimethyl-2,7-diphenyl-2*H*- 511
-, 4,5-Dimethyl-7-phenyl-2*H*- 511
-, 4,5,7-Trimethyl-2*H*- 481
Pyrido[3,4-*d*]pyridazin-4-on
-, 1,5-Dihydroxy-3*H*- s. *Pyrido[3,4-
  d]pyridazin-1,4,5-trion, 2,3-Dihydro-6*H-
Pyrido[2,3-*d*]pyridazin-2,5,8-triol
  s. *Pyrido[2,3-d]pyridazin-2,5,8-trion,
  6,7-Dihydro-1*H-
Pyrido[3,4-*d*]pyridazin-1,4,5-triol
  s. *Pyrido[3,4-d]pyridazin-1,4,5-trion,
  2,3-Dihydro-6*H-
Pyrido[2,3-*d*]pyridazin-2,5,8-trion
-, 3-Brom-6,7-dihydro-1*H*- 651
-, 3-Chlor-6,7-dihydro-1*H*- 651
-, 6,7-Dihydro-1*H*- 651
-, 3-Jod-6,7-dihydro-1*H*- 652
Pyrido[3,4-*d*]pyridazin-1,4,5-trion
-, 7-Methyl-2,3-dihydro-6*H*- 652
Pyrido[2,3-*d*]pyrimidin
-, 2,4-Bis-äthylmercapto- 382
-, 4-Chlor- 167
-, 2,4-Dichlor- 168
-, 2,4-Dichlor-5,7-dimethyl- 183
-, 2,4-Dichlor-6-methyl- 176
-, 2,4-Dichlor-7-methyl- 176
-, 2,4-Dichlor-7-phenyl- 243
-, 2,4-Dichlor-5,6,7,8-tetrahydro- 88
-, 2,4-Dimethoxy- 382
-, 2,4-Dimethoxy-5,6,7,8-tetrahydro-
  379
-, 5,7-Dimethyl-3,4-dihydro- 160
-, 5,7-Dimethyl-2-phenyl-3,4-dihydro-
  237

Pyrido[2,3-*d*]pyrimidin   (Fortsetzung)
—, 2,4-Diphenoxy- 382
—, 2,5,7-Trimethyl-3,4-dihydro- 161
Pyrido[3,2-*d*]pyrimidin 167
—, 2,4-Bis-äthylmercapto- 381
—, 2,4-Diäthoxy- 381
—, 2,4-Dichlor- 167
—, 2,4-Dichlor-6-methyl- 176
—, 2,4-Diimino-1,2,3,4-tetrahydro- s.
    Pyrido[3,2-d]pyrimidin, 2,4-Diamino-
    (Syst.-Nr. 3975)
—, 2,4-Dimethoxy- 381
Pyrido[4,3-*d*]pyrimidin
—, 8,8-Bis-[4-chlor-phenyl]-
    1,3,6-trimethyl-1,2,3,4,5,6,7,8-octahydro-
    254
—, 8,8-Bis-[4-methoxy-phenyl]-
    1,3,6-trimethyl-1,2,3,4,5,6,7,8-octahydro-
    389
—, 8-[4-Chlor-phenyl]-1,3,6-trimethyl-
    8-phenyl-1,2,3,4,5,6,7,8-octahydro- 254
—, 8-[4-Fluor-phenyl]-1,3,6-trimethyl-
    8-phenyl-1,2,3,4,5,6,7,8-octahydro- 254
—, 8-[4-Methoxy-phenyl]-1,3,6-trimethyl-
    8-phenyl-1,2,3,4,5,6,7,8-octahydro- 363
—, 1,3,6-Trimethyl-8,8-diphenyl-
    1,2,3,4,5,6,7,8-octahydro- 253
—, 1,3,6-Trimethyl-8,8-di-*p*-tolyl-
    1,2,3,4,5,6,7,8-octahydro- 254
Pyrido[2,3-*d*]pyrimidin-2,4-diol
    s. *Pyrido[2,3-*d*]pyrimidin-2,4-dion, 1*H-
Pyrido[2,3-*d*]pyrimidin-5,7-diol
    s. unter *Pyrido[2,3-*d*]pyrimidin-7-on,
    5-Hydroxy-*
Pyrido[3,2-*d*]pyrimidin-2,4-diol
    s. *Pyrido[3,2-*d*]pyrimidin-2,4-dion, 1*H-
Pyrido[3,2-*d*]pyrimidin-6,7-diol
    s. *Pyrido[3,2-*d*]pyrimidin-6-on,
    7-Hydroxy-5*H-
Pyrido[3,4-*d*]pyrimidin-2,4-diol
    s. *Pyrido[3,4-*d*]pyrimidin-2,4-dion, 1*H-
Pyrido[4,3-*d*]pyrimidin-2,4-diol
    s. *Pyrido[4,3-*d*]pyrimidin-2,4-dion, 1*H-
Pyrido[2,3-*d*]pyrimidin-2,4-dion
—, 1*H*- 578
—, 6-Acetyl-1-[4-äthoxy-phenyl]-
    3,5-dimethyl-1*H*- 654
—, 6-Acetyl-1-[4-äthoxy-phenyl]-5-methyl-
    1*H*- 654
—, 6-Acetyl-3,5-dimethyl-1-phenyl-1*H*-
    653
—, 6-Acetyl-5-methyl-1-phenyl-1*H*- 653
—, 1-[4-Äthoxy-phenyl]-3,7-dimethyl-1*H*-
    582
—, 1-[4-Äthoxy-phenyl]-5,7-dimethyl-1*H*-
    585

—, 1-[4-Äthoxy-phenyl]-3,5,7-trimethyl-
    1*H*- 585
—, 7-Äthyl-6-methyl-1*H*- 588
—, 6-Äthyl-7-phenyl-1*H*- 617
—, 6-Äthyl-7-propyl-1*H*- 591
—, 7-Benzyl-6-phenyl-1*H*- 629
—, 7-[4-Brom-phenyl]-1*H*- 613
—, 7-Butyl-6-methyl-1*H*- 590
—, 7-[4-Chlor-phenyl]-1*H*- 613
—, 1,3-Dimethyl-1*H*- 578
—, 5,7-Dimethyl-1*H*- 584
—, 6,7-Dimethyl-1*H*- 586
—, 3,7-Dimethyl-1-phenyl-1*H*- 582
—, 5,7-Dimethyl-1-phenyl-1*H*- 585
—, 6-[1-(2,4-Dinitro-phenylhydrazono)-
    äthyl]-3,5-dimethyl-1-phenyl-1*H*- 654
—, 6-[1-(2,6-Dioxo-3-phenyl-
    1,2,3,6-tetrahydro-pyrimidin-4-ylimino)-
    äthyl]-5-methyl-1-phenyl-1*H*- 653
—, 6-[1-Hydrazono-äthyl]-3,5-dimethyl-
    1-phenyl-1*H*- 654
—, 7-Hydroxy-1*H*- s. *Pyrido[2,3-
    d]pyrimidin-2,4,7-trion, 1*H,8*H-
—, 6-[1-Hydroxyimino-äthyl]-
    3,5-dimethyl-1-phenyl-1*H*- 653
—, 6-Methyl-1*H*- 581
—, 7-Methyl-1*H*- 581
—, 3-Methyl-1,7-diphenyl-1*H*- 613
—, 5-Methyl-7-phenyl-1*H*- 615
—, 6-Methyl-7-phenyl-1*H*- 615
—, 7-Methyl-1-phenyl-1*H*- 582
—, 5-Methyl-1-phenyl-6-[1-phenyl-
    hydrazono-äthyl]-1*H*- 653
—, 7-Phenyl-1*H*- 613
—, 1,3,5,7-Tetramethyl-1*H*- 585
—, 7-*p*-Tolyl-1*H*- 615
—, 1,3,7-Trimethyl-1*H*- 582
—, 1,5,7-Trimethyl-1*H*- 585
—, 5,6,7-Trimethyl-1*H*- 588
—, 3,5,7-Trimethyl-1-phenyl-1*H*- 585
Pyrido[2,3-*d*]pyrimidin-4,7-dion
—, 5-Methyl-2-thioxo-2,3-dihydro-
    1*H*,8*H*- 652
—, 5-Phenyl-2-thioxo-2,3-dihydro-
    1*H*,8*H*- 663
Pyrido[3,2-*d*]pyrimidin-2,4-dion
—, 1*H*- 577
— dihydrazon s. *Pyrido[3,2-
    d]pyrimidin, 2,4-Dihydrazino-*
    (Syst.-Nr. 3998)
—, 1*H*-, 2-hydrazon s. *Pyrido[3,2-
    d]pyrimidin-4-on, 2-Hydrazino-3*H-
    (Syst.-Nr. 3998)
—, 1,3-Dimethyl-1*H*- 577
—, 7-Hydroxy-1,3-dimethyl-1*H*- 702
—, 7-Hydroxy-1,3-dimethyl-6-phenyl-1*H*-
    711
—, 6-Hydroxymethyl-1*H*- 702

Pyrido[3,2-d]pyrimidin-2,4-dion (Fortsetzung)
—, 7-Hydroxy-1,3,6-trimethyl-1H- 702
—, 7-Methoxy-1,3-dimethyl-1H- 702
—, 7-Methoxy-1,3-dimethyl-6-phenyl-1H-
   711
—, 7-Methoxy-1,3,6-trimethyl-1H- 702
—, 6-Methyl-1H- 581
Pyrido[3,4-d]pyrimidin-2,4-dion
—, 1H- 578
Pyrido[4,3-d]pyrimidin-2,4-dion
—, 6-Methyl-5,6,7,8-tetrahydro-1H- 568
Pyrido[2,3-d]pyrimidin-2,4-dithiol
  s. Pyrido[2,3-d]pyrimidin-2,4-dithion,
  1H-
Pyrido[3,2-d]pyrimidin-2,4-dithiol
  s. Pyrido[3,2-d]pyrimidin-2,4-dithion,
  1H-
Pyrido[2,3-d]pyrimidin-2,4-dithion
—, 1H- 579
Pyrido[3,2-d]pyrimidin-2,4-dithion
—, 1H- 578
Pyrido[2,3-d]pyrimidin-2-ol
—, 4-Mercapto- s. Pyrido[2,3-d]≠
  pyrimidin-2-on, 4-Thioxo-3,4-dihydro-1H-
Pyrido[2,3-d]pyrimidin-4-ol
  s. Pyrido[2,3-d]pyrimidin-4-on, 3H-
—, 2-Mercapto- s. Pyrido[2,3-d]≠
  pyrimidin-4-on, 2-Thioxo-2,3-dihydro-1H-
Pyrido[3,2-d]pyrimidin-4-ol
  s. Pyrido[3,2-d]pyrimidin-4-on, 3H-
—, 2-Imino-1,2-dihydro- s. Pyrido[3,2-
  d]pyrimidin-4-on, 2-Amino-3H-
  (Syst.-Nr. 3990)
—, 2-Mercapto- s. Pyrido[3,2-d]≠
  pyrimidin-4-on, 2-Thioxo-2,3-dihydro-1H-
Pyrido[3,4-d]pyrimidin-4-ol
—, 2-Mercapto- s. Pyrido[3,4-d]≠
  pyrimidin-4-on, 2-Thioxo-2,3-dihydro-1H-
Pyrido[4,3-d]pyrimidin-4-ol
  s. Pyrido[4,3-d]pyrimidin-4-on, 3H-
Pyrido[1,2-a]pyrimidin-4-on
—, 2-Methyl-9-[1-methyl-pyrrolidin-2-yl]- 487
Pyrido[2,3-d]pyrimidin-2-on
—, 5,7-Dimethyl-3,4-dihydro-1H- 453
—, 4-Thioxo-3,4-dihydro-1H- 579
Pyrido[2,3-d]pyrimidin-4-on
—, 3H- 465
—, 6-Äthyl-5,7-dimethyl-2-thioxo-
  2,3-dihydro-1H- 589
—, 7-Äthyl-6-methyl-3H- 481
—, 7-Äthyl-6-methyl-2-thioxo-
  2,3-dihydro-1H- 588
—, 6-Äthyl-7-phenyl-3H- 511
—, 6-Äthyl-7-propyl-3H- 482
—, 6-Äthyl-7-propyl-2-thioxo-
  2,3-dihydro-1H- 591
—, 7-Benzyl-6-phenyl-3H- 532
—, 7-Benzyl-6-phenyl-2-thioxo-
  2,3-dihydro-1H- 629

—, 7-[4-Brom-phenyl]-2-thioxo-
  2,3-dihydro-1H- 614
—, 7-Butyl-6-methyl-3H- 482
—, 7-Butyl-6-methyl-2-thioxo-
  2,3-dihydro-1H- 591
—, 2-Chlor-3H- 465
—, 7-[4-Chlor-phenyl]-3H- 507
—, 7-[4-Chlor-phenyl]-2-thioxo-
  2,3-dihydro-1H- 614
—, 5,7-Dimethyl-3H- 479
—, 6,7-Dimethyl-3H- 479
—, 5,7-Dimethyl-6-propyl-2-thioxo-
  2,3-dihydro-1H- 591
—, 5,7-Dimethyl-2-thioxo-2,3-dihydro-
  1H- 586
—, 6,7-Dimethyl-2-thioxo-2,3-dihydro-
  1H- 586
—, 7-Hydroxy-2-thioxo-2,3-dihydro-1H-
  s. Pyrido[2,3-d]pyrimidin-4,7-dion,
  2-Thioxo-2,3-dihydro-1H,8H-
—, 7-Isobutyl-3H- 482
—, 7-Isobutyl-6-isopropyl-2-thioxo-
  2,3-dihydro-1H- 592
—, 7-Isobutyl-2-thioxo-2,3-dihydro-1H-
  589
—, 7-Methyl-3H- 476
—, 6-Methyl-7-phenyl-3H- 508
—, 6-Methyl-7-phenyl-2-thioxo-
  2,3-dihydro-1H- 615
—, 7-[1]Naphthyl-2-thioxo-2,3-dihydro-
  1H- 626
—, 7-Phenyl-3H- 507
—, 7-Phenyl-2-thioxo-2,3-dihydro-1H-
  613
—, 2-Thioxo-2,3-dihydro-1H- 579
—, 2-Thioxo-7-p-tolyl-2,3-dihydro-1H-
  615
—, 7-p-Tolyl-3H- 508
—, 5,6,7-Trimethyl-2-thioxo-2,3-dihydro-
  1H- 589
Pyrido[2,3-d]pyrimidin-7-on
—, 6-Äthyl-5-hydroxy-2-methyl-8H- 687
—, 5-Hydroxy-2,6-dimethyl-8H- 686
—, 5-Hydroxy-2-methyl-6-phenyl-8H-
  692
—, 2-Methyl-5,8-dihydro-6H- 451
Pyrido[3,2-d]pyrimidin-2-on
—, 4-Hydroxy-1H-, hydrazon s.
  Pyrido[3,2-d]pyrimidin-4-on, 2-Hydrazino-
  3H- (Syst.-Nr. 3998)
Pyrido[3,2-d]pyrimidin-4-on
—, 3H- 465
—, 6-Methyl-3H- 476
—, 2-Thioxo-2,3-dihydro-1H- 578
Pyrido[3,2-d]pyrimidin-6-on
—, 7-Hydroxy-5H- 684
Pyrido[3,4-d]pyrimidin-4-on
—, 2-Thioxo-2,3-dihydro-1H- 578

Pyrido[4,3-d]pyrimidin-4-on
—, 2-Imino-2,3-dihydro-1H- s. *Pyrido⸗
[4,3-d]pyrimidin-4-on, 2-Amino-3H-*
(Syst.-Nr. 3990)
—, 6-Methyl-2-phenyl-5,6,7,8-tetrahydro-
3H- 495
Pyrido[2,3-d]pyrimidin-2-thiol
—, 4-Imino-3,4-dihydro- s. *Pyrido[2,3-
d]pyrimidin-2-thion, 4-Amino-1H-*
(Syst.-Nr. 3990)
Pyrido[2,3-d]pyrimidin-4-thiol
s. *Pyrido[2,3-d]pyrimidin-4-thion, 3H-*
Pyrido[3,2-d]pyrimidin-4-thiol
s. *Pyrido[3,2-d]pyrimidin-4-thion, 3H-*
Pyrido[2,3-d]pyrimidin-4-thion
—, 3H- 465
—, 2-Chlor-3H- 465
Pyrido[3,2-d]pyrimidin-4-thion
—, 2-Chlor-3H- 465
Pyrido[2,3-d]pyrimidin-2,4,7-triol
s. *Pyrido[2,3-d]pyrimidin-2,4,7-trion,
1H,8H-*
Pyrido[2,3-d]pyrimidin-2,4,7-trion
—, 1-[4-Äthoxy-phenyl]-3,5-dimethyl-
1H,8H- 652
—, 1-[4-Äthoxy-phenyl]-5-methyl-1H,8H-
652
—, 1-[4-Äthoxy-phenyl]-3-methyl-
5-phenyl-1H,8H 662
—, 1-[4-Äthoxy-phenyl]-5-phenyl-1H,8H-
662
—, 1,5-Dimethyl-1H,8H- 652
—, 3,5-Dimethyl-1-phenyl-1H,8H- 652
—, 1,5-Diphenyl-1H,8H- 662
—, 5-Methyl-1H,8H- 652
—, 3-Methyl-1,5-diphenyl-1H,8H- 662
—, 5-Methyl-1-phenyl-1H,8H- 652
—, 5-Phenyl-1H,8H- 662
Pyrido[3,2-d]pyrimidin-2,4,6-trion
—, 7-Hydroxy-1,3-dimethyl-1,5-dihydro-
718
—, 7-Methoxy-1,3,5-trimethyl-
1,5-dihydro- 718
Pyrido[2′,3′:4,5]pyrimido[1,2-a]azepin-5-on
—, 8,9,10,11-Tetrahydro-7H- 487
Pyrido[3′,2′:4,5]pyrimido[1,2-a]azepin-12-on
—, 7,8,9,10-Tetrahydro-6H- 487
Pyrido[2′,3′:3,4]pyrrolo[1,2-a]benzimidazol
s. unter *Benz[4′,5′]imidazo[1′,2′:1,2]⸗
pyrrolo[3,4-b]pyridin*
Pyrido[4′,3′:3,4]pyrrolo[1,2-a]benzimidazol
s. unter *Benz[4′,5′]imidazo[1′,2′:1,2]⸗
pyrrolo[4,3-c]pyridin*
Pyrido[3,2-d]pyrrolo[1,2-a]pyrimidin-10-on
—, 7,8-Dihydro-6H- 485
Pyrido[2,1-d][1,5,9]triazacyclotridecinium
—, 13-[1-Hydroxy-propyl]-8,8-dimethyl-
2-oxo-1,2,3,4,5,6,7,8,9,10,11,13,16,16a-
tetradecahydro- 682

Pyrido[2,1-d][1,5,9]triazacyclotridecin-2-on
—, 8-[2,4-Dinitro-phenyl]-13-[1-hydroxy-
propyl]-1,4,5,6,7,8,9,10,11,13,16,16a-
dodecahydro-3H- 682
—, 8-Formyl-13-[1-hydroxy-propyl]-
1,4,5,6,7,8,9,10,11,13,16,16a-dodecahydro-
3H- 682
—, 13-[1-Hydroxy-propyl]-1,4,5,6,7,8,9,10,⸗
11,13,16,16a-dodecahydro-3H- 681
—, 13-[1-Hydroxy-propyl]-8-nitroso-
1,4,5,6,7,8,9,10,11,13,16,16a-dodecahydro-
3H- 682
—, 13-[1-Hydroxy-propyl]-tetradecahydro-
679
**Pyrido[2,1-d][1,5,9]triazacyclotridecin-
8-thiocarbonsäure**
—, 13-[1-Hydroxy-propyl]-2-oxo-
1,2,3,4,5,6,7,10,11,13,16,16a-dodecahydro-
9H-,
— anilid 682
Pyrido[2,1-c][1,2,4]triazin-3,4-dion
—, 2H- 577
Pyrido[2,1-c][1,2,4]triazin-4-on
—, 3-Hydroxy- s. *Pyrido[2,1-c]⸗
[1,2,4]triazin-3,4-dion, 2H-*
[2]Pyridylamin
—, 6-[1,2,4]Triazol-4-yl- 39
Pyrimidin
—, 4-[6-Methyl-[3]pyridyl]- 193
—, 5-Nitro-2-[3]pyridyl- 192
—, 4-[3]Pyridyl- 192
—, 2-[2]Pyridyl-1,4,5,6-tetrahydro- 160
Pyrimidin-5-ol
—, 2-[2]Pyridyl-1,4,5,6-tetrahydro- 344
Pyrimidin-4-on
—, 6-Äthyl-7-phenyl-2-thioxo-
2,3-dihydro-1H- 617
—, 6-[2]Pyridyl-2-thioxo-2,3-dihydro-1H-
594
—, 6-[3]Pyridyl-2-thioxo-2,3-dihydro-1H-
595
—, 6-[4]Pyridyl-2-thioxo-2,3-dihydro-1H-
595
Pyrimido[1,2-a]benzimidazol
s. unter *Benz[4,5]imidazo[1,2-
a]pyrimidin*
Pyrimido[4,5-b]chinolin
—, 1,3-Diacetyl-2-äthoxy-
1,2,3,4-tetrahydro- 353
—, 2,4-Dichlor- 227
—, 3,4-Dihydro- 222
—, 2,4-Diimino-1,2,3,4-tetrahydro- s.
Pyrimido[4,5-b]chinolin-2,4-diyldiamin
(Syst.-Nr. 3978)
—, 2,4-Diphenoxy- 388
—, 2-Methyl-3,4-dihydro- 223
Pyrimido[4,5-c]chinolin
—, 1-Chlor-5-phenyl- 278
—, 1-Methoxy-5-phenyl- 369

Pyrimido[4,5-c]chinolin   (Fortsetzung)
−, 1-Methyl-5-phenyl- 278
−, 1-Phenoxy-5-phenyl- 369
−, 5-Phenyl- 277
Pyrimido[4,5-b]chinolin-2,4-diol
   s. *Pyrimido[4,5-b]chinolin-2,4-dion, 1H-*
Pyrimido[4,5-c]chinolin-1,3-diol
   s. *Pyrimido[4,5-c]chinolin-1,3-dion, 4H-*
Pyrimido[4,5-b]chinolin-2,4-dion
−, 1H- 607
−, 7,8-Dimethoxy-1H- 720
−, 8-Nitro-1H- 608
−, 10-Oxy-1H- 607
−, 6,7,8,9-Tetrahydro-1H- 600
Pyrimido[4,5-c]chinolin-1,3-dion
−, 4H- 608
−, 5-Phenyl-4H- 626
Pyrimido[5,4-b]chinolin-2,4-dion
−, 10-Hydroxy-1H- s. *Pyrimido[5,4-
   b]chinolin-2,4,10-trion, 1,5-Dihydro-*
Pyrimido[4,5-b]chinolin-2,4-dion-10-oxid
−, 1H- 607
Pyrimido[4,5-b]chinolin-4-ol
   s. *Pyrimido[4,5-b]chinolin-4-on, 3H-*
Pyrimido[4,5-c]chinolin-1-ol
   s. unter *Pyrimido[4,5-c]chinolin-1-on*
Pyrimido[4,5-b]chinolin-2-on
−, 3,4-Dihydro-1H- 493
Pyrimido[4,5-b]chinolin-4-on
−, 3H- 496
−, 2-Chlor-3H- 497
−, 1,3-Diacetyl-2-äthoxy-2,3-dihydro-
   1H- 691
−, 2-Imino-2,3-dihydro-1H- s. *Pyrimido-
   [4,5-b]chinolin-4-on, 2-Amino-3H-*
   (Syst.-Nr. 3990)
−, 2-Methyl-3H- 499
−, 2-Methyl-10-oxy-3H- 499
−, 10-Oxy-2-phenyl-3H- 526
−, 3-Phenyl-2-thioxo-2,3-dihydro-1H-
   608
−, 2-Thioxo-2,3,6,7,8,9-hexahydro-1H-
   600
Pyrimido[4,5-c]chinolin-1-on
−, 2H- 497
−, 3-Methyl-2H- 499
−, 2-Methyl-5-phenyl-2H- 527
−, 4-Methyl-5-phenyl-4H- 527
−, 5-Phenyl-2H- 527
Pyrimido[5,4-b]chinolin-10-on
−, 2,4-Dihydroxy-5H- s. *Pyrimido[5,4-
   b]chinolin-2,4,10-trion, 1,5-Dihydro-*
Pyrimido[4,5-b]chinolin-4-on-10-oxid
−, 2-Phenyl-3H- 526
Pyrimido[4,5-b]chinolin-2-thion
−, 3,4-Dihydro-1H- 493
Pyrimido[5,4-b]chinolin-2,4,10-triol
   s. *Pyrimido[5,4-b]chinolin-2,4,10-trion,
   1,5-Dihydro-*

Pyrimido[5,4-b]chinolin-2,4,10-trion
−, 7-Chlor-1,5-dihydro- 661
Pyrimido[1,2-a][1,8]naphthyridin-4,10-dion
−, 2,8-Dimethyl-1H- 611
Pyrimido[1,2-a][1,8]naphthyridin-10-on
−, 4-Hydroxy- s. *Pyrimido[1,2-
   a][1,8]naphthyridin-4,10-dion, 1H-*
Pyrimido[5,6,1-de]phenazin-3-on
−, 7-Acetyl-1-methyl-7H- 517
−, 1-Methyl-7H- 517
Pyrimido[1,2-a]pyrimidin
−, 1,3,4,6,7,8-Hexahydro-2H- 60
−, 1-Nitro-1,3,4,6,7,8-hexahydro-2H- 60
Pyrimido[1,2-a]pyrimidin-2-on
−, 6,8-Dimethyl-3,4-dihydro- 453
Pyrimido[1,2-a]pyrimidinylium
−, 2-[2-Brom-phenyl]-8-phenyl- 284
−, 2-[4-Brom-phenyl]-8-phenyl- 284
−, 2,8-Diphenyl- 284
−, 2-[4-Nitro-phenyl]-8-phenyl- 284
Pyrrol
−, 3-Äthyl-4-methyl-2,5-bis-[1-methyl-
   2-oxo-indolin-3-yliden]-2,5-dihydro- 631
−, 2,5-Bis-[1-methyl-2-oxo-indolin-
   3-yliden]-2,5-dihydro- 631
−, 2,5-Bis-[2-oxo-indolin-3-yliden]-
   2,5-dihydro- 630
−, 2,5-Bis-pyrrol-2-ylmethylen-
   s. *Tripyrrin*
−, 3-Diazo-2,4,5-triphenyl-3H- 301
−, 2,5-Di-[2]pyridyl- 249
−, 3,5,3′,5′,3′′,5′′-Hexamethyl-2,2′,2′′-
   methantriyl-tri- 227
−, 5,5′,5′′-Triäthyl-2,2′,2′′-methantriyl-
   tri- 227
Pyrrolidin
−, 2,5-Bis-[1-acetyl-2-oxo-indolin-
   3-yliden]- 629
−, 2,5-Bis-[5,7-dibrom-2-oxo-indolin-
   3-yliden]- 630
−, 2,5-Bis-[5-jod-2-oxo-indolin-3-yliden]-
   630
−, 2,5-Bis-[1-methyl-2-oxo-indolin-
   3-yliden]- 629
−, 2,5-Bis-[5-nitro-2-oxo-indolin-
   3-yliden]- 630
−, 2,5-Bis-[2-oxo-indolin-3-yliden]- 629
−, 2,5-Di-pyrrol-2-yl- 190
Pyrrolidin-2,3-dion
−, 4-Chinazolin-2-yl-1-[2]naphthyl-
   5-phenyl- 628
−, 4-Chinazolin-2-yl-5-phenyl-1-p-tolyl- 628
−, 4-Chinoxalin-2-yl-1-[2]naphthyl-
   5-phenyl- 628
−, 4-Chinoxalin-2-yl-5-phenyl-1-p-tolyl- 628
Pyrrolidin-2,5-dion
−, 2-[3-Methyl-chinoxalin-2-ylmethyl]-
   1-phenyl- 611

Pyrrolidinium
−, 1,1-Dimethyl-2,5-di-pyrrol-2-yl- 190
Pyrrolidin-2-on
−, 1-[4-(4,5-Bis-hydroxymethyl-
[1,2,3]triazol-1-yl)-phenyl]- 374
Pyrrolium
−, 1-[1-Acetyl-2-hydroxy-indol-3-yl]-4-
[1-acetyl-2-oxo-indolin-3-yliden]-
3,4-dihydro-2*H*-,
− betain 630
−, 1-[5,7-Dibrom-2-hydroxy-indol-3-yl]-
4-[5,7-dibrom-2-oxo-indolin-3-yliden]-
3,4-dihydro-2*H*-,
− betain 630
−, 1-[2-Hydroxy-5-jod-indol-3-yl]-4-
[5-jod-2-oxo-indolin-3-yliden]-3,4-dihydro-
2*H*-,
− betain 630
−, 1-[2-Hydroxy-5-nitro-indol-3-yl]-4-
[5-nitro-2-oxo-indolin-3-yliden]-
3,4-dihydro-2*H*-,
− betain 630
**5,10-Pyrrolo[3,4]ätheno-benzo[*g*]chinazolin-
13,15-dion**
−, 5,10,11,12-Tetrahydro- 625
Pyrrolo[3,4-*e*]benzimidazol
s. unter *Imidazo[4,5-e]isoindol*
Pyrrolo[3,4-*b*][1,5]benzodiazepin
s. unter *Benzo[*b*]pyrrolo[3,4-e]≠
[1,4]diazepin*
Pyrrolo[1,2-*a*]chinolin
−, 1,2-Di-[2]chinolyl- 316
Pyrrolo[2,3-*g*]chinoxalin
−, 6-Methyl-6*H*- 219
Pyrrolo[3,4-*b*]chinoxalin
−, 2-Acetyl-1,1,3,3-tetramethyl-
2,3-dihydro-1*H*- 197
−, 2-Allyl-2,3-dihydro-1*H*- 194
−, 2-Benzyl-2,3-dihydro-1*H*- 194
−, 2-Butyl-2,3-dihydro-1*H*- 194
−, 2-Cyclohexyl-2,3-dihydro-1*H*- 194
−, 2-Propyl-2,3-dihydro-1*H*- 193
−, 1,1,3,3-Tetramethyl-2,3-dihydro-1*H*-
197
Pyrrolo[3,4-*b*]chinoxalin-1,3-dion
−, 2-[2-Acetylamino-phenyl]- 607
Pyrrolo[3,4-*b*]chinoxalinium
−, 2,2-Dibutyl-2,3-dihydro-1*H*- 194
Pyrrolo[2,3-*g*]chinoxalin-8-ol
−, 6-Methyl-7,8-dihydro-6*H*- 353
Pyrrolo[3,2-*c*]cinnolin
−, 2,3-Diphenyl-1*H*- 301
−, 1,2,3-Triphenyl-1*H*- 301
Pyrrolo[3,4-*c*]cinnolin
−, 2-Äthyl-1,3-diphenyl-2*H*- 301
−, 5-Äthyl-1,3-diphenyl-5*H*- 301
Pyrrolo[3,2-*c*;4,5-*c'*]dipyridin
−, 5*H*- 220

Pyrrolo[3,2-*c*;4,5-*c'*]dipyridinium
−, 2-Methyl-5*H*- 220
Pyrrolo[3,4-*d*]imidazol-2,4-dion
−, 3-Benzoyl-hexahydro- 562
Pyrrolo[3,4-*d*]imidazol-2,4,6-trion
−, 1,3-Dihydro- 650
Pyrrol-2-on
−, 4-Äthyl-5-{4-äthyl-5-[3-äthyl-5-brom-
4-methyl-pyrrol-2-ylmethylen]-3-methyl-
5*H*-pyrrol-2-ylmethylen}-3-methyl-
1,5-dihydro- 512
Pyrrolo[2,3,4,5-*lmn*][4,7]phenanthrolin
−, 4-[3-Diäthylamino-propyl]-4*H*- 240
Pyrrolo[3,2-*a*]phenazin
−, 2-Methyl-3*H*- 262
Pyrrolo[3,4-*b*]pyrazin-5,7-dion 577
−, 6-Methyl- 577
Pyrrolo[3,2-*c*]pyrazol
−, 6-Acetyl-3,5-dimethyl-1-phenyl-
1,4-dihydro- 453
−, 6-Cinnamoyl-3,5-dimethyl-1-phenyl-
1,4-dihydro- 512
Pyrrolo[3,4-*c*]pyrazol-4,6-dion
−, 5-[4-Äthoxy-phenyl]-3a,6a-dihydro-
3*H*- 567
−, 3a,6a-Dihydro-3*H*- 566
−, 5-[2,4-Dimethyl-phenyl]-3a,6a-
dihydro-3*H*- 567
−, 5-[4-Methoxy-phenyl]-3a,6a-dihydro-
3*H*- 567
−, 3a-Methyl-5-phenyl-3a,6a-dihydro-
3*H*- 568
−, 6a-Methyl-5-phenyl-3a,6a-dihydro-
3*H*- 568
−, 5-Phenyl-3a,6a-dihydro-3*H*- 567
−, 5-*p*-Tolyl-3a,6a-dihydro-3*H*- 567
−, 3,3,5-Triphenyl-3a,6a-dihydro-3*H*-
625
Pyrrolo[3,4-*c*]pyrazol-3-on
−, 5-[2-Äthoxy-phenyl]-1-methyl-
2-phenyl-1,4,5,6-tetrahydro-2*H*- 436
−, 5-[4-Äthoxy-phenyl]-1-methyl-
2-phenyl-1,4,5,6-tetrahydro-2*H*- 437
−, 5-[1,5-Dimethyl-3-oxo-2-phenyl-
2,3-dihydro-1*H*-pyrazol-4-yl]-1-methyl-
2-phenyl-1,4,5,6-tetrahydro-2*H*- 437
−, 1-Methyl-2,5-diphenyl-
1,4,5,6-tetrahydro-2*H*- 436
−, 1-Methyl-2-phenyl-5-*o*-tolyl-
1,4,5,6-tetrahydro-2*H*- 436
−, 1-Methyl-2-phenyl-5-*p*-tolyl-
1,4,5,6-tetrahydro-2*H*- 436
Pyrrolo[3,4-*c*]pyrazol-6-on
−, 4,5-Bis-[4-methoxy-phenyl]-3-methyl-
2-phenyl-4,5-dihydro-2*H*- 691
−, 5-[2-Methoxy-phenyl]-4-[4-methoxy-
phenyl]-3-methyl-2-phenyl-4,5-dihydro-
2*H*- 691

Pyrrolo[3,4-c]pyrazol-6-on   (Fortsetzung)
—, 4-[4-Methoxy-phenyl]-3-methyl-
2-phenyl-5-m-tolyl-4,5-dihydro-2H- 691
—, 3-Methyl-2,4-diphenyl-4,5-dihydro-
2H- 494
—, 3-Methyl-4,5-diphenyl-2-p-tolyl-
4,5-dihydro-2H- 495
—, 3-Methyl-2,4,5-triphenyl-4,5-dihydro-
2H- 495
—, 2,3,4,5-Tetraphenyl-4,5-dihydro-2H-
524
—, 2,3,5-Trimethyl-4-phenyl-4,5-dihydro-
2H- 494
Pyrrolo[3,4-d]pyridazin
—, 6-Benzoylamino-1,4,5,7-tetramethyl-
6H- 162
—, 1,4-Bis-[4-methoxy-phenyl]-
5,7-dimethyl-6-phenyl-6H- 390
—, 1,4-Bis-[4-methoxy-phenyl]-5-methyl-
6,7-diphenyl-6H- 391
—, 1,4-Diäthyl-5,7-dimethyl-6-phenyl-
6H- 163
—, 5,7-Dimethyl-6-phenyl-6H- 159
—, 5,7-Dimethyl-1,4,6-triphenyl-6H- 281
—, 5-Methyl-1,4,6,7-tetraphenyl-6H- 305
—, 1,4,5,7-Tetramethyl-6H- 161
—, 1,4,5,7-Tetramethyl-6-phenyl-6H-
162
—, 1,4,5-Trimethyl-6,7-diphenyl-6H- 237
Pyrrolo[2,3-d]pyridazin-4,7-diol
—, 1H- s. *Pyrrolo[2,3-d]pyridazin-*
*4,7-dion, 5,6-Dihydro-1*H-
Pyrrolo[3,4-d]pyridazin-1,4-diol
—, 6H- s. *Pyrrolo[3,4-d]pyridazin-*
*1,4-dion, 2,3-Dihydro-6*H-
Pyrrolo[2,3-d]pyridazin-4,7-dion
—, 2-Methyl-5,6-dihydro-1H- 572
—, 2-Methyl-1-phenyl-1H- 572
Pyrrolo[3,4-d]pyridazin-1,4-dion
—, 6-Amino-5,7-diphenyl-2,3-dihydro-
6H- 628
—, 2,3-Dihydro-6H- 569
—, 5,7-Dimethyl-2,3-dihydro-6H- 573
—, 5,7-Diphenyl-2,3-dihydro-6H- 628
—, 6-Methyl-2,3-dihydro-6H- 570
Pyrrolo[3,4-d]pyridazin-5,7-dion
—, 1,4-Dimethyl- 582
Pyrrolo[2,3-d]pyridazin-4-ol
—, 1H- s. *Pyrrolo[2,3-d]pyridazin-4-on,*
1,5-Dihydro-
Pyrrolo[2,3-d]pyridazin-4-on
—, 2,7-Dimethyl-1,5-dihydro- 452
—, 2,7-Dimethyl-5-phenyl-1,5-dihydro-
453
Pyrrolo[3,4-d]pyridazin-1-on
—, 4-Hydroxy-2,6-dihydro- s. *Pyrrolo-*
[3,4-d]pyridazin-1,4-dion, 2,3-Dihydro-
*6*H-

Pyrrolo[3,4-d]pyridazin-6-ylamin
—, 1,4,5,7-Tetramethyl- 162
Pyrrolo[2,3-b]pyridinium
—, 2-[2-(2,5-Dimethyl-1-phenyl-pyrrol-
3-yl)-vinyl]-1,3,3-trimethyl-3H- 239
—, 2-[2-(2,5-Dimethyl-1-phenyl-pyrrol-
3-yl)-vinyl]-3,3,7-trimethyl-3H- 239
—, 3,3,7-Trimethyl-2-[1-methyl-
1H-[2]chinolylidenmethyl]-3H- 275
—, 1,3,3-Trimethyl-2-[3-(1-methyl-
1H-[2]chinolyliden)-propenyl]-3H- 282
—, 1,3,3-Trimethyl-2-[3-(1-methyl-
1H-[4]chinolyliden)-propenyl]-3H- 282
—, 3,3,7-Trimethyl-2-[3-(1-methyl-
1H-[2]chinolyliden)-propenyl]-3H- 282
—, 3,3,7-Trimethyl-2-[3-(1-methyl-
1H-[4]chinolyliden)-propenyl]-3H- 283
—, 1,3,3-Trimethyl-2-[3-(1,3,3-trimethyl-
indolin-2-yliden)-propenyl]-3H- 276
—, 3,3,7-Trimethyl-2-[3-(1,3,3-trimethyl-
indolin-2-yliden)-propenyl]-3H- 276
Pyrrolo[2′,3′:4,5]pyrido[2,3-c]carbazol
—, 1,4-Dimethyl-1,2,3,8-tetrahydro- 274
Pyrrolo[2′,3′:4,5]pyrido[3,2-a]carbazol
—, 1-[2-Diäthylamino-äthyl]-4-methyl-
1,2,3,12-tetrahydro- 274
Pyrrolo[2,3-d]pyrimidin
—, 4,6-Dichlor-2-methyl-7H- 154
Pyrrolo[2,3-d]pyrimidin-4,6-diol
—, 5H- s. *Pyrrolo[2,3-d]pyrimidin-*
*4,6-dion, 5,7-Dihydro-3*H-
Pyrrolo[2,3-d]pyrimidin-4,6-dion
—, 2-Methyl-5,7-dihydro-3H- 572
Pyrrolo[2,3-d]pyrimidin-6-ol
—, 7H- s. *Pyrrolo[2,3-d]pyrimidin-6-on,*
5,7-Dihydro-
Pyrrolo[3,2-d]pyrimidin-4-ol
—, 5H- s. unter *Pyrrolo[3,2-d]pyrimidin-4-on*
Pyrrolo[2,3-d]pyrimidin-6-on
—, 2,7-Dimethyl-5,7-dihydro- 450
—, 5-Isopropyliden-2,7-dimethyl-
5,7-dihydro- 481
—, 2-Methyl-5,7-dihydro- 450
Pyrrolo[3,2-d]pyrimidin-4-on
—, 2,6-Dimethyl-3,5-dihydro- 452
—, 6-Methyl-3,5-dihydro- 450
Pyrrolo[2,1-c][1,2,4]triazol
—, 6,7-Dihydro-5H- 73
—, 3-Methyl-6,7-dihydro-5H- 75
Pyrrolo[2,1-c][1,2,4]triazol-3-ol
—, 5H- s. *Pyrrolo[2,1-c][1,2,4]triazol-*
3-on, 2,5-Dihydro-
Pyrrolo[2,1-c][1,2,4]triazol-3-on
—, 2,5,6,7-Tetrahydro- 436
Pyrrolo[1,2-a][1,4,7]triazonin-1,4,7-trion
—, 2,5-Dichlor-octahydro- 650
—, 3,6-Diisobutyl-octahydro-
650
—, Octahydro- 649

Q

Quinazoline
s. *Chinazolin*
Quino[2,3-*d*][2,3]benzodiazepin
s. unter *Benzo[5,6][1,2]diazepino[3,4-b]chinolin*
Quino[4,3-*d*][2,3]benzodiazepin
s. unter *Benzo[5,6][1,2]diazepino[4,3-c]chinolin*
Quinoline
s. *Chinolin*
Quinoxaline
s. *Chinoxalin*

R

RDX 22
Resorcin
—, 4-Benzotriazol-2-yl- 104
Rhamnose
— phenylosotriazol 394
Rhetsin 525
Ribit
—, 1-[2-Phenyl-2*H*-[1,2,3]triazol-4-yl]- 415
Rutaecarpin 528

S

Salicylsäure
— [1-phenyl-3a,4,5,6,7,7a-hexahydro-1*H*-4,7-methano-benzotriazol-5-ylester] 335
— [3-phenyl-3a,4,5,6,7,7a-hexahydro-1*H*-4,7-methano-benzotriazol-5-ylester] 335
Salpetersäure
— [3,5-dinitro-tetrahydro-[1,3,5]triazin-1-ylmethylester] 20
1,2-Seco-lunarin 720
—, 14,15,28,29-Tetrahydro- 719
Sedoheptulose
— phenylosotriazol 415
Sorbose
— phenylosotriazol 407
Spiro[benz[4,5]imidazo[1,2-*a*]pyrazin-2,2'-isoindolinium]
—, 3,4-Dihydro-1*H*- 268

Spiro[chinolin-4,4'-imidazolidin]-2',5'-dion
—, 2,3-Dihydro-1*H*- 599
Spiro[chinoxalin-2,3'-indolin]-3,2'-dion
—, 1-Acetyl-6-chlor-4,1'-dimethyl-1,4-dihydro- 618
—, 6-Chlor-4,1'-dimethyl-1,4-dihydro- 618
Spiro[cyclohexan-1,18'-(5,9,14-triaza-bicyclo[17.3.1]tricosa-1(23),2,16,19,21-pentaen)]-4,4',15'-trion
—, 10'-Hydroxy- 720
Spiro[cyclohexan-1,18'-(5,9,14-triaza-bicyclo[17.3.1]tricosa-1(23),19,21-trien)]-4,4',15'-trion
—, 20'-Hydroxy- 719
Spiro[cyclohexan-1,17'-(4,8,13-triaza-[17]metacyclopha-1,15-dien)]-4,3',14'-trion
—, 19'-Hydroxy- 720
Spiro[cyclohexan-1,17'-(4,8,13-triaza-[17]metacyclophan)]-4,3',14'-trion
—, 19'-Hydroxy- 719
Spiro[cyclopenta[2,1-*b*;3,4-*b*']diindol-11,2'-indolin]-3'-on 537
Spiro[fluoren-9,3'-pyrrolo[3,4-*c*]pyrazol]-4',6'-dion
—, 5'-Phenyl-3'a,6'a-dihydro- 626
—, 5'-*p*-Tolyl-3'a,6'a-dihydro- 627
Spiro[imidazolidin-4,3'-(10,4a-iminoäthano-phenanthren)]
—, 1',9',10',10'a-Tetrahydro-2'*H*- s. *Spiro[imidazolidin-4,6'-morphinan]*
Spiro[imidazolidin-4,6'-morphinan]-2,5-dion
—, 4'-Hydroxy-3'-methoxy-17'-methyl- 720
Spiro[indolin-3,2'-naphth[1,2-*d*]imidazol]-2-on
—, 1',3'-Dihydro- 528
Spiro[piperidin-1,2'-pyrrolo[3,4-*b*]chinoxalinium]
—, 1',3'-Dihydro- 226
Stilben-2,2'-disulfonsäure
—, 4,4'-Bis-naphtho[1,2-*d*][1,2,3]triazol-2-yl-,
— bis-dibutylamid 215
— bis-dodecylamid 216
Stilben-2-sulfonsäure
—, 4-[5-Chlor-6-methoxy-benzotriazol-2-yl]-,
— cyclohexylamid 341
— dibutylamid 341
—, 4-[5,6-Dimethoxy-benzotriazol-2-yl]-,
— cyclohexylamid 380
— dibutylamid 380
—, 2',3'-Dimethoxy-4-naphtho[1,2-*d*]≠[1,2,3]triazol-2-yl-,
— phenylester 212
—, 3',4'-Dimethoxy-4-naphtho[1,2-*d*]≠[1,2,3]triazol-2-yl-,
— cyclohexylamid 212
— dibutylamid 212

Stilben-2-sulfonsäure (Fortsetzung)
- , 4-[5-Methoxy-6-methyl-benzotriazol-2-yl]-,
  - cyclohexylamid 344
  - dicyclohexylamid 344
  - dodecylamid 344
  - phenylester 343
- , 2'-Methoxy-4-naphtho[1,2-*d*]≠[1,2,3]triazol-2-yl-,
  - cyclohexylamid 212
  - dibutylamid 212
  - dicyclohexylamid 212
- , 3'-Methoxy-4-naphtho[1,2-*d*]≠[1,2,3]triazol-2-yl-,
  - cyclohexylamid 212
  - dibutylamid 212
- , 3',4'-Methylendioxy-4-naphtho[1,2-*d*]≠[1,2,3]triazol-2-yl-,
  - dicyclohexylamid 216
- , 4-Naphtho[1,2-*d*][1,2,3]triazol-2-yl-208
  - äthylamid 209
  - [äthyl-[1]naphthyl-amid] 209
  - amid 209
  - [2-amino-äthylamid] 210
  - anilid 209
  - benzylamid 209
  - [bis-(2-hydroxy-äthyl)-amid] 209
  - cyclohexylamid 209
  - decylamid 209
  - [2-diäthylamino-äthylamid] 210
  - dibutylamid 209
  - dicyclohexylamid 209
  - dimethylamid 209
  - dodecylamid 209
  - hexadecylamid 209
  - [1]naphthylamid 209
  - [1]naphthylester 208
  - [2]naphthylester 208
  - octadecylamid 209
  - octylamid 209
  - [4-octyl-phenylester] 208
  - [2-(4-pentyl-phenoxy)-anilid] 209
  - [4-*tert*-pentyl-phenylester] 208
  - phenylester 208
  - piperidid 209
  - [2]pyridylamid 210
  - [3-sulfamoyl-anilid] 210
  - [4-sulfamoyl-anilid] 210
- , 4'-Naphtho[1,2-*d*][1,2,3]triazol-2-yl-,
  - cyclohexylamid 211
  - dibutylamid 211
  - dimethylamid 211
  - phenylester 210
  - *p*-tolylester 210
- , 4-Naphtho[1,2-*d*][1,2,3]triazol-2-yl-4'-phenoxy-,
  - cyclohexylamid 212
  - dibutylamid 212

Stilben-4-sulfonsäure
- , 4'-Naphtho[1,2-*d*][1,2,3]triazol-2-yl-,
  - [4-*tert*-butyl-phenylester] 211
  - cyclohexylamid 211
  - dimethylamid 211
  - phenylester 211
  - *p*-tolylester 211

Stilben-2-sulfonylchlorid
- , 4-[5-Methoxy-6-methyl-benzotriazol-2-yl]- 343
- , 4-Naphtho[1,2-*d*][1,2,3]triazol-2-yl-208

Stilben-4-sulfonylchlorid
- , 4'-Naphtho[1,2-*d*][1,2,3]triazol-2-yl-211

Sulfamidsäure
- , Methylen- 17

Sulfanilsäure
- [1,2,4]triazol-4-ylamid 42
- [4-[1,2,3]triazol-2-yl-anilid] 33
- , *N*-Acetyl-,
  - [1,2,4]triazol-4-ylamid 42
  - [4-[1,2,3]triazol-2-yl-anilid] 33
- , *N*-Benzotriazol-1-ylmethyl-,
  - amid 105
- , *N*-[4-Naphtho[1,2-*d*][1,2,3]triazol-2-yl-stilben-2-sulfonyl]-,
  - amid 210
- , *N,N*-Phthaloyl-,
  - [1,2,4]triazol-4-ylamid 42

Sulfid
- , Bis-[1-oxy-benzo[*e*][1,2,4]triazin-3-yl]-346

Sulfon
- , Bis-[1-(2-diäthylamino-äthyl)-1*H*-benzotriazol-5-yl]- 343

Symclosen 642

T

T$_4$ 22
[2,6';2',6'']Terchinolin 310
[2,3';2',3'']Terindol
- , 2,3,2'',3''-Tetrahydro-1*H*,1'*H*,1''*H*-299
- , 7,7',7''-Trimethyl-2,3,2'',3''-tetrahydro-1*H*,1'*H*,1''*H*- 299
[3,2';3',3'']Terindol
- , 1*H*,1'*H*,1''*H*- 304
[3,2';2',3'']Terindol-2,3'-dion
- , 1,3-Dihydro-1'*H*,1''*H*- 631
[3,2';2',3']Terindol-3'-on
- , 1*H*,1'*H*,1''*H*- 536
[3,3';3',3'']Terindol-2-on
- , 1'-Methyl-1*H*,1'*H*,1''*H*- 536

[3,3′;3′,3″]Terindol-2,2′,2″-trion
−, 1,1′,1″-Triphenyl-1,3,1″,3″-
   tetrahydro-1′H- 669
Terosin 293
Terosit 319
Terosol 296
[2,2′;6′,2″]Terpyridin 258
−, 6-Brom- 260
−, 4,4″-Diäthyl-4′-phenyl- 299
−, 6,6″-Dibrom- 261
−, 4,4″-Dimethyl-4′-phenyl- 296
−, 4′-Phenyl- 293
−, 4,4′,4″-Triphenyl- 319
−, 6,4′,6″-Triphenyl- 319
[2,3′;2′,3″]Terpyridin
−, 1,1′,1″-Trimethyl-1,2,3,4,5,6,1′,2′,3′,4′,=
   5′,6′,1″,4″,5″,6″-hexadecahydro- 83
[2,3′;5′,2″]Terpyridin
−, 2′,4′,6′-Triphenyl- 319
[3,2′;4′,3″]Terpyridin 261
−, 6′-Chlor- 261
[3,2′;6′,3″]Terpyridin 261
−, 4′-Phenyl- 294
−, 3′,4′,5′-Triphenyl- 320
[3,3′;5′,3″]Terpyridin 261
[4,2′;6′,4″]Terpyridin 262
[3,2′;4′,3″]Terpyridin-6′-on
−, 1′H- 516
[2,2′;5′,2″]Terpyrrol
−, 1′-Acetyl-2′,3′,4′,5′-tetrahydro-
   1H,1′H,1″H- 190
−, 2′,3′,4′,5′-Tetrahydro-1H,1′H,1″H-
   190
[2,3′;2′,3″]Terpyrrol
−, 1,1′,1″-Trimethyl-2,3,4,5,2′,3′,4′,5′,4″,=
   5″-decahydro-1H,1′H,1″H- 83
[2,2′;5′,2″]Terpyrrol-5,5″-dion
−, 1,2,3,4,1″,2″,3″,4″-Octahydro-1′H-
   591
[2,2′;5′,2″]Terpyrrolium
−, 1′,1′-Dimethyl-2′,3′,4′,5′-tetrahydro-
   1H,1′H,1″H- 190
[1.1.1]Tetramethinium
−, 1,3,4-Tris-[6-äthoxy-1-äthyl-[4]chinolyl]-
   405
−, 1,3,4-Tris-[1-äthyl-[2]chinolyl]- 314
−, 1,3,4-Tris-[1-äthyl-[4]chinolyl]- 314
−, 1,3,4-Tris-[1-äthyl-6-methoxy-[4]chinolyl]-
   405
−, 1,3,4-Tris-[10-methyl-acridin-9-yl]-
   320
−, 1,3,4-Tris-[1-methyl-[2]chinolyl]-
   313
[1,2,4,5]Tetrazin-3-thiol
−, 6-Benzylmercapto-1,4-dihydro- 677
[1,3,5,7]Tetrazonin-2,4,6-trion
−, Tetrahydro- 641

2-Thio-barbitursäure
−, 1-Äthyl-5-[1-benzyl-2,5-dimethyl-
   pyrrol-3-ylmethylen]- 655
−, 5-[1-Äthyl-1H-[2]chinolyliden]- 662
−, 5-[2-(1-Äthyl-1H-[2]chinolyliden)-
   äthyliden]- 665
−, 1-Äthyl-5-[1,2-dimethyl-indol-
   3-ylmethylen]- 663
−, 1-Äthyl-5-[2,5-dimethyl-1-phenyl-
   pyrrol-3-ylmethylen]- 655
−, 5-[1-Cyclohexyl-2,5-dimethyl-pyrrol-
   3-ylmethylen]-1-phenyl- 655
−, 1,3-Diäthyl-5-[2-(1-äthyl-3,3-dimethyl-
   indolin-2-yliden)-äthyliden]- 664
−, 1,3-Diäthyl-5-[4-(1-äthyl-3,3-dimethyl-
   indolin-2-yliden)-but-2-enyliden]- 666
−, 1,3-Diäthyl-5-[6-(1-äthyl-3,3-dimethyl-
   indolin-2-yliden)-hexa-2,4-dienyliden]-
   667
−, 1,3-Diäthyl-5-[2-(1-äthyl-
   1H-[4]pyridyliden)-äthyliden]- 659
−, 1,3-Diäthyl-5-[3-(2,3-dimethyl-
   indolizin-1-yl)-allyliden]- 665
−, 1,3-Diäthyl-5-[5-(2,3-dimethyl-
   indolizin-1-yl)-penta-2,4-dienyliden]- 667
−, 1,3-Diäthyl-5-[2-(3,3-dimethyl-
   1-phenyl-indolin-2-yliden)-äthyliden]- 664
−, 1,3-Diäthyl-5-[2,5-dimethyl-1-phenyl-
   pyrrol-3-ylmethylen]- 655
−, 1,3-Diäthyl-5-[5-(2-methyl-indolizin-
   1-yl)-penta-2,4-dienyliden]- 667
−, 1,3-Diäthyl-5-[5-(2-phenyl-indolizin-
   1-yl)-penta-2,4-dienyliden]- 668
−, 1,3-Diäthyl-5-[2-(1,3,3-trimethyl-
   indolin-2-yliden)-äthyliden]- 664
−, 5-[2,5-Dimethyl-1-phenyl-pyrrol-
   3-ylmethylen]- 655
−, 5-[2,5-Dimethyl-1-phenyl-pyrrol-
   3-ylmethylen]-1-phenyl- 655
−, 5-[2,5-Dimethyl-1-propyl-pyrrol-
   3-ylmethylen]-1-phenyl- 655
−, 5-[2-(1,6-Dimethyl-1H-[2]pyridyliden)-
   äthyliden]- 660
−, 5-[1-Dodecyl-2,5-dimethyl-pyrrol-
   3-ylmethylen]-1-phenyl- 655
−, 5-[1-Heptyl-2,5-dimethyl-pyrrol-
   3-ylmethylen]- 655
−, 5-Indol-3-ylmethylen- 663
−, 5-[2-(1-Methyl-1H-[2]chinolyliden)-
   äthyliden]- 665
−, 5-[1-Methyl-indol-3-ylmethylen]- 663
−, 5-[2-(1-Methyl-1H-[2]pyridyliden)-
   äthyliden]- 659
Thiokohlensäure
− O-äthylester-S-[4,6-dithioxo-
   1,4,5,6-tetrahydro-[1,3,5]triazin-
   2-ylester] 699

Thiophosphorsäure
- *O,O'*-diäthylester-*S*-[4-nitro-
  benzotriazol-1-ylmethylester] 129
- *O,O'*-diisopropylester-*S*-[4-oxo-
  4*H*-benzo[*d*][1,2,3]triazin-3-ylmethyl‑
  ester] 460
- *O,O'*-dimethylester-*S*-[4-oxo-
  4*H*-benzo[*d*][1,2,3]triazin-3-ylmethyl‑
  ester] 460

Threit
-, 1-[2-(4-Brom-phenyl)-2*H*-[1,2,3]triazol-
  4-yl]- 408
-, 1-[2-Phenyl-2*H*-[1,2,3]triazol-4-yl]-
  407
-, 1-[2-*p*-Tolyl-2*H*-[1,2,3]triazol-4-yl]-
  413

Toluol-4-sulfonamid
-, *N*-[4,5-Dimethyl-[1,2,3]triazol-1-yl]-
  48
-, *N*-[4,5-Dipropyl-[1,2,3]triazol-1-yl]-
  61
-, *N*-[4-Methyl-5-phenyl-[1,2,3]triazol-
  1-yl]- 177
-, *N*-[5-Methyl-4-phenyl-[1,2,3]triazol-
  1-yl]- 177

Toluol-4-sulfonsäure
- {4-[4-(α-hydroxy-isopropyl)-
  [1,2,3]triazol-1-yl]-anilid} 328
- [2-phenyl-2*H*-[1,2,3]triazol-
  4-ylmethylester] 323

Triäthylidentriamin 25
1,3,5-Triaza-adamantan 61
-, 7-Methyl- 61
4,7a,11-Triaza-benzo[*ef*]heptalen-5,10-dion
-, 6,7,8,9-Tetrahydro-4*H*,11*H*- 600
**4,5,11b-Triaza-benzo[4,5]pentaleno[1,2-*b*]‑
  naphthalin-12-on** 531
1,8,10-Triaza-bicyclo[6.3.1]dodecan
-, 10-Nitro- 28
2,5,7-Triaza-bicyclo[2.2.1]heptan
  s. *2,5,7-Triaza-norbornan*
2,3,6-Triaza-bicyclo[3.1.0]hexa-3,6-dien
-, 5-Brom-4-methyl-2-phenyl- 71
-, 5-Brom-4-methyl-2-*o*-tolyl- 71
-, 5-Brom-4-methyl-2-*p*-tolyl- 71
-, 5-Chlor-4-methyl-2-phenyl- 71
-, 5-Chlor-4-methyl-2-*o*-tolyl- 71
-, 4,5-Dimethyl-2-phenyl- 71
-, 5-Jod-4-methyl-2-phenyl- 71
-, 5-Jod-4-methyl-2-*o*-tolyl- 71
-, 4-Methyl-2-phenyl- 71
1,3,5-Triaza-bicyclo[3.3.1]nonan
-, 6-Methyl-3-nitro- 28
-, 3-Nitro- 28
1,3,5-Triaza-bicyclo[3.2.1]octan
-, 3-Nitro- 27
1,4,5-Triaza-bicyclo[2.1.0]pentan-2-on
-, 3-Benzyliden-5-phenyl- 484

1,10,12-Triaza-bicyclo[8.3.1]tetradecan
-, 12-Nitro- 29
1,9,11-Triaza-bicyclo[7.3.1]tridecan
-, 11-Nitro- 29
1,8,15-Triaza-cycloheneicosan 26
-, 1,8,15-Tris-[2,4-dinitro-phenyl]- 26
1,8,15-Triaza-cycloheneicosan-2,9,16-trion 645
**4a,5a,14a-Triaza-10,15a-methano-benzo‑
  [5,6]cyclooct[1,2,3-*de*]anthracen**
-, Tetradecahydro- s. *Homoormosanin*
2,5,7-Triaza-norborn-2-en
-, 5-[2-Brom-äthyl]-1,3,4,6-tetraphenyl-
  307
-, 7-[2-Brom-äthyl]-1,3,4,6-tetraphenyl-
  307
-, 5,7-Diacetyl-1,3,4,6-tetraphenyl- 307
-, 5,7-Diäthyl-1,3,4,6-tetraphenyl- 307
-, 5,7-Dibenzoyl-1,3,4,6-tetraphenyl- 307
-, 5,7-Dimethyl-1,3,4,6-tetraphenyl- 307
-, 1,3,4,5,6,7-Hexaphenyl- 307
-, 1,3,4,6-Tetrakis-[4-isopropyl-phenyl]-
  309
-, 1,3,4,6-Tetrakis-[4-methoxy-phenyl]-
  415
-, 1,3,4,6-Tetrakis-[4-nitro-phenyl]- 308
-, 1,3,4,6-Tetraphenyl- 307
-, 1,3,4,6-Tetra-*p*-tolyl- 309
-, x,x'-Dibrom-1,3,4,6-tetraphenyl- 307
1,9,17-Triaza-[2.2.2]paracyclophan
-, 1,9,17-Triäthyl- 276
-, 1,9,17-Tribenzyl- 276
-, 1,9,17-Tributyl- 276
-, 1,9,17-Triisopentyl- 276
-, 1,9,17-Trimethyl- 275
-, 1,9,17-Tripropyl- 276
1,3,8-Triaza-spiro[4.5]decan-2,4-dion
-, 6,6-Dimethyl-7,9-diphenyl- 620
-, 6,8-Dimethyl-7,9-diphenyl- 620
-, 6,10-Dimethyl-7,9-diphenyl- 620
-, 8-Methyl- 564
-, 6-Methyl-7,9-diphenyl- 620
-, 7,7,8,9,9-Pentamethyl- 565
-, 7,7,9,9-Tetramethyl- 565
-, 7,7,9-Trimethyl- 565
6,8,9-Triaza-spiro[4.5]dec-9-en-7-on 440
1,2,4-Triaza-spiro[5.5]undecan-5-on
-, 3-Thioxo- 564
2,4,9-Triaza-spiro[5.5]undecan-1,3,5-trion
-, 9-Äthyl- 649
-, 9-Allyl- 649
-, 9-Benzolsulfonyl- 649
-, 9-Benzyl- 649
-, 9-Butyl- 649
-, 9-Cyclohexyl- 649
-, 9-[2-Hydroxy-äthyl]- 649
-, 9-Isopropyl- 649
-, 9-Methyl- 648
-, 9-Phenäthyl- 649

2,4,9-Triaza-spiro[5.5]undecan-1,3,5-trion
(Fortsetzung)
−, 9-Phenyl- 649
−, 9-Propyl- 649
−, 9-o-Tolyl- 649
−, 9-p-Tolyl- 649
2,8,14-Triaza-tetracyclo[14.2.2.2^{4,7}.2^{10,13}]$\rlap{-}=$ tetracosa-1(18),4,6,10,12,16,19,21,23-nonaen
s. *1,9,17-Triaza-[2.2.2]paracyclophan*
1,3,5-Triaza-tricyclo[3.3.1.1^{3,7}]decan
s. *1,3,5-Triaza-adamantan*
6,7,8-Triaza-tricyclo[12.2.2.0^{5,9}]octadeca-5(9),7,14,16,17-pentaen 198
1,4,7-Triaza-tricyclo[3.3.0.0^{2,7}]oct-3-en-8-on
−, 2,3,5,6-Tetraphenyl- 537
[1,3,7]Triazecin-4,10-dion
−, 7-Brom-hexahydro- 552
−, 7-Chlor-hexahydro- 552
−, 7-Furfuryl-hexahydro- 552
−, Hexahydro- 552
−, 2-Methyl-hexahydro- 553
−, 7-[2]Thienylmethyl-hexahydro- 552
[1,3,5]Triazepin
−, 3-Acetoxymethyl-1,5-dinitro-hexahydro- 24
−, 3-Acetyl-1,5-dinitro-hexahydro- 24
−, 3-Äthoxymethyl-1,5-dinitro-hexahydro- 24
−, 3-Äthyl-1,5-dinitro-hexahydro- 23
−, 3-Butyl-1,5-dinitro-hexahydro- 23
−, 3-Cyclohexyl-1,5-dinitro-hexahydro-23
−, 1,5-Dinitro-3-propoxymethyl-hexahydro- 24
−, 3-Isopropoxymethyl-1,5-dinitro-hexahydro- 24
−, 3-Isopropyl-1,5-dinitro-hexahydro-23
−, 3-Methyl-1,5-dinitro-hexahydro- 23
−, 1,5,1′,5′-Tetranitro-dodecahydro-3,3′-äthandiyl-bis- 24
−, 1,5,1′,5′-Tetranitro-dodecahydro-3,3′-methandiyl-bis- 24
−, 1,3,5-Trinitro-hexahydro- 24
[1,2,4]Triazepin-5,6-dion
−, 2,7-Dimethyl-3-thioxo-3,4-dihydro-2*H*-,
  − 6-[1]naphthylhydrazon 648
  − 6-[4-nitro-phenylhydrazon] 648
  − 6-phenylhydrazon 648
[1,2,4]Triazepin-5,7-dion
−, 6-Äthyl-6-benzyl-2-methyl-3-thioxo-tetrahydro- 657
−, 6-Äthyl-6-benzyl-2-phenyl-3-thioxo-tetrahydro- 657
−, 6-Äthyl-2,6-dimethyl-4-phenyl-3-thioxo-tetrahydro- 644
−, 6-Äthyl-2,6-diphenyl-3-thioxo-tetrahydro- 656

−, 6-Äthyl-6-methyl-2-phenyl-3-thioxo-tetrahydro- 643
−, 6,6-Diäthyl-2-methyl-4-phenyl-3-thioxo-tetrahydro- 644
−, 6,6-Diäthyl-2-phenyl-3-thioxo-tetrahydro- 644
−, 6,6-Dibenzyl-2-methyl-4-phenyl-3-thioxo-tetrahydro- 666
−, 6,6-Dibenzyl-2-methyl-3-thioxo-tetrahydro- 666
−, 6,6-Dibenzyl-2-phenyl-3-thioxo-tetrahydro- 666
−, 2-Methyl-4-phenyl-6,6-dipropyl-3-thioxo-tetrahydro- 644
−, 2-Phenyl-6,6-dipropyl-3-thioxo-tetrahydro- 644
−, 2,6,6-Tribenzyl-3-thioxo-tetrahydro-666
−, 2,6,6-Trimethyl-4-phenyl-3-thioxo-tetrahydro- 643
[1,3,5]Triazepin-2,4-dion
−, 1-Isopropyl-6,6-dimethyl-tetrahydro-551
[1,3,5]Triazepin-6,7-dion
−, 1-[4-Äthoxy-phenyl]-2,4-diimino-tetrahydro- 673
−, 2,4-Diimino-1-phenyl-tetrahydro-673
−, 2,4-Diimino-tetrahydro- 673
−, 2,4-Diimino-1-p-tolyl-tetrahydro-673
[1,3,5]Triazepin-2,4-dithion
−, Tetrahydro- 549
[1,2,4]Triazepin-5-on
−, 7-Äthyl-2-benzyl-3-thioxo-2,3,4,6-tetrahydro- 562
−, 3-Äthylmercapto-2-methyl-7-phenyl-2,6-dihydro- 689
−, 7-Äthyl-2-methyl-3-thioxo-2,3,4,6-tetrahydro- 562
−, 2-Benzyl-7-methyl-3-thioxo-2,3,4,6-tetrahydro- 561
−, 2,7-Dimethyl-6-[1]napythylazo-3-thioxo-2,3,4,6-tetrahydro- 648
−, 2,7-Dimethyl-6-[4-nitro-phenylazo]-3-thioxo-2,3,4,6-tetrahydro- 648
−, 2,7-Dimethyl-6-phenylazo-3-thioxo-2,3,4,6-tetrahydro- 648
−, 2,7-Dimethyl-3-thioxo-2,3,4,6-tetrahydro- 561
−, 2-Methyl-7-phenyl-3-thioxo-2,3,4,6-tetrahydro- 595
−, 7-Methyl-2-phenyl-3-thioxo-2,3,4,6-tetrahydro- 561
−, 2-Methyl-3-thioxo-7-p-tolyl-2,3,4,6-tetrahydro- 598
[1,3,5]Triazepin-2-on
−, 4-Äthoxy-1,5,6,7-tetrahydro- 678
[1,3,5]Triazepin-2,4,6,7-tetraon 673

[1,2,4]Triazepin-3-thion

–, 7-Äthyl-5-[2,4-dinitro-phenyl≠ hydrazono]-2-methyl-2,4,5,6-tetrahydro- 562

–, 2-Benzyl-5-[2,4-dinitro-phenyl≠ hydrazono]-7-methyl-2,4,5,6-tetrahydro- 561

–, 5-[2,4-Dinitro-phenylhydrazono]- 2,7-dimethyl-2,4,5,6-tetrahydro- 561

–, 5,5,7-Trimethyl-2,4,5,6-tetrahydro- 430

[1,2,4]Triazepin-3,5,7-trion

–, 2-Äthyl-6,6-dibenzyl-dihydro- 666

–, 6,6-Diäthyl-2-phenyl-dihydro- 644

–, 6,6-Dibenzyl-2-phenyl-dihydro- 666

[1,3,5]Triazepin-2,4,6-trion

–, Dihydro- 643

Triazetidin-1,3-dicarbonsäure

–, 4-Chlormethyl-,
  – diäthylester 3

[1,2,4]Triazin

–, 3-[4-Acetoxy-phenyl]-5,6-diphenyl- 372

–, 4-Acetyl-3-methoxy-5,6-diphenyl- 4,5-dihydro- 362

–, 1-Acetyl-3-methoxy-5,6-diphenyl- 1,4,5,6-tetrahydro- 357

–, 4-Acetyl-3-methoxy-5,6-diphenyl- 1,4,5,6-tetrahydro- 358

–, 6-Acetyl-4-methyl-2-phenyl- 2,3,4,5-tetrahydro- 429

–, 3-Äthoxy-5-methylmercapto- 376

–, 3-Äthyl-5,6-dimethyl- 76

–, 5-Äthyl-3,6-dimethyl- 76

–, 5-Äthyl-6-methyl- 73

–, 3-Äthyl-6-methyl-5-phenyl- 195

–, 5-Äthyl-6-methyl-3-phenyl- 195

–, 4-Anilino-2-phenyl-2,3,4,5-tetrahydro- 27

–, 6-Benzoyl-4-methyl-2-phenyl- 2,3,4,5-tetrahydro- 480

–, 4-Benzylidenamino-3-methyl- 2,3,6-triphenyl-2,3,4,5-tetrahydro- 237

–, 4-Benzylidenamino-2,3,6-triphenyl- 2,3,4,5-tetrahydro- 236

–, 5,6-Bis-[4-methoxy-phenyl]- 389

–, 5,6-Bis-[4-methoxy-phenyl]- 3-methylmercapto- 404

–, 3,5-Bis-methylmercapto- 376

–, 3-Chlor-5,6-diphenyl- 257

–, 5-Chlor-3,6-diphenyl- 256

–, 6-Chlor-3,5-diphenyl- 256

–, 3-Chlor-5-methylmercapto- 329

–, 3-Chlormethyl-6-phenyl-4,5-dihydro- 184

–, 3-[4-Chlor-phenyl]-5,6-diphenyl- 292

–, 2,3-Diacetyl-6-phenyl-1,2-dihydro- 486

–, 2,3-Diacetyl-6-phenyl-2,5-dihydro- 486

–, 5,6-Diäthyl- 76

–, 3-[2-Diäthylamino-äthoxy]- 5,6-diphenyl- 364

–, 3,5-Diäthyl-6-methyl- 78

–, 5,6-Diäthyl-3-methyl- 78

–, 5,6-Diäthyl-3-phenyl- 196

–, 3,5-Dichlor- 63

–, 2-[3,4-Dimethoxy-phenyl]- 5,6-diphenyl- 391

–, 3-[2,4-Dimethoxy-phenyl]- 5,6-diphenyl- 391

–, 5,6-Dimethyl- 71

–, 3-Dimethylcarbamoyloxy- 5,6-diphenyl- 364

–, 5,6-Dimethyl-1,2-dihydro- 52

–, 5,6-Dimethyl-3-[4-nitro-benzyl]- 195

–, 3,5-Dimethyl-6-phenyl- 194

–, 3,6-Dimethyl-5-phenyl- 194

–, 5,6-Dimethyl-3-phenyl- 194

–, 3,5-Dimethyl-6-phenyl-4,5-dihydro- 187

–, 3,6-Dimethyl-5-phenyl-1,2-dihydro- 187

–, 5,6-Dimethyl-3-phenyl-1,2-dihydro- 187

–, 3,6-Diphenyl- 256

–, 5,6-Diphenyl- 257

–, 2,6-Diphenyl-2,3-dihydro- 177

–, 3,6-Diphenyl-1,2-dihydro- 249

–, 3,6-Diphenyl-4,5-dihydro- 249

–, 5,6-Diphenyl-4,5-dihydro- 250

–, 5,6-Diphenyl-3-[2-piperidino-äthoxy]- 364

–, 5,6-Diphenyl-3-[2-piperidino-äthoxy]- 4,5-dihydro- 362

–, 5,6-Diphenyl-3-[2-piperidino-äthoxy]- 1,4,5,6-tetrahydro- 357

–, 2,6-Diphenyl-2,3,4,5-tetrahydro- 159

–, 5,6-Diphenyl-3-*p*-tolyl- 295

–, 5,6-Diphenyl-3-[3,4,5-trimethoxy- phenyl]- 405

–, 5,6-Di-*p*-tolyl- 266

–, 1-Formyl-1,2,5,6-tetrahydro- 27

–, 2-Formyl-1,2,5,6-tetrahydro- 27

–, 3-Imino-dihydro- s. *[1,2,4]Triazin- 3-ylamin* (Syst.-Nr. 3952)

–, 5-Imino-dihydro- s. *[1,2,4]Triazin- 5-ylamin* (Syst.-Nr. 3952)

–, 6-Imino-dihydro- s. *[1,2,4]Triazin- 6-ylamin* (Syst.-Nr. 3952)

–, 3-Isopropyl-5,6-dimethyl- 78

–, 3-Methoxy-5,6-diphenyl- 364

–, 3-Methoxy-5,6-diphenyl-4,5-dihydro- 362

–, 3-Methoxy-5,6-diphenyl- 1,4,5,6-tetrahydro- 357

[1,2,4]Triazin (Fortsetzung)
–, 3-[3-Methoxy-phenyl]-5,6-diphenyl-
   372
–, 3-Methyl-5,6-diphenyl- 263
–, 5-Methyl-3,6-diphenyl- 263
–, 6-Methyl-3,5-diphenyl- 263
–, 3-Methyl-5,6-diphenyl-1,2-dihydro-
   251
–, 5-Methyl-3,6-diphenyl-4,5-dihydro-
   252
–, 6-Methyl-3,5-diphenyl-1,2-dihydro-
   252
–, 3-Methylmercapto-5,6-diphenyl- 365
–, 3-Methyl-6-phenyl- 192
–, 6-Methyl-5-phenyl- 192
–, 3-Methyl-6-phenyl-1,2-dihydro- 184
–, 3-Methyl-6-phenyl-4,5-dihydro- 184
–, 3-[3-Nitro-phenyl]-5,6-diphenyl- 292
–, 3-[4-Nitro-phenyl]-5,6-diphenyl- 292
–, 4-Nitroso-2,6-diphenyl-
   2,3,4,5-tetrahydro- 159
–, 5-Phenyl- 191
–, 6-Phenyl-1,4-dihydro- 177
–, 6-Phenyl-4,5-dihydro- 177
–, 1,2,5,6-Tetrahydro- 27
–, 5,6,5',6'-Tetraphenyl-3,3'-disulfandiyl-
   bis- 365
–, Triäthyl- 79
–, Trichlor- 555
–, Trimethyl- 73
–, 3,5,6-Trimethyl-1,2-dihydro- 58
–, 3,5,6-Trimethyl-4,5-dihydro- 58
–, Triphenyl- 291
–, 2,3,6-Triphenyl-2,3-dihydro- 249
–, 2,3,6-Triphenyl-2,5-dihydro- 249
–, 3,5,6-Triphenyl-1,2-dihydro- 286
[1,3,5]Triazin 63
–, Acetoxymethyl-dimethoxy- 403
–, 1-Acetoxymethyl-3,5-dinitro-
   hexahydro- 20
–, 1-Acetyl-3,5-dinitro-hexahydro- 21
–, [2-Äthoxy-äthoxy]-dichlor- 331
–, [2-Äthoxy-äthylmercapto]-dichlor-
   333
–, Äthoxy-bis-pentafluoräthyl- 334
–, Äthoxy-bis-trichlormethyl- 333
–, Äthoxy-dichlor- 330
–, 1-Äthoxymethyl-3,5-dinitro-
   hexahydro- 19
–, Äthyl-dichlor- 71
–, 1-Äthyl-3,5-dinitro-hexahydro- 19
–, Äthylmercapto-dichlor- 332
–, 2-Äthyl-2,4,6-triphenyl-1,2-dihydro-
   288
–, Allylmercapto-dichlor- 333
–, Allyloxy-dichlor- 331
–, Benzoyloxymethyl-dimethoxy- 403
–, Benzyl- 192
–, 1-Benzyl-3,5-dinitro-hexahydro- 19

–, Benzyloxy-dichlor- 331
–, Bis-[4-acetyl-2-methoxy-phenoxy]-
   chlor- 377
–, Bis-äthylmercapto-diazomethyl- 701
–, Bis-allyloxy-pentachlorphenoxy- 398
–, 4,6-Bis-benzylmercapto-2,2-dimethyl-
   1-phenyl-1,2-dihydro- 375
–, 4,6-Bis-benzylmercapto-2,2-dimethyl-
   1-o-tolyl-1,2-dihydro- 375
–, 4,6-Bis-benzylmercapto-1,2-diphenyl-
   1,2-dihydro- 386
–, 4,6-Bis-benzylmercapto-2-phenyl-1-
   o-tolyl-1,2-dihydro- 386
–, 4,6-Bis-benzylmercapto-1-o-tolyl-
   1,2-dihydro- 374
–, Bis-[4-chlor-phenyl]-trichlormethyl-
   264
–, Bis-[2-diäthylamino-äthoxy]-methoxy-
   400
–, Bis-[2-(diäthyl-benzyl-ammonio)-
   äthoxy]-methoxy- 401
–, Bis-methylmercapto-phenyl- 387
–, Bis-[3-nitro-phenyl]-phenyl- 293
–, Bis-[4-nitro-phenyl]-phenyl- 293
–, Bis-trichlormethyl-[2,2,2-trifluor-
   äthoxy]- 333
–, [1-Brom-äthyl]-diphenyl- 267
–, Brom-dichlor- 69
–, Brom-difluor- 68
–, 1-Brommethyl-3,5-dinitro-hexahydro-
   20
–, Butoxy-bis-trichlormethyl- 334
–, Butoxy-dichlor- 330
–, sec-Butoxy-dichlor- 330
–, Butylmercapto-dichlor- 332
–, sec-Butylmercapto-dichlor- 332
–, tert-Butylmercapto-dichlor- 332
–, 2-Butyl-2,4,6-triphenyl-1,2-dihydro-
   289
–, [1-Chlor-äthyl]-diphenyl- 267
–, Chlor-bis-chlormethyl- 72
–, Chlor-bis-[4-chlor-phenoxy]- 377
–, Chlor-bis-[4-chlor-phenyl]- 258
–, Chlor-bis-[1,1-dichlor-äthyl]- 76
–, Chlor-bis-dichlormethyl- 72
–, Chlor-bis-[2,4-dichlor-phenoxy]- 377
–, Chlor-bis-[N,N-dimethyl-thiocarbamoyl-
   mercapto]- 377
–, Chlor-bis-heptafluorpropyl- 80
–, Chlor-bis-[4-methoxy-phenoxy]- 377
–, Chlor-bis-[4-nitro-phenyl]- 258
–, Chlor-bis-pentachlorphenoxy- 377
–, Chlor-bis-pentafluoräthyl- 76
–, Chlor-bis-trichlormethyl- 72
–, Chlor-diazomethyl-methyl- 441
–, Chlor-diazomethyl-phenyl- 488
–, Chlor-difluor- 66
–, [Chlor-difluor-methyl]-bis-trifluormethyl-
   74

[1,3,5]Triazin   (Fortsetzung)

−, Chlor-dimethoxy- 376
−, Chlor-dimethyl- 72
−, Chlor-diphenoxy- 376
−, Chlor-diphenyl- 257
−, Chlormethyl-dimethoxy- 377
−, 1-Chlormethyl-3,5-dinitro-hexahydro- 20
−, [2-Chlor-phenoxy]-diphenoxy- 398
−, 1,3-Diacryloyl-5-[3-diäthylamino-propionyl]-hexahydro- 14
−, Diäthoxy-diazomethyl- 700
−, Diäthoxy-phenyl- 387
−, Diäthoxy-trichlormethyl- 377
−, Diäthyl- 76
−, Diazomethyl-bis-methylmercapto- 701
−, Diazomethyl-bis-phenylmercapto- 701
−, Diazomethyl-dimethoxy- 700
−, Dibenzyl- 267
−, 1,3-Dibenzyl-5-nitro-hexahydro- 18
−, Dibrom- 69
−, [1,1-Dibrom-äthyl]-diphenyl- 267
−, [1,2-Dibrom-äthyl]-diphenyl- 267
−, Dibrom-fluor- 69
−, Dibrommethyl-dimethoxy- 377
−, Dichlor- 66
−, [1,1-Dichlor-äthyl]-diphenyl- 267
−, [1,2-Dichlor-äthyl]-diphenyl- 267
−, Dichlor-[5-chlor-2-methoxy-phenyl]- 352
−, Dichlor-chlormethyl- 70
−, Dichlor-[2-chlor-phenoxy]- 331
−, Dichlor-[4-chlor-phenoxy]- 331
−, Dichlor-[2-chlor-phenyl]- 192
−, Dichlor-[4-chlor-phenylmercapto]- 333
−, Dichlor-[3-chlor-propoxy]- 330
−, Dichlor-cyclohexylmercapto- 333
−, Dichlor-cyclohexyloxy- 331
−, Dichlor-[1-diazo-äthyl]- 441
−, Dichlor-diazomethyl- 441
−, Dichlor-dichlormethyl- 70
−, Dichlor-[2,4-dichlor-phenoxy]- 331
−, Dichlor-[2,6-dichlor-phenoxy]- 331
−, Dichlor-dijodmethyl- 70
−, Dichlor-[2,4-dimethoxy-phenyl]- 387
−, Dichlor-[2,4-dimethyl-phenylmercapto]- 333
−, Dichlor-[2,4-dinitro-phenoxy]- 331
−, Dichlor-dodecylmercapto- 333
−, Dichlor-dodecyloxy- 330
−, Dichlor-fluor- 66
−, Dichlor-isobutylmercapto- 332
−, Dichlor-isopentylmercapto- 332
−, Dichlor-isopropoxy- 330
−, Dichlor-isopropyl- 73
−, Dichlor-isopropylmercapto- 332

−, Dichlor-methallylmercapto- 333
−, Dichlor-methoxy- 330
−, Dichlor-[2-methoxy-5-methyl-phenyl]- 353
−, Dichlor-[3-methoxy-[2]naphthyl]- 359
−, Dichlor-[2-methoxy-phenyl]- 352
−, Dichlor-[4-methoxy-phenyl]- 352
−, Dichlor-methyl- 70
−, Dichlor-[3-methyl-but-2-enylmercapto]- 333
−, Dichlormethyl-dimethoxy- 377
−, Dichlor-[1-methyl-heptyloxy]- 330
−, Dichlor-methylmercapto- 332
−, Dichlor-[2]naphthyloxy- 331
−, Dichlor-[2-nitro-phenoxy]- 331
−, Dichlor-[4-nitro-phenoxy]- 331
−, Dichlor-[2-nitro-phenylmercapto]- 333
−, Dichlor-octylmercapto- 333
−, Dichlor-octyloxy- 330
−, Dichlor-pentylmercapto- 332
−, Dichlor-phenäthyloxy- 331
−, Dichlor-phenoxy- 331
−, [2,4-Dichlor-phenoxy]-diphenoxy- 398
−, Dichlor-phenyl- 191
−, Dichlor-phenylmercapto- 333
−, Dichlor-[3-phenyl-propoxy]- 331
−, Dichlor-[2-(propan-1-sulfonyl)-äthoxy]- 331
−, Dichlor-prop-2-inyloxy- 331
−, Dichlor-propoxy- 330
−, Dichlor-propyl- 73
−, Dichlor-propylmercapto- 332
−, Dichlor-[2-propylmercapto-äthylmercapto]- 333
−, Dichlor-[3-propylmercapto-propoxy]- 331
−, Dichlor-[2,3,4,6-tetrachlor-phenoxy]- 331
−, Dichlor-*o*-tolyl- 192
−, Dichlor-*p*-tolylmercapto- 333
−, Dichlor-*p*-tolyloxy- 331
−, Dichlor-trichlormethyl- 70
−, Dichlor-[2,4,5-trichlor-phenoxy]- 331
−, Dichlor-[2,4,6-trichlor-phenoxy]- 331
−, Dichlor-[2,4,5-trichlor-phenylmercapto]- 333
−, 1,3-Dicyclohexyl-5-nitro-hexahydro- 18
−, Difluor-phenyl- 191
−, Difluor-trifluormethyl- 70
−, 2,4-Diimino-1,2,3,4-tetrahydro- s. *[1,3,5]Triazin-2,4-diyldiamin* (Syst.-Nr. 3972)
−, Dimethoxy- 376
−, Dimethoxy-methyl- 377
−, Dimethoxy-phenyl- 387
−, Dimethyl- 71

[1,3,5]Triazin (Fortsetzung)

−, 2,2-Dimethyl-4,6-bis-methylmercapto-1-phenyl-1,2-dihydro- 375
−, Dimethyl-phenyl- 194
−, 1,2-Dimethyl-2,4,6-triphenyl-1,2-dihydro- 288
−, 1,3-Dinitro-hexahydro- 19
−, 1,3-Dinitro-5-nitroso-hexahydro- 21
−, 1,3-Dinitro-5-nitryloxymethyl-hexahydro- 20
−, 1,3-Dinitro-5-octyl-hexahydro- 19
−, 1,3-Dinitro-5-propyl-hexahydro- 19
−, 1,3-Dinitro-5-trifluoracetyl-hexahydro- 21
−, Diphenyl- 257
−, Diphenyl-*p*-tolyl- 295
−, Diphenyl-vinyl- 272
−, Fluor-bis-trifluormethyl- 72
−, Fluor-diphenyl- 257
−, 2-Imino-1,2-dihydro- s.
   [1,3,5]Triazin-2-ylamin (Syst.-Nr. 3953)
−, 4-Imino-2,2,3-trimethyl-6-methylmercapto-1-phenyl-1,2,3,4-tetrahydro- 678
−, Isopropoxy-bis-trichlormethyl- 334
−, 2-Isopropyl-2,4,6-triphenyl-1,2-dihydro- 288
−, Methoxy- 330
−, Methoxy-bis-trichlormethyl- 333
−, 1-Methoxymethyl-3,5-dinitro-hexahydro- 19
−, Methyl- 69
−, Methyl-bis-methylmercapto- 377
−, Methyl-bis-trichlormethyl- 74
−, 1-Methyl-3,5-dinitro-hexahydro- 19
−, Methyl-diphenyl- 264
−, Methylmercapto- 332
−, Methylmercapto-diphenyl- 365
−, [4-Methyl-3-nitro-phenyl]-di-*p*-tolyl- 298
−, 1-Methyl-2,2,4,6-tetraphenyl-1,2-dihydro- 307
−, 1-Methyl-2,4,4,6-tetraphenyl-1,4-dihydro- 307
−, 2-Methyl-2,4,6-triphenyl-1,2-dihydro- 288
−, [2]Naphthyl-bis-trichlormethyl- 251
−, 1-Nitro-3-nitroso-hexahydro- 19
−, [3-Nitro-phenyl]- 192
−, [3-Nitro-phenyl]-diphenyl- 293
−, [4-Nitro-phenyl]-diphenyl- 293
−, Pentyloxy-bis-trichlormethyl- 334
−, Phenoxy- 330
−, Phenyl- 191
−, Phenyl-bis-trichlormethyl- 195
−, Phenyl-distyryl- 304
−, 3,5,3′,5′-Tetranitro-dodecahydro-1,1′-butandiyl-bis- 21

−, 3,5,3′,5′-Tetranitro-dodecahydro-1,1′-methandiyl-bis- 21
−, 3,5,3′,5′-Tetranitro-dodecahydro-1,1′-[2-oxa-propandiyl]-bis- 20
−, 3,5,3′,5′-Tetranitro-dodecahydro-1,1′-pentandiyl-bis- 21
−, 2,2,4,6-Tetraphenyl-1,2-dihydro- 306
−, 1,3,5-Triacetoxy-hexahydro- 16
−, 1,3,5-Triacetyl-hexahydro- 11
−, 1,3,5-Triacryloyl-hexahydro- 12
−, Triäthoxy- 396
−, Triäthyl- 80
−, 1,3,5-Triäthyl-hexahydro- 4
−, 2,4,6-Triäthyl-hexahydro- 26
−, 1,3,5-Triallyl-hexahydro- 6
−, Triazido- 69
−, 2,4,6-Tribenzhydryl-hexahydro- 320
−, Tribenzoyl- 670
−, 1,3,5-Tribenzoyl-hexahydro- 12
−, Tribenzyl- 297
−, 1,3,5-Tribenzyl-hexahydro- 9
−, Tribrom- 69
−, 1,3,5-Tri-but-3-enoyl-hexahydro- 12
−, Tributoxy- 396
−, Tri-*sec*-butoxy- 396
−, Tri-*tert*-butoxy- 397
−, Tributyl- 83
−, 1,3,5-Tributyl-hexahydro 5
−, Trichlor- 66
−, 2,4,6-Trichlor-hexahydro- 23
−, Trichlormethyl- 70
−, 1,3,5-Tricyclohexyl-hexahydro- 7
−, 1,3,5-Tridodecyl-hexahydro- 6
−, Trifluor- 65
−, 1,3,5-Trifurfuryl-hexahydro- 14
−, 1,3,5-Trihexyl-hexahydro- 6
−, 1,3,5-Trihydroxy-hexahydro- 16
−, 2,4,6-Triimino-hexahydro- s.
   [1,3,5]Triazin-2,4,6-triyltriamin
   (Syst.-Nr. 3988)
−, Triisobutoxy- 397
−, 1,3,5-Triisobutyl-hexahydro- 6
−, 2,4,6-Triisobutyl-hexahydro- 26
−, 1,3,5-Triisobutyryl-hexahydro- 11
−, 1,3,5-Triisopentyl-hexahydro- 6
−, Triisopropoxy- 396
−, 1,3,5-Triisopropyl-hexahydro- 5
−, 2,4,6-Triisopropyl-hexahydro- 26
−, 1,3,5-Trimethacryloyl-hexahydro- 12
−, Trimethoxy- 395
−, Trimethyl- 73
−, 1,3,5-Trimethyl-2,4-diphenyl-hexahydro- 225
−, 1,3,5-Trimethyl-hexahydro- 3
−, 2,4,6-Trimethyl-hexahydro- 25
−, 1,3,5-Trinitro-hexahydro- 22
−, 1,3,5-Trinitroso-hexahydro- 18
−, 1,3,5-Trioctadecyl-hexahydro- 6
−, 1,3,5-Trioctyl-hexahydro- 6

[1,3,5]Triazin (Fortsetzung)
—, 1,3,5-Triphenäthyl-hexahydro- 9
—, Triphenoxy- 398
—, Triphenyl- 292
—, 2,4,6-Triphenyl-1,2-dihydro- 287
—, 1,3,5-Triphenyl-hexahydro- 7
—, 2,4,6-Triphenyl-hexahydro- 275
—, 2,4,6-Triphenyl-2-propyl-1,2-dihydro-
288
—, 1,3,5-Tripiperidino-hexahydro- 17
—, 1,3,5-Tripropionyl-hexahydro- 11
—, Tripropoxy- 396
—, 1,3,5-Tripropyl-hexahydro- 5
—, 2,4,6-Tripropyl-hexahydro- 26
—, 1,3,5-Tri-[2]pyridyl-hexahydro- 15
—, Tris-[2-äthoxy-3-hydroxomercurio-
propoxy]- 402
—, Tris-[2-äthoxy-3-mercurio(1+)-
propoxy]- 402
—, 1,3,5-Tris-[4-äthoxy-phenyl]-
hexahydro- 10
—, Tris-[äthyl-cyclohexyl-thiocarbamoyl≈
mercapto]- 403
—, Tris-[2-(äthyl-dimethyl-ammonio)-
äthoxy]- 401
—, Tris-[1-äthyl-propoxy]- 397
—, Tris-allyloxy- 398
—, Tris-[1-amino-9,10-dioxo-
9,10-dihydro-[2]anthrylmercapto]- 403
—, 1,3,5-Tris-[6-amino-hexyl]-hexahydro-
14
—, 1,3,5-Tris-[1H-benzimidazol-
2-ylmethyl]-hexahydro- 16
—, 1,3,5-Tris-benzolsulfonyl-hexahydro-
16
—, 1,3,5-Tris-benzoylamino-hexahydro-
18
—, 1,3,5-Tris-benzoyloxy-hexahydro- 16
—, Tris-benzyloxy- 399
—, Tris-[4-brom-phenyl]- 293
—, 1,3,5-Tris-[4-brom-phenyl]-hexahydro-
8
—, 1,3,5-Tris-[4-tert-butyl-[2]thienylmethyl]-
hexahydro- 15
—, 1,3,5-Tris-[5-tert-butyl-[2]thienylmethyl]-
hexahydro- 15
—, 1,3,5-Tris-carbamoylmethyl-
hexahydro- 13
—, Tris-[2-chlor-äthoxy]- 396
—, 1,3,5-Tris-[4-chlor-benzoyl]-
hexahydro- 13
—, Tris-[chlor-fluor-methyl]- 74
—, Tris-[1-chlor-2-methoxy-äthyl]- 404
—, Tris-[4-chlor-phenoxy]- 398
—, Tris-[2-chlor-phenyl]- 292
—, Tris-[4-chlor-phenyl]- 292
—, 1,3,5-Tris-[(4-chlor-phenyl)-acetyl]-
hexahydro- 13

—, 1,3,5-Tris-[2-chlor-phenyl]-hexahydro-
7
—, 1,3,5-Tris-[3-chlor-phenyl]-hexahydro-
7
—, 1,3,5-Tris-[4-chlor-phenyl]-hexahydro-
8
—, 1,3,5-Tris-[3-chlor-propionyl]-
hexahydro- 11
—, Tris-cyanmethoxy- 400
—, 1,3,5-Tris-cyanmethyl-hexahydro- 13
—, 1,3,5-Tris-decanoyl-hexahydro- 11
—, Tris-[2-diäthylamino-äthoxy]- 401
—, Tris-[3-diäthylamino-propoxy]- 402
—, Tris-[3-diäthylamino-propylmercapto]-
403
—, Tris-[2-(diäthyl-benzyl-ammonio)-
äthoxy]- 402
—, Tris-[3-(diäthyl-benzyl-ammonio)-
propoxy]- 402
—, Tris-[3-(diäthyl-benzyl-ammonio)-
propylmercapto]- 403
—, Tris-[2-(diäthyl-methyl-ammonio)-
äthoxy]- 401
—, Tris-[3-(diäthyl-methyl-ammonio)-
propoxy]- 402
—, Tris-diäthylthiocarbamoylmercapto-
403
—, Tris-dibrommethyl- 75
—, Tris-[1,1-dichlor-äthyl]- 80
—, Tris-dichlormethyl- 74
—, Tris-[2,4-dichlor-phenoxy]- 399
—, 1,3,5-Tris-[2,4-dichlor-phenyl]-
hexahydro- 8
—, Tris-difluormethyl- 74
—, Tris-diisopropylthiocarbamoyl≈
mercapto- 403
—, Tris-[2-dimethylamino-äthoxy]- 401
—, 1,3,5-Tris-[4-dimethylaminomethyl-
2,5-dimethyl-[3]thienylmethyl]-hexahydro-
15
—, 1,3,5-Tris-[1,5-dimethyl-3-oxo-
2-phenyl-2,3-dihydro-1H-pyrazol-4-yl]-
hexahydro- 16
—, Tris-[3,5-dimethyl-phenoxy]- 399
—, Tris-[1H,1H,7H-dodecafluor-
heptyloxy]- 398
—, Tris-[4-(2,3-epoxy-propoxy)-
[1]naphthyl]- 406
—, Tris-[2-formyl-phenoxy]- 400
—, Tris-[3-formyl-phenoxy]- 400
—, Tris-[4-formyl-phenoxy]- 400
—, Tris-[1H,1H-heptafluor-butoxy]- 396
—, Tris-heptafluorpropyl- 83
—, Tris-hexyloxy- 397
—, Tris-[3-hydroxomercurio-2-methoxy-
propoxy]- 402
—, 1,3,5-Tris-[3-hydroxomercurio-
2-methoxy-propyl]-hexahydro- 14
—, Tris-[2-hydroxy-äthoxy]- 399

[1,3,5]Triazin   (Fortsetzung)
—, 1,3,5-Tris-[2-hydroxy-äthyl]-
   hexahydro- 10
—, Tris-[2-hydroxy-phenyl]- 405
—, 1,3,5-Tris-isonicotinoylamino-
   hexahydro- 18
—, Tris-isopentyloxy- 397
—, Tris-[4-jod-phenyl]- 293
—, Tris-[3-mercurio(1+)-2-methoxy-
   propoxy]- 402
—, 1,3,5-Tris-[3-mercurio(1+)-2-methoxy-
   propyl]-hexahydro- 14
—, Tris-[4-methansulfonyl-phenyl]- 405
—, Tris-[2-methoxy-äthoxy]- 400
—, 1,3,5-Tris-[4-methoxy-benzoyl]-
   hexahydro- 14
—, 1,3,5-Tris-[6-methoxy-[8]chinolyl]-
   hexahydro- 15
—, 1,3,5-Tris-[4-methoxy-phenyl]-
   hexahydro- 10
—, Tris-[1-methyl-butoxy]- 397
—, 1,3,5-Tris-[methylcarbamoyl-methyl]-
   hexahydro- 13
—, 1,3,5-Tris-[2-(methyl-nitro-amino)-
   äthyl]-hexahydro- 14
—, Tris-[4-methyl-3-nitro-phenyl]- 298
—, Tris-[1-methyl-pentyloxy]- 397
—, Tris-[methyl-phenyl-thiocarbamoyl-
   mercapto]- 403
—, 1,3,5-Tris-[5-methyl-[2]thienylmethyl]-
   hexahydro- 15
—, 1,3,5-Tris-[2-nitro-benzyl]-hexahydro-
   9
—, 1,3,5-Tris-[4-nitro-benzyl]-hexahydro-
   9
—, Tris-[4-oxiranylmethoxy-[1]naphthyl]-
   406
—, Tris-pentafluoräthyl- 80
—, Tris-pentyloxy- 397
—, Tris-*tert*-pentyloxy- 397
—, 2,4,6-Tris-[1-phenyl-äthyl]-hexahydro-
   276
—, Tris-[1,1,2,2-tetrafluor-äthyl]- 80
—, Tris-[4-(1,1,3,3-tetramethyl-butyl)-
   phenoxy]- 399
—, 1,3,5-Tris-[2]thienylmethyl-hexahydro-
   15
—, 1,3,5-Tris-[toluol-2-sulfonyl]-
   hexahydro- 17
—, 1,3,5-Tris-[toluol-4-sulfonyl]-
   hexahydro- 17
—, Tris-*p*-tolyloxy- 399
—, Tris-[2-triäthylammonio-äthoxy]- 401
—, Tris-[3-triäthylammonio-propoxy]-
   402
—, Tris-tribrommethyl- 75
—, Tris-trichlormethyl- 75
—, Tris-trifluormethyl- 74

—, Tris-[2-trimethylammonio-äthoxy]-
   401
—, 1,3,5-Tris-[2,4,6-trimethyl-benzyl]-
   hexahydro- 10
—, Tris-[2-trimethylsilyloxy-äthoxy]- 400
—, Tristyryl- 306
—, Tri-*m*-tolyl- 297
—, Tri-*o*-tolyl- 297
—, Tri-*p*-tolyl- 298
—, 1,3,5-Tri-*o*-tolyl-hexahydro- 9
—, 1,3,5-Tri-*p*-tolyl-hexahydro- 9
s-**Triazin** 63
[1,3,5]Triazin-2-carbaldehyd
—, 4-Acetoxyimino-6-oxo-
   1,4,5,6-tetrahydro-,
   — [*O*-acetyl-oxim] 647
—, 4-Benzoyloxyimino-6-oxo-
   1,4,5,6-tetrahydro-,
   — [*O*-benzoyl-oxim] 647
—, 4,6-Bis-äthylmercapto-,
   — benzylidenhydrazon 701
   — hydrazon 700
—, 4,6-Bis-methylmercapto- 700
   — benzylidenhydrazon 700
   — hydrazon 700
   — monoäthylacetal 700
   — thiosemicarbazon 700
—, 4,6-Dichlor-,
   — [triphenylphosphoranyliden-
     hydrazon] 441
—, 4,6-Dimethoxy- 699
   — benzylidenhydrazon 700
   — dimethylacetal 699
   — hydrazon 699
   — monoäthylacetal 699
   — thiosemicarbazon 699
—, 4,6-Dioxo-1,4,5,6-tetrahydro-,
   — [*O*-acetyl-oxim] 646
   — [*O*-benzoyl-oxim] 646
   — [methyl-phenyl-hydrazon] 647
   — oxim 645
   — phenylhydrazon 647
—, 4-Hydroxyimino-6-oxo-
   1,4,5,6-tetrahydro-,
   — [methyl-phenyl-hydrazon] 647
   — oxim 646
   — phenylhydrazon 647
[1,2,4]Triazin-2-carbonsäure
—, 4-Benzylidenamino-3,6-diphenyl-
   4,5-dihydro-3*H*-,
   — amid 236
—, 3,6-Dioxo-tetrahydro-,
   — benzylester 549
[1,2,4]Triazin-3,5-diol
   s. *[1,2,4]Triazin-3,5-dion, 2H-*
[1,2,4]Triazin-3,6-diol
   s. *[1,2,4]Triazin-3,6-dion, 1,2-Dihydro-*

[1,3,5]Triazin-2,4-diol
s. *[1,3,5]Triazin-2,4-dion, 1H-*

[1,2,4]Triazin-3,5-dion
—, 2*H*- 554
   — 3-hydrazon s. *[1,2,4]Triazin-5-on, 3-Hydrazino-4H-* (Syst.-Nr. 3998)
—, 4-Acetyl-6-benzyl-2*H*- 596
—, 6-Äthyl-2*H*- 561
—, 2-Äthyl-6-benzyl-2*H*- 596
—, 4-Äthyl-6-[4-methoxy-benzyl]-2*H*- 706
—, 4-Äthyl-6-[1-(4-methoxy-phenyl)-äthyl]-2*H*- 708
—, 6-Äthyl-6-methyl-dihydro- 551
—, 6-Benzhydryl-2*H*- 618
—, 6-Benzyl-2*H*- 595
—, 6-Benzyl-2,4-dichlor-2*H*- 596
—, 2-Benzyl-6-[4-methoxy-benzyl]-2*H*- 707
—, 4-Benzyl-6-[4-methoxy-benzyl]-2*H*- 707
—, 4-Benzyl-6-[1-(4-methoxy-phenyl)-äthyl]-2*H*- 708
—, 6-Benzyl-2-methyl-2*H*- 596
—, 4-Benzyl-6-[2]naphthyl-2*H*- 612
—, 6-Benzyl-4-octyl-2*H*- 596
—, 6-Brom-2*H*- 555
—, 6-Butyl-2*H*- 563
—, 6-*tert*-Butyl-2*H*- 564
—, 6-Chlor-2*H*- 555
—, 2-[*erythro*-2-Desoxy-pentofuranosyl]-6-methyl-2*H*- 557
—, 6,6-Diäthyl-dihydro- 553
—, 2,4-Diäthyl-6-[4-methoxy-benzyl]-2*H*- 706
—, 2,6-Dibenzyl-2*H*- 596
—, 4,6-Dibenzyl-2-chlor-2*H*- 596
—, 2,4-Dibenzyl-6-[4-methoxy-benzyl]-2*H*- 707
—, 2,4-Dibenzyl-6-[1-(4-methoxy-phenyl)-äthyl]-2*H*- 708
—, 2,4-Dibenzyl-6-[2]naphthyl-2*H*- 613
—, 2,4-Dichlor-6-phenäthyl-2*H*- 599
—, Dihydro- 548
—, 4,6-Dimethyl-2*H*- 557
—, 6,6-Dimethyl-dihydro- 550
—, 2-[O^3,O^5-Diphosphono-*erythro*-2-desoxy-pentofuranosyl]-6-methyl-2*H*- 558
—, 6-Heptyl-2*H*- 564
—, 6-Isobutyl-2*H*- 563
—, 6-Isopropyl-2*H*- 563
—, 6-Isopropyl-6-methyl-dihydro- 552
—, 6-[4-Methoxy-benzyl]-2*H*- 706
—, 6-[4-Methoxy-benzyl]-2,4-dimethyl-2*H*- 706
—, 6-[4-Methoxy-benzyl]-4-methyl-2*H*- 706

—, 6-[1-(4-Methoxy-phenyl)-äthyl]-2*H*- 708
—, 6-[1-(4-Methoxy-phenyl)-äthyl]-2,4-dimethyl-2*H*- 708
—, 6-[1-(4-Methoxy-phenyl)-äthyl]-4-methyl-2*H*- 708
—, 6-Methyl-2*H*- 556
—, 6-Methyl-2,4-bis-[tri-*O*-benzoyl-ribo≠furanosyl]-2*H*- 559
—, 6-Methyl-2,4-di-ribofuranosyl-2*H*- 559
—, 6-Methyl-2-[O^3-phosphono-*erythro*-2-desoxy-pentofuranosyl]-2*H*- 557
—, 6-Methyl-2-[O^5-phosphono-*erythro*-2-desoxy-pentofuranosyl]-2*H*- 558
—, 6-Methyl-2-ribofuranosyl-2*H*- 558
—, 6-Methyl-4-ribofuranosyl-2*H*- 558
—, 6-Methyl-2-[tri-*O*-benzoyl-ribofuranosyl]-2*H*- 558
—, 6-Methyl-4-[tri-*O*-benzoyl-ribofuranosyl]-2*H*- 558
—, 6-[2]Naphthyl-2*H*- 612
—, 6-Pentyl-2*H*- 564
—, 6-Phenyl-2*H*- 592
—, 2-[O^5-Phosphono-ribofuranosyl]-2*H*- 554
—, 6-Propyl-2*H*- 562
—, 2-Ribofuranosyl-2*H*- 554
—, 6-[β-Thiosemicarbazono-phenäthyl]-2*H*- 658
—, 2,4,6-Trimethyl-2*H*- 557

[1,2,4]Triazin-3,6-dion
—, 5-Äthyl-5-isopentyl-tetrahydro- 553
—, 5-Äthyl-5-phenyl-tetrahydro- 589
—, 5,5-Diäthyl-tetrahydro- 553
—, 5-[4-Hydroxy-benzyl]-tetrahydro- 704
—, 5-Isobutyl-tetrahydro- 552
—, 5-Methyl-5-propyl-tetrahydro- 552
—, 5-Methyl-tetrahydro- 549
—, Tetrahydro- 548

[1,2,4]Triazin-5,6-dion
—, 3-Mercapto-1,2-dihydro- s. *[1,2,4]Triazin-5,6-dion, 3-Thioxo-tetrahydro-*
—, 3-Thioxo-tetrahydro- 632

[1,3,5]Triazin-2,4-dion
—, 1*H*- 555
—, 6-Acetonyliden-1,3,5-trimethyl-dihydro- 648
—, 6-[Acetoxyimino-methyl]-1*H*- 646
   — 4-[*O*-acetyl-oxim] 647
—, 6-Äthoxy-1*H*- 698
—, 6-[2-Äthoxy-phenyl]-1*H*- 706
—, 6-[*N*-Äthyl-anilino]-6-anilino-1,3,5-triphenyl-dihydro-,
   — bis-phenylimin 638

[1,3,5]Triazin-2,4-dion   (Fortsetzung)
—, 6-Äthyl-6-hydroxy-1,3,5-trimethyl-
   dihydro- 698
—, 6-Äthyliden-1,3,5-trimethyl-dihydro-
   562
—, 6-Äthyl-1,3,5-trimethyl-dihydro- 550
—, 6-Anilino-6-[N-methyl-anilino]-
   1,3,5-triphenyl-dihydro-,
   — bis-phenylimin 638
—, 6-[Benzoyloxyimino-methyl]-1H- 646
   — 4-[O-benzoyl-oxim] 647
—, 6-Benzyl-1H- 597
—, 6-[3-Chlor-4-hydroxy-phenyl]-dihydro-
   703
—, 6-[5-Chlor-2-hydroxy-phenyl]-dihydro-
   703
—, 6-[5-Chlor-2-methoxy-phenyl]-1H- 706
—, 6-Chlormethyl-1H- 560
—, 1-[4-Chlor-phenyl]-6-phenyl-1H- 594
—, 6-[2,6-Dichlor-3-hydroxy-phenyl]-
   dihydro- 703
—, 6-[3,5-Dichlor-2-hydroxy-phenyl]-
   dihydro- 703
—, 6-[3,5-Dichlor-4-hydroxy-phenyl]-
   dihydro- 703
—, Dihydro- 549
—, 6-[2,4-Dimethoxy-phenyl]-1H- 719
—, 1,3-Dimethyl-1H- 556
—, 1,3-Dimethyl-6-phenyl-1H- 594
—, 6-[α-Hydroxyimino-benzyl]-1H- 658
—, 6-[Hydroxyimino-methyl]-1H- 645
   — 4-oxim 646
—, 6-[2-Hydroxy-phenyl]-dihydro- 703
—, 6-Hydroxy-1,3,5-trimethyl-6-phenyl-
   dihydro- 702
—, 6-Hydroxy-1,3,5-trimethyl-6-propyl-
   dihydro- 698
—, 6-Imino-dihydro- s. [1,3,5]Triazin-
   2,4-dion, 6-Amino-1H- (Syst.-Nr. 3990)
—, 6-Methoxymethyl-1H- 699
—, 6-[2-Methoxy-5-methyl-phenyl]-1H- 707
—, 6-[2-Methoxy-phenyl]-1H- 706
—, 1-Methyl-1H- 556
—, 3-Methyl-1H- 556
—, 6-Methyl-1H- 559
—, 6-Methyl-dihydro- 549
—, 1-Methyl-6-phenyl-1H- 594
—, 6-[(Methyl-phenyl-hydrazono)-
   methyl]-1H- 647
   — 4-oxim 647
—, 6-[2]Naphthyloxymethyl-1H- 699
—, 6-Phenyl-1H- 593
—, 6-Phenyl-dihydro- 582
—, 6-[Phenylhydrazono-methyl]-1H- 647
   — 4-oxim 647
—, 1,3,6,6-Tetramethyl-5-phenyl-dihydro-
   550
—, 6-o-Tolyl-1H- 597
—, 6-p-Tolyl-1H- 597
—, 6-Trifluormethyl-1H- 560

—, 1,3,5-Trimethyl-6-methylen-dihydro-
   560
—, 1,6,6-Trimethyl-5-phenyl-dihydro-
   550

[1,2,4]-Triazin-3,5-dithiol
   s. [1,2,4]Triazin-3,5-dithion 2H-
[1,3,5]Triazin-2,4-dithiol
   s. [1,3,5]Triazin-2,4-dithion, 1H-
[1,2,4]Triazin-3,5-dithion
—, 2H- 555
—, 6-Methyl-2H- 559
[1,3,5]Triazin-2,4-dithion
—, 6-Äthoxycarbonylmercapto-1H- 699
—, 6-[4-Äthoxy-phenyl]-6-methyl-dihydro-
   704
—, 6-Äthyl-6-[4-chlor-phenyl]-dihydro- 589
—, 6-Äthyl-dihydro- 550
—, 6-[4-Brom-phenyl]-dihydro- 583
—, 6-[4-Chlor-phenyl]-6-methyl-dihydro-
   587
—, 6-[4-Chlor-phenyl]-1-phenyl-dihydro-
   583
—, 6,6-Dimethyl-dihydro- 550
—, 6,6-Dimethyl-1-[1]naphthyl-dihydro- 551
—, 6,6-Dimethyl-1-phenyl-dihydro- 550
—, 6,6-Dimethyl-1-m-tolyl-dihydro- 551
—, 6,6-Dimethyl-1-o-tolyl-dihydro- 551
—, 1,6-Diphenyl-dihydro- 583
—, 1H,1'H-6,6'-Disulfandiyl-bis- 699
—, 6-[4-Methoxy-phenyl]-dihydro- 703
—, 6-[4-Methoxy-phenyl]-1-phenyl-
   dihydro- 703
—, 6-Methyl-1,6-diphenyl-dihydro- 587
—, 6-Methyl-6-[4-nitro-phenyl]-dihydro- 587
—, 6-Methyl-6-phenyl-dihydro- 587
—, 6-[4-Nitro-phenyl]-dihydro- 583
—, 6-[3-Nitro-phenyl]-1-phenyl-dihydro- 583
—, 6-Phenyl-1H- 594
—, 6-Phenyl-dihydro- 582
—, 1-Phenyl-6-styryl-dihydro- 599
—, 6-Phenyl-1-m-tolyl-dihydro- 583
—, 6-Phenyl-1-o-tolyl-dihydro- 583
—, 1-o-Tolyl-dihydro- 549
—, 1,6,6-Trimethyl-5-phenyl-dihydro-
   551

[1,3,5]Triazin-2,2-diyldiamin
—, N^2-Äthyl-1,3,5,N^2,$N^{2'}$-pentaphenyl-
   4,6-bis-phenylimino-tetrahydro- 638
—, N^2-Methyl-1,3,5,N^2,$N^{2'}$-pentaphenyl-
   4,6-bis-phenylimino-tetrahydro- 638

[1,2,4]Triazinium
—, 6-Acetyl-4,4-dimethyl-2-phenyl-
   2,3,4,5-tetrahydro- 429
—, 1,1-Dimethyl-1,2,5,6-tetrahydro- 27
—, 2,2-Dimethyl-1,2,5,6-tetrahydro- 27

[1,3,5]Triazinium
—, 1-Äthyl-1,3,5-trimethyl-hexahydro- 4
—, 1-Butyl-1,3,5-trimethyl-hexahydro- 6
—, 1,1,3,5-Tetraäthyl-hexahydro- 5

[1,3,5]Triazinium (Fortsetzung)
—, 2,2,3,5-Tetramethyl-6-methyl≠
mercapto-4-oxo-1-phenyl-
2,3,4,5-tetrahydro- 678
—, 1,3,5-Triäthyl-1-methyl-hexahydro- 5
—, 1,3,5-Tribenzyl-1-methyl-hexahydro-
9
—, 1,2,2-Trimethyl-4,6-bis-methyl≠
mercapto-3-phenyl-2,3-dihydro- 375
—, 1,3,5-Trimethyl-1-propyl-hexahydro-
5
[1,2,4]Triazin-methojodid
—, 1,2-Dimethyl-3,5,6-triphenyl-
1,2-dihydro- 286
[1,2,4]Triazin-3-ol
s. *[1,2,4]Triazin-3-on, 2*H-
—, 5-Mercapto- s. *[1,2,4]Triazin-3-on,
5-Thioxo-4,5-dihydro-2*H-
[1,2,4]Triazin-5-ol
s. *[1,2,4]Triazin-5-on, 2(4)*H-
—, 3-Mercapto- s. *[1,2,4]Triazin-5-on,
3-Thioxo-3,4-dihydro-2*H-
[1,2,4]Triazin-6-ol
s. *[1,2,4]Triazin-6-on, 1*H-
[1,3,5]Triazin-2-ol
s. *[1,3,5]Triazin-2-on, 1*H-
—, 4-Mercapto- s. *[1,3,5]Triazin-2-on,
4-Thioxo-3,4-dihydro-1*H-
[1,2,4]Triazin-3-on
—, 2*H*-,
— hydrazon s. *[1,2,4]Triazin,
3-Hydrazino-* (Syst.-Nr. 3998)
—, 2-Acetyl-5,6-diphenyl-2*H*- 514
—, 2-Acetyl-5,6-diphenyl-4,5-dihydro-
2*H*- 509
—, 4-Acetyl-5,6-diphenyl-4,5-dihydro-
2*H*- 509
—, 4-Amino-6-phenyl-4,5-dihydro-2*H*-
477
—, 4-Benzylidenamino-2,6-diphenyl-
4,5-dihydro-2*H*- 477
—, 4-Benzylidenamino-6-phenyl-
4,5-dihydro-2*H*- 477
—, 5,6-Bis-[5-brom-2-hydroxy-phenyl]-
2*H*- 712
—, 5,6-Bis-[2-hydroxy-phenyl]-2*H*-
712
—, 5,6-Bis-[2-methoxy-5-nitro-phenyl]-
2*H*- 712
—, 5,6-Bis-[2-methoxy-phenyl]-2*H*-
712
—, 5,6-Bis-[4-methoxy-phenyl]-2*H*-
713
—, 2,4-Diacetyl-5,6-diphenyl-4,5-dihydro-
2*H*- 510
—, 2,4-Diacetyl-5,6-diphenyl-tetrahydro-
503
—, 2-[2-Diäthylamino-äthyl]-5,6-diphenyl-
2*H*- 515

—, 5,6-Dimethyl-2*H*- 434
—, 5,6-Diphenyl-2*H*- 514
—, 5,6-Diphenyl-4,5-dihydro-2*H*- 509
—, 5,6-Diphenyl-2-[2-piperidino-äthyl]-
2*H*- 515
—, 5,6-Diphenyl-2-[2-piperidino-äthyl]-
4,5-dihydro-2*H*- 510
—, 5,6-Diphenyl-tetrahydro- 503
—, 2-Methyl-5,6-diphenyl-2*H*- 515
—, 2-Methyl-5,6-diphenyl-4,5-dihydro-
2*H*- 509
—, 6-Methyl-5-methylen-4,5-dihydro-2*H*-
434
—, 6-Methyl-5-phenyl-2*H*- 485
—, 5-Phenyl-2*H*- 483
—, 6-Phenyl-2*H*- 483
—, 6-Phenyl-4,5-dihydro-2*H*- 477
—, 6-Styryl-4,5-dihydro-2*H*- 486
—, 5-Thioxo-4,5-dihydro-2*H*- 555
—, 1,2,4-Triacetyl-5,6-diphenyl-
tetrahydro- 503
[1,2,4]Triazin-5-on
—, 4*H*-,
— hydrazon s. *[1,2,4]Triazin,
5-Hydrazino-* (Syst.-Nr. 3998)
—, 6-[4-Äthansulfonyl-phenyl]-3-thioxo-
3,4-dihydro-2*H*- 705
—, 4-Äthyl-6-benzyl-3-thioxo-3,4-dihydro-
2*H*- 597
—, 4-Äthyl-6-benzyl-3-thioxo-tetrahydro-
587
—, 3-Äthylmercapto-6-benzyl-4*H*- 690
—, 3-Äthylmercapto-6-benzyl-
1,6-dihydro-2*H*- 687
—, 3-Äthylmercapto-6-benzyl-
3,4-dihydro-2*H*- 687
—, 3-Äthylmercapto-6-[4-methoxy-
benzyl]-4*H*- 707
—, 3-Äthylmercapto-6-[1-(4-methoxy-
phenyl)-äthyl]-4*H*- 709
—, 6-[4-Äthylmercapto-phenyl]-3-thioxo-
3,4-dihydro-2*H*- 705
—, 6-Äthyl-6-methyl-3-thioxo-tetrahydro-
551
—, 4-Äthyl-6-phenyl-3-thioxo-
3,4-dihydro-2*H*- 593
—, 6-Äthyl-3-thioxo-3,4-dihydro-2*H*- 562
—, 3-Allylmercapto-6-methyl-4*H*- 680
—, 4-Allyl-6-[4-methoxy-phenyl]-3-thioxo-
3,4-dihydro-2*H*- 705
—, 4-Allyl-6-[4-methylmercapto-phenyl]-
3-thioxo-3,4-dihydro-2*H*- 706
—, 4-Allyl-6-phenyl-3-thioxo-3,4-dihydro-
2*H*- 593
—, 6-Benzyl-3-benzylmercapto-4*H*- 690
—, 6-Benzyl-3-benzylmercapto-
1,6-dihydro-2*H*- 687
—, 6-Benzyl-3-benzylmercapto-
3,4-dihydro-2*H*- 687

[1,2,4]Triazin-5-on (Fortsetzung)
—, 6-Benzyl-2,4-dimethyl-3-thioxo-
  3,4-dihydro-2*H*- 597
—, 3-Benzylmercapto-6-[4-methoxy-
  benzyl]-4*H*- 707
—, 3-Benzylmercapto-6-[4-methoxy-
  benzyl]-1,6-dihydro-4*H*- 704
—, 3-Benzylmercapto-6-[1-(4-methoxy-
  phenyl)-äthyl]-4*H*- 709
—, 3-Benzylmercapto-6-[1-(4-methoxy-
  phenyl)-äthyl]-3,4-dihydro-2*H*- 705
—, 6-Benzyl-3-methylmercapto-4*H*- 689
—, 6-Benzyl-3-methylmercapto-
  1,6-dihydro-2*H*- 687
—, 6-Benzyl-3-methylmercapto-
  3,4-dihydro-2*H*- 687
—, 6-Benzyl-2-methyl-3-methylmercapto-
  2*H*- 690
—, 6-Benzyl-4-methyl-3-methylmercapto-
  4*H*- 690
—, 6-Benzyl-2-methyl-3-thioxo-
  3,4-dihydro-2*H*- 597
—, 6-Benzyl-4-methyl-3-thioxo-
  3,4-dihydro-2*H*- 597
—, 6-Benzyl-4-methyl-3-thioxo-
  tetrahydro- 586
—, 6-Benzyl-3-thioxo-3,4-dihydro-2*H*-
  596
—, 6-[4-Brom-phenyl]-3-thioxo-
  3,4-dihydro-2*H*- 593
—, 6-Butyl-3-thioxo-3,4-dihydro-2*H*- 563
—, 6-*tert*-Butyl-3-thioxo-3,4-dihydro-2*H*-
  564
—, 6-[4-Chlor-phenyl]-3-methylmercapto-
  4*H*- 688
—, 6-[4-Chlor-phenyl]-3-thioxo-
  3,4-dihydro-2*H*- 593
—, 2,6-Dibenzyl-3-benzylmercapto-2*H*-
  691
—, 6,6'-Dibenzyl-4*H*,4'*H*-3,3'-disulfandiyl-
  bis- 690
—, 2,6-Dibenzyl-3-thioxo-3,4-dihydro-
  2*H*- 597
—, 6-[2,4-Dichlor-phenyl]-3-methyl-
  mercapto-4*H*- 688
—, 6-[3,4-Dichlor-phenyl]-3-methyl-
  mercapto-4*H*- 688
—, 6-[2,4-Dichlor-phenyl]-3-thioxo-
  3,4-dihydro-2*H*- 593
—, 6-[3,4-Dichlor-phenyl]-3-thioxo-
  3,4-dihydro-2*H*- 593
—, 6-[2,4-Dihydroxy-phenyl]-3-thioxo-
  3,4-dihydro-2*H*- 719
—, 6-[3,4-Dihydroxy-phenyl]-3-thioxo-
  3,4-dihydro-2*H*- 719
—, 6-[3,4-Dimethoxy-phenyl]-3-thioxo-
  3,4-dihydro-2*H*- 719
—, 3,6-Dimethyl-2*H*- 434

—, 4,6-Dimethyl-2-phenyl-3-thioxo-
  3,4-dihydro-2*H*- 559
—, 6,6-Dimethyl-3-thioxo-tetrahydro-
  550
—, 3,6-Diphenyl-4*H*- 514
—, 6-[4-(2-Hydroxy-äthoxy)-phenyl]-
  3-thioxo-3,4-dihydro-2*H*- 705
—, 6-Hydroxy-3-mercapto-1*H*- s.
  [1,2,4]Triazin-5,6-dion, 3-Thioxo-
  *3,4-dihydro-1*H-
—, 6-[4-Hydroxy-3-methoxy-phenyl]-
  3-thioxo-3,4-dihydro-2*H*- 719
—, 6-[4-Hydroxy-phenyl]-3-thioxo-
  3,4-dihydro-2*H*- 705
—, 6-Isobutyl-3-thioxo-3,4-dihydro-2*H*-
  564
—, 6-Isopropyl-3-thioxo-3,4-dihydro-2*H*-
  563
—, 6-[4-Methansulfonyl-phenyl]-3-thioxo-
  3,4-dihydro-2*H*- 705
—, 6-[4-Methoxy-benzyl]-3-methyl-
  mercapto-4*H*- 707
—, 6-[4-Methoxy-benzyl]-3-thioxo-
  3,4-dihydro-2*H*- 707
—, 6-[1-(4-Methoxy-phenyl)-äthyl]-
  3-methylmercapto-4*H*- 709
—, 6-[1-(4-Methoxy-phenyl)-äthyl]-
  3-methylmercapto-3,4-dihydro-2*H*- 705
—, 6-[1-(4-Methoxy-phenyl)-äthyl]-
  3-thioxo-3,4-dihydro-2*H*- 708
—, 6-[4-Methoxy-phenyl]-3-thioxo-
  3,4-dihydro-2*H*- 705
—, 6-Methyl-2*H*- 432
—, 3-Methylmercapto-6-[4-nitro-phenyl]-
  4*H*- 688
—, 3-Methylmercapto-6-phenyl-4*H*- 688
—, 6-[4-Methylmercapto-phenyl]-
  3-thioxo-3,4-dihydro-2*H*- 705
—, 6-Methyl-3-methylmercapto-4*H*- 679
—, 4-Methyl-6-[4-methylmercapto-
  phenyl]-3-thioxo-3,4-dihydro-2*H*- 705
—, 6-Methyl-3-phenyl-4*H*- 485
—, 4-Methyl-6-phenyl-3-thioxo-
  3,4-dihydro-2*H*- 593
—, 6-Methyl-3-thioxo-3,4-dihydro-2*H*-
  559
—, 6-[2]Naphthyl-3-thioxo-3,4-dihydro-
  2*H*- 613
—, 6-[3-Nitro-phenyl]-3-thioxo-
  3,4-dihydro-2*H*- 593
—, 6-[4-Nitro-phenyl]-3-thioxo-
  3,4-dihydro-2*H*- 593
—, 6-Pentyl-3-thioxo-3,4-dihydro-2*H*-
  564
—, 3-Phenyl-4*H*- 482
—, 6-Phenyl-4*H*- 483
—, 6-Phenyl-3-thioxo-3,4-dihydro-2*H*-
  593

[1,2,4]Triazin-5-on (Fortsetzung)
−, 6-Propyl-3-thioxo-3,4-dihydro-2*H*-
563
−, 6-[β-Thiosemicarbazono-phenäthyl]-
3-thioxo-3,4,-dihydro-2*H*- 659
−, 3-Thioxo-3,4-dihydro-2*H*- 555
[1,2,4]Triazin-6-on
−, 1*H*-,
− hydrazon s. *[1,2,4]Triazin,
6-Hydrazino-* (Syst.-Nr. 3998)
−, 2-Acetyl-3-methyl-5-[3-nitro-
benzyliden]-2,5-dihydro-1*H*- 486
−, 4-Acetyl-3-methyl-5-[3-nitro-
benzyliden]-4,5-dihydro-1*H*- 486
−, 2-Acetyl-5-[3-nitro-benzyliden]-
3-phenyl-2,5-dihydro-1*H*- 518
−, 4-Benzoyl-3-methyl-5-[3-nitro-
benzyliden]-4,5-dihydro-1*H*- 518
−, 3-Benzyl-2,5-dihydro-1*H*- 480
−, 5-Benzyliden-3-methylmercapto-
2,5-dihydro-1*H*- 689
−, 5-Benzyliden-3-thioxo-tetrahydro-
595
−, 3-Benzyl-5-methyl-2,5-dihydro-1*H*-
481
−, 5-Benzyl-3-phenyl-1*H*- 518
−, 3,5-Dibenzyl-2,5-dihydro-1*H*- 512
−, 3,5-Diphenyl-1*H*- 514
−, 3-[α-Hydroxy-benzhydryl]-1*H*- 693
−, 3-[α-Hydroxy-benzhydryl]-5-methyl-
1*H*- 693
−, 5-Hydroxy-3-mercapto-1*H*- s.
*[1,2,4]Triazin-5,6-dion, 3-Thioxo-
3,4-dihydro-1*H*-
−, 3-Methyl-1,4-diphenyl-4,5-dihydro-
1*H*- 429
−, 3-Methyl-4-[1]naphthyl-1-phenyl-
4,5-dihydro-1*H*- 429
−, 3-Methyl-5-phenyl-1*H*- 484
−, 3-Methyl-1-phenyl-4-*o*-tolyl-
4,5-dihydro-1*H*- 429
[1,3,5]Triazin-2-on
−, 1*H*-,
− hydrazon s. *[1,3,5]Triazin,
2-Hydrazino-* (Syst.-Nr. 3998)
−, 6-Äthoxy-4-thioxo-3,4-dihydro-1*H*-
698
−, 1-Allyl-4,6-dithioxo-5-*o*-tolyl-
tetrahydro- 642
−, 1-Allyl-4,6-dithioxo-5-*p*-tolyl-
tetrahydro- 643
−, 5-[2-Amino-äthyl]-tetrahydro- 419
−, 4,6-Bis-allyloxy-1*H*- 698
−, 4,6-Bis-chlormethyl-1*H*- 435
−, 4,6-Bis-[4-chlor-phenyl]-1*H*- 515
−, 4,6-Bis-[1,1-dichlor-äthyl]-1*H*- 439
−, 4,6-Bis-dichlormethyl-1*H*- 435
−, 4,6-Bis-heptafluorpropyl-1*H*- 440

−, 1,3-Bis-methoxymethyl-5-methyl-
tetrahydro- 418
−, 4,6-Bis-[4-nitro-phenyl]-1*H*- 515
−, 4,6-Bis-pentafluoräthyl-1*H*- 439
−, 4,6-Bis-trichlormethyl-1*H*- 435
−, 5-Cyclohexyl-tetrahydro- 418
−, 1,5-Diallyl-4,6-dithioxo-tetrahydro-
642
−, 4,6-Dibenzyl-tetrahydro- 505
−, 4,6-Diimino-tetrahydro- s.
*[1,3,5]Triazin-2-on, 4,6-Diamino-*1H-
(Syst.-Nr. 3990)
−, 4,6-Dimercapto-1*H*- s.
*[1,3,5]Triazin-2-on, 4,6-Dithioxo-
tetrahydro-*
−, 4,6-Dimethyl-1*H*- 434
−, 5-[2-Dimethylamino-äthyl]-tetrahydro-
419
−, 4,6-Dimethyl-tetrahydro- 419
−, 4,6-Diphenyl-1*H*- 515
−, 1,5-Diphenyl-4,6-dithioxo-tetrahydro-
642
−, 4,6-Dithioxo-1,5-di-*m*-tolyl-
tetrahydro- 643
−, 4,6-Dithioxo-1,5-di-*o*-tolyl-tetrahydro-
643
−, 4,6-Dithioxo-1-*o*-tolyl-5-*p*-tolyl-
tetrahydro- 643
−, 6-Hydroxy-1*H*- 555
−, 5-[2-Hydroxy-äthyl]-1,3-bis-
methoxymethyl-tetrahydro- 418
−, 5-[2-Hydroxy-äthyl]-tetrahydro- 418
−, 5-Isobutyl-1,3-bis-methoxymethyl-
tetrahydro- 418
−, 5-Isobutyl-tetrahydro- 418
−, 4-Methoxy-1-methyl-6-phenyl-1*H*-
689
−, 5-Methyl-tetrahydro- 418
−, 1-Phenyl-4,6-dithioxo-5-*o*-tolyl-
tetrahydro- 643
−, 1-Phenyl-4,6-dithioxo-5-*p*-tolyl-
tetrahydro- 643
−, 5-Phenyl-4,6-dithioxo-1-*o*-tolyl-
tetrahydro- 643
−, 5-Propyl-tetrahydro- 418
−, 1,6,6-Trimethyl-4-methylmercapto-
5-phenyl-5,6-dihydro-1*H*- 678
− imin 678
− phenylimin 679
− thiosemicarbazon 679
[1,3,5]Triazino[1,2-*a*;3,4-*a*';5,6-*a*'']triindol
−, 6,6,12,12,18,18-Hexamethyl-
5a,6,11a,12,17a,18-hexahydro- 300
[1,3,5]Triazino[1,2-*b*;3,4-*b*';5,6-*b*'']triisochinolin
−, 5,12,12a,19,19a,21-Hexahydro-
5a*H*,7*H*,14*H*- 300
**[1,3,5]Triazino[2,1-*a*;4,3-*a*';6,5-*a*'']triisoindol-
6,12,18-trion**
−, 4b*H*,10b*H*,16b*H*- 670

[1,2,4]Triazin-1-oxid
−, Triphenyl- 291
[1,2,4]Triazin-2-oxid
−, Triphenyl- 291
[1,2,4]Triazin-3-selon
−, 5,6-Dimethyl-2-phenyl-2*H*- 434
[1,2,4]Triazin-3-sulfonsäure
−, 5,6-Diphenyl- 514
[1,2,4]Triazin-3-thiol
s. *[1,2,4]Triazin-3-thion*, 2H-
[1,2,4]Triazin-5-thiol
s. *[1,2,4]Triazin-5-thion*, 4H-
[1,3,5]Triazin-2-thiol
s. *[1,3,5]Triazin-2-thion*, 1H-
[1,2,4]Triazin-3-thion
−, 5-[4-Äthansulfonyl-phenyl]-2*H*- 687
−, 6-Äthyl-5-phenyl-2*H*- 486
−, 5-Benzyl-2*H*- 484
−, 5-Benzyl-4,5-dihydro-2*H*- 480
−, 5-Biphenyl-4-yl-2*H*- 514
−, 5,6-Bis-[4-hydroxy-phenyl]-2*H*- 713
−, 5,6-Bis-[2-methoxy-phenyl]-2*H*- 713
−, 5,6-Bis-[4-methoxy-phenyl]-2*H*- 713
−, 5,6-Bis-[2-methoxy-phenyl]-
4,5-dihydro-2*H*- 712
−, 5,6-Bis-[4-methoxy-phenyl]-
4,5-dihydro-2*H*- 712
−, 5,6-Bis-*p*-tolyl-2*H*- 518
−, 5-[4-(Butan-1-sulfonyl)-phenyl]-2*H*-
688
−, 5-[4-Chlor-phenyl]-2*H*- 483
−, 5-Cyclohexyl-2*H*- 444
−, 5,6-Dimethyl-2*H*- 434
−, 5,6-Diphenyl-2*H*- 515
−, 5,6-Diphenyl-4,5-dihydro-2*H*- 510
−, 5-Hydroxy-5,6-diphenyl-4,5-dihydro-
2*H*- 692
−, 5-[4-Hydroxy-phenyl]-2*H*-
687
−, 5-Isobutyl-4,5-dihydro-2*H*- 431
−, 5-Isopropyl-4,5-dihydro-2*H*- 430
−, 5-[4-Methoxy-phenyl]-2*H*- 687
−, 6-Methyl-5-phenyl-2*H*- 485
−, 5-[2]Naphthyl-2*H*- 506
−, 5-[4-Nitro-phenyl]-2*H*- 483
−, 5-Pentyl-2*H*- 440
[1,2,4]Triazin-5-thion
−, 3,6-Diphenyl-4*H*- 514
[1,3,5]Triazin-2-thion
−, 5-[2-Amino-äthyl]-tetrahydro- 419
−, 5-Cyclohexyl-tetrahydro- 419
−, 4,6-Dimethyl-1-phenyl-tetrahydro-
420
−, 4,6-Dimethyl-tetrahydro- 420
−, 4,6-Diphenyl-1*H*- 516
−, 4,6-Diphenyl-tetrahydro- 503
−, 5-Dodecyl-tetrahydro- 419

−, 5-[2-Hydroxy-äthyl]-4,6-dimethyl-
tetrahydro- 420
−, 5-[2-Hydroxy-äthyl]-1,3-diphenyl-
tetrahydro- 419
−, 5-[2-Hydroxy-äthyl]-tetrahydro- 419
−, 5-Isobutyl-tetrahydro- 419
−, 6-Methylmercapto-1,4-diphenyl-1*H*-
689
−, 5-Methyl-tetrahydro- 419
−, Octahydro-5,5′-äthandiyl-bis- 419
−, 1,3,4,5,6-Pentaphenyl-tetrahydro-
503
[1,3,5]Triazin-1,3,5-tricarbonsäure
− triäthylester 13
[1,3,5]Triazin-1,3,5-triol 16
[1,3,5]Triazin-2,4,6-triol
s. *[1,3,5]Triazintrion*
[1,3,5]Triazintrion 632
− dihydrazon s. *[1,3,5]Triazin-2-on,*
4,6-Dihydrazino-1H- (Syst.-Nr. 3998)
− monohydrazon s. *[1,3,5]Triazin-*
2,4-dion, 6-Hydrazino-1H- (Syst.-Nr.
3998)
− monooxim s. *[1,3,5]Triazin-*
2,4-dion, 6-Hydroxyamino-1H-
(Syst.-Nr. 3997)
− trihydrazon s. *[1,3,5]Triazin,*
Trihydrazino- (Syst.-Nr. 3998)
− triimin s. *[1,3,5]Triazin-*
2,4,6-triyltriamin (Syst.-Nr. 3988)
−, Äthyl- 635
−, Allyl- 636
−, [2-Amino-äthyl]- 641
−, Benzyl- 639
−, Bis-[2-amino-äthyl]- 641
−, Butyl- 635
−, *sec*-Butyl- 636
−, Diallyl- 636
−, Dimethyl- 635
−, Dipropyl- 635
−, Hexyl- 636
−, Isobutyl- 636
−, Isopentyl- 636
−, Methyl- 634
−, Pentyl- 636
−, Phenyl- 637
−, Propyl- 635
−, Triallyl- 637
−, Tribenzyl- 639
− triimin 639
−, Tribrom- 642
−, Tributyl- 635
−, Trichlor- 642
−, Tricyclohexyl- 637
−, Trijod- 642
−, Trimethyl- 635
− triimin 635
−, Tri-[1]naphthyl- 639

[1,3,5]Triazintrion (Fortsetzung)
—, Tri-[2]naphthyl- 640
—, Triphenyl- 637
— triimin 638
— tris-phenylimin 638
—, Tris-acetoxymethyl- 641
—, Tris-äthoxycarbonylmethyl- 641
—, Tris-[3-äthoxycarbonyl-propyl]- 641
—, Tris-biphenyl-4-yl- 640
—, Tris-[2-brom-phenyl]-,
— triimin 638
—, Tris-[4-*sec*-butyl-3-isocyanato-phenyl]-
642
—, Tris-[4-*tert*-butyl-3-isocyanato-phenyl]-
642
—, Tris-[2-chlor-phenyl]- 637
— triimin 638
—, Tris-[3-chlor-phenyl]- 637
—, Tris-[4-chlor-phenyl]- 638
— triimin 638
—, Tris-[β-hydroxy-3-methoxy-
phenäthyl]- 640
—, Tris-hydroxymethyl- 640
—, Tris-[2-methoxy-phenyl]- 640
—, Tris-[4-methoxy-phenyl]- 640
— triimin 640
—, Tris-[2-nitro-phenyl]- 638
—, Tris-[4-nitro-phenyl]- 638
—, Tri-*o*-tolyl- 639
—, Tri-*p*-tolyl- 639
— triimin 639
[1,3,5]Triazin-1,3,5-trisulfonsäure 17
[1,3,5]Triazin-2,4,6-trithiol
s. *[1,3,5]Triazintrithion*
[1,3,5]Triazintrithion 643
—, Tris-[1-methoxycarbonyl-2-methyl-
propenyl]- 643
—, Tris-piperidinomethyl- 643
[1,2,4]Triazin-4-ylamin
—, 2,6-Diphenyl-2,5-dihydro-3*H*- 159
[1,3,5-Triazin-2-ylisothiocyanat
—, 4,6-Bis-trichlormethyl- 334
[1,3,5]Triazin-2-ylthiocyanat
—, 4,6-Bis-trichlormethyl- 334
Triazirinoindazol-7-on
—, 1-[4-Brom-phenyl]- 455
—, 1-[2,4-Dibrom-phenyl]- 455
—, 1-[2,4-Dichlor-phenyl]- 455
—, 1-[2,4,6-Trichlor-phenyl]- 455
Triazirinoindazol-7-on-2-oxid
—, 1-[4-Brom-phenyl]- 456
—, 1-[4-Chlor-phenyl]- 456
—, 1-[2,4-Dibrom-phenyl]- 456
—, 1-[2,4-Dichlor-phenyl]- 456
—, 1-[2,4,6-Trichlor-phenyl]- 456
—, 1-[3,4,5-Trichlor-phenyl]- 456
[1,3,5]Triazocin
—, 3-Cyclohexyl-1,5-dinitro-octahydro-
25

—, 3-Methyl-1,5-dinitro-octahydro- 25
—, 1,3,5-Trinitro-octahydro- 25
[1,2,4]Triazocin-3,5-dion
—, 8-Phenyl-tetrahydro- 589
[1,2,3]Triazol
—, 1*H*- 29
—, 1-Acetyl-1*H*- 31
—, 2-Acetyl-4,5-dibrom-2*H*- 34
—, 2-Acetyl-4,5-dimethyl-2*H*- 47
—, 4-Acetyl-1,5-diphenyl-1*H*- 485
—, 1-Acetyl-4-methyl-1*H*- 43
—, 4-Acetyl-5-methyl-1*H*- 435
—, 4-Acetyl-5-methyl-1-phenyl-1*H*- 435
—, 4-Acetyl-1-phenyl-1*H*- 433
—, 1-Äthoxymethyl-4-phenyl-1*H*- 170
—, 1-Äthoxymethyl-5-phenyl-1*H*- 170
—, 4-Äthyl-1*H*- 46
—, 1-[Äthylmercapto-methyl]-4-phenyl-
1*H*- 170
—, 1-[Äthylmercapto,methyl]-5-phenyl-
1*H*- 170
—, 1-Äthyl-4-phenyl-1*H*- 169
—, 4-Äthyl-5-phenyl-1*H*- 184
—, 2-[4-Amino-phenyl]-2*H*- 32
—, 1-[4-Amino-phenyl]-4-[α-hydroxy-
isopropyl]-5-[3-hydroxy-3-methyl-but-
1-inyl]-1*H*- 379
—, 4-Azido-5-phenyl-1-[toluol-4-sulfonyl]-
1*H*- 172
—, 1-Benzolsulfonylmethyl-4-phenyl-1*H*-
170
—, 1-Benzolsulfonylmethyl-5-phenyl-1*H*-
170
—, 1-Benzoyl-1*H*- 32
—, 4-Benzoyl-1,5-diphenyl-1*H*- 516
—, 4-Benzoyl-5-methyl-1-phenyl-1*H*- 485
—, 4-Benzoyloxymethyl-1-phenyl-1*H*-
323
—, 4-Benzoyl-1-phenyl-1*H*- 483
—, 5-Benzoyl-1-phenyl-1*H*- 483
—, 1-Benzyl-1*H*- 31
—, 1-Benzyl-4,5-bis-[α-hydroxy-
isopropyl]-1*H*- 375
—, 1-Benzyl-4,5-diphenyl-1*H*- 244
—, 1-Benzyl-4-isopropenyl-1*H*- 72
—, 1-Benzyl-4-isopropyl-1*H*- 53
—, 1-Benzyl-4-phenyl-1*H*- 170
—, 1-Benzyl-5-phenyl-1*H*- 170
—, 5-Benzyl-1-phenyl-1*H*- 177
—, 4,5-Bis-benzoyloxymethyl-1-phenyl-
1*H*- 374
—, 2,4-Bis-[2,4-dinitro-phenyl]-2*H*- 169
—, 4,5-Bis-hydroxymethyl-1-phenyl-1*H*-
374
—, 4,5-Bis-hydroxymethyl-1-[4-phenylazo-
phenyl]-1*H*- 374
—, 5,5-Bis-methansulfonyl-1-methoxy-
4,5-dihydro-1*H*- 421

[1,2,3]Triazol   (Fortsetzung)

—, 1,5-Bis-[4-nitro-phenyl]-4,5-dihydro-
  1*H*- 155
—, 1,5-Bis-[4-nitro-phenyl]-4,4-diphenyl-
  4,5-dihydro-1*H*- 281
—, 1-Brom-4,5-dimethyl-1*H*- 48
—, 2-Brom-4,5-dimethyl-2*H*- 48
—, 4-Brom-1-methyl-1*H*- 33
—, 4-Brom-2-methyl-2*H*- 34
—, 4-Brom-5-methyl-1*H*- 44
—, 5-Brom-1-methyl-1*H*- 34
—, 4-Brommethyl-2-phenyl-2*H*- 45
—, 5-Brommethyl-1-phenyl-1*H*- 45
—, 4-Brom-1-phenyl-1*H*- 34
—, 1-[4-Brom-phenyl]-5-[4-nitro-phenyl]-
  4,5-dihydro-1*H*- 155
—, 4-Butyl-1*H*- 58
—, 4-Butyryl-1-phenyl-1*H*- 437
—, 1-Chlor-4,5-dimethyl-1*H*- 48
—, 2-Chlor-4,5-dimethyl-2*H*- 48
—, 4-Chlor-1-methyl-1*H*- 33
—, 4-Chlor-5-methyl-1*H*- 44
—, 5-Chlor-1-phenyl-1*H*- 33
—, 1-[2-Chlor-phenyl]-5-methyl-1*H*- 43
—, 5-[4-Chlor-phenyl]-1-phenyl-
  4,5-dihydro-1*H*- 154
—, 4-Decyl-1*H*- 62
—, 5-Diäthylcarbamoyloxy-4-methyl-
  1-phenyl-1*H*- 322
—, 4-Diazoacetyl-2-phenyl-2*H*- 565
—, 4,5-Dibrom-1*H*- 34
—, 1,5-Dibrom-4-methyl-1*H*- 44
—, 2,4-Dibrom-5-methyl-2*H*- 44
—, 4,5-Dibrom-2-methyl-2*H*- 34
—, 1,5-Dichlor-4-methyl-1*H*- 44
—, 2,4-Dichlor-5-methyl-2*H*- 44
—, 1-[2,4-Dichlor-phenyl]-1*H*- 30
—, 1-[2,5-Dichlor-phenyl]-1*H*- 30
—, 1-[2,4-Dichlor-phenyl]-5-methyl-1*H*-
  43
—, 1-[2,5-Dichlor-phenyl]-5-methyl-1*H*-
  43
—, 1,5-Dijod-4-methyl-1*H*- 45
—, 2,4-Dijod-5-methyl-2*H*- 45
—, 4,5-Dijod-2-methyl-2*H*- 34
—, 5-[2,4-Dimethoxy-phenyl]-1-[4-nitro-
  phenyl]-4,5-dihydro-1*H*- 381
—, 4,5-Dimethyl-1*H*- 46
—, 5-Dimethylcarbamoyloxy-4-methyl-
  1-phenyl-1*H*- 322
—, 4,5-Dimethyl-2-[2-nitro-phenyl]-2*H*-
  46
—, 4,5-Dimethyl-2-[4-nitro-phenyl]-2*H*-
  46
—, 4,5-Dimethyl-1-oxy-2-phenyl-2*H*- 46
—, 4,5-Dimethyl-2-phenyl-2*H*- 46
—, 1,4-Diphenyl-1*H*- 169
—, 1,5-Diphenyl-1*H*- 169
—, 2,4-Diphenyl-2*H*- 169

—, 4,5-Diphenyl-1*H*- 244
—, 1,5-Diphenyl-4,5-dihydro-1*H*- 154
—, 4-Dipiperidinomethyl-1-phenyl-1*H*-
  431
—, 1-Galactopyranosyl-4-phenyl-1*H*-
  171
—, 1-Glucopyranosyl-4-phenyl-1*H*- 171
—, 4-Heptyl-1*H*- 62
—, 4-Hexyl-1*H*- 61
—, 4-[1-Hydroxy-cyclohexyl]-5-
  [1-hydroxy-cyclohexyläthinyl]-1-[4-nitro-
  phenyl]-1*H*- 386
—, 4-[α-Hydroxy-isopropyl]-5-[3-hydroxy-
  3-methyl-but-1-inyl]-1-[2-nitro-phenyl]-
  1*H*- 379
—, 4-[α-Hydroxy-isopropyl]-5-[3-hydroxy-
  3-methyl-but-1-inyl]-1-[3-nitro-phenyl]-
  1*H*- 379
—, 4-[α-Hydroxy-isopropyl]-5-[3-hydroxy-
  3-methyl-but-1-inyl]-1-[4-nitro-phenyl]-
  1*H*- 379
—, 4-[α-Hydroxy-isopropyl]-1-[4-
  (2-hydroxy-[1]naphthylazo)-phenyl]-1*H*-
  328
—, 4-Imino-dihydro- s. *[1,2,3]Triazol-
  4-ylamin, 1H*- (Syst.-Nr. 3952)
—, 4-Isopentyl-1*H*- 59
—, 4-Isopropenyl-1-phenyl-1*H*- 72
—, 4-Isopropenyl-1-phenyl-4,5-dihydro-
  1*H*- 53
—, 5-Isopropenyl-1-phenyl-4,5-dihydro-
  1*H*- 53
—, 4-Isopropyl-1-phenyl-1*H*- 53
—, 4-Isovaleryl-1-phenyl-1*H*- 439
—, 1-Jod-1*H*- 33
—, 4-Jod-1*H*- 34
—, 1-Jod-4,5-dimethyl-1*H*- 48
—, 2-Jod-4,5-dimethyl-2*H*- 48
—, 4-Jod-1-methyl-1*H*- 34
—, 4-Jod-5-methyl-1*H*- 45
—, 4-Jodmethyl-2-phenyl-2*H*- 45
—, 5-Methansulfonyl-1-methoxy-1*H*-
  321
—, 5-Methoxy-1,4-diphenyl-1*H*- 346
—, 1-Methyl-1*H*- 29
—, 2-Methyl-2*H*- 30
—, 4-Methyl-1*H*- 42
—, 4-Methyl-1-oxy-2-phenyl-2*H*- 43
—, 4-Methyl-2-phenyl-2*H*- 42
—, 4-Methyl-5-phenyl-1*H*- 177
—, 5-Methyl-1-phenyl-1*H*- 43
—, 4-Methyl-2-phenyl-5-pyruvoyl-2*H*-
  567
—, 4-Methyl-5-phenyl-1-[toluol-
  4-sulfonylamino]-1*H*- 177
—, 5-Methyl-4-phenyl-1-[toluol-
  4-sulfonylamino]-1*H*- 177
—, 5-Methyl-1-*o*-tolyl-1*H*- 43
—, 1-[α-Nitro-isopropyl]-1*H*- 30

[1,2,3]Triazol   (Fortsetzung)

−, 1-[α-Nitro-isopropyl]-4,5-diphenyl-1H- 244

−, 2-[2-Nitro-phenyl]-2H- 30

−, 2-[4-Nitro-phenyl]-2H- 31

−, 1-[3-Nitro-phenyl]-5-[4-nitro-phenyl]-4,5-dihydro-1H- 155

−, 5-[3-Nitro-phenyl]-1-[4-nitro-phenyl]-4,5-dihydro-1H- 154

−, 4-[2-Nitro-vinyl]-1-phenyl-1H- 70

−, 4-Nonyl-1H- 62

−, 4-Octyl-1H- 62

−, 4-Pentyl-1H- 59

−, 1-Phenyl-1H- 30

−, 2-Phenyl-2H- 30

−, 4-Phenyl-1H- 169

−, 1-Phenyl-4,5-dihydro-1H- 26

−, 4-Phenyl-1-[phenylmercapto-methyl]-1H- 170

−, 5-Phenyl-1-[phenylmercapto-methyl]-1H- 170

−, 4-Phenyl-1-[phenylmethansulfonyl-methyl]-1H- 171

−, 5-Phenyl-1-[phenylmethansulfonyl-methyl]-1H- 171

−, 4-Phenyl-1-piperidinomethyl-1H- 170

−, 5-Phenyl-1-piperidinomethyl-1H- 170

−, 5-Phenyl-1-[toluol-4-sulfonyl]-1H- 171

−, 2-Phenyl-4-[toluol-4-sulfonyloxymethyl]-2H- 323

−, 4-Phenyl-5-vinyl-1H- 193

−, 5-Phenyl-1-vinyl-1H- 169

−, 4-Propyl-1H- 53

−, 1,4,5-Tribrom-1H- 34

−, 1,4,5-Triphenyl-1H- 244

−, 2,4,5-Triphenyl-2H- 244

[1,2,4]Triazol

−, 1H- 35

−, 3-Acetoxy-1-acetyl-1H- 421

−, 5-Acetoxy-1-acetyl-1H- 421

−, 1-Acetyl-1H- 37

−, 3-Acetyl-5-äthyl-1-phenyl-1H- 437

−, 4-Acetylamino-3,5-diphenyl-4H- 247

−, 1-Acetyl-3,5-dimethyl-1H- 51

−, 1-Acetyl-3,5-diphenyl-1H- 246

−, 3-Acetyl-5-methyl-1-phenyl-1H- 435

−, 3-Acetyl-1-phenyl-1H- 433

−, 1H,1'H-1,1'-Adipoyl-bis- 37

−, 3-[2-Äthoxy-äthyl]-1H- 327

−, 3-Äthoxy-5-[4-chlor-phenyl]-1H- 346

−, 3-Äthoxy-5-[4-methoxy-phenyl]-1H- 382

−, 3-Äthoxymethyl-1H- 326

−, 3-Äthoxy-5-phenyl-1H- 346

−, 4-[4-Äthoxy-phenyl]-4H- 36

−, 3-[4-Äthoxy-phenyl]-5-äthylmercapto-1H- 383

−, 3-[4-Äthoxy-phenyl]-5-butylmercapto-1H- 384

−, 4-[4-Äthoxy-phenyl]-3,5-dimethyl-4H- 51

−, 4-[4-Äthoxy-phenyl]-3,5-diphenyl-4H- 246

−, 3-[4-Äthoxy-phenyl]-5-isobutyl-mercapto-1H- 384

−, 3-[4-Äthoxy-phenyl]-5-isopentyl-mercapto-1H- 385

−, 3-[4-Äthoxy-phenyl]-5-isopropyl-mercapto-1H- 383

−, 3-[4-Äthoxy-phenyl]-5-methyl-mercapto-1H- 383

−, 3-[4-Äthoxy-phenyl]-5-pentyl-mercapto-1H- 385

−, 3-[4-Äthoxy-phenyl]-5-propyl-mercapto-1H- 383

−, 3-Äthyl-1H- 48

−, 3-Äthyl-5-chlor-1H- 49

−, 3-Äthyl-4-cyclohexyl-4H- 49

−, 3-Äthyl-5-diäthylcarbamoyloxy-1-phenyl-1H- 327

−, 1-Äthyl-3,5-dimethyl-1H- 49

−, 4-Äthyl-3,5-dimethyl-4H- 50

−, 3-Äthyl-5-dimethylcarbamoyloxy-1-phenyl-1H- 327

−, 5-Äthyl-3-dimethylcarbamoyloxy-1-phenyl-1H- 327

−, 3-Äthylmercapto-5-[4-butoxy-phenyl]-1H- 384

−, 3-Äthylmercapto-4,5-dimethyl-4H- 324

−, 5-Äthylmercapto-1,3-dimethyl-1H- 324

−, 3-Äthylmercapto-4,5-diphenyl-4H- 348

−, 3-Äthylmercapto-5-[4-isobutoxy-phenyl]-1H- 384

−, 3-Äthylmercapto-5-[4-isopentyloxy-phenyl]-1H- 385

−, 3-Äthylmercapto-5-[4-isopropoxy-phenyl]-1H- 383

−, 5-Äthylmercapto-3-[4-methoxy-phenyl]-1H- 383

−, 3-Äthylmercapto-5-methyl-1-phenyl-1H- 325

−, 3-Äthylmercapto-5-methyl-4-phenyl-4H- 325

−, 5-Äthylmercapto-3-methyl-1-phenyl-1H- 325

−, 3-Äthylmercapto-5-[4-pentyloxy-phenyl]-1H- 385

−, 3-Äthylmercapto-5-phenyl-1H- 347

−, 3-Äthylmercapto-5-phenyl-4-o-tolyl-4H- 349

−, 3-Äthylmercapto-5-phenyl-4-p-tolyl-4H- 349

[1,2,4]Triazol (Fortsetzung)
—, 3-Äthylmercapto-5-[4-propoxy-phenyl]-1*H*- 383
—, 3-Äthyl-5-methyl-4-[2-methyl-cyclohexyl]-4*H*- 53
—, 3-Äthyl-5-methyl-4-[4-methyl-cyclohexyl]-4*H*- 53
—, 4-Äthyl-3-methyl-5-methylmercapto-4*H*- 324
—, 3-Äthyl-5-methyl-1-phenyl-1*H*- 53
—, 3-Äthyl-5-methyl-4-phenyl-4*H*- 54
—, 5-Äthyl-3-methyl-1-phenyl-1*H*- 53
—, 4-Amino-4*H*- 40
—, 3-Benzhydryl-4,5-diphenyl-4*H*- 287
—, 3-Benzhydryl-5-methyl-1*H*- 252
—, 1-Benzoyl-1*H*- 37
—, 4-Benzoylamino-3-methylmercapto-5-phenyl-4*H*- 349
—, 1-Benzyl-1*H*- 36
—, 3-Benzyl-1*H*- 178
—, 3-Benzyl-4,5-diphenyl-4*H*- 250
—, 4-Benzyl-3,5-diphenyl-4*H*- 246
—, 4-Benzylidenamino-3,5-diphenyl-4*H*- 247
—, 3-Benzyl-4-[4-methoxy-phenyl]-5-phenyl-4*H*- 250
—, 3-Benzyl-5-methyl-1*H*- 184
—, 3-Benzyl-5-methylmercapto-1*H*- 351
—, 3-Benzyl-5-[4-nitro-phenyl]-1*H*- 250
—, 3-Benzyl-5-phenyl-1*H*- 250
—, 3-Benzyl-5-phenyl-4-*m*-tolyl-4*H*- 250
—, 5,5′-Bis-[2-chlor-4-nitro-phenyl]-4*H*,4′*H*-3,3′-disulfandiyl-bis-350
—, 5,5′-Bis-[4-chlor-phenyl]-4,4′-diphenyl-4*H*,4′*H*-3,3′-disulfandiyl-bis- 350
—, 4-[Bis-(2-cyan-äthyl)-amino]-4*H*- 41
—, 3,5-Bis-methylmercapto-1*H*- 373
—, 3,5-Bis-methylmercapto-4-phenyl-4*H*- 373
—, 3,5-Bis-methylmercapto-4-*o*-tolyl-4*H*- 373
—, 3,5-Bis-methylmercapto-4-*p*-tolyl-4*H*- 373
—, 3,5-Bis-[4-nitro-phenyl]-1*H*- 247
—, 4,5-Bis-[4-nitro-phenyl]-4,5-dihydro-1*H*- 155
—, 4,5-Bis-[4-nitro-phenyl]-3,3-diphenyl-4,5-dihydro-3*H*- 281
—, 5,5′-Bis-[4-nitro-phenyl]-4,4′-diphenyl-4*H*,4′*H*-3,3′-disulfandiyl-bis- 350
—, 3-Brom-1*H*- 42
—, 3-[4-Butoxy-phenyl]-5-butylmercapto-1*H*- 384
—, 3-[4-Butoxy-phenyl]-5-isobutyl-mercapto-1*H*- 384
—, 3-[4-Butoxy-phenyl]-5-isopentyl-mercapto-1*H*- 386

—, 3-[4-Butoxy-phenyl]-5-isopropyl-mercapto-1*H*- 384
—, 3-[4-Butoxy-phenyl]-5-methyl-mercapto-1*H*- 384
—, 3-[4-Butoxy-phenyl]-5-pentylmercapto-1*H*- 385
—, 3-[4-Butoxy-phenyl]-5-propyl-mercapto-1*H*- 384
—, 4-[2-Butoxy-[4]pyridyl]-3,5-dimethyl-4*H*- 52
—, 3-Butylmercapto-5-[4-isobutoxy-phenyl]-1*H*- 384
—, 3-Butylmercapto-5-[4-isopentyloxy-phenyl]-1*H*- 386
—, 3-Butylmercapto-5-[4-isopropoxy-phenyl]-1*H*- 384
—, 3-Butylmercapto-5-[4-methoxy-phenyl]-1*H*- 383
—, 3-Butylmercapto-5-[4-pentyloxy-phenyl]-1*H*- 385
—, 3-Butylmercapto-5-[4-propoxy-phenyl]-1*H*- 384
—, 1*H*,1′*H*-1,1′-Carbonyl-bis- 38
—, 3-[2-Chlor-äthyl]-1*H*- 49
—, 3-Chlormethyl-1*H*- 46
—, 3-[4-Chlor-phenyl]-1*H*- 173
—, 4-[4-Chlor-phenyl]-3,5-dimethyl-4*H*- 51
—, 3-[4-Chlor-phenyl]-1,5-diphenyl-1*H*- 247
—, 4-[4-Chlor-phenyl]-3,5-diphenyl-4*H*- 245
—, 3-[4-Chlor-phenyl]-5-methylmercapto-1*H*- 350
—, 3-Chlor-4-phenyl-5-*p*-tolyl-4*H*- 178
—, 4-Cyclohexyl-3,5-dimethyl-4*H*- 50
—, 4-Cyclohexyl-3-isobutyl-5-methyl-4*H*- 59
—, 4-Cyclohexyl-3-methyl-4*H*- 45
—, 3-Cyclohexyl-5-phenyl-1*H*- 197
—, 4-Diacetylamino-4*H*- 40
—, 4-Diacetylamino-3,5-diphenyl-4*H*- 247
—, 5-Diäthylcarbamoyloxy-3-methyl-1-phenyl-1*H*- 324
—, 3,5-Dibenzyl-1*H*- 252
—, 1-[2,4-Dibrom-phenyl]-3,5-diphenyl-1*H*- 245
—, 5-Dibutylcarbamoyloxy-3-methyl-1-phenyl-1*H*- 324
—, 3,5-Dichlor-1*H*- 42
—, 5-[2,4-Dimethoxy-phenyl]-4-[4-nitro-phenyl]-4,5-dihydro-1*H*- 381
—, 3,5-Dimethyl-1*H*- 49
—, 4-[4-Dimethylamino-benzylidenamino]-3-methylmercapto-5-phenyl-4*H*- 349
—, 5-Dimethylcarbamoyloxy-3-methyl-1-phenyl-1*H*- 324

[1,2,4]Triazol (Fortsetzung)

—, 3-Dimethylcarbamoyloxy-1-phenyl-1*H*- 321

—, 5-Dimethylcarbamoyloxy-1-phenyl-1*H*- 321

—, 3-Dimethylcarbamoyloxy-1-phenyl-5-propyl-1*H*- 329

—, 5-Dimethylcarbamoyloxy-1-phenyl-3-propyl-1*H*- 329

—, 3,4-Dimethyl-5-methylmercapto-4*H*-324

—, 3,5-Dimethyl-1-[2-nitro-phenyl]-1*H*-50

—, 3,5-Dimethyl-1-[3-nitro-phenyl]-1*H*-50

—, 3,5-Dimethyl-1-[4-nitro-phenyl]-1*H*-50

—, 1,3-Dimethyl-5-phenyl-1*H*- 178

—, 1,5-Dimethyl-3-phenyl-1*H*- 178

—, 3,4-Dimethyl-5-phenyl-4*H*- 178

—, 3,5-Dimethyl-1-phenyl-1*H*- 50

—, 3,5-Dimethyl-4-phenyl-4*H*- 51

—, 4-[2,4-Dimethyl-phenyl]-3-isopropyl-5-methyl-4*H*- 58

—, 5-[2,4-Dinitro-phenylmercapto]-1-methyl-3-phenyl-1*H*- 347

—, 5-[2,4-Dinitro-phenylmercapto]-3-methyl-1-phenyl-1*H*- 325

—, 1,3-Diphenyl-1*H*- 172

—, 1,5-Diphenyl-1*H*- 172

—, 3,4-Diphenyl-4*H*- 173

—, 3,5-Diphenyl-1*H*- 244

—, 3,5-Diphenyl-4-*m*-tolyl-4*H*- 246

—, 3,5-Diphenyl-4-*o*-tolyl-4*H*- 246

—, 3,5-Diphenyl-4-*p*-tolyl-4*H*- 246

—, 3,5-Di-*p*-tolyl-1*H*- 252

—, 1-Dodecyl-1*H*- 35

—, 1*H*,1′*H*-1,1′-Fumaroyl-bis- 37

—, 3,4-Heptamethylen- s.
[1,2,4]Triazolo[4,3-a]azonin, 6,7,8,9,10,11-Hexahydro-5H-

—, 3-[2-Hydroxy-phenyl]-5-[4-methoxy-phenyl]-1*H*- 389

—, 3-Imino-dihydro- s. [1,2,4]Triazol-3-ylamin, 1H- (Syst.-Nr. 3952)

—, 3-[4-Isobutoxy-phenyl]-5-isobutyl≠ mercapto-1*H*- 384

—, 3-[4-Isobutoxy-phenyl]-5-isopentyl≠ mercapto-1*H*- 386

—, 3-[4-Isobutoxy-phenyl]-5-isopropyl≠ mercapto-1*H*- 384

—, 3-[4-Isobutoxy-phenyl]-5-methyl≠ mercapto-1*H*- 384

—, 3-[4-Isobutoxy-phenyl]-5-pentyl≠ mercapto-1*H*- 385

—, 3-[4-Isobutoxy-phenyl]-5-propyl≠ mercapto-1*H*- 384

—, 3-Isobutyl-5-isopropyl-1*H*- 62

—, 3-Isobutylmercapto-5-[4-isopentyloxy-phenyl]-1*H*- 386

—, 3-Isobutylmercapto-5-[4-isopropoxy-phenyl]-1*H*- 384

—, 3-Isobutylmercapto-5-[4-methoxy-phenyl]-1*H*- 384

—, 3-Isobutylmercapto-5-[4-pentyloxy-phenyl]-1*H*- 385

—, 3-Isobutylmercapto-5-[4-propoxy-phenyl]-1*H*- 384

—, 1-Isobutyryl-1*H*- 37

—, 5-Isopentylmercapto-3-[4-isopentyloxy-phenyl]-1*H*- 386

—, 3-Isopentylmercapto-5-[4-isopropoxy-phenyl]-1*H*- 386

—, 3-Isopentylmercapto-5-[4-methoxy-phenyl]-1*H*- 385

—, 3-Isopentylmercapto-5-[4-pentyloxy-phenyl]-1*H*- 386

—, 3-Isopentylmercapto-5-[4-propoxy-phenyl]-1*H*- 385

—, 3-[4-Isopentyloxy-phenyl]-5-isopropylmercapto-1*H*- 386

—, 3-[4-Isopentyloxy-phenyl]-5-methylmercapto-1*H*- 385

—, 3-[4-Isopentyloxy-phenyl]-5-pentylmercapto-1*H*- 386

—, 3-[4-Isopentyloxy-phenyl]-5-propylmercapto-1*H*- 385

—, 3-[4-Isopropoxy-phenyl]-5-isopropylmercapto-1*H*- 383

—, 3-[4-Isopropoxy-phenyl]-5-methylmercapto-1*H*- 383

—, 3-[4-Isopropoxy-phenyl]-5-pentylmercapto-1*H*- 385

—, 3-[4-Isopropoxy-phenyl]-5-propylmercapto-1*H*- 383

—, 3-Isopropylmercapto-5-[4-methoxy-phenyl]-1*H*- 383

—, 3-Isopropylmercapto-5-[4-pentyloxy-phenyl]-1*H*- 385

—, 3-Isopropylmercapto-5-[4-propoxy-phenyl]-1*H*- 383

—, 3-Isopropyl-5-methyl-1*H*- 58

—, 3-Methansulfonyl-5-phenyl-1*H*- 347

—, 1-[4-Methoxy-benzoyl]-1*H*- 39

—, 3-Methoxy-5-[4-methoxy-phenyl]-1*H*-382

—, 3-Methoxymethyl-1*H*- 326

—, 3-[4-Methoxy-phenyl]-1*H*- 350

—, 4-[4-Methoxy-phenyl]-3,5-dimethyl-4*H*- 51

—, 4-[4-Methoxy-phenyl]-3,5-diphenyl-4*H*- 246

—, 3-[4-Methoxy-phenyl]-5-methyl≠ mercapto-1*H*- 382

—, 3-[4-Methoxy-phenyl]-5-pentyl≠ mercapto-1*H*- 385

v

[1,2,4]Triazol (Fortsetzung)

—, 3-[4-Methoxy-phenyl]-5-propyl≈
        mercapto-1H- 383
—, 1-Methyl-1H- 35
—, 3-Methyl-1H- 45
—, 1-Methyl-3,5-diphenyl-1H- 245
—, 3-Methyl-1,5-diphenyl-1H- 179
—, 3-Methyl-4,5-diphenyl-4H- 179
—, 4-Methyl-3,5-diphenyl-4H- 245
—, 5-Methyl-1,3-diphenyl-1H- 179
—, 3-Methylmercapto-1H- 321
—, 3-Methylmercapto-1,5-diphenyl-1H-
        347
—, 3-Methylmercapto-4,5-diphenyl-4H-
        348
—, 3-Methylmercapto-5-[4-pentyloxy-
        phenyl]-1H- 385
—, 3-Methylmercapto-1-phenyl-1H- 321
—, 3-Methylmercapto-4-phenyl-4H- 322
—, 3-Methylmercapto-5-phenyl-1H- 347
—, 3-Methylmercapto-5-phenyl-4-o-tolyl-
        4H- 348
—, 3-Methylmercapto-5-phenyl-4-p-tolyl-
        4H- 349
—, 3-Methylmercapto-5-[4-propoxy-
        phenyl]-1H- 383
—, 3-Methyl-4-[3-methyl-cyclohexyl]-4H- 45
—, 3-Methyl-5-methylmercapto-1-phenyl-
        1H- 325
—, 3-Methyl-5-methylmercapto-4-phenyl-
        4H- 325
—, 4-Methyl-3-methylmercapto-5-phenyl-
        4H- 347
—, 5-Methyl-3-methylmercapto-1-phenyl-
        1H- 325
—, 1-Methyl-3-phenyl-1H- 172
—, 1-Methyl-5-phenyl-1H- 172
—, 3-Methyl-1-phenyl-1H- 45
—, 3-Methyl-4-phenyl-4H- 46
—, 3-Methyl-5-phenyl-1H- 178
—, 4-Methyl-3-phenyl-4H- 172
—, 5-Methyl-1-phenyl-1H- 46
—, 4-[5-Methyl-2-phenyl-2H-pyrazol-
        3-yl]-4H- 40
—, 3-Methyl-1-phenyl-5-styryl-1H- 195
—, 4-[2]Naphthyl-3,5-diphenyl-4H- 246
—, 3-[1]Naphthyl-5-[4-nitro-phenyl]-1H-
        278
—, 3-[1]Naphthyl-5-phenyl-1H- 278
—, 1-[4-Nitro-benzoyl]-1H- 37
—, 3-[4-Nitro-phenylmercapto]-
        1,4-diphenyl-4,5-dihydro-1H- 321
—, 3-[4-Nitro-phenylmercapto]-
        1,4,5-triphenyl-4,5-dihydro-1H- 344
—, 3-[4-Nitro-phenyl]-5-phenyl-1H- 247
—, 3-[4-Nitro-phenyl]-5-p-tolyl-1H- 251
—, 3,4-Pentamethylen- s.
        [1,2,4]Triazolo[4,3-a]azepin,
        6,7,8,9-Tetrahydro-5H-

—, 3-Pentylmercapto-5-[4-pentyloxy-
        phenyl]-1H- 385
—, 3-Pentylmercapto-5-[4-propoxy-
        phenyl]-1H- 385
—, 3-[4-Pentyloxy-phenyl]-5-propyl≈
        mercapto-1H- 385
—, 3-Phenoxymethyl-1H- 326
—, 1-Phenyl-1H- 36
—, 3-Phenyl-1H- 172
—, 4-Phenyl-4H- 36
—, 4-[5-Phenyl-1(2)H-pyrazol-3-yl]-4H-
        40
—, 3-Phenyl-5-m-tolyl-1H- 250
—, 3-Phenyl-5-o-tolyl-1H- 250
—, 3-Phenyl-5-p-tolyl-1H- 251
—, 1-Pivaloyl-1H- 37
—, 1-Propionyl-1H- 37
—, 3-[4-Propoxy-phenyl]-5-propyl≈
        mercapto-1H- 383
—, 4-Sulfanilylamino-4H- 42
—, 1H,1'H-1,1-Terephthaloyl-bis-
        38
—, 3,4-Tetramethylen- s.
        [1,2,4]Triazolo[4,3-a]pyridin,
        5,6,7,8-Tetrahydro-
—, 4,5,4',5'-Tetraphenyl-4H,4'H-
        3,3'-disulfandiyl-bis- 348
—, 1-p-Toluoyl-1H- 37
—, 1-p-Tolyl-1H- 36
—, 1,3,5-Trimethyl-1H- 49
—, 3,4,5-Trimethyl-4H- 49
—, 3,4-Trimethylen- s. Pyrrolo[2,1-
        c][1,2,4]triazol, 6,7-Dihydro-5H-
—, 1,3,5-Triphenyl-1H- 245
—, 3,4,5-Triphenyl-4H- 245

[1,2,3]Triazol-4-carbaldehyd
—, 1H- 431
        — [2,4-dinitro-phenylhydrazon] 431
        — oxim 431
        — phenylhydrazon 431
—, 1-Benzyl-1H- 432
        — [2,4-dinitro-phenylhydrazon] 432
—, 1,5-Diphenyl-1H- 484
        — oxim 484
        — thiosemicarbazon 484
—, 3,5-Diphenyl-3H- 484
        — oxim 484
        — thiosemicarbazon 484
—, 1-Methyl-1H- 431
—, 2-[4-Nitro-phenyl]-2H- 432
—, 1-Phenyl-1H- 431
—, 2-Phenyl-2H- 432
        — azin 432
        — [2,4-dinitro-phenylhydrazon] 432
        — [4-nitro-phenylhydrazon] 432
        — phenylhydrazon 432
        — semicarbazon 432
        — thiosemicarbazon 432
—, 3-Phenyl-3H- 432

[1,2,3]Triazol-4-carbaldehyd (Fortsetzung)
−, 5-Phenyl-1H- 484
  − thiosemicarbazon 484
[1,2,4]Triazol-1-carbamidin
−, 3-Äthoxy-5-oxo-N,N′-di-p-tolyl-
  2,5-dihydro- 674
[1,2,4]Triazol-1-carbimidsäure
−, 3-Äthoxy-5-oxo-N-p-tolyl-2,5-dihydro-,
  − p-toluidid 674
[1,2,4]Triazol-1-carbonsäure
  − äthylester 38
  − anilid 38
−, 5-Oxo-4-[toluol-4-sulfonyl]-
  4,5-dihydro-,
  − anilid 422
[1,2,3]Triazol-4,5-dicarbaldehyd
−, 1-Benzyl-1H- 566
  − bis-diäthylacetal 566
−, 1-Dodecyl-1H- 565
  − bis-diäthylacetal 566
−, 1-Hexyl-1H- 565
  − bis-diäthylacetal 565
−, 1-Phenyl-1H- 566
  − bis-diäthylacetal 566
−, 2-Phenyl-2H- 566
  − bis-[2,4-dinitro-phenylhydrazon]
  566
[1,2,3]Triazol-4,5-dion
−, 1H-,
  − 4-phenylhydrazon 553
−, 1-Benzyl-1H-,
  − 4-phenylhydrazon 554
−, 1-Methyl-1H-,
  − 4-phenylhydrazon 553
−, 1-Phenyl-1H-,
  − 4-phenylhydrazon 554
[1,2,4]Triazolidin
−, 3,5-Diimino- s. *[1,2,4]Triazol-*
3,5-diyldiamin, 1H- (Syst.-Nr. 3971)
[1,2,4]Triazolidin-3,5-dion 538
−, 4-Äthyl- 539
−, 4-[4-Äthyl-phenyl]- 541
−, 4-Amino- 542
−, 1-Aminooxalyl-4-aminooxalylamino- 543
−, 1-Aminooxalyl-4-[aminooxalyl-methyl-
  amino]-2-methyl- 543
−, 4-Anilino-1-phenyl- 542
−, 4-Benzyl- 541
−, 4-Benzylidenamino- 542
−, 4-Butyl- 539
−, 4-[4-Butyl-phenyl]- 541
−, 1-Cyclohexyl-4-cyclohexylamino- 542
−, 4-Decyl- 539
−, 1,2-Diacetyl- 541
−, 1,2-Dimethyl- 538
−, 1,4-Dimethyl- 538
−, 1,2-Dimethyl-4-phenyl- 540
−, 1,4-Dimethyl-2-phenyl- 540
−, 1,4-Diphenyl- 540

−, 4-Dodecyl- 539
−, 1-Formyl-4-formylamino- 543
−, 4-Hexadecyl- 539
−, 1-Hexanoyl- 541
−, 4-Hexyl- 539
−, 4-[4-Hexyl-phenyl]- 541
−, 1-Hydroxyoxalyl-4-hydroxyoxalyl-
  amino- 543
−, 4-Isopropylidenamino- 542
−, 1-Methoxyoxalyl-4-[methoxyoxalyl-
  methyl-amino]-2-methyl- 543
−, 1-Methyl- 538
−, 4-Methyl- 538
−, 1-Methyl-2,4-diphenyl- 541
−, 1-Methyl-2-phenyl- 540
−, 4-Methyl-1-phenyl- 540
−, 4-Octadecyl- 539
−, 4-Octyl- 539
−, 4-[4-Octyl-phenyl]- 541
−, 1-Phenyl- 539
−, 4-Phenyl- 540
−, 4-Propyl- 539
−, 4-[4-Propyl-phenyl]- 541
−, 4-Tetradecyl- 539
−, 4-o-Tolyl- 541
−, 4-p-Tolyl- 541
−, Trimethyl- 539
[1,2,4]Triazolidin-3,5-dithion 547
−, 4-Amino- 548
−, 4-Phenyl- 547
−, 4-o-Tolyl- 547
−, 4-p-Tolyl- 547
[1,2,4]Triazolidin-3-ol
−, 5-Phenyl- 336
[1,2,4]Triazolidin-3-on
−, 2-Acetyl-4-methyl-5-thioxo- 546
−, 4-[4-Äthoxy-phenyl]-5-thioxo- 546
−, 4-Äthyl-5-thioxo- 544
−, 4-Amino-5-thioxo- 546
  − hydrazon 547
−, 4-Benzylidenamino-5-thioxo- 546
−, 4-Benzyl-5-thioxo- 546
−, 4-[4-Brom-phenyl]-5-thioxo- 545
−, 4-Butyl-5-thioxo- 544
−, 4-[3-Chlor-phenyl]-5-thioxo- 545
−, 4-[4-Chlor-phenyl]-5-thioxo- 545
−, 4-Cyclohexyl-5-thioxo- 544
−, 2,4-Diacetyl-5-thioxo- 546
−, 5,5-Dimethyl-2-phenyl- 419
−, 4-[2,3-Dimethyl-phenyl]-5-thioxo-
  546
−, 1,4-Diphenyl-5-thioxo- 545
−, 4-Heptyl-5-thioxo- 544
−, 4-Hexyl-5-thioxo- 544
−, 4-Isopropyl-5-thioxo- 544
−, 4-[4-Methoxy-phenyl]-5-thioxo- 546
−, 4-Methyl-5-thioxo- 544
−, 4-Pentyl-5-thioxo- 544
−, 4-Phenäthyl-5-thioxo- 546

[1,2,4]Triazolidin-3-on   (Fortsetzung)
–, 2-Phenyl-5-thioxo- 544
–, 4-Phenyl-5-thioxo- 545
–, 4-Propyl-5-thioxo- 544
–, 4-[2]Pyridyl-5-thioxo- 546
–, 5-Thioxo-,
   – hydrazon 543
–, 5-Thioxo-4-*m*-tolyl- 545
–, 5-Thioxo-4-*p*-tolyl- 545
[1,2,4]Triazolidin-3-thion
–, 4-Amino-5-[4-carbamimidoyl≈
   hydrazono-cyclohexa-2,5-dienyl≈
   idenhydrazono]- 547
–, 4-Amino-5-hydrazono- 547
–, 4-Benzylidenamino-5-benzyl≈
   idenhydrazono- 547
–, 5-Benzylidenhydrazono- 544
–, 5-[4-Chlor-benzylidenhydrazono]-
   544
–, 5-Hydrazono- 543
–, 5-[4-Methoxy-benzylidenhydrazono]-
   544
[1,2,3]Triazolium
–, 1-Äthyl-3-benzyl-4-phenyl- 170
–, 3-Äthyl-1-benzyl-4-phenyl- 170
–, 1-Benzyl-3-methyl- 31
–, 1-[2-Chlor-äthyl]-3-[2-chlor-phenyl]-
   4,5-dihydro- 27
–, 1-[2-Chlor-äthyl]-3-[4-chlor-phenyl]-
   4,5-dihydro- 27
–, 1-[2-Chlor-äthyl]-3-[2-nitro-phenyl]-
   4,5-dihydro- 27
–, 1-[2-Chlor-äthyl]-3-[4-nitro-phenyl]-
   4,5-dihydro- 27
–, 1-[2-Chlor-äthyl]-3-phenyl-
   4,5-dihydro- 27
–, 1-[2-Chlor-äthyl]-3-*o*-tolyl-4,5-dihydro-
   27
–, 1-[2-Chlor-äthyl]-3-*p*-tolyl-4,5-dihydro-
   27
–, 1-[2-Chlorsulfonyl-äthyl]-3-phenyl-
   32
–, 1,3-Diäthyl-4-phenyl- 169
–, 4-[α-Hydroxy-isopropyl]-3-methyl-
   1-phenyl- 328
–, 4-Hydroxy-1-methyl-3,5-diphenyl-,
   – betain 467
–, 1-Methyl-4-oxo-3,5-diphenyl-
   4,5-dihydro-,
   – betain 467
–, 1-Methyl-3-phenyl- 31
–, 4-Methyl-1-phenyl-3-[2-sulfo-propyl]-,
   – betain 43
–, 1-Phenyl-3-[2-sulfo-äthyl]-,
   – betain 32
[1,2,4]Triazolium
–, 4-Äthyl-1,5-diphenyl-3-thioxo-
   2,3-dihydro-,
   – betain 471

–, 4-Äthyl-1-dodecyl- 36
–, 4-Äthyl-3-mercapto-1,5-diphenyl-,
   – betain 471
–, 3-Äthylmercapto-1,5-diphenyl-4-
   o-tolyl- 348
–, 3-Äthylmercapto-1,5-diphenyl-4-
   p-tolyl- 348
–, 3-Äthylmercapto-4-[1]naphthyl-
   1,5-diphenyl- 348
–, 3-Äthylmercapto-4-[2]naphthyl-
   1,5-diphenyl- 348
–, 3-Äthylmercapto-1,4,5-triphenyl- 348
–, 4-Anilino-1,5-diphenyl-3-thioxo-
   2,3-dihydro-,
   – betain 471
–, 4-Anilino-3-mercapto-1,5-diphenyl-,
   – betain 471
–, 4-Benzyl-1,5-diphenyl-3-thioxo-
   2,3-dihydro-,
   – betain 471
–, 4-Benzyl-3-mercapto-1,5-diphenyl-,
   – betain 471
–, 4-Benzyl-3-mercapto-5-methyl-
   1-phenyl-,
   – betain 428
–, 4-Benzyl-3-mercapto-5-phenyl-1-
   p-tolyl-,
   – betain 471
–, 4-Benzyl-3-methylmercapto-
   1,5-diphenyl- 348
–, 4-Benzyl-5-phenyl-3-thioxo-1-*p*-tolyl-
   2,3-dihydro-,
   – betain 471
–, 4-[4-Chlor-phenyl]-1,3,5-trimethyl- 51
–, 1,3-Dimethyl-5-methylmercapto-
   2-phenyl- 325
–, 3,4-Dimethyl-5-methylmercapto-
   1-phenyl- 325
–, 4,5-Dimethyl-3-methylmercapto-
   1-phenyl- 325
–, 3,4-Dimethyl-1-phenyl- 45
–, 4,5-Dimethyl-1-phenyl-3-thioxo-
   2,3-dihydro-,
   – betain 427
–, 1,4-Diphenyl-3-thioxo-2,3-dihydro-,
   – betain 423
–, 1,5-Diphenyl-3-thioxo-4-*o*-tolyl-
   2,3-dihydro-,
   – betain 471
–, 1,5-Diphenyl-3-thioxo-4-*p*-tolyl-
   2,3-dihydro-,
   – betain 471
–, 4,5-Diphenyl-3-thioxo-1-*p*-tolyl-
   2,3-dihydro-,
   – betain 471
–, 3-Hydroxy-1,4-diphenyl-,
   – betain 422
–, 3-Hydroxy-1,4,5-triphenyl-,
   – betain 469

[1,2,4]Triazolium (Fortsetzung)
−, 3-Mercapto-4,5-dimethyl-1-phenyl-,
  − betain 427
−, 3-Mercapto-1,4-diphenyl-,
  − betain 423
−, 3-Mercapto-1,5-diphenyl-4-*o*-tolyl-,
  − betain 471
−, 3-Mercapto-1,5-diphenyl-4-*p*-tolyl-,
  − betain 471
−, 3-Mercapto-4,5-diphenyl-1-*p*-tolyl-,
  − betain 471
−, 3-Mercapto-1-methyl-4,5-diphenyl-,
  − betain 471
−, 3-Mercapto-4-methyl-1,5-diphenyl-,
  − betain 471
−, 3-Mercapto-5-methyl-1,4-diphenyl-,
  − betain 427
−, 3-Mercapto-4-methyl-1-phenyl-,
  − betain 423
−, 3-Mercapto-1,4,5-trimethyl-,
  − betain 426
−, 3-Mercapto-1,4,5-triphenyl-,
  − betain 471
−, 4-[4-Methoxy-phenyl]-1,3,5-trimethyl- 51
−, 1-Methyl-4,5-diphenyl-3-thioxo-
  2,3-dihydro-,
  − betain 471
−, 4-Methyl-1,5-diphenyl-3-thioxo-
  2,3-dihydro-,
  − betain 471
−, 5-Methyl-1,4-diphenyl-3-thioxo-
  2,3-dihydro- 427
  − betain 427
−, 3-Methylmercapto-1,4-diphenyl- 322
−, 3-Methylmercapto-4,5-diphenyl-1-
  p-tolyl- 348
−, 3-Methylmercapto-1,4,5-triphenyl-
  348
−, 5-Methyl-3-methylmercapto-
  1,4-diphenyl- 326
−, 4-Methyl-3-methylmercapto-1-phenyl-
  322
−, 4-Methyl-1-phenyl-3-thioxo-
  2,3-dihydro-,
  − betain 423
−, 3-Oxo-1,4-diphenyl-2,3-dihydro-,
  − betain 422
−, 3-Oxo-1,4,5-triphenyl-2,3-dihydro-,
  − betain 469
−, 1,3,4,5-Tetramethyl- 49
−, 1,3,5-Trimethyl-4-phenyl- 51
−, 3,4,5-Trimethyl-1-phenyl- 51
−, 1,4,5-Trimethyl-3-thioxo-2,3-dihydro-,
  − betain 426
−, 1,4,5-Triphenyl-3-thioxo-2,3-dihydro-,
  − betain 471
[1,2,3]Triazolo[4,5,1-*de*]acridin-6-on 512
−, 5-Chlor- 513

[1,2,4]Triazolo[4,3-*a*]azepin
−, 3-Äthyl-6,7,8,9-tetrahydro-5*H*- 80
−, 3-[4-Chlor-phenyl]-6,7,8,9-tetrahydro-
  5*H*- 196
−, 3-[2,4-Dichlor-phenyl]-
  6,7,8,9-tetrahydro-5*H*- 196
−, 3,8-Diisopropyl-5-methyl-6,7-dihydro-
  5*H*- 92
−, 3-Isobutyl-6,7,8,9-tetrahydro-5*H*- 83
−, 3-Methoxymethyl-6,7,8,9-tetrahydro-
  5*H*- 335
−, 3-[2-Methoxy-phenyl]-
  6,7,8,9-tetrahydro-5*H*- 354
−, 3-[4-Methoxy-phenyl]-
  6,7,8,9-tetrahydro-5*H*- 354
−, 3-Methyl-6,7,8,9-tetrahydro-5*H*- 78
−, 3-[4-Nitro-phenyl]-6,7,8,9-tetrahydro-
  5*H*- 196
−, 3-Phenyl-6,7,8,9-tetrahydro-5*H*- 196
−, 6,7,8,9-Tetrahydro-5*H*- 77
[1,2,4]Triazolo[4,3-*a*]azepin-3-ol
−, 5*H*- s. *[1,2,4]Triazolo[4,3-*a*]azepin-
  3-on, 2,5-Dihydro-
[1,2,4]Triazolo[4,3-*a*]azepin-3-on
−, 2,5,6,7,8,9-Hexahydro- 439
[1,2,4]Triazolo[4,3-*a*]azonin
−, 6,7,8,9,10,11-Hexahydro-5*H*- 80
−, 3-Methoxymethyl-6,7,8,9,10,11-
  hexahydro-5*H*- 336
−, 3-Methyl-6,7,8,9,10,11-hexahydro-
  5*H*- 81
−, 3-Phenyl-6,7,8,9,10,11-hexahydro-5*H*-
  198
[1,2,4]Triazolo[4,3-*a*]azonin-3-ol
−, 5*H*- s. *[1,2,3]Triazolo[4,3-*a*]azonin-
  3-on, 2,5-Dihydro-
[1,2,4]Triazolo[4,3-*a*]azonin-3-on
−, 2,5,6,7,8,9,10,11-Octahydro- 440
[1,2,3]Triazolo[1,5-*a*]chinolin 199
[1,2,4]Triazolo[4,3-*a*]chinolin 199
−, 1-Äthyl- 223
−, 1-Isopropyl- 224
−, 1-Methyl- 220
−, 5-Methyl- 221
−, 1-Phenyl- 269
[1,2,3]Triazolo[1,5-*a*]chinolinium
−, 3-Brom-1-phenyl-1*H*- 199
−, 3-Brom-1-*p*-tolyl-1*H*- 199
−, 3-Methyl-1-phenyl-1*H*- 220
[1,2,4]Triazolo[4,3-*a*]chinolinium
−, 2-Äthyl-1-methyl- 220
[1,2,3]Triazolo[4,5,1-*ij*]chinolin-4-ol
−, 4*H*- 352
−, 7-Chlor-4*H*- 352
−, 8-Chlor-4*H*- 353
−, 8-Methoxy-4*H*- 387
[1,2,4]Triazolo[4,3-*a*]chinolin-1-ol
  s. *[1,2,4]Triazolo[4,3-*a*]chinolin-1-on,
  2H-

[1,2,3]Triazolo[4,5,1-*ij*]chinolin-4-on
-, 8-Äthoxy-5,6-dihydro- 689
-, 7-Chlor-5,6-dihydro- 353
-, 8-Chlor-5,6-dihydro- 353
-, 5,6-Dihydro- 352
-, 8-Methoxy-5,6-dihydro- 689
-, 6-Methyl- 489
[1,2,3]Triazolo[4,5,1-*ij*]chinolin-6-on
-, 4-Methyl- 489
[1,2,4]Triazolo[4,3-*a*]chinolin-1-on
-, 2*H*- 489
[1,2,4]Triazolo[4,3-*a*]chinolin-1-thiol
  s. *[1,2,4]Triazolo[4,3-a]chinolin-1-thion,*
  *2*H-
[1,2,4]Triazolo[4,3-*a*]chinolin-1-thion
-, 2*H*- 489
-, 7-Chlor-2*H*- 489
-, 5-Methyl-2*H*- 491
-, 7-Methyl-2*H*- 492
[1,2,3]Triazol-4-ol
  s. unter *[1,2,3]Triazol-4-on*
[1,2,4]Triazol-3-ol
  s. unter *[1,2,4]Triazol-3-on*
[1,2,4]Triazol-4-ol
-, 3,5-Dimethyl- 52
[1,2,3]Triazol-4-on
, 5-Acetyl-2-[2-hydroxy-phenyl]-
  3-phenyl-2,3-dihydro- 560
-, 5-Acetyl-2-[4-hydroxy-phenyl]-
  3-phenyl-2,3-dihydro- 560
-, 3-Benzyl-2,3-dihydro- 421
-, 3-Benzyl-5-phenylazo-2,3-dihydro-
  554
-, 3-[4-Brom-phenyl]-2,3-dihydro- 421
-, 3-[4-Chlor-phenyl]-2,3-dihydro- 421
-, 2,3-Dihydro- 420
-, 3,5-Diphenyl-2,3-dihydro- 467
-, 5,5-Diphenyl-1,5-dihydro- 507
-, 2-[4-Hydroxy-phenyl]-3-phenyl-5-
  [1-phenylhydrazono-äthyl]-2,3-dihydro-
  560
-, 2-[4-Hydroxy-phenyl]-3-phenyl-5-
  [1-thiosemicarbazono-äthyl]-2,3-dihydro-
  560
-, 3-Methyl-2,3-dihydro- 420
-, 2-Methyl-3,5-diphenyl-2,3-dihydro-
  467
-, 3-Methyl-5,5-diphenyl-3,5-dihydro-
  508
-, 3-Methyl-5-phenylazo-2,3-dihydro-
  553
-, 5-Phenylazo-2,3-dihydro- 553
-, 1-Phenyl-1,5-dihydro- 420
-, 3-Phenyl-2,3-dihydro- 420
-, 5-Phenyl-2,3-dihydro- 467
-, 3-Phenyl-5-phenylazo-2,3-dihydro-
  554

[1,2,4]Triazol-3-on
-, 5-Acetonyl-1,2-dihydro- 562
-, 2-Acetyl-5-methylmercapto-
  1,2-dihydro- 676
-, 2-Acetyl-4-methyl-5-methylmercapto-
  2,4-dihydro- 676
-, 5-Äthoxy-1,2-dihydro- 674
-, 5-Äthoxy-2-phenyl-1,2-dihydro-
  674
-, 4-Amino-2,4-dihydro- 423
-, 2-Benzoyl-5-phenyl-4-*p*-tolyl-
  2,4-dihydro- 469
-, 5-Benzyl-1,2-dihydro- 477
-, 4,4'-Bis-[3-chlor-phenyl]-2,4,2',4'-
  tetrahydro-5,5'-disulfandiyl-bis- 675
-, 4,4'-Bis-[2,3-dimethyl-phenyl]-2,4,2',4'-
  tetrahydro-5,5'-disulfandiyl-bis- 676
-, 5-*tert*-Butyl-1,2-dihydro- 430
-, 5-[4-Chlor-phenyl]-1,2-dihydro- 469
-, 5-[4-Chlor-phenyl]-2,4-dihydro- 469
-, 1,2-Diacetyl-1,2-dihydro- 421
-, 2,4-Diacetyl-5-methylmercapto-
  2,4-dihydro- 676
-, 2-[2,4-Dibrom-phenyl]-5-phenyl-
  1,2-dihydro- 468
-, 4,4'-Dicyclohexyl-2,4,2',4'-tetrahydro-
  5,5'-disulfandiyl-bis- 675
-, Dihydro-, hydrazon s.
  *[1,2,4]Triazol, 3-Hydrazino-1*H-
  (Syst.-Nr. 3998)
-, 1,2-Dihydro- 421
-, 4,4'-Dimethyl-2,4,2',4'-tetrahydro-
  5,5'-disulfandiyl-bis- 675
-, 1,5-Diphenyl-1,2-dihydro- 468
-, 2,4-Diphenyl-2,4-dihydro- 422
-, 2,5-Diphenyl-1,2-dihydro- 468
-, 2,5-Diphenyl-2,4-dihydro- 468
-, 4,5-Diphenyl-2,4-dihydro- 468
-, 2,5-Diphenyl-4-[toluol-4-sulfonyl]-
  2,4-dihydro- 469
-, 4,4'-Di-*m*-tolyl-2,4,2',4'-tetrahydro-
  5,5'-disulfandiyl-bis- 676
-, 5-Hexyl-1,2-dihydro- 431
-, 5-Isopropyl-1,2-dihydro- 430
-, 5-[4-Methoxy-benzyl]-1,2-dihydro-
  686
-, 5-Methoxy-2,4-dimethyl-2,4-dihydro-
  674
-, 5-Methoxy-4-methyl-2,4-dihydro-
  674
-, 5-Methoxy-4-methyl-2-phenyl-
  2,4-dihydro- 674
-, 5-[2-Methoxy-1-methyl-vinyl]-
  1-phenyl-1,2-dihydro- 681
-, 5-[4-Methoxy-phenyl]-1,2-dihydro-
  684
-, 5-[4-Methoxy-phenyl]-2,4-dihydro-
  684

[1,2,4]Triazol-3-on   (Fortsetzung)
—, 5-[4-Methoxy-phenyl]-4-phenyl-
    2,4-dihydro- 684
—, 5-[4-Methoxy-phenyl]-4-*p*-tolyl-
    2,4-dihydro- 684
—, 5-Methyl-1,2-dihydro- 424
—, 5-Methylmercapto-4-phenyl-
    2,4-dihydro- 675
—, 5-Methylmercapto-4-*p*-tolyl-
    2,4-dihydro- 676
—, 4-Methyl-5-methylmercapto-
    2,4-dihydro- 675
—, 2-Methyl-5-methylmercapto-4-phenyl-
    2,4-dihydro- 676
—, 2-Methyl-5-methylmercapto-4-*p*-tolyl-
    2,4-dihydro- 676
—, 5-Methyl-2-[4-nitro-phenyl]-
    1,2-dihydro- 425
—, 2-Methyl-1-phenyl-1,2-dihydro- 422
—, 2-Methyl-5-phenyl-1,2-dihydro- 468
—, 2-Methyl-5-phenyl-2,4-dihydro- 468
—, 5-Methyl-1-phenyl-1,2-dihydro- 425
—, 5-Methyl-2-phenyl-1,2-dihydro- 424
—, 5-Methyl-4-phenyl-2,4-dihydro- 425
—, 5-Methyl-2-phenyl-4-[toluol-
    4-sulfonyl]-2,4-dihydro- 426
—, 1-[4-Nitro-phenyl]-5-phenyl-
    1,2-dihydro- 468
—, 5-[3-Nitro-phenyl]-4-phenyl-
    2,4-dihydro- 470
—, 5-[3-Nitro-phenyl]-4-*p*-tolyl-
    2,4-dihydro- 470
—, 5-Phenäthyl-1,2-dihydro- 480
—, 1-Phenyl-1,2-dihydro- 421
—, 2-Phenyl-1,2-dihydro- 422
—, 5-Phenyl-1,2-dihydro- 467
—, 5-Phenyl-2,4-dihydro- 467
—, 2-Phenyl-4-[toluol-4-sulfonyl]-
    2,4-dihydro- 422
—, 4-Phenyl-5-*p*-tolyl-2,4-dihydro- 478
—, 5-Phenyl-4-*p*-tolyl-2,4-dihydro- 469
—, 1,2,1′,2′-Tetrahydro-5,5′-[3,10-dioxa-
    dodecandiyl]-bis- 678
—, 4-[Toluol-4-sulfonyl]-2,4-dihydro-
    422
—, 1,2,5-Triphenyl-1,2-dihydro- 469
[1,2,4]Triazolo[1,2-*a*]pyridazin-1,3-dion
—, 5,8-Dihydro- 568
—, 2-Dodecyl-5,8-dihydro- 568
—, 2-[2-Hydroxy-äthyl]-5,8-dihydro- 568
—, 2-Methyl-5,8-dihydro- 568
—, 2-[4-Nitro-benzyl]-5,8-dihydro- 568
[1,2,3]Triazolo[1,5-*a*]pyridin 138
—, 3-Methyl- 151
—, 3-Phenyl- 229
[1,2,4]Triazolo[1,5-*a*]pyridin
—, 2-Methyl- 151
—, 2-Phenyl- 229
—, 2-*p*-Tolyl- 233

[1,2,4]Triazolo[4,3-*a*]pyridin 138
—, 3-Methyl- 150
—, 3-Methyl-5,6,7,8-tetrahydro- 77
—, 6-Nitro-3-phenyl- 229
—, 3-Phenyl- 229
[1,2,3]Triazolo[1,5-*a*]pyridinium
—, 3-Brom-1-[4-chlor-phenyl]- 139
—, 1,3-Diphenyl- 229
—, 1-[4-Methoxy-phenyl]- 138
—, 3-Methyl-1-phenyl- 151
—, 1-Phenyl- 138
—, 1-*p*-Tolyl- 138
[1,2,4]Triazolo[4,3-*a*]pyridinium
—, 2,3-Dimethyl- 151
[1,2,4]Triazolo[4,3-*a*]pyridin-3-ol
    s. *[1,2,4]Triazolo[4,3-a]pyridin-3-on*, 2H-
[1,2,4]Triazolo[4,3-*a*]pyridin-3-on
—, 5,6,7,8-Tetrahydro-2*H*- 437
[1,2,4]Triazolo[4,3-*a*]pyridin-3-thiol
    s. *[1,2,4]Triazolo[4,3-a]pyridin-3-thion*,
    2H-
[1,2,4]Triazolo[4,3-*a*]pyridin-3-thion
—, 2*H*- 444
[1,2,3]Triazol-1-oxid
—, 4,5-Dimethyl-2-phenyl-2*H*- 46
—, 4-Methyl-2-phenyl-2*H*- 43
[1,2,4]Triazol-1-thiocarbonsäure
—, 3-Äthoxy-5-oxo-2,5-dihydro-,
    — anilid 675
    — *p*-toluidid 675
—, 3-Methyl-5-oxo-2,5-dihydro-,
    — allylamid 425
    — amid 425
    — anilid 425
    — *p*-toluidid 425
[1,2,4]Triazol-3-thiol
    s. unter *[1,2,4]Triazol-3-thion*
—, 5-Hydrazino-4*H*- 544
[1,2,4]Triazol-3-thion
—, 5-[2-Acetoxy-phenyl]-2-acetyl-
    4-phenyl-2,4-dihydro- 684
—, 2-Acetyl-4-acetylamino-5-methyl-
    2,4-dihydro- 428
—, 4-Acetylamino-5-phenyl-2,4-dihydro-
    472
—, 2-Acetyl-5-[2-chlor-4-nitro-phenyl]-
    4-phenyl-2,4-dihydro- 473
—, 2-Acetyl-5-[4-chlor-phenyl]-4-phenyl-
    2,4-dihydro- 473
—, 2-Acetyl-4,5-diphenyl-2,4-dihydro- 470
—, 2-Acetyl-5-[4-nitro-phenyl]-4-phenyl-
    2,4-dihydro- 473
—, 5-[2-Äthoxy-äthyl]-1,2-dihydro- 678
—, 5-Äthoxymethyl-1,2-dihydro- 678
—, 4-[4-Äthoxy-phenyl]-2,4-dihydro- 424
—, 5-[4-Äthoxy-phenyl]-1,2-dihydro- 685
—, 4-[4-Äthoxy-phenyl]-5-phenyl-
    2,4-dihydro- 472

[1,2,4]Triazol-3-thion   (Fortsetzung)
- —, 5-[2-Äthoxy-vinyl]-1-phenyl-1,2-dihydro- 680
- —, 5-Äthyl-1,2-dihydro- 429
- —, 4-Äthyl-5-methyl-2,4-dihydro- 426
- —, 5-Äthyl-4-phenyl-2,4-dihydro- 429
- —, 4-Amino-5-benzylmercapto-2,4-dihydro- 677
- —, 4-Amino-2,4-dihydro- 424
- —, 4-Amino-5-hydrazino-2,4-dihydro- 547
- —, 4-Amino-5-methyl-2,4-dihydro- 428
- —, 4-Amino-5-phenyl-2,4-dihydro- 472
- —, 4-Benzoylamino-5-phenyl-2,4-dihydro- 472
- —, 5-Benzyl-1,2-dihydro- 477
- —, 4-Benzylidenamino-5-methyl-2,4-dihydro- 428
- —, 2-Benzyl-5-methyl-1,2-dihydro- 428
- —, 5-Benzyl-4-methyl-2,4-dihydro- 478
- —, 5-Benzyl-4-phenyl-2,4-dihydro- 478
- —, 5-[4-Butoxy-phenyl]-1,2-dihydro- 685
- —, 4-Butyrylamino-5-phenyl-2,4-dihydro- 472
- —, 5-[2-Chlor-4-nitro-phenyl]-4-phenyl-2,4-dihydro- 473
- —, 4-[4-Chlor-phenyl]-2,4-dihydro- 423
- —, 5-[4-Chlor-phenyl]-1,2-dihydro- 472
- —, 5-[4-Chlor-phenyl]-4-phenyl-2,4-dihydro- 472
- —, 4,4′-Diamino-2,4,2′,4′-tetrahydro-5,5′-disulfandiyl-bis- 677
- —, 1,2-Dihydro- 423
- —, 2,4-Dihydro- 423
- —, 2,5-Dimethyl-1,2-dihydro- 426
- —, 4,5-Dimethyl-2,4-dihydro- 426
- —, 2,5-Dimethyl-1-phenyl-1,2-dihydro- 427
- —, 2,5-Dimethyl-4-phenyl-2,4-dihydro- 427
- —, 4,5-Dimethyl-2-phenyl-2,4-dihydro- 427
- —, 4,5-Diphenyl-2,4-dihydro- 470
- —, 4,5-Di-p-tolyl-2,4-dihydro- 478
- —, 4,4′-Di-o-tolyl-2,4,2′,4′-tetrahydro-5,5′-disulfandiyl-bis- 677
- —, 4,4′-Di-p-tolyl-2,4,2′,4′-tetrahydro-5,5′-disulfandiyl-bis- 677
- —, 4-Formylamino-5-phenyl-2,4-dihydro- 472
- —, 5-[2-Hydroxy-4-mercapto-phenyl]-4-phenyl-2,4-dihydro- 702
- —, 5-[2-Hydroxy-phenyl]-4-phenyl-2,4-dihydro- 684
- —, 5-[4-Isobutoxy-phenyl]-1,2-dihydro- 685
- —, 4-Isobutyrylamino-5-phenyl-2,4-dihydro- 472
- —, 5-[4-Isopentyloxy-phenyl]-1,2-dihydro- 685
- —, 5-[4-Isopropoxy-phenyl]-1,2-dihydro- 685
- —, 5-Methoxymethyl-1,2-dihydro- 677
- —, 5-[2-Methoxy-1-methyl-vinyl]-1-phenyl-1,2-dihydro- 681
- —, 5-[4-Methoxy-phenyl]-1,2-dihydro- 685
- —, 5-[4-Methoxy-phenyl]-4-methyl-2,4-dihydro- 685
- —, 4-Methyl-2,4-dihydro- 423
- —, 5-Methyl-1,2-dihydro- 426
- —, 5-Methyl-2,4-diphenyl-2,4-dihydro- 427
- —, 5-Methylmercapto-1,2-dihydro- 676
- —, 2-Methyl-5-methylmercapto-4-phenyl-2,4-dihydro- 677
- —, 2-Methyl-4-phenyl-2,4-dihydro- 423
- —, 2-Methyl-5-phenyl-1,2-dihydro- 470
- —, 4-Methyl-5-phenyl-2,4-dihydro- 470
- —, 5-Methyl-2-phenyl-1,2-dihydro- 426
- —, 5-Methyl-4-phenyl-2,4-dihydro- 427
- —, 2-Methyl-5-p-tolyl-1,2-dihydro- 478
- —, 5-[4-Nitro-phenyl]-4-phenyl-2,4-dihydro- 473
- —, 5-[4-Pentyloxy-phenyl]-1,2-dihydro- 685
- —, 5-Phenoxymethyl-1,2-dihydro- 678
- —, 4-Phenyl-2,4-dihydro- 423
- —, 5-Phenyl-1,2-dihydro- 470
- —, 5-Phenyl-4-propionylamino-2,4-dihydro- 472
- —, 5-Phenyl-4-p-tolyl-2,4-dihydro- 471
- —, 5-[4-Propoxy-phenyl]-1,2-dihydro- 685
- —, 5-Propyl-1,2-dihydro- 430
- —, 1,2,5-Triphenyl-1,2-dihydro- 471

[1,2,4]Triazol-4-ylamin 40
- —, 3-Benzhydryl-5-methyl- 252
- —, 3,5-Bis-benzylmercapto- 373
- —, 3,5-Bis-carboxymethylmercapto- 374
- —, 3,5-Bis-[11-hydroxy-heptadecyl]- 376
- —, 3,5-Bis-hydroxymethyl- 375
- —, 3,5-Diäthyl- 59
- —, 3,5-Diheptadecyl- 63
- —, 3,5-Diisobutyl- 62
- —, 3,5-Diisohexyl- 63
- —, 3,5-Diisopentyl- 63
- —, 3,5-Diisopropyl- 61
- —, 3,5-Dimethyl- 52
- —, 3,5-Dinonyl- 63
- —, 3,5-Diphenyl- 247
- —, 5,5′-Diphenyl-3,3′-disulfandiyl-bis- 350
- —, 3,5-Dipropyl- 61
- —, 3,5-Di-m-tolyl- 252
- —, 3,5-Di-p-tolyl- 253
- —, 3-Methansulfonyl-5-phenyl- 349

[1,2,4]Triazol-4-ylamin   (Fortsetzung)
−, 3-Methylmercapto-5-phenyl- 349
−, 3-Methyl-5-methylmercapto- 326
−, 3-Phenyl- 173

[1,4,7]Triazonin
−, 1,4-Bis-[toluol-4-sulfonyl]-octahydro-
25

[1,4,7]Triazonin-2,5,8-trion
−, 3-Benzyl-hexahydro- 656
−, 3-Benzyl-6-methyl-hexahydro- 657
−, 3-Isobutyl-6,9-diisopropyl-hexahydro-
645

**4,12;5,11;6,10-Trimethano-cyclopent≈
[6,7]anthra[2,3-*d*][1,2,3]triazol**
−, 3-Phenyl-$\Delta^{1,7}$-hexadecahydro- 240
−, 3-Phenyl-$\Delta^{1,8}$-hexadecahydro- 240

[1.1.0]Trimethindiium
−, 1,2,3-Tris-[1-äthyl-[2]chinolyl]- 313
−, 1,2,3-Tris-[1-äthyl-[4]chinolyl]- 313

Trimethinium
−, 1-[1-(3-Acetoxy-propyl)-5-chlor-
3-methyl-1(3)*H*-benzimidazol-2-yl]-3-
[1,3-dimethyl-4,5-dihydro-3*H*-pyrrol-2-yl]-
226
−, 1-[5-Acetyl-1,3-diäthyl-1(3)*H*-benzimidazol-
2-yl]-3-[1,3,3-trimethyl-3*H*-indol-2-yl]-
530
−, 2-[2-(1-Äthyl-chinolinium-2-yl)-vinyl]-
1,3-bis-[1-äthyl-[2]chinolyl]- 318
−, 2-[2-(1-Äthyl-chinolinium-4-yl)-vinyl]-
1,3-bis-[1-äthyl-[2]chinolyl]- 319
−, 1-[1-Äthyl-[2]chinolyl]-3-[1-äthyl-
cinnolin-4-yl]- 286
−, 1-[1-Äthyl-[2]chinolyl]-3-[1-äthyl-
2'-methyl-[4,4']bipyridyl-2-yl]- 296
−, [1-Äthyl-[2]chinolyl]-[1,3-dimethyl-
perimidin-2-yl]- 302
−, 1-[1-Äthyl-5,6-dichlor-3-methyl-
1(3)*H*-benzimidazol-2-yl]-3-[1,4-dimethyl-
4,5-dihydro-3*H*-pyrrol-2-yl]- 226
−, 1-[1-Äthyl-4,5-dihydro-3*H*-pyrrol-
2-yl]-3-[1,3-dimethyl-4-oxo-3,4,5,6,7,8-
hexahydro-chinazolin-2-yl]- 488
−, 1-[1-Äthyl-3-phenyl-1(3)*H*-benzimidazol-
2-yl]-3-[1-äthyl-4,5-dihydro-3*H*-pyrrol-
2-yl]- 225
−, 2-[1-Äthyl-pyridinium-2-ylmethyl]-
1,3-bis-[1-äthyl-[2]pyridyl]- 274
−, 1-[1,3-Diäthyl-5-brom-
1(3)*H*-benzimidazol-2-yl]-3-[1,3,3-trimethyl-
3*H*-indol-2-yl]- 275
−, 1-[2-(2,6-Dichlor-4-nitro-phenyl)-
4-methoxy-phthalazin-1-yl]-3-
[1,3,3-trimethyl-3*H*-indol-2-yl]- 370
−, 1-[1,2'-Dimethyl-[4,4']bipyridyl-2-yl]-
3-[1,6-dimethyl-[2]chinolyl]- 298
−, 1-[1,2'-Dimethyl-[4,4']bipyridyl-2-yl]-
3-[1-methyl-[2]chinolyl]- 296

−, 1-[1,2'-Dimethyl-[4,4']bipyridyl-2-yl]-
3-[1-methyl-[4]chinolyl]- 297
−, 1-[1,3-Dimethyl-chinoxalin-2-yl]-3-
[1-methyl-[2]chinolyl]- 287
−, 1-[1,3-Dimethyl-chinoxalin-2-yl]-
3-[1,3,3-trimethyl-3*H*-indol-2-yl]- 283
−, 1-[1,4-Dimethyl-3-oxo-3,4-dihydro-
chinoxalin-2-yl]-3-[1,3,3-trimethyl-
3*H*-indol-2-yl]- 530
−, 1-[1,3-Dimethyl-4-oxo-3,4,5,6,7,8-
hexahydro-chinazolin-2-yl]-3-[1,3,3,5-
tetramethyl-3*H*-indol-2-yl]- 519
−, 1-[6-Methoxy-2-methyl-pyridazin-
3-yl]-3-[1,3,3-trimethyl-3*H*-indol-2-yl]-
362
−, 1-[4-Methoxy-2-(4-nitro-phenyl)-
phthalazin-1-yl]-3-[1,3,3-trimethyl-
3*H*-indol-2-yl]- 370
−, 1-[1-Methyl-[4]chinolyl]-3-[1-methyl-
cinnolin-4-yl]- 286
−, 1-[1-Methyl-[2]chinolyl]-3-[2-methyl-
6-methylmercapto-pyridazin-3-yl]- 365
−, 1-[1-Methyl-[2]chinolyl]-3-[1-methyl-
3-oxo-3,4-dihydro-chinoxalin-2-yl]- 532
−, 1-[1-Methyl-[2]chinolyl]-3-[1-methyl-
3-oxo-4-phenyl-3,4-dihydro-chinoxalin-
2-yl]- 532
−, 1-[1-Methyl-[2]chinolyl]-3-
[1,3,3-trimethyl-3*H*-pyrrolo[2,3-*b*]pyridin-
2-yl]- 282
−, 1-[1-Methyl-[2]chinolyl]-3-
[3,3,7-trimethyl-3*H*-pyrrolo[2,3-*b*]pyridin-
2-yl]- 282
−, 1-[1-Methyl-[4]chinolyl]-3-
[1,3,3-trimethyl-3*H*-pyrrolo[2,3-*b*]pyridin-
2-yl]- 283
−, 1-[1-Methyl-[4]chinolyl]-3-
[3,3,7-trimethyl-3*H*-pyrrolo[2,3-*b*]pyridin-
2-yl]- 283
−, 1-[2-Methyl-6-methylmercapto-
pyridazin-3-yl]-3-[1,3,3-trimethyl-3*H*-indol-
2-yl]- 363
−, 1-[1-Methyl-3-oxo-3,4-dihydro-
chinoxalin-2-yl]-3-[1,3,3-trimethyl-
3*H*-indol-2-yl]- 530
−, 1-[1-Methyl-3-oxo-4-phenyl-
3,4-dihydro-chinoxalin-2-yl]-3-
[1,3,3-trimethyl-3*H*-indol-2-yl]- 530
−, 1-[3-Methyl-1-phenyl-chinoxalin-2-yl]-
3-[1,3,3-trimethyl-3*H*-indol-2-yl]- 283
−, 2-[1-Methyl-pyridinium-2-ylmethyl]-
1,3-bis-[1-methyl-2-pyridyl]- 274
−, 1-[1-Phenyl-chinoxalin-2-yl]-3-
[1,3,3-trimethyl-3*H*-indol-2-yl]- 282
−, 1-[1,3,3-Trimethyl-3*H*-indol-2-yl]-
3-[2,5,5-trimethyl-6-methylmercapto-
4,5-dihydro-pyridazin-3-yl]- 358

Trimethinium (Fortsetzung)
—, 1-[1,3,3-Trimethyl-3*H*-indol-2-yl]-
  3-[1,3,3-trimethyl-3*H*-pyrrolo[2,3-*b*]≠
  pyridin-2-yl]- 276
—, 1-[1,3,3-Trimethyl-3*H*-indol-2-yl]-
  3-[3,3,7-trimethyl-3*H*-pyrrolo[2,3-*b*]≠
  pyridin-2-yl]- 276
Trimethylentriamin
  s. *[1,3,5]Triazin, Hexahydro-*
Tripiperidein 84
Tripyrido[1,2-*a*;1′,2′-*c*;3″,2″-*e*]pyrimidin
—, 1-Cinnamoyl-tetradecahydro- 86
—, Octacosahydro-1,1′-[2,4-diphenyl-
  cyclobutan-1,3-dicarbonyl]-bis- 86
—, Tetradecahydro- 85
Tripyrido[1,2-*a*;1′,2′-*c*;1″,2″-*e*][1,3,5]triazin
—, Dodecahydro- 84
Tripyrrin
  Bezifferung s. **26** IV 954 Anm.
Tripyrrin-1-on
—, 3,8,12-Triäthyl-14-brom-
  2,7,13-trimethyl-15,17-dihydro- 512
Tripyrrol 190
Tripyrrolin 83
Tripyrrolo[1,2-*a*;1′,2′-*c*;1″,2″-*e*][1,3,5]triazin
—, Dodecahydro- 83
Trithiocyanursäure 643
Trithioisocyanursäure 643
Tryptophan
—, Alanyl-,
  — anhydrid 604
—, Leucyl-,
  — anhydrid 605
Turanose
  — phenylosotriazol 410

U

Urazol 538
  Derivate s. unter *[1,2,4]Triazolidin-
  3,5-dion*

V

Violacein 715
—, Monomethyl- 715
—, Tetramethyl- 716

X

Xylit
—, 1-[2-Phenyl-2*H*-[1,2,3]triazol-4-yl]-
  416
Xylose
  — phenylosotriazol 392

Z

Zapotidin 442
Zimtsäure
—, 4-[4-Naphtho[1,2-*d*][1,2,3]triazol-2-yl-
  stilben-2-sulfonylamino]- 210

Formelregister

Im Formelregister sind die Verbindungen entsprechend dem System von *Hill* (Am. Soc. **22** [1900] 478)

1. nach der Anzahl der C-Atome,
2. nach der Anzahl der H-Atome,
3. nach der Anzahl der übrigen Elemente

in alphabetischer Reihenfolge angeordnet. Isomere sind in Form des „Registerna‚ mens" (s. diesbezüglich die Erläuterungen zum Sachregister) in alphabetischer Rei‚ henfolge aufgeführt. Verbindungen unbekannter Konstitution finden sich am Schluss der jeweiligen Isomeren-Reihe.

Von quartären Ammonium-Salzen, tertiären Sulfonium-Salzen u.s.w., sowie Or‚ ganometall-Salzen wird nur das Kation aufgeführt.

Formula Index

Compounds are listed in the Formula Index using the system of *Hill* (Am. Soc. **22** [1900] 478), following:

1. the number of Carbon atoms,
2. the number of Hydrogen atoms,
3. the number of other elements,

in alphabetical order. Isomers are listed in the alphabetical order of their Index Names (see foreword to Subject Index), and isomers of undetermined structure are located at the end of the particular isomer listing.

For quarternary ammonium salts, tertiary sulfonium salts etc. and organometallic salts only the cations are listed.

C_1

CH_3NO_3S
Sulfamidsäure, Methylen- 17

C_2

$C_2Br_3N_3$
[1,2,3]Triazol, 1,4,5-Tribrom-1*H*- 34
$C_2HBr_2N_3$
[1,2,3]Triazol, 4,5-Dibrom-1*H*- 34
$C_2HCl_2N_3$
[1,2,4]Triazol, 3,5-Dichlor-1*H*- 42
$C_2H_2BrN_3$
[1,2,4]Triazol, 3-Brom-1*H*- 42
$C_2H_2IN_3$
[1,2,3]Triazol, 1-Jod-1*H*- 33
—, 4-Jod-1*H*- 34

$C_2H_3N_3$
[1,2,3]Triazol, 1*H*- 29
[1,2,4]Triazol, 1*H*- 35
$C_2H_3N_3O$
[1,2,3]Triazol-4-on, 2,3-Dihydro- 420
[1,2,4]Triazol-3-on, 1,2-Dihydro- 421
$C_2H_3N_3O_2$
[1,2,4]Triazolidin-3,5-dion 538
$C_2H_3N_3S$
[1,2,4]Triazol-3-thion, 1,2-Dihydro- 423
$C_2H_3N_3S_2$
[1,2,4]Triazolidin-3,5-dithion 547
$C_2H_4N_4$
[1,2,4]Triazol-4-ylamin 40
$C_2H_4N_4O$
[1,2,4]Triazol-3-on, 4-Amino-2,4-dihydro- 423
$C_2H_4N_4OS$
[1,2,4]Triazolidin-3-on, 4-Amino-5-thioxo- 546

C₂H₄N₄O₂
[1,2,4]Triazolidin-3,5-dion, 4-Amino- 542
C₂H₄N₄S
[1,2,4]Triazol-3-thion, 4-Amino-
2,4-dihydro- 424
C₂H₄N₄S₂
[1,2,4]Triazolidin-3,5-dithion, 4-Amino-
548
C₂H₅N₅S
[1,2,4]Triazolidin-3-thion, 5-Hydrazono-
543
[1,2,4]Triazol-3-thiol, 5-Hydrazino-4*H*-
544
C₂H₆N₆S
[1,2,4]Triazolidin-3-thion, 4-Amino-
5-hydrazono- 547
[1,2,4]Triazol-3-thion, 4-Amino-
5-hydrazino-2,4-dihydro- 547

C₃

C₃BrCl₂N₃
[1,3,5]Triazin, Brom-dichlor- 69
C₃BrF₂N₃
[1,3,5]Triazin, Brom-difluor- 68
C₃Br₂FN₃
[1,3,5]Triazin, Dibrom-fluor- 69
C₃Br₃N₃
[1,3,5]Triazin, Tribrom- 69
C₃Br₃N₃O₃
[1,3,5]Triazintrion, Tribrom- 642
C₃ClF₂N₃
[1,3,5]Triazin, Chlor-difluor- 66
C₃Cl₂FN₃
[1,3,5]Triazin, Dichlor-fluor- 66
C₃Cl₃N₃
[1,2,4]Triazin, Trichlor- 555
[1,3,5]Triazin, Trichlor- 66
C₃Cl₃N₃O₃
[1,3,5]Triazintrion, Trichlor- 642
C₃F₃N₃
[1,3,5]Triazin, Trifluor- 65
C₃HBr₂N₃
[1,3,5]Triazin, Dibrom- 69
C₃HCl₂N₃
[1,2,4]Triazin, 3,5-Dichlor- 63
[1,3,5]Triazin, Dichlor- 66
C₃H₂BrN₃O₂
[1,2,4]Triazin-3,5-dion, 6-Brom-2*H*- 555
C₃H₂ClN₃O₂
[1,2,4]Triazin-3,5-dion, 6-Chlor-2*H*- 555
C₃H₃Br₂N₃
[1,2,3]Triazol, 1,5-Dibrom-4-methyl-1*H*-
44
–, 2,4-Dibrom-5-methyl-2*H*- 44
–, 4,5-Dibrom-2-methyl-2*H*- 34

C₃H₃Cl₂N₃
[1,2,3]Triazol, 1,5-Dichlor-4-methyl-1*H*-
44
–, 2,4-Dichlor-5-methyl-2*H*- 44
C₃H₃I₂N₃
[1,2,3]Triazol, 1,5-Dijod-4-methyl-1*H*- 45
–, 2,4-Dijod-5-methyl-2*H*- 45
–, 4,5-Dijod-2-methyl-2*H*- 34
C₃H₃N₃
[1,3,5]Triazin 63
C₃H₃N₃O
[1,2,3]Triazol-4-carbaldehyd, 1*H*- 431
C₃H₃N₃OS
[1,2,4]Triazin-3-on, 5-Thioxo-4,5-dihydro-
2*H*- 555
[1,2,4]Triazin-5-on, 3-Thioxo-3,4-dihydro-
2*H*- 555
C₃H₃N₃O₂
[1,2,4]Triazin-3,5-dion, 2*H*- 554
[1,3,5]Triazin-2,4-dion, 1*H*- 555
C₃H₃N₃O₂S
[1,2,4]Triazin-5,6-dion, 3-Thioxo-
tetrahydro- 632
C₃H₃N₃O₃
[1,3,5]Triazintrion 632
C₃H₃N₃S₂
[1,2,4]Triazin-3,5-dithion, 2*H*- 555
C₃H₃N₃S₃
[1,3,5]Triazintrithion 643
C₃H₄BrN₃
[1,2,3]Triazol, 4-Brom-1-methyl-1*H*- 33
–, 4-Brom-2-methyl-2*H*- 34
–, 4-Brom-5-methyl-1*H*- 44
–, 5-Brom-1-methyl-1*H*- 34
C₃H₄ClN₃
[1,2,3]Triazol, 4-Chlor-1-methyl-1*H*- 33
–, 4-Chlor-5-methyl-1*H*- 44
[1,2,4]Triazol, 3-Chlormethyl-1*H*- 46
C₃H₄IN₃
[1,2,3]Triazol, 4-Jod-1-methyl-1*H*- 34
–, 4-Jod-5-methyl-1*H*- 45
C₃H₄N₄O
[1,2,3]Triazol-4-carbaldehyd, 1*H*-, oxim
431
C₃H₅N₃
[1,2,3]Triazol, 1-Methyl-1*H*- 29
–, 2-Methyl-2*H*- 30
–, 4-Methyl-1*H*- 42
[1,2,4]Triazol, 1-Methyl-1*H*- 35
–, 3-Methyl-1*H*- 45
C₃H₅N₃O
Methanol, [1*H*-[1,2,4]Triazol-3-yl]- 326
[1,2,3]Triazol-4-on, 3-Methyl-2,3-dihydro-
420
[1,2,4]Triazol-3-on, 5-Methyl-1,2-dihydro-
424
C₃H₅N₃OS
[1,2,4]Triazolidin-3-on, 4-Methyl-5-thioxo-
544

$C_3H_5N_3O_2$
[1,2,4]Triazin-3,5-dion, Dihydro- 548
[1,2,4]Triazin-3,6-dion, Tetrahydro- 548
[1,3,5]Triazin-2,4-dion, Dihydro- 549
[1,2,4]Triazolidin-3,5-dion, 1-Methyl- 538
—, 4-Methyl- 538
$C_3H_5N_3S$
[1,2,4]Triazol, 3-Methylmercapto-1H- 321
[1,2,4]Triazol-3-thion, 4-Methyl-
2,4-dihydro- 423
—, 5-Methyl-1,2-dihydro- 426
$C_3H_5N_3S_2$
[1,2,4]Triazol-3-thion, 5-Methylmercapto-
1,2-dihydro- 676
$C_3H_6Cl_3N_3$
[1,3,5]Triazin, 2,4,6-Trichlor-hexahydro-
23
$C_3H_6N_4O_2$
Formamidin, N,N'-Dicarbamoyl- 556
$C_3H_6N_4S$
[1,2,4]Triazol-3-thion, 4-Amino-5-methyl-
2,4-dihydro- 428
$C_3H_6N_6O_3$
[1,3,5]Triazin, 1,3,5-Trinitroso-hexahydro-
18
$C_3H_6N_6O_5$
[1,3,5]Triazin, 1,3-Dinitro-5-nitroso-
hexahydro- 21
$C_3H_6N_6O_6$
[1,3,5]Triazin, 1,3,5-Trinitro-hexahydro-
22
$C_3H_7N_3$
[1,2,4]Triazin, 1,2,5,6-Tetrahydro- 27
$C_3H_7N_5O_3$
[1,3,5]Triazin, 1-Nitro-3-nitroso-hexahydro-
19
$C_3H_7N_5O_4$
[1,3,5]Triazin, 1,3-Dinitro-hexahydro- 19
C_3H_9NO
Propionaldehydammoniak 26
$C_3H_9N_3O_3$
[1,3,5]Triazin-1,3,5-triol 16
$C_3H_9N_3O_9S_3$
[1,3,5]Triazin-1,3,5-trisulfonsäure 17
$C_3I_3N_3O_3$
[1,3,5]Triazintrion, Trijod- 642
C_3N_{12}
[1,3,5]Triazin, Triazido- 69

C_4

$C_4Cl_5N_3$
[1,3,5]Triazin, Dichlor-trichlormethyl- 70
$C_4F_5N_3$
[1,3,5]Triazin, Difluor-trifluormethyl- 70
$C_4HCl_2I_2N_3$
[1,3,5]Triazin, Dichlor-dijodmethyl- 70

$C_4HCl_2N_5$
[1,3,5]Triazin, Dichlor-diazomethyl- 441
$C_4HCl_4N_3$
[1,3,5]Triazin, Dichlor-dichlormethyl- 70
$C_4H_2Cl_3N_3$
[1,3,5]Triazin, Dichlor-chlormethyl- 70
—, Trichlormethyl- 70
$C_4H_2Cl_4N_2$
Acetonitril, Dichlor-, dimolekulares 74
$C_4H_2F_3N_3O_2$
[1,3,5]Triazin-2,4-dion, 6-Trifluormethyl-
1H- 560
$C_4H_3Br_2N_3O$
[1,2,3]Triazol, 2-Acetyl-4,5-dibrom-2H- 34
$C_4H_3Cl_2N_3$
[1,3,5]Triazin, Dichlor-methyl- 70
$C_4H_3Cl_2N_3O$
[1,3,5]Triazin, Dichlor-methoxy- 330
$C_4H_3Cl_2N_3S$
[1,3,5]Triazin, Dichlor-methylmercapto-
332
$C_4H_3N_3O_4$
[1,3,5]Triazepin-2,4,6,7-tetraon 673
$C_4H_4ClN_3O_2$
[1,3,5]Triazin-2,4-dion, 6-Chlormethyl-1H-
560
$C_4H_4ClN_3S$
[1,2,4]Triazin, 3-Chlor-5-methylmercapto-
329
$C_4H_4N_4O_3$
[1,3,5]Triazin-2-carbaldehyd, 4,6-Dioxo-
1,4,5,6-tetrahydro-, oxim 645
$C_4H_4N_4O_4$
Formamid, N-[1-Formyl-3,5-dioxo-
[1,2,4]triazolidin-4-yl]- 543
$C_4H_5N_3$
[1,3,5]Triazin, Methyl- 69
$C_4H_5N_3O$
[1,3,5]Triazin, Methoxy- 330
[1,2,4]Triazin-5-on, 6-Methyl-2H- 432
[1,2,3]Triazol, 1-Acetyl-1H- 31
[1,2,4]Triazol, 1-Acetyl-1H- 37
[1,2,3]Triazol-4-carbaldehyd, 1-Methyl-1H-
431
$C_4H_5N_3OS$
[1,2,4]Triazin-5-on, 6-Methyl-3-thioxo-
3,4-dihydro-2H- 559
$C_4H_5N_3O_2$
Essigsäure, [1,2,3]Triazol-1-yl- 32
—, [1,2,4]Triazol-1-yl- 38
[1,2,4]Triazin-3,5-dion, 6-Methyl-2H- 556
[1,3,5]Triazin-2,4-dion, 1-Methyl-1H- 556
—, 3-Methyl-1H- 556
—, 6-Methyl-1H- 559
$C_4H_5N_3O_3$
[1,3,5]Triazepin-2,4,6-trion, Dihydro- 643
[1,3,5]Triazintrion, Methyl- 634
$C_4H_5N_3S$
[1,3,5]Triazin, Methylmercapto- 332

C₄H₅N₃S₂
[1,2,4]Triazin-3,5-dithion, 6-Methyl-2*H*-
559
C₄H₅N₅O₂
[1,3,5]Triazepin-6,7-dion, 2,4-Diimino-
tetrahydro- 673
C₄H₅N₅O₃
[1,3,5]Triazin-2-carbaldehyd, 4-Hydroxy=
imino-6-oxo-1,4,5,6-tetrahydro-, oxim
646
C₄H₆BrN₃
[1,2,3]Triazol, 1-Brom-4,5-dimethyl-1*H*-
48
—, 2-Brom-4,5-dimethyl-2*H*- 48
C₄H₆ClN₃
[1,2,3]Triazol, 1-Chlor-4,5-dimethyl-1*H*-
48
—, 2-Chlor-4,5-dimethyl-2*H*- 48
[1,2,4]Triazol, 3-Äthyl-5-chlor-1*H*- 49
—, 3-[2-Chlor-äthyl]-1*H*- 49
C₄H₆IN₃
[1,2,3]Triazol, 1-Jod-4,5-dimethyl-1*H*- 48
—, 2-Jod-4,5-dimethyl-2*H*- 48
C₄H₆N₄O
Essigsäure, [1,2,4]Triazol-1-yl-, amid 38
C₄H₆N₄OS
[1,2,4]Triazol-1-thiocarbonsäure, 3-Methyl-
5-oxo-2,5-dihydro-, amid 425
C₄H₆N₈S₄
[1,2,4]Triazol-3-thion, 4,4′-Diamino-
2,4,2′,4′-tetrahydro-5,5′-disulfandiyl-bis-
677
C₄H₇N₃
[1,2,3]Triazol, 4-Äthyl-1*H*- 46
—, 4,5-Dimethyl-1*H*- 46
[1,2,4]Triazol, 3-Äthyl-1*H*- 48
—, 3,5-Dimethyl-1*H*- 49
C₄H₇N₃O
Äthanol, 2-[1,2,4]Triazol-1-yl- 36
[1,2,4]Triazin, 1-Formyl-1,2,5,6-tetrahydro-
27
—, 2-Formyl-1,2,5,6-tetrahydro- 27
[1,2,4]Triazol, 3-Methoxymethyl-1*H*- 326
[1,2,4]Triazol-4-ol, 3,5-Dimethyl- 52
C₄H₇N₃OS
[1,2,4]Triazolidin-3-on, 4-Äthyl-5-thioxo-
544
[1,2,4]Triazol-3-on, 4-Methyl-
5-methylmercapto-2,4-dihydro- 675
[1,2,4]Triazol-3-thion, 5-Methoxymethyl-
1,2-dihydro- 677
C₄H₇N₃O₂
[1,2,4]Triazin-3,6-dion, 5-Methyl-
tetrahydro- 549
[1,3,5]Triazin-2,4-dion, 6-Methyl-dihydro-
549
[1,2,4]Triazolidin-3,5-dion, 4-Äthyl- 539
—, 1,2-Dimethyl- 538
—, 1,4-Dimethyl- 538

[1,2,4]Triazol-3-on, 5-Äthoxy-1,2-dihydro-
674
—, 5-Methoxy-4-methyl-2,4-dihydro-
674
C₄H₇N₃O₃S
[1,2,3]Triazol, 5-Methansulfonyl-
1-methoxy-1*H*- 321
C₄H₇N₃S
[1,2,4]Triazol-3-thion, 5-Äthyl-1,2-dihydro-
429
—, 2,5-Dimethyl-1,2-dihydro- 426
—, 4,5-Dimethyl-2,4-dihydro- 426
C₄H₇N₃S₂
[1,3,5]Triazepin-2,4-dithion, Tetrahydro-
549
[1,2,4]Triazol, 3,5-Bis-methylmercapto-1*H*-
373
C₄H₈BrN₅O₄
[1,3,5]Triazin, 1-Brommethyl-3,5-dinitro-
hexahydro- 20
C₄H₈ClN₅O₄
[1,3,5]Triazin, 1-Chlormethyl-3,5-dinitro-
hexahydro- 20
C₄H₈N₄
Äthylamin, 2-[1,2,4]Triazol-1-yl- 39
[1,2,4]Triazol-4-ylamin, 3,5-Dimethyl- 52
C₄H₈N₄O₂
[1,2,4]Triazol-4-ylamin, 3,5-Bis-
hydroxymethyl- 375
C₄H₈N₄S
[1,2,4]Triazol-4-ylamin, 3-Methyl-
5-methylmercapto- 326
C₄H₈N₆O₆
[1,3,5]Triazepin, 1,3,5-Trinitro-hexahydro-
24
C₄H₈N₆O₇
Salpetersäure-[3,5-dinitro-tetrahydro-
[1,3,5]triazin-1-ylmethylester] 20
C₄H₉N₃O
[1,3,5]Triazin-2-on, 5-Methyl-tetrahydro-
418
C₄H₉N₃S
[1,3,5]Triazin-2-thion, 5-Methyl-tetrahydro-
419
C₄H₉N₅O₄
[1,3,5]Triazin, 1-Methyl-3,5-dinitro-
hexahydro- 19
C₄H₉N₅O₅
Methanol, [3,5-Dinitro-tetrahydro-
[1,3,5]triazin-1-yl]- 19
C₄H₁₁NO
Butyraldehydammoniak 26

C₅

C₅Cl₇N₃
[1,3,5]Triazin, Chlor-bis-trichlormethyl- 72

C₅F₇N₃

[1,3,5]Triazin, Fluor-bis-trifluormethyl- 72

C₅HCl₆N₃O

[1,3,5]Triazin-2-on, 4,6-Bis-trichlormethyl-
1*H*- 435

C₅H₂Cl₅N₃

[1,3,5]Triazin, Chlor-bis-dichlormethyl- 72

C₅H₃Cl₂N₅

[1,3,5]Triazin, Dichlor-[1-diazo-äthyl]- 441

C₅H₃Cl₄N₃O

[1,3,5]Triazin-2-on, 4,6-Bis-dichlormethyl-
1*H*- 435

C₅H₃N₃O₃

Pyrrolo[3,4-*d*]imidazol-2,4,6-trion,
1,3-Dihydro- 650

C₅H₄ClN₅

[1,3,5]Triazin, Chlor-diazomethyl-methyl-
441

C₅H₄Cl₃N₃

[1,3,5]Triazin, Chlor-bis-chlormethyl- 72

C₅H₄N₆O

[1,2,4]Triazol, 1*H*,1'*H*-1,1'-Carbonyl-bis-
38

C₅H₅Cl₂N₃

[1,3,5]Triazin, Äthyl-dichlor- 71

C₅H₅Cl₂N₃O

[1,3,5]Triazin, Äthoxy-dichlor- 330
[1,3,5]Triazin-2-on, 4,6-Bis-chlormethyl-
1*H*- 435

C₅H₅Cl₂N₃S

[1,3,5]Triazin, Äthylmercapto-dichlor- 332

C₅H₅N₃O₂

Pyrrolo[3,4-*c*]pyrazol-4,6-dion, 3a,6a-
Dihydro-3*H*- 566

C₅H₆ClN₃

[1,3,5]Triazin, Chlor-dimethyl- 72

C₅H₆ClN₃O₂

[1,3,5]Triazin, Chlor-dimethoxy- 376

C₅H₆F₃N₅O₅

[1,3,5]Triazin, 1,3-Dinitro-5-trifluoracetyl-
hexahydro- 21

C₅H₇N₃

Pyrrolo[2,1-*c*][1,2,4]triazol, 6,7-Dihydro-
5*H*- 73
[1,2,4]Triazin, 5,6-Dimethyl- 71
[1,3,5]Triazin, Dimethyl- 71

C₅H₇N₃O

Äthanol, 2-[1,3,5]Triazin-2-yl- 333
Äthanon, 1-[5-Methyl-1*H*-[1,2,3]triazol-
4-yl]- 435
Imidazo[1,2-*a*]imidazol-3-on, 1,2,5,6-
Tetrahydro- 436
Pyrrolo[2,1-*c*][1,2,4]triazol-3-on, 2,5,6,7-
Tetrahydro- 436
[1,2,4]Triazin-3-on, 5,6-Dimethyl-2*H*- 434
[1,2,4]Triazin-5-on, 3,6-Dimethyl-2*H*- 434
[1,3,5]Triazin-2-on, 4,6-Dimethyl-1*H*- 434
[1,2,3]Triazol, 1-Acetyl-4-methyl-1*H*- 43
[1,2,4]Triazol, 1-Propionyl-1*H*- 37

C₅H₇N₃OS

[1,2,4]Triazin-5-on, 6-Äthyl-3-thioxo-
3,4-dihydro-2*H*- 562
—, 6-Methyl-3-methylmercapto-4*H*-
679

C₅H₇N₃O₂

Propionsäure, 3-[1,2,3]Triazol-1-yl- 32
—, 3-[1,2,4]Triazol-1-yl- 38
[1,3,5]Triazin, Dimethoxy- 376
[1,2,4]Triazin-3,5-dion, 6-Äthyl-2*H*- 561
—, 4,6-Dimethyl-2*H*- 557
[1,3,5]Triazin-2,4-dion, 1,3-Dimethyl-1*H*-
556
[1,2,4]Triazol-1-carbonsäure-äthylester 38
[1,2,4]Triazol-3-on, 5-Acetonyl-1,2-dihydro-
562

C₅H₇N₃O₂S

Essigsäure, [5-Methyl-1*H*-[1,2,4]triazol-
3-ylmercapto]- 324
[1,3,5]Triazin-2-on, 6-Äthoxy-4-thioxo-
3,4-dihydro-1*H*- 698
[1,2,4]Triazolidin-3-on, 2-Acetyl-4-methyl-
5-thioxo- 546
[1,2,4]Triazol-3-on, 2-Acetyl-
5-methylmercapto-1,2-dihydro- 676

C₅H₇N₃O₃

[1,3,5]Triazin-2,4-dion, 6-Äthoxy-1*H*- 698
—, 6-Methoxymethyl-1*H*- 699
[1,3,5]Triazintrion, Äthyl- 635
—, Dimethyl- 635

C₅H₇N₃S

[1,2,4]Triazin-3-thion, 5,6-Dimethyl-2*H*-
434

C₅H₇N₃S₂

[1,2,4]Triazin, 3,5-Bis-methylmercapto-
376

C₅H₈N₄O

Äthanon, 1-[5-Methyl-1*H*-[1,2,3]triazol-
4-yl]-, oxim 435

C₅H₈N₄O₂

Carbamidsäure, [1,2,4]Triazol-4-yl-,
äthylester 41
Imidazo[1,2-*a*]imidazol, 1-Nitro-
2,3,5,6-tetrahydro-1*H*- 58
[1,2,3]Triazol, 1-[α-Nitro-isopropyl]-1*H*-
30
[1,2,4]Triazolidin-3,5-dion, 4-Isopropyl-
idenamino- 542

C₅H₈N₄O₃

[1,3,5,7]Tetrazonin-2,4,6-trion, Tetrahydro-
641
[1,3,5]Triazintrion, [2-Amino-äthyl]- 641

C₅H₉N₃

Imidazo[1,2-*a*]imidazol, 2,3,5,6-Tetrahydro-
1*H*- 54
[1,2,4]Triazin, 5,6-Dimethyl-1,2-dihydro-
52
[1,2,3]Triazol, 4-Propyl-1*H*- 53
[1,2,4]Triazol, 1,3,5-Trimethyl-1*H*- 49

$C_5H_9N_3$ (Fortsetzung)
[1,2,4]Triazol, 3,4,5-Trimethyl-4H- 49
$C_5H_9N_3O$
[1,2,4]Triazol, 3-Äthoxymethyl-1H- 326
[1,2,4]Triazol-3-on, 5-Isopropyl-
1,2-dihydro- 430
$C_5H_9N_3OS$
[1,2,4]Triazin-5-on, 6,6-Dimethyl-3-thioxo-
tetrahydro- 550
[1,2,4]Triazolidin-3-on, 4-Isopropyl-
5-thioxo- 544
—, 4-Propyl-5-thioxo- 544
[1,2,4]Triazol-3-thion, 5-Äthoxymethyl-
1,2-dihydro- 678
$C_5H_9N_3O_2$
[1,2,4]Triazin-3,5-dion, 6,6-Dimethyl-
dihydro- 550
[1,2,4]Triazolidin-3,5-dion, 4-Propyl- 539
—, Trimethyl- 539
[1,2,4]Triazol-3-on, 5-Methoxy-
2,4-dimethyl-2,4-dihydro- 674
$C_5H_9N_3S$
[1,2,4]Triazol, 3,4-Dimethyl-5-methyl=
mercapto-4H- 324
[1,2,4]Triazolium, 3-Mercapto-
1,4,5-trimethyl-, betain 426
[1,2,4]Triazol-3-thion, 4-Äthyl-5-methyl-
2,4-dihydro- 426
—, 5-Propyl-1,2-dihydro- 430
$C_5H_9N_3S_2$
Dithiobiuret, Propyliden- 550
[1,3,5]Triazin-2,4-dithion, 6-Äthyl-dihydro-
550
—, 6,6-Dimethyl-dihydro- 550
$C_5H_9N_5O_5$
[1,3,5]Triazin, 1-Acetyl-3,5-dinitro-
hexahydro- 21
$C_5H_{10}N_4$
Propylamin, 3-[1,2,4]Triazol-1-yl- 39
$C_5H_{10}N_4O_2$
1,3,5-Triaza-bicyclo[3.2.1]octan, 3-Nitro-
27
$C_5H_{10}N_6O_6$
[1,3,5]Triazocin, 1,3,5-Trinitro-octahydro-
25
$C_5H_{11}N_3O$
[1,3,5]Triazin-2-on, 4,6-Dimethyl-
tetrahydro- 419
$C_5H_{11}N_3OS$
[1,3,5]Triazin-2-thion, 5-[2-Hydroxy-äthyl]-
tetrahydro- 419
$C_5H_{11}N_3O_2$
[1,3,5]Triazin-2-on, 5-[2-Hydroxy-äthyl]-
tetrahydro- 418
$C_5H_{11}N_3O_5S_2$
[1,2,3]Triazol, 5,5-Bis-methansulfonyl-
1-methoxy-4,5-dihydro-1H- 421

$C_5H_{11}N_3S$
[1,3,5]Triazin-2-thion, 4,6-Dimethyl-
tetrahydro- 420
$C_5H_{11}N_5O_4$
[1,3,5]Triazepin, 3-Methyl-1,5-dinitro-
hexahydro- 23
[1,3,5]Triazin, 1-Äthyl-3,5-dinitro-
hexahydro- 19
$C_5H_{11}N_5O_5$
[1,3,5]Triazin, 1-Methoxymethyl-
3,5-dinitro-hexahydro- 19
$[C_5H_{12}N_3]^+$
[1,2,4]Triazinium, 1,1-Dimethyl-
1,2,5,6-tetrahydro- 27
—, 2,2-Dimethyl-1,2,5,6-tetrahydro- 27
$C_5H_{12}N_4O$
[1,3,5]Triazin-2-on, 5-[2-Amino-äthyl]-
tetrahydro- 419
$C_5H_{12}N_4S$
[1,3,5]Triazin-2-thion, 5-[2-Amino-äthyl]-
tetrahydro- 419
$C_5H_{13}NO$
Isovaleraldehydammoniak 26

C_6

$C_6Br_9N_3$
[1,3,5]Triazin, Tris-tribrommethyl- 75
$C_6ClF_8N_3$
[1,3,5]Triazin, [Chlor-difluor-methyl]-bis-
trifluormethyl- 74
$C_6Cl_6N_4S$
[1,3,5]Triazin-2-ylisothiocyanat,
4,6-Bis-trichlormethyl- 334
[1,3,5]Triazin-2-ylthiocyanat, 4,6-Bis-
trichlormethyl- 334
$C_6Cl_9N_3$
[1,3,5]Triazin, Tris-trichlormethyl- 75
$C_6F_9N_3$
[1,3,5]Triazin, Tris-trifluormethyl- 74
$C_6HBr_3ClN_3$
Benzotriazol, 4,5,7-Tribrom-6-chlor-1H-
127
$C_6HBr_4N_3$
Benzotriazol, 4,5,6,7-Tetrabrom-1H- 127
$C_6HCl_2N_3O_2$
Benzotriazol-4,5-dion, 6,7-Dichlor-1H-
577
$C_6HCl_4N_3$
Benzotriazol, 4,5,6,7-Tetrachlor-1H- 124
$C_6H_2Cl_3N_3O$
Benzotriazol-4-ol, 5,6,7-Trichlor-1H- 338
$C_6H_3BrN_4O_3$
Benzotriazol-1-oxid, 4-Brom-6-nitro-3H-
136
—, 6-Brom-4-nitro-3H- 136
$C_6H_3Br_2N_3$
Benzotriazol, 4,6-Dibrom-1H- 126

$C_6H_3Br_2N_3O$
Benzotriazol-4-ol, 5,7-Dibrom-1H- 338
Benzotriazol-1-oxid, 4,6-Dibrom-3H- 126
$C_6H_3Br_6N_3$
[1,3,5]Triazin, Tris-dibrommethyl- 75
$C_6H_3ClN_4O_3$
Benzotriazol-1-oxid, 4-Chlor-6-nitro-3H- 135
−, 5-Chlor-6-nitro-3H- 134
−, 6-Chlor-4-nitro-3H- 134
$C_6H_3Cl_2N_3$
Benzotriazol, 4,7-Dichlor-1H- 122
−, 5,6-Dichlor-1H- 123
$C_6H_3Cl_2N_3O$
Benzotriazol-5-on, 4,4-Dichlor-1,4-dihydro- 445
Benzotriazol-1-oxid, 4,6-Dichlor-3H- 122
−, 4,7-Dichlor-3H- 122
−, 5,6-Dichlor-3H- 123
[1,3,5]Triazin, Dichlor-prop-2-inyloxy- 331
$C_6H_3Cl_3F_3N_3$
[1,3,5]Triazin, Tris-[chlor-fluor-methyl]- 74
$C_6H_3Cl_6N_3$
[1,3,5]Triazin, Methyl-bis-trichlormethyl- 74
−, Tris-dichlormethyl- 74
$C_6H_3Cl_6N_3O$
[1,3,5]Triazin, Methoxy-bis-trichlormethyl- 333
$C_6H_3F_6N_3$
[1,3,5]Triazin, Tris-difluormethyl- 74
$C_6H_3N_3O_2$
Pyrrolo[3,4-b]pyrazin-5,7-dion 577
$C_6H_4BrN_3$
Benzotriazol, 5-Brom-1H- 125
Imidazo[4,5-b]pyridin, 6-Brom-1(3)H- 140
$C_6H_4BrN_3O$
Benzotriazol-5-ol, 4-Brom-1H- 341
Benzotriazol-1-oxid, 5-Brom-3H- 126
−, 6-Brom-3H- 126
Imidazo[4,5-b]pyridin-2-on, 6-Brom-1,3-dihydro- 446
Imidazo[4,5-b]pyridin-4-oxid, 6-Brom-1(3)H- 140
$C_6H_4BrN_3S$
Imidazo[4,5-b]pyridin-2-thion, 6-Brom-1,3-dihydro- 447
$C_6H_4ClN_3$
Benzotriazol, 4-Chlor-1H- 118
−, 5-Chlor-1H- 118
Imidazo[4,5-b]pyridin, 2-Chlor-1(3)H- 139
−, 5-Chlor-1(3)H- 139
−, 6-Chlor-1(3)H- 140
−, 7-Chlor-1(3)H- 140
Imidazo[4,5-c]pyridin, 4-Chlor-1(3)H- 141
$C_6H_4ClN_3O$
Benzotriazol-5-ol, 4-Chlor-1H- 341
Benzotriazol-1-oxid, 5-Chlor-3H- 118
−, 6-Chlor-3H- 118

Imidazo[4,5-b]pyridin-2-on, 6-Chlor-1,3-dihydro- 446
Imidazo[4,5-b]pyridin-4-oxid, 6-Chlor-1(3)H- 140
$C_6H_4ClN_3S$
Imidazo[4,5-b]pyridin-2-thion, 6-Chlor-1,3-dihydro- 447
$C_6H_4IN_3$
Benzotriazol, 4-Jod-1H- 127
$C_6H_4N_4O_2$
Benzotriazol, 4-Nitro-1H- 128
−, 5-Nitro-1H- 129
Benzotriazol-4,5-dion, 1H-, 4-oxim 576
Imidazo[4,5-c]pyridin, 7-Nitro-1(3)H- 141
$C_6H_4N_4O_3$
Benzotriazol-4-ol, 6-Nitro-1H- 338
Benzotriazol-5-ol, 4-Nitro-1H- 342
Benzotriazol-1-oxid, 6-Nitro-3H- 129
$C_6H_4N_4O_8$
Oxalamidsäure, N-[1-Hydroxyoxalyl-3,5-dioxo-[1,2,4]triazolidin-4-yl]- 543
$C_6H_4N_6S_6$
[1,3,5]Triazin-2,4-dithion, 1H,1'H-6,6'-Disulfandiyl-bis- 699
$C_6H_5Cl_2N_3O$
[1,3,5]Triazin, Allyloxy-dichlor- 331
$C_6H_5Cl_2N_3O_2S$
Essigsäure, [4,6-Dichlor-[1,3,5]triazin-2-ylmercapto]-, methylester 333
$C_6H_5Cl_2N_3S$
[1,3,5]Triazin, Allylmercapto-dichlor- 333
$C_6H_5N_3$
Benzotriazol, 1H- 93
Imidazo[4,5-b]pyridin, 1(3)H- 139
Imidazo[4,5-c]pyridin, 1(3)H- 140
[1,2,3]Triazolo[1,5-a]pyridin 138
[1,2,4]Triazolo[4,3-a]pyridin 138
$C_6H_5N_3O$
Benzotriazol-1-ol 95
Benzotriazol-4-ol, 1H- 337
Benzotriazol-5-ol, 1H- 338
Benzotriazol-1-oxid, 3H- 95
Imidazo[4,5-b]pyridin-2-on, 1,3-Dihydro- 446
Imidazo[4,5-b]pyridin-5-on, 1,4-Dihydro- 446
Imidazo[4,5-b]pyridin-7-on, 1,4-Dihydro- 445
Imidazo[4,5-c]pyridin-4-on, 1,5-Dihydro- 447
Imidazo[4,5-b]pyridin-4-oxid, 1(3)H- 139
$C_6H_5N_3O_2$
Benzotriazol-5,6-diol, 1H- 380
Pyrrolo[3,4-d]pyridazin-1,4-dion, 2,3-Dihydro-6H- 569
$C_6H_5N_3O_3$
Imidazo[1,2-a]pyrimidin-2,5,7-trion, 1H- 650

C₆H₅N₃S
Imidazo[4,5-*b*]pyridin-2-thion, 1,3-Dihydro-
446
[1,2,4]Triazolo[4,3-*a*]pyridin-3-thion, 2*H*-
444

C₆H₆Cl₂N₄O
Aceton-[*O*-(4,6-dichlor-[1,3,5]triazin-2-yl)-
oxim] 331

C₆H₆Cl₃N₃O
[1,3,5]Triazin, Dichlor-[3-chlor-propoxy]-
330

C₆H₆N₄O₂S
Imidazo[1,2-*c*]pyrimidin-5-thion, 8-Nitro-
2,3-dihydro-1*H*- 442

C₆H₆N₄O₃
Imidazo[1,2-*c*]pyrimidin-5-on, 8-Nitro-
2,3-dihydro-1*H*- 442

C₆H₆N₄O₄
[1,3,5]Triazin-2-carbaldehyd, 4,6-Dioxo-
1,4,5,6-tetrahydro-, [*O*-acetyl-oxim]
646

C₆H₆N₆O₆
Oxalamid, *N*-[1-Aminooxalyl-3,5-dioxo-
[1,2,4]triazolidin-4-yl]- 543

C₆H₆N₈O₂
Oxalamid, *N,N'*-Di-[1,2,4]triazol-4-yl- 40

C₆H₇Br₂N₃O₂
[1,3,5]Triazin, Dibrommethyl-dimethoxy-
377

C₆H₇Cl₂N₃
[1,3,5]Triazin, Dichlor-isopropyl- 73
–, Dichlor-propyl- 73

C₆H₇Cl₂N₃O
[1,3,5]Triazin, Dichlor-isopropoxy- 330
–, Dichlor-propoxy- 330

C₆H₇Cl₂N₃O₂
[1,3,5]Triazin, Dichlormethyl-dimethoxy-
377

C₆H₇Cl₂N₃S
[1,3,5]Triazin, Dichlor-isopropylmercapto-
332
–, Dichlor-propylmercapto- 332

C₆H₇N₃
Cyclopenta[*e*][1,2,4]triazin, 6,7-Dihydro-
5*H*- 88

C₆H₇N₃O
Imidazo[1,2-*c*]pyrimidin-5-on, 2,3-Dihydro-
1*H*- 442
Imidazo[1,5-*c*]pyrimidin-5-on, 7,8-Dihydro-
6*H*- 442

C₆H₇N₃OS₂
[1,3,5]Triazin-2-carbaldehyd, 4,6-Bis-
methylmercapto- 700

C₆H₇N₃O₂
[1,2,4]Triazolo[1,2-*a*]pyridazin-1,3-dion,
5,8-Dihydro- 568

C₆H₇N₃O₂S₃
Thiokohlensäure-*O*-äthylester-*S*-
[4,6-dithioxo-1,4,5,6-tetrahydro-
[1,3,5]triazin-2-ylester] 699

C₆H₇N₃O₃
[1,3,5]Triazin-2-carbaldehyd,
4,6-Dimethoxy- 699
[1,3,5]Triazintrion, Allyl- 636
[1,2,4]Triazol, 3-Acetoxy-1-acetyl-1*H*- 421
–, 5-Acetoxy-1-acetyl-1*H*- 421
[1,2,4]Triazol-3-on, 1,2-Diacetyl-
1,2-dihydro- 421

C₆H₇N₃O₃S
Essigsäure, [6-Methyl-5-oxo-4,5-dihydro-
[1,2,4]triazin-3-ylmercapto]- 680
[1,2,4]Triazolidin-3-on, 2,4-Diacetyl-
5-thioxo- 546

C₆H₇N₃O₄
[1,2,4]Triazolidin-3,5-dion, 1,2-Diacetyl-
541

C₆H₇N₃S
Imidazo[1,2-*c*]pyrimidin-5-thion,
2,3-Dihydro-1*H*- 442

C₆H₇N₅O₂
[1,3,5]Triazin, Diazomethyl-dimethoxy-
700

C₆H₇N₅S₂
[1,3,5]Triazin, Diazomethyl-bis-
methylmercapto- 701

C₆H₈ClN₃O₂
[1,3,5]Triazin, Chlormethyl-dimethoxy-
377

C₆H₈F₃N₅O₆
Essigsäure, Trifluor-, [3,5-dinitro-
tetrahydro-[1,3,5]triazin-1-ylmethylester]
20

C₆H₈N₄O₂
Diacetamid, *N*-[1,2,4]Triazol-4-yl- 40

C₆H₈N₄O₄S₂
Essigsäure, [4-Amino-4*H*-[1,2,4]triazol-
3,5-diyldimercapto]-di- 374

C₆H₈N₆O₂S₂
[1,2,4]Triazol-3-on, 4,4'-Dimethyl-2,4,2',4'-
tetrahydro-5,5'-disulfandiyl-bis- 675

C₆H₉N₃
Imidazo[4,5-*c*]pyridin, 4,5,6,7-Tetrahydro-
1(3)*H*- 76
Pyrrolo[2,1-*c*][1,2,4]triazol, 3-Methyl-
6,7-dihydro-5*H*- 75
[1,2,4]Triazin, 5-Äthyl-6-methyl- 73
–, Trimethyl- 73
[1,3,5]Triazin, Trimethyl- 73

C₆H₉N₃O
Benzotriazol-2-ol, 4,5,6,7-Tetrahydro- 75
Cyclopenta[*e*][1,2,4]triazin-3-on, 2,4,4a,5,6,-
7-Hexahydro- 438
Imidazo[1,2-*a*]pyrimidin-3-on, 1,5,6,7-
Tetrahydro-2*H*- 438

$C_6H_9N_3O$ (Fortsetzung)
Methanol, [5,6-Dimethyl-[1,2,4]triazin-3-yl]-
334
[1,2,3]Triazol, 2-Acetyl-4,5-dimethyl-2H-
47
[1,2,4]Triazol, 1-Isobutyryl-1H- 37
[1,2,4]Triazolo[4,3-a]pyridin-3-on, 5,6,7,8-
Tetrahydro-2H- 437
$[C_6H_9N_3O]^+$
[1,2,4]Triazol, 1-Acetyl-3,5-dimethyl-1H-
51
$C_6H_9N_3OS$
[1,2,4]Triazepin-5-on, 2,7-Dimethyl-
3-thioxo-2,3,4,6-tetrahydro- 561
[1,2,4]Triazin, 3-Äthoxy-5-methylmercapto-
376
[1,2,4]Triazin-5-on, 6-Isopropyl-3-thioxo-
3,4-dihydro-2H- 563
–, 6-Propyl-3-thioxo-3,4-dihydro-2H-
563
$C_6H_9N_3O_2$
Essigsäure, [1,2,4]Triazol-1-yl-, äthylester
38
[1,3,5]Triazin, Dimethoxy-methyl- 377
[1,2,4]Triazin-3,5-dion, 6-Isopropyl-2H-
563
–, 6-Propyl-2H- 563
–, 2,4,6-Trimethyl-2H- 557
$C_6H_9N_3O_2S$
[1,2,4]Triazol-3-on, 2-Acetyl-4-methyl-
5-methylmercapto-2,4-dihydro- 676
$C_6H_9N_3O_2S_2$
Propionsäure, 3-[3,5-Dithioxo-
[1,2,4]triazolidin-4-yl]-, methylester
548
$C_6H_9N_3O_3$
Methanol, [4,6-Dimethoxy-[1,3,5]triazin-
2-yl]- 403
[1,3,5]Triazin, Trimethoxy- 395
[1,3,5]Triazintrion, Propyl- 635
–, Trimethyl- 635
$C_6H_9N_3O_6$
[1,3,5]Triazintrion, Tris-hydroxymethyl-
640
$C_6H_9N_3S_2$
[1,3,5]Triazin, Methyl-bis-methylmercapto-
377
$C_6H_9N_5O_2$
[1,3,5]Triazin-2-carbaldehyd,
4,6-Dimethoxy-, hydrazon 699
$C_6H_9N_5S_2$
[1,3,5]Triazin-2-carbaldehyd, 4,6-Bis-
methylmercapto-, hydrazon 700
$C_6H_{10}N_4O_2$
Imidazo[1,2-a]pyrimidin, 1-Nitro-
1,2,3,5,6,7-hexahydro- 59
$C_6H_{11}N_3$
Imidazo[1,2-a]pyrimidin, 1,2,3,5,6,7-
Hexahydro- 59

[1,2,4]Triazin, 3,5,6-Trimethyl-1,2-dihydro-
58
–, 3,5,6-Trimethyl-4,5-dihydro- 58
[1,2,3]Triazol, 4-Butyl-1H- 58
[1,2,4]Triazol, 1-Äthyl-3,5-dimethyl-1H-
49
–, 4-Äthyl-3,5-dimethyl-4H- 50
–, 3-Isopropyl-5-methyl-1H- 58
$C_6H_{11}N_3O$
[1,2,4]Triazol, 3-[2-Äthoxy-äthyl]-1H- 327
[1,2,4]Triazol-3-on, 5-tert-Butyl-
1,2-dihydro- 430
$C_6H_{11}N_3OS$
[1,2,4]Triazin-5-on, 6-Äthyl-6-methyl-
3-thioxo-tetrahydro- 551
[1,2,4]Triazolidin-3-on, 4-Butyl-5-thioxo-
544
[1,2,4]Triazol-3-thion, 5-[2-Äthoxy-äthyl]-
1,2-dihydro- 678
$C_6H_{11}N_3O_2$
[1,3,5]Triazepin-2-on, 4-Äthoxy-
1,5,6,7-tetrahydro- 678
[1,2,4]Triazin-3,5-dion, 6-Äthyl-6-methyl-
dihydro- 551
[1,2,4]Triazolidin-3,5-dion, 4-Butyl- 539
$C_6H_{11}N_3S$
[1,2,4]Triazin-3-thion, 5-Isopropyl-
4,5-dihydro-2H- 430
[1,2,4]Triazol, 3-Äthylmercapto-
4,5-dimethyl-4H- 324
–, 5-Äthylmercapto-1,3-dimethyl-1H-
324
–, 4-Äthyl-3-methyl-5-methyl⁼
mercapto-4H- 324
$C_6H_{11}N_5O_5$
[1,3,5]Triazepin, 3-Acetyl-1,5-dinitro-
hexahydro- 24
$C_6H_{11}N_5O_6$
Essigsäure-[3,5-dinitro-tetrahydro-
[1,3,5]triazin-1-ylmethylester] 20
$C_6H_{12}IN_3S$
Methojodid $[C_6H_{12}N_3S]I$ aus
3,4-Dimethyl-5-methylmercapto-
4H-[1,2,4]triazol 324
$[C_6H_{12}N_3]^+$
[1,2,4]Triazolium, 1,3,4,5-Tetramethyl- 49
$C_6H_{12}N_4$
[1,2,4]Triazol-4-ylamin, 3,5-Diäthyl- 59
$C_6H_{12}N_4O_2$
1,3,5-Triaza-bicyclo[3.3.1]nonan, 3-Nitro-
28
$C_6H_{12}N_6$
[1,3,5]Triazintrion, Trimethyl-, triimin
635
$C_6H_{13}N_3O$
[1,3,5]Triazin-2-on, 5-Propyl-tetrahydro-
418

$C_6H_{13}N_5O_4$
[1,3,5]Triazepin, 3-Äthyl-1,5-dinitro-
hexahydro- 23
[1,3,5]Triazin, 1,3-Dinitro-5-propyl-
hexahydro- 19
[1,3,5]Triazocin, 3-Methyl-1,5-dinitro-
octahydro- 25

$C_6H_{13}N_5O_5$
[1,3,5]Triazin, 1-Äthoxymethyl-3,5-dinitro-
hexahydro- 19

$C_6H_{15}N_3$
[1,3,5]Triazin, 1,3,5-Trimethyl-hexahydro-
3
−, 2,4,6-Trimethyl-hexahydro- 25

C_7

$C_7ClF_{10}N_3$
[1,3,5]Triazin, Chlor-bis-pentafluoräthyl-
76

$C_7HF_{10}N_3O$
[1,3,5]Triazin-2-on, 4,6-Bis-pentafluoräthyl-
1H- 439

$C_7H_2Cl_4N_4O_2S$
Benzotriazol, 5-Chlor-4-nitro-1-trichlormethan=
sulfenyl-1H- 133

$C_7H_2Cl_6F_3N_3O$
[1,3,5]Triazin, Bis-trichlormethyl-
[2,2,2-trifluor-äthoxy]- 333

$C_7H_3Br_3ClN_3$
Benzotriazol, 4,5,7-Tribrom-6-chlor-
1-methyl-1H- 127

$C_7H_3Br_4N_3$
Benzotriazol, 4,5,6,7-Tetrabrom-1-methyl-
1H- 127
−, 4,5,6,7-Tetrabrom-2-methyl-2H-
127

$C_7H_3Cl_2N_3$
Benzo[e][1,2,4]triazin, 3,7-Dichlor- 167
Pyrido[2,3-b]pyrazin, 6,7-Dichlor- 168
Pyrido[2,3-d]pyrimidin, 2,4-Dichlor- 168
Pyrido[3,2-d]pyrimidin, 2,4-Dichlor- 167

$C_7H_3Cl_2N_3O$
Benzo[e][1,2,4]triazin-1-oxid, 3,7-Dichlor-
167

$C_7H_3Cl_3N_4O_2S$
Benzotriazol, 4-Nitro-1-trichlormethansulfenyl-
1H- 129

$C_7H_3Cl_4N_3$
Benzotriazol, 4,5,6,7-Tetrachlor-1-methyl-
1H- 124
−, 4,5,6,7-Tetrachlor-2-methyl-2H-
124

$C_7H_3Cl_4N_3S$
Benzotriazol, 5-Chlor-1-trichlormethansulfenyl-
1H- 122
−, 6-Chlor-1-trichlormethansulfenyl-
1H- 122

$C_7H_4BrN_3$
Pyrido[2,3-b]pyrazin, 7-Brom- 168

$C_7H_4BrN_3O$
Benzo[e][1,2,4]triazin-1-oxid, 3-Brom- 167
Monooxid $C_7H_4BrN_3O$ aus 7-Brom-
pyrido[2,3-b]pyrazin 168

$C_7H_4BrN_3O_3$
Pyrido[2,3-d]pyridazin-2,5,8-trion,
3-Brom-6,7-dihydro-1H- 651

$C_7H_4ClN_3$
Benzo[e][1,2,4]triazin, 3-Chlor- 166
−, 6-Chlor- 167
Pyrido[2,3-b]pyrazin, 7-Chlor- 168
Pyrido[3,4-b]pyrazin, 5-Chlor- 168
−, 7-Chlor- 168
Pyrido[2,3-d]pyrimidin, 4-Chlor- 167

$C_7H_4ClN_3O$
Benzo[d][1,2,3]triazin-4-on, 7-Chlor-3H-
463
Benzo[e][1,2,4]triazin-3-on, 7-Chlor-4H
464
Benzo[e][1,2,4]triazin-1-oxid, 3-Chlor- 166
Pyrido[2,3-d]pyrimidin-4-on, 2-Chlor-3H-
465

$C_7H_4ClN_3O_2$
Benzo[e][1,2,4]triazin-3-on-1-oxid, 7-Chlor-
4H- 464
Benzotriazol-4,5-dion, 7-Chlor-1-methyl-
1H- 576

$C_7H_4ClN_3O_3$
Pyrido[2,3-d]pyridazin-2,5,8-trion, 3-Chlor-
6,7-dihydro-1H- 651

$C_7H_4ClN_3S$
Benzo[d][1,2,3]triazin-4-thion, 7-Chlor-3H-
464
Pyrido[2,3-d]pyrimidin-4-thion, 2-Chlor-
3H- 465
Pyrido[3,2-d]pyrimidin-4-thion, 2-Chlor-
3H- 465

$C_7H_4Cl_3N_3$
Benzotriazol, 4,5,6-Trichlor-1-methyl-1H-
124
Imidazo[4,5-b]pyridin, 2,5,6-Trichlor-
7-methyl-1(3)H- 153

$C_7H_4Cl_5N_3O$
Benzotriazol-4-on, 5,5,6,7,7-Pentachlor-
1-methyl-1,5,6,7-tetrahydro- 441

$C_7H_4IN_3O_3$
Pyrido[2,3-d]pyridazin-2,5,8-trion, 3-Jod-
6,7-dihydro-1H- 652

$C_7H_5BrN_4O_2$
Benzotriazol, 1-Brommethyl-4-nitro-1H-
129
−, 1-Brommethyl-5-nitro-1H- 132

$C_7H_5Br_2N_3O$
Benzotriazol, 4,6-Dibrom-1-methoxy-1H-
126
Benzotriazol-5-ol, 4,6-Dibrom-2-methyl-
2H- 342

$C_7H_5Br_2N_3O$ (Fortsetzung)

Benzotriazol-5-on, 4,4-Dibrom-2-methyl-2,4-dihydro- 445

Benzotriazol-1-oxid, 4,6-Dibrom-3-methyl-3H- 126

$C_7H_5Cl_2N_3$

Benzotriazol, 5-Chlor-1-chlormethyl-1H- 121

–, 6-Chlor-1-chlormethyl-1H- 121

–, 4,7-Dichlor-1-methyl-1H- 123

–, 4,7-Dichlor-2-methyl-2H- 123

–, 5,6-Dichlor-1-methyl-1H- 123

–, 5,6-Dichlor-2-methyl-2H- 123

Pyrrolo[2,3-d]pyrimidin, 4,6-Dichlor-2-methyl-7H- 154

$C_7H_5Cl_2N_3O$

Benzotriazol, 4,6-Dichlor-1-methoxy-1H- 122

Benzotriazol-4-ol, 5,7-Dichlor-1-methyl-1H- 337

Benzotriazol-1-oxid, 4,6-Dichlor-3-methyl-3H- 122

$C_7H_5Cl_6N_3O$

[1,3,5]Triazin, Äthoxy-bis-trichlormethyl- 333

$C_7H_5N_3$

Benzo[e][1,2,4]triazin 166

Pyrido[2,3-b]pyrazin 168

Pyrido[3,4-b]pyrazin 168

Pyrido[3,2-d]pyrimidin 167

$C_7H_5N_3O$

Benzo[d][1,2,3]triazin-4-on, 3H- 454

Benzo[e][1,2,4]triazin-1-oxid 166

Cycloheptatriazol-6-on, 1H- 454

Pyrido[2,3-b]pyrazin-3-on, 4H- 466

Pyrido[2,3-b]pyrazin-8-on, 5H- 466

Pyrido[3,4-b]pyrazin-5-on, 6H- 466

Pyrido[2,3-d]pyridazin-8-on, 7H- 466

Pyrido[2,3-d]pyrimidin-4-on, 3H- 465

Pyrido[3,2-d]pyrimidin-4-on, 3H- 465

$C_7H_5N_3OS$

Pyrido[2,3-d]pyrimidin-2-on, 4-Thioxo-3,4-dihydro-1H- 579

Pyrido[2,3-d]pyrimidin-4-on, 2-Thioxo-2,3-dihydro-1H- 579

Pyrido[3,2-d]pyrimidin-4-on, 2-Thioxo-2,3-dihydro-1H- 578

Pyrido[3,4-d]pyrimidin-4-on, 2-Thioxo-2,3-dihydro-1H- 578

$C_7H_5N_3O_2$

Benzo[e][1,2,4]triazin-3-on-1-oxid, 4H- 464

Benzotriazol-4,5-dion, 2-Methyl-2H- 576

Pyrido[2,3-d]pyridazin-5,8-dion, 6,7-Dihydro- 579

Pyrido[3,4-d]pyridazin-1,4-dion, 2,3-Dihydro- 580

Pyrido[2,3-d]pyrimidin-2,4-dion, 1H- 578

Pyrido[3,2-d]pyrimidin-2,4-dion, 1H- 577

Pyrido[3,4-d]pyrimidin-2,4-dion, 1H- 578

Pyrido[3,2-d]pyrimidin-6-on, 7-Hydroxy-5H- 684

Pyrido[2,1-c][1,2,4]triazin-3,4-dion, 2H- 577

Pyrrolo[3,4-b]pyrazin-5,7-dion, 6-Methyl- 577

$C_7H_5N_3O_3$

Pyrido[2,3-d]pyridazin-2,5,8-trion, 6,7-Dihydro-1H- 651

$C_7H_5N_3S$

Benzo[d][1,2,3]triazin-4-thion, 3H- 464

Pyrido[2,3-d]pyrimidin-4-thion, 3H- 465

$C_7H_5N_3S_2$

Pyrido[2,3-d]pyrimidin-2,4-dithion, 1H- 579

Pyrido[3,2-d]pyrimidin-2,4-dithion, 1H- 578

$C_7H_5N_5O_3$

Amin, [5-Nitro-furfuryliden]-[1,2,4]triazol-4-yl- 41

$C_7H_5N_5O_5$

Benzotriazol-1-oxid, 5-Methyl-4,6-dinitro-3H- 150

–, 7-Methyl-4,6-dinitro-3H- 150

$C_7H_6BrN_3$

Imidazo[4,5-b]pyridin, 6-Brom-2-methyl-1(3)H- 152

–, 6-Brom-5-methyl-1(3)H- 153

–, 6-Brom-7-methyl-1(3)H- 153

$C_7H_6BrN_3O$

Benzotriazol-5-ol, 4-Brom-2-methyl-2H- 341

Benzotriazol-1-oxid, 4-Brom-7-methyl-3H- 143

Imidazo[4,5-b]pyridin-2-on, 6-Brom-5-methyl-1,3-dihydro- 449

–, 6-Brom-7-methyl-1,3-dihydro- 450

Imidazo[4,5-b]pyridin-4-oxid, 6-Brom-5-methyl-1(3)H- 153

–, 6-Brom-7-methyl-1(3)H- 153

$C_7H_6BrN_3S$

Imidazo[4,5-b]pyridin-2-thion, 6-Brom-5-methyl-1,3-dihydro- 449

–, 6-Brom-7-methyl-1,3-dihydro- 450

$C_7H_6ClN_3$

Benzotriazol, 1-Chlormethyl-1H- 105

–, 6-Chlor-1-methyl-1H- 118

Imidazo[4,5-b]pyridin, 2-Chlor-5-methyl-1(3)H- 152

–, 6-Chlor-3-methyl-3H- 140

–, 7-Chlor-5-methyl-1(3)H- 153

Imidazo[4,5-c]pyridin, 4-Chlor-6-methyl-1(3)H- 154

$C_7H_6ClN_3O$

Imidazo[1,2-c]pyrimidin-2-on, 5-Chlor-7-methyl- 447

$C_7H_6ClN_3O_2$

Imidazo[4,5-b]pyridin-2,5-dion, 6-Chlor-7-methyl-1,4-dihydro-3H- 571

C₇H₆Cl₅N₃
[1,3,5]Triazin, Chlor-bis-[1,1-dichlor-äthyl]-
76
C₇H₆N₄
Pyridin, 2-[1,2,4]Triazol-4-yl- 39
−, 3-[1,2,4]Triazol-4-yl- 39
C₇H₆N₄O
Cycloheptatriazol-6-on, 1*H*-, oxim 454
C₇H₆N₄OS
[1,2,4]Triazolidin-3-on, 4-[2]Pyridyl-
5-thioxo- 546
C₇H₆N₄O₂
Benzotriazol, 1-Methyl-4-nitro-1*H*- 128
−, 1-Methyl-5-nitro-1*H*- 130
−, 1-Methyl-6-nitro-1*H*- 130
−, 1-Methyl-7-nitro-1*H*- 128
−, 2-Methyl-4-nitro-2*H*- 128
−, 2-Methyl-5-nitro-2*H*- 130
−, 5-Methyl-1-nitro-1*H*- 148
−, 6-Methyl-4-nitro-1*H*- 150
Benzotriazol-4,5-dion, 1-Methyl-1*H*-,
4-oxim 576
C₇H₆N₄O₃
Benzotriazol, 1-Methoxy-6-nitro-1*H*- 133
−, 5-Methoxy-4-nitro-1*H*- 342
−, 6-Methoxy-4-nitro-1*H*- 342
−, 7-Methoxy-6-nitro-1*H*- 338
Benzotriazol-1-oxid, 3-Methyl-6-nitro-3*H*-
130
−, 5-Methyl-6-nitro-3*H*- 149
Methanol, [5-Nitro-benzotriazol-1-yl]- 132
C₇H₇Cl₂N₃
Pyrido[2,3-*d*]pyrimidin, 2,4-Dichlor-
5,6,7,8-tetrahydro- 88
C₇H₇Cl₂N₃O₃
Propionsäure, 2-[4,6-Dichlor-[1,3,5]triazin-
2-yloxy]-, methylester 331
C₇H₇Cl₂N₃S
[1,3,5]Triazin, Dichlor-methallylmercapto-
333
C₇H₇Cl₄N₃O
[1,3,5]Triazin-2-on, 4,6-Bis-[1,1-dichlor-
äthyl]-1*H*- 439
C₇H₇N₃
Benzotriazol, 1-Methyl-1*H*- 95
−, 2-Methyl-2*H*- 96
−, 4-Methyl-1*H*- 141
−, 5-Methyl-1*H*- 144
Imidazo[4,5-*b*]pyridin, 2-Methyl-1(3)*H*-
152
−, 5-Methyl-1(3)*H*- 152
−, 7-Methyl-1(3)*H*- 153
Imidazo[4,5-*c*]pyridin, 2-Methyl-1(3)*H*-
153
Imidazo[1,2-*a*]pyrimidin, 2-Methyl- 151
Pyrazolo[3,4-*c*]pyridin, 5-Methyl-3*H*- 151
−, 7-Methyl-3*H*- 151
[1,2,3]Triazolo[1,5-*a*]pyridin, 3-Methyl-
151

[1,2,4]Triazolo[1,5-*a*]pyridin, 2-Methyl-
151
[1,2,4]Triazolo[4,3-*a*]pyridin, 3-Methyl-
150
C₇H₇N₃O
Benzotriazol, 1-Methoxy-1*H*- 117
−, 4-Methoxy-1*H*- 337
−, 5-Methoxy-1*H*- 338
Benzotriazol-4-ol, 7-Methyl-1*H*- 343
Benzotriazol-5-ol, 1-Methyl-1*H*- 339
−, 2-Methyl-2*H*- 339
Benzotriazol-1-oxid, 3-Methyl-3*H*- 96
−, 5-Methyl-3*H*- 144
−, 6-Methyl-3*H*- 144
Imidazo[4,5-*b*]pyridin-2-on, 1-Methyl-
1,3-dihydro- 446
−, 5-Methyl-1,3-dihydro- 449
Imidazo[4,5-*c*]pyridin-4-on, 6-Methyl-
1,5-dihydro- 450
Imidazo[1,2-*a*]pyrimidin-5-on, 7-Methyl-
8*H*- 447
Methanol, Benzotriazol-1-yl- 104
Pyrazolo[1,5-*a*]pyrimidin-7-on, 5-Methyl-
4*H*- 447
Pyrrolo[2,3-*d*]pyrimidin-6-on, 2-Methyl-
5,7-dihydro- 450
Pyrrolo[3,2-*d*]pyrimidin-4-on, 6-Methyl-
3,5-dihydro- 450
C₇H₇N₃O₂
Benzotriazol-4,5-diol, 3-Methyl-3*H*- 379
Benzotriazol-5-ol, 1-Hydroxymethyl-1*H*-
339
−, 4-Hydroxymethyl-1*H*- 380
Imidazo[4,5-*b*]pyridin-2,5-dion, 6-Methyl-
1,4-dihydro-3*H*- 571
Imidazo[1,2-*a*]pyrimidin-2,5-dion,
7-Methyl-1*H*- 570
Imidazo[1,2-*a*]pyrimidin-2,7-dion,
5-Methyl-1*H*- 570
Imidazo[1,2-*c*]pyrimidin-2,5-dion, 7-Methyl-
1*H*- 570
Pyrazolo[3,4-*b*]pyridin-3,4-dion, 6-Methyl-
1,2-dihydro-7*H*- 570
Pyrazolo[3,4-*b*]pyridin-3,6-dion, 4-Methyl-
1,2-dihydro-7*H*- 571
Pyrazolo[1,5-*a*]pyrimidin-2,7-dion,
5-Methyl-4*H*- 570
Pyrrolo[2,3-*d*]pyridazin-4,7-dion, 2-Methyl-
5,6-dihydro-1*H*- 572
Pyrrolo[3,4-*d*]pyridazin-1,4-dion, 6-Methyl-
2,3-dihydro-6*H*- 570
Pyrrolo[2,3-*d*]pyrimidin-4,6-dion, 2-Methyl-
5,7-dihydro-3*H*- 572
C₇H₇N₃O₃
Imidazo[1,2-*a*]pyrimidin-2,5,7-trion,
3-Methyl-1*H*- 650
C₇H₇N₅
Cycloheptatriazol-6-on, 1*H*-, hydrazon
454

$C_7H_7N_5$ (Fortsetzung)
[2]Pyridylamin, 6-[1,2,4]Triazol-4-yl- 39
$C_7H_8IN_3$
Methojodid $[C_7H_8N_3]I$ aus
[1,2,3]Triazolo[1,5-*a*]pyridin 138
$C_7H_8N_4O_2S$
Imidazo[1,2-*c*]pyrimidin-5-thion, 7-Methyl-
8-nitro-2,3-dihydro-1*H*- 443
$C_7H_8N_4O_3$
Imidazo[1,2-*c*]pyrimidin-5-on, 7-Methyl-
8-nitro-2,3-dihydro-1*H*- 442
$C_7H_8N_8O_2$
Malonamid, *N,N'*-Di-[1,2,4]triazol-4-yl- 40
$C_7H_9Cl_2N_3O$
[1,3,5]Triazin, Butoxy-dichlor- 330
–, *sec*-Butoxy-dichlor- 330
$C_7H_9Cl_2N_3OS$
[1,3,5]Triazin, [2-Äthoxy-äthylmercapto]-
dichlor- 333
$C_7H_9Cl_2N_3O_2$
[1,3,5]Triazin, [2-Äthoxy-äthoxy]-dichlor-
331
$C_7H_9Cl_2N_3S$
[1,3,5]Triazin, Butylmercapto-dichlor- 332
–, *sec*-Butylmercapto-dichlor- 332
–, *tert*-Butylmercapto-dichlor- 332
–, Dichlor-isobutylmercapto- 332
$C_7H_9N_3$
Benzo[*e*][1,2,4]triazin, 5,6,7,8-Tetrahydro-
88
Cyclopenta[*e*][1,2,4]triazin, 3-Methyl-
6,7-dihydro-5*H*- 88
Imidazo[1,2-*a*]imidazol, 2,5-Dimethyl-
1(7)*H*- 88
$C_7H_9N_3O$
Imidazo[1,2-*a*]pyrimidin-5-on, 7-Methyl-
2,3-dihydro-1*H*- 443
$C_7H_9N_3OS$
[1,2,4]Triazin-5-on, 3-Allylmercapto-
6-methyl-4*H*- 680
$C_7H_9N_3O_2$
[1,2,4]Triazolo[1,2-*a*]pyridazin-1,3-dion,
2-Methyl-5,8-dihydro- 568
$C_7H_9N_3O_3$
Pentan-2,4-dion, 3-[5-Oxo-2,5-dihydro-
1*H*-[1,2,4]triazol-3-yl]- 648
$C_7H_9N_3O_3S$
Essigsäure, [5-Oxo-4,5-dihydro-
[1,2,4]triazin-3-ylmercapto]-, äthylester
679
[1,2,4]Triazol-3-on, 2,4-Diacetyl-
5-methylmercapto-2,4-dihydro- 676
$C_7H_9N_5S$
Imidazo[1,5-*c*]pyrimidin-5-thion, 6-Methyl-
7,8-dihydro-6*H*- 442
$C_7H_{10}N_4OS$
[1,2,4]Triazol-1-thiocarbonsäure, 3-Methyl-
5-oxo-2,5-dihydro-, allylamid 425

$C_7H_{10}N_4O_2S$
Acetamid, *N*-[1-Acetyl-3-methyl-5-thioxo-
1,5-dihydro-[1,2,4]triazol-4-yl]- 428
$C_7H_{10}N_6O_2S$
[1,3,5]Triazin-2-carbaldehyd,
4,6-Dimethoxy-, thiosemicarbazon 699
$C_7H_{10}N_6S_3$
[1,3,5]Triazin-2-carbaldehyd, 4,6-Bis-
methylmercapto-, thiosemicarbazon
700
$C_7H_{11}N_3$
Imidazo[1,2-*a*]imidazol, 1-Vinyl-
2,3,5,6-tetrahydro-1*H*- 55
[1,2,4]Triazin, 3-Äthyl-5,6-dimethyl- 76
–, 5-Äthyl-3,6-dimethyl- 76
–, 5,6-Diäthyl- 76
[1,3,5]Triazin, Diäthyl- 76
[1,2,4]Triazolo[4,3-*a*]azepin, 6,7,8,9-
Tetrahydro-5*H*- 77
[1,2,4]Triazolo[4,3-*a*]pyridin, 3-Methyl-
5,6,7,8-tetrahydro- 77
$C_7H_{11}N_3O$
Cycloheptatriazol-6-ol, 1,4,5,6,7,8-
Hexahydro- 334
6,8,9-Triaza-spiro[4.5]dec-9-en-7-on 440
[1,2,4]Triazol, 1-Pivaloyl-1*H*- 37
[1,2,4]Triazolo[4,3-*a*]azepin-3-on, 2,5,6,7,8,⸗
9-Hexahydro- 439
$C_7H_{11}N_3OS$
[1,2,4]Triazepin-5-on, 7-Äthyl-2-methyl-
3-thioxo-2,3,4,6-tetrahydro- 562
[1,2,4]Triazin-5-on, 6-Butyl-3-thioxo-
3,4-dihydro-2*H*- 563
–, 6-*tert*-Butyl-3-thioxo-3,4-dihydro-
2*H*- 564
–, 6-Isobutyl-3-thioxo-3,4-dihydro-
2*H*- 564
$C_7H_{11}N_3O_2$
[1,2,4]Triazin-3,5-dion, 6-Butyl-2*H*- 563
–, 6-*tert*-Butyl-2*H*- 564
–, 6-Isobutyl-2*H*- 563
[1,3,5]Triazin-2,4-dion, 1,3,5-Trimethyl-
6-methylen-dihydro- 560
$C_7H_{11}N_3O_3$
[1,3,5]Triazintrion, Butyl- 635
–, *sec*-Butyl- 636
–, Isobutyl- 636
$C_7H_{12}BrN_3O_2$
[1,3,7]Triazecin-4,10-dion, 7-Brom-
hexahydro- 552
$C_7H_{12}ClN_3$
Imidazo[1,2-*a*]imidazol, 1-[2-Chlor-äthyl]-
2,3,5,6-tetrahydro-1*H*- 54
$C_7H_{12}ClN_3O_2$
[1,3,7]Triazecin-4,10-dion, 7-Chlor-
hexahydro- 552
$C_7H_{12}N_4O_2$
Imidazo[1,2-*a*][1,3]diazepin, 1-Nitro-
2,3,5,6,7,8-hexahydro-1*H*- 60

C₇H₁₂N₄O₂ (Fortsetzung)
Pyrimido[1,2-*a*]pyrimidin, 1-Nitro-
1,3,4,6,7,8-hexahydro-2*H*- 60

C₇H₁₃N₃
Imidazo[1,2-*a*][1,3]diazepin, 2,3,5,6,7,8-
Hexahydro-1*H*- 60
Pyrimido[1,2-*a*]pyrimidin, 1,3,4,6,7,8-
Hexahydro-2*H*- 60
1,3,5-Triaza-adamantan 61
[1,2,3]Triazol, 4-Isopentyl-1*H*- 59
—, 4-Pentyl-1*H*- 59

C₇H₁₃N₃O
Äthanol, 2-[2,3,5,6-Tetrahydro-imidazo=
[1,2-*a*]imidazol-1-yl]- 55

C₇H₁₃N₃OS
[1,2,4]Triazolidin-3-on, 4-Pentyl-5-thioxo-
544

C₇H₁₃N₃O₂
[1,3,7]Triazecin-4,10-dion, Hexahydro- 552
[1,2,4]Triazin-3,5-dion, 6,6-Diäthyl-dihydro-
553
—, 6-Isopropyl-6-methyl-dihydro-
552
[1,2,4]Triazin-3,6-dion, 5,5-Diäthyl-
tetrahydro- 553
—, 5-Isobutyl-tetrahydro- 552
, 5-Methyl-5-propyl-tetrahydro-
552

C₇H₁₃N₃S
[1,2,4]Triazepin-3-thion, 5,5,7-Trimethyl-
2,4,5,6-tetrahydro- 430
[1,2,4]Triazin-3-thion, 5-Isobutyl-
4,5-dihydro-2*H*- 431

C₇H₁₃N₅O₃
[1,3,5]Triazintrion, Bis-[2-amino-äthyl]-
641

C₇H₁₃N₅O₆
Essigsäure-[1,5-dinitro-hexahydro-
[1,3,5]triazepin-3-ylmethylester] 24

C₇H₁₄N₄O₂
1,3,5-Triaza-bicyclo[3.3.1]nonan, 6-Methyl-
3-nitro- 28

C₇H₁₄N₁₀O₈
Methan, Bis-[3,5-dinitro-tetrahydro-
[1,3,5]triazin-1-yl]- 21

C₇H₁₅N₃O
[1,3,5]Triazin-2-on, 5-Isobutyl-tetrahydro-
418

C₇H₁₅N₃OS
[1,3,5]Triazin-2-thion, 5-[2-Hydroxy-äthyl]-
4,6-dimethyl-tetrahydro- 420

C₇H₁₅N₃S
[1,3,5]Triazin-2-thion, 5-Isobutyl-
tetrahydro- 419

C₇H₁₅N₅O₄
[1,3,5]Triazepin, 3-Isopropyl-1,5-dinitro-
hexahydro- 23

C₇H₁₅N₅O₅
[1,3,5]Triazepin, 3-Äthoxymethyl-
1,5-dinitro-hexahydro- 24

C₇H₁₆N₄O
[1,3,5]Triazin-2-on, 5-[2-Dimethylamino-
äthyl]-tetrahydro- 419

C₈

C₈H₅BrN₄O₂
Pyridin, 3-[4-Brom-5-nitro-1(2)*H*-pyrazol-
3-yl]- 175

C₈H₅BrN₄O₄
Benzotriazol, 1-Acetoxy-6-brom-4-nitro-
1*H*- 136

C₈H₅Br₄N₃
Benzotriazol, 1-Äthyl-4,5,6,7-tetrabrom-
1*H*- 127
—, 2-Äthyl-4,5,6,7-tetrabrom-2*H*-
127

C₈H₅ClN₄O₂
Pyridin, 3-[5-Chlor-4-nitro-1(2)*H*-pyrazol-
3-yl]- 175

C₈H₅ClN₄O₄
Benzotriazol, 1-Acetoxy-4-chlor-6-nitro-
1*H*- 135
—, 1-Acetoxy-6-chlor-4-nitro-1*H*- 134

C₈H₅Cl₂N₃
Pyrido[2,3-*d*]pyrimidin, 2,4-Dichlor-
6-methyl- 176
—, 2,4-Dichlor-7-methyl- 176
Pyrido[3,2-*d*]pyrimidin, 2,4-Dichlor-
6-methyl- 176
[1,2,3]Triazol, 1-[2,4-Dichlor-phenyl]-1*H*-
30
—, 1-[2,5-Dichlor-phenyl]-1*H*- 30

C₈H₅Cl₄N₃
Benzotriazol, 1-Äthyl-4,5,6,7-tetrachlor-
1*H*- 124
—, 2-Äthyl-4,5,6,7-tetrachlor-2*H*- 124

C₈H₅N₅O₃
Pyridin, 3-[4-Nitro-5-nitroso-1(2)*H*-pyrazol-
3-yl]- 175

C₈H₅N₅O₄
Pyridin, 3-[4,5-Dinitro-1(2)*H*-pyrazol-3-yl]-
175

C₈H₆BrN₃
Pyrido[2,3-*b*]pyrazin, 7-Brom-6-methyl-
177
—, 7-Brom-8-methyl- 177
[1,2,3]Triazol, 4-Brom-1-phenyl-1*H*- 34

C₈H₆BrN₃O
Benzo[*d*][1,2,3]triazin-4-on, 3-Brommethyl-
3*H*- 460
Benzotriazol, 1-Acetyl-5-brom-1*H*- 126
Pyrido[2,3-*b*]pyrazin-3-on, 7-Brom-
2-methyl-4*H*- 476

$C_8H_6BrN_3O$ (Fortsetzung)

[1,2,3]Triazol-4-on, 3-[4-Brom-phenyl]-2,3-dihydro- 421

$C_8H_6BrN_3OS$

[1,2,4]Triazolidin-3-on, 4-[4-Brom-phenyl]-5-thioxo- 545

$C_8H_6BrN_3O_2$

Benzotriazol, 1-Acetoxy-6-brom-1H- 126

$C_8H_6ClN_3$

Benzo[e][1,2,4]triazin, 6-Chlor-3-methyl-174

Pyridin, 3-[5-Chlor-1(2)H-pyrazol-3-yl]-174

[1,2,3]Triazol, 5-Chlor-1-phenyl-1H- 33

[1,2,4]Triazol, 3-[4-Chlor-phenyl]-1H- 173

$C_8H_6ClN_3O$

Benzo[d][1,2,3]triazin-4-on, 3-Chlormethyl-3H- 460

Benzotriazol, 1-Acetyl-5-chlor-1H- 121

–, 1-Acetyl-6-chlor-1H- 121

[1,2,3]Triazol-4-on, 3-[4-Chlor-phenyl]-2,3-dihydro- 421

[1,2,4]Triazol-3-on, 5-[4-Chlor-phenyl]-1,2-dihydro- 469

–, 5-[4-Chlor-phenyl]-2,4-dihydro-469

$C_8H_6ClN_3OS$

[1,2,4]Triazolidin-3-on, 4-[3-Chlor-phenyl]-5-thioxo- 545

–, 4-[4-Chlor-phenyl]-5-thioxo- 545

$C_8H_6ClN_3O_2$

Benzo[e][1,2,4]triazin-1-oxid, 3-Chlor-7-methoxy- 346

–, 7-Chlor-3-methoxy- 345

Benzotriazol, 1-Acetoxy-6-chlor-1H- 122

$C_8H_6ClN_3O_2S$

Benzolsulfonylchlorid, 4-[1,2,3]Triazol-2-yl-32

$C_8H_6ClN_3S$

[1,2,4]Triazol-3-thion, 4-[4-Chlor-phenyl]-2,4-dihydro- 423

–, 5-[4-Chlor-phenyl]-1,2-dihydro-472

$C_8H_6IN_3$

Pyridin, 3-[5-Jod-1(2)H-pyrazol-3-yl]- 174

$C_8H_6N_4O_2$

Pyrazol-3,4-dion, 5-[3]Pyridyl-2H-, 4-oxim 592

Pyridin, 3-[4-Nitro-1(2)H-pyrazol-3-yl]-174

–, 3-[5-Nitro-1(2)H-pyrazol-3-yl]-175

[1,2,3]Triazol, 2-[2-Nitro-phenyl]-2H- 30

–, 2-[4-Nitro-phenyl]-2H- 31

$C_8H_6N_6O_2$

But-2-en-1,4-dion, 1,4-Di-[1,2,4]triazol-1-yl-37

$C_8H_7Cl_2N_3$

Pyridin, 4-[4,4-Dichlor-2,5-dihydro-1H-pyrazol-3-yl]- 157

Dihydro-Verbindung $C_8H_7Cl_2N_3$ aus 2,4-Dichlor-6-methyl-pyrido[2,3-d]≠pyrimidin 176

$C_8H_7Cl_6N_3O$

[1,3,5]Triazin, Isopropoxy-bis-trichlormethyl-334

$C_8H_7N_3$

Benzo[e][1,2,4]triazin, 3-Methyl- 173

–, 6-Methyl- 174

Benzotriazol, 1-Vinyl-1H- 99

–, 2-Vinyl-2H- 99

Pyridin, 2-[1(3)H-Imidazol-4-yl]- 176

–, 3-[1(3)H-Imidazol-4-yl]- 176

–, 3-[1H-Imidazol-2-yl]- 176

–, 3-[1(2)H-Pyrazol-3-yl]- 174

–, 4-[1(2)H-Pyrazol-3-yl]- 175

[1,2,3]Triazol, 1-Phenyl-1H- 30

–, 2-Phenyl-2H- 30

–, 4-Phenyl-1H- 169

[1,2,4]Triazol, 1-Phenyl-1H- 36

–, 3-Phenyl-1H- 172

–, 4-Phenyl-4H- 36

$C_8H_7N_3O$

Äthanon, 1-[1H-Benzotriazol-5-yl]- 473

Benzo[e][1,2,4]triazin, 3-Methoxy- 345

–, 6-Methoxy- 346

–, 8-Methoxy- 346

Benzo[d][1,2,3]triazin-4-on, 3-Methyl-3H-454

Benzo[e][1,2,4]triazin-3-on, 2-Methyl-2H-464

–, 4-Methyl-4H- 464

Benzotriazol, 1-Acetyl-1H- 107

Cycloheptatriazol-6-on, 1-Methyl-1H- 454

–, 5-Methyl-1H- 473

Pyrazol-3-on, 5-[2]Pyridyl-1,2-dihydro-474

–, 5-[3]Pyridyl-1,2-dihydro- 474

–, 5-[4]Pyridyl-1,2-dihydro- 475

Pyrido[2,3-b]pyrazin-2-on, 1-Methyl-1H-466

–, 3-Methyl-1H- 476

Pyrido[2,3-b]pyrazin-3-on, 2-Methyl-4H-476

–, 4-Methyl-4H- 466

Pyrido[2,3-d]pyrimidin-4-on, 7-Methyl-3H-476

Pyrido[3,2-d]pyrimidin-4-on, 6-Methyl-3H-476

[1,2,3]Triazol-4-on, 1-Phenyl-1,5-dihydro-420

–, 3-Phenyl-2,3-dihydro- 420

–, 5-Phenyl-2,3-dihydro- 467

[1,2,4]Triazol-3-on, 1-Phenyl-1,2-dihydro-421

–, 2-Phenyl-1,2-dihydro- 422

$C_8H_7N_3O$ (Fortsetzung)
[1,2,4]Triazol-3-on, 5-Phenyl-1,2-dihydro-
467
−, 5-Phenyl-2,4-dihydro- 467
$C_8H_7N_3OS$
[1,2,4]Triazolidin-3-on, 2-Phenyl-5-thioxo-
544
−, 4-Phenyl-5-thioxo- 545
$C_8H_7N_3O_2$
Äthanon, 1-[3-Oxy-1H-benzotriazol-5-yl]-
473
Benzo[f][1,3,5]triazepin-2,4-dion,
1,5-Dihydro- 580
Benzo[d][1,2,3]triazin-4-on, 3-Hydroxymethyl-
3H- 460
−, 7-Methoxy-3H- 683
Benzo[e][1,2,4]triazin-3-on-1-oxid,
4-Methyl-4H- 464
Benzo[e][1,2,4]triazin-1-oxid, 3-Methoxy-
345
Benzotriazol-1-carbonsäure-methylester
107
Essigsäure-[1H-benzotriazol-4-ylester]
337
Imidazolidin-2,4-dion, 5-[2]Pyridyl- 580
−, 5-[3]Pyridyl- 581
−, 5-[4]Pyridyl- 581
−, 5-Pyrrol-2-ylmethylen- 581
Pyrido[2,3-b]pyrazin-3,6-dion, 4-Methyl-
4H,5H- 579
Pyrido[2,3-d]pyrimidin-2,4-dion, 6-Methyl-
1H- 581
−, 7-Methyl-1H- 581
Pyrido[3,2-d]pyrimidin-2,4-dion, 6-Methyl-
1H- 581
Pyrrolo[3,4-d]pyridazin-5,7-dion,
1,4-Dimethyl- 582
[1,2,4]Triazolidin-3,5-dion, 1-Phenyl- 539
−, 4-Phenyl- 540
Monoacetyl-Derivat $C_8H_7N_3O_2$ aus
1,3-Dihydro-imidazo[4,5-b]pyridin-2-on
446
$C_8H_7N_3O_2S$
Pyrido[2,3-d]pyrimidin-4,7-dion, 5-Methyl-
2-thioxo-2,3-dihydro-1H,8H- 652
$C_8H_7N_3O_3$
Benzo[e][1,2,4]triazin-3-on-1-oxid,
7-Methoxy-4H- 683
Pyrido[3,4-d]pyridazin-1,4,5-trion,
7-Methyl-2,3-dihydro-6H- 652
Pyrido[3,2-d]pyrimidin-2,4-dion,
6-Hydroxymethyl-1H- 702
Pyrido[2,3-d]pyrimidin-2,4,7-trion,
5-Methyl-1H,8H- 652
$C_8H_7N_3S$
Imidazol-2-thion, 4-[2]Pyridyl-1,3-dihydro-
475
−, 4-[3]Pyridyl-1,3-dihydro- 476

[1,2,4]Triazol-3-thion, 4-Phenyl-
2,4-dihydro- 423
−, 5-Phenyl-1,2-dihydro- 470
$C_8H_7N_3S_2$
[1,2,4]Triazolidin-3,5-dithion, 4-Phenyl-
547
$C_8H_7N_5O$
[1,2,3]Triazol-4,5-dion, 1H-,
4-phenylhydrazon 553
$C_8H_8AsN_3O_3$
Arsonsäure, [4-[1,2,3]Triazol-2-yl-phenyl]-
33
$C_8H_8BrN_3$
Benzotriazol, 1-[2-Brom-äthyl]-1H- 97
−, 2-[2-Brom-äthyl]-2H- 97
Imidazo[4,5-b]pyridin, 6-Brom-
5,7-dimethyl-1(3)H- 158
$C_8H_8BrN_3O$
Imidazo[4,5-b]pyridin-2-on, 6-Brom-
5,7-dimethyl-1,3-dihydro- 452
Imidazo[4,5-b]pyridin-4-oxid, 6-Brom-
5,7-dimethyl-1(3)H- 158
$C_8H_8ClN_3$
Benzotriazol, 1-[2-Chlor-äthyl]-1H- 97
Imidazo[4,5-b]pyridin, 3-Äthyl-6-chlor-3H-
140
−, 2-Chlor-5,6-dimethyl-1(3)H- 158
−, 6-Chlor-2,3-dimethyl-3H- 152
$C_8H_8N_2O_2$
Formamidin, N-[2,4-Dihydroxy-
benzyliden]- 65
$C_8H_8N_4$
Anilin, 4-[1,2,3]Triazol-2-yl- 32
[1,2,4]Triazol-4-ylamin, 3-Phenyl- 173
$C_8H_8N_4O_2$
Benzotriazol, 1,5-Dimethyl-7-nitro-1H-
150
−, 1,6-Dimethyl-4-nitro-1H- 150
Nitroso-Derivat $C_8H_8N_4O_2$ aus
5,7-Dimethyl-1H-pyrazolo[1,5-a]≠
pyrimidin-2-on 451
$C_8H_8N_4O_2S$
Benzolsulfonsäure, 4-[1,2,3]Triazol-2-yl-,
amid 32
$C_8H_8N_4O_2S_2$
Benzolsulfonsäure, 4-[3-Thioxo-
2,3-dihydro-[1,2,4]triazol-1-yl]-, amid
424
$C_8H_8N_4O_3$
Benzotriazol, 5-Äthoxy-4-nitro-1H- 342
−, 6-Äthoxy-4-nitro-1H- 343
−, 1-Methoxy-5-methyl-6-nitro-1H-
149
Benzotriazol-1-oxid, 3,5-Dimethyl-6-nitro-
3H- 149
$C_8H_8N_4O_3S$
Benzolsulfonsäure, 4-Hydroxy-,
[1,2,4]triazol-4-ylamid 41

C₈H₈N₄O₄
$C_8H_8N_4O_4$
Benzotriazol-1-oxid, 5-Äthoxy-6-nitro-3*H*-
342
C₈H₈N₄O₄S
$C_8H_8N_4O_4S$
Benzolsulfonsäure, 4-[3,5-Dioxo-
[1,2,4]triazolidin-1-yl]-, amid 541
C₈H₈N₄S
$C_8H_8N_4S$
[1,2,4]Triazol-3-thion, 4-Amino-5-phenyl-
2,4-dihydro- 472
C₈H₉Cl₂N₃S
$C_8H_9Cl_2N_3S$
[1,3,5]Triazin, Dichlor-[3-methyl-but-
2-enylmercapto]- 333
C₈H₉N₃
$C_8H_9N_3$
Benzotriazol, 1-Äthyl-1*H*- 96
–, 2-Äthyl-2*H*- 97
–, 1,5-Dimethyl-1*H*- 144
–, 1,6-Dimethyl-1*H*- 144
–, 2,5-Dimethyl-2*H*- 144
–, 4,6-Dimethyl-1*H*- 155
–, 5,6-Dimethyl-1*H*- 155
Imidazo[4,5-*b*]pyridin, 5,6-Dimethyl-1(3)*H*-
158
–, 5,7-Dimethyl-1(3)*H*- 158
Imidazo[4,5-*c*]pyridin, 2-Äthyl-1(3)*H*- 158
–, 1,2-Dimethyl-1*H*- 154
Imidazo[1,2-*a*]pyrimidin, 2,7-Dimethyl-
157
Pyrazol, 3-Methyl-5-pyrrol-2-yl-1(2)*H*- 157
Pyridin, 2-[4,5-Dihydro-1*H*-imidazol-2-yl]-
157
–, 3-[4,5-Dihydro-1*H*-imidazol-2-yl]-
157
[1,2,3]Triazol, 1-Phenyl-4,5-dihydro-1*H*-
26
C₈H₉N₃O
$C_8H_9N_3O$
Äthanol, 2-Benzotriazol-1-yl- 103
–, 2-Benzotriazol-2-yl- 103
Benzo[*e*][1,2,4]triazin-3-on, 2-Methyl-
1,4-dihydro-2*H*- 447
–, 4-Methyl-1,4-dihydro-2*H*- 447
Benzotriazol, 5-Äthoxy-1*H*- 339
–, 1-Methoxy-6-methyl-1*H*- 148
–, 4-Methoxy-7-methyl-1*H*- 343
–, 5-Methoxy-1-methyl-1*H*- 339
–, 7-Methoxy-1-methyl-1*H*- 337
Benzotriazol-4-ol, 1,7-Dimethyl-1*H*- 343
Benzotriazol-1-oxid, 3,6-Dimethyl-3*H*- 145
Imidazo[4,5-*b*]pyridin-2-on, 5,6-Dimethyl-
1,3-dihydro- 452
–, 5,7-Dimethyl-1,3-dihydro- 452
Imidazo[1,2-*c*]pyrimidin-2-on,
5,7-Dimethyl- 450
Pyrazolo[3,4-*b*]pyridin-3-on, 4,6-Dimethyl-
1,2-dihydro- 451
Pyrazolo[1,5-*a*]pyrimidin-2-on,
5,7-Dimethyl-1*H*- 451
Pyrazolo[1,5-*a*]pyrimidin-7-on,
2,5-Dimethyl-4*H*- 451

Pyrido[2,3-*d*]pyrimidin-7-on, 2-Methyl-
5,8-dihydro-6*H*- 451
Pyrrolo[2,3-*d*]pyridazin-4-on, 2,7-Dimethyl-
1,5-dihydro- 452
Pyrrolo[2,3-*d*]pyrimidin-6-on, 2,7-Dimethyl-
5,7-dihydro- 450
Pyrrolo[3,2-*d*]pyrimidin-4-on, 2,6-Dimethyl-
3,5-dihydro- 452
C₈H₉N₃O₂
$C_8H_9N_3O_2$
Benzotriazol, 5,6-Dimethoxy-1*H*- 380
Imidazo[4,5-*b*]pyridin-2,5-dion,
6,7-Dimethyl-1,4-dihydro-3*H*- 573
Imidazo[1,2-*a*]pyrimidin-2,5-dion,
3,7-Dimethyl-1*H*- 572
–, 6,7-Dimethyl-1*H*- 573
Imidazo[1,2-*a*]pyrimidin-2,7-dion,
3,5-Dimethyl-1*H*- 572
–, 5,8-Dimethyl-8*H*- 570
Pyrrolo[3,4-*d*]pyridazin-1,4-dion,
5,7-Dimethyl-2,3-dihydro-6*H*- 573
C₈H₉N₃O₂S
$C_8H_9N_3O_2S$
Essigsäure, [2,3-Dihydro-imidazo[1,2-*c*]=
pyrimidin-5-ylmercapto]- 336
C₈H₉N₃O₃
$C_8H_9N_3O_3$
Benzotriazol-5-ol, 1,4-Bis-hydroxymethyl-
1*H*- 381
Imidazo[1,2-*a*]pyrimidin-2,5,7-trion,
6-Äthyl-1*H*- 650
C₈H₉N₃O₄
$C_8H_9N_3O_4$
Essigsäure, [1,3-Dioxo-5,8-dihydro-
[1,2,4]triazolo[1,2-*a*]pyridazin-2-yl]- 568
[C₈H₉N₄O₂]⁺
$[C_8H_9N_4O_2]^+$
Benzotriazolium, 1,3-Dimethyl-5-nitro-
130
C₈H₉N₅O₂S
$C_8H_9N_5O_2S$
Sulfanilsäure-[1,2,4]triazol-4-ylamid 42
C₈H₉N₅O₅
$C_8H_9N_5O_5$
[1,3,5]Triazin-2-carbaldehyd, 4-Acetoxy=
imino-6-oxo-1,4,5,6-tetrahydro-,
[*O*-acetyl-oxim] 647
C₈H₁₀Cl₃N₃O₂
$C_8H_{10}Cl_3N_3O_2$
[1,3,5]Triazin, Diäthoxy-trichlormethyl-
377
[C₈H₁₀N₃]⁺
$[C_8H_{10}N_3]^+$
Benzotriazolium, 1,2-Dimethyl- 96
–, 1,3-Dimethyl- 96
[1,2,4]Triazolo[4,3-*a*]pyridinium,
2,3-Dimethyl- 151
C₈H₁₀N₆
$C_8H_{10}N_6$
Propionitril, 3,3'-[1,2,4]Triazol-4-ylimino-
di- 41
C₈H₁₀N₆O₆
$C_8H_{10}N_6O_6$
Oxalamid, *N*-[1-Aminooxalyl-2-methyl-
3,5-dioxo-[1,2,4]triazolidin-4-yl]-
N-methyl- 543
C₈H₁₁Cl₂N₃O₃S
$C_8H_{11}Cl_2N_3O_3S$
[1,3,5]Triazin, Dichlor-[2-(propan-
1-sulfonyl)-äthoxy]- 331

C₈H₁₁Cl₂N₃S

[1,3,5]Triazin, Dichlor-isopentylmercapto-
332

—, Dichlor-pentylmercapto- 332

C₈H₁₁Cl₂N₃S₂

[1,3,5]Triazin, Dichlor-[2-propylmercapto-
äthylmercapto]- 333

C₈H₁₁N₃

Benzo[e][1,2,4]triazin, 3-Methyl-
5,6,7,8-tetrahydro- 88

C₈H₁₁N₃O

Cyclohexanon, 2-[1H-[1,2,3]Triazol-4-yl]-
443

[1,2,4]Triazolidin-3-ol, 5-Phenyl- 336

C₈H₁₁N₃O₂

Imidazo[1,2-a]pyrimidin-2,7-dion,
5,8-Dimethyl-8,8a-dihydro-1H- 568

Pyrido[4,3-d]pyrimidin-2,4-dion, 6-Methyl-
5,6,7,8-tetrahydro-1H- 568

C₈H₁₁N₃O₃

[1,2,4]Triazolo[1,2-a]pyridazin-1,3-dion,
2-[2-Hydroxy-äthyl]-5,8-dihydro- 568

C₈H₁₁N₃O₄

Essigsäure-[4,6-dimethoxy-[1,3,5]triazin-
2-ylmethylester] 403

Diacetyl-Derivat C₈H₁₁N₃O₄ aus
6-Methyl-dihydro-[1,3,5]triazin-2,4-dion
549

C₈H₁₁N₃O₆

[1,2,4]Triazin-3,5-dion, 2-Ribofuranosyl-
2H- 554

C₈H₁₁N₅O₂

[1,3,5]Triazin, Diäthoxy-diazomethyl- 700

C₈H₁₁N₅S₂

[1,3,5]Triazin, Bis-äthylmercapto-
diazomethyl- 701

C₈H₁₂N₃O₉P

[1,2,4]Triazin-3,5-dion, 2-[O⁵-Phosphono-
ribofuranosyl]-2H- 554

C₈H₁₃N₃

Piperidin, 3-[1(3)H-Imidazol-4-yl]- 79

[1,2,4]Triazin, 3,5-Diäthyl-6-methyl- 78

—, 5,6-Diäthyl-3-methyl- 78

—, 3-Isopropyl-5,6-dimethyl- 78

[1,2,4]Triazolo[4,3-a]azepin, 3-Methyl-
6,7,8,9-tetrahydro-5H- 78

C₈H₁₃N₃O

Propan-2-ol, 2-[5,6-Dimethyl-[1,2,4]triazin-
3-yl]- 335

C₈H₁₃N₃OS

1,2,4-Triaza-spiro[5.5]undecan-5-on,
3-Thioxo- 564

[1,2,4]Triazin-5-on, 6-Pentyl-3-thioxo-
3,4-dihydro-2H- 564

[1,2,4]Triazolidin-3-on, 4-Cyclohexyl-
5-thioxo- 544

C₈H₁₃N₃O₂

1,3,8-Triaza-spiro[4.5]decan-2,4-dion,
8-Methyl- 564

[1,2,4]Triazin-3,5-dion, 6-Pentyl-2H- 564

[1,3,5]Triazin-2,4-dion, 6-Äthyliden-
1,3,5-trimethyl-dihydro- 562

C₈H₁₃N₃O₂S₂

Methanol, Äthoxy-[bis-methylmercapto-
[1,3,5]triazin-2-yl]- 700

C₈H₁₃N₃O₃

[1,3,5]Triazintrion, Isopentyl- 636

—, Pentyl- 636

[1,2,4]Triazolidin-3,5-dion, 1-Hexanoyl-
541

C₈H₁₃N₃O₄

Methanol, Äthoxy-[dimethoxy-
[1,3,5]triazin-2-yl]- 699

[1,3,5]Triazin-2-carbaldehyd,
4,6-Dimethoxy-, dimethylacetal 699

C₈H₁₃N₃S

[1,2,4]Triazin-3-thion, 5-Pentyl-2H- 440

C₈H₁₃N₅

Amin, [4,5,6,7-Tetrahydro-3H-azepin-2-yl]-
[1,2,4]triazol-4-yl- 41

C₈H₁₃N₅S₂

[1,3,5]Triazin-2-carbaldehyd, 4,6-Bis-
äthylmercapto-, hydrazon 700

C₈H₁₄ClN₃O₄

Triazetidin-1,3-dicarbonsäure,
4-Chlormethyl-, diäthylester 3

C₈H₁₅ClN₂O₄

Carbamidsäure, N,N'-[2-Chlor-äthyliden]-
bis-, diäthylester 3

C₈H₁₅N₃

Imidazo[1,2-a]imidazol, 1-Propyl-
2,3,5,6-tetrahydro-1H- 54

1,3,5-Triaza-adamantan, 7-Methyl- 61

[1,2,3]Triazol, 4-Hexyl-1H- 61

C₈H₁₅N₃O

[1,2,4]Triazol-3-on, 5-Hexyl-1,2-dihydro-
431

C₈H₁₅N₃OS

[1,2,4]Triazolidin-3-on, 4-Hexyl-5-thioxo-
544

C₈H₁₅N₃O₂

[1,3,7]Triazecin-4,10-dion, 2-Methyl-
hexahydro- 553

[1,3,5]Triazin-2,4-dion, 6-Äthyl-
1,3,5-trimethyl-dihydro- 550

[1,2,4]Triazolidin-3,5-dion, 4-Hexyl- 539

C₈H₁₅N₃O₃

[1,3,5]Triazin-2,4-dion, 6-Äthyl-6-hydroxy-
1,3,5-trimethyl-dihydro- 698

C₈H₁₆N₄

[1,2,4]Triazol-4-ylamin, 3,5-Diisopropyl-
61

—, 3,5-Dipropyl- 61

C₈H₁₆N₆S₂

[1,3,5]Triazin-2-thion, Octahydro-
5,5'-äthandiyl-bis- 419

$C_8H_{16}N_{10}O_9$
Äther, Bis-[3,5-dinitro-tetrahydro-
[1,3,5]triazin-1-ylmethyl]- 20

$C_8H_{17}N_3O_3$
[1,3,5]Triazin-2-on, 1,3-Bis-methoxymethyl-
5-methyl-tetrahydro- 418

$C_8H_{17}N_5O_4$
[1,3,5]Triazepin, 3-Butyl-1,5-dinitro-
hexahydro- 23

$C_8H_{17}N_5O_5$
[1,3,5]Triazepin, 1,5-Dinitro-
3-propoxymethyl-hexahydro- 24
—, 3-Isopropoxymethyl-1,5-dinitro-
hexahydro- 24

$[C_8H_{20}N_3]^+$
[1,3,5]Triazinium, 1-Äthyl-1,3,5-trimethyl-
hexahydro- 4

C_9

$C_9ClF_{14}N_3$
[1,3,5]Triazin, Chlor-bis-heptafluorpropyl-
80

$C_9F_{15}N_3$
[1,3,5]Triazin, Tris-pentafluoräthyl- 80

$C_9HCl_6N_3O$
[1,3,5]Triazin, Dichlor-[2,3,4,6-tetrachlor-
phenoxy]- 331

$C_9HF_{14}N_3O$
[1,3,5]Triazin-2-on, 4,6-Bis-heptafluorpropyl-
1H- 440

$C_9H_2Cl_5N_3O$
[1,3,5]Triazin, Dichlor-[2,4,5-trichlor-
phenoxy]- 331
—, Dichlor-[2,4,6-trichlor-phenoxy]-
331

$C_9H_2Cl_5N_3S$
[1,3,5]Triazin, Dichlor-[2,4,5-trichlor-
phenylmercapto]- 333

$C_9H_3Cl_2N_5O_5$
[1,3,5]Triazin, Dichlor-[2,4-dinitro-
phenoxy]- 331

$C_9H_3Cl_4N_3O$
[1,3,5]Triazin, Dichlor-[2,4-dichlor-
phenoxy]- 331
—, Dichlor-[2,6-dichlor-phenoxy]-
331

$C_9H_3F_{12}N_3$
[1,3,5]Triazin, Tris-[1,1,2,2-tetrafluor-äthyl]-
80

$C_9H_4Cl_2N_4O_2S$
[1,3,5]Triazin, Dichlor-[2-nitro-
phenylmercapto]- 333

$C_9H_4Cl_2N_4O_3$
[1,3,5]Triazin, Dichlor-[2-nitro-phenoxy]-
331
—, Dichlor-[4-nitro-phenoxy]- 331

$C_9H_4Cl_3N_3$
[1,3,5]Triazin, Dichlor-[2-chlor-phenyl]-
192

$C_9H_4Cl_3N_3O$
[1,3,5]Triazin, Dichlor-[2-chlor-phenoxy]-
331
—, Dichlor-[4-chlor-phenoxy]- 331

$C_9H_4Cl_3N_3S$
[1,3,5]Triazin, Dichlor-[4-chlor-
phenylmercapto]- 333

$C_9H_4Cl_4N_4$
Propionitril, 3-[Tetrachlor-benzotriazol-
2-yl]- 125

$C_9H_5Cl_2N_3$
[1,3,5]Triazin, Dichlor-phenyl- 191

$C_9H_5Cl_2N_3O$
Phenol, 2-[4,6-Dichlor-[1,3,5]triazin-2-yl]-
352
[1,3,5]Triazin, Dichlor-phenoxy- 331

$C_9H_5Cl_2N_3OS$
[1,2,4]Triazin-5-on, 6-[2,4-Dichlor-phenyl]-
3-thioxo-3,4-dihydro-2H- 593
—, 6-[3,4-Dichlor-phenyl]-3-thioxo-
3,4-dihydro-2H- 593

$C_9H_5Cl_2N_3S$
[1,3,5]Triazin, Dichlor-phenylmercapto-
333

$C_9H_5Cl_4N_3O_2$
Propionsäure, 3-[Tetrachlor-benzotriazol-
2-yl]- 124

$C_9H_5F_2N_3$
[1,3,5]Triazin, Difluor-phenyl- 191

$C_9H_5F_{10}N_3O$
[1,3,5]Triazin, Äthoxy-bis-pentafluoräthyl-
334

$C_9H_6BrN_3OS$
[1,2,4]Triazin-5-on, 6-[4-Brom-phenyl]-
3-thioxo-3,4-dihydro-2H- 593

$C_9H_6ClN_3O$
[1,2,3]Triazolo[4,5,1-ij]chinolin-4-ol,
7-Chlor-4H- 352
—, 8-Chlor-4H- 353
[1,2,3]Triazolo[4,5,1-ij]chinolin-4-on,
7-Chlor-5,6-dihydro- 353
—, 8-Chlor-5,6-dihydro- 353

$C_9H_6ClN_3OS$
[1,2,4]Triazin-5-on, 6-[4-Chlor-phenyl]-
3-thioxo-3,4-dihydro-2H- 593

$C_9H_6ClN_3S$
[1,2,4]Triazin-3-thion, 5-[4-Chlor-phenyl]-
2H- 483

$C_9H_6Cl_4N_4O$
Propionsäure, 3-[Tetrachlor-benzotriazol-
2-yl]-, amid 125

$C_9H_6F_3N_3O$
Benzotriazol, 1-Acetyl-4-trifluormethyl-
1H- 143

$C_9H_6N_4O_2$
Pyrimidin, 5-Nitro-2-[3]pyridyl- 192

$C_9H_6N_4O_2$ (Fortsetzung)
[1,3,5]Triazin, [3-Nitro-phenyl]- 192
$C_9H_6N_4O_2S$
[1,2,4]Triazin-3-thion, 5-[4-Nitro-phenyl]-
2H- 483
$C_9H_6N_4O_3$
[1,2,4]Triazol, 1-[4-Nitro-benzoyl]-1H- 37
[1,2,3]Triazol-4-carbaldehyd, 2-[4-Nitro-
phenyl]-2H- 432
$C_9H_6N_4O_3S$
[1,2,4]Triazin-5-on, 6-[3-Nitro-phenyl]-
3-thioxo-3,4-dihydro-2H- 593
—, 6-[4-Nitro-phenyl]-3-thioxo-
3,4-dihydro-2H- 593
$C_9H_6N_6O_3$
Acetonitril, [1,3,5]Triazin-2,4,6-triyltrioxy-
tri- 400
$C_9H_7Cl_2N_3$
Pyrido[2,3-b]pyrazin, 6,7-Dichlor-
2,3-dimethyl- 183
Pyrido[2,3-d]pyrimidin, 2,4-Dichlor-
5,7-dimethyl- 183
[1,2,3]Triazol, 1-[2,4-Dichlor-phenyl]-
5-methyl-1H- 43
—, 1-[2,5-Dichlor-phenyl]-5-methyl-
1H- 43
$C_9H_7Cl_2N_3O_3$
[1,3,5]Triazin-2,4-dion, 6-[2,6-Dichlor-
3-hydroxy-phenyl]-dihydro- 703
—, 6-[3,5-Dichlor-2-hydroxy-phenyl]-
dihydro- 703
—, 6-[3,5-Dichlor-4-hydroxy-phenyl]-
dihydro- 703
$C_9H_7N_3$
Pyrimidin, 4-[3]Pyridyl- 192
[1,2,4]Triazin, 5-Phenyl- 191
[1,3,5]Triazin, Phenyl- 191
$C_9H_7N_3O$
Äthanon, 1-Benzo[e][1,2,4]triazin-6-yl- 484
Phenol, 4-[1,2,4]Triazin-5-yl- 352
[1,3,5]Triazin, Phenoxy- 330
[1,2,4]Triazin-3-on, 5-Phenyl-2H- 483
—, 6-Phenyl-2H- 483
[1,2,4]Triazin-5-on, 3-Phenyl-4H- 482
—, 6-Phenyl-4H- 483
[1,2,3]Triazol, 1-Benzoyl-1H- 32
[1,2,4]Triazol, 1-Benzoyl-1H- 37
[1,2,3]Triazol-4-carbaldehyd, 1-Phenyl-1H-
431
—, 2-Phenyl-2H- 432
—, 3-Phenyl-3H- 432
—, 5-Phenyl-1H- 484
[1,2,3]Triazolo[4,5,1-ij]chinolin-4-ol, 4H-
352
[1,2,3]Triazolo[4,5,1-ij]chinolin-4-on,
5,6-Dihydro- 352
$C_9H_7N_3OS$
Pyrimidin-4-on, 6-[2]Pyridyl-2-thioxo-
2,3-dihydro-1H- 594

—, 6-[3]Pyridyl-2-thioxo-2,3-dihydro-
1H- 595
—, 6-[4]Pyridyl-2-thioxo-2,3-dihydro-
1H- 595
[1,2,4]Triazin-5-on, 6-Phenyl-3-thioxo-
3,4-dihydro-2H- 593
[1,2,4]Triazin-3-thion, 5-[4-Hydroxy-
phenyl]-2H- 687
$C_9H_7N_3O_2$
Imidazolidin-2,4-dion, 5-[2]Pyridylmethyl-
en- 595
—, 5-[3]Pyridylmethylen- 595
[1,2,4]Triazin-3,5-dion, 6-Phenyl-2H- 592
[1,3,5]Triazin-2,4-dion, 6-Phenyl-1H- 593
$C_9H_7N_3O_2S$
[1,2,4]Triazin-5-on, 6-[4-Hydroxy-phenyl]-
3-thioxo-3,4-dihydro-2H- 705
$C_9H_7N_3O_3$
Barbitursäure, 5-Pyrrol-2-ylmethylen- 652
Benzoesäure, 4-[3-Oxo-2,3-dihydro-
[1,2,4]triazol-1-yl]- 422
Essigsäure, [4-Oxo-4H-benzo[d]-
[1,2,3]triazin-3-yl]- 461
[1,3,5]Triazintrion, Phenyl- 637
$C_9H_7N_3O_3S$
[1,2,4]Triazin-5-on, 6-[2,4-Dihydroxy-
phenyl]-3-thioxo-3,4-dihydro-2H- 719
—, 6-[3,4-Dihydroxy-phenyl]-3-thioxo-
3,4-dihydro-2H- 719
$C_9H_7N_3S_2$
[1,3,5]Triazin-2,4-dithion, 6-Phenyl-1H-
594
$C_9H_7N_5O_3$
Amin, [3-(5-Nitro-[2]furyl)-allyliden]-
[1,2,4]triazol-4-yl- 41
$C_9H_7N_5O_6$
Benzotriazol, 1-Acetoxy-5-methyl-
4,6-dinitro-1H- 150
—, 1-Acetoxy-7-methyl-4,6-dinitro-
1H- 150
$C_9H_7N_7$
Pyridin, 2,6-Di-[1,2,4]triazol-4-yl- 39
$C_9H_7N_7O_4$
[1,2,3]Triazol-4-carbaldehyd, 1H-,
[2,4-dinitro-phenylhydrazon] 431
$C_9H_8BrN_3$
Pyrido[2,3-b]pyrazin, 7-Brom-2,3-dimethyl-
183
—, 7-Brom-6,8-dimethyl- 184
[1,2,3]Triazol, 4-Brommethyl-2-phenyl-2H-
45
—, 5-Brommethyl-1-phenyl-1H- 45
$C_9H_8BrN_3O$
Methanol, [2-(4-Brom-phenyl)-
2H-[1,2,3]triazol-4-yl]- 323
$C_9H_8BrN_3S_2$
Dithiobiuret, [4-Brom-benzyliden]- 583
[1,3,5]Triazin-2,4-dithion, 6-[4-Brom-
phenyl]-dihydro- 583

C₉H₈ClN₃
Pyrido[2,3-*b*]pyrazin, 7-Chlor-2,3-dimethyl-
183
[1,2,3]Triazol, 1-[2-Chlor-phenyl]-5-methyl-
1*H*- 43
C₉H₈ClN₃O₃
[1,3,5]Triazin-2,4-dion, 6-[3-Chlor-
4-hydroxy-phenyl]-dihydro- 703
–, 6-[5-Chlor-2-hydroxy-phenyl]-
dihydro- 703
C₉H₈ClN₃S
[1,2,4]Triazol, 3-[4-Chlor-phenyl]-
5-methylmercapto-1*H*- 350
C₉H₈ClN₅S
[1,2,4]Triazolidin-3-thion, 5-[4-Chlor-
benzylidenhydrazono]- 544
C₉H₈IN₃
[1,2,3]Triazol, 4-Jodmethyl-2-phenyl-2*H*-
45
C₉H₈N₄
Propionitril, 3-Benzotriazol-1-yl- 108
C₉H₈N₄O
[1,2,4]Triazol-1-carbonsäure-anilid 38
C₉H₈N₄OS
Formamid, *N*-[3-Phenyl-5-thioxo-
1,5-dihydro-[1,2,4]triazol-4-yl]- 472
Pyrazol-1-thiocarbonsäure, 5-Oxo-
3-[3]pyridyl-2,5-dihydro-, amid 475
–, 5-Oxo-3-[4]pyridyl-2,5-dihydro-,
amid 475
[1,2,4]Triazolidin-3-on, 4-Benzylidenamino-
5-thioxo- 546
C₉H₈N₄O₂
Pyridinium, 1-Methyl-3-[5-nitro-
1(2)*H*-pyrazol-3-yl]-, betain 175
Pyrido[3,4-*b*]pyrazin, 2,3-Dimethyl-8-nitro-
184
[1,2,4]Triazolidin-3,5-dion, 4-Benzyl-
idenamino- 542
C₉H₈N₄O₂S₂
Dithiobiuret, [4-Nitro-benzyliden]- 584
[1,3,5]Triazin-2,4-dithion, 6-[4-Nitro-
phenyl]-dihydro- 583
C₉H₈N₄O₃
[1,2,4]Triazol-3-on, 5-Methyl-2-[4-nitro-
phenyl]-1,2-dihydro- 425
C₉H₈N₄O₄
Acetyl-Derivat C₉H₈N₄O₄ aus
5-Methoxy-4-nitro-1*H*-benzotriazol 342
C₉H₉Cl₆N₃
[1,3,5]Triazin, Tris-[1,1-dichlor-äthyl]- 80
C₉H₉Cl₆N₃O
[1,3,5]Triazin, Butoxy-bis-trichlormethyl-
334
C₉H₉N₃
Benzo[*e*][1,2,4]triazin, 3,6-Dimethyl- 179
Benzotriazol, 1-Allyl-1*H*- 99
–, 2-Allyl-2*H*- 99

Pyridin, 3-[5-Methyl-1(2)*H*-pyrazol-3-yl]-
180
–, 4-[5-Methyl-1(2)*H*-pyrazol-3-yl]-
181
Pyrido[2,3-*b*]pyrazin, 2,3-Dimethyl- 183
[1,2,4]Triazin, 6-Phenyl-1,4-dihydro- 177
–, 6-Phenyl-4,5-dihydro- 177
[1,2,3]Triazol, 1-Benzyl-1*H*- 31
–, 4-Methyl-2-phenyl-2*H*- 42
–, 4-Methyl-5-phenyl-1*H*- 177
–, 5-Methyl-1-phenyl-1*H*- 43
[1,2,4]Triazol, 1-Benzyl-1*H*- 36
–, 3-Benzyl-1*H*- 178
–, 1-Methyl-3-phenyl-1*H*- 172
–, 1-Methyl-5-phenyl-1*H*- 172
–, 3-Methyl-1-phenyl-1*H*- 45
–, 3-Methyl-4-phenyl-4*H*- 46
–, 3-Methyl-5-phenyl-1*H*- 178
–, 4-Methyl-3-phenyl-4*H*- 172
–, 5-Methyl-1-phenyl-1*H*- 46
–, 1-*p*-Tolyl-1*H*- 36
C₉H₉N₃O
Äthanon, 1-[1-Methyl-1*H*-benzotriazol-
5-yl]- 473
Benzo[*e*][1,2,4]triazin, 6-Methoxy-3-methyl-
351
–, 8-Methoxy-3-methyl- 351
Benzo[*d*][1,2,3]triazin-4-on, 3-Äthyl-3*H*-
455
Benzotriazol, 1-Acetyl-5-methyl-1*H*- 147
Methanol, [1-Phenyl-1*H*-[1,2,3]triazol-4-yl]-
322
–, [2-Phenyl-2*H*-[1,2,3]triazol-4-yl]-
323
–, [3-Phenyl-3*H*-[1,2,3]triazol-4-yl]-
323
Pyrido[2,3-*d*]pyrimidin-4-on, 5,7-Dimethyl-
3*H*- 479
–, 6,7-Dimethyl-3*H*- 479
[1,2,4]Triazin-3-on, 6-Phenyl-4,5-dihydro-
2*H*- 477
[1,2,4]Triazol, 3-[4-Methoxy-phenyl]-1*H*-
350
–, 3-Phenoxymethyl-1*H*- 326
[1,2,3]Triazol-4-on, 3-Benzyl-2,3-dihydro-
421
[1,2,4]Triazol-3-on, 5-Benzyl-1,2-dihydro-
477
–, 2-Methyl-1-phenyl-1,2-dihydro-
422
–, 2-Methyl-5-phenyl-1,2-dihydro-
468
–, 5-Methyl-1-phenyl-1,2-dihydro-
425
–, 5-Methyl-2-phenyl-1,2-dihydro-
424
–, 5-Methyl-4-phenyl-2,4-dihydro-
425

C₉H₉N₃O (Fortsetzung)

[1,2,3]Triazol-1-oxid, 4-Methyl-2-phenyl-
2*H*- 43

C₉H₉N₃OS

Imidazolidin-4-on, 5-[3]Pyridylmethyl-
2-thioxo- 584

Pyrido[2,3-*d*]pyrimidin-4-on, 5,7-Dimethyl-
2-thioxo-2,3-dihydro-1*H*- 586

—, 6,7-Dimethyl-2-thioxo-2,3-dihydro-
1*H*- 586

[1,2,4]Triazolidin-3-on, 4-Benzyl-5-thioxo-
546

—, 5-Thioxo-4-*m*-tolyl- 545

—, 5-Thioxo-4-*p*-tolyl- 545

[1,2,4]Triazol-3-on, 5-Methylmercapto-
4-phenyl-2,4-dihydro- 675

[1,2,4]Triazol-3-thion, 5-[4-Methoxy-
phenyl]-1,2-dihydro- 685

—, 5-Phenoxymethyl-1,2-dihydro-
678

C₉H₉N₃O₂

Benzo[*d*][1,2,3]triazin-4-on, 3-[2-Hydroxy-
äthyl]-3*H*- 459

Benzo[*e*][1,2,4]triazin-1-oxid, 3-Äthoxy-
345

Benzotriazol, 1-Acetoxy-5-methyl-1*H*- 144

—, 1-Acetyl-5-methoxy-1*H*- 339

—, 1-Acetyl-6-methoxy-1*H*- 340

—, 2-Acetyl-5 methoxy-2*H*- 340

Benzotriazol-1-carbonsäure-äthylester 107

Essigsäure-benzotriazol-1-ylmethylester
104

Imidazolidin-2,4-dion, 5-Methyl-
5-[2]pyridyl- 584

—, 5-Methyl-5-[3]pyridyl- 584

—, 5-Methyl-5-[4]pyridyl- 584

—, 5-[1-Methyl-pyrrol-2-ylmethylen]-
581

Propionsäure, 3-Benzotriazol-1-yl- 108

Pyrazolo[3,4-*b*]pyridin-3-on, 5-Acetyl-
4-methyl-1,2-dihydro- 586

Pyrido[2,3-*b*]pyrazin-3,6-dion,
2,4-Dimethyl-4*H*,5*H*- 582

Pyrido[3,4-*d*]pyridazin-1,4-dion,
5,7-Dimethyl-2,3-dihydro- 586

Pyrido[2,3-*d*]pyrimidin, 2,4-Dimethoxy-
382

Pyrido[3,2-*d*]pyrimidin, 2,4-Dimethoxy-
381

Pyrido[2,3-*d*]pyrimidin-2,4-dion,
1,3-Dimethyl-1*H*- 578

—, 5,7-Dimethyl-1*H*- 584

—, 6,7-Dimethyl-1*H*- 586

Pyrido[3,2-*d*]pyrimidin-2,4-dion,
1,3-Dimethyl-1*H*- 577

Pyrido[2,3-*d*]pyrimidin-7-on, 5-Hydroxy-
2,6-dimethyl-8*H*- 686

[1,3,5]Triazin-2,4-dion, 6-Phenyl-dihydro-
582

[1,2,4]Triazolidin-3,5-dion, 4-Benzyl- 541

—, 1-Methyl-2-phenyl- 540

—, 4-Methyl-1-phenyl- 540

—, 4-*o*-Tolyl- 541

—, 4-*p*-Tolyl- 541

[1,2,4]Triazol-3-on, 5-[4-Methoxy-phenyl]-
1,2-dihydro- 684

—, 5-[4-Methoxy-phenyl]-2,4-dihydro-
684

Acetyl-Derivat C₉H₉N₃O₂ aus 5-Methyl-
1,3-dihydro-imidazo[4,5-*b*]pyridin-2-on
449

C₉H₉N₃O₂S

[1,2,4]Triazol, 3-Methansulfonyl-5-phenyl-
1*H*- 347

[1,2,4]Triazolidin-3-on, 4-[4-Methoxy-
phenyl]-5-thioxo- 546

C₉H₉N₃O₃

Imidazolidin-2,4-dion, 5-[Hydroxy-
[2]pyridyl-methyl]- 703

—, 5-[Hydroxy-[4]pyridyl-methyl]-
704

Pyrido[3,2-*d*]pyrimidin-2,4-dion,
7-Hydroxy-1,3-dimethyl-1*H*- 702

Pyrido[2,3-*d*]pyrimidin-2,4,7-trion,
1,5-Dimethyl-1*H*,8*H*- 652

[1,3,5]Triazin-2,4-dion, 6-[2-Hydroxy-
phenyl]-dihydro- 703

Monoacetyl-Derivat C₉H₉N₃O₃ aus
4-Methyl-1,2-dihydro-7*H*-pyrazolo=
[3,4-*b*]pyridin-3,6-dion 571

Monoacetyl-Derivat C₉H₉N₃O₃ aus
5-Methyl-4*H*-pyrazolo[1,5-*a*]pyrimidin-
2,7-dion 571

C₉H₉N₃O₃S

[1,2,4]Triazol-3-on, 4-[Toluol-4-sulfonyl]-
2,4-dihydro- 422

C₉H₉N₃O₄

Pyrido[3,2-*d*]pyrimidin-2,4,6-trion,
7-Hydroxy-1,3-dimethyl-1,5-dihydro-
718

C₉H₉N₃S

Amin, [3-Methyl-3*H*-[1,3,4]thiadiazol-
2-yliden]-phenyl- 423

[1,2,4]Triazol, 3-Methylmercapto-1-phenyl-
1*H*- 321

—, 3-Methylmercapto-4-phenyl-4*H*-
322

—, 3-Methylmercapto-5-phenyl-1*H*-
347

[1,2,4]Triazolium, 3-Mercapto-4-methyl-
1-phenyl-, betain 423

[1,2,4]Triazol-3-thion, 5-Benzyl-1,2-dihydro-
477

—, 2-Methyl-4-phenyl-2,4-dihydro-
423

—, 2-Methyl-5-phenyl-1,2-dihydro-
470

C₉H₉N₃S (Fortsetzung)

[1,2,4]Triazol-3-thion, 4-Methyl-5-phenyl-
2,4-dihydro- 470

−, 5-Methyl-2-phenyl-1,2-dihydro-
426

−, 5-Methyl-4-phenyl-2,4-dihydro-
427

C₉H₉N₃S₂

Dithiobiuret, Benzyliden- 582

[1,3,5]Triazin-2,4-dithion, 6-Phenyl-
dihydro- 582

[1,2,4]Triazolidin-3,5-dithion, 4-o-Tolyl-
547

−, 4-p-Tolyl- 547

[C₉H₉N₄O₂]⁺

Pyridinium, 1-Methyl-3-[5-nitro-
1(2)H-pyrazol-3-yl]- 175

C₉H₉N₅

[1,2,3]Triazol-4-carbaldehyd, 1H-,
phenylhydrazon 431

C₉H₉N₅O

[1,2,3]Triazol-4,5-dion, 1-Methyl-1H-,
4-phenylhydrazon 553

C₉H₉N₅S

[1,2,4]Triazolidin-3-thion, 5-Benzyl⸗
idenhydrazono- 544

C₉H₁₀ClN₃

Imidazo[4,5-b]pyridin, 3-Äthyl-6-chlor-
2-methyl-3H- 152

C₉H₁₀Cl₂N₄O

Cyclohexanon-[O-(4,6-dichlor-[1,3,5]triazin-
2-yl)-oxim] 331

[C₉H₁₀N₃]⁺

Pyridinium, 1-Methyl-3-[1(2)H-pyrazol-
3-yl]- 174

[1,2,3]Triazolium, 1-Methyl-3-phenyl- 31

C₉H₁₀N₄

Anilin, 4-[4-Methyl-[1,2,3]triazol-2-yl]- 43

C₉H₁₀N₄O

Propionsäure, 3-Benzotriazol-1-yl-, amid
108

[1,2,4]Triazin-3-on, 4-Amino-6-phenyl-
4,5-dihydro-2H- 477

C₉H₁₀N₄O₂S

[1,2,4]Triazol-4-ylamin, 3-Methansulfonyl-
5-phenyl- 349

C₉H₁₀N₄O₃

Benzotriazol-1-oxid, 4-Äthyl-7-methyl-
6-nitro-3H- 159

C₉H₁₀N₄S

[1,2,4]Triazol-4-ylamin, 3-Methylmercapto-
5-phenyl- 349

C₉H₁₀N₄S₂

[1,2,4,5]Tetrazin-3-thiol, 6-Benzylmercapto-
1,4-dihydro- 677

[1,2,4]Triazol-3-thion, 4-Amino-
5-benzylmercapto-2,4-dihydro- 677

C₉H₁₁Cl₂N₃O

[1,3,5]Triazin, Dichlor-cyclohexyloxy- 331

C₉H₁₁Cl₂N₃O₃

Cyclo-[N-chlor-glycyl→N-chlor-glycyl→
prolyl] 650

C₉H₁₁Cl₂N₃S

[1,3,5]Triazin, Dichlor-cyclohexylmercapto- 333

C₉H₁₁N₃

Benzotriazol, 1-Propyl-1H- 97

−, 2-Propyl-2H- 97

−, 1,5,6-Trimethyl-1H- 155

−, 2,5,6-Trimethyl-2H- 156

Imidazo[4,5-b]pyridin, 1-Äthyl-2-methyl-
1H- 152

−, 3-Äthyl-2-methyl-3H- 152

Imidazo[4,5-c]pyridin, 1-Äthyl-2-methyl-
1H- 154

−, 2-Äthyl-1-methyl-1H- 158

Imidazo[1,5-a]pyrimidin, 2,4,8-Trimethyl-
160

Pyridin, 3-[4,5-Dihydro-1H-imidazol-
2-ylmethyl]- 160

Pyrido[2,3-d]pyrimidin, 5,7-Dimethyl-
3,4-dihydro- 160

Pyrimidin, 2-[2]Pyridyl-1,4,5,6-tetrahydro-
160

C₉H₁₁N₃O

Imidazo[4,5-b]pyridin-2-on,
5,6,7-Trimethyl-1,3-dihydro- 453

Pyrazolo[3,4-b]pyridin-3-on,
1,4,6-Trimethyl-1,2-dihydro- 451

−, 2,4,6-Trimethyl-1,2-dihydro- 451

Pyrido[2,3-d]pyrimidin-2-on, 5,7-Dimethyl-
3,4-dihydro-1H- 453

Pyrimidin-5-ol, 2-[2]Pyridyl-
1,4,5,6-tetrahydro- 344

Pyrimido[1,2-a]pyrimidin-2-on,
6,8-Dimethyl-3,4-dihydro- 453

Methyl-Derivat C₉H₁₁N₃O aus
5,6-Dimethyl-1,3-dihydro-imidazo[4,5-b]⸗
pyridin-2-on 452

C₉H₁₁N₃OS₂

[1,3,5]Triazin-2-on, 1,5-Diallyl-4,6-dithioxo-
tetrahydro- 642

C₉H₁₁N₃O₂

Imidazo[1,2-a]pyrimidin-2,5-dion, 3-Äthyl-
7-methyl-1H- 574

−, 6-Äthyl-7-methyl-1H- 574

Imidazo[1,2-a]pyrimidin-2,7-dion, 3-Äthyl-
5-methyl-1H- 573

−, 3,5,8-Trimethyl-8H- 572

Pyrazolo[3,4-b]pyridin-3-on, 4-Methoxy⸗
methyl-6-methyl-1,2-dihydro- 683

C₉H₁₁N₃O₃

Imidazo[1,2-a]pyrimidin-2,5,7-trion,
6-Äthyl-3-methyl-1H- 651

[1,3,5]Triazin-2-on, 4,6-Bis-allyloxy-1H-
698

[1,3,5]Triazintrion, Diallyl- 636

$C_9H_{12}ClN_5S_4$
[1,3,5]Triazin, Chlor-bis-[N,N-dimethyl-
  thiocarbamoylmercapto]- 377
$C_9H_{12}Cl_3N_3O_3$
[1,3,5]Triazin, Tris-[2-chlor-äthoxy]- 396
$[C_9H_{12}N_3]^+$
Benzotriazolium, 1-Äthyl-2-methyl- 97
−, 2-Äthyl-1-methyl- 97
$C_9H_{12}N_4$
Amin, Benzotriazol-1-ylmethyl-dimethyl-
  105
$C_9H_{12}N_6$
Acetonitril, [1,3,5]Triazin-1,3,5-triyl-tri- 13
$C_9H_{12}N_6O_5$
Imidazo[1,5-a]imidazol-5-on, 3,3,7,7-
  Tetramethyl-6-nitro-2-nitroimino-
  2,3,6,7-tetrahydro- 569
$C_9H_{12}N_8O_2$
Malonsäure, Äthyl-, bis-[1,2,4]triazol-
  4-ylamid 41
$C_9H_{12}N_{10}S$
[1,2,4]Triazolidin-3-thion, 4-Amino-5-
  [4-carbamimidoylhydrazono-cyclohexa-
  2,5-dienylidenhydrazono]- 547
$C_9H_{13}Cl_2N_3OS$
[1,3,5]Triazin, Dichlor-[3-propylmercapto-
  propoxy]- 331
$C_9H_{13}N_3$
Pyridin, 2-[1-Methyl-imidazolidin-2-yl]- 89
−, 3-[1-Methyl-imidazolidin-2-yl]- 89
−, 4-[1-Methyl-imidazolidin-2-yl]- 89
$C_9H_{13}N_3O_2$
Pyrido[2,3-d]pyrimidin, 2,4-Dimethoxy-
  5,6,7,8-tetrahydro- 379
$C_9H_{13}N_3O_3$
Cyclo-[glycyl→glycyl→prolyl] 649
2,4,9-Triaza-spiro[5.5]undecan-1,3,5-trion,
  9-Methyl- 648
[1,3,5]Triazin-2,4-dion, 6-Acetonyliden-
  1,3,5-trimethyl-dihydro- 648
$C_9H_{13}N_3O_3S$
Essigsäure, [6-$tert$-Butyl-5-oxo-4,5-dihydro-
  [1,2,4]triazin-3-ylmercapto]- 681
$C_9H_{13}N_3O_5$
[1,2,4]Triazin-3,5-dion, 2-[$erythro$-2-Desoxy-
  pentofuranosyl]-6-methyl-2H- 557
$C_9H_{13}N_3O_6$
[1,2,4]Triazin-3,5-dion, 6-Methyl-
  2-ribofuranosyl-2H- 558
−, 6-Methyl-4-ribofuranosyl-2H- 558
$C_9H_{13}N_3S$
[1,2,4]Triazin-3-thion, 5-Cyclohexyl-2H-
  444
$C_9H_{14}N_3O_8P$
[1,2,4]Triazin-3,5-dion, 6-Methyl-2-
  [O^3-phosphono-$erythro$-2-desoxy-
  pentofuranosyl]-2H- 557

−, 6-Methyl-2-[O^5-phosphono-
  $erythro$-2-desoxy-pentofuranosyl]-2H-
  558
$C_9H_{14}N_4O$
Imidazo[1,5-a]imidazol-5-on, 2-Imino-
  3,3,7,7-tetramethyl-2,3,6,7-tetrahydro-
  569
$C_9H_{15}N_3$
[1,2,4]Triazin, Triäthyl- 79
[1,3,5]Triazin, Triäthyl- 80
[1,2,4]Triazol, 4-Cyclohexyl-3-methyl-4H-
  45
[1,2,4]Triazolo[4,3-a]azepin, 3-Äthyl-
  6,7,8,9-tetrahydro-5H- 80
[1,2,4]Triazolo[4,3-a]azonin, 6,7,8,9,10,11-
  Hexahydro-5H- 80
$C_9H_{15}N_3O$
[1,2,4]Triazolo[4,3-a]azepin, 3-Methoxy=
  methyl-6,7,8,9-tetrahydro-5H- 335
[1,2,4]Triazolo[4,3-a]azonin-3-on, 2,5,6,7,8,=
  9,10,11-Octahydro- 440
$C_9H_{15}N_3O_3$
[1,3,5]Triazin, 1,3,5-Triacetyl-hexahydro-
  11
−, Triäthoxy- 396
[1,3,5]Triazintrion, Dipropyl- 635
−, Hexyl- 636
$C_9H_{15}N_3O_6$
[1,3,5]Triazin, 1,3,5-Triacetoxy-hexahydro-
  16
−, Tris-[2-hydroxy-äthoxy]- 399
$C_9H_{15}N_3O_{11}P_2$
[1,2,4]Triazin-3,5-dion, 2-[O^3,O^5-
  Diphosphono-$erythro$-2-desoxy-
  pentofuranosyl]-6-methyl-2H- 558
$C_9H_{17}N_3$
[1,2,3]Triazol, 4-Heptyl-1H- 62
[1,2,4]Triazol, 3-Isobutyl-5-isopropyl-1H-
  62
$C_9H_{17}N_3O$
[1,3,5]Triazin-2-on, 5-Cyclohexyl-
  tetrahydro- 418
$C_9H_{17}N_3OS$
[1,2,4]Triazolidin-3-on, 4-Heptyl-5-thioxo-
  544
$C_9H_{17}N_3O_2$
[1,3,5]Triazepin-2,4-dion, 1-Isopropyl-
  6,6-dimethyl-tetrahydro- 551
$C_9H_{17}N_3O_3$
[1,3,5]Triazin-2,4-dion, 6-Hydroxy-
  1,3,5-trimethyl-6-propyl-dihydro- 698
$C_9H_{17}N_3S$
[1,3,5]Triazin-2-thion, 5-Cyclohexyl-
  tetrahydro- 419
$C_9H_{18}N_4$
Amin, Dimethyl-[2-(2,3,5,6-tetrahydro-
  imidazo[1,2-a]imidazol-1-yl)-äthyl]- 56

C₉H₁₈N₄O₂
1,8,10-Triaza-bicyclo[6.3.1]dodecan,
10-Nitro- 28

C₉H₁₈N₆O₃
Essigsäure, [1,3,5]Triazin-1,3,5-triyl-tri-,
triamid 13

C₉H₁₈N₁₀O₈
Methan, Bis-[1,5-dinitro-hexahydro-
[1,3,5]triazepin-3-yl]- 24

C₉H₁₉N₃O₄
[1,3,5]Triazin-2-on, 5-[2-Hydroxy-äthyl]-
1,3-bis-methoxymethyl-tetrahydro- 418

C₉H₂₁N₃
[1,3,5]Triazin, 1,3,5-Triäthyl-hexahydro- 4
−, 2,4,6-Triäthyl-hexahydro- 26

C₉H₂₁N₃O₃
[1,3,5]Triazin, 1,3,5-Tris-[2-hydroxy-äthyl]-
hexahydro- 10

[C₉H₂₂N₃]⁺
[1,3,5]Triazinium, 1,3,5-Trimethyl-1-propyl-
hexahydro- 5

[C₉H₂₂N₄]²⁺
Ammonium, *N,N'*-Dimethyl-
N,N'-dimethylen-*N,N'*-[2,4-dimethyl-
2,4-diaza-pentandiyl]-di- 4

C₁₀

C₁₀H₄Br₃N₃
Naphtho[1,8-*de*][1,2,3]triazin,
4,6,9-Tribrom-1*H*- 219

C₁₀H₅BrN₄O₃
Nitro-Derivat C₁₀H₅BrN₄O₃ aus
9-Brom-1,3-dihydro-imidazo[4,5-*b*]⁼
chinolin-2-on 490

C₁₀H₅Br₂N₃
Naphtho[2,3-*d*][1,2,3]triazol, 4,9-Dibrom-
1*H*- 201

C₁₀H₅Br₂N₃O
Brom-Derivat C₁₀H₅Br₂N₃O aus
9-Brom-1,3-dihydro-imidazo[4,5-*b*]⁼
chinolin-2-on 490

C₁₀H₅Cl₂N₃
Naphtho[2,3-*d*][1,2,3]triazol, 4,9-Dichlor-
1*H*- 200

C₁₀H₅N₃O₂
Naphtho[2,3-*d*][1,2,3]triazol-4,9-dion, 1*H*-
606

C₁₀H₅N₅O₄
Benz[4,5]imidazo[1,2-*a*]pyrimidin,
7,9-Dinitro- 219

C₁₀H₆BrN₃
Naphtho[2,3-*d*][1,2,3]triazol, 4-Brom-1*H*-
200

C₁₀H₆BrN₃O
Imidazo[4,5-*b*]chinolin-2-on, 9-Brom-
1,3-dihydro- 490

C₁₀H₆ClN₃
Pyrazolo[3,4-*c*]chinolin, 8-Chlor-3(2)*H*-
220

C₁₀H₆ClN₃S
[1,2,4]Triazolo[4,3-*a*]chinolin-1-thion,
7-Chlor-2*H*- 489

C₁₀H₆ClN₅
[1,3,5]Triazin, Chlor-diazomethyl-phenyl-
488

C₁₀H₆Cl₃N₃O
[1,3,5]Triazin, Dichlor-[5-chlor-2-methoxy-
phenyl]- 352

C₁₀H₆N₄O₂
Imidazo[1,2-*a*;5,4-*c'*]dipyridin, 4-Nitro-
219

C₁₀H₆N₄O₃
Imidazo[4,5-*b*]chinolin-2-on, 9-Nitro-
1,3-dihydro- 490
Naphtho[1,2-*d*][1,2,3]triazol-3-oxid,
5-Nitro-1*H*- 217

C₁₀H₇Cl₂N₃
[1,3,5]Triazin, Dichlor-*o*-tolyl- 192

C₁₀H₇Cl₂N₃O
[1,3,5]Triazin, Benzyloxy-dichlor- 331
−, Dichlor-[2-methoxy-phenyl]- 352
−, Dichlor-[4-methoxy-phenyl]- 352
−, Dichlor-*p*-tolyloxy- 331

C₁₀H₇Cl₂N₃OS
[1,2,4]Triazin-5-on, 6-[2,4-Dichlor-phenyl]-
3-methylmercapto-4*H*- 688
−, 6-[3,4-Dichlor-phenyl]-
3-methylmercapto-4*H*- 688

C₁₀H₇Cl₂N₃O₂
[1,2,4]Triazin-3,5-dion, 6-Benzyl-
2,4-dichlor-2*H*- 596

C₁₀H₇Cl₂N₃S
[1,3,5]Triazin, Dichlor-*p*-tolylmercapto-
333

C₁₀H₇Cl₃N₄
Propionitril, 3-[4,5,7-Trichlor-6-methyl-
benzotriazol-2-yl]- 149

C₁₀H₇Cl₄N₃O₂
Buttersäure, 3-[Tetrachlor-benzotriazol-
2-yl]- 125

C₁₀H₇N₃
Imidazo[4,5-*f*]chinolin, 1(3)*H*- 219
Naphtho[1,8-*de*][1,2,3]triazin, 1*H*- 218
Naphtho[1,2-*d*][1,2,3]triazol, 1*H*- 201
Naphtho[2,3-*d*][1,2,3]triazol, 1*H*- 199
Pyrazolo[1,5-*a*]chinazolin 219
Pyrazolo[3,4-*c*]chinolin, 3(2)*H*- 220
Pyrazolo[3,4-*f*]chinolin, 1(2)*H*- 219
Pyrrolo[3,2-*c*;4,5-*c'*]dipyridin, 5*H*- 220
[1,2,3]Triazolo[1,5-*a*]chinolin 199
[1,2,4]Triazolo[4,3-*a*]chinolin 199

C₁₀H₇N₃O
Imidazo[4,5-*b*]chinolin-2-on, 1,3-Dihydro-
489

$C_{10}H_7N_3O$ (Fortsetzung)

[1,2,3]Triazolo[4,5,1-*ij*]chinolin-4-on,
  6-Methyl- 489
[1,2,3]Triazolo[4,5,1-*ij*]chinolin-6-on,
  4-Methyl- 489
[1,2,4]Triazolo[4,3-*a*]chinolin-1-on, 2*H*-
  489

$C_{10}H_7N_3O_2$

Benz[4,5]imidazo[1,2-*a*]pyrimidin-2,4-dion,
  1*H*- 601
Pyridazino[4,5-*b*]indol-1,4-dion,
  2,3-Dihydro-5*H*- 601
[1,2,3]Triazol-4,5-dicarbaldehyd, 1-Phenyl-
  1*H*- 566
−, 2-Phenyl-2*H*- 566

$C_{10}H_7N_3O_3$

Barbitursäure, 5-[2]Pyridylmethylen- 658
−, 5-[3]Pyridylmethylen- 658
−, 5-[4]Pyridylmethylen- 658

$C_{10}H_7N_3S$

Imidazo[4,5-*b*]chinolin-2-thion,
  1,3-Dihydro- 490
[1,2,4]Triazolo[4,3-*a*]chinolin-1-thion, 2*H*-
  489

$C_{10}H_7N_5O$

Äthanon, 2-Diazo-1-[2-phenyl-
  2*H*-[1,2,3]triazol-4-yl]- 565

$C_{10}H_8BrN_3$

2,3,6-Triaza-bicyclo[3.1.0]hexa-3,6-dien,
  5-Brom-4-methyl-2-phenyl- 71

$C_{10}H_8BrN_3O$

Äthanon, 2-Brom-1-[2-phenyl-
  2*H*-[1,2,3]triazol-4-yl]- 433

$C_{10}H_8ClN_3$

2,3,6-Triaza-bicyclo[3.1.0]hexa-3,6-dien,
  5-Chlor-4-methyl-2-phenyl- 71

$C_{10}H_8ClN_3O$

Äthanon, 1-[1-(4-Chlor-phenyl)-
  1*H*-[1,2,4]triazol-3-yl]- 433
−, 2-Chlor-1-[1-phenyl-1*H*-
  [1,2,3]triazol-4-yl]- 433
−, 2-Chlor-1-[2-phenyl-2*H*-
  [1,2,3]triazol-4-yl]- 433

$C_{10}H_8ClN_3OS$

[1,2,4]Triazin-5-on, 6-[4-Chlor-phenyl]-
  3-methylmercapto-4*H*- 688

$C_{10}H_8ClN_3O_3$

[1,3,5]Triazin-2,4-dion, 6-[5-Chlor-
  2-methoxy-phenyl]-1*H*- 706

$C_{10}H_8Cl_4N_4O$

Buttersäure, 3-[Tetrachlor-benzotriazol-
  2-yl]-, amid 125

$C_{10}H_8IN_3$

2,3,6-Triaza-bicyclo[3.1.0]hexa-3,6-dien,
  5-Jod-4-methyl-2-phenyl- 71

$C_{10}H_8N_4O_2$

[1,2,3]Triazol, 4-[2-Nitro-vinyl]-1-phenyl-
  1*H*- 70

$C_{10}H_8N_4O_3$

[1,3,5]Triazin-2,4-dion, 6-[α-Hydroxyimino-
  benzyl]-1*H*- 658

$C_{10}H_8N_4O_3S$

[1,2,4]Triazin-5-on, 3-Methylmercapto-6-
  [4-nitro-phenyl]-4*H*- 688

$C_{10}H_8N_4O_5$

4-Nitro-benzyl-Derivat $C_{10}H_8N_4O_5$ aus
  [1,3,5]Triazintrion 634

$C_{10}H_9ClN_4O$

Äthanon, 1-[1-(4-Chlor-phenyl)-
  1*H*-[1,2,4]triazol-3-yl]-, oxim 433

$C_{10}H_9Cl_2N_3O_2$

Buttersäure, 3-[4,7-Dichlor-benzotriazol-
  2-yl]- 123
−, 3-[5,6-Dichlor-benzotriazol-1-yl]-
  123

$C_{10}H_9Cl_3N_4O$

Propionsäure, 3-[4,5,7-Trichlor-6-methyl-
  benzotriazol-2-yl]-, amid 149

$C_{10}H_9N_3$

Naphtho[2,3-*d*][1,2,3]triazol, 4,9-Dihydro-
  1*H*- 193
Pyrimidin, 4-[6-Methyl-[3]pyridyl]- 193
2,3,6-Triaza-bicyclo[3.1.0]hexa-3,6-dien,
  4-Methyl-2-phenyl- 71
[1,2,4]Triazin, 3-Methyl-6-phenyl- 192
−, 6-Methyl-5-phenyl- 192
[1,3,5]Triazin, Benzyl- 192
[1,2,3]Triazol, 4-Phenyl-5-vinyl-1*H*- 193
−, 5-Phenyl-1-vinyl-1*H*- 169

$C_{10}H_9N_3O$

Äthanon, 1-[1-Phenyl-1*H*-[1,2,3]triazol-
  4-yl]- 433
−, 1-[1-Phenyl-1*H*-[1,2,4]triazol-3-yl]-
  433
Benzo[*d*][1,2,3]triazin-4-on, 3-Allyl-3*H*-
  455
Pyridazino[4,5-*b*]indol-4-on, 1,2,3,5-
  Tetrahydro- 486
Pyrido[3,2-*d*]pyrrolo[1,2-*a*]pyrimidin-10-on,
  7,8-Dihydro-6*H*- 485
[1,2,4]Triazin-3-on, 6-Methyl-5-phenyl-2*H*-
  485
[1,2,4]Triazin-5-on, 6-Methyl-3-phenyl-4*H*-
  485
[1,2,4]Triazin-6-on, 3-Methyl-5-phenyl-1*H*-
  484
[1,2,4]Triazol, 1-*p*-Toluoyl-1*H*- 37
[1,2,3]Triazol-4-carbaldehyd, 1-Benzyl-1*H*-
  432

$C_{10}H_9N_3OS$

[1,2,4]Triazin-5-on, 6-Benzyl-3-thioxo-
  3,4-dihydro-2*H*- 596
−, 3-Methylmercapto-6-phenyl-4*H*-
  688
−, 4-Methyl-6-phenyl-3-thioxo-
  3,4-dihydro-2*H*- 593

$C_{10}H_9N_3OS$ (Fortsetzung)

[1,2,4]Triazin-6-on, 5-Benzyliden-3-thioxo-
tetrahydro- 595

[1,2,4]Triazin-3-thion, 5-[4-Methoxy-
phenyl]-2H- 687

$C_{10}H_9N_3OS_2$

[1,2,4]Triazin-5-on, 6-[4-Methylmercapto-
phenyl]-3-thioxo-3,4-dihydro-2H- 705

$C_{10}H_9N_3O_2$

[1,2,4]Triazin-3,5-dion, 6-Benzyl-2H- 595

[1,3,5]Triazin-2,4-dion, 6-Benzyl-1H- 597

—, 1-Methyl-6-phenyl-1H- 594

—, 6-o-Tolyl-1H- 597

—, 6-p-Tolyl-1H- 597

[1,2,4]Triazol, 1-[4-Methoxy-benzoyl]-1H-
39

[1,2,3]Triazolo[4,5,1-ij]chinolin-4-ol,
8-Methoxy-4H- 387

[1,2,3]Triazolo[4,5,1-ij]chinolin-4-on,
8-Methoxy-5,6-dihydro- 689

$C_{10}H_9N_3O_2S$

Essigsäure, [4-Phenyl-4H-[1,2,4]triazol-
3-ylmercapto]- 322

[1,2,4]Triazin-5-on, 6-[4-Methoxy-phenyl]-
3-thioxo-3,4-dihydro-2H- 705

$C_{10}H_9N_3O_3$

Essigsäure-[1-acetyl-1H-benzotriazol-
5-ylester] 340

— [3-acetyl-3H-benzotriazol-
4-ylester] 337

Imidazo[4,5-b]pyridin-2-on, 1,3-Diacetyl-
1,3-dihydro- 446

[1,3,5]Triazin-2,4-dion, 6-[2-Methoxy-
phenyl]-1H- 706

[1,3,5]Triazintrion, Benzyl- 639

$C_{10}H_9N_3O_3S$

[1,2,4]Triazin-5-on, 6-[4-Hydroxy-
3-methoxy-phenyl]-3-thioxo-3,4-dihydro-
2H- 719

$C_{10}H_9N_3O_3S_2$

[1,2,4]Triazin-5-on, 6-[4-Methansulfonyl-
phenyl]-3-thioxo-3,4-dihydro-2H- 705

$C_{10}H_9N_3O_4$

Barbitursäure, 5-Hydroxy-5-[2]pyridylmethyl-
719

$C_{10}H_9N_3S$

[1,2,4]Triazin-3-thion, 5-Benzyl-2H- 484

—, 6-Methyl-5-phenyl-2H- 485

$C_{10}H_9N_5O_2$

[1,3,5]Triazepin-6,7-dion, 2,4-Diimino-
1-phenyl-tetrahydro- 673

[1,3,5]Triazin-2-carbaldehyd, 4,6-Dioxo-
1,4,5,6-tetrahydro-, phenylhydrazon
647

$C_{10}H_{10}BrN_3$

Pyrido[2,3-b]pyrazin, 7-Brom-
2,3,6-trimethyl- 185

—, 7-Brom-2,3,8-trimethyl- 185

$C_{10}H_{10}ClN_3$

[1,2,4]Triazin, 3-Chlormethyl-6-phenyl-
4,5-dihydro- 184

[1,2,4]Triazol, 4-[4-Chlor-phenyl]-
3,5-dimethyl-4H- 51

$C_{10}H_{10}ClN_3O$

[1,2,4]Triazol, 3-Äthoxy-5-[4-chlor-phenyl]-
1H- 346

$C_{10}H_{10}ClN_3O_2$

Imidazolidin-2,4-dion, 5-Äthyl-5-[2-chlor-
[3]pyridyl]- 588

$C_{10}H_{10}ClN_3S_2$

Dithiobiuret, 1-[1-(4-Chlor-phenyl)-
äthyliden]- 587

[1,3,5]Triazin-2,4-dithion, 6-[4-Chlor-
phenyl]-6-methyl-dihydro- 587

$C_{10}H_{10}Cl_4N_4$

Amin, Dimethyl-[2-(tetrachlor-benzotriazol-
1-yl)-äthyl]- 125

—, Dimethyl-[2-(tetrachlor-
benzotriazol-2-yl)-äthyl]- 125

$C_{10}H_{10}N_4O$

Acetaldehyd, [1-Phenyl-1H-[1,2,3]triazol-
4-yl]-, oxim 433

Äthanon, 1-[1-Phenyl-1H-[1,2,4]triazol-
3-yl]-, oxim 433

Essigsäure-[4-[1,2,3]triazol-2-yl-anilid] 32

$C_{10}H_{10}N_4OS$

Acetamid, N-[3-Phenyl-5-thioxo-
1,5-dihydro-[1,2,4]triazol-4-yl]- 472

[1,2,4]Triazol-1-thiocarbonsäure, 3-Methyl-
5-oxo-2,5-dihydro-, anilid 425

$C_{10}H_{10}N_4O_2$

Benzoesäure, 4-[[1,2,3]Triazol-1-ylmethyl-
amino]- 31

[1,2,3]Triazol, 4,5-Dimethyl-2-[2-nitro-
phenyl]-2H- 46

—, 4,5-Dimethyl-2-[4-nitro-phenyl]-
2H- 46

[1,2,4]Triazol, 3,5-Dimethyl-1-[2-nitro-
phenyl]-1H- 50

—, 3,5-Dimethyl-1-[3-nitro-phenyl]-
1H- 50

—, 3,5-Dimethyl-1-[4-nitro-phenyl]-
1H- 50

$C_{10}H_{10}N_4O_2S$

Essigsäure, [4-Amino-5-phenyl-
4H-[1,2,4]triazol-3-ylmercapto]- 350

$C_{10}H_{10}N_4O_2S_2$

Dithiobiuret, [1-(4-Nitro-phenyl)-
äthyliden]- 587

[1,3,5]Triazin-2,4-dithion, 6-Methyl-6-
[4-nitro-phenyl]-dihydro- 587

$C_{10}H_{10}N_4O_4$

Butan-2-on, 4-[5-Nitro-3-oxy-benzotriazol-
1-yl]- 132

—, 4-[6-Nitro-1-oxy-benzotriazol-2-yl]-
132

$C_{10}H_{10}N_4O_4$ (Fortsetzung)
Acetyl-Derivat $C_{10}H_{10}N_4O_4$ aus
5-Äthoxy-4-nitro-1H-benzotriazol 342
$C_{10}H_{10}N_4S$
[1,2,4]Triazol-3-thion, 4-Benzylidenamino-
5-methyl-2,4-dihydro- 428
$C_{10}H_{10}N_6O$
[1,2,3]Triazol-4-carbaldehyd, 2-Phenyl-2H-,
semicarbazon 432
$C_{10}H_{10}N_6O_2$
[1,3,5]Triazin-2-carbaldehyd, 4-Hydroxy⁼
imino-6-oxo-1,4,5,6-tetrahydro-,
phenylhydrazon 647
$C_{10}H_{10}N_6S$
[1,2,3]Triazol-4-carbaldehyd, 2-Phenyl-2H-,
thiosemicarbazon 432
–, 5-Phenyl-1H-, thiosemicarbazon
484
$C_{10}H_{11}AsN_4O$
Anilin, 5-Arsenoso-2-[4,5-dimethyl-
[1,2,3]triazol-2-yl]- 47
$C_{10}H_{11}AsN_4O_5$
Arsonsäure, [4-(4,5-Dimethyl-[1,2,3]triazol-
2-yl)-3-nitro-phenyl]- 47
$[C_{10}H_{11}ClN_3O_2S]^+$
[1,2,3]Triazolium, 1-[2-Chlorsulfonyl-äthyl]-
3-phenyl- 32
$C_{10}H_{11}Cl_6N_3O$
[1,3,5]Triazin, Pentyloxy-bis-trichlormethyl-
334
$C_{10}H_{11}N_3$
Benz[4,5]imidazo[1,2-a]pyrazin, 1,2,3,4-
Tetrahydro- 185
Naphtho[2,3-d][1,2,3]triazol, 5,6,7,8-
Tetrahydro-1H- 185
[1,2,4]Triazin, 3-Methyl-6-phenyl-
1,2-dihydro- 184
–, 3-Methyl-6-phenyl-4,5-dihydro-
184
[1,2,3]Triazol, 1-Äthyl-4-phenyl-1H- 169
–, 4-Äthyl-5-phenyl-1H- 184
–, 4,5-Dimethyl-2-phenyl-2H- 46
–, 5-Methyl-1-o-tolyl-1H- 43
[1,2,4]Triazol, 3-Benzyl-5-methyl-1H- 184
–, 1,3-Dimethyl-5-phenyl-1H- 178
–, 1,5-Dimethyl-3-phenyl-1H- 178
–, 3,4-Dimethyl-5-phenyl-4H- 178
–, 3,5-Dimethyl-1-phenyl-1H- 50
–, 3,5-Dimethyl-4-phenyl-4H- 51
$C_{10}H_{11}N_3O$
Äthanol, 1-[2-Phenyl-2H-[1,2,3]triazol-4-yl]-
326
Benzotriazol, 1-Acetyl-5,6-dimethyl-1H-
156
Imidazo[4,5-b]chinolin-2-on, 1,3,5,6,7,8-
Hexahydro- 481
Methanol, [1-Benzyl-1H-[1,2,3]triazol-4-yl]-
323

–, [1-Benzyl-1H-[1,2,4]triazol-3-yl]-
326
–, [2-Benzyl-2H-[1,2,4]triazol-3-yl]-
326
Pyrido[3,4-d]pyridazin-1-on,
4,5,7-Trimethyl-2H- 481
Pyrido[2,3-d]pyrimidin-4-on, 7-Äthyl-
6-methyl-3H- 481
[1,2,4]Triazin-6-on, 3-Benzyl-2,5-dihydro-
1H- 480
[1,2,4]Triazol, 3-Äthoxy-5-phenyl-1H- 346
–, 4-[4-Äthoxy-phenyl]-4H- 36
[1,2,4]Triazol-3-on, 5-Phenäthyl-
1,2-dihydro- 480
[1,2,3]Triazol-1-oxid, 4,5-Dimethyl-
2-phenyl-2H- 46
$C_{10}H_{11}N_3OS$
Pyrido[2,3-d]pyrimidin-4-on, 7-Äthyl-
6-methyl-2-thioxo-2,3-dihydro-1H- 588
–, 5,6,7-Trimethyl-2-thioxo-
2,3-dihydro-1H- 589
[1,2,4]Triazol, 3-[4-Methoxy-phenyl]-
5-methylmercapto-1H- 382
[1,2,4]Triazolidin-3-on, 4-[2,3-Dimethyl-
phenyl]-5-thioxo- 546
–, 4-Phenäthyl-5-thioxo- 546
[1,2,4]Triazol-3-on, 5-Methylmercapto-4-
p-tolyl-2,4-dihydro- 676
–, 2-Methyl-5-methylmercapto-
4-phenyl-2,4-dihydro- 676
[1,2,4]Triazol-3-thion, 4-[4-Äthoxy-phenyl]-
2,4-dihydro- 424
–, 5-[4-Äthoxy-phenyl]-1,2-dihydro-
685
–, 5-[4-Methoxy-phenyl]-4-methyl-
2,4-dihydro- 685
$C_{10}H_{11}N_3OS_2$
[1,3,5]Triazin-2,4-dithion, 6-[4-Methoxy-
phenyl]-dihydro- 703
$C_{10}H_{11}N_3O_2$
Benzo[f][1,3,5]triazepin-2-on, 4-Äthoxy-
1,5-dihydro- 685
Benzotriazol, 1-Acetyl-5-äthoxy-1H- 340
–, 2-Acetyl-5-äthoxy-2H- 340
Buttersäure, 3-Benzotriazol-1-yl- 108
Essigsäure, Benzotriazol-1-yl-, äthylester
108
Imidazolidin-2,4-dion, 5-Äthyl-5-[2]pyridyl-
587
–, 5-Äthyl-5-[3]pyridyl- 587
–, 5-Äthyl-5-[4]pyridyl- 588,
–, 5-Methyl-5-[6-methyl-[3]pyridyl]-
588
Isobuttersäure, α-Benzotriazol-1-yl- 109
–, α-Benzotriazol-2-yl- 109
Pyrido[2,3-d]pyrimidin-2,4-dion, 7-Äthyl-
6-methyl-1H- 588
–, 1,3,7-Trimethyl-1H- 582
–, 1,5,7-Trimethyl-1H- 585

$C_{10}H_{11}N_3O_2$ (Fortsetzung)

Pyrido[2,3-*d*]pyrimidin-2,4-dion,
5,6,7-Trimethyl-1*H*- 588

Pyrido[2,3-*d*]pyrimidin-7-on, 6-Äthyl-
5-hydroxy-2-methyl-8*H*- 687

[1,2,3]Triazol, 4,5-Bis-hydroxymethyl-
1-phenyl-1*H*- 374

[1,2,4]Triazol, 3-Methoxy-5-[4-methoxy-
phenyl]-1*H*- 382

[1,2,4]Triazolidin-3,5-dion, 4-[4-Äthyl-
phenyl]- 541

–, 1,2-Dimethyl-4-phenyl- 540

–, 1,4-Dimethyl-2-phenyl- 540

[1,2,4]Triazol-3-on, 5-Äthoxy-2-phenyl-
1,2-dihydro- 674

–, 5-[4-Methoxy-benzyl]-1,2-dihydro-
686

–, 5-Methoxy-4-methyl-2-phenyl-
2,4-dihydro- 674

$C_{10}H_{11}N_3O_2S$

[1,2,4]Triazolidin-3-on, 4-[4-Äthoxy-
phenyl]-5-thioxo- 546

$C_{10}H_{11}N_3O_3$

Benzo[*d*][1,2,3]triazin-4-on, 3-[*β,β'*-
Dihydroxy-isopropyl]-3*H*- 459

Pyrido[3,2-*d*]pyrimidin-2,4-dion,
7-Hydroxy-1,3,6-trimethyl-1*H*- 702

–, 7-Methoxy-1,3-dimethyl-1*H*- 702

[1,2,4]Triazin-3,6-dion, 5-[4-Hydroxy-
benzyl]-tetrahydro- 704

$C_{10}H_{11}N_3O_3S$

[1,2,3]Triazolium, 1-Phenyl-3-[2-sulfo-
äthyl]-, betain 32

$C_{10}H_{11}N_3S$

[1,2,4]Triazin-3-thion, 5-Benzyl-4,5-dihydro-
2*H*- 480

[1,2,4]Triazol, 3-Äthylmercapto-5-phenyl-
1*H*- 347

–, 3-Benzyl-5-methylmercapto-1*H*-
351

–, 3-Methyl-5-methylmercapto-
1-phenyl-1*H*- 325

–, 3-Methyl-5-methylmercapto-
4-phenyl-4*H*- 325

–, 4-Methyl-3-methylmercapto-
5-phenyl-4*H*- 347

–, 5-Methyl-3-methylmercapto-
1-phenyl-1*H*- 325

[1,2,4]Triazolium, 3-Mercapto-4,5-dimethyl-
1-phenyl-, betain 427

[1,2,4]Triazol-3-thion, 5-Äthyl-4-phenyl-
2,4-dihydro- 429

–, 2-Benzyl-5-methyl-1,2-dihydro-
428

–, 5-Benzyl-4-methyl-2,4-dihydro-
478

–, 2,5-Dimethyl-1-phenyl-1,2-dihydro-
427

–, 2,5-Dimethyl-4-phenyl-2,4-dihydro-
427

–, 4,5-Dimethyl-2-phenyl-2,4-dihydro-
427

–, 2-Methyl-5-*p*-tolyl-1,2-dihydro-
478

$C_{10}H_{11}N_3S_2$

Dithiobiuret, [1-Phenyl-äthyliden]- 587

[1,3,5]Triazin-2,4-dithion, 6-Methyl-
6-phenyl-dihydro- 587

–, 1-*o*-Tolyl-dihydro- 549

[1,2,4]Triazol, 3,5-Bis-methylmercapto-
4-phenyl-4*H*- 373

[1,2,4]Triazol-3-thion, 2-Methyl-
5-methylmercapto-4-phenyl-2,4-dihydro-
677

$[C_{10}H_{11}N_4O_2]^+$

Pyridinium, 1-Methyl-3-[1-methyl-5-nitro-
1*H*-pyrazol-3-yl]- 175

–, 1-Methyl-3-[2-methyl-5-nitro-
2*H*-pyrazol-3-yl]- 175

$C_{10}H_{11}N_5$

Cycloheptatriazol-6-on, 1*H*-, isopropylidenhydrazon 454

$C_{10}H_{11}N_5OS$

[1,2,4]Triazolidin-3-thion, 5-[4-Methoxy-
benzylidenhydrazono]- 544

$C_{10}H_{11}N_5O_3S$

Sulfanilsäure, *N*-Acetyl-, [1,2,4]triazol-
4-ylamid 42

$C_{10}H_{12}AsN_3O_3$

Arsonsäure, [2-(4,5-Dimethyl-[1,2,3]triazol-
2-yl)-phenyl]- 47

–, [4-(4,5-Dimethyl-[1,2,3]triazol-2-yl)-
phenyl]- 47

$C_{10}H_{12}AsN_3O_5$

Arsonsäure, [4-(4,5-Bis-hydroxymethyl-
[1,2,3]triazol-1-yl)-phenyl]- 375

$[C_{10}H_{12}ClN_4O_2]^+$

[1,2,3]Triazolium, 1-[2-Chlor-äthyl]-3-
[2-nitro-phenyl]-4,5-dihydro- 27

–, 1-[2-Chlor-äthyl]-3-[4-nitro-phenyl]-
4,5-dihydro- 27

$[C_{10}H_{12}Cl_2N_3]^+$

[1,2,3]Triazolium, 1-[2-Chlor-äthyl]-3-
[2-chlor-phenyl]-4,5-dihydro- 27

–, 1-[2-Chlor-äthyl]-3-[4-chlor-
phenyl]-4,5-dihydro- 27

$[C_{10}H_{12}N_3]^+$

[1,2,3]Triazolium, 1-Benzyl-3-methyl- 31

[1,2,4]Triazolium, 3,4-Dimethyl-1-phenyl-
45

$C_{10}H_{12}N_3O_3PS_2$

Dithiophosphorsäure-*O,O'*-dimethylester-
S-[4-oxo-4*H*-benzo[*d*][1,2,3]triazin-
3-ylmethylester] 460

C₁₀H₁₂N₃O₄PS
Thiophosphorsäure-*O,O'*-dimethylester-*S*-
[4-oxo-4*H*-benzo[*d*][1,2,3]triazin-
3-ylmethylester] 460

[C₁₀H₁₂N₃S]⁺
[1,2,4]Triazolium, 4-Methyl-3-methyl≠
mercapto-1-phenyl- 322

C₁₀H₁₂N₄
Anilin, 2-[3,5-Dimethyl-[1,2,4]triazol-1-yl]-
51
—, 2-[4,5-Dimethyl-[1,2,3]triazol-2-yl]-
47
—, 3-[3,5-Dimethyl-[1,2,4]triazol-1-yl]-
51
—, 4-[3,5-Dimethyl-[1,2,4]triazol-1-yl]-
52
—, 4-[4,5-Dimethyl-[1,2,3]triazol-2-yl]-
47

C₁₀H₁₂N₄O
Buttersäure, 3-Benzotriazol-1-yl-, amid
108

C₁₀H₁₂N₄O₈
Oxalamidsäure, *N*-[1-Methoxyoxalyl-
2-methyl-3,5-dioxo-[1,2,4]triazolidin-
4-yl]-*N*-methyl-, methylester 543

C₁₀H₁₂N₆O₂
Hexan-1,6-dion, 1,6-Di-[1,2,4]triazol-1-yl-
37

C₁₀H₁₃AsN₄O₃
Arsonsäure, [3-Amino-4-(4,5-dimethyl-
[1,2,3]triazol-2-yl)-phenyl]- 48

[C₁₀H₁₃ClN₃]⁺
[1,2,3]Triazolium, 1-[2-Chlor-äthyl]-
3-phenyl-4,5-dihydro- 27

C₁₀H₁₃ClN₄
Amin, [2-(6-Chlor-imidazo[4,5-*b*]pyridin-
3-yl)-äthyl]-dimethyl- 140

C₁₀H₁₃N₃
Benzotriazol, 1-Butyl-1*H*- 97
—, 2-Butyl-2*H*- 98
[1,3]Diazepin, 2-[3]Pyridyl-
4,5,6,7-tetrahydro-1*H*- 161
Imidazo[4,5-*c*]pyridin, 1,2-Diäthyl-1*H*- 159
—, 1-Methyl-2-propyl-1*H*- 160
—, 2-Methyl-1-propyl-1*H*- 154
Pyrazol, 3-[3,5-Dimethyl-pyrrol-2-yl]-
5-methyl-1(2)*H*- 161
Pyrido[2,3-*d*]pyrimidin, 2,5,7-Trimethyl-
3,4-dihydro- 161
Pyrrolo[3,4-*d*]pyridazin, 1,4,5,7-Tetramethyl-
6*H*- 161

C₁₀H₁₃N₃O
[1,2,4]Triazolidin-3-on, 5,5-Dimethyl-
2-phenyl- 419

C₁₀H₁₃N₃O₂
Imidazo[1,2-*a*]pyrimidin-2,5-dion, 6-Äthyl-
3,7-dimethyl-1*H*- 574
Imidazo[1,2-*a*]pyrimidin-2,7-dion, 3-Äthyl-
5,8-dimethyl-8*H*- 573

Pyrazolo[3,4-*b*]pyridin-3-on, 4-Methoxy≠
methyl-1,6-dimethyl-1,2-dihydro- 683

C₁₀H₁₃N₃O₃
Imidazo[1,2-*a*]pyrimidin-2,5,7-trion,
6-Butyl-1*H*- 651

C₁₀H₁₃N₃O₄
Essigsäure, [1,3-Dioxo-5,8-dihydro-
[1,2,4]triazolo[1,2-*a*]pyridazin-2-yl]-,
äthylester 568

C₁₀H₁₃N₅O₄
[1,3,5]Triazin, 1-Benzyl-3,5-dinitro-
hexahydro- 19

C₁₀H₁₄N₄
Amin, [2-Benzotriazol-1-yl-äthyl]-dimethyl-
109
Pyrrolo[3,4-*d*]pyridazin-6-ylamin, 1,4,5,7-
Tetramethyl- 162

C₁₀H₁₅N₃
Pyridin, 2-Methyl-6-[1-methyl-imidazolidin-
2-yl]- 90

C₁₀H₁₅N₃O
Pyridazino[3,4,5-*ij*]chinolizin-3-on,
2,3a,5,6,8,9,10,10b-Octahydro-4*H*- 444

C₁₀H₁₅N₃O₂
[1,2,3]Triazol-4,5-dicarbaldehyd, 1-Hexyl-
1*H*- 565

C₁₀H₁₅N₃O₃
2,4,9-Triaza-spiro[5.5]undecan-1,3,5-trion,
9-Äthyl- 649

C₁₀H₁₅N₃O₄
2,4,9-Triaza-spiro[5.5]undecan-1,3,5-trion,
9-[2-Hydroxy-äthyl]- 649

C₁₀H₁₇N₃
[1,2,4]Triazol, 3-Äthyl-4-cyclohexyl-4*H*- 49
—, 4-Cyclohexyl-3,5-dimethyl-4*H*- 50
—, 3-Methyl-4-[3-methyl-cyclohexyl]-
4*H*- 45
[1,2,4]Triazolo[4,3-*a*]azonin, 3-Methyl-
6,7,8,9,10,11-hexahydro-5*H*- 81

C₁₀H₁₇N₃O₂
1,3,8-Triaza-spiro[4.5]decan-2,4-dion,
7,7,9-Trimethyl- 565
[1,2,4]Triazin-3,5-dion, 6-Heptyl-2*H*- 564

C₁₀H₁₉N₃
[1,2,3]Triazol, 4-Octyl-1*H*- 62

C₁₀H₁₉N₃O₂
[1,2,4]Triazin-3,6-dion, 5-Äthyl-5-isopentyl-
tetrahydro- 553
[1,2,4]Triazolidin-3,5-dion, 4-Octyl- 539

C₁₀H₁₉N₅O₄
[1,3,5]Triazepin, 3-Cyclohexyl-1,5-dinitro-
hexahydro- 23

C₁₀H₂₀N₄
Amin, Dimethyl-[3-(2,3,5,6-tetrahydro-
imidazo[1,2-*a*]imidazol-1-yl)-propyl]-
57
[1,2,4]Triazol-4-ylamin, 3,5-Diisobutyl- 62

C₁₀H₂₀N₄O₂

$C_{10}H_{20}N_4O_2$

1,9,11-Triaza-bicyclo[7.3.1]tridecan,
  11-Nitro- 29

$C_{10}H_{20}N_{10}O_8$

Äthan, 1,2-Bis-[1,5-dinitro-hexahydro-
  [1,3,5]triazepin-3-yl]- 24
Butan, 1,4-Bis-[3,5-dinitro-tetrahydro-
  [1,3,5]triazin-1-yl]- 21

$[C_{10}H_{24}N_3]^+$

[1,3,5]Triazinium, 1-Butyl-1,3,5-trimethyl-
  hexahydro- 6
−, 1,3,5-Triäthyl-1-methyl-hexahydro-
  5

C₁₁

$C_{11}H_5Br_2N_3O_3$

Imidazolidin-2,4-dion, 5-[5,7-Dibrom-
  2-oxo-indolin-3-yliden]- 661

$C_{11}H_5Cl_2N_3$

Pyrimido[4,5-b]chinolin, 2,4-Dichlor- 227

$C_{11}H_5Cl_6N_3$

[1,3,5]Triazin, Phenyl-bis-trichlormethyl-
  195

$C_{11}H_6BrN_3$

Pyrido[4,3-c]cinnolin, x-Brom- 229

$C_{11}H_6BrN_3O_3$

Imidazolidin-2,4-dion, 5-[5-Brom-2-oxo-
  indolin-3-yliden]- 661

$C_{11}H_6ClN_3$

Naphtho[1,2-e][1,2,4]triazin, 2-Chlor- 227
Pyrido[3,2-c][1,5]naphthyridin, 7-Chlor-
  229

$C_{11}H_6ClN_3O$

Pyrimido[4,5-b]chinolin-4-on, 2-Chlor-3H-
  497

$C_{11}H_6ClN_3O_3$

Pyrimido[5,4-b]chinolin-2,4,10-trion,
  7-Chlor-1,5-dihydro- 661

$C_{11}H_6N_4O_4$

Pyrimido[4,5-b]chinolin-2,4-dion, 8-Nitro-
  1H- 608

$C_{11}H_7Br_2N_3O$

Benz[4,5]imidazo[1,2-a]pyrimidin-4-on,
  3,3-Dibrom-2-methyl-3H- 492

$C_{11}H_7ClN_4$

Benzotriazol, 5-Chlor-1-[2]pyridyl-1H- 121

$C_{11}H_7N_3$

Naphtho[1,2-e][1,2,4]triazin 227
Naphtho[2,1-e][1,2,4]triazin 227
Pyrido[3,2-h]chinazolin 228
Pyrido[2,3-f]chinoxalin 228
Pyrido[3,2-f]chinoxalin 228
Pyrido[3,4-b]chinoxalin 227
Pyrido[3,2-c]cinnolin 228
Pyrido[3,2-h]cinnolin 228
Pyrido[4,3-c]cinnolin 228
Pyrido[3,2-c][1,5]naphthyridin 229

$C_{11}H_7N_3O$

Dipyrido[1,2-a;2′,3′-d]pyrimidin-5-on 497
Dipyrido[1,2-a;3′,2′-e]pyrimidin-5-on 497
Naphtho[2,3-d][1,2,3]triazin-4-on, 3H- 496
Pyrido[3,2-h]cinnolin-4-on, 1H- 497
Pyrido[2,3-c][1,5]naphthyridin-6-on, 5H-
  497
Pyrido[2,3-h][1,6]naphthyridin-5-on, 6H-
  498
Pyrido[3,2-c][1,5]naphthyridin-7-on, 10H-
  498
Pyrido[3,2-f][1,7]naphthyridin-6-on, 5H-
  498
Pyrimido[4,5-b]chinolin-4-on, 3H- 496
Pyrimido[4,5-c]chinolin-1-on, 2H- 497

$C_{11}H_7N_3O_2$

Naphtho[2,3-d][1,2,3]triazol-4,9-dion,
  1-Methyl-1H- 606
Pyrimido[4,5-b]chinolin-2,4-dion, 1H- 607
Pyrimido[4,5-c]chinolin-1,3-dion, 4H- 608

$C_{11}H_7N_3O_2S$

Imidazolidin-4-on, 5-[2-Oxo-indolin-
  3-yliden]-2-thioxo- 661

$C_{11}H_7N_3O_3$

Imidazolidin-2,4-dion, 5-[2-Oxo-indolin-
  3-yliden]- 660
Pyrido[3,2-f]chinoxalin-1,4,7-trioxid 228
Pyrimido[4,5-b]chinolin-2,4-dion-10-oxid,
  1H- 607

$C_{11}H_7N_5O_4$

Benz[4,5]imidazo[1,2-a]pyrimidin, 4-Methyl-
  7,9-dinitro- 222

$C_{11}H_8BrN_3$

Naphtho[2,3-d][1,2,3]triazol, 1-Brommethyl-
  1H- 200

$C_{11}H_8ClN_3O$

Benz[4,5]imidazo[1,2-a]pyrimidin-4-on,
  7-Chlor-2-methyl-1H- 492
−, 8-Chlor-2-methyl-1H- 492

$C_{11}H_8Cl_2N_4O$

Acetophenon-[O-(4,6-dichlor-[1,3,5]triazin-
  2-yl)-oxim] 331

$C_{11}H_8N_4$

Benzotriazol, 1-[3]Pyridyl-1H- 115
Chinolin, 3-[1,2,4]Triazol-4-yl- 39

$C_{11}H_8N_4O_2$

Phthalimid, N-[1,2,4]Triazol-1-ylmethyl-
  36

$C_{11}H_8N_4O_4$

[1,3,5]Triazin-2-carbaldehyd, 4,6-Dioxo-
  1,4,5,6-tetrahydro-, [O-benzoyl-oxim]
  646

$C_{11}H_9Cl_2N_3O$

Äthanon, 1-[1-(2,4-Dichlor-phenyl)-
  5-methyl-1H-[1,2,4]triazol-3-yl]- 436
[1,3,5]Triazin, Dichlor-[2-methoxy-
  5-methyl-phenyl]- 353
−, Dichlor-phenäthyloxy- 331

$C_{11}H_9Cl_2N_3O_2$
[1,3,5]Triazin, Dichlor-[2,4-dimethoxy-
  phenyl]- 387
[1,2,4]Triazin-3,5-dion, 2,4-Dichlor-
  6-phenäthyl-2H- 599

$C_{11}H_9Cl_2N_3S$
[1,3,5]Triazin, Dichlor-[2,4-dimethyl-
  phenylmercapto]- 333

$C_{11}H_9N_3$
Benz[4,5]imidazo[1,2-a]pyrimidin, 2-Methyl-
  221
Cyclopentatriazol, 2-Phenyl-2,4-dihydro-
  86
Imidazo[4,5-c]chinolin, 4-Methyl-3H- 221
Imidazo[4,5-f]chinolin, 2-Methyl-1(3)H-
  222
Naphtho[1,2-d][1,2,3]triazol, 1-Methyl-1H-
  201
−, 2-Methyl-2H- 201
−, 3-Methyl-3H- 201
Naphtho[2,3-d][1,2,3]triazol, 1-Methyl-1H-
  200
Pyrazolo[1,5-c]chinazolin, 2-Methyl- 221
Pyrido[3,4-b]chinoxalin, 5,10-Dihydro- 222
Pyrimido[4,5-b]chinolin, 3,4-Dihydro- 222
Pyrrolo[2,3-g]chinoxalin, 6-Methyl-6H-
  219
[1,2,4]Triazolo[4,3-a]chinolin, 1-Methyl-
  220
−, 5-Methyl- 221

$C_{11}H_9N_3O$
Äthanon, 2-Pyrazin-2-yl-1-[2]pyridyl- 491
−, 2-Pyrazin-2-yl-1-[3]pyridyl- 491
−, 2-Pyrazin-2-yl-1-[4]pyridyl- 491
Benz[4,5]imidazo[1,2-a]pyrimidin-4-on,
  2-Methyl-1H- 492
Methanol, Naphtho[2,3-d][1,2,3]triazol-1-yl-
  200
Pyrazolo[4,3-b]chinolin-9-on, 4-Methyl-
  1,4-dihydro- 489
Pyrimido[4,5-b]chinolin-2-on, 3,4-Dihydro-
  1H- 493

$C_{11}H_9N_3O_2$
Imidazo[1,5-a]chinoxalin-1,3-dion,
  5-Methyl-5H- 601
Pyrrolo[3,4-c]pyrazol-4,6-dion, 5-Phenyl-
  3a,6a-dihydro-3H- 567
[1,2,3]Triazol-4,5-dicarbaldehyd, 1-Benzyl-
  1H- 566

$C_{11}H_9N_3O_3$
Barbitursäure, 5-[6-Methyl-[2]pyridylmethyl-
  en]- 659
Imidazolidin-2,4-dion, 5-[2-Oxo-indolin-
  3-yl]- 660

$C_{11}H_9N_3O_3S$
Essigsäure, [5-Oxo-6-phenyl-4,5-dihydro-
  [1,2,4]triazin-3-ylmercapto]- 688

$C_{11}H_9N_3O_4$
Diacetyl-Derivat $C_{11}H_9N_3O_4$ aus
  2,3-Dihydro-pyrido[3,4-d]pyridazin-
  1,4-dion 580
Diacetyl-Derivat $C_{11}H_9N_3O_4$ aus
  6,7-Dihydro-pyrido[2,3-d]pyridazin-
  5,8-dion 580

$C_{11}H_9N_3S$
Pyrimido[4,5-b]chinolin-2-thion,
  3,4-Dihydro-1H- 493
[1,2,4]Triazolo[4,3-a]chinolin-1-thion,
  5-Methyl-2H- 491
−, 7-Methyl-2H- 492

$C_{11}H_9N_5$
[1,2,4]Triazol, 4-[5-Phenyl-1(2)H-pyrazol-
  3-yl]-4H- 40

$C_{11}H_{10}BrN_3$
2,3,6-Triaza-bicyclo[3.1.0]hexa-3,6-dien,
  5-Brom-4-methyl-2-o-tolyl- 71
−, 5-Brom-4-methyl-2-p-tolyl- 71

$C_{11}H_{10}BrN_3O_3$
Imidazo[4,5-b]pyridin-2-on, 1,3-Diacetyl-
  6-brom-5-methyl-1,3-dihydro- 449
−, 1,3-Diacetyl-6-brom-7-methyl-
  1,3-dihydro- 450

$C_{11}H_{10}ClN_3$
2,3,6-Triaza-bicyclo[3.1.0]hexa-3,6-dien,
  5-Chlor-4-methyl-2-o-tolyl- 71

$C_{11}H_{10}ClN_3O$
Äthanon, 1-[1-(4-Chlor-phenyl)-5-methyl-
  1H-[1,2,4]triazol-3-yl]- 436

$C_{11}H_{10}IN_3$
2,3,6-Triaza-bicyclo[3.1.0]hexa-3,6-dien,
  5-Jod-4-methyl-2-o-tolyl- 71

$C_{11}H_{10}N_2O_2S$
Imidazolidin-4-on, 3-Benzoyl-1-methyl-
  2-thioxo- 612

$[C_{11}H_{10}N_3]^+$
Pyrrolo[3,2-c;4,5-c']dipyridinium, 2-Methyl-
  5H- 220

$C_{11}H_{10}N_4O_5$
Barbitursäure, 5-Äthyl-5-[5-nitro-
  [2]pyridyl]- 654

$C_{11}H_{11}ClN_4O$
Äthanon, 1-[1-(4-Chlor-phenyl)-5-methyl-
  1H-[1,2,4]triazol-3-yl]-, oxim 436

$C_{11}H_{11}ClN_6S$
Äthanon, 1-[1-(4-Chlor-phenyl)-
  1H-[1,2,4]triazol-3-yl]-, thiosemicarbazon 434

$C_{11}H_{11}N_3$
Naphtho[2,3-d][1,2,3]triazol, 1-Methyl-
  4,9-dihydro-1H- 193
2,3,6-Triaza-bicyclo[3.1.0]hexa-3,6-dien,
  4,5-Dimethyl-2-phenyl- 71
[1,2,4]Triazin, 3,5-Dimethyl-6-phenyl- 194
−, 3,6-Dimethyl-5-phenyl- 194
−, 5,6-Dimethyl-3-phenyl- 194
[1,3,5]Triazin, Dimethyl-phenyl- 194

$C_{11}H_{11}N_3$ (Fortsetzung)

[1,2,3]Triazol, 4-Isopropenyl-1-phenyl-1H-
72

$C_{11}H_{11}N_3O$

Äthanon, 1-[5-Methyl-1-phenyl-
1H-[1,2,3]triazol-4-yl]- 435
-, 1-[5-Methyl-1-phenyl-
1H-[1,2,4]triazol-3-yl]- 435
Pyrazolo[4,3-c]isochinolin-3-on, 4-Methyl-
1,2,4,5-tetrahydro- 485
Pyrido[3,2-h]chinazolin-7-ol, 7,8,9,10-
Tetrahydro- 353
Pyrrolo[2,3-g]chinoxalin-8-ol, 6-Methyl-
7,8-dihydro-6H- 353
[1,2,4]Triazin-3-on, 6-Styryl-4,5-dihydro-
2H- 486

$C_{11}H_{11}N_3OS$

Pyrimido[4,5-b]chinolin-4-on, 2-Thioxo-
2,3,6,7,8,9-hexahydro-1H- 600
[1,2,4]Triazepin-5-on, 2-Methyl-7-phenyl-
3-thioxo-2,3,4,6-tetrahydro- 595
-, 7-Methyl-2-phenyl-3-thioxo-
2,3,4,6-tetrahydro- 561
[1,2,4]Triazin-5-on, 4-Äthyl-6-phenyl-
3-thioxo-3,4-dihydro-2H- 593
-, 6-Benzyl-3-methylmercapto-4H-
689
-, 6-Benzyl-2-methyl-3-thioxo-
3,4-dihydro-2H- 597
-, 6-Benzyl-4-methyl-3-thioxo-
3,4-dihydro-2H- 597
-, 4,6-Dimethyl-2-phenyl-3-thioxo-
3,4-dihydro-2H- 559
[1,2,4]Triazin-6-on, 5-Benzyliden-
3-methylmercapto-2,5-dihydro-1H- 689

$C_{11}H_{11}N_3OS_2$

[1,2,4]Triazin-5-on, 6-[4-Äthylmercapto-
phenyl]-3-thioxo-3,4-dihydro-2H- 705
-, 4-Methyl-6-[4-methylmercapto-
phenyl]-3-thioxo-3,4-dihydro-2H- 705

$C_{11}H_{11}N_3O_2$

Imidazo[1,5-a]chinoxalin-1,3-dion,
5-Methyl-4,5-dihydro-3aH- 598
Pyrimido[4,5-b]chinolin-2,4-dion, 6,7,8,9-
Tetrahydro-1H- 600
Spiro[chinolin-4,4'-imidazolidin]-2',5'-dion,
2,3-Dihydro-1H- 599
[1,3,5]Triazin, Dimethoxy-phenyl- 387
[1,2,4]Triazin-3,5-dion, 6-Benzyl-2-methyl-
2H- 596
[1,3,5]Triazin-2,4-dion, 1,3-Dimethyl-
6-phenyl-1H- 594
[1,3,5]Triazin-2-on, 4-Methoxy-1-methyl-
6-phenyl-1H- 689
[1,2,3]Triazolo[4,5,1-ij]chinolin-4-on,
8-Äthoxy-5,6-dihydro- 689

$C_{11}H_{11}N_3O_2S$

[1,2,4]Triazin-5-on, 6-[4-Methoxy-benzyl]-
3-thioxo-3,4-dihydro-2H- 707

$C_{11}H_{11}N_3O_2S_2$

[1,2,4]Triazin-3-thion, 5-[4-Äthansulfonyl-
phenyl]-2H- 687

$C_{11}H_{11}N_3O_3$

Barbitursäure, 5-Äthyl-5-[2]pyridyl- 654
-, 5-Äthyl-5-[4]pyridyl- 654
-, 5-[3,4,5-Trimethyl-pyrrol-2-yliden]-
655
Essigsäure, [4-Oxo-4H-benzo[e]⁼
[1,2,3]triazin-3-yl]-, äthylester 461
[1,2,4]Triazin-3,5-dion, 6-[4-Methoxy-
benzyl]-2H- 706
[1,3,5]Triazin-2,4-dion, 6-[2-Äthoxy-
phenyl]-1H- 706
-, 6-[2-Methoxy-5-methyl-phenyl]-
1H- 707
Acetyl-Derivat $C_{11}H_{11}N_3O_3$ aus
5-[4-Methoxy-phenyl]-1,2-dihydro-
[1,2,4]triazol-3-on 684

$C_{11}H_{11}N_3O_3S$

[1,2,4]Triazin-5-on, 6-[3,4-Dimethoxy-
phenyl]-3-thioxo-3,4-dihydro-2H- 719
-, 6-[4-(2-Hydroxy-äthoxy)-phenyl]-
3-thioxo-3,4-dihydro-2H- 705

$C_{11}H_{11}N_3O_3S_2$

[1,2,4]Triazin-5-on, 6-[4-Äthansulfonyl-
phenyl]-3-thioxo-3,4-dihydro-2H- 705

$C_{11}H_{11}N_3O_4$

[1,2,4]Triazin-2-carbonsäure, 3,6-Dioxo-
tetrahydro-, benzylester 549
[1,3,5]Triazin-2,4-dion, 6-[2,4-Dimethoxy-
phenyl]-1H- 719
Diacetyl-Derivat $C_{11}H_{11}N_3O_4$ aus
4-Methyl-1,2-dihydro-7H-pyrazolo⁼
[3,4-b]pyridin-3,6-dion 571

$C_{11}H_{11}N_3S$

[1,2,4]Triazin-3-thion, 6-Äthyl-5-phenyl-
2H- 486

$C_{11}H_{11}N_3S_2$

[1,3,5]Triazin, Bis-methylmercapto-phenyl-
387

$C_{11}H_{11}N_3Se$

[1,2,4]Triazin-3-selon, 5,6-Dimethyl-
2-phenyl-2H- 434

$C_{11}H_{11}N_5O_2$

[1,3,5]Triazepin-6,7-dion, 2,4-Diimino-1-
p-tolyl-tetrahydro- 673
[1,3,5]Triazin-2-carbaldehyd, 4,6-Dioxo-
1,4,5,6-tetrahydro-, [methyl-phenyl-
hydrazon] 647

$C_{11}H_{12}BrN_3$

Cyclopentatriazol, 1-[4-Brom-phenyl]-
1,3a,4,5,6,6a-hexahydro- 54
Pyrido[2,3-b]pyrazin, 7-Brom-
2,3,6,8-tetramethyl- 187

$C_{11}H_{12}BrN_3O$

Propan-2-ol, 2-[5-Brom-1-phenyl-
1H-[1,2,3]triazol-4-yl]- 328

$C_{11}H_{12}BrN_3O_3$
Propan-1,2,3-triol, 1-[2-(4-Brom-phenyl)-
2H-[1,2,3]triazol-4-yl]- 393
$C_{11}H_{12}ClN_3O$
Methanol, [3-Chlormethyl-6-phenyl-
4,5-dihydro-[1,2,4]triazin-5-yl]- 351
$C_{11}H_{12}ClN_3S_2$
Dithiobiuret, [1-(4-Chlor-phenyl)-
propyliden]- 589
[1,3,5]Triazin-2,4-dithion, 6-Äthyl-6-
[4-chlor-phenyl]-dihydro- 589
$C_{11}H_{12}N_4O$
Äthanon, 1-[5-Methyl-1-phenyl-
1H-[1,2,4]triazol-3-yl]-, oxim 436
Benz[4,5]imidazo[1,2-a]pyrazin-
2-carbonsäure, 3,4-Dihydro-1H-, amid
187
Essigsäure-[4-(4-methyl-[1,2,3]triazol-2-yl)-
anilid] 44
$C_{11}H_{12}N_4OS$
Propionamid, N-[3-Phenyl-5-thioxo-
1,5-dihydro-[1,2,4]triazol-4-yl]- 472
[1,2,4]Triazol-1-thiocarbonsäure, 3-Methyl-
5-oxo-2,5-dihydro-, p-toluidid 425
$C_{11}H_{12}N_4O_2$
Carbamidsäure, Dimethyl-, [1-phenyl-
1H-[1,2,4]triazol-3-ylester] 321
−, Dimethyl-, [2-phenyl-
2H-[1,2,4]triazol-3-ylester] 321
$C_{11}H_{12}N_4O_2S$
[1,2,4]Triazol-1-thiocarbonsäure, 3-Äthoxy-
5-oxo-2,5-dihydro-, anilid 675
$C_{11}H_{12}N_4O_3$
Propan-2-ol, 2-[1-(3-Nitro-phenyl)-
1H-[1,2,3]triazol-4-yl]- 328
−, 2-[1-(4-Nitro-phenyl)-
1H-[1,2,3]triazol-4-yl]- 328
$C_{11}H_{12}N_4O_4$
Butan-2-on, 3-Methyl-4-[5-nitro-3-oxy-
benzotriazol-1-yl]- 133
$C_{11}H_{12}N_4O_4S$
Imidazo[1,2-a]imidazol, 1-[4-Nitro-
benzolsulfonyl]-2,3,5,6-tetrahydro-1H-
57
$C_{11}H_{12}N_6O$
Äthanon, 1-[1-Phenyl-1H-[1,2,3]triazol-
4-yl]-, semicarbazon 433
$C_{11}H_{12}N_6O_2$
Äthanon, 1-[5-Methyl-1H-[1,2,3]triazol-
4-yl]-, [4-nitro-phenylhydrazon] 435
[1,3,5]Triazin-2-carbaldehyd, 4-Hydroxy≠
imino-6-oxo-1,4,5,6-tetrahydro-,
[methyl-phenyl-hydrazon] 647
$C_{11}H_{12}N_6S$
Äthanon, 1-[1-Phenyl-1H-[1,2,4]triazol-
3-yl]-, thiosemicarbazon 433
[$C_{11}H_{13}ClN_3$]$^+$
[1,2,4]Triazolium, 4-[4-Chlor-phenyl]-
1,3,5-trimethyl- 51

$C_{11}H_{13}Cl_2N_3O_4S$
Bernsteinsäure, [4,6-Dichlor-[1,3,5]triazin-
2-ylmercapto]-, diäthylester 333
[$C_{11}H_{13}Cl_4N_4$]$^+$
Ammonium, Trimethyl-[2-(tetrachlor-
benzotriazol-2-yl)-äthyl]- 125
$C_{11}H_{13}N_3$
Benz[4,5]imidazo[1,2-a]pyrazin, 2-Methyl-
1,2,3,4-tetrahydro- 186
Cyclopentatriazol, 1-Phenyl-1,3a,4,5,6,6a-
hexahydro- 54
Naphtho[2,3-d][1,2,3]triazol, 1-Methyl-
5,6,7,8-tetrahydro-1H- 185
[1,2,4]Triazin, 3,5-Dimethyl-6-phenyl-
4,5-dihydro- 187
−, 3,6-Dimethyl-5-phenyl-1,2-dihydro-
187
−, 5,6-Dimethyl-3-phenyl-1,2-dihydro-
187
[1,2,3]Triazol, 4-Isopropenyl-1-phenyl-
4,5-dihydro-1H- 53
−, 5-Isopropenyl-1-phenyl-
4,5-dihydro-1H- 53
−, 4-Isopropyl-1-phenyl-1H- 53
[1,2,3]Triazol, 3-Äthyl-5-methyl-1-phenyl-
1H- 53
−, 3-Äthyl-5-methyl-4-phenyl-4H- 54
−, 5-Äthyl-3-methyl-1-phenyl-1H- 53
$C_{11}H_{13}N_3O$
Äthanon, 1-[5-Methyl-1-phenyl-
4,5-dihydro-1H-[1,2,3]triazol-4-yl]- 430
−, 1-[5-Methyl-3-phenyl-4,5-dihydro-
3H-[1,2,3]triazol-4-yl]- 430
Methanol, [3-Methyl-6-phenyl-1,2-dihydro-
[1,2,4]triazin-5-yl]- 351
−, [3-Methyl-6-phenyl-4,5-dihydro-
[1,2,4]triazin-5-yl]- 351
Propan-1-ol, 1-[2-Phenyl-2H-[1,2,3]triazol-
4-yl]- 327
Propan-2-ol, 2-[1-Phenyl-1H-[1,2,3]triazol-
4-yl]- 327
Pyrido[2,3-d]pyrimidin-4-on, 7-Isobutyl-
3H- 482
Pyrrolo[2,3-d]pyrimidin-6-on, 5-Isopropyl≠
iden-2,7-dimethyl-5,7-dihydro- 481
[1,2,4]Triazin-6-on, 3-Benzyl-5-methyl-
2,5-dihydro-1H- 481
[1,2,3]Triazol, 1-Äthoxymethyl-4-phenyl-
1H- 170
−, 1-Äthoxymethyl-5-phenyl-1H- 170
[1,2,4]Triazol, 4-[4-Methoxy-phenyl]-
3,5-dimethyl-4H- 51
$C_{11}H_{13}N_3OS$
Pyrido[2,3-d]pyrimidin-4-on, 6-Äthyl-
5,7-dimethyl-2-thioxo-2,3-dihydro-1H-
589
−, 7-Isobutyl-2-thioxo-2,3-dihydro-
1H- 589

$C_{11}H_{13}N_3OS$ (Fortsetzung)

[1,2,4]Triazin-5-on, 6-Benzyl-
3-methylmercapto-1,6-dihydro-$2H$- 687
−, 6-Benzyl-3-methylmercapto-
3,4-dihydro-$2H$- 687
−, 6-Benzyl-4-methyl-3-thioxo-
tetrahydro- 586
[1,2,4]Triazol, 3-[4-Äthoxy-phenyl]-
5-methylmercapto-$1H$- 383
−, 5-Äthylmercapto-3-[4-methoxy-
phenyl]-$1H$- 383
[1,2,4]Triazol-3-on, 2-Methyl-
5-methylmercapto-4-p-tolyl-2,4-dihydro-
676
[1,2,4]Triazol-3-thion, 5-[4-Isopropoxy-
phenyl]-1,2-dihydro- 685
−, 5-[4-Propoxy-phenyl]-1,2-dihydro-
685

$C_{11}H_{13}N_3O_2$

Benzo[e][1,2,4]triazin-1-oxid, 3-Butoxy-
345
Benzotriazol-1-carbonsäure, 5,6-Dimethyl-,
äthylester 156
Imidazolidin-2,4-dion, 5-Isopropyl-
5-[2]pyridyl- 589
−, 5-Propyl-5-[2]pyridyl- 589
Pyrido[3,4-b]pyrazin-2,3-dion, 1-Butyl-
1,4-dihydro- 579
Pyrido[3,2-d]pyrimidin, 2,4-Diäthoxy- 381
Pyrido[2,3-d]pyrimidin-2,4-dion, 1,3,5,7-
Tetramethyl-$1H$- 585
[1,2,4]Triazin-3,6-dion, 5-Äthyl-5-phenyl-
tetrahydro- 589
[1,2,4]Triazocin-3,5-dion, 8-Phenyl-
tetrahydro- 589
[1,2,4]Triazol, 3-Äthoxy-5-[4-methoxy-
phenyl]-$1H$- 382
[1,2,4]Triazolidin-3,5-dion, 4-[4-Propyl-
phenyl]- 541

$C_{11}H_{13}N_3O_3$

Propan-1,2,3-triol, 1-[2-Phenyl-
$2H$-[1,2,3]triazol-4-yl]- 391
Pyrido[3,2-d]pyrimidin-2,4-dion,
7-Methoxy-1,3,6-trimethyl-$1H$- 702

$C_{11}H_{13}N_3O_4$

Barbitursäure, 5-Hydroxy-5-
[3,4,5-trimethyl-pyrrol-2-yl]- 718
Pyrido[3,2-d]pyrimidin-2,4,6-trion,
7-Methoxy-1,3,5-trimethyl-1,5-dihydro-
718

$C_{11}H_{13}N_3S$

[1,2,3]Triazol, 1-[Äthylmercapto-methyl]-
4-phenyl-$1H$- 170
−, 1-[Äthylmercapto-methyl]-
5-phenyl-$1H$- 170
[1,2,4]Triazol, 3-Äthylmercapto-5-methyl-
1-phenyl-$1H$- 325
−, 3-Äthylmercapto-5-methyl-
4-phenyl-$4H$- 325

−, 5-Äthylmercapto-3-methyl-
1-phenyl-$1H$- 325

$C_{11}H_{13}N_3S_2$

Pyrido[2,3-d]pyrimidin, 2,4-Bis-
äthylmercapto- 382
Pyrido[3,2-d]pyrimidin, 2,4-Bis-
äthylmercapto- 381
[1,3,5]Triazin-2,4-dithion, 6,6-Dimethyl-
1-phenyl-dihydro- 550
[1,2,4]Triazol, 3,5-Bis-methylmercapto-4-
o-tolyl-$4H$- 373
−, 3,5-Bis-methylmercapto-4-p-tolyl-
$4H$- 373

$[C_{11}H_{14}N_3]^+$

Pyridinium, 1-Äthyl-4-[5-methyl-
1(2)H-pyrazol-3-yl]- 181
[1,2,4]Triazolium, 1,3,5-Trimethyl-4-phenyl-
51
−, 3,4,5-Trimethyl-1-phenyl- 51

$[C_{11}H_{14}N_3S]^+$

[1,2,4]Triazolium, 1,3-Dimethyl-
5-methylmercapto-2-phenyl- 325
−, 3,4-Dimethyl-5-methylmercapto-
1-phenyl- 325
−, 4,5-Dimethyl-3-methylmercapto-
1-phenyl- 325

$C_{11}H_{14}N_4O$

Benzo[d][1,2,3]triazin-4-on, 3-[2-Dimethyl-
amino-äthyl]-$3H$- 461
Propan-2-ol, 2-[1-(3-Amino-phenyl)-
$1H$-[1,2,3]triazol-4-yl]- 328
−, 2-[1-(4-Amino-phenyl)-
$1H$-[1,2,3]triazol-4-yl]- 328

$C_{11}H_{14}N_4O_2S$

Imidazo[1,2-a]imidazol, 1-Sulfanilyl-
2,3,5,6-tetrahydro-$1H$- 57
Toluol-4-sulfonamid, N-[4,5-Dimethyl-
[1,2,3]triazol-1-yl]- 48

$[C_{11}H_{15}ClN_3]^+$

[1,2,3]Triazolium, 1-[2-Chlor-äthyl]-3-
o-tolyl-4,5-dihydro- 27
−, 1-[2-Chlor-äthyl]-3-p-tolyl-
4,5-dihydro- 27

$C_{11}H_{15}Cl_2N_3O_3$

Hexansäure, 6-[4,6-Dichlor-[1,3,5]triazin-
2-yloxy]-, äthylester 331

$C_{11}H_{15}N_3$

Imidazo[4,5-c]pyridin, 1-Äthyl-2-propyl-
$1H$- 160
−, 1-Butyl-2-methyl-$1H$- 154

$C_{11}H_{15}N_3O_2$

Imidazo[1,2-a]pyrimidin-2,5-dion, 6-Äthyl-
1,3,7-trimethyl-$1H$- 574
−, 6-Butyl-7-methyl-$1H$- 575

$C_{11}H_{15}N_3O_3$

Imidazo[1,2-a]pyrimidin-2,5,7-trion,
6-Butyl-3-methyl-$1H$- 651
2,4,9-Triaza-spiro[5.5]undecan-1,3,5-trion,
9-Allyl- 649

$C_{11}H_{15}N_3S$
[1,3,5]Triazin-2-thion, 4,6-Dimethyl-
1-phenyl-tetrahydro- 420

$C_{11}H_{15}N_4O_4PS_2$
Dithiophosphorsäure-O,O'-diäthylester-S-
[4-nitro-benzotriazol-1-ylmethylester]
129

$C_{11}H_{15}N_4O_5PS$
Thiophosphorsäure-O,O'-diäthylester-S-
[4-nitro-benzotriazol-1-ylmethylester]
129

$C_{11}H_{16}N_4O$
Amin, [2-Benzotriazol-1-ylmethoxy-äthyl]-
dimethyl- 105

$C_{11}H_{16}N_6O_5$
Imidazo[1,5-a]imidazol-5-on, 3,7-Diäthyl-
3,7-dimethyl-6-nitro-2-nitroimino-
2,3,6,7-tetrahydro- 569

$C_{11}H_{17}Cl_2N_3O$
[1,3,5]Triazin, Dichlor-[1-methyl-
heptyloxy]- 330
–, Dichlor-octyloxy- 330

$C_{11}H_{17}Cl_2N_3S$
[1,3,5]Triazin, Dichlor-octylmercapto- 333

$C_{11}H_{17}N_3O$
Imidazol-4-on, 2-Äthyl-5-[1-methyl-
[4]piperidyliden]-3,5-dihydro- 444
5,8-Methano-benzo[e][1,2,4]triazin-3-on,
8,9,9-Trimethyl-4,4a,5,6,7,8-hexahydro-
2H- 444

$C_{11}H_{17}N_3O_3$
2,4,9-Triaza-spiro[5.5]undecan-1,3,5-trion,
9-Isopropyl- 649
–, 9-Propyl- 649

$C_{11}H_{17}N_3S$
5,8-Methano-benzo[e][1,2,4]triazin-3-thion,
8,9,9-Trimethyl-4,4a,5,6,7,8-hexahydro-
2H- 444

$C_{11}H_{18}N_4O$
Imidazo[1,5-a]imidazol-5-on, 3,7-Diäthyl-
2-imino-3,7-dimethyl-2,3,6,7-tetrahydro-
569

$C_{11}H_{19}N_3$
[1,2,4]Triazolo[4,3-a]azepin, 3-Isobutyl-
6,7,8,9-tetrahydro-5H- 83

$C_{11}H_{19}N_3O$
[1,2,4]Triazolo[4,3-a]azonin, 3-Methoxy-
methyl-6,7,8,9,10,11-hexahydro-5H-
336

$C_{11}H_{19}N_3O_2$
1,3,8-Triaza-spiro[4.5]decan-2,4-dion,
7,7,9,9-Tetramethyl- 565

$C_{11}H_{21}N_3$
[1,2,3]Triazol, 4-Nonyl-1H- 62

$C_{11}H_{21}N_5O_4$
[1,3,5]Triazocin, 3-Cyclohexyl-1,5-dinitro-
octahydro- 25

$C_{11}H_{22}N_4$
Amin, Diäthyl-[2-(2,3,5,6-tetrahydro-
imidazo[1,2-a]imidazol-1-yl)-äthyl]- 56

$C_{11}H_{22}N_4O_2$
1,10,12-Triaza-bicyclo[8.3.1]tetradecan,
12-Nitro- 29

$C_{11}H_{22}N_{10}O_8$
Pentan, 1,5-Bis-[3,5-dinitro-tetrahydro-
[1,3,5]triazin-1-yl]- 21

$C_{11}H_{23}N_3O_3$
[1,3,5]Triazin-2-on, 5-Isobutyl-1,3-bis-
methoxymethyl-tetrahydro- 418

$C_{11}H_{23}N_5O_4$
[1,3,5]Triazin, 1,3-Dinitro-5-octyl-
hexahydro- 19

$C_{11}H_{24}I_2N_4$
Bis-methojodid $[C_{11}H_{24}N_4]I_2$ aus
Dimethyl-[2-(2,3,5,6-tetrahydro-
imidazo[1,2-a]imidazol-1-yl)-äthyl]-amin
56

$[C_{11}H_{26}N_3]^+$
[1,3,5]Triazinium, 1,1,3,5-Tetraäthyl-
hexahydro- 5

C_{12}

$C_{12}F_{21}N_3$
[1,3,5]Triazin, Tris-heptafluorpropyl- 83

$C_{12}H_6BrClN_4O_2$
Benzotriazol, 5-Brom-4-chlor-6-nitro-
2-phenyl-2H- 137

$C_{12}H_6BrClN_4O_3$
Benzotriazol-1-oxid, 5-Brom-4-chlor-
6-nitro-2-phenyl-2H- 137

$C_{12}H_6BrN_3O_2$
Benzotriazol-4,5-dion, 6-Brom-2-phenyl-
2H- 577

$C_{12}H_6Br_2N_4O_3$
Benzotriazol-5-on, 4,6-Dibrom-4-nitro-
2-phenyl-2,4-dihydro- 445

$C_{12}H_6Br_3N_3O$
Benzotriazol-5-on, 4,4,6-Tribrom-2-phenyl-
2,4-dihydro- 445

$C_{12}H_6ClN_5O_4$
Benzotriazol, 1-[2-Chlor-4-nitro-phenyl]-
5-nitro-1H- 131

$C_{12}H_6Cl_2N_4O_2$
Benzotriazol, 4,5-Dichlor-6-nitro-2-phenyl-
2H- 136

$C_{12}H_6Cl_2N_4O_3$
Benzotriazol-1-oxid, 4,5-Dichlor-6-nitro-
2-phenyl-2H- 136

$C_{12}H_6Cl_3N_3$
Benzotriazol, 5-Chlor-1-[2,4-dichlor-
phenyl]-1H- 119

$C_{12}H_7BrClN_3$
Benzotriazol, 1-[4-Brom-phenyl]-6-chlor-
1H- 120

$C_{12}H_7BrN_4O_2$
Benzotriazol, 4-Brom-6-nitro-2-phenyl-2H- 137
−, 6-Brom-4-nitro-2-phenyl-2H- 136
−, 1-[4-Brom-phenyl]-5-nitro-1H- 131

$C_{12}H_7Br_2N_3O$
Benzotriazol-4-ol, 5,7-Dibrom-2-phenyl- 2H- 338
Benzotriazol-5-ol, 4,6-Dibrom-2-phenyl- 2H- 342
Benzotriazol-5-on, 4,4-Dibrom-2-phenyl- 2,4-dihydro- 445

$C_{12}H_7Br_3ClN_3O$
Benzotriazol-5-on, 4,4,6-Tribrom-7-chlor- 2-phenyl-2,4,6,7-tetrahydro- 441

$C_{12}H_7ClN_4O_2$
Benzotriazol, 7-Chlor-5-nitro-1-phenyl-1H- 135
−, 1-[2-Chlor-phenyl]-5-nitro-1H- 130
−, 1-[3-Chlor-phenyl]-5-nitro-1H- 130
−, 1-[4-Chlor-phenyl]-5-nitro-1H- 131

$C_{12}H_7ClN_4O_3$
Benzotriazol-1-oxid, 5-Chlor-2-[4-nitro- phenyl]-2H- 120
−, 5-Chlor-6-nitro-2-phenyl-2H- 134

$C_{12}H_7Cl_2N_3$
Benzotriazol, 5-Chlor-1-[4-chlor-phenyl]- 1H- 119
−, 5-Chlor-2-[2-chlor-phenyl]-2H- 119
−, 5-Chlor-2-[3-chlor-phenyl]-2H- 119
−, 5-Chlor-2-[4-chlor-phenyl]-2H- 119
−, 6-Chlor-1-[2-chlor-phenyl]-1H- 119
−, 6-Chlor-1-[3-chlor-phenyl]-1H- 119
−, 6-Chlor-1-[4-chlor-phenyl]-1H- 119
Imidazo[1,2-a]pyrimidin, 2-[3,4-Dichlor- phenyl]- 230

$C_{12}H_7Cl_2N_3O$
Benzotriazol-1-oxid, 5-Chlor-2-[2-chlor- phenyl]-2H- 120
−, 5-Chlor-2-[3-chlor-phenyl]-2H- 120

$C_{12}H_7Cl_2N_3O_3$
Pyrazolo[3,4-b]pyridin-3,6-dion, 2-[3,4-Dichlor-phenyl]-4-hydroxy- 1,2-dihydro-7H- 701

$C_{12}H_7IN_4O_2$
Benzotriazol, 4-Jod-6-nitro-2-phenyl-2H- 138
−, 6-Jod-4-nitro-2-phenyl-2H- 138

$C_{12}H_7N_3O_3$
Naphtho[2,3-d][1,2,3]triazol-4,9-dion, 1-Acetyl-1H- 607

$C_{12}H_7N_3O_4$
Benzotriazol-4,7-dion, 5,6-Dihydroxy- 1-phenyl-1H- 718

$C_{12}H_7N_5O_4$
Benzotriazol, 4-Nitro-2-[4-nitro-phenyl]- 2H- 128
−, 5-Nitro-1-[4-nitro-phenyl]-1H- 131
−, 5-Nitro-2-[4-nitro-phenyl]-2H- 131

$[C_{12}H_8BrClN_3]^+$
[1,2,3]Triazolo[1,5-a]pyridinium, 3-Brom- 1-[4-chlor-phenyl]- 139

$C_{12}H_8BrN_3$
Benzotriazol, 2-[4-Brom-phenyl]-2H- 100
Imidazo[1,2-a]pyrimidin, 2-[4-Brom- phenyl]- 230

$C_{12}H_8BrN_3O$
Benzotriazol-5-ol, 4-Brom-2-phenyl-2H- 341
Benzotriazol-1-oxid, 2-[4-Brom-phenyl]- 2H- 101

$C_{12}H_8ClN_3$
Benzotriazol, 1-[2-Chlor-phenyl]-1H- 99
−, 1-[3-Chlor-phenyl]-1H- 99
−, 1-[4-Chlor-phenyl]-1H- 100
−, 2-[2-Chlor-phenyl]-2H- 100
−, 2-[3-Chlor-phenyl]-2H- 100
−, 2-[4-Chlor-phenyl]-2H- 100
−, 5-Chlor-1-phenyl-1H- 118
−, 5-Chlor-2-phenyl-2H- 119
−, 6-Chlor-1-phenyl-1H- 119
Imidazo[1,2-a]pyrimidin, 2-[4-Chlor- phenyl]- 230

$C_{12}H_8ClN_3O$
Benzotriazol-1-oxid, 2-[2-Chlor-phenyl]- 2H- 101
−, 2-[3-Chlor-phenyl]-2H- 101
−, 2-[4-Chlor-phenyl]-2H- 101
−, 5-Chlor-2-phenyl-2H- 120
Naphtho[2,3-d][1,2,3]triazol, 1-Chloracetyl- 1H- 200

$C_{12}H_8ClN_3O_3$
Pyrazolo[3,4-b]pyridin-3,6-dion, 2-[4-Chlor- phenyl]-4-hydroxy-1,2-dihydro-7H- 701

$C_{12}H_8FN_3$
Benzotriazol, 6-Fluor-1-phenyl-1H- 118
Imidazo[1,2-a]pyrimidin, 2-[4-Fluor- phenyl]- 230

$C_{12}H_8N_4O$
Benzo[d][1,2,3]triazin-4-on, 3-[2]Pyridyl- 3H- 463
−, 3-[3]Pyridyl-3H- 463

$C_{12}H_8N_4O_2$
Benzotriazol, 1-[2-Nitro-phenyl]-1H- 100
−, 1-[4-Nitro-phenyl]-1H- 100

C₁₂H₈N₄O₂ (Fortsetzung)

Benzotriazol, 2-[4-Nitro-phenyl]-2H- 101

–, 5-Nitro-1-phenyl-1H- 130

–, 5-Nitro-2-phenyl-2H- 131

Imidazo[1,2-a]pyrimidin, 2-[4-Nitro-phenyl]- 230

[1,2,4]Triazolo[4,3-a]pyridin, 6-Nitro-3-phenyl- 229

C₁₂H₈N₄O₃

Benzotriazol-1-oxid, 2-[3-Nitro-phenyl]-2H- 101

C₁₂H₈N₄O₄

Benzotriazol-4,7-diol, 1-[4-Nitro-phenyl]-1H- 379

C₁₂H₈N₆O₂

Benzol, 1,4-Bis-[[1,2,4]triazol-1-carbonyl]- 38

C₁₂H₉N₃

Acenaphtho[4,5-d][1,2,3]triazol, 5,9-Dihydro-4H- 233

Benzimidazol, 2-[2]Pyridyl-1H- 230

–, 2-[3]Pyridyl-1H- 231

–, 2-[4]Pyridyl-1H- 232

Benzotriazol, 1-Phenyl-1H- 99

–, 2-Phenyl-2H- 100

Imidazo[4,5-b]pyridin, 2-Phenyl-1(3)H- 232

Imidazo[4,5-c]pyridin, 2-Phenyl-1(3)H- 232

Imidazo[1,2-a]pyrimidin, 2-Phenyl- 230

Pyrazolo[4,3-b]pyridin, 1-Phenyl-1H- 139

Pyrido[3,4-b]chinoxalin, 8-Methyl- 232

Pyrido[3,2-h]cinnolin, 4-Methyl- 232

Pyrido[4,3-c]cinnolin, 4-Methyl- 233

–, 9-Methyl- 233

[1,2,3]Triazolo[1,5-a]pyridin, 3-Phenyl- 229

[1,2,4]Triazolo[1,5-a]pyridin, 2-Phenyl- 229

[1,2,4]Triazolo[4,3-a]pyridin, 3-Phenyl- 229

C₁₂H₉N₃O

Benzotriazol-4-ol, 2-Phenyl-2H- 337

Benzotriazol-5-ol, 2-Phenyl-2H- 339

Benzotriazol-1-oxid, 2-Phenyl-2H- 101

Imidazo[4,5-b]pyridin-2-on, 5-Phenyl-1,3-dihydro- 498

Naphtho[2,3-d][1,2,3]triazol, 1-Acetyl-1H- 200

Pyridazino[4,5-b]chinolin-4-on, 1-Methyl-3H- 499

Pyrido[3,2-h]cinnolin-7-on, 3-Methyl-10H- 499

Pyrido[4,3-c]cinnolin-1-on, 4-Methyl-2H- 499

Pyrido[2,3-h][1,6]naphthyridin-5-on, 6-Methyl-6H- 498

Pyrimido[4,5-b]chinolin-4-on, 2-Methyl-3H- 499

Pyrimido[4,5-c]chinolin-1-on, 3-Methyl-2H- 499

Acetyl-Derivat C₁₂H₉N₃O aus 3(2)H-Pyrazolo[3,4-c]chinolin 220

C₁₂H₉N₃OS

Imidazolidin-4-on, 5-Indol-3-ylmethylen-2-thioxo- 609

C₁₂H₉N₃O₂

Essigsäure, Naphtho[2,3-d][1,2,3]triazol-1-yl- 200

Imidazolidin-2,4-dion, 5-Indol-3-ylmethylen- 608

Pyrazolo[3,4-b]pyridin-3,4-dion, 6-Phenyl-1,2-dihydro-7H- 609

Pyrazolo[1,5-a]pyrimidin-5,7-dion, 2-Phenyl-4H- 608

Pyrimido[4,5-b]chinolin-4-on, 2-Methyl-10-oxy-3H- 499

Resorcin, 4-Benzotriazol-2-yl- 104

Acetyl-Derivat C₁₂H₉N₃O₂ aus 1,3-Dihydro-imidazo[4,5-b]chinolin-2-on 489

C₁₂H₉N₃O₃

Imidazolidin-2,4-dion, 5-[5-Methyl-2-oxo-indolin-3-yliden]- 662

–, 5-[2-Oxo-indolin-3-ylmethylen]- 661

Imidazo[1,2-a]pyrimidin-2,5,7-trion, 6-Phenyl-1H- 661

Pyrazolo[3,4-b]pyridin-3,6-dion, 4-Hydroxy-2-phenyl-1,2-dihydro-7H- 701

Acetyl-Derivat C₁₂H₉N₃O₃ aus 2,3-Dihydro-5H-pyridazino[4,5-b]indol-1,4-dion 601

C₁₂H₉N₃O₃S

Benzolsulfonsäure, 4-Benzotriazol-2-yl- 109

C₁₂H₁₀N₂O

Indolin-2-on, 3-Pyrrol-1-yl- 630

[C₁₂H₁₀N₃]⁺

[1,2,3]Triazolo[1,5-a]pyridinium, 1-Phenyl- 138

C₁₂H₁₀N₄

Anilin, 3-Benzotriazol-2-yl- 109

–, 4-Benzotriazol-1-yl- 109

–, 4-Benzotriazol-2-yl- 111

Benzotriazol, 1-[4-Methyl-[2]pyridyl]-1H- 115

–, 1-[6-Methyl-[2]pyridyl]-1H- 115

–, 4-Methyl-1-[3]pyridyl-1H- 142

–, 5-Methyl-1-[2]pyridyl-1H- 148

–, 7-Methyl-1-[3]pyridyl-1H- 142

C₁₂H₁₀N₄O

Anilin, 3-[1-Oxy-benzotriazol-2-yl]- 109

Benzotriazol, 5-Methoxy-1-[4]pyridyl-1H- 341

Phenol, 4-Amino-2-benzotriazol-2-yl- 112

–, 4-Amino-3-benzotriazol-2-yl- 112

C₁₂H₁₀N₄O₂

Benz[4,5]imidazo[1,2-a]pyrimidin, 2,4-Dimethyl-7-nitro- 223

$C_{12}H_{10}N_4O_2$ (Fortsetzung)

Benz[4,5]imidazo[1,2-*a*]pyrimidin,
2,4-Dimethyl-8-nitro- 223

Phthalimid, *N*-[2-[1,2,4]Triazol-1-yl-äthyl]-
39

$C_{12}H_{11}Cl_2N_3O$

[1,3,5]Triazin, Dichlor-[3-phenyl-propoxy]-
331

$C_{12}H_{11}N_3$

Benz[4,5]imidazo[1,2-*a*]pyrimidin,
2,4-Dimethyl- 223

Cyclopenta[*e*][1,2,4]triazin, 3-Phenyl-
6,7-dihydro-5*H*- 223

Imidazo[4,5-*c*]chinolin, 2,4-Dimethyl-3*H*-
223

Imidazo[4,5-*f*]chinolin, 2-Äthyl-1(3)*H*- 224

Naphtho[1,2-*d*][1,2,3]triazol, 3-Äthyl-3*H*-
201

Pyrazolo[1,5-*c*]chinazolin, 2,5-Dimethyl-
223

Pyrimido[4,5-*b*]chinolin, 2-Methyl-
3,4-dihydro- 223

[1,2,4]Triazolo[4,3-*a*]chinolin, 1-Äthyl- 223

$C_{12}H_{11}N_3O$

Benz[4,5]imidazo[1,2-*a*]pyrimidin-4-on,
2,3-Dimethyl-1*H*- 493

Benzotriazol-5-on, 2-Phenyl-
2,4,6,7-tetrahydro- 441

Imidazo[1,2-*a*]pyrimidin-5-on, 7-Phenyl-
2,3-dihydro-1*H*- 493

Naphtho[2,3-*d*][1,2,3]triazol, 1-Acetyl-
4,9-dihydro-1*H*- 193

Pyridazin-3-on, 6-Indol-3-yl-4,5-dihydro-
2*H*- 494

$C_{12}H_{11}N_3OS$

Imidazolidin-4-on, 5-Indol-3-ylmethyl-
2-thioxo- 603

[1,2,4]Triazin-5-on, 4-Allyl-6-phenyl-
3-thioxo-3,4-dihydro-2*H*- 593

$C_{12}H_{11}N_3O_2$

Benz[4,5]imidazo[1,2-*a*]pyrimidin-2,4-dion,
3-Äthyl-1*H*- 602

Imidazo[1,5-*a*]chinoxalin-1,3-dion,
2,5-Dimethyl-5*H*- 601

Imidazolidin-2,4-dion, 5-Indol-3-ylmethyl-
602

Propan-1,2-dion, 1-[5-Methyl-2-phenyl-
2*H*-[1,2,3]triazol-4-yl]- 567

Pyrrolo[3,4-*c*]pyrazol-4,6-dion, 3a-Methyl-
5-phenyl-3a,6a-dihydro-3*H*- 568

−, 6a-Methyl-5-phenyl-3a,6a-dihydro-
3*H*- 568

−, 5-*p*-Tolyl-3a,6a-dihydro-3*H*- 567

$C_{12}H_{11}N_3O_2S$

2-Thio-barbitursäure, 5-[2-(1-Methyl-
1*H*-[2]pyridyliden)-äthyliden]- 659

$C_{12}H_{11}N_3O_3$

Barbitursäure, 5-Allyl-5-[4]pyridyl- 660

−, 5-[2-(1-Methyl-1*H*-[2]pyridyliden)-
äthyliden]- 659

Imidazolidin-2,4-dion, 5-[5-Methyl-2-oxo-
indolin-3-yl]- 660

Pyrrolo[3,4-*d*]imidazol-2,4-dion, 3-Benzoyl-
hexahydro- 562

Pyrrolo[3,4-*c*]pyrazol-4,6-dion,
5-[4-Methoxy-phenyl]-3a,6a-dihydro-
3*H*- 567

[1,2,4]Triazin-3,5-dion, 4-Acetyl-6-benzyl-
2*H*- 596

$C_{12}H_{11}N_3O_3S$

Essigsäure, [6-Benzyl-5-oxo-4,5-dihydro-
[1,2,4]triazin-3-ylmercapto]- 690

$C_{12}H_{11}N_5$

m-Phenylendiamin, 4-Benzotriazol-1-yl-
111

[1,2,4]Triazol, 4-[5-Methyl-2-phenyl-
2*H*-pyrazol-3-yl]-4*H*- 40

$C_{12}H_{12}ClN_3O$

Äthanon, 1-[5-Äthyl-1-(4-chlor-phenyl)-
1*H*-[1,2,4]triazol-3-yl]- 437

$[C_{12}H_{12}N_3]^+$

Naphtho[1,2-*d*][1,2,3]triazolium,
1,3-Dimethyl- 201

−, 2,3-Dimethyl- 201

$C_{12}H_{12}N_4O$

Pyrido[3,4-*b*]chinoxalin-4-on, 2-Methyl-
2,3-dihydro-1*H*-, oxim 493

$C_{12}H_{12}N_4O_2$

Imidazolidin-2,4-dion, 3-Amino-5-indol-
3-ylmethyl- 603

Propan-1,2-dion, 1-[5-Methyl-2-phenyl-
2*H*-[1,2,3]triazol-4-yl]-, 1-oxim 567

[1,2,4]Triazin, 5,6-Dimethyl-3-[4-nitro-
benzyl]- 195

$C_{12}H_{12}N_4O_3$

Phthalamidsäure, *N*-[3,5-Dimethyl-
[1,2,4]triazol-4-yl]- 52

$C_{12}H_{12}N_6OS_2$

[1,2,4]Triazin-5-on, 6-[β-Thiosemicarbazono-
phenäthyl]-3-thioxo-3,4,-dihydro-2*H*-
659

$C_{12}H_{12}N_6O_2S$

[1,2,4]Triazin-3,5-dion, 6-[β-Thiosemicarbazono-
phenäthyl]-2*H*- 658

$C_{12}H_{12}N_6O_3S$

[1,2,4]Triazepin-5,6-dion, 2,7-Dimethyl-
3-thioxo-3,4-dihydro-2*H*-, 6-[4-nitro-
phenylhydrazon] 648

$C_{12}H_{13}Br_2N_3O_4$

Erythrit, 1-[2-(3,4-Dibrom-phenyl)-
2*H*-[1,2,3]triazol-4-yl]- 409

$[C_{12}H_{13}ClN_3]^+$

Imidazo[1,2-*c*]chinazolinium, 1-Äthyl-
9-chlor-2,3-dihydro-1*H*- 193

$C_{12}H_{13}ClN_4O$

Äthanon, 1-[5-Äthyl-1-(4-chlor-phenyl)-
1*H*-[1,2,4]triazol-3-yl]-, oxim 437

$C_{12}H_{13}N_3$

Benzotriazol, 1-Phenyl-4,5,6,7-tetrahydro-
1H- 75

−, 2-Phenyl-4,5,6,7-tetrahydro-2H-
75

Indol, 3-[4,5-Dihydro-1H-imidazol-
2-ylmethyl]- 196

[1,2,4]Triazin, 3-Äthyl-6-methyl-5-phenyl-
195

−, 5-Äthyl-6-methyl-3-phenyl- 195

[1,2,3]Triazol, 1-Benzyl-4-isopropenyl-1H-
72

$C_{12}H_{13}N_3O$

Aceton, [5-Methyl-2-phenyl-2H-
[1,2,3]triazol-4-yl]- 437

Äthanon, 1-[5-Äthyl-1-phenyl-
1H-[1,2,4]triazol-3-yl]- 437

Benz[4,5]imidazo[1,2-a]pyrazin, 2-Acetyl-
1,2,3,4-tetrahydro- 186

Butan-1-on, 1-[1-Phenyl-1H-[1,2,3]triazol-
4-yl]- 437

Butan-2-on, 4-Phenyl-4-[1,2,3]triazol-1-yl-
31

Naphtho[2,3-d][1,2,3]triazol, 1-Acetyl-
5,6,7,8-tetrahydro-1H- 185

Pyrido[2′,3′:4,5]pyrimido[1,2-a]azepin-5-on,
8,9,10,11-Tetrahydro-7H- 487

Pyrido[3′,2′:4,5]pyrimido[1,2-a]azepin-
12-on, 7,8,9,10-Tetrahydro-6H- 487

$C_{12}H_{13}N_3OS$

[1,2,4]Triazepin-5-on, 2-Benzyl-7-methyl-
3-thioxo-2,3,4,6-tetrahydro- 561

−, 2-Methyl-3-thioxo-7-p-tolyl-
2,3,4,6-tetrahydro- 598

[1,2,4]Triazin-5-on, 4-Äthyl-6-benzyl-
3-thioxo-3,4-dihydro-2H- 597

−, 3-Äthylmercapto-6-benzyl-4H-
690

−, 6-Benzyl-2,4-dimethyl-3-thioxo-
3,4-dihydro-2H- 597

−, 6-Benzyl-2-methyl-3-methyl⸗
mercapto-2H- 690

−, 6-Benzyl-4-methyl-3-methyl⸗
mercapto-4H- 690

[1,2,4]Triazol-3-thion, 5-[2-Äthoxy-vinyl]-
1-phenyl-1,2-dihydro- 680

−, 5-[2-Methoxy-1-methyl-vinyl]-
1-phenyl-1,2-dihydro- 681

$C_{12}H_{13}N_3O_2$

Äthanon, 1-[1-(4-Äthoxy-phenyl)-
1H-[1,2,4]triazol-3-yl]- 434

Imidazo[1,5-a]chinoxalin-1,3-dion,
2,5-Dimethyl-4,5-dihydro-3aH- 598

−, 5,7-Dimethyl-4,5-dihydro-3aH-
599

4,7a,11-Triaza-benzo[ef]heptalen-5,10-dion,
6,7,8,9-Tetrahydro-4H,11H- 600

[1,2,4]Triazin-3,5-dion, 2-Äthyl-6-benzyl-
2H- 596

[1,2,4]Triazol-3-on, 5-[2-Methoxy-1-methyl-
vinyl]-1-phenyl-1,2-dihydro- 681

$C_{12}H_{13}N_3O_2S$

Essigsäure, [5-Äthyl-4-phenyl-4H-
[1,2,4]triazol-3-ylmercapto]- 327

[1,2,4]Triazin-5-on, 6-[4-Methoxy-benzyl]-
3-methylmercapto-4H- 707

−, 6-[1-(4-Methoxy-phenyl)-äthyl]-
3-thioxo-3,4-dihydro-2H- 708

$C_{12}H_{13}N_3O_3$

Barbitursäure, 5-Äthyl-1-methyl-
5-[4]pyridyl- 654

−, 5-Äthyl-5-[3]pyridylmethyl- 656

−, 5-[2-(4-Methyl-[2]pyridyl)-äthyl]-
656

−, 5-[2-(6-Methyl-[2]pyridyl)-äthyl]-
656

−, 5-Propyl-5-[2]pyridyl- 656

[1,2,4]Triazin-3,5-dion, 6-[4-Methoxy-
benzyl]-4-methyl-2H- 706

−, 6-[1-(4-Methoxy-phenyl)-äthyl]-
2H- 708

Acetyl-Derivat $C_{12}H_{13}N_3O_3$ aus
5-[4-Methoxy-benzyl]-1,2-dihydro-
[1,2,4]triazol-3-on 686

$C_{12}H_{13}N_3O_4$

Benzotriazol-4,5,6,7-tetraol, 2-Phenyl-
4,5,6,7-tetrahydro-2H- 414

[1,4]Dioxan-2,6-diol, 3-[2-Phenyl-
2H-[1,2,3]triazol-4-yl]- 680

$C_{12}H_{13}N_3O_5$

Barbitursäure, 5-[4-Acetyl-3,5-dimethyl-
pyrrol-2-yl]-5-hydroxy- 722

$C_{12}H_{13}N_5OS$

[1,2,4]Triazepin-5,6-dion, 2,7-Dimethyl-
3-thioxo-3,4-dihydro-2H-,
6-phenylhydrazon 648

$C_{12}H_{13}N_5O_2$

Propan-1,2-dion, 1-[5-Methyl-2-phenyl-
2H-[1,2,3]triazol-4-yl]-, dioxim 567

$C_{12}H_{13}N_5O_3$

[1,3,5]Triazepin-6,7-dion, 1-[4-Äthoxy-
phenyl]-2,4-diimino-tetrahydro- 673

$C_{12}H_{13}N_7O_4S$

[1,2,4]Triazepin-3-thion, 5-[2,4-Dinitro-
phenylhydrazono]-2,7-dimethyl-
2,4,5,6-tetrahydro- 561

$C_{12}H_{14}BrN_3O$

Propan-2-ol, 2-[1-Benzyl-5-brom-
1H-[1,2,3]triazol-4-yl]- 329

−, 2-[3-Benzyl-5-brom-3H-
[1,2,3]triazol-4-yl]- 329

$C_{12}H_{14}BrN_3O_4$

Erythrit, 1-[2-(3-Brom-phenyl)-
2H-[1,2,3]triazol-4-yl]- 408

−, 1-[2-(4-Brom-phenyl)-
2H-[1,2,3]triazol-4-yl]- 408

Threit, 1-[2-(4-Brom-phenyl)-2H-
[1,2,3]triazol-4-yl]- 408

$C_{12}H_{14}IN_3O_3$
Butan-1,2,3-triol, 4-Jod-1-[2-phenyl-
2H-[1,2,3]triazol-4-yl]- 395

$C_{12}H_{14}N_4O$
Aceton, [5-Methyl-2-phenyl-2H-
[1,2,3]triazol-4-yl]-, oxim 437
Äthanon, 1-[5-Äthyl-1-phenyl-
1H-[1,2,4]triazol-3-yl]-, oxim 437

$C_{12}H_{14}N_4OS$
Butyramid, N-[3-Phenyl-5-thioxo-
1,5-dihydro-[1,2,4]triazol-4-yl]- 472
Isobutyramid, N-[3-Phenyl-5-thioxo-
1,5-dihydro-[1,2,4]triazol-4-yl]- 472

$C_{12}H_{14}N_4O_2$
Äthanon, 1-[1-(4-Äthoxy-phenyl)-
1H-[1,2,4]triazol-3-yl]-, oxim 434
Carbamidsäure, Dimethyl-, [5-methyl-
2-phenyl-2H-[1,2,4]triazol-3-ylester] 324
—, Dimethyl-, [5-methyl-3-phenyl-
3H-[1,2,3]triazol-3-ylester] 322
Imidazo[1,2-a]pyridin, 8-[1-Methyl-
pyrrolidin-2-yl]-3-nitro- 188

$C_{12}H_{14}N_4O_2S$
Essigsäure, [4-Amino-5-phenyl-
4H-[1,2,4]triazol-3-ylmercapto]-,
äthylester 350
[1,2,4]Triazol-1-thiocarbonsäure, 3-Äthoxy-
5-oxo-2,5-dihydro-, p-toluidid 675

$C_{12}H_{14}N_4O_3$
Carbamidsäure, [3-Methyl-5-oxo-1-phenyl-
1,5-dihydro-[1,2,4]triazol-4-yl]-,
äthylester 426

$C_{12}H_{15}N_3$
Benz[4,5]imidazo[1,2-a]pyrimidin,
3,4-Dimethyl-6,7,8,9-tetrahydro- 190
Benzo[e][1,2,4]triazin, 3-Pentyl- 188
Benzotriazol, 1-Cyclohexyl-1H- 99
Dibenzo[c,f][1,2,5]triazepin, 2,3,4,5,6,11-
Hexahydro-1H- 189
Imidazo[1,2-a]imidazol, 1-Benzyl-
2,3,5,6-tetrahydro-1H- 55
Imidazo[1,2-a]pyridin, 6-[1-Methyl-
pyrrolidin-2-yl]- 188
—, 8-[1-Methyl-pyrrolidin-2-yl]- 188
[2,2';5',2'']Terpyrrol, 2',3',4',5'-Tetrahydro-
1H,1'H,1''H- 190
[1,2,3]Triazol, 1-Benzyl-4-isopropyl-1H- 53

$C_{12}H_{15}N_3O$
Äthanon, 1-[4-Methyl-2-phenyl-
2,3,4,5-tetrahydro-[1,2,4]triazin-6-yl]-
429
Propan-2-ol, 2-[1-Benzyl-1H-[1,2,3]triazol-
4-yl]- 328
Pyrido[2,3-d]pyrimidin-4-on, 6-Äthyl-
7-propyl-3H- 482
—, 7-Butyl-6-methyl-3H- 482
[1,2,4]Triazol, 4-[4-Äthoxy-phenyl]-
3,5-dimethyl-4H- 51

$C_{12}H_{15}N_3OS$
Pyrido[2,3-d]pyrimidin-4-on, 6-Äthyl-
7-propyl-2-thioxo-2,3-dihydro-1H- 591
—, 7-Butyl-6-methyl-2-thioxo-
2,3-dihydro-1H- 591
—, 5,7-Dimethyl-6-propyl-2-thioxo-
2,3-dihydro-1H- 591
[1,2,4]Triazin-5-on, 4-Äthyl-6-benzyl-
3-thioxo-tetrahydro- 587
—, 3-Äthylmercapto-6-benzyl-
1,6-dihydro-2H- 687
—, 3-Äthylmercapto-6-benzyl-
3,4-dihydro-2H- 687
[1,2,4]Triazol, 3-[4-Äthoxy-phenyl]-
5-äthylmercapto-1H- 383
—, 3-[4-Isopropoxy-phenyl]-
5-methylmercapto-1H- 383
—, 3-Isopropylmercapto-5-[4-methoxy-
phenyl]-1H- 383
—, 3-[4-Methoxy-phenyl]-
5-propylmercapto-1H- 383
—, 3-Methylmercapto-5-[4-propoxy-
phenyl]-1H- 383
[1,2,4]Triazol-3-thion, 5-[4-Butoxy-phenyl]-
1,2-dihydro- 685
—, 5-[4-Isobutoxy-phenyl]-1,2-dihydro-
685

$C_{12}H_{15}N_3OS_2$
[1,3,5]Triazin-2,4-dithion, 6-[4-Äthoxy-
phenyl]-6-methyl-dihydro- 704

$C_{12}H_{15}N_3O_2$
Imidazolidin-2,4-dion, 5-Butyl-5-[2]pyridyl-
590
—, 5-sec-Butyl-5-[2]pyridyl- 590
—, 5-tert-Butyl-5-[2]pyridyl- 590
—, 5-Isobutyl-5-[2]pyridyl- 590
Pyrido[2,3-d]pyrimidin-2,4-dion, 6-Äthyl-
7-propyl-1H- 591
—, 7-Butyl-6-methyl-1H- 590
[2,2';5',2'']Terpyrrol-5,5''-dion, 1,2,3,4,1'',⁼
2'',3'',4''-Octahydro-1'H- 591
[1,3,5]Triazin-2,4-dion, 1,6,6-Trimethyl-
5-phenyl-dihydro- 550
[1,2,4]Triazolidin-3,5-dion, 4-[4-Butyl-
phenyl]- 541

$C_{12}H_{15}N_3O_2S$
Imidazo[1,2-a]imidazol, 1-[Toluol-
4-sulfonyl]-2,3,5,6-tetrahydro-1H- 57

$C_{12}H_{15}N_3O_3$
Butan-1,2,3-triol, 1-[2-Phenyl-2H-
[1,2,3]triazol-4-yl]- 394
Butan-1,2,4-triol, 1-[2-Phenyl-2H-
[1,2,3]triazol-4-yl]- 395
Imidazolidin-2,4-dion, 5-[6-Äthoxy-
[3]pyridyl]-5-äthyl- 704
Propan-1,2,3-triol, 1-[2-p-Tolyl-
2H-[1,2,3]triazol-4-yl]- 393
[1,3,5]Triazin, 1,3,5-Triacryloyl-hexahydro-
12

$C_{12}H_{15}N_3O_3$ (Fortsetzung)

[1,3,5]Triazin, Tris-allyloxy- 398

[1,3,5]Triazin-2,4-dion, 6-Hydroxy-
1,3,5-trimethyl-6-phenyl-dihydro- 702

[1,3,5]Triazintrion, Triallyl- 637

$C_{12}H_{15}N_3O_3S$

[1,2,3]Triazolium, 4-Methyl-1-phenyl-3-
[2-sulfo-propyl]-, betain 43

$C_{12}H_{15}N_3O_4$

Benzotriazol-4,7-dion, 1-Hexyl-
5,6-dihydroxy-1H- 718

Erythrit, 1-[2-Phenyl-2H-[1,2,3]triazol-4-yl]-
406

Threit, 1-[2-Phenyl-2H-[1,2,3]triazol-4-yl]-
407

$C_{12}H_{15}N_3O_9$

[1,3,5]Triazintrion, Tris-acetoxymethyl-
641

$C_{12}H_{15}N_3S_2$

[1,3]Diazetidin-1-thiocarbonsäure,
2,2-Dimethyl-4-thioxo-, m-toluidid 551

[1,3,5]Triazin-2,4-dithion, 6,6-Dimethyl-
1-m-tolyl-dihydro- 551

—, 6,6-Dimethyl-1-o-tolyl-dihydro-
551

—, 1,6,6-Trimethyl-5-phenyl-dihydro-
551

$[C_{12}H_{16}N_3]^+$

Benz[4,5]imidazo[1,2-a]pyrazinium,
2,2-Dimethyl-1,2,3,4-tetrahydro- 186

[1,2,3]Triazolium, 1,3-Diäthyl-4-phenyl-
169

$C_{12}H_{16}N_3O$

[1,2,4]Triazolium, 4-[4-Methoxy-phenyl]-
1,3,5-trimethyl- 51

$[C_{12}H_{16}N_3O]^+$

[1,2,3]Triazolium, 4-[α-Hydroxy-isopropyl]-
3-methyl-1-phenyl- 328

$C_{12}H_{16}N_3O_3PS_2$

Dithiophosphorsäure-O,O'-diäthylester-S-
[4-oxo-4H-benzo[d][1,2,3]triazin-
3-ylmethylester] 460

$C_{12}H_{16}N_4$

Benzotriazol, 1-Piperidinomethyl-1H- 105

$C_{12}H_{16}N_4O$

Benzo[d][1,2,3]triazin-4-on, 3-[3-Dimethyl-
amino-propyl]-3H- 461

$C_{12}H_{16}N_4O_6S$

Benzolsulfonsäure, 4-[4-(1,2,3,4-Tetrahydroxy-
butyl)-[1,2,3]triazol-2-yl]-, amid 414

$C_{12}H_{17}N_3OS$

Imidazolidin-4-on, 1,3-Dimethyl-5-[2-
(1-methyl-pyrrolidin-2-yliden)-
äthyliden]-2-thioxo- 574

$C_{12}H_{17}N_3O_2$

Imidazo[1,2-a]pyrimidin-2,5-dion, 6-Butyl-
3,7-dimethyl-1H- 576

$C_{12}H_{17}N_3O_2S$

[1,3,7]Triazecin-4,10-dion, 7-[2]Thienyl-
methyl-hexahydro- 552

$C_{12}H_{17}N_3O_3$

[1,3,7]Triazecin-4,10-dion, 7-Furfuryl-
hexahydro- 552

$C_{12}H_{18}Cl_3N_3O_3$

[1,3,5]Triazin, Tris-[1-chlor-2-methoxy-
äthyl]- 404

—, 1,3,5-Tris-[3-chlor-propionyl]-
hexahydro- 11

$C_{12}H_{19}N_3O_3$

2,4,9-Triaza-spiro[5.5]undecan-1,3,5-trion,
9-Butyl- 649

$C_{12}H_{19}N_3S$

5,8-Methano-benzo[e][1,2,4]triazin,
8,9,9-Trimethyl-3-methylmercapto-
2,4a,5,6,7,8-hexahydro- 337

$C_{12}H_{21}N_3$

[1,3,5]Triazin, 1,3,5-Triallyl-hexahydro- 6

[1,2,4]Triazol, 3-Äthyl-5-methyl-4-
[2-methyl-cyclohexyl]-4H- 53

—, 3-Äthyl-5-methyl-4-[4-methyl-
cyclohexyl]-4H- 53

Tripyrrolo[1,2-a;1',2'-c;1'',2''-e]-
[1,3,5]triazin, Dodecahydro- 83

$C_{12}H_{21}N_3O_2$

1,3,8-Triaza-spiro[4.5]decan-2,4-dion,
7,7,8,9,9-Pentamethyl- 565

$C_{12}H_{21}N_3O_3$

[1,3,5]Triazin, Triisopropoxy- 396

—, 1,3,5-Tripropionyl-hexahydro- 11

—, Tripropoxy- 396

$C_{12}H_{21}N_3O_6$

[1,3,5]Triazin, Tris-[2-methoxy-äthoxy]-
400

[1,3,5]Triazin-1,3,5-tricarbonsäure-triäthyl-
ester 13

$C_{12}H_{22}N_4O$

Imidazo[1,2-a]pyrimidin-5-on,
1-[2-Diäthylamino-äthyl]-
2,3,6,7-tetrahydro-1H- 439

$C_{12}H_{23}N_3$

[1,2,3]Triazol, 4-Decyl-1H- 62

$C_{12}H_{23}N_3O_2$

[1,2,4]Triazolidin-3,5-dion, 4-Decyl- 539

$C_{12}H_{24}N_4$

Amin, Diäthyl-[3-(2,3,5,6-tetrahydro-
imidazo[1,2-a]imidazol-1-yl)-propyl]-
57

[1,2,4]Triazol-4-ylamin, 3,5-Diisopentyl-
63

$C_{12}H_{24}N_6O_3$

Essigsäure, [1,3,5]Triazin-1,3,5-triyl-tri-,
tris-methylamid 13

$C_{12}H_{25}N_3$

Imidazo[1,5-c]imidazol, 2,6-Diisopropyl-7a-
methyl-hexahydro- 28

$C_{12}H_{27}N_3$
[1,3,5]Triazin, 1,3,5-Triisopropyl-
   hexahydro- 5
–, 2,4,6-Triisopropyl-hexahydro- 26
–, 1,3,5-Tripropyl-hexahydro- 5
–, 2,4,6-Tripropyl-hexahydro- 26
$C_{12}H_{27}N_9O_6$
[1,3,5]Triazin, 1,3,5-Tris-[2-(methyl-nitro-
   amino)-äthyl]-hexahydro- 14

C_{13}

$C_{13}H_4Br_5N_3O_2$
Benzo[d][1,2,3]triazinium, 4-Hydroxy-1-oxy-
   2-pentabromphenyl-, betain 456
$C_{13}H_4Cl_5N_3O_2$
Benzo[d][1,2,3]triazinium, 4-Hydroxy-1-oxy-
   2-pentachlorphenyl-, betain 456
$C_{13}H_5Br_4N_3O_2$
Benzo[d][1,2,3]triazinium, 4-Hydroxy-1-oxy-
   2-[2,3,4,5-tetrabrom-phenyl]-, betain
   456
$C_{13}H_6ClN_3O$
[1,2,3]Triazolo[4,5,1-de]acridin-6-on,
   5-Chlor- 513
$C_{13}H_6Cl_3N_3O$
Benzo[d][1,2,3]triazinium, 4-Hydroxy-
   2-[2,4,6-trichlor-phenyl]-, betain 455
Triazirinoindazol-7-on, 1-[2,4,6-Trichlor-
   phenyl]- 455
$C_{13}H_6Cl_3N_3O_2$
Benzo[d][1,2,3]triazinium, 4-Hydroxy-1-oxy-
   2-[2,4,6-trichlor-phenyl]-, betain 456
–, 4-Hydroxy-1-oxy-2-[3,4,5-trichlor-
   phenyl]-, betain 456
Triazirinoindazol-7-on-2-oxid, 1-[2,4,6-
   Trichlor-phenyl]- 456
–, 1-[3,4,5-Trichlor-phenyl]- 456
$C_{13}H_7BrN_4O_4$
Benzo[d][1,2,3]triazinium, 2-[4-Brom-
   2-nitro-phenyl]-4-hydroxy-1-oxy-,
   betain 457
$C_{13}H_7Br_2N_3O$
Benzo[d][1,2,3]triazinium, 2-[2,4-Dibrom-
   phenyl]-3-hydroxy-, betain 455
Triazirinoindazol-7-on, 1-[2,4-Dibrom-
   phenyl]- 455
$C_{13}H_7Br_2N_3O_2$
Benzo[d][1,2,3]triazinium, 2-[2,4-Dibrom-
   phenyl]-4-hydroxy-1-oxy-, betain 456
Triazirinoindazol-7-on-2-oxid,
   1-[2,4-Dibrom-phenyl]- 456
$C_{13}H_7Cl_2N_3$
Pyrido[2,3-d]pyrimidin, 2,4-Dichlor-
   7-phenyl- 243
$C_{13}H_7Cl_2N_3O$
Benzo[d][1,2,3]triazinium, 2-[2,4-Dichlor-
   phenyl]-4-hydroxy-, betain 455

[1,3,5]Triazin, Dichlor-[2]naphthyloxy- 331
Triazirinoindazol-7-on, 1-[2,4-Dichlor-
   phenyl]- 455
$C_{13}H_7Cl_2N_3O_2$
Benzo[d][1,2,3]triazinium, 2-[2,4-Dichlor-
   phenyl]-4-hydroxy-1-oxy-, betain 456
Triazirinoindazol-7-on-2-oxid,
   1-[2,4-Dichlor-phenyl]- 456
$C_{13}H_7N_3O$
Benz[4′,5′]imidazo[1′,2′:1,2]pyrrolo[3,4-b]=
   pyridin-5-on 513
Benz[4′,5′]imidazo[1′,2′:1,2]pyrrolo[4,3-c]=
   pyridin-11-on 513
Benzo[de][1,2,4]triazolo[5,1-a]isochinolin-
   7-on 513
[1,2,3]Triazolo[4,5,1-de]acridin-6-on 512
$C_{13}H_8BrClN_4O_2$
Benzotriazol, 4-Brom-5-chlor-6-nitro-2-
   p-tolyl-2H- 137
–, 5-Brom-4-chlor-6-nitro-2-o-tolyl-
   2H- 137
$C_{13}H_8BrN_3O$
Benzo[d][1,2,3]triazinium, 2-[4-Brom-
   phenyl]-4-hydroxy-, betain 455
Triazirinoindazol-7-on, 1-[4-Brom-phenyl]-
   455
$C_{13}H_8BrN_3OS$
Pyrido[2,3-d]pyrimidin-4-on, 7-[4-Brom-
   phenyl]-2-thioxo-2,3-dihydro-1H- 614
$C_{13}H_8BrN_3O_2$
Benzo[d][1,2,3]triazinium, 2-[4-Brom-
   phenyl]-4-hydroxy-1-oxy-, betain 456
Pyrido[2,3-d]pyrimidin-2,4-dion, 7-[4-Brom-
   phenyl]-1H- 613
Triazirinoindazol-7-on-2-oxid, 1-[4-Brom-
   phenyl]- 456
$C_{13}H_8Br_2N_4O_2$
Benzotriazol, 4,5-Dibrom-6-nitro-2-p-tolyl-
   2H- 137
–, 4,7-Dibrom-5-nitro-2-p-tolyl-2H-
   137
$C_{13}H_8Br_2N_4O_3$
Benzotriazol-1-oxid, 4,5-Dibrom-6-nitro-
   2-p-tolyl-2H- 137
$C_{13}H_8ClN_3$
Benzo[e][1,2,4]triazin, 3-[4-Chlor-phenyl]-
   242
–, 6-Chlor-3-phenyl- 241
–, 7-Chlor-3-phenyl- 242
Chinazolin, 2-Chlor-4-[2]pyridyl- 243
Pyrido[2,3-d]pyridazin, 8-Chlor-5-phenyl-
   243
$C_{13}H_8ClN_3O$
Benzo[e][1,2,4]triazin-8-ol, 3-[4-Chlor-
   phenyl]- 360
Benzo[d][1,2,3]triazin-4-on, 3-[2-Chlor-
   phenyl]-3H- 455
–, 3-[3-Chlor-phenyl]-3H- 455
–, 3-[4-Chlor-phenyl]-3H- 455

$C_{13}H_8ClN_3O$ (Fortsetzung)

Benzo[e][1,2,4]triazin-1-oxid, 3-[4-Chlor-phenyl]- 242
—, 6-Chlor-3-phenyl- 241
—, 7-Chlor-3-phenyl- 242
Pyrido[2,3-d]pyrimidin-4-on, 7-[4-Chlor-phenyl]-3H- 507

$C_{13}H_8ClN_3OS$

Pyrido[2,3-d]pyrimidin-4-on, 7-[4-Chlor-phenyl]-2-thioxo-2,3-dihydro-1H- 614

$C_{13}H_8ClN_3O_2$

Benzo[d][1,2,3]triazinium, 2-[4-Chlor-phenyl]-4-hydroxy-1-oxy-, betain 456
Pyrido[2,3-d]pyrimidin-2,4-dion, 7-[4-Chlor-phenyl]-1H- 613
Triazirinoindazol-7-on-2-oxid, 1-[4-Chlor-phenyl]- 456

$C_{13}H_8Cl_2N_4O_2$

Benzotriazol, 4,5-Dichlor-6-nitro-2-o-tolyl-2H- 136
—, 4,5-Dichlor-6-nitro-2-p-tolyl-2H- 136
—, 4,7-Dichlor-5-nitro-2-p-tolyl-2H- 135

$C_{13}H_8Cl_2N_4O_3$

Benzotriazol-1-oxid, 4,5-Dichlor-6-nitro-2-p-tolyl-2H- 136
—, 4,7-Dichlor-6-nitro-2-p-tolyl-2H- 135

$C_{13}H_8N_4O_2$

Benzo[e][1,2,4]triazin, 3-[4-Nitro-phenyl]- 242
—, 6-Nitro-3-phenyl- 242
—, 8-Nitro-3-phenyl- 242

$C_{13}H_8N_4O_3$

Benzo[d][1,2,3]triazin-4-on, 3-[2-Nitro-phenyl]-3H- 455
—, 3-[3-Nitro-phenyl]-3H- 456
—, 3-[4-Nitro-phenyl]-3H- 456
Benzo[e][1,2,4]triazin-1-oxid, 3-[4-Nitro-phenyl]- 242

$C_{13}H_8N_6O$

Benzotriazol, 1H,1'H-1,1'-Carbonyl-bis- 108

$C_{13}H_9ClN_4O_2$

Benzotriazol, 4-Chlor-6-nitro-2-p-tolyl-2H- 135
—, 5-Chlor-6-nitro-2-o-tolyl-2H- 134
—, 5-Chlor-6-nitro-2-p-tolyl-2H- 135
—, 6-Chlor-4-nitro-2-p-tolyl-2H- 134
Imidazo[4,5-b]pyridin, 6-Chlor-2-[4-nitro-benzyl]-1(3)H- 235

$C_{13}H_9ClN_4O_3$

Benzotriazol-1-oxid, 4-Chlor-6-nitro-2-p-tolyl-2H- 135
—, 5-Chlor-6-nitro-2-p-tolyl-2H- 135
—, 6-Chlor-4-nitro-2-p-tolyl-2H- 134

$C_{13}H_9Cl_2N_3$

Imidazo[4,5-b]pyridin, 6-Chlor-2-[4-chlor-benzyl]-1(3)H- 235

$C_{13}H_9N_3$

Benzo[e][1,2,4]triazin, 3-Phenyl- 241
Chinazolin, 4-[2]Pyridyl- 243
Chinoxalin, 6-[3]Pyridyl- 243
Cinnolin, 4-[2]Pyridyl- 243
—, 4-[3]Pyridyl- 243
—, 4-[4]Pyridyl- 243

$C_{13}H_9N_3O$

Benzo[e][1,2,4]triazin-8-ol, 3-Phenyl- 360
—, x-Phenyl- 346
Benzo[d][1,2,3]triazin-4-on, 3-Phenyl-3H- 455
Benzo[e][1,2,4]triazin-1-oxid, 3-Phenyl- 241
Benzo[e][1,2,4]triazin-2-oxid, 3-Phenyl- 241
Benzotriazol, 1-Benzoyl-1H- 107
Chinazolin-2-on, 4-[2]Pyridyl-1H- 507
Chinazolin-4-on, 2-[3]Pyridyl-3H- 507
Pyrido[2,3-b]pyrazin-3-on, 4-Phenyl-4H- 466
Pyrido[2,3-d]pyridazin-8-on, 7-Phenyl-7H- 467
Pyrido[2,3-d]pyrimidin-4-on, 7-Phenyl-3H- 507

$C_{13}H_9N_3OS$

Imidazolidin-4-on, 5-[2]Chinolylmethylen-2-thioxo- 614
—, 5-[4]Chinolylmethylen-2-thioxo- 614
Pyrido[2,3-d]pyrimidin-4-on, 7-Phenyl-2-thioxo-2,3-dihydro-1H- 613
[1,2,4]Triazin-5-on, 6-[2]Naphthyl-3-thioxo-3,4-dihydro-2H- 613

$C_{13}H_9N_3O_2$

Imidazolidin-2,4-dion, 5-[2]Chinolylmethylen- 614
—, 5-[4]Chinolylmethylen- 614
Pyrido[3,4-b]pyrazin-2,3-dion, 1-Phenyl-1,4-dihydro- 579
Pyrido[2,3-d]pyrimidin-2,4-dion, 7-Phenyl-1H- 613
[1,2,4]Triazin-3,5-dion, 6-[2]Naphthyl-2H- 612

$C_{13}H_9N_3O_2S$

Pyrido[2,3-d]pyrimidin-4,7-dion, 5-Phenyl-2-thioxo-2,3-dihydro-1H,8H- 663
2-Thio-barbitursäure, 5-Indol-3-ylmethylen- 663

$C_{13}H_9N_3O_3$

Barbitursäure, 5-Indol-3-ylmethylen- 663
Pyrido[2,3-d]pyrimidin-2,4,7-trion, 5-Phenyl-1H,8H- 662

$C_{13}H_9N_3O_4$

Barbitursäure, 5-[2-Oxo-indolin-3-ylmethylen]- 674

$C_{13}H_9N_3O_4$ (Fortsetzung)
Benzotriazol-4,7-dion, 1-Benzyl-
  5,6-dihydroxy-1H- 718
$C_{13}H_9N_3S$
[1,2,4]Triazin-3-thion, 5-[2]Naphthyl-2H-
  506
$C_{13}H_9N_5O_4$
Benzotriazol, 4,6-Dinitro-2-p-tolyl-2H-
  138
—, 1-[2-Methyl-4-nitro-phenyl]-5-nitro-
  1H- 131
$C_{13}H_9N_7O_4$
Cycloheptatriazol-6-on, 1H-, [2,4-dinitro-
  phenylhydrazon] 454
$C_{13}H_{10}BrN_3O$
Imidazo[4,5-b]pyridin-2-on, 6-Brom-
  7-methyl-5-phenyl-1,3-dihydro- 502
Imidazo[1,2-a]pyrimidin, 2-[3-Brom-
  4-methoxy-phenyl]- 356
Phenol, 2-Brom-6-imidazo[1,2-a]pyrimidin-
  2-yl-4-methyl- 357
$C_{13}H_{10}ClN_3$
Benzotriazol, 2-[2-Chlor-phenyl]-5-methyl-
  2H- 145
—, 2-[3-Chlor-phenyl]-5-methyl-2H-
  145
—, 2-[4-Chlor-phenyl]-5-methyl-2H-
  145
—, 6-Chlor-1-m-tolyl-1H- 120
—, 6-Chlor-1-o-tolyl-1H- 120
—, 6-Chlor-1-p-tolyl-1H- 121
Imidazo[4,5-b]pyridin, 2-Benzyl-6-chlor-
  1(3)H- 235
—, 3-Benzyl-6-chlor-3H- 140
$C_{13}H_{10}ClN_3O$
Benzotriazol, 6-Chlor-1-[2-methoxy-
  phenyl]-1H- 121
Benzotriazol-1-oxid, 2-[2-Chlor-phenyl]-
  6-methyl-2H- 145
—, 2-[3-Chlor-phenyl]-6-methyl-2H-
  145
—, 2-[4-Chlor-phenyl]-6-methyl-2H-
  145
$C_{13}H_{10}ClN_3O_2$
Imidazolidin-2,4-dion, 5-[4-Chlor-indol-
  3-ylmethylen]-1-methyl- 609
$C_{13}H_{10}N_3O_2$
Imidazolidin-2,4-dion, 5-[1-Methyl-indol-
  3-ylmethylen]- 609
$C_{13}H_{10}N_4O$
Benzotriazol-1-carbonsäure-anilid 107
$C_{13}H_{10}N_4O_2$
Benzo[e][1,2,4]triazin, 3-[2-Nitro-phenyl]-
  3,4-dihydro- 233
Benzotriazol, 7-Methyl-5-nitro-1-phenyl-
  1H- 143
—, 4-Nitro-2-p-tolyl-2H- 128
—, 5-Nitro-1-m-tolyl-1H- 132
—, 5-Nitro-1-o-tolyl-1H- 131

—, 5-Nitro-1-p-tolyl-1H- 132
—, 5-Nitro-2-o-tolyl-2H- 131
—, 5-Nitro-2-p-tolyl-2H- 132
Imidazo[1,2-a]pyrimidin, 7-Methyl-2-
  [4-nitro-phenyl]- 234
Pyrazolo[1,5-a]pyrimidin-7-on, 4-Methyl-
  3-nitroso-2-phenyl-4H- 498
—, 5-Methyl-3-nitroso-2-phenyl-4H-
  501
—, 6-Methyl-3-nitroso-2-phenyl-4H-
  501
Nitroso-Derivat $C_{13}H_{10}N_4O_2$ aus
  7-Methyl-5-phenyl-1H-pyrazolo[1,5-a]⸗
  pyrimidin-2-on 501
$C_{13}H_{10}N_4O_3$
Benzotriazol, 1-[2-Methoxy-phenyl]-5-nitro-
  1H- 132
—, 1-[3-Methoxy-phenyl]-5-nitro-1H-
  132
—, 1-[4-Methoxy-phenyl]-5-nitro-1H-
  132
Benzotriazol-1-oxid, 4-Nitro-2-p-tolyl-2H-
  129
—, 6-Nitro-2-p-tolyl-2H- 132
Benzylalkohol, α-Benzotriazol-1-yl-3-nitro-
  106
—, α-Benzotriazol-1-yl-4-nitro- 106
Imidazo[1,2-a]pyrimidin-7-on, 5-Methyl-
  2-[4-nitro-phenyl]-8H- 500
$C_{13}H_{10}N_4S$
Benzotriazol-1-thiocarbonsäure-anilid 108
$C_{13}H_{10}N_6$
Methan, Benzotriazol-1-yl-benzotriazol-
  2-yl- 106
—, Bis-benzotriazol-1-yl- 106
$C_{13}H_{11}N_3$
Benzo[d][1,2,3]triazin, 3-Phenyl-3,4-dihydro-
  141
Benzotriazol, 1-Benzyl-1H- 102
—, 2-Benzyl-2H- 102
—, 5-Methyl-2-phenyl-2H- 145
—, 1-o-Tolyl-1H- 101
—, 1-p-Tolyl-1H- 102
—, 2-m-Tolyl-2H- 102
—, 2-o-Tolyl-2H- 101
—, 2-p-Tolyl-2H- 102
Dibenzo[c,f][1,2,5]triazepin, 11-Methyl-
  11H- 230
Dibenzo[c,f][1,2,5]triazocin, 5,12-Dihydro-
  233
Imidazo[4,5-c]pyridin, 1-Methyl-2-phenyl-
  1H- 232
Imidazo[1,2-a]pyrimidin, 5-Methyl-
  2-phenyl- 234
—, 7-Methyl-2-phenyl- 234
Imidazo[1,2-c]pyrimidin, 7-Methyl-
  2-phenyl- 234
Pyrazolo[4,3-b]pyridin, 3-Methyl-1-phenyl-
  1H- 151

$C_{13}H_{11}N_3$ (Fortsetzung)

Pyrazolo[1,5-*a*]pyrimidin, 7-Methyl-
2-phenyl- 234

Pyrido[3,2-*f*]chinoxalin, 2,3-Dimethyl- 235

[1,2,4]Triazolo[1,5-*a*]pyridin, 2-*p*-Tolyl-
233

$C_{13}H_{11}N_3O$

Benz[4,5]imidazo[1,2-*a*]cyclopenta≠
[*d*]pyrimidin-11-on, 1,2,3,4-Tetrahydro-
502

Benzotriazol, 1-[2-Methoxy-phenyl]-1*H*-
103

—, 1-[4-Methoxy-phenyl]-1*H*- 103

—, 2-[4-Methoxy-phenyl]-2*H*- 104

—, 5-Methoxy-2-phenyl-2*H*- 339

Benzotriazol-5-ol, 4-Methyl-2-phenyl-2*H*-
343

Benzotriazol-1-oxid, 6-Methyl-2-phenyl-
2*H*- 145

—, 2-*o*-Tolyl-2*H*- 101

—, 2-*p*-Tolyl-2*H*- 102

Imidazo[4,5-*c*]pyridin, 2-[4-Methoxy-
phenyl]-1(3)*H*- 356

Imidazo[4,5-*b*]pyridin-2-on, 7-Methyl-
5-phenyl-1,3-dihydro- 502

Naphtho[1,2-*d*][1,2,3]triazin, 3-Acetyl-
3,4-dihydro- 221

Phenol, 4-[5-Methyl-benzotriazol-2-yl]-
147

Pyrazolo[4,3-*c*]pyridin-3-on, 1-Methyl-
2-phenyl-1,2-dihydro- 445

—, 7-Methyl-2-phenyl-1,2-dihydro-
447

Pyrazolo[1,5-*a*]pyrimidin-2-on, 7-Methyl-
5-phenyl-1*H*- 501

Pyrazolo[1,5-*a*]pyrimidin-7-on, 2-Methyl-
5-phenyl-4*H*- 500

—, 4-Methyl-2-phenyl-4*H*- 498

—, 5-Methyl-2-phenyl-4*H*- 500

—, 6-Methyl-2-phenyl-4*H*- 501

$C_{13}H_{11}N_3O_2$

Benzotriazol-1-oxid, 2-[4-Methoxy-phenyl]-
2*H*- 104

Imidazolidin-2,4-dion, 5-[2]Chinolylmethyl-
610

—, 5-[2]Chinolyl-5-methyl- 610

—, 5-[4]Chinolylmethyl- 610

—, 5-Indol-3-ylmethylen-1-methyl-
609

—, 5-[2-Methyl-indol-3-ylmethylen]-
610

—, 5-[5-Methyl-indol-3-ylmethylen]-
610

Methanol, [5-Hydroxy-1-phenyl-
1*H*-benzotriazol-4-yl]- 381

Phenol, 4-[5-Methyl-1-oxy-benzotriazol-
2-yl]- 147

—, 4-[6-Methyl-1-oxy-benzotriazol-
2-yl]- 147

Pyrazolo[3,4-*b*]pyridin-3,4-dion, 6-Methyl-
2-phenyl-1,2-dihydro-7*H*- 571

Pyrazolo[1,5-*a*]pyrimidin-2,5-dion,
7-Methyl-1-phenyl-4*H*- 571

Pyrazolo[1,5-*a*]pyrimidin-2,7-dion,
5-Methyl-1-phenyl-4*H*- 571

Pyrido[2,3-*b*][1,8]naphthyridin-4,6-dion,
2,8-Dimethyl-1*H*,9*H*- 611

Pyrimido[1,2-*a*][1,8]naphthyridin-4,10-dion,
2,8-Dimethyl-1*H*- 611

Pyrrolo[2,3-*d*]pyridazin-4,7-dion, 2-Methyl-
1-phenyl-1*H*- 572

Acetyl-Derivat $C_{13}H_{11}N_3O_2$ aus
2-Methyl-1*H*-benz[4,5]imidazo[1,2-*a*]≠
pyrimidin-4-on 492

Dioxid $C_{13}H_{11}N_3O_2$ aus 2,3-Dimethyl-
pyrido[3,2-*f*]chinoxalin 235

$C_{13}H_{11}N_3O_2S$

Benzotriazol, 1-[Toluol-4-sulfonyl]-1*H*-
117

Essigsäure, [5-Methyl-[1,2,4]triazolo[4,3-*a*]≠
chinolin-1-ylmercapto]- 356

$C_{13}H_{11}N_3O_3$

Imidazolidin-2,4-dion, 5-[[2]Chinolyl-
hydroxy-methyl]- 711

—, 5-[[4]Chinolyl-hydroxy-methyl]-
711

—, 5-[5-Methoxy-indol-3-ylmethylen]-
710

—, 5-[6-Methoxy-indol-3-ylmethylen]-
710

—, 5-[7-Methoxy-indol-3-ylmethylen]-
710

Imidazo[1,2-*a*]pyrimidin-2,5,7-trion,
3-Methyl-6-phenyl-1*H*- 662

Pyrazolo[3,4-*b*]pyridin-3,6-dion, 4-Hydroxy-
2-*p*-tolyl-1,2-dihydro-7*H*- 701

$C_{13}H_{11}N_3O_4$

Barbitursäure, 5-[2-Oxo-indolin-
3-ylmethyl]- 673

Pyrazolo[3,4-*b*]pyridin-3,6-dion, 4-Hydroxy-
2-[4-methoxy-phenyl]-1,2-dihydro-7*H*-
701

Pyridazino[4,5-*b*]chinolin-1,4-dion,
6,7-Dimethoxy-2,3-dihydro- 720

Pyrimido[4,5-*b*]chinolin-2,4-dion,
7,8-Dimethoxy-1*H*- 720

$C_{13}H_{11}N_5O_2$

Anilin, *N*-Benzotriazol-1-ylmethyl-4-nitro-
105

$[C_{13}H_{12}N_3]^+$

[1,2,3]Triazolo[1,5-*a*]pyridinium, 3-Methyl-
1-phenyl- 151

—, 1-*p*-Tolyl- 138

$[C_{13}H_{12}N_3O]^+$

[1,2,3]Triazolo[1,5-*a*]pyridinium,
1-[4-Methoxy-phenyl]- 138

$C_{13}H_{12}N_4$

Anilin, *N*-Benzotriazol-1-ylmethyl- 105

$C_{13}H_{12}N_4$ (Fortsetzung)
Anilin, 4-[5-Methyl-benzotriazol-2-yl]- 147

$C_{13}H_{12}N_4O_2$
Phthalimid, N-[3-[1,2,4]Triazol-1-yl-propyl]-
39

$C_{13}H_{12}N_4O_4$
[1,2,4]Triazin-6-on, 2-Acetyl-3-methyl-5-
[3-nitro-benzyliden]-2,5-dihydro-1H-
486
—, 4-Acetyl-3-methyl-5-[3-nitro-
benzyliden]-4,5-dihydro-1H- 486
[1,2,4]Triazolo[1,2-a]pyridazin-1,3-dion,
2-[4-Nitro-benzyl]-5,8-dihydro- 568

$C_{13}H_{13}Cl_2N_3$
4,7-Methano-benzotriazol, 5,6-Dichlor-
1-phenyl-3a,4,5,6,7,7a-hexahydro-1H-
77
[1,2,4]Triazolo[4,3-a]azepin, 3-[2,4-Dichlor-
phenyl]-6,7,8,9-tetrahydro-5H- 196

$C_{13}H_{13}N_3$
Benzo[e][1,2,4]triazin, 3-Phenyl-
5,6,7,8-tetrahydro- 224
Chinolin, 8-[4,5-Dihydro-1H-imidazol-
2-ylmethyl]- 224
Dibenzo[c,f][1,2,5]triazepin, 11-Methyl-
6,11-dihydro-5H- 223
Imidazo[4,5-f]chinolin, 2-Isopropyl-1(3)H-
224
Imidazo[1,2-a][1,8]naphthyridin,
2,4,8-Trimethyl- 224
Pyrrolo[3,4-b]chinoxalin, 2-Allyl-
2,3-dihydro-1H- 194
[1,2,4]Triazolo[4,3-a]chinolin, 1-Isopropyl-
224

$C_{13}H_{13}N_3O$
Benz[4,5]imidazo[1,2-a]pyrimidin,
7-Methoxy-2,4-dimethyl- 356
—, 8-Methoxy-2,4-dimethyl- 356
Benz[4,5]imidazo[1,2-a]pyrimidin-4-on,
3-Äthyl-2-methyl-1H- 495
4,7-Methano-benzotriazol-5-on, 1-Phenyl-
1,3a,4,6,7,7a-hexahydro- 443
—, 3-Phenyl-3,3a,4,6,7,7a-hexahydro-
443
Pyridazin-3-on, 6-[1-Methyl-indol-3-yl]-
4,5-dihydro-2H- 494

$C_{13}H_{13}N_3OS_2$
[1,2,4]Triazin-5-on, 4-Allyl-6-
[4-methylmercapto-phenyl]-3-thioxo-
3,4-dihydro-2H- 706
[1,3,5]Triazin-2-on, 1-Allyl-4,6-dithioxo-5-
o-tolyl-tetrahydro- 642
—, 1-Allyl-4,6-dithioxo-5-p-tolyl-
tetrahydro- 643

$C_{13}H_{13}N_3O_2$
Imidazo[1,5-a]chinoxalin-1,3-dion,
2,4,5-Trimethyl-5H- 601
Imidazolidin-2,4-dion, 5-Indol-3-ylmethyl-
1-methyl- 602

—, 5-Indol-3-ylmethyl-5-methyl- 604
—, 5-[2-Methyl-indol-3-ylmethyl]-
604
Pyrrolo[3,4-c]pyrazol-4,6-dion,
5-[2,4-Dimethyl-phenyl]-3a,6a-dihydro-
3H- 567
[1,2,4]Triazin, 2,3-Diacetyl-6-phenyl-
1,2-dihydro- 486
—, 2,3-Diacetyl-6-phenyl-2,5-dihydro-
486

$C_{13}H_{13}N_3O_2S$
2-Thio-barbitursäure, 5-[2-(1,6-Dimethyl-
1H-[2]pyridyliden)-äthyliden]- 660
[1,2,4]Triazin-5-on, 4-Allyl-6-[4-methoxy-
phenyl]-3-thioxo-3,4-dihydro-2H- 705

$C_{13}H_{13}N_3O_3$
Barbitursäure, 5-[2-(1-Äthyl-1H-
[2]pyridyliden)-äthyliden]- 659
—, 5-[2-(1,6-Dimethyl-1H-
[2]pyridyliden)-äthyliden]- 660
Imidazolidin-2,4-dion, 5-[5-Methoxy-indol-
3-ylmethyl]- 709
—, 5-[6-Methoxy-indol-3-ylmethyl]-
709
—, 5-[7-Methoxy-indol-3-ylmethyl]-
709
Pentan-2,4-dion, 3-[5-Oxo-1-phenyl-
2,5-dihydro-1H-[1,2,4]triazol-3-yl]- 648
Pyrrolo[3,4-c]pyrazol-4,6-dion, 5-[4-Äthoxy-
phenyl]-3a,6a-dihydro-3H- 567

$C_{13}H_{13}N_3O_3S$
Essigsäure, [5-Oxo-6-phenyl-4,5-dihydro-
[1,2,4]triazin-3-ylmercapto]-, äthylester
688

$C_{13}H_{13}N_3O_4$
Benzoesäure-[4,6-dimethoxy-[1,3,5]triazin-
2-ylmethylester] 403

$C_{13}H_{13}N_3O_5$
Benzotriazol, 5-Acetoxy-4-acetoxymethyl-
1-acetyl-1H- 381

$C_{13}H_{13}N_5O_2$
[1,3,5]Triazin-2-carbaldehyd,
4,6-Dimethoxy-, benzylidenhydrazon
700

$C_{13}H_{13}N_5O_2S$
Sulfanilsäure, N-Benzotriazol-1-ylmethyl-,
amid 105

$C_{13}H_{13}N_5S_2$
[1,3,5]Triazin-2-carbaldehyd, 4,6-Bis-
methylmercapto-, benzylidenhydrazon
700

$C_{13}H_{14}ClN_3$
4,7-Methano-benzotriazol, 5-Chlor-
1-phenyl-3a,4,5,6,7,7a-hexahydro-1H-
77
—, 6-Chlor-1-phenyl-3a,4,5,6,7,7a-
hexahydro-1H- 77
[1,2,4]Triazolo[4,3-a]azepin, 3-[4-Chlor-
phenyl]-6,7,8,9-tetrahydro-5H- 196

C₁₃H₁₄ClN₃O₂

$C_{13}H_{14}ClN_3O_2$

Benz[4,5]imidazo[1,2-a]pyrazin-
2-carbonsäure, 8-Chlor-3,4-dihydro-1H-,
äthylester 187

$[C_{13}H_{14}N_3]^+$

Naphtho[1,2-d][1,2,3]triazolium, 1-Äthyl-
3-methyl- 202

−, 3-Äthyl-1-methyl- 202

[1,2,4]Triazolo[4,3-a]chinolinium, 2-Äthyl-
1-methyl- 220

$C_{13}H_{14}N_4O_2$

[1,2,4]Triazolo[4,3-a]azepin, 3-[4-Nitro-
phenyl]-6,7,8,9-tetrahydro-5H- 196

$C_{13}H_{15}N_3$

Cycloheptatriazol, 1-Phenyl-1,4,5,6,7,8-
hexahydro- 77

4,7-Methano-benzotriazol, 1-Phenyl-
3a,4,5,6,7,7a-hexahydro-1H- 77

Pyrrolo[3,4-b]chinoxalin, 2-Propyl-
2,3-dihydro-1H- 193

[1,2,4]Triazin, 5,6-Diäthyl-3-phenyl- 196

[1,2,4]Triazolo[4,3-a]azepin, 3-Phenyl-
6,7,8,9-tetrahydro-5H- 196

$C_{13}H_{15}N_3O$

Äthanol, 1-[5,6-Dimethyl-[1,2,4]triazin-
3-yl]-1-phenyl- 353

Butan-1-on, 3-Methyl-1-[1-phenyl-
1H-[1,2,3]triazol-4-yl]- 439

Butan-2-on, 3-[5-Methyl-2-phenyl-
2H-[1,2,3]triazol-4-yl]- 439

Imidazo[4,5-c]pyridin, 4-[4-Methoxy-
phenyl]-4,5,6,7-tetrahydro-1H- 353

4,7-Methano-benzotriazol-5-ol, 1-Phenyl-
3a,4,5,6,7,7a-hexahydro-1H- 334

−, 3-Phenyl-3a,4,5,6,7,7a-hexahydro-
3H- 334

Phenol, 2-[6,7,8,9-Tetrahydro-
5H-[1,2,4]triazolo[4,3-a]azepin-3-yl]-
354

Pyrazolo[3,4-c]pyridin-3-on, 6-Methyl-
2-phenyl-1,2,4,5,6,7-hexahydro- 439

Pyrazolo[4,3-c]pyridin-3-on, 1-Methyl-
2-phenyl-1,2,4,5,6,7-hexahydro- 438

−, 5-Methyl-2-phenyl-1,2,4,5,6,7-
hexahydro- 438

$C_{13}H_{15}N_3OS$

[1,2,4]Triazepin-5-on, 7-Äthyl-2-benzyl-
3-thioxo-2,3,4,6-tetrahydro- 562

−, 3-Äthylmercapto-2-methyl-
7-phenyl-2,6-dihydro- 689

$C_{13}H_{15}N_3O_2$

Äthanon, 1-[1-(4-Äthoxy-phenyl)-5-methyl-
1H-[1,2,4]triazol-3-yl]- 436

Benz[4,5]imidazo[1,2-a]pyrazin-
2-carbonsäure, 3,4-Dihydro-1H-,
äthylester 186

Imidazo[1,5-a]chinoxalin-1,3-dion,
5,7,8-Trimethyl-4,5-dihydro-3aH- 600

4,7-Methano-benzotriazol-5,8-diol,
1-Phenyl-3a,4,5,6,7,7a-hexahydro-1H-
378

−, 3-Phenyl-3a,4,5,6,7,7a-hexahydro-3H-
378

Propan, 2-Acetoxy-2-[1-phenyl-
1H-[1,2,3]triazol-4-yl]- 328

[1,3,5]Triazin, Diäthoxy-phenyl- 387

$C_{13}H_{15}N_3O_2S$

[1,2,4]Triazepin-5,7-dion, 6-Äthyl-6-methyl-
2-phenyl-3-thioxo-tetrahydro- 643

−, 2,6,6-Trimethyl-4-phenyl-3-thioxo-
tetrahydro- 643

[1,2,4]Triazin-5-on, 3-Äthylmercapto-6-
[4-methoxy-benzyl]-4H- 707

−, 6-[1-(4-Methoxy-phenyl)-äthyl]-
3-methylmercapto-4H- 709

$C_{13}H_{15}N_3O_2S_2$

[1,2,4]Triazin-3-thion, 5-[4-(Butan-
1-sulfonyl)-phenyl]-2H- 688

$C_{13}H_{15}N_3O_3$

Barbitursäure, 5-Butyl-5-[2]pyridyl- 657

−, 5-Butyl-5-[4]pyridyl- 657

−, 5-[2-(4,6-Dimethyl-[2]pyridyl)-
äthyl]- 657

−, 5-Propyl-5-[3]pyridylmethyl- 657

Cyclo-[glycyl→glycyl→phenylalanyl] 656

[1,2,4]Triazin-3,5-dion, 4-Äthyl-6-
[4-methoxy-benzyl]-2H- 706

−, 6-[4-Methoxy-benzyl]-2,4-dimethyl-
2H- 706

−, 6-[1-(4-Methoxy-phenyl)-äthyl]-
4-methyl-2H- 708

$C_{13}H_{15}N_7O_4S$

[1,2,4]Triazepin-3-thion, 7-Äthyl-5-
[2,4-dinitro-phenylhydrazono]-2-methyl-
2,4,5,6-tetrahydro- 562

$C_{13}H_{16}BrN_3O_4$

Erythrit, 1-[2-(4-Brom-2-methyl-phenyl)-
2H-[1,2,3]triazol-4-yl]- 412

−, 1-[2-(4-Brom-3-methyl-phenyl)-
2H-[1,2,3]triazol-4-yl]- 412

$C_{13}H_{16}N_4O$

Butan-2-on, 3-[5-Methyl-2-phenyl-
2H-[1,2,3]triazol-4-yl]-, oxim 439

$C_{13}H_{16}N_4O_2$

Carbamidsäure, Dimethyl-, [5-äthyl-
1-phenyl-1H-[1,2,4]triazol-3-ylester]
327

−, Dimethyl-, [5-äthyl-2-phenyl-
2H-[1,2,4]triazol-3-ylester] 327

Imidazo[1,2-a]pyridin, 2-Methyl-8-
[1-methyl-pyrrolidin-2-yl]-3-nitro- 189

$C_{13}H_{16}N_4O_3S$

Essigsäure-[4-(2,3,5,6-tetrahydro-
imidazo[1,2-a]imidazol-1-sulfonyl)-
anilid] 58

C₁₃H₁₆N₆O

Aceton, [5-Methyl-2-phenyl-2*H*-
[1,2,3]triazol-4-yl]-, semicarbazon 437

C₁₃H₁₆N₆OS

Äthanon, 1-[1-(4-Äthoxy-phenyl)-
1*H*-[1,2,4]triazol-3-yl]-, thiosemi=
carbazon 434

C₁₃H₁₇N₃

Cycloheptatriazol, 1-Phenyl-1,3a,4,5,6,7,8,=
8a-octahydro- 60

Imidazo[1,2-*a*]imidazol, 1-Phenäthyl-
2,3,5,6-tetrahydro-1*H*- 55

Imidazo[1,2-*a*]pyridin, 2-Methyl-6-
[1-methyl-pyrrolidin-2-yl]- 189

−, 2-Methyl-8-[1-methyl-pyrrolidin-
2-yl]- 189

C₁₃H₁₇N₃O

Äthanon, 1-[4-Äthyl-2-phenyl-
2,3,4,5-tetrahydro-[1,2,4]triazin-6-yl]-
429

C₁₃H₁₇N₃OS

[1,3,5]Triazin-2-on, 1,6,6-Trimethyl-
4-methylmercapto-5-phenyl-5,6-dihydro-
1*H*- 678

[1,2,4]Triazol, 3-[4-Äthoxy-phenyl]-
5-isopropylmercapto-1*H*- 383

−, 3-[4-Äthoxy-phenyl]-
5-propylmercapto-1*H*- 383

−, 3-Äthylmercapto-5-[4-isopropoxy-
phenyl]-1*H*- 383

−, 3-Äthylmercapto-5-[4-propoxy-
phenyl]-1*H*- 383

−, 3-[4-Butoxy-phenyl]-
5-methylmercapto-1*H*- 384

−, 3-Butylmercapto-5-[4-methoxy-
phenyl]-1*H*- 383

−, 3-[4-Isobutoxy-phenyl]-
5-methylmercapto-1*H*- 384

−, 3-Isobutylmercapto-5-[4-methoxy-
phenyl]-1*H*- 384

[1,2,4]Triazol-3-thion, 5-[4-Isopentyloxy-
phenyl]-1,2-dihydro- 685

−, 5-[4-Pentyloxy-phenyl]-1,2-dihydro-
685

C₁₃H₁₇N₃O₂

Imidazolidin-2,4-dion, 5-[1-Äthyl-propyl]-
5-[2]pyridyl- 591

−, 5-[1-Methyl-butyl]-5-[2]pyridyl-
591

Propan-2-ol, 2-[1-(4-Methoxy-benzyl)-
1*H*-[1,2,3]triazol-4-yl]- 328

[1,3,5]Triazin-2,4-dion, 1,3,6,6-Tetramethyl-
5-phenyl-dihydro- 550

C₁₃H₁₇N₃O₂S

Imidazo[1,2-*a*]pyrimidin, 1-[Toluol-
4-sulfonyl]-1,2,3,5,6,7-hexahydro- 59

[1,2,4]Triazin-5-on, 6-[1-(4-Methoxy-
phenyl)-äthyl]-3-methylmercapto-
3,4-dihydro-2*H*- 705

C₁₃H₁₇N₃O₃

Butan-1,2,3-triol, 1-[2-*p*-Tolyl-
2*H*-[1,2,3]triazol-4-yl]- 395

C₁₃H₁₇N₃O₄

Erythrit, *O*³-Methyl-1-[2-phenyl-
2*H*-[1,2,3]triazol-4-yl]- 409

−, 1-[2-*m*-Tolyl-2*H*-[1,2,3]triazol-4-yl]-
412

−, 1-[2-*o*-Tolyl-2*H*-[1,2,3]triazol-4-yl]-
412

−, 1-[2-*p*-Tolyl-2*H*-[1,2,3]triazol-4-yl]-
413

Threit, 1-[2-*p*-Tolyl-2*H*-[1,2,3]triazol-4-yl]-
413

C₁₃H₁₇N₃O₅

Arabit, 1-[2-Phenyl-2*H*-[1,2,3]triazol-4-yl]-
415

Ribit, 1-[2-Phenyl-2*H*-[1,2,3]triazol-4-yl]-
415

Xylit, 1-[2-Phenyl-2*H*-[1,2,3]triazol-4-yl]-
416

C₁₃H₁₇N₃S₂

[1,3,5]Triazin, 2,2-Dimethyl-4,6-bis-
methylmercapto-1-phenyl-1,2-dihydro-
375

[C₁₃H₁₈N₃O]⁺

[1,2,4]Triazinium, 6-Acetyl-4,4-dimethyl-
2-phenyl-2,3,4,5-tetrahydro- 429

C₁₃H₁₈N₄

Benzotriazol, 1-[2-Methyl-piperidinomethyl]-
1*H*- 105

C₁₃H₁₈N₄O

Benzo[*d*][1,2,3]triazin-4-on, 3-[2-Diäthyl=
amino-äthyl]-3*H*- 461

[1,2,4]Triazol, 4-[2-Butoxy-[4]pyridyl]-
3,5-dimethyl-4*H*- 52

C₁₃H₁₈N₄O₂S

Imidazo[1,2-*a*][1,3]diazepin, 1-Sulfanilyl-
2,3,5,6,7,8-hexahydro-1*H*- 60

C₁₃H₁₈N₄S

[1,3,5]Triazin-2-on, 1,6,6-Trimethyl-
4-methylmercapto-5-phenyl-5,6-dihydro-
1*H*-, imin 678

C₁₃H₁₉N₃

Imidazo[4,5-*c*]pyridin, 2-Hexyl-1-methyl-
1*H*- 163

C₁₃H₁₉N₃OS

Imidazolidin-4-on, 5-[2-(1,3-Dimethyl-
pyrrolidin-2-yliden)-äthyliden]-
1,3-dimethyl-2-thioxo- 575

−, 5-[2-(1,4-Dimethyl-pyrrolidin-
2-yliden)-äthyliden]-1,3-dimethyl-
2-thioxo- 575

C₁₃H₁₉N₃O₂

Essigsäure-[8,9,9-trimethyl-2,4a,5,6,7,8-
hexahydro-5,8-methano-benzo[*e*]=
[1,2,4]triazin-3-ylester] 337

[C₁₃H₂₀N₃O]⁺

[$C_{13}H_{20}N_3O$]⁺

4-Azonia-spiro[3.5]nonan, 2-[4-Methyl-
6-oxo-1,6-dihydro-pyrimidin-2-yl]- 454

$C_{13}H_{20}N_4O$

Amin, Diäthyl-[2-(6-methoxy-benzotriazol-
1-yl)-äthyl]- 340

$C_{13}H_{21}N_3$

Imidazo[1,2-*a*]imidazol, 2,5-Dibutyl-1(7)*H*-
92

—, 2,5-Diisobutyl-1(7)*H*- 92

Pyridin, 2-[1-Isopropyl-4,4-dimethyl-
imidazolidin-2-yl]- 90

—, 3-[1-Isopropyl-4,4-dimethyl-
imidazolidin-2-yl]- 90

—, 4-[1-Isopropyl-4,4-dimethyl-
imidazolidin-2-yl]- 91

$C_{13}H_{23}N_3$

[1,2,4]Triazol, 4-Cyclohexyl-3-isobutyl-
5-methyl-4*H*- 59

$C_{13}H_{25}N_3$

Imidazo[1,2-*a*]imidazol, 1-Octyl-
2,3,5,6-tetrahydro-1*H*- 55

$C_{13}H_{26}N_4$

Amin, Diisopropyl-[2-(2,3,5,6-tetrahydro-
imidazo[1,2-*a*]imidazol-1-yl)-äthyl]- 57

—, Dipropyl-[2-(2,3,5,6-tetrahydro-
imidazo[1,2-*a*]imidazol-1-yl)-äthyl]- 56

$C_{13}H_{28}I_2N_4$

Bis-methjodid [$C_{13}H_{28}N_4$]I_2 aus Diäthyl-
[2-(2,3,5,6-tetrahydro-imidazo[1,2-*a*]⁼
imidazol-1-yl)-äthyl]-amin 56

C₁₄

$C_{14}H_7BrFN_3$

Indolo[2,3-*b*]chinoxalin, 9-Brom-8-fluor-
6*H*- 256

$C_{14}H_7F_2N_3$

Indolo[2,3-*b*]chinoxalin, 8,9-Difluor-6*H*-
256

$C_{14}H_7N_3O_2$

Anthra[1,2-*d*][1,2,3]triazol-6,11-dion, 1*H*-
621

Anthra[2,3-*d*][1,2,3]triazol-5,10-dion, 1*H*-
621

Naphth[1′,2′:4,5]imidazo[1,2-*a*]pyrimidin-
5,6-dion 622

$C_{14}H_7N_7O_8$

[1,2,3]Triazol, 2,4-Bis-[2,4-dinitro-phenyl]-
2*H*- 169

$C_{14}H_8Br_2N_4O_3$

Benzo[*d*][1,2,3]triazinium, 2-[2,6-Dibrom-
4-methyl-phenyl]-4-hydroxy-7-nitro-,
betain 463

$C_{14}H_8Br_2N_4O_4$

Benzo[*d*][1,2,3]triazinium, 2-[2,6-Dibrom-
4-methyl-phenyl]-4-hydroxy-7-nitro-
1-oxy-, betain 463

$C_{14}H_8ClN_3$

Benz[4,5]imidazo[2,1-*a*]phthalazin,
9-Chlor- 255

$C_{14}H_8ClN_3O$

Benz[4,5]imidazo[2,1-*a*]phthalazin-5-on,
10-Chlor-6*H*- 514

$C_{14}H_8FN_3$

Indolo[2,3-*b*]chinoxalin, 9-Fluor-6*H*- 256

$C_{14}H_8IN_3$

Indolo[2,3-*b*]chinoxalin, 9-Jod-6*H*- 256

$C_{14}H_8N_6O_2S$

Sulfid, Bis-[1-oxy-benzo[*e*][1,2,4]triazin-
3-yl]- 346

$C_{14}H_8N_6O_6$

Trinitro-Verbindung $C_{14}H_8N_6O_6$ aus
2,4-Diphenyl-2*H*-[1,2,3]triazol 169

$C_{14}H_9BrN_4O_3$

Benzo[*d*][1,2,3]triazinium, 2-[2-Brom-
4-methyl-phenyl]-4-hydroxy-7-nitro-,
betain 463

$C_{14}H_9BrN_4O_4$

Benzo[*d*][1,2,3]triazinium, 2-[2-Brom-
4-methyl-phenyl]-4-hydroxy-7-nitro-
1-oxy-, betain 463

$C_{14}H_9Br_2N_3O$

Benzo[*d*][1,2,3]triazinium, 2-[2,6-Dibrom-
4-methyl-phenyl]-4-hydroxy-, betain
458

[1,2,4]Triazol-3-on, 2-[2,4-Dibrom-phenyl]-
5-phenyl-1,2-dihydro- 468

$C_{14}H_9Br_2N_3O_2$

Äthanon, 2,2-Dibrom-1-[5-hydroxy-
2-phenyl-2*H*-benzotriazol-4-yl]- 686

Benzo[*d*][1,2,3]triazinium, 2-[2,4-Dibrom-
5-methyl-phenyl]-4-hydroxy-1-oxy-,
betain 457

—, 2-[2,4-Dibrom-6-methyl-phenyl]-
4-hydroxy-1-oxy-, betain 457

—, 2-[2,6-Dibrom-4-methyl-phenyl]-
4-hydroxy-1-oxy-, betain 459

Essigsäure-[4,6-dibrom-2-phenyl-
2*H*-benzotriazol-5-ylester] 342

— [5,7-dibrom-2-phenyl-
2*H*-benzotriazol-4-ylester] 338

$C_{14}H_9ClN_4O_2S$

[1,2,4]Triazol-3-thion, 5-[2-Chlor-4-nitro-
phenyl]-4-phenyl-2,4-dihydro- 473

$C_{14}H_9Cl_2N_3O$

Benzo[*d*][1,2,3]triazinium, 2-[2,6-Dichlor-
4-methyl-phenyl]-4-hydroxy-, betain
458

[1,3,5]Triazin, Dichlor-[3-methoxy-
[2]naphthyl]- 359

$C_{14}H_9Cl_2N_3O_2$

Benzo[*d*][1,2,3]triazinium, 2-[2,6-Dichlor-
4-methyl-phenyl]-4-hydroxy-1-oxy-,
betain 459

$C_{14}H_9N_3$

Anthra[1,2-*d*][1,2,3]triazol, 1*H*- 255

$C_{14}H_9N_3$ (Fortsetzung)

Benz[4,5]imidazo[2,1-*a*]phthalazin 255

Indolo[2,3-*b*]chinoxalin, 6*H*- 255

Phenanthro[9,10-*d*][1,2,3]triazol, 1*H*- 255

$C_{14}H_9N_3O$

Benz[4,5]imidazo[2,1-*a*]phthalazin-5-on, 6*H*- 514

Benzo[*de*][1,2,4]triazolo[5,1-*a*]isochinolin-7-on, 10-Methyl- 513

$C_{14}H_9N_3O_2$

Naphth[2′,3′:4,5]imidazo[1,2-*a*]pyrimidin-2,4-dion, 1*H*- 617

$C_{14}H_9N_3O_3$

Barbitursäure, 5-[2]Chinolylmethylen- 664

$C_{14}H_9N_5O_4$

[1,2,4]Triazol, 3,5-Bis-[4-nitro-phenyl]-1*H*- 247

$C_{14}H_{10}BrN_3O$

Benzo[*d*][1,2,3]triazinium, 2-[2-Brom-4-methyl-phenyl]-4-hydroxy-, betain 458

−, 2-[4-Brom-2-methyl-phenyl]-4-hydroxy-, betain 457

$C_{14}H_{10}BrN_3O_2$

Äthanon, 2-Brom-1-[5-hydroxy-2-phenyl-2*H*-benzotriazol-4-yl]- 686

Benzo[*d*][1,2,3]triazinium, 2-[2-Brom-4-methyl-phenyl]-4-hydroxy-1-oxy-, betain 459

−, 2-[4-Brom-2-methyl-phenyl]-4-hydroxy-1-oxy-, betain 457

$C_{14}H_{10}BrN_5O_4$

Benzotriazol, 5-Brom-7-methyl-4,6-dinitro-2-*p*-tolyl-2*H*- 143

$C_{14}H_{10}Br_2N_4O_3S$

Essigsäure-[4-(4,6-dibrom-benzotriazol-1-ylsulfonyl)-anilid] 127

$C_{14}H_{10}ClN_3O$

Benzo[*e*][1,2,4]triazin, 6-Chlor-3-[4-methoxy-phenyl]- 361

−, 3-[4-Chlor-phenyl]-8-methoxy- 361

Benzo[*d*][1,2,3]triazinium, 2-[2-Chlor-4-methyl-phenyl]-4-hydroxy-, betain 458

$C_{14}H_{10}ClN_3O_2$

Äthanon, 2-Chlor-1-[5-hydroxy-2-phenyl-2*H*-benzotriazol-4-yl]- 686

Benzo[*d*][1,2,3]triazinium, 2-[2-Chlor-4-methyl-phenyl]-4-hydroxy-1-oxy-, betain 458

Benzo[*e*][1,2,4]triazin-1-oxid, 6-Chlor-3-[4-methoxy-phenyl]- 361

$C_{14}H_{10}ClN_3S$

[1,2,4]Triazol-3-thion, 5-[4-Chlor-phenyl]-4-phenyl-2,4-dihydro- 472

$C_{14}H_{10}N_4O_2$

Pyrazol-3,4-dion, 2-Phenyl-5-[3]pyridyl-2*H*-, 4-oxim 592

[1,2,4]Triazol, 3-[4-Nitro-phenyl]-5-phenyl-1*H*- 247

$C_{14}H_{10}N_4O_2S$

[1,2,4]Triazol-3-thion, 5-[4-Nitro-phenyl]-4-phenyl-2,4-dihydro- 473

$C_{14}H_{10}N_4O_3$

Benzo[*e*][1,2,4]triazin, 6-Methoxy-3-[4-nitro-phenyl]- 360

−, 3-[4-Methoxy-phenyl]-6-nitro- 361

Propionitril, 3-[3-(2,5-Dioxo-imidazolidin-4-yliden)-2-oxo-indolin-1-yl]- 660

Pyrazol-3-on, 2-[4-Nitro-phenyl]-5-[2]pyridyl-1,2-dihydro- 474

Pyrido[2,3-*d*]pyridazin-5-on, 8-Methyl-6-[4-nitro-phenyl]-6*H*- 476

[1,2,4]Triazol-3-on, 1-[4-Nitro-phenyl]-5-phenyl-1,2-dihydro- 468

−, 5-[3-Nitro-phenyl]-4-phenyl-2,4-dihydro- 470

$C_{14}H_{10}N_4O_4$

Benzo[*e*][1,2,4]triazin-1-oxid, 6-Methoxy-3-[4-nitro-phenyl]- 360

$C_{14}H_{11}BrN_4O_2$

Benzotriazol, 6-Brom-4-methyl-5-nitro-2-*p*-tolyl-2*H*- 143

−, 7-Brom-4-methyl-5-nitro-2-*p*-tolyl-2*H*- 143

[1,2,3]Triazol, 1-[4-Brom-phenyl]-5-[4-nitro-phenyl]-4,5-dihydro-1*H*- 155

$C_{14}H_{11}ClN_4O_2$

Benzotriazol, 5-Chlor-4-methyl-7-nitro-2-*p*-tolyl-2*H*- 143

−, 7-Chlor-4-methyl-5-nitro-2-*p*-tolyl-2*H*- 143

$C_{14}H_{11}Cl_2N_3$

Benzotriazol, 5,7-Dichlor-4-methyl-2-*p*-tolyl-2*H*- 143

$C_{14}H_{11}N_3$

Benzo[*e*][1,2,4]triazin, 6-Methyl-3-phenyl- 247

−, 7-Methyl-3-phenyl- 248

Cinnolin, 3-Methyl-4-[2]pyridyl- 248

−, 3-Methyl-4-[3]pyridyl- 248

Imidazo[4,5-*b*]pyridin, 2-Styryl-1(3)*H*- 248

Pyridin, 3-[5-Phenyl-1(2)*H*-pyrazol-3-yl]- 248

Pyrrol, 2,5-Di-[2]pyridyl- 249

[1,2,3]Triazol, 1,4-Diphenyl-1*H*- 169

−, 1,5-Diphenyl-1*H*- 169

−, 2,4-Diphenyl-2*H*- 169

−, 4,5-Diphenyl-1*H*- 244

[1,2,4]Triazol, 1,3-Diphenyl-1*H*- 172

−, 1,5-Diphenyl-1*H*- 172

−, 3,4-Diphenyl-4*H*- 173

−, 3,5-Diphenyl-1*H*- 244

$C_{14}H_{11}N_3O$

Äthanon, 2-[1*H*-Benzimidazol-2-yl]-1-[4]pyridyl- 508

C₁₄H₁₁N₃O (Fortsetzung)

Benzo[d][1,2,3]triazin, 4-[4-Methoxy-phenyl]- 359

Benzo[e][1,2,4]triazin, 3-[4-Methoxy-phenyl]- 361

—, 6-Methoxy-3-phenyl- 359

—, 7-Methoxy-3-phenyl- 360

—, 8-Methoxy-3-phenyl- 360

Benzo[e][1,2,4]triazin-8-ol, 3-Methyl-x-phenyl- 351

Benzo[d][1,2,3]triazin-4-on, 3-o-Tolyl-3H- 457

—, 3-p-Tolyl-3H- 458

Benzo[e][1,2,4]triazin-1-oxid, 7-Methyl-3-phenyl- 248

Phenol, 2-[5-Phenyl-1H-[1,2,4]triazol-3-yl]- 361

Pyrazol-3-on, 2-Phenyl-5-[3]pyridyl-1,2-dihydro- 474

—, 2-Phenyl-5-[4]pyridyl-1,2-dihydro- 475

Pyrido[2,3-d]pyrimidin-4-on, 6-Methyl-7-phenyl-3H- 508

—, 7-p-Tolyl-3H- 508

[1,2,4]Triazolium, 3-Hydroxy-1,4-diphenyl-, betain 422

[1,2,3]Triazol-4-on, 3,5-Diphenyl-2,3-dihydro- 467

—, 5,5-Diphenyl-1,5-dihydro- 507

[1,2,4]Triazol-3-on, 1,5-Diphenyl-1,2-dihydro- 468

—, 2,4-Diphenyl-2,4-dihydro- 422

—, 2,5-Diphenyl-1,2-dihydro- 468

—, 2,5-Diphenyl-2,4-dihydro- 468

—, 4,5-Diphenyl-2,4-dihydro- 468

C₁₄H₁₁N₃OS

Pyrido[2,3-d]pyrimidin-4-on, 6-Methyl-7-phenyl-2-thioxo-2,3-dihydro-1H- 615

—, 2-Thioxo-7-p-tolyl-2,3-dihydro-1H- 615

[1,2,4]Triazolidin-3-on, 1,4-Diphenyl-5-thioxo- 545

[1,2,4]Triazol-3-thion, 5-[2-Hydroxy-phenyl]-4-phenyl-2,4-dihydro- 684

C₁₄H₁₁N₃OS₂

[1,2,4]Triazol-3-thion, 5-[2-Hydroxy-4-mercapto-phenyl]-4-phenyl-2,4-dihydro- 702

C₁₄H₁₁N₃O₂

Äthanon, 2-[5-Hydroxy-1(3)H-benzimidazol-2-yl]-1-[4]pyridyl- 692

—, 1-[5-Hydroxy-2-phenyl-2H-benzotriazol-4-yl]- 685

Benz[4,5]imidazo[2,1-b]chinazolin-2,12-dion, 1,3,4,5-Tetrahydro- 616

Benzoesäure-benzotriazol-1-ylmethylester 104

Benzo[d][1,2,3]triazinium, 4-Hydroxy-1-oxy-2-p-tolyl-, betain 458

Benzo[d][1,2,3]triazin-4-on, 3-[2-Methoxy-phenyl]-3H- 459

—, 3-[4-Methoxy-phenyl]-3H- 459

Benzo[e][1,2,4]triazin-1-oxid, 3-[4-Methoxy-phenyl]- 361

—, 7-Methoxy-3-phenyl- 360

Benzotriazol, 1-Benzoyl-5-methoxy-1H- 340

—, 1-Benzoyloxy-5-methyl-1H- 144

Essigsäure-[2-phenyl-2H-benzotriazol-4-ylester] 337

Essigsäure, [2-[2]Pyridyl-benzimidazol-1-yl]- 231

Imidazolidin-2,4-dion, 5-Phenyl-5-[2]pyridyl- 614

—, 5-Phenyl-5-[3]pyridyl- 614

—, 5-Phenyl-5-[4]pyridyl- 614

Pyrido[2,3-d]pyrimidin-2,4-dion, 5-Methyl-7-phenyl-1H- 615

—, 6-Methyl-7-phenyl-1H- 615

—, 7-Methyl-1-phenyl-1H- 582

—, 7-p-Tolyl-1H- 615

Pyrido[2,3-d]pyrimidin-7-on, 5-Hydroxy-2-methyl-6-phenyl-8H- 692

[1,2,4]Triazolidin-3,5-dion, 1,4-Diphenyl- 540

C₁₄H₁₁N₃O₂S

2-Thio-barbitursäure, 5-[1-Methyl-indol-3-ylmethylen]- 663

C₁₄H₁₁N₃O₃

Barbitursäure, 5-[1-Methyl-indol-3-ylmethylen]- 663

Pyrido[2,3-d]pyrimidin-2,4,7-trion, 5-Methyl-1-phenyl-1H,8H- 652

[1,3,5]Triazin-2,4-dion, 6-[2]Naphthyloxy=methyl-1H- 699

C₁₄H₁₁N₃O₄

Barbitursäure, 5-[2]Chinolylmethyl-5-hydroxy- 720

Acetyl-Derivat C₁₄H₁₁N₃O₄ aus 5-[2-Oxo-indolin-3-ylmethylen]-imidazolidin-2,4-dion 661

C₁₄H₁₁N₃S

[1,2,4]Triazolium, 3-Mercapto-1,4-diphenyl-, betain 423

[1,2,4]Triazol-3-thion, 4,5-Diphenyl-2,4-dihydro- 470

C₁₄H₁₁N₅O

[1,2,3]Triazol-4,5-dion, 1-Phenyl-1H-, 4-phenylhydrazon 554

C₁₄H₁₁N₅O₄

Benzotriazol, 4-Methyl-5,7-dinitro-2-p-tolyl-2H- 143

[1,2,3]Triazol, 1,5-Bis-[4-nitro-phenyl]-4,5-dihydro-1H- 155

—, 1-[3-Nitro-phenyl]-5-[4-nitro-phenyl]-4,5-dihydro-1H- 155

—, 5-[3-Nitro-phenyl]-1-[4-nitro-phenyl]-4,5-dihydro-1H- 154

$C_{14}H_{11}N_5O_4$ (Fortsetzung)

[1,2,4]Triazol, 4,5-Bis-[4-nitro-phenyl]-
4,5-dihydro-1H- 155

$C_{14}H_{11}N_5O_5$

Benzotriazol-1-oxid, 7-Methyl-4,6-dinitro-
2-p-tolyl-2H- 143

Pyrazolo[4,3-c]pyridin-3-on, 7-Methyl-
1-nitromethyl-2-[4-nitro-phenyl]-
1,2-dihydro- 448

$C_{14}H_{11}N_7O_4$

Äthanon, 1-[1H-Benzotriazol-5-yl]-,
[2,4-dinitro-phenylhydrazon] 473

$C_{14}H_{11}N_7O_5$

Äthanon, 1-[3-Oxy-1H-benzotriazol-5-yl]-,
[2,4-dinitro-phenylhydrazon] 473

$C_{14}H_{12}ClN_3$

[1,2,3]Triazol, 5-[4-Chlor-phenyl]-1-phenyl-
4,5-dihydro-1H- 154

$[C_{14}H_{12}N_3]^+$

Benz[4,5]imidazo[1,2-a]pyrido[2,1-c]⸗
pyrazinylium, 6,7-Dihydro- 249

$C_{14}H_{12}N_4$

[1,2,4]Triazol-4-ylamin, 3,5-Diphenyl- 247

$C_{14}H_{12}N_4O$

Benzotriazol-1-carbonsäure, 5-Methyl-,
anilid 147

Pyrazolo[1,5-a]pyrimidin, 5,7-Dimethyl-
3-nitroso-2-phenyl- 235

$C_{14}H_{12}N_4O_2$

Benzoesäure, 4-[Benzotriazol-1-ylmethyl-
amino]- 105

Benzotriazol, 5-Methyl-6-nitro-2-p-tolyl-
2H- 149

—, 6-Methyl-4-nitro-2-p-tolyl-2H-
150

Pyrazolo[1,5-a]pyrimidin-7-on,
4,6-Dimethyl-3-nitroso-2-phenyl-4H-
501

[1,2,4]Triazolidin-3,5-dion, 4-Anilino-
1-phenyl- 542

$C_{14}H_{12}N_4O_2S$

Benzolsulfonsäure, 4-[1,2,3]Triazol-2-yl-,
anilid 32

$C_{14}H_{12}N_4O_3$

Benzotriazol-1-oxid, 5-Methyl-6-nitro-2-
p-tolyl-2H- 149

—, 6-Methyl-4-nitro-2-p-tolyl-2H-
150

Pyrazolo[4,3-c]pyridin-3-on, 1,7-Dimethyl-
2-[4-nitro-phenyl]-1,2-dihydro- 448

$C_{14}H_{12}N_4O_3S$

Essigsäure-[4-(benzotriazol-1-sulfonyl)-
anilid] 117

$C_{14}H_{12}N_4S$

Benzotriazol-1-thiocarbonsäure-m-toluidid
108

— p-toluidid 108

$C_{14}H_{12}N_6$

Äthan, 1-Benzotriazol-1-yl-2-benzotriazol-
2-yl- 113

—, 1,2-Bis-benzotriazol-1-yl- 113

—, 1,2-Bis-benzotriazol-2-yl- 114

$C_{14}H_{13}N_3$

Benz[4,5]imidazo[2,1-b]chinazolin,
1,2,3,4-Tetrahydro- 236

Benzimidazol, 5,6-Dimethyl-2-[4]pyridyl-
1H- 236

Benzotriazol, 1-[2-Methyl-benzyl]-1H- 102

—, 1-[4-Methyl-benzyl]-1H- 103

—, 4-Methyl-2-m-tolyl-2H- 142

—, 4-Methyl-2-o-tolyl-2H- 141

—, 4-Methyl-2-p-tolyl-2H- 142

—, 5-Methyl-1-p-tolyl-1H- 146

—, 5-Methyl-2-o-tolyl-2H- 146

—, 5-Methyl-2-p-tolyl-2H- 146

—, 1-Phenäthyl-1H- 102

Imidazo[1,2-a]pyrimidin, 2-[3,4-Dimethyl-
phenyl]- 235

Imidazo[1,2-c]pyrimidin, 5,7-Dimethyl-
2-phenyl- 235

Pyrazol, 3-Methyl-1-phenyl-5-pyrrol-2-yl-
1H- 158

Pyrazolo[3,4-b]pyridin, 3,4-Dimethyl-
1-phenyl-1H- 158

Pyrazolo[1,5-a]pyrimidin, 5,7-Dimethyl-
2-phenyl- 235

Pyrrolo[3,4-d]pyridazin, 5,7-Dimethyl-
6-phenyl-6H- 159

[1,2,3]Triazol, 1,5-Diphenyl-4,5-dihydro-
1H- 154

$C_{14}H_{13}N_3O$

Äthanol, 2-[2-[2]Pyridyl-benzimidazol-1-yl]-
231

Benz[4,5]imidazo[2,1-b]chinazolin-12-on,
1,3,4,5-Tetrahydro-2H- 503

Benzotriazol, 5-Äthoxy-2-phenyl-2H- 339

Benzotriazol-1-oxid, 4-Methyl-2-m-tolyl-
2H- 142

—, 4-Methyl-2-o-tolyl-2H- 141

—, 4-Methyl-2-p-tolyl-2H- 142

—, 6-Methyl-2-m-tolyl-2H- 146

—, 6-Methyl-2-o-tolyl-2H- 146

—, 6-Methyl-2-p-tolyl-2H- 146

Pyrazolo[3,4-b]pyridin-4-ol, 3,6-Dimethyl-
1-phenyl-1H- 451

Pyrazolo[3,4-b]pyridin-3-on, 4,6-Dimethyl-
1-phenyl-1,2-dihydro- 452

—, 4,6-Dimethyl-2-phenyl-1,2-dihydro-
452

Pyrazolo[3,4-b]pyridin-4-on, 3,6-Dimethyl-
1-phenyl-1,7-dihydro- 451

Pyrazolo[3,4-b]pyridin-6-on, 3,4-Dimethyl-
1-phenyl-1,7-dihydro- 451

Pyrazolo[4,3-c]pyridin-3-on, 1,7-Dimethyl-
2-phenyl-1,2-dihydro- 448

C₁₄H₁₃N₃O (Fortsetzung)

Pyrazolo[4,3-*c*]pyridin-3-on, 5,7-Dimethyl-
2-phenyl-2,5-dihydro- 448
Pyrazolo[1,5-*a*]pyrimidin-7-on,
1,5-Dimethyl-2-phenyl-1*H*- 500
–, 3,5-Dimethyl-2-phenyl-4*H*- 502
–, 4,5-Dimethyl-2-phenyl-4*H*- 500
–, 4,6-Dimethyl-2-phenyl-4*H*- 501
Pyrrolo[2,3-*d*]pyridazin-4-on, 2,7-Dimethyl-
5-phenyl-1,5-dihydro- 453

C₁₄H₁₃N₃O₂

Benzotriazol, 5,6-Dimethoxy-1-phenyl-1*H*-
380
Imidazolidin-2,4-dion, 5-Äthyl-
5-[4]chinolyl- 611
–, 1-Methyl-5-[2-methyl-indol-
3-ylmethylen]- 610

C₁₄H₁₃N₃O₂S

Benzotriazol, 1-Benzolsulfonyl-
5,6-dimethyl-1*H*- 156
Imidazolidin-4-on, 1-Acetyl-5-indol-
3-ylmethyl-2-thioxo- 603

C₁₄H₁₃N₃O₃

Methanol, [5-Hydroxymethoxy-2-phenyl-
2*H*-benzotriazol-4-yl]- 381
Pyridazino[4,5-*b*]chinolin-4-on,
7,8-Dimethoxy-1-methyl-3*H*- 711

C₁₄H₁₃N₃O₄

Essigsäure, [4-Indol-3-ylmethyl-2,5-dioxo-
imidazolidin-1-yl]- 602

C₁₄H₁₃N₅O₂

Anilin, *N*,*N*-Dimethyl-4-[5-nitro-
benzotriazol-1-yl]- 133

C₁₄H₁₃N₅O₂S

Sulfanilsäure-[4-[1,2,3]triazol-2-yl-anilid] 33

[C₁₄H₁₄N₃]⁺

Benzotriazolium, 2-Benzyl-1-methyl- 102

C₁₄H₁₄N₄

Amin, [6-Methyl-benzotriazol-1-yl]-*p*-tolyl-
148
Anilin, 4-Benzotriazol-2-yl-*N*,*N*-dimethyl-
111

C₁₄H₁₄N₄O

Anilin, 4-Benzotriazol-2-yl-2-methoxy-
5-methyl- 112
Pyrazolo[4,3-*c*]pyridin-3-on, 2-[4-Amino-
phenyl]-1,7-dimethyl-1,2-dihydro- 449

C₁₄H₁₄N₄O₃

Essigsäure, [4-Indol-3-ylmethyl-2,5-dioxo-
imidazolidin-1-yl]-, amid 603
Imidazo[1,2-*c*]pyrimidin-5-on, 1-Benzyl-
7-methyl-8-nitro-2,3-dihydro-1*H*- 443

C₁₄H₁₅N₃

4,7-Methano-benzotriazol, 5-Methylen-
1-phenyl-3a,4,5,6,7,7a-hexahydro-1*H*-
90
–, 6-Methylen-1-phenyl-3a,4,5,6,7,7a-
hexahydro-1*H*- 90

C₁₄H₁₅N₃O

Benz[4,5]imidazo[1,2-*a*]pyrimidin,
7-Äthoxy-2,4-dimethyl- 356
–, 8-Äthoxy-2,4-dimethyl- 356
Benz[4,5]imidazo[1,2-*a*]pyrimidin-4-on,
3-Isopropyl-2-methyl-1*H*- 496
–, 2-Methyl-3-propyl-1*H*- 495
Pyrido[4,3-*d*]pyrimidin-4-on, 6-Methyl-
2-phenyl-5,6,7,8-tetrahydro-3*H*- 495
Pyrrolo[3,4-*c*]pyrazol-6-on, 2,3,5-Trimethyl-
4-phenyl-4,5-dihydro-2*H*- 494

C₁₄H₁₅N₃O₂

Benz[4,5]imidazo[1,2-*a*]pyrimidin-2,4-dion,
3-Butyl-1*H*- 604
–, 3,3-Diäthyl-1*H*- 604
Imidazolidin-2,4-dion, 1-Methyl-5-
[2-methyl-indol-3-ylmethyl]- 604
Piperazin-2,5-dion, 3-Indol-3-ylmethyl-
6-methyl- 604
Pyrazolo[4,3-*c*]pyridin-3-on, 5-Acetyl-
2-phenyl-1,2,4,5,6,7-hexahydro- 438
Pyridazin-3-on, 6-[5-Methoxy-1-methyl-
indol-3-yl]-4,5-dihydro-2*H*- 692

C₁₄H₁₅N₃O₃

2,4,9-Triaza-spiro[5.5]undecan-1,3,5-trion,
9-Phenyl- 649

C₁₄H₁₅N₃O₅S

2,4,9-Triaza-spiro[5.5]undecan-1,3,5-trion,
9-Benzolsulfonyl- 649

C₁₄H₁₅N₅O

Pyrazolo[4,3-*c*]pyridin-3-on, 1-Aminomethyl-
2-[4-amino-phenyl]-7-methyl-
1,2-dihydro- 449

C₁₄H₁₆ClN₃

4,7-Methano-benzotriazol, 5-Chlormethyl-
1-phenyl-3a,4,5,6,7,7a-hexahydro-1*H*-
79
–, 6-Chlormethyl-1-phenyl-3a,4,5,6,7,≠
7a-hexahydro-1*H*- 79

C₁₄H₁₆N₄O₃

Pyrrolidin-2-on, 1-[4-(4,5-Bis-hydroxymethyl-
[1,2,3]triazol-1-yl)-phenyl]- 374
Mononitro-Verbindung C₁₄H₁₆N₄O₃ aus
2-Methyl-9-[1-methyl-pyrrolidin-2-yl]-
pyrido[1,2-*a*]pyrimidin-4-on 487

C₁₄H₁₇Cl₂N₃O₂

Propan-2-ol, 1-[2,4-Dichlor-phenoxy]-
3-[2,3,5,6-tetrahydro-imidazo[1,2-*a*]≠
imidazol-1-yl]- 56

C₁₄H₁₇N₃

Benz[4,5]imidazo[1,2-*a*]pyrido[2,1-*c*]pyrazin,
1,3,4,6,7,13b-Hexahydro-2*H*- 198
Cyclooctatriazol, 1-Phenyl-3a,4,5,8,9,9a-
hexahydro-1*H*- 78
–, 1-Phenyl-4,5,6,7,8,9-hexahydro-
1*H*- 78
1,3-Diaza-2-(1,3)isoindola-cyclonon-1-en
197

$C_{14}H_{17}N_3$ (Fortsetzung)

4,7-Methano-benzotriazol, 3a-Methyl-
1-phenyl-3a,4,5,6,7,7a-hexahydro-1H-
79

–, 7a-Methyl-1-phenyl-3a,4,5,6,7,7a-
hexahydro-1H- 79

Pyrrolo[3,4-b]chinoxalin, 2-Butyl-
2,3-dihydro-1H- 194

–, 1,1,3,3-Tetramethyl-2,3-dihydro-
1H- 197

[1,2,4]Triazol, 3-Cyclohexyl-5-phenyl-1H-
197

$C_{14}H_{17}N_3O$

Äthanon, 1-[4-Allyl-2-phenyl-
2,3,4,5-tetrahydro-[1,2,4]triazin-6-yl]-
429

Pyrazolo[4,3-c]pyridin-3-on, 5-Äthyl-
2-phenyl-1,2,4,5,6,7-hexahydro- 438

Pyrido[1,2-a]pyrimidin-4-on, 2-Methyl-9-
[1-methyl-pyrrolidin-2-yl]- 487

[2,2';5',2'']Terpyrrol, 1'-Acetyl-2',3',4',5'-
tetrahydro-1H,1'H,1''H- 190

[1,2,4]Triazolo[4,3-a]azepin, 3-[2-Methoxy-
phenyl]-6,7,8,9-tetrahydro-5H- 354

–, 3-[4-Methoxy-phenyl]-
6,7,8,9-tetrahydro-5H- 354

$C_{14}H_{17}N_3O_2$

Äthanon, 1-[1-(4-Äthoxy-phenyl)-5-äthyl-
1H-[1,2,4]triazol-3-yl]- 437

$C_{14}H_{17}N_3O_2S$

[1,2,4]Triazepin-5,7-dion, 6-Äthyl-6-benzyl-
2-methyl-3-thioxo-tetrahydro- 657

–, 6-Äthyl-2,6-dimethyl-4-phenyl-
3-thioxo-tetrahydro- 644

–, 6,6-Diäthyl-2-phenyl-3-thioxo-
tetrahydro- 644

[1,2,4]Triazin-5-on, 3-Äthylmercapto-6-
[1-(4-methoxy-phenyl)-äthyl]-4H- 709

$C_{14}H_{17}N_3O_3$

Barbitursäure, 5-Butyl-5-[3]pyridylmethyl-
657

Cyclo-[alanyl→phenylalanyl→glycyl] 657

[1,2,4]Triazepin-3,5,7-trion, 6,6-Diäthyl-
2-phenyl-dihydro- 644

[1,2,4]Triazin-3,5-dion, 4-Äthyl-6-[1-
(4-methoxy-phenyl)-äthyl]-2H- 708

–, 6-[1-(4-Methoxy-phenyl)-äthyl]-
2,4-dimethyl-2H- 708

$C_{14}H_{17}N_3O_5$

1,5-Anhydro-galactit, 1-[4-Phenyl-
[1,2,3]triazol-1-yl]- 171

1,5-Anhydro-glucit, 1-[4-Phenyl-
[1,2,3]triazol-1-yl]- 171

$C_{14}H_{18}ClN_3O_2$

Propan-2-ol, 1-[2-Chlor-phenoxy]-3-[2,3,5,6-
tetrahydro-imidazo[1,2-a]imidazol-1-yl]-
55

–, 1-[4-Chlor-phenoxy]-3-[2,3,5,6-
tetrahydro-imidazo[1,2-a]imidazol-1-yl]-
55

$C_{14}H_{18}N_4$

[1,2,3]Triazol, 4-Phenyl-1-piperidinomethyl-
1H- 170

–, 5-Phenyl-1-piperidinomethyl-1H-
170

$C_{14}H_{18}N_4O$

Pyrazol-3-on, 2-[1-Methyl-[4]piperidyl]-
5-[3]pyridyl-1,2-dihydro- 475

–, 2-[1-Methyl-[4]piperidyl]-
5-[4]pyridyl-1,2-dihydro- 475

$C_{14}H_{18}N_4O_2$

Carbamidsäure, Diäthyl-, [5-methyl-
2-phenyl-2H-[1,2,4]triazol-3-ylester] 324

–, Diäthyl-, [5-methyl-3-phenyl-
3H-[1,2,3]triazol-4-ylester] 322

–, Dimethyl-, [1-phenyl-5-propyl-
1H-[1,2,4]triazol-3-ylester] 329

–, Dimethyl-, [2-phenyl-5-propyl-
2H-[1,2,4]triazol-3-ylester] 329

$C_{14}H_{18}N_4O_3S$

Essigsäure-[4-(2,3,6,7-tetrahydro-
5H-imidazo[1,2-a]pyrimidin-1-sulfonyl)-
anilid] 59

$C_{14}H_{18}N_6O$

Butan-2-on, 3-[5-Methyl-2-phenyl-
2H-[1,2,3]triazol-4-yl]-, semicarbazon
439

$C_{14}H_{19}N_3$

Benzo[e][1,2,4]triazin, 3-Heptyl- 190

Cyclooctatriazol, 1-Phenyl-3a,4,5,6,7,8,9,9a-
octahydro-1H- 61

[1,2,4]Triazol, 4-[2,4-Dimethyl-phenyl]-
3-isopropyl-5-methyl-4H- 58

$C_{14}H_{19}N_3O$

Äthanon, 1-[4-Isopropyl-2-phenyl-
2,3,4,5-tetrahydro-[1,2,4]triazin-6-yl]-
429

–, 1-[2-Phenyl-4-propyl-
2,3,4,5-tetrahydro-[1,2,4]triazin-6-yl]-
429

$C_{14}H_{19}N_3OS$

Pyrido[2,3-d]pyrimidin-4-on, 7-Isobutyl-
6-isopropyl-2-thioxo-2,3-dihydro-1H-
592

[1,2,4]Triazol, 3-[4-Äthoxy-phenyl]-
5-butylmercapto-1H- 384

–, 3-[4-Äthoxy-phenyl]-5-isobutyl-
mercapto-1H- 384

–, 3-Äthylmercapto-5-[4-butoxy-
phenyl]-1H- 384

–, 3-Äthylmercapto-5-[4-isobutoxy-
phenyl]-1H- 384

–, 3-Isopentylmercapto-5-[4-methoxy-
phenyl]-1H- 385

–, 3-[4-Isopentyloxy-phenyl]-
5-methylmercapto-1H- 385

$C_{14}H_{19}N_3OS$ (Fortsetzung)

[1,2,4]Triazol, 3-[4-Isopropoxy-phenyl]-
5-isopropylmercapto-1H- 383

–, 3-[4-Isopropoxy-phenyl]-
5-propylmercapto-1H- 383

–, 3-Isopropylmercapto-5-[4-propoxy-
phenyl]-1H- 383

–, 3-[4-Methoxy-phenyl]-
5-pentylmercapto-1H- 385

–, 3-Methylmercapto-5-[4-pentyloxy-
phenyl]-1H- 385

–, 3-[4-Propoxy-phenyl]-
5-propylmercapto-1H- 383

$C_{14}H_{19}N_3O_2$

Imidazolidin-2,4-dion, 5-Hexyl-5-[2]pyridyl-
592

–, 5-Hexyl-5-[3]pyridyl- 592

–, 5-Hexyl-5-[4]pyridyl- 592

[1,2,4]Triazolidin-3,5-dion, 4-[4-Hexyl-
phenyl]- 541

$C_{14}H_{19}N_3O_2S$

Imidazo[1,2-a][1,3]diazepin, 1-[Toluol-
4-sulfonyl]-2,3,5,6,7,8-hexahydro-1H-
60

$C_{14}H_{19}N_3O_4$

Erythrit, O^4-Äthyl-1-[2-phenyl-
2H-[1,2,3]triazol-4-yl]- 409

$C_{14}H_{19}N_3O_6$

Galactit, 1-[2-Phenyl-2H-[1,2,3]triazol-4-yl]-
417

Mannit, 1-[2-Phenyl-2H-[1,2,3]triazol-4-yl]-
417

$[C_{14}H_{20}N_3]^+$

[2,2';5',2'']Terpyrrolium, 1',1'-Dimethyl-
2',3',4',5'-tetrahydro-1H,1'H,1''H- 190

$[C_{14}H_{20}N_3OS]^+$

[1,3,5]Triazinium, 2,2,3,5-Tetramethyl-
6-methylmercapto-4-oxo-1-phenyl-
2,3,4,5-tetrahydro- 678

$C_{14}H_{20}N_3O_3PS_2$

Dithiophosphorsäure-O,O'-diisopropylester-
S-[4-oxo-4H-benzo[d][1,2,3]triazin-
3-ylmethylester] 461

– S-[4-oxo-4H-benzo[d][1,2,3]triazin-
3-ylmethylester]-O,O'-dipropylester
461

$C_{14}H_{20}N_3O_4PS$

Thiophosphorsäure-O,O'-diisopropylester-
S-[4-oxo-4H-benzo[d][1,2,3]triazin-
3-ylmethylester] 460

$[C_{14}H_{20}N_3S_2]^+$

[1,3,5]Triazinium, 1,2,2-Trimethyl-4,6-bis-
methylmercapto-3-phenyl-2,3-dihydro-
375

$C_{14}H_{20}N_6S_2$

[1,3,5]Triazin-2-on, 1,6,6-Trimethyl-
4-methylmercapto-5-phenyl-5,6-dihydro-
1H-, thiosemicarbazon 679

$C_{14}H_{21}N_3OS$

Imidazolidin-4-on, 1-Äthyl-5-[2-
(1,3-dimethyl-pyrrolidin-2-yliden)-
äthyliden]-3-methyl-2-thioxo- 575

$C_{14}H_{21}N_3O_3$

Barbitursäure, 5-Octahydrochinolizin-
1-ylmethyl- 651

2,4,9-Triaza-spiro[5.5]undecan-1,3,5-trion,
9-Cyclohexyl- 649

$C_{14}H_{21}N_3O_{10}$

[1,2,4]Triazin-3,5-dion, 6-Methyl-2,4-di-
ribofuranosyl-2H- 559

$C_{14}H_{22}N_4O_3$

Isobuttersäure, α-[4-(α-Hydroxy-isopropyl)-
5-(3-hydroxy-3-methyl-but-1-inyl)-
[1,2,3]triazol-1-yl]-, amid 379

$C_{14}H_{23}N_3$

Pyridin, 2-[1-Isopropyl-4,4-dimethyl-
imidazolidin-2-yl]-6-methyl- 91

[1,2,4]Triazolo[4,3-a]azepin, 3,8-Diisopropyl-
5-methyl-6,7-dihydro-5H- 92

$C_{14}H_{24}N_4O_2$

[1,2,4]Triazolidin-3,5-dion, 1-Cyclohexyl-
4-cyclohexylamino- 542

$C_{14}H_{24}N_6O_4$

[1,2,4]Triazol-3-on, 1,2,1',2'-Tetrahydro-
5,5'-[3,10-dioxa-dodecandiyl]-bis- 678

$C_{14}H_{25}N_3O$

Isobuttersäure-[4-isopropyl-7-methyl-
1,5,6,7-tetrahydro-azepin-2-yl≈
idenhydrazid] 92

$C_{14}H_{27}N_3$

[1,2,4]Triazol, 1-Dodecyl-1H- 35

$C_{14}H_{27}N_3O_2$

[1,2,4]Triazolidin-3,5-dion, 4-Dodecyl- 539

$C_{14}H_{28}N_4$

[1,2,4]Triazol-4-ylamin, 3,5-Diisohexyl- 63

C_{15}

$C_{15}Cl_{11}N_3O_2$

[1,3,5]Triazin, Chlor-bis-pentachlorphenoxy-
377

$C_{15}H_6Cl_5N_3O_2$

[1,3,5]Triazin, Chlor-bis-[2,4-dichlor-
phenoxy]- 377

$C_{15}H_6F_{21}N_3O_3$

[1,3,5]Triazin, Tris-[1H,1H-heptafluor-
butoxy]- 396

$C_{15}H_7Br_2N_3O$

Phenanthro[9,10-e][1,2,4]triazin-3-on,
6,11-Dibrom-2H- 520

$C_{15}H_7Cl_6N_3$

[1,3,5]Triazin, [2]Naphthyl-bis-trichlormethyl-
251

$C_{15}H_7N_5O_4S$

Phenanthro[9,10-e][1,2,4]triazin-3-thion,
6,11-Dinitro-2H- 521

C₁₅H₈ClN₃

Phenanthro[9,10-*e*][1,2,4]triazin, 3-Chlor- 269

Pyrido[2,3-*a*]phenazin, 9-Chlor- 269

Pyrido[3,2-*a*]phenazin, 10-Chlor- 269

C₁₅H₈ClN₃O

Chinazolino[3,2-*a*]chinazolin-12-on, 5-Chlor- 521

C₁₅H₈ClN₅O₄

[1,3,5]Triazin, Chlor-bis-[4-nitro-phenyl]- 258

C₁₅H₈Cl₃N₃

[1,3,5]Triazin, Chlor-bis-[4-chlor-phenyl]- 258

C₁₅H₈Cl₃N₃O₂

[1,3,5]Triazin, Chlor-bis-[4-chlor-phenoxy]- 377

C₁₅H₈N₄O₂S

Phenanthro[9,10-*e*][1,2,4]triazin-3-thion, 6-Nitro-2*H*- 521

−, 8-Nitro-2*H*- 521

−, 9-Nitro-2*H*- 521

−, 11-Nitro-2*H*- 521

C₁₅H₈N₄O₃

Phenanthro[9,10-*e*][1,2,4]triazin-3-on, 8-Nitro-2*H*- 520

−, 9-Nitro-2*H*- 520

C₁₅H₉Br₂N₃

[2,2′;6′,2″]Terpyridin, 6,6″-Dibrom- 261

C₁₅H₉Br₂N₃O₃

[1,2,4]Triazin-3-on, 5,6-Bis-[5-brom-2-hydroxy-phenyl]-2*H*- 712

C₁₅H₉ClN₄

Chinolin, 4-Benzotriazol-1-yl-6-chlor- 116

C₁₅H₉Cl₂N₃O

[1,3,5]Triazin-2-on, 4,6-Bis-[4-chlor-phenyl]-1*H*- 515

C₁₅H₉N₃

Pyrido[3,2-*f*][1,7]phenanthrolin 269

C₁₅H₉N₃O

Chinazolino[4,3-*b*]chinazolin-8-on 521

Isochino[3,4-*b*]chinoxalin-5-on, 6*H*- 521

Phenanthro[9,10-*e*][1,2,4]triazin-3-on, 2*H*- 520

Pyrido[2,3-*a*]phenazin-5-ol 368

Pyrido[3,2-*a*]phenazin-5-ol 368

C₁₅H₉N₃O₂

Chinazolino[2,3-*b*]chinazolin-11,13-dion, 5*H*- 623

Chinazolino[3,2-*a*]chinazolin-5,12-dion, 6*H*- 623

Imidazo[4,5-*e*]isoindol-6,8-dion, 7-Phenyl-1(3)*H*- 600

Isochino[3,4-*b*]chinoxalin-5-on, 6-Hydroxy-6*H*- 522

C₁₅H₉N₃S

Phenanthro[9,10-*e*][1,2,4]triazin-3-thion, 2*H*- 520

C₁₅H₉N₅O₅

[1,3,5]Triazin-2-on, 4,6-Bis-[4-nitro-phenyl]-1*H*- 515

C₁₅H₁₀BrN₃

Indolo[2,3-*b*]chinoxalin, 7-Brom-9-methyl-6*H*- 263

−, 9-Brom-7-methyl-6*H*- 263

−, 9-Brom-8-methyl-6*H*- 263

[2,2′;6′,2″]Terpyridin, 6-Brom- 260

C₁₅H₁₀ClN₃

Benz[4,5]imidazo[2,1-*a*]phthalazin, 9-Chlor-5-methyl- 262

Indolo[2,3-*b*]chinoxalin, 2-Chlor-3-methyl-6*H*- 262

−, 3-Chlor-2-methyl-6*H*- 262

−, 7-Chlor-9-methyl-6*H*- 263

[3,2′;4′,3″]Terpyridin, 6′-Chlor- 261

[1,2,4]Triazin, 3-Chlor-5,6-diphenyl- 257

−, 5-Chlor-3,6-diphenyl- 256

−, 6-Chlor-3,5-diphenyl- 256

[1,3,5]Triazin, Chlor-diphenyl- 257

C₁₅H₁₀ClN₃O₂

[1,3,5]Triazin, Chlor-diphenoxy- 376

[1,3,5]Triazin-2,4-dion, 1-[4-Chlor-phenyl]-6-phenyl-1*H*- 594

C₁₅H₁₀Cl₅N₃O₃

[1,3,5]Triazin, Bis-allyloxy-pentachlorphenoxy- 398

C₁₅H₁₀FN₃

[1,3,5]Triazin, Fluor-diphenyl- 257

C₁₅H₁₀N₄

Chinolin, 2-Benzotriazol-1-yl- 116

−, 4-Benzotriazol-1-yl- 116

Naphtho[1,2-*d*][1,2,3]triazol, 3-[2]Pyridyl-3*H*- 216

C₁₅H₁₀N₄O₂

Indolo[2,3-*b*]chinoxalin, 9-Methyl-7-nitro-6*H*- 263

C₁₅H₁₀N₄O₃

Pyrazol, 1-Benzoyl-3-nitro-5-[3]pyridyl-1*H*- 175

C₁₅H₁₁Cl₂N₃

Pyridin, 4-[1-(2,4-Dichlor-phenyl)-5-methyl-1*H*-pyrazol-3-yl]- 182

−, 4-[2-(2,4-Dichlor-phenyl)-5-methyl-2*H*-pyrazol-3-yl]- 182

−, 4-[2-(2,5-Dichlor-phenyl)-5-methyl-2*H*-pyrazol-3-yl]- 182

C₁₅H₁₁N₃

Benz[4,5]imidazo[2,1-*a*]phthalazin, 5-Methyl- 262

Chinazolin, 2-[2-[3]Pyridyl-vinyl]- 258

Chinoxalin, 2-[2-[3]Pyridyl-vinyl]- 258

Indolo[2,3-*b*]chinoxalin, 8-Methyl-6*H*- 263

Naphth[2′,3′:4,5]imidazo[1,2-*a*]pyrimidin, 2-Methyl- 262

Phenanthro[9,10-*d*][1,2,3]triazol, 1-Methyl-1*H*- 255

C₁₅H₁₁N₃ (Fortsetzung)

Pyrrolo[3,2-a]phenazin, 2-Methyl-3H- 262
[2,2';6',2'']Terpyridin 258
[3,2';4',3'']Terpyridin 261
[3,3';5',3'']Terpyridin 261
[3,2';6',3'']Terpyridin 261
[4,2';6',4'']Terpyridin 262
[1,2,4]Triazin, 3,6-Diphenyl- 256
–, 5,6-Diphenyl- 257
[1,3,5]Triazin, Diphenyl- 257

C₁₅H₁₁N₃O

Benzo[e][1,2,4]triazin-1-oxid, 3-Styryl- 258
Fluoreno[2,3-d][1,2,3]triazol, 1-Acetyl-
    1,9-dihydro- 244
Keton, Phenyl-[1-phenyl-1H-[1,2,3]triazol-
    4-yl]- 483
–, Phenyl-[3-phenyl-3H-[1,2,3]triazol-
    4-yl]- 483
Naphth[1',2':4,5]imidazo[1,2-a]pyrimidin-
    8-on, 10-Methyl-11H- 516
Naphth[2',1':4,5]imidazo[1,2-a]pyrimidin-
    11-on, 9-Methyl-8H- 516
Naphth[2',3':4,5]imidazo[1,2-a]pyrimidin-
    4-on, 2-Methyl-1H- 516
Pyrimido[5,6,1-de]phenazin-3-on, 1-Methyl-
    7H- 517
[3,2';4',3'']Terpyridin-6'-on, 1'H- 516
1,4,5-Triaza-bicyclo[2.1.0]pentan-2-on,
    3-Benzyliden-5-phenyl- 484
[1,2,4]Triazin-3-on, 5,6-Diphenyl-2H- 514
[1,2,4]Triazin-5-on, 3,6-Diphenyl-4H- 514
[1,2,4]Triazin-6-on, 3,5-Diphenyl-1H- 514
[1,3,5]Triazin-2-on, 4,6-Diphenyl-1H- 515
[1,2,3]Triazol-4-carbaldehyd, 1,5-Diphenyl-
    1H- 484
–, 3,5-Diphenyl-3H- 484

C₁₅H₁₁N₃OS₂

[1,3,5]Triazin-2-on, 1,5-Diphenyl-
    4,6-dithioxo-tetrahydro- 642

C₁₅H₁₁N₃O₂

Chinoxalin-2-on, 3-[2-Oxo-2-[4]pyridyl-
    äthyl]-1H- 617

C₁₅H₁₁N₃O₂S

[1,2,4]Triazin-3-thion, 5,6-Bis-[4-hydroxy-
    phenyl]-2H- 713

C₁₅H₁₁N₃O₃

[1,2,4]Triazin-3-on, 5,6-Bis-[2-hydroxy-
    phenyl]-2H- 712

C₁₅H₁₁N₃O₃S

[1,2,4]Triazin-3-sulfonsäure, 5,6-Diphenyl-
    514

C₁₅H₁₁N₃S

[1,2,4]Triazin-3-thion, 5-Biphenyl-4-yl-2H-
    514
–, 5,6-Diphenyl-2H- 515
[1,2,4]Triazin-5-thion, 3,6-Diphenyl-4H-
    514
[1,3,5]Triazin-2-thion, 4,6-Diphenyl-1H-
    516

C₁₅H₁₁N₅O₃S

Benzoesäure, 4-Nitro-, [3-phenyl-5-thioxo-
    1,5-dihydro-[1,2,4]triazol-4-ylamid] 472

C₁₅H₁₁N₅O₄S

[1,2,4]Triazol, 5-[2,4-Dinitro-phenyl-
    mercapto]-1-methyl-3-phenyl-1H- 347
–, 5-[2,4-Dinitro-phenylmercapto]-
    3-methyl-1-phenyl-1H- 325

C₁₅H₁₁N₇O₄

[1,2,3]Triazol-4-carbaldehyd, 2-Phenyl-2H-,
    [2,4-dinitro-phenylhydrazon] 432

C₁₅H₁₂BrN₃

Pyridin, 4-[2-(4-Brom-phenyl)-5-methyl-
    2H-pyrazol-3-yl]- 182

C₁₅H₁₂BrN₃O₂

Keton, [5-Brom-2-hydroxy-phenyl]-
    [4-[2]pyridyl-4,5-dihydro-1H-pyrazol-
    3-yl]- 693

C₁₅H₁₂ClN₃

Pyridin, 2-[2-(3-Chlor-phenyl)-5-methyl-
    2H-pyrazol-3-yl]- 180
–, 2-[2-(4-Chlor-phenyl)-5-methyl-
    2H-pyrazol-3-yl]- 180
–, 3-[1-(4-Chlor-phenyl)-5-methyl-
    1H-pyrazol-3-yl]- 180
–, 3-[2-(3-Chlor-phenyl)-5-methyl-
    2H-pyrazol-3-yl]- 180
–, 3-[2-(4-Chlor-phenyl)-5-methyl-
    2H-pyrazol-3-yl]- 180
–, 4-[1-(3-Chlor-phenyl)-5-methyl-
    1H-pyrazol-3-yl]- 181
–, 4-[1-(4-Chlor-phenyl)-5-methyl-
    1H-pyrazol-3-yl]- 181
–, 4-[2-(2-Chlor-phenyl)-5-methyl-
    2H-pyrazol-3-yl]- 182
–, 4-[2-(3-Chlor-phenyl)-5-methyl-
    2H-pyrazol-3-yl]- 182
–, 4-[2-(4-Chlor-phenyl)-5-methyl-
    2H-pyrazol-3-yl]- 182
[1,2,4]Triazol, 3-Chlor-4-phenyl-5-p-tolyl-
    4H- 178

C₁₅H₁₂ClN₃O₂

Keton, [5-Chlor-2-hydroxy-phenyl]-
    [4-[2]pyridyl-4,5-dihydro-1H-pyrazol-
    3-yl]- 692

C₁₅H₁₂ClN₃S₂

[1,3,5]Triazin-2,4-dithion, 6-[4-Chlor-
    phenyl]-1-phenyl-dihydro- 583

C₁₅H₁₂N₂

Chinolin, 4-Methyl-3-[2]pyridyl- 220
–, 4-Methyl-3-[4]pyridyl- 220

[C₁₅H₁₂N₃O₃]⁺

Chinolinium, 1-Methyl-2-[2,4,6-trioxo-
    tetrahydro-pyrimidin-5-ylidenmethyl]-
    664

C₁₅H₁₂N₄O

Benzoesäure-[1-[1,2,3]triazol-2-yl-anilid] 32
Pyridin, 4-[5-Methyl-4-nitroso-1-phenyl-
    1H-pyrazol-3-yl]- 183

C₁₅H₁₂N₄O (Fortsetzung)

Pyridin, 4-[5-Methyl-4-nitroso-2-phenyl-
   2H-pyrazol-3-yl]- 183
[1,2,3]Triazol-4-carbaldehyd, 1,5-Diphenyl-
   1H-, oxim 484
–, 3,5-Diphenyl-3H-, oxim 484

C₁₅H₁₂N₄OS

Benzamid, N-[3-Phenyl-5-thioxo-
   1,5-dihydro-[1,2,4]triazol-4-yl]- 472

C₁₅H₁₂N₄O₂

Essigsäure-[2-(4-oxo-4H-benzo[d]≠
   [1,2,3]triazin-3-yl)-anilid] 462
–   [4-(4-oxo-4H-benzo[d][1,2,3]triazin-
   3-yl)-anilid] 462
[1,2,4]Triazol, 3-Benzyl-5-[4-nitro-phenyl]-
   1H- 250
–, 3-[4-Nitro-phenyl]-5-p-tolyl-1H-
   251

C₁₅H₁₂N₄O₂S₂

[1,3,5]Triazin-2,4-dithion, 6-[3-Nitro-
   phenyl]-1-phenyl-dihydro- 583

C₁₅H₁₂N₄O₃

Benzotriazol, 5,6-Dimethyl-1-[4-nitro-
   benzoyl]-1H- 156
[1,2,4]Triazol-3-on, 5-[3-Nitro-phenyl]-4-
   p-tolyl-2,4-dihydro- 470

C₁₅H₁₂N₆O₂

[1,2,3]Triazol-4-carbaldehyd, 2-Phenyl-2H-,
   [4-nitro-phenylhydrazon] 432

C₁₅H₁₂N₆O₂S

[1,2,3]Triazol, 4-Azido-5-phenyl-1-[toluol-
   4-sulfonyl]-1H- 172

C₁₅H₁₃NO₂S

Isochinolin, 2-Benzolsulfonyl-1,2-dihydro-
   300

C₁₅H₁₃N₃

Benzo[e][1,2,4]triazin, 3-Phenäthyl- 251
Carbazol, 2-[4,5-Dihydro-1H-imidazol-
   2-yl]- 251
Pyridin, 2-[5-Methyl-2-phenyl-2H-pyrazol-
   3-yl]- 179
–, 3-[5-Methyl-2-phenyl-2H-pyrazol-
   3-yl]- 180
Pyrido[2,3-b]pyrazin, 2-Methyl-3-methylen-
   4-phenyl-3,4-dihydro- 184
[1,2,4]Triazin, 2,6-Diphenyl-2,3-dihydro-
   177
–, 3,6-Diphenyl-1,2-dihydro- 249
–, 3,6-Diphenyl-4,5-dihydro- 249
–, 5,6-Diphenyl-4,5-dihydro- 250
[1,2,3]Triazol, 1-Benzyl-4-phenyl-1H- 170
–, 1-Benzyl-5-phenyl-1H- 170
–, 5-Benzyl-1-phenyl-1H- 177
[1,2,4]Triazol, 3-Benzyl-5-phenyl-1H- 250
–, 1-Methyl-3,5-diphenyl-1H- 245
–, 3-Methyl-1,5-diphenyl-1H- 179
–, 3-Methyl-4,5-diphenyl-4H- 179
–, 4-Methyl-3,5-diphenyl-4H- 245
–, 5-Methyl-1,3-diphenyl-1H- 179

–, 3-Phenyl-5-m-tolyl-1H- 250
–, 3-Phenyl-5-o-tolyl-1H- 250
–, 3-Phenyl-5-p-tolyl-1H- 251

C₁₅H₁₃N₃O

Benzotriazol, 1-Benzoyl-5,6-dimethyl-1H-
   156
Imidazo[1,2-a]pyridin-2-on, 3-[2-(1-Methyl-
   1H-[2]pyridyliden)-äthyliden]- 509
Imidazo[1,2-a]pyridin-3-on, 2-[2-(1-Methyl-
   1H-[2]pyridyliden)-äthyliden]-2H- 508
Methanol, Phenyl-[2-phenyl-2H-
   [1,2,3]triazol-4-yl]- 351
Phenol, 3-[3-Methyl-5-[3]pyridyl-pyrazol-
   1-yl]- 180
–, 3-[3-Methyl-5-[4]pyridyl-pyrazol-
   1-yl]- 183
Pyrazol-3-on, 5-Methyl-2-phenyl-4-pyrrol-
   2-ylmethylen-2,4-dihydro- 479
Pyrido[3,4-d]pyridazin-1-on, 4,5-Dimethyl-
   7-phenyl-2H- 511
Pyrido[2,3-d]pyrimidin-4-on, 6-Äthyl-
   7-phenyl-3H- 511
[1,2,4]Triazin-3-on, 5,6-Diphenyl-
   4,5-dihydro-2H- 509
[1,2,3]Triazol, 5-Methoxy-1,4-diphenyl-1H-
   346
[1,2,3]Triazolium, 4-Hydroxy-1-methyl-
   3,5-diphenyl-, betain 467
[1,2,3]Triazol-4-on, 2-Methyl-3,5-diphenyl-
   2,3-dihydro- 467
–, 3-Methyl-5,5-diphenyl-3,5-dihydro-
   508
[1,2,4]Triazol-3-on, 4-Phenyl-5-p-tolyl-
   2,4-dihydro- 478
–, 5-Phenyl-4-p-tolyl-2,4-dihydro-
   469

C₁₅H₁₃N₃OS

Pyrimidin-4-on, 6-Äthyl-7-phenyl-2-thioxo-
   2,3-dihydro-1H- 617
[1,2,4]Triazin-3-thion, 5-Hydroxy-
   5,6-diphenyl-4,5-dihydro-2H- 692

C₁₅H₁₃N₃O₂

Äthanon, 2-[5-Methoxy-
   1(3)H-benzimidazol-2-yl]-1-[4]pyridyl-
   692
Benzoesäure-[2-benzotriazol-1-yl-äthylester]
   103
–   [2-benzotriazol-2-yl-äthylester]
   103
Essigsäure, [2-[2]Pyridyl-benzimidazol-1-yl]-,
   methylester 231
Imidazolidin-2,4-dion, 5-Phenyl-
   5-[2]pyridylmethyl- 617
Phenol, 2-[5-(4-Methoxy-phenyl)-
   1H-[1,2,4]triazol-3-yl]- 389
Pyridin-2-ol, 1-Acetyl-2-cinnolin-4-yl-
   1,2-dihydro- 357
Pyrido[2,3-d]pyrimidin-2,4-dion, 6-Äthyl-
   7-phenyl-1H- 617

C₁₅H₁₃N₃O₂ (Fortsetzung)

Pyrido[2,3-d]pyrimidin-2,4-dion,
   3,7-Dimethyl-1-phenyl-1H- 582
–, 5,7-Dimethyl-1-phenyl-1H- 585
[1,2,4]Triazolidin-3,5-dion, 1-Methyl-
   2,4-diphenyl- 541
[1,2,4]Triazol-3-on, 5-[4-Methoxy-phenyl]-
   4-phenyl-2,4-dihydro- 684
Benzoyl-Derivat C₁₅H₁₃N₃O₂ aus
   5,6-Dimethyl-1,3-dihydro-imidazo[4,5-b]≠
   pyridin-2-on 452

C₁₅H₁₃N₃O₂S

2-Thio-barbitursäure, 5-[1-Äthyl-
   1H-[2]chinolyliden]- 662
[1,2,3]Triazol, 1-Benzolsulfonylmethyl-
   4-phenyl-1H- 170
–, 1-Benzolsulfonylmethyl-5-phenyl-
   1H- 170
–, 5-Phenyl-1-[toluol-4-sulfonyl]-1H-
   171

C₁₅H₁₃N₃O₃

Barbitursäure, 5-[1-Äthyl-1H-[2]chinolyl≠
   iden]- 662
Pyrido[3,2-d]pyrimidin-2,4-dion,
   7-Hydroxy-1,3-dimethyl-6-phenyl-1H-
   711
Pyrido[2,3-d]pyrimidin-2,4,7-trion,
   3,5-Dimethyl-1-phenyl-1H,8H- 652

C₁₅H₁₃N₃O₃S

[1,2,4]Triazol-3-on, 2-Phenyl-4-[toluol-
   4-sulfonyl]-2,4-dihydro- 422

C₁₅H₁₃N₃S

[1,2,4]Triazin-3-thion, 5,6-Diphenyl-
   4,5-dihydro-2H- 510
[1,2,3]Triazol, 4-Phenyl-1-[phenylmercapto-
   methyl]-1H- 170
–, 5-Phenyl-1-[phenylmercapto-
   methyl]-1H- 170
[1,2,4]Triazol, 3-Methylmercapto-
   1,5-diphenyl-1H- 347
–, 3-Methylmercapto-4,5-diphenyl-
   4H- 348
[1,2,4]Triazolium, 3-Mercapto-1-methyl-
   4,5-diphenyl-, betain 471
–, 3-Mercapto-4-methyl-1,5-diphenyl-,
   betain 471
–, 3-Mercapto-5-methyl-1,4-diphenyl-,
   betain 427
[1,2,4]Triazol-3-thion, 5-Benzyl-4-phenyl-
   2,4-dihydro- 478
–, 5-Methyl-2,4-diphenyl-2,4-dihydro-
   427
–, 5-Phenyl-4-p-tolyl-2,4-dihydro-
   471

C₁₅H₁₃N₃S₂

[1,3,5]Triazin-2,4-dithion, 1,6-Diphenyl-
   dihydro- 583

C₁₅H₁₃N₅

[1,2,3]Triazol-4-carbaldehyd, 2-Phenyl-2H-,
   phenylhydrazon 432

C₁₅H₁₃N₅O

[1,2,3]Triazol-4,5-dion, 1-Benzyl-1H-,
   4-phenylhydrazon 554

C₁₅H₁₃N₇O₅

Pyrazolo[3,4-b]pyridin-3-on, 5-[1-
   (2,4-Dinitro-phenylhydrazono)-äthyl]-
   4-methyl-1,2-dihydro- 586

[C₁₅H₁₄N₃O]⁺

Imidazo[1,2-a]pyridinium, 3-[2-(1-Methyl-
   1H-[2]pyridyliden)-äthyliden]-2-oxo-
   2,3-dihydro-1H- 508

[C₁₅H₁₄N₃S]⁺

[1,2,4]Triazolium, 5-Methyl-1,4-diphenyl-
   3-thioxo-2,3-dihydro- 427
–, 3-Methylmercapto-1,4-diphenyl-
   322

C₁₅H₁₄N₄O

Benzo[d][1,2,3]triazinium, 2-[4-Dimethyl≠
   amino-phenyl]-4-hydroxy-, betain 462
Benzo[d][1,2,3]triazin-4-on, 3-[4-Dimethyl≠
   amino-phenyl]-3H- 462
Indazolium, 2-[4-Dimethylamino-
   phenylimino]-3-oxo-2,3-dihydro-1H-,
   betain 462
[1,2,4]Triazin, 4-Nitroso-2,6-diphenyl-
   2,3,4,5-tetrahydro- 159

C₁₅H₁₄N₆

Propan, 1,3-Bis-benzotriazol-1-yl- 114

C₁₅H₁₅N₃

4,7-Methano-benzotriazol, 5,6-Dimethylen-
   1-phenyl-3a,4,5,6,7,7a-hexahydro-1H-
   160
Pyrazolo[1,5-a]pyrimidin, 3,5,7-Trimethyl-
   2-phenyl- 237
Pyrido[2,3-d]pyrimidin, 5,7-Dimethyl-
   2-phenyl-3,4-dihydro- 237
[1,2,4]Triazin, 2,6-Diphenyl-
   2,3,4,5-tetrahydro- 159

C₁₅H₁₅N₃O

Äthanon, 1-[3,5-Dimethyl-1-phenyl-
   1,4-dihydro-pyrrolo[3,2-c]pyrazol-6-yl]-
   453
Imidazo[4,5-c]pyridin, 1-Äthyl-2-
   [4-methoxy-phenyl]-1H- 356
[2]Naphthol, 3-[5-Isopropyl-1H-
   [1,2,4]triazol-3-yl]- 358
Pyrazol-3-on, 5-[2,5-Dimethyl-pyrrol-3-yl]-
   2-phenyl-1,2-dihydro- 453
–, 5-[3,5-Dimethyl-pyrrol-2-yl]-
   2-phenyl-1,2-dihydro- 453
Pyrazolo[4,3-c]pyridin-3-on, 5-Äthyl-
   7-methyl-2-phenyl-2,5-dihydro- 448
[1,2,4]Triazin-3-on, 5,6-Diphenyl-
   tetrahydro- 503

$C_{15}H_{15}N_3O_2$
Pyrazolo[3,4-b]pyridin-3-on, 4-Methoxy-
  methyl-6-methyl-1-phenyl-1,2-dihydro-
  683

$C_{15}H_{15}N_3O_4$
Erythrit, 1-Pyrido[3,2-f]chinoxalin-2-yl-
  414
−, 1-Pyrido[3,2-f]chinoxalin-3-yl- 414

$C_{15}H_{15}N_3S$
[1,3,5]Triazin-2-thion, 4,6-Diphenyl-
  tetrahydro- 503

$C_{15}H_{15}N_3S_2$
[1,3]Diazetidin-1-thiocarbonsäure,
  2,2-Dimethyl-4-thioxo-, [1]naphthyl-
  amid 551
[1,3,5]Triazin-2,4-dithion, 6,6-Dimethyl-
  1-[1]naphthyl-dihydro- 551

$C_{15}H_{15}N_5O_2$
Anilin, N-[5,6-Dimethyl-benzotriazol-
  1-ylmethyl]-4-nitro- 156

$C_{15}H_{16}IN_3O$
Methojodid [$C_{15}H_{16}N_3O$]I aus
  1,3,4,5-Tetrahydro-2H-benz[4,5]imidazo-
  [2,1-b]chinazolin-12-on 503

$[C_{15}H_{16}N_3O]^+$
Pyrazolo[4,3-c]pyridinium, 1,1,7-Trimethyl-
  3-oxo-2-phenyl-2,3-dihydro-1H- 448

$C_{15}H_{16}N_4$
Amin, Phenyl-[2-phenyl-2,5-dihydro-
  3H-[1,2,4]triazin-4-yl]- 27
Anilin, N-[5,6-Dimethyl-benzotriazol-
  1-ylmethyl]- 156
[1,2,4]Triazin-4-ylamin, 2,6-Diphenyl-
  2,5-dihydro-3H- 159

$C_{15}H_{17}N_3O$
Benzoyl-Derivat $C_{15}H_{17}N_3O$ aus
  3-[1(3)H-Imidazol-4-yl]-piperidin 79

$C_{15}H_{17}N_3O_2$
Essigsäure-[1-phenyl-3a,4,5,6,7,7a-
  hexahydro-1H-4,7-methano-benzotriazol-
  5-ylester] 334
− [1-phenyl-3a,4,5,6,7,7a-hexahydro-
  1H-4,7-methano-benzotriazol-8-ylester]
  335
− [3-phenyl-3a,4,5,6,7,7a-hexahydro-
  3H-4,7-methano-benzotriazol-5-ylester]
  334

$C_{15}H_{17}N_3O_3$
Benz[4,5]imidazo[1,2-a]pyrimidin-4-on,
  3-Äthoxy-2-äthoxymethyl-1H- 709
2,4,9-Triaza-spiro[5.5]undecan-1,3,5-trion,
  9-Benzyl- 649
−, 9-o-Tolyl- 649
−, 9-p-Tolyl- 649

$C_{15}H_{17}N_5S_2$
[1,3,5]Triazin-2-carbaldehyd, 4,6-Bis-
  äthylmercapto-, benzylidenhydrazon
  701

$[C_{15}H_{18}N_3]^+$
Spiro[piperidin-1,2'-pyrrolo[3,4-b]-
  chinoxalinium], 1',3'-Dihydro- 226

$C_{15}H_{19}N_3$
4,7-Methano-benzotriazol, 3a,7a-Dimethyl-
  1-phenyl-3a,4,5,6,7,7a-hexahydro-1H-
  81
−, 5,5-Dimethyl-1-phenyl-3a,4,5,6,7,-
  7a-hexahydro-1H- 81
−, 5,6-Dimethyl-1-phenyl-3a,4,5,6,7,-
  7a-hexahydro-1H- 81
−, 6,6-Dimethyl-1-phenyl-3a,4,5,6,7,-
  7a-hexahydro-1H- 81
1-(1,4)Phena-5-(4,5)[1,2,3]triazola-
  cyclononan, [5]1H- 198
Pyrazolo[4,3-c]pyridin, 5,7-Dimethyl-3-
  p-tolyl-4,5,6,7-tetrahydro-1(2)H- 197
[1,2,4]Triazolo[4,3-a]azonin, 3-Phenyl-
  6,7,8,9,10,11-hexahydro-5H- 198

$C_{15}H_{19}N_3O$
Cyclohexanol, 1-[1-Benzyl-1H-[1,2,3]triazol-
  4-yl]- 335
Indolin-2-on, 3-Äthyl-3-[4,5-dihydro-
  1H-imidazol-2-ylmethyl]-1-methyl- 487
Pyrazolo[4,3-c]pyridin-3-on, 2-Phenyl-
  5-propyl-1,2,4,5,6,7-hexahydro- 438

$C_{15}H_{19}N_3O_2$
4,7-Methano-benzotriazol, 5,6-Bis-
  hydroxymethyl-1-phenyl-3a,4,5,6,7,7a-
  hexahydro-1H- 378

$C_{15}H_{19}N_3O_2S$
[1,2,4]Triazepin-5,7-dion, 6,6-Diäthyl-
  2-methyl-4-phenyl-3-thioxo-tetrahydro-
  644

$C_{15}H_{19}N_3O_3$
Barbitursäure, 5-Isopentyl-5-[3]pyridylmethyl-
  657
[1,2,4]Triazin-3,5-dion, 2,4-Diäthyl-6-
  [4-methoxy-benzyl]-2H- 706

$C_{15}H_{20}IN_3O$
Methojodid [$C_{15}H_{20}N_3O$]I aus 2-Methyl-
  9-[1-methyl-pyrrolidin-2-yl]-pyrido[1,2-a]-
  pyrimidin-4-on 487

$C_{15}H_{20}N_4O_2$
Carbamidsäure, Diäthyl-, [5-äthyl-
  2-phenyl-2H-[1,2,4]triazol-3-ylester] 327

$C_{15}H_{20}N_4O_3S$
Essigsäure-[4-(2,3,5,6,7,8-hexahydro-
  imidazo[1,2-a][1,3]diazepin-1-sulfonyl)-
  anilid] 60

$C_{15}H_{21}N_3$
Cyclononatriazol, 1-Phenyl-1,3a,4,5,6,7,8,9,-
  10,10a-decahydro- 62
Piperidin, 4-[4,5-Dihydro-1H-imidazol-
  2-yl]-1-methyl-4-phenyl- 190

$C_{15}H_{21}N_3O$
Äthanon, 1-[4-Butyl-2-phenyl-
  2,3,4,5-tetrahydro-[1,2,4]triazin-6-yl]-
  429

$C_{15}H_{21}N_3OS$

[1,2,4]Triazol, 3-[4-Äthoxy-phenyl]-
5-isopentylmercapto-1*H*- 385
–, 3-[4-Äthoxy-phenyl]-5-pentyl≠
mercapto-1*H*- 385
–, 3-Äthylmercapto-5-[4-isopentyloxy-
phenyl]-1*H*- 385
–, 3-Äthylmercapto-5-[4-pentyloxy-
phenyl]-1*H*- 385
–, 3-[4-Butoxy-phenyl]-5-isopropyl≠
mercapto-1*H*- 384
–, 3-[4-Butoxy-phenyl]-
5-propylmercapto-1*H*- 384
–, 3-Butylmercapto-5-[4-isopropoxy-
phenyl]-1*H*- 384
–, 3-Butylmercapto-5-[4-propoxy-
phenyl]-1*H*- 384
–, 3-[4-Isobutoxy-phenyl]-
5-isopropylmercapto-1*H*- 384
–, 3-[4-Isobutoxy-phenyl]-
5-propylmercapto-1*H*- 384
–, 3-Isobutylmercapto-5-
[4-isopropoxy-phenyl]-1*H*- 384
–, 3-Isobutylmercapto-5-[4-propoxy-
phenyl]-1*H*- 384

$C_{15}H_{21}N_3O_2$

Propan-2-ol, 1-[2,3,5,6-Tetrahydro-
imidazo[1,2-*a*]imidazol-1-yl]-3-
m-tolyloxy- 56
[1,2,3]Triazol, 1-Benzyl-4,5-bis-[α-hydroxy-
isopropyl]-1*H*- 375

$C_{15}H_{21}N_3O_3$

[1,3,5]Triazin, 1,3,5-Tri-but-3-enoyl-
hexahydro- 12
–, 1,3,5-Trimethacryloyl-hexahydro-
12

$C_{15}H_{21}N_3O_9$

Essigsäure, [Trioxo-[1,3,5]triazin-1,3,5-triyl]-
tri-, triäthylester 641

$C_{15}H_{22}N_4O_2S$

Toluol-4-sulfonamid, *N*-[4,5-Dipropyl-
[1,2,3]triazol-1-yl]- 61

$C_{15}H_{23}ClN_4$

Amin, Diäthyl-[4-(5-chlor-benzotriazol-
1-yl)-pentyl]- 121

$C_{15}H_{23}N_3$

Heptan, 1-[4,5-Dihydro-1*H*-imidazol-2-yl]-
1-[3]pyridyl- 164

$[C_{15}H_{24}Hg_3N_3O_6]^{3+}$

[1,3,5]Triazin, Tris-[3-mercurio(1+)-
2-methoxy-propoxy]- 402

$C_{15}H_{24}N_4O$

Amin, Diäthyl-[3-(6-methoxy-benzotriazol-
1-yl)-butyl]- 340

$C_{15}H_{25}Cl_2N_3O$

[1,3,5]Triazin, Dichlor-dodecyloxy- 330

$C_{15}H_{25}Cl_2N_3S$

[1,3,5]Triazin, Dichlor-dodecylmercapto-
333

$C_{15}H_{27}N_3$

Dipyrido[2,1-*f*;2′,3′-*h*][1,6]naphthyridin,
Hexadecahydro- 86
[2,3′;2′,3″]Terpyrrol, 1,1′,1″-Trimethyl-
2,3,4,5,2′,3′,4′,5′,4″,5″-decahydro-
1*H*,1′*H*,1″*H*- 83
[1,3,5]Triazin, Tributyl- 83
Tripyrido[1,2-*a*;1′,2′-*c*;3″,2″-*e*]pyrimidin,
Tetradecahydro- 85
Tripyrido[1,2-*a*;1′,2′-*c*;1″,2″-*e*][1,3,5]triazin,
Dodecahydro- 84

$C_{15}H_{27}N_3O_3$

[1,3,5]Triazin, Tributoxy- 396
–, Tri-*sec*-butoxy- 396
–, Tri-*tert*-butoxy- 397
–, Triisobutoxy- 397
–, 1,3,5-Triisobutyryl-hexahydro- 11
[1,3,5]Triazintrion, Tributyl- 635

$C_{15}H_{28}N_4O_2$

[1,3,5]Triazin, 1,3-Dicyclohexyl-5-nitro-
hexahydro- 18

$[C_{15}H_{30}Hg_3N_3O_3]^{3+}$

[1,3,5]Triazin, 1,3,5-Tris-[3-mercurio(1+)-
2-methoxy-propyl]-hexahydro- 14

$C_{15}H_{30}N_6O_3$

[1,3,5]Triazin, Tris-[2-dimethylamino-
äthoxy]- 401

$C_{15}H_{31}N_3S$

[1,3,5]Triazin-2-thion, 5-Dodecyl-
tetrahydro- 419

$C_{15}H_{33}N_3$

[1,3,5]Triazin, 1,3,5-Tributyl-hexahydro- 5
–, 1,3,5-Triisobutyl-hexahydro- 6
–, 2,4,6-Triisobutyl-hexahydro- 26

C_{16}

$C_{16}H_8Cl_5N_3$

[1,3,5]Triazin, Bis-[4-chlor-phenyl]-
trichlormethyl- 264

$C_{16}H_9BrFN_3O$

Acetyl-Derivat $C_{16}H_9BrFN_3O$ aus
9-Brom-8-fluor-6*H*-indolo[2,3-*b*]≠
chinoxalin 256

$C_{16}H_9F_2N_3O$

Acetyl-Derivat $C_{16}H_9F_2N_3O$ aus
8,9-Difluor-6*H*-indolo[2,3-*b*]chinoxalin
256

$C_{16}H_9N_3O_2$

Naphtho[2,3-*d*][1,2,3]triazol-4,9-dion,
1-Phenyl-1*H*- 606

$C_{16}H_9N_3O_3$

Anthra[2,3-*d*][1,2,3]triazol-5,10-dion,
1-Acetyl-1*H*- 621
Acetyl-Derivat $C_{16}H_9N_3O_3$ aus
1*H*-Anthra[1,2-*d*][1,2,3]triazol-6,11-dion
622

$C_{16}H_9N_5O_3S$
Naphthalin-2-diazonium, 5-[Benzotriazol-
1-sulfonyl]-1-hydroxy-, betain 117

$C_{16}H_9N_5O_4$
Naphtho[1,8-de][1,2,3]triazin,
1-[2,4-Dinitro-phenyl]-1H- 218
Naphtho[1,2-d][1,2,3]triazol, 4-Nitro-2-
[4-nitro-phenyl]-2H- 217
–, 6-Nitro-2-[4-nitro-phenyl]-2H-
218
–, 7-Nitro-2-[4-nitro-phenyl]-2H-
218
–, 8-Nitro-2-[4-nitro-phenyl]-2H-
218

$C_{16}H_9N_5O_5$
Naphtho[1,2-d][1,2,3]triazol-3-oxid,
5-Nitro-2-[4-nitro-phenyl]-2H- 217

$C_{16}H_{10}BrN_3$
Naphtho[1,2-d][1,2,3]triazol, 2-[2-Brom-
phenyl]-2H- 202

$C_{16}H_{10}ClN_3$
Naphtho[1,2-d][1,2,3]triazol, 2-[2-Chlor-
phenyl]-2H- 202
–, 2-[3-Chlor-phenyl]-2H- 202
–, 2-[4-Chlor-phenyl]-2H- 202

$C_{16}H_{10}ClN_3O$
Benz[4',5']imidazo[1',2':2,3]pyrazolo[5,1-a]≠
isoindol-7-on, 2-Chlor-11b,12-dihydro-
523
Naphtho[1,2-d][1,2,3]triazol-7-ol,
2-[4-Chlor-phenyl]-2H- 355
Naphtho[1,2-d][1,2,3]triazol-8-ol,
2-[4-Chlor-phenyl]-2H- 355

$C_{16}H_{10}ClN_3O_2$
Benzo[2,3][1,4]diazepino[7,1-a]phthalazinium,
2-Chlor-7-hydroxy-13-oxo-
13,14-dihydro-12H-, betain 624
Essigsäure-[10-chlor-benz[4,5]imidazo[2,1-a]≠
phthalazin-5-ylester] 364

$C_{16}H_{10}ClN_3O_3$
Pyrido[2',1':2,3]imidazo[1,5-b]cinnolinium,
5-Acetyl-2-chlor-12-hydroxy-13-oxo-
5,13-dihydro-, betain 693

$C_{16}H_{10}Cl_2N_6O_2S_2$
[1,2,4]Triazol-3-on, 4,4'-Bis-[3-chlor-
phenyl]-2,4,2',4'-tetrahydro-
5,5'-disulfandiyl-bis- 675

$C_{16}H_{10}FN_3$
Imidazo[1,2-a]pyrimidin, 2-[4-Fluor-
[1]naphthyl]- 270
Naphtho[1,2-d][1,2,3]triazol, 2-[2-Fluor-
phenyl]-2H- 202
–, 2-[4-Fluor-phenyl]-2H- 202

$C_{16}H_{10}FN_3O$
Acetyl-Derivat $C_{16}H_{10}FN_3O$ aus
9-Fluor-6H-indolo[2,3-b]chinoxalin 256

$C_{16}H_{10}IN_3$
Naphtho[1,2-d][1,2,3]triazol, 2-[2-Jod-
phenyl]-2H- 202

–, 2-[4-Jod-phenyl]-2H- 203

$C_{16}H_{10}N_2O_2$
[1,2]Diazeto[4,1-a;3,2-a']diisoindol-
5,8-dion, 12b,12c-Dihydro- 670

$C_{16}H_{10}N_4O$
Benzo[d][1,2,3]triazin-4-on, 3-[3]Chinolyl-
3H- 463

$C_{16}H_{10}N_4O_2$
Imidazo[4,5-f]chinolin, 2-[4-Nitro-phenyl]-
1(3)H- 270
Naphtho[1,2-d][1,2,3]triazol, 2-[2-Nitro-
phenyl]-2H- 203
–, 2-[4-Nitro-phenyl]-2H- 203

$C_{16}H_{10}N_4O_3$
Naphtho[1,2-d][1,2,3]triazol-3-oxid,
5-Nitro-2-phenyl-2H- 217
Pyridazino[4,5-b]indol-4-on, 3-[4-Nitro-
phenyl]-3,5-dihydro- 491

$[C_{16}H_{11}BrN_3]^+$
[1,2,3]Triazolo[1,5-a]chinolinium, 3-Brom-
1-phenyl-1H- 199

$C_{16}H_{11}Br_2N_3O_3$
Äthanon, 1-[5-Acetoxy-2-phenyl-
2H-benzotriazol-4-yl]-2,2-dibrom- 686

$[C_{16}H_{11}ClN_3O_2]^+$
Benzo[2,3][1,4]diazepino[7,1-a]phthalazinium,
2-Chlor-7,13-dioxo-7,12,13,14-
tetrahydro-6H- 624

$C_{16}H_{11}ClN_4O_3S$
[1,2,4]Triazol-3-thion, 2-Acetyl-5-[2-chlor-
4-nitro-phenyl]-4-phenyl-2,4-dihydro-
473

$C_{16}H_{11}N_3$
Benz[4,5]imidazo[1,2-a]pyrimidin, 2-Phenyl-
269
Benzotriazol, 1-[1]Naphthyl-1H- 103
–, 1-[2]Naphthyl-1H- 103
Chinolin, 2-[1H-Benzimidazol-2-yl]- 271
–, 3-[1H-Benzimidazol-2-yl]- 271
–, 4-[1H-Benzimidazol-2-yl]- 271
–, 5-[1H-Benzimidazol-2-yl]- 271
–, 6-[1H-Benzimidazol-2-yl]- 271
–, 7-[1H-Benzimidazol-2-yl]- 271
–, 8-[1H-Benzimidazol-2-yl]- 271
Imidazo[4,5-f]chinolin, 2-Phenyl-1(3)H-
270
Isochinolin, 3-[1H-Benzimidazol-2-yl]- 271
Naphth[2,3-d]imidazol, 2-[2]Pyridyl-1H-
270
–, 2-[3]Pyridyl-1H- 270
Naphtho[1,8-de][1,2,3]triazin, 1-Phenyl-1H-
218
Naphtho[1,2-d][1,2,3]triazol, 2-Phenyl-2H-
202
–, 3-Phenyl-3H- 203
[1,2,4]Triazolo[4,3-a]chinolin, 1-Phenyl-
269

$C_{16}H_{11}N_3O$

Benz[4′,5′]imidazo[1′,2′:2,3]pyrazolo[5,1-*a*]≠
isoindol-7-on, 11b,12-Dihydro- 523
Benz[4,5]imidazo[1,2-*a*]pyrimidin-4-on,
2-Phenyl-1*H*- 522
−, 3-Phenyl-1*H*- 522
Benzo[5,6][1,2]diazepino[3,4-*b*]chinolin-
5-on, 6,7-Dihydro- 523
Benzo[5,6][1,2]diazepino[4,3-*c*]chinolin-
7-on, 5,6-Dihydro- 523
Chinazolino[4,3-*b*]chinazolin-8-on,
6-Methyl- 522
Chino[3,4-*b*]chinoxalin-6-on, 3-Methyl-5*H*-
523
Indolin-2-on, 3-[1*H*-Benzimidazol-
2-ylmethylen]- 523
[1]Naphthol, 2-[1,2,4]Triazolo[4,3-*a*]pyridin-
3-yl- 369
Naphtho[1,2-*d*][1,2,3]triazol-4-ol, 2-Phenyl-
2*H*- 354
Naphtho[1,2-*d*][1,2,3]triazol-7-ol, 2-Phenyl-
2*H*- 355
Naphtho[1,2-*d*][1,2,3]triazol-8-ol, 2-Phenyl-
2*H*- 355
Naphtho[2,3-*d*][1,2,3]triazol-4-ol, 1-Phenyl-
1*H*- 354
Phenol, 2-[1,2,4]Triazolo[4,3-*a*]chinolin-1-yl-
369
Phthalazino[1,2-*b*]chinazolin-8-on,
5-Methyl- 522

$C_{16}H_{11}N_3O_2$

Benz[4,5]imidazo[1,2-*a*]pyrimidin-2,4-dion,
3-Phenyl-1*H*- 624
Benzo[2,3][1,4]diazepino[7,1-*a*]phthalazinium,
7-Hydroxy-13-oxo-13,14-dihydro-12*H*-,
betain 624
Chinazolino[2,3-*b*]chinazolin-11,13-dion,
5-Methyl-5*H*- 623
Chinazolino[3,2-*a*]chinazolin-5,12-dion,
6-Methyl-6*H*- 623
−, 7-Methyl-7*H*- 624
Essigsäure-benz[4,5]imidazo[2,1-*a*]≠
phthalazin-5-ylester 364
[2]Naphthol, 1-[1-Oxy-benzotriazol-2-yl]-
104
5,10-Pyrrolo[3,4]ätheno-benzo[*g*]chinazolin-
13,15-dion, 5,10,11,12-Tetrahydro- 625

$C_{16}H_{11}N_3O_3$

Pyrido[2′,1′:2,3]imidazo[1,5-*b*]cinnolinium,
5-Acetyl-12-hydroxy-13-oxo-
5,13-dihydro-, betain 693

$C_{16}H_{11}N_3O_3S$

Benzolsulfonsäure, 2-Naphtho[1,2-*d*]≠
[1,2,3]triazin-2-yl- 207
−, 4-Naphtho[1,2-*d*][1,2,3]triazin-2-yl-
207

$C_{16}H_{11}N_3S$

Imidazo[4,5-*b*]chinolin-2-thion, 3-Phenyl-
1,3-dihydro- 490

$C_{16}H_{11}N_5O_4S$

Sulfanilsäure, *N,N*-Phthaloyl-,
[1,2,4]triazol-4-ylamid 42

$C_{16}H_{11}N_5S_2$

[1,3,5]Triazin, Diazomethyl-bis-
phenylmercapto- 701

$C_{16}H_{12}BrN_3$

Indolo[2,3-*b*]chinoxalin, 9-Brom-
7,10-dimethyl-6*H*- 266

$C_{16}H_{12}ClN_3$

Indolo[2,3-*b*]chinoxalin, 9-Chlor-
7,10-dimethyl-6*H*- 266

$C_{16}H_{12}ClN_3OS$

[1,2,4]Triazol-3-thion, 2-Acetyl-5-[4-chlor-
phenyl]-4-phenyl-2,4-dihydro- 473

$C_{16}H_{12}ClN_3O_2$

Benzo[2,3][1,4]diazepino[7,1-*a*]phthalazin-
7,13-dion, 2-Chlor-11b,12-dihydro-
14*H*- 619
−, 3-Chlor-11b,12-dihydro-14*H*- 619
Benzo[3,4][1,2,5]triazocino[8,1-*a*]isoindol-
6,12-dion, 3-Chlor-5,7,7a,14-tetrahydro-
618

$C_{16}H_{12}ClN_3O_3$

Äthanon, 1-[5-Acetoxy-2-phenyl-
2*H*-benzotriazol-4-yl]-2-chlor- 686

$[C_{16}H_{12}N_3O_2]^+$

Benzo[2,3][1,4]diazepino[7,1-*a*]phthalazinium,
7,13-Dioxo-7,12,13,14-tetrahydro-6*H*-
624

$C_{16}H_{12}N_4$

Amin, Naphtho[1,2-*d*][1,2,3]triazol-1-yl-
phenyl- 217
Anilin, 4-Naphtho[1,2-*d*][1,2,3]triazol-2-yl-
213
Chinolin, 2-Benzotriazol-1-yl-4-methyl-
116
−, 4-Benzotriazol-1-yl-2-methyl- 116

$C_{16}H_{12}N_4O$

Chinolin, 4-Benzotriazol-1-yl-6-methoxy-
116
Chinolin-4-on, 6-Benzotriazol-1-yl-
2-methyl-1*H*- 117

$C_{16}H_{12}N_4O_2$

Indolo[2,3-*b*]chinoxalin, 7,10-Dimethyl-
9-nitro-6*H*- 266

$C_{16}H_{12}N_4O_3S$

Benzolsulfonsäure, 2-Amino-5-naphtho≠
[1,2-*d*][1,2,3]triazol-2-yl- 213
−, 5-Amino-2-naphtho[1,2-*d*]≠
[1,2,3]triazol-2-yl- 213
[1,2,4]Triazol-3-thion, 2-Acetyl-5-[4-nitro-
phenyl]-4-phenyl-2,4-dihydro- 473

$C_{16}H_{12}N_4O_4$

Benzoesäure, 4-Nitro-, [2-phenyl-
2*H*-[1,2,3]triazol-4-ylmethylester] 323

$C_{16}H_{12}N_6O_2$

Benzo[*d*][1,2,3]triazin-4-on, 3*H*,3′*H*-
3,3′-Äthandiyl-bis- 462

C₁₆H₁₃ClN₄
Amin, [2-Chlor-phenyl]-[2,3-dihydro-
naphtho[1,2-*d*][1,2,3]triazol-1-yl]- 193

C₁₆H₁₃NO
Isochinolin, 2-Benzoyl-1,2-dihydro- 300

C₁₆H₁₃N₃
Benz[4,5]imidazo[2,1-*a*]phthalazin,
5,10-Dimethyl- 265
Chinazolin, 2-[2-(6-Methyl-[2]pyridyl)-
vinyl]- 264
Chinoxalin, 2-[2-(6-Methyl-[2]pyridyl)-
vinyl]- 264
Indolo[2,3-*b*]chinoxalin, 7-Äthyl-6*H*- 265
–, 9-Äthyl-6*H*- 266
–, 7,9-Dimethyl-6*H*- 266
–, 7,10-Dimethyl-6*H*- 266
Methan, Tris-[2]pyridyl- 264
Naphth[2′,3′:4,5]imidazo[1,2-*a*]pyrimidin,
2,3-Dimethyl- 265
–, 2,4-Dimethyl- 265
[1,2,4]Triazin, 3-Methyl-5,6-diphenyl- 263
–, 5-Methyl-3,6-diphenyl- 263
–, 6-Methyl-3,5-diphenyl- 263
[1,3,5]Triazin, Methyl-diphenyl- 264

C₁₆H₁₃N₃O
Äthanon, 1-[1,5-Diphenyl-1*H*-[1,2,3]triazol-
4-yl]- 485
Keton, [5-Methyl-1-phenyl-1*H*-
[1,2,3]triazol-4-yl]-phenyl- 485
Methanol, Di-[2]pyridyl-[4]pyridyl- 365
–, Di-[3]pyridyl-[4]pyridyl- 366
–, [2]Pyridyl-di-[4]pyridyl- 366
–, [3]Pyridyl-di-[4]pyridyl- 366
–, Tri-[2]pyridyl- 365
–, Tri-[3]pyridyl- 366
–, Tri-[4]pyridyl- 367
Naphth[2′,3′:4,5]imidazo[1,2-*a*]pyrimidin-
4-on, 2,3-Dimethyl-1*H*- 518
[1,2,4]Triazin, 3-Methoxy-5,6-diphenyl-
364
[1,2,4]Triazin-3-on, 2-Methyl-5,6-diphenyl-
2*H*- 515
[1,2,4]Triazin-6-on, 5-Benzyl-3-phenyl-1*H*-
518
[1,2,4]Triazol, 1-Acetyl-3,5-diphenyl-1*H*-
246

C₁₆H₁₃N₃OS
[1,2,4]Triazol-3-thion, 2-Acetyl-
4,5-diphenyl-2,4-dihydro- 470

C₁₆H₁₃N₃OS₂
[1,3,5]Triazin-2-on, 1-Phenyl-4,6-dithioxo-
5-*o*-tolyl-tetrahydro- 643
–, 1-Phenyl-4,6-dithioxo-5-*p*-tolyl-
tetrahydro- 643
–, 5-Phenyl-4,6-dithioxo-1-*o*-tolyl-
tetrahydro- 643
Methyl-Derivat C₁₆H₁₃N₃OS₂ aus
1,5-Diphenyl-4,6-dithioxo-tetrahydro-
[1,3,5]triazin-2-on 642

C₁₆H₁₃N₃O₂
Äthanon, 1-[1-(4-Acetyl-phenyl)-
1*H*-benzotriazol-5-yl]- 474
Benzo[2,3][1,4]diazepino[7,1-*a*]phthalazin-
7,13-dion, 11b,12-Dihydro-14*H*- 618
Benzoesäure-[1-phenyl-1*H*-[1,2,3]triazol-
4-ylmethylester] 323
Benzo[3,4][1,2,5]triazocino[8,1-*a*]isoindol-
6,12-dion, 5,7,7a,14-Tetrahydro- 618
Naphth[2′,3′:4,5]imidazo[1,2-*a*]pyrimidin-
2,4-dion, 3-Äthyl-1*H*- 619
[1,2,4]Triazin-3,5-dion, 6-Benzhydryl-2*H*-
618
[1,2,4]Triazin-6-on, 3-[α-Hydroxy-
benzhydryl]-1*H*- 693

C₁₆H₁₃N₃O₂S
2-Thio-barbitursäure, 5-[2-(1-Methyl-
1*H*-[2]chinolyliden)-äthyliden]- 665

C₁₆H₁₃N₃O₂S₂
Benzoesäure, 4-[2-Phenyl-4,6-dithioxo-
tetrahydro-[1,3,5]triazin-1-yl]- 583

C₁₆H₁₃N₃O₃
Äthanon, 1-[5-Acetoxy-2-phenyl-
2*H*-benzotriazol-4-yl]- 685
Barbitursäure, 5-[2-(1-Methyl-
1*H*-[2]chinolyliden)-äthyliden]- 665
Pyrido[2,3-*d*]pyrimidin-2,4-dion, 6-Acetyl-
5-methyl-1-phenyl-1*H*- 653
[1,2,3]Triazol-4-on, 5-Acetyl-2-[2-hydroxy-
phenyl]-3-phenyl-2,3-dihydro- 560
–, 5-Acetyl-2-[4-hydroxy-phenyl]-
3-phenyl-2,3-dihydro- 560

C₁₆H₁₃N₃O₄
Benzotriazol, 2-[2,4-Diacetoxy-phenyl]-2*H*-
104

C₁₆H₁₃N₃O₅
Naphtho[2,3-*d*][1,2,3]triazol, 4,9-Diacetoxy-
1-acetyl-1*H*- 388

C₁₆H₁₃N₃S
[1,2,4]Triazin, 3-Methylmercapto-
5,6-diphenyl- 365

C₁₆H₁₃N₃S₂
[1,3,5]Triazin-2-thion, 6-Methylmercapto-
1,4-diphenyl-1*H*- 689

C₁₆H₁₃N₇O₄
Äthanon, 1-[1-Phenyl-1*H*-[1,2,3]triazol-
4-yl]-, [2,4-dinitro-phenylhydrazon]
433
[1,2,3]Triazol-4-carbaldehyd, 1-Benzyl-1*H*-,
[2,4-dinitro-phenylhydrazon] 432

C₁₆H₁₄ClN₃
Pyridin, 4-[5-Äthyl-1-(3-chlor-phenyl)-
1*H*-pyrazol-3-yl]- 185
–, 4-[5-Äthyl-1-(4-chlor-phenyl)-
1*H*-pyrazol-3-yl]- 185
–, 4-[5-Äthyl-2-(3-chlor-phenyl)-
2*H*-pyrazol-3-yl]- 185
–, 4-[5-Äthyl-2-(4-chlor-phenyl)-
2*H*-pyrazol-3-yl]- 185

$C_{16}H_{14}ClN_3$ (Fortsetzung)

Pyridin, 4-[1-(3-Chlor-2-methyl-phenyl)-
5-methyl-1H-pyrazol-3-yl]- 182
–, 4-[2-(3-Chlor-2-methyl-phenyl)-
5-methyl-2H-pyrazol-3-yl]- 182

$C_{16}H_{14}ClN_3O$

Pyridin, 4-[1-(5-Chlor-2-methoxy-phenyl)-
5-methyl-1H-pyrazol-3-yl]- 182
–, 4-[2-(5-Chlor-2-methoxy-phenyl)-
5-methyl-2H-pyrazol-3-yl]- 182

$C_{16}H_{14}ClN_3O_2$

Keton, [5-Chlor-2-hydroxy-phenyl]-[4-
(6-methyl-[2]pyridyl)-4,5-dihydro-
1H-pyrazol-3-yl]- 693

$[C_{16}H_{14}N_3O_3]^+$

Chinolinium, 1-Äthyl-2-[2,4,6-trioxo-
tetrahydro-pyrimidin-5-ylidenmethyl]-
664

$[C_{16}H_{14}N_3O_4]^+$

Chinolinium, 6-Methoxy-1-methyl-2-
[2,4,6-trioxo-tetrahydro-pyrimidin-
5-ylidenmethyl]- 721

$C_{16}H_{14}N_4O$

Acetamid, N-[3,5-Diphenyl-[1,2,4]triazol-
4-yl]- 247
Benzoesäure-[4-(4-methyl-[1,2,3]triazol-2-yl)-
anilid] 44
[1,2,4]Triazin-3-on, 4-Benzylidenamino-
6-phenyl-4,5-dihydro-2H- 477

$C_{16}H_{14}N_4OS$

Benzamid, N-[3-Methylmercapto-5-phenyl-
[1,2,4]triazol-4-yl]- 349

$C_{16}H_{14}N_4O_2$

Benzoesäure, 4-Amino-, [2-phenyl-
2H-[1,2,3]triazol-4-ylmethylester] 323

$C_{16}H_{14}N_4O_4S$

[1,2,4]Triazol-1-carbonsäure, 5-Oxo-
4-[toluol-4-sulfonyl]-4,5-dihydro-,
anilid 422

$C_{16}H_{14}N_6O_3$

Acetaldehyd, Hydroxy-[2-phenyl-
2H-[1,2,3]triazol-4-yl]-, [4-nitro-
phenylhydrazon] 680

$C_{16}H_{14}N_6S$

[1,2,3]Triazol-4-carbaldehyd, 1,5-Diphenyl-
1H-, thiosemicarbazon 484
–, 3,5-Diphenyl-3H-, thiosemi‐
carbazon 484
[1,2,4]Triazolidin-3-thion, 4-Benzyl‐
idenamino-5-benzylidenhydrazono- 547

$C_{16}H_{14}N_8S_2$

[1,2,4]Triazol-4-ylamin, 5,5'-Diphenyl-
3,3'-disulfandiyl-bis- 350

$C_{16}H_{15}N_3$

4,8-Methano-indeno[5,6-d][1,2,3]triazol,
1-Phenyl-1,3a,4,6,8,8a-hexahydro- 187
[1,2,4]Triazin, 3-Methyl-5,6-diphenyl-
1,2-dihydro- 251

–, 5-Methyl-3,6-diphenyl-4,5-dihydro-
252
–, 6-Methyl-3,5-diphenyl-1,2-dihydro-
252
[1,2,4]Triazol, 3-Benzhydryl-5-methyl-1H-
252
–, 3,5-Dibenzyl-1H- 252
–, 3,5-Di-p-tolyl-1H- 252

$C_{16}H_{15}N_3O$

Äthanon, 1-[1-(4-Äthyl-phenyl)-
1H-benzotriazol-5-yl]- 474
–, 1-[1,5-Diphenyl-4,5-dihydro-
1H-[1,2,3]triazol-4-yl]- 485
Benzo[d][1,2,3]triazin-4-on, 3-Mesityl-3H-
459
Imidazo[1,2-a]pyridin-2-on, 3-[2-(1-Äthyl-
1H-[4]pyridyliden)-äthyliden]- 509
Pyrazol-3-on, 5-[5-Äthyl-[3]pyridyl]-
2-phenyl-1,2-dihydro- 481
Pyridin, 3-[2-(3-Methoxy-phenyl)-5-methyl-
2H-pyrazol-3-yl]- 181
–, 4-[2-(3-Methoxy-phenyl)-5-methyl-
2H-pyrazol-3-yl]- 183
[1,2,4]Triazin, 3-Methoxy-5,6-diphenyl-
4,5-dihydro- 362
[1,2,4]Triazin-3-on, 2-Methyl-5,6-diphenyl-
4,5-dihydro-2H- 509
[1,2,4]Triazin-6-on, 3-Methyl-1,4-diphenyl-
4,5-dihydro-1H- 429

$C_{16}H_{15}N_3OS$

[1,2,4]Triazol-3-thion, 4-[4-Äthoxy-phenyl]-
5-phenyl-2,4-dihydro- 472

$C_{16}H_{15}N_3OS_2$

[1,3,5]Triazin-2,4-dithion, 6-[4-Methoxy-
phenyl]-1-phenyl-dihydro- 703

$C_{16}H_{15}N_3O_2$

Pyrido[2,3-d]pyrimidin-2,4-dion,
3,5,7-Trimethyl-1-phenyl-1H- 585
[1,2,4]Triazol-3-on, 5-[4-Methoxy-phenyl]-
4-p-tolyl-2,4-dihydro- 684

$C_{16}H_{15}N_3O_2S$

[1,2,3]Triazol, 4-Phenyl-1-[phenyl‐
methansulfonyl-methyl]-1H- 171
–, 5-Phenyl-1-[phenylmethansulfonyl-
methyl]-1H- 171

$C_{16}H_{15}N_3O_3$

Pyrido[3,2-d]pyrimidin-2,4-dion,
7-Methoxy-1,3-dimethyl-6-phenyl-1H-
711

$C_{16}H_{15}N_3O_3S$

Toluol-4-sulfonsäure-[2-phenyl-
2H-[1,2,3]triazol-4-ylmethylester] 323
[1,2,4]Triazol-3-on, 5-Methyl-2-phenyl-
4-[toluol-4-sulfonyl]-2,4-dihydro- 426

$C_{16}H_{15}N_3O_4$

Hexansäure, 6-[4,9-Dioxo-4,9-dihydro-
naphtho[2,3-d][1,2,3]triazol-1-yl]- 607

$C_{16}H_{15}N_3O_4$ (Fortsetzung)

Pyrido[2,3-d]pyrimidin-2,4,7-trion,
1-[4-Äthoxy-phenyl]-5-methyl-1H,8H-
652

$C_{16}H_{15}N_3S$

[1,2,4]Triazol, 3-Äthylmercapto-
4,5-diphenyl-4H- 348

–, 3-Methylmercapto-5-phenyl-4-
o-tolyl-4H- 348

–, 3-Methylmercapto-5-phenyl-4-
p-tolyl-4H- 349

[1,2,4]Triazolium, 4-Äthyl-3-mercapto-
1,5-diphenyl-, betain 471

–, 4-Benzyl-3-mercapto-5-methyl-
1-phenyl-, betain 428

[1,2,4]Triazol-3-thion, 4,5-Di-p-tolyl-
2,4-dihydro- 478

$C_{16}H_{15}N_3S_2$

[1,3,5]Triazin-2,4-dithion, 6-Methyl-
1,6-diphenyl-dihydro- 587

–, 6-Phenyl-1-m-tolyl-dihydro- 583

–, 6-Phenyl-1-o-tolyl-dihydro- 583

$C_{16}H_{15}N_5OS$

[1,2,4]Triazepin-5,6-dion, 2,7-Dimethyl-
3-thioxo-3,4-dihydro-2H-,
6-[1]naphthylhydrazon 648

$C_{16}H_{15}N_5O_2$

Acetamid, N,N'-[4-Benzotriazol-1-yl-
m-phenylen]-bis- 111

[1,2,3]Triazol, 4,5-Bis-hydroxymethyl-1-
[4-phenylazo-phenyl]-1H- 374

$C_{16}H_{15}N_5O_3S$

Sulfanilsäure, N-Acetyl-, [4-[1,2,3]triazol-
2-yl-anilid] 33

$C_{16}H_{16}ClN_3$

Äthan, 1-[4-Chlor-phenyl]-2-[4,5-dihydro-
1H-imidazol-2-yl]-1-[2]pyridyl- 238

$C_{16}H_{16}Cl_2N_4$

Anilin, 4-Benzotriazol-2-yl-N,N-bis-
[2-chlor-äthyl]- 111

$C_{16}H_{16}Cl_2N_4O$

Anilin, N,N-Bis-[2-chlor-äthyl]-4-[1-oxy-
benzotriazol-2-yl]- 111

$[C_{16}H_{16}N_3O]^+$

Imidazo[1,2-a]pyridinium, 3-[2-(1-Äthyl-
1H-[4]pyridyliden)-äthyliden]-2-oxo-
2,3-dihydro-1H- 509

$[C_{16}H_{16}N_3S]^+$

[1,2,4]Triazolium, 5-Methyl-3-methyl≠
mercapto-1,4-diphenyl- 326

$C_{16}H_{16}N_4$

[1,2,4]Triazol-4-ylamin, 3-Benzhydryl-
5-methyl- 252

–, 3,5-Di-m-tolyl- 252

–, 3,5-Di-p-tolyl- 253

$C_{16}H_{16}N_4O$

Acetamid, N-[6-Methyl-benzotriazol-1-yl]-
N-p-tolyl- 148

Äthanon, 1-[1-(4-Dimethylamino-phenyl)-
1H-benzotriazol-5-yl]- 474

$C_{16}H_{16}N_4O_2$

Benzoesäure, 4-[(5,6-Dimethyl-benzotriazol-
1-ylmethyl)-amino]- 156

Essigsäure-[4-(1,7-dimethyl-3-oxo-
1,3-dihydro-pyrazolo[4,3-c]pyridin-2-yl)-
anilid] 449

$C_{16}H_{16}N_4O_2S$

Toluol-4-sulfonamid, N-[4-Methyl-
5-phenyl-[1,2,3]triazol-1-yl]- 177

–, N-[5-Methyl-4-phenyl-[1,2,3]triazol-
1-yl]- 177

$C_{16}H_{16}N_4O_4$

[1,2,3]Triazol, 5-[2,4-Dimethoxy-phenyl]-
1-[4-nitro-phenyl]-4,5-dihydro-1H- 381

[1,2,4]Triazol, 5-[2,4-Dimethoxy-phenyl]-
4-[4-nitro-phenyl]-4,5-dihydro-1H- 381

$C_{16}H_{16}N_4O_4S$

Essigsäure-[4-(5,6-dimethyl-2-oxo-
1,2-dihydro-imidazo[4,5-b]pyridin-
3-sulfonyl)-anilid] 452

$C_{16}H_{16}N_4S_2$

[1,2,4]Triazol-4-ylamin, 3,5-Bis-
benzylmercapto- 373

$C_{16}H_{17}N_3$

Äthan, 1-[4,5-Dihydro-1H-imidazol-2-yl]-
2-phenyl-1-[3]pyridyl- 238

–, 2-[4,5-Dihydro-1H-imidazol-2-yl]-
1-phenyl-1-[2]pyridyl- 238

4,8-Methano-indeno[5,6-d][1,2,3]triazol,
1-Phenyl-1,3a,4,4a,5,7a,8,8a-octahydro-
162

–, 1-Phenyl-1,3a,4,4a,7,7a,8,8a-
octahydro- 162

Pyrazol, 5-[3,5-Dimethyl-pyrrol-2-yl]-
3-methyl-1-phenyl-1H- 161

Pyridin, 2-[1,5-Dimethyl-4-phenyl-
2,5-dihydro-1H-imidazol-2-yl]- 237

Pyrrolo[3,4-d]pyridazin, 1,4,5,7-Tetramethyl-
6-phenyl-6H- 162

$C_{16}H_{17}N_3O$

[1,2,4]Triazin, 3-Methoxy-5,6-diphenyl-
1,4,5,6-tetrahydro- 357

$C_{16}H_{17}N_3O_2$

Pyrazolo[1,5-a]pyrimidin-5,7-dion, 6-Butyl-
2-phenyl-4H- 612

$C_{16}H_{17}N_3O_4$

Erythrit, 1-[2-[2]Naphthyl-2H-[1,2,3]triazol-
4-yl]- 413

Essigsäure, [4-Indol-3-ylmethyl-2,5-dioxo-
imidazolidin-1-yl]-, äthylester 602

$C_{16}H_{17}N_5O_5$

Pyrazolo[4,3-c]pyridin, 5-Acetyl-1-
[2,4-dinitro-phenyl]-4,7-dimethyl-
4,5,6,7-tetrahydro-1H- 79

[$C_{16}H_{18}N_3O$]$^+$
Pyrazolo[4,3-c]pyridinium, 1-Äthyl-
1,7-dimethyl-3-oxo-2-phenyl-
2,3-dihydro-1H- 448

$C_{16}H_{18}N_4$
Amin, [4,6-Dimethyl-benzotriazol-1-yl]-
[2,4-dimethyl-phenyl]- 155

$C_{16}H_{18}N_4O$
p-Anisidin, N-[5,6-Dimethyl-benzotriazol-
1-ylmethyl]- 156

$C_{16}H_{18}N_4O_4$
But-3-in-2-ol, 4-[5-(α-Hydroxy-isopropyl)-
3-(2-nitro-phenyl)-3H-[1,2,3]triazol-4-yl]-
2-methyl- 379
—, 4-[5-(α-Hydroxy-isopropyl)-3-
(3-nitro-phenyl)-3H-[1,2,3]triazol-4-yl]-
2-methyl- 379
—, 4-[5-(α-Hydroxy-isopropyl)-3-
(4-nitro-phenyl)-3H-[1,2,3]triazol-4-yl]-
2-methyl- 379

$C_{16}H_{19}N_3$
β-Carbolin, 1-[3]Piperidyl-4,9-dihydro-3H-
226
4,8-Methano-indeno[5,6-d][1,2,3]triazol,
1-Phenyl-1,3a,4,4a,5,6,7,7a,8,8a-
decahydro- 91
Pyrrolo[3,4-b]chinoxalin, 2-Cyclohexyl-
2,3-dihydro-1H- 194

$C_{16}H_{19}N_3O$
1,3-Diaza-2-(1,3)isoindola-cyclonon-1-en,
3-Acetyl- 197
Pyrrolo[3,4-b]chinoxalin, 2-Acetyl-
1,1,3,3-tetramethyl-2,3-dihydro-1H-
197

$C_{16}H_{19}N_3O_2$
Benz[4,5]imidazo[1,2-a]pyrimidin-2,4-dion,
3-Äthyl-3-butyl-1H- 605

$C_{16}H_{19}N_3O_3$
2,4,9-Triaza-spiro[5.5]undecan-1,3,5-trion,
9-Phenäthyl- 649

$C_{16}H_{20}N_4$
Amin, Benzotriazol-1-yl-bornan-2-yliden-
117

$C_{16}H_{20}N_4O_2$
But-3-in-2-ol, 4-[3-(4-Amino-phenyl)-5-
(α-hydroxy-phenyl)-3H-[1,2,3]triazol-
4-yl]-2-methyl- 379

$C_{16}H_{21}N_3$
4,6-Methano-benzotriazol,
3a,5,5-Trimethyl-1-phenyl-3a,4,5,6,7,7a-
hexahydro-1H- 82
—, 3a,5,5-Trimethyl-3-phenyl-
3a,4,5,6,7,7a-hexahydro-3H- 82
4,7-Methano-benzotriazol, 3a,4,7a-
Trimethyl-1-phenyl-3a,4,5,6,7,7a-
hexahydro-1H- 82
—, 3a,6,6-Trimethyl-1-phenyl-
3a,4,5,6,7,7a-hexahydro-1H- 82

—, 3a,7,7a-Trimethyl-1-phenyl-
3a,4,5,6,7,7a-hexahydro-1H- 82
—, 4,6,6-Trimethyl-1-phenyl-
3a,4,5,6,7,7a-hexahydro-1H- 82
—, 5,5,7-Trimethyl-1-phenyl-
3a,4,5,6,7,7a-hexahydro-1H- 82
—, 5,5,7a-Trimethyl-1-phenyl-
3a,4,5,6,7,7a-hexahydro-1H- 82

$C_{16}H_{21}N_3O$
Indolin-2-on, 3-Äthyl-3-[2-(4,5-dihydro-
1H-imidazol-2-yl)-äthyl]-1-methyl- 488
Methanol, [6,6-Dimethyl-1-phenyl-
3a,4,5,6,7,7a-hexahydro-1H-
4,7-methano-benzotriazol-5-yl]- 336
—, [6,6-Dimethyl-3-phenyl-3a,4,5,6,7,⚊
7a-hexahydro-3H-4,7-methano-
benzotriazol-5-yl]- 336
Pyrazolo[4,3-c]pyridin-3-on, 5-Butyl-
2-phenyl-1,2,4,5,6,7-hexahydro- 438

$C_{16}H_{21}N_3O_2$
Imidazo[1,2-a]imidazol-2-on, 7-Butyl-3-
[4-hydroxy-benzyl]-6,7-dihydro-5H-
691

$C_{16}H_{21}N_3O_2S$
[1,2,4]Triazepin-5,7-dion, 2-Phenyl-
6,6-dipropyl-3-thioxo-tetrahydro- 644

$C_{16}H_{22}N_4O$
Pyrazol-3-on, 4-Äthyl-2-[1-methyl-
[4]piperidyl]-5-[4]pyridyl-1,2-dihydro-
481

$C_{16}H_{23}N_3$
Cyclodecatriazol, 1-Phenyl-3a,4,5,6,7,8,9,⚊
10,11,11a-decahydro-1H- 62

$C_{16}H_{23}N_3O$
Heptan-1-ol, 1-[1-Benzyl-1H-[1,2,3]triazol-
4-yl]- 329

$C_{16}H_{23}N_3OS$
[1,2,4]Triazol, 3-[4-Butoxy-phenyl]-
5-butylmercapto-1H- 384
—, 3-[4-Butoxy-phenyl]-5-isobutyl⚊
mercapto-1H- 384
—, 3-Butylmercapto-5-[4-isobutoxy-
phenyl]-1H- 384
—, 3-[4-Isobutoxy-phenyl]-
5-isobutylmercapto-1H- 384
—, 3-Isopentylmercapto-5-
[4-isopropoxy-phenyl]-1H- 386
—, 3-Isopentylmercapto-5-[4-propoxy-
phenyl]-1H- 385
—, 3-[4-Isopentyloxy-phenyl]-
5-isopropylmercapto-1H- 386
—, 3-[4-Isopentyloxy-phenyl]-
5-propylmercapto-1H- 385
—, 3-[4-Isopropoxy-phenyl]-
5-pentylmercapto-1H- 385
—, 3-Isopropylmercapto-5-
[4-pentyloxy-phenyl]-1H- 385
—, 3-Pentylmercapto-5-[4-propoxy-
phenyl]-1H- 385

$C_{16}H_{23}N_3OS$ (Fortsetzung)
[1,2,4]Triazol, 3-[4-Pentyloxy-phenyl]-
5-propylmercapto-1H- 385

$C_{16}H_{23}N_3O_2$
[1,2,4]Triazolidin-3,5-dion, 4-[4-Octyl-
phenyl]- 541

$C_{16}H_{23}N_3O_3$
Propionsäure, 2-[3-Butyl-2-imino-
imidazolidin-1-yl]-3-[4-hydroxy-phenyl]-
691

$C_{16}H_{24}N_4O$
Benzo[d][1,2,3]triazin-4-on, 3-[4-Diäthyl=
amino-1-methyl-butyl]-3H- 461

$C_{16}H_{24}N_6O_2S_2$
[1,2,4]Triazol-3-on, 4,4'-Dicyclohexyl-
2,4,2',4'-tetrahydro-5,5'-disulfandiyl-bis-
675

$C_{16}H_{25}N_3O_3$
Cyclo-[leucyl→prolyl→prolyl] 651

$C_{16}H_{26}N_4O$
Amin, Diäthyl-[4-(6-methoxy-benzotriazol-
1-yl)-pentyl]- 341

$C_{16}H_{26}N_4O_3$
[1,3,5]Triazin, 1,3-Diacryloyl-5-
[3-diäthylamino-propionyl]-hexahydro-
14

$C_{16}H_{27}N_3O_2$
[1,2,3]Triazol-4,5-dicarbaldehyd, 1-Dodecyl-
1H- 565

$C_{16}H_{29}N_3O_3$
Cyclo-[leucyl→valyl→valyl] 645

$C_{16}H_{31}N_3O_2$
[1,2,4]Triazolidin-3,5-dion, 4-Tetradecyl-
539

$C_{16}H_{31}N_5O_3$
[1,3,5]Triazin, Bis-[2-diäthylamino-äthoxy]-
methoxy- 400

$[C_{16}H_{32}N_3]^+$
[1,2,4]Triazolium, 4-Äthyl-1-dodecyl- 36

C_{17}

$C_{17}H_9N_3O$
Benz[6,7]indazolo[4,3-gh]chinolin-8-on,
2H- 531
Benzo[a][1,2,3]triazolo[1,5,4-fg]acridin-6-on
531
Benzo[c][1,2,3]triazolo[1,5,4-fg]acridin-6-on
531
4,5,11b-Triaza-benzo[4,5]pentaleno[1,2-b]=
naphthalin-12-on 531

$C_{17}H_9N_3O_2$
Benz[h]indolizino[1,2,3-de]cinnolin-3,9-dion,
2H- 696

$C_{17}H_{10}ClN_3$
Pyridazino[3,4-c]chinolin, 1-Chlor-5-phenyl-
278

Pyrimido[4,5-c]chinolin, 1-Chlor-5-phenyl-
278

$[C_{17}H_{10}N_3O_2]^+$
Benz[h]indolizino[1,2,3-de]cinnolinium,
9-Hydroxy-3-oxo-2H- 695

$C_{17}H_{10}N_4O_2$
Pyridazino[4,5-c]isochinolin, 6-[3-Nitro-
phenyl]- 277
–, 6-[4-Nitro-phenyl]- 277

$C_{17}H_{11}ClN_4O_3$
Naphtho[1,2-d][1,2,3]triazol, 2-[4-Chlor-
phenyl]-7-methoxy-6-nitro-2H- 356

$C_{17}H_{11}N_3$
Chinoxalin, 2-[3]Chinolyl- 278
Pyridazino[4,5-c]isochinolin, 6-Phenyl- 277
Pyrimido[4,5-c]chinolin, 5-Phenyl- 277

$C_{17}H_{11}N_3O$
Phthalazin-1-on, 4-[2]Chinolyl-2H- 527
Pyridazino[3,4-c]chinolin-1-on, 5-Phenyl-
4H- 527
Pyridazino[4,5-b]chinolin-4-on, 1-Phenyl-
3H- 526
Pyrimido[4,5-c]chinolin-1-on, 5-Phenyl-2H-
527
Benzoyl-Derivat $C_{17}H_{11}N_3O$ aus
1(3)H-Imidazo[4,5-f]chinolin 219

$C_{17}H_{11}N_3OS$
Pyrido[2,3-d]pyrimidin-4-on, 7-[1]Naphthyl-
2-thioxo-2,3-dihydro-1H- 626
Pyrimido[4,5-b]chinolin-4-on, 3-Phenyl-
2-thioxo-2,3-dihydro-1H- 608

$C_{17}H_{11}N_3O_2$
Benz[c]imidazo[4,5-e]azepin-4,6-dion,
5-Phenyl-1(3)H- 607
Imidazol-4-on, 5-[2-Oxo-indolin-3-yliden]-
2-phenyl-3,5-dihydro- 626
Pyrimido[4,5-c]chinolin-1,3-dion, 5-Phenyl-
4H- 626
Pyrimido[4,5-b]chinolin-4-on-10-oxid,
2-Phenyl-3H- 526

$C_{17}H_{11}N_3O_3$
Chinazolin-4-on, 2-[4-Hydroxy-2-oxo-
1,2-dihydro-[3]chinolyl]-3H- 714

$C_{17}H_{12}ClN_3O$
Naphtho[1,2-d][1,2,3]triazol, 2-[4-Chlor-
phenyl]-7-methoxy-2H- 356

$C_{17}H_{12}N_4$
Propionitril, 3-Indolo[2,3-b]chinoxalin-6-yl-
256

$C_{17}H_{12}N_4O$
Benzotriazol-1-carbonsäure-[1]naphthyl=
amid 107

$C_{17}H_{12}N_4O_2$
Pyrido[3,4-b]chinoxalin, 4-Nitro-10-phenyl-
5,10-dihydro- 222

$[C_{17}H_{13}BrN_3]^+$
[1,2,3]Triazolo[1,5-a]chinolinium, 3-Brom-
1-p-tolyl-1H- 199

C₁₇H₁₃Br₂N₃

$C_{17}H_{13}Br_2N_3$

[1,3,5]Triazin, [1,1-Dibrom-äthyl]-diphenyl-
267

–, [1,2-Dibrom-äthyl]-diphenyl- 267

$C_{17}H_{13}Cl_2N_3$

[1,3,5]Triazin, [1,1-Dichlor-äthyl]-diphenyl-
267

–, [1,2-Dichlor-äthyl]-diphenyl- 267

$C_{17}H_{13}N_3$

Benz[4,5]imidazo[1,2-a]pyrimidin, 2-Methyl-
4-phenyl- 272

Chinolin, 4-[1H-Benzimidazol-2-yl]-
2-methyl- 272

Chinoxalin, 2-[2-Methyl-indol-3-yl]- 272

Naphtho[1,2-d][1,2,3]triazol, 2-o-Tolyl-2H-
204

–, 2-p-Tolyl-2H- 204

[1,3,5]Triazin, Diphenyl-vinyl- 272

$C_{17}H_{13}N_3O$

Äthanon, 1-[2-Methyl-naphth[2′,3′:4,5]≠
imidazo[1,2-a]pyrimidin-3-yl]- 524

Benz[4′,5′]imidazo[1′,2′:2,3]pyrazolo[5,1-a]≠
isoindol-7-on, 2-Methyl-11b,12-dihydro-
525

Chinazolino[4,3-b]chinazolin-8-on,
6-Äthyl- 524

–, 3,6-Dimethyl- 524

–, 4,6-Dimethyl- 524

Cyclopenta[d]naphth[1′,2′:4,5]imidazo[1,2-a]≠
pyrimidin-8-on, 9,10,11,12-Tetrahydro-
524

Cyclopenta[d]naphth[2′,3′:4,5]imidazo[1,2-a]≠
pyrimidin-13-on, 1,2,3,4-Tetrahydro-
524

Imidazo[1,2-a]pyridin-3-on, 2-[1-Methyl-
1H-[2]chinolyliden]-2H- 522

Naphtho[1,2-d][1,2,3]triazol, 2-[2-Methoxy-
phenyl]-2H- 205

–, 2-[4-Methoxy-phenyl]-2H- 205

Naphtho[1,2-d][1,2,3]triazol-7-ol, 2-p-Tolyl-
2H- 355

Propenon, 1-Phenyl-3-[2-phenyl-
2H-[1,2,3]triazol-4-yl]- 491

Pyrazolo[3,4-b]chinolin-4-on, 3-Methyl-
1-phenyl-1,9-dihydro- 493

–, 3-Methyl-2-phenyl-2,9-dihydro-
493

Pyrazolo[4,3-c]chinolin-4-on, 3-Methyl-
1-phenyl-1,5-dihydro- 493

$C_{17}H_{13}N_3OS$

Imidazo[4,5-b]chinolin-9-on, 2-Thioxo-3-
p-tolyl-1,2,3,4-tetrahydro- 601

$C_{17}H_{13}N_3O_2$

Benz[4,5]imidazo[1,2-a]pyrimidin-2,4-dion,
3-Methyl-3-phenyl-1H- 625

Chinazolino[3,2-a]chinazolin-5,12-dion,
6-Äthyl-6H- 624

–, 7-Äthyl-7H- 624

Chinazolino[4,3-b]chinazolin-8-on,
2-Methoxy-6-methyl- 694

–, 4-Methoxy-6-methyl- 694

Naphtho[1,2-d][1,2,3]triazol-7-ol,
2-[4-Methoxy-phenyl]-2H- 355

Naphtho[1,2-d][1,2,3]triazol-8-ol,
2-[4-Methoxy-phenyl]-2H- 355

Propan-1,3-dion, 1-Phenyl-3-[1-phenyl-
1H-[1,2,3]triazol-4-yl]- 601

Pyrimido[5,6,1-de]phenazin-3-on, 7-Acetyl-
1-methyl-7H- 517

[1,2,4]Triazin-3-on, 2-Acetyl-5,6-diphenyl-
2H- 514

$C_{17}H_{13}N_3O_3S$

Benzolsulfonsäure, 4-[3H-
Naphtho[2,1-e][1,2,4]triazin-2-yl]- 221

$C_{17}H_{13}N_3O_5$

Benzoesäure, 5-[4-Acetyl-5-oxo-1-phenyl-
1,5-dihydro-[1,2,3]triazol-2-yl]-
2-hydroxy- 560

$C_{17}H_{13}N_3S$

Imidazo[4,5-b]chinolin-2-thion, 3-p-Tolyl-
1,3-dihydro- 490

Naphtho[1,2-d][1,2,3]triazol,
2-[2-Methylmercapto-phenyl]-2H- 205

$C_{17}H_{13}N_5O_7$

[1,2,4]Triazin-3-on, 5,6-Bis-[2-methoxy-
5-nitro-phenyl]-2H- 712

$C_{17}H_{14}BrN_3$

[1,3,5]Triazin, [1-Brom-äthyl]-diphenyl-
267

$C_{17}H_{14}ClN_3$

[1,3,5]Triazin, [1-Chlor-äthyl]-diphenyl-
267

$C_{17}H_{14}ClN_3O_2$

Benzo[2,3][1,4]diazepino[7,1-a]phthalazin-
7,13-dion, 2-Chlor-6-methyl-
11b,12-dihydro-14H- 619

Spiro[chinoxalin-2,3′-indolin]-3,2′-dion,
6-Chlor-4,1′-dimethyl-1,4-dihydro- 618

[1,2,4]Triazin-3,5-dion, 4,6-Dibenzyl-
2-chlor-2H- 596

$C_{17}H_{14}ClN_3O_4$

[1,3,5]Triazin, Chlor-bis-[4-methoxy-
phenoxy]- 377

$[C_{17}H_{14}N_3]^+$

Naphtho[1,2-d][1,2,3]triazolium, 3-Methyl-
2-phenyl- 203

[1,2,3]Triazolo[1,5-a]chinolinium, 3-Methyl-
1-phenyl-1H- 220

$C_{17}H_{14}N_4O$

Chinolin, 2-Benzotriazol-1-yl-6-methoxy-
4-methyl- 116

–, 4-Benzotriazol-1-yl-6-methoxy-
2-methyl- 116

$C_{17}H_{14}N_4O_2$

Anhydrid, Benzoesäure-[N-(5-methyl-
[1,2,3]triazol-1-yl)-benzimidsäure]- 44

$C_{17}H_{14}N_4O_2$ (Fortsetzung)
Benzotriazol, 1-[2]Chinolyl-5,6-dimethoxy-
    1*H*- 380
$C_{17}H_{14}N_4O_3$
Chinoxalin-2-on, 3-Indol-3-ylmethyl-
    7-nitro-3,4-dihydro-1*H*- 518
Essigsäure, [2-(5-Methyl-benzotriazol-1-yl)-
    3-oxo-isoindolin-1-yl]- 148
$C_{17}H_{14}N_8$
Pyridin-2,6-diyldiamin, 3-[4-Benzotriazol-
    2-ylphenylazo]- 112
$C_{17}H_{14}N_8O$
Pyridin-2,6-diyldiamin, 3-[4-(1-Oxy-
    benzotriazol-2-yl)-phenylazo]- 113
$C_{17}H_{15}N_3$
Indolo[2,3-*b*]chinoxalin, 10-Äthyl-7-methyl-
    6*H*- 267
4,9-Methano-naphtho[2,3-*d*][1,2,3]triazol,
    1-Phenyl-3a,4,9,9a-tetrahydro-1*H*- 195
Pyrrolo[3,4-*b*]chinoxalin, 2-Benzyl-
    2,3-dihydro-1*H*- 194
[1,2,4]Triazin, 5,6-Di-*p*-tolyl- 266
[1,3,5]Triazin, Dibenzyl- 267
[1,2,4]Triazol, 3-Methyl-1-phenyl-5-styryl-
    1*H*- 195
$C_{17}H_{15}N_3O$
Propan-1-on, 1,3-Diphenyl-3-[1,2,3]triazol-
    1-yl- 31
−, 1,3-Diphenyl-3-[1,2,4]triazol-1-yl-
    37
Pyrazolo[4,3-*c*]isochinolin-3-on, 4-Methyl-
    2-phenyl-1,2,4,5-tetrahydro- 486
N-Acetyl-Derivat $C_{17}H_{15}N_3O$ aus
    3-Benzyl-5-phenyl-1*H*-[1,2,4]triazol 250
N-Acetyl-Derivat $C_{17}H_{15}N_3O$ aus
    3-Phenyl-5-*p*-tolyl-1*H*-[1,2,4]triazol 251
$C_{17}H_{15}N_3OS$
[1,2,4]Triazin-5-on, 6-Benzyl-
    3-benzylmercapto-4*H*- 690
−, 2,6-Dibenzyl-3-thioxo-3,4-dihydro-
    2*H*- 597
$C_{17}H_{15}N_3OS_2$
[1,3,5]Triazin-2-on, 4,6-Dithioxo-1,5-di-
    m-tolyl-tetrahydro- 643
−, 4,6-Dithioxo-1,5-di-*o*-tolyl-
    tetrahydro- 643
−, 4,6-Dithioxo-1-*o*-tolyl-5-*p*-tolyl-
    tetrahydro- 643
$C_{17}H_{15}N_3O_2$
Benzo[2,3][1,4]diazepino[7,1-*a*]phthalazin-
    7,13-dion, 2-Methyl-11b,12-dihydro-
    14*H*- 619
−, 6-Methyl-11b,12-dihydro-14*H*-
    619
Benzo[3,4][1,2,5]triazocino[8,1-*a*]isoindol-
    6,12-dion, 3-Methyl-5,7,7a,14-
    tetrahydro- 619
[1,2,4]Triazin, 5,6-Bis-[4-methoxy-phenyl]-
    389

[1,2,4]Triazin-3,5-dion, 2,6-Dibenzyl-2*H*-
    596
[1,2,4]Triazin-3-on, 2-Acetyl-5,6-diphenyl-
    4,5-dihydro-2*H*- 509
−, 4-Acetyl-5,6-diphenyl-4,5-dihydro-
    2*H*- 509
[1,2,4]Triazin-6-on, 3-[α-Hydroxy-
    benzhydryl]-5-methyl-1*H*- 693
$C_{17}H_{15}N_3O_2S$
2-Thio-barbitursäure, 5-[2-(1-Äthyl-
    1*H*-[2]chinolyliden)-äthyliden]- 665
−, 5-[2,5-Dimethyl-1-phenyl-pyrrol-
    3-ylmethylen]- 655
[1,2,4]Triazin-3-thion, 5,6-Bis-[2-methoxy-
    phenyl]-2*H*- 713
−, 5,6-Bis-[4-methoxy-phenyl]-2*H*-
    713
$C_{17}H_{15}N_3O_3$
Barbitursäure, 5-[2-(1-Äthyl-1*H*-
    [2]chinolyliden)-äthyliden]- 665
−, 5-[2,5-Dimethyl-1-phenyl-pyrrol-
    3-ylmethylen]- 655
Indolo[2,3-*b*]chinoxalin, 7,8,10-Trimethoxy-
    6*H*- 404
Pyrido[2,3-*d*]pyrimidin-2,4-dion, 6-Acetyl-
    3,5-dimethyl-1-phenyl-1*H*- 653
[1,2,4]Triazin-3-on, 5,6-Bis-[2-methoxy-
    phenyl]-2*H*- 712
−, 5,6-Bis-[4-methoxy-phenyl]-2*H*-
    713
$C_{17}H_{15}N_3S$
[1,2,4]Triazin-3-thion, 5,6-Bis-*p*-tolyl-2*H*-
    518
$C_{17}H_{15}N_3S_2$
[1,3,5]Triazin-2,4-dithion, 1-Phenyl-6-styryl-
    dihydro- 599
$C_{17}H_{15}N_5O_2$
Essigsäure, [2-(5-Methyl-benzotriazol-1-yl)-
    3-oxo-isoindolin-1-yl]-, amid 148
$C_{17}H_{15}N_5O_5$
Carbamidsäure, [3-(3-Nitro-phenyl)-5-oxo-
    1-phenyl-1,5-dihydro-[1,2,4]triazol-4-yl]-,
    äthylester 469
$C_{17}H_{15}N_7O_4$
Äthanon, 1-[5-Methyl-1-phenyl-
    1*H*-[1,2,3]triazol-4-yl]-, [2,4-dinitro-
    phenylhydrazon] 435
$[C_{17}H_{16}N_3O_3]^+$
Chinolinium, 1-Äthyl-6-methyl-2-
    [2,4,6-trioxo-tetrahydro-pyrimidin-
    5-ylidenmethyl]- 665
−, 2-[1,3-Dimethyl-2,4,6-trioxo-
    tetrahydro-pyrimidin-5-ylidenmethyl]-
    1-methyl- 664
$C_{17}H_{16}N_4O_2$
[1,2,3]Triazol, 1-[α-Nitro-isopropyl]-
    4,5-diphenyl-1*H*- 244

$C_{17}H_{16}N_4O_3$

Carbamidsäure, [5-Oxo-1,3-diphenyl-
1,5-dihydro-[1,2,4]triazol-4-yl]-,
äthylester 469

Pyrido[2,3-d]pyrimidin-2,4-dion,
6-[1-Hydroxyimino-äthyl]-3,5-dimethyl-
1-phenyl-1H- 653

$C_{17}H_{16}N_4O_4$

Carbamidsäure, [3-(2-Hydroxy-phenyl)-
5-oxo-1-phenyl-1,5-dihydro-
[1,2,4]triazol-4-yl]-, äthylester 684

$C_{17}H_{16}N_6O_2S$

[1,2,3]Triazol-4-on, 2-[4-Hydroxy-phenyl]-
3-phenyl-5-[1-thiosemicarbazono-äthyl]-
2,3-dihydro- 560

$C_{17}H_{17}N_3O$

Äthanon, 1-[2,4-Diphenyl-
2,3,4,5-tetrahydro-[1,2,4]triazin-6-yl]-
429

Keton, [4-Methyl-2-phenyl-
2,3,4,5-tetrahydro-[1,2,4]triazin-6-yl]-
phenyl- 480

[2]Naphthol, 3-[6,7,8,9-Tetrahydro-
5H-[1,2,4]triazolo[4,3-a]azepin-3-yl]-
363

Pyrazolo[3,4-b]chinolin-9-ol, 3-Methyl-
1-phenyl-1,3a,4,9a-tetrahydro- 188

Pyrazol-3-on, 4-[1-Äthyl-1H-[2]pyridyliden]-
5-methyl-2-phenyl-2,4-dihydro- 478

[1,2,4]Triazin-6-on, 3,5-Dibenzyl-
2,5-dihydro-1H- 512

−, 3-Methyl-1-phenyl-4-o-tolyl-
4,5-dihydro-1H- 429

$C_{17}H_{17}N_3OS$

[1,2,4]Triazin-5-on, 6-Benzyl-
3-benzylmercapto-1,6-dihydro-2H- 687

−, 6-Benzyl-3-benzylmercapto-
3,4-dihydro-2H- 687

$C_{17}H_{17}N_3O_2$

Butan-2-on, 4-Benzotriazol-1-yl-4-
[4-methoxy-phenyl]- 106

4,9-Methano-naphtho[2,3-d][1,2,3]triazol-
5,8-dion, 1-Phenyl-3a,4,4a,6,7,8a,9,9a-
octahydro-1H- 590

$C_{17}H_{17}N_3O_2S$

2-Thio-barbitursäure, 1-Äthyl-5-
[1,2-dimethyl-indol-3-ylmethylen]- 663

[1,2,4]Triazin-3-thion, 5,6-Bis-[2-methoxy-
phenyl]-4,5-dihydro-2H- 712

−, 5,6-Bis-[4-methoxy-phenyl]-
4,5-dihydro-2H- 712

$C_{17}H_{17}N_3O_3$

Pyrido[2,3-d]pyrimidin-2,4-dion,
1-[4-Äthoxy-phenyl]-3,7-dimethyl-1H-
582

−, 1-[4-Äthoxy-phenyl]-5,7-dimethyl-
1H- 585

$C_{17}H_{17}N_3O_4$

Pyrido[2,3-d]pyrimidin-2,4,7-trion,
1-[4-Äthoxy-phenyl]-3,5-dimethyl-
1H,8H- 652

Pyrimido[4,5-b]chinolin-4-on, 1,3-Diacetyl-
2-äthoxy-2,3-dihydro-1H- 691

$C_{17}H_{17}N_3S$

[1,2,4]Triazol, 3-Äthylmercapto-5-phenyl-
4-o-tolyl-4H- 349

−, 3-Äthylmercapto-5-phenyl-4-
p-tolyl-4H- 349

$C_{17}H_{17}N_5$

Amin, [4-Dimethylamino-benzyliden]-
[3-phenyl-[1,2,4]triazol-4-yl]- 173

$C_{17}H_{17}N_5O_2$

Pyrido[2,3-d]pyrimidin-2,4-dion,
6-[1-Hydrazono-äthyl]-3,5-dimethyl-
1-phenyl-1H- 654

$C_{17}H_{18}BrN_3O_6$

Propan, 1,2,3-Triacetoxy-1-[2-(4-brom-
phenyl)-2H-[1,2,3]triazol-4-yl]- 393

$[C_{17}H_{18}N_3]^+$

[1,2,3]Triazolium, 1-Äthyl-3-benzyl-
4-phenyl- 170

−, 3-Äthyl-1-benzyl-4-phenyl- 170

$C_{17}H_{18}N_4O$

Benzamid, N-[1,4,5,7-Tetramethyl-
pyrrolo[3,4-d]pyridazin-6-yl]- 162

$C_{17}H_{19}N_3$

β-Carbolin, 1-Methyl-4-[1-methyl-
pyrrolidin-2-yl]-9H- 238

4,9-Methano-naphtho[2,3-d][1,2,3]triazol,
1-Phenyl-3a,4,4a,5,8,8a,9,9a-octahydro-
1H- 163

Pyridin, 2-[1-Benzyl-2-(4,5-dihydro-
1H-imidazol-2-yl)-äthyl]- 239

$C_{17}H_{19}N_3O$

Pyrazol-3-on, 5-Methyl-4-[2-
(1,3,3-trimethyl-indolin-2-yliden)-
äthyliden]-2,4-dihydro- 504

[1,3,5]Triazin-2-on, 4,6-Dibenzyl-
tetrahydro- 505

$C_{17}H_{19}N_3OS$

[1,3,5]Triazin-2-thion, 5-[2-Hydroxy-äthyl]-
1,3-diphenyl-tetrahydro- 419

$C_{17}H_{19}N_3O_2$

Pyrazolo[3,4-b]pyridin-4,6-dion,
5,5-Diäthyl-3-methyl-1-phenyl-
1,7-dihydro- 576

$C_{17}H_{19}N_3O_3$

Pyrimido[4,5-b]chinolin, 1,3-Diacetyl-
2-äthoxy-1,2,3,4-tetrahydro- 353

$C_{17}H_{19}N_3O_4$

4,7-Methano-benzotriazol, 5,8-Diacetoxy-
1-phenyl-3a,4,5,6,7,7a-hexahydro-1H-
378

−, 6,8-Diacetoxy-1-phenyl-3a,4,5,6,7,=
7a-hexahydro-1H- 378

$C_{17}H_{19}N_3O_6$
  Propan, 1,2,3-Triacetoxy-1-[2-phenyl-
    2H-[1,2,3]triazol-4-yl]- 392

$[C_{17}H_{20}N_3]^+$
  Methinium, [1-Äthyl-[2]pyridyl]-
    [1,3-dimethyl-1(3)H-benzimidazol-2-yl]-
    234

$C_{17}H_{20}N_4O$
  Pyrazol-3-on, 5-Indol-3-yl-2-[1-methyl-
    [4]piperidyl]-1,2-dihydro- 492

$C_{17}H_{20}N_4O_2$
  [1,3,5]Triazin, 1,3-Dibenzyl-5-nitro-
    hexahydro- 18

$[C_{17}H_{20}N_6]^{2+}$
  Benzotriazolium, 3,3'-Dimethyl-
    1,1'-propandiyl-bis- 114

$C_{17}H_{21}N_3$
  3a,7a-Butano-4,7-methano-benzotriazol,
    1-Phenyl-4,5,6,7-tetrahydro-1H- 91

$C_{17}H_{21}N_3O_2$
  Piperazin-2,5-dion, 3-Indol-3-ylmethyl-
    6-isobutyl- 605

$C_{17}H_{21}N_3O_2S$
  2-Thio-barbitursäure, 1,3-Diäthyl-5-[2-
    (1-äthyl-1H-[4]pyridyliden)-äthyliden]-
    659

$C_{17}H_{21}N_5$
  p-Phenylendiamin, N'-[5,6-Dimethyl-
    benzotriazol-1-ylmethyl]-N,N-dimethyl-
    156

$C_{17}H_{23}N_3O$
  Äthanon, 1-[4-Cyclohexyl-2-phenyl-
    2,3,4,5-tetrahydro-[1,2,4]triazin-6-yl]-
    429
  Indolin-2-on, 3-Äthyl-3-[3-(4,5-dihydro-
    1H-imidazol-2-yl)-propyl]-1-methyl-
    488
  Pyrazolo[4,3-c]pyridin-3-on, 5-Isopentyl-
    2-phenyl-1,2,4,5,6,7-hexahydro- 438

$C_{17}H_{23}N_3O_2S$
  [1,2,4]Triazepin-5,7-dion, 2-Methyl-
    4-phenyl-6,6-dipropyl-3-thioxo-
    tetrahydro- 644

$C_{17}H_{23}N_3O_8$
  Propan-1,2-diol, 3-Glucopyranosyloxy-3-
    [2-phenyl-2H-[1,2,3]triazol-4-yl]- 393

$C_{17}H_{23}N_3S$
  Dipyrido[1,2-a;1',2'-c][1,3,5]triazin-6-thion,
    5-Phenyl-decahydro- 440

$[C_{17}H_{24}N_3]^+$
  Pyrido[2,1-b]chinazolinylium, 6-[2]Piperidyl-
    5,5a,6,7,8,9-hexahydro- 199

$C_{17}H_{25}N_3$
  Cycloundecatriazol, 1-Phenyl-1,3a,4,5,6,7,8,≠
    9,10,11,12,12a-dodecahydro- 62
  4,8-Methano-indeno[5,6-d][1,2,3]triazol,
    1-Cyclohexylmethyl-1,3a,4,4a,5,7a,8,8a-
    octahydro- 162

—, 1-Cyclohexylmethyl-1,3a,4,4a,7,7a,≠
    8,8a-octahydro- 162

$C_{17}H_{25}N_3OS$
  [1,2,4]Triazol, 3-[4-Butoxy-phenyl]-
    5-isopentylmercapto-1H- 386
  —, 3-[4-Butoxy-phenyl]-5-pentyl≠
    mercapto-1H- 385
  —, 3-Butylmercapto-5-[4-isopentyloxy-
    phenyl]-1H- 386
  —, 3-Butylmercapto-5-[4-pentyloxy-
    phenyl]-1H- 385
  —, 3-[4-Isobutoxy-phenyl]-
    5-isopentylmercapto-1H- 386
  —, 3-[4-Isobutoxy-phenyl]-
    5-pentylmercapto-1H- 385
  —, 3-Isobutylmercapto-5-
    [4-isopentyloxy-phenyl]-1H- 386
  —, 3-Isobutylmercapto-5-[4-pentyloxy-
    phenyl]-1H- 385

$C_{17}H_{29}N_3O_3$
  Cyclo-[leucyl→leucyl→prolyl] 650

$C_{17}H_{30}N_4O_3$
  Pyrido[2,1-d][1,5,9]triazacyclotridecin-2-on,
    13-[1-Hydroxy-propyl]-8-nitroso-
    1,4,5,6,7,8,9,10,11,13,16,16a-
    dodecahydro-3H- 682

$C_{17}H_{31}N_3O_2$
  Pyrido[2,1-d][1,5,9]triazacyclotridecin-2-on,
    13-[1-Hydroxy-propyl]-1,4,5,6,7,8,9,10,≠
    11,13,16,16a-dodecahydro-3H- 681

$C_{17}H_{33}N_3$
  Imidazo[1,2-a]imidazol, 1-Dodecyl-
    2,3,5,6-tetrahydro-1H- 55

$C_{17}H_{33}N_3O$
  Propan-1-ol, 1-[1,2,3,4,5,6,7,8,9,10,11,13,16,≠
    16a-Tetradecahydro-pyrido[2,1-d]≠
    [1,5,9]triazacyclotridecin-13-yl]- 329

$C_{17}H_{33}N_3O_2$
  Pyrido[2,1-d][1,5,9]triazacyclotridecin-2-on,
    13-[1-Hydroxy-propyl]-tetradecahydro-
    679

$C_{17}H_{33}N_3O_3$
  Essigsäure, {1-[3-(4-Amino-butylamino)-
    propyl]-6-[1-hydroxy-propyl]-
    1,2,3,6-tetrahydro-[2]pyridyl}- 681

C_{18}

$C_{18}H_{10}Cl_2N_6$
  Benzol, 1,4-Bis-[5-chlor-benzotriazol-1-yl]-
    121

$C_{18}H_{11}Br_2N_5O_5$
  Benzotriazol-1-ol, 2,3-Bis-[4-brom-phenyl]-
    4,6-dinitro-2,3-dihydro- 87

$C_{18}H_{11}N_3$
  Benz[g]indolo[2,3-b]chinoxalin, 5H- 283
  Indolo[3,2-a]phenazin, 8H- 284

$C_{18}H_{11}N_7O_8$
Benzotriazol, 5,7-Dinitro-1,2-bis-[3-nitro-
  phenyl]-2,3-dihydro-1*H*- 87
$C_{18}H_{12}BrN_5O_5$
Benzotriazol-1-ol, 5-Brom-4,6-dinitro-
  2,3-diphenyl-2,3-dihydro- 87
−, 7-Brom-4,6-dinitro-2,3-diphenyl-
  2,3-dihydro- 87
$C_{18}H_{12}ClN_3$
Benzotriazol, 1-Biphenyl-4-yl-6-chlor-1*H*-
  121
$C_{18}H_{12}N_4O_2$
Indolizin, 1-Nitro-2,3-di-[2]pyridyl- 279
Pyridazino[3,4-*c*]isochinolin, 2-Methyl-6-
  [4-nitro-phenyl]- 278
[1,2,4]Triazol, 3-[1]Naphthyl-5-[4-nitro-
  phenyl]-1*H*- 278
$C_{18}H_{12}N_4O_3$
Essigsäure-[2-(1,3-dioxo-1,3-dihydro-
  pyrrolo[3,4-*b*]chinoxalin-2-yl)-anilid]
  607
$C_{18}H_{12}N_6O_4$
Amin, [4-Benzotriazol-1-yl-phenyl]-
  [2,4-dinitro-phenyl]- 110
$C_{18}H_{13}N_3$
Imidazo[4,5-*f*]chinolin, 2-Styryl-1(3)*H*- 279
Indolizin, 2,3-Di-[2]pyridyl- 279
Pyridazino[3,4-*c*]isochinolin, 2-Methyl-
  6-phenyl- 279
Pyrimido[4,5-*c*]chinolin, 1-Methyl-5-phenyl-
  278
[1,2,4]Triazol, 3-[1]Naphthyl-5-phenyl-1*H*-
  278
$C_{18}H_{13}N_3O$
Indolo[2′,3′:3,4]pyrido[2,1-*b*]chinazolin-
  5-on, 8,13-Dihydro-7*H*- 528
Pyrazolo[1,5-*a*]pyrimidin-7-on,
  2,5-Diphenyl-4*H*- 527
−, 2,6-Diphenyl-4*H*- 527
Pyridazino[3,4-*c*]chinolin, 1-Methoxy-
  5-phenyl- 370
Pyridazino[3,4-*c*]chinolin-1-on, 4-Methyl-
  5-phenyl-4*H*- 527
Pyridazino[4,5-*b*]chinolin-4-on, 1-Methyl-
  3-phenyl-3*H*- 499
Pyrido[2,3-*b*]chinoxalin-2-on, 4-Methyl-
  3-phenyl-1*H*- 528
Pyrimido[4,5-*c*]chinolin, 1-Methoxy-
  5-phenyl- 369
Pyrimido[4,5-*c*]chinolin-1-on, 2-Methyl-
  5-phenyl-2*H*- 527
−, 4-Methyl-5-phenyl-4*H*- 527
Spiro[indolin-3,2′-naphth[1,2-*d*]imidazol]-
  2-on, 1′,3′-Dihydro- 528
$C_{18}H_{13}N_3O_2$
Benzoesäure, 2-Naphtho[1,2-*d*][1,2,3]triazol-
  2-yl-, methylester 206
−, 3-Naphtho[1,2-*d*][1,2,3]triazol-2-yl-,
  methylester 207

−, 4-Naphtho[1,2-*d*][1,2,3]triazol-2-yl-,
  methylester 207
Imidazo[1,5-*a*]imidazol-5,7-dion, 2-Methyl-
  3,6-diphenyl- 608
−, 3-Methyl-2,6-diphenyl- 608
Imidazolidin-2,4-dion, 5-[4]Chinolyl-
  5-phenyl- 627
−, 5-[5]Chinolyl-5-phenyl- 627
−, 5-[6]Chinolyl-5-phenyl- 627
−, 5-[7]Chinolyl-5-phenyl- 627
−, 5-[8]Chinolyl-5-phenyl- 628
Naphtho[2,3-*d*][1,2,3]triazol, 4-Acetoxy-
  1-phenyl-1*H*- 354
Pyrazolo[3,4-*b*]pyridin-3,4-dion,
  1,6-Diphenyl-1,2-dihydro-7*H*- 609
Pyrazolo[1,5-*a*]pyrimidin-5,7-dion,
  2,6-Diphenyl-4*H*- 627
Pyrrolo[3,4-*d*]pyridazin-1,4-dion,
  5,7-Diphenyl-2,3-dihydro-6*H*- 628
$C_{18}H_{13}N_3O_2S$
Imidazolidin-4-on, 5-[2-Oxo-indolin-
  3-yliden]-2-thioxo-3-*o*-tolyl- 661
$C_{18}H_{13}N_3O_4$
Naphth[1′,2′:4,5]imidazo[1,2-*a*]pyrimidin,
  5,6-Diacetoxy- 389
[2]Naphthoesäure, 3-Hydroxy-4-[6-methyl-
  1-oxy-benzotriazol-2-yl]- 147
$C_{18}H_{13}N_5O$
[2]Naphthol, 1-[4-[1,2,3]Triazol-2-yl-
  phenylazo]- 33
$C_{18}H_{13}N_5O_5$
[1,3,5]Triazin-2-carbaldehyd, 4-Benzoyloxy-
  imino-6-oxo-1,4,5,6-tetrahydro-,
  [*O*-benzoyl-oxim] 647
$C_{18}H_{14}IN_3$
Methojodid [$C_{18}H_{14}N_3$]I aus
  2-[3]Chinolyl-chinazolin 278
Methojodid [$C_{18}H_{14}N_3$]I aus 6-Phenyl-
  pyridazino[4,5-*c*]isochinolin 277
Methojodid [$C_{18}H_{14}N_3$]I aus 5-Phenyl-
  pyrimido[4,5-*c*]chinolin 277
$[C_{18}H_{14}N_3]^+$
Benz[4′,5′]imidazo[2′,1′:3,4]pyrazino[1,2-*b*]-
  isochinolinylium, 6,7-Dihydro- 280
[1,2,3]Triazolo[1,5-*a*]pyridinium,
  1,3-Diphenyl- 229
$[C_{18}H_{14}N_3O]^+$
Indolo[2′,3′:3,4]pyrido[2,1-*b*]chinazolinium,
  5-Oxo-7,8,13,14-tetrahydro-5*H*- 528
$C_{18}H_{14}N_4O$
Acetamid, *N*-Naphtho[1,2-*d*][1,2,3]triazol-
  1-yl-*N*-phenyl- 217
$C_{18}H_{14}N_4O_2$
Pyrrolo[3,4-*d*]pyridazin-1,4-dion, 6-Amino-
  5,7-diphenyl-2,3-dihydro-6*H*- 628
$C_{18}H_{14}N_4O_3S$
Imidazolidin-4-on, 5-Indol-3-ylmethyl-3-
  [2-nitro-phenyl]-2-thioxo- 603

$C_{18}H_{14}N_4O_4$

[1,2,4]Triazin-6-on, 2-Acetyl-5-[3-nitro-
benzyliden]-3-phenyl-2,5-dihydro-1*H*-
518

—, 4-Benzoyl-3-methyl-5-[3-nitro-
benzyliden]-4,5-dihydro-1*H*- 518

$C_{18}H_{14}N_8$

Hydrazin, Bis-[2-phenyl-2*H*-[1,2,3]triazol-
4-ylmethylen]- 432

$C_{18}H_{15}N_3$

Chinolin, 3-[1*H*-Benzimidazol-2-yl]-
2,4-dimethyl- 273

—, 4-[4,5-Dihydro-1*H*-imidazol-2-yl]-
2-phenyl- 273.

Imidazo[4,5-*c*]chinolin, 2,4-Dimethyl-
3-phenyl-3*H*- 224

Imidazo[1,2-*a*][1,8]naphthyridin,
2,4-Dimethyl-8-phenyl- 273

Imidazo[1,2-*a*]pyrazin, 5,6-Diphenyl-
2,3-dihydro- 272

Naphth[1′,2′:4,5]imidazo[2,1-*b*]chinazolin,
9,10,11,12-Tetrahydro- 273

Naphth[2′,3′:4,5]imidazo[2,1-*b*]chinazolin,
1,2,3,4-Tetrahydro- 273

$C_{18}H_{15}N_3O$

Äthanol, 2-[2-[3]Isochinolyl-benzimidazol-
1-yl]- 271

Naphth[2′,3′:4,5]imidazo[2,1-*b*]chinazolin-
14-on, 1,3,4,5-Tetrahydro-2*H*- 525

Pyrazolo[3,4-*b*]chinolin-4-on, 3,6-Dimethyl-
1-phenyl-1,9-dihydro- 495

—, 3,6-Dimethyl-2-phenyl-2,9-dihydro-
495

Pyrazol-3-on, 4-Indol-2-yl-5-methyl-
2-phenyl-1,2-dihydro- 494

—, 5-[2-Methyl-indol-3-yl]-2-phenyl-
1,2-dihydro- 494

Pyrido[2,3-*a*]phenazin-5-ol, 6-Propyl- 369

Pyrido[3,2-*a*]phenazin-5-ol, 6-Propyl- 369

Pyrrolo[3,4-*c*]pyrazol-6-on, 3-Methyl-
2,4-diphenyl-4,5-dihydro-2*H*- 494

$C_{18}H_{15}N_3OS$

Imidazo[4,5-*b*]chinolin-2-thion,
3-[4-Äthoxy-phenyl]-1,3-dihydro- 490

Imidazolidin-4-on, 5-Indol-3-ylmethyl-
3-phenyl-2-thioxo- 603

$C_{18}H_{15}N_3O_2$

Benzo[*b*]pyrrolo[3,4-*e*][1,4]diazepin-
3,10-dion, 2-Benzyl-1,2,4,9-tetrahydro-
602

Chinazolino[3,2-*a*]chinazolin-5,12-dion,
7-Propyl-7*H*- 624

Chinazolino[3,2-*a*]chinazolin-12-on,
5-Isopropoxy- 694

Acetyl-Derivat $C_{18}H_{15}N_3O_2$ aus
5-Benzyl-3-phenyl-1*H*-[1,2,4]triazin-
6-on 518

$C_{18}H_{15}N_3O_3S$

[1,2,4]Triazol-3-thion, 5-[2-Acetoxy-phenyl]-
2-acetyl-4-phenyl-2,4-dihydro- 684

$C_{18}H_{15}N_7$

m-Phenylendiamin, 4-[4-Benzotriazol-2-yl-
phenylazo]- 112

$C_{18}H_{15}N_7O$

Methanol, [1-Phenyl-1*H*-[1,2,3]triazol-4-yl]-
[1-phenyl-1*H*-[1,2,3]triazol-
4-ylmethylenamino]- 431

m-Phenylendiamin, 4-[4-(1-Oxy-
benzotriazol-2-yl)-phenylazo]- 113

$[C_{18}H_{16}N_3]^+$

Indolo[2′,3′:3,4]pyrido[2,1-*b*]chinazolinium,
8,13,13b,14-Tetrahydro-7*H*- 273

Naphtho[1,2-*d*][1,2,3]triazolium, 3-Äthyl-
2-phenyl- 203

$C_{18}H_{16}N_4O$

Chinolin, 4-Benzotriazol-1-yl-6-methoxy-
2,3-dimethyl- 117

$C_{18}H_{16}N_4O_2$

Anhydrid, Benzoesäure-[*N*-(4,5-dimethyl-
[1,2,3]triazol-1-yl)-benzimidsäure]- 48

Carbamidsäure, Dimethyl-, [5,6-diphenyl-
[1,2,4]triazin-3-ylester] 364

Diacetamid, *N*-[3,5-Diphenyl-[1,2,4]triazol-
4-yl]- 247

$C_{18}H_{16}N_6$

Benzen-1,2,4-triyltriamin, N^1-[4-Benzotriazol-
1-yl-phenyl]- 110

$C_{18}H_{16}N_6O_2S_2$

[1,2,4]Triazol-3-on, 4,4′-Di-*m*-tolyl-2,4,2′,4′-
tetrahydro-5,5′-disulfandiyl-bis- 676

$C_{18}H_{16}N_6S_4$

[1,2,4]Triazol-3-thion, 4,4′-Di-*o*-tolyl-
2,4,2′,4′-tetrahydro-5,5′-disulfandiyl-bis-
677

—, 4,4′-Di-*p*-tolyl-2,4,2′,4′-tetrahydro-
5,5′-disulfandiyl-bis- 677

$C_{18}H_{17}N_3$

Azepino[4,5-*b*]chinoxalin, 3-Phenyl-
2,3,4,5-tetrahydro-1*H*- 196

Benz[4′,5′]imidazo[2′,1′:3,4]pyrazino[1,2-*b*]ꞙ
isochinolin, 6,7,14,14a-Tetrahydro-9*H*-
268

Indolo[2,3-*b*]chinoxalin, 9-*tert*-Butyl-6*H*-
267

Propan, 1,2,3-Tri-[4]pyridyl- 267

$C_{18}H_{17}N_3O$

Methanol, [5,6-Dimethyl-[1,2,4]triazin-3-yl]-
diphenyl- 367

Propan-2-ol, 1,2,3-Tri-[2]pyridyl- 367

Pyrrolo[3,4-*c*]pyrazol-3-on, 1-Methyl-
2,5-diphenyl-1,4,5,6-tetrahydro-2*H*-
436

$C_{18}H_{17}N_3O_2$

Imidazo[5,1-*a*]isochinolin, 8,9-Dimethoxy-
3-[2]pyridyl-5,6-dihydro- 389

$C_{18}H_{17}N_3O_2$ (Fortsetzung)

Imidazo[5,1-a]isochinolin, 8,9-Dimethoxy-
  3-[3]pyridyl-5,6-dihydro- 389
−, 8,9-Dimethoxy-3-[4]pyridyl-
  5,6-dihydro- 389
Naphth[1′,2′:4,5]imidazo[1,2-a]pyrimidin-
  8,10-dion, 9,9-Diäthyl-11H- 619
Naphth[2′,1′:4,5]imidazo[1,2-a]pyrimidin-
  9,11-dion, 10,10-Diäthyl-8H- 619
[1,2,4]Triazin, 4-Acetyl-3-methoxy-
  5,6-diphenyl-4,5-dihydro- 362

$C_{18}H_{17}N_3O_2S$

[1,2,4]Triazepin-5,7-dion, 6-Äthyl-
  2,6-diphenyl-3-thioxo-tetrahydro- 656
[1,2,4]Triazin, 5,6-Bis-[4-methoxy-phenyl]-
  3-methylmercapto- 404
[1,2,4]Triazin-5-on, 3-Benzylmercapto-6-
  [4-methoxy-benzyl]-4H- 707

$C_{18}H_{17}N_3O_3$

Barbitursäure, 5-Äthyl-1-methyl-3-phenyl-
  5-[4]pyridyl- 655
Benzoesäure, 3-[6-Benzoyl-4-methyl-
  4,5-dihydro-3H-[1,2,4]triazin-2-yl]- 480
−, 4-[6-Benzoyl-4-methyl-4,5-dihydro-
  3H-[1,2,4]triazin-2-yl]- 480
Chinoxalino[1,2-a]chinoxalin-6,7-dion,
  6a-Methoxy-5,8-dimethyl-5H,8H- 713
[1,2,4]Triazin-3,5-dion, 2-Benzyl-6-
  [4-methoxy-benzyl]-2H- 707
−, 4-Benzyl-6-[4-methoxy-benzyl]-2H-
  707

$C_{18}H_{17}N_3O_4$

Pyrido[2,3-d]pyrimidin-2,4-dion, 6-Acetyl-
  1-[4-äthoxy-phenyl]-5-methyl-1H- 654

$C_{18}H_{17}N_5$

Benzotriazol-5-on, 2-Phenyl-
  2,4,6,7-tetrahydro-, phenylhydrazon
  441
Cyclopentancarbonitril, 1-[4-Benzotriazol-
  1-yl-anilino]- 111

$C_{18}H_{17}N_7O_4S$

[1,2,4]Triazepin-3-thion, 2-Benzyl-5-
  [2,4-dinitro-phenylhydrazono]-7-methyl-
  2,4,5,6-tetrahydro- 561

$C_{18}H_{18}Cl_3N_3$

4,9;5,8-Dimethano-naphtho[2,3-d]≠
  [1,2,3]triazol, 6,6,7-Trichlor-1-phenyl-
  3a,4,4a,5,6,7,8,8a,9,9a-decahydro-1H-
  164
−, 6,7,7-Trichlor-1-phenyl-3a,4,4a,5,6,≠
  7,8,8a,9,9a-decahydro-1H- 164

$C_{18}H_{18}IN_3O$

Methojodid [$C_{18}H_{18}N_3O$]I aus 4-Methyl-
  2-phenyl-1,2,4,5-tetrahydro-pyrazolo≠
  [4,3-c]isochinolin-3-on 486

$[C_{18}H_{18}N_3]^+$

Spiro[benz[4,5]imidazo[1,2-a]pyrazin-
  2,2′-isoindolinium], 3,4-Dihydro-1H-
  268

$[C_{18}H_{18}N_3O_3]^+$

Chinolinium, 1-Äthyl-2-[1,3-dimethyl-
  2,4,6-trioxo-tetrahydro-pyrimidin-
  5-ylidenmethyl]- 664

$[C_{18}H_{18}N_3O_4]^+$

Chinolinium, 2-[1,3-Dimethyl-2,4,6-trioxo-
  tetrahydro-pyrimidin-5-ylidenmethyl]-
  6-methoxy-1-methyl- 721

$C_{18}H_{18}N_4O_2$

Crotonsäure, 3-[4-Benzotriazol-1-yl-
  anilino]-, äthylester 110
Cyclopentancarbonsäure, 1-[4-Benzotriazol-
  1-yl-anilino]- 110

$C_{18}H_{18}N_4O_3$

Carbamidsäure, [5-Oxo-3-phenyl-1-o-tolyl-
  1,5-dihydro-[1,2,4]triazol-4-yl]-,
  äthylester 469

$C_{18}H_{18}N_4O_4$

Carbamidsäure, [3-(2-Hydroxy-phenyl)-
  5-oxo-1-o-tolyl-1,5-dihydro-
  [1,2,4]triazol-4-yl]-, äthylester 684

$C_{18}H_{18}N_6$

[1,3,5]Triazin, 1,3,5-Tri-[2]pyridyl-
  hexahydro- 15

$C_{18}H_{19}Cl_2N_3$

4,9;5,8-Dimethano-naphtho[2,3-d]≠
  [1,2,3]triazol, 6,7-Dichlor-1-phenyl-
  3a,4,4a,5,6,7,8,8a,9,9a-decahydro-1H-
  164

$C_{18}H_{19}N_3$

Benz[4,5]imidazo[1,2-a]pyrazin, 1-Benzyl-
  2-methyl-1,2,3,4-tetrahydro- 253
Imidazo[1,2-a]pyridin, 8-[1-Methyl-
  pyrrolidin-2-yl]-2-phenyl- 253
−, 8-[1-Methyl-pyrrolidin-2-yl]-
  3-phenyl- 253

$C_{18}H_{19}N_3O$

Äthanon, 1-[4-Benzyl-2-phenyl-
  2,3,4,5-tetrahydro-[1,2,4]triazin-6-yl]-
  429
[2]Naphthol, 3-[5-Cyclohexyl-1H-
  [1,2,4]triazol-3-yl]- 363

$C_{18}H_{19}N_3OS$

Imidazolidin-4-on, 3-Äthyl-5-[2-(1-äthyl-
  1H-[2]chinolyliden)-äthyliden]-2-thioxo-
  616
−, 3-Äthyl-5-[2-(1-äthyl-
  1H-[4]chinolyliden)-äthyliden]-2-thioxo-
  616
−, 3-Äthyl-5-[1-äthyl-1H-
  [4]pyridyliden]-1-phenyl-2-thioxo- 581

$C_{18}H_{19}N_3O_2$

4,9-Methano-naphtho[2,3-d][1,2,3]triazol-
  5,8-dion, 1-Benzyl-3a,4,4a,6,7,8a,9,9a-
  octahydro-1H- 590
[1,2,4]Triazin, 1-Acetyl-3-methoxy-
  5,6-diphenyl-1,4,5,6-tetrahydro- 357
−, 4-Acetyl-3-methoxy-5,6-diphenyl-
  1,4,5,6-tetrahydro- 358

$C_{18}H_{19}N_3O_2S$

[1,2,4]Triazin-5-on, 3-Benzylmercapto-6-
[4-methoxy-benzyl]-1,6-dihydro-4H-
704

$C_{18}H_{19}N_3O_3$

Pyrido[2,3-d]pyrimidin-2,4-dion,
1-[4-Äthoxy-phenyl]-3,5,7-trimethyl-1H-
585

$C_{18}H_{19}N_5$

Aceton, [5-Methyl-2-phenyl-2H-
[1,2,3]triazol-4-yl]-, phenylhydrazon
437

$C_{18}H_{19}N_5O$

Cyclopentancarbonsäure, 1-[4-Benzotriazol-
1-yl-anilino]-, amid 110

$C_{18}H_{19}N_5S$

Amin, [4-Dimethylamino-benzyliden]-
[3-methylmercapto-5-phenyl-
[1,2,4]triazol-4-yl]- 349

$C_{18}H_{20}ClN_3$

4,9;5,8-Dimethano-naphtho[2,3-d]=
[1,2,3]triazol, 6-Chlor-1-phenyl-
3a,4,4a,5,6,7,8,8a,9,9a-decahydro-1H-
163
−, 7-Chlor-1-phenyl-3a,4,4a,5,6,7,8,=
8a,9,9a-decahydro-1H- 163

$[C_{18}H_{20}N_3]^+$

Benz[4,5]imidazo[1,2-a]pyrazinium,
2-Benzyl-2-methyl-1,2,3,4-tetrahydro-
186

$C_{18}H_{20}N_4O_2$

Benzoesäure, 4-[(5,6-Dimethyl-benzotriazol-
1-ylmethyl)-amino]-, äthylester 156

$C_{18}H_{20}N_4O_3S$

Toluol-4-sulfonsäure-{4-[4-(α-hydroxy-
isopropyl)-[1,2,3]triazol-1-yl]-anilid}
328

$C_{18}H_{20}N_6$

Hexan, 1,6-Bis-benzotriazol-1-yl- 114

$C_{18}H_{21}N_3$

4,9-Äthano-naphtho[2,3-d][1,2,3]triazol,
1-Phenyl-3a,4,4a,5,6,8a,9,9a-octahydro-
1H- 163
−, 1-Phenyl-3a,4,4a,7,8,8a,9,9a-
octahydro-1H- 163
β-Carbolin, 1,9-Dimethyl-4-[1-methyl-
pyrrolidin-2-yl]-9H- 239
4,9;5,8-Dimethano-naphtho[2,3-d]=
[1,2,3]triazol, 1-Phenyl-3a,4,4a,5,6,7,8,=
8a,9,9a-decahydro-1H- 163
Imidazo[1,5-c]imidazol, 7a-Methyl-
2,6-diphenyl-hexahydro- 28
Pyrrolo[3,4-d]pyridazin, 1,4-Diäthyl-
5,7-dimethyl-6-phenyl-6H- 163

$C_{18}H_{21}N_3O$

4,9;5,8-Dimethano-naphtho[2,3-d]=
[1,2,3]triazol-6-ol, 1-Phenyl-3a,4,4a,5,6,=
7,8,8a,9,9a-decahydro-1H- 345

−, 3-Phenyl-3a,4,4a,5,6,7,8,8a,9,9a-
decahydro-3H- 345

$C_{18}H_{21}N_3OS$

Imidazolidin-4-on, 1,3-Dimethyl-2-thioxo-
5-[2-(1,3,3-trimethyl-indolin-2-yliden)-
äthyliden]- 611

$C_{18}H_{21}N_3O_3$

[1,3,5]Triazin, 1,3,5-Trifurfuryl-hexahydro-
14

$C_{18}H_{21}N_3O_6$

Butan, 1,2,3-Triacetoxy-1-[2-phenyl-
2H-[1,2,3]triazol-4-yl]- 394
Propan, 1,2,3-Triacetoxy-1-[2-p-tolyl-
2H-[1,2,3]triazol-4-yl]- 394

$C_{18}H_{21}N_3S_3$

[1,3,5]Triazin, 1,3,5-Tris-[2]thienylmethyl-
hexahydro- 15

$[C_{18}H_{22}N_3]^+$

β-Carbolinium, 1,2-Dimethyl-4-[1-methyl-
pyrrolidin-2-yl]-9H- 238

$C_{18}H_{22}N_4$

Amin, [4,6,7-Trimethyl-benzotriazol-1-yl]-
[2,4,5-trimethyl-phenyl]- 159

$[C_{18}H_{22}N_6]^{2+}$

Benzotriazolium, 3,3'-Dimethyl-
1,1'-butandiyl-bis- 114

$C_{18}H_{23}N_3$

[1,3,5]Triazin, 1,3,5-Trimethyl-2,4-diphenyl-
hexahydro- 225

$C_{18}H_{25}N_3O_2$

[1,2,4]Triazin-3,5-dion, 6-Benzyl-4-octyl-
2H- 596

$C_{18}H_{25}N_3O_2S$

2-Thio-barbitursäure, 5-[1-Heptyl-
2,5-dimethyl-pyrrol-3-ylmethylen]- 655

$C_{18}H_{25}N_3O_9$

Erythrit, O^2-Galactopyranosyl-1-[2-phenyl-
2H-[1,2,3]triazol-4-yl]- 410
−, O^4-Galactopyranosyl-1-[2-phenyl-
2H-[1,2,3]triazol-4-yl]- 411
−, O^1-Glucopyranosyl-1-[2-phenyl-
2H-[1,2,3]triazol-4-yl]- 410
−, O^2-Glucopyranosyl-1-[2-phenyl-
2H-[1,2,3]triazol-4-yl]- 410
−, O^3-Glucopyranosyl-1-[2-phenyl-
2H-[1,2,3]triazol-4-yl]- 410
−, O^4-Glucopyranosyl-1-[2-phenyl-
2H-[1,2,3]triazol-4-yl]- 41J

$[C_{18}H_{26}N_3]^+$

Pyrrolo[3,4-b]chinoxalinium, 2,2-Dibutyl-
2,3-dihydro-1H- 194

$C_{18}H_{26}N_4O_2$

Carbamidsäure, Dibutyl-, [5-methyl-
2-phenyl-2H-[1,2,4]triazol-3-ylester] 324

$C_{18}H_{27}N_3OS$

[1,2,4]Triazol, 5-Isopentylmercapto-3-
[4-isopentyloxy-phenyl]-1H- 386
−, 3-Isopentylmercapto-5-
[4-pentyloxy-phenyl]-1H- 386

C₁₈H₂₇N₃OS (Fortsetzung)

[1,2,4]Triazol, 3-[4-Isopentyloxy-phenyl]-
5-pentylmercapto-1*H*- 386
−, 3-Pentylmercapto-5-[4-pentyloxy-
phenyl]-1*H*- 385

C₁₈H₂₇N₃O₄

Benzotriazol-4,7-dion, 1-Dodecyl-
5,6-dihydroxy-1*H*- 718
[1,2,3]Triazol-4,5-dicarbaldehyd, 1-Phenyl-
1*H*-, bis-diäthylacetal 566

C₁₈H₂₉N₃

Benzotriazol, 1-Dodecyl-1*H*- 98

[C₁₈H₃₀Hg₃N₃O₆]³⁺

[1,3,5]Triazin, Tris-[2-äthoxy-
3-mercurio(1+)-propoxy]- 402

C₁₈H₃₀N₆S₆

[1,3,5]Triazin, Tris-diäthylthiocarbamoyl≠
mercapto- 403

C₁₈H₃₁N₃O₂

[1,2,4]Triazolo[1,2-*a*]pyridazin-1,3-dion,
2-Dodecyl-5,8-dihydro- 568

C₁₈H₃₁N₃O₃

Pyrido[2,1-*d*][1,5,9]triazacyclotridecin-2-on,
8-Formyl-13-[1-hydroxy-propyl]-
1,4,5,6,7,8,9,10,11,13,16,16a-
dodecahydro-3*H*- 682

C₁₈H₃₃N₃

[2,3′;2′,3″]Terpyridin, 1,1′,1″-Trimethyl-
1,2,3,4,5,6,1′,2′,3′,4′,5′,6′,1″,4″,5″,6″-
hexadecahydro- 83

C₁₈H₃₃N₃O₃

1,8,15-Triaza-cycloheneicosan-2,9,16-trion
645
[1,3,5]Triazin, Tris-[1-äthyl-propoxy]- 397
−, Tris-isopentyloxy- 397
−, Tris-[1-methyl-butoxy]- 397
−, Tris-pentyloxy- 397
−, Tris-*tert*-pentyloxy- 397

C₁₈H₃₅N₃O₂

[1,2,4]Triazolidin-3,5-dion, 4-Hexadecyl-
539

C₁₈H₃₅N₃O₄

[1,2,3]Triazol-4,5-dicarbaldehyd, 1-Hexyl-
1*H*-, bis-diäthylacetal 565

C₁₈H₃₆N₆

[1,3,5]Triazin, 1,3,5-Tripiperidino-
hexahydro- 17

C₁₈H₃₉N₃

1,8,15-Triaza-cycloheneicosan 26
[1,3,5]Triazin, 1,3,5-Triisopentyl-hexahydro-
6

C₁₈H₃₉N₃O₆Si₃

[1,3,5]Triazin, Tris-[2-trimethylsilyloxy-
äthoxy]- 400

[C₁₈H₃₉N₆O₃]³⁺

[1,3,5]Triazin, Tris-[2-trimethylammonio-
äthoxy]- 401

C₁₉

C₁₉H₉BrClN₃

Dibenzo[*f,h*]pyrido[2,3-*b*]chinoxalin,
12-Brom-11-chlor- 290

C₁₉H₁₀BrN₃

Dibenzo[*f,h*]pyrido[2,3-*b*]chinoxalin,
12-Brom- 289

C₁₉H₁₀ClN₃

Benz[*f*]isochino[4,3-*b*]chinoxalin, 5-Chlor-
289
Dibenzo[*f,h*]pyrido[3,4-*b*]chinoxalin,
10-Chlor- 290
−, 12-Chlor- 290

C₁₉H₁₁N₃

Benz[*f*]isochino[3,4-*b*]chinoxalin 289
Benz[*f*]isochino[4,3-*b*]chinoxalin 289
Benzo[*a*]pyrido[2,3-*c*]phenazin 289
Chino[5,6-*b*][1,7]phenanthrolin 290
Dibenzo[*f,h*]pyrido[3,4-*b*]chinoxalin 290

C₁₉H₁₁N₃O

Benz[*f*]isochino[3,4-*b*]chinoxalin-5-on, 6*H*-
533
Benz[*f*]isochino[4,3-*b*]chinoxalin-5-on, 6*H*-
533
Benzo[*de*][1,2,4]triazolo[5,1-*a*]isochinolin-
7-on, 10-Phenyl- 533
Phenaleno[1,2-*d*][1,2,3]triazol-7-on,
8-Phenyl-8*H*- 513

C₁₉H₁₁N₃S

Benz[*f*]isochino[3,4-*b*]chinoxalin-5-thion,
6*H*- 533
Benz[*f*]isochino[4,3-*b*]chinoxalin-5-thion,
6*H*- 533

C₁₉H₁₂BrN₃

Pyrido[2,3-*b*]pyrazin, 7-Brom-2,3-diphenyl-
285

C₁₉H₁₂ClN₃

Cinnolin, 6-Chlor-4-phenyl-3-[2]pyridyl-
284
Pyrido[2,3-*b*]pyrazin, 7-Chlor-2,3-diphenyl-
285

C₁₉H₁₂N₄

Naphtho[1,2-*d*][1,2,3]triazol, 2-[6]Chinolyl-
2*H*- 216

C₁₉H₁₂N₆O₂

Benzonitril, 4-[4-Benzotriazol-1-yl-anilino]-
3-nitro- 111

[C₁₉H₁₃BrN₃]⁺

Pyrimido[1,2-*a*]pyrimidinylium, 2-[2-Brom-
phenyl]-8-phenyl- 284
−, 2-[4-Brom-phenyl]-8-phenyl- 284

C₁₉H₁₃N₃

Benz[*f*]isochino[3,4-*b*]chinoxalin,
7,14-Dihydro- 285
Benz[*f*]isochino[4,3-*b*]chinoxalin,
7,14-Dihydro- 285
Benzo[*e*][1,2,4]triazin, 3,6-Diphenyl- 284

C$_{19}$H$_{13}$N$_3$ (Fortsetzung)

Benzo[e][1,2,4]triazin, 3,x-Diphenyl- 241

Chinoxalin, 2-Phenyl-3-[4]pyridyl- 284

Cinnolin, 4-Phenyl-3-[2]pyridyl- 284

Pyrido[3,2-h]cinnolin, 4-Styryl- 285

Pyrido[2,3-b]pyrazin, 2,3-Diphenyl- 285

C$_{19}$H$_{13}$N$_3$O

Acenaphtho[4,5-d][1,2,3]triazol, 9-Benzoyl-
5,9-dihydro-4H- 233

Benzo[e][1,2,4]triazin-8-ol, 3,x-Diphenyl-
360

Benzo[d][1,2,3]triazin-4-on, 3-Biphenyl-2-yl-
3H- 459

Chinazolin-4-on, 3-Phenyl-2-[3]pyridyl-3H-
507

Imidazol-4-on, 5-[4]Chinolylmethylen-
2-phenyl-3,5-dihydro- 532

Keton, Phenyl-[1-phenyl-1H-benzotriazol-
5-yl]- 506

−, Phenyl-[1-phenyl-1H-benzotriazol-
7-yl]- 506

Phenanthren-9,10-dion-mono-
[2]pyridylhydrazon 371

Phenanthro[9,10-e]pyrido[2,1-c][1,2,4]triazin-
15a-ol 371

Phenol, 4-[3-[2]Pyridyl-cinnolin-4-yl]- 371

Pyrido[2,3-b]pyrazin-6-on, 2,3-Diphenyl-
5H- 531

C$_{19}$H$_{13}$N$_3$O$_2$

Pyrido[2,3-d]pyrimidin, 2,4-Diphenoxy-
382

C$_{19}$H$_{13}$N$_3$O$_3$

Pyrido[2,3-d]pyrimidin-2,4,7-trion,
1,5-Diphenyl-1H,8H- 662

[C$_{19}$H$_{13}$N$_4$O$_2$]$^+$

Pyrimido[1,2-a]pyrimidinylium, 2-[4-Nitro-
phenyl]-8-phenyl- 284

[C$_{19}$H$_{14}$N$_3$]$^+$

Pyrimido[1,2-a]pyrimidinylium,
2,8-Diphenyl- 284

C$_{19}$H$_{14}$N$_4$

Anilin, 4-Benzotriazol-1-yl-N-benzyliden-
110

C$_{19}$H$_{14}$N$_4$O

Keton, Phenyl-[1-phenyl-1H-benzotriazol-
5-yl]-, oxim 506

C$_{19}$H$_{15}$IN$_4$O$_2$

Methojodid [C$_{19}$H$_{15}$N$_4$O$_2$]I aus
2-Methyl-6-[4-nitro-phenyl]-pyridazino⸗
[3,4-c]isochinolin 278

C$_{19}$H$_{15}$N$_3$

Chinolin, 2-[1-Benzyl-1H-imidazol-2-yl]-
230

Chino[2,3-b]phenazin, 1,2,3,4-Tetrahydro-
280

C$_{19}$H$_{15}$N$_3$O

Imidazo[1,2-a]pyrimidin-5-on, 7-Methyl-
2,3-diphenyl-8H- 529

Pyrazol-3-on, 4-[2]Chinolyl-5-methyl-
2-phenyl-1,2-dihydro- 501

Pyrazolo[3,4-b]pyridin-4-on, 6-Methyl-
1,3-diphenyl-1,7-dihydro- 502

Pyrazolo[3,4-b]pyridin-6-on, 4-Methyl-
1,3-diphenyl-1,7-dihydro- 502

C$_{19}$H$_{15}$N$_3$OS

Imidazo[4,5-b]chinolin-2-thion, 1-Acetyl-
3-p-tolyl-1,3-dihydro- 490

C$_{19}$H$_{15}$N$_3$O$_2$

Benz[4,5]imidazo[1,2-a]pyrimidin-4-on,
2-Methyl-3-phenacyl-1H- 628

Imidazo[1,5-a]imidazol-5,7-dion, 2-Äthyl-
3,6-diphenyl- 610

−, 3-Äthyl-2,6-diphenyl- 610

C$_{19}$H$_{15}$N$_3$O$_3$

Pyrazolo[1,5-a]pyrimidin-2,5-dion,
7-[2-Methoxy-phenyl]-1-phenyl-3H-
710

−, 7-[3-Methoxy-phenyl]-1-phenyl-
3H- 710

Pyrazolo[1,5-a]pyrimidin-2,7-dion,
5-[2-Methoxy-phenyl]-1-phenyl-4H-
710

−, 5-[3-Methoxy-phenyl]-1-phenyl-
4H- 710

Pyridazino[4,5-b]chinolin-4-on,
7,8-Dimethoxy-1-phenyl-3H- 714

C$_{19}$H$_{15}$N$_5$O

Anilin, 4-Benzotriazol-1-yl-N-benzyl-
N-nitroso- 113

C$_{19}$H$_{15}$N$_5$O$_2$

Pyrazolo[1,5-a]pyrimidin-6-carbaldehyd,
5,7-Dioxo-2-phenyl-4,5,6,7-tetrahydro-,
phenylhydrazon 662

C$_{19}$H$_{16}$ClN$_3$O$_2$

Spiro[chinoxalin-2,3'-indolin]-3,2'-dion,
1-Acetyl-6-chlor-4,1'-dimethyl-
1,4-dihydro- 618

C$_{19}$H$_{16}$IN$_3$

Methojodid [C$_{19}$H$_{16}$N$_3$]I aus 2-Methyl-
6-phenyl-pyridazino[3,4-c]isochinolin
278

[C$_{19}$H$_{16}$N$_3$O]$^+$

Indolo[2',3':3,4]pyrido[2,1-b]chinazolinium,
14-Methyl-5-oxo-7,8,13,14-tetrahydro-
5H- 528

[C$_{19}$H$_{16}$N$_3$O$_2$]$^+$

Indolo[2',3':3,4]pyrido[2,1-b]chinazolinium,
2-Hydroxy-14-methyl-5-oxo-5,7,8,13-
tetrahydro- 694

−, 10-Hydroxy-14-methyl-5-oxo-
5,7,8,13-tetrahydro- 695

C$_{19}$H$_{16}$N$_4$

Anilin, 4-Benzotriazol-1-yl-N-benzyl- 110

C$_{19}$H$_{16}$N$_4$O$_3$

Propan-1,2-dion, 1-[5-Methyl-2-phenyl-
2H-[1,2,3]triazol-4-yl]-, 1-[O-benzoyl-
oxim] 567

C₁₉H₁₇N₃

Imidazo[1,2-*a*]imidazol, 2,5-Dibenzyl-1(7)*H*-
275

4,9-Methano-biphenyleno[2,3-*d*]≈
[1,2,3]triazol, 1-Phenyl-3a,4,4a,8b,9,9a-
hexahydro-1*H*- 225

Naphtho[1,2-*d*][1,2,3]triazol, 2-[2,4,5-
Trimethyl-phenyl]-2*H*- 205

Pyrrolo[2′,3′:4,5]pyrido[2,3-*c*]carbazol,
1,4-Dimethyl-1,2,3,8-tetrahydro- 274

C₁₉H₁₇N₃O

Indolo[2′,3′:3,4]pyrido[2,1-*b*]chinazolin-
5-on, 14-Methyl-8,13,13b,14-tetrahydro-
7*H*- 525

Pyrazolo[4,3-*c*]pyridin-3-on, 1-Methyl-
2,4-diphenyl-1,2,6,7-tetrahydro- 494

C₁₉H₁₇N₃O₂

Benzo[2,3][1,5]diazecino[9,8-*b*]indol-
5,14-dion, 15-Methyl-6,7,8,13-
tetrahydro-15*H*- 625

Chinazolino[3,2-*a*]chinazolin-5,12-dion,
7-Butyl-7*H*- 624

Pyrazolo[3,4-*b*]chinolin, 6,7-Dimethoxy-
3-methyl-1-phenyl-1*H*- 388

C₁₉H₁₇N₃O₃

[1,2,4]Triazin-3-on, 2,4-Diacetyl-
5,6-diphenyl-4,5-dihydro-2*H*- 510

[C₁₉H₁₈N₃]⁺

Indolo[2′,3′:3,4]pyrido[2,1-*b*]chinazolinium,
14-Methyl-8,13,13b,14-tetrahydro-7*H*-
274

C₁₉H₁₈N₄

Amin, [5,6-Dimethyl-benzotriazol-
1-ylmethyl]-[1]naphthyl- 156

−, [5,6-Dimethyl-benzotriazol-
1-ylmethyl]-[2]naphthyl- 156

C₁₉H₁₈N₄O₂

Aceton, [5-Methyl-2-phenyl-2*H*-
[1,2,3]triazol-4-yl]-, [*O*-benzoyl-oxim]
437

C₁₉H₁₉N₃

Indol, 3-[2-(4,5-Dihydro-1*H*-imidazol-2-yl)-
1-phenyl-äthyl]- 268

4,7-Methano-benzotriazol, 1,5-Diphenyl-
3a,4,5,6,7,7a-hexahydro-1*H*- 197

−, 1,6-Diphenyl-3a,4,5,6,7,7a-
hexahydro-1*H*- 197

C₁₉H₁₉N₃O

Indolo[2,3-*b*]phenazin-4a-ol, 13b-Methyl-
1,2,3,4,5,13b-hexahydro- 367

Pyrazolo[4,3-*c*]pyridin-3-on, 5-Methyl-
1,2-diphenyl-1,2,4,5,6,7-hexahydro- 438

Pyrrolo[3,4-*c*]pyrazol-3-on, 1-Methyl-
2-phenyl-5-*o*-tolyl-1,4,5,6-tetrahydro-
2*H*- 436

−, 1-Methyl-2-phenyl-5-*p*-tolyl-
1,4,5,6-tetrahydro-2*H*- 436

C₁₉H₁₉N₃O₂S

2-Thio-barbitursäure, 1-Äthyl-5-
[2,5-dimethyl-1-phenyl-pyrrol-
3-ylmethylen]- 655

[1,2,4]Triazepin-5,7-dion, 6-Äthyl-6-benzyl-
2-phenyl-3-thioxo-tetrahydro- 657

−, 6,6-Dibenzyl-2-methyl-3-thioxo-
tetrahydro- 666

[1,2,4]Triazin-5-on, 3-Benzylmercapto-6-
[1-(4-methoxy-phenyl)-äthyl]-4*H*- 709

C₁₉H₁₉N₃O₃

Chinoxalino[1,2-*a*]chinoxalin-6,7-dion,
6a-Äthoxy-5,8-dimethyl-5*H*,8*H*- 713

[1,2,4]Triazin-3,5-dion, 4-Benzyl-6-[1-
(4-methoxy-phenyl)-äthyl]-2*H*- 708

[1,2,4]Triazin-3-on, 2,4-Diacetyl-
5,6-diphenyl-tetrahydro- 503

C₁₉H₁₉N₃O₄

Pyrido[2,3-*d*]pyrimidin-2,4-dion, 6-Acetyl-
1-[4-äthoxy-phenyl]-3,5-dimethyl-1*H*-
654

[C₁₉H₂₀N₃S]⁺

Trimethinium, 1-[1-Methyl-[2]chinolyl]-3-
[2-methyl-6-methylmercapto-pyridazin-
3-yl]- 365

[C₁₉H₂₁N₃]²⁺

Methindiium, Tris-[1-methyl-[4]pyridyl]-
264

C₁₉H₂₁N₃OS

Imidazolidin-4-on, 1-Allyl-5-[2-(1-methyl-
pyrrolidin-2-yliden)-äthyliden]-3-phenyl-
2-thioxo- 574

C₁₉H₂₁N₃O₂S

[1,2,4]Triazin-5-on, 3-Benzylmercapto-6-
[1-(4-methoxy-phenyl)-äthyl]-
3,4-dihydro-2*H*- 705

C₁₉H₂₁N₃O₆S

Erythrit, 1-[2-Phenyl-2*H*-[1,2,3]triazol-4-yl]-
*O*⁴-[toluol-4-sulfonyl]- 411

C₁₉H₂₁N₅O₂

[1,2,4]Triazol-1-carbimidsäure, 3-Äthoxy-
5-oxo-*N*-*p*-tolyl-2,5-dihydro-, *p*-toluidid
674

[C₁₉H₂₂N₃S]⁺

Methinium, [1-Äthyl-[2]chinolyl]-[3-äthyl-
2-methylmercapto-pyrimidin-4-yl]- 361

C₁₉H₂₂N₄

Amin, Diäthyl-[3-pyrrolo[2,3,4,5-*lmn*]≈
[4,7]phenanthrolin-4-yl-propyl]- 240

C₁₉H₂₂N₄S

Amin, Phenyl-[1,6,6-trimethyl-
4-methylmercapto-5-phenyl-5,6-dihydro-
1*H*-[1,3,5]triazin-2-yliden]- 679

C₁₉H₂₃N₃

4,7-Methano-benzotriazol, 5-Cyclohex-
3-enyl-1-phenyl-3a,4,5,6,7,7a-hexahydro-
1*H*- 164

−, 6-Cyclohex-3-enyl-1-phenyl-
3a,4,5,6,7,7a-hexahydro-1*H*- 164

C₁₉H₂₃N₃ (Fortsetzung)

4,11-Methano-cycloocta[4,5]benzo[1,2-*d*]⸗
[1,2,3]triazol, 1-Phenyl-3a,4,4a,5,6,9,10,⸗
10a,11,11a-decahydro-1*H*- 164

C₁₉H₂₃N₃OS

Imidazolidin-4-on, 1,3-Dimethyl-5-
[2-(1,3,3,5-tetramethyl-indolin-2-yliden)-
äthyliden]-2-thioxo- 612

[C₁₉H₂₄Cl₂N₃]⁺

Trimethinium, 1-[1-Äthyl-5,6-dichlor-
3-methyl-1(3)*H*-benzimidazol-2-yl]-3-
[1,4-dimethyl-4,5-dihydro-3*H*-pyrrol-
2-yl]- 226

C₁₉H₂₄IN₃

Methojodid [C₁₉H₂₄N₃]I aus
1,9-Dimethyl-4-[1-methyl-pyrrolidin-
2-yl]-9*H*-*β*-carbolin 239

C₁₉H₂₄N₂O₂

Propen, 3,3-Bis-[5-acetyl-2,4-dimethyl-
pyrrol-3-yl]- 666

[C₁₉H₂₄N₆]²⁺

Benzotriazolium, 2,2′-Dimethyl-
1,1′-pentandiyl-bis- 114

—, 3,3′-Dimethyl-1,1′-pentandiyl-bis-
114

C₁₉H₂₅N₃

Methan, Tris-[5-äthyl-pyrrol-2-yl]- 227

—, Tris-[3,5-dimethyl-pyrrol-2-yl]-
227

4,11-Methano-cycloocta[5,6]benzo[1,2-*d*]⸗
[1,2,3]triazol, 1-Phenyl-3a,4,4a,5,6,7,8,9,⸗
10,10a,11,11a-dodecahydro-1*H*- 92

[C₁₉H₂₅N₃]²⁺

β-Carbolinium, 4-[1,1-Dimethyl-pyrrolidinium-
2-yl]-1,2-dimethyl-9*H*- 239

C₁₉H₂₇N₅

[1,2,3]Triazol, 4-Dipiperidinomethyl-
1-phenyl-1*H*- 431

[C₁₉H₂₈N₃O]⁺

Trimethinium, 1-[1-Äthyl-4,5-dihydro-
3*H*-pyrrol-2-yl]-3-[1,3-dimethyl-4-oxo-
3,4,5,6,7,8-hexahydro-chinazolin-2-yl]-
488

C₁₉H₂₉N₃O₄

[1,2,3]Triazol-4,5-dicarbaldehyd, 1-Benzyl-
1*H*-, bis-diäthylacetal 566

[C₁₉H₃₂N₃]⁺

Benzotriazolium, 1-Dodecyl-3-methyl- 98

[C₁₉H₃₆N₃O₂]⁺

Pyrido[2,1-*d*][1,5,9]triazacyclotridecinium,
13-[1-Hydroxy-propyl]-8,8-dimethyl-
2-oxo-1,2,3,4,5,6,7,8,9,10,11,13,16,16a-
tetradecahydro- 682

C₁₉H₃₇N₃

Imidazo[1,2-*a*]imidazol, 1-Tetradecyl-
2,3,5,6-tetrahydro-1*H*- 55

C₂₀

C₂₀H₁₀N₄O₄

Anthra[1,2-*d*][1,2,3]triazol-6,11-dion,
2-[3-Nitro-phenyl]-2*H*- 622

—, 2-[4-Nitro-phenyl]-2*H*- 622

C₂₀H₁₁Br₂N₃O₂

Naphtho[1,2-*d*][1,2,3]triazol-4-ol,
8-Brom-2-[7-brom-3-hydroxy-
[2]naphthyl]-2*H*- 355

C₂₀H₁₁Br₄N₃O₂

Pyrrolidin, 2,5-Bis-[5,7-dibrom-2-oxo-
indolin-3-yliden]- 630

Pyrrolium, 1-[5,7-Dibrom-2-hydroxy-indol-
3-yl]-4-[5,7-dibrom-2-oxo-indolin-
3-yliden]-3,4-dihydro-2*H*-, betain 630

C₂₀H₁₁N₅O₄

Indeno[7,1-*fg*]indolo[3,2-*b*]chinoxalin,
9,11-Dinitro-5,11-dihydro-4*H*- 291

C₂₀H₁₂BrN₃O₂

Naphtho[1,2-*d*][1,2,3]triazol-4-ol, 8-Brom-
2-[3-hydroxy-[2]naphthyl]-2*H*- 355

C₂₀H₁₂N₄O₂

Anthra[1,2-*d*][1,2,3]triazol, 2-[4-Nitro-
phenyl]-2*H*- 255

Anthra[1,2-*d*][1,2,3]triazol-6,11-dion,
2-[3-Amino-phenyl]-2*H*- 622

—, 2-[4-Amino-phenyl]-2*H*- 622

Indeno[7,1-*fg*]indeno[3,2-*b*]chinoxalin,
9-Nitro-5,12-dihydro-4*H*- 291

C₂₀H₁₂N₄O₃

Naphth[2′,3′:4,5]imidazo[1,2-*a*]pyrimidin-
4-on, 2-[4-Nitro-phenyl]-1*H*- 534

C₂₀H₁₃Br₂N₃

[1,2,4]Triazol, 1-[2,4-Dibrom-phenyl]-
3,5-diphenyl-1*H*- 245

C₂₀H₁₃I₂N₃O₂

Pyrrolidin, 2,5-Bis-[5-jod-2-oxo-indolin-
3-yliden]- 630

Pyrrolium, 1-[2-Hydroxy-5-jod-indol-3-yl]-
4-[5-jod-2-oxo-indolin-3-yliden]-
3,4-dihydro-2*H*-, betain 630

C₂₀H₁₃N₃

Anthra[1,2-*d*][1,2,3]triazol, 2-Phenyl-2*H*-
255

Indeno[7,1-*fg*]indolo[3,2-*b*]chinoxalin,
5,12-Dihydro-4*H*- 291

Naphth[1′,2′:4,5]imidazo[1,2-*a*]pyrimidin,
10-Phenyl- 290

Naphth[2′,3′:4,5]imidazo[1,2-*a*]pyrimidin,
2-Phenyl- 290

C₂₀H₁₃N₃O

Benzo[*de*][1,2,4]triazolo[5,1-*a*]isochinolin-
7-on, 10-Benzyl- 534

Naphth[2′,3′:4,5]imidazo[1,2-*a*]pyrimidin-
4-on, 2-Phenyl-1*H*- 534

—, 3-Phenyl-1*H*- 534

$C_{20}H_{13}N_3O$ (Fortsetzung)
[2]Naphthol, 1-[1,2,4]Triazolo[4,3-a]≠
    chinolin-1-yl- 372
Naphtho[1,2-d][1,2,3]triazol-7-ol,
    2-[2]Naphthyl-2H- 355
$C_{20}H_{13}N_3O_2$
Benz[6,7]azepino[2,3-b]phenazin-15-on,
    4-Hydroxy-5,14-dihydro- 696
Indolin-2-on, 3,3'-Pyrrol-2,5-diyliden-bis-
    630
Naphth[2',3':4,5]imidazo[1,2-a]pyrimidin-
    2,4-dion, 3-Phenyl-1H- 630
Naphtho[1,2-d][1,2,3]triazol-4-ol,
    2-[3-Hydroxy-[2]naphthyl]-2H- 355
$C_{20}H_{13}N_3O_3$
Indolin-2-on, 3-[5-(5-Hydroxy-indol-3-yl)-
    2-oxo-1,2-dihydro-pyrrol-3-yliden]- 715
$C_{20}H_{13}N_3O_7S_2$
Naphthalin-2,7-disulfonsäure, 4-Hydroxy-
    5-naphtho[1,2-d][1,2,3]triazol-2-yl- 211
$C_{20}H_{13}N_3S$
Benz[f]isochino[4,3-b]chinoxalin,
    5-Methylmercapto- 372
$C_{20}H_{13}N_5O_6$
Pyrrolidin, 2,5-Bis-[5-nitro-2-oxo-indolin-
    3-yliden]- 630
Pyrrolium, 1-[2-Hydroxy-5-nitro-indol-3-yl]-
    4-[5-nitro-2-oxo-indolin-3-yliden]-
    3,4-dihydro-2H-, betain 630
$C_{20}H_{13}N_5O_9$
Benzoesäure, 2,2'-[3-Hydroxy-5,7-dinitro-
    3H-benzotriazol-1,2-diyl]-di- 87
—, 4,4'-[3-Hydroxy-5,7-dinitro-
    3H-benzotriazol-1,2-diyl]-di- 87
$C_{20}H_{14}BrN_3$
Pyrido[2,3-b]pyrazin, 7-Brom-6-methyl-
    2,3-diphenyl- 286
—, 7-Brom-8-methyl-2,3-diphenyl-
    286
$C_{20}H_{14}ClN_3$
[1,2,4]Triazol, 3-[4-Chlor-phenyl]-
    1,5-diphenyl-1H- 247
—, 4-[4-Chlor-phenyl]-3,5-diphenyl-
    4H- 245
$C_{20}H_{14}IN_3$
Mono-methojodid [$C_{20}H_{14}N_3$]I aus
    Chino[5,6-b][1,7]phenanthrolin 290
$C_{20}H_{14}N_4$
Amin, Naphtho[1,2-d][1,2,3]triazol-1-yl-
    [2]naphthyl- 217
$C_{20}H_{14}N_6O$
Äthanon, 1-[1-(4-Benzotriazol-1-yl-phenyl)-
    1H-benzotriazol-5-yl]- 474
$C_{20}H_{15}Br_2N_5O_5$
Benzotriazol-1-ol, 2,3-Bis-[2-brom-
    4-methyl-phenyl]-4,6-dinitro-
    2,3-dihydro- 87
$C_{20}H_{15}N_3$
Cinnolin, 3-[2]Pyridyl-4-p-tolyl- 285

Pyrido[2,3-b]pyrazin, 6-Methyl-
    2,3-diphenyl- 286
—, 7-Methyl-2,3-diphenyl- 286
—, 8-Methyl-2,3-diphenyl- 286
—, 3-Methylen-2,4-diphenyl-
    3,4-dihydro- 248
[1,2,3]Triazol, 1,4,5-Triphenyl-1H- 244
—, 2,4,5-Triphenyl-2H- 244
[1,2,4]Triazol, 1,3,5-Triphenyl-1H- 245
—, 3,4,5-Triphenyl-4H- 245
$C_{20}H_{15}N_3O$
Benzo[e][1,2,4]triazin, x-Benzoyl-3-phenyl-x-
    dihydro- 241
Cinnolin, 4-[4-Methoxy-phenyl]-
    3-[2]pyridyl- 371
—, 4-[4-Methoxy-phenyl]-3-[3]pyridyl-
    371
Pyrido[2,3-d]pyrimidin-4-on, 7-Benzyl-
    6-phenyl-3H- 532
[1,2,4]Triazolium, 3-Hydroxy-
    1,4,5-triphenyl-, betain 469
[1,2,4]Triazol-3-on, 1,2,5-Triphenyl-
    1,2-dihydro- 469
$C_{20}H_{15}N_3OS$
Pyrido[2,3-d]pyrimidin-4-on, 7-Benzyl-
    6-phenyl-2-thioxo-2,3-dihydro-1H- 629
$C_{20}H_{15}N_3O_2$
Indolin-2-on, 3,3'-Pyrrolidin-2,5-diyliden-
    bis- 629
Pyrazolidin-3,5-dion, 1,2-Diphenyl-
    4-[4]pyridyl- 580
Pyrido[2,3-d]pyrimidin-2,4-dion, 7-Benzyl-
    6-phenyl-1H- 629
—, 3-Methyl-1,7-diphenyl-1H- 613
[1,2,4]Triazin-3,5-dion, 4-Benzyl-
    6-[2]naphthyl-2H- 612
$C_{20}H_{15}N_3O_3$
Pyrido[2,3-d]pyrimidin-2,4,7-trion,
    3-Methyl-1,5-diphenyl-1H,8H- 662
$C_{20}H_{15}N_3O_6S$
Naphthalin-1-sulfonsäure, 4-[4-Acetyl-
    5-oxo-1-phenyl-1,5-dihydro-
    [1,2,3]triazol-2-yl]-3-hydroxy- 560
$C_{20}H_{15}N_3S$
[1,2,4]Triazolium, 3-Mercapto-
    1,4,5-triphenyl-, betain 471
[1,2,4]Triazol-3-thion, 1,2,5-Triphenyl-
    1,2-dihydro- 471
$[C_{20}H_{15}N_4]^+$
Chinolinium, 1-Methyl-6-naphtho[1,2-d]≠
    [1,2,3]triazol-2-yl- 216
$C_{20}H_{15}N_5O_3$
Äthanon, 1-[4-(4-Benzotriazol-1-yl-anilino)-
    3-nitro-phenyl]- 110
$C_{20}H_{16}BrN_5O_5$
Benzotriazol-1-ol, 5-Brom-4,6-dinitro-
    2,3-di-p-tolyl-2,3-dihydro- 87
—, 7-Brom-4,6-dinitro-2,3-di-p-tolyl-
    2,3-dihydro- 87

$C_{20}H_{16}BrN_5O_5$ (Fortsetzung)

Benzotriazol-1-ol, 2,3-Dibenzyl-5-brom-4,6-dinitro-2,3-dihydro- 88

–, 2,3-Dibenzyl-7-brom-4,6-dinitro-2,3-dihydro- 88

$C_{20}H_{16}ClN_3O_2$

Indolo[2′,3′:3,4]pyrido[2,1-b]chinazolin-5-on, 9-Chlor-12-methoxy-14-methyl-8,14-dihydro-7H- 695

$C_{20}H_{16}N_4O_2S$

[1,2,4]Triazol, 3-[4-Nitro-phenylmercapto]-1,4-diphenyl-4,5-dihydro-1H- 321

$C_{20}H_{16}N_4S$

[1,2,4]Triazolium, 4-Anilino-3-mercapto-1,5-diphenyl-, betain 471

$C_{20}H_{16}N_6O_2$

Benzol, 1,4-Bis-[5-methoxy-benzotriazol-1-yl]- 341

$C_{20}H_{16}N_6O_2S_2$

[1,2,4]Triazin-5-on, 6,6′-Dibenzyl-4H,4′H-3,3′-disulfandiyl-bis- 690

$[C_{20}H_{17}ClN_3O_2]^+$

Indolo[2′,3′:3,4]pyrido[2,1-b]chinazolinium, 9-Chlor-12-methoxy-14-methyl-5-oxo-5,7,8,13-tetrahydro- 695

$C_{20}H_{17}N_3$

Imidazol, 4-[2-Methyl-4,5-diphenyl-pyrrol-3-yl]-1(3)H- 281

Indolo[2,3-b]chinoxalin, 6-Phenyl-7,8,9,10-tetrahydro-6H- 236

Pyrazol, 1,5-Diphenyl-3-[3]pyridyl-4,5-dihydro-1H- 235

Pyrazolo[3,4-b]pyridin, 4,6-Dimethyl-1,3-diphenyl-1H- 236

Pyridin, 2-[4,5-Diphenyl-4,5-dihydro-1H-imidazol-2-yl]- 281

–, 3-[4,5-Diphenyl-4,5-dihydro-1H-imidazol-2-yl]- 281

$C_{20}H_{17}N_3O$

Chinolin, 6-Methoxy-4-[5-methyl-2-phenyl-2H-pyrazol-3-yl]- 357

Imidazo[1,2-a]pyridin-2-on, 3-[2-(1-Äthyl-1H-[2]chinolyliden)-äthyliden]- 528

Imidazo[1,2-a]pyridin-3-on, 2-[2-(1-Äthyl-1H-[2]chinolyliden)-äthyliden]-2H- 527

Pyrazol-3-on, 5-Methyl-4-[2-methyl-[4]chinolyl]-2-phenyl-1,2-dihydro- 502

Pyrazolo[3,4-b]pyridin-4-on, 6,7-Dimethyl-1,3-diphenyl-1,7-dihydro- 502

Pyrazolo[3,4-b]pyridin-6-on, 4,7-Dimethyl-1,3-diphenyl-1,7-dihydro- 502

[1,2,4]Triazin-6-on, 3-Methyl-4-[1]naphthyl-1-phenyl-4,5-dihydro-1H- 429

$C_{20}H_{17}N_3O_2$

Indolo[2′,3′:3,4]pyrido[2,1-b]chinazolin-5-on, 10-Methoxy-14-methyl-8,14-dihydro-7H- 695

Pentan-1,5-dion, 1,3,5-Tri-[3]pyridyl- 628

Pyrrolidin-2,5-dion, 2-[3-Methyl-chinoxalin-2-ylmethyl]-1-phenyl- 611

Dibenzoyl-Derivat $C_{20}H_{17}N_3O_2$ aus 4,5,6,7-Tetrahydro-1(3)H-imidazo[4,5-c]pyridin 76

$C_{20}H_{17}N_3O_2S$

Imidazo[4,5-b]chinolin-2-thion, 1-Acetyl-3-[4-äthoxy-phenyl]-1,3-dihydro- 490

$C_{20}H_{17}N_5O_5$

Benzotriazol-1-ol, 2,3-Dibenzyl-4,6-dinitro-2,3-dihydro- 87

–, 4,6-Dinitro-2,3-di-p-tolyl-2,3-dihydro- 87

$C_{20}H_{18}ClN_3O$

Keton, [6-Chlor-1-phenyl-3a,4,5,6,7,7a-hexahydro-1H-4,7-methano-benzotriazol-5-yl]-phenyl- 496

–, [6-Chlor-3-phenyl-3a,4,5,6,7,7a-hexahydro-3H-4,7-methano-benzotriazol-5-yl]-phenyl- 496

$[C_{20}H_{18}N_3]^+$

Benzotriazolium, 1,3-Dibenzyl- 102

–, 5-Methyl-2-phenyl-1-p-tolyl- 147

$[C_{20}H_{18}N_3O_2]^+$

Indolo[2′,3′:3,4]pyrido[2,1-b]chinazolinium, 2-Methoxy-14-methyl-5-oxo-5,7,8,13-tetrahydro- 694

–, 10-Methoxy-14-methyl-5-oxo-5,7,8,13-tetrahydro- 695

$C_{20}H_{18}N_4O$

Pyrido[3′,2′:4,5]cyclohepta[1,2-b]chinoxalin-5-on, 12-Isopropyl-2-methyl-, oxim 529

$C_{20}H_{18}N_6$

Anilin, 4-[4-Benzotriazol-2-yl-phenylazo]-N,N-dimethyl- 112

$C_{20}H_{18}N_6O$

Anilin, N,N-Dimethyl-4-[4-(1-oxy-benzotriazol-2-yl)-phenylazo]- 113

$C_{20}H_{19}N_3$

4,10-Methano-fluoreno[2,3-d][1,2,3]triazol, 1-Phenyl-1,3a,4,4a,9,9a,10,10a-octahydro- 225

–, 3-Phenyl-3,3a,4,4a,9,9a,10,10a-octahydro- 225

Pyridin, 2-[1,3-Diphenyl-imidazolidin-2-yl]- 89

–, 3-[1,3-Diphenyl-imidazolidin-2-yl]- 89

–, 4-[1,3-Diphenyl-imidazolidin-2-yl]- 89

$C_{20}H_{19}N_3O_2$

Chinazolino[3,2-a]chinazolin-5,12-dion, 7-Pentyl-7H- 624

Diacetyl-Derivat $C_{20}H_{19}N_3O_2$ aus 3-Methyl-5,6-diphenyl-1,2-dihydro-[1,2,4]triazin 251

$C_{20}H_{19}N_3O_3$

β-Carbolin-1-on, 6-Methoxy-2-[N-methyl-
anthraniloyl]-2,3,4,9-tetrahydro- 695

Indolo[2',3':3,4]pyrido[2,1-b]chinazolin-
5-on, 13b-Hydroxy-10-methoxy-
14-methyl-8,13,13b,14-tetrahydro-7H-
695

–, 2-Methoxy-14-methyl-
8,14-dihydro-7H-, hydrat 694

$C_{20}H_{19}N_3O_4$

Isochinolin, 1-[5,6-Dimethoxy-
1(2)H-indazol-3-yl]-6,7-dimethoxy- 414

–, 1-[5,6-Dimethoxy-3H-indazol-3-yl]-
6,7-dimethoxy- 414

$C_{20}H_{19}N_5O_4$

4,8-Methano-indeno[5,6-d][1,2,3]triazol-
5,9-dion, 1-Phenyl-3a,4,4a,7a,8,8a-
hexahydro-1H-, bis-[O-acetyl-oxim]
598

–, 3-Phenyl-3a,4,4a,7a,8,8a-
hexahydro-3H-, [O-acetyl-oxim] 598

$C_{20}H_{20}ClN_3$

Indol, 5-Chlor-3-[2-(4,5-dihydro-
1H-imidazol-2-yl)-1-phenyl-äthyl]-
2-methyl- 269

$C_{20}H_{20}N_6O_2S_2$

[1,2,4]Triazol-3-on, 4,4'-Bis-[2,3-dimethyl-
phenyl]-2,4,2',4'-tetrahydro-
5,5'-disulfandiyl-bis- 676

$C_{20}H_{21}N_3$

Indol, 3-[2-(4,5-Dihydro-1H-imidazol-2-yl)-
1-phenyl-äthyl]-2-methyl- 268

$C_{20}H_{21}N_3O$

Äthan, 2-[4,5-Dihydro-1H-imidazol-2-yl]-
1-indol-3-yl-1-[3-methoxy-phenyl]- 367

Indolin-2-on, 3,3-Bis-[2,5-dimethyl-pyrrol-
3-yl]- 519

Methanol, [2]Piperidyl-[2-[3]pyridyl-
[4]chinolyl]- 368

$C_{20}H_{21}N_3O_2$

Pyrrolo[3,4-c]pyrazol-3-on, 5-[2-Äthoxy-
phenyl]-1-methyl-2-phenyl-
1,4,5,6-tetrahydro-2H- 436

–, 5-[4-Äthoxy-phenyl]-1-methyl-
2-phenyl-1,4,5,6-tetrahydro-2H- 437

1,3,8-Triaza-spiro[4.5]decan-2,4-dion,
6-Methyl-7,9-diphenyl- 620

$C_{20}H_{21}N_3O_2S$

Imidazolidin-4-on, 1-Acetyl-3-äthyl-5-[2-
(1-äthyl-1H-[2]chinolyliden)-äthyliden]-
2-thioxo- 616

–, 1-Acetyl-3-äthyl-5-[2-(1-äthyl-
1H-[4]chinolyliden)-äthyliden]-2-thioxo-
616

2-Thio-barbitursäure, 1-Äthyl-5-[1-benzyl-
2,5-dimethyl-pyrrol-3-ylmethylen]- 655

–, 5-[2,5-Dimethyl-1-propyl-pyrrol-
3-ylmethylen]-1-phenyl- 655

$C_{20}H_{21}N_3O_3$

[1,2,4]Triazepin-3,5,7-trion, 2-Äthyl-
6,6-dibenzyl-dihydro- 666

$C_{20}H_{21}N_3O_8$

Benzotriazol, 4,5,6,7-Tetraacetoxy-
2-phenyl-4,5,6,7-tetrahydro-2H- 414

$C_{20}H_{22}BrN_3O_8$

Butan, 1,2,3,4-Tetraacetoxy-1-[2-(4-brom-
phenyl)-2H-[1,2,3]triazol-4-yl]- 408

–, 1,2,3,4-Tetraacetoxy-1-[2-(4-brom-
phenyl)-2H-[1,2,3]triazol-4-yl]- 409

$C_{20}H_{23}N_3O_8$

Butan, 1,2,3,4-Tetraacetoxy-1-[2-phenyl-
2H-[1,2,3]triazol-4-yl]- 407

$[C_{20}H_{24}N_3O]^+$

Trimethinium, 1-[6-Methoxy-2-methyl-
pyridazin-3-yl]-3-[1,3,3-trimethyl-
3H-indol-2-yl]- 362

$[C_{20}H_{24}N_3S]^+$

Trimethinium, 1-[2-Methyl-6-methyl-
mercapto-pyridazin-3-yl]-3-
[1,3,3-trimethyl-3H-indol-2-yl]- 363

$C_{20}H_{25}N_3O$

[2,2']Bipyrrolyl, 4'-Methoxy-5'-[5-methyl-
4-pentyl-pyrrol-2-ylmethylen]-1H,5'H-
358

$C_{20}H_{25}N_3O_4$

Spiro[imidazolidin-4,6'-morphinan]-
2,5-dion, 4'-Hydroxy-3'-methoxy-
17'-methyl- 720

$[C_{20}H_{26}N_6]^{2+}$

Benzotriazolium, 3,3'-Dimethyl-
1,1'-hexandiyl-bis- 115

$C_{20}H_{27}N_3O_4S_2$

[1,4,7]Triazonin, 1,4-Bis-[toluol-4-sulfonyl]-
octahydro- 25

$C_{20}H_{30}N_4O_3$

Isobuttersäure, α-[4-(1-Hydroxy-
cyclohexyl)-5-(1-hydroxy-cyclohexyl-
äthinyl)-[1,2,3]triazol-1-yl]-, amid 387

$C_{20}H_{33}N_3$

Ormosin 165 Anm. 2

Panamin 165

$C_{20}H_{33}N_5O_2$

6,13-Methano-dipyrido[1,2-a;3',2'-e]azocin,
1-Nitroso-13-[1-nitroso-[2]piperidyl]-
tetradecahydro- 93

$[C_{20}H_{34}N_3]^+$

Benzotriazolium, 1-Äthyl-3-dodecyl- 98

$C_{20}H_{35}N_3$

6,13-Methano-dipyrido[1,2-a;3',2'-e]azocin,
13-[2]Piperidyl-tetradecahydro- 92

$C_{20}H_{39}N_3O_2$

[1,2,4]Triazolidin-3,5-dion, 4-Octadecyl-
539

$C_{20}H_{40}N_4$

[1,2,4]Triazol-4-ylamin, 3,5-Dinonyl- 63

C_{21}

$C_{21}H_9Cl_6N_3O_3$
[1,3,5]Triazin, Tris-[2,4-dichlor-phenoxy]-
399

$C_{21}H_{10}Cl_3N_5O_4$
Dinitro-Derivat $C_{21}H_{10}Cl_3N_5O_4$ aus
Tris-[2-chlor-phenyl]-[1,3,5]triazin 292

$C_{21}H_{11}N_3O_4$
Benzoesäure, 4-[6,11-Dioxo-6,11-dihydro-
anthra[1,2-*d*][1,2,3]triazol-2-yl]- 622

$C_{21}H_{12}Br_3N_3$
[1,3,5]Triazin, Tris-[4-brom-phenyl]- 293

$C_{21}H_{12}Cl_3N_3$
[1,3,5]Triazin, Tris-[2-chlor-phenyl]- 292
−, Tris-[4-chlor-phenyl]- 292

$C_{21}H_{12}Cl_3N_3O_3$
[1,3,5]Triazin, Tris-[4-chlor-phenoxy]- 398
[1,3,5]Triazintrion, Tris-[2-chlor-phenyl]-
637
−, Tris-[3-chlor-phenyl]- 637
−, Tris-[4-chlor-phenyl]- 638

$C_{21}H_{12}I_3N_3$
[1,3,5]Triazin, Tris-[4-jod-phenyl]- 293

$C_{21}H_{12}N_6O_9$
[1,3,5]Triazintrion, Tris-[2-nitro-phenyl]-
638
−, Tris-[4-nitro-phenyl]- 638

$C_{21}H_{13}Br_4N_3O$
Propan-1-on, 1,3-Diphenyl-3-[tetrabrom-
benzotriazol-2-yl]- 127

$C_{21}H_{13}Cl_2N_3O_3$
[1,3,5]Triazin, [2,4-Dichlor-phenoxy]-
diphenoxy- 398

$C_{21}H_{13}Cl_4N_3O$
Propan-1-on, 1,3-Diphenyl-3-[tetrachlor-
benzotriazol-2-yl]- 124

$C_{21}H_{13}N_3$
Indeno[2′,1′:5,6]indolo[2,3-*b*]chinoxalin,
6,12-Dihydro- 301
Pyrido[2,3-*b*]phenazin, 2-Phenyl- 301

$C_{21}H_{13}N_3O$
Chinazolino[4,3-*b*]chinazolin-8-on,
6-Phenyl- 535
Isochino[3,4-*b*]chinoxalin-5-on, 6-Phenyl-
6*H*- 521
Phenanthro[9,10-*e*][1,2,4]triazin, 3-Phenoxy-
368

$C_{21}H_{13}N_5O_4$
[1,3,5]Triazin, Bis-[3-nitro-phenyl]-phenyl-
293
−, Bis-[4-nitro-phenyl]-phenyl- 293

$C_{21}H_{14}ClN_3$
[1,2,4]Triazin, 3-[4-Chlor-phenyl]-
5,6-diphenyl- 292

$C_{21}H_{14}ClN_3O_2$
Benzoesäure, 2-[3-(4-Chlor-phenyl)-
5-phenyl-[1,2,4]triazol-4-yl]- 247

$C_{21}H_{14}ClN_3O_3$
[1,3,5]Triazin, [2-Chlor-phenoxy]-
diphenoxy- 398

$C_{21}H_{14}N_4$
Chinolin, 4-Benzotriazol-1-yl-2-phenyl-
116

$C_{21}H_{14}N_4O_2$
[1,2,4]Triazin, 3-[3-Nitro-phenyl]-
5,6-diphenyl- 292
−, 3-[4-Nitro-phenyl]-5,6-diphenyl-
292
[1,3,5]Triazin, [3-Nitro-phenyl]-diphenyl-
293
−, [4-Nitro-phenyl]-diphenyl- 293

$C_{21}H_{15}Br_3N_6$
[1,3,5]Triazintrion, Tris-[2-brom-phenyl]-,
triimin 638

$C_{21}H_{15}Cl_2N_3O$
Propan-1-on, 3-[4,7-Dichlor-benzotriazol-
2-yl]-1,3-diphenyl- 123

$C_{21}H_{15}Cl_3N_6$
[1,3,5]Triazintrion, Tris-[2-chlor-phenyl]-,
triimin 638
−, Tris-[4-chlor-phenyl]-, triimin 638

$C_{21}H_{15}Cl_6N_3$
[1,3,5]Triazin, 1,3,5-Tris-[2,4-dichlor-
phenyl]-hexahydro- 8

$C_{21}H_{15}N_3$
Benz[*d*]imidazo[1,2-*a*]imidazol,
2,3-Diphenyl-1*H*- 294
Benzol, 1,3,5-Tri-[3]pyridyl- 294
β-Carbolin, 1-[4-Methyl-[3]chinolyl]-9*H*-
294
Chino[5,6-*b*][1,7]phenanthrolin,
3,11-Dimethyl- 294
Indolo[2,3-*b*]chinoxalin, 1-Methyl-6-phenyl-
6*H*- 262
−, 4-Methyl-6-phenyl-6*H*- 262
Naphth[2′,3′:4,5]imidazo[1,2-*a*]pyrimidin,
2-Methyl-4-phenyl- 294
−, 4-Methyl-2-phenyl- 294
[2,2′;6′,2″]Terpyridin, 4′-Phenyl- 293
[3,2′;6′,3″]Terpyridin, 4′-Phenyl- 294
[1,2,4]Triazin, Triphenyl- 291
[1,3,5]Triazin, Triphenyl- 292

$C_{21}H_{15}N_3O$
Benzo[*h*]pyrazolo[3,4-*b*]chinolin-7-on,
8-Methyl-9-phenyl-9,11-dihydro- 517
−, 8-Methyl-10-phenyl-10,11-dihydro-
517
Keton, [1,5-Diphenyl-1*H*-[1,2,3]triazol-4-yl]-
phenyl- 516
Phenanthro[9,10-*e*][1,2,4]triazin-3-on,
4a-Phenyl-4,4a-dihydro-2*H*- 534
Phenol, 4-[5,6-Diphenyl-[1,2,4]triazin-3-yl]-
372
[1,2,4]Triazin-1-oxid, Triphenyl- 291
[1,2,4]Triazin-2-oxid, Triphenyl- 291

C₂₁H₁₅N₃O₂
Chino[3,2-*a*]phenazin-14-on, 7-Methoxy-
5-methyl-5*H*- 696

C₂₁H₁₅N₃O₃
Chino[2,3-*a*]phenazin-8-on, 7-Hydroxy-
6-methoxy-13-methyl-13*H*- 715
Chino[3,2-*a*]phenazin-14-on,
4,6-Dihydroxy-3,7-dimethyl-5*H*- 716
−, 6-Hydroxy-7-methoxy-5-methyl-
5*H*- 714
Indolin-2-on, 3-[5-(5-Methoxy-indol-3-yl)-
2-oxo-1,2-dihydro-pyrrol-3-yliden]- 715
Phenol, 2,2′,2″-[1,3,5]Triazin-2,4,6-triyl-tri-
405
Pyrazolidin-3,5-dion, 1,2-Diphenyl-
4-[pyridin-3-carbonyl]- 653
−, 1,2-Diphenyl-4-[pyridin-
4-carbonyl]- 653
[1,3,5]Triazin, Triphenoxy- 398
[1,3,5]Triazintrion, Triphenyl- 637

C₂₁H₁₅N₅O₂S
Benzolsulfonsäure, 4-Naphtho[1,2-*d*]≠
[1,2,3]triazin-2-yl-, [2]pyridylamid 207

C₂₁H₁₅N₇O₄
Keton, Phenyl-[1-phenyl-1*H*-[1,2,3]triazol-
4-yl]-, [2,4-dinitro-phenylhydrazon]
483

C₂₁H₁₆ClN₃
β-Carbolin, 1-[2-Chlor-4-methyl-[3]chinolyl]-
4,9-dihydro-3*H*- 287

C₂₁H₁₆N₄
Amin, Benzyliden-[3,5-diphenyl-
[1,2,4]triazol-4-yl]- 247

C₂₁H₁₆N₄O
Imidazo[4,5-*c*]chinolin, 1-[6-Methoxy-
[8]chinolyl]-2-methyl-1*H*- 222

C₂₁H₁₆N₄O₃
Pyrazol-3-on, 5-Methyl-4-[1-(4-nitro-
phenyl)-pyrrol-2-ylmethylen]-2-phenyl-
2,4-dihydro- 479

C₂₁H₁₇N₃
[1,2,4]Triazin, 2,3,6-Triphenyl-2,3-dihydro-
249
−, 2,3,6-Triphenyl-2,5-dihydro- 249
−, 3,5,6-Triphenyl-1,2-dihydro- 286
[1,3,5]Triazin, 2,4,6-Triphenyl-1,2-dihydro-
287
[1,2,3]Triazol, 1-Benzyl-4,5-diphenyl-1*H*-
244
[1,2,4]Triazol, 3-Benzyl-4,5-diphenyl-4*H*-
250
−, 4-Benzyl-3,5-diphenyl-4*H*- 246
−, 3,5-Diphenyl-4-*m*-tolyl-4*H*- 246
−, 3,5-Diphenyl-4-*o*-tolyl-4*H*- 246
−, 3,5-Diphenyl-4-*p*-tolyl-4*H*- 246

C₂₁H₁₇N₃O
5,11-Cyclo-dibenzo[3,4;7,8][1,5]diazocino≠
[2,1-*b*]chinazolin-17-ol, 10,11-Dihydro-
5a*H*,17*H*- 371

Propan-1-on, 3-Benzotriazol-1-yl-
1,3-diphenyl- 106
Pyrido[3,4-*d*]pyridazin-1-on, 4,5-Dimethyl-
2,7-diphenyl-2*H*- 511
[1,2,4]Triazol, 4-[4-Methoxy-phenyl]-
3,5-diphenyl-4*H*- 246

C₂₁H₁₇N₃O₂
Indolin-2-on, 3,3′-Piperidin-2,6-diyliden-bis-
630
Pyrazolidin-3,5-dion, 1,2-Diphenyl-
4-[2]pyridylmethyl- 584
−, 1,2-Diphenyl-4-[4]pyridylmethyl-
584

C₂₁H₁₇N₃O₂S
Imidazolidin-4-on, 3-Benzoyl-1-methyl-5-
[1-methyl-1*H*-[2]chinolyliden]-2-thioxo-
608

C₂₁H₁₇N₃O₃S
[1,2,4]Triazol-3-on, 2,5-Diphenyl-4-[toluol-
4-sulfonyl]-2,4-dihydro- 469

C₂₁H₁₇N₃O₄
Pyrido[2,3-*d*]pyrimidin-2,4,7-trion,
1-[4-Äthoxy-phenyl]-5-phenyl-1*H*,8*H*-
662

C₂₁H₁₇N₃S
[1,2,4]Triazolium, 4-Benzyl-3-mercapto-
1,5-diphenyl-, betain 471
−, 3-Mercapto-1,5-diphenyl-4-*o*-tolyl-,
betain 471
−, 3-Mercapto-1,5-diphenyl-4-*p*-tolyl-,
betain 471
−, 3-Mercapto-4,5-diphenyl-1-*p*-tolyl-,
betain 471

C₂₁H₁₈Br₃N₃
[1,3,5]Triazin, 1,3,5-Tris-[4-brom-phenyl]-
hexahydro- 8

C₂₁H₁₈ClN₃O₆
[1,3,5]Triazin, Bis-[4-acetyl-2-methoxy-
phenoxy]-chlor- 377

C₂₁H₁₈Cl₃N₃
[1,3,5]Triazin, 1,3,5-Tris-[2-chlor-phenyl]-
hexahydro- 7
−, 1,3,5-Tris-[3-chlor-phenyl]-
hexahydro- 7
−, 1,3,5-Tris-[4-chlor-phenyl]-
hexahydro- 8

[C₂₁H₁₈N₃S]⁺
[1,2,4]Triazolium, 3-Methylmercapto-
1,4,5-triphenyl- 348

C₂₁H₁₈N₄O
Keton, [1-(4-Dimethylamino-phenyl)-
1*H*-benzotriazol-5-yl]-phenyl- 507

C₂₁H₁₈N₆
[1,3,5]Triazintrion, Triphenyl-, triimin 638

C₂₁H₁₈N₆O
Propan-1-ol, 1,3-Bis-benzotriazol-1-yl-
3-phenyl- 115

$C_{21}H_{19}N_3$

Imidazo[1,5-a]pyrrolo[2,3-e]pyridin,
1,7-Diphenyl-3a,5a,8,8a-tetrahydro-3H-
283

Indolo[2,3-b]chinoxalin, 8-Methyl-6-phenyl-
7,8,9,10-tetrahydro-6H- 237

Pyridin, 2,6-Bis-[2-(6-methyl-[2]pyridyl)-
vinyl]- 282

Pyrrolo[3,4-d]pyridazin, 1,4,5-Trimethyl-
6,7-diphenyl-6H- 237

$C_{21}H_{19}N_3O$

Pyrazol-3-on, 5-Methyl-4-[2-methyl-
[4]chinolyl]-2-p-tolyl-1,2-dihydro- 503

$C_{21}H_{19}N_3O_3$

Indolo[2′,3′:3,4]pyrido[2,1-b]chinazolin-
5-on, 2,3-Dimethoxy-14-methyl-
7,8-dihydro-14H- 714

Pyrazolo[4,3-c]pyridin-3-on,
4-[3,4-Dimethoxy-phenyl]-1-methyl-
2-phenyl-1,2-dihydro- 711

$C_{21}H_{19}N_5O_2$

Propan-2-ol, 2-{1-[4-(2-Hydroxy-
[1]naphthylazo)-phenyl]-[1,2,3]triazol-
4-yl}- 328

$[C_{21}H_{20}N_3O_3]^+$

Indolo[2′,3′:3,4]pyrido[2,1-b]chinazolinium,
2,3-Dimethoxy-14-methyl-5-oxo-
5,7,8,13-tetrahydro- 714

$C_{21}H_{20}N_6O$

Pentan-3-on, 1,5-Diphenyl-1,5-di-
[1,2,3]triazol-1-yl- 33

$C_{21}H_{21}N_3$

Pyridin, 2-[1,3-Diphenyl-imidazolidin-2-yl]-
4-methyl- 90

—, 2-[1,3-Diphenyl-imidazolidin-2-yl]-
6-methyl- 90

[1,3,5]Triazin, 1,3,5-Triphenyl-hexahydro-
7

—, 2,4,6-Triphenyl-hexahydro- 275

$C_{21}H_{21}N_3O_2$

Chinazolino[3,2-a]chinazolin-5,12-dion,
7-Hexyl-7H- 624

$C_{21}H_{21}N_3O_3$

Pyrazolo[4,3-c]pyridin-3-on,
4-[3,4-Dimethoxy-phenyl]-1-methyl-
2-phenyl-1,2,6,7-tetrahydro- 709

Salicylsäure-[1-phenyl-3a,4,5,6,7,7a-
hexahydro-1H-4,7-methano-benzotriazol-
5-ylester] 335

— [3-phenyl-3a,4,5,6,7,7a-hexahydro-
1H-4,7-methano-benzotriazol-5-ylester]
335

$C_{21}H_{21}N_3O_4$

[1,2,4]Triazin-3-on, 1,2,4-Triacetyl-
5,6-diphenyl-tetrahydro- 503

$C_{21}H_{21}N_3O_6S_3$

[1,3,5]Triazin, 1,3,5-Tris-benzolsulfonyl-
hexahydro- 16

$C_{21}H_{21}N_9O_3$

Isonicotinamid, $N,N′,N″$-[1,3,5]Triazin-
1,3,5-triyl-tris- 18

$C_{21}H_{22}ClN_3O$

Äthan, 1-[5-Chlor-2-methyl-indol-3-yl]-
2-[4,5-dihydro-1H-imidazol-2-yl]-1-
[3-methoxy-phenyl]- 368

$[C_{21}H_{22}N_3]^+$

Methinium, [1-Äthyl-[4]chinolyl]-
[1,3-dimethyl-1(3)H-benzimidazol-2-yl]-
272

—, [1-Methyl-[2]chinolyl]-
[3,3,7-trimethyl-3H-pyrrolo[2,3-b]≈
pyridin-2-yl]- 275

$[C_{21}H_{22}N_3O_4]^+$

Isochinolinium, 1-[5,6-Dimethoxy-
1(2)H-indazol-3-yl]-6,7-dimethoxy-
2-methyl- 414

$C_{21}H_{23}N_3$

4,10;5,9-Dimethano-cyclopenta[6,7]naphtho≈
[2,3-d]triazol, 3-Phenyl-$\Delta^{1,6}$-
dodecahydro- 198

—, 3-Phenyl-$\Delta^{1,7}$-dodecahydro- 198

Pyridin, 2,6-Bis-[2-(6-methyl-[2]pyridyl)-
äthyl]- 269

$C_{21}H_{23}N_3O$

Äthan, 2-[4,5-Dihydro-1H-imidazol-2-yl]-
1-[3-methoxy-phenyl]-1-[2-methyl-indol-
3-yl]- 367

$C_{21}H_{23}N_3O_2$

4,7-Methano-benzotriazol, 1-Phenyl-
5-vanillyl-3a,4,5,6,7,7a-hexahydro-1H-
387

—, 1-Phenyl-6-vanillyl-3a,4,5,6,7,7a-
hexahydro-1H- 387

1,3,8-Triaza-spiro[4.5]decan-2,4-dion,
6,6-Dimethyl-7,9-diphenyl- 620

—, 6,8-Dimethyl-7,9-diphenyl- 620

—, 6,10-Dimethyl-7,9-diphenyl- 620

$C_{21}H_{23}N_3O_2S$

2-Thio-barbitursäure, 1,3-Diäthyl-5-[3-
(2,3-dimethyl-indolizin-1-yl)-allyliden]-
665

—, 1,3-Diäthyl-5-[2,5-dimethyl-
1-phenyl-pyrrol-3-ylmethylen]- 655

$C_{21}H_{23}N_3O_4$

1-Desoxy-ribit, 1-[2,3-Dimethyl-indolo≈
[2,3-b]chinoxalin-5-yl]- 266

$C_{21}H_{24}N_4O$

Amin, Diäthyl-[2-(5,6-diphenyl-
[1,2,4]triazin-3-yloxy)-äthyl]- 364

[1,2,4]Triazin-3-on, 2-[2-Diäthylamino-
äthyl]-5,6-diphenyl-2H- 515

$C_{21}H_{25}N_3$

Piperidin, 1-Benzyl-4-[4,5-dihydro-
1H-imidazol-2-yl]-4-phenyl- 190

$C_{21}H_{25}N_3O_2S$
Imidazolidin-4-on, 5-[2-(1-Äthyl-
4,4-dimethyl-pyrrolidin-2-yliden)-
äthyliden]-3-benzoyl-1-methyl-2-thioxo-
575
2-Thio-barbitursäure, 1,3-Diäthyl-5-
[2-(1,3,3-trimethyl-indolin-2-yliden)-
äthyliden]- 664

$C_{21}H_{25}N_3O_3$
Barbitursäure, 1,3-Diäthyl-5-[2-
(1,3,3-trimethyl-indolin-2-yliden)-
äthyliden]- 663

$C_{21}H_{25}N_3O_8$
Butan, 1,2,3,4-Tetraacetoxy-1-[2-p-tolyl-
2H-[1,2,3]triazol-4-yl]- 413

$C_{21}H_{27}N_3O_6S_3$
Crotonsäure, 3,3',3''-Trimethyl-2,2',2''-
[trithioxo-[1,3,5]triazin-1,3,5-triyl]-tri-,
trimethylester 643

$C_{21}H_{27}N_3S_3$
[1,3,5]Triazin, 1,3,5-Tris-[5-methyl-
[2]thienylmethyl]-hexahydro- 15

$C_{21}H_{33}N_3O$
Homoormosanin-24-on 482

$C_{21}H_{33}N_3O_3$
[1,3,5]Triazintrion, Tricyclohexyl- 637

$C_{21}H_{33}N_3O_9$
Buttersäure, 4,4',4''-[Trioxo-[1,3,5]triazin-
1,3,5-triyl]-tri-, triäthylester 641

$C_{21}H_{35}N_3$
Homoormosanin 165
Panamin, 19-Methyl- 165

$C_{21}H_{36}N_4O$
N-Methyl-N'-nitroso-Derivat $C_{21}H_{36}N_4O$
aus 13-[2]Piperidyl-tetradecahydro-
6,13-methano-dipyrido[1,2-
a;3',2'-e]azocin 93

$C_{21}H_{36}N_6S_3$
[1,3,5]Triazintrithion, Tris-piperidinomethyl-
643

$C_{21}H_{37}N_3$
Methyl-Derivat $C_{21}H_{37}N_3$ aus
13-[2]Piperidyl-tetradecahydro-
6,13-methano-dipyrido[1,2-
a;3',2'-e]azocin 93

$C_{21}H_{39}N_3$
[1,3,5]Triazin, 1,3,5-Tricyclohexyl-
hexahydro- 7

$C_{21}H_{39}N_3O_3$
[1,3,5]Triazin, Tris-hexyloxy- 397
−, Tris-[1-methyl-pentyloxy]- 397

$C_{21}H_{41}N_3$
Imidazo[1,2-a]imidazol, 1-Hexadecyl-
2,3,5,6-tetrahydro-1H- 55

$C_{21}H_{42}N_6O_3$
[1,3,5]Triazin, Tris-[2-diäthylamino-äthoxy]-
401

$C_{21}H_{45}N_3$
[1,3,5]Triazin, 1,3,5-Trihexyl-hexahydro- 6

$[C_{21}H_{45}N_6O_3]^{3+}$
[1,3,5]Triazin, Tris-[2-(äthyl-dimethyl-
ammonio)-äthoxy]- 401

$C_{21}H_{48}N_6$
[1,3,5]Triazin, 1,3,5-Tris-[6-amino-hexyl]-
hexahydro- 14

C_{22}

$C_{22}H_{11}N_3O_3$
Benz[4,5]imidazo[1,2-a]naphtho[2,3-f]≠
chinoxalin-8,13,15-trion, 14H- 670

$C_{22}H_{13}N_3$
Naphth[2',3':4,5]indolo[2,3-b]chinoxalin,
8H- 302

$C_{22}H_{13}N_3O_4$
Benzo[lmn]benz[4,5]imidazo[2,1-b]≠
[3,8]phenanthrolin-1,3,6-trion,
2-[2-Hydroxy-äthyl]- 669

$[C_{22}H_{15}ClN_3]^+$
Naphtho[1,2-d][1,2,3]triazolium, 2-[4-Chlor-
phenyl]-3-phenyl- 204
−, 3-[4-Chlor-phenyl]-2-phenyl- 204

$[C_{22}H_{15}IN_3]^+$
Naphtho[1,2-d][1,2,3]triazolium, 2-[4-Jod-
phenyl]-3-phenyl- 204

$C_{22}H_{15}N_3$
Benz[4,5]imidazo[1,2-a]pyrimidin,
2,4-Diphenyl- 301
Chinoxalin, 2-[2-Phenyl-indol-3-yl]- 302
Imidazo[4,5-b]chinolin, 2,3-Diphenyl-3H-
270
Naphtho[1,2-d][1,2,3]triazol, 2-Biphenyl-
2-yl-2H- 205
−, 2-Biphenyl-4-yl-2H- 205
Pyrrol, 3-Diazo-2,4,5-triphenyl-3H- 301
Pyrrolo[3,2-c]cinnolin, 2,3-Diphenyl-1H-
301

$C_{22}H_{15}N_3O$
Imidazo[4,5-b]chinolin-2-on, 1,3-Diphenyl-
1,3-dihydro- 489
Indolin-2-on, 3-[1H-Benzimidazol-2-yl-
phenyl-methylen]- 535
−, 3-[3-Phenyl-1H-chinoxalin-
2-yliden]- 535
Isochino[3,4-b]chinoxalin-5-on, 6-p-Tolyl-
6H- 521

$C_{22}H_{15}N_3O_2$
Benzo[5,6][1,2,4]triazepino[3,4-a]isoindol-
12-on, 5-[4-Methoxy-phenyl]- 696
Chinazolino[3,2-a]chinazolin-5,12-dion,
7-Benzyl-7H- 624
Phthalazino[1,2-b]chinazolin-8-on,
5-[4-Methoxy-phenyl]- 696

$C_{22}H_{15}N_3O_3$
Benz[6,7]azepino[2,3-b]phenazin-15-on,
13-Acetyl-4-hydroxy-5,14-dihydro- 716

$C_{22}H_{15}N_3O_3$ (Fortsetzung)
Chinoxalin-2-on, 1-Benzoyl-3-[2-oxo-
2-[4]pyridyl-äthyl]-1*H*- 617

$C_{22}H_{15}N_3O_3S$
Naphtho[1,2-*d*][1,2,3]triazolium, 3-Phenyl-
2-[4-sulfo-phenyl]-, betain 208

$[C_{22}H_{15}N_4O_2]^+$
Naphtho[1,2-*d*][1,2,3]triazolium, 2-[4-Nitro-
phenyl]-3-phenyl- 204

$C_{22}H_{15}N_{11}O_8$
[1,2,3]Triazol-4,5-dicarbaldehyd, 2-Phenyl-
2*H*-, bis-[2,4-dinitro-phenylhydrazon]
566

$C_{22}H_{16}Cl_2N_5P$
[1,3,5]Triazin-2-carbaldehyd, 4,6-Dichlor-,
[triphenylphosphoranyliden-hydrazon]
441

$C_{22}H_{16}Cl_3N_3O$
Propan-1-on, 1,3-Diphenyl-3-[4,5,7-trichlor-
6-methyl-benzotriazol-2-yl]- 148

$[C_{22}H_{16}N_3]^+$
Naphtho[1,2-*d*][1,2,3]triazolium,
2,3-Diphenyl- 203

$[C_{22}H_{16}N_3O]^+$
Naphtho[1,2-*d*][1,2,3]triazolium,
2-[2-Hydroxy-phenyl]-3-phenyl- 205

$C_{22}H_{16}N_6$
[1]Naphthylamin, 4-[4-Benzotriazol-2-yl-
phenylazo]- 112
[2]Naphthylamin, 1-[4-Benzotriazol-2-yl-
phenylazo]- 112

$C_{22}H_{16}N_6O$
[1]Naphthylamin, 4-[4-(1-Oxy-benzotriazol-
2-yl)-phenylazo]- 113
[2]Naphthylamin, 1-[4-(1-Oxy-benzotriazol-
2-yl)-phenylazo]- 113

$C_{22}H_{17}Cl_2N_3O$
Pyrazol-3-on, 4-[1-(2,6-Dichlor-benzyl)-
1*H*-[4]pyridyliden]-5-methyl-2-phenyl-
2,4-dihydro- 478

$C_{22}H_{17}N_3$
Anthra[1,2-*d*][1,2,3]triazol, 6,11-Dimethyl-
2-phenyl-2*H*- 265
Methan, Di-indol-3-yl-[2]pyridyl- 295
−, Di-indol-3-yl-[3]pyridyl- 295
−, Di-indol-3-yl-[4]pyridyl- 295
[1,2,4]Triazin, 5,6-Diphenyl-3-*p*-tolyl- 295
[1,3,5]Triazin, Diphenyl-*p*-tolyl- 295

$C_{22}H_{17}N_3O$
Cyclopenta[5,6]pyrido[3,4-*b*]pyrazin-5-on,
2,3-Diphenyl-6,7,8,9-tetrahydro- 534
Pyrazol-3-on, 4-[1*H*-Benz[*cd*]indol-2-yliden]-
5-methyl-2-*p*-tolyl-2,4-dihydro- 517
[1,2,4]Triazin, 3-[3-Methoxy-phenyl]-
5,6-diphenyl- 372

$C_{22}H_{17}N_3O_2$
Chino[3,2-*a*]phenazin-14-on, 7-Äthoxy-
5-methyl-5*H*- 696

Indolin-2-on, 1,1'-Dimethyl-3,3'-pyrrol-
2,5-diyliden-bis- 631
[1,2,4]Triazol-3-on, 2-Benzoyl-5-phenyl-4-
p-tolyl-2,4-dihydro- 469

$C_{22}H_{17}N_3O_3$
Chino[3,2-*a*]phenazin-14-on,
6,7-Dimethoxy-5-methyl-5*H*- 715

$C_{22}H_{17}N_3O_4$
Naphtho[1,2-*d*][1,2,3]triazol-4-ol,
2-[3-Hydroxy-7-methoxy-[2]naphthyl]-
8-methoxy-2*H*- 388

$C_{22}H_{17}N_5O$
Pyrazolo[1,5-*a*]pyrimidin-7-on, 5-Methyl-
2-phenyl-4-[5-phenyl-1(2)*H*-pyrazol-
3-yl]-4*H*- 500

$C_{22}H_{17}N_7O_4$
Keton, [5-Methyl-1-phenyl-1*H*-
[1,2,3]triazol-4-yl]-phenyl-, [2,4-dinitro-
phenylhydrazon] 485

$C_{22}H_{18}ClN_3O_3S$
Stilben-2-sulfonylchlorid, 4-[5-Methoxy-
6-methyl-benzotriazol-2-yl]- 343

$C_{22}H_{18}N_4O$
[1,2,4]Triazin-3-on, 4-Benzylidenamino-
2,6-diphenyl-4,5-dihydro-2*H*- 477
Nitroso-Derivat $C_{22}H_{18}N_4O$ aus
2-Methyl-2,4,6-triphenyl-1,2-dihydro-
[1,3,5]triazin 288

$C_{22}H_{19}N_3$
Pyridazino[4,5-*b*]indol, 2,4-Diphenyl-
2,3,4,5-tetrahydro-1*H*- 253
[1,3,5]Triazin, 2-Methyl-2,4,6-triphenyl-
1,2-dihydro- 288
[1,2,4]Triazol, 3-Benzyl-5-phenyl-4-*m*-tolyl-
4*H*- 250

$C_{22}H_{19}N_3O$
5,11-Cyclo-dibenzo[3,4;7,8][1,5]diazocino≠
[2,1-*b*]chinazolin, 17-Methoxy-10,11-
dihydro-5a*H*,17*H*- 371
Keton, [2,4-Diphenyl-2,3,4,5-tetrahydro-
[1,2,4]triazin-6-yl]-phenyl- 480
Methanol, [5-Methyl-4-phenyl-
4*H*-[1,2,4]triazol-3-yl]-diphenyl- 362
Propenon, 1-[3,5-Dimethyl-1-phenyl-
1,4-dihydro-pyrrolo[3,2-*c*]pyrazol-6-yl]-
3-phenyl- 512
Pyrazol-3-on, 5-Methyl-4-[2-(1-methyl-
1*H*-[2]chinolyliden)-äthyliden]-2-phenyl-
2,4-dihydro- 510
−, 5-Methyl-4-[2-(1-methyl-
1*H*-[4]chinolyliden)-äthyliden]-2-phenyl-
2,4-dihydro- 511
[1,2,4]Triazol, 4-[4-Äthoxy-phenyl]-
3,5-diphenyl-4*H*- 246
−, 3-Benzyl-4-[4-methoxy-phenyl]-
5-phenyl-4*H*- 250

$C_{22}H_{19}N_3O_2$
Imidazo[5,1-*a*]isochinolin, 3-[4]Chinolyl-
8,9-dimethoxy-5,6-dihydro- 390

$C_{22}H_{19}N_3O_2$ (Fortsetzung)
Pyrazolidin-3,5-dion, 1,2-Diphenyl-4-
   [2-[4]pyridyl-äthyl]- 587
Pyrrolidin, 2,5-Bis-[1-methyl-2-oxo-indolin-
   3-yliden]- 629
$C_{22}H_{19}N_3O_3$
Pyrazol-3-on, 4-[6-Methoxy-chinolin-
   4-carbonyl]-1,5-dimethyl-2-phenyl-
   1,2-dihydro- 712
$C_{22}H_{19}N_3O_4$
Pyrido[2,3-d]pyrimidin-2,4,7-trion,
   1-[4-Äthoxy-phenyl]-3-methyl-5-phenyl-
   1H,8H- 662
$C_{22}H_{19}N_3S$
[1,2,4]Triazolium, 4-Benzyl-3-mercapto-
   5-phenyl-1-p-tolyl-, betain 471
$C_{22}H_{19}N_5O_2$
Pyrido[2,3-d]pyrimidin-2,4-dion, 5-Methyl-
   1-phenyl-6-[1-phenylhydrazono-äthyl]-
   1H- 653
[1,2,3]Triazol-4-on, 2-[4-Hydroxy-phenyl]-
   3-phenyl-5-[1-phenylhydrazono-äthyl]-
   2,3-dihydro- 560
$[C_{22}H_{20}N_3]^+$
Trimethinium, 1-[1-Methyl-[4]chinolyl]-3-
   [1-methyl-cinnolin-4-yl]- 286
$[C_{22}H_{20}N_3O]^+$
Trimethinium, 1-[1-Methyl-[2]chinolyl]-3-
   [1-methyl-3-oxo-3,4-dihydro-chinoxalin-
   2-yl]- 532
$[C_{22}H_{20}N_3S]^+$
[1,2,4]Triazolium, 3-Äthylmercapto-
   1,4,5-triphenyl- 348
−, 4-Benzyl-3-methylmercapto-
   1,5-diphenyl- 348
−, 3-Methylmercapto-4,5-diphenyl-
   1-p-tolyl- 348
$C_{22}H_{20}N_4$
Amin, Benzyliden-[2,6-diphenyl-
   2,5-dihydro-3H-[1,2,4]triazin-4-yl]- 159
$C_{22}H_{20}N_4O_2$
Pyrido[3′,2′:4,5]cyclohepta[1,2-b]chinoxalin-
   5-on, 12-Isopropyl-2-methyl-,
   [O-acetyl-oxim] 529
$[C_{22}H_{21}BrN_3]^{3+}$
Pyrido[2,3-b]pyrazintriium, 7-Brom-
   1,4,5-trimethyl-2,3-diphenyl- 285
$C_{22}H_{21}N_3O$
Pyrazol-3-on, 2-Phenyl-4-[2-
   (1,3,3-trimethyl-indolin-2-yliden)-
   äthyliden]-2,4-dihydro- 504
$C_{22}H_{21}N_3OS$
Imidazolidin-4-on, 3-Äthyl-5-[1-äthyl-
   1H-[2]chinolyliden]-1-phenyl-2-thioxo-
   608
$C_{22}H_{21}N_3O_4$
Keton, Phenyl-[1,3,5-trihydroxy-
   4,6-diphenyl-hexahydro-[1,3,5]triazin-
   2-yl]- 530

$C_{22}H_{21}N_5O_7$
Benzotriazol-1-ol, 2,3-Bis-[4-äthoxy-
   phenyl]-4,6-dinitro-2,3-dihydro- 87
$[C_{22}H_{22}N_3]^+$
Methinium, [1-Äthyl-chinazolin-4-yl]-
   [1-äthyl-[2]chinolyl]- 279
−, [1-Äthyl-chinazolin-4-yl]-[1-äthyl-
   [4]chinolyl]- 279
$C_{22}H_{22}N_6$
Anilin, N,N-Diäthyl-4-[4-benzotriazol-2-yl-
   phenylazo]- 112
$C_{22}H_{22}N_6O$
Anilin, N,N-Diäthyl-4-[4-(1-oxy-
   benzotriazol-2-yl)-phenylazo]- 113
$C_{22}H_{23}N_3$
Pyridin, 5-Äthyl-2-[1,3-diphenyl-
   imidazolidin-2-yl]- 90
−, 2-[1,3-Diphenyl-imidazolidin-2-yl]-
   4,6-dimethyl- 90
$C_{22}H_{23}N_3O_2S$
2-Thio-barbitursäure, 1,3-Diäthyl-5-[5-
   (2-methyl-indolizin-1-yl)-penta-
   2,4-dienyliden]- 667
$C_{22}H_{23}N_5O_5$
Keton, [4-Cyclohexyl-2-(2,4-dinitro-phenyl)-
   2,3,4,5-tetrahydro-[1,2,4]triazin-6-yl]-
   phenyl- 480
$C_{22}H_{23}N_5O_9$
Erythrit, O^3-[3,5-Dinitro-benzoyl]-$O^1,O^2,$⤸
   O^4-trimethyl-1-[2-phenyl-2H-
   [1,2,3]triazol-4-yl]- 409
$C_{22}H_{24}N_4O$
[1,2,4]Triazin, 5,6-Diphenyl-3-[2-piperidino-
   äthoxy]- 364
[1,2,4]Triazin-3-on, 5,6-Diphenyl-2-
   [2-piperidino-äthyl]-2H- 515
$C_{22}H_{25}Cl_2N_3$
Pyrido[4,3-d]pyrimidin, 8,8-Bis-[4-chlor-
   phenyl]-1,3,6-trimethyl-1,2,3,4,5,6,7,8-
   octahydro- 254
$[C_{22}H_{25}N_3]^{2+}$
Trimethinium, 2-[1-Methyl-pyridinium-
   2-ylmethyl]-1,3-bis-[1-methyl-2-pyridyl]-
   274
$C_{22}H_{25}N_3O_2$
Pyridin, 2-[Bis-(4-acetyl-3,5-dimethyl-
   pyrrol-2-yl)-methyl]- 620
$C_{22}H_{25}N_3O_9$
1,5-Anhydro-galactit, Tetra-O-acetyl-1-
   [4-phenyl-[1,2,3]triazol-1-yl]- 171
1,5-Anhydro-glucit, Tetra-O-acetyl-1-
   [4-phenyl-[1,2,3]triazol-1-yl]- 171
$C_{22}H_{26}ClN_3$
Pyrido[4,3-d]pyrimidin, 8-[4-Chlor-phenyl]-
   1,3,6-trimethyl-8-phenyl-1,2,3,4,5,6,7,8-
   octahydro- 254

$C_{22}H_{26}FN_3$

Pyrido[4,3-d]pyrimidin, 8-[4-Fluor-phenyl]-
1,3,6-trimethyl-8-phenyl-1,2,3,4,5,6,7,8-
octahydro- 254

$[C_{22}H_{26}N_3O_2]^+$

Methinium, [1,3-Dimethyl-4-oxo-1(3),4,5,6,≠
7,8-hexahydro-chinazolin-2-yl]-
[6-methoxy-1-methyl-[2]chinolyl]- 693

$C_{22}H_{26}N_4O$

[1,2,4]Triazin, 5,6-Diphenyl-3-[2-piperidino-
äthoxy]-4,5-dihydro- 362

[1,2,4]Triazin-3-on, 5,6-Diphenyl-2-
[2-piperidino-äthyl]-4,5-dihydro-2H-
510

$C_{22}H_{26}N_4O_4$

[1,2,3]Triazol, 4-[1-Hydroxy-cyclohexyl]-
5-[1-hydroxy-cyclohexyläthinyl]-1-
[4-nitro-phenyl]-1H- 386

$C_{22}H_{27}N_3$

Pyrido[4,3-d]pyrimidin, 1,3,6-Trimethyl-
8,8-diphenyl-1,2,3,4,5,6,7,8-octahydro-
253

$[C_{22}H_{27}N_3]^{2+}$

Methindiium, Tris-[1-äthyl-[4]pyridyl]- 265

$C_{22}H_{27}N_3O_2S$

2-Thio-barbitursäure, 1,3-Diäthyl-5-[2-
(1-äthyl-3,3-dimethyl-indolin-2-yliden)-
äthyliden]- 664

$C_{22}H_{28}N_4O$

[1,2,4]Triazin, 5,6-Diphenyl-3-[2-piperidino-
äthoxy]-1,4,5,6-tetrahydro- 357

$[C_{22}H_{29}ClN_3O_2]^+$

Trimethinium, 1-[1-(3-Acetoxy-propyl)-
5-chlor-3-methyl-1(3)H-benzimidazol-
2-yl]-3-[1,3-dimethyl-4,5-dihydro-3H-
pyrrol-2-yl]- 226

$[C_{22}H_{30}N_3O_2]^+$

3,9-Diaza-6-azonia-spiro[5.5]undecan,
3,9-Bis-[4-methoxy-phenyl]- 28

$[C_{22}H_{30}N_3S]^+$

Trimethinium, 1-[1,3,3-Trimethyl-3H-indol-
2-yl]-3-[2,5,5-trimethyl-6-methyl≠
mercapto-4,5-dihydro-pyridazin-3-yl]-
358

$C_{22}H_{33}N_3O_4$

Isobuttersäure, α-[4-(1-Hydroxy-
cyclohexyl)-5-(1-hydroxy-cyclohexyl≠
äthinyl)-[1,2,3]triazol-1-yl]-, äthylester
386

$C_{22}H_{37}N_3$

Benzotriazol, 1-Hexadecyl-1H- 98

$C_{22}H_{38}IN_3$

Methojodid [$C_{22}H_{38}N_3$]I aus
Homoomorsanin 166

Methojodid [$C_{22}H_{38}N_3$]I aus 19-Methyl-
panamin 165

$[C_{22}H_{38}N_3]^+$

Benzotriazolium, 1-Butyl-3-dodecyl- 98
—, 1,3-Dioctyl- 98

C_{23}

$C_{23}H_{13}N_3$

Dibenzo[f,h]chino[3,4-b]chinoxalin 306
Dibenzo[a,c]pyrido[2,3-h]phenazin 306
Dibenzo[a,c]pyrido[3,2-h]phenazin 306

$C_{23}H_{13}N_3O$

Benz[de]anthracen-7-on, 3-Benzotriazol-
1-yl- 106

$C_{23}H_{14}BrN_3O_2$

Imidazo[1,5-a]imidazol-5,7-dion, 2-[4-Brom-
phenyl]-3,6-diphenyl- 626
—, 3-[4-Brom-phenyl]-2,6-diphenyl-
626

$C_{23}H_{14}ClN_3$

Cinnolin, 3-[2]Chinolyl-6-chlor-4-phenyl-
303

$C_{23}H_{14}ClN_3O_2$

Imidazo[1,5-a]imidazol-5,7-dion,
2-[4-Chlor-phenyl]-3,6-diphenyl- 626
—, 3-[4-Chlor-phenyl]-2,6-diphenyl-
626

$C_{23}H_{15}N_3$

Cinnolin, 3-[2]Chinolyl-4-phenyl- 303
Pyrido[3,2-f]chinoxalin, 2,3-Diphenyl- 303

$C_{23}H_{15}N_3O$

Pyridazino[3,2-b]chinazolin-10-on,
2,3-Diphenyl- 535
Pyridazino[3,4-c]chinolin, 1-Phenoxy-
5-phenyl- 370
Pyrimido[4,5-c]chinolin, 1-Phenoxy-
5-phenyl- 369

$C_{23}H_{15}N_3O_2$

Imidazo[1,5-a]imidazol-5,7-dion,
2,3,6-Triphenyl- 625
Pyrimido[4,5-b]chinolin, 2,4-Diphenoxy-
388
Spiro[fluoren-9,3'-pyrrolo[3,4-
c]pyrazol]-4',6'-dion, 5'-Phenyl-3'a,6'a-
dihydro- 626

$[C_{23}H_{16}N_3O_2]^+$

Naphtho[1,2-d][1,2,3]triazolium,
2-[2-Carboxy-phenyl]-3-phenyl- 207
—, 2-[4-Carboxy-phenyl]-3-phenyl-
207

$C_{23}H_{17}N_3$

Pyridazino[4,5-b]indol, 5-Methyl-
1,4-diphenyl-5H- 301

$C_{23}H_{17}N_3O$

Pyridazino[4,5-b]indol-4-on, 5-Methyl-
1,3-diphenyl-3,5-dihydro- 523

$C_{23}H_{17}N_3O_2$

Chinazolino[4,3-b]chinazolin-8-on,
6-Benzyl-2-methoxy- 697
—, 6-Benzyl-4-methoxy- 697
Pyrrolo[3,4-c]pyrazol-4,6-dion,
3,3,5-Triphenyl-3a,6a-dihydro-3H- 625

$C_{23}H_{17}N_3O_2$ (Fortsetzung)

[1,2,4]Triazin, 3-[4-Acetoxy-phenyl]-
5,6-diphenyl- 372

$C_{23}H_{17}N_3O_3$

Benzo[5,6][1,2,4]triazepino[3,4-a]isoindol-
12-on, 5-[2,4-Dimethoxy-phenyl]- 716

Phthalazino[1,2-b]chinazolin-8-on,
5-[2,4-Dimethoxy-phenyl]- 716

$C_{23}H_{17}N_3O_4$

Chino[3,2-a]phenazin-14-on, 6-Acetoxy-
7-methoxy-5-methyl-5H- 715

$C_{23}H_{17}N_7O_4$

Äthanon, 1-[2-Methyl-naphth[2',3':4,5]≠
imidazo[1,2-a]pyrimidin-3-yl]-,
[2,4-dinitro-phenylhydrazon] 524

$[C_{23}H_{18}N_3]^+$

Naphtho[1,2-d][1,2,3]triazolium, 2-Phenyl-
3-p-tolyl- 204

$[C_{23}H_{18}N_3O]^+$

Naphtho[1,2-d][1,2,3]triazolium,
2-[2-Methoxy-phenyl]-3-phenyl- 205

$C_{23}H_{19}N_3$

Äthan, 1,1-Di-indol-3-yl-1-[3]pyridyl- 297

[2,2';6',2'']Terpyridin, 4,4''-Dimethyl-
4'-phenyl- 296

$C_{23}H_{19}N_3O$

Methanol, [5-Methyl-6-phenyl-[1,2,4]triazin-
3-yl]-diphenyl- 372

–, [6-Methyl-5-phenyl-[1,2,4]triazin-
3-yl]-diphenyl- 372

Pyrazol-3-on, 5-Methyl-4-[1-methyl-
1H-benz[cd]indol-2-yliden]-2-p-tolyl-
2,4-dihydro- 517

–, 5-Methyl-2-phenyl-4-[1-styryl-
1H-[4]pyridyliden]-2,4-dihydro- 479

$C_{23}H_{19}N_3O_2$

5,11-Cyclo-dibenzo[3,4;7,8][1,5]diazocino≠
[2,1-b]chinazolin-17-ol, 10-Acetyl-
10,11-dihydro-5aH,17H- 371

Pyrazolidin-3,5-dion, 4-[2-(1-Methyl-
1H-[2]pyridyliden)-äthyliden]-
1,2-diphenyl- 598

[1,2,4]Triazin, 2-[3,4-Dimethoxy-phenyl]-
5,6-diphenyl- 391

–, 3-[2,4-Dimethoxy-phenyl]-
5,6-diphenyl- 391

$C_{23}H_{19}N_3O_2S$

2-Thio-barbitursäure, 5-[2,5-Dimethyl-
1-phenyl-pyrrol-3-ylmethylen]-1-phenyl-
655

$C_{23}H_{19}N_3O_3$

Chino[3,2-a]phenazin-14-on, 7-Äthoxy-
6-methoxy-5-methyl-5H- 715

Pyrazolidin-3,5-dion, 4-[Pyridin-
3-carbonyl]-1,2-di-p-tolyl- 653

$C_{23}H_{19}N_5O_2$

Essigsäure, [2-(5-Methyl-benzotriazol-1-yl)-
3-oxo-isoindolin-1-yl]-, anilid 148

$C_{23}H_{19}N_7O_6$

Pyrido[2,3-d]pyrimidin-2,4-dion, 6-[1-
(2,4-Dinitro-phenylhydrazono)-äthyl]-
3,5-dimethyl-1-phenyl-1H- 654

$C_{23}H_{20}ClN_3O$

Keton, [4-Benzyl-2-(4-chlor-phenyl)-
2,3,4,5-tetrahydro-[1,2,4]triazin-6-yl]-
phenyl- 480

$[C_{23}H_{20}N_3]^+$

Pyridinium, 4-[Di-indol-3-yl-methyl]-
1-methyl- 296

$C_{23}H_{21}N_3$

[1,3,5]Triazin, 2-Äthyl-2,4,6-triphenyl-
1,2-dihydro- 288

–, 1,2-Dimethyl-2,4,6-triphenyl-
1,2-dihydro- 288

$C_{23}H_{21}N_3O$

Pyrazol-3-on, 4-[2-(1-Äthyl-1H-
[2]chinolyliden)-äthyliden]-5-methyl-
2-phenyl-2,4-dihydro- 510

–, 4-[2-(1-Äthyl-1H-[4]chinolyliden)-
äthyliden]-5-methyl-2-phenyl-
2,4-dihydro- 511

$C_{23}H_{21}N_3O_2$

Cyclopenta[h]cyclopenta[5,6]pyrido[4,3-b]≠
[1,6]naphthyridin-5,7-dion, 6-Phenyl-
1,2,3,4,6,8,9,10,11,12-decahydro- 630

$C_{23}H_{21}N_3O_4S$

Benzolsulfonsäure, 4-{4-[2-(1-Äthyl-
1H-[2]chinolyliden)-äthyliden]-3-methyl-
5-oxo-4,5-dihydro-pyrazol-1-yl}- 510

–, 4-{4-[2-(1-Äthyl-1H-[4]chinolyl≠
iden)-äthyliden]-3-methyl-5-oxo-
4,5-dihydro-pyrazol-1-yl}- 511

–, 4-{4-[2-(1,6-Dimethyl-1H-[2]chinolyl≠
iden)-äthyliden]-3-methyl-5-oxo-
4,5-dihydro-pyrazol-1-yl}- 512

$C_{23}H_{21}N_5O$

[1,2,4]Triazin-2-carbonsäure, 4-Benzyl≠
idenamino-3,6-diphenyl-4,5-dihydro-3H-,
amid 236

$[C_{23}H_{22}N_3]^+$

Methinium, [1,2'-Dimethyl-[4,4']bipyridyl-
2-yl]-[1-methyl-[2]chinolyl]- 287

Trimethinium, 1-[1,3-Dimethyl-chinoxalin-
2-yl]-3-[1-methyl-[2]chinolyl]- 287

$[C_{23}H_{22}N_3S]^+$

[1,2,4]Triazolium, 3-Äthylmercapto-
1,5-diphenyl-4-o-tolyl- 348

–, 3-Äthylmercapto-1,5-diphenyl-4-
p-tolyl- 348

$C_{23}H_{22}N_4$

Amin, Benzyliden-[3-methyl-2,6-diphenyl-
2,5-dihydro-3H-[1,2,4]triazin-4-yl]- 161

$C_{23}H_{23}N_3O$

Pyrazol-3-on, 5-Methyl-2-phenyl-4-[2-
(1,3,3-trimethyl-indolin-2-yliden)-
äthyliden]-2,4-dihydro- 504

C₂₃H₂₃N₃O₄S

Benzolsulfonsäure, 4-{3-Methyl-5-oxo-4-
[2-(1,3,3-trimethyl-indolin-2-yliden)-
äthyliden]-4,5-dihydro-pyrazol-1-yl}-
505

C₂₃H₂₃N₅O₂

Pyrrolo[3,4-c]pyrazol-3-on, 5-[1,5-Dimethyl-
3-oxo-2-phenyl-2,3-dihydro-1H-pyrazol-
4-yl]-1-methyl-2-phenyl-
1,4,5,6-tetrahydro-2H- 437

[C₂₃H₂₄N₃]⁺

Trimethinium, 1-[1-Methyl-[2]chinolyl]-
3-[1,3,3-trimethyl-3H-pyrrolo[2,3-b]≠
pyridin-2-yl]- 282

—, 1-[1-Methyl-[2]chinolyl]-3-
[3,3,7-trimethyl-3H-pyrrolo[2,3-b]≠
pyridin-2-yl]- 282

—, 1-[1-Methyl-[4]chinolyl]-3-
[1,3,3-trimethyl-3H-pyrrolo[2,3-b]≠
pyridin-2-yl]- 283

—, 1-[1-Methyl-[4]chinolyl]-3-
[3,3,7-trimethyl-3H-pyrrolo[2,3-b]≠
pyridin-2-yl]- 283

[C₂₃H₂₄N₃O]⁺

Trimethinium, 1-[1-Methyl-3-oxo-
3,4-dihydro-chinoxalin-2-yl]-3-
[1,3,3-trimethyl-3H-indol-2-yl]- 530

C₂₃H₂₄N₄O₂

Benzoesäure, 4-Naphtho[1,2-d][1,2,3]triazol-
2-yl-, [2-diäthylamino-äthylester] 207

[C₂₃H₂₅N₃]²⁺

[2.2.0]Pentamethindiium, 1,3,5-Tris-
[1-methyl-[2]pyridyl]- 280

—, 1,3,5-Tris-[1-methyl-[4]pyridyl]-
281

C₂₃H₂₅N₃O₂S

Piperidin, 3-[4,9-Dihydro-3H-β-carbolin-
1-yl]-1-[toluol-4-sulfonyl]- 226

2-Thio-barbitursäure, 5-[1-Cyclohexyl-
2,5-dimethyl-pyrrol-3-ylmethylen]-
1-phenyl- 655

—, 1,3-Diäthyl-5-[5-(2,3-dimethyl-
indolizin-1-yl)-penta-2,4-dienyliden]-
667

C₂₃H₂₇N₃O₂

Keton, [4-Cyclohexyl-2-(4-methoxy-phenyl)-
2,3,4,5-tetrahydro-[1,2,4]triazin-6-yl]-
phenyl- 480

C₂₃H₂₇N₃O₁₀

Pentan, 1,2,3,4,5-Pentaacetoxy-1-[2-phenyl-
2H-[1,2,3]triazol-4-yl]- 415

C₂₃H₂₈BrN₃O

Tripyrrin-1-on, 3,8,12-Triäthyl-14-brom-
2,7,13-trimethyl-15,17-dihydro- 512

[C₂₃H₂₈Cl₂N₃O₄]⁺

Imidazo[1,2-a]imidazolium, 1,1-Bis-[3-
(2-chlor-phenyl)-2-hydroxy-propyl]-
2,3,5,6-tetrahydro-1H- 56

—, 1,1-Bis-[3-(4-chlor-phenoxy)-
2-hydroxy-propyl]-2,3,5,6-tetrahydro-
1H- 56

C₂₃H₂₉N₃O

Pyrido[4,3-d]pyrimidin, 8-[4-Methoxy-
phenyl]-1,3,6-trimethyl-8-phenyl-
1,2,3,4,5,6,7,8-octahydro- 363

C₂₃H₃₃N₅O₆

Pyrido[2,1-d][1,5,9]triazacyclotridecin-2-on,
8-[2,4-Dinitro-phenyl]-13-[1-hydroxy-
propyl]-1,4,5,6,7,8,9,10,11,13,16,16a-
dodecahydro-3H- 682

[C₂₃H₄₀N₃]⁺

Benzotriazolium, 1-Hexadecyl-3-methyl-
98

C₂₃H₄₅N₃

Imidazo[1,2-a]imidazol, 1-Octadecyl-
2,3,5,6-tetrahydro-1H- 55

C₂₄

C₂₄H₉F₃₆N₃O₃

[1,3,5]Triazin, Tris-[1H,1H,7H-dodecafluor-
heptyloxy]- 398

C₂₄H₁₃N₃

Fluoreno[9',1':5,6,7]indolo[2,3-b]chinoxalin,
15H- 309

C₂₄H₁₃N₃O

Spiro[cyclopenta[2,1-b;3,4-b']diindol-
11,2'-indolin]-3'-on 537

C₂₄H₁₃N₃O₂

Naphthacen-5,12-dion, 6-Benzotriazol-1-yl-
107

C₂₄H₁₄N₈O₄

Biphenyl, 2,2'-Bis-[5-nitro-benzotriazol-
1-yl]- 133

C₂₄H₁₅N₃O

Benzo[e]pyrido[4,3,2-gh]perimidin-7-on,
6-Methyl-2-phenyl-6H- 537

C₂₄H₁₅N₃O₃

[1,3,5]Triazin, Tribenzoyl- 670

[1,3,5]Triazino[2,1-a;4,3-a';6,5-a'']≠
triisoindol-6,12,18-trion, 4bH,10bH,≠
16bH- 670

C₂₄H₁₅N₃O₆

Benzaldehyd, 2,2',2''-[1,3,5]Triazin-
2,4,6-triyltrioxy-tri- 400

—, 3,3',3''-[1,3,5]Triazin-
2,4,6-triyltrioxy-tri- 400

—, 4,4',4''-[1,3,5]Triazin-
2,4,6-triyltrioxy-tri- 400

C₂₄H₁₆ClN₃O₂S

Stilben-2-sulfonylchlorid,
4-Naphthol[1,2-d][1,2,3]triazol-2-yl- 208

Stilben-4-sulfonylchlorid,
4'-Naphtho[1,2-d][1,2,3]triazol-2-yl- 211

$C_{24}H_{16}N_4$
Benzol, 1-Benzotriazol-1-yl-4-carbazol-9-yl-
110
$C_{24}H_{16}N_6$
Biphenyl, 2,2'-Bis-benzotriazol-1-yl- 115
$C_{24}H_{17}N_3$
Cinnolin, 3-[2]Chinolyl-4-p-tolyl- 304
Indolo[3,2-c]indolo[2',3':4,5]pyrido[3,2,1-ij]≠
chinolin, 4,9,11,16-Tetrahydro- 304
[3,2';3',3'']Terindol, 1H,1'H,1''H- 304
[1,2,4]Triazol, 4-[2]Naphthyl-3,5-diphenyl-
4H- 246
$C_{24}H_{17}N_3O$
Cinnolin, 3-[2]Chinolyl-4-[4-methoxy-
phenyl]- 373
[3,2';2',3']Terindol-3'-on, 1H,1'H,1''H-
536
$C_{24}H_{17}N_3O_2$
Spiro[fluoren-9,3'-pyrrolo[3,4-
c]pyrazol]-4',6'-dion, 5'-p-Tolyl-3'a,6'a-
dihydro- 627
[3,2';2',3'']Terindol-2,3'-dion, 1,3-Dihydro-
1'H,1''H- 631
$C_{24}H_{17}N_3O_3S$
Stilben-2-sulfonsäure,
4-Naphtho[1,2-d][1,2,3]triazol-2-yl- 208
$C_{24}H_{17}N_3O_4$
Benz[6,7]azepino[2,3-b]phenazin,
4,15-Diacetoxy-5H- 390
$C_{24}H_{18}Cl_3N_3O_3$
[1,3,5]Triazin, 1,3,5-Tris-[4-chlor-benzoyl]-
hexahydro- 13
$C_{24}H_{18}N_4O_2S$
Stilben-2-sulfonsäure,
4-Naphtho[1,2-d][1,2,3]triazol-2-yl-,
amid 209
$C_{24}H_{18}N_4O_3$
[2]Naphthoesäure, 3-Hydroxy-4-[6-methyl-
1-oxy-benzotriazol-2-yl]-, anilid 147
$C_{24}H_{18}N_6O_6$
[1,3,5]Triazin, Tris-[4-methyl-3-nitro-
phenyl]- 298
$C_{24}H_{19}Cl_2N_3O$
Pyrazolo[4,3-c]pyridin-3-on, 4,6-Bis-
[2-chlor-phenyl]-2-phenyl-1,2,4,5,6,7-
hexahydro- 519
$C_{24}H_{19}N_3$
Pyrrolo[3,4-c]cinnolin, 2-Äthyl-
1,3-diphenyl-2H- 301
−, 5-Äthyl-1,3-diphenyl-5H- 301
$C_{24}H_{19}N_3O$
Pyrrolo[3,4-c]pyrazol-6-on, 3-Methyl-
2,4,5-triphenyl-4,5-dihydro-2H- 495
$C_{24}H_{19}N_3O_4$
Pyrrolidin, 2,5-Bis-[1-acetyl-2-oxo-indolin-
3-yliden]- 629
Pyrrolium, 1-[1-Acetyl-2-hydroxy-indol-
3-yl]-4-[1-acetyl-2-oxo-indolin-3-yliden]-
3,4-dihydro-2H-, betain 630

[1,2,3]Triazol, 4,5-Bis-benzoyloxymethyl-
1-phenyl-1H- 374
$C_{24}H_{19}N_3O_5S$
Benzolsulfonsäure, 4-[3-(4-Hydroxy-
3-methoxy-phenyl)-3H-naphtho[2,1-e]≠
[1,2,4]triazin-2-yl]- 390
$C_{24}H_{19}N_5$
Anilin, N-Benzo[f]chinolin-1-ylmethylen-
4-[4,5-dimethyl-[1,2,3]triazol-2-yl]- 47
$C_{24}H_{19}N_5OS$
Imidazolidin-4-on, 5-Indol-3-ylmethyl-3-
[4-phenylazo-phenyl]-2-thioxo- 604
$C_{24}H_{19}N_5O_2$
Monoacetyl-Derivat $C_{24}H_{19}N_5O_2$ aus
5-Methyl-2-phenyl-4-[5-phenyl-
1(2)H-pyrazol-3-yl]-4H-pyrazolo[1,5-a]≠
pyrimidin-7-on 500
$C_{24}H_{19}N_5O_5$
Pyrazolo[4,3-c]pyridin-3-on, 4,6-Bis-
[2-nitro-phenyl]-2-phenyl-1,2,4,5,6,7-
hexahydro- 519
$C_{24}H_{20}N_4O_2$
[1,3,5]Triazin, [4-Methyl-3-nitro-phenyl]-di-
p-tolyl- 298
$C_{24}H_{21}N_3$
Chinolin, 2-[1,3-Diphenyl-imidazolidin-
2-yl]- 196
−, 4-[1,3-Diphenyl-imidazolidin-2-yl]-
196
Methan, Bis-[1-methyl-indol-3-yl]-
[4]pyridyl- 296
−, Bis-[2-methyl-indol-3-yl]-[2]pyridyl-
298
−, Bis-[2-methyl-indol-3-yl]-[3]pyridyl-
299
−, Bis-[2-methyl-indol-3-yl]-[4]pyridyl-
299
[2,3';2',3'']Terindol, 2,3,2'',3''-Tetrahydro-
1H,1'H,1''H- 299
[1,3,5]Triazin, Tribenzyl- 297
−, Tri-m-tolyl- 297
−, Tri-o-tolyl- 297
−, Tri-p-tolyl- 298
$C_{24}H_{21}N_3OS$
[1,2,4]Triazin-5-on, 2,6-Dibenzyl-
3-benzylmercapto-2H- 691
$C_{24}H_{21}N_3O_2$
Indolin-2-on, 3-Äthoxy-3-[3-phenyl-
1,2-dihydro-chinoxalin-2-yl]- 696
Pyrazolidin-3,5-dion, 4-[2-(1,6-Dimethyl-
1H-[2]pyridyliden)-äthyliden]-
1,2-diphenyl- 599
$C_{24}H_{21}N_3O_2S$
[1,2,4]Triazepin-5,7-dion, 6,6-Dibenzyl-
2-phenyl-3-thioxo-tetrahydro- 666
$C_{24}H_{21}N_3O_3$
Indolin-2-on, 3-[5-(5-Methoxy-1-methyl-
indol-3-yl)-1-methyl-2-oxo-1,2-dihydro-
pyrrol-3-yliden]-1-methyl- 716

$C_{24}H_{21}N_3O_3$ (Fortsetzung)

Pyrazolo[4,3-c]pyridin-3-on, 4,6-Bis-
[2-hydroxy-phenyl]-2-phenyl-1,2,4,5,6,7-
hexahydro- 713

−, 4,6-Bis-[3-hydroxy-phenyl]-
2-phenyl-1,2,4,5,6,7-hexahydro- 714

−, 4,6-Bis-[4-hydroxy-phenyl]-
2-phenyl-1,2,4,5,6,7-hexahydro- 714

[1,2,4]Triazepin-3,5,7-trion, 6,6-Dibenzyl-
2-phenyl-dihydro- 666

[1,2,4]Triazin, 5,6-Diphenyl-3-
[3,4,5-trimethoxy-phenyl]- 405

[1,3,5]Triazin, 1,3,5-Tribenzoyl-hexahydro-
12

−, Tris-benzyloxy- 399

−, Tris-p-tolyloxy- 399

[1,3,5]Triazintrion, Tribenzyl- 639

−, Tri-o-tolyl- 639

−, Tri-p-tolyl- 639

$C_{24}H_{21}N_3O_6$

[1,3,5]Triazin, 1,3,5-Tris-benzoyloxy-
hexahydro- 16

[1,3,5]Triazintrion, Tris-[2-methoxy-phenyl]-
640

−, Tris-[4-methoxy-phenyl]- 640

$C_{24}H_{21}N_3O_6S_3$

[1,3,5]Triazin, Tris-[4-methansulfonyl-
phenyl]- 405

$C_{24}H_{21}N_9O_5$

Acetaldehyd, [2-(4-Nitro-phenylhydrazono)-
äthoxy]-[2-phenyl-2H-[1,2,3]triazol-4-yl]-,
[4-nitro-phenylhydrazon] 680

$C_{24}H_{23}N_3$

Indol, 3-[1,3-Diphenyl-imidazolidin-
2-ylmethyl]- 189

[1,3,5]Triazin, 2-Isopropyl-2,4,6-triphenyl-
1,2-dihydro- 288

−, 2,4,6-Triphenyl-2-propyl-
1,2-dihydro- 288

$C_{24}H_{23}N_3O$

Pyrazol-3-on, 4-[2-(1-Äthyl-1H-
[2]chinolyliden)-1-methyl-äthyliden]-
5-methyl-2-phenyl-2,4-dihydro- 511

$C_{24}H_{23}N_3O_2S$

Imidazolidin-4-on, 3-Benzoyl-1-methyl-
2-thioxo-5-[2-(1,3,3-trimethyl-indolin-
2-yliden)-äthyliden]- 612

$C_{24}H_{23}N_3S_2$

[1,3,5]Triazin, 4,6-Bis-benzylmercapto-1-
o-tolyl-1,2-dihydro- 374

$C_{24}H_{24}IN_3$

[1,2,4]Triazin-methojodid, 1,2-Dimethyl-
3,5,6-triphenyl-1,2-dihydro- 286

$[C_{24}H_{24}N_3]^+$

Methinium, [1-Äthyl-[2]chinolyl]-
[3,6-dimethyl-2-phenyl-pyrimidin-4-yl]-
287

Trimethinium, 1-[1-Äthyl-[2]chinolyl]-3-
[1-äthyl-cinnolin-4-yl]- 286

$C_{24}H_{24}N_4$

Amin, Benzyliden-[3,3-dimethyl-
2,6-diphenyl-2,5-dihydro-3H-
[1,2,4]triazin-4-yl]- 162

$C_{24}H_{24}N_6$

[1,3,5]Triazintrion, Tribenzyl-, triimin 639

−, Tri-p-tolyl-, triimin 639

$C_{24}H_{24}N_6O_3$

Benzamid, N,N',N''-[1,3,5]Triazin-
1,3,5-triyl-tris- 18

[1,3,5]Triazintrion, Tris-[4-methoxy-
phenyl]-, triimin 640

$C_{24}H_{24}N_6O_6$

[1,3,5]Triazin, 1,3,5-Tris-[2-nitro-benzyl]-
hexahydro- 9

−, 1,3,5-Tris-[4-nitro-benzyl]-
hexahydro- 9

$C_{24}H_{25}N_3$

4,9;5,8-Dimethano-naphtho[2,3-d]≠
[1,2,3]triazol, 1,6-Diphenyl-3a,4,4a,5,6,≠
7,8,8a,9,9a-decahydro-1H- 240

−, 1,7-Diphenyl-3a,4,4a,5,6,7,8,8a,9,≠
9a-decahydro-1H- 240

$C_{24}H_{25}N_3O$

Pyrazol-3-on, 5-Methyl-4-[1-methyl-
2-(1,3,3-trimethyl-indolin-2-yliden)-
äthyliden]-2-phenyl-2,4-dihydro- 505

$C_{24}H_{25}N_3OS$

Imidazolidin-4-on, 3-Äthyl-1-phenyl-
2-thioxo-5-[2-(1,3,3-trimethyl-indolin-
2-yliden)-äthyliden]- 611

$C_{24}H_{25}N_3O_8$

Butan, 1,2,3,4-Tetraacetoxy-1-
[2-[2]naphthyl-2H-[1,2,3]triazol-4-yl]-
413

$[C_{24}H_{26}N_3]^+$

Pyrrolo[2,3-b]pyridinium, 2-[2-
(2,5-Dimethyl-1-phenyl-pyrrol-3-yl)-
vinyl]-1,3,3-trimethyl-3H- 239

−, 2-[2-(2,5-Dimethyl-1-phenyl-pyrrol-
3-yl)-vinyl]-3,3,7-trimethyl-3H- 239

Trimethinium, 1-[1,3-Dimethyl-chinoxalin-
2-yl]-3-[1,3,3-trimethyl-3H-indol-2-yl]-
283

$[C_{24}H_{26}N_3O]^+$

Trimethinium, 1-[1,4-Dimethyl-3-oxo-
3,4-dihydro-chinoxalin-2-yl]-3-
[1,3,3-trimethyl-3H-indol-2-yl]- 530

$C_{24}H_{27}N_3$

1,9,17-Triaza-[2.2.2]paracyclophan,
1,9,17-Trimethyl- 275

[1,3,5]Triazin, 1,3,5-Tribenzyl-hexahydro-
9

−, 1,3,5-Tri-o-tolyl-hexahydro- 9

−, 1,3,5-Tri-p-tolyl-hexahydro- 9

$C_{24}H_{27}N_3O_2$

Pyridin, 3-[1,3-Bis-(4-methoxy-benzyl)-
imidazolidin-2-yl]- 89

$C_{24}H_{27}N_3O_2$ (Fortsetzung)
Pyridin, 4-[1,3-Bis-(4-methoxy-benzyl)-
imidazolidin-2-yl]- 89
$C_{24}H_{27}N_3O_3$
[1,3,5]Triazin, 1,3,5-Tris-[4-methoxy-
phenyl]-hexahydro- 10
$C_{24}H_{27}N_3O_6S_3$
[1,3,5]Triazin, 1,3,5-Tris-[toluol-2-sulfonyl]-
hexahydro- 17
—, 1,3,5-Tris-[toluol-4-sulfonyl]-
hexahydro- 17
$[C_{24}H_{28}N_3]^+$
Trimethinium, 1-[1-Äthyl-3-phenyl-
1(3)H-benzimidazol-2-yl]-3-[1-äthyl-
4,5-dihydro-3H-pyrrol-2-yl]- 225
—, 1-[1,3,3-Trimethyl-3H-indol-2-yl]-
3-[1,3,3-trimethyl-3H-pyrrolo[2,3-b]⪕
pyridin-2-yl]- 276
—, 1-[1,3,3-Trimethyl-3H-indol-2-yl]-
3-[3,3,7-trimethyl-3H-pyrrolo[2,3-b]⪕
pyridin-2-yl]- 276
$C_{24}H_{28}N_4$
Amin, Diäthyl-[2-(4-methyl-3,12-dihydro-
2H-pyrrolo[2′,3′:4,5]pyrido[3,2-a]⪕
carbazol-1-yl)-äthyl]- 274
$C_{24}H_{28}N_4S_2$
Dipyrido[1,2-c;3′,2′-e]pyrimidin-
4-thiocarbonsäure, 5-Phenyl-6-thioxo-
decahydro-, anilid 84
$C_{24}H_{29}N_3O_2S$
2-Thio-barbitursäure, 1,3-Diäthyl-5-[4-
(1-äthyl-3,3-dimethyl-indolin-2-yliden)-
but-2-enyliden]- 666
$C_{24}H_{31}N_3$
Pyrido[4,3-d]pyrimidin, 1,3,6-Trimethyl-
8,8-di-p-tolyl-1,2,3,4,5,6,7,8-octahydro-
254
$C_{24}H_{31}N_3O_2$
Pyrido[4,3-d]pyrimidin, 8,8-Bis-[4-methoxy-
phenyl]-1,3,6-trimethyl-1,2,3,4,5,6,7,8-
octahydro- 389
$C_{24}H_{33}N_3$
Imidazo[1,5-c]imidazol, 2,6-Diisopropyl-7a-
methyl-3,5-diphenyl-hexahydro- 239
$C_{24}H_{33}N_3O$
Tripyrido[1,2-a;1′,2′-c;3″,2″-e]pyrimidin,
1-Cinnamoyl-tetradecahydro- 86
$[C_{24}H_{34}N_6]^{2+}$
Benzotriazolium, 3,3′-Dimethyl-
1,1′-decandiyl-bis- 115
$C_{24}H_{34}N_8O_2S$
Sulfon, Bis-[1-(2-diäthylamino-äthyl)-
1H-benzotriazol-5-yl]- 343
$C_{24}H_{36}N_4O_2S$
Pyrido[2,1-d][1,5,9]triazacyclotridecin-
8-thiocarbonsäure, 13-[1-Hydroxy-
propyl]-2-oxo-1,2,3,4,5,6,7,10,11,13,16,⪕
16a-dodecahydro-9H-, anilid 682

$C_{24}H_{39}N_3O_2$
6,13-Methano-dipyrido[1,2-a;3′,2′-e]azocin,
1-Acetyl-13-[1-acetyl-[2]piperidyl]-
tetradecahydro- 93
$[C_{24}H_{42}N_3]^+$
Benzotriazolium, 1-Äthyl-3-hexadecyl- 99
$C_{24}H_{42}N_6S_6$
[1,3,5]Triazin, Tris-diisopropylthiocarbamoyl⪕
mercapto- 403
$C_{24}H_{47}N_3O_4$
[1,2,3]Triazol-4,5-dicarbaldehyd, 1-Dodecyl-
1H-, bis-diäthylacetal 566
$C_{24}H_{48}N_6O_3$
[1,3,5]Triazin, Tris-[3-diäthylamino-
propoxy]- 402
$C_{24}H_{48}N_6S_3$
[1,3,5]Triazin, Tris-[3-diäthylamino-
propylmercapto]- 403
$[C_{24}H_{51}N_6O_3]^{3+}$
[1,3,5]Triazin, Tris-[2-(diäthyl-methyl-
ammonio)-äthoxy]- 401

C_{25}

$C_{25}H_{17}N_3$
Chinoxalin, 2,3-Diphenyl-6-[2]pyridyl- 306
—, 2,3-Diphenyl-6-[3]pyridyl- 306
$C_{25}H_{19}N_3$
Chinoxalin, 2-[2-Methyl-1,5-diphenyl-
pyrrol-3-yl]- 280
—, 2-[2-Methyl-4,5-diphenyl-pyrrol-
3-yl]- 305
Methan, Tri-indol-3-yl- 305
[1,3,5]Triazin, Phenyl-distyryl- 304
$C_{25}H_{19}N_3O$
Pyrazol-3-on, 4-[2-Methyl-1H-
[4]chinolyliden]-2,5-diphenyl-
2,4-dihydro- 529
[3,3′;3′,3″]Terindol-2-on, 1′-Methyl-
1H,1′H,1″H- 536
$C_{25}H_{19}N_3O_2$
Pyrrolidin-2,3-dion, 4-Chinazolin-2-yl-
5-phenyl-1-p-tolyl- 628
—, 4-Chinoxalin-2-yl-5-phenyl-1-
p-tolyl- 628
$C_{25}H_{19}N_3O_2S$
Naphtho[1,2-d][1,2,3]triazol,
2-[2′-Methansulfonyl-stilben-4-yl]-2H-
206
—, 2-[2-Methansulfonyl-stilben-4-yl]-
2H- 206
—, 2-[4′-Methansulfonyl-stilben-4-yl]-
2H- 206
$[C_{25}H_{20}N_3]^+$
Chinazolinium, 2-[2-Indol-3-yl-vinyl]-
1-methyl-4-phenyl- 304

$C_{25}H_{21}Cl_2N_3O$
Pyrazolo[4,3-*c*]pyridin-3-on, 4,6-Bis-
[2-chlor-phenyl]-5-methyl-2-phenyl-
1,2,4,5,6,7-hexahydro- 519

$C_{25}H_{21}N_3O$
Pyrrolo[3,4-*c*]pyrazol-6-on, 3-Methyl-
4,5-diphenyl-2-*p*-tolyl-4,5-dihydro-2*H*-
495

$C_{25}H_{21}N_3O_2$
Diacetyl-Derivat $C_{25}H_{21}N_3O_2$ aus
3,5,6-Triphenyl-1,2-dihydro-
[1,2,4]triazin 286

$C_{25}H_{23}N_3$
[2,2′;6′,2″]Terpyridin, 4,4″-Diäthyl-
4′-phenyl- 299

$C_{25}H_{23}N_3O_2$
Indolin-2-on, 1,1′-Dimethyl-3,3′-[3-äthyl-
4-methyl-pyrrol-2,5-diyliden]-bis- 631
Pyrazolidin-3,5-dion, 4-[2-(1-Methyl-
1*H*-[2]pyridyliden)-äthyliden]-1,2-di-
p-tolyl- 598

$C_{25}H_{23}N_3O_2S$
[1,2,4]Triazepin-5,7-dion, 6,6-Dibenzyl-
2-methyl-4-phenyl-3-thioxo-tetrahydro-
666
−, 2,6,6-Tribenzyl-3-thioxo-
tetrahydro- 666

$C_{25}H_{23}N_3O_3$
[1,2,4]Triazin-3,5-dion, 2,4-Dibenzyl-6-
[4-methoxy-benzyl]-2*H*- 707

$[C_{25}H_{24}N_3]^+$
Trimethinium, 1-[1,2′-Dimethyl-
[4,4′]bipyridyl-2-yl]-3-[1-methyl-
[2]chinolyl]- 296
−, 1-[1,2′-Dimethyl-[4,4′]bipyridyl-
2-yl]-3-[1-methyl-[4]chinolyl]- 297

$C_{25}H_{24}N_4O_5$
Heptan-1,7-dion, 4-Nitro-4-[3-oxo-
3-[3]pyridyl-propyl]-1,7-di-[3]pyridyl-
668

$C_{25}H_{25}N_3$
4,12;5,11-Dimethano-indeno[1′,2′:6,7]ꞓ
naphtho[2,3-*d*][1,2,3]triazol, 1-Phenyl-
1,3a,4,4a,5,5a,10,10a,11,11a,12,12a-
dodecahydro- 254
−, 3-Phenyl-3,3a,4,4a,5,5a,10,10a,11,ꞓ
11a,12,12a-dodecahydro- 254
[1,3,5]Triazin, 2-Butyl-2,4,6-triphenyl-
1,2-dihydro- 289

$C_{25}H_{25}N_3OS$
Imidazolidin-4-on, 3-Allyl-1-phenyl-
2-thioxo-5-[2-(1,3,3-trimethyl-indolin-
2-yliden)-äthyliden]- 611

$C_{25}H_{25}N_3O_2S$
Imidazolidin-4-on, 3-Benzoyl-1-phenyl-
2-thioxo-5-[2-(1,4,4-trimethyl-pyrrolidin-
2-yliden)-äthyliden]- 575

$C_{25}H_{25}N_3O_3$
Propionsäure, 3-{3,3-Dimethyl-2-[2-
(3-methyl-5-oxo-1-phenyl-1,5-dihydro-
pyrazol-4-yliden)-äthyliden]-indolin-
1-yl}- 505

$C_{25}H_{25}N_3S_2$
[1,3,5]Triazin, 4,6-Bis-benzylmercapto-
2,2-dimethyl-1-phenyl-1,2-dihydro- 375

$C_{25}H_{27}N_3O$
Pyrazol-3-on, 5-Methyl-2-phenyl-4-[1-
(1,3,3-trimethyl-indolin-2-ylidenmethyl)-
propyliden]-2,4-dihydro- 505

$[C_{25}H_{28}N_3]^+$
Benzimidazolium, 1,3-Diäthyl-2-[2-
(2,5-dimethyl-1-phenyl-pyrrol-3-yl)-
vinyl]- 237

$[C_{25}H_{29}BrN_3]^+$
Trimethinium, 1-[1,3-Diäthyl-5-brom-
1(3)*H*-benzimidazol-2-yl]-3-[1,3,3-triꞓ
methyl-3*H*-indol-2-yl]- 275

$C_{25}H_{29}N_3O$
Heptan-4-on, 3-Methyl-1,7-di-[2]pyridyl-
3-[2-[2]pyridyl-äthyl]- 525

$[C_{25}H_{30}N_3]^+$
[1,3,5]Triazinium, 1,3,5-Tribenzyl-1-methyl-
hexahydro- 9

$[C_{25}H_{31}N_3]^{2+}$
Trimethinium, 2-[1-Äthyl-pyridinium-
2-ylmethyl]-1,3-bis-[1-äthyl-[2]pyridyl]-
274

$[C_{25}H_{32}N_3O]^+$
Trimethinium, 1-[1,3-Dimethyl-4-oxo-
3,4,5,6,7,8-hexahydro-chinazolin-2-yl]-
3-[1,3,3,5-tetramethyl-3*H*-indol-2-yl]-
519

$C_{25}H_{33}N_3O_4$
1,2-Seco-lunarin 720

$C_{25}H_{37}N_3O_4$
1,2-Seco-lunarin, 14,15,28,29-Tetrahydro-
719

$C_{25}H_{39}N_3O_4$
Lunarinol, Hexahydro- 719

C_{26}

$C_{26}H_{11}N_3O_3$
Benzo[*lmn*][1′,2′:3,4]indazolo[1,7-*bc*]ꞓ
[2,8]phenanthrolin-1,3,8-trion 670

$C_{26}H_{12}ClN_3O_3$
Benzo[*lmn*]benz[4,5]imidazo[2,1-*b*]ꞓ
[3,8]phenanthrolin-1,3,6-trion,
2-[4-Chlor-phenyl]- 668

$C_{26}H_{13}N_3O_3$
Benzo[*lmn*]benz[4,5]imidazo[2,1-*b*]ꞓ
[3,8]phenanthrolin-1,3,6-trion, 2-Phenyl-
668

$C_{26}H_{14}N_4O_3$

Benzo[*lmn*]benz[4,5]imidazo[2,1-*b*]≠
[3,8]phenanthrolin-1,3,6-trion,
2-[3-Amino-phenyl]- 669

−, 2-[4-Amino-phenyl]- 669

$C_{26}H_{16}BrN_5O_5$

Benzotriazol-1-ol, 5-Brom-2,3-di-
[2]naphthyl-4,6-dinitro-2,3-dihydro-
88

−, 7-Brom-2,3-di-[2]naphthyl-
4,6-dinitro-2,3-dihydro- 88

$C_{26}H_{16}N_6O_2$

Biphenyl, 2,2′-Bis-[benzotriazol-1-carbonyl]-
107

$C_{26}H_{17}N_3$

Benzo[*b*]chino[3′,2′:3,4]chino[1,8-*gh*]≠
[1,6]naphthyridin, 9*H*,13*H*- 309

−, 10*H*,12*H*- 309

Naphth[2′,3′:4,5]imidazo[1,2-*a*]pyrimidin,
2,4-Diphenyl- 309

$C_{26}H_{17}N_3O$

Benzo[*f*]chinazolino[3,2-*c*]chinazolin-10-on,
8-Benzyl- 537

$C_{26}H_{17}N_3O_2$

Benzophenon, 3-[5-Benzoyl-benzotriazol-
1-yl]- 506

−, 4-[5-Benzoyl-benzotriazol-1-yl]-
506

$C_{26}H_{17}N_5O_5$

Benzotriazol-1-ol, 2,3-Di-[2]naphthyl-
4,6-dinitro-2,3-dihydro- 87

$C_{26}H_{18}N_6$

[2]Naphthylamin, 1-[4-
Naphtho[1,2-*d*][1,2,3]triazol-2-yl-
phenylazo]- 213

$C_{26}H_{19}Cl_2N_3O$

Chinolinium, 1-[2,4-Dichlor-benzyl]-4-
[5-methyl-3-oxo-2-phenyl-2,3-dihydro-
1*H*-pyrazol-4-yl]-, betain 502

$C_{26}H_{19}N_3O_3$

Benzo[*lmn*]benz[4,5]imidazo[2,1-*b*]≠
[3,8]phenanthrolin-1,3,6-trion,
2-Cyclohexyl- 668

$C_{26}H_{19}N_3O_5$

Äthanon, [4,15-Diacetoxy-5*H*-benz≠
[6,7]azepino[2,3-*b*]phenazin-13-yl]- 717

$C_{26}H_{19}N_5O_4$

[1,2,3]Triazol, 1,5-Bis-[4-nitro-phenyl]-
4,4-diphenyl-4,5-dihydro-1*H*- 281

[1,2,4]Triazol, 4,5-Bis-[4-nitro-phenyl]-
3,3-diphenyl-4,5-dihydro-3*H*- 281

$C_{26}H_{20}N_4O_2S$

[1,2,4]Triazol, 3-[4-Nitro-phenylmercapto]-
1,4,5-triphenyl-4,5-dihydro-1*H*- 344

$C_{26}H_{20}N_6$

Äthan, 1,2-Bis-[2-[2]pyridyl-benzimidazol-
1-yl]- 231

$C_{26}H_{20}N_6O_2$

Äthanon, 2-[6-Nitro-2-phenyl-
2*H*-benzotriazol-5-yl]-1-phenyl-,
phenylhydrazon 508

$C_{26}H_{20}N_6O_4$

Pyrido[2,3-*d*]pyrimidin-2,4-dion, 6-[1-
(2,6-Dioxo-3-phenyl-1,2,3,6-tetrahydro-
pyrimidin-4-ylimino)-äthyl]-5-methyl-
1-phenyl-1*H*- 653

$C_{26}H_{21}N_3$

Pyrrolo[3,4-*d*]pyridazin, 5,7-Dimethyl-
1,4,6-triphenyl-6*H*- 281

$C_{26}H_{21}N_3O$

Piperidin-4-on, 3,5-Bis-[2]chinolylmethylen-
1-methyl- 536

−, 3,5-Bis-[4]chinolylmethylen-
1-methyl- 537

$C_{26}H_{21}N_5O_4$

Propan-1,2-dion, 1-[5-Methyl-2-phenyl-
2*H*-[1,2,3]triazol-4-yl]-, bis-[*O*-benzoyl-
oxim] 568

$[C_{26}H_{22}N_3S]^+$

[1,2,4]Triazolium, 3-Äthylmercapto-
4-[1]naphthyl-1,5-diphenyl- 348

−, 3-Äthylmercapto-4-[2]naphthyl-
1,5-diphenyl- 348

$C_{26}H_{22}N_4O_2S$

Stilben-2-sulfonsäure,
4-Naphtho[1,2-*d*][1,2,3]triazol-2-yl-,
äthylamid 209

−, 4-Naphtho[1,2-*d*][1,2,3]triazol-2-yl-,
dimethylamid 209

−, 4′-Naphtho[1,2-*d*][1,2,3]triazol-2-yl-,
dimethylamid 211

Stilben-4-sulfonsäure,
4′-Naphtho[1,2-*d*][1,2,3]triazol-2-yl-,
dimethylamid 211

$C_{26}H_{23}N_3O_2$

Pyrrolo[3,4-*c*]pyrazol-6-on, 4-[4-Methoxy-
phenyl]-3-methyl-2-phenyl-5-*m*-tolyl-
4,5-dihydro-2*H*- 691

$C_{26}H_{23}N_3O_3$

Pyridin, 1-Benzoyl-4,5-bis-benzoylamino-
1,2,3,6-tetrahydro- 76

Pyrrolo[3,4-*c*]pyrazol-6-on, 4,5-Bis-
[4-methoxy-phenyl]-3-methyl-2-phenyl-
4,5-dihydro-2*H*- 691

−, 5-[2-Methoxy-phenyl]-4-
[4-methoxy-phenyl]-3-methyl-2-phenyl-
4,5-dihydro-2*H*- 691

$C_{26}H_{23}N_5O_2S$

Stilben-2-sulfonsäure,
4-Naphtho[1,2-*d*][1,2,3]triazol-2-yl-,
[2-amino-äthylamid] 210

$C_{26}H_{25}N_3O$

Indol, 1-Acetyl-3-[1,3-diphenyl-imidazolidin-
2-ylmethyl]- 189

$C_{26}H_{25}N_3O$ (Fortsetzung)

Pyrazolo[4,3-c]pyridin-3-on, 2-Phenyl-
4,6-di-p-tolyl-1,2,4,5,6,7-hexahydro-
519

$C_{26}H_{25}N_3O_2$

Pyrazolidin-3,5-dion, 4-[2-(1,6-Dimethyl-
1H-[2]pyridyliden)-äthyliden]-1,2-di-
p-tolyl- 599

$C_{26}H_{25}N_3O_3$

[1,2,4]Triazin-3,5-dion, 2,4-Dibenzyl-6-[1-
(4-methoxy-phenyl)-äthyl]-2H- 708

$C_{26}H_{25}N_3O_5$

Pyrazolo[4,3-c]pyridin-3-on, 4,6-Bis-
[4-hydroxy-3-methoxy-phenyl]-2-phenyl-
1,2,4,5,6,7-hexahydro- 722

$[C_{26}H_{26}N_3]^+$

Trimethinium, 1-[1,2'-Dimethyl-
[4,4']bipyridyl-2-yl]-3-[1,6-dimethyl-
[2]chinolyl]- 298

$C_{26}H_{27}N_3O$

Pyrido[3,4-h]cinnolinium, 6-Hydroxy-
5-methyl-3-pentyl-2-phenyl-9-propenyl-,
betain 363

$C_{26}H_{27}N_3O_2S$

Imidazolidin-4-on, 5-[2-(1-Äthyl-
4,4-dimethyl-pyrrolidin-2-yliden)-
äthyliden]-3-benzoyl-1-phenyl-2-thioxo-
575

2-Thio-barbitursäure, 1,3-Diäthyl-5-[2-
(3,3-dimethyl-1-phenyl-indolin-2-yliden)-
äthyliden]- 664

$C_{26}H_{27}N_3O_3$

Barbitursäure, 1,3-Diäthyl-5-[2-
(3,3-dimethyl-1-phenyl-indolin-2-yliden)-
äthyliden]- 663

$C_{26}H_{27}N_3O_8S_2$

Erythrit, 1-[2-Phenyl-2H-[1,2,3]triazol-4-yl]-
O^3,O^4-bis-[toluol-4-sulfonyl]- 412

$C_{26}H_{27}N_3S_2$

[1,3,5]Triazin, 4,6-Bis-benzylmercapto-
2,2-dimethyl-1-o-tolyl-1,2-dihydro- 375

$C_{26}H_{29}N_3$

4,12;5,11;6,10-Trimethano-cyclopent≠
[6,7]anthra[2,3-d][1,2,3]triazol, 3-Phenyl-
$\Delta^{1,7}$-hexadecahydro- 240

—, 3-Phenyl-$\Delta^{1,8}$-hexadecahydro- 240

$[C_{26}H_{31}N_3]^{2+}$

[2.2.0]Pentamethindiium, 1,3,5-Tris-
[1-äthyl-[2]pyridyl]- 280

$C_{26}H_{31}N_3O$

Heptan-4-on, 3,3-Dimethyl-1,7-di-
[2]pyridyl-5-[2-[2]pyridyl-äthyl]- 526

$C_{26}H_{31}N_3O_2S$

2-Thio-barbitursäure, 1,3-Diäthyl-5-[6-
(1-äthyl-3,3-dimethyl-indolin-2-yliden)-
hexa-2,4-dienyliden]- 667

$C_{26}H_{31}N_3O_{12}$

Hexan, 1,2,3,4,5,6-Hexaacetoxy-1-
[2-phenyl-2H-[1,2,3]triazol-4-yl]- 417

$C_{26}H_{37}N_5O_4$

[2,4-Dinitro-phenyl]-Derivat $C_{26}H_{37}N_5O_4$
aus 13-[2]Piperidyl-tetradecahydro-
6,13-methano-dipyrido[1,2-
a;3',2'-e]azocin 93

$C_{26}H_{53}N_3$

Imidazo[1,5-c]imidazol, 3,5-Bis-[1-äthyl-
pentyl]-2,6-diisopropyl-7a-methyl-
hexahydro- 29

C_{27}

$C_{27}H_{13}N_3O_3$

Benzo[lmn]naphth[1',2',3':3,4]indazolo≠
[1,7-bc][2,8]phenanthrolin-1,3,8-trion,
2-Methyl- 671

$C_{27}H_{15}N_3O_3$

Benzo[lmn]benz[4,5]imidazo[2,1-b]≠
[3,8]phenanthrolin-1,3,6-trion, 2-Benzyl-
669

$C_{27}H_{16}N_4O_3$

Benzamid, N-[4-Benzotriazol-1-yl-
9,10-dioxo-9,10-dihydro-[1]anthryl]-
112

$C_{27}H_{17}N_3$

[2,6';2',6'']Terchinolin 310

$C_{27}H_{19}N_3$

Benzo[b]chino[3',2':3,4]chino[1,8-gh]≠
[1,6]naphthyridin, 1-Methyl-10H,12H-
310

$C_{27}H_{19}N_7O_4$

Keton, [1,5-Diphenyl-1H-[1,2,3]triazol-4-yl]-
phenyl-, [2,4-dinitro-phenylhydrazon]
516

$C_{27}H_{21}N_3$

Pyridazin, 3-[2-Methyl-4,5-diphenyl-pyrrol-
3-yl]-6-phenyl- 307

[1,3,5]Triazin, 2,2,4,6-Tetraphenyl-
1,2-dihydro- 306

—, Tristyryl- 306

[1,2,4]Triazol, 3-Benzhydryl-4,5-diphenyl-
4H- 287

$C_{27}H_{21}N_3O$

Pyrazol-3-on, 4-[2-(1-Methyl-
1H-[2]chinolyliden)-1-phenyl-äthyliden]-
2-phenyl-2,4-dihydro- 532

$C_{27}H_{21}N_3O_2$

Pyrazol-3-on, 1,5-Dimethyl-2-phenyl-4-
[2-phenyl-chinolin-4-carbonyl]-
1,2-dihydro- 629

[1,2,4]Triazin-3,5-dion, 2,4-Dibenzyl-
6-[2]naphthyl-2H- 613

$C_{27}H_{21}N_3O_6$

Chino[3,2-a]phenazin-14-on, 4,6-Diacetoxy-
5-acetyl-3,7-dimethyl-5H- 716

$C_{27}H_{22}N_4O_2$
Pyrido[3′,2′:4,5]cyclohepta[1,2-b]chinoxalin-
5-on, 12-Isopropyl-2-methyl-,
[O-benzoyl-oxim] 529

$C_{27}H_{23}N_3O$
Pyrazol-3-on, 4-[2-(3,3-Dimethyl-1-phenyl-
indolin-2-yliden)-äthyliden]-2-phenyl-
2,4-dihydro- 504

$C_{27}H_{24}Cl_3N_3O_3$
[1,3,5]Triazin, 1,3,5-Tris-[(4-chlor-phenyl)-
acetyl]-hexahydro- 13

$C_{27}H_{24}N_6$
Anilin, N-Äthyl-4-[4-benzotriazol-2-yl-
phenylazo]-N-benzyl- 112

$C_{27}H_{24}N_6O$
Anilin, N-Äthyl-N-benzyl-4-[4-(1-oxy-
benzotriazol-2-yl)-phenylazo]- 113

$C_{27}H_{24}N_6S_6$
[1,3,5]Triazin, Tris-[methyl-phenyl-
thiocarbamoylmercapto]- 403

$C_{27}H_{25}N_3O$
Pyrazol-3-on, 5-Methyl-4-[1-methyl-6-
(1-methyl-1H-[2]chinolyliden)-hexa-
2,4-dienyliden]-2-phenyl-2,4-dihydro-
525
−, 5-Methyl-2-[2]naphthyl-4-[2-
(1,3,3-trimethyl-indolin-2-yliden)-
äthyliden]-2,4-dihydro- 505

$C_{27}H_{25}N_3O_2$
Äthanon, 1-[1-Acetyl-3-(1,1-di-indol-3-yl-
äthyl)-1,4-dihydro-[4]pyridyl]- 535

$C_{27}H_{25}N_3O_2S$
2-Thio-barbitursäure, 1,3-Diäthyl-5-[5-
(2-phenyl-indolizin-1-yl)-penta-
2,4-dienyliden]- 668

$[C_{27}H_{25}N_4O_3]^+$
Methinium, [4-Methoxy-2-(4-nitro-phenyl)-
phthalazin-1-yl]-[1,3,3-trimethyl-
3H-indol-2-yl]- 369

$[C_{27}H_{26}N_3]^+$
[4,4′]Bipyridylium, 1,2′-Dimethyl-2-[2-
(4-methyl-2,4-dihydro-1H-cyclopenta≠
[b]chinolin-3-yl)-vinyl]- 302
Trimethinium, [1-Äthyl-[2]chinolyl]-
[1,3-dimethyl-perimidin-2-yl]- 302

$C_{27}H_{27}ClN_4O_3S$
Stilben-2-sulfonsäure, 4-[5-Chlor-
6-methoxy-benzotriazol-2-yl]-,
cyclohexylamid 341

$C_{27}H_{27}N_3$
[2,3′;2′,3″]Terindol, 7,7′,7″-Trimethyl-
2,3,2″,3″-tetrahydro-1H,1′H,1″H- 299
[1,3,5]Triazino[1,2-b;3,4-b′;5,6-b″]≠
triisochinolin, 5,12,12a,19,19a,21-
Hexahydro-5aH,7H,14H- 300

$C_{27}H_{27}N_3O$
Aceton, [3-(1,3-Diphenyl-imidazolidin-
2-ylmethyl)-indol-4-yl]- 488

$C_{27}H_{27}N_3O_3$
[1,3,5]Triazin, Tris-[3,5-dimethyl-phenoxy]-
399

$C_{27}H_{27}N_3O_6$
[1,3,5]Triazin, 1,3,5-Tris-[4-methoxy-
benzoyl]-hexahydro- 14

$C_{27}H_{27}N_9$
[1,3,5]Triazin, 1,3,5-Tris-[1H-benzimidazol-
2-ylmethyl]-hexahydro- 16

$[C_{27}H_{28}N_3]^+$
Trimethinium, 1-[1-Äthyl-[2]chinolyl]-3-
[1-äthyl-2′-methyl-[4,4′]bipyridyl-2-yl]-
296

$[C_{27}H_{32}N_3O]^+$
Trimethinium, 1-[5-Acetyl-1,3-diäthyl-1(3)H-
benzimidazol-2-yl]-3-[1,3,3-trimethyl-
3H-indol-2-yl]- 530

$C_{27}H_{33}N_3$
1,9,17-Triaza-[2.2.2]paracyclophan,
1,9,17-Triäthyl- 276
[1,3,5]Triazin, 1,3,5-Triphenäthyl-
hexahydro- 9
−, 2,4,6-Tris-[1-phenyl-äthyl]-
hexahydro- 276

$C_{27}H_{33}N_3O$
Heptan-4-on, 2-Methyl-7-[2]pyridyl-5,5-bis-
[2-[2]pyridyl-äthyl]- 526

$C_{27}H_{33}N_3O_3$
[1,3,5]Triazin, 1,3,5-Tris-[4-äthoxy-phenyl]-
hexahydro- 10

$C_{27}H_{35}N_3O_3$
Propan, 1,1,3-Tris-[5-acetyl-2,4-dimethyl-
pyrrol-3-yl]- 666

$C_{27}H_{40}N_4S$
Phenylthiocarbamoyl-Derivat $C_{27}H_{40}N_4S$
aus 13-[2]Piperidyl-tetradecahydro-
6,13-methano-dipyrido[1,2-
a;3′,2′-e]azocin 93

$C_{27}H_{57}N_3$
[1,3,5]Triazin, 1,3,5-Trioctyl-hexahydro- 6

$[C_{27}H_{57}N_6O_3]^{3+}$
[1,3,5]Triazin, Tris-[3-(diäthyl-methyl-
ammonio)-propoxy]- 402
−, Tris-[2-triäthylammonio-äthoxy]-
401

C_{28}

$C_{28}H_{13}N_3O_4$
Naphtho[2,3-d][1,2,3]triazol-4,9-dion,
1-[6,11-Dioxo-6,11-dihydro-naphthacen-
5-yl]-1H- 606

$C_{28}H_{14}ClN_3O$
Naphtho[1,2,3-mn]pyrimido[5,4-c]acridin-
9-on, 11-Chlor-13-phenyl- 538

$C_{28}H_{15}N_3O_2$
Naphthacen-5,12-dion,
6-Naphtho[1,2-d][1,2,3]triazol-1-yl- 206

$C_{28}H_{15}N_3O_2$ (Fortsetzung)
Naphthacen-5,12-dion,
  6-Naphtho[1,2-d][1,2,3]triazol-3-yl- 206
$C_{28}H_{15}N_3O_3$
Benzo[lmn]naphth[1',2',3':3,4]indazolo≈
  [1,7-bc][2,8]phenanthrolin-1,3,8-trion,
  2-Äthyl- 671
$C_{28}H_{16}ClN_3O_2$
Anthrachinon, 1-Chlor-2-[4,5-diphenyl-
  4H-[1,2,4]triazol-3-yl]- 631
$C_{28}H_{16}Cl_2N_8O_4S_2$
Disulfid, Bis-[5-(2-chlor-4-nitro-phenyl)-
  4-phenyl-4H-[1,2,4]triazol-3-yl]- 350
$C_{28}H_{17}N_3$
Dibenzo[b,h]chino[2,3,4-de][1,6]naphthyridin,
  5-Phenyl-5H- 303
$C_{28}H_{17}N_3O_2$
Anthrachinon, 2-[4,5-Diphenyl-
  4H-[1,2,4]triazol-3-yl]- 631
$C_{28}H_{17}N_3O_3$
Benzo[lmn]benz[4,5]imidazo[2,1-b]≈
  [3,8]phenanthrolin-1,3,6-trion,
  2-[2,5-Dimethyl-phenyl]- 669
$C_{28}H_{17}N_5$
Benzo[f]chinoxalin, 3-[4-
  Naphtho[1,2-d][1,2,3]triazol-2-yl-phenyl]-
  217
$C_{28}H_{18}Cl_2N_6S_2$
Disulfid, Bis-[5-(4-chlor-phenyl)-4-phenyl-
  4H-[1,2,4]triazol-3-yl]- 350
$C_{28}H_{18}N_8O_4S_2$
Disulfid, Bis-[5-(4-nitro-phenyl)-4-phenyl-
  4H-[1,2,4]triazol-3-yl]- 350
$C_{28}H_{19}N_3$
Methan, Di-[2]chinolyl-[1H-[2]chinolyliden]-
  311
−, Tri-[2]chinolyl- 311
Pyrrolo[3,2-c]cinnolin, 1,2,3-Triphenyl-1H-
  301
$C_{28}H_{19}N_3O_2$
Pyrrolidin-2,3-dion, 4-Chinazolin-2-yl-
  1-[2]naphthyl-5-phenyl- 628
−, 4-Chinoxalin-2-yl-1-[2]naphthyl-
  5-phenyl- 628
$C_{28}H_{19}N_7O_8$
2,5,7-Triaza-norborn-2-en, 1,3,4,6-Tetrakis-
  [4-nitro-phenyl]- 308
$[C_{28}H_{20}N_3]^+$
Naphtho[1,2-d][1,2,3]triazolium,
  3-Biphenyl-4-yl-2-phenyl- 205
$C_{28}H_{20}N_4O_2$
Anhydrid, Benzoesäure-[N-(4,5-diphenyl-
  [1,2,3]triazol-1-yl)-benzimidsäure]- 244
$C_{28}H_{20}N_6O_2S_2$
Disulfid, Bis-[5-(2-hydroxy-phenyl)-
  4-phenyl-[1,2,4]triazol-3-yl]- 382
$C_{28}H_{20}N_6S_2$
Disulfid, Bis-[4,5-diphenyl-4H-[1,2,4]triazol-
  3-yl]- 348

$C_{28}H_{21}Br_2N_3$
2,5,7-Triaza-norborn-2-en, x,x'-Dibrom-
  1,3,4,6-tetraphenyl- 307
$C_{28}H_{23}N_3$
Chinolin, 4-[Bis-(2-methyl-indol-3-yl)-
  methyl]- 308
Methan, Bis-[3-methyl-indol-2-yl]-
  [3-methyl-indol-2-yliden]- 308
2,5,7-Triaza-norborn-2-en, 1,3,4,6-
  Tetraphenyl- 307
[1,3,5]Triazin, 1-Methyl-2,2,4,6-tetraphenyl-
  1,2-dihydro- 307
−, 1-Methyl-2,4,4,6-tetraphenyl-
  1,4-dihydro- 307
$C_{28}H_{23}N_3O$
Pyrazol-3-on, 4-[1-Benzhydryl-
  1H-[4]pyridyliden]-5-methyl-2-phenyl-
  2,4-dihydro- 479
−, 5-Methyl-4-[2-(1-methyl-
  1H-[2]chinolyliden)-1-phenyl-äthyliden]-
  2-phenyl-2,4-dihydro- 533
$C_{28}H_{23}N_3OS$
Imidazolidin-4-on, 5-[2-(1-Äthyl-
  1H-[2]chinolyliden)-äthyliden]-
  1,3-diphenyl-2-thioxo- 616
$C_{28}H_{23}N_3O_2$
Pyrazolidin-3,5-dion, 4-[2-(1-Äthyl-
  1H-[2]chinolyliden)-äthyliden]-
  1,2-diphenyl- 615
$C_{28}H_{23}N_3O_4S$
Stilben-2-sulfonsäure, 4-[5-Methoxy-
  6-methyl-benzotriazol-2-yl]-, phenyl≈
  ester 343
$[C_{28}H_{24}N_3O]^+$
Trimethinium, 1-[1-Methyl-[2]chinolyl]-3-
  [1-methyl-3-oxo-4-phenyl-3,4-dihydro-
  chinoxalin-2-yl]- 532
$C_{28}H_{24}N_4$
Amin, Benzyliden-[2,3,6-triphenyl-
  2,5-dihydro-3H-[1,2,4]triazin-4-yl]- 236
$C_{28}H_{25}N_3$
Methan, Tris-[2-methyl-indol-3-yl]- 305
−, Tris-[3-methyl-indol-2-yl]- 305
$C_{28}H_{25}N_3O$
Pyrazol-3-on, 4-[2-(3,3-Dimethyl-1-phenyl-
  indolin-2-yliden)-äthyliden]-5-methyl-
  2-phenyl-2,4-dihydro- 504
Pyrazolo[4,3-c]pyridin-3-on, 2-Phenyl-
  4,6-distyryl-1,2,4,5,6,7-hexahydro- 530
$C_{28}H_{25}N_3O_2$
Pyrrolo[3,4-d]pyridazin, 1,4-Bis-[4-methoxy-
  phenyl]-5,7-dimethyl-6-phenyl-6H- 390
$C_{28}H_{25}N_3O_3$
Naphtho[2,3-g]chinazolin-4,6,11-trion,
  2-[1,2,3,3-Tetramethyl-indolin-5-yl]-
  2,3-dihydro-1H- 669
$[C_{28}H_{26}N_3]^+$
Trimethinium, 1-[1-Phenyl-chinoxalin-2-yl]-
  3-[1,3,3-trimethyl-3H-indol-2-yl]- 282

$C_{28}H_{26}N_4O_4S$
Stilben-2-sulfonsäure,
    4-Naphtho[1,2-*d*][1,2,3]triazol-2-yl-,
    [bis-(2-hydroxy-äthyl)-amid] 209

$C_{28}H_{29}N_3O_5$
Pyrazolo[4,3-*c*]pyridin-3-on, 4,6-Bis-
    [3,4-dimethoxy-phenyl]-2-phenyl-
    1,2,4,5,6,7-hexahydro- 722

$[C_{28}H_{30}N_3]^+$
3,9-Diaza-6-azonia-spiro[5.5]undecan,
    3,9-Di-[2]naphthyl- 28

$C_{28}H_{30}N_4O_3S$
Stilben-2-sulfonsäure, 4-[5-Methoxy-
    6-methyl-benzotriazol-2-yl]-, cyclohexyl≠
    amid 344

$C_{28}H_{30}N_4O_4S$
Stilben-2-sulfonsäure, 4-[5,6-Dimethoxy-
    benzotriazol-2-yl]-, cyclohexylamid
    380

$[C_{28}H_{32}N_4]^{2+}$
Pyridinium, 4-[Di-indol-3-yl-methyl]-1-
    [3-trimethylammonio-propyl]- 296

$C_{28}H_{43}N_3O$
Cholesta-3,5-dieno[4,3-*e*][1,2,4]triazin-3'-on,
    2'*H*- 496

C_{29}

$C_{29}H_{17}N_3$
Dibenzo[*a,c*]phenazin, 2-[2]Chinolyl- 315
  −, 3-[2]Chinolyl- 315

$C_{29}H_{19}N_3$
Pyridin, 2,6-Di-[2]chinolyl-4-phenyl- 312

$C_{29}H_{21}N_3O$
Pyrrolo[3,4-*c*]pyrazol-6-on, 2,3,4,5-
    Tetraphenyl-4,5-dihydro-2*H*- 524
1,4,7-Triaza-tricyclo[3.3.0.0^{2,7}]oct-3-en-
    8-on, 2,3,5,6-Tetraphenyl- 537

$C_{29}H_{21}N_5O_2S$
Stilben-2-sulfonsäure,
    4-Naphthol[1,2-*d*][1,2,3]triazol-2-yl-,
    [2]pyridylamid 210

$[C_{29}H_{22}N_3]^+$
Pyridazino[4,5-*b*]indolium, 5-Methyl-
    1,3,4-triphenyl-5*H*- 301

$[C_{29}H_{25}Cl_2N_4O_3]^+$
Trimethinium, 1-[2-(2,6-Dichlor-4-nitro-
    phenyl)-4-methoxy-phthalazin-1-yl]-
    3-[1,3,3-trimethyl-3*H*-indol-2-yl]- 370

$C_{29}H_{25}N_3O_2$
Pyrazolidin-3,5-dion, 4-[2-(1-Methyl-
    1*H*-[2]chinolyliden)-äthyliden]-1,2-di-
    p-tolyl- 616

$C_{29}H_{25}N_3O_2S$
Toluol-4-sulfonyl-Derivat $C_{29}H_{25}N_3O_2S$
    aus 2-Methyl-2,4,6-triphenyl-
    1,2-dihydro-[1,3,5]triazin 288

$C_{29}H_{25}N_3S_2$
[1,3,5]Triazin, 4,6-Bis-benzylmercapto-
    1,2-diphenyl-1,2-dihydro- 386

$C_{29}H_{26}N_4$
Amin, Benzyliden-[3-methyl-2,3,6-triphenyl-
    2,5-dihydro-3*H*-[1,2,4]triazin-4-yl]- 237

$C_{29}H_{26}N_4O_2S$
Piperidin, 1-[4-Naphtho[1,2-*d*][1,2,3]triazol-
    2-yl-stilben-2-sulfonyl]- 209

$C_{29}H_{27}N_3O$
Pyrazolo[4,3-*c*]pyridin-3-on, 5-Methyl-
    2-phenyl-4,6-distyryl-1,2,4,5,6,7-
    hexahydro- 531

$C_{29}H_{27}N_3OS$
Imidazolidin-4-on, 3-Äthyl-5-[2-
    (3,3-dimethyl-1-phenyl-indolin-2-yliden)-
    äthyliden]-1-phenyl-2-thioxo- 612

$[C_{29}H_{27}N_4O_3]^+$
Trimethinium, 1-[4-Methoxy-2-(4-nitro-
    phenyl)-phthalazin-1-yl]-3-
    [1,3,3-trimethyl-3*H*-indol-2-yl]- 370

$[C_{29}H_{28}N_3]^+$
Trimethinium, 1-[3-Methyl-1-phenyl-
    chinoxalin-2-yl]-3-[1,3,3-trimethyl-
    3*H*-indol-2-yl]- 283

$[C_{29}H_{28}N_3O]^+$
Trimethinium, 1-[1-Methyl-3-oxo-4-phenyl-
    3,4-dihydro-chinoxalin-2-yl]-3-
    [1,3,3-trimethyl-3*H*-indol-2-yl]- 530

$C_{29}H_{33}ClN_4O_3S$
Stilben-2-sulfonsäure, 4-[5-Chlor-
    6-methoxy-benzotriazol-2-yl]-,
    dibutylamid 341

$C_{29}H_{38}BrN_3O_2$
Piperazin-2,5-dion, 3-[4-Brom-2-
    (1,1-dimethyl-allyl)-5,7-bis-(3-methyl-
    but-2-enyl)-indol-3-ylmethyl]-6-methyl-
    621

$C_{29}H_{38}Br_5N_3O_2$
Echinulin, Pentabrom- 621

$C_{29}H_{38}N_4O_4$
Piperazin-2,5-dion, 3-[2-(1,1-Dimethyl-
    allyl)-5,7-bis-(3-methyl-but-2-enyl)-
    6-nitro-indol-3-ylmethyl]-6-methyl- 621

$C_{29}H_{39}N_3O_2$
Piperazin-2,5-dion, 3-[2-(1,1-Dimethyl-
    allyl)-5,7-bis-(3-methyl-but-2-enyl)-indol-
    3-ylmethyl]-6-methyl- 620

$C_{29}H_{39}N_3O_2S$
2-Thio-barbitursäure, 5-[1-Dodecyl-
    2,5-dimethyl-pyrrol-3-ylmethylen]-
    1-phenyl- 655

$C_{29}H_{43}Br_2N_3O_2$
Piperazin-2,5-dion, 3-[4,6-Dibrom-
    5,7-diisopentyl-2-*tert*-pentyl-indol-
    3-ylmethyl]-6-methyl- 605

C₂₉H₄₃N₃
Indol, 2-[1,1-Dimethyl-allyl]-5,7-bis-
[3-methyl-but-2-enyl]-3-[5-methyl-
piperazin-2-ylmethyl]- 240

C₂₉H₄₄BrN₃O₂
Piperazin-2,5-dion, 3-[4-Brom-
5,7-diisopentyl-2-*tert*-pentyl-indol-
3-ylmethyl]-6-methyl- 605

C₂₉H₄₄N₄O₄
Piperazin-2,5-dion, 3-[5,7-Diisopentyl-
6-nitro-2-*tert*-pentyl-indol-3-ylmethyl]-
6-methyl- 606

C₂₉H₄₅N₃O
Methyl-Derivat C₂₉H₄₅N₃O aus
2'*H*-Cholesta-3,5-dieno[4,3-*e*]⩴
[1,2,4]triazin-3'-on 496

C₂₉H₄₅N₃O₂
Piperazin-2,5-dion, 3-[5,7-Diisopentyl-
2-*tert*-pentyl-indol-3-ylmethyl]-6-methyl-
605

C₂₉H₄₆N₆O₄
Mononitro-dinitroso-Derivat C₂₉H₄₆N₆O₄
aus 5,7-Diisopentyl-3-[5-methyl-
piperazin-2-ylmethyl]-2-*tert*-pentyl-indol
191

C₂₉H₄₉N₃
Indol, 5,7-Diisopentyl-3-[5-methyl-
piperazin-2-ylmethyl]-2-*tert*-pentyl- 191

C₃₀

C₃₀H₁₆N₆O₂
Naphthacen-5,12-dion, 6,11-Bis-
benzotriazol-1-yl- 115

C₃₀H₁₉N₃
Pyrrolo[1,2-*a*]chinolin, 1,2-Di-[2]chinolyl-
316

C₃₀H₂₀N₆S₂
Disulfid, Bis-[5,6-diphenyl-[1,2,4]triazin-
3-yl]- 365

C₃₀H₂₁N₃
Chinoxalin, 2-[2,4,5-Triphenyl-pyrrol-3-yl]-
312

C₃₀H₂₁N₃O₂
3,7-Cyclo-imidazo[1,2-*a*]pyrazin-5,6-dion,
2,3,8,8a-Tetraphenyl-8,8a-dihydro-3*H*-
632

C₃₀H₂₁N₃O₃S
Stilben-2-sulfonsäure,
4-Naphtho[1,2-*d*][1,2,3]triazol-2-yl-,
phenylester 208
−, 4'-Naphtho[1,2-*d*][1,2,3]triazol-2-yl-,
phenylester 210
Stilben-4-sulfonsäure,
4'-Naphtho[1,2-*d*][1,2,3]triazol-2-yl-,
phenylester 211

C₃₀H₂₂N₄O₂S
Stilben-2-sulfonsäure,
4-Naphtho[1,2-*d*][1,2,3]triazol-2-yl-,
anilid 209

C₃₀H₂₃N₃
Chinolin, 2-[4-(1,5-Diphenyl-4,5-dihydro-
1*H*-pyrazol-3-yl)-phenyl]- 302
−, 2-[4-(2,5-Diphenyl-3,4-dihydro-
2*H*-pyrazol-3-yl)-phenyl]- 302

C₃₀H₂₃N₅O₄S₂
Stilben-2-sulfonsäure,
4-Naphtho[1,2-*d*][1,2,3]triazol-2-yl-,
[3-sulfamoyl-anilid] 210
Sulfanilsäure, *N*-[4-Naphtho[1,2-*d*]⩴
[1,2,3]triazol-2-yl-stilben-2-sulfonyl]-,
amid 210

C₃₀H₂₅N₃O
Pyrazol-3-on, 5-Methyl-4-[10-methyl-
9-phenyl-9,10-dihydro-acridin-9-yl]-
2-phenyl-1,2-dihydro- 535

C₃₀H₂₅N₃O₉
[1,2,4]Triazin-3,5-dion, 6-Methyl-2-[tri-
O-benzoyl-ribofuranosyl]-2*H*- 558
−, 6-Methyl-4-[tri-*O*-benzoyl-
ribofuranosyl]-2*H*- 558

C₃₀H₂₆BrN₃
2,5,7-Triaza-norborn-2-en, 5-[2-Brom-
äthyl]-1,3,4,6-tetraphenyl- 307
−, 7-[2-Brom-äthyl]-
1,3,4,6-tetraphenyl- 307

C₃₀H₂₇N₃
Chinolin, 2-[4-(1,5-Diphenyl-4,5-dihydro-
1*H*-pyrazol-3-yl)-phenyl]-
1,2,3,4-tetrahydro- 288
2,5,7-Triaza-norborn-2-en, 5,7-Dimethyl-
1,3,4,6-tetraphenyl- 307

C₃₀H₂₇N₃S₂
[1,3,5]Triazin, 4,6-Bis-benzylmercapto-
2-phenyl-1-*o*-tolyl-1,2-dihydro- 386

C₃₀H₂₈N₄O₂S
Stilben-2-sulfonsäure,
4-Naphtho[1,2-*d*][1,2,3]triazol-2-yl-,
cyclohexylamid 209
−, 4'-Naphtho[1,2-*d*][1,2,3]triazol-2-yl-,
cyclohexylamid 211
Stilben-4-sulfonsäure,
4'-Naphtho[1,2-*d*][1,2,3]triazol-2-yl-,
cyclohexylamid 211

C₃₀H₃₁N₅O₂S
Stilben-2-sulfonsäure,
4-Naphtho[1,2-*d*][1,2,3]triazol-2-yl-,
[2-diäthylamino-äthylamid] 210

C₃₀H₃₃N₃
[1,3,5]Triazino[1,2-*a*;3,4-*a*';5,6-*a*'']triindol,
6,6,12,12,18,18-Hexamethyl-5a,6,11a,12,⩴
17a,18-hexahydro- 300

C₃₀H₃₃N₃O₉
[1,3,5]Triazintrion, Tris-[β-hydroxy-
3-methoxy-phenäthyl]- 640

$C_{30}H_{36}N_4O_4S$
Stilben-2-sulfonsäure, 4-[5,6-Dimethoxy-
benzotriazol-2-yl]-, dibutylamid 380

$C_{30}H_{39}N_3$
1,9,17-Triaza-[2.2.2]paracyclophan,
1,9,17-Tripropyl- 276

$C_{30}H_{45}N_3S_3$
[1,3,5]Triazin, 1,3,5-Tris-[4-*tert*-butyl-
[2]thienylmethyl]-hexahydro- 15
—, 1,3,5-Tris-[5-*tert*-butyl-
[2]thienylmethyl]-hexahydro- 15

$[C_{30}H_{45}N_5O_3]^{2+}$
[1,3,5]Triazin, Bis-[2-(diäthyl-benzyl-
ammonio)-äthoxy]-methoxy- 401

$C_{30}H_{48}N_6S_6$
[1,3,5]Triazin, Tris-[äthyl-cyclohexyl-
thiocarbamoylmercapto]- 403

$[C_{30}H_{54}N_3]^+$
Benzotriazolium, 1,3-Didodecyl- 98

$[C_{30}H_{63}N_6O_3]^{3+}$
[1,3,5]Triazin, Tris-[3-triäthylammonio-
propoxy]- 402

C_{31}

$C_{31}H_{21}N_3O_3$
Pyrazolidin-3,5-dion, 1,2-Diphenyl-4-
[2-phenyl-chinolin-4-carbonyl]- 668

$C_{31}H_{22}IN_3$
Methojodid $[C_{31}H_{22}N_3]$I aus 1,2-Di-
[2]chinolyl-pyrrolo[1,2-*a*]chinolin 316

$C_{31}H_{22}N_4O_4S$
Anthranilsäure, N-[4-Naphtho[1,2-*d*]-
[1,2,3]triazol-2-yl-stilben-2-sulfonyl]-
209
Benzoesäure, 3-[4-Naphtho[1,2-*d*]-
[1,2,3]triazol-2-yl-stilben-2-sulfonyl-
amino]- 210
—, 4-[4-Naphtho[1,2-*d*][1,2,3]triazol-
2-yl-stilben-2-sulfonylamino]- 210

$C_{31}H_{22}N_4O_5S$
Benzoesäure, 2-Hydroxy-5-[4-naphtho-
[1,2-*d*][1,2,3]triazol-2-yl-stilben-
2-sulfonylamino]- 210

$C_{31}H_{23}N_3$
Pyrrolo[3,4-*d*]pyridazin, 5-Methyl-
1,4,6,7-tetraphenyl-6H- 305

$C_{31}H_{23}N_3O_3S$
Stilben-2-sulfonsäure,
4′-Naphtho[1,2-*d*][1,2,3]triazol-2-yl-,
p-tolylester 210
Stilben-4-sulfonsäure,
4′-Naphtho[1,2-*d*][1,2,3]triazol-2-yl-,
p-tolylester 211

$C_{31}H_{24}N_4O_2S$
Stilben-2-sulfonsäure,
4-Naphtho[1,2-*d*][1,2,3]triazol-2-yl-,
benzylamid 209

$C_{31}H_{29}N_3$
5,18-[1]Azapropano-dibenzo[*a,c*]naphtho-
[1,2-*h*]phenazin, 21-Methyl-2,3,4,4a,5,6-
hexahydro-1H- 308
12,16a-[1]Azapropano-dibenzo[*a,c*]naphtho-
[1,2-*i*]phenazin, 21-Methyl-12,12a,13,14,-
15,16-hexahydro-11H- 308

$C_{31}H_{29}N_3O$
Pyrazol-3-on, 5-Methyl-2-phenyl-4-
[1-phenyl-4-(1,3,3-trimethyl-indolin-
2-yliden)-but-2-enyliden]-2,4-dihydro-
533

$C_{31}H_{30}N_4O_3S$
Stilben-2-sulfonsäure, 2′-Methoxy-
4-naphtho[1,2-*d*][1,2,3]triazol-2-yl-,
cyclohexylamid 212
—, 3′-Methoxy-4-naphtho[1,2-*d*]-
[1,2,3]triazol-2-yl-, cyclohexylamid 212

C_{32}

$C_{32}H_{15}N_3O_3$
Anthra[1,2-*c*]benzo[*lmn*]benz[4,5]imidazo-
[1,2-*j*][2,8]phenanthrolin-5,10,20-trion,
19H- 672
Anthra[1,2-*c*]benzo[*lmn*]benz[4,5]imidazo-
[2,1-*i*][2,8]phenanthrolin-5,9,20-trion,
6H- 672
Benzo[*lmn*]naphth[1′,2′,3′:3,4]indazolo-
[1,7-*bc*][2,8]phenanthrolin-1,3,8-trion,
2-Phenyl- 671

$C_{32}H_{19}N_3$
Benzo[*b*]chino[2,3,4-*de*]naphtho[1,2-*h*]-
[1,6]naphthyridin, 17-Phenyl-17H- 310

$C_{32}H_{21}N_3O_2$
Pyrido[3,2,1-*ij*]chinolin-1,7-dion, 2,6-Bis-
[2]chinolylmethylen-2,3,5,6-tetrahydro-
632

$C_{32}H_{23}N_3$
Carbazol, 9-Äthyl-3,6-di-[2]chinolyl- 316

$C_{32}H_{24}BrN_3O_6$
Propan, 1,2,3-Tris-benzoyloxy-1-[2-
(4-brom-phenyl)-2H-[1,2,3]triazol-4-yl]-
393

$C_{32}H_{24}N_4O_5S$
Essigsäure, [4-(4-Naphtho[1,2-*d*]-
[1,2,3]triazol-2-yl-stilben-2-sulfonyl-
amino)-phenoxy]- 209

$C_{32}H_{25}N_3O_2S$
Naphtho[1,2-*d*][1,2,3]triazol, 2-[2-
(2,4-Dimethyl-benzolsulfonyl)-stilben-
4-yl]-2H- 206

$C_{32}H_{25}N_3O_3$
Pyrazolo[4,3-*c*]pyridin-3-on, 4,6-Bis-
[2-hydroxy-[1]naphthyl]-2-phenyl-
1,2,4,5,6,7-hexahydro- 717

$C_{32}H_{25}N_3O_5S$
Stilben-2-sulfonsäure, 2′,3′-Dimethoxy-
4-naphtho[1,2-*d*][1,2,3]triazol-2-yl-,
phenylester 212

$C_{32}H_{25}N_3O_6$
Propan, 1,2,3-Tris-benzoyloxy-1-[2-phenyl-
2*H*-[1,2,3]triazol-4-yl]- 392

$C_{32}H_{27}N_3O_2$
2,5,7-Triaza-norborn-2-en, 5,7-Diacetyl-
1,3,4,6-tetraphenyl- 307

$[C_{32}H_{28}N_3]^+$
Chinolinium, 1-Methyl-2,4-bis-[1-methyl-
1*H*-[2]chinolylidenmethyl]- 311

$C_{32}H_{31}N_3$
2,5,7-Triaza-norborn-2-en, 5,7-Diäthyl-
1,3,4,6-tetraphenyl- 307
−, 1,3,4,6-Tetra-*p*-tolyl- 309

$C_{32}H_{31}N_3O_4$
2,5,7-Triaza-norborn-2-en, 1,3,4,6-Tetrakis-
[4-methoxy-phenyl]- 415

$C_{32}H_{32}N_4O_4S$
Stilben-2-sulfonsäure, 3′,4′-Dimethoxy-
4-naphtho[1,2-*d*][1,2,3]triazol-2-yl-,
cyclohexylamid 212

$C_{32}H_{32}N_6O$
Äther, Bis-[1-phenyl-1,3a,4,4a,5,7a,8,8a-
octahydro-4,8-methano-indeno[5,6-*d*]≠
[1,2,3]triazol-5-yl]- 344
−, Bis-[3-phenyl-3,3a,4,4a,5,7a,8,8a-
octahydro-4,8-methano-indeno[5,6-*d*]≠
[1,2,3]triazol-5-yl]- 344

$C_{32}H_{34}N_4O_2S$
Stilben-2-sulfonsäure,
4-Naphtho[1,2-*d*][1,2,3]triazol-2-yl-,
dibutylamid 209
−, 4-Naphtho[1,2-*d*][1,2,3]triazol-2-yl-,
octylamid 209
−, 4′-Naphtho[1,2-*d*][1,2,3]triazol-2-yl-,
dibutylamid 211

$C_{32}H_{39}N_3O_{16}$
Butan, 1,2,3-Triacetoxy-1-[2-phenyl-
2*H*-[1,2,3]triazol-4-yl]-4-[tetra-*O*-acetyl-
glucopyranosyloxy]- 411
−, 1,2,4-Triacetoxy-1-[2-phenyl-
2*H*-[1,2,3]triazol-4-yl]-3-[tetra-*O*-acetyl-
glucopyranosyloxy]- 410
−, 1,2,4-Triacetoxy-1-[2-phenyl-
2*H*-[1,2,3]triazol-4-yl]-3-[tetra-*O*-acetyl-
glucopyranosyloxy]- 411
−, 1,3,4-Triacetoxy-1-[2-phenyl-
2*H*-[1,2,3]triazol-4-yl]-2-[tetra-*O*-acetyl-
glucopyranosyloxy]- 410

$C_{32}H_{43}N_3O_3$
Äthen, Tris-[5-äthyl-3-methyl-4-propionyl-
pyrrol-2-yl]- 667

C_{33}

$C_{33}H_{20}N_6O$
Benzophenon, 4,4′-Bis-naphtho[1,2-*d*]≠
[1,2,3]triazol-2-yl- 214

$C_{33}H_{21}N_3O_3$
[1,3,5]Triazintrion, Tri-[1]naphthyl- 639
−, Tri-[2]naphthyl- 640

$C_{33}H_{22}N_6$
Methan, Bis-[4-naphtho[1,2-*d*][1,2,3]triazol-
2-yl-phenyl]- 214

$C_{33}H_{23}N_3$
[2,3′;5′,2″]Terpyridin, 2′,4′,6′-Triphenyl-
319
[2,2′;6′,2″]Terpyridin, 4,4′,4″-Triphenyl-
319
−, 6,4′,6″-Triphenyl- 319
[3,2′;6′,3″]Terpyridin, 3′,4′,5′-Triphenyl-
320

$C_{33}H_{24}N_4O_4S$
Zimtsäure, 4-[4-Naphtho[1,2-*d*]≠
[1,2,3]triazol-2-yl-stilben-2-sulfonyl≠
amino]- 210

$C_{33}H_{27}N_3O_2$
Pyrrolo[3,4-*d*]pyridazin, 1,4-Bis-[4-methoxy-
phenyl]-5-methyl-6,7-diphenyl-6*H*- 391

$C_{33}H_{27}N_3O_3$
Pyrazolo[4,3-*c*]pyridin-3-on, 4,6-Bis-
[2-hydroxy-[1]naphthyl]-5-methyl-
2-phenyl-1,2,4,5,6,7-hexahydro- 717

$C_{33}H_{27}N_3O_6$
Butan, 1,2,3-Tris-benzoyloxy-1-[2-phenyl-
2*H*-[1,2,3]triazol-4-yl]- 394
−, 1,2,4-Tris-benzoyloxy-1-[2-phenyl-
2*H*-[1,2,3]triazol-4-yl]- 395
Propan, 1,2,3-Tris-benzoyloxy-1-[2-*p*-tolyl-
[1,2,3]triazol-4-yl]- 394

$C_{33}H_{27}N_3S$
[1,3,5]Triazin-2-thion, 1,3,4,5,6-Pentaphenyl-
tetrahydro- 503

$C_{33}H_{30}N_6O_3$
[1,3,5]Triazin, 1,3,5-Tris-[6-methoxy-
[8]chinolyl]-hexahydro- 15

$C_{33}H_{31}N_5$
Anilin, Tetra-*N*-methyl-4′,4′-[4-naphtho≠
[1,2-*d*][1,2,3]triazol-2-yl-benzyliden]-di-
213

$C_{33}H_{31}N_5O$
Methanol, Bis-[4-dimethylamino-phenyl]-
[4-naphtho[1,2-*d*][1,2,3]triazol-2-yl-
phenyl]- 213

$C_{33}H_{36}N_4O_3S$
Stilben-2-sulfonsäure, 2′-Methoxy-
4-naphtho[1,2-*d*][1,2,3]triazol-2-yl-,
dibutylamid 212
−, 3′-Methoxy-4-naphtho[1,2-*d*]≠
[1,2,3]triazol-2-yl-, dibutylamid 212

$C_{33}H_{45}N_3$
1,9,17-Triaza-[2.2.2]paracyclophan,
1,9,17-Tributyl- 276
[1,3,5]Triazin, 1,3,5-Tris-[2,4,6-trimethyl-benzyl]-hexahydro- 10
$C_{33}H_{54}N_6S_3$
[1,3,5]Triazin, 1,3,5-Tris-[4-dimethyl-aminomethyl-2,5-dimethyl-[3]thienylmethyl]-hexahydro- 15
$C_{33}H_{63}N_3O_3$
[1,3,5]Triazin, 1,3,5-Tris-decanoyl-hexahydro- 11

C_{34}

$C_{34}H_{19}N_3O_4$
Benzo[lmn]naphth[1',2',3':3,4]indazolo-[1,7-bc][2,8]phenanthrolin-1,3,8-trion,
2-[4-Äthoxy-phenyl]- 671
$C_{34}H_{23}N_3O_3S$
Stilben-2-sulfonsäure,
4-Naphtho[1,2-d][1,2,3]triazol-2-yl-,
[1]naphthylester 208
—, 4-Naphtho[1,2-d][1,2,3]triazol-2-yl-,
[2]naphthylester 208
$C_{34}H_{24}N_4O_2S$
Stilben-2-sulfonsäure,
4-Naphtho[1,2-d][1,2,3]triazol-2-yl-,
[1]naphthylamid 209
$C_{34}H_{25}N_3O_2$
Pyrido[3,2,1-ij]chinolin-1,7-dion, 2,6-Bis-[2]chinolylmethylen-8,10-dimethyl-2,3,5,6-tetrahydro- 632
$C_{34}H_{28}N_6O_4S_2$
Disulfid, Bis-[5,6-bis-(2-methoxy-phenyl)-[1,2,4]triazin-3-yl]- 404
—, Bis-[5,6-bis-(4-methoxy-phenyl)-[1,2,4]triazin-3-yl]- 404
$C_{34}H_{29}N_3O_3S$
Stilben-4-sulfonsäure,
4'-Naphtho[1,2-d][1,2,3]triazol-2-yl-,
[4-tert-butyl-phenylester] 211
$[C_{34}H_{30}N_3]^+$
[1.1.1]Tetramethinium, 1,3,4-Tris-[1-methyl-[2]chinolyl]- 313
$[C_{34}H_{32}N_3]^+$
Chinolinium, 2,4-Bis-[1-äthyl-1H-[2]chinolylidenmethyl]-1-methyl-311
$C_{34}H_{38}N_4O_2S$
Stilben-2-sulfonsäure,
4-Naphtho[1,2-d][1,2,3]triazol-2-yl-,
decylamid 209
$C_{34}H_{38}N_4O_4S$
Stilben-2-sulfonsäure, 3',4'-Dimethoxy-4-naphtho[1,2-d][1,2,3]triazol-2-yl-,
dibutylamid 212

$C_{34}H_{40}N_4O_3S$
Stilben-2-sulfonsäure, 4-[5-Methoxy-6-methyl-benzotriazol-2-yl]-, dicyclohexyl-amid 344
$C_{34}H_{44}N_4O_3S$
Stilben-2-sulfonsäure, 4-[5-Methoxy-6-methyl-benzotriazol-2-yl]-,
dodecylamid 344

C_{35}

$C_{35}H_{29}N_3O_3$
Heptan-1,7-dion, 4-Nicotinoyl-3,5-diphenyl-1,7-di-[3]pyridyl- 671
$[C_{35}H_{31}N_3]^{2+}$
[2.2.0]Pentamethindiium, 1,3,5-Tris-[1-methyl-[4]chinolyl]- 317
$C_{35}H_{31}N_3O_3S$
Stilben-2-sulfonsäure,
4-Naphtho[1,2-d][1,2,3]triazol-2-yl-,
[4-tert-pentyl-phenylester] 208
$[C_{35}H_{34}N_3]^+$
Chinolinium, 1-Äthyl-2,4-bis-[1-äthyl-1H-[2]chinolylidenmethyl]- 312
Methinium, Bis-[1-äthyl-[2]chinolyl]-[1-äthyl-1H-[2]chinolylidenmethyl]- 311
$C_{35}H_{49}N_3$
Benz[4,5]imidazo[1,2-a]cholest-2-eno[3,2-d]pyrimidin 277

C_{36}

$C_{36}H_{18}N_4O_3$
Benz[4,5]imidazo[2,1-a]anthra[2,1,9-def;6,5,-10-d'e'f']diisochinolin-1,3,8-trion,
2-[2-Amino-phenyl]- 672
$C_{36}H_{24}N_6S_2$
Disulfid, Bis-[2,3-di-[2]pyridyl-indolizin-1-yl]- 370
$C_{36}H_{25}N_3$
Indolo[3,2-c]indolo[2',3':4,5]pyrido[3,2,1-ij]-chinolin, 4,16-Diphenyl-4,9,11,16-tetrahydro- 304
$C_{36}H_{28}N_4O_2S$
Stilben-2-sulfonsäure,
4-Naphtho[1,2-d][1,2,3]triazol-2-yl-,
[äthyl-[1]naphthyl-amid] 209
$C_{36}H_{32}N_4O_3S$
Stilben-2-sulfonsäure,
4-Naphtho[1,2-d][1,2,3]triazol-2-yl-4'-phenoxy-, cyclohexylamid 212
$[C_{36}H_{35}N_3]^{2+}$
[1.1.0]Trimethindiium, 1,2,3-Tris-[1-äthyl-[2]chinolyl]- 313
—, 1,2,3-Tris-[1-äthyl-[4]chinolyl]- 313

$C_{36}H_{36}N_6O_6$
[1,3,5]Triazintrion, Tris-[4-sec-butyl-
3-isocyanato-phenyl]- 642
–, Tris-[4-tert-butyl-3-isocyanato-
phenyl]- 642
$C_{36}H_{38}N_4O_2S$
Stilben-2-sulfonsäure,
4-Naphtho[1,2-d][1,2,3]triazol-2-yl-,
dicyclohexylamid 209
$C_{36}H_{39}N_9O_3$
Pyrazol-3-on, 1,5,1',5',1'',5''-Hexamethyl-
2,2',2''-triphenyl-1,2,1',2',1'',2''-
hexahydro-4,4',4''-[1,3,5]triazin-
1,3,5-triyl-tris- 16
$C_{36}H_{42}N_4O_2S$
Stilben-2-sulfonsäure,
4-Naphtho[1,2-d][1,2,3]triazol-2-yl-,
dodecylamid 209
$C_{36}H_{45}N_9O_{12}$
1,8,15-Triaza-cycloheneicosan, 1,8,15-Tris-
[2,4-dinitro-phenyl]- 26
$C_{36}H_{51}N_3$
1,9,17-Triaza-[2.2.2]paracyclophan,
1,9,17-Triisopentyl- 276
$C_{36}H_{72}N_4$
[1,2,4]Triazol-4-ylamin, 3,5-Diheptadecyl-
63
$C_{36}H_{72}N_4O_2$
[1,2,4]Triazol-4-ylamin, 3,5-Bis-
[11-hydroxy-heptadecyl]- 376

C_{37}

$[C_{37}H_{36}N_3]^+$
[1.1.1]Tetramethinium, 1,3,4-Tris-[1-äthyl-
[2]chinolyl]- 314
–, 1,3,4-Tris-[1-äthyl-[4]chinolyl]-
314
$[C_{37}H_{37}N_3]^{2+}$
Propen, 1,3-Bis-[1-äthyl-chinolinium-2-yl]-
2-[1-äthyl-1H-[2]chinolylidenmethyl]-
314
–, 1,3-Bis-[1-äthyl-chinolinium-4-yl]-
2-[1-äthyl-1H-[4]chinolylidenmethyl]-
314
$[C_{37}H_{38}N_3]^{3+}$
Propen, 1,3-Bis-[1-äthyl-chinolinium-2-yl]-
2-[1-äthyl-chinolinium-2-ylmethyl]- 314
–, 1,3-Bis-[1-äthyl-chinolinium-4-yl]-
2-[1-äthyl-chinolinium-4-ylmethyl]- 314
$C_{37}H_{38}N_4O_4S$
Benzolsulfonsäure, 2-[2-Benzo[1,3]dioxol-
5-yl-vinyl]-5-naphtho[1,2-d][1,2,3]triazol-
2-yl-, dicyclohexylamid 216
$C_{37}H_{40}N_4O_3S$
Stilben-2-sulfonsäure, 2'-Methoxy-
4-naphtho[1,2-d][1,2,3]triazol-2-yl-,
dicyclohexylamid 212

C_{38}

$C_{38}H_{16}N_6O_6$
Naphtho[2,3-d][1,2,3]triazol-4,9-dion,
1H,1'H-1,1'-[6,11-Dioxo-6,11-dihydro-
naphthacen-5,12-diyl]-bis- 607
$C_{38}H_{20}N_2O_2$
Anthra[1,2,3,4-lmn]dinaphtho[1,2-
c;2',1'-i][2,9]phenanthrolin-16,21-dion,
15,22-Dihydro- 215
Anthra[1,2,3,4-lmn]dinaphtho[2,1-
c;1',2'-i][2,9]phenanthrolin-14,19-dion,
13,20-Dihydro- 215
$C_{38}H_{20}N_6O_2$
Naphthacen-5,12-dion, 6,11-Bis-
naphtho[1,2-d][1,2,3]triazol-1-yl- 215
–, 6,11-Bis-naphtho[1,2-d]≠
[1,2,3]triazol-3-yl- 215
$[C_{38}H_{34}Br_3N_3]^{2+}$
[2.2.0]Pentamethindiium, 1,3,5-Tris-
[1-äthyl-6-brom-[2]chinolyl]- 316
$[C_{38}H_{37}N_3]^{2+}$
Penta-1,3-dien, 1,3-Bis-[1-äthyl-
chinolinium-4-yl]-5-[1-äthyl-
1H-[4]chinolyliden]- 317
[2.2.0]Pentamethindiium, 1,5-Bis-[1-äthyl-
[2]chinolyl]-3-[1-äthyl-[4]chinolyl]- 317
–, 1,3,5-Tris-[1-äthyl-[2]chinolyl]-
316
–, 1,3,5-Tris-[1-äthyl-[4]chinolyl]-
317
Trimethinium, 2-[2-(1-Äthyl-chinolinium-
2-yl)-vinyl]-1,3-bis-[1-äthyl-[2]chinolyl]-
318
–, 2-[2-(1-Äthyl-chinolinium-4-yl)-
vinyl]-1,3-bis-[1-äthyl-[2]chinolyl]- 319
$C_{38}H_{37}N_3O_3S$
Stilben-2-sulfonsäure,
4-Naphtho[1,2-d][1,2,3]triazol-2-yl-,
[4-octyl-phenylester] 208
$C_{38}H_{38}N_4O_3S$
Stilben-2-sulfonsäure,
4-Naphtho[1,2-d][1,2,3]triazol-2-yl-
4'-phenoxy-, dibutylamid 212
$[C_{38}H_{43}N_3]^{2+}$
[2.2.0]Pentamethindiium, 1,3,5-Tris-
[1,3,3-trimethyl-3H-indol-2-yl]- 310
$C_{38}H_{74}N_4O$
Acetamid, N-[3,5-Diheptadecyl-
[1,2,4]triazol-4-yl]- 63

C_{39}

$C_{39}H_{26}N_6$
Methan, Bis-[4-naphtho[1,2-d][1,2,3]triazol-
2-yl-phenyl]-phenyl- 214

$C_{39}H_{26}N_6O$
Methanol, Bis-[4-naphtho[1,2-*d*]≠
[1,2,3]triazol-2-yl-phenyl]-phenyl- 214

$C_{39}H_{27}N_3O_3$
[1,3,5]Triazintrion, Tris-biphenyl-4-yl- 640

$C_{39}H_{30}N_6$
[1,3,5]Triazintrion, Triphenyl-,
tris-phenylimin 638

$C_{39}H_{39}N_3$
Pyrido[3,4-*f*][2,8]phenanthrolin,
4,8,12-Tribenzyliden-2,6,10-trimethyl-
1,2,3,4,5,6,7,8,9,10,11,12-dodecahydro-
315

$C_{39}H_{81}N_3$
[1,3,5]Triazin, 1,3,5-Tridodecyl-hexahydro-
6

C_{40}

$C_{40}H_{20}N_6O_4$
Anthra[1,2-*d*][1,2,3]triazol-6,11-dion,
2*H*,2'*H*-2,2'-Biphenyl-4,4'-diyl-bis- 622

$C_{40}H_{31}N_3$
2,5,7-Triaza-norborn-2-en, 1,3,4,5,6,7-
Hexaphenyl- 307

$C_{40}H_{31}N_3O_8$
Butan, 1,2,3,4-Tetrakis-benzoyloxy-1-
[2-phenyl-2*H*-[1,2,3]triazol-4-yl]- 407

$[C_{40}H_{43}N_3]^{2+}$
[4.2.0]Heptamethindiium, 7-[1-Äthyl-
[2]chinolyl]-1,5-bis-[1,3,3-trimethyl-
3*H*-indol-2-yl]- 314

$[C_{40}H_{43}N_3O_3]^+$
[1.1.1]Tetramethinium, 1,3,4-Tris-[1-äthyl-
6-methoxy-[4]chinolyl]- 405

$[C_{40}H_{45}N_3]^{2+}$
[4.2.0]Heptamethindiium, 1,3,7-Tris-
[1,3,3-trimethyl-3*H*-indol-2-yl]- 312

$C_{40}H_{47}N_3$
2,5,7-Triaza-norborn-2-en, 1,3,4,6-Tetrakis-
[4-isopropyl-phenyl]- 309

$C_{40}H_{50}N_4O_2S$
Stilben-2-sulfonsäure,
4-Naphtho[1,2-*d*][1,2,3]triazol-2-yl-,
hexadecylamid 209

$C_{40}H_{51}N_3O_3$
Benzoesäure, 4-{4-[5-(2,3-Dimethyl-
indolizin-1-yl)-penta-2,4-dienyliden]-
5-oxo-3-pentadecyl-4,5-dihydro-pyrazol-
1-yl}- 520

C_{41}

$C_{41}H_{36}N_4O_3S$
Stilben-2-sulfonsäure,
4-Naphtho[1,2-*d*][1,2,3]triazol-2-yl-,
[2-(4-pentyl-phenoxy)-anilid] 209

$[C_{41}H_{43}N_3]^{2+}$
[2.2.0]Pentamethindiium, 1,3,5-Tris-
[1-isopropyl-[4]chinolyl]- 318
–, 1,3,5-Tris-[1-propyl-[4]chinolyl]-
318

C_{42}

$C_{42}H_{29}N_3$
Propan, 1,2,3-Tri-phenanthridin-6-yl- 320

$C_{42}H_{29}N_3O_3$
[3,3';3',3'']Terindol-2,2',2''-trion, 1,1',1''-
Triphenyl-1,3,1'',3''-tetrahydro-1'*H*-
669

$C_{42}H_{31}N_3O_2$
2,5,7-Triaza-norborn-2-en, 5,7-Dibenzoyl-
1,3,4,6-tetraphenyl- 307

$C_{42}H_{33}N_3O_6$
[1,3,5]Triazin, Tris-[4-oxiranylmethoxy-
[1]naphthyl]- 406

$C_{42}H_{39}N_3$
1,9,17-Triaza-[2.2.2]paracyclophan,
1,9,17-Tribenzyl- 276
[1,3,5]Triazin, 2,4,6-Tribenzhydryl-
hexahydro- 320

$C_{42}H_{54}N_4O_2S$
Stilben-2-sulfonsäure,
4-Naphtho[1,2-*d*][1,2,3]triazol-2-yl-,
octadecylamid 209

$[C_{42}H_{63}N_6O_3]^{3+}$
[1,3,5]Triazin, Tris-[2-(diäthyl-benzyl-
ammonio)-äthoxy]- 402

C_{43}

$[C_{43}H_{49}N_3O_3]^+$
[1.1.1]Tetramethinium, 1,3,4-Tris-[6-äth≠
oxy-1-äthyl-[4]chinolyl]- 405

C_{44}

$[C_{44}H_{28}Cl_2N_6]^{2+}$
Naphtho[1,2-*d*][1,2,3]triazolium,
3,3'-Diphenyl-2,2'-[3,3'-dichlor-biphenyl-
4,4'-diyl]-bis- 214

[C$_{44}$H$_{30}$N$_6$]$^{2+}$
Naphtho[1,2-*d*][1,2,3]triazolium,
  3,3'-Diphenyl-2,2'-biphenyl-4,4'-diyl-bis-
  214
C$_{44}$H$_{33}$N$_3$O$_8$
Butan, 1,2,3,4-Tetrakis-benzoyloxy-1-
  [2-[2]naphthyl-2*H*-[1,2,3]triazol-4-yl]-
  413
[C$_{44}$H$_{43}$N$_3$O$_6$]$^{2+}$
[2.2.0]Pentamethindiium, 1,3,5-Tris-[1-
  (2-acetoxy-äthyl)-[4]chinolyl]- 318
[C$_{44}$H$_{49}$N$_3$]$^{2+}$
[2.2.0]Pentamethindiium, 1,3,5-Tris-
  [1-butyl-[4]chinolyl]- 318
—, 1,3,5-Tris-[1-isobutyl-[4]chinolyl]-
  318

C$_{45}$

C$_{45}$H$_{24}$N$_6$O$_6$S$_3$
[1,3,5]Triazin, Tris-[1-amino-9,10-dioxo-
  9,10-dihydro-[2]anthrylmercapto]- 403
C$_{45}$H$_{63}$N$_3$O$_3$
[1,3,5]Triazin, Tris-[4-(1,1,3,3-tetramethyl-
  butyl)-phenoxy]- 399
[C$_{45}$H$_{69}$N$_6$O$_3$]$^{3+}$
[1,3,5]Triazin, Tris-[3-(diäthyl-benzyl-
  ammonio)-propoxy]- 402
[C$_{45}$H$_{69}$N$_6$S$_3$]$^{3+}$
[1,3,5]Triazin, Tris-[3-(diäthyl-benzyl-
  ammonio)-propylmercapto]- 403

C$_{46}$

[C$_{46}$H$_{36}$N$_3$]$^+$
[1.1.1]Tetramethinium, 1,3,4-Tris-
  [10-methyl-acridin-9-yl]- 320
[C$_{46}$H$_{37}$N$_3$]$^{2+}$
Propen, 1,3-Bis-[10-methyl-acridinium-9-yl]-
  2-[10-methyl-10*H*-acridin-9-ylidenmethyl]-
  320
C$_{46}$H$_{39}$N$_7$
[1,3,5]Triazin-2,2-diyldiamin, *N*^{2}-Methyl-
  1,3,5,*N*^{2},*N*^{2}'-pentaphenyl-4,6-bis-
  phenylimino-tetrahydro- 638

C$_{47}$

C$_{47}$H$_{41}$N$_7$
[1,3,5]Triazin-2,2-diyldiamin, *N*^{2}-Äthyl-
  1,3,5,*N*^{2},*N*^{2}'-pentaphenyl-4,6-bis-
  phenylimino-tetrahydro- 638
[C$_{47}$H$_{55}$N$_3$]$^{2+}$
[2.2.0]Pentamethindiium, 1,3,5-Tris-
  [1-isopentyl-[4]chinolyl]- 318

—, 1,3,5-Tris-[1-pentyl-[4]chinolyl]-
  318

C$_{48}$

C$_{48}$H$_{37}$N$_3$O$_{10}$
Pentan, 1,2,3,4,5-Pentakis-benzoyloxy-1-
  [2-phenyl-2*H*-[1,2,3]triazol-4-yl]- 415
C$_{48}$H$_{66}$N$_6$O$_2$
Cyclobutan, 1,3-Bis-[dodecahydro-
  tripyrido[1,2-*a*;1',2'-*c*;3'',2''-*e*]pyrimidin-
  1-carbonyl]-2,4-diphenyl- 86

C$_{49}$

C$_{49}$H$_{31}$N$_9$
Methan, Tris-[4-naphtho[1,2-*d*][1,2,3]triazol-
  2-yl-phenyl]- 214
C$_{49}$H$_{31}$N$_9$O
Methanol, Tris-[4-naphtho[1,2-*d*
  [1,2,3]triazol-2-yl-phenyl]- 214

C$_{50}$

C$_{50}$H$_{56}$N$_8$O$_4$S$_2$
Stilben-2,2'-disulfonsäure, 4,4'-Bis-
  naphtho[1,2-*d*][1,2,3]triazol-2-yl-,
  bis-dibutylamid 215

C$_{56}$

C$_{56}$H$_{45}$N$_3$O$_{16}$
[1,2,4]Triazin-3,5-dion, 6-Methyl-2,4-bis-[tri-
  O-benzoyl-ribofuranosyl]-2*H*- 559
[C$_{56}$H$_{49}$N$_3$]$^{2+}$
[2.2.0]Pentamethindiium, 1,3,5-Tris-
  [1-phenäthyl-[4]chinolyl]- 318

C$_{57}$

C$_{57}$H$_{117}$N$_3$
[1,3,5]Triazin, 1,3,5-Trioctadecyl-
  hexahydro- 6

C$_{58}$

C$_{58}$H$_{72}$N$_8$O$_4$S$_2$
Stilben-2,2'-disulfonsäure, 4,4'-Bis-
  naphtho[1,2-*d*][1,2,3]triazol-2-yl-,
  bis-dodecylamid 216

C₅₉

[C₅₉H₅₅N₃O₃]²⁺
  [2.2.0]Pentamethindiium, 1,3,5-Tris-[1-
    (2-benzyloxy-äthyl)-[4]chinolyl]- 318

C₆₇

C₆₇H₅₃N₃O₁₆
  Butan, 1,2,3-Tris-benzoyloxy-1-[2-phenyl-
    2*H*-[1,2,3]triazol-4-yl]-4-[tetra-
    O-benzoyl-glucopyranosyloxy]- 411